Chemisch-technische Untersuchungsmethoden

Unter Mitwirkung von
D. Aufhäuser, P. Aulich, W. Bachmann, F. Barnstein, W. Bertelsmann, U. F. Blumer, G. Bonwitt, H. Bucherer, K. Dieterich †, C. v. Eckenbrecher, A. Eibner, F. Frank, M. Gary †, E. Gildemeister, L. C. Glaser, E. Graefe, A. Grün, J. Grünwald, H. v. Haasy, E. Haselhoff, A. Havas, W. Herzberg, A. Herzog, E. Heyn †, D. Holde, H. Kast, W. Klapproth, K. B. Lehmann, C. J. Lintner, E. v. Lippmann, F. Lohse, H. Ludwig, H. Mallison, E. Marckwald, K. Memmler, J. Messner, G. Meyerheim, W. Moldenhauer, J. Paessler, O. Pfeiffer, O. Pufahl, E. Ristenpart, A. Schlesinger, K. G. Schwalbe, L. Springer, F. Stadlmayr, L. Tietjens, K. Windisch, L. W. Winkler, A. Zschimmer

herausgegeben von

Ing.-Chem. Dr. Ernst Berl
Professor der Technischen Chemie und Elektrochemie
an der Technischen Hochschule zu Darmstadt

Vierter Band

Siebente, vollständig umgearbeitete und vermehrte Auflage

Mit 125 in den Text gedruckten Figuren

Berlin
Verlag von Julius Springer
1924

ISBN-13:978-3-642-88983-7 e-ISBN-13:978-3-642-90838-5
DOI: 10.1007/978-3-642-90838-5

Inhaltsverzeichnis.

Hierzu eine Tasche mit 56 Tabellen.

Rohstoffe, Erzeugnisse und Hilfsprodukte der Zuckerfabrikation[1]).

Von

Prof. Dr. **Edmund O. von Lippmann** in Halle a. d. S.

I. Die Zuckerrübe.

Richtigkeit und praktischer Wert der Untersuchung sind in hohem Maße von einer sorgfältigen Entnahme wirklich zutreffender Durchschnittsproben[2]) abhängig, besonders da die Rüben ein höchst ungleichmäßiges Material darstellen; denn nicht nur sind die Unterschiede im

[1]) Vorbemerkung. Für diesen Abschnitt war Abfassung durch einen besonderen Mitarbeiter vorgesehen und Revision durch Edmund O. von Lippmann. Ersterer ließ aber diesen, sowie Herausgeber und Verlag völlig im Stiche; dies stellte sich erst im letzten Augenblicke heraus, als das Manuskript abzuliefern war. Da nunmehr die Kürze der Zeit eine völlige Neubearbeitung ausschloß, blieb nichts weiter übrig, als den Abschnitt einer bloßen Durchsicht zu unterziehen, nach Tunlichkeit Abänderungen oder Ergänzungen vorzunehmen und auf die (nicht sehr reichliche) neuere Literatur hinzuweisen. Im Hinblick auf die gegebene Zwangslage müssen Herausgeber und Verfasser die Nachsicht der Leser erbitten. — Herr Geh.-Rat Prof. Dr. A. Herzfeld in Berlin hatte die Güte, wiederum eine Korrektur dieses Abschnittes mitzulesen und verschiedene wertvolle Bemerkungen und Zusätze beizufügen; die unter seiner Redaktion erschienene „Anweisung für einheitliche Betriebsuntersuchungen in Rohzuckerfabriken" (Berlin **1922**, ausgearbeitet durch eine Kommission deutscher Zuckerindustrieller) hat natürlich ganz besondere Beachtung gefunden, desgleichen die „Anleitung zur Ausführung chemischer Analysen in Zuckerfabriken", zusammengestellt von der Kommission des „Zentralvereins der tschechoslovakischen Zuckerindustrie" (Prag **1921**, Sonderabdruck aus der Zeitschrift dieses Vereins **21**, S. 391 u. 403; 1920). — Die Literatur ist berücksichtigt bis zum 1. Januar 1922. — Es lag nicht in der Absicht des Verfassers, sämtliche vorgeschlagene Untersuchungsweisen zu besprechen oder zu kritisieren, er mußte sich vielmehr der Hauptsache nach darauf beschränken, die zumeist üblichen und praktisch genügend bewährten Methoden anzuführen und zu beschreiben, wobei außerdem in mancher Hinsicht auf die übrigen Teile des vorliegenden Werkes zu verweisen war. Im ganzen wurde jene Kürze angestrebt, die für Berufschemiker genügt, und die Anordnung so getroffen, daß jedes prinzipiell wichtige Verfahren da, wo es zum ersten Male auftaucht, auch gleich erschöpfend abgehandelt wird, so daß alles Zugehörige sich an dieser einen Stelle möglichst vereinigt findet. Der Natur der Sache nach sind Lücken und Irrtümer wohl unausbleiblich, und der Verfasser ersucht die Leser, ihn freundlichst auf solche aufmerksam zu machen.

[2]) Vgl. Claassen, Vereinszeitschr. **1896**, S. 98; Korrespondenzbl. **1893**, Nr. 11; Herrmann, „Verlustbestimmung und Betriebskontrolle der Zuckerfabriken" (Magdeburg und Wien 1905).

Zuckergehalte verschiedener, auf demselben Felde gewachsener Rüben häufig sehr groß[1]), sondern auch in der einzelnen Rübe ist der Zucker keineswegs gleichmäßig verteilt. Sollen Durchschnittsproben ganzer Rüben gesammelt werden, so verwendet man am besten die zur Ermittelung der „Schmutzprozente" während des Entladens der Wagen oder Waggons entnommenen Proben, deren Gesamtgewicht stets mindestens einige Zentner beträgt; infolgedessen ist, da man nicht die ganze Menge auf einmal verarbeiten kann, eine weitere Auswahl nötig, die unter allen Umständen mit gewissen Willkürlichkeiten verbunden bleibt, ja dem Wesen der Sache nach gar nie eine wirklich ganz entsprechende sein kann. Die ausgewählten Rüben werden gewaschen oder mit einer scharfen Bürste gereinigt und in der Regel durch Abschneiden der Köpfe sowie der dünneren Schwanzenden von den zur Verarbeitung auf Zucker ungeeigneten Teilen befreit. Gefrorene Rüben läßt man vor der Untersuchung erst allmählich in einem mäßig warmen Raume auftauen.

Die Untersuchung bestimmter, z. B. von auswärts eingeschickter Rübensendungen erfolgt am besten gemäß einer hierzu schon vor Jahren von den österreichischen Chemikern besonders vereinbarten Vorschrift[2]). Zur Erzielung einer richtigen Durchschnittsprobe sind, falls nur wenige Wurzeln eingesendet wurden, sämtliche Rüben zu zerkleinern (s. unten); ist eine größere Anzahl von Rüben vorhanden, so wird von jeder ein ihrer Größe entsprechender aliquoter Teil (ein Ausschnitt oder Segment der Länge nach) zur Zerkleinerung gebracht. Zu einer Probe, also zu einer Zuckerbestimmung sollen höchstens 20 Rüben benutzt werden. Enthält das eingesandte Muster mehr als 20 Rüben, so wird es in mehrere kleinere Muster von gleichem Gewichte geteilt, und der arithmetische Durchschnitt sämtlicher Befunde gilt als Zuckergehalt des Gesamtmusters.

Um gleichartige Musterproben, z. B. zur Versendung behufs Analyse durch zwei verschiedene Handelschemiker zu erhalten, sind die betreffenden Rüben nach dem Köpfen und Putzen jede für sich zu wägen und dann dem Gewichte oder (entsprechend dem Augenscheine) der Größe nach, und zwar mit dem niedrigsten (kleinsten) Gewichte beginnend und mit dem höchsten (größten) endend, in eine Reihe zu legen. Die Rüben 1, 3, 5, 7, 9 usw. bilden die eine, die Rüben 2, 4, 6, 8, 10 usw. die zweite Probe.

Damit auf die mögliche Austrocknung und die durch sie veränderte Zusammensetzung der Rüben Rücksicht genommen werden könne, ist bei Absendung der Proben das Gesamtgewicht der gereinigten Rüben zu ermitteln und dem untersuchenden Chemiker mitzuteilen.

Viel leichter als von ganzen Rüben läßt sich eine zutreffende Durchschnittsprobe[3]) von den frischen Rübenschnitzeln erhalten.

[1]) Über Probenahmen vom Felde siehe die Prager „Anleitung" (weiterhin kurz als „Anleitung" zitiert), S. 2.

[2]) Jahr- und Adressenbuch der Zuckerfabriken und Raffinerien Österreich-Ungarns **1909/10**, 81. S. auch Ledoux, „Sucrerie Belge" **38**, 218; 1909.

[3]) Über die richtige Art der Probenahmen vgl. stets die obenerwähnte „Anweisung" (Berlin 1922) sowie die „Anleitung", (Prag 1921); Rübenschnitzel: S. 4 und S. 3.

Meistens entnimmt man diese in möglichst kurzen Zwischenräumen (alle 10 Minuten) von den Fördervorrichtungen und sammelt die gleich großen Proben in einem reinen trockenen, gut verschließbaren Blechgefäße, dessen Inhalt (etwa 5 kg) in der Regel alle 3 bis 4 Stunden, wenn aber zersetzte Rüben verarbeitet werden, jede Stunde, gründlich durchgemischt wird; mechanische (selbsttätige) Probenehmer haben sich zu diesem Zwecke noch nicht genügend bewährt. Falls das Brühverfahren angewandt wird, ist besonders darauf zu achten, daß die Schnitzel keinen Wasserdampf aufnehmen. — Diese sehr verbreitete Methode hat aber den Nachteil, daß man unwillkürlich die längsten und zuckerreichsten Schnitte faßt und daher leicht zu hohe Ergebnisse erhält; es ist richtiger, die 5 kg unmittelbar in dem Blechgefäße aufzufangen und das weitere Durchschnittsmuster nicht mit der Hand aus ihnen zu ziehen, sondern z. B. mit dem von Urban angegebenen Probenehmer[1]).

Rüben sowohl wie Rübenschnitzel müssen zum Zwecke der Untersuchung in ausreichender Menge[2]) einer weitgehenden Zerkleinerung unterworfen werden, bei der jeder Saftverlust zu vermeiden ist. Aus ersteren wird mit Hilfe der Kiehleschen Rübenschleifmaschine, der Rübenbohrmaschine von Keil und Dolle[3]), oder der Stanek-Pernerschen Reibe, aus letzteren durch die ebenfalls von Kiehle konstruierte Quetschmühle[4]) ein äußerst feiner, sog. „unfühlbarer, geschliffener" Brei gewonnen; in vorzüglicher Beschaffenheit läßt sich solcher rasch und billig, und zwar aus allen Materialien, auch mittels der Vorrichtungen von Herles[5]) und von Pellet[6]) erhalten. Ein gröberer, aber gleichmäßig zerteilter Brei, der jedoch für die meisten Zwecke vollständig genügt, wird aus Rüben mittels Handreiben, aus Schnitzeln durch mindestens zweimaliges Zerkleinern mittels der bekannten, neuerdings sehr verbesserten Fleischhackmaschinen oder Messerhackmaschinen erzeugt (System Record, Keystone, oder dgl.)[7]). Die Handreiben sollen grob und scharfkantig sein, damit man die ganzen Rüben, der Länge nach, bis etwa zur Hälfte, rasch und gründlich zerreiben kann. Erwähnt sei schließlich noch die von Dehne in Halberstadt konstruierte Bohrmaschine[8]), sowie jene von M. Wahrendorf in Oschersleben, die angeblich ohne motorischen, ja selbst ohne indirekten Handbetrieb (d. h. ohne Schwungrad und Transmission) stets sehr gleichmäßigen Brei ohne allen Saftverlust ergibt. Alle diese Apparate sind stets in mechanisch tadellosem Zustande und peinlich rein und sauber zu erhalten.

---

[1]) Zeitschr. f. Zuckerindustrie in Böhmen II, **1**, 3 u. 37; 1920.

[2]) Herstellung und Verwendung zu kleiner Probemengen kann nach Le Docte zu sehr erheblichen Differenzen (0,4% und mehr) Veranlassung geben (Sucrerie Belge **39**, 128; 1910).

[3]) Vereinszeitschr. **1889**, 584; vgl. auch Frühling, „Anleitung", ed. Rössing **1919**, 245.

[4]) Vereinszeitschr. **1892**, 281; sie bedingt leicht Saftverlust und Erwärmung des Breies.

[5]) Zeitschr. f. Zuckerindustrie in Böhmen **25**, 209; 1900 und **26**, 167; 1901.

[6]) Sucrerie indigène **62**, 644; 1903; „Sans Pareil" genannt.

[7]) Staněk, Zeitschr. f. Zuckerindustrie in Böhmen **30**, 319; 1912.

[8]) Zentralbl. f. d. Zuckerindustrie der Welt **1897**, 65.

Der Brei (am besten etwa 1 kg) wird vor dem Gebrauche sorgfältig durchgemischt und in mit Deckel verschließbare Gefäße gebracht; die für die Einzelbestimmungen nötigen Mengen sind wegen der durch den starken Wassergehalt bedingten leichten Veränderlichkeit des Breies möglichst schnell hintereinander abzuwägen und die Gefäße nach jeder Probeentnahme wieder zu bedecken. Nach Pellet[1]) soll sich jedoch der Brei in gut bedeckten Gefäßen und bei mittlerer Temperatur immerhin 3 bis 5 Stunden unzersetzt aufbewahren lassen, und zwar ohne jeden konservierenden Zusatz.

A. Bestimmung des Zuckergehaltes.

Die zur Zuckerbestimmung abzuwägende Substanzmenge beträgt gemäß der im Jahre 1900 erlassenen Vorschrift der „Internationalen Kommission für einheitliche Methoden der Zuckeruntersuchungen" 26 g[2]). Diese Menge ist das „Normalgewicht" für den in Deutschland und, mit Ausnahme des offiziellen Frankreichs, auch in fast allen anderen Ländern üblichen Polarisationsapparat von Soleil - Ventzke-Scheibler, dessen Einrichtung und Gebrauch, namentlich in den verschiedenen, von Schmidt und Haensch, Peters, Frič u. A. erdachten Modifikationen, als bekannt vorausgesetzt wird[3]); der erwähnten internationalen Vorschrift von 1900 zufolge sollen fortan ausschließlich Halbschattenapparate zur Anwendung gelangen, deren es eine ganze Anzahl in trefflich bewährten Konstruktionen gibt. Der Hundertpunkt des Saccharimeters wird, nach Interpretation der „Physikalisch-Technischen Reichsanstalt", festgestellt[4]), indem man bei 20° C[5]) im 200-mm-Rohre eine Lösung polarisiert, die bei 20° C in 100 ccm 26 g chemisch reinen Zucker enthält, der mit Messinggewichten von 8,4 Dichte in Luft von 0,0012 Dichte abgewogen wurde (oder 26,016 g Zucker, falls das Gewicht im luftleeren Raum zugrunde gelegt wird); hierbei gilt 1 ccm als Volum von 1 g Wasser bei 4° C, im luftleeren Raume abgewogen, entsprechend dem Volum von 0·997 174 g Wasser, bei 20° C in Luft und mit Messinggewichten abgewogen. Jeder Teilstrich der Skala entspricht, wie ersichtlich, einer Zuckermenge von 0,26 g in 100 ccm der Lösung; wägt man also von irgendeinem Zucker oder zuckerhaltigen Stoffe 26 g wie angegeben ab, löst bei 20° C zu 100 wahren ccm und bestimmt die Ablenkung in einem 200 mm langen Rohre bei 20° C, so erhält man ohne weitere Rechnung den Prozent-

---

1) Bull. Ass. Chim. **23**, 539; 1905.

2) Vereinszeitschr. **1900**, 357.

3) Den käuflichen Apparaten sind überdies stets genaue Gebrauchsanweisungen beigegeben. — Über die Kontrolle der Apparate durch Normalquarzplatten und die großen Fehler, die hierbei Pressungen dieser Platten (und infolgedessen auch wechselnde Temperaturen!) veranlassen können, s. Herzfeld, Vereinszeitschr. **1899**, 1 und Wiechmann, ebenda, S. 266; über gewisse durch Konstruktion und Handhabung der Polarimeter bedingte Fehler, deren Ermittlung und Beseitigung, Kovar, Öst.-Ung. Zeitschr. f. Zuckerindustrie **1902**, 448.

4) Vereinszeitschr. **1901**, 542.

5) Vereinszeitschr. **1900**, 997.

gehalt der angewandten Substanz an Zucker. — Nach Bates und Jackson[1]) wird dieser Vorschrift gemäß statt 100° nur rund 99,9° gefunden, und zum nämlichen Ergebnisse gelangte auch Staněk[2]); die Nachprüfung im „Institute für Zuckerindustrie" ist derzeit noch im Gange, so daß Endgültiges über eine etwa erforderliche Abänderung noch dahinsteht. Betreff der Darstellung des zu solchen Untersuchungen erforderlichen, chemisch-reinen Zuckers ist die Arbeit Kraisys zu vergleichen[3]). — Um zu richtigen Ablesungen zu gelangen, ist, wie Schönrock ausdrücklich hervorhebt[4]), bei Benutzung weißen Lichtes zu berücksichtigen, daß auch verschiedene weiße Lichtquellen, besonders wenn verschiedene Beobachter in Frage kommen, immer noch merkliche Differenzen bedingen, die erst dann verschwinden, wenn man das Licht durch eine 1,5 cm dicke Schicht von 6 proz. Kaliumbichromatlösung reinigt.

In der Praxis steht zur Zeit immer noch vielerorts, namentlich in den Zuckerfabriken, das sog. „alte" Normalgewicht von 26,048 g in Benutzung, das sich nicht auf wahre Kubikzentimeter bezieht, sondern auf Mohrsche: 26,048 g Zucker (in der Luft abgewogen) drehen, bei 17,5° C zu 100 ccm gelöst und in einer Röhre von 200 mm Länge bei 17,5° C untersucht, die Polarisationsebene um 100°, und es entspricht jeder Teilstrich der Skala einer Zuckermenge von 0,26048 g in 100 ccm der Lösung. Die Fortdauer dieses Zustandes sollte nicht mehr geduldet werden.

Ein für allemal sei hier sogleich bemerkt, daß nach Herzfelds Untersuchungen (a. a. O.) genaue und richtige polarimetrische Resultate nur dann zu erzielen sind, wenn die Temperatur der Polarimeter, der sämtlichen Geräte und der Arbeitsräume, vor Anstellung der Versuche mindestens 3 Stunden lang konstant erhalten wurde; weicht die Beobachtungstemperatur um mehr als einige Grade von der Justierungstemperatur (20 oder 17,5° C) ab, so genügt die bloße Einstellung des Nullpunktes nicht mehr zur Kontrolle des Apparates, weil sich mit der Temperatur auch der Wert der Skala ändert. In diesem Falle muß man den Wert der Kontrollquarzplatten (die nicht eingekittet sein dürfen) mittels einer Normallösung chemisch reinen Zuckers für eine bestimmte (z. B. die in der Regel herrschende) Temperatur feststellen, diese aber dann auch bei allen übrigen Analysen einhalten. Anderenfalls sind bedeutende und ihrer Größe nach wechselnde Fehler, die bis $\pm$0,65° betragen können, ganz unvermeidlich. Kölbchen, Gefäße usf. müssen ebenfalls bei der Justierungstemperatur geeicht sein.

Die Rübenanalyse durch die Zuckerbestimmung im Safte, d. h. durch Polarisation des Preßsaftes und Ausrechnung „auf Rübe" mittels eines „Saftgehaltfaktors" von 0,95, ist als willkürlich und ganz unzuverlässig unbedingt zu verwerfen und durch jene der Zucker-

[1]) Chem.-Ztg. **40**, Repert. 310; 1916.
[2]) Zeitschr. f. Zuckerindustrie in Böhmen II, **2**, 417; 1921.
[3]) Vereinszeitschr. **1921**, 785.
[4]) Vereinszeitschr. **1904**, 521.

bestimmung in der Rübe zu ersetzen. Diese erfolgt gegenwärtig, da die kalte alkoholische Digestion des Rübenbreies nach Stammer[1]), sowie die warme alkoholische Digestion nach Rapp-Degener[2]), wegen ihrer Umständlichkeit und ihrer zahlreichen Fehlerquellen außer Gebrauch gekommen sind, hauptsächlich nach drei Methoden: der heißen alkoholischen Extraktion und der heißen und kalten wässerigen Digestion.

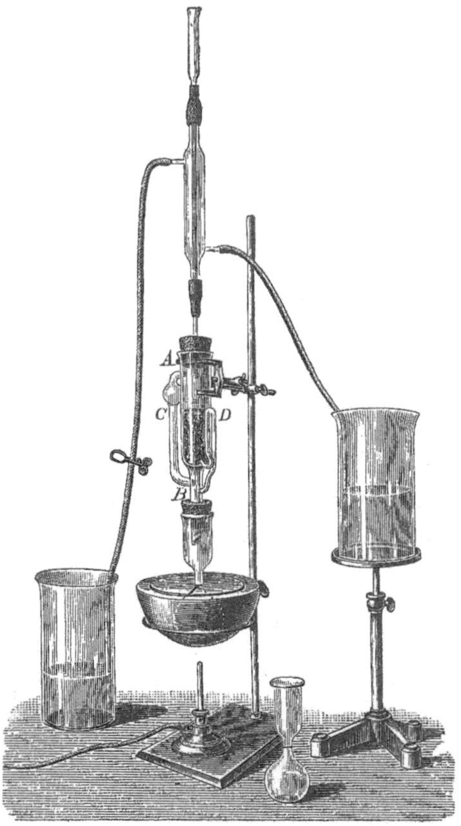

Fig. 1. Soxhlet-Sickelscher Extraktionsapparat.

Insoweit unbedingte wissenschaftliche Genauigkeit gefordert wird, ist auch heute noch die, ursprünglich von Scheibler[3]) angegebene, von Sickel[4]) verbesserte

alkoholische Extraktion

vorzuziehen, da sie nicht nur, richtige Ausführung vorausgesetzt, auch stets richtige, genaue und vom Volumen des Rübenmarkes unbeeinflußte Zahlen liefert, sondern auch den wesentlichen Vorteil bietet, daß man sich jederzeit davon überzeugen kann, ob alle polarisierende, lösliche Substanz wirklich ausgelaugt ist, eine Kontrolle, die bei den verschiedenen **Digestionsmethoden** in gleicher Weise nicht möglich erscheint.

Der zur Ausführung der alkoholischen Extraktion zumeist in Gebrauch stehende Apparat ist der von Sickel abgeänderte Soxhletsche Heberextraktionsapparat, der in Fig. 1 dargestellt und so allgemein bekannt ist, daß er einer besonderen Beschreibung an dieser Stelle nicht bedarf. Sehr zweckmäßig und in der Handhabung besonders bequem und sicher ist der Apparat in einer ihm von Herzfeld[5]) gegebenen, hier ebenfalls abgebildeten Gestalt

---

1) Vereinszeitschr. **1883**, 206; **1884**, 73.
2) Vereinszeitschr. **1882**, 786.
3) Neue Zeitschr. f. Rübenzuckerindustrie III, S. 242.
4) Vereinszeitschr. **1879**, 692.
5) Vereinszeitschr. **1901**, 334; vgl. auch Baumann, ebenda **1890**, 689.

(Fig. 2): 1. Zu unterst befindet sich der Extraktionskolben *A*, bestehend aus zwei fast kugelförmigen Hälften von je etwa 100 ccm Inhalt; verbunden sind diese durch ein kurzes, etwa 1 cm weites Rohr, das eine Marke trägt, bis zu der die untere Hälfte genau 100 ccm faßt $\left(\text{bei } t = \frac{20^\circ}{4^\circ}\right)$. 2. Der nun folgende Extraktionsapparat *B* ist der Müllersche[1]), der die Entnahme von Proben der auslaugenden Flüssigkeit durch ein seitlich angebrachtes, für gewöhnlich durch einen kleinen Stopfen verschlossenes Röhrchen gestattet; vor die innere Öffnung des Heberrohres wird ein rundes Drahtnetz von 3 cm Durchmesser gelegt. 3. Den Abschluß bildet ein Soxhletscher Glaskühler in der von Richter angefertigten (vom „Institut für Zuckerindustrie", Berlin, Amrumer Straße, vorgeschlagenen) gedrungenen Form. Der ganze Apparat steht in einem Wasserbade von solcher Tiefe, daß das Sieden in *A* rasch und kräftig genug erfolgt, um alle 3—4 Minuten den Heber in Tätigkeit treten zu lassen.

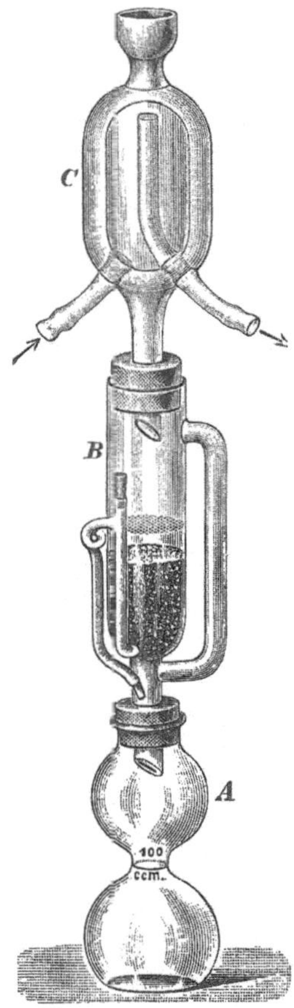

Fig. 2. Soxhlet-Herzfeldscher Extraktionsapparat.

Von dem Rübenbrei[2]) werden 26 g in einer Neusilberschale mit flacher Schnauze abgewogen und in ihr sogleich[3]) mit 3 ccm Bleiessig[4]) und einigen Kubikzentimetern 90proz. Alkohol (mittels eines Glasstabes) gut verrührt; dieser sofortige Bleiessigzusatz hat nicht nur den Zweck, Nichtzuckerstoffe unlöslich an Blei zu binden, sondern wirkt auch auf den Quellungszustand des Markes in günstiger Weise ein und vermindert dadurch die Extraktionsdauer. Das Gemenge spült man mit 90proz. Alkohol verlustlos in den Extraktionsapparat *B*, verteilt den Brei in dessen unterem Teile locker und gleichmäßig, fügt 2—3 Stückchen ausgeglühten Bimssteines zu (zwecks Vermeidung von Siede-

[1]) Zeitschr. f. angew. Chemie **5**, 232; 1892.

[2]) Bei Anwendung von geschliffenem Rübenbrei mischt man diesen zweckmäßigerweise mit reinen Glasperlen, um eine möglichst gleichmäßige Verteilung des Breies zu bewirken und Bildung von Klumpen zu verhindern.

[3]) Wiskirchen, Vereinszeitschr. **1894**, S. 698.

[4]) Der bei allen Untersuchungen zur Verwendung kommende Bleiessig wird nach den Vorschriften der Pharm. germ. bereitet. Man verwendet 3 Teile Bleiacetat, 1 Teil Bleiglätte und 10 Teile Wasser. Das Bleiacetat wird mit der Bleiglätte verrieben und unter Zusatz von $^1/_{20}$ der vorgeschriebenen Menge Wassers im Wasserbade digeriert, bis die anfänglich gelbe Mischung rötlichweiß geworden ist. Dann wird das restliche Wasser zugefügt, die Flüssigkeit in einem verschlossenen Gefäße zum Absetzen beiseite gestellt und endlich filtriert. Klare, farblose Flüssigkeit vom spez. Gewicht 1,235—1,240.

verzug), und spült den Glasstab mit Alkohol ab; die Menge des Alkohols ist so zu bemessen, daß sich schließlich in *A* etwa 75 ccm Flüssigkeit befinden. Man setzt nun den Apparat in Gang, nimmt nach 2 Stunden eine Probe der Auslaugeflüssigkeit und prüft sie mittels der Ihlschen[1]), von Müller und Ohlmer[2]) weiter ausgebildeten α-Naphtholreaktion; diese ist, gemäß den „Beschlüssen[3]) der im Dienste der Zuckerindustrie tätigen österreichisch-ungarischen öffentlichen Chemiker" am besten in der Art auszuführen, daß einige Tropfen der Probeflüssigkeit mit destilliertem Wasser in einem Reagensglase auf 2 ccm verdünnt, mit 2 Tropfen tunlichst frischbereiteter 20proz. alkoholischer α-Naphthollösung gut durchgeschüttelt und schließlich mit 10 ccm reiner, salpetersäurefreier, konz. Schwefelsäure unterschichtet werden. Zeigt sich ohne weiteres Umschütteln an der Grenzschicht ein violetter Farbenring, so ist noch extrahierbarer Zucker vorhanden, und die Extraktion ist demnach weiter fortzusetzen. Sobald kein Zucker mehr nachweisbar bleibt, kühlt man den Kolben auf 20° ab, füllt ihn mit 90proz. Alkohol bis zur Marke (wobei das Innere der oberen kugelförmigen Hälfte gut abzuspülen ist) und polarisiert das Filtrat im 200-mm-Rohr. Man erhält so den Zuckergehalt der Rübe in Prozenten. Bei dieser Polarisation wie bei der aller alkoholischen Lösungen ist auf genaue Einhaltung der Normaltemperatur und auf Verwendung völlig klarer, nicht zur Schlierenbildung neigender Filtrate besonderer Wert zu legen; den ersten Teil des Filtrates läßt man am besten unbenützt, da das Papier unter Umständen zu Anfang etwas Zucker absorbieren kann[4]).

Bei Ausführung der geschilderten Methode nimmt die vollständige Extraktion häufig unverhältnismäßig viel Zeit in Anspruch; wesentliche Verbesserungen in dieser Richtung sind Herzfeld[5]) und Le Docte[6]) zu verdanken.

Nach Herzfeld füllt man einen 100-ccm-Kolben etwa zur Hälfte mit 26 g Brei nebst Alkohol von höchstens 90% und 3 bis 5 ccm Bleiessig, setzt ihn (mit einem Kühlrohr versehen) 10 bis 15 Minuten in ein Wasserbad und bringt ihn erst dann in den in Fig. 2 angegebenen Extraktionsapparat; infolge dieser Vorbehandlung findet von Anfang an eine wirksame Auslaugung statt, und die Vollendung der Extraktion vollzieht sich um mehrere Stunden rascher. Ist sehr feiner Brei zu untersuchen, so verbindet man den Extraktionsapparat mit einem Aspirator, wobei dann der Alkohol stets schnell in ein lebhaftes Kochen kommt, so daß die Analyse in 2 bis 3 Stunden vollendet ist.

Le Docte erzielt eine Verkürzung der Arbeitszeit durch Anwendung einer verbesserten Kühl- und Verteilungsvorrichtung für den Alkohol sowie ebenfalls durch Mitbenutzung eines Aspirators. Man nimmt auf 26 g Reibsel 125 bis 150 ccm Alkohol von 75% und erhitzt, sobald

---

1) Chem.-Ztg. **9**, 231; 1885.
2) Deutsche Zuckerindustrie **1892**, 419.
3) Österr.-Ungar. Zeitschr. **1897**, 509; **1901**, **664**.
4) Zentralbl. f. d. Zuckerindustrie **14**, 193; 1905.
5) Vereinszeitschr. **59**, 627; 1909.
6) Sucr. Belge **38**, 2; 1909.

der Alkohol einmal abgehebert ist, noch 25 bis 30 Minuten; innerhalb dieser Zeit findet ein 12- bis 15 maliges Abhebern der Lösung statt, das mit Sicherheit zur Beendigung der Extraktion genügt; durch den Kühler hindurch kann man mittels eines Glasrohres jederzeit leicht Proben der Extraktionsflüssigkeit entnehmen.

Bei den

Digestionsmethoden

wird die Auslaugung des Zuckers direkt in einem genügend weithalsigen Meßkolben oder in einem sonstigen geeigneten Gefäße vorgenommen, und die Polarisation des Filtrates ergibt, unter Umständen nach Anbringung einer Korrektur für den durch das Rübenmark eingenommenen Raum[1]), unmittelbar den Prozentgehalt der Rübe an Zucker. Auf vollständige Entfernung der vom Brei eingeschlossenen Luft ist hierbei natürlich sorgfältig zu achten, ebenso sind die allmählich durch zahlreiche Arbeiten festgestellten richtigen Ausführungsvorschriften genauestens einzuhalten.

a) Die von Pellet angegebene **warme wässerige Digestion** führt man auf Grund der oben erwähnten „Beschlüsse", in der Modifikation von Herles, wie folgt aus[2]):

Es wird auf je 100 ccm Kolbeninhalt das halbe Normalgewicht Brei, der auch von gröberer Beschaffenheit sein darf, abgewogen (am besten 52 g auf 400 ccm) und mit heißem Wasser, dessen Temperatur nicht unter 90° C sinken darf, in den Kolben gespült; nach Zusatz von Bleiessig (auf je 26 g 4 bis 5 ccm) füllt man mit heißem Wasser fast bis zu drei Vierteln des Kolbeninhaltes auf, schüttelt gut durch, beseitigt den aufsteigenden Schaum durch Äther, füllt bis etwa 0,5 ccm über die Marke Wasser nach, mischt nochmals gründlich vermittels kreisender Bewegung und läßt 20 Minuten stehen; hierauf wird abgekühlt, der restliche Schaum mit Äther niedergeschlagen, genau zur Marke aufgefüllt, durchgeschüttelt, filtriert und polarisiert. Der verdoppelte Befund, mit 0,997 multipliziert, ergibt die Zuckerprozente. Diese Multiplikation entfällt, wenn man Kolben benutzt, deren Marke so angebracht ist, daß der vom Rübenmarke eingenommene Raum von vornherein gebührend berücksichtigt erscheint.

Über Ausführungsweisen, die durch allmähliche Abänderungen der kalten wässerigen Digestion aus letzterer Methode hervorgegangen sind, siehe im folgenden Absatz b.

Herzfeld[3]) empfiehlt, 26 g Brei in einer Metallschale mit 5 bis 6 ccm Bleiessig zu verrühren, das Gemenge mit siedendem Wasser in einen 200,3-ccm-Kolben zu bringen, und unter stetem Umschwenken sowie unter Zugabe von etwas absolutem Alkohol allmählich bis etwa 1 ccm über die Marke aufzufüllen, eine halbe Stunde im Wasserbade bei 75 bis 80° zu digerieren, nach dem Abkühlen zur Marke einzustellen,

[1]) Das Mark von 26 g Rübenbrei nimmt nach Rapp den Raum von 0,6 ccm ein. Man füllt entweder zu 100 ccm auf und multipliziert die Polarisation mit 0,994 oder wendet Meßkolben von 100,6 ccm bzw. 201,2 ccm Inhalt an (s. unten).

[2]) Österr.-Ungar. Zeitschr. **1897**, 510; **1901**, 664; Anleitung S. 3.

[3]) Vereinszeitschr. **59**, 627; 1909.

bei feinem Brei eine halbe Stunde, bei gröberem 2 Stunden (unter öfterem Umschütteln) stehen zu lassen und erst dann zu filtrieren.

b) Als beste Modifikation der ursprünglichen **kalten wässerigen Digestion** Pellets hat sich die von Fr. Sachs[1]) vorgeschlagene bewährt, die eine praktische Verbesserung jener von Kaiser und Lewenberg[2]) ist. Ein von Le Docte angegebener Apparat gestattet die schnelle Ausführung einer großen Anzahl von Rübenanalysen in sehr zweckmäßiger Weise. Man wägt das Normalgewicht (26 g feinen Rübenbreies, dargestellt mittels der Apparate von Pellet [Sans Pareil][3]), Herles, oder der Keil-Dolleschen Reibe, die nicht mehr als 250 Umdrehungen machen soll[4]), in einer zylinderförmigen, glattrandigen, mit flachem Boden versehenen Schale aus verzinntem Kupfer ab, setzt unter stetem Umrühren aus der eigens konstruierten Pipette 177 ccm Wasser (einschließl. 5 ccm Bleiessig)[5]) zu und schüttelt nach Auflegen einer passenden, mit Kautschuk überzogenen und etwas eingefetteten Glasscheibe tüchtig durch, indem man die Schale mit beiden Händen anfaßt, während die beiden Daumen den Deckel festhalten. Binnen 3 Minuten ist die Lösung beendet; man filtriert und polarisiert (unter Umständen nach Zusatz von 2 Tropfen Essigsäure) im 400-mm-Rohr. Herzfeld[6]) fand es jedoch vorteilhafter, zum Zwecke vollständiger Entluftung vor der Filtration unter öfterem Rühren und Umschütteln 30 Minuten stehen zu lassen; die Entluftung ist besonders wichtig, wenn irgendwie veränderte, oder wenn erfrorene Rüben vorliegen, und kann dann auch, unter Benutzung einer geeigneten Leitung, mit Hilfe der Luftpumpen des Fabrikbetriebes geschehen[7]).

Eine Abänderung der kalten wässerigen Digestion, die sich als besonders zeitsparend und zuverlässig bewährte und auch die Anwendung gröberen Breies gestattet, hat Herzfeld[8]) vorgeschlagen. Zur raschen Ausführung einer größeren Anzahl Untersuchungen ist die Beschaffung einer genügenden Anzahl von Bechern aus vernickeltem Eisenblech erforderlich, deren 4 cm weiter Hals durch mit Stanniol bekleidete Korkpfropfen verschließbar ist, sowie die von Wägeschälchen oder Blechschiffchen genau gleichen Gewichts, die gerade 26 g Rübenbrei fassen und leicht in die Becher einzuführen sind. Man bringt die Schale mit 26 g Brei in den Becher, läßt aus einer entsprechend eingerichteten automatischen Bürette genau 177 ccm (das ist die von Sachs festgestellte Menge) eines Gemisches von 200 Tl. Wasser und 5 Tl. Bleiessig der Reichs-Pharmakopöe zufließen, verschließt, schüttelt kräftig

---

[1]) Bull. Ass. Chim. **14**, 377; 1896; Vereinszeitschr. **1896**, S. 865.

[2]) Deutsche Zuckerindustrie **1893**, 413.

[3]) Über die ganz besonderen Vorsichtsmaßregeln, die die Presse „Sans Pareil" voraussetzt, s. Le Docte, Sucrerie Belge **39**, 26; 1910.

[4]) Pellet, Bull. Ass. Chim. **22**, 317; 1904.

[5]) Man kann auch vorher Wasser und Bleiessig im Verhältnis 30 bis 35 : 1 mischen.

[6]) Vereinszeitschr. **1902**, 941.

[7]) Laszewski, Zentralbl. f. d. Zuckerindustrie **1904**, 283; Bull. Ass. Chim. **22**, 584; 1905; s. hingegen Pellet, ebenda S. 579 und 754.

[8]) Vereinszeitschr. **59**, 627; 1909.

durch und kann, falls feiner homogener Brei vorlag, sofort filtrieren und polarisieren. War der Brei jedoch gröber, so bringt man den locker verschlossenen Becher zunächst 30 Minuten in ein auf 75 bis 80° vorgewärmtes Wasserbad, kühlt ihn hierauf auf Zimmertemperatur ab, schüttelt durch und polarisiert dann wie üblich. Die Ergebnisse stimmen mit denen nach Sachs - Le Docte meist überein, zuweilen aber sind sie ihnen um 0,2—0,4% überlegen. Offenbar ist die Auslaugung in solchen Fällen eine vollständigere gewesen, und dieses bestätigt auch die in zweifelhaften Fällen stets sehr wertvolle Kontrolle durch die alkoholische Extraktion[1]).

Gleichzeitig mit Herzfeld veröffentlichte auch Le Docte[2]) eine analoge weitere Abänderung der ursprünglichen kalten wässerigen Digestion, durch die diese allerdings den Charakter einer „kalten" nunmehr völlig verloren hat. Man zerkleinert die Rübenschnitte mittels einer verbesserten Fleischhackmaschine (mit sehr kurzer Schnecke), behandelt den Brei wie üblich, bringt je sechs der Metallbecher, in einen entsprechend gelochten Deckel eingehängt, in ein Wasserbad, erhält sie darin 30 Minuten bei 80 bis 85°, setzt hierauf den Deckel samt den Bechern in ein Kühlbad (auf das er ebenfalls genau paßt) und führt nach 10 Minuten die Untersuchung zu Ende. Das Verfahren läßt sich, wenn alles Nötige ein für allemal angeschafft und aufgestellt ist, rasch, bequem und sicher handhaben und ist namentlich dort sehr brauchbar, wo täglich zahlreiche Analysen auszuführen sind. Voraussetzung ist jedoch die Anwendung der neuesten, sorgfältigst gearbeiteten Apparate und Vorrichtungen, zu denen u. a. auch eine verbesserte Bürette gehört, deren Vierweghahn den Zusatz von Wasser allein oder von wechselnden Mischungen aus Wasser und Bleiessig ermöglicht, und zwar in veränderlichen, aber stets kontrollierbaren Mengen und in völlig selbsttätiger Weise.

Bei richtiger und sachgemäßer Ausführung liefern die verbesserten Pelletschen Methoden, namentlich aber die heiße wässerige Digestion, gute, auch mit denen der alkoholischen Extraktion genügend übereinstimmende Ziffern, mindestens in jener großen Mehrzahl der Fälle, bei denen es sich um normale, d. h. unter günstigen Umständen gewachsene und aufbewahrte Rüben handelt; auf unbedingtes, jeden weiteren Vergleich überflüssig machendes Zusammenfallen der Ergebnisse ist aber, wie Stift ausdrücklich hervorhebt, nicht zu rechnen[3]). Liegen nämlich unter abnormen Bedingungen gewachsene, geerntete oder konservierte Rüben (z. B. an Pektinstoffen sehr reiche) oder erkrankte Rüben vor (die keineswegs ohne weiteres stets von außen kenntlich sind!), so können nach Angaben verschiedener Beobachter,

[1]) Über die Benützung eines hohlen Glasstopfens mit Kühlrohr zum Verschluß der Becher vgl. Dahle, Deutsche Zuckerindustrie **38**, 225; 1913. — An Stelle des Herzfeldschen Bechers verwenden Stanek und Urban (Zeitschr. f. Zuckerindustrie in Böhmen **34**, 625; 1910) eine 500 ccm fassende gut verzinkte Miniatur-Milchversandkanne mit entsprechend gestaltetem Verschlußdeckel, in die man 52 g Brei einwägt und 354 ccm des Bleiessigwassers bringt.

[2]) Sucr. Belge **37**, 530, 563; 1909 und **38**, 568; 1910 mit zahlreichen Abbildungen.

[3]) Österr.-Ungar. Zeitschr. **29**, 411; 1901.

die zwar verschiedentlich angezweifelt, aber im Einzelfalle nicht entscheidend widerlegt wurden, die Ergebnisse der Pelletschen Methoden unter Umständen recht erheblich von jenen der alkoholischen Extraktion abweichen[1]). Die Kontrolle mittels der Extraktion bleibt daher in solchen zweifelhaften Fällen empfehlenswert, besonders dann, wenn die analytischen Resultate den Betriebsrechnungen zugrunde gelegt werden sollen.

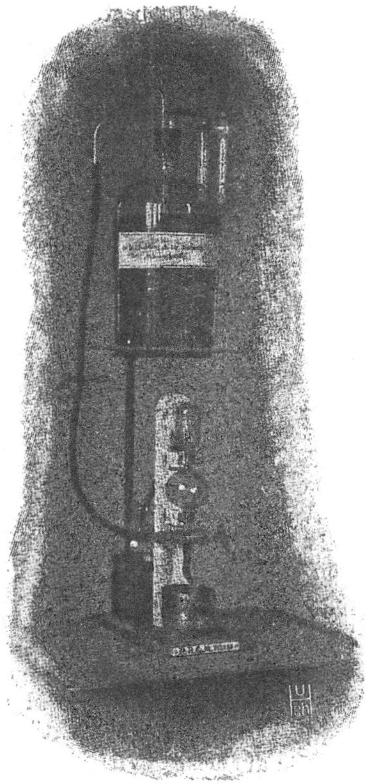

Fig. 3. Apparat von Krüger zur Massenuntersuchung von Rüben.

Handelt es sich um rasch auszuführende Massenuntersuchungen von Rüben, z. B. zu Zwecken der Rübenübernahme oder der **Samenzucht,** so ist, falls man nicht absolut genaue Ergebnisse, sondern nur Grenzwerte fordert und sich daher mit richtig ermittelten Vergleichswerten begnügt, die kalte wässerige Digestionsmethode besonders am Platze. Samenrüben darf behufs Ermittelung des Zuckergehaltes stets nur ein geringer Anteil entnommen werden (um Schädigungen ihres späteren Wachstumes auszuschließen); hierzu benutzt man die Samenrüben-Bohrmaschine von Keil und Dolle. Man verwendet $^1/_4$ des Normalgewichtes an Brei und Pipetten von 44,25 ccm Inhalt und verfährt im übrigen nach b). Die Polarisationen nimmt man zweckmäßig mittels der außerordentlich praktischen Pelletschen Durchflußröhre[2]) vor.

Ein zur Massenuntersuchung von Rüben sehr handlicher, von Krüger[3]) konstruierter und von Primavesi in Magdeburg zu beziehender Apparat wird in der Praxis immer noch vielfach gebraucht, obwohl die Ergebnisse nach Krüger-Primavesi oft recht merklich hinter jenen nach Sachs-Le Docte oder nach Herzfeld zurückbleiben.

Nach Frühling[4]) wendet man den Krügerschen Apparat (Fig. 3) am besten in nebenstehender verbesserter Gestalt an, in der die Pipette,

---

[1]) Siehe die Erfahrungen Strohmers, ebenda, **39**, 656; 1910.

[2]) Vereinszeitschr. **1891**, 338; **1892**, 277.

[3]) Deutsche Zuckerindustrie **1896**, 2434; verbesserte Konstruktion ebd. **1904**, 1644.

[4]) Deutsche Zuckerindustrie **1904**, 1545; Apparat und Gebrauchsanweisung sind vom Laboratorium Frühling und Schulz in Braunschweig zu beziehen.

statt der älteren, umständlichen und zerbrechlichen Armatur, nur mehr einen einzigen Glashahn besitzt, der jederzeit mit Leichtigkeit gereinigt und wieder eingesetzt werden kann. Jeder Pipette wird ein, ihrer zugehörigen Breimenge (die 5 bis 50 g betragen kann) entsprechendes Gewichtsstück beigegeben, und bei vorschriftsgemäßem Verfahren ergibt die polarimetrische Ablesung auch hier unmittelbar den prozentischen Zuckergehalt der Rübe.

Von verschiedenen Seiten wird seit kurzem empfohlen, die polarimetrische Analyse der aus der Rübe gewonnenen Säfte durch die refraktometrische zu ergänzen oder zu ersetzen, und es ist kaum zu bezweifeln, daß dies mit Erfolg in weitgehendem Maße geschehen kann; ein sicheres Urteil hierüber läßt sich aber augenblicklich nicht fällen, da es bisher doch noch an ausreichenden Erfahrungen und namentlich an zuverlässigen Vergleichsanalysen fehlt. Gleich an dieser Stelle sei bemerkt, daß sich der Refraktometer (vgl. Bd. III, S. 546ff.), wie zu vielen anderen Zwecken, so auch zu denen der Zucker analyse ganz vortrefflich bewährt hat, namentlich in den neueren, auf Grund der Vorschläge von Herzfeld und von Schönrock sehr verbesserten Ausführungen von Zeiss[1]), sowie jenen von Goerz; diese hier zu beschreiben ist, angesichts ihrer weiten und allgemeinen Verbreitung, nicht mehr erforderlich, um so mehr als den Instrumenten genaue Gebrauchsanweisungen beigegeben werden. Die jetzt eingeführten Skalen gestatten eine unmittelbare Ablesung der Prozentzahlen, so daß man der Benützung der früher unentbehrlichen Tabellen[2]) überhoben ist, mindestens wenn man bei normaler Temperatur arbeitet; für andere Temperaturen stellte Schulz Korrekturtabellen auf[3]), die übrigens neuerdings ebenfalls von den Verfertigern der Apparate mitgeliefert werden[4]).

B. Bestimmungen des Mark- bzw. Saftgehaltes und der Trockensubstanz.

Unter „Mark" der Rübe versteht die Praxis die in Wasser unlöslichen festen Bestandteile des Rübenkörpers, die in getrocknetem Zustande zumeist etwa 4 bis 5% vom Gewichte der Rüben betragen. Man ermittelt den Markgehalt durch völliges Auslaugen von 20 g möglichst feiner Schnitte oder auch feinen Breies, die in einem Becherglase mit ca. 400 ccm Wasser übergossen und damit unter Umrühren $^1/_2$ Stunde stehen gelassen werden. Darauf saugt man die überstehende Flüssigkeit ab, am besten mittels der Wasserstrahlpumpe, indem man in das Becherglas ein unten trichterförmig erweitertes und an dieser Erweiterung (15 mm Weite) mit einem eng anschließenden Pfropfen von Klavierfilz

[1]) Paar u. Kraisy, Vereinszeitschr. **1903**, 760.
[2]) Schönrock, Vereinszeitschr. **1901**, 421.
[3]) Schulz, Vereinszeitschr. **1921**, 89.
[4]) Wie Schulz u. Schönrock nachwiesen (Vereinszeitschr. **1921**, 347 u. 417), sind (entgegen erhobenen Zweifeln) die Grundlagen der Refraktometrie durchaus zuverlässige und wohlbewährte.

versehenes Glasrohr eintauchen läßt. Sobald der Rückstand im Becherglase hinreichend wasserfrei erscheint, gießt man neues Wasser auf und wiederholt diese Operation so oft, bis keine löslichen Stoffe mehr an das Wasser abgegeben werden. Schließlich bringt man den Rückstand auf ein vorher getrocknetes und gewogenes Filter, spült das Filzfilter vollständig ab, wäscht mit heißem Wasser, Alkohol und Äther, trocknet den Filterinhalt anfangs bei mäßiger Temperatur (50 bis 60°), später bei 100 bis 105°, höchstens bei 110°, wägt und verascht[1]). Die Asche wird von dem Gesamttrockenrückstand abgezogen und der Rest als aschenfreies Mark berechnet; die Differenz dieser Zahl gegen 100 ergibt den sog. „Saftgehalt", dem jedoch keineswegs die große Bedeutung zukommt, die ihm gewohnheitsmäßig noch immer von vielen zugeschrieben wird. Denn da die Löslichkeit der „festen Bestandteile" in hohem Grade von deren Natur, von der Art der auslaugenden Flüssigkeit, von der Temperatur usw. abhängt, und da ferner das Mark nicht als solches, d. h. wasserfrei, in der Rübe enthalten ist, sondern als Hydrat, so ist es offenbar, daß die Menge dessen, was man üblicherweise als „Mark" zu bestimmen pflegt, von vielerlei Zufälligkeiten abhängt und auf die Höhe des tatsächlichen Saftgehaltes der Rübe keinerlei zuverlässigen Schluß gestattet. Zu Zwecken der Fabrikationskontrolle darf man daher nie vom sog. Saftgehalte ausgehen, sondern allein vom Zuckergehalte der Rübe selbst. — Vergleiche zwischen den Markgehalten verschiedener Rüben sind, dem Dargelegten zufolge, nach Claassen[2]) nur dann zulässig, wenn die Analysen nach einheitlicher, genau vereinbarter Vorschrift erfolgten.

Die zur Bestimmung des Wassergehaltes aller Rohstoffe und Produkte der Zuckerfabrikation benutzten Trockenschränke[3]) müssen durch ihre Konstruktion die Gewißheit bieten, daß in ihnen tatsächlich die von dem Thermometer angezeigte Temperatur herrscht. Lufttrockenschränke mit einfachen Wandungen und direkter Erhitzung des Bodens sind ganz zu verwerfen; anwendbar sind solche mit Doppelwänden und geeigneter Luftzirkulation. Die Schälchen mit der zu trocknenden Substanz stehen auf Asbesteinlagen, um jede direkte Wärmeübertragung auszuschließen. Völlige Sicherheit gegen Überhitzung gewähren Trockenapparate, deren Innenraum durch geeignete, in der Doppelwandung zirkulierende Flüssigkeitsdämpfe oder Flüssigkeiten (Toluol, Glycerin usw.) auf der erforderlichen Temperatur ge-

[1]) Skärblom schlägt vor, 10 g der fein zerkleinerten Probe und 40 g kaltes Wasser mittels eines Glasstäbchens gut zu verrühren, das Gemisch auf einen (gewogenen) kleinen Glastrichter mit feinlöcherigem Platinkonus zu bringen, nachzuspülen, mit eben aufgekochtem Wasser rasch auszuwaschen, bis der untergesetzte 200-ccm-Kolben gefüllt ist (wobei dann α-Naphthol keinen Zucker mehr anzeigt), das Mark vorsichtig an den Trichter anzudrücken, 20 ccm 95 proz. Alkohol aufzugeben und abzusaugen, und nun bis zur Gewichtskonstanz zu trocknen, was binnen 1 bis 2 Stunden gelingt. (Vereinszeitschr. **60**, 931; 1910.)

[2]) Vereinszeitschr. **1916**, 360.

[3]) Vgl. Soxhlet, Vereinszeitschr. **1891**, S. 691. Alberti und Hempel, Deutsche Zuckerindustrie **1892**, 385, Vereinszeitschr. **1892**, 856; Vereinszeitschr. **1893**, 130 und 445. — Gut bewährt haben sich auch mit elektrischer Heizung versehene Trockenschränke.

halten wird. Besonders zu empfehlen ist der Vakuum-Dampftrockenschrank von Baumann und Horn[1]). Ganz unentbehrlich sind Vakuumtrockenapparate dann, wenn die zu untersuchenden Produkte saurer Natur sind oder wesentliche Mengen Invertzucker enthalten, weil anderenfalls beim Erhitzen unter Luftzutritt fortdauernde tiefgreifende Zersetzungen eintreten, und daher überhaupt keine Gewichtskonstanz zu erreichen ist. Steht ein Vakuumtrockenschrank nicht zur Verfügung, so trocknet man derartige Produkte am besten unter Zuhilfenahme eines indifferenten Gasstromes (Wasserstoff, evtl. auch Kohlendioxyd), worüber Drenckmann[2]) und Geese[3]) nähere Angaben gemacht haben, auf die verwiesen sei.

Zur Aufnahme der Substanz dienen zweckmäßig Glasschälchen oder Schalen aus Nickelmetall, etwa 7 cm weit und 2 cm hoch; für hygroskopische Produkte müssen sie einen Deckel mit übergreifendem Rande und Griffknopf besitzen.

Flüssige und halbflüssige Produkte werden, um eine Masse mit großer Oberfläche zu erhalten, am besten mit genügend großen Mengen reinen, eisenfreien, geglühten, vom Staube sorgfältig abgesiebten Quarzsandes unter Zuhilfenahme eines mitgewogenen Glasstäbchens innig vermischt, so daß das Ganze ein lockeres, unzusammenhängendes Gemenge darstellt. Dünnere Lösungen werden zunächst auf dem Wasserbade zur Sirupkonsistenz eingedampft und erst dann unter Zusatz von Sand bis zur Gewichtskonstanz getrocknet.

Zur Bestimmung der Rüben-Trockensubstanz wägt man nach Claassen 20 bis 25 g des in der Hackmaschine gewonnenen und gut durchgemischten Breies möglichst rasch in eine flache 80-mm-Glasschale nebst Glasstab ein, breitet gut aus, trocknet bei 70° 2 Stunden vor, rührt gründlich um, zerdrückt sorgfältig, breitet wieder aus und trocknet nun in der Luftleere bei 106 bis 108° bis zur Gewichtskonstanz, die nach etwa 8 Stunden erreicht ist; bei weiterem Trocknen (2 bis 3 Stunden) darf die Gewichtsabnahme höchstens 10 mg betragen[4]).

C. Bestimmung des Invertzuckers.

Bevor die Bestimmung des Invertzuckers in der Rübe beschrieben werden kann, sind zunächst die üblichen Verfahren zur Invertzuckerbestimmung in Produkten der Zuckerfabrikation überhaupt allgemein und in Kürze zu erörtern.

Die Ergebnisse der direkten Polarisation saccharosehaltiger Substanzen entsprechen bekanntlich nicht mehr dem wahren Gehalte an Rohrzucker, sobald außer diesem noch andere optisch aktive Stoffe zugegen sind. Was besonders den Invertzucker betrifft, so ist es zwar

---

1) Korrespondenzblatt **1894**, Nr. 18.

2) Zentralbl. f. d. Zuckerindustrie **1897**, 1107.

3) Ebenda **1904**, 778.

4) Vereinszeitschr. **60**, 323; 1910; Skärblom (ebenda S. 931) fand ebenfalls den Zusatz von Sand entbehrlich und glaubt, daß man auch das Vortrocknen unterlassen könne, falls man im Vakuum trocknet.

bekannt, daß 1 Teil Invertzucker die optische Wirkung von etwa 0,34 Teilen Rohrzucker aufhebt; da dieser Faktor jedoch nicht endgültig feststeht, und außerdem noch andere Bedenken obwalten[1]), ist es unzulässig, eine Korrektur derartig vorzunehmen, daß man etwa unter allen Umständen den nach irgendeiner Weise ermittelten Prozentgehalt an Invertzucker mit 0,34 multipliziert, und den so erhaltenen Betrag zu dem Ergebnisse der direkten Polarisation hinzuaddiert; es wird deshalb stets der direkt festgestellte Invertzuckergehalt für sich, also getrennt von der Polarisationsermittelung, angegeben.

Der Nachweis und die Bestimmung des Invertzuckers gründen sich in der Praxis der Zuckerfabrikation fast immer auf die Eigenschaft dieser Zuckerart, aus kochender alkalischer Kupferlösung das Kupfer in Form von rotem Kupferoxydul auszufällen. Die Reaktion zwischen Kupferlösung und Invertzucker verläuft jedoch bekanntlich nicht in stets gleichbleibender Weise, sondern zeigt sich abhängig von der Zusammensetzung der Kupferlösung, von der Konzentration der Zuckerlösung, von dem Mengenverhältnisse beider Lösungen, von der Dauer der Einwirkung, sowie auch von der ganzen Art und Weise der Versuchsanstellung. Man muß daher unbedingt zur Erzielung richtiger und vergleichbarer Resultate stets ganz bestimmte, auf Grund fundamentaler Arbeiten ermittelte Versuchsbedingungen auf das strengste innehalten.

Die qualitative Prüfung auf Invertzucker soll unter gleichen Bedingungen wie die quantitative Bestimmung angestellt werden. Ergibt sie keine oder eine nicht wägbare Ausscheidung von Kupferoxydul, so ist die Untersuchung nicht weiter zu verfolgen; anderenfalls wird sie quantitativ zu Ende geführt. Ist eine quantitative Untersuchung überhaupt nicht beabsichtigt, so genügt es, etwa 10 Tropfen einer konzentrierten Lösung des zu prüfenden Produktes im Reagensglase mit rund 15 ccm der Fehlingschen Lösung aufzukochen. Hierbei sind verschiedene Umstände, die Zersetzungen oder sekundäre Reaktionen bewirken und daher irreführen könnten, zu beachten[2]). So hat man u. a. für vollständige Mischung der Zucker- und der Kupferlösung und gleichmäßiges Anwärmen der Mischung Sorge zu tragen; ferner darf man nicht zu lange und zu stark erhitzen.

Die quantitative Bestimmung geschieht entweder gewichtsanalytisch oder maßanalytisch. Für die erstere Methode sind hinsichtlich bestimmter Mischungsverhältnisse von Rohrzucker mit Invertzucker Tabellen aufgestellt worden, aus denen die einer gefundenen Menge Kupfer entsprechende Menge Invertzucker entnommen wird.

Einen besonderen Fall der gewichtsanalytischen Invertzuckerbestimmung bildet die Bestimmung des Rohrzuckers durch Inversion und Gewichtsanalyse; diese wird namentlich dann vorgenommen, wenn erhebliche Mengen Invertzucker vorhanden sind, die die Genauigkeit der optischen Analyse stark beeinträchtigen.

---

[1]) Vgl. Lippmann, Chemie der Zuckerarten **1904**, 1420.
[2]) Vgl. Lippmann, Chemie der Zuckerarten **1904**, 1396.

Die für Invertzuckerbestimmungen anzuwendende, nach Soxhlets[1]) Vorschrift bereitete Fehlingsche Lösung wird wie folgt dargestellt:

I. 34,639 g krystallisierter, chemisch reiner Kupfervitriol werden mit völlig reinem, destilliertem Wasser zu 500 ccm Flüssigkeit gelöst.

II. 173 g krystallisiertes, reinstes Seignettesalz werden mit völlig reinem Wasser zu etwa 400 ccm gelöst, mit 100 ccm einer Natronlauge versetzt, die 500 g reinstes Natronhydrat im Liter enthält, und zu 500 ccm aufgefüllt.

Zum Gebrauche werden gleiche Volumina der völlig klaren Lösungen I und II gemischt. Die fertige Mischung darf höchstens einige Tage aufbewahrt werden.

a) **Die gewichtsanalytische Bestimmung geringer Mengen Invertzucker (0,05 bis 1%) neben Rohrzucker.**

Zu diesem Zwecke hat Herzfeld[2]) eine Tabelle ausgearbeitet, die aus dem gefundenen Kupfergehalte direkt den prozentischen Invertzuckergehalt der Substanz ersehen läßt und die Anwendung von 10 g Substanz, zu 50 ccm gelöst, sowie eine Kochdauer von genau 2 Minuten voraussetzt. Die Zuckerlösung muß stets völlig klar sein; von reineren Produkten löst man 20 g zu 100 ccm und verwendet 50 ccm des Filtrates; in allen anderen Fällen löst man 25 g der Substanz nebst Bleiessig zu 100 ccm, entbleit 60 ccm des Filtrates mit kohlensaurem Natrium, füllt zu 75 ccm auf und benutzt 50 ccm dieses Filtrates, die 10 g Substanz enthalten, zur Analyse.

Die 50 ccm Flüssigkeit werden mit 50 ccm der aus ihren beiden Bestandteilen frisch bereiteten Fehling-Soxhletschen Lösung in einer Erlenmeyerschen Kochflasche von etwa 300 ccm Inhalt durch Umschwenken gründlich vermischt und möglichst rasch (innerhalb 3 Minuten) über einem Drahtnetze, das eine Asbestpappe mit kreisförmigem Ausschnitte bedeckt, mittels eines kräftigen Dreibrenners zum Sieden erhitzt. Sowie der Augenblick des Kochens eingetreten ist, den man als erreicht ansieht, sobald die Blasen von allen Teilen der Flüssigkeit aufzusteigen beginnen, wird noch genau 2 Minuten mit der kleineren Flamme eines Einbrenners im Sieden erhalten. Sodann wird sofort mit 100 ccm kaltem, luftfreiem, destilliertem Wasser verdünnt, um die Flüssigkeit abzukühlen und so die nachträgliche Abscheidung von Kupferoxydul zu verhindern, und (unter Vermeidung jeder Erschütterung!) mittels der Luftpumpe durch ein vorher gewogenes Soxhletsches Asbestfilter abfiltriert. Dies ist ein starkwandiges Rohr aus schwer schmelzbarem Glase von etwa 2 cm Weite und 12 bis 14 cm Länge, das an dem einen Ende etwa zur halben Weite konisch ausgezogen ist. In die Verengung bringt man einen mehrfach durchlöcherten Platinkonus und darüber eine ca. 2 cm hohe, mäßig festgestopfte Schicht reinsten, besonders präparierten[3]) Asbestes. Der mit

[1]) Neue Zeitschr. f. Rübenz.-Industrie **1880**, 141; Herzfeld, Deutsche Zuckerindustrie **39**, 337; 1914.

[2]) Vereinszeitschr. **1885**, 967; **1886**, 278; **1890**, 447.

[3]) Fresenius, Zeitschr. f. analyt. Chemie **22**, 552; 1883; Vereinszeitschr. **1897**, 1077.

heißem Wasser ausgewaschene Asbest wird mit Alkohol und dann mit Äther nachgewaschen und zum Schlusse unter Durchsaugen von Luft ausgeglüht und im Exsikkator erkalten gelassen. Bereits benutzte Rohre werden durch Spülen mit einigen Tropfen rauchender Salpetersäure, Waschen mit heißem Wasser, Alkohol und Äther, Trocknen nnd Ausglühen wieder gebrauchsfähig gemacht; sobald ihr Gewicht nicht mehr konstant zu erhalten ist, sind sie durch neue zu ersetzen.

Soll die Filtration beginnen, so setzt man auf das an der Saugflasche befestigte Asbestrohr mittels Gummistopfens ein Trichterchen, befeuchtet zuerst mit Wasser, gießt dann die Reaktionsflüssigkeit auf und stellt hierauf die Luftpumpe an. Während der ganzen Filtrierzeit hat man dafür zu sorgen, daß die Flüssigkeit im Asbeströhrchen niemals völlig abläuft. Den eigentlichen Niederschlag bringt man zweckmäßig mit kaltem Wasser auf das Filter, weil er dann weniger anhaftet, wäscht ihn erst mit 300 bis 400 ccm siedendem Wasser und sodann mit 20 ccm absolutem Alkohol aus, trocknet ihn im Trockenschranke bei 130 bis 200° und erhitzt schließlich diejenige Stelle des Röhrchens, an der er über dem Asbest liegt, zum schwachen Glühen, um die Oxydation des Kupferoxyduls zu Kupferoxyd zu bewirken und um zugleich auch die zuweilen vorhandenen kleinen Mengen organischer Kupferverbindungen unbekannter Natur zu zerstören. Das Rohr wird sodann mit einem Wasserstoffapparate verbunden und nun das Kupferoxyd durch langsames Erwärmen im Wasserstoffstrome bis zum schwachen Glühen zu metallischem Kupfer reduziert. Diese Reduktion ist in wenigen Minuten beendet. Sobald die in ihrem Verlaufe gebildeten Wassertröpfchen verdampft sind, läßt man im Wasserstoffstrome erkalten und wägt das in einer Drahtschlinge befestigte Rohr sogleich.

Statt über Asbestfilter kann man auch hier über geeignete Papierfilter filtrieren; man wäscht zunächst mit kaltem Wasser, darauf mit 300 bis 400 ccm heißem aus, verascht und reduziert in einem mit durchbohrtem Tondeckel bedeckten Platintiegel.

An Stelle des Soxhletschen Röhrchens ist auch ein Goochscher Tiegel aus Platin oder Porzellan anwendbar[1]).

Nach Andrlik und Hranicka[2]) sowie Bruhns[3]) soll man das im Tiegel geglühte Kupferoxyd mittels Dämpfen von Methylalkohol (oder auch von Alkohol) reduzieren. Bezüglich der Einzelheiten dieses, auch von anderen Forschern bewährt gefundenen Verfahrens[4]) sei auf die Originalarbeiten verwiesen.

Es ist auch zulässig, die Reduktion zu metallischem Kupfer zu unterlassen und das Oxydul durch Glühen in Oxyd überzuführen und als solches zu wägen. Die Überführung in Oxyd kann im Asbeströhrchen selbst[5]) geschehen, oder noch einfacher im offenen Platintiegel,

---

[1]) Anleitung, S. 11.
[2]) Vereinszeitschr. **1897**, 1077.
[3]) Zentralbl. f. d. Zuckerindustrie **1897**, 44.
[4]) Siehe Lippmann, Chemie der Zuckerarten **1904**, 595.
[5]) Farnsteiner, Vereinszeitschr. **1895**, 844.

nur ist es erforderlich, hierbei gewisse Vorsichtsmaßregeln[1]) zu befolgen. Zur Benutzung der Tabelle I muß die gefundene Menge Kupferoxyd natürlich zunächst auf Kupfer umgerechnet werden.

Tabelle I.

Zur Berechnung des Prozentgehaltes an Invertzucker bei Gegenwart von Rohrzucker aus dem gefundenen Kupfer bei Anwendung von 10 g Substanz[2]).

Cu mg	Invertzucker %	Cu mg	Invertzucker %	Cu mg	Invertzucker %	Cu mg	Invertzucker %
50	0,05	120	0,40	190	0,79	260	1,19
55	0,07	125	0,43	195	0,82	265	1,21
60	0,09	130	0,45	200	0,85	270	1,24
65	0,11	135	0,48	205	0,88	275	1,27
70	0,14	140	0,51	210	0,90	280	1,30
75	0,16	145	0,53	215	0,93	285	1,33
80	0,19	150	0,56	220	0,96	290	1,36
85	0,21	155	0,59	225	0,99	295	1,38
90	0,24	160	0,62	230	1,02	300	1,41
95	0,27	165	0,65	235	1,05	305	1,44
100	0,30	170	0,68	240	1,07	310	1,47
105	0,32	175	0,71	245	1,10	315	1,50
110	0,35	180	0,74	250	1,13		
115	0,38	185	0,76	255	1,16		

Tabelle II.

Tabelle zur Berechnung des Prozentgehaltes an Invertzucker bei Gegenwart von Saccharose aus dem gefundenen Kupfer für 5 g Substanz[3]).

Cu mg	Invertzucker %	Cu mg	Invertzucker %	Cu mg	Invertzucker %	Cu mg	Invertzucker %
(35)	(0,04)	110	0,83	185	1,65	260	2,50
40	0,09	115	0,88	190	1,70	265	2,56
45	0,14	120	0,93	195	1,76	270	2,62
50	0,19	125	0,99	200	1,82	275	2,68
55	0,25	130	1,04	205	1,87	280	2,74
60	0,30	135	1,10	210	1,93	285	2,79
65	0,35	140	1,15	215	1,98	290	2,85
70	0,40	145	1,21	220	2,04	295	2,91
75	0,45	150	1,26	225	2,10	300	2,97
80	0,51	155	1,31	230	2,16	305	3,03
85	0,56	160	1,37	235	2,21	310	3,09
90	0,61	165	1,42	240	2,27	315	3,15
95	0,66	170	1,48	245	2,33	320	3,21
100	0,72	175	1,54	250	2,39		
105	0,77	180	1,59	255	2,44		

[1]) Vgl. Lippmann, Chemie der Zuckerarten **1904**, 596ff.
[2]) Vereinszeitschr. **1885**, 1012.
[3]) Baumann, Vereinszeitschr. **1890**, 778.

Die von einigen Chemikern empfohlene unmittelbare Wägung des Kupferoxydules ist nur angängig, wenn die Untersuchung reiner oder fast reiner Zuckerlösungen in Frage kommt: bei jener unreiner Lösungen ergab nämlich dieses Verfahren (infolge Mitfällung fremder Substanzen) nach Browne[1]) um 0,25 bis 0,50% zu hohe Resultate.

Es sei hier gleich darauf hingewiesen, daß manche Zuckerprodukte, besonders Sirupe und Melassen, bei Anwendung von 10 g Substanz Abscheidungen grüner Kupferverbindungen geben, wodurch die Bestimmung des Invertzuckers nach der üblichen Methode unmöglich gemacht wird. Bei diesen führt man daher die Invertzuckerbestimmung stets mit nur 5 g Substanz, zu 50 ccm gelöst, aus[2]). Die Berechnung geschieht nach der Tabelle II von Baumann[3]), während die Arbeitsweise genau nach Herzfelds Vorschrift einzuhalten ist.

Methoden, die den beschriebenen an Genauigkeit gleichkommen, sie jedoch an Raschheit, Handlichkeit und Billigkeit übertreffen sollen, sind die von Bruhns und von Beyersdorfer angegebenen. Letzterer[4]) benützt die Ostsche Kupfer-Kaliumcarbonat-Lösung, ersterer[5]) arbeitete ein Verfahren aus, bei dem das nicht reduzierte Kupfer in saurer Lösung mittels Rhodankalium und Jodkalium, sowie durch Titration mit Natriumthiosulfatlösung in Gegenwart von Stärke bestimmt wird; auf beide Weisen erhält man nach Kunz[6]) übereinstimmende Ergebnisse. Es ist sehr möglich, daß diesen Verfahren die Zukunft gehört; da sie aber augenblicklich noch der näheren Prüfung unter verschiedenen Verhältnissen bedürfen, von deren Ausfall ihre allgemeine und offizielle Einführung abhängen wird, so sei für diesmal nur auf die sehr eingehenden und gründlichen Veröffentlichungen verwiesen, namentlich auch betreffs der von Bruhns neu aufgestellten Tabellen. Jedenfalls ist es durchaus erforderlich, sich mit diesen Methoden in gebührendem Maße vertraut zu machen[7]).

b) Die gewichtsanalytische Bestimmung größerer Mengen Invertzucker neben Rohrzucker.

Zu diesem Ende hat zuerst Meißl[8]) eine Faktorentabelle aufgestellt, die dann von Hiller[9]) zwecks Bestimmung auch größerer Invertzuckermengen erweitert worden ist. Nach der ursprünglichen Vorschrift ermittelt man zunächst die Polarisation des Normalgewichtes der Substanz, die unter Bleiessigklärung zu 100 ccm Flüssigkeit gelöst ist, fällt hierauf in einem aliquoten Teile des Filtrates das überschüssige Blei durch die nötige Menge Natriumcarbonatlösung aus und füllt zu

---

1) Int. Sugar Journ. **10**, 537; 1908.

2) Vereinszeitschr. **1909**, 487 (I).

3) Vereinszeitschr. **1892**, 825.

4) Vereinszeitschr. **1919**, 403; Chem.-Ztg. **43**, Rep. 287; 1919.

5) Zentralbl. f. Zuckerindustrie **27**, 621 u. Chem.-Ztg. **43**, Rep. 227; 1919; Zentralbl. f. Zuckerindustrie **29**, 34 u. Chem.-Ztg. **44**, Rep. 320; 1920.

6) Zentralbl. f. Zuckerindustrie **29**, 803 u. 859 u. Chem.-Ztg. **45**, 486 u. 662, sowie Rep. 130; 1921.

7) Die „Anleitung" verspricht sich von Bruhns' Verfahren „großen Vorteil" (S. 12).

8) Vereinszeitschr. **1883**, 765.

9) Vereinszeitschr. **1889**, 734.

einem bestimmten Volumen auf; vom Filtrate verwendet man 50 ccm zur Invertzuckerbestimmung nach der bekannten Methode. Die Verdünnung der Lösung geschieht am besten derartig, daß die zur Invertzuckerbestimmung gelangenden 50 ccm 100 bis 200 mg Invertzucker enthalten, demnach 200 bis 400 mg Kupfer liefern.

Nach Schrefeld[1]) bewirkt jedoch die Klärung mit Bleiessig bei invertzuckerhaltigen Lösungen (infolge Ausfällung oder Veränderung des Invertzuckers) einen unter Umständen erheblichen Rückgang des Reduktionsvermögens, der im allgemeinen mit steigendem Invertzuckergehalte und sinkender Reinheit der Substanz zunimmt; bei der Analyse unreiner Sirupe und Melassen ersetzt man daher den Bleiessig am besten durch Bleizucker.

Die „Ausführungsbestimmungen zum Zuckersteuergesetze, Anlage B", ermöglichen eine vereinfachte, weniger Umrechnungen erfordernde Ausführung der Meißl-Hillerschen Methode, wobei jedoch auf die Bleiessigklärung verzichtet werden muß. Die anzuwendende Substanzmenge wird wie folgt festgestellt: Man löst 10 g des Untersuchungsmateriales zu 100 ccm, bringt in mehrere Reagensgläser je 5 ccm Fehlingsche Lösung und verschiedene Mengen der Substanzlösung, nämlich in das erste 8, in das zweite 6, in das dritte 4 und in das letzte 2 ccm, und kocht auf; dasjenige Reagensgläschen, in dem die Fehlingsche Lösung nicht mehr entfärbt wird, bestimmt die Menge der anzuwendenden Substanz. Ist dies z. B. bei 6 ccm der Substanzlösung der Fall, so wägt man zur Invertzuckerbestimmung 6 g der Substanz ab, löst in 50 ccm Wasser, versetzt, ohne vorher mit Bleiessig zu klären, mit 50 ccm Fehlingscher Lösung, kocht 2 Minuten und verfährt in bekannter Weise.

Will man die Vereinfachung des Verfahrens beibehalten, auf die Bleiessigklärung jedoch nicht verzichten, so empfiehlt sich die Anwendung folgender Vorschrift: Man löst 27,5 g des Untersuchungsmateriales in Wasser, bringt die Lösung in ein 125-ccm-Kölbchen, klärt mit Bleiessig bzw. mit Bleizucker, füllt mit Wasser bis zur Marke, mischt und filtriert. Von diesem Filtrate bringt man mittels einer Pipette, je nach dem Ausfalle obiger Vorprüfung, 80, 60, 40, 20 oder 10 ccm Flüssigkeit (je 17,6, 13,2, 8,8 4,4, 2,2 g Substanz enthaltend) in einen Meßkolben mit 100- bzw. 110-ccm-Marke, fügt Wasser bis zur ersten, Natriumcarbonatlösung (30 Teile krystallisierter Soda zu 100 Teilen Wasser gelöst) bis zur zweiten Marke hinzu, mischt und filtriert. 50 ccm dieses Filtrates (je nach stattgehabter Abmessung 8, 6, 4, 2 oder 1 g Substanz enthaltend) werden mit 50 ccm Fehlingscher Lösung in bekannter Weise 2 Minuten im Sieden erhalten und liefern hierbei eine gewisse Kupfermenge Cu.

Die Berechnung geschieht wie folgt: Es sei P die Polarisation der Substanz und p ihre zur Invertzuckerbestimmung angewandte Menge, die Cu g Kupfer ergeben habe. Die in p g enthaltene Menge Invertzucker beträgt annähernd $= \frac{\mathrm{Cu}}{2}$ und soll mit A bezeichnet werden.

[1]) Vereinszeitschr. **1908**, 947.

Es ergibt sich dann aus der Proportion:

$$\left(A + \frac{p \cdot P}{100}\right) : A = 100 : B$$

für B diejenige Menge Invertzucker, die in 100 Teilen des Gemisches von Rohrzucker + Invertzucker vorhanden ist. Den prozentischen Invertzuckergehalt der Substanz findet man mit Hilfe der Formel

$$\frac{\mathrm{Cu}}{p} \cdot F = \text{Prozent Invertzucker},$$

in der p die angewandte Menge der Substanz und F einen aus der Tabelle III zu entnehmenden Faktor bedeutet. Man benutzt dabei diejenige Spalte und diejenige Zeile der Tabelle, deren Bezeichnungen den für A und B gefundenen Werten am nächsten kommen; an dem betreffenden Kreuzungspunkte findet sich der gesuchte Faktor F.

Tabelle III.

Tabelle der bei der Bestimmung des Invertzuckers neben Rohrzucker in Rechnung zu stellenden Faktoren[1]. (Von E. Hiller.)

Invertzucker auf 100 Gesamtzucker = B	Milligramm Invertzucker = A						
	200	175	150	125	100	75	50
100	56,4	55,4	54,5	53,8	53,2	53,0	53,0
90	56,3	55,3	54,4	53,8	53,2	52,9	52,9
80	56,2	55,2	54,3	53,7	53,2	52,7	52,7
70	56,1	55,1	54,2	53,7	53,2	52,6	52,6
60	55,9	55,0	54,1	53,6	53,1	52,5	52,4
50	55,7	54,9	54,0	53,5	53,1	52,3	52,2
40	55,6	54,7	53,8	53,2	52,8	52,1	51,9
30	55,5	54,5	53,5	52,9	52,5	51,9	51,6
20	55,4	54,3	53,3	52,7	52,2	51,7	51,3
10	54,6	53,6	53,1	52,6	52,1	51,6	51,2
9	54,1	53,6	52,6	52,1	51,6	51,2	50,7
8	53,6	53,1	52,1	51,6	51,2	50,7	50,3
7	53,6	53,1	52,1	51,2	50,7	50,3	49,8
6	53,1	52,6	51,6	50,7	50,3	49,8	48,9
5	52,6	52,1	51,2	50,3	49,4	48,9	48,5
4	52,1	51,2	50,7	49,8	48,9	47,7	46,9
3	50,7	50,3	49,8	48,9	47,7	46,2	45,1
2	49,9	48,9	48,5	47,3	45,8	43,3	40,0
1	47,7	47,3	46,5	45,1	43,3	41,2	38,1

Bei sehr invertzuckerreichen Substanzen legt man statt des durch Polarisation festgestellten, besser den durch Inversion und Gewichtsanalyse (s. den folgenden Abschnitt c) ermittelten Gesamtzuckergehalt der Berechnung zugrunde.

[1]) Das Zuckersteuergesetz vom 27. Mai 1896 nebst den Ausführungsbestimmungen (Berlin 1896), S. 155. Vgl. Vereinszeitschr. **1889**, 735.

c) Die gewichtsanalytische Inversionsmethode.

Bei Gegenwart sehr großer Mengen Invertzucker bestimmt man nach vorangegangener Inversion den Gesamtzuckergehalt als Invertzucker (invertierten Rohrzucker + ursprünglich vorhandenen Invertzucker) und berechnet aus dem gefundenen Kupfer den Gesamtzucker als Rohrzucker. Den durch eine gleichzeitige besondere Bestimmung nach b) ermittelten Invertzuckergehalt der ursprünglichen Substanz rechnet man durch Verminderung um $^1/_{20}$[1]) auf Rohrzucker um und zieht diesen Wert von dem Gesamtzuckergehalte ab; die Differenz ergibt den Gehalt an Saccharose.

Die von Herzfeld[2]) ausgearbeitete Tabelle IV macht bei genauer Innehaltung der Arbeitsvorschrift jede Rechnung überflüssig, indem sie den der gefundenen Kupfermenge entsprechenden Prozentgehalt an Gesamtzucker, als Rohrzucker berechnet, unmittelbar angibt.

Die Untersuchung wird wie folgt ausgeführt. Man bedient sich zur Überführung des Rohrzuckers in Invertzucker der Herzfeldschen Inversionsvorschrift[3]), indem man das halbe Normalgewicht (13 g) der Substanz im 100-ccm-Kölbchen mit 75 ccm Wasser löst, 5 ccm Salzsäure vom spez. Gewicht 1,19 hinzufügt, in einem auf 70° C erhitzten Wasserbade unter Umschwenken auf 67° erwärmt, wozu etwa 3 Minuten erforderlich sind, noch genau 5 Minuten auf einer Temperatur von 67 bis 70° erhält, dann sofort auf 20° C abkühlt und zu 100 ccm ergänzt. 50 ccm der gut durchgemischten und filtrierten Flüssigkeit werden mit destilliertem Wasser zu 1 l aufgefüllt und von dieser wiederum gut durchgemischten Flüssigkeit 25 ccm (= 0,1625 g der ursprünglichen Substanz) in einen Erlenmeyerschen Kolben gebracht. Man neutralisiert dann die vorhandene freie Säure sorgfältig durch allmähliche Zugabe von 25 ccm einer Lösung, die im Liter 1,7 g wasserfreie Soda enthält, versetzt mit 50 ccm Fehling-Soxhletscher Lösung, erhitzt in bekannter Weise zum Sieden und erhält darin 3 Minuten lang. Die weitere Behandlung des ausgeschiedenen Kupferoxydules ist genau dieselbe wie bei a).

Man habe z. B. auf diese Weise 0,162 g Cu und bei der Invertzuckerbestimmung nach b) für 4 g Substanz 0,310 g Cu gefunden. Aus Tabelle IV ergibt sich dann für Cu = 0,162 g der Gesamtzuckergehalt, als Rohrzucker gerechnet, Z = 50,13%. Aus Tabelle III entnimmt man F = 52,1, also $I = \frac{0{,}310 \cdot 52{,}1}{4} = 4{,}04\,\%$ Invertzucker. Der Gehalt an Invertzucker ist, als Rohrzucker gerechnet, in der Zahl 50,13 für den Gesamtzucker mitenthalten, also zur Berechnung der vorhandenen Saccharose, nach Verminderung um $^1/_{20}$, vom Gesamtzucker in Abzug zu bringen. Man hat demnach 50,13 — 3,84 = 46,29% Saccharose.

---

1) Da 95 Gewichtsteile Rohrzucker bei der Inversion 100 Gewichtsteile Invertzucker geben, so erhält man den Gehalt an Rohrzucker, wenn man die betreffende Menge Invertzucker mit 0,95 multipliziert oder sie um den 20. Teil verkleinert.

2) Vereinszeitschr. **1896**, 417.

3) Herzfeld, Vereinszeitschr. **1898**, 699; über die Ausführung der Inversion zu polarimetrischen Zwecken siehe weiter unten.

Tabelle IV.

Tabelle zur Berechnung des dem vorhandenen Invertzucker entsprechenden prozentischen Rohrzuckergehaltes aus der gefundenen Kupfermenge, bei 3 Minuten Kochdauer und Anwendung von 0,1625 g Substanz[1]). (Von Herzfeld.)

Kupfer mg	Rohrzucker %	Kupfer mg	Rohrzucker %	Kupfer mg	Rohrzucker %	Kupfer mg	Rohrzucker %
79	24,57	126	38,87	173	53,63	220	68,87
80	24,87	127	39,18	174	53,95	221	69,20
81	25,17	128	39,49	175	54,27	222	69,53
82	25,47	129	39,80	176	54,59	223	69,87
83	25,78	130	40,11	177	54,91	224	70,20
84	26,08	131	40,52	178	55,23	225	70,53
85	26,38	132	40,73	179	55,55	226	70,86
86	26,68	133	41,04	180	55,87	227	71,19
87	26,98	134	41,35	181	56,19	228	71,53
88	27,29	135	41,66	182	56,51	229	71,86
89	27,59	136	41,98	183	56,83	230	72,19
90	27,89	137	42,29	184	57,15	231	72,52
91	28,19	138	42,60	185	57,47	232	72,85
92	28,50	139	42,91	186	57,79	233	73,18
93	28,80	140	43,22	187	58,11	234	73,51
94	29,10	141	43,53	188	58,43	235	73,85
95	29,40	142	43,85	189	58,75	236	74,18
96	29,71	143	44,16	190	59,07	237	74,51
97	30,02	144	44,48	191	59,39	238	74,84
98	30,32	145	44,79	192	59,72	239	75,17
99	30,63	146	45,10	193	60,04	240	75,50
100	30,93	147	45,42	194	60,36	241	65,83
101	31,24	148	45,73	195	60,69	242	76,17
102	31,54	149	46,05	196	61,01	243	76,51
103	31,85	150	46,36	197	61,33	244	76,84
104	32,15	151	46,68	198	61,65	245	77,18
105	32,45	152	46,99	199	61,98	246	77i51
106	32,76	153	47,30	200	62,30	247	77,85
107	33,06	154	47,62	201	62,63	248	78,18
108	33,36	155	47,93	202	62,95	249	78,52
109	33,67	156	48,25	203	63,28	250	78,85
110	33,97	157	48,56	204	63,60	251	79,19
111	34,27	158	48,88	205	63,93	252	79,53
112	34,58	159	49,19	206	64,26	253	79,88
113	34,88	160	49,50	207	64,58	354	80,22
114	35,19	161	49,82	208	64,91	255	80,56
115	35,49	162	50,13	209	65,23	256	80,90
116	35,80	163	50,45	210	65,56	257	81,24
117	36,10	164	50,76	211	65,89	258	81,59
118	36,41	165	51,08	212	66,22	259	81,93
119	36,71	166	51,40	213	66,55	260	82,27
120	37,01	167	51,72	14	66,88	261	82,61
121	37,32	168	52,04	215	67,21	262	82,95
122	37,63	169	52,35	216	67,55	263	83,30
123	37,94	170	52,67	217	67,88	264	83,64
124	38,25	171	52,99	218	68,21	265	83,98
125	38,56	172	53,31	219	68,54	266	84,32

[1]) Das Zuckersteuergesetz vom 27. Mai 1896 nebst den Ausführungsbestimmungen S. 152.

Nach dieser Methode[1]) werden gemäß den Ausführungsbestimmungen zum Zuckersteuergesetze die Reinheiten (s. weiter unten) derjenigen Zuckerabläufe ermittelt, die mehr als 2% Invertzucker enthalten. Behördlicherseits wird indessen nicht der oben erwähnte Abzug des Invertzuckers gemacht, sondern der Gesamtzuckergehalt zur Berechnung des Reinheitsquotienten herangezogen.

d) Die maßanalytische Bestimmung des Invertzuckers.

Da das Reduktionsverhältnis der Fehling-Soxhletschen Lösung von der Konzentration abhängig und jeder gefundene Wert nur für die betreffende Konzentration gültig ist, bei der er bestimmt wurde, so muß man, um zu richtigen Resultaten zu gelangen, stets unter annähernd gleichen Konzentrationsverhältnissen arbeiten. Nach Soxhlet[2]) erhitzt man 25 ccm der Kupfervitriollösung nebst 25 ccm der alkalischen Seignettesalzlösung in einer tiefen Porzellanschale zum Kochen und setzt von der zu untersuchenden Zuckerlösung langsam kleine Anteile hinzu, bis die Flüssigkeit nach 2 Minuten langem Kochen nicht mehr blau erscheint; nachdem man durch diese Vorprobe den Invertzuckergehalt der Lösung annähernd festgestellt hat, setzt man ihr so viel Wasser zu, daß sie einprozentig wird, erhitzt nun wiederum 50 ccm der unverdünnten Fehlingschen Lösung zum Kochen, fügt von der 1 proz. Lösung so viel bei, als der Menge entspricht, die beim Vorversuche völlige Entfärbung hervorbrachte, und kocht 2 Minuten lang. Dann filtriert man durch ein großes Faltenfilter und prüft das Filtrat, falls es nicht ohnehin noch deutlich blau oder grünlich gefärbt ist, auf Kupfer. Dies geschieht durch Ansäuern mit Essigsäure und Zusatz einiger Tropfen einer Lösung von gelbem Blutlaugensalz. Dunkle Rotfärbung zeigt eine größere Menge, Rosafärbung nur Spuren von Kupfer an; verändert sich aber die Farbe nicht, so war alles Kupfer reduziert und somit ein Überschuß der Zuckerlösung vorhanden. War Kupfer gegenwärtig, so nimmt man zu einem zweiten Versuche etwas mehr Zuckerlösung, war keines vorhanden, etwas weniger, und setzt diese Versuche so lange (meist fünf- bis sechsmal) fort, bis von zwei Versuchen, bei denen die Mengen der Zuckerlösungen nur um 0,1 ccm differieren, der eine ein kupferhaltiges, der andere ein kupferfreies Filtrat gibt, worauf man deren Mittelwert als Resultat zu betrachten hat. 50 ccm Fehlingscher Lösung entsprechen nach Soxhlet in 1 proz. Lösung bei 2 Minuten Kochdauer: 0,2470 g Invertzucker.

Bei der Untersuchung gefärbter Lösungen kocht man das Filtrat mit einigen Tropfen der Zuckerlösung 1 Minute lang, läßt dann 3 bis 4 Minuten ruhig stehen, gießt die Lösung ab und wischt den Boden des Gefäßes mittels eines mit weichem Filtrierpapiere umwundenen Glasstabes aus; selbst sehr geringe Mengen Kupferoxydul färben hierbei das Papier rot. — Die Resultate dieses volumetrischen Verfahrens sind mindestens auf 0,2% genau.

---

[1]) In neuerer Zeit wird bei steuerlichen Untersuchungen eine Kochdauer von nur 2 (statt 3) Minuten verlangt; die entsprechend umgerechneten Tabellen Herzfelds s. Vereinszeitschr. **1903**, 538 und 557.

[2]) Journal f. prakt. Chemie II, **21**, 227.

Um ganz sicher zu gehen, empfiehlt es sich, den Titer der Kupferlösung einer regelmäßigen Kontrolle zu unterwerfen, indem man sich dazu einer reinen Invertzuckerlösung von genau bekanntem Gehalte bedient. Zu diesem Zwecke invertiert man in einem 100-ccm-Kölbchen 9,5 g völlig reinen Rohrzucker nach der oben beschriebenen Herzfeldschen Inversionsvorschrift; nach dem Auffüllen bis zur Marke und gutem Durchschütteln bringt man von der nunmehr 10 proz. Invertzuckerlösung 20 ccm (= 2,0 g Invertzucker) mittels der Pipette in einen Literkolben, neutralisiert genau mit verdünnter Sodalösung und füllt zur Marke auf. Man hat so eine 0,2 proz. Invertzuckerlösung, mit der man in oben angegebener Weise titriert.

Auf dem unter d) angegebenen Verfahren beruht auch die Methode Claassens[1]) zur Bestimmung des Invertzuckergehaltes der Rüben.

110 g fein gehackte oder gemahlene Schnitzel (oder Rübenbrei) werden unter Zusatz von 10 bis 15 ccm Bleiessig und 2 g gefällten kohlensauren Kalkes mit Wasser in einem $^1/_2$-l-Kolben etwa 1 Stunde auf dem Wasserbade digeriert. Nach dem Abkühlen und Auffüllen bis zur Marke wird der ziemlich klare und nur ganz schwach sauer reagierende Saft abgegossen; 100 ccm davon werden mit so viel Bleiessig, als zur völligen Klärung gerade nötig ist, und mit Wasser auf 110 ccm aufgefüllt und filtriert. Von dem Filtrate werden 100 ccm mit Wasser und der zur Ausfällung des Bleies nötigen Menge Sodalösung auf 200 ccm gebracht und wiederum filtriert; 100 ccm dieses Filtrates, die nunmehr den reduzierenden Zucker von 10 g Rüben enthalten, dienen zur Titration mit Fehlingscher Lösung. Zunächst wird der Titer der Fehlingschen Lösung in der Weise festgestellt, daß man zu 10 ccm, die zum Sieden erhitzt sind, eine in der oben angegebenen Weise hergestellte 0,2 proz. Invertzuckerlösung, bei Gegenwart von 1,5 g Rohrzucker (dem durchschnittlichen Gehalte an Rohrzucker in 10 g Rüben), bis zur völligen, durch die Prüfung mit Blutlaugensalzlösung angezeigten Reduktion in bekannter Weise hinzufließen läßt.

Zur Ausführung der Untersuchung werden die 100 ccm Flüssigkeit (s. o.) mit 10 ccm der Fehlingschen Lösung 2 Minuten im Sieden erhalten und dann mit der obigen Invertzuckerlösung titriert, bis das Filtrat bei Prüfung mit Essigsäure und gelbem Blutlaugensalz sich kupferfrei erweist. Am bequemsten bedient man sich hierzu des von der Papierfabrik Schleicher & Schüll in Düren angefertigten Tupfreaktionspapieres. Die Differenz zwischen den für die Titerstellung und für die Untersuchung verbrauchten Kubikzentimetern Invertzuckerlösung, mit 0,002 multipliziert, ergibt den Invertzuckergehalt von 10 g Rüben, das Zehnfache hiervon den Prozentgehalt[2]).

---

[1]) Deutsche Zuckerindustrie **1893**, 337 und Zentralbl. f. Zuckerindustrie **1896**, Nr. 83.

[2]) Über eine von Urban angegebene Methode, die den durch kalte Digestion gewonnenen Saft und eine alkalifreie Kupferlösung benützt, siehe Zeitschr. f. Zuckerindustrie in Böhmen **34**, 288; 1910. Vgl. auch „Anleitung“, S. 12.

Steht die Anwesenheit quantitativ bestimmbarer Mengen Invertzucker nicht von vornherein fest, so nimmt man zunächst eine qualitative Prüfung nach Herzfelds Methode vor[1]): Man bringt 20 ccm der zwecks Zuckerbestimmung durch Polarisation bereiteten Lösung (z. B. der Digestionsflüssigkeit) nebst 0,5 ccm Fehlingscher Lösung in ein Reagensglas, schüttelt gut durch, kocht 2 Minuten auf und überzeugt sich nun, ob das Filtrat noch blau gefärbt ist, und ob es, abgekühlt, mittels einiger Tropfen Sodalösung entbleit und abermals filtriert, auf Zusatz von Ferrocyankalium und Essigsäure noch die Reaktion auf Kupfer gibt; ist dies noch der Fall, so kann man annehmen, daß nur Spuren Invertzucker zugegen waren, und daß eine weitere Untersuchung unnötig ist.

D. Zuckerrübensamen.

Untersuchungen des Rübensamens setzen, wenn sie zuverlässig sein sollen, besondere Erfahrungen voraus und erfordern Einrichtungen, die sich in den Laboratorien der Zuckerfabriken meist nicht vorfinden; sie sind daher besser abzulehnen und den landwirtschaftlichen Versuchsanstalten oder Samen-Kontrollstationen zu überlassen. Dieses gilt um so mehr, als die üblichen sog. „Normen" trotz verschiedener Abänderungen anerkanntermaßen immer noch an erheblichen Mängeln leiden, die vielerlei Differenzen verursachen können[2]); ihre Reform und Vereinheitlichung ist aber bisher gescheitert, und zwar aus Gründen, die zum Teil keineswegs wissenschaftlicher Natur sind.

II. Rübensäfte, Dünnsäfte, und die bei der Saftarbeit in Betracht kommenden Produkte.

(Absüßwässer, ausgelaugte Schnitzel, Preßschlamm.)

1. Rübensaft, Dünnsaft.

Während es bei Rübensaft längst als unumstößliche Regel galt, daß er sofort nach seiner Herstellung auch zu analysieren sei, glaubte man Saftproben, insbesondere Proben von Diffusionssaft, durch Zusatz kleiner Mengen Chloroform, Formaldehyd, Schwefelkohlenstoff u. dgl., vor allem aber von Sublimat, längere Zeit hindurch unzersetzt erhalten und so zuverlässige Durchschnittsproben größerer Betriebsabschnitte aufsammeln zu können. Daß die u. a. von Courtonne[3]) empfohlenen, ganz minimalen Mengen Sublimat (Sublimatpastillen)[4]) nicht ausreichend seien, zeigte schon Pellet[5]) und riet die Beigabe derartig zu bemessen, daß ein Rest unzersetzten Sublimates nachweisbar

[1]) Deutsche Zuckerindustrie **34**, 973; 1909.
[2]) Vgl. z. B. Herzfeld, Deutsche Zuckerindustrie **36**, 771; 1911; Plahn, Zentralbl. f. Zuckerindustrie **19**, 644; 1911, Blätter f. Zuckerrübenbau **18**, 38; 1911.
[3]) Deutsche Zuckerindustrie **1899**, 1206.
[4]) Zentralblatt f. d. Z.-I. **1896**, 953.
[5]) Bull. Ass. Chim. **19**, 725; 1901.

bleibe; die furchtbare Giftnatur des Sublimates macht indessen die Handhabung konz. Lösungen keineswegs unbedenklich, auch erhöht nach Pellet z. B. 1 g Sublimat im Liter die aräometrische Anzeige schon um 2,15° Brix, und endlich ist, falls auch der Invertzuckergehalt bestimmt werden soll, die Entnahme einer zweiten, von Sublimat freien Parallelprobe erforderlich. Ferner wiesen aber Claassen[1]) und Herrmann[2]) durch eine Reihe eingehender Untersuchungen nach, daß, ebenso wie die stärksten üblichen Zusätze von Sublimat (0,05%), auch jene von Chloroform (0,5 bis 1%), Formaldehyd (0,1 bis 0,35%) u. dgl. Mitteln nicht genügen, um die unter allen Umständen erforderliche völlige Haltbarkeit des Diffusionssaftes (Brühsaftes, Preßsaftes) über ganz kurze Zeit (etwa 2 Stunden) hinaus zu gewährleisten; will man also nicht zu dem ehemals üblichen Beimischen von Bleiessig zurückgreifen, von dem man Abstand nahm, weil es $^1/_{10}$, mindestens aber $^1/_{20}$ Volum betragen muß und daher eine Berücksichtigung der Volumenveränderung bedingt, so ist es allein richtig, Einzelproben zu analysieren. Man entnimmt diese (z. B. den Ablaufleitungen der Meßgefäße) in entsprechend kurzen Zwischenräumen, wobei Ablaßhähne, Ventile Rohre usw. sorgfältigst rein zu halten und ebenso nur bestens gereinigte verschließbare Flaschen und Gefäße anzuwenden sind, und schreitet womöglich sofort, jedenfalls aber binnen 1 bis $1^1/_2$ Stunden, zur Spindelung und Polarisation; die (am besten kontinuierlich erfolgende) Ansammlung einer Durchschnittsprobe zwecks Vergleich und Kontrolle der bloßen Spindelung ist zulässig und empfehlenswert, da hierbei erfahrungsgemäß binnen 4 bis 6 Stunden keine merklichen Veränderungen eintreten[3]).

A. Bestimmung des spezifischen Gewichtes.

Diese erfolgt, je nach der geforderten Schnelligkeit und Genauigkeit,
- mit Hilfe von Aräometern,
- unter Anwendung von Pyknometern,
- mittels der hydrostatischen Wage von Mohr-Westphal,
- auf refraktometrischem Wege.

Die Flüssigkeit muß vorher entluftet werden, was entweder durch zeitweiliges Stehenlassen oder schneller durch Evakuieren in einer Flasche mit Ablaufhahn geschieht (etwa 10 Minuten lang bei 25 mm Druck). Ein praktischer Entluftungsapparat ist von Brumme[4]) konstruiert worden, ein sehr brauchbarer Zylinder zum Spindeln, sog. Bürettenzylinder, von Wohryzek[5]).

Die in der Praxis der Zuckerfabrikation üblichen Aräometer sind die Saccharometer von Balling, deren Skala von diesem Forscher durch Einsenken des Instrumentes in reine Zuckerlösungen von be-

1) Zentralblatt f. Zuckerindustrie **11**, 10, 100; 1902.
2) Ebenda **12**, 489, 701; 1904.
3) Saft, der in sog. Weckschen Gläsern sterilisiert wurde, hält sich beliebig lange unzersetzt.
4) Österr. Chem.-Ztg. **1898**, 314.
5) Österr.-Ungar. Zeitschr. f. Zuckerindustrie **39**, 56; 1910.

kannter Konzentration bestimmt und später von Brix nochmals sorgfältig festgestellt und berechnet wurde. Die geringen Differenzen dieser beiden Skalen sind für die Praxis ohne Bedeutung. Bei Untersuchung reiner Zuckerlösungen geben solche Aräometer[1]) direkt die den spezifischen Gewichten entsprechenden Gewichtsprozente Zucker an. Bei unreinen Fabrikationsprodukten sind hingegen die „Grade Balling" natürlich nicht mit dem vorhandenen reinen Zucker gleichwertig, sondern schließen die gesamte Trockensubstanz mit ein, also auch die gelösten Nichtzuckerstoffe; da diese jedoch die Dichtigkeit der Lösungen nicht in dem nämlichen Sinne beeinflussen wie der Zucker, so ergibt in allen solchen Fällen der Saccharometer nicht den genauen, wahren Gehalt an allen gelösten Stoffen, d. i. die „wirkliche" Trockensubstanz, sondern nur die sog. „scheinbare" Trockensubstanz, die von der wirklichen meist um so mehr abweicht, je mehr Nichtzucker vorhanden ist.

Was den Zusammenhang zwischen Zuckergehalten und spezifischen Gewichten wässeriger Lösungen anbelangt, so sind die zur Zeit weitaus genauesten und den höchsten Anforderungen an Zuverlässigkeit entsprechenden Untersuchungen jene von Plato, Domke und Harting, die sich ausführlich in den „Wissenschaftlichen Abhandlungen der K. Normal-Eichungs-Kommission" (Berlin 1900) niedergelegt finden; 134, bei 14 bis 26° C ausgeführte und für $t = 15°$ umgerechnete Hauptbestimmungen liegen zwei ausführliche Tafeln zugrunde[2]), die die wahren Dichten von Zuckerlösungen mit 0,1 bis 70,9 bzw. 100% Zuckergehalt angeben, und zwar die erste bei 15°, bezogen auf Wasser von 15°, die zweite bei 20°, bezogen auf Wasser von 4°. Die letztere (von Domke zu praktischem Gebrauche zweckentsprechend umgestaltete) Tabelle sollte, da die Normaltemperatur von 20° C nach internationalen Beschlüssen für alle zuckeranalytischen Arbeiten vorgeschrieben ist, eigentlich bei sämtlichen Untersuchungen ausschließlich benützt werden; tatsächlich hält sich aber die Praxis noch mit Vorliebe an die älteren (allerdings für $t = 20°$ umgerechneten) Tafeln, und zwar hauptsächlich deshalb, weil diese in für viele Zwecke erwünschter Weise auch den Zusammenhang der spezifischen Gewichte mit den Graden nach Baumé ersichtlich machen. Angaben nach Graden Baumé werden aber für manche Handelsprodukte, z. B. Sirupe, Melassen, eingedickte Entzuckerungslaugen u. dgl., vom Handel immer noch verlangt, obwohl die Skala Baumé's eine rein empirische ist, und ihre Grade in keinerlei direktem Zusammenhange mit dem Zuckergehalte der Lösungen stehen; zudem unterscheidet man auch noch die „alten" und (die richtiger berechneten, für Handelszwecke aber kaum gebräuchlichen) „neuen" Grade Baumé.

Den herrschenden Verhältnissen und tatsächlichen Bedürfnissen Rechnung tragend, folgt nachstehend zunächst die derzeit noch sehr allgemein gebräuchliche und geforderte Tabelle V:

---

[1]) Sie sind in sorgfältig gereinigtem Zustande in Zylinder von genügendem Durchmesser einzusenken!

[2]) Vereinszeitschr. **1900**, 982, 1005, 1107, 1123.

Tabelle V.

Zum Vergleich der ursprünglichen Werte der Normal-Eichungs-Kommission für spezifische Gewichte und Grade nach Balling (Brix), bei 20° C mit den neuen und alten Graden Baumé, für reine Zuckerlösungen von 0 bis 96%.

Gew.-Proz. Zucker Grade Balling	Spezifisches Gewicht	Grade Baumé		Gew.-Proz. Zucker Grade Balling	Spezifisches Gewicht	Grade Baumé		Gew.-Proz. Zucker Grade Balling	Spezifisches Gewicht	Grade Baumé	
		neue	alte			neue	alte			neue	alte
0,0	0,9982	0,0	0,0								
0,1	0,9986	0,1	0,1	4,1	1,0142	2,3	2,3	8,1	1,0303	4,6	4,5
0,2	0,9990	0,1	0,1	4,2	1,0146	2,4	2,3	8,2	1,0307	4,6	4,6
0,3	0,9993	0,2	0,2	4,3	1,0150	2,4	2,4	8,3	1,0311	4,7	4,6
0,4	0,9997	0,2	0,2	4,4	1,0154	2,5	2,4	8,4	1,0315	4,8	4,7
0,5	1,0001	0,3	0,3	4,5	1,0158	2,55	2,5	8,5	1,0319	4,8	4,7
0,6	1,0005	0,3	0,3	4,6	1,0162	2,6	2,6	8,6	1,0323	4,9	4,8
0,7	1,0009	0,4	0,4	4,7	1,0166	2,7	2,6	8,7	1,0328	4,9	4,8
0,8	1,0013	0,45	0,4	4,8	1,0170	2,7	2,7	8,8	1,0332	5,0	4,9
0,9	1,0017	0,5	0,5	4,9	1,0174	2,8	2,7	8,9	1,0336	5,0	4,9
1,0	1,0021	0,6	0,55	5,0	1,0178	2,8	2,8	9,0	1,0340	5,1	5,0
1,1	1,0025	0,6	0,6	5,1	1,0182	2,9	2,8	9,1	1,0344	5,2	5,05
1,2	1,0028	0,7	0,7	5,2	1,0186	2,95	2,9	9,2	1,0348	5,2	5,1
1,3	1,0032	0,7	0,7	5,3	1,0190	3,0	2,9	9,3	1,0352	5,3	5,2
1,4	1,0036	0,8	0,8	5,4	1,0194	3,1	3,0	9,4	1,0356	5,3	5,2
1,5	1,0040	0,85	0,8	5,5	1,0198	3,1	3,0	9,5	1,0360	5,4	5,3
1,6	1,0044	0,9	0,9	5,6	1,0202	3,2	3,1	9,6	1,0364	5,4	5,3
1,7	1,0048	1,0	0,9	5,7	1,0206	3,2	3,2	9,7	1,0369	5,5	5,4
1,8	1,0052	1,0	1,0	5,8	1,0210	3,3	3,2	9,8	1,0373	5,55	5,4
1,9	1,0056	1,1	1,05	5,9	1,0214	3,35	3,3	9,9	1,0377	5,6	5,5
2,0	1,0060	1,1	1,1	6,0	1,0218	3,4	3,3	10,0	1,0381	5,7	5,55
2,1	1,0064	1,2	1,2	6,1	1,0222	3,5	3,4	10,1	1,0385	5,7	5,6
2,2	1,0067	1,2	1,2	6,2	1,0226	3,5	3,4	10,2	1,0389	5,8	5,7
2,3	1,0071	1,3	1,3	6,3	1,0230	3,6	3,5	10,3	1,0393	5,8	5,7
2,4	1,0075	1,4	1,3	6,4	1,0234	3,6	3,6	10,4	1,0397	5,9	5,8
2,5	1,0079	1,4	1,4	6,5	1,0238	3,7	3,6	10,5	1,0402	5,9	5,8
2,6	1,0083	1,5	1,4	6,6	1,0242	3,7	3,7	10,6	1,0406	6,0	5,9
2,7	1,0087	1,5	1,5	6,7	1,0246	3,8	3,7	10,7	1,0410	6,1	5,9
2,8	1,0091	1,6	1,55	6,8	1,0250	3,9	3,8	10,8	1,0414	6,1	6,0
2,9	1,0095	1,6	1,6	6,9	1,0254	3,9	3,8	10,9	1,0418	6,1	6,05
3,0	1,0099	1,7	1,7	7,0	1,0258	4,0	3,9	11,0	1,0422	6,2	6,1
3,1	1,0103	1,8	1,7	7,1	1,0262	4,0	3,9	11,1	1,0427	6,3	6,2
3,2	1,0107	1,8	1,8	7,2	1,0266	4,1	4,0	11,2	1,0431	6,3	6,2
3,3	1,0111	1,9	1,8	7,3	1,0270	4,1	4,1	11,3	1,0435	6,4	6,3
3,4	1,0115	1,9	1,9	7,4	1,0275	4,2	4,1	11,4	1,0439	6,5	6,3
3,5	1,0119	2,0	1,9	7,5	1,0279	4,25	4,2	11,5	1,0443	6,5	6,4
3,6	1,0122	2,0	2,0	7,6	1,0283	4,3	4,2	11,6	1,0447	6,6	6,4
3,7	1,0126	2,1	2,0	7,7	1,0287	4,4	4,3	11,7	1,0452	6,6	6,5
3,8	1,0130	2,2	2,1	7,8	1,0291	4,4	4,3	11,8	1,0456	6,7	6,55
3,9	1,0134	2,2	2,2	7,9	1,0295	4,5	4,4	11,9	1,0460	6,7	6,6
4,0	1,0138	2,3	2,2	8,0	1,0299	4,5	4,4	12,0	1,0464	6,8	6,7

Gew.-Proz. Zucker Grade Balling	Spezifisches Gewicht	Grade Baumé		Gew.-Proz. Zucker Grade Balling	Spezifisches Gewicht	Grade Baumé		Gew.-Proz. Zucker Grade Balling	Spezifisches Gewicht	Grade Baumé	
		neue	alte			neue	alte			neue	alte
12,1	1,0468	6,8	6,7	17,1	1,0682	9,7	9,5	22,1	1,0903	12,5	12,2
12,2	1,0473	6,9	6,8	17,2	1,0686	9,7	9,5	22,2	5,0908	12,5	12,3
12,3	1,0477	7,0	6,8	17,3	1,0690	9,8	9,6	22,3	1,0912	12,6	12,3
12,4	1,0481	7,0	6,9	17,4	1,0695	9,8	9,6	22,4	1,0917	12,6	12,4
12,5	1,0485	7,1	6,9	17,5	1,0699	9,9	9,7	22,5	1,0921	12,7	12,4
12,6	1,0489	7,1	7,0	17,6	1,0704	9,9	9,75	22,6	1,0926	12,7	12,5
12,7	1,0494	7,2	7,05	17,7	1,0708	10,0	9,8	22,7	1,0930	12,8	12,55
12,8	1,0498	7,2	7,1	17,8	1,0712	10,0	9,9	22,8	1,0935	12,85	12,6
12,9	1,0502	7,3	7,2	17,9	1,0717	10,1	9,9	22,9	1,0939	12,9	12,7
13,0	1,0506	7,4	7,2	18,0	1,0721	10,1	10,0	23,0	1,0944	12,9	12,7
13,1	1,0510	7,4	7,3	18,1	1,0725	10,2	10,0	23,1	1,0948	13,0	12,8
13,2	1,0515	7,5	7,3	18,2	1,0730	10,3	10,1	23,2	1,0953	13,1	12,8
13,3	1,0519	7,5	7,4	18,3	1,0734	10,3	10,1	23,3	1,0957	13,1	12,9
13,4	1,0523	7,6	7,4	18,4	1,0739	10,4	10,2	23,4	1,0962	13,2	12,9
13,5	1,0527	7,6	7,5	18,5	1,0743	10,4	10,2	23,5	1,0966	13,2	13,0
13,6	1,0532	7,7	7,5	18,6	1,0747	10,5	10,3	23,6	1,0971	13,3	13,0
13,7	1,0536	7,75	7,6	18,7	1,0752	10,5	10,35	23,7	1,0976	13,3	13,1
13,8	1,0540	7,8	7,65	18,8	1,0756	10,6	10,4	23,8	1,0980	13,4	13,15
13,9	1,0544	7,9	7,7	18,9	5,0760	10,6	10,5	23,9	1,0985	13,5	13,2
14,0	1,0549	7,9	7,8	19,0	1,0765	10,7	10,5	24,0	1,0989	13,5	13,3
14,1	1,0553	8,0	7,8	19,1	1,0769	10,8	10,6	24,1	1,0994	13,6	13,3
14,2	1,0557	8,0	7,9	19,2	1,0774	10,8	10,6	24,2	1,0998	13,6	13,4
14,3	1,0561	8,1	7,9	19,3	1,0778	10,9	10,7	24,3	1,1003	13,7	13,4
14,4	1,0566	8,1	8,0	19,4	1,0783	10,9	10,7	24,4	1,1008	13,7	13,5
14,5	1,0570	8,2	8,0	19,5	1,0787	11,0	10,8	24,5	1,1012	13,8	13,5
14,6	1,0574	8,3	8,1	19,6	1,0791	11,1	10,85	24,6	1,1017	13,8	13,6
14,7	1,0578	8,3	8,15	19,7	1,0796	11,1	10,9	24,7	1,1021	13,9	13,6
14,8	1,0583	8,4	8,2	19,8	1,0800	11,2	11,0	24,8	1,1026	14,0	13,7
14,9	1,0587	8,4	8,3	19,9	1,0805	11,2	11,0	24,9	1,1030	14,0	13,75
15,0	1,0591	8,5	8,3	20,0	1,0809	11,3	11,1	25,0	1,1035	14,1	13,8
15,1	1,0595	8,5	8,4	20,1	1,0814	11,3	11,1	25,1	1,1040	14,1	13,9
15,2	1,0600	8,65	8,4	20,2	1,0818	11,4	11,2	25,2	1,1044	14,2	13,9
15,3	1,0604	8,6	8,5	20,3	1,0822	11,5	11,2	25,3	1,1049	14,2	14,0
15,4	1,0608	8,7	8,5	20,4	1,0827	11,5	11,3	25,4	1,1054	14,3	14,0
15,5	1,0612	8,8	8,6	20,5	1,0831	11,6	11,3	25,5	1,1058	14,3	14,1
15,6	1,0617	8,8	8,6	20,6	1,0836	11,6	11,4	25,6	1,1063	14,4	14,1
15,7	1,0621	8,9	8,7	20,7	1,0840	11,7	11,45	25,7	1,1067	14,5	14,2
15,8	1,0625	8,9	8,8	20,8	1,0845	11,7	11,5	25,8	1,1072	14,5	14,2
15,9	1,0630	8,9	8,8	20,9	1,0849	11,8	11,6	25,9	1,1077	14,6	12,3
16,0	1,0634	9,0	8,9	21,0	1,0854	11,8	11,6	26,0	1,1081	14,6	14,35
16,1	1,0638	9,1	8,9	21,1	1,0858	11,9	11,7	26,1	1,1086	14,7	14,4
16,2	1,0643	9,2	9,0	21,2	1,0863	11,95	11,7	26,2	1,1091	14,7	14,5
16,3	1,0647	9,2	9,0	21,3	1,0867	12,0	11,8	26,3	1,1095	14,8	14,5
16,4	1,0651	9,3	9,1	21,4	1,0872	12,0	11,8	26,4	1,1100	14,85	14,6
16,5	1,0656	9,3	9,1	21,5	1,0876	12,1	11,9	26,5	1,1104	14,9	14,6
16,6	1,0660	9,4	9,2	21,6	1,0881	12,1	11,95	26,6	1,1109	15,0	14,7
16,7	1,0664	9,4	9,25	21,7	1,0885	12,2	12,0	26,7	1,1114	15,0	14,7
16,8	1,0669	9,5	9,3	21,8	1,0890	12,3	12,05	26,8	1,1118	15,1	14,8
16,9	1,0673	9,5	9,4	21,9	1,0894	12,3	12,1	26,9	1,1123	15,1	14,8
17,0	1,0677	9,6	9,4	22,0	1,0899	12,4	12,2	27,0	1,1128	15,2	14,9

Gew.-Proz. Zucker Grade Balling	Spezifisches Gewicht	Grade Baumé		Gew.-Proz. Zucker Grade Balling	Spezifisches Gewicht	Grade Baumé		Gew.-Proz. Zucker Grade Balling	Spezifisches Gewicht	Grade Baumé	
		neue	alte			neue	alte			neue	alte
27,1	1,1132	15,2	14,9	32,1	1,1370	18,0	17,7	37,1	1,1617	20,7	20,35
27,2	1,1138	15,3	15,0	32,2	1,1375	18,0	17,7	37,2	1,1622	20,8	20,4
27,3	1,1142	15,3	15,1	32,3	1,1380	18,1	17,8	37,3	1,1627	20,9	20,5
27,4	1,1146	15,4	15,1	32,4	1,1385	18,2	17,8	37,4	1,1632	20,9	20,5
27,5	1,1151	15,5	15,2	32,5	1,1390	13,2	17,9	37,5	1,1637	21,0	20,6
27,6	1,1156	15,5	15,2	32,6	1,1395	18,3	17,9	37,6	1,1642	21,0	20,6
27,7	1,1161	15,6	15,3	32,7	1,1399	18,3	18,0	37,7	1,1647	21,1	20,7
27,8	1,1165	15,6	15,3	32,8	1,1404	18,4	18,0	37,8	1,1652	21,1	20,7
27,9	1,1170	15,7	15,4	32,9	1,1409	18,4	18,1	37,9	1,1657	21,2	20,8
28,0	1,1175	15,7	15,4	33,0	1,1414	18,5	18,15	38,0	1,1662	21,2	20,8
28,1	1,1179	15,8	15,5	33,1	1,1419	18,55	18,2	38,1	1,1667	21,3	20,9
28,2	1,1184	15,8	15,55	33,2	1,1424	18,6	18,25	38,2	1,1672	21,35	20,9
28,3	1,1189	15,9	15,6	33,3	1,1429	18,7	18,3	38,3	1,1677	21,4	21,0
28,4	1,1193	16,0	15,7	33,4	1,1434	18,7	18,4	38,4	1,1682	21,5	21,05
28,5	1,1198	16,0	15,7	33,5	1,1438	18,8	18,4	38,5	1,1688	21,5	21,1
28,6	1,1203	16,1	15,8	33,6	1,1443	18,8	18,5	38,6	1,1693	21,6	21,15
28,7	1,1208	16,1	15,8	33,7	1,1448	18,9	18,5	38,7	1,1698	21,6	21,2
28,8	1,1212	16,2	15,9	33,8	1,1453	18,9	18,6	38,8	1,1703	21,7	21,3
28,9	1,1217	16,2	15,9	33,9	1,1458	19,0	18,6	38,9	1,1708	21,7	21,3
29,0	1,1222	16,3	16,0	34,0	1,1463	19,05	18,7	39,0	1,1713	21,8	21,4
29,1	1,1227	16,3	16,0	34,1	1,1468	19,1	18,7	39,1	1,1718	21,8	21,4
29,2	1,1231	16,4	16,1	34,2	1,1473	19,2	18,8	39,2	1,1723	21,9	21,5
29,3	1,1236	16,5	16,1	34,3	1,1478	19,2	18,85	39,3	1,1728	21,9	21,5
29,4	1,1241	16,5	16,2	34,4	1,1483	19,3	18,9	39,4	1,1733	22,0	21,6
29,5	1,1246	16,6	16,25	34,5	1,1488	19,3	18,95	39,5	1,1738	22,05	21,6
29,6	1,1250	16,6	16,3	34,6	1,1492	19,4	19,0	39,6	1,1744	22,1	21,7
29,7	1,1255	16,7	16,4	34,7	1,1497	19,4	19,1	39,7	1,1749	22,2	21,7
29,8	1,1260	16,7	16,4	34,8	1,1502	19,5	19,1	39,8	1,1754	22,2	21,8
29,9	1,1265	16,8	16,5	34,9	1,1507	19,5	19,2	39,9	1,1759	22,3	21,85
30,0	1,1269	16,8	16,5	35,0	1,1512	19,6	19,2	40,0	1,1764	22,3	21,9
30,1	1,1274	16,9	16,6	35,1	1,1517	19,65	19,3	40,1	1,1769	22,4	22,0
30,2	1,1279	16,95	16,6	35,2	1,1522	19,7	19,3	40,2	1,1774	22,4	22,0
30,3	1,1284	17,0	16,7	35,3	1,1527	19,8	19,4	40,3	1,1779	22,5	22,1
30,4	1,1288	17,1	16,7	35,4	1,1532	19,8	19,4	40,4	1,1785	22,5	22,1
30,5	1,1293	17,1	16,8	35,5	1,1537	19,9	19,5	40,5	1,1790	22,6	22,2
30,6	1,1298	17,2	16,85	35,6	1,1542	19,9	19,55	40,6	1,1795	22,6	22,2
30,7	1,1303	17,2	16,9	35,7	1,1547	20,0	19,6	40,7	1,1800	22,7	22,3
30,8	1,1308	17,3	17,0	35,8	1,1552	20,0	19,65	40,8	1,1805	22,8	22,3
30,9	1,1312	17,3	17,0	35,9	1,1557	20,1	19,7	40,9	1,1810	22,8	22,4
31,0	1,1317	17,4	17,1	36,0	1,1562	20,1	19,8	41,0	1,1815	22,9	22,4
31,1	1,1322	17,45	17,1	36,1	1,1567	20,2	19,8	41,1	1,1821	22,9	22,5
31,2	1,1327	17,5	17,2	36,2	1,1572	20,25	19,9	41,2	1,1826	23,0	22,5
31,3	1,1332	17,6	17,2	36,3	1,1577	20,3	19,9	41,3	1,1831	23,0	22,6
31,4	1,1336	17,6	17,3	36,4	1,1582	20,4	20,0	41,4	1,1836	23,1	22,65
31,5	1,1341	17,7	17,3	36,5	1,1587	20,4	20,0	41,5	1,1841	23,1	22,7
31,6	1,1346	17,7	17,4	36,6	1,1592	20,5	20,1	41,6	1,1846	23,2	22,75
31,7	1,1351	17,8	17,4	36,7	1,1597	20,5	20,1	41,7	1,1852	23,25	22,8
31,8	1,1356	17,8	17,5	36,8	1,1602	20,6	20,2	41,8	1,1857	23,3	22,9
31,9	1,1361	17,9	17,55	36,9	1,1607	20,6	20,2	41,9	1,1862	23,4	22,9
32,0	1,1365	17,95	17,6	37,0	1,1612	20,7	20,3	42,0	1,1867	23,4	23,0

Gew.-Proz. Zucker Grade Balling	Spezifisches Gewicht	Grade Baumé		Gew.-Proz. Zucker Grade Balling	Spezifisches Gewicht	Grade Baumé		Gew.-Proz. Zucker Grade Balling	Spezifisches Gewicht	Grade Baumé	
		neue	alte			neue	alte			neue	alte
42,1	1,1872	23,5	23,0	47,1	1,2137	26,2	25,7	52,1	1,2411	28,8	28,3
42,2	1,1878	23,5	23,1	47,2	1,2143	26,2	25,7	52,2	1,2417	28,9	28,3
42,3	1,1883	23,6	23,1	47,3	1,2148	26,3	25,8	52,3	1,2423	28,9	28,4
42,4	1,1888	23,6	23,2	47,4	1,2153	26,3	25,8	52,4	1,2428	29,0	28,4
42,5	1,1893	23,7	23,2	47,5	1,2159	26,4	25,9	52,5	1,2434	29,0	28,5
42,6	1,1899	23,7	23,3	47,6	1,2164	26,4	25,9	52,6	1,2439	29,1	28,5
42,7	1,1904	23,8	23,3	47,7	1,2170	26,5	26,0	52,7	1,2445	29,15	28,6
42,8	1,1909	23,8	23,4	47,8	1,2175	26,5	26,0	52,8	1,2451	29,2	28,65
42,9	1,1914	23,9	23,45	47,9	1,2181	26,6	26,1	52,9	1,2456	29,2	28,7
43,0	1,1919	23,95	23,5	48,0	1,2186	26,6	26,1	53,0	1,2462	29,3	28,75
43,1	1,1925	24,0	23,55	48,1	1,2191	26,7	26,2	53,1	1,2467	29,4	28,8
43,2	1,1930	24,1	23,6	48,2	1,2197	26,75	26,2	53,2	1,2473	29,4	28,85
43,3	1,1935	24,1	23,7	48,3	1,2202	26,8	26,3	53,3	1,2479	29,5	28,9
43,4	1,1940	24,2	23,7	48,4	1,2208	26,9	26,35	53,4	1,2484	29,5	28,9
43,5	1,1946	24,2	23,8	48,5	1,2213	26,9	26,4	53,5	1,2490	29,6	29,0
43,6	1,1951	24,3	23,8	48,6	1,2219	27,0	26,45	53,6	1,2496	29,6	29,1
43,7	1,1956	24,3	23,9	48,7	1,2224	27,0	26,5	53,7	1,2501	29,7	29,1
43,8	1,1961	24,4	23,9	48,8	1,2229	27,1	26,6	53,8	1,2507	29,7	29,2
43,9	1,1967	24,4	24,0	48,9	1,2235	27,1	26,6	53,9	1,2513	29,8	29,2
44,0	1,1972	24,5	24,0	49,0	1,2240	27,2	26,7	54,0	1,2518	29,8	29,3
44,1	1,1977	24,55	24,1	49,1	1,2246	27,2	26,7	54,1	1,2524	29,9	29,3
44,2	1,1983	24,6	24,1	49,2	1,2251	27,3	26,8	54,2	1,2529	29,9	29,4
44,3	1,1988	24,65	24,2	49,3	1,2257	27,3	26,8	54,3	1,2535	30,0	29,4
44,4	1,1993	24,7	24,2	49,4	1,2262	27,4	26,9	54,4	1,2541	30,05	29,5
44,5	1,1998	24,8	24,3	49,5	1,2268	27,4	26,9	54,5	1,2546	30,1	29,5
44,6	1,2004	24,8	24,35	49,6	1,2273	27,5	27,0	54,6	1,2552	35,2	29,6
44,7	1,2009	24,9	24,4	49,7	1,2279	27,6	27,0	54,7	1,2558	30,2	29,6
44,8	1,2014	24,9	24,45	49,8	1,2284	27,6	27,1	54,8	1,2564	30,3	29,7
44,9	1,2020	25,0	24,5	49,9	1,2290	27,7	27,1	54,9	1,2569	30,3	29,7
45,0	1,2025	25,0	24,6	50,0	1,2295	27,7	27,2	55,0	1,2575	30,4	29,8
45,1	1,2030	25,1	24,6	50,1	1,2301	27,8	27,2	55,1	1,2581	30,4	29,8
45,2	1,2036	25,1	24,7	50,2	1,2306	27,8	27,3	55,2	1,2586	30,5	29,9
45,3	1,2041	25,2	24,7	50,3	1,2312	27,9	27,3	55,3	1,2592	30,5	29,9
45,4	1,2046	25,2	24,8	50,4	1,2317	27,9	27,4	55,4	1,2598	30,6	30,0
45,5	1,2052	25,3	24,8	50,5	1,2323	28,0	27,45	55,5	1,2603	30,6	30,05
45,6	1,2057	25,4	24,9	50,6	1,2328	28,0	27,5	55,6	1,2609	30,7	30,1
45,7	1,2062	25,4	24,9	50,7	1,2334	28,1	27,55	55,7	1,2615	30,7	30,15
45,8	1,2068	25,5	25,0	50,8	1,2339	28,1	27,6	55,8	1,2620	30,8	30,2
45,9	1,2073	25,5	25,0	50,9	1,2345	28,2	27,7	55,9	1,2626	30,8	30,25
46,0	1,2078	25,6	25,1	51,0	1,2350	28,2	27,7	56,0	1,2632	30,9	30,3
46,1	1,2084	25,6	25,1	51,1	1,2356	28,3	27,8	56,1	1,2638	30,9	30,4
46,2	1,2089	25,7	25,2	51,2	1,2361	28,35	27,8	56,2	1,2643	31,0	30,4
46,3	1,2094	25,7	25,2	51,3	1,2367	28,4	27,9	56,3	1,2649	31,05	30,5
46,4	1,2100	25,8	25,3	51,4	1,2373	28,5	27,9	56,4	1,2655	31,1	30,5
46,5	1,2105	25,8	25,35	51,5	1,2378	28,5	28,0	56,5	1,2661	31,2	30,6
46,6	1,2110	25,9	25,4	51,6	1,2384	28,6	28,0	56,6	1,2666	31,2	30,6
46,7	1,2116	25,95	25,45	51,7	1,2389	28,6	28,1	56,7	1,2672	31,3	30,7
46,8	1,2121	26,0	25,5	51,8	1,2395	28,7	28,1	56,8	1,2678	31,3	30,7
46,9	1,2127	26,1	25,6	51,9	1,2400	28,7	28,2	56,9	1,2684	31,4	30,8
47,0	1,2132	26,1	25,6	52,0	1,2406	28,8	28,2	57,0	1,2689	31,4	30,8

Gew.-Proz. Zucker Grade Balling	Spezifisches Gewicht	Grade Baumé		Gew.-Proz. Zucker Grade Balling	Spezifisches Gewicht	Grade Baumé		Gew.-Proz. Zucker Grade Balling	Spezifisches Gewicht	Grade Baumé	
		neue	alte			neue	alte			neue	alte
57,1	1,2695	31,5	30,9	62,1	1,2988	34,1	33,4	67,1	1,3291	36,6	36,0
57,2	1,2701	31,5	30,9	62,2	1,2994	34,1	33,5	67,2	1,3297	36,7	36,0
57,3	1,2707	31,6	31,0	62,3	1,3000	34,2	33,5	67,3	1,3304	36,75	36,1
57,4	1,2712	31,6	31,0	62,4	1,3006	34,2	33,6	67,4	1,3310	36,8	36,1
57,5	1,2718	31,7	31,1	62,5	1,3012	34,3	33,6	67,5	1,3316	36,85	36,2
57,6	1,2724	31,7	31,1	62,6	1,3018	34,3	33,7	67,6	1,3322	36,9	36,2
57,7	1,2730	31,8	31,2	62,7	1,3024	34,4	33,7	67,7	1,3328	36,95	36,3
57,8	1,2736	31,8	31,2	62,8	1,3030	34,4	33,8	67,8	1,3334	37,0	36,3
57,9	1,2741	31,9	31,3	62,9	1,3036	34,5	33,8	67,9	1,3341	37,0	36,4
58,0	1,2747	31,9	31,3	63,0	1,3042	34,5	33,9	68,0	1,3347	37,1	36,4
58,1	1,2753	32,0	31,4	63,1	1,3048	34,6	33,9	68,1	1,3353	37,1	36,5
58,2	1,2759	32,0	31,4	63,2	1,3054	34,6	34,0	68,2	1,3359	37,2	36,5
58,3	1,2765	32,1	31,5	63,3	1,3060	34,7	34,0	68,3	1,3365	37,3	36,6
58,4	1,2770	32,15	31,5	63,4	1,3066	34,7	34,1	68,4	1,3372	37,3	36,6
58,5	1,2776	32,2	31,6	63,5	1,3072	34,8	34,1	68,5	1,3378	37,4	36,7
58,6	1,2782	32,3	31,6	63,6	1,3078	34,85	34,2	68,6	1,3384	37,4	36,7
58,7	1,2788	32,3	31,7	63,7	1,3084	34,9	34,2	68,7	1,3390	37,5	36,8
58,8	1,2794	32,4	31,7	63,8	1,3090	34,95	34,3	68,8	1,3396	37,5	36,8
58,9	1,2800	32,4	31,8	63,9	1,3096	35,0	34,3	68,9	1,3403	37,6	36,9
59,0	1,2805	32,5	31,85	64,0	1,3102	35,0	34,4	69,0	1,3409	37,6	36,9
59,1	1,2811	32,5	31,9	64,1	1,3108	35,1	34,4	69,1	1,3415	37,7	37,0
59,2	1,2817	32,6	31,95	64,2	1,3114	35,2	34,5	69,2	1,3421	37,7	37,0
59,3	1,2823	32,6	32,0	64,3	1,3120	35,2	34,5	69,3	1,3427	37,8	37,1
59,4	1,2829	32,7	32,05	64,4	1,3126	35,3	34,6	69,4	1,3434	37,8	37,1
59,5	1,2835	32,7	32,1	65,5	1,3133	35,3	34,6	69,5	1,3440	37,9	37,2
59,6	1,2841	32,8	32,15	64,6	1,3139	35,4	34,7	69,6	1,3446	37,9	37,2
59,7	1,2846	32,8	32,2	64,7	1,3145	35,4	34,7	69,7	1,3452	38,0	37,3
59,8	1,2852	32,9	32,3	64,8	1,3151	35,5	34,8	69,8	1,3459	38,0	37,3
59,9	1,2858	32,9	32,3	64,9	1,3157	35,5	34,8	69,9	1,3465	38,1	37,4
60,0	1,2864	33,0	32,4	65,0	1,3163	35,6	34,9	70,0	1,3471	38,1	37,4
60,1	1,2870	33,0	32,4	65,1	1,3169	35,6	34,95	70,1	1,3478	38,2	37,5
60,2	1,2876	33,1	32,5	65,2	1,3175	35,7	35,0	70,2	1,3484	38,2	37,5
60,3	1,2882	33,1	32,5	65,3	1,3181	35,7	35,05	70,3	1,3490	38,3	37,6
60,4	1,2888	32,2	32,6	65,4	1,3187	35,8	35,1	70,4	1,3496	38,3	37,6
60,5	1,2894	33,2	32,6	65,5	1,3193	35,8	35,15	70,5	1,3503	38,4	37,7
60,6	1,2899	33,3	32,7	65,6	1,3199	35,9	35,2	70,6	1,3509	38,4	37,7
60,7	1,2905	33,35	32,7	65,7	1,3205	35,9	35,25	70,7	1,3515	38,5	37,8
60,8	1,2911	33,4	32,8	65,8	1,3212	36,0	35,3	70,8	1,3521	38,5	37,8
60,9	o,2917	33,45	32,8	65,9	1,3218	36,0	35,35	70,9	1,3528	38,6	37,9
61,0	1,2923	33,5	32,9	66,0	1,3224	36,1	35,4	71,0	1,3534	38,6	37,9
61,1	1,2929	33,6	32,9	66,1	1,3230	36,1	35,5	71,1	1,3540	38,7	37,9
61,2	1,2935	33,6	33,0	66,2	1,3236	36,2	35,5	71,2	1,3547	38,7	38,0
61,3	1,2941	33,7	33,0	66,3	1,3242	36,2	35,6	71,3	1,3553	38,8	38,0
61,4	1,2947	33,7	33,1	66,4	1,3248	36,3	35,6	71,4	1,3559	38,8	38,1
61,5	1,2953	33,8	33,1	66,5	1,3254	36,3	35,7	71,5	1,3566	38,9	38,1
61,6	1,2959	33,8	33,2	66,6	1,3260	36,4	35,7	71,6	1,3572	38,9	38,2
61,7	1,2965	33,9	33,2	66,7	1,3267	36,4	35,8	71,7	1,3578	39,0	38,2
61,8	1,2971	33,9	33,3	66,8	1,3273	36,5	35,8	71,8	1,3585	39,0	38,3
61,9	1,2976	34,0	33,3	66,9	1,3279	36,5	35,9	71,9	1,3591	39,1	38,3
62,0	1,2982	34,0	33,4	67,0	1,3285	36,6	35,9	72,0	1,3597	39,1	38,4

Gew.-Proz. Zucker Grade Balling	Spezifisches Gewicht	Grade Baumé		Gew.-Proz. Zucker Grade Balling	Spezifisches Gewicht	Grade Baumé		Gew.-Proz. Zucker Grade Balling	Spezifisches Gewicht	Grade Baumé	
		neue	alte			neue	alte			neue	alte
72,1	1,3604	39,2	38,4	77,1	1,3926	41,7	40,9	82,1	1,4257	44,1	43,3
72,2	1,3610	39,2	38,5	77,2	1,3932	41,7	40,9	82,2	1,4264	44,2	43,3
72,3	1,3616	39,3	38,5	77,3	1,3939	41,8	41,0	82,3	1,4270	44,2	43,4
72,4	1,3623	39,3	38,6	77,4	1,3945	41,8	41,0	82,4	1,4277	44,3	43,4
72,5	1,3629	39,4	38,6	77,5	1,3952	41,9	41,1	82,5	1,4284	44,3	43,5
72,6	1,3635	39,4	38,7	77,6	1,3958	41,9	41,1	82,6	1,4291	44,4	43,5
72,7	1,3642	39,5	38,7	77,7	1,3965	42,0	41,2	82,7	1,4297	44,4	43,6
72,8	1,3648	39,5	38,8	77,8	1,3971	42,0	41,2	82,8	1,4304	44,5	43,6
72,9	1,3655	39,6	38,8	77,9	1,3978	42,1	41,3	82,9	1,4311	44,5	43,7
73,0	1,3661	39,6	38,9	78,0	1,3985	42,1	41,3	83,0	1,4318	44,6	43,7
73,1	1,3667	39,7	38,9	78,1	1,3991	42,2	41,4	83,1	1,4324	44,6	43,8
73,2	1,3674	39,7	39,0	78,2	1,3998	42,2	41,4	83,2	1,4331	44,7	43,8
73,3	1,3680	39,8	39,0	78,3	1,4004	42,3	41,5	83,3	1,4338	44,7	43,9
73,4	1,3686	39,8	39,1	78,4	1,4011	42,3	41,5	83,4	1,4345	44,8	43,9
73,5	1,3693	39,9	39,1	78,5	1,4017	42,4	41,6	83,5	1,4351	44,8	44,0
73,6	1,3699	39,9	39,2	78,6	1,4024	42,4	41,6	83,6	1,4358	44,9	44,0
73,7	1,3706	40,0	39,2	78,7	1,4031	42,5	41,7	83,7	1,4365	44,9	44,1
73,8	1,3712	40,0	39,3	78,8	1,4037	42,5	41,7	83,8	1,4372	45,0	44,1
73,9	1,3718	40,1	39,3	78,9	1,4044	42,6	41,8	83,9	1,4379	45,0	44,2
74,0	1,3725	40,1	39,4	79,0	1,4050	42,6	41,8	84,0	1,4385	45,1	44,2
74,1	1,3731	40,2	39,4	79,1	1,4057	42,7	41,9	84,1	1,4392	45,1	44,2
74,2	1,3738	40,2	39,5	79,2	1,4064	42,7	41,9	84,2	1,4399	45,15	44,3
74,3	1,3744	40,3	39,5	79,3	1,4070	42,8	42,0	84,3	1,4406	45,2	44,3
74,4	1,3751	40,3	39,6	79,4	1,4077	42,8	42,0	84,4	1,4412	45,25	44,4
74,5	1,3757	40,4	39,6	79,5	1,4083	42,9	42,1	84,5	1,4419	45,3	44,4
74,6	1,3763	40,4	39,7	79,6	1,4090	42,9	42,1	84,6	1,4426	45,35	44,5
74,7	1,3770	40,5	39,7	79,7	1,4097	43,0	42,1	84,7	1,4433	45,4	44,5
74,8	1,3776	40,5	39,8	79,8	1,4103	43,0	42,2	84,8	1,4440	45,4	44,6
74,9	1,3783	40,6	39,8	79,9	1,4110	43,1	42,2	84,9	1,4447	45,5	44,6
75,0	1,3789	40,5	39,9	80,0	1,4117	43,1	42,3	85,0	1,4453	45,5	44,7
75,1	1,3796	40,7	39,9	80,1	1,4123	43,2	42,3	85,1	1,4460	45,6	44,7
75,2	1,3802	40,7	40,0	80,2	1,4130	43,2	42,4	85,2	1,4467	45,6	44,8
75,3	1,3809	40,8	40,0	80,3	1,4137	43,2	42,4	85,3	1,4474	45,7	44,8
75,4	1,3815	40,8	40,1	80,4	1,4143	43,3	42,5	85,4	1,4481	45,7	44,9
75,5	1,3822	40,9	40,1	80,5	1,4154	43,3	42,5	85,5	1,4488	45,8	44,9
75,6	1,3828	40,9	40,2	80,6	1,4157	43,4	42,6	85,6	1,4494	45,8	45,0
75,7	1,3834	41,0	40,2	80,7	1,4163	43,45	42,6	85,7	1,4501	45,9	45,0
75,8	1,3841	41,0	40,3	80,8	1,4170	43,5	42,7	85,8	1,4508	45,9	45,0
75,9	1,3847	41,1	40,3	80,9	1,4177	43,55	42,7	85,9	1,4515	46,0	45,1
76,0	1,3854	41,1	40,4	81,0	1,4183	43,6	42,8	86,0	1,4522	46,0	45,1
76,1	1,3860	41,2	40,4	81,1	1,4190	43,65	42,8	86,1	1,4529	46,1	45,2
76,2	1,3867	41,2	40,5	81,2	1,4197	43,7	42,9	86,2	1,4536	46,1	45,2
76,3	1,3873	41,3	40,5	81,3	1,4203	43,7	42,9	86,3	1,4542	46,2	45,3
76,4	1,3880	41,3	40,6	81,4	1,4210	43,8	43,0	86,4	1,4549	46,2	45,3
76,5	1,3886	41,4	40,6	81,5	1,4217	43,8	43,0	86,5	1,4556	46,3	45,4
76,6	1,3893	41,4	40,7	81,6	1,4223	43,9	43,1	86,6	1,4563	46,3	45,4
76,7	1,3899	41,5	40,7	81,7	1,4230	43,9	43,1	86,7	1,4570	46,35	45,5
76,8	1,3906	41,5	40,8	81,8	1,4237	44,0	43,2	86,8	1,4577	46,4	45,5
76,9	1,3913	41,6	40,8	81,9	1,4244	44,0	43,2	86,9	1,4584	46,45	45,6
77,0	1,3919	41,6	40,8	82,0	1,4250	44,1	43,2	87,0	1,4591	46,5	45,6

Gew.-Proz. Zucker Grade Balling	Spezifisches Gewicht	Grade Baumé		Gew.-Proz. Zucker Grade Balling	Spezifisches Gewicht	Grade Baumé		Gew.-Proz. Zucker Grade Balling	Spezifisches Gewicht	Grade Baumé	
		neue	alte			neue	alte			neue	alte
87,1	1,4598	46,15	45,7	90,1	1,4806	48,0	47,1	93,1		49,4	48,4
87,2	1,4604	46,6	45,7	90,2	1,4813	48,0	47,1	93,2		49,4	48,5
87,3	1,4611	46,65	45,8	90,3	1,4820	48,1	47,2	93,3		49,5	48,5
87,4	1,4618	46,7	45,8	90,4	1,4827	48,1	47,2	93,4		49,5	48,6
87,5	1,4625	46,7	45,8	90,5	1,4834	48,2	47,2	93,5		49,6	48,6
87,6	1,4632	46,8	45,9	90,6	1,4841	48,2	47,3	93,6		49,6	48,7
87,7	1,4639	46,8	45,9	90,7	1,4848	48,3	47,3	93,7		49,7	48,7
87,8	1,4646	46,9	46,0	90,8	1,4855	48,3	47,4	93,8		49,7	48,8
87,9	1,4653	46,9	46,0	90,9	1,4862	48,35	47,4	93,9		49,8	48,8
88,0	1,4660	47,0	46,1	91,0	1,4870	48,4	47,5	94,0		49,8	48,8
88,1	1,4667	47,0	46,1	91,1	1,4877	48,45	47,5	94,1		49,85	48,9
88,2	1,4674	47,1	46,2	91,2	1,4884	48,5	47,6	94,2		49,9	48,9
88,3	1,4681	47,1	46,2	91,3	1,4891	48,5	47,6	94,3		49,9	49,0
88,4	1,4688	47,2	46,3	91,4	1,4898	48,6	47,7	94,4		50,0	49,0
88,5	1,4695	47,2	46,3	91,5	1,4905	48,6	47,7	94,5		50,0	49,1
88,6	1,4702	47,3	46,4	91,6	1,4912	48,7	47,8	94,6		50,1	49,1
88,7	1,4708	47,3	46,4	91,7	1,4919	48,7	47,8	94,7		50,1	49,2
88,8	1,4715	47,4	46,5	91,8	1,4926	48,8	47,8	94,8		50,2	49,2
88,9	1,4722	47,4	46,5	91,9	1,4933	48,8	47,9	94,9		50,2	49,3
89,0	1,4729	47,45	46,5	92,0	1,4940	48,9	47,9	95,0		50,3	49,3
89,1	1,4736	47,5	46,6	92,1		48,9	48,0	95,1		50,3	
89,2	1,4743	47,55	46,6	92,2		49,0	48,0	95,2		50,4	
89,3	1,4750	47,6	46,7	92,3		49,0	48,1	95,3		50,4	
89,4	1,4757	47,6	46,7	92,4		49,05	48,1	95,4		50,45	
89,5	1,4764	47,7	46,8	92,5		49,1	48,2	95,5		50,5	
89,6	1,4771	47,7	46,8	92,6		49,15	48,2	95,6		50,55	
89,7	1,4778	47,8	46,9	92,7		49,2	48,3	95,7		50,6	
89,8	1,4785	47,8	46,9	92,8		49,2	48,3	95,8		50,6	
89,9	1,4792	47,9	47,0	92,9		49,3	48,3	95,9		50,7	
90,0	1,4799	47,9	47,0	93,0		49,3	48,4	96,0		50,7	

Gelangen Zuckerlösungen bei anderer als der Normaltemperatur zur Untersuchung, wie dies in der Praxis (zwecks Ersparung des langwierigen Abkühlens auf 20°) sehr oft der Fall ist, so sind die Veränderungen des Volumens in Berücksichtigung zu ziehen. Da sich Spindeln wie die von Volquartz[1]) und von Vosátka[2]), die eine unmittelbare Ablesung der den Temperaturen entsprechenden Korrektionsgrade gestatten, nicht in die Praxis eingeführt haben, korrigiert man meist die Ablesungen nach folgender, von Sachs ursprünglich für $t = 17{,}5°$ aufgestellten, später jedoch für $t = 20°$ C umgerechneten Tabelle:

---

[1]) Vereinszeitschr. **1896**, 392.

[2]) Zeitschr. f. Zuckerindustrie in Böhmen **27**, 689; 1903.

Tabelle VI.

Umrechnungstabelle der Saccharometerangaben bei verschiedenen Temperaturen auf solche bei 20° C. (Von Sachs.)

Beobachtungstemperatur Grad C	Abgelesene (scheinbare) Stärke in Gewichtsprozenten														
	0	5	10	15	20	25	30	35	40	45	50	55	60	65	70
	Der abgelesene Betrag ist zu verkleinern um:														
0	0,28	0,47	0,63	0,76	0,87	0,97	1,06	1,15	1,24	1,30	1,36	1,40	1,43	1,45	1,48
5	0,35	0,45	0,55	0,64	0,72	0,79	0,85	0,91	0,97	1,01	1,04	1,07	1,09	1,11	1,13
10	0,32	0,37	0,42	0,47	0,51	0,56	0,60	0,64	0,67	0,69	0,71	0,73	0,74	0,75	0,76
11	0,31	0,34	0,39	0,43	0,47	0,51	0,54	0,58	0,61	0,63	0,65	0,66	0,67	0,68	0,69
12	0,28	0,31	0,35	0,39	0,42	0,46	0,49	0,52	0,54	0,56	0,58	0,59	0,60	0,61	0,61
13	0,26	0,28	0,32	0,35	0,38	0,41	0,43	0,46	0,48	0,49	0,51	0,52	0,53	0,53	0,54
14	0,23	0,25	0,28	0,30	0,33	0,35	0,37	0,39	0,41	0,43	0,44	0,44	0,45	0,46	0,46
15	0,20	0,21	0,24	0,26	0,28	0,30	0,31	0,33	0,35	0,36	0,37	0,37	0,38	0,38	0,39
16	0,16	0,18	0,19	0,21	0,23	0,24	0,25	0,27	0,28	0,29	0,29	0,30	0,30	0,31	0,31
17	0,12	0,13	0,15	0,16	0,17	0,18	0,19	0,20	0,21	0,22	0,22	0,22	0,23	0,23	0,23
18	0,08	0,09	0,10	0,11	0,12	0,12	0,13	0,13	0,14	0,15	0,15	0,15	0,15	0,15	0,16
19	0,04	0,05	0,05	0,06	0,06	0,06	0,07	0,07	0,07	0,08	0,08	0,08	0,08	0,08	0,08
	Der abgelesene Betrag ist zu vergrößern um:														
21	0,05	0,05	0,06	0,06	0,06	0,06	0,07	0,07	0,07	0,07	0,07	0,08	0,08	0,08	0,08
22	0,10	0,11	0,11	0,12	0,12	0,13	0,14	0,14	0,14	0,15	0,15	0,15	0,16	0,16	0,16
23	0,15	0,16	0,17	0,18	0,19	0,20	0,21	0,22	0,22	0,22	0,23	0,23	0,23	0,24	0,24
24	0,21	0,22	0,23	0,24	0,26	0,26	0,28	0,29	0,30	0,30	0,30	0,31	0,31	0,32	0,32
25	0,27	0,28	0,30	0,31	0,32	0,33	0,35	0,36	0,37	0,38	0,38	0,39	0,39	0,40	0,39
26	0,33	0,34	0,36	0,38	0,39	0,41	0,42	0,44	0,45	0,45	0,46	0,47	0,47	0,48	0,47
27	0,40	0,40	0,42	0,44	0,46	0,48	0,50	0,51	0,53	0,53	0,54	0,55	0,55	0,56	0,56
28	0,46	0,47	0,49	0,51	0,54	0,55	0,58	0,59	0,61	0,61	0,62	0,63	0,64	0,64	0,64
29	0,53	0,54	0,56	0,58	0,61	0,63	0,65	0,67	0,69	0,70	0,70	0,71	0,72	0,72	0,72
30	0,60	0,61	0,63	0,66	0,68	0,71	0,73	0,75	0,77	0,78	0,79	0,80	0,80	0,80	0,80
31	0,68	0,68	0,70	0,73	0,76	0,79	0,81	0,83	0,85	0,86	0,87	0,88	0,88	0,89	0,89
32	0,75	0,76	0,78	0,81	0,84	0,87	0,90	0,92	0,94	0,95	0,95	0,96	0,97	0,97	0,97
33	0,83	0,83	0,86	0,89	0,92	0,95	0,98	1,00	1,02	1,03	1,04	1,05	1,05	1,05	—
34	0,91	0,91	0,94	0,97	1,01	1,04	1,07	1,09	1,10	1,11	1,12	1,13	1,14	1,14	—
35	0,99	0,99	1,02	1,06	1,09	1,13	1,16	1,17	1,19	1,20	1,21	1,22	1,22	1,22	—
36	1,07	1,08	1,10	1,14	1,18	1,21	1,24	1,26	1,28	1,29	1,29	1,30	1,31	1,30	—
37	1,15	1,16	1,19	1,23	1,27	1,30	1,33	1,35	1,36	1,37	1,38	1,39	1,39	1,39	—
38	1,24	1,25	1,28	1,32	1,36	1,39	1,42	1,44	1,45	1,46	1,47	1,48	1,48	1,47	—
39	1,32	1,34	1,37	1,41	1,45	1,48	1,51	1,52	1,54	1,55	1,55	1,56	1,56	1,56	—
40	1,41	1,43	1,46	1,50	1,54	1,57	1,60	1,61	1,63	1,64	1,64	1,65	1,65	1,65	—
41	1,50	1,52	1,56	1,60	1,63	1,67	1,69	1,70	1,72	1,73	1,73	1,74	1,74	1,74	—
42	1,60	1,62	1,66	1,69	1,73	1,76	1,78	1,80	1,81	1,82	1,82	1,83	1,83	1,82	—
43	1,70	1,72	1,75	1,79	1,83	1,85	1,88	1,89	1,90	1,91	1,91	1,92	1,92	1,91	—
44	1,80	1,82	1,85	1,89	1,93	1,95	1,97	1,99	2,00	2,00	2,01	2,01	2,01	2,00	—
45	1,90	1,93	1,96	1,99	2,03	2,05	2,07	2,08	2,09	2,09	2,10	2,10	2,10	2,09	—
46	2,01	2,03	2,06	2,10	2,13	2,15	2,17	2,18	2,19	2,19	2,19	2,19	2,19	2,17	—
47	2,12	2,14	2,17	2,20	2,23	2,25	2,27	2,28	2,28	2,28	2,28	2,29	2,28	2,26	—
48	2,23	2,25	2,27	2,31	2,34	2,36	2,37	2,38	2,38	2,38	2,38	2,38	2,37	2,35	—
49	2,34	2,36	2,39	2,42	2,44	2,46	2,47	2,48	2,48	2,47	2,47	2,47	2,46	2,45	—
50	2,46	2,47	2,50	2,53	2,55	2,57	2,58	2,58	2,58	2,57	2,57	2,57	2,55	2,54	—
55	3,05	3,07	3,08	3,11	3,12	3,12	3,12	3,10	3,08	3,07	3,07	3,05	3,02	3,00	—
60	3,69	3,71	3,73	3,73	3,72	3,70	3,67	3,64	3,61	3,59	3,56	3,54	3,50	3,46	—

Aus den oben erwähnten, ausführlichen, wissenschaftlich genauen Tafeln von **Plato**, **Domke** und **Harting** (für $t = 20°$) sei nachstehender Auszug (VII) wiedergegeben:

Tabelle VII.

3. Tafel zur Bestimmung der wahren Dichte reiner Rohrzuckerlösungen aus den Gewichtsprozenten bei + 20° C.
(Normaleichungskommission.)

Proz. Zucker, Grade Balling	,0	,1	,2	,3	,4	,5	,6	,7	,8	,9
	Wahre Dichte bei + 20° C für die nebenstehenden Ganzen- und obenstehenden Zehntel-Rohrzuckerprozente. Einheit: Dichte des Wassers bei + 4° C.									
0	0,998234	0,998622	0,999010	0,999398	0,999786	1,000174	1,000563	1,000952	1,001342	1,001731
1	1,002120	1,002509	1,002897	1,003286	1,003675	1,004064	1,004453	1,004844	1,005234	1,005624
2	1,006015	1,006405	1,006796	1,007188	1,007580	1,007972	1,008363	1,008755	1,009148	1,009541
3	1,009934	1,010327	1,010721	1,011115	1,011510	1,011904	1,012298	1,012694	1,013089	1,013485
4	1,013881	1,014277	1,014673	1,015070	1,015467	1,015864	1,016261	1,016659	1,017058	1,017456
5	1,017854	1,018253	1,018652	1,019052	1,019451	1,019851	1,020251	1,020651	1,021053	1,021454
6	1,021855	1,024257	1,022659	1,023061	1,023463	1,023867	1,024270	1,024673	1,025077	1,025481
7	1,025885	1,026289	1,026694	1,027099	1,027504	1,027910	1,028316	1,028722	1,029128	1,029535
8	1,029942	1,030349	1,030757	1,031165	1,031573	1,031892	1,032391	1,032800	1,033209	1,033619
9	1,034029	1,034439	1,034850	1,035260	1,035671	1,036082	1,036494	1,036906	1,037318	1,037730
10	1,038143	1,038556	1,038970	1,039383	1,039797	1,040212	1,040626	1,041041	1,041456	1,041872
11	1,042288	1,042704	1,043121	1,043537	1,043954	1,044370	1,044788	1,045206	1,045625	1,046043
12	1,046162	1,046881	1,047300	1,047720	1,048140	1,048559	1,048980	1,049401	1,049822	1,050243
13	1,050665	1,051087	1,051510	1,051933	1,052356	1,052778	1,053202	1,053626	1,054050	1,054475
14	1,054900	1,055325	1,055751	1,056176	1,056602	1,057029	1,057455	1,057882	1,058310	1,058737
15	1,059165	1,059593	1,060022	1,060451	1,060880	1,061208	1,061738	1,062168	1,062598	1,063029
16	1,063460	1,063892	1,064324	1,064756	1,065188	1,065621	1,066054	1,066487	1,066921	1,067355
17	1,067789	1,068223	1,068658	1,069093	1,069529	1,069964	1,070400	1,070836	1,071273	1,071710
18	1,072147	1,072585	1,073023	1,073461	1,073900	1,074338	1,074777	1,075217	1,075657	1,076097
19	1,076537	1,076978	1,077419	1,077860	1,078302	1,078744	1,079187	1,079629	1,080072	1,080515
20	1,080959	1,081403	1,081848	1,082292	1,082737	1,083182	1,083628	1,084074	1,084520	1,084967
21	1,085114	1,085861	1,086309	1,086757	1,087205	1,087652	1,088101	1,088550	1,089000	1,089450
22	1,089900	1,090351	1,090802	1,091253	1,091704	1,092155	1,092607	1,093060	1,093513	1,093926
23	1,094420	1,094874	1,095328	1,095782	1,096236	1,096691	1,097147	1,097603	1,098058	1,098514
24	1,098971	1,099428	1,099886	1,100344	1,100802	1,101259	1,101718	1,102177	1,102637	1,103097

3. Tafel zur Bestimmung der wahren Dichte reiner Rohrzuckerlösungen aus den Gewichtsprozenten bei + 20° C.
(Fortsetzung.)

Proz. Zucker, Grade Balling	,0	,1	,2	,3	,4	,5	,6	,7	,8	,9
	Wahre Dichte bei + 20° C für die nebenstehenden Ganzen und obenstehenden Zehntel-Rohrzuckerprozente. Einheit: Dichte des Wassers bei + 4° C.									
25	1,103557	1,104017	1,104478	1,104938	1,105400	1,105862	1,106324	1,106786	1,107248	1,101711
26	1,108175	1,108639	1,109103	1,109568	1,110033	1,110497	1,110963	1,111429	1,111895	1,112361
27	1,112828	1,113295	1,113863	1,114229	1,114697	1,115166	1,115635	1,116104	1,116572	1,117042
28	1,117512	1,117982	1,118453	1,118923	1,119395	1,119867	1,120339	1,120812	1,121284	1,121757
29	1,122231	1,122705	1,123179	1,123653	1,124128	1,124603	1,125079	1,125555	1,126030	1,126507
30	1,126984	1,127461	1,127939	1,128417	1,128896	1,129374	1,129853	1,130332	1,130812	1,131292
31	1,131773	1,132254	1,132735	1,133216	1,133698	1,134180	1,134663	1,135146	1,135628	1,136112
32	1,136596	1,137080	1,137565	1,138049	1,138534	1,139020	1,139506	1,139993	1,140479	1,140966
33	1,141453	1,141941	1,142429	1,142916	1,143405	1,143894	1,144384	1,144874	1,145363	1,445854
34	1,146345	1,146836	1,147328	1,147820	1,148313	1,148805	1,149298	1,149792	1,150286	1,150780
35	1,151275	1,151770	1,152265	1,152760	1,153256	1,153752	1,154249	1,154746	1,155242	1,155740
36	1,156238	1,156736	1,157235	1,157733	1,158233	1,158733	1,159233	1,159733	1,160233	1,160734
37	1,161236	1,161738	1,162240	1,162742	1,163245	1,163748	1,164252	1,164756	1,165259	1,165764
38	1,166269	1,166775	1,167281	1,167786	1,168293	1,168800	1,169307	1,169815	1,170322	1,170831
39	1,171340	1,171849	1,172359	1,172869	1,173379	1,173889	1,174400	1,174911	1,175423	1,175935
40	1,176447	1,176960	1,177473	1,177987	1,178501	1,179014	1,179527	1,180044	1,180560	1,181086
41	1,181592	1,182108	1,182625	1,183142	1,183660	1,184178	1,184696	1,185215	1,185734	1,186253
42	1,186773	1,187293	1,187814	1,188335	1,188856	1,189379	1,189901	1,190423	1,190946	1,191469
43	1,191993	1,192517	1,193041	1,193565	1,194090	1,194616	1,195141	1,195667	1,196193	1,196720
44	1,197247	1,197775	1,198303	1,198832	1,199360	1,199890	1,200420	1,200950	1,201480	1,202010
45	1,202540	1,203071	1,203603	1,204136	1,204668	1,205200	1,205733	1,206266	1,206801	1,207335
46	1,207870	1,208405	1,208940	1,209477	1,210013	1,210549	1,211086	1,211623	1,212162	1,212700
47	1,213238	1,213777	1,214317	1,214856	1,215395	1,215936	1,216476	1,217017	1,217559	1,218101
48	1,218643	1,219185	1,219729	1,220272	1,220815	1,221360	1,221904	1,222449	1,222995	1,223540
49	1,224086	1,224632	1,225180	1,225727	1,226274	1,226823	1,227371	1,227919	1,228469	1,229018

3. Tafel zur Bestimmung der wahren Dichte reiner Rohrzuckerlösungen aus den Gewichtsprozenten bei + 20° C. (Fortsetzung.)

Proz. Zucker, Grade Balling	,0	,1	,2	,3	,4	,5	,6	,7	,8	,9
	Wahre Dichte bei + 20° C für die nebenstehenden Ganzen und obenstehenden Zehntel-Rohrzuckerprozente. Einheit: Dichte des Wassers bei + 4° C.									
50	1,229567	1,230117	1,230668	1,231219	1,231770	1,232322	1,232874	1,233426	1,233979	1,234532
51	1,235085	1,235639	1,236194	1,236748	1,237303	1,237859	1,238414	1,238970	1,239527	1,240084
52	1,240641	1,241198	1,241757	1,242315	1,242873	1,243433	1,243992	1,244552	1,245113	1,245673
53	1,246234	1,246795	1,247358	1,247920	1,248482	1,249046	1,249609	1,250172	1,250737	1,251301
54	1,251866	1,252431	1,252997	1,253563	1,254129	1,254697	1,255264	1,255831	1,256400	1,256967
55	1,257535	1,258104	1,258674	1,259244	1,259815	1,260385	1,260955	1,261527	1,262099	1,262377
56	1,263243	1,263816	1,264390	1,264963	1,265537	1,266112	1,266686	1,267261	1,267837	1,268425
57	1,268989	1,269565	1,270143	1,270720	1,271299	1,271877	1,272455	1,273035	1,273614	1,274194
58	1,274774	1,275354	1,275936	1,276517	1,277098	1,277680	1,278262	1,278844	1,279428	1,280011
59	1,280595	1,281179	1,281764	1,282349	1,282935	1,283521	1,284107	1,284694	1,285281	1,285869
60	1,286456	1,287044	1,287633	1,288222	1,288811	1,289401	1,289991	1,290581	1,291172	1,291763
61	1,292354	1,292946	1,293539	1,294131	1,294725	1,295318	1,295911	1,296506	1,297100	1,297696
62	1,298291	1,298886	1,299483	1,300079	1,300677	1,301274	1,301871	1,302470	1,303068	1,303668
63	1,304267	1,304867	1,305467	1,306068	1,306669	1,307271	1,307872	1,308475	1,309077	1,309680
64	1,310282	1,310885	1,311489	1,312093	1,312699	1,313304	1,313909	1,314515	1,315121	1,315728
65	1,316334	1,316941	1,317549	1,388157	1,318766	1,319374	1,319983	1,320593	1,321203	1,321814
66	1,322425	1,323036	1,323648	1,324259	1,324872	1,325484	1,326097	1,326711	1,327325	1,327940
67	1,328554	1,329170	1,329785	1,330401	1,331017	1,331633	1,332250	1,332868	1,333485	1,334103
68	1,334722	1,335342	1,335961	1,336581	1,337200	1,337821	1,338441	1,339063	1,339684	1,340306
69	1,340928	1,341551	1,342174	1,342798	1,343421	1,344046	1,344671	1,345296	1,345922	1,346547
70	1,347174	1,347801	1,348427	1,349055	1,349682	1,350311	1,350939	1,351568	1,352197	1,352827
71	1,353456	1,354087	1,354717	1,355349	1,355980	1,356612	1,357245	1,357877	1,358511	1,359144
72	1,359778	1,360413	1,361047	1,361682	1,362317	1,362953	1,363590	1,364226	1,364864	1,365501
73	1,366139	1,366777	1,367415	1,368054	1,368693	1,369333	1,369973	1,370613	1,371254	1,371894
74	1,372536	1,373178	1,373820	1,374463	1,375105	1,375749	1,376392	1,377036	1,377680	1,378326

3. Tafel zur Bestimmung der wahren Dichte reiner Rohrzuckerlösungen aus den Gewichtsprozenten bei + 20° C. (Fortsetzung.)

Proz. Zucker, Grade Balling	,0	,1	,2	,3	,4	,5	,6	7	,8	,9
	Wahre Dichte bei + 20° C für die nebenstehenden Ganzen und obenstehenden Zehntel-Rohrzuckerprozente. Einheit: Dichte des Wassers bei 4° C.									
75	1,378971	1,379617	1,380262	1,380909	1,381555	1,382203	1,382851	1,383499	1,384148	1,384796
76	1,385546	1,386096	1,386745	1,387396	1,388045	1,388696	1,389347	1,389999	1,390651	1,391303
77	1,391956	1,392610	1,393263	1,393917	1,394571	1,395226	1,395881	1,396536	1,397192	1,397848
78	1,398505	1,399162	1,399819	1,400477	1,401134	1,401793	1,402452	1,403111	1,403771	1,404430
79	1,405091	1,405752	1,406412	1,407074	1,407735	1,408398	1,409061	1,409723	1,410387	1,411051
80	1,411715	1,412380	1,413044	1,413709	1,414374	1,415440	1,415706	1,416373	1,417039	1,417707
81	1,418374	1,419043	1,419711	1,420380	1,421049	1,421719	1,422390	1,423059	1,423730	1,424400
82	1,425072	1,425744	1,426416	1,427089	1,427761	1,428435	1,429109	1,429782	1,430457	1,431131
83	1,431807	1,432483	1,433158	1,433835	1,434511	1,435188	1,435866	1,436543	1,437222	1,437900
84	1,438579	1,439259	1,439938	1,440619	1,441299	1,441980	1,442661	1,443342	1,444024	1,444705
85	1,445388	1,446071	1,446754	1,447483	1,448121	1,448806	1,449491	1,450175	1,450860	1,451545
86	1,452232	1,452919	1,453605	1,454292	1,454980	1,455668	1,456357	1,457045	1,457735	1,458424
87	1,459114	1,459805	1,460495	1,461186	1,461877	1,462568	1,463260	1,463953	1,464645	1,465338
88	1,466032	1,466726	1,467420	1,468115	1,468810	1,469504	1,470200	1,470896	1,471592	1,472289
89	1,472986	1,473684	1,474381	1,475080	1,475779	1,476477	1,477176	1,477876	1,478575	1,479275
90	1,479976	1,480677	1,481378	1,482080	1,482782	1,483484	1,484187	1,484890	1,485593	1,486297
91	1,487002	1,487707	1,488411	1,489117	1,489823	1,490528	1,491234	1,491941	1,492647	1,493355
92	1,494063	1,494771	1,495479	1,496188	1,496897	1,497606	1,498316	1,499026	1,499736	1,500447
93	1,501158	1,501870	1,502582	1,503293	1,504006	1,504719	1,505432	1,506146	1,506859	1,507574
94	1,508289	1,509004	1,509720	1,510435	1,511151	1,511868	1,512585	1,513302	1,514019	1,514737
95	1,515455	1,516174	1,516893	1,517612	1,518332	1,519051	1,519871	1,520492	1,521212	1,521934
96	1,522656	1,523378	1,524100	1,524823	1,525546	1,526269	1,526993	1,527717	1,528441	1,529166
97	1,529891	1,530616	1,531342	1,532068	1,532794	1,533521	1,534248	1,534976	1,535704	1,536432
98	1,537161	1,538618	1,539347	1,539347	1,540076	1,540806	1,541536	1,542267	1,542998	1,543730
99	1,544462	1,545194	1,545926	1,546659	1,547292	1,549127	1,548861	1,549595	1,550329	1,551064
100	1,551800									

Diesem schließt sich folgende Tabelle (VIII) Domkes an[1]), die es gestattet, aus den bei 20° bestimmten, scheinbaren spezifischen Gewichten der Zuckerlösungen deren Gewichtsprozente zu ermitteln:

[1]) Vereinszeitschr. **1912**, 302; s. Schrefeld, ebd. S. 312.

Tabelle VIII.

4. Tafel zur Ermittlung der Gewichtsprozente von Zuckerlösungen aus dem scheinbaren spezifischen Gewicht bei 20° C. Berechnet aus der von der „Internationalen Kommission für einheitliche Methoden der Zuckeruntersuchung“ angenommenen Tafel der Kaiserlichen Normal-Eichungskommission. Von Domke.

Gew.% Zucker	,0	,1	,2	,3	,4	,5	,6	,7	,8	,9
	Scheinbares spez. Gewicht bei 20° C.									
0	1,0000	1,0004	1,0008	1,0012	1,0016	1,0019	1,0023	1,0027	1,0031	1,0035
1	0039	0043	0047	0051	0055	0058	0062	0066	0070	0074
2	0078	0082	0086	0090	0094	0098	0102	0106	0109	0113
3	0117	0121	0125	0129	0133	0137	0141	0145	0149	0153
4	0157	0161	0165	0169	0173	0177	0181	0185	0189	0193
5	1,0197	1,0201	1,0205	1,0209	1,0213	1,0217	1,0221	1,0225	1,0229	1,0233
6	0237	0241	0245	0249	0253	0257	0261	0265	0269	0273
7	0277	0281	0285	0289	0294	0298	0302	0306	0310	0314
8	0318	0322	0326	0330	0334	0338	0343	0347	0351	0355
9	0359	0363	0367	0371	0375	0385	0384	0388	0392	0396
10	1,0400	1,0404	1,0409	1,0413	1,0417	1,0421	1,0425	1,0429	1,0433	1,0438
11	0442	0446	0450	0454	0459	0463	0467	0471	0475	0480
12	0484	0488	0492	0496	0501	0505	0509	0513	0517	0522
13	0526	0530	0534	0539	0543	0547	0551	0556	0560	0564
14	0568	0573	0577	0581	0585	0589	0594	0598	0603	0607
15	1,0611	1,0615	1,0620	1,0624	1,0628	1,0633	1,0637	1,0641	1,0646	1,0650
16	0654	0659	0663	0667	0672	0676	0680	0685	0689	0693
17	0698	0702	0706	0711	0715	0719	0724	0728	0733	0737
18	0741	0746	0750	0755	0759	0763	0768	0772	0777	0781
19	0785	0790	0794	0799	0803	0807	0812	0816	0821	0825
20	1,0830	1,0834	1,0839	1,0843	1,0848	1,0852	1,0856	1,0861	1,0865	1,0870
21	0874	0879	0883	0888	0892	0897	0901	0905	0910	0915
22	0919	0924	0928	0933	0937	0942	0946	0951	0956	0960
23	0965	0969	0974	0978	0983	0987	0992	0997	1001	1006
24	1010	1015	1020	1024	1029	1033	1038	1043	1047	1052
25	1,1056	1,1061	1,1066	1,1070	1,1075	1,1079	1,1084	1,1089	1,1093	1,1098
26	1103	1107	1112	1117	1121	1126	1131	1135	1140	1145
27	1149	1154	1159	1163	1168	1173	1178	1182	1187	1192
28	1196	1201	1206	1210	1215	1220	1225	1229	1234	1239
29	1244	1248	1253	1258	1263	1267	1272	1277	1282	1287
30	1,1291	1,1296	1,1301	1,1306	1,1311	1,1315	1,1320	1,1325	1,1330	1,1334
31	1339	1344	1349	1354	1359	1363	1368	1373	1378	1383
32	1388	1393	1397	1402	1407	1412	1417	1422	1427	1432
33	1436	1441	1446	1451	1456	1461	1466	1471	1476	1481
34	1486	1490	1495	1500	1505	1510	1515	1520	1525	1530
35	1,1535	1,1540	1,1545	1,1550	1,1555	1,1560	1,1565	1,1570	1,1575	1,1580
36	1585	1590	1595	1600	1605	1610	1615	1620	1625	1630
37	1635	1640	1645	1650	1655	1660	1665	1670	1675	1680
38	1685	1690	1696	1701	1706	1711	1716	1721	1726	1731
39	1736	1741	1746	1752	1757	1762	1767	1772	1777	1782
40	1,1787	1,1793	1,1798	1,1803	1,1808	1,1813	1,1818	1,1824	1,1829	1,1834
41	1839	1844	1849	1855	1860	1865	1870	1875	1881	1886
42	1891	1896	1901	1907	1912	1917	1922	1928	1933	1938
43	1943	1949	1954	1959	1964	1970	1975	1980	1985	1991
44	1996	2001	2007	2012	2017	2023	2028	2033	2039	2044

4. Tafel zur Ermittelung der Gewichtsprozente von Zuckerlösungen aus dem scheinbaren spezifischen Gewicht bei 20° C. (Fortsetzung.)

Gew. % Zucker	,0	,1	,2	,3	,4	,5	,6	,7	,8	,9
	Scheinbares spez. Gewicht bei 20° C.									
45	1,2049	1,2054	1,2060	1,2065	1,2070	1,2076	1,2081	1,2087	1,2092	1,2097
46	2102	2108	2113	2118	2124	2129	2135	2140	2146	2151
47	2156	2162	2167	2173	2178	2184	2189	2194	2200	2205
48	2211	2216	2222	2227	2232	2238	2243	2249	2254	2260
49	2265	2271	2276	2282	2287	2293	2298	2304	2309	2315
50	1,2320	1,2326	1,2331	1,2337	1,2342	1,2348	1,2353	1,2359	1,2364	1,2370
51	2376	2381	2387	2392	2398	2403	2409	2415	2420	2426
52	2431	2437	2442	2448	2454	2459	2465	2471	2476	2482
53	2487	2493	2499	2504	2510	2516	2521	2527	2533	2538
54	2544	2550	2555	2561	2567	2572	2578	2584	2589	2595
55	1,2601	1,2606	1,2612	1,2618	1,2624	1,2629	1,2635	1,2641	1,2647	1,2652
56	2658	2664	2670	2675	2681	2687	2693	2698	2704	2710
57	2716	2721	2727	2733	2739	2745	2750	2756	2762	2768
58	2774	2779	2785	2791	2797	2803	2809	2815	2821	2826
59	2832	2838	2844	2850	2856	2861	2867	2873	2879	2885
60	1,2891	1,2897	1,2903	1,2909	1,2914	1,2920	1,2926	1,2932	1,2938	1,2944
61	2950	2956	2962	2968	2974	2980	2986	2992	2998	3004
62	3010	3015	3021	3027	3033	3039	3045	3051	3057	3063
63	3069	3075	3081	3087	3093	3100	3106	3112	3118	3124
64	3130	3136	3142	3148	3154	3160	3166	3172	3178	3184
65	1,3190	1,3197	1,3203	1,3209	1,3215	1,3221	1,3227	1,3233	1,3239	1,3245
66	3252	3258	3264	3270	3276	3282	3288	3295	3301	3307
67	3313	3319	3325	3332	3338	3344	3350	3356	3363	3369
68	3375	3381	3387	3394	3400	3406	3412	3418	3425	3431
69	3437	3443	3450	3456	3462	3468	3475	3481	3487	3494
70	1,3500	1,3506	1,3512	1,3519	1,3525	1,3531	1,3538	1,3544	1,3550	1,3557
71	3563	3569	3575	3582	3588	3594	3601	3607	3614	3620
72	3626	3633	3639	3645	3652	3658	3664	3671	3677	3684
73	3690	3696	3703	3709	3716	3722	3729	3735	3741	3748
74	3754	3761	3767	3774	3780	3786	3793	3799	3806	3812
75	1,3819	1,3825	1,3832	1,3838	1,3845	1,3851	1,3858	1,3864	1,3871	1,3877
76	3884	3890	3897	3903	3910	3916	3923	3929	3936	3942
77	3949	3955	3962	3969	3975	3982	3988	3995	4001	4008
78	4015	4021	4028	4034	4041	4018	4054	4061	4067	4074
79	4081	4087	4094	4101	4107	4114	4121	4127	4134	4140
80	1,4147	1,4154	1,4160	1,4167	1,4174	1,4180	1,4187	1,4194	1,4201	1,4207
81	4214	4221	4227	4234	4241	4247	4254	4261	4268	4274
82	4281	4288	4295	4301	4308	4315	4322	4328	4335	4342
83	4349	4355	4362	4369	4376	4383	4389	4396	4403	4410
84	4417	4423	4430	4437	4444	4451	4458	4464	4471	4478
85	1,4485	1,4492	1,4299	1,4305	1,4312	1,4519	1,4526	1,4533	1,4540	1,4547
86	4554	4560	4567	4574	4581	4588	4595	4602	4609	4616
87	4623	4629	4636	4643	4650	4657	4664	4671	4678	4685
88	4692	4699	4706	4713	4720	4727	4734	4741	4748	4755
89	4762	4769	4776	4783	4790	4797	4804	4811	4818	4825
90	1,4832									

Zwecks Temperatur-Korrektion kann Tabelle VI (S. 37) benutzt werden.

Tabelle

Tafel von

für das Soleil-Scheiblersche Polarisations-Instrument für beobachtete Dichtigkeiten

Mit $^{1}/_{10}$ Bleiessig-Zusatz[1]).

Proz. Balling von 0,5 bis 12,0		Grade am Polarimeter	Prozente Balling und entsprechendes spez. Gewicht									
Zehntel Grade	Proz. Zucker		0,5 1,0019	1,0 1,0039	1,5 1,0058	2,0 1,0078	2,5 1,0098	3,0 1,0117	3,5 1,0137	4,0 1,0157	4,5 1,0177	5,0 1,0197
0,1°	0,03	1°	0,29	0,29	0,29	0,28	0,28	0,28	0,28	0,28	0,28	0,28
0,2	0,06	2		0,57	0,57	0,57	0,57	0,56	0,56	0,56	0,56	0,56
0,3	0,08	3		0,85	0,85	0,85	0,85	0,85	0,85	0,84	0,84	0,84
0,4	0,11	4			1,14	1,13	1,13	1,13	1,13	1,13	1,12	1,12
0,5	0,14	5			1,42	1,42	1,41	1,41	1,41	1,41	1,40	1,40
0,6	0,17	6				1,70	1,70	1,69	1,69	1,69	1,68	1,68
0,7	0,19	7				1,98	1,98	1,98	1,97	1,97	1,96	1,96
0,8	0,22	8					2,26	2,26	2,26	2,25	2,25	2,24
0,9	0,25	9						2,54	2,54	2,53	2,53	2,52
		10						2,82	2,82	2,81	2,81	2,80
		11							3,10	3,09	3,09	3,08
		12							3,38	3,38	3,37	3,36
		13								3,66	3,65	3,64
		14								3,94	3,93	3,92
		15									4,21	4,20
Proz. Balling von 0,5 bis 12,0		16									4,49	4,48
		17										4,77
		18										
Zehntel Grade	Proz. Zucker	19										
		20										
0,1°	0,03	21										
0,2	0,06	22										
0,3	0,08	23										
0,4	0,11	24										
0,5	0,14	25										
0,6	0,17	26										
0,7	0,19	27										
0,8	0,22	28										
0,9	0,25	29										
		30										
		31										
		32										
		33										
		34										
		35										
		36										
		37										
		38										
		39										

[1]) Vereinszeitschr. **1880**, 899 u. 900.

IX.

M. Schmitz,

und mit Berücksichtigung des veränderlichen spez. Drehungsvermögens des Zuckers.
Mit $^{1}/_{10}$ Bleiessig-Zusatz.

Prozente Balling und entsprechendes spez. Gewicht										Grade am Polarimeter
5,5	6,0	6,5	7,0	7,5	8,0	8,5	9,0	9,5	10,0	
1.0217	1.0237	1.0258	1.0278	1.0298	1.0319	1.0339	1.0360	1.0381	1.0401	
0,28	0,28	0,28	0,28	0,28	0,28	0,28	0,28	0,28	0,28	1°
0,56	0,56	0,56	0,56	0,55	0,55	0,55	0,55	0,55	0,55	2
0,84	0,84	0,84	0,83	0,83	0,83	0,83	0,83	0,83	0,82	3
1,12	1,12	1,11	1,11	1,11	1,11	1,11	1,10	1,10	1,10	4
1,40	1,40	1,39	1,39	1,39	1,38	1,38	1,38	1,38	1,37	5
1,68	1,67	1,67	1,67	1,66	1,66	1,66	1,66	1,65	,165	6
1,96	1,95	1,95	1,95	1,94	1,94	1,93	1,93	1,93	1,92	7
2,24	2,23	2,23	2,22	2,22	2,22	2,21	2,21	2,20	2,20	8
2,52	2,51	2,51	2,50	2,50	2,49	2,49	2,48	2,48	2,47	9
2,80	2,79	2,79	2,79	2,78	2,77	2,76	2,76	2,75	2,75	10
3,08	3,07	3,06	3,06	3,05	3,05	3,04	3,03	3,03	3,02	11
3,36	3,35	3,34	3,34	3,33	3,32	3,32	3,31	3,30	3,30	12
3,64	3,63	3,62	3,61	3,61	3,60	3,59	3,59	3,58	3,57	13
3,92	3,91	3,90	3,89	3,88	3,88	3,87	3,86	3,85	3,85	14
4,19	4,19	4,18	4,17	4,16	4,15	4,15	4,14	4,13	4,12	15
4,47	4,47	4,46	4,45	4,44	4,43	4,42	4,41	4,40	4,40	16
4,76	4,75	4,74	4,73	4,72	4,71	4,70	4,69	4,68	4,67	17
5,03	5,02	5,01	5,00	4,99	4,99	4,97	4,97	4,96	4,95	18
5,32	5,31	5,29	5,28	5,27	5,26	5,25	5,24	5,23	5,22	19
	5,58	5,57	5,56	5,55	5,54	5,53	5,52	5,51	5,50	20
	5,86	5,85	5,84	5,83	5,82	5,81	5,79	5,78	5,77	21
		6,13	6,12	6,11	6,09	6,08	6,07	6,06	6,05	22
		6,41	6,40	6,38	7,37	6,36	6,33	6,35	6,32	23
			6,67	6,66	6,65	6,64	6,62	6,61	6,60	24
				6,94	6,93	6,91	6,90	6,89	6,87	25
				7,22	7,20	7,19	7,17	7,16	7,15	26
					7,47	7,46	7,45	7,44	7,42	27
					7,76	7,74	7,73	7,71	7,70	28
						8,02	8,00	7,99	7,97	29
							8,28	8,26	8,25	30
							8,55	8,54	8,52	31
							9,83	8,81	8,80	32
								9,09	9,07	33
									9,35	34
									9,62	35
										36
										37
										38
										39

Proz. Balling von 12,5 bis 20,0	
Zehntel Grade	Proz. Zucker
0,1°	0,03
0,2	0,05
0,3	0,08
0,4	0,11
0,5	0,13
0,6	0,16
0,7	0,19
0,8	0,21
0,9	0,24

Proz. Balling von 12,5 bis 20,0	
Zehntel Grade	Proz. Zucker
0,1°	0,03
0,2	0,05
0,3	0,08
0,4	0,11
0,5	0,13
0,6	0,16
0,7	0,18
0,8	0,21
0,9	0,23

Tabelle IX

Mit $^{1}/_{10}$ Bleiessig-Zusatz.

Proz. Balling von 0,5 bis 12,0	
Zehntel Grade	Proz. Zucker
0,1°	0,03
0,2	0,06
0,3	0,08
0,4	0,11
0,5	0,14
0,6	0,17
0,7	0,19
0,8	0,22
0,9	0,25

Proz. Balling von 6,0 bis 12,0	
Zehntel Grade	Proz. Zucker
0,1°	0,03
0,2	0,06
0,3	0,08
0,4	0,11
0,5	0,14
0,6	0,17
0,7	0,19
0,8	0,22
0,9	0,25

Grade am Polarimeter	Prozente Balling und entsprechendes spez. Gewicht									
	10,5	11,0	11,5	12,0	12,5	13,0	13,5	14,0	14,5	15,0
	1,0422	1,0443	1,0464	1,0485	1,0506	1,0528	1,0549	1,0570	1,0592	1,0613
1°	0,28	0,27	0,27	0,27	0,27	0,27	0,27	0,27	0,27	0,27
2	0,55	0,55	0,55	0,55	0,54	0,54	0,54	0,54	0,54	0,54
3	0,82	0,82	0,82	0,82	0,82	0,81	0,81	0,81	0,81	0,81
4	1,10	1,10	1,09	1,09	1,09	1,09	1,08	1,08	1,08	1,08
5	1,37	1,37	1,36	1,36	1,36	1,36	1,35	1,35	1,35	1,35
6	1,64	1,64	1,64	1,64	1,63	1,63	1,62	1,62	1,62	1,62
7	1,92	1,91	1,91	1,91	1,90	1,90	1,89	1,89	1,89	1,88
8	2,19	2,19	2,18	2,18	2,18	2,17	2,17	2,16	2,16	2,15
9	2,47	2,46	2,46	2,45	2,45	2,44	2,44	2,43	2,43	2,42
10	2,74	2,74	2,73	2,73	2,72	2,71	2,71	2,70	2,70	2,69
11	3,02	3,01	3,00	3,00	2,99	2,99	2,98	2,97	2,97	2,96
12	3,29	3,28	3,28	3,27	3,26	3,26	3,25	3,24	3,24	3,63
13	3,56	3,56	3,55	3,54	3,54	3,54	3,53	3,52	3,51	3,50
14	3,84	3,83	3,82	3,82	3,81	3,80	3,79	3,78	3,78	3,77
15	4,11	4,11	4,10	4,09	4,08	4,07	4,06	4,06	4,05	4,04
16	4,39	4,38	4,37	4,36	4,35	4,34	4,33	4,33	4,32	4,31
17	4,66	4,65	4,64	4,63	4,62	4,62	4,61	4,60	4,59	4,58
18	4,93	4,93	4,91	4,91	4,90	4,89	4,88	4,87	4,86	4,85
19	5,21	5,20	5,19	5,18	5,17	5,16	5,15	5,14	5,13	5,12
20	5,49	5,47	5,46	5,45	5,44	5,43	5,42	5,41	5,40	5,39
21	5,76	5,75	5,74	5,73	5,71	5,70	5,69	5,68	5,67	5,66
22	6,03	6,02	6,01	6,00	5,99	5,97	5,96	5,95	5,94	5,93
23	6,31	6,30	5,28	6,27	6,26	6,24	6,23	6,22	6,21	6,20
24	6,58	6,57	6,56	6,54	6,53	6,52	6,50	6,49	6,48	6,46
25	6,86	6,84	6,83	6,82	6,80	6,79	6,78	6,76	6,75	6,73
26	7,13	7,12	7,10	7,09	7,07	7,06	7,05	7,03	7,02	7,00
27	7,41	7,39	7,38	7,36	7,35	7,33	7,32	7,30	7,29	7,27
28	7,68	7,66	7,65	7,63	7,62	7,60	7,59	7,57	7,56	7,54
29	7,96	7,94	7,92	7,91	7,89	7,87	7,86	7,84	7,83	7,81
30	8,23	8,21	8,20	8,18	8,16	8,15	8,13	8,11	8,10	8,08
31	8,50	8,49	8,47	8,45	8,44	8,42	8,40	8,39	8,37	8,35
32	8,78	8,76	8,74	8,73	8,71	8,69	8,67	8,66	8,64	8,62
33	9,05	9,03	9,02	9,00	8,98	8,96	8,94	8,93	8,91	8,89
34	9,33	9,31	9,29	9,27	9,25	9,23	9,22	9,20	9,18	9,16
35	9,60	9,58	9,56	9,54	9,53	9,51	9,49	9,47	9,45	9,43
36	9,88	9,86	9,84	9,82	9,80	8,79	9,76	9,74	9,72	9,70
37	10,15	10,13	10,11	10,09	10,07	10,05	10,03	10,01	9,99	9,97
37		10,40	10,38	10,36	10,34	10,32	10,30	10,28	10,26	10,24
39		10,68	10,66	6,064	10,61	10,59	10,57	10,55	10,53	10,51

(Fortsetzung).

Mit $^1/_{10}$ Bleiessig-Zusatz.

Prozente Balling und entsprechendes spez. Gewicht										Grade am Polarimeter
15,5 1,0635	16,0 1,0657	16,5 1,0678	17,0 1,0700	17,5 1,0722	18,0 1,0744	18,5 1,0766	19,0 1,0788	19,5 1,0811	20,0 1,0833	
0,27	0,27	0,27	0,27	0,27	0,27	0,27	0,27	0,27	0,26	1°
0,54	0,54	0,54	0,53	0,53	0,53	0,53	0,53	0,53	0,53	2
0,81	0,80	0,80	0,80	0,80	0,80	0,80	0,79	0,79	0,79	3
1,08	1,07	1,07	1,07	1,07	1,06	1,06	1,06	1,06	1,06	4
1,34	1,34	1,34	1,34	1,33	1,33	1,33	1,32	1,32	1,32	5
1,61	1,61	1,60	1,60	1,61	1,60	1,59	1,59	1,59	1,58	6
1,88	1,88	1,87	1,87	1,86	1,86	1,86	1,85	1,85	1,85	7
2,15	2,15	2,14	2,14	2,13	2,13	2,12	2,12	2,12	2,11	8
2,42	2,41	2,41	2,40	2,40	2,39	2,39	2,38	2,38	2,37	9
2,69	2,68	2,68	2,67	2,67	2,66	2,65	2,65	2,64	2,64	10
2,95	2,95	2,94	2,94	2,93	2,92	2,92	2,91	2,91	2,90	11
3,22	3,22	3,21	3,20	3,20	3,19	3,18	3,18	3,17	3,17	12
3,49	3,49	3,48	3,47	3,46	3,46	3,45	3,44	3,44	3,43	13
3,76	3,75	3,75	3,74	3,73	3,72	3,72	3,71	3,70	3,69	14
4,03	4,02	4,02	4,01	4,00	3,99	3,98	3,97	3,97	3,96	15
4,30	4,29	4,28	4,27	4,26	4,26	4,25	4,24	4,23	4,22	16
4,57	4,56	4,55	4,54	4,53	4,52	4,51	4,50	4,49	4,48	17
4,84	4,83	4,82	4,81	4,80	4,79	4,78	4,77	4,76	4,75	18
5,11	5,10	5,09	5,08	5,06	5,05	5,04	5,03	5,02	5,01	19
5,38	5,36	5,35	5,34	5,33	5,32	5,31	5,30	5,29	5,28	20
5,65	5,63	5,62	5,61	5,60	5,59	5,58	5,56	5,55	5,54	21
5,91	5,90	5,89	5,88	5,87	5,85	5,84	5,83	5,82	5,80	22
6,18	6,17	6,16	6,14	6,13	6,12	6,11	6,09	6,08	6,07	23
6,45	6,44	6,43	6,41	6,40	6,39	6,37	6,36	6,35	6,33	24
6,72	6,71	6,69	6,68	6,67	6,65	6,64	6,63	6,61	6,60	25
6,99	6,97	6,96	6,95	6,93	6,92	6,90	6,89	6,88	6,86	26
7,26	7,24	7,23	7,21	7,20	7,18	7,17	7,15	7,14	7,13	27
7,53	7,51	7,50	7,48	7,47	7,45	7,44	7,42	7,40	7,39	28
7,80	7,78	7,77	7,75	7,73	7,72	7,70	7,68	7,67	7,65	29
8,06	8,05	8,03	8,02	8,00	7,98	7,97	7,95	7,93	7,92	30
8,33	8,32	8,30	8,28	8,27	8,25	8,23	8,21	8,20	8,18	31
8,60	8,58	8,57	8,55	8,53	8,51	8,50	8,48	8,46	8,45	32
8,87	8,85	8,84	8,82	8,80	8,78	8,76	8,75	8,73	8,71	33
9,14	9,12	9,10	9,09	9,07	9,05	9,03	9,01	8,99	8,97	34
9,41	9,39	9,37	9,35	9,34	9,31	9,30	9,28	9,26	9,24	35
9,68	9,66	9,64	9,62	9,60	9,58	9,56	9,64	9,52	9,50	36
9,95	9,93	9,91	9,89	9,87	9,85	9,83	9,81	9,79	9,77	37
10,22	10,20	10,18	10,15	10,13	10,11	10,09	10,07	10,05	10,03	38
10,49	10,46	10,44	10,42	10,40	10,38	10,36	10,34	10,32	10,29	39

Proz. Balling von 12,5 bis 20,0	
Zehntel Grade	Proz. Zucker
0,1°	0,03
0,2	0,05
0,3	0,08
0,4	0,11
0,5	0,13
0,6	0,16
0,7	0,19
0,8	0,21
0,9	0,24

Proz. Balling von 12,5 bis 20,0	
Zehntel Grade	Proz. Zucker
0,1°	0,03
0,2	0,05
0,3	0,08
0,4	0,11
0,5	0,13
0,6	0,16
0,7	0,18
0,8	0,21
0,9	0,23

Tabelle IX

Mit $^1/_{10}$ Vol. Bleiessig-Zusatz.

Proz. Balling von 11,5 bis 22,5	
Zehntel Grade	Proz. Zucker
0,1°	0,03
0,2	0,05
0,3	0,08
0,4	0,11
0,5	0,13
0,6	0,16
0,7	0,19
0,8	0,21
0,9	0,24

Proz. Balling von 17,0 bis 23,0	
Zehntel Grade	Proz. Zucker
0,1°	0,03
0,2	0,05
0,3	0,08
0,4	0,11
0,5	0,13
0,6	0,16
0,7	0,18
0,8	0,21
0,9	0,24

Grade am Polarimeter	Prozente Balling und entsprechendes spez. Gewicht												
	11,5	12,0	12,5	13,0	13,5	14,0	14,5	15,0	15,5	16,0	16,5	17,0	17,5
	1,0464	1,0485	1,0506	1,0528	1,0549	1,0570	1,0592	1,0613	1,0635	1,0657	1,0678	1,0700	1,0722
40°	10,93	10,91	10,89	10,86	10,84	10,82	10,80	10,78	10,76	10,73	10,71	10,69	10,67
41		11,18	11,16	11,14	11,12	11,09	11,07	11,05	11,03	11,00	10,98	10,96	10,94
42		11,46	11,43	11,41	11,39	11,36	11,34	11,32	11,29	11,27	11,25	11,23	11,20
43			11,71	11,68	11,66	11,64	11,61	11,59	11,56	11,54	11,52	11,49	11,47
44			11,98	11,95	11,93	11,91	11,88	11,86	11,83	11,81	11,79	11,76	11,74
45			12,25	12,23	12,20	12,18	12,15	12,13	12,10	12,08	12,05	12,03	12,01
46				12,50	12,47	12,45	12,42	12,40	12,37	12,35	12,32	12,30	12,27
47					12,74	12,72	12,69	12,67	12,64	12,61	12,59	12,56	12,54
48					13,02	12,99	12,97	12,94	12,91	12,88	12,86	12,83	12,81
49						13,26	13,23	13,21	13,18	13,15	13,13	13,10	13,07
50							13,50	13,48	13,45	13,42	13,40	13,37	13,34
51							13,78	13,75	13,72	13,69	13,66	13,64	13,61
52								14,02	13,99	13,96	13,93	13,90	13,88
53								14,29	14,26	14,23	14,20	14,17	14,14
54									14,53	14,50	14,47	14,44	14,41
55									14,80	14,77	14,74	14,71	14,68
56										15,03	15,00	14,97	14,94
57										15,30	15,27	15,24	15,21
58										15,57	15,54	15,51	15,48
59											15,81	15,78	15,75
60												16,05	16,01
61												16,31	16,28
62													16,55
63													16,82
64													
65													
66													
67													
68													
69													
70													
71													
72													
73													
74													
75													
76													
77													
78													
79													
80													

(Fortsetzung).

Mit $^{1}/_{10}$ Vol. Bleiessig-Zusatz.

Prozente Balling und entsprechendes spez. Gewicht													Grade am Polarimeter
18,0	18,5	19,0	19,5	20,0	20,5	21,0	21,5	22,0	22,5	23,0	23,5	24,0	
10,744	1,0766	1,0788	1,0811	1,0833	1,0855	1,0878	1,0900	1,0923	1,0946	1,0969	1,0992	1,1015	
10,64	10,62	10,60	10,58	10,56	10,54	10,52	10,49	10,47	10,45	10,43	10,41	10,38	40°
10,91	10,89	10,87	10,85	10,82	10,80	10,78	10,76	10,74	10,71	10,69	10,67	10,65	41
11,18	11,16	11,13	11,11	11,09	11,07	11,04	11,02	11,00	10,97	10,95	10,93	10,90	42
11,45	11,42	11,40	11,38	11,35	11,33	11,31	11,28	11,26	11,24	11,21	11,19	11,17	43
11,71	11,69	11,66	11,64	11,62	11,59	11,57	11,55	11,52	11,50	11,47	11,45	11,42	44
11,98	11,96	11,93	11,91	11,88	11,86	11,83	11,81	11,78	11,76	11,73	11,71	11,69	45
12,25	12,22	12,20	12,17	12,15	12,12	12,09	12,07	12,05	12,02	12,00	11,97	11,94	46
12,51	12,49	12,46	12,44	12,41	12,39	12,36	12,33	12,31	12,28	12,26	12,23	12,21	47
12,78	12,75	12,73	12,70	12,67	12,65	12,62	12,60	12,57	12,54	12,52	12,49	12,47	48
13,05	13,02	12,99	12,97	12,94	12,91	12,88	12,86	12,83	12,81	12,78	12,75	12,73	49
13,31	13,29	13,26	13,23	13,20	13,18	13,15	13,12	13,09	13,07	13,04	13,01	12,99	50
13,58	13,55	13,52	13,50	13,47	13,44	13,41	13,39	13,36	13,33	13,30	13,27	13,25	51
13,85	13,82	13,79	13,76	13,73	13,70	13,68	13,65	13,62	13,59	13,56	13,53	13,51	52
14,11	14,08	14,05	14,03	14,00	13,97	13,94	13,91	13,88	13,85	13,82	13,79	13,77	53
14,38	14,35	14,32	14,29	14,26	14,23	14,20	14,17	14,14	14,11	14,08	14,04	14,02	54
14,65	14,62	14,59	14,56	14,53	14,50	14,47	14,14	14,41	14,38	14,35	14,32	14,29	55
14,91	14,88	14,85	14,82	14,79	14,76	14,73	14,70	14,67	14,64	14,61	14,58	14,55	56
15,18	15,15	15,12	15,09	15,06	15,02	14,99	14,96	14,93	14,90	14,97	14,84	14,81	57
15,45	15,42	15,38	15,35	15,32	15,29	15,26	15,23	15,19	15,16	15,13	15,10	15,07	58
15,71	15,68	15,65	15,62	15,58	15,55	15,52	15,49	15,46	15,42	15,39	15,36	15,33	59
15,98	15,95	15,92	15,88	15,85	15,82	15,78	15,75	15,72	15,69	15,65	15,62	15,59	60
16,25	16,21	16,18	16,15	16,11	16,08	16,05	16,01	15,98	15,95	15,91	15,88	15,85	61
16,52	16,48	16,45	16,41	16,38	16,35	16,31	16,28	16,24	16,21	16,18	16,14	16,11	62
16,78	16,75	16,71	16,68	16,64	16,61	16,57	16,54	16,51	16,47	16,44	16,40	16,37	63
17,05	17,01	16,98	16,94	16,91	16,87	16,84	16,80	16,77	16,73	16,70	16,66	16,63	64
17,32	17,28	17,24	17,21	17,17	17,14	17,10	17,07	17,03	17,00	16,96	16,92	16,89	65
	17,55	17,51	17,47	17,44	17,40	17,37	17,33	17,29	17,26	17,22	17,19	17,15	66
	17,81	17,78	17,74	17,70	17,67	17,63	17,59	17,56	17,52	17,48	17,45	17,41	67
		18,04	18,00	17,97	17,93	17,89	17,86	17,82	17,78	17,74	17,71	17,67	68
		18,31	18,27	18,23	18,19	18,16	18,12	18,08	18,04	18,00	17,97	17,93	69
			18,53	18,50	18,46	18,42	18,38	18,35	18,31	18,27	18,23	18,19	70
				18,76	18,72	18,68	18,65	18,61	18,57	18,53	18,49	18,45	71
				19,03	18,99	18,95	18,91	18,87	18,83	18,79	18,75	18,71	72
					19,25	19,21	19,17	19,13	19,09	19,05	19,01	18,97	73
					19,52	19,48	19,44	19,40	19,35	19,31	19,27	19,23	74
					19,78	19,74	19,70	19,66	19,62	19,57	19,53	19,49	75
						20,00	19,96	19,92	19,88	19,84	19,80	19,75	76
						20,27	20,22	20,18	20,14	20,10	20,06	20,01	77
							20,49	20,45	20,40	20,36	20,32	20,27	78
							20,75	20,71	20,66	20,62	20,58	20,54	79
								20,97	20,93	20,88	20,84	20,80	80

Proz. Balling von 23,0 bis 24,0	
Zehntel Grade	Proz. Zucker
0,1°	0,03
0,2	0,05
0,3	0,08
0,4	0,10
0,5	0,13
0,6	0,16
0,7	0,18
0,8	0,21
0,9	0,23

Proz. Balling von 23,5 bis 24,0	
Zehntel Grade	Proz. Zucker
0,1°	0,03
0,2	0,05
0,3	0,08
0,4	0,10
0,5	0,13
0,6	0,16
0,7	0,18
0,8	0,21
0,9	0,23

Eine sehr genaue Methode zur Bestimmung des spezifischen Gewichtes von Zuckerlösungen, die namentlich mit Vorteil anzuwenden ist, wenn nur geringe Mengen Material zur Verfügung stehen, beruht auf dem Gebrauche von Pyknometern; sie setzt jedoch das genaue Innehalten einer bestimmten Temperatur sowie sehr sorgfältige Wägungen voraus und bietet deshalb, besonders für Massenanalysen, mancherlei Schwierigkeiten. Im allgemeinen bedient man sich eines tarierten 50-ccm-Kölbchens, das mit der zu untersuchenden Flüssigkeit genau bis zur Marke gefüllt wird (Temperatur 20° C); das Gewicht der Flüssigkeit in Gramm, durch 50 dividiert, ergibt dann unmittelbar deren spezifisches Gewicht. Für sehr genaue Bestimmungen und besondere Fälle, z. B. für die Untersuchung des spezifischen Gewichtes von Melassen, dienen Pyknometer anderer Art, die an betreffender Stelle beschrieben werden sollen.

Über die Anwendung der allbekannten Mohr-Westphalschen Wage in ihren verschiedenen Formen auf die Analyse von Zuckerlösungen ist Besonderes nicht zu erwähnen.

Betreffs des Refraktometers sei auf das schon weiter oben Gesagte verwiesen; seine Benutzung kann nur durchaus empfohlen werden.

B. Die Bestimmung des Zuckergehaltes.

1. Gewichtsmethode. Man wägt 26 g des gut entlüfteten, schaumfreien (wenn erforderlich, mit Essigsäure neutralisierten) Saftes in der Tarierschale, spült verlustlos in ein 100-ccm-Kölbchen und fügt Bleiessig[1]) hinzu. Dieser Zusatz von Bleiessig bezweckt nicht nur eine Klärung der Lösung, sondern auch eine Ausfällung optisch aktiver Nichtzuckerstoffe[2]). Im allgemeinen ist der Zusatz dieses Klärmittels so zu bemessen, daß kein merklicher Überschuß vorhanden bleibt; sobald also eine Probe der betreffenden Lösung mit einem weiteren Tropfen Bleiessig keine Fällung mehr ergibt, ist genügend Bleiessig zugesetzt worden; häufig kann schon der Eintritt schwach alkalischer Reaktion als Kennzeichen hierfür dienen. Nach Zusatz des Bleiessigs füllt man bis zur Marke auf, mischt, filtriert[3]) und polarisiert.

2. Maßmethode. 100 ccm gut entlüfteter, schaumfreier Saft werden in einem Kölbchen, an dessen Hals sich eine Marke für 100 ccm und eine solche für 110 ccm befindet, genau bis zur zweiten Marke mit Bleiessig versetzt, worauf man durchschüttelt und filtriert[4]). Die bei der Polarisation des Filtrates im 200-mm-Rohr gefundene Zahl muß um $^1/_{10}$ vergrößert und mit 0,26 multipliziert werden. Man erhält so Volumprozente Zucker, deren Betrag, durch das spezifische Gewicht dividiert, die Gewichtsprozente Zucker ergibt.

---

[1]) Zubereitung, vgl. S. 7.

[2]) Vgl. Claassen, Vereinzeitschr. **1890**, 380 u. 385.

[3]) Bei Rübensäften u. dgl. läßt man die durchgemischte Flüssigkeit 10 bis 15 Minuten stehen, ehe man filtriert.

[4]) Bei Rübensäften u. dgl. läßt man die durchgemischte Flüssigkeit 10 bis 15 Minuten stehen, ehe man filtriert.

Für den Fabrikbetrieb hat Schmitz[1]) besondere Hilfstabellen (S. 44) berechnet, aus denen, unter gleichzeitiger Hinzuziehung der bezüglichen spezifischen Gewichte, der Zuckergehalt ohne weiteres in Gewichtsprozenten ersehen werden kann.

Tabelle X,

von Neumann, für mit $^1/_{10}$ Vol. Bleiessig geklärte Lösungen.

Polarisationsgrade	Proz. Zucker	Polarisationsgrade	Proz. Zucker	Polarisationsgrade	Proz. Zucker	Polarisationsgrade	Proz. Zucker
1	0,29	26	7,22	51	13,75	76	19,90
2	0,57	27	7,48	52	14,01	77	20,14
3	0,86	28	7,75	53	14,26	78	20,37
4	1,14	29	8,02	54	14,51	79	20,61
5	1,42	30	8,29	55	14,76	80	20,84
6	1,71	31	8,56	56	15,01	81	21,07
7	1,99	32	8,82	57	15,26	82	21,30
8	2,27	33	9,09	58	15,51	83	21,53
9	2,55	34	9,35	59	15,76	84	21,77
10	2,83	35	9,61	60	16,01	85	22,01
11	3,11	36	9,87	61	16,26	86	22,25
12	3,39	37	10,14	62	16,51	87	22,49
13	3,67	38	10,40	63	16,76	88	22,73
14	3,94	39	10,66	64	17,01	89	22,97
15	4,22	40	10,92	65	17,26	90	23,21
16	4,49	41	11,18	66	17,51	91	23,44
17	4,76	42	11,44	67	17,76	92	23,67
18	5,04	43	11,70	68	18,00	93	23,90
19	5,31	44	11,96	69	18,24	94	24,13
20	5,59	45	12,22	70	18,48	95	24,36
21	5,86	46	12,48	71	18,72	96	24,59
22	6,13	47	12,74	72	18,96	97	24,82
23	6,41	48	12,99	73	19,19	98	25,05
24	6,68	49	13,24	74	19,43	99	25,28
25	6,95	50	13,49	75	19,68	100	25,51

Bruchgrade	Abgelesene ganze Grade		
	1—30°	31—65°	66—100°
0,1	0,03	0,03	0,02
2	05	05	05
3	08	08	07
4	11	10	09
5	14	13	12
6	16	15	14
7	19	18	17
8	22	20	19
0,9	0,25	0,23	0,21

[1]) Vereinszeitschr. **1880**, 899.

Seine Tabelle IX gilt für die Maßmethode, unter Berücksichtigung der Klärung mit $^1/_{10}$ Volumen Bleiessig und des für verschiedene Konzentrationen verschiedenen optischen Drehungsvermögens des Rohrzuckers.

Die Bestimmung des spezifischen Gewichtes läßt sich mit der Zuckerbestimmung nach der Maßmethode am einfachsten vereinigen, indem man das Kölbchen vor und nach dem Füllen mit 100 ccm Saft genau wägt.

Manche Fabriken ziehen eine von Neumann[1]) aufgestellte kurze Tabelle X vor, aus der die Zuckermengen zu ersehen sind, die den abgelesenen Polarisationsgraden entsprechen; als durchschnittliche Saftreinheit (s. hierüber weiter unten) ist 90 zugrunde gelegt, welche Zahl den heutigen Verhältnissen besser entspricht als die Ziffer 83 von Schmitz; die Ermittelung des spezifischen Gewichtes ist nicht erforderlich. Die Ergebnisse fallen meist um 0,1% (und auch darüber) höher aus als die nach Schmitz und besitzen ausreichende Genauigkeit.

C. Die Bestimmung des Wasser- und Nichtzuckergehaltes; Reinheitsquotient.

Die Ballingsche Spindel gibt, wie schon erwähnt, nur die „scheinbare" Trockensubstanz an. Zur Ermittelung der „wirklichen" Trockensubstanz ist es erforderlich, den Gehalt des Saftes an Wasser direkt zu bestimmen.

Handelt es sich um Diffusionssaft u. dgl., so mischt man nach Claassen[2]) 12 bis 15 g in einer Glasschale mit 80 g (nötigenfalls eisenfrei gemachtem u. ausgeglühtem) Sand gründlich durch, trocknet bei 70° 2 Stunden vor und vollendet die Trocknung in der Luftleere bei 103 bis 105°, was 5 bis 6 Stunden in Anspruch zu nehmen pflegt; kommen Dünnsäfte u. dgl. in Frage, so genügt meist schon die Hälfte der angegebenen Sandmenge. Die vielfach übliche Methode, die darin besteht, daß man in das mit nur 20 bis 25 g Quarzsand beschickte und nebst einem Glasstäbchen gewogene Schälchen 10 bis 20 ccm des Saftes bringt, nach abermaliger Wägung gut durchmischt und bei 105 bis 110° bis zur Gewichtskonstanz trocknet, liefert (besonders bei Diffusionssäften u. dgl.) keine brauchbaren Ergebnisse.

Die Differenz zwischen Trockensubstanz und Zucker oder zwischen 100 und der Summe von Zucker + Wasser ergibt die Menge des Gesamtnichtzuckers.

Unter „Reinheitsquotienten" versteht man den prozentischen Zuckergehalt der Trockensubstanz, und die Kenntnis dieser, von der jeweiligen Verdünnung unabhängigen Zahl ist für die Beurteilung des Fabrikationswertes zuckerhaltiger Lösungen sehr wichtig. Dividiert man die bei der Analyse einer solchen Lösung gefundenen Zuckerprozente

---

[1]) Zeitschr. f. Zuckerindustrie in Böhmen **28**, 165; 1903.
[2]) Vereinszeitschr. **60**, 323; 1910.

(nach Multiplikation mit 100) durch den scheinbaren Trockensubstanzgehalt, so erhält man den scheinbaren Reinheitsquotienten; den wirklichen Reinheitsquotienten berechnet man durch Division mittels des durch die Wasserbestimmung festgestellten wirklichen Trockensubstanzgehaltes.

Was nun den Reinheitsquotienten der Rübensäfte anbelangt, so liefert die gebräuchliche Bestimmung der Reinheit des abgepreßten Saftes schon deshalb völlig unzuverlässige Zahlen, weil hierbei das nämliche Material, je nach der Intensität und Zeitdauer des Pressens und je nach der Art der Herstellung (namentlich Zerkleinerung) des Preßgutes, außerordentlich verschiedene Resultate ergibt; nur weil es an einer besseren Methode fehlte, behielt man die erwähnte gewohnheitsgemäß bei und übt sie auch noch gegenwärtig da aus, wo auf die Ermittlung dieses Quotienten Wert gelegt wird; von vielen Seiten wird ihm nämlich jede Bedeutung für die Praxis gänzlich abgesprochen, und daher jede Bemühung, ihn zu bestimmen, als eine völlig frucht- und zwecklose angesehen.

Der Gebrauch von Koeffiziententabellen zur Umrechnung von scheinbaren auf wahre Reinheiten mit Hilfe von Durchschnittswerten ist, auch nach den neueren Erfahrungen Claassens, nicht zu empfehlen, um so mehr, als die betreffenden Werte je nach den örtlichen Umständen veränderlich zu sein scheinen, also z. B. für die Produkte jeder Fabrik erst erfahrungsgemäß neu zu berechnen und zeitweise auf ihre bleibende Richtigkeit zu kontrollieren sind. Vergleiche zwischen den Reinheiten des Diffusionssaftes und der verschiedenen Produkte des Fabrikbetriebes sind nach Claassen[1]) völlig wertlos, falls man von den scheinbaren Quotienten ausgeht; allen solchen Berechnungen hat man daher ausschließlich die wahren Reinheiten zugrunde zu legen. Der Einwand, daß solche sich nur unter mühsamer Ermittlung der wahren Trockensubstanz feststellen lassen, ist nicht durchschlagend, am wenigsten, falls sich die refraktometrische Bestimmung auch hier allgemein bewähren sollte; in dieser Richtung sind recht vielseitige, weitere Untersuchungen wünschenswert.

Da die täglich und oft in sehr großer Anzahl vorzunehmenden Berechnungen des Reinheitsquotienten viel Zeit erfordern, hat man verschiedene Tabellen aufgestellt, die für gegebene Trockensubstanzen und Zuckergehalte die Reinheiten unmittelbar abzulesen gestatten. Als sehr nützlich und für alle Fälle, in denen Multiplikationen und Divisionen in Frage kommen, gleich gut anwendbar hat sich in der Praxis die „Rechentafel System Proell“ bewiesen[2]); diese ebenso zweckmäßige wie handliche Tafel (in Taschenbuchformat) sollte in keinem Laboratorium fehlen, da sie bei großer Zeitersparnis völlige Sicherheit gewährt.

---

[1]) Vereinszeitschr. **60**, 323; 1910.

[2]) Berlin 1903, Verlag von Julius Springer.

D. Die Bestimmung des Aschengehaltes.

Die direkte Bestimmung des Aschengehaltes zuckerhaltiger Flüssigkeiten ist sehr zeitraubend und umständlich; man muß erst eindampfen, dann verkohlen, die voluminöse Kohle wiederholt mit Wasser auswaschen, sie verbrennen und die restliche, unlösliche Asche zusammen mit dem Glührückstande der im Filtrate befindlichen, löslichen bestimmen. Man erhält so die Gesamtasche, die zumeist im wesentlichen aus Carbonaten besteht.

Die viel raschere und daher allgemein angewandte indirekte Methode der Aschenbestimmung ist die Scheiblersche Sulfatmethode. Von Rübensaft, Dünnsaft u. dgl. wägt man hierbei in einem flachen Platinschälchen eine etwa 2 bis 3 g Trockensubstanz enthaltende Menge ab, bringt zur Trockne, durchfeuchtet vollständig mit reiner konzentrierter Schwefelsäure, erhitzt unter Umrühren mit einem Platindraht allmählich über einem Brenner bis zum Eintritte der Verkohlung und verascht hierauf in der Platinmuffel oder im tönernen Muffelofen (mit Temperaturregulator!) bei schwacher Rotglut (etwa 700, höchstens 750° C), so daß jedenfalls kein Schmelzen der Asche eintritt[1]), die vielmehr völlig locker sein muß und in wässeriger Lösung gegen Lackmus keinesfalls alkalisch reagieren darf. Von dem erhaltenen Aschengewichte werden 10% abgezogen, um so (nach Scheiblers ursprünglichen Ermittlungen an Rohzuckern) dem größeren Molekulargewichte der schwefelsauren Salze gegenüber dem der anfänglich vorhandenen kohlensauren Rechnung zu tragen; obwohl diese Zahl (10%) selbst bei Rohzuckern keinerlei Anspruch auf allgemeine Richtigkeit erheben kann, ist sie trotzdem für sämtliche zuckerhaltige Produkte und Rohstoffe in ausnahmslosen Gebrauch gekommen und bisher auch in diesem verblieben.

Daß man die durch Verbrennung organischer Säuren entstandene Kohlensäure in der „kohlensauren Asche“ als „Asche“ mitrechnet, statt sie abzuziehen und den organischen Stoffen zuzuaddieren, ist gleichfalls ein sinnloser, jedoch allgemein üblicher Mißbrauch.

Zum Ersatz der kostspieligen Platingegenstände haben sich Geräte und Stäbchen aus geschmolzenem Quarz (vgl. Bd. I, S. 44) vortrefflich bewährt und erweisen sich bei guter Herstellung und sorgfältiger Behandlung als dauernd haltbar. Sehr geeignet für manche örtliche Verhältnisse sind Öfen mit elektrischer Heizvorrichtung (s. Bd. I, S. 50); sie können durch Vermittlung des „Institutes für Zuckerindustrie“ (Berlin N, Amrumer Straße) bezogen werden.

Eine rationellere, von Alberti und Hempel[2]) vorgeschlagene Veraschungsmethode unter Zusatz von Quarzsand, die alle Beachtung sowohl für wissenschaftliche Zwecke als auch für technische Untersuchungen verdient, da sie die wirklich vorhandenen anorganischen Bestandteile zu ermitteln gestattet, hat sich leider nicht in die Praxis einführen können, weil der Handel das gewohnte ältere Verfahren verlangt.

---

[1]) Schrefeld, Vereinszeitschr. **1897**, S. 560; Herzog, ebenda **1899**, S. 534.
[2]) Vereinszeitschr. **1891**, 743.

Bringt man den Aschengehalt vom Gesamtnichtzucker in Abzug, so ergibt die Differenz den organischen Nichtzucker; einen Unterschied zwischen dem gesamten Aschen- und dem eigentlichen Salzgehalt machen Praxis und Handel nicht.

E. Die Bestimmung des Invertzuckergehaltes.

Man bedient sich hierbei der Claassenschen Titriermethode[1]), die auch hier auf den S. 26 erörterten Prinzipien beruht.

Es werden 100 ccm des Saftes mit 10 ccm Bleiessig versetzt, durchgeschüttelt und filtriert und sodann 55 ccm des Filtrates in einem 250-ccm-Kolben mit einer Lösung von kohlensaurem Natron vorsichtig entbleit. Hierauf wird zur Marke aufgefüllt, gemischt und filtriert; 50 ccm dieses Filtrates (= 10 ccm des ursprünglichen Saftes) kocht man mit 10 ccm der Fehlingschen Lösung in bekannter Weise und titriert mit der 0,2 proz. Invertzuckerlösung zu Ende. Die Titerstellung der Fehlingschen Lösung geschieht hier in der Weise, daß 10 ccm mit 50 ccm einer 1 g reinen Zucker enthaltenden Lösung (entsprechend dem ungefähren Zuckergehalte von 10 ccm Rohsaft) versetzt, gekocht und dann mit der 0,2 proz. Invertzuckerlösung titriert werden. Die Differenz der bei dieser Titerstellung und der bei der Untersuchung verbrauchten Kubikzentimeter Invertzuckerlösung, mit 0,002 multipliziert, ergibt den Invertzuckergehalt der 10 ccm Saft, und das Zehnfache dieses Betrages den Prozentgehalt.

Die titrimetrische Bestimmung des Invertzuckers in Rübensäften und Dünnsäften kann anähernd[2]) auch in der Weise erfolgen, daß man in eine Reihe von Reagensgläsern je 5 ccm Fehlingscher Lösung bringt, dazu der Reihe nach 1, 2, 3 usw. ccm des zu prüfenden Saftes fügt, aufkocht und einige Zeit im Sieden erhält, dann sogleich filtriert, das Filtrat mit Essigsäure stark ansäuert und etwas Ferrocyankaliumlösung zusetzt. Jene Proben, in denen noch nicht alles Kupfer durch den Invertzucker reduziert war, ergeben dann einen braunen Niederschlag oder eine braune Färbung. Als wirklich verbrauchte Zahl Kubikzentimeter betrachtet man das mittlere Ergebnis zweier nächstliegender Versuche, bei deren einem eben noch Kupfer mittels Ferrocyankalium nachweisbar war, während bei dem anderen gerade keine Braunfärbung mehr eintrat. Zur Berechnung nimmt man an, daß 5 ccm Fehling-Soxhletscher Lösung 0,02 (genauer 0,023) g Invertzucker entsprechen. Beim Verbrauche von a ccm Saft hat man

$$a : 0{,}02 = 100 : x;$$

folglich

$$x \text{ (Prozentgehalt an Invertzucker)} = \frac{100 \cdot 0{,}02}{a}.$$

Noch einfacher, und namentlich für Betriebszwecke empfehlenswert, ist die schon oben erwähnte sog. Reagensglasmethode Herzfelds:

---

[1]) Deutsche Zuckerindustrie **1893**, S. 338.

[2]) Korrespondenzblatt **1892**, Nr. 4.

10 ccm des (entbleiten) Saftes werden mit 2 ccm Fehlingscher Lösung 2 Minuten gekocht, wobei, falls das Filtrat noch blau ist und noch die Reaktion auf Kupfer gibt (s. oben), auf einen Gehalt unter 0,1% Invertzucker geschlossen werden darf; anderenfalls stellt man weitere Proben mit größeren Mengen Fehlingscher Lösung an (2, 3, 4 ccm; falls nötig, auch nur um je 0,1 ccm ansteigend) und rechnet, sobald das Filtrat kupferhaltig befunden wird, je einen verbrauchten Kubikzentimeter Fehlingscher Lösung = 0,005 g Invertzucker.

F. Die Bestimmung der Alkalität, Acidität und Koagulierbarkeit.

Man bedient sich zur Alkalitätsbestimmung einer $^{n}/_{28}$-Säure, von der 1 ccm = 0,001 g CaO entspricht. Bei Anwendung von 10 ccm Saft (der nach Bedürfnis mit sog. Phenolphthalein-Neutralwasser zu verdünnen ist) gibt dann die Zahl der verbrauchten Kubikzentimeter Säure sofort die gesuchte Alkalität, der herrschenden Gewohnheit gemäß ausgedrückt in zehntel Volumprozenten Ätzkalk. Als Indikator benutzt man vielfach noch empfindliche Lackmustinktur, deren Haltbarkeit sich durch Zusatz einiger Körnchen Thymol bedeutend erhöhen läßt, am besten aber jedenfalls reines Phenolphthalein[1]); bei vergleichenden Untersuchungen darf man mit dem Indikator nicht wechseln, da die verschiedenen Indikatoren bekanntlich keineswegs übereinstimmende Resultate ergeben, und überdies die Färbung der Säfte die Beobachtung oft noch sehr erschwert.

In Gegenwart von Carbonaten bedient man sich auch des Methylorange als Indikator, doch ist dieser Stoff, wie auch mancher andere Indikator, in der Zuckerindustrie noch wenig erprobt. Zur Bestimmung der freien Alkalien in den Rüben- und Zuckerfabriksäften empfiehlt Cortrait[2]) auch Jodstärke als Indikator, die scharf und genau von Schwarzblau zur Farblosigkeit umschlägt und durch Ammoniak und Carbonate nicht beeinflußt wird.

Pellet[3]) rät auf Grund eingehender Versuche, als Indikator ausschließlich mit „empfindlicher“ Lackmustinktur imprägniertes, geleimtes Papier anzuwenden. Die Bereitung der Lackmustinktur sowie die Herstellung des Lackmuspapiers sind a. a. O. ausführlich angegeben: das „empfindliche“ Lackmuspapier muß mit 1 Tropfen Normalnatronlauge, der mit 100 Tropfen Wasser verdünnt ist, noch deutlich reagieren und ist, Pellets ausgebreiteten Erfahrungen zufolge, unter allen Umständen, selbst wenn z. B. Säfte zu prüfen sind, die freie schweflige Säure enthalten, sämtlichen sonst vorgeschlagenen Mitteln weitaus überlegen. Mit dieser Behauptung steht Pellet allerdings so gut wie allein.

Den Kalkgehalt der Dünnsäfte soll man (falls dies die qualitative Probe mit Ammoniumoxalat wünschenwert erscheinen läßt) nach einer

---

[1]) Vgl. Herzfeld, Vereinszeitschr. **1893**, 631.

[2]) Vereinszeitschr. **1897**, 31.

[3]) Sucrerie Belge **26**, 91; 1898; Bull. Ass. Chim. **18**, 693; 1901; ebenda **23**, 620, 1905 und **25**, 392; 1907.

schon längst bekannten, später wieder von Pellet vorgeschlagenen und von Wolf[1]) abgeänderten Methode durch Titration mit einer alkoholischen Seifenlösung bestimmen, von der 1 ccm äquivalent 0,0005 g CaO ist; zur Anwendung kommen 20 ccm Saft, die mit destilliertem Wasser auf ca. 150 ccm verdünnt und nach Pellet[2]), unter Zusatz von etwas Essigsäure und sodann von einigen Tropfen Ammoniak, mit der Seifenlösung bis zur Bildung eines 1 cm hohen, in 10 Minuten nicht verschwindenden Schaumes titriert werden. Das Verfahren ist unzuverlässig und gibt bestenfalls vergleichbare Resultate.

Richtige Ergebnisse erhält man am raschesten durch Fällung des Kalkes mittels oxalsauren Ammoniaks und Titration mit Kaliumpermanganat, welches bekannte Verfahren für technische Zwecke stets ausreichend und dabei schnell genug ausführbar ist; seine nähere Beschreibung an dieser Stelle dürfte unnötig sein[3]). — Bemerkt sei aber, daß beim längeren Stehen der kalkhaltigen, mit Essigsäure und oxalsaurem Ammonium versetzten Lösung in der Wärme organische Verbindungen mit ausfallen können; dieser Punkt ist zu beachten, da solche Verbindungen nachher durch das Permanganat mit oxydiert werden.

Die Aciditätsbestimmung kommt nach Herzfeld[4]) hauptsächlich für Diffusionssäfte u. dgl. in Betracht: man verdünnt 25 ccm Saft mit so viel sog. Phenolphthalein-Neutralwasser (s. dessen Bereitung S. 76, bei der Untersuchung der Rohzucker auf Alkalität), daß der Farbenumschlag gut zu erkennen ist, titriert mit $^{n}/_{28}$-Natronlauge und multipliziert die gefundene Zahl mit 4, wodurch man die (gewohnheitsmäßig verlangten) entsprechenden Prozente CaO erhält.

Die sog. Koagulierbarkeit der Rohsäfte bestimmt man nach Herzfeld[5]), indem man in ein graduiertes Reagensglas von etwa 18 mm lichtem Durchmesser 25 ccm Saft nebst 3 Tropfen Eisessig bringt, im Wasserbade bei 80 bis 85° 3 Minuten erwärmt und nach dreistündigem Stehen bei Zimmertemperatur das Volumen des Niederschlages in Kubikzentimetern abliest und diese Zahl vervierfacht.

G. Die Bestimmung der Farbe (vgl. Bd. I, S. 268).

Hierzu bedient man sich des Stammerschen oder des verbesserten Grögerschen[6]) Farbenmaßes. Da indessen derartige Bestimmungen nur sehr selten gefordert werden, so genüge bezüglich der Einrichtung und Benutzung dieser Farbenmaße die Hindeutung auf die jedem Apparate beiliegende Gebrauchsanweisung.

---

[1]) Vereinszeitschr. **1892**, 691.

[2]) Bull. Ass. Chim. **23**, 1376; 1906. Eine etwas andere Vorschrift siehe „Anleitung" S. 12.

[3]) Vgl. „Anleitung", S. 13. Zwecks rascher vorläufiger Feststellung kann man den Kalk auch bei Siedehitze mit Natrium- oder Ammoniumcarbonat im Überschusse fällen, das Filter (nach gründlichem Auswaschen mit heißem Wasser) in das Becherglas zurückbringen und nun mit $^{n}/_{10}$-Säure titrieren (Indikator: Methylorange).

[4]) Deutsche Zuckerindustrie **34**, 293, 973; 1909.

[5]) a. a. O.

[6]) Öst.-Ung. Zeitschr. **1903**, 62.

2. Ablaufwässer, Absüßwässer usw.

Ablauf- und ähnliche Wässer von der Saftgewinnung sowie die sog. Rückführungswässer der Diffusion werden in der Regel sofort nach der Probenahme[1]) gespindelt (in luftfreier Probe und unter besonderer Beachtung aller Vorsichtsmaßregeln) und auf Grade Balling, Zucker (durch Polarisation von 100 ccm, geklärt mit 5 bis 10 ccm Bleiessig, aufgefüllt zu 110 ccm), Invertzucker, Acidität und Koagulierbarkeit ebenso wie Rohsaft untersucht. Betreffs der Acidität ist aber zu beachten, daß die Wässer zunächst vom störenden Gehalte an Pülpe durch Absitzen (mindestens 5 Minuten) zu befreien sind; hierauf entnimmt man von der Oberfläche mit der Pipette 25 ccm, setzt soviel Phenolphthalein-Neutralwasser zu, daß sich der Farbenumschlag deutlich erkennen läßt, und titriert mit $^{n}/_{28}$-Natronlauge.

Die Untersuchung der Absüßwässer von Filtern, Filterpressen usw. beschränkt sich im allgemeinen auf die Feststellung des Zuckergehaltes. Läßt dessen zu geringe Menge keine direkte Bestimmung mehr zu, so werden gewöhnlich 500 ccm des zu untersuchenden Wassers, unter Zusatz einiger Tropfen Natriumcarbonatlösung oder Kalkmilch, auf dem Wasserbade zu etwa 50 ccm eingedampft, in ein 100-ccm-Kölbchen gespült, mit etwas Bleiessig geklärt und nach Auffüllen zur Marke, Durchschütteln und Filtrieren polarisiert. Das Ergebnis der Polarisation wird mit 0,26 multipliziert und gibt dann, durch 5 dividiert, Volumprozente Zucker an.

Wird die genaue Ermittlung des Wasser- und Salzgehaltes gefordert, so dampft man für jede Bestimmung 100 ccm Flüssigkeit auf dem Wasserbade zu einem geringen Volumen ein und verfährt dann weiter, wie oben angegeben.

Zur Überwachung der Absüßarbeit in der Fabrik selbst, z. B. bei Filterpressen oder Filtern, dienen Absüßspindeln von besonderer Einrichtung, die, weil das Absüßen stets bei etwa 60 bis 80° vorgenommen wird, auch selbst bei einer bestimmten höheren Temperatur justiert sind, also die Abkühlung der Flüssigkeit auf die Normaltemperatur entbehrlich machen. Die Teilung reicht von 0 bis 5° Balling, und die Grade sind genügend groß, um die sichere Ablesung von Zehntelgraden zu ermöglichen. Beliebt ist auch die Anwendung solcher Absüßspindeln, die, bei der Normaltemperatur von 20° justiert, eine Skala von —5° Balling bis +5° Balling aufweisen; eine derartige Spindel taucht in reinem Wasser von 20° bis zum Nullpunkte ein, in reinem Wasser von 70° C bis —5°, in 5 proz. Zuckerlösung von 20° bis +5° und in einer ebensolchen Lösung von 70° C bis zum Nullpunkte.

Die Langensche Absüßspindel läßt die Beendigung des Absüßens bei jeder Temperatur der Flüssigkeit ersehen. Sie enthält einen von 30 bis 70° reichenden Thermometer, und ihre Skala ist derartig eingeteilt, daß an jenen Punkten, bis zu denen die Spindel in reinem Wasser von 30 bis 70° C von Grad zu Grad einsinkt, dieselben Zahlen wie auf der Temperaturskala verzeichnet sind. Bei Anwendung von reinem Wasser

[1]) Diese muß besonders sorgfältig geschehen, siehe „Anleitung“ S. 4.

lauten demnach die beiden Ablesungen stets gleich, bei Absüßwässern wird hingegen der Unterschied um so größer sein, je höher ihr Gehalt an gelösten Stoffen ist; bei Beginn des Absüßens pflegt man demnach eine erhebliche Differenz zu beobachten, die sich aber mit zunehmender Absüßzeit allmählich verringert, bis endlich, nach völligem Aussüßen, beide Ablesungen wieder gleich ausfallen, und damit die gänzliche Abwesenheit gelöster Stoffe zu erkennen geben.

Die Fallwässer, Kondensations- und Brüdenwässer werden in der Regel nur qualitativ auf Anwesenheit von Zucker mittels der α-Naphtholreaktion geprüft (wenn nötig nach Filtration und Entfettung mit Petroleumäther).

3. Ausgelaugte Schnitzel und Preßlinge; Trocken- und Zucker-Schnitzel.

a) Hinsichtlich der Untersuchung der nassen ausgelaugten Schnitzel zum Zwecke der täglichen Betriebskontrolle begnügen sich noch jetzt viele Fabriken mit einer von Stammer[1]) angegebenen Methode: Eine beliebige Menge des geschliffenen Breies wird mit wenig Bleiessig versetzt, worauf man gut mischt, filtriert und das Filtrat im 400-mm-Rohre polarisiert. Durch Multiplikation der Polarisationsgrade mit 0,13 erhält man die Zuckerprozente des Schnitzelsaftes; das geringe Volumen des hinzugesetzten Bleiessigs kann vernachlässigt werden. Will man die Herstellung geschliffenen Breies umgehen, so kann man auch die Polarisation des aus den zerkleinerten Schnitzeln ausgepreßten Saftes ausführen, da bei den in Betracht kommenden geringen Zuckermengen kleine Differenzen im Mark- bzw. Saftgehalte keinen merklichen Fehler bedingen. Man setzt dem Safte tropfenweise so viel Bleiessig zu, bis der Niederschlag flockig wird, und filtriert. Die ermittelte Polarisationszahl, durch 4 dividiert, gibt den Zuckergehalt an.

Selbstverständlich kann ein solches, wegen seiner „Einfachheit" allerdings sehr beliebtes Verfahren nur den primitivsten Anforderungen genügen, um so mehr, als schon die zutreffende Probenahme große Schwierigkeiten bietet. Wo genaue, namentlich zu Zwecken der Verlustberechnungen brauchbare Zahlen verlangt werden, empfiehlt es sich daher nach Claassen[2]), die abgepreßten Schnitte (deren Gewicht auch laufend festgestellt wird) durch heiße wässerige Digestion des groben Breies zu untersuchen und gleichzeitig den Zuckergehalt des Schnitzelpreßwassers auf bekanntem Wege zu ermitteln; Durchschnittsproben dieses Preßwassers verschafft man sich am besten mittels einer der bekannten Tropfvorrichtungen. Außer der Pelletschen Methode kann auch die von Herzfeld[3]) sowie von Sachs - Le Docte[4]) empfohlene, ganz ebenso wie zur Analyse frischer, so auch zu der ausgelaugter Rübenschnitte angewandt werden. Man benützt am besten frisch entnommene

---

[1]) Vereinszeitschr. **1884**, 70.
[2]) Claassen, Die Zuckerfabrikation **1904**, 315.
[3]) Vereinszeitschr. **59**, 627; 1909.
[4]) Sucrerie Belge **38**, 147; 1909.

Einzelproben, digeriert 60 g des Breies mit 177 ccm des Bleiessigwassers und polarisiert im 200- oder, nach Sachs, im 400-mm-Rohre.

Die Bestimmung der Trockensubstanz erfolgt nach dem Verfahren Claassens[1]) und gelingt auch ohne die Vortrocknung bei niedrigerer Temperatur.

b) In zahlreichen Fabriken werden die ausgelaugten Schnitzel getrocknet, und es ist daher der Zuckergehalt dieser Trockenschnitzel zu bestimmen. Sehr genaue Ergebnisse innerhalb verhältnismäßig kurzer Zeit erhält man bei normalen Produkten mittels der von Herzfeld[2]) abgeänderten alkoholischen Extraktionsmethode, die sich außerdem auch zur Untersuchung der an Zucker noch reicheren sog. „Zuckerschnitzel" bewährt hat.

Nach dieser Methode wird das halbe Normalgewicht der fein gemahlenen Trockenschnitzel mit 60 proz. Alkohol und 3 bis 5 ccm Bleiessig in einem 100-ccm-Kolben so lange digeriert, bis die Schnitzel sich zu Boden setzen, was innerhalb 20 bis 30 Minuten geschieht. Die Digestionsflüssigkeit wird dann in den Extraktionsapparat gespült, worauf man in bekannter Weise extrahiert, was längstens 5 bis 6 Stunden erfordert. Sollte ein Teil des Zuckers, wie dies zuweilen vorkommt, invertiert oder karamelisiert sein, so ist der Gesamtzucker des Extraktes (nach geschehener Inversion) auch gewichtsanalytisch zu bestimmen.

Besser und bequemer anwendbar sind auch hier die oben erwähnten Methoden von Herzfeld und von Sachs-Le Docte. Man bringt 50 g der sorgfältigst entnommenen Probe nebst 125 ccm kalten Wassers in eine tarierte Schale, läßt $^1/_2$ Stunde vorquellen, wägt bei Trockenschnitzeln 60 g, bei Zuckerschnitzeln 59 g der gequollenen Masse ab und digeriert mit 177 ccm Bleiessigwasser, das aber in diesem Falle mehr Bleiessig, nämlich 150 ccm auf 1 l Wasser, enthalten muß; das Ergebnis der polarimetrischen Ablesung ist mit 3,5 zu multiplizieren. — Lassen sich die Schnitzel trocken zerkleinern, so werden sie fein gemahlen und im Mörser zu einem Pulver gestoßen, von dem man 12,6 g der heißen wässerigen Digestion mit 177 ccm Bleiessigwasser (1 l Wasser nebst 100 ccm Bleiessig) unterwirft; man füllt zu 200 ccm auf und vervierfacht schließlich das Ergebnis der Ablesung.

Ist auch die Kenntnis der Trockensubstanz erwünscht, so benützt man am besten den Vakuum-Trockenschrank, in dem man die zerkleinerte Masse bei 105 bis 110° C bis zur Gewichtskonstanz beläßt.

4. Preßschlamm, Scheideschlamm.

Eine richtige Probenahme ist unmittelbar aus der Presse (auch unter Benützung des Mehrleschen Probestechers) recht schwierig und gelingt nach Claassen (a. a. O. S. 316) noch am ehesten in jenen Fabriken, die den Schlamm mit wenig Wasser zu einem Brei aufzumaischen pflegen; soll die Analyse der Verlustberechnung zugrunde gelegt werden, so wird das Gewicht des Schlammes am sichersten aus

[1]) Vereinszeitschr. **60**, 323; 1910.
[2]) Zeitschr. f. Zuckerindustrie **59**, 627; 1909.

jenem des angewandten Kalkes berechnet (durch Multiplikation mit 3,5 bzw. 4 für trockenen bzw. nassen Schlamm). Jedenfalls empfiehlt es sich, von dem Schlamm auch in dem Zustande, in dem er die Fabrik verläßt, Proben zu nehmen; alle Proben sind in geschlossenen Gefäßen aufzubewahren und vor der Analyse gründlichst durchzumischen[1]).

Der Zucker kann teils in freiem Zustande, teils an Kalk gebunden vorhanden sein. Den freien Zucker bestimmt man nach Le Docte[2]), indem man 53 g Schlamm in ein passendes Glas einwägt, 177 ccm Wasser (2 bis 3 ccm Bleiessig enthaltend) zufügt, die Masse mittels eines unten abgeplatteten Rührers bestens zerteilt und verrührt, und das Filtrat im 400-mm-Rohre polarisiert; das Resultat ist durch 2 zu dividieren. Zur Bestimmung des Gesamtzuckers empfiehlt Le Docte folgende Ausführung eines ursprünglich von Stammer beschriebenen und später von Sidersky[3]) abgeänderten Verfahrens: Zu 53 g Schlamm läßt man etwa die Hälfte der in der Bürette abgemessenen 177 ccm reinen Wassers zulaufen, zerteilt und verrührt mittels des oben erwähnten Rührers, neutralisiert mit konz. Essigsäure (von der, aus einer Bürette zulaufend, annähernd 3,7 ccm verbraucht werden), fügt 3 ccm Bleiessig bei, läßt nun den Rest der 177 ccm Wasser, abzüglich der 3,7 + 3 oder rund 7 ccm, hinzulaufen, verrührt und polarisiert das Filtrat im 400-mm-Rohre. (Division durch 2 wie oben.)

In analoger Weise kann man auch die Methoden von Ost[4]) und von Herles[5]) ausführen, die sich des festen Ammoniumnitrates bzw. des Bleiacetates zur Zersetzung des Schlammes bedienen. Ebenso einfach und sicher, dabei jedoch insofern geeigneter, als Zuckergehalt und Alkalität des Schlammes gleichzeitig ermittelt werden können, ist aber das Verfahren mittels Ammoniumnitrat in folgender, ihm, einem Vorschlage Heyers gemäß, von Herzfeld[6]) gegebenen Gestalt: Man verreibt 53 g des kalten Schlammes in einer Reibschale unter allmählichem Zusatze von 177 ccm einer 10 proz. Lösung neutralen Ammoniumnitrates zu einem völlig homogenen Gemenge, filtriert (ohne Bleiessigzugabe!), polarisiert im 200-mm-Rohre und liest hierbei unmittelbar die Prozentzahl des Zuckergehaltes ab. Vom (kalten!) Filtrate titriert man 10 ccm (nebst etwas Rosolsäure) mit einer Probesäure, von der 1 ccm = 0,01 g CaO entspricht, und erfährt durch Multiplikation der verbrauchten Zahl Kubikzentimeter mit 0,38 auch den Gehalt des Schlammes an Ätzkalk.

Diese Untersuchungen, im Verbande mit einer Probe nach Le Docte, gestatten auch zu ersehen, ob der Schlamm vollständig aussaturiert wurde. Sie setzen jedoch reine und wenig gefärbte Säfte voraus; falls dies nicht zutrifft (z. B. bei Verarbeitung veränderter Rüben), ist die

[1]) Bei der Analyse des Schlammbreies findet man nach Claassen in der Regel 1,5 bis 3 mal höhere Zuckergehalte als bei jener der Schlammkuchen, und diese höheren Zahlen sind die richtigeren (Zentralblatt f. Zuckerind. **30**, 703; 1922).

[2]) Sucrerie Belge **38**, 568; 1910.

[3]) Bull. Ass. Chim. **2**, 314; 1884.

[4]) Vereinszeitschr. **32**, 659; 1882.

[5]) Zeitschr. f. Zuckerindustrie in Böhmen **33**, 1; 1908.

[6]) Deutsche Zuckerindustrie **34**, 973; 1909.

Zerlegung durch Essigsäure anzuwenden. — Zuweilen wird die glatte Arbeit der Filterpressen durch ungewöhnliche Bestandteile der Säfte ganz außerordentlich gestört, z. B. durch Magnesia, Kieselsäure, Tonerde (aus schlechten Kalksteinen), durch Fette u. dgl.; auf diese ist der Schlamm in bekannter Weise zu prüfen, besonders auch jener der zweiten Saturation.

III. Dicksäfte, Sirupe.

A. Bestimmung des spezifischen Gewichtes.

Die Ermittlung des spezifischen Gewichtes geschieht bei Dicksäften und Sirupen mit Hilfe des Pyknometers oder Saccharometers; über die Beziehungen zwischen spezifischem Gewichte, Graden Balling (Brix) und Baumé vgl. Tabelle V, S. 30; betreffs der Bestimmung des Wasser- und Trockensubstanzgehaltes (aus dem das spezifische Gewicht ebenfalls abgeleitet werden kann) mittels des Refraktometers s. unten (III. S. 66).

B. Bestimmung des Zuckergehaltes.

Die Untersuchung von Produkten, die nur Rohrzucker oder neben Rohrzucker auch noch Invertzucker enthalten, auf chemischem Wege nach den Kupfermethoden wurde bereits im ersten Abschnitte ausführlich erörtert; auf die dort besprochenen Arbeitsmethoden und Tabellen sei verwiesen.

Wenn es sich nur um die Ermittlung der Polarisation handelt, verfährt man genau nach II. B. 1 (S. 50); alkalische Säfte werden auch hier vor der Zugabe des Bleiessigs (1 bis 2 ccm) mit einigen Tropfen Essigsäure neutralisiert.

Die gefundenen Drehungsgrade entsprechen aber (wie schon oben erwähnt wurde) bei der Analyse solcher Zwischenprodukte nicht immer dem wahren Rohrzuckergehalte, vielmehr hat man vielfach auf die Anwesenheit anderer optisch aktiver Körper Rücksicht zu nehmen, und zwar handelt es sich in der Praxis der Rübenzuckerfabrikation meistens entweder um die Gegenwart von Invertzucker, die den wahren Rohrzuckergehalt zu niedrig, oder um jene von Raffinose, die ihn zu hoch erscheinen läßt. Zur Kontrolle der durch direkte Polarisation erhaltenen Werte benutzt man in solchen Fällen die von Clerget[1]) angegebene, von Herzfeld[2]) modifizierte optische Inversionsmethode. Die mittels dieser gefundenen Werte für den ursprünglichen Rohrzuckergehalt Z sind völlig genau, falls der Invertzucker noch unverändert (nicht etwa durch Überhitzung usw. teilweise zersetzt) ist, bzw. falls wirklich Raffinose vorliegt und nicht etwa ein Gemisch anderer sich optisch ähnlich verhaltender Stoffe

[1]) Ann. de Chim. et Phys. (3) **26**, 201.
[2]) Vereinszeitschr. **1890**, 165.

(s. weiter unten). Bei peinlicher Einhaltung der folgenden Arbeitsvorschrift[1]) erhält man stets gleichmäßige und sichere Resultate, während schon die geringste Abweichung erhebliche Fehler bewirken kann.

Das halbe Normalgewicht (13 g der zuckerhaltigen Substanz) wird in 75 ccm Wasser gelöst und in einem 100-ccm-Kolben mit 5 ccm Salzsäure vom spez. Gewicht 1,188 (also von 38%, 2,26 g HCl enthaltend) versetzt; hierauf wird ein genauer (geeichter oder Normal-) Thermometer eingesenkt, der Kolben in die Mitte eines Wasserbades gesetzt, das in allen seinen Teilen konstant die Temperatur von 70° zeigt, durch entsprechend tiefes Eintauchen und stets gleichmäßiges Umschütteln binnen 2 bis 3 Minuten auf 67° angewärmt und genau 5 Minuten bei 67 bis 70° erhalten. Dann wird sofort auf 20° abgekühlt, der Thermometer abgespült und der Kolben bis zur Marke (100 ccm) aufgefüllt. Sind die Lösungen dunkel, so setzt man zur Entfärbung nunmehr 1 bis 2 g mit Salzsäure völlig extrahierter und geglühter Knochenkohle (am besten sog. Entfärbungskohle[2]) von Flemming in Kalk a./Rh.) zu, schüttelt kräftig um und filtriert; bei anfänglich ungenügender Entfärbung gießt man die ersten Anteile mehrere Male auf das Filter zurück. Das Filtrat bringt man sofort[3]) in ein 200-mm-Rohr mit Kühlmantel, senkt in dessen Tubus einen in $^1/_{10}$° geteilten, auf seine Genauigkeit geprüften Normalthermometer ein und leitet durch den Mantel Wasser von 20° oder einer nicht weit von 20° abliegenden Temperatur. Sobald der Thermometer konstante Temperatur anzeigt, wird er entfernt, worauf man sofort polarisiert. Zur Berechnung dienen nachstehende Formeln[4]):

Rohrzucker nach der verbesserten Clergetschen Formel:

$$Z \text{ (Rohrzucker)} = \frac{100\,S}{132{,}66},$$

---

[1]) Vereinszeitschr. **1890**, 452.

[2]) Auf ihre Absorptionsfähigkeit für Rohrzucker ist sie durch einen Versuch mit reiner invertierter Zuckerlösung zu prüfen. — Sehr wirksam sind auch die Entfärbungskohle von Merck (Darmstadt), sowie die als Eponit, Carboraffin, u. dgl. bekannten Präparate; von ersterer genügen 0,25 bis 0,30, von letzterern 0,15 bis 0,20 g.

[3]) Vgl. Staněk, Zeitschr. f. Zuckerindustrie in Böhmen **38**, 289; 1914.

[4]) Bezüglich der Ableitung der Formeln sei auf Herzfeld, Vereinszeitschr. **1890**, S. 165, verwiesen. — An Hand späterer Untersuchungen und Erfahrungen erklärten schon 1910 Schrefeld (Vereinszeitschr. **1920**, 402), 1913 Langguth-Steuerwald, (Deutsche Zuckerindustrie **38**, 1052) sowie Lippmann (Chem.-Ztg. **37**, Repert. 665; 1919) und auch andere, die Konstante 132,66 für zu niedrig und 133 für richtiger. Nach den neuesten eingehenden Forschungen von Jackson u. Gillis (Vereinszeitschr. **1920**, 521; Chem.-Ztg. **45**, Repertor. 7; 1921) ist aber, wenn die Inversion bei der fraglos geeigneteren Temperatur von nur 60° C erfolgt, der wirklich zutreffende Wert noch etwas höher, nämlich 133,25. An einige Punkte der Arbeit genannter amerikanischer Chemiker haben sich jedoch kritische Erörterungen geknüpft, die gegenwärtig noch nicht endgültig erledigt sind, so daß es augenblicklich verfrüht wäre, an den seinerzeit international anerkannten Clerget-Herzfeldschen Formeln einseitig zu rühren. Daher wurden sie hier für diesmal noch unverändert beibehalten und es mag genügen, auf die sehr wichtige und gründliche Abhandlung von Jackson und Gillis hiermit ausdrücklich aufmerksam zu machen.

falls die Inversionspolarisation bei genau 2 °C ausgeführt ist, oder

$$Z = \frac{100\,S}{142{,}66 - \frac{t}{2}},$$

falls die Inversionspolarisation bei von 20° C abweichender Temperatur[1]) ermittelt wurde. Es bedeutet hierbei S die durch die Inversion hervorgerufene Abnahme der Drehung in Saccharimetergraden, wobei direkte und Inversionspolarisation auf das ganze Normalgewicht umzurechnen sind, und t die Beobachtungstemperatur während der Inversionspolarisation.

Rohrzucker nach der Raffinoseformel[2]) (nur in Gegenwart wirklicher Raffinose anwendbar, siehe weiter unten):

$$Z\ (\text{Rohrzucker}) = \frac{0{,}5124\,P - I_{20}}{0{,}839}.$$

Es bedeutet hier P die direkte Polarisation und I_{20} die auf das ganze Normalgewicht umgerechnete Inversionspolarisation bei 20°; wurde die Inversionspolarisation bei einer von 20° abweichenden Temperatur vorgenommen, so korrigiert man zunächst den beobachteten Wert nach der Hammerschmidtschen Formel[3])

$$I_{20} = I_t + 0{,}0038 \cdot S \cdot (20 - t)$$

und setzt diesen in die erstangeführte Formel ein.

Tabelle XI.

Tabellen zur Berechnung der Inversionspolarisation.

A. Temperaturkorrektion nach Hammerschmidt.

$$I_{20} = I_t + 0{,}0038 \cdot S \cdot (20 - t).$$

$S =$	134	132	130	128	126	124	122	120	118	116	114	112	110	105	100	95	90
$20 - t =$ 1	0,51	0,50	0,49	0,49	0,48	0,47	0,46	0,46	0,45	0,44	0,43	0,43	0,42	0,40	0,38	0,36	0,34
2	1,02	1,00	0,99	0,97	0,96	0,94	0,93	0,91	0,90	0,88	0,87	0,85	0,84	0,80	0,76	0,72	0,68
3	1,53	1,50	1,48	1,46	1,44	1,41	1,39	1,37	1,35	1,32	1,30	1,28	1,25	1,20	1,14	1,08	1,03
4	2,04	2,01	1,98	1,95	1,92	1,88	1,85	1,82	1,79	1,76	1,73	1,70	1,67	1,60	1,52	1,44	1,37
5	2,55	2,51	2,47	2,43	2,39	2,36	2,32	2,28	2,24	2,20	2,17	2,13	2,09	2,00	1,90	1,81	1,71
6	3,06	3,01	2,96	2,92	2,87	2,83	2,78	2,74	2,69	2,64	2,60	2,55	2,51	2,39	2,28	2,17	2,05
7	3,56	3,51	3,46	3,40	3,35	3,30	3,25	3,19	3,14	3,09	3,03	2,98	2,93	2,79	2,66	2,53	2,39
8	4,07	4,01	3,95	3,89	3,83	3,77	3,71	3,65	3,59	3,53	3,47	3,40	3,34	3,19	3,04	2,89	2,74
9	4,58	4,51	4,45	4,38	4,31	4,24	4,17	4,10	4,04	3,97	3,90	3,83	3,76	3,59	3,42	3,25	3,08

[1]) Eine Rohrzuckerlösung von 100° Rechtsdrehung zeigt nach der völligen Überführung in Invertzucker eine Linksdrehung von 42,66° bei 0° C; diese Linksdrehung nimmt für jeden Grad Celsius bei steigender Temperatur um 0,5° ab.

[2]) Vgl. Creydt, Vereinszeitschr. **1887**, 153; Herzfeld und Dammüller, ebenda **1888**, 742; Herzfeld, ebenda **1890**, 194.

[3]) Vereinszeitschr. **1890**, 200.

$S =$	85	80	75	70	65	60	55	50	45	40	35	30	25	20	15	10	5
$20 - t = 1$	0,32	0,30	0,29	0,27	0,25	0,23	0,21	0,19	0,17	0,15	0,13	0,11	0,10	0,08	0,06	0,04	0,02
2	0,65	0,61	0,57	0,53	0,49	0,46	0,42	0,38	0,34	0,30	0,27	0,23	0,19	0,15	0,11	0,08	0,04
3	0,97	0,91	0,86	0,80	0,74	0,68	0,63	0,57	0,51	0,46	0,40	0,34	0,29	0,23	0,17	0,11	0,06
4	1,29	1,22	1,14	1,06	0,99	0,91	0,84	0,76	0,68	0,61	0,53	0,46	0,38	0,30	0,23	0,15	0,08
5	1,62	1,52	1,43	1,33	1,24	1,14	1,05	0,95	0,86	0,76	0,67	0,57	0,48	0,38	0,29	0,19	0,10
6	1,94	1,82	1,71	1,60	1,48	1,37	1,25	1,14	1,03	0,91	0,80	0,68	0,57	0,46	0,34	0,23	0,11
7	2,26	2,13	2,00	1,86	1,73	1,60	1,49	1,33	1,20	1,06	0,93	0,80	0,67	0,53	0,40	0,27	0,13
8	2,58	2,43	2,28	2,13	1,98	1,82	1,67	1,52	1,37	1,22	1,06	0,91	0,76	0,61	0,46	0,30	0,15
9	2,91	2,74	2,57	2,39	2,22	2,05	1,88	1,71	1,54	1,37	1,20	1,03	0,86	0,68	0,51	0,34	0,17

B. Zucker nach Clerget.

$$Z = \frac{100 \cdot S}{132 \cdot 66} = 0{,}75380 \cdot S,$$

0,75380

1	0,7538	6	4,5228	10	7,5380
2	1,5076	7	5,2766	11	8,2918
3	2,2614	8	6,0304	12	9,0456
4	3,0152	9	6,7842	13	9,7994
5	3,7690				

C. Zucker und Raffinose nach den Formeln:

$$Z = \frac{0{,}5188 \cdot P - I_{20}}{0{,}845} = 0{,}61396 \cdot P - 1{,}18343 \cdot I_{20}$$

$$R = \frac{P - Z}{1{,}85} = 0{,}5445 \cdot (P - Z)$$

$$Z = \frac{0{,}5124 \cdot P - I_{20}}{0{,}839} = 0{,}61073 \cdot P - 1{,}19190 \cdot I_{20}$$

	0,61396		1,18343		0,5405		0,61073		1,19190
1	0,6140	1	1,1843	1	0,541	1	0,6107	1	1,1919
2	1,2279	2	2,3669	2	1,081	2	1,2215	2	2,3838
3	1,8419	3	3,5503	3	1,622	3	1,8322	3	3,5757
4	2,4558	4	4,7337	4	2,162	4	2,4429	4	4,7676
5	3,0698	5	5,9172	5	2,703	5	3,0537	5	5,9595
6	3,6838	6	7,1006	6	3,243	6	3,6644	6	7,1514
7	4,2977	7	8,2840	7	3,784	7	4,2751	7	9,3433
8	4,9117	8	9,4674	8	4,324	8	4,8858	8	9,5352
9	5,5256	9	10,6509	9	4,865	9	5,4966	9	10,7271
10	6,1396	10	11,8343	10	5,405	10	6,1073	10	11,9190

Tabelle XI enthält alle für die eben besprochene optische Inversionsmethode erforderlichen Zahlenangaben.

Zur Kontrolle der optischen Methode ist es in manchen Fällen[1]) nützlich, den Gesamtzuckergehalt der invertierten Lösung mittels Fehlingscher Lösung zu bestimmen; man füllt hierzu 50 ccm der Polarisationsflüssigkeit zu 1 l auf, neutralisiert davon 25 ccm (= 0,1625 g Substanz) mit 25 ccm einer Sodalösung, die 1,7 g wasserfreie Soda im Liter enthält, und verfährt dann weiter, wie oben angegeben wurde.

[1]) Siehe Lippmann, Chemie der Zuckerarten **1904**, 1659; Baumann, Vereinszeitschr. **1898**, 780.

C. Bestimmung des Wasser- und Nichtzuckergehaltes.

Die direkte Ermittlung der Trockensubstanz geschieht durch Einwiegen von 3 g Substanz nebst 50 g Sand und Trocknen in der Luftleere bei 105 bis 110°.

Die Bestimmung der Trockensubstanz und hiermit des Wassergehaltes erfolgt aber am einfachsten und raschesten mittels der bereits oben (S. 13) erwähnten Refraktometer neuester Konstruktion: man bringt (laut der jedem Apparate beiliegenden genauen Vorschrift) 2 bis 3 Tropfen der zu prüfenden Zuckerlösung zwischen die beiden Prismen, und sobald die Normaltemperatur von 20° C erreicht ist, was ein die Prismen umspülender Wasserstrom von 20° binnen kürzester Frist bewirkt, liest man die Prozente Trockensubstanz unmittelbar an der Skala ab. [Die älteren Instrumente gaben nur den Brechungsindex an, und erforderten daher das Nachschlagen der zugehörigen Prozentzahlen in den Tabellen von Main[1]) oder Schönrock[2]), auf die verwiesen sei.] Lassen die Umstände das Innehalten der Temperatur von 20° C nicht zu, so stellt man bei jeder Ablesung die jeweilige Temperatur des die Prismen umspülenden Wassers fest und kann dann

Tabelle XII.

Staněks Korrektionstabelle für die mittels des Abbeschen Refraktometers unter und über 20° C gefundenen prozentischen Mengen Wasser.

Temperatur °C	Wassergehalt 95	90	85	80	70	60	50	40	30	25
	Zu dem Wassergehalte ist hinzuzuzählen:									
15	0,25	0,27	0,31	0,31	0,34	0,35	0,36	0,37	0,36	0,36
16	0 21	0,23	0,26	0,27	0,29	0,31	0,31	0,32	0,31	0,29
17	0,16	0,18	0,20	0,20	0,22	0,23	0,23	0,23	0,20	0,17
18	0,11	0,12	0,14	0,14	0,15	0,16	0,16	0,15	0,12	0,09
19	0,06	0,07	0,08	0,08	0,08	0,09	0,09	0,08	0,07	0,05
	Von dem Wassergehalte ist abzuziehen:									
21	0,06	0,07	0,07	0,07	0,07	0,07	0,07	0,07	0,07	0,07
22	0,12	0,14	0,14	0,14	0,14	0,14	0,15	0,14	0,14	0,14
23	0,18	0,20	0,20	0,21	0,21	0,21	0,23	0.21	0,22	0,22
24	0,24	0,26	0,26	0,27	0,28	0,28	0,30	0,28	0,29	0,29
25	0,30	0,32	0,32	0,34	0,36	0,36	0,38	0,36	0,36	0,37
26	0,36	0.39	0,39	0,41	0,43	0,43	0,46	0,44	0,43	0,44
27	0,43	0,46	0,46	0,48	0,50	0,51	0,55	0,62	0,50	0,51
28	0,50	0,53	0,53	0,55	0,58	0,59	0,63	0,70	0,57	0,59
29	0,57	0,60	0,61	0,62	0,66	0,67	0,71	0,78	0,65	0,67
30	0,64	0,67	0,70	0,71	0,74	0,75	0,80	0,86	0,73	0,75

Beispiele: 1. Bei 15° C seien gefunden 90 % Wassergehalt.
Temperaturkorrektion: + 0.27;
Reduzierter Wassergehalt: 90,27 %.

2. Bei 17,5° C seien gefunden 90 % Wassergehalt. Temperaturkorrektion; + 0,15. (Das Mittel zwischen 0,12 und 0,18.)

[1]) Int. Sugar Journ. **9**, 481; 1907.
[2]) Vereinszeitschr. **1901**, 421.

gemäß einer ausführlichen, von Schulz[1]), oder einer kürzeren, von Staněk[2]) aufgestellten Tabelle XII die gefundenen Werte korrigieren. Werden die Prismen gleich nach dem Gebrauch mit etwas Filtrierpapier gereinigt und mit einem weichen Tuche abgetrocknet, so ist der Apparat sofort wieder gebrauchsfähig.

Die Resultate stimmen bei reineren Zuckersäften fast genau mit der wirklichen Trockensubstanz überein, bei unreinen Lösungen werden sie jedenfalls weitaus weniger durch die Gegenwart der Nichtzuckerstoffe beeinflußt als bei Benutzung der Balling-Spindel oder der Mohr-Westphalschen Wage und fallen daher für alle Zwecke der Praxis genügend genau aus.

D. Bestimmung des Aschengehaltes.

Diese wird mit 2 bis 3 g des Saftes nach II. D. (S. 54) ausgeführt.

E. Bestimmung des Invertzuckers.

Bei geringeren Mengen verfährt man nach I. C. a) (S. 17), bei größeren nach I. C. b) (S. 20) bzw. I. C. c) (S. 23).

F. Bestimmung der Raffinose (auch neben Invertzucker).

Da die Raffinose nachweislich aus der Rübe stammt, so ist ihre Anwesenheit in allen Produkten der Zuckerfabrikation möglich. Größere Mengen von Raffinose werden sich aber, wegen der leichten Löslichkeit dieser Zuckerart, zumeist nur in Endprodukten und Melassen, hauptsächlich aber in den Produkten der Melassenentzuckerung finden. Für die Analyse derartiger Produkte ist die Raffinoseformel ausgearbeitet worden, daher ist auch ihre Anwendung zunächst auf solche Substanzen beschränkt, die, ihrer ganzen Herkunft nach, sicherlich oder wenigstens sehr wahrscheinlich Raffinose enthalten. Untersucht man Substanzen anderen Ursprunges nach dieser Formel, so kann man leicht große Irrtümer begehen, weil manche Nichtzuckerstoffe, insbesondere gewisse Überhitzungs- und Zersetzungsprodukte der Zuckerarten, sich optisch der Raffinose analog verhalten, also Raffinose prozentweise vortäuschen können, wo gar keine solche vorhanden ist. Auch wo derartige Stoffe die Raffinose nur begleiten, wird selbstverständlich die Raffinoseformel schon unsicher, ja unter Umständen unanwendbar.

Die optische Raffinosebestimmung erfolgt nach dem Herzfeldschen Verfahren, und neben dem Werte für Rohrzucker, Z, ergibt sich (s. S. 63) der Wert für wasserfreie Raffinose $R = \frac{P - Z}{1{,}852}$[3]). Außer der optischen Inversionsmethode nach Clerget-Herzfeld sind noch

[1]) Ebenda **1921**, 89. Diese Tabelle wird neuerdings den Apparaten mit beigegeben.

[2]) Böhmische Zeitschr. f. Zuckerind. Bd. **33**, 153; 1908: eine Korrektionstafel auch für den sog. Eintauch-Refraktometer s. ebenda **34**, 501; 1910.

[3]) Über eine entsprechend den Werten von Jackson u. Gillis abgeänderte Formel vgl. Browne u. Gamble, Int. Sug. Journ. **24**, 101; 1922.

zur quantitativen Bestimmung der Raffinose neben Rohrzucker die Extraktionsmethode von Scheibler[1]) (mittels zuckergesättigten Methylalkohols) und die Schleimsäuremethode von Creydt[2]) vorgeschlagen worden. Beide haben jedoch keinen Eingang in die Praxis gefunden, denn die erstere ist nicht genügend ausgearbeitet, während die letztere zu viel Zeit erfordert (3 Tage) und zudem zwar bei Gemischen von reinem Rohrzucker und reiner Raffinose bis auf einige $^1/_{10}$-Prozente stimmende Zahlen ergibt, bei Zuckern, Sirupen oder Melassen des Fabrikbetriebes aber oft zu großen Differenzen (selbst von einigen ganzen Prozenten) führt. Die Gegenwart anderer, bei der Oxydation gleichfalls Schleimsäure liefernder Stoffe z. B. läßt den Betrag an Schleimsäure viel zu hoch erscheinen; umgekehrt scheidet sich aus sehr unreinen, namentlich an organischen Substanzen reichen Lösungen die Schleimsäure oft überhaupt nicht ab.

Handelt es sich darum, festzustellen, ob z. B. eine optisch als Raffinose bestimmte Substanz wirklich solche ist, so kann die Schleimsäuremethode sehr wertvolle Dienste als Kontrollverfahren leisten; auch hat Ofner[3]) eine besondere, für den raschen Nachweis der Raffinose brauchbare Methode ausgearbeitet; auf die Einzelheiten derartiger, oft sehr schwieriger Bestimmungen einzugehen, fehlt es jedoch hier an Raum.

Nach der Raffinoseformel können, ihrer Herleitung gemäß, nur solche Produkte untersucht werden, die ausschließlich Raffinose und Rohrzucker, jedoch Invertzucker gar nicht oder höchstens in sehr geringen und deshalb bei den Berechnungen zu vernachlässigenden Mengen enthalten. Für den Fall der Anwesenheit größerer Mengen Invertzucker hat Wortmann[4]) eine Methode ausgearbeitet, die aus der direkten Polarisation, der Inversionspolarisation und dem nach Meißl-Hiller [vgl. I. C. b), S. 20] unmittelbar bestimmten Invertzuckergehalte die Mengen der genannten drei Bestandteile zu ermitteln gestattet. Nach Baumann[5]) wird jedoch bei größerem Invertzuckergehalte die direkte Polarisation ein zu unsicherer Faktor für die Berechnung, und es ist deshalb folgende Methode vorzuziehen: Man bestimmt in der invertierten Flüssigkeit (s. S. 23) nach Herzfelds Methode (mit 0,1625 g Substanz) den Gesamtzucker mittels Fehlingscher Lösung; das hierbei reduzierte Kupfer rührt her: 1. von dem aus der Saccharose durch die Inversion entstandenen und dem ursprünglich bereits vorhandenen Invertzucker, 2. von den ebenfalls reduzierend wirkenden Inversionsprodukten der Raffinose. Neben dieser Ermittlung wird (den oben gegebenen Vorschriften entsprechend) die Inversionspolarisation ausgeführt. Die Berechnung geschieht dann nach folgenden Formeln:

$$\text{I. } Z = \frac{582{,}98 \cdot \mathrm{Cu} - (I \cdot F_2)}{0{,}9491 \cdot F_1 + 0{,}3266 \cdot F_2} \qquad \text{II. } R = 1{,}054 \cdot I + 0{,}344 \cdot Z\,.$$

[1]) Ber. **18**, 1409; 1885.

[2]) Vereinszeitschr. **1887**, 153; vgl. Lippmann, Chemie der Zuckerarten **1904**, S. 1652.

[3]) Böhmische Zeitschr. f. Zuckerind. **31**, 326; 1907.

[4]) Vereinszeitschr. **1888**, 714; **1890**, 786.

[5]) Vereinszeitschr. **1888**, 741.

In diesen bedeutet:

Z den Gehalt an Rohrzucker + Invertzucker, letzteren als Rohrzucker gerechnet (Gesamtzucker).

R den Gehalt an wasserfreier Raffinose.

Cu die insgesamt ausgeschiedene Kupfermenge.

I die Inversionspolarisation.

F_1 den Reduktionsfaktor der invertierten Saccharose.

F_2 den Reduktionsfaktor der invertierten Raffinose.

Die Reduktionsfaktoren F_1 und F_2 ermittelt man, indem man in den Tabellen zur Berechnung des Rohrzucker-[1]) bzw. Raffinosegehaltes [2]) die gefundene Zahl für Kupfer aufsucht und sie durch die danebenstehende Zahl für Zucker bzw. Raffinose dividiert. Da jedoch die Reduktionsfaktoren nur langsam abnehmen, so braucht man diese Konstanten nicht für jeden Fall zu berechnen, es genügt vielmehr, wenn man dies von 10 zu 10 mg Cu tut. Für die hauptsächlich in Betracht kommenden Kupfermengen von 0,150 bis 0,200 g benutzt man die von Baumann angegebenen vereinfachten Formeln:

Cu =	Z =	
0,150	$248{,}1 \cdot \text{Cu} - 0{,}605 \cdot I$	
0,160	$248{,}4 \cdot \text{Cu} - 0{,}604 \cdot I$	
0,170	$248{,}7 \cdot \text{Cu} - 0{,}604 \cdot I$	$R = 1{,}054 \cdot I + 0{,}344\, Z$.
0,180	$249{,}2 \cdot \text{Cu} - 0{,}604 \cdot I$	
0,190	$249{,}7 \cdot \text{Cu} - 0{,}604 \cdot I$	
0,200	$250{,}0 \cdot \text{Cu} - 0{,}604 \cdot I$	

Will man außer dem Gesamtzucker auch die als solche vorhandene Saccharose bestimmen, so führt man noch eine direkte Invertzuckerbestimmung nach Meißl - Hiller (s. S. 20ff.) aus, wobei man, zur Berechnung des Hillerschen Faktors F, statt der direkten Polarisation den nach obigen Formeln ermittelten Gesamtzuckergehalt benutzt. Von dem so festgestellten Invertzuckergehalte bringt man dann zur Umrechnung auf Saccharose $^1/_{20}$ in Abzug (vgl. die Anmerkung S. 23) und findet, durch Subtraktion der so erhaltenen Zahl von der des Gesamtzuckers, den in der Substanz vorhandenen Rohrzucker.

Zur Erläuterung der obigen Formeln diene folgendes Beispiel:

Ein Sirup ergab bei der Untersuchung:

1. Inversionspolarisation: $I = -8{,}5$;
2. Kupfer nach der Inversion von 0,1625 g Substanz: Cu = 0,184 g;
3. Kupfer vor der Inversion (direkte Invertzuckerbestimmung) von 2 g Substanz: $\text{Cu}_1 = 0{,}250$ g.

Behufs Benutzung der allgemeinen Formel (S. 68) für den Gesamtzucker hätte man aus den entsprechenden Tabellen die Faktoren $F_1 = \frac{184}{93{,}1}$ und $F_2 = \frac{183{,}6}{130}$ zu entnehmen und einzusetzen; man kann jedoch auch, ohne einen wesentlichen Fehler zu begehen, die oben

[1]) Vereinszeitschr. **1888**, 714; **1890**, 786.

[2]) Vereinszeitschr. **1888**, 741.

(S. 69) für Cu = 0,180 angegebene vereinfachte Formel anwenden. Danach ist:

$$Z = 249{,}2 \cdot 0{,}184 - 0{,}604 \cdot (-8{,}5) = 50{,}98\,,$$

$$R = 1{,}054 \cdot (-8{,}5) + 0{,}344 \cdot 50{,}98 = 8{,}58\,.$$

Um das Verhältnis von Saccharose (S) zu Invertzucker (I) zu ermitteln, setzen wir nach Hiller:

$$I = \frac{100\,\frac{Cu_1}{2}}{p} = 6{,}25\,,$$

also

$$S + I : I = 50{,}98 : 6{,}25 = 100 : 12\,,$$

$$S : I = 88 : 12\,,$$

$$I = \frac{0{,}250 \cdot 52{,}6}{2} = 6{,}58\,.$$

Hiervon wird behufs Umrechnung auf Saccharose $^1/_{20}$ in Abzug gebracht und somit 6,25 vom Gesamtzucker abgezogen.

$$S = 50{,}98 - 6{,}25 = 44{,}73\,.$$

Der untersuchte Sirup enthielt also:

44,73% Rohrzucker,
6,58% Invertzucker,
8,58% Raffinose.

G. Bestimmung der Farbe.

Hierfür gilt das unter II. G. (S. 57) Gesagte.

H. Bestimmung der Alkalität.

10 ccm des Saftes werden mit Phenolphthalein-Neutralwasser verdünnt und mit $^n/_{28}$-Säure unter Anwendung von Phenolphthalein als Indikator titriert. Vgl. II. F. (S. 56).

Der Kalkgehalt wird, je nach der Kalkmenge, in 5 bis 15 g des Saftes nach den Angaben auf S. 57 ermittelt.

IV. Füllmassen.

A. Bestimmung der Trockensubstanz bzw. des spezifischen Gewichtes.

Eine genaue Ermittlung der Trockensubstanz bzw. des ihr entsprechenden spezifischen Gewichtes kann durch Austrocknen erfolgen, und ist unerläßlich, wenn die Kenntnis der Trockensubstanz (bzw. der entsprechenden Ballinggrade) der Berechnung der Reinheit zugrunde gelegt werden soll, da bei Füllmassen die scheinbaren und wirklichen Reinheiten sich oft schon sehr erheblich und nicht stets im gleichen Sinne unterscheiden. Die sorgfältigst bereitete Mischung von 2 bis

3 g Füllmasse und 50 g Sand wird 15 Minuten bei 70° vor, und (nach nochmaligem Mengen) 6 bis 8 Stunden bei 105 bis 110° im Luft- oder Vakuum-Trockenschrank fertig getrocknet; bei weiterem Trocknen durch 2 Stunden darf das Gewicht höchstens noch um 0,1% abnehmen.

Sachs[1]) verfährt in folgender, stets genau gleichbleibender Weise: Man löst 78 g der völlig homogenen Füllmasse (das dreifache Normalgewicht) in 300 ccm Wasser, verrührt 10 ccm der Lösung mit 12 bis 15 g Sand in einem Schälchen und trocknet zunächst bei 100°, dann langsam ansteigend bei 100 bis 107°, bis nach einigen Stunden Gewichtskonstanz erreicht ist. Reagiert eine Füllmasse sauer, was in der Praxis zuweilen vorkommt, so hat man mit einer titrierten Sodalösung zu neutralisieren und deren (bekannten) Trockensubstanzgehalt bei der Berechnung zu berücksichtigen; nach Pellet[2]) kann man sich mit Vorteil statt der Soda auch des Ammoniaks bedienen.

Gleich an dieser Stelle sei bemerkt, daß sich das Austrocknen von Füllmassen, namentlich von nicht ganz tadellosen, keineswegs so einfach und sicher vollzieht, wie man meist voraussetzt; richtige und gleichbleibende Ergebnisse sind vielmehr auch an die sorgfältige und regelmäßige Einhaltung der Vorbedingungen geknüpft[3]). Besonders zu beachten ist auch die tadellose Beschaffenheit, Gleichmäßigkeit und Staubfreiheit des Sandes. Kryz umgeht dessen Benützung, indem er die Füllmasse auf kleine gewogene Platten aus körnigem, grob mattiertem Glase, Carborundum, Naxosschmirgel u. dgl. aufstreicht, wodurch schon binnen 2 bis 3 Stunden Gewichtskonstanz zu erreichen ist[4]).

Genaue Ergebnisse, die den durch Austrocknen der Füllmasse ermittelten sehr nahe kommen, erhält man mittels des Abbeschen Refraktometers; die Füllmasse ist zu diesem Zwecke in einer bestimmten Menge Wasser (am besten in einem gleich großen Gewichte) zu lösen und, wie unter III. A. angegeben, zu untersuchen, worauf man unter Berücksichtigung der zugesetzten Wassermenge das Resultat berechnet.

Ist nur eine annähernd genaue Ermittlung des spezifischen Gewichtes einer Füllmasse erforderlich (wie oft im Fabrikbetriebe), so bedient man sich häufig einer pyknometrischen Methode, die von Sidersky[5]) ursprünglich für Melasse angegeben wurde. Die Füllmasse wird hierbei auf dem Wasserbade bis zur Dünnflüssigkeit erwärmt und in diesem Zustande in das trocken gewogene, vorher entsprechend angewärmte Maßkölbchen (ein oberhalb der Marke abgesprengtes 50-ccm-Kölbchen) gebracht; man füllt bis etwas unterhalb der Marke, kühlt auf Normaltemperatur (20° C) ab und wägt. Sodann überschichtet man langsam und sehr vorsichtig, so daß keinerlei Vermischung eintritt, mit Wasser von 20° C bis zur Marke; hat man n ccm Wasser verbraucht, so ist $50 - n$ das Volumen der angewandten Füllmasse, und da man deren Gewicht ebenfalls ermittelt hat, so läßt sich ihr spezifisches Ge-

1) Sucrerie Belge **29**, 313; 1901: Österr.-Ungar. Zeitschr. **1901**, 366.
2) Sucrerie indigène **57**, 579; 1901.
3) Urban, Zeitschr. f. Zuckerind. in Böhmen **35**, 450; 1911.
4) Kryz, ebenda II, **2**, 72; 1920/21; **3**, 133; 1921/22.
5) Vereinszeitschr. **1881**, 192.

wicht ohne weiteres berechnen[1]). Wie man sieht, ist die Genauigkeit des Resultates davon abhängig, daß die eingefüllte Masse völlig homogen, also vor allem frei von Luftblasen ist; dies läßt sich aber nur außerordentlich schwer mit Sicherheit erreichen und erkennen, so daß die Fehlergrenze dieser so beliebten Methode eine keineswegs enge ist, namentlich bei auf Korn gekochten Füllmassen.

Für bloß vergleichende Bestimmungen (z. B. zu Zwecken der täglichen Betriebskontrolle) ist es hinreichend, die Grade Balling einer Lösung von 26 g Füllmasse, zu 100 ccm gelöst, durch Spindelung oder refraktometrisch zu ermitteln, oder jedesmal eine gewisse größere Menge der Füllmasse (z. B. 200 g) in einem tarierten Becherglase oder Metallgefäße in warmem Wasser sorgfältig und vollständig zu lösen, nach dem Abkühlen auf Normaltemperatur mit noch etwas Wasser auf genau das doppelte Gewicht (also 400 g) zu verdünnen und die Grade Balling dieser Lösung zu bestimmen; man multipliziert das Resultat mit 2 und ersieht das spezifische Gewicht aus Tabelle V. Da man bei diesem Verfahren den Einfluß der Kontraktionsverhältnisse vernachlässigt, so sind die Ergebnisse, auch wenn man stets in genau der nämlichen Weise verfährt, niemals wirklich zuverlässige; außerdem erhält man, je nach dem Grade der Verdünnung, auch beim nämlichen Produkte sehr verschiedene Resultate; es wird sich z. B. die Reinheit fast immer desto höher ergeben, in je größerer Verdünnung die scheinbaren Trockensubstanzen (bzw. die Grade Balling) ermittelt wurden.

B. Bestimmung des Zuckergehaltes.

Man löst das Normalgewicht der Füllmasse in der Tarierschale mit warmem Wasser, bringt verlustlos in den 100-ccm-Kolben, kühlt ab, klärt mit der nötigen Menge Bleiessig (3 bis 4 ccm) und verfährt zur Ausführung der Polarisation in bekannter Weise; das nämliche gilt für die Ausführung der Inversionsmethode[2]).

C. Bestimmung der Raffinose.

Diese erfolgt nach III. F. (S. 67).

D. Bestimmung des Invertzuckers.

Man verfährt nach den unter I. C. (S. 17) gegebenen Methoden. Löst man 44 g der Füllmasse unter Zusatz von neutralem Bleiacetat zu 200 ccm, versetzt 100 ccm des Filtrates (entsprechend 22 g Füllmasse) mit 10 ccm Sodalösung und verwendet von diesem Filtrate 50 ccm, so entsprechen diese 50 ccm gerade 10 g der ursprünglichen Substanz. Zur Berechnung dient dann die Tabelle I.

[1]) Statt mit Wasser kann man natürlich auch mit einer anderen Flüssigkeit bekannten (und bei der Berechnung zu berücksichtigenden) spez. Gewichtes überschichten, z. B. mit irgendeinem Zucker nicht auflösenden Kohlenwasserstoffe.

[2]) Für dunkle Füllmassen empfiehlt Sázavský die Klärung mit Bleiessig und Tannin, das als unlösliches Bleitannat ausgefällt wird, also durch seine (geringe) optische Aktivität keinen Fehler bedingen kann (Zeitschr. f. Zuckerindustrie in Böhmen II, 2, 227; 1921).

E. Bestimmung des Wassergehaltes.

Diese erfolgt wie unter IV. A., S. 70 angegeben. Den Reinheitsquotienten berechnet man nach II. C. (S. 53).

F. Bestimmung des Aschengehaltes.

3 g der Füllmasse werden nach Scheiblers Methode verascht. Vgl. II. D. (S. 54).

G. Bestimmung der Alkalität.

Zu dieser dienen 10 g der Füllmasse in reichlich verdünnter Lösung nach II. F. (S. 56).

Über die Bestimmung des Kalkgehaltes vgl. III. H. (S. 57).

H. Bestimmung der Farbe.

Hierfür gilt das unter II. G. (S. 57) Gesagte.

I. Bestimmung des Gehaltes an Krystallen.

Von den verschiedenen indirekten Methoden[1]) hat, teils infolge der schwierigen Handhabung, teils wegen der zeitraubenden Arbeitsvorschriften, keine allgemeinen Eingang in die Praxis gefunden. Am angemessensten ist deren Zwecken entschieden die Versuchszentrifuge, da sie Sirup und Krystalle unter denselben Bedingungen zu trennen gestattet, die auch im Fabrikbetriebe vorliegen, die Krystalle in jeder gewünschten Reinheit (als Rohzucker oder weißen Krystallzucker) liefert und eine direkte Wägung ermöglicht; eine passende Zentrifuge (auch mit elektrischem Antriebe) nach Konstruktion von Brumme ist bei den einschlägigen Firmen in guter Ausführung zu beziehen.

Statt der Zentrifuge bedienen sich manche Fabriken auch geeigneter Nutschvorrichtungen; andere begnügen sich damit, die Krystalle und den Sirup in stets gleichbleibender Weise durch einfaches Abtropfen auf Drahtsieben oder in Drahtdüten nach Möglichkeit voneinander zu trennen.

V. Zucker.

[Rohzucker, raffinierte Zucker, Nachprodukte[2]).]

A. Bestimmung des Zuckergehaltes.

Das Normalgewicht der auf die Temperatur des Arbeitsraumes abgekühlten, gut durchgemischten Probe (26 g) wird in der Tarierschale mit warmem[3]) Wasser gelöst und in den für wahre Kubikzentimeter

[1]) Eine Zusammenstellung s. Vereinszeitschr. **1894**, 892.

[2]) Siehe die „Arbeitsvorschrift" des „Instituts für Zuckerindustrie", auch abgedruckt in der „Anweisung" (Berlin 1922, 49). Ferner vgl. „Anleitung", S. 7, an beiden Stellen auch über die sehr wichtige Probenahme.

[3]) Nach den „Beschlüssen der im Dienste der österr.-ungarischen Zuckerindustrie tätigen Chemiker" war beim Auflösen künstliche Erwärmung unzulässig.

$\left(s = \frac{20}{4}\right)$ geeichten 100-ccm-Kolben gebracht. Die Klärung der auf 20° abgekühlten Lösung erfolgt bei Rohzuckern und Nachprodukten durch tropfenweisen Zusatz von Bleiessig bis zum Aufhören der Fällung (bei Erstprodukten etwa 1 ccm, bei Nachprodukten etwa 2 bis 3 ccm); sowie durch Zugabe von etwa 1 ccm Tonerdehydratbrei, bei reinen Zuckern allein mit 3 bis 5 ccm Tonerdehydratbrei. Dieser wird nach Scheiblers Vorschrift bereitet, indem man eine nicht zu konz. Lösung von schwefelsaurer Tonerde oder Alaun mit einem Überschuß von Ammoniak versetzt, den Niederschlag absitzen läßt und ihn durch Dekantation oder durch Entfernen der überstehenden Flüssigkeit mittels eines Hebers so lange auswäscht, bis alle Salze und das Ammoniak verschwunden sind, und Lackmuspapier nicht mehr gebläut wird. Den reinen, durchaus homogenen Tonerdebrei verwahrt man in gut verschließbaren Flaschen und schüttelt vor dem Gebrauche stets gründlich um. Nach Baumann[1]) kann man sich Tonerdebrei sehr schnell sofort in reinem Zustande darstellen, indem man mittels des elektrischen Stromes (z. B. jenes einer Beleuchtungsanlage) Wasser unter Anwendung von Aluminiumelektroden zersetzt.

Nach der Klärung wird die auf 20° abgekühlte Zuckerlösung zur Marke aufgefüllt, wobei Schaumblasen durch Ätherdampf oder 1 bis 2 Tropfen absoluten Alkohols niederzuschlagen sind, durchgeschüttelt, in ihrer Gänze filtriert und bei 20° im 200-mm-Rohre polarisiert.

Den wahren Rohrzuckergehalt bei Gegenwart von Raffinose oder (größeren Mengen) Invertzucker bestimmt man nach der auf S. 64ff. ausführlich besprochenen optischen Inversionsmethode.

B. Bestimmung des Wasser- und Nichtzuckergehaltes.

5 g des Zuckers werden in einer tarierten Nickelschale im Vakuum-Trockenschrank 2 bis 3 Stunden bei 110° C bis zum konstanten Gewichte getrocknet.

Durch Subtraktion der für Zucker + Wasser gefundenen Prozente von 100 erhält man den Gesamtnichtzucker[2]).

C. Bestimmung des Aschengehaltes.

3 g des Zuckers werden nach der Scheiblerschen Methode (siehe S. 54) verascht. Der Gesamtnichtzucker, um den Aschengehalt vermindert, ergibt den organischen Nichtzucker.

Enthalten Zucker, besonders Nachprodukte, erhebliche Mengen mechanischer Verunreinigungen, so löst man zur Bestimmung des wirklichen Aschengehaltes ein abgewogenes Quantum in einer bestimmten Menge Wasser, filtriert, dampft einen aliquoten Teil des Filtrates in dem Veraschungsschälchen ein und verascht dann unter Zusatz von

---

[1]) Korrespondenzblatt **1893**, Nr. 10.

[2]) Eine Methode zur Wasserbestimmung mittels des Eintauch-Refraktometers schlug Staňek vor (Böhm. Zeitschr. f. Zuckerind. **35**, 57; 1910).

Schwefelsäure. Man kann jedoch auch die Lösung durch ein gewogenes Filter filtrieren und den Rückstand bestimmen. — Bei Handelsanalysen ist jedoch diese Berücksichtigung der mechanischen Verunreinigungen nicht statthaft.

D. Bestimmung des Invertzuckers.

Diese erfolgt nach den unter I. C. (S. 15ff.) beschriebenen Methoden; ein Gehalt von weniger als 0,05% Invertzucker kann jedoch nach ihnen nicht mit Sicherheit bestimmt werden. Dagegen eignen sich hierzu die weiter oben erwähnten Verfahren von Bruhns und von Beyersdorfer; zur bloßen Erkennung auch der geringsten Spuren Invertzucker arbeitete Kraisy ein Verfahren aus, das sich einer Auflösung von Kupfercarbonat in Seignettesalzlösung bedient [1]).

In Österreich-Ungarn erfolgte, gemäß den wiederholt angeführten „Beschlüssen", der qualitative Nachweis von Invertzucker in Rohzuckern mittels Soldainischer Lösung; man löst 10 g des Zuckers in 25 ccm Wasser, versetzt mit 100 ccm der Kupferlösung und kocht 5 Minuten lang auf, vom Beginne des Siedens an gerechnet. Die Soldainische Lösung wird bereitet, indem man 15 g gefälltes Kupfercarbonat und 416 g Kaliumbicarbonat in 1400 ccm Wasser löst oder auch die entsprechende Menge Kupfervitriol in die Kaliumbicarbonatlösung einträgt [2]).

E. Bestimmung der Raffinose.

Der Gehalt an Raffinose wird nach der Inversion (s. S. 63) aus der S. 65 angegebenen Formel berechnet. Es sei hier nochmals daran erinnert, daß es nach Herzfeld [3]) geboten ist, die Anwendung der Raffinoseformel auf solche Zucker zu beschränken, in denen von vornherein die Anwesenheit von Raffinose mit Grund vermutet werden kann, also in erster Linie auf die der Melasseentzuckerung entstammenden Produkte; ferner muß man von einer Bestimmung der Raffinose mittels der einfachen Inversionsmethode in mehr als 2% Invertzucker enthaltenden Produkten absehen [4]) (vgl. S. 68).

F. Bestimmung der Farbe.

Hierfür gilt das unter II. G. (S. 57) Gesagte.

G. Bestimmung der Alkalität.

Jeder Rohzucker sollte gegen Phenolphthalein, mindestens aber gegen Lackmus deutlich alkalisch reagieren, weil im allgemeinen die Haltbarkeit und Lagerfestigkeit neutraler oder gar saurer Zucker eine

---

[1]) Vereinszeitschr. **1921**, 123.
[2]) Vereinszeitschr. **1889**, 933; **1890**, 792.
[3]) Vereinszeitschr. **1890**, 167.
[4]) Vgl. die Ausführungsbestimmungen z. Zuckersteuergesetz v. 27. Mai 1896, § 2, Absatz 5 und Anlage B. II.

sehr geringe ist, und leicht große Verluste infolge chemischer Zersetzungen oder der Tätigkeit von Mikroben entstehen, wenn dergleichen Rohzucker längere Zeit aufbewahrt werden müssen.

Die qualitative Prüfung kann geschehen, indem man einige Krystalle auf rotes Lackmuspapier bringt und mit Wasser befeuchtet, wobei sich an der Berührungsstelle deutliche Blaufärbung ergeben soll. Schärfer ist die Prüfung mittels Phenolphthalein, da viele, mit Lackmus alkalisch oder noch neutral befundene Rohzucker, mit diesem richtiger charakterisierenden Reagens untersucht schon sauer erscheinen und so ihre minderwertige Beschaffenheit zu erkennen geben. Die quantitative Bestimmung der Alkalität ist selten erforderlich; vorkommenden Falles titriert man 10 g des Zuckers, in einer reichlichen Menge neutralen Wassers gelöst, mit der $^n/_{28}$-Säure.

Was die besonderen Handelsgebräuche einzelner Länder anbelangt, so schrieben in Österreich-Ungarn die „Beschlüsse" vor[1], Lackmus als Indikator anzuwenden und genau anzugeben, ob der Zucker alkalisch, sauer, oder neutral reagiert. In Deutschland steht zur Zeit eine zwischen den Zuckerfabrikanten und Zuckerhändlern vereinbarte, von Herzfeld[2]) ausgearbeitete Vorschrift in Kraft, zu deren Innehaltung sich die für den Zuckerhandel tätigen Handelschemiker verpflichtet haben. Der Wortlaut dieser vielumstrittenen Vorschrift, auf deren Kritik an dieser Stelle natürlich nicht des Näheren eingegangen werden kann, ist nachstehender:

„Zur Ausführung der Alkalitätsbestimmung benötigt man einer Reihe von Flüssigkeiten, deren Herstellung zunächst beschrieben werden soll.

1. Eine konz. Phenolphthaleinlösung. Die konz. Phenolphthaleinlösung wird hergestellt durch Lösen käuflichen Phenolphthaleins in 90proz. Alkohol, und zwar im Verhältnis 1 : 30.

Bei der Untersuchung sollen von dieser Lösung auf je 100 ccm Flüssigkeit 2 Tropfen genommen werden.

Das käufliche Phenolphthalein ist mehr oder weniger sauer reagierend, worauf jedoch keinerlei Rücksicht genommen wird. Die Phenolphthaleinlösung wird nicht neutral oder schwach alkalisch gemacht.

2. Das Lösungswasser. Zur Bereitung des Lösungswassers wird eine größere Menge frisch ausgekochten destillierten Wassers mit $^1/_{2000}$ seines Volumens an Phenolphthaleinlösung (also z. B. 10 l Wasser mit 5 ccm der Phenolphthaleinlösung) versetzt und darauf mit Natronlauge so stark alkalisch gemacht, bis eine anhaltende deutliche Rotfärbung der Flüssigkeit eintritt. Da diese Rotfärbung nach 1 bis 3 Tagen wieder verschwindet, soll man immer nur eine für einen solchen Zeitraum ausreichende Menge des Lösungswassers herstellen. Dasselbe muß jedoch immer mehrere Stunden vor dem Gebrauch bereitet worden sein.

3. Die Probesäure. Die Probesäure wird so eingestellt, daß 1 ccm derselben einer Kalkalkalität von 0,0001 entspricht. Man stellt die Lösung mit genügender Genauigkeit her, indem 36 ccm $^n/_1$-Schwefelsäure mit Wasser bis zu einem Volumen von 10 l verdünnt werden.

[1]) Österr.-Ungar. Zeitschr. **1901**, 666. — Vgl. „Anleitung", S. 8.

[2]) Vereinszeitschr. **1902**, 115, vgl. **1907** (I), 246ff.

4. Die Probelauge. Als Probelauge dient Natronlauge, welche derartig verdünnt ist, daß, wie bei der Schwefelsäure, 1 ccm einer Kalkalkalität von 0,0001 entspricht. Für den vorliegenden Zweck genügt es, die entsprechend verdünnte Natronlauge gegen die, wie oben angegeben, bereitete Probesäure einzustellen.

5. Die Alkalitätsbestimmung. Für die Prüfung des Rohzuckers auf Alkalität wägt man sich einerseits 10 g Rohzucker ab, andererseits mißt man 100 ccm des schwach geröteten Lösungswassers, dessen Bereitung unter 2. beschrieben wurde, ab und neutralisiert dasselbe in einer weißen Porzellanschale zunächst möglichst genau bis zur Farblosigkeit mit der unter 3. beschriebenen Probesäure. Darauf setzt man so viel von der Probelauge hinzu, daß die Flüssigkeit wiederum schwach rötlich gefärbt erscheint.

Die Färbung soll jedoch nur so stark sein, daß sie durch Zugabe eines Kubikzentimeters der Probesäure (unmittelbar vor dem Rohzuckerzusatz) wieder zum Verschwinden gebracht werden kann.

Nunmehr werden ohne Verzug die bereits vorher abgewogenen 10 g Rohzucker in der Flüssigkeit aufgelöst[1]). Bleibt die Rotfärbung des Wassers beim Lösen des Zuckers bestehen, oder wird sie stärker, so ist der Zucker alkalisch, verschwindet sie, so ist er sauer.

In Zweifelsfällen überzeugt man sich durch Titrieren sowohl mit Probesäure als auch mit Probelauge, nach welcher Richtung der Farbenumschlag eintritt; diese Versuche sind unbedingt bei Tageslicht anzustellen.

Bei dunklen Zuckern genügen in der Regel 100 ccm des Lösungswassers nicht, es muß vielmehr so viel Wasser verwendet werden, bis die Zuckerlösung hell genug erscheint, um die Titration ausführen zu können; dies darf aber nur geschehen, wenn es unbedingt nötig ist.

Schließlich sei ausdrücklich bemerkt, daß bei Anwendung dieser Methode die neutralen Zucker mit zu den alkalischen gerechnet werden."

Diese letztere Bestimmung ist natürlich eine völlig willkürliche.

H. Prüfung auf schweflige Säure.

Zur Entfärbung oder Reinigung der Rübensäfte wird häufig schweflige Säure benutzt, wobei nicht selten kleinere oder größere Mengen schwefligsaurer Salze in die Rohzucker übergehen, während zuweilen sogar freie Schwefligsäure vorhanden ist. Wird der Nachweis dieser Verbindungen verlangt, so löst man 10 g des Zuckers in etwa 30 ccm Wasser und fügt ein Stückchen chemisch reinen Zinks oder etwas Magnesiumdraht und 5 ccm chemisch reiner Salzsäure hinzu; bei Gegenwart von schwefliger Säure wird dann Schwefelwasserstoff entwickelt, der sich oft schon durch den Geruch, jedenfalls aber durch die Bräunung eines mit Bleizuckerlösung befeuchteten Filtrierpapiers zu erkennen

[1]) Nach Bruhns gehen hierbei Spuren festen Calciumcarbonates, die manchen Rohzuckern anhaften, nur allmählich in Lösung, was in solchen Fällen zu beachten ist (Zentralbl. f. Zuckerind. 28, 935; 1920).

gibt; ein sog. blinder Versuch, ohne Zuckerzusatz, dient zur Kontrolle. Nach Davidsen[1]) löst man 1 bis 1,5 g Zucker in etwa 2 ccm sehr verdünnter Stärkelösung und setzt einige Tropfen Jodsäurelösung hinzu: auftretende Blaufärbung deutet auf Anwesenheit von schwefliger Säure hin.

Die quantitative Bestimmung der Sulfite nimmt Sachs[2]) nach einer etwas abgeänderten Methode Pellets vor. Man versetzt 100 ccm der 10 bis 15 proz. Lösung mit etwas Essigsäure und einigen cg Natriumbicarbonat, titriert mit Jodlösung (1 ccm = 0,01 g Jod) unter Anwendung von Stärkelösung als Indikator und betrachtet (da 127 g Jod 126 g Na_2SO_3 entsprechen) die Menge verbrauchten Jods als gleich jener der Sulfite; zur Kontrolle stellt man einen Parallleversuch mit einer bestimmt sulfitfreien Substanz an.

I. Bestimmung des Gehaltes an Krystallen.

Hierfür sind die unter IV. I. (S. 73) beschriebenen Methoden anwendbar; die Gleichmäßigkeit bzw. Verschiedenheit der Korngrößen läßt sich mittels Normalsiebsätzen zahlenmäßig feststellen.

Das sehr beachtenswerte Auswaschverfahren von Koydl[3]) hat leider bisher keinen Eingang in die große Praxis gefunden, auch nicht in der sehr wesentlich vervollkommneten Abänderung von Herzfeld und Zimmermann[4]).

K. Berechnung des Rendements.

Unter „Rendement" oder Raffinationswert versteht man eine Zahl, die angeben soll, welche Menge an krystallisierter weißer Ware durch Raffination eines Rohzuckers zu gewinnen oder „auszubringen" sei. Wenngleich es feststeht, daß die Ermittlung des sog. Rendements sowohl in wissenschaftlicher wie in praktischer Hinsicht keinerlei Wert besitzt, so hat der Handel dennoch das sog. „Aschenrendement" allgemein angenommen und beibehalten. Man berechnet dieses Rendement, indem man von der Polarisation den fünffachen Aschengehalt abzieht und dabei von der Annahme ausgeht, daß allein der Aschengehalt melassenbildend wirke, daß je 1 Teil Asche 5 Teile Zucker am Krystallisieren hindere, und daß die physikalischen Eigenschaften des Rohzuckers sowie die Art des Raffinationsprozesses keinen Einfluß auf die Ausbringbarkeit hätten. Alle diese Voraussetzungen sind allgemein als unrichtig anerkannt, und der Handel behält das Aschenrendement nur deshalb bei, weil Zucker und Asche rasch und ohne allzu große Differenzen bestimmt werden können.

Ein etwa vorhandener Invertzuckergehalt kommt jedoch bei der Rendementsberechnung ebenfalls in Betracht; die Faktoren, mit denen

---

[1]) Chem.-Ztg. **11**, Rep. 204; 1887.

[2]) Österr.-Ungar. Zeitschr. **1901**, 366.

[3]) Ebenda **35**, 277; 1906 und **37**, 634; 1908. Verbesserte Form: Deutsche Zuckerindustrie **37**, 353; 1912.

[4]) Vereinszeitschr. **1912**, 167.

er multipliziert und vom Aschenrendement abgezogen werden soll, stehen jedoch nicht allerorten gleichmäßig fest und sind überhaupt ebenfalls rein willkürlich.

Das sog. neue Rendement, dessen Berechnung erfolgte, indem man vom Polarisationsbetrage das Produkt (Gesamtnichtzucker × 2,25) in Abzug brachte, hat sich im Handel nicht behaupten können.

VI. Melasse, Abläufe, Muttersirupe.

A. Bestimmung des spezifischen Gewichtes.

Die genaue Ermittlung des spezifischen Gewichtes geschieht mit Hilfe des Pyknometers. Vor dem Einfüllen in dieses ist es jedoch erforderlich, die mechanischen Verunreinigungen aller Art aus der Masse zu entfernen und sie durch Erwärmen (das aber bei Muttersirupen erst nach dem Abnutschen von der Füllmasse erfolgen darf) luftfrei und genügend leichtflüssig zu machen. Man bedient sich zu diesem Zwecke eines durch einen Glasstab verschlossenen Trichters, den man mit Melasse beschickt und in ein geeignetes, mit siedendem Wasser gefülltes Gefäß (Wasserbad) einhängt; nach einiger Zeit wird die Melasse dünnflüssiger, und die eingeschlossenen Luftblasen steigen an die Oberfläche empor, wo sie mit dem größten Teil der Verunreinigungen einen zähen, dichten Schaum bilden, während Sandteilchen u. dgl. sich auf dem Boden absetzen. Nach längstens 30 Minuten hebt man den Trichter von dem Wasserbade ab und läßt, nach Entfernung des zuerst auslaufenden Anteiles, die Melasse in dünnem Strahle in das vorher leicht erwärmte Pyknometer fließen. Um dem Übelstande der oft sehr erheblichen Wasserverdunstung bei länger andauerndem Erwärmen stark lufthaltiger Melassen zu begegnen, wird ein verschließbarer kupferner Melasseentlufter mit Doppelwandung und Abflußhahn empfohlen[1]), der sich gut bewährt hat; bei Benutzung eines zum Abwägen geeigneten Gefäßes kann man übrigens die Menge des verdunsteten Wassers feststellen und durch Nachfüllen wieder ergänzen.

Bei Anwendung eines 50-ccm-Kölbchens als Pyknometer erfolgt die Bestimmung des spezifischen Gewichtes nach der bereits auf S. 71 beschriebenen Methode von Sidersky. Für den vorliegenden besonderen Zweck hat Boot[2]) eine Abänderung vorgeschlagen: Man füllt hierbei das 50-ccm-Kölbchen nach dem Erkalten nicht mit Wasser, sondern mit einer Lösung von Kaliumcarbonat von 35,45% = 1,400 spez. Gewicht auf und wägt. Das gefundene Nettogewicht, mit 2 multipliziert, ergibt unmittelbar das spezifische Gewicht der Melasse, und zwar desto genauer, je weniger es vom annähernden Durchschnittswert 1,400 abweicht.

Resultate von fast wissenschaftlicher Genauigkeit liefert die Methode von Genieser[3]). Sie vermeidet das vorherige Entluften der Melasse und die Ungenauigkeit des Abmessens, indem die mäßig angewärmte

[1]) Korrespondenzblatt **1893**, Nr. 9.
[2]) Vereinszeitschr. **1897**, 455.
[3]) Deutsche Zuckerindustrie **1890**, 169.

und mittels Durchseihens durch ein Drahtnetz von Unreinigkeiten befreite Melasse im Kölbchen selbst entluftet und die Menge des über die Melasse geschichteten Wassers nicht durch Messen, sondern durch Wägen ermittelt wird. Das bei der Entluftung entweichende Wasser kann hierbei offenbar keinen Fehler verursachen, da das Kölbchen schließlich wieder mit Wasser gefüllt und die Gewichtszunahme gegenüber der ursprünglichen, nicht erhitzten Melasse bestimmt wird.

Baumann[1]) empfiehlt das Verfahren von Genieser unter Anwendung eines von ihm angegebenen Pyknometers (Fig. 4)[2]). Dieser ist ein zylindrisches Kölbchen von ca. 30 ccm Inhalt, verschlossen mittels eines durchbohrten Glasstopfens, der oben zu einer etwa 2 cm langen Kapillarröhre verjüngt ist. Auf letztere ist eine kleine Glaskappe aufgeschliffen. Um den Inhalt des Pyknometers zu ermitteln, füllt man es nach Abnahme des Stopfens mit Wasser von 20° C und setzt dann den Stopfen ein, wobei das überschüssige Wasser herausgedrängt und die Kapillare mit Wasser gefüllt wird; eine auf dem Röhrchen befindliche kleine Wasserkuppe wischt man glatt ab, setzt die Glaskappe auf, trocknet ab und wägt. Nun füllt man das trockene Gläschen zu $^1/_2$ bis $^2/_3$ mit Melasse (ohne sie vorher entluftet zu haben), ermittelt das Gewicht und stellt dann das Kölbchen in ein siedendes Wasserbad, um die Luftblasen zu vertreiben. Die Melasse im Kochsalzbade bis zum völligen Sieden zu erhitzen, wie Genieser rät, ist wegen der Möglichkeit eintretender Zersetzungen nicht zu empfehlen. Sobald der Sirup frei von Luftblasen ist und nur auf der Oberfläche feinen Schaum zeigt, kühlt man auf Normaltemperatur ab, füllt mit Wasser von 20° nach, verschließt den Pyknometer, wie oben angegeben, wägt und berechnet aus dem Ergebnisse das Volumen der Melasse.

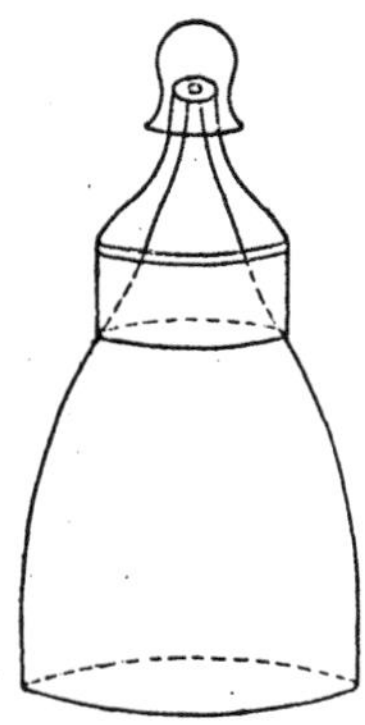

Fig. 4. Pyknometer von Baumann.

Die dem gefundenen spezifischen Gewichte entsprechenden Grade Balling oder Baumé werden aus Tabelle V (S. 30) entnommen; da der Nichtzucker der Melasse die Befunde in hohem Grade beeinflußt, so ist die Benutzung dieser für reine Zuckerlösungen ermittelten Tabelle freilich eine willkürliche und rein konventionelle.

Die Untersuchung mittels des Abbeschen Refraktometers auf Trockensubstanz bzw. spezifisches Gewicht kann mittels der neueren Apparate von Zeiss oder Goerz auch bei dunklen Sirupen oder Melassen ohne weiteres ausgeführt werden, so daß eine Verdünnung mit Wasser auf das doppelte Volum nur ausnahmsweise nötig bleibt, z. B. bei ungewöhnlich gefärbten oder angebrannten Produkten.

Die beim Verdünnen mit Wasser eintretenden und oft recht störenden Kontraktionen lassen sich übrigens vermeiden, wenn man nach Tischt-

[1]) Korrespondenzblatt **1891**, Nr. 1.

[2]) Die Pyknometer können durch Vermittlung des Vereinslaboratoriums in Berlin bezogen werden.

schenko[1]) anstatt des Wassers konz. reine Zuckerlösung (von etwa 50%) benützt, denn ein Gemenge von z. B. gleichen Teilen Melasse und 50proz. Zuckerlösung ist nicht nur stets hell genug, sondern besitzt auch eine entsprechend erhöhte Reinheit, die wieder genauere Resultate gewährleistet; die Menge des zugesetzten Zuckers ist natürlich bei der Ausrechnung in Anschlag zu bringen.

Die mittels der refraktometrischen Methode festgestellten Werte sind für alle praktischen Zwecke völlig ausreichend, und stimmen untereinander meist besser überein, als die nach den älteren, weit umständlicheren und zeitraubenderen Verfahren gewonnenen[2]).

Die Bestimmung der Ballinggrade durch die praktisch bequeme, aber weniger genaue „Verdünnungsmethode", wie sie in den Ausführungsbestimmungen zum Zuckersteuergesetze (Anlage A. 2a) vorgeschrieben und für viele Zwecke (z. B. für die des Melassenhandels) auch ausreichend ist, wird in der nämlichen Weise wie bei den Füllmassen vorgenommen.

B. Bestimmung des Zuckergehaltes.

a) Zur direkten Polarisation wägt man das halbe Normalgewicht (13 g) in der tarierten Neusilberschale ab, verrührt in dieser mit warmem Wasser und spült in den 100-ccm-Kolben. Zur Klärung sind mindestens 7 bis 8, oft bis 10 ccm Bleiessig erforderlich. Nach dem Auffüllen zur Marke wird gut durchgeschüttelt, völlig klar filtriert und polarisiert. Das Ergebnis ist mit 2 zu multiplizieren. Der Ersatz des Bleiessigs durch andere Mittel hat sich bisher nicht bewährt[3]), doch ist auch hier, nach Prinsen-Geerligs und F. Sachs, stets nur das erforderliche Minimum zuzufügen, und zwar zur neutralen oder schwach sauren Lösung, die im Bedarfsfalle durch Sodalösung wieder entbleit wird[4]).

b) Die Ermittlung des wahren Rohrzuckergehaltes neben Invertzucker und Raffinose erfolgt genau in der unter III. B. (S. 64ff.) beschriebenen Weise nach der optischen Inversionsmethode. Die für die Berechnung erforderlichen Formeln sind in Tabelle XI wiedergegeben.

Eine abgeänderte Ausführung, die beide Polarisationen in Lösungen gleichen Säuregehaltes vorzunehmen gestattet, und hierdurch gewisse Differenzen vermeidet, die bei der bisher international angenommenen (z. B. infolge Anhäufung von Aminosäuren u. dgl.) leicht eintreten können, rührt von Staněk her[5]); sie beruht auf der Anwendung gesättigten Bromwassers zur Entfärbung und auf dem Zusatze von Kaliumcitrat und Salzsäure (= Chlorkalium + Citronensäure). An dieser Stelle

[1]) Vereinszeitschr. **59**, 103; 1909.

[2]) Vgl. Kraisy, Deutsche Zuckerindustrie **46**, 623; 1921.

[3]) Abgesehen von der Herlesschen Lösung, bestehend aus gleichen Raumteilen zweier Lösungen, die 450 g Bleinitrat im L und 50 g reines festes Ätznatron im L enthalten; auf das halbe Normalgewicht (13 g) genügen 15 ccm Herlessche Lösung.

[4]) Zentralbl. f. Zuckerind. **17**, 1119; 1909.

[5]) Zeitschr. f. Zuckerindustrie in Böhmen **38**, 429; 1914; „Anleitung" S. 9.

muß es vorerst genügen, auf das vielversprechende, aber noch allgemeiner zu erprobende Verfahren hinzuweisen.

Enthalten Melassen (und ähnliche Substanzen) große Mengen gewisser Salze, namentlich auch organischer, so kann es vorkommen, daß die vollständige Inversion gemäß der üblichen Vorschrift binnen fünf Minuten nicht gelingt; in solchen Fällen erhöht man nach Hinze[1]) die Menge der Salzsäure auf 6 ccm und steigert nach Koydl[2]) die Temperatur auf 75 bis 80°. Über die Inversion nach der Methode von Andrlik und Stanek siehe unten bei „Osmosewasser".

Melassen (und ähnliche Substanzen), die einen hohen Gehalt an Raffinose besitzen, wie er z. B. den Produkten der Melassenentzuckerung eigen ist, können in der Regel ohne Entfärbung mittels gereinigter Knochenkohle oder Blutkohle nicht untersucht werden. Diese Zusätze bedingen jedoch, nach den Untersuchungen von Reinhardt[3]) und Wiske[4]), infolge gewisser Adsorptionserscheinungen[5]) oft beträchtliche Differenzen, die einer Korrektur bedürfen: die Fehler werden erfahrungsgemäß in einer für praktische Zwecke genügenden Weise ausgeglichen, wenn man, etwa von 3% Raffinosegehalt an und unabhängig vom Zuckergehalte der Lösung, von der nach der Inversion gefundenen Linksdrehung für jedes Prozent Raffinose 0,1% absetzt. Angenommen ist hierbei, daß auf die das halbe Normalgewicht enthaltende Lösung 3 g reinster Kohle 5 Minuten lang zur Einwirkung gelangten.

Betreffs der Anwendung basischen Bleinitrates als Klärmittel siehe auch noch S. 92 bei „Osmosewasser".

C. Bestimmung des Wasser- bzw. Nichtzuckergehaltes.

Die „wirkliche" Trockensubstanz wird in derselben Weise wie bei den Füllmassen bestimmt, wobei man auf 2 bis 3 g Substanz wenigstens 50 bis 75 g Sand zu nehmen hat[6]); das oben (S. 71) erwähnte Verfahren von Kryz ist ebenfalls anwendbar, erfordert aber, auch bei 110° und bei Gebrauch recht grobkörniger Platten, für Melassen 4 bis 5 Stunden Zeit. Die Differenz zwischen Trockensubstanz und Zucker ergibt die Menge des Gesamtnichtzuckers. Über die Berechnung des „wirklichen" und des „scheinbaren" Reinheitsquotienten vgl. II. C. (S. 53). Über die refraktometrische Trockensubstanzbestimmung, deren Ergebnisse denen der vorgenannten Methode für alle Zwecke der großen Praxis völlig gleichwertig sind, siehe oben unter III. C. (S. 66), sowie unter VI. A. (S. 88).

Nach den „Ausführungsbestimmungen" zum deutschen Zuckersteuergesetze gilt für steueramtliche Zwecke als Quotient der weniger

[1]) Deutsche Zuckerindustrie **1900**, 1830.

[2]) Österr.-Ungar. Zeitschr. **1900**, 403. Nach Freibauer kann man bei Melassen sogar bis 90° gehen und die Zeitdauer bis zu 10 Minuten ausdehnen (Zeitschr. f. Zuckerindustrie in Böhmen II, **2**, 317; 1902/21).

[3]) Vereinszeitschr. **1902**, 114.

[4]) Vereinszeitschr. **1902**, 945.

[5]) Lippmann, Chemie der Zuckerarten **1904**, 1660.

[6]) Vgl. Freist, Zentralblatt f. Zuckerind. **17**, 883; 1909.

als 2% Invertzucker enthaltenden Zuckerabläufe diejenige Zahl, die sich aus der Polarisation und dem nach der Verdünnungsmethode (S. 21) ermittelten spez. Gewichte bzw. den entsprechenden Graden Balling berechnet. Enthält der Ablauf 2% oder mehr Invertzucker, so sind die Grade Balling aus dem vermittels des Pyknometers festgestellten spez. Gewichte des unverdünnten Ablaufes zu berechnen, während als Zuckergehalt der durch die gewichtsanalytische Inversionsmethode festgestellte Gesamtzucker (Tabelle IV, S. 24) in Berechnung gezogen wird. Bei den raffinosehaltigen Abläufen schließlich ist die Bestimmung des Rohrzuckers nach der Methode Baumanns (s. S. 68 III. F.) für die Berechnung vorgeschrieben.

D. Bestimmung des Aschengehaltes.

Im allgemeinen wird die Aschenbestimmung mit 3 g Substanz nach der rasch auszuführenden Sulfatmethode (S. 54) vorgenommen, wobei es sich in manchen Fällen empfiehlt, nach Zusatz der Schwefelsäure erst 25 bis 30 Minuten bei 100 bis 130° vorzutrocknen, bevor man die Temperatur weiter steigert.

Wird die Bestimmung einzelner oder aller einzelnen Bestandteile der Asche verlangt, so sind die bekannten analytischen Trennungsmethoden anzuwenden; zu untersuchen ist dann natürlich die kohlensaure Asche.

E. Bestimmung des Invertzuckers.

Hierfür gelten die unter I. C. (S. 17 ff.) vorgeschriebenen Methoden, wobei besonders auf die Anwendung von 5 g Melasse (vgl. S. 20) und Benutzung der Baumannschen Tabelle (II, S. 19) hingewiesen sei[1].

Gemäß Vereinbarung der deutschen Handelschemiker[2]) soll der Invertzucker in Melassen und Sirupen ausschließlich nach Baumann (5 g Substanz; zugehörige Tabelle) bestimmt werden; die mit Essigsäure neutralisierte Lösung ist mit neutralem Bleiacetat zu klären und mit Sodalösung zu entbleien.

F. Bestimmung der Raffinose.

Sie erfolgt nach III. F. (S. 67); betreffs der Entfärbung siehe unter B, S. 82.

G. Bestimmung der Farbe.

Hierüber vgl. II. G. (S. 57).

H. Bestimmung der Alkalität.

Neben der gewöhnlichen Methode empfiehlt Strohmer[3]) hierfür die folgende, namentlich in zweifelhaften Fällen sehr zweckdienliche: Es werden 15 bis 20 g Substanz zu 125 ccm gelöst und von der Lösung,

---

[1]) Laut Beschluß der Handelschemiker ist seit 1913 an Stelle dieser Tafel die Schrefeld's zu benutzen, s. Vereinszeitschr. **1911**, 988.

[2]) Vereinszeitschr. **1913**, 140 im „Allgem. Teil".

[3]) Jahr- und Adressenbuch der Zuckerfabriken Österreich-Ungarns **1909/1910**, 88.

je nach der Farbe, 25 bis 50 ccm mittels eines schmalen Meßzylinders (mit eingeriebenem Glasstöpsel) abgemessen. Zu dieser Lösung, die im Meßzylinder verbleibt, gibt man 1 bis 2 ccm Lackmustinktur und 1 bis 2 ccm Äther (zur Beseitigung der sich beim Durchmischen bildenden Schaumblasen). Hält man den verschlossenen Zylinder in wagerechter Lage, und zwar oberhalb eines Blattes weißen Papiers, und bringt man die Flüssigkeit in eine wiegende Bewegung, so sieht man, daß die Lösung bei alkalischen Sirupen blau oder blaugrün, bei dunklen und karamelisierten Melassen graugrün erscheint. Die Titration geschieht mittels $^1/_{10}$ (bei dunklen Lösungen $^1/_5$ oder $^1/_2$) Normalsäure. Der Farbenübergang ist ein ganz deutlicher [1]).

I. Bestimmung des Feinkornes.

Ein Verfahren zur Bestimmung des Feinkornes (auch des mikroskopischen) auf refraktometrischem Wege wurde durch Kalshoven ausgearbeitet [2]) und von ihm und anderen Forschern verschiedentlich verbessert; trotz der noch in jüngster Zeit erfolgten entschiedenen Empfehlung durch Helderman und Sijlmans [3]) kann man es noch nicht als ausreichend durchgearbeitet anerkennen, weshalb an dieser Stelle der Hinweis auf die Methode und die zugehörige Literatur vorerst genügen möge.

VII. Produkte der Verarbeitung von Melasse.

Mit Ausnahme des Osmoseverfahrens beruhen alle Methoden der Melassenentzuckerung auf der Fällung des Zuckers in Gestalt von Verbindungen mit Metalloxyden. Neben den **Kalk**verfahren wird das **Strontian**verfahren betrieben, während die ebenfalls vorgeschlagenen **Baryt-** und **Blei**verfahren bisher keinen dauernden Eingang in die Technik fanden. In neuerer Zeit haben sie, wenigstens in Europa, sämtlich stark an Bedeutung verloren.

A. Kalksaccharat und dessen Abfallauge.

1. Kalksaccharat.

Das bei den Entzuckerungsmethoden der Melasse mittels Kalk erhaltene Rohprodukt nennt man Melassenkalk, die gereinigten Produkte heißen Kalksaccharat, Zuckerkalk und Zuckerkalkmilch. Die Untersuchungsmethoden sind für alle diese Produkte die nämlichen.

a) Bestimmung des spezifischen Gewichtes. Diese kann natürlich nur für die Zuckerkalkmilch in Frage kommen, und zwar bedient man sich der pyknometrischen Methode unter Anwendung eines 50-ccm-Kölbchens.

---

1) Über ein Verfahren unter Anwendung neutralen Lackmuspapieres vgl. „Anleitung", S. 9.

2) Archiv f. d. Zuckerind. Javas **27**, 1560, 1663, 1967; 1919.

3) Ebenda **29**, 253; 1921.

b) Bestimmung des Zuckergehaltes. Man wägt das halbe Normalgewicht des Saccharates oder das ganze Normalgewicht der Zuckerkalkmilch in der Tarierschale ab, spült mit Wasser in einen 100-ccm-Kolben und fügt einige Tropfen Phenolphthaleinlösung hinzu, wodurch der Kolbeninhalt rot gefärbt wird. Hierauf gibt man zur Zersetzung des Saccharates allmählich (am besten tropfenweise) unter stetem Umschwenken des Kolbens konz. Essigsäure zu, bis die Rotfärbung verschwunden ist. Ein geringer Überschuß an Essigsäure wird durch etwas Sodalösung annähernd abgestumpft, sodann wird zwecks Klärung etwas Bleiessig hinzugefügt, zur Marke aufgefüllt, filtriert und polarisiert.

c) Bestimmung des Kalkgehaltes. 5 g des Saccharates oder 10 g der Zuckerkalkmilch werden in einer geräumigen Porzellanschale mit etwa 150 ccm Wasser verrührt und nach Zusatz einiger Tropfen Lackmus- oder Phenolphthaleinlösung mit Normalsalzsäure oder Normalsalpetersäure (nicht Normalschwefelsäure, die Gips ausscheiden würde!) bis zum Farbenumschlag titriert. 1 ccm der Normalsäure entspricht 0,028 g Kalk (CaO). — Nach Taegener[1]) wirken hierbei oft gewisse, aus dem Kalkstein stammende Beimengungen störend und beirrend; um sie zu beseitigen, kocht man das Saccharat zunächst 15 Minuten mit 100 ccm Wasser, filtriert, übersättigt dann das nochmals aufgekochte Filtrat mit $^{n}/_{2}$-Salzsäure und titriert den Überschuß mit $^{n}/_{2}$-Sodalösung zurück.

d) Bestimmung der Reinheit. Unter Reinheit des Saccharates versteht man den Zuckergehalt auf 100 Teile der nach Abscheidung des Kalkes verbleibenden Trockensubstanz. Zu ihrer Ermittlung zerlegt man eine größere Menge des Saccharates (200 bis 300 g) nach Anrühren mit $^{1}/_{2}$ l Wasser durch Kohlendioxyd, erhitzt auf dem Wasserbade bis zur Zersetzung des gebildeten doppeltkohlensauren Calciums, filtriert und dampft das Filtrat — den saturierten Saft — zu einem dünnen Sirup ein, den man auf Zucker-, Wasser- und Aschengehalt nach den unter II. (S. 50ff.) gegebenen Vorschriften untersucht. Da die in derlei Säften vorhandenen Nichtzuckerstoffe die Angaben der Ballingspindeln erheblich beeinflussen, weichen hier die scheinbaren Reinheiten meist erheblich von den wahren ab und werden gewöhnlich desto höher befunden, in je größeren Verdünnungen man arbeitet; Vergleichswerte sind daher nur zu erzielen, wenn man mindestens stets die nämliche Konzentration einhält.

Bezüglich der Aschenbestimmung ist zu bemerken, daß diese hier nach der Carbonatmethode auszuführen ist, und zwar ermittelt man den in Wasser löslichen Anteil, die Alkaliasche (Carbonate, Chloride und Sulfate der Alkalien), und den in Wasser unlöslichen Anteil, die Kalkasche (hauptsächlich kohlensauren Kalk, der durch Zersetzung löslicher organischsaurer Kalksalze entstand): 20 g des Sirups werden in einer gewogenen Platinschale eingetrocknet und bei dunkler Rotglut verkohlt; die Kohle wird mit heißem Wasser extrahiert und vollständig verbrannt (Kalkasche), während man das farblose Filtrat auf dem

---

[1]) Deutsche Zuckerindustrie **35**, 671; 1910.

Wasserbade zur Trockne verdampft und den Rückstand schwach glüht (Alkaliasche).

Für die Berechnung der Resultate diene folgendes Beispiel:

	In 100 Teilen Saft %	In 100 Teilen Trockensubstanz %	Auf 100 Teile Zucker kommen %
Wasser	73,20		—
Zucker	22,80	85,10 (Reinheits-Quotient)	—
Alkaliasche	1,11	4,14	4,87
Kalkasche	0,52	1,94	2,28
Organ. Nichtzucker	2,37	8,82	10,39
	100,00	100,00	

Zwecks Umrechnung auf die Zusammensetzung des ursprünglichen Saccharates macht man die keineswegs willkürfreie Annahme, daß das Mengenverhältnis des Zuckers zum ätzkalkfreien Nichtzucker im Zuckerkalke das nämliche sei wie im saturierten Safte.

2. Abfallauge.

Die Abfallauge enthält neben geringen Mengen Zucker den größten Teil der in der Melasse vorhandenen Salze und organischen Nichtzuckerstoffe und findet hauptsächlich als Düngemittel Verwendung. Für die Betriebskontrolle ist das spezifische Gewicht und der Zuckergehalt zu ermitteln; die Untersuchung auf Düngewert beschränkt sich meistens auf die Bestimmung des Kali- und des Stickstoffgehaltes.

a) Bestimmung des spezifischen Gewichtes. Diese erfolgt durch Spindelung nach II. A. (S. 30), wobei man jedoch, des Einflusses der angehäuften Nichtzuckerstoffe wegen, nur Vergleichswerte erhält.

b) Bestimmung des Zuckergehaltes. Das Normalgewicht (26 g) der Lauge wird mit Wasser in ein 100-ccm-Kölbchen gespült und nach Zusatz einiger Tropfen Phenolphthaleinlösung gemäß der unter VII. A. b) (S. 85) gegebenen Vorschrift behandelt.

c) Bestimmung des Kaligehaltes. 50 ccm Lauge werden in einer Platinschale zur Trockne verdampft und verascht (s. S. 54); die Asche wird mit salzsäurehaltigem Wasser aufgenommen und in einen 250-ccm-Kolben filtriert, worauf man in 50 ccm des bis zur Marke aufgefüllten und durchgemischten Filtrates nach Ausfällung der Schwefelsäure das Kali in bekannter Weise bestimmt.

d) Bestimmung des Stickstoffgehaltes. Diese erfolgt in 25 ccm der Lauge nach der Methode von Kjeldahl (Bd. II, S. 1120).

B. Strontianit und Produkte des Strontianverfahrens.

1. Strontianit (Stückerz und Wascherz).

Dieses Mineral bildet ein wichtiges Ausgangsmaterial für die Herstellung der zur Entzuckerung erforderlichen Strontianprodukte und enthält als Hauptbestandteil kohlensaures Strontium (80 bis 90%) neben kohlensaurem Calcium, Eisenoxyd, Tonerde und in Säure unlöslichen Bestandteilen. Die quantitative Untersuchung wird wie folgt ausgeführt:

a) Bestimmung der Feuchtigkeit. 10 g der fein gepulverten Durchschnittsprobe, die mit besonderer Sorgfalt zu entnehmen und zu bereiten ist, werden bei 110° C bis zur Gewichtskonstanz getrocknet.

b) Bestimmung des in Säure Unlöslichen. 10 g Substanz werden in einem Erlenmeyerkolben mit Wasser übergossen und allmählich mit konz. Salzsäure oder Salpetersäure zersetzt. Nach Beendigung der Kohlendioxydentwicklung erhitzt man zum Sieden und filtriert über ein Filter von bekanntem Aschengehalte in einen 500-ccm-Kolben. Das mit heißem Wasser ausgewaschene Filter wird im Platintiegel verascht. Die Kieselsäure kann durch Eindampfen zur Trockne und einstündiges Erhitzen des Rückstandes auf 120° abgeschieden werden.

c) Bestimmung von Eisenoxyd und Tonerde. Das Filtrat von b) wird nach dem Erkalten bis zur Marke aufgefüllt und durchgemischt. Aus 100 ccm (= 2 g Substanz) werden, wenn nötig nach vorangegangener Oxydation durch Salpetersäure (um sicher zu sein, daß alles Eisen in der Form von Oxyd vorliegt), Eisenoxyd- und Tonerdehydrat mittels Ammoniak abgeschieden und gemeinsam bestimmt, wobei es sich sehr empfiehlt, den Niederschlag auf dem Filter in verdünnter Salzsäure zu lösen und aus der (nunmehr nur wenig Calcium und Strontium enthaltenden) Lösung Eisen und Tonerde von neuem zu fällen. Das Filtrat hiervon samt dem Waschwasser dient zur

d) Trennung und Bestimmung von kohlensaurem Strontium und kohlensaurem Calcium. Man versetzt in der Siedehitze mit einer Lösung von kohlensaurem Ammonium, löst die mit siedendem Wasser gewaschenen Carbonate auf dem Filter in konz. Salpetersäure und fängt das Filtrat in einer Porzellanschale auf. Nach dem Eintrocknen und einstündigem Erhitzen auf 110° C werden die Nitrate mit einem Gemenge von gleichen Teilen wasserfreien Alkohols und Äthers übergossen, mittels eines Glaspistills fein zerrieben und etwa 12 Stunden unter Vermeidung von Wasseranziehung stehen gelassen. Hierauf filtriert man das ungelöst gebliebene Strontiumnitrat auf ein gewogenes Filter, wäscht mit Ätheralkohol aus, wägt und rechnet das Nitrat auf Carbonat um (Faktor 0,6976, log = 0,84358−1). Zum Filtrate setzt man 20 ccm heißes Wasser, erhitzt einige Zeit auf dem kochenden Wasserbade, fällt das Calcium mit oxalsaurem Ammonium als Oxalat oder mit verdünnter Schwefelsäure und Alkohol als Sulfat und verfährt in bekannter Weise weiter.

Ist lediglich die Bestimmung des kohlensauren Strontiums (und Calciums) erforderlich, so läßt sich der Gang der Untersuchung wie folgt vereinfachen: 10 g der Substanz werden mit Wasser in einen 500-ccm-Kolben gespült und mit konz. Salpetersäure zersetzt, worauf man zu der zum Sieden erhitzten Flüssigkeit Ammoniak in geringem Überschusse fügt und wie unter c) verfährt. Sodann füllt man mit Wasser bis fast zur Marke und kühlt den lose verstopften Kolben ab; nach dem Erkalten wird aufgefüllt, durchgemischt, möglichst schnell durch ein

Faltenfilter filtriert und ein Teil des Filtrates (100 ccm) zur Untersuchung verwendet.

Die jetzt vorwiegend in der Technik gebrauchten, aus Cölestin dargestellten Carbonate und Hydrate werden im allgemeinen nach den in diesem Abschnitte besprochenen Methoden oder, wenn die genaue Bestimmung des als Sulfid, Sulfit und Hyposulfit vorhandenen Strontiums gewünscht wird, nach den in Bd. I, S. 924 angegebenen Verfahren untersucht.

2. Glühmasse und Rückstände.

a) Glühmasse. Mit dem Namen „Glühmasse“ bezeichnet man jenes Produkt, das durch Brennen des natürlichen Strontianits oder des im Betriebe durch Saturation strontianhaltiger Lösungen entfallenden kohlensauren Strontiums („weißer“ und „brauner“ Schlamm[1]) erhalten wird. Die Untersuchung der Glühmasse beschränkt sich auf die Feststellung des Gehaltes an Strontiumoxyd; man hat sie, wegen der geringen Löslichkeit des Strontiumhydroxydes in kaltem Wasser, stets in heißer Lösung und möglichst schnell auszuführen: 10 g der gut gepulverten Durchschnittsprobe werden in einer emaillierten Eisenschale mit 500 ccm heißem Wasser übergossen. Nach Feststellung des Gesamtgewichtes erhält man einige Minuten unter Umrühren im Sieden, ersetzt dann das verdampfte Wasser durch Hinzufügung von heißem Wasser, mischt, filtriert durch ein trockenes Faltenfilter in ein trockenes Gefäß und titriert 50 ccm des heißen Filtrates (= 1 g Substanz) unter Zusatz einiger Tropfen Phenolphthalein mit $^3/_4$ n-Salzsäure oder $^3/_4$ n-Salpetersäure. Die Anwendung von $^3/_4$ n-Säure bezweckt lediglich die Vereinfachung der Berechnung: 1 ccm Normalsäure entspricht nämlich 0,13265 g krystallisierten Strontiumhydroxydes $Sr(OH)_2 + 8\,H_2O$. Aus dem Ansatze

$$1000 : 132{,}89 = 750 : x$$

ergibt sich

$$x = 99{,}67,$$

so daß 1 ccm $^3/_4$ n-Säure = 0,09967 g Strontiumhydroxyd ist, wofür man, ohne einen Fehler zu begehen, 0,1 einsetzen darf. Wendet man also 10 g der zu titrierenden Substanz an, so geben die verbrauchten Kubikzentimeter $^3/_4$ n-Säure direkt Prozente krystallisierten Strontiumhydroxydes an. Bei der Titration der Glühmasse muß man natürlich die gefundenen Prozente Strontiumhydroxyd auf Strontiumoxyd umrechnen, was mit Hilfe des Faktors 0,3899 (log = 0,59097—1) geschieht.

b) Rückstände. Der beim „Löschen“ der Glühmasse verbleibende Rückstand, „I. Rückstand“, wird nochmals zu Ziegeln geformt und gebrannt; beim Löschen hinterläßt er den „II. Rückstand“, der im Betriebe meist nicht mehr verwendet wird. Die Untersuchung dieses Abfallproduktes (des feuchten Materiales aus dem Betriebe) auf Strontian

---

[1]) Diese Produkte werden feucht mit Sägemehl gemischt, zu Ziegeln geformt, getrocknet und gebrannt.

ist für die Feststellung des Strontianverlustes erforderlich; jedoch wird häufig auch die Bestimmung des in Säure Unlöslichen, des Eisenoxydes und der Tonerde, sowie des Kalkgehaltes verlangt. Die für die einzelnen Bestimmungen nötigen Mengen sind schnell hintereinander abzuwägen.

α) Bestimmung des Wassergehaltes. Diese erfolgt nach VII. B. 1. a) (S. 87).

β) Bestimmung des in Säure Unlöslichen. 10 g Substanz werden mit verdünnter Säure gekocht; das ungelöst Bleibende wird abfiltriert, mit heißem Wasser ausgewaschen und im Platintiegel verascht. Das Filtrat dient zur

γ) Bestimmung von Eisenoxyd und Tonerde nach VII. B. 1. c) (S. 87).

δ) Bestimmung des Strontiumhydroxydes. 20 g der Substanz werden in einem 500-ccm-Kolben mehrere Minuten lang mit etwa 250 ccm Wasser gekocht; nach dem Erkalten — wegen des geringen Gehaltes an Strontiumhydroxyd kann diese Untersuchung in kalter Lösung vorgenommen werden — füllt man zur Marke auf, mischt und filtriert durch ein trockenes Faltenfilter. 250 ccm des Filtrates (= 10 g Substanz) dienen zur Titration mit $^3/_4$ n-Säure (vgl. S. 88).

ε) Bestimmung des kohlensauren Strontiums und des kohlensauren Calciums. 20 g Rückstand werden mit etwas Wasser in einen 500-ccm-Kolben gespült, mit 25 ccm Essigsäure versetzt und weiterhin nach S. 87 (vereinfachter Untersuchungsgang) behandelt.

3. Weißes Salz, braunes Salz, Schleudersalz und Saccharat.

Das „weiße Salz" entsteht durch Löschen der Glühmasse und liefert durch seine Einwirkung auf Melasse in heißer Lösung das unlösliche Strontiumbisaccharat sowie eine braungefärbte Mutterlauge, aus der beim Erkalten das „braune Salz" auskrystallisiert. Das durch Decken mit 10 proz. reiner Hydroxydlösung gereinigte Saccharat zersetzt sich in der Kälte unter Bildung von krystallisiertem, gelblichbraun gefärbtem Hydroxyd, das durch Zentrifugieren als „Schleudersalz" von der strontiumhaltigen Zuckerlösung getrennt wird.

Zur Bestimmung des Strontiumhydroxydes in den drei Salzen werden 10 g in einem 500-ccm-Kolben in siedendem Wasser gelöst. Man füllt mit heißem Wasser bis zur Marke auf, mischt, filtriert erforderlichen Falles und titriert 50 ccm des heißen Filtrates (= 1 g Substanz) mit $^3/_4$ n-Säure.

Die Bestimmung des Zuckergehaltes im Schleudersalze (es enthält meist etwa 3 bis 4% Zucker) wird mit dem halben Normalgewichte, 13 g, nach VII. A. b) (S. 85) ausgeführt.

Das Saccharat wird in derselben Weise untersucht, wie es beim Kalksaccharate (S. 85) angegeben worden ist, nur daß man, wie schon erwähnt, bei der Bestimmung des Strontiangehaltes sich der $^3/_4$ n-Säure bedient.

4. Schlempekohle.

Die braungefärbte Mutterlauge des Strontiansaccharates (s. VII. B. 3.) (S. 89) liefert nach dem freiwilligen Auskrystallisieren des „braunen Salzes" (s. d.) und nach der Saturation mit Kohlendioxyd („brauner Schlamm"; vgl. VII. B. 2. S. 88) eine fast strontianfreie Abfallauge, die sog. Schlempelauge, die nicht selten durch Eindampfen und Verbrennen auf Schlempekohle verarbeitet wird. Der Handelswert der letzteren ist durch ihren Gehalt an Kaliumkarbonat bedingt. Außer diesem enthält sie hauptsächlich noch Natriumkarbonat, Kaliumchlorid, Kaliumsulfat, Kaliumphosphat und in Wasser unlösliche Verunreinigungen (Kohle, Sand und Ton).

Die vollständige Untersuchung solcher Schlempekohlen erfolgt nach einer bestimmten, handelsüblich gewordenen Methode von Heyer[1]) deren Gang nachstehend angegeben werden soll. Bei der Probenahme und Aufbewahrung ist auf die stark hygroskopischen Eigenschaften der Schlempekohle Rücksicht zu nehmen.

a) Bestimmung der Feuchtigkeit. 10 g werden bei 110° bis zur Gewichtskonstanz getrocknet.

b) Bestimmung des in Wasser Unlöslichen. 20 g werden im Erlenmeyerkolben mit etwa 250 ccm Wasser 15 Minuten auf siedendem Wasserbade erhitzt; die Lösung filtriert man heiß durch ein getrocknetes und gewogenes Filter in einen 500-ccm-Kolben und wäscht mit heißem Wasser vollständig aus. Das Filter wird getrocknet und gewogen (Kohle, Sand und Ton), hierauf verascht (Sand und Ton). Das erkaltete, aufgefüllte, gründlich durchgemischte Filtrat dient zu allen ferneren Bestimmungen.

c) Bestimmung der gesamten Alkalisalze[2]). Je 25 ccm der oben bei b) erhaltenen Lösung (= 1 g Substanz) werden in vier mit kleinen Glasstäbchen gewogenen flachen Porzellanschälchen zunächst auf dem Wasserbade eingetrocknet, worauf man den Rückstand auf einer erhitzten Asbestplatte unter beständigem Umrühren calciniert und schließlich über freier Flamme bis zum eben beginnenden Schmelzen glüht. Das mittlere Gewicht der Glührückstände ergibt die gesamten Alkalisalze.

d) Bestimmung des Chlorkaliums. Der Inhalt des ersten Schälchens wird in heißem Wasser gelöst und nach Ansäuern mit Salpetersäure durch Silberlösung gefällt oder mit $^{n}/_{10}$-Silbernitratlösung titriert (1 ccm = 0,00746 g KCl).

e) Bestimmung des schwefelsauren Kaliums. Der Inhalt des zweiten Schälchens wird, wenn nötig nach Oxydation niedrigerer Schwefelverbindungen mittels Brom, in heißem Wasser gelöst und nach Zusatz von Salzsäure mit Chlorbariumlösung gefällt; das Gewicht des schwefelsauren Bariums, mit 0,7465 (log = 0,87304—1) multipliziert, ergibt die in 1 g Schlempekohle vorhandene Menge schwefelsauren Kaliums.

---

[1]) Chem.-Ztg. **15**, 82; 1891; vgl. auch Lacombe, Bull. Ass. Chim. **17**, 82.

[2]) In Schlempekohlen aus Kolonialmelassen kann nach Pellet zuweilen freies Alkali vorhanden sein, was bei der Analyse derartiger Produkte berücksichtigt werden sollte (Bull. Ass. Chim. **17**, 86).

f) Bestimmung des phosphorsauren Kaliums. Der Inhalt des dritten Schälchens wird nach Lösen in heißem Wasser, der allgemein bekannten Methode folgend, zunächst mit molybdänsaurem Ammonium gefällt, der ausgewaschene Niederschlag aber in heißem Ammoniakwasser gelöst und die Phosphorsäure durch Zusatz von Magnesiamixtur in Form phosphorsaurer Ammoniakmagnesia ausgeschieden, die man in pyrophosphorsaures Magnesium überführt. Das Gewicht des letzteren, mit 1,9078 (log = 0,28053 — 1) multipliziert, ergibt den Gehalt an phosphorsaurem Kalium in 1 g Schlempekohle.

g) Bestimmung des kohlensauren Kaliums. Der Inhalt des vierten Schälchens wird nach Lösen in heißem Wasser in ein 100-ccm-Kölbchen gespült, nach Übersättigung mit Salzsäure zum Sieden erhitzt und mit so viel einer Chlorbariumlösung (in 100 ccm 1,047 g krystallisiertes Chlorbarium [0,1 ccm = 0,001 g $BaSO_4$] enthaltend) versetzt, als zur Ausfällung der nach e) bestimmten Schwefelsäure erforderlich ist, indem man also für je 1 mg des gefundenen schwefelsauren Bariums 0,1 ccm der Chlorbariumlösung hinzufügt. Nach dem Erkalten füllt man mit destilliertem Wasser bis zur Marke auf, mischt, filtriert durch ein trockenes Filter und bestimmt in 20 ccm des Filtrates (= 0,2 g Schlempekohle) das Gesamtalkali als Kaliumplatinchlorid. Das Gewicht des letzteren, mit 0,2847 multipliziert, ergibt den Gesamtkaliumgehalt von 0,2 g Schlempekohle, als kohlensaures Kalium ausgedrückt. Zur Ermittlung des wirklichen Gehaltes an kohlensaurem Kalium werden die unter d), e) und f) gefundenen Prozente von Chlorkalium, schwefelsaurem Kalium und phosphorsaurem Kalium durch Multiplikation mit 0,9269 bzw. 0,7932 bzw. 0,9765 auf kohlensaures Kalium umgerechnet und von den unter g) gefundenen Prozenten abgezogen.

h) Bestimmung des kohlensauren Natriums. Den Gehalt an kohlensaurem Natrium erhält man durch Subtraktion der Summe der Kaliumsalze vom Betrage der unter c) ermittelten Gesamtalkalisalze.

Die Berechnung des Wertes der Schlempekohle auf Grund der, wie angegeben, ermittelten analytischen Daten erfolgt nach gewissen im Handel üblichen, übrigens nicht allerorten übereinstimmenden Methoden, die jedoch keinerlei wissenschaftliche Grundlagen besitzen, sondern mehr oder weniger willkürlich sind; es wird deshalb an dieser Stelle nicht auf sie eingegangen.

C. Osmosewässer.

Die Untersuchung der Osmosewässer[1]) umfaßt die Feststellung der Balling- oder Baumégrade, des Zuckergehaltes und der Reinheit. Die ersteren werden am besten aus dem spezifischen Gewichte berechnet, das pyknometrisch nach der für Melasse angegebenen Methode bestimmt wird; die Fehler infolge Benutzung der für reine Zuckerlösungen gültigen Tabellen machen sich hier natürlich in noch erhöhtem Grade geltend.

[1]) Vgl. Jahr- und Adressenbuch der Zuckerfabriken Österreich-Ungarns **1909/1910**, 86.

Bei der Ermittlung der direkten Polarisation ist es vorteilhaft, die Verdünnung so zu wählen, daß 100 ccm der geklärten Lösung dem halben Normalgewichte entsprechen; als Klärmittel ist hier das basische Bleinitrat[1]) ganz besonders zu empfehlen, da es in fast allen Fällen sofort klare und stark entfärbte Lösungen ergibt.

Die Untersuchung nach der Inversionsmethode liefert bei unreinen und an Nichtzucker ungewöhnlich reichen Produkten, wie manchen Melassen und besonders Osmosewässern, zuweilen sichtlich ungenaue Werte: in solchen Fällen empfiehlt es sich deshalb, eine in ihren Grundzügen von Andrlik und Stanek[2]) angegebene Methode anzuwenden, bei der die Polarisationen vor und nach der Inversion in zwei Lösungen erfolgen, die gleiche Mengen Säure enthalten, welche letztere den besonders störenden Einfluß der angehäuften optisch-aktiven Aminosäuren nahezu aufhebt. Als Säure diente ursprünglich Salzsäure, die aber leicht zu Differenzen bei der direkten Polarisation Anlaß gibt, weshalb gegenwärtig, wie bereits oben erwähnt (S. 81), Citronensäure zur Anwendung gelangt[3]).

Soll jedoch die Untersuchung nach dem üblichen Inversionsverfahren gemäß den weiter oben angeführten Methoden geschehen, so ist bei der Anwendung von Bleinitrat als Klärmittel an Stelle der Konstante 132,66 die Herlessche Konstante 133,5 in die Formel einzusetzen, so daß letztere bei $t = 20°$ folgendermaßen lautet:

$$Z = \frac{100\,S}{133{,}5}.$$

Die Raffinoseformel $Z = \frac{0{,}5124\,P - I_{20}}{0{,}839}$ ändert sich, bei Klärung mittels Bleinitrat, wie folgt:

$$Z = \frac{(0{,}4724 + 0{,}002\,t)\,P - I_{20}}{0{,}9074 - 0{,}003\,t}$$

oder bei $t = 20°$

$$Z = \frac{0{,}5124\,P - I}{0{,}8474}.^{4)}$$

Die Bestimmung des Invertzuckers und der Alkalität geschieht nach den a. a. O. gegebenen Vorschriften.

D. Melassenfutter.

Bestimmte, allgemein angenommene Methoden zur Untersuchung der höchst mannigfaltig zusammengesetzten Melassenmischfutter liegen zur Zeit noch nicht vor, und die Sichtung der sehr zahlreichen in dieser

[1]) Siehe Lippmann, Chemie der Zuckerarten **1904**, 1391. Die Herstellung der Herlesschen Klärlösung (s. oben S. 81) geschieht auch hier nach folgender Vorschrift: Bleinitratlösung: 900 g Bleinitrat in 1 l Wasser gelöst. Lauge: 50 g reines festes Ätznatron in 1 l Wasser gelöst.

[2]) Böhmische Zeitschr. f. Zuckerind. **31**, 417; 1907.

[3]) Vgl. „Anleitung", S. 9.

[4]) Jahr- u. Adressenbuch der Zuckerfabriken Österreich-Ungarns **1909/1910**, 87.

Hinsicht gemachten, oft ganz besonderen Bedürfnissen entsprungenen Vorschläge muß weiterer Erfahrung überlassen bleiben. Die wichtigsten Bestandteile können am einfachsten in nachstehender Art bestimmt werden[1]), wobei auf die erhebliche Schwierigkeit der Probenahme ausdrücklich hingewiesen sei:

1. Bestimmung der Feuchtigkeit. 5 bis 10 g der oft sehr hygroskopischen Substanz werden im Messingschälchen bei 100 bis 105° bis zur Gewichtskonstanz getrocknet; da dies selten gelingt, ist das Ergebnis nur ein annäherndes.

2. Bestimmung des Zuckergehaltes. Im Institut für Zuckerindustrie arbeitet man nach folgender Extraktions-Vorschrift: 50 g des Melassenfutters werden in einen Trichter gebracht, der mit etwas Glaswolle verstopft und dessen Ausfluß durch einen Gummischlauch mit Quetschhahn verschlossen ist. Das Futtermittel wird mit siedendheißem Wasser übergossen und die Flüssigkeit nach etwa 5—8 Minuten in einen 1 Literkolben abgelassen. Dieses Verfahren wird so oft wiederholt, bis die Flüssigkeit klar abläuft. Nach dem Abkühlen des Kolbeninhaltes auf 20° wird nach Zusatz von etwas Tonerdebrei zur Marke aufgefüllt, durchgeschüttelt und filtriert; 100 ccm des Filtrats füllt man in einem 100/110-Kolben mit Bleiessig bis zur Marke auf, filtriert und polarisiert im 200 mm-Rohr. Das Resultat ergibt durch Multiplikation mit 5,72 den Zuckergehalt in Prozenten. Zwecks Bestimmung des Invertzuckers wird die Extraktionsflüssigkeit nach dem Klären mit Bleiessig und dem Entbleien mit Sodalösung so verdünnt, daß 50 ccm 2,5 g ursprünglicher Substanz entsprechen. In 50 ccm der Flüssigkeit bestimmt man sodann mit 50 ccm Fehlingscher Lösung den Invertzucker in üblicher Weise.

Nach Herzfeld läßt sich für Melassenschnitzel mit Vorteil auch in nachstehender Weise arbeiten: 26 g der Substanz werden im 200-ccm-Kolben mit Wasser und Bleiessig (mindestens 10 ccm) bei 65 bis 70° 45 bis 50 Minuten digeriert und dann wie üblich weiter behandelt; den durch das Markvolumen verursachten Fehler darf man für praktische Zwecke meist vernachlässigen, oder man bestimmt ihn durch Auflösen von 26 g Zucker nebst 26 g ausgelaugten Markes zu 200 ccm und korrigiert den Befund mittels der so gefundenen Zahl in sinngemäßer Weise.

Einem von Scheibler aufgestellten Prinzipe gemäß kann man auch das halbe Normalgewicht Substanz zu 100 und 200 ccm lösen; aus den beiden Polarisationen a und b ergibt sich das Volum des Unlöslichen zu $x = 100 \frac{a - 2b}{a - b}$ und die Polarisation des halben Normalgewichtes für 100 ccm Lösung zu $P = \frac{(100 - x)\,a}{100}$.

Nimmt man den Durchschnittsgehalt der Melasse an Zucker zu 48 oder 50% an, so läßt sich annähernd berechnen, wieviel Melasse dem Futtermittel zugesetzt worden ist.

[1]) Vgl. auch Österr.-Ungar. Zeitschr. **1901**, 673; Landw. Versuchsstationen **56**, 81; 1901.

Nach Herles[1]) bringt man das ganze oder halbe Normalgewicht Futtermittel mit warmem Wasser in den Polarisationskolben, versetzt mit 10 ccm Bleiessig[2]), kühlt 15 Minuten ab, füllt bis zur Marke auf und polarisiert; eine zweite ganz gleiche Probe wird unter Zusatz des halben oder viertel Normalgewichtes reiner Raffinade ebenso untersucht. Die Differenz beider Polarisationen, $b - a$, ist nicht gleich der theoretischen Polarisation c des zugesetzten Raffinadegewichtes, sondern stets merklich höher, und dementsprechend ist auch die Polarisation a der ersten Probe zu korrigieren; man hat $c : (b - a) = x : a$, demnach als den richtigen gesuchten Wert $x = \frac{a \cdot c}{b - a}$.

Betreffs einer refraktometrischen Methode sei auf den einschlägigen Artikel von Schlicht[3]) verwiesen, der auch eine Anzahl wertvoller kritischer und literarischer Angaben enthält.

Die Extraktionsverfahren, wie sie zuerst Förster[4]) und Gonnermann[5]) und später wieder Vuaflart[6]) vorschlugen, sind in der Praxis trotz ihnen vielfach zuteil gewordener Verbesserungen nicht beliebt; sie werden als kostspielig, umständlich und zeitraubend, bei manchen Arten Futtermischungen auch als schwer ausführbar und nicht ausreichend bezeichnet.

Ist einem Melassenfutter Leinsamen zugesetzt, so versagen nach Hissink-Goes[7]) alle bisher empfohlenen Methoden der Zuckerbestimmung; betreffs des in diesem besonderen Falle einzuschlagenden Weges muß jedoch auf die Originalarbeit verwiesen werden.

3. Bestimmung des Fettgehaltes. Aus 5 g bei 80° getrockneter und fein gemahlener Substanz wird zunächst der Zucker auf einem kleinen Filter durch sehr allmähliches Aufgeben von insgesamt etwa 100 ccm kaltem Wasser ausgelaugt; das Filter nebst dem Rückstande trocknet man zuerst vor, sodann bei 95° völlig fertig, zieht in einem geeigneten Extraktionsapparate, z. B. in dem Frühlingschen[8]), 6 bis 8 Stunden mit wasserfreiem Äther aus und wägt den Extraktionskolben erst leer und später nach vollendeter Extraktion, Verdunstung des Äthers und Trocknung bei 100°.

4. Bestimmung des Stickstoffgehaltes. Diese erfolgt in 5 g Substanz nach der Methode von Kjeldahl (Bd. II, S. 1120). Die gefundenen Prozente Stickstoff, mit 6,25 (log = 0,79588) multipliziert, ergeben den Gehalt an „Protein"; der Handel, der die Angabe dieser Zahl fordert, pflegt hierbei immer noch von der Annahme auszugehen,

---

[1]) Böhmische Zeitschr. f. Zuckerind. **32**, 646; 1908.

[2]) Nach Vuaflart ist diese Menge zur ausreichenden Fällung oft ganz ungenügend, was sehr bedeutende Fehler verursachen kann (Journ. des fabricants de sucre **50**, 27; 1909).

[3]) Chem.-Ztg. **33**, 925; 1909.

[4]) Chem.-Ztg. **23**, 19; 1899.

[5]) Deutsche Zuckerindustrie **1899**, 448.

[6]) a. a. O.; als Extraktionsflüssigkeit wird Alkohol angewandt, und die Untersuchung der Lösung erfolgt nach Clerget oder auf gewichtsanalytischem Wege.

[7]) Landwirtschaftl. Versuchsstationen **60**, 125; 1904.

[8]) Zeitschr. f. angew. Chemie **13**, 270; 1900.

daß die Proteinstoffe im Durchschnitt 16% Stickstoff enthalten, und das Resultat ist daher ein rein konventionelles, ganz abgesehen davon, daß bekanntermaßen gerade bei Melassen die „Proteine" nur den kleinsten Teil der stickstoffhaltigen Substanzen bilden. Auf die zuweilen verlangte Bestimmung der einzelnen Formen des Stickstoffes, des sog. verdaulichen Stickstoffes usw., gemäß den „Beschlüssen [1]"), kann an dieser Stelle nicht näher eingegangen werden.

VIII. Hilfsstoffe.

A. Knochenkohle.

Die Wirkungsweise der Knochenkohle im Betriebe beruht auf ihrer Fähigkeit, gewisse Bestandteile des Nichtzuckers, namentlich Farbstoffe, Alkalien und Kalksalze, aus den Säften zu adsorbieren; ist diese Adsorptionsfähigkeit erschöpft, so muß die Kohle „wiederbelebt" werden.

Neue Knochenkohle wird nach ihrem Gehalte an Feuchtigkeit, an Kohlenstoff und an in Säuren unlöslichen Bestandteilen (Sand und Ton) bewertet; ersterer soll nicht höher als 7 bis 8%, letzterer nur minimal sein. Fernerhin werden bestimmt: Calciumcarbonat, Calciumsulfat, Schwefelcalcium und die organischen Stoffe. Knochenkohle des Betriebes wird außerdem auf adsorbierten Zucker untersucht, Knochenkohlenabfall, der zur Darstellung von Superphosphaten dient, meist nur auf Phosphorsäure.

1. Bestimmung der Feuchtigkeit. 15 bis 20 g der sorgfältig gezogenen Durchschnittsprobe werden in einem mit eingeschliffenem Glasstopfen versehenen Trockenglase abgewogen und bei 125° bis zum konstanten Gewichte getrocknet.

2. Bestimmung von Kohlenstoff, Sand und Ton. 10 g der feinst gemahlenen Knochenkohle werden in einem Erlenmeyerkolben mit etwas Wasser und 50 ccm reiner Salzsäure versetzt und 15 Minuten gekocht; der Rückstand wird auf einem getrockneten und gewogenen Filter gesammelt, mit heißem Wasser bis zum Verschwinden der sauren Reaktion ausgewaschen und bei 110° bis zur Gewichtskonstanz getrocknet. Hierauf verbrennt man das Filter im Platintiegel. Die Gewichtszunahme des Tiegels stellt den Gehalt an Sand und Ton dar; sie ergibt, vom Gewichte des Gesamtrückstandes abgezogen, den Gehalt an Kohlenstoff.

3. Bestimmung des Calciumcarbonats. Man führt diese Analyse in der Regel indirekt, d. h. in Form einer quantitativen Bestimmung der Kohlensäure, aus, deren Betrag man dann auf Calciumcarbonat umrechnet.

Die Kohlensäurebestimmung kann mit Hilfe des bekannten Geißlerschen Apparates (aus dem Gewichtsverluste) erfolgen; in den Laboratorien der Zuckerfabriken ist jedoch fast ausschließlich der

[1]) Österr.-Ungar. Zeitschr. **1901**, 673.

nebenstehend abgebildete (s. Fig. 5) Scheiblersche Apparat im Gebrauche, der eine schnelle und hinreichend genaue volumetrische Bestimmung der Kohlensäure ermöglicht[1]).

Die Flasche *A* dient zur Entwicklung des Kohlendioxyds, das aus 1,7 g fein gemahlener Knochenkohle mit Hilfe verdünnter, in dem

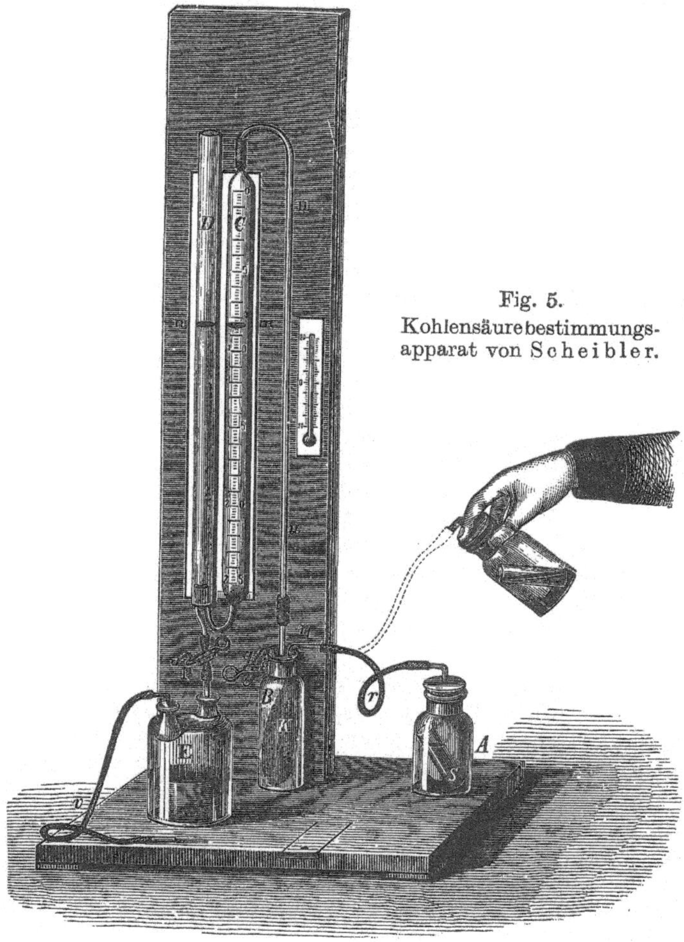

Fig. 5.
Kohlensäurebestimmungsapparat von Scheibler.

Guttaperchazylinder *S* befindlicher Salzsäure[2]) ausgetrieben wird. Das Kohlendioxyd tritt durch den eingeschliffenen, mit Glasansatz versehenen Stopfen und den an dem Ansatze befestigten Kautschukschlauch *r* in eine dünne Gummiblase *K*, die, durch das rechtwinklige

[1]) Mindestens ebenso schnell, aber ungleich genauer sind die Bestimmungen nach der Methode von Lunge und Rittener, Bd. I, S. 213. Vgl. auch Bd. II, S. 778.

[2]) 2 Vol. konz. Salzsäure und 1 Vol. Wasser.

Ansatzrohr r_1 luftdicht mit r verbunden, sich in der dreifach tubulierten Flasche B befindet. Diese steht durch das Glasrohr uu mit der graduierten Meßröhre C, durch das mit Gummischlauch und Quetschhahn versehene Röhrchen q mit der äußeren Luft in Verbindung. Die in 25 „Scheiblersche Grade" (1 Grad = 4 ccm) und deren Unterabteilungen eingeteilte Meßröhre C kommuniziert durch die untere Verbindung mit der Gasdruck-Kontrollröhre D, die ihrerseits am unteren Ende eine durch den Quetschhahn p verschließbare Abflußröhre enthält; letztere führt bis auf den Boden des zweihalsigen Wasserbehälters E. Mittels Einblasen von Luft durch v kann man bei geöffnetem Quetschhahn p das in F enthaltene Wasser nach C und D empordrücken, andererseits kann dieses durch Öffnen von p nach E abgelassen werden. Alle Teile des Apparates mit Ausnahme von A sind durch Metallfassungen an einem Holzstativ befestigt, das außerdem noch einen Thermometer zur Beobachtung der Versuchstemperatur trägt.

Zur Ausführung der Kohlendioxydbestimmung mit Hilfe des eben beschriebenen Apparates bringt man zunächst den Wasserstand in C auf den Nullpunkt. Darauf stellt man die Verbindung mit der vollkommen ausgetrockneten Entwicklungsflasche A her, in die man die abgewogene Menge (1,7 g) Knochenkohle sowie das mit der Salzsäure gefüllte Guttaperchagefäß hineingebracht hat. Die durch das Einsetzen des eingeschliffenen (ringsum eingefetteten) Glasstopfens verursachte Niveauverschiebung in C und D wird durch einmaliges Öffnen des Quetschhahnes q ausgeglichen. Man faßt nun A vorsichtig mit zwei Fingern der rechten Hand unter Vermeidung von unnötiger Erwärmung durch die Handfläche und bringt durch Neigung des Gefäßes die Salzsäure langsam zum Ausfließen. Das sich entwickelnde Kohlendioxyd drückt das Wasser in C herab und in D empor; durch gleichzeitiges Öffnen von p mit der linken Hand reguliert man den Wasserstand, während man A fortwährend bewegt und schließlich schüttelt, indem man Sorge trägt, daß von der Flüssigkeit in A nichts durch r nach B gelangt. Sobald keine Volumänderung in C mehr eintritt, wird der Wasserstand in C und D genau eingestellt und nebst der Temperatur abgelesen. Mittels dieser beiden Zahlen entnimmt man den gesuchten Prozentgehalt an Calciumcarbonat einer von Scheibler berechneten Tabelle, die in der jedem Apparat beigegebenen Gebrauchsanweisung abgedruckt ist.

Der normale Gehalt der Knochenkohle an Calciumcarbonat beträgt im Mittel 6 bis 7%. Während des Betriebes häufen sich Kalksalze in der Knochenkohle an, und es muß daher zeitweise deren Gehalt an Calciumcarbonat auf die normale Menge zurückgeführt werden (durch die „Wiederbelebung"). Die Feststellung derjenigen Menge Salzsäure, die zur Lösung des Kalkes erforderlich ist, kann aus einer ebenfalls von Scheibler berechneten Tabelle entnommen werden.

Hat man z. B. 8,37% Calciumcarbonat in einer Knochenkohle gefunden, so sind 8,37 — 7,00 = 1,37% durch Salzsäure zu entfernen, um ein „normales Verhältnis", z. B. von 7%, wiederherzustellen. Bei

Anwendung einer Salzsäure vom spez. Gewicht 1,17 oder 21° Baumé ergibt sich aus jener Tabelle:

1,0	Teile	$CaCO_3$	= 2,1534	Teile	Salzsäure	von	21° Bé
0,3	„	„	= 0,6460	„	„	„	21° „
0,07	„	„	= 0,1507	„	„	„	21° „

1,37 Teile $CaCO_3$ bedürfen also 2,9501 Teile Salzsäure von 21° Bé, und es müssen demnach 100 kg Knochenkohle, 8,37 % Calciumcarbonat enthaltend, mit 2,95 kg Salzsäure von 21° Bé behandelt werden.

4. Bestimmung des Calciumsulfats. 25 g der fein gemahlenen lufttrockenen Knochenkohle werden in einem Erlenmeyer-Kolben mit Wasser durchfeuchtet und darauf mit 100 ccm reiner Salzsäure versetzt; nach Beendigung der Kohlendioxydentwicklung wird 15 Minuten gekocht, der Gesamtinhalt in einen 250-ccm-Kolben gespült, nach dem Erkalten zur Marke aufgefüllt, durchgemischt und durch ein trockenes Filter filtriert. In 200 ccm des Filtrates (= 20 g Knochenkohle) fällt man in bekannter Weise die Schwefelsäure mittels Chlorbarium, dekantiert, kocht den Niederschlag ein- bis zweimal mit verdünnter Salzsäure aus, und rechnet sodann die Menge des Bariumsulfates durch Multiplikation mit dem Faktor 0,5832 (log = 0,76579—1) auf die des Calciumsulfates um.

Das Entgipsen gebrauchter Knochenkohle geschieht durch Auskochen mit Sodalösung; von dieser wird stets ein Überschuß angewendet, meistens etwa das Doppelte der berechneten Menge.

5. Bestimmung des Schwefelcalciums. 25 g der feingemahlenen, lufttrockenen Knochenkohle werden mit 0,5 bis 1 g chlorsaurem Kalium versetzt, mit heißem Wasser durchfeuchtet und dann, wie unter 4. angegeben, behandelt. Von der so ermittelten Gesamtmenge des schwefelsauren Bariums wird die unter 4. gefundene Menge abgezogen; der Rest ergibt durch Multiplikation mit dem Faktor 0,3090 (log = 0,48996—1) die entsprechende Menge Schwefelcalcium.

Ist Schwefelcalcium in größeren Mengen zugegen, was nur ausnahmsweise vorkommen kann, so ist die Oxydation mit Brom in alkalischer Lösung nach dem Verfahren von Rössing[1]) vorzunehmen.

6. Bestimmung der organischen Stoffe. Die qualitative Prüfung erfolgt durch Kochen mit verdünnter Natron- oder Kalilauge; es darf hierbei keine oder nur eine sehr geringe Braunfärbung der Lauge auftreten. Quantitative Bestimmungen, die übrigens stets nur Vergleichswert besitzen können, führt man nach Drenckmann[2]) am besten durch Titration mit übermangansaurem Kalium aus, etwa in derselben Weise, wie man die organischen Stoffe im Wasser bestimmt.

7. Bestimmung des Zuckergehaltes der gebrauchten Knochenkohle. 100 g der Kohle kocht man vier- bis fünfmal gründlich mit Wasser aus; die wässerigen Auszüge werden nach Zusatz einiger Tropfen Sodalösung auf ein kleines Volumen eingedampft, in ein 100-ccm-Kölbchen gespült und wie üblich polarisiert. Der mit 0,26 multiplizierte Drehungsbetrag

---

[1]) Zeitschr. f. anal. Chem. **41**, 610; 1902.
[2]) Vereinszeitschr. **1880**, 733.

ergibt den Prozentgehalt an Zucker in der feuchten Knochenkohle, der unter gleichzeitiger Ausführung einer Wasserbestimmung auf die trockene Knochenkohle umgerechnet wird[1]).

8. Bestimmung der Phosphorsäure in den Knochenkohlenabfällen. 5 g Substanz werden mit 50 ccm Salpetersäure (spez. Gewicht 1,42) und 50 ccm reiner konz. Schwefelsäure versetzt und $^1/_2$ Stunde im gelinden Sieden erhalten. Nach dem Erkalten spült man die gesamte Flüssigkeit in einen 500-ccm-Kolben, füllt zur Marke auf, mischt und filtriert durch ein trockenes Filter. In 50 ccm des Filtrates (= 0,5 g Substanz) bestimmt man die Phosphorsäure nach der bekannten Molybdänmethode (s. Bd. II, S, 1132). Der Betrag des schließlich erhaltenen pyrophosphorsauren Magnesiums, mit den Faktoren 0,6379 (log = 0,80477 — 1) bzw. 1,3932 (log = 0,14401 — 1) multipliziert, ergibt die entsprechenden Mengen Phosphorsäure (als P_2O_5 berechnet) bzw. dreibasisches Calciumphosphat.

B. Strontianit und strontiumhaltige Fabrikationsprodukte.

Diese Produkte sind bereits unter VII. B. (S. 86) abgehandelt worden.

C. Kalkstein.

Der Kalkstein bildet für die Zuckerfabriken das Rohmaterial für die Gewinnung des zur Scheidung erforderlichen Ätzkalkes (Scheidekalkes) sowie der zur Saturation nötigen Kohlensäure; auf seine möglichste Reinheit ist daher großes Gewicht zu legen, und Steine, die durch Magnesiumsalze[2]), Gips, Ton, Kieselsäure, Alkalien usw. wesentlich verunreinigt sind, sollten in Zuckerfabriken keinesfalls Anwendung finden. Ausführliche Anweisungen über seine Analyse finden sich Bd. I, S. 975 und Bd. II, S. 774).

D. Scheidekalk

(gebrannter Kalk).

Aus der Untersuchung des zur Darstellung des Scheidekalkes benutzten Kalksteines läßt sich die Zusammensetzung des Scheidekalkes mit genügender Sicherheit ersehen. Ist eine Analyse geboten, so verfährt man wie bei Kalkstein, wozu jedoch dann noch die Bestimmung des Ätzkalkes kommt, wie sie an den oben erwähnten Stellen dieses Werkes beschrieben ist[3]). Die letztere genügt für sich allein in den

[1]) Der Scheiblersche oder ein analoger Extraktionsapparat kann ebenfalls zur Auslaugung des Zuckers aus der gebrauchten Kohle angewandt werden.

[2]) Über die Bestimmung der Magnesia, die oft erhebliche Störungen der Schlammfiltration veranlaßt, siehe Herzfeld (Vereinszeitschr. **1896**, 284); vgl. auch „Anweisung" (Berlin **1922**, 27).

[3]) Über eine rasche Bestimmung des Kalkgehaltes s. Herzfeld (Vereinszeitschr. **1896**, 501); über eine allgemeine Methode zur Bestimmung von Kalk als Oxyd, Hydrat, Saccharat usw. neben Calciumcarbonat, -Sulfat u. dgl. mittels verdünnter kalter Salmiaklösung s. Heyer (Chem.-Ztg. **34**, 102; 1909).

meisten Fällen; im Betriebe wird sogar meist nur mittels des Aräometers der Gehalt an Kalkmilch gemäß nachstehender Tabelle XIII von Lenart[1]) festgestellt:

Tabelle XIII.

Vergleich für den Prozentgehalt der Kalkmilch an Calciumoxyd und -Hydroxyd mit den älteren Baumé-Graden, den Balling-Graden und dem spez. Gewicht bei 20° C.

Alte Bé-Grade	Balling-Grade	Spez. Gewicht	1 l enthält CaO g	Gewichts-Prozente CaO	1 l enthält $Ca(OH)_2$ g	Gewichts-Prozente $Ca(OH)_2$
1,5	2,7	1,0085	10	0,99	13,2	1,31
2,7	4,8	1,017	20	1,96	26,4	2,59
3,7	6,7	1,0245	30	2,93	39,6	3,87
4,7	8,4	1,0315	40	3,88	52,8	5,13
5,7	10,3	1,039	50	4,81	66,1	6,36
6,7	12,0	1,046	60	5,74	79,3	7,58
7,6	13,7	1,0535	70	6,65	92,5	8,79
8,5	15,3	1,0605	80	7,54	105,7	9,96
9,5	17,1	1,0675	90	8,43	118,9	11,14
10,35	18,7	1,075	100	9,30	132,1	12,29
11,2	20,3	1,0825	110	10,16	145,3	13,43
12,1	21,9	1,0895	120	11,01	158,6	14,55
13,0	23,6	1,0965	130	11,86	171,8	15,67
13,9	25,1	1,101	140	12,68	185,0	16,76
14,7	26,7	1,111	150	13,50	198,2	17,84
15,55	28,2	1,1185	160	14,30	211,4	18,90
16,4	29,7	1,1255	170	15,10	224,6	19,95
17,2	31,3	1,1325	180	15,89	237,9	21,00
18,0	32,7	1,140	190	16,67	251,1	22,03
18,8	34,2	1,1475	200	17,43	264,3	23,03
19,6	35,7	1,1545	210	18,19	277,5	24,04
20,35	37,1	1,1615	220	18,94	290,7	25,03
21,1	38,5	1,1685	230	19,68	303,9	26,01
21,85	39,9	1,176	240	20,41	317,1	26,96
22,65	41,4	1,1835	250	21,12	330,4	27,91
23,3	42,8	1,1905	260	21,84	343,6	28,86
24,1	44,1	1,1975	270	22,55	356,8	29,80
24,8	45,5	1,205	280	23,24	370,0	30,71
25,5	46,8	1,2125	290	23,92	383,2	31,61
26,2	48,1	1,2195	300	24,60	396,4	32,51

Zur raschen Bestimmung der Baumégrade der Kalkmilch benützt Pellet[2]) einen Glasballon von 200 ccm (genau abgeschnitten), ein dessen Gewichte bei Füllung mit Wasser entsprechendes Tarastück (z. B. von 285 g), sowie 20 kleine Bleistückchen, die der Tarazunahme für je 1° Bé zwischen 12 und 30° Bé entsprechen und auf der einen Seite ihr Gewicht aufgezeichnet tragen, auf der anderen die zugehörigen Grade Bé; besitzt also z. B. die Kalkmilch 20° Bé, so wird beim Ausprobieren jenes Bleistück das Gleichgewicht herstellen, das 31,8 g wiegt, und auf dessen Rückseite „20° Bé“ steht.

---

[1]) Vereinszeitschr. **1919**, 1.
[2]) Sucrerie Belge **38**, 465; 1910.

Einen sehr sinnreichen Apparat zur Ermittlung des ablöschbaren Ätzkalkes im gebrannten Kalk auf calorimetrischem Wege hat Stiepel konstruiert[1]). Vgl. Bd. I, S. 573 und Bd. II, S. 146.

E. Wasser; Abwässer.

Für den Betrieb der Zuckerfabriken ist das Wasser um so geeigneter, je weniger gelöste Stoffe es enthält, da diese in den Dampfkesseln zur Kesselsteinbildung führen können und auch stets eine Verschlechterung der Säfte bewirken. Die Analyse des Wassers ist in Band I dieses Werkes für alle Zwecke ausreichend beschrieben.

Das in den Dampfkesseln befindliche Wasser und die Speisewässer sind regelmäßig (am besten täglich zweimal) auf Alkalität zu untersuchen, deren plötzliches Sinken rechtzeitig auf Fehler des Betriebes aufmerksam macht, die, wenn vernachlässigt, schon nach kurzer Zeit verhängnisvoll werden können; fast stets handelt es sich um einen Gehalt der Brüden-, Fall- oder Kondenswässer an Zucker (durch Überkochen, Mitreißen u. dgl.), dessen Ursprung sofort eingehend auszuforschen ist. Qualitativ genügt, wie schon weiter oben erwähnt, die α-Naphtholreaktion[2]); sobald diese deutlich oder deutlicher als normalerweise ausfällt, ist die quantitative Bestimmung vorzunehmen: die den Gefäßen (besser den Sammelschalen der kontinuierlich arbeitenden Tropfen-Probenehmer) entnommenen Proben werden unter Zugabe von etwas verdünnter Sodalösung auf dem Wasserbade eingedampft, worauf man die Flüssigkeit, die einige Liter des Wassers zurücklassen, in einen 200-ccm-Kolben bringt, ein wenig Essigsäure (bis zur Entfärbung) hinzufügt, mit etwa 4 ccm Bleiessig klärt und schließlich im 400-mm-Rohre polarisiert.

Die Abwässer, die die Fabrik verlassen, sind regelmäßig auf Zucker zu untersuchen, ferner, je nach den örtlichen Verhältnissen, auf einzelne Bestandteile (Stickstoff in seinen verschiedenen Formen, Chlor usf.), auf organische Stoffe (durch Oxydation mittels Kaliumpermanganat in saurer Lösung), auf Alkalität oder Acidität, sowie auf die Menge suspendierter Substanz; auch können Klarheit, Geruch und Neigung zur Fäulnis in Betracht kommen. Für die Mehrzahl dieser Bestimmungen gelten die weiter oben bereits aufgeführten Regeln, für die übrigen hingegen sind wechselnde konventionelle Methoden üblich, mit denen man sich je nach Bedarf bekannt zu machen hat.

F. Soda, Ätznatron, Salzsäure, Schwefelsäure.

Hierüber sind die Abschnitte im ersten Bande dieses Werkes zu vergleichen.

---

1) Vereinszeitschr. **1901**, 897.

2) Eine besonders empfindliche Ausführung gibt Skärblom an („Anleitung", S. 5): Man spült ein Reagensglas mit dem zu prüfenden Wasser nur aus, fügt zu dem Rest, der der Wandung anhaften bleibt, 3 Tropfen alkoholischer 6 proz. α-Naphthollösung nebst 1 ccm reine konz. Schwefelsäure, schüttelt durch und beobachtet Auftreten und Stärke der Färbung. — Über die Reaktion mit Ammonium-Molybdat (Blaufärbung) vgl. Dorfmüller, Deutsche Zuckerindustrie **44**, 575; 1919; Chem.-Ztg. **48**, Rep. 306; 1919.

G. Saturationsgas; Kesselgase.

1. Saturationsgas.

Die Untersuchung des durch Brennen des Kalksteins oder des Strontianits erzeugten Saturationsgases beschränkt sich im allgemeinen auf den seinen Wirkungswert bedingenden Kohlendioxydgehalt, den man schnell und hinreichend genau mit Hilfe der Stammerschen Röhre

Fig. 6a.
Stammersche Röhre.

Fig. 6b.
Kohlendioxydbestimmung mit der Stammerschen Röhre.

(s. Fig. 6) ermittelt. Zur Entnahme des Gases dient ein an der Rohrleitung zwischen der Pumpe und den Saturationsgefäßen angebrachter Probehahn, der durch einen Gummischlauch mit der Spitze der Röhre verbunden wird. Man läßt, nach gehörigem Ausblasen, das Gas einige Zeit durch die in Wasser eingestellte Röhre streichen, bis alle Luft vollständig verdrängt ist, schließt hierauf den Glashahn der Röhre und entfernt den Gummischlauch. Nach dem Einstellen auf den Nullpunkt bringt man von unten, am besten mittels eines Gummifingers, rasch ein Stückchen Kalihydrat in die Röhre, verschließt diese mit dem Daumen und schüttelt kräftig um. Beim abermaligen Einstellen der Röhre in das Wasser tritt dieses an die Stelle des absorbierten Kohlendioxydes, und die Volumverminderung ergibt ohne weiteres den prozentigen Gehalt des untersuchten Gases.

Will man aus bestimmten Gründen andere Bestandteile des Saturationsgases ermitteln, vor allem einen etwa zu hohen Sauerstoffgehalt, der entweder von zu großer Luftzufuhr zum Kalkofen oder von Undichtigkeiten im Saugstrange herrühren kann, so muß man das Gas aus der betreffenden Zone des Kalkofens oder aus den entsprechenden Stellen des Saugstranges mittels eines kräftigen Aspirators ansaugen. Zu diesen Untersuchungen bedient man sich am besten der gebräuchlichen gasanalytischen Apparate, vgl. Bd. I, S. 308 und Bd. III, S. 25.

Auf Vorhandensein von Schwefeldioxyd im Saturationsgase prüft man qualitativ meist nur in der Weise, daß man das Gas durch eine verdünnte Jodstärkelösung oder durch eine verdünnte, mit einer kleinen Menge chlorsauren Kaliums versetzte Indigolösung hindurchströmen läßt. Bei Anwesenheit von Schwefeldioxyd werden beide Flüssigkeiten allmählich entfärbt[1]).

Schwefelwasserstoff, der nur bei Abwesenheit von schwefliger Säure vorhanden sein kann, gibt sich durch den Geruch oder durch Braunfärbung eines mit Bleilösung getränkten Papierstreifens zu erkennen.

Wird mit schwefliger Säure saturiert, so unterbleibt in jenen Fabriken, die sich verflüssigter Säure bedienen, in der Regel jede Analyse des Gases. Erforderlichenfalls arbeitet man nach Bd. I, S. 287, 756 und 1019.

Um festzustellen, ob das Schwefeldioxyd etwa Schwefelsäure enthält, leitet man das Gas $^1/_4$ Stunde lang durch eine konzentrierte Lösung von Raffinade, und prüft dann durch Zusatz von Salzsäure und Chlorbarium.

2. Kesselgase.

Vgl. über deren Analyse und die Beurteilung der Ergebnisse Bd. I, S. 308 und 329.

Es sei auch auf diejenigen Apparate hingewiesen, die den jeweiligen Kohlendioxydgehalt der Gase vermittels eines Zeigers an einer empirisch eingeteilten Skala fortlaufend anzeigen. Hierher gehören u. a. die Luxsche Gaswage, das Dasymeter von Siegert und Dürr, das Ökonometer von Arndt[2]), der Apparat von Schultze[3]); diejenigen Vorrichtungen, die sich unmittelbar in die Leitungen einschalten lassen, sind in vielen Fällen jenen vorzuziehen, die auf Ansammlung und spätere Analyse größerer Gasproben hinzielen, obwohl unter Umständen auch diese wieder besondere Vorteile bieten können.

Eine ganze Reihe von Kesseln mit nur einem oder zwei Apparaten erfolgreich zu kontrollieren, ist ausgeschlossen; dieser Punkt wird in der Praxis häufig übersehen.

---

[1]) Genauere Angaben über die Bestimmung der schwefligen Säure finden sich auch in den Arbeiten von Buisson, Bull. Ass. Chim. **15**, 146 und **17**, 640.

[2]) Vgl. Seyffart, Kesselhaus- und Kalkofen-Kontrolle, 1904 (2. Aufl.)

[3]) Vereinszeitschr. **1904**, 914.

H. Brenn- und Heizstoffe

(s. Bd. I, S. 415 und 443, sowie Bd. III, Abschnitte „Gasfabrikation, Industrie des Steinkohlenteers und Mineralöle").

Hinsichtlich der vollständigen Untersuchung der genannten Materialien und der hier besonders wichtigen Vorschriften für richtige Probenahme sind die Abschnitte in den früheren Bänden dieses Werkes zu vergleichen. Für die Praxis des Zuckerfabrikbetriebes kommen meist nur vergleichende Bestimmungen der Feuchtigkeit, der Asche sowie des Schwefelgehaltes in Betracht, und diese allein sind auch in den zumeist vorhandenen Laboratorien überhaupt ausführbar.

IX. Produkte der Rohrzuckerindustrie.

Dem Zwecke des vorliegenden Werkes gemäß kann auf die Einzelheiten der Untersuchungsweisen für die Ausgangsmaterialien und Produkte der Rohrzuckerindustrie nicht eingegangen werden, um so weniger, als die einschlägigen Methoden trotz zahlreicher, größten Lobes würdiger Arbeiten, doch in vieler Hinsicht noch jener Einheitlichkeit und allgemeinen Anerkennung entbehren, die sich die weit älteren der Rübenzuckerindustrie allmählich errungen haben. Eingehende Zusammenstellungen bieten dem Fachmanne in erster Linie das vorbildliche und erschöpfende Buch von Tervooren und Prinsen-Geerligs („Handboek ten Dienste van de Suikerriet-Cultuur en de Rietsuiker-Fabricage of Java", 4. Aufl., Amsterdam 1919; holländisch), ferner auch Prinsen-Geerligs' Abhandlung im 7. „Berichte der westjavanischen Versuchsstation Kagok" (Tegal 1904; holländisch; s. auch „Internat. Sugar Journal", Manchester 1904, Bd. 6, S. 380; englisch); Prinsen-Geerligs' „Chemical control in cane-sugar factories" (London 1917; englisch); Van Gorkums Zusätze zu seiner Übersetzung von Prinsen-Geerligs' „Handbuch der Rohrzuckerfabrikation" (Amsterdam 1910, S. 182; spanisch); Deerrs „Cane Sugar" (London 1921; englisch); Pellet-Chenu's Kapitel „Sucre de Canne" in der französischen Ausgabe des Post-Neumannschen „Traité complet d'analyse chimique" (Paris 1910) und endlich Browne's vortreffliches und gründliches „Handbook of Sugar-Analysis" (New-York 1912); hingegen muß sich die hier zu gebende Darstellung darauf beschränken, nur einige wenige Arbeitsweisen, die als gut und brauchbar empfohlen werden, kurz zu besprechen und auf die Schwierigkeiten hinzuweisen, die sich auch bei ihnen der Erzielung sicherer Resultate zuweilen noch entgegenstellen. Ganz unentbehrlich ist für jeden, der eingehende Belehrung sucht, das Studium des „Archivs für die Zuckerindustrie Javas" sowie des „International Sugar Journal".

Vorausgeschickt sei gleich an dieser Stelle, daß bei allen in tropischen Gegenden auszuführenden polarimetrischen Bestimmungen der Einfluß der Temperatur zu berücksichtigen ist. Die aus Europa bezogenen, daselbst bei 20° C mit Normalquarzplatten eingestellten Polarimeter ergeben nämlich, wie Prinsen-

Geerligs zeigte[1]), im tropischen Klima bei 30° C zwar noch richtige Ablesungen für diese Quarzplatten, aber nicht mehr für die äquivalente Normalmenge Zucker: statt +100° findet man für diese nur +99,7°, es besteht also für ±1° C eine Differenz von ±0,03°. Zur Korrektur empfiehlt es sich, da eine Abänderung der optischen Einrichtung umständlich und kostspielig wäre, die Beobachtungsröhren zu verlängern und statt der üblichen von 100, 200 und 400 mm solche von 100,25, 200,50 und 401 mm Länge anzuwenden. Will man eine rechnerische Korrektur vornehmen[2]), so gilt, falls Zucker, Wasser und Lösung die Temperatur t aufweisen, die entsprechend abgeänderte Schönrocksche Formel $s_{20} = s_t + s_t\,0{,}000318\,(t - 20)$ oder, wenn Polarimeter und Kölbchen noch bei 17,5° justiert sein sollten, die Formel

$$s_{17,5} = s_t + s_t\,0{,}00032\,(t - 17{,}5)\,.$$

Aräometer, Spindeln, Refraktometer usw. sind ebenfalls den herrschenden Temperaturen gemäß einzustellen oder entsprechend zu korrigieren.

1. Das Zuckerrohr[3]).

Ein gutes Durchschnittsmuster vom Felde zu ziehen, wie das in der Praxis häufig verlangt wird, ist außerordentlich schwierig, ja eigentlich kaum möglich, denn selbst um nur vergleichbare Resultate zu ergeben, müßten die einzelnen Proben wenigstens annähernd richtige Mittel der Rohrqualitäten jedes Feldes darstellen. Am meisten empfiehlt es sich noch, jeder Parzelle der Versuchsfläche mindestens 30 Stück Zuckerrohr zu entnehmen, indem man beiden Diagonalen entlang vorgeht; die einzelnen Rohre werden dann der gesamten Länge nach in zwei Hälften und diese in je vier Teile geteilt, worauf man vom ersten Rohre das erste und dritte Stück, vom zweiten Rohre das zweite und vierte Stück auswählt usw. Diejenige Probe, die schließlich zerkleinert wird, soll mindestens 8 bis 10 kg wiegen.

Auch bei der Probenahme aus Waggon- und Schiffsladungen, die am besten während des Entladens geschieht, wird man selbst bei peinlichster Sorgfalt kaum auf wirklich zutreffende und untereinander übereinstimmende Ergebnisse rechnen dürfen.

Betreffs der Untersuchung des Rohres ist zu beachten, daß es bestimmte Teile des Rohres, die den „mittleren Zuckergehalt" enthalten, nicht gibt; der Gehalt an Zucker und auch an Invertzucker variiert vielmehr je nach der Stellung der Glieder am Rohrstengel und nach deren anatomischen Eigenschaften.

Was die direkte Bestimmung des Zuckergehaltes im Rohre anlangt, so ist von den alkoholischen Methoden nur die Extraktion empfehlenswert, wird jedoch (obwohl sie eine gleichzeitige Bestimmung der Holzfaser-Trockensubstanz ermöglicht) nur selten angewandt; un-

---

[1]) Archiv f. d. Zuckerindustrie Javas **11**, 722; 1903.

[2]) Archiv f. d. Zuckerindustrie Javas **12**, 832; 1904.

[3]) Vgl. auch noch Pellet, Études sur la canne à sucre. Nancy **1898**. — Krüger, Das Zuckerrohr und seine Kultur. Magdeburg und Wien **1899**; bes. S. 167ff.; ferner Krüger, „Zuckerindustrie-Kalender" (Leipzig **1910**; Teil I, S. 20ff.).

brauchbar ist die Stammersche Alkohol-Breipolarisation, da es bisher nicht gelungen ist, aus Rohr den erforderlichen feinen Brei herzustellen. Die warme alkoholische Digestion gibt ebenfalls keine genügend zuverlässigen Resultate. Bei allen Verfahren, die ein längeres Erwärmen des oft stark sauren Saftes erfordern, empfiehlt es sich nach Krüger, ein wenig Calcium- oder Magnesiumcarbonat zuzusetzen, um nachträgliche Einwirkungen der freien Säure auf den Rohrzucker auszuschließen.

Eine Methode und einen Apparat zur direkten Zuckerbestimmung durch systematisches Auslaugen mittels heißen Wassers hat Zamaron[1]) beschrieben. Die Rohrstücke werden zunächst auf einer besonderen Maschine[2]) (coupe cannes) zu feinen Schnitzelchen zerkleinert, die man in einem eisernen Mörser zu Pülpe zerstößt. Man bringt sodann 100 g der gut gemischten, womöglich ganz frisch bereiteten Pülpe in den siebartig durchlöcherten Metallkorb des Apparates, stellt diesen in den unten mit einem Ablaßhahne versehenen Behälter ein, gießt auf die Pülpe 200 ccm siedendes Wasser, erhält 10 bis 12 Minuten im Sieden und läßt den wässerigen Auszug durch den Ablaßhahn in einen Literkolben ab, in den man 10 bis 15 ccm Bleiessig[3]) von 28° Baumé gebracht hat. Dasselbe Verfahren wiederholt man nun nochmals erst mit 200 ccm und dann mit 150 ccm Wasser und laugt auf diese Weise etwa sechsmal aus, so daß sich schließlich im Literkolben 960 ccm Flüssigkeit ansammeln. Nun kühlt man ab, füllt bis zur Marke auf, mischt, filtriert und polarisiert im 400-mm-Rohre; bei Anwendung des von Schmidt und Haensch konstruierten Polarisationsapparates ergeben die abgelesenen Grade, mit 1,3 multipliziert, den prozentischen Zuckergehalt des Rohres. Den im Metallkorbe verbliebenen Rückstand kann man mittels eines dem Apparate beigegebenen Stempels stark auspressen und in dem Korbe selbst bei 100 bis 110° trocknen, wodurch sich (in annähernder Weise) die Menge der in 100 g Rohr enthaltenen Holzfaser-Trockensubstanz ergibt.

Die heiße wässerige Digestion Pellets wird nach dessen Angaben[4]) wie folgt ausgeführt:

Man wägt das einfache, doppelte oder dreifache Normalgewicht des fein zerkleinerten Rohres ab, bringt die Substanz in einen 100-, 200- bzw. 300-ccm-Kolben, fügt 10, 20 bzw. 30 ccm neutrale Bleiacetatlösung[5]) und dann Wasser bis zur Marke hinzu; eine kleine durchlöcherte Bleischeibe, unter das Flüssigkeitsniveau des Kölbchens gebracht, verhindert, daß lufterfüllte Faserteile an die Oberfläche der Flüssigkeit gelangen. Hierauf erhitzt man 1 Stunde auf dem siedenden Wasserbade unter öfterem Umschütteln, läßt erkalten, füllt nach Entfernung der Bleischeibe auf und polarisiert schließlich das Filtrat im 200-mm-Rohr; das Ergebnis wird, bei Anwendung von 26 g Material und bei

[1]) Bull. Ass. Chim. **15**, 74. Vgl. Pellet, Études sur la canne à sucre, S. 75ff., und in etwas abgeänderter Weise Pellet-Chenu, S. 382.

[2]) Dupont, Bull. Ass. Chim. **13**, 292; Pellet-Chenu, S. 377ff.

[3]) Über den Ersatz des basischen Bleiessigs durch neutrales Bleiacetat s. bei Pellet-Chenu, S. 382; ferner noch weiter unten.

[4]) Pellet, Études sur la canne à sucre, S. 87; Pellet-Chenu, S. 381.

[5]) In 1 l Wasser 300 g dieses Salzes enthaltend.

Gebrauch des 100-ccm-Kolbens, mit $\frac{100 - 2,6}{100} = 0,974$ multipliziert und ergibt dann den Zuckergehalt des Rohres in Prozenten. Am besten führt man nebeneinander zwei bis drei derartige Bestimmungen aus und nimmt deren Mittel.

Die Bestimmung der Trockensubstanz des Zuckerrohres kann in derselben Weise wie bei der Zuckerrübe (s. S. 13) mittels 10 g Substanz geschehen, gibt aber (wegen der Langsamkeit und Schwierigkeit, mit der das Wasser vollständig entweicht, und wegen beginnender Zersetzungen) nur sehr ungefähre Resultate und gestattet daher auch keine zutreffenden Schlüsse auf den Saftgehalt.

Vielfach ersetzt man, wie Krüger[1]) erwähnt, in der Praxis die Bestimmung des Zuckergehaltes im Zuckerrohre durch eine Berechnung aus dem Zuckergehalte des ausgepreßten Saftes, indem man ansetzt: $\frac{\text{Zucker im Preßsafte} \cdot \text{Saftgehalt}}{100} = \text{Zucker des Rohres.}$ Die Ergebnisse dieser Berechnung sind natürlich in hohem Maße unzuverlässig, da der ausgepreßte Teil des Saftes (meist nur 60 bis 65%!) auch hier eine ganz andere Zusammensetzung zeigt wie der Gesamtsaft, ein bestimmtes Verhältnis beider Zusammensetzungen nicht besteht, und außerdem die Quantität und Qualität der gewogenen Saftmenge von der Art der Zerkleinerung, von der Höhe und Dauer des Druckes beim Pressen und von der Stellung und anatomischen Beschaffenheit der betreffenden Rohrglieder abhängt. Bei Anwendung dieser Preßsaftmethode muß man daher, um wenigstens einigermaßen vergleichbare Zahlen zu erhalten, stets unter ganz genau gleichbleibenden Verhältnissen arbeiten und namentlich in stets gleicher Weise abpressen; empfohlen wird für derlei Bestimmungen entweder die von Fontaine[2]) beschriebene Walzenmühle oder die besonders kräftig konstruierte, bis 2 kg auf einmal verarbeitende Presse von Gallois und Dupont[3]). — Die Zurückberechnung des Zuckergehaltes im Preßsafte auf jenen des ganzen Rohres (die Pellet auf Grund empirisch ermittelter Faktoren vorzunehmen empfiehlt) bleibt aber auch bei Anwendung dieser verbesserten Apparate eine unzuverlässige.

Zur Untersuchung von ausgepreßtem Zuckerrohre (Bagasse, Ampas) — bei dem die Probenahme sehr schwierig ist — finden die beschriebenen Methoden (besonders das Auslaugen oder Auskochen mit heißem Wasser und einigen Kubikzentimetern Bleiessig oder Bleizucker) meistens ebenfalls Anwendung. Verbesserte Verfahren empfahlen u. a. auch De Haan[4]) sowie Davoll[5]). Nach De Haan zerkleinert man das gesamte, reichlich große Muster mit der Hackmaschine, läßt es durch ein Sieb von 7 mm Maschenweite gehen (wobei nichts zurück-

---

1) Zuckerindustrie-Kalender **1910**, S. 23; s. auch Pellet, Sucrerie indigène et coloniale **53**, 170; 1899.

2) Bull. Ass. Chim. **13**, 291.

3) Abbildung bei Pellet-Chenu, S. 379.

4) Archiv für die Zuckerindustrie Javas **18**, 118; 1910.

5) Internat. Sugar Journal **11**, 381; 1909.

bleiben darf!), kocht 20 g in einem tarierten Gefäß mit 250 ccm Wasser 15 Minuten (unter Umrühren und Ersatz des verdampfenden Wassers), kühlt ab, setzt 3 ccm Bleiessig zu, wägt, filtriert und polarisiert im 400-mm-Rohre. Nach Davoll zerkleinert man die Probe so weit, daß sie ein Drahtsieb mit etwa 10 Maschen auf 1 qcm ohne Rückstand passiert, zieht 26 g mit Alkohol von 80% im Extraktionsapparate $1^1/_2$ Stunden aus, bringt die Lösung auf 100 ccm und polarisiert im 400-mm-Rohre. — Einen rotierenden Extraktionsapparat zum Ausziehen der Bagasse im Dampfbade rühmt Spencer als sehr einfach und wirksam[1]).

Direkte Bestimmungen der Trockensubstanz im Ampas sind langwierig und schwierig; indirekte, z. B. auf Wägung eines bestimmten, stets in gleicher Weise mit Bagasse gefüllten Probegefäßes beruhende (wobei ein zeitweilig direkt ermittelter Wassergehalt als konstant vorausgesetzt wird), können bestenfalls vergleichbare, für technische Zwecke ausreichende Ergebnisse liefern.

2. Fabrikationsprodukte.

Alle Fabrikationsprodukte sollen in möglichst frischem Zustande, also, wenn tunlich, sogleich nach der Probenahme, analysiert werden, da der Invertzucker und der leicht zersetzliche organische Nichtzucker sie sehr veränderlich machen, namentlich wenn sie stark sauer reagieren; dies gilt besonders auch für fertige Rohzucker, die infolge der Acidität oft schon nach ziemlich kurzer Zeit starke Polarisationsrückgänge aufweisen, die teils durch die Säure selbst bedingt sind, teils (in sehr wechselndem Grade) durch Mikroorganismen verursacht werden. Die Probenahme von solchen Produkten, namentlich von Rohzucker, ist eine äußerst schwierige.

Können Säfte oder Sirupe nicht sofort untersucht werden, so sind konservierende Zusätze unentbehrlich; gut bewährt haben sich auch hier Pastillen von Sublimat (0,01 g auf 100 ccm), doch kann über die erforderliche Höhe des Zusatzes und über die Dauer der Haltbarkeit nur die Erfahrung entscheiden. Bleiessig ist nach Pellet[2]) unter allen Umständen zu vermeiden (s. unten) bzw. durch Bleiacetat (neutrales) zu ersetzen.

Die übliche Polarisation der Rohrzuckerprodukte ergibt, auch wenn (was durchaus nötig ist!) den Einflüssen der Temperatur in der S. 105 erwähnten Weise Rechnung getragen wird, häufig Zahlen für die Zuckergehalte und die Reinheiten, die mit den Betriebsverhältnissen gänzlich unvereinbar sind. Diese Unregelmäßigkeiten werden nach Prinsen-Geerligs größtenteils durch die Art der Klärung mit basischem Bleiessig[3]) bedingt, da dieser aus unreinen und namentlich aus salzhaltigen Lösungen die Fructose des vorhandenen

[1]) Ebenda **23**, 630; 1921.
[2]) Bull. Ass. Chim., **17**, 52; s. aber Maxwell, Chem.-Ztg. 29, Ref. 87; 1905 und de Haan, a. a. O.
[3]) Prinsen-Geerligs, Archiv f. d. Zuckerindustrie Javas **6**, 914; siehe auch **6**, Beilage S. 272.

Invertzuckers in den Bleiniederschlag mit niederreißt. Während vom Traubenzucker nur relativ geringe Mengen in diesen mit eingehen, kann die ausgefällte Fructose unter Umständen bis 23% (nach Pellet bei längerer Einwirkungsdauer und höherer Temperatur sogar 40 bis 80, ja binnen 5 Stunden bei 50° C sogar 100%) der Gesamtmenge betragen, wodurch natürlich die Polarisationen sehr bedeutend erhöht erscheinen. Bei Mühlensäften und Dünnsäften, die meist ziemlich sauer und dabei salzarm sind, tritt diese Erscheinung weniger deutlich hervor, in steigendem Maße jedoch bei Kochklären, Sirupen, Nachprodukten und Melassen, die infolge ihrer dunklen Farbe ohnehin auch einen starken Bleiessigzusatz erfordern. Wünschenswert wäre es daher jedenfalls, den basischen Bleiessig ganz zu verwerfen und als Entfärbungs- und Klärmittel ausschließlich neutrales Bleiacetat anzuwenden, wie dies auch Pellet als allein richtig und unbedingt empfehlenswert befunden hat[1]). In der Praxis stößt dieser Ersatz aber noch auf mancherlei Schwierigkeiten und in der Regel wird der basische Bleiessig als ganz unentbehrlich bezeichnet, um so mehr, als Bleinitrat meist mindestens nicht besser wirkt, neutrales Acetat oder Knochenkohle oft nicht ausreichend entfärbt, und Zinkstaub von ungenügendem und unsicherem Erfolge ist. Um wenigstens stets vergleichbare Resultate zu erhalten, empfiehlt Prinsen - Geerligs, man möge das für die Produkte jeder Fabrik zuzusetzende Maximum an Bleiessig, das deren Melasse zur Polarisation genügend entfärbt, feststellen, dann aber diese nämliche Menge auch bei allen anderen Untersuchungen benützen; jedenfalls müssen aber sämtliche überhaupt vorkommenden Analysen in genau gleichbleibender Weise ausgeführt werden. Pellet rät hingegen, falls das neutrale Acetat oder der mit Essigsäure neutralisierte und gegen empfindliches Lackmuspapier neutral reagierende Bleiessig (in 30proz. Lösung) nicht genügend entfärbt, entweder in kürzeren Röhren und mittels helleren Lichtes (elektrisches Licht, Acetylenlicht) zu polarisieren oder weitere entfärbende Hilfsmittel anzuwenden, am besten eine kalte Lösung schwefliger Säure, oder frisch bereitetes Chlorwasser[2]), oder Natriumhypochlorit, oder Chlorkalk und etwas neutrales Bleiacetat (nicht aber basisches Beinitrat oder Knochenkohle, die fast stets ein Absorptionsvermögen für die Zuckerarten besitzt). Die schweflige Säure bietet noch den Vorteil, gleichzeitig Reste vorhandenen Bleies gänzlich niederzuschlagen, und ist hierzu geeigneter als selbst die besten der anderen zu diesem Zwecke vorgeschlagenen Mittel, z. B. das Natriumoxalat.

Nach Deerr[3]) erreicht man Entfärbungen, die denen mit Bleiessig gleichkommen, durch Klärung mittels Natriumaluminats, Aluminiumsulfats und einer geringen Menge Natriumhydrosulfits. Zur Unter-

---

[1]) Journal des fabricants de sucre **40**, Nr. 15; 1899; Bull. Ass. Chim. **16**, 1007, 1147; ferner **22**, 744 und **25**, 395; Sucrerie indigène **64**, 67; 1904. Später verwarf Pellet sogar prinzipiell jede Klärung und Entfärbung (Intern. Sugar Journ. **12**, 521; 1910).

[2]) Vorschrift z. Bereitung nach Zamaron, Bull. Ass. Chim. **17**, 52.

[3]) Internat. Sugar Journ. **8**, 388; 1906 und **9**, 127; 1907.

suchung löst man das Normalgewicht in 50 ccm, gibt 3—5 ccm 10 proz. Natriumaluminatlösung (völlig frei von Kohlendioxyd) hinzu, dann einen kleinen Überschuß von Aluminiumsulfat und schließlich 0,25 g Natriumhydrosulfit; man füllt bis zur Marke auf, filtriert und polarisiert, wobei nach Wunsch auch das Volumen des entstehenden Niederschlages (0,58 ccm) berücksichtigt werden kann. — Andere Forscher haben noch eine ganze Reihe anderer Klärmittel vorgeschlagen und meist warm empfohlen[1]; doch fehlt es betreffs der meisten noch an Nachprüfung unter verschiedenen Verhältnissen.

Nach Versuchen von Horne[2]) bietet bei der Analyse aller Kolonialprodukte der von ihm empfohlene Zusatz festen trockenen Bleisubacetates ganz besondere Vorteile.

Prinsen-Geerligs und F. Sachs[3]) fassen ihr Urteil dahin zusammen, daß im allgemeinen noch kein anderes Mittel den Bleiessig genügend zu ersetzen vermag, daß man ihn aber stets nur neutralen oder schwach sauren Lösungen in möglichst begrenzter Menge zufügen und einen etwa vorhandenen Überschuß durch geeignete Mittel wieder ausfällen soll.

Da die direkte Polarisation der Kolonialprodukte, selbst wenn bei Ersatz des Bleiessigs durch neutrales Acetat die Ausfällung reduzierenden Zuckers und sonstiger reduzierender Stoffe, sowie die Veränderung des Drehungsvermögens der reduzierenden Zucker vermieden wird, doch niemals richtige Resultate geben kann, so haben Pellet (a. a. O.) und Tervooren[4]) vorgeschlagen, alle Produkte, die reduzierenden Zucker enthalten, ausschließlich mittels der Inversionsmethode zu untersuchen; ob sich die Praxis diesen Vorschlag aneignen kann, erscheint jedoch fraglich, denn obwohl er gegenüber den üblichen Methoden zweifellos einen großen Fortschritt bedeutet, so bietet er doch der Ausführung durch die in vielen tropischen Ländern allein zu Gebote stehenden Hilfskräfte außerordentliche Schwierigkeiten dar; auch kann in wissenschaftlicher Hinsicht eingewandt werden, daß der reduzierende Zucker der Kolonialprodukte fast niemals einheitlicher Natur ist, und deshalb eigentlich die Anwendung keiner der optischen oder chemischen, nur für bestimmte Individuen gültigen Konstanten völlig gerechtfertigt erscheint.

Was die Bestimmung des Reinheitsquotienten (s. S. 52) anlangt, so wird von Pellet[5]) und ebenso von Prinsen-Geerligs[6]) darauf hingewiesen, daß bei Rohrzuckersirupen die Unterschiede zwischen den Graden Balling und der wirklichen Trockensubstanz erheblich größer zu sein pflegen als bei Rübenzuckersirupen, indem

[1]) Z. B. Kalshoven u. Sijlmans Bleinitrat nebst Alkali u. Aluminiumsulfat (Archiv f. d. Zuckerind. Javas **29**, 989; 1921).

[2]) Bull. Ass. Chim. **23**, 635; 1905. Vereinszeitschr. **59**, 639; 1909.

[3]) Zentralbl. f. Zuckerindustrie **17**, 1119; 1909.

[4]) Archiv f. d. Zuckerindustrie Javas **12**, 321; 1904; nach Pellet (Bull. Ass. Chim. **25**, 395; 1907) ist hierbei nur mit neutralem Bleiecetat zu klären und das Volum des Niederschlages nicht zu berücksichtigen.

[5]) Bull. Ass. Chim. **13**, 836 u. **16**, 1140; Pellet-Chenu, S. 388.

[6]) Archiv f. d. Zuckerindustrie Javas **10**, 1093; 1902.

die Differenzen, die bei konstanter Arbeitsweise einer bestimmten Fabrik allerdings auch ziemlich konstant bleiben, bei Klären und Sirupen ersten Produktes 1 bis 2%, bei jenen des zweiten Produktes 4 bis 5%, bei den Melassen aber 7 bis 9% betragen können. Wenn sich nun auch diese Unterschiede durch stets genau gleichmäßige Ausführung der Analysen (in gleicher Verdünnung, bei gleicher Temperatur bzw. unter Anbringung einer Temperaturkorrektion usw.) bis zu gewissem Grade ausgleichen lassen, so tut man nach Pellet doch besser, sobald es sich um die Erlangung zuverlässiger Resultate handelt, ganz auf die Spindelung (zu der vielfach Spindeln für die Normaltemperatur von 27,5° C im Gebrauche stehen)[1]), zu verzichten und eine Wasserbestimmung vorzunehmen; der Quotient wäre dann aus dem Ergebnisse der Inversionspolarisation und dem Resultate der Wasserbestimmung zu berechnen. Aber auch die Wasserbestimmung in Produkten der Rohrzuckerindustrie unterliegt außerordentlichen Schwierigkeiten[2]). Begründet sind diese einerseits in der Anwesenheit des Invertzuckers und besonders der Fructose, die sich schon bei 95° zu zersetzen beginnt, andererseits in der Natur des organischen Nichtzuckers, der teils selbst sehr zersetzlich ist, teils auch schon bei der üblichen Trocknungstemperatur stetig neue Säuremengen erzeugt, die ihrerseits immer weiteren Rohrzucker invertieren. Pellet empfiehlt deshalb, erst die mit Ammoniak neutralisierten Massen zur Trocknung zu bringen und diese mittels Bimssteinzusatz und höchstens bei 102 bis 103° zu bewirken, wobei jedoch Melassen auch nach 5 bis $5^1/_2$ Stunden immer noch Differenzen von 1 bis 2 mg ergeben. Nach Krüger[3]) sollten Zuckerrohrprodukte, besonders aber Zuckerrohrsäfte, jedenfalls nicht oberhalb einer Temperatur von 90° C getrocknet werden, und auch dies womöglich nur mit Hilfe von Filtertrocknern mit Filtrierpapierrollen, deren große Oberflächen geeignet sind, eine gewogene Menge Saft leicht aufzunehmen und das Wasser rasch abzugeben.

Trocknen in der Luftleere wird auch hierbei wohl nicht zu umgehen sein, wenn man genauere Resultate erreichen will; für die große Praxis ist aber die Anwendung von Luftleere meist schon zu umständlich, und es haben deshalb einschlägige Verfahren, wie die von Drenckmann, von Thorne und Jeffers[4]) usw., keine Anwendung gefunden.

Prinsen-Geerligs empfiehlt[5]) auf Grund seiner umfassenden Erfahrungen, bessere Rohrzucker, etwa von 95 Pol. an, 2 bis 3 Stunden bei 103 bis 107° zu trocknen, wobei 5 g Substanz genügen; von geringwertigeren Zuckern, Sirupen, Füllmassen u. dgl. löst man 3 g in möglichst wenig heißem Wasser, läßt die Lösung durch zwei Filtrierpapier-

[1]) Krüger, a. a. O.

[2]) Gunning, Die Bestimmung des Wassers in den Rohrzuckern. Vereinszeitschr. **1894**, S. 927.

[3]) a. a. O., S. 25.

[4]) Sucrerie Belge **1898**, S. 499; diese Autoren trocknen bei 50—80 mm Luftleere, im Kohlensäurestrome, und in durch Alkoholdampf auf 65—70° erwärmten Röhrchen.

[5]) Archiv f. d. Zuckerindustrie Javas **10**, 1089; 1902.

rollen von je 1 m Länge und 1 cm Höhe aufsaugen und trocknet 4 Stunden bei 105°.

Zur raschen Bestimmung der scheinbaren Reinheit des (stets nur in klarem und luftfreiem Zustande zu untersuchenden) Rohsaftes hat Weinberg ein Verfahren angegeben[1]), das wie folgt auszuführen ist: 1. Aus der abgelesenen Polarisation und den mit einer bei 17,5° geeichten Spindel bestimmten unkorrigierten Ballinggraden ergibt die Schmitzsche Tafel (s. oben S. 44) die Prozente Saccharose; 2. Aus diesen und aus den mit einer bei 17,5° geeichten Spindel bestimmten und der Temperatur entsprechend korrigierten Ballinggraden berechnet man die Saftreinheit. Bedient man sich einer bei 27,5° C geeichten Spindel, so hat man die Temperaturkorrektion bei 1. abzuziehen, bei 2. aber hinzuzuzählen; die jedesmalige Rechnung wird durch eine besondere Tabelle überflüssig gemacht, aus der man die Quotienten unmittelbar ablesen kann.

Was die Bestimmung des reduzierenden Zuckers betrifft, so erwähnt Krüger eine praktisch vielfach übliche, wenngleich wenig genaue Methode, die darin besteht, daß 5 ccm zuvor verdünnte Fehlingsche Lösung mit dem mittels Bleiessig geklärten und verdünnten Rohrsafte bis zur Entfärbung, unter den bei Invertzuckerbestimmungen zu beobachtenden Maßregeln, titriert werden. Man stellt hierbei also fest, wieviel Saft jedesmal erforderlich ist, um 5 ccm Fehlingsche Lösung gerade zu entfärben. Da 1 ccm Fehlingscher Lösung 2,5 mg Invertzucker entspricht, so läßt sich aus dem Ergebnisse der Titration leicht der Invertzuckergehalt des Saftes annähernd berechnen.

Tervooren[2]) leitet die Zusammensetzung auch sehr invertzuckerreicher Produkte mit Hilfe zweier Bestimmungen ab: 1. 13 g Substanz löst man im 100-ccm-Kölbchen, klärt mit 15 ccm Bleiessig, polarisiert das Filtrat wie üblich und verdoppelt das Resultat; 2. 6 g Substanz löst man im 250-ccm-Kolben, klärt mit 15 ccm Bleiessig, füllt auf und filtriert; 50 ccm des Filtrates bringt man in ein 100-ccm-Kölbchen, fällt Blei- und Kalkverbindungen mit 4 ccm Strieglerscher Natriumoxalatlösung[3]), füllt auf und filtriert; 50 ccm des Filtrates, 0,6 g Substanz enthaltend, kocht man 2 Minuten mit Fehlingscher Lösung und bestimmt wie gewöhnlich das metallische Kupfer. Aller weiteren Berechnung überhebt eine Tabelle, die auf Grund der Polarisationen (zwischen 10 und 60 liegend) und der Kupfergewichte (zwischen 100 und 400 mg liegend) den Gehalt an reduzierenden Stoffen direkt abzulesen gestattet. Das Verfahren liefert natürlich (ganz abgesehen von der nach Pellet[4]) unbedingt verwerflichen Klärung mit Bleiessig) bestenfalls nur Vergleichswerte, die aber für viele praktische Zwecke genügend erscheinen.

---

[1]) Archiv f. d. Zuckerindustrie Javas 8, 248; 1900. — Quotiententabellen von Kottmann und Maronier, s. Krüger, a. a. O., S. 40.

[2]) Archiv f. d. Zuckerindustrie Javas **10**, 897; 1902; die Tabelle bei Krüger, a. a. O., S. 65.

[3]) Lippmann, Chemie der Zuckerarten **1904**, S. 607.

[4]) Sucrerie indigène **64**, 67; 1904.

Tabelle XIV[1]).

Tabelle zur Ermittlung der zu verwendenden Saftmenge und der in Anwendung kommenden Faktoren bei der Bestimmung des reduzierenden Zuckers in Rohrzuckersäften (nach Winter).

Anm.: *H* Gramm Saft sind nach Zusatz von Bleiessig zu 200 ccm zu verdünnen; es werden 150 ccm des Filtrates mit schwefelsaurem Natrium versetzt und zu 200 ccm aufgefüllt, filtriert und 50 ccm des letzteren Filtrates mit 50 ccm Fehlingscher Lösung 2 Minuten gekocht.

P = Polarisation des ursprünglichen Saftes; $F \cdot G'$ (s. Tab. XV) = Proz. Glykose.

H	*P*	*F*	*H*	*P*	*F*	*H*	*P*	*F*
80,00	10,0	6,67	57,14	14,0	9,33	44,44	18,0	12,00
79,21	1	73	56,74	1	40	44,20	1	07
78,43	2	80	56,34	2	47	43,96	2	13
77,67	3	87	55,94	3	53	43,72	3	20
76,92	4	93	55,55	4	60	43,48	4	27
76,19	5	7,00	55,17	5	67	43,24	5	33
75,47	6	07	54,79	6	73	43,01	6	40
74,77	7	13	54,42	7	80	42,78	7	47
74,07	8	20	54,05	8	87	42,55	8	53
73,39	9	27	53,69	9	93	42,33	9	60
72,72	11,0	7,33	53,33	15,0	10,00	42,11	19,0	12,67
72,07	1	40	52,98	1	07	41,89	1	73
71,43	2	47	52,63	2	13	41,67	2	80
70,80	3	53	52,29	3	20	41,45	3	87
70,18	4	60	51,95	4	27	41,24	4	93
69,57	5	67	51,61	5	33	41,03	5	13,00
68,97	6	73	51,28	6	40	40,82	6	07
68,38	7	80	50,95	7	47	40,61	7	13
67,80	8	87	50,63	8	53	40,40	8	20
67,23	9	93	50,31	9	60	40,20	9	27
66,67	12,0	8,00	50,00	16,0	10,67	40,00	20,0	13,33
66,12	1	07	49,69	1	73	39,80	1	40
65,57	2	13	49,38	2	80	39,60	2	47
65,04	3	20	49,08	3	87	39,41	3	53
64,52	4	27	48,78	4	93	39,22	4	60
64,00	5	33	48,48	5	11,00	39,02	5	67
63,49	6	40	48,19	6	07	38,83	6	73
62,99	7	47	47,90	7	13	38,64	7	80
62,50	8	53	47,62	8	20	38,46	8	87
62,02	9	60	47,34	9	27	38,28	9	93
61,54	13,0	8,67	47,06	17,0	11,33	38,10	21,0	14,00
61,07	1	73	46,78	1	40	37,92	1	07
60,61	2	80	46,51	2	46	37,74	2	13
60,15	3	87	46,24	3	53	37,56	3	20
59,70	4	93	45,97	4	60	37,38	4	27
59,26	5	9,00	45,71	5	67	37,21	5	33
58,82	6	07	45,45	6	73	37,04	6	40
58,39	7	13	45,20	7	80	36,87	7	47
57,97	8	20	44,94	8	87	36,70	8	53
57,55	9	27	44,69	9	93	36,53	9	60

[1]) Krüger, Zuckerindustrie-Kalender **1910**, S. 48.

Tabelle XV [1]).

Tabelle zur Ermittlung von G' aus der dem Kupferoxydul äquivalenten Menge Natriumhydroxyd bei der Bestimmung des rezierenden Zuckers in Rohrzuckersäften (nach Winter).

Anm.: Um den Prozentgehalt eines Saftes an „Glykose" zu ermitteln, stellt man nach der Lösung des Kupferoxyduls in 20 ccm Salzsäure durch Rücktitration den durch das Kupferoxydul bedingten Minderverbrauch an NaOH fest. In Tabelle XV entspricht G' der in 50 ccm der verdünnten Lösung enthaltenen Menge Glykose. Den Prozentgehalt des ursprünglichen Saftes an Glykose erhält man, indem man die für G' gefundene Zahl mit dem neben der Polarisation des Saftes in Tabelle XIV angegebenen Faktor F multipliziert. Gewichtsanalytisch findet man den Gehalt an Glykose mit Hilfe der Spalte Cu von Tabelle XV.

Cu	G'	NaOH	Cu	G'	NaOH	Cu	G'	NaOH
—			0,070	0,0269	0,0885	0,110	0,0473	0,1391
—			071	0274	0,898	111	0478	1404
—			072	0279	0911	112	0483	1417
—			073	0284	0923	113	0488	1429
—			074	0289	0936	114	0493	1442
0,035	0,0092	0,0443	075	0294	0949	115	0499	1455
036	0097	0455	076	0299	0961	116	0504	1467
037	0102	0468	077	0304	0974	117	0509	1480
038	0107	0481	078	0309	0987	118	0514	1493
039	0112	0493	079	0314	0999	119	0520	1505
0,040	0,0117	0,0506	0,080	0,0319	0,1012	0,120	0,0526	0,1518
041	0122	0519	081	0324	1025	121	0531	1531
042	0127	0531	082	0329	1037	122	0536	1543
043	0132	0544	083	0334	1050	123	0542	1556
044	0137	0557	084	0339	1063	124	0548	1569
045	0142	0569	085	0344	1075	125	0554	1582
046	0147	0582	086	0349	1088	126	0559	1594
047	0152	0594	087	0354	1100	127	0564	1606
048	0157	0607	088	0359	1113	128	0570	1619
049	0162	0620	089	0364	1126	129	0576	1632
0,050	0,0167	0,0632	0,090	0,0370	0,1138	0,130	0,0581	0,1644
051	0172	0645	091	0375	1151	131	0586	1657
052	0177	0658	092	0380	1164	132	0591	1670
053	0182	0670	093	0385	1176	133	0597	1682
054	0187	0683	094	0390	1189	134	0603	1695
055	0192	0696	095	0395	1202	135	0608	1708
056	0197	0708	096	0400	1214	136	0613	1720
057	0202	0721	097	0405	1227	137	0618	1733
058	0207	0734	098	0410	1240	138	0624	1746
059	0212	0746	099	0415	1252	139	0630	1758
0,060	0,0218	0,0759	0,100	0,0421	0,1265	0,140	0,0635	0,1771
061	0223	0772	101	0426	1278	141	0640	1783
062	0228	0784	102	0431	1290	142	0645	1796
063	0233	0797	103	0436	1303	143	0651	1809
064	0238	0810	104	0441	1316	144	0657	1821
065	0243	0822	105	0447	1328	145	0662	1834
066	0248	0835	106	0452	1341	146	0667	1847
067	0253	0847	107	0457	1353	147	0672	1859
068	0258	0860	108	0462	1366	148	0678	1872
069	0263	0873	109	0467	1379	149	0684	1885

[1]) Krüger, Zuckerindustrie-Kalender **1910**, S. 49.

Tabelle XV (Fortsetzung).

Cu	G'	NaOH	Cu	G'	NaOH	Cu	G'	NaOH
0,150	0,0689	0,1897	0,200	0,0970	0,2530	0,250	0,1266	0,3162
151	0694	1910	201	0975	2542	251	1271	3175
152	0699	1923	202	0981	2555	252	1277	3188
153	0705	1935	203	0987	2568	253	1283	3200
154	0711	1948	204	0993	2580	254	1289	3213
155	0716	1961	205	0999	2593	255	1295	3226
156	0721	1973	206	1005	2606	256	1300	3238
157	0726	1986	207	1011	2618	257	1306	3251
158	0732	1999	208	1017	2631	258	1312	3264
159	0738	2011	209	1023	2644	259	1318	3276
0,160	0,0744	0,2024	0,210	0,1029	0,2656	0,260	0,1324	0,3289
161	0749	2036	211	1035	2669	261	1329	3301
162	0754	2049	212	1041	2682	262	1335	3314
163	0760	2062	213	1047	2694	263	1341	3327
164	0766	2074	214	1053	2707	264	1347	3339
165	0772	2087	215	1059	2720	265	1353	3352
166	0777	2100	216	1065	2732	266	1358	3365
167	0782	2112	217	1071	2745	267	1364	3377
168	0788	2125	218	1077	2758	268	1370	3390
169	0794	2138	219	1083	2770	269	1376	3403
0,170	0,0800	0,2150	0,220	0,1089	0,2783	0,270	0,1382	0,3415
171	0805	2163	221	1095	2795	271	1387	3428
172	0810	2176	222	1101	2808	272	1393	3441
173	0816	2188	223	1107	2821	272	1399	3453
174	0822	2201	224	1113	2833	274	1405	3466
175	0828	2214	225	1119	2846	275	1411	3479
176	0833	2226	226	1125	2859	276	1416	3491
177	0838	2239	227	1131	2871	277	1422	3504
178	0844	2252	228	1137	2884	278	1428	3516
179	0850	2264	229	1143	2897	279	1434	3529
0,180	0,0856	0,2277	0,230	0,1149	0,2909	0,280	0,1440	0,3542
181	0861	2289	231	1155	2922	281	1445	3554
182	0866	2302	232	1161	2935	282	1451	3567
183	0872	2315	233	1167	2947	283	1457	3580
184	0878	2327	234	1173	2960	284	1463	3592
185	0884	2340	235	1179	2973	285	1469	3605
186	0889	2353	236	1184	2985	286	1474	3618
187	0894	2365	237	1190	2998	287	1480	3630
188	0900	2378	238	1196	3011	288	1486	3643
189	0606	2391	239	1202	3023	289	1492	3656
0,190	0,0912	0,2403	0,240	0,1208	0,3036	0,290	0,1498	0,3668
191	0917	2416	241	1213	3048	291	1503	3691
192	0923	2429	242	1219	3061	292	1509	3694
193	0929	2441	243	1225	3074	293	1515	3706
194	0935	2454	244	1231	3086	294	1521	3719
195	0941	2467	245	1237	3099	295	1527	3732
196	0946	2479	246	1242	3112	296	1532	3744
197	0952	2492	247	1248	3124	297	1538	3757
198	0958	2505	248	1254	3137	298	1544	3769
199	0964	2517	249	1260	3150	299	1550	3782

Eine genauere Methode der Invertzuckerbestimmung in Kolonialprodukten, die auch auf das Reduktionsvermögen des Rohrzuckers in

Gegenwart von Invertzucker Rücksicht nimmt, hat Winter[1]) ausgearbeitet. Nach dieser kommen auf je 50 ccm Fehlingscher Lösung stets gleich große Mengen Rohrzucker in gleichbleibender Verdünnung zur Wirkung; um eine solche zu erreichen, ist natürlich eine vorherige Polarisation erforderlich (s. Tabelle XIV).

50 ccm Fehlingscher Lösung werden mit 50 ccm des verdünnten Saftes 2 Minuten gekocht, worauf man das ausgefällte Kupferoxydul abfiltriert, auswäscht und, falls nötig unter Beihilfe von chlorsaurem Kali, in titrierter Salzsäure löst. Den Überschuß der Salzsäure titriert man mit Natronlauge zurück, und aus jener Menge Natriumhydrat, die der zur Lösung des Kupferoxydules erforderlichen Menge Salzsäure äquivalent ist, kann man (nach Tabelle XV) G' ermitteln, dessen Wert, mit dem entsprechenden Faktor der Tabelle XIV multipliziert, die Prozente des im Safte vorhandenen Invertzuckers ergibt. — Den Ausdruck $\frac{\text{Invertzucker} \cdot 100}{\text{Rohrzucker}}$ pflegt man auch als Invertzucker-Koeffizienten zu bezeichnen und betrachtet ihn als einen wichtigen Vergleichswert für die Beschaffenheit der verschiedenen Produkte.

Allen diesen Methoden gegenüber bleibt nochmals daran zu erinnern, daß der fälschlich „Glykose“ benannte „reduzierende Zucker“ der Zuckerrohrprodukte niemals einheitlicher Natur ist, sondern ein Gemisch von Glykose, Invertzucker, deren Zersetzungs- und deren Umwandlungsprodukten darstellt; betreffs der mannigfachen Natur und weiteren Veränderlichkeit dieser Produkte sei auf die Arbeiten von Lobry de Bruyn und van Ekenstein verwiesen[2]). Verfahren, die ein konstantes Drehungs- und Reduktionsvermögen des reduzierenden Zuckers voraussetzen, können daher, der Natur der Sache nach, niemals für jeden Einzelfall wirklich zutreffende Resultate liefern; es bleibt aber natürlich kein anderes Mittel übrig, als sie trotz dieser Mängel dennoch anzuwenden und sich mit annähernden und vergleichbaren Ergebnissen zu begnügen.

Von näherer Erörterung der mancherlei sonstigen analytischen Spezialverfahren, die in der Kolonialzuckerindustrie üblich sind, muß an dieser Stelle abgesehen werden; ohnehin gehen sie in den verschiedenen Rohrzucker erzeugenden Ländern weit auseinander und sind nicht nur von örtlichen Bedingungen und von den sehr wechselnden Anforderungen abhängig, die seitens der betreffenden Industrie an die Genauigkeit der chemischen Kontrolle und der Verlustbestimmung gestellt werden, sondern nicht selten auch von Handelsgebräuchen, steuerlichen Maßregeln der Mutterländer, fiskalischen Zwecken usw., kurz von Einflüssen, denen gegenüber der wissenschaftliche Standpunkt keine oder nur eine nebensächliche Rolle zu spielen pflegt.

---

[1]) S. bei Krüger, a. a. O., S. 27.
[2]) Vereinszeitschr. **1895**, 909 und 1090; **1896**, 669; **1897**, 1026.

Erwähnt sei nur noch, daß es zur Analyse der aus Bagasse (Ampas) und Melasse oder dgl. zusammengemischten Futtermittel („Molascuit“ genannt) zuverlässige Methoden noch nicht gibt; am besten verfährt man daher nach Prinsen-Geerligs[1]), indem man eine abgewogene Menge mit Wasser erschöpfend auslaugt, den Extrakt auf ein bestimmtes Volumen bringt und hierauf Ballinggrade, Inversionspolarisation und reduzierende Zucker bestimmt. Die Summe von Rohr- und Invertzucker ergibt den Gesamtzucker, und man kann nun die Reinheit der Melasse, ihre angewandte Menge und den Zucker- und Melassengehalt des Futtermittels berechnen, vorausgesetzt, daß die Rohrmelasse (der Erfahrung entsprechend) im Mittel 60% Gesamtzucker enthält.

Nachtrag: Die „Anweisung“ und die „Anleitung“ finden sich abgedruckt in der Vereinszeitschrift **1922**, 297 u. 216.

---

[1]) Archiv f. d. Zuckerindustrie Javas, Bd. **17**, 601; 1909.

Stärke, Dextrin, Mehl.

Von

Prof. Dr. C. v. Eckenbrecher, Berlin, Institut für Gärungsgewerbe.

I. Stärke.

Die Fabrikation der Stärke beruht im wesentlichen auf sehr einfachen und rein mechanischen Operationen. Diese bestehen darin, das Rohmaterial fein zu zerkleinern, um die stärkehaltigen Zellen bloßzulegen, aus ihm die Stärke mittels Wassers auszuwaschen, diese absetzen zu lassen und zu trocknen.

Wo die mechanische Zerkleinerung nicht ausreicht, den Inhalt der Zellen für das Auswaschen genügend freizulegen, wie bei den Getreidekörnern, überläßt man die Rohmaterialien entweder einer Gärung, oder man wendet Chemikalien an (ätzende Alkalien und Säuren, namentlich schweflige Säure), um hierdurch eine vollkommenere Aufschließung zu bewirken.

In der Praxis findet eine regelmäßige analytische Kontrolle des Fabrikbetriebes nicht statt, so sehr dies zu wünschen wäre. Man begnügt sich im allgemeinen damit, die Rohmaterialien auf ihren Stärkegehalt und das fertige Produkt der Handelsware auf seine Reinheit und den Wassergehalt zu prüfen.

Die Untersuchungen, welche bei der Stärke und der Stärkefabrikation in Betracht kommen, beziehen sich 1. auf das Rohmaterial, 2. auf das Fabrikat, 3. auf die Abfallprodukte und 4. auf die in der Fabrikation zur Verwendung kommenden Hilfsrohstoffe.

A. Die Untersuchung des Rohmaterials.

In Deutschland wird die Stärke vorwiegend aus Kartoffeln und Weizen gewonnen, weniger ausgedehnt ist die Fabrikation von Mais- und Reisstärke.

Alle diese Rohstoffe werden für die Zwecke der Fabrikation hauptsächlich nur auf ihren Stärkegehalt untersucht. Bei den Körnerfrüchten erstreckt sich die Untersuchung noch auf die Bestimmung des Wassergehaltes und bei Weizen auf Feststellung der stickstoffhaltigen Substanzen (Klebergehalt).

Die quantitative Bestimmung der Stärke erfolgt entweder durch einfaches Auswaschen oder auf chemischem Wege oder endlich (bei der Kartoffel) durch die Bestimmung des spez. Gewichtes.

1. Quantitative Bestimmung des Stärkemehls durch Auswaschen des Rohmaterials.

Man weicht eine gewogene Menge des zu untersuchenden Rohmaterials in Wasser ein, zerquetscht dieselbe und wäscht sie, analog der Fabrikation im großen, über einem Siebe von feiner Gaze, oder indem man sie in ein Tuch einbindet, mit Wasser aus, bis das Waschwasser klar abläuft. Mehl knetet man zu einem Teige an, Kartoffeln werden fein zerrieben. Die Stärke geht in das Waschwasser, aus welchem sie sich leicht absetzt. Sie wird durch wiederholtes Dekantieren mit Wasser ausgewaschen, in ein Schälchen gebracht, getrocknet und gewogen.

Um die Stärkeausbeute der Kartoffeln direkt zu bestimmen, konstruierte Günther (Z. Spiritusind. **1884**, 93) einen Apparat, in welchem mittels einer Reibetrommel eine gewogene Menge Kartoffeln (250 g) zerrieben und ausgewaschen wird. Das die Stärke enthaltende Waschwasser fließt in einem entsprechend in Grade geteilten Meßzylinder, in welchem es 6 Stunden lang ruhig stehenbleibt. In dieser Zeit setzt sich die Stärke ab, und man kann nach der angebrachten Skala ohne weiteres beurteilen, wieviel Prozent Prima-, Sekunda- und Schlammstärke aus den vorliegenden Kartoffeln gewonnen werden kann.

Genaue Resultate vermag diese rohe Methode des Auswaschens natürlich nicht zu geben; sie gewährt nur ein ungefähres Urteil über den Gehalt an Stärke. Man findet z. B. von 21% Stärkemehl in Kartoffeln nur 14 bis 15%; der Rest bleibt in den durch das unvollständige Zerreiben unaufgeschlossenen Zellen und auf dem Siebe zurück.

2. Quantitative Bestimmung des Stärkemehls auf chemischem Wege.

Die chemische Feststellung des Stärkegehaltes in den Rohmaterialien geschieht entweder durch die direkte Bestimmung der darin enthaltenen Stärke oder auf indirektem Wege, indem man die Stärke in Traubenzucker (Dextrose) umwandelt, dessen Mengen durch Reduktion einer alkalischen Kupferlösung bestimmt und hieraus den Stärkewert berechnet.

Von den Methoden der indirekten Stärkebestimmung sind zur Zeit die gebräuchlichsten die von Reinke, bei welcher die Stärke unter Anwendung von Hochdruck auf die mit Wasser angerührte und mit Milchsäure versetzte Substanz in lösliche Form übergeführt wird, und die von Märcker und Morgen, welche darauf beruht, daß die zu untersuchenden, fein gemahlenen Körner oder getrockneten Kartoffeln durch Kochen mit Wasser verkleistert und die Kohlenhydrate durch Zusatz von Malzextrakt in Lösung gebracht werden. Beide Verfahren werden in der Methode von Lintner vereinigt, nach welcher die Aufschließung der Stärke durch Diastase und Anwendung von Hochdruck erfolgt.

Die auf die eine oder die andere Weise hergestellte Lösung wird mit Salzsäure invertiert und in ihr der gebildete Zucker mit alkalischer Kupferlösung (Fehlingscher Lösung) entweder gewichtsanalytisch nach Allihn oder maßanalytisch nach Soxhlet bestimmt.

Bezüglich der Durchführung dieser Untersuchungsmethoden verweisen wir auf den Abschnitt „Spiritus“.

Zu beachten ist, daß bei der nach den angegebenen Methoden ausgeführten Stärkebestimmung neben der Stärke immer auch die in den zu untersuchenden Substanzen ursprünglich enthaltenen Mengen von Zucker und Pentosanen mitbestimmt und als Stärke berechnet werden, so daß die gefundene Stärkemenge nicht dem wahren Stärkegehalt entspricht, sondern vielmehr den „Stärkewert“, d. h. die Menge der in Dextrose (Pentose) überführbaren Kohlehydrate, angibt. Um den wahren Stärkegehalt zu erfahren, muß man deshalb den Gehalt an Zucker und Pentosanen gesondert bestimmen und in Abzug bringen. Die Zuckerbestimmung erscheint besonders wichtig bei der Untersuchung von Kartoffeln auf Stärke, da diese je nach der Reife, nach den Lagerungsverhältnissen und nach der Sorte einen sehr verschiedenen Zuckergehalt aufweisen, der nach Saares Beobachtungen bis 4% beträgt.

Für die Bestimmung des Zuckergehaltes der Kartoffeln gibt Saare (Fabrikation der Kartoffelstärke **1897**, 489) folgende Methode:

1000 g Kartoffeln werden auf einem gewöhnlichen Küchenreibeisen gerieben, die Masse in ein Preßtuch gefüllt und auf einer gewöhnlichen Handpresse abgepreßt. Der abgelaufene Saft wird filtriert. Von dem Filtrat werden 200 g mit 1 ccm Normalschwefelsäure (= 0,04 g SO_3) versetzt, einmal aufgekocht (um die Bakterien zu töten), gekühlt und mit 2 g Reinhefe oder Preßhefe bei Zimmertemperatur der Gärung überlassen. Nach Beendigung dieser (17 bis 18 Stunden) werden von dem gesamten Inhalt des Gärkolbens etwa 100 g abdestilliert, auf 100 g aufgefüllt und darin pyknometrisch oder mit einer Alkoholspindel der Alkoholgehalt bestimmt. Gaben z. B. 200 g Kartoffelsaft 100 g Destillat von dem spez. Gewicht 0,9946 bei 15° C, so enthalten die 100 g = 2,94 g Alkohol (Tafel zur Ermittelung des Alkoholgehaltes von Alkoholwassermischungen von Dr. Karl Windisch. Verlag von Julius Springer, Berlin, 1893, Tab. 23 des Anhangs), oder 100 g Saft lieferten 1,47 g Alkohol. Nun geben theoretisch 100 g Dextrose = 48,67 g Alkohol (nach Jodlbaur), es entspricht also 1 g Alkohol = 2,055 g Dextrose, mithin 1,47 g Alkohol = 3,02 g Dextrose in 100 g Saft.

Für die Feststellung des Gehaltes der Kartoffeln an Zucker (als Dextrose berechnet) muß noch der Gehalt des Saftes an Trockensubstanz und der Trockensubstanzgehalt der Kartoffeln bekannt sein.

Zur Bestimmung der Trockensubstanz der Kartoffeln werden 1000 g der gut gewaschenen und wieder getrockneten Kartoffelprobe auf einem Gurkenhobel ohne Verlust in Scheiben geschnitten und getrocknet. Es geht dies am schnellsten, indem man die Scheiben in einer sehr großen Porzellanschale so verteilt, daß sie sich gegenseitig möglichst wenig bedecken, und die Schale auf einen großen eisernen Topf mit Wasser setzt, den man anheizt. Nach etwa 12 bis 20 Stunden sind die Scheiben so hart, daß sie sich mahlen lassen. Man läßt sie nun mehrere Stunden (z. B. über Nacht) an der Luft stehen und wägt den Rückstand. Dieser ergibt die lufttrockene Substanz, z. B. = 279,2 g = 27,92%. Sie wird auf einer Handmühle schnell gemahlen und ein Teil davon (etwa 10 g) in einem bedeckten Blechtiegel oder einem Wägegläschen abgewogen, im Trockenschrank 4 Stunden lang auf 105° C erhitzt, im Exsiccator abgekühlt und wieder gewogen. Gaben z. B. 9,607 g lufttrockene Substanz = 8,777 g Rückstand, so enthielt die lufttrockene Substanz $\frac{8{,}777 \cdot 100}{9{,}607} = 91{,}36\%$ absolut trockene, d. h. wasserfreie Substanz, und die frischen Kartoffeln $\frac{27{,}92 \cdot 91{,}36}{100} = 25{,}51\%$ wasserfreie oder absolute Trockensubstanz. Der Wassergehalt war demnach 74,49%.

Für die Bestimmung der Trockensubstanz im Kartoffelsaft wägt man etwa 10 g Saft in Wägegläschen ab und trocknet bis zur Gewichtskonstanz bei 105° C. Gaben 10,111 g Saft = 0,593 g Rückstand, so enthält der Saft 5,86% Trockensubstanz oder 94,14 g Wasser.

Zu diesen gehören 3,02 g Zucker (Dextrose). Enthielten 100 g Kartoffeln 25,51 g Trockensubstanz und 74,49 g Wasser, so entsprechen diesen im Saft $\frac{74{,}49 \cdot 3{,}02}{94{,}14}$ g = 2,39 g Zucker. Die Kartoffeln enthalten also 2,39% Zucker (Dextrose).

Die Pentosane werden nach dem Phloroglucidverfahren von Tollens bestimmt. Die Bestimmung, welche auf der Überführung der Pentosane und Pentosen in Furfurol durch Salzsäure und Fällung desselben durch Phloroglucin beruht, wird nach Lintner folgendermaßen ausgeführt:

Man stellt einen 250 bis 350 ccm fassenden Kolben in eine kleine Eisenschale mit 1 cm tiefer Schicht von Roseschem Metall. Der Kolben trägt einen doppelt durchbohrten Gummistopfen mit einer etwa 50 ccm fassenden Hahnpipette, welche 4 cm tief in den Kolbenhals reicht. Durch die andere Bohrung geht ein mit einer Kugel versehenes, weites Destillationsrohr, das mit einem Kühler verbunden wird. Diesem wird ein Becherglas mit Marke bei 30 ccm vorgelegt. 3 bis 6 g Substanz werden mit 100 ccm Salzsäure vom spez. Gewicht 1,06 (= 12% HCl-Gehalt) im Metallbade so erhitzt, daß in 10 bis 15 Minuten 30 ccm überdestillieren. Man legt ein zweites Becherglas vor, gibt durch die Hahnpipette 30 ccm Salzsäure in den Kolben nach und destilliert wieder 30 ccm ab, usw. Die Destillate filtriert man zur Entfernung übergegangener Fette durch ein kleines Filter in ein Becherglas mit Marke bei 400 ccm. Man destilliert, bis 1 Tropfen des Destillats auf mit Anilin-Eisessig (9:6) getränktem Papier keine Rotfärbung mehr gibt. Dann setzt man den gesammelten Filtraten die doppelte Menge des zu erwartenden Furfurols an Phloroglucin puriss. Merck (für Körnerfrüchte 0,3 g) zu, das in einigen Kubikzentimetern Salzsäure gelöst ist, und füllt mit 12proz. Salzsäure auf 400 ccm auf. Man läßt den schwarzen Niederschlag (Phloroglucid) bis zum nächsten Tage absitzen, sammelt ihn auf gewogenem Filter und wäscht mit 150 ccm Wasser, trocknet 3 Stunden bei 105° C und wägt.

Parow vereinfacht die Methode dahin, daß die Salzsäure aus der Hahnpipette ständig in dem Maße zutropft, als sie abdestilliert, und daß das Destillat gleich durch ein kleines Filter in das 400 ccm fassende

Becherglas ständig abläuft. Die Endreaktion wird in einem Porzellanschälchen ausgeführt, in das man einen Tropfen des Destillates, einen Tropfen Anilin und einige Tropfen Eisessig gibt.

Zur Erzielung gut übereinstimmender Resultate ist es erforderlich, durch einen Vorversuch die Menge der Pentosane annähernd festzustellen und dann soviel Substanz zu verwenden, daß man in dieser nicht über 0,25 g Pentosane hat, d. h. z. B. für Kartoffeln mit 3 bis 4% Pentosanen etwa 6 g.

Zur Berechnung der erhaltenen Menge Phloroglucid auf Furfurol teilt man das Gewicht desselben mit einer Zahl, welche für 0,2 bis 0,4 g Phloroglucid zwischen 1,82 und 1,92 schwankt, und multipliziert das erhaltene Furfurol mit 1,84. Die gefundene Zahl ist Pentosan.

Kröber (Journal f. Landwirtschaft **48**, 357; 1900) hat die Methode nachgeprüft und bringt eine Tafel zur direkten Übertragung von Phloroglucid in Pentosan. Hiernach entsprechen:

Phloroglucid	Pentosan	Phloroglucid	Pentosan	Phloroglucid	Pentosan
0,100 =	0,0935	0,170 =	0,1554	0,240 =	0,2168
0,110 =	0,1023	0,180 =	0,1642	0,250 =	0,2256
0,120 =	0,1111	0,190 =	0,1729	0,260 =	0,2343
0,130 =	0,1201	0,200 =	0,1817	0,270 =	0,2429
0,140 =	0,1288	0,210 =	0,1904	0,280 =	0,2517
0,150 =	0,1377	0,220 =	0,1992	0,290 =	0,2605
0,160 =	0,1465	0,230 =	0,2081	0,300 =	0,2693

Die für die Feststellung des wahren Stärkegehaltes der Kartoffeln von Baumert und Bode (Zeitschr. f. angew. Chem. **13**, 1074 und 1111; 1900) ausgearbeitete, in der Ausführung ziemlich umständliche Methode, welche darauf beruht, daß Stärkemehl in wässeriger Natronlauge leichtlöslich, in alkoholischer aber unlöslich und quantitativ ausfällbar ist, wurde später von Baumert (Zeitschr. f. Untersuchung der Nahr- u. Genußmittel **18**, 167; 1909) dadurch wesentlich vereinfacht, daß er zur Aufschließung der Substanz bzw. zur Auflösung der Stärke nach dem Vorgange von C. J. Lintner rauchende Salzsäure benutzte. In dieser Abänderung ist sein Verfahren auch auf alle Stärkearten (Weizen, Roggen, Gerste, Hafer, Reis, Mais) anwendbar. Der Gang der Untersuchung ist folgender:

3 g der feinstgepulverten Substanz werden in einem Becherglase mit 2 bis 5 ccm Wasser gleichmäßig verrieben und unter fortgesetztem Umrühren und Abkühlen (durch Einstellen in kaltes Wasser) mit 10 ccm Salzsäure (spez. Gew. 1,19) versetzt. Nachdem in längstens 10 Minuten die gequollene Masse dünnflüssig geworden ist, fügt man unter fortgesetztem Rühren und guter Kühlung 20proz. Natronlauge im Überschuß hinzu, spült den Inhalt des Becherglases mit Wasser in ein 250-ccm-Kölbchen, füllt unter Umschütteln zur Marke auf und filtriert nach dem Absetzen durch ein Faltenfilter.

25 ccm des Filtrates werden nach Zugabe von etwa 1 g feinflockigem Asbest unter kräftigem Umrühren mit 50 bis 60 ccm Alkohol (94 bis 96proz.) gefällt. Sobald der Niederschlag sich klar abgesetzt hat, sammelt man ihn unter Benutzung der Wasserluftpumpe in einem vorher

ausgeglühten Asbestfilterröhrchen, wäscht ihn mit Alkohol unter Zusatz von 3 bis 5 ccm verdünnter Salzsäure (zur Zersetzung des Stärkenatriums), darauf mit 80 proz., dann mit absolutem Alkohol und zuletzt mit Äther aus. Nachdem das Röhrchen getrocknet und gewogen ist, wird der Inhalt im Sauerstoffstrom geglüht und nach dem Erkalten das Röhrchen zurückgewogen. Der Gewichtsverlust wird als Stärke in Rechnung gestellt.

Zur direkten Bestimmung des Stärkestoffs eignen sich ferner die von Lindet und von Kaiser angewendeten Methoden.

Um das die Stärkekörner in einem festen Netz umgebende Gluten zu lösen, läßt Lindet (Märcker-Delbrück, Spiritusfabrikation; Wochenschr. f. Brauerei **1896**, 1302) auf das gemahlene Getreidekorn salzsaure Pepsinlösung wirken. Hierbei wird das Stärkemehl von dem Gluten befreit, so daß es nun von den übrigen Teilen mechanisch getrennt werden kann. Die Ausführung ist folgende: Etwa 10 g Körner werden gemahlen, in einen Erlenmeyerkolben gebracht und mit einer Lösung, die 2% Pepsin und 1,5% Salzsäure enthält, 12 bis 24 Stunden unter zeitweiligem Durchschütteln auf einer Temperatur von 40 bis 50° C gehalten. Der Rückstand wird dann in Beutelseide eingefaltet und in einer Schale mit Wasser durchgeknetet, bis kein Stärkemehl mehr gewonnen wird. Dies wird unter Zusatz von Formaldehyd zum Absetzen gebracht, auf einem, mit gewogener Menge gewaschenen und calcinierten Bimssteins beschickten Filter gesammelt und mit diesem bei 50° C und dann bei 105° C getrocknet. Die Methode gestattet die Bestimmung von Stärke neben viel Zucker.

Das Verfahren von Kaiser (Märcker-Delbrück, Spiritusfabrikation u. Chem.-Ztg. **26**, 180; 1902) beruht auf der vollständigen Ausfällung verkleisterter Stärke durch Jod bei Gegenwart von essigsaurem Natron. Von einer durch Verkleisterung und Abkühlen erhaltenen 1 proz. Stärkelösung werden 50 ccm mit 10 g Natriumacetat versetzt, auf 50° C erwärmt und unter Rühren mit 25 ccm Jodlösung (5 g Jod und 10 g Jodkalium im Liter) gefällt, so daß ein kleiner Jodüberschuß vorhanden ist. Der Niederschlag wird auf einem gewogenen Filter gesammelt, mit einer 3 proz. Natriumacetatlösung gewaschen, mit Alkohol in eine Porzellanschale gespült und mit etwa 5 ccm einer 5 proz. alkoholischen Kalilösung versetzt und gelinde erwärmt, wobei amorphe Stärke zurückbleibt. Man säuert dann mit alkoholischer Essigsäure genügend an, läßt zur Entfernung allen Alkalis einige Zeit stehen und bringt den Niederschlag auf das gewogene Filter zurück, wäscht 8 mal mit heißem Weingeist, dann mit absolutem Alkohol und Äther und trocknet 4 Stunden bei 120° C. Die Stärke muß sich in Wasser fast klar lösen, ein Rückstand ist nach dem Trocknen abzuziehen. Da die Stärke sehr hygroskopisch ist, muß im geschlossenen Gefäß gewogen werden.

3. Bestimmung der Stärke durch Polarisation.

Von den verschiedenen in Vorschlag gebrachten polarimetrischen Untersuchungsmethoden mögen hier diejenigen von C. J. Lintner und E. Ewers beschrieben werden.

Das Verfahren von Lintner (Zeitschr. f. d. ges. Brauwesen **1907**, 109; und Wochenschr. f. Brauerei **1909**, 306), welches zur Bestimmung der Stärke in Gerste angewendet wird, ist folgendes: 5 g feinstgemahlene Gerste werden in einer Reibschale zur Vermeidung von Klumpenbildung mit 20 ccm Wasser gut verrieben und mit 30 ccm konz. Salzsäure (spez. Gewicht 1,19) vermischt. Man läßt die Mischung 30 Minuten stehen, wobei der anfänglich hellgelbe Brei bald dunkler und dünnflüssiger wird. Darauf spült man die Flüssigkeit mit Salzsäure vom spez. Gewicht 1,125 unter Zuhilfenahme einer Gummifahne in ein 200-ccm-Kölbchen, setzt 10 ccm einer 4proz. Phosphorwolframsäurelösung (zur Klärung) hinzu und füllt mit verdünnter Salzsäure zur Marke auf. Nach tüchtigem Umschütteln wird durch ein Faltenfilter, dessen Spitze zweckmäßig durch ein kleines glattes Filter geschützt ist, filtriert und das vollkommen klare Filtrat in einem 200-mm-Rohr mit Natriumlicht polarisiert. Statt 5 g Gerste können auch, unter Beobachtung der entsprechenden Verhältnisse (10 ccm Wasser, 15 ccm konz. Salzsäure, 100-ccm-Kölbchen) 2,5 g Substanz angewendet werden.

Anstatt der Salzsäure kann man auch, nach C. J. Lintner und O. Wenglein, Schwefelsäure zum Aufschließen verwenden, doch muß diese einen stärkeren Gehalt und zwar von 77 % (spez. Gew. 1,70) haben.

Schall (Zeitschr. f. Unters. d. Nahr.- u. Genußmittel **1909**, 1. 2., 157) fand, daß bei der direkten Anwendung des Lintnerschen Verfahrens auf Kartoffeln die Lösungen sich sehr verschieden und häufig sehr schlecht klären ließen. Nach seinen Versuchen kann die Klärung fortfallen, wenn man den abgewogenen Kartoffelbrei auf ein stärkedichtes Asbestfilter bringt und durch Absaugen und Auswaschen mit Wasser von den gelösten Stoffen befreit. Bei Verwendung einer Filterplatte von 5 cm Durchmesser genügten 0,6 g Asbest. Der hierdurch entstehende, sehr geringe Fehler (bei einem spez. Gewicht des Asbestes von 3,0 = 0,2 ccm) läßt sich bei Anwendung einer abgewogenen Menge Asbest leicht korrigieren. Bei genauen Bestimmungen ist auch für die in Salzsäure unlöslichen Zellstoffe eine Korrektur anzubringen. Im Mittel mehrerer Versuche wurde das Volumen des in Salzsäure Unlöslichen für 10 g Kartoffeln zu 0,38 ccm festgestellt. Die bei 20 g anzuwendende gesamte Korrektur würde demnach 0,96 ccm betragen. Als zweckmäßigste Ausführungsform des Verfahrens bei Kartoffeln wurde von Schall folgende gefunden: 20 g des gut gemischten, homogenen Kartoffelbreies werden auf eine mit stärkedichter Asbestlage versehene Asbestplatte gebracht, nachdem die Saugpumpe angestellt worden ist. Der Rückstand wird 3 mal mit je 5 bis 10 ccm Wasser, 3 mal mit je etwa 5 ccm 96proz. Alkohol und endlich mit wenig Äther ausgewaschen. Nun bringt man den Rückstand mit dem Asbest in die zum Abwägen des Breies benutzte Schale zurück, verteilt ihn mit 20 ccm Wasser, fügt 40 ccm konz. Salzsäure (spez. Gew. 1,19) hinzu und verrührt die Masse möglichst gleichmäßig. Nach etwa $^1/_4$ stündigem Stehen rührt man nochmals gut durch, läßt noch weiter 15 Minuten stehen, spült die Masse alsdann mit Wasser in einen 200-ccm-Kolben und füllt, unter

Beobachtung der Normaltemperatur des Kolbens, mit Wasser zur Marke auf. Für die in der Flüssigkeit suspendierten festen Stoffe kann eine Korrektur angebracht werden, welche rund 0,9 ccm betragen würde. Nach dem Durchmischen wird filtriert und das Filtrat bei Normaltemperatur polarisiert.

Nach dem Verfahren Ewers (Zeitschr. f. Unters. d. Nahr.- u. Genußmittel **16,** 509; 1908) werden 5 g Substanz mit 5 ccm verdünnter Salzsäure, welche für Getreidestärke 1,125% und für Kartoffel- und Marantastärke 0,422% HCl enthält, in einen 100-ccm-Kolben geschüttelt und mit weiteren 25 ccm der Salzsäure nachgespült. Der Kolben wird genau 15 Minuten in ein siedendes Wasserbad gestellt und ist während der ersten 3 Minuten mehrmals umzuschwenken. Nach der Erhitzung wird auf etwa 90 ccm aufgefüllt, auf 20° abgekühlt, mit molybdänsaurem Natrium (120 g MoO_3 in 1 L) geklärt, auf 100 ccm aufgefüllt, filtriert und polarisiert.

Erwähnt sei hier noch die Stärkebestimmung in Mais nach A. Frank-Kamenetzky (Chem.-Ztg. **32,** 157; 1908). Dieser fand, daß der Stärkewert des Mais in direktem Verhältnis zu der unter ganz bestimmten Verhältnissen ermittelten Extraktausbeute steht. Er verflüssigt deshalb 5 g feingemahlene Substanz, ohne Anwendung von Hochdruck, mit Diastase, verzuckert, füllt auf 100 ccm auf, filtriert und bestimmt den Extraktgehalt des Filtrates entweder mit dem Eintauchrefraktometer von Zeiß, oder durch die Feststellung des spezifischen Gewichtes mit Pyknometer. Rein empirisch aufgestellte Tabellen ergeben den Stärkewert für Mais.

4. Bestimmung des Stärkegehaltes (Stärkewertes) durch Ermittelung des spezifischen Gewichtes (bei Kartoffeln).

Für den Stärkefabrikanten ist es nicht möglich, immer die mechanische oder die chemische Analyse zur Beurteilung der zu verarbeitenden Materialien anzuwenden, weil beide zu viel Zeit in Anspruch nehmen. Bei den Körnerfrüchten muß es ihm oft genügen, die Bruchfläche, Maß und Gewicht der Körner in Betracht zu ziehen; für die Kartoffeln aber steht ihm noch eine andere, schnell auszuführende Untersuchungsmethode zur Verfügung, die genügend genaue Resultate ergibt, nämlich diejenige, welche auf der Bestimmung des spez. Gewichtes beruht.

Das ziemlich hohe spez. Gewicht des Stärkemehles und der Umstand, daß die Trockensubstanz der Kartoffel zum weitaus größten Teil aus Stärkemehl besteht, brachte zuerst Berg auf den Gedanken, es müsse zwischen dem spez. Gewicht und dem Stärkegehalt der Kartoffeln ein bestimmtes Verhältnis bestehen. Er fand seine Vermutung bestätigt und stellte eine Gleichung auf, durch welche man aus dem ermittelten spez. Gewicht den Stärkegehalt der Kartoffeln berechnen konnte. Die durch seine Methode erhaltenen Resultate waren aber sehr wenig genau, weil er die seiner Berechnung zugrunde gelegten Stärkemehlbestimmungen durch einfaches Auswaschen vorgenommen hatte. Später wurde die Methode durch Lüdersdorff, Balling und Holdefleiß, welche die Stärkebestimmungen auf chemischem Wege genauer ausführten, verbessert. Dann waren es Märcker, Behrend und Morgen, welche unter Anwendung der inzwischen vervollkommneten Stärkebestimmungsmethoden die Frage von neuem einer Bearbeitung unterzogen. Sie untersuchten eine große Anzahl verschiedener Kartoffeln (144 Sorten) auf ihren Trockensubstanzgehalt, Stärkegehalt und das spez. Gewicht und berechneten daraus eine Tabelle, indem sie die mittlere Differenz zwischen Stärkemehl- und Trockensubstanzgehalt, die sich als 5,752% ergab, zugrunde legten. Diese Tabelle ist nach Märckers Handbuch der Spiritusfabrikation folgende:

Bestimmung des Prozent-, Trocken- und Stärkegehaltes der Kartoffeln aus dem spez. Gewicht nach Behrend, Märcker und Morgen.

Spezifisches Gewicht	Trockensubstanz %	Stärkemehl %	Spezifisches Gewicht	Trockensubstanz ¼	Stärkemehl %	Spezifisches Gewicht	Trockensubstanz %	Stärkemehl %	Spezifisches Gewicht	Trockensubstanz %	Stärkemehl %
1,080	19,7	13,9	1,100	24,0	18,2	1,120	28,3	22,5	1,140	32,5	26,7
081	19,9	14,1	101	24,2	18,4	121	28,5	22,7	141	32,8	27,0
082	20,1	14,3	102	24,4	18,6	122	28,7	22,9	142	33,0	27,2
083	20,3	14,5	103	24,6	18,8	123	28,9	23,1	143	33,2	27,4
084	20,5	14,7	104	24,8	19,0	124	29,1	23,3	144	33,4	27,6
085	20,7	14,9	105	25,0	19,2	125	29,3	23,5	145	33,6	27,8
086	20,9	15,1	106	25,2	19,4	126	29,5	23,7	146	33,8	28,0
087	21,2	15,4	107	25,5	19,7	127	29,8	24,0	147	34,1	28,3
088	21,4	15,6	108	25,7	19,9	128	30,0	24,2	148	34,3	28,5
089	21,6	15,8	109	25,9	20,1	129	30,2	24,4	149	34,5	28,7
1,090	21,8	16,0	1,110	26,1	20,3	1,130	30,4	24,6	1,150	34,7	28,9
091	22,0	16,2	111	26,3	20,5	131	30,6	24,8	151	34,9	29,1
092	22,2	16,4	112	26,5	20,7	132	30,8	25,0	152	35,1	29,3
093	22,4	16,6	113	26,7	20,9	133	31,0	25,2	153	35,4	29,6
094	22,7	16,9	114	26,9	21,1	134	31,3	25,5	154	35,6	29,8
095	22,9	17,1	115	27,2	21,4	135	31,5	25,7	155	35,8	30,0
096	23,1	17,3	116	27,4	21,6	136	31,7	25,9	156	36,0	30,2
097	23,3	17,5	117	27,6	21,8	137	31,9	26,1	157	36,2	30,4
098	23,5	17,7	118	27,8	22,0	138	32,1	26,3	158	36,4	30,6
099	23,7	17,9	119	28,0	22,2	139	32,3	26,5	159	36,6	30,8

Da einerseits in den Kartoffeln immer lufterfüllte Hohlräume in wechselnden Mengen vorkommen, die einen Einfluß auf die Höhe des spez. Gewichtes ausüben, andrerseits die für die Aufstellung obiger Tabelle verwendeten Stärkebestimmungen nach einer keineswegs als einwandsfrei anzusehenden Methode ausgeführt wurden, so ist nach Märcker (Hdb. d. Spiritusfabrikation, 8. Aufl., S. 148) die Fehlergrenze der Schätzung des Stärkegehalts der Kartoffel nach dem spez. Gewicht keine kleine, und man darf höchstens hoffen, den Stärkegehalt auf $\pm 1\%$ genau danach zu finden; d. h. eine Kartoffel, die nach dem spez. Gewicht zu 23% Stärke eingeschätzt wird, kann in Wirklichkeit 22 oder 24% enthalten, ja man darf sich nicht wundern, wenn in einzelnen Fällen Abweichungen von $\pm 2\%$ und gelegentlich sogar darüber vorkommen.

Bei der Benutzung der Tabelle, die eigentlich für den Spiritusfabrikanten berechnet ist, muß ferner beobachtet werden, daß die Bestimmung der Stärke nach dem spez. Gewicht nicht den wahren Stärkegehalt, sondern wiederum nur den sich aus Stärke und anderen Kohlehydraten, namentlich Zucker, zusammensetzenden Stärkewert angibt. Deshalb muß der Stärkefabrikant, wenn er von vorstehender Tabelle Gebrauch macht, von dem darin angegebenen Stärkegehalt eine dem durch Bestimmung des spez. Gewichts mit bestimmten Zucker entsprechende Stärkemenge in Abzug bringen, für welche nach Saare ein Mittelwert von 1,5% anzusetzen ist.

Die Bestimmung des spez. Gewichtes fester Körper kann auf indirektem oder direktem Wege geschehen.

Bei der indirekten Bestimmung wird das spez. Gewicht einer Flüssigkeit demjenigen des festen Körpers gleichgemacht und dann das spez. Gewicht der Flüssigkeit durch Aräometer oder auf irgendeine andere Weise bestimmt. Auf ihr beruht die Untersuchungsmethode von Kroker. Es wird eine größere Anzahl Kartoffeln (20 bis 30) in ein zum Teil mit Wasser gefülltes zylindrisches Glas gebracht und von einer konz. Salzlösung unter Umrühren so lange hinzugefügt, bis etwa $^1/_3$ der Kartoffeln zu Boden sinkt, $^1/_3$ in der Flüssigkeit schwimmt und $^1/_3$ an der Oberfläche schwebt. Hierauf bestimmt man das spez. Gewicht der Flüssigkeit, dem also das spez. Gewicht der Kartoffeln entspricht, und liest aus der obigen Tabelle den Stärkegehalt ab. Man kann auch so verfahren, daß man eine Anzahl Gefäße mit Salzlösungen verschiedener Konzentrationen nebeneinander aufstellt und die zu prüfenden Kartoffeln nacheinander in die verschiedenen Lösungen bringt, bis man die dem spez. Gewicht der Kartoffeln entsprechende Konzentration findet. Im ganzen ist diese Methode ziemlich umständlich, und sie liefert wenig zuverlässige Resultate.

Zu genaueren Resultaten führt die Bestimmung des spez. Gewichts auf direktem Wege.

Das spez. Gewicht eines Körpers wird nach der bekannten Formel

$$s = \frac{g}{v}$$

gefunden, indem man das absolute Gewicht (g) desselben durch das Gewicht eines gleichen Volumens Wasser (v) dividiert. Es kommt also bei dieser Bestimmung darauf an, festzustellen, wieviel das einer gewogenen Menge Kartoffeln gleiche Volumen Wasser wiegt.

Dies geschieht nach Stohmann mittels des von ihm konstruierten, in Fig. 1 und 2 abgebildeten Apparates auf folgende Weise: Man füllt einen etwa 2 l haltenden Glaszylinder unter Anwendung genau justierter Maßgefäße mit Wasser, bis die von einer über den Zylinder gelegten Brücke herabreichende feine Metallspitze den Wasserspiegel gerade berührt. Wenn man die letzte Wassermenge vorsichtig aus einer graduierten Bürette zufließen läßt, so hält es nicht schwer, diesen Punkt genau zu treffen. Die Menge des in den Zylinder gelassenen Wassers wird notiert, der Zylinder dann geleert und sorgfältig getrocknet. Hierauf wägt man genau 1000 g Kartoffeln ab, tut sie in den Zylinder und füllt abermals bis zur Nadelspitze mit Wasser auf. Der Wenigerverbrauch an Wasser entspricht dem Volumen des durch die Kartoffeln verdrängten Wassers, und die Anzahl der Kubikzentimeter des letzteren drückt das Gewicht desselben in Grammen aus.

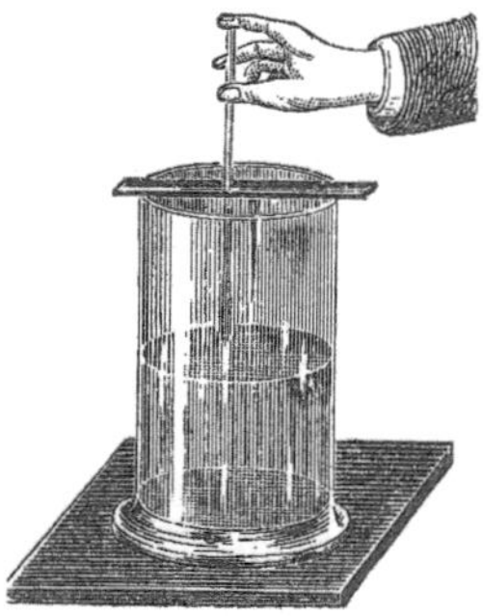

Fig. 1.
Apparat zur Bestimmung des spez. Gewichtes nach Stohmann.

Es enthalte z. B. der bis zur Spitze mit Wasser gefüllte

Zylinder leer (ohne Kartoffeln) .	= 2950 ccm,
mit 1000 g Kartoffeln	= 2049 ccm,
so ist das Volumen des durch die Kartoffeln verdrängten Wassers	= 901 ccm.

Mithin ist das spez. Gewicht der Kartoffeln $= \frac{1000}{901} = 1{,}109$, und diesem entspricht nach der Tabelle auf S. 126 ein Stärkewert von 20,1 %. Wenn die Bestimmung mit Sorgfalt ausgeführt wird, wenn man namentlich darauf achtet, daß die Kartoffeln gut gereinigt sind und sich an dieselben im Wasser keine Luftblasen ansetzen, so liefert sie sehr genaue Resultate.

Die am häufigsten angewendeten Methoden beruhen auf einer direkten Bestimmung des Volumens der Kartoffeln durch Wägung unter Wasser. Wägt man die Kartoffeln erst in der Luft und dann in Wasser, so erhält man, da nach dem Archimedischen Prinzip jeder Körper beim Wägen in einer Flüssigkeit so viel an Gewicht verliert, als der Raum der von ihm verdrängten Flüssigkeit wiegt, in der Differenz der Gewichte das Volumgewicht der Kartoffeln. Wiegen z. B. 5000 g Kartoffeln unter Wasser nur 525 g, so beträgt ihr Volumgewicht 5000 — 525 = 4475 g. Das spez. Gewicht der Kartoffeln ist demnach:

$$s = \frac{g}{v} = \frac{5000}{4475} = 1{,}117,$$

und der Stärkewert nach der Tabelle auf S. 126 = 21,8 %.

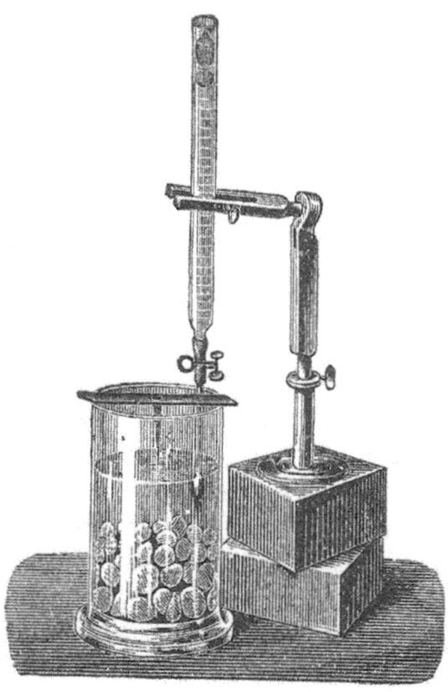

Fig. 2.
Apparat von Stohmann.

Um die zu dieser Bestimmung nötigen Wägungen schnell und sicher ausführen zu können, dienen verschiedene, besonders für diesen Zweck eingerichtete Wagen. Unter ihnen ist diejenige von Fesca die älteste. Sie zeigt an, wieviel das durch die Kartoffeln verdrängte Wasser wiegt, und aus der ihr beigegebenen Tabelle kann man unmittelbar aus dem Gewichte des verdrängten Wassers den Stärkewert der Kartoffeln ersehen.

Die später von Hurtzig, Schwarzer und Reimann konstruierten Wagen geben dagegen an, wieviel die Kartoffeln selbst unter Wasser wiegen.

Am weitesten verbreitet ist die in Fig. 3 abgebildete Reimannsche Kartoffelwage. Sie ist eine Dezimalwage, die an dem längeren Arm des Wagebalkens eine Gewichtsschale und an dem kürzeren zwei übereinander hängende Drahtkörbe zur Aufnahme der zu prüfenden Kartoffeln trägt, und wird auf dem Bügel des dazu gehörigen Wasserbehälters mittels einer Schraubenmutter befestigt.

Die Bestimmung wird mit dieser Wage folgendermaßen ausgeführt:

Man füllt zunächst den Bottich mit destilliertem Wasser oder reinem Regenwasser von 14° Réaumur oder 17,5° Celsius so weit an, daß der untere, frei schwebende Korb ganz von demselben bedeckt ist, und stellt dann die Wage vermittels des oberhalb des Wagebalkens angebrachten Schiebegewichts ein. Hierauf wägt man in dem oberen Korbe genau 5 kg der zu untersuchenden Kartoffeln ab, wobei die genaue Einstellung durch Schneiden einer Kartoffel bewirkt wird, bringt sie alsdann in den unteren, im Wasser befindlichen Korb und bestimmt ihr Gewicht unter Wasser.

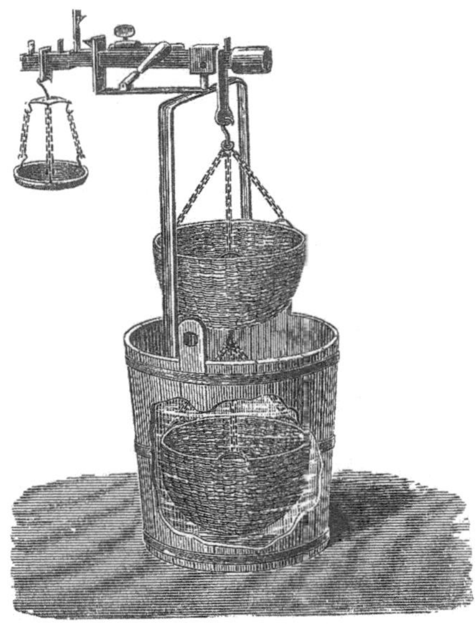

Fig. 3. Reimannsche Kartoffelwage.

Aus der S. 130 beigefügten, Märcker-Delbrücks Handbuch der Spiritusfabrikation, 9. Aufl., entnommenen Tabelle liest man alsdann den dem Gewicht der Kartoffeln in Wasser entsprechenden Stärkewert ab. Jedoch müssen natürlich auch hier für die Zwecke der Stärkefabrikation von den angegebenen Zahlen für den Stärkewert 1,5% in Abzug gebracht werden.

Bei der Ausführung der Bestimmung dürfen folgende Vorsichtsmaßregeln nicht außer acht gelassen werden, wenn genaue Resultate erhalten werden sollen.

1. Das zur Bestimmung verwendete Wasser soll womöglich destilliertes (Kondenswasser) oder Regenwasser sein, da sich aus Brunnenwasser leicht kohlensaurer Kalk abscheidet, der durch Ansetzen an die Ketten und den Korb das Gewicht der letzteren verändern kann.

2. Die Temperatur des Wassers muß 14° R = 17,5° C betragen, da die Tabellen für diese Temperatur ermittelt sind. Auch die Kartoffeln müssen die gleiche Temperatur haben.

Tafel zur Bestimmung des Trockengehaltes und des Stärkewertes der Kartoffeln aus dem spez. Gewicht mittels der Reimannschen Wage nach Behrend, Märcker und Morgen (1879), revidiert und erweitert von Foth (1907).

Gewicht von 5000 g Kartoffeln unter Wasser g	Spezifisches Gewicht	Trockensubstanz %	Stärkewert %	Gewicht von 5000 g Kartoffeln unter Wasser g	Spezifisches Gewicht	Trockensubstanz %	Stärkewert %
290	1,0616	15,748	9,996	495	1,1099	26,085	20,333
295	1,0627	15,984	10,232	500	1,1111	26,341	20,589
300	1,0638	16,219	10,467	505	1,1123	26,598	20,846
305	1,0650	16,476	10,724	510	1,1136	26,876	21,124
310	1,0661	16,711	10,959	515	1,1148	27,133	21,381
315	1,0672	16,947	11,195	520	1,1161	27,411	21,659
320	1,0684	17,204	11,452	525	1,1173	27,668	21,916
325	1,0695	17,439	11,687	530	1,1186	27,946	22,194
330	1,0707	17,696	11,944	535	1,1198	28,203	22,451
335	1,0718	17,931	12,179	540	1,1211	28,481	22,729
340	1,0730	18,188	12,436	545	1,1224	28,760	23,008
345	1,0741	18,423	12,671	550	1,1236	29,016	23,264
350	1,0753	18,680	12,928	555	1,1249	29,295	23,543
355	1,0764	18,916	13,164	560	1,1261	29,551	23,799
360	1,0776	19,172	13,420	565	1,1274	29,830	24,078
365	1,0787	19,408	13,656	570	1,1286	30,086	24,334
370	1,0799	19,665	13,913	575	1,1299	30,365	24,613
375	1,0811	19,921	14,169	580	1,1312	30,643	24,891
380	1,0822	20,157	14,405	585	1,1325	30,921	25,169
385	1,0834	20,414	14,662	590	1,1338	31,199	25,447
390	1,0846	20,670	14,918	595	1,1351	31,477	25,725
395	1,0858	20,927	15,175	600	1,1364	31,756	26,004
400	1,0870	21,184	15,432	605	1,1377	32,034	26,282
405	1,0881	21,419	15,667	610	1,1390	32,312	26,560
410	1,0893	21,676	15,924	615	1,1403	32,590	26,838
415	1,0905	21,933	16,181	620	1,1416	32,868	27,116
420	1,0917	22,190	16,438	625	1,1429	33,147	27,395
425	1,0929	22,447	16,695	630	1,1442	33,425	27,673
430	1,0941	22,703	16,951	635	1,1455	33,703	27,951
435	1,0953	22,960	17,208	640	1,1468	33,981	28,229
440	1,0965	23,217	17,465	645	1,1481	34,259	28,507
445	1,0977	23,474	17,722	650	1,1494	34,538	28,786
450	1,0989	23,731	17,979	655	1,1507	34,816	29,064
455	1,1001	23,987	18,235	660	1,1521	35,115	29,363
460	1,1013	24,244	18,492	665	1,1534	35,394	29,642
465	1,1025	24,501	18,749	670	1,1547	35,672	29,920
470	1,1038	24,779	19,027	675	1,1561	35,971	30,219
475	1,1050	25,036	19,284	680	1,1574	36,249	30,498
480	1,1062	25,293	19,541	685	1,1587	36,528	30,776
485	1,1074	25,549	19,797	690	1,1601	36,827	31,075
490	1,1086	25,806	20,054				

3. Der untere Korb soll vollständig frei schweben und vor dem Wägen der Kartoffeln unter Wasser und nach demselben gleich tief ins Wasser tauchen, weil sonst die Ketten sich bald mehr, bald weniger unter Wasser befinden, wodurch natürlich Gewichtsdifferenzen ent-

stehen. Man erreicht dies am sichersten, wenn man den Bottich mit einem Ausflußrohr versieht. Hat man beim Einstellen der Wage den Bottich bis zum Ausflußrohr gefüllt, so fließt beim Einbringen der Kartoffeln in den unteren Korb das verdrängte Wasser ab, so daß das Niveau des Wassers immer gleich hoch bleibt. Als sehr praktisch hat es sich erwiesen, die Ketten durch zwei Drähte zu ersetzen. Der eine derselben verbindet zwei gegenüberliegende Punkte des Korbrandes und ist in der Mitte mit einer Öse versehen, in welcher der zweite, in einen Haken zum Anhängen endende Draht befestigt wird.

4. Zur Bestimmung sollten möglichst mindestens 5 kg Kartoffeln verwendet werden, da bei der großen Verschiedenheit auch der unter ganz gleichen Verhältnissen gewachsenen Kartoffeln eine kleinere Menge keinen Anhalt zur Beurteilung eines größeren Postens geben würde.

5. Die Kartoffeln müssen sorgfältig gewaschen und mit einer scharfen Bürste gereinigt und hiernach wieder, am besten durch Abreiben mit einem Tuche, abgetrocknet werden. Erfolgt das Abtrocknen durch Liegenlassen an der Luft, so darf dies nicht zu lange dauern, damit die Kartoffeln nicht austrocknen.

6. Soll die Untersuchung schnell ausgeführt werden, so kann man, um Zeit zu sparen, die Kartoffeln auch verwenden, ohne sie wieder abgetrocknet zu haben. Hierbei ist jedoch das den Kartoffeln anhaftende Wasser zu berücksichtigen. Es müssen dann statt 5000 g trockene Kartoffeln 5050 g nasse Kartoffeln abgewogen werden.

7. Faule, kranke, unreife, verschrumpfte, stark gekeimte und sonst unnormale Knollen sind von der Bestimmung auszuschließen, da die Tabellen nur für gesunde Kartoffeln zutreffend sind. Bei trockenfaulen Kartoffeln können die faulen Stellen ausgeschnitten werden. Knollen, die infolge innerer Hohlräume auf dem Wasser schwimmen, werden durchgeschnitten und solche, die auch dann noch schwimmen, von der Wägung ausgeschlossen. Hart gefrorene Kartoffeln läßt man nach Saare am besten in angewärmtem Wasser auftauen, wobei der Schmutz abfällt, wägt sie naß schnell in dem oberen Korb und dann unter Wasser. Nach Abzug von 1% Stärke erhält man ein genügend genaues Resultat.

8. Die sich an die im Wasser befindlichen Kartoffeln ansetzenden Luftblasen sind durch Schütteln oder ruckweises Auf- und Abbewegen des Korbes zu entfernen. Ändert sich hiernach das Gewicht, so ist das Schütteln fortzusetzen, bis das Gewicht konstant bleibt.

Alle diese Vorschriften gelten auch für die Benutzung der neueren nach Parow und nach von der Heide von der Glasbläserei des Vereins der Spiritusfabrikanten in Deutschland konstruierten Wagen.

Die Laufgewichtskartoffelwage nach Parow.

Die Laufgewichtskartoffelwage nach Parow (Fig. 4) ist genau wie die Reimannsche Kartoffelwage konstruiert, nur mit dem Unterschiede, daß auf dem nach Dezimalsystem hergestellten Wagebalken ein großes rundes Schiebegewicht läuft. Über letzterem befindet sich eine mit empirischer Teilung versehene Schiene mit einem kleinen Laufgewicht. Die ganze Wage ist auf dem Bügel des dazugehörigen Wasserbehälters mittels Schraubenmutter befestigt und trägt andererseits die verzinnten Drahtkörbe zur Aufnahme der Kartoffeln. Nachdem der Balken horizontal (man kontrolliert dies am besten mit der Wasserwage) befestigt und die Körbe wie bei der Reimannschen Wage angehängt sind, füllt man den Bottich mit reinem Wasser von 17,5° C (14° R) so weit, daß der untere Korb ganz von demselben bedeckt ist und das Wasser bis an das Überlaufloch reicht. Der untere Korb darf die Wände und den Boden des Bottichs nicht berühren. Das Einstellen der Kartoffelwage erfolgt in folgender Weise:

Den großen und den kleinen vernickelten Schieber schiebt man soweit als möglich nach rechts, also bis an die senkrechte Tragestange für die Schiene des kleinen Laufgewichtes. Das große Gewicht steht dann auf dem Nullpunkt.

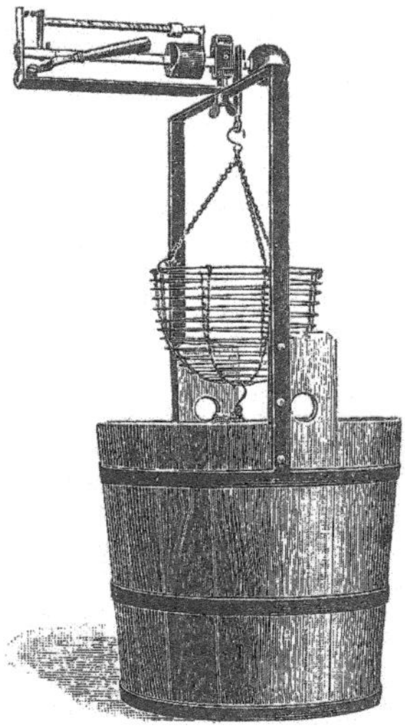

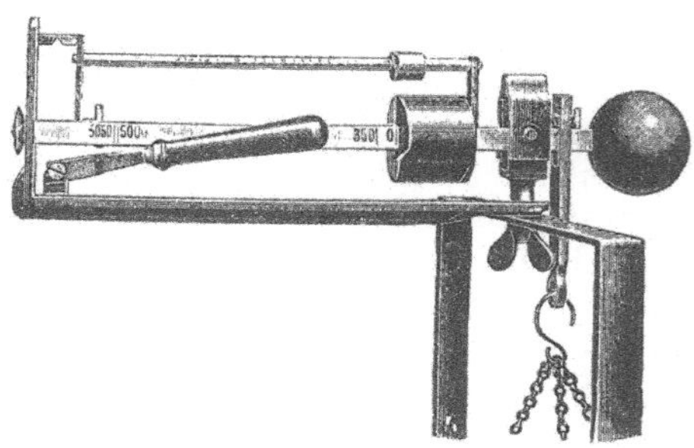

Fig. 4. Laufgewichtskartoffelwage nach Parow.

Links am Wagebalken befindet sich ein beweglicher Schieber, welcher zum Tarieren der Wage dient. Man verstellt denselben derartig, daß die beiden Zungen der Wage gegenüberstehen. Durch Anziehen der Feststellschraube verhütet man eine Veränderung der Lage des Tariergewichtes beim Abwiegen. Die Wage ist jetzt gebrauchsfertig.

Um 5 kg trockene Kartoffeln abzuwiegen, schiebt man das große Schiebegewicht nach links bis an den Teilstrich 5000, bei Verwendung nasser Kartoffeln bis an den Teilstrich 5050.

Beim Wiegen der Kartoffeln unter Wasser schiebt man das große Schiebegewicht nach rechts bis hinter die Zahl 350, und zwar so weit, daß gerade der Teilstrich zum Vorschein kommt, bringt die Wage durch Verschiebung des kleinen Laufgewichtes in das Gleichgewicht, und kann dann sofort den Prozentgehalt der Stärke direkt auf der mit Teilung versehenen Schiene links an dem kleinen Laufgewicht ablesen.

Der Vorteil der Parowschen Wage besteht darin, daß der Gewichtssatz und die Tabelle überflüssig werden.

Kartoffelwage nach von der Heide.

Die Konstruktion der von der Heideschen Wage (Fig. 5) beruht auf Feststellung des spez. Gewichts nach dem Prinzip der Nicholsonschen Wage und des Skalen-Aräometers. Der Apparat besteht, wie nachstehende Abbildung zeigt, im wesentlichen aus einem Schwimmkörper aus Messing, an welchen unten der zur Aufnahme der Kartoffeln dienende verzinkte Drahtkorb gehängt wird, und welcher oben eine messingne Spindel trägt. Die letztere ist rings um den Stengel mit einer eingravierten Teilung und mit Zahlen versehen, welche direkt die Stärkeprozente angeben.

Fig. 5. Kartoffelwage nach von der Heide.

Die Ausführung der Spindelung kann in einem auf Wunsch mitgelieferten verzinkten Eisengefäß erfolgen oder in irgendeinem Bottich oder Faß, welche die nötige Höhe, also etwa 90 cm, aufweisen.

Am oberen Teil der Spindel befindet sich ein Haken, an welchem das Instrument aufgehängt werden kann, um es aufzubewahren. Dieses Aufhängen kann auch an einer an dem eisernen Bottich angebrachten Aufhängevorrichtung geschehen, welche gleichzeitig als Halter für eine gewöhnliche, zum Abwiegen der Kartoffeln dienende Wage bestimmt ist.

Beim Gebrauch füllt man zunächst das zur Spindelung dienende Gefäß bis eine Hand breit unter dem Rand mit destilliertem oder reinem Regenwasser von 17,5° C. Darauf wägt man 5000 g trockener oder 5050 g nasser Kartoffeln in dem Drahtkorb ab, welcher der Einfachheit halber so tariert ist, daß sein Gewicht gleich dem der Wagschale ist, welche zur Aufnahme des 5-kg-Gewichts dient.

Nach Vollziehung der Wägung wird der Korb unten an den Schwimmkörper gehängt und der ganze Apparat vorsichtig in das mit Wasser gefüllte Gefäß hineingesenkt.

Die an den Kartoffeln befindlichen Luftblasen entfernt man durch vorsichtiges Auf- und Abbewegen des ganzen Apparates, und zwar solange, bis keine Veränderung der Anzeige mehr eintritt. Die Zahl an der Spindel, bis zu welcher der Schwimmkörper in das

Wasser eingesunken ist, gibt den Stärkegehalt der Kartoffeln direkt an.

Die Vorzüge dieser Wage bestehen, ähnlich wie bei der Parowschen, darin, daß sowohl die kleinen Gewichte als Tabellen wegfallen. Die Wage ist vorsichtig aufzubewahren und vor Druck und Stoß zu hüten. Ein Eindruck des Instrumentes verändert sein Volumen und ergibt infolgedessen ein falsches Resultat. Um eine Veränderung der Wage kontrollieren zu können, wird ihr ein Kontrollgewicht beigegeben. Bei Vornahme dieser Prüfung stellt man das Kontrollgewicht in den Korb, hängt diesen an den Apparat und senkt ihn in den eisernen Bottich, welcher dann bis zum Teilstrich 16 einsinken muß. Ergibt die Ablesung ein anderes Resultat, so zeigt die Spindel nicht mehr richtig an.

B. Untersuchung der Stärke.

Da die Stärke, aus welchen Materialien sie auch immer gewonnen worden ist, stets dieselbe chemische Zusammensetzung zeigt, so kann durch chemische Untersuchung der Ursprung einer Stärke nicht nachgewiesen werden. Vielfach kommen jedoch in der Handelsstärke Reste der verwendeten Rohmaterialien vor, deren Natur sich mittels chemischer Reaktionen feststellen läßt, so daß man hieraus schließen kann, welcher Art die vorliegende Stärke ist. Diese Reaktionen werden bei der Prüfung der Stärke weniger angewendet. Sie dienen mehr zur Untersuchung von Mehlen, sind aber im allgemeinen auch hierbei nicht immer zuverlässig.

Nur zwei Untersuchungsmethoden mögen hier erwähnt werden, die in der Praxis wohl in Anwendung kommen. Die erste ist die Methode von Böttger (Pol. Notizbl. **1869**, 15), nach welcher man kleberhaltige Stärke neben kleberfreier Stärke (Kartoffelstärke, Arrowroot) erkennen kann. Man erhitzt 1 g Stärke mit 180 ccm Wasser zum Sieden und rührt den Kleister kräftig mit einem Glasstabe um. Enthält die Stärke auch nur die geringsten Mengen Kleber, so bildet sich ein Schaum, der bestehen bleibt, wenn das Sieden aufhört; enthält sie keinen Kleber, so vergeht er dagegen, sobald das Kochen nachläßt. (Der Klebergehalt kann übrigens auch durch eine Stickstoffbestimmung nachgewiesen werden.) — Die zweite Untersuchungsmethode betrifft die Bestimmung von Arrowroot neben Kartoffelstärke. Es wird 1 Teil Stärke mit 10 Teilen eines Gemisches von 2 Teilen Salzsäure und 1 Teil Wasser 10 Minuten lang geschüttelt; war Arrowroot vorhanden, so lagert sich die Stärke vollständig ab; ist Kartoffelstärke zugegen, so bildet sich eine gallertartige, nach frischen Bohnen riechende Masse.

Die einzig sichere Methode zur Nachweisung der verschiedenen Stärkesorten ist die Prüfung derselben mit Hilfe des Mikroskops. Vermöge der charakteristischen Gestalt und der unterschiedlichen Größe der Körner einzelner Stärkearten gelingt es bei einiger Übung leicht, die verschiedenen Stärkemehlsorten zu unterscheiden. Indem wir für ein eingehenderes Studium der mikroskopischen Beschaffenheit der verschiedenen Stärkesorten auf Nägelis „Die Stärkekörner", auf J. Wiesner, „Technische Mikroskopie" und auf die Arbeit über „Stärke" von A. Tschirch in der „Real-Enzyklopädie der gesamten Pharmazie" verweisen, lassen wir hier eine aus Märckers Handbuch der Spiritusfabrikation entlehnte, durch Abbildungen illustrierte Beschreibung nur der am häufigsten vorkommenden Stärkearten nach J. Wiesner folgen.

1. Die Stärkekörner der Kartoffel sind eiförmig, im Querschnitt kreisrund, oft regelmäßig konstruiert. Nur die noch jungen, unentwickelten, noch keinen ausgeprägten Schichtenbau besitzenden Körner sind kugelig. Der Kern ist exzentrisch und liegt beinahe immer am schmalen Kornende. Die ebenfalls exzentrischen Schichten sind zahlreich und meist deutlich ausgeprägt; einige von ihnen treten stets mit auffälliger Schärfe hervor (Fig. 6).

2. Die Stärkekörner von Roggen, Weizen und Gerste zeigen eine so große Übereinstimmung untereinander, daß sie nur auf Grund der sorgfältigsten mikroskopischen Messungen voneinander zu unter-

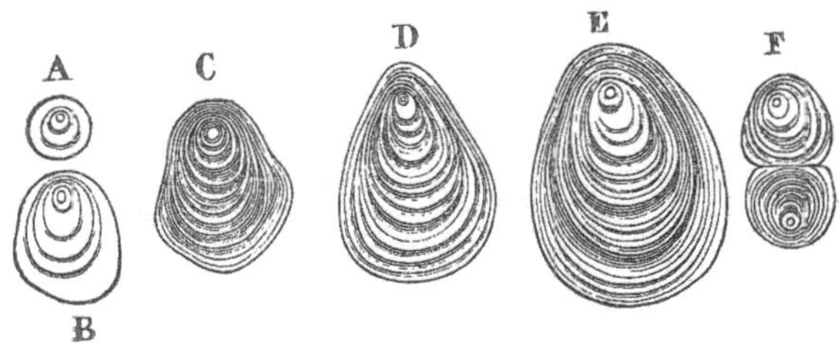

Fig. 6.

Vergr. 300 mal. Kartoffelstärke. A—E einfache Stärkekörner; A junges unentwickeltes Korn; B—E entwickelte Körner; F zusammengesetztes Korn.

scheiden sind; dagegen haben sie ein so gemeinsames Gepräge, daß sie mit Leichtigkeit von allen anderen Stärkesorten zu unterscheiden sind. Die Körner sind von zweierlei Größe; man findet große und kleine Körner, ohne daß jedoch solche von mittlerer Größe vorhanden wären. Die großen Körner sind von linsenförmiger, die kleinen von kugeliger, manchmal polyedrischer Gestalt. Sie sind entweder ungeschichtet oder zeigen nur wenige Schichten und lassen selten direkt einen Kern erkennen; wohl aber wird der Ort des Kernes häufig durch einen oder einige weniger schwach erscheinende Risse angedeutet. Die kleinen Körner erscheinen stets ungeschichtet; an Stelle des Kernes steht meist eine lufterfüllte Höhle (Fig. 7).

Zur Unterscheidung der drei Stärkemehlarten dieser Gruppe führt Wiesner an, daß die kleinen Stärkekörner der Gerste beim Liegen im Wasser fast durchweg die Brownsche Molekularbewegung zeigen (durcheinander wirbeln), von denen des Weizens hingegen nur ein Teil, nämlich jene, die dem unteren Größenwerte 0,0022 mm nahekommen. In der Weizen- und Roggenstärke kommen ziemlich gleiche Mengen kleiner Körner auf eine gewisse Menge größerer, in der Gerstenstärke ist die Menge der kleinen Körner eine relativ größere. Wiesner gibt jedoch keine Zahlen hierüber an.

3. Die Haferstärke besteht zum Teil aus zusammengesetzten Körnern; in der Mehrzahl sind 20 bis 70 Teilkörner (nach Nägeli, selbst bis zu 300) zu einem ellipsoiden Konglomerat verbunden. Jedes Teilkorn ist polyedrisch, meist unregelmäßig drei- bis sechseckig. Die einfachen Körner unterscheiden sich deutlich von den Teilkörnern; sie haben eine runde oder tonnenförmige, niemals polyedrische Gestalt, da sie nie Bruchkörner sind (Fig. 8).

4. Die Reisstärke besteht ebenfalls aus zusammengesetzten und einfachen Körnern (Fig. 9). Die zusammengesetzten Körner bestehen aus 2 bis 100 Teilkörnern. Jedes Teilkorn ist polygonal begrenzt, meist

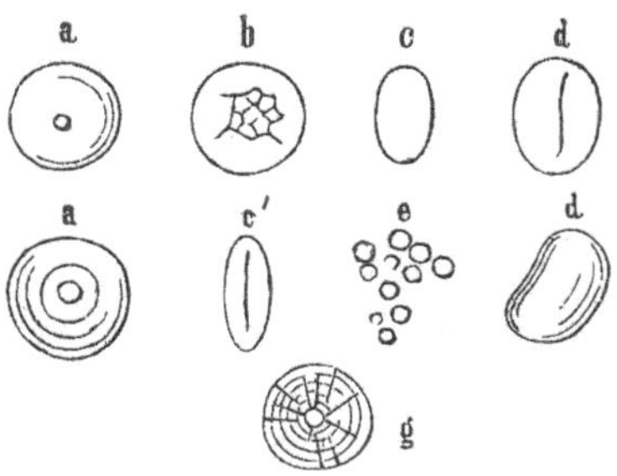

Fig. 7.

Vergr. 300 mal. Weizenstärke. a—d große, e kleine Körner; a b von der Fläche, c c' von der Seite gesehene Körner; b Korn mit netzförmigen Eindrücken, von den kleinen Körnern herrührend. c' d' Körner mit spaltenförmigen, durch den Kern durchgehenden Rissen.

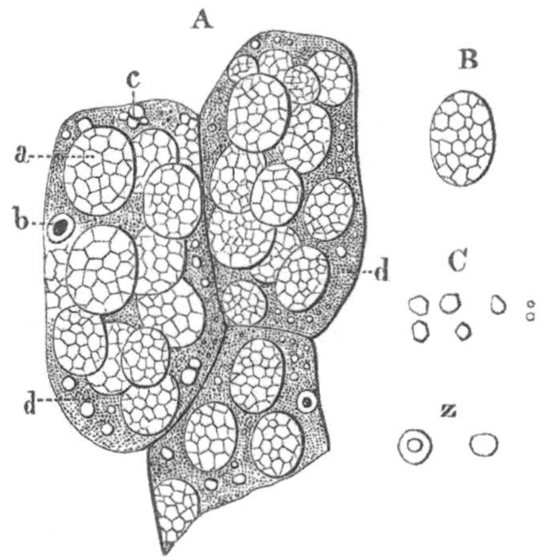

Fig. 8.

Vergr. 300 mal. A stärkeführende Zelle aus dem Sameneiweiß des Hafers, a echt zusammengesetztes Stärkekorn, b c einfache Stärkekörner, e Protoplasmareste. B zusammengesetztes Korn. C Teilkörner. Z einfache Körner. C und Z etwas stärker vergrößert.

fünf- oder sechseckig, hin und wieder dreiseitig, und führt an Stelle des Kerns eine große polygonale, manchmal sternförmige Höhle. Die einfachen Stärkekörner der Reisstärke sind von Teilkörnern der zusammengesetzten Körner in keinerlei Weise zu unterscheiden. In den Zellen liegen die einfachen Körner dicht gedrängt nebeneinander, den von den zusammengesetzten Stärkekörnern freigelassenen Raum dicht erfüllend, und bilden so unecht zusammengesetzte Körnergruppen, die beim Zerfallen Bruchkörner geben.

5. Die Stärkekörner des Mais sind einfache, zusammengesetzte oder Bruchkörner. Im äußeren hornigen Teile des Maiskornes liegen die Körner dicht gedrängt nebeneinander, zu unechten Körnern verbunden. Im inneren, mehligen Teile ist die Mehrzahl der Körner einfach; einige wenige sind echt zusammengesetzt und bestehen dann aus 2 bis 7 Teilkörnern. Die einfachen Körner sind rund, und zwar kugelig

oder ellipsoidisch, die Bruch- und zusammengesetzten Körner hingegen gerade und polyedrisch abgeplattet, sonst stimmen alle Körner im Bau überein. Die meisten Stärkekörner zeigen einen Kern; die trockenen sind von radialen, vom Kern ausgehenden Rissen durchsetzt. Schichten sind im unveränderten Korne nur hin und wieder zu sehen (Nägeli). Wiesner sah dieselben nicht (Fig. 10).

Für die Bestimmung der im Handel vorkommenden Stärkesorten mögen außerdem besonders empfohlen werden die für diesen Zweck zusammengestellten Tabellen über Form und Größenverhältnisse der verschiedenen Stärkearten von A. Tschirch (in der S. 135 erwähnten

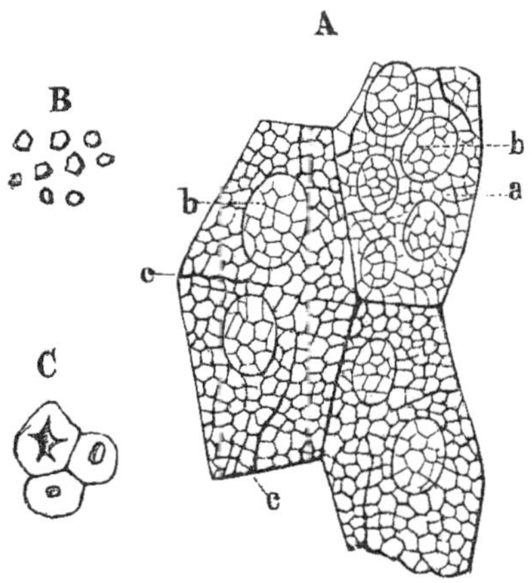

Fig. 9.

Vergr. A B 300 mal. A Zellen aus dem Reiskorn. a unecht zusammengesetzte Stärke, b echt zusammengesetztes Stärkekorn, c Risse durch Eintrocknung des Gewebes hervorgerufen. B einzelne Körner von a und b. C dieselben stärker vergrößert.

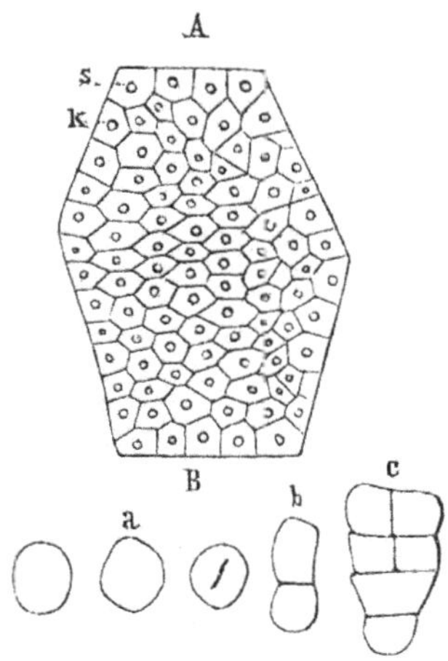

Fig. 10.

Vergr. 300 mal. A stärkeführende Zelle aus dem hornigen Teile des Maiskornes. s einzelnes Stärkekorn, k Kern. B a einfache, b und c echt zusammengesetzte Stärkekörner aus dem mehligen Teile des Maiskornes.

Arbeit) und von August Vogl, wie sie in L. v. Wagners Stärkefabrikation mitgeteilt werden.

Die Größe der Körner wird entweder mittels des Mikrometers bestimmt oder nach der sehr sicheren Wägungsmethode von Schön. Man verfährt nach derselben wie folgt: Es wird eine kleine Menge trockenen Stärkemehls unter das Mikroskop gebracht und die Vergrößerung so eingerichtet, daß 20 Körnchen im Gesichtsfelde wahrgenommen werden. Die Umrisse derselben zeichnet man mittels eines Zeichenapparates auf Papier, dann verschiebt man den Objektträger, um eine neue Anzahl von Stärkekörnern abzuzeichnen, und wiederholt dies, bis man 100 Bilder hat; diese werden mit der Schere sorgfältig ausgeschnitten, gewogen und das Gewicht durch 100 dividiert. Man hat dann das Mittelgewicht eines Stärkebildes. Außerdem wägt man ein kreisrundes Stück desselben Papiers von bekanntem Durchmesser und kann nun den Durchmesser eines Papierstärkebildes und, wenn man die Vergrößerung in Rechnung zieht, den Durchmesser des Stärkekorns bestimmen.

Über die Größenverhältnisse der Stärkekörner wird von Märcker nach Wiesners Angaben folgende Zusammenstellung gegeben:

	Kleine Körner:		Große Körner:	
	Grenzwerte	Häufigster Wert	Grenzwerte	Häufigster Wert
Gerste	0,0016—0,0064	0,0046 mm	0,0108—0,0328	0,0203 mm
Weizen	0,0022—0,0082	0,0022 „	0,0111—0,0410	0,0282 „
Roggen	0,0022—0,0090	0,0063 „	0,0144—0,0475	0,0369 „

	Einzelne Körner:		Zusammengesetzte Körner:	
Kartoffeln	0,060 —0,100	0,700 mm	—	—
Hafer	0,003 —0,011	0,008 „	0,014—0,054	0,031 mm
Reis	0,003 —0,007	0,005 „	0,018—0,036	0,022 „
Mais	0,0072—0,0325	0,020 „	—	0,047 „

Außerdem wurde im Laboratorium des Vereins der Stärkeinteressenten in Deutschland gefunden als:

Mittlerer Durchm. der Küstriner Stärke B.K.M.F.	= 0,0355 mm
„ „ „ Primastärke (Genthin)	= 0,0328 „
„ „ „ Primaabfallstärke (Genthin)	= 0,0210 „
„ „ „ Sekundastärke (Genthin)	= 0,0169 „
„ „ „ bei der Gewinnung der Sekundastärke von der letzten Flute und	= 0,0125 „
„ „ „ der von den Außenbassins auf die Wiesen fortschwimmenden Körper	= 0,0080 „

Die Bestimmung des Wassergehaltes der Stärke.

Der Wassergehalt der Stärke ist ein sehr verschiedener. Es enthält die mechanisch von Wasser befreite Kartoffelstärke, die „grüne“ Stärke, noch etwa 48 bis 53% Wasser. Gute Handelsstärke darf nicht mehr als 20% Wasser enthalten. Deshalb ist eine direkte Bestimmung des Wassergehaltes notwendig.

Die sicherste Methode der Wassergehaltsbestimmung ist die, daß man 10 g Stärke in einem verschließbaren Glasgefäß abwägt, sie erst 1 Stunde bei 40 bis 50° C (ein sofortiges Erhitzen über 60° würde Verkleisterung hervorrufen) und dann 4 Stunden bei genau 120° C trocknet, im Exsikkator erkalten läßt und wieder wägt. Der Gewichtsverlust gibt mit 10 multipliziert den Wassergehalt der Stärke in Prozenten an. Nach Bondonneau sollen durch Säuren, welche infolge von Gärung oder durch Zusatz bei der Fabrikation in die Stärke gelangt sind, bei dieser Wasserbestimmung Fehler von 2 bis 3% vorkommen, indem sich beim Trocknen Zucker bildet, welcher $^{2}/_{10}$ seines Gewichtes an Wasser zurückhält. Dagegen stellte Saare (Zeitschr. Spiritusind. **1884**, 595) fest, daß selbst ein Gehalt von 0,1% Schwefelsäure, wie ihn die Handelsstärke nie haben darf, die Wasserbestimmung nicht beeinträchtigt. Es wird zwar Zucker gebildet, aber in so geringer Menge, daß die von ihm zurückgehaltene Wassermenge nicht in Betracht kommt. Da aber die

Zuckerbildung durch den von Bondonneau empfohlenen Zusatz von Ammoniak keineswegs gehindert wird, so ist derselbe unnütz, um so mehr, als er die Trocknung um viele Stunden verzögert.

Da diese absolut beste und sicherste Methode der Wasserbestimmung für die Praxis zu viel Zeit in Anspruch nimmt, so hat man andere Methoden ersonnen, welche es gestatten, den Wassergehalt möglichst schnell mit einer für die Technik genügenden Genauigkeit zu bestimmen.

Die Methode von Scheibler (Dingl. polyt. Journ. **192**, 504; 1868) beruht auf der Beobachtung, daß bei einer Mischung von 1 Teil Stärke mit 11,4% Wassergehalt mit 2 Teilen Alkohol von 90 Volumprozent (spez. Gewicht = 0,8339) beide Substanzen unverändert bleiben, während feuchtere Stärke an Alkohol Wasser abgibt, trocknere dem Alkohol Wasser entzieht.

Zur Ausführung der Bestimmung werden 41,7 g Stärke in ein mit Glasstopfen zu verschließendes Glas gewogen und mit 100 ccm Alkohol von 90° Tr. übergossen. Unter öfterem Nachschütteln läßt man dasselbe 1 Stunde stehen, filtriert durch ein trockenes Filter und bestimmt das spez. Gewicht des Filtrates. Den Wassergehalt der Stärke liest man alsdann in der von Scheibler berechneten nachstehenden Tabelle ab.

Tabelle zur Feststellung des Wassergehaltes der Stärke nach Scheibler.

Wassergehalt des Stärkemehls %	Grade Tralles	Spezifisches Gewicht des Alkohols	Wassergehalt des Stärkemehls %	Grade Tralles	Spezifisches Gewicht des Alkohols	Wassergehalt des Stärkemehls %	Grade Tralles	Spezifisches Gewicht des Alkohols
0	93,3	0,8226	22	86,4	0,8455	44	79,7	0,8643
1	93,1	0,8234	23	86,1	0,8465	45	79,5	0,8651
2	92,0	0,8243	24	85,8	0,8474	46	79,2	0,8658
3	92,6	0,8253	25	85,5	0,8484	47	78,9	0,8665
4	92,3	0,8262	26	85,2	0,8493	48	78,6	0,8673
5	92,0	0,8271	27	84,9	0,8502	49	78,4	0,8680
6	91,7	0,8281	28	84,6	0,8511	50	78,1	0,8688
7	91,4	0,8291	29	84,3	0,8520	51	77,8	0,8695
8	91,2	0,8300	30	84,0	0,8529	52	77,5	0,8703
9	90,9	0,8311	31	83,7	0,8538	53	77,3	0,8710
10	90,5	0,8323	32	83,4	0,8547	54	77,1	0,8716
11	90,1	0,8335	33	83,1	0,8555	55	76,8	0,8723
12	89,8	0,8346	34	82,8	0,8563	56	76,5	0,8731
13	89,5	0,8358	35	82,5	0,8571	57	76,3	0,8738
14	89,1	0,8370	36	82,2	0,8579	58	76,0	0,8745
15	88,7	0,8382	37	81,9	0,8587	59	75,7	0,8753
16	88,3	0,8394	38	81,6	0,8595	60	75,4	0,8760
17	88,0	0,8405	39	81,3	0,8603	61	75,2	0,8767
18	87,7	0,8416	40	80,9	0,8612	62	74,9	0,8775
19	87,4	0,8426	41	80,6	0,8620	63	74,6	0,8783
20	87,1	0,8436	42	80,3	0,8627	64	74,3	0,8791
21	86,7	0,8446	43	80,0	0,8635	65	74,0	0,8798

Scheibler hat auch ein Aräometer konstruiert, an welchem man den Wassergehalt direkt ablesen kann.

Die Wasserbestimmungsmethode von Saare (Saare, Fabrikation der Kartoffelstärke, S. 61) beruht darauf, daß das spez. Gewicht der absolut trockenen Stärke immer gleich 1,65, d. h. 1 ccm Stärke = 1,65 g ist.

Wenn aber 1,65 g Stärke einen Raum von 1 ccm einnehmen, so nehmen 100 g Stärke den Raum von $\frac{100}{1,65} = 60,60$ ccm ein. Füllt man nun 100 g trockener Stärke in einen 250 ccm fassenden Meßkolben, so gebraucht man, um bis zur Marke aufzufüllen, 250 weniger 60,60 ccm oder 189,40 ccm oder g Wasser, und der Inhalt des Kolbens zeigt dann 289,40 g. Nimmt man aber an, daß die Stärke nicht trocken ist, sondern 20% Wasser enthält, so würden, da in 100 g 80 g trockener Stärke sind, welche einen Raum von $\frac{80}{1,65} = 48,5$ ccm einnehmen, die 100 g zu prüfender Stärke einen Raum von 48,5 + 20 ccm = 68,5 ccm ausfüllen. Man würde also, um bis zur Marke aufzufüllen, 250 weniger 68,50 = 181,5 ccm oder g Wasser brauchen, nnd der Inhalt des Kolbens würde nun 100 g + 81,5 g = 281,5 g wiegen; daraus folgt, daß das Gewicht des Kolbens um so geringer sein wird, je größer der Wassergehalt ist.

Die Bestimmung wird folgendermaßen ausgeführt. 100 g Stärke werden in einer Porzellanschale abgewogen, mit destilliertem Wasser zu einer Milch angerührt und in einen 250 ccm fassenden Kolben von bekanntem Gewicht gespült, dann wird bei 17,5° C bis zur Marke aufgefüllt und der Kolben gewogen. Von dem Gewicht wird das des Kolbens abgezogen und der dem nun erhaltenen Gewicht entsprechende Stärkegehalt aus der folgenden Tabelle von Saare abgelesen.

Tabelle zum Bestimmung des Wassergehalts der Starke aus ihrem spez. Gewicht nach Saare.

Gefundenes Gewicht g	Wassergehalt der Stärke %	Gefundenes Gewicht g	Wassergehalt der Stärke %	Gefundenes Gewicht g	Wassergehalt der Stärke %	Gefundenes Gewicht g	Wassergehalt der Stärke %
289,40	0	283,10	16	277,20	31	271,25	46
289,00	1	282,70	17	276,80	32	270,90	47
288,60	2	282,30	18	276,40	33	270,50	48
288,20	3	281,90	19	276,00	34	270,10	49
287,80	4	281,50	20	275,60	35	269,70	50
287,40	5	281,10	21	275,20	36	269,30	51
287,05	6	280,75	22	274,80	37	268,90	52
286,65	7	280,35	23	274,40	38	268,50	53
286,25	8	279,95	24	274,05	39	268,10	54
285,85	9	279,55	25	273,65	40	267,75	55
285,45	10	279,15	26	273,25	41	267,35	56
285,05	11	278,75	27	272,85	42	266,95	57
284,65	12	278,35	28	272,25	43	266,55	58
284,25	13	277,95	29	272,05	44	266,15	59
283,90	14	277,60	30	271,65	45	265,75	60
183,50	15						

Die auf diese Weise ausgeführte Bestimmung gibt auf halbe Prozente richtige Resultate. Genauer werden diese noch, wenn man den Kolben nach dem ungefähren Auffüllen $^1/_2$ Stunde in einem größeren Gefäß mit Wasser von 17° C stehen läßt und erst dann bis zur Marke auffüllt. Die Methode ist nur für die Untersuchung von Kartoffelstärke verwendbar.

Prüfung der Stärke auf Säure und Chlor.

Man prüft die Stärke auf Säuregehalt, indem man auf die glatt gestrichene Stärkeprobe 1 bis 3 Tröpfchen einer auf Bordeauxweinfarbe verdünnten, gereinigten, neutralen Lackmuslösung bringt. Wird die Stärke zart blau oder dunkelviolett, so ist sie säurefrei, wird sie weinrot, so ist sie sauer, und wird sie ziegelrot, so ist sie stark sauer.

Zur Bestimmung der Säure werden nach Saare 25 g Stärke mit 25 bis 30 ccm Wasser zu einem dicken Brei angerührt und unter starkem Umrühren mit $^1/_{10}$n-Natronlauge (1 ccm = 0,004 g SO_3) titriert. Die Endreaktion ist erreicht, wenn ein Tropfen der Stärkemilch, auf mehrfach gefaltetes Filtrierpapier aufgetragen, durch Lackmuslösung nicht mehr rot gefärbt wird. Als Kontrolle dient eine zu ebenso dicker Stärkemilch angerührte, neutral reagierende Stärkeprobe. Wurde beispielsweise bei 25 g Stärke 1,8 ccm $^1/_{10}$n-Natronlauge verbraucht, so sind für 100 g = 7,2 ccm erforderlich. Je nachdem für 100 g Stärke bis 5, bis 8 oder über 8 ccm $^1/_{10}$n-Natronlauge verbraucht werden, ist die Stärke „zart sauer", „sauer" oder „stark sauer". Zart sauer wird nicht beanstandet, aber angegeben; sauer, wenn die Färbung weinrot ist, weist auf organische Säuren hin; stark sauer, bei ziegelroter Färbung auf Mineralsäuren.

Die Prüfuug auf Chlor wird qualitativ mit Jodkalium ausgeführt. Ein Tropfen Jodkaliumlösung auf Stärke gebracht wird bei Anwesenheit von Chlor braun gefärbt,

Bestimmung der Klebfähigkeit der Stärke.

Je höher die relative Kleisterzähigkeit ist, um so größer ist die Klebfähigkeit der Stärke. Um die Kleisterzähigkeit zu prüfen, bestimmen Brown und Heron (Ann. **199**, 165) das Gewicht, welches erforderlich ist, um eine dünne Glasplatte in einen aus 3 g Stärke und 100 ccm Wasser hergestellten Kleister einsinken zu lassen. Dafert (Landw. Jahrb. **1906**, 259) stellt die Zeit fest, welche eine gewisse Kleistermenge von bestimmter Konzentration braucht, um aus einer Capillarröhre auszufließen. Thomson (Dingl. polyt. Journ. **261**, 88; 1886) beurteilte die Zähigkeit nach der Tiefe, bis zu welcher ein aus einer Höhe von 30 cm fallengelassener Fallkörper in den Kleister eindringt.

Eine mehr praktische Prüfung wird von Schreib (Kalender f. landw. Gewerbe 1899 nach Zeitschr. f. angew. Chem. **1**, 694; 1888) angegeben. Die Stärke wird mit Wasser angerührt zu einer Milch und über einem gewöhnlichen Bunsenbrenner unter stetigem Umrühren fertig gekocht. Sobald der Kleister durchsichtig wird und gleich darauf anfängt aufzuschäumen, entfernt man ihn vom Feuer und rührt noch einige Zeit gut um. Das Kochen darf nicht über eine Minute dauern. Auf diese Art erhielt Schreib sehr gut vergleichbare Resultate. Bei Anwendung von 4 g Stärke auf 50 ccm Wasser soll eine normale Stärke einen nach dem Erkalten festen Kleister geben, der nicht aus dem Schälchen ausfließt.

Untersuchung auf Verunreinigungen und Verfälschungen des Stärkemehls.

Die Verunreinigungen des Stärkemehls bestehen meist aus Sand oder sog. Stippen, welche herrühren von Kohlenstaub, Ruß, Staub, Resten von Kartoffelschalen, Pilzmycel, abgestorbenen Algen, Holzteilchen, Fäden von Säcken usw., die Verfälschungen in dem Zusatz einer billigeren Stärkeart zu einer feineren, selten wohl in der Beimischung von Gips, Kreide und Schwerspat.

Zur Untersuchung auf Verunreinigungen verascht man entweder eine gewogene Menge Stärke, oder man löst sie und prüft den Rückstand. Die Lösung kann entweder, wenn es sich um unlösliche Mineralsubstanzen handelt (Sand), durch Erwärmen mit konz. Salpetersäure erfolgen oder durch Anwendung eines Malzauszuges nach Verkleisterung der Stärke.

Um die Art der Stippen festzustellen, betrachtet man den nach dem Verzuckern bleibenden Rückstand etwa bei 300facher Vergrößerung unter dem Mikroskop.

Um die Anzahl der Stippen zu bestimmen, verfährt man nach Saare, wie folgt: Eine Probe der Stärke wird auf Papier ausgebreitet und glatt ausgestrichen. Dann legt man eine kleine Glasplatte von bekanntem Flächeninhalt (z. B. einen Objektträger) auf und zählt die darunterliegenden Stippen, mischt durch, wiederholt die Zählungen mehrmals und nimmt den Durchschnitt. Die Stippenzahl wird dann auf 1 qdcm Fläche umgerechnet.

Die Verfälschungen durch Zusatz von feingepulverten Mineralsubstanzen sind in dem Rückstand der gelösten Stärke leicht zu erkennen. Um Verfälschungen durch Beimengung einer billigeren Stärkeart festzustellen, bedient man sich am besten des Mikroskops.

C. Die Untersuchung der Abfallprodukte.

Die Abfallprodukte bestehen aus Rückständen, welche als Futtermittel verwendet werden (Pülpe), und dem Waschwasser, welches teilweise zur Düngung benutzt wird, oft aber auch unbenutzt wegfließt. Die Untersuchung dieser Produkte auf ihren Nähr- und Düngerwert gehört nicht hierher. Da aber wegen mangelhafter Leistungsfähigkeit der Sieb- und Auswaschvorrichtungen auswaschbare Stärke mit in die Pülpe übergeht, und bei schlechter Zerkleinerung durch Reibe und Mahlgang oder bei unvollkommener Aufschließung auf anderem Wege häufig größere Mengen von Stärke in den nicht zerrissenen oder unvollständig aufgeschlossenen Zellen als gebundene Stärke aufgespeichert bleiben, so ist eine öftere Untersuchung der Pülpe auf Stärke zur Kontrolle der Ausbeute in der Stärkefabrikation durchaus nötig.

Zur Untersuchung auf auswaschbare Stärke wird 1 kg Pülpe mit einer großen Menge Wasser durch ein Roßhaarsieb ausgewaschen, das ablaufende Wasser durch feinste Seidengaze gegossen und die sich aus demselben absetzende Stärke auf einem Filter gesammelt, erst bei 50°, dann bei 120° C getrocknet und gewogen. Für die Bestimmung der gebundenen Stärke wird der vollständig ausgewaschene Pülpenrückstand getrocknet und in einem Teil der lufttrockenen Substanz die absolute Trockensubstanz durch etwa vierstündiges Trocknen bei 100 bis 105° C festgestellt. Hierauf wird nach einer der angeführten Methoden die darin noch enthaltene Stärke bestimmt.

Die Gesamttrockensubstanz setzt sich zusammen aus dem gefundenen Trockensubstanzgehalt der ausgewaschenen Pülpe und der gefundenen auswaschbaren Stärke, die Gesamtstärke aus der durch die Analyse gefundenen gebundenen Stärke und der ausgewaschenen Stärke. Die Berechnung wird nach folgendem, Saares, „Die Fabrikation der Kartoffelstärke", entlehnten Beispiel ausgeführt:

Aus 1000 g Pülpe wurden 1,9540 g auswaschbare Stärke = 0,195% erhalten. Die ausgewaschene Pülpe wog lufttrocken 198,9 g = 19,89%. Es enthielten 100 g frische Pülpe = 19,89 g lufttrockene Substanz und 100 g lufttrockene Substanz = 84,36 g absolute Trockensubstanz. Die frische Pülpe enthielt demnach $\frac{19{,}89 \times 84{,}36}{100} = 16{,}78\%$ völlig ausgewaschene, wasserfreie Pülpe und $16{,}78 + 0{,}195 = 16{,}975\%$ absolute Trockensubstanz. Ferner wurden in 3 g der lufttrockenen ausgewaschenen Pülpe 52,5% Stärke gefunden. In der wasserfreien Substanz sind also $\frac{52{,}5 \times 100}{84{,}36} = 62{,}23\%$ und in der frischen Pülpe $\frac{62{,}23 \times 16{,}78}{100} = 10{,}44\%$ gebundener Stärke enthalten.

Die Zusammensetzung der Pülpe ist hiernach folgende:

Wasser	83,02%
Trockensubstanz	16,98%
Auswaschbare Stärke	0,19%
Gebundene Stärke	10,44%
Gesamtstärke	10,63%

Die völlig ausgewaschene wasserfreie Pülpe enthält 62,23% Stärke, die auswaschbare Stärke ist von der Gesamtstärke 1,83%.

Der Prozentgehalt der Pülpetrockensubstanz an gebundener Stärke soll im allgemeinen 60% nicht übersteigen, der Gehalt der Gesamtstärke höchstens 5% an auswaschbarer Stärke betragen.

D. Die Untersuchung der bei der Stärkefabrikation zur Verwendung kommenden Hilfsrohstoffe.

Hier kommt hauptsächlich das zur Fabrikation benutzte Wasser in Betracht. Dies muß farblos, geruchlos und frei von darin suspendierten Stoffen, auch möglichst frei von Eisenoxydulsalzen sein. Es darf ferner keine Fäulniserscheinungen aufweisen und auch nicht zu hart sein. Auf alle diese Eigenschaften hin ist demnach ein Wasser, welches in der Stärkefabrikation benutzt werden soll, vor seiner Verwendung zu prüfen. Was die Ausführung der betreffenden Untersuchung anlangt, so gibt hierüber das Kapitel über „Wasseruntersuchung“ in Bd. I Auskunft. Ebenso muß bezüglich der Prüfung der noch etwa zur Verwendung kommenden Chemikalien, wie Ätzalkalien, Soda, Salzsäure, schweflige Säure, auf die die Untersuchung dieser Stoffe behandelnden Abschnitte dieses Werkes verwiesen werden.

Vom Verein der Stärkeinteressenten in Deutschland angenommene Geschäftsbedingungen und -gebräuche im Handel mit trockener Kartoffelstärke und Kartoffelmehl deutscher Herkunft.

Beschaffenheit der Ware.

§ 1. Als „Prima“-Kartoffelstärke und „Prima“-Kartoffelmehl darf nur ein Erzeugnis bezeichnet werden, das auf den ersten Wurf gewonnen ist und normalen Ansprüchen in bezug auf Reinheit, Farbe und Beschaffenheit entspricht. In jedem Falle muß die Ware aber in sich gleichmäßig ausfallen.

„Superior“ bedeutet eine Steigerung des Begriffes „Prima“, besonders bezüglich der Farbe, Reinheit und Großkörnigkeit der Ware.

Unter „Sekunda“ und „abfallenden Qualitäten“ sind Nachprodukte zu verstehen, wie sie in der Fabrikation nach Herausnahme des Erstproduktes übrigbleiben. Sie werden ordnungsmäßig nur nach Muster gehandelt.

§ 2. Wegen der Qualität bemängelte Ware darf vom Käufer nicht eher verarbeitet oder verwendet werden, als bis dem Verkäufer Gelegenheit gegeben ist, die Ware nochmals selbst zu untersuchen. Diese Vorschrift findet keine Anwendung auf Ware, die wegen des Gewichtes oder des Feuchtigkeitsgehaltes bemängelt wird.

Der Käufer darf eine wegen der Qualität bemängelte Ware nicht zur Verfügung stellen, wenn sie innerhalb der gehandelten Warengattung bleibt und ihr Minderwert bei „Superior“-Ware nicht mehr als 0,25 Mk., bei „Prima“-Ware nicht mehr als 0,50 Mk. und bei „Sekunda“- und „abfallender“ Ware nicht mehr als 1 Mk. pro Sack beträgt[1]). Die Ansprüche des Käufers auf Minderung des Kaufpreises bleiben unberührt.

§ 3. „Superior“- und „Prima“-Kartoffelmehl sowie „Superior“- und „Prima“-Kartoffelstärke müssen frei von Chlor und technisch säurefrei sein und dürfen bis 20% Feuchtigkeit enthalten. „Superior“- und „Prima“-Ware, die über 22% Feuchtigkeit enthält, ist nicht lieferungsfähig und kann daher vom Käufer zur Verfügung gestellt werden. Enthält sie bis 22% Feuchtigkeit, so muß Käufer sie abnehmen, er hat jedoch Anspruch darauf, daß die Menge der über 20% betragenden Feuchtigkeit mit 1,5 multipliziert und vom Gewichte gekürzt wird. Beträgt jedoch der Feuchtigkeitsgehalt weniger als 20,3%, so darf eine Kürzung nicht vorgenommen werden, weil die Fehlergrenze der Analyse annähernd 0,3% beträgt. Bei höherem Feuchtigkeitsgehalt verbleibt es aber bei der Regel, wonach der 20% übersteigende Feuchtigkeitsgehalt mit 1,5 zu multiplizieren und vom Gewichte zu kürzen ist.

[1]) Die hier angegebenen Beträge haben inzwischen eine den zeitweiligen Geldwerten entsprechende Erhöhung erfahren.

„Sekunda“-, „Tertia-“ und noch geringere Sorten Kartoffelmehl und Kartoffelstärke dürfen ebenfalls nur bis zu 20% Feuchtigkeit enthalten. Enthält die Ware mehr als 20%, aber nicht mehr als 23%, so muß Käufer die Ware abnehmen; er hat aber Anspruch auf eine Vergütung für den über 20% betragenden Feuchtigkeitsgehalt. Diese Vergütung ist in der Weise zu berechnen, daß der Feuchtigkeitsgehalt in Ware von 80% Trockensubstanz umgerechnet und dann vom Gewicht gekürzt wird.

Soweit Käufer, z. B. durch Verarbeitung der Ware, nicht imstande ist, diese in unverändertem Zustande zurückzugeben, verliert er für diese Lieferung bzw. Teillieferung das ihm nach den vorstehenden Absätzen zustehende Recht, die Ware zur Verfügung zu stellen. Seinen Minderungsanspruch darf er nur nach den vorstehenden Vorschriften berechnen.

Steht einem Käufer nach dem Vorstehenden das Recht der Zurverfügungstellung der Ware (Wandlung) zu, so bleibt sein gesetzliches Recht, statt der Wandlung Nachlieferung vertragsmäßiger Ware oder Schadenersatz wegen Nichterfüllung zu verlangen, unberührt.

§ 4. Der Käufer hat nicht das Recht, wegen vertragswidriger Lieferung einer Rate von dem ganzen Schlusse zurückzutreten. In dieser Beziehung ist jede Teillieferung wie ein selbständiges Geschäft anzusehen.

Handel.

§ 5. Trockene Kartoffelstärke und Kartoffelmehl werden in Säcken à 100 kg brutto gehandelt.

Ist die verkaufte Menge mit „ungefähr“ oder „etwa“ bezeichnet, so ist Verkäufer berechtigt, bis zu 5% über oder unter der angegebenen Menge zu liefern. Die Ablieferung muß jedoch so geschehen, daß durch das Mehr oder Weniger kein Frachtnachteil beim Versand entsteht.

Unter einem Waggon sind 100 Säcke a 100 kg = 10 000 kg brutto zu verstehen. Soll in Säcken von anderem Bruttogewicht als 100 kg geliefert werden, so bedarf es hierüber einer ausdrücklichen Vertragsabrede.

Der Einheitspreis versteht sich für 100 kg brutto einschließlich Sack.

Verpackung.

§ 6. Trockene Kartoffelstärke und Kartoffelmehl müssen in guten, gleichmäßigen, transportfähigen, zugenähten (nicht zugebundenen) Säcken geliefert werden. Für „Superior“- und „Prima“-Ware dürfen nur neue Säcke verwendet werden.

Als normales Gewicht der leeren Säcke gelten 700 bis 1000 g.

Kauf nach Muster.

§ 7. Superior- und Prima-Kartoffelmehl und Kartoffelstärke müssen stets, auch beim Kauf nach Typenmuster, in sich gleichmäßig geliefert werden. Bei Sekunda und abfallenden Qualitäten sind geringe Abweichungen in der Farbe innerhalb der Partie gestattet.

§ 8. Wird nach einem Kaufmuster gehandelt, so muß die Ware in jeder Beziehung, insbesondere in bezug auf Aussehen und Beschaffenheit, genau dem Muster entsprechen. Bei Sekunda und abfallenden Qualitäten braucht jedoch nur der Durchschnitt der Lieferung dem Muster entsprechen.

Ist nach Typenmuster gehandelt, so sind geringe Abweichungen in der Farbe gegen das Muster gestattet, jedoch muß der Charakter der Ware (Körnung, Sichtung, Reinheit) dem Muster entsprechen.

Lieferung.

§ 9. Ist „prompte“ Lieferung oder Abnahme vereinbart, so ist die Ware innerhalb acht Kalendertagen, vom Tage des Geschäftsabschlusses an gerechnet, zu liefern oder abzunehmen.

Ist „sukzessive“ Lieferung oder Abnahme bedungen, so ist die Lieferung möglichst gleichmäßig auf Wochen oder Monate zu verteilen, falls nicht andere Vereinbarungen getroffen sind.

§ 10. Ist „ab“ oder „frei ab“ oder „bahnfrei“ (frei Waggon) oder „kahnfrei“ („schiffsfrei“, „frei Schiff“) Fabrik oder Verladeort zu liefern, so hat der Verkäufer die Ware auf seine Kosten in den Eisenbahnwaggon oder in das Schiffsfahrzeug zu liefern.

Ist Lieferung „frachtfrei“ oder „franko“ („frei“) nach einer benannten Station vereinbart, so hat der Verkäufer die Fracht bis zu der benannten Station zu tragen. Liefert der Verkäufer unfrankiert, so ist der Käufer berechtigt, den Kaufpreis um die von ihm verauslagte Fracht zu kürzen. Die Transportgefahr trifft bei Lieferung „frachtfrei“ den Käufer, bei Lieferung „franko (frei)“ den Verkäufer.

Ist Lieferung „cif.“ oder „kahnfrei“ Bestimmungsort vereinbart, so hat Verkäufer für die Ware die Fracht auf dem Wasserwege und die Versicherung bis zum Bestimmungsorte zu tragen.

„Fob.“ bedeutet, daß der Verkäufer die Ware auf seine Kosten frei an Bord eines Schiffes zu liefern hat. Schiffsraum hat der Käufer zu stellen.

Bei „Fob.“-Verkäufen gilt, wenn die Ware mit der Eisenbahn angeliefert wird, Verladung im Wiedereinfuhrtarif als stillschweigend vereinbart.

§ 11. Falls die Ware bei der Ablieferung weder dem Käufer oder dessen Beauftragten vorgewogen, noch durch amtliche oder durch einwandfreie unbeteiligte Personen ordnungsmäßig verwogen ist, so muß der Verkäufer auch bei Geschäften „ab Fabrik“ oder „ab Station“ das am Empfangsorte oder ersten Umschlagsorte sofort nach Eingang durch amtliche oder durch einwandfreie unbeteiligte ordnungsmäßig festgestellte Gewicht gegen sich gelten lassen. Hierbei ist das Umladen aus Schmalspurwagen in Vollspurwagen nicht als Umschlag anzusehen.

Angestellte des Verkäufers oder Käufers sind stets als „beteiligt“ anzusehen, es sei denn, daß sie für Gewichtsfeststellungen bahnamtlich verpflichtet sind.

Die Verwiegungen haben sackweise oder in Schalen von höchstens 5 Sack zu geschehen.

Bei „Prima“- und „Superior“-Ware sind Gewichtsdifferenzen bis zu 20 kg auf 10 Säcke zulässig und darf der Käufer dieserhalb die Ware nicht zur Verfügung stellen. Gewichtsdifferenzen einzelner Säcke innerhalb einer Partie sind gegeneinander aufzurechnen. Käufer ist berechtigt, das Mindergewicht abzusetzen. Als Gesamtgewicht der Lieferung bzw. Teillieferung dürfen höchstens 100 kg pro Sack in Rechnung gestellt werden.

Bei „Sekunda"- und „abfallenden" Qualitäten sind Gewichtsdifferenzen bis zu 40 kg auf je 10 Sack zulässig. In Rechnung muß aber stets das tatsächlich gelieferte Gewicht gestellt werden.

Beträgt das Gesamtuntergewicht einer Lieferung oder Teillieferung mehr als 100 kg, so ist Käufer berechtigt, Nachlieferung zu verlangen. Die dadurch entstandene Mehrfracht geht zu Lasten des Verkäufers.

Gewichtsverluste, welche durch Beschädigungen der Säcke während des Transportes entstehen, gehen zu Lasten des Käufers, es sei denn, daß die Transportgefahr vom Verkäufer zu tragen ist.

§ 12. Wird bei Geschäften, welche nicht „frei Empfangsstation" gehandelt sind, die Ware vor dem Versand geprobt, so muß die Probenahme nach vorheriger rechtzeitiger Anzeige an den Käufer durch einen vom Verkäufer bestimmten, vereidigten Probenehmer geschehen.

Sonst hat die Probenahme innerhalb 24 Werktagstunden nach Eingang der Ware am Empfangsorte oder ersten Umschlagsorte durch eine einwandfreie, im Sinne des § 11 unbeteiligte Person zu geschehen, sofern daselbst vereidigte Probenehmer nicht zur Verfügung stehen.

§ 13. Die Proben sind aus mindestens 10% der Säcke, bei Partien von 1000 Säcken und darüber aus mindestens 5% der Säcke zu ziehen, und zwar möglichst aus der Mitte der Säcke und möglichst mit Probestecher (vgl. Bd. I, S. 17).

Beschädigte und naß gewordene Säcke sind von der Probenahme auszuschließen, und wenn erforderlich, von den übrigen Säcken gesondert zu proben.

Für die Begutachtung der Qualität sind die Einzelproben getrennt zu halten.

Für die Feststellung des Feuchtigkeitsgehaltes ist aus den sorgfältig zu mischenden Einzelproben ein Durchschnittsmuster herzustellen. Von diesem Durchschnittsmuster sind sofort mindestens drei Proben zu nehmen. Die einzelnen Proben sind alsdann in sorgfältig gereinigte, trockene Glasgefäße zu füllen, luftdicht zu verschließen und mit dem Siegel des Probenehmers zu versiegeln. Die einzelne Probe muß mindestens 250 g wiegen.

Auf den Glasgefäßen ist, gut haftend, das Datum der Entnahme, die Anzahl der Säcke, wenn möglich die Marke und die Nummer oder ein sonstiger Identitätsnachweis zu verzeichnen.

§ 14. Über jede Probenahme ist ein Protokoll aufzunehmen, welches einen möglichst genauen Tatbestandsbericht zu geben hat. In dem Protokoll ist auch die Anzahl der beschädigten oder naßgewordenen Säcke anzugeben, ebenso deren Zustand.

Das Protokoll ist von dem Probenehmer zu unterzeichnen.

Mängelrüge.

§ 15. Eine Mängelrüge bezüglich der Qualität hat innerhalb 24 Werktagsstunden nach Erhalt der Proben, eine Mängelrüge bezüglich des Wassergehaltes hat unmittelbar nach der sofort zu veranlassenden Untersuchung der Proben zu erfolgen.

Feuchtigkeitsgehalt.

§ 16. Die Feststellung des Feuchtigkeitsgehaltes bemängelter Ware muß durch das Laboratorium des Vereins der Stärke-Interessenten in Deutschland zu Berlin oder durch die Laboratorien der Landwirtschaftskammern und der landwirtschaftlichen Versuchsstationen oder durch vereidigte öffentliche Chemiker geschehen. Bei etwa abweichenden Analysen ist das Laboratorium des Vereins der Stärke-Interessenten allein maßgebend.

§ 17. Trockene Kartoffelstärke und Kartoffelmehl werden netto Kasse gehandelt.

Der Käufer ist berechtigt, bei bemängelter Ware bis zur Entscheidung über die Mängelrüge einen dem behaupteten Minderwert entsprechenden Betrag einzubehalten, hat aber dem Verkäufer, vom Fälligkeitstage an gerechnet, 5% Zinsen auf diesen Betrag zu vergüten, wenn sich oder soweit sich die Bemängelung als ungerechtfertigt herausstellen sollte.

§ 18. In Streitfällen trägt die Kosten für Nachwiegen, Probenehmen und Analysieren die unterliegende Partei.

II. Dextrin.

Die auf Dextrin und seine Herstellung bezüglichen Untersuchungen erstrecken sich auf: 1. das zur Herstellung verwendete Rohmaterial, 2. die Hilfsrohstoffe, 3. die Kontrolle des Fabrikationsbetriebes, 4. das Fabrikat selbst.

A. Untersuchung des Rohmaterials.

Die Rohmaterialien, als welche in erster Linie Kartoffelstärke, Weizen- und Maisstärke Verwendung finden, werden auf ihren Ursprung, ihre Qualität und Reinheit nach den im Abschnitt „Stärke“ angegebenen Methoden untersucht.

B. Untersuchung der Hilfsrohstoffe.

Als Hilfsrohstoffe dienen verdünnte Säuren (Salpetersäure, Salzsäure, Schwefelsäure, Oxalsäure, Milchsäure usw.). Sie sind auf ihre Reinheit zu prüfen, insbesondere Schwefelsäure, Salpetersäure und Salzsäure auf etwaigen Gehalt an Arsen, Salz- und Salpetersäure auf etwa vorhandenes freies Chlor. Die Untersuchungen erfolgen nach den üblichen Methoden (siehe Bd. I).

C. Auf die Betriebskontrolle bezügliche Untersuchungen.

Für die Regelung des Fabrikbetriebes ist eine stete Kontrolle des richtigen Verlaufes des Dextrinierungsprozesses von großer Wichtigkeit. Sie wird durch Feststellung des Grades der Wasserlöslichkeit des Röstproduktes oder durch die Jodreaktion ausgeübt.

Zur Feststellung der Wasserlöslichkeit empfiehlt Lippmann (Zeitschr. f. Spiritusindustrie **1902**, Nr. 22 bis 29) folgendes, von ihm ausgearbeitete und erprobte Verfahren: „20 g der zu untersuchenden Probe werden in einem 500-ccm-Kolben mit 200 ccm Wasser versetzt, wobei man zur Vermeidung von Klumpenbildung am besten zunächst 100 ccm Wasser in den Kolben schüttet, dann unter Schütteln das Dextrin zusetzt und schließlich die übrigen 100 ccm Wasser hinzufügt. Der Kolben wird gut verschlossen und 5 Minuten kräftig geschüttelt. Hierauf wird über ein trockenes Filter filtriert und das Filtrat mit einem Saccharometer nach Balling gespindelt. Die abgelesenen Saccharometergrade mit 10 multipliziert ergeben den Prozentgehalt des Kaltwasserlöslichen. Diese Methode ist auf 2 bis 3% genau, was für Fabrikationszwecke vollkommen ausreicht, da es bei Dextrinen, deren Kaltwasserlöslichkeit von 20 bis 90% schwankt, nur in Ausnahmefällen auf Differenzen von wenigen Prozenten anzukommen pflegt."

Die Anwendung der Jodreaktion erfolgt nach der von Saare (Zeitschr. f. Spiritusindustrie **1900**, Nr. 7) angegebenen Methode: „0,1 g der zu prüfenden Probe wird in einer kleinen Handwage abgewogen und in ein großes, mit einer Marke bei 100 ccm versehenes Reagensglas geschüttet, mit etwa 5 ccm Wasser gemischt, durch Kochen gelöst und mit kaltem Wasser auf 100 verdünnt. Dann wird entweder in dem Reagensglase oder, wenn eine Reihe von Proben verglichen werden sollen, nach dem Umschütten in einen Glaszylinder (sog. Lutterprobierzylinder) mit einem Tropfen $^n/_{10}$-Jodlösung versetzt. Der hineinfallende Tropfen wird auf seine Färbung beobachtet, dann wird umgeschüttelt und ebenfalls die Färbung beobachtet. Bei Proben, die einer Gommelineröstung in gleichen Zeitabständen entnommen waren, fanden sich folgende Verhältnisse.

	Auffallender Tropfen	Nach dem Umschütteln	Wasserlöslich von 100 Teilen wasserfreiem Dextrin
Nr. 1	blau	blau	0 %
Nr. 2	blau	heller blau	0,1%
Nr. 3	blauviolett	heller blau	15,2%
Nr. 4	violett	violett	39,2%
Nr. 5	violettrot	fast violett	49,5%
Nr. 6	rotbraun	farblos	62,5%

Fügt man mehrere Tropfen Jodlösung hinzu, so ändern sich die Farben etwas, und Nr. 6 ist dann weinrot. Es ist selbstverständlich, daß für die verschiedenen Abarten von Dextrinen bestimmte Farbenabtönungen maßgebend sein werden, welche sich der Fabrikant jedoch leicht für jeden Einzelfall und seine Arbeitsweise passend feststellen kann."

D. Die Untersuchung des Dextrins.

Die Untersuchung der Handelsdextrine erstreckt sich hauptsächlich auf folgende Punkte: Gehalt an reinem Dextrin, Wassergehalt, Acidität, Gehalt an Asche und Sand, Gehalt an in kaltem und heißem Wasser löslichen und unlöslichen Bestandteilen, Gehalt an löslicher Stärke, Gehalt an Zucker, Konsistenz und Haltbarkeit der eingedickten Lösung, Viscosität, Chlorgehalt, Gehalt an unveränderter Stärke, Gehalt an Kleber.

1. Die Bestimmung des Gehalts an reinem Dextrin kann indirekt dadurch erfolgen, daß man in dem in kaltem Wasser Löslichen den Gehalt an Zucker und Asche feststellt und diesen von der zur Untersuchung verwendeten Menge Dextrin in Abzug bringt.

Zur direkten Bestimmung des in Handelsdextrinen enthaltenen reinen Dextrins wird die Roussinsche Methode angewendet, welche auf der Unlöslichkeit des reinen Dextrins in starkem Alkohol und auf seiner Löslichkeit in verdünntem Alkohol beruht.

Die zur Sirupdicke eingedampfte wässrige Lösung einer gewogenen Menge Dextrin wird mit 10 Volumteilen 90proz. Alkohol vermischt, das ausgefällte Dextrin mit ebensolchem Alkohol ausgewaschen, getrocknet und gewogen. Hiervon wird 1 g in 10 ccm Wasser gelöst, die Lösung mit 30 ccm 56proz. Alkohol, 4 Tropfen 26proz. Eisenchloridlösung und einigen Dezigrammen Kreidepulver (zur Fällung von etwa vorhandenem, mit Eisenoxydhydrat sich verbindenden Gummi) versetzt. Nach tüchtigem Umrühren wird filtriert, der Rückstand auf dem Filter mit 56proz. Alkohol ausgewaschen und aus dem Filtrat das Dextrin mit 96proz. Alkohol ausgefällt. Nach 24 Stunden gießt man den darüberstehenden Alkohol ab, löst das Dextrin in wenig Wasser und dampft die Lösung in einem gewogenen Schälchen zur Trockne ein. Aus der erhaltenen Menge reinen Dextrins läßt sich dann der Prozentgehalt des untersuchten Handelsdextrins an reinem Dextrin leicht berechnen.

2. Zur Bestimmung des Wassergehalts werden etwa 2 bis 3 g in einer im Ölbad liegenden U-förmigen Trockenröhre bei 110° C, unter gleichzeitiger Durchleitung eines durch Schwefelsäure vollkommen getrockneten Luftstromes, bis zur Gewichtskonstanz erhitzt. Aus dem Gewichtsverlust des abgewogenen Dextrins ist der Wassergehalt zu berechnen. Diese Methode ist nicht ganz einwandfrei. Einerseits ist die Temperatur von 110° C so hoch, daß eine ziemlich weitgehende Färbung und Zersetzung des Dextrins unvermeidlich ist, andererseits ist ein Trocknen bis zur Gewichtskonstanz, wie es die Vorschrift verlangt, bei Dextrin nicht zu erreichen, weil die Veränderungen, welche das Dextrin bei der Trocknung, die eben weiter nichts ist als eine Fortsetzung des Röstprozesses, erleidet, eine solche ausschließen. Dazu kommt noch, daß die Trocknung bei gleichzeitigem Durchsaugen von trockener Luft ziemlich umständlich ist.

Sehr viel einfacher und durchaus zuverlässig ist die Methode von Saare (Kalender f. d. landw. Gewerbe, herausgegeben vom Verein d. Spiritusfabrikanten in Deutschland, **1910**). Hiernach werden 10 g

Dextrin bei 105° C 4 Stunden getrocknet. Die Gewichtsdifferenz mit 10 multipliziert gibt den Wassergehalt.

Nach einer weiteren Vorschrift von Hefelmann und Schmitz-Dumont (Zeitschr. f. öffentl. Chemie **1898**, Heft 13) werden 2 g Dextrin in eine mit Glasstab und ausgeglühtem Sand beschickte kleine Porzellanschale eingewogen, in wenig Wasser gelöst, auf dem Wasserbade zur Trockne eingedampft, darauf der Rückstand 4 Stunden bei 105° C getrocknet.

3. Die Acidität des Dextrins wird durch Titrierung einer abgekühlten Lösung von 100 g Dextrin in der 5- oder 10fachen Menge Wassers mit Normalnatronlauge festgestellt. Die Anzahl der verbrauchten Kubikzentimeter Normallauge gibt den Grad der Acidität an. Letztere darf 5 ccm nicht übersteigen.

4. Der Gehalt an Asche wird durch Veraschen von 10 g Dextrin in der Platinschale erhalten, wobei die letzten Kohlenreste erforderlichenfalls durch Anfeuchten mit Ammoniumnitrat und Abglühen entfernt werden. Primadextrine sollen nicht über 0,5% Asche ergeben.

5. Der Sandgehalt kann entweder durch Auflösen der Asche in Salzsäure festgestellt werden, oder man kocht 100 g Dextrin mit Wasser im Becherglase auf und läßt die Flüssigkeit nach vollständiger Lösung des Dextrins stehen, wobei sich der Sand zu Boden setzt. Die Dextrinlösung wird dann vorsichtig abgegossen, der Sand mehrmals mit destilliertem Wasser ausgewaschen, in eine Platinschale gespült, zur Trockne verdampft und geglüht. Bei Primadextrinen darf der Sandgehalt nicht mehr als 0,2% betragen.

6. Bestimmung der in kaltem und heißem Wasser löslichen und unlöslichen Bestandteile des Dextrins.

Das in kaltem Wasser Lösliche wird nach Saare (Kalender f. d. landw. Gewerbe usw. **1910**, 138) bestimmt: 30 g Dextrin werden mit 300 ccm Wasser von 17,5° C übergossen und bis zum Verschwinden der Klumpen unter Umschütteln hingestellt, filtriert und 5 ccm des Filtrats gewogen, bei 105° C bis zur Gewichtskonstanz getrocknet und wieder gewogen. Hieraus wird der Gehalt an Trockensubstanz in 100 g Flüssigkeit berechnet.

Eine sehr genaue Methode geben ferner Hefelmann und Schmitz-Dumont (l. c.): 5 g Dextrin werden im 250-ccm-Kolben in kaltem Wasser gelöst und bis zur Marke aufgefüllt; 100 ccm davon pipettiert man in ein 110-ccm-Kölbchen, gibt 7 ccm Äther hinzu, verkorkt das Kölbchen und schüttelt gut um. Die Stärke ballt sich als flockiger Niederschlag zusammen, während alles Dextrin gelöst bleibt. Nach kurzem Stehen filtriert man durch ein bedecktes Faltenfilter ab, dampft 50 ccm Filtrat (entsprechend 0,945 g Dextrin) auf dem Wasserbade im Sandschälchen zur Trockne und trocknet den Rückstand 4 Stunden bei 105° C. Die Gewichtszunahme des Sandschälchens ergibt das Lösliche.

Wo es sich nur um annähernde Löslichkeitsbestimmungen handelt, kann auch die bereits S. 149 angeführte Methode von Lippmann angewendet werden.

Die Menge des in kaltem Wasser Unlöslichen ergibt sich aus der Gewichtsdifferenz der ursprünglichen Substanz und des in kaltem Wasser löslichen Teiles. Soll sie direkt bestimmt werden, so löst man 30 g Dextrin in der 10fachen Wassermenge durch Schütteln, filtriert die Lösung durch ein bei 100° getrocknetes und gewogenes Filter, wäscht so lange mit destilliertem Wasser aus, bis ein Tropfen des Filtrates auf einem Platinplättchen zur Trockne verdampft keinen Rückstand mehr zeigt. Durch Wägung des getrockneten Filters erhält man nach Abzug des Filtergewichts die Menge des in kaltem Wasser Unlöslichen. Dies besteht hauptsächlich aus löslicher Stärke (neben Verunreinigungen organischer Natur und Sand).

Zur Bestimmung der löslichen und unlöslichen Bestandteile in heißem Wasser wird an Stelle des Schüttelns in kaltem Wasser ein Aufkochen in Wasser vorgenommen. Zeigt der Rückstand merkliche Mengen von Stärkekleister, so deutet dies auf einen Gehalt des Dextrins an unveränderter Stärke hin. Alsdann ist der Filterrückstand in Zucker überzuführen, der Zuckergehalt nach den bekannten Methoden (vgl. den Abschnitt „Spiritus") zu bestimmen und auf Stärke umzurechnen.

7. Die lösliche Stärke, welche in dem in kaltem Wasser unlöslichen Teile enthalten ist, wird in derselben Weise bestimmt wie die unveränderte Stärke, durch Überführung in Zucker, Bestimmung des Zuckers und Umrechnung auf Stärke.

8. Der im Handelsdextrin stets vorkommende Zucker, welcher sich im kaltwasserlöslichen Teile des zu untersuchenden Dextrins findet, kann Maltose oder Dextrose sein. Beide Zuckerarten lassen sich nach Post (Chem.-techn. Analyse) durch das Barfoedsche Reagens (13,3 g neutrales essigsaures Kupfer in 5 ccm 35proz. Essigsäure und 200 ccm Wasser gelöst) unterscheiden. Dies wird durch die geringsten Mengen von Dextrose beim Erwärmen sofort, in der Kälte nach kurzer Zeit unter Abscheidung von Kupferoxydul reduziert, während Maltose (nach Märckers Beobachtungen) erst in konz. Lösungen imstande ist, eine langsame und schwache Reduktion der Kupferlösung hervorzurufen. Die Maltose wird mit Fehlingscher Lösung bestimmt, wobei zu beachten ist, daß die Lösung nicht mehr als 1% Maltose enthält, daß die unverdünnte Fehlingsche Lösung im Überschuß vorhanden ist, und daß die Flüssigkeiten (nach Soxhlet) 4 Minuten lang im lebhaften Kochen erhalten werden. Die etwa vorhandene Dextrose wird hierbei mit bestimmt und als Maltose in Rechnung gebracht.

Nach Hefelmann und Schmitz-Dumont (Zeitschr. f. öffentl. Chemie **1898**, Heft 13) werden 25 ccm der bei ihrer Methode der Bestimmung des in kaltem Wasser Löslichen erhaltenen Ätherwasserlösung nach Allihn behandelt, das ausgeschiedene Kupferoxydul durch Filtrieren im Goochtiegel gesammelt und nach Hefelmann durch einfaches Glühen über dem Teclu-Brenner in Kupferoxyd (berechnet auf Maltose) übergeführt.

9. Für die Bestimmungen der Konsistenz und Haltbarkeit der eingedickten Lösung, welche zum Vergleich und zur eventuellen Identifizierung zweier Dextrinproben dienen, gibt Lippmann

(Zeitschr. f. Spiritusindustrie **1902**, Nr. 29) folgendes Verfahren an: Je 30 g der zu vergleichenden Dextrinproben werden mit 30 ccm Wasser in einer Porzellanschale über freiem Feuer (Gas- oder Spiritusflamme) unter fortwährendem Umrühren so lange gekocht, bis vollkommene Homogenität erreicht ist. Die Lösungen werden nach dem Abkühlen bezüglich ihrer Konsistenz, ihres Anhaftens bzw. Fadenziehens an einem Holzstäbchen und ihrer sonstigen Eigenschaften verglichen. Die Haltbarkeit wird festgestellt, indem man die so hergestellten Lösungen mehrere Tage in möglichst keimfreier Luft stehen läßt. Manche Dextrine trocknen hierbei rasch ein, werden an der Oberfläche rissig und verlieren ihre Elastizität und Klebfähigkeit (Fähigkeit, Fäden zu ziehen) schon nach kurzer Zeit, während andere mehrere Tage unverändert bleiben.

10. Zur Identifizierung zweier Dextrine dient weiter auch die Bestimmung der Viscosität, welche nach Lippmann (Zeitschr. f. Spiritusindustrie **1902**, 304) wie folgt vorgenommen wird; 10 g Dextrin werden mit der fünffachen Wassermenge bis zur Auflösung des wasserlöslichen Teiles gerührt oder geschüttelt und durch ein trockenes Filter filtriert. Davon wird ein aliquoter Teil des Filtrates auf seine Auslaufzeit im Viscosimeter geprüft. Zur Bestimmung ist das Englersche Viscosimeter für Schmieröle verwendbar (vgl. Bd. III, S. 455).

11. Dextrine, welche freies Chlor bzw. unterchlorige Säure enthalten, sind für viele technische Zwecke unbrauchbar. Es ist deshalb eine Prüfung auf Chlor erforderlich (s. Bd. I).

12. Handelsdextrine müssen frei von unveränderter Stärke sein. Diese läßt sich nachweisen entweder durch Aufkochen einer Probe, wobei der sich bildende Stärkekleister das Vorhandensein von unveränderter Stärke anzeigt, oder durch Übergießen der Probe mit mäßig verdünnter Kali- oder Natronlauge, wobei Dextrin und lösliche Stärke sich klar lösen, unveränderte Stärke dagegen einen zähen Kleister gibt.

13. Dextrine, welche aus Weizenstärke, namentlich aus den Nachprodukten der Weizenstärkefabrikation, hergestellt wurden, pflegen nicht unerhebliche Mengen von Kleber zu enthalten, welcher beim Röstprozesse anbrennt und hart wird und dadurch das Dextrin für viele Zwecke unverwendbar macht. Zur Bestimmung des verbrannten Klebers wird nach Brenner (Muspratt, Die Chemie und ihre Anwendung, 3. Aufl., III, 332) 1 Teil Dextrin mit 1 Teil Wasser von 60° C angerührt und weiter mit 5 Teilen Wasser von gleicher Temperatur vermischt. Die Mischung wird 24 Stunden der Ruhe überlassen. Hierbei bläht sich der verbrannte Kleber auf und setzt sich, ohne sich zu lösen oder die Flüssigkeit zu verdicken, zu Boden.

III. Mehl.

Die Untersuchung des Mehles erstreckt sich auf die Mehlarten, welche hauptsächlich zur menschlichen Ernährung dienen und tatsächlich Handelsgut darstellen. Es sind dies die Weizen- und Roggenmehle.

In Betracht kommen beim Weizen ein feinstes Auszugsmehl, das höchstens die ersten 30% der besten Vermehlungsanteile enthält, und ein gröberes Mehl (sog. Semmelmehl), welches entweder von 0 bis 75% durchgemahlen oder nach dem Auszugsmehl von 30 bis 70% gezogen ist. Beim Roggen wird ein helleres Auszugsmehl wohl nur in Sonderfällen (etwa zur Lebkuchenbereitung) hergestellt. Das Haupterzeugnis ist das Brotmehl der Bäckereien, welches bei normaler Wirtschaftslage von 0 bis 70 oder 72% gezogen wird. Zur Zeit ist für die Ausmahlung des staatlich bewirtschafteten Getreides ein Ausmahlungsgrad von 0 bis 85 vorgeschrieben.

Die mittlere chemische Zusammensetzung der ganzen Getreidekörner sowie ihrer verschiedenen Mahlerzeugnisse ist nach M. P. Neumann (Brotgetreide und Brot), auf Trockensubstanz berechnet, folgende:

1. Weizenmehl.

Sämtliche Zahlen beziehen sich auf Trockensubstanz	Mineralbestandteile (Asche)	Fett (Ätherextrakt)	Eiweiß (Protein)	Kohlehydrate			Pentosane	Von 100 Teilen Substanz sind durch Analyse ermittelt
				Zucker	Stärke	Holzfaser		
Weizen, ganzes Korn .	1,92	2,29	15,49	5,19	66,25	2,51	7,94	101,59
Feinstes Mehl, Auszugsmehl (0—30%). . .	0,49	1,14	13,24	2,14	79,29	0,12	2,59	99,01
Zweites Mehl (30—70, oder 0—75%) . . .	0,88	1,86	15,08	4,67	74,69	0,20	3,37	100,75
Nachmehl (75—80%) .	3,32	4,63	20,35	9,97	47,18	3,09	11,62	100,16
Kleie (81—100%) . .	6,70	5,21	17,85	8,67	19,84	11,00	28,00	97,27
Keime (nur bisweilen für sich gewonnen, gehen meist in die Kleie)	5,50	12,00	40,75	20,75	—	2,50	11,55	93,05
2. Roggenmehl.								
Roggen, ganzes Korn .	1,95	1,88	10,70	8,75	61,33	1,97	8,45	94,94
Feinstes Mehl (0—30%)	0,46	0,69	6,70	4,65	81,53	0,07	3,55	97,65
Helleres Brotmehl, früheres (0—70%) .	0,94	1,43	10,00	7,18	70,44	0,40	5,25	95,64
Dunkleres Brotmehl, jetziges (0—82%) .	1,34	1,80	11,10	8,38	64,87	0,93	7,02	95,70
Kleie (71—100%) . .	4,83	3,62	16,58	12,96	20,49	5,79	22,59	87,86
Keime (wie oben). . .	5,54	11,95	44,74	22,62	—	3,94	7,32	91,11

Beide Beispiele können als gute Durchschnittszahlen gelten, da sie bei jeder einzelnen Fruchtart Mischungen von normaler Beschaffenheit entsprechen.

Die erste Prüfung des Mehles bezieht sich auf seine Einreihung in die entsprechende Klasse. Hierfür kommen hauptsächlich als zwei brauchbare Merkmale in Betracht: die Farbe und der Aschengehalt.

Die Farbe des Mehles wird mit zunehmendem Ausmahlungsgrad dunkler, da die Bestandteile der Schale sich anreichern. Beschafft man sich Mehltypen ganz bestimmten Ausmahlungsgrades von Getreidearten, die ein normales Mahlgut darstellen, so wird der Vergleich des zu prüfenden Mehles mit dem Vergleichmuster die Farbstufe leicht erkennen lassen. Für diese Probe brauchbare Mehltypen werden von der Versuchsanstalt für Getreideverarbeitung in Berlin alljährlich hergestellt und können von dort bezogen werden.

Die Bestimmung der Mehlfarbe erfolgt am einfachsten in der Weise, daß man auf einem schwarzen Holzbrettchen von dem zu prüfenden Mehl und von den zum Vergleich heranzuziehenden Mehltypen kleine Häufchen nebeneinander legt und mit einem aus Knochen oder Metall hergestellten sehr glatten Spatel glattstreicht. Nach dem Vergleich der trocken geglätteten Mehlstreifen taucht man das Brett unter Wasser bzw. in ganz verdünnte Säure und läßt das Mehl sich vollsaugen. Bei

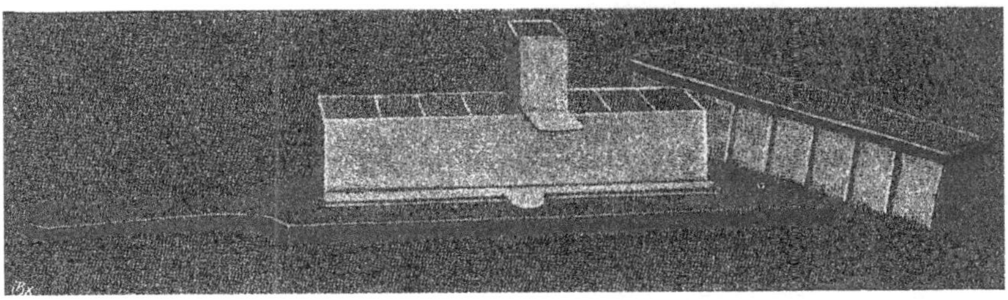

Fig. 1. Apparat zur Bestimmung der Mehlfarbe nach Fornet.

nochmaliger Prüfung des feuchten Mehles treten dann Farbe und etwa vorhandene Rohfaserstückchen (Stippen) deutlicher hervor.

Zur Herstellung kleiner, gleichmäßig angeordneter Mehltäfelchen, die sich besonders gut vergleichen lassen, werden auch rechteckige Stempel und kästchenartige Behälter benutzt, in denen das Mehl zusammengepreßt wird. Für eine gleichmäßigere Gestaltung der Mehlflächen hat A. Fornet den nachstehend abgebildeten Apparat zusammengestellt. Er besteht aus einem rechteckigen Kasten mit mehreren Fächern (in der Fig. 1 auf dem schwarzen Brett stehend). Der Boden dieses Kastens ist beweglich und an einem Griff herausziehbar. Er bleibt zunächst eingefügt. Mit Hilfe eines Einfüllers (in der Fig. 1 auf einem der mittelsten Fächer aufsitzend) schöpft man das zu untersuchende Mehl, setzt ihn auf eines der Fächer des erwähnten Kastens und läßt durch Wegziehen des beweglichen Bodens dieses Einfüllers das Mehl in das betreffende Kastenloch laufen. In gleicher Weise füllt man die Nebenfächer mit den Mehltypen. Dann preßt man mit einem Holzstempel, der in die Fächer paßt (in der Fig. 1 rechtsliegend) das Mehl in dem Kasten leicht zusammen, stellt den Apparat auf ein schwarzes Brett, zieht den Boden des Kastens heraus, drückt nochmals mit dem Stempel auf und führt den wie ein Messer wirkenden Boden in den Kasten wieder ein. Beim Abheben des Kastens von der Unterlage, was am besten durch vorsichtiges Umkippen um seine Längskante geschieht, verbleiben die gleichmäßig angeordneten Mehlflächen auf der Unterlage. Man vergleicht sie in der zuvor beschriebenen Weise.

Nach Pekar, welcher dieses Vergleichen der Mehlfarbe zuerst methodisch bearbeitete, bezeichnet man den Farbvergleich in der Praxis allgemein auch als das Pekarisieren des Mehles.

Noch wichtiger als die Einordnung in eine bestimmte Farbstufe ist für die Feststellung des Ausmahlungsgrades eines Mehles die Bestimmung seines Aschengehaltes. Aus den oben angegebenen Tabellen über die Zusammensetzung der Mahlerzeugnisse geht deutlich hervor, daß der Gehalt an Mineralbestandteilen mit zunehmendem Ausmahlungsgrad ansteigt, und zwar kann dieses Ansteigen so genau verfolgt werden, daß selbst einander sehr naheliegende Ausmahlungsgrenzen durch den Aschengehalt umschrieben werden können. Der Aschengehalt ist deshalb (nach Wittmack) als der feinste Fühler für den Ausmahlungsgrad eines Mehles anzusprechen.

Für die Prüfung des Mehles ist ferner von Wichtigkeit die Beurteilung der äußeren Eigenschaften: der Farbe, des Griffes, des Geruches und Geschmackes.

Was die Farbe betrifft, so darf das Mehl kein rein weißes, kreidiges Aussehen haben. Gutes Weizenmehl soll einen gelblichen, gutes Roggenmehl einen bläulichen Schein zeigen. Durch diese Farbtöne erhalten die Mehle, namentlich die Weizenmehle ein lebhaft glänzendes Ansehen.

Als „Griff“ bezeichnet man die Art, wie ein Mehl sich anfühlt. Gutes Mehl darf sich beim Abfühlen weder staubig noch weich, feucht oder schliffig zeigen. Auch beim Druck in der Hand soll es sich nicht fest zusammenballen und Klumpen bilden, sondern eine lose zusammenhängende Masse darstellen und sich etwas körnig und „griffig“ erweisen.

Der Geruch und der Geschmack der Mehle muß angenehm sein. Gutes Mehl ist durchaus nicht geruch- und geschmacklos, aber beide Eigenschaften sind indifferent und doch angenehm, der Geruch erfrischend, der Geschmack etwas süßlich. Mehl, welches bei der Vermahlung zu stark beansprucht wurde, ist „tot“ und zeigt den angenehmen Geruch und Geschmack nicht mehr; es ist fade und kleistrig. Mehle mit muffigem oder dumpfem Geruch sind meist verdorben, immer, sofern Pilzinfektionen die Ursache dieses Geruches sind. Bei kräftiger Lüftung der Mehle verliert sich oft das Dumpfige, dann sind sie durchaus brauchbar.

Von großer Bedeutung für die Bewertung der Mehle ist auch ihr Feuchtigkeitsgehalt. Ein hoher Wassergehalt im Mehl stellt nicht nur einen unmittelbaren wirtschaftlichen Nachteil dar, er ist auch für die Haltbarkeit des Mehles in hohem Grade nachteilig und setzt außerdem seine Backfähigkeit herab. Der normale Wassergehalt des Mehles soll 14 bis 15% und höchstens 16% betragen.

Wichtig für die Beurteilung der Mehle ist ferner die Bestimmung ihres Säuregehaltes. Alle Mahlprodukte weisen eine saure Reaktion auf. Je heller die Mehle sind, desto geringer sind die Beträge an Alkali, die für ihre Neutralisation erforderlich sind, und je saurer ein Mehl ist, je mehr Alkali zu seiner Neutralisation verbraucht wird, desto geringwertiger ist es. Ein höherer Säuregrad läßt das Mehl verdächtig erscheinen.

Die Bestimmung des Säuregrades im Mehl erfolgt in der Weise, daß man die wässerige Aufschlämmung des Mehles oder das Filtrat mit Natronlauge von bekanntem Gehalt bei Verwendung von Phenolphthalein als Indikator bis zur bleibenden Rosafärbung titriert. Da der Säuregrad die Anzahl Kubikzentimeter Normallauge bedeutet, die 100 g der Substanz zur Neutralisation gebrauchen, so verwendet man zweckmäßig eine $^{n}/_{10}$-Lauge bei Anwendung von 10 g Mehl. Die Anzahl Kubikzentimeter, die in diesem Fall bis zur bleibenden Rosafärbung gebraucht werden, sind unmittelbar die Säuregrade.

Bei der Filtratbestimmung nimmt man 10 g Mehl, schüttelt diese mit 100 ccm Wasser gleichmäßig an und läßt 1 Stunde stehen. Dann filtriert man genau 50 ccm ab, setzt einige Tropfen Phenolphthaleinlösung hinzu und läßt unter ständigem Umschütteln die Natronlauge zufließen, bis die zuerst auftretende, aber immer wieder verschwindende Rotfärbung der Flüssigkeit bleibt. Bei der Angabe des Säuregrades ist hier natürlich die gefundene Anzahl Kubikzentimeter zu verdoppeln, da die 50 ccm des Filtrates nur 5 g Mehl entsprechen.

Zu bemerken ist, daß der Verbrauch an Alkali beträchtlich verschieden ist, je nachdem man die wässerige Aufschlämmung des Mehles oder sein Filtrat titriert. Da beide Arbeitsweisen gebräuchlich sind, so ist es notwendig, bei Angaben über den Säuregehalt auf die angewandte Methode hinzuweisen.

Das wichtigste Merkmal für die Beurteilung der Handelsmehle ist der Grad ihrer Backfähigkeit. Man versteht hierunter die Eigenschaft eines Mehles, sich einwandfrei verarbeiten zu lassen und ausreichende Teig- und Brotausbeuten sowie ein in Krume und Kruste fehlerloses Gebäck zu liefern. Die Feststellung dieser Eigenschaften kann nur durch einen Backversuch erfolgen. Wenn auch die Analyse der Mehlbestandteile gewisse Anhaltspunkte für diese Beurteilung zu bieten vermag, so kommt doch hierbei dem Kleber die größte Bedeutung zu, zwar nicht in dem Maße, daß seine Menge die Backfähigkeit eines Mehles bestimmen könnte, da sich herausgestellt hat, daß kleberreiche Mehle durchaus nicht immer besser backfähig sind als kleberarme, wohl aber in dem Sinne, daß die Beschaffenheit des Klebers ein bestimmtes Verhalten des Mehles im Backprozeß erwarten läßt.

Die Kleberbestimmung wird in folgender Weise ausgeführt: 25 g Weizenmehl werden in einer glasierten Porzellanschale mit 15 ccm Wasser mit Hilfe eines glasierten Porzellanspatels zu einem gleichmäßigen, von Klümpchen freien Teig verarbeitet. Dieser bleibt mindestens dreiviertel Stunden bei Zimmertemperatur stehen und wird dann unter einem, zweckmäßig mit einer Brause verteilten Wasserstrahl, über einem mit Seidengaze bespannten Sieb so lange mit der Hand ausgewaschen, bis das ablaufende Wasser, auch bei kräftigem Druck des entstandenen Kleberballens nicht mehr trübe abfließt. Durch stets gleichmäßiges Ausdrücken der fertig gewaschenen Klebermasse entfernt man das anhängende Wasser, bringt den Kleber auf eine gewogene Nickelschale, breitet ihn mit Hilfe der Daumen soweit wie möglich aus und stellt das Gewicht fest. Die Gewichtszunahme der Schale mal 4 bedeutet den Prozentgehalt an Kleber in dem lufttrockenen Mehl. Die Schale mit dem ausgebreiteten Kleber wird darauf in den Trockenschrank gebracht, bei 120 bis 125° $2^1/_2$ Stunden getrocknet und nach dem Abkühlen wieder gewogen. Das Mehrgewicht mal 4 gibt den Prozentgehalt an trockenem Kleber an.

Die Konsistenz des Klebers ist von großer Bedeutung. Die Vordermehle geben einen Kleber von größerer Dehnbarkeit als die weiter gezogenen Mehle, deren Kleber weniger Zusammenhang zeigt, fester ist und kurz reißt.

Die allgemein verbreitete Ansicht, daß große Dehnbarkeit des Klebers ein Zeichen guter Backfähigkeit sei, ist nach den in der Versuchsanstalt für Getreideverarbeitung in Berlin gemachten Erfahrungen durchaus unzutreffend.

Das wesentlichste Merkmal eines gute Backfähigkeit versprechenden Klebers ist seine genügende Festigkeit, Widerstandsfähigkeit und Elastizität bei ausreichendem Zusammenhang. Ein weicher, unelastischer Kleber, der meist auch eine geradezu erstaunliche Dehnbarkeit aufweist, ist im Gegenteil gewöhnlich das sicherste Anzeichen für weiche, kraftlose Mehle; die sich schwierig aufarbeiten und mangelhaftes Gebäck liefern.

Die einfachste Methode zur Ermittlung der Kleberbeschaffenheit, welche auch in der Praxis vorzugsweise angewendet wird, besteht in dem Ausbacken des Klebers. Der ausgewaschene feuchte Kleber wird zu Kugeln geformt, auf Metallschalen in den Backofen gebracht und etwa 15 Minuten in diesem belassen. Die Klebermasse bläht sich dabei, durch den schnell entweichenden Wasserdampf getrieben, stark auf und erfährt je nach der Dehnungsfähigkeit eine größere oder geringere Volumausdehnung. Die Backdauer hat hierbei einen großen Einfluß. Bei zu langer Erhitzung verkohlt der Kleber, bei zu kurzer Backzeit wird das höchste Volumen nicht erreicht. Die Fig. 2 und 3 stellen Backproben zweier verschieden beschaffener Kleber bei verschiedener Backzeit dar. In beiden Fällen wurden die gleichen Klebermengen von 4,5 g verwendet. Der kürzere Kleber von geringerem Zusammenhang (Fig. 2) hat bei weitem nicht ein so großes Volum erreicht, wie der weiche, aber sehr dehnbare Kleber (Fig. 3). Die Backdauer von 8 Minuten hat nicht ausgereicht, um die volle Ausdehnung des Klebers herbeizuführen.

Um die durch Erhitzung bewirkte Ausdehnung zahlenmäßig festzustellen und als Bewertungsmerkmal für die Beschaffenheit des Klebers zu verwenden, hat L. v. Liebermann eine Methode ausgearbeitet, nach welcher der feuchte Kleber in einem entsprechenden Apparat im Ölbade erhitzt und an dem Steigen des Ölstandes die Ausdehnung des Klebers gemessen wird.

Auch von Bolland wurde ein kleiner Apparat zusammengestellt, der es ermöglicht, die Ausdehnung des Klebers beim Erhitzen im Ölbade zahlenmäßig zu ermitteln.

Außerdem hat noch Hankoczy einen sehr sinnreich erdachten Klebermeßapparat konstruiert, mit dem sich die physikalischen Eigenschaften eines Klebers, seine Zähigkeit und Dehnbarkeit, ohne Anwendung höherer Temperatur, an der unveränderten feuchten Klebermasse zahlenmäßig bestimmen lassen.

Bezüglich einer eingehenden Beschreibung der verschiedenen Apparate und ihrer Anwendungsart wird auf M. P. Neumann (Brotgetreide

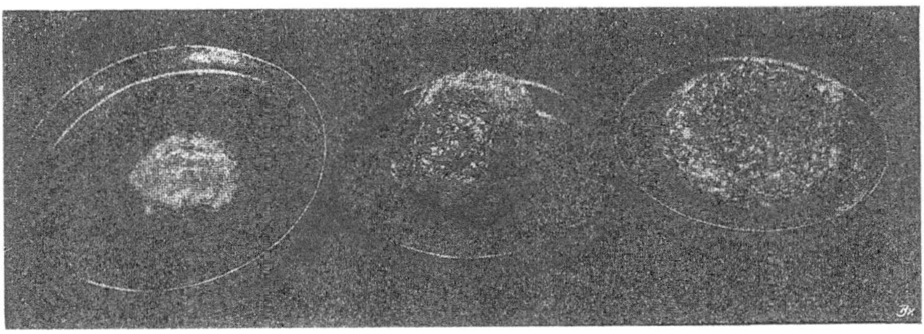

a *b* *c*

Fig. 2. Kurzer Kleber: *a* ungebacken, *b* nach 8 und *c* nach 14 Minuten Backdauer.

a *b* *c*

Fig. 3. Dehnbarer Kleber: *a* ungebacken, *b* nach 8 und *c* nach 14 Minuten Backdauer.

und Brot) verwiesen. Im großen Ganzen erstrecken sich alle diese Bestimmungen auf die Ermittlung der Dehnbarkeit des Klebers, ein Umstand, der nach den vorhergegangenen Ausführungen ihre Zweckmäßigkeit sehr in Frage stellt.

Die bisherige, an sich sehr rohe Kleberbestimmung wird aber nach wie vor ihren Wert und ihre Bedeutung behalten. Die Feststellung des Klebergehaltes wird zwar keinen Aufschluß über die Backfähigkeit des Mehles geben, sie wird aber den Müller veranlassen, seine Getreidemischungen so vorzunehmen, daß in seinem Betrieb stets Mehle von möglichst gleichem Klebergehalt, also gleicher Zusammensetzung erzeugt werden. Die Bestimmung der Klebereigenschaften wird ihm anzeigen, ob ungefähre Gleichartigkeit in dem Verhalten seiner Mehle zu erwarten ist.

Das zuverlässigste Mittel, um den Backwert eines Mehles zu bestimmen, bleibt der Backversuch. Für einen solchen einfachster Form wird von M. P. Neumann folgende Vorschrift gegeben.

„1 l Wasser wird auf 30° temperiert; 50 g Hefe werden unter allmählichem Zugeben des Wassers fein verteilt, daß keine Hefeklümpchen mehr vorhanden sind; dann werden 20 g Salz und soviel des zu prüfenden Mehles hineingearbeitet, daß ein „normaler" Teig entsteht. Die richtige Konsistenz des Teiges kann nur durch die Erfahrung erkannt werden. Bei genauen Versuchen muß die Konsistenz nach weich und fest abgeändert werden. Für die Teigausbeute gilt dann der Teig als der richtig eingestellte, der das beste Backresultat liefert. Der Teig wird in einem genügend regulierbaren Gärschrank bei 30° 1 Stunde lang gehalten, während dieser Zeit aber wenigstens einmal gut durchgearbeitet. Nach Verlauf 1 Stunde wird der Teig nochmals durchgearbeitet und in einzelne Stücke von 400 g (für größere Gebäcke) oder von 60 g (für Kleingebäck) geteilt. Bereitet man nur große Gebäckstücke, was oft genügt, so werden die 400 g schweren Teigstücke kugelig zusammengerollt und in viereckige Kastenformen gebracht. Beim Kleingebäck muß dem Teigstück die entsprechende Form gegeben werden, was nur durch technische Übung erlernt werden kann. Die abgeteilten Teigbrote oder Brötchen überläßt man einer weiteren Gärung, der „Gare", bei 30°, bis die notwendige „Reife" erzielt ist, d. h. bis das Teigstück den höchsten Grad der Ausdehnung erreicht hat. Dazu wird bei den größeren Kastenbroten eine Zeit von 40 bis 45 Minuten, bei dem Kleingebäck eine Zeit von 30 Minuten notwendig sein, doch tritt dieser Zustand bei den einzelnen Mehlen nach sehr verschiedener Zeit ein. Die reifen Teigstücke werden in den Ofen gebracht, wo sie je nach Größe 20 bis 50 Minuten verbleiben. Für die rein technischen Arbeiten wird, wenn nicht andere geübte Personen vorhanden sind, zweckmäßig ein Bäcker hinzugezogen."

Besonders wichtig für die weitere Beurteilung der Mehle ist die Prüfung auf ihre Reinheit und Unverfälschtheit. Unrein sind die Mehle, wenn die natürlichen Verunreinigungen des Getreides vor der Vermahlung nicht genügend entfernt waren, verfälscht, wenn ihnen fremde Stoffe in betrügerischer Absicht zugesetzt wurden.

Grobe Verfälschungen, wie sie früher wohl häufiger vorgenommen wurden, kommen heute in der Deutschen Mühlenindustrie nicht vor. Sie bestanden darin, daß man dem Mehl, um es schwer zu machen, Schwerspat, Ton, Gips, Kreide, Talkum, Sand zusetzte, oder zu seiner Verbesserung Alaun und Kupfervitriol verwendete. Unbeabsichtigt können von diesen Mineralbestandteilen nur Sand und Kupfervitriol in das Mehl gelangen. Sand, wenn die Reinigung unvollkommen war, oder wenn zu weiche Steine (Sandstein) beim Mahlgang verwendet wurden, Kupfervitriol, wenn durch Unachtsamkeit ein kleiner Posten mit Kupfervitriol gebeizten und zur Aussaat bestimmten Weizens in das Verkaufsgetreide gelangt war. Unerlaubte Zusätze von Mineralstoffen lassen sich sehr leicht durch Untersuchung der Asche nachweisen.

Was die Untersuchung der Mehle auf Beimengungen pflanzlicher Natur betrifft, so kann nur das Mikroskop entscheidende Auskunft geben. Von praktischem Wert sind hierbei allein die Stärkekörner (siehe Abbildungen der Stärkekörner in Abschnitt „Stärke“, S. 135, 136).

Am häufigsten kommen Roggen in Weizen und Weizen im Roggen vor. Die Veränderung der Stärkekörner während langsamer Verkleisterung hat Wittmack als ein brauchbares Hilfsmittel zur Unterscheidung von Weizen- und Roggenmehl vorgeschlagen.

Man verrührt 1 g des zu untersuchenden Mehles mit 50 ccm Wasser zu einem sehr gleichmäßigen Brei und erhitzt in einem Wasserbade langsam unter genauer Beobachtung der Temperatur auf 62,5°. Ist diese Temperatur erreicht, so nimmt man das Gefäß mit der Mehlaufschläm-

Fig. 4. Weizenmehl bis 62,5° C erhitzt. (Nach E. Böhmer.)

Fig. 5. Roggenmehl bis 62,5° C erhitzt. (Nach E. Böhmer.)

mung aus dem Wasserbad, kühlt sofort ab und beobachtet unter dem Mikroskop die Beschaffenheit der Stärkekörner. Die Stärkekörner des Roggens sind bei dieser Temperatur fast vollständig deformiert. Sie haben ihre linsenförmige Gestalt zum großen Teil verloren oder weisen, soweit sie diese noch bewahrt haben, helle Umrißlinien auf. Zum Teil sind sie geplatzt, zeigen Risse und Einbuchtungen, also Verkleisterungsmerkmale. Die Weizenstärke ist dagegen, wenigstens in der Hauptmenge, der Form nach unverändert; nur vereinzelt finden sich geplatzte Körner. Die meisten sind stark lichtbrechend mit scharfer Schichtung und dunklen Umrißlinien (vgl. Fig. 4).

Auch die Verunreinigungen pflanzlicher Natur können im Mehl mit Sicherheit nur durch die mikroskopische Untersuchung festgestellt werden. Solche Verunreinigungen sind alle Unkrautsämereien und Pilze, die im Getreide vorkommen und bei der Reinigung nicht genügend entfernt wurden. Sie beeinträchtigen den Wert des Mehles wesentlich und ihr Vorkommen im Mehl ist unter allen Umständen zu beanstanden. Hierzu kommt noch, daß gewisse Unkrautsamen und Pilze auch gesundheitsschädlich sind wie Kornrade, Taumellolch, Mutterkorn, Brandsporen.

Chemische Methoden zum Nachweise der Verunreinigungen im Mehl sind mehrfach vorgeschlagen worden, ihre Zuverlässigkeit muß aber durchaus in Frage gestellt werden.

Hier möge nur die Prüfung auf Mutterkorn und Kornrade angegeben werden: Man schüttelt 10 g des Mehles in einem Kölbchen mit 20 bis 30 ccm absolut reinem Äther und 1,2 ccm 5 proz. Schwefelsäure gut durch und überläßt das verschlossene Kölbchen 6 Stunden sich selbst. Man filtriert in einen Meßzylinder und wäscht mit Äther nach, bis 40 ccm Filtrat erlangt sind. Dieses wird mit 1,8 ccm einer gesättigten Lösung von doppeltkohlensaurem Natron versetzt. Nach einigem Stehen trennt sich die Flüssigkeit und die untere Schicht ist bei Gegenwart von Mutterkorn je nach Menge hell bis dunkelviolett gefärbt.

Spiritus.

Von

Prof. Dr. **Karl Windisch**, Hohenheim.

I. Untersuchung der Rohstoffe.

A. Wasser.

Das Wasser wird auf Aussehen, Geruch, Geschmack und Reaktion geprüft.

Qualitativ werden nachgewiesen: Ammoniak, salpetrige Säure, Salpetersäure, Schwefelsäure, Chlor und Schwefelwasserstoff.

Die quantitative Bestimmung erstreckt sich auf: Abdampfrückstand, Glührückstand, Kalk, Magnesia, bleibende und vorübergehende Härte, Oxydierbarkeit.

Chloride und Sulfate werden in der Regel ebenfalls quantitativ bestimmt, die übrigen Stoffe nur in besonderen Fällen.

Im übrigen wird auf die Untersuchung des Wassers in Bd. I, S. 465 und 485 verwiesen.

Die mikroskopische Untersuchung[1]) erstreckt sich auf die Prüfung eines etwa vorhandenen Bodensatzes. Sie hat die für verunreinigtes Wasser charakteristischen niederen Tiere und Pflanzen und das Vorhandensein organischer Reste zu berücksichtigen.

In der Brennerei kann jedes Wasser Verwendung finden, sofern es keine gärungsschädlichen Stoffe anorganischer oder organischer Natur enthält und frei von solchen Organismen ist, die Gärung und Fäulnis erregen können.

Bei der Herstellung von Trinkbranntwein aus ungereinigtem Spiritus durch Verdünnung mit Wasser treten oft Trübungen auf. Sie werden meist durch Fuselöle und andere, in starkem Alkohol lösliche, in Wasser und schwachem Alkohol unlösliche oder schwer lösliche Stoffe hervorgerufen, mitunter aber auch durch die Verwendung von sehr hartem Wasser, wobei sich Kalksalze abscheiden. Man beseitigt die Trübung durch Filtrieren oder Schönen.

---

[1]) Als Leitfaden ist zu empfehlen: C. Mez, Mikroskopische Wasseranalyse, Berlin 1898; ferner Paul Lindner, Mikroskopische Betriebskontrolle in den Gärungsgewerben.

B. Stärkehaltige Rohstoffe.

I. Kartoffeln.

Bei der Untersuchung der Kartoffeln für Brennereizwecke begnügt man sich in der Regel mit der Bestimmung des Stärkewerts aus dem spezifischen Gewicht mit Hilfe der Kartoffelwage (vgl. S. 128).

Von chemischen Untersuchungsverfahren werden bisweilen Wasser- und Stärkebestimmung ausgeführt. Die Wasserbestimmung geschieht in folgender Weise.

1 kg Kartoffeln, die zuvor gründlich gewaschen und wieder abgetrocknet sind, werden, am besten mit einem Gurkenhobel, in Scheiben geschnitten. Die Scheiben werden gewogen, auf einen Bindfaden gereiht und an warmer Luft soweit getrocknet, daß sie auf einer Mühle gemahlen werden können. Das Gewicht der vorgetrockneten Kartoffelscheiben wird festgestellt. Die gemahlene Masse dient zur Bestimmung des Wassergehalts. Etwa 10 g werden in einem Gläschen abgewogen, im Trockenschrank 4 Stunden auf 105° C erhitzt, im Exsikkator abgekühlt und gewogen. Der Wasser- bzw. Trockensubstanzgehalt ist auf die frischen Kartoffeln umzurechnen.

Die Stärke und der Stärkewert werden in gleicher Weise bestimmt wie im Getreide (vgl. unter II auf dieser Seite). Die Kartoffeln werden, wie zuvor beschrieben, lufttrocken gemacht, auf einer Mühle grob zerkleinert und alsdann mit Hilfe der nach Märckers Angaben von dem Mechaniker Dreefs in Halle hergestellten Mühle staubfein gemahlen. 3 g des feinen Mehls, dessen Wassergehalt nochmals festzustellen ist, dient zur Stärkebestimmung. Der Stärkegehalt wird auf die frischen Kartoffeln umgerechnet.

II. Getreide.

a) Bestimmung des Wassergehalts (vgl. Bestimmung des Wassergehalts in der Gerste im Abschnitt Bier, S. 366).

b) Bestimmung des Stickstoff bzw. Eiweißgehalts. Sie erfolgt nach der Methode von Kjeldahl (Bd. II, S. 1120) mit 2 bis 3 g lufttrockner Substanz.

c) Bestimmung der Stärke und des Stärkewerts.

Bei der Untersuchung und Beurteilung der Getreidearten und der Kartoffeln für die Zwecke der Brennerei ist zwischen der Stärke und dem Stärkewert zu unterscheiden. Unter Stärkegehalt versteht man den Gehalt der Rohstoffe an wirklicher Stärke. Unter der Bezeichnung „Stärkewert“ faßt man alle die Kohlenhydrate zusammen, die durch Einwirkung von Diastase auf die verkleisterten Rohstoffe gelöst werden und nach der Hydrolyse Fehlingsche Lösung reduzieren. Der Stärkewert umfaßt hiernach außer der Stärke auch die etwa vorhandenen Zuckerarten und einen Teil der Pentosane und sonstiger unlöslicher Kohlenhydrate. Für die Zwecke der Brennerei ist die Bestimmung des Stärkewerts wichtiger als die der eigentlichen Stärke, weil sie in vielen

Fällen dem Gehalt der Rohstoffe an Kohlenhydraten, die in Zucker überführbar sind und bei der Gärung Alkohol geben, näher kommt als die Bestimmung der eigentlichen Stärke.

1. Bestimmung des Stärkewerts.

Früher bestimmte man den Stärkewert vielfach in der Weise, daß man den Rohstoff mit Wasser kochte, alsdann durch Kochen mit Salzsäure verzuckerte und den dabei entstandenen reduzierenden Zucker bestimmte. Dieses Verfahren ist nur anwendbar auf Stärkemehl, das nur wenig Spelzen u. dgl. enthält. Bei Körnerfrüchten und Kartoffeln kann dieses Verfahren nicht unmittelbar Anwendung finden, da durch die Einwirkung der Säure nicht allein die Stärke, sondern auch Cellulose und andere Kohlenhydrate, insbesondere auch die Pentosane, in reduzierende Substanzen umgewandelt werden. Die Resultate fallen deshalb viel zu hoch aus und sind für die Praxis unbrauchbar. Es kommen hier nachfolgend beschriebene Bestimmungsverfahren in Betracht, die den Verhältnissen der Praxis möglichst Rechnung zu tragen suchen. Bei diesen Verfahren werden neben der Stärke auch die in den Rohstoffen etwa vorhandenen Dextrine und Zuckerarten mit bestimmt. Indessen sind die damit erhaltenen Resultate auch nicht einwandfrei, da durch das Kochen und mehr noch durch die Anwendung von Hochdruck Pentosane in Lösung gehen, die durch die nachfolgende Inversion in reduzierende, aber nicht gärungsfähige Pentosen umgewandelt werden.

α) **Bestimmung des Stärkewerts unter Anwendung von Diastase.** Für Verhältnisse, bei denen die Rohstoffe nicht unter Hochdruck gedämpft werden, für Preßhefefabriken, Kornbranntweinbrennereien und Brennereien, die nach dem alten Verfahren arbeiten, ist das folgende von Märcker angegebene Verfahren anzuwenden:

3 g des fein gemahlenen Materials werden mit 100 ccm Wasser $^1/_2$ Stunde gekocht, auf 65° C abgekühlt und mit 10 ccm Normalmalzauszug (Herstellung desselben: 200 g fein zerquetschtes Grünmalz oder 100 g fein gemahlenes helles Darrmalz werden 2 Stunden lang mit 1 l Wasser kalt digeriert und möglichst klar filtriert) versetzt, etwa zwei Stunden bei 65° C gehalten, dann nochmals $^1/_2$ Stunde gekocht, wieder auf 65° abgekühlt und nochmals etwa $^1/_2$ Stunde mit 10 ccm Malzauszug bei 65° C gehalten, dann aufgekocht, abgekühlt und auf 250 ccm aufgefüllt. 200 ccm des Filtrats werden mit 15 ccm Salzsäure vom spez. Gewicht 1,125 invertiert, fast neutralisiert, auf 500 ccm gebracht und davon 25 ccm zur Bestimmung der Dextrose verwendet. Das Reduktionsvermögen des benutzten Malzauszugs ist durch einen blinden Versuch festzustellen und in Rechnung zu bringen.

β) **Bestimmung des Stärkewerts unter Verwendung von Hochdruck** (Reinke). Das neue Brennereiverfahren benutzt zur Aufschließung der stärkehaltigen Rohstoffe Dampf unter Hochdruck. Diesen Verhältnissen sucht das Reinkesche Verfahren Rechnung zu tragen, doch gibt es aus den bereits erwähnten Gründen etwas zu hohe Ergebnisse.

Die Ausführung der Untersuchung gestaltet sich folgendermaßen: 3 g der fein gepulverten Substanz werden im Metallbecher des Soxhletschen Dampftopfs mit 25 ccm 1 proz. Milchsäure und 30 ccm Wasser angerührt und zugedeckt im Dampftopf $2^1/_2$ Stunden auf $3^1/_2$ Atm. erhitzt (in Ermangelung eines Dampftopfes bedient man sich der Lintnerschen Druckflasche), dann mit 50 ccm heißem Wasser versetzt, nach dem Erkalten auf 250 ccm aufgefüllt und nach etwa $^1/_2$stündigem Stehen und öfterem Umschütteln filtriert. 200 ccm des Filtrats werden mit 15 ccm Salzsäure (spez. Gewicht 1,125) $2^1/_2$ Stunden lang im kochenden Wasserbad invertiert, fast neutralisiert, auf 500 ccm aufgefüllt und 25 ccm zur Zuckerbestimmung benutzt.

Lintner (Zeitschr. f. angew. Chemie **11**, 726; 1898) bringt die Verfahren von Reinke und Märcker kombiniert zur Anwendung.

2. Bestimmung der Stärke (s. a. S. 123).

Die Bestimmung der Stärke erfolgt am einfachsten durch Polarisation nach dem Verfahren von Lintner und Belschner (Belschner, Bestimmung der Stärke in Cerealien durch Polarisation, Inaug.-Diss. Techn. Hochschule München 1907). 2,5 g der feinst gepulverten Substanz werden mit 10 ccm Wasser verrieben, dann mit 15 bis 20 ccm konzentrierter Salzsäure vom spez. Gewicht 1,19 innig vermischt und das Gemisch $^1/_2$ Stunde stehen gelassen. Darauf spült man mit Salzsäure vom spez. Gewicht 1,125 in ein 100 ccm-Kölbchen, setzt 5 ccm einer 4 proz. Lösung von phosphorwolframsaurem Natrium hinzu, füllt auf 100 ccm auf, mischt, filtriert und polarisiert bei klaren Lösungen im 200 mm-Rohr, bei gefärbten unter Umständen im 100 mm-Rohr. Als Polarisationsröhren muß man solche mit Hartgummiverschluß, die durch Salzsäure nicht angegriffen werden, verwenden.

Das spezifische Drehungsvermögen der Stärke der verschiedenen Rohstoffe wurde nicht genau gleich gefunden. Es betrug:

bei Gerstenstärke:	+ 200,3,
„ Roggenstärke:	+ 201,6,
„ Weizenstärke:	+ 202,4,
„ Maisstärke:	+ 201,5,
„ Reisstärke:	+ 202,5,
„ Kartoffelstärke:	+ 204,5,
„ Malzstärke:	+ 200,3.

Als Mittel des spezifischen Drehungsvermögen der verschiedenen Stärkearten kann $[\alpha]_D^{20} = + 202{,}0^\circ$ angenommen werden. Der Gehalt der Lösungen an Stärke ergibt sich aus dem beobachteten Drehungswinkel α und der Länge der Schicht l in Dezimetern nach der Gleichung

$$C = \frac{100 \cdot \alpha}{l \cdot 202},$$

also bei Anwendung eines 200 mm-Rohrs $C = 0{,}2475\,\alpha$ und bei Anwendung eines 100 mm-Rohrs $C = 0{,}495\,\alpha$. Da für die Stärkebestimmung 2,5 g Substanz angewandt werden, so ergibt sich der Stärkegehalt der angewandten Substanz durch Vervielfältigen des beobachteten Drehungswinkels im 200 mm-Rohr mit 9,9.

Statt der Salzsäure wird nach Lintner und Wenglein (Zeitschr. f. d. ges. Brauwesen **31**, 53; 1908) besser Schwefelsäure zum Aufschließen der Stärke verwendet. Das Verfahren, das sich in den meisten Laboratorien für die Untersuchung der Gerste eingebürgert hat, wird wie folgt ausgeführt:

2,5 (bzw. 5,0) g der fein gepulverten Substanz werden in einer Reibschale mit 10 ccm (bzw. 20 ccm) destilliertem Wasser zu einem gleichmäßig dünnen Brei verrieben und dann unter Umrühren mit 20 ccm (bzw. 40 ccm) einer Schwefelsäure vom spez. Gewicht 1,70 versetzt; die sich ziemlich rasch verflüssigende Masse wird nach 10 bis 15 Minuten (man kann auch ohne Beeinträchtigung des Ergebnisses bis 25 Minuten stehen lassen, indes wird die Lösung dann stärker gefärbt) in ein 100 ccm-(bzw. 200 ccm-)Kölbchen übergeführt, indem man Pistill und Reibschale unter Anwendung eines Gummiwischers mit Schwefelsäure vom spez. Gewicht 1,30 nachwäscht und die Waschflüssigkeit hinzugibt. Nach Zugabe von 5 ccm (bzw. 10 ccm) einer 8 proz. Lösung[1]) von phosphorwolframsaurem Natrium wird der Inhalt des Kölbchens mit der Schwefelsäure von 1,30 spez. Gewicht bis zur Marke aufgefüllt, gründlich durchgeschüttelt und durch ein Faltenfilter, das durch Unterlegen eines kleinen glatten Filters vor dem Durchreißen geschützt ist, filtriert. Da das Filtrat völlig klar sein muß, dieses aber nicht immer durch Zurückgießen des ersten Filtrats erreicht wird, so empfiehlt es sich, die ersten 20 bis 30 ccm des Filtrats wegzugeben, ein zweites reines und trockenes Kölbchen unterzustellen und erst dieses ganz klare Filtrat im 200 mm-Rohr bei Natriumlicht der Polarisation zu unterwerfen.

Das spezifische Drehungsvermögen der Stärke ist in Schwefelsäurelösung kleiner als in Salzsäurelösung, nämlich $[\alpha]_D^{20} = +192°$. Der Stärkegehalt der polarisierten Lösung ergibt sich demnach aus dem Drehungswinkel α bei Verwendung eines 200 mm langen Rohrs zu $C = 0{,}26\ \alpha$ und der Stärkegehalt der untersuchten Substanz zu $10{,}4 \cdot \alpha\ \%$.

Das spezifische Drehungsvermögen in Schwefelsäurelösung wurde nur für Gerstenstärke bestimmt. Es ist aber anzunehmen, daß die Stärke der anderen Rohstoffe eine der Gerstenstärke sehr nahe kommende Drehung haben wird. Man kann daher auch den Stärkegehalt der anderen Getreidearten nach der vorstehenden Formel berechnen.

3. Bewertung der Getreidearten durch Gärversuche.

Einen guten, vielleicht sogar den besten Einblick in den Wert der Getreidearten für die Brennerei erhält man durch Ausführung eines Gärversuchs, der den Verhältnissen der Praxis angepaßt ist. Man verfährt dabei wie folgt: 25 g des gemahlenen Getreides werden mit etwa 150 ccm Wasser, am besten in einem Metallbecher, verrührt, die Mischung auf 60° C erwärmt und mit 2 g gut gequetschtem Grünmalz oder 2 g fein geschrotetem lichtem Darrmalz zur Vorverzuckerung

[1]) Durch Anwendung einer 8 prozentigen an Stelle einer 4 prozentigen Lösung von phosphorwolframsaurem Natrium wird eine bessere Entfärbung bewirkt.

1 Stunde auf 60° C gehalten. Dann wird die Flüssigkeit 2 Stunden im kochenden Wasserbad erhitzt, wobei das Wasser von Zeit zu Zeit zu ergänzen ist. Alsdann wird die Maische auf 60° C abgekühlt, mit 4 g feingequetschtem Grünmalz oder fein gemahlenem, lichtem Darrmalz 2 Stunden verzuckert. Durch die Jodprobe (vgl. S. 177) wird festgestellt, ob die Verzuckerung beendigt ist. Man spült die verzuckerte Maische verlustlos in einen Kochkolben, kühlt die Maische auf 30° C ab, gibt 0,5 g reine Preßhefe, die mit etwas Wasser verrührt ist, hinzu und läßt die Maische, nachdem man auf die Flasche einen Gärverschluß aufgesetzt hat, bei 25 bis 30° C gären. Wenn die Gärung beendigt ist, was etwa 3 bis 5 Tage in Anspruch nimmt, wird der entstandene Alkohol durch Destillation bestimmt. Die Alkoholausbeute ist auf Kubikzentimeter Alkohol von 100 g Getreide bzw. auf Liter Alkohol von 100 kg Getreide zu berechnen.

C. Zuckerhaltige Rohstoffe.

1. Zuckerrüben (s. S. 1).

Die Zuckerrüben werden für Brennereizwecke in der Regel nur auf den Zuckergehalt untersucht. Die Zuckerbestimmung erfolgt durch Ausziehen des Zuckers mit Alkohol nach dem auf S. 6 beschriebenen Verfahren. Falls eine Bestimmung des Wassergehalts der Rüben erforderlich ist, wird sie nach dem auf S. 14 angegebenen Verfahren ausgeführt.

Der Wert der Rüben für die Brennerei wird am besten durch Ausführen eines Gärversuchs in folgender Weise ermittelt. Mehrere gut gewaschene und getrocknete Rüben oder Ausschnitte von solchen, zusammen etwa $^1/_2$ kg, werden auf einer Fleischhackmaschine zerkleinert, wobei Verluste an Saft zu vermeiden sind. Man mischt die gemahlene Masse gründlich durcheinander und wiegt 100 g in einen Kochkolben von 500 ccm Inhalt. Die im Hals des Kolbens hängenden Rübenteile werden mit Wasser in den Kolben gespült und die Masse im Wasserbad etwa 1 Stunde gekocht. Dann kühlt man die Maische auf 30° C ab, gibt 0,5 g Preßhefe hinzu, die mit etwas Wasser verrührt ist, und läßt die Maische, nachdem man auf die Flasche einen Gärverschluß aufgesetzt hat, bei 25 bis 30° C gären. Wenn die Gärung beendigt ist, was etwa 3 bis 5 Tage in Anspruch nimmt, wird der entstandene Alkohol durch Destillation bestimmt. Die Alkoholausbeute ist auf Kubikzentimeter Alkohol von 100 g Rüben bzw. auf Liter Alkohol von 100 kg Rüben zu berechnen.

2. Melasse (vgl. S. 79).

Die vollständige Untersuchung der Melasse erstreckt sich auf die Bestimmung des spezifischen Gewichts bzw. der Grade Baumé, den Wassergehalt, die Alkalität, den Zuckergehalt, den Stickstoff- und den Mineralstoffgehalt. Die hierbei anzuwendenden Verfahren sind auf S. 79 ff. beschrieben. Das spezifische Gewicht wird in der Regel nach dem sog. „Verdünnungsverfahren“ bestimmt, der Zucker durch Polarisation oder auch gewichtsanalytisch nach der Inversion, der Stickstoff in 5 g Melasse nach dem Verfahren von Kjeldahl. Die Ermittlung der Asche wird besser durch direktes Veraschen von 5 bis 10 g Melasse als nach dem sog. Sulfatverfahren ausgeführt, weil es von Wert ist, auch die Alkalität der Asche zu kennen. Die Alkalität der Asche wird in folgender Weise festgestellt: Man gibt zu der Asche einen gemessenen Überschuß von $^{n}/_{10}$-Schwefelsäure, spült die saure Flüssigkeit mit heißem Wasser in ein Becherglas, erhitzt sie 5 bis 10 Minuten lang schwach und titriert den Säureüberschuß mit $^{n}/_{10}$-Natronlauge zurück. Die Alkalität der Asche wird in Kubikzentimetern Normalsäure auf 100 g Melasse angegeben.

Für die Zwecke der Spiritusfabrikation eignet sich am besten die Bestimmung des Zuckers der Melasse durch die alkoholische Gärung. Gestattet dieses Verfahren auch keinen Rückschluß auf die Art und die Mengenverhältnisse der in den Melassen enthaltenen Zuckerarten, so gibt sie doch Aufschluß über die zu erwartende Alkoholausbeute und ermöglicht zugleich ein Urteil über die Gärfähigkeit der Melassen.

Den Gärversuch führt man nach Delbrück in folgender Weise aus:

Man verdünnt 250 g Melasse mit Wasser zu 1000 g und stellt die Konzentration der Lösung mit dem Saccharometer fest. War die Melasse alkalisch, so werden je 100 g dieser Maische mit Normalschwefelsäure so weit angesäuert, daß die Maische 0,3° Säure[1]) aufweist. Eine Probe wird unaufgekocht verwendet, eine andere wird gewogen, $^{1}/_{2}$ Stunde gekocht und nach dem Erkalten mit destilliertem Wasser wieder auf das ursprüngliche Gewicht gebracht, eine dritte aufgekochte Probe wird mit 0,5 g Weizenkleie versetzt. Die drei Proben werden sodann in Destillierkolben mit aufgesetzten Gärverschlüssen mit je 1 g reiner Preßhefe vergoren, bis kein Gewichtsverlust mehr statthat, und nach Zugabe von je 100 ccm Wasser in ein 100 ccm-Kölbchen abdestilliert. Im Destillat wird der Alkohol in Raumprozenten bestimmt (vgl. „Reife Maische“ S. 186) und die Alkoholausbeute auf 100 kg Melasse umgerechnet. 0,6783 l Alkohol entsprechen 1 kg Rohrzucker.

Prüfung auf Gärfähigkeit.

Die Schwergärigkeit, eine bei Melassen häufig zu beobachtende Erscheinung, ist nach den Untersuchungen von Märcker und Neale bisweilen auf das Vorhandensein von flüchtigen Fettsäuren, seltener auch von salpetriger Säure, zurückzuführen. In freiem Zustand sind diese Säuren starke Hefengifte und wirken schon in sehr geringer Menge schädigend auf die Vermehrungsfähigkeit und Gärkraft der Hefe ein. Nach Neale soll der Gehalt der Melassen an flüchtigen Säuren 0,5% nicht überschreiten.

Hat man durch die Gärprobe die Schwergärigkeit einer Melasse festgestellt, so verfährt man zur Bestimmung der flüchtigen Fettsäuren nach Bauer folgendermaßen:

---

[1]) Ein Säuregrad einer Maische von 0,3 entspricht einem Verbrauch von 0,3 ccm Normallauge auf 20 ccm Maischefiltrat (vgl. S. 182).

50 g Melasse werden mit 200 ccm Wasser verdünnt und nach Zusatz von 10 ccm konzentrierter Schwefelsäure der Destillation unterworfen, bis 100 ccm übergegangen sind. (Die Destillation darf nicht weiter getrieben werden, da sich später durch Einwirkung der Schwefelsäure auf Lävulose Ameisensäure bildet.)

Das Destillat wird mit Barytwasser im geringen Überschuß versetzt und der Überschuß von Baryt durch Einleiten von Kohlendioxyd in der Wärme gefällt. Nachdem noch aufgekocht wurde, wird abfiltriert. Das Filtrat wird eingedampft und der Rückstand zuletzt im Platintiegel bei 130 ° C getrocknet und gewogen. Hierauf wird der Rückstand zur Zerstörung der organischen Substanz geglüht, bis er völlig weiß geworden ist. Nach Anfeuchten mit kohlensaurem Ammon und nochmaligem gelinden Glühen wird er als Baryumcarbonat gewogen. Die gefundene Menge Baryumcarbonat wird auf Baryum umgerechnet und von der ersten Wägung abgezogen. Die Differenz entspricht der Menge der organischen Säuren.

Im Destillat läßt sich die Buttersäure durch den Geruch, die Ameisensäure durch ammoniakalische Silberlösung und die salpetrige Säure durch Jodkaliumstärkelösung nachweisen.

Am häufigsten sind wohl Bakterien die Ursache der Schwergärigkeit. Heinzelmann stellt deshalb die Ursache der Schwergärigkeit durch Gärversuche fest, die, wie oben angegeben, ausgeführt werden können. Nur verwendet man zweckmäßig zu diesen Versuchen 500 ccm verdünnte Melasse und säuert bei einem Versuch vor dem Kochen die Melasse bis zu 0,6 bis 0,7 ° an. In stärker angesäuerten Melassen werden die Bakterien durch Kochen leichter abgetötet. In die Gärflaschen gibt man je 2 g Reinhefe und 2,5 g Weizenkleie, setzt Gärverschlüsse auf und läßt die Maischen bei 25 ° C vergären. Nach 24, 48, 72 Stunden wird das entwichene Kohlendioxyd durch Wägen der Flaschen bestimmt und sodann der Vergärungsgrad mit dem Saccharometer festgestellt. Durch diese Versuche erhält man auch Anhaltspunkte dafür, wie die Melasse vor dem Anstellen zur Gärung zu behandeln ist.

In Melassen, die größere Mengen Salpeter enthalten, kann durch eine von Bakterien hervorgerufene Reduktionsgärung salpetrige Säure gebildet werden, wodurch die Gärung unterdrückt oder doch wesentlich geschädigt wird. Die Bestimmung der Salpetersäure in den Melassen erfolgt nach den Bd. I, S. 771 ff. beschriebenen Methoden.

D. Seltenere Rohstoffe.

Neben den vorher genannten, in der Regel verarbeiteten Rohstoffen kommen auch noch andere in Betracht, die seltener in der Brennerei Verwendung finden. Alle pflanzlichen Erzeugnisse und Abfälle davon, die Stärke oder Zucker enthalten, können in der Brennerei verarbeitet werden, und tatsächlich werden auch vielfach beschädigte und für andere Zwecke nicht mehr brauchbare Bodenerzeugnisse in die Brennerei verwiesen. Von stärkemehlhaltigen Stoffen sind zu nennen: Buchweizen, Dari, Hirse, Reisabfälle, Hülsenfrüchte (Bohnen, Ackerbohnen, Erbsen),

Abfälle der Müllerei, wie Mühlenstaub, Unkrautsamen usw., Trockenkartoffeln, Kartoffelmehl, Abfälle der Stärkefabrikation und getrocknete unreife Bananen, die mit zu den stärkereichsten Rohstoffen gehören. Von zuckerhaltigen Rohstoffen sind zu nennen: Frisches Steinobst, Kernobst und Beerenobst, Dörrobst, wozu auch Feigen, Datteln und Rosinen gehören, Obstabfälle und Rückstände, Obstpülpe (Obstmark), Marmeladen, Zuckersirup, getrocknete Rübenschnitzel und Rübenmehl.

Die Untersuchung der selteneren Rohstoffe erfolgt nach gleichen oder ähnlichen Verfahren, wie sie vorher bei den gewöhnlichen Rohstoffen angegeben wurden. In stärkemehlhaltigen Rohstoffen bestimmt man den Stärkegehalt polarimetrisch und den Stärkewert nach dem Diastaseverfahren. Bei selteneren Rohstoffen versäume man niemals, den Gärversuch auszuführen und durch Verzuckerung der Stärke und Vergären des Zuckers die Alkoholausbeute zu ermitteln.

In zuckerhaltigen Rohstoffen werden die Zuckerarten bestimmt, indem man wässerige Auszüge herstellt und in diesen den Zuckergehalt nach den bekannten Verfahren ermittelt. Auch bei diesen Rohstoffen wird ein Laboratoriumsgärversuch durchgeführt, indem man die Rohstoffe nach Zusatz entsprechender Mengen Wasser aufkocht, um sie keimfrei zu machen, nach dem Abkühlen auf etwa 30° C mit Bier- oder Preßhefe versetzt und nach Aufsetzen eines Gärverschlusses bei 25 bis 30° C vergären läßt. Bei Obstpülpen und Marmeladen ist auf Frischhaltungsmittel (Benzoesäure, schweflige Säure) Rücksicht zu nehmen, die, wenn nötig, nachzuweisen oder zu bestimmen sind. Um Maischen, die die genannten Frischhaltungsmittel enthalten, zur Durchgärung zu bringen, müssen die gesamten Säuren durch einen Zusatz von gemahlenem kohlensaurem Kalk abgesättigt werden. Auch Dörrobst kann unter Umständen reichliche Mengen von schwefliger Säure enthalten. Obstpülpen sind häufig essigstichig und das gleiche kommt auch bei Marmeladen vor; man bestimmt in solchen Fällen die Gesamtsäure und die flüchtigen Säuren in ähnlicher Weise wie im Wein (vgl. S. 281). Bevor man essigstichige Obstpülpen und dergl. zur Gärung ansetzt, müssen die gesamten Säuren durch Zusatz von gemahlenem kohlensaurem Kalk abgestumpft werden.

Nur selten werden Rohstoffe zur Verarbeitung gelangen, die gleichzeitig Stärke und Zucker in größeren Mengen enthalten. Diese werden in der Weise untersucht, daß man sie, wenn nötig, trocknet, fein pulvert und dem trockenen Pulver mit Wasser den Zucker entzieht. In dem in Wasser unlöslichen Teil bestimmt man nach dem Trocknen die Stärke wie in den stärkehaltigen Rohstoffen; die wässerige Lösung wird zur Bestimmung des Zuckers verwendet.

Eine besondere Stellung unter den Rohstoffen für die Brennerei nehmen die Topinamburknollen ein, die auch Roßkartoffeln genannt werden. Diese enthalten an Kohlenhydraten hauptsächlich Inulin, Lävulin und Lävulose; Inulin und Lävulin sind in Wasser lösliche Polymere der Lävulose, die durch Erwärmen mit verdünnter Salzsäure in Lävulose übergeführt und als solche bestimmt werden können. Nach Behrend und Wolfs werden 200 ccm eines wässerigen Auszugs von fein gemahlenen Topinamburknollen mit 10 ccm Salzsäure vom spez. Gewicht 1,120 20 Minuten im Wasserbad gekocht.

II. Untersuchung der zur Malzbereitung dienenden Rohstoffe, insbesondere der Gerste, und des Malzes.

A. Gerste.

1. Bestimmung der Keimfähigkeit. Ausschlaggebend für den Wert der Gerste als Mälzereirohstoff für Brennereizwecke ist die Diastasemenge, die beim Keimungsvorgang gebildet wird. Die Ermittlung der Keimfähigkeit ist daher eine der wichtigsten Prüfungen für die Beurteilung der Mälzereigerste. Nicht gekeimte Körner, namentlich Bruchkörner, bedingen nicht nur einen Verlust an Diastase, sondern werden auch Veranlassung zur Entwicklung keimungs- und gärungsschädlicher Organismen.

Die Ausführung der Keimfähigkeitsbestimmung ist im Abschnitt „Bier", S. 364 beschrieben. Die Keimfähigkeit ist gut, wenn sie 95% und darüber, mittelmäßig, wenn sie 90 bis 95%, gering, wenn sie 80 bis 90%, und schlecht, wenn sie weniger als 80% beträgt.

2. Beurteilung des Geruchs und des Aussehens. Der Geruch soll frisch, strohartig, nicht dumpf oder moderig sein. Schlecht geerntete Gerste, die an den braunspitzigen, oft mit Schimmelanflug bedeckten und ausgewachsenen Körnern zu erkennen ist, besitzt eine mangelhafte Keimfähigkeit, die sich durch längeres Lagern noch verschlechtert.

3. Bestimmung der Reinheit durch Aussuchen der Unkrautsamen sowie der zerschlagenen Körner, die Veranlassung zur Schimmelbildung geben.

4. Ermittlung der Korngröße durch Sortieren mittels Sieben von entsprechender Maschenweite. Verwendet wird der nach Angaben Vogels von Steinecker in Freising hergestellte Sortierapparat. Ungleichkörnige Gerste erreicht beim Weichen verschiedene Quellreife und zeigt ungleichmäßiges Wachstum.

5. Bestimmung des Hektolitergewichts. In Benutzung sind: die sog. Reichswage (allein eichfähig), die Getreidewage von Greiner und der Getreideprüfer von Brauer. Leichte Gersten von 62 bis 65 kg Hektolitergewicht sind für Brennereizwecke am geeignetsten, weil sie infolge ihres höheren Stickstoffgehaltes im allgemeinen diastasereichere Malze geben als die schwereren.

6. Bestimmung des Tausendkorngewichts durch Wägen von 500 Körnern. Die Probe ist zwei- bis dreimal zu wiederholen.

7. Bestimmung der Feuchtigkeit. (Vgl. S. 366.) Frisch geerntete, feuchte Gerste keimt schlecht. Die zum Mälzen verwendete Gerste soll einen Feuchtigkeitsgehalt von 12 bis höchstens 14% besitzen.

8. Bestimmung des Stickstoffs nach dem Kjeldahlschen Verfahren (Bd. II, S. 1120).

9. Säurebestimmung, auszuführen wie bei Grünmalz (S. 175).

10. Mikroskopische Prüfung auf Schimmelpilze und andere keimungs- und gärungsschädliche Organismen. Solche Organismen kommen auf jeder normalen Gerste vor; nur ihr übermäßiges Vorhandensein ist zu beanstanden.

Andere Merkmale einer guten Gerste, wie die Feinschaligkeit, die mehlige Beschaffenheit des Korns, die helle Farbe usw., auf die der Brauer ein großes Gewicht legt, sind für die Beurteilung der Bennereigerste von untergeordneter Bedeutung.

Durch die Ausführung einer Probemälzung erlangt man den sichersten Aufschluß über die Brauchbarkeit einer Gerste für Mälzereizwecke.

Für Brennereizwecke sind die Gersten am besten geeignet, die in Farbe, Aussehen und Geruch gesund, trocken, gut keimfähig, schmalkörnig, glasig und eiweißreich sind. Früher verwendete man meist die russische Futtergerste oder die von den Brauereien aussortierte schmale Gerste von 2,2 bis 2,5 mm Korndurchmesser. Heute kommen in erster Linie die Wintergersten in Betracht.

Andere Körnerfrüchte werden in Deutschland seltener zur Malzbereitung benutzt. Bei ihrer Beurteilung wird im allgemeinen nach denselben Grundsätzen zu verfahren sein wie bei der Gerste.

B. Grünmalz.

Um die Verwendbarkeit und Güte des Grünmalzes festzustellen, wird man sich bei einiger Übung in den meisten Fällen mit einer Beurteilung desselben nach äußeren Merkmalen begnügen können.

Gutes Grünmalz muß frei von Schmutz und Schimmel sein und soll einen angenehmen, gurkenartigen, nicht moderigen oder säuerlichen Geruch besitzen.

Die Blattkeime sollen bei gleichmäßiger, kräftiger Entwicklung die anderthalb- bis zweifache Kornlänge erreichen. Die Wurzelkeime sollen die doppelte bis $2^1/_2$fache Kornlänge haben und frisch und glänzend, nicht welk erscheinen.

Abhängig von der genügenden Entwicklung der Blatt- und Wurzelkeime ist die gute Auflösung des Malzes, die daran erkenntlich ist, daß das Endosperm eine mehlige, leicht zerreibliche Masse bildet, die speckige Stellen nicht mehr aufweist.

Fremde Samen und ungekeimte Körner sollen wenig vorkommen; zertretene und in den Wurzeln verfilzte Körner, die die Schimmelbildung begünstigen, sollen fehlen.

1. Bestimmung der verflüssigenden und verzuckernden Kraft des Malzes. Von allen Untersuchungen des Grün- und Darrmalzes ist diese die wichtigste. Von Effront ist zur Bestimmung des Fermentativvermögens das nachfolgend beschriebene Verfahren ausgearbeitet worden, das Bücheler (Leitfaden für den Landwirtsch. Brennereibetrieb, Braunschweig 1898. Verlag von Friedrich Vieweg u. Sohn, S. 252) zur bequemeren Ausführung in einigen Punkten abänderte.

Bestimmung der verzuckernden Kraft. Bereitung des Malzauszugs. 6 g Malz (Grünmalz zerquetscht, Darrmalz geschrotet) werden mit 100 ccm Wasser 1 Stunde lang bei 60° C im Wasserbad digeriert, dann abgekühlt und filtriert. Das Filtrat dient zur Bestimmung der verzuckernden und verflüssigenden Kraft.

Ausführung der Bestimmung. 2 g Effrontsche lösliche Stärke[1]) werden durch Aufkochen mit Wasser zu 100 ccm gelöst (die Lösung ist immer frisch zu bereiten), davon 50 ccm mit 107,5 ccm Wasser verdünnt und hierzu 2,5 ccm des Malzauszugs gesetzt. Hierauf wird eine Stunde lang im Wasserbad bei 60° C verzuckert, sodann rasch zum Kochen erhitzt und wieder abgekühlt.

Man gibt nun in die Probierröhrchen des Reischauerschen Sterns je 2 ccm Fehlingsche Lösung und hierzu verschiedene Mengen der verzuckerten Lösung (3, 4, 5, 6 ccm usw.), worauf der Stern 10 Minuten lang in ein kochendes Wasserbad gestellt wird. Man sucht alsdann das Gläschen aus, in dem die Kupferlösung eben entfärbt ist, und setzt einen neuen Versuch mit engeren Intervallen, von 0,25 zu 0,25 ccm fortschreitend, an. Die zur Reduktion von 2 ccm Fehlingscher Lösung erforderliche Anzahl Kubikzentimeter der mit Malzextrakt behandelten Stärkelösung bezeichnet Effront als Verzuckerungszahl des betreffenden Malzes.

Bücheler gibt für Gerstengrünmalze folgende Verzuckerungszahlen an:

4	bis	5	ccm	vorzügliches Malz,
6	„	7	„	gutes Malz,
7	„	9	„	mangelhaftes Malz,
9	„	12	„	schlechtes Malz.

Brennereidarrmalze liefern, entsprechend ihrem sehr niederen Wassergehalt, noch etwas bessere Verzuckerungszahlen. Solche von 3,5 bis 3,8 sind häufig, 4 bis 5 ccm bezeichnet noch ein gutes Darrmalz, während Verzuckerungswerte von 6 und 7 ccm schon ungenügend sind.

Bestimmung der diastatischen Kraft des Malzes nach Lintner und Wirth: Zeitschr. f. d. ges. Brauwesen **31**, 421; 1908.

Bestimmung der verflüssigenden Kraft. Zu dieser Bestimmung wird Hoffmannsche Reisstärke verwendet, die mit dem Effrontschen Reisstärketypus einzustellen ist. Die Stärke reagiert mehr oder weniger alkalisch und muß durch Zusatz einer festzustellenden Menge $^n/_{10}$-Schwefelsäure in der Weise mit dem Stärketypus in Übereinstimmung gebracht werden, daß die Ergebnisse gleich ausfallen. Der Effrontsche Stärketypus erfordert den Zusatz von 3,8 ccm $^n/_{10}$-Schwefelsäure auf 40 g Stärke.

40 g der eingestellten Stärke werden mit etwas Wasser verrieben und verlustlos in einen 100 ccm-Kolben gespült, der bis zur Marke aufgefüllt wird. Von der durch Schütteln gut gemischten Stärkemilch

---

[1]) Die Effrontsche lösliche Kartoffelstärke sowie der Reisstärketypus Effronts sind zu beziehen von Dr. H. König & Co., Chemische Fabrik, Leipzig. Es kann auch die Lintnersche lösliche Stärke verwendet werden.

mißt man je 5 ccm in 6 numerierte Probierröhrchen ab und gibt in jedes eine bestimmte Menge des obigen Malzauszugs (1 ccm, 1,5 ccm, 2 ccm usw.).

In einem Wasserbad werden inzwischen 6 numerierte Probierröhrchen mit je 14 ccm destilliertem Wasser auf 80° C erwärmt. Alsdann bringt man der Reihe nach ein Glas nach dem andern auf offener Flamme zum Kochen, gießt in das kochende Wasser das in der Nummer korrespondierende Glas, das den Malzauszug mit der Stärke enthält, spült mit 1 ccm Wasser nach und rührt mit einem Glasstab gut um. Die so beschickten Gläser werden sofort in das 80° C warme Wasserbad zurückgebracht und 10 Minuten bei dieser Temperatur gehalten. Nach Ablauf dieser Zeit nimmt man wieder ein Probierröhrchen nach dem anderen heraus, rührt mit dem Glasstab nochmals gut durch, stellt sie 5 bis 10 Minuten lang in kochendes Wasser, kühlt rasch auf 15° C ab und konstatiert durch langsames Ausgießen der einzelnen Gläser den Verflüssigungsgrad. Wenn der Inhalt eines Glases leicht ausfließt, ohne Knollen zu enthalten, so geben die in diesem Glas enthaltenen Kubikzentimeter Malzextraktlösung die dem Malze zukommende Verflüssigungszahl an.

Normal entwickelte Grün- und Darrmalze haben meist ein Verflüssigungsvermögen von 2 bis 2,5 ccm, ganz lang gewachsene Schwelkmalze und vorsichtig gedarrte Malze bisweilen ein solches von 1 bis 1,5 ccm. Werden bei Grünmalz 3,5 bis 4 ccm verbraucht, so liegt schon ein Malz von zweifelhafter Beschaffenheit vor.

Die Fermentativkraft des Malzes setzt sich zusammen aus der verflüssigenden und verzuckernden Kraft. Grünmalze, die gut verflüssigen und verzuckern, werden daher immer eine gute Vergärung der Maische gewährleisten; Malze mit zweifelhafter Verflüssigungskraft werden nur dann eine befriedigende Gärung geben, wenn sie ein hohes Verzuckerungsvermögen besitzen.

Beim Darrmalz wird durch das Darren das Verflüssigungsvermögen sehr wenig, dagegen das Verzuckerungsvermögen sehr stark geschädigt, so daß ein Darrmalz von 1,5 ccm Verflüssigung nur dann als gut zu bezeichnen ist, wenn es gleichzeitig ein Verzuckerungsvermögen von 4 bis 5 ccm besitzt.

Bestimmung des Stärkeverflüssigungsvermögens nach Lintner und Sollied: Zeitschr. f. d. ges. Brauwesen **27**, 329; 1903.

2. Bestimmung der Säure. Die Höhe des Säuregehaltes eines Malzes ist nicht nur abhängig von der Beschaffenheit der Gerste, sondern sie wird auch durch das Mälzereiverfahren beeinflußt. So besitzen wir in der Kenntnis des Säuregehalts einen nicht zu unterschätzenden Faktor für die Beurteilung der Mälzereiarbeit. Ein anormaler Säuregehalt kann zurückzuführen sein auf zu langes Weichen und nicht genügendes Wechseln des Weichwassers, auf Unreinlichkeit der Tenne, auf nachlässiges Wenden und Führen des Malzhaufens bei zu hoher Temperatur.

Da in den angezogenen Fällen der Säurezuwachs hauptsächlich auf die Tätigkeit der Mikroorganismen zurückzuführen ist, kann die mikroskopische Prüfung (auch der Geruch) des Malzes schon einen deutlichen Hinweis auf eine anormale Säuerung bieten.

Zur Bestimmung des Säuregehaltes werden nach Prior 50 g fein zerquetschtes Grünmalz mit 250 ccm Chloroformwasser (erhalten durch Schütteln von destilliertem Wasser mit einem Überschuß von Chloroform und Abgießen von dem letzteren) während 14 Stunden bei Zimmertemperatur digeriert. Alsdann wird filtriert und in 50 ccm des wäßrigen Auszugs durch Titration mit $^{n}/_{10}$-Lauge unter Verwendung von rotem Phenolphthalein als Tüpfelindikator die Gesamtacidität bestimmt.

Dieses Reagens wird durch eine Spur Säure und primäre Phosphate sofort entfärbt, während es gegen sekundäre Phosphate sehr unempfindlich ist. Das rote Phenolphthalein, das jedesmal frisch zu bereiten ist, wird durch Zusatz von 10 bis 12 Tropfen der Luckschen alkoholischen Phenolphthaleinlösung (1 Teil Phenolphthalein in 30 Teilen Weingeist von 90 Vol.-Proz. gelöst) und 0,2 ccm $^{n}/_{10}$-Lauge zu 20 ccm kohlensäurefreiem Wasser erhalten. Zur Prüfung der Flüssigkeit wird auf eine mit napfförmigen Vertiefungen versehene Porzellanplatte mit einem Glasstab ein Tropfen des Indikators gebracht und ein gleich großer Tropfen der Flüssigkeit zugesetzt. Tritt Entfärbung ein, so ist die Neutralisation der Säuren noch nicht beendet, man muß also noch mehr Lauge zur Flüssigkeit geben. Die Neutralisation ist als beendet zu betrachten, wenn ein Tropfen des Indikators, mit 2 Tropfen der neutralisierten Flüssigkeit versetzt, noch eine deutliche Rotfärbung aufweist. Die Acidität ist auf Trockensubstanz zu berechnen und kann in Gewichtsprozenten Milchsäure oder in Kubikzentimetern Normalalkali angegeben werden.

Prior fand für normale Grünmalze folgende Säurezahlen, berechnet auf 100 g Trockensubstanz und ausgedrückt in ccm $^{n}/_{10}$-Alkali:

	Grünmalz aus Taubergerste:	Grünmalz aus Böhmischer Gerste:
	66,48 ccm	62,35 ccm
Nach dem Abschwelken	82,31 ccm	70,91 ccm

3. Wasserbestimmung. Eine gut gemischte Durchschnittsprobe des Malzes wird mit einem Wiegemesser, wie es in der Küche Verwendung findet, ganz fein zerschnitten. Hierauf wird die zur Analyse bestimmte Menge zwischen 2 großen Uhrgläsern genau abgewogen und in einem luftleer gemachten Exsikkator über Schwefelsäure vorgetrocknet. Nach 1 bis 2tägigem Verweilen im Exsikkator wird das Malz in einem Trockenschrank, dessen Temperatur jedoch während der ersten Stunden 50° C nicht überschreiten darf, bei 100 bis 105° C von dem Reste seiner Feuchtigkeit befreit, im Exsikkator erkalten gelassen und gewogen.

Die Bestimmung des Extraktgehaltes wird nach dem für Darrmalz angegebenen Verfahren vorgenommen, doch ist sie für die Beurteilung des Malzes ohne Belang.

Die stickstoffhaltigen Substanzen werden, wenn nötig, nach den bekannten Verfahren bestimmt.

C. Darrmalz.

Die Untersuchung des Darrmalzes, das in der Kornbrennerei und in der Preßhefefabrikation Verwendung findet, erfolgt nach den im Kapitel „Bier", S. 368 und im Abschnitt „Grünmalz", S. 173 angegebenen Verfahren. Zur Bestimmung gelangen: Fermentativvermögen, Extrakt, Wasser, Säure, Protein.

Für Brennereizwecke sollen die Malze sehr licht abgedarrt sein (Pilsner Typus) und einen hohen Protein- und Diastasegehalt besitzen. Der Extraktgehalt ist durchschnittlich niedriger als bei Brauereimalzen und beträgt etwa nur 68—74% in der Trockensubstanz. Der Wassergehalt soll 6% nicht übersteigen.

Im übrigen soll das Malz gute Auflösung besitzen, frei von Schimmel und anderen Verunreinigungen sein und möglichst wenig ungekeimte und beschädigte Körner aufweisen.

III. Untersuchung der Maischen.

A. Untersuchung der verzuckerten (süßen) Maische.

Zu allen Untersuchungen dient eine gute Durchschnittsprobe der Maische, die nach gründlichem Durchmischen entweder vor dem Zusatz der Hefe dem Vormaischbottich oder nach dem Zusatz der Hefe dem Gärbottich zu entnehmen ist.

a) Qualitative Prüfung.

1. Prüfung mittels Jodlösung. Die Maischeprobe wird durch ein Faltenfilter oder einen trockenen Filtrierbeutel vollkommen klar filtriert, indem man die noch trüben ersten Filtrate wiederholt zurückgießt. Das klare Filtrat dient zur Prüfung des Verlaufs des Zuckerbildungsvorganges mit Jodlösung.

Die Jodprobe gründet sich auf die Eigenschaft der einzelnen beim Abbau des Stärkemoleküls durch die Diastase entstehenden Verzuckerungserzeugnisse, mit Jod Verbindungen einzugehen, die charakteristische Farbenunterschiede aufweisen.

Die Abbauerzeugnisse der Stärke geben mit Jod folgende Farbenreaktionen:

Stärke: blau,
Amylodextrin: blau,
Erythrodextrin: rot bis braunrot,
Achroodextrin: farblos (nimmt noch Jod auf),
Maltose: farblos (nimmt kein Jod mehr auf).

Nach Kruis wird die Jodprobe zweckmäßig in folgender Weise ausgeführt: Die Jodlösung wird hergestellt, indem man 1 Teil Jod und 2 Teile Jodkalium in destilliertem Wasser zu einer braunroten Flüssigkeit auflöst. Zur Prüfung verdünnt man die konzentrierte Jodlösung noch so weit mit destilliertem Wasser, bis sie eine sattgelbe Farbe angenommen hat. In ein Probiergläschen, das etwa zu $^1/_4$ mit destilliertem Wasser gefüllt ist, bringt man mehrere Tropfen der klar filtrierten Maische, mischt gut durch und setzt dann tropfenweise die verdünnte Jodlösung hinzu, indem man nach jedem Tropfen mischt und die Farbenänderung der Flüssigkeit im Probiergläschen beobachtet. Die ersten Tropfen der Jodlösung werden in der verdünnten Maische entfärbt, und man setzt den tropfenweisen Zusatz der Jodlösung solange fort, bis die Flüssigkeit entweder deutlich gelb erscheint (normale Verzuckerung), oder bis eine durch einen oder zwei Tropfen Jodlösung entstandene Rotfärbung eine mangelhafte Verzuckerung anzeigt; in diesem Falle wird noch weiter Jodlösung zugesetzt und beobachtet, ob die rote Färbung nicht in eine violette übergeht, was eine sehr schlechte Verzuckerung bedeuten würde.

Durch vorsichtigen Zusatz der Jodlösung ist es also möglich, sämtliche Verzuckerungserzeugnisse nebeneinander nachzuweisen, da sie eine verschiedene Bindungsenergie für Jod zeigen, und zwar eine um so größere, je näher sie der Maltose stehen.

Bei der Ausführung der Jodprobe ist darauf zu achten, daß die Maische vollständig abgekühlt ist und der Jodzusatz so lange zu erfolgen hat, bis die Farbe der Jodlösung in der Probe auftritt.

2. Prüfung auf unaufgeschlossene Stärke und die Zerkleinerung des Materials. Die beim Filtrieren der Maische im Filtrierbeutel bzw. auf dem Faltenfilter zurückbleibende Masse wird in ein genügend großes Gefäß gebracht, mit Wasser angerührt und einige Zeit stehen gelassen, bis sich die schweren Bestandteile zu Boden gesetzt haben; hierauf wird das Wasser mit den darin suspendierten leichteren Bestandteilen abgegossen. Das Aufschlämmen und Abgießen des Wassers wird mehrmals wiederholt, bis ein aus unzerkleinerten Kartoffelstücken oder unaufgeschlossenen Maiskörnern, Malzkörnern und Schalen bestehender Rückstand verbleibt, der ein Urteil über die stattgehabte Aufschließung und Zerkleinerung der Rohstoffe gestattet.

Die unaufgeschlossene Stärke, die sich mit den gröberen Bestandteilen zu Boden gesetzt hat, wird mit Jodlösung nachgewiesen. Ein Teil dieser Stärke wird immer vom Malze herrühren; denn sie kann, da sie nicht gedämpft, sondern nur der zu einer vollständigen Verkleisterung nicht zureichenden Verzuckerungstemperatur ausgesetzt wird, während des Maischvorgangs von der Diastase nicht vollständig gelöst werden.

Die Prüfung auf unaufgeschlossene Stärke kann auch in der Weise erfolgen, daß man den mit Maische halbgefüllten Beutel durch Zusammendrehen kräftig auspreßt und die abgepreßte Flüssigkeit mit Wasser in einen hohen Zylinder gibt. Die nach einiger Zeit sich zu Boden setzende Stärke wird durch Abgießen des Wassers mehrmals ausgewaschen und durch Jodlösung nachgewiesen.

b) Quantitative Prüfung.

1. Bestimmung der unaufgeschlossenen Stärke. Nach Märcker werden 1000 g Maische in eine 8 bis 10 l fassende Flasche gespült; alsdann wird soviel Wasser zugegeben, daß noch ein kräftiges Schütteln möglich ist. Nach mehrmaligem kräftigen Durchschütteln läßt man 24 Stunden stehen — später geht das Absetzen rascher vonstatten — zieht die über dem Rückstande stehende klare Flüssigkeit mittels eines Hebers ab, gießt frisches Wasser auf und dekantiert in dieser Weise etwa 10 mal, bis die löslichen Stoffe, darunter Maltose und Dextrin, fast vollständig aus dem unlöslichen Rückstande entfernt sind. Der Rückstand wird auf ein Filter gebracht, hier weiter mit Wasser und zuletzt mit Alkohol und Äther ausgewaschen, in noch feuchtem Zustande von dem Filter sorgfätig abgelöst, bei 105° getrocknet und gewogen. 3 g des fein zerkleinerten Rückstands dienen zur Bestimmung der Stärke nach dem Diastaseverfahren (S. 165). Die Anwendung von Hochdruck oder die direkte Inversion mit Salzsäure würde zu hohe Resultate ergeben, also die Aufschließung schlechter erscheinen lassen, als sie tatsächlich ist.

2. Saccharometrische Prüfung. Zur Ermittelung der Gesamtmenge der in der Maische gelösten Stoffe dient das Ballingsche Saccharometer (Gehaltstabelle 20 des Anhangs). Dieses Instrument gibt an, wieviel Gewichtsteile Rohrzucker bei einer Temperatur von 17,5° C in 100 Gewichtsteilen Flüssigkeit enthalten sind. Da die aus stärkemehlhaltigen Rohmaterialien hergestellten Maischen nicht Rohrzucker, sondern ein Gemenge von Maltose, Dextrin und zahlreichen anderen, nicht gärungsfähigen Stoffen enthalten, so ist die Saccharometeranzeige keineswegs ein absolut genauer Ausdruck für den Gehalt der Maische an löslichen Stoffen; Maischen aus stärkemehlhaltigen Stoffen besitzen in der Regel einen etwas höheren, solche aus Melasse einen niedrigeren Trockensubstanzgehalt, als ihn das Saccharometer angibt. Für die Praxis liefert das Saccharometer jedoch genügend brauchbare Resultate und ist infolge seiner vielseitigen Verwendbarkeit als Kontrollinstrument im Brennereibetrieb unentbehrlich geworden.

Das Verhältnis zwischen Saccharometeranzeige und dem wirklichen Gehalt der Maische an gärungsfähigen Stoffen nennt man den Reinheitsquotienten der Maische. Die nötigen Angaben hierüber findet man weiter unten (S. 181).

Bei der Handhabung des Saccharometers sind folgende Vorsichtsmaßregeln zu beobachten:

a) Die vorher abzukühlende Maische ist, um eine Verdunstung zu vermeiden, im bedeckten Gefäß zu filtrieren. Zum Filtrieren benutzt man am besten den von Delbrück angegebenen Apparat. Dieser besteht aus einem mit Deckel und Ablaßhahn versehenen Blechzylinder, in dem ein Filtrierbeutel aufgehängt ist. Der Beutel darf natürlich nur in reinem und trocknem Zustande benutzt werden.

b) Zur Prüfung wurde früher das nach mehrmaligem Zurückgießen der ersten trüben Anteile erhaltene, vollständig klare Filtrat verwendet. Für die Zwecke der Ausbeuteberechnung ist es jedoch richtiger, die Prüfung im trüben Filtrat auszuführen, da durch die Mehranzeige des Saccharometers in der trüben Würze die während der Gärung noch stattfindende Nachaufschließung des Stärkemehls Berücksichtigung findet.

c) Das Saccharometer muß rein und trocken sein und ist langsam in die Flüssigkeit einzusenken.

d) Das Ablesen geschieht in der Höhe des Flüssigkeitsspiegels ohne Berücksichtigung des Flüssigkeitswulstes. Da die Oberflächenspannung die Ablesung beeinflußt, ist der Zylinder nicht vollständig zu füllen.

e) Die Spindelung ist bei der Normaltemperatur von 17,5° C vorzunehmen. Kann diese Temperatur nicht eingehalten werden, so ist eine Korrektion vorzunehmen, die bei 20proz. Maischen für $2^1/_2$° C etwa 0,1% Balling beträgt. Für niedrigere Wärmegrade als die Normaltemperatur sind die ermittelten Korrektionen von der abgelesenen Saccharometeranzeige in Abzug zu bringen, für höhere müssen sie zugezählt werden. Die mit Thermometer versehenen Thermosaccharometer tragen die Korrektur auf der linken Seite der Thermometerskala.

f) Es sollten nur geprüfte, richtig anzeigende Saccharometer verwendet werden.

Für genauere Untersuchungen sind feine Normalinstrumente mit weiter Einteilung im Gebrauch, die noch ein genaues Ablesen bis auf $^1/_{20}$% gestatten. Besser noch wird in diesem Fall das spezifische Gewicht der Maische mit der Westphalschen Wage oder dem Pyknometer bei 17,5° C bestimmt und die entsprechende Saccharometeranzeige aus der Tafel zur Reduktion der spezifischen Gewichte auf Saccharometerprozente nach Balling (Tafel 20 im Anhang) entnommen. Zu dieser Bestimmung können klare Filtrate verwendet werden.

3. Bestimmung von Maltose und Dextrin. Durch die Ausführung dieser Bestimmungen gewinnt man einerseits einen Überblick über den Verlauf des Zuckerbildungsvorgangs, anderseits ist sie nötig, um die Gesamtmenge der gärungsfähigen Stoffe in der Maische festzustellen. Nach Märcker enthalten die Maischen bei normaler Verzuckerung bestenfalls auf 80,9 Teile Maltose 19,1 Teile Dextrin, d. h. ein Verhältnis von 4,2 Maltose zu 1 Dextrin; dieses Verhältnis wird in der Praxis jedoch nicht immer erreicht.

a) Zur Bestimmung der Maltose verdünnt man 10 g klares Maischfiltrat auf 250 ccm und benutzt 25 ccm der verdünnten Lösung zur Bestimmung des Reduktionswertes nach S. 213.

b) Zur Bestimmung der gesamten vorhandenen Kohlenhydrate werden 10 g Maischefiltrat mit 200 ccm Wasser verdünnt und mit 15 ccm Salzsäure vom spez. Gewicht 1,125 $2^1/_2$ Stunden lang im kochenden Wasserbad invertiert. Hierauf wird mit Natronlauge fast neutralisiert, mit destilliertem Wasser zu 500 ccm aufgefüllt und durch ein trockenes Filter filtriert. 25 ccm des Filtrats dienen zur Bestimmung der gebildeten Dextrose nach S. 214.

Die für die Zuckerbestimmungen einzuhaltende Verdünnung der Maischen richtet sich lediglich nach der Konzentration der letzteren und ist für sehr dünne oder besonders dicke Maischen etwas anders zu wählen.

Durch die Anwesenheit von Phosphaten, die mit der alkalischen Kupferlösung Niederschläge geben, wird eine kleine Ungenauigkeit der Reduktionsbestimmungen entstehen. Man vermeidet diese, indem man der verdünnten Maische einige Tropfen Bleiessig zusetzt und den Bleiüberschuß durch Schwefelsäure wieder entfernt.

Die gefundene Menge Dextrose, auf 100 Gewichtsteile Maische umgerechnet, gibt man als Dextrosewert der Gesamtmenge der vergärbaren Stoffe an. Das Dextrin wird aus den gefundenen Werten für Dextrose und Maltose ermittelt, indem man mittels des Faktors 1,053 die gefundene Menge Maltose in Dextrose umrechnet (also den Dextrosewert der Maltose bestimmt) und diese Zahl von der Gesamtdextrose in Abzug bringt. Als Differenz erhält man dann den Dextrosewert für das Dextrin und aus diesem durch Multiplikation mit dem Faktor 0,9 die Menge des in der Maische vorhandenen Dextrins. Die Berechnung ergibt sich aus folgendem Beispiel:

Saccharometeranzeige bei 17,5° C	21,90%
Gesamtdextrose (Dextrosewert der gesamten vergärbaren Stoffe)	21,12%
Maltose	15,34%
Dextrin (21,90 — 15,34 · 1,053) · 0,9	5,17%
Gehalt an vergärbaren Stoffen = 15,34 + 5,17	20,51%
Gehalt an nichtvergärbaren Stoffen 21,90 — 20,51	1,39%

Maltose: Dextrin = 3,4 : 1.

Den Reinheitsquotienten der Maische, d. h. die Zahl, die angibt, wieviel wirklich vergärbare Stoffe in 100 Gewichtsteilen Extrakt vorhanden sind, findet man nach der Gleichung:

$$Q = \frac{D \cdot 100}{S},$$

worin bedeutet: Q = den Quotienten,
D = den Gehalt an vergärbaren Stoffen,
S = die Saccharometeranzeige.

Für D kann man zwei verschiedene Werte einsetzen. Entweder den wirklichen Gehalt an Maltose + Dextrin; dann erhält man den wirklichen Quotienten der Maische. Oder man setzt den Dextrosewert der gesamten vergärbaren Stoffe ein, dann erhält man den Dextrosequotienten. Der Dextrosequotient gestattet eine einfachere Berechnung der Alkoholausbeute. Zur Berechnung der nicht vergärbaren Stoffe kann nur der wirkliche Quotient verwendet werden.

Nach dem oben gewählten Beispiel ist der wirkliche Quotient der Maische:

$$Q = \frac{(15,34 + 5,17) \cdot 100}{21,90} = 93,7,$$

der Dextrosequotient:

$$Q_1 = \frac{21,12 \cdot 100}{21,90} = 96,4.$$

Märcker gibt folgende Dextrosequotienten für Kartoffel- und Maismaischen an:

	Minimum	Maximum	Mittel
Maischen aus sehr stärkereichen Kartoffeln	86	92	90
„ „ stärkereichen Kartoffeln	83	86	85
„ „ mittleren Kartoffeln	80	85	82
Maismaischen	—	—	97—99

4. Bestimmung der Säure. Schon durch sehr geringe Mengen flüchtiger Säuren wird die Verzuckerung der Stärke durch die Diastase erheblich gestört. Glaubt man annehmen zu dürfen, daß die Maischen infolge der Verwendung mangelhafter Rohstoffe oder durch zu lange Dauer der Kühlung einen abnorm hohen Säuregehalt besitzen, so bestimmt man die Säure in der Maische vor dem Hefenzusatz. Die Bestimmung hat dagegen nach dem Zusatz der Hefe zu erfolgen, wenn es sich darum handelt, ein Bild über die Säurezunahme während der Gärung zu gewinnen. Je geringer der Anfangsgehalt der Maische an Säure und je geringer die Säurezunahme während der Gärung ist, um so reiner verlief die Gärung und um so höher wird unter sonst gleichen Umständen die Ausbeute sein.

Die Säure wird, unter Verwendung von violettem Lackmuspapier als Indikator, nach dem Tüpfelverfahren mit Normallauge titriert. Man verwendet zur Titration 20 ccm Maischfiltrat und bezeichnet die für diese Maischmenge verbrauchten Kubikzentimeter Normallauge als Säuregrade. Bei normalen Verhältnissen wird der Säuregrad der süßen Maische ohne Hefe 0,2—0,4° betragen, keinesfalls aber 0,6° übersteigen.

B. Untersuchung der vergorenen (reifen) Maische.

Vor der Probenahme ist der Bottichinhalt gründlich durchzumischen. Zum Filtrieren der Probe benutzt man am besten den vorher erwähnten Filtrierzylinder von Delbrück, bei dem jede Verdunstung ausgeschlossen ist. Man gießt das Filtrat so lange zurück, bis es vollständig klar ist.

a) Qualitative Prüfung.

1. Prüfung auf Diastase. Bei der Hauptverzuckerung der Maische wird nicht die gesamte Menge der Stärke und des Dextrins in Maltose übergeführt. Diese Umwandlung wird infolge der Nachwirkung der Diastase während der Gärung fortgesetzt. Es ist daher unbedingt nötig, daß bis zur Beendigung der Gärung noch genügend wirksame Diastase in der Maische vorhanden ist. Läßt sich eine mangelhafte Vergärung nicht auf andere Ursachen zurückführen, so muß stets auf das Vorhandensein von Diastase geprüft werden. Zum Nachweis der Diastase bedient man sich des von Lintner abgeänderten Schönbeinschen Verfahrens zum Nachweis der Enzyme, das, wie folgt, ausgeführt wird: Einige Körnchen Guajakharz werden in einem Probierröhrchen in absolutem Alkohol gelöst. Zu 1 bis 2 ccm dieser stets frisch zu bereitenden Lösung setzt man einige Tropfen käuflichen Wasserstoffsuperoxyds und hebt eine etwa entstehende Trübung durch Zusatz von Alkohol wieder auf. Bei tropfenweiser Zugabe einer diastasehaltigen Flüssigkeit entsteht eine intensive Blaufärbung. Die Reaktion muß sofort oder doch innerhalb weniger Minuten eintreten. Andere Enzyme, wie Lab, Pepsin, Invertase usw. geben diese Reaktion nicht. Bücheler fand die Guajakreaktion nicht ganz zuverlässig.

Das Lintner-Kjeldahlsche Verfahren kann ebenfalls zum Nachweis der Diastase benutzt werden; doch werden zur Bestimmung des

Reduktionswertes des Maischfiltrats nur 2 ccm Fehlingscher Lösung verwendet (Zeitschr. f. d. ges. Brauwesen **9**, 281; 1885 und **10**, 474; 1886.)

Einfacher in der Ausführung ist das folgende, von Effront für diesen Zweck angegebene Verfahren: In 6 Probierröhrchen bringt man je 20 ccm einer 2proz. Lösung der Lintnerschen löslichen Stärke, fügt 0,25, 0,50, 0,75, 1,0, 1,25 und 1,50 ccm des Maischfiltrats hinzu, stellt die Röhrchen eine Stunde lang in ein Wasserbad von 60° C, kühlt ab und gibt hierauf in jedes Röhrchen $^1/_2$ ccm Jodlösung. Wird bei süßer Maische schon mit 0,25 ccm des Maischfiltrats keine Färbung mehr beobachtet, so ist Diastase in reichlichen Mengen vorhanden; tritt bei Verwendung von 0,50 ccm des Filtrats keine Reaktion mehr ein, so sind noch genügende Diastasemengen vorhanden; ist aber mehr Filtrat nötig, um die Jodreaktion zum Verschwinden zu bringen, so sind nur ungenügende Mengen von wirkungsfähiger Diastase vorhanden. Geben 0,75 bis 1,25 ccm Filtrat der reifen Maische keine Jodfärbung mehr, so ist die Verzuckerungskraft noch genügend; werden jedoch 1,5 ccm Maischfiltrat verbraucht, so weist dies auf Diastasenmangel hin.

Ursachen der Zerstörung der Diastase sind zu hohe Maischtemperatur und übermäßige Säurebildung während der Gärung. Anormale Säuerung ist wieder auf Verwendung schlechter Rohstoffe und schlechten Malzes oder auf fehlerhafte Hefebereitung und Infektion durch nicht genügend gereinigte oder schlechte Bottiche zurückzuführen.

2. Zur mikroskopischen Untersuchung verwendet man die unfiltrierte Maische, die für diesen Zweck je nach Bedürfnis verdünnt wird. Die Prüfung erstreckt sich auf das Aussehen der Hefezellen und auf das Vorhandensein fremder, gärungsschädlicher Organismen. Hier allgemeine Anhaltspunkte zu geben, ist unmöglich, da die richtige Auslegung des mikroskopischen Bildes nicht nur das Vertrautsein mit mikroskopischen Untersuchungen überhaupt, sondern außerdem noch spezielle Kenntnisse der Hefenkunde und Bakteriologie erfordert[1]).

Einige allgemeine Angaben über das Aussehen von gesunder und kranker Hefe usw. findet man im Abschnitt „Hefengut und Hefe", S. 190.

b) Quantitative Prüfung.

1. Saccharometrische Prüfung zur Bestimmung des Vergärungsgrads. Die Bestimmung erfolgt im klaren Maischfiltrat, aus dem die Kohlensäure durch Schütteln entfernt ist, unter Anwendung der auf S. 179 angegebenen Vorsichtsmaßregeln. Die Saccharometeranzeige gibt keineswegs den wirklichen Gehalt der reifen Maische an unvergorenen Stoffen an, da das spezifische Gewicht der Maische durch den entstandenen Alkohol erniedrigt, durch die während der Gärung gebildeten Nebenerzeugnisse (Glycerin, Bernsteinsäure usw.) erhöht wird; die Saccharometeranzeige ist also nur ein Ausdruck für die scheinbare

---

[1]) Wir machen auf das empfehlenswerte Werk von P. Lindner, Die mikroskopische Betriebskontrolle in den Gärungsgewerben, Berlin, Verlag von Paul Parey, aufmerksam.

Vergärung. Ist der Alkoholgehalt der Maische bekannt, so läßt sich der wirkliche Gehalt der Maische an löslichen Stoffen (die wirkliche Vergärung) durch folgende Rechnung leicht ermitteln: Bezeichnet S das spezifische Gewicht der alkoholfrei gedachten Maische, S_1 das spezifische Gewicht der alkoholhaltigen Maische und s das spezifische Gewicht einer Mischung von Alkohol und Wasser von demselben Alkoholgehalt, wie ihn die Maische besitzt, so ist:

$$S = S_1 + (1 - s).$$

Nachstehende Tabelle erspart diese Rechnung.

Tabelle zur Berechnung der wirklichen Vergärung aus der beobachteten scheinbaren Vergärung bei verschiedenem Alkoholgehalt des Filtrats der vergorenen Maische.

Scheinbare Vergärung	Wirkliche Vergärung bei einem Alkoholgehalt der Maische von							
	7 Volum-Proz.	8 Volum-Proz.	9 Volum-Proz.	10 Volum-Proz.	11 Volum-Proz.	12 Volum-Proz.	13 Volum-Proz.	14 Volum-Proz.
0,4	2,85	3,15	3,45	3,75	4,05	4,33	4,60	4,88
6	3,05	3,35	3,65	3,95	4,25	4,53	4,80	5,08
8	3,25	3,55	3,85	4,15	4,45	4,73	5,00	5,28
1,0	3,45	3,75	4,05	4,35	4,65	4,93	5,20	5,48
2	3,65	3,95	4,25	4,55	4,85	5,13	5,40	5,68
4	3,85	4,15	4,45	4,75	5,05	5,33	5,60	5,88
6	4,05	4,35	4,65	4,95	5,25	5,53	5,80	6,07
8	4,25	4,55	4,85	5,15	5,45	5,73	6,00	6,27
2,0	4,45	4,75	5,05	5,35	5,65	5,93	6,20	6,46
2	4,65	4,95	5,25	5,55	5,85	6,12	6,39	6,66
4	4,85	5,15	5,45	5,75	6,05	6,32	6,58	6,85
6	5,05	5,35	5,65	5,95	6,24	6,51	6,78	7,05
8	5,25	5,55	5,85	6,15	6,44	6,71	6,98	7,24
3,0	5,45	5,75	6,05	6,34	6,63	6,90	7,17	7,44
2	5,65	5,95	6,24	6,54	6,83	7,10	7,37	7,63
4	5,85	6,15	6,44	6,73	7,02	7,30	7,56	7,83
6	6,05	6,34	6,63	6,93	7,22	7,49	7,76	8,02
8	6,24	6,54	6,83	7,12	7,41	7,68	7,95	8,22
4,0	6,44	6,73	7,02	7,32	7,61	7,88	8,15	8,41
2	6,63	6,93	7,22	7,51	7,80	8,07	8,34	8,61
4	6,83	7,12	7,41	7,71	8,00	8,27	8,54	8,80
6	7,02	7,32	7,61	7,90	8,20	8,46	8,73	9,00
8	7,22	7,51	7,80	8,10	8,40	8,66	8,93	9,20
5,0	7,41	7,70	8,00	8,30	8,58	8,85	9,12	9,39

Da schon die verzuckerte Maische nicht vergärbare Stoffe enthält und bei der Gärung noch verschiedene Nebenerzeugnisse entstehen, so kann der wirkliche Gehalt der Maische an löslichen Stoffen nicht zugleich auch der Ausdruck für den Gehalt an vergärbaren Substanzen sein.

Bei Kartoffelmaischen mittlerer Konzentration kann man annehmen, daß die Saccharometeranzeige der vergorenen Maische ihrem Gehalt an Kohlenhydraten ziemlich entspricht, weil das spezifische Gewicht der Maische durch den Gehalt an nicht vergorenen Stoffen annähernd um ebensoviel erhöht, wie es durch den gebildeten Alkohol erniedrigt wird. Bei sehr dicken Kartoffelmaischen ist jedoch die scheinbare Vergärung wesentlich niedriger als ihr Gehalt an unvergorenen Kohlenhydraten. Bei Maismaischen, die einen verhältnismäßig geringen Gehalt an nicht vergärbaren Stoffen besitzen, stimmen scheinbare Vergärung und Gehalt an unvergorenen Kohlenhydraten ebenfalls nicht überein. Die Prüfung mit dem Saccharometer liefert also nur vergleichbare Werte, doch ist sie ein unentbehrliches Hilfsmittel für die Kontrolle der Arbeit.

2. Bestimmung von Maltose und Dextrin. 200 ccm Maischfiltrat werden mit 5—6 ccm gesättigter Bleiacetatlösung versetzt, auf 250 ccm aufgefüllt, durchgeschüttelt und filtriert. Um bei Kartoffelmaischen eine bessere Klärung und Filtrierbarkeit der Flüssigkeit zu erreichen, kann man ihr 1 ccm verdünnte Phosphorsäurelösung zusetzen, wodurch ein voluminöser Niederschlag erzeugt wird. 200 ccm des Filtrats werden zur Ausfällung des überschüssigen Bleis mit verdünnter Schwefelsäure in geringem Überschuß versetzt, auf 250 ccm aufgefüllt und filtriert.

Zur Bestimmung der Maltose verdünnt man 100 ccm des bleifreien Filtrats zu 200 ccm und verwendet 25 ccm (8 ccm der ursprünglichen Lösung) zur Reduktion. Zur Bestimmung der Gesamtmenge der Kohlenhydrate verdünnt man 100 ccm des bleifreien Filtrats zu 200 ccm und invertiert mit 10 ccm Salzsäure vom spez. Gewicht 1,125 $2^1/_2$ Stunden im kochenden Wasserbad. Hierauf wird mit Natronlauge fast neutralisiert, auf 400 ccm aufgefüllt und filtriert. 25 ccm des Filtrats (4 ccm der ursprünglichen Lösung) dienen zur Reduktion. Bezüglich der Berechnung des Dextrins vergleiche man die Angaben auf Seite 181.

Unter normalen Verhältnissen beträgt der Maltosegehalt der reifen Maische 0,5—0,6%, der Dextringehalt 0,6—0,9%. Ist der Maltosegehalt bedeutend höher, so können Fehler in der Hefenbereitung oder in der Gärführung (zu lange Angärung, zu hohe Gärtemperaturen mit starker Säurebildung) vorliegen. Die mikroskopische Prüfung gibt in solchen Fällen wertvolle Aufschlüsse.

Das Verhältnis von Maltose: Dextrin in der vergorenen Maische läßt mit Sicherheit erkennen, ob eine schlechte Vergärung auf mangelhafte Nachwirkung der Diastase zurückzuführen ist. Verhält sich Maltose: Dextrin wie 1 : 2, oder ist das Verhältnis ein noch höheres, so war die Diastasewirkung eine ungenügende; ein Verhältnis von 1 : 1,25 bis 1 : 1,5 wird bei guter Vergärung gefunden.

3. Bestimmung der Säure. Diese wird in gleicher Weise ausgeführt wie bei der süßen Maische. Einen Wert hat die Bestimmung nur dann, wenn auch der Säuregehalt der süßen Maische nach dem Hefenzusatz festgestellt wurde. Der Unterschied beider Bestimmungen entspricht dem Säurezuwachs während der Gärung. Dieser ist ein wichtiges Kennzeichen für die Reinheit der Gärung und beträgt unter normalen Verhältnissen nicht mehr als 0,2°. Ein 1,0° übersteigender Säuregehalt der vergorenen Maische oder ein Säurezuwachs von mehr als 0,4° ist nur bei schlechten Betriebsverhältnissen zu finden.

4. Alkoholbestimmung. Diese wird gewöhnlich im Maischfiltrat ausgeführt. 100 ccm des Filtrats werden bei 15° C abgemessen, mit 50 ccm Wasser verdünnt und in einem etwa 500 ccm fassenden, mit Kugelaufsatz versehenen Kolben der Destillation unterworfen. Ist das als Vorlage dienende 100 ccm-Kölbchen fast gefüllt, so wird das Destillat gut durchgemischt und bei 15° C bis zur Marke aufgefüllt. Der Alkoholgehalt des Destillats kann mit sehr genauen, kleinen Alkoholometern, sog. Lutterprobern, direkt bestimmt werden. Die Länge der Skala dieser Instrumente muß für 1% mindestens 10 mm betragen. Auf einer Spindel befinden sich etwa 3%. Besser wird das spezifische Gewicht mit dem Pyknometer bestimmt und der entsprechende Alkoholgehalt aus der Tafel von K. Windisch (Tafel 23 des Anhangs) entnommen.

Um der Wirklichkeit entsprechende Ergebnisse zu erlangen, muß man für den Trebergehalt der Maische eine Korrektion anbringen. Da diese jedoch sehr unsicher ist, ist es empfehlenswerter, die Alkoholbestimmung nicht im Filtrat, sondern in der Maische selbst vorzunehmen. Eine größere Maischemenge (500—1000 ccm) wird in einem Meßzylinder genau abgemessen, in einen hinreichend großen Destillierkolben[1]), der am besten aus Kupfer besteht, übergespült und nach genügender Verdünnung destilliert. Ein Überschäumen verhindert man durch Zusatz eines Stückchens Paraffin.

Man kann den Alkoholgehalt des Destillats auf Gewichtsprozente der Maische umrechnen nach der Formel $x = \frac{P S}{S_1}$, worin P den Gewichtsprozentgehalt des Destillats an Alkohol, S das spezifische Gewicht des Destillats und S_1 das spezifische Gewicht der Maische vor der Destillation bedeutet.

Da in der Praxis, selbst bei Verwendung der besten Dauerbrenngeräte, Alkoholverluste sich nicht ganz vermeiden lassen und da bei der Destillation im kleinen ein großer Teil der fuselölartigen Bestandteile, die in der Praxis in den Lutter übergehen, sich im Destillat vorfindet, fallen die Ergebnisse im Laboratorium im allgemeinen etwas höher aus, als sie in der Praxis erreicht werden.

Früher war vielfach die Berechnung der Alkoholausbeute auf den Maischraum üblich, wobei man als Maischraum den Gärbottichinhalt abzüglich des durch die Gärung beanspruchten Steigraums der Maische bezeichnete. Heute berechnet man durchweg die Alkoholausbeute auf 100 kg Rohstoff.

5. Der Trebergehalt der Maischen wird durch Abfiltrieren einer abgewogenen Menge Maische, Auswaschen, Trocknen und Wägen des Rückstandes bestimmt. Die Angaben von Fischern über den Trebergehalt der Maischen sind nach Märcker nicht zuverlässig. Märcker nimmt an, daß für Dickmaischen 6% Treber, auch noch mehr zu rechnen sind. Delbrück nimmt für 100 kg verarbeitete Kartoffeln bei Entschalung der Maische 3 Liter, ohne Entschalung 4 Liter Treber an.

---

[1]) Ein einfacher, zweckentsprechender Dampfdestillierapparat ist von Hesse (Zeitschr. f. Spiritusind. **11**, 280; 1888) angegeben.

Der Gehalt an unaufgeschlossener Stärke wird bestimmt, wie unter „Süße Maische“ (S. 178) angegeben.

6. Stickstoffgehalt und Stickstoffumsatz. Im gewöhnlichen Brennereibetrieb findet eine Kontrolle des Stickstoffumsatzes selten statt, wichtiger ist sie für den Betrieb der Preßhefefabrikation. Durch Bestimmung des Gesamtstickstoffs nach Kjeldahls Methode (vgl. Bd. II, S. 1120) in den Filtraten der süßen und der reifen Maische erhält man einen Überblick über die Stickstoffverwertung; die Differenz beider Bestimmungen ergibt die Stickstoffmenge, die zur Hefenbildung verwendet wurde. Nach Balling entsprechen 1 kg verschwundenem Stickstoff 51,2 kg Preßhefe.

Zur Verfolgung des Gärungsvorgangs ist es oft von Wert, die Maische während der Gärung zu untersuchen. Um zu verhindern, daß die Maische nach der Probenahme noch weiter gärt, setzt man nach Märcker auf 1 Liter Maische 10 ccm einer 1proz. Sublimatlösung zu. Bei der Berechnung ist die hierdurch hervorgerufene Raumvermehrung zu berücksichtigen.

7. Alkoholausbeuten und Verluste in der Praxis. Bei der Herstellung dünnerer Maische von 18 bis 20% kann man nach einer Zusammenstellung im Illustrierten Brennereilexikon (herausgegeben von Max Delbrück, Verlag von Paul Parey, Berlin **1915**, 17) folgende Verluste und Alkoholausbeuten aus der eingemaischten Stärke erwarten:

Art der Verluste	Art der Betriebsführung		
Von 100 kg eingemaischter Stärke	gut kg	weniger gut kg	mittelmäßig kg
a) bleiben unaufgeschlossen.	0,3 bis 0,4	0,5 bis 0,6	0,7 bis 0,8
b) bleiben unvergoren	2,4 „ 3,2	4,0 „ 4,8	5,6 „ 6,4
c) werden für Bildung anderer Stoffe als Alkohol verbraucht, werden veratmet oder gehen als Alkohol durch Verdunstung verloren	6,4 „ 6,9	7,4 „ 7,9	8,4 „ 8,9
d) werden in Alkohol übergeführt. .	90,9 „ 89,5	88,1 „ 86,7	85,3 „ 83,9
100 kg eingemaischte Stärke geben somit Liter reinen Alkohol . . .	65,0 bis 64,0	63,0 bis 62,0	61,0 bis 60,0

Entsprechend ihrem Stärkegehalt sind bei der Verarbeitung der wichtigsten stärkehaltigen Rohstoffe, je nach der Arbeitsweise, folgende Alkoholausbeuten zu erwarten:

100 Kilogramm	enthaltend Stärke	liefern		
		bei gutem Betrieb	bei weniger gutem Betrieb	bei mittelmäßigem Betrieb
	%	Liter reinen Alkohol		
Stärke:				
a) reine, absolut trockne	100,0	64,0	62,0	60,0
b) reine, lufttrockne	82,0	52,5	50,8	49,2
c) reine, feuchte.	50,0	32,0	31,0	30,0

100 Kilogramm	enthaltend Stärke	liefern		
		bei gutem Betrieb	bei weniger gutem Betrieb	bei mittelmäßigem Betrieb
	%	Liter reinen Alkohol		
Kartoffeln:				
a) frische	14,0	9,0	8,7	8,4
„	16,0	10,2	9,9	9,6
„	18,0	11,5	11,2	10,8
„	20,0	12,8	12,4	12,0
„	22,0	14,1	13,6	13,2
„	24,0	15,4	14,9	14,4
b) Trockenkartoffeln	66,0	42,2	40,9	39,6
c) Kartoffelpülpe:				
a) nasse, schlecht ausgewaschene	4,0	2,6	2,5	2,4
b) gut ausgewaschene	2,5	1,6	1,6	1,5
Getreide:				
Roggen:				
a) stärkearmer	50,0	32,0	31,0	30,0
b) mittlerer	55,0	35,2	34,1	33,0
Gerste	58,0	37,1	36,0	34,8
Weizen	65,0	41,6	40,3	39,0
Hafer	52,0	33,3	32,2	31,2
Mais:				
a) alter, sehr trockner	61,5	39,4	38,1	36,9
b) normaler	60,0	38,4	37,2	36,0
c) noch nicht vollkommen trockner	58,0	37,1	36,0	34,8
Reis	70,0	44,8	43,4	42,0
Dari	60,0	38,4	37,2	36,0
Buchweizen, geschält	70,0	44,8	43,4	42,0
Hirse, geschält	70,0	44,8	43,4	42,0
Grünmalz:				
(Stärkegehalt und Ausbeute auf das Gewicht des ungemälzten Getreides bezogen)				
aus vollkörniger Gerste				
a) Kurzmalz	50,0	32,0	31,0	30,0
b) Langmalz	45,0	28,8	27,9	27,0
aus leichterer Gerste:				
a) Kurzmalz	45,0	28,8	27,9	27,0
b) Langmalz	40,0	25,6	24,8	24,0
aus sehr leichter Gerste:				
a) Kurzmalz	40,0	25,6	24,8	24,0
b) Langmalz	35,0	22,4	21,7	21,0
aus mittelschwerem Hafer:				
a) Kurzmalz	40,0	25,6	24,8	24,0
b) Langmalz	35,0	22,4	21,7	21,0
Darrmalz:				
aus schwerem Weizen	65,0	41,6	40,3	39,0
„ leichtem Weizen	60,0	38,4	37,2	36,0
„ schwerer Gerste	65,0	41,6	40,3	39,0
„ mittlerer Gerste	60,0	38,4	37,2	36,0
„ leichter Gerste	55,0	35,2	34,1	33,0
„ schwerem Hafer	55,0	35,2	34,1	33,0
„ leichtem Hafer	50,0	32,0	31,0	30,0

C. Untersuchung der vergorenen Melassemaischen.

Die Untersuchung der vergorenen Melassemaischen gestaltet sich in folgenden Punkten abweichend von jener der Maischen aus stärkehaltigen Rohstoffen.

Bei anormaler, schlechter Vergärung prüft man qualitativ auf Anwesenheit freier salpetriger Säure und flüchtiger Fettsäuren (vgl. die diesbez. Angaben unter „Melasse", S. 169) und führt die dort angegebenen Gärversuche aus. Fehlerhafte Gärungen können außerdem verursacht werden durch zu hohen Salzgehalt der Maischen oder durch einen bedeutenden ursprünglichen Säuregehalt. Die Hefe zeigt sich in solchen Fällen krankhaft verändert oder abgestorben; außerdem tritt ein starkes Überhandnehmen der Bakterien ein.

Von quantitativen Bestimmungen kommen in Betracht: die Bestimmung des Salzgehaltes und der Lävulose.

Wenn neben Melasse bedeutende Mengen Osmosewasser verarbeitet werden, kann der Salzgehalt der Maischen eine beträchtliche, die Gärung schädigende Höhe erreichen. Nach Bauer beträgt die ungefähre Grenze, die nicht viel überschritten werden darf, 3 g lösliche Salze in 100 ccm Maische. Zur Bestimmung des Salzgehalts dampft man nach Bauer 10 ccm der klar filtrierten Maische in einer Platinschale auf dem Wasserbad ab, trocknet bei 120° C, verascht, nimmt mit einigen Tropfen Wasser auf, trocknet und verascht abermals. Der Rückstand wird wieder mit Wasser aufgenommen, filtriert und bis zum Verschwinden der alkalischen Reaktion ausgewaschen. Das Filtrat wird in einer Platinschale eingedampft, der Rückstand wieder bei 120° C getrocknet, über freier Flamme schwach erhitzt und nach dem Erkalten gewogen.

Bestimmung des unvergorenen Zuckers. Die vergorene Maische enthält in der Regel nur Lävulose, da das andere Inversionserzeugnis, die Dextrose, leichter der Gärung unterliegt. Die Lävulosebestimmung erfolgt nach Lehmann in dem 1 : 4 verdünnten, mit Bleiessig gereinigten und durch verdünnte Schwefelsäure entbleiten Maischfiltrat. Bei normaler Gärung bleiben 0,05—0,1% Lävulose unvergoren.

IV. Untersuchung des Hefenguts und der reifen Hefe.

Die regelmäßige **Betriebsuntersuchung des Hefenguts** erstreckt sich nur auf die Bestimmung der Konzentration, des Säuregehalts und der Verzuckerung. Die Ausführung dieser Bestimmungen erfolgt genau nach der unter „Süße Maische", S. 177 gegebenen Anleitung. Das Hefengut soll möglichst konzentriert eingemaischt sein (20 bis 24° Balling) und nach der Säuerung bei Milchsäurehefe einen Säuregehalt von 1,8 bis 2°, bei Schwefelsäurehefe in Kartoffelmaischen einen solchen von 1,3 bis 1,5°, in Maismaischen von 0,7 bis 0,9° aufweisen. Preßhefefabriken arbeiten mit höheren Säuremengen (bis zu 3°).

Beabsichtigt man, die flüchtigen Säuren zu bestimmen, so benutzt man hierzu zweckmäßig den von Prior angegebenen Apparat (Prior, Physiologie und Chemie des Malzes und des Bieres, S. 81) und destilliert im luftverdünnten Raum 100 ccm Filtrat unter allmählichem Zufluß von 200 ccm Wasser mit der Vorsicht ab, daß die Temperatur 50° nicht überschreitet, bis der Inhalt des Kolbens eine sirupartige Masse bildet. Im Destillat titriert man die flüchtigen Säuren mit $^{n}/_{10}$-Lauge. Man kann die flüchtigen Säuren auch wie im Wein (S. 282) bestimmen.

Ein wertvolles Hilfsmittel zur Beurteilung der Reinheit der Säuerung bietet die mikroskopische Prüfung. Normal gesäuertes Hefengut wird Milchsäurebakterien (schlanke Stäbchen, meist in Ketten zusammenhängend) fast ausschließlich und dicht gesät enthalten. Treten andere Bakterien (Kokken, Stäbchen-, Spindel- und Keulenformen mit Sporenbildung) in den Vordergrund, so ist entweder die Säuerung bei zu niederer Temperatur verlaufen, oder die Abmaischtemperatur wurde bei Verwendung schlechten Materials nicht hoch genug genommen. Wird die Säuerung nicht durch Milchsäurebakterien, sondern durch Zusatz von Säuren (Bücheler s Schwefelsäureverfahren) bewirkt, so wird das Vorhandensein von Bakterien überhaupt auf ein nicht richtiges Bemessen der Säuremenge schließen lassen. Bei diesem Verfahren wird die Säuerung durch die durch den Schwefelsäurezusatz frei gewordenen organischen Säuren bewirkt und mit etwa der Hälfte der sonst üblichen Säuremenge im Hefengut gearbeitet.

Die Untersuchung der reifen Hefe erfolgt genau nach den für die Untersuchung der vergorenen Maische gegebenen Vorschriften; sie beschränkt sich gewöhnlich auf die Bestimmung des Vergärungsgrades und der Säure. Die Vergärung des möglichst konzentriert einzumaischenden Hefenguts soll eine hohe sein, da der gebildete Alkohol der Hefe einen wirksamen Schutz gegenüber den gärungsschädlichen Organismen bietet. Das Filtrat der reifen Hefe soll eine Saccharometeranzeige von 4 bis 6% Balling haben.

Die Säurezunahme während der Gärung soll 0,2° nicht übersteigen.

Für die Preßhefefabrikation kann die Kontrollierung des Stickstoffumsatzes von Wichtigkeit sein (vgl. „Vergorene Maische", S. 187).

Durch die **mikroskopische Untersuchung** stellt man das Aussehen der Hefezellen — zu achten ist auf Form und Größe der Zellen, Dicke der Zellwandungen, Beschaffenheit des Zellinhalts — und das etwaige Vorhandensein von Fremdorganismen fest.

Im Anfang der Gärung findet man die Hefe meistens zu größeren Sproßverbänden vereinigt; das Protoplasma füllt in diesem Stadium gleichmäßig die Zelle aus, ohne Vakuolen aufzuweisen. Bei vorgeschrittener Gärung findet nur noch eine mäßige Vermehrung der Zellen statt, die jetzt zumeist isoliert erscheinen und eine oder mehrere Vakuolen besitzen. In reifer Hefe sollen die Zellen isoliert sein, gleichmäßige Größe und volle Form besitzen. Sprossende, deformierte, abnorm vakuolisierte (mit vielen kleinen Vakuolen), stark körnige und abgestorbene Zellen sollen wenig vorkommen. Dasselbe gilt für die Hefe in reifen Maischen.

Kranke und abgestorbene Hefe läßt sich von gesunder dadurch unterscheiden, daß sie leicht wäßrige Anilinblaulösung aufnimmt. Bei reiner Säuerung und Gärung des Hefenguts wird man Fremdorganismen nur in sehr geringer Zahl darin antreffen. Im gegenteiligen Fall wird man immer fremde Sproß- und Spaltpilze in größerer Menge neben der Kulturhefe und den Kulturmilchsäurebakterien nachweisen können.

Die Hefezählung ist besonders für die Preßhefefabrikation von Wichtigkeit. Zur Zählung dient eine Meßkammer mit Netzteilung (zu beziehen von Zeiß in Jena). Jedes Quadrat der Netzteilung hat eine Grundfläche von 0,0025 qmm, eine Höhe (bis zum Deckglas) von 0,1 mm und einen Inhalt von 0,00025 cmm, der die Raumeinheit darstellt. Die Zählung geschieht wie folgt: 50 ccm einer guten Durchschnittsprobe der Maische werden abgemessen, in einen 500 ccm-Kolben gespült und mit Wasser aufgefüllt. Die Verdünnung ist so zu wählen, daß in die Raumeinheit 3 bis 5 Zellen fallen; man muß daher bei sehr hefereichen Maischen 50 ccm auf 1000 ccm, anstatt auf 500, auffüllen. Nachdem die Mischung gut durchgeschüttelt ist, wird mittels Glasstabs schnell ein Tropfen herausgenommen, in die Meßkammer gebracht und diese mit dem Deckglas geschlossen. Man zählt nun bei 150facher Vergrößerung an 4 bis 5 verschiedenen Stellen des Objekts 12 Quadrate nach einer Richtung durch, wiederholt dies bei 3 bis 4 verschiedenen Präparaten und nimmt aus diesen Zählungen das Mittel. Das Ergebnis wird auf die unverdünnte Maische umgerechnet.

Man benutzt das Zählverfahren, um festzustellen:

1. In welche Periode der Gärung die Vermehrung der Hefezellen fällt,
2. wann die Vermehrung zu Ende ist,
3. ob eine genügende Anzahl von Hefezellen ausgesät ist,
4. ob eine genügende Anzahl von Hefezellen während der Gärung gebildet wird,
5. ob Betriebs- und Rohstoffänderungen eine Vermehrung oder eine Verminderung an Hefezellen hervorbringen,
6. wie weit die Hefe durch Abnahme des Schaumes aus der Maische bei der Preßhefefabrikation entfernt ist.

V. Preßhefe.

A. Probenentnahme.

Ist die Preßhefe in Pfundstücke abgeteilt und verpackt, so entnimmt man ein solches Stück. Bei Verpackung der Hefe in Kisten oder Fässern nimmt man die Probe am besten mit einem Probestecher. Die Hefe ist in gut schließende Glasgefäße zu füllen und tunlichst rasch zu untersuchen. Vorher werden die Stücke zerrieben und sorgfältig gemischt.

B. Untersuchungsverfahren.

1. Farbe. Gute Hefe besitzt eine rein weiße, weißlichgelbe bis gelbe Farbe. Fehlerhaft ist eine schmutzig graue oder blaue Farbe. Die fehlerhafte Farbe kann auf nicht ausgereifte Hefe, auf die Gegenwart von Eisen oder auf die Tätigkeit von Mikroorganismen zurückzuführen sein.

2. Geruch. Der Geruch soll frisch, säuerlich-weinig sein.

3. Haltbarkeit. Diese hängt ab von der Reinheit (Abwesenheit zersetzender Organismen) und dem Vorrat an aufgespeicherten Nährstoffen (Stickstoff).

4. Bestimmung des Wassers. Man wägt etwa 10 g ausgeglühtes Bimssteinpulver mit einem kurzen, unten breitgedrückten Glasstab in einem Trockengläschen ab, wägt etwa 5 bis 10 g Hefe dazu, vermischt sie recht innig mit dem Bimssteinpulver, trocknet zwei Stunden lang bei 50 bis 60° C und dann bei 105° C bis zur Gewichtskonstanz.

5. Bestimmung des Stickstoffs. Der Stickstoff wird in 2 g Hefe nach dem Kjeldahlschen Verfahren (s. Bd. II, S. 1120) bestimmt.

6. Bestimmung der Mineralstoffe. Die getrocknete Hefe wird vorsichtig mit kleiner Flamme verkohlt; die Kohle ist mehrmals mit Wasser auszulaugen und weiter zu verfahren wie bei der Aschenbestimmung im Wein (S. 277). Zur Bestimmung der Phosphorsäure wird die Hefe mit Zusatz von Soda und Salpeter verascht.

7. Bestimmung der Säure. 20 g Hefe werden mit destilliertem Wasser verrieben, auf 100 ccm aufgefüllt und filtriert. 50 ccm des Filtrats werden mit $^n/_{10}$-Lauge unter Verwendung von empfindlichem blauvioletten Lackmuspapier titriert. Die Säure wird als Milchsäure angegeben. 1 ccm $^n/_{10}$-Lauge = 0,009 g Milchsäure.

8. Bestimmung der Stärke. a) 10 g Hefe werden nach dem Diastaseverfahren (S. 165) behandelt. Man erhält nach diesem Verfahren etwas zu hohe Werte für den Stärkegehalt, weil auch in der stärkefreien Hefe Stoffe enthalten sind, die nach der Hydrolyse Fehlingsche Lösung reduzieren.

b) Verfahren von Mayrhofer (Forschungsberichte über Lebensmittel usw. **3**, 141 und 429; 1896; Vereinbarungen über einheitliche Untersuchung von Nahrungs- und Genußmitteln **1**, 40). 10 bis 20 g Hefe werden in einem Becherglas oder einer tiefen Porzellanschale (Porzellankasserolle mit Stiel) mit 50 ccm 8 proz. alkoholischer Kalilauge übergossen, das Gefäß mit einem Uhrglas bedeckt und auf ein kochendes Wasserbad gesetzt. Nach kurzer Zeit ist die Hefe aufgelöst; man verdünnt sodann mit heißem 50 proz. Alkohol, läßt absitzen und dekantiert durch einen mit Asbest beschickten Goochtiegel; man wäscht hierauf noch zweimal mit der heißen alkoholischen Kalilauge, sowie schließlich so lange mit heißem starken Alkohol nach, bis das Filtrat auf Zusatz von Salzsäure klar bleibt. Nunmehr gibt man den Tiegelinhalt in das ursprüngliche Gefäß zurück und erwärmt mit etwa 60 ccm wässeriger Normalkalilauge so lange auf dem Wasserbade, bis alle Stärke gelöst ist. Man bringt das Ganze nach dem Erkalten in einem Meßkölbchen auf 200 ccm, hebert nach dem Absitzen 50 ccm der nicht filtrierten Lösung ab, versetzt diese mit dem gleichen Raumteil starken Alkohols, säuert mit Essigsäure an und filtriert die ausgefallene Stärke nach dem Absitzen durch einen mit Asbest beschickten Goochtiegel. Nach dem Auswaschen mit starkem Alkohol und schließlich mit Äther wird bis zur Gewichtskonstanz bei 105° getrocknet, gewogen und geglüht. Die Gewichtsdifferenz vor und nach dem Glühen ist asche- und wasserfreie Stärke.

c) Verfahren von Kiby (Wilhelm Kiby, Handbuch der Preßhefefabrikation, Braunschweig, Verlag von Friedrich Vieweg & Sohn **1912**, 283). Von der gut gemischten Hefenprobe werden 10 bis 20 g abgewogen und mit $^1/_2$ Liter schwach angesäuertem, mit Jodlösung versetztem Wasser aufgeschlämmt. Nach einiger Zeit gießt man die im Wasser aufgeschwemmte Hefe ab, gibt frisches, schwach angesäuertes Wasser zu, rührt auf, läßt absitzen, gießt die Hefe mit dem Wasser ab und wiederholt das so oft, bis das Wasser keine Hefezellen mehr enthält. Die vom Jod gebläute Stärke wird mit einigen Tropfen einer Lösung von unterschwefligsaurem Natrium entfärbt, auf ein vorher bei 120° getrocknetes, gewogenes Filter gebracht, zuerst 2 Stunden bei 50°, dann noch 4 Stunden bei 120° getrocknet und gewogen. Die lufttrockene Stärke enthält etwa 17% Wasser, weshalb die gefundene Stärkemenge mit 100/83 oder rund 6/5 = 1,2 zu vervielfältigen ist.

d) Verfahren von Neumann - Wender (Zeitschrift für Untersuchung der Nahrungs- und Genußmittel **5**, 1201; 1902). Genau 1 g Hefe wird in einem Probierröhrchen mit 10 ccm Wasser und 1 ccm Jodlösung (10 g Jod in 90 ccm Alkohol von 95 Volumprozent gelöst) versetzt. Man schüttelt die Mischung gründlich durch und bringt sie unter Nachwaschen mit 5 ccm Wasser in ein besonderes Zentrifugenröhrchen (Amylometer) und zentrifugiert 3 Minuten. Die sich unten absetzende blaue Schicht wird als Stärke angesehen und deren Höhe an der Skala des Amylometers abgelesen. Die Skala soll den Stärkegehalt unmittelbar in Prozenten angeben. Das Verfahren dürfte nur annähernd genau sein.

9. Nachweis einer Beimischung von untergäriger Bierhefe zur Preßhefe. a) Verfahren von Bau (Zeitschr. f. Spiritusindustrie **18**, 372; 1895). Das Verfahren beruht auf der Beobachtung, daß Melitriose von untergäriger Hefe ganz, von obergäriger Hefe nur teilweise vergoren wird. Untergärige Hefe enthält zwei Enzyme, die Melitriase, die die Melitriose in Lävulose und Melibiose spaltet, und das Enzym Melibiase, das die Melibiose in Dextrose und Galaktose spaltet. Die drei Hexosen werden durch die Zymase der Hefe vergoren, so daß die Melitriose durch untergärige Hefe vollständig vergoren wird. Die obergärige Hefe enthält nur das Enzym Melitriase, das die Melitriose in Lävulose und Melibiose spaltet. Den obergärigen Hefen fehlt aber das Enzym Melibiase, so daß neben Lävulose die Melibiose, ein Disaccharid, das unvergärbar ist, zurückbleibt. Durch untergärige Hefe wird hiernach nur die aus der Melitriose abgespaltene Lävulose vergoren, während die Melibiose als unvergärbar zurückbleibt. Das Verfahren wird in folgender Weise ausgeführt:

3 Probierröhrchen werden mit je 10 ccm einer 1 proz. Melitrioselösung und 0,4 g der zu untersuchenden Hefe beschickt, mit Wattebäuschen geschlossen und bei 30° C gehalten. Nach ein-, zwei- und dreimal 24 Stunden nimmt man je ein Gläschen heraus, filtriert die

Flüssigkeit, versetzt 3 ccm des Filtrats mit 1 ccm Fehlingscher Lösung, die kurz vor dem Gebrauch gemischt wurde, und erhitzt die Mischung 5 Minuten lang im Reischauerschen Stern im kochenden Wasserbad. Ist die über dem roten Niederschlag von Kupferoxydul stehende Flüssigkeit im ersten Röhrchen, das 24 Stunden bei 30° gehalten wurde, blau, so war die Hefe mit 10% untergäriger Bierhefe versetzt. Ist die Flüssigkeit im zweiten Röhrchen, das 48 Stunden bei 30° gehalten wurde, blau, so ist auf eine Beimischung von 5% untergäriger Bierhefe zu schließen. Ist die Flüssigkeit in dem dritten Röhrchen, das 72 Stunden bei 30° gehalten wurde, blau gefärbt, so deutet dies auf einen Zusatz von 1% untergäriger Bierhefe hin. Zeigt die Flüssigkeit nach 72stündigem Stehen bei 30° C eine gelbe oder braungelbe Farbe, so wird dadurch bewiesen, daß die Preßhefe vollständig frei ist von untergäriger Hefe.

Das Verfahren ist nicht ganz zuverlässig, da auch manche untergärigen Bierhefen die Melitriose nicht vollständig vergären.

b) Verfahren von Lindner (Wochenschrift für Brauerei **19**, 237; 1902). Lindner empfiehlt den Nachweis der Beimischung von untergäriger Bierhefe zur Preßhefe auf biologischem Weg. Sehr gut eignet sich hierzu die Lindnersche Tröpfchenkultur (vgl. P. Lindner, Mikroskopische Betriebskontrolle in den Gärungsgewerben, Verlag von Paul Parey, Berlin). Obergärige Hefen zeigen in der Tröpfchenkultur symmetrische, „sparrige" Sproßverbände, während die meisten untergärigen Bierhefen unsymmetrische, winklige Sproßverbände bilden, die bald zu Flocken zusammenkleben. Das Verfahren läßt zugleich die Anwesenheit von Kahmhefe und Bakterien in der Preßhefe erkennen.

c) Verfahren von C. J. Lintner (Zeitschrift f. Spiritusindustrie **24**, 359; 1901). Lintner fand bei vergleichenden Bestimmungen der Gärkraft nach Hayduck bei verschiedenen Temperaturen, daß untergärige Hefen bei 45° bedeutend weniger Kohlensäure entwickeln als bei 30°, während bei Getreidepreßhefen das Umgekehrte der Fall ist. Noch bei 50° entwickeln die letzteren erhebliche Mengen Kohlensäure, während die untergärigen Hefen hier stark in ihrer Tätigkeit nachlassen. Dieses Verfahren kann auch bis zu einem gewissen Grade zur Unterscheidung von Unter- und Oberhefe dienen.

10. Bestimmung der Gär- und Triebkraft. Die Verfahren von Meißl und Hayduck gründen sich auf die Voraussetzung, daß eine Hefe um so gär- und triebkräftiger ist, je mehr Kohlendioxyd sie unter gleichen Verhältnissen entwickelt.

a) Verfahren von Meißl (Zeitschr. f. Spiritusind. **7**, 933; 1883 und **8**, 129; 1884). Man bereitet sich durch Zusammenreiben ein inniges Gemenge von:

400 g Rübenzuckerraffinade,
25 g saurem phosphorsaurem Ammonium ($NH_4H_2PO_4$),
25 g saurem phosphorsaurem Kalium (KH_2PO_4),

das in einem gut verschlossenen Gefäß aufzubewahren ist. Ferner stellt man sich gesättigtes Gipswasser her, indem man gepulverten Gips längere Zeit unter häufigem Umschütteln mit destilliertem Wasser stehen läßt. Die ersten 2—3 Auszüge, die durch die dem Gips beigemengten

Salze verunreinigt sind, werden weggegossen. Der Gärversuch wird in einem kleinen, leichten, 70—80 ccm fassenden Kölbchen vorgenommen, das mit einem doppelt durchbohrten Kautschukstopfen verschlossen ist. Durch die eine Bohrung geht ein rechtwinklig gebogenes Glasrohr, dessen längerer Schenkel bis nahe an den Boden des Kölbchens reicht und dessen kürzerer Schenkel während der Gärung durch eine Kappe oder kleinen Stopfen verschlossen ist. Die zweite Bohrung enthält eine mit Chlorcalcium gefüllte U-Röhre.

Zur Prüfung löst man in dem Kölbchen 4,5 g obigen Zucker-Salzgemisches in destilliertem Wasser zu 35 ccm auf und fügt 15 ccm Gipslösung zu. Nachdem die Lösung durch Einleitung von Luft mit dieser gesättigt ist, bringt man in das Fläschchen genau 1 g der zu prüfenden Hefe und zerteilt diese sorgfältig mit einem Glasstab, bis keine Klümpchen mehr wahrzunehmen sind. Das Kölbchen wird sodann gewogen, in Wasser von 30° C eingestellt und auf dieser Temperatur 6 Stunden lang gehalten. Nach Ablauf dieser Zeit wird das Kölbchen durch Eintauchen in kaltes Wasser rasch abgekühlt, der Stöpsel abgenommen und, um die Kohlensäure zu verdrängen, während einiger Minuten Luft durchgesogen. Das abgetrocknete Kölbchen wird wieder gewogen; der Gewichtsverlust entspricht der entwickelten Kohlensäure. Das Ergebnis wird auf eine Normalhefe bezogen, die unter den gleichen Bedingungen in 6 Stunden 1,75 g Kohlendioxyd bildet. Die Prozente Triebkraft ergeben sich demnach aus folgender Gleichung:

$$\text{Proz. Triebkraft} = \text{gefundene } CO_2 \cdot \frac{100}{1,75} = \text{gefundene } CO_2 \cdot \frac{400}{7}.$$

Gute Preßhefe ergibt eine Triebkraft von 75 bis 85%.

b) Verfahren von Hayduck (Zeitschr. f. Spiritusind. **6**, 226; 1882. **7**, 965; 1883. **8**, 135; 1884. **9**, 533; 1885). Man bringt 400 ccm 10proz. Rohrzuckerlösung und 10 g mit der Zuckerlösung zerriebene und aufgeschlämmte Hefe in eine Flasche, die mit einem doppelt durchbohrten Kautschukstopfen verschlossen ist. In jeder Durchbohrung befindet sich ein Glasrohr; das eine ist mit einem Kautschukschlauch, der mit einem Quetschhahn verschlossen werden kann, das andere mittels Schlauchs mit dem zum Messen der entwickelten Kohlensäure dienenden Apparat verbunden. Die Meßvorrichtung besteht aus einem in Kubikzentimeter geteilten Rohr, das mit einem Wassersammelgefäß durch einen Gummischlauch verbunden ist. Zu Beginn des Versuchs stellt man das Wassersammelgefäß so hoch, daß hierdurch das Wasser in dem Meßrohr gerade auf 0 eingestellt wird. Nachdem die beschickte Flasche in ein Wasserbad von 30° C gestellt ist, wird der zum Meßrohr führende Gashahn geöffnet. Die entwickelte Kohlensäure treibt nun das Wasser nach dem Sammelbehälter und würde durch das Steigen in diesem einen Druck erzeugen, der vermieden wird, wenn man das Sammelgefäß so tief stellt, daß nach Beendigung des Versuchs der Wasserspiegel in dem Gefäß und in dem Meßrohr gleich hoch steht. Die entwickelte CO_2 wird nach der ersten, zweiten, dritten und vierten halben Stunde abgelesen. Die erste und zweite halbe Stunde entsprechen der Angärung, die dritte halbe Stunde der Triebkraft, die vierte halbe Stunde der Nachgärung. Gute Preßhefe liefert in der ersten halben Stunde etwa 60 ccm, in der zweiten 175 ccm, in der dritten 275 und in der vierten wenigstens 300 ccm Kohlensäure. Die Triebkraft wird durch verschiedene Faktoren beeinflußt, wie Reife und Alter der Hefe, kalte oder warme Lagerung, Beimischung fremder Sproßpilze usw. Kusserow hat das Hayducksche Verfahren abgeändert und mißt das durch die Kohlensäure verdrängte Wasser. Die zur Ausführung beider Verfahren dienenden Apparate werden von der Glasbläserei des Instituts für Gärungsgewerbe in Berlin N. 65, Seestraße 13, geliefert.

11. Bestimmung der Gärzeit. Nach der Vereinbarung des Verbands Deutscher Preßhefefabrikanten wird die Gärzeit in folgender Weise bestimmt: Man beschafft sich geeignete, rechteckige Backformen aus Blech, deren Kantenlänge sich an der unteren Grundfläche auf 14 × 9 cm, an den Seiten auf 8 × 4 cm und an der oberen Öffnung auf 15 × 10 cm beläuft; als Meßstäbchen hängt man einen Blechstreifen ein, dessen unterer Rand 7 cm weit vom Boden des Gefäßes absteht. Als Versuchsmehl dient eine bestimmte Type von Weizenmehl 3. Die erforderliche Salzlösung ist 5 proz. und wird durch Auflösen von chemisch reinem Chlornatrium in destilliertem Wasser hergestellt. Der zu verwendende Zucker muß ungeblaute, gemahlene Raffinade sein, die man vor jedem Versuch in der vorgeschriebenen Menge Salzlösung auflöst. Zum Kneten gebraucht man eine halbkugelige Kupferschale von 22 cm Durchmesser und 11,5 cm Höhe, als Keule eine 30 cm lange, hölzerne Walze von 4 cm Durchmesser; sie wird an ihrem unteren Ende bis auf 10 cm Höhe mit Kupfer beschlagen.

Zur Bestimmung der Gärzeit nimmt man 280 g Mehl, 160 ccm Salzlösung mit 2 g Zucker (siehe oben) und 10 g Hefe, bringt letztere in die Knetschale, fügt eine kleine Menge Salzlösung hinzu und rührt mit der Keule leicht um, bis sich die Hefe gleichmäßig verteilt hat. Nun gießt man den Rest der Salzlösung über die Masse, mischt sie kräftig durch und beginnt sofort mit dem Mehlzusatz. Ist etwa ein Drittel des Mehls eingetragen, so rührt man gut um und setzt dies fort, bis der Rest des Mehls verarbeitet ist. Vom Zusatz der Salzlösung bis zum Zusatz der gesamten Mehlmenge dürfen höchstens 3 Minuten verstreichen. Nun mischt man wieder einige Male durch, reinigt die Keule schnell mit einem Hornspatel, sammelt etwa verspritzte Teilchen, verteilt hierauf den Teig durch gelindes Drücken möglichst breit in der Schale und klappt ihn dann mit der Keule wieder zusammen. Dieses Verteilen und Zusammenklappen des Teigs hat abwechselnd nach verschiedenen Richtungen zu geschehen und ist so lange ohne Unterbrechung fortzusetzen, bis vom Beginn der Salzgabe gerechnet 10 Minuten verstrichen sind. Dann nimmt man den Teig aus der Schale, formt ihn mit der Hand länglich rund, wobei keine Luftblasen mit eingeschlosen werden dürfen, und läßt ihn ohne Anwendung von Druck in die Backform fallen.

Die zur Teigbereitung zu verwendende Salzlösung muß auf 30° C vorgewärmt werden und das Mehl mindestens eine Stunde lang im Thermostaten bei 35° C gestanden sein. Man bringt nun in die Mitte der Backform das Meßstäbchen und stellt die Form in einen auf 33—35° C gehaltenen Thermostaten. Die Anzahl Minuten, die, vom Beginn des Knetens gerechnet, bis zu dem Augenblick verfließt, in dem der Teig das Meßstäbchen berührt, stellt die gesuchte „Gärzeit" dar. Beträgt die Gärzeit höchstens 90 Minuten, so wird die Hefe nicht beanstandet. Die Teige, die eine Gärzeit von mehr als 90 Minuten haben, werden der Backprobe unterworfen. 120 Minuten nach Beginn des Anknetens kommen diese Teige in den Ofen und werden bei 230—250° C in 30 Minuten gebacken. Das fertige Brot wird vorsichtig aus der Form herausgenommen und freiliegend abgekühlt. Hefen mit einer Gärzeit bis zu 100 Minuten werden noch als brauchbar angesehen, wenn sie ein gutes, nicht gerissenes Gebäck geben. Andernfalls wird die Hefe beanstandet und dasselbe geschieht auch bei solchen Hefen, die mehr als 100 Minuten Gärzeit haben.

12. Beurteilung der Preßhefe. Das Branntweinmonopolgesetz vom 8. April 1922 bestimmt in § 116 über die Preßhefe folgendes:

Gemische von Branntweinhefe und Bierhefe dürfen nicht in den Verkehr gebracht, auch nicht im gewerbsmäßigen Verkehr angekündigt oder vorrätig gehalten werden.

Unter Branntweinhefe (Lufthefe, Preßhefe, Pfundhefe, Stückhefe, Bärme) im Sinne dieses Gesetzes werden die bei der Branntweinbereitung unter Verwendung von stärkemehl- oder zuckerhaltigen Rohstoffen, insbesondere von Getreide (Roggen, Weizen, Gerste, Mais), Kartoffeln, Buchweizen, Melasse oder Gemischen der bezeichneten Rohstoffe erzeugten obergärigen frischen Hefen oder Gemische dieser Hefen verstanden.

Branntweinhefe darf nicht unter einer Bezeichnung in den Verkehr gebracht werden, die auf die Herstellung aus einem bestimmten Rohstoff hinweist (z. B. als Getreidehefe, Roggenhefe, Maishefe, Kartoffelhefe, Melassehefe), wenn die Hefe nicht ausschließlich aus diesem Rohstoff hergestellt worden ist.

Unter Bierhefe im Sinne dieses Gesetzes wird die frische Hefe verstanden, die bei der Bereitung von Bier oder bierähnlichen Getränken unter Verwendung der durch die Biersteuergesetzgebung zugelassenen Rohstoffe erzeugt ist.

Bierhefe darf nur unter dieser Bezeichnung, Preßhefe, die aus Bierhefe hergestellt ist, jedoch auch als Bierpreßhefe in den Verkehr gebracht werden.

Branntwein- und Bierhefe, die einen Zusatz von anderen Stoffen erhalten hat, darf nicht in den Verkehr gebracht werden.

VI. Untersuchung des Lutters und der Schlempe.

Diese Untersuchungen dienen zur Kontrolle der Brenngeräte. Der auf Normaltemperatur (15° C) gebrachte Lutter wird direkt mittels eines sogenannten Lutterprobers gespindelt (vgl. Alkoholbestimmung in reifer Maische, S. 186). Ist der zu untersuchende Lutter stark trüb oder sonstwie verunreinigt, so muß er destilliert werden. In diesem Fall ist vorherige Neutralisation zu empfehlen.

In der Schlempe wird der Alkohol durch Destillation bestimmt. Man destilliert eine größere Menge, 1 oder 2 Liter Schlempe, die bei 15° C genau abgemessen werden, sehr langsam, unter Verwendung eines 200 ccm-Kölbchens als Vorlage. Die Anzeige des Lutterprobers ist dann durch 5 bzw. 10 zu dividieren. Bei der Probenahme von Lutter und Schlempe ist darauf zu achten, daß sofortige Abkühlung vorgenommen wird. Die Schlempe soll nicht dem Sammelgefäß, sondern unmittelbar dem Brenngerät entnommen werden.

VII. Alkoholometrie.

Die Bestimmung des Alkohols im Spiritus geschieht durch Ermittelung des spezifischen Gewichts. Zu letzterem Zweck bedient man sich im Laboratorium des Alkoholometers, der Westphalschen Wage oder des Pyknometers. Da reiner absoluter Alkohol bei 15° C ein spez. Gew. von 0,79425 besitzt, so muß der Gehalt eines Spiritus an Alkohol um so größer sein, je niedriger das spez. Gew. des Spiritus ist. Der dem gefundenen spez. Gewicht entsprechende Alkoholgehalt, ausgedrückt in Volum- oder Gewichtsprozenten, wird in der Tafel zur Ermittelung des Alkoholgehalts von Alkohol-Wassermischungen aus dem spez. Gewicht von K. Windisch abgelesen (Tab. 23 des Anhangs).

Es gibt zwei Arten von Alkoholometern: Das Volumprozentalkoholometer, früher Alkoholometer nach Tralles genannt, das Volumprozent Alkohol oder Liter Alkohol in 100 Liter Branntwein angibt, und das Gewichtsprozentalkoholometer, früher auch Alkoholometer nach Richter genannt, das Gewichtsproz. Alkohol oder kg Alkohol in 100 kg Branntwein angibt. Gewichts- und Volumprozente sind nicht gleich, weil Alkohol und Wasser verschiedene spez. Gewichte haben und weil beim Vermischen von Alkohol und Wasser eine Zusammenziehung stattfindet; die Volumprozente sind stets größer als die Gewichtsprozente. In Deutschland sind zur Zeit noch beide Arten von Alkoholometern im Gebrauch. Das Volumprozentalkoholometer wird noch vielfach im Branntweinhandel, namentlich im Verkehr mit Kleinbrennern, gebraucht, es wird aber jetzt mehr und mehr von dem Gewichtsalkoholometer verdrängt, das von den Steuerbehörden ausschließlich verwendet wird, z. B. bei den Branntweinabfertigungen in den Verschlußbrennereien. Volumprozentalkoholometer werden nicht mehr amtlich geeicht. Zu beachten ist, daß die Normaltemperatur bei den beiden Arten von Alkoholometern nicht ganz gleich ist: beim Gewichtsprozentalkoholometer ist die Normaltemperatur 15° C, bei dem Volumprozentalkoholometer $15^5/_9$° C, entsprechend 60° Fahrenheit.

Das spez. Gewicht der Flüssigkeiten wechselt mit der Temperatur. Beim Erwärmen dehnen sich die Flüssigkeiten aus und das spez. Gewicht wird kleiner; beim Abkühlen ziehen sich die Flüssigkeiten zusammen und das spez. Gewicht nimmt zu. Bei der Alkoholbestimmung mit dem Alkoholometer muß man daher den Branntwein genau bei der Normaltemperatur des Alkoholometers spindeln. Dies wäre sehr umständlich, da die Branntweine nur ausnahmsweise gerade die Normaltemperatur haben werden. Man kann aber auch die Alkoholometerablesung bei beliebiger Temperatur vornehmen und sie auf die Normaltemperatur umrechnen; man nennt das in der Praxis die „scheinbare Alkoholstärke", die in die „wahre Alkoholstärke" umgerechnet werden muß. Zur Feststellung der Temperatur des Branntweins, bei der die „scheinbare Alkoholstärke" mit dem Alkoholometer festgestellt wird, sind die größeren Alkoholometer mit einem Thermometer versehen (sog. Thermoalkoholometer).

Zur Reduktion der bei beliebiger Temperatur abgelesenen „scheinbaren Alkoholstärke" auf die für die Normaltemperatur geltende „wahre Alkoholstärke" gibt es Tafelwerke, die jede Rechnung ersparen. Für das Volumprozentalkoholometer dient hierzu die „Tafel zur Ermittelung des Alkoholgehalts von Spiritusmischungen. Amtliche Ausgabe der Kaiserl. Normal-Aichungs-Kommission." Berlin 1888, Verlag von J. Springer, und zwar die darin enthaltene „Tafel 1 zur Ermittelung der wahren Spiritusstärke". Für das Gewichtsalkoholometer erfolgt die Umrechnung mit Hilfe der „Tafel 1 zur Ermittelung der wahren Stärke" in der amtlichen Weingeistermittelungsordnung (Anlage 1 der Grundbestimmungen zu dem Gesetz über das Branntweinmonopol, herausgegeben im Reichsfinanzministerium, Berlin 1919, R. von Deckers Verlag, G. Schenck.)

Der Alkoholgehalt der Branntweine wird in der Praxis der Brennereien und des Branntweinhandels in Volumprozent angegeben und der Branntwein nach dem Alkoholgehalt bezahlt. Für die Ermittelung des Alkoholgehalts der Branntweine und der Litermenge Alkohol, die in einer bestimmten Menge Branntwein enthalten ist, ergeben sich folgende vier Möglichkeiten:

1. Man ermittelt die Branntweinmenge dem Raum nach, in Litern, und den Alkoholgehalt:
   a) Mit dem Volumprozentalkoholometer,
   b) mit dem Gewichtsprozentalkoholometer.
2. Man ermittelt die Branntweinmenge dem Gewicht nach, in Kilogramm, und den Alkoholgehalt:
   a) Mit dem Volumprozentalkoholometer,
   b) mit dem Gewichtsprozentalkoholometer.

Von diesen vier Wegen zur Ermittelung des Alkoholgehalts im Branntwein ist der unter 1. b) angeführte nicht üblich; für den Fall, daß man die Branntweinmenge in Litern und den Alkoholgehalt in Gewichtsprozent bestimmt, gibt es keine Tafeln, die die Berechnung erleichtern und vereinfachen, man muß vielmehr jede Rechnung in umständlicher Weise einzeln ausführen.

Für den Weg unter 1. a) (Branntweinmenge in Litern, Alkohol in Vol.-Proz.) ist die Rechnung so einfach, daß man besonderer Tabellen nicht bedarf. Man hat nur die Liter Branntwein mit den Vol.-Proz. Alkohol zu multiplizieren und das Produkt durch 100 zu dividieren; man erhält dann die Liter Alkohol in der gegebenen Menge Branntwein. In 428 Liter Branntwein von 48 Vol.-Proz. Alkohol sind z. B. $\frac{428 \cdot 48}{100} = 205{,}4$ l Alkohol enthalten.

Für die Berechnungen nach den Verfahren 2a) und 2b), die an sich recht umständlich wären, gibt es Tabellenwerke, die die Arbeit bedeutend erleichtern und vereinfachen. Wenn man das Gewicht des Branntweins und den Alkoholgehalt in Vol.-Proz. ermittelt hat [Verfahren 2a)], so benutzt man die „Tafel zur Ermittelung des Alkoholgehalts von Spiritusmischungen". Amtliche Ausgabe der Kaiserlichen Normal-Aichungs-Kommission. Berlin 1888, Verlag von Julius Springer, und zwar die „Tafel 2 zur Ermittelung des Gehalts an reinem Alkohol nach dem Nettogewicht und der wahren Spiritusstärke". Wenn man das Gewicht des Branntweins und den Alkoholgehalt in Gewichtsprozent ermittelt hat [Verfahren 2b)], so bedient man sich der „Weingeistermittelungsordnung. Anlage 1 der Grundbestimmungen zu dem Gesetz über das Branntweinmonopol". Herausgegeben im Reichsfinanzministerium. Berlin 1919, R. v. Deckers Verlag, G. Schenck, und zwar der „Tafel 2 zur Ermittelung der Weingeistmenge in Liter".

Wenn man die Rechnungen richtig ausführt, kommt man auf allen vier Wegen ungefähr zu der gleichen Litermenge Alkohol. Die Genauigkeit der Berechnungsverfahren ist jedoch nicht gleich groß. Das Wägeverfahren ist genau richtig. Das Verfahren, bei dem der Branntwein gemessen wird, ist dagegen von der Temperatur abhängig; das Rechnungsergebnis ist nur dann genau richtig, wenn der Branntwein beim Abmessen die Normaltemperatur hat. Hat der Branntwein bei der Feststellung seiner Raummenge eine über der Normaltemperatur liegende Temperatur, so wird die Alkoholmenge etwas zu hoch gefunden; liegt die Temperatur des Branntweins unter der Normaltemperatur, so wird die Alkoholmenge etwas zu niedrig gefunden. Das Verfahren der Alkoholermittelung, bei dem die Branntweinmenge dem Gewicht nach und der Alkoholgehalt des Branntweins mit dem Gewichtsalkoholometer festgestellt wird, ist den anderen Verfahren entschieden vorzuziehen.

VIII. Untersuchung des Rohspiritus und des Feinsprits.

1. Rohspiritus.

Der Rohspiritus enthält neben Äthylalkohol und Wasser mehr oder weniger Vorlauferzeugnisse, insbesondere Acetaldehyd, und Nachlauferzeugnisse, sog. Fuselöl, das hauptsächlich aus höheren Alkoholen, Normalpropyl-, Isobutyl- und Gärungsamylalkohol (Isoamyl- und optisch wirksamem Amylalkohol) besteht. Je nach der Art und Wirkung der Brenngeräte enthält der Rohspiritus mehr oder weniger Nebenbestandteile; je höherprozentig er gewonnen wird, um so weniger Fuselöl enthält er in der Regel. Der Geruch der verschiedenen Rohspiritusarten ist so kennzeichnend, daß man daraus die Art des Rohstoffs, z. B. Kartoffeln, Mais, Melasse usw. erkennen kann.

Die Untersuchung des Rohspiritus auf die einzelnen Nebenbestandteile erfolgt in gleicher Weise wie die der Branntweine (S. 218ff). Der zur Vergällung bestimmte Rohspiritus soll mindestens 80 Gewichtsprozent Alkohol und darf nicht mehr als 1 Gewichtsprozent Nebenerzeugnisse der Gärung und Destillation enthalten.

2. Feinsprit.

Der Feinsprit wird durch Rektifikation des Rohspiritus gewonnen, wobei Vor- und Nachlauf abgetrennt werden. Wird der Rohspiritus vor der Rektifikation über Holzkohle filtriert, so wird der Sprit besonders fein. Man unterscheidet im Handel folgende Rektifikationserzeugnisse, geordnet nach ihrer Reinheit und Feinheit: 1. Weinsprit; 2. Filtrierter Primasprit; 3. Primasprit; 4. Feinsprit; 5. Sekundasprit; 6. Alkohol. Der Alkohol wird vollständig vergällt und findet als Brennspiritus, der Sekundasprit zu technischen Zwecken Verwendung.

Untersuchung des Feinsprits.

a) Feststellung der äußeren Eigenschaften. Alle Sorten Feinsprit müssen farblos und völlig klar sein und dürfen sich beim Mischen mit destilliertem Wasser nicht trüben. Geruch und Geschmack sollen rein und „neutral" sein; keinerlei Nebenbestandteile dürfen erkennbar sein. Die Prüfung auf Geruch und Geschmack wird zweckmäßig in besonderen, sich oben etwas verengenden Gläsern mit eingeschliffenem Glasstopfen von etwa 120 ccm Inhalt mit Marken bei 15 ccm Inhalt vorgenommen. 15 ccm Feinsprit und 35 ccm reines Leitungs- oder Brunnenwasser, das auf 25° C erwärmt wurde, werden in dem mit dem Glasstopfen verschlossenen Glas kräftig durchgeschüttelt. Sofort nach der Durchmischung wird der Geruch, später der Geschmack der Flüssigkeit geprüft.

b) Chemische Untersuchung des Feinsprits. 1. Der Alkoholgehalt soll 95 bis 96,5 Vol.-Proz., entsprechend 92,4 bis 94,6 Gewichtsprozent betragen.

2. Prüfung des Feinsprits mit Kaliumpermanganatlösung nach Barbet. 50 ccm Feinsprit werden mit 2 ccm einer Kaliumpermanganatlösung (0,1 g auf 500 ccm Lösung) vermischt. Man beobachtet, wieviel Zeit vergeht, bis die rote Farbe des Kaliumpermanganats in ein rötliches Gelb übergeht. Man muß vergleichende Untersuchungen bei derselben Temperatur (18° C nach Barbet), in gleichen Gefäßen und bis zur gleichen Endfärbung (hell lachsfarben) ausführen. Minderwertige Sprite entfärben die Kaliumpermanganatlösung schon in weniger als einer Minute, während die feinsten Marken mehr als 1 Stunde brauchen. Bei gutem Feinsprit soll die Entfärbungszeit mindestens 20 Minuten betragen.

3. Prüfung des Feinsprits mit konzentrierter Schwefelsäure. Beim Überschichten von reiner konzentrierter Schwefelsäure mit dem Feinsprit in einem völlig reinen Probierröhrchen darf an der Berührungsstelle der beiden Flüssigkeiten innerhalb 24 Stunden keine (gelbe oder rötliche) Färbung auftreten.

4. Bestimmung der Säure. 50 ccm Feinsprit werden zur Entfernung der in vielen Feinspriten sich findenden Kohlensäure in einem Erlenmeyerkölbchen mit aufgesetztem Rohr bis zum Sieden erhitzt, darauf mit 50 ccm säurefreiem destilliertem Wasser und einigen Tropfen Phenolphthaleinlösung versetzt und mit $^{n}/_{10}$-Natronlauge titriert.

Genügt ein Tropfen Lauge zur Sättigung der Säure, so gilt der Sprit als neutral; sind 0,1 ccm $^{n}/_{10}$-Lauge zur Sättigung erforderlich, so bezeichnet man den Sprit als fast neutral und bei einem Verbrauch von 0,5 ccm Lauge als deutlich sauer. Weinsprit und Primasprit sollen vollständig neutral sein, gewöhnlicher Feinsprit nicht mehr als 0,4 ccm $^{n}/_{10}$-Natronlauge auf 50 ccm verbrauchen.

5. Prüfung auf Aldehyd, Furfurol, Ester und Fuselöl. Sie erfolgt wie bei Branntweinen (S. 224 ff). Weinsprit und Primasprit sollen völlig frei von diesen Nebenbestandteilen sein, gewöhnlicher Feinsprit nur ganz kleine Mengen davon enthalten.

6. Prüfung auf Abdampfrückstand. Beim Verdampfen von 100 ccm Feinsprit in einer Platinschale sollen nur Spuren von Rückstand hinterbleiben, bei gewöhnlichem Feinsprit nicht mehr als 0,01 bis 0,02 g.

IX. Untersuchung des Fuselöls.

Das Fuselöl wird aus dem Nachlauf der Rektifikation gewonnen und besteht vorwiegend aus höheren Alkoholen: Normalpropylalkohol, Isobutylalkohol und besonders aus zwei Amylalkoholen, dem Isoamylalkohol und dem optisch aktiven Amylalkohol. Die höheren Alkohole entstehen nach den Arbeiten von F. Ehrlich aus Aminosäuren durch Abspaltung von Ammoniak, das von der Hefe aufgenommen wird, und Kohlendioxyd. Der Isoamylalkohol entsteht zum Beispiel aus dem Leucin (α-Amino-Isocapronsäure) nach folgender Gleichung:

$$\begin{matrix}CH_3\\CH_3\end{matrix}\!\!>CH-CH_2-CH(NH_2)-COOH+H_2O=\begin{matrix}CH_3\\CH_3\end{matrix}\!\!>CH-CH_2-CH_2OH+NH_3+CO_2.$$

Fuselöl, das steuerfrei aus den Branntwein-Reinigungsanstalten in den Verkehr übergehen soll, muß mindestens 75% an eigentlichem Öl enthalten.

1. Prüfung des Fuselöls auf den Gehalt an wirklichem Öl.

In eine reine und trockne Meßröhre wird bis zu einem dem Volumen von 30 ccm entsprechenden Strich Chlorcalciumlösung vom spez. Gewicht 1,225 bei 15° C gebracht; sodann wird bis zu einem dem Volumen von 40 ccm entsprechenden Strich das zu untersuchende Fuselöl aufgefüllt. Hierauf wird das Glas mit einem gut passenden Kork verschlossen und eine Minute lang kräftig durchgeschüttelt. Man stellt alsdann das Gefäß senkrecht auf und läßt die beiden Schichten sich sondern. Etwa an den Wänden sitzende Öltröpfchen entfernt man durch sanftes, senkrechtes Klopfen der Röhre auf die Handfläche oder durch Drehen der Röhre zwischen den Fingern. Haben sich die beiden Schichten gesondert, so soll die obere Schicht nach unten hin wenigstens bis zu dem mit 32,5 ccm bezeichneten Striche reichen, also wenigstens dem Volumen von 7,5 ccm entsprechen. Die Chlorcalciumlösung wird durch Auflösen von 25 g wasserfreiem Chlorcalcium in 75 ccm destilliertem Wasser hergestellt und, wenn nötig, filtriert.

2. Prüfung des Fuselöls auf Alkoholgehalt.

a) 50 ccm Fuselöl werden in einem Scheidetrichter mit 100 ccm Chlorcalciumlösung vom spez. Gewicht 1,225 bei 15° C (25 g wasserfreies Chlorcalcium + 75 ccm destilliertes Wasser) ausgeschüttelt. Man läßt die Chlorcalciumlösung ab und wäscht das im Scheidetrichter verbliebene Fuselöl noch zweimal mit je 50 ccm Chlorcalciumlösung nach. Von den vereinigten Chlorcalciumlösungen werden 100 ccm Flüssigkeit abdestilliert und im Destillat der Alkohol mit dem Pyknometer oder einem geprüften Lutterprober bestimmt. Die auf diese Weise ermittelten Alkohol-Volumprozente sind zu verdoppeln.

b) Nach der den deutschen Zollstellen erteilten Anweisung zur Untersuchung von aus dem Ausland eingehendem Fuselöl auf Weingeistgehalt werden 50 g Fuselöl in einem Kölbchen abgewogen und unter Nachspülen mit Wasser vollständig in eine eingeteilte Schüttelbürette von 300 ccm Inhalt gebracht. Darin werden sie mit 100 ccm Wasser (einschließlich des Spülwassers) und 30 ccm Cumol vom Siedepunkt 165 bis 168° C und einer Dichte von 0,884 bis 0,890 bei 15° C 3 Minuten lang kräftig geschüttelt. Nach der Trennung der Schichten wird die untere Schicht vollständig in einen gewogenen, trocknen Glaskolben von etwa 300 ccm Inhalt abgelassen. Die in der Bürette zurückgebliebene obere Schicht wird noch dreimal mit je 20 ccm Wasser kräftig durchgeschüttelt und das Wasser nach dem Absetzen jedesmal mit der zuerst abgelassenen Flüssigkeit vereinigt. Darauf wird das Gesamtgewicht dieser vereinigten Flüssigkeiten ermittelt und die wahre Stärke nach dem Filtrieren durch ein trockenes Papierfilter mittels eines amtlich beglaubigten Lutterprobers bei 15° C festgestellt.

Bedeutet:

a das Gewicht der wässerigen Flüssigkeit,

b den von dem Lutterproben angezeigten Alkoholgehalt der wässerigen Flüssigkeit in Gewichtsprozent,

so ist der Alkoholgehalt des Fuselöls $= \frac{2a \cdot b}{100}$ Gewichtsprozent.

3. Sonstige Prüfung des Fuselöls.

In einem trockenen Glas werden 100 ccm Fuselöl mit 5 ccm reinem destilliertem Wasser 1 Minute lang kräftig geschüttelt. Das Gemisch soll trüb sein.

X. Untersuchung der Vergällungsmittel.

Für die Untersuchung der Vergällungsmittel bestehen im Deutschen Reich folgende Vorschriften:

A. Allgemeine Vorschrift.

1. Bei der Untersuchung jedes Vergällungsstoffs sind sämtliche hierfür vorgeschriebenen Prüfungen auszuführen.

2. Sofern der mit der Untersuchung betraute Chemiker der Ansicht ist, daß die Prüfungsvorschriften im einzelnen Fall zur Beurteilung

der zu untersuchenden Vergällungsmittel nicht ausreichend sind, hat er hiervon dem zuständigen Hauptamt Mitteilung zu machen und die Genehmigung zur Ausführung weiterer Untersuchungen einzuholen.

3. Die bei der Untersuchung der Vergällungsstoffe zu verwendenden Gewichte, Thermometer, Meßgeräte und Spindeln müssen geeicht oder eichamtlich beglaubigt sein.

B. Ausführung der Untersuchungen.

I. Holzgeist (vgl. Bd. III, S. 838).

Der Gehalt des Holzgeists an Methylalkohol soll 40 Gewichtshundertteile nicht überschreiten.

1. Farbe. Die Farbe des Holzgeists soll nicht dunkler sein als die einer frisch bereiteten Jodlösung, welche 2 ccm $^{n}/_{10}$-Jodlösung in 1 Liter destillierten Wassers gelöst enthält.

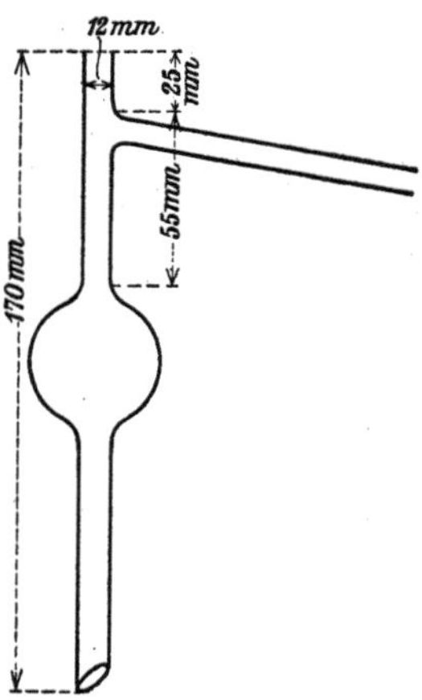

Fig. 1.

Zur Prüfung sind 2 Glasröhren von 150 mm Länge und 15 mm lichter Weite zu verwenden, welche auf beiden Seiten durch runde Glasplatten, sog. Deckgläschen, verschlossen werden. Festgehalten werden die Deckgläschen durch aufzusetzende Schraubenkapseln, welche in der Mitte eine Öffnung von 12 mm Durchmesser haben. Es ist darauf zu achten, daß bei dem Verschluß der mit den Flüssigkeiten gefüllten Röhren Luftblasen unter den Deckgläschen nicht zurückbleiben.

Maßgebend für die Beurteilung sind nur die Farbtöne, welche die Flüssigkeiten zeigen, wenn man sie durch die Deckgläschen gegen das in der Längsachse der Röhren einfallende Licht betrachtet.

2. Siedepunkt. 100 ccm Holzgeist werden bei 15° mit einer Pipette abgemessen und in einen Kupferkolben mit kurzem Halse von 180 bis 200 ccm Raumgehalt gebracht. Der Kolben wird auf eine Asbestplatte mit kreisförmigem Ausschnitt gestellt. Auf diesen Kolben wird ein mit einer Kugel versehenes Siederohr von den in der obenstehenden Figur 1 angegebenen Abmessungen aufgesetzt, dessen seitliches Ansatzrohr mit einem Liebigschen Kühler verbunden wird, der eine mindestens 40 cm lange Wasserhülle besitzt. Das andere Ende des Kühlers trägt einen Vorstoß, dessen verjüngtes Ende zur Vorlage führt. Als solche dient ein möglichst enger, verschließbarer Glaszylinder von 100 ccm Raumgehalt mit einer Teilung in halbe Kubikzentimeter. Durch die obere Öffnung des Siederohrs wird ein Thermometer so eingeführt, daß sein Quecksilbergefäß die Mitte der Kugel einnimmt. Da sich der ganze Quecksilberfaden des Thermometers auch bei dem höchsten bei der Destillation zu erreichenden Wärmegrad stets noch innerhalb des Siederohrs befinden soll, so ist erforderlichenfalls ein abgekürztes Thermometer zu benutzen.

Die Destillation wird so geleitet, daß in der Minute etwa 5 ccm Destillat übergehen. Sobald der Quecksilberfaden des Thermometers bis auf 75° gestiegen ist, wird die Flamme ausgelöscht. Hierauf wartet man, bis keine Flüssigkeit mehr abtropft.

Es sollen bis 75° und bei einem Barometerstand von 760 mm mindestens 90 ccm übergegangen sein. In Zweifelsfällen ist die Menge des Destillats bei 15 ° zu messen.

Beträgt der Barometerstand während der Destillation nicht 760 mm, so soll für je 30 mm ein Grad in Anrechnung gebracht werden; z. B. sollen bei 770 mm Barometerstand 90 ccm bis 75,3° übergegangen sein und bei 750 mm Barometerstand bis 74,7°.

3. Mischbarkeit mit Wasser. Werden 50 ccm Holzgeist mit 100 ccm Wasser vermischt, so soll eine klare oder doch nur so schwach opalisierende Mischung (ohne Schichtenbildung) entstehen, daß Schwabacher Druckschrift nach Ablauf von 5 Minuten und vor Ablauf von 10 Minuten nach der Vermischung durch eine Schicht von 15 cm Höhe noch zu lesen ist. Diese Prüfung ist unter Verwendung des zur Bestimmung der Farbe des Holzgeistes unter 1) angegebenen Rohrs im zerstreuten Tageslicht vorzunehmen. Das gefüllte Rohr wird zweckmäßig nicht unmittelbar auf die Schrift aufgesetzt, sondern senkrecht etwas darüber gehalten, damit genügend Licht auf die Schrift fällt.

4. Gehalt an Aceton. a) Abscheidung mit Natronlauge. 20 ccm Holzgeist und 40 ccm Natronlauge vom spez. Gew. 1,30 werden mit einer Pipette in einen in Fünftel-Kubikzentimeter geteilten, mit eingeschliffenem Glasstopfen versehenen Standzylinder gebracht und kräftig durchgeschüttelt. Nach einer halben Stunde sollen sich nicht weniger als 5 ccm abgeschieden haben. Vor dem Ablesen ist der Zylinder mit der Flüssigkeit auf 15 ° abzukühlen.

b) Titration. 10 ccm Holzgeist werden in einen Literkolben, der etwa zur Hälfte bis drei Vierteilen mit Wasser gefüllt ist, hineingegeben. Der Inhalt des Kolbens wird unter mehrmaligem Umschwenken mit Wasser bis zur Marke aufgefüllt und gut durchgeschüttelt. Hiervon werden alsbald 10 ccm entnommen, mit 10 ccm Doppelt-Normal-Natron- oder Kalilauge und darauf mit 50 ccm $^{n}/_{10}$-Jodlösung unter Umschwenken versetzt. Die Zusatzgeschwindigkeit der Jodlösung ist so zu regeln, daß der Zusatz der 50 ccm $1^1/_2$ Minuten in Anspruch nimmt. Nachdem die Mischung noch $1^1/_2$ Minuten gestanden hat, wird sie mit 21 ccm Normal-Schwefelsäure angesäuert, worauf der Jodüberschuß mit $^{n}/_{10}$-Natriumthiosulfatlösung, zuletzt unter Zusatz einiger Tropfen Stärkelösung, zurücktitriert wird. Es sollen mindestens 22 ccm $^{n}/_{10}$-Jodlösung durch den Holzgeist gebunden werden. Die Wärme der Flüssigkeiten soll während des Versuchs 15 bis 20° betragen.

5. Aufnahmefähigkeit für Brom. In zwei Kolben werden je 100 ccm einer Lösung von Kaliumbromat und Kaliumbromid, die nach der unten folgenden Anweisung hergestellt ist, gegeben und mit je 20 ccm Schwefelsäure von 1,29 Dichte versetzt. Diese Gemische stellen Lösungen von je 0,703 g Brom dar. Aus einer in Zehntel-Kubikzentimeter geteilten Bürette werden dann unter fortwährendem vorsichtigem Umschwenken in den einen Kolben 20 ccm, in den anderen 30 ccm Holzgeist zugesetzt. Die Zuflußgeschwindigkeit soll so geregelt werden, daß in einer Minute annähernd 10 ccm Holzgeist zufließen. Die mit 20 ccm Holzgeist versetzte Lösung soll nicht entfärbt, dagegen die mit 30 ccm Holzgeist versetzte Lösung völlig entfärbt werden.

Die Prüfung der Aufnahmefähigkeit für Brom ist stets bei vollem Tageslicht auszuführen; die Wärme der Flüssigkeiten soll 15 bis 20° betragen.

Anweisung zur Herstellung und Prüfung der Bromsalzlösung. Nach wenigstens zweistündigem Trocknen bei 100° und Abkühlenlassen im Exsiccator werden 2,447 g Kaliumbromat und 8,719 g Kaliumbromid, die vorher auf ihre Reinheit geprüft sind, abgewogen und in Wasser gelöst. Die Lösung wird zu 1 l aufgefüllt und ist vor ihrem Gebrauch in folgender Weise auf ihren Bromgehalt zu prüfen:

20 ccm der Bromsalzlösung werden mit einer Pipette abgemessen, mit 10 ccm Normal-Schwefelsäure und einer wäßrigen Lösung von 0,5 g Jodkalium versetzt. Das ausgeschiedene Jod wird mit $^{n}/_{10}$-Natriumthiosulfatlösung, zuletzt unter Zusatz einiger Tropfen Stärkelösung, bis zur Entfärbung titriert.

Es sollen wenigstens 17,2 und höchstens 18,0 ccm $^{n}/_{10}$-Natriumthiosulfatlösung verbraucht werden.

6. **Gehalt an Estern.** 10 ccm Holzgeist werden mit 40 ccm Wasser und einigen Tropfen Phenolphthaleinlösung versetzt. Zu dieser Mischung wird tropfenweise aus einer Bürette $^{n}/_{10}$-Natron- oder Kalilauge gegeben, bis die entstehende Rotfärbung wenigstens kurze Zeit bestehen bleibt. Zu der eben rot gefärbten Flüssigkeit werden 20 ccm Normal-Natron- oder -Kalilauge, sowie Siedesteinchen hinzugefügt, worauf die Mischung 15 Minuten am Rückflußkühler auf dem Wasserbad zum Sieden erhitzt wird. Der Überschuß an Lauge wird sofort mit Normal-Schwefelsäure zurücktitriert. Es sollen zur Verseifung der Ester nicht mehr als 10 ccm Normal-Natron- oder -Kalilauge verbraucht werden.

II. Pyridinbasen (vgl. Bd. III, S. 276).

1. **Farbe.** Wie beim Holzgeist.

2. **Verhalten gegen Cadmiumchlorid.** 10 ccm Pyridinbasen werden mit Wasser zu 1 l verdünnt. Von dieser Pyridinbasenlösung werden 10 ccm mit 5 ccm einer Lösung von 5 g wasserfreiem, geschmolzenem Cadmiumchlorid in 100 ccm Wasser versetzt und kräftig geschüttelt; es soll innerhalb 10 Minuten eine reichliche krystallinische Ausscheidung eintreten. Als reichlich ist diese in Zweifelsfällen anzusehen, wenn sie, 10 Minuten nach dem Vermischen der Flüssigkeiten auf ein gewogenes Papierfilter von 9 cm Durchmesser und 0,45 bis 0,55 g Gewicht gebracht und, ohne vorhergehendes Auswaschen, auf einer Unterlage von Filtrierpapier eine Stunde bei 50 bis 70° getrocknet, nicht weniger als 25 mg wiegt.

3. **Verhalten gegen Neßlers Reagens.** Werden zu 10 ccm derselben Pyridinbasenlösung (vgl. Ziffer 2) bis zu 5 ccm Neßlersches Reagens zugesetzt, so soll ein weißer Niederschlag entstehen.

4. Siedepunkt. Werden 100 ccm Pyridinbasen in der für den Holzgeist vorgeschriebenen Weise (vgl. S. 204) destilliert, so sollen bei 140° mindestens 50 ccm und bei 150° mindestens 90 ccm übergegangen sein.

5. Mischbarkeit mit Wasser. Wie beim Holzgeist.

6. Wassergehalt. 20 ccm Pyridinbasen und 20 ccm Natronlauge von 1,40 Dichte werden mit einer Pipette in den zur Abscheidung des Acetons aus dem Holzgeist (vgl. I 4a, S. 205) vorgeschriebenen Standzylinder gebracht und durchgeschüttelt. Nach dem Absetzen soll die entstehende obere Schicht mindestens 18,5 ccm betragen. In Zweifelsfällen ist das Gemisch vor dem Ablesen auf 15° abzukühlen.

7. Titration. 10 ccm Pyridinbasen werden in einen Kolben von 100 ccm Raumgehalt, der etwa zur Hälfte bis drei Viertel mit Wasser gefüllt ist, gegeben. Die Mischung wird umgeschwenkt, mit Wasser bis zur Marke aufgefüllt und gut durchgeschüttelt. Von dieser Mischung werden alsdann 10 ccm mit Normalschwefelsäure titriert, bis ein Tropfen der Mischung auf Kongopapier einen deutlichen blauen Rand hervorruft, der alsbald wieder verschwindet. Es sollen nicht weniger als 9,5 ccm der Säurelösung bis zum Eintritt dieser Reaktion verbraucht sein.

Zur Herstellung des Kongopapiers wird Filtrierpapier durch eine Lösung von 1 g Kongorot in 1 l Wasser gezogen und getrocknet.

III. Lavendelöl.

1. Farbe und Geruch. Die Farbe des Lavendelöls soll die des Holzgeists sein. Das Öl soll den eigenartigen Geruch der Lavendelblüten zeigen.

2. Dichte. Die Dichte des Lavendelöls soll bei 15° zwischen 0,880 und 0,900 liegen.

3. Löslichkeit in Branntwein. 10 ccm Lavendelöl sollen sich bei 20° in 30 ccm Branntwein von 63 Gewichtsprozent klar lösen.

IV. Rosmarinöl.

1. Farbe und Geruch. Die Farbe des Rosmarinöls soll die des Holzgeists, der Geruch soll campherartig sein.

2. Dichte. Die Dichte des Rosmarinöls soll bei 15° zwischen 0,895 und 0,920 liegen.

3. Löslichkeit in Branntwein. 10 ccm Rosmarinöl sollen sich bei 20° in 100 ccm Branntwein von 73,5 Gewichtsprozent klar lösen.

V. Schellacklösung.

10 g der Lösung sollen mindestens 3,3 g Schellack hinterlassen, nachdem ihre Verdunstung auf dem Wasserbad vorgenommen und der eingedampfte Rückstand im Trockenschrank eine halbe Stunde lang einer Wärme von 100 bis 105° ausgesetzt worden ist.

VI. Campher (vgl. Bd. II, S. 1279 und diesen Band S. 651).

Weiße, krystallinische Masse oder weißes, krystallinisches Pulver von starkem eigenartigem Geruch und brennend scharfem, bitterem Geschmack. Werden Campherstücke in einer Reibschale zerdrückt, so sollen die Bruchstücke dabei etwas zusammenbacken, sollen sich jedoch nach Befeuchten mit Äther zu Pulver zerreiben lassen.

5 g Campher sollen sich in 10 ccm Branntwein von 73,5 Gewichtsprozent bei 15° vollständig lösen. Werden 0,5 g Campher bei einer 100° nicht übersteigenden Wärme verdunstet, so soll das Gewicht eines etwa verbleibenden Rückstands nicht mehr als 25 mg betragen.

VII. Terpentinöl (vgl. Bd. III, S. 804).

1. Dichte. Die Dichte des Terpentinöls soll bei 15° zwischen 0,855 und 0,875 liegen.

2. Siedepunkt. Werden 100 ccm Terpentinöl in der für den Holzgeist vorgeschriebenen Weise destilliert, so sollen unter 150° nicht mehr als 5 ccm, bis 175° aber mindestens 90 ccm übergegangen sein.

3. Mischbarkeit mit Wasser. 20 ccm Terpentinöl werden mit 20 ccm Wasser kräftig geschüttelt. Wenn nach einigem Stehen beide Schichten sich getrennt haben und klar geworden sind, so soll die obere mindestens 19 ccm betragen. Falls Zweifel an der Reinheit des Terpentinöls bestehen, ist eine Probe an die Technische Prüfungsstelle einzusenden.

VIII. Benzol (vgl. Bd. III, S. 222).

1. Löslichkeit in Wasser. Werden 10 ccm Benzol mit 10 ccm Wasser in einem in $^1/_{10}$ ccm geteilten Zylinder geschüttelt, so soll die obere Schicht nach 5 Min. noch mindestens 9,5 ccm betragen.

2. Siedepunkt. Werden 100 ccm Benzol in der für den Holzgeist vorgeschriebenen Weise destilliert, so sollen bis 77° nicht mehr als 1 ccm, bis 100° nicht weniger als 90 ccm übergegangen sein.

Beträgt der Barometerstand während der Destillation nicht 760 mm, so soll in der beim Holzgeist erläuterten Weise (s. S. 205) für je 22 mm 1° in Anrechnung gebracht werden.

3. Verhalten gegen Schwefelsäure. Werden 5 ccm Benzol mit 5 ccm konzentrierter reiner Schwefelsäure in einem Stöpselgläschen 5 Min. lang kräftig geschüttelt und sodann der Ruhe überlassen, so soll nach Verlauf von weiteren zwei Minuten oder doch, sobald Schichtenbildung eingetreten ist, die Farbe der unteren Schicht nicht dunkler sein als diejenige einer frisch bereiteten Auflösung von 1 g reinem Kaliumbichromat in 1 l 50proz. Schwefelsäure (spez. Gew. 1,40). Für die Farbenvergleichung sind 5 ccm dieser Chromatlösung in einem Stöpselglas von gleicher Art, wie das für die Probe benutzte, jedesmal frisch abzumessen und mit reinem Benzol zu überschichten.

IX. Äther (Schwefeläther) (vgl. Bd. III, S. 1081).

1. Dichte. Die Dichte des Äthers soll bei 15° zwischen 0,720 und 0,735 liegen.

2. Mischbarkeit mit Wasser. Werden 20 ccm Äther mit 20 ccm Wasser in dem zur Abscheidung des Acetons aus dem Holzgeist (I, 4a, S. 205) vorgeschriebenen Zylinder kräftig geschüttelt, so soll nach dem Absetzen die obere Schicht mindestens 16,5 ccm betragen.

X. Tieröl.

1. **Farbe.** Die Farbe des Tieröls soll schwarzbraun sein.

2. **Siedepunkt.** Werden 100 ccm Tieröl in der für den Holzgeist vorgeschriebenen Weise destilliert, so sollen unter 90° nicht mehr als 5 ccm, bis 180° mindestens 50 ccm übergegangen sein.

3. **Pyrrolreaktion.** 2,5 ccm einer 1 proz. Lösung des Tieröls in Branntwein von 86 Gewichtsprozent werden mit Alkohol auf 100 ccm verdünnt. Bringt man in 10 ccm dieser Lösung, die 0,025% Tieröl enthält, einen mit konzentrierter Salzsäure befeuchteten Fichtenholzspan, so soll er nach wenigen Minuten deutliche Rotfärbung zeigen.

4. **Verhalten gegen Quecksilberchlorid.** 5 ccm der 1 proz. Lösung des Tieröls in Branntwein von 86 Gewichtsprozent sollen beim Versetzen mit 5 ccm einer 2 proz. Lösung von Quecksilberchlorid in Branntwein von 86 Gewichtsprozent alsbald eine dicke flockige Fällung geben. 5 ccm der 0,025 proz. Lösung des Tieröls, mit 5 ccm der Quecksilberchloridlösung versetzt, sollen alsbald noch eine deutliche Trübung zeigen.

XI. Chloroform (vgl. Bd. III, S. 1099).

1. **Dichte.** Die Dichte des Chloroforms soll bei 15° zwischen 1,485 und 1,489 liegen.

2. **Mischbarkeit mit Wasser.** Werden 10 ccm Chloroform mit 20 ccm Wasser in dem zur Abscheidung des Acetons aus dem Holzgeist (I, 4a, S. 205) vorgeschriebenen Zylinder geschüttelt, so soll nach dem Absetzen die untere Schicht mindestens 9,5 ccm betragen.

XII. Jodoform (vgl. Bd. III, S. 1037).

1. **Äußere Beschaffenheit.** Das Jodoform soll ein citronengelbes, krystallinisches Pulver von durchdringendem Geruch sein.

2. **Flüchtigkeit.** Wird 1 g Jodoform durch Erhitzen verflüchtigt, so soll ein wägbarer Rückstand nicht verbleiben.

3. **Schmelzpunkt.** Der in capillaren Glasröhrchen und in einem Luft- oder Flüssigkeitsbad mit einem amtlich geprüften Thermometer ohne Berücksichtigung von Korrekturen bestimmte Schmelzpunkt soll zwischen 110 und 120° liegen.

XIII. Bromäthyl (vgl. Bd. III, S. 1001).

1. **Dichte.** Die Dichte des Bromäthyls soll bei 15° zwischen 1,452 und 1,458 liegen.

2. **Mischbarkeit mit Wasser.** Werden 10 ccm Bromäthyl mit 20 ccm Wasser in dem zur Abscheidung des Acetons aus dem Holzgeist (I, 4a, S. 205) vorgeschriebenen Zylinder geschüttelt, so soll nach dem Absetzen die untere Schicht mindestens 9,5 ccm betragen.

XIV. Chloräthyl (vgl. Bd. III, S. 1085).

1. **Äußere Eigenschaften.** Das Chloräthyl soll eine farblose, leicht bewegliche, bei Zimmerwärme vollkommen flüchtige Flüssigkeit von eigenartigem, angenehmem Geruch und brennendem Geschmack sein.

2. Brennbarkeit. Das Chloräthyl soll mit leuchtender, etwas rußender, grüngesäumter Flamme unter Bildung von Chlorwasserstoff verbrennen.

3. Dichte. Die Dichte des Chloräthyls soll bei + 8° zwischen 0,913 und 0,920 liegen.

XV. Petroleumbenzin (vgl. Bd. III, S. 361).

1. Äußere Beschaffenheit. Das Benzin soll aus farblosen, nicht fluoreszierenden Anteilen des Petroleums bestehen.

2. Dichte. Die Dichte des Petroleumbenzins bei 15° soll zwischen 0,65 und 0,72 liegen.

3. Siedepunkt. Werden 100 ccm Petroleumbenzin in der für Holzgeist vorgeschriebenen Weise destilliert, so sollen bis 40° nicht mehr als 5 ccm, bis 110° mindestens 75 ccm übergegangen sein.

4. Löslichkeit in Wasser. Werden 20 ccm Petroleumbenzin mit 20 ccm Wasser in dem zur Abscheidung des Acetons aus dem Holzgeist (I, 4 a, S. 205) vorgeschriebenen Zylinder geschüttelt, so soll nach $^1/_2$ Stunde die obere Schicht mindestens 19 ccm betragen.

5. Löslichkeit in Branntwein. 10 ccm Petroleumbenzin sollen sich bei nicht mehr als 20° in 100 ccm Branntwein von 86 Gewichtsprozent klar lösen.

XVI. Ricinusöl (vgl. Bd. III, S. 609).

1. Äußere Beschaffenheit. Das Ricinusöl soll ein bei Zimmerwärme zähflüssiges, hellgelbliches fettes Öl sein.

2. Löslichkeit in Branntwein. 5 g Ricinusöl sollen sich bei 15 bis 20° in 15 g Branntwein von 86 Gewichtsprozent klar lösen.

3. Gehalt an freier Säure. Werden 5 g Ricinusöl in 25 ccm Branntwein von mindestens 80 Gewichtsprozent gelöst und mit einigen Tropfen Phenolphthaleinlösung versetzt, so sollen zur Rotfärbung der Lösung nicht mehr als 5 ccm $^n/_{10}$-Kalilauge nötig sein.

XVII. Natronlauge (vgl. Bd. I, S. 960).

1. Äußere Beschaffenheit. Die Natronlauge soll eine farblose oder gelbliche Flüssigkeit sein.

2. Dichte. Die Dichte der Natronlauge bei 15° soll nicht weniger als 1,357 (38° Baumé) und nicht mehr als 1,383 (40° Baumé) betragen.

3. Titration. 20 ccm Natronlauge werden mit Wasser auf 1 l verdünnt. Von dieser Lösung werden 50 ccm entnommen und mit einigen Tropfen Phenolphthaleinlösung versetzt. Die hierdurch rot gefärbte Flüssigkeit soll durch Zusatz von 10 ccm Normalschwefelsäure noch nicht entfärbt werden.

XVIII. Kalilauge.

1. Äußere Beschaffenheit. Wie bei Natronlauge.

2. Dichte. Die Dichte der Kalilauge bei 15° soll nicht weniger als 1,468 (46° Baumé) betragen.

3. Titration. Wie bei Natronlauge, jedoch sollen zur Entfärbung der durch Phenolphthaleinlösung rot gefärbten Flüssigkeit nicht weniger als 10 und nicht mehr als 13 ccm Normalschwefelsäure verbraucht werden.

XI. Verfahren zur Bestimmung der Zuckerarten auf chemischem Weg mit alkalischen Kupferlösungen.

Für die Spiritusindustrie kommen hauptsächlich folgende Zuckerarten in Betracht:

1. **Maltose** als Umwandlungserzeugnis der Stärke durch Diastase.
2. **Dextrose** als Umwandlungserzeugnis der Stärke, der Dextrine und der Maltose durch Säuren und Enzyme.
3. **Invertzucker,** ein Gemenge gleicher Teile Dextrose und Lävulose als Umwandlungserzeugnis der Saccharose (des Rohr- oder Rübenzuckers) durch Säuren oder Invertase; Invertzucker findet sich auch von Natur in den Obst- und Beerenarten.
4. **Saccharose** (Rohr- oder Rübenzucker) in den Zuckerrüben und in der Melasse, sowie neben Invertzucker in vielen Obstarten.

Die drei zuerst genannten Zuckerarten reduzieren alkalische Kupferlösungen unter Ausscheidung von Kupferoxydul und auf dieses Verhalten gründen sich die Verfahren zur Bestimmung dieser Zuckerarten. Die Menge des ausgeschiedenen Kupferoxyduls steht in einem bestimmten Verhältnis zu der Menge des Zuckers, jedoch ist dieses Verhältnis nicht nur bei den verschiedenen Zuckerarten verschieden, sondern auch bei einer und derselben Zuckerart wechselnd; hierbei spielt die Konzentration der aufeinander einwirkenden Lösungen und die Menge des in Lösung befindlichen Kupfers eine Rolle. Zur Erreichung richtiger Ergebnisse ist daher eine genaue Einhaltung der einzelnen Vorschriften unerläßlich.

Die Saccharose wird in Rüben und Melasse meist polarimetrisch bestimmt. Wenn die Bestimmung der Saccharose auf chemischem Weg durchgeführt werden soll, wird sie durch Erwärmen mit Salzsäure hydrolysiert, d. h. in ein Gemisch gleicher Teile Dextrose und Lävulose (Invertzucker) umgewandelt und alsdann mit alkalischer Kupferlösung bestimmt.

Bereitung der Lösungen.

Für die Mehrzahl der reduzierenden Zuckerarten wird sogenannte Fehlingsche Lösung verwendet, die nach der Vorschrift von Soxhlet in folgender Weise bereitet wird:

Lösung I. 34,639 g reines krystallisiertes Kupfersulfat werden in Wasser zu 500 ccm gelöst. Das Kupfersulfat wird einmal aus verdünnter Salpetersäure und dreimal aus Wasser umkrystallisiert, zwischen Filtrierpapier trocken gepreßt und bis zur Wägung 12 Stunden, vor Staub geschützt, an der Luft belassen.

Lösung II. 173 g Kalium-Natriumtartrat (Seignettesalz) werden in Wasser gelöst, mit 100 ccm Natronlauge, die 51,6 g Natriumhydroxyd enthalten, versetzt und mit Wasser zu 500 ccm aufgefüllt. Die beiden Lösungen werden getrennt aufbewahrt und immer erst kurz vor der Ausführung der Bestimmungen zusammengemischt. Die Seignettesalzlösung soll öfter frisch bereitet werden.

Für die Bestimmung der Dextrose schreibt Allihn eine andere Zusammensetzung der Seignettesalzlösung vor: 173 g Seignettesalz und 125 g Kaliumhydroxyd werden in Wasser gelöst und zu 500 ccm aufgefüllt. Die nach Soxhlets Vorschrift hergestellte Lösung gibt jedoch bei der Benutzung der Allihnschen Tafel ebenfalls brauchbare Ergebnisse.

A. Maßanalytisches Verfahren von Soxhlet.

[Journ. f. prakt. Chemie (N. F.) **21**, 227; 1880 [1])].

Zur Feststellung des annähernden Zuckergehalts der Lösung bringt man in einem Vorversuch 25 ccm Kupferlösung und 25 ccm der alkalischen Seignettesalzlösung, deren Bereitung vorher mitgeteilt wurde, in einer tiefen Porzellanschale zum Kochen und setzt dann aus einer Bürette so viel von der zu untersuchenden Zuckerlösung zu, bis nach einer der Zuckerart entsprechenden Kochdauer die Lösung nicht mehr blau ist. Die Kochdauer beträgt für Dextrose und Invertzucker 2 Minuten, für Maltose 4 Minuten. Auf diese Weise wird annähernd festgestellt, wieviel ccm der Zuckerlösung erforderlich sind, um 50 ccm der Fehlingschen Lösung zu reduzieren, bzw. wieviel Prozent Zucker die Lösung ungefähr enthält. Durch Verdünnen oder Eindampfen muß darauf die Lösung ungefähr auf einen Zuckergehalt von 1% gebracht werden. Alsdann erhitzt man wieder 50 ccm Fehlingsche Lösung zum Kochen und gibt von der auf einen Zuckergehalt von etwa 1% eingestellten Zuckerlösung soviel zu, als der Menge entspricht, die beim Vorversuch die Fehlingsche Lösung vollständig reduziert hatte. Es wird dann so lange gekocht, wie für die betreffende Zuckerart vorgeschrieben ist, worauf man die ganze Flüssigkeit auf ein großes, dichtes Faltenfilter gibt. Beim Filtrieren ist darauf zu achten, daß auch nicht Spuren des fein verteilten Kupferoxyduls durch das Filter gehen. Ist das Filtrat noch blau oder grünlich gefärbt, so enthält es noch Kupfer in Lösung, ist es gelb gefärbt, so muß es auf Kupfer geprüft werden. Dies geschieht in der Weise, daß man das Filtrat mit Essigsäure ansäuert und mit frisch bereiteter Ferrocyankaliumlösung versetzt; dunkle Rotfärbung zeigt eine größere Menge, Rosafärbung Spuren von Kupfer an, während das Ausbleiben einer Rotfärbung auf eine vollständige Reduktion des Kupfers hinweist. Um den Punkt zu finden, bei dem die Zuckerlösung eben hinreicht, sämtliches Kupfer auszufällen, wird die Titration so lange fortgesetzt, bis von zwei aufeinander folgenden Titrationen die eine noch eine Spur Kupfer anzeigt, während die folgende, mit einer um 0,1 ccm vermehrten Menge Zuckerlösung ausgeführte Titration keine Kupferreaktion mehr ergibt. Die wahre, 50 ccm Fehlingsche Lösung reduzierende Menge der Zuckerlösung liegt zwischen den beiden Ergebnissen. Die in der verbrauchten Anzahl ccm der Zuckerlösung enthaltene Menge der in Frage kommenden Zuckerart berechnet man aus den von Soxhlet für die verschiedenen Zuckerarten festgestellten Reduktionswerten. 50 ccm Fehlingsche Lösung werden in etwa 1 proz. Lösungen durch folgende Mengen der Zuckerarten vollständig reduziert:

Dextrose	0,2365 g
Invertzucker	0,2470 g
Maltose	0,3380 g

[1]) Vgl. auch Kjeldahl, Zeitschr. f. analyt. Chemie **35**, 344; 1896; Woy, Zeitschr. f. öffentl. Chemie **3**, 445; 1897 und **6**, 514; 1900.

Um die Filtration der Flüssigkeit nach jedem Versuch zu umgehen, bringt Baswitz (Ber. **11**, 1445; 1878) einige Tropfen der Flüssigkeit auf eine Schicht von dreifach übereinander gelegtem Filtrierpapier, betupft den feuchten Fleck des untersten Filtrierpapierblättchens mit Essigsäure und Ferrocyankalium, wobei sich das Kupfer durch Bildung von rotem Ferrocyankupfer zu erkennen gibt.

B. Gewichtsanalytisches Verfahren von Meißl und Allihn.

[Journ. f. prakt. Chemie (N.F.) **22**, 46; 1880].

Zur gewichtsanalytischen Bestimmung der reduzierenden Zuckerarten werden die Lösungen der Zuckerarten mit Fehlingscher Lösung gekocht, und zwar bei den verschiedenen Zuckerarten in verschiedener Weise. Das hierbei abgeschiedene Kupferoxydul wird in einem Soxhlet-Allihnschen Asbestfilterröhrchen gesammelt und nach dem Trocknen entweder durch Erhitzen im Wasserstoffstrom zu metallischem Kupfer reduziert und als solches gewogen, oder durch Erhitzen im Luftstrom zu Kupferoxyd oxydiert und als solches gewogen; die Wägung als Kupferoxyd wird jetzt zumeist vorgezogen, da die Oxydation des Kupferoxyduls bequemer ist als die Reduktion des Kupferoxyduls zu metallischem Kupfer. Das Kochen der Fehlingschen Lösung mit der Zuckerlösung wurde früher in der Regel in einer tiefen Porzellanschale ausgeführt. Heute verwendet man, um die Luft besser fernhalten zu können, für diesen Zweck Erlenmeyerkolben. Die dem gewogenen Kupfer bzw. Kupferoxyd entsprechenden Mengen der einzelnen Zuckerarten werden besonderen Tafeln entnommen (E. Wein, Tabellen zur quantitativen Bestimmung von Zuckerarten, Stuttgart, Verlag von Max Waag, vgl. Tab. 24 bis 27 des Anhangs). Eine ausführliche Beschreibung des Verfahrens findet sich im Abschnitt Zucker, S. 17 und im Abschnitt Wein, S. 297.

a) Bestimmung der Maltose.

25 ccm Kupferlösung, 25 ccm Seignettesalzlösung nach Soxhlet (vgl. vorher) und 25 ccm der nicht mehr als 1% Maltose enthaltenden Lösung werden zum Sieden erhitzt und 4 Minuten in lebhaftem Kochen erhalten.

Tafel zur Bestimmung der Maltose.

Kupfer mg	Maltose mg	Kupfer mg	Maltose mg	Kupfer mg	Maltose mg	Kupfer mg	Maltose mg	Kupfer mg	Maltose mg
30	25,3	85	73,2	140	122,4	195	171,6	250	220,8
35	29,6	90	77,7	145	126,9	200	176,1	255	225,3
40	33,9	95	82,1	150	131,4	205	180,5	260	229,8
45	38,3	100	86,6	155	135,9	210	185,0	265	234,3
50	42,6	105	91,0	160	140,4	215	189,5	270	238,8
55	47,0	110	95,5	165	144,9	220	193,9	275	243,3
60	51,3	115	99,9	170	149,4	225	198,4	280	247,8
65	55,7	120	104,4	175	153,8	230	202,9	285	252,2
70	60,1	125	108,9	180	158,3	235	207,4	290	256,6
75	64,5	130	113,4	185	162,7	240	211,8	295	261,1
80	68,9	135	117,9	190	167,2	245	216,3	300	265,5

b) Bestimmung der Dextrose.

30 ccm Kupferlösung, 30 ccm Seignettesalzlösung nach Allihn (vgl. vorher) und 60 ccm Wasser werden gemischt und zum Sieden erhitzt. Zu der lebhaft siedenden Mischung werden 25 ccm der zu untersuchenden Flüssigkeit gegeben, die nicht mehr als 1% Dextrose enthalten darf, worauf noch genau 2 Minuten lang gekocht wird.

Tafel zur Bestimmung der Dextrose.

Kupfer mg	Dextrose mg	Kupfer mg	Dextrose mg	Kupfer mg	Dextrose mg	Kupfer mg	Dextrose mg	Kupfer mg	Dextrose mg
10	6,1	105	53,5	200	102,6	295	153,8	390	207,1
15	8,6	110	56,0	205	105,3	300	156,5	395	210,0
20	11,0	115	58,6	210	107,9	305	159,3	400	212,9
25	13,5	120	61,1	215	110,6	310	162,0	405	215,8
30	16,0	125	63,7	220	113,2	315	164,8	410	218,7
35	18,5	130	66,2	225	115,9	320	167,5	415	221,6
40	20,9	135	68,8	230	118,5	325	170,3	420	224,5
45	23,4	140	71,3	235	121,2	330	173,1	425	227,5
50	25,9	145	73,9	240	123,9	335	175,9	430	230,4
55	28,4	150	76,5	245	126,6	340	178,7	435	233,4
60	30,8	155	79,1	250	129,2	345	181,5	440	236,3
65	33,3	160	81,7	255	131,9	350	184,3	445	239,3
70	35,8	165	84,3	260	134,6	355	187,2	450	242,2
75	38,3	170	86,9	265	137,3	360	190,0	455	245,2
80	40,8	175	89,5	270	140,0	365	192,9	460	248,1
85	43,4	180	92,1	275	142,8	370	195,7		
90	45,9	185	94,7	280	145,5	375	198,6		
95	48,4	190	97,3	285	148,3	380	201,4		
100	50,9	195	100,0	290	151,0	385	204,3		

c) Bestimmung des Invertzuckers.

25 ccm Kupfersulfatlösung, 25 ccm Seignettesalzlösung nach Soxhlet, 25 ccm Invertzuckerlösung, die nicht mehr als 1% Invertzucker enthalten darf, und 25 ccm Wasser werden zum Sieden erhitzt und genau 2 Minuten in lebhaftem Kochen erhalten.

Tafel zur Bestimmung des Invertzuckers.

Kupfer mg	Invertzucker mg	Kupfer mg	Invertzucker mg	Kupfer mg	Invertzucker mg	Kupfer mg	Invertzucker mg	Kupfer mg	Invertzucker mg
90	46,9	160	84,3	230	123,2	300	163,8	370	206,1
95	49,5	165	87,0	235	126,0	305	166,8	375	209,2
100	52,1	170	89,7	240	128,9	310	169,7	380	212,4
105	54,8	175	92,4	245	131,8	315	172,7	385	215,5
110	57,5	180	95,2	250	134,6	320	175,6	390	218,7
115	60,1	185	97,8	255	137,5	325	178,6	395	221,8
120	62,8	190	100,6	260	140,4	330	181,6	400	224,9
125	65,5	195	103,4	265	143,2	335	184,7	405	228,6
130	68,1	200	106,3	270	146,1	340	187,8	410	232,1
135	70,8	205	109,1	275	149,0	345	190,8	415	235,7
140	73,5	210	111,9	280	151.9	350	193,8	420	239,2
145	76,1	215	114,7	285	154,9	355	196,8	425	242,7
150	78,9	220	117,5	290	157,8	360	199,8	430	246,3
155	81,6	225	120,4	295	160,8	365	203,0		

C. Bestimmung der Saccharose (des Rohrzuckers oder Rübenzuckers).

Die Saccharoselösung wird in folgender Weise invertiert. Man bringt 75 ccm der Zuckerlösung in ein Meßkölbchen von 100 ccm Inhalt, gibt 5 ccm Salzsäure vom spez. Gewicht 1,19 hinzu und stellt das Kölbchen in ein auf 70° C erwärmtes Wasserbad. Sobald ein in die Lösung getauchtes Thermometer 67° C anzeigt, hält man die Temperatur unter Umschwenken des Kölbchens genau 5 Minuten auf 67 bis 70° C, kühlt dann unter der Wasserleitung schnell auf 20° C ab und spült das Thermometer mit destilliertem Wasser ab. Man gibt einen Tropfen alkoholische Phenolphthaleinlösung und alsdann tropfenweise Natronlauge bis zur neutralen Reaktion hinzu. Dann füllt man die Flüssigkeit mit destilliertem Wasser auf 100 ccm auf und bestimmt den Invertzucker auf maßanalytischem oder gewichtsanalytischem Weg. Vorher muß die Flüssigkeit, wenn nötig, so weit verdünnt werden, daß ihr Invertzuckergehalt 1% nicht übersteigt. Aus dem Gewicht des ermittelten Invertzuckers erhält man das Gewicht der Saccharose durch Vervielfältigung mit 0,95.

Branntweine und Liköre.

Von

Prof. Dr. **Karl Windisch**, Hohenheim.

I. Begriffserklärungen[1].

Trinkbranntweine sind alkoholische Getränke, die durch Destillation vergorener, alkoholhaltiger Flüssigkeiten gewonnen oder auf kaltem Weg aus Alkohol verschiedenen Ursprungs, Wasser und Geruch- und Geschmackstoffen verschiedener Art hergestellt werden.

Im einzelnen sind folgende Branntweinarten zu nennen.

1. Weinbrand und Kognak.

Weinbrand ist ein aus reinem Weindestillat hergestellter Branntwein, der den Vorschriften des Weingesetzes vom 7. April 1909 genügt. Der Name „Kognak" ist dem Weinbrand vorbehalten, der in Frankreich die Bezeichnung „Cognac" führen darf. Er ist von hellbrauner Farbe und enthält meist etwas Zucker.

2. Rum.

Rum ist ein Branntwein, der in Westindien (Jamaika, Demerara, Kuba usw.) aus dem Saft, dem Ablauf, dem Abschaum und anderen Rückständen der Rohrzuckerbereitung durch Gärung und Destillation gewonnen wird. Der Originalrum enthält meist 74 bis 77 Raumprozent Alkohol und kleine Mengen Zucker und ist meist mit Zuckerfarbe braun gefärbt. Kubarum ist hell und enthält nur Spuren von Extrakt.

3. Arrak.

Arrak ist ein Branntwein, der in dem Erzeugungsland nach den dort üblichen und anerkannten Verfahren aus Reis oder aus dem Saft der Blütenkolben der Kokospalme durch Gärung und Destillation gewonnen ist. Er enthält im Originalzustand meist 54 bis 56 Raumprozent Alkohol und ist farblos.

4. Obstbranntwein, Tresterbranntwein, Hefenbranntwein.

Diese Branntweine sind durch ihre Bezeichnung unzweideutig gekennzeichnet.

---

[1]) Die nachfolgenden Darlegungen schließen sich zum Teil an die Beschlüsse des Vereins Deutscher Nahrungsmittelchemiker vom Jahr 1912 an (Zeitschrift für Untersuchung der Nahrungs- und Genußmittel **24**, 84; 1912).

5. Kornbranntwein.

Kornbranntwein ist ein ausschließlich aus Roggen, Weizen, Buchweizen, Hafer oder Gerste gewonnener, aber nicht im Würzeverfahren hergestellter Trinkbranntwein; zum Kornbranntwein ist auch der Whisky zu zählen.

6. Steinhäger.

Steinhäger ist ein Branntwein, der ausschließlich durch Abtrieb unter Verwendung von Wacholderlutter aus vergorener Wacholderbeermaische hergestellt ist.

7. Sonstige Trinkbranntweine.

Hierher gehören alle nicht unter 1 bis 6 genannten Branntweine, soweit sie nicht Bittere und Liköre sind.

8. Bittere.

Die hierher gehörenden Trinkbranntweine werden aus Alkohol, Wasser, Auszügen aus aromatischen Pflanzenteilen, auch unter Zusatz von aromatischen Destillaten, ätherischen Ölen, natürlichen Essenzen und Zucker hergestellt.

9. Liköre.

Liköre enthalten aromatische Stoffe und einen höheren Zuckergehalt.

a) Fruchtsaftliköre sind Zubereitungen aus den Säften der Früchte, nach denen sie benannt sind, Alkohol, Zucker und Wasser.

b) Cherry-Brandy ist im wesentlichen eine Zubereitung aus Kirschwasser oder Kirschwasserverschnitt und Kirschensirup.

c) Eierkognak und Eierlikör. Eierkognak ist eine gewürzte Zubereitung aus Kognak, Eigelb und Zucker. Eierlikör, auch Eicreme genannt, kann an Stelle von Kognak Alkohol anderer Art enthalten.

d) Die übrigen Liköre sind mehr oder weniger Phantasieerzeugnisse. Sie werden im allgemeinen aus Alkohol, Wasser, Zucker oder Stärkesirup, aromatischen Stoffen verschiedenster Art, sowie von natürlichen und künstlichen Farbstoffen hergestellt.

10. Punsch-, Glühwein-, Grog-Essenzen und -Extrakte.

Hierher gehören alkoholhaltige Flüssigkeiten, die dazu bestimmt sind, mit heißem Wasser vermischt die als Punsch, Glühwein, Grog bezeichneten heißen Getränke zu liefern.

II. Probenentnahme.

Für die chemische Untersuchung ist, je nach ihrem Umfang, eine Probe von $^1/_4$ bis 1 l Branntwein zu entnehmen. Zur Aufnahme der Proben dienen reine, trockne Glasflaschen, die mit reinen, ungebrauchten Korkstopfen verschlossen werden. Etwaige Siegel sollen nicht auf dem Verschlußkork selbst, sondern nach dem Zubinden des Korks mit Schnüren durch Aufsiegeln der Schnurenden auf ein Stück Pappe angebracht werden.

III. Untersuchungsverfahren.

Vorbemerkung: Die Menge der Bestandteile wird in Gramm in 100 ccm Flüssigkeit ausgedrückt, vielfach auch in Gewichtsprozenten, d. h. in Gramm in 100 g Flüssigkeit. Im Handel ist die Angabe des Alkoholgehalts in Raumprozenten üblich, während die Steuerbehörde den Alkoholgehalt in Gewichtsprozenten ermittelt. Die auszuführenden Bestimmungen richten sich nach der Fragestellung und der Art des Branntweins. Alle Abmessungen werden bei 15° C in geeichten Meßgefäßen vorgenommen.

1. Sinnenprüfung.

Diese erstreckt sich auf Farbe, Klarheit, Geruch und Geschmack. Die Prüfung auf Geruch und Geschmack wird am besten in den auf etwa 30° C erwärmten Proben vorgenommen, und zwar sowohl in den unveränderten Proben, als auch nach deren Verdünnung auf etwa 30 Volumprozent Alkohol.

Bei Anwesenheit von viel Bukettstoffen empfiehlt es sich, den Branntwein bei etwa 30° C wiederholt mit wenig fein-poröser Holzkohle zu behandeln, zu filtrieren und die Filtrate sowie die aus der Kohle mit Chloroform ausgezogenen Stoffe für sich zu prüfen. Letztere bestehen zumeist aus Bukettstoffen, während das Fuselöl zum größten Teil im Filtrat verbleibt.

2. Bestimmung des spezifischen Gewichts.

Das spez. Gewicht wird in üblicher Weise mit Hilfe des Pyknometers, dessen Hals nicht mehr als 6 mm lichte Weite haben darf, bei 15° C bestimmt.

3. Bestimmung des Alkohols.

a) Bei Branntweinen, die nur Spuren von Extraktstoffen enthalten, wie die gewöhnlichen Trinkbranntweine, Obst- und Tresterbranntweine, Arrak usw., ergibt sich der Alkoholgehalt unmittelbar aus dem spez. Gewicht mit Hilfe der Alkoholtafel von Windisch[1]) (Tab. 23 des Anhangs).

Wenn man eine genügende Menge von (extraktfreiem) Branntwein zur Verfügung hat, kann die Bestimmung des spez. Gewichts und des Alkohols mit dem Alkoholometer ausgeführt werden. Es sind hierbei amtlich geeichte Gewichtsalkoholometer oder genau geprüfte gewöhnliche Alkoholometer zu benutzen. Wird der Alkohol bei einer von der Normaltemperatur abweichenden Temperatur bestimmt, so ist die an dem Instrument abgelesene „scheinbare" Alkoholstärke mit Hilfe der amtlichen Tafel[2]) auf die „wahre Alkoholstärke" umzurechnen (s. S. 198).

---

[1]) Karl Windisch, Tafel zur Ermittelung des Alkoholgehaltes von Alkohol-Wassermischungen aus dem spezifischen Gewicht bei 15° C. Berlin 1893 bei Julius Springer.

[2]) Weingeistermittelungsordnung. Anlage 1 der Grundbestimmungen zu dem Gesetz über das Branntweinmonopol. Herausgegeben im Reichsfinanzministerium. Berlin 1919, R. v. Deckers Verlag (G. Schenck). Tafel 1 zur Ermittelung der wahren Stärke.

b) Bei Likören und allen extrakthaltigen Branntweinen muß der Alkohol durch Destillation bestimmt werden. Man mißt 100 ccm des zu untersuchenden Branntweins bei 15° C in einem Meßkölbchen ab, gibt die Flüssigkeit in einen Destillierkolben, spült den im Meßkölbchen zurückbleibenden Rest von Branntwein mit etwa 25 ccm destilliertem Wasser nach und destilliert in dasselbe Meßkölbchen, in dem der Branntwein abgemessen wurde, annähernd 100 ccm über, ergänzt das Destillat mit destilliertem Wasser bei 15° C auf 100 ccm und bestimmt mit dem Pyknometer das spez. Gewicht. Oder man verfährt wie bei Wein (S. 275), indem man den von der Bestimmung des spez. Gewichts her noch im Pyknometer befindlichen Branntwein in einen etwa 200 ccm haltenden Destillierkolben gießt, 3 mal mit wenig destilliertem Wasser nachspült und in das Pyknometer selbst zurückdestilliert. Den dem spez. Gewicht entsprechenden Alkoholgehalt in Raumprozent oder in g in 100 ccm Branntwein entnimmt man der Alkoholtafel von K. Windisch.

Bei sehr alkoholreichen Branntweinen werden 25 ccm in den Destillierkolben gebracht, etwa 35 ccm Wasser zugegeben und in ein Pyknometer von 50 ccm Inhalt abdestilliert. Der der Tafel entnommene Alkoholgehalt ist zu verdoppeln.

Will man den Alkoholgehalt eines extrakthaltigen Branntweins in Gewichtsprozenten ermitteln, so destilliert man am besten von Gewicht zu Gewicht. 100 g Branntwein werden in einem Destillierkolben auf einer empfindlichen Tarierwage abgewogen und nach Zusatz von destilliertem Wasser nahezu 100 g in ein gewogenes Erlenmeyerkölbchen abdestilliert. Das Destillat wird mit destilliertem Wasser genau auf 100 g ergänzt, das spez. Gewicht bei 15° C bestimmt und die zugehörigen Gewichtsprozente Alkohol der Alkoholtafel von K. Windisch (Tafel 23 des Anhangs) entnommen.

c) Aus Branntweinen mit einem höheren Gehalt an ätherischen Ölen und Estern und bei Essenzen müssen diese vor der Alkoholbestimmung durch Kochsalz abgeschieden werden, wobei nach den Ausführungsbestimmungen zum Branntweinmonopolgesetz (Weingeistermittelungsordnung) folgendermaßen zu verfahren ist:

Eine etwa 300 ccm fassende, mit Glasstöpsel versehene Bürette wird bis zum Teilstrich 30 ccm mit gewöhnlichem, körnigem (nicht pulverisiertem) Kochsalz gefüllt. Sodann werden genau 100 ccm des zu untersuchenden Branntweins bzw. der Essenz in die Bürette gegeben, mit Wasser bis zum Teilstrich 270 ccm aufgefüllt, gut durchgeschüttelt und unter kräftigem Schütteln so lange Kochsalz zugesetzt, bis auf dem Boden der Bürette eine Schicht von ungelöstem Salz in Höhe von einigen Millimetern dauernd zurückbleibt. Anhaltendes, kräftiges Schütteln ist erforderlich, damit eine vollständig gesättigte Salzlösung entsteht. Die Bürette wird alsdann senkrecht in einen Halter gespannt und bleibt etwa $^1/_2$ Stunde lang in Ruhe, wobei sich ätherische Öle, Ester usw. als eine dünne, ölige, an der Oberfläche schwimmende Schicht ausscheiden. Die Absonderung des Öls wird durch öfteres Anklopfen an die Bürette beschleunigt; auch werden dadurch die etwa an der Wandung der Bürette haftenden Tröpfchen von ätherischem Öl zum Aufsteigen gebracht.

Nach Verlauf einer Stunde wird die Menge der alkoholischen Salzlösung festgestellt (die ölige Schicht der aromatischen Bestandteile enthält keinen Alkohol und darf daher nicht mitgemessen werden); man läßt genau die Hälfte der alkoholischen Salzlösung langsam in einen Destillierkolben fließen, gibt 50 ccm Wasser hinzu und destilliert 100 ccm ab. Der ermittelte Alkoholgehalt ist zu verdoppeln.

Die abgeschiedenen ätherischen Öle können zu deren weiterer Untersuchung verwendet werden.

Zur Verhütung des Schäumens der kochenden Flüssigkeiten beim Destillieren setzt man diesen etwas Tannin zu; bei etwaigem Stoßen leistet ein Zusatz von kleinen Marmor- oder Bimssteinstückchen oder einer Platindrahtspirale gute Dienste. Wenn auch dies versagt, muß im Wasserdampfstrom destilliert werden. In letzterem Falle ist eine nochmalige Destillation ohne Zuhilfenahme eines Dampfstroms anzuraten; dies ist unerläßlich, wenn in das Destillat flüchtige Säuren mit übergegangen sind. Die flüchtigen Säuren sind vor der Wiederholung der Destillation zu neutralisieren.

4. Bestimmung des Extrakts.

a) Direktes Verfahren für zuckerfreie und nicht mehr als 3 g Extrakt in 100 ccm enthaltende Branntweine. Man mißt 50 ccm Branntwein mit einer Pipette ab, läßt sie in eine flache Platinschale (Weinextraktschale) fließen und dampft sie auf dem Wasserbad ab, wobei wallendes Sieden des Branntweins zu vermeiden ist. Der Rückstand wird $2^1/_2$ Stunden in einem Dampftrockenschrank (am besten in einem sog. Weinextrakt-Trockenschrank) getrocknet und gewogen.

b) Indirektes Verfahren für zuckerreiche Branntweine, die nur wenig Säure haben. Man bestimmt das spez. Gewicht der entgeisteten Extraktlösung, z. B. des auf den ursprünglichen Raum aufgefüllten Destillationsrückstands, bei 15° C wie bei Wein (Seite 276, Nr. 3 a) und entnimmt den zugehörigen Extraktgehalt aus der Zuckertafel von Karl Windisch (Tafel 22 des Anhangs).

c) Indirektes Verfahren für zuckerreiche Branntweine, die größere Mengen von Säuren enthalten, insbesondere für Fruchtsaftliköre, Cherry-Brandy u. dgl. Zur Vermeidung der Rohrzuckerinversion werden die Branntweine vor dem Verdampfen des Alkohols neutralisiert. Man verfährt wie bei rohrzuckerhaltigen Weinen (S. 276, Nr. 3c).

5. Bestimmung der Asche (Mineralbestandteile) und der Alkalität der Asche.

Man verfährt wie beim Wein (S. 277). Die meisten Branntweine enthalten nur sehr wenig Extrakt und Mineralbestandteile; bei diesen erübrigt sich das Auslaugen der Kohle. Bei zuckerreichen Likören wird der Zucker vor der Veraschung vergoren.

6. Bestimmung des Zuckers.

Viele Liköre enthalten nur Saccharose (Rohrzucker), andere daneben auch Invertzucker, der entweder als solcher zugesetzt oder in sauren

Likören (Fruchtsaftlikören) durch Inversion der Saccharose entstanden ist. Bisweilen findet man in Likören auch unreinen Stärkezucker oder Kapillärsirup.

Die Zuckerbestimmung in den Branntweinen kann gewichtsanalytisch oder polarimetrisch ausgeführt werden.

a) Gewichtsanalytische Bestimmungen des Zuckers. Sie erfolgt wie im Wein (S. 296, Nr. 12 A b). Dabei ist folgendes zu beachten: Die zuletzt erhaltene Lösung, die mit der Fehlingschen Lösung gekocht wird, darf nicht mehr als 1% reduzierenden Zucker enthalten; sie muß also, wenn nötig, verdünnt werden. Manche Liköre sind neutral; in diesem Fall erübrigt sich die Neutralisation vor dem Verjagen des Alkohols durch Verdampfen. Die Entfärbung des Branntweins mit Bleiessig oder Tierkohle ist nur notwendig, wenn der Branntwein Gerb- oder Farbstoffe enthält.

b) Bestimmung des Zuckers durch Polarisation. Sie erfolgt in gleicher Weise wie im Wein (S. 303, Nr. 13 b und c). Die Bemerkungen unter a) gelten auch hier.

7. Bestimmung des Glycerins.

Die Bestimmung des Glycerins in Likören erfolgt in gleicher Weise wie in Süßweinen nach dem Jodidverfahren (S. 292, Nr. 11 B).

8. Nachweis der künstlichen Süßstoffe (Saccharin, Dulzin).

Er geschieht in gleicher Weise wie im Wein (S. 314, Nr. 20) oder im Bier (S. 382).

9. Bestimmung der Gesamtsäure.

In den Branntweinen können alle schon im Rohmaterial vorhandenen oder erst bei der Gärung entstandenen flüchtigen Säuren enthalten sein. Neben Essigsäure kommen Ameisensäure, Buttersäure, Caprinsäure und andere Fettsäuren, ferner nichtflüchtige Säuren, in Steinobstbranntweinen Blausäure und oft auch Kohlensäure vor. In betrügerischer Weise wurde den Branntweinen mitunter Schwefelsäure oder Salzsäure zugesetzt, um das sog. Perlen hervorzubringen oder um den Geschmack zu verschärfen.

Vor der Bestimmung der Gesamtsäure ist der Branntwein zunächst mit Barytwasser auf Kohlensäure zu prüfen; im Falle ihres Vorhandenseins wird sie durch Erhitzen des Branntweins bis zum Kochen, nötigenfalls durch Kochen am Rückflußkühler entfernt. Von dem kohlensäurefreien Branntwein werden 50 ccm mit $^{n}/_{10}$-Lauge titriert. Bei farblosen und nur schwach gefärbten Branntweinen dient Phenolphthalein als Indicator. Falls die Endreaktion unsicher ist, wird ein Überschuß von Lauge hinzugegeben und mit $^{n}/_{10}$-Schwefelsäure zurücktitriert. Bei dunkelgefärbten Branntweinen muß nach dem Tüpfelverfahren unter Anwendung von empfindlichem, violettem Lackmuspapier (Azolitminpapier) titriert werden (wie beim Wein). Alkoholreiche Branntweine werden vorher mit Wasser verdünnt. Die Gesamtsäure wird auf Essigsäure berechnet; 1 ccm $^{n}/_{10}$-Lauge = 0,006 g Essigsäure.

10. Bestimmung der flüchtigen Säuren und Berechnung der nichtflüchtigen Säuren.

Man bestimmt die flüchtigen Säuren durch Destillation im Wasserdampfstrom wie im Wein (S. 282, Nr. 7). Sie werden als Essigsäure berechnet. Der Unterschied der Gesamtsäure und der flüchtigen Säuren ergibt den Gehalt an nichtflüchtigen Säuren, als Essigsäure berechnet.

Eine annähernde Trennung der flüchtigen Fettsäuren (Ameisensäure, Essigsäure, Buttersäure, höheren Fettsäuren) kann nach dem Verfahren von Sell (Arbeiten aus dem Kaiserl. Gesundheitsamte **7**, 235; 1891) und K. Windisch (Arbeiten aus dem Kaiserl. Gesundheitsamte **8**, 1; 1892; Zeitschr. f. Unters. d. Nahr.- u. Genußm. **8**, 468; 1904) durchgeführt werden.

11. Nachweis und Bestimmung der Blausäure in Steinobstbranntweinen.

Die Blausäure in Steinobstbranntweinen, die aus dem Amygdalin der Samen herrührt, ist teils in freiem Zustand, teils an Benzaldehyd oder Acetaldehyd gebunden in den Branntweinen vorhanden (K. Windisch, Arbeiten aus dem Kaiserl. Gesundheitsamte **11**, 336 u. 364; 1895).

a) Qualitativer Nachweis der freien Blausäure.

10 ccm Branntwein werden in einem Probierröhrchen mit einigen Tropfen frisch bereiteter, höchstens schwach gelb gefärbter Guajactinktur und 2 Tropfen stark verdünnter Kupfersulfatlösung versetzt und die Flüssigkeiten durch Schütteln des Glases rasch gemischt. Ist freie Blausäure vorhanden, so färbt sich die Flüssigkeit blau.

b) Qualitativer Nachweis der gebundenen Blausäure.

Man macht 10 ccm Branntwein mit Alkalilauge alkalisch und fügt nach 5 Minuten Essigsäure bis zur ganz schwach sauren Reaktion hinzu; die nunmehr in freiem Zustande vorhandene Blausäure wird wie oben nachgewiesen. Sind gleichzeitig freie und gebundene Blausäure vorhanden, so gibt der mit Alkalilauge behandelte Branntwein eine seinem Gehalt an gebundener Blausäure entsprechende stärkere Blaufärbung als die gleiche Menge des direkt mit Guajactinktur und Kupfersulfat behandelten Branntweins. Beim Verdünnen des Branntweins mit Wasser tritt dieser Unterschied meistens noch deutlicher hervor.

c) Bestimmung der freien Blausäure.

α) Gewichtsanalytisches Verfahren. $^1/_2$ l Branntwein wird mit einem geringen Überschuß von Silbernitratlösung versetzt, wodurch die freie Blausäure als Silbercyanid ausfällt. Das zuerst als Trübung entstehende Silbercyanid ballt sich nach einigem Stehen zu weißen Flocken zusammen. Man filtriert die Flüssigkeit durch ein aschefreies Filter, wäscht den Niederschlag mit kaltem Wasser aus, bis das Waschwasser kein Silbersalz mehr gelöst enthält, trocknet Filter und Niederschlag, bringt sie in einen gewogenen Porzellantiegel, verbrennt das Filter und glüht den Rückstand. Das hinterbliebene metallische Silber wird gewogen. a g metallischem Silber entsprechen 0,2506 (log = 0,39898 — 1) · a g Blausäure.

β) Titrierverfahren nach Volhard (Ann. Chem. Pharm. **190**, 49; 1878; vgl. Gregor, Zeitschr. f. analyt. Chemie **33**, 30; 1894). Man versetzt 400 ccm Branntwein in einem 500 ccm-Kolben mit einer gemessenen, überschüssigen Menge $^n/_{10}$-Silbernitratlösung, füllt die Mischung mit Wasser zu 500 ccm auf, läßt den Niederschlag von Silbercyanid sich absetzen und filtriert die Flüssigkeit durch ein trockenes Filter. Zu einem gemessenen Teil des Filtrats gibt man 5 ccm kalt gesättigte Eisenammoniakalaunlösung als Indicator und etwas von salpetriger Säure freie Salpetersäure und titriert das überschüssige Silbernitrat mit $^n/_{10}$-Rhodanammoniumlösung zurück.

Amthor und Zink (Forschungsber. über Lebensmittel usw. **4**, 632; 1897) verwenden eine Silbernitratlösung, die 3,1496 g $AgNO_3$ im Liter enthält; 1 ccm dieser Silberlösung entspricht 0,5 mg Blausäure.

d) Bestimmung der gesamten Blausäure.

Man zerlegt durch Zusatz von Ammoniak die Aldehydverbindungen der Blausäure und bestimmt alsdann die gesamte Blausäure in gleicher Weise wie die freie Blausäure (s. unter c).

α) Gewichtsanalytisches Verfahren. Zu $^1/_4$ bis $^1/_2$ l Branntwein gibt man Ammoniak bis zur stark alkalischen Reaktion, schüttelt um, setzt sofort einen Überschuß von Silbernitrat und nach abermaligem Umschütteln sofort Salpetersäure bis zur sauren Reaktion hinzu. Weiter verfährt man wie unter c. α). Da das Ammoniak rasch zersetzend auf die Blausäure einwirkt, muß man mit den Zusätzen von Ammoniak, Silbernitrat und Salpetersäure sich möglichst beeilen; in Gegenwart von Silbernitrat zerlegt das Ammoniak das Benzaldehydcyanhydrin augenblicklich.

β) Titrierverfahren. Zu 400 ccm Branntwein gibt man in einem 500 ccm-Kolben Ammoniak bis zur stark alkalischen Reaktion, schüttelt um, läßt sofort eine gemessene, überschüssige Menge $^n/_{10}$-Silbernitratlösung hinzufließen, schüttelt wieder um und säuert sofort mit Salpetersäure an. Weiter verfährt man nach c. β).

Der Unterschied zwischen der gesamten und der freien Blausäure ergibt die Menge der gebundenen Blausäure. Diese ist meist an Benzaldehyd gebunden, mit dem sie das Additionsprodukt Benzaldehydcyanhydrin oder Mandelsäurenitril $C_6H_5—CH\langle^{OH}_{CN}$ bildet. Jedem Gramm gebundener Blausäure entsprechen 4,92 g Benzaldehydcyanhydrin.

Wenn ein Branntwein Chloride enthält (z. B. aus dem zur Herabsetzung des Alkoholgehalts verwendeten Wasser), so sind die beschriebenen Verfahren nicht ohne weiteres anwendbar, da zugleich mit dem Silbercyanid auch Silberchlorid ausfällt. In diesem Fall müßte noch eine Trennung dieser beiden Salze vorgenommen werden. Besser bestimmt man in solchen Fällen die freie Blausäure colorimetrisch mittels der Guajac-Kupferprobe nach Neßler und Barth (Zeitschr. f. analyt. Chemie **22**, 33; 1883) und die gesamte Blausäure durch

Destillation des Branntweins. Beim Destillieren bleiben die Chloride im Rückstand, während die Blausäure überdestilliert, nicht nur die freie, sondern auch die gebundene, da beim Erhitzen das Benzaldehydcyanhydrin in Benzaldehyd und Blausäure gespalten wird. Trotz ihres niedrigen Siedepunktes destilliert die Blausäure nur langsam über; man destilliert daher reichlich $^3/_4$ des Branntweins über. Das Destillat leitet man unmittelbar in verdünnte Silberlösung, wobei sich das Silbercyanid sehr voluminös abscheidet. Legt man eine gemessene Menge einer titrierten Silbernitratlösung vor, so kann man die Blausäure im Destillat auch titrieren. In beiden Fällen kann sich in dem abgekühlten Destillat ein Teil der freien Blausäure wieder mit Benzaldehyd verbinden und der Fällung mit Silbernitrat entgehen. Man macht daher das Destillat mit Ammoniak stark alkalisch, schüttelt um und säuert hierauf sofort mit Salpetersäure an. Dann ist man sicher, daß die gesamte Blausäure als Silbercyanid gefällt wird.

Über weitere Verfahren zum Nachweis und zur Bestimmung der Blausäure vgl. K. Windisch (Arbeiten a. d. Kais. Gesundheitsamt **11**, 336; 1895).

12. Nachweis und Bestimmung freier Mineralsäuren.

Sie erfolgen in gleicher Weise wie im Essig (S. 250).

13. Bestimmung der Ester.

Von farblosen Branntweinen, die frei von Extrakt, insbesondere auch von Zucker sind, werden 100 ccm in einen Kochkolben aus Jenaer Glas gebracht und nach Zusatz einiger Tropfen Phenolphthaleinlösung genau neutralisiert. Dann gibt man eine, je nach dem Estergehalt sich richtende, überschüssige Menge $^n/_{10}$-Natronlauge hinzu und erhitzt zur Verseifung der Ester $^1/_2$ Stunde am Rückflußkühler; nach Verlauf dieser Zeit muß die Flüssigkeit noch alkalisch (von Phenolphthalein rot gefärbt) sein. Nach dem Erkalten setzt man eine gemessene, überschüssige Menge $^n/_{10}$-Schwefelsäure hinzu und titriert den Säureüberschuß mit $^n/_{10}$-Natronlauge zurück. Die zur Verseifung der Ester in 100 ccm Branntwein erforderliche Menge $^n/_{10}$-Alkali wird als Esterzahl bezeichnet. Man kann die Ester auch als Äthylacetat (Essigester) berechnen. 1 ccm $^n/_{10}$-Alkali = 0,0088 g Äthylacetat.

Stark gefärbte oder merkliche Mengen von Extrakt, insbesondere auch Zucker enthaltende Branntweine, müssen zuerst neutral gemacht und destilliert werden. Man neutralisiert 100 ccm Branntwein genau mit $^n/_{10}$-Natronlauge, destilliert von der neutralisierten Flüssigkeit langsam unter starker Kühlung nahezu 100 ccm ab und bestimmt in dem Destillat, das man gleich in einem Kochkolben aus Jenaer Glas auffängt, die Ester durch Verseifen.

Die Bestimmung der Gesamtsäure und der Gesamtester werden zweckmäßig miteinander verbunden. Das durch Destillation der neutralen Flüssigkeit gewonnene, auf den ursprünglichen Raum mit Wasser aufgefüllte esterfreie Destillat kann zur Bestimmung des Fuselöls nach Nr. 14 dienen.

14. Nachweis und Bestimmung des Fuselöls (der höheren Alkohole).

a) Nachweis des Fuselöls nach Komarowsky (Chem.-Ztg. 27, 807, 1086; 1903).

Wenn der Branntwein extraktfrei und ungefärbt ist, kann man ihn ohne weitere Vorbereitung verwenden; anderenfalls nimmt man das Destillat in Arbeit. Man gibt zu 10 ccm des Branntweins bzw. des Destillats 25 bis 30 Tropfen einer 1 proz. alkoholischen Lösung von Salicylaldehyd und 20 ccm konzentrierte Schwefelsäure, schüttelt kräftig um und beobachtet die Farbe nach dem Erkalten; man bedient sich dabei am besten würfelförmiger Gläser mit Glasstopfen. Die Reaktion ist sehr empfindlich; schon bei Gegenwart von 0,01% Amylalkohol ist die Flüssigkeit granatrot. Isobutylalkohol ruft eine stärkere, Propylalkohol eine bedeutend schwächere Farbenreaktion hervor als Amylalkohol. Acetaldehyd verstärkt die Färbung. Bei Trinkbranntweinen, die Ester usw. enthalten, müssen die Ester zuvor durch Kochen mit Natronlauge am Rückflußkühler verseift werden. Der Alkoholgehalt der zur Prüfung dienenden Flüssigkeit soll annähernd 30 Raumprozent betragen.

Vielfach wurde früher auch das Verfahren von L. von Udránsky (Zeitschr. f. physiol. Chemie 13, 260; 1888) zum Nachweis von Fuselöl angewandt. Danach werden 5 ccm des Branntweins bzw. des Destillats mit 2 Tropfen 0,5%proz. Furfurolwasser versetzt. Man schichtet dann 5 ccm konz. Schwefelsäure unter die Flüssigkeit und sorgt durch Abkühlen dafür, daß die Temperatur nicht über 60° C steigt. Bei Gegenwart von Fuselöl entsteht an der Berührungsfläche der Flüssigkeiten ein roter, allmählich in violett übergehender Farbenring. Nach $^1/_2$ Stunde vermischt man durch vorsichtiges Schwenken unter Abkühlen die Flüssigkeiten; das rotviolett gefärbte Flüssigkeitsgemisch wird spektroskopisch geprüft. Als charakteristisch für das Vorhandensein von Fuselöl im Branntwein gilt nur die in violett übergehende Rotfärbung und ein kräftiges, zwischen E und b beginnendes und etwas über F reichendes Bandspektrum.

b) Bestimmung des Fuselöls.

Die Bestimmung des Fuselöls geschieht nach dem von Röse angegebenen, von Stutzer und Reitmair, Sell, Windisch u. a. abgeänderten Verfahren, das zur Ermittelung des Gehalts der zur Vergällung bestimmten Branntweine auf ihren Gehalt an Nebenerzeugnissen der Gärung und Destillation amtlich vorgeschrieben ist. Es beruht auf der Ausschüttelung des auf genau 30 Volumprozent oder 24,7 Gewichtsprozent Alkohol eingestellten, von Estern, Aldehyden und Extraktstoffen befreiten Branntweins mit Chloroform in einer besonderen Schüttelbürette. Die von Windisch (Arbeiten a. d. Kais. Gesundheitsamt 5, 391; 1889) angegebene Schüttelbürette besteht aus 3 Teilen. Der untere, für die Aufnahme des Chloroforms bestimmte Teil ist ein an seinem Boden halbkugelig zugeschmolzener Zylinder, der sich nach oben in eine eingeteilte Röhre verjüngt und bis zum untersten Teilstrich genau

20 ccm faßt. Die Röhre ist so bemessen, daß sie vom untersten eingeteilten Teilstrich an reichlich 2,5 ccm aufnehmen kann; bei einer Einteilung in 0,02 ccm sind die einzelnen Teilstriche mindestens 1,4 mm voneinander entfernt, so daß ein Volumen von 0,01 ccm noch genau abgelesen werden kann. Der birnförmige Ansatz am oberen Ende der Röhre hat einen Inhalt von 150 bis 180 ccm und kann mit einem Glas- oder Korkstopfen verschlossen werden. Vor der Benutzung ist der Apparat jedesmal mit konz. Schwefelsäure zu reinigen; sodann wird er mit Wasser, starkem Alkohol und zuletzt mit Äther ausgespült. Zur Entfernung des zurückbleibenden Äthers wird mittels eines feinen, bis auf den Boden des Apparats reichenden Glasrohrs Luft durch den Apparat gesaugt.

Jeder Branntwein, der auf seinen Gehalt an Fuselöl geprüft werden soll, muß zuvor unter Zusatz von Alkalilauge destilliert werden. Zu diesem Zweck gibt man zu 200 ccm Branntwein Natronlauge bis zur stark alkalischen Reaktion und destilliert etwa 180 ccm über; das Destillat füllt man auf 200 ccm auf und verwendet es zur Fuselölbestimmung. Diese Destillation ist bei allen Branntweinen unumgänglich notwendig, wenn man eine sichere Gewähr für die Beseitigung aller die Untersuchung störenden oder die Richtigkeit des Untersuchungsergebnisses beeinträchtigenden Stoffe, wie Aldehyde, Ester, harzartige Bestandteile, Extraktstoffe des Holzes, Farbstoffe usw., haben will. Esterreiche Branntweine müssen mit einem Überschuß von Natronlauge $^1/_2$ Stunde am Rückflußkühler gekocht werden.

Die ätherischen Öle sind in den Mengen, die in den Branntweinen vorkommen, nur von geringem Einfluß auf die Fuselölbestimmung, und dieser wird durch die Destillation mit Natronlauge, wenn auch nicht ganz aufgehoben, so doch in den weitaus meisten Fällen auf ein zu vernachlässigendes Maß herabgedrückt.

In dem mit Natronlauge destillierten Branntwein wird der Alkoholgehalt mit Hilfe des Pyknometers mit größter Genauigkeit bestimmt und alsdann der Branntwein auf einen Alkoholgehalt von genau 24,7 Gewichtsprozent (30 Raumprozent) eingestellt. Zu dem Zweck werden die 200 ccm Branntwein in eine Flasche von etwa 400 ccm Inhalt gegossen. Die Tafel I (S. 227—229) gibt an, wieviel ccm destilliertes Wasser von 15° C zu 100 ccm Branntwein von dem vorher bestimmten Alkoholgehalt zugefügt werden müssen, um einen verdünnten Branntwein von annähernd 24,7 Gewichtsproz. Alkohol zu erhalten. Man läßt die aus der Tafel I sich ergebende Menge Wasser von 15° C aus einer genau geeichten Bürette zu dem Branntwein fließen, mischt die Flüssigkeit gut durch und bestimmt bei 15° C das spez. Gewicht. Ist der Alkoholgehalt des verdünnten Branntweins höher als 24,7 Gewichtsprozent, so setzt man noch eine nach Maßgabe der Tafel I berechnete Menge Wasser von 15° C zu; ist der Alkoholgehalt des verdünnten Branntweins niedriger als 24,7 Gewichtsprozent, so entnimmt man aus der Tafel II die Anzahl ccm absoluten Alkohols von 15° C, die auf 100 ccm des verdünnten Branntweins zuzusetzen sind. Das Abmessen des zuzusetzenden absoluten Alkohols geschieht mit einer Pipette oder Bürette, die in Fünfzigstel- oder Hundertstel-Kubikzentimeter eingeteilt ist.

Tafel I

(zur Fuselölbestimmung).

Verdünnung von höherprozentigem Branntwein auf 24,7 Gewichtsprozent (= 30 Raumprozent) mit Wasser bei 15° C.

Zu 100 ccm Branntwein von Gewichtsprozent	sind zuzusetzen Wasser ccm	Zu 100 ccm Branntwein von Gewichtsprozent	sind zuzusetzen Wasser ccm	Zu 100 ccm Branntwein von Gewichtsprozent	sind zuzusetzen Wasser ccm	Zu 100 ccm Branntwein von Gewichtsprozent	sind zuzusetzen Wasser ccm	Zu 100 ccm Branntwein von Gewichtsprozent	sind zuzusetzen Wasser ccm	Zu 100 ccm Branntwein von Gewichtsprozent	sind zuzusetzen Wasser ccm
24,7	0,1	29,4	18,3	34,1	36,3	38,8	53,9	43,5	71,1	48,2	87,9
24,8	0,5	29,5	18,7	34,2	36,7	38,9	54,3	43,6	71,5	48,3	88,3
24,9	0,9	29,6	19,1	34,3	37,1	39,0	54,7	43,7	71,9	48,4	88,7
25,0	1,3	29,7	19,5	34,4	37,4	39,1	55,0	43,8	72,3	48,5	89,0
25,1	1,7	29,8	19,9	34,5	37,8	39,2	55,4	43,9	72,6	48,6	89,4
25,2	2,0	29,9	20,3	34,6	38,2	39,3	55,7	44,0	72,9	48,7	89,7
25,3	2,4	30,0	20,7	34,7	38,6	39,4	56,1	44,1	73,3	48,8	90,1
25,4	2,8	30,1	21,0	34,8	39,0	39,5	56,5	44,2	73,7	48,9	90,4
25,5	3,2	30,2	21,4	34,9	39,3	39,6	56,9	44,3	74,0	49,0	90,8
25,6	3,6	30,3	21,8	35,0	39,7	39,7	57,2	44,4	74,4	49,1	91,1
25,7	4,0	30,4	22,2	35,1	40,1	39,8	57,6	44,5	74,7	49,2	91,5
25,8	4,4	30,5	22,6	35,2	40,5	39,9	58,0	44,6	75,1	49,3	91,8
25,9	4,8	30,6	23,0	35,3	40,8	40,0	58,4	44,7	75,5	49,4	92,2
26,0	5,2	30,7	23,3	35,4	41,2	40,1	58,7	44,8	75,8	49,5	92,5
26,1	5,6	30,8	23,7	35,5	41,6	40,2	59,1	44,9	76,2	49,6	92,9
26,2	5,9	30,9	24,1	35,6	42,0	40,3	59,5	45,0	76,5	49,7	93,2
26,3	6,3	31,0	24,5	35,7	42,3	40,4	59,8	45,1	76,9	49,8	93,6
26,4	6,7	31,1	24,9	35,8	42,7	40,5	60,2	45,2	77,3	49,9	93,9
26,5	7,1	31,2	25,3	35,9	43,1	40,6	60,6	45,3	77,6	50,0	94,3
26,6	7,5	31,3	25,6	36,0	43,5	40,7	60,9	45,4	78,0	50,1	94,6
26,7	7,9	31,4	26,0	36,1	43,8	40,8	61,3	45,5	78,3	50,2	95,0
26,8	8,3	31,5	26,4	36,2	44,2	40,9	61,7	45,6	78,7	50,3	95,3
26,9	8,7	31,6	26,8	36,3	44,6	41,0	62,0	45,7	79,1	50,4	95,7
27,0	9,1	31,7	27,2	36,4	45,0	41,1	62,4	45,8	79,4	50,5	96,0
27,1	9,4	31,8	27,6	36,5	45,3	41,2	62,8	45,9	79,8	50,6	96,4
27,2	9,8	31,9	27,9	36,6	45,7	41,3	63,1	46,0	80,1	50,7	96,7
27,3	10,2	32,0	28,3	36,7	46,1	41,4	63,5	46,1	80,5	50,8	97,1
27,4	10,6	32,1	28,7	36,8	46,5	41,5	63,9	46,2	80,8	50,9	97,4
27,5	11,0	32,2	29,1	36,9	46,8	41,6	64,2	46,3	81,2	51,0	97,8
27,6	11,4	32,3	29,5	37,0	47,2	41,7	64,6	46,4	81,6	51,1	98,1
27,7	11,8	32,4	29,8	37,1	47,6	41,8	65,0	46,5	81,9	51,2	98,5
27,8	12,2	32,5	30,2	37,2	48,0	41,9	65,3	46,6	82,3	51,3	98,8
27,9	12,6	32,6	30,6	37,3	48,3	42,0	65,7	46,7	82,6	51,4	99,1
28,0	12,9	32,7	31,0	37,4	48,7	42,1	66,1	46,8	83,0	51,5	99,5
28,1	13,3	32,8	31,4	37,5	49,1	42,2	66,4	46,9	83,3	51,6	99,8
28,2	13,7	32,9	31,7	37,6	49,5	42,3	66,8	47,0	83,7	51,7	100,2
28,3	14,1	33,0	32,1	37,7	49,8	42,4	67,1	47,1	84,1	51,8	100,5
28,4	14,5	33,1	32,5	37,8	50,2	42,5	67,5	47,2	84,4	51,9	100,9
28,5	14,9	33,2	32,9	37,9	50,6	42,6	67,9	47,3	84,8	52,0	101,2
28,6	15,3	33,3	33,3	38,0	51,0	42,7	68,2	47,4	85,1	52,1	101,6
28,7	15,6	33,4	33,7	38,1	51,4	42,8	68,6	47,5	85,5	52,2	101,9
28,8	16,0	33,5	34,0	38,2	51,7	42,9	69,0	47,6	85,8	52,3	102,3
28,9	16,4	33,6	34,4	38,3	52,1	43,0	69,3	47,7	86,2	52,4	102,6
29,0	16,8	33,7	34,8	38,4	52,4	43,1	69,7	47,8	86,5	52,5	102,9
29,1	17,2	33,8	35,2	38,5	52,8	43,2	70,0	47,9	86,9	52,6	103,3
29,2	17,6	33,9	35,5	38,6	53,2	43,3	70,4	48,0	87,2	52,7	103,6
29,3	18,0	34,0	35,9	38,7	53,5	43,4	70,8	48,1	87,6	52,8	104,0

Tafel I (Fortsetzung).

Verdünnung von höherprozentigem Branntwein auf 24,7 Gewichtsprozent (= 30 Raumprozent) mit Wasser bei 15° C.

Zu 100 ccm Branntwein von Gewichtsprozent	sind zuzusetzen Wasser ccm	Zu 100 ccm Branntwein von Gewichtsprozent	sind zuzusetzen Wasser ccm	Zu 100 ccm Branntwein von Gewichtsprozent	sind zuzusetzen Wasser ccm	Zu 100 ccm Branntwein von Gewichtsprozent	sind zuzusetzen Wasser ccm	Zu 100 ccm Branntwein von Gewichtsprozent	sind zuzusetzen Wasser ccm	Zu 100 ccm Branntwein von Gewichtsprozent	sind zuzusetzen Wasser ccm
52,9	104,3	57,6	120,3	62,3	135,8	67,0	150,9	71,7	165,5	76,4	179,7
53,0	104,7	57,7	120,6	62,4	136,1	67,1	151,2	71,8	165,8	76,5	180,0
53,1	105,0	57,8	120,9	62,5	136,5	67,2	151,5	71,9	166,1	76,6	180,3
53,2	105,3	57,9	121,3	62,6	136,8	67,3	151,8	72,0	166,4	76,7	180,6
53,3	105,7	58,0	121,6	62,7	137,1	67,4	152,1	72,1	166,7	76,8	180,9
53,4	106,0	58,1	122,0	62,8	137,4	67,5	152,5	72,2	167,0	76,9	181,2
53,5	106,4	58,2	122,3	62,9	137,8	67,6	152,8	72,3	167,4	77,0	181,5
53,6	106,7	58,3	122,6	63,0	138,1	67,7	153,1	72,4	167,7	77,1	181,8
53,7	107,1	58,4	123,0	63,1	138,4	67,8	153,4	72,5	168,0	77,2	182,1
53,8	107,4	58,5	123,3	63,2	138,7	67,9	153,7	72,6	168,3	77,3	182,4
53,9	107,7	58,6	123,6	63,3	139,0	68,0	154,0	72,7	168,6	77,4	182,6
54,0	108,1	58,7	124,0	63,4	139,4	68,1	154,4	72,8	168,9	77,5	182,9
54,1	108,4	58,8	124,3	63,5	139,7	68,2	154,7	72,9	169,2	77,6	183,2
54,2	108,8	58,9	124,6	63,6	140,0	68,3	155,0	73,0	169,5	77,7	183,5
54,3	109,1	59,0	124,9	63,7	140,3	68,4	155,3	73,1	169,8	77,8	183,8
54,4	109,5	59,1	125,3	63,8	140,7	68,5	155,6	73,2	170,1	77,9	184,1
54,5	109,8	59,2	125,6	63,9	141,0	68,6	155,9	73,3	170,4	78,0	184,4
54,6	110,1	59,3	125,9	64,0	141,3	68,7	156,2	73,4	170,7	78,1	184,7
54,7	110,5	59,4	126,3	64,1	141,6	68,8	156,5	73,5	171,0	78,2	185,0
54,8	110,8	59,5	126,6	64,2	142,0	68,9	156,9	73,6	171,3	78,3	185,3
54,9	111,2	59,6	126,9	64,3	142,3	69,0	157,2	73,7	171,6	78,4	185,6
55,0	111,5	59,7	127,3	64,4	142,6	69,1	157,5	73,8	171,9	78,5	185,9
55,1	111,8	59,8	127 6	64,5	142,9	69,2	157,8	73,9	172,2	78,6	186,2
55,2	112,2	59,9	127,9	64,6	143,2	69,3	158,1	74,0	172,5	78,7	186,5
55,3	112,5	60,0	128,3	64,7	143,6	69,4	158,4	74,1	172,8	78,8	186,7
55,4	112,9	60,1	128,6	64,8	143,9	69,5	158,7	74,2	173,1	78,9	187,0
55,5	113,2	60,2	128,9	64,9	144,2	69,6	159,0	74,3	173,4	79,0	187,3
55,6	113,5	60,3	129,2	65,0	144,5	69,7	159,3	74,4	173,7	79,1	187,6
55,7	113,9	60,4	129,6	65,1	144,8	69,8	159,7	74,5	174,0	79,2	187,9
55,8	114,2	60,5	129,9	65,2	145,2	69,9	160,0	74,6	174,3	79,3	188,2
55,9	114,6	60,6	130,2	65,3	145,5	70,0	160,3	74,7	174,6	79,4	188,5
56,0	114,9	60,7	130,6	65,4	145,8	70,1	160,6	74,8	174,9	79,5	188,8
56,1	115,2	60,8	130,9	65,5	146,1	70,2	160,9	74,9	175,2	79,6	189,1
56,2	115,6	60,9	131,2	65,6	146,4	70,3	161,2	75,0	175,5	79,7	189,4
56,3	115,9	61,0	131,5	65,7	146,8	70,4	161,5	75,1	175,8	79,8	189,6
56,4	116,2	61,1	131,9	65,8	147,1	70,5	161,8	75,2	176,1	79,9	189,9
56,5	116,6	61,2	132,2	65,9	147,4	70,6	162,1	75,3	176,4	80,0	190,2
56,6	116,9	61,3	132,5	66,0	147,7	70,7	162,4	75,4	176,7	80,1	190,5
56,7	117,3	61,4	132,9	66,1	148,0	70,8	162,8	75,5	177,0	80,2	190,8
56,8	117,6	61,5	133,2	66,2	148,3	70,9	163,1	75,6	177,3	80,3	191,1
56,9	117,9	61,6	133,5	66,3	148,7	71,0	163,4	75,7	177,6	80,4	191,4
57,0	118,3	61,7	133,8	66,4	149,0	71,1	163,7	75,8	177,9	80,5	191,7
57,1	118,6	61,8	134,2	66,5	149,3	71,2	164,0	75,9	178,2	80,6	192,0
57,2	118,9	61,9	134,5	66,6	149,6	71,3	164,3	76,0	178,5	80,7	192,2
57,3	119,3	62,0	134,8	66,7	149,9	71,4	164,6	76,1	178,8	80,8	192,5
57,4	119,6	62,1	135,2	66,8	150,2	71,5	164,9	76,2	179,1	80,9	192,8
57,5	119,9	62,2	135,5	66,9	150,6	71,6	165,2	76,3	179,4	81,0	193,1

Tafel I (Fortsetzung).

Verdünnung von höherprozentigem Branntwein auf 24,7 Gewichtsprozent (= 30 Raumprozent) mit Wasser bei 15° C.

Zu 100 ccm Branntwein von Gewichtsprozent	sind zuzusetzen Wasser ccm	Zu 100 ccm Branntwein von Gewichtsprozent	sind zususetzen Wasser ccm	Zu 100 ccm Branntwein von Gewichtsprozent	sind zuzusetzen Wasser ccm	Zu 100 ccm Branntwein von Gewichtsprozent	sind zuzusetzen Wasser ccm	Zu 100 ccm Branntwein von Gewichtsprozent	sind zuzusetzen Wasser ccm	Zu 100 ccm Branntwein von Gewichtsprozent	sind zuzusetzen Wasser ccm
81,1	193,4	84,3	202,4	87,5	211,2	90,7	219,7	93,9	227,9	97,0	235,5
81,2	193,7	84,4	202,7	87,6	211,5	90,8	220,0	94,0	228,1	97,1	235,7
81,3	194,0	84,5	203,0	87,7	211,7	90,9	220,2	94,1	228,4	97,2	235,9
81,4	194,3	84,6	203,3	87,8	212,0	91,0	220,5	94,2	228,6	97,3	236,2
81,5	194,5	84,7	203,5	87,9	212,3	91,1	220,7	94,3	228,9	97,4	236,4
81,6	194,8	84,8	203,8	88,0	212,6	91,2	221,0	94,4	229,1	97,5	236,6
81,7	195,1	84,9	204,1	88,1	212,8	91,3	221,3	94,5	229,4	97,6	236,9
81,8	195,4	85,0	204,4	88,2	213,1	91,4	221,5	94,6	229,6	97,7	237,1
81,9	195,7	85,1	204,6	88,3	213,4	91,5	221,8	94,7	229,9	97,8	237,3
82,0	196,0	85,2	204,9	88,4	213,6	91,6	222,0	94,8	230,1	97,9	237,6
82,1	196,2	85,3	205,2	88,5	213,9	91,7	222,3	94,9	230,4	98,0	237,8
82,2	196,5	85,4	205,5	88,6	214,2	91,8	222,5	95,0	230,6	98,1	238,1
82,3	196,8	85,5	205,7	88,7	214,4	91,9	222,8	95,1	230,9	98,2	238,3
82,4	197,1	85,6	206,0	88,8	214,7	92,0	223,1	95,2	231,1	98,3	238,5
82,5	197,4	85,7	206,3	88,9	215,0	92,1	223,3	95,3	231,3	98,4	238,8
82,6	197,7	85,8	206,6	89,0	215,2	92,2	223,6	95,4	231,6	98,5	239,0
82,7	197,9	85,9	206,8	89,1	215,5	92,3	223,8	95,5	231,9	98,6	239,2
82,8	198,2	86,0	207,1	89,2	215,8	92,4	224,1	95,6	232,1	98,7	239,5
82,9	198,5	86,1	207,4	89,3	216,0	92,5	224,3	95,7	232,3	98,8	239,7
83,0	198,8	86,2	207,7	89,4	216,3	92,6	224,6	95,8	232,6	98,9	239,9
83,1	199,1	86,3	207,9	89,5	216,6	92,7	224,9	95,9	232,8	99,0	240,1
83,2	199,4	86,4	208,2	89,6	216,8	92,8	225,1	96,0	233,1	99,1	240,4
83,3	199,6	86,5	208,5	89,7	217,1	92,9	225,4	96,1	233,3	99,2	240,6
83,4	199,9	86,6	208,8	89,8	217,3	93,0	225,6	96,2	233,5	99,3	240,8
83,5	200,2	86,7	209,0	89,9	217,6	93,1	225,9	96,3	233,8	99,4	241,1
83,6	200,5	86,8	209,3	90,0	217,9	93,2	226,1	96,4	234,0	99,5	241,3
83,7	200,8	86,9	209,6	90,1	218,1	93,3	226,4	96,5	234,3	99,6	241,5
83,8	201,0	87,0	209,9	90,2	218,4	93,4	226,6	96,6	234,5	99,7	241,8
83,9	201,3	87,1	210,1	90,3	218,7	93,5	226,9	96,7	234,7	99,8	242,0
84,0	201,6	87,2	210,4	90,4	218,9	93,6	227,1	96,8	235,0	99,9	242,2
84,1	201,9	87,3	210,7	90,5	219,2	93,7	227,4	96,9	235,2	100,0	242,4
84,2	202,1	87,4	210,9	90,6	219,4	93,8	227,6				

Beträgt der Alkoholgehalt des verdünnten Branntweins nicht weniger als 24,6 und nicht mehr als 24,8 Gewichtsprozent, so wird er durch den berechneten Wasser- bzw. Alkoholzusatz hinreichend genau auf 24,7 Gewichtsprozent gebracht; von einer nochmaligen Alkoholbestimmung kann in diesem Falle abgesehen werden. Wird dagegen der Alkoholgehalt des verdünnten Branntweins kleiner als 24,6 oder größer als 24,8 Gewichtsprozent gefunden, so muß der Alkoholgehalt nach Zugabe der berechneten Menge Wasser bzw. Alkohol nochmals bestimmt werden, um festzustellen, ob er nunmehr hinreichend genau 24,7 Gewichtsprozent ist. Ein hierbei sich ergebender Unterschied muß durch einen dritten Zusatz von Wasser bzw. Alkohol nach Maßgabe der Tafeln I bzw. II ausgeglichen werden.

Tafel II

(zur Fuselölbestimmung).

Bereitung des Branntweins von 24,7 Gewichtsprozent (= 30 Raumprozent) aus niedrigerprozentigem durch Zusatz von absolutem Alkohol bei 15° C.

Zu 100 ccm Branntwein von Gewichtsproz.	Sind hinzuzusetzen: absolut. Alkohol ccm	Zu 100 ccm Branntwein von Gewichtsproz.	Sind hinzuzusetzen: absolut. Alkohol ccm	Zu 100 ccm Branntwein von Gewichtsproz.	Sind hinzuzusetzen: absolut. Alkohol ccm.	Zu 100 ccm Branntwein von Gewichtsproz.	Sind hinzuzusetzen: absolut. Alkohol ccm
22,50	3,52	23,05	2,63	23,60	1,74	24,15	0,85
22,55	3,44	23,10	2,55	23,65	1,66	24,20	0,77
22,60	3,36	23,15	2,47	23,70	1,58	24,25	0,69
22,65	3,28	23,20	2,39	23,75	1,50	24,30	0,61
22,70	3,20	23,25	2,31	23,80	1,42	24,35	0,53
22,75	3,11	23,30	2,23	23,85	1,34	24,40	0,45
22,80	3,04	23,35	2,15	23,90	1,26	24,45	0,37
22,85	2,96	23,40	2,07	23,95	1,18	24,50	0,29
22,90	2,88	23,45	1,98	24,00	1,09	24,55	0,21
22,95	2,79	23,50	1,90	24,05	1,01	24,60	0,12
23,00	2,71	23,55	1,82	24,10	0,93	24,65	0,04

Der verdünnte Branntwein von 24,7 Gewichtsprozent Alkohol wird nunmehr mit Chloroform ausgeschüttelt. Zwei genau geeichte Schüttelapparate werden in zwei geräumige, mit Wasser gefüllte Zylinder gesenkt und das Wasser auf die Temperatur 15° C gebracht. Sodann gießt man unter Anwendung eines Trichters, dessen in eine Spitze auslaufende Röhre bis zu dem Boden der Schüttelapparate reicht, in jeden der beiden Schüttelapparate etwa 20 ccm Chloroform von 15° C und stellt die Oberfläche des Chloroforms genau auf den unteren, die Zahl 20 tragenden Teilstrich ein; einen etwaigen Überschuß an Chloroform nimmt man mit einer langen, in eine Spitze auslaufenden Glasröhre mit der Vorsicht aus den Apparaten, daß die Wände derselben nicht von Chloroform benetzt werden. In jeden Apparat gibt man 100 ccm des auf einen Alkoholgehalt von 24,7 Gewichtsprozent und auf eine Temperatur von 15° C gebrachten Branntweins und läßt je 1 ccm verdünnte Schwefelsäure vom spez. Gewicht 1,286 bei 15° C zufließen. Man verstopft die Apparate und läßt sie zum Ausgleich der Temperatur etwa $^1/_4$ Stunde in dem Kühlwasser von 15° C schwimmen. Dann nimmt man einen gut verstopften Apparat aus dem Kühlwasser heraus, trocknet ihn äußerlich rasch ab, läßt durch Umkehren des Apparats den ganzen Inhalt in den weiten Teil des Apparats fließen, schüttelt das Flüssigkeitsgemenge etwa 150 mal kräftig durch und senkt den Apparat wieder in das Kühlwasser von 15° C; genau ebenso verfährt man mit dem zweiten Apparat. Zur Ersparnis an Zeit und zur Erhöhung der Sicherheit ist es empfehlenswert, gleichzeitig eine größere Anzahl von Apparaten mit einer maschinellen Einrichtung, wie sie in der Zeitschr. f. angew. Chem. **6**, 132; 1893 beschrieben ist, zu schütteln. Das Chloroform sinkt rasch zu Boden; kleine in der Flüssigkeit schwebende Chloroformtröpfchen bringt man durch Neigen und Quirlen der Apparate zum Niedersinken. Temperaturschwankungen im Kühlwasser sind sorgfältig zu vermeiden. Wenn das Chloroform sich vollständig gesammelt hat, wird seine Raummenge, d. h. der Stand des Chloroforms in der eingeteilten Röhre, abgelesen.

Zur Berechnung des Gehalts der Branntweine an Fuselöl muß die Volumenvermehrung bekannt sein, die das Chloroform beim Schütteln mit vollkommen reinem Weingeist von 24,7 Gewichtsprozent Alkohol erfährt. Man bestimmt diese in der Weise, daß man sich aus dem reinsten Erzeugnisse der Branntweinrektifikation, dem sog. neutralen Weinsprit, einen vollkommen fuselfreien Alkohol herstellt, indem man eine genügende Menge desselben unter Zusatz von einigen Tropfen Natronlauge destilliert, die zuerst übergehenden 20% und die zuletzt übergehenden 60% unberücksichtigt läßt und die mittlere Fraktion einer nochmaligen langsamen Destillation unterwirft, unter Ausscheidung der zuerst und zuletzt übergehenden Anteile. Das so gewonnene Destillat wird nach den vorstehenden Vorschriften auf 24,7 Gewichtsprozent verdünnt und das Volumen des Chloroforms nach dem Schütteln festgestellt. Wegen der grundsätzlichen Bedeutung dieses Versuchs mit reinstem Branntwein ist der Alkoholgehalt mit größter Genauigkeit auf 24,7 Gewichtsprozent zu bringen und die Ermittelung des Chloroformvolumens für jeden Schüttelapparat drei- bis fünfmal zu wiederholen.

Dieser Versuch mit reinem Branntwein muß für jedes neue Chloroform und jeden neuen Apparat wieder angestellt werden; solange dasselbe Chloroform und dieselben Apparate in Anwendung kommen, ist nur eine Versuchsreihe nötig. Man mache daher den Versuch mit einem Chloroform, von dem eine größere Menge zur Verfügung steht. Das Chloroform ist vor Licht geschützt, am besten in Flaschen aus braunem Glase aufzubewahren.

Ist das Chloroformvolumen nach dem Ausschütteln des zu untersuchenden Branntweins gleich a ccm, das Chloroformvolumen nach dem Ausschütteln des reinsten Weinsprits gleich b ccm und hat der ursprüngliche Branntwein v Raumprozent Alkohol, so enthält der Branntwein $0{,}022\,(a - b) \cdot v$ Raumprozent Fuselöl in 100 Raumteilen Branntwein, und $2{,}22\,(a - b)$ Raumprozent Fuselöl, auf 100 Raumteile wasserfreien Alkohols berechnet.

Bei der Untersuchung von zur Vergällung bestimmtem Branntwein (Spiritus) auf den Gesamtgehalt an Nebenerzeugnissen der Gärung und Destillation nach der steueramtlichen Vorschrift darf der Branntwein nicht mit Alkalilauge destilliert werden, weil dabei Ester, Aldehyde, kurz alle Nebenbestandteile mitbestimmt werden sollen. In diesem Fall ist der Gehalt an Nebenbestandteilen in Gewichtsprozent, bezogen auf wasserfreien Alkohol, anzugeben. Dieser ergibt sich zu $2{,}28\,(a - b)$ Gewichtsprozent, auf 100 Gewichtsteile wasserfreien Alkohols berechnet.

Glasenapp (Zeitschr. f. Spiritusindustrie **17**, 169; 1894) verwendet Schüttelbüretten, die ganz in das Wasser eintauchen. Für die Untersuchung sehr fuselarmer Branntweinarten empfehlen Stutzer und Maul (Zeitschr. f. analyt. Chemie **35**, 159; 1905) eine Anreicherung des

Fuselöls durch geeignete Destillation des Branntweins mit Pottasche und Ausschütten von 250 ccm des auf 24,7 Gewichtsprozent eingestellten Branntweins in größeren Schüttelbüretten.

15. Nachweis und Bestimmung des Aldehyds.

Extrakt- und zuckerfreie Branntweine werden direkt auf Aldehyd geprüft. Extrakthaltige Branntweine werden unter starker Kühlung destilliert und das Destillat wird geprüft. Der Acetaldehyd siedet bereits bei 21 °C, er kann daher im ersten Teil des Destillats angereichert werden.

a) Nachweis des Aldehyds.

α) Mit Rosanilinbisulfit nach H. Schiff (Compt. rend. **64**, 482; 1867) und Gayon (Compt. rend. **105**, 1182; 1887). Zur Herstellung der Rosanilinbisulfitlösung löst man 1 g Fuchsin in 1 l Wasser und gibt 20 ccm Natriumbisulfitlösung vom spez. Gewicht 1,257 (30° Bé) hinzu; nach vollständiger Entfärbung fügt man noch 10 ccm konz. Salzsäure hinzu. Man versetzt 2 ccm Branntwein mit 1 ccm der entfärbten Lösung, schüttelt um und läßt stehen. Bei Gegenwart von Aldehyd entsteht eine violettrote Färbung, deren Stärke dem Aldehydgehalt proportional ist.

β) Mit ammoniakalischer Silberlösung nach Tollens (Ber. **14**, 1950; 1881 und **15**, 1635, 1828; 1882). Man mischt gleiche Teile 10 proz. Silbernitratlösung und 10 proz. Natronlage und setzt tropfenweise Ammoniak hinzu bis der Niederschlag von Silberoxyd eben gelöst wird. Man mischt 5 ccm Branntwein mit 5 ccm der ammoniakalischen Silberlösung und erwärmt die Mischung im Wasserbad. Abscheidung von schwarzem metallischem Silber oder Auftreten eines Silberspiegels zeigt die Gegenwart von Aldehyden an.

γ) Mit alkalischer Kalium-Quecksilberjodidlösung (Neßlers Lösung) nach W. Windisch (Zeitschr. f. Spiritusindustrie **10**, 88; 1887). Man versetzt 10 ccm Branntwein mit 1 ccm der Neßlerschen Lösung; es entsteht alsbald ein Niederschlag, der je nach der Menge des vorhandenen Aldehyds hellgelb, orange oder grau ist. Der graue Niederschlag ist metallisches Quecksilber.

δ) Mit m-Phenylendiaminchlorhydrat nach W. Windisch (Zeitschr. f. Spiritusindustrie **9**, 515; 1886). Man versetzt 10 ccm Branntwein mit einer kleinen Messerspitze m-Phenylendiaminchlorhydrat, das frisch und unzersetzt sein muß. Bei Gegenwart von Aldehyd färbt sich die Flüssigkeit gelb bis braun und nach längerem Stehen tritt eine beständige grüne Fluorescenz auf; letztere ist für die Aldehyde charakteristisch.

b) Bestimmung des Aldehyds.

α) Colorimetrisch mit Rosanilinbisulfit. Zur Herstellung der Vergleichslösungen müssen gewogene Mengen von reinem Aldehyd (oder Aldehydammoniak) in aldehydfreiem Alkohol gelöst werden. Die Versuchsbedingungen, wie Alkoholgehalt, Temperatur, Menge der Flüssigkeiten, Einwirkungsdauer, müssen bei dem Branntwein und der Vergleichsflüssigkeit mit bekanntem Aldehydgehalt genau gleich sein. Die Prüfung erfolgt in einem geeigneten Colorimeter.

β) Mit schwefliger Säure nach Rieter (Schweizer. Wochenschr. f. Chem. u. Pharm. 34, 237; 1896). Aldehyd wird durch einen Überschuß von schwefliger Säure gebunden, in aldehydschweflige Säure übergeführt.

Man gibt 5 ccm einer wässerigen Lösung von schwefliger Säure (etwa 500 mg SO_2 im Liter enthaltend) in ein 100 ccm-Kölbchen, läßt 20 ccm Branntwein oder Branntweindestillat zufließen, füllt mit destilliertem Wasser zur Marke auf, schüttelt um und läßt die Mischung gut verschlossen 4 Stunden stehen. Dann schüttelt man nochmals um und nimmt mit einer Pipette 50 ccm heraus, die man in ein Kölbchen, das 25 ccm Normal-Kalilauge enthält, unter die Lauge einfließen läßt. In den 50 ccm Flüssigkeit, die in dem 100 ccm-Kölbchen zurückgeblieben sind, bestimmt man dann tunlichst rasch die freie schweflige Säure, indem man sie nach Zugabe von Stärkelösung und 5 ccm Schwefelsäure (1 + 3) mit $^n/_{100}$-Jodlösung titriert. Nach 10 bis 15 Minuten gibt man in das zweite Kölbchen, das die alkalische Flüssigkeit enthält, 10 ccm der verdünnten Schwefelsäure (1 + 3) und Stärkelösung und titriert rasch die gesamte freie schweflige Säure mit $^n/_{100}$-Jodlösung. Der Unterschied im Jodverbrauch bei beiden Titrationen entspricht der an Aldehyd gebundenen schwefligen Säure. 1 ccm $^n/_{100}$-Jodlösung = 0,00032 g SO_2. Jedes Molekül SO_2 = 64 g bindet ein Molekül Acetaldehyd C_2H_4O = 44 g; 1 ccm $^n/_{100}$-Jodlösung entspricht daher 0,00022 g Acetaldehyd.

γ) In Flüssigkeiten mit hohem Aldehydgehalt (1 bis 3%). Bei hohem Aldehydgehalt einer Flüssigkeit, z. B. des Vorlaufs der Branntweinreinigungsanstalten oder des während des Kriegs hergestellten sog. Protolbranntweins, bedient man sich der Eigenschaft des Acetaldehyds, aus Hydroxylaminchlorhydrat Salzsäure frei zu machen:

$$NH_2OH \cdot HCl + C_2H_4O = NH_2OH \cdot C_2H_4O + HCl.$$

Nach einer Vorschrift des Reichsschatzamts verfährt man wie folgt: Man bringt 10 ccm einer annähernd normalen, wäßrigen Hydroxylaminchlorhydratlösung, 68 bis 70 g Hydroxylaminchlorhydrat im Liter enthaltend, in einen mit Glasstopfen verschließbaren Erlenmeyerkolben von 300 bis 400 ccm Inhalt, wägt den Kolben mit Inhalt auf einer analytischen Wage (bis auf 1 mg genau), läßt dann 15 bis 20 ccm des aldehydreichen Branntweins zufließen und stellt das Gewicht fest. Nach Zugabe von etwa 100 ccm destilliertem Wasser mischt man den Kolbeninhalt und läßt den Kolben etwa $^1/_2$ Stunde bei Zimmertemperatur stehen. Dann titriert man die durch die Reaktion frei gewordene Salzsäure nach Hinzufügen von Methylorange mit $^n/_{10}$-Natronlauge. Zunächst wird bis zur bleibenden Gelbfärbung übertitriert und der kleine Überschuß an Lauge mit $^n/_{10}$-Schwefelsäure bis zum Eintritt eines deutlichen Umschlags (schwache Rosafärbung) zurücktitriert. Die Hydroxylaminsalzlösung reagiert in der Regel sauer. Durch einen Vorversuch ist festzustellen, wieviel ccm $^n/_{10}$-Natronlauge 10 ccm Hydroxylaminchlorhydratlösung verbrauchen; diese Menge $^n/_{10}$-Lauge ist von der bei dem Versuch verbrauchten Menge Lauge abzuziehen. Bei allen Versuchen, auch den Vorversuchen, ist auf den gleichen Farbenton (schwache Rosafärbung) zu titrieren. 1 ccm $^{n}/_{10}$-Natronlauge entspricht 0,0044 g Acetaldehyd.

16. Nachweis und Bestimmung des Furfurols.

10 ccm Branntwein werden mit 10 Tropfen farblosem Anilin und 3 Tropfen Salzsäure vom spez. Gewicht 1,124 versetzt und das ganze gemischt. Bei Gegenwart von Furfurol entsteht eine rote Färbung.

Die quantitative Bestimmung des Furfurols erfolgt colorimetrisch nach dem gleichen Verfahren. Zur Herstellung der Vergleichslösungen ist frisch destilliertes Furfurol in furfurolfreiem Alkohol aufzulösen. Die Versuchsbedingungen müssen für beide Flüssigkeiten genau die gleichen sein.

17. Nachweis und Bestimmung des Methylalkohols.

a) Nachweis des Methylalkohols.

Die meisten Verfahren zum Nachweis des Methylalkohols beruhen auf der Oxydation desselben zu Formaldehyd und Nachweis des letzteren. Am häufigsten angewandt wird das Verfahren von Fendler und Mannich (Zeitschr. f. Unters. d. Nahr.- u. Genußm. **11**, 364; 1906) in der folgenden, vom Reichsschatzamt empfohlenen Ausführung.

Bevor an die Ausführung der Prüfung, siehe Ziffer 5, gegangen werden kann, sind die Proben in der unter 1 bis 4 angegebenen Weise vorzubereiten.

1. Trinkbranntweine (einschließlich der Liköre und der versetzten Branntweine), Essenzen und Fruchtsäfte.

Enthält die zu untersuchende Probe aromatische Bestandteile (Ester, ätherische Öle u. dgl.), so sind diese zunächst aus 100 ccm der Probe durch Aussalzen zu entfernen (vgl. Anlage 2 zur Alkoholermittelungsordnung, S. 219). Alsdann ist die Gesamtmenge der entstandenen Salzlösung zu destillieren, bis 10 ccm übergegangen sind. Von Proben, die frei von aromatischen Bestandteilen sind, aber Extraktstoffe enthalten, werden 100 ccm ohne weiteres destilliert, bis ebenfalls 10 ccm übergegangen sind. Diese Destillate werden nach Ziffer 5 weiter behandelt. Von Proben, die weder aromatische Bestandteile, noch Extraktstoffe enthalten, können 10 ccm ohne weitere Vorbehandlung nach Ziffer 5 behandelt werden.

Bei der Beurteilung des Ergebnisses der Prüfung ist zu beachten, daß in den Destillaten verschiedener vergorener Obst- und Beerensäfte (z. B. der Säfte von schwarzen Johannisbeeren, Pflaumen, Zwetschgen, Mirabellen, Kirschen, Äpfeln, Weintrauben), auch in gewissen Trinkbranntweinen, z. B. in Rum, sowie in Essenzen bisweilen eine geringe Menge Methylalkohol von Natur aus vorkommen kann.

2. Heilmittel, Tinkturen und Fluidextrakte.

Auf Grund der vom Hersteller über die Zusammensetzung der Probe gemachten Angaben, nötigenfalls auf Grund von Vorversuchen, ist zunächst festzustellen, ob und gegebenenfalls in welcher Weise die Probe vor der Anreicherung des Methylalkohols (Ziffer 5a) zu behandeln ist, damit bei der nachfolgenden Destillation solche Stoffe nicht mitübergehen, welche die Prüfung auf Methylalkohol beeinträchtigen können. Im übrigen ist nach Ziffer 5 zu verfahren.

Bei der Beurteilung des Ergebnisses der Prüfung ist zu beachten, daß insbesondere bei der Bereitung der Heilmittel aus pflanzlichen Stoffen bisweilen eine geringe Menge Methylalkohol auf natürlichem Weg in die Erzeugnisse gelangen kann.

3. Parfümerien, Kopf-, Zahn- und Mundwässer.

Stoffe, welche die Prüfung auf Methylalkohol beeinträchtigen können, sind nach den in Anlage 21 der Branntweinsteuer-Befreiungsordnung angegebenen Verfahren oder in einer sonst geeigneten Weise zu entfernen. Die den Alkohol enthaltende Flüssigkeit ist alsdann nach Ziffer 5 zu untersuchen.

Bei der Beurteilung des Ergebnisses der Prüfung ist auch das in Ziffer 5 Gesagte zu beachten.

4. Äther (Ester).

Die Probe ist nach der in der Anlage 24 der Branntweinsteuer-Befreiungsordnung angegebenen Vorschrift zu behandeln. Das den Alkohol enthaltende Destillat ist alsdann nach Ziffer 5 zu untersuchen.

5. Ausführung der Prüfung.

a) Anreicherung des Methylalkohols. 10 ccm der nach Ziffer 1 bis 4 erhaltenen Flüssigkeit werden in ein etwa 50 ccm fassendes Kölbchen gegeben. Auf dieses wird alsdann ein etwa 75 cm langes, in gleichen Abständen zweimal rechtwinkelig gebogenes Glasrohr aufgesetzt, welches als Kühler dient und zu einem in halbe Kubikzentimeter geteilten Meßzylinder von 10 ccm Inhalt als Vorlage führt. Die Flüssigkeit im Kölbchen wird mit einer kleinen Flamme vorsichtig erhitzt, bis 1 ccm Destillat übergegangen ist. Das untere Ende des absteigenden Schenkels des Glasrohrs darf hierbei nicht warm werden. Alsdann ist nach b) weiter zu verfahren.

b) Prüfung auf Methylalkohol. Das nach a) erhaltene Destillat wird mit 4 ccm 20proz. Schwefelsäure vermischt und in ein weites Probierglas übergeführt. Alsdann wird 1 g fein zerriebenes Kaliumpermanganat in kleinen Teilmengen in das Gemisch unter Kühlung in Eiswasser und unter lebhaftem Umschütteln eingetragen. Sobald die Violettfärbung verschwunden ist, wird die Flüssigkeit durch ein kleines, trocknes Filter in ein Probierglas filtriert und das meist schwach rötlich gefärbte Filtrat einige Stunden lang gelinde erwärmt, bis es farblos geworden ist. Von dieser Flüssigkeit wird alsdann 1 ccm abgemessen und in einem nicht zu dünnwandigen Probierglas vorsichtig und unter Kühlung mit Eiswasser mit 5 ccm konzentrierter Schwefelsäure vermischt. Zu dem abgekühlten Gemenge werden 2,5 ccm einer frisch bereiteten Lösung von 0,2 g Morphinhydrochlorid in 10 ccm konzentrierter Schwefelsäure hinzugefügt, worauf die Flüssigkeit mit einem Glasstab vorsichtig durchgerührt wird.

c) Beurteilung der Ergebnisse. Enthält die zu prüfende Flüssigkeit Methylalkohol, so tritt bald, spätestens innerhalb 20 Minuten, eine violette bis dunkelviolettrote Färbung ein. Methylalkoholfreie Erzeugnisse liefern nur eine schmutzige Trübung.

Tritt die Färbung fast sofort und sehr stark ein, so kann ohne weiteres angenommen werden, daß der Gehalt der Probe an Methylalkohol auf einem Zusatz bei ihrer Herstellung beruht. Im Zweifelsfall sind Gegenversuche mit Lösungen von bekanntem Gehalt an Methylalkohol und möglichst gleicher Zusammensetzung, wie sie die zu untersuchende Probe besitzt, unter denselben Bedingungen anzustellen, die bei der Untersuchung der Probe innegehalten wurden. Tritt die Färbung nur ganz schwach oder erst nach Ablauf der angegebenen Zeit auf, so ist die Anwesenheit von Methylalkohol in der Probe nicht als erwiesen anzunehmen.

Vielfach wird auch das Verfahren von Denigès (Compt. rend. **150**, 832; 1910) angewandt, der den durch Oxydation des Methylalkohols erhaltenen Formaldehyd mit Rosanilinbisulfit in stark schwefelsaurer Lösung nachweist.

Andere Verfahren beruhen auf der Überführung des Methylalkohols in charakteristische Farbstoffe. Hierher gehören die Verfahren von Riche und Bardy (Compt. rend. **80**, 1076; 1875) und Trillat (Compt. rend. **127**, 232; 1898 und **128**, 438; 1899), die aber recht umständlich sind.

b) Quantitative Bestimmung des Methylalkohols.

Hierfür sind mehrere Verfahren angegeben worden, die aber zumeist noch nicht genügend durchgearbeitet sind. Zu erwähnen sind:

α) Überführung des Methylalkohols in Methyljodid mit Hilfe von Jod und Phosphor. Dabei entsteht aus dem Äthylalkohol Äthyljodid, aus dem Methylalkohol Methyljodid und es kommt darauf an, in dem Jodidgemisch den Gehalt an Methyljodid festzustellen. Für diesen Zweck wurden vorgeschlagen: Bestimmung des Jodgehalts, des spez. Gewichts, der Verseifungszahl, des absoluten Gewichts und die fraktionierte Destillation der Jodide. (Vgl. besonders Wirthle, Zeitschr. f. Unters. d. Nahr.- u. Genußm. **24**, 14; 1912.)

β) Bestimmung des Kohlenstoffgehalts der Äthyl-Methylalkoholmischung durch die Elementaranalyse nach Juckenack (Zeitschr. f. Unters. d. Nahr.- u. Genußm. **24**, 7; 1912).

γ) Oxydationsverfahren (Thorpe und Holmes, Journ. Chem. Soc. **85**, 1; 1904; Hetper, Zeitschr. f. Unters. d. Nahr.- u. Genußm. **24**, 731; 1912 und **26**, 342; 1913.

δ) Refraktometrisches Verfahren nach Leach und Lythgoe (Journ. Amer. Chem. Soc. **27**, 964; 1905.)

18. Nachweis von Vergällungsmitteln.

Branntwein zu technischen Zwecken, der steuerfrei bleibt oder mit einer ermäßigten Steuer belastet ist, wird in der Regel vergällt. Das allgemeine Vergällungsmittel besteht aus einer Mischung von rohem Holzgeist und Pyridinbasen; der rohe Holzgeist muß eine bestimmte Menge Aceton enthalten. Der Nachweis und die Bestimmung des Methylalkohols geschieht nach den unter Nr. 17 beschriebenen Verfahren. Der Nachweis von Aceton und Pyridinbasen erfolgt am besten nach der amtlichen „Anweisung für die Untersuchung von Trinkbranntweinen auf einen Gehalt an Vergällungsmitteln" (Zeitschr. f. Unters. d. Nahr.- u. Genußm. 12, 765; 1906).

a) Nachweis von Aceton.

Für den Nachweis des Acetons werden 500 ccm der zu untersuchenden Probe in einem etwa 750 ccm fassenden Glaskolben mit 10 ccm N.-Schwefelsäure versetzt und nach Zugabe von Siedesteinchen unter Verwendung eines einfachen Destillationsaufsatzes von etwa 20 cm Länge und eines absteigenden Kühlers von etwa 25 cm Länge auf dem Wasserbad destilliert. Für die Verbindung der Glasteile des Destillationsgeräts sind Glasschliffe anzuwenden. Als Vorlage dient ein in Kubikzentimeter geteilter Meßzylinder. Die Destillation ist zu unterbrechen, wenn die Raummenge des Destillats etwa zwei Dritteile der in den 500 ccm des betreffenden Trinkbranntweins enthaltenen Alkoholmenge beträgt. Der Rückstand im Kolben wird zum Nachweis von Pyridinbasen verwendet.

Das etwa 100 bis 150 ccm betragende Destillat wird samt einigen Siedesteinchen in einen kleineren Kolben gegeben und mit Hilfe eines wirksamen, keine flüchtigen Bestandteile zurückhaltenden Fraktionieraufsatzes (z. B. des von Vigreux erfundenen) am absteigenden Kühler mit Vorstoß auf dem Wasserbad nochmals sorgfältig einer fraktionierten Destillation unterworfen. Auch hierbei sind für die Verbindung der Glasteile des Destillationsgeräts Glasschliffe zu verwenden. Die Fraktionierung wird in der Weise vorgenommen, daß von der langsam in Tropfen übergehenden Flüssigkeit jedesmal etwa soviel wie die Hälfte des Kolbeninhalts beträgt aufgefangen und sodann aus einem anderen Kölbchen erneut mit dem gleichen Fraktionieraufsatz fraktioniert wird. Hiermit wird fortgefahren, bis man ein Destillat von etwa 25 ccm erhalten hat. Dieses wird schließlich nochmals fraktioniert und nun der erste übergehende Kubikzentimeter in einem mit Glasstopfen verschließbaren Probiergläschen gesondert aufgefangen, ebenso auch der zweite in einem anderen Probiergläschen. Dann destilliert man noch 10 ccm ab und verwahrt diese unter Verschluß. Zu dem Inhalt der beiden Probiergläschen wird je 1 ccm Ammoniakflüssigkeit von der Dichte 0,96 unter Umschütteln gegeben. Dann werden die Röhrchen verschlossen und 3 Stunden beiseite gestellt. Nach Verlauf dieser Zeit wird in jedes Probiergläschen je 1 ccm einer 15 proz. Natronlauge, sowie je 1 ccm einer frisch bereiteten $2^1/_2$ proz. Nitroprussidnatriumlösung gegeben. Bei Gegenwert von Aceton entsteht in beiden oder mindestens in dem Probiergläschen, das den zuerst übergegangenen Kubikzentimeter des Destillats enthält, eine deutliche Rotfärbung, die auf tropfenweisen und unter äußerer Kühlung erfolgenden vorsichtigen Zusatz von 50 proz. Essigsäure in Violett übergeht. Ist Aceton nicht vorhanden, so tritt, auch bei Anwesenheit von Aldehyd, höchstens eine goldgelbe Färbung auf, die auf Essigsäurezusatz verschwindet oder in ein mißfarbenes Gelb umschlägt.

b) Nachweis von Pyridinbasen.

Die bei der Prüfung auf Aceton erhaltenen, entgeisteten, sauren Rückstände eines Liters Trinkbranntwein werden in einer Porzellanschale auf dem Wasserbad bis auf etwa 10 ccm oder bei hohem Extraktgehalt bis zur Dickflüssigkeit eingeengt. Der Schaleninhalt wird mittels destillierten Wassers in ein etwa 100 bis 150 ccm fassendes Rundkölbchen übergespült, auf dieses ein Kugelaufsatz, wie er bei der Kjeldahl-Bestimmung üblich ist, aufgesetzt und an einen absteigenden Kühler angeschlossen. Das Ende des Kühlers trägt einen Vorstoß, der in ein 10 ccm N.-Schwefelsäure enthaltendes Porzellanschälchen hineinragt. In das Destillationskölbchen werden einige Siedesteinchen gegeben und sein Inhalt wird durch Zusatz von 20 ccm 15 proz. Natronlauge alkalisch gemacht. Man destilliert dann unter Verwendung eines Baboschen Siedeblechs mit freier Flamme etwa die Hälfte der im Kölbchen enthaltenen Flüssigkeit ab. Nach beendeter Destillation wird der Inhalt des Porzellanschälchens auf dem Wasserbad bis auf etwa 5 ccm eingeengt. Nach dem Erkalten wird dieser Rückstand mit neutral reagierendem Calciumcarbonat übersättigt, wobei die Gegenwart von Pyridinbasen sich oft schon durch den Geruch bemerkbar macht. Der Schälcheninhalt wird, nötigenfalls unter Zugabe von wenig destilliertem Wasser, auf eine in einem Trichter befindliche und mit Filtrierpapier belegte kleine Wittsche Saugplatte gebracht und nach dem Aufsetzen des Trichters auf ein mit seitlichem Saugansatz versehenes Probiergläschen mit Hilfe einer Wasserstrahlpumpe kräftig abgesaugt. Das etwa 3 ccm betragende klare Filtrat wird in ein gewöhnliches Probiergläschen übergeführt, zunächst mit 5—6 Tropfen einer 5 proz. Baryumchloridlösung versetzt und der entstandene Niederschlag durch ein gehärtetes Filter abfiltriert. Das völlig klare Filtrat, welches durch Zusatz eines weiteren Tropfens Baryumchlorid nicht getrübt werden darf, wird alsdann mit 1 bis 2 Tropfen einer heiß gesättigten und wieder erkalteten wäßrigen Cadmiumchloridlösung versetzt. Bei Gegenwart von Pyridinbasen entsteht sehr bald, oft aber auch erst nach zwei- bis dreitägigem Stehen, eine weiße krystallinische Fällung. Zur Unterscheidung von zuweilen eintretenden, durch die Gegenwart anderer basischer Stoffe in Trinkbranntweinen verursachten Fällungen bringt man eine geringe Menge des erhaltenen Niederschlags mit Hilfe eines Glasstabs aus dem Probiergläschen auf einen Objektträger unter das Mikroskop. Bei etwa 100 bis 150facher Vergrößerung betrachtet, erscheinen die Krystalle des Pyridin-Cadmiumchlorids als spießige, oft sternförmig gruppierte Nadeln. Als weiteres Erkennungsmerkmal dient der Geruch nach Pyridinbasen, der auftritt, wenn man eine kleine Probe des abfiltrierten Niederschlags mit einem Tropfen Natronlauge in einem verschlossenen Probiergläschen erwärmt und dann den Stopfen entfernt.

Der Nachweis der Verwendung von vergälltem Branntwein gilt als erbracht, wenn in dem untersuchten Trinkbranntwein von den drei wichtigsten Bestandteilen des allgemeinen Vergällungsmittels (Aceton, Methylalkohol, Pyridinbasen) mindestens zwei unzweifelhaft festgestellt worden sind.

19. Nachweis von Branntweinschärfen.

Als Branntweinschärfen werden hauptsächlich alkoholische Auszüge von Paprika, Pfeffer, Paradieskörnern und Ingwerwurzel verwendet. Polenske (Arbeiten aus dem Kaiserl. Gesundheitsamte **14**, 684; 1898) verfährt zum Nachweis dieser Schärfen folgendermaßen. Man dampft 200 bis 500 ccm Branntwein auf dem Wasserbad ab und prüft den Rückstand auf seinen Geschmack, wobei sich die scharfen Stoffe zu erkennen geben. Dem Rückstand entzieht man die scharf schmeckenden Harze mit einer ganz schwachen Natronlauge; Piperin (aus dem Pfeffer) bleibt im Rückstand. Das alkalische Filtrat wird durch Ausschütteln mit Petroleumäther gereinigt, hierauf mit Schwefelsäure angesäuert und mit 50 ccm Petroleumäther einmal ausgeschüttelt. Der Rückstand des filtrierten Petroleumätherauszugs, der bei Anwesenheit von Schärfen im Branntwein ein brennend scharf schmeckendes hell- oder rötlichgelbes Harz darstellt, wird folgendermaßen weiter geprüft:

a) Das rötlichgelbe Harz färbt sich mit Schwefelsäure vorübergehend schmutzig blau. Die anfangs bräunlichgelbe Lösung in Schwefelsäure färbt sich, am Rande beginnend, hellrosa unter Abscheidung eines violetten Belags. Schwefelsäure und ein Körnchen Zucker geben dieselbe Färbung; die Lösung färbt sich bald vom Rand aus kirschrot: Harz des spanischen Pfeffers.

b) Das hellgelbe Weichharz löst sich in Schwefelsäure citronengelb. Nach längerer Zeit, oft erst nach einer Stunde, entsteht ein grüner Rand, der allmählich blau wird. Schwefelsäure und Zucker geben eine gelbe Färbung; in einer Minute färbt sich der Rand der Lösung schön grün, bald darauf blau. Nach Verlauf mehrerer Stunden hat sich ein blauer Belag abgeschieden: Die Harze von Paradieskörnern und Ingwerwurzel.

α) Wird das Harz beim Betupfen mit stark verdünnter Eisenchloridlösung und einigen Tropfen Alkohol vorübergehend rötlichviolett, so liegt ein Auszug von Paradieskörnern vor.

β) Die Essenz riecht und schmeckt nach Ingwer und das hellgelbe Harz färbt sich in Berührung mit Eisenchlorid und Alkohol hellgrünlichgelb: Ingwerwurzel.

Auf Piperin ist jede scharf schmeckende Essenz zu prüfen. Zur Gewinnung desselben wird der Abdampfrückstand der Essenz mit schwefelsäurehaltigem Wasser zerrieben und mit Chloroform bis zur Erschöpfung ausgeschüttelt. Das Chloroform wird mit Kalkhydrat eingedampft und durch Ausziehen des Rückstandes mit Benzin das Piperin genügend rein erhalten.

20. Nachweis von Bitterstoffen.

Er erfolgt wie im Bier (S. 363).

21. Nachweis von Farbstoffen.

Als solche kommen in Betracht: Farbstoffe aus den Lagerfässern, Zuckerfarbe (Zuckerkulör), Pflanzenfarbstoffe, Teerfarbstoffe. Der Nachweis geschieht wie im Wein (S. 307).

22. Fraktionierte Destillation der Edelbranntweine und Abscheidung der typischen Geruchstoffe.

Micko (Zeitschr. f. Unters. d. Nahr.- u. Genußm. **16**, 433; 1908 und **19**, 305; 1910) verfährt folgendermaßen.

200 ccm Branntwein werden mit 30 ccm Wasser versetzt und dann unter Verwendung eines gewöhnlichen Kugelaufsatzes 8 Fraktionen zu je 25 ccm abdestilliert, die gesondert aufgefangen werden. Die einzelnen Teildestillate werden auf ihren Geruch geprüft, indem man kleine Bechergläschen mit ihnen ausspült. Die letzten alkoholarmen oder alkoholfreien Teildestillate, die bei Rum und Arrak die typischen Geruchstoffe enthalten, werden mit Chloroform oder Äther ausgeschüttelt, das Lösungsmittel wird verdunstet und auf diese Weise werden die Geruchstoffe isoliert. Noch schärfer und charakteristischer fällt die Probe aus, wenn man die stark riechenden Ester der Branntweine verseift und dann fraktioniert. Zu dem Zweck verseift man die Ester auf kaltem Weg, indem man dem neutralisierten Branntwein eine überschüssige Menge $^{n}/_{10}$-Natronlauge zusetzt, die Mischung mindestens 24 Stunden stehen läßt, dann den Überschuß an Natron zurücktitriert und den neutralen Branntwein der fraktionierten Destillation unterwirft; vor der Destillation gibt man dem neutralen Branntwein ein wenig Weinsäure zu, um das Alkalischwerden der Flüssigkeit beim Destillieren zu verhindern. Die typischen Geruchstoffe der Edelbranntweine sind, wie Micko feststellte, weder Säuren, noch Ester, noch Aldehyde und werden durch Alkalien in der Kälte nur langsam angegriffen.

IV. Beurteilung der Branntweine.

1. Erkennung der Echtheit der Edelbranntweine.

Von französischen Chemikern, insbesondere von Ch. Girard und seinen Mitarbeitern (Girard und Cuniasse, Manuel pratique de l'analyse des alcools et des spiritueux. Paris 1899. Masson et Cie.) und von Lusson (Monit. scientif. [4] **10**, 785; 1896) sind Regeln für die Beurteilung des französischen Kognaks aufgestellt worden. Sie bezeichnen die Summe: Säuren + Ester + höhere Alkohole + Aldehyd + Furfurol, ausgedrückt in mg in 100 ccm wasserfreiem Alkohol, als Verunreinigungskoeffizient. Die Summe von Säuren und Aldehyd, die in 100 Gewichtsteilen der gesamten Verunreinigungen enthalten sind, heißt Oxydationskoeffizient. Ferner wird die Summe der höheren Alkohole und Ester, ausgedrückt in mg in 100 ccm wasserfreiem Alkohol, unter dem Namen Alkohol-Estersumme herangezogen. Für französischen Kognak soll betragen: Der Verunreinigungskoeffizient mindestens 300 bis 340 mg, der Oxydationskoeffizient nicht mehr als 36, die Alkohol-Estersumme mindestens 250 mg. Auch bei französischem Kognak werden die genannten Grenzzahlen häufig erheblich überschritten, so daß solchen Weinbränden große Mengen Sprit zugesetzt werden könnten, ohne daß die Grenzzahl der französischen Kognake überschritten würde. Für Weinbrand anderer Herkunft haben diese Grenzzahlen keine Bedeutung. Sie sind überhaupt recht unsicher. Der

Gehalt der Edelbranntweine an Nebenbestandteilen schwankt außerordentlich und ist insbesondere von folgenden Faktoren abhängig: Zusammensetzung und Beschaffenheit der Rohstoffe, Art der Gärung (Art der Gärungserreger, Dauer des Stehenlassens der Maischen usw.), Art der Destillation, Lagern und Altern der Branntweine.

Die Steinobstbranntweine, Kirschen-, Zwetschen-, Mirabellenbranntwein usw. enthalten Blausäure und Benzaldehyd, die sich beim Lagern teilweise miteinander verbinden. Je nach den Umständen kann der Gehalt der Steinobstbranntweine an Blausäure und Benzaldehyd sehr verschieden sein. Die Blausäure verschwindet zum Teil bei längerem Lagern und der Benzaldehyd wird teilweise zu Benzoesäure oxydiert, die wieder teilweise verestert wird. Sicher echte Steinobstbranntweine, die ganz frei von Blausäure waren, scheinen bisher nicht beobachtet worden zu sein.

Für die Beurteilung mancher Branntweine ist die Zerlegung durch fraktionierte Destillation nach Micko (S. 240) von Wert. Reine Kunsterzeugnisse lassen sich nach diesem Verfahren fast immer mit Sicherheit von echten Edelbranntweinen unterscheiden. Rum ist dadurch gekennzeichnet, daß sich im dritten und vierten Teildestillat ein charakteristisch riechender Stoff befindet; die letzten Teildestillate riechen nach Juchtenleder. Der Arrak verhält sich dem Rum ähnlich. Beim Weinbrand tritt ein typischer Geruchsstoff in den mittleren Teildestillaten auf. Bei Zwetschenbranntwein zeigt sich in den ersten Teildestillaten der Geruch nach frischen Zwetschen.

Für die Beurteilung der Edelbranntweine ist in der Mehrzahl der Fälle die Kostprobe durch erfahrene Sachverständige ausschlaggebend; sie ist als Ergänzung der chemischen Untersuchung unerläßlich.

Über die Beurteilung der Branntweine und Liköre ist im übrigen noch folgendes zu bemerken:

a) Für alle Branntweine geltende Vorschriften.

Nach § 100 des Branntweinmonopolgesetzes vom 8. April 1922 darf Trinkbranntwein im Deutschen Reich nur unter Kennzeichnung des Weingeistgehalts in Raumhundertteilen in den Verkehr gebracht werden. Die Kennzeichnung hat bei Lieferungen in Behältnissen von mehr als 1 l Inhalt auf der Rechnung, bei der Lieferung in Behältnissen bis zu 1 l Inhalt auf dem Flaschenschild zu erfolgen. Arrak, Rum, Weinbrand, Kognak und Obstbranntwein, sowie Verschnitte davon und Steinhäger dürfen nur mit einem Weingeistgehalt von mindestens 38 Raumhundertteilen, sonstige Trinkbranntweine nur mit einem Weingeistgehalt von mindestens 35 Raumhundertteilen in den Verkehr gebracht werden. Die Reichsmonopolverwaltung kann in gemeinsamer Beschlußfassung mit dem Beirat Ausnahmen für besondere Gegenden und besondere Trinkbranntweinarten zulassen[1]. Trinkbranntwein, der in

[1] Nach der Bekanntmachung des Reichsmonopolamts für Branntwein vom 18. Juni 1922 wird der zulässige Mindestgehalt an Weingeist für Eier- und Schokoladenliköre auf 20, für Kakao-, Tee- und Kaffeeliköre und für schwedischen Punsch auf 25, für alle übrigen Liköre einschließlich der Bitterliköre (Bitteren) auf 30 Raumhundertteile festgesetzt. Als Liköre gelten nur solche süßen Branntweine, die mindestens 20% Extrakt enthalten.

Flaschen oder ähnlichen Gefäßen gewerbsmäßig verkauft oder feilgehalten wird, muß eine Bezeichnung tragen, die erkennen läßt, ob der Trinkbranntwein im Inland oder Ausland hergestellt ist. Außerdem sind der Hersteller und der Herstellungsort anzugeben, sowie der Sitz der Firma, wenn dieser mit dem Herstellungsort nicht übereinstimmt. Es ist verboten, den Flaschen eine Ausstattung zu geben, die geeignet ist, den Käufer über das Herstellungsland irrezuführen.

Der Zusatz von Branntweinschärfen ist nach § 103 des Branntweinmonopolgesetzes vom 8. April 1922 untersagt. Als Branntweinschärfen sind anzusehen Auszüge von Paprika, Pfeffer, Paradieskörnern, Kokkelskörnern und dergleichen, ferner Mineralsäuren, z. B. Schwefelsäure.

Nahrungs- und Genußmittel, insbesondere weingeisthaltige Getränke, Heil-, Vorbeugungs- und Kräftigungsmittel, Riechmittel und Mittel zur Reinigung, Pflege oder Färbung der Haut, des Haares, der Nägel oder der Mundhöhle dürfen nach § 115 des Branntweinmonopolgesetzes nicht so hergestellt werden, daß sie Methylalkohol enthalten. Zubereitungen dieser Art, die Methylalkohol enthalten, dürfen nicht in den Verkehr gebracht oder aus dem Ausland eingeführt werden. Diese Vorschriften finden keine Anwendung

1. auf Formaldehydlösungen und auf Formaldehydzubereitungen, deren Gehalt an Methylalkohol auf die Verwendung von Formaldehydlösungen zurückzuführen ist;

2. auf Zubereitungen, in denen technisch nicht vermeidbare, geringe Mengen von Methylalkohol sich aus darin enthaltenen Methylverbindungen gebildet haben oder durch andere mit der Herstellung verbundene natürliche Vorgänge entstanden sind.

Hierzu ist zu bemerken, daß in Obstbranntweinen häufig kleine Mengen von Methylalkohol festgestellt wurden; insbesondere scheinen die Tresterbranntweine besonders viel Methylalkohol zu enthalten, nach v. Fellenberg (Mittlg. Lebenmittel-Unters. und Hyg. d. Schweizer. Gesundheitsamts 4, 146; 1913) bis zu 4% des Gesamtalkohols. Der Methylalkohol entsteht bei der Gärung aus dem Pektin, einem Methylester der Pektinsäure. Die Feststellung kleiner Mengen Methylalkohol in Trinkbranntweinen genügt hiernach nicht, um den Branntwein wegen Methylalkoholzusatzes zu beanstanden.

Vollständig oder unvollständig vergällter, von der Verbrauchsabgabe befreiter Branntwein darf nicht zu Genußzwecken verwendet werden; es ist verboten, dem vergällten Branntwein die Vergällungsmittel ganz oder teilweise zu entziehen oder sie durch Zusätze geruchlich und geschmacklich zu verdecken.

Gesundheitsschädliche Stoffe dürfen in Trinkbranntweinen nicht enthalten sein. Außer Methylalkohol, der sich als ein schweres Gift herausgestellt hat, sind hier zu nennen: Große Mengen von Fuselöl und Aldehyden, gesundheitsschädliche Schwermetalle, Bitterstoffe und Farbstoffe. Kleine Mengen Kupfer bis zu etwa 30 mg im Liter finden sich in vielen Branntweinen, namentlich in Obstbranntweinen aus Kleinbrennereien. Der

Zinkgehalt der Branntweine stammt aus den verzinkten Eisengefäßen, die öfter zur Aufbewahrung und Beförderung von Branntwein verwendet werden.

b) Einzelne Branntweinarten.

1. Kognak und Weinbrand und deren Verschnitte.

Nach Maßgabe des Versailler Friedensvertrags wird in Zukunft deutscher Weinbranntwein nicht mehr als „Kognak" bezeichnet werden dürfen; der Name „Weinbrand" hat sich dafür bereits allgemein eingebürgert. Der Name „Cognac" ist in Zukunft nur für den in der Charente hergestellten Weinbrand zulässig. Der gesamte Alkohol des Weinbrands muß aus Wein gewonnen sein; der Wein muß in jeder Hinsicht den Vorschriften des Weingesetzes genügen. Weinbrand, der in Flaschen in den Handel gebracht wird, muß eine Herkunftsbezeichnung nach dem Land tragen, in dem er für den Verbrauch fertiggestellt ist. Der Weinbrand muß mindestens 38 Raumprozent Alkohol haben. Nach den Ausführungsbestimmungen zu § 16 des Weingesetzes ist die Verwendung aller der Stoffe bei der Herstellung von Weinbrand verboten, die auch bei der Herstellung von weinähnlichen Getränken nicht benutzt werden dürfen (vgl. S. 355). Von diesen Stoffen kommen nur folgende praktisch in Betracht: Farbstoffe mit Ausnahme von kleinen Mengen gebrannten Zuckers, Glycerin, unreiner Stärkezucker und Stärkesirup. Weiter hat der Bundesrat durch Bekanntmachung vom 27. Juni 1914 (Reichsgesetzblatt, S. 235) bestimmt, daß bei der Herstellung von Kognak (Weinbrand) nur die nachbezeichneten Stoffe verwendet werden dürfen:

1. Weindestillate, denen die den Kognak (Weinbrand) kennzeichnenden Bestandteile des Weines nicht entzogen worden sind und die in 100 Raumteilen nicht mehr als 86 Raumteile Alkohol enthalten.
2. Reines destilliertes Wasser.
3. Technisch reiner Rüben- oder Rohrzucker in solcher Menge, daß der Gesamtgehalt an Zucker, einschließlich des durch sonstige Zusätze hineingelangenden (als Invertzucker berechnet), in 100 ccm des gebrauchsfertigen Kognaks (Weinbrands) bei 15° C nicht mehr als 2 g beträgt.
4. Gebrannter Zucker (Zuckercouleur), hergestellt aus technisch reinem Rüben- oder Rohrzucker.
5. Im eigenen Betrieb durch Lagerung von Weindestillat (Nr. 1) auf Eichenholz oder Eichenholzspänen auf kaltem Weg hergestellte Auszüge.
6. Im eigenen Betrieb durch Lagerung von Weindestillat (Nr. 1) auf Pflaumen, grünen (unreifen) Walnüssen oder getrockneten Mandelschalen auf kaltem Weg hergestellte Auszüge, jedoch nur in so geringer Menge, daß die Eigenart des verwendeten Weindestillats dadurch nicht wesentlich beeinflußt wird.
7. Dessertwein (Süd-, Süßwein), der keinen Zusatz von anderem als ausschließlich aus Wein gewonnenem Alkohol enthält, jedoch nur in solcher Menge, daß in 100 Raumteilen des gebrauchsfertigen Weinbrands nicht mehr als 1 Raumteil Dessertwein enthalten ist.

8. Mechanisch wirkende Filterdichtungsmittel (Asbest, Cellulose oder dgl.).

9. Gereinigte Knochenkohle, technisch reine Gelatine oder Hausenblase.

10. Sauerstoff.

Trinkbranntwein, der neben Weinbrand Alkohol anderer Art enthält, darf als Weinbrandverschnitt bezeichnet werden, wenn mindestens $^1/_{10}$ des Alkohols aus Wein gewonnen ist. Er muß mindestens 38 Raumprozent Alkohol enthalten.

2. Rum und Arrak.

Über den Verkehr mit Rum und Arrak bestehen keine gesetzlichen Vorschriften, abgesehen von der Bestimmung, daß sie einen Alkoholgehalt von mindestens 38 Raumprozent haben müssen. Nach den Beschlüssen des Vereins Deutscher Nahrungsmittelchemiker müssen sich Rum und Arrak, die unter Bezeichnungen in den Handel gebracht werden, die eine Originalware erwarten lassen, z. B. Original-Jamaika-Rum oder Arrak de Goa, in dem Zustand befinden, in dem sie im Erzeugungsland gewonnen sind. Bei Rumverschnitt und Arrakverschnitt soll mindestens $^1/_{10}$ des Alkohols aus Rum, bzw. Arrak stammen. Zum Färben von Rum darf nur gebrannter Zucker (Zuckerfarbe) Verwendung finden.

3. Obstbranntwein.

Nach § 102 des Branntweinmonopolgesetzes vom 8. April 1922 darf unter der Bezeichnung Kirschwasser, Zwetschenwasser, Heidelbeergeist oder ähnlichen Bezeichnungen, die auf die Herstellung aus Kirschen, Zwetschen, Heidelbeeren oder sonstigen Obst- und Beerenarten hinweisen (Kirschbranntwein, Kirsch, Zwetschenbranntwein, Steinobstbranntwein, Kernobstbranntwein u. dgl.) nur Branntwein in den Verkehr gebracht werden, der ausschließlich aus den betreffenden Obst- oder Beerenarten hergestellt ist. Mischungen von Obstbranntweinen mit weingeisthaltigen Erzeugnissen anderer Art dürfen nicht unter der Bezeichnung „Obstbranntweinverschnitt“ oder unter einer ähnlichen Bezeichnung, die auf die Herstellung aus Obst oder Beeren schließen läßt, in den Verkehr gebracht werden.

Die süddeutschen Obstbranntweine enthalten in der Regel 50 Raumprozent Alkohol. Nach den Beschlüssen des Vereins Deutscher Nahrungsmittelchemiker vom Jahr 1912 sollen die Obstbranntweine mindestens 45 Raumprozent Alkohol enthalten.

4. Trester- und Hefebranntwein.

Sie sind in ähnlicher Weise zu beurteilen wie die Obstbranntweine; auch bei ihnen sollte ein Alkoholgehalt von 45 Raumprozent gefordert werden.

5. Steinhäger.

Nach § 102 des Branntweinmonopolgesetzes vom 8. April 1922 darf unter der Bezeichnung „Steinhäger“ nur Trinkbranntwein in den Verkehr gebracht werden, der ausschließlich durch Abtrieb unter Verwendung von Wacholderlutter aus vergorener Wacholderbeermaische hergestellt ist. Ein durch Beimischung von Wacholderbeeröl oder Wacholderessenz hergestellter Branntwein kann hiernach nur als „Wacholderbranntwein“ bezeichnet werden.

6. Kornbranntwein.

Nach § 101 des Branntweinmonopolgesetzes vom 8. April 1922 darf unter der Bezeichnung „Kornbranntwein“ nur Branntwein in den Verkehr gebracht werden, der ausschließlich aus Roggen, Weizen, Buchweizen, Hafer oder Gerste hergestellt und nicht im Würzeverfahren gewonnen ist. Mischungen von Kornbranntwein mit weingeisthaltigen Erzeugnissen anderer Art dürfen nicht unter der Bezeichnung „Kornverschnitt“ oder unter einer ähnlichen Bezeichnung, die auf die Herstellung aus Korn (Roggen, Weizen, Buchweizen, Hafer oder Gerste) schließen läßt, in den Verkehr gebracht werden.

7. Sonstige Trinkbranntweine.

Die gewöhnlichen Trinkbranntweine müssen nach § 100 des Branntweinmonopolgesetzes vom 8. April 1922 mindestens 35 Raumprozent Alkohol enthalten. Ausnahmen für besondere Trinkbranntweinarten und einzelne Gegenden sind zulässig (vgl. S. 241). Nach den Beschlüssen des Vereins Deutscher Nahrungsmittelchemiker soll der Gehalt an alkoholischen Verunreinigungen (Fuselöl) 0,6 Raumteile auf 100 Raumteile wasserfreien Alkohol nicht überschreiten.

Essig und Essigessenz.

Von

Prof. Dr. **Karl Windisch**, Hohenheim.

Zu diesem Abschnitt liegt ein „Entwurf zu Festsetzungen über Essig und Essigessenz" vor, der im Reichsgesundheitsamt ausgearbeitet und im Reichsgesundheitsrat beraten wurde. (Entwürfe zu Festsetzungen über Lebensmittel. Herausgegeben vom Reichsgesundheitsamt. Heft 3: Essig und Essigessenz. Berlin 1911. Verlag von Julius Springer.) Den folgenden Darlegungen wurde dieser Entwurf zugrunde gelegt.

I. Begriffsbestimmungen.

1. **Essig** (Gärungsessig) ist das durch die sog. Essiggärung aus alkoholhaltigen Flüssigkeiten gewonnene Erzeugnis mit einem Gehalt von mindestens 3,5 g Essigsäure in 100 ccm.

Anmerkung. Unter „Essig" ist nach der Begriffsbestimmung nur Gärungsessig zu verstehen. Als Essiggärung bezeichnet man die durch die Lebenstätigkeit verschiedener Bakterien (Bacterium aceti, B. acetigenum, B. ascendens, B. rancens, B. Pasteurianum u. a.) mit Hilfe des Sauerstoffs der Luft bewirkte Oxydation von Alkohol zu Essigsäure. Als alkoholhaltige Flüssigkeiten kommen im wesentlichen in Betracht: verdünnter Sprit und Branntwein, Wein, Obstwein, Bier; ferner die Erzeugnisse der alkoholischen Gärung von Malzwürze, Stärkezuckerlösung, Honiglösung.

Der Gehalt des Essigs wird aus praktischen Gründen auf das Volumen der Flüssigkeit bezogen und in Gramm reiner Essigsäure $C_2H_4O_2$ (früher auch „Essigsäurehydrat" genannt) ausgedrückt. Ein Erzeugnis der Essiggärung, das in 100 ccm weniger als 3,5 g Essigsäure enthält, ist kein Essig, kann jedoch durch Verschnitt mit einem stärkeren Gärungsessig zu Essig werden. Die obere Grenze für den Essigsäuregehalt ist durch das Unvermögen der Essigbakterien gegeben, mehr als höchstens 15 g Essigsäure in 100 ccm Flüssigkeit zu erzeugen.

2. **Essigessenz** ist gereinigte wäßrige, auch mit Aromastoffen versetzte Essigsäure mit einem Gehalt von etwa 60 bis 80 g Essigsäure in 100 g.

Anmerkung. Als „Essigessenz" ist gereinigte wäßrige Essigsäure (im Gegensatz zu roher) bezeichnet; welche Anforderungen an den Grad der Reinheit zu stellen sind, ist in den Grundsätzen für die Beurteilung unter Nr. 16 näher bestimmt (vgl. S. 269).

Über die Herkunft der Essigsäure enthält die Begriffsbestimmung für Essigessenz nichts. Es ist daher gleichgültig, ob die Essigsäure aus der Holzdestillation stammt oder aus Gärungsessig durch ein Konzentrationsverfahren (z. B. auf dem

Weg über ein essigsaures Salz) oder etwa durch chemische Synthese, z. B. aus Calciumcarbid gewonnen ist.

Unter Aromastoffen sind sowohl pflanzliche, als auch künstliche zu verstehen, ebenso auch solche Stoffe, die erst nach Zusatz zu der Essigsäure aromabildend wirken, wie z. B. Alkohol. Auch eine mit Aromastoffen nicht versetzte, im übrigen der Begriffsbestimmung entsprechende Essigsäure ist, soweit es sich um den Lebensmittelverkehr handelt, als Essigessenz anzusehen.

Der Gehalt der Essigessenz wird aus praktischen Gründen auf das Gewicht der Flüssigkeit bezogen und in Gramm reiner Essigsäure $C_2H_4O_2$ in 100 g, d. i. in Gewichtsprozenten, ausgedrückt. Eine genaue Abgrenzung des Essigsäuregehalts der Essigessenz nach oben und unten ist nicht gegeben, indessen muß auf Grund der Verordnung, betreffend den Verkehr mit Essigsäure (vgl. S. 263), im Kleinverkauf von Essigessenz der Gehalt an reiner Essigsäure auf den Flaschen angegeben sein. Der Begriff der Essigessenz ist sowohl in bezug auf die Reinheit („gereinigte“) als auf die Stärke der Essigsäure („etwa 60 bis 80 g“) wesentlich enger als derjenige der Flüssigkeiten, die unter die genannte Verordnung fallen („rohe und gereinigte“, „mehr als 15 Gewichtsteile“).

3. **Essenzessig** ist verdünnte Essigessenz mit einem Gehalt von mindestens 3,5 g und höchstens 15 g Essigsäure in 100 ccm.

Anmerkung. Während die Essigessenz unverdünnt weder zum Genuß, noch zur Zubereitung oder Konservierung von Lebensmitteln dienen kann, ist der durch Verdünnen daraus hergestellte „Essenzessig“ zu den gleichen Zwecken wie Essig bestimmt. Ob der etwaige Zusatz von Aromastoffen vor oder nach der Verdünnung der Essigsäure vorgenommen ist, wird als belanglos anzusehen sein. Die untere Grenze für den Gehalt des Essenzessigs stimmt mit der für Essig festgesetzten, die obere mit dem natürlichen Höchstgehalt von Essig überein. Da 100 ccm Essenzessig mehr als 100 g wiegen, so enthält auch der stärkste Essenzessig in 100 g weniger als 15 g reine Essigsäure und ist daher den Beschränkungen der Verordnung, betreffend den Verkehr mit Essigsäure, nicht unterworfen.

4. **Kunstessig** ist mit künstlichen Aromastoffen versetzter oder mit gereinigter Essigsäure (auch Essenzessig oder Essigessenz) vermischter Essig mit einem Gehalt von mindestens 3,5 g und höchstens 15 g Essigsäure in 100 ccm.

Anmerkung. Als „Kunstessig“ sind durch die Begriffsbestimmung solche Erzeugnisse aus Gärungsessig bezeichnet, bei denen der Gärungsessig Zusätze erhalten hat, die für Essig nicht zulässig sind, nämlich entweder künstliche Aromastoffe oder aber gereinigte Essigsäure in irgendeiner Form. Zusätze natürlicher Aromastoffe, wie z. B. solche von Wein oder von aromatischen Pflanzenteilen, bedingen nicht die Bezeichnung des Erzeugnisses als Kunstessig; derartiger Essig kann unter den Begriff des Kräuteressigs, Fruchtessigs, Gewürzessigs (vgl. S. 248) fallen, es steht jedoch nichts im Weg, ihn auch einfach als Essig, Tafelessig oder dergleichen zu bezeichnen. Dagegen sind Auszüge aromatischer Pflanzenteile, die mit anderen Lösungsmitteln als Essig hergestellt sind, oder Destillate aromatischer Pflanzenteile nicht als natürliche Aromastoffe anzusehen; ein Zusatz solcher Stoffe würde den Essig zu Kunstessig machen.

An die als Bestandteil des Kunstessigs zugelassene gereinigte Essigsäure sind in bezug auf den Reinheitsgrad die gleichen Anforderungen zu stellen wie bei Essigessenz; ihr Gehalt an Essigsäure kann beliebig sein. Die Grenzen für den Gehalt von Kunstessig an Essigsäure sind in der gleichen Weise wie für Essenzessig festgesetzt.

Die vorstehenden Begriffsbestimmungen des „Entwurfs von Festsetzungen“ haben sich bis jetzt nicht durchzusetzen vermocht. Man kennt im Verkehr weder Essenzessig, noch Kunstessig und der Name „Essig“ ist nicht dem Gärungsessig vorbehalten. Auch Essenzessig, Verschnitte von Essenz- und Gärungsessig und künstlich aromatisierte Essige kommen als „Essig“ in den Handel.

5. Als **Essigsorten** werden unterschieden:

a) nach den Rohstoffen des Essigs oder der Essigmaische: Branntweinessig (Spritessig, Essigsprit), Weinessig (Traubenessig), Obstweinessig, Bieressig, Malzessig, Stärkezuckeressig, Honigessig und andere;

b) nach dem Gehalt an Essigsäure: Speise- oder Tafelessig mit mindestens 3,5 g Essigsäure, Einmacheessig mit mindestens 5 g Essigsäure, Doppelessig mit mindestens 7 g Essigsäure und Essigsprit sowie dreifacher Essig mit mindestens 10,5 g Essigsäure in 100 ccm.

Anmerkung. Die Aufzählung der Essigsorten ist nicht erschöpfend. Die Bezeichnungen Weinessig und Traubenessig sind gleichbedeutend, ebenso die Bezeichnungen Branntweinessig und Spritessig. Dagegen ist in der Bezeichnung Essigsprit nicht nur eine Angabe des Rohstoffs, sondern auch der Stärke des Essigs enthalten: Spritessig mit mindestens 10,5 g Essigsäure in 100 ccm kann als Essigsprit bezeichnet werden. Wegen der Anforderungen an den Essigsäuregehalt der verschiedenen Sorten vergleiche auch die Grundsätze für die Beurteilung, Nr. 2 bis 6 (S. 266).

Die nach den Rohstoffen unterschiedenen Sorten beziehen sich nur auf Essig (Gärungsessig), und nur für solche werden die genannten Sortenbezeichnungen als zulässig anzusehen sein. Bei Essenzessig und Kunstessig werden für die Unterscheidung nach dem Gehalt an Essigsäure Bezeichnungen, die den unter 2 angegebenen entsprechen, nur dann zulässig sein, wenn sie das Wort Essenzessig oder Kunstessig enthalten, z. B. „Essenzessig für Einmachezwecke", „dreifach starker Kunstessig" usw.

6. **Kräuteressig** (z. B. Estragonessig), Fruchtessig (z. B. Himbeeressig), Gewürzessig und ähnlich bezeichnete Essigsorten sind durch Ausziehen von aromatischen Pflanzenteilen mit Essig hergestellte Erzeugnisse.

Anmerkung. Kräuteressig usw. sind Sorten von Essig (Gärungsessig). Für Erzeugnisse, die aus Essenzessig oder Kunstessig durch Ausziehen aromatischer Pflanzenteile hergestellt sind, werden entsprechende Bezeichnungen nur dann zulässig sein, wenn sie das Wort Essenzessig oder Kunstessig enthalten, z. B. „Essenzessig mit Estragon".

II. Probenentnahme.

Im allgemeinen sind von Essig, Essenzessig und Kunstessig Proben von $^3/_4$ bis $1^1/_2$ l zu entnehmen und bis zur Untersuchung in möglichst gefüllten, mit Korkstopfen verschlossenen Flaschen (Weinflaschen) aufzubewahren.

Von Essigessenz ist etwa $^1/_4$ l, gegebenenfalls in Originalflasche, zu entnehmen.

III. Untersuchung des Essigs und der Essigessenz.

Vorbemerkung. Sofern es sich nicht um die Beantwortung bestimmter Einzelfragen handelt, sind im allgemeinen solche Essigsorten, die schlechthin als Essig oder in einer nur auf den Essigsäuregehalt hindeutenden Weise (z. B. Tafelessig, Doppelessig) bezeichnet sind, auf Verdorbenheit, den Gehalt an Essigsäure, auf freie Mineralsäuren, scharf schmeckende Stoffe, Schwermetalle und Konservierungsmittel, insbesondere Salicylsäure und Benzoesäure, sowie auf Pyridin zu prüfen.

Bei solchen Essigsorten, die eine auf die Rohstoffe hindeutende Bezeichnung tragen (z. B. Weinessig), ist außerdem zu prüfen, ob sie ihrer Bezeichnung entsprechen. Hierfür dienen insbesondere folgende Untersuchungen: Bestimmung des Trockenrückstands, Bestimmung und Untersuchung der Asche, Bestimmung der Weinsäure und des Glycerins, Prüfung auf Proteinstoffe und Dextrine.

Zur Unterscheidung zwischen Gärungsessig und Essenzessig dienen besonders der Nachweis und die Bestimmung der Ameisensäure und die Prüfung auf ketonartige Stoffe nach Farnsteiner.

Essigessenz, Essenzessig und Kunstessig sind im allgemeinen auf Verdorbenheit, den Gehalt an Essigsäure, freie Mineralsäuren, Schwermetalle, Konservierungsmittel und ungenügende Reinigung zu prüfen; zu letzterem Zweck dienen besonders die Bestimmung der Ameisensäure und die Prüfungen auf Methylalkohol, Aceton und Phenole. Kunstessig ist auch auf Pyridin zu prüfen.

Die Mengen der gefundenen Bestandteile sind, soweit nichts anderes bemerkt ist, bei Essig, Essenzessig und Kunstessig in Gramm, bezogen auf 100 ccm, bei Essigessenz in Gramm, bezogen auf 100 g anzugeben.

1. Sinnenprüfung.

Bei Essig ist eine Probe von etwa 50 ccm in ein weites Becherglas auszugießen. Bei der Prüfung ist außer auf die Farbe des Essigs darauf zu achten, ob er klar ist, Kahm oder Bodensatz zeigt oder schleimig-zähe Flocken enthält. Essigälchen können mit bloßem Auge erkannt werden. Ferner ist festzustellen, ob der Essig für sich oder nach der Neutralisation mit Alkalilauge einen fremdartigen Geruch oder — nötigenfalls nach dem Verdünnen — einen dem normalen Essig nicht eigenen, scharfen oder beißenden Geschmack oder faden Nachgeschmack aufweist.

Essigessenz ist auf ihre Farbe und nach dem Verdünnen auf Geruch und Geschmack zu prüfen.

2. Bestimmung des spezifischen Gewichts.

Sie erfolgt mit dem Pyknometer oder der Westphalschen Wage bei 15° C (vgl. den Abschnitt „Wein“, S. 274).

3. Nachweis und Bestimmung des Alkohols.

a) Nachweis des Alkohols: 200 bis 500 ccm Essig werden neutralisiert und davon etwa 50 ccm abdestilliert. Man erwärmt das Destillat, setzt einige Tropfen einer gesättigten Lösung von Jod in Jodkalium (1 Teil Jodkalium in 5 bis 6 Teilen Wasser) und verdünnte Kalilauge zu, bis die braune Farbe des Jods verschwunden ist. Hierauf stellt man die Probe in heißes Wasser und läßt sie darin erkalten. Bei Gegenwart erheblicher Mengen von Alkohol entsteht ein gelber krystallinischer Niederschlag von Jodoform. Spuren von Alkohol geben sich durch den Jodoformgeruch zu erkennen.

b) Bestimmung des Alkohols. 500 ccm Essig werden genau neutralisiert und davon 200 ccm abdestilliert. Diese 200 ccm enthalten allen Alkohol des Essigs; da aber der Alkoholgehalt des Essigs meist nur gering ist, so wird das erste Destillat zum Zweck der Konzentration des Alkohols einer zweiten Destillation unterworfen. Die zuerst übergehenden 100 ccm werden gesammelt und aus deren spezifischem Gewicht wird der Alkoholgehalt nach der Alkoholtafel von K. Windisch (Tabelle XXIII des Anhangs) ermittelt. Der fünfte Teil des festgestellten Alkohols ist in 100 ccm Essig enthalten.

4. Bestimmung der Gesamtsäure.

10 bis 20 ccm Essig bzw. 10 bis 20 g der mit kohlensäurefreiem Wasser auf das zehnfache Gewicht verdünnten Essigessenz werden unter Verwendung von Phenolphthalein als Indikator mit Normalalkalilauge titriert. Wenn ein deutlicher Farbenumschlag wegen der Färbung des Essigs nicht zu beobachten ist, so ist der Essig mit kohlensäurefreiem Wasser zu verdünnen. Der Säuregehalt ist als Essigsäure ($CH_3 \cdot COOH$) zu berechnen. 1 ccm Normallauge = 0,06 g Essigsäure.

5. Bestimmung der Gesamtweinsäure.

Man setzt zu 100 ccm Essig in einem Becherglas 1 ccm Normal-Alkalilauge, 15 g gepulvertes reines Chlorkalium, das durch Umrühren in Lösung gebracht wird, und 20 ccm Alkohol von 95 Maßprozent. Nachdem durch starkes, etwa 1 Minute anhaltendes Reiben der Gefäßwand mit einem Glasstab die Abscheidung des Weinsteins eingeleitet ist, bleibt die Mischung wenigstens 15 Stunden bei Zimmertemperatur stehen und wird dann mit Hilfe einer Saugpumpe, am besten durch einen Filtertiegel, filtriert. Als Waschflüssigkeit dient eine Lösung von 15 g Chlorkalium und 20 ccm Alkohol von 95 Maßprozent in 100 ccm Wasser. Das Becherglas wird dreimal mit wenigen Kubikzentimetern dieser Lösung ausgespült, wobei man jedesmal gut abtropfen läßt. Sodann wird der Niederschlag dreimal mit derselben Lösung ausgewaschen. Insgesamt sind nicht mehr als 20 ccm der Waschflüssigkeit zu verwenden. Der Weinstein wird dann mit siedendem Wasser in das Becherglas zurückgespült und nach Auflösung heiß mit $^n/_{10}$-Alkalilauge unter Verwendung von empfindlichem violettem Lackmuspapier titriert. Der hierbei verbrauchten Anzahl von Kubikzentimetern $^n/_{10}$-Alkalilauge sind für den in Lösung gebliebenen Weinstein 1,5 ccm hinzuzuzählen. Vgl. auch die Bestimmung der Weinsäure im Wein S. 289.

6. Nachweis und Bestimmung der Oxalsäure.

Man versetzt 100 ccm Essig mit Gipslösung und erwärmt, wobei sich Calciumoxalat abscheidet. Man filtriert den Niederschlag ab, glüht ihn und wägt das zurückbleibende Calciumoxyd. 1 g CaO = 1,605 (log. = 0,20 548) g wasserfreier Oxalsäure ($C_2H_2O_4$). Falls nur geringe Mengen Mineralstoffe vorhanden sind und Schwefelsäure und Phosphorsäure im Essig ganz fehlen, kann man die Oxalsäure auch mit ammoniakalischer Chlorcalciumlösung fällen.

7. Nachweis und Bestimmung freier Mineralsäuren.

a) Nachweis freier Mineralsäuren.

10 ccm Essig bzw. eine entsprechende Menge Essigessenz werden so weit verdünnt, daß der Säuregehalt etwa 2% beträgt, und mit 2 Trop-

fen einer 0,1 proz. Lösung von Methylviolett versetzt. Bei Gegenwart freier Mineralsäuren wird die Farbe der Lösung je nach der Menge der Mineralsäure blau bis grün. Die Färbung ist gegen einen weißen Hintergrund zu beobachten und mit der durch die gleiche Menge Methylviolett in 10 ccm reiner 2 proz. Essigsäure hervorgerufenen Färbung zu vergleichen.

Stark gefärbter Essig wird vor der Prüfung durch Kochen mit Knochenkohle entfärbt und nach dem Filtrieren wie angegeben behandelt. Die Knochenkohle ist vor ihrer Verwendung darauf zu prüfen, ob eine mit ihr behandelte 2 proz. Essigsäure, die etwa 0,03% Salzsäure enthält, einen Farbenumschlag des Methylvioletts hervorruft.

Sonstige Verfahren.

α) Auf Zusatz einiger Tropfen einer Lösung von Tropäolin 00 zum Essig entsteht bei Gegenwart von freien Mineralsäuren eine rote wolkige Trübung oder eine rote Färbung (Heumann, Zeitschr. f. analyt. Chemie **21**, 103; 1882).

β) Man vermischt den Essig mit der gleichen Raummenge Alkohol und gibt einige Tropfen Methylorangelösung zu. Reiner Essig ergibt eine rein gelbe, freie Mineralsäure enthaltender Essig eine rotgelbe Färbung (Schidrowitz, Analyst **28**, 233; 1903. — Brode und Lange, Arbeiten aus dem Kaiserl. Gesundheitsamte **30**, 1; 1909).

γ) Bei Behandlung von Essig, der freie Mineralsäuren enthält, mit hydratischem Zinksulfid entsteht Schwefelwasserstoff (Föhring, Zeitschr. f. analyt. Chemie **26**, 99; 1887). Weitere Verfahren sind mitgeteilt bei Beythien, Hartwig und Klimmer, Handbuch der Nahrungsmitteluntersuchung. Leipzig 1914. Verlag von Chr. Hermann Tauchnitz. Bd. 1, 772.

b) Bestimmung freier Mineralsäuren.

20 ccm Essig bzw. 20 g der auf das zehnfache Gewicht verdünnten Essigessenz werden mit 5 ccm $^n/_2$-Alkalilauge zur Trockne verdampft. Der Rückstand wird mit einem Gemisch von 2 ccm Wasser und 2 ccm absolutem Alkohol aufgenommen und mit einer $^n/_2$-Schwefelsäure, die durch Auffüllen von 500 ccm Normalsäure mit absolutem Alkohol auf 1 l hergestellt worden ist, unter Verwendung von Methylorangepapier[1]) titriert. Der Sättigungspunkt ist erreicht, wenn ein Tropfen der Flüssigkeit auf dem Papier sofort einen braunroten Fleck hervorbringt; eine nach dem Verdunsten des Alkohols entstehende Färbung ist außer acht zu lassen. Wenn schon nach Zusatz der ersten Tropfen $^n/_2$-Säure eine Braunrotfärbung entsteht, so ist der Versuch unter Anwendung einer größeren Menge $^n/_2$-Lauge zu wiederholen. Die angewandte Menge $^n/_2$-Alkalilauge, vermindert um die Menge der verbrauchten $^n/_2$-Schwefelsäure, entspricht der in 20 ccm Essig bzw. 2 g Essigessenz enthaltenen freien Mineralsäure.

---

[1]) Das Methylorangepapier wird durch Eintauchen von Filtrierpapier in eine 0,1 proz. Lösung des Farbstoffs und darauffolgendes Trocknen bereitet.

Die Menge der freien Mineralsäure ist in mg-Äquivalenten (= ccm Normallauge) auf 100 ccm Essig bzw. 100 g Essigessenz anzugeben.

Weitere Verfahren zur Bestimmung freier Mineralsäuren im Essig sind beschrieben bei König, Chemie der menschlichen Nahrungs- und Genußmittel. Berlin 1918. Verlag von Julius Springer. Bd. **3**, Teil 3, S. 460. — Beythien, Hartwig und Klimmer, Handbuch der Nahrungsmitteluntersuchung. Leipzig 1914. Verlag von Chr. Hermann Tauchnitz. Bd. **1**, S. 773.

8. Nachweis von Aldehyd.

100 ccm Essig werden neutralisiert, davon etwa 10 ccm abdestilliert und im Destillat der Aldehyd wie im Branntwein (S. 232) nachgewiesen.

9. Bestimmung des Glycerins.

Das Glycerin wird mit Jodwasserstoffsäure in Isopropyljodid übergeführt, dieses durch Silbernitratlösung zersetzt und das entstandene Silberjodid bestimmt.

100 ccm Essig werden bis zur Sirupdicke oder bis auf etwa $^1/_2$ ccm eingedampft; der Rückstand wird mit wenig Wasser in ein 50 ccm-Meßkölbchen gespült, die Flüssigkeit so lange mit kleinen Mengen Tanninlösung versetzt, als noch eine Fällung entsteht, mit Barytwasser neutralisiert, bis zur Marke aufgefüllt und durch ein trocknes Filter filtriert.

5 ccm des Filtrats werden in den Apparat Fig. 5 (S. 292) eingebracht und die Bestimmung des Glyzerins in der dort geschilderten Art vorgenommen.

Das Gewicht des Jodsilbers, mit 3,921 multipliziert, ergibt die in 100 ccm Essig enthaltene Menge Glycerin.

10. Nachweis und Bestimmung der Proteinstoffe.

Zum Nachweis von Proteinstoffen werden 2 ccm Essig mit 0,2 ccm einer 5proz. Gerbsäurelösung versetzt. Bei Gegenwart von Proteinstoffen entsteht eine feine Trübung, die sich bald als flockiger Niederschlag absetzt.

Die quantitative Bestimmung der Proteinstoffe geschieht nach dem Kjeldahlschen Verfahren (s. Bd. II, S. 1120).

11. Prüfung auf Dextrine.

Die zur Prüfung auf Proteinstoffe benutzte, wenn nötig filtrierte, klare Flüssigkeit wird mit vier Tropfen Salzsäure vom spezifischen Gewicht 1,19 und dem 10fachen Volumen absoluten Alkohols versetzt. Bei Gegenwart von Dextrinen entsteht eine Trübung, die sich nach einiger Zeit zusammenballt oder an den Gefäßwänden festsetzt.

12. Prüfung auf scharf schmeckende Stoffe.

Der mit Alkalilauge gegen Phenolphthalein genau neutralisierte Essig wird auf dem Wasserbade soweit eingeengt, daß die Ausscheidung von Krystallen beginnt, und der Rückstand nach dem Erkalten auf seinen Geschmack geprüft. Die Masse wird alsdann mit Äther ausgezogen und der beim Verdunsten des Äthers hinterbleibende Rückstand ebenfalls auf seinen Geschmack geprüft. Ein scharfer Geschmack des einen oder anderen Rückstands zeigt einen Zusatz scharf schmeckender Stoffe an. Vgl. auch den Abschnitt „Nachweis von Branntweinschärfen“ (S. 239).

13. Bestimmung des Trockenrückstands.

50 ccm Essig werden in einer Platinschale auf dem Wasserbad bis zur Sirupdicke eingedampft. Der Rückstand wird in 50 ccm Wasser gelöst und die Lösung erneut eingedampft; das Auflösen in 50 ccm Wasser und Eindampfen wird noch zweimal wiederholt, der Rückstand $2^1/_2$ Stunden im Wasserdampftrockenschrank erhitzt und nach dem Erkalten im Exsikkator gewogen. Ist der beim ersten Eindampfen erhaltene Rückstand sehr gering, so ist das wiederholte Eindampfen entbehrlich.

14. Bestimmung und Untersuchung der Asche.

Der aus 50 ccm Essig erhaltene Trockenrückstand wird entweder für sich oder, falls er sehr erheblich ist, nach Zusatz von etwa 2 ccm aschefreiem Glycerin in der Platinschale mit kleiner Flamme verkohlt. Die Kohle wird wiederholt mit kleinen Mengen heißen Wassers ausgezogen, der wäßrige Auszug durch ein kleines Filter von bekanntem Aschengehalt filtriert und das Filter samt der Kohle in der Schale mit möglichst kleiner Flamme verascht. Alsdann wird das Filtrat in die Schale zurückgebracht, zur Trockne verdampft, der Rückstand ganz schwach geglüht und nach dem Erkalten im Exsikkator gewogen.

Die Asche wird mit überschüssiger $^n/_{10}$-Salzsäure und Wasser in ein Kölbchen aus Jenaer Geräteglas gespült, das mit einem Uhrglas bedeckte Kölbchen eine Stunde lang auf dem siedenden Wasserbad erwärmt und die erkaltete Lösung nach Zusatz von einem Tropfen Methylorange- und wenigen Tropfen Phenolphthaleinlösung mit $^n/_{10}$-Alkalilauge bis zum Umschlag des Methylorange titriert. Darauf setzt man 10 ccm etwa 40 proz. neutrale Chlorcalciumlösung hinzu und titriert weiter bis zur Rötung des Phenolphthaleins.

Die zur Neutralisation gegen Methylorange verbrauchten mg-Äquivalente Säure (= ccm Normalsäure) ergeben die Alkalität der Asche; die vom Umschlag des Methylorange bis zum Umschlag des Phenolphthaleins verbrauchten mg-Äquivalente Alkali (= ccm Normallauge) ergeben mit 47,52 multipliziert die in der Asche enthaltenen mg Phosphatrest (PO_4).

15. Prüfung auf Schwermetalle (Blei, Kupfer, Zink, Zinn).

250 ccm Essig bzw. 25 g Essigessenz werden auf etwa 50 ccm eingedampft bzw. verdünnt. Die Flüssigkeit wird mit 10 ccm konzentrierter Salzsäure und unter gelindem Kochen von Zeit zu Zeit mit kleinen Mengen von Kaliumchlorat versetzt, bis sie farblos oder hellgelb geworden ist. Nachdem noch so lange erhitzt worden ist, bis der

Chlorgeruch verschwunden ist, werden 10 g Natriumacetat und so viel Wasser hinzugegeben, daß die Gesamtmenge etwa 100 ccm beträgt. In die Lösung wird sodann Schwefelwasserstoffgas eingeleitet und ein etwa entstehender Niederschlag nach den üblichen Verfahren auf Blei, Kupfer, Zink und Zinn untersucht.

16. Prüfung auf Formaldehyd.

Von 100 ccm Essig bzw. zehnfach verdünnter Essigessenz werden nach Zusatz von 10 g Kochsalz und 0,5 g Weinsäure etwa 75 ccm abdestilliert. 5 ccm des durch Umschütteln gemischten Destillats werden sodann mit 2 ccm frischer Milch[1]) und 7 ccm Salzsäure vom spezifischen Gewicht 1,124, die auf 100 ccm 0,2 ccm einer 10proz. Eisenchloridlösung enthält, in einem geräumigen Probierglas erhitzt und eine Minute lang in lebhaftem Sieden erhalten. Die Gegenwart von Formaldehyd bewirkt Violettfärbung.

17. Nachweis und Bestimmung der Ameisensäure.

a) Nachweis der Ameisensäure.

Der Rest des für die Prüfung auf Formaldehyd benutzten Destillats (etwa 70 ccm) wird mit 10 ccm Normal-Alkalilauge auf dem Wasserbad zur Trockne verdampft. Der Rückstand wird, wenn die Prüfung auf Formaldehyd positiv ausgefallen war, nach einstündigem Erhitzen auf 130°, im anderen Fall ohne weiteres mit 10 ccm Wasser und 5 ccm Salzsäure vom spez. Gewicht 1,124 aufgenommen und die Lösung in einem kleinen, mit einem Uhrglas zu bedeckenden Kölbchen nach und nach mit 0,5 g Magnesiumspänen versetzt. Nach zweistündiger Einwirkung des Magnesiums werden 5 ccm der Lösung in ein geräumiges Probierglas abgegossen und in der angegebenen Weise mit Milch und eisenhaltiger Salzsäure auf Formaldehyd geprüft. Färbt sich hierbei die Flüssigkeit oder wenigstens das unmittelbar nach Beendigung des Kochens sich abscheidende Eiweiß deutlich violett, so ist der Nachweis von Ameisensäure erbracht.

b) Bestimmung der Ameisensäure.

100 ccm Essig bzw. 100 g der auf das zehnfache Gewicht verdünnten Essigessenz werden in einem langhalsigen Destillierkolben von etwa 500 ccm Inhalt mit 0,5 g Weinsäure versetzt. Durch den Gummistopfen des Kolbens führt ein unten verengtes Dampfeinleitungsrohr sowie ein gut wirkender Destillationsaufsatz, der durch zweimal gebogene Glasröhren in einen zweiten, gleich großen und gleich geformten Kolben überleitet. Dieser enthält in 100 ccm Wasser aufgeschwemmt so viel reines Calciumcarbonat, daß es die zur Bindung der gesamten angewandten Essigsäure erforderliche Menge um etwa 2 g überschreitet. Das in den zweiten Kolben führende Einleitungsrohr ist für eine wirksame Aufrührung zweckmäßig unten zugeschmolzen und dicht darüber mit vier horizontalen, etwas gebogenen Auspuffröhrchen von enger

[1]) Durch Vorversuche ist festzustellen, einerseits, daß die Milch frei von Formaldehyd ist, anderseits, daß sie auf Zusatz von Formaldehyd die Reaktion gibt.

Öffnung versehen. Der Kolben trägt ebenfalls einen gut wirkenden Destillationsaufsatz, der durch einen absteigenden Kühler zu einer geräumigen Vorlage führt.

Nachdem die Calciumcarbonat-Aufschwemmung zum schwachen Sieden erhitzt ist, wird durch den Essig ein Wasserdampfstrom geleitet und so geregelt, daß die Aufschwemmung nicht zu heftig schäumt; gleichzeitig wird der Essig erhitzt, so daß sein Volumen allmählich auf etwa ein Drittel verringert wird. Wenn etwa 750 ccm Destillat vorliegen, unterbricht man die Destillation und filtriert die noch heiße Aufschwemmung, wäscht das Calciumcarbonat mit heißem Wasser aus und dampft das Filtrat auf dem Wasserbad zur Trockne ein. Der Rückstand wird im Lufttrockenschrank eine Stunde lang auf 125 bis 130° erhitzt, in etwa 100 ccm Wasser gelöst und die Lösung zweimal mit je 25 ccm reinem Äther ausgeschüttelt. Nachdem man durch vorsichtiges Erwärmen der wässerigen Lösung auf dem Wasserbad den gelösten Äther entfernt hat, bringt man die klare Lösung in einen Erlenmeyerkolben, gibt 2 g reines krystallisiertes Natriumacetat, einige Tropfen Salzsäure bis zur schwach sauren Reaktion und 40 ccm 5 proz. Quecksilberchloridlösung hinzu und erhitzt die Lösung zwei Stunden lang im siedenden Wasserbad, in das der mit einem Kühlrohr versehene Kolben bis an den Hals eintauchen muß. Das ausgeschiedene Quecksilberchlorür wird unter wiederholtem Dekantieren mit warmem Wasser auf einen Platinfiltertiegel gebracht, gut ausgewaschen, mit Alkohol und Äther nachgewaschen, im Dampftrockenschrank bis zur Gewichtskonstanz — etwa 1 Stunde — getrocknet und gewogen.

Durch Erhitzen des wäßrigen Filtrats mit weiteren 5 ccm Quecksilberchloridlösung überzeugt man sich, daß ein hinreichender Quecksilberüberschuß vorhanden war.

Die gefundene Menge Quecksilberchlorür, mit 0,0975 (log = 0,98900 — 2) multipliziert, ergibt die in 100 ccm Essig bzw. in 10 g Essigessenz enthaltene Menge Ameisensäure.

Enthält der Essig schweflige Säure, so wird das auf etwa 100 ccm eingeengte Filtrat von der Calciumcarbonat-Aufschwemmung mit 1 ccm Normal-Alkalilauge und 5 ccm 3 proz. Wasserstoffsuperoxydlösung versetzt. Nach vierstündiger Einwirkung bei Zimmertemperatur wird das überschüssige Wasserstoffsuperoxyd durch eine kleine Menge frisch gefällten oder feucht aufbewahrten Quecksilberoxyds[1]) zerstört. Die angewandte Menge Quecksilberoxyd war ausreichend, wenn nach Beendigung der Gasentwicklung der Bodensatz noch stellenweise rot erscheint. Nach einer halben Stunde wird vom Quecksilber und Quecksilberoxyd durch ein kleines Filter abgegossen, gut ausgewaschen und das Filtrat in der oben angegebenen Weise weiterbehandelt.

Enthält der Essig Salicylsäure, so werden der mit Quecksilberchlorid zu erhitzenden Lösung 2 g Natriumchlorid hinzugefügt.

---

[1]) Das Quecksilberoxyd ist in der Siedehitze durch Eingießen von Quecksilberchloridlösung in überschüssige reine Natronlauge zu bereiten, durch Dekantieren mit heißem Wasser gut auszuwaschen, auf einem Filter zu sammeln und als feuchte Paste aufzubewahren und zu verwenden.

18. Prüfung auf Methylalkohol.

Von 10 ccm Essig bzw. zehnfach verdünnter Essigessenz, die mit Alkalilauge nahezu neutralisiert worden sind, werden 2 ccm langsam abdestilliert. Das Destillat wird mit $^1/_2$ ccm verdünnter (etwa 16 proz.) Schwefelsäure und tropfenweise mit 3 proz. Kaliumpermanganatlösung versetzt, bis es auch nach etwa 2 Minuten langem Schütteln noch stark violett oder — bei Abscheidung von Manganoxyden — rot gefärbt erscheint. Die Flüssigkeit wird sodann durch wenige Tropfen gesättigter Oxalsäurelösung und Erwärmen auf etwa 40° entfärbt und geklärt und nunmehr mit Milch und eisenhaltiger Salzsäure in der oben (S. 254) angegebenen Weise auf Formaldehyd geprüft. Waren mehr als Spuren von Methylalkohol vorhanden, so färbt sich die Flüssigkeit während des Kochens tiefviolett.

War von vornherein Formaldehyd vorhanden, so ist das Prüfungsverfahren nicht anwendbar.

19. Prüfung auf Aceton.

Von 10 ccm Essenzessig oder Kunstessig bzw. zehnfach verdünnter Essigessenz, die bis zur schwach alkalischen Reaktion mit Alkalilauge versetzt sind, werden 5 ccm abdestilliert. Das Destillat wird mit 1 ccm einer frisch bereiteten, etwa 1 proz. wäßrigen Lösung von Nitroprussidnatrium vermischt, durch Zusatz von Natronlauge alkalisch gemacht und dann mit Essigsäure angesäuert.

Bei Abwesenheit von Aceton verursacht die Natronlauge eine helle citronengelbe Färbung, die beim Ansäuern mit Essigsäure verschwindet. Bei Gegenwart von Aceton gibt die Natronlauge eine rötlichbraune Färbung, die beim Ansäuern mit Essigsäure in Violett übergeht. Der Farbenumschlag ist gegen einen weißen Hintergrund zu beobachten.

20. Prüfung auf Pyridin.

Von 50 ccm Essig, die bis zur stark alkalischen Reaktion mit Alkalilauge versetzt worden sind, werden 20 ccm abdestilliert. Das Destillat wird mit je 5 Tropfen verdünnter (etwa 10 proz.) Schwefelsäure und Wismutjodid-Jodkaliumlösung[1]) versetzt. Bei Gegenwart von Pyridin tritt eine rote Ausscheidung ein.

21. Prüfung auf ketonartige Stoffe nach Farnsteiner.

(Zeitschr. f. Unters. d. Nahr.- u. Genußm. **2**, 198; 1899 und **15**, 321; 1908).

Gärungsessige, insbesondere Weinessige, enthalten flüchtige, neutrale, ketonartige Stoffe, die Fehlingsche Lösung schon in der Kälte reduzieren, die aber bis jetzt nicht näher erforscht sind. Zur Bestimmung dieser ketonartigen Stoffe verfährt man nach Farnsteiner wie folgt: 25 ccm

[1]) Zur Darstellung der Wismutjodid-Jodkaliumlösung löst man 8 g basisches Wismutnitrat in 20 ccm Salpetersäure vom spezifischen Gewicht 1,18 sowie 27,2 g Jodkalium in möglichst wenig Wasser und gießt die Wismutlösung langsam unter Umschütteln in die Jodkaliumlösung, wobei sich der anfangs entstehende braune Niederschlag wieder auflöst. Durch starkes Abkühlen läßt man möglichst viel Kaliumnitrat auskrystallisieren, trennt die Lösung davon und verdünnt sie mit Wasser zu 100 ccm. Die Lösung ist vor Licht geschützt aufzubewahren.

Essig werden mit Natronlauge neutralisiert, zu 37,5 ccm aufgefüllt und hiervon 25 ccm abdestilliert, die in bekannter Weise mit Fehlingscher Lösung gefällt werden. Zu dem Destillationsrückstand gibt man 25 ccm Wasser, destilliert davon nochmals 25 ccm ab und kocht diese mit Fehlingscher Lösung. Dieses Verfahren wiederholt man noch ein drittes Mal. Nach Farnsteiner lieferten Destillate von Weinessigen aus 100 ccm Essig hierbei 0,33 bis 0,79 g Kupferoxyd.

22. Prüfung auf Phenole.

20 ccm Essenzessig oder Kunstessig bzw. zehnfach verdünnte Essigessenz werden mit 20 ccm Äther ausgeschüttelt. Der Äther wird auf dem Wasserbad verdampft, der Rückstand in 5 ccm Wasser gelöst und die Lösung in einem Probierglas mit 2 ccm gesättigtem Bromwasser versetzt. Eine bei geringen Mengen erst nach einigen Stunden eintretende Trübung oder ein Niederschlag zeigt die Anwesenheit von Phenolen an.

23. Prüfung auf brenzliche (empyreumatische) Stoffe.

Essenzessige enthielten früher merkliche Mengen brenzlicher Stoffe, deren Nachweis zur Prüfung des Gärungsessigs auf einen Zusatz von Essenzessig und zur Unterscheidung von Gärungs- und Essenzessig herangezogen wurde. Nach Cazeneuve und Cotton (Malacarne, Zeitschr. f. Unters. d. Nahr.- u. Genußm. **19**, 412; 1910) gibt man zu 100 ccm Essig solange 0,1 proz. Kaliumpermanganatlösung, bis die Rotfärbung mindestens 5 Minuten bestehen bleibt. Bei Weinessig sind hierzu höchstens 1 ccm, bei Alkoholessig höchstens 2 ccm der Kaliumpermanganatlösung erforderlich. Ein höherer Kaliumpermanganatverbrauch weist auf Holzessig hin. — Auf Zusatz von Azonitrobenzolchlorid (Casella) soll Holzessig eine Rotfärbung, Weinessig eine Grünfärbung, Alkoholessig keinerlei Färbung geben.

24. Sonstige Verfahren zur Unterscheidung von Gärungs- und Essenzessig.

a) Verfahren von Kraszewski.

Man destilliert 100 ccm Essig auf dem Wasser- oder Sandbad ab, macht das Destillat alkalisch und schüttelt es mit Amylalkohol aus. Der nach dem Verdampfen des Amylalkohols hinterbleibende Rückstand wird mit Wasser verdünnt, mit Schwefelsäure angesäuert und mit Jodjodkaliumlösung versetzt. Nach dem Abkühlen bleibt die Lösung bei reinem Essenzessig völlig klar, während bei Gärungsessig eine deutliche Trübung auftritt. Das Verfahren wird von Schmidt (Zeitschr. f. Unters. d. Nahr.- u. Genußm. **11**, 386; 1906) empfohlen.

b) Verfahren von Rothenbach.

α) Jodprobe. 1 ccm Essig wird mit 0,1 ccm $^{n}/_{10}$-Jodlösung und 0,2 ccm konzentrierter Schwefelsäure gemischt und 5 bis 10 Minuten gekühlt. Konzentrierte Essigessenz gibt hierbei eine klare Rotfärbung, und auf 1% Essigsäure verdünnte Essenz eine klare hellgelbe Färbung, während reiner Gärungsessig auch in starker Verdünnung eine dunkelrote, bald trüb werdende Flüssigkeit ergibt, die an der Oberfläche eine grünliche Schicht zeigt. Gemische von Gärungsessig mit nur 5% Essigessenz bleiben noch völlig blank.

β) Man schüttelt 50 ccm Essig mit 20 bis 30 ccm reinem alkoholfreiem Chloroform im Scheidetrichter, beseitigt eine etwa entstehende Emulsion durch Zusatz von etwas Wasser und filtriert die Chloroformschicht durch ein trocknes Filter. Bei starker Abkühlung des Filtrats tritt eine weißliche Trübung auf und nach Zusatz von 2 bis 3 ccm gekühlter Nitriersäure, die durch Mischen von 10 Teilen konzentrierter Schwefelsäure und 11 Teilen rauchender Salpetersäure unter Kühlung gewonnen wurde, entsteht bei Gegenwart von Gärungsessig eine dunkelrote Zone. Nach vorsichtigem Schütteln nimmt die Chloroformschicht eine beständige Rotfärbung an, während die untere Schicht farblos bleibt. Essenzessig soll die Reaktion nicht geben.

25. Prüfung auf Borsäure.

Die Prüfung auf Borsäure erfolgt in gleicher Weise wie im Wein (S. 327).

26. Prüfung auf schweflige Säure.

Nachdem der Essig bzw. die Essigessenz so weit mit Wasser verdünnt worden ist, daß die Flüssigkeit etwa 3% Essigsäure enthält, werden 20 ccm hiervon sowie 2 ccm 25proz. Phosphorsäure in ein Erlenmeyerkölbchen von 100 ccm gebracht und dieses mit einem Kork lose verschlossen. In einem Spalt des Korks ist ein Streifen Kaliumjodatstärkepapier[1]) so befestigt, daß sein unteres, auf etwa 1 cm Länge mit Wasser befeuchtetes Ende ungefähr 1 cm über der Mitte der Flüssigkeitsoberfläche sich befindet. Wenn sich beim Erwärmen des Kölbchens auf dem Wasserbad innerhalb 5 Minuten keine vorübergehende oder bleibende Bläuung des Papierstreifens zeigt, so ist der Essig bzw. die Essigessenz als frei von schwefliger Säure zu betrachten. Tritt dagegen eine Bläuung ein, so ist der entscheidende Nachweis der schwefligen Säure durch nachstehendes Verfahren zu erbringen:

Ein Destillierkolben von etwa 400 ccm Inhalt wird mit einem Stopfen verschlossen, durch den zwei Glasröhren in das Innere führen, die eine bis auf den Boden, die andere nur bis in den Hals. Die letztere Röhre ist durch einen Kühler mit einer Absorptionsvorlage verbunden. Man leitet durch die bis auf den Boden des Kolbens führende Röhre reines (von Schwefelverbindungen freies) Kohlendioxyd, bis alle Luft aus dem Apparat verdrängt ist, bringt dann in die Vorlage 50 ccm Jod-Jodkaliumlösung[2]), lüftet den Stopfen des Destillierkolbens und läßt 100 ccm Essig bzw. verdünnte Essigessenz aus einer Pipette in den Kolben fließen, ohne das Einströmen des Kohlendioxyds zu unterbrechen. Nachdem noch 5 g Phosphorsäure vom spez. Gewicht 1,70

[1]) Die Lösung zur Herstellung des Jodatstärkepapiers besteht aus 0,1 g Kaliumjodat und 1 g löslicher Stärke in 100 ccm Wasser.

[2]) Erhalten durch Auflösen von 5 g reinem Jod und 7,5 g Jodkalium in Wasser zu 1 l; die Lösung muß sulfatfrei sein.

zugegeben worden sind, erhitzt man den Kolbeninhalt vorsichtig und destilliert ihn unter stetigem Durchleiten von Kohlendioxyd bis zur Hälfte ab. Nunmehr bringt man die Jodlösung, die noch braun gefärbt sein muß, in ein Becherglas, spült die Vorlage mit Wasser aus, setzt etwas Salzsäure zu und fällt die durch Oxydation der schwefligen Säure entstandene Schwefelsäure in der Siedehitze mit Baryumchloridlösung. Der Niederschlag wird auf die übliche Weise zur Wägung gebracht.

27. Prüfung auf Salicylsäure.

50 ccm Essig bzw. zehnfach verdünnte Essigessenz werden mit einigen Tropfen Schwefelsäure versetzt und mit 50 ccm Äther ausgeschüttelt. Der ätherische Auszug wird zweimal mit der gleichen Menge Wasser gewaschen und unter Zusatz von 1 ccm Wasser abgedunstet. Der Rückstand wird mit einigen Tropfen einer 0,05 proz. Eisenchloridlösung versetzt; eine hierbei auftretende Rotviolettfärbung zeigt die Gegenwart von Salicylsäure an.

28. Prüfung auf Benzoesäure.

50 ccm Essig bzw. zehnfach verdünnte Essigessenz werden zunächst wie bei der Prüfung auf Salicylsäure behandelt; der ätherische, mit Wasser gewaschene Auszug wird in einer Schale bis auf etwa 5 ccm und dann auf einem Uhrglas von etwa 6 cm Durchmesser vorsichtig zur Trockne verdunstet. Das Uhrglas wird sodann mit einem zweiten Uhrglas von gleicher Größe bedeckt und zwischen beide ein Stück Filtrierpapier, das die Ränder der Uhrgläser allseitig überragt, gelegt. Das untere Glas wird ziemlich schnell, aber vorsichtig mit einer sehr kleinen Flamme erhitzt; bei Gegenwart von Benzoesäure setzt sich diese in feinen weißen Kryställchen an dem oberen Glas ab. Das Sublimat wird mit einigen Tropfen Ammoniaklösung aufgenommen, die Lösung in dem Uhrglas auf dem Wasserbad zur Trockne verdampft, der Rückstand in wenigen Tropfen Wasser gelöst und tropfenweise mit einer 0,5 proz. Eisenchloridlösung versetzt. Bei Gegenwart von Benzoesäure entsteht ein fleischfarbener Niederschlag.

29. Prüfung auf Teerfarbstoffe.

10 ccm Essig werden nach Zusatz einiger Tropfen Kaliumbisulfatlösung mit einem entfetteten weißen Wollfaden 10 Minuten lang im siedenden Wasserbad erhitzt. Bei Gegenwart von Teerfarbstoffen ist der Faden nach dem Auswaschen mit Wasser in der Regel deutlich gefärbt. Sein Verhalten gegen Mineralsäuren, Ammoniaklösung, Alkalilauge und andere Reagentien erlaubt meist eine nähere Kennzeichnung des Farbstoffes.

Einzelne Essigsorten sowie mit gebranntem Zucker gefärbter Essig vermögen an sich den Wollfaden gelblich bis schwach bräunlich zu färben. Der natürliche Rotweinfarbstoff gibt dem Faden eine bräunlichrote Färbung, die durch Ammoniak schmutzig grünlich wird und beim Auswaschen mit Wasser nicht wieder erscheint.

Bisweilen gibt auch das Verhalten des Essigs beim Behandeln mit Bleiessig oder beim Ausschütteln mit Amylalkohol über die Art des Farbstoffs Aufschluß.

In zweifelhaften Fällen kann der Nachweis von Teerfarbstoffen auf spektroskopischem Wege erbracht werden.

30. Unterscheidung der einzelnen Essigsorten.

a) Branntweinessig.

Branntweinessig enthält nur kleine Mengen von Extrakt und Mineralstoffen. Der Extraktgehalt beträgt meist nicht mehr als 0,3 g in 100 ccm. Die Asche ist neutral oder schwach alkalisch. Extrakt und Mineralstoffe rühren zum Teil von den zugesetzten Hefenährstoffen her. Als solche werden verwendet: Malzauszüge, Stärkesirup, Ammoniumsalze, Phosphate usw.

b) Weinessig.

Weinessig hat ein feineres Aroma als der Branntweinessig und hat einen bedeutend höheren Gehalt an Extrakt und Mineralstoffen. In den Extraktstoffen finden sich die charakteristischen Extraktstoffe des Weines, z. B. Glycerin, Weinsäure, Äpfelsäure oder Milchsäure, Proteinstoffe und dergleichen. Als besonders kennzeichnenden Bestandteil des Weinessigs bezeichnet Fleury den Inosit.

Von den Extraktstoffen des Weines werden in der Regel gewisse Mengen zerstört; nach Untersuchungen von Möslinger (Zeitschr. f. Unters. d. Nahr.- u. Genußm. **10**, 126; 1905), Röhrig (ebenda **13**, 63; 1907), Kapeller und Theopold (ebenda **17**, 719; 1909) und Farnsteiner (ebenda **2**, 198; 1899) beträgt der Extraktverlust je nach den Umständen 0 bis 22%. Farnsteiner verlangte, daß ein Weinessig, der aus einer 20% Wein enthaltenden Maische hergestellt worden ist, mindestens 0,4 g zuckerfreies Extrakt in 100 ccm enthalten soll. Dieser Forderung kann man auch heute mit der Maßgabe zustimmen, daß eine kleine Abweichung nach unten nicht zu einer Beanstandung führen kann.

Unter den Extraktstoffen ist die Weinsäure bzw. der Weinstein für Traubenweinessig besonders kennzeichnend. Einen besonderen Wert scheint auch die Bestimmung des Glycerins zu haben. Die Glycerinverluste, die bei der Essiggärung des Weines eintreten, sind sehr verschieden, teils fast gleich Null, teils können sie 30 bis 40% betragen. In echtem Weinessig wurden etwa 0,3 bis 0,7% Glycerin gefunden, im 20proz. Weinessig wird man meist 0,04% Glycerin oder mehr finden.

Der Stickstoffgehalt des echten Weinessigs beträgt 0,01 bis 0,03%. Branntweinessig enthält in der Regel weniger, sein Stickstoffgehalt kann aber durch Zusatz von Ammoniaksalzen, die als Nährstoff für die Essigbakterien dienen, fast so hoch wie im Weinessig werden.

Der Aschengehalt der Weinessige ist in der Regel recht hoch und beträgt bei reinen Weinessigen meist 0,25% oder mehr und selten weniger als 0,2%. Für 20proz. Weinessig wird man etwa 0,07% Asche verlangen dürfen, da auch der zum Verschnitt verwendete Branntweinessig nicht frei von Aschenbestandteilen ist.

Die nähere Untersuchung der Asche kann unter Umständen für die Beurteilung des Weinessigs von Bedeutung sein. Die Asche des Weinessigs enthält in der Regel nur Spuren von Schwefelsäure und Salzsäure, dagegen viel Kaliumcarbonat und Phosphorsäure. Die Alkalität der Asche des reinen Weinessigs ist verhältnismäßig hoch, meist 1,5 ccm Normalschwefelsäure und höher. 20proz. Weinessige haben in der Regel eine Aschenalkalität von mindestens 0,4 ccm Normalschwefelsäure. An Phosphorsäure enthält echter Weinessig 0,01 bis 0,04%.

c) Obstessig (Apfel-, Birnen-, Cider-Essig).

Obstessig enthält, wie der Weinessig, größere Mengen von Extrakt und Mineralstoffen. Unter den Extraktstoffen fehlt die Weinsäure. Dagegen enthält der Obstessig Äpfelsäure oder Milchsäure. Der Glyceringehalt der Obstessige ist in der Regel niedriger als der des Weinessigs. Obstessig ist reich an Mineralstoffen und die Alkalität der Asche ist hoch. Die Asche enthält auch nicht unbeträchtliche Mengen von Phosphorsäure.

d) Bier- und Malzessig.

Bier- und Malzessig enthalten größere Mengen von Extrakt- und Mineralstoffen. Unter den Extraktstoffen findet sich Dextrin, das für Bier- und Malzessig charakteristisch ist. Es ist meist in solcher Menge vorhanden, daß es sich beim Vermischen des Essigs mit der gleichen Menge Alkohol ausscheidet. Auch der Bier- und Malzessig enthält größere Mengen von Phosphorsäure.

e) Essigessenz und Essenzessig.

Der durch Verdünnen von Essigessenz hergestellte Essig hat nur wenig Extrakt- und Mineralstoffe und enthält bisweilen Phenole und andere brenzliche Stoffe, ferner größere Mengen von Ameisensäure. Fincke (Zeitschr. f. Unters. d. Nahr.- u. Genußm. **21**, 1; 1911; **22**, 88; 1911; **23**, 264; 1912; **25**, 386; 1913) fand in einer größeren Anzahl Proben Essigessenz auf 100 Teile Gesamtsäure 0,04 bis 1,20 Teile Ameisensäure; in 100 ccm Essigessenz wurden 0,03 bis 0,99 g Ameisensäure festgestellt. Weinessige hatten auf 100 Teile Gesamtsäure nicht mehr als 0,05 Teile Ameisensäure. Branntweinessig enthielt noch weniger Ameisensäure oder war ganz frei davon. Bei einem Befund von mehr als 0,25 g Ameisensäure auf 100 g Gesamtsäure kann der Nachweis eines Zusatzes von Essenzessig zum Gärungsessig als erbracht gelten.

Für die Unterscheidung von Gärungsessig und Essenzessig hat sich die Prüfung auf flüchtige, ketonartige Stoffe nach Farnsteiner bestens bewährt, insbesondere ist es hierdurch möglich, Weinessig von Essenzessig zu unterscheiden und einen Zusatz von Essigessenz zum Weinessig nachzuweisen.

Die vorher (Seite 257) mitgeteilten Reaktionen zum Nachweis von Essenzessig im Gärungsessig und umgekehrt von Gärungsessig im Essenzessig sind nicht sicher und dürfen bei der Beurteilung nicht zu stark bewertet werden.

31. Mikroskopisch-biologische Untersuchung des Essigs.

Die biologische Untersuchung des Essigs auf Bakterien und sonstige Organismen erfolgt nach den gleichen Verfahren wie die biologische Untersuchung des Biers und des Weins. Vielfach ist es zweckmäßig, Tröpfchenkulturen anzulegen, bisweilen auch Plattenkulturen auf Würzeagar.

Von Bakterien kommen im Essig vorwiegend Essigbakterien vor, die teils eine Kahmhaut an der Oberfläche des Essigs bilden können, teils eine schleimige Masse bilden, zum Teil aber auch den Essig zu trüben vermögen. Bei der Schleimbildung ist hauptsächlich das Schleimessigbakterium (Bacterium xylinum) beteiligt. Eine Kahmhaut kann unter Umständen auch durch Kahmhefen hervorgerufen werden, jedoch nur in ganz dünnen Essigen mit weniger als 3% Essigsäure. Die Kahmhefen zerstören die Essigsäure in ähnlicher Weise, wie sie auch Alkohol verzehren.

Milchsäurebakterien sind im Essig in der Regel tot oder doch nicht mehr entwicklungsfähig.

Trübungen im Essig können auch durch Essigälchen hervorgerufen werden. Man erkennt sie am besten mit Hilfe einer Lupe. Die Tierchen sammeln sich an der Oberfläche des Essigs an. Auch durch nicht organisierte Ausscheidungen, wie Proteinstoffe, kann der Essig getrübt werden.

IV. Verbote zum Schutz der Gesundheit.

1. Essig, Essigessenz, Essenzessig oder Kunstessig, die unter Zusatz der nachbezeichneten Stoffe hergestellt sind, dürfen für Genußzwecke nicht in den Verkehr gebracht werden:

Ameisensäure, Benzoesäure, Borsäure, Eisencyanverbindungen, Flußsäure, Formaldehyd und solche Stoffe, die bei ihrer Verwendung Formaldehyd abgeben, Methylalkohol, Salicylsäure, schweflige Säure (abgesehen von sachgemäßem Schwefeln der Fässer), Salze und Verbindungen der vorgenannten Säuren.

Anmerkung zu 1. Unter 1 sind nur die Stoffe aufgeführt, deren Zusatz zu Essig, Essigessenz, Essenzessig und Kunstessig zum Schutz der Gesundheit unter allen Umständen verboten ist. Damit ist nicht ausgeschlossen, auch andere Zusätze als gesundheitsschädlich im Sinne der §§ 12, 13, 14 oder als Verfälschung im Sinne der §§ 10, 11 des Nahrungsmittelgesetzes anzusehen. Nur der Zusatz der genannten Stoffe ist verboten; diejenigen kleinen Mengen, die etwa der Natur der Erzeugnisse nach darin enthalten sind, z. B. kleine Mengen von Ameisensäure in Essigessenz, werden dadurch nicht getroffen. Dagegen ist es belanglos, auf welcher Stufe der Herstellung der Zusatz erfolgt; als ein Zusatz von Formaldehyd wird es auch anzusehen sein, wenn Wein, dem Formaldehyd zugesetzt worden ist, zur Bereitung von Essig verwendet wird.

Unter „solchen Stoffen, die bei ihrer Verwendung Formaldehyd abgeben", ist z. B. Hexamethylentetramin, unter „Salzen und Verbindungen der vorgenannten Säuren" z. B. Borax, Fluorammonium, Benzoesäureester zu verstehen. Auch der Zusatz von Salicylsäure ist verboten; der früher mitunter verwendete „Salicylessig" darf danach nicht mehr in den Verkehr gebracht werden. Als ein „sachgemäßes Schwefeln der Fässer" wird es anzusehen sein, wenn nach beendeter Wirkung des Schwefeldioxyds die Fässer mit Wasser ausgespült werden. Die dann noch etwa in den Essig gelangenden Mengen von schwefliger Säure sind äußerst gering.

Werden die sonstigen, als Zusatz verbotenen Konservierungsmittel zur Sterilisierung von Gefäßen oder Apparaten in der Essigfabrikation benutzt, so ist durch gründliches Ausspülen oder Ausdämpfen dafür zu sorgen, daß keine Reste davon in den Essig gelangen.

2. Essig, Essigessenz, Essenzessig oder Kunstessig, die Blei oder mehr als Spuren von Kupfer, Zink oder Zinn enthalten, dürfen für Genußzwecke nicht in den Verkehr gebracht werden.

Anmerkung zu 2. Was als „Spuren" von Kupfer, Zink oder Zinn anzusehen ist, läßt sich nicht allgemein abgrenzen, sondern bleibt dem sachverständigen Ermessen des untersuchenden Chemikers überlassen; Blei darf dagegen überhaupt nicht nachweisbar sein.

3. Essigessenz darf nur gemäß den Vorschriften der Verordnung, betreffend den Verkehr mit Essigsäure, vom 14. Juli 1908 in den Verkehr gebracht werden.

Anmerkung zu 3. Die Verordnung, betreffend den Verkehr mit Essigsäure, vom 14. Juli 1908 bestimmt:

§ 1. Rohe und gereinigte Essigsäure (auch Essigessenz), die in 100 Gewichtsteilen mehr als 15 Gewichtsteile reine Säure enthält, darf in Mengen unter 2 l nur in Flaschen nachstehender Art und Bezeichnung gewerbsmäßig feilgehalten oder verkauft werden:

1. Die Flaschen müssen aus weißem oder halbweißem Glas gefertigt, länglich rund geformt und an einer Breitseite in der Längsrichtung gerippt sein.
2. Die Flaschen müssen mit einem Sicherheitsstopfen versehen sein, der bei wagerechter Haltung der gefüllten Flasche innerhalb einer Minute nicht mehr als 50 ccm des Flascheninhalts ausfließen läßt. Der Sicherheitsstopfen muß derart im Flaschenhals befestigt sein, daß er ohne Zerbrechen der Flasche nicht entfernt werden kann.
3. An der nicht gerippten Seite der Flasche muß eine Aufschrift vorhanden sein, die in deutlich lesbarer Weise
   a) die Art des Inhalts einschließlich seiner Stärke an reiner Essigsäure angibt,
   b) die Firma des Fabrikanten des Inhalts bezeichnet,
   c) in besonderer, für die sonstige Aufschrift nicht verwendeter Farbe die Warnung

      „Vorsicht! Unverdünnt lebensgefährlich"

      getrennt von der sonstigen Aufschrift enthält,
   d) eine Anweisung für den Gebrauch des Inhalts der Flasche bei der Verwendung zu Speisezwecken erteilt.

   Weitere Aufschriften dürfen auf der Flasche nicht vorhanden sein.

§ 2. Die Vorschriften des § 1 finden keine Anwendung auf das Feilhalten und den Verkauf von Essigsäure in Apotheken, soweit es zu Heil- oder wissenschaftlichen Zwecken erfolgt.

§ 3. Das Feilhalten und der Verkauf von Essigsäure der im § 1 bezeichneten Art unter der Bezeichnung „Essig" ist verboten.

V. Beurteilung des Essigs und der Essigessenz.

1. Normale Beschaffenheit.

Essig ist eine klare, sauer schmeckende Flüssigkeit, deren Eigenschaften außer von dem Gehalt an Essigsäure wesentlich von den zu seiner Herstellung verwendeten Stoffen abhängen; Branntweinessig ist fast farblos bis gelblich, Weinessig gelb bis bräunlich oder rot, Bier- und Malzessig gelb bis braun. Branntweinessig zeigt merklich aromatischen Geruch und Geschmack; diese treten bei Wein-, Bier-, Obstweinessig und anderen Gärungsessigsorten den Ausgangsstoffen entsprechend stärker hervor; unter Verwendung von aromatischen Pflanzenteilen oder mit Zusatz von Wein hergestellter Essig, insbesondere Kräuteressig, Fruchtessig und Gewürzessig, hat das Aroma der Zusatzstoffe.

Neben Essigsäure finden sich im Gärungsessig bukettartige Stoffe (Ester, Aldehyde), die zum Teil den Rohstoffen entstammen, zum Teil sich bei der Essiggärung gebildet haben. Bisweilen kommen im Gärungsessig auch geringe Mengen Alkohol vor. Branntweinessig gibt nur wenig Trockenrückstand und Asche; diese reagiert neutral oder schwach alkalisch. Wein-, Obstwein-, Bier- und Malzessig geben stets erheblich mehr Trockenrückstand und Asche; diese reagiert alkalisch und enthält Kalium sowie Phosphate. Im Weinessig finden sich Weinsäure, Glycerin, bisweilen auch Milchsäure und Äpfelsäure; Obstweinessig enthält gewöhnlich Äpfelsäure und Milchsäure; dem Bier- und Malzessig ist ein Gehalt an Dextrinen und Proteinstoffen eigentümlich.

Essigessenz und Essenzessig sind klare, sauer schmeckende Flüssigkeiten; sie sind farblos, sofern sie nicht künstlich gefärbt sind, und haben das Aroma der ihnen zugesetzten oder darin erzeugten Aromastoffe.

Essigessenz und Essenzessig enthalten regelmäßig etwas Ameisensäure, sonst im allgemeinen nur sehr geringe Mengen von Nebenbestandteilen.

Die Eigenschaften von Kunstessig entsprechen den zu seiner Herstellung verwendeten Gemengteilen.

2. Vorkommende Abweichungen, Veränderungen, Verfälschungen und Nachmachungen.

Als Veränderungen des Essigs kommen vorwiegend in Betracht das Auftreten von Essigälchen (Anguillula aceti Müll.), die Entstehung von gallertartigen Trübungen und Wucherungen durch gewisse Bakterien, das Kahmigwerden sowie namentlich bei extraktreicheren Essigsorten das Schalwerden oder Umschlagen, das sich durch einen fremdartigen Geruch, einen schwächer sauren Geschmack und faden Nachgeschmack zu erkennen gibt.

Essig ist bisweilen mit geringen Mengen von Schwermetallen (Blei, Eisen, Kupfer, Zink und Zinn) verunreinigt, die meist aus den bei der Herstellung und beim Abfüllen verwendeten Metallgeräten stammen. Auch die zu Leitungen für Essig verwendeten Kautschukschläuche vermögen, wenn sie Verbindungen des Bleis oder Zinks enthalten, solche an den Essig abzugeben.

Zur Vortäuschung eines höheren Essigsäuregehalts wird Essig mitunter durch Zusatz von Mineralsäuren (Schwefelsäure, Salzsäure) oder scharf schmeckenden Pflanzenstoffen (Pfeffer, spanischem Pfeffer) verfälscht.

Essig wird zuweilen außer mit gebranntem Zucker auch mit Teerfarbstoffen künstlich gefärbt.

Um das Verderben des Essigs zu verhindern oder um seine konservierende Kraft zu erhöhen, werden ihm bisweilen Konservierungsmittel, z. B. Salicylsäure, Benzoesäure, Borsäure, schweflige Säure, auch Kochsalz, zugegeben.

Essig, der in unzulässiger Weise unter Verwendung vollständig vergällten Branntweins hergestellt ist, kann Pyridin enthalten.

Die genannten Abweichungen, Veränderungen und Verfälschungen von Essig kommen zum Teil auch bei Kunstessig, Essenzessig und Essigessenz vor.

Essigessenz, Essenzessig und Kunstessig werden mitunter mit ungenügend gereinigter Essigsäure hergestellt und enthalten dann mehr als die zulässige Menge Ameisensäure, sowie zuweilen kleine Mengen von schwefliger Säure, Methylalkohol, Aceton und Phenolen.

Gärungsessig wird mitunter ohne Kennzeichnung mit Essenzessig oder Essigessenz verschnitten.

Bei Essigsorten, die nach bestimmten Rohstoffen bezeichnet sind, kann eine Nachmachung aus anderen Essigsorten oder aus Essigsäure in Betracht kommen.

3. Grundsätze für die Beurteilung.

Als verdorben anzusehen sind Essig, Essigessenz, Essenzessig und Kunstessig,

die Essigälchen oder gallertartige oder andere durch Kleinlebewesen gebildete Wucherungen oder Trübungen in erheblichem Maße enthalten oder kahmig sind,

die unmittelbar oder nach dem Verdünnen fad oder fremdartig riechen oder schmecken,

die sonst stark verunreinigt sind,

die aus den vorbezeichneten verdorbenen Erzeugnissen zubereitet sind.

Anmerkung. Unter den Kennzeichen für Verdorbenheit von Essig usw. ist zuerst die Anwesenheit von Essigälchen (Anguillula aceti) in erheblicher Menge angeführt; vereinzelte Älchen sind noch kein Grund für Verdorbenheit von Essig usw., ebensowenig unerhebliche Trübungen oder Wucherungen oder sonstige geringe Verunreinigungen. In den letztgenannten Fällen ist eine Klärung, Filtration oder dgl. des Essigs zulässig. Bei verdorbenem Essig dagegen, in dem durch eine große Menge von Essigälchen oder sonstigen Lebewesen oder durch starke Verunreinigung eine Beeinträchtigung des Geruchs und Geschmacks oder eine Veränderung des Gehalts an Extraktivstoffen anzunehmen ist, wird durch Klärung, Filtration oder sonstige Zubereitung der Charakter der Verdorbenheit nicht beseitigt.

Als verfälscht, nachgemacht oder irreführend bezeichnet sind anzusehen:

1. Als Essig, Essigessenz, Essenzessig oder Kunstessig bezeichnete Flüssigkeiten, die den Begriffsbestimmungen nicht entsprechen.

Anmerkung zu 1. Den Begriffsbestimmungen für Essig usw. müssen naturgemäß auch solche Erzeugnisse entsprechen, die mit den Namen von Essigsorten, Essigessenzsorten usw. bezeichnet sind; so darf verdünnte Essigsäure nicht als „Tafelessig“, ein Verschnitt von Gärungsessig mit Essigessenz nicht als „Einmacheessig“ oder „Essigsprit“ bezeichnet werden (vgl. auch die Erläuterungen zu den Sortenbezeichnungen S. 248).

2. Als Einmacheessig oder gleichsinnig bezeichneter Essig sowie entsprechend bezeichneter Essenzessig und Kunstessig, die weniger als 5 g Essigsäure in 100 ccm enthalten.

3. Als Doppelessig oder gleichsinnig bezeichneter Essig sowie entsprechend bezeichneter Essenzessig und Kunstessig, die weniger als 7 g Essigsäure in 100 ccm enthalten.

4. Als dreifach oder gleichsinnig bezeichneter Essig, Essenzessig und Kunstessig, die weniger als 10,5 g Essigsäure in 100 ccm enthalten.

Anmerkung zu 2 bis 4. Diese Anforderungen an den Essigsäuregehalt beziehen sich auf Essig, Essenzessig und Kunstessig gemeinsam. Als „gleichsinnige“ Bezeichnungen von Essig werden z. B. anzusehen sein: „Essig für Einmachezwecke“, „doppelt starker Essig“, „Tripelessig“ usw.; als „entsprechende“ Bezeichnungen von Essenzessig und Kunstessig: „Essenzessig zum Früchteeinlegen“, „doppelt starker Kunstessig“ usw.

5. Als Weinessig (Traubenessig) oder Weinessigverschnitt (Traubenessigverschnitt) bezeichneter Essig, der weniger als 5 g Essigsäure in 100 ccm enthält.

Anmerkung zu 5. An Weinessig und Weinessigverschnitt werden in bezug auf den Essigsäuregehalt die gleichen Anforderungen gestellt wie an Einmacheessig.

6. Als Essigsprit bezeichneter Essig, der weniger als 10,5 g Essigsäure in 100 ccm enthält.

Anmerkung zu 6. An Essigsprit werden in bezug auf den Essigsäuregehalt die gleichen Anforderungen gestellt, wie an dreifachen Essig.

7. Essig, der nach einem bestimmten Rohstoff benannt ist, sofern er nicht ausschließlich aus diesem Rohstoff, gegebenenfalls unter Verdünnung mit Wasser, hergestellt ist, unbeschadet des Zusatzes kleiner Mengen von Nährstoffen für die Essigbakterien zu Branntwein.

Anmerkung zu 7. Erzeugnisse der Essiggärung aus einem Gemisch verschiedener Rohstoffe oder Verschnitte von Gärungsessigen aus verschiedenen Rohstoffen dürfen wohl als Speiseessig, Einmacheessig usw. bezeichnet, nicht aber nach einem einzelnen Rohstoffe benannt werden; so darf ein aus Malz und Stärkezucker hergestellter Essig nicht „Malzessig“, ein aus Wein und Branntwein hergestellter nicht „Weinessig“, ein aus Honig und Sprit hergestellter nicht „Honigessig“ genannt werden. Ein Verschnitt von Weinessig mit verdünnter Essigsäure oder mit Essigessenz ist Kunstessig.

Wird ausländischer, zur Essigbereitung bestimmter Wein bei der Einfuhr in das Deutsche Zollgebiet zur Erlangung des niedrigeren Zollsatzes für stichigen Wein auf den in dem Warenverzeichnis zum Zolltarif (Stichwort Wein, Ziffer 1, Allgemeine Anmerkung) vorgesehenen Gehalt von mindestens 2% Essigsäure gebracht, so darf der daraus gewonnene Essig nur dann als Weinessig bezeichnet werden, wenn die Erhöhung des Säuregehalts durch Zusatz von Weinessig vorgenommen worden ist; wurde hierzu anderer Gärungsessig, z. B. Essigsprit, benutzt, so kann das fertige Erzeugnis gegebenenfalls unter den Begriff Weinessigverschnitt fallen (vgl. Nr. 9); ist jedoch der Wein durch Zusatz von Essigsäure oder Essigessenz auf den verlangten Essigsäuregehalt gebracht worden, so kann das dann vergorene Erzeugnis nur noch als Kunstessig bezeichnet werden.

Die angezogene Verzollungsvorschrift (Änderungen und Ergänzungen des Warenverzeichnisses zum Zolltarif, Bekanntmachung des Reichskanzlers vom 29. April 1910, Zentralbl. f. d. Deutsche Reich, S. 137, unter Nr. 396) lautet:

„Stichig gewordener Wein ist wie Essig zu verzollen, wenn sein Gehalt an Essigsäure (flüchtiger Säure) 2 Gewichtsteile oder darüber in 100 beträgt und sein Weingeistgehalt, vermehrt um den Gehalt an Essigsäure, 14 Gewichtsteile in 100 nicht übersteigt. Bei stichigem Wein mit einem geringeren Essigsäuregehalt ist die Verzollung wie Essig nur dann zulässig, wenn dieser Gehalt durch Zusatz von Essigsäure, Essigessenz, Gärungsessig, Weinessig, Bieressig, Obstessig oder anderem Essig auf mindestens 2 Gewichtsteile in 100 erhöht wird."

Eine Verdünnung der alkoholischen Flüssigkeit mit Wasser kommt besonders bei Sprit und Branntwein, aber auch bei alkoholreichem Wein in Betracht; nur darf in letzterem Falle durch die Verdünnung der Essigsäuregehalt des fertigen Essigs nicht unter 5 g in 100 ccm heruntergesetzt werden, wenn das Erzeugnis als Weinessig oder Weinessigverschnitt bezeichnet werden soll.

Als Nährstoffe für die Essigbakterien kommen besonders Malzauszug, Stärkesirup, Phosphate, Ammoniumsalze und ähnliche Stoffe in Betracht. Ein Zusatz derartiger Nährstoffe ist nur bei dem extraktärmsten Rohstoff, Branntwein oder Sprit, erforderlich; wird er bei einem anderen Rohstoff, z. B. bei Bier, angewandt, so darf der so bereitete Essig nicht nach diesem Rohstoff benannt werden.

8. Als Weinessig (Traubenessig) bezeichneter Essig, dessen Rohstoff (Wein, Traubenmost, Traubenmaische) nicht verkehrsfähig im Sinne von § 13 des Weingesetzes vom 7. April 1909 gewesen ist.

Anmerkung zu 8. Der Rohstoff für Weinessig muß Wein, Traubenmost oder Traubenmaische im Sinne des Weingesetzes sein; er darf den Bestimmungen dieses Gesetzes höchstens insoweit nicht entsprechen, als er dadurch nicht vom Verkehr ausgeschlossen ist. Noch verkehrsfähig sind insbesondere solche Erzeugnisse, bei denen nur die Bezeichnung oder Benennung den gesetzlichen Bestimmungen nicht entsprochen hat. Dagegen sind nicht verkehrsfähig: Traubenmaische, Traubenmost und Wein, die den Vorschriften über die Zuckerung zuwider hergestellt oder behandelt oder denen andere als die bei der Kellerbehandlung ausdrücklich zugelassenen Stoffe zugesetzt sind, ferner nachgemachter Wein usw. Derartige Erzeugnisse dürfen — und zwar nach § 15 des Weingesetzes nur mit Genehmigung der zuständigen Behörde — unter Umständen zur Essigbereitung verwendet werden, der daraus gewonnene Essig darf jedoch keinesfalls als „Weinessig" bezeichnet sein.

In Preußen ist durch eine Verfügung des Justizministers vom 30. November 1909 (Justiz-Ministerialbl. S. 367) bestimmt worden, daß eingezogene Weine usw. der letztgenannten Art zu vergällen und sodann zugunsten der Staatskasse zu verkaufen sind. Die Vergällung hat, wenn die Flüssigkeit zur Essigbereitung verkauft wird, zu erfolgen durch Zusatz von Essigsäure (auch in Form von Essigsprit oder Essigessenz) in solcher Menge, daß die Flüssigkeit auf 100 l etwa 4 l Essigsäure enthält. Entsprechende Vorschriften bestehen in anderen Bundesstaaten. Nach den obigen Festsetzungen dürfen Erzeugnisse der Essiggärung aus derartigen verkehrsunfähigen und vergällten Weinen usw. nur dann noch als „Essig" bezeichnet werden, wenn die Vergällung mit Essigsprit oder sonstigem Gärungsessig vorgenommen worden ist, müssen aber als „Kunstessig" bezeichnet werden, wenn Essigsäure oder Essigessenz zur Vergällung gedient hat.

9. Als Weinessigverschnitt (Traubenessigverschnitt) bezeichneter Essig, dessen Essigsäure nicht mindestens zum fünften Teile den in Nr. 8 bezeichneten Rohstoffen für Weinessig entstammt.

Anmerkung zu 9. Für die Bereitung von Weinessigverschnitt ist die Verwendung einer gewissen Mindestmenge an Wein, Traubenmost oder Traubenmaische vorgeschrieben: der fünfte Teil der im fertigen Erzeugnis vorhandenen Essigsäure muß dem Wein usw. entstammen. Von einem alkoholreichen Wein wird also unter Umständen weniger als $^1/_5$ der ganzen Maische genügen, um das Erzeugnis als Weinessigverschnitt gelten zu lassen.

Dieser Anteil der Maische muß, ebenso wie der Rohstoff für Weinessig selbst, verkehrsfähig sein (vgl. die Erläuterung zu Nr. 8). Für den übrigen Anteil der Essigmaische besteht nur die Beschränkung, daß Weinschlempe nicht darin enthalten sein darf (vgl. Nr. 10). Auch Essigessenz oder Essigsäure dürfen zur Herstellung von „Weinessigverschnitt" nicht verwendet werden; ein solcher Verschnitt würde unter den Begriff Kunstessig fallen.

An Stelle der Mischung in der Essigmaische können der Wein und die übrigen Rohstoffe auch einzeln der Essiggärung unterworfen und der fertige Weinessig mit dem übrigen Gärungsessig verschnitten werden. Dagegen wird durch Zusatz von Wein ein fertiger Spritessig oder sonstiger Essig nicht zu Weinessigverschnitt oder gar zu Weinessig.

10. Als Weinessigverschnitt (Traubenessigverschnitt) bezeichneter Essig, der unter Verwendung von Weinschlempe hergestellt ist.

Anmerkung zu 10. Daß Weinschlempe (der beim Brennen von Wein verbleibende Rückstand) nicht zur Herstellung von Weinessig verwendet werden darf, ergibt sich aus Nr. 7. Durch Nr. 10 wird aber auch ihre Verwendung zur Bereitung von Weinessigverschnitt untersagt. Essig, der unter Benutzung von Weinschlempe hergestellt ist, darf also nur unter anderen Bezeichnungen (Essig, Speiseessig usw.) in den Verkehr gebracht werden.

11. Weinessig (Traubenessig) und Weinessigverschnitt (Traubenessigverschnitt), deren Bezeichnung auf die Art oder die Herkunft der verwendeten Traubenerzeugnisse hindeutet, sofern sie diesen Angaben nicht entsprechen.

Anmerkung zu 11. „Rheinweinessig", der nicht ausschließlich aus Rheinwein hergestellt ist, ist als irreführend bezeichnet anzusehen.

12. Ganz oder zum Teil durch Zerlegung essigsaurer Salze gewonnene, dem Essig oder der Essigessenz ähnliche, zu Genußzwecken bestimmte Flüssigkeiten, sofern sie nicht als Essenzessig, Kunstessig oder Essigessenz bezeichnet sind.

Anmerkung zu 12. Essigsaure Salze sind kein Rohstoff für „Essig", auch wenn sie ihrerseits aus Gärungsessig gewonnen sind. Bei ihrer Zerlegung entsteht Essigsäure. Die daraus hergestellten, zu Genußzwecken bestimmten Flüssigkeiten sind also ebenso zu bezeichnen wie die sonst aus Essigsäure bereiteten. Wird z. B. aus Weinessig ein essigsaures Salz hergestellt, aus diesem mittels Säure Essigsäure abdestilliert und die letztere mit oder ohne Aromazusatz als Genußmittel in den Verkehr gebracht, so muß dieses Erzeugnis je nach der Stärke der Essigsäure als Essigessenz oder Essenzessig (oder, falls es noch mit Gärungsessig verschnitten ist, als Kunstessig) bezeichnet werden; die bloße Bezeichnung mit einem Fantasienamen oder als „Weinessigextrakt" oder dergleichen wäre als irreführend anzusehen.

13. Essig, der unter Zusatz von fremden Säuren, scharf schmeckenden Stoffen, Konservierungsmitteln oder künstlichen Aromastoffen hergestellt oder künstlich gefärbt ist, jedoch unbeschadet des Zusatzes von Kohlensäure, des sachgemäßen Schwefelns der Fässer, der Verwendung von aromatischen Pflanzenteilen, des Zusatzes von Wein und der Färbung mit kleinen Mengen gebrannten Zuckers.

Anmerkung zu 13. Bei der Bereitung von Essig (Gärungsessig) jeder Art sind folgende Zusätze und Behandlungsweisen verboten:

a) fremde Säuren, z. B. Weinsäure, Schwefelsäure (erlaubt jedoch: Wein, Kohlensäure, sachgemäßes Schwefeln der Fässer, vgl. die Erläuterungen zu IV, 1 S. 262);
b) scharf schmeckende Stoffe, z. B. Pfeffer;
c) Konservierungsmittel jeder Art, nicht nur die unter II, 1 genannten (erlaubt jedoch: Kohlensäure, Schwefeln, s. bei a);
d) künstliche Aromastoffe, z. B. Alkohole (abgesehen von der Essigmaische), Ester, alkoholische Auszüge von aromatischen Pflanzenteilen, Destillate von aromatischen Pflanzenteilen; durch einen derartigen Zusatz würde das Erzeugnis zu Kunstessig;
(erlaubt jedoch: Zusatz von Wein; Ausziehen von aromatischen Pflanzenteilen, z. B. von Estragonstengeln, Himbeeren, Kirschen, unmittelbar mit Essig, ohne daß der Zwang besteht, das Erzeugnis entsprechend zu benennen;

selbstverständlich sind auch die aus den Alkoholen der Essigmaische mit der Essigsäure von selbst entstehenden Ester nicht als künstliche Aromastoffe anzusehen);

e) künstliche Färbung, z. B. mit Teerfarbstoffen, Malvenblüten (erlaubt jedoch: Färbung mit kleinen Mengen gebrannten Zuckers, ferner die durch Ausziehen von aromatischen Pflanzenteilen mit dem Essig entstehende Färbung).

14. Essig und Kunstessig, die unter Verwendung von vergälltem Branntwein hergestellt sind, sofern zur Vergällung andere Stoffe als Essig verwendet sind.

Anmerkung zu 14. Die Vergällung von Branntwein zur Herstellung von Essig für Genußzwecke ist durch die Branntweinsteuer-Befreiungsordnung vom 9. September 1909 (Zentralbl. f. d. Deutsche Reich S. 1091) geregelt. In § 4 dieser Ordnung heißt es:

„Zur unvollständigen Vergällung dürfen folgende Stoffe (besondere Vergällungsmittel) verwendet werden, die dem zu vergällenden Branntwein in den dabei bezeichneten Mengen auf je 100 l Alkohol zuzusetzen sind: .....

f) Zur Herstellung von Essig:

200 l	Essig von	3%	Gehalt an Essigsäure oder		
150 „	„ „	4%	„	oder	
100 „	„ „	6%	„	und 100 l	Wasser oder
75 „	„ „	8%	„	„ 100 „	„ „
60 „	„ „	10%	„	„ 100 „	„ „
50 „	„ „	12%	„	„ 100 „	„ „
30 „	„ „	6%	„	, neben welchem 70 l Wasser und 100 l	

Bier zuzusetzen sind.

Die über das vorgeschriebene Maß hinaus zugesetzte Essigmenge und die in dem Branntwein enthaltene Wassermenge sind auf Antrag auf den Wasserzusatz in Anrechnung zu bringen. Das Wasser darf ganz oder zum Teil durch eine gleiche Menge Bier, Glattwasser, Hefenwasser oder Naturwein ersetzt werden. Dieser Ersatz darf nur mit besondererer Erlaubnis (§ 76a Abs. 4) stattfinden in Essigfabriken, in denen Speiseessig zum Zweck der Ausfuhr unter Inanspruchnahme der Vergütung des § 49 Abs. 1 unter 5 hergestellt wird."

Die Verwendung von in anderer Weise vergälltem Branntwein zur Herstellung von Essig für Genußzwecke ist durch §§ 14, 16, 17 der Branntweinsteuer-Befreiungsordnung untersagt.

15. Essigessenz, Essenzessig und Kunstessig, die unter Zusatz von fremden Säuren, scharf schmeckenden Stoffen oder Konservierungsmitteln hergestellt sind, jedoch unbeschadet des Zusatzes von Kohlensäure und des sachgemäßen Schwefelns der Fässer.

Anmerkung zu 15. Bei Essigessenz, Essenzessig und Kunstessig sind dieselben Zusätze und Behandlungsweisen verboten wie bei Gärungsessig, mit Ausnahme jedoch der hier erlaubten Anwendung von künstlichen Aromastoffen und künstlicher Färbung.

16. Essigessenz, Essenzessig und Kunstessig, die mehr als 0,5 g Ameisensäure auf 100 g Essigsäure oder andere Verunreinigungen in größeren als den technisch nicht vermeidbaren Mengen enthalten.

Anmerkung zu 16. Diese Vorschrift enthält die nähere Bestimmung der Anforderungen an den Reinheitsgrad der für Genußzwecke dienenden Essigsäure. Welche Mengen von Verunreinigungen technisch nicht vermeidbar sind, wird mit dem jeweiligen Stand der Technik sich ändern und der Beurteilung im einzelnen Fall überlassen bleiben müssen. Nur für den Gehalt an Ameisensäure ist eine Grenzzahl festgesetzt.

Wein.

Von

Prof. Dr. **Karl Windisch,** Hohenheim.

Vorbemerkung. Für den Wein besteht eine amtliche „Anweisung zur chemischen Untersuchung des Weins", die am 9. Dezember 1920 von dem Reichsminister des Innern in Vollzug des Weingesetzes erlassen worden ist (Zentralblatt f. d. Deutsche Reich **1920**, S. 1501). Da die Anweisung ganz neu und sehr ausführlich und umfangreich ist, wird sie hier ohne Bemerkungen wörtlich abgedruckt.

I. Entnahme und Behandlung der Proben.

1. Die Entnahme der Proben für die chemische Untersuchung hat mit der gebotenen Sorgfalt zu geschehen. Die Probe muß im allgemeinen der wirklichen durchschnittlichen Beschaffenheit des zu untersuchenden Erzeugnisses entsprechen. Liegt daher bei Wein in Fässern die Möglichkeit vor, daß seine Zusammensetzung in den einzelnen Schichthöhen verschieden ist, so ist bei der Probeentnahme entsprechend zu verfahren, und zwar muß bei Wein, der vor kurzem mit Zucker oder Zuckerlösung versetzt worden ist, eine Durchmischung vorgenommen werden; bei Wein, der auf der Hefe lagert, oder bei kahmig gewordenem Wein ist die Probe aus der mittleren Flüssigkeitsschicht des nicht durchmischten Weins zu entnehmen. Soll im besonderen Fall durch die Untersuchung festgestellt werden, daß die Zusammensetzung des Faßinhalts in verschiedenen Schichthöhen ungleich ist, so sind Proben aus mehreren Schichthöhen der nicht durchmischten Flüssigkeit zu entnehmen.

2. Die Proben sind entweder durch den Zapfhahn des Fasses — unter Verwerfung der zuerst ablaufenden Anteile der Flüssigkeit — oder mit einem gereinigten Stechheber aus Glas zu entnehmen. Ist beides nicht ausführbar, so darf ein sauberer Gummischlauch verwendet werden, der zunächst mit dem zu entnehmenden Wein auszuspülen ist.

Die Flaschen für die Aufnahme der Proben müssen rein und trocken oder mit dem zu entnehmenden Wein mehrmals ausgespült sein; Krüge oder undurchsichtige Flaschen, in denen etwa vorhandene Unreinlichkeiten und Abscheidungen (Bodensatz u. dgl.) nicht erkannt werden können, dürfen nicht verwendet werden.

3. Von Wein ist für die chemische Untersuchung eine Probe von annähernd $1^1/_2$ l (2 Flaschen zu etwa $^3/_4$ l) zu entnehmen. Diese Menge

genügt für die gemäß Nr. 9a auszuführenden Prüfungen und Bestimmungen. Der Mehrbedarf für anderweite Untersuchungen ist von der Art der letzteren und der besonderen Fragestellung im einzelnen Fall abhängig.

4. Von Traubenmost und Traubenmaische ist für die chemische Untersuchung eine Probe von mindestens $^3/_4$ l (1 Flasche zu etwa $^3/_4$ l oder, was den Vorzug verdient, 1 Flasche zu 1 l) zu entnehmen. Diese Menge genügt für die in der Regel auszuführenden Bestimmungen (Nr. 10). Der Mehrbedarf für anderweite Untersuchungen ist von der Art der letzteren und der besonderen Fragestellung im einzelnen Fall abhängig.

Die Proben sind aus der mittleren Flüssigkeitsschicht zu entnehmen und müssen von Schalen, Teilen der Kämme u. dgl. freibleiben. Sie dürfen nicht filtriert werden und sind in der Weise haltbar zu machen, daß die zu drei Vierteln gefüllten Flaschen, nach Entfernung der Kohlensäure durch Schütteln, fest verkorkt, zugebunden und darauf $^1/_2$ Stunde im Wasserbad auf 80° erhitzt werden. Ist eine geeignete Vorrichtung hierzu nicht vorhanden oder sollen die Proben auf Rohrzucker untersucht werden, so sind der Flüssigkeit in jeder Flasche 6 Tropfen ätherisches Senföl zuzusetzen.

Von der Haltbarmachung darf abgesehen werden, wenn die Proben ohne größeren Zeitverlust an die Untersuchungsstelle abgeliefert werden können, ferner wenn sie nicht mehr deutlich gären und keinen süßen Geschmack zeigen.

5. Die Flaschen sind mit reinen, ungebrauchten Korkstopfen zu verschließen und so zu versiegeln, daß ein Entfernen des Stopfens, ohne das Siegel zu verletzen, nicht möglich ist. Zu diesem Zweck ist die Flaschenmündung fest zu umschnüren und das Siegel auf dem trockenen Korkstopfen so anzubringen, daß der Stopfen und der auf ihm liegende Teil der Schnur von dem Siegellack vollständig bedeckt werden. Die beiden Enden der Schnur sind zu verknoten und gleichfalls mit einem Siegel zu versehen.

6. Jede Flasche ist mit einem Zettel, der angeklebt wird, oder, was den Vorzug verdient, mit einem Schildchen aus Pappe od. dgl., das angebunden wird, zu versehen. Auf dem Zettel oder Schildchen sind die zur Festlegung des Inhalts der Flaschen notwendigen Angaben, etwa nach folgendem Muster anzubringen:

Nummer der Probe: 103; 2. Flasche.
Entnommen am: 20. 12. 20 in Eheim
bei Schmitz II aus Faß Nr. 16. Raumgehalt: 1200 l.
Bezeichnung: 1918er Eheimer Kirchweg.
Name des Probenentnehmers: Müller.

7. Die Proben sind sofort nach der Entnahme an die Untersuchungsstelle zu befördern. Ist dies nicht alsbald ausführbar, so sind die Flaschen an einem vor Sonnenlicht geschützten kühlen Ort liegend aufzubewahren. Bei Jungwein und Traubenmost ist wegen ihrer leichten Veränderlichkeit auf besonders schnelle Beförderung Bedacht zu nehmen.

8. Für jede Probe ist ein Begleitschreiben nach dem Muster der Anlage 1 auszufüllen und der Sendung beizufügen.

9. Bei der Beurteilung der Erzeugnisse ist auf Aussehen, Geruch und Geschmack Rücksicht zu nehmen.

a) Der Umfang der Untersuchung bleibt dem Ermessen des Sachverständigen nach Lage des einzelnen Falls überlassen. Bei Beanstandungen von Wein sollen die auszuführenden Prüfungen und Bestimmungen sich im allgemeinen auf folgende Eigenschaften und Bestandteile jeder Probe erstrecken:

Spezifisches Gewicht,
Alkohol,
Extrakt,
Asche,
Gesamtalkalität der Asche, Alkalität des in Wasser löslichen Anteils,
Phosphorsäure (Phosphatrest,)
Titrierbare Säuren (Gesamtsäure),
Flüchtige Säuren,
Titrierbare nichtflüchtige Säuren,
Milchsäure (bei trocknen Weinen),
Weinsäure,
Glycerin,
Zucker,
Polarisation,
Fremde Farbstoffe bei Rotwein,
Schwefelsäure bei Rotwein.

b) Falls der Ausfall der Prüfung gemäß a) oder Aussehen, Geruch und Geschmack der Proben oder sonstige Verdachtsgründe und Umstände es notwendig erscheinen lassen, sind die Prüfungen und Bestimmungen nach Lage des einzelnen Falls noch auf einen oder mehrere der nachbezeichneten Stoffe auszudehnen:

Wasserstoffionen (Säuregrad),
Fremde rechtsdrehende Stoffe, unreinen Stärkezucker, Dextrin,
Fremde Farbstoffe bei Weißwein und Dessertwein,
Schwefelsäure bei Weißwein und Dessertwein,
Schweflige Säure,
Salicylsäure,
Saccharin,
Gerbstoff und Farbstoff,
Chlorion,
Salpetersäureion,
Stickstoff,
Bernsteinsäure,
Äpfelsäure,
Citronensäure,
Ameisensäure,
Benzoesäure,
Zimtsäure,
Formaldehyd,
Borsäure,
Fluorion,
Kupfer,
Arsen,
Zink,
Eisen und Aluminium,
Calcium und Magnesium,
Kalium und Natrium.

Die Prüfungen und Bestimmungen sind nach der Anweisung unter II auszuführen. Sollte in einzelnen Fällen, durch besondere Umstände veranlaßt, ein anderes Verfahren angewendet werden, so ist dies zwar zulässig, das Verfahren ist aber zu bezeichnen und seine Anwendung für den vorliegenden Fall zu begründen.

10. Zur Beurteilung von Traubenmost und Traubenmaische sind in der Regel die Bestimmungen des spezifischen Gewichts, des Gehalts an Alkohol, titrierbaren Säuren und Zucker nach der Anwei-

sung unter III (bzw. II) auszuführen. Erzeugnisse, die nicht oder nur schwach angegoren haben, sind auf Erhaltungsmittel zu prüfen, sofern ein Verdacht auf deren Anwesenheit besteht.

Wird die Untersuchung auf andere bei der Untersuchung von Wein aufgeführte Eigenschaften und Bestandteile ausgedehnt, so finden die für Wein vorgeschriebenen Verfahren sinngemäße Anwendung.

11. Wenn die Untersuchung bei Wein und Traubenmost auf vorstehend nicht genannte Eigenschaften und Bestandteile erstreckt wird, so bleibt die Wahl des Untersuchungsverfahrens dem Ermessen des Sachverständigen überlassen, jedoch ist stets das Untersuchungsverfahren anzugeben.

12. Es sind alle nachstehend vorgeschriebenen Abmessungen, sofern nicht ausdrücklich eine andere Temperatur vorgeschrieben ist, bei 15° vorzunehmen und die Ergebnisse darauf zu beziehen.

13. Die Proben sind, außer wenn auf schweflige Säure geprüft werden soll (vgl. II Nr. 18, S. 309), von ihrem etwaigen Kohlensäuregehalt durch wiederholtes kräftiges Schütteln möglichst zu befreien (vgl. II Nr. 1, S. 274). Sind die Proben nicht klar und liegt ihre Temperatur unter 15°, so sind sie mit den ungelösten Bestandteilen auf 15° zu erwärmen und umzuschütteln, um die ausgeschiedenen Stoffe in Lösung zu bringen, und alsdann durch ein bedecktes doppeltes Papierfilter zu filtrieren. Ist eine chemische oder mikroskopische Untersuchung des Bodensatzes oder der schwebenden Teilchen auszuführen, so läßt man vor dem Filtrieren den größten Teil dieser Stoffe sich absetzen oder schleudert sie ab.

14. Die ermittelten Mengen der Bestandteile werden teils in Gramm, teils in Milligramm-Äquivalenten in 1 l angegeben, die Menge des Alkohols daneben auch in Maßprozenten.

In Milligramm-Äquivalenten ausgedrückte Werte sind ohne Dezimalstelle, jedoch bei Beträgen unter 1 mit einer gültigen Ziffer hinter dem Komma anzugeben.

In Gramm ausgedrückte Werte sind mit der folgenden Anzahl von Dezimalstellen anzugeben:

ohne Dezimalstelle: Zucker bei 50 g oder mehr in 1 l;

mit einer Stelle: Alkohol (bei Angabe in Maßprozenten mit 2 Stellen), Extrakt, titrierbare Säuren (Gesamtsäure), flüchtige Säuren, titrierbare nichtflüchtige Säuren, Milchsäure, Weinsäure, Glycerin, Zucker bei weniger als 50 g in 1 l, Äpfelsäure;

mit zwei Stellen: Asche, Phosphorsäure, Schwefelsäure, Gerbstoff, Chlor, Stickstoff, Bernsteinsäure, Calcium, Magnesium;

mit drei Stellen: schweflige Säure, Salpetersäure, Benzoesäure, Borsäure, Kupfer, Zink, Eisen, Aluminium, Kalium, Natrium;

mit vier Stellen: Salicylsäure;

mit fünf Stellen: Arsen.

Das spezifische Gewicht ist mit vier, der Säuregrad mit zwei und die Polarisation mit einer Dezimalstelle anzugeben.

15. Die bei der Untersuchung nicht verbrauchten Reste der Proben sind erforderlichenfalls durch Erhitzen oder durch Zusatz eines Erhal-

tungsmittels haltbar zu machen und, vor Verderben geschützt, 6 Monate aufzubewahren, sofern nicht nach Lage der Umstände eine längere Aufbewahrung notwendig ist.

II. Untersuchung des Weins.

1. Bestimmung des spezifischen Gewichts.

Das spezifische Gewicht des Weins wird mit Hilfe des Pyknometers bestimmt.

Falls der zu untersuchende Wein merkliche Mengen Kohlensäure enthält, ist er zunächst durch wiederholtes kräftiges Schütteln in einem geräumigen Kolben und darauffolgendes Filtrieren durch ein bedecktes Faltenfilter möglichst vollständig von Kohlensäure zu befreien. Erforderlichenfalls ist diese Behandlung zu wiederholen.

Als Pyknometer ist ein durch einen eingeschliffenen Glasstopfen verschließbares oder mit becherförmigem Ansatz für Korkverschluß versehenes Fläschchen von etwa 50 ccm Inhalt mit einem etwa 6 cm langen, im mittleren Drittel mit einer eingeritzten Marke versehenen Halse von nicht mehr als 4 mm lichter Weite anzuwenden.

Das Pyknometer wird in reinem und trocknem Zustand — bei Korkverschluß nach Abnahme des Stopfens[1]) — leer gewogen, nachdem es $^1/_4$ bis $^1/_2$ Stunde im Wagekasten gestanden hat. Dann wird es bis über die Marke mit frisch ausgekochtem destilliertem Wasser gefüllt, verschlossen und in ein Wasserbad von 15° gestellt. Nach halbstündigem Stehen in dem Wasserbad wird das Pyknometer herausgehoben, wobei man nur den oberen leeren Teil des Halses anfaßt, und die Oberfläche des Wassers auf die Marke eingestellt. Dies geschieht zweckmäßig mit Hilfe einer zu einem feinen Haarröhrchen ausgezogenen Glasröhre. Die Oberfläche des Wassers bildet in dem Hals des Pyknometers eine nach unten gekrümmte Fläche; man stellt die Flüssigkeit in dem Pyknometerhals am besten in der Weise ein, daß bei durchfallendem Licht der untere Rand der gekrümmten Oberfläche die Pyknometermarke eben berührt. Nachdem man den leeren Teil des Pyknometerhalses mit Stäbchen aus Filtrierpapier gereinigt hat, setzt man den Stopfen wieder auf, trocknet das Pyknometer äußerlich ab, stellt es $^1/_2$ Stunde in den Wagekasten und wägt. Die Bestimmung des Wasserinhalts des Pyknometers ist dreimal auszuführen und aus den drei Wägungen das Mittel zu nehmen. Nachdem man das Pyknometer entleert und getrocknet oder mehrmals mit dem zu untersuchenden Wein ausgespült hat, füllt man es mit dem Wein und verfährt genau in derselben Weise wie bei der Bestimmung des Wasserinhalts des Pyknometers; besonders ist darauf zu achten, daß die Einstellung der Flüssigkeitsoberfläche stets in derselben Weise geschieht.

Die Berechnung des spez. Gewichts (s), bezogen auf Wasser von 4°, geschieht nach folgender Formel:

$$s = \frac{0{,}99\,913\ (\log = 0{,}99962 - 1)}{b - a} \cdot (c - a).$$

[1]) Bei Korkverschluß sind auch alle folgenden Wägungen des gefüllten Pyknometers (II Nr. 1, 2, 3) nach Abnahme des Korkstopfens vorzunehmen.

Hierbei bedeutet:
a das Gewicht des leeren Pyknometers,
b das Gewicht des bis zur Marke mit Wasser gefüllten Pyknometers,
c das Gewicht des bis zur Marke mit Wein gefüllten Pyknometers.

Der Faktor $\frac{0,99\,913}{b - a}$ ist bei allen Bestimmungen mit demselben Pyknometer gleich; wenn das Pyknometer indessen längere Zeit im Gebrauch gewesen ist, müssen die Gewichte des leeren und des mit Wasser gefüllten Pyknometers von neuem bestimmt werden, da sich diese Gewichte mit der Zeit nicht unerheblich ändern können.

Liegt der Wert $(b - a)$ zwischen 49,84 und 50,06 g, so kann bei trocknen Weinen das spez. Gewicht (s), bezogen auf Wasser von 4°, in abgekürzter Weise auch nach folgender Formel berechnet werden:

$$s = 0,02 \cdot (c - d).$$

In dieser Formel ist d gleich $(b - 49,9565)$.

2. Bestimmung des Alkohols.

Der zur Bestimmung des spez. Gewichts (II Nr. 1, S. 274) im Pyknometer enthaltene Wein wird in einen Destillierkolben von etwa 200 ccm Inhalt übergeführt und das Pyknometer dreimal mit zusammen 25 ccm Wasser nachgespült. Man verbindet den Kolben durch Gummistopfen und Kugelröhre mit einem Schlangenkühler.

Als Vorlage benutzt man das Pyknometer, in welchem der Wein abgemessen worden ist.

Nunmehr destilliert man langsam, bis etwa 45 ccm Flüssigkeit übergegangen sind, füllt das Pyknometer mit Wasser bis nahe zur Marke auf, mischt durch quirlende Bewegung so lange, bis Schichten von verschiedener Dichte nicht mehr wahrzunehmen sind, stellt das Pyknometer $^1/_2$ Stunde in ein Wasserbad von 15° und fügt mit Hilfe eines Haarröhrchens vorsichtig Wasser von 15° zu, bis der untere Rand der Flüssigkeitsoberfläche die Marke eben berührt. Dann trocknet man den leeren Teil des Pyknometerhalses mit Stäbchen aus Filtrierpapier, setzt den Stopfen wieder auf, trocknet das Pyknometer äußerlich ab, stellt es $^1/_2$ Stunde in den Wagekasten und wägt. Das spez. Gewicht des Destillats, bezogen auf Wasser von 4°, wird in der unter II Nr. 1 (S. 274) angegebenen Weise berechnet.

a) Enthält der Wein in 1 l weniger als 1,2 g flüchtige Säuren, berechnet als Essigsäure, so werden die dem gefundenen spez. Gewicht entsprechenden Gramm Alkohol in 1 l Wein aus der Tabelle XXX des Anhanges entnommen. Die Umrechnung auf Maßprozente erfolgt nach Tabelle XXXI des Anhanges. (Der Destillationsrückstand dient zur Bestimmung des Extraktgehalts.)

b) Enthält der Wein in 1 Liter 1,2 g oder mehr flüchtige Säuren, so wird das im Pyknometer enthaltene Destillat nach erfolgter Wägung unter Nachspülen mit Wasser in einen Kolben übergeführt, in diesem bis zum beginnenden Sieden erhitzt und unter Verwendung von Phenolphthalein als Indikator mit $^{n}/_{10}$-Alkalilauge titriert. Die Zahl der verbrauchten Kubikzentimeter $^{n}/_{10}$-Lauge multipliziert man mit 0,000 018 und zieht den gefundenen Wert von dem spez. Gew. des Destillats ab. Der diesem korrigierten spez. Gewicht entsprechende Alkoholgehalt wird aus Tabelle XXX des Anhanges entnommen. Die Umrechnung auf Maßprozente erfolgt nach Tabelle XXXI des Anhanges.

3. Bestimmung des Extrakts (Gehalts an Extraktstoffen).

Das für die Bestimmung des Extraktgehalts zu wählende Verfahren richtet sich danach, ob der Wein flüchtige Säuren in größerer Menge als 1,2 g in 1 l, berechnet als Essigsäure, sowie ob er Rohrzucker enthält.

a) Bei rohrzuckerfreien Weinen mit einem geringeren Gehalt an flüchtigen Säuren als 1,2 g in 1 l wird der Destillationsrückstand von der Alkoholbestimmung unter dreimaligem Nachspülen mit Wasser in das gleiche Pyknometer eingefüllt, mit dem die Bestimmung des spez. Gewichts vorgenommen worden ist. Das Pyknometer füllt man mit Wasser bis nahe zur Marke auf, mischt durch quirlende Bewegung so lange, bis Schichten von verschiedener Dichte nicht mehr wahrzunehmen sind, stellt das Pyknometer $^1/_2$ Stunde in ein Wasserbad von 15° und fügt mit Hilfe eines Haarröhrchens vorsichtig Wasser von 15° zu, bis der untere Rand der Flüssigkeitsoberfläche die Marke eben berührt. Dann trocknet man den leeren Teil des Pyknometerhalses mit Stäbchen aus Filtrierpapier, setzt den Stopfen auf, trocknet das Pyknometer äußerlich ab, stellt es $^1/_2$ Stunde in den Wagekasten und wägt. Das spez. Gewicht der Flüssigkeit, bezogen auf Wasser von 4°, wird in der unter II Nr. 1 (S. 274) angegebenen Weise berechnet und der dem gefundenen Wert entsprechende Extraktgehalt aus der Tabelle XXXII des Anhanges entnommen.

b) Bei rohrzuckerfreien Weinen, die in 1 Liter 1,2 g oder mehr flüchtige Säuren enthalten, zieht man den aus der Titration des alkoholischen Destillats gemäß der Vorschrift unter II Nr. 2b (S. 275) sich ergebenden Wert für den Gehalt des Destillats an flüchtigen Säuren, ausgedrückt in g in 1 l, von dem Gesamtgehalt des Weins an flüchtigen Säuren ab, multipliziert die Differenz mit der Zahl 0,00015[1]), zieht den gefundenen Wert von dem nach der Vorschrift unter a) ermittelten spez. Gewicht des Destillationsrückstands ab und entnimmt den dem so berechneten Wert entsprechenden Extraktgehalt aus der Tabelle XXXII des Anhanges.

c) Bei rohrzuckerhaltigen Weinen verfährt man wie folgt: 50 ccm Wein werden in einem Pyknometer bei 15° abgemessen, unter Nachspülen mit Wasser in einen Destillierkolben von 250 ccm Inhalt übergeführt, mit Normal-Natronlauge unter Tüpfeln auf Lackmuspapier austitriert und nach Ergänzung der Flüssigkeit mit Wasser auf 75 ccm auf einem Drahtnetz über freier Flamme auf etwa 30 ccm eingedampft. Der Rückstand wird weiter behandelt, wie vorstehend unter a) angegeben. Die Bestimmung des spez. Gewichts ist mit demselben

[1]) Werden die Gehalte an flüchtigen Säuren in mg-Äquivalenten in 1 l ausgedrückt, so ist die Differenz mit 0,000 009 zu multiplizieren.

Pyknometer vorzunehmen, in dem der Wein abgemessen wurde. Von dem erhaltenen Wert ist abzuziehen:

α) das Produkt aus der Gesamtmenge der im Wein enthaltenen flüchtigen Säuren, ausgedrückt in Gramm in 1 l, mit 0,00015[1]),

β) das Produkt aus der zur Neutralisation der angewandten 50 ccm Wein erforderlichen Anzahl Kubikzentimeter Normal-Natronlauge mit 0,0007.

Der dem so berechneten Wert entsprechende Extraktgehalt ist aus der Tabelle XXXII des Anhanges zu entnehmen.

Anmerkung 1. Bezeichnet man mit

s das nach II Nr. 1 (S. 274) ermittelte spez. Gewicht des Weins,

s_1 das nach II Nr. 2 (S. 275) ermittelte spez. Gewicht des alkoholischen Destillats,

so darf der nach der Formel

$$s_2 = s - s_1 + 0{,}9991$$

berechnete Wert von dem vorstehend ermittelten spez. Gewicht des Destillationsrückstands — abgesehen von dem durch die flüchtigen Säuren bedingten Fehler — um nicht mehr als 3 bis 4 Einheiten der 4. Dezimalstelle abweichen.

Anmerkung 2. In dem Untersuchungsergebnis ist neben dem Extraktgehalt auch der Gehalt an zuckerfreiem Extrakt, d. h. der Gehalt an Extrakt abzüglich der 1 g in 1 l übersteigenden Zuckermenge anzugeben.

4. Bestimmung der Asche.

50 ccm Wein werden in einer Platinschale auf dem Wasserbad eingedampft und erforderlichenfalls 1 Stunde im Luftbad bei etwa 120° getrocknet. Die Schale wird in einen Asbestteller mit kreisförmigem Ausschnitt eingesetzt, der Rückstand vorsichtig verkohlt, die Kohle zerdrückt, mit heißem Wasser wiederholt ausgewaschen und der wäßrige Auszug durch ein kleines aschenarmes Filter filtriert. Der Auszug muß farblos sein; im anderen Fall dampft man ihn über der Kohle zur Trockne ein, erhitzt gelinde, bis die Verkohlung vollständig ist, und nimmt von neuem mit heißem Wasser auf. Nachdem die Kohle vollständig ausgelaugt ist, gibt man das Filterchen in die Platinschale zur Kohle, trocknet den Schaleninhalt auf dem Wasserbad und verascht vollständig. Wenn die Asche weiß geworden ist, gießt man die filtrierte Lösung in die Platinschale zurück, verdampft zur Trockne, glüht schwach, läßt im Exsiccator erkalten und wägt. Nach nochmaligem schwachem Glühen und Erkalten im Exsiccator prüft man durch wiederholtes rasches Wägen das Ergebnis der Wägung nach.

Bei zuckerreichen Weinen empfiehlt es sich, vor der Veraschung die Hauptmenge des Zuckers in dem entgeisteten und auf einen Zuckergehalt von etwa 15% verdünnten Wein mit Spuren von Hefe bei etwa 30° zu vergären. Die vergorene Flüssigkeit wird mit dem Hefebodensatz in der vorstehend beschriebenen Weise verascht.

Berechnung: Wurden aus 50 ccm Wein b g Asche erhalten, so beträgt der Gehalt an Asche aus 1 l Wein: $x = 20 \cdot b$ g.

[1]) Vgl. Fußnote [2]) auf S. 276.

5. Bestimmung der Alkalität der Asche sowie der Phosphorsäure (des Phosphatrests).

a) Bestimmung der Gesamtalkalität.

Die Asche von 50 ccm Wein wird mit wenig Wasser angefeuchtet, mit einer gemessenen überschüssigen Menge — je nach der Menge der Asche mit 20 bis 30 ccm — $^n/_{10}$-Schwefelsäure und 1 Tropfen einer etwa 30 proz. Wasserstoffsuperoxydlösung versetzt und die Mischung $^1/_4$ Stunde auf dem Wasserbad erhitzt. Man bringt den Schaleninhalt alsdann unter mehrmaligem Nachspülen mit wenig kochendem Wasser in ein etwa 150 ccm fassendes Erlenmeyerkölbchen aus Jenaer Glas, läßt erkalten, fügt einen Tropfen Methylorangelösung hinzu, übersättigt mit einer gemessenen Menge $^n/_{10}$-, gegen Methylorange eingestellter Natronlauge und titriert mit $^n/_{10}$-Schwefelsäure bis zum Umschlag des Methylorange.

Berechnung: Wurden zusammen *a* ccm $^n/_{10}$-Schwefelsäure und *b* ccm $^n/_{10}$-Natronlauge verwendet, so beträgt die Gesamtalkalität der Asche aus 1 l Wein:

$$x = 2 \cdot (a - b) \text{ mg-Äquivalente Alkali } (= \text{ccm Normallauge}).$$

b) Bestimmung der Phosphorsäure (des Phosphatrests PO_4).

α) Maßanalytisch.

Die nach vorstehender Vorschrift erhaltene, gegen Methylorange neutrale und auf 20 bis 30 ccm eingedampfte Lösung neutralisiert man erforderlichenfalls nochmals in der Kälte gegen Methylorange, versetzt mit 30 ccm einer etwa 40 proz. neutralen Calciumchloridlösung, erhitzt über freier Flamme bis zum beginnenden Sieden, kühlt sodann auf 14 bis 15° ab, fügt 2 Tropfen Phenolphthaleinlösung hinzu und titriert mit $^n/_{10}$-, möglichst carbonatfreier Natronlauge [1]) bis zur deutlichen Rotfärbung.

Nunmehr läßt man 2 Stunden im verschlossenen Kölbchen bei 14 bis 15° stehen und titriert die inzwischen wieder entfärbte Lösung nach.

Berechnung: Wurden *c* ccm $^n/_{10}$-Natronlauge verbraucht, so sind in der Asche aus 1 l Wein enthalten:

$$x = 0{,}0941 \; (\log = 0{,}97359 - 2) \cdot c \text{ g Phosphatrest } (PO_4).$$

Anmerkung 1.

α) Bleibt bei dem Behandeln der Asche mit $^n/_{10}$-Schwefelsäure ein erheblicher unlöslicher Rückstand, so filtriert man durch ein kleines Filter, wäscht mit wenig Wasser nach und titriert das Filtrat nach dem Übersättigen mit einer gemessenen Menge $^n/_{10}$-Natronlauge gemäß II Nr. 5a (s. o.). Der Rückstand wird nach dem Veraschen des Filters in möglichst wenig konz. Salzsäure in der

---

[1]) Zur Kontrolle der Carbonatfreiheit der Lauge dient folgende Prüfung: Auf 20 ccm $^n/_{10}$-Schwefelsäure sollen vom Farbumschlag des Methylorange in gelb bis zur Rötung des Phenolphthaleins höchstens 0,15 ccm $^n/_{10}$-Natronlauge verbraucht werden.

Wärme gelöst und die Lösung mit dem gemäß II Nr. 5a (S. 278) gegen Methylorange eingestellten Filtrat vereinigt; hierauf wird von neuem wie bei Bestimmung der Gesamtalkalität gegen Methylorange neutralisiert. Die hierbei auftretende Abscheidung wird auf einem kleinen Filter abfiltriert, dreimal mit wenig Wasser nachgewaschen und die im Rückstand enthaltene Phosphorsäure nach Auflösung in Trinatriumcitratlösung gemäß der Vorschrift unter II Nr. 37b) (S. 332) titriert. Im Filtrat ist der Rest der Phosphorsäure nach II Nr. 5b) zu ermitteln.

β) Bleibt bei dem Behandeln der Asche mit $^{n}/_{10}$-Schwefelsäure kein erheblicher unlöslicher Rückstand, tritt jedoch bei der Neutralisation gegen Methylorange eine Abscheidung ein, so filtriert man den Niederschlag auf einem kleinen Filter ab, wäscht ihn dreimal mit wenig Wasser nach und titriert die in dem Rückstand enthaltene Phosphorsäure nach Auflösung in Trinatriumcitratlösung gemäß der Vorschrift unter II Nr. 37b) (S. 332). Im Filtrat ist der Rest der Phosphorsäure nach II Nr. 5b) zu ermitteln.

Anmerkung 2. Aus den gemäß der vorstehenden Vorschrift unter a) und b) ermittelten Werten a, b und c läßt sich die „eigentliche" Alkalität berechnen. Hierunter wird verstanden die Alkalität gegen Methylorange, vermindert um den von den Phosphaten herrührenden Anteil. Sie beträgt für die Asche aus 1 l Wein:

$x = 2 \cdot (a - b - 0{,}99 \cdot c)$ mg-Äquivalente Alkali (= ccm Normallauge).

β) Gewichtsanalytisch.

Zur Ausführung der Bestimmung werden die folgenden Reagentien verwandt.

Molybdänlösung. 195 g Ammoniummolybdat werden in einer Mischung von 400 ccm 10proz. Ammoniaklösung (spez. Gewicht 0,96) und 145 ccm Wasser gelöst. Die Lösung wird unter Umrühren in 1400 ccm Salpetersäure vom spez. Gewicht 1,21 eingegossen.

Waschflüssigkeit. 100 g Ammoniumnitrat werden in kaltem Wasser gelöst. Man setzt 50 ccm Salpetersäure vom spez. Gewicht 1,21 hinzu und ergänzt mit Wasser auf 2 l.

Die Bestimmung wird wie folgt vorgenommen.

Von trocknen Weinen und von mäßig zuckerreichen Süßweinen verwendet man 50 ccm, von sehr zuckerreichen Süßweinen 25 ccm und verascht diese Menge, bei Süßwein zweckmäßig nach vorausgegangener Vergärung mit Spuren von Hefe (vgl. II Nr. 4, S. 277). Die Asche in der Platinschale versetzt man mit 10 ccm Wasser und 2,5 ccm Salpetersäure vom spez. Gewicht 1,40 und führt den Inhalt der Schale unter Nachspülen mit Wasser, erforderlichenfalls mit Hilfe einer Gummifahne, in ein Becherglas über. In diesem ergänzt man die Flüssigkeit mit Wasser auf etwa 50 ccm, bedeckt das Becherglas und erhitzt $^{1}/_{4}$ Stunde zum beginnenden Sieden. Alsdann läßt man erkalten, fügt 75 ccm Molybdänlösung hinzu, mischt gut durch und läßt unter wiederholtem Umschwenken 24 Stunden bei Zimmertemperatur stehen.

Nach dieser Zeit gießt man die über dem Niederschlag stehende Flüssigkeit durch ein Filter von 40 mm Halbmesser klar ab und bringt den Niederschlag, anfangs dekantierend, unter Nachwaschen mit der angegebenen Waschflüssigkeit vollständig auf das Filter. Das Auswaschen ist beendigt, wenn die vom Filter laufende Flüssigkeit auf Zusatz von Kaliumferrocyanidlösung keine Braunfärbung mehr zeigt.

Das Filter wird mit dem Niederschlag naß in einen gewogenen Porzellantiegel gebracht und darin über einem sehr klein brennenden Argandbrenner[1]) getrocknet. Dann verkohlt man bei etwas gesteigerter Temperatur und erhitzt bei noch etwas vergrößerter Flamme unter wiederholtem Umrühren mit einem dicken Platindraht, bis sich keine zusammengebackenen Teilchen mehr im Innern des Kuchens finden und die Filterkohle völlig verbrannt ist. Das Erhitzen setzt man einige Zeit fort, bis die anfangs schwarzen Glührückstände mehr oder weniger gelblich-weiß geworden sind. Ein zu starkes Erhitzen, bei dem eine Sublimation der Phosphormolybdänsäure eintritt, ist zu vermeiden. Der Tiegel mit dem so behandelten Niederschlag wird nach dem Erkalten im Exsiccator gewogen.

Berechnung: Bedeutet

a die angewandte Menge Wein in Kubikzentimetern,

b das Gewicht des Niederschlags ($P_2O_5 \cdot 24\, MoO_3$) in Gramm,

so sind in 1 l Wein enthalten:

$$x = 52{,}83\ (\log = 1{,}72288) \cdot \frac{b}{a}\ \text{g Phosphatrest}\ (PO_4).$$

c) Bestimmung der Alkalität des in Wasser löslichen Anteils der Asche.

Die Asche von 50 ccm Wein wird mit wenig Wasser angefeuchtet, mit 20 ccm heißem Wasser übergossen und mit einer Gummifahne sorgfältig von den Schalenwandungen losgelöst. Die erhaltene Flüssigkeit wird mit den ungelösten Aschenteilen unter wiederholtem Nachspülen mit kleinen Mengen heißen Wassers in ein 50 ccm fassendes Meßkölbchen übergeführt und in diesem nach Abkühlung auf 15° mit Wasser zu 50 ccm aufgefüllt. Die erhaltene Lösung wird durch ein kleines trocknes Filter in einen trocknen Kolben filtriert. Man versetzt 40 ccm dieses wäßrigen Aschenauszugs in einem etwa 150 ccm fassenden Erlenmeyerkölbchen aus Jenaer Glas vorsichtig mit 15 bis 25 ccm $^n/_{10}$-Schwefelsäure und verfährt weiter wie vorstehend unter a.

Berechnung: Wurden zusammen *d* ccm $^n/_{10}$-Schwefelsäure und *e* ccm $^n/_{10}$-Natronlauge verwendet, so beträgt die Alkalität des in Wasser löslichen Anteils der Asche aus 1 l Wein:

$$x = 2{,}5 \cdot (d - e)\ \text{mg-Äquivalente Alkali (= ccm Normallauge).}$$

---

[1]) Die erforderlichen Argandbrenner sind Specksteinrundbrenner von 22 mm Durchmesser, die mit leuchtender Flamme brennen. Sie sind mit einem 19 cm hohen Zylinder von gebranntem Ton versehen. Der Tiegel wird in ein passendes Drahtdreieck eingesetzt und auf einem Stativring unmittelbar über das obere Ende dieses Zylinders gestellt.

6. Bestimmung der titrierbaren Säuren (Gesamtsäure).

Bei der Bestimmung der titrierbaren Säuren wird Lackmuspapier verwendet, das wie folgt hergestellt wird.

100 g gepulverter Lackmus werden am Rückflußkühler $^1/_2$ Stunde mit 500 ccm Alkohol von 90 Maßprozent ausgekocht. Man filtriert alsdann ab und trocknet den Rückstand bei mäßiger, 100° keinesfalls übersteigender Wärme. Den getrockneten Rückstand verreibt man in einer Reibschale innig mit 500 ccm kaltem Wasser, läßt — unter wiederholtem Umrühren — 24 Stunden in der Kälte stehen und filtriert. Von dem Filtrat sondert man einen kleinen Anteil ab und sättigt darauf in der Hauptmenge das freie Alkali ab, indem man wiederholt mit einem in Schwefelsäure vom spez. Gewicht 1,11 eingetauchten Glasstab umrührt, bis die Farbe ausgesprochen rot erscheint. Dann kocht man die Mischung auf und erhält, unter Ersatz des verdampfenden Wassers, $^1/_4$ Stunde im Sieden. Schlägt hierbei der rote Farbenton wieder in violett oder blau um, so stellt man ihn in der angegebenen Weise mittels des mit Schwefelsäure benetzten Glasstabs wieder her und wiederholt dies so lange, bis der gewünschte Farbenton erreicht ist. Man prüft auf denselben durch Tüpfeln auf ein Streifchen des Papiers, das mit der Lackmuslösung getränkt werden soll. Hierbei ist zu beachten, daß der Ton des Papiers beim Trocknen in der Regel blauer ist als unmittelbar nach dem Tränken. Sollte bei dieser Behandlung die Flüssigkeit versehentlich zu stark angesäuert werden, also zu lebhaft rot geworden sein, so kann man den Fehler durch Zusatz einer entsprechenden Menge des anfangs zurückbehaltenen blauen Anteils wieder verbessern. Ist der gewünschte Farbenton erreicht, so zieht man durch die erkaltete und erforderlichenfalls filtrierte Flüssigkeit Streifen feinen ungeleimten Papiers — besonders geeignet ist das Filtrierpapier Nr. 1403 der Firma Schleicher & Schüll in Düren — hindurch und hängt sie in einem von Säure- und Ammoniakdämpfen freien Raum über Fäden zum Trocknen auf. Auch das fertige Papier ist beim Aufbewahren vor Laboratoriumsdämpfen und Licht zu schützen. Von den getrockneten Streifen schließt man den obersten Teil, in dem Verunreinigungen von bläulichem Farbenton angereichert sind, von dem Gebrauch aus. Da sich der Farbenton beim Trocknen des Papiers häufig ganz unerwartet ändert, empfiehlt es sich, zunächst nur einen Probestreifen zu färben und zu trocknen und, je nach dem Ausfall der Färbung, die Lösung nach Bedarf so lange mit etwas mehr Schwefelsäure oder etwas zurückbehaltener blauer Lackmuslösung zu versetzen, bis die Farbe eines erneut gefärbten Papierstreifens nach dem Trocknen befriedigend ausgefallen ist. Das fertige Papier muß eine ausgesprochen rötliche Färbung mit einem geringen Stich ins Violette aufweisen. Ein Tropfen einer Mischung von 50 ccm kochendem Wasser und einem Tropfen $^n/_4$-Lauge muß beim Aufbringen auf das Papier einen deutlichen blauen Ring hervorrufen.

Die Bestimmung wird wie folgt vorgenommen:

25 ccm Wein werden bis zum beginnenden Sieden erhitzt; die heiße Flüssigkeit wird sodann mit einer Alkalilauge, die nicht schwächer als $^n/_4$ ist, titriert. Der Sättigungspunkt ist erreicht, wenn ein auf das nach

vorstehender Vorschrift bereitete Lackmuspapier aufgesetzter Tropfen Alkali einen blauen Ring hervorbringt.

Berechnung: Wurden zur Sättigung von 25 ccm Wein a ccm $^{n}/_{4}$-Alkalilauge verbraucht, so sind in 1 l Wein enthalten:

$x = 0{,}75 \cdot a$ g titrierbare Säuren (Gesamtsäure), als Weinsäure berechnet.

Bei Verwendung von $^{n}/_{3}$-Alkalilauge lautet die Formel:

$x = a$ g titrierbare Säuren (Gesamtsäure), als Weinsäure berechnet.

Der Gehalt an titrierbaren Säuren (Gesamtsäure) in 1 l Wein entspricht:

$y = 10 \cdot a$ mg-Äquivalenten Säure (= ccm Normalsäure).

Bei Verwendung von $^{n}/_{3}$-Alkalilauge lautet die Formel:

$y = \frac{40}{3} \cdot a$ mg-Äquivalente Säure (= ccm Normalsäure).

7. Bestimmung der flüchtigen Säuren und Berechnung der titrierbaren nichtflüchtigen Säuren.

A. Bestimmung der flüchtigen Säuren.

Zur Bestimmung der flüchtigen Säuren verwendet man einen Rundkolben von 200 ccm Inhalt, der durch einen Gummistopfen mit 2 Durchbohrungen verschlossen ist. Durch die erste Bohrung führt ein bis auf den Boden des Kolbens reichendes, oben stumpfwinklig umgebogenes Glasrohr von 4 mm lichter Weite, das unten etwas stumpfwinklig gebogen ist und eine kurze, 1 mm weite Ausströmungsspitze besitzt. Durch die zweite Bohrung führt ein Hakenaufsatz (Fig. 1), der mit einem gut wirkenden Kühler verbunden ist. Als Destillationsvorlage dient ein 300 ccm fassender, hoher Erlenmeyerkolben, welcher an der, einem Rauminhalt von 200 ccm entsprechenden Stelle eine Marke trägt.

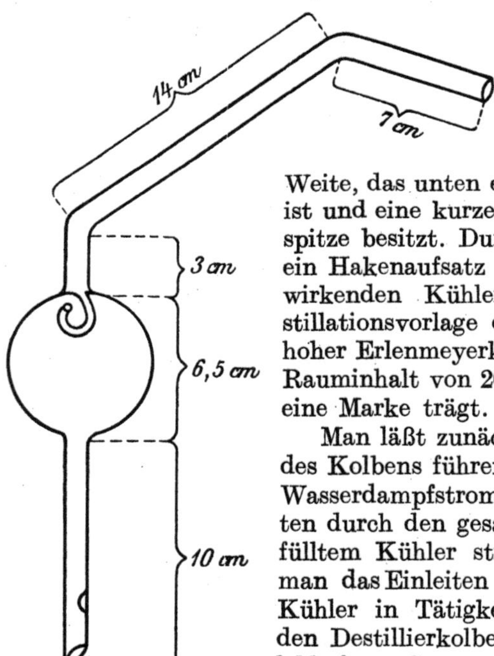

Fig. 1. Hakenaufsatz.

Man läßt zunächst durch das auf den Boden des Kolbens führende Glasrohr einen lebhaften Wasserdampfstrom eintreten und etwa 10 Minuten durch den gesamten Apparat bei nicht gefülltem Kühler strömen. Sodann unterbricht man das Einleiten des Wasserdampfs, setzt den Kühler in Tätigkeit, bringt 50 ccm Wein in den Destillierkolben und leitet in diesen einen lebhaften Strom von Wasserdampf. Durch gleichzeitiges Erhitzen des Destillierkolbens mit einer Flamme engt man unter stetem Durchleiten von Wasserdampf den Wein auf etwa 25 ccm ein und trägt dann durch zweckmäßiges Erwärmen des Kolbens dafür Sorge, daß die

Flüssigkeitsmenge sich nicht mehr ändert. Man unterbricht die Destillation, wenn 200 ccm Flüssigkeit übergegangen sind. Die Destillation ist so zu leiten, daß dies 50 Minuten nach Beginn des Einleitens der Fall ist[1]). Alsdann erhitzt man das Destillat bis zum beginnenden Sieden, setzt einige Tropfen Phenolphthaleinlösung hinzu und titriert mit $^{n}/_{10}$-Alkalilauge.

Berechnung: Sind zur Sättigung der flüchtigen Säuren aus 50 ccm Wein a ccm $^{n}/_{10}$-Alkalilauge verbraucht worden, so sind in 1 l Wein enthalten:

$x = 0{,}12 \cdot a$ g flüchtige Säuren, als Essigsäure (CH_3COOH) berechnet, oder es entspricht der Gehalt an flüchtigen Säuren in 1 l Wein:

$y = 2 \cdot a$ mg-Äquivalenten Säure (= ccm Normalsäure).

B. Berechnung der titrierbaren nichtflüchtigen Säuren.

Bedeutet:

a die Gramm titrierbare Säuren in 1 l Wein, als Weinsäure berechnet,

b die Gramm flüchtige Säuren in 1 l Wein, als Essigsäure berechnet,

x die Gramm titrierbare nichtflüchtige Säuren in 1 l Wein, als Weinsäure berechnet,

so sind in 1 l Wein enthalten:

$x = (a - 1{,}25 \cdot b)$ g titrierbare nichtflüchtige Säuren, als Weinsäure berechnet.

Bedeutet:

c die mg-Äquivalente titrierbare Säuren in 1 l Wein,

d die mg-Äquivalente flüchtige Säuren in 1 l Wein,

y die mg-Äquivalente titrierbare nichtflüchtige Säuren in 1 l Wein,

so entspricht der Gehalt an titrierbaren nichtflüchtigen Säuren in 1 l Wein

$$y = (c - d) \text{ mg-Äquivalenten Säure } (= \text{ccm Normalsäure}).$$

8. Bestimmung des Säuregrads (der Wasserstoffionen).

Unter dem Säuregrad des Weins versteht man die Konzentration der in ihm enthaltenen Wasserstoffionen. Sie wird ermittelt durch Messung der Inversionsgeschwindigkeit von Rohrzucker, der im Wein gelöst wird. Vor dem Auflösen des Zuckers müssen die im Wein in der Regel vorhandenen invertierenden Stoffe unwirksam gemacht werden. Dies geschieht in folgender Weise[2]).

Ein Erlenmeyerkolben aus Jenaer Geräteglas von etwa 150 ccm Inhalt wird mit dem zu untersuchenden Wein bis fast zum Rand angefüllt und mit einem Gummistopfen verschlossen, durch dessen Bohrung ein etwa 4 cm langes, oben in einer engen Öffnung endigendes Glasrohr führt; der Stopfen wird am Kolbenhals festgebunden. Man spannt den Kolben alsdann in einen Gefäßhalter und setzt diesen in den Wasserbehälter eines auf etwa 76° angeheizten Thermostaten, dessen

---

[1]) Der Rückstand kann zur Bestimmung der Milchsäure und der Bernsteinsäure verwendet werden.

[2]) Vgl. die Fußnote [1]) auf S. 287.

Siedeflüssigkeit aus Kohlenstofftetrachlorid oder absolutem Alkohol[1]) besteht. Ein zweckmäßiger Apparat ist in Fig. 2 abgebildet[2]).

Der Gefäßhalter muß so aufgestellt werden, daß die Oberfläche des Weins im Kolben sich etwas unterhalb der Oberfläche der Badflüssigkeit befindet. Nach halbstündigem Verweilen im Thermostaten wird der Kolben mit Wasser auf Zimmertemperatur abgekühlt.

Ausführung des Inversionsversuchs.

Von dem abgekühlten Wein filtriert man unter Verwerfung der ersten Tropfen eine ausreichende Menge durch ein kleines Faltenfilter in ein 100 mm-Polarisationsrohr und ermittelt den Drehungswinkel nach der Vorschrift unter II Nr. 13 (S. 301), indem man aus 3 Ablesungen das Mittel nimmt. Alsdann wägt man in einem Meßkolben von

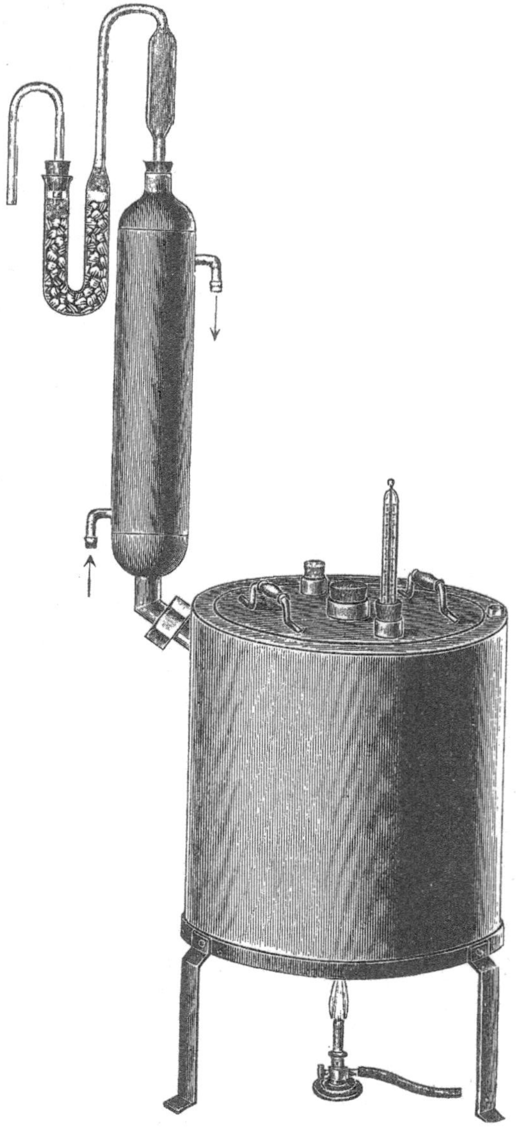

a) Gesamtansicht.

Fig. 2. Thermostat zur Bestimmung des Säuregrads

---

[1]) Es empfiehlt sich, den Alkohol vor dem Einbringen in den Thermostaten einige Tage über frisch gebranntem Kalk stehen zu lassen. Auch ist das U-Rohr auf dem Kühler mit frisch gebranntem Kalk zu beschicken.

[2]) Ein kleinerer Thermostat zur Polarisation während der Zuckerinversion bei höherer Temperatur ist von Paul beschrieben und abgebildet in der Zeitschrift f. physikal. Chemie **91**, 745; 1916. Der Thermostat besteht aus einem Nickelblechkasten, in dem in der Verlängerung der Achse des Polarisationsapparats das aus durchsichtigem Quarzglas oder chemisch reinem Silber gefertigte Polarisationsrohr in einem mit Wasser gefüllten, gut abgedichteten Mantelrohr liegt. Im Innern des mit Wasser gefüllten Thermostaten ist ein Rührer angebracht, der durch eine Wasser-

100 ccm Inhalt 10,00 g reinen, gepulverten, ungeblauten Hutzucker ein, gibt unter wiederholtem Umschütteln den vorbehandelten Wein hinzu, füllt mit diesem nach dem Lösen des Zuckers zur Marke auf und mischt gut durch. Von dieser Lösung filtriert man unter Verwerfung der ersten Tropfen eine ausreichende Menge durch ein kleines Faltenfilter in das Polarisationsrohr, bringt den Rest der Lösung unverzüglich in einen Erlenmeyerkolben aus Jenaer Geräteglas von etwa 250 ccm Inhalt und verschließt diesen mit einem zweimal durchbohrten Gummistopfen. Durch die eine Bohrung des Stopfens führt ein etwa 4 cm langes, oben durch einen kleinen Korkstopfen verschlossenes Glasrohr von 6 bis 8 mm lichter Weite und durch die andere Bohrung ein ungefähr gleichlanges, oben in einer sehr feinen Öffnung endigendes und rechtwinklig umgebogenes Glasrohr. Der Gummistopfen wird am Kolbenhals festgebunden. Man spannt den Kolben sodann in einen Gefäßhalter (Fig. 3) und stellt diesen in dem auf etwa 76 ° angeheizten Thermostaten so auf, daß die Badflüssigkeit den Kolben bis dicht an den oberen Rand umspült.

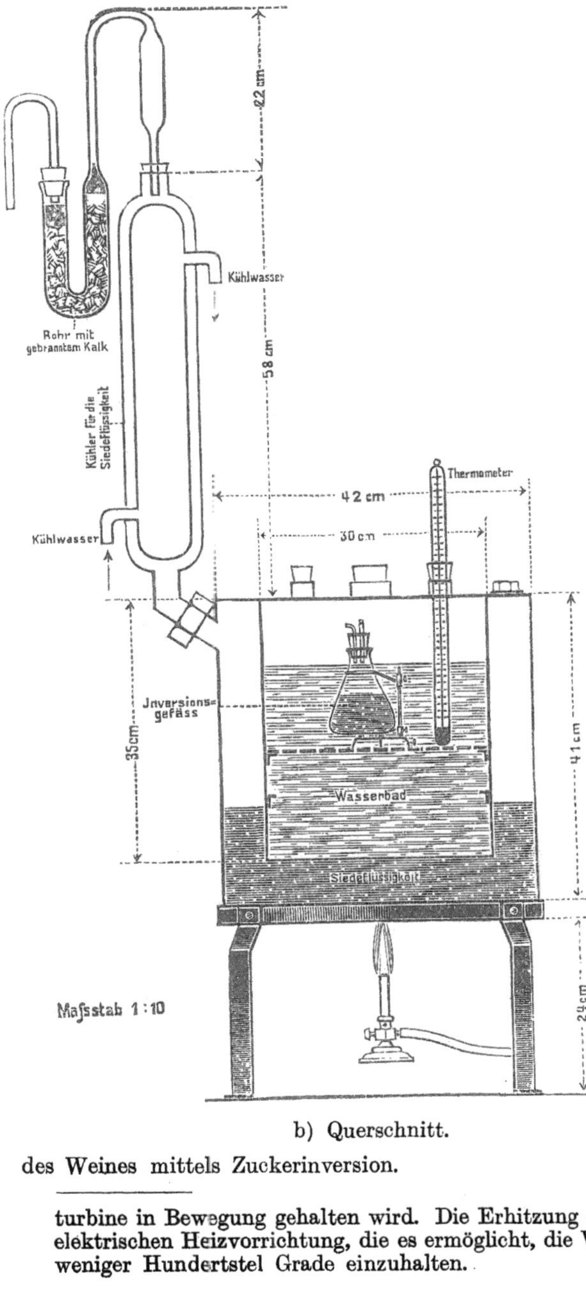

b) Querschnitt.

des Weines mittels Zuckerinversion.

turbine in Bewegung gehalten wird. Die Erhitzung des Wassers erfolgt mit einer elektrischen Heizvorrichtung, die es ermöglicht, die Versuchstemperatur innerhalb weniger Hundertstel Grade einzuhalten.

Als Beginn des Inversionsvorgangs gilt der Zeitpunkt, zu welchem der Kolben in den Thermostaten eingestellt wird. Man vermerkt diesen Zeitpunkt sowie die Temperatur der Badflüssigkeit und bestimmt nun den Drehungswinkel des in das Polarisationsrohr eingefüllten, mit Zucker versetzten Weins, indem man aus 3 Ablesungen das Mittel nimmt.

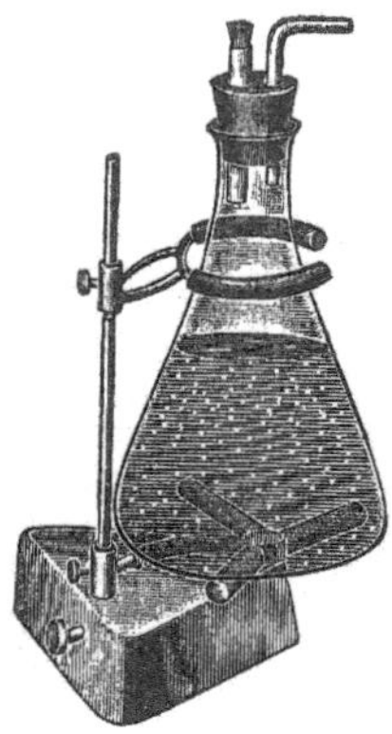

Fig. 3. Inversionsgefäß zur Bestimmung des Säuregrads des Weins.

Nach etwa $1^1/_2$stündigem Verweilen des Kolbens im Thermostaten schiebt man dessen Deckel etwas beiseite, entfernt sofort den kleinen Korkstopfen vom Glasrohr des Kolbens, führt durch dieses eine 10 ccm fassende Pipette in den Kolben ein, entnimmt etwa 10 ccm Flüssigkeit, setzt sodann den kleinen Korkstopfen und den Deckel möglichst schnell wieder auf und läßt unverzüglich den Pipetteninhalt in einen mit Eiswasser gekühlten Erlenmeyerkolben von etwa 50 ccm Inhalt fließen. Man vermerkt den Zeitpunkt, zu welchem der letzte Tropfen aus der Pipette ausgeflossen ist. Nach dem Abkühlen auf 20° filtriert man die Flüssigkeit durch ein kleines Faltenfilter in das Polarisationsrohr und bestimmt den Drehungswinkel. In gleicher Weise werden noch 2- bis 3mal in Zeitabständen von je etwa $^1/_2$ Stunde Proben der Inversionsflüssigkeit entnommen und deren Drehungswinkel bestimmt.

Berechnung: Es empfiehlt sich, die für die Berechnung erforderlichen Zahlen in Form des nachstehenden Beispiels aufzuzeichnen.

Beispiel für die Aufzeichnung eines Inversionsversuchs zur Bestimmung des Säuregrads des Weins.

Drehungswinkel des Weins vor dem Zuckerzusatz + 0,15° (Kreisgrade); Korrektion + 0,14°.

Datum	Zeit der Entnahme	Zeit t in Minuten seit Beginn des Inversionsvorgangs	Temperatur des Thermostaten °C	Abgelesener Drehungswinkel Kreisgrade	Drehungswinkel der Zuckerlösung allein Kreisgrade	Relative Konzentration des Rohrzuckers in der Lösung	Inversionskonstante $k = \frac{\log c_0 - \log c_t}{0{,}4343 \cdot t}$ bei der Beobachtungstemperatur	reduziert auf 76,0°
1	2	3	4	5	6	7	8	9
16. 12. 14	12^{28} N	0	75,9	+ 6,76	+ 6,62	8,87	—	—
„	2^{08} „	100	75,9	+ 4,38	+ 4,24	6,49	0,00 313	0,00 316
„	2^{39} „	131	76,0	+ 3,69	+ 3,55	5,80	0,00 325	0,00 325
„	3^{08} „	160	76,1	+ 3,16	+ 3,02	5,27	0,00 325	0,00 322
„	3^{30} „	182	76,1	+ 2,76	+ 2,62	4,87	0,00 329	0,00 326

Berechnete Enddrehung der Zuckerlösung allein: $-0{,}34 \cdot 6{,}62 = -2{,}25°$.

Mittelwert $k_m = 0{,}00\,322$

Spalte 1 enthält das Datum, Spalte 2 die Tageszeit, Spalte 3 die Zeiträume, in Minuten gemessen, welche seit dem Einbringen der Rohrzuckerlösung in den Thermostaten verstrichen sind, und Spalte 4 die

Temperatur der Badflüssigkeit mit Angabe der Zehntelgrade. In Spalte 5 werden die abgelesenen Drehungswinkel der Inversionsflüssigkeit, in Spalte 6 die Drehungswinkel nach Abzug der durch den Wein verursachten Drehung, in Spalte 7 die aus den Drehungswinkeln berechneten relativen Konzentrationen des zu den einzelnen Beobachtungszeiten noch nicht invertierten Rohrzuckers, in Spalte 8 die berechneten Inversionskonstanten bei der Versuchstemperatur und in Spalte 9 die Inversionskonstanten nach Reduktion auf die Temperatur 76,0° eingetragen.

Der in Spalte 6 angegebene Drehungswinkel (im Beispiel in Zeile 1 + 6,62°) wird aus dem abgelesenen Drehungswinkel in Spalte 5 (im Beispiel + 6,76°) berechnet, indem man von ihm die Korrektion (im Beispiel + 0,14°) abzieht. Letztere erhält man durch Multiplikation des Drehungswinkels des nicht mit Rohrzucker versetzten Weins (im Beispiel + 0,15°) mit 0,94, d. h. mit der Konzentrationsverminderung des Weins beim Auflösen des Zuckers. Die Enddrehung der Zuckerlösung allein wird gefunden durch Multiplikation des Drehungswinkels der Zuckerlösung in Spalte 6 vor Beginn des Erhitzens (im Beispiel + 6,62°) mit — 0,34. Zieht man von dem Drehungswinkel der Zuckerlösung die Enddrehung unter Berücksichtigung des Vorzeichens ab, so erhält man die relative Konzentration des Rohrzuckers in der Lösung (Spalte 7, im Beispiel 8,87).

Bedeutet:

t die Zeit in Minuten seit Beginn des Inversionsvorgangs,

c_o die relative Konzentration des Rohrzuckers bei Beginn des Versuchs,

c_t die relative Konzentration des Rohrzuckers in der Lösung nach t Minuten,

so beträgt die Inversionskonstante bei der Versuchstemperatur:

$$k = \frac{\log c_o - \log c_t}{0{,}4343 \cdot t}\,.$$

Die für die Versuchstemperatur berechneten Inversionskonstanten (Spalte 8) werden auf die Temperatur von 76,0° umgerechnet, indem man für jeden Zehntelgrad, den die Versuchstemperatur über 76,0° liegt, 0,9% des gefundenen Werts abzieht und den gleichen Wert für jeden Zehntelgrad zuzählt, wenn die Versuchstemperatur niedriger als 76,0° liegt[1]).

Berechnung des Säuregrads: Bezeichnet man mit k_m den Mittelwert der Inversionskonstanten bei 76,0°, so ist der Säuregrad, d. h. die Konzentration der Wasserstoffionen, in 1 l Wein:

$$x = \frac{k_m}{0{,}00374}\ \text{Millimol}$$ [2]).

[1]) Es kann in seltenen Fällen vorkommen, daß die gefundenen Inversionskonstanten erheblich von einander abweichen. In diesem Fall ist der Inversionsversuch mit der Abweichung zu wiederholen, daß der Wein vor dem Zusatz des Zuckers $^1/_2$ Stunde in einem Wasserbad bei 90° erhitzt wird. Bei Traubenmosten ist dies stets erforderlich.

[2]) Die Zahl 0,00374 gilt für Weine mit dem mittleren Alkoholgehalt von 80 g in 1 l. Die Änderungen dieser Zahl bei abweichendem Alkoholgehalt sind aber nicht wesentlich.

9. Bestimmung der Milchsäure.

(Nur bei trocknen Weinen ausführbar.)

Man bringt 50 ccm Wein in einen Rundkolben von 200 ccm Inhalt und destilliert die flüchtigen Säuren nach der Vorschrift unter II Nr. 7 (S. 282) im lebhaften Wasserdampfstrom ab.

Der Destillationsrückstand wird unter Verwendung von kleinen Mengen Wasser zum Nachspülen in eine Porzellanschale übergeführt, mit einigen Tropfen Phenolphthaleinlösung, sodann mit kalt gesättigter Barytlauge bis zur schwachen Rotfärbung und mit 5 ccm 10 proz. wässeriger Bariumchloridlösung versetzt. Um etwa vorhandenes Milchsäureanhydrid zu verseifen, gibt man noch 2 bis 3 ccm Barytlauge hinzu, erwärmt das Gemisch 10 Minuten auf dem siedenden Wasserbad, wobei die Rotfärbung bestehen bleiben muß, neutralisiert durch Einleiten von Kohlendioxyd und engt auf dem Wasserbad auf etwa 10 ccm ein.

Der Schaleninhalt wird in einen mit einem Glasstopfen verschließbaren Meßzylinder von 100 ccm Inhalt übergeführt und die Schale mit heißem Wasser nachgespült, bis die Flüssigkeitsmenge im Zylinder durch die Zugabe des Spülwassers auf 25 ccm gebracht ist. Unter beständigem Umrühren gibt man sodann in dünnem Strahl neutral reagierenden Alkohol von 96 Maßprozent hinzu, bis der Zylinder nahezu 100 ccm enthält, stellt diesen $^1/_2$ Stunde in ein Wasserbad von 15°, füllt alsdann mit Alkohol von gleicher Stärke auf 100 ccm auf und läßt den Zylinder 2 Stunden stehen, während welcher Zeit wiederholt kräftig umgeschüttelt wird. Die Flüssigkeit wird nun durch ein bedecktes, trocknes, glattes Filter in ein trocknes Gefäß filtriert und auf eine Temperatur von 15° gebracht[1]). Von dem Filtrat werden 75 ccm in ein Kölbchen pipettiert und mit 25 ccm 5 proz. Natriumsulfatlösung versetzt. Man schüttelt die Mischung gut um und läßt sie verkorkt $^1/_4$ Stunde stehen. Die Flüssigkeit wird sodann durch ein bedecktes, trocknes Faltenfilter in ein trocknes Gefäß filtriert und auf eine Temperatur von 15° gebracht.

75 ccm dieses Filtrats werden in eine Platinschale pipettiert und auf dem Wasserbad unter Vermeidung des Siedens zur vollständigen Trockne eingedampft. Der Rückstand wird auf einem Asbestdrahtnetz vorsichtig verkohlt, die Kohle mit einem kleinen, unten flachen Glasstab fein zerrieben und stark geglüht. Nach dem Erkalten werden 20 ccm $^n/_4$-Salzsäure (die in der Regel ausreichen) hinzugesetzt und die mit einem Uhrglas bedeckte Schale 5 Minuten auf dem Wasserbad erhitzt. Man spült sodann das Uhrglas mit Wasser ab und titriert die Flüssigkeit mit $^n/_4$-Alkalilauge unter Verwendung von Phenolphthalein bis zur beginnenden Rotfärbung.

B e r e c h n u n g: Wurden a ccm $^n/_4$-Salzsäure und b ccm $^n/_4$-Alkalilauge verwendet, so sind in 1 l Wein enthalten:

$$x = 0{,}8 \cdot (a - b) \text{ g Milchsäure,}$$

oder es entspricht der Gehalt an Milchsäure in 1 l Wein:

$$y = \frac{80}{9} \cdot (a - b) \text{ mg-Äquivalenten Säure (= ccm Normalsäure).}$$

---

[1]) Der Rückstand kann zur Bestimmung der Bernsteinsäure nach II Nr. 25 (S. 319) verwendet werden.

10. Bestimmung der Weinsäure.

100 ccm Wein werden in einer Porzellanschale auf dem Wasserbad entgeistet. Der Rückstand wird mit Wasser in ein Becherglas gespült, das bei 100 ccm eine Marke trägt, und auf das ursprüngliche Maß wieder aufgefüllt. Die Flüssigkeit versetzt man mit 2 ccm Eisessig, 0,5 ccm einer 20 proz. Kaliumacetatlösung und 15 g gepulvertem, reinem Kaliumchlorid. Letzteres bringt man durch Umrühren nach Möglichkeit in Lösung und fügt dann 20 ccm Alkohol von 96 Maßprozent hinzu. Nachdem man durch starkes, etwa 1 Minute anhaltendes Reiben eines Glasstabs an der Wand des Becherglases die Abscheidung des Weinsteins eingeleitet hat, läßt man die Mischung wenigstens 15 Stunden bei 10 bis 15° stehen und filtriert dann den krystallinischen Niederschlag durch einen mit Papierfilterstoff[1]) beschickten Goochtiegel aus Platin oder Porzellan oder durch eine in gleicher Weise beschickte Wittsche Porzellansiebplatte mit Hilfe der Wasserstrahlpumpe ab[2]). Zum Auswaschen des Niederschlags bedient man sich einer Lösung von 15 g Kaliumchlorid in 20 ccm Alkohol von 96 Maßprozent und 100 ccm Wasser. Zunächst spült man das Becherglas mit einem kleinen Anteil dieser Lösung aus, gibt die Flüssigkeit auf das Filter, läßt das Becherglas gut abtropfen und wiederholt dies etwa zweimal. Sodann werden Filter und Niederschlag durch dreimaliges Abspülen und Aufgießen von wenigen Kubikzentimetern der Waschflüssigkeit ausgewaschen. Von letzterer müssen im ganzen genau 20 ccm verwendet werden. Der Papierfilterstoff wird nebst Niederschlag mit siedendem, alkalifreiem Wasser in das Becherglas zurückgespült und die erhaltene Lösung in der Siedehitze mit $^{n}/_{4}$-Alkalilauge unter Verwendung von empfindlichem rotem Lackmuspapier (vgl. II Nr. 6, S. 281) titriert.

Berechnung: Wurden bei der Titration a ccm $^{n}/_{4}$-Alkalilauge verbraucht, so sind in 1 l Wein enthalten:

$$x = 0{,}375 \cdot (a + 0{,}6) \text{ g Weinsäure,}$$

oder es entspricht der Gehalt an Weinsäure in 1 l Wein:

$$y = 5 \cdot (a + 0{,}6) \text{ mg-Äquivalenten Säure } (= \text{ccm Normalsäure}).$$

Anmerkung: Bei Jungweinen und Traubenmosten ist die Fällung der Weinsäure zu wiederholen. Zu diesem Zweck versetzt man die titrierte Lösung des Niederschlags mit einer solchen Menge $^{n}/_{4}$-Salzsäure, als der verbrauchten Alkalilauge entspricht. Alsdann bringt man die Flüssigkeit durch Zusatz von Wasser auf 100 ccm und fällt die Weinsäure nach der vorstehenden Vorschrift aus.

---

[1]) Zur Herstellung des Papierfilterstoffs schüttelt man 30 g Filtrierpapier mit 1 l Wasser unter Zusatz von 50 ccm 25 proz. Salzsäure stark durch, filtriert auf der Nutsche ab und wäscht bis zur neutralen Reaktion mit heißem Wasser aus. Man verteilt den Brei auf 2 l Wasser und verwendet jedesmal 60 ccm des aufgeschüttelten Breis.

[2]) Das Filtrat kann zum Nachweis der Citronensäure nach II Nr. 27 (S. 322) verwendet werden.

Berechnung: Wurden bei der zweiten Titration a ccm $^n/_4$-Alkalilauge verbraucht, so sind in 1 l Wein enthalten:

$$x = 0{,}375 \cdot (a + 1{,}2) \text{ g Weinsäure},$$

oder es entspricht der Gehalt an Weinsäure in 1 l Wein:

$$y = 5 \cdot (a + 1{,}2) \text{ mg-Äquivalenten Säure (= ccm Normalsäure).}$$

11. Bestimmung des Glycerins.

Die Wahl zwischen den folgenden beiden Verfahren (A, B) bleibt dem Ermessen des Sachverständigen überlassen. Das Verfahren unter B ist jedoch nicht anwendbar auf Weine, die Mannit enthalten. Mannit kann wie folgt nachgewiesen werden. Man läßt einige Kubikzentimeter Wein bei niedriger Temperatur auf einem Uhrglas langsam verdunsten. Bei Anwesenheit von mindestens 1 g Mannit in 1 l Wein krystallisiert der Mannit innerhalb 24 Stunden in Form von sehr feinen seidenartigen Nadeln aus.

In dem Untersuchungsbefund ist das Verfahren zu bezeichnen, nach welchem das Glycerin bestimmt worden ist.

A. Kalkverfahren.

a) In Weinen mit weniger als 20 g Zucker in 1 l.

Man dampft 100 ccm Wein in einer Nickelschale von 150 ccm Inhalt auf dem Wasserbad auf etwa 10 ccm ein und versetzt den Rückstand mit etwa 1 g Quarzsand und mit Kalkmilch von 40% Calciumhydroxyd bis zur stark alkalischen Reaktion. Sodann wird das Gemisch unter beständigem Umrühren und Abstreichen der an der Schalenwand haftenden Teile mit einem Spatel zu einem zähen Schlamm eingedampft und nach dem Erkalten mit Hilfe des Spatels unter Zusatz von 5 ccm absolutem Alkohol zu einem feinen Brei zerrieben. Man erwärmt die Schale alsdann auf dem Wasserbad, setzt unter Umrühren 10 bis 12 ccm Alkohol von 96 Maßprozent hinzu, erhitzt bis zum beginnenden Sieden des Alkohols und gießt die trübe alkoholische Flüssigkeit durch einen kleinen Trichter in ein 100 ccm-Kölbchen. Der in der Schale zurückbleibende pulvrige Rückstand wird unter Umrühren mit 10 bis 12 ccm Alkohol von 96 Maßprozent wiederum heiß ausgezogen, der Auszug in das 100 ccm-Kölbchen gegossen und dieses Verfahren so lange wiederholt, bis die Menge der Auszüge etwa 95 ccm beträgt; der unlösliche Rückstand verbleibt in der Schale. Dann spült man das auf dem Kölbchen sitzende Trichterchen mit Alkohol von 96 Maßprozent ab, kühlt den alkoholischen Auszug auf 15° ab und füllt ihn mit Alkohol von gleicher Stärke auf 100 ccm auf. Nach tüchtigem Umschütteln filtriert man den alkoholischen Auszug durch ein bedecktes, trocknes Faltenfilter in einen eingeteilten Glaszylinder. 90 ccm des Filtrats oder, wenn dessen Menge nicht ausreicht, 80 ccm werden in eine Porzellanschale übergeführt und auf dem Wasserbad unter Vermeiden des Siedens des Alkohols eingedampft. Der Rückstand wird mit kleinen Mengen absoluten Alkohols aufgenommen, die Lösung in einen eingeteilten Glaszylinder von 50 ccm Inhalt mit eingeschliffenem Glasstopfen gegossen und die Schale mit kleinen Mengen absoluten Alkohols nachgewaschen, bis die alkoholische Lösung genau 15 ccm beträgt. Zu der Lösung setzt man dreimal je 7,5 ccm absoluten Äther und schüttelt nach jedem Zusatz tüchtig durch. Der verschlossene Zylinder bleibt so lange stehen, bis die alkoholisch-ätherische Lösung ganz klar geworden ist. Hierauf gießt man die Lösung in ein Wägegläschen mit eingeschliffenem Glasstopfen (Fig. 4). Nachdem man den Glaszylinder mit etwa 5 ccm einer Mischung von 1 Raumteil absolutem Alkohol und $1^1/_2$ Raumteilen absolutem Äther nachgewaschen und die Waschflüssigkeit ebenfalls in das Wägegläschen gegossen hat, verdunstet man die Flüssigkeit auf einem geschlossenen, heißen, aber nicht kochenden Wasserbad, wobei wallendes Sieden der Lösung zu vermeiden ist. Nachdem der Rückstand im Wägegläschen dickflüssig geworden ist, bringt man das Wägegläschen in einen Trockenschrank mit 5 cm hohen, je 10 cm tiefen und breiten Zellen, zwischen dessen Doppelwandungen destilliertes Wasser lebhaft siedet. Jede Zelle wird durch eine Tür verschlossen, welche oben und unten je drei Zugöffnungen von 2 mm Durchmesser besitzt. Nach einstündigem Trocknen des Wägegläschens läßt man es im Exsiccator erkalten und wägt.

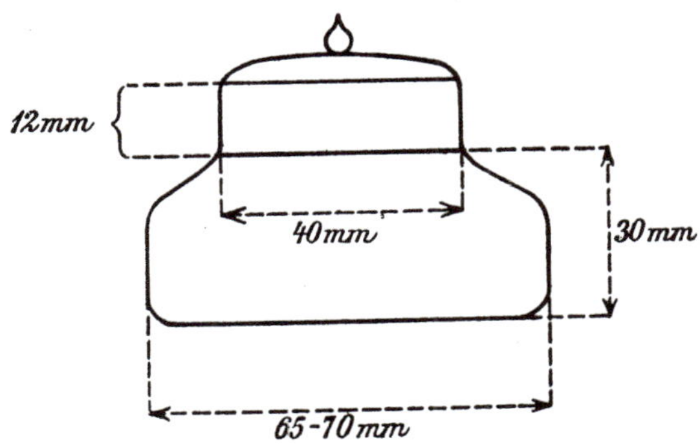

Fig. 4. Wägegläschen.

Berechnung: Wurden bei Verwendung von 90 ccm Filtrat *a* g Glycerin gewogen, so sind in 1 l Wein enthalten:

$$x = 11{,}11 \cdot a \text{ g Glycerin.}$$

Bei Verwendung von 80 ccm Filtrat lautet die Formel:

$$x = 12{,}5 \cdot a \text{ g Glycerin.}$$

b) In Weinen mit 20 g oder mehr Zucker in 1 l.

Man dampft 50 ccm Wein in einer Nickelschale von 150 ccm Inhalt auf dem Wasserbad auf etwa die Hälfte ein und setzt Ätzkalk bis zur stark alkalischen Reaktion hinzu. Die Flüssigkeit wird unter Verwendung von kleinen Mengen heißen Wassers zum Nachspülen in einen geräumigen Kolben übergeführt. Nach dem Erkalten setzt man alsdann unter Umschwenken 150 ccm Alkohol von 96 Maßprozent in kleinen Anteilen hinzu, schüttelt kräftig durch, saugt den Niederschlag auf einer Porzellannutsche mit Hilfe der Wasserstrahlpumpe ab und wäscht ihn mehrere Male mit Alkohol von 96 Maßprozent gut aus. Das Filtrat wird auf etwa 10 ccm eingedampft, mit etwa 1 g Quarzsand und einer hinreichenden Menge Kalkmilch versetzt und nach der Vorschrift unter a) weiterbehandelt.

Berechnung: Wurden bei Verwendung von 90 ccm Filtrat a g Glycerin gewogen, so sind in 1 l Wein enthalten:

$$x = 22{,}22 \cdot a \text{ g Glycerin.}$$

Bei Verwendung von 80 ccm Filtrat lautet die Formel:

$$x = 25 \cdot a \text{ g Glycerin.}$$

B. Jodidverfahren.

Das Glycerin wird mit Jodwasserstoffsäure in Isopropyljodid übergeführt, dieses durch Silbernitratlösung zersetzt und die Menge des entstandenen Silberjodids bestimmt.

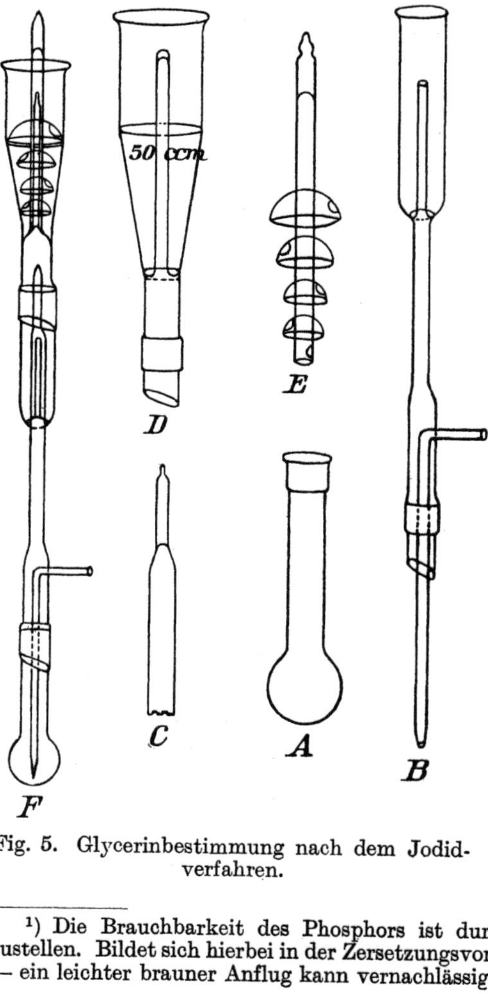

Fig. 5. Glycerinbestimmung nach dem Jodidverfahren.

Ein zweckmäßiger Apparat für die Ausführung der Bestimmung ist in Fig. 5 abgebildet. Er besteht aus dem etwa 40 ccm fassenden Siedekölbchen A mit dem eingeschliffenen Kühlrohr B; in dieses ist ein Gaseinleitungsrohr eingeschmolzen, das bis auf den Boden von A reicht. Das obere Ende des Kühlrohrs ist durch das lose aufzusetzende, oben geschlossene Röhrchen C als Waschgefäß ausgebildet und trägt mittels eines Glasschliffs das aus den Teilen D und E bestehende Zersetzungsgefäß. F zeigt den zusammengesetzten Apparat.

Zur Ausführung der Bestimmung werden die folgenden Reagentien verwendet:

1. Jodwasserstoffsäure vom spez. Gewicht 1,96;
2. Aufschwemmung von rotem Phosphor[1]) in der zehnfachen Menge Wasser;

[1]) Die Brauchbarkeit des Phosphors ist durch einen blinden Versuch festzustellen. Bildet sich hierbei in der Zersetzungsvorrichtung ein schwarzer Beschlag, — ein leichter brauner Anflug kann vernachlässigt werden —, so ist der Phosphor

3. alkoholische Silbernitratlösung, erhalten durch Auflösen von 40 g Silbernitrat in 100 ccm Wasser und Auffüllen mit reinem absolutem Alkohol auf 1 l[1]).

Die Bestimmung selbst wird wie folgt vorgenommen:

100 ccm Wein werden in einen Rundkolben von 200 ccm Inhalt gebracht und mit einer kleinen Menge Tannin und Bariumacetat — von letzterem genügen in der Regel 2 ccm einer etwa 30 proz. Lösung — versetzt. Alsdann destilliert man unter Verwendung von Korkstopfen 70 ccm ab, führt den Rückstand unter Nachspülen mit Wasser in ein Meßkölbchen von 50 ccm (bei Süßwein von 100 ccm) Inhalt über und füllt mit Wasser bei 15° bis zur Marke auf.

Nach dem Absetzen des Niederschlags werden 5 ccm der über dem Niederschlag stehenden klaren Flüssigkeit und 15 ccm Jodwasserstoffsäure in das Siedekölbchen gebracht, nachdem das Waschgefäß mit 5 ccm der durchgeschüttelten Phosphoraufschwemmung beschickt und das Zersetzungsgefäß mit etwa 50 ccm klarer alkoholischer Silbernitratlösung gefüllt worden ist. Sodann wird der Apparat zusammengefügt, durch das Gaseinleitungsrohr gewaschenes und getrocknetes Kohlendioxyd — etwa 3 Blasen in der Sekunde — eingeleitet und der Inhalt des Kölbchens, zweckmäßig mittels eines Phosphorsäurebads oder dgl., zum langsamen Sieden gebracht. Der Siedering soll allmählich bis zur halben Höhe des Kühlrohrs emporsteigen. Zum Erhitzen bedient man sich zweckmäßig eines genau regulierbaren Brenners, dessen Mündung mit einem Kupferdrahtgewebe bedeckt ist, damit die Flamme auch bei der kleinsten Einstellung nicht zurückschlagen kann.

In der Regel ist alles Glycerin in Isopropyljodid übergeführt, wenn im Zersetzungsgefäß eine Abscheidung von Silberjodid nicht mehr wahrzunehmen ist. Dies ist bei trocknen Weinen in der Regel schon $1^1/_2$ bis 2 Stunden, bei Süßweinen etwa 3 Stunden nach Beginn des Versuchs der Fall. Man unterbricht den Versuch bei trocknen Weinen nach $2^1/_2$, bei Süßweinen nach 4 Stunden.

Die Silbernitratlösung und der Niederschlag werden unter Nachspülen mit Wasser in ein Becherglas von etwa 600 ccm Inhalt übergeführt und die Flüssigkeit nach Zusatz von 5 bis 10 Tropfen verdünnter Salpetersäure mit Wasser auf ungefähr 500 ccm gebracht. Man erhitzt das Gemisch $^1/_2$ Stunde auf dem Wasserbad, läßt es an einem vor Licht geschützten Ort erkalten und filtriert durch einen bei 130° bis zum gleichbleibenden Gewicht getrockneten Goochtiegel mit Asbesteinlage oder einen Platinfiltertiegel oder ein gleich behandeltes Asbestfilterröhrchen. Der Niederschlag wird mit salpetersäurehaltigem Wasser, sodann mit reinem Wasser bis zum Verschwinden der sauren Reaktion, schließ-

---

in folgender Weise zu reinigen: 10 g roter Phosphor werden in einer braunen Flasche mit etwa 550 ccm Wasser übergossen und nach dem Absetzen mit 10 ccm einer wäßrigen Jod-Kaliumjodid-Lösung, die 5% freies Jod enthält, versetzt. Darauf wird sofort kräftig umgeschüttelt. Man wiederholt das Zusetzen der Jodlösung nach jedesmaligem Absetzen des Phosphors und das Umschütteln etwa 10 mal. Nach dem Abhebern der überstehenden Lösung und dreimaligem Auswaschen mit Wasser ist der Phosphor gebrauchsfertig.

[1]) Ist die Lösung nicht völlig klar, so muß sie filtriert werden.

lich mit Alkohol ausgewaschen und bei 130° bis zum gleichbleibenden Gewicht getrocknet. Alsdann läßt man im Exsiccator erkalten und wägt.

Berechnung: Wurden a g Silberjodid gewogen, so sind in 1 l Wein enthalten:

bei trocknem Wein $x = 39{,}21$ (log = 1,59340) $\cdot\ a$ g,

bei Süßwein $x = 78{,}42$ (log = 1,89443) $\cdot\ a$ g

Glycerin.

12. Bestimmung des Zuckers.

Die Bestimmung des Zuckers geschieht bei Weinen mit nicht mehr als 5 g Zucker in 1 l maßanalytisch oder gewichtsanalytisch. Bei höherem Zuckergehalt ist das gewichtsanalytische Verfahren anzuwenden.

Handelt es sich um die Feststellung, ob ein Wein Rohrzucker enthält, so ist die Prüfung auf dessen Vorhandensein unverzüglich vorzunehmen oder bei trocknen Weinen das Fortschreiten des Inversionsvorgangs in der Weise aufzuhalten, daß der Wein genau neutralisiert und in einer zu $^3/_4$ gefüllten, fest verkorkten und zugebundenen Flasche im Wasserbad 15 Minuten auf etwa 80° erhitzt wird.

Anmerkung: Bei Verwendung derart haltbar gemachten Weins finden die folgenden Vorschriften zur Bestimmung des Zuckers und der Polarisation sinngemäße Anwendung. Die durch die Neutralisation des Weins bewirkte Raumvermehrung ist zu berücksichtigen. Dies geschieht zweckmäßig, indem man bei der Abmessung der bei den einzelnen Bestimmungen vorgeschriebenen Mengen Wein und zunächst auch bei der Ausrechnung der Ergebnisse so verfährt, als läge unveränderter Wein vor, und dann das Ergebnis, wenn bei der Haltbarmachung zu 1000 ccm Wein a ccm Lauge zugefügt wurden, mit $(1 + 0{,}001 \cdot a)$ multipliziert.

A. Bestimmung des Zuckers in trocknen Weinen.

a) Maßanalytisches Verfahren.

Zur Ausführung der Bestimmung werden die folgenden Lösungen verwendet:

Natriumthiosulfatlösung. Man löst 24,8 g reines, krystallisiertes Natriumthiosulfat in Wasser und füllt zu 1 l auf. Diese Lösung wird gegen eine Kaliumbichromatlösung, die 4,9033 g wiederholt umkrystallisiertes Kaliumbichromat in 1 l enthält, in folgender Weise eingestellt: Man gibt 15 ccm einer 10 proz. jodatfreien Kaliumjodidlösung in ein Kölbchen mit eingeschliffenem Glasstopfen von etwa 250 ccm Inhalt, fügt 5 ccm Salzsäure vom spez. Gewicht 1,12, ferner 100 ccm Wasser und unter tüchtigem Umschütteln 20 ccm der Kaliumbichromatlösung hinzu. Nach viertelstündigem Stehen des verschlossenen Kölbchens läßt man unter Umschütteln von der Natriumthiosulfatlösung zufließen, wodurch die anfangs stark braune Lösung immer heller wird, setzt, wenn sie nur noch gelblich ist, etwas Stärkelösung hinzu und läßt unter jeweiligem kräftigem Schütteln noch so viel Natriumthiosulfatlösung vorsichtig zufließen, bis der letzte Tropfen die Blaufärbung der Jodstärke eben zum Verschwinden bringt.

Fehlingsche Lösung: Zur Herstellung von Fehlingscher Lösung dienen die folgenden Lösungen:

Kupfersulfatlösung. 69,2 g reines, einmal aus salpetersäurehaltigem, dann nochmals aus nicht angesäuertem Wasser umkrystallisiertes Kupfersulfat ($CuSO_4 \cdot 5\,H_2O$) werden mit Wasser zu 1 l gelöst. Die Lösung ist erforderlichenfalls zu filtrieren.

Alkalische Seignettesalzlösung. 346 g reines Kaliumnatriumtartrat und 100 g festes, mit Alkohol gereinigtes Ätznatron werden mit Wasser zu 1 l gelöst und die Lösung unter möglichstem Abschluß von Luft durch Asbest filtriert.

Die beiden Lösungen sind getrennt aufzubewahren.

Die Einstellung des Titers der Fehlingschen Lösung wird in folgender Weise vorgenommen: 10 ccm Kupfersulfatlösung und 10 ccm alkalische Seignettesalzlösung werden in einem Erlenmeyerkolben von etwa 250 ccm Inhalt mit 20 ccm Wasser versetzt und unter Benutzung eines Drahtnetzes und einer darübergelegten Asbestpappe mit kreisförmigem Ausschnitt von 6,5 cm Durchmesser rasch zum Sieden erhitzt. Sobald die Flüssigkeit kräftig siedet, wird die Flamme verkleinert und die Flüssigkeit genau 2 Minuten im Sieden erhalten. Nach Ablauf dieser Zeit wird die Flüssigkeit unter fließendem Wasser schnell und vollständig abgekühlt, dann mit 20 ccm 10proz. jodatfreier Kaliumjodidlösung und hierauf mit 15 ccm Schwefelsäure vom spez. Gewicht 1,11 versetzt. Sofort, nachdem diese Zusätze erfolgt sind, titriert man das ausgeschiedene Jod mit der Natriumthiosulfatlösung. Hierbei gibt man gegen Schluß ein wenig Stärkelösung zu. Der Endpunkt ist erreicht, sobald die schmutzig blaue Farbe der Jodstärke in reines Rahmgelb umschlägt und auch nach Umschwenken binnen einiger Minuten nicht wiederkehrt.

Die Bestimmung des Zuckers selbst wird wie folgt vorgenommen:

50 ccm Wein werden mit 5 ccm Bleiessig[1]) versetzt. Nach kräftigem Durchschütteln trennt man die Flüssigkeit von dem Niederschlag durch Abschleudern oder Filtrieren. Von der klaren Flüssigkeit mißt man in einem 50 ccm fassenden eingeteilten Meßzylinder 27,5 ccm ab, versetzt sie mit einer zur vollständigen Fällung des Bleiüberschusses ausreichenden Menge kalt gesättigter Natriumsulfatlösung und füllt nach 3 bis 4 Stunden mit Wasser auf 50 ccm auf. Nach dem Umschütteln filtriert man oder trennt durch Abschleudern von dem Niederschlag.

20 ccm der so gewonnenen Flüssigkeit (entsprechend 10 ccm Wein) gibt man in einen Erlenmeyerkolben von etwa 250 ccm Inhalt zu einem Gemisch von 10 ccm Kupfersulfatlösung und 10 ccm alkalischer Seignettesalzlösung. Alsdann verfährt man weiter, wie dies vorstehend bei

[1]) Zur Darstellung von Bleiessig werden 600 g Bleiacetat $[(C_2H_3O_2)_2Pb \cdot 3\,H_2O]$ mit 200 g Bleiglätte verrieben und unter Zusatz von 100 ccm Wasser in einem bedeckten Gefäß auf dem Wasserbad erhitzt, bis die Masse gleichmäßig weiß oder rötlichweiß geworden ist. Dann setzt man allmählich in einzelnen Anteilen noch 1900 ccm Wasser zu, läßt die trübe Flüssigkeit in einer verschlossenen Flasche absitzen und zieht schließlich den nahezu klaren Anteil von dem Bodensatz ab. Das spezifische Gewicht des Bleiessigs beträgt 1,23 bis 1,24, sein Bleigehalt etwa 17 Gewichtsprozent.

der Einstellung des Titers der Fehlingschen Lösung beschrieben worden ist, nur ist der Zusatz von 20 ccm Wasser zu unterlassen.

Berechnung: Wurden verbraucht:

a ccm Natriumthiosulfatlösung zur Bestimmung des Titers dieser Lösung gegen 20 ccm Kaliumbichromatlösung,

b ccm Natriumthiosulfatlösung zur Bestimmung des Titers von 20 ccm der Fehlingschen Lösung,

c ccm Natriumthiosulfatlösung bei der Titration des vorbereiteten Weins,

so entsprechen dem Zuckergehalt von 10 ccm Wein:

$$x = \frac{20 \cdot (b - c)}{a} \text{ ccm } {}^{n}/_{10}\text{-Jodlösung.}$$

Der dem gefundenen Wert x entsprechende Invertzuckergehalt, ausgedrückt in Gramm in 1 l, ist aus Tabelle XXXIII des Anhanges zu entnehmen.

b) Gewichtsanalytisches Verfahren.

α) Vorbereitung des Weins zur Bestimmung des reduzierenden Zuckers.

100 ccm Wein werden mit einer Pipette in eine Porzellanschale eingemessen und, sofern der Wein nicht bereits vor der Haltbarmachung neutralisiert wurde, mit der Menge Alkalilauge genau neutralisiert, die sich aus der bei der Bestimmung der titrierbaren Säuren (Gesamtsäure) verwendeten Menge Alkalilauge (II Nr. 6, S. 281) ergibt.

Die Flüssigkeit wird auf dem Wasserbad auf etwa $^1/_3$ ihrer Menge eingedampft. Den Schaleninhalt spült man mit Wasser in ein 100 ccm-Meßkölbchen, gibt nach dem Erkalten 5 ccm $^n/_2$-Essigsäure und 10 ccm Bleiessig zu, füllt mit Wasser bei 15° zur Marke auf, schüttelt um und filtriert durch ein trocknes Filter oder schleudert ab. 50 ccm des Filtrats bringt man in ein 100 ccm-Meßkölbchen, versetzt mit einer zur vollständigen Fällung des Bleiüberschusses ausreichenden Menge kalt gesättigter Natriumsulfatlösung, füllt nach 3 bis 4 Stunden zur Marke auf, schüttelt um und filtriert aufs neue. Das letzte Filtrat, von welchem 50 ccm 25 ccm Wein entsprechen, dient zur Bestimmung des reduzierenden Zuckers[1]).

Anmerkung: Enthält der zu untersuchende Wein mehr als 10 g Zucker in 1 l, so müssen 50 ccm des zuletzt erhaltenen Filtrats verdünnt werden. Das Maß der Verdünnung berechnet man, indem man von dem Extraktgehalt des Weins in 1 l die Zahl 20 abzieht, die Differenz durch 10 dividiert und das Ergebnis nach oben auf eine ganze Zahl abrundet. Enthielt z. B. der Wein 37,2 g Extrakt in 1 l, so ist auf das 1,72fache oder, abgerundet, auf das zweifache Maß zu verdünnen. Dies geschieht, indem man 50 ccm des Filtrats bei 15° in einem Meßkolben von 100 ccm Inhalt mit Wasser zur Marke auffüllt. 50 ccm der so erhaltenen, gut durchmischten Flüssigkeit dienen zur Bestimmung des reduzierenden Zuckers.

---

[1]) Der nicht verbrauchte Teil des Filtrats wird zur Polarisation verwendet. Vgl. II Nr. 13 (S. 301).

β) Bestimmung des reduzierenden Zuckers.

In einem etwa 300 ccm fassenden Erlenmeyerkolben werden 25 ccm Kupfersulfatlösung, 25 ccm Seignettesalzlösung und 50 ccm des nach der vorstehenden Vorschrift unter α) erhaltenen Filtrats gemischt. Hierauf wird die Flüssigkeit sofort unter Benutzung eines Drahtnetzes und einer darüber gelegten Asbestpappe mit kreisförmigem Ausschnitt von 6,5 cm Durchmesser so rasch zum Sieden erhitzt, daß das Anwärmen höchstens $3^1/_2$ bis 4 Minuten in Anspruch nimmt. Sobald die Flüssigkeit kräftig siedet, wird die Flamme verkleinert und die Flüssigkeit genau 2 Minuten im Sieden erhalten. Nach Ablauf dieser Zeit wird die Flüssigkeit in dem Kolben sofort mit 100 ccm luftfreiem, kaltem Wasser verdünnt und sogleich unter Verwendung einer Saugpumpe durch ein gewogenes Asbestfilterröhrchen oder einen Goochtiegel filtriert. Ist die über dem Niederschlag stehende Flüssigkeit nicht mehr deutlich blau gefärbt, so ist die Bestimmung unter Verwendung einer entsprechend geringeren Menge des vorbereiteten Weins zu wiederholen.

Den Niederschlag bringt man mit kaltem Wasser auf das Filter, wäscht ihn dann mit heißem Wasser und zuletzt mit Alkohol und Äther aus. Durch das Filterröhrchen saugt man zunächst unter gelindem, dann unter stärkerem Erhitzen einen kräftigen Luftstrom. Bei Verwendung eines Goochtiegels wird dieser in einen Platinschuh oder Porzellantiegel gesetzt und auf einem Tondreieck erhitzt.

Nach dem Erkalten im Exsiccator wird das entstandene Kupferoxyd gewogen, die seiner Menge entsprechende Menge Invertzucker aus Tabelle XXXIV des Anhangs entnommen und auf 1 l Wein umgerechnet[1]).

γ) Bestimmung des Rohrzuckers.

Die Bestimmung des Rohrzuckers braucht bei trocknen Weinen nur dann ausgeführt zu werden, wenn die Prüfung gemäß der Vorschrift nach II Nr. 14a (S. 304) auf die Gegenwart fremder rechtsdrehender Stoffe schließen läßt.

100 ccm Wein werden mit einer Pipette in eine Porzellanschale eingemessen und, sofern der Wein nicht bereits vor der Haltbarmachung neutralisiert wurde, mit der berechneten Menge Alkalilauge (vgl. II Nr. 6, S. 281) genau neutralisiert. Die Flüssigkeit wird auf dem Wasserbad auf etwa $^1/_3$ ihrer Menge eingedampft und mit Wasser in ein 100 ccm-Meßkölbchen gespült, das auch bei 75 ccm eine Marke trägt. Nach dem Erkalten fügt man eine der zugesetzten Menge Alkalilauge äquivalente Menge Normal-Salzsäure hinzu, füllt mit Wasser zu 75 ccm auf, setzt 5 ccm Salzsäure vom spez. Gewicht 1,19 hinzu und erwärmt in einem etwas über 70° warmen Wasserbad auf 67 bis 70°, wozu $2^1/_2$ bis 5 Minuten erforderlich sind. Auf dieser Temperatur wird der Kolbeninhalt noch 5 Minuten unter häufigem Umschwenken erhalten. Alsdann stellt man den Kolben in kaltes Wasser, kühlt schnell auf 15° ab und füllt bei dieser

[1]) Die Reinigung des Asbestfilterröhrchens oder Goochtiegels geschieht durch Auflösen des Kupferoxyds in heißer konzentrierter Salzsäure, Auswaschen mit Wasser, Alkohol und Äther, Trocknen und Erhitzen (beim Asbestfilterröhrchen im Luftstrom).

Temperatur zu 100 ccm auf. Die invertierte Flüssigkeit gießt man in einen größeren trocknen Kolben, fügt 1,5 g in einem Porzellantiegel frisch ausgeglühte Knochenkohle[1]) hinzu, schüttelt um und filtriert nach einigen Minuten. 50 ccm des klaren Filtrats bringt man in ein 100 ccm-Meßkölbchen, neutralisiert genau mit Normal-Natronlauge, fügt 3 Tropfen gesättigte Natriumcarbonatlösung hinzu, schüttelt um und füllt zu 100 ccm auf. Von dieser Flüssigkeit oder — wenn nach Zusatz der Natriumcarbonatlösung eine Trübung entsteht — von ihrem Filtrat werden alsbald zur Bestimmung des Invertzuckers gemäß der vorstehenden Vorschrift unter b β (S. 297) 50 ccm (entsprechend 25 ccm Wein) verwendet. Der Rest der Flüssigkeit dient zur Bestimmung der Polarisation gemäß der Vorschrift unter II Nr. 13 (S. 301).

Anmerkung: Enthält der zu untersuchende Wein mehr als 10 g Zucker in 1 l, so müssen 50 ccm der zuletzt erhaltenen Flüssigkeit gemäß der Vorschrift in der Anmerkung zu II Nr. 12 A b α (S. 296) verdünnt und von der verdünnten Flüssigkeit 50 ccm zur Bestimmung des Invertzuckers verwendet werden.

Berechnung: Man rechnet die nach der Inversion des Rohrzuckers mit Salzsäure erhaltene Kupferoxydmenge auf Gramm Invertzucker in 1 l Wein um.

Bezeichnet man mit

a die Gramm Invertzucker in 1 l Wein, welche vor der Inversion mit Salzsäure gefunden wurden,

b die Gramm Invertzucker in 1 l Wein, welche nach der Inversion mit Salzsäure gefunden wurden,

so sind in 1 l Wein enthalten:

$$x = 0{,}95 \cdot (b - a) \text{ g Rohrzucker.}$$

Der Nachweis für die Anwesenheit von Rohrzucker ist nur dann als erbracht anzusehen, wenn auch das Ergebnis der Polarisationsmessung dafür spricht, und auch nur dann, wenn nach beiden Verfahren Rohrzuckerwerte von mindestens 2 g in 1 l Wein gefunden werden.

---

[1]) Die Knochenkohle muß fein gemahlen und mit Säure vollständig ausgewaschen sein. Sie darf feuchtes blaues Lackmuspapier nicht röten; eine Auskochung der Kohle mit Salpetersäure darf mit Ammoniummolybdatlösung keine Reaktion auf Phosphorsäure geben. Die Knochenkohle muß ferner folgenden Anforderungen genügen: 13,000 g reiner Rohrzucker (vgl. Fußnote 1 auf S. 302) werden in Wasser gelöst und nach Zusatz von 5 ccm $^{n}/_{2}$-Essigsäure und 1 ccm 20 proz. Kaliumacetatlösung zu 100 ccm aufgefüllt. Zu der Lösung gibt man 1,5 g der in einem bedeckten Porzellantiegel frisch ausgeglühten Knochenkohle und läßt die Mischung unter zeitweiligem Umschütteln 3 Stunden in einem verschlossenen Kölbchen stehen. Dann filtriert man und bestimmt die Polarisation des Filtrats im 200 mm-Rohr; der Drehungswinkel muß wenigstens + 17,2 Kreisgrade oder + 49,7 Ventzkegrade betragen. Außerdem invertiert man eine Lösung von 13,000 g reinem Rohrzucker in 75 ccm Wasser nach der obigen Vorschrift unter γ) mit Salzsäure, füllt die Lösung nach dem Erkalten auf 15° zu 100 ccm auf und versetzt sie mit 1,5 g der frisch ausgeglühten Knochenkohle. Man läßt die Mischung unter zeitweiligem Umschütteln in einem verschlossenen Kölbchen 24 Stunden stehen. Dann filtriert man und bestimmt die Polarisation des klaren Filtrats im 200 mm-Rohr bei 20°. Der Drehungswinkel muß — 5,7 Kreisgrade oder — 16,3 Ventzkegrade betragen.

B. Bestimmung des Zuckers in Süßweinen.

(Gewichtsanalytisches Verfahren.)

a) Vorbereitung des Weins zur Bestimmung des reduzierenden Zuckers.

Enthält der Süßwein e g Extrakt in 1 l, so bringt man etwa $\frac{5000}{e}$ ccm Wein in ein tariertes Wägeglas mit eingeschliffenem Stopfen, wägt genau ab und berechnet die Raummenge des Weins, indem man sein Gewicht durch das auf Wasser von 4° bezogene spezifische Gewicht des Weins bei 15° teilt.

Die gewogene Weinmenge bringt man unter Nachspülen mit Wasser in eine Porzellanschale und neutralisiert den Wein genau mit der berechneten Menge Alkalilauge (vgl. II Nr. 6, S. 281). Die Flüssigkeit wird sodann auf dem Wasserbad auf etwa $^1/_4$ ihrer Menge eingedampft und mit Wasser in ein 100 ccm-Meßkölbchen gespült. Nach dem Erkalten gibt man 5 ccm $^n/_2$-Essigsäure und je nach Bedarf $^1/_{10}$ bis $^1/_4$ der angewandten Raummenge des Weins an Bleiessig zu, füllt mit Wasser bei 15° zur Marke auf, schüttelt um und filtriert durch ein trocknes Filter oder schleudert ab. 50 ccm des Filtrats bringt man in ein 250 ccm-Meßkölbchen, versetzt mit einer zur vollständigen Fällung des Bleiüberschusses ausreichenden Menge kalt gesättigter Natriumsulfatlösung, füllt nach 3 bis 4 Stunden zur Marke auf, schüttelt um und filtriert aufs neue oder schleudert ab. Das letzte Filtrat, von welchem 25 ccm dem 20. Teil der angewendeten Weinmenge entsprechen, dient zur Bestimmung des reduzierenden Zuckers.

b) Bestimmung des reduzierenden Zuckers.

25 ccm des nach der vorstehenden Vorschrift erhaltenen Filtrats werden nach Zusatz von 25 ccm Wasser nach der unter II Nr. 12 A b β (S. 297) gegebenen Vorschrift behandelt.

Berechnung: Die dem gewogenen Kupferoxyd entsprechende Menge Glucose entnimmt man der Tabelle XXXV des Anhangs. Durch Multiplikation dieser Menge mit der Zahl 20 findet man den der angewandten Weinmenge entsprechenden Glucosewert. Dieser ist auf 1 l Wein umzurechnen.

Bezeichnet man mit

a den auf 1 l Wein bezogenen Glucosewert,

p_d die gemäß der Vorschrift unter II Nr. 13 (S. 301) gefundene direkte Polarisation des Weins,

p_i die gemäß der gleichen Vorschrift gefundene Polarisation des Weins nach der Inversion,

so ist, unter Berücksichtigung der Vorzeichen der Polarisationen, der Gehalt an reduzierenden Zuckerarten in Gramm in 1 l Wein:

$$x = 1{,}03 \cdot a - 0{,}07 \cdot p_d - 0{,}23 \cdot p_i .$$

In der Regel, d. h. wenn der Süßwein keinen Rohrzucker enthält, sind die Werte p_d und p_i einander praktisch gleich. In diesem Falle ist

$$x = 1{,}03\, a - 0{,}3\, p_d .$$

c) Bestimmung des Rohrzuckers.

Enthält der Süßwein e g Extrakt in 1 l, so wägt man etwa $\frac{5000}{e}$ ccm Wein in der vorstehend unter a) beschriebenen Weise ab und berechnet die Raummenge des Weins.

Die gewogene Weinmenge bringt man unter Nachspülen mit Wasser in eine Porzellanschale und neutralisiert den Wein genau, wie vorstehend unter a) vorgeschrieben. Die Flüssigkeit wird auf etwa $^1/_3$ ihrer Menge eingedampft und mit Wasser in ein 100 ccm-Meßkölbchen gespült, das auch bei 75 ccm eine Marke trägt. Nach dem Erkalten fügt man eine der zugesetzten Menge Alkalilauge äquivalente Menge Normal-Salzsäure hinzu, füllt mit Wasser zu 75 ccm auf und invertiert mit Salzsäure nach der unter II Nr. 12 A b γ (S. 297) gegebenen Vorschrift.

Von der zu 100 ccm aufgefüllten invertierten Flüssigkeit werden 50 ccm in einen Meßkolben von 200 ccm Inhalt eingemessen. Alsdann werden 32 ccm Normal-Silbernitratlösung und außerdem eine solche Menge dieser Lösung zugesetzt, als der Hälfte der zugesetzten Menge Normal-Salzsäure entspricht. Nach dem Umschütteln läßt man absitzen und gibt so lange tropfenweise Normal-Silbernitratlösung zu als noch ein sichtbarer Niederschlag entsteht; jedoch ist ein größerer Überschuß zu vermeiden. Man füllt zur Marke auf, setzt noch 1 ccm Wasser hinzu, schüttelt um und filtriert oder schleudert ab.

125 ccm des Filtrats werden in einem 200 ccm-Meßkolben mit 20 ccm Normal-Natronlauge versetzt. Man prüft mit Lackmuspapier, ob keine alkalische Reaktion eingetreten ist. Sollte dies der Fall sein, so setzt man sofort tropfenweise verdünnte Salpetersäure bis zur eben schwach sauren Reaktion hinzu. Die neutralisierte Flüssigkeit versetzt man alsdann mit 2 bis 3 ccm Bleiessig, füllt zur Marke auf, schüttelt um und filtriert nach einiger Zeit oder schleudert ab. Von diesem Filtrat werden wiederum 125 ccm in einen 200 ccm-Meßkolben übergeführt, mit einer zur vollständigen Fällung des überschüssigen Silbers und Bleis ausreichenden Menge 10proz. Dinatriumhydrophosphatlösung versetzt und mit Wasser auf 200 ccm aufgefüllt. Von dem Filtrat verwendet man 50 ccm zur Bestimmung des Zuckers gemäß der Vorschrift unter II Nr. 12 A b β (S. 297).

Berechnung: Die dem gewogenen Kupferoxyd entsprechende Menge Glucose entnimmt man der Tabelle XXXV des Anhangs. Durch Multiplikation dieser Menge mit der Zahl 20,48 findet man den der angewandten Weinmenge entsprechenden Glucosewert, der auf 1 l Wein umzurechnen ist. Bezeichnet man mit

b den auf 1 l Wein bezogenen Glucosewert,

p_i die gemäß der Vorschrift unter II Nr. 13 (S. 301) gefundene Polarisation des Weins nach der Inversion,

so ist, unter Berücksichtigung des Vorzeichens der Polarisation, der Gehalt an reduzierenden Zuckerarten in 1 l des invertierten Weins

$$y = 1{,}03 \cdot b - 0{,}3\, p_i\,.$$

Bezeichnet man weiter mit

x die Gramm reduzierender Zuckerarten in 1 l Wein, gefunden nach der Vorschrift unter b) (S. 299),

y die Gramm reduzierender Zuckerarten in 1 l invertiertem Wein, gefunden nach der Vorschrift unter c) (S. 300),

so sind in 1 l Wein enthalten:

$$z = 0{,}95 \cdot (y - x) \text{ g Rohrzucker.}$$

Der Nachweis für die Anwesenheit von Rohrzucker ist nur dann als erbracht anzusehen, wenn auch das Ergebnis der Polarisationsmessung dafür spricht, und auch nur dann, wenn nach beiden Verfahren Rohrzuckerwerte von mindestens 4 g in 1 l Wein gefunden werden.

d) Berechnung des Gehalts an Fructose und Glucose.

Bei rohrzuckerfreien Weinen: Bezeichnet man mit

a den auf 1 l Wein bezogenen Glucosewert, gefunden nach der Vorschrift unter b),

p die gemäß der Vorschrift unter II Nr. 13 (s. u.) gefundene direkte Polarisation des Weins,

so sind, unter Berücksichtigung des Vorzeichens der Polarisation, in 1 l Wein enthalten:

$$f = 0{,}37211 \cdot a - 3{,}5440 \cdot p \text{ g Fructose,}$$
$$g = 0{,}65915 \cdot a + 3{,}2463 \cdot p \text{ g Glucose.}$$

Bei rohrzuckerhaltigen Weinen: Man berechnet zunächst den Fructose- und Glucosegehalt des invertierten Weins nach den vorstehenden Formeln, in welchen bedeutet:

a den Glucosewert, der nach der Vorschrift unter c) (S. 300) für 1 l invertierten Wein aus der gewogenen Kupferoxydmenge berechnet ist,

p die gemäß der Vorschrift unter II Nr. 13 (s. u.) gefundene Polarisation des invertierten Weins.

Von den so ermittelten Fructose- und Glucosegehalten sind alsdann die dem Rohrzuckergehalt des Weins entsprechenden Fructose- und Glucosemengen abzuziehen.

Anmerkung: Zur Erleichterung der vorstehenden Berechnungen dienen die Tabellen XXXVI und XXXVII des Anhangs, aus denen die in den Formeln vorkommenden Produkte

$$0{,}37211 \cdot a, \quad 3{,}5440 \cdot p, \quad 0{,}65915 \cdot a \quad \text{und } 3{,}2463 \cdot p$$

entnommen werden können.

13. Bestimmung der Polarisation.

Unter „Polarisation" des Weins versteht man den in Kreisgraden anzugebenden Winkel, um den eine 200 mm lange Schicht des entsprechend vorbereiteten unverdünnten Weins die Ebene eines polarisierten Lichtstrahls von der Wellenlänge des Natriumlichts bei 20° ablenkt. Die erwähnte Vorbereitung besteht in der Entfernung des

Alkohols und in einer möglichst weitgehenden Ausscheidung der die Polarisationsebene drehenden, aber nicht zu den Kohlenhydraten gehörenden Bestandteile des Weins.

Zur Prüfung des Weins sind nur große Apparate zu verwenden, deren optische Bauart so vollkommen ist und deren Skala und Nonius so eingeteilt sind, daß die Beobachtungen mit einer Genauigkeit von 0,05 Kreisgraden oder 0,1 Ventzkegraden angestellt werden können. Im allgemeinen sind Halbschattenapparate den Instrumenten mit Savartscher Doppelplatte und den Farbenapparaten vorzuziehen. Bei Verwendung eines Polarisationsinstruments mit drehbarem Analysator muß die Beobachtung bei Natriumlicht, bei Verwendung eines Saccharimeters mit Quarzkeilkompensation bei Petroleumlicht oder gewöhnlichem Gaslicht oder bei Auerlicht erfolgen, das durch eine 1,5 cm dicke Schicht einer 6proz. Kaliumbichromatlösung gereinigt ist. Die Angaben der mit Ventzkeskala versehenen Halbschattensaccharimeter sind durch Multiplikation mit dem Faktor 0,347 auf Kreisgrade und Natriumlicht umzurechnen. Ist der absolute Wert des Polarisationswinkels nicht größer als 1°, so kann, falls nicht erhebliche Mengen rechtsdrehender Stoffe zugegen sind, die Beobachtung bei Zimmertemperatur vorgenommen werden. In allen anderen Fällen ist die Ablesung bei 20° vorzunehmen und diese Temperatur mit einer Genauigkeit von $\pm$ 0,3° einzuhalten. Man bedient sich hierbei eines Polarisationsrohrs mit Wassermantel. Wenn das in die Polarisationsflüssigkeit eingesenkte Thermometer die erwünschte Temperatur anzeigt, wird es vorsichtig herausgezogen; dann nimmt man die Ablesung vor.

Die Skala des Polarisationsapparats und erforderlichenfalls die Längen der Beobachtungsröhren sind von Zeit zu Zeit auf ihre Richtigkeit zu prüfen. Die richtige Lage des Nullpunkts der Skala ermittelt man durch Einlegen eines mit reinem Wasser gefüllten Polarisationsrohrs, weitere Skalenpunkte kontrolliert man durch die Untersuchung von Zuckerlösungen von bekanntem Gehalt[1]).

a) Ausführung der polarimetrischen Prüfung bei trocknen Weinen.

α) Direkte Polarisation.

Man läßt den Rest des letzten Filtrats, das gemäß der Vorschrift unter II Nr. 12 A b α Abs. 2 (S. 296) erhalten wird, 24 Stunden in einem verschlossenen Kölbchen stehen, füllt die Flüssigkeit in ein 200 mm-Rohr und bestimmt die Polarisation, falls erforderlich unter Innehaltung der Temperatur von 20°.

[1]) Eine Lösung, die in 100 ccm 26,000 g reinen Rohrzucker enthält, muß im 200 mm-Rohr 100,0 Ventzkegrade oder 34,7 Kreisgrade anzeigen. Den für diese Prüfung erforderlichen chemisch reinen Rohrzucker stellt man nach folgendem Verfahren dar: 1 kg gemahlene feinste Raffinade wird in 500 g siedendem Wasser gelöst und die filtrierte, noch heiße Lösung in einer Porzellanschale allmählich mit 2,5 l absolutem Alkohol versetzt und unter Umrühren erkalten gelassen. Der hierbei als Krystallmehl sich ausscheidende Zucker wird auf einer Nutsche abgesaugt, anfangs mit Alkohol von 85 Maßprozent, dann mit absolutem Alkohol und hierauf mit Äther ausgedeckt und schließlich bei 60° getrocknet.

Der abgelesene Drehungswinkel ist durch Multiplikation mit 2 auf die Konzentration des unverdünnten Weins zurückzuberechnen.

War bei Rotwein das Filtrat vom Bleisulfatniederschlag nicht völlig entfärbt, so versetzt man es noch mit 0,5 g frisch ausgeglühter Knochenkohle, läßt das Gemisch 10 Minuten im verschlossenen Kölbchen stehen, filtriert und benutzt das klare Filtrat zur Polarisation.

β) Polarisation nach der Inversion.

Die Bestimmung der Polarisation nach der Inversion braucht bei trocknen Weinen nur dann vorgenommen zu werden, wenn die Prüfung nach der Vorschrift unter II Nr. 14a (S. 304) einen Verdacht auf die Gegenwart fremder rechtsdrehender Stoffe rechtfertigt.

Von der für die gewichtsanalytische Bestimmung gemäß der Vorschrift unter II Nr. 12 A b γ (S. 297) vorbereiteten und mit Knochenkohle behandelten Lösung bewahrt man den Rest in einem verschlossenen Kölbchen 24 Stunden lang auf. Dann bestimmt man die Polarisation der klaren Flüssigkeit im 200 mm-Rohr, falls erforderlich unter Innehaltung der Temperatur von 20°.

b) Ausführung der polarimetrischen Prüfung bei Süßweinen.

α) Direkte Polarisation.

Von Wein mit weniger als 200 g Extrakt in 1 l mißt man 100 ccm, von solchem mit höherem Extraktgehalt 50 ccm in einem Meßkolben bei 20° genau ab und bringt ihn unter Nachspülen mit Wasser in eine Porzellanschale. In dieser neutralisiert man den Wein genau mit der berechneten Menge Alkalilauge (vgl. II Nr. 6, S. 281) und dampft die Flüssigkeit auf dem Wasserbad auf etwa $^1/_3$ ihrer Menge ein. Den Schaleninhalt spült man mit Wasser in ein 100 ccm-Meßkölbchen, gibt nach dem Erkalten 5 ccm $^n/_2$-Essigsäure und 2 ccm 20proz. Kaliumacetatlösung hinzu und füllt bei 20° mit Wasser zur Marke auf.

Nach dem Umschütteln gießt man die Flüssigkeit in einen etwas größeren trocknen Kolben, fügt 1,5 g frisch ausgeglühte Knochenkohle hinzu, filtriert nach 10 Minuten und läßt das Filtrat in einem verschlossenen Kölbchen 24 Stunden stehen. Nach dieser Zeit wird die Polarisation der Flüssigkeit im 200 mm-Rohr bei 20° bestimmt. Wurden 50 ccm Wein angewendet, so ist der abgelesene Drehungswinkel mit 2 zu multiplizieren; bei Benutzung von 100 ccm ist eine weitere Umrechnung nicht erforderlich.

β) Polarisation nach der Inversion.

Von Wein mit weniger als 200 g Extrakt in 1 l mißt man 100 ccm, von solchem mit höherem Extraktgehalt 50 ccm in einem Meßkolben bei 20° genau ab und bringt ihn unter Nachspülen mit Wasser in eine Porzellanschale. Dann neutralisiert und entgeistet man in der vorstehend unter α) beschriebenen Weise. Man bringt den Rückstand sodann unter Nachspülen mit Wasser in ein 100 ccm-Meßkölbchen, das auch bei 75 ccm eine Marke trägt. Nach dem Erkalten fügt man eine der zugesetzten Menge Alkalilauge äquivalente Menge Normal-Salzsäure hinzu, füllt mit Wasser zu 75 ccm auf und invertiert mit Salzsäure nach der unter II Nr. 12 A b γ (S. 297) gegebenen Vorschrift. Man füllt bei 20° zu 100 ccm auf, schüttelt um und verfährt weiter, wie dies vorstehend unter b α) im Abs. 2 vorgeschrieben ist.

c) Berechnung des Rohrzuckergehalts aus der Polarisation.

Bezeichnet man mit p_d die direkte Polarisation des Weins im 200 mm-Rohr bei 20°, mit p_i seine Polarisation nach der Inversion, so ergibt sich der Gehalt an Rohrzucker in 1 l Wein zu

$$p = 5{,}65 \cdot (p_d - p_i) \text{ g}.$$

Der Nachweis für die Anwesenheit von Rohrzucker ist nur dann als erbracht anzusehen, wenn auch das Ergebnis der Rohrzuckerbestimmung nach der Vorschrift unter II Nr. 12 (S. 297) dafür spricht, und auch nur dann, wenn nach beiden Verfahren Rohrzuckerwerte bei trocknen Weinen von mindestens 2 g, bei Süßweinen von mindestens 4 g in 1 l Wein gefunden werden.

14. Nachweis fremder rechtsdrehender Stoffe, insbesondere des unreinen Stärkezuckers, durch Bestimmung der Polarisation.

a) Vorprüfung auf fremde rechtsdrehende Stoffe.

α) Hat man bei der Zuckerbestimmung nach II Nr. 12 (S. 294) höchstens 1 g reduzierenden Zucker in 1 l Wein gefunden und dreht der Wein bei der gemäß II Nr. 13 (S. 301) ausgeführten Polarisationsmessung nach links oder gar nicht oder höchstens 0,3° nach rechts, so sind nachweisbare Mengen fremder rechtsdrehender Stoffe im Wein nicht vorhanden.

β) Hat man bei der Zuckerbestimmung nach II Nr. 12 (S. 294) höchstens 1 g reduzierenden Zucker in 1 l Wein gefunden und dreht der Wein mehr als 0,3° bis höchstens 0,6° nach rechts, so kann der Wein fremde rechtsdrehende Stoffe enthalten. Die weitere Untersuchung erfolgt nach der folgenden Vorschrift unter b).

γ) Hat man bei der Zuckerbestimmung nach II Nr. 12 (S. 294) höchstens 1 g reduzierenden Zucker in 1 l Wein gefunden und dreht der Wein mehr als 0,6° nach rechts, so ist die Gegenwart fremder rechtsdrehender Stoffe nachgewiesen. Eine nähere Untersuchung dieser Stoffe kann nach der Vorschrift unter b) vorgenommen werden.

δ) Hat man bei der Zuckerbestimmung nach II Nr. 12 (S. 294) mehr als 1 g reduzierenden Zucker in 1 l Wein gefunden und ist der zu untersuchende Wein kein Süßwein, so berechnet man nach der Formel

$$[\alpha]_D = \frac{1000\,\alpha}{2\,c}$$

das scheinbare spezifische Drehungsvermögen der reduzierenden Stoffe. In dieser Formel bedeutet α den Drehungswinkel des nach der Vorschrift unter II Nr. 13 (S. 301) vorbereiteten Weins im 200 mm-Rohr und c die Gramm direkt reduzierenden Zuckers in 1 l Wein. Ist der absolute Wert für $[\alpha]_D$ bei negativem Vorzeichen größer als 40°, so sind nachweisbare Mengen fremder rechtsdrehender Stoffe im Wein nicht vorhanden. Liegt hingegen der Wert für $[\alpha]_D$ zwischen — 40 und 0° oder ist er positiv, so kann der Wein fremde rechtsdrehende Stoffe enthalten. Die weitere Untersuchung erfolgt nach der Vorschrift unter b).

ε) Liegt der Wert $[\alpha]_D$ bei Süßweinen zwischen — 5 und 0° oder ist er positiv, so ist die Gegenwart fremder rechtsdrehender Stoffe erwiesen; andernfalls ist die Abwesenheit solcher Stoffe nur dann nachgewiesen, wenn der Wert bei negativem Vorzeichen größer ist als 90°.

b) Unterscheidung der fremden rechtsdrehenden Stoffe, insbesondere Nachweis des unreinen Stärkezuckers.

Die einzelnen rechtsdrehenden Stoffe, auf welche die vorstehend beschriebenen Prüfungen hinweisen, sind vor allem Rohrzucker, Dextrine im allgemeinen und die unvergärbaren Stoffe des unreinen Stärkezuckers im besonderen. Sofern vorstehend in den Fällen β), δ) und ε) die angegebenen Merkmale eine Entscheidung nicht gestatten, ist die weitere qualitative Prüfung auf die genannten Stoffe nach Maßgabe der folgenden Gesichtspunkte erforderlich. Sie empfiehlt sich auch in dem Fall γ).

α) Der Nachweis und die Bestimmung des Rohrzuckers erfolgen nach der Vorschrift unter II Nr. 12 (S. 297).

β) Der Nachweis von Dextrinen erfolgt nach der Vorschrift unter II Nr. 15 (S. 306).

γ) Der Nachweis der unvergärbaren Stoffe des unreinen Stärkezuckers in trocknen Weinen — auf Süßwein ist das Verfahren nicht anwendbar — geschieht auf folgende Weise:

210 ccm Wein werden auf dem Wasserbad auf etwa ein Drittel eingedampft. Der Rückstand wird mit Wasser auf 100 bis 150 ccm verdünnt. Die Flüssigkeit bringt man in einen Kolben, der nicht mehr als zu einem Drittel gefüllt sein darf, verstopft ihn mit einem Wattebausch und sterilisiert bei 100°. Nach dem Abkühlen versetzt man mit etwa 3 ccm dünnbreiiger, frischer und gärkräftiger Reinzucht-Weinhefe[1]), verschließt den Kolben mit dem Wattebausch und läßt ihn bei 25 bis 30°, zweckmäßig in einem Brutschrank, bis zur Beendigung der Gärung stehen.

Tritt die Gärung nicht oder nur unvollkommen ein, so ist, falls Zucker vorhanden, mit der Anwesenheit gärungshemmender Stoffe zu rechnen.

Die vergorene Flüssigkeit wird mit 1,5 ccm 20proz. Kaliumacetatlösung versetzt und in einer Porzellanschale auf dem Wasserbad zu einem dünnen Sirup eingedampft. Zu dem Rückstand setzt man unter beständigem Umrühren allmählich 200 ccm Alkohol von 90 Maßprozent.

[1]) Die Weinhefe-Stammkulturen bewahrt man in sog. Freudenreich-Kölbchen, d. h. mit Wattebausch und Glaskappe verschlossenen Kölbchen auf, die nach der Beschickung mit 15proz. Rohrzuckerlösung sterilisiert worden sind. Vor dem Gebrauch ist die Hefe in sterilem Trauben- oder Apfelmost oder in entgeistetem und dann gezuckertem Wein zu vermehren.

Nachdem sich die Flüssigkeit geklärt hat, wird der alkoholische Auszug in einen Kolben filtriert, Rückstand und Filter mit wenig Alkohol von 90 Maßprozent gewaschen und der Alkohol größtenteils abdestilliert. Der Rest des Alkohols wird auf dem Wasserbad verdampft und der Rückstand durch Wasserzusatz auf etwa 10 ccm gebracht. Dann setzt man 2 bis 3 g in Wasser aufgeschlämmte Knochenkohle hinzu und läßt einige Zeit unter wiederholtem Umrühren stehen. Hierauf filtriert man die entfärbte Flüssigkeit in einen kleinen eingeteilten Zylinder und wäscht die Knochenkohle mit heißem Wasser aus, bis das auf 15° abgekühlte Filtrat 20 ccm beträgt. Zeigt dieses im 200 mm-Rohr eine Rechtsdrehung von mehr als 0,5°, so enthält der Wein die unvergärbaren Bestandteile des unreinen Stärkezuckers. Beträgt die Drehung gerade + 0,5° oder nur wenig über oder unter dieser Zahl, so wird die Knochenkohle aufs neue mit heißem Wasser ausgewaschen, bis das auf 15° abgekühlte Filtrat 30 ccm beträgt. Die bei der Prüfung dieses Filtrats im 200 mm-Rohr gefundene Rechtsdrehung wird der zuerst gefundenen hinzugezählt. Wenn das Ergebnis der zweiten Polarisationsmessung mehr als den fünften Teil der ersten beträgt, muß die Kohle noch ein drittes Mal mit heißem Wasser bis auf 30 ccm ausgewaschen und das Filtrat polarimetrisch geprüft werden.

15. Nachweis von Dextrin.

25 ccm Wein werden mit 2 ccm Bleiessig versetzt; die Mischung wird gut umgeschüttelt. Nach Zugabe von etwa 0,1 g Natriumchlorid wird einige Minuten auf dem Wasserbad erwärmt und filtriert. Im Filtrat wird das Blei durch Einleiten von Schwefelwasserstoffgas ausgefällt. Zu 1 ccm des klaren Filtrats vom Bleisulfidniederschlag werden 2 Tropfen Salzsäure vom spez. Gewicht 1,19 und alsdann 10 ccm absoluter Alkohol hinzugegeben. Bei Gegenwart von Dextrinen des unreinen Stärkezuckers tritt alsbald eine milchige Trübung auf. Bei Abwesenheit dieser Dextrine bleibt die Lösung völlig klar.

Bei trocknen Weinen kann der Nachweis außerdem noch nach folgendem Verfahren erbracht werden:

100 ccm Wein werden auf 10 ccm eingedampft. Dem erkalteten Rückstand setzt man unter Umrühren allmählich 90 ccm absoluten Alkohol hinzu. Nach 2 Stunden filtriert man den entstandenen Niederschlag ab, wäscht ihn mit wenig Alkohol von 90 Maßprozent aus und löst ihn in heißem Wasser. Die Lösung bringt man in ein 100 ccm-Meßkölbchen, füllt sie in diesem auf etwa 50 ccm auf und fügt 5 ccm Salzsäure vom spez. Gewicht 1,12 hinzu. Man verschließt das Kölbchen mit einem Stopfen, durch den ein 1 m langes, beiderseits offenes Rohr führt und erhitzt $2^1/_2$ Stunden im kochenden Wasserbad. Nach dem Erkalten wird die Flüssigkeit neutralisiert — hierzu sind ungefähr 36 ccm Normal-Natronlauge erforderlich — und zur Marke aufgefüllt. Man filtriert, falls erforderlich, und verwendet 25 ccm des Filtrats nach Zusatz von 25 ccm Wasser zur Zuckerbestimmung nach der Vorschrift unter II Nr. 12 A b β (S. 297).

Die dem gewogenen Kupferoxyd entsprechende Menge Glucose entnimmt man der Tabelle XXXV des Anhangs. Etwa gefundener Zucker ist aus Dextrinen gebildet worden. Weine, die solche nicht enthalten, geben höchstens Spuren einer Zuckerreaktion.

16. Nachweis fremder Farbstoffe.

Zur Prüfung auf Teerfarbstoffe können die folgenden Verfahren dienen:

a) Wollprobe.

50 ccm Wein werden mit 5 ccm einer 10 proz. Lösung von Kaliumbisulfat versetzt und mit mehreren Fäden weißer, entfetteter Wolle 10 Minuten lang im bedeckten Becherglas gekocht. Die Wollfäden wäscht man mit Wasser gut aus. Sind sie alsdann deutlich gefärbt, so ist der Farbstoff durch halbstündiges Erwärmen mit 1 proz. Ammoniaklösung von der Wolle loszulösen. Die Ammoniaklösung wird alsdann mit Kaliumbisulfat bis zur sauren Reaktion versetzt und 10 Minuten mit drei entfetteten Wollfäden im bedeckten Becherglas gekocht. Nehmen die Fäden hierbei eine deutliche Färbung an, so deutet dies auf die Anwesenheit von Teerfarbstoffen.

Das Verhalten der angefärbten Wollfäden gegen Mineralsäuren, Ammoniak, Alkalilauge und andere Reagentien erlaubt meist eine nähere Kennzeichnung des Farbstoffs.

b) Baumwollprobe.

50 ccm Wein werden mit der berechneten Menge Alkalilauge (vgl. II Nr. 6, S. 281) genau neutralisiert und alsdann mit 10 ccm einer Lösung versetzt, die in 1 Liter 44 g wasserfreies Natriumsulfat (entsprechend 100 g Glaubersalz) und 5 g wasserfreies Natriumcarbonat enthält. Man erwärmt die Mischung auf dem Wasserbad, fügt bei etwa 50° ein Stückchen gewaschenen Baumwollstoff oder einige gewaschene Baumwollfäden hinzu, steigert die Temperatur allmählich bis nahezu zum Sieden und erhält hierbei etwa 10 Minuten. Nimmt die Faser eine deutliche, beim Spülen mit kaltem Wasser beständige Färbung an, so deutet dies auf die Anwesenheit substantiver Baumwollfarbstoffe.

Das Verhalten der angefärbten Faser gegen Mineralsäuren, Ammoniak, Alkalilauge und andere Reagentien erlaubt meist eine nähere Kennzeichnung des Farbstoffs.

c) Bleiessigprobe.

Man versetzt 20 ccm Wein mit 10 ccm Bleiessig[1], erwärmt die Mischung schwach, schüttelt gut um und filtriert. Ist das Filtrat deutlich gefärbt, so deutet dies auf das Vorhandensein von Teerfarbstoffen. Es ist jedoch zu beachten, daß auch sehr tieffarbige südländische Rotweine ein gefärbtes Filtrat geben können.

---

[1]) Über die Herstellung des Bleiessigs vgl. Fußnote [1]) auf S. 295.

d) Amylalkoholprobe.

Man macht den Wein ammoniakalisch und schüttelt ihn mit Amylalkohol aus. Eine deutliche Färbung des letzteren deutet die Gegenwart von Teerfarbstoffen an.

e) Quecksilberoxydprobe.

10 ccm Wein werden mit 10 ccm einer kalt gesättigten Quecksilberchloridlösung geschüttelt, sodann mit 1 ccm einer Kalilauge vom spez. Gewicht 1,27 versetzt und von neuem geschüttelt. Nach dem Absetzen des Quecksilberoxyds wird die Flüssigkeit durch ein drei- oder vierfaches, angefeuchtetes Filter filtriert und das klare Filtrat mit Essigsäure versetzt. Eine deutliche Färbung der Flüssigkeit deutet auf die Gegenwart von Teerfarbstoffen.

Bei tieffarbigen Rotweinen ist — sofern das Filtrat rot gefärbt erscheint — der Versuch mit dem Filtrat zu wiederholen.

Die beim Nachweis von Teerfarbstoffen im einzelnen befolgten Verfahren sowie die Verfahren zum Nachweis anderer fremder Farbstoffe (Zuckercouleur, Heidelbeerfarbstoff, Kermesbeerfarbstoff und dgl.) sind stets anzugeben.

17. Bestimmung der Schwefelsäure (des Sulfatrests).

a) Vorprobe.

Soll bei einem Wein nur festgestellt werden, ob er weniger Schwefelsäure in 1 l enthält, als 2 g neutralem schwefelsaurem Kalium entspricht, so ist wie folgt zu verfahren:

Man versetzt in einem kleinen Becherglas 10 ccm zum Sieden erhitzten Wein mit 5 ccm einer Lösung, die 5,608 g krystallisiertes Bariumchlorid ($BaCl_2 + 2\,H_2O$) und 50 ccm konz. Salzsäure in 1 l enthält, läßt die Flüssigkeit im bedeckten Becherglas mehrere Stunden auf dem Wasserbad stehen, gießt vom Niederschlag ab und versetzt die Flüssigkeit mit einigen Tropfen verdünnter Schwefelsäure. Entsteht im Verlauf einer Stunde ein Niederschlag, so enthält der Wein in 1 l weniger Schwefelsäure, als 2 g neutralem schwefelsaurem Kalium entspricht. Entsteht kein Niederschlag, so ist die genaue Bestimmung der Schwefelsäure nach dem folgenden Verfahren auszuführen.

b) Bestimmung der Schwefelsäure.

50 ccm Wein werden in einem Becherglas mit einigen Tropfen Salzsäure versetzt, auf einem Drahtnetz erhitzt und unter Ergänzung der verdampfenden Flüssigkeit etwa 5 Minuten im Sieden erhalten, wobei Kohlendioxyd auf die Flüssigkeitsoberfläche geleitet wird. Dann fügt man einige Tropfen Ammoniak hinzu und versetzt in einem Guß mit kochend heißer Bariumchloridlösung (5,608 g krystallisiertes Bariumchlorid und 50 ccm konz. Salzsäure zu 1 l Wasser gelöst). Ein zu großer Überschuß an Bariumchlorid ist zu vermeiden. Man läßt den Niederschlag absitzen und prüft durch Zusatz eines Tropfens Bariumchloridlösung zu der über dem Niederschlag stehenden klaren Flüssigkeit, ob

die Schwefelsäure vollständig ausgefällt ist. Hierauf kocht man das Ganze nochmals auf und läßt es 6 Stunden, mit einem Uhrglas bedeckt, auf dem heißen Wasserbad stehen. Dann gießt man die klare Flüssigkeit durch ein Filter von bekanntem Aschengehalt und wäscht den im Becherglas zurückbleibenden Niederschlag wiederholt mit heißem Wasser aus, indem man jedesmal absitzen läßt und die klare Flüssigkeit durch das Filter gießt. Zuletzt bringt man den Niederschlag auf das Filter und wäscht mit heißem Wasser aus. Filter und Niederschlag werden getrocknet, in einem gewogenen Platintiegel verascht, geglüht und nach dem Erkalten im Exsiccator gewogen.

Wenn das auf dem Filter befindliche Bariumsulfat dunkel gefärbt ist, wird es zunächst mit verdünntem Ammoniak, dann mit verdünnter Salzsäure und schließlich mit heißem Wasser gewaschen. Alsdann wird weiter verfahren, wie vorstehend beschrieben.

Berechnung: Wurden aus 50 ccm Wein a g Bariumsulfat erhalten, so sind in 1 l Wein enthalten

$$x = 8{,}321 \ (\log = 0{,}92\,018) \cdot a \text{ g Sulfatrest } (SO_4)\ .$$

Diesem Gehalt an Sulfatrest entsprechen:

$$y = 14{,}93 \ (\log = 1{,}17\,406) \cdot a \text{ g Kaliumsulfat } (K_2SO_4)$$

in 1 l Wein.

18. Bestimmung der schwefligen Säure (des Bisulfitrests).

a) Bestimmung der gesamten schwefligen Säure (des gesamten Bisulfitrests (HSO_3).

α) Gewichtsanalytisches Verfahren.

Zur Ausführung des Verfahrens bedient man sich folgender Vorrichtung:

Ein Destillierkolben von 500 ccm Inhalt wird mit einem zweimal durchbohrten Stopfen verschlossen. Durch die eine Bohrung führt eine Glasröhre bis auf den Boden des Kolbens, die andere nimmt ein Rohr mit Tropfenfänger auf, das oberhalb der Kugel des letzteren im Knie abgebogen und mit seinem absteigenden Teile durch einen Kork dicht mit einem Liebigschen Kühler verbunden ist. Das Rohr des Tropfenfängers reicht ein erhebliches Stück in das Kühlrohr hinein. An das untere Ende des letzteren schließt sich luftdicht mittels durchbohrten Stopfens eine tubulierte Vorlage an, an deren Tubus — wiederum luftdicht mittels durchbohrten Stopfens — eine kugelig aufgeblasene U-Röhre (sog. Peligotsche Röhre) angeschaltet ist.

Man leitet durch das bis auf den Boden des Kolbens führende Rohr reines, gewaschenes Kohlendioxyd, bis alle Luft aus dem Apparat verdrängt ist, bringt dann in die Vorlage etwa 45 ccm, in die Peligotsche Röhre etwa 5 ccm Jodlösung (erhalten durch Auflösen von 5 g reinem Jod und 7,5 g Kaliumjodid in Wasser zu 1 l), lüftet den Stopfen des Destillierkolbens und läßt 200 ccm Wein, der einer vollen, unmittelbar vorher entkorkten Flasche entnommen und nicht filtriert ist, aus einer

Pipette in den Kolben fließen. Nachdem noch 10 ccm Phosphorsäure vom spez. Gewicht 1,30 zugegeben sind und der Kolben wieder verschlossen ist, erhitzt man den Wein vorsichtig und destilliert ihn unter stetigem Durchleiten von Kohlendioxyd ab, bis die Hälfte der Flüssigkeit übergegangen ist.

Man bringt nunmehr die Jodlösung, die noch braun gefärbt sein muß, unter Nachspülen mit Wasser in ein Becherglas, setzt etwas Salzsäure zu, erhält die Flüssigkeit bis zur Entfernung des größten Teils des Jods im Sieden und fällt die entstandene Schwefelsäure mit Bariumchloridlösung aus. Der Niederschlag vom Bariumsulfat wird genau in der unter II Nr. 17 (S. 308) vorgeschriebenen Weise weiter behandelt.

Berechnung: Wurden a g Bariumsulfat gewogen, so sind in 1 l Wein enthalten:

$$x = 1{,}372\ (\log = 0{,}13\,735) \cdot a \text{ g gesamte schweflige Säure } (SO_2)\,,$$
$$y = 1{,}737\ (\log = 0{,}23\,980) \cdot a \text{ g gesamter Bisulfitrest } (HSO_3)\,.$$

β) Maßanalytisches Verfahren.

(Bei Rotweinen und dunkel gefärbten Dessertweinen nicht ausführbar.)

Man bringt in ein Kölbchen von ungefähr 200 ccm Inhalt 25 ccm einer annähernd normalen Alkalilauge und läßt 50 ccm Wein, der einer vollen, unmittelbar vorher entkorkten Flasche entnommen und nicht filtriert ist, so zu der Lauge fließen, daß die Pipettenspitze während des Auslaufens in die Lauge taucht. Nach mehrmaligem vorsichtigen Umschwenken läßt man die Mischung 15 Minuten stehen. Hierauf fügt man zu der alkalischen Flüssigkeit 15 ccm verdünnte Schwefelsäure vom spez. Gewicht 1,11 sowie einige Kubikzentimeter Stärkelösung und titriert unverzüglich die Flüssigkeit mit $^n/_{50}$-Jodlösung. Man läßt die Jodlösung ziemlich rasch, jedoch vorsichtig unter Umschwenken hinzufließen, bis die Blaufärbung mindestens $^1/_2$ Minute lang anhält. Sollte man übertitriert haben, so ist ein Zurückmessen mit Natriumthiosulfatlösung nicht statthaft.

Berechnung: Wurden auf 50 ccm Wein a ccm $^n/_{50}$-Jodlösung verbraucht, so sind in 1 l Wein enthalten:

$$x = 0{,}0128\ (\log = 0{,}10\,721 - 2) \cdot a \text{ g gesamte schweflige Säure } (SO_2)\,,$$
$$y = 0{,}0162\ (\log = 0{,}20\,952 - 2) \cdot a \text{ g gesamter Bisulfitrest } (HSO_3)\,.$$

Anmerkung: Das Verfahren, nach welchem die gesamte schweflige Säure bestimmt wurde, ist anzugeben.

b) Bestimmung der freien schwefligen Säure (des freien Bisulfitrests HSO_3).

(Bei Rotweinen und dunkel gefärbten Dessertweinen nicht ausführbar.)

Man leitet in ein Kölbchen von etwa 100 ccm Inhalt 10 Minuten lang reines gewaschenes Kohlendioxyd und läßt aus einer Pipette 50 ccm Wein, der einer vollen, unmittelbar vorher entkorkten Flasche entnommen und nicht filtriert ist, in das mit Kohlendioxyd gefüllte Kölbchen fließen. Alsdann titriert man unverzüglich die Flüssigkeit nach

Zusatz von 10 ccm verdünnter Schwefelsäure vom spez. Gewicht 1,11 in der vorstehend unter a β) beschriebenen Weise mit $^n/_{50}$-Jodlösung.

Berechnung: Wurden auf 50 ccm Wein *a* ccm $^n/_{50}$-Jodlösung verbraucht, so sind in 1 l Wein enthalten:

$$x = 0{,}0128 \cdot a \text{ g freie schweflige Säure } (SO_2),$$
$$y = 0{,}0162 \cdot a \text{ g freier Bisulfitrest } (HSO_3).$$

Anmerkung: Bei Rotweinen und dunkelgefärbten Dessertweinen kann die Menge der freien schwefligen Säure aus dem nach den Vorschriften unter a α) und *c*) ermittelten Werten für den Gehalt an gesamter und gebundener schwefliger Säure berechnet werden.

c) Ermittlung der gebundenen schwefligen Säure (des gebundenen Bisulfitrests HSO_3).

Der Unterschied zwischen dem gefundenen Gehalt des Weins an gesamter und freier schwefliger Säure (gesamtem und freiem Bisulfitrest) ergibt den Gehalt des Weins an gebundener schwefliger Säure (gebundenem Bisulfitrest).

Anmerkung: Bei Rotweinen und dunkelgefärbten Dessertweinen kann die gebundene schweflige Säure nach folgendem Verfahren bestimmt werden:

Vorversuch: Man leitet in ein Kölbchen von etwa 50 ccm Inhalt 10 Minuten lang reines gewaschenes Kohlendioxyd und läßt aus einer Pipette 10 ccm Wein, der einer vollen, unmittelbar vorher entkorkten Flasche entnommen und nicht filtriert ist, in das Kölbchen fließen, setzt 2 ccm verdünnte Schwefelsäure vom spez. Gewicht 1,11 hinzu und titriert hierauf mit $^n/_{50}$-Jodlösung, bis ein Tropfen der Mischung, mit Stärkelösung zusammengebracht, diese deutlich blau färbt.

Bestimmung: Zur Bestimmung der gebundenen schwefligen Säure bedient man sich der gleichen Vorrichtung wie zur Bestimmung der gesamten schwefligen Säure (vgl. unter a α, (S. 309). Nachdem reines gewaschenes Kohlendioxyd durch den Apparat geleitet worden ist, bis alle Luft verdrängt ist, läßt man 100 ccm Wein aus einer Pipette in den Destillierkolben fließen, unterbricht das Einleiten des Kohlendioxyds, fügt 2 ccm Salzsäure vom spez. Gewicht 1,12 und darauf die 10fache Menge der bei dem Vorversuche verwendeten $^n/_{50}$-Jodlösung aus einer Bürette hinzu, läßt 5 Minuten stehen und setzt dann 25 ccm 5proz. Natriumhydrocarbonatlösung und sogleich soviel Kubikzentimeter einer Natriumarsenitlösung[1]), die auf die Jodlösung eingestellt ist, hinzu, als man zuvor Kubikzentimeter Jodlösung hinzugegeben hatte. Man leitet nun 10 Minuten lang Kohlendioxyd durch den Apparat. Nachdem dann noch 7,5 ccm Phosphorsäure vom spez. Gewicht 1,15 zugegeben sind, erhitzt man die

[1]) Die Natriumarsenitlösung wird wie folgt bereitet: 1 g Arsentrioxyd (As_2O_3) wird in 10 ccm 15proz. Natronlauge gelöst; hierauf setzt man 200 ccm 5proz. Natriumhydrocarbonatlösung, sodann 6 ccm Salzsäure vom spezifischen Gewicht 1,12 hinzu, füllt mit 5proz. Natriumhydrocarbonatlösung zu 1 l auf und stellt die Lösung genau auf $^n/_{50}$-Jodlösung ein.

Flüssigkeit vorsichtig und destilliert im Kohlendioxydstrom die Hälfte in die vorgelegte Jodlösung ab.

Mit der Jodlösung verfährt man alsdann weiter, wie dies vorstehend unter a α (S. 309) beschrieben worden ist.

Berechnung: Wurden a g Bariumsulfat gewogen, so sind in 1 l Wein enthalten:

$x = 2{,}745$ (log $= 0{,}43\,854$) $\cdot\, a$ g gebundene schweflige Säure (SO_2),
$y = 3{,}473$ (log $= 0{,}54\,070$) $\cdot\, a$ g gebundener Bisulfitrest (HSO_3)

19. Nachweis und Bestimmung der Salicylsäure.

a) Nachweis der Salicylsäure.

50 ccm Wein werden in einem zylindrischen Scheidetrichter mit einigen Tropfen Schwefelsäure vom spez. Gewicht 1,11 versetzt und mit 50 ccm eines Gemischs aus gleichen Raumteilen Äther und leichtsiedendem Petroläther ausgeschüttelt. Man trennt die Schichten und wäscht die Äther-Petrolätherschicht zweimal mit je 25 ccm Wasser aus. Dann filtriert man das Äther-Petroläthergemisch durch ein trocknes Filter und läßt es in einer Porzellanschale nach Zusatz von 10 ccm Wasser auf einem warmen Wasserbad unter zeitweiligem Umschwenken langsam abdunsten. Nach dem Erkalten versetzt man den wäßrigen Rückstand vorsichtig tropfenweise mit einer Ferrichloridlösung, die man durch Verdünnen einer klaren Lösung vom spez. Gewicht 1,28 im Verhältnis 1 : 600 kurz vorher bereitet hat. Eine auftretende Rotviolettfärbung zeigt die Gegenwart von Salicylsäure an.

Entsteht eine schwärzliche, blaugrüne oder schmutziggrüne Färbung, so versetzt man mit einigen Tropfen Schwefelsäure vom spez. Gewicht 1,11, verdünnt mit Wasser auf 50 ccm und wiederholt mit dieser Lösung den Ausschüttelungsversuch in der beschriebenen Weise.

b) Bestimmung der Salicylsäure.

500 ccm Wein werden mit 50 ccm doppelt normaler Natronlauge versetzt und nach Zugabe einiger Siedesteinchen 1 Stunde am Rückflußkühler gekocht. Die abgekühlte und mit 30 ccm Schwefelsäure vom spez. Gewicht 1,11 versetzte Flüssigkeit bringt man in einen zylindrischen Scheidetrichter und schüttelt sie erst einmal mit 200 ccm, dann noch zweimal mit je 100 ccm eines Gemischs aus gleichen Raumteilen Äther und leicht siedendem Petroläther aus. Die vereinigten — erforderlichenfalls filtrierten — Äther-Petrolätherlösungen werden zweimal mit je 50 ccm Wasser gewaschen. Dann schüttelt man sie einmal mit 50 ccm Wasser aus, denen 5 ccm, und ein weiteres Mal mit 50 ccm Wasser, denen 2 ccm Normal-Natronlauge zugesetzt sind. Die beiden zuletzt gewonnenen alkalischen Ausschüttelungen vereinigt man in einem kleinen zylindrischen Scheidetrichter. Man säuert mit etwa 3 ccm Schwefelsäure vom spez. Gewicht 1,11 an und schüttelt zweimal mit je 50 ccm eines Gemischs aus gleichen Raumteilen Äther und leichtsiedendem Petroläther aus. Die vereinigten — erforderlichenfalls filtrierten — Äther-

Petrolätherausschüttelungen[1]) läßt man in einem weithalsigen Kolben nach Zusatz von 20 ccm Wasser auf einem warmen Wasserbad unter zeitweiligem Umschwenken langsam abdunsten, führt die zurückbleibende wäßrige Lösung nach dem Erkalten unter Nachspülen mit Wasser in ein 100 ccm-Meßkölbchen über und füllt mit Wasser zur Marke auf.

Für den Farbenvergleich bereitet man sich folgende Lösungen: 0,4000 g reine, bei 100° getrocknete Salicylsäure werden in 5 ccm Alkohol von 96 Maßprozent gelöst und diese Lösung durch Eingießen in viel Wasser und weitere Zugabe von Wasser auf genau 1 l verdünnt. 100 ccm dieser Lösung werden dann weiter auf 1 l verdünnt, so daß man auf diesem Weg eine Vergleichslösung gewinnt, von der je 25 ccm 1 mg Salicylsäure enthalten.

Die Farbenvergleichung wird in folgender Weise vorgenommen: Man bringt in einen Hehnerschen Farbenvergleichszylinder 50 ccm[2]) von der aus dem Wein stammenden, auf 100 ccm gebrachten und gut umgeschüttelten Lösung; den zugehörigen zweiten Zylinder beschickt man mit 50 ccm der Vergleichslösung. In beiden Zylindern fügt man der darin enthaltenen Flüssigkeit unter Umschwenken oder Auf- und Abrühren mit einem unten hakenförmig umgebogenen Glasstab vorsichtig so viel von der unter a) angegebenen, frisch verdünnten Ferrichloridlösung zu, bis ein einfallender Tropfen keine Veränderung der Rotviolettfärbung mehr hervorruft. Hierauf füllt man in beiden Zylindern mit Wasser auf 100 ccm auf, rührt mit den Glasstäben gut um und läßt nunmehr aus dem Zylinder, der die dunklere Flüssigkeit enthält, soviel ablaufen, bis — bei Durchsicht von oben — Farbengleichheit erreicht ist. Dann liest man den Stand der Flüssigkeit ab und überzeugt sich nachträglich davon, daß ausreichende Mengen Ferrichloridlösung verwendet worden sind. Das geschieht, indem man erst der Flüssigkeit in dem einen, dann der in dem anderen Zylinder etwas von der verdünnten Ferrichloridlösung zugibt und durch Umrühren mischt. Die Übereinstimmung der Farbstärke darf weder durch den ersten, noch durch den zweiten Zusatz gestört werden.

Hat man bei der beschriebenen Arbeitsweise so dunkle Färbungen erhalten, daß die Durchführung der Farbenvergleichung erschwert ist, so wiederholt man den Versuch mit einer entsprechend geringeren Menge der Lösung.

Berechnung: Wurden

a ccm von der aus dem Wein stammenden, auf 100 ccm aufgefüllten Lösung in den ersten Zylinder,

b ccm Vergleichslösung in den zweiten Zylinder

[1]) Sind die Ausschüttelungen — wie bei zuckerreichem Wein — stärker gefärbt als höchstens ganz schwach gelblich, so schüttelt man sie noch einmal mit 25 ccm Wasser aus, denen 5 ccm, und ein weiteres Mal mit 25 ccm Wasser, denen 2 ccm Normal-Natronlauge zugesetzt sind. Die vereinigten alkalischen Ausschüttelungen säuert man wieder mit etwa 3 ccm Schwefelsäure vom spezifischen Gewicht 1,11 an und schüttelt zweimal mit je 50 ccm des Äther-Petroläthergemischs aus. Mit diesen Ausschüttelungen verfährt man weiter wie oben beschrieben.

[2]) Wenn trotz Wiederholung der Ausschüttelung noch eine erheblichere Gelbfärbung zurückgeblieben ist, verwendet man nur 25 ccm.

gebracht, und betrug nach beendigter Einstellung auf Farbengleichheit der Flüssigkeitsstand

c ccm in dem ersten Zylinder,

d ccm in dem zweiten Zylinder,

so sind in 1 l Wein enthalten:

$$x = \frac{0{,}008 \cdot b \cdot d}{a \cdot c} \text{ g Salicylsäure.}$$

20. Nachweis des Saccharins.

500 ccm Wein werden auf etwa die Hälfte eingedampft, mit Wasser auf etwa 450 ccm aufgefüllt und nach dem Erkalten mit etwa 5 ccm — bei sehr aschereichen Weinen mit etwas mehr — Schwefelsäure vom spez. Gewicht 1,11 versetzt. Dann schüttelt man zuerst mit 60 ccm und hierauf nochmals mit 25 ccm Äther aus. Man verwirft die ätherischen Ausschüttelungen, dampft den ausgeschüttelten Wein auf etwa 200 ccm ein und schüttelt ihn nach dem Erkalten entweder dreimal mit je 200 ccm Äther aus oder perforiert ihn mit Äther in einem Extraktionsapparat. Aus der erhaltenen ätherischen, erforderlichenfalls filtrierten Lösung wird die Hauptmenge des Äthers durch Destillation und der letzte Anteil durch vorsichtiges Verdunsten in einer Porzellanschale entfernt. Der Rückstand wird mit 50 ccm Wasser aufgenommen und die Lösung zur Trockne verdampft. Diese Behandlung wird wiederholt. Dann nimmt man den Rückstand mit sehr verdünnter Lauge auf — meist genügen 5 ccm $^n/_4$-Natronlauge —, erhitzt die alkalische Lösung auf dem Wasserbad und setzt in kleinen Anteilen 5 proz. Kaliumpermanganatlösung so lange hinzu, bis die Rotfärbung mehrere Minuten bestehen bleibt. Hierauf säuert man mit Schwefelsäure an und fährt, falls hierbei die Rotfärbung wieder verschwindet, mit dem Permanganatzusatz fort, bis die Rotfärbung mehrere Minuten bestehen bleibt. Alsdann versetzt man vorsichtig, unter Vermeidung eines Überschusses, mit wäßriger Schwefeldioxydlösung, bis das überschüssige Permanganat zerstört und das ausgeschiedene Mangandioxyd in Lösung gebracht ist. Die klare Flüssigkeit wird jetzt dreimal mit der gleichen Raummenge Äther ausgeschüttelt. Von der ätherischen Lösung destilliert man die Hauptmenge des Äthers ab; den Rest verdunstet man nach Zusatz von 1 ccm Wasser vorsichtig bei nicht zu hoher Temperatur. Nach vollständiger Entfernung des Äthers kostet man einen Tropfen der erkalteten Flüssigkeit. Ein süßer Geschmack derselben spricht für die Anwesenheit von Saccharin im Wein.

In diesem Fall ist noch folgende Prüfung vorzunehmen: Der süßschmeckende Rückstand wird mit einigen Tropfen sehr verdünnter Natronlauge aufgenommen und die Flüssigkeit in einem Silbertiegel nahezu zur Trockne eingedampft. Sobald der Tiegelinhalt gerade noch fließt, werden ihm 0,5 g gepulvertes Ätznatron zugegeben; dann stellt man den Tiegel $^1/_2$ Stunde lang in ein auf 250° angeheiztes Luftbad, löst alsdann den Tiegelinhalt in etwa 30 ccm Wasser auf, säuert die Lösung mit etwa 5 ccm Schwefelsäure vom spez. Gewicht 1,11 an und schüttelt sie hierauf mit 50 ccm Äther aus. Die gewonnene ätherische Lösung verdunstet man bei Gegenwart von etwa 3 ccm Wasser und prüft dann nach der Vorschrift unter II Nr. 19a (S. 312) mit frisch verdünnter Ferrichloridlösung auf Salicylsäure.

War Saccharin im Wein vorhanden, so tritt die Reaktion auf Salicylsäure ein.

21. Bestimmung des Gerbstoffs und Farbstoffs.

a) Erforderliche Lösungen und Reagentien.

Kaliumpermanganatlösung. Man löst 1,33 g Kaliumpermanganat in 1 l Wasser auf. Vor jedesmaligem Gebrauch dieser Lösung ist ihr Wirkungswert zu ermitteln, indem sie gegen 10 ccm $^{n}/_{10}$-Oxalsäure eingestellt wird.

Indigolösung. 3 g synthetischer Indigo werden mit 20 ccm konz. Schwefelsäure sehr fein angerieben und 5 Stunden bei 40 bis 50° unter häufigem Umrühren stehen gelassen. Nach dem Erkalten gießt man die Flüssigkeit in 1 l Wasser, filtriert durch ein Papierfilter und stellt in der nachstehend für die Titrierung des Weins beschriebenen Weise für 20 ccm des Filtrats den Verbrauch an Kaliumpermanganatlösung fest. Hierauf verdünnt man mit so viel Wasser, daß 20 ccm der verdünnten Indigolösung eine zwischen 7 und 9 ccm liegende Menge Kaliumpermanganatlösung verbrauchen.

Knochenkohle-Aufschwemmung. Knochenkohle von der auf S. 298, Fußnote [1]) beschriebenen Beschaffenheit wird mit Wasser zu einem dünnflüssigen Brei angerieben.

b) Ausführung der Bestimmung.

50 ccm Rotwein oder 100 ccm Weißwein werden — letzterer in zwei gesonderten Anteilen zu je 50 ccm — auf dem Wasserbad auf die Hälfte eingedampft, sofort in ein 100 ccm-Meßkölbchen übergeführt und nach dem Erkalten mit Wasser zur Marke aufgefüllt. Von der gut durchgemischten Flüssigkeit führt man 50 ccm in einen 1 Liter-Meßkolben über, fügt einige Kubikzentimeter der Knochenkohle-Aufschwemmung hinzu und läßt unter zeitweiligem Umschütteln mehrere Stunden stehen. Ist die Flüssigkeitsschicht über der Knochenkohle völlig entfärbt, so füllt man mit Wasser zu 1 l auf, schüttelt um und filtriert durch ein trocknes Filter. War die Flüssigkeit über der Knochenkohle nicht völlig entfärbt, so ist vor dem Auffüllen zu 1 l ein weiterer Zusatz der Aufschwemmung erforderlich.

Man bringt nunmehr in eine große glasierte Porzellanschale 1 l destilliertes Wasser, fügt 10 ccm Schwefelsäure vom spez. Gewicht 1,11 hinzu und läßt aus einer Pipette bei Weißwein 20 ccm, bei Rotwein 30 ccm Indigolösung zufließen. Dann gibt man aus einer Pipette 20 ccm des entgeisteten, zu 100 ccm aufgefüllten und noch nicht mit Knochenkohle behandelten Weins hinzu. In die Flüssigkeit läßt man sodann aus einer Glashahnbürette unter stetigem Umrühren die Kaliumpermanganatlösung tropfenweise einfließen. Die blaue Färbung der Lösung geht hierbei allmählich in dunkelgrün, hellgrün und schließlich grüngelb, alsdann durch Zusatz eines weiteren Tropfens der Kaliumpermanganatlösung in ein glänzendes Goldgelb über. Kurz vor diesem Umschlag muß die Kaliumpermanganatlösung in einzelnen, sich langsam folgenden Tropfen zugesetzt werden. Die Titration ist zweimal auszuführen.

Dann titriert man in gleicher Weise den mit Knochenkohle behandelten Wein. Man verwendet 400 ccm der filtrierten Flüssigkeit, bringt sie in eine Porzellanschale, ergänzt mit Wasser auf 1 l und setzt 10 ccm Schwefelsäure vom spez. Gewicht 1,11 sowie bei Weißwein 20 ccm, bei Rotwein 30 ccm Indigolösung hinzu. Auch dieser Versuch ist zu wiederholen.

Berechnung: Wurden verbraucht:

a ccm Kaliumpermanganatlösung zur Titration von 10 ccm $^{n}/_{10}$-Oxalsäure,

b ccm der gleichen Lösung zur Titration des mit Indigolösung versetzten, mit Knochenkohle nicht behandelten entgeisteten Weins,

c ccm der gleichen Lösung zur Titration des mit Indigolösung versetzten, mit Knochenkohle behandelten entgeisteten Weins,

so sind in 1 l Wein enthalten:

$$\text{bei Weißwein } x = 2{,}08 \cdot \frac{b-c}{a} \text{ g},$$

$$\text{bei Rotwein } x = 4{,}16 \cdot \frac{b-c}{a} \text{ g}$$

Gerbstoff und Farbstoff.

22. Bestimmung des Chlorions.

Man läßt 50 ccm Wein — von sehr chloridarmen Weinen 100 ccm — aus einer Pipette in eine geräumige Platinschale fließen, macht ihn mit einer Lösung von Natriumcarbonat alkalisch, bedeckt die Schale mit einem Uhrglas und erwärmt die Flüssigkeit bis zum Aufhören der Kohlendioxydentwicklung. Den Inhalt der Schale dampft man ein und trocknet erforderlichenfalls den Rückstand 1 Stunde im Luftbad bei etwa 120°. Der Rückstand wird vorsichtig verkohlt, die Kohle zerdrückt, mit heißem Wasser wiederholt ausgewaschen und der wäßrige Auszug durch ein kleines aschenarmes Filter filtriert. Der Auszug muß farblos sein; im anderen Fall dampft man ihn über der Kohle zur Trockne ein, erhitzt gelinde, bis die Verkohlung vollständig ist und nimmt von neuem mit heißem Wasser auf. Nachdem die Kohle vollständig ausgelaugt ist, gibt man das Filterchen in die Platinschale zur Kohle, trocknet den Schaleninhalt auf dem Wasserbad und verascht vollständig.

Man nimmt die Asche mit etwas Wasser und einigen Tropfen Salpetersäure auf und filtriert durch ein kleines Filter, indem man das Filtrat zu dem zuerst erhaltenen wäßrigen Auszug fließen läßt. Die vereinigten Filtrate werden mit verdünnter Salpetersäure versetzt, bis die Flüssigkeit sauer reagiert. Sodann wird zu der Lösung sofort unter Umrühren so lange Silbernitratlösung (1 Teil Silbernitrat in 20 Teilen Wasser gelöst) hinzugesetzt, als noch ein Niederschlag entsteht. Man erhitzt das Gemisch kurze Zeit auf dem Wasserbad, läßt es an einem vor Licht geschützten Ort erkalten und filtriert durch einen bei 130° bis zum gleichbleibenden Gewicht getrockneten Goochtiegel mit Asbesteinlage oder einen Platinfiltertiegel oder ein gleich behandeltes Asbestfilterröhrchen. Der Niederschlag wird mit salpetersäurehaltigem Wasser, sodann mit reinem Wasser bis zum Verschwinden der sauren Reaktion, schließlich mit Alkohol ausgewaschen und bei 130° bis zum gleichbleibenden Gewicht getrocknet. Alsdann läßt man im Exsiccator erkalten und wägt.

Berechnung: Wurden aus 50 ccm Wein a g Silberchlorid erhalten, so sind in 1 l Wein enthalten:

$$x = 4{,}948 \; (\log = 0{,}69443) \cdot a \text{ g Chlor.}$$

Diesem Gehalt an Chlor entsprechen:

$$y = 8{,}157 \; (\log = 0{,}91153) \cdot a \text{ g Natriumchlorid}$$

in 1 l Wein.

23. Nachweis und Bestimmung der Salpetersäure (des Nitratrestes).

a) Nachweis der Salpetersäure.

α) Bei Weißwein.

In eine Porzellanschale bringt man einige Körnchen Diphenylamin und einige Kubikzentimeter konz. Schwefelsäure. Man fügt vorsichtig 2 bis 3 Tropfen Wasser hinzu und bewegt das Schälchen etwas. Hierbei geht das Diphenylamin in Lösung. Man streut alsdann einige Körnchen fein gepulvertes Natriumchlorid auf die Schwefelsäure und mischt durch Bewegung des Schälchens. Nach Beendigung der Salzsäureentwicklung läßt man vorsichtig eine geringe Menge Wein am Rande des Schälchens auf die Oberfläche der Diphenylamin-Schwefelsäure auffließen. Nach einigen Minuten ruhigen Stehens wird das Schälchen ganz leicht und vorsichtig umgeschwenkt. Man läßt dann wieder einige Minuten stehen und wiederholt das leichte Umschwenken.

Bei Gegenwart von Salpetersäure zeigen sich hierbei deutliche, oft tief dunkle blaue Farbstreifen in der Flüssigkeit; bei größeren Mengen färbt sich die ganze Flüssigkeit blau.

β) Bei Rotwein.

Etwa 10 ccm Wein werden mit etwa 0,2 g durch Auskochen mit Wasser von Nitraten vollständig befreiter, gemahlener Knochenkohle bis nahezu zur Trockne eingedampft und alsdann mit Wasser wieder auf ungefähr den ursprünglichen Raumgehalt gebracht. Man läßt die Knochenkohle sich absetzen oder schleudert ab und verfährt mit der überstehenden klaren und farblosen Flüssigkeit weiter, wie vorstehend unter α)

b) Bestimmung der Salpetersäure.

10 ccm Wein werden mit etwa 0,2 g Knochenkohle der vorstehend beschriebenen Art auf dem Wasserbad bis nahezu zur Trockne eingedampft. Nach dem Erkalten bringt man den Rückstand unter Zu-

satz von 1 ccm gesättigter Natriumchloridlösung und 5 ccm Eisessig mit nitratfreiem Wasser auf 50 ccm. Nach dem Umschütteln läßt man die Knochenkohle sich absetzen oder schleudert ab.

Von der klaren Flüssigkeit bringt man 1 ccm in ein Probierrohr und vermischt sie mit 4 ccm Diphenylamin-Schwefelsäurelösung[1]). Weiterhin bereitet man folgende Vergleichslösungen: 0,1631 g bei 100° getrocknetes, reines Kaliumnitrat werden in nitratfreiem Wasser zu 1 l gelöst. Von dieser Lösung mißt man 0,2, 0,5, 1,0, 1,5, 2,0 und 2,5 ccm je in ein 100 ccm-Meßkölbchen ein, fügt je 2 ccm gesättigte Natriumchloridlösung und 10 ccm Eisessig hinzu und füllt dann mit Wasser zur Marke auf. Man bringt nunmehr von jeder dieser sechs Lösungen je 1 ccm in ein Probierrohr und versetzt mit je 4 ccm Diphenylamin-Schwefelsäurelösung. Nach kurzem, kräftigem Durchschütteln kühlt man sofort unter fließendem Wasser ab und läßt unter mehrmaligem Umschütteln $^1/_2$ bis $^3/_4$ Stunden stehen.

Nach dieser Zeit stellt man fest, mit welcher Vergleichslösung die Farbe der aus dem Wein bereiteten Lösung übereinstimmt. Sollte die letztere dunkler sein als die dunkelste Vergleichslösung, so setzt man einen neuen Versuch an, bei dem man von dem vorbereiteten Wein weniger als 1 ccm (je nach dem Ausfall der ersten Probe etwa 0,2 oder 0,5 ccm) verwendet, ihm zunächst die an 1 ccm fehlende Raummenge einer Mischung von 88 ccm Wasser, 2 ccm gesättigter Natriumchloridlösung und 10 ccm Eisessig hinzufügt, dann 4 ccm Diphenylamin-Schwefelsäurelösung zugibt und im übrigen in der vorstehend beschriebenen Weise verfährt.

Die verwendeten Reagentien (Knochenkohle, Natriumchloridlösung, Eisessig und Wasser) sind durch Anstellung blinder Versuche daraufhin zu prüfen, ob sie frei von Nitraten sind. Außerdem untersucht man eine wäßrige Lösung von bekanntem Nitratgehalt — etwa 0,005 g Nitratrest in 1 l[2]) — in der beschriebenen Weise. Findet man hierbei ein richtiges Ergebnis, so ist dies ein Beweis dafür, daß die verwendete Knochenkohle keine Nitrate absorbiert.

Berechnung: Wurden a ccm des vorbereiteten Weins mit Diphenylamin-Schwefelsäurelösung versetzt und betrug die Menge der Kaliumnitratlösung, die auf 100 ccm gebracht werden mußte, um nach Zusatz von Diphenylamin-Schwefelsäurelösung dieselbe Färbung zu geben, wie der Wein, b ccm, so sind enthalten in 1 l Wein:

$$x = \frac{0{,}005 \cdot b}{a} \text{ g Nitratrest } (NO_3)\,.$$

[1]) Die Diphenylamin-Schwefelsäurelösung wird wie folgt bereitet: 0,085 g Diphenylamin werden in einem 500 ccm-Meßkolben mit 142,5 ccm doppelt destilliertem Wasser übergossen; sodann wird konz. Schwefelsäure vom spezifischen Gewicht 1,84 zugegeben und umgeschüttelt. Dabei erwärmt sich die Flüssigkeit so stark, daß das Diphenylamin schmilzt und sich löst. Man füllt mit konz. Schwefelsäure bis fast zur Marke auf; nach dem Abkühlen wird mit konz. Schwefelsäure genau bis zur Marke aufgefüllt und gemischt. Die Lösung ist, in einer geschlossenen Flasche aufbewahrt, lange Zeit haltbar.

[2]) Eine solche Lösung bereitet man durch Verdünnen der zur Herstellung der Vergleichslösungen dienenden Kaliumnitratlösung im Verhältnis 1 : 20.

24. Bestimmung des Stickstoffs.

100 ccm Wein — Süßwein nach Vergärung des verdünnten Weins gemäß II Nr. 4 (S. 277) — werden in einem Kjeldahlkolben von etwa 500 ccm Inhalt zum Sirup eingedampft, zweckmäßig, indem man den Kolben in ein siedendes Wasserbad einhängt und die Wasserdämpfe durch eine Wasserstrahlpumpe absaugt. Nach dem Abkühlen setzt man 20 ccm konzentrierte stickstoffreie Schwefelsäure und etwa 0,1 g Kupfersulfat hinzu und erhitzt zunächst mit ganz kleiner Flamme, alsdann stärker, bis zur Lösung der organischen Stoffe und nach Entfärbung der Flüssigkeit noch etwa 30 Minuten. Nach dem Erkalten versetzt man mit etwas Wasser und 100 ccm stickstoffreier 40proz. Natronlauge (spez. Gewicht 1,30) und destilliert unter Zugabe einiger Bimssteinstückchen das entstandene Ammoniak ab. Als Vorlage verwendet man 50 ccm $^n/_4$-Schwefelsäure, die nach beendeter Destillation mit $^n/_4$-Natronlauge unter Verwendung von Methylorange als Indikator zurücktitriert werden.

Anmerkung: Süßweine und zuckerhaltige Weine müssen nach erfolgter Vergärung zusammen mit der gebildeten Hefe nach vorstehender Vorschrift verarbeitet werden.

Berechnung: Wurden a ccm $^n/_4$-Schwefelsäure vorgelegt und zum Zurücktitieren b ccm $^n/_4$-Natronlauge gebraucht, so sind in 1 l Wein enthalten:

$$x = 0{,}035 \cdot (a - b) \text{ g Stickstoff.}$$

25. Bestimmung der Bernsteinsäure.

Die Bestimmung der Bernsteinsäure wird zweckmäßig mit der Bestimmung der Milchsäure (II Nr. 9, S. 288) verbunden.

Der Rückstand, welcher bei der Filtration der alkoholischen Lösung des milchsauren Bariums auf dem Filter zurückbleibt, wird, nachdem die in dem Meßzylinder von 100 ccm Inhalt zurückgebliebenen Teile des Niederschlags mit Alkohol von 80 Maßprozent gleichfalls auf das Filter gespült worden sind, mit etwa 80 ccm Alkohol gleicher Stärke ausgewaschen. Darauf wird der Filterrückstand mit heißem Wasser in eine etwa 200 ccm fassende Porzellanschale übergeführt und der Schaleninhalt auf dem Wasserbad auf etwa 30 ccm eingeengt. Unter ständigem Erhitzen auf dem Wasserbad wird die Flüssigkeit sodann mit je 5 ccm gesättigter Kaliumpermanganatlösung so lange versetzt, bis die rote Färbung der Flüssigkeit 5 Minuten bestehen bleibt. Man gibt weitere 5 ccm Permanganatlösung hinzu und läßt diese 15 Minuten einwirken. Verschwindet während dieser Zeit die Rotfärbung, so ist der Zusatz der Kaliumpermanganatlösung so oft zu wiederholen, bis die Färbung bei 15 Minuten langem Stehen der Flüssigkeit nicht mehr verschwindet. Man läßt nun erkalten und zerstört den Überschuß an Permanganat durch Zusatz von festem Natriumbisulfit. Nach dem Verschwinden der Rotfärbung säuert man vorsichtig mit 25proz. Schwefelsäure an, wobei man die Schale mit einem Uhrglas bedeckt hält, und setzt Natriumbisulfit in kleinen Anteilen zu, bis das ausgeschiedene Mangandioxyd in Lösung gegangen ist. Die mit einem Uhrglas bedeckte Schale wird sodann auf dem siedenden Wasserbad erhitzt, bis die Gasentwicklung aufhört. Man entfernt das Uhrglas, spült es mit Wasser ab und dampft den Schaleninhalt auf etwa 30 ccm ein. Der Rückstand wird mit Wasser in einen gut wirkenden Äther-Perforationsapparat gespült und mit 40proz. Schwefelsäure versetzt, bis die Flüssigkeit etwa 10% freie Schwefelsäure enthält. Nach 10 bis 12stündigem Perforieren mit Äther destilliert man die Hälfte des Äthers aus dem Perforationskölbchen ab, gibt 10 bis 20 ccm Wasser hinzu und treibt den Äther völlig ab. Unter Verwendung von Phenolphthalein wird die wäßrige Lösung der Bernsteinsäure mit halogenfreier Barytlauge alkalisch gemacht und 10 Minuten auf dem Wasserbad erwärmt. Verschwindet hierbei die Rotfärbung, so wiederholt man den Zusatz von Barytlauge und das Erwärmen so oft, bis die Färbung bestehen bleibt. Man leitet sodann Kohlendioxyd bis zur Entfärbung in die Flüssigkeit ein und erhitzt etwa 10 Minuten auf dem Wasserbad. Nach dem Erkalten filtriert man die Flüssigkeit durch ein kleines glattes Filter in ein Meßkölbchen von 100 ccm Inhalt und wäscht mit so viel Wasser nach, daß Filtrat und Waschwasser etwa 75 ccm betragen. Hierauf gibt man in das Meßkölbchen 20 ccm $^n/_{10}$-Silbernitratlösung, füllt bei 15° mit Wasser bis zur Marke auf und schüttelt tüchtig durch. Nach mindestens 2stündigem Stehen filtriert man durch ein trocknes Faltenfilter und titriert in 50 ccm des Filtrats nach Zusatz von Salpetersäure und Eisenammoniumalaunlösung mit $^n/_{10}$-Ammoniumrhodanidlösung das überschüssige Silbernitrat zurück.

Berechnung: Wurden zum Zurücktitrieren a ccm $^n/_{10}$-Rhodanammoniumlösung verbraucht, so sind in 1 l Wein enthalten:

$$x = 0{,}236\,(\log. = 0{,}37291 - 1) \cdot (10 - a)\text{ g Bernsteinsäure},$$

oder es entspricht der Gehalt an Bernsteinsäure in 1 l Wein:

$$y = 4 \cdot (10 - a)\text{ mg-Äquivalenten Säure (= ccm Normalsäure).}$$

26. Bestimmung der Äpfelsäure.

Man scheidet zunächst die Weinsäure aus dem Wein nach folgendem Verfahren ab:

In einem Becherglas, das bei 20 ccm eine Marke trägt, werden 50 ccm Wein auf dem Wasserbad auf etwa 10 ccm eingeengt. Man gibt sodann weitere 50 ccm Wein hinzu und engt auf 20 ccm ein. In der noch warmen Flüssigkeit werden 3 g gepulvertes reines Kaliumchlorid unter Umrühren gelöst und alsdann 0,5 ccm Eisessig, 0,5 ccm einer 20proz. Kaliumacetatlösung sowie 6 ccm Alkohol von 96 Maßprozent hinzugesetzt. Nachdem man durch starkes, etwa 1 Minute anhaltendes Reiben eines Glasstabs an der Wand des Becherglases die Abscheidung des Weinsteins eingeleitet hat, läßt man die Mischung 15 Stunden bei 10 bis 15° stehen und filtriert dann den Niederschlag durch einen mit Papierfilterstoff beschickten Goochtiegel aus Platin oder Porzellan oder durch eine in gleicher Weise beschickte Wittsche Porzellansiebplatte mit Hilfe der Wasserstrahlpumpe ab. Filtrat und Waschwässer werden in einem

100 ccm-Meßkölbchen aufgefangen. Zum Auswaschen des Niederschlags bedient man sich einer Lösung von 15 g Kaliumchlorid in 20 ccm Alkohol von 96 Maßprozent und 100 ccm Wasser. Zunächst spült man das Becherglas mit einem kleinen Anteil dieser Lösung aus, gibt die Flüssigkeit auf das Filter, läßt das Becherglas gut abtropfen und wiederholt dies etwa zweimal. Sodann werden Filter und Niederschlag durch dreimaliges Abspülen und Aufgießen von wenigen Kubikzentimetern der Waschflüssigkeit ausgewaschen. Von letzterer müssen im ganzen genau 20 ccm verbraucht werden.

Filtrat und Waschwässer werden mit Wasser bei 15° auf 100 ccm aufgefüllt und gut durchmischt. 50 ccm dieser Flüssigkeit werden in einer 200 ccm fassenden Porzellanschale mit 5 ccm einer 10 proz. Bariumchloridlösung versetzt und auf dem Wasserbad fast bis zur Trockne eingedampft, wobei man die entstehenden Krystallkrusten mit einem kleinen Glaspistill zerdrückt. Sobald ein Geruch nach Essigsäure nicht mehr wahrzunehmen ist, versetzt man den Rückstand mit einigen Tropfen Phenolphthaleinlösung, sodann bis zur Rotfärbung mit kalt gesättigter Barytlauge, gibt alsdann noch 2 bis 3 ccm der Lauge hinzu, erwärmt das Gemisch 10 Minuten auf dem siedenden Wasserbad, neutralisiert alsdann durch Einleiten von Kohlendioxyd und engt auf dem Wasserbad auf etwa 10 ccm ein. Der Schaleninhalt wird in einen mit einem Glasstopfen verschließbaren Meßzylinder von 100 ccm Inhalt übergeführt und die Schale mit heißem Wasser nachgespült, bis die Flüssigkeitsmenge im Zylinder durch die Zugabe des Spülwassers auf 25 ccm gebracht ist. Unter beständigem Umrühren gibt man sodann in dünnem Strahle Alkohol von 96 Maßprozent hinzu, bis der Zylinder nahezu 100 ccm enthält, stellt ihn $^1/_2$ Stunde in ein Wasserbad von 15°, füllt mit Alkohol gleicher Stärke auf 100 ccm auf und läßt den Zylinder 2 Stunden stehen, während welcher Zeit wiederholt kräftig umgeschüttelt wird. Die Flüssigkeit wird sodann durch ein bedecktes, trocknes, glattes Filter filtriert, wobei man zunächst die klare Flüssigkeit aufgießt und dann den Niederschlag aufbringt. Zylinder und Niederschlag werden mit etwa 100 ccm Alkohol von 80 Maßprozent nachgewaschen. Der Niederschlag wird nunmehr mit heißem Wasser in eine Porzellanschale gespritzt und der Schaleninhalt bis eben zur Trockne verdampft. Den Rückstand verreibt man nach dem Erkalten je nach seiner Menge sorgfältig mit 1 bis höchstens 3 ccm 40 proz. Schwefelsäure und setzt alsdann unter stetem Rühren — erforderlichenfalls, um eine Überhitzung zu vermeiden, in entsprechenden Zwischenräumen — aus einer Pipette 1 bis 1,5 ccm konz. Schwefelsäure tropfenweise zu. Man verreibt den Schaleninhalt mit etwa 10 g feingepulvertem entwässertem Natriumsulfat, das man in kleinen Anteilen zusetzt, läßt die Schale einige Stunden im Exsiccator stehen, vermischt sodann mit weiteren 10 bis 20 g Natriumsulfat von der gleichen Beschaffenheit und beläßt das Gemisch während der Nacht im Exsiccator.

Der nunmehr trockne Schaleninhalt wird zu einem lockeren, nicht zu feinen Pulver verrieben und in eine Extraktionshülse übergeführt, die mit einem losen Wattebausch verschlossen wird. Durch etwa 6 stündiges Extrahieren mit Äther im Soxhletapparat entzieht man dem Gemisch die Bernsteinsäure und Äpfelsäure. Aus der ätherischen Lösung destilliert man sodann etwa die Hälfte des Äthers ab, versetzt mit 10 bis 20 ccm Wasser, treibt den Äther vollständig ab, erwärmt den Rückstand auf dem Wasserbad und gibt unter Verwendung von Phenolphthalein so viel gesättigte Barytlauge hinzu, bis nach 5 Minuten langem Erwärmen die Rotfärbung bestehen bleibt. Sodann wird Kohlendioxyd bis zum Verschwinden der Rotfärbung eingeleitet, die Flüssigkeit kurze Zeit auf dem Wasserbad erwärmt, nach dem Erkalten auf etwa 20 bis 30° durch ein kleines glattes Filter in eine etwa 150 ccm fassende Platinschale filtriert und das Kölbchen nebst Filter mit warmem Wasser nachgewaschen, bis die Menge des Filtrats etwa 100 ccm beträgt.

Nach dem Eindampfen des Filtrats auf dem Wasserbad zur Trockne wird der Rückstand auf einem Asbestdrahtnetz vorsichtig verkohlt, die Kohle mit einem kleinen, unten flachen Glasstab fein zerrieben und stark geglüht. Nach dem Erkalten wird eine gemessene überschüssige Menge $^{n}/_{4}$-Salzsäure hinzugesetzt und die mit einem Uhrglas bedeckte Schale 5 Minuten auf dem Wasserbad erhitzt. Man spült sodann das Uhrglas mit Wasser ab und titriert die Flüssigkeit mit $^{n}/_{4}$-Alkalilauge unter Verwendung von Phenolphthalein bis zur beginnenden Rotfärbung.

Berechnung: Bezeichnet man mit b den Gehalt des Weins an Bernsteinsäure, ausgedrückt in Kubikzentimetern Normalsäure in 1 l (II Nr. 25, S. 319), und wurden bei der Titration c ccm $^{n}/_{4}$-Salzsäure und zum Zurücktitrieren d ccm $^{n}/_{4}$-Alkalilauge verwendet, so sind in 1 l Wein enthalten:

$$x = 0{,}067 \cdot (5\,c - 5\,d - b) \text{ g Äpfelsäure,}$$

oder es entspricht der Gehalt an Äpfelsäure in 1 l Wein:

$$y = 5\,c - 5\,d - b \text{ mg-Äquivalenten Säure (= ccm Normalsäure).}$$

27. Nachweis der Citronensäure.

50 ccm Wein werden mit Ammoniak schwach alkalisch gemacht und mit 3 ccm Alkohol sowie einigen Kubikzentimetern 10 proz. Bariumchloridlösung versetzt.

Vorteilhafter benutzt man das Filtrat, das man bei der Bestimmung der Weinsäure (II Nr. 10, S. 289) erhält. Man macht dieses — unter Ausschluß der Waschflüssigkeit — mit Ammoniak schwach alkalisch und versetzt gleichfalls mit 10 proz. Bariumchloridlösung.

Nach 12 bis 18stündigem Stehen wird der entstandene Niederschlag auf ein kleines Filter abfiltriert. Nach gutem Abtropfen des Trichters stößt man — ohne zuvor auszuwaschen — das Filter durch und spült den Niederschlag mit höchstens 15 ccm Wasser in das zur Fällung benutzte Kölbchen zurück. Die so erhaltene Aufschwemmung wird zum Sieden erhitzt und tropfenweise mit einer Mischung gleicher Teile Schwefelsäure vom spez. Gewicht 1,11 und Wasser versetzt. Ein Überschuß an Schwefelsäure ist zu vermeiden. Man filtriert von dem Bariumsulfat ab, versetzt das Filtrat mit 1,5 bis 2 ccm Eisessig und der gleichen

Menge gesättigter Bleiacetatlösung, kocht auf und filtriert heiß. Eine milchige Trübung des Filtrats beim Erkalten deutet auf die Gegenwart von Citronensäure hin.

Ein erst später sich ausscheidender sandiger Niederschlag von grünlicher Farbe kann von Bleitartrat herrühren. Ist ein solcher entstanden, so kocht man nochmals auf, filtriert heiß und beobachtet abermals das Verhalten des Filtrats beim Erkalten. Eine jetzt eintretende milchige Trübung kann als Hinweis auf die Gegenwart der Citronensäure angesehen werden.

Der endgültige Beweis für die Gegenwart der Citronensäure wird durch folgende Nachprüfung erbracht:

Der entstandene Bleiniederschlag wird nach dem Erkalten der Flüssigkeit abfiltriert und mehrmals mit 50 proz. Alkohol ausgewaschen. Dann spült man ihn nach Durchstoßung des Filters mit möglichst wenig Wasser in ein Kölbchen und zerlegt ihn durch Einleiten von Schwefelwasserstoff in die Aufschwemmung. Man filtriert vom ausgeschiedenen Bleisulfid ab, erhitzt das Filtrat zunächst kurze Zeit zur Entfernung des Schwefelwasserstoffs, macht dann, unter Zusatz eines Tropfens Phenolphthaleinlösung, mit Ammoniak schwach alkalisch und versetzt mit etwas Calciumchloridlösung. Man engt hierauf bis auf 1 ccm ein und erhitzt diese eingeengte Lösung in einem Probierrohr, das man in kochendes Wasser einstellt. Nach längerem Erhitzen scheiden sich Krystalle von Calciumcitrat aus, die unter dem Mikroskop die charakteristischen Wetzsteinformen oder die aus feinen Wetzsteinen bestehenden Krystallbüschel erkennen lassen.

Hat man nur einen sehr geringen Niederschlag von Bleicitrat erhalten, so kann dieser mikrochemische Nachweis unter Umständen versagen. In solchem Falle stellt man erneut aus 50 ccm Wein in der eingangs beschriebenen Weise einen Bariumniederschlag her und versetzt ihn mit verdünnter Schwefelsäure. Das Filtrat vom Bariumsulfat, das bariumfrei sein muß, neutralisiert man, unter Zusatz von Phenolphthalein, mit Ammoniak, versetzt mit Calciumchloridlösung, filtriert von einem etwa entstehenden Niederschlag ab und verarbeitet das Filtrat in der beschriebenen Weise auf Krystalle.

28. Nachweis der Ameisensäure.

Der Prüfung auf Ameisensäure muß eine Prüfung auf Formaldehyd gemäß der Vorschrift unter II Nr. 31 (S. 326) vorausgehen.

100 ccm Wein werden mit 1 bis 2 ccm Schwefelsäure vom spez. Gewicht 1,11 angesäuert und zweimal mit je 100 ccm Äther ausgeschüttelt. Bilden sich hierbei Emulsionen, so gibt man etwas Alkohol zu. Die vereinigten Ätherauszüge werden durch ein mit Äther befeuchtetes Filter filtriert und alsdann mit einer Mischung von 10 ccm Wasser und 5 ccm Normal-Natronlauge ausgeschüttelt. Die gewonnene Ausschüttelung, die noch schwach alkalisch reagieren muß — andernfalls ist mehr Lauge zu verwenden —, wird auf dem Wasserbad zur Trockne verdampft. Der Rückstand wird, wenn die Prüfung auf Formaldehyd positiv ausgefallen war, nach 1stündigem Erhitzen auf 130°, im andern

Fall ohne weiteres mit 10 ccm Wasser und 5 ccm Salzsäure vom spez. Gewicht 1,12 aufgenommen und die Lösung in einem kleinen, mit einem Uhrglas bedeckten Kölbchen nach und nach mit 0,4 g Magnesiumspänen versetzt. Eine wesentliche Temperaturerhöhung ist hierbei zu vermeiden. Nach 2stündiger Einwirkung des Magnesiums werden aus der Lösung unter Verwendung eines kleinen Kühlers 5 ccm in ein geräumiges Probierrohr überdestilliert und das Destillat nach der Vorschrift unter II Nr. 31 (S. 326) mit Milch und eisenhaltiger Salzsäure auf Formaldehyd geprüft.

Waren Ameisensäure oder deren Salze oder Verbindungen im Wein vorhanden, so färbt sich die Flüssigkeit oder wenigstens das unmittelbar nach Beendigung des Kochens sich abscheidende Eiweiß violett.

29. Nachweis und Bestimmung der Benzoesäure.

a) Nachweis der Benzoesäure.

Abscheidung der Benzoesäure.

100 ccm Wein werden mit verdünnter Natronlauge schwach alkalisch gemacht und auf dem Wasserbad auf 10 ccm eingedampft. Der Rückstand wird mit verdünnter Schwefelsäure angesäuert und in einen Scheidetrichter übergeführt. Die Flüssigkeit wird mit 40 ccm Äther kräftig ausgeschüttelt, die ätherische Lösung zweimal mit je 5 ccm Wasser gewaschen und mit 5 ccm $^{n}/_{2}$-Alkalilauge ausgeschüttelt.

Die alkalische wäßrige Lösung[1]) erwärmt man in einer Porzellanschale auf dem Wasserbad und setzt tropfenweise 5proz. Kaliumpermanganatlösung so lange hinzu, bis die Rotfärbung mehrere Minuten bestehen bleibt. Sodann zerstört man das überschüssige Permanganat durch tropfenweisen Zusatz einer gesättigten Lösung von Natriumbisulfit, säuert mit verdünnter Schwefelsäure an und bringt das ausgeschiedene Mangandioxyd durch weiteren vorsichtigen Zusatz von Natriumbisulfitlösung gerade in Lösung.

Die klare farblose Flüssigkeit wird mit 25 ccm Äther ausgeschüttelt, die ätherische Lösung zweimal mit je 5 ccm Wasser gewaschen und mit 2 ccm $^{n}/_{2}$-Natronlauge ausgeschüttelt.

Erkennung der Benzoesäure.

Der Nachweis der Benzoesäure in dem alkalischen Auszug ist nach einem der beiden folgenden Verfahren zu führen.

α) Der alkalische Auszug wird in einem Probierrohr bei 110 bis 115° zur Trockne eingedampft. Man erhitzt alsdann den erkalteten Rückstand mit 0,5 ccm eines Gemischs aus 40 Teilen konz. Schwefelsäure vom spez. Gewicht 1,840 und 20 Teilen Salpetersäure vom spez. Gewicht 1,480 20 Minuten im siedenden Wasserbad, setzt 1 ccm Wasser hinzu und übersättigt nach dem Erkalten mit Ammoniak. Das Gemisch wird aufgekocht, abgekühlt und tropfenweise mit einer 10proz. Lösung von

---

[1]) Phenolphthalein darf der Flüssigkeit zur Prüfung auf ihre alkalische Reaktion nicht zugesetzt werden.

reinem Natriumsulfid überschichtet. Waren Benzoesäure oder deren Salze oder Verbindungen im Wein vorhanden, so färbt sich die Flüssigkeit stark rot.

β) Der alkalische Auszug wird in einem Silbertiegel (Gewicht etwa 28 g, Höhe 4 cm, Bodenweite 2 cm) auf dem siedenden Wasserbad zur Trockne eingedampft. Man gibt alsdann 2 g grobgepulvertes Ätzkali hinzu, stellt den Tiegel so tief in ein Tondreieck, daß der Tiegelboden von der Öffnung eines Bunsenbrenners bei 3 cm hoher Flamme $2^1/_2$ cm entfernt ist und die Flammenspitze beinahe die ganze Bodenfläche berührt. Nachdem das Ätzkali unter Umrühren mit einem starken Platindraht innerhalb 35 bis 45 Sekunden geschmolzen ist, wird die Schmelze weitere 2 bis höchstens $2^1/_2$ Minuten erhitzt, sodann in Wasser gelöst, die Lösung mit verdünnter Schwefelsäure angesäuert und mit 25 ccm Äther ausgeschüttelt. Die ätherische Lösung wird zweimal mit je 5 ccm Wasser gewaschen und in einer Porzellanschale nach Zusatz von 1 ccm Wasser bei mäßiger Wärme verdunstet. Den Rückstand prüft man nach der Vorschrift unter II Nr. 19a (S. 312) mit frisch verdünnter Ferrichloridlösung auf Salicylsäure. Waren Benzoesäure oder deren Salze oder Verbindungen im Wein vorhanden, so färbt sich die Flüssigkeit deutlich violett.

b) Bestimmung der Benzoesäure.

100 ccm Wein werden mit verdünnter Natronlauge schwach alkalisch gemacht und auf dem Wasserbad auf etwa 10 ccm eingedampft. Der Rückstand wird mit verdünnter Schwefelsäure angesäuert und unter Nachspülen der Schale mit Wasser in einen Scheidetrichter übergeführt. Die Flüssigkeit wird mit 40 ccm Äther kräftig durchgeschüttelt. Nachdem sich die Schichten scharf getrennt haben, wird die saure Flüssigkeit abgelassen, die ätherische Lösung zweimal mit je 3 ccm Wasser gewaschen, das Waschwasser mit der sauren Flüssigkeit vereinigt und die ätherische Lösung alsdann mit 10 ccm $^n/_4$-Alkalilauge ausgeschüttelt. Man trennt die alkalische Lösung vom Äther, führt mit diesem noch weitere vier Ausschüttelungen der sauren Flüssigkeit aus und verfährt mit den so erhaltenen ätherischen Lösungen unter Verwendung der gleichen Lauge in derselben Weise wie vorher.

Man läßt nun die wäßrige alkalische Lösung in eine Porzellanschale ab, wäscht den Äther noch zweimal mit je 3 ccm Wasser, gibt das Waschwasser zu der alkalischen Flüssigkeit und erwärmt diese auf dem Wasserbad. Man setzt sodann tropfenweise so lange gesättigte Kaliumpermanganatlösung zu, bis die Rotfärbung mehrere Minuten bestehen bleibt, zerstört das überschüssige Permanganat durch tropfenweisen Zusatz einer gesättigten Lösung von Natriumbisulfit, säuert mit verdünnter Schwefelsäure an und bringt das ausgeschiedene Mangandioxyd durch weiteren vorsichtigen Zusatz von Natriumbisulfitlösung gerade in Lösung. Die klare, farblose Flüssigkeit wird viermal mit je 15 ccm Äther ausgeschüttelt. Die vereinigten Ätherauszüge wäscht man zweimal mit je 5 ccm Wasser, läßt sie in einem trocknen Becherglas $^1/_2$ Stunde absetzen und filtriert sodann die Lösung durch einen in ein Trichterrohr eingeschobenen 2 cm langen entfetteten Wattestopfen in ein Destillierkölbchen. Hierauf destilliert man den Äther aus einem Wasserbad von 37 bis 38° ab, spült den Rückstand mit 8 bis 10 ccm Äther in ein Probierrohr von 16 cm Länge und $1^1/_2$ cm lichter Weite und destilliert den Äther nach Zugabe einiger Stäubchen Bimssteinpulver aus dem Wasserbad bei 37 bis 38° ab. Der trockne Rückstand wird alsdann mit 2 g trocknem reinem Seesand bedeckt, von dem oberen Teil des Glases durch eine etwa 12 bis 13 cm tief eingeschobene Scheibe Filtrierpapier getrennt und in folgender Weise sublimiert:

Als Heizbad verwendet man ein 7 cm hohes und $3^1/_2$ cm weites Wägegläschen, welches 4 cm hoch mit flüssigem Paraffin gefüllt wird. Die Öffnung des Wägegläschens bedeckt man mit einer Scheibe von Kartenpappe, in der sich zwei passende Ausschnitte für das Probierrohr und ein Thermometer befinden. Das Heizbad stellt man auf ein mit Asbesteinlage versehenes Drahtnetz, hängt das mit einem Uhrglas bedeckte Probierrohr senkrecht etwa 4 cm tief in das Paraffinöl und erhitzt 1 Stunde auf 180 bis 190°. Nach Beendigung der Sublimation säubert man das Probierrohr von außen, macht etwa 1 cm unterhalb des Sublimatansatzes einen scharfen Feilstrich und sprengt den unteren Teil des Glases durch einen glühenden Glasstab ab. Alsdann löst man das Sublimat in neutralem Alkohol und titriert unter Zusatz von Phenolphthalein mit $^n/_{10}$-Alkalilauge.

Berechnung: Wurden bei der Titration a ccm $^n/_{10}$-Alkalilauge verbraucht, so sind in 1 l Wein enthalten:

$$x = 0{,}122 \cdot a \text{ g Benzoesäure.}$$

30. Nachweis der Zimtsäure.

100 ccm Wein werden mit verdünnter Natronlauge schwach alkalisch gemacht und auf dem Wasserbad auf etwa 10 ccm eingedampft. Der Rückstand wird mit verdünnter Schwefelsäure angesäuert und in einen Scheidetrichter übergeführt. Die Flüssigkeit wird mit 40 ccm Äther kräftig durchgeschüttelt, die ätherische Lösung zweimal mit je 5 ccm Wasser gewaschen und schließlich mit 5 ccm $^n/_2$-Alkalilauge ausgeschüttelt. Die wäßrige alkalische Lösung wird kurze Zeit auf dem Wasserbad erwärmt und nach dem Erkalten mit etwa 1 ccm 1 proz. Permanganatlösung versetzt.

Waren Zimtsäure oder deren Salze oder Verbindungen im Wein vorhanden, so ist nach einigen Sekunden ein Geruch nach Benzaldehyd deutlich wahrzunehmen.

31. Nachweis des Formaldehyds.

Von 25 ccm Wein werden nach Zusatz von 2,5 g Kochsalz und 0,1 bis 0,2 g Weinsäure etwa 5 ccm abdestilliert. Das Destillat wird sodann mit 2 ccm Milch[1]) und 7 ccm 25 proz. Salzsäure, die auf 100 ccm 0,2 ccm

[1]) Durch Vorversuche ist festzustellen, einerseits, daß die Milch frei von Formaldehyd ist, anderseits, daß sie auf Zusatz von Formaldehyd die Reaktion gibt.

einer 10 proz. Ferrichloridlösung enthält, in einem geräumigen Probierrohr erhitzt und eine Minute lang in lebhaftem Sieden erhalten.

Waren Formaldehyd oder Stoffe, die bei ihrer Verwendung Formaldehyd abgeben, im Wein vorhanden, so färbt sich die Mischung violett.

32. Nachweis und Bestimmung der Borsäure.

a) Nachweis der Borsäure.

50 ccm Wein — Süßwein nach Vergärung des verdünnten Weins gemäß II Nr. 4 (S. 277) — werden mit Natronlauge deutlich alkalisch gemacht und gemäß der Vorschrift unter II Nr. 4 verascht. Die Asche wird mit 10 ccm 10 proz. Salzsäure aufgenommen und die Lösung mit Kurkuminpapier[1]) folgendermaßen geprüft: Ein etwa 8 cm langer und 1 cm breiter Streifen geglättetes Kurkuminpapier wird bis zur halben Länge mit der Flüssigkeit durchfeuchtet und auf einem Uhrglas von etwa 10 cm Durchmesser bei 60 bis 70° getrocknet. Zeigt sich keine sichtbare Veränderung der ursprünglichen gelben Farbe, so enthält der Wein keine Borsäure. Ist dagegen eine rötliche oder orangerote Färbung entstanden, dann betupft man das in der Farbe veränderte Papier mit einer 2 proz. Lösung von wasserfreiem Natriumcarbonat. Entsteht hierdurch ein rotbrauner Fleck, der sich in seiner Farbe nicht von dem rotbraunen Fleck unterscheidet, der durch die Natriumcarbonatlösung auf reinem Kurkuminpapier erzeugt wird, oder eine rotviolette Färbung, so enthält der Wein ebenfalls keine Borsäure. Entsteht dagegen durch die Natriumcarbonatlösung ein blauer Fleck, so ist die Gegenwart von Borsäure nachgewiesen. Bei blauvioletten Färbungen und in Zweifelsfällen ist der Ausfall der Flammenreaktion ausschlaggebend.

Die Flammenreaktion ist in folgender Weise auszuführen: Die salzsaure Lösung der Asche wird mit Natronlauge deutlich alkalisch gemacht und zunächst auf dem Wasserbad, alsdann bei 120° zur Trockne gebracht. Der Rückstand wird mit einem erkalteten Gemisch von 5 ccm Methylalkohol und 0,5 ccm konz. Schwefelsäure sorgfältig verrieben und unter Benutzung weiterer 5 ccm Methylalkohol in einen Erlenmeyerkolben von 100 ccm Inhalt gebracht. Man läßt den verschlossenen Kolben unter mehrmaligem Umschütteln $^1/_2$ Stunde lang stehen, alsdann wird der Methylalkohol aus einem Wasserbade von 80 bis 85° vollständig abdestilliert. Das Destillat wird in ein Gläschen von 40 ccm Inhalt und

---

[1]) Das Kurkuminpapier wird durch einmaliges Tränken von weißem Filtrierpapier mit einer Lösung von 0,1 g Kurkumin in 100 ccm Alkohol von 90 Maßprozent bereitet. Das getrocknete Kurkuminpapier ist in gut verschlossenen Gefäßen vor Licht geschützt aufzubewahren.

Das Kurkumin wird in folgender Weise hergestellt:

30 g feines, bei 100° getrocknetes Kurkumawurzelpulver (Curcuma longa) werden im Soxhletschen Extraktionsapparat zunächst 4 Stunden lang mit Petroläther ausgezogen. Das so entfettete und getrocknete Pulver wird alsdann in demselben Apparat mit heißem Benzol 8 bis 10 Stunden lang unter Anwendung von 100 ccm Benzol erschöpft. Zum Erhitzen des Benzols kann ein Glycerinbad von 115 bis 120° verwendet werden. Beim Erkalten der Benzollösung scheidet sich innerhalb 12 Stunden das für die Herstellung des Kurkuminpapiers zu verwendende Kurkumin ab.

etwa 6 cm Höhe gebracht, durch dessen Stopfen 2 Glasröhren in das Innere führen, die eine bis auf den Boden des Gläschens, die andere nur bis in den Hals. Das verjüngte äußere Ende der letzteren Röhre wird mit einer durchlochten Platinspitze, die aus Platinblech hergestellt werden kann, versehen. Durch die Flüssigkeit wird hierauf ein getrockneter Wasserstoffstrom derart geleitet, daß die angezündete Flamme 2 bis 3 cm lang ist. Ist die bei zerstreutem Tageslicht zu beobachtende Flamme grün gefärbt, so ist der Nachweis von Borsäure oder Boraten im Wein erbracht.

b) Bestimmung der Borsäure.

50 ccm Wein — Süßwein nach Vergärung des verdünnten Weins gemäß II Nr. 4 (S. 277) — werden mit Alkalilauge alkalisch gemacht und nach der Vorschrift unter II Nr. 4 verascht. Die Asche wird mit wenig Wasser und etwa 0,5 ccm Salzsäure vom spez. Gewicht 1,12 angerieben und nach Zusatz von 15 ccm Wasser 2 Minuten auf dem Wasserbad erwärmt. Die Flüssigkeit wird sodann durch ein kleines Filter filtriert und dieses mit wenig Wasser nachgewaschen. Nach dem Erkalten setzt man zu der etwa 25 ccm betragenden Flüssigkeit die gleiche Raummenge einer 40proz. neutralen Trinatriumcitratlösung[1]), 1 Tropfen 1proz. Phenolphthaleinlösung und so viel normale, zuletzt $^{n}/_{10}$-Alkalilauge hinzu, bis die Flüssigkeit eben deutlich gerötet ist. Alsdann gibt man reinen Mannit in solcher Menge hinzu, daß die Lösung bei Beendigung der nun folgenden Titration etwa 10% davon enthält, titriert mit $^{n}/_{10}$-Alkalilauge, bis die Flüssigkeit 2 Minuten deutlich gerötet bleibt, läßt 10 bis 20 Minuten stehen und titriert die etwa wieder entfärbte Flüssigkeit nach.

Berechnung: Wurden nach dem Mannitzusatz a ccm $^{n}/_{10}$-Alkalilauge verbraucht, so sind in 1 l Wein enthalten:

$$x = 0{,}1252\ (\log = 0{,}09760 - 1) \cdot a \text{ g Borsäure } (H_3BO_3).$$

33. Nachweis des Fluors.

100 ccm Wein werden in einem Meßzylinder mit $^1/_2$ bis 1 ccm einer 20proz. Natriumsulfatlösung versetzt, in der Kälte mit 10 ccm 10proz. Bariumacetatlösung kräftig geschüttelt, über Nacht stehengelassen und die klare Flüssigkeit abgehebert. Dann wird mit heißem Wasser auf ungefähr 100 ccm aufgefüllt und der Niederschlag nochmals absitzen gelassen. Ist die Flüssigkeit über dem Niederschlag klar, so wird sie abgehebert, der Rückstand mit heißem Wasser auf etwa 50 ccm aufgefüllt und durch ein doppeltes Faltenfilter filtriert; war die Flüssigkeit jedoch, auch nach längerem Stehen, nicht klar geworden, so wird unmittelbar filtriert.

---

[1]) Zur Herstellung der Lösung wird Trinatriumcitrat in der $1^1/_2$fachen Menge ausgekochten heißen Wassers gelöst. 25 ccm dieser Lösung, mit 25 ccm ausgekochtem Wasser, 1 Tropfen Phenolphthaleinlösung und 1 Tropfen $^{n}/_{10}$-Alkalilauge versetzt, müssen nach 20 Minuten langem Stehen bei Zimmertemperatur noch eben gerötet sein.

Niederschlag und Filter werden mit heißem Wasser ausgewaschen, getrocknet und in einem Platintiegel über einem Pilzbrenner bei dunkler Rotglut verascht. Der Rückstand wird mit reiner konz. Schwefelsäure übergossen und der Tiegel sofort mit einem Erlenmeyerkölbchen bedeckt, das auf der Unterseite mit einer stellenweise durch Einritzen unterbrochenen Wachsschicht überzogen ist. Der Tiegel wird unter Kühlung des Kölbchens durch fließendes Wasser erst schwach und später stärker, im ganzen etwa 1 Stunde erhitzt, bis Schwefelsäuredämpfe zu entweichen beginnen, und alsdann noch längere Zeit stehengelassen. Waren Fluoride im Weine enthalten, so zeigt sich das Glas nach Ablösung der Wachsschicht an den vorher wachsfreien Stellen angeätzt; jedoch ist der Nachweis des Fluors nur dann als erbracht anzusehen, wenn die Ätzung schon ohne Anhauchen sichtbar ist.

34. Nachweis und Bestimmung des Kupfers.

a) Nachweis des Kupfers.

100 ccm Wein — Süßwein nach Vergärung des verdünnten Weins gemäß II Nr. 4 (S. 277) — werden in einer Porzellanschale auf dem Wasserbad eingeengt und verascht. Die Asche wird mit wenig Wasser und einigen Kubikzentimetern verdünnter Salpetersäure erwärmt und das Gemisch filtriert. Man wäscht mit Wasser nach, engt das Filtrat auf 5 ccm ein, macht mit Ammoniak alkalisch, erhitzt zum Sieden, filtriert, neutralisiert das Filtrat mit verdünnter Salzsäure und setzt einige Tropfen Kaliumferrocyanidlösung hinzu. War Kupfer im Weine vorhanden, so färbt sich die Flüssigkeit rotbraun.

b) Bestimmung des Kupfers.

Die gemäß der vorstehenden Vorschrift unter a) erhaltene Asche wird mit wenig Wasser und einigen Kubikzentimetern verdünnter Salpetersäure erwärmt und das Gemisch filtriert. Man wäscht mit Wasser nach, macht mit Ammoniak alkalisch, erhitzt zum Sieden, filtriert in einen Meßzylinder, neutralisiert mit verdünnter Salzsäure und füllt mit Wasser zu 50 (oder 100) ccm auf. Man setzt zu der Lösung einige Tropfen Kaliumferrocyanidlösung und vergleicht die Farbstärke mit derjenigen von je 50 (oder 100) ccm von Kupfersulfatlösungen von bekanntem Kupfergehalt, denen die gleichen Mengen Kaliumferrocyanidlösung zugesetzt worden sind.

35. Bestimmung des Arsens.

200 bis 1000 ccm Wein werden, je nach dem Extraktgehalt des Weins, in einer oder mehreren, ungefähr 200 ccm fassenden Porzellanschalen auf dem Wasserbad zu einem dünnen Sirup eingedampft. Der Rückstand wird nach dem Erkalten je nach dem Zuckergehalt des Weins mit der 2 bis 5fachen Raummenge konz. Salpetersäure versetzt, wobei durch Kühlung mit Wasser oder Eis eine Erwärmung des Gemischs zu verhüten ist. Das Gemisch bringt man anteilweise in einen

Tropftrichter mit einem zweimal gebogenen Ausflußrohr. Inzwischen erhitzt man in einem langhalsigen Kjeldahlkolben 50 ccm konz. Schwefelsäure zum Sieden und läßt aus dem Tropftrichter das Gemisch langsam eintropfen. Durch Zusatz von Schwefelsäure oder Salpetersäure oder durch zeitweiliges Unterbrechen des Zutropfens leitet man die eintretende Reaktion so, daß sich im Kolben möglichst wenig Kohle abscheidet.

Sobald die Gesamtmenge des Gemischs in den Kolben eingetragen ist, spült man die Schalen, in denen der Wein eingedampft worden ist, sowie den Tropftrichter mit Salpetersäure aus und führt auch diesen Anteil der Säure mit Hilfe des Tropftrichters in den Kolben über. Nunmehr erhitzt man, indem man erforderlichenfalls aus dem Tropftrichter reine Salpetersäure zufließen läßt, so lange, bis die Flüssigkeit farblos geworden ist. Schließlich vertreibt man durch Erhitzen die Salpetersäure möglichst vollständig aus der Flüssigkeit, führt den Rückstand aus dem Kolben, den man zweimal mit je 5 ccm konz. Schwefelsäure nachspült, in eine gewogene Platinschale über und verjagt die Schwefelsäure durch Erhitzen auf einer Asbestplatte bis auf etwa 10 bis 20 ccm. Man spült sodann den Kjeldahlkolben mit Wasser aus und gibt das Spülwasser in die Platinschale, bis der Schaleninhalt 75 bis 100 ccm beträgt. Hierauf engt man die Flüssigkeit auf dem Wasserbad ein und erhitzt vorsichtig auf der Asbestplatte, bis von neuem Schwefelsäuredämpfe entweichen. Das Verdünnen mit Wasser und das Eindampfen wiederholt man 3- bis 4 mal, bis die Flüssigkeit als salpetersäurefrei[1]) betrachtet werden kann. Ist die Entfernung der organischen Stoffe nicht vollständig gelungen, so müssen diese durch starkes, vorsichtiges Erhitzen der Platinschale gänzlich zerstört werden, erforderlichenfalls unter Zugabe von Salpetersäure, die dann wieder zu entfernen ist. Schließlich stellt man das Gewicht der Flüssigkeit fest. Beträgt es mehr als 36 g, so verdampft man den Überschuß durch vorsichtiges Erhitzen der Schale; beträgt es weniger, so ergänzt man es durch Zugabe von konz. Schwefelsäure auf das angegebene Gewicht. Durch Zusatz von Wasser wird alsdann auf 100 ccm aufgefüllt.

Mit der so hergestellten Flüssigkeit wird die Bestimmung des Arsens im Marshschen Apparat nach den Angaben von Polenske (Arbeiten aus dem Reichsgesundheitsamt 5, 357; 1889) vorgenommen (vgl. Bd. I, S. 843).

36. Bestimmung des Zinks.

500 ccm Wein — Süßwein nach Vergärung des verdünnten Weins gemäß II Nr. 4 (S. 277) und unter Mitverarbeitung der abgeschiedenen Hefe — werden mit verdünnter Alkalilauge, die aus festem Ätzalkali in einer Platin- oder Quarzschale frisch zu bereiten ist, schwach alkalisch gemacht, sodann in einer Quarzschale eingedampft und verascht. Die Asche versetzt man mit 25 ccm konz. Salzsäure und dampft auf dem Wasserbad zur Trockne ein. Der Rückstand wird mit 4 ccm konz. Salzsäure verrieben und mit etwa 100 ccm Wasser in ein Becherglas aus

[1]) Bei der Prüfung mit Diphenylamin-Schwefelsäure kann wegen der Anwesenheit von Ferrisalzen das Vorhandensein von Salpetersäure vorgetäuscht werden.

möglichst zinkfreiem Glas (kein Jenaer Geräteglas) übergespült. Man leitet sodann 1 Stunde lang Schwefelwasserstoff in die Flüssigkeit ein, filtriert durch ein kleines Filter in ein Becherglas aus möglichst zinkfreiem Glas und wäscht mit einigen Kubikzentimetern einer mit Schwefelwasserstoff gesättigten Lösung von 4 ccm konz. Salzsäure in 100 ccm Wasser nach. Das Filtrat wird mit einigen Tropfen einer 0,05 proz. Methylorangelösung und — zuletzt tropfenweise — mit 10 proz. Natriumsulfidlösung versetzt, bis der Farbumschlag in gelb erfolgt oder die Flüssigkeit infolge der Abscheidung eines schwarzen Niederschlags dunkel gefärbt wird. Sofern die Flüssigkeit vor dem Farbumschlag verblaßt, fügt man erneut einige Tropfen Methylorangelösung hinzu. Zu der Flüssigkeit gibt man alsdann tropfenweise konz. Salzsäure, bis sie deutlich rosa gefärbt ist. Erforderlichenfalls muß die Flüssigkeit bis zum Verschwinden der schwarzen Fällung — etwa $^1/_4$ Stunde — stehenbleiben und erneut ein Tropfen Salzsäure bis zur Rosafärbung hinzugesetzt werden.

Der verbleibende hell gefärbte Niederschlag wird nun auf ein kleines aschenarmes Filter abfiltriert, mit wenig, gegen Methylorange neutralem Schwefelwasserstoffwasser nachgewaschen, das noch feuchte Filter mit dem Niederschlag in einem kleinen Quarzschälchen verascht und 1 Stunde lang mit einem gewöhnlichen Bunsenbrenner erhitzt. Der Rückstand wird sodann mit wenig Wasser angefeuchtet, nach Zugabe einiger Tropfen Methylorangelösung mit wenig $^n/_{10}$-Salzsäure versetzt und sorgfältig verrieben. Verschwindet hierbei die Rosafärbung, so setzt man erneut eine kleine Menge $^n/_{10}$-Salzsäure hinzu und wiederholt das Verreiben und den Zusatz von Salzsäure so lange, bis die Rosafärbung mindestens 5 Minuten bestehen bleibt. Nach dem weiteren Zusatz einiger Tropfen $^n/_{10}$-Salzsäure erhitzt man 5 Minuten auf dem Wasserbad, läßt erkalten und gibt zu der Flüssigkeit 5 ccm einer Lösung von 6 g wasserfreiem Natriumdihydrophosphat in 1 l Wasser und so viel $^n/_{10}$-Alkalilauge hinzu, bis die Farbe der Flüssigkeit eben in gelb umschlägt, worauf mit $^n/_{10}$-Salzsäure wieder auf rosa eingestellt wird. Man filtriert in ein Becherglas aus möglichst zinkfreiem Glas, wäscht Schälchen und Filter mit wenig Wasser nach, stellt die Lösung mit $^n/_{10}$-Alkalilauge auf den Farbumschlag des Methylorange in gelb genau ein und leitet etwa 10 Minuten durch Alkalilauge und Wasser gereinigten Schwefelwasserstoff in die Flüssigkeit ein. Nach weiterem Zusatz von Methylorangelösung, der beim Verblassen der Farbe zu wiederholen ist, gibt man zu der Flüssigkeit so viel $^n/_{10}$-, gegen Methylorange eingestellte Alkalilauge hinzu, daß sie noch schwach sauer bleibt, filtriert — sofern es sich nicht um einen sehr geringen Niederschlag handelt, in welchem Fall die Filtration unterbleiben kann — durch ein kleines Filter, wäscht mit wenig, gegen Methylorange neutralem Schwefelwasserstoffwasser nach und titriert auf den Farbumschlag des Methylorange in gelb zu Ende.

Berechnung: Wurden bei der Titration a ccm $^n/_{10}$-Alkalilauge verbraucht, so sind in 1 l Wein enthalten:

$$x = a \cdot 0{,}00654 \ (\log = 0{,}81\,558 - 3) \text{ g Zink.}$$

37. Bestimmung des Eisens und Aluminiums.

Die Bestimmung des Eisens erfolgt nach der folgenden Vorschrift unter a). Soll daneben auch der Gehalt an Aluminium bestimmt werden, so wird zunächst nach der Vorschrift unter a) das Eisen, nach der Vorschrift unter b) die Menge des an Eisen und Aluminium gebundenen Phosphatrests bestimmt und die Menge des Aluminiums nach der Vorschrift unter c) berechnet. Die Bestimmung des Aluminiums kann auch nach der Vorschrift unter d) gewichtsanalytisch vorgenommen werden.

a) Bestimmung des Eisens.

200 ccm Wein — Süßwein nach Vergärung des verdünnten Weins gemäß II Nr. 4 (S. 277) — werden nach der Vorschrift unter II Nr. 4 behandelt, jedoch mit dem Unterschied, daß man den wäßrigen Auszug der Kohle nicht in die Platinschale zurückgibt, sondern den Rückstand in der Schale nach der vollständigen Veraschung in starker eisenfreier Salzsäure löst, diese Lösung unter Nachspülen mit Wasser in eine gutglasierte Porzellanschale bringt und den wäßrigen Auszug der Kohle hinzugibt. Man verdampft die Flüssigkeit nach Zusatz von 3 bis 4 ccm 3 proz. salpetersäurefreier Wasserstoffsuperoxydlösung auf dem Wasserbad zur Trockne, nimmt mit wenig Wasser auf und bringt wiederum zur Trockne. Dann durchfeuchtet man mit 0,3 ccm eisenfreier Salzsäure vom spez. Gewicht 1,19 und spült den Schaleninhalt mit möglichst wenig Wasser in eine 200 ccm fassende Glasflasche mit eingeschliffenem Glasstopfen. Man setzt der Flüssigkeit, deren Raummenge 20 ccm nicht übersteigen soll, 1 bis 1,5 g festes jodatfreies Kaliumjodid zu, verschließt die Flasche und erwärmt 5 bis 10 Minuten auf 60°. Alsdann versetzt man mit 100 ccm kaltem Wasser und Stärkelösung und titriert die Menge des ausgeschiedenen Jods mit $^{n}/_{100}$-Natriumthiosulfatlösung bis zum erstmaligen Verschwinden der Farbe der Jodstärke.

Berechnung: Wurden zur Titration a ccm $^{n}/_{100}$-Natriumthiosulfatlösung verbraucht, so sind in 1 l Wein enthalten:

$$x = 0{,}00279\ (\log = 0{,}44\,560 - 3) \cdot a \text{ g Eisen.}$$

b) Bestimmung des an Eisen und Aluminium gebundenen Phosphatrests.

200 ccm Wein — Süßwein nach Vergärung des verdünnten Weins gemäß II Nr. 4 (S. 277) — werden nach der Vorschrift unter II Nr. 4 verascht. Die Asche wird mit wenigen Kubikzentimetern Wasser, 1 ccm konz. Salzsäure sowie 1 Tropfen etwa 30 proz. Wasserstoffsuperoxydlösung versetzt und, falls nötig, auf dem Wasserbad erwärmt, bis etwa noch ungelöstes Eisen in Lösung gegangen ist. Die kalte, mit 1 Tropfen Methylorangelösung versetzte Lösung wird zunächst mit $^{n}/_{4}$-Alkalilauge neutralisiert, 5 Minuten auf dem Wasserbad erwärmt und — falls sie nach dem Abkühlen auf etwa 15° nicht schon sauer reagiert — bis zur deutlichen Rotfärbung mit einigen Tropfen $^{n}/_{10}$-Salzsäure versetzt. Den Niederschlag filtriert man auf einem kleinen Filter ab, wäscht dreimal mit wenig Wasser nach, bringt ihn samt Filter in ein Kölbchen, fügt 30 ccm

40 proz. neutrale Trinatriumcitratlösung[1]) hinzu und erwärmt 20 Minuten auf dem Wasserbad. Man kühlt die Lösung in Eiswasser, setzt 1 Tropfen Phenolphthaleinlösung hinzu und titriert mit $^n/_{10}$-Alkalilauge bis zur deutlichen Rotfärbung.

Berechnung: Wurden a ccm $^n/_{10}$-Alkalilauge verbraucht, so sind in der Asche aus 1 l Wein enthalten:

$y = 0{,}0475$ (log = 0,67669 — 2) · a g an Eisen und Aluminium gebundene Phosphorsäure (PO_4).

Bei Verwendung von 50 ccm Wein (vgl. II Nr. 5 Anmerkung 1, S. 278) lautet die Formel:

$y = 0{,}19 \cdot a$ g an Eisen und Aluminium gebundene Phosphorsäure (PO_4).

c) Berechnung des Aluminiums.

Wurden nach der Vorschrift unter a) x g Eisen in 1 l Wein gefunden und bei der Bestimmung unter b) a ccm $^n/_{10}$-Alkalilauge verbraucht, so sind enthalten in 1 l Wein:

$z = 0{,}01355$ (log. = 0,13194 — 2) · a — 0,4853 (log = 0,68601 — 1) · x g Aluminium.

d) Bestimmung des Aluminiums

500 ccm Wein — Süßwein nach Vergärung des verdünnten Weins gemäß II Nr. 4 (S. 277) — werden in folgender Weise verascht. Zunächst wird etwa der dritte Teil des Weins nach der Vorschrift unter II Nr. 4 verascht, mit dem Unterschied jedoch, daß man den wäßrigen Auszug der Kohle nicht in die Platinschale zurückgibt, sondern in dieser das zweite Drittel des Weins eindampft, verkohlt und die Kohle mit Wasser auszieht. Die zurückbleibende Kohle wird nach dem Trocknen weiß gebrannt. Dem Rückstand fügt man das letzte Drittel des Weins hinzu und verfährt wiederum in der beschriebenen Weise. Schließlich wird der gesamte Rückstand in der Platinschale mit konz. Salzsäure aufgenommen; dann fügt man die gesamten wäßrigen Auszüge hinzu, dampft auf dem Wasserbad zur Trockne und erhitzt den Rückstand auf dem Wasserbad, bis kein Geruch nach Salzsäure mehr wahrzunehmen ist, durchfeuchtet den Rückstand mit konz. Salzsäure, fügt nach kurzem Stehen etwas Wasser hinzu und bringt von neuem in der beschriebenen Weise zur Trockne.

Der erhaltene Rückstand wird mit wenig konz. Salzsäure durchfeuchtet und nach kurzem Stehen mit Wasser aufgenommen. Man filtriert die ausgeschiedene Kieselsäure ab und wäscht sie mit kochendem Wasser gut aus. Filtrat und Waschwasser werden in einem Becherglas gesammelt und nach dem Erkalten zunächst mit 5 ccm 10 proz. Ammoniumchloridlösung, hierauf mit einigen Tropfen Methylorangelösung

---

[1]) Zur Herstellung der Lösung wird Trinatriumcitrat in der $1^1/_2$fachen Menge ausgekochten heißen Wassers gelöst. 20 ccm der Lösung, mit 1 Tropfen Phenolphthaleinlösung versetzt, müssen nach 20 Minuten langem Stehen in Eiswasser farblos sein, aber durch 1 Tropfen $^n/_{10}$-Natronlauge gerötet werden.

und zuletzt vorsichtig mit Ammoniak bis zur eben noch merklichen sauren Reaktion versetzt. Zu der etwa 60 ccm betragenden Flüssigkeit gibt man 20 ccm 10 proz. Ammoniumacetatlösung hinzu, erhitzt langsam auf 70 bis 80° und filtriert den ausgeschiedenen Niederschlag ab, sobald er flockig geworden ist[1]).

Der Niederschlag wird zweimal mit kochendem Wasser ausgewaschen und dann einschließlich der im Becherglas haften gebliebenen Anteile auf dem Filter in wenig kochender, stark verdünnter Salzsäure gelöst. Alsdann wäscht man das Filter mit wenig kochendem Wasser vollständig aus, sammelt Lösung und Waschwasser in einem kleinen Erlenmeyerkolben, fügt nach dem Erkalten 2 ccm 10 proz. Ammoniumchloridlösung sowie 0,3 g Citronensäure hinzu, macht mit Ammoniak alkalisch und läßt einige Zeit stehen. Tritt während dieser Zeit ein Niederschlag auf, so bringt man ihn durch vorsichtigen Zusatz von Salzsäure in Lösung, fügt noch etwas Citronensäure hinzu und macht wieder mit Ammoniak alkalisch. Ist der Zustand erreicht, bei welchem die alkalische Flüssigkeit dauernd klar bleibt, so versetzt man sie mit einer nicht zu großen, aber zur Fällung des Eisens sicher ausreichenden Menge Ammoniumsulfidlösung, verstopft das Kölbchen und stellt es an einen warmen Ort.

Nachdem das ausgeschiedene Ferrosulfid sich gut zusammengeballt hat, wird es abfiltriert und sehr gut mit heißem, ammoniumsulfidhaltigem — und im Anfang auch ammoniumchloridhaltigem — Wasser ausgewaschen[2]).

Filtrat und Waschwasser säuert man deutlich mit verdünnter Schwefelsäure an. Hierbei muß man so viel Schwefelsäure verwenden, daß später beim Eindampfen alles Chlor des vorhandenen Ammoniumchlorids als Salzsäure entweichen kann.

Man erhitzt sodann zum Kochen, bis der ausgeschiedene Schwefel zusammengeballt ist, filtriert diesen ab und wäscht ihn aus. Das Filtrat und die Waschwässer vom Schwefel werden in einer Platinschale zur Trockne eingedampft; der Trockenrückstand wird verkohlt und die Kohle nach Möglichkeit weiß gebrannt. Man durchfeuchtet den Verbrennungsrückstand mit starker Salzsäure, fügt nach einigem Stehen Wasser hinzu, filtriert von etwaigen Kohleflittern ab und bringt das klare Filtrat und die Waschwässer unter Nachspülen mit Wasser in ein Becherglas. In diesem versetzt man sie zunächst mit einigen Tropfen Dinatriumhydrophosphatlösung, dann mit einigen Tropfen Methylorangelösung und schließlich vorsichtig mit Ammoniak bis zur eben noch wahrnehmbaren sauren Reaktion. Dann gibt man 20 ccm 10 proz. Ammoniumacetatlösung hinzu und erhitzt langsam auf 70 bis 80°. Den abgeschiedenen Niederschlag filtriert man, sobald er flockig geworden ist, ab, wäscht ihn vollständig mit kochendem Wasser aus und wägt ihn schließlich nach der Veraschung des Filters.

---

[1]) Sollen auch Calcium und Magnesium bestimmt werden, so ist die Fällung zu wiederholen (vgl. II Nr. 38, S. 335).

[2]) Der ausgewaschene Niederschlag kann in Salzsäure gelöst und seine Lösung zur Eisenbestimmung nach dem vorstehend unter a) beschriebenen Verfahren benutzt werden.

Berechnung: Wurden *a* g Aluminiumphosphat ($AlPO_4$) gewogen, so sind in 1 l Wein enthalten:

$$x = 0{,}444\ (\log = 0{,}64748 - 1) \cdot a \text{ g Aluminium.}$$

38. Bestimmung des Calciums und Magnesiums.

a) Bestimmung des Calciums.

250 ccm Wein — Süßwein nach Vergärung des verdünnten Weins gemäß II Nr. 4 (S. 277) — werden genau in der unter II Nr. 37d (S. 333) angegebenen Weise bis einschließlich der Filtration des durch Erwärmen der acetathaltigen Lösung erhaltenen ersten Niederschlags behandelt. Der Niederschlag wird auf dem Filter zweimal mit kochendem Wasser ausgewaschen; Filtrat und Waschwässer werden in einem Becherglas aufgefangen und zunächst aufbewahrt.

Den Niederschlag einschließlich der im Becherglas haften gebliebenen Anteile löst man in wenig kochender, stark verdünnter Salzsäure und wäscht das Filter mit kochendem Wasser gut aus. Filtrat und Waschwässer versetzt man in einem kleinen Becherglas nach dem Erkalten zunächst mit einigen Tropfen Dinatriumhydrophosphatlösung, dann mit einigen Tropfen Methylorangelösung und schließlich vorsichtig mit Ammoniak bis zur eben noch merklichen sauren Reaktion. Dann gibt man 20 ccm 10 proz. Ammoniumacetatlösung hinzu und erhitzt langsam auf 70 bis 80°. Den abgeschiedenen Niederschlag filtriert man ab, sobald er flockig geworden ist, wäscht ihn mit kochendem Wasser gut aus und vereinigt Filtrat und Waschwässer mit dem zuvor erhaltenen, aufbewahrten Filtrat von der ersten Acetatfällung.

Sollen auch Eisen und Aluminium bestimmt werden, so verfährt man genau in der beschriebenen Weise, jedoch unter Verwendung von 500 ccm Wein. In dem ausgewaschenen zweiten Acetatniederschlag werden dann nach II Nr. 37d (S. 333) Eisen und Aluminium ermittelt. Soll außer Calcium und Magnesium nur noch das Eisen bestimmt werden, so kann dies — auch bei Verwendung von nur 250 ccm Wein — in der salzsauren Lösung des zweiten Acetatniederschlags nach II Nr. 37a (S. 332) geschehen.

Für die Calciumbestimmung versetzt man die vereinigten Filtrate und Waschwässer von beiden Acetatniederschlägen nach dem Erkalten mit 5 proz. Ammoniumoxalatlösung, bis alles Calcium ausgefällt ist. Nach mehrstündigem Stehenlassen bringt man den Niederschlag auf ein dichtes Papierfilter und wäscht ihn mit kochendem Wasser gut aus. Dann verascht man das Filter in einem Platintiegel und glüht den Niederschlag 10 Minuten vor dem Gebläse, läßt im Exsiccator erkalten, wägt und prüft das Gewicht nach erneutem, 5 Minuten währendem Glühen vor dem Gebläse nach. Dies wiederholt man bis zum gleichbleibenden Gewicht.

Berechnung: Wurden bei Verwendung von 250 ccm Wein *a* g Calciumoxyd gewogen, so sind in 1 l Wein enthalten:

$$x = 2{,}859\ (\log = 0{,}45621) \cdot a \text{ g Calcium.}$$

b) Bestimmung des Magnesiums.

Filtrat und Waschwasser vom Calciumoxalatniederschlag werden in einer bauchigen Porzellanschale von 12 cm Durchmesser auf dem Wasserbad, zuletzt unter ständigem Umrühren, vollständig zur Trockne verdampft. Hierauf erhitzt man die Schale auf einem eisernen Dreieck vorsichtig mit fächelnder Flamme, bis alle Ammoniumsalze abgeraucht sind.

Den Rückstand nimmt man mit wenig verdünnter Salzsäure und etwas heißem Wasser auf, filtriert die Flüssigkeit durch ein kleines Filter und wäscht dieses mit kochendem Wasser gut aus. Das Filtrat mit den Waschwässern ergänzt man in einem kleinen Becherglas zu 50 ccm, fügt 10 ccm 10proz. Ammoniumchloridlösung hinzu und erhitzt zum Sieden. Ist der Siedepunkt erreicht, so versetzt man tropfenweise mit 10 ccm Ammoniak vom spez. Gewicht 0,925 und erhitzt von neuem bis zum beginnenden Sieden. Hierauf fügt man unter Umschwenken tropfenweise 15 ccm 10proz. Dinatriumhydrophosphatlösung hinzu und läßt unter häufigem Umschütteln erkalten.

Nach 4stündigem Stehen wird das Magnesiumammoniumphosphat abfiltriert und mit kaltem 2,5proz. Ammoniak bis zum Verschwinden der Chlorreaktion gut ausgewaschen; etwa am Becherglas festhaftende Teile des Niederschlags lockert man mit einer Federfahne. Dann verascht man das Filter in einem Platintiegel und glüht über dem Bunsenbrenner oder — falls der Niederschlag hierbei nicht weiß wird — über dem Gebläse bis zum gleichbleibenden Gewicht.

Berechnung: Wurden bei Verwendung von 250 ccm Wein a g Magnesiumpyrophosphat gewogen, so sind in 1 l Wein enthalten:

$$x = 0{,}874 \ (\log = 0{,}04151 - 1) \cdot a \text{ g Magnesium.}$$

39. Bestimmung des Kaliums und Natriums.

Die Bestimmung des Kaliums erfolgt nach der folgenden Vorschrift. Soll daneben auch der Gehalt an Natrium bestimmt werden. so ist nach der Vorschrift unter b) zu verfahren.

a) Bestimmung des Kaliums.

125 ccm Wein — Süßwein nach Vergärung des verdünnten Weins gemäß II Nr. 4 (S. 277) — werden unter Ausziehen der Kohle mit Wasser vollständig verascht. In der Asche wird in der unter II Nr. 37d (S. 333) beschriebenen Weise die Kieselsäure zunächst unlöslich abgeschieden, dann der Rückstand mit 0,5 ccm Salzsäure vom spez. Gewicht 1,19 durchtränkt und nach kurzem Stehen mit Wasser aufgenommen.

Man filtriert in einen Meßkolben von 100 ccm Inhalt und wäscht den Rückstand gut mit heißem Wasser aus. Den Kolbeninhalt versetzt man mit einem Tropfen Phenolphthaleinlösung und so viel dünner, aus frisch geglühtem, reinem Calciumcarbonat bereiteter Kalkmilch, bis eben deutliche Rotfärbung eintritt. Nach einigen Minuten wird so viel Normal-Oxalsäure zugegeben, bis die Flüssigkeit entfärbt wird und die rote

Farbe auch beim Umschwenken nicht wiederkehrt. Nach vollständigem Erkalten füllt man zur Marke auf, schüttelt gut um, filtriert nach einigen Stunden und benutzt 80 ccm des klaren Filtrats (entsprechend 100 ccm Wein) zur Kaliumbestimmung. Man dampft die Flüssigkeit in einer Platinschale ein, glüht den Rückstand einige Zeit schwach und nimmt ihn dann mit salzsäurehaltigem Wasser auf. Die Lösung, die sauer reagieren muß, filtriert man in eine gut glasierte, geräumige Porzellanschale und versetzt sie — je nach der Aschenmenge des Weins — mit 5 bis 10 ccm Platinchlorwasserstoffsäure-Lösung, die in 10 ccm etwa 1 g Platin enthält. Dann verfährt man, bis einschließlich der Wägung des Platins, genau in der unter b) beschriebenen Weise.

Berechnung: Wurden a g Platin gewogen, so sind in 1 l Wein enthalten:

$$x = 3{,}992\ (\log = 0{,}60119) \cdot a \text{ g Kalium.}$$

Über die Abscheidung des Kaliums als Kaliumperchlorat vgl. Bd. I, S. 1030.

b) Bestimmung des Kaliums und Natriums.

250 ccm Wein — Süßwein nach Vergärung des verdünnten Weins gemäß II Nr. 4 (S. 277) — werden in der unter II Nr. 37d (S. 333) beschriebenen Weise verascht. Die Asche wird in der dort angegebenen Weise bis zur Abscheidung der Kieselsäure weiter behandelt.

Der erhaltene Eindampfungsrückstand wird mit 0,5 ccm Salzsäure vom spez. Gewicht 1,19 durchtränkt und nach kurzem Stehen mit Wasser aufgenommen. Man filtriert in einen Meßkolben von 250 ccm Inhalt und wäscht den Rückstand gut mit heißem Wasser aus. Zu dem Kolbeninhalt bringt man nach dem Erkalten eine Anreibung des frisch hergestellten Glührückstands von 2,5 g — bei Süßwein von 3 g — alkalifreiem Calciumcarbonat[1]) in Wasser und füllt alsdann mit kaltem Wasser zu 250 ccm auf. Man schüttelt $^1/_4$ Stunde lang kräftig um, läßt 1 bis 2 Stunden unter zeitweiligem Umschütteln stehen und filtriert durch ein trocknes Filter.

Von dem Filtrat werden 200 ccm (entsprechend der gleichen Menge Wein) mit einem Tropfen Phenolphthaleinlösung versetzt und mit Normal-Oxalsäure austitriert. Hierbei sollen etwa 9 ccm verbraucht werden; bei wesentlichem Minderverbrauch muß man dem eingeengten Filtrat nochmals ein wenig Kalkmilch zusetzen, nach etwa $^1/_2$ stündigem Stehen filtrieren und mit Kalkwasser auswaschen.

Zu dem austitrierten Filtrat gibt man noch 15 ccm — bei Süßwein 20 ccm — Normal-Oxalsäure hinzu und versetzt hierauf vorsichtig mit Ammoniak bis zur eben eintretenden alkalischen Reaktion. Hat sich der Niederschlag völlig abgesetzt und der Zusatz eines Tropfens Ammoniumoxalatlösung auch nach Verlauf einiger Zeit keine Trübung hervorgerufen, so filtriert man ab und wäscht mit schwach ammoniumoxalathaltigem, kaltem Wasser aus, bis 2 Tropfen des Filtrats, auf einem blanken

[1]) Man erhitzt das Calciumcarbonat zunächst kurze Zeit zur Rotglut, drückt es dann mit einem Glaspistill fest an den Tiegelboden an und glüht noch 5 Minuten vor dem Gebläse.

Platindeckel verdampft, nach schwachem Glühen keinen Rückstand mehr hinterlassen. Das erhaltene Filtrat wird unter Zusatz einer zur Überführung sämtlicher Salze in Sulfate ausreichenden Menge Schwefelsäure — bei trocknem Wein genügen meist 7,5 ccm, bei Süßwein 9 ccm Säure vom spez. Gewicht 1,11 — in einer gewogenen Platinschale auf dem Wasserbad eingedampft. Dann erhitzt man die Schale auf einem möglichst großen Tondreieck über einem mit kleiner Flamme brennenden Pilzbrenner, bis Schwefelsäure zu entweichen beginnt. Tritt dies nicht ein, so hat es an Schwefelsäure gefehlt, und das Eindampfen ist unter Zusatz von etwas Schwefelsäure zu wiederholen. Ist die freie Schwefelsäure verdampft, so erhitzt man allmählich stärker bis zur deutlichen Rotglut und sorgt dafür, daß hierbei alle Stellen der Schale nacheinander der Glut ausgesetzt werden. Die völlig weiße Salzmasse läßt man bedeckt erkalten und bringt sie mit etwas heißem Wasser in Lösung. Die Lösung muß völlig klar sein und gegen blaues Lackmuspapier sauer reagieren. Man setzt nun, wenn nötig nach vorausgegangener Filtration, Ammoniak in geringem Überschuß zu, dampft ein, trocknet und glüht schwach über einem Pilzbrenner. Zur Umwandlung etwaiger Bisulfate in einfache Sulfate raucht man, unter Bedeckung der Schale, mit festem, unverwittertem Ammoniumcarbonat ab und wiederholt dies, bis der gesäuberte Deckel keinen Anflug mehr aufweist und der Schaleninhalt nicht mehr zum Sintern neigt. Dann bringt man die Schale bedeckt in den Exsiccator, wägt sie nach dem Erkalten bedeckt und prüft das gefundene Gewicht nach Wiederholung des Glühens mit Ammoniumcarbonat nochmals nach.

Die gewogene Mischung der Sulfate von Kalium und Natrium wird in Wasser gelöst, die klare Lösung geprüft, ob sie neutrale Reaktion zeigt und dann in einer gut glasierten, geräumigen Porzellanschale mit einigen Tropfen Salzsäure und mit einer Lösung von Platinchlorwasserstoffsäure versetzt. Für je 0,1 g gewogene Sulfate sind 1,4 ccm einer Lösung zuzugeben, die in 10 ccm etwa 1 g Platin enthält. Man dampft auf dem Wasserbad so weit ein, bis eine merkliche Verflüchtigung nicht mehr stattfindet, und läßt erkalten. Der Eindampfungsrückstand wird mit 1 ccm Wasser durchfeuchtet und sorgfältig mit einem am Ende breitgedrückten Glasstab zerrieben; dann setzt man wenigstens 30 ccm Alkohol von 96 Maßprozent in Anteilen von je 10 ccm hinzu und verreibt nach jedem Zusatz gründlich mit dem Glasstab. Wenn die Salzmasse hart und krystallinisch geworden ist, läßt man noch $^1/_2$ Stunde unter zeitweiligem Verreiben stehen. Sodann filtriert man durch einen Platin-Goochtiegel mit Asbesteinlage oder besser durch einen Neubauertiegel ab, indem man zunächst die überstehende Flüssigkeit aufgießt und den Rückstand mit Alkohol von 96 Maßprozent unter sorgfältigem Verreiben mit dem Glasstab gut auswäscht. Alsdann spült man die gesamte Salzmenge mit Alkohol in den Tiegel und verdrängt die letzten Reste von Alkohol durch Aufgießen von etwas Äther, den man schließlich durch rasches Durchsaugen von Luft zur Verdunstung bringt.

Nunmehr glüht man den Niederschlag in einer Leuchtgasatmosphäre aus. Zu diesem Zweck leitet man Leuchtgas durch ein Porzellanrohr, zündet das ausströmende Gas zunächst an und stellt den Gashahn so ein, daß die Flamme etwa 2 cm lang ist. Dann löscht man die Flamme aus, indem man den Gasschlauch zusammendrückt, und führt das Rohr durch eine entsprechende Öffnung im Tiegeldeckel in den Tiegel ein, dessen Siebboden zuvor mit dem zugehörigen Platinschuh verschlossen wurde. Man erwärmt den Tiegel zunächst mit ganz kleiner Flamme; diese vergrößert man nach 5 Minuten ein wenig, so daß der Boden des Tiegels, also der angesetzte Platinschuh, in der Mitte nur eben sichtbare, ganz dunkle Rotglut zeigt. Hierbei beläßt man es wenigstens 20 Minuten, dann stellt man das Gas ab und läßt den Tiegel erkalten.

Der Tiegel wird, nach Abnahme des Platinschuhs, gut mit heißem Wasser ausgewaschen und sodann in ein Porzellangefäß gestellt, das mit einer Mischung gleicher Raumteile Salpetersäure vom spez. Gewicht 1,20 und Wasser beschickt ist. In das Gefäß und den Tiegel wird so viel Salpetersäure gegossen, daß der Tiegel etwa zu $^2/_3$ in der Säure steht. Dann erhitzt man das bedeckte Gefäß $^1/_2$ Stunde auf dem siedenden Wasserbad[1]). Nach dem Erkalten spritzt man den Tiegel zunächst äußerlich mit kaltem Wasser ab, wäscht seinen Inhalt gründlich mit heißem Wasser und zuletzt mit Alkohol aus, trocknet, glüht und wägt das erhaltene Platin.

In Ermangelung geeigneter Platinsiebtiegel kann auch durch ein Papierfilter abfiltriert werden. Dieses wird im Porzellantiegel eingeäschert und der Rückstand im Leuchtgasstrom geglüht. Hierauf wäscht man mit heißem Wasser aus, kocht sodann mit Salpetersäure aus, filtriert das zurückbleibende Platin auf ein Papierfilter ab, verascht dieses in einem Platintiegel, glüht und wägt das erhaltene Platin.

Die salpetersauren Waschwässer werden eingedampft, der Verdampfungsrückstand wird mit Wasser aufgenommen und mit Ammoniumoxalat auf Calcium geprüft. Ein etwaiger Niederschlag wird zur Wägung gebracht und die ihm entsprechende Menge Calciumsulfat von dem zuvor festgestellten Gewicht der Alkalisulfate abgezogen.

Berechnung: Wurden *b* g Platin und *c* g reine Alkalisulfate gewogen, so sind in 1 l Wein enthalten:

$$x = 1{,}996 \;(\log = 0{,}30016) \cdot b \text{ g Kalium},$$
$$y = 1{,}619 \;(\log = 0{,}20925) \cdot c - 1{,}440 \;(\log = 0{,}15836) \cdot b \text{ g Natrium}.$$

III. Untersuchung des Traubenmosts.

1. Bestimmung des spezifischen Gewichts (Mostgewichts).

Bei nicht angegorenen Traubenmosten wird die Bestimmung des spez. Gewichts nach der Filtration wie bei Wein mit dem Pyknometer gemäß der Vorschrift unter II Nr. 1 (S. 274) ausgeführt. Sie darf auch

[1]) Bei Verwendung von Asbestfiltertiegeln (Goochtiegeln) halten manche Sorten Asbest diese Behandlung nicht ohne Gewichtsverlust aus. In solchen Fällen wäscht man den Tiegelinhalt erst etwa 15 mal mit heißem Wasser aus, füllt den Tiegel dann mit einer Mischung von 1 Raumteil Salpetersäure vom spezifischen Gewicht 1,20 mit 5 Raumteilen Wasser an und läßt diese, ohne zu saugen, wenigstens $^1/_2$ Stunde lang einwirken.

mit einer geprüften Öchsleschen Mostwage aus Glas oder einer auf 4 Dezimalstellen genauen hydrostatischen Wage bei 15° vorgenommen werden. Sofern die Angaben dieser Apparate auf Wasser von 15° als Einheit bezogen sind, müssen die erhaltenen Werte durch Multiplikation mit 0,99913 (log = 0,99962 — 1) auf Wasser von 4° umgerechnet werden. An Stelle des auf Wasser von 4° bezogenen spez. Gewichts kann auch der um 1 verminderte und sodann mit 1000 multiplizierte Wert (Öchslegrade) angegeben werden.

Ist der Traubenmost angegoren, so wird zunächst sein spez. Gewicht (direktes Mostgewicht) bestimmt. Alsdann wird das spez. Gewicht des Traubenmosts vor der Angärung (korrigiertes Mostgewicht) berechnet, indem zu den gefundenen Öchslegraden des angegorenen Traubenmosts die nach der Vorschrift unter III Nr. 2 (s. u.) in 1 l Traubenmost ermittelten Gramm Alkohol hinzugezählt werden.

Enthält 1 l Traubenmost mehr als 2,5 g Alkohol, so sind die direkten und korrigierten Mostgewichte nebeneinander anzugeben.

2. Bestimmung des Alkohols.

Der Gehalt an Alkohol wird wie bei Wein nach der Vorschrift unter II, Nr. 2 (S. 275) bestimmt.

3. Bestimmung der titrierbaren Säuren (Gesamtsäure).

Der Gehalt an titrierbaren Säuren wird wie bei Wein nach der Vorschrift unter II Nr. 6 (S. 281) bestimmt.

4. Bestimmung des Extrakts (Gehalts an Extraktstoffen).

Bei nicht angegorenen Traubenmosten wird das Extrakt gefunden, indem man die dem spez. Gewicht des Traubenmosts entsprechende Zahl (Gramm Extrakt in 1 l Most) der Tabelle XXXII des Anhangs entnimmt.

Bei angegorenen Traubenmosten wird der Gehalt an Extrakt nach dem für Wein unter II Nr. 3 (S. 276) vorgeschriebenen Verfahren bestimmt.

IV. Beurteilung des Weins auf Grund der chemischen Untersuchung.

Bei der Beurteilung der Weine für gerichtliche Fälle sind zwei Fälle zu unterscheiden:

1. Dem Wein sind Stoffe zugesetzt worden, die dem normalen Wein vollständig fremd sind, z. B. Teerfarbstoffe, gewisse Konservierungsmittel, Saccharin, Dulcin usw. Diese Stoffe sind fast ausnahmslos leicht und sicher nachweisbar und ihre Beurteilung macht meist keine Schwierigkeiten.

2. Dem Wein sind Stoffe oder Gemische von Stoffen zugesetzt worden, die sich bereits im Wein vorfinden, z. B. Glycerin, Weinstein, Alkohol usw. Hier genügt es natürlich nicht, die betreffenden Stoffe im Wein nachzuweisen, um daraus auf den künst-

lichen Zusatz dieser Stoffe zu schließen. Es ist vielmehr dazu notwendig, daß man die Menge dieser Stoffe im Wein feststellt. Um sich aus der gefundenen Menge ein Urteil darüber bilden zu können, ob ein Zusatz derselben zum Wein stattgefunden hat oder nicht, muß bekannt sein, wie groß die Mengen des Stoffs sind, die sich in unverfälschten Weinen vorfinden. Ein außerordentlich großes Material über die chemische Zusammensetzung reiner Weine aus deutschen Weinbaugebieten ist von der „Kommission zur Bearbeitung einer Weinstatistik für Deutschland" zusammengebracht worden. Dieses große Material erleichtert die Beurteilung der Weine ganz erheblich, doch ist bei Bezugnahme auf die Ergebnisse der Weinstatistik zu berücksichtigen, daß sie sich früher meist auf Jungweine (nach dem ersten Abstich) erstreckte, die beim Lagern ihre Zusammensetzung noch ändern.

Maßgebend für die Beurteilung des Weins sind das Weingesetz vom 7. April 1909, die dazu erlassenen Ausführungsbestimmungen und Ergänzungen, das Nahrungsmittelgesetz vom 14. Mai 1879 und andere Gesetze und Verordnungen.

1. Vorschriften des Weingesetzes vom 7. April 1909 über die Zuckerung der Weine.

§ 3 Absatz 1 des Weingesetzes vom 7. April 1909 gestattet nur die Zuckerung von Most und Wein sowie von vollen Rotweinmaischen, soweit sie aus inländischen Trauben gewonnen sind. Dabei darf nur technisch reiner Rüben-, Rohr-, Invert- oder Stärkezucker verwendet werden. Die Zuckerung ist nur gestattet, um einem natürlichen Mangel an Zucker bzw. Alkohol oder einem Übermaß an Säure insoweit abzuhelfen, als es der Beschaffenheit des aus Trauben gleicher Art und Herkunft in guten Jahrgängen ohne Zusatz gewonnenen Erzeugnisses entspricht. Der Zusatz von Zuckerwasser darf jedoch in keinem Fall mehr als ein Fünftel der gesamten Flüssigkeit betragen. Die Grenzzahlen der beiden ersten Weingesetze sind fortgefallen.

Der Beurteilung der gezuckerten Weine nach dem Weingesetz von 1909 sind stets die naturreinen Moste und Weine aus der gleichen Traubensorte und der gleichen Gemarkung und Weinbergslage zugrunde zu legen. Die Unterlagen findet man in den Ergebnissen der Weinstatistik. Durch eine ausführliche, möglichst vollständige Untersuchung ist die chemische Zusammensetzung der Weine festzustellen und mit der der Naturweine aus der gleichen Gemarkung und Lage zu vergleichen. Auch ein zu hoher Zuckerzusatz zum Wein ist verboten; der Alkoholgehalt eines gezuckerten Weines darf nicht höher sein als der eines Naturweins von der gleichen Traubensorte und aus der gleichen Lage in guten Jahrgängen.

Nach § 5 des Weingesetzes vom 7. April 1909 darf gezuckerter Wein nicht unter einer Bezeichnung feilgehalten oder verkauft werden, die auf Reinheit des Weins oder auf besondere Sorgfalt bei Gewinnung der Trauben deutet. Auch ist verboten, in der Benennung anzugeben oder anzudeuten, daß der Wein Wachstum eines bestimmten Weinbergsbesitzers ist.

Erkennung gezuckerter Weine.

Falls zum Auflösen des Zuckers stark salpetersäurehaltiges Wasser verwendet wurde, kann der Salpetersäuregehalt des Weins als Merkmal des Zuckerns dienen. Geringe Mengen Salpetersäure können auch durch Ausspülen der Fässer mit nitrathaltigem Wasser in den Wein gelangen (Egger, Arch. f. Hyg. 2, 373; 1884. — Pollak, Chem.-Ztg. 11, 1465, 1623; 1887); viele Moste und Weine enthalten von Natur Spuren von Nitraten (Seifert und Kaserer, Zeitschr. f. landw. Versuchswesen in Österreich 6, 555; 1903. — Tilmans, Zeitschr. Unters. Nahr.- u. Genußmittel 22, 201; 1911). Die Salpetersäure im Wein nimmt allmählich ab und verschwindet schließlich ganz (Herz, Repert. anal. Chemie 6, 360; 1886. — Borgmann, Zeitschr. f. analyt. Chemie 27, 184; 1888. — Seifert, Österr. Chem.-Ztg. 1, 285; 1898. — Seifert und Kaserer, Zeitschr. f. d. landw. Versuchswesen in Österreich 6, 555; 1903), so daß selbst bei Zusatz stark nitrathaltigen Wassers dieses Verfahren schließlich im Stich läßt.

Wenn man die Gemarkung, die Lage und den Jahrgang kennt, denen ein Wein entstammt oder entstammen soll, so ist es häufig möglich, durch den Vergleich der Zusammensetzung des zu untersuchenden Weins mit der Zusammensetzung reiner Weine derselben Gemarkung, Lage und desselben Jahrgangs nachzuweisen, ob ein Zuckerwasserzusatz stattgefunden hat, und wie stark er ungefähr gewesen ist. Die Weinstatistik für Deutschland, die regelmäßig in den „Arbeiten aus dem Reichsgesundheitsamt" veröffentlicht wird, bietet hierfür ein wertvolles Vergleichsmaterial. Bei diesen Vergleichen sind alle Umstände zu beachten, die die chemische Zusammensetzung der Weine zu verändern imstande sind. Als solche sind besonders folgende zu beachten. Der freiwillige Säurerückgang der Weine, verursacht durch die bakterielle Spaltung der Äpfelsäure in Milchsäure und Kohlendioxyd, ist mit einer Verminderung des Säure- und Extraktgehalts verbunden. Durch Mikroorganismen können die Weine erheblich verändert werden; Essigbakterien und Kahmpilze können Extraktstoffe zerstören, Mannitbakterien bilden bisweilen erhebliche Mengen Mannit, beim Umschlagen der Weine werden Extraktstoffe umgewandelt usw. Starke Fäulnis der Trauben erhöht den Extrakt-, Mineralstoff- und Säuregehalt der Weine (Windisch, Die chemischen Vorgänge beim Werden des Weines. Stuttgart 1905 bei Eugen Ulmer, S. 12). Krankheiten der Reben, wie Peronospora und Oidum, können die chemische Zusammensetzung der Weine wesentlich beeinflussen, ebenso die Art der Herstellung, z. B. Vergären des Weins auf den Trestern.

Ältere Angaben über die Erkennung überstreckter Weine, z. B. der Säurerest nach Möslinger (Zeitschr. f. Unters. d. Nahr.- u. Genußmittel 2, 93; 1899) und die von Grünhut (ebd. 4, 1161; 1901) gegebenen Anhaltspunkte sind heute, wo die Zuckerung gegen früher so erheblich eingeschränkt ist, nicht mehr maßgebend.

2. Verbot der Nachmachung von Wein.

Nach § 9 des Weingesetzes ist es verboten, Wein nachzumachen. Ausgenommen hiervon ist die Herstellung weinähnlicher Getränke aus

Fruchtsäften, Pflanzensäften und Malzauszügen; diese Getränke dürfen aber als Wein nur in solchen Wortverbindungen bezeichnet werden, die die Stoffe kennzeichnen, aus denen sie hergestellt sind. Ferner ist ausgenommen die Herstellung von Haustrunk, der aber nur im eignen Haushalt des Herstellers verbraucht und nicht an Fremde abgegeben werden darf.

Über die einzelnen Kunst- oder Halbweine, die Obstweine und ihre Erkennung im Wein ist folgendes zu bemerken.

a) Tresterwein (petiotisierter Wein).

Die Tresterweine sind infolge ihrer Herstellungsweise (Vergärung von Zuckerlösungen über den Trestern) meist arm an Extraktstoffen, freien Säuren und Stickstoff, aber reich an Gerbstoff und oft auch an Mineralbestandteilen, namentlich an Kali und Kalk, jedoch arm an Phosphorsäure.

Zur Erkennung von Tresterweinen wird in erster Linie der relativ hohe Gerbstoffgehalt herangezogen. Dazu ist zu bemerken, daß man durch starkes Schönen mit leim- oder eiweißartigen Schönungsmitteln einen großen Teil des Gerbstoffs der Tresterweine entfernen kann. Der Gerbstoffgehalt der weißen Traubenweine ist mitunter nicht unerheblich, nämlich dann, wenn der Most längere Zeit mit den Trestern in Berührung geblieben und auf ihnen teilweise oder ganz vergoren ist; in diesem Falle ist aber auch der Extraktgehalt des Weins verhältnismäßig hoch, da der gärende Most den Trestern bei längerer Berührung mehr Extraktbestandteile zu entziehen vermag. Aus einem hohen Gerbstoffgehalt allein darf daher nicht auf einen Verschnitt mit Tresterwein geschlossen werden; vielmehr müssen hierzu auch die anderen oben mitgeteilten Anhaltspunkte herangezogen werden (vgl. über den Nachweis von Tresterwein Stern, Zeitschr. f. Nahrungsm.-Unters. u. Hyg. **7**, 409; 1893, Späth, Zeitschr. f. angew. Chemie **9**, 721; 1896).

Von Barth (Zeitschr. f. Unters. d. Nahr.- u. Genußm. **2**, 103; 1899) ist festgestellt worden, daß der aus den Trestern stammende Teil des Extrakts bei mit den Trestern vergorenen Weinen mindestens das Fünffache des vorhandenen Gerbstoffgehalts beträgt; Weine, die nach Abzug der fünffachen Menge des Gerbstoffgehalts vom Gesamtextrakt weniger als 1,5 g Extraktrest in 100 ccm zeigen, sind nach Barth Tresterweine oder Verschnitte von Wein mit Tresterweinen oder übermäßig verlängerte, über Trestern angegorene Weine. W. Fresenius und Grünhut (Zeitschr. f. analyt. Chem. **38**, 472; 1899) halten den Faktor 5 für zu hoch. Sie beobachteten, daß Tresterweine nur selten an alkalische Erden gebundene Weinsteinsäure enthalten, meist nur Weinstein. Durch Zusatz von Weinsäure und durch starkes Schwefeln wird dieses Kennzeichen verwischt.

b) Hefenwein.

Die Hefenweine enthalten in der Regel wenig Extrakt, Säure und Mineralbestandteile, dagegen viel Stickstoffverbindungen.

c) Rosinenwein.

Der rationell hergestellte Rosinenwein kann nach dem bisherigen Stande der Forschung durch die chemische Analyse kaum von Wein aus frischen Trauben unterschieden werden. Er läßt sich mitunter durch seinen eigentümlichen Geschmack erkennen; oft ist er reich an flüchtigen Säuren. Analysen von Rosinenweinen teilte Schneegans (Arch. Pharm. **239**, 91, 589; 1901) mit.

d) Zusatz von Obstmost und Obstwein zum Traubenwein.

(Vgl. hierüber insbesondere Kulisch, Landwirtschaftl. Jahrb. **19**, 83; 1890 und Seifert, Zeitschr. f. Nahrungsm.-Unters. u. Hyg. **6**, 120; 1892.)

Die Äpfel- und Birnenweine unterscheiden sich in reinem Zustand von dem Traubenwein in der chemischen Zusammensetzung nicht unerheblich; der wichtigste Unterschied ist der, daß diese Obstweine keine Weinsteinsäure und weinsteinsauren Salze enthalten. Alle übrigen Unterschiede sind nur graduell; z. B. hat der Äpfelwein in der Regel weniger Alkohol, weniger Säuren, mehr säurefreien Extrakt (sog. Extraktrest) und mehr Mineralbestandteile als die Traubenweine. Sobald Verschnitte von Traubenweinen mit Obstweinen vorliegen, verschwinden diese Unterschiede in der chemischen Zusammensetzung so weit, daß die Mengen der einzelnen Bestandteile in die Grenzen fallen, die man auch bei reinen Naturweinen beobachtet hat. Selbst der Weinsteingehalt ist hier nicht maßgebend. Durch die Geschmacksprobe läßt sich ein Zusatz von Obstwein zum Traubenwein bisweilen nachweisen.

Nach Mayer (Zeitschr. f. analyt. Chem. **11**, 337; 1872) scheiden bei Zusatz von Ammoniak die Traubenweine Ammonium-Magnesiumphosphat, die Obstweine Calciumphosphat aus, die sich durch ihre Krystallform unterscheiden; für Mischungen von Obst- und Traubenwein ist das Verfahren nach Formánek und Laxa (Zeitschr. f. Unters. d. Nahr.- u. Genußm. **2**, 401; 1899; vgl. auch Seifert, Österr. Chem.-Ztg. **1**, 265; 1898) unsicher. Portele (Zeitschr. f. landw. Versuchswesen in Österreich **1**, 241; 1898) empfiehlt die Prüfung der Trübungen des Weins, wenn möglich auch des Gelägers; dieses enthält die charakteristischen Stärkekörner der Äpfel usw. Beerenweine (Stachelbeer-, Johannisbeer-, Heidelbeerwein) geben sich durch ihren Citronensäuregehalt zu erkennen. Kirschwein kann man oft durch Prüfung der Rotweine auf Blausäure feststellen (Windisch, Zeitschr. f. Unters. d. Nahr.- u. Genußm. **4**, 817; 1901).

3. Vorschriften des Weingesetzes über die Kellerbehandlung der Weine.

Der Bundesrat hat auf Grund der Ermächtigung in § 4 des Weingesetzes unter dem 9. Juli 1909 folgende Ausführungsbestimmungen über die Kellerbehandlung der Weine erlassen. Gestattet ist

A. Allgemein:

1. die Verwendung von frischer, gesunder, flüssiger Weinhefe (Drusen) oder von Reinhefe, um die Gärung einzuleiten oder zu fördern; die Reinhefe darf nur in Traubenmost gezüchtet sein. Der Zusatz der flüssigen Weinhefe darf nicht mehr als 20 Raumteile auf eintausend

Raumteile der zu vergärenden Flüssigkeit betragen; doch darf diese Hefemenge zuvor in einem Teil des Mosts oder Weins vermehrt werden; dabei darf der Wein mit einer kleinen Menge Zucker versetzt und von Alkohol befreit werden;

2. die Verwendung von frischer, gesunder, flüssiger Weinhefe (Drusen), um Mängel von Farbe oder Geschmack des Weins zu beseitigen. Der Zusatz darf nicht mehr als einhundertfünfzig Raumteile auf eintausend Raumteile Wein betragen; ein Zusatz von Zucker ist hierbei nicht zulässig;

3. die Entsäuerung mit reinem, gefälltem, kohlensaurem Kalk;

4. das Schwefeln, sofern hierbei nur kleine Mengen von schwefliger Säure oder Schwefelsäure in die Flüssigkeiten gelangen. Gewürzhaltiger Schwefel darf nicht verwendet werden;

5. die Verwendung von reiner gasförmiger oder verdichteter Kohlensäure oder der bei der Gärung von Wein entstehenden Kohlensäure, sofern hierbei nur kleine Mengen des Gases in den Wein gelangen;

6. die Klärung (Schönung) mittels nachgenannter technisch reiner Stoffe:

a) in Wein gelöster Hausen-, Stör- oder Welsblase,

b) Gelatine,

c) Tannin bei gerbstoffarmem Wein bis zur Höchstmenge von 100 g auf 1000 l in Verbindung mit den unter a), b) genannten Stoffen,

d) Eiweiß,

e) Käsestoff (Kasein), Milch,

f) spanischer Erde,

g) mechanisch wirkender Filterdichtungsstoffe (Asbest, Cellulose und dergleichen);

7. die Verwendung von ausgewaschener Holzkohle und gereinigter Knochenkohle;

8. das Behandeln der Korkstopfen und das Ausspülen der Aufbewahrungsgefäße mit aus Wein gewonnenem Alkohol oder reinem, mindestens 90 Raumprozent Alkohol enthaltendem Sprit, wobei jedoch der Alkohol nach der Anwendung wieder tunlichst zu entfernen ist; bei dem Versand in Fässern nach tropischen Gegenden auch der Zusatz von solchem Alkohol bis zu einem Raumteil auf einhundert Raumteile Wein zur Haltbarmachung.

B. Bei ausländischem Dessertwein (Süd-, Süßwein):

9. Der Zusatz von kleinen Mengen gebrannten Zuckers (Zuckercouleur);

10. der Zusatz von aus Wein gewonnenem Alkohol oder reinem, mindestens 90 Raumprozent Alkohol enthaltendem Sprit bis zu der im Ursprungsland gestatteten Alkoholmenge.

C. Bei der Herstellung von Haustrunk (§ 11 des Gesetzes):

11. die Verwendung von Citronensäure bei der Verarbeitung von getrockneten Weinbeeren außerhalb solcher Betriebe, aus denen Wein gewerbsmäßig in den Verkehr gebracht wird.

Die Landeszentralbehörde kann die Verwendung von Citronensäure auch bei der Verarbeitung von Rückständen der Weinbereitung und für Betriebe zulassen, aus denen Wein gewerbsmäßig in den Verkehr gebracht wird.

Nur die hier genannten Verfahren der Kellerbehandlung sind zulässig; irgendwelche sonstigen Zusätze zum Wein bei der Kellerbehandlung sind verboten, doch hat der Reichsrat die Ermächtigung, auch weiterhin noch einzelne Zusätze zu gestatten.

Im einzelnen ist noch folgendes zu bemerken:

a) Glycerin.

Die Menge des bei der Gärung entstehenden Glycerins schwankt je nach den Umständen sehr beträchtlich. In der Regel entstehen auf 100 Teile Alkohol 5 bis 14 Teile Glycerin. Mehr Glycerin kann scheinbar ein Wein enthalten, wenn ein Teil des bei der Gärung entstandenen Alkohols verschwindet. Dies kann hauptsächlich stattfinden: 1. durch langes Lagern der Weine in Fässern; in sehr alten Weinen ist daher mehr Glycerin gefunden worden; 2. durch die Einwirkung des Kahmpilzes kann ein Teil des Alkohols zu Kohlensäure oxydiert worden sein. Im allgemeinen findet man ein höheres Alkohol-Glycerinverhältnis (10 bis 14 Gewichtsteile Glycerin und noch mehr auf 100 Gewichtsteile Alkohol) nur bei feinen Weinen mit einem höheren Gehalt an sonstigen Extraktstoffen. Der Umgärung unterworfene und stärker gestreckte Weine haben oft ein niedriges Alkohol-Glycerinverhältnis.

b) Citronensäure.

Der Zusatz von Citronensäure zum Wein ist nicht gestattet. Durch zahlreiche Untersuchungen ist festgestellt worden, daß der Wein von Natur aus kleine Mengen Citronensäure enthalten kann; bis zu 0,7 g im Liter wurden in französischen Weinen gefunden. Das Auffinden einer kleinen Menge Citronensäure im Wein ist daher kein sicherer Beweis dafür, daß diese Säure dem Wein zugesetzt worden ist.

c) Schweflige Säure.

Die vom Schwefeln der Fässer und des Weins herrührende schweflige Säure im Wein verbindet sich größtenteils mit den Aldehyden des Weins, vorwiegend mit Acetaldehyd, zu aldehydschwefliger Säure, die physiologisch weniger wirksam ist als die freie schweflige Säure. Im Deutschen Reich bestehen keine amtlichen Grenzzahlen für den zulässigen Gehalt der Weine an schwefliger Säure; in den Ausführungsbestimmungen zum Weingesetz vom 9. Juli 1909 heißt es nur, durch das Schwefeln dürften *nur kleine Mengen* schwefliger Säure in den Wein kommen. Nach einer Vereinbarung der schweizerischen analytischen Chemiker sah man früher 20 mg freie und 200 mg gesamte (freie und organisch gebundene) schweflige Säure im Liter als Grenzwerte an.

Die Deutsche Kommission für die amtliche Weinstatistik erklärte sich im Jahre 1911 mit der Festsetzung einer Grenzzahl von 200 mg gesamter und 50 mg freier schwefliger Säure im Liter für deutschen Konsumwein, der in den Handel gelangt, einverstanden; ausgenommen hiervon sollen Ausschankweine (Zapfweine) und Hochgewächse sein, deren Alkoholgehalt, vermehrt um die aus dem unvergorenen Zucker berechnete Alkoholmenge, mehr als 10 g in 100 ccm beträgt. Diese Vorschläge der Kommission wurden den Bundesregierungen zur Kenntnis gebracht und die Kontrollstellen angewiesen, bei der Beurteilung der geschwefelten Weine nach diesen Vorschlägen zu verfahren. Im Jahre 1912 kam die Kommission zu der Ansicht, daß für die Weine, deren Alkoholgehalt, vermehrt um die aus dem unvergorenen Zucker berechnete Alkoholmenge, mehr als 10 g in 100 ccm beträgt, die Festsetzung einer Grenzzahl von 350 mg freier schwefliger Säure im Liter den tatsächlichen Verhältnissen entsprechen würde. Die Pfälzer Ausleseweine wurden ausgenommen; für diese wurden weitere Erhebungen in Aussicht genommen. Es wurde für unbedenklich gehalten, in den Weinen mit mehr als 10 g Alkohol in 100 ccm mehr als 50 mg freie schweflige Säure im Liter zuzulassen. Für die Umrechnung des unvergorenen Zuckers in Alkohol wurde vereinbart, daß für 1 g Zucker 0,5 g Alkohol angenommen werden sollen. Für Ausschankweine (Zapfweine), mit Ausnahme der elsaß-lothringischen, würde eine Grenzzahl von 200 mg gesamter schwefliger Säure im Liter den tatsächlichen Verhältnissen entsprechen. Die Zulassung der Rückverbesserung überschwefelter Weine wurde als wünschenswert bezeichnet (Arbeiten aus dem Reichsgesundheitsamt **42**, 1; 1912 und **46**, 1; 1913).

d) Schwefelsäure.

Der Schwefelsäuregehalt der Weine wird durch das Gipsen der Traubenmaischen und durch öfteres Schwefeln, namentlich auch durch das Einfüllen des Weins in oft geschwefelte Fässer erhöht. Nach den Ausführungsbestimmungen zum Weingesetz sind ausländische Rotweine mit Ausnahme roter Dessertweine vom Verkehr ausgeschlossen, wenn sie im Liter mehr Schwefelsäure enthalten als 2 g neutralem schwefelsaurem Kalium entspricht. Über den Schwefelsäuregehalt der Dessertweine, der Weißweine und der deutschen Rotweine sagt das Weingesetz nichts.

Grünhut (Zeitschr. f. Unters. d. Nahr.- u. Genußmittel **6**, 929; 1903) und Neufeld (ebendort **27**, 299; 1914) sind übereinstimmend der Ansicht, daß auch deutsche Rotweine und die Weißweine mit mehr als 2 g Kaliumsulfat im Liter zu beanstanden seien. Grünhut bezeichnet deutsche Weine, deren Alkalitätsfaktor (d. h. die Alkalität von 0,1 g Asche in Kubikzentimetern Normal-Kali) unter 0,65 sinkt und deren Gehalt an Schwefeltrioxyd gleichzeitig mehr als 20% der Asche beträgt, als übermäßig geschwefelt, auch wenn der Gehalt an freier und an gesamter schwefliger Säure in normalen Grenzen liegt. Beträgt hierbei der Gehalt an Schwefeltrioxyd im Liter Wein mehr als 2 g neutralem Kaliumsulfat entspricht, so ist der Wein zu beanstanden, gleichgültig, ob Rot- oder Weißwein vorliegt. Wird dieser Grenzwert noch nicht erreicht, so ist dennoch zum Ausdruck zu bringen, daß der Wein infolge des übermäßigen Schwefelns in seiner chemischen Zusammensetzung wesentlich verändert und infolgedessen möglicherweise in seinem Geschmack nachteilig beeinflußt worden ist. Der richtige Weg wird der sein, den Neufeld einschlägt: Der Chemiker beanstandet die Weine mit mehr als 2 g Kaliumsulfat im Liter und überläßt es dem Gutachten des ärztlichen Sachverständigen, zu entscheiden, ob der Wein gesundheitsschädlich ist.

e) Natriumverbindungen.

Nach Krug (Zeitschr. f. Unters. d. Nahr.- u. Genußm. **10**, 417; 1905; **13**, 544; 1907) enthalten deutsche Weine nicht mehr als 10 mg Natriumoxyd (Na_2O) in 100 ccm. Bei höheren Befunden hat ein Zusatz von Natriumsalzen zur Erhöhung der Mineralstoffe stattgefunden.

f) Flüchtige Säuren.

Normale deutsche Weißweine enthalten nur kleine Mengen flüchtiger Säuren, Rotweine zufolge ihrer Darstellung meist etwas mehr. Südländische Weine sowie Süßweine sind in der Regel reich an flüchtigen Säuren (vgl. Fresenius, Zeitschr. f. analyt. Chemie **36**, 118; 1897. Forschungsberichte über Lebensm. **1**, 453; 1894, ferner Bornträger und Paris, Chem.-Ztg. **22**, 172; 1898). Große Mengen flüchtiger Säuren entstehen im Wein bei dem durch Essigbakterien hervorgerufenen Essigstich und bei anderen Weinkrankheiten. Der Essigstich macht sich bei gleichem Gehalt der Weine an flüchtigen Säuren um so weniger bemerkbar, je mehr Extrakt und Asche der Wein enthält, je höher die Alkalität der Asche ist und je mehr diese Alkalität die Azidität der im Weine vorhandenen Weinsteinsäure übertrifft (Möslinger, Forschungsber. über Lebensm. **4**, 339; 1897).

In Abänderung der früher üblichen Beurteilungsnormen faßte die freie Vereinigung bayerischer Vertreter der angewandten Chemie im Jahre 1897 auf Vorschlag von Möslinger folgende, auf deutsche Weine bezügliche Beschlüsse (Forschungsber. über Lebensm. **4**, 339; 1897):

a) Das erste jugendliche Stadium des Weins ausgenommen, sollen deutsche Weißweine hinsichtlich der flüchtigen Säuren als normal gelten, wenn sie nicht mehr als 0,09, deutsche Rotweine, wenn sie nicht mehr als 0,12 g flüchtige Säuren in 100 ccm aufweisen.

b) Als nicht mehr normal, aber noch nicht zu beanstanden sollen deutsche Weißweine gelten, welche zwar über 0,09, aber nicht über 0,12, deutsche Rotweine, die zwar über 0,12, aber nicht über 0,16 g flüchtige Säuren in 100 ccm enthalten.

c) Deutsche Weißweine, die über 0,12, und deutsche Rotweine, die über 0,16 g flüchtige Säuren in 100 ccm enthalten, stellen keine normale Handelsware vor und sind gutachtlich in dieser Weise zu bezeichnen und zu beanstanden, auch dann, wenn die Kostprobe nichts Auffälliges ergibt.

d) Ein Weißwein oder Rotwein ist dann als „verdorben" im Sinne des Nahrungsmittelgesetzes anzusehen, wenn bei einem Gehalt von über 0,12 bzw. 0,16 g flüchtiger Säuren in 100 ccm auch die Kostprobe ganz zweifellos und überzeugend das Verdorbensein erweist.

e) Deutsche Edelweine und Weine, die länger als 10 Jahre im Faß gelagert haben, werden von den Bestimmungen in a), b) und c) nicht getroffen. Die Beurteilung derselben nach ihrem Gehalt an flüchtigen Säuren hat unter Berücksichtigung der besonderen von Fall zu Fall verschiedenen Verhältnisse zu geschehen.

Die Beanstandung eines Weins wegen eines zu hohen Gehalts an flüchtigen Säuren erfolgt auf Grund des § 10 Ziffer 2 und § 11 des Nahrungsmittelgesetzes vom 14. Mai 1879, die das Verdorbensein des Weins zur Voraussetzung haben. Man muß daher feststellen, ob ein Wein durch Essigstich wirklich verdorben und ungenießbar geworden ist, und dies läßt sich nur durch die Geschmacksprobe feststellen; die Bestimmung der flüchtigen Säuren ist nur als ein weiteres Beweismoment oder als Bestätigung des Befunds der Geschmacksprobe anzusehen.

g) Ameisensäure.

Sowohl freie Ameisensäure, als auch Ameisensäureester kommen in kleinen Mengen im Wein vor. Da zur dauernden Frischhaltung der Weine ein Zusatz von mindestens 1,5 g Ameisensäure auf 1 l Wein erforderlich ist (Seifert, Zeitschr. f. d. landw. Versuchswesen in Österreich **7**, 667; 1904. Lebbin, Chem.-Ztg. **30**, 1009; 1906), wird sich durch eine quantitative Bestimmung der Ameisensäure feststellen lassen, ob ein Zusatz stattgefunden hat.

h) Borsäure.

Nach zahlreichen Untersuchungen enthalten fast alle Weine kleine Mengen von Borsäure; Schaffer (Schweiz. Wochenschr. Chem. Pharm. **40**, 478; 1902) fand z. B. in 28 Weinen 0,008 bis 0,050 g, im Mittel 0,029 g Borsäurehydrat (H_3BO_3) im Liter. Zum Nachweis eines künstlichen Zusatzes von Borsäure ist daher eine quantitative Bestimmung derselben erforderlich.

i) Lösliche Fluorverbindungen.

Ob naturreine Weine Spuren von Fluorverbindungen enthalten, ist noch nicht sicher erwiesen; Schaffer (Bericht des Kantonchemikers des Kantons Bern, **1902**, 2) fand Fluor in Naturweinen, Treadwell und Koch (Zeitschr. f. analyt. Chemie **43**, 491; 1904) nicht. Kulisch (Post, Chemisch-technische Analyse **2**, 558; 1907) bestreitet das Vorkommen von Fluorverbindungen in natürlichen Weinen; Kickton und Behncke (Zeitschr. f. Unters. d. Nahr.- u. Genußm. **20**, 193; 1910) fanden dagegen in zahlreichen ausländischen Weinen kleine Mengen Fluor. Auf alle Fälle wird es sich nur um Mengen handeln, die kleiner als 1 mg Fluor in 100 ccm Wein sind.

k) Salicylsäure.

Salicylsäure findet sich in vielen Weinen[1]), auch in verschiedenen Obstarten, namentlich in Himbeeren und Erdbeeren[2]), aber stets nur in kleinen Mengen (höchstens 1 bis 2 mg in 1 kg Obst bzw. 1 l Obstsaft). Vielfach scheint sie in der Form des Methylesters vorhanden zu sein.

4. Beurteilung der Süßweine.

Man hat nichtkonzentrierte und konzentrierte Süßweine zu unterscheiden. Erstere werden durch Zusatz von Alkohol zu unvergorenem oder nur schwach angegorenem Most, wodurch die Gärung unterdrückt (der Most stumm gemacht) wird, oder durch Zusatz von Zucker zu vergorenem Wein hergestellt. Die konzentrierten Süßweine werden aus Trockenbeeren (Rosinen) oder aus konzentriertem (eingekochtem oder im Vakuum eingedicktem) Most hergestellt; die Trockenbeeren werden entweder für sich ausgepreßt (man läßt auch den Saft freiwillig ausfließen) und vergoren oder mit gewöhnlichem Wein oder Most ausgezogen.

Je nach der Herstellungsweise ist die Zusammensetzung der Süßweine sehr verschieden. Die konzentrierten Süßweine enthalten neben Zucker auch die anderen nicht vergärbaren Extraktstoffe sowie die Mineralstoffe in weit größerer Menge als die gewöhnlichen Weine; namentlich sind sie durch einen höheren Phosphorsäuregehalt ausgezeichnet. Die nichtkonzentrierten Süßweine zeigen dieses Verhalten nicht, sie kommen vielmehr in ihrer Zusammensetzung, abgesehen von dem Zucker- und Alkoholgehalt, den gewöhnlichen Weinen nahe. Die durch Alkoholisieren von Most hergestellten Süßweine enthalten, da eine Gärung fast nicht stattgefunden hat, nur wenig Glycerin; die durch Zusatz von Zucker zu vergorenem Wein hergestellten Süßweine enthalten einen dem durch Gärung entstandenen Alkoholgehalt entsprechenden Glyceringehalt. Nicht selten findet bei der Herstellung solcher Süßweine Zucker- und Alkoholzusatz statt.

Bei der Untersuchung der Süßweine kommt es darauf an, die eigentlichen konzentrierten Süßweine von den nicht konzentrierten minderwertigen zu unterscheiden und gegebenenfalls den Grad der Konzen-

---

[1]) Medicus, Bericht 9. Versamml. d. fr. Verein. bayer. Vertreter d. angew. Chemie in Erlangen. Berlin **1890**, Julius Springer, S. 42; Ferreira da Silva, Annal. chim. analyt. **5**, 381; 1900; **6**, 11; 1901; Mastbaum, Chem.-Ztg. **25**, 465; 1901; **27**, 829; 1903; Cardoso Pereira, Bull. soc. chim. [3], **25**, 475; 1901; H. Pellet, Annal. chim. analyt. **5**, 418; 1900; **6**, 327, 328; 1901; Bull. assoc. chim. sucre et dist. **20**, 286; 1902/03; Windisch, Zeitschr. f. Unters. d. Nahr.- u. Genußm. **5**, 653; 1902; Spica, Gazz. chim. ital. **33**, II, 482; 1903; Mayrhofer, Zeitschr. f. Unters. d. Nahr.- u. Genußm. **19**, 398; 1910; Amthor, ebenda **23**, 431; 1911.

[2]) Hefelmann, Zeitschr. f. öffentl. Chemie **3**, 171; 1897; Truchon und Martin-Claude, Annal. chim. analyt. **6**, 85; 1901; Portes und Desmoulière, ebendort **6**, 401; 1901; Süß, Zeitschr. f. angew. Chemie **15**, 1041; 1902; Zeitschr. f. Unters. d. Nahr-. u. Genußm. **5**, 1201; 1902; Windisch, Zeitschr. f. Unters. d. Nahr.- u. Genußm. **6**, 447; 1903; Desmoulière, Bull. sciences pharmacol. **4**, **204**; 1902; Traphagen u. Burke, Journ. Amer. Chem. Soc. **25**, 242; 1903; Jablin-Gonnet, Annal. chim. analyt. **8**, 371; 1903; H. Pellet, ebenda, **12**, 10; **1907**.

tration zu ermitteln. Die Merkmale des konzentrierten Süßweins sind oben bereits genannt: hoher zuckerfreier Extrakt- und Aschengehalt, insbesondere auch hoher Phosphorsäuregehalt.

Die älteren Vereinbarungen über die Beurteilung der Süßweine sind durch die Beschlüsse des Vereins deutscher Nahrungsmittelchemiker aus den Jahren 1913 und 1914 (Zeitschr. f. Unters. d. Nahr. u. Genußm. **26**, 498; 1913; **28**, 586; 1914) ersetzt worden. Der Verein stellte folgende Leitsätze auf:

Leitsätze über Dessertweine.

I. Begriffsbestimmungen.

Dessertweine (Südweine, Süßweine) sind solche Weine, die nach einem der nachstehend beschriebenen Verfahren so hergestellt sind, daß ihr Gehalt an Alkohol oder an Zucker oder an Alkohol und Zucker höher ist als der durch Gärung des unveränderten Safts frischer, gewöhnlicher Trauben allgemein zu erzielende.

Die Herstellungsverfahren zerfallen in zwei Gruppen:

1. Vergärung von Traubensaft von besonders hoher Konzentration oder Anreicherung gewöhnlichen Weins durch konzentrierten Traubensaft (konzentrierte Süßweine);
2. Zusatz von Alkohol zu hinreichend weit in der Vergärung vorgeschrittenem Most, gegebenenfalls auch unter Verwendung konzentrierten Traubensafts (gespritete Dessertweine, auch Likörweine genannt).

Im einzelnen sind folgende Verfahren im Gebrauch:

1. Konzentrierte Süßweine.

a) Vergärung des Mosts ausgelesener Trockenbeeren (z. B. Tokaier-Essenz, süße rheinische Ausleseweine) oder getrockneter Beeren (z. B. Strohweine);
b) Vergärung des Mosts gemeinsam gelesener gewöhnlicher Trauben und Trockenbeeren (z. B. süße Szamorodner);
c) Ausziehen von Trockenbeeren (z. B. Tokaier Ausbruch) oder getrockneten Beeren durch Most und Vergärung des Auszugs;
d) Ausziehen von Trockenbeeren oder getrockneten Beeren durch Wein;
e) Vergärung von eingekochtem Most (z. B. vini cotti).

2. Gespritete Dessertweine (Likörweine).

f) Zusatz von Alkohol, daneben teilweise auch von gespritetem Most, zu dem hinreichend weit vergorenen Most gewöhnlicher Trauben (z. B. Portwein, süße Prioratoweine);
g) Zusatz von Alkohol, daneben teilweise auch von gespritetem Most, zu dem hinreichend weit vergorenen Most von Trockenbeeren oder getrockneten Beeren (z. B. Gold-Malaga);
h) Zusatz von Alkohol zu dem hinreichend weit vergorenen Auszug von Trockenbeeren oder getrockneten Beeren mit gewöhnlichem Most oder mit gewöhnlichem Wein;
i) Zusatz von Alkohol, daneben teilweise auch von gespritetem und von eingekochtem Most, zu gewöhnlichem Wein (z. B. Marsala, Madeira, Sherry, Tarragona-Dessertweine);
k) Verschnitt von Erzeugnissen, die nach den Verfahren f) bis i) hergestellt sind, mit eingekochtem Wein (z. B. brauner Malaga).

Trockenbeeren im Sinn dieser Begriffsbestimmungen sind die innerhalb des Weinbaugebiets, in dem der Dessertwein bereitet wird, am lebenden Weinstock ohne absichtliche Knickung der Stiele eingetrockneten Beeren.

Getrocknete Beeren im Sinn dieser Begriffsbestimmungen sind die innerhalb des Weinbaugebiets, in dem der Dessertwein bereitet wird, aus Trauben der letzten Ernte nach absichtlicher Knickung der Stiele oder nach erfolgter Aberntung gewonnenen eingetrockneten Beeren des Weinstocks von verhältnismäßig geringem Eintrocknungsgrad.

II. Grundsätze für die Beurteilung.

1. Erzeugnisse, die nicht wenigstens einen Teil ihres Alkoholgehalts einer hinreichenden eigenen Gärung verdanken, sind nicht als „Wein“ im Sinn des § 1 des Deutschen Weingesetzes und der Ausführungsbestimmungen zu § 13 desselben Gesetzes anzusehen. Als hinreichend vergoren im Sinn dieser Bestimmungen gelten Dessertweine mit weniger als 60 g Alkohol in 1 l (z. B. Tokaier-Essenz) nur dann, wenn sie ihren gesamten Alkoholgehalt, solche mit mehr Alkohol nur dann, wenn sie wenigstens 60 g Alkohol in 1 l der eigenen Gärung verdanken.

2. Im Inland dürfen Dessertweine nur unter Zuhilfenahme von Trockenbeeren oder getrockneten Beeren (nach dem Strohweinverfahren) innerhalb der sonstigen, durch das Weingesetz festgelegten Grenzen hergestellt werden.

3. Dessertweine ausländischen Ursprungs sind, unbeschadet der folgenden Bestimmungen, zum Verkehr zugelassen, wenn sie den für den Verkehr innerhalb des Ursprungslands geltenden gesetzlichen Vorschriften genügen.

Nicht verkehrsfähig sind:

4. Dessertweine, bei deren Herstellung Zucker oder Rosinen verwendet wurden.

Rosinen (in manchen Gegenden auch Zibeben genannt) im Sinn dieser Bestimmung sind die nach absichtlicher Knickung der Stiele oder nach erfolgter Aberntung eingetrockneten Beeren des Weinstocks von höherem Eintrocknungsgrad. Auch eingetrocknete Beeren von geringem Eintrocknungsgrad sind ihnen zuzurechnen, sobald sie außerhalb des Weinbaugebiets gewonnen wurden, in dem der Dessertwein bereitet wird, oder sobald sie älter sind als Trauben der letzten Ernte.

Korinthen sind Rosinen im Sinn dieser Begriffsbestimmung.

5. Dessertweine, bei deren Herstellung die nachbezeichneten Stoffe zugesetzt oder sonst verwendet wurden: Alkalikarbonate (Pottasche oder dgl.), lösliche Aluminiumsalze (Alaun u. dgl.), Bariumverbindungen, Borsäure, Eisencyanverbindungen (Blutlaugensalze), Farbstoffe mit Ausnahme von kleinen Mengen gebrannten Zuckers (Zuckercouleur), Fluorverbindungen, Formaldehyd und solche Stoffe, die bei ihrer Verwendung Formaldehyd abgeben, Glycerin, Kermesbeeren, Magnesiumverbindungen, organische Säuren oder deren Salze (Ameisensäure, Benzoesäure, Citronensäure, Oxalsäure, Salicylsäure, Weinsäure, Zimtsäure, Weinstein, neutrales weinsaures Kalium u. dgl.), unreiner (freien Amylalkohol enthaltender) Sprit, unreiner Stärkezucker, Stärkesirup, Strontiumverbindungen, künstliche Süßstoffe, Wismutverbindungen, Zinksalze, Salze und Verbindungen der vorbezeichneten Säuren sowie der schwefligen Säure (Sulfite, Metasulfite u. dgl.).

Als verfälscht, nachgemacht, verdorben oder irreführend bezeichnet sind anzusehen:

6. Dessertweine, die im Inland Zusätze erfahren haben, die nicht innerhalb des Rahmens der erlaubten Kellerbehandlung zulässig sind.

7. Den Dessertweinen ähnliche Getränke, die aus Fruchtsäften, Pflanzensäften oder Malzauszügen hergestellt und nicht mit solchen Wortverbindungen bezeichnet sind, welche die Stoffe kennzeichnen, aus denen sie hergestellt sind. Die betreffenden Wortverbindungen müssen den deutschen Namen des verwendeten Ausgangsstoffs unverändert enthalten (z. B. „Malzwein“ und nicht „Maltonwein“).

8. Dessertweine, die unter Verletzung der gesetzlichen Vorschriften ihres Ursprungslands hergestellt worden sind.

9. Dessertweine, deren Zusammensetzung und Beschaffenheit nicht der normalen Zusammensetzung und normalen Beschaffenheit der Erzeugnisse entspricht, mit deren Namen sie belegt sind.

10. Dessertweine, die infolge von Essigstich oder anderen Weinkrankheiten oder von ungeeigneter Behandlung oder aus anderen Ursachen zum Genuß als Wein nicht mehr geeignet sind.

11. Dessertweine, deren Bezeichnung andeutet, daß der Wein Wachstum eines bestimmten Weinbergbesitzers sei, und die nicht unter Ausschluß jeden Alkohol-

und Zuckerzusatzes aus Most, eingekochtem Most, Trockenbeeren oder getrockneten Beeren der Ernte des genannten Besitzers hergestellt sind.

12. Dessertweine, die als Medizinalweine bezeichnet oder sonst mit einem Namen belegt sind, der auf besonders heilende oder stärkende Eigenschaften hindeutet.

Ferner gelten folgende Bestimmungen:

13. Dessertwein darf im Inland nicht mit weißem Wein anderer Art verschnitten werden.

14. Im gewerbsmäßigen Verkehr mit Dessertwein dürfen geographische Bezeichnungen nur zur Kennzeichnung der Herkunft verwendet werden. Die Benutzung der Namen einzelner Gemarkungen oder Weinberglagen ist nur zulässig bei Erzeugnissen, die unter Ausschluß jeden Alkohol- und Zuckerzusatzes aus Most, eingekochtem Most, Trockenbeeren oder getrockneten Beeren der betreffenden Gemarkung bzw. Lage hergestellt sind. Dabei bleibt es jedoch gestattet, die Namen einzelner Gemarkungen oder Weinberglagen, die mehr als einer Gemarkung angehören, zu benutzen, um gleichartige und gleichwertige Erzeugnisse benachbarter oder nahegelegener Gemarkungen oder Lagen zu bezeichnen. — Diese Bestimmungen gelten auch für die indirekte Verwendung geographischer Bezeichnungen zur Bezeichnung der Art, wie z. B. „Portweinart", „Ersatz für Portwein", „frühere Bezeichnung Portwein", „griechischer Portwein" usw.

15. Ein Verschnitt von Dessertwein mit Dessertwein oder mit Wein anderer Art darf nur dann nach einem der Anteile allein benannt werden, wenn dieser in der Gesamtmenge überwiegt und die Art bestimmt. Ausgenommen sind die unter Ziffer 16 und 17 aufgezählten Fälle.

16. Dessertweinverschnitte, die Anteile enthalten, die nicht der Tokaier Weingegend entstammen, dürfen keinesfalls als Tokaier Tokaier Wein, Tokaier Ausbruch, Hegyaljaer, Szamorodner, Máslás oder unter sonst einer auf die Tokaier Weingegend oder eine dazu gehörende Gemeinde oder Lage hinweisenden Bezeichnung in Verkehr gebracht werden

17. Dessertweinverschnitte, die Anteile enthalten, die nicht den betreffenden portugiesischen Bezirken des Douro bzw. der Insel Madeira entstammen und über die Häfen von Porto bzw. Funchal verschifft worden sind, dürfen im inneren Verkehr des Deutschen Reichs nicht als Porto (Oporto, Portwein oder ähnliche Zusammensetzungen, wie z. B. red Port, white Port, royal Port, Portil, Portoletta usw.) bzw. als Madeira (Madeirawein oder ähnliche Zusammensetzungen) verkauft werden.

18. Dessertweine oder Dessertweinverschnitte, die ohne geographische Herkunftsbezeichnung in Verkehr gebracht werden, müssen den Anforderungen des Deutschen Weingesetzes an inländische Erzeugnisse entsprechen. Die Bezeichnung „Sherry" ist im Sinne dieser Bestimmung und des Satzes 14 als geographische Herkunftsbezeichnung für Jerezweine anzusehen.

III. Deutung der Ergebnisse der chemischen Analyse.

Die chemische Analyse der Dessertweine vermag Aufschlüsse über die Herstellungsweise der untersuchten Erzeugnisse zu geben und damit Unterlagen für die Anwendung der vorstehenden Beurteilungsgrundsätze zu gewähren.

a) Konzentrierte Süßweine.

1. Konzentrierte Süßweine besitzen einen verhältnismäßig hohen Gehalt an zuckerfreiem Extrakt, an Mineralstoffen und an Phosphatrest. Sie enthalten wenigstens 29 g zuckerfreies Extrakt (Gesamtextrakt nach der Rohrzuckertafel — Zucker + 1) und wenigstens 0,40 g Phosphatrest (PO_4) in 1 l.

2. Diese Grenzzahlen sind nur maßgebend für die Beurteilung der Frage, ob ein Wein überhaupt als konzentrierter Süßwein anzusehen ist. Im übrigen kommt den einzelnen Sorten der konzentrierten Süßweine ein sehr verschiedenartiger Grad der Konzentration zu. Mit dem Konzentrationsgrad steigen im allgemeinen die Werte für zuckerfreies Extrakt und Phosphatrest an; sie stehen demnach in Beziehung zu dem ursprünglichen Extraktgehalt des Mosts, aus dessen Vergärung der Dessertwein hervorging.

3. Demnach empfiehlt es sich, bei der Begutachtung der konzentrierten Süßweine den ursprünglichen Extraktgehalt des Mosts zu berechnen. Das geschieht, indem man nach der Formel $d + 0{,}001\ A$ das ursprüngliche spezifische Gewicht ermittelt und den zugehörigen Extraktgehalt der Rohrzuckertafel entnimmt. Hierin bedeutet d das spezifische Gewicht des Weins bei 15°, bezogen auf Wasser von 4°, und A den Alkoholgehalt in Grammen in 1 l Wein. Bei Wein, der einen Alkoholzusatz erfahren hat, trifft eine derartige Berechnung nicht zu.

4. Die Herbeiziehung noch anderer Merkmale als der unter 1. und 2. genannten ist für die Beurteilung der Frage, ob ein konzentrierter Süßwein vorliegt, und für die Ermittlung des Grads der Konzentration zu erstreben. Insbesondere wird in Zukunft mehr als bisher auf den Gehalt der Dessertweine an nichtflüchtigen Säuren und an Milchsäure und auf den aus diesen beiden Werten abzuleitenden ursprünglichen Säuregehalt des Mosts zu achten sein.

5. Konzentrierte Süßweine, die durch Vergären von Traubensaft von besonders hoher Konzentration nach den Verfahren *a*) bis *c*) und *e*) bereitet sind, zeigen ein merklich höheres Fructose-Glykoseverhältnis als 1 : 1.

6. Konzentrierte Süßweine, die Fructose und Glykose nahezu im Verhältnis 1 : 1 enthalten, hatten ihre Gärung bereits vollendet, ehe der darin enthaltene Zucker ihnen einverleibt wurde, sind also nach Verfahren *d*) bereitet.

7. Ob Trockenbeeren, getrocknete Beeren oder eingekochter Most bei der Herstellung eines konzentrierten Süßweins, oder ob statt dessen Rosinen verwendet wurden, läßt sich meist nicht aus den Ergebnissen der Analyse erkennen. Doch wird man — mit Ausnahme von rheinischen Trockenbeerauslesen und Tokaier-Essenz — bei einem Erzeugnis, dessen Zusammensetzung auf ein Ausgangsmaterial von mehr als 460 g Extrakt in 1 l hinweist, im allgemeinen die Verwendung von Trockenbeeren oder von getrockneten Beeren für ausgeschlossen und diejenige von stärker eingetrockneten Rosinen für wahrscheinlich halten können.

b) Gespritete Dessertweine (Likörweine).

8. Dessertweine, bei denen auf 100 Gewichtsteile Alkohol weniger als 6 Gewichtsteile Glycerin kommen, haben einen Alkoholzusatz erhalten und sind als gespritete Dessertweine anzusehen. — Glycerin im Sinne dieser und der folgenden Bestimmung ist das nach einem solchen analytischen Verfahren ermittelte, das tatsächlich reines Glycerin finden läßt.

9. Gespritete Dessertweine sollen wenigstens 3,6 g Glycerin in 1 l enthalten; anderenfalls sind sie nicht Wein im Sinne des Deutschen Weingesetzes.

10. Gespritete Dessertweine, die durch Alkoholzusatz zu nicht vollständig vergorenem Most gewöhnlicher Trauben oder zu nicht vollständig vergorenem Trockenbeermost, Most von getrockneten Beeren oder eingekochtem Most hergestellt sind, zeigen einen wesentlichen Überschuß des Fructosegehalts über den Glykosegehalt.

11. Gespritete Dessertweine, bei denen das Verhältnis von Fructose zu Glykose nicht wesentlich von 1 : 1 abweicht, sind durch Alkoholzusatz zu trocknem Wein oder zu gewöhnlichem Most oder zu konzentriertem Traubensaft oder zu Mischungen von trockenem Wein mit gewöhnlichem Most oder konzentriertem Traubensaft bereitet, ohne daß nach der Vermischung bzw. nach dem Alkoholzusatz eine weitere wesentliche Gärung stattgefunden hätte.

12. Zur Entscheidung der Frage, ob bei der Herstellung eines gespriteten Dessertweins einerseits gewöhnlicher Most oder andererseits Trockenbeeren oder getrocknete Beeren oder eingekochter Most verwendet wurden, kann der Gehalt an zuckerfreiem Extrakt, an Mineralstoffen, an Phosphatrest, an nichtflüchtigen Säuren, an Milchsäure und sehr wahrscheinlich auch an Stickstoff herangezogen werden.

c) Gezuckerte Erzeugnisse.

13. Erzeugnisse, die unter Verwendung von Zucker hergestellt wurden, sind in der Regel an einem niedrigen Gehalt an zuckerfreiem Extrakt, an Phosphatrest und an nichtflüchtigen Säuren kenntlich. Diese Merkmale treten unter Umständen nur dann hervor, wenn man sie in Beziehung zu dem Extraktgehalt setzt, den das Ausgangsmaterial vor der Vergärung aufgewiesen haben müßte. Manchmal enthalten die hierhergehörenden Erzeugnisse noch unveränderte Saccharose.

d) Beurteilung der einzelnen Sorten.

14. Die Frage, ob ein vorliegender Dessertwein die normale Zusammensetzung der Sorte besitzt, der er seiner Benennung nach angehören soll, ist von Fall zu Fall an der Hand des statistischen Materials zu entscheiden. Eine wesentliche Vermehrung desselben läßt die Veröffentlichung von Ergebnissen der Auslandweinkontrolle erwarten. Vorschläge zu Beurteilungsnormen für die einzelnen Sorten sind deshalb zweckmäßig bis zum Erscheinen jener Veröffentlichungen zurückzustellen. Im Besitz derselben wird man nicht eine Aufstellung von Grenzzahlen, sondern vielmehr eine Charakterisierung der einzelnen Sorten anstreben müssen, die sich insbesondere auf die Art der Herstellung, die Art und den Grad einer etwaigen Konzentration und eines etwaigen Alkoholzusatzes zu erstrecken hätte.

e) Einzelne Gesichtspunkte.

15. Mit Beziehung auf den Gehalt der Dessertweine an flüchtigen Säuren ist zu beachten, daß die für einheimische trockne Weine geltenden Beurteilungsgrundsätze nicht auf das vorliegende Gebiet übertragen werden können. Bis auf weiteres sind die von Haas aufgestellten Normen zu benutzen. Danach sind Dessertweine mit einem Gehalt von 1,7 g flüchtigen Säuren in 1 l, berechnet als Essigsäure, nicht zu beanstanden. Dessertweine, in welchen die Sinnenprobe keinen Geruch oder Geschmack nach Essigsäure wahrnehmen läßt, können auch bei mäßiger Überschreitung der angegebenen Grenzzahl nicht als essigstichig bezeichnet werden.

16. Mit Beziehung auf den Gehalt der Dessertweine an Sulfatrest ist zu beachten, daß ein größerer Gehalt hieran bei manchen Sorten der normalen Zusammensetzung entspricht.

17. Eine Beurteilung der Dessertweine auf Grund des unter Nr. 12d der (früheren) amtlichen Anweisung für die Untersuchung des Weins vom 25. Juni 1896 beschriebenen Verfahrens zum Nachweis der unvergärbaren Stoffe des unreinen Stärkezuckers ist in der Regel nicht zulässig.

Die Forderung, daß die Süßweine mindestens 60 g durch Eigengärung entstandenen Alkohol im Liter enthalten sollen (II. Nr. 1 und III. Nr. 9 der Leitsätze), kann nicht mehr aufrechterhalten werden, nachdem das Reichsgericht durch Urteil vom 2. Dezember 1915 dahin entschieden hat, daß die nur schwach angegorenen, durch Alkoholzusatz stumm gemachten Weine (Mistellen) als Wein anzusehen und verkehrsfähig sind.

Anhang.

Obst- und Beerenweine.

Die Untersuchung der Obst- und Beerenweine erfolgt im allgemeinen nach den für Traubenwein gebräuchlichen Verfahren.

Das Weingesetz vom 7. April 1909 nimmt auf diese weinähnlichen Getränke nur im § 10 Bezug. Nach den Ausführungsbestimmungen vom 9. Juli 1909 dürfen bei deren Herstellung folgende Stoffe nicht verwendet werden: Lösliche Aluminiumsalze (Alaun u. dgl.), Ameisensäure, Bariumverbindungen, Benzoesäure, Borsäure, Eisencyanverbindungen (Blutlaugensalze), Farbstoffe mit Ausnahme von kleinen Mengen gebrannten Zuckers (Zuckercouleur), Fluorverbindungen, Formaldehyd und solche Stoffe, die bei ihrer Verwendung Formaldehyd abgeben, Glycerin, Kermesbeeren, Magnesiumverbindungen, Oxalsäure, Salicylsäure, unreiner (freien Amylalkohol enthaltender) Sprit, unreiner Stärkezucker, Stärkesirup, Strontiumverbindungen, Wismutverbindungen, Zimtsäure, Zinksalze, Salze und Verbindungen der vorbezeichneten Säuren sowie der schwefligen Säure (Sulfite, Metasulfite u. dgl.). Im übrigen ist bezüglich der Beurteilung der Obst- und Beerenweine das Nahrungsmittelgesetz vom 14. Mai 1879 maßgebend.

Die Obst- und Beerenweine müssen im Verkehr Bezeichnungen tragen, die die Stoffe kennzeichnen, aus denen sie hergestellt sind.

Von Verfälschungen der Obstweine kommen Überstreckungen mit Wasser oder Zuckerlösungen am häufigsten vor. Naturapfelwein oder echter Apfelwein muß aus reinem Apfelsaft hergestellt sein. An die als Apfelwein schlechthin bezeichneten Getränke stellte man früher die gleiche Anforderung; neuerdings ist man geneigt, hier eine Streckung mit Wasser, das zum Ausziehen der Trester benutzt wird, oder mit Zuckerlösung bis zu 10% zuzulassen. Größere Streckungen sind zu beanstanden. In Württemberg (und benachbarten Landesteilen) stellt man einen verdünnten Apfelwein her, der als Most bezeichnet wird und bis zu 33% Wasserzusatz haben kann.

Bei der Beurteilung der Obstweine ist besonders auf den Extrakt-, Mineralstoff- und Alkoholgehalt Rücksicht zu nehmen; der Säuregehalt ist oft sehr niedrig. Naturapfelweine enthalten mindestens 2 g zuckerfreien Extrakt, 0,2 g Mineralstoffe und in der Regel 4 g Alkohol in 100 ccm. Birnenweine sind oft viel extraktreicher und enthalten bisweilen bis zu 5 g Extrakt in 100 ccm.

Darüber, ob ein Zusatz von Säuren (Weinsäure, Citronensäure, Milchsäure) zu Apfel- und Birnenweinen kenntlich gemacht werden soll, auch wenn er zur Haltbarmachung der Getränke notwendig und technisch gerechtfertigt ist, sind die Ansichten der Sachverständigen geteilt. Man neigt aber immer mehr der Auffassung zu, in diesem Fall einen Säurezusatz ohne Kenntlichmachung zuzulassen.

Der Gehalt der Apfel- und Birnenweine an flüchtigen Säuren sollte 0,15 g in 100 ccm nicht überschreiten; Obstweine mit höherem Gehalt an flüchtigen Säuren, die bei der Kostprobe deutlich stichig schmecken, sind als verdorben zu beanstanden.

Malz- und Maltonweine.

Malzweine sind aus Malzauszügen hergestellte Getränke, die dem gewöhnlichen Tischwein ähnlich sind; den Süßweinen ähnliche Getränke aus Malzauszügen heißen Maltonweine. Die Malzweine sind namentlich durch ihren Gehalt an Dextrinen gekennzeichnet, die sich auf Alkoholzusatz flockig abscheiden; sie sind vor und nach der Inversion stark rechtsdrehend. Sie enthalten meist wenig zuckerfreien Extrakt, wenig Mineralstoffe und wenig Gesamtsäure, doch öfter viel flüchtige Säuren (Kulisch, Zeitschr. f. Unters. d. Nahr.- u. Genußm. **26**, 705; 1913). Zur Unterdrückung der Malzweine wurde vom Bundesrat durch Verordnung vom 21. Mai 1914 folgendes bestimmt: „Bei der Herstellung von dem Wein ähnlichen Getränken aus Malzauszügen ist die Verwendung von Zucker und Säuren jeder Art, ausgenommen Tannin als Klärmittel, sowie von zucker- und säurehaltigen Stoffen untersagt. Nur bei Getränken, die Dessertweinen ähnlich sind und mehr als 10 g Alkohol in

100 ccm enthalten, ist der Zusatz von Zucker gestattet; doch darf das Gewicht des Zuckers nicht mehr als das 1,8fache des Malzes betragen. Wasser darf höchstens in dem Verhältnis von 2 Gewichtsteilen Wasser auf 1 Gewichtsteil Malz verwendet werden; soweit der Zusatz von Zucker zugelassen ist, wird das Gewicht des Zuckers dem des Malzes zugerechnet."

Schaumweine.

Nach § 15 des Weingesetzes vom 7. April 1909 dürfen irgendwie verfälschte Weine nicht zur Herstellung von Schaumwein verwendet werden. Die für Obst- und Beerenweine verbotenen Stoffe (vgl. S. 355) dürfen auch dem Schaumwein nicht zugesetzt werden. Über die Bezeichnung der Schaumweine trifft § 17 des Weingesetzes Bestimmungen: Das Land der Flaschenfüllung muß angegeben werden; bei nicht ausschließlich durch Flaschengärung gewonnenen Schaumweinen muß der Zusatz von fertiger Kohlensäure deklariert werden. Obst- und Beerenschaumweine müssen entsprechend ihrer Abstammung bezeichnet sein.

Die Traubenschaumweine sind bisweilen verhältnismäßig arm an zuckerfreiem Extrakt und namentlich an Mineralbestandteilen. Grünhut (Zeitschr. f. analyt. Chemie **37**, 231; 1898; Weinbau und Weinhandel **16**, 253; 1898) hatte daraus geschlossen, daß zur Herstellung der Schaumweine häufig stark gewässerte Weine verwendet würden. Kulisch (Zeitschr. f. angew. Chem. **11**, 573, 610, 1898) wies indessen nach, daß diese besonderen Verhältnisse durch die Beschaffenheit der verwendeten Klarettweine (aus weißgekelterten blauen Trauben) und die Art der Herstellung der Schaumweine (nochmalige Vergärung auf der Flasche und Verdünnung durch den Likörzusatz) bedingt sind.

Bier.

Von

Prof. Dr. C. J. Lintner, München.

Bier ist ein vorherrschend aus Gerstenmalz, Wasser und Hopfen durch Gärung mittels Hefe hergestelltes Getränk. Besondere Biersorten (Weißbier), welche meist nur eine lokale Bedeutung besitzen, werden auch aus Weizenmalz oder einem Gemenge von Gersten- und Weizenmalz hergestellt.

Andere stärkehaltige Rohmaterialien, wie Mais, Reis, Stärkemehl oder Zucker, zur Bierbereitung zu verwenden, ist nicht in allen Ländern gestattet.

Zum Zwecke der Bierbereitung wird das zerkleinerte Malz mit Wasser gemischt und die Mischung (Maische) allmählich auf 75° gebracht. Man erreicht diese Temperatur entweder dadurch, daß man einen bestimmten Anteil der Maische kocht und mit dem nicht gekochten vereinigt (Dekoktionsverfahren), oder dadurch, daß man gleich mit Wasser von höherer Temperatur einmaischt, oder bei kaltem Einmaischen Wärme zuführt (Infusionsverfahren). Durch das Maischen werden die löslichen Bestandteile des Malzes ausgezogen (Zucker, stickstoffhaltige Bestandteile und Mineralstoffe) und das unlösliche Stärkemehl unter dem Einfluß der Diastase in Maltose und (Achroo-) Dextrine übergeführt. In geringem Umfange findet auch ein Abbau von Eiweißstoffen des Malzes durch proteolytische Enzyme statt. Die beim Maischen entstehende süße Flüssigkeit (Würze) wird von dem Ungelösten (den Trebern) getrennt und mit Hopfen gekocht. Die gehopfte Würze wird abgekühlt und mit Hefe zur Gärung angestellt. Man unterschiedet die Unter- und die Obergärung. Die Hauptmenge des Bieres wird auf dem Wege der Untergärung, welche in die Haupt- und Nachgärung zerfällt, mit Anwendung bestimmter Heferassen hergestellt. Die Hauptgärung verläuft bei 5 bis 10° in offenen Gärbottichen, die Nachgärung, durch welche das Bier erst die Konsumreife erlangt, in Fässern bei einer Temperatur von 5 bis 0°. Bei der Hauptgärung wird der Zucker der Bierwürze bis auf einen kleinen Rest in Alkohol und Kohlensäure gespalten. Während der Nachgärung vollzieht sich die Klärung des Bieres und dessen Sättigung mit Kohlensäure.

Der Obergärung, welche bei 10 bis 20° vor sich geht, bedient man sich vorzugsweise zur Herstellung des Weißbieres.

Das konsumreife Bier soll eine klare, moussierende und Schaum haltende, rein und prickelnd mehr oder weniger nach Malz und Hopfen schmeckende Flüssigkeit von der Farbe des Biertypus, hellweingelb bis dunkelbraun, darstellen.

Rohmaterialien.

Wasser, Gerste (Weizen), Hopfen sowie das aus der Gerste (Weizen) bereitete Malz; ferner Farbmalz.

Eine planmäßige Untersuchung derselben, insbesondere des Malzes, dessen Eigenschaften und Zusammensetzung hauptsächlich maßgebend sind für das gute Gelingen des Brauprozesses sowie für die gute Zusammensetzung des Bieres, bildet die beste Grundlage für die Betriebskontrolle. Neben der chemisch-technischen ist von nicht geringerer Bedeutung die mikroskopisch-biologische Betriebskontrolle, welche außerhalb des Rahmens des vorliegenden Werkes fällt. Es sei daher bezüglich letzterer auf P. Lindners „Mikroskopische Betriebskontrolle in den Gärungsgewerben", Berlin, Paul Parey, ferner A. Klöcker, „Die Gärungsorganismen in der Theorie und Praxis der Alkoholgärungsgewerbe", Stuttgart, Max Waag, endlich H. Will, „Anleitung zur biologischen Begutachtung von Bierwürze, Bierhefe, Bier und Brauwasser, zur Betriebskontrolle sowie zur Hefereinzucht", München und Berlin, R. Oldenbourg, hingewiesen. (Vgl. auch W. Windisch, „Das chemische Laboratorium des Brauers", Berlin, Paul Parey. — Pawlowski-Doemens, „Die brautechnischen Untersuchungsmethoden". München und Berlin, R. Oldenbourg.)

Untersuchungsmethoden.

Wasser. Die Anforderungen, welche an das zum Bierbrauen zu verwendende Wasser gestellt werden müssen, entsprechen im allgemeinen denjenigen an Trinkwasser. Die anzuwendenden Untersuchungsmethoden für Brauwasser sind dieselben wie für Trink- oder Nutzwasser (siehe Bd. I, S. 485). Gröbere Verunreinigungen durch Salpeter- oder salpetrige Säure, Ammoniak, Phosphorsäure, Chloride, Schwefelwasserstoff sind, da sie auf starke Bodenverunreinigungen zurückzuführen sind, im Brauwasser zu beanstanden. Eisenhaltiges Brauwasser ist für die Zwecke der Mälzerei schlecht geeignet und gibt beim Brauen dunklere Biere, die zu Trübungen neigen. Enteisenung hilft diesem Übelstand ab. Kochsalzhaltiges Wasser wirkt bei der Malzbereitung, wenn die Gerste mit demselben geweicht war, verzögernd auf das Wachstum des Keimlings, als Bestandteil des Maischwassers soll Kochsalz günstig auf die Klärung und den Geschmack des Bieres einwirken. Dagegen ist ein mäßig hoher Gipsgehalt im Brauwasser erwünscht. Allzu weiches Brauwasser, in welchem die Hefe wegen Kalkmangels leicht degeneriert, pflegt man durch Zusatz von Gips künstlich zu härten (10 g Gips zum Hektoliter Brauwasser). Ein sehr hoher Gipsgehalt erscheint dagegen bedenklich, da Biere aus gipsreichem Wasser größere Neigung zur Glutintrübung haben und beim Pasteurisieren starke Eiweißausscheidungen geben. Allzu weiches Wasser ist auch schlecht brauchbar zum Weichen der Gerste, da es nicht imstande ist, die in der Spelze vorhandenen, herb und bitter schmeckenden Gerbstoffe und Harze zu entfernen. Dazu ist die Anwesenheit von Calciumbicarbonat erforderlich.

Zu hoher Gehalt an kohlensaurem Kalk und selbst sehr geringe Mengen von Natriumcarbonat bewirken durch die Lösung gewisser Hopfenbestandteile (Phlobaphene) ein Zufärben der Würze, so daß solches Wasser für die Herstellung heller Biere ungeeignet erscheint. Die Carbonate neutralisieren die natürliche Säure des Malzes und der Würze und beeinträchtigen dadurch unter Umständen die Extraktausbeute aus dem Malze und die Haltbarkeit des Bieres.

Der Keimgehalt eines Brauwassers soll gering sein, insbesondere soll es keine bierschädlichen Keime (Bakterien, wilde Hefe) enthalten, wenn es ungekocht zum Reinigen der Geräte benutzt wird. Durch Kochen werden die meisten der vorhandenen Organismen unschädlich gemacht, und man kann daher ein durch Pilze stark verunreinigtes Wasser durch Kochen brauchbarer machen. Praktisch steriles Wasser wird auch erzielt und zwar vielfach billiger und sicherer durch Filtration über ein sachgemäß bedientes Berkefeld - Filter.

Ein chemisch einwandfreies Wasser ist stets noch biologisch auf seine Brauchbarkeit für Brauereizwecke zu untersuchen.

Hopfen. Der Hopfen im Sinne des Brauers besteht aus den reifen Fruchtständen der weiblichen Blüten, Hopfenkätzchen oder Zapfen der Hopfenpflanze (Humulus lupulus). Die Vor- und Deckblätter der Zapfen sind an den unteren und inneren Teilen mit einem hellgelben klebrigen Mehl, den sog. Lupulinkörnern, bedeckt. Das Lupulin ist ein Drüsensekret und hauptsächlich der Träger der aromatischen und bitteren Bestandteile des Hopfens. Die Qualität des Hopfens ist abhängig von der Provenienz, von den Kultur- und Witterungsverhältnissen sowie von der Behandlung nach der Ernte. Das Aroma der geernteten Zapfen und ihre Beschaffenheit hinsichtlich Gestaltung, Reinheit und Gleichmäßigkeit der Farbe und Mehlgehalt bilden das praktische Kriterium für die Wertschätzung des Hopfens.

Die größte Sorgfalt muß dem Hopfen zugewendet werden, um ihn als Handelsware für unbestimmte Zeit mit allen seinen dem Brauer wichtigen Eigenschaften zu erhalten; denn der Hopfen ist sehr leicht tiefgreifenden und seine Brauchbarkeit beeinträchtigenden Veränderungen unterworfen. Solche treten insbesondere rasch nach der Ernte ein, besonders bei feuchter Ernte, und wenn die Trocknung nicht in kürzester Zeit bewirkt worden ist. Man pflegt den Hopfen, wenn er bei feuchtem Erntewetter nicht natürlich lufttrocken gebracht werden kann, künstlich mittels Wärme in Trockenstuben und auf Darren zu trocknen und auch behufs besserer Konservierung zu schwefeln. Das letztere Mittel wird öfter dazu benutzt, einem nicht farbschönen Hopfen ein besseres Ansehen zu verleihen und wird daher von Brauern nicht immer gern gesehen.

Man unterscheidet die Hopfensorten nach der Provenienz und nach der Zeit der Reife (Früh- und Späthopfen). Die Provenienz ist maßgebend für gewisse spezifische Eigenschaften, insbesondere das Aroma. In der Provenienzbezeichnung liegt zugleich eine gewisse Bewertung des Hopfens, und es gelten z. B. der böhmische Saazer, die bayrischen Spalter und Hallertauer, der englische „Goldings" von Kent als edelste Sorten. Im Handel findet sich auch die Bezeichnung „Lagerbierhopfen", welcher aber selten eine einheitliche Sorte, sondern meist eine Mischung aus zum Teil besserem mit oft sehr geringwertigem Hopfen bildet.

Die Beurteilung des Hopfens geschieht vornehmlich auf Grund einer mechanischen Prüfung nach Gestaltung des Zapfens, Mehlgehalt (Lupulin), Körnergehalt (Samen), Reinheit der Pflücke, Feuchtigkeit, Farbe und Geruch. Der Hopfen soll auch gesund sein, keine Parasiten sowie Schimmelpilze enthalten. Schlecht konservierter, alter Hopfen besitzt einen ausgeprägt käsigen Geruch, das Mehl hat eine orangegelbe bis braune Farbe angenommen und ist harzig geworden, während es sonst ölig erscheint, desgleichen sind die Schuppen der Zapfen trocken harzig.

In der chemischen Zusammensetzung des Hopfens unterscheiden wir neben den allgemeinen Pflanzenbestandteilen, wie Cellulose, Fett, Wachs, stickstofffreien Extraktstoffen und Mineralstoffen, die spezifischen Hopfenbestandteile, auf deren Anwesenheit die Verwendung des Hopfens zum Bierbrauen beruht, wie das Hopfenöl, die aus organischen Lösungsmitteln krystallisierenden Hopfenbittersäuren (α-Säure oder Humulon $C_{21}H_{30}O_5$, β-Säure oder Lupulon $C_{26}H_{38}O_4$), die Hopfenharze (2 bittere Weichharze, α- und β-Harz, und ein geschmackloses Hartharz, γ-Harz) und endlich den Hopfengerbstoff.

Die Untersuchung des Hopfens beschränkt sich gewöhnlich auf die Bestimmung des Wassergehaltes und den Nachweis einer vorgenommenen Schwefelung. Die Wasserbestimmung kann durch Trocknen bei einer 100° nicht übersteigenden Temperatur zur Ausführung kommen, nachdem nachgewiesen ist, daß der durch Verdampfung von ätherischem Öl entstehende Fehler vernachlässigt werden kann. Man trocknet im Lufttrockenschrank 2 bis 3 g Hopfen in Trockengläschen (7 cm hoch, 5 cm weit) 11 Stunden oder im Leuchtgasstrom in der Trockenente 4 Stunden. Die früher angewendete Trocknung im Vakuum über Schwefelsäure gibt zu niedrige Resultate (Barth, Zeitschr. für d. ges. Brauwesen **1897**, 153). Nach Neumann (Wochenschr. für Brauerei **1910**, 283) genügt eine Trocknung von 3 Stunden bei 70 bis 75° C, wenn der Hopfen auf einer Fleischhackmaschine, wie sie im Haushalte bekannt ist, zerkleinert wurde. Der Wassergehalt des Hopfens läßt sich auch mit dem Apparat von Hoffmann (zu beziehen von dem Institut für Gärungsgewerbe in Berlin) bestimmen (Zeitschr. f. angew. Chem. **21**, 2098; 1908).

Prüfung auf Schwefelung. Diese wird nach Aubry und Prior (Zeitschr. f. d. ges. Brauwesen **1883**, 145 und Bayr. Brauerjourn. I, 661) mit einem wäßrigen Auszug aus 10 g zerkleinertem Hopfen mit 200 ccm destilliertem Wasser mittels der Heidenreichschen Methode durch Überführung des Schwefeldioxyds in Schwefelwasserstoff ausgeführt. Man bringt von dem filtrierten Auszug ca. 50 ccm in ein Glaskölbchen mit ca. 1,5 g schwefelfreiem Zink und 25 ccm chemisch reiner Salzsäure und bedeckt das Kölbchen entweder mit befeuchtetem Bleipapier oder einem in den Hals eingeschobenen Wattepfropf, der mit basischem Bleiacetat mäßig befeuchtet worden ist. Sofern der Hopfen geschwefelt war, tritt schon innerhalb einer halben Stunde deutliche, je nach dem Grade der Schwefelung mehr oder weniger starke Bräunung auf. Längeres Stehenlassen der Probe ist überflüssig und führt leicht zu Täuschungen, weil erwiesenermaßen auch bei nichtgeschwefeltem Hopfen später Schwefelreaktion auftritt. Weil in der Praxis häufig Gemische von geschwefeltem und ungeschwefeltem Hopfen vorkommen, ist es wesentlich, eine, wie oben angegeben, größere Quantität des Hopfens in Untersuchung zu nehmen, womit eine Beimengung von 1% geschwefeltem Hopfen noch erkannt werden kann.

Für die Beurteilung aus der chemischen Untersuchung können noch in Betracht kommen die Gerbsäure, der Gesamtharzgehalt und namentlich der Gehalt an Bitterstoffen (bittere Weichharze und Bittersäuren).

Bestimmung des Hopfengerbstoffs. Ein verhältnismäßig einfaches Verfahren, das auch recht befriedigende Resultate liefert, ist von Chapman (Journ. Inst. Brewing **13**, 649; 1907 und Wochenschr. f. Brauerei **1908**, 319) angegeben worden. 10 g Hopfen werden in einem Kolben, der bei 508 ccm eine Marke trägt, mit 400 ccm kochend heißen destillierten Wassers übergossen und 2 Stunden im kochenden Wasserbad digeriert unter zeitweiligem Umrühren mittels eines abgeplatteten Glasstabes. Man kühlt darauf auf 15° ab und füllt mit destilliertem Wasser bis zur Marke auf. Die 500 ccm übersteigenden 8 ccm entsprechen dem Volumen des ausgekochten Hopfens. Man filtriert in eine trockene Flasche und dampft vom Filtrat 50 ccm langsam auf dem Wasserbad bis auf 15 ccm ein, kühlt ab und fügt 50 ccm einer gesättigten wäßrigen Lösung von Cinchoninsulfat zu. Nach ein- bis zweistündigem Stehen wird der Niederschlag auf einen mit Asbest präparierten Goochtiegel anfangs ohne Saugen abfiltriert. An den Wandungen des Fällungsgefäßes darf der Niederschlag nicht antrocknen, da er sich sonst schwer entfernen läßt. Man wäscht mehrmals mit einer 0,5 proz. Cinchoninsulfatlösung (die gesättigte Lösung verdünnt mit dem gleichen Volumen Wasser) nach, saugt nach dem Auswaschen, bis der Niederschlag rissig wird, und trocknet im Dampftrockenschrank bis zur Gewichtskonstanz. Das Gewicht des Niederschlags mit 0,6 multipliziert gibt den Gerbstoffgehalt in 1 g Hopfen.

Nach Chapman wechselt der Gerbstoffgehalt zwischen 2,26 bis 4,64%, berechnet auf Hopfentrockensubstanz.

Bestimmung der Gesamthopfenharze nach Siller (Zeitschr. f. Unters. der Nahrungs- und Genußmittel **16**, 251; 1909). 10 g des auf einer kleinen Fleischhackmaschine zerkleinerten Hopfens werden 8 bis 10 Stunden im Soxhlet-Apparat mit Äther extrahiert; der Extrakt wird im Vakuum bei 40° verdampft und der Rückstand zur

Entfernung des Wachses mit Methylalkohol aufgenommen. Man filtriert, wäscht nach und füllt das Filtrat mit Methylalkohol zu 100 ccm auf.

10 ccm der methylalkoholischen Extraktlösung (entsprechend 1 g Hopfen) werden in einem vorher gewogenen Kölbchen im Trockenkasten bis zum vollständigen Verdampfen des Alkohols etwa 4 bis 5 Stunden auf ungefähr 80° erhitzt. Nach dem Erkalten wird gewogen.

Bestimmung der Bitterstoffe. Nach Lintner (Zeitschr. f. d. ges. Brauwesen **1898**, 407; vgl. auch Neumann, Wochenschr. f. Brauerei **1910**, 283) lassen sich die Bitterstoffe im Hopfen, welche sauren Charakter besitzen, durch Titration mit Phenolphthalein als Indicator bestimmen. Nach Adler (Zeitschr. f. d. ges. Brauwesen **1912**, 406) wird dabei folgendermaßen verfahren: 10 g auf einer kleinen Fleischhackmaschine zerkleinerten Hopfens werden mit 200 ccm Petroläther von der Siedetemperatur 48°, die gegebenen Falles durch einen Zusatz von Benzin oder niedrig siedendem Petroläther genau eingestellt wurde, in einem Meßkolben mit Marke bei 255 ccm (5 ccm entsprechen dem Volumen des Hopfens) 7 Stunden am Rückflußkühler unter gelindem Sieden im Wasserbad von 51 bis 55° extrahiert. Darauf wird abgekühlt, mit Petroläther zur Marke aufgefüllt und sofort filtriert. Vom Filtrat werden 50 ccm am besten in einem Erlenmeyer-Kölbchen mit eingeschliffenem Glasstopfen (Sendtner-Kölbchen) nach Zusatz von 10 bis 15 Tropfen einer 1 proz. Phenolphthaleinlösung und 0,5 bis 1 ccm Alkohol mit alkoholischer $^{n}/_{10}$-Kalilauge titriert. Der Umschlag ist eingetreten, wenn nach Entmischung der Schichten die untere alkoholische Lösung einen deutlich rotbraunen, schon stark in Carminrot spielenden Ton angenommen hat. Das Ergebnis der Titration drückt man in Prozenten Hopfenbitterstoff aus, indem man die pro 100 g Hopfen verbrauchten Kubikzentimeter Normalalkali mit dem Faktor 0,4 multipliziert. (Dabei ist das durchschnittliche Molekulargewicht der Hopfenbitterstoffe zu 400 angenommen. Die Zulässigkeit dieser Annahme ergab sich aus der guten Übereinstimmung zwischen der titrimetrischen und einer gewichtsanalytischen Bestimmung des Petrolätherextraktes.)

Hält man sich an obige Angaben (10 g Hopfen und 50 ccm Filtrat), so braucht man nur die verbrauchten Kubikzentimeter $^{n}/_{10}$-Kalilauge mit 2 zu multiplizieren, um die Prozente Bitterstoffe auf lufttrockene Substanz bezogen zu erhalten.

Guter Hopfen enthält 13 bis 15% Bitterstoffe in der Trockensubstanz.

Der Aschengehalt ist unter Umständen zu beachten, weil manchmal das Einstreuen von Sand als Beschwerungsmittel benutzt wird. Es darf aber nicht unberücksichtigt gelassen werden, daß Hopfen vermöge seiner klebrigen Beschaffenheit sehr viel Flugsand aufnimmt und festhält. Letzterer befindet sich alsdann gewöhnlich tiefer in den Zapfenschuppen steckend, während künstlich eingemischter Sand mehr auf der Oberfläche sitzt und auch leicht durch Abschlämmen erkannt werden kann. Der Aschengehalt soll 10% nicht überschreiten.

Andere Konservierungsmittel als schweflige Säure kommen für den Hopfen nicht in Betracht. Zu beachten ist indessen, daß der

Hopfen häufig Borsäure (Brand, Zeitschr. f. d. ges. Brauwesen **1892**, 426) als natürlichen Bestandteil enthält.

Gerste. Eine gute Malzgerste muß eine gesunde Beschaffenheit haben, der Geruch soll frisch, nicht dumpfig, die Farbe gleichmäßig und hell sein. Der Embryo (Keimling) soll lebensfähig sein, das Endosperm (Mehlkörper) voll und mehlreich, das Hektolitergewicht und Korngewicht dementsprechend hoch und die Spelzen nicht zu dick. Eine gute Malzgerste soll keine fremden Samenkörner enthalten und frei von verletzten Körnern sein, welche beim Mälzen Schimmel ansetzen. Die Beurteilung der Gerste erfolgt teils nach äußeren Merkmalen, teils auf Grund einer chemischen Untersuchung. Zur Beurteilung nach äußeren Merkmalen dient zunächst das Hektolitergewicht, das Tausendkörnergewicht, die Sortierung, die Prüfung auf Mehligkeit, die Keimfähigkeit und die Art der Keimung.

Die chemischen Bestandteile der Gerste sind Wasser, stickstoffhaltige Substanzen (fast ausschließlich Eiweißstoffe), Kohlenhydrate (Stärke, Cellulose, Hemicellulose, Gummikörper), Fett, Mineralstoffe mit Phosphaten.

Untersuchung der Gerste.

Dieser hat eine sorgfältige Probenahme vorauszugehen, um eine wirkliche Durchschnittsprobe zur Untersuchung zu erhalten. Das Hektolitergewicht wird mit einer Menge von mindestens $^1/_4$ Liter mittels des Reichsgetreideprobers oder des Brauerschen Getreideprüfers festgestellt. Das Hektolitergewicht der Braugerste schwankt im allgemeinen zwischen 65 und 72 kg. Mittelschwere Gersten haben ein Hektolitergewicht von 65 bis 67 kg, schwere ein solches von 68 bis 72 kg.

Zur Bestimmung des Tausendkörnergewichts werden je 500 Körner abgezählt, wozu man sich zweckmäßig des Kickelhaynschen Zählapparates bedient, gewogen und auf 1000 Körner berechnet. Das Gewicht wird auf Gerstentrockensubstanz bezogen. Es schwankt zwischen 30 und 50 g und liegt im Durchschnitt bei 40 g.

Sortierung. Diese gibt Aufschluß über die Größe und Gleichmäßigkeit des Kornes. Man bedient sich des Steineckerschen Apparates, welcher aus 3 Sieben von 2,8, 2,5 und 2,2 mm Schlitzweite besteht. Die Körner, welche auf den Sieben liegen bleiben, bezeichnet man als 1., 2. und 3. Sorte, das durch alle Siebe Durchgefallene als Ausputz. Gute Gerste soll möglichst wenig Ausputz und nicht zu viel Sorte III enthalten. Von Primagerste verlangt man 85 bis 90% Sorte I und II und nicht mehr als 3% Ausputz.

Keimfähigkeit. Diese soll an einer nicht zu kleinen Probe bestimmt werden. Keimapparate, welche nur für die Aufnahme von 100 Körnern eingerichtet sind, geben unsichere Resultate. Der Aubrysche Keimapparat (Zeitschr. f. d. ges. Brauwesen **1885**, 77) sowie der Schönfeldsche Keimtrichter (Wochenschr. f. Brauerei **1904**, 688) eignen sich sehr gut zur Ausführung der Keimprobe und werden in brautechnischen Laboratorien allenthalben angewendet. Der Aubrysche Apparat ist ein aus Blech gefertigter viereckiger Kasten mit

Glasschubfenstern an der Vorder- und Rückseite und Luftöffnungen unten und oben. Auf seitlich innen angebrachten Leisten trägt er Glasplatten zur Aufnahme der Keimproben. Jede Keimprobe soll aus 500 Körnern bestehen, die zwischen befeuchtetem Löschpapier ausgebreitet werden. Der Keimkasten faßt mindestens zehn Proben und wird nach der Beschickung an einem mäßig warmen Orte aufgestellt. Die Proben sollen nicht allzu feucht gehalten werden. Die günstigste Temperatur zur Keimung ist 20°. Nach 72 Stunden werden die gekeimten Körner herausgezählt. Der prozentuale Ausdruck für die nach dieser Zeit ausgekeimten Gerstenkörner wird mit Keimungsenergie bezeichnet. Der Schönfeldsche Keimtrichter besteht aus einem Stativ, welches vier Glastrichter zur Aufnahme der Gerste trägt. Die Trichter sind, mit Schlauchenden und Quetschhähnen versehen, über Porzellanschälchen angeordnet und mit Glasdeckel ausgerüstet, in welche, um ein Austrocknen der keimenden Gerste zu verhindern, feuchtes Filtrierpapier eingelegt wird. Die Gerste wird 3 Stunden in den Trichtern geweicht, dann wird das Wasser abgelassen und der Quetschhahn entfernt. Nach 10 bis 12 Stunden wird je nach Bedarf noch einmal 2 bis 3 Stunden unter Wasser gesetzt und darauf die Gerste gut gemischt der Keimung überlassen. Gute Braugerste soll eine Keimungsenergie von mindestens 95% besitzen. Keimfähigkeit ist der Ausdruck für die überhaupt, wenn auch erst in einem längeren Zeitraum, unter den geschaffenen Bedingungen auskeimenden Körner.

Frisch geerntete Gerste keimt meist träge und unvollkommen. Die Keimbestimmung gibt daher in diesem Fall kein zuverlässiges Resultat. Erst nach einer gewissen Lagerung wird die Keimungsenergie und Keimfähigkeit normal. Man hat gefunden, daß durch mehrstündiges Trocknen bei 30° die Keimreife wesentlich beschleunigt werden kann. Dieses Ergebnis ist übrigens, wie sich gezeigt hat, weniger auf die Wasserabgabe bei der Trocknung als auf den dabei stattfindenden Wärmereiz zurückzuführen.

Das Spelzengewicht wird nach Luff (Zeitschr. f. d. ges. Brauwesen **1898**, 485) in folgender Weise festgestellt. Man wiegt 50 Körner genau ab, bringt sie nebst 10 ccm einer 5proz. Ammoniaklösung in ein starkwandiges Fläschchen (Arzneiflasche), verschließt es mit einem Korke, stellt es ins Wasserbad, erhitzt bis auf 80° und beläßt eine Stunde bei dieser Temperatur. Dann werden von den Körnern die Spelzen abgenommen, die sich leicht lösen lassen; man trocknet sie bei 100° und wiegt sie nach dem Erkalten im Exsiccator. Zu dem erhaltenen Gewicht wird $^1/_{12}$ addiert, entsprechend dem bei der Ammoniakbehandlung entstandenen Gewichtsverlust. Wasserfreie Gerste liefert zwischen 8 und 10% Spelzen.

Mehligkeit. Die Beschaffenheit des Endosperms (Mehlkörpers) wird durch die Schnittprobe ermittelt. Es werden eine größere Anzahl von Körnern mittels besonderer Schneidevorrichtungen, sog. Farinatome, in der Mitte quer zur Längsachse durchgeschnitten. Nach dem Aussehen der Schnittfläche unterscheidet man mehlige, glasige und halbglasige Körner. Mehlige Gerste wird im allgemeinen vorgezogen; es ist jedoch zu beachten, daß es eine gutartige Glasigkeit gibt, die beim Weichen und darauffolgenden Trocknen der Gerste verschwindet. Man pflegt daher nach 24stündigem Weichen und Trocknen der Gerste eine neue Schnittprobe zu machen. Wenn die überwiegende Mehrzahl der Körner nun mehlig geworden, ist die ursprüngliche Glasigkeit nicht bedenklich. (Schneideapparate von Pohl, Grobecker.)

Wassergehalt. Der Wassergehalt der Gerste wird durch Trocknen von ca. 5 g des geschrotenen Materiales bei 105° in einem Trockenschranke mit guter Lüftung ermittelt. Es ist bei der Bestimmung des Wassergehaltes ganz besonders auf eine gute Durchschnittsprobe zu sehen, weil der Wassergehalt der Körner unter sich sehr variieren kann. Dies ist ganz besonders bei noch nicht genügend gelagerter Ware der Fall und bei Gersten mit sehr ungleich großen Körnern.

Zur raschen Wasserbestimmung in einer einzelnen Gerstenprobe empfiehlt sich der Apparat von F. J. Hoffmann (s. S. 361 unter Bestimmung des Wassergehaltes im Hopfen).

Stickstoff. Der Stickstoffgehalt der Gerste wird nach Kjeldahl in allgemein üblicher Weise festgestellt (vgl. Bd. II, S. 1120). Zur Aufschließung soll keine zu kleine Quantität Gerste — mindestens 2 g — angewendet werden. Der gefundene Stickstoff wird durch Multiplikation mit dem Faktor 6,25 in Proteinstoffe umgerechnet. Eine gute Braugerste soll keinen hohen Proteingehalt haben. Erfahrungsgemäß bewegen sich die besten Braugersten im Proteingehalt zwischen 9 und 12%. Stickstoffreichere Braugersten erfordern besondere Vorsicht bei der Malzbereitung, die auf die Entfernung eines größeren Anteiles der Stickstoffverbindungen hinzuarbeiten hat, um Malze zu gewinnen, deren Extrakt haltbare Biere liefert. Gersten mit hohem Proteingehalt geben meist extraktarme Malze.

Stärkemehl. Die Bestimmung des Stärkegehaltes der Gerste führt man mittels des Polarisationsverfahrens nach Lintner-Belschner-Schwarčz (Zeitschr. f. d. ges. Brauwesen **1913**, 85) folgendermaßen aus:

2,5 g feinstgemahlene Gerste (von 96% Feinmehlgehalt, stark wasserhaltige ist vor dem Mahlen zu trocknen) werden in einem 100 ccm-Kölbchen mit oben erweitertem Hals mit 5 ccm 96 vol.-proz. Alkohol durch Umschwenken innig gemischt. Hierauf werden 50 ccm einer Schwefelsäure vom spez. Gew. 1,40 unter Umschütteln zugegeben und das Gemisch eine Stunde lang bei 18 bis 22° stehengelassen, eventuell unter Zuhilfenahme eines Temperierbades. Nach Ablauf dieser Zeit wird mit Schwefelsäure vom spez. Gew. 1,30 unter Zugabe von 10 ccm 2 proz. Phosphorwolframsäurelösung bis zur Marke aufgefüllt, gründlich durchgeschüttelt und durch ein Faltenfilter (Schleicher u. Schüll Nr. 588) filtriert. Das anfangs trüb abgelaufene Filtrat wird zurückgegossen und ein reines Kölbchen untergestellt. Das völlig klare Filtrat wird in einem 2-dcm-Rohr mit Hartgummifassung bei Natriumlicht polarisiert. Das spezifische Drehungsvermögen der Gerstenstärke wurde unter den angegebenen Bedingungen zu $[\alpha]_D = 198°$ gefunden. Der Stärkegehalt in Prozenten der lufttrockenen Gerste ergibt sich somit durch Multiplikation des abgelesenen Drehungswinkels mit 10,1.

In nachstehender Tabelle sind die dem abgelesenen Drehungswinkel entsprechenden Stärkewerte in Prozenten der lufttrockenen Gerste aufgeführt.

α^0	Stärke %	α^0	Stärke %	α^0	Stärke %
4,75	47,98				
4,76	48,08	5,06	51,11	5,36	54,14
4,77	48,18	5,07	51,21	5,37	54,24
4,78	48,28	5,08	51,31	5,38	54,34
4,79	48,38	5,09	51,41	5,39	54,44
4,80	48,48	5,10	51,51	5,40	54,54
4,81	48,58	5,11	51,61	5,41	54,64
4,82	48,68	5,12	51,71	5,42	54,74
4,83	48,78	5,13	51,81	5,43	54,84
4,84	48,88	5,14	51,91	5,44	54,94
4,85	48,99	5,15	52,02	5,45	55,05
4,86	49,09	5,16	52,12	5,46	55,15
4,87	49,19	5,17	52,22	5,47	55,25
4,88	49,29	5,18	52,32	5,48	55,35
4,89	49,39	5,19	52,42	5,49	55,45
4,90	49,49	5,20	52,52	5,50	55,55
4,91	49,59	5,21	52,62	5,51	55,65
4,92	49,69	5,22	52,72	5,52	55,75
4,93	49,79	5,23	52,82	5,53	55,85
4,94	49,89	5,24	52,92	5,54	55,95
4,95	50,00	5,25	53,03	5,55	56,06
4,96	50,10	5,26	53,13	5,56	56,16
4,97	50,20	5,27	53,23	5,57	56,26
4,98	50,30	5,28	53,33	5,58	56,36
4,99	50,40	5,29	53,43	5,59	56,46
5,00	50,50	5,30	53,53	5,60	56,56
5,01	50,60	5,31	53,63	5,61	56,66
5,02	50,70	5,32	53,73	5,62	56,76
5,03	50,80	5,33	53,83	5,63	56,86
5,04	50,90	5,34	53,93	5,64	56,96
5,05	51,01	5,35	54,04	5,65	57,07

Die Bestimmung der Stärke durch Aufschließen im Dampftopf, Invertieren mit Salzsäure und Ermittlung des reduzierenden Zuckers mit Fehlingscher Lösung gibt (bis zu 5%) zu hohe Stärkewerte, da ein Teil der Pentosane als Stärke mit bestimmt wird.

Bestimmung der Pentosane nach Tollens - Kröber (Zeitschr. f. d. ges. Brauwesen **1898**, **413**; Journ. f. Landw. **48**, 357; 1900). Vgl. S. 584.

Extraktbestimmung in der Gerste. Nach Heintz (Wochenschr. f. Brauerei **1916**, 65, 268, 305) werden 25 g feinst gemahlener Gerste zur Vermeidung von Klumpenbildung zunächst mit 50 ccm Malzauszug eingemaischt, darauf werden noch einmal 50 ccm Malzauszug zugegeben. Die Maische wird nun 1 Stunde bei 50 bis 52° im Maischbade gehalten.

Dann wird die Temperatur in 5 Minuten auf 70 bis 72° gesteigert, nach einer halben Stunde gibt man 50 ccm Wasser von 70° zu und hält noch eine halbe Stunde bei 70°. Hierauf kühlt man ab, füllt auf 225 g auf, filtriert und bestimmt pyknometrisch das spezifische Gewicht des Filtrats bei 17,5 oder 20°.

Zur Bereitung des Malzauszuges wird 1 Teil nicht zu grobes Schrot von hellem Malz mit 5 Teilen Wasser von 45 bis 47° eingemaischt und 10 Minuten unter Umrühren bei dieser Temperatur gehalten. Darauf wird blank filtriert, abgekühlt und das spezifische Gewicht des Filtrats bestimmt bei 17,5 oder 20°.

Den Malzauszug den obigen Temperaturen der Gerstenmaische auszusetzen, erübrigt sich, da sich das spezifische Gewicht dabei nicht ändert.

Die Berechnung des Extraktgehaltes der Gerste geschieht wie bei der Malzanalyse (s. S. 370), jedoch unter Berücksichtigung des mit dem Malzauszug eingeführten Extraktes, der von dem Gesamtextrakt abzuziehen ist.

Die Extraktbestimmung ist für die Bewertung der Gerste insofern von Bedeutung, als sie annähernd denselben Wert liefert wie die Extraktbestimmung in dem aus der betreffenden Gerste erzeugten Malz. (Vgl. Reichard, Zeitschr. f. d. ges. Brauwesen **1909**, 558.)

Mineralstoffe. Die Aschebestimmung ergibt nach der üblichen Methode der Einäscherung organischer Stoffe den Gesamtgehalt an Mineralstoffen (durchschnittlich 2,5% lufttr.). Bei Gerste ist der Gehalt der Asche an Phosphaten von einiger Bedeutung, weil diese in der Bierbereitung als Nährstoffe der Hefe eine Rolle spielen. Man bestimmt die Phosphorsäure in einer gesonderten, mit Ätzbaryt eingeäscherten Probe nach der Molybdänmethode.

Reis und Mais finden als Ersatzstoffe für Malz in einigen Ländern Verwendung, vorübergehend zur Zeit auch in Deutschland. Sie werden als Rohfrucht in einer Menge bis zu 25% und mehr der Gesamtschüttung mit Malz zusammen verarbeitet. Die Untersuchung des Reises, der ebenso wie der Mais als Grieß zur Verwendung gelangt, beschränkt sich auf die Bestimmung der Extraktausbeute (siehe Gerste). Sie beträgt bei guter Ware 95 bis 96% der Trockensubstanz. Bei Mais wird außer der Extraktausbeute der Fettgehalt herangezogen, der 1 bis 1,5% nicht überschreiten soll, da ein hoher Fettgehalt (4 bis 5%), wie er im ganzen Korn vorkommt, einen ungünstigen Einfluß auf den Biergeschmack ausübt. Die Bestimmung des Fettgehaltes erfolgt durch Extraktion mit Äther im Soxhletapparat.

Malz. Man unterscheidet hauptsächlich drei Typen von Darrmalz für Brauzwecke, 1. helles Malz, welches auch Pilsener genannt wird, keinen Röstgeschmack besitzt und hell-gelbe oder hell-gelbgrüne Würzen gibt, 2. mittelfarbiges, sog. Wiener Malz, mit schwachem Aroma und wein- bis goldgelbe Würze liefernd, 3. dunkles, sogenanntes bayerisches Malz für dunkle Biere mit ausgesprochenem Röstgeschmack und dunkelgoldgelbe Würze liefernd.

Die Untersuchung des Malzes erfolgt wesentlich nach den in der Fachgruppe für Gärungschemie auf der Tagung des Vereins deutscher

Chemiker in Bonn 1914 vereinbarten Verfahren (Bonner Vereinbarungen, Berichterstatter Bode und Wlokka, Wochenschr. f. Brauerei **1914**, 269, 337 und Zeitschr. f. d. ges. Brauwesen **1914**, **373**).

Die Menge des zur Analyse einzusendenden Malzes soll mindestens 400 g betragen und einer wirklichen Durchschnittsprobe entsprechen. Die Verpackung muß derart sein, daß eine Veränderung des Malzes insbesondere hinsichtlich des Wassergehaltes ausgeschlossen ist.

Die Untersuchung zerfällt in eine mechanische und eine chemische.

Mechanische Analyse.

a) Hektolitergewicht. Dieses ist mit der von der deutschen Normal-Eichungs-Kommission eingeführten Getreidewage, und zwar ohne Korrektur festzustellen.

Das Hektolitergewicht eines guten Darrmalzes beträgt gewöhnlich 52 bis 54 kg, kann sich aber auch bei Verarbeitung von schweren Gersten auf 56 kg und darüber erheben. Im allgemeinen schätzt man am Malze mehr ein niedriges Hektolitergewicht, welches auf eine gute Lockerung des Mehlkörpers hindeutet. Bei guter Auflösung und Extraktausbeute ist aber auch ein hohes Hektolitergewicht nicht zu beanstanden.

b) Das Tausendkörnergewicht ist mindestens zweimal mit je 500 Körnern zu ermitteln. Das erhaltene Gewicht ist auf Malztrockensubstanz zu berechnen. Es gibt, verglichen mit dem Tausendkorngewicht der Gerste, wertvolle Anhaltspunkte für die Beurteilung des Mälzungsschwandes.

c) Beschaffenheit des Mehlkörpers, durch die Schnittprobe auszuführen mit mindestens 200 Körnern wie bei Gerste. Es wird nur in Prozenten angegeben der Gehalt an mehligen und weißen, gelben und braunen Körnern. Die Schnittflächen sollen bei hellen Malzen mehlig weich, nicht glasig oder hart, oder mit glasigem harten Rand versehen sein. Bei dunklen Malzen sollen die Schnittflächen mehlig und höchstens gelblich, nicht stark gebräunt oder gar braun glasig sein. Glasige oder auch nur harte Malzkörner geben in der Brauerei schlechte Ausbeuten.

d) Die Prüfung auf Reinheit des Malzes erstreckt sich auf verletzte Körner, Schimmel, Unkraut, sonstige Verunreinigungen, sowie auf den Geruch.

Chemische Analyse.

a) Wasser. Die Zerkleinerung des Malzes zum Zweck der Wasserbestimmung hat unabhängig von der Zerkleinerung zur Extraktbestimmung (s. u.), und zwar auf der Feinmühle zu erfolgen. Vom Mahlgut werden etwa 5 g in ein vorher tariertes Wägegläschen oder Schiffchen eingewogen und im Trockenschrank von Scholvien, Ulsch oder der V. L. B. (Versuchs- und Lehranstalt für Brauerei in Berlin) 3 Stunden bei 104 bis 105° getrocknet. Die Wasserbestimmung ist doppelt auszuführen. Die Fehlergrenze ist bei der Bestimmung des Wassergehaltes im Malz an zwei verschiedenen Stationen auf 0,25% festgelegt.

Der Wassergehalt soll 5% nicht überschreiten.

b) Extraktausbeute. Diese kann bestimmt werden im Feinmehl oder im Grobschrot.

Feinmehl erzielt man auf einer Feinmühle, die so eingestellt ist, daß gut gelöstes Malz (Farbe 0,2 bis 0,25 Brand) auf den drei untersten Siebteilen des Pfungstädter Plansichters (zu beziehen von der Firma Seck in Dresden) 90% Anteile ergibt (zulässige Schwankung $\pm$ 1%). — Grobschrot wird auf der Walzenmühle von Seck-Dresden hergestellt bei einem Walzenabstand von ungefähr 1 mm. Mit dem oben genannten Plansichter und gut gelöstem Malz sollen auf den drei untersten Sieben 40% Schrot erhalten werden (zulässige Schwankungen $\pm$ 1%).

Den Extraktgehalt bestimmt man durch einen Maischversuch im kleinen: 50 g Malzmehl bzw. Schrot werden mit 200 ccm Wasser von 45° eingemaischt und im Wasserbade bei dieser Temperatur genau $^1/_2$ Stunde gehalten. Sodann wird die Temperatur in 25 Minuten auf 70° gebracht, und zwar derart, daß die Temperatursteigerung gleichmäßig 1 Grad in der Minute beträgt. Man setzt nun 100 ccm Wasser von 70° zu, um den Maischrand am Becher abzuspülen, und hält jene Temperatur eine Stunde lang.

Man bedient sich eines Maischapparates mit mechanischem Rührwerk. Zu schnelles und ungleichmäßiges Rühren ist zu vermeiden. Die Umdrehungszahl der Propeller soll 80 bis 100 Touren in der Minute betragen.

10 Minuten nach Erreichung der Temperatur von 70° prüft man mit $^n/_{50}$-Jodlösung (2,54 g Jod, 5 g Jodkalium zu 1000 ccm Wasser) auf unverzuckerte Stärke und wiederholt die Prüfung alle 5 Minuten bis zum Verschwinden der Jodreaktion. Die Zeit von Erreichung der Abmaischtemperatur bis zum Verschwinden der Jodreaktion wird als Verzuckerungszeit angegeben.

Zur Ausführung der Jodprobe bringt man mittels eines Glasstabes einen Tropfen Maische auf eine Gipsplatte und setzt Jodlösung zu. Die Verzuckerung ist beendet, wenn ein reingelber Fleck auf der Gipsplatte entsteht.

Die fertige Maische wird rasch auf ca. 17° abgekühlt und auf der Wage durch Zusatz von Wasser auf 450 g gebracht.

Die gewogene und gründlich durchgerührte Maische wird nunmehr auf ein zur Aufnahme der ganzen Maische genügend großes, nicht befeuchtetes Faltenfilter gegossen und in eine trockene Flasche filtriert. Die zuerst durchgelaufenen 100 ccm Würze werden auf das Filter zurückgegeben. Dann läßt man die gesamte Würze ablaufen, ehe man zur Untersuchung schreitet. Bei langsam laufenden Würzen ist die Filtration nach zwei Stunden zu unterbrechen.

Die Dichte der Würze wird mit enghalsigem Pyknometer (50-g-Fläschchen) bei 17,5° oder 20° bestimmt und der dem spez. Gewicht entsprechende Extraktgehalt für 17,5° den Tabellen zur Malz- und Bieranalyse berechnet von Doemens, München und Berlin, Verlag von R. Oldenbourg 1919, für 20° den Tafeln von Goldiner und Klemann, Institut für Gärungsgewerbe, Berlin N 65, Seestraße, entnommen. Diesen Tafeln liegt die Zuckertafel der Normal-Eichungskommission nach Plato zugrunde. Ist e = der Extraktgehalt der Würze in Gewichtsprozenten nach Plato und w = der Wassergehalt des Malzes, so berechnet sich die Extraktausbeute aus dem lufttrocknen Malze nach der Formel

$$E = \frac{e \cdot (800 + w)}{100 - e} \text{ Proz.}$$

Die Extraktausbeute wird stets auch auf Malztrockensubstanz berechnet.

Man beachtet den Geruch während des Maischens und die Erscheinungen bei der Filtration. Die Würze kann glänzend, klar, opalisierend, schwach oder stark getrübt, rasch oder langsam ablaufen. Schlecht gelöste Malze geben bei Verwendung von Grobschrot bedeutend weniger Extrakt, und es kann aus der Abweichung von der Feinmehlausbeute auch auf die Güte des Malzes geschlossen werden. Bei guten Malzen beträgt die Differenz selten mehr als 1,5%, während sie bei schlechten Malzen bis 3% betragen kann.

In der gewonnenen Würze wird der Zuckergehalt oder die Menge der Fehlingsche Lösung reduzierenden Substanzen (Rohmaltose) gewichtsanalytisch nach Wein, Tabellen zur Bestimmung der Zuckerarten, Stuttgart, Max Waag, bestimmt (Tab. 25 des Anhangs). Die Würze wird zu diesem Zwecke im Verhältnis von 1 : 10 mit Wasser verdünnt.

Man berechnet das Verhältnis von Maltose zu Nichtmaltose aus dem Gesamtextrakt, indem man die gefundene Rohmaltose = 1 setzt.

Die Farbe der Würze wurde ursprünglich mit $^{n}/_{10}$-Jodlösung als Vergleichslösung bestimmt. Man bediente sich zu diesem Zwecke zweier parallelwandiger Gläser, von denen das eine mit destilliertem Wasser, das andere mit Würze beschickt wurde. Nun gab man aus einer Bürette soviel Jodlösung zu dem Wasser, bis die Farbentiefe der Würze erreicht war. Die Anzahl der Kubikzentimeter $^{n}/_{10}$-Jodlösung drückt dann die Farbe der Würze aus. Das Verfahren hatte den Übelstand, daß der Farbton der verdünnten Jodlösung mit dem der Würze nicht übereinstimmte. Es wurde daher ersetzt durch das von Brand (Zeitschr. f. d. ges. Brauwesen **1899**, 251). Man geht dabei von einem Gemisch von Anilinfarben aus. 1,15 g eines Gemisches von 1 T. Patentblau, 2,5 T. Echtbraun und 4 T. Bordeaux werden mit chloroformhaltigem Wasser zu 1 L. gelöst. Durch Verdünnen dieser Lösung, welche die Farbentiefe der $^{n}/_{10}$-Jodlösung besitzt, stellt man eine Anzahl Lösungen her von der Farbe 0,1; 0,2; 0,3 usw. Diese Lösungen bewahrt man in parallelwandigen Flaschen vor Licht geschützt auf. Sie dienen zum Vergleich mit der in einer ebensolchen Flasche untergebrachten Würze. Zur Ausführung der Bestimmung dient ein Schaukästchen, welches neben der zu prüfenden Würze zwei Vergleichsflaschen aufnimmt. Nach den „Bonner Vereinbarungen" zur Malzanalyse ist die Brandsche Farbstofflösung jährlich neu von der Wissenschaftlichen Station für Brauerei in München zu beziehen.

Weitere Bestimmungen, wie die Ermittelung der Stickstoffsubstanzen, des Aschengehaltes u. a. werden nur ausnahmsweise ausgeführt. Man bedient sich dazu der allgemein üblichen Methoden.

Die Extraktausbeute beträgt bei gutem Malz 76 bis 79% und darüber, auf Malztrockensubstanz berechnet, bei lufttrockenem Malz 72 bis 74%. Die Verzuckerungszeit schwankt bei hellem Malz meist zwischen 10 und 20 Minuten, bei mittelfarbigem zwischen 15 und 25 Minuten, bei dunklem zwischen 20 und 35 Minuten.

Das Verhältnis von Maltose zu Nichtmaltose im Extrakt ist bei hellem Malz meist 1 : 0,4 bis 0,5, bei mittelfarbigem 1 : 0,5 bis 0,6, bei dunklem 1 : 0,6 bis 0,7.

Helle Malze haben eine Farbe der Würze bis 0,25, mittelfarbige 0,4 bis 0,5, dunkle 0,6 bis 1,0 und darüber.

Bestimmung der diastatischen Kraft (Verzuckerungsvermögen) des Malzes. Die diastatische Kraft des Malzes ist von besonderer Bedeutung bei der Mitverwendung von Rohfrucht. Zu deren Bestimmung empfiehlt sich das Verfahren von Windisch und Kolbach (Wochenschr. f. Brauerei **1921**, 149), dem das Verfahren von Lintner und Wirth (Zeitschr. f. d. ges. Brauwesen **1908**, 425) zugrunde liegt.

Es gestaltet sich folgendermaßen:

Herstellung des Malzauszuges: 25 g fein geschrotenes Darrmalz (90% Mehl) bzw. fein zerquetschtes Grünmalz werden im Maischbecher mit 500 ccm Wasser bei 50° im Maischbad, das zur Bestimmung der Extraktausbeute des Malzes dient, $^1/_2$ Stunde gemaischt, abgekühlt, auf 525 g aufgewogen und filtriert.

Herstellung der Stärkelösung. Von löslicher Stärke von Kahlbaum, deren Wassergehalt bestimmt wurde, wird eine Menge, die genau 2 g Stärketrockensubstanz auf 100 g Stärkelösung entspricht, abgewogen. Zur Bereitung von z. B. 500 ccm 2proz. Stärkelösung bringt man 400 ccm destilliertes Wasser in einem Becherglas von 600 ccm Inhalt zum Kochen und gießt die im Wasser aufgeschlämmte Stärke, deren Menge 10 g Trockensubstanz entspricht, unter kräftigem Umrühren in dünnem Strahl in das kochende Wasser, das dabei nicht aus dem Sieden kommt, spült das Stärkegefäß nach, kocht noch eine Minute, bringt die Lösung quantitativ in einen 500-ccm-Meßkolben, kühlt unter dauerndem Umschwenken in kaltem Wasser ab und füllt dann zur Marke auf.

Die Stärkelösung ist jedesmal frisch genau nach Vorschrift herzustellen.

Ausführung des Versuchs. 100 ccm der 2proz. Stärkelösung, die auf genau 20° eingestellt ist, werden in einem 200 ccm-Kölbchen mit folgenden Mengen Malzauszug versetzt: bei Grünmalz: 5 ccm des auf das Doppelte verdünnten Malzauszuges, bei hellem Malz: 5 ccm des unverdünnten Malzauszuges, bei dunklem Malz: 10 ccm des unverdünnten Malzauszuges. Hierauf wird kräftig durchgeschüttelt und das Kölbchen genau 30 Minuten in ein auf 20° temperiertes Wasserbad gestellt, das während der halben Stunde genau auf dieser Temperatur gehalten wird. Nach Ablauf dieser Zeit unterbricht man die Reaktion durch Zusatz von 10 ccm $^n/_{10}$-Natronlauge. Dann füllt man auf 200 ccm auf, mischt gut durch und bestimmt die entstandene Maltose nach dem Verfahren von Willstätter und Schudel (Ber. **51**, 780; 1918).

Man gibt 30 ccm der aufgefüllten verzuckerten Lösung in einen Erlenmeyerkolben, fügt 20 ccm $^{n}/_{20}$-Jodlösung und 30 ccm $^{n}/_{10}$-Natronlauge hinzu, mischt gut durch und läßt 10 Minuten bei Zimmertemperatur stehen. Dann gibt man 4 ccm Normal-Schwefelsäure hinzu und titriert das nicht zur Oxydation der Maltose verbrauchte Jod mit $^{n}/_{20}$-Thiosulfatlösung zurück.

Im Malzauszug befinden sich Zucker und Eiweiß, die ebenfalls Jod verbrauchen. Diese Menge ist zu ermitteln und von der durch Titration in der verzuckerten Lösung erhaltenen abzuziehen. Zu diesem Zwecke werden 10 ccm Malzauszug mit 20 ccm $^{n}/_{20}$-Jodlösung und 30 ccm $^{n}/_{10}$-Natronlauge versetzt umgeschüttelt, 10 Minuten stehen gelassen, mit 4 ccm Normal-Schwefelsäure angesäuert und mit $^{n}/_{20}$-Thiosulfatlösung titriert.

Die diastatische Kraft (D. K.) wird ausgedrückt durch die Anzahl Gramm Maltose, welche durch die Diastase von 100 g Malz gebildet wurden.

1 ccm $^{n}/_{20}$-Jodlösung entspricht 0,00855 g Maltose.

Allgemein erhält man bei der angegebenen Arbeitsweise den Ausdruck für die diastatische Kraft durch Multiplikation der korrigierten Kubikzentimeter $^{n}/_{20}$-Jodlösung, welche zur Oxydation der in 30 ccm Versuchsflüssigkeit enthaltenen Maltose verbraucht wurden mit

22,8 bei hellen Malzen,
11,4 bei dunklen Malzen,
45,6 bei Grünmalzen.

Zur Beurteilung der diastatischen Kraft im Hinblick auf die Mitverwendung von Rohfrucht schlagen Windisch und Kolbach folgende Normen vor:

D. K.	bis	100	sehr schlecht,
100	,,	150	schlecht,
150	,,	200	mittelmäßig,
200	,,	250	gut,
	über	250	sehr gut.

Bestimmung des Stärkeverflüssigungsvermögens nach Lintner-Sollied, Zeitschr. f. d. ges. Brauw. **1903**, 329. Vgl. auch Chrzascz und Pierozek, Zeitschr. f. Spiritusind. **1910**, 66.

Prüfung des Malzes auf Schwefelung. Malz für helle Biere wird mitunter geschwefelt. Man nimmt das Schwefeln beim Darren auf der oberen Horde vor. Das fertige Malz enthält nur sehr geringe Mengen schwefliger Säure. Bei der Verarbeitung solchen Malzes haben sich zwar niemals Unzuträglichkeiten ergeben, aber es kann durch das Schwefeln auch minderwertige Ware geschönt werden, deshalb ist der Nachweis einer Schwefelung unter Umständen von Bedeutung. Nach Brand (Zeitschr. f. d. ges. Brauwesen **1910**, 345) verfährt man dabei folgendermaßen: 100 g Malzkörner werden mit 200 ccm Wasser übergossen, 5 ccm Phosphorsäure vom spez. Gewicht 1,12 zugegeben und destilliert. Man verwendet zweckmäßig einen Spiralkühler, wie er zur Alkoholbestimmung im Bier gebraucht wird. Als Vorlage dient ein starkwandiges Reagierrohr, welches mit 5 ccm destillierten Wassers beschickt ist. Ein zu einem engen Röhrchen ausgezogener Vorstoß taucht in das Wasser. Man destilliert zunächst 5 ccm ab, wobei die Vorlage mit Eis gekühlt wird, und wiederholt die Destillation noch einmal. Die einzelnen Vorlagen mit je 10 ccm Destillat werden mit $^{n}/_{100}$-Jodlösung titriert. In der Regel geht die ganze Menge der schwefligen Säure schon in das erste Destillat. Ungeschwefeltes Malz braucht für je 5 ccm Destillat 0,3 bis 0,4 ccm $^{n}/_{100}$-Jodlösung (entsprechend 0,1 bis 0,13 mg SO_2 auf 100 g Malz), während geschwefeltes zwischen 1,2 und 3,0 ccm (0,4 bis 1,0 mg SO_2) erfordert. Das mit Jodlösung titrierte Destillat von geschwefeltem Malz gibt mit Salzsäure und Baryumchlorid einen deutlichen Niederschlag von Baryumsulfat, das von ungeschwefeltem nicht.

Farbmalz. Man unterscheidet hauptsächlich 2 Sorten von Farbmalz: das gewöhnliche dunkelgebrannte Farbmalz und das sogenannte Karamelmalz, welches geringere Färbekraft besitzt als ersteres, aber frei von brenzlichem Geschmack ist. Die Untersuchung erstreckt sich auf die Bestimmung des Wassergehaltes, der Färbekraft, des Extraktgehaltes und gegebenenfalls die Prüfung auf verbrannte Körner. Bei dunkelgebranntem Farbmalz genügt in der Regel die Bestimmung der Färbekraft. Man kocht zu diesem Zwecke 5 g feingemahlenen Farbmalzes mit einem Liter Wasser aus und ermittelt die Farbentiefe des Extraktes mit $^{n}/_{10}$-Jodlösung. Besser eignet sich zur Bestimmung der Färbekraft das Verdünnungskolorimeter nach Lintner (Zeitschr. f. d. ges. Brauwesen **1892**, 213). Karamelsalze werden stets auf Extraktgehalt untersucht: 25 g feingeschrotenes Karamelmalz werden mit 200 ccm Wasser tüchtig aufgekocht, auf 50° abgekühlt und mit 25 g Feinschrot von hellem Malz, dessen Extraktgehalt bekannt ist, wie bei der Malzanalyse gemaischt.

Bei der Berechnung der Extraktausbeute ist natürlich das aus dem zugesetzten Malz stammende Extrakt in Abzug zu bringen.

Die Würze kann zur Bestimmung der Färbekraft verwendet werden.

Betriebswürze, d. h. die durch Kochen der beim Maischprozeß gewonnenen Würze mit Hopfen gewonnene Bierwürze, wie solche zur Gärung vorbereitet ist, wird in gleicher Weise wie die bei der Malzuntersuchung resultierende Würze untersucht.

Außerdem ist die Bestimmung des Endvergärungsgrades für den praktischen Betrieb in mehrfacher Hinsicht (Beurteilung der Tennen- und Darrbehandlung, Regulierung des Maischverfahrens, Gär- und Lagerkellerbehandlung) von Bedeutung. Zur Ermittelung des Endvergärungsgrades werden 200 ccm Würze, deren spez. Gewicht bestimmt wurde, mit 4 g gepreßter frischer Bottichhefe innig vermischt und in einer Gärflasche von 400 ccm Inhalt unter Gärverschluß 3 Tage im Temperierbad bei 25° vergoren. Nach Schönfeld (Wochenschr. f. Brauerei **1906**, 489) gelingt es bei Zugabe von 20 g Hefe, die Endvergärung in 24 Stunden zu erreichen. Nach beendeter Gärung wird filtriert, abgekühlt und das spez. Gewicht bestimmt oder mit dem Saccharometer gespindelt. Aus der Saccharometeranzeige vor und nach der Gärung berechnet sich der Endvergärungsgrad. (Siehe u. S. 376).

Bier.

Die Untersuchung des Bieres für technische Zwecke erstreckt sich, abgesehen von der regelmäßig vorzunehmenden Sinnenprüfung (Prüfung auf Geruch, Geschmack, Klarheit, Schaumbildung und Farbe) hauptsächlich auf die Ermittelung des Alkohols und noch vorhandenen Extraktanteiles (Extraktrest). Aus den hierbei gewonnenen Zahlen kann man berechnen: die Konzentration der Stammwürze, aus welcher das Bier entstanden ist, dann den Vergärungsgrad, d. i. diejenige Zahl, welche angibt, wieviel Prozent des ursprünglich vorhandenen Extraktes in Alkohol und Kohlensäure übergeführt worden sind.

Als weiter etwa zu bestimmende Bestandteile sind zu nennen: Rohmaltose, Dextrin, stickstoffhaltige Bestandteile, Kohlensäure, Säure, Asche (Schwefelsäure, Phosphorsäure), Glycerin; hieran schließt sich die Bestimmung der Bierfarbe. Als abnorme Bestandteile gelten: schweflige Säure, Süßstoffe (Saccharin, Dulcin, Süßholz), Konservierungsmittel und Neutralisationsmittel.

Spezifisches Gewicht. Dieses wird im Bier, das durch Umschütteln in einer geräumigen Flasche und Filtration durch ein trockenes Filter sorgfältig entkohlensäuert ist, bei 17,5° oder 20° ermittelt wie bei der Malzanalyse und dazu aus den entsprechenden Tafeln der (scheinbare) Extraktgehalt entnommen (vgl. S. 370).

Alkoholgehalt. 75 ccm Bier werden genau gewogen und in einen Destillierapparat aus Glas gebracht. Als Vorlage bedient man sich eines langhalsigen Pyknometers für 50 ccm. Man destilliert nahezu 50 ccm in das Pyknometer, füllt bei 17,5° oder 20° bis zur Marke auf, wägt, berechnet das spez. Gewicht und entnimmt den Alkoholgehalt in Gewichtsprozenten der Tabelle von Doemens bzw. Goldiner und Klemann (s. S. 370).

Ist D = Gewicht des Destillates, a = Alkoholgehalt in Gewichtsprozenten, G = Gewicht des verwendeten Bieres, so ergibt sich der Alkoholgehalt A aus der Gleichung

$$A = \frac{D \cdot a}{G}.$$

Extraktgehalt, wirklicher (e). Zu dessen Ermittelung kann der Rückstand von der Alkoholdestillation benutzt werden. Man bringt denselben auf das Gewicht des verwendeten Bieres, bestimmt in der gut durchmischten Flüssigkeit das spez. Gewicht bei 17,5° bzw. 20° und entnimmt die demselben entsprechenden Extraktprozente den genannten Tabellen.

Extraktgehalt der Würze, von welcher das Bier stammt (Stammwürze) (E). Dieser berechnet sich annähernd in der Weise, daß man den Alkoholgehalt verdoppelt und zum Extraktrest addiert ($E = 2\,A + e$), genau nach der Formel

$$E = \frac{100\,(e + 2{,}0665\,A)}{100 + 1{,}0665}$$

Nach Holzner (Zeitschr. f. d. ges. Brauwesen **1889**, 278) erhält man ziemlich genaue Mittelwerte, wenn man von dem nach der abgekürzten Formel erhaltenen E abzieht: bei 11 proz. Bier 0,1, bei 12 proz. 0,2, bei 13 proz. 0,3 und bei 14 proz. 0,4.

Vergärungsgrad (V). Dieser wird aus dem berechneten Stammwürzegehalt (E) und dem noch vorhandenen Extrakt des Bieres (e) nach der Formel erhalten

$$V = 100\left(1 - \frac{e}{E}\right).$$

Der so berechnete Wert ergibt den wirklichen Vergärungsgrad des Bieres. Man unterscheidet in der Praxis noch den scheinbaren Vergärungsgrad, welchen man erhält, indem man den dem spez. Gewichte des alkoholhaltigen Bieres entsprechenden scheinbaren Extrakt der Rechnung zugrunde legt.

Man kann einen niedrigen, mittleren und hohen Vergärungsgrad unterscheiden. Niedrig ist derselbe, wenn der wirkliche Vergärungsgrad weniger als 50, ein mittlerer, wenn er 50 bis 60, ein hoher, wenn er über 60% beträgt. Für dunkle Biere ist im allgemeinen ein niedriger bis mittlerer, für mittelfarbige und helle ein mittlerer bis hoher Vergärungsgrad beliebt.

Den Vergärungsgrad hält man für ein Merkmal zur Beurteilung der Reife des Bieres. Sicherlich ist eine genügend weit vorgeschrittene Vergärung die beste Gewähr für die Haltbarkeit eines Bieres, weil das Vorhandensein von größeren Mengen vergärbarer Substanz leicht die Veranlassung zu weiter sich fortsetzender Nachgärung wird. Es kann aber nicht ohne weiteres behauptet werden, daß ein niedrig vergorenes Bier weniger bekömmlich ist als ein höher vergorenes. Bei gewöhnlichem, namentlich dunklem Bier ist es mit Rücksicht auf vollen Geschmack und Schaumhaltigkeit nicht erwünscht, daß die Gärung allzuweit vorgeschritten ist.

Für die Zwecke der Praxis hat sich die refraktometrische Analyse des Bieres gut bewährt. Neben der Feststellung des spez. Gewichts wird die Refraktion des Bieres mit dem Eintauchrefraktometer von Zeiß bei 17,5° ermittelt und mit Hilfe der Rechenscheibe von Ackermann (Zeitschr. f. d. ges. Brauwesen **1905**, **33**, 259, **441**) oder nach Lehmann und Gerum (Zeitschr. f. Unters. d. Nahrungs- und Genußm. **28**, 392; 1914, **31**, 184; 1916) Alkoholgehalt und wirklicher Extrakt berechnet. Die Prozentzahlen nach Lehmann und Gerum beziehen sich auf 100 ccm Bier; für 100 g sind sie daher durch das spez. Gewicht zu dividieren. Die Extraktwerte entsprechen der Ballingtabelle.

Rohmaltose. Man bestimmt dieselbe mit Fehlingscher Lösung nach E. Wein, Tab. II. Das Bier enthält neben Maltose noch Fehlingsche Lösung reduzierende Dextrine. Der Rohmaltosegehalt entspricht daher nicht der vergärbaren Substanz.

Zur Ermittelung der letzteren wendet man die biologische Analyse an, indem man das zu untersuchende Bier mit gewaschener und durch Abnutschen entwässerter Bierhefe (2 g auf 100 ccm Bier) bei 25° vergären läßt und nach beendeter Gärung den Verlust an Extrakt feststellt (Endvergärung). (Siehe o. S. **376.**)

Dextrin. Der Dextringehalt des Bieres wird durch Invertieren mit Salzsäure nach Sachsse und Bestimmung der Dextrose ermittelt (E. Wein, Tab. I). Der Dextrosewert der Rohmaltose ist natürlich von der Gesamtdextrose abzuziehen und der Rest mit dem Faktor 0,9 auf Dextrin umzurechnen.

Stickstoff. Man dampft 25 ccm Bier im Kjeldahl-Kölbchen ein und verfährt wie üblich. Neben Eiweißstoffen enthält das Bier mehr oder weniger Amide. Sinkt der Gesamtstickstoff des Extraktes unter 0,9%, so besteht die Wahrscheinlichkeit, daß zur Herstellung desselben stickstofffreie Malzsurrogate verwendet wurden (Prior, Zeitschr. f. Unters. d. Nahrungs- u. Genußm. **1899**, 698).

Säuregehalt. Das Bier wird entkohlensäuert durch $^1/_2$stündiges Erwärmen auf 60° am Rückflußkühler, worauf es nach dem Erkalten auf das ursprüngliche Gewicht aufgefüllt wird.

Nach dem älteren Verfahren werden 50 ccm des entkohlensäuerten Bieres mit $^n/_{10}$-Natronlauge auf neutralem Lackmuspapier titriert und der Säuregehalt in Prozenten Milchsäure ausgedrückt. Normale Biere enthalten selten mehr als 0,2% Säure berechnet als Milchsäure.

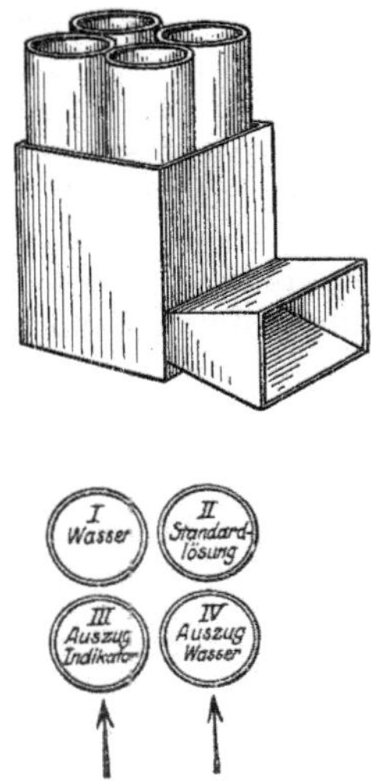

Fig. 1. Titrierkoloriskop nach Lüers-Adler.

Exakter läßt sich die Säure nach Lüers mit Hilfe des Titrierkoloriskops nach Lüers-Adler [(Fig. 1) zu beziehen von F. Hellige in Freiburg i. Br.] unter Anwendung von Neutralrot oder Phenolphthalein als Indikatoren ermitteln. Zur Ausführung der Titration werden nach Lüers (Biochem. Zeitschr. **104**, 31; 1910, vgl. auch Zeitschr. f. d. ges. Brauwesen **1920**, 252) in die beiden Gläschen III und IV je 20 ccm Bier pipettiert, dazu links in III 2 ccm Neutralrotlösung (0,2 g Neutralrot extra von Kahlbaum im Liter 50proz. Alkohols) und rechts in IV 2 ccm destilliertes Wasser. Gläschen I enthält destilliertes Wasser und an Stelle II wird dem Apparat beigegebene Neutralrot-Standardlösung gesetzt. Links wird nun in III mit $^n/_{10}$-Alkali unter Umrühren solange titriert, bis der Farbenton sich dem von rechts möglichst genähert hat, worauf man in IV die Menge Alkali zugibt, die in III verbraucht wurde, um so die gleiche Verdünnung und Zufärbung zu erzielen wie in III. Darauf wird in III auf völlige Farbengleichheit zu Ende titriert.

Die verbrauchten Kubikzentimeter $^n/_{10}$-Alkali werden auf Milchsäure oder auf Milligrammäquivalente (Millivale) Säure umgerechnet. Die so erhaltene „Neutralrotsäure" stellt den Verbrauch des Bieres an Alkali bis zur absoluten Neutralität (p_H˙ = 7,07) dar, auf welche die Neutralrot-Standardlösung eingestellt ist. Sie entspricht im wesentlichen der mit Lackmus ermittelten Säure.

Nun kann man ohne weiteres gegen Phenolphthalein titrieren. Man verwendet zu diesem Zweck eine Phenolphthaleinstandardlösung, deren Farbenton die völlige Umwandlung der primären Phosphate in sekundäre anzeigt ($p_{H^{\cdot}} = 9{,}2$). Man verfährt dabei so, daß man in III 2 ccm Phenolphthaleinlösung (0,5 g Phenolphthalein im Liter 50 proz. Alkohols) und in IV 2 ccm Neutralrotlösung gibt, worauf man links in III weiter titriert, nachdem man an Stelle II die Phenolphthaleinstandardlösung eingesetzt hat. Die Lösung wird zuerst rein gelb und beginnt sich allmählich durch Ansprechen des Phenolphthaleins wieder zu röten. Rechts zu IV wird nun eine Kleinigkeit mehr als links verbraucht wurde zugegeben und in III auf Farbengleichheit zu Ende titriert, worauf dabei zu achten ist, daß am Schluß der Titration rechts und links die gleiche Menge Alkali enthalten sein muß, damit gleiche Bedingungen für die Ermittelung des Endpunktes der Titration herrschen.

Die von Anfang bis zur Phenolphthaleinneutralität verbrauchte Alkalimenge entspricht der Gesamtsäure. Sie liefert Werte, die dem früher üblichen Verfahren nach Prior (Bayr. Brauerjournal **1892**, 387) nahekommen. Die Neutralrotsäure (freie Säure + $^1/_2$ primäres Phosphat) beläuft sich durchschnittlich auf rund 50% der gesamten gegen Phenolphthalein titrierbaren Säure. Saure Biere weisen bedeutend höhere Werte der Neutralrotsäure auf.

Die flüchtigen Säuren (Essigsäure) werden nach Landmann durch Destillation von 50 ccm Bier im Dampfstrom und Titration des Destillates mit $^n/_{10}$-Natronlauge unter Anwendung von Phenolphthalein ermittelt. Man fängt 200 ccm Destillat auf. Die flüchtigen Säuren werden als Essigsäure ausgedrückt. Normales Bier enthält höchstens 0,06% Essigsäure.

Kohlensäure. Der Kohlensäuregehalt ist von wesentlichem Einfluß auf Wohlgeschmack und Bekömmlichkeit des Bieres; er wirkt ferner konservierend.

Die quantitative Bestimmung erfolgt nach der Methode von Langer und Schultze (Zeitschr. f. d. ges. Brauwesen **1879**, 369). In einen Kolben von etwa 1 l Raumgehalt, der vorher tariert ist, werden aus dem Faß oder aus der Flasche ca. 300 ccm Bier eingelassen und gewogen. Dieser Kolben wird mit einem Rückflußkühler versehen, welcher mit einem Chlorcalciumrohr, einem konz. Schwefelsäure enthaltenden Kugelapparat, einem gewogenen Kaliapparat und abermals einem Chlorcalciumrohr verbunden ist. Man erwärmt das Bier anfangs mäßig, dann stärker, bis alle Kohlensäure ausgetrieben ist. Nun wird noch etwas Luft durch den ganzen Apparat getrieben, die alles Kohlendioxyd in den Kaliapparat befördert, und letzterer alsdann gewogen. Die Gewichtszunahme entspricht der vorhandenen Kohlensäure. Ein gutes Bier enthält 0,4 % Kohlensäure.

Asche. Zur Einäscherung verwendet man etwa 50 ccm Bier, welche man in einer geräumigen Platinschale eindampft. Den sirupösen Rückstand verkohlt man vorsichtig. Die lockere Kohle wird zerdrückt und nun bei dunkler Rotglut in der bedeckten Schale verbrannt. Langsames Erhitzen — am besten durch einen sogenannten Pilzbrenner — erleichtert sehr die Einäscherung. Die gewonnene Asche eignet sich nicht sehr gut zur Ermittelung einzelner Aschenbestandteile. Man äschert daher zweckmäßig 50 g Bier unter Zusatz von Soda und Salpeter für sich zur Schwefelsäure- und Chlorjonbestimmung und die gleiche Menge mit Ätzbaryt zur Phosphorsäurebestimmung ein.

Farbebestimmung wie bei Malz S. 371.

Glycerin ist normal in jedem Biere enthalten in einer Menge von nicht mehr als 0,25%.

Die Bestimmung des Glycerins geschieht wie beim Wein (S. 290) aus 50 ccm Bier. Beim Bier, insbesondere bei sehr extraktreichen Bieren, ist der Zuckergehalt und Aschegehalt des gewogenen Rohglycerins zu berücksichtigen und eine der gefundenen Menge entsprechende Korrektur anzubringen.

Prüfung auf Eisen und Zink. Mit blankem Eisen darf Bier nicht in Berührung kommen, da es lösend auf das Eisen wirkt und dann einen unangenehmen, tintigen Geschmack annimmt. Nach Brand (Zeitschr. f. d. ges. Brauwesen **1903**, 133) prüft man auf Eisen, indem man 25 ccm Bier in einem Reagierrohr mit einigen Tropfen Salzsäure und ein paar Kubikzentimeter Rhodankaliumlösung versetzt. Das Rhodaneisen schüttelt man darauf mit Äther unter Zusatz von wenig Alkohol aus. Bei Gegenwart von Eisen färbt sich die Ätherschicht mehr oder weniger stark rot.

Zink, das durch verzinkte Spundbüchsen in das Bier gelangen kann, weist man nach Brand (Zeitschr. f. d. ges. Brauwesen **1905**, 438) folgendermaßen nach: $^1/_2$ l Bier wird schwach mit Salzsäure angesäuert und mit einigen Tropfen Ferrocyankaliumlösung versetzt. Man rührt gut um und läßt einige Stunden stehen. Bei Anwesenheit von Zink setzt sich ein Niederschlag von Ferrocyanzink-Eiweiß zu Boden. Man gießt die klare Flüssigkeit soweit als möglich ab, bringt den Rest mit dem Niederschlag auf ein Filter und wäscht mit Wasser nach. Der noch feuchte Niederschlag oder ein Teil desselben wird auf einem Platintiegeldeckel stark geglüht, der Glührückstand mit wenig Essigsäure unter Erwärmen aufgenommen und filtriert. Bei Gegenwart von Zink entsteht im Filtrat mit Schwefelwasserstoff eine mehr oder weniger starke weiße Trübung oder Fällung, welche mit Salzsäure wieder verschwindet.

Konservierungsmittel.

Schweflige Säure ist häufig im Biere nachweisbar, da sie unter noch nicht näher gekannten Bedingungen bei der Gärung gebildet wird (vgl. Graf, Zeitschr. f. d. ges. Brauwesen **1904**, 617). Es dürften auf diesem Wege indessen selten mehr als 20 mg Schwefeldioxyd pro Liter ins Bier gelangen. In anderen vergorenen Flüssigkeiten hat man allerdings schon bis zu 57 mg beobachtet.

Für die Prüfung des Bieres auf einen Zusatz von schwefliger Säure hat man daher stets eine quantitative Bestimmung auszuführen.

Man destilliert zu diesem Zweck nach Haas (Ber. **15**, 154; 1882), 300 ccm Bier, das mit etwas Phosphorsäure versetzt ist, und fängt das Destillat in überschüssiger Jodjodkaliumlösung auf. Die durch Oxydation entstandene Schwefelsäure wird als Baryumsulfat gewogen.

Salicylsäure. Nachweis wie beim Wein (S. 312). Das Ausschütteln von Bier ist wegen der sich mit Äther-Petroläther bildenden Emulsion erschwert. Man setze in solchem Falle ein paar Tropfen Alkohol zu.

Borsäure. Man dampft nach Brand mindestens 100 ccm Bier, das schwach alkalisch gemacht wurde, ein und verkohlt den Rückstand. Die Kohle wird mit Wasser ausgezogen und das Extrakt auf 1 ccm eingedampft. Nach dem Ansäuern dieses kleinen Flüssigkeitsrestes wird mit einem Streifen Kurkumapapier geprüft. Es ist zu beachten, daß aus dem Hopfen Spuren von Borsäure in das Bier gelangen und daher nur eine starke Reaktion sich als ein künstlicher Zusatz deuten läßt. Sicher ist in einem solchen Fall die quantitative Bestimmung der Borsäure nach Partheil und Rose (Zeitschr. f. Unters. d. Nahrungs- u. Genußm. **1902**, 1049 oder nach Hedebrand ebenda **1902**, 55 und 1044).

Fluor. 100 ccm Bier werden mit Ammoniumcarbonatlösung schwach alkalisch gemacht, aufgekocht und mit 2 bis 3 ccm einer 10 proz. Chlorcalciumlösung gefällt. Nach 5 Minuten langem Kochen wird filtriert, der Niederschlag ganz wenig ausgewaschen und getrocknet. Der trockne Niederschlag wird ohne Filter in einem Platintiegel von 20 bis 25 ccm geglüht, mit 1 ccm konz. Schwefelsäure übergossen und eine Stunde lang annähernd auf Siedetemperatur erhitzt, wobei der Tiegel mit einem Uhrglas bedeckt ist. Letzteres ist mit einem Ätzgrund versehen, in welchen Zeichen geritzt sind. Der Ätzgrund wird gekühlt, indem man Eisstückchen in das Uhrglas legt und das Schmelzwasser durch einen losen Baumwollendocht ableitet. Man erhält auf diese Weise noch bei 0,5 mg Fluor in 100 ccm Bier eine deutliche Ätzung auf dem Glase (Brand, Zeitschr. f. d. ges. Brauwesen **1895**, 317).

Über die quantitative Bestimmung von Fluor im Bier siehe Treadwell und Koch, Zeitschr. f. anal. Chemie **43**, 469; 1904, vgl. auch Bd. II, S. 578.

Verfälschung.

Als solche erscheint die Neutralisation saueren Bieres mit Soda oder Natriumbicarbonat. Der Nachweis eines derartigen Zusatzes wird nach Späth (Zeitschr. f. angew. Chemie **11**, 4; 1898) geführt. 500 ccm Bier werden mit 100 ccm Ammoniak versetzt und 4 bis 5 Stunden stehen gelassen. Der Niederschlag enthält die an Ca und Mg gebundene Phosphorsäure. Nach Filtration werden zweimal 60 ccm des Filtrates = je 50 ccm Bier eingedampft und verascht. In der Asche bestimmt man die Phosphorsäure nach der Molybdänmethode.

Ferner werden 250 ccm des Filtrates zur Ausfällung der Phosphorsäure mit 25 ccm Bleiessig geschüttelt, ca. 6 Stunden stehen gelassen und filtriert.

Von diesem Filtrat dampft man 200 ccm auf 30 bis 40 ccm ein, verdünnt letztere wieder auf 200 ccm, versetzt mit Essigsäure und leitet Schwefelwasserstoff ein. Nach Entfernung des überschüssigen Schwefelwasserstoffs und Schwefelbleies wird filtriert. Vom Filtrat dampft man 150 ccm ein und verascht in der Platinschale.

Die resultierende Asche ist rein weiß. Man titriert ihren Alkaligehalt.

Angenommen, es sei sämtliche an Kali gebundene Phosphorsäure als primäres Phosphat im Bier enthalten, dann läßt sich aus der gefundenen Menge Phosphorsäure und dem Alkaligehalt der Zusatz von Neutralisationsmitteln berechnen. 0,01 g der gefundenen Phosphorsäure (P_2O_5) entsprechen 0,0191 g KH_2PO_4 oder 1,4 ccm $^n/_{10}$-Säure, und man braucht nur die gefundene Menge Phosphorsäure mit 1,4 zu multiplizieren, um die für normale Bierasche erforderliche $^n/_{10}$-Säure zu erfahren.

Hat die Untersuchung einen Mehrverbrauch von Säure ergeben, so entspricht dieser dem zugesetzten Neutralisationsmittel. Zur Neutralisation wird gewöhnlich Natriumbicarbonat angewendet, und man berechnet demnach auf dieses: 1 ccm $^n/_{10}$-Säure = 0,0084 g $NaHCO_3$.

Hopfensurrogate. Ein Ersatzmittel für den Hopfen gibt es nicht, und es dürfte daher kaum jemals vorkommen, daß ein Bier Bitterstoffe enthält, welche nicht aus dem Hopfen stammen.

Gegebenen Falles kann man sich der Methode von Dragendorff (König, Chemie d. Nahr.- u. Genußm. 4. Aufl. III. Bd. I. Teil S. 302) zur Untersuchung auf fremde Bitterstoffe bedienen. Da indessen auch im Hopfen Stoffe vorkommen, welche Alkaloidreaktionen geben, hat man stets reines Bier und Hopfenauszüge zum Vergleich heranzuziehen.

Zuckerfarbe (Karamel), welche zum Färben des Bieres mitunter verwendet wird, ist durch keine Methode bisher sicher nachzuweisen. In Norddeutschland ist übrigens ihre Verwendung bei der Herstellung obergäriger Biere erlaubt.

Süßholz. Dieses hat vor geraumer Zeit als Malzsurrogat vereinzelt Anwendung gefunden. Heutzutage dürfte eine derartige Verfälschung des Bieres kaum mehr vorkommen. Der Nachweis von Süßholzextrakt im Biere kann nach Kayser (Zeitschr. f. d. ges. Brauwesen **1885**, 166) in folgender Weise geschehen. Ein Liter Bier wird auf die Hälfte eingedampft, dann nach dem Erkalten mit einer konzentrierten Bleizuckerlösung versetzt, solange noch ein Niederschlag entsteht, und 12 bis 14 Stunden stehen gelassen. Man filtriert alsdann durch ein Faltenfilter und wäscht aus, bis das Filtrat von Schwefelsäure nur noch schwach getrübt wird. Nach erfolgtem Auswaschen spült man den Bleisalzniederschlag in den Kochkolben, und zwar so, daß das Ganze ca. 300 bis 400 ccm beträgt. Man leitet nun unter Erhitzen auf dem Dampfbade bis zur Sättigung Schwefelwasserstoff ein. Man läßt vollständig unter wiederholtem Aufschütteln erkalten, filtriert den Niederschlag ab und wäscht ihn aus, bis das Filtrat keine Schwefelwasserstoffreaktion mehr gibt. Im Schwefelbleiniederschlag ist das Glycyrrhizin enthalten. Dieser Niederschlag wird mit 150 bis 200 ccm 50 proz. Weingeist in einen Kochkolben gespült, zum Sieden erhitzt und filtriert. Das Filtrat wird bis auf ein Kubikzentimeter eingedampft und mit verdünnter Ammoniakflüssigkeit tropfenweise versetzt, bis die blaßgelbe Farbe der Flüssigkeit in eine braungelbe übergeht; man dunstet dann zur Trockne ein, nimmt mit 2 bis 3 ccm Wasser den Rückstand auf und filtriert durch ein kleines Faltenfilterchen. Das Filtrat besitzt, selbst wenn weniger als 1 g Süßholz auf einen Liter Bier verwendet worden war, den charakteristischen süßen Geschmack des Süßholzes. Wird die Flüssigkeit mit einem Tropfen Salzsäure angesäuert und einige Minuten im Probierröhrchen im Wasserbade erhitzt, so tritt eine braunflockige Ausscheidung (Glycyrrhetin) auf. Das Filtrat hiervon reduziert Fehlingsche Lösung beim Erwärmen.

Süßstoffe (Saccharin, Dulcin). (Vgl. Bd. III, S. 861 und 867.) Zum Nachweis von Saccharin eignet sich besonders das Verfahren von Jörgensen (Annales Falsific. 2, 58; 1909, Zeitschr. f. Unters. d. Nahr.- u. Genußm. 20, 175; 1910): 500 ccm Bier werden auf dem Wasserbad zur Sirupdicke eingedampft. Der Rückstand wird 96 proz. Alkohol unter Zerreiben mit einem Pistill ausgezogen, sodann in wenig heißem Wasser gelöst und dieser Sirup noch 1 bis 2 mal in derselben Weise behandelt. Die alkoholischen Auszüge werden vereinigt und nach Zugabe einiger Bimssteinstückchen der Destillation unterworfen. Zur völligen Entfernung des Alkohols wird der Destillationsrückstand in Wasser gelöst und die Lösung in einer Porzellanschale eingedampft. Nach dem Erkalten gibt man zur wässerigen Lösung einige Tropfen verdünnter Schwefelsäure, filtriert erforderlichen Falles und zieht mehrmals im Scheidetrichter mit Äther aus. Die ätherische, das Saccharin enthaltende Lösung destilliert man bis auf ein sehr kleines Volumen ab. Darauf gibt man etwas Wasser, verdünnte Schwefelsäure und portionsweise gesättigte Permanganatlösung zu bis zur bleibenden Rotfärbung. Das Permanganat oxydiert die meisten organischen Stoffe der Lösung, besonders vollständig die Hopfenbitterstoffe, den Gerbstoff und auch Salicylsäure, falls solche im Bier vorhanden ist; das Saccharin ist gegen Permanganat in der Kälte beständig. Die kleine in der Lösung vorhandene Menge von Permanganat wird nun durch tropfenweisen Zusatz einer gesättigten Lösung von Oxalsäure unter Vermeidung eines Überschusses zersetzt. Die farblose Lösung wird filtriert und darauf im Scheidetrichter mit einer Mischung von Äther und Petroläther mehrmals ausgeschüttelt. Die vereinigten Auszüge hinterlassen beim Abdestillieren, sofern Saccharin zugegen war, einen aus weißen Krystallnadeln bestehenden Rückstand von rein süßem Geschmack.

Zum Nachweis von Dulcin wird nach Morpurgo (Vierteljahrsschrift f. Nahrungs- u. Genußmittel 8, 120; 1893) $^1/_2$ l Bier mit 25 g Bleikarbonat versetzt, die Mischung auf dem Wasserbad zum Sirup eingedampft und dieser unter Verreiben mittels eines Pistills mehrmals mit Alkohol ausgezogen. Die Auszüge werden zur Trockne gebracht. Der Rückstand wird darauf mit Äther ausgezogen. Nach dem Filtrieren und Verdampfen des Äthers verbleibt bei Anwesenheit von Dulcin ein süß schmeckender Rückstand.

Zur Identifizierung wird der Rückstand nach Jorissen mit 5 ccm Wasser und 2 bis 4 Tropfen einer neutralen Lösung von Mercurinitrat 5 bis 10 Minuten im siedenden Wasserbad erwärmt, worauf eine schwach violette Färbung auftritt, die sich auf Zusatz von etwas Bleisuperoxyd verstärkt.

Zur Bereitung der Mercurinitratlösung wird 1—2 g frisch gefälltes Quecksilberoxyd in Salpetersäure gelöst. Zur Lösung wird soviel

Natronlauge zugesetzt, daß ein geringer, bleibender Niederschlag entsteht; darauf wird mit Wasser auf 15 ccm verdünnt, absitzen gelassen und dekantiert.

Biertrübungen

werden teils auf mikroskopischem, teils auf chemischem bzw. mikrochemischem Wege ihrer Natur nach erkannt.

Durch mikroskopische Beobachtung teils des Bieres direkt, teils des durch Zentrifugieren abgeschiedenen Bodensatzes ermittelt man Trübungen, welche von Kulturhefe, von wilder Hefe oder von Bakterien herrühren.

Kleister (Stärke, Erythrodextrin) - Trübung, welche durch die Verarbeitung mangelhaften (diastasearmen) Malzes oder Fehler beim Maischprozeß zustande kommt, weist man mittels Jodlösung nach. Man bringt etwas Bier in ein Tuschschälchen und setzt vorsichtig Jodlösung zu. Das Auftreten einer blauen, violetten oder auch nur dunkelrotbraunen Färbung weist auf eine mangelhafte Verzuckerung der Malzstärke hin.

Glutin (Eiweiß) - Trübung kommt bei der Verarbeitung eiweißreicher oder mangelhaft gedarrter Malze vor durch die Ausscheidung gewisser Eiweißstoffe meist infolge starker Abkühlung. Bei gelindem Erwärmen, oft schon bei Zimmertemperatur, klärt sich das Bier wieder. Zuweilen setzen sich Flöckchen ab, welche die bekannten Eiweißreaktionen geben.

Harztrübung, bedingt durch Ausscheidung von Hopfenharzpartikelchen, wird unter dem Mikroskop erkannt durch das Vorhandensein kleiner gelber bis dunkelbrauner Körperchen, welche sich bei Zusatz eines Tropfens 10proz. Kalilauge auflösen.

Anhang.

Treber. Für die Zwecke der Betriebskontrolle werden die Treber auf auswaschbaren Extrakt und auf unaufgeschlossene bzw. unverzuckerte Stärke untersucht.

Im Betriebe selbst bedient man sich für ersteren Zweck eines sehr einfachen Verfahrens, indem man an verschiedenen Stellen dem Läuterbottich entnommene Proben auspreßt. Die ausgepreßte Flüssigkeit wird filtriert und mit dem Saccharometer gespindelt. Die Saccharometeranzeige soll 1% nicht übersteigen.

Im Laboratorium kann man den auswaschbaren Extrakt in der Weise bestimmen, daß man 300 g frische Treber auf der Nutsche ohne Anwendung der Saugpumpe mit heißem Wasser auswäscht. Den Rückstand bringt man ohne Verlust in eine gewogene Porzellanschale und trocknet anfangs auf dem Wasserbad, später im Trockenschrank; zuletzt läßt man 1 Tag lang an der Luft stehen, worauf man wägt. Das erhaltene Gewicht entspricht der lufttrockenen Substanz. Diese wird nunmehr fein gemahlen und davon die Trockensubstanz bestimmt.

Die Differenz zwischen der Trockensubstanz der Treber vor und nach dem Auswaschen ergibt die Menge des auswaschbaren Extraktes.

Liegen getrocknete Treber zur Untersuchung vor, so bestimmt man den Wassergehalt, den wasserlöslichen (auswaschbaren) Extrakt und den mit Malzauszug aufschließbaren wie folgt:

Wassergehalt. 5 g Trebermehl werden wie bei Gerste oder Malz (s. o.) getrocknet und gewogen.

Bestimmung des wasserlöslichen Extraktes: 20 g Trebermehl werden mit 150 ccm Wasser von 17° 30 Min. in einem gewogenen Maischbecher unter Umrühren digeriert, dann auf 200 g mit destilliertem Wasser aufgefüllt und filtriert. Vom Filtrat bestimmt man das spez. Gewicht bei 17,5° oder 20° und entnimmt den zugehörigen Extraktwert der entsprechenden Tabelle, um daraus den auswaschbaren Extrakt der Treber wie bei der Malzanalyse zu berechnen.

Bestimmung des mit Malzauszug aufschließbaren Extraktes. 20 g Trebermehl werden mit 150 ccm Wasser 10 Min. gekocht, dann auf 45° abgekühlt und 50 ccm Malzauszug (1 : 4), dessen Extraktgehalt vorher ermittelt wurde, zugesetzt. Nun wird langsam auf 70° gemaischt, dann 10 Min. gekocht und wieder auf 45° heruntergekühlt. Darauf fügt man abermals 50 ccm Malzauszug hinzu, maischt nochmals langsam auf 70° und hält diese Temperatur unter beständigem Gang des Rührwerks bis zum Verschwinden der Jodreaktion. Man kühlt nun ab, füllt mit destilliertem Wasser auf 300 g auf, filtriert und verfährt zur Bestimmung des Extraktes wie oben.

Nach Abzug des mit dem Malzauszug eingeführten und des wasserlöslichen Extraktes vom Gesamtextrakt erhält man den durch Maischen mit Malzauszug aufschließbaren.

Bei gutem Malz und guter Sudhausarbeit überschreitet der wasserlösliche Extrakt in der Regel nicht 1%, der mit Malzauszug aufschließbare nicht 5,0%, berechnet auf Trebertrockensubstanz.

Eine einwandfreie Methode zur Bestimmung des Stärkegehaltes der Treber ist zurzeit nicht bekannt. — Die Treber werden wie die Malzkeime als landwirtschaftliches Futtermittel verwertet und gegebenen Falles auf Futterwert untersucht.

Brauerpech (vgl. Bd. III, S. 220 und 292). Das Pech dient dazu, das poröse Holz der Fässer im Innern mit einem dichten glatten, leicht zu reinigenden und leicht zu erneuernden Überzug zu versehen. Es darf keine Geschmackstoffe an das Bier abgeben und soll an den Wandungen der Fässer fest haften, so daß es auch durch Erschütterungen nicht abspringt.

Früher verwendete man nur reines Fichtenpech, welches durch Ausschmelzen und Kochen von Fichtenharz, wobei der größte Teil des Terpentinöls sich verflüchtigte, hergestellt wurde. Dieses sogen. Naturpech ist dunkelorangegelb bis braun, undurchsichtig, trübe und von hoch aromatischem Geruch.

Gegenwärtig wird das Brauerpech hauptsächlich aus Kolophonium bereitet, mit Zusätzen von Harzöl, festen und flüssigen Fetten (Talg Schweinefett, Leinöl usw.), Mineralöl, Paraffin und Ceresin. Diese Zusätze haben den Zweck, die Mischung weicher und elastischer zu machen, da das Kolophonium für sich zu spröde ist.

Um solchen Pechen das Aussehen von Naturpech zu geben, hat man sie mit Ocker oder Chromgelb gefärbt oder durch Einrühren von Wasser trübe gemacht. Beides ist zu verwerfen als unnütz und teilweise schädlich.

Am besten eignet sich zum Weichmachen des Kolophoniums gereinigtes Harzöl. Die meisten gegenwärtig im Handel vorkommenden Brauerpeche sind Gemische von Kolophonium und Harzöl. Solche Peche sind klar und durchsichtig, gelb bis dunkelbraun gefärbt und haben einen muscheligen Bruch.

Eine besondere Sorte bilden die sogen. überhitzten Kolophoniumpeche, zu deren Herstellung Kolophonium verwendet wird, das zur Beseitigung aller flüchtigen Bestandteile einem kurzen Destillationsprozeß unterworfen wurde. Die überhitzten Peche sind dunkel gefärbt und zeigen häufig eine grünliche Fluoreszenz. Man bedient sich ihrer mit Vorliebe zum Pichen mit Einspritzapparaten. Endlich finden sich im Handel Gemische von Harzölpechen mit Naturpech. Diese Peche sind entsprechend der zugesetzten Menge von Naturpech mehr oder weniger trübe.

Die Untersuchung des Peches erstreckt sich nach Keil (Wochenschr. f. Brauerei **1921**, 151); vgl. auch Brand, Zeitschr. f. d. ges. Brauwesen **1893**, 70; **1908**, 369; Eckhardt ebenda **1917**, 273) in erster Linie auf folgende Punkte:

1. Feststellung von Farbe, Aussehen, Bruch und Knetbarkeit.

2. Bestimmung des Wassergehaltes, in der Regel nur auszuführen, sofern sich ein solcher beim Erhitzen des Peches auf dem Tiegeldeckel (Spritzen) zu erkennen gab. Hierbei wird auch der Geruch beobachtet.

Normales Pech enthält nur ganz wenig Wasser. Es kommt aber auch Pech mit 10 bis 14% Wasser vor.

Zur Wasserbestimmung werden 5 g zerriebenes Pech mit 15 g Seesand gemischt, in einer flachen Schale 2 bis 4 Stunden im Trockenschrank bei 100° getrocknet.

3. Ermittelung einer etwaigen Geschmacksabgabe an Bier. Nach Keil wird dabei folgendermaßen vorgegangen: Eine kleine Menge Pech wird in einem offenen Tiegel auf Pichtemperatur erhitzt. Das flüssige Pech wird in eine angewärmte Bierflasche gegeben. Diese wird darauf gerollt unter gleichzeitigem Abkühlen. Die Pechdämpfe werden mit Luft ausgeblasen. Darauf wird die Flasche mehrmals mit laufendem Wasser ausgespült und einige Zeit mit Wasser gefüllt stehengelassen. Schließlich wird sie mit Bier gefüllt und längere Zeit im Eisschrank aufbewahrt. Dabei ist sorgfältig darauf zu achten, daß Kohlensäuregehalt und Druck möglichst vollständig erhalten bleiben. Die Probe wird doppelt ausgeführt und zum Vergleich mit Bier in ungepichter Flasche.

4. Bestimmung des Schmelzpunktes. Möglichst fein zerriebenes Pech, unter Umständen nach dem Vorkühlen mit Eis, wird, wie üblich, in einem an dem Thermometer befestigten Capillarröhrchen im Wasserbad erhitzt. Man beobachtet den Punkt, wo das Pech durchsichtig wird und zusammensintert. Schmelzpunkt 35 bis 45°.

5. Unlöslicher Anteil in 96proz. Alkohol: 10 g grob gepulvertes Pech werden in etwa 50 ccm 96proz. Alkohol unter Erwärmen gelöst. Die Lösung wird durch ein getrocknetes und gewogenes Filter filtriert. Der Rückstand wird mit heißem 96proz. Alkohol völlig ausgewaschen und darauf mit dem Filter bei 105° getrocknet und gewogen.

Gutes Pech enthält meist nicht mehr als 0,5% fremde Stoffe.

6. Bestimmung der Asche a) im alkoholunlöslichen Anteil, b) im Pech selbst. Bei abnorm hohem Aschegehalt ist die Art der Beimengung (Chromgelb, Ocker, Schwerspat, Erdalkalien, Alkalien) festzustellen.

In besonderen Fällen kommt noch in Betracht:

7. Die Ermittelung der Gewichtsabnahme und der Schmelzpunkterhöhung bei längerem Erhitzen des Peches auf Pichtemperatur (180 bis 200°). Über das hierbei einzuschlagende Verfahren liegen bisher noch keine Vereinbarungen vor (vgl. Eckhardt l. c. S. 308).

8. Bestimmung der sauer reagierenden flüchtigen Bestandteile nach Brand. In einer 180 ccm fassenden, mit weitem Tubulus versehenen Retorte werden 100 g Pech bei 200° im Luftstrom erhitzt. Durch einen doppelt durchbohrten Kork, welcher den Tubulus verschließt, taucht ein Thermometer in das Pech, während ein Luftzuführungsrohr über dem flüssigen Pech mündet. Die Retorte ist mit einem gewogenen U-Rohr verbunden, das während der Destillation mit Eis gekühlt wird, und dieses mit einer ca. 300 ccm fassenden Waschflasche, die bis zu $^2/_3$ mit Wasser gefüllt ist. Mittels einer Aspiratorflasche von ca. 20 l Inhalt saugt man Luft durch den Apparat, sobald das Pech die Temperatur von 200° erreicht hat. Nach Beendigung der Destillation wird das Destillat in dem U-Rohr gewogen. darauf in wenig Äther gelöst in ein Becherglas gegeben und mit ca. 150 ccm Wasser nachgespült. Der Inhalt des Becherglases wird mit $^n/_{10}$-Kalilauge titriert und ebenso der Inhalt der Waschflasche (Indikator neutrale Lackmustinktur).

Man berechnet den Säuregrad des Peches, worunter man die Milligramme Kalihydrat versteht, welche 1 g der flüchtigen Stoffe zur Neutralisation braucht.

Zum Beispiel: 100 g Pech lieferten 1,83 g Destillat im U-Rohr, welche 5,8 ccm $^n/_{10}$-KOH zur Neutralisation erforderten. Der Inhalt der Waschflasche benötigte 1,2 ccm $^n/_{10}$-KOH entsprechend 0,38 g von der Substanz im U-Rohr.

Die Gesamtmenge des Destillates berechnet sich danach zu $1{,}83 + 0{,}38 = 2{,}21$ g, welche $5{,}8 + 1{,}2 = 7{,}0$ ccm $^n/_{10}$-KOH verbrauchten, entsprechend einem Säuregrad von 17,7 (Brand, Zeitschr. f. d. ges. Brauwesen **1909**, 265). Der Säuregrad steht in Beziehung zu den Stoffen, welche Veranlassung zu Pechgeschmack im Bier geben können. Bei den von Brand geprüften Pechen schwankte der Säuregrad zwischen 4 und 102. Peche aus Kolophonium und Harzöl hatten einen Säuregrad zwischen 20 und 40, überhitzte Peche mit und ohne Zusatz von Paraffin 4 bis 15.

9. Bestimmung der Viskosität a) bei verschiedenen Temperaturen (170 bis 200°), b) bei längerem Erhitzen auf 200°. Die Bestimmung der Viskosität gibt wertvolle Anhaltspunkte für die Brauchbarkeit des Peches. Je geringer die Viskosität eines Peches ist, um so dünner, gleichmäßiger und widerstandsfähiger gegen Erschütterungen ist der Pechbelag in den Fässern und um so ökonomischer gestaltet sich das Pichen. Man bestimmt nach Brand die Viskosität mittels des Englerschen Viskosimeters (s. Bd. III, S. 455) im Hartparaffinbad, und zwar gegenwärtig meist bei 170°. Es kommen aber auch höhere Temperaturen in Betracht, wenn es sich darum handelt, die für ein Pech günstigste Pichtemperatur zu ermitteln. Nach längerem Erhitzen bei 200° soll die Viskosität nur wenig zunehmen.

Handelspeche weisen bei 170° meist eine Viskosität von 2 bis 5 (Wasser bei 20° = 1) auf. Zusatzpeche zum Regenerieren alter, gebrauchter und zähflüssig gewordener Peche sollen eine Viskosität unter 2 besitzen.

10. Zusammensetzung des Peches und Untersuchung auf etwaige Beimengungen.

Feste Fette oder fette Öle. Man behandelt 1 Teil Pech mit 10 Teilen Methylalkohol, in welchem sich das Harz löst, das Fett oder Öl aber ausscheidet. Nach dem Auswaschen kann das Fett identifiziert werden.

Harzöl, Mineralöl. Man verseift das im Alkohol aufgelöste Pech mit dem gleichen Teil einer 10proz. alkoholischen Kalilauge unter Kochen und verdünnt hierauf mit Wasser. Bleibt die Flüssigkeit klar, so ist nur Kolophonium (Naturharz) mit einem evtl. Zusatz von fetten Ölen oder Fetten vorhanden. Trübt sich die Flüssigkeit emulsionsartig, so ist Harzöl oder Mineralöl zugegen. Es kann durch Auswaschen isoliert und näher geprüft werden.

Wachshaltige (Pflanzenwachs) und mit Paraffin versetzte Peche lösen sich nicht klar in Alkohol. Das Wachs scheidet sich beim Erkalten der heißen Lösung wieder aus, und diese Ausscheidungen können näher geprüft werden. Es gibt also schon die mehr oder mindere Leichtlöslichkeit in Alkohol über solche Beimengungen Aufschluß.

Überhitztes Pech ist nicht völlig in Alkohol löslich. Die Ausscheidung ist aber löslich in Aceton und kann durch Erhitzen auf dem Platinblech als harziger Natur erkannt werden.

Beimischung von gebrauchtem Pech. Etwa 50 g Pech werden in der dreifachen Menge Alkohol unter Zusatz von 25 ccm Terpentinöl gelöst und absitzen gelassen. Der Bodensatz wird auf gehärtetem Filter filtriert, mit Äther ausgewaschen und darauf mikroskopiert. Bei gebrauchtem Pech sind unter dem Mikroskop zahlreiche Hefezellen zu erkennen.

Untersuchung pflanzlicher Gerbemittel und Gerbstoffauszüge.

Von

Prof. Dr. **Johannes Paessler,**
Vorstand der Deutschen Versuchsanstalt für Lederindustrie in Freiberg i. Sa.

Die quantitative Gerbstoffbestimmung in pflanzlichen Gerbemitteln bietet besondere Schwierigkeiten. Die meisten der gerbenden Stoffe sind noch nicht genügend bekannt oder man hat, soweit dies der Fall ist, keine Verfahren, um sie entweder im freien Zustande oder in der Form gut charakterisierter Verbindungen abzuscheiden und zu wägen. Da aber die Technik auf eine quantitative Bestimmung der wirksamen Bestandteile der pflanzlichen Gerbemittel großen Wert legt, so sind dennoch Verfahren hierfür in großer Anzahl vorgeschlagen worden. Den strengen Anforderungen der Wissenschaft genügt jedoch kein einziges. Man kann aber für die Praxis brauchbare Ergebnisse erhalten, wenn man den Begriff „Gerbstoff" im technischen Sinne erklärt, und zwar als „das, was gerbt, d. h. als diejenigen organischen Stoffe, die aus ihren Lösungen von tierischer Haut aufgenommen werden". Es sind meist mehrere verschiedene chemische Verbindungen, die man in diesem Falle unter dem Sammelnamen „Gerbstoff" oder „gerbende Stoffe" bestimmt. Hierfür sind mehrere Verfahren in Anwendung. Man muß bei diesen zunächst den Gerbstoff in Lösung bringen und ermittelt entweder:

1. den Trockensubstanzgehalt (gewichtsanalytisches Verfahren) oder
2. den Permanganatverbrauch bei Zimmerwärme (maßanalytisches Verfahren, Löwenthalsches Verfahren)

vor und nach dem Ausfällen des Gerbstoffes mit Hautpulver (besonders sorgfältig vorbereitete, getrocknete und gemahlene Haut). In beiden Fällen wird der Gerbstoff aus dem Unterschied berechnet. Vor dem Ausfällen hat man die Gesamtmenge der löslichen Stoffe (Gesamtlösliches), nach dem Ausfällen die nicht vom Hautpulver aufgenommenen Stoffe, die man als „Nichtgerbstoffe" bezeichnet. Der Unterschied beider ist gleich der Menge der gerbenden Stoffe.

Bei dem gewichtsanalytischen Verfahren unterscheidet man:

a) das Schüttelverfahren und
b) das Filterverfahren.

Das Schüttelverfahren ist das vereinbarte Verfahren des „Internationalen Vereins der Lederindustrie-Chemiker“ (I. V. L. I. C.). In Deutschland wird jedoch fast ausschließlich das Filterverfahren angewandt, das früher das vereinbarte Verfahren des genannten Vereins war. Beide Verfahren unterscheiden sich grundsätzlich dadurch, daß man bei dem Schüttelverfahren ein nichtchromiertes (weißes Hautpulver), das erst unmittelbar vor der Verwendung chromiert wird, bei dem Filterverfahren ein bereits chromiertes Hautpulver (chromiertes Hautpulver) benutzt, und daß bei dem Schüttelverfahren eine bestimmte Menge des eben chromierten und dann ausgewaschenen Hautpulvers mit einer bestimmten Menge der Gerbstofflösung eine gewisse Zeit geschüttelt wird, während man bei dem Filterverfahren eine bestimmte Menge der Gerbstofflösung durch eine vorgeschriebene Menge des in einer zylindrischen Glocke ziemlich festgestopften Hautpulvers filtriert. Das Schüttelverfahren gibt für den Gehalt an gerbenden Stoffen durchweg niedrigere Werte als das Filterverfahren (die Unterschiede betragen bis zu einigen Prozent), was darauf zurückzuführen ist, daß bei jenem die Bedingungen für die Gerbstoffaufnahme weniger günstig sind als bei diesem. Hieraus ist ohne weiteres zu folgern, daß es sich bei diesen Verfahren nicht um genau wissenschaftlich begründete Verfahren handelt, sondern um solche, bei denen die Ergebnisse sehr von den Versuchsbedingungen abhängen, und daß es infolgedessen bei jedem dieser beiden Verfahren notwendig ist, sich genau an die für ihre Anwendung vereinbarten Vorschriften zu halten. Hierauf soll schon jetzt hingewiesen werden.

Das Löwenthalsche Verfahren, bei dem der Wirkungswert der hierfür erforderlichen Lösung auf ein möglichst reines Tannin zu stellen ist, wird jetzt nur seltener, weniger zur Untersuchung von Gerbemitteln und Gerbstoffauszügen, mehr zur Betriebsüberwachung, namentlich zur Feststellung des Gerbstoffgehaltes der Brühen von Farbengängen, verwendet.

v. Schroeder hat ferner zur Bewertung der gebräuchlichsten Gerbemittel ein einfaches Verfahren, das sog. Spindelverfahren, ausgearbeitet. Bei diesem wird eine bestimmte Menge des zerkleinerten Gerbemittels mit einer genau abgemessenen Menge Wasser 24 Stunden lang von Zeit zu Zeit geschüttelt. Die Stärke der nach dem Filtern erhaltenen Brühe wird alsdann mit einer Bauméspindel, deren Teilung von 0—2° reicht und in 50stel Grad geteilt ist, genau bestimmt. Aus Tafeln, die v. Schroeder auf Grund umfassender Untersuchungen aufgestellt hat, liest man hierauf den wahrscheinlichen Gerbstoffgehalt des Gerbemittels ab. Für jedes der wichtigsten Gerbemittel ist eine derartige Tafel vorhanden. Dieses Verfahren ist geeignet, dem Gerber wenigstens einen ungefähren Anhalt über den Gerbstoffgehalt der wichtigsten Gerbemittel zu geben, kann jedoch nicht für eine genauere Wertbestimmung herangezogen werden, weswegen es an dieser Stelle nicht ausführlich behandelt werden soll. Näheres über dieses Verfahren ist in der v. Schroederschen Schrift „Einfaches Verfahren zur Bewertung der Gerbemittel“ (im Verlage der Erben des Verfassers, 1908) enthalten.

Ausführliches über die Gerbstoffbestimmungsverfahren ist in folgenden Schriften zu finden: Paessler, Die Untersuchungsverfahren der pflanzlichen Gerbemittel (Freiberg 1921, Selbstverlag), Procter-Paessler, Gerbereichemische Untersuchungsverfahren (Berlin 1901, Julius Springer), Grasser, Handbuch für gerbereichemische Laboratorien (Leipzig 1922, Schulze & Co.), Procter, Taschenbuch für Gerbereichemiker, übersetzt von Jettmar (Dresden 1914, Theodor Steinkopf).

Die pflanzlichen Gerbemittel werden in der Gerberei entweder in ihrer ursprünglichen Form oder in Gestalt der von der Extraktindustrie hergestellten Gerbstoffauszüge (Gerbextrakte), die flüssig, teigförmig oder fest in den Handel kommen, verwendet.

Probeentnahme von pflanzlichen Gerbemitteln und Gerbstoffauszügen[1].

Rindengerbemittel, die gebündelt sind: Von mindestens 3% der gesamten Bündel wird mit einer Säge oder einem scharfen Beile aus der Mitte ein schmaler Querschnitt (von 2 bis 4 cm Länge) herausgeschnitten. Ist die Menge dieser Abschnitte zu groß, so entnimmt man nach sorgfältigem Durchmischen ein kleineres Muster, das nicht weniger als 1 kg sein soll.

Zerkleinerte Rindengerbemittel und sonstige Gerbemittel: Der Inhalt von mindestens 5% der Säcke wird auf einem glatten, sauberen Boden in Schichten übereinander ausgebreitet und dann sorgfältig durchmischt. Aus diesem Haufen werden senkrecht zu seiner Oberfläche und bis zum Boden greifend an mehreren Stellen Muster entnommen und diese gut durchmischt. Hiervon wird ein Durchschnittsmuster im Gewicht von mindestens 0,5 kg gezogen.

Flüssige Gerbstoffauszüge: Mindestens 5% der Fässer werden so ausgewählt, daß ihre laufenden Nummern möglichst weit auseinanderliegen. Von diesen nimmt man die oberen zwei Reifen und den Deckel ab. Man durchmischt den Inhalt gründlich mit einem geeigneten Rührer (es ist zweckmäßig, hierfür eine kräftige Holzstange zu verwenden, die an ihrem Ende eine kreisförmige durchlöcherte Scheibe trägt) und achtet hierbei besonders darauf, daß auch sämtlicher an dem Boden und an den Seiten anhängender Satz gleichmäßig verrührt wird. Hierauf entnimmt man jedem der Fässer einen oder mehrere Löffel. Dieses Muster ist gut durchzumischen und hiervon werden nicht weniger als 150 g in ein vollständig reines, trocknes und luftdicht verschließbares Glas gefüllt.

Teigförmige Gerbstoffauszüge, auch Blockgambier: Die Probe wird aus nicht weniger als 5% der Blöcke gezogen, und zwar in der Weise, daß an sieben Stellen jedes Blockes mit einem röhrenförmigen Werkzeuge, das den Block in seiner ganzen Dicke durchdringt, Muster entnommen werden. Ein solches Werkzeug aus Messing, ähnlich einem Korkbohrer, etwa 36 cm lang und mit einem Rohre von etwa 3 cm im Durchmesser, ist von Kathreiner angegeben worden. Mit einem

[1] Ausführliches hierüber in der Schrift: Paessler, Wie hat man in richger Weise die Proben für die chemische Untersuchung zu entnehmen? (Freiberg 1911, Selbstverlag.)

Kolben, ebenfalls aus Messing, stößt man die im Rohre dieses Probeziehers befindliche Masse aus. Diese Massen werden zu einem Muster vereinigt, dieses wird sorgfältig durchgeknetet und aus ihm ein kleineres Muster gezogen, das sofort in einem reinen, trockenen und luftdicht verschließbaren Gefäß verwahrt wird.

Feste Gerbstoffauszüge: Aus 5% der Säcke oder Kisten werden Stücke aus den inneren und äußeren Teilen entnommen, diese schnell gemischt und dann ebenfalls in eine trockne luftdicht verschließbare Büchse gebracht.

Die Muster sind mit genauer Bezeichnung zu versehen und die Büchsen nach dem Verschließen zu versiegeln.

Muster, die an mehr als einen Chemiker zur Untersuchung gesandt werden sollen, müssen als Gesamtprobe entnommen und gut durchmischt werden. Darauf ist diese in die erforderliche Anzahl (nicht weniger als drei) von Anteilen zu zerlegen, die sofort passend zu verpacken und im übrigen in der angegebenen Weise zu behandeln sind.

Vorbereitung der pflanzlichen Gerbemittel für die Untersuchung.

In 10 g einer sorgfältig gezogenen Durchschnittsprobe ermittelt man den Wassergehalt durch Trocknen in einem Trockenschranke bei 98,5 bis 100° C bis zum gleichbleibenden Gewicht. Gleichzeitig wird eine größere Probe auf einer geeigneten Mühle soweit zerkleinert, daß das Zerkleinerungsgut sich durch ein Sieb sieben läßt, dessen runde Löcher einen Durchmesser von 1,5 bis 2 mm haben oder bei dem 16 Maschen auf 1 qcm gehen. Es ist hierbei darauf zu achten, daß nicht ein Teil des zerkleinerten Gerbemittels auf dem Sieb zurückbleibt. Ist es der Fall, so muß dieser Rest nochmals gemahlen werden, bis er vollständig durch das Sieb geht. An die Zerkleinerung schließt sich die Wasserbestimmung des gemahlenen Gerbemittels, sowie die vollständige Auslaugung an.

Der Wassergehalt wird in 5 g in gleicher Weise ermittelt wie in dem unzerkleinerten Gerbemittel. Die Menge des Gerbemittels, die zum Auslaugen verwendet wird, richtet sich nach dem Gerbstoffgehalt. Diese Ansatzmenge ist so zu wählen, daß die Gerbstoffmenge in 50 ccm des Auszuges innerhalb der Grenzen 0,175 und 0,225 g liegt. Stellt sich bei der Untersuchung heraus, daß diese Grenzen überschritten worden sind, so ist das Auslaugen mit einer entsprechend größeren oder kleineren Menge zu wiederholen. Für die gebräuchlichsten Gerbemittel gelten zur Innehaltung der Vorschrift etwa folgende Ansatzmengen: Eichenholz 50 g, Eichen-, Fichten-, Weiden-, Hemlockrinde und Kastanienholz 40 g, Quebrachoholz 20 g, Garouille 18 g, Sumach 17 g, Valonea 15 g, Knoppern 13 g, Mangroven-, Mimosenrinde und Myrobalanen 12 g, Algarobilla, Dividivi, Malletrinde und Trillo 10 g, entkernte Myrobalanen 9 g.

Das Auslaugen erfolgt mit der Kochschen Auslaugevorrichtung (vgl. Fig. 1). Diese besteht im wesentlichen aus einer etwa 200 ccm fassenden weithalsigen Glasbüchse (bei den größeren Ansatzmengen verwendet man Glasbüchsen von etwa 350 ccm Inhalt) mit nicht zu starken Wandungen, damit ein längeres Erhitzen in kochendem Wasser möglich ist. In diese wird ein doppelt durchbohrter, gut schließender Kautschukstopfen eingesetzt, durch dessen eine Bohrung ein doppelt und zwar entgegengesetzt rechtwinklig gebogenes Glasrohr bis dicht unter den Stopfen reicht, während durch die andre ein einfach rechtwinklig gebogenes Glasrohr bis auf den Boden der Büchse geführt ist. Die innerhalb dieser befindlichen Enden der beiden Glasrohre sind etwas trichterförmig erweitert und mit reiner grobmaschiger Leinwand oder Seidengaze (nicht Baumwolle, da diese leicht verfilzt) zugebunden, damit feine Teilchen des Gerbemittels weder in das obere Zuflußrohr aufsteigen, noch durch das Abflußrohr mit fortgerissen werden können. An das äußere Ende des Abflußrohrs setzt man mit einer Gummischlauchverbindung noch ein rechtwinklig gebogenes Rohr an, dessen längerer Schenkel durch einen seitlich eingekerbten Kork in den Hals einer Litermaßflasche eingeführt wird. Diese dient zur Aufnahme der Gerbstofflösung. An der Schlauchverbindung ist ein Schraubenquetschhahn angebracht.

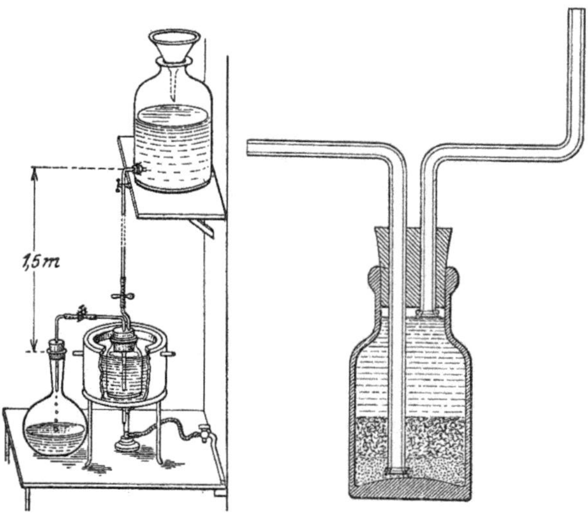

Fig. 1. Kochsche Auslaugevorrichtung.

Zum Auslaugen eines Gerbemittels bringt man in die Glasbüchse zunächst eine den Boden etwa 1 cm hoch bedeckende Schicht eines trocknen eisenfreien Sandes, den man zuvor durch Waschen mit heißem Wasser von allen löslichen Stoffen befreit hat. Man bringt auf den Sand mit einem Fülltrichter die genau abgewogene Menge des Gerbemittels, setzt den Stopfen mit den Röhren ein und befestigt diesen mit Bindfaden, am einfachsten durch einen sog. Champagnerknoten, oder durch einen geeigneten mechanischen Verschluß, damit er durch den beim Auslaugen auf ihn ausgeübten Druck nicht aus der Büchse herausgetrieben wird.

Ist die Vorrichtung in dieser Weise beschickt, so taucht man den freien Schenkel des Abflußrohrs in ein Gefäß mit destilliertem Wasser und saugt vorsichtig an dem oberen Ende des doppelt gebogenen Glasrohrs, damit sich die Büchse mit Wasser füllt. Es muß hierbei möglichst sämtliche Luft aus der Büchse verdrängt werden. Um dies zu erreichen, läßt man sie einige Minuten stehen, bis das Gerbemittel sich mit Wasser vollgesaugt und die verdrängte Luft sich oben angesammelt hat. Man füllt die Büchse durch nochmaliges Ansaugen bis oben mit

Wasser an, schraubt den Quetschhahn vollständig zu, stellt die Büchse in ein genügend tiefes Wasserbad, in dem sie bis an den Hals im Wasser steht, und verbindet mit einem kurzen Gummischlauch das doppelt gebogene Rohr mit einem Glasrohr, das das zum Auslaugen dienende Wasser aus einem etwa 1,5 m höher stehenden genügend großen Gefäß zuführt. Man setzt den Inhalt der Glasbüchse durch Öffnen des Quetschhahns an dem Zufluß des Auslaugewassers unter den Druck dieser Wassersäule und beläßt ihn unter diesem zum vollständigen Durchweichen mindestens 5 bis 6 Stunden, aber auch nicht länger als 10 bis 12 Stunden. Man erwärmt alsdann das Wasserbad bis auf 45 bis 50° C und öffnet den Quetschhahn des Abflußrohrs soweit, daß innerhalb einer Dauer von etwa $1^1/_2$ Stunde etwa 500 ccm Flüssigkeit in die Litermaßflasche abtropfen, wobei das Wasserbad auf den angegebenen Wärmegraden gehalten wird. Nach Schließen des Quetschhahns erhitzt man das Wasserbad zum Sieden, öffnet ihn wieder und läßt bei beständig siedendem Wasserbad die Gerbstofflösung so abtropfen, daß nach weiteren $1^1/_2$ Stunden die Maßflasche gefüllt ist. Das verdampfte Wasser des Wasserbades muß öfters ersetzt werden, damit die Büchse stets bis oben von siedendem Wasser umgeben ist. Bei richtiger Arbeitsweise wird das Gerbemittel vollständig von Gerbstoff befreit. Man muß sich davon überzeugen, ob die weiter ablaufende Flüssigkeit annähernd gerbstofffrei ist. 1 bis 2 ccm dieser Lösung dürfen im abgekühlten Zustande mit 1 bis 2 Tropfen (nicht mehr!) einer kochsalzhaltigen Leimlösung keinen Niederschlag oder nur eine schwache Trübung geben. Tritt ein deutlicher Niederschlag auf, so ist das Auslaugen unter Beobachtung größerer Vorsicht zu wiederholen. Zur Herstellung der kochsalzhaltigen Leimlösung löst man 9 g reinsten weißen Leim (Gelatine) und 100 g reines Kochsalz in 500 ccm heißem Wasser, läßt erkalten und filtert, wenn dies erforderlich ist.

Man schüttelt den Inhalt der Maßflasche vorsichtig um, kühlt ihn durch Einstellen in Wasser von Luftwärme schnell auf 17,5° C ab, füllt die Maßflasche genau bis zur Eichungsmarke mit dest. Wasser auf und schüttelt den Inhalt gut um.

Vorbereitung von gebrauchten Gerbemitteln für die Untersuchung.

In gebrauchten Gerbemitteln wird der Gerbstoffgehalt bestimmt, um den Grad der Ausnutzung festzustellen. Diese werden nach dem Trocknen in gleicher Weise vorbereitet wie die anderen Gerbemittel. Man verwendet zum Auslaugen 50 g. Es läßt sich hierbei die Vorschrift, daß 50 ccm der Lösung annähernd 0,200 g Gerbstoff enthalten, meist nicht innehalten. Um ihr möglichst zu entsprechen, ist es gestattet, die nach dem Auffüllen auf 1 Liter erhaltene Lösung durch Kochen bei Luftabschluß (in einer Flasche mit einem im Halse befindlichen Trichter) bis zur erforderlichen Stärke, z. B. auf $^1/_2$ Liter, einzuengen.

Vorbereitung der Gerbstoffauszüge für die Untersuchung.

Die Gerbstoffauszüge werden in heißem Wasser gelöst. Auch hierbei richtet sich die Ansatzmenge nach dem Gerbstoffgehalte. Gewöhnlich nimmt man folgende Mengen:

bei festen Auszügen . . . . 5—7 g
bei dickflüssigen und teigförmigen Auszügen mit einem spez. Gewicht über 1,2 (über 25° Bé). . . . . 8—16 g
bei flüssigen Auszügen mit einem spez. Gewicht über 1,15 (über 19° Bé) und unter 1,2 (unter 25° Bé) . . . . 16—18 g
bei flüssigen Auszügen mit einem spez. Gewicht unter 1,15 (unter 19° Bé) 18—22 g

Auf jeden Fall muß auch hier die Gerbstoffmenge in 50 ccm der Lösung innerhalb der Grenzen 0,175 und 0,225 g liegen und möglichst nahe an 0,200 g herankommen. Ergibt sich bei der Untersuchung, daß diese Vorschrift nicht erfüllt wird, so muß sie mit einer dieser entsprechenden Ansatzmenge wiederholt werden.

Man wägt die richtige Menge am besten in einem verschließbaren Wägegläschen genau ab und spült sie ohne jeden Verlust mit einem Liter kochenden dest. Wasser in einen Literkolben über. Hat sich noch nicht alles gelöst, so setzt man den Kolben einige Zeit auf das kochende Wasserbad. Sumach- und Myrobalanenauszüge sollen nicht bei so hohen Hitzegraden gelöst werden. Man schüttelt um, füllt annähernd bis zur Marke auf und behandelt dann genau weiter wie den Gerbemittelauszug.

Da während des Auswägens leicht Feuchtigkeitsverluste entstehen können, verfährt man beim Abwägen der Auszüge am besten in folgender Weise: Ein verschließbares Wägegläschen wird auf der feinen Wage genau ausgewogen, sodann auf einer Wage, die bis auf 0,1 g genau wiegt, austariert. Man setzt alsdann ein der abzuwägenden Auszugsmenge entsprechendes Gewicht auf die Wageschale und bringt schnell annähernd diese Menge des Auszuges in das Wägegläschen. Man verschließt dieses und wägt es genau auf der feinen Wage.

Flüssige Auszüge, die sich in mehrere Schichten getrennt und infolgedessen eine ungleichmäßige Beschaffenheit haben, muß man mäßig erwärmen und gut umrühren, um ihnen eine gleichmäßige Beschaffenheit zu geben. Nach dem Abkühlen erfolgt sofort das Auswägen für die Untersuchung. Man muß auch hier so arbeiten, daß Feuchtigkeitsverluste vermieden werden.

Feste Auszüge werden vor dem Abwägen gröblich gepulvert und gut durchmischt. Auch hier sind Änderungen im Wassergehalt zu vermeiden.

Teigförmige Auszüge werden schnell in einer Reibschale gemischt und die erforderliche Menge wird zur Vermeidung von Feuchtigkeitsverlusten so rasch wie möglich ausgewogen.

Sind Auszüge teilweise trocken und teilweise feucht, so daß die angegebenen Verfahren nicht anwendbar sind, so soll das ganze Muster gewogen und bei Zimmerwärme so weit getrocknet werden, daß man es pulvern kann. Hierauf wird es wieder gewogen und der Gewichtsverlust als Wasser in Rechnung gestellt. Die weitere Untersuchung ist dieselbe wie bei festen Auszügen.

Mit der Vorbereitung der Gerbstoffauszüge wird gewöhnlich die Wasserbestimmung verbunden, die entweder direkt oder indirekt ausgeführt wird. In ersterem Falle wird von flüssigen und teigförmigen Auszügen etwa 1 g, von festen etwa 0,5 g in einer gewogenen Schale aus Silber oder Porzellan genau abgewogen, mit 10 ccm dest. Wasser versetzt und diese Lösung auf dem Wasserbad zur Trockne verdampft. Es sind hierzu niedrige Schalen mit flachem Boden und einem Durchmesser von wenigstens 6,5 cm zu verwenden. Das Auswägen des Auszuges nimmt man zur Vermeidung von Feuchtigkeitsverlusten am besten im Wägegläschen in derselben Weise vor, wie es weiter oben für das Auswägen für die Untersuchung beschrieben worden ist. Der Auszug wird alsdann ohne Verlust in die Schale übergespült. Bei dem indirekten Verfahren werden 50 ccm der für die Untersuchung hergestellten erkalteten, auf 1 Liter aufgefüllten, aber nicht filtrierten Lösung in der gleichen Weise zur Trockne verdampft. Bei jedem dieser beiden Verfahren wird die Schale mit dem Trockenrückstand im Trockenschrank 3 bis 4 Stunden bei 98,5 bis 100° C getrocknet und nach vollständigem Erkalten im Exsiccator genau gewogen, worauf die Schale nochmals 1 bis 2 Stunden getrocknet wird. Vor dem Wägen soll die Schale zum vollständigen Abkühlen nicht weniger als 20 Minuten in einem luftdicht schließenden Exsiccator über Chlorcalcium gestanden haben. Für das zweite Wägen setzt man zunächst die Gewichte und erst dann die zu wägende Schale auf die Wagschale, damit das Wägen möglichst schnell vor sich gehen kann und der Schaleninhalt nicht erst Feuchtigkeit aus der Luft anzieht. Beträgt der Gewichtsunterschied zwischen der ersten und zweiten Wägung mehrere Milligramm, so muß man das Trocknen fortsetzen. Der Unterschied zwischen der angewandten Menge des Auszuges und dem Trockenrückstand ist gleich der im Auszug enthaltenen Wassermenge, die alsdann in Hundertteilen des Auszuges ausgedrückt wird. Das indirekte Verfahren der Wasserbestimmung läßt sich nicht anwenden, wenn der Auszug viel Unlösliches, namentlich mechanische Verunreinigungen, enthält, weil dann diese in der Lösung ungleichmäßig verteilt sind.

Gewichtsanalytische Gerbstoffbestimmungsverfahren.

Nachdem die durch Ausziehen des Gerbemittels oder durch Auflösen des Gerbstoffauszuges hergestellte Lösung auf 17,5° C erkaltet, genau auf 1 Liter aufgefüllt und gut durchschüttelt worden ist, wird sie sofort gefiltert und dann wird in einem bestimmten Teile der vollständig klaren Lösung der Trockenrückstand bestimmt. Zum Filtern darf Schleicher & Schülls Filterpapier Nr. 605 extrahart (Durchmesser 17 cm) genommen werden, doch ist es empfehlenswerter, nach dem Vorschlage von Parker und Payne (Collegium, **1904**, 120) hierzu die Berkefeld-Filterkerzen zu verwenden. Die Papierfilter nehmen ziemliche Mengen von Gerbstoff auf, welcher Fehler selbst beim Verwerfen reichlicher Mengen des Filtrats nicht vollständig zu beseitigen ist. Ferner kommt hinzu, daß man mit der Filterkerze viel leichter und schneller ein vollständig klares Filtrat erhält. Man verwendet am besten Filterkerzen von 13 cm Länge und 3 cm Durchmesser, die vor dem erstmaligen Gebrauch durch Behandeln mit 10proz. Salzsäure in der Siedehitze gründlich von Eisensalzen befreit, dann mit heißem destillierten Wasser sorgfältig ausgewaschen und getrocknet werden.

Die zum Filtern erforderlichen Vorrichtungen[1]) sind aus der folgenden Fig. 2 ersichtlich. Die Filterkerze, die man in einen zur Aufnahme der zu filtrierenden Lösung bestimmten gekröpften Zylinder einsetzt, ist durch zwei rechtwinklig gebogene Glasröhren, die durch Gummischlauch miteinander in Verbindung stehen, mit einem dickwandigen, kugelförmigen Gefäß verbunden, das anderseits an eine Luftpumpe angeschlossen ist. Hat man die Lösung in den Zylinder eingefüllt und die Luftpumpe in Tätigkeit gesetzt, so wird die Lösung durch die Kerze hindurchgesaugt und läuft klar in das Kugelgefäß. Ist eine genügende Luftverdünnung erreicht, so kann man die Verbindung mit der Luftpumpe abschließen, ohne daß das Filtern unterbrochen wird. Die ersten 200 bis 300 ccm der Lösung werden verworfen. Man saugt weitere 100 bis 150 ccm über und diese Lösung, die vollständig klar sein muß, dient zur Untersuchung. Das Filtern muß in allen Fällen, auch wenn die Lösung ganz klar erscheint, ausgeführt werden.

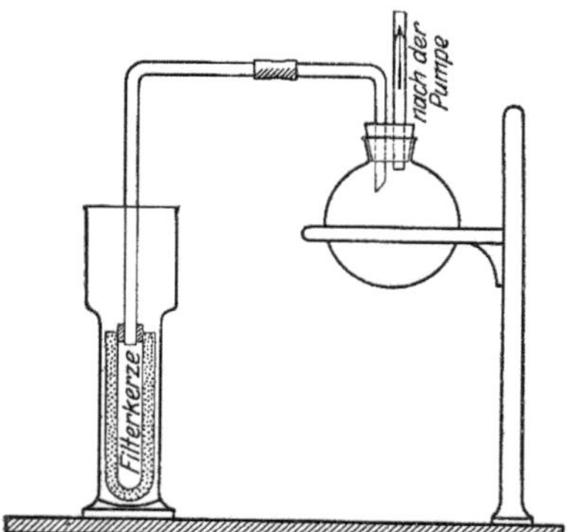

Fig. 2. Filtrier-Vorrichtung.

Hat man gleichzeitig mehrere Lösungen zu filtern, so ist die Benutzung einer von Paessler vorgeschlagenen Vorrichtung, deren Einzelheiten aus der folgenden Fig. 3 zu ersehen sind, zu empfehlen.

Die gefilterte Lösung muß sowohl im auffallenden als auch im durchfallenden Licht optisch vollständig klar sein. Dies ist erreicht, wenn ein leuchtender Gegenstand, wie z. B. der Faden einer elektrischen Glühlampe, durch eine wenigstens 5 cm dicke Schicht der Lösung deutlich sichtbar ist und eine in einem Becherglase befindliche 1 cm hohe Schicht der Lösung bei gutem Licht gegen schwarzes Glas oder schwarzes Glanzpapier von oben her betrachtet dunkel und nicht opalescierend erscheint. Erfüllt die durchlaufende Lösung diese Bedingung nicht, so muß man sie solange zurückgießen und von neuem filtern, bis sie der Vorschrift entspricht.

Nach dem Filtern wird die Kerze gereinigt, indem man sie zunächst in heißes Wasser einlegt, mit einer weichen Bürste abbürstet und dann mehrere hundert Kubikzentimeter siedendes Wasser durchsaugt. Nach vollständigem Trocknen kann sie von neuem verwendet werden. Um eine schnelle Abnutzung zu vermeiden, soll man das Trocknen nicht bei höheren Hitzegraden vornehmen. Die Kerzen halten bei sachgemäßer Behandlung eine große Anzahl von Filterungen aus.

Bei den Gerbemitteln und Gerbstoffauszügen hat man zunächst folgende Bestandteile zu unterscheiden: Gesamt-Lösliches, Unlösliches und Wasser. Die löslichen Stoffe (Gesamt-Lösliches) trennt man weiter in solche, die von tierischer Haut aufgenommen werden,

[1]) Diese sind bei der Firma Arthur Meissner in Freiberg i. Sa. erhältlich.

und solche, die bei dieser Behandlung in der Lösung zurückbleiben. Man nennt jene gerbende Stoffe oder kurz Gerbstoff, diese Nichtgerbstoffe. Jedes Gerbemittel und jeder Gerbstoffauszug setzt sich demnach aus folgenden Bestandteilen zusammen:

Gesamt-Lösliches { Gerbende Stoffe, Nichtgerbstoffe,
Unlösliches,
Wasser.

Die Bestimmung des Wassergehaltes ist bereits besprochen worden. Das Grundsätzliche des gewichtsanalytischen Gerbstoffbestimmungsverfahrens ist folgendes: Man ermittelt in einem bestimmten Teile der vollständig klaren Lösung durch Verdampfen in einer Schale auf dem Wasserbad und darauffolgendes Trock-

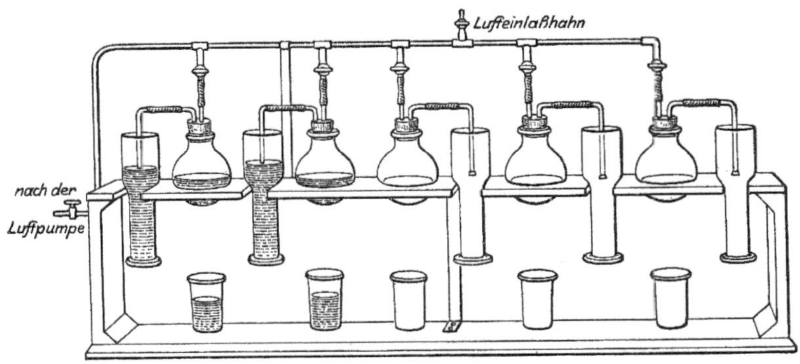

Fig. 3. Filtriervorrichtung nach Paessler.

nen den Trockenrückstand einerseits vor und anderseits nach dem Ausfällen der gerbenden Stoffe durch Hautpulver[1]) und bringt den Unterschied beider als gerbende Stoffe in Rechnung.

Da ein brauchbares Hautpulver lösliche Stoffe nur in sehr geringer Menge enthalten darf, so muß man jedes Hautpulver durch einen blinden Versuch hierauf prüfen. Das Nähere hierüber wird später mitgeteilt.

Bestimmung des Gesamt-Löslichen: 50 ccm der vollständig klaren Lösung werden genau in derselben Weise wie bei der indirekten Wasserbestimmung (s. S. 395) zur Trockne verdampft und der Rückstand wird getrocknet und gewogen. Dieser Rückstand ist das Gesamt-Lösliche.

Bestimmung der Nichtgerbstoffe: Diese wird nach dem Schüttelverfahren oder nach dem Filterverfahren ausgeführt.

[1]) Hautpulver wird erhalten, wenn man sorgfältig reingemachte und getrocknete Blöße zu einem feinwolligen Mehle gut vermahlt. Derartiges für die Gerbemitteluntersuchung erforderliche Hautpulver liefert die Deutsche Versuchsanstalt für Lederindustrie in Freiberg i. Sa.

a) **Schüttelverfahren.** Hierzu verwendet man das weiße Hautpulver, das erst unmittelbar vor der Verwendung chromiert wird. Ein hierfür geeignetes Hautpulver soll von feinfasriger Beschaffenheit und gründlich entkalkt sein. Zum Neutralisieren von 6,5 g Hautpulver (auf wasserfreies Hautpulver bezogen), die man in dest. Wasser einweicht, soll man bei der Verwendung von Phenolphtalein als Indikator nicht mehr als 5 ccm und nicht weniger als 2,5 ccm $^{n}/_{10}$-Lauge bis zur dauernden Rosafärbung verbrauchen. Liegt der Säuregehalt nicht innerhalb dieser Grenzen, so muß er dahin abgeändert werden, und zwar in der Weise, daß man das Hautpulver vor dem Chromieren in der 10- bis 12fachen Wassermenge einweicht, diesem die durch Rechnung ermittelte Menge von $^{n}/_{10}$-Lauge oder -Säure zusetzt und etwa 20 Minuten unter wiederholtem Umrühren stehen läßt. Das Hautpulver soll beim Chromieren nicht übermäßig schwellen, so daß das nach dieser Behandlung erforderliche Ausdrücken bis auf einen Wassergehalt von 70 bis 75% sich leicht ausführen läßt. Es soll ferner von löslichen Stoffen so weit befreit sein, daß bei Ausführung eines blinden Versuches mit dest. Wasser nach dem Chromieren und Auswaschen das Gesamt-Lösliche nicht mehr als 2,5 mg für 50 ccm beträgt. Das von den Herstellern versandte Hautpulver soll nicht mehr als 14% Wasser enthalten und in luftdicht schließenden Büchsen verschickt werden.

Bei dem Schüttelverfahren ist für jede Nichtgerbstoffbestimmung so viel Hautpulver zu verwenden, als 6,5 g wasserfreiem Hautpulver entsprechen. Es ist mithin notwendig, daß man in dem Hautpulver eine Wasserbestimmung durch Trocknen bei etwa 100° C ausführt und dann das Hautpulver luftdicht verschlossen aufbewahrt. Man berechnet, welche Menge 6,5 g wasserfreiem Hautpulver entspricht. Hat man mehrere Nichtgerbstoffbestimmungen nebeneinander auszuführen, so nimmt man ein Mehrfaches dieser Menge. Das Chromieren und Auswaschen wird alsdann gemeinsam ausgeführt. Zum Chromieren benutzt man kristall. Chromchlorid $[Cr(H_2O)_6Cl_3]$, das in Wasser gelöst und durch allmählichen Zusatz von n-Natriumcarbonatlösung soweit basisch gemacht wird, daß das Salz alsdann der Formel $[Cr_2Cl_3(OH)_3]$ entspricht. Es sind hierfür auf 100 g wasserfreies Hautpulver 2 g Chromchlorid und 0,6 g wasserfreies Natriumcarbonat, entspr. 11,25 ccm n-Natriumcarbonatlösung erforderlich. Sind häufig Gerbstoffuntersuchungen auszuführen, dann ist es zweckmäßig, eine 10 proz. Chromlösung vorrätig zu halten, indem man 100 g kristall. Chromchlorid in wenig dest. Wasser auflöst und ganz langsam eine Lösung von 30 g wasserfreiem Natriumcarbonat unter beständigem Umschwenken zusetzt, schließlich mit dest. Wasser bis zur Marke auffüllt und gut durchmischt. Von dieser Lösung sind 1,3 ccm auf je 6,5 g wasserfreies Hautpulver zu verwenden. Zur Ausführung von 10 Nichtgerbstoffbestimmungen benötigt man also eine Hautpulvermenge, die 65 g wasserfreiem Hautpulver entspricht, und zum Chromieren 13 ccm der basischen Chromchloridlösung.

Das Chromieren führt man in der Weise aus, daß man die berechnete Menge Hautpulver in einem Becherglase mit Wasser, und zwar annähernd dem zehnfachen des Hautpulvergewichts, anfeuchtet, alsdann die berechnete Menge Chromlösung hinzugibt und das Ganze eine Stunde lang unter öfterem Umschwenken stehen läßt. Nach Ablauf dieser Zeit wird das Hautpulver in einem Leinentuche, das zuvor durch sorgfältiges Auswaschen von allen löslichen Stoffen befreit worden ist, von der anhaftenden Lösung abgefiltert und mit der Hand oder einer kleinen Spindelpresse kräftig ausgedrückt, worauf sich das Auswaschen mit dest. Wasser anschließt. Hierzu wird das chromierte Hautpulver auf das erwähnte Leinentuch geschüttet, das man in einer Glasschale flach ausgebreitet hat. Die an den Wänden des Becherglases hängengebliebenen Teilchen werden mit dest. Wasser auf das Tuch gebracht. Man läßt die Flüssigkeit ablaufen, nimmt das Tuch mit dem Hautpulver heraus, faltet es so zusammen, daß bei dem sich anschließenden starken Auspressen mit der Hand das Hautpulver nicht herausgedrückt wird. Für dieses Auspressen kann auch eine kleine Spindelpresse, wie sie als Fruchtpresse verwendet wird, dienen. Das Hautpulver, das bis zur Beendigung des Auswaschens in dem Leinentuche bleibt, wird durch Reiben des Tuches zwischen den Händen gut aufgelockert, dann in die Schale zurückgegeben, mit dest. Wasser übergossen und mit einem Glasstab kräftig verrührt, bis alles Wasser abgelaufen ist, worauf man wieder abpreßt. Es ist sehr wesentlich, daß das Hautpulver gut durchrührt wird, da sich sonst Kanäle bilden, wodurch das Auswaschen verlangsamt wird. Man wiederholt diese Behandlung so oft, bis 50 ccm des abgefilterten klaren Waschwassers auf Zusatz eines Tropfens einer 10proz. Lösung von K_2CrO_4 und zwei Tropfen $^n/_{10}$-$AgNO_3$-Lösung nach dem Durchmischen eine ziegelrote Farbe annehmen. Vier- bis fünfmaliges Auswaschen genügt meist. Das Hautpulver muß unmittelbar nach dem Beendigen des Auswaschens zu den Nichtgerbstoffbestimmungen verwendet werden und darf nicht einige Zeit liegen bleiben.

Nach dem Auswaschen preßt man das Hautpulver möglichst kräftig aus, wobei der Wassergehalt unter 75% heruntergedrückt werden muß. Nach dem Auspressen wird es mit einem Spachtel ohne jeden Verlust in eine zuvor gewogene Schale gebracht und gewogen. Soll die erwähnte Bedingung hinsichtlich des Wassergehaltes erfüllt sein, so darf das feuchte Hautpulver nicht mehr als $4 \times 6{,}5 = 26$ g oder als ein der angesetzten Hautpulvermenge entsprechendes Vielfaches hiervon wiegen. Man fügt hierauf zu dem feuchten Hautpulver aus einer Bürette so viel dest. Wasser hinzu, daß sein Gewicht 26,5 g oder ein Vielfaches davon beträgt. Die 26,5 g feuchtes Hautpulver bestehen dann aus 20 g Wasser und aus 6,5 g wasserfreiem Hautpulver. Zur gleichmäßigen Verteilung des Wassers muß man das Hautpulver gut durcharbeiten. Nachdem dies erreicht ist, werden die 26,5 g feuchtes Hautpulver ohne Verlust in eine etwa 200 ccm fassende trockne Büchse gebracht und sofort 100 ccm der Gerbstofflösung hinzugegeben. Hatte man ein mehrfaches von 6,5 g wasserfreiem Hautpulver chromiert und ausgewaschen, so wiegt man nach dem Ergänzen des Gewichtes auf das Vielfache von 26,5 g das Hautpulver in Anteilen von je 26,5 g in die Glasbüchsen ab, in denen sie mit je 100 ccm der zu untersuchenden Gerbstofflösungen geschüttelt werden. Da 26,5 g feuchtes Hautpulver 20 g Wasser enthalten, so werden die 100 ccm Gerbstofflösung durch diese 20 ccm auf 120 ccm verdünnt. Es entsprechen demnach 60 ccm dieser verdünnten Lösung 50 ccm der ursprünglichen Lösung. Die Glasbüchse mit dem Hautpulver und der Gerbstofflösung wird mit einem Stopfen fest verschlossen und 15 Minuten mit einer besonderen Vorrichtung in drehende Bewegung und zwar mit nicht weniger als 60 Umdrehungen in der Minute versetzt. Man kann statt auf diese Weise auch mit der Hand oder einer beliebigen andren, dieser Bedingung entsprechenden Einrichtung schütteln. Man filtert nach dem Schütteln die Lösung mit dem Hautpulver durch ein von löslichen Stoffen befreites trocknes Leinenzeug, gibt zu der gefilterten Lösung 1 g trocknes Kaolin, aus dem alle löslichen Stoffe entfernt sind, und filtert sie nach gutem Durchmischen so lange durch ein dichtes Faltenfilter, das diese Lösung zu fassen vermag, bis sie vollständig klar ist. Es sind hierbei nur durchaus trockne Gefäße zu verwenden, damit keine Verdünnung der Lösung eintritt. Einige Kubikzentimeter dieser Lösung dürfen mit einem Tropfen einer kochsalzhaltigen Leimlösung (s. S. 393) keine Trübung geben. Man dampft 50 ccm der klaren Lösung zur Trockne und trocknet den Rückstand in derselben Weise wie bei der Bestimmung des Gesamt-Löslichen. Den aus den Nichtgerbstoffen bestehenden Trockenrückstand vervielfältigt man in Anbetracht der durch das feuchte Hautpulver hervorgerufenen Verdünnung mit $^6/_5$ und diesen Betrag zieht man von dem Gesamt-Löslichen ab, was die Menge der gerbenden Stoffe ergibt.

b) **Filterverfahren.** Hierfür verwendet man das im fertigen Zustande vorliegende schwachchromierte Hautpulver. Dieses soll möglichst hell und wollig sein, den Gerbstoff schnell und vollständig aufnehmen und nur wenig lösliche Stoffe enthalten. Der Cr_2O_3-Gehalt soll etwa 0,3 bis 0,5% betragen. Die Ausfällung des Gerbstoffes wird in dem Procterschen Glockenfilter vorgenommen, dessen Einrichtung aus der folgenden Abbildung (Fig. 4) ersichtlich ist.

Das Proctersche Glockenfilter besteht aus einer zylindrischen Glasglocke, deren Verjüngung einen durchbohrten Kautschukstopfen trägt, durch dessen Öffnung ein zweimal rechtwinklig gebogenes Heber-Haarrohr gesteckt ist. Das Ende des kürzeren Schenkels schneidet mit dem unteren Teil des Stopfens ab. Die Größenverhältnisse der Glocke sollen folgende sein: Länge 7 cm, Durchmesser des cylindrischen Teiles 3 cm und des verjüngten Teiles 1,8 cm. Zur Vorbereitung des Glockenfilters für die Gerbstoffaufnahme kommt in den oberen Teil der Glocke zunächst ein kleiner Bausch von trockner, gut ausgewaschener Baumwolle, um das Eindringen von Hautpulver in das Haarrohr zu verhüten. Man füllt nunmehr die Glocke mit 7 g lufttrocknem Hautpulver, und zwar so, daß es ziemlich fest gestopft wird und nicht von selbst aus der Glocke herausfällt. Namentlich an den Wandungen muß man fest stopfen, damit die Gerbstofflösung sich nicht an diesen hinaufzieht. Man spannt das Heberrohr in eine Klemme ein, senkt die Glocke fast bis auf den Boden eines 150 bis 200 ccm fassenden Becherglases und gießt in dieses 125 ccm der Gerbstofflösung (man kann hierzu die nicht gefilterte Lösung oder den zuerst ablaufenden Anteil der durch die Filterkerze hindurchgegangenen Lösung verwenden, aber nur dann, wenn eine vollständig trockne Kerze benutzt wurde). Das Hautpulver saugt die Lösung langsam von selbst an und man wartet, bis es vollständig von Lösung durchtränkt ist. Man saugt hierauf an dem längeren Schenkel des Heberrohrs schwach an, bis die Lösung langsam abtropft. Dieses soll so erfolgen, daß auf die Minute etwa 5 bis 8 Tropfen kommen und das Durchlaufen im ganzen 2 bis 3 Stunden dauert. Man erhält im Stopfen bald so viel Übung, daß dieser Forderung genügt wird. Die ersten Anteile der gerbstoffreien Lösung lassen sich nicht zur Nichtgerbstoffbestimmung verwenden, weil sie noch die Hauptmenge der löslichen Bestandteile des Hautpulvers enthalten. Aus diesem Grunde muß man die Lösung so lange verwerfen, als eine Probe mit einigen Tropfen Gerbstofflösung noch einen Niederschlag oder eine Trübung liefert. Bei einem guten Hautpulver kann man erfahrungsgemäß annehmen, daß nach Ablauf von 30 ccm die Lösung keine Trübung mit Gerbstofflösung gibt. Die weitere Lösung fängt man gesondert auf, am besten in einem kleinen trocknen Kölbchen, das etwa 60 ccm faßt und mit einer Marke versehen ist. Hat man 125 ccm Gerbstofflösung verwendet, so ist dies gerade ausreichend, um etwa 60 ccm der gerbstoffreien Lösung zur Bestimmung der Nichtgerbstoffe zu erhalten. Diese Lösung muß vollständig klar und wasserhell sein. Einige Kubikzentimeter dürfen auf Zusatz eines Tropfens der kochsalzhaltigen Leimlösung keine Trübung geben. Die entgerbten Auszüge verregneter oder ausgelaugter Gerbemittel (namentlich von Fichten- und Mangrovenrinde) sind meist nicht vollständig farblos.

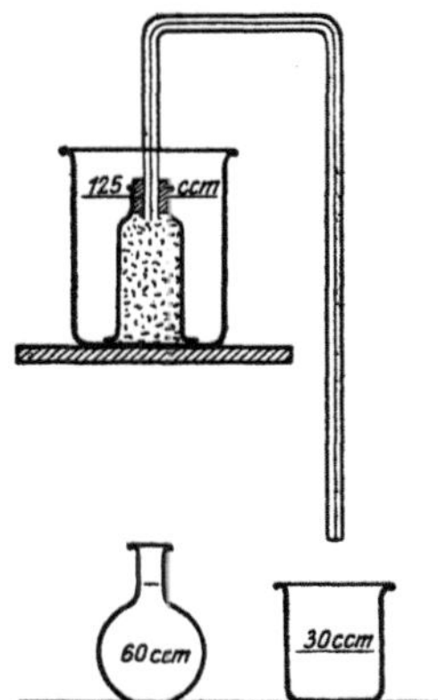

Fig. 4. Procter sches Glockenfilter.

50 ccm der entgerbten Lösung werden in derselben Weise wie bei der Ermittlung des Gesamt-Löslichen zur Trockne verdampft und der Rückstand, der aus den Nichtgerbstoffen besteht, wird in gleicher Weise getrocknet und gewogen. Der Unterschied zwischen Gesamt-Löslichem und Nichtgerbstoffen ist gleich der Menge der gerbenden Stoffe.

Bei dem blinden Versuch zur Prüfung eines Hautpulvers auf seine Verwendbarkeit verfährt man genau in derselben Weise, nur mit dem Unterschied, daß man dest. Wasser durch das Hautfilter laufen läßt. Nach Verwerfen von 30 ccm dampft man von den weiteren 60 ccm 50 ccm ein und trocknet den Rückstand in der beschriebenen Weise. Bei einem verwendbaren Hautpulver soll der Trockenrückstand 5 mg möglichst nicht übersteigen.

Bestimmung des Unlöslichen. Dieses wird bestimmt, indem man die Prozentgehalte der übrigen drei Bestandteile (gerbende Stoffe, Nichtgerbstoffe und Wasser) zusammenzählt und die Summe von 100 abzieht.

	Mittlerer Wasser-gehalt	Gerbstoffgehalt				Unterschied zwischen Schüttel- und Filter-verfahren
		Schüttelverfahren		Filterverfahren		
		Mittel	Grenzen	Mittel	Grenzen	
	%	%	%	%	%	%
Eichenrinde	13,0	**9,0**	5 bis 16	**10,0**	6 bis 17	1,0
Fichtenrinde	14,5	**9,5**	5 „ 16	**11,5**	7 „ 18	2,0
Mimosenrinde	14,5	**31,5**	20 „ 46	**33,0**	22 „ 48	1,5
Mangrovenrinde (der östlichen Mangrove)	14,5	**34,5**	28 „ 48	**36,0**	30 „ 50	1,5
Mangrovenrinde (der westlichen Mangrove)	14,5	**22,5**	14 „ 28	**24,0**	16 „ 30	1,5
Malletrinde	14,5	**38,0**	31 „ 52	**42,0**	35 „ 56	4,0
Valonea	14,5	**27,0**	14 „ 36	**29,0**	16 „ 38	2,0
Trillo	14,5	**37,0**	31 „ 47	**40,0**	34 „ 50	3,0
Myrobalanen	13,0	**30,0**	21 „ 44	**34,0**	25 „ 48	4,0
Myrobalanen, entkernt	13,0	**45,0**	35 „ 53	**50,0**	40 „ 58	5,0
Dividivi	13,5	**36,5**	20 „ 45	**41,5**	25 „ 50	5,0
Knoppern	16,5	**27,5**	21 „ 37	**30,0**	24 „ 40	2,5
Quebrachoholz	14,5	**19,0**	13 „ 35	**20,0**	14 „ 26	1,0
Sumach	12,0	**23,0**	18 „ 21	**25,0**	20 „ 33	2,0

Die Zusammensetzung der pflanzlichen Gerbemittel wird auf den Wassergehalt umgerechnet, den die Gerbemittel vor der Zerkleinerung für die Untersuchung gehabt haben, oder auf den mittleren Wassergehalt, den v. Schroeder für die einzelnen Gerbemittel ermittelt hat und der aus der obigen Zusammenstellung ersichtlich ist, die zugleich die Mittel- und die ungefähren Grenzwerte für den Gerbstoffgehalt der wichtigsten Gerbemittel nach dem Schüttel- und nach dem Filterverfahren, sowie die mittleren Unterschiede zwischen den Gehalten nach diesen beiden Verfahren enthält.

Löwenthalsches Gerbstoffbestimmungsverfahren, verbessert von v. Schroeder.

Man macht hierbei Anwendung von der Eigenschaft einer Permanganatlösung (Chamäleonlösung), unter Entfärbung organische Stoffe zu oxydieren. Da sowohl Gerbstoffe als auch die Nichtgerbstoffe hierbei oxydiert werden, so muß man bei dieser Gerbstoffbestimmung den Permanganatverbrauch in dem Gerbemittelauszug vor und nach der Behandlung mit Hautpulver ermitteln. Aus dem Unterschied der verbrauchten Mengen schließt man auf die Gerbstoffmenge.

Die Ausführung des Verfahrens ist nicht ganz einfach und erfordert, daß man sich peinlich genau an die Vereinbarungen hält. Zur Erkennung des Endpunktes wird als Indikator eine schwefelsäurehaltige Lösung von indigoschwefelsaurem Natron (Indigotine) verwendet. Dieser Indikator wird durch die Permanganatlösung ebenfalls oxydiert und zeigt den Endpunkt durch einen deutlichen Farbenwechsel an. Der Wirkungswert der Permanganatlösung wird auf reinstes Tannin, dem gereinigten Gerbstoff der Galläpfel, eingestellt. Die Gerbstoffe der andren Gerbemittel sind chemisch anders zusammengesetzt als Tannin. Gleiche Gewichtsmengen der verschiedenen Gerbstoffe verbrauchen demnach ungleiche Permanganatmengen. Man erhält infolgedessen beim Löwenthalschen Verfahren nie die richtigen Gewichtszahlen, sondern nur Verhältniszahlen, die angeben, welcher Menge Tannin die Gerbstoffmenge des betreffenden Gerbemittels entspricht. Es sind dies die sogenannten Prozente Gerbstoff — Löwenthal, die sehr wohl ein vergleichendes Urteil über den Gerbstoffgehalt bei ein und derselben Gerbemittelart gestatten, mit denen aber nicht ohne weiteres wie mit Gewichtsprozenten gerechnet werden kann. Es sollen deswegen nur Prozente Gerbstoff-Löwenthal ein und derselben Gerbemittelart, aber nicht solche verschiedener Arten miteinander verglichen werden, also z. B. Eichenrinde mit Eichenrinde, aber nicht mit Fichtenrinde. Ferner sei bemerkt, daß dieses Verfahren nur in der Hand des geübten und gewissenhaft arbeitenden Analytikers wirklich gute Ergebnisse liefert, und auch nur dann, wenn man die Vorschriften, die weiter unten mitgeteilt werden, ganz genau einhält.

Zur Ausführung des Löwenthalschen Verfahrens, das man auch als Permanganatverfahren bezeichnet, sind folgende Lösungen und Stoffe erforderlich:

1. Lösung von Permanganat (Chamäleonlösung),
2. Lösung von Indigotine,
3. Lösung von reinstem Tannin,
4. Hautpulver.

Zu 1.: Man löst 10 g reinstes Kaliumpermanganat in 6 l dest. Wasser. Diese Lösung soll gut verschlossen im Dunklen aufbewahrt werden.

Zu 2.: Man löst 10 g bestes indigoschwefelsaures Natron (Carminum coerul. opt., reinste Indigotine Ia, von Gehe und Co. in Dresden) in einer Kochflasche in 750 ccm Wasser, denen man nach und nach 250 ccm konz. Schwefelsäure zufügt. Zur besseren Lösung kann man die Kochflasche auf dem Sandbade unter öfterem Umschwenken weiter erhitzen. Nach dem Abkühlen wird die Lösung mit 1 l Wasser verdünnt und durch ein doppeltes Papierfilter gefiltert. Bei jeder Bestimmung setzt man 20 ccm dieser Lösung als Indikator zu der zu titrierenden Gerbstofflösung. Die Indigotinelösung soll eine derartige Stärke haben, daß beim Titrieren von 20 ccm, die nach Vorschrift mit $^3/_4$ l Wasser zu verdünnen sind, 10 bis 11 ccm der Permanganatlösung (1) verbraucht werden. Ist dies nicht der Fall, so muß man die Lösung verdünnen oder mehr Indigotine auflösen.

Zu 3.: Man löst 2,000 g des reinsten Tannins des Handels (reinstes Tannin Ph. G., von Gehe und Co. in Dresden) auf 1 l dest. Wasser und bestimmt gleichzeitig den Wassergehalt des Tannins durch Trocknen bei 100° C, damit man die Tannintrockensubstanz in 1000 ccm berechnen kann. Mit dieser Lösung stellt man den Wirkungswert der Permanganatlösung fest.

Zu 4.: Das Hautpulver[1]) soll weiß, feinwollig sein und darf an kaltes Wasser keine Bestandteile abgeben, die Permanganatlösung reduzieren.

[1]) Hierfür eignet sich das weiße Hautpulver, wie es von der Deutschen Versuchsanstalt für Lederindustrie in Freiberg i. Sa. für das Schüttelverfahren hergestellt wird.

Eine blinde, mit 3 g Hautpulver und 50 ccm Wasser auszuführende Bestimmung (vgl. weiter unten) gibt hierüber Aufschluß.

Ausführung der Titration. Die Gerbemittel werden ausgelaugt und die Gerbstoffauszüge aufgelöst, genau in derselben Weise wie es für das gewichtsanalytische Verfahren beschrieben wurde. Die so erhaltenen Lösungen werden mit dest. Wasser auf das doppelte verdünnt oder es wird zum Auslaugen der Gerbemittel oder zum Auflösen der Gerbstoffauszüge nur die Hälfte der für das gewichtsanalytische Verfahren vorgeschriebenen Mengen verwendet. In ein Titrierglas (hierfür eignet sich am besten ein Weißbierglas, das etwa 1,5 l faßt) bringt man $^3/_4$ l reines Wasser, 20 ccm Indigotinelösung und 10 ccm der verdünnten Gerbstofflösung. Man läßt in diese Mischung aus einer Glashahnbürette immer auf einmal 1 ccm Permanganatlösung einfließen und rührt nach jedem Zusatz mit einem Glasstab 5 bis 10 Sekunden stark und gleichmäßig um. Ist die Flüssigkeit hellgrün geworden, so setzt man vorsichtig nur noch 2 bis 3 Tropfen auf einmal zu, rührt in der gleichen Weise um und fährt damit fort, bis die Flüssigkeit rein goldgelb geworden ist. Dies ist der Endpunkt. Bei der Titration muß das Titrierglas auf einer weißen Porzellanplatte stehen, damit man den Endpunkt scharf erkennen kann.

Da auch die Nichtgerbstoffe Permanganatlösung reduzieren, so muß man in einem anderen Teile der Lösung den Gerbstoff durch Hautpulver ausfällen und für 10 ccm der entgerbten Lösung den Permanganatverbrauch ermitteln. Aus dem Unterschied der beiden Permanganatmengen schließt man auf die Gerbstoffmenge. Zur Entfernung des Gerbstoffes schüttelt man 3 g Hautpulver mit 50 ccm der gerbstoffhaltigen Lösung eine Stunde, am besten mit einer Schüttelvorrichtung, gut durch. Man filtert zunächst durch ein Leinwandfilter, das gut ausgedrückt wird, und dann durch ein Papierfilter. 10 ccm des Filtrats werden in der gleichen Weise wie die Gerbstofflösung titriert.

Beispiele.

Beispiel für die Titerstellung der Permanganatlösung.

20 ccm Indigotinelösung verbrauchen genau 10,4 ccm Permanganatlösung. Sie entsprechen also der Vorschrift.

2,000 g lufttrocknes Tannin (mit 13,00% Wasser) entsprechend 1,740 g wasserfreies Tannin, sind auf 1000 ccm gelöst worden. 10 ccm dieser Lösung enthalten also 0,0174 g wasserfreies Tannin.

10 ccm Tanninlös. + 20 ccm Indigotinelös.: 19,8 ccm Permanganatlös. (Mittel von drei Versuchen.)

20 ccm Indigotinelös.: 10,4 ccm Permanganatlös.

---

10 ccm Tanninlösung = 0,0174 g wasserfreies Tannin: 9,4 ccm Permanganatlösung.

1 ccm Permanganatlösung oxydiert demnach $\frac{0,0174}{9,4} = 0,001850$ g wasserfreies Tannin.

Dieser Wert bedarf jedoch noch einer kleinen Abänderung, da selbst die reinsten Tanninsorten einen gewissen Gehalt an Bestandteilen aufweisen, die von der Haut nicht aufgenommen werden. Um den wahren Wirkungswert zu erhalten, muß man den ermittelten Wert mit der Zahl 1,05 vervielfältigen:

$$0,001851 \cdot 1,05 = 0,001944 \text{ g.}$$

Der richtige Wirkungswert ist:

1 ccm Permanganatlösung entspr. 0,001944 g Tannin.

Beispiel für die Untersuchung einer Eichenlohe.

40,000 g Eichenlohe sind auf 1000 ccm ausgelaugt worden. 500 ccm dieses Auszuges werden mit dest. Wasser auf 1000 ccm verdünnt. 10 ccm dieser Lösung entsprechen 0,2 g Eichenlohe.

10 ccm Auszug + 20 ccm Indigotinelösung: 21,55 ccm Permanganatlösung (Mittel von zwei Versuchen).

10 ccm Hautfiltrat + 20 ccm Indigotinelösung: 12,10 ccm Permanganatlösung (Mittel von zwei Versuchen).

Der in 10 ccm Lösung enthaltene Gerbstoff verbraucht: 9,45 ccm Permanganatlösung,

entspr. 0,001944 · 9,45 = 0,01837 g Tannin (laut obigem Titer).

0,2 g Eichenlohe entspr. 0,01837 g Tannin.

100 g Eichenlohe entspr. 9,2 g Tannin.

Diese Eichenlohe enthält demnach 9,2% Gerbstoff — Löwenthal.

v. Schroeder hat für die meisten der gebräuchlichsten Gerbemittel die Beziehungen zwischen Gewichtsprozenten nach dem Filterverfahren und Prozenten Gerbstoff-Löwenthal ermittelt und aus diesen die mittleren Umrechnungszahlen berechnet, mit denen die Prozente Gerbstoff-Löwenthal zu vervielfältigen sind, um zu den Gewichtsprozenten zu kommen. Er hat hierfür folgende mittlere Werte gefunden: Für Eichenrinde 1,36, für Fichtenrinde 1,56, für Mimosenrinde 1,37, für Valonea 1,18, für Myrobalanen 1,21, für Dividivi 1,20, für Eichenholz und Kastanienholz 1,16, für Quebrachoholz 1,28.

Die Zellstoffauszüge liefern bei dem Löwenthalschen Verfahren sehr niedrige Werte, so daß sich für diese sehr hohe Umrechnungszahlen ergeben. Es kann diese Tatsache unter Umständen zum Nachweis von Zusätzen von Zellstoffauszügen zu eigentlichen Gerbstoffauszügen herangezogen werden. Untersucht man einen Gerbstoffauszug sowohl nach dem gewichtsanalytischen als auch nach dem Löwenthalschen Verfahren und berechnet man aus den gefundenen Gehalten die Umrechnungszahl, so wird in den Fällen, wo sich für den betreffenden Gerbstoffauszug eine wesentlich höhere Umrechnungszahl als sie sonst für diese Art von Gerbstoffauszügen gilt, ergeben hat, auf einen Zusatz von Zellstoffauszug geschlossen werden können.

Das Löwenthalsche Verfahren wird in Fabriksbetrieben zuweilen gern zur Betriebsüberwachung verwendet, namentlich zur Untersuchung der einzelnen Farben von Farbengängen und der gebrauchten Gerbemittel. Es hat hierbei vor den gewichtsanalytischen Verfahren namentlich den Vorzug der schnelleren Ausführbarkeit, was bei Betriebsüberwachungen besonders wichtig ist.

Untersuchung von Zellstoffauszügen (Zelluloseextrakt, Sulfitlauge, Fichtenholzauszug). Diese Auszüge, die durch Reinigen und Eindicken der Ablaugen der Sulfitzellstoffgewinnung erhalten werden, sind keine vollwertigen Gerbstoffauszüge, da mit ihnen allein kein brauchbares Leder erzeugt werden kann. Sie können nur in Verbindung mit den eigentlichen Gerbstoffauszügen verwendet werden, um diese zu strecken und auf diese Weise eine Ersparnis an Gerbstoff zu erzielen. Häufig werden sie zum Füllen der fertig gegerbten Leder benutzt. In diesem Falle sind sie lediglich als Füll- oder Beschwerungsstoffe anzusehen. Die wirksamen Bestandteile des Zellstoffauszuges sind die Ligninsulfosäure und ihre Salze, besonders die Natronsalze. Wegen ihrer geringeren Wirkung beim Gerben bezeichnet man die Zellstoffauszüge auch als Pseudogerbstoffe. Man ist ferner übereingekommen, die bei der Untersuchung gefundenen Werte nicht als gerbende Stoffe und Nichtgerbstoffe, sondern als „vom Hautpulver aufgenommene Stoffe“ und „vom Hautpulver nicht aufgenommene Stoffe“ zu bezeichnen, um auf diese Art zum Ausdruck zu bringen, daß diese Stoffe nicht in der gleichen Weise wie die Bestandteile der eigentlichen Gerbstoffauszüge zu bewerten sind. Die Untersuchung erfolgt entweder nach dem gewichtsanalytischen (Schüttelverfahren oder Filterverfahren) oder nach dem maßanalytischen Verfahren. Nach der Vorschrift des Internationalen Vereins der Lederindustrie-Chemiker sollen 20 g des Zellstoffauszuges auf 1 l gelöst werden. Die Hersteller dieser Auszüge beziehen jedoch den von ihnen gewährleisteten Gerbstoffgehalt auf eine Ansatzmenge von 10 g, bei der der Gehalt an von Hautpulver aufnehmbaren Stoffen meist wesentlich höher als bei einer Ansatzmenge von 20 g ausfällt.

Untersuchung von synthetischen Gerbstoffen. Seit einigen Jahren bringt die Badische Anilin- und Sodafabrik in Ludwigshafen a. Rh. mehrere künstliche Gerbstoffe unter der Bezeichnung Neradol D, Neradol ND und Ordoval G und GG in den Handel. Das Verfahren der Herstellung von Neradol D rührt von Stiasny her. Das Neradol D ist ein wasserlösliches Formaldehydkondensationsprodukt sulfonierter Phenole, das Neradol ND ein solches sulfonierten Naphtalins und die beiden Ordovale sind Sulfosäuren höherer Kohlenwasserstoffe. Diese synthetischen Gerbstoffe können nach dem Hautpulververfahren untersucht werden. Bei der Untersuchung nach dem Schüttelverfahren hat das Neradol D einen Gerbwert von etwa 30 bis 32%, das Neradol ND einen solchen von etwa 30% und das Ordoval G und GG einen solchen von etwa 13%. Die Herstellerin gibt jedoch an, daß der Gerbwert dieser Gerbstoffe — ganz besonders wird dies für die Ordovale angeführt — bedeutend höher ist, da von diesen zur Überführung der Blöße in Leder wesentlich geringere Mengen benötigt würden als bei Verwendung von pflanzlichen Gerbstoffauszügen von gleichem Gerbstoffgehalt.

Pflanzliche Gerbemittel enthalten mitunter mechanische Verunreinigungen, die ihre Güte beeinträchtigen, und zwar neben fremden pflanzlichen Bestandteilen Steine und Sand und in gemahlenem Zustande aus der Mühle stammende Eisenteilchen. Der Sand kann, wenn er scharfkantig ist, auf der Narbenseite der damit gegerbten Leder Verletzungen in Gestalt feiner Risse hervorrufen. Eisenteilchen geben infolge Auflösung durch die in den Gerbbrühen vorhandenen organischen Säuren und Umsetzung mit dem pflanzlichen Gerbstoff zur Bildung von dunklem gerbsauren Eisen Veranlassung, so daß sie dort, wo sie mit dem Leder in Berührung kommen, runde schwarze Flecken (Eisenflecken) und beim Auslaugen von Gerbemitteln dunkle mißfarbige Brühen liefern, die dem Leder eine ungünstige Farbe erteilen.

Bestimmung von Sand und Prüfung auf Eisenteilchen bei Gerbemitteln. Diese Prüfungen werden namentlich bei Sumach ausgeführt.

Zur Bestimmung von Sand verascht man 5 g des Gerbemittels, behandelt die Asche mit Wasser und verdünnter Salzsäure, filtert, wäscht aus, verascht das Filter und wägt den aus Sand bestehenden Rückstand. Zur Prüfung auf Eisenteilchen nach Becker (Collegium, **1905**, 373) werden zwei Glasscheiben, am besten gereinigte photographische Platten von der Größe 13 : 18, je mit einem sie vollständig bedeckenden Blatt Filterpapier belegt. Das eine Papier wird mit einer stark verdünnten Tanninlösung oder mit einem Gerbemittelauszug von Untersuchungsstärke getränkt, worauf man 1 g des auf Eisen zu prüfenden Sumachpulvers mit einem Sieb auf der ganzen Fläche gleichmäßig verteilt, während man das andre Papier mit einer 1 proz. Essigsäure tränkt. Diese beiden Platten werden mit dem Papierbelag nach innen aufeinandergelegt und einige Stunden in beschwertem Zustande liegengelassen. Bei Gegenwart von Eisenteilchen sind je nach ihrer Menge und Größe mehr oder weniger zahlreiche größere oder kleinere schwarze Flecken auf dem Filterpapier sichtbar. Gerbemittel von einwandfreier Beschaffenheit dürfen überhaupt keine oder höchstens einige wenige kleine Flecken ergeben.

Außer den Gehalten von Gerbstoff, Nichtgerbstoff, Unlöslichem und Wasser wird bei flüssigen Auszügen meist auch das spez. Gewicht, gewöhnlich als Baumé-Grade, angegeben. Dieses wird mit Normalspindeln bestimmt. Häufig wird in den Auszügen eine Bestimmung des Aschegehaltes ausgeführt, indem man etwa 5 g des Auszuges in einer Platin- oder Porzellanschale zunächst zur Trockne verdampft und dann bei schwacher Rotglut erhitzt, bis sämtliche Kohleteilchen verbrannt sind. Rindenauszüge und Blätterauszüge haben im allgemeinen einen höheren Gehalt an Asche als Holzauszüge; doch sind derartige Unterschiede wegen der jetzt häufig vorgenommenen Behandlung der Auszüge mit Mineralsalzen, namentlich mit Sulfiten und Bisulfiten, kaum noch beweiskräftig. Die Behandlung mit Sulfiten oder Bisulfiten oder beiden nimmt man namentlich bei Quebrachoauszügen vor, um diese aus dem schwerlöslichen Zustand in den kaltlöslichen überzuführen. Unbehandelte Holzauszüge enthalten im flüssigen Zustande gewöhnlich nur 0,2—0,6, im festen Zustande 0,5—1,6% Asche, nur bei flüssigen Eichenholzauszügen beträgt der Aschegehalt meist 1 bis 2%. Die kaltlöslichen Quebrachoauszüge haben dagegen infolge der Behandlung mit Mineralsalzen höhere Aschegehalte, im flüssigen Zustande etwa 2 bis 6%, im festen Zustande 4 bis 10%.

Zur Feststellung, ob ein Gerbstoffauszug eine Sulfitierung erfahren hat, ist er auf schweflige Säure zu prüfen. In den meisten Fällen genügt für die qualitative Prüfung die folgende Probe, bei der die SO_2 am Geruch erkannt wird. Man gibt von dem Auszug einige Gramm in ein Probierrohr, verdünnt mit Wasser auf etwa 10 ccm, setzt einige Tropfen verdünnter Schwefelsäure hinzu und erwärmt. Selbst bei sehr schwach sulfitierten Auszügen macht sich dann, namentlich bei kräftigem Durchschütteln der Flüssigkeit, der Geruch nach SO_2 deutlich bemerkbar.

Die Prüfung auf Sulfite kann man auch mit Bleipapier oder mit Kaliumjodid — Kaliumjodat — Stärkepapier vornehmen. Bei der Prüfung mit Bleipapier gibt man etwa 10 g des Auszuges in ein kleines Kölbchen, setzt Wasser und verdünnte Salzsäure, dann einige Stücke Zink zu, mischt, hängt einen an einem Uhrglase befindlichen Bleipapierstreifen (erhalten durch Tränken von Fließpapier mit einer 10proz. Lösung von Bleinitrat) in das Kölbchen und erwärmt über kleiner Flamme mäßig. Bei Gegenwart von schwefliger Säure oder Sulfiten tritt nach kurzer Zeit infolge Bildung von Schwefelwasserstoff Schwärzung des Bleipapiers ein. Zur Prüfung mit Kaliumjodid-Kaliumjodat-Stärkepapier gibt man etwa 10 g des Auszuges in ein kleines Kölbchen, verdünnt mit Wasser, setzt verdünnte Schwefelsäure hinzu, hängt einen Streifen eines mit Lösungen von Kaliumjodid, Kaliumjodat und löslicher Stärke getränkten Fließpapiers hinein und erwärmt kurze Zeit mäßig. Bei Gegenwart von schwefliger Säure tritt an den oberen kälteren Stellen, beim Erkalten in der ganzen Länge des Streifens infolge Bildung von Jodstärke eine veilchenblaue Färbung auf.

Quantitative Bestimmung der Sulfite in Gerbstoffauszügen. Man löst etwa 25 g des Auszuges in Wasser auf 250 ccm. 25 ccm dieser Lösung werden mit Wasser auf etwa 400 ccm verdünnt. Man setzt zu dieser Lösung einige Tropfen verdünnter Salzsäure und kocht einige Minuten, bis kein Geruch nach schwefliger Säure mehr bemerkbar ist, filtert, wenn nötig, die warm gehaltene Lösung und bestimmt in dieser in bekannter Weise durch Fällung mit Bariumchloridlösung die Schwefelsäure. Weitere 25 ccm der Lösung des Gerbstoffauszuges werden nach Zugabe von etwa 10 ccm gesättigtem Bromwasser so lange gekocht, bis alles Brom sich verflüchtigt hat. Man säuert mit 10 ccm 10proz. Salzsäure an, verdünnt, filtert, wenn die Lösung nicht vollständig klar ist, und fällt die klare Lösung mit Bariumchlorid. Von dieser Bariumsulfatmenge zieht man die zuerst gefundene ab. Der so erhaltene Wert multipliziert mit 0,2744 gibt die in dem Auszug enthaltene Menge an schwefliger Säure, multipliziert mit 0,4460 die Menge an Natriumbisulfit ($NaHSO_3$) an.

Quantitative Bestimmung von freier Schwefelsäure in Gerbstoffauszügen. Hierzu kann man das Verfahren verwenden, das Immerheiser (Collegium, **1918**, 293 u. 378; **1920**, 360; **1921**, 132) zur Bestimmung freier Schwefelsäure im Leder vorgeschlagen hat. Es beruht darauf, daß Schwefelsäure in konzentrierter Form mit einem Überschuß von vollständig wasserfreiem Äther sich schon bei Zimmerwärme zu Äthylschwefelsäure umsetzt, während Sulfate, Bisulfate, ferner die schwefelhaltigen Bestandteile der synthetischen Gerbstoffe und des Zellstoffauszuges hierbei nicht gelöst werden. Der zu untersuchende Gerbstoffauszug wird mit etwas reinem Quarzsand vollständig zur Trockne verdampft und der Trockenrückstand zerrieben. Alsdann wird er mit vollständig wasserfreiem Äther ausgezogen, wobei nur freie Schwefelsäure in den Äther übergeht. Um alsdann die Schwefelsäure aus der Äthylschwefelsäure quantitativ zu bestimmen, muß sie vollkommen, am besten nach dem Abdestillieren des Äthers durch Eindampfen mit Wasser auf dem Wasserbad, aufgespalten werden, da sonst Verluste entstehen, weil Äthylschwefelsäure ein lösliches Bariumsalz bildet. Die genaue Arbeitsweise ist folgende: 2 bis 3 g des Auszuges werden in einer

Porzellanschale (feste Auszüge, nachdem sie zuvor in wenig Wasser gelöst worden sind) unter Zusatz von etwa 5 g gereinigtem Quarzsand vollständig zur Trockne verdampft. Es empfiehlt sich, das Trocknen in einem Vakuumexsiccator einige Zeit fortzusetzen. Der alsdann gepulverte Trockenrückstand wird ohne Verlust in einen Erlenmeyer-Kolben mit eingeschliffenem Glasstopfen gebracht, mit etwa 100 ccm wasser- und alkoholfreiem Äther überstellt und öfters umgeschüttelt. Nach etwa 2 Stunden wird der Äther abgegossen, der Rückstand noch zweimal mit je 40 ccm Äther unter öfterem Umschütteln eine halbe Stunde lang überstellt, und diese Äthermengen werden mit der andren vereinigt. Diese werden zur Wiedergewinnung des Äthers aus einem Kölbchen abdestilliert, der Rückstand wird mit heißem Wasser und etwas Salzsäure aufgenommen, in ein Becherglas übergespült und in bekannter Weise mit Bariumchloridlösung gefällt. Der Gesamtinhalt wird zur Spaltung der Äthylschwefelsäure auf dem Wasserbad zur Trockne verdampft, alsdann mit heißem Wasser und etwas Salzsäure aufgenommen und mit etwas Bariumchloridlösung gefällt. Das Weitere erfolgt in bekannter Weise. Es ist unbedingt erforderlich, daß der zum Ausziehen erforderliche Äther vollständig wasser- und alkoholfrei ist. Man erhält einen solchen, indem man Äther mehrmals über geschmolzenem Chlorcalcium destilliert und ihn dann über geschmolzenem Chlorcalcium oder Ätzkalk aufbewahrt. Zur Prüfung seiner Verwendbarkeit vermischt man in einem Probierglas einen kleinen Tropfen konz. Schwefelsäure mit etwa 10 bis 15 ccm des zu prüfenden Äthers. Beim Umschütteln zeigt wasserfreier Äther eine vollständig klare Lösung, während wasserhaltiger Äther sich trübt.

Bestimmung der Magnesia. Es wird den Gerbstoffauszügen mitunter Bittersalz zugesetzt, angeblich um dem Leder eine hellere Farbe zu geben. In Wirklichkeit wird jedoch damit eine Beschwerung des Leders bezweckt. Zur Ermittelung des Magnesiagehaltes werden 5 g des Auszuges vollständig verascht und in dem Rückstand wird nach dem Auflösen in verdünnter Salzsäure und nach Ausfällen von etwa vorhandenen Eisen-, Tonerde- und Kalkverbindungen die Magnesia in bekannter Weise ausgefällt und als $Mg_2P_2O_7$ zur Wägung gebracht.

Bestimmung des Zuckergehaltes in Gerbemitteln und Gerbstoffauszügen. Die sämtlichen Gerbemittel und infolgedessen auch die daraus hergestellten Auszüge enthalten Zucker in verschiedenen Mengen. Am reichsten daran sind die Blätter- und einheimischen Rindengerbemittel (Sumach, Eichen- und Fichtenrinde), weniger enthalten die Fruchtgerbemittel (Myrobalanen, Dividivi, Valonea und Trillo), noch weniger die überseeischen Rindengerbemittel (Mimosen-, Mangroven- und Malletrinde) und am allerwenigsten die Holzgerbemittel, ganz besonders das Quebrachoholz. Es finden sich in den Gerbemitteln und Gerbstoffauszügen von Natur aus vorhandene unmittelbar reduzierende Zuckerarten (traubenzuckerartige Stoffe), sowie erst nach dem Invertieren reduzierende Zuckerarten (rohrzuckerartige Stoffe); den Gerbstoffauszügen können aber auch Stärkezucker (Kartoffelzucker) oder Melasse in der Absicht der Verfälschung zugesetzt worden sein, wodurch die

Gehalte an den natürlichen Zuckerstoffen sich erhöhen. Man ermittelt die Zuckergehalte, um ein Urteil über das Säurebildungsvermögen zu erhalten, bei Gerbstoffauszügen aber auch, um etwaige Zusätze von diesen Stoffen festzustellen.

Für die Zuckerbestimmung, die nach dem Fehlingschen Verfahren ausgeführt wird, sind folgende Lösungen erforderlich:

1. Kupferlösung, enthaltend 69,2 g reinsten Kupfervitriol im Liter.
2. Alkalische Seignettesalzlösung, enthaltend 346 g Seignettesalz und 250 g KOH im Liter.
3. Bleiessig. 300 g essigsaures Blei werden mit 100 g reiner Bleiglätte und etwa 50 ccm H_2O gut verrieben und auf dem Wasserbad unter Zusatz des verdampfenden Wassers behandelt, bis der Brei weiß geworden ist. Die Masse wird in einen Literkolben gespült, nach dem Erkalten bis zur Marke aufgefüllt und nach gutem Absetzen gefiltert.
4. Lösung von Natriumsulfat. Es ist zweckmäßig, diese äquivalent dem Bleigehalt der Bleiessiglösung herzustellen.

Zur Ausführung der Zuckerbestimmung muß die zuckerhaltige Lösung eine geeignete Stärke haben. Bei Gerbemitteln verwendet man den für die Untersuchung hergestellten Auszug. Nach dem Filtern dampft man hiervon 300 ccm auf 100 ccm ein. Bei Gerbstoffauszügen löst man in einem 250 ccm-Kolben in etwa 200 ccm heißem Wasser folgende Mengen:

bei Fichtenrindenauszug	etwa 7,5 g
bei Myrobalanen-, Sumach- und Dividiviauszug	„ 10 g
bei Hemlock-, flüssigem Eichenholz- und Kastanienholzauszug, teigförmigem und festem Quebrachoauszug	„ 15 g
bei flüssigem Quebracho-, Mimosen-, Mallet- und Mangrovenrindenauszug	„ 20 g

füllt nach dem Erkalten bis zur Marke auf und schüttelt gut durch. 100 ccm dieser Lösung werden in einem trocknen Gefäße zur Ausfällung des Gerbstoffes mit 10 ccm Bleiessig versetzt, unter öfterem Umschütteln 15 Minuten stehengelassen und durch ein trocknes Filter in ein trocknes Kölbchen gefiltert (das Filtrat muß gerbstofffrei sein; eine Probe des Filtrats darf auf Zusatz von Bleiessig keine Fällung geben). Zu 50 ccm des Filtrats setzt man 5 ccm Natriumsulfatlösung und filtriert nach dem Umschütteln und gutem Absetzen durch ein trocknes Filter. Von diesem Filtrat verwendet man 40 ccm zur Zuckerbestimmung. Man bringt in ein etwa 200 ccm fassendes Becherglas 30 ccm Kupferlösung, 30 ccm alkalische Seignettesalzlösung und 45 ccm Wasser und erhitzt den Inhalt über freier Flamme bis zum Sieden. Man setzt alsdann das Becherglas in ein bereitstehendes siedendes Wasserbad, gibt die 40 ccm unter Umrühren zu und läßt nunmehr von dem Zusatze der zu untersuchenden Flüssigkeit ab gerechnet genau 30 Minuten im kochenden Wasserbad stehen. Die Gesamtmenge der alkalischen Kupferlösung und der zugesetzten Flüssigkeit soll immer 145 ccm betragen. Das abgeschiedene Kupferoxydul wird alsdann durch ein gewogenes Asbestfilterröhrchen mit der Saugpumpe abgefiltert, zuerst mit heißem Wasser und dann zur schnelleren Trocknung mit Alkohol und endlich mit Äther ausgewaschen. Zur Verbrennung von geringen im Kupferniederschlag enthaltenen Mengen organischer Stoffe wird das Röhrchen kurz erhitzt, dann reduziert man im H-Strom, läßt in diesem erkalten und bringt schnell zur Wägung. Die dem gefundenen Kupfer entsprechende Traubenzuckermenge findet man durch Vervielfältigung der gewogenen Kupfermenge mit 0,469. Bei genauen Bestimmungen empfiehlt es sich, nicht diesen Durchschnittswert zu benutzen, sondern die Zuckermenge aus der in der Originalveröffentlichung (Dingl. polyt. Journ. **293**, S. 236; 1894) oder in dem Paesslerschen Buch (Die Verfahren zur Untersuchung des lohgaren und chromgaren Leders, S. 30 und 31) aufgeführten Zusammenstellung abzulesen.

Nach dem geschilderten Verfahren werden nur die traubenzuckerartigen Stoffe, aber nicht die rohrzuckerartigen und dextrinartigen des technischen Stärkezuckers und der Melasse ermittelt. Um auch diese zu bestimmen, verfährt man folgendermaßen: 40 ccm der in der angegebenen Weise von Gerbstoff und vom Blei befreiten Lösung werden zur Überführung in Invertzucker mit 10 ccm verdünnter Schwefelsäure (1 : 5) im kochenden Wasserbad $^1/_2$ Stunde lang erhitzt, nach dem Abkühlen mit verdünnter Natronlauge neutralisiert und auf 100 ccm aufgefüllt. 50 ccm dieser Lösung werden zu einer zweiten Zuckerbestimmung verwendet, die genau wie die erste mit Einhaltung der halben Stunde Kochdauer ausgeführt wird. Von der hierbei erhaltenen Kupfermenge wird zunächst die Hälfte derjenigen Menge abgezogen, die bei der ersten Bestimmung für die traubenzuckerartigen Stoffe gefunden wurde. Der Rest der Kupfermenge entspricht dem Invertzucker, dessen Menge man durch Vervielfältigung der Kupfermenge mit 0,509 findet. Bei genaueren Bestimmungen liest man die Invertzuckermengen aus den in den Originalveröffentlichungen enthaltenen Übersichten ab. Die Menge der rohrzuckerartigen Stoffe ergibt sich, wenn man die Invertzuckermenge mit 0,95 vervielfältigt.

Appelius und Schmidt (Collegium, **1913**, 308) haben zur Vereinfachung dieses Verfahrens vorgeschlagen, den Kupfergehalt der Fehlingschen Lösung vor und nach dem Kochen mit der zuckerhaltigen Lösung maßanalytisch zu bestimmen. Der Unterschied dieser beiden Mengen ist gleich der vom Zucker reduzierten Kupfermenge. Die maßanalytische Bestimmung erfolgt hierbei in bekannter Weise derart, daß zur Kupferlösung Jodkalium und verdünnte Schwefelsäure gesetzt wird, wobei einerseits Kupferjodür gebildet, anderseits auf ein Atom Kupfer ein Atom Jod ausgeschieden wird. Dieses Jod wird mit einer Natriumthiosulfatlösung von bekanntem Wirkungswert unter Verwendung von Stärke als Indikator bestimmt. Die reduzierte Kupferlösung wird schnell abgekühlt und dann, ohne das Cu_2O abzufiltern, in der gleichen Weise, wie eben beschrieben, titriert. Nach Appelius und Schmidt verfährt man hierbei in folgender Weise: 15 ccm Fehlingsche Lösung 1 (s. S. 410), 15 ccm Fehlingsche Lösung 2 und 45 ccm Wasser werden in einem kleinen Becherglas gemischt und dann mit wenig Wasser in einen Erlenmeyer-Kolben von etwa 300 ccm Inhalt übergespült, in den man vorher 10 ccm KJ-Lösung (80 g auf 250 ccm gelöst) und 15 ccm verdünnte Schwefelsäure (1 : 2) gebracht hat. Man titriert nunmehr diese Lösung mit der Thiosulfatlösung von bekanntem Gehalte, bis die Flüssigkeit nur noch schwach gelb gefärbt erscheint, setzt etwas Stärkelösung hinzu, wodurch die Lösung blau gefärbt wird, und titriert weiter, bis die Lösung farblos wird. Zur Zuckerbestimmung verwendet man je 15 ccm der beiden Fehlingschen Lösungen und 35 ccm Wasser, die man zum Sieden bringt, worauf 10 ccm der entgerbten zuckerhaltigen Lösung hinzugegeben werden. Die siedende Lösung wird im siedenden Wasserbad genau 30 Minuten erhitzt. Man kühlt rasch ab und spült die Lösung, ohne das Cu_2O abzufiltern, mit wenig Wasser in einen Erlenmeyer-Kolben, in dem bereits 10 ccm KJ-Lösung und 15 ccm verdünnte Schwefelsäure sind, und titriert in gleicher Weise wie die ursprüngliche Lösung mit Thiosulfatlösung. Die hierbei verbrauchte Thiosulfatlösung wird von der bei der ursprünglichen Titration verbrauchten abgezogen. Das diesem Unterschied entsprechende Jod wird auf Cu und dieses auf Zucker umgerechnet. Es ist hierbei zu berücksichtigen, daß 1 Atom J (126,92) 1 Atom Cu (63,57) entspricht.

Es ist ferner zu bemerken, daß die Zuckerbestimmung in allen Fällen titrimetrisch ausgeführt werden muß, wenn die Gerbstoffauszüge Magnesiasalze oder andere Salze enthalten, die mit der Natronlauge der Fehlingschen Lösung unlösliche Niederschläge geben.

Bei Gerbstoffauszügen kann man einen Zusatz von Zuckerstoffen auf Grund des Ergebnisses der Zuckerbestimmung nur dann annehmen, wenn der Gehalt den normalen Zuckergehalt, der übrigens bei manchen Arten von Gerbstoffauszügen innerhalb weiter Grenzen schwanken kann, übersteigt.

Prüfung von Gerbstoffauszügen auf Zellstoffauszug. Da Zellstoffauszüge billiger als die eigentlichen pflanzlichen Gerbstoffauszüge sind, so werden sie diesen mitunter zugesetzt. Wegen des niedrigeren Gerbwertes der Zellstoffauszüge sind solche Zusätze als unzulässig zu bezeichnen. Procter und Hirst (Collegium, **1909**, 185) haben für den Nachweis von Zellstoffauszug eine recht empfindliche Reaktion vorgeschlagen, die nach jenen benannt oder auch als Ligninreaktion bezeichnet wird. Man vermischt in einem Probierglase 5 ccm der klar gefilterten Lösung des Auszuges von Untersuchungsstärke und $^1/_2$ ccm Anilin unter kräftigem Umschütteln, worauf 2 ccm konz. Salzsäure zugefügt werden. Pflanzliche Gerbstoffauszüge bleiben bei dieser Prüfung vollständig klar, während die geringsten Mengen von Zellstoffauszug eine deutliche Trübung, größere Mengen bereits eine starke Fällung geben. Man hat allerdings die Beobachtung gemacht, daß bei pflanzlichen Holzauszügen die Reaktion schwach auftreten kann, wenn altes morsches Holz verarbeitet oder das Holz unter hohem Druck mit Sulfiten behandelt worden ist. Bei schwachem Auftreten der Reaktion ist also hinsichtlich der Beurteilung Vorsicht geboten. Ferner geben auch die künstlichen Gerbstoffe, wie Neradol und dergl., die Ligninreaktion, doch kommen Zusätze von diesen zu pflanzlichen Gerbstoffauszügen praktisch nicht in Frage.

Prüfung auf Anilinfarbstoffe. Grasser (Collegium, **1910**, 379) hat nachgewiesen, daß Gerbstoffauszüge zuweilen einen Zusatz von gelben

Anilinfarbstoffen, besonders Auramin, erhalten, um den rotstichigen Farbenton zu verdecken und den Auszügen eine schöne braune Farbe zu geben. Da bei der Verwendung solcher Auszüge der gelbe Farbstoff sehr schnell von der Haut aufgenommen wird, so wird durch eine derartige Behandlung lediglich eine Verbesserung der Farbe des Gerbstoffauszuges, aber nicht des damit gegerbten Leders erreicht. Zum Nachweis des Farbstoffes schlägt Grasser folgendes Verfahren vor: 5 ccm des Auszuges werden mit etwa 2 ccm Natronlauge (1 : 10) kräftig durchgeschüttelt, worauf nach einem Zusatz von 5 ccm Benzol abermals eine halbe Minute lang geschüttelt wird. Man läßt eine Trennung der beiden Schichten eintreten und gießt das Benzol durch ein trocknes Filter. Nach Ablaufen des Benzols hinterbleibt auf dem Filter eine stark gelb gefärbte Randzone, die bereits die Gegenwart von Auramin anzeigt. Man versetzt das Filtrat, das kaum gelblich gefärbt ist, mit etwa 1 ccm verdünnter Schwefelsäure (1 : 20) und schüttelt kräftig durch, wobei nach der Trennung der beiden Schichten bei Gegenwart von Auramin die Säure deutlich gelb gefärbt ist. Nach weiterem Zufügen von 1 ccm konz. Essigsäure zum Benzol und kräftigem Schütteln ist nach Trennung der beiden Schichten die Essigsäure deutlich gelb gefärbt. Diese hinterläßt beim Verdampfen eine stark gelb gefärbte Zone.

Prüfung von Gerbstoffauszügen auf Zusätze von andren Gerbstoffauszügen. Es kommt mitunter vor, daß Gerbstoffauszüge Zusätze von anderen erhalten, die im Preise billiger sind. Es ist meist nicht einfach, solche Zusätze mit Sicherheit nachzuweisen. Grasser (Collegium, **1911**, 349) hat hierfür ein Untersuchungsverfahren ausgearbeitet, das darauf beruht, daß man die den Gerbstoffauszügen noch anhaftenden Reste von den Gerbemitteln, aus denen sie hergestellt sind, mikroskopisch untersucht. Feste Auszüge werden zunächst in den flüssigen Zustand übergeführt, flüssige so wie sie sind verwendet. Man überläßt diese flüssigen Auszüge in hohen, möglichst engen Standzylindern einige Tage sich selbst, bis sich die beigemengten pflanzlichen Teile als Bodensatz abgeschieden haben. Das Absetzenlassen, das mitunter einer langen Zeit bedarf, kann wesentlich beschleunigt werden, wenn man den flüssigen Auszug so stark mit Wasser verdünnt, daß er sich zu trüben beginnt. Hat man eine genügende Menge Bodensatz erhalten, so gießt man den Auszug ab und behandelt den Bodensatz mit einer 1 proz. Natronlauge, wodurch alle Phlobaphene und Harzstoffe in Lösung gehen, während die unlöslichen Pflanzenteile zurückbleiben. Die Flüssigkeit mit den pflanzlichen Anteilen wird alsdann zentrifugiert. Die Lauge darf nicht zu stark sein und nur solange im kalten Zustande einwirken, bis tatsächlich die genannten Stoffe in Lösung gegangen sind, während eine quellende oder sogar zerstörende Wirkung der Pflanzenteile zu vermeiden ist. Dem abgeschiedenen Bodensatz werden zur Aufhellung 1 bis 2 Tropfen einer $^1/_4$ proz. Oxalsäurelösung hinzugefügt und ein Tropfen dieser Mischung wird mikroskopisch untersucht. Das mikroskopische Bild gestattet alsdann ein Urteil, ob andre Gerbemittel als das, aus dem angeblich der Auszug hergestellt ist, verwendet worden sind. Eine derartige Beurteilung erfordert natürlich Sachkenntnis und

Übung. In seiner Originalveröffentlichung und in seinem Buch (S. 295) stellt Grasser die mikroskopischen Bilder der wichtigsten in Betracht kommenden Gerbemittel dar, auf die hiermit verwiesen werden soll.

Die Prüfung der Gerbstoffauszüge auf Zusatz anderer Gerbstoffauszüge durch chemische Reaktionen hat Lauffmann in einigen Arbeiten (Ledertechnische Rundschau, **1921**, 65) eingehend behandelt, aus denen hier nur das wichtigste angeführt werden kann. Mit den zur Unterscheidung verschiedener Gerbstoffauszüge häufig empfohlenen Farbenreaktionen ist bei Gemischen nicht viel zu erreichen, weil sie sich meist gegenseitig verwischen. Bessere Ergebnisse liefern die Fällungsreaktionen. Doch treten auch hierbei noch mancherlei Schwierigkeiten auf, weil es bisher nicht möglich war, für jeden Gerbstoff genügend sichere und ausgeprägte Reaktionen aufzufinden, die seine Feststellung unter allen Umständen möglich machen. Die meisten der Reaktionen gelten also nicht für einen einzelnen Gerbstoff, sondern für größere oder kleinere Gerbstoffgruppen, vor allem für die gesamten Gruppen der Pyrocatechin- (Protocatechin-) und Pyrogallolgerbstoffe nach der Einteilung von Stenhouse - Procter. Erschwerend kommt hinzu, daß man die Gerbstoffauszüge während der Herstellung zur Klärung, Entfärbung, Erhöhung der Löslichkeit usw. häufig mit Chemikalien behandelt, wodurch die ursprünglichen Eigenschaften der Gerbstoffe mehr oder weniger verändert werden, so daß in solchen Fällen die bei den unbehandelten Auszügen anwendbaren Mittel vielfach unsicher werden oder überhaupt versagen. Erleichtert wird dagegen die Untersuchung dadurch, daß zur Gerbstoffverfälschung aus wirtschaftlichen Gründen im allgemeinen nur die Auszüge weniger Gerbemittel in Betracht kommen, so daß die Zahl der möglichen Gerbstoffgemische verhältnismäßig gering ist.

Nach Stenhouse - Procter kann man, wie erwähnt, die Gerbstoffe in die genannten beiden Gruppen einteilen. Diese Einteilung und Bezeichnung gründet sich darauf, daß beim Erhitzen auf 180 bis 200° C die Gerbstoffe der Pyrocatechingruppe in der Hauptsache Pyrocatechin bilden und daher von diesem abgeleitet werden, während die Pyrogallolgerbstoffe hierbei im wesentlichen Pyrogallol liefern und deswegen von diesem abstammen sollen. Nach dieser Einteilung gehören in die Hauptgruppe der

	Pyrocatechingerbstoffe	Pyrogallolgerbstoffe
die Gerbstoffe aus		
	Fichtenrinde	Valonea
	Mimosenrinde	Myrobalanen
	Mangrovenrinde	Dividivi
	Malletrinde	Algarobilla
	Hemlockrinde	Knoppern
	Quebrachoholz	Kastanienholz
	Gambier	Eichenholz
	Catechu	Sumach

Außerdem gibt es auch Gerbemittel, die Gerbstoffe aus beiden Hauptgruppen enthalten, z. B. die Eichenrinde und die Edelkastanienrinde, die in der Hauptsache Pyrocatechingerbstoff, zum kleineren Teil Pyrogallolgerbstoff enthalten.

Von den Gerbstoffauszügen der Pyrocatechingruppe wird vor allem der Mangroveauszug, von denen der Pyrogallolgruppe der Myrobalanenauszug, sowie auch mitunter der Kastanienauszug als Zusatz zu andren Gerbstoffauszügen verwendet. Ein beliebter Zusatz ist der von Mangrovenauszug und Myrobalanenauszug zu Quebrachoauszug. Die Erkennung von Gerbstoffgemischen, die zwei Auszüge enthalten, ist meist verhältnismäßig leicht, wenn die Gerbstoffe der beiden Auszüge verschiedenen Gruppen angehören, dagegen schwierig, unter Umständen unmöglich, wenn sie in dieselbe Hauptgruppe fallen. Handelt es sich um Gemische, die aus drei oder noch mehr Auszügen bestehen, so ist eine Erkennung aller dieser Bestandteile nur in seltenen Fällen möglich. Es sollen an dieser Stelle nur die Verfahren zur Unterscheidung der den beiden genannten Hauptgruppen angehörenden Gerbstoffe angeführt werden. Man verwendet hier nach Stiasny die Reaktion mit Formaldehyd und Salzsäure. Man versetzt hierzu 50 ccm der gefilterten Gerbstofflösung von Untersuchungsstärke mit 25 ccm einer Mischung von 100 ccm starker Salzsäure, 100 ccm Wasser und 150 ccm Formaldehyd (40 proz.), kocht eine halbe Stunde am Rückflußkühler, kühlt ab und filtriert, wenn die Lösung hierbei nicht klar geblieben ist. Bei dieser Reaktion werden die Pyrocatechingerbstoffe vollkommen gefällt, die Pyrogallolgerbstoffe entweder überhaupt nicht, wie bei Kastanienholz und Eichenholz, oder höchstens zum ganz geringen Teil, wie bei Myrobalanen, Dividivi, Valonea und Algarobilla, oder stets stärker, wie bei Sumach. Ist eine Fällung eingetreten, so werden 10 ccm des Filtrats in einem Probierrohr mit etwa 10 Tropfen Eisenalaunlösung (1 proz.) und dann mit etwa 1 g festem Natriumacetat versetzt, wobei nicht umzuschütteln ist. Man beobachtet, ob in der Flüssigkeitsschicht über dem Natriumacetat eine blau gefärbte Zone entsteht. Das Verhalten der einzelnen Gerbstoffe bei der Formaldehyd- und Eisenreaktion ist aus folgender Zusammenstellung zu ersehen.

Auszug von		Verhalten beim Kochen mit Formaldehyd und Salzsäure	Reaktion mit Eisenalaun und Natriumacetat
Pyrocatechingerbstoffe	Fichtenrinde . .	starker Niederschlag	nicht blau
	Mimosenrinde . .	„ „	„ „
	Mangrovenrinde .	„ „	„ „
	Malletrinde . . .	„ „	„ „
	Hemlockrinde .	„ „	„ „
	Quebrachoholz .	„ „	„ „
	Gambier	„ „	„ „
	Catechu	„ „	„ „
Pyrogallolgerbstoffe	Kastanienholz .	kein Niederschlag	blau
	Eichenholz . . .	„ „	„
	Valonea	klar oder geringe Trübung bis schwacher Niederschlag	„
	Myrobalanen . .	desgl.	„
	Dividivi	desgl.	„
	Algarobilla . . .	desgl.	„
	Sumach	Niederschlag, der allmählich zunimmt	„
	Zellstoffauszug .	kein Niederschlag	nicht blau

Tritt nach dem Kochen mit Formaldehyd und Salzsäure im Filtrat der Fällung bei der Eisenalaunreaktion eine Blaufärbung nicht auf, so sind nur Pyrocatechingerbstoffe, aber keine Pyrogallolgerbstoffe anwesend. Bleibt bei einem Auszug der Pyrogallolgruppe (mit Ausnahme von Sumachauszug) die Lösung annähernd klar, so haben Zusätze von Pyrocatechingerbstoffen nicht stattgefunden. Tritt bei Prüfung eines Eichenholz- oder Kastanienholzauszuges Fällung ein, so ist dadurch die Gegenwart von Pyrocatechingerbstoffen oder von solchen Pyrogallolgerbstoffen nachgewiesen, die immer, wie Sumach, oder unter Umständen, wie Valonea, Myrobalanen, Dividivi und Algarobilla, eine Fällung geben. Bei den zuletzt genannten Gerbstoffen kann natürlich aus dem Auftreten einer Fällung kein sicherer Schluß auf einen Zusatz von Pyrocatechingerbstoffen gezogen werden. Sind solche vorhanden, so zeigt sich dies bei der Ausfärbung auf Garancinestreifen, die weiter unten besprochen werden soll.

Eine weitere Reaktion zur Unterscheidung der beiden Gruppen von Gerbstoffen ist die Bleiacetatreaktion in essigsaurer Lösung, bei der 5 ccm Gerbstofflösung von Untersuchungsstärke mit 10 ccm Essigsäure (10 proz.) und mit 5 ccm einer Lösung von normalem Bleiacetat (10 proz.) versetzt werden. Die klargebliebene Lösung, oder bei eintretender Fällung das klare Filtrat, wird mit etwa 10 Tropfen Eisenalaunlösung allein bzw. mit dieser Lösung und etwa 0,5 g festem Natriumacetat versetzt, ohne nachher umzuschütteln. Man beobachtet hierbei, ob Fällungen eintreten. Das Verhalten der einzelnen Gerbstoffauszüge ist aus folgender Übersicht zu ersehen.

Auszug von		Verhalten bei Zusatz von Essigsäure und Bleiacetat
Pyrocatechingerbstoffe	Quebrachoholz . . .	keine Fällung
	Mangrovenrinde . .	„ „
	Mimosenrinde . . .	„ „
	Fichtenrinde. . . .	„ „
	Gambier	„ „
	Catechu	„ „
	Hemlockrinde . . .	„ „
Pyrogallolgerbstoffe	Eichenholz	meist vollständige Fällung
	Kastanienholz . . .	unvollständige Fällung
	Myrobalanen . . .	„ „
	Sumach.	„ „
	Dividivi	„ „
	Valonea.	vollständige Fällung
	Algarobilla	unvollständige Fällung
	Zellstoffauszug. . .	keine Fällung

Bei dieser Reaktion werden, umgekehrt wie bei der mit Formaldehyd und Salzsäure, die Pyrogallolgerbstoffe gefällt, und zwar die von Eichenholz und Valonea vollständig, die übrigen mehr oder weniger unvollständig. Die Pyrocatechingerbstoffe werden dagegen nicht gefällt. Diese Reaktion kann daher sehr gut als Gegenprobe zur Formaldehydreaktion und zur Bestätigung der durch diese erhaltenen Ergebnisse dienen. Tritt bei Gerbstoffen der Pyrocatechingruppe in essigsaurer Lösung auf Zusatz von Bleiacetat eine Fällung ein, so sind Pyrogallolgerbstoffe anwesend, vorausgesetzt, daß der betreffende Gerbstoffauszug nicht sulfitiert ist. Bei sulfitierten Auszügen entsteht ein weißer Niederschlag von schwefligsaurem bzw. schwefelsaurem Blei, der jedoch von dem gefärbten, außerdem flockigen Niederschlag der Pyrogallolgerbstoffe leicht zu unterscheiden ist.

Eine dritte Reaktion zur Unterscheidung der beiden Gerbstoffgruppen ist die Bromwasserreaktion, bei der man 2 bis 3 ccm Gerbstofflösung von Untersuchungsstärke mit 5 bis 10 Tropfen Bromwasser (4 bis 5 g Brom im Liter) versetzt. Hierbei geben

	Fällung	keine Fällung
die Gerbstoffe von		
	Quebrachoholz	Eichenholz
	Mangrovenrinde	Kastanienholz
	Mimosenrinde	Myrobalanen
	Fichtenrinde	Sumach
	Eichenrinde	Dividivi
	Hemlockrinde	Valonea
	Catechu	Algarobilla
	Gambier	

Es werden demnach die Pyrocatechingerbstoffe gefällt, die Pyrogallolgerbstoffe dagegen nicht. In manchen Fällen ist der Niederschlag schwach oder er bildet sich nur langsam, zuweilen ist er auch krystallinisch und dann weniger gut sichtbar, gewöhnlich entsteht er aber sofort, ist flockig und von ausgesprochen gelber oder brauner Farbe. Die Anwesenheit von Zellstoffauszug verhindert nach Stiasny mehr oder weniger die Fällung der Pyrocatechingerbstoffe durch Bromwasser. Auch bei stark sulfitierten Auszügen der Pyrocatechingruppe wird diese Reaktion mehr oder weniger beeinträchtigt. Um den Ausfall richtig beurteilen zu können, ist es deswegen notwendig, die Lösung mittels der Ligninreaktion nach Procter - Hirst auf Zellstoffauszug und ferner auf Sulfite zu prüfen. Tritt also in einer Lösung von Gerbstoffauszügen der Pyrogallolreihe auf Zusatz von Bromwasser eine Fällung auf, so sind gleichzeitig Pyrocatechingerbstoffe anwesend. Dagegen beweist das Ausbleiben einer Fällung nur bei Abwesenheit von Zellstoffauszug und von wesentlichen Mengen von Sulfiten das Fehlen von Pyrocatechingerbstoffen.

Die Reaktion mit Formaldehyd und Salzsäure, mit Bleiacetat in essigsaurer Lösung sowie mit Bromwasser dienen zur Unterscheidung der beiden Hauptgruppen der Pyrocatechin- und Pyrogallolgerbstoffe. Die Ermittelung der Molybdänzahl, die Löslichkeit in Essigäther oder Amylacetat, die Fällbarkeit durch Alkohol, die Reaktion mit konz. Schwefelsäure und die Fichtenspanreaktion ermöglichen die Unterscheidung von Untergruppen innerhalb der beiden Hauptgruppen. Wegen der Einzelheiten des Nachweises muß auf die erwähnte Lauffmannsche Arbeit verwiesen werden. Eine ausführliche Beschreibung des Untersuchungsganges bei der Prüfung von Gerbstoffauszügen auf Zusätze ist auch in dem bereits erwähnten Procterschen Taschenbuch für Gerbereichemiker (Dresden 1914, Theodor Steinkopf) enthalten.

Man kann sich zur qualitativen Untersuchung von Gerbstoffauszügen der von manchen Extraktfabriken schon seit langem verwendeten, später auch von Paessler (Collegium, **1906**, 287) empfohlenen Garancinestreifen bedienen, die sonst namentlich zur Prüfung von Farbstoffauszügen herangezogen werden. Diese bestehen aus einem Baumwollgewebe, auf das verschiedene Metallbeizen aufgedruckt und fixiert worden sind. Sie geben beim Ausfärben in einer Lösung eines Gerbstoffauszuges von Untersuchungsstärke je nach dem Metalloxyd und dem Gerbstoffe verschiedene Farbentöne. Die Farbenunterschiede sind besonders ausgeprägt zwischen den Gerbstoffen der beiden Hauptgruppen, nicht so unterschiedlich, doch in Einzelfällen noch gut erkennbar bei verschiedenen Gerbstoffen derselben Hauptgruppe. Sehr wichtig ist, daß bei Gerbstoffgemischen bei Ausfärbungen von mehreren Streifen hintereinander in derselben Lösung zuerst die den Pyrogallolgerbstoffen und alsdann die den Pyrocatechingerbstoffen eigentümlichen Färbungen auftreten. Man findet also bei solchen die den beiden Gruppen zugehörigen ausgeprägten Färbungen in der Reihenfolge der ausgefärbten Streifen nebeneinander vor. Ist der Auszug eines Pyrocatechingerbstoffes, z. B. Quebrachoauszug, mit dem eines Pyrogallolgerbstoffes, z. B. Myrobalanenauszug, versetzt, so zeigt sich bei den ersten Ausfärbungen die für den Pyrogallolgerbstoff eigene Färbung, während erst bei den späteren Ausfärbungen die Farbe des Pyrocatechingerbstoffes zum Vorschein kommt. Enthält ein Pyrogallolgerbstoff, z. B. Eichenholzauszug, einen Pyrocatechingerbstoff, z. B. Mangrovenauszug, so weisen die später ausgefärbten Streifen die Farbe des Pyrocatechingerbstoffes auf. Bei behandelten, namentlich bei sulfitierten Auszügen erscheinen die ursprünglichen Farben häufig mehr oder weniger verändert, so daß die Garancineausfärbung nicht immer sichere Schlüsse gestattet. In solchen Fällen kann man den störenden Einfluß der Sulfite dadurch einigermaßen ausschalten, daß man die Gerbstofflösung vor dem Ausfärben mit einigen Tropfen Bromwasser erhitzt und vorsichtig neutralisiert. Eine Beschreibung der Färbungen aller mit den verschiedenen Metallbeizen entstehenden Farblacke ist nicht angängig. Man stellt sich am besten zur Veranschaulichung und zum Vergleich mit den verschiedenen selbsthergestellten Auszügen und mit Gemischen solche Ausfärbungen her. Es sollen hier nur die Farben der bei den wichtigsten Gerbstoffauszügen mit Aluminiumbeize entstehenden Farblacke angeführt werden. Gerade diese zeigen die bedeutendsten Unterschiede in der Farbe.

Pyrocatechingerbstoffe:	rötlichbraun:	Quebrachoholz
		Mangrovenrinde
		Mimosenrinde
		Fichtenrinde
		Hemlockrinde
	lichtbraun:	Gambier
	stark braungelb:	Catechu
Pyrogallolgerbstoffe:	grünlichgelb:	Myrobalanen
		Sumach
		Dividivi
		Algarobilla
		Knoppern
		Valonea
	schwach gelbbraun:	Kastanienholz
		Eichenholz

Um ein Urteil über den Grad der Klärung von Gerbstoffauszügen zu erhalten, stellt man sich in einem kleinen Standzylinder durch Verdünnen des Auszuges mit Wasser eine Brühe von etwa 5° Bé her und läßt diese zum Absitzen mindestens 12 Stunden stehen. Man stellt alsdann fest, ob sich überhaupt ein Bodensatz abgeschieden hat und, wenn es der Fall ist, ob in geringer oder reichlicher Menge. Man erhält hierbei bald eine genügende Übung in der vergleichenden Beurteilung von Gerbstoffauszügen. Die Klärung ist um so besser, je schneller und je weniger sich Satz abscheidet. Handelt es sich um schwerlösliche Gerbstoffauszüge, so müssen diese in dem Wasser heiß aufgelöst werden. Die Beurteilung erfolgt nach dem Abkühlen.

Bei der Prüfung von Gerbstoffauszügen wird zuweilen auch eine Beurteilung und Bestimmung der Farbe verlangt, da die Farbe der mit den Auszügen erhaltenen Leder eine wichtige Rolle spielt. Diese Bestimmung wird meist mit dem Tintometer von Lovibond (s. Abschnitt „Anorganische Farbstoffe" S. 711) ausgeführt. Man vergleicht hierbei die Farbe einer Lösung des Gerbstoffauszuges von bestimmter Stärke mit Normalgläsern von roter, gelber und blauer Farbe in verschiedenen Farbenstärken und stellt diese hierbei so zusammen, daß sie dieselbe Farbe wie die Lösung des Gerbstoffauszuges ergeben. Diese drückt man alsdann in Einheiten der drei Grundfarben aus. Es ist übrigens empfehlenswerter, zur Prüfung der Farbe eine Probeausgerbung mit Kalbsnarbenspalt vorzunehmen. Dieser Kalbsnarbenspalt wird sorgfältig entkalkt und dann in 1 proz. Sublimatlösung aufbewahrt. Vor der Probeausgerbung ist er zur Entfernung des Sublimates gut auszuwaschen. Man verwendet hierfür ein quadratisches Stück von etwa 10 cm Seitenlänge. Man löst von flüssigen Auszügen von etwa 20 bis 25° Bé 40 g und von festen Auszügen etwa 20 g mit Wasser auf etwa 500 ccm und benutzt diese Lösung unmittelbar und bei Auszügen, die beim Lösen viel Satz liefern, außerdem, um ein Urteil über das Verhalten der geklärten Brühe zu erhalten, im gefilterten Zustande. Man bringt in eine Schüttelflasche, die etwa 1 l faßt, 200 ccm Wasser, 10 ccm der Gerbstofflösung und das Blößenstück und spannt die Flasche in eine Schüttelvorrichtung ein. Je nach der stattgefundenen Entgerbung werden nach einiger Zeit wieder 10 ccm der Gerbstofflösung hinzugegeben. Dieses Zubessern wird in gewissen Zwischenräumen, meist in solchen von einer halben Stunde, fortgesetzt, bis eine vollständige Durchgerbung des Blößenstückes erreicht ist. Das Stück wird alsdann mit Wasser gut ausgewaschen, mit einem Schlicker ausgestrichen, auf ein Brett genagelt und an der Luft getrocknet.

Wenn die Narbenspaltstücke gut vorbereitet, sorgfältig entkalkt und vor dem Ausgerben vollständig ausgewaschen sind, geben die in obiger Weise hergestellten Probeausgerbungen ein geeignetes Bild zur Vergleichung verschiedener Gerbstoffauszüge hinsichtlich der Lederfarbe. Gansser (Collegium, **1909, 37**) ist jedoch der Ansicht, daß dieses Bild nicht immer zutreffend ist, und empfiehlt für diesen Zweck die Verwendung von „animalisierter Baumwolle". Zur Herstellung dieser behandelt man die Baumwolle zuerst mit einer 40 proz. Formaldehydlösung, worauf sie wiederholt in eine 6proz. Gelatinelösung kommt und dann getrocknet wird. Die in dieser Weise behandelte Baumwolle wird alsdann mit der zu prüfenden Gerbstofflösung ausgefärbt. Diese Ausfärbungen sollen gleichmäßig sein, sich aber nicht mit der bei der Gerbung erhaltenen Farbe decken. Aus diesem Grunde verdienen die Ausgerbungen mit Kalbsnarbenspalt den Vorzug.

An derartigen Probeausgerbungen kann auch die Lichtbeständigkeit dieses Leders entweder unmittelbar oder mit dem Kallabschen Belichtungsapparat (Collegium, **1912**, 265) geprüft werden. Bei letzterem erhält man infolge der stärkeren Bestrahlung durch die Sammellinse das Ergebnis in wesentlich kürzerer Zeit.

Leder.

Von

Prof. Dr. **Johannes Paessler,**
Vorstand der Deutschen Versuchsanstalt für Lederindustrie in Freiberg i. Sa.

In diesem Abschnitte sollen die Hilfsstoffe der Gerberei, soweit sie nicht schon in dem Abschnitt „Untersuchung pflanzlicher Gerbemittel und Gerbstoffauszüge" besprochen worden sind, behandelt und die Verfahren zu ihrer Bewertung zusammengestellt werden, ferner die Verfahren, die eine Überwachung des Gerbereibetriebes ermöglichen, und zuletzt die Verfahren zur Untersuchung des Leders. Ausführliche Beschreibungen dieser Verfahren finden sich in folgenden Büchern: Procter-Paessler, Gerbereichemische Untersuchungsverfahren (Berlin 1901, Julius Springer); Paessler, Die Verfahren zur Untersuchung des lohgaren und des chromgaren Leders (Freiberg 1921, Selbstverlag); Grasser, Handbuch für gerbereichemische Laboratorien (Leipzig 1922, Schulze & Co.), Procter, Taschenbuch für Gerbereichemiker, übersetzt von Jettmar (Dresden 1914, Theodor Steinkopf).

I. Hilfsstoffe für die Vorarbeiten der Gerberei.

Das Wasser (s. Bd. I, S. 465 und 485) (Simand, Das Wasser in der Gerberei. Gerber **15**, 205; 1889 und Dingl. Polyt. Journ. **299,** 1896). Für die Lohgerberei soll es möglichst frei von Erdalkalibikarbonaten sein, da diese beim Auslaugen der Gerbemittel einen Verlust an Gerbstoff hervorrufen. In gerberischen Kreisen wird den im Wasser gelösten Mineralstoffen eine große Bedeutung hinsichtlich der Einwirkung auf das Gewichtsergebnis an Leder, auf die Beschaffenheit des fertigen Leders usw. zugeschrieben. Man überschätzt in dieser Beziehung die Wirkung dieser Stoffe, wenigstens ist ihr Einfluß bei den Vorarbeiten der Gerberei und bei der eigentlichen Gerbung noch nicht genügend erwiesen. Sicherlich spielen die Wärmegrade des Wassers hierbei eine größere Rolle als die Art und die Menge der gelösten Mineralstoffe. Im allgemeinen gilt, daß ein Wasser mit wenig gelösten Mineralstoffen für gerberische Zwecke vorteilhafter ist als ein an diesen Stoffen reiches Wasser und daß ein Wasser möglichst eisenfrei sein soll, weil die Gegenwart von Eisenverbindungen wegen der Umsetzung mit dem pflanzlichen Gerbstoff zu gerbsaurem Eisenoxyd eine dunkle Lederfarbe hervorruft; ferner ist für Unterleder einem Wasser von gleichmäßigen niedrigen Wärmegraden, dagegen für Oberleder einem solchen von nicht zu niedrigen Wärmegraden der Vorzug zu geben. Zweifellos ist auch der Gehalt eines Wassers an lebenden organisierten Stoffen, wie Bakterien und Hefearten, und an Fermenten (Enzymen) von großem Einfluß auf die Beschaffenheit des Leders; doch liegen hierüber noch keine näheren Untersuchungen vor.

Wässer von hoher vorübergehender Härte (Band I, S. 467 und 496) können beim Verarbeiten von Häuten und Fellen, bei denen die Haarlockerung mit Kalk erfolgt, insofern schädlich wirken, als beim Auswässern der kalkhaltigen Brühe nach dem Enthaaren sich auf dem Narben kohlensaurer Kalk bildet, der bei den späteren Reinemachearbeiten nur schwer wieder zu entfernen ist. Die hierdurch hervorgerufenen Kalkflecken sind besonders störend bei den feineren Ledersorten, die gefärbt werden, namentlich bei Glacéleder. Diese Flecke, die man als Kalkschatten oder Schattenflecke bezeichnet, sind an den fertigen ungefärbten Fellen als matte Stellen, an den gefärbten Ledern gewöhnlich als hellere Flecken sichtbar, da dort die Farbe weniger greift.

Wasser mit einem hohen Gehalt an organischen Stoffen ist möglichst nicht zu verwenden, da ein solches meist reich an Fäulniserregern ist. Steht kein andres zur Verfügung, so ist bei seiner Verwendung, namentlich bei der sogen. Wasserarbeit (Wässern und Weichen), große Vorsicht erforderlich. Es liegt hierbei die Gefahr vor, daß die Einwirkung der Fäulniserreger sich auf die eigentliche Lederhaut, besonders auf den Narben, erstreckt und diese angreift. Am fertigen Leder sind derartige Schäden noch sichtbar. Sie bestehen in einem matten Aussehen der betreffenden Stellen der Narbenseite, im Reißen oder Brechen des Narbens, im Stippig-, Pickiertsein (kleine oder größere Punkte und Stellen, die sich auf der Narbenseite scharf abheben) usw.

Bei der Chromgerberei spielen die Härtegrade des Wassers eine noch geringere Rolle, doch empfiehlt es sich auch hier, ein möglichst weiches Wasser zu verwenden.

Enthaarungsmittel. Zur Haarlockerung dient das „Schwitzen", d. i. ein vorsichtig eingeleiteter Fäulnisvorgang, bei dem im wesentlichen das gebildete Ammoniak haarlockernd wirkt, das „Äschern" (Einlegen oder Einhängen in Kalkmilch) oder das „Anschwöden" (Bestreichen mit einem Kalkbrei). Das Schwitzen wird nur bei schweren, für Sohlleder bestimmten Häuten ausgeführt und auch bei diesen immer mehr durch die anderen Verfahren verdrängt. Zur Verstärkung der Wirkung des Kalkes wird die Kalkmilch (Äscherbrühe) oder der Kalkbrei (Schwödebrei) häufig mit Schwefelnatrium, Calciumsulfhydrat oder Realgar (Arsensulfid, „Gift") „angeschärft". Im letzteren Falle spricht man von „Giftäscher" oder „Giftschwöde".

a) **Ätzkalk.** Es soll hierfür ein möglichst fetter, also magnesiaarmer Kalk verwendet werden. Bestimmung des Kalkes an CaO siehe Bd. I, S. 793 und Bd. II, S. 977.

b) **Schwefelnatrium** (s. Bd. I, S. 931). Das in den Handel gebrachte kristall. Salz, $Na_2S + 9\,H_2O$ (32,5% Na_2S und 67,5% Wasser) ist von weingelber bis dunkelbrauner Farbe. Die meisten Handelssorten sind nur wenig verunreinigt. Als Verunreinigungen kommen Kohleteilchen, Natrium sulfat und -thiosulfat in Betracht. Es kommen auch nahezu wasserfreie Sorten vor, die jedoch meist stark verunreinigt sind. Den Gehalt an Na_2S ermittelt man durch Titrieren der Schwefelnatriumlösung (einmal ohne weiteres und das andere Mal nach Ausfällen des Na_2S mit Zinksulfatlösung) mit Jodlösung von bekanntem Gehalte (der Unterschied in den verbrauchten Jodlösungen wird auf Na_2S nach der Gleichung $Na_2S + J_2 = 2\,NaJ + S$ berechnet [Näheres hierüber in Paessler, Die Untersuchung des Schwefelnatriums; Selbstverlag, 1921]) oder durch Titrieren mit einer ammoniakalischen $^n/_{10}$-Zinksulfatlösung unter Verwendung von Kobaltpapier (Tüpfelverfahren) oder nach Simand durch Titrieren einer mit Phenolphthaleïn versetzten Lösung mit $^n/_{10}$-Salzsäure bis zum dauernden Verschwinden der roten Farbe. Man erhält in diesem Falle genau die Hälfte des an Schwefel als Na_2S gebundenen Natriums ($Na_2S + H_2O = NaSH + NaOH$).

c) **Calciumsulfid, Calciumsulfhydrat.** Diese Stoffe kommen meist als Abfallstoffe oder Nebenerzeugnisse der Leblanc-Soda-Herstellung in den Handel, wie z. B. folgende Stoffe: „Calcin", „Casudrat", „Äscher-Compound". Der wirksame Bestandteil dieser Stoffe ist das lösliche Sulfhydrat, dessen Gehalt in entsprechender Weise wie bei der Untersuchung des Schwefelnatriums ermittelt wird (siehe auch Bd. I, S. 929).

d) **Entkälkungs-, Schwell- und Beizmittel.** Zur Entfernung des vom Äschern in der Haut befindlichen Kalkes und zu ihrer Vorbereitung für die eigentliche Gerbung, so z. B. zur Schwellung der für starre Leder dienenden Blößen (das sind die für die Gerbung vorbereiteten, enthaarten Häute) verwendet man anorganische (Schwefelsäure, Salzsäure) und organische Säuren (Milchsäure, Essigsäure, Ameisensäure, Buttersäure), ferner die durch Gärungsstoffe und Fermente wirkenden Beizen aus Kleie, Hunde-, Hühner- oder Taubenkot und dergl. und die künstlichen Beizmittel (Erodin von Dr. Becker, Oropon von Dr. Röhm, Purgatol von Dr. Eberle, Escobeize von Jucker & Co.). Der Gehalt der zum Entkälken und Schwellen verwendeten Säuren, die möglichst frei von Eisenverbindungen sein sollen, wird durch Titrieren ermittelt. Bei der Milchsäure (s. a. Bd. III, S. 1130 und 1190), die meist mit einem Gehalt von 50% (Gewichtsprozente), mitunter von 80% in den Handel kommt, ist der fast regelmäßig vorhandene Gehalt an Anhydrid zu berücksichtigen. Man verfährt hierbei in folgender Weise:

Man verdünnt 10 g mit dest. Wasser auf 500 ccm. 50 ccm dieser Lösung werden in einer Porzellanschale unter Zusatz von Phenolphtaleïn mit $^n/_2$-Lauge bis zur Rotfärbung titriert, dann werden je nach der Stärke der zu untersuchenden Säure 1 bis 3 ccm $^n/_2$-Lauge zugegeben, zur Spaltung des Anhydrids kurz aufgekocht und nach dem Erkalten mit $^n/_2$-Säure bis zum Verschwinden der Rotfärbung zurücktitriert. Besson (Collegium, **1910**, 73) gibt an, daß beim Kochen oder schon beim Erwärmen der alkalischen Lösungen infolge Einwirkung auf andre Stoffe zu hohe Gehalte gefunden werden, und schlägt deswegen vor, nach Zusatz der Lauge 10 Minuten bei Zimmerwärme stehenzulassen. Aus der

Gesamtmenge der zugesetzten Lauge abzüglich der zum Zurücktitrieren verbrauchten Säuremenge findet man die „Gesamt-Milchsäure“ (Milchsäure + Anhydrid), aus der beim ersten Titrieren verbrauchten Laugenmenge den Gehalt an „freier Milchsäure“ (Milchsäure + $^1/_2$ Anhydrid) in Gewichtsprozenten. Diese Werte gelten nur dann, wenn die technische Milchsäure keine andren freien Säuren enthält. Da die Milchsäure durch Zerlegen von Calciumlactat mit Schwefelsäure hergestellt wird, so ist eine qualitative Prüfung auf freie Schwefelsäure erforderlich, wofür Eberhard folgendes Verfahren vorgeschlagen hat: 1 Teil Milchsäure wird mit 5 Teilen 95proz. Alkohol im Probierglas gut durchgeschüttelt. Nach $^1/_4$stündigem Stehen filtriert man etwa 5 bis 10 ccm ab und setzt zu der klaren Lösung einige Tropfen einer mit Salzsäure angesäuerten 10proz. $CaCl_2$-Lösung. Bei Anwesenheit freier Schwefelsäure entsteht bald eine Trübung. Zur quantitativen Bestimmung muß die Gesamt-Schwefelsäure (1) und die beim Veraschen im Rückstande vorhandene Schwefelsäure (2) und erforderlichenfalls die als Ammonsulfat vorhandene (3) Schwefelsäure bestimmt werden. Aus dem Unterschied der nach 1 und der nach 2 und 3 bestimmten Schwefelsäure ergibt sich die Menge der freien Schwefelsäure.

Die Milchsäure soll möglichst frei von Eisensalzen, von freier Salzsäure und Oxalsäure sein. Zur Prüfung auf Eisensalz vermischt man gleiche Teile der Säure und einer 10proz. Lösung von gelbem Blutlaugensalz; tritt Blaufärbung ein, so ist Eisen vorhanden. Zur Prüfung auf freie Salzsäure wird die Milchsäure für sich oder mit Wasserdampf destilliert und das Destillat mit Silberlösung geprüft. Freie Oxalsäure erkennt man an der Trübung, die durch Vereinigen von 5 ccm Milchsäure mit 100 ccm kaltem Kalkwasser entsteht.

Die Rohstoffe der Kleien- und Kotbeizen und die künstlichen Beizmittel (Erodin, Oropon, Purgatol, Escobeize) unterliegen keiner chemischen Prüfung. Um für ihre Wirkungsweise, die in einem Verfallenmachen der Blößen besteht, einen zahlenmäßigen Ausdruck zu bekommen, haben Sand, Wood und Law (Collegium, **1912**, 158) einen Apparat vorgeschlagen, der ein genaues Einstellen der Blößenstärke mittels einer Wage und Angabe der Stärke mittels Mikrometer-Kreisteilung ermöglicht.

II. Pflanzliche Gerbemittel und Gerbstoffauszüge

siehe S. 388.

III. Mineralische Gerbstoffe.

Von anorganischen Stoffen finden im wesentlichen nur Aluminium- und Chromsalze als Gerbstoffe Verwendung, und zwar jene in der Weiß- oder Alaungerberei, diese in der Chromgerberei.

a) In der Alaungerberei werden hauptsächlichst Kalialaun, Natronalaun oder Aluminiumsulfat neben Kochsalz verwendet. Der Wirkungswert dieser Aluminiumsalze, die möglichst eisenfrei sein sollen, wird durch den Gehalt an Tonerde bestimmt; über diese Bestimmungen vgl. Bd. II, S. 582.

b) Die Chromgerbung wird entweder mit basischen Chromoxydsalzen (Einbadverfahren) oder mit Alkalichromaten in saurer Lösung und sich anschließender Reduktion der Chromsäure mit Thiosulfat (Zweibadverfahren) vorgenommen. Im ersteren Falle wirken die basischen Chromoxydsalze, die meist in Form der $^1/_3$ oder noch stärker basischen Salze verwendet werden, ohne weiteres gerbend, während sie im letzteren Falle erst im Reduktionsbad gebildet werden und dann die Gerbung bewirken. Zur Herstellung der basischen Chromoxydsalze (vorzugsweise das Sulfat und das Chlorid, jedoch auch Chromsalze organischer Säuren) geht man meist vom Chromalaun aus, bei dem ein Teil der Säure mit Soda abgestumpft wird, oder man verwendet ohne weiteres die für Chromgerbzwecke hergestellten, in eingedickter Form in den Handel gebrachten Chromgerbextrakte, die neben den basischen Chromoxydsalzen meist mehr oder weniger unwesentliche Stoffe, namentlich Alkalisalze, enthalten. Bei der Anwendung des Zweibadverfahrens kommen Kalium- oder Natriumbichromat, sowie Natriumthiosulfat oder Natriumbisulfit in Betracht. Bei den Chromsalzen wird der Gehalt an Cr_2O_3 oder an CrO_3 ermittelt. Über die Wertbestimmung von Chromoxydsalzen und Chromaten vgl. Bd. II, S. 552 und 553. Die Gehaltsbestimmung des Thiosulfats erfolgt jodometrisch (Bd. I, S. 923).

Bei der Bestimmung des Chromoxyds in Chromgerbextrakten und Chromgerbbrühen verfährt man am besten in folgender Weise, wobei darauf Wert zu legen ist, daß man die zu untersuchende Menge für die eigentliche Bestimmung so wählt, daß sie nicht mehr wie etwa 0,1 g Cr_2O_3 enthält. Die Extrakte des Handels müssen hierfür in geeigneter Weise verdünnt werden, indem man etwa 10 g auf 500 ccm löst. 50 ccm dieser Lösung oder einer zur Untersuchung vorliegenden Brühe oder eine andre Menge, die obiger Bedingung genügt, macht man mit Natronlauge deutlich alkalisch, erwärmt, setzt etwas Na_2O_2 zu, kocht, gibt unter weiterem Kochen in kleinen Mengen so lange Na_2O_2 zu, bis alles Cr_2O_3 in CrO_3 übergeführt ist bzw. die Flüssigkeit rein gelb erscheint, worauf man noch unter Ergänzung des verdunsteten Wassers $^1/_2$ Stunde weiter kocht. Man kühlt ab, säuert mit Salzsäure an, setzt 20 ccm KJ-Lösung zu, läßt $^1/_2$ Stunde stehen und titriert das ausgeschiedene Jod mit $^n/_{10}$-Thiosulfatlösung oder einer Lösung von ähnlichem Gehalte. 1 ccm $^n/_{10}$-Thiosulfatlösung entspricht 0,002 54 (log = 0,40483 — 3) g Cr_2O_3 oder 0,001 74 (log = 0,24055 — 3) g Cr.

Schorlemmer (Collegium, **1917**, 345; **1919**, 5) gibt dem von ihm und Besson vorgeschlagnen Verfahren den Vorzug, bei dem die Oxydation des Chromisalzes in alkalischer Lösung mit H_2O_2 ausgeführt wird. Die Reaktion verläuft nach folgender Gleichung:

$$Cr_2(SO_4)_3 + 10\,NaOH + 3\,H_2O_2 = 2\,Na_2CrO_4 + 3\,Na_2SO_4 + 8\,H_2O\,.$$

Die Arbeitsweise ist folgende: Die zur Untersuchung erforderliche Menge des Chromextraktes oder der Chrombrühe wird in einem 500 ccm Kolben gelöst und dieser bis zur Marke aufgefüllt. 50 ccm dieser Lösung werden in einem 250 ccm-Maßkolben mit annähernd normaler Natronlauge in Anteilen von je 10 ccm so lange versetzt, bis das ausgefällte

$Cr(OH)_3$ sich wieder gelöst hat. Bei neutralen Salzen genügen meist schon 10 ccm. Man fügt alsdann 10 bis 20 ccm H_2O_2 in 3 proz. Lösung hinzu und kocht das Gemisch auf dem Wasserbad oder über freier Flamme, bis die Lösung klar und reingelb geworden und aller Sauerstoff entwichen ist. Man läßt abkühlen und säuert die Flüssigkeit mit etwas Schwefelsäure an, wozu gewöhnlich 2 ccm Schwefelsäure (1 : 1) erforderlich sind. Beim Einlaufen der Schwefelsäure muß die rotgelbe Farbe des Bichromats entstehen, wenn die Oxydation regelrecht verlaufen ist. Nach dem Abkühlen wird auf 250 ccm aufgefüllt und in der geschilderten Weise das Chromoxyd durch Titrieren bestimmt. Schorlemmer hat beobachtet, daß zum regelrechten Verlauf der Oxydation eine kleine Menge von Eisen erforderlich ist, die die Chromextrakte und Chrombrühen meist als Verunreinigung enthalten. Zur Sicherheit empfiehlt es sich, der Lösung vor dem Oxydieren Spuren von Eisenchlorid zuzusetzen.

Enthalten die Chromextrakte der Chrombrühen in Betracht kommende Mengen von Eisen, so fallen die Ergebnisse, wie Schorlemmer (Collegium, **1918**, 145) und Lauffmann (Collegium, **1918**, 223) nachgewiesen haben, nach den obigen Verfahren zu hoch aus. Säuert man nach der Oxydation an, so daß das ausgeschiedene Fe $(OH)_3$ wieder in Lösung geht, so findet man beim Titrieren mit Thiosulfat zu viel Chrom; filtert man das Eisen nach der Oxydation ab, so findet man bei größeren Eisenmengen zu niedrige Werte, weil der Niederschlag Chromate hartnäckig zurückhält. Es gelingt nach Schorlemmer, das Chromoxyd mit genügender Genauigkeit neben dem Eisen zu bestimmen, wenn man die Oxydation des Chroms durch zweimaligen Zusatz von H_2O_2 ausführt, das ausgeschiedene $Fe(OH)_3$ abfiltert, in Säure löst, diese Lösung al kalisch macht und ebenfalls zweimal mit H_2O_2 oxydiert. Auch in der zweiten Lösung muß das Eisen abfiltriert werden. Die beiden Filtrate enthalten alles Chrom als Chromat, das dann durch Titrieren bestimmt wird. Bei Anwesenheit von sehr viel Eisen genügt auch diese Behandlung nicht. In diesem Falle muß der zum zweiten Male abfiltrierte Eisenniederschlag nochmals in der gleichen Weise behandelt werden, um ihm anhaftende Chromverbindungen zu entziehen. Man gelangt ebenfalls zu genauen Ergebnissen, wenn man nicht in der erwähnten Weise mit Thiosulfat titriert, sondern nach dem Vorschlage von Schorlemmer (Collegium, **1917**, 371) zu der Chromatlösung Mohrsches Salz zusetzt und dann den Überschuß mit Permanganatlösung zurücktitriert. Die Reaktionen verlaufen nach den Gleichungen:

$$6\,FeSO_4 + K_2Cr_2O_7 + 7\,H_2SO_4 = 3\,Fe_2(SO_4)_3 + K_2SO_4 + Cr_2(SO_4)_3 + 7\,H_2O\,.$$

$$10\,FeSO_4 + 2\,KMnO_4 + 8\,H_2SO_4 = 5\,Fe_2(SO_4)_3 + K_2SO_4 + 2\,MnSO_4 + 8\,H_2O\,.$$

Ein Indikator ist hierbei nicht notwendig, da der geringste Überschuß von Permanganatlösung eine Rosafärbung bewirkt. Anstatt dieses kann nach Schorlemmer ein andres Verfahren mit Mohrschem Salz ohne Verwendung von Permanganat angewandt werden. Es ist dies ein Tüpfelverfahren, bei dem Ferricyankaliumlösung als Indikator dient. Solange noch Chromsäure vorhanden ist, wird das Mohrsche Salz sofort zu Ferrisulfat oxydiert, das mit Ferricyankalium keine Blaufärbung gibt. Ist sämtliche Chromsäure reduziert und ein Überschuß von Mohrschem Salz vorhanden, so gibt die Lösung beim Tüpfeln mit Ferricyankaliumlösung Blaufärbung.

Liegen Chromgerbextrakte vor, die organische Stoffe enthalten, so beeinflussen diese bei den obigen Verfahren das Ergebnis ungünstig. In solchen Fällen ist es vorzuziehen, eine abgewogene Menge des Extraktes zur Trockne zu verdampfen, den Rückstand zur Zerstörung der organischen Stoffe zu glühen und den Glührückstand alsdann aufzuschließen, und zwar mit der etwa 10fachen Menge eines Gemisches von 120 Teilen Na_2CO_3, 40 Teilen K_2CO_3 und 8 Teilen $KClO_3$ in einem Platintiegel bis keine grünlichen Teile mehr sichtbar sind. Man löst die Schmelze in Wasser und filtriert, falls dies erforderlich ist, die Lösung in eine Stöpselflasche, worauf das Cr_2O_3 jodometrisch bestimmt wird. Bleibt beim Auflösen der Schmelze Eisenhydroxyd zurück, so muß dieses nach dem Filtrieren und Auswaschen geglüht und nochmals aufgeschlossen werden um die zurückgehaltenen Chromatmengen in Lösung zu bringen. Dieses Verfahren muß man schließlich nochmals wiederholen, bis die Lösung der Schmelze bzw. das Filtrat vom Rückstand nicht mehr gelb gefärbt ist.

Lauffmann empfiehlt das Verfahren des oxydierenden Schmelzens auch in den Fällen, wo die Chromextrakte viel Eisen enthalten.

Da bei der Beurteilung von Chromgerbextrakten und Chromgerbbrühen für das Einbadverfahren der Grad der Basizität eine wichtige Rolle spielt, so muß zur Bestimmung dieser die an das Chromoxyd gebundene Säure ermittelt werden, wofür verschiedene Verfahren in Anwendung sind. Nach Procter verdünnt man eine abgemessene Menge der Chrombrühe, die etwa 0,3 bis 0,4 g Cr_2O_3 enthält, z. B. 20 ccm der obigen für die Chromoxydbestimmung hergestellten Lösung, mit kochendem Wasser auf etwa 200 ccm, gibt etwas Phenolphtaleïn hinzu und titriert die siedend heiße Lösung unter kräftigem Umschwenken mit $^n/_{10}$-Lauge, bis die Flüssigkeit ein graublaues Aussehen angenommen hat und nach dem Absetzen des Niederschlages die darüber stehende Flüssigkeit eine rötliche Farbe zeigt. Den Verbrauch an Lauge rechnet man auf SO_3 oder SO_4 um. 1 ccm $^n/_{10}$-Lauge entspricht 0,0040 (log = 0,60206 — 3) g SO_3 bzw. 0,0048 (log = 0,68124 — 3) g SO_4.

Stiasny („Gerber", **1907**, 91) hat ein sehr genaues jodometrisches Verfahren zur Bestimmung der an Chrom gebundenen Säure und damit zur Basizitätsbestimmung von Chromextrakten und Chrombrühen vorgeschlagen. Dieses beruht auf folgenden Gleichungen:

1) $$Cr_2(SO_4)_3 + 3\,H_2O = 2\,Cr(OH)_3 + 3\,H_2SO_4, \quad Cr(OH)(SO_4) + H_2O = Cr(OH)_3 + H_2SO_4 .$$

2) $$3\,H_2SO_4 + KJO_3 + 5\,KJ = 3\,K_2SO_4 + 3\,J_2 + 2\,H_2O .$$

3) $$3\,J_2 + 6\,Na_2S_2O_3 = 6\,NaJ + 3\,Na_2S_4O_6 .$$

Zur Ausführung des Verfahrens bringt man in einen Erlenmeyerkolben von etwa 250 ccm Inhalt 10 ccm einer möglichst frisch bereiteten (farblosen) 10 proz. KJ-Lösung und eine frisch bereitete Lösung von etwa 0,5 g KJO_3. Hierzu gibt man 10 ccm Chrombrühe, die man durch geeignete Verdünnung der zu untersuchenden Chrombrühe auf einen Gehalt von 2 bis 3 g Chromoxyd auf 1 l erhalten hat, und läßt aus einer Bürette eine bestimmte Menge einer $^n/_{10}$-Thiosulfatlösung (etwa 30 ccm) zufließen, fügt etwa 150 ccm Wasser hinzu, erhitzt zum Sieden und kocht 3 bis 5 Minuten. Nach dem Abkühlen spült man die Flüssigkeit samt dem Niederschlag von Chromoxyd in einen 250 ccm-Kolben, spült nach, füllt zur Marke auf, gießt durch ein trocknes Filter, bringt 150 ccm des Filtrats zur Bestimmung des überschüssigen Thiosulfats in eine Schüttelflasche, setzt 10 ccm einer etwa $^n/_{10}$-Jodlösung zu und titriert den Jodüberschuß mit der $^n/_{10}$-Thiosulfatlösung zurück. Ist a die hierbei verbrauchte Anzahl ccm Thiosulfatlösung, so ergibt sich die in 10 ccm der Chrombrühe enthaltenen Säuremenge, in g SO_4 ausgedrückt, nach der Formel: $30 - 0{,}12\ (10 - a)$, wobei sowohl die Thiosulfat- als auch die Jodlösung genau $^1/_{10}$ normal angenommen sind. Es ist gut, den Gehalt der Jodlösung vor jeder Versuchsreihe festzustellen.

Für die Basizität der Chrombrühen, die man nach Ermittelung des Chromoxyds und der von diesem gebundenen Säure berechnet, hat man mehrere Ausdrucksformen. Procter drückt sie durch die berechneten Indizes in den Formeln aus, z. B. $Cr_2(SO_4)_{1.8}$ oder $Cr_2(SO_4)_{1.2}(Cl_2)_{0.5}$. Es ist ferner üblich, die Basizität in Zwölftel auszudrücken, wobei das neutrale Salz das $^{12}/_{12}$, das $^1/_3$ basische Salz das $^8/_{12}$ und das $^2/_3$ basische Salz das $^4/_{12}$ basische Salz ist; auf diese Weise bekommt man noch mehr Zwischenstufen. Mitunter gibt man die auf 100 Teile Cr_2O_3 entfallenden Säuremengen, ausgedrückt als SO_3, an. Im neutralen Salze entfallen hierbei auf 100 Teile Cr_2O_3 157,8, im $^1/_3$ basischen Salz 105,2 und im $^2/_3$ basischen Salz 52,6 Teile SO_3. Nach Körner drückt man das freie und gebundene Cr_2O_3 in Hundertteilen aus, wobei er unter gebundenem Cr_2O_3 die Menge versteht, die sich auf das vorhandene SO_3 im Verhältnis $3\ SO_3 : Cr_2O_3$ (entsprechend der Formel $Cr_2(SO_4)_3$) berechnet, und unter freiem Oxyd die Menge, die nach Abzug der gebundenen übrig bleibt. Er geht hierbei von der Auffassung aus, daß es keine eigentlichen basischen Salze gibt, sondern daß es sich hierbei um Lösungen von kolloidalem Chromoxyd in neutralem Chromsalz handelt. Nach Körners Auffassung enthält demnach $Cr_2(SO_4)_3$ 100 Hundertteile gebundenes Chromoxyd, $Cr(OH)SO_4$ 66,7 Teile gebundenes und 33,3 Teile freies Chromoxyd.

Nach Stiasny ist es am empfehlenswertesten, die Basizität im Anschlusse an die Ergebnisse der Untersuchung durch das Verhältnis Cr : Säurerest, also Cr : SO_4 anzugeben. Drückt man dieses Verhältnis so aus, daß man für Cr das Atomgewicht 52,0 einführt, so hat man in der Verhältniszahl des Säurerestes einen deutlichen Gradmesser der Basizität.

Für das neutrale Salz $Cr_2(SO_4)_3$ ist das Verhältnis $2 \cdot 52{,}0 : 3 \cdot 96$
oder 52,0 : 144

" " $^1/_3$ basische Salz ist das Verhältnis 52,0 : 96

" " $^2/_3$ " " " " " 52,0 : 48

Schorlemmer (Collegium, **1920**, 536) hat neuerdings vorgeschlagen, das an Hydroxylgruppen gebundene Chrom in Hundertteilen des Gesamtchroms auszudrücken, so daß der zahlenmäßige Ausdruck für das neutrale Salz 0, für das $^1/_3$ basische Salz 33,3, für das $^2/_3$ basische Salz 66,7 und für das Chromhydroxyd 100 Hundertteile ist.

Die für die Chromgerbung nach dem Zweibadverfahren benutzten Brühen bestehen bei dem ersten Bad aus Chromsäure (Mischung von Bichromat und Schwefelsäure oder Salzsäure), bei dem zweiten Bad aus Thiosulfat und Schwefelsäure oder Salzsäure. Für die Bestimmung der Chromsäure wählt man besonders das maßanalytische Verfahren unter Anwendung von $^n/_{10}$-Eisenammonsulfatlösung und $^n/_{10}$-Kaliumbichromatlösung. Versetzt man eine salz- oder schwefelsaure Ferrosalzlösung mit einer Alkalichromatlösung, so findet in der Kälte Reduktion des Chromats und Oxydation des Ferrosalzes nach folgender Gleichung statt:

$$K_2Cr_2O_7 + 6\,FeSO_4 + 8\,H_2SO_4 = 2\,KHSO_4 + Cr_2(SO_4)_3 + 3\,Fe_2(SO_4)_3 + 7\,H_2O\,.$$

Die Lösung färbt sich hierbei infolge der Bildung des Chromsalzes smaragdgrün. Den Endpunkt erkennt man durch Prüfen, ob ein Tropfen der Lösung mit frisch bereiteter Ferricyankaliumlösung noch eine Blaufärbung gibt. Sobald dies nicht mehr auftritt, ist kein Ferrosalz mehr vorhanden, die Reaktion also beendet. Man verwendet hierfür eine $^n/_{10}$-Kaliumbichromatlösung $\frac{K_2Cr_2O_7}{60} = 4{,}908$ g auf 1 l. Die Titration wird derart ausgeführt, daß man 5 ccm der Brühe mit 40 ccm der $^n/_{10}$-Eisensalzlösung versetzt und aus einer Bürette solange Bichromatlösung zufließen läßt, bis ein Tropfen der Reaktionsflüssigkeit auf einer weißen Porzellanplatte mit einer 1 bis $1^1/_2$proz. Ferricyankaliumlösung zusammengebracht, keine Blaufärbung mehr gibt. Die letztere Lösung muß vollkommen frei von Ferrocyankalium sein. Man spült hierzu das Salz vor dem Auflösen mehrmals mit dest. Wasser ab, um das an der Oberfläche veränderte Salz zu entfernen.

Das Reduktionsbad des Zweibadverfahrens muß SO_2 enthalten, die durch Zusatz von Schwefelsäure oder Salzsäure zu einer Thiosulfat- oder Bisulfitlösung entsteht. Die Untersuchung dieses Bades erstreckt sich auf die Bestimmung seiner wirksamen Bestandteile, im wesentlichen auf den Gehalt an schwefliger Säure, die teils frei, teils in Form von Thiosulfat bzw. Bisulfit vorhanden ist und die durch Titrieren mit Jodlösung bestimmt wird.

IV. Sonstige Gerbstoffe und Hilfsstoffe für die Zurichtung des Leders.

Verschiedene tierische Fette, besonders die Trane, werden in der Sämischgerberei zum Gerben verwendet, ferner Eigelb neben Alaun, Kochsalz und Mehl in der Glacégerberei, sowie anteilig zum Fetten von Chromleder, Talg in der Fettgerberei, außerdem gemeinsam mit Tranen und Moellons (Degras) zum Einfetten und Geschmeidigmachen verschiedener Ledersorten, für den letzteren Zweck auch Klauenöl, Knochenöl und Seifen zur Herstellung von Fettemulsionen, wie Seifenschmieren, Fettbrühen (Fettlickers) und dergl. Paraffin und Ceresin werden mitunter, meist nur anteilig und zwar in Verbindung mit Talg, zum Fetten von Riemenleder benutzt. Sonstige Mineralfette, wie Vaseline und Vaselinöl, sind von geringerer Bedeutung als die anderen genannten Fette, weil ihre fettende Wirkung beim Fetten von Leder geringer ist. Mitunter wird auch Wollfett zum Fetten von Leder herangezogen.

Konserviertes Eigelb (Faßeier). Die bei der Albumingewinnung abfallenden Eidotter (namentlich Hühner- und Enteneigelb), die mit Kochsalz oder Borsäure (auch Borax) oder mit beiden zugleich, zuweilen auch mit Fluoriden haltbar gemacht werden, bilden unter der Bezeichnung „Faßeier" einen wichtigen Hilfsstoff der Glacégerberei und ferner beim Fetten von Chromleder. Das in neuerer Zeit in den Handel gebrachte „getrocknete Eigelb" hat keinen Eingang in die Gerberei gefunden, weil in diesem das Eieröl nicht mehr in so außerordentlich günstiger Emulsion wie in den Faßeiern ist, der sie gerade ihre vorteilhafte Wirkung in der Gerberei verdanken. Der Wert der Faßeier wird namentlich durch den Gehalt an Wasser, Eieröl, Chlornatrium oder sonstigen Konservierungsmitteln bestimmt. Der Internationale Verein der Lederindustrie-Chemiker hat folgende Vorschriften für die Untersuchung des Eigelbs aufgestellt:

a) Wasser. 10 bis 20 g werden in einer Schale mit flachem Boden, die mit einem kleinen Glasstab und etwas ausgeglühtem Sand ausgewogen wurde, unter häufigem Umrühren zunächst bei niedrigen Wärmegraden, dann bei 100 bis 105° C bis zum gleichbleibenden Gewichte getrocknet.

b) Fett (Eieröl). Der Rückstand von der Wasserbestimmung wird fein zerrieben und im Soxhletschen Extraktionsapparat mit Petroläther vom Siedepunkt 70 bis 75° C ausgezogen, bis der Petroläther farblos abhebert, dann der Rückstand noch einmal zerrieben und nochmals ausgezogen. Nach vollständigem Ausziehen wird der Petroläther aus dem zuvor gewogenen Kölbchen abdestilliert und der Rückstand (Eieröl) noch eine Stunde bei 100 bis 105° C getrocknet. Bei Angabe des Fettgehaltes soll das Lösungsmittel, besonders wenn aus irgendeinem Grunde ein anderes als Petroläther verwendet worden ist, ausdrücklich angeführt werden.

Enthält das Eigelb freie Borsäure, so ist die mit dem Lösungsmittel übergegangene Borsäure durch Lösen des Fettes in Petroläther, zwei- oder dreimaliges Ausschütteln dieser Lösung mit dest. Wasser von 30° C, Hinzufügen von 20 ccm neutralem Glycerin und einigen Tropfen Phenolphtaleïn zur wäßrigen Lösung und Titrieren mit n-Lauge (1 ccm = 0,062 g H_3BO_3) zu ermitteln und von der Fettmenge abzuziehen.

c) Chlornatrium. Der Rückstand von der Fettextraktion wird vom Petroläther befreit, in einen Trichter mit einem kleinen Asbestfilter gebracht, der in einen 250 ccm-Kolben eingesetzt ist, und mit heißem Wasser erschöpft. Ein bestimmter Teil der auf 250 ccm aufgefüllten

Lösung wird mit $^{n}/_{10}$-Silberlösung bei Gegenwart von Kaliumchromat titriert.

d) Gesamt - Asche. 5 g Eigelb werden in einer Platinschale getrocknet und der Rückstand wird nach dem Auslaugeverfahren vorsichtig und bei gelinder Hitze verascht. Übersteigt der Aschegehalt den an NaCl um mehr als 1,5%, so ist auf Borax und andre Mineralstoffe zu prüfen.

e) Borsäure und Borax. Diese werden qualitativ nach Verrühren des Eigelbs mit konz. Schwefelsäure und Zusatz von Methyl- oder Äthylalkohol beim Anzünden an der grün gesäumten Flamme erkannt. Zur quantitativen Bestimmung werden 5 bis 10 g Eigelb mit Kalilauge alkalisch gemacht, getrocknet, und der Rückstand wird nach dem Auslaugeverfahren vorsichtig verascht. Die alkalische Asche wird in wenig heißem Wasser gelöst, mit Salzsäure schwach angesäuert und zum Vertreiben der Kohlensäure einige Minuten am Rückflußkühler gekocht, nach dem Erkalten unter Zusatz von Phenolphtaleïn mit n-Lauge neutralisiert, hierauf mit 20 ccm neutralem Glycerin versetzt und bis zur bleibenden Rotfärbung, die auch durch erneuten Glycerinzusatz nicht verschwinden darf, titriert. 1 ccm n-Lauge entspr. 0,062 g H_3BO_3.

f) Fluoride können durch gelindes Erhitzen einer nicht zu kleinen Menge des Eigelbs mit konz. Schwefelsäure im Platintiegel an der Ätzung einer darüber gedeckten Glasplatte in bekannter Weise nachgewiesen werden.

Beimischung fremder Öle. Der genaue Nachweis andrer Öle zum Eigelb ist mit Schwierigkeiten verbunden. Vignon und Meunier (Collegium, **1904**, 35) haben vorgeschlagen, in dem mit Chloroform ausgezogenen Eieröl die Jodzahl, den Gehalt an Unverseifbarem und an Gesamt-Phosphorsäure zu bestimmen und aus diesen Ergebnissen Schlüsse auf Zusätze andrer Fette zu ziehen. Sie stellten in dem Eieröl folgende Werte fest:

	Hühnereigelb	Enteneigelb
Jodzahl	48,7 bis 54,8 (Mittel 52)	35,4 bis 39,25 (Mittel 37,4)
Unverseifbares	0,16 „ 0,23%	2,43 „ 2,85%
Phosphorsäure (H_3PO_4)	2,33%	1,91%

Daß diese Werte nicht festliegend sind, geht aus den Untersuchungen von Schorlemmer und Sichling (Collegium, **1906**, 90) und von Paessler (ebenda, **1908**, 56) hervor. Letzterer hat folgende Werte gefunden, die sich ebenfalls auf das mit Chloroform ausgezogene Eieröl beziehen:

	Hühnereigelb	Enteneigelb
Jodzahl	42 bis 48,1 (Mittel 46)	54,2
Unverseifbares	3,1 „ 3,8% (Mittel 3,4)	6,2%
Phosphorsäure (H_3PO_4) . .	3,7%	3,1%

Zur Bestimmung der Phosphorsäure wägt man 2 g des Eieröls in einem Platintiegel ab, fügt 6 g eines oxydierenden Schmelzmittels (bestehend aus 1,5 Teilen Natriumcarbonat, 1,5 Teil Kaliumcarbonat und 3 Teilen Natriumnitrat) hinzu, erhitzt langsam über einem Bunsenbrenner, bis sämtliche Kohle verbrannt ist, und bestimmt in der Asche die

Phosphorsäure titrimetrisch mit Urannitrat oder gewichtsanalytisch. Aus den obigen Zahlen geht hervor, daß man mit den Schlußfolgerungen aus den ermittelten Werten sehr vorsichtig sein muß.

Die im Handel vorkommenden Faßeier haben ungefähr folgende Zusammensetzung (Mittel- und Grenzwerte):

	Nur mit Kochsalz oder mit Kochsalz und Borsäure haltbar gemacht		Nur mit Borsäure haltbar gemacht	
	Mittel %	Grenzen %	Mittel %	Grenzen %
Wasser	51,0	47 bis 54	50,0	47 bis 53
Mineralstoffe	15,0	12 „ 18	2,0	1,5 „ 2,5
Eieröl	21,0	17 „ 25	30,0	27 „ 33
Eiweißstoffe	13,0	9 „ 17	18,0	14 „ 22
	100,0		100,0	
NaCl	13,5	10 „ 17	—	—
H_3BO_3	1,0	0 „ 2	2,5	1,5 „ 3,5

Faßeier sollen von schöner orangegelber Farbe und ganz gleichmäßig, der Geruch soll frisch und angenehm sein.

Talg (Unschlitt)[1]. Der Talg für die Lederzurichtung soll keine freie Schwefelsäure enthalten. Zum Einfetten der verschiedenen Oberledersorten eignet sich besser Weichtalg, der nicht so leicht Veranlassung zur Bildung des weißen Fettausschlages auf Leder (Heraustreten des hochschmelzenden Palmitins und Stearins an die Lederoberfläche) gibt. Für Ledersorten, bei denen das Fett durch Auftragen des geschmolzenen Fettes auf das erwärmte Leder „eingebrannt" wird, wie für Riemen- und Blankleder, ist ein Talg mit hohem Schmelzpunkt, wie Schöpstalg, Harttalg (Preßtalg, Preßlinge) vorzuziehen.

Fischtalg, ein Nebenerzeugnis der Trangewinnung (die Fische werden zerkleinert und warm gepreßt; der so gewonnene Tran setzt bei niedrigen Wärmegraden den Fischtalg ab), soll keine oder nur geringe Mengen an den von der Herstellung stammenden leimartigen Stoffen enthalten. Zu ihrer Bestimmung erwärmt man 20 g mit etwa 150 ccm Petroläther, filtert durch ein gewogenes, zuvor getrocknetes Asbestfilterröhrchen, wäscht den Rückstand öfters nach, trocknet das Röhrchen und wägt (Nichtfett, in Petroläther-Unlösliches). Man findet mitunter 6% und mehr von diesen Nichtfetten, die nicht in das Leder eindringen, sondern als klebrige Massen auf der Oberfläche sitzen bleiben. Je weniger davon vorhanden ist, um so besser verwendbar ist der Fischtalg.

Tran. Die Trane bilden in ihrer ursprünglichen Form oder im oxydierten Zustande (in der durch die Sämischgerbung oder durch künstliche Oxydation umgewandelten Form des Moëllon oder Degras) den wichtigsten Fettstoff der Lederindustrie. Sie dienen einerseits in der Sämischgerberei als selbständige Gerbemittel, anderseits bei der Zurichtung als

[1] Näheres hierüber in Schmitz-Dumont, Beiträge zur Untersuchung der Lederfette (Dingl. Polyt. Journ. **296**, Heft 9—11; 1895).

wichtigstes Einfettungsmittel. Man hat in der Hauptsache folgende Trane zu unterscheiden:

1. Specktran, aus dem Speck oder dem ganzen Körper der Seesäugetiere: Robbentran, Waltran, Delphintran, Meerschweintran.

2. Lebertran, aus den Lebern von Fischen: Dorschtran, Eishaitran (Haakjarringstran).

3. Fischtran, durch Pressen der ganzen Fische oder von Fischabfällen gewonnen: Heringstran, Sardinentran (Japantran), Menhadenstran.

Man unterscheidet bei den verschiedenen Tranen je nach der Farbe, die von dem Gewinnungsverfahren abhängt, im Handel Helltrane, gelbblanke, braunblanke und Brauntrane.

Die hinsichtlich der Abstammung verschiedenen Trane sind nur sehr schwierig mit Sicherheit voneinander zu unterscheiden. Im Schrifttum finden sich zwar Angaben, wonach man die Trane durch gewisse Farbenreaktionen, die sie mit Schwefelsäure, Phosphorsäure, Salpetersäure oder Natronlauge geben, voneinander und von anderen Ölen unterscheiden kann. Untersuchungen von Holde (Mitt. d. Mech.-techn. Vers.-Anst., Berlin, **1890**, 8, 19) und von Lewkowitsch (Journ. Chem. Soc. Ind. **1894**, 23, 617) haben gezeigt, daß die älteren Angaben nicht zuverlässig sind. Letzterer hat bewiesen, daß die Färbungen nicht für die Trane und Öle selbst, sondern für ihre Verunreinigungen bezeichnend sind, und daß diese durch Reinigen entfernt werden können, so daß die gereinigten Trane und Öle diese Farbenreaktionen überhaupt nicht mehr geben. Aus diesem Grunde sind solche Reaktionen von geringem Werte.

Der Eishaitran ist durch seinen hohen Gehalt an flüssigen Wachsen und den damit zusammenhängenden hohen Gehalt an Unverseifbarem, der bis zu 15% steigen kann, scharf gekennzeichnet. Nach Bögh (Collegium, **1904**, 73, 88) kann der Eishaitran oder ein Zusatz dieses zu andren Tranen an der Schwerlöslichkeit seiner Seife erkannt werden, wofür Bögh an der angegebenen Stelle ein von ihm ausgearbeitetes Verfahren vorschlägt.

Die Dichte der Trane bei 15° C schwankt von 0,914 bis 0,935, der Brechungsexponent bei 20° C (mit Abbés Refraktometer bestimmt) von 1,471 bis 1,481; im allgemeinen entspricht der höheren Dichte auch ein höherer Brechungsexponent. Der Schmelzpunkt der aus den Tranen abgespaltenen Fettsäuren liegt zwischen 10 und 38° C. Den Tranen mit höherer Dichte entspricht gewöhnlich auch ein höherer Schmelzpunkt der Fettsäuren. Die Fettsäuren der Fischtrane haben meist einen über 30° C liegenden Schmelzpunkt. Die Trane enthalten immer freie Fettsäuren, deren Menge im allgemeinen um so größer ist, je dunkler der Tran ist.

Hinsichtlich der gerberischen Verwendung kann man nach Eitner die Trane in leichtere und schwerere unterscheiden. Unter leichteren versteht man solche, die ein niedriges spezifisches Gewicht haben, dünnflüssig und gewöhnlich hell sind. Wegen ihres geringeren Fettungsvermögens nennt man sie auch magere Trane; sie binden sich nicht so leicht an die Lederfaser, sondern durchdringen das Leder schnell und schlagen leicht durch. In der Sämischgerberei, die auf einer Oxydation des als Gerbemittel verwendeten Trans und auf einer Bindung der Oxydationsstoffe durch die Hautfaser beruht, gerben sie schlecht oder überhaupt nicht. Sie zeigen ferner eine große Neigung zum „Ausharzen", d. h. Bildung eines harzigen Ausschlages beim Lagern der damit gefetteten Leder. Die schweren Trane von höherem spezifischen Gewichte bestehen entweder aus einem leichtflüssigen Fett, das viel Palmitin gelöst enthält (Herings- und Sardinentran) oder im wesentlichen aus einem dichteren flüssigen Fettstoff (Lebertran mit Ausnahme des Eishailebertrans), der als der wertvollste, die spezifischen Gerb- und Schmierwirkungen hervorrufende Bestandteil der Trane anzusehen ist.

Über die Untersuchung der Trane, Fette und Öle vgl. auch den Abschnitt: Fette, Wachse, Bd. III, S. 529, ferner Paessler, Die Untersuchung der Fette (Freiberg, 1921, Selbstverlag).

Da die Unterscheidung der Trane voneinander so schwierig ist, so erstreckt sich ihre Untersuchung mehr auf den Nachweis fremder Beimischungen, wie Mineralöl, Harzöl und dergl., und auf die Erkennung der für eine bestimmte Verwendung erforderlichen Beschaffenheit.

Zum qualitativen Nachweis von Mineralöl und Harzöl in Tran kann die Bestimmung der Dichte und des Brechungsexponenten dienen. Harzöle, die hierfür in Betracht kommen (namentlich nicht zu dünnflüssige), haben ein spezifisches Gewicht von 0,980 bis 0,996 und der Brechungsexponent liegt bei 1,532 bis 1,552. Bei Mineralölen liegen diese Zahlen zwischen 0,890 bis 0,910 bzw. 1,490 bis 1,509. Durch Harzöl wird das spezifische Gewicht und der Brechungsexponent erhöht; Mineralöl setzt das spezifische Gewicht herunter und erhöht den Brechungsexponenten. Das Verfälschen von Tranen mit diesen Ölen wird häufig in starkem Maße vorgenommen, so daß der Nachweis sehr leicht ist.

Kann aus dem spezifischen Gewicht und dem Brechungsexponenten nicht mit Sicherheit geschlossen werden, ob ein Tran verfälscht ist oder nicht, so schreitet man zu der Bestimmung des Unverseifbaren, die man am besten von vornherein quantitativ vornimmt. Es werden hierzu etwa 10 g Tran mit 5 g Ätzkali, das man zunächst in einigen Kubikzentimetern Wasser löst, und 50 ccm Alkohol in einem Kölbchen am Rückflußkühler verseift, wozu $^1/_2$ bis 1 Stunde, bei schwer verseifbaren Tranen $1^1/_2$ bis 2 Stunden Zeit erforderlich sind. Hierauf gießt man die Glycerinseife nach dem Verdünnen mit etwa 50 ccm Wasser in einen Scheidetrichter, wäscht das Kölbchen mit etwa 100 ccm Petroläther, der keine über 70° C siedende Bestandteile enthalten darf, unter tüchtigem Umschütteln nach und nimmt alsdann das Ausschütteln vor. Dreimaliges Ausschütteln mit je 75 bis 100 ccm genügt vollkommen. Beim erstmaligen Ausschütteln empfiehlt es sich, die Flüssigkeiten nur durch leichtes, anhaltendes Umschwenken zu vermischen, um die Bildung von Emulsionen zu vermeiden. Trotzdem treten bei dem nachfolgenden kräftigen Schütteln ab und zu noch Emulsionen auf; durch Zugabe einiger Kubikzentimeter heißen Alkohols läßt sich eine schnelle Scheidung der emulgierten Flüssigkeit herbeiführen. Die Petrolätherauszüge werden vereinigt und zur Entfernung von gelöster Seife dreimal mit etwa dem fünften Teil der dem Petroläther entsprechenden Menge Wasser je 5 Minuten lang gut durchgeschüttelt. Der Petroläther mit dem Unverseifbaren wird ohne Verlust in ein gewogenes Kölbchen übergespült, der Petroläther abdestilliert und der Rückstand bei 100 bis 105° C bis zum gleichbleibenden Gewichte getrocknet, was in $^1/_2$ bis 1 Stunde erreicht ist. Die Ergebnisse nach diesem Verfahren sind befriedigend. Auch folgendes Verfahren liefert genaue Zahlen:

10 g Tran werden wie oben beschrieben verseift, die Seife wird in Wasser gelöst, der größte Teil des überschüssigen Alkali mit Salzsäure abgestumpft und hierauf mit $BaCl_2$, $CaCl_2$ oder Bleinitrat in geringem Überschuß in der Kälte die Baryt-, Kalk- oder Bleiseife gefällt. Diese wird auf einem Filter mit der Wasserpumpe abgesaugt, mit verdünntem kaltem Alkohol (1 : 20) ausgewaschen und im Vakuumexsiccator auf Fließpapier vollständig getrocknet. Die getrocknete und mit Sand verriebene Seife wird im Soxhletschen Extraktionsapparat mit chemisch reinem, wasserfreiem, frisch destilliertem Aceton oder mit Petroläther, der keine über 70° C siedende Bestandteile enthält, 6 Stunden lang ausgezogen. Nach dem Abdestillieren des Lösungsmittels bleibt das Unverseifbare und etwas Wasser zurück; man löst ersteres in wenig Petroläther und trennt im Scheidetrichter; im übrigen verfährt man dann wie oben beschrieben.

Der Gehalt der Trane an Oxyfettsäuren (Simand bezeichnet diese als Degrasbildner) schwankt etwa von 0,1 bis 6%. Den Tranen mit höherem spezifischen Gewicht und größerem Brechungsexponenten entspricht im allgemeinen auch ein höherer Gehalt an Oxyfettsäuren. Ältere Trane haben in der Regel ebenfalls einen höheren Gehalt an diesen Säuren. Über ihre Bestimmung siehe unter „Degras“.

Die Asche der Trane, wenn solche überhaupt vorhanden, soll möglichst eisenfrei sein, da die mit eisenhaltigen Tranen behandelten Leder mißfarbig ausfallen. Mitunter enthalten sie beträchtliche Mengen von Eisen in Form des fettsauren Eisens, das vom Leder nicht aufgenommen wird und dieses außerdem dunkel färbt.

Der grönländische Dreikronentran ist eine Mischung verschiedener Sorten Tran, hauptsächlich von Robbentran und Haifischtran, zuweilen auch Waltran. Der schwedische Dreikronentran ist ein Gemisch verschiedener Robbentrane und von Fischtran.

Ein Tran, der als Lederschmiermittel geeignet sein soll, darf keine zu hohe Jodzahl haben, da er sonst infolge von Oxydationsvorgängen ein Ausharzen des Leders veranlaßt (näheres hierüber bei Degras). Trane mit hoher Jodzahl verlieren durch längeres Erhitzen bei 150 bis 170° C vor der Verwendung die Neigung zum Ausharzen, weswegen derartige Trane (falls die Jodzahl über 130 liegt) zuvor in dieser Weise behandelt werden sollten.

Unter Seelöwentran versteht man nach Simand Harzöle (meist solche gewöhnlichster Sorte, spez. Gew. 0,996), die mit 10 bis 30% eines stark riechenden Trans zur Erzeugung des Trangeruchs versetzt werden.

Klauenöl und Knochenöl. Diese beiden Öle werden namentlich zur Herstellung der Fettbrühen (Fettlicker) zum Fetten von Chromleder verwendet und müssen hierfür zur Vermeidung des Ausschlagens frei von festen Fetten sein. Zur Erfüllung dieser Bedingung müssen diese Öle kältebeständig sein, d. h. sie dürfen selbst bei gewissen Kältegraden keine Ausscheidungen geben. Gewöhnlich verlangt man von derartigen Ölen, daß sie bei —10° C noch kältebeständig sind. Becker (Collegium, **1907**, 393) schlägt zur Prüfung hierauf folgendes Verfahren vor: Ein Reagensglas von 18 mm Weite wird mit einer durch Chlorcalcium und nachfolgendes Filtern durch ein trocknes Papierfilter entwässerten Probe des betreffenden Öles beschickt. Es wird ein geprüftes Thermometer durch einen durchbohrten Kork so eingefügt, daß die Thermometerkugel in der Mitte der Ölschicht ist. Dann wird diese Probe zugleich mit einer nicht entwässerten Probe in eine Kältemischung eingesetzt, die die gewährleisteten Kältegrade hat. Das Klauenöl entspricht der ausbedungenen Kältebeständigkeit, wenn es innerhalb einer Stunde vollständig flüssig und klar bleibt.

Moëllon und **Degras** (Collegium, **1906**, 304). Man verstand darunter ursprünglich ein nur bei der Sämischgerbung aus Tran gewonnenes Nebenerzeugnis, das einen mit Wasser emulgierten oxydierten Tran darstellt und das in der Lederindustrie als Lederschmiermittel verwendet wird. Aus guten Erzeugnissen dieser Art darf sich das Wasser selbst bei längerem Stehen nicht abscheiden. Moëllon und Degras enthalten Wasser (etwa 8 bis 20%) und 5 bis 20% eines stickstofffreien (nicht stickstoffhaltigen, wie Simand annahm), diesen Hilfsstoff kennzeichnenden, sich bei der Sämischgerbung bildenden Körpers, den Simand (Gerber, **16**, 243; 1890) als „Degrasbildner", Jean (Moniteur scientifique, **15**, 889) als „harzartigen Stoff" bezeichnete. Fahrion (Zeitschr. f. angew. Chem. **4**, 6; 1891. Chem.-Zeit. **17**, 521; 1893) hat nachgewiesen, daß er aus „Oxyfettsäuren" besteht (bei der Sämischgerbung gehen durch die Einwirkung des Sauerstoffes der Luft die ungesättigten Fettsäuren bzw. ihre Glyceride in Oxyfettsäuren über), und bezeichnet ihn kurz als „Oxysäuren". Diese Oxyfettsäuren oder ihre Glyceride befähigen den Tran, sich mit Wasser in sehr vollkommener Weise zu emulgieren. Diese Eigenschaft bringt es mit sich, daß der Moëllon und Degras beim Fetten von Leder leicht in dieses eindringt und sich gleichmäßig in ihm verteilt. Man nimmt weiter an, daß diese Fette hierbei eine Art von Nachgerbung bewirken. Der Moëllon und Degras sind also als wäßrige Emulsionen von mehr oder weniger stark oxydiertem Tran aufzufassen. Sie sind im allgemeinen um so besser, d. h. in einer um so vollkommeneren Emulsion, je höher der Gehalt an Oxyfettsäuren ist; doch ist nach Fahrion hierbei eine Grenze gesetzt. Bei zu weitgegangener Oxydation bei der Sämischgerbung, also bei einem zu hohen Gehalt an Oxyfettsäuren, gehen aus der Haut auch N-haltige Stoffe in den Degras über. Dieser erhält dann ein sirupartiges gallertiges Aussehen und dringt infolgedessen nur langsam und unvollständig in das Leder ein. Gute Erzeugnisse von Moëllon und Degras bewirken bei dem damit gefetteten Leder einen gewissen vollen Griff, der mit dem Ausdruck „mollig" bezeichnet wird.

Moëllon und Degras haben stets eine wesentlich niedrigere Jodzahl (auf das wasserfreie Fett berechnet) als der Tran, aus dem sie hervorgegangen sind. Es hängt dies nicht nur mit der bei der Sämischgerbung stattfindenden Oxydation, sondern auch mit einer Polymerisation der ungesättigten Fettsäuren zusammen. Diese Erniedrigung der Jodzahlen ist insofern von Bedeutung, als dadurch dem Tran oder dessen Umwandlungsstoffen die Neigung, nachträglich im Leder sich zu oxydieren und Ausharzungen zu veranlassen, genommen wird. Nach Fahrion (Chem.-Zeit. **15**, 1791; 1891; **16**, 862; 1892) soll die Jodzahl eines Moëllon und Degras (auf wasserfreies Fett berechnet) möglichst nicht über 100 liegen.

Der bei der Sämischgerbung umgewandelte Tran wird entweder durch starkes Auspressen der mit Tran gewalkten und dann der oxydierenden Wirkung der Luft ausgesetzten Felle gewonnen (das dabei gewonnene Erzeugnis wird als „Moëllon" bezeichnet; französisches oder Preßverfahren) oder mit einer Lösung von kohlensauren Alkalien aus dem Leder ausgewaschen und hierbei in eine dünne Emulsion (Afterlauge, Urläuter) übergeführt, aus der alsdann mit H_2SO_4 der „Degras" (Weißgerberdegras) ausgeschieden wird (deutsches Verfahren). Häufig finden auch beide Verfahren hintereinander Anwendung. Der Moëllon ist meist mehr oder weniger flüssig, während der Weißgerberdegras infolge eines Gehaltes an Seife (3 bis 4% auf wasserfreies Fett bezogen) und an Lederfasern gewöhnlich dickflüssig ist. Im Handel werden die Bezeichnungen Moëllon und Degras jetzt meist nicht mehr streng auseinander gehalten.

Schon seit einer längeren Reihe von Jahren werden künstliche Degras hergestellt, die nicht auf dem Wege der Sämischgerbung, sondern durch Oxydation von Tran (durch Einleiten von Luft in der Wärme oder durch unmittelbare Behandlung mit Oxydationsmitteln, z. B. mit Salpetersäure) und nachheriges Emulgieren mit Wasser erzeugt werden. Gehen derartige Erzeugnisse aus guten Rohstoffen hervor und sind sie genügend oxydiert und emulgiert, so sind sie ebensogut verwendbar und ebenso wertvoll wie natürlicher Moëllon und Degras, doch gibt man in den Kreisen der Lederindustrie den bei der Sämischgerbung erhaltenen Erzeugnissen gewöhnlich den Vorzug. Sind die Trane lediglich oxydiert, ohne mit Wasser emulgiert zu sein, so führen sie im Handel folgende Bezeichnungen: Oxydierter Tran, geblasener Tran, Moëllon - Essenz, Degras - Essenz. Aus diesen lassen sich durch inniges Verrühren mit Wasser sehr gut haltbare Emulsionen herstellen. Außer den durch Oxydation und Emulgieren erzeugten künstlichen Degras kommt im Handel eine große Anzahl mit billigen Fetten vermischter Erzeugnisse vor. Man geht hierbei von einem natürlichen oder einem künstlichen Degras aus und gibt diesem Zusätze von Tran, Talg, Palmkernfett, Kokosfett, Wollfett, Mineralfett, Harzöl, Kolophonium und dergl. mehr.

Wasserbestimmung im Moëllon und Degras. Nach Fahrion werden 2 bis 3 g in einem Platintiegel ohne Deckel abgewogen, und das Wasser wird ohne weiteres mit einer ganz kleinen Bunsenflamme, die man vorsichtig unter dem Tiegel hin und her bewegt, weggekocht. Der Punkt, bei dem alles Wasser fort ist, zeigt sich durch ein leises

Knistern und ein kleines Rauchwölkchen an und kann bei einiger Übung genau beobachtet werden. Der Wassergehalt schwankt bei den Erzeugnissen nach französischem Verfahren von etwa 8 bis 20% und bei den Weißgerberdegrassorten von etwa 20 bis 40%.

Asche. Der von der Wasserbestimmung herrührende Rückstand wird vorsichtig verascht und die Asche gegebenenfalls auf die näheren Bestandteile untersucht. Der Aschengehalt beträgt beim Moëllon nach dem Preßverfahren oder bei reinem künstlichen Degras nur einige hundertstel Hundertteile, bei Weißgerberdegras bis zu 3%. Die Asche von Moëllon besteht zum größten Teile aus Kalk, bei Weißgerberdegras enthält sie neben Sulfaten beträchtliche Mengen Calciumcarbonat (von Kalkseife herrührend) und Natriumcarbonat (von Natronseife herrührend). Degrasasche darf kein Eisenoxyd (herrührend von Eisenseife) enthalten.

In Petroläther Unlösliches (Seife, Lederfasern, Schmutz): Man löst 20 g des entwässerten Degras bei mäßiger Wärme in etwa 150 ccm Petroläther, filtert durch ein gewogenes, zuvor getrocknetes Asbestfilterrohr, wäscht den Rückstand mehrmals mit Petroläther nach, trocknet und wägt. Die mineralischen Bestandteile müssen nach einer besonderen Veraschung abgezogen werden.

Unverseifbares. Diese Bestimmung ist bereits bei der Besprechung der Trane aufgeführt worden (S. 434).

Oxyfettsäuren (nach Fahrion): Diese Bestimmung beruht darauf, daß die freien Oxyfettsäuren in Petroläther unlöslich sind. 10 g Degras werden mit etwa 7 g Ätzkali, die in etwa 10 ccm Wasser gelöst und mit etwa 50 ccm Alkohol versetzt worden sind, in einer Porzellanschale unter beständigem Umrühren verseift. Ist der Alkohol vollständig vertrieben, so wird der Schaleninhalt in etwa 100 ccm heißem Wasser gelöst, in einen Scheidetrichter gespült und die Seife mit einem geringen Überschuß von verdünnter Schwefelsäure (1 Teil Schwefelsäure und 4 Teile Wasser) oder Salzsäure zersetzt. Nach dem Erkalten wird mit Petroläther, der keine über 70° C siedenden Bestandteile enthalten darf, 5 Minuten kräftig durchgeschüttelt. Hat sich nach mehrstündigem Stehen der Petroläther klar von dem Wasser getrennt, so läßt man letzteres unten ablaufen, wobei sich die Oxyfettsäuren an die Gefäßwandungen anlegen. Man kann alsdann den Petroläther, ohne daß Oxyfettsäuren mitgerissen werden, durch die obere Öffnung des Scheidetrichters abgießen. Man wäscht die Oxyfettsäuren noch mehrmals mit kleinen Mengen Petroläther, bei Gegenwart von Wollfett, das sich meist durch ein Trübwerden der Petrolätherlösung zu erkennen gibt, auch mit warmem Petroläther durch leichtes Schwenken, ohne den Stopfen aufzusetzen, bis alle Fettsäuren entfernt sind, löst die Oxyfettsäuren in wenig heißem Alkohol, verdampft die filtrierte Lösung in einer gewogenen Schale auf dem Wasserbad und bringt die Schale nach einstündigem Trocknen bei 105° C zur Wägung. Zur Bestimmung der Oxyfettsäuren kann man auch die bei der Ermittelung des Unverseifbaren nach dessen Ausschütteln hinterbleibende Seifenlösung verwenden.

Mineralsäuren. Reagiert der Degras sauer, so kocht man 25 g mit 200 ccm H_2O aus, läßt erkalten, trennt die beiden Schichten mit einem Scheidetrichter, ermittelt in einem Teile der wäßrigen Schicht die Natur der Säure (meist Schwefelsäure) und titriert einen andren bestimmten Teil mit n-Lauge.

Freie Fettsäuren. Man ermittelt die Säurezahl in üblicher Weise und rechnet alsdann durch Vervielfältigen dieser Zahl mit 0,5027 auf Hundertteile Ölsäure um (unter Berücksichtigung eines etwaigen Gehaltes an Mineralsäure).

Fette und Öle. Die vom Unverseifbaren und den Oxyfettsäuren befreite Lösung der Fettsäuren wird zur Entfernung der Mineralsäure mit Wasser gewaschen, worauf der Petroläther abdestilliert wird. In den so gewonnenen Fettsäuren kann die Verseifungszahl, Jodzahl, der Schmelzpunkt, der Erstarrungspunkt usw. bestimmt werden, um Anhaltspunkte für die in dem Degras enthaltenen Fette zu erhalten.

Dichtebestimmung des wasserfreien Degras nach Simand. Man erwärmt den Degras vorsichtig auf 105° bis zur Entfernung des Wassers, behandelt den Rückstand nach dem Erkalten mit Petroläther (letzteren muß man zur Entfernung von Seife mit HCl-haltigem Wasser ausschütteln und dann die HCl durch Waschen mit Wasser entfernen) und filtert; nach Abdestillieren des Petroläthers erhält man die Fette des Degras. Diese sind bei Zimmerwärme stets flüssig, nur einige scheiden erst nach längerer Zeit feste Bestandteile ab. Mit dem Gehalte an Oxyfettsäuren steigt das spezifische Gewicht ziemlich stark, der Brechungsexponent weniger. Simand veranschaulicht dies an folgenden Beispielen:

	Spezifisches Gewicht	Oxyfettsäuren	Brechungsexponent	Schmelzpunkt der Fettsäuren	Asche
1.	0,9603	16,5%	1,474	30,5 bis 31 °C	0,08
2.	0,9749	18,5%	1,480	33,5 „ 34 °C	0,03
3.	0,9785	18,4%	1,478	34,5 „ 35 °C	0,06
4.	0,9915	23,8%	1,486	34,0 „ 34,5 °C	0,02

Die zur Herstellung von 2 und 4 verwendeten Trane hatten das spezifische Gewicht 0,9269 und 0,9294, enthielten 1,2 und 1,5% Oxyfettsäuren, und der Schmelzpunkt der Fettsäuren lag bei 31 bis 31,5° C.

Mineralöle und **Harzöle** werden in der gleichen Weise wie bei Tran bestimmt.

Zur Bestimmung des Wollfettes, die jedoch keinen großen Anspruch auf Genauigkeit machen kann, werden 5 bis 6 g Degras in üblicher Weise verseift, die Fettsäuren aus der Seifenlösung abgeschieden und mit Äther behandelt. Diese Ätherlösung wird im gewogenen Kölbchen abgetrieben, der Rückstand mit der $1^1/_2$fachen Menge Essigsäureanhydrid 1 bis 2 Stunden am Rückflußkühler gekocht, mit Wasser versetzt und zur Entfernung der Essigsäure mehrmals mit Wasser ausgekocht; man trocknet nachher und löst die acetylierten Fettsäuren, den Essigsäure-Cholesterylester usw. in der 15fachen Menge Alkohol (75 bis 100 ccm) in der Kochhitze auf und kühlt wieder ab. Es scheidet sich der in der Kälte sehr schwer lösliche und beinahe vollständig wieder ausfallende Essigsäure-Cholesterylester ab, der abgefiltert noch zweimal aus der

15fachen Menge Alkohol umkrystallisiert (zur möglichst vollständigen Entfernung des Mineralöls) und alsdann in Äther gelöst wird; der Äther wird abdestilliert und der Rückstand gewogen. Wollfett liefert im Mittel aus unter sich allerdings sehr stark abweichenden Zahlen (9,6 bis 18,7 %) 14,1 % Cholesterylester. Vervielfältigt man das Gewicht des Esters mit 7, so erhält man allerdings nur in sehr roher Annäherung den Wollfettgehalt.

Ein Gehalt an Wollfett ist nach Simand an der glänzenden Oberfläche des erstarrten Fettes oder, wenn dieses nicht erstarrt, an der glänzenden, nicht krystallinischen Oberfläche der nach dem Verseifen abgeschiedenen Fettsäuren kenntlich. Auch tritt, namentlich beim Reiben auf der Handfläche, der dem Wollfett eigentümliche Geruch hervor.

Zur Bestimmung des Kolophoniums (Harz) wird die von der Ermittlung des Unverseifbaren herrührende Seifenlösung mit Salzsäure zerlegt und ausgewaschen. Auf diese Weise erhält man ein Gemisch der Harz- und Fettsäuren, in dem die Harzsäuren (s. Bd. III, S. 535 und 673) ermittelt werden. Dieses Verfahren, das heute als das beste anzusehen ist, beruht auf der Eigenschaft der Fettsäuren, bei Einwirkung von Salzsäuregas auf ihre alkoholische Lsung in die Äthylester überzugehen, während die Harzsäuren unter den gleichen Verhältnissen sich nicht verändern.

Nach den Beschlüssen des Internationalen Vereins der Lederindustrie-Chemiker sollen die Untersuchungsergebnisse der Fette nach folgendem Muster angegeben werden:

Wasser,
Mineralstoffe,
Unlösliches in Petroläther, aschefrei (Nichtfett),
Lösliches in Petroläther { Unverseifbares, Verseifbares.

Außerdem werden die sonst noch ermittelten Konstanten, bei Degras und dergl. auch der Gehalt an Oxyfettsäuren, aufgeführt.

Vaselinöle, Mineralöle, die in der Lederindustrie als Ersatzmittel Verwendung finden, aber als eigentliche Schmiermittel keinen vollwertigen Ersatz für die fetten Öle bieten können (Simand, Über Vaseline als Lederschmiermittel. Gerber, **16**, 193; 1890), sollen bei 15° C eine Dichte zwischen 0,88 und 0,90 haben, beim Abkühlen auf niedrige Grade (—10° C) während 1 bis 2 Stunden nur dickflüssig werden und auf keinen Fall beträchtliche Mengen von Paraffin ausscheiden. Sie müssen frei von Schwefelsäure sein. Man bestimmt diese durch Ausschütteln mit warmem Wasser und Glasperlen. Verfälschungen mit Harzölen erkennt man an der höheren Dichte und dem höheren Brechungsexponenten. Im übrigen vgl. über die Untersuchung von Paraffin und Mineralölen Bd. III.

Türkischrotöle (sulfonierte Öle). Diese Öle werden in umfänglicher Weise zur Herstellung von Fettbrühen zum Fetten von Chromleder verwendet, namentlich zur Herstellung solcher Fettbrühen, die nicht alkalisch sein sollen. Über die Untersuchung dieser Öle vgl. Bd. III, S. 650. Als Fettungsmittel, besonders für Chromleder, kommen ferner die sog. wasserlöslichen Mineralöle in Betracht, die meist unter irgendwelchen Phantasienamen, wie Avirol, Carbidöl und dergl. auf den Markt kommen. Sie bestehen gewöhnlich aus wäßrigen Auflösungen von Ammoniak- oder Alkaliseifen oder sulfurierten Ölen in hellen Mineralölen und haben die Eigenschaft, beim Anrühren mit großen Mengen Wasser milchige Flüssigkeiten zu geben, deren Fettbestandteile vom Leder leicht aufgenommen werden. Über ihre Untersuchung vgl. Bd. III, 650.

V. Überwachung des Betriebes.

Die Stickstoffbestimmung nach dem leicht auszuführenden Kjeldahlschen Verfahren bildet in fast allen Stufen der Gerbung ein sehr wertvolles Hilfsmittel der Betriebsüberwachung. In der Weiche, den Äschern und Gerbbrühen läßt sich auf diese Weise die in Lösung gegangene Hautsubstanz und in der Haut während der Gerbung und im fertigen Leder (vgl. die Untersuchung des Leders) der Grad der Gerbung bestimmen. Nach den Untersuchungen von Schroeders und Paesslers (Collegium, **1905**, 340) haben die Häute der namentlich für die Gerberei in Betracht kommenden Tiere: Rind, Kalb, Roß und Schwein in der wasser-, asche- und fettfreien Hautsubstanz einen für praktische Zwecke als konstant anzunehmenden N-Gehalt von 17,8%, so daß zur Ermittlung der Hautsubstanzmenge die gefundene N-Menge mit 5,62 zu vervielfältigen ist.

Zur Ausführung des Kjeldahlschen Verfahrens hat sich am besten die Form bewährt, bei der der zu untersuchende Stoff mit 15 ccm konz. Schwefelsäure unter Zusatz von 0,7 g met. Quecksilber aufgeschlossen wird. Näheres über die Ausführung: Künstliche Düngemittel, Bd. II, S. 1120. Man verwendet je nach der Höhe des N-Gehaltes 0,5 bis 1 g des zu untersuchenden Stoffes. Das Aufschließen muß so lange fortgesetzt werden, bis die Säure vollständig farblos geworden ist. Zur Beschleunigung empfiehlt es sich, eine Schwefelsäure zu verwenden, die im Liter 200 g P_2O_5 enthält.

Soll in Flüssigkeiten der N-Gehalt ermittelt werden, so müssen diese vor dem Aufschließen unter Zusatz von wenig Schwefelsäure zur Bindung des NH_3 und unter Zugabe von etwas Eisenvitriol zur Zerstörung der Salpetersäure zur Trockne verdampft werden.

Zur Prüfung auf gelöste Eiweißkörper im Weichwasser oder in der Äscherbrühe kann man das von Jolles (Zeitschr. f. anal. Chem. **29**, 406; 1890) angegebene Verfahren anwenden: Die gefilterte Brühe wird mit klarer Chlorkalklösung versetzt und hierauf angesäuert, wobei die Eiweißkörper als flockiger Niederschlag ausfallen. Diese können alsdann gewichtsanalytisch oder nach Kjeldahl der Menge nach bestimmt werden. Eitner (Gerber, **21**, 157, 169; 1895) empfiehlt anstatt des Chlorkalkes das Natriumhypochlorit. Nach Eitner können die in der Äscherbrühe gelösten eiweißartigen Stoffe als a) an Kalk gebundene lösliche Hautsubstanz, b) kalkfreie lösliche Hautsubstanz und c) veränderte Hautsubstanz (Peptone) vorhanden sein und durch Fällen mit Kohlensäure (a), mit Essigsäure (b) und mit unterchloriger Säure (c) voneinander getrennt werden.

Stiasny (Collegium, **1908**, 371) bestimmt die in Weichen und Äschern gelöste Hautsubstanz nach einem Verfahren, das darauf beruht, daß Aminosäuren durch Formaldehyd einen erhöht sauren Charakter erhalten, und bei dem man gleiche Mengen der zu prüfenden Brühe mit und ohne Formalinzusatz mit Lauge titriert und den Unterschied der verbrauchten Mengen an Lauge als Maß für die gelösten Hautstoffe ansieht. Sulfide usw. müssen durch Zusatz von überschüssigem Zinksulfat vorher ausgefällt werden. Dieses Verfahren hat den Vorzug der schnellen Ausführbarkeit, aber den Nachteil, daß man keine absoluten Werte, sondern nur Verhältniszahlen erhält.

Die Wirkung des Äschers beruht auf seinem Gehalt an Ätzkalk, Ammoniak (durch Zerlegung von Hautsubstanz hervorgegangen), Sulfiden und Enzymen. Die Bestimmungen des Gehaltes an Ätzkalk und an Ammoniak können miteinander vereinigt werden, indem man aus der klarfiltrierten Äscherbrühe das Ammoniak in vorgelegte $^{n}/_{10}$-Schwefelsäure abdestilliert und die überschüssige Säure zurücktitriert, während im Destillationsrückstand das Calciumhydroxyd unter Zusatz von Phenolphthaleïn mit $^{n}/_{10}$-Säure bestimmt wird. Diese Ammoniakbestimmung ist nicht ganz einwandfrei, da beim Kochen der Äscherbrühe eine teilweise Zersetzung der organischen Stoffe unter NH_3-Abspaltung erfolgen kann. Dieser Fehler läßt sich vermeiden, wenn man vor dem Abdestillieren des NH_3 zu 100 ccm der Äscherbrühe etwa 10 ccm einer 2proz. Lösung von Magnesiumsulfat zufügt, die den Kalk als Sulfat unter gleichzeitiger Bildung von MgO ausfällt. Es ist bei dieser Arbeitsweise die Titration des Kalkes in dieser Probe nicht ausführbar. Es wird dann in einer anderen Probe die Gesamtalkalinität bestimmt und von dieser zur Ermittlung des Ätzkalkgehaltes die durch Abdestillieren gefundene NH_3-Menge abgezogen.

Gerbebrühen. Zur Überwachung der frischen wie gebrauchten Gerbebrühen bedient man sich in den Gerbereien meist der Brühenmesser, um mit ihnen die Brühenstärke zu bestimmen und diese untereinander zu vergleichen. Außergewöhnliche Brühen, wie z. B. die Eintreibfarben (das sind bereits längere Zeit gebrauchte Brühen, in die die Häute zur Angerbung kommen), läßt man außer Betracht, weil es bei diesen wegen der starken Anhäufung der Nichtgerbstoffe nicht angängig ist, aus der Stärke einen auch nur annähernd sicheren Schluß auf den Gerbstoffgehalt zu ziehen. Man verwendet als Brühenmesser die gebräuchlichen Aräometer aus Glas oder Metall, entweder solche mit einer beliebigen Gradeinteilung oder mit der Gradeinteilung nach Baumé oder solche, bei denen je ein Teilstrich (ein Grad) einem Unterschied von 0,001 im spezifischen Gewicht entspricht (z. B. 25° am Brühenmesser = 1,025 spez. Gewicht). Die letzteren Grade bezeichnet man in England und Amerika als Barkometergrade (den Brühenmesser selbst als Barkometer), Eitner nennt sie Grade Eitner. Aus den Ablesungen des Brühenmessers einen Schluß auf den Gerbstoffgehalt zu ziehen (Paessler, Collegium, **1904**, 116) ist nur bei frischen Brühen und bei solchen Brühen möglich, die aus denselben Rohstoffen oder Rohstoffgemischen hergestellt sind. Bei gebrauchten Brühen ist ein Vergleich zulässig, wenn sie eine gleiche Behandlung erfahren haben (im allgemeinen wird man bei Brühen ein und desselben Farbenganges aus den Graden auf den Gerbstoffgehalt schließen und diese Brühen miteinander vergleichen können, bei Brühen aus verschiedenen Gerbereien und aus verschiedenen Farbengängen ist dies meist nicht ohne weiteres möglich). Schon in frischen Brühen aus demselben Gerbemittel schwankt je nach seiner Herkunft und Güte das Verhältnis zwischen Gerbstoff und Nichtgerbstoff, noch mehr ist dies bei verschiedenartigen Gerbemitteln der Fall, wie die folgende Zusammenstellung von Untersuchungsergebnissen Paesslers zeigt:

100 ccm Brühe von 2° Bé = 1,014 spez. Gewicht = 14° Barkometer enthalten:

aus	Gerbstoff g	Nichtgerbstoffe g
Sumach	1,9	1,4
Fichtenrinde	2,1	1,7
Dividivi	2,2	1,1
Eichenrinde	2,2	1,2
Eichenholzauszug	2,3	1,4
Myrobalanen	2,3	1,0
Valonea	2,5	0,9
Trillo	2,5	0,8
Kastanienholzauszug	2,5	1,2
Knoppern	2,5	0,8
Gambier	2,6	1,0
Mimosenrinde	2,9	0,6
Quebrachoauszug, kaltlöslich	3,1	0,6
Mangrovenrinde	3,4	0,5
Quebrachoauszug, nicht behandelt	3,8	0,3
Quebrachoholz	3,9	0,3

Aus dieser Zusammenstellung ist zu folgern, daß eine genaue Bewertung der Gerbebrühen nur durch die Bestimmung des Gerbstoffgehaltes erfolgen kann.

Frische Brühen, d. h. solche, die durch Auslaugen von frischen Gerbemitteln mit Wasser erhalten worden sind, also noch keine durch Gärung entstandenen Säuren enthalten, werden genau wie Gerbstoffauszüge untersucht, wobei für die zur Untersuchung kommenden Mengen die Verhältnisse zu berücksichtigen sind, die für die Untersuchung der Gerbemittel und Gerbstoffauszüge vorgeschrieben sind.

Gebrauchte Gerbebrühen, d. h. solche mit einem Gehalt an freien Säuren, die durch Gärung (Andreasch, Gärungserscheinungen in Gerbebrühen, Gerber, **1895—1897**) gebildet oder durch Zusatz von organischen Säuren oder Mineralsäuren hervorgerufen sind, werden am besten nach dem vom Internationalen Verein der Lederindustrie-Chemiker vereinbarten Hautpulverschüttelverfahren untersucht, da die Säuren, die vom Hautpulver teilweise aufgenommen werden, bei diesem Verfahren das Ergebnis in geringerem Grade beeinflussen als beim Filterverfahren.

Weiss (Gerber, **21**, 63; 1895) hat übrigens vorgeschlagen, die Brühen nach gewichtsanalytischem Verfahren zu untersuchen, aber bei den

Trockenrückständen (beim Gesamtrückstand und bei den Nichtgerbstoffen) die Menge der Säure zu bestimmen (s. unter Säurebestimmung, S. **444**) und diese alsdann in Abzug zu bringen; säurefreier Gesamtrückstand minus säurefreie Nichtgerbstoffe ergibt die Menge der gerbenden Stoffe. Man vermeidet hierbei, daß die vom Hautpulver aufgenommene Säure als Gerbstoff bestimmt wird.

Außer Gerbstoff- und Nichtgerbstoffgehalt wird in gebrauchten Brühen häufig auch der Mineralstoffgehalt und der Gehalt an Gesamtsäure, sowie an flüchtiger und nichtflüchtiger Säure ermittelt. Der Mineralstoffgehalt wird in bekannter Weise durch vorsichtiges Veraschen des Gesamtrückstandes bestimmt. Von den durch Gärung gebildeten Säuren ist nach Wladika (Gerber, **16**, 3, 15, 28, 61; 1890) die flüchtige Säure im wesentlichen Essigsäure, die nichtflüchtige in der Hauptsache Milchsäure.

Zur Säurebestimmung (Gesamtsäure) dienen folgende Verfahren:

Verfahren von Procter. Dieses einfache Verfahren besteht darin, daß man aus einer Bürette zu der klar gefilterten Brühe so lange Kalkwasser von bekanntem Gehalte zufließen läßt, bis eine bleibende Trübung von Kalktannat entsteht. Die Brühen dürfen nicht zu dunkel sein; ist dies der Fall, so müssen sie verdünnt werden. Die Kohlensäure, die in den meisten, namentlich in nicht zu alten Brühen vorhanden ist, wird, soweit sie nicht beim Schütteln entweicht, hierbei ebenfalls bestimmt. Man kann diesen Fehler durch Entfernen der Kohlensäure durch Zugabe von Kochsalz und starkes Schütteln vor dem Titrieren vermeiden. Der Endpunkt ist bei diesem Verfahren nicht gut zu erkennen, weswegen das folgende vorzuziehen ist.

Verfahren nach Koch, abgeändert von Paessler und Spanjer (Collegium, **1903**, 10). Man mißt 25 ccm der klargefilterten Brühe in ein Erlenmeyer-Kölbchen und versetzt mit 25 ccm Gelatinelösung (man löst 5 bis 6 g reinste Gelatine in 1 l heißem Wasser auf und filtert die Lösung nach dem Erkalten). Es muß der beim Durchmischen entstehende Niederschlag sich gut und schnell in Form von Flocken absetzen; ist dies nicht der Fall, so ist die Ausfällung des Gerbstoffes mit einer verdünnteren Gelatinelösung auszuführen (bei schwachen Gerbbrühen genügt meist eine Gelatinelösung von 2 g im Liter). Man titriert alsdann, ohne zu filtern, mit $Ba(OH)_2$- oder KOH-Lösung von bekanntem Gehalte und ermittelt den Endpunkt durch Tüpfeln auf empfindlichem Lackmus- oder Azolithminpapier. Der Säuregehalt der Leimlösung muß besonders ermittelt und von dem Verbrauch an Lauge abgezogen werden. Der Gehalt an Gesamtsäure wird als Essigsäure in 100 ccm angegeben. Etwa vorhandene Kohlensäure kann vor dem Titrieren in der obenerwähnten Weise entfernt werden. Es ist sehr wesentlich, daß die Lösung vor dem Titrieren nicht gefiltert wird, weil der Niederschlag beträchtliche Mengen Säure zurückhält, die sonst der Bestimmung entzogen werden.

Sand und Law (Collegium, **1911**, 150) schlagen ein elektrometrisches Verfahren vor, dessen Ausführung eine kostspielige Apparatur erfordert und das sich deswegen nicht eingeführt hat.

Bestimmung der flüchtigen und nichtflüchtigen Säure. 100 ccm der Brühe werden im Wasserdampfstrom unter Anwendung eines Destillationsaufsatzes und eines Abflußkühlers so der Destillation unterworfen, daß in einem Zeitraume von $^3/_4$ bis 1 Stunde 300 ccm Destillat erhalten werden und hierbei die Brühe selbst bis auf etwa 20 ccm eingeengt wird. In einem bestimmten Teile des Destillates wird der Gehalt an flüchtiger Säure unter Zusatz von Phenolphthaleïn als Indicator durch Titrieren bestimmt und als Essigsäure berechnet. Zieht man von der Gesamtsäure die flüchtige Säure ab, so erhält man die nichtflüchtige Säure, die man durch Vervielfältigen mit 1,5 auf Milchsäure umrechnet.

Gebrauchte Gerbemittel. Zur Feststellung der Ausnutzung der Gerbemittel werden diese nach ihrer Verwendung auf den Gehalt an rückständigem Gerbstoff untersucht. Hierzu werden die Gerbemittel getrocknet, gemahlen und alsdann genau wie frische Gerbemittel untersucht. Näheres hierüber in dem Abschnitt „Untersuchung pflanzlicher Gerbemittel und Gerbstoffauszüge“ (S. 388ff.). Die Zusammensetzung ist auf den lufttrocknen Zustand der Gerbemittel anzugeben. Um den Gehalt an rückständigem Gerbstoff mit dem im frischen Gerbemittel vorhandenen Gehalt in zutreffender Weise vergleichen zu können, muß man den Gerbstoffgehalt des ausgelaugten Gerbemittels auf eine gleiche Gewichtsmenge des frischen Gerbemittels umrechnen, indem man den gefundenen Gerbstoffgehalt mit dem Gehalt des ursprünglichen Gerbemittels an Unlöslichem vervielfältigt und durch den Gehalt des ausgelaugten Gerbemittels an Unlöslichem teilt.

Gebrauchte Chrombrühen. a) Einbadbrühen. Bei den Einbadbrühen ist der Cr_2O_3 - Gehalt und die Basizität zu bestimmen. Der erstere kann in der gleichen Weise wie in Chromgerbextrakten (vgl. S. 425ff.) ermittelt werden, doch ist hierbei zu berücksichtigen, daß nach verschiedenen Feststellungen durch die Gegenwart von organischen Verbindungen, wie dies in der Regel für gebrauchte Chrombrühen gilt, die Oxydation des Chroms beim Arbeiten mit H_2O_2 oder Na_2O_2 beeinflußt wird. Man erhält dann zu niedrige Chromoxydgehalte. Es macht sich dies bereits beim Zusatz der Jodkaliumlösung bemerkbar, indem eine Trübung eintritt. Sobald dies der Fall ist, können die angegebenen Verfahren nicht angewandt werden. In solchen Fällen muß die Chrombrühe zur Trockne verdampft und der Rückstand geglüht werden. Im übrigen ist so zu verfahren, wie bei der Untersuchung von Chromgerbextrakten mit einem Gehalt an organischen Stoffen angegeben worden ist (S. 427ff.). Für den gleichen Zweck schlägt Schorlemmer eine Oxydation der Lösung mit Permanganat in folgender Ausführung vor: Man versetzt eine bestimmte Menge der Lösung (etwa 0,1 g Cr_2O_3 enthaltend) mit annähernd normaler Natronlauge, und zwar in Anteilen von je 10 ccm solange, bis der Niederschlag von $Cr(OH)_3$ in der überschüssigen Lauge sich wieder vollständig gelöst hat. Man versetzt mit einer starken Permanganatlösung und erhitzt zum Sieden. Die Farbe der Lösung schlägt hierbei in grün um und in der Flüssigkeit scheidet sich braunes Manganoxydhydrat ab. Man gibt von neuem kleine Anteile der Permanganatlösung zu, kocht auf und wiederholt dies, bis die rotviolette Farbe beim Kochen nicht mehr verschwindet. Dies ist der Endpunkt der Reaktion. Man gibt 1 oder 2 Tropfen Alkohol zu und kocht nochmals auf, um den Überschuß des Oxydationsmittels zu zerstören. Man filtert nunmehr die oxydierte Flüssigkeit in ein 250 ccm-Kölbchen, wäscht Filter und Niederschlag aus, bis alles Chromat daraus entfernt ist, säuert mit verdünnter Schwefelsäure an und füllt nach dem Abkühlen auf 250 ccm auf. Das Chromoxyd kann alsdann auf jodometrischem Wege oder nach einem der andren früher erwähnten Verfahren bestimmt werden. Die Basizität wird in der früher angegebenen Weise (S. 427) ermittelt.

b) Zweibadbrühen. Der Gehalt an Chromsäure im Chromierungsbad wird in der bereits mitgeteilten Weise (S. 429) maßanalytisch unter Anwendung von $^n/_{10}$-Eisenammonsulfatlösung und $^n/_{10}$-Kaliumbichromatlösung bestimmt. Den Gehalt an schwefliger Säure bzw. Thiosulfat im Reduktionsbad ermittelt man in bekannter Weise jodometrisch.

VI. Untersuchung des Leders[1]).

Probeentnahme. Zur Erzielung eines richtigen Durchschnittsmusters soll man nicht nur ein einziges beliebiges Stück aus einer Haut, sondern mehrere Stücke, die von verschiedenen Stellen, wie vom Kern, Hals und vom Bauch, und aus mehreren Häuten herrühren, verwenden. Die einzelnen Teile einer Haut unterscheiden sich hinsichtlich ihrer Zusammensetzung (namentlich infolge der ungleichen Stärke) nicht unwesentlich. Für die Untersuchung muß das Leder zunächst in kleine Stücke geschnitten und alsdann auf einer geeigneten Mühle zu einem vollständig gleichmäßigen wolligen Pulver vermahlen werden. Ist dies bei sehr stark gefetteten Ledern oder in anderen Ausnahmefällen nicht angängig, so muß das Leder auf jeden Fall in möglichst kleine Stücke zerschnitten werden.

a) Lohgares Leder.

Wasserbestimmung. 5 g des gemahlenen Leders werden im Trockenschrank bei 98,5 bis 100° C bis zum gleichbleibenden Gewicht getrocknet. Die Zusammensetzung des Leders wird, wenn es nicht ausdrücklich anders verlangt wird, nach dem Vorschlage von Schroeders (Dingl. polyt. Journ. **293**, 1894) auf den durchschnittlichen Wassergehalt, der der betreffenden Lederart als Jahresmittel zukommt, umgerechnet. Nach von Schroeder beträgt dieser bei ungefettetem Leder (Sohlleder, Vacheleder, Brandsohlleder) 18,0%, und der von gefettetem Leder (Riemenleder, Blankleder, Zeugleder, Geschirrleder, Oberleder) ist abhängig von dem Fettgehalt des Leders; er kann nach folgender Formel berechnet werden:

$$W = \frac{1800\,(100 - F)}{8200 + 1800\;(100 - F)},$$

[1]) Paessler, Die Verfahren zur Untersuchung des lohgaren und des chromgaren Leders (Selbstverlag, 1921).

wobei W den durchschnittlichen Wassergehalt und F den Fettgehalt in der Ledertrockensubstanz bedeutet. Zur Beurteilung des Wassergehaltes von lufttrocknem Leder, das einwandfrei gelagert worden ist, gilt folgendes: Wenn der durchschnittliche Wassergehalt des ungefetteten lohgaren Leders mit 18% anzunehmen ist, so geht er in der trocknen und warmen Jahreszeit bis auf etwa 15,5% herunter, steigt dagegen in der feuchten kalten Jahreszeit bis auf etwa 20,5%, so daß die Schwankungen im Laufe des Jahres rund 2,5% betragen. Für gefettetes Leder ergeben sich die durchschnittlichen Wassergehalte aus dem Fettgehalt der Ledertrockensubstanz. Die Schwankungen sind im allgemeinen im Laufe des Jahres etwas geringer und betragen etwa $\pm$ 2%.

Bei Ledern, die bei höheren Wärmegraden getrocknet werden, wie dies jetzt häufig der Fall ist, sind die Wassergehalte gewöhnlich niedriger, da diese Leder selbst bei längerem Lagern nicht wieder den Wassergehalt andrer Leder annehmen.

Bestimmung der Mineralstoffe (Asche). 5 g Leder werden in einer Porzellan- oder Platinschale bei Dunkelrotglut vorsichtig und vollständig verascht, bis sämtliche Kohleteilchen verbrannt sind. Man verwendet hierzu nicht das gemahlene, sondern geschnittene Leder, in dem eine besondere H_2O-Bestimmung auszuführen ist. Das Veraschen von Leder geht nur sehr langsam vonstatten. Der Mineralstoffgehalt normaler Leder (bezogen auf lufttrocknes Leder) schwankt etwa zwischen 0,3 und 1,6% und liegt bei geschwitzten Ledern naturgemäß niedriger als bei gekälkten. Ein Gehalt von mehr als 1,2% deutet meist auf eine ungenügende Entfernung des vom Äschern herrührenden Kalkes oder auf die Verwendung mineralstoffreicher Gerbstoffauszüge (sulfitierte Gerbstoffauszüge, Zellstoffauszüge) oder auf Zusatz von Magnesiasalzen zu den Gerbbrühen zur Beschleunigung der Gerbung oder auf eine Zurichtung des Leders mit Mineralstoffen (Ton oder dergl.) und ein solcher von über 2,5% bereits auf eine Beschwerung mit Mineralstoffen hin. Im Falle von Beschwerungen wird diese Grenze meist wesentlich überschritten, so daß zuweilen Mineralstoffgehalte bis zu 20% vorkommen. In solchen Fällen gibt eine qualitative Untersuchung der Asche Aufschluß über die Art der Beschwerung, woran sich die quantitative Bestimmung anzuschließen hat. Von mineralischen Beschwerungsmitteln kommen namentlich in Betracht: Bariumchlorid, Bariumsulfat (erst im Leder durch Umsetzung von löslichen Bariumsalzen mit Schwefelsäure oder löslichen Sulfaten gebildet), Magnesiumsulfat, seltener Kochsalz und Bleisalze. Bei Vorhandensein von Magnesiumsulfat gilt ein Leder, auch wenn der Mineralstoffgehalt nicht über 2,5% beträgt, als beschwert, sobald der Gehalt an MgO im Leder 1% übersteigt. Da beim Veraschen eines Leders mit einem Gehalt an $MgSO_4$ dieses infolge der Abspaltung der Schwefelsäure sich nur zu einem kleinen Teile wiederfindet, muß in solchen Fällen die Grenze niedriger gesetzt werden.

Bestimmung des Fettgehaltes. 20 g Leder werden im Soxhletschen Extraktionsapparat 3 bis 4 Stunden mit CS_2 ausgezogen, bis die ablaufende Flüssigkeit vollständig fettfrei ist. Die Menge des Fettes wird dann in bekannter Weise ermittelt. Diese Bestimmung hat auch bei nicht gefettetem Leder zu erfolgen, weil dieses von Natur aus Fett, sog. Blößenfett, enthält. Der Fettgehalt der ungefetteten Leder schwankt etwa innerhalb der Grenzen 0,2 bis 1,5%. Bei Vacheleder, das meist schwach abgeölt ist (mit Leinöl, Tran oder Mineralöl), geht er zuweilen bis zu 3% hinauf. Bei nichtgefetteten Ledern findet man mitunter noch höhere Fettgehalte, besonders in den stärkeren Kernteilen, als Folge einer abweichenden Ernährungsweise. Ferner haben Schaffelle in der Regel wesentlich höhere natürliche Fettgehalte.

Bestimmung des Auswaschverlustes bzw. des Gehaltes an auswaschbarem Gerbstoff und Nichtgerbstoff. Jedes lohgare Leder enthält eine gewisse Menge an Stoffen (Gerbstoff und Nichtgerbstoffe), die durch Wasser von Zimmerwärme ausgelaugt werden können und die man als „Auswaschverlust" zusammenfaßt. Zu ihrer Bestimmung wird das entfettete und von CS_2 befreite Lederpulver in die Kochsche Auslaugevorrichtung (s. S. 391) unter Weglassung von Sand eingefüllt. Nachdem es etwa 12 Stunden mit Wasser eingeweicht gestanden hat, laugt man bei Zimmerwärme innerhalb $1^1/_2$ bis 2 Stunden auf genau 1 Liter aus. Man dampft 200 ccm (entspr. 4 g Leder) der gefilterten Lösung in einer Platin- oder Porzellanschale ein, trocknet den Rückstand bis zum gleichbleibenden Gewicht, verascht und wiegt wieder. Man erhält so die Menge des organischen Auswaschverlustes. Beschwerungen mit löslichen Mineralstoffen, wie $BaCl_2$, NaCl, $MgSO_4$ usw., werden auch auf diesem Wege nachgewiesen. 500 ccm der Lösung (entspr. 10 g Leder) werden zur Bestimmung der Nichtgerbstoffe auf 125 ccm eingeengt und in diesen wird der Gerbstoff wie bei der Gerbstoffbestimmung in Gerbemitteln mit Hautpulver entweder nach dem Filter- oder nach dem Schüttelverfahren (s. S. 398ff.) entfernt. 50 ccm der entgerbten Lösung werden eingedampft und der Rückstand wird in üblicher Weise behandelt und dann verascht. Man findet so die Menge der organischen Nichtgerbstoffe. Der Gerbstoff ergibt sich in folgender Weise: Auswaschverlust (aschefrei) minus Nichtgerbstoffe (aschefrei).

Aus Rücksicht auf einen etwaigen Gehalt des Leders an Magnesiumsulfat und auf dessen abweichendes Verhalten beim Veraschen ist zur Vermeidung eines ungenauen Ausdrucks in der Zusammensetzung des Leders vorgeschlagen worden, bei der Aschebestimmung nur die unlöslichen Mineralstoffe durch Veraschen des mit Wasser ausgezogenen Leders anzugeben und ferner den Auswaschverlust und ebenso den Gerbstoff und die Nichtgerbstoffe nicht aschefrei aufzuführen, sondern einschließlich der löslichen Mineralstoffe.

Der organische Auswaschverlust ist bei den verschiedenen Ledersorten sehr ungleich und beträgt bei unbeschwerten Leder (lufttrocken)

bei	Sohlleder und Vacheleder	etwa	3	bis	20%
„	Riemenleder	„	3	„	10%
„	Oberleder	„	3	„	10%

Leder, die mit sehr starken Brühen ausgegerbt sind, zeigen hohe Auswaschverluste. Man kann deswegen bis zu einem gewissen Grade aus der Höhe des Auswaschverlustes in manchen Fällen Schlüsse auf das zur Herstellung des Leders benutzte Gerbverfahren ziehen. Die höchsten Auswaschverluste sind bei den norddeutschen Sohlledern, bei den englischen Vacheledern und bei den österreichischen Knoppern- und Valoneenterzen zu finden.

Die Trennung des Auswaschverlustes in Gerbstoff und Nichtgerbstoffe führt auch zur Erkennung und zum Nachweis von Beschwerungen mit organischen Stoffen, wie Zucker, Glycerin und dergl. (die am häufigsten vorkommende Beschwerung ist die mit Stärkezucker). Ergibt sich ein Vorherrschen der Nichtgerbstoffe gegenüber dem Gerbstoff (in unbeschwerten Ledern ist die Menge des auswaschbaren Gerbstoffes mindestens ebenso hoch als die Menge der Nichtgerbstoffe), so ist Beschwerung anzunehmen. Man muß dann eine quantitative Zuckerbestimmung ausführen (näheres hierüber unten bei der Zuckerbestimmung).

Bestimmung der Hautsubstanz und des gebundenen Gerbstoffes. Man macht hierbei von der Tatsache Anwendung, daß die Hautsubstanz einen bestimmten N-Gehalt hat und daß die übrigen Bestandteile des Leders N-frei sind. Man berechnet also aus dem N-Gehalt des Leders den Gehalt an Hautsubstanz. Die Menge des gebundenen Gerbstoffes ist alsdann 100 minus der Summe der übrigen Bestandteile (Wasser + Mineralstoffe + Fett + org. Auswaschverlust + Hautsubstanz). Nach von Schroeder und Paessler (Collegium **1905**, 340) ist der N-Gehalt der wasser-, asche- und fettfreien Hautsubstanz:

17,8% bei den Blößen von Rind (Kalb, Kips), Roß und Schwein (1% N entspr. mithin 5,62% Hautsubstanz);
17,4% bei den Blößen von Ziege, Hirsch und Reh (1% N entspr. mithin 5,75% Hautsubstanz);
17,1% bei den Blößen von Schaf (1% N entspr. mithin 5,85% Hautsubstanz).

Die N-Bestimmung erfolgt nach dem Kjeldahlschen Verfahren mit 0,6 g Lederpulver (S. 441). Die Untersuchungsergebnisse werden nach folgendem Muster zusammengestellt:

Wasser
Mineralstoffe
Fett
Organ. Auswaschverlust { Gerbstoff / Nichtgerbstoff }
Ledersubstanz { Gerbstoff / Hautsubstanz }

v. Schroeder hat noch die Begriffe Rendementszahl (R) und Durchgerbungszahl (D) eingeführt, die sich aus der Zusammensetzung des Leders ableiten und die ein besseres Urteil über das erzielte Lederrendement und über die Durchgerbung (namentlich beim Vergleiche mehrerer Leder) gestatten als dies sonst bei der prozentischen Zusammensetzung möglich ist.

Die Rendementszahl (R) eines Leders gibt an, wieviel Teile lufttrocknes Leder aus 100 Teilen Hautsubstanz hervorgegangen sind.

Beispiel: Ein Leder enthält im lufttrocknen Zustande 45,0% Hautsubstanz:

$$R : 100 = 100 : 45{,}0$$

$$R = \frac{100 \cdot 100}{45} = 222\,.$$

Die Durchgerbungszahl (D) eines Leders gibt an, wieviel Teile Gerbstoff 100 Teile Hautsubstanz gebunden haben.

Beispiel: Ein Leder enthält im lufttrocknen Zustande 45,0% Hautsubstanz und 30% Gerbstoff (nicht auswaschbar):

$$D : 100 = 30 : 45$$

$$D = \frac{100 \cdot 30}{45} = 67\,.$$

Nach von Schroeder und Paessler liegt D bei den meisten Ledern wesentlich unter 100, doch kommen bei sehr satter Durchgerbung Leder vor, bei denen D 100 erreicht, mitunter sogar überschreitet.

Bestimmung des Zuckergehaltes. Dieser wird meist nur dann bestimmt, wenn der Auswaschverlust hoch ist und wenn bei ihm die Nichtgerbstoffe gegenüber dem Gerbstoff vorwiegen, so daß eine Beschwerung mit Zucker wahrscheinlich ist. Geringe, aus den Gerbebrühen herrührende Zuckermengen finden sich in den meisten Ledern; nach v. Schroeder kann man für die unbeschwerten Leder als Durchschnitt einen Zuckergehalt von 0,25% annehmen, wobei Schwankungen von Spuren an Zucker bis zu etwa 2% vorkommen können. Bei nachweislich beschwerten Ledern betragen die Zuckergehalte 2 bis 16 und noch mehr Hundertteile. Die Zuckerbestimmung wird nach denselben Verfahren wie bei den Gerbemitteln und Gerbstoffauszügen ausgeführt (vgl. S. 409 ff.). Man verwendet hierfür 400 ccm des Lederauszuges (von der Bestimmung des Auswaschverlustes herrührend), die auf genau 100 ccm eingeengt werden (entspr. 8 g Leder). Diese 100 ccm werden, wie bereits beschrieben, zur Ausfällung des Gerbstoffes mit Bleiessig behandelt und in einem Teile des Filtrates wird das Blei mit Natriumsulfat gefällt. 40 ccm der vom Bleisulfatniederschlage abgefilterten Lösung, die 2,645 g Leder entsprechen, dienen alsdann zur Zuckerbestimmung. Hierbei werden nur die traubenzuckerartigen Stoffe, aber nicht die rohrzuckerartigen und dextrinartigen Stoffe des technischen Stärkezuckers und der Melasse ermittelt. Um auch diese zu bestimmen, werden weitere 40 ccm (entspr. 2,645 g Leder) der gleichen Lösung zur Überführung in Invertzucker in der bereits früher beschriebenen Weise (S. 411) behandelt. 50 ccm (entspr. 1,323 g Leder) der auf 100 ccm aufgefüllten Lösung dienen alsdann zur Bestimmung des Traubenzuckers und Invertzuckers.

Die Zuckerbestimmung kann übrigens auch auf titrimetrischem Wege, wie ebenfalls bereits beschrieben (S. 411), ausgeführt werden.

Bestimmung des Gehaltes an freier Schwefelsäure. Ein derartiger Gehalt wirkt nachteilig auf die Haltbarkeit des Leders. Besonders nach längerem Lagern stellt sich eine Brüchigkeit ein, die sich bis zum völligen

Zerfall des Leders steigern kann. Wegen dieser Nachteile soll alles vermieden werden, was dazu führen kann, daß das Leder freie Schwefelsäure enthält. Freie Schwefelsäure wird namentlich zum Schwellen der Häute oder zum Bleichen von Ledern, die in der Farbe zu dunkel ausgefallen sind, verwendet. Zum qualitativen Nachweis freier Säure, besonders von Mineralsäuren, kann ein Einlegen eines schmalen Lederstreifens in Wasser, das mit Kongorot gefärbt ist, dienen. Bei Gegenwart freier Säuren tritt je nach dem Gehalte an den Berührungsstellen eine mehr oder weniger rasche Blaufärbung ein. Zur quantitativen Bestimmung freier Schwefelsäure ist eine ganze Reihe von Verfahren vorgeschlagen worden, namentlich das von Balland und Maljean mit seinen verschiedenen Abänderungen durch Paessler, Sluyter, Arnoldi und Rehbein, ferner die von Jean, Wünsch und Kohnstein. Das Verfahren von Balland und Maljean mit seinen Abänderungen beruht darauf, daß das Leder einerseits ohne weiteres, anderseits unter Zusatz von Soda verascht wird. Im ersteren Falle erhält man die gebundene, im letzteren Falle die Gesamt-Schwefelsäure, durch Abziehen der gebundenen von der Gesamt-Schwefelsäure die freie Schwefelsäure. Wenn auch einzelne dieser Verfahren früher, als nur die Verwendung pflanzlicher Gerbemittel in Betracht kam, befriedigende Ergebnisse lieferten, so hat sich dies namentlich mit der Einführung der künstlichen Gerbstoffe und von Zellstoffauszug, die meist Sulfogruppen enthalten, geändert. Die in dieser Form vorhandene Schwefelsäure wird bei diesen Verfahren als freie bestimmt. Diesen Verhältnissen trägt Immerheiser (Collegium, **1918**, 293, **1920**, 360) bei seinem Verfahren Rechnung. Zunächst hat er nachgewiesen, daß entgegen den bisherigen Anschauungen freie Schwefelsäure dem Leder durch Ausziehen mit Wasser vollständig entzogen werden kann. Dieser wäßrige Auszug wird mit Quarzsand zur Trockne verdampft und der Rückstand wird mit vollständig wasserfreiem Äther aufgenommen, wobei nur freie Schwefelsäure in den Äther übergeht, während Sulfate und Bisulfate ungelöst bleiben. Die ätherische Lösung wird abgedunstet und der Rückstand mit Wasser auf dem Wasserbad behandelt, um die gebildete Äthylschwefelsäure, die ein lösliches Bariumsalz bildet, aufzuspalten. Alsdann wird die Schwefelsäure in bekannter Weise als $BaSO_4$ bestimmt. Immerheiser hat weiter gefunden, daß bei der Einwirkung freier Schwefelsäure auf Leder meist die größte Menge durch die im Leder vorhandenen Basen gebunden wird und daß nach seinem Verfahren auch in Ledern, die nachweislich durch einen Gehalt an freier Schwefelsäure zermürbt sind, entweder keine oder nur eine geringe Menge von freier Schwefelsäure gefunden wird. Er führt dies darauf zurück, daß diese, wie erwähnt, teils durch die Basen gebunden wird, teils auf die Hautsubstanz wirkt und hierbei ihren Abbau in einfachere Verbindungen hervorruft, der bis zur Bildung von Ammonsalzen gehen kann. Er ist deswegen der Ansicht, daß man bei einer Prüfung eines Leders auf die Ursache der brüchigen oder mürben Beschaffenheit weniger darauf prüfen soll, ob das Leder freie Säuren enthält, sondern den N-Gehalt und den Gehalt des wäßrigen Auszuges an löslichen Sulfaten bestimmen soll. Diese lassen dann einen Rückschluß zu, ob etwa ein zersetzender Einfluß durch freie Schwefelsäure vorliegt.

Bestimmung des Kalkgehaltes. Diese Bestimmung wird vorgenommen, um festzustellen, ob der beim Äschern in die Häute gelangte Kalk in der Hauptsache wieder entfernt ist. Sie hat nur Zweck, wenn der Aschegehalt des Leders die übliche Grenze übersteigt. Diese Bestimmung wird in der von der Aschebestimmung herrührenden Asche nach Ausfällung des Eisens usw. in bekannter Weise ausgeführt.

Art der Gerbung. Es ist mit chemischen Reaktionen nicht möglich, mit Sicherheit zu entscheiden, mit welchen Gerbemitteln ein Leder gegerbt ist. Dem Fachmanne sind zur Entscheidung in derartigen Fragen äußere Merkmale, wie Farbe, Schnitt usw. maßgebend, doch ruhen diese meist auf sehr unsicherer Grundlage. Nach Procter soll die Verwendung von Fichtenrinde zum Gerben daran zu erkennen sein, daß ein solches Leder beim Eintauchen in eine starke Lösung von Zinnchlorür und Salzsäure eine ausgeprägt rosenrote Farbe annimmt. Einige Tropfen des wäßrigen Auszuges eines mit Valonea gegerbten Leders geben mit einem Natriumsulfitkristall eine prächtig purpurrote Farbe. Lauffmann hat sich mit der Frage des Nachweises der zur Gerbung verwendeten pflanzlichen Gerbemittel, ferner auch des Nachweises von Zellstoffauszug und von künstlichen Gerbstoffen (Neradol usw.) im Leder befaßt und einige Arbeiten hierüber veröffentlicht, die diesen Gegenstand sehr eingehend behandeln, weswegen auf die Originalarbeiten verwiesen werden muß. („Ledertechnische Rundschau“ der „Lederindustrie“, **1914**, Nr. 51 und 52; **1915**, Nr. 16; **1917**, Nr. 23; **1919**, Nr. 45/46).

b) Chromgares Leder.

Wasser-, Asche-, Fett- und Hautsubstanzgehalt. Diese Gehalte werden in genau derselben Weise wie beim lohgaren Leder ermittelt. Der Aschegehalt ist natürlich bei dieser Lederart viel höher als bei lohgarem Leder. Meist werden die einzelnen Aschebestandteile, namentlich der Cr_2O_3-Gehalt, für sich bestimmt. Bei nicht beschwerten Chromledern beträgt der Aschegehalt etwa zwischen 4 bis 10% von dem der Cr_2O_3-Gehalt ungefähr 2 bis 5% ausmacht. Die übrigen Aschebestandteile sind gewöhnlich in der Hauptsache Alkalisalze. Bei der Beurteilung des Aschegehaltes ist übrigens zu berücksichtigen, daß die Asche allein nicht den wirklichen Gehalt des Leders an anorganischen Bestandteilen darstellt, sondern daß dieser größer ist, da die an Cr_2O_3 und Al_2O_3 (vielfach auch im Chromleder vorhanden) gebundenen Säuren beim Veraschen ausgetrieben werden und außerdem etwa vorhandener freier Schwefel verbrennt.

Cr_2O_3-Gehalt. Man verascht 2 bis 3 g des zerkleinerten Leders, schmilzt die Asche mit ihrer 10fachen Menge eines Gemisches von 30 Teilen Na_2CO_3, 10 Teilen K_2CO_3 und 2 Teilen $KClO_3$, bis keine grünlichen Teilchen mehr sichtbar sind, löst die Schmelze in Wasser und verfährt im übrigen in der gleichen Weise wie bei der Untersuchung von Chromextrakten (S. 425 ff.). Sind größere Mengen von Eisen vorhanden, so muß in derselben Weise wie ebenfalls dort beschrieben gearbeitet werden. Man schließt im Platintiegel auf, der anfangs schwach und dann 15 bis 20 Minuten vor dem Gebläse erhitzt wird. Es ist zweckmäßig, während des Erhitzens vor dem Gebläse noch ein- bis zweimal eine Messerspitze des obigen Gemisches in den Tiegel zu geben.

Al_2O_3-Gehalt. Enthält das Leder Al_2O_3, so werden 3 g in der gleichen Weise wie bei der Cr_2O_3-Bestimmung durch Schmelzen aufgeschlossen. Die Schmelze wird in heißem Wasser gelöst und das Filtrat dieser Lösung auf 250 ccm aufgefüllt. In 100 ccm dieser Lösung wird die CrO_3 nach Zusatz von Salzsäure und einigen Tropfen Alkohol durch anhaltendes Kochen reduziert. Man fällt alsdann Cr_2O_3 und Al_2O_3 mit Ammoniak aus und bringt beide in bekannter Weise zur Wägung. In weiteren 100 ccm der Lösung wird das Cr_2O_3 in der früher angegebenen Weise jodometrisch bestimmt. Die Al_2O_3 ergibt sich dann als Unterschied aus den beiden Bestimmungen.

Gehalt an Schwefelsäure und an Alkalien. 5 g des mit CS_2 vom Fett und S befreiten Leders werden in etwa 50 ccm rauchender Salpetersäure bei Zimmerwärme in etwa 12 bis 24 Stunden gelöst, was sich bei mäßigem Erwärmen wesentlich beschleunigen läßt. Nach dem Auflösen des Leders zu einer grünlichen Flüssigkeit wird der größte Teil der Salpetersäure durch wiederholtes Eindampfen verjagt. Der Rückstand wird in Wasser gelöst, auf 500 ccm aufgefüllt und diese Lösung, wenn nötig, gefiltert. In 200 ccm dieser Lösung bestimmt man in bekannter Weise durch Fällen mit $BaCl_2$ die Schwefelsäure. Von dem gefundenen Gehalt an SO_3 ist für jedes Hundertteil der im Leder enthaltenen Hautsubstanz 0,005% SO_3 abzuziehen, weil bei diesem Verfahren der Schwefel der Hautsubstanz ebenfalls in SO_3 übergeführt wird. In anderen 200 ccm der Lösung bestimmt man die Alkalien. Man dampft diese Lösung zur Trockne, glüht zur Zerstörung der organischen Stoffe schwach und zieht den Rückstand mit HCl-haltigem Wasser aus. Aus dieser Lösung werden Cr_2O_3, Al_2O_3, F_2O_3, CaO und MgO durch Zusatz von Ammoniak und Ammoncarbonat ausgefällt. Das Filtrat wird mit einigen Tropfen verdünnter Schwefelsäure zur Trockne verdampft, der Rückstand zur Entfernung der Ammonsalze schwach geglüht. Die Alkalien werden alsdann als Sulfate gewogen. Falls Kali und Natron, die beide meist neben einander im Chromleder vorkommen, getrennt bestimmt werden sollen, kann die Trennung hierauf in bekannter Weise vorgenommen werden.

Gehalt an Cl. 3 bis 4 g Leder werden mit 25 ccm einer 10 proz. Sodalösung (chloridfrei!) getränkt, getrocknet und dann vorsichtig verascht, am besten in der Muffel oder in einem elektrischen Ofen. Die Asche wird mit heißem Wasser vollständig ausgezogen und in dem Filtrat oder in einem bestimmten Teile (die zu titrierende Lösung muß mit Salpetersäure genau neutralisiert werden) das Cl-Jon mit $^{n}/_{10}$-$AgNO_3$-Lösung unter Verwendung einer neutralen K_2CrO_4-Lösung als Indikator (nicht mehr als 3 Tropfen einer 10 proz. Lösung) titriert.

Schwefelgehalt. Chromleder enthält vielfach freien Schwefel, der beim Ausziehen des Fettes mit CS_2 mit in das Fett übergeht. Es soll hierfür stets ein frisch destillierter Schwefelkohlenstoff verwendet werden. Zur

Bestimmung des S-Gehaltes wird das Fett von der Fettbestimmung mit roter rauchender Salpetersäure oxydiert. Die Lösung wird auf dem Wasserbad unter Zusatz von Wasser mehrmals zur Trockne verdampft, dann mit Soda versetzt und nach dem Überspülen in eine Platinschale wiederum eingedampft. Der Rückstand wird zur Zerstörung der organischen Stoffe vorsichtig geglüht und die Asche mit HCl- und Br-haltigem Wasser ausgezogen. In dieser Lösung fällt man die Schwefelsäure mit $BaCl_2$ in bekannter Weise. $BaSO_4 \cdot 0{,}137 = S$. Der auf diese Weise berechnete S-Gehalt muß übrigens von dem durch Ausziehen mit CS_2 ermittelten Fettgehalt abgezogen werden, um den richtigen Fettgehalt zu finden.

Physikalische Prüfungsverfahren.

Diese Verfahren beziehen sich zumeist auf lohgares und auch auf chromgares Leder.

Spezifisches Gewicht. Ein gewogener Streifen von etwa 25 bis 30 cm Länge und 1 bis 1,5 cm Breite wird in einem mit $^1/_2$ ccm-Teilung versehenen und zum Teil mit Hg gefüllten Glasrohre mit einer Nadel vollständig untergetaucht, so daß man das Volumen der vom Leder verdrängten Hg-Menge bis auf $^1/_4$ ccm ablesen kann. Das spezifische Gewicht wird in bekannter Weise berechnet. Ein andres Verfahren, das bei allen weichen Ledern angewandt werden muß, besteht darin, daß man ein genau quadratisch geschnittenes und gewogenes Stück Leder mit einer mit Nonius versehenen Schublehre nach allen Ausdehnungen bis auf 0,01 mm mißt. Es wird alsdann das Volumen und aus diesem und dem Gewicht das spezifische Gewicht des Leders berechnet. Dieses wird entweder auf den Wassergehalt, den das Leder tatsächlich hat, oder auf den mittleren Wassergehalt angegeben. Es muß deswegen mit dieser Bestimmung stets zugleich der Wassergehalt ermittelt werden. Bei nicht beschwerten lohgaren Ledern schwankt das spezifische Gewicht je nach der Art der Gerbung und der Zurichtung (ob gewalzt oder nicht, ob stark oder schwach gewalzt) von etwa 0,8 bis 1,1 und bei Chromledern von etwa 0,6 bis 0,9.

Prüfung auf Durchgerbung. Diese Prüfung wird namentlich bei pflanzlich gegerbtem Leder ausgeführt. Dieses Leder soll bis ins Innere und möglichst gleichmäßig durchgegerbt sein. Man überzeugt sich davon, indem man es an der stärksten Stelle der Haut (in der Schwanzgegend etwas seitlich von der Rückenlinie) anschneidet und das Aussehen dieses Schnittes prüft. Ein empfindlicheres Verfahren ist die Essigsäureprobe, für die ebenfalls aus dem stärksten Teile ein Stück herausgeschnitten wird. Man schneidet sich alsdann mehrere möglichst genau 1,5 mm starke und etwa 4 cm lange Schnitte, was am zweckmäßigsten mit einer hierfür gebrauchten mikrotomartigen Lederschneidevorrichtung[1]) ausgeführt wird. Diese Schnitte legt man genau zwei Stunden in 30proz. Essigsäure (spez. Gewicht 1,04). Satt durchgegerbtes Leder verändert sich hierbei nicht, schwillt nur wenig auf, färbt die Säure bräunlich und erscheint, gegen das Licht betrachtet, dunkel oder in seiner ganzen Stärke

[1]) Zu beziehen durch Mechaniker A. Meißner, Freiberg i. Sa.

bräunlichrot. Leder, das nicht genügend durchgegerbt ist, quillt stark auf und zeigt, wenn man es gegen das Licht betrachtet, in der Mitte einen durchscheinenden wachsgelben Streifen.

Prüfung auf Wasserdurchlässigkeit. Hierfür sind verschiedene Verfahren vorgeschlagen worden. Bei der Vorrichtung von Kilp (Journ. Amer. Leath. Chem. Assoc. **1916**, 36) wird ein an einem Ende eines Rohres dicht angeklebtes Lederstück dem Drucke einer Wassersäule von bestimmter Höhe ausgesetzt und der Zeitpunkt gemessen, bis zu dem die ersten Wassertropfen das Leder durchdringen, was durch eine elektrische Läutevorrichtung angezeigt wird. Nihoul schlägt vor, anstatt der Zeit bis zum Durchdringen der ersten Tropfen die innerhalb einer bestimmten Zeit durchgetropfte Wassermenge zu messen. Bei dem Verfahren von Thuau und Korsak (Collegium, **1910**, 229) wird das Lederstück an der Öffnung einer Procterschen Filterglocke (vgl. Untersuchung der Gerbstoffauszüge, S. 400) oder eines Trichters mit Lack oder Kollodium dicht angeklebt. Die Glocke oder der Trichter wird mit einer Luftpumpe verbunden und bei gleichzeitigem Eintauchen des Leders in Wasser ein luftverdünnter Raum von 45 cm aufrecht erhalten. Es wird die bis zum Durchdringen von 10 ccm Wasser verflossene Zeit gemessen.

Prüfung auf Wasseraufnahme. Diese Prüfung ist namentlich bei der Untersuchung von Sohl- und Vacheleder von Bedeutung. Ein derartiges Leder ist im allgemeinen um so besser, je weniger Wasser es beim Einlegen in Wasser aufnimmt. Man legt ein Stück Leder von etwa 20 g Gewicht (in einem andren Stück ist eine Wasserbestimmung auszuführen) in eine flache Schale und begießt es mit Wasser, bis es davon bedeckt ist. Man wiegt nunmehr das Leder allstündlich und setzt dies fort, bis die Wasseraufnahme abgeschlossen ist. Bei dieser Art des Einlegens sind beträchtliche Auslaugungen, die die Ergebnisse beeinflussen könnten, nicht zu befürchten. Es ist unbedingt notwendig, daß bei der Angabe der Wasseraufnahme in Hundertteilen der Ledermenge stets ein gleicher Wassergehalt (am besten der mittlere, der bei ungefetteten Ledern 18% beträgt) zugrunde gelegt wird; nur dann sind Vergleiche zulässig.

Prüfung der Beständigkeit des Leders gegen kochendes Wasser (Wasserbeständigkeit nach Fahrion). Fahrion nimmt an, daß die Widerstandsfähigkeit des Leders gegenüber kochendem Wasser einen Maßstab für den Grad der Gerbung liefert, und hat zu ihrer Bestimmung das folgende von ihm als Heißwasserprobe bezeichnete Verfahren vorgeschlagen: Man bringt in ein 100 ccm-Kölbchen genau 1 g zerkleinertes Leder und 70 bis 80 ccm Wasser und stellt dieses 10 Stunden lang in ein kochendes Wasserbad, wobei man den Inhalt zeitweilig umschüttelt und das verdampfte Wasser wieder ersetzt. Man läßt dann auf 75 bis 80° abkühlen, füllt mit Wasser von Zimmerwärme bis zur Marke auf, schüttelt durch und filtert durch ein ziemlich engmaschiges Leinwandfilter. Vom Filtrat werden 50 ccm in einer Platinschale auf dem Wasserbad eingedampft. Der Rückstand wird bei 105 bis 110° bis zum gleichbleibenden Gewicht getrocknet und gewogen, alsdann verascht und wieder gewogen. Der Gewichtsunterschied ergibt mit 200 vervielfältigt den Gehalt an Wasserlöslichem. Außerdem wird im Leder der Gehalt an Wasser und Asche bestimmt. Den Gehalt an den bei dieser Behandlung nicht gelösten organischen Bestandteilen, ausgedrückt in Hundertteilen der ursprünglich vorhandenen wasser- und aschefreien Trockensubstanz bezeichnet Fahrion als Wasserbeständigkeit (W.B.). Er fand z. B. folgende Zahlen für die Wasserbeständigkeit: Lohgares Sohlleder 54,5, lohgares Oberleder 70,0, chromgares Leder 90,4 (Einbadverfahren) und 86,4 (Zweibadverfahren), Sämischleder 80,5.

Prüfung auf Haltbarkeit. Man hat mehrere Vorrichtungen vorgeschlagen, um damit die verschiedenen Ledersorten auf Reißfestigkeit (namentlich bei Riemen- und Blankleder)[1], auf Widerstand gegenüber Reibung (Sohlleder) und gegenüber Knickung (Oberleder) untersuchen zu können. Zur Anwendung kommen jedoch nur die Vorrichtungen zur Bestimmung der Reißfestigkeit, bei denen gleichzeitig die Dehnung des Leders ermittelt wird. Paessler (Collegium, **1909**, 45) hat durch eingehende Versuche den Einfluß verschiedener Gerb- und Zurichteverfahren auf die Reißfestigkeit von lohgarem Riemenleder festgestellt. Es hat sich hierbei ergeben, daß die Zerreißfestigkeit nicht nur bei verschiedenen Häuten derselben Gerbung und Zurichtung, sondern auch an verschiedenen Teilen ein und derselben Haut sehr ungleich ist, so daß aus den Ergebnissen einer einzelnen Bestimmung Schlüsse auf die Festigkeit einer Haut oder eines Treibriemens nicht gezogen werden dürfen. Kammerer hat deswegen vorgeschlagen, Riemenprüfungen als Dauerversuche mit allmählich steigender Belastung bei unzerschnittenen Riemen auf besonders hierfür gebauten Apparaten auszuführen. Prüfungen an Einzelproben können mit allen für Reißfestigkeitsprüfungen geeigneten Vorrichtungen, u. a. mit dem Schopperschen Festigkeitsprüfer vorgenommen werden. Die Zerreißfestigkeit wird in Kilogramm auf 1 qmm Querschnitt, die Dehnung in Hundertteilen der Länge des Lederstreifens, und zwar bei 1,2 usw. kg Belastung auf 1 qmm Querschnitt und schließlich im Augenblicke des Zerreißens angegeben. Gutes pflanzlich gegerbtes Riemenleder soll eine Reißfestigkeit von mindestens 3 kg haben, bei chromgaren und fettgaren Leder beträgt sie im Mittel etwa 4 bis 5 kg und steigt bis zu 7 kg auf 1 qmm Querschnitt.

[1] C. Bach, Festigkeit und Dehnung von Treibriemenleder. Zeitschrift d. V. D. Ing. **1884**, 740.

Leim und Gelatine.

Von

Dr. **Alfred Schlesinger,** Memmingen i. B.

1. Leim.

Die unter der Bezeichnung Leim in den Handel gebrachten Klebstoffe sind, sowohl was Herstellung als auch was chemische Zusammensetzung anbetrifft, oft ganz verschiedene Produkte, und zwar können sie tierischen, pflanzlichen oder mineralischen Ursprungs sein. Von besonderem technischen Interesse sind die tierischen Leime. Die Pflanzen- und Mineralleime seien nur der Vollständigkeit halber erwähnt. Erstere sind entweder Dextrin- oder Stärkepräparate (Sichelleim), besonders für Maler- und Tapeziererzwecke geeignet, letztere Natriumsilicat- oder Wasserglaslösungen. Fernerhin könnten noch die aus den Sulfitablaugen hergestellten Klebstoffe hier angeführt werden.

Tierische Leime. Je nach den Rohmaterialien, aus welchen dieselben hergestellt sind, hat man zwischen Leder- und Knochenleim zu unterscheiden. Die tierischen Leime sind keine einheitlichen chemischen Körper. Beim Behandeln des Kollagens, der leimgebenden Substanz der Knochen, Knorpeln und Hautabschnitte, mit kochendem Wasser geht ersteres in Lösung und man erhält Leim- oder Glutinlösungen, die beim Erkalten zu einer gallertartigen Masse erstarren. Trocknet man dieselbe vorsichtig, so erhält man eine je nach den Verunreinigungen mehr oder weniger gelblich gefärbte Substanz, die bisher noch nicht krystallisiert erhalten werden konnte. Sie quillt, ohne sich zu lösen, in kaltem Wasser; in der Wärme tritt Lösung ein, beim Erkalten erstarrt, gelatiniert sie wieder. Längeres Erhitzen der Lösung, und zwar sowohl der neutralen als auch der alkalischen oder sauren hebt die Gelatinierfähigkeit auf, da hierbei Spaltungen eintreten. Spaltungsprodukte sind Glykokoll, Leucin, Glutaminsäure, wie bei anderen Eiweißverbindungen, dagegen fehlt das Tyrosin.

Die Glutinlösungen werden durch Mineral- und Essigsäure sowie durch Schwermetallsalzlösungen nicht gefällt, wohl aber durch Platin- und Zinnchlorid. Alkohol und Tannin fällen Glutin aus seinen Lösungen; auf ersterem Verhalten beruht eine Bestimmung von Nichtleim in Leimlösungen nach Stelling, auf letzterem eine Bestimmung der Gerbstoffe in Gerbmaterialien.

Leimsorten des Handels. Der Leim kommt meist in Form von Tafeln oder Platten in den Handel. Leimpulver hat sich, obgleich seine Vorbereitung zur Verarbeitung viel einfacher ist als die des Tafelleims, da es nicht so lange gequollen werden muß wie dieser, nicht so eingeführt, wie eigentlich zu erwarten gewesen wäre. Die Ursache dürfte darin zu suchen sein, daß von unreellen Händlern verdorbener Tafelleim vermahlen und als reguläre Ware verkauft wurde. Das in Vakuumtrockenschränken getrocknete Pulver ist dem durch Mahlen der Tafeln erhaltenen qualitativ weit überlegen.

Fernerhin trifft man im Handel bisweilen sog. Knorpelleim oder Bruchgelatine. Es sind dies meist durch Trocknen in Vakuumtrockenschränken erhaltene Leimkrusten, die im Gegensatz zum Leimpulver nicht fein vermahlen wurden. Allerdings kommen auch auf andere Weise hergestellte Knorpelleime im Handel vor, die qualitativ weniger hoch stehen wie die im Vakuum getrockneten.

Leimgallerte wird jetzt wenig mehr gehandelt infolge der hohen Frachtkosten; sie stellt auf 40 bis 50% eingedickte Leimbrühen dar, die meist einen ziemlich hohen SO_2-Gehalt oder andere Konservierungsmittel aufweisen.

Weißer sog. russischer Leim ist gewöhnlicher Leim mit Zusatz von einigen Prozenten Zinkweiß oder Lithopone.

Schwarzer Leim (colle de confiserie) wurde vor dem Krieg hauptsächlich in Belgien hergestellt und durch Zusatz von Ruß gefärbt.

Flüssigen Leim erhält man aus gewöhnlichem Leim durch Zusatz von Essigsäure oder ameisensauren oder Rhodansalzen.

Beticol ist ein in Wasser leicht lösliches Leimpulver. Es wird nach einem amerikanischem Patent durch Zusatz von naphtholsulfosaurem Natrium zum Leim erhalten und eignet sich besonders für Malerzwecke.

Prüfung des Leims.

Das Äußere eines Tafelleims bietet dem geübten Fachmann Merkmale, die es ihm gestatten, denselben meist besser zu beurteilen als dies der Nichtfachmann mit Analysenmethoden tun kann. Ob ein Leim klar oder trübe ist, gibt für die Qualitätsbestimmung keine Handhabe. Der Leim soll vor allem hart, d. h. vollständig trocken und nicht stark hygroskopisch sein; große Hygroskopizität weist darauf hin, daß er bei der Fabrikation gelitten hat. Die Tafeln sollen beim Anhauchen möglichst wenig, jedenfalls aber nicht unangenehmen Geruch besitzen. Sind die Tafeln dünn, so sollen sie sich bis zu einem gewissen Grad biegen lassen, ohne zu brechen; der Bruch soll muschelig, nicht glasig sein. Nach 24stündigem Liegen in kaltem Wasser soll der Leim wohl stark quellen, sich aber nicht ablösen. Hohe scharfe Kanten und leichte Tafeln sind immer ein Beweis, daß der Leim bei der Fabrikation nicht stark konzentriert wurde; dies ist nur bei guten Qualitäten möglich, da schlechte bei geringer Konzentration nicht so erstarren, daß sie geschnitten werden können.

Ob es sich bei einer vorliegenden Leimprobe um Leder- oder Knochenleim handelt, läßt sich leicht aus der Asche feststellen. Lederleim hinterläßt eine nicht schmelzende, alkalisch reagierende Asche, während die Asche des Knochenleims meist schmilzt, neutral oder sauer reagiert und Sulfite, Sulfate und bisweilen auch Phosphate enthält.

Außer den bereits beschriebenen Merkmalen für die Bewertung eines Leimes gibt es noch chemische und physikalische Untersuchungsmethoden. Es muß jedoch gleich gesagt werden, daß zur Ausführung derselben und zur richtigen Bewertung der Resultate auch eine gewisse Übung gehört, da erstere durch Chemikalienzusätze künstlich günstig beeinflußt werden können. Die Anforderungen, welche man an den Leim stellen muß, sind je nach dem Verwendungszweck verschieden. Bei Leimen, die zu feinen Appreturen dienen sollen, wird Wert auf möglichst helle Beschaffenheit und geringen Säuregehalt gelegt, dagegen ist große Bindekraft nicht erwünscht. Leime für Zündholzfabriken dagegen sollen neben Säurefreiheit hohe Bindekraft haben. Bei Leimen für Tischlerzwecke wird außer auf Bindekraft häufig Wert auf helles Aussehen gelegt, damit beim Leimen heller Hölzer keine dunklen Fugen entstehen. Soll der Leim zur Herstellung plastischer Massen dienen, so wird man besonderes Augenmerk auf hohe Gallertfestigkeit richten müssen. Für die Buntpapierfabrikation kommt neben Säurefreiheit auch Fettfreiheit in Frage, da Fett und Säure Flecke im Papier hervorrufen.

Physikalische Untersuchungsmethoden.

Zur Bestimmung der Klebkraft des Leimes wurde von den Artilleriewerkstätten Spandau eine Methode ausgearbeitet, die, wenn sie gewissenhaft ausgeführt wird und mehrere nebeneinanderlaufende Versuche übereinstimmende Resultate ergeben, sehr brauchbar ist. Nach der Spandauer Methode arbeitet man wie folgt:

Man versetzt 3 Teile Leim, mindestens 250 g, mit 6 Teilen Wasser und kocht solange im Dampfbad, bis das Gewicht nur noch $^5/_9$ des ursprünglichen beträgt. Dieses lange Kochen ist deshalb nötig, um der Praxis möglichst nahe zu kommen, da in den Werkstätten der Leim auch häufig stundenlang erhitzt werden muß, wodurch die Qualität beeinträchtigt wird. Mit dem so vorbereiteten Leim verfährt man folgendermaßen:

Buchenhölzer von 420 mm Länge und 40×40 mm Querschnitt werden in der Mitte der Länge durchschnitten, so daß zwei Stücke von 210 mm Länge entstehen. Diese werden an den Schnittflächen mit der obenbeschriebenen Probe zusammengeleimt, in Spannvorrichtungen eingekeilt und getrocknet. Nach 72 Stunden bohrt man in das eine Holz 180 mm von der Leimstelle in der Mitte ein Loch, durch welches man einen Bolzen mit einem Haken steckt und durch eine Mutter befestigt. Das geleimte Holz wird nun so auf einen Tisch festgeklammert, daß die Leimfuge 10 mm über den Rand des Tisches vorsteht. An dem am anderen Ende des Holzes befindlichen Haken befestigt man eine Wagschale und belastet diese von Minute zu Minute mit 5 kg Gewicht, bis der Bruch eintritt; man kann dabei zuerst gleich 25 kg auflegen. Der Bruch soll bei gutem Leim nicht vor 70 kg Belastung erfolgen. Man muß bei diesem Versuch Sorge tragen, daß die Schnittflächen, an denen die Hölzer zusammengeleimt werden, ganz gleichmäßig und glatt sind und daß sich keine Luftblasen in der aufgetragenen Leimlösung befinden.

Eine weit einfachere Leimprüfungsmethode ist die Viscositätsbestimmung nach Fels. Dieselbe wird heute in den meisten Leimfabriken zur Betriebskontrolle in folgender Weise ausgeführt:

Man quillt ca. 100 g Leim während einer Nacht in ca. 400 g Wasser, löst darauf den gequollenen Leim in seinem Quellwasser auf dem Wasserbad, filtriert durch Seidengaze und bringt die Lösung, nachdem sie 30 Minuten im Wasserbad erwärmt wurde, durch Wasserzusatz auf 17³/₄% nach der Suhrschen Leimspindel oder 19% nach der Rufschen Spindel. Die Viscosität wird dann im Englerschen Viscosimeter (Bd. III, S. 455) bestimmt, und zwar gibt man soviel Leimlösung in dasselbe, daß die im Inneren des Viscosimeters befindlichen Spitzen gerade bedeckt sind (240 ccm). Nun bringt man die Temperatur des Leims und die des umgebenden Wassers auf 30° und läßt 200 ccm durch die am Boden des Apparats befindliche Öffnung abfließen. Aus der Ausflußzeit des Leims, verglichen mit der des gleichen Quantums Wasser von 20°, dem Wasserwert des Viscosimeters, berechnet sich die Viscosität wie folgt: z. B.

Ausflußzeit des Wassers	.	50 Sek.
„ „ Leims	.	255 „
Viscosität		5,1 .

Diese Methode hat, wie auch die folgende, den einen Nachteil, daß von Aluminiumsalzen oder Formaldehyd Viscosität und Schmelzpunkt in die Höhe getrieben werden kann. Immerhin sind diese Fälle selten.

Schmelzpunktbestimmung nach Kissling.

Diese wird in einem von Kißling konstruierten und durch Jul. Schober, Berlin SO, zu beziehenden Apparat nach Kißlings Angaben in folgender Weise ausgeführt (Zeitschr. f. angew. Chemie **15**, 398; 1903):

Man bringt je 15 g Leim und 30 g Wasser in kleine Kölbchen, läßt etwa 24 Stunden quellen und erwärmt dann bei aufgesetztem engen Steigrohr 5 Minuten im Wasserbade und schüttelt unter Verhütung von Schaumbildung bis zur völligen Lösung des Leimes. Mit der auf etwa 40° abgekühlten Leimlösung beschickt man kleine, mit einer ringförmigen Marke versehene, mit Korkstopfen zu verschließende, zylindrische Glasgefäße von etwa 65 mm Länge und genau 18 mm lichtem Durchmesser, und bringt diese in einen Behälter, dessen Boden ein Messingsieb bildet, über dem zwei mit je 7 Löchern versehene Zwischenböden angeordnet sind. In der Mitte befindet sich ein das Thermometer enthaltender Zylinder, dessen Füllung aus einer konz. (1 : 1) Lösung besten Lederleimes besteht. Den so beschickten Behälter läßt man während 1 Stunde in Wasser stehen, das unterhalb 15° gehalten wird. Dann legt man die Zylinder schnell in einen besonders konstruierten Thermostaten, dessen Wasser auf einer Temperatur von 50° C gehalten wird, und ermittelt den Schmelzpunkt der Leimgallerte, d. h. den Wärmegrad, bei dem die Oberfläche der Gallerte sich zu neigen, also aus der lotrechten in die wagerechte Ebene überzugehen beginnt. Je höher der Schmelzpunkt, desto höher der Glutingehalt.

Chemische Untersuchungsmethoden.

Hierher gehören:

Die Bestimmung des Glutingehaltes durch Tanninfällung[1]),
,, ,, des Nichtleims nach Stelling[2]),
,, ,, des Stickstoffgehalts nach Noffat[3]).

Sie alle haben sich in der Praxis nicht einzuführen vermocht und werden deshalb hier nicht weiter beschrieben.

Analytische Bestimmungen. Wasserbestimmung. Im allgemeinen verfährt man in der Weise, daß man die zu untersuchende Leimtafel zerschlägt und von den Bruchstellen einige Gramm abschneidet. Diese werden während mehrerer Stunden im Trockenschrank bei 105° bis zur Gewichtskonstanz getrocknet.

Man muß Sorge tragen, daß die Temperatur von 105° nicht überschritten wird, da sonst Zersetzungen eintreten können, die zu Fehlern Veranlassung geben. Da jedoch der Wassergehalt in der Tafel nicht gleichmäßig ist — die dicken Ränder werden immer mehr Feuchtigkeit enthalten als die weniger dicken Innenflächen —, ist es schwer, bei kleinen Proben in der oben angeführten Weise einen richtigen Durchschnitt zu erhalten. Für sehr genaue Prüfungen empfiehlt sich folgende, allerdings viel umständlichere, Methode: Man wiegt von mehreren zerkleinerten Tafeln ca. 200 g gut gemischter Stücke genau ab, bringt dieselben in einen geeichten Zweiliterkolben, gibt 1000 ccm dest. Wasser zu und läßt ca. 24 Stunden quellen. Hierauf erhitzt man den Kolben auf dem Wasserbad bis zur völligen Lösung und füllt bei 30° bis zur Marke auf. Von dieser Lösung bringt man 50 ccm in eine mit einem Glasmantel versehene Bürette. Im äußeren Mantel befindet sich Wasser von 30°. Nach einigem Stehen, wenn die Temperatur in der Bürette gleich der im äußeren Mantel 30° beträgt, läßt man 20 ccm in ein gewogenes mit ausgeglühtem Sand beschicktes und mit einem Glasstäbchen versehenes Schälchen fließen und verdampft auf dem Wasserbad unter fleißigem Umrühren zur Trockne. Der Rückstand wird darauf im Trockenschrank bei 105° bis zum gleichbleibenden Gewicht getrocknet. Aus dem Trockenrückstand läßt sich leicht der Wassergehalt des Leims berechnen, da 20 ccm Lösung 2 g des zu untersuchenden Leims entsprechen.

Aschebestimmung. Diese wird in der üblichen Weise ausgeführt, indem man einige Gramm des Leims in einem Tiegel trocknet und dann verbrennt. Das vorherige Trocknen ist nötig, um Verspritzen der Leimteilchen beim Erhitzen zu vermeiden.

Säure- bzw. Alkalinitätsbestimmung. Man quillt 10 g Leim 24 Stunden lang in einem 250-ccm-Kolben in dest. Wasser, erwärmt darauf gelinde bis zum völligen Lösen, läßt auf 30° abkühlen und füllt bis zur Marke auf. Zur Bestimmung der Gesamtsäure titriert man 25 ccm der so hergestellten Lösung mit $^{n}/_{10}$-NaOH und Phenolphthalein als Indikator. — Schweflige Säure bestimmt man in weiteren

[1]) Gräger Polyt. J. **126**, 124. [2]) Chem.-Ztg. **20**, 461; 1897. [3]) Chem. News **1867**, 21.

25 ccm der oben beschriebenen Lösung durch Titration mit $^n/_{10}$-Jodlösung und Stärke als Indicator.

Die Bestimmung der Alkalinität, die jedoch nur bei Lederleim in Frage kommt, geschieht in derselben Weise wie die der Gesamtsäure, nur titriert man in diesem Falle mit $^n/_{10}$-Säure.

Fettbestimmung. Nach Fahrion[1]). 10 g Leim werden mit 40 ccm 8 proz. alkoholischer Natronlauge in einem Kölbchen auf dem Wasserbad unter fortwährendem Schütteln erwärmt, bis der Alkohol vollständig verjagt ist. Sollte noch nicht aller Leim gelöst sein, so wird der Rückstand nochmals mit Alkohol aufgenommen und zur Trockne verdampft. Hierauf nimmt man den Rückstand mit Wasser auf und säuert mit Salzsäure an. Die Lösung wird nun ca. 30 Minuten zum Kochen erhitzt und hierauf in einen Scheidetrichter gespült. Nach dem Erkalten schüttelt man mit Äther kräftig aus und läßt ca. 12 Stunden stehen. Die saure wässerige Lösung wird dann unten abgezogen, die ätherische oben abgegossen. Etwa im Scheidetrichter zurückgebliebene feste Oxyfettsäuren werden in warmem Alkohol gelöst, der ätherischen Lösung zugefügt, das Ganze in einer Schale zur Trockne verdampft und der Rückstand gewogen, verascht und wieder gewogen. Die Differenz ist Fett.

2. Gelatine.

Gute Gelatine soll in dünnen Schichten vollständig farblos und durchsichtig sein, glasartigen Glanz besitzen und weder Geruch noch Geschmack aufweisen. Die dünnen Tafeln müssen elastisch sein und in kaltem Wasser quellen, ohne sich zu lösen. Eine durch Erwärmen hergestellte 1 proz. Lösung muß beim Erkalten gelatinieren. Die wäßrige Lösung soll klar sein, sie darf auf jeden Fall nur schwach opalisieren.

Aschenbestimmung. Diese wird in der gleichen Weise wie beim Leim ausgeführt. In der Asche prüft man auf Kupfer durch Lösen in Salzsäure und Zusatz von Ammoniak (Blaufärbung).

Arsen, das in Spuren vorhanden sein kann, wenn bei der Vorbereitung des Rohmaterials arsenhaltige Salzsäure verwendet wurde, weist man mit Hilfe des Marshschen Apparates in der bekannten Weise (s. Bd. I, S. 843) nach.

Schweflige Säure. Nach dem D. A. B. läßt man 5 g Gelatine in einem weithalsigen Kölbchen von ca. 150 ccm mit 30 ccm Wasser quellen, löst bei gelinder Wärme auf dem Wasserbad, gibt 5 g Phosphorsäure (25 proz.) zu, verschließt das Kölbchen mit einem Kork, an dessen Unterseite sich ein angefeuchteter Streifen Kaliumjodidstärkepapier befindet, und erwärmt unter vorsichtigem Umschütteln auf dem Wasserbad. Innerhalb $^1/_4$ Stunde darf keine Blaufärbung des Papierstreifens auftreten. Quantitativ bestimmt man die schweflige Säure, indem man eine Gelatinelösung von bekanntem Gehalt herstellt und ein genaues Quantum, vielleicht 20 ccm dieser Lösung, im Wasserdampfstrom destilliert und das Destillat in einer gekühlten $^n/_{10}$-Jodlösung auffängt. Durch

[1]) Chem.-Ztg. 43, 452; 1920.

Zurücktitrieren der nicht verbrauchten Jodlösung oder durch Ausfällen mit Bariumchlorid läßt sich der SO_2-Gehalt berechnen. Fügt man vor dem Destillieren im Wasserdampfstrom der Gelatinelösung Phosphorsäure zu, so erhält man auf diese Weise auch die gebundene schweflige Säure.

Die Gesamtsäure wird wie beim Leim bestimmt. Das Gleiche gilt von der Fettbestimmung.

Zur Bestimmung der Gallertfestigkeit hat Valenta (Chem.-Ztg. **32**, 94; 1909) einen Apparat beschrieben. Gewöhnlich verfährt man aber in der Weise, daß man sich von einer bekannten Gelatine und von den zu untersuchenden Proben Lösungen von bestimmtem Gehalt herstellt und diese unter gleichen Verhältnissen erstarren läßt. Durch Tupfproben mit dem Finger läßt sich bei einiger Übung mit ziemlicher Genauigkeit die Gallertfestigkeit der einzelnen Proben, verglichen mit der bekannten Gelatine, feststellen.

Tinte.

Von

Dr. H. von Haasy und Dr. F. Lohse,
Direktoren der Tintenfabrik von Aug. Leonhardi in Loschwitz bei Dresden.

I. Übersicht der Tintensorten.

Unter Tinte verstehen wir eine Flüssigkeit, welche zum Hervorbringen sichtbarer Zeichen mittels Schreib-, Zeichen- oder Ausziehfeder auf Papier, Textilstoffe, Haut, Holz, Metall, Glas usw. dient.

Die Rohstoffe zur Herstellung von Tinten finden sämtlich auch ausgedehnte Anwendung in anderen Zweigen der chemischen Industrie. Wir können daher auf eine Beschreibung der Methoden zu ihrer Untersuchung hier verzichten und verweisen auf die einschlägigen Kapitel des vorliegenden Handbuches.

Eine Besprechung der Zwischenprodukte und der Kontrolle des Betriebes ist bei den so zahlreichen Sorten und überaus verschiedenartigen Herstellungsweisen nicht tunlich. Außerdem sind das „Fabrikgeheimnisse“.

Vor Besprechung der Prüfungsmethoden selbst sollen eine Übersicht und Charakteristik der hauptsächlichsten Tintensorten voraufgehen. Denn in der bisherigen Literatur über Tinte findet man zwar eine große Zahl meist empirisch zusammengestellter Rezepte, nicht aber eine vergleichende Übersicht. Gerade eine solche erscheint unserer langjährigen Erfahrung nach zur Orientierung für diejenigen, welche sich mit dieser Spezialität noch nicht eingehender zu beschäftigen Gelegenheit hatten, unbedingt notwendig. Nur ein Überblick über das ganze Gebiet ermöglicht eine schnelle und sichere Beurteilung.

Von den zahlreichen Tintensorten sollen nur die gangbaren Handelsmarken besprochen werden, nicht aber die vielfachen Spezialitäten von untergeordnetem Interesse, welche ja häufig nichts weiter als Spielereien sind.

Unter den Tinten des Handels werden gewöhnlich folgende 10 Sorten unterschieden:

1. Gallustinten (Schreib- und Kopiertinten).
2. Blauholztinten „ „ „
3. Farbige Tinten „ „ „
4. Zeichentinten oder Ausziehtuschen.
5. Hektographentinten.

6. Autographie- (lithographische) Tinten.
7. Bronzetinten.
8. Signier- und Wäschezeichentinten.
9. Ätztinten.
10. Sympathetische Tinten.

Diese Aufzeichnung leidet an der Inkonsequenz, daß einige Sorten nach ihrer Zusammensetzung, andere nach ihrem Zwecke gekennzeichnet sind.

Eine Einteilung nach der durch ihre Zusammensetzung bedingten Beschaffenheit, liefert den Anfang zu einem systematischen Gange der Tintenanalyse, während eine solche nach dem Zwecke das Wesen und den Wert des wichtigsten Teils der Tintenuntersuchung, nämlich der amtlichen Tintenprüfung, klarmacht.

Aus diesen Gründen möge hier eine doppelte Übersicht nach den genannten zwei Gesichtspunkten erfolgen.

Wenn die Grenzen zwischen den einzelnen Abteilungen naturgemäß auch nicht immer absolut scharf hervortreten, so wird es doch in der Regel gelingen, die verschiedenen Sorten ihrem Hauptcharakter nach einreihen zu können. Es werden die Übersichten dem untersuchenden Chemiker immerhin genügende Anhaltspunkte für eine vorläufige Beurteilung bieten, auf Grund deren die weitere Prüfung wesentlich erleichtert wird.

1. Übersicht nach der Beschaffenheit.

A. Die Tinte ist eine Suspension.

I. Der suspendierte Farbstoff ist anorganisch: Bronzetinten, weiß färbende Tinten, rußhaltige schwarze flüssige Tuschen und Tinten.

II. Der suspendierte Farbstoff ist organisch: manche farbige Wäschezeichentinten, Gallustinten, welche keine klare, filtrierbare Lösung sind (bis vor 60 Jahren allgemein gebräuchlich).

B. Die Tinte ist eine klare Lösung.

I. Die Tinte ist farblos oder nur wenig gefärbt: sympathetische Tinten, einige Signier- und Ätztinten (Flußsäure, Alkalilaugen usw.).

II. Die Tinte ist derart intensiv gefärbt, daß sie bereits genügend farbgesättigte Schriftzüge gibt und behält dieselbe Färbung, mit welcher sie aus der Feder fließt, auch nach dem Eintrocknen der Schriftzüge bei:

1. Der Farbstoff ist anorganisch, z. B. Berlinerblautinte.
2. Der Farbstoff ist organisch:
   a) natürlich: Tinten aus Pflanzenextrakten ohne solche Metallsalze, welche die ursprüngliche Färbung verändern, wie die des Chroms, Eisens, Kupfers, der Tonerde usw., Tinten aus Indigo, Carmin u. a.;
   b) künstlich: die meisten Teerfarbentinten, Autographietinten.

III. Die Tinte ist, wie bei II, ebenfalls intensiv gefärbt, ändert aber ihre Färbung nach dem Eintrocknen der Schriftzüge:

1. Alle diejenigen Gallustinten, welche eine klare, filtrierbare Lösung sind (fast alle jetzigen).

2. Die Mehrzahl der Blauholztinten und Farbholztinten überhaupt.

3. Einige Hektographentinten.

4. Die meisten Signier- und Wäschezeichentinten, z. B. Anilinschwarztinten, angefärbte Höllensteintinten u. a. m.

Bei dieser Einteilung werden die Unterarten durch die Beschaffenheit ihres Farbstoffes gekennzeichnet. Letztere lassen sich wieder, wie aus Vorstehendem schon teilweise hervorgeht, in 3 Gruppen trennen:

Die 1. Gruppe umfaßt Farbstoffe, welche in der Tinte bereits fertig gebildet enthalten sind — gleichgültig ob suspendiert oder gelöst — und sich beim Eintrocknen der Schriftzüge nicht verändern, als die Bronzen, Mineralfarben, die meisten Teerfarben, die Farbstoffe mancher Blauholzschreibtinten u. a. m.

Die 2. Gruppe enthält solche, welche in der Tinte ebenfalls schon sichtbar sind, die sich aber beim Eintrocknen der Schriftzüge durch den Einfluß der Luft und die Bestandteile des Papiers usw. verändern, indem ihre Nuance eine andere wird, wie die Teerfarben einiger Hektographentinten und die Farbstoffe der meisten Blauholztinten.

Die 3. Gruppe endlich umfaßt diejenigen, welche in der flüssigen Tinte noch nicht fertig gebildet enthalten sind, da ihre Komponenten noch unverbunden nebeneinander bestehen. Hier bildet sich der Farbstoff erst während und nach dem Eintrocknen der Schriftzüge teils von selbst ebenfalls durch den Einfluß der Luft und die Bestandteile des Papiers, wie die Eisenverbindungen der Gallussubstanzen, oder er wird hervorgerufen durch Wärme oder Chemikalien, wie bei sympathetischen Tinten u. a. m.

Infolge der verschiedenartigen Beschaffenheit der Farbstoffe der 2. und 3. Gruppe haben wir bei den aus ihnen hergestellten Tinten zweierlei Arten von Färbung zu unterscheiden: eine vorläufige und eine endgültige.

Die vorläufige Färbung ist diejenige, mit welcher die Tinte aus der Feder fließt. Sie wird durch den vorläufigen Farbstoff bedingt, der fertig gebildet in der Tinte vorhanden ist, z. B. durch den Teerfarbstoff bei den Eisengallustinten.

Die endgültige Färbung ist diejenige, welche die Schriftzüge nach dem Eintrocknen annehmen. Der hierbei sich nun zuerst bildende Farbstoff ist der nachträgliche, z. B. bei den Eisengallustinten die Eisenverbindung der Gallussubstanz, welcher mit dem vorläufigen zusammen den Gesamtfarbstoff der Tinte repräsentiert, der die oben erwähnte endgültige Färbung bedingt.

Da bei den Tinten, welche nur Farbstoffe der 1. Gruppe enthalten, eine Veränderung auf dem Papier nicht eintritt, so fallen bei diesen vorläufige und endgültige Färbungen zusammen.

Diese von Schluttig und Neumann zuerst in einem Aufsatze über Kopiertinten in der Papierzeitung (1891, Nr. 19 f.) gebrauchten Bezeichnungen wurden darauf auch von Dr. G. Wisbar in seiner Abhandlung „Tinten und ihre Prüfung" (Papierzeitung 1895, Nr. 90—96) angewendet, auf welche hiermit verwiesen sei, da sie viel Wissenswertes enthält, das hier zu erörtern zu weit führen würde.

2. Übersicht nach dem Zwecke.

A. Tinten, deren Schriftzüge nicht vervielfältigt werden sollen.

I. Zum Schreiben auf Papier mit Schreibfeder:
- a) Urkundentinten und Eisengallusschreibtinten.
- b) Gewöhnliche Tinten (zum allgemeinen Gebrauch):
  1. farbige Schreibtinten (sog. bunte, Salon- usw. Tinten),
  2. Bronze- und Mineralfarbtinten.
  3. Sympathetische Tinten.

II. Zum Zeichnen auf Papier und Linienanlegen mittels Zeichen- und Ausziehfeder: Zeichentinten oder sog. Ausziehtuschen farbig und schwarz.

III. Zum Schreiben und Zeichnen auf anderes Material als Papier mit Federn, Griffeln, Pinseln usw.
1. Wäschezeichentinten oder Merktinten für Textilstoffe.
2. Signiertinten für Holz, Metall, Leder usw.
3. Ätztinten für Metall, Glas usw.

B. Tinten, deren Schriftzüge vervielfältigt werden sollen.

Kopiertinten.

I. Abdruckkopiertinten oder direkt kopierfähige:
- a) Naßkopiertinten: Gallus-, Blauholz- und Teerfarbenkopiertinten.
- b) Trockenkopiertinten.

II. Umdruckkopiertinten oder indirekt kopierfähige:
- a) Hektographentinten.
- b) Autographie- und lithographische Tinten.

Die Zwischenglieder erschweren auch bei dieser Einteilung häufig die Einreihung in bestimmte Abteilungen. Zunächst ist zu berücksichtigen, daß ein scharfer Unterschied zwischen kopierfähigen und nichtkopierfähigen Tinten nicht überall ohne weiteres zu konstatieren ist. Sämtliche Eisengallusschreibtinten geben kurze Zeit nach dem Schreiben Kopien und die farbigen Schreibtinten meist noch länger. Die unter dem Namen „Schreib- und Kopiertinten" im Handel befindlichen Tinten sind unter die Kopiertinten zu rechnen, sobald sie noch am zweiten Tage nach der Schrift mindestens eine deutliche Kopie geben.

Das Hauptmerkmal für die Tinten der Gruppe A besteht darin, daß sie Vorrat an Farbkörpern nur für die einmalige Originalschrift haben, nicht aber noch für eine hinreichend deutliche Kopie. Nimmt man entgegen ihrer Bestimmung eine Kopie von ihnen, so wird diese zu hell ausfallen und die zurückbleibenden Schriftzüge zu blaß erscheinen, weil es für beide zugleich an Farbstoff mangelt.

Tinten der Gruppe B, welche kopiert werden sollen, müssen hingegen Vorrat an Farbkörpern nicht bloß für das Original, sondern auch für die Kopien enthalten, also um so konzentrierter werden, je mehr Kopien sie liefern sollen. Die noch gegenwärtig vielfach in der Literatur vorkommende Angabe, daß die Kopiertinten sich von den Schreibtinten nur durch einen Mehrgehalt an hygroskopischen und klebrigen Stoffen, wie Zucker, Dextrin, Glycerin, Gummi usw. unterscheiden, ist sonach unzutreffend.

Tintennormalien.

Für Preußen und die dem Deutschen Reiche unterstellten Behörden sind unter dem 21. Juni 1912 nachfolgende „Grundsätze für amtliche Tintenprüfung“ erlassen worden:

1. Klassifizierung der Tinten.

Die Tinten werden eingeteilt in
„Urkundentinten“ (früher Klasse I) und
„Schreibtinten“.

Bei letzteren werden unterschieden:
A. Eisengallusschreibtinten.
B. Blauholz- und Farbstoffschreibtinten.

„Urkundentinte“

ist eine Eisengallustinte, die nach achttägigem Trocknen an der Luft tiefdunkle Schrift liefert. Sie muß mindestens 27 g wasserfreie Gerb- und Gallussäure und 4 g Eisen (auf Metall berechnet) im Liter enthalten. Andererseits darf der Eisengehalt bei Gegenwart von 27 g wasserfreier Gerb- und Gallussäure 6 g im Liter nicht übersteigen. Das Verhältnis von wasserfreier Gerb- und Gallussäure: Eisen muß demnach zwischen 4,5: 1 und 6,75: 1 liegen. Die Tinte muß mindestens vierzehntägige Haltbarkeit im Glase besitzen, d. h. sie soll nach dieser Zeit weder Blätterbildung, noch Wandbeschlag, noch Bodensatz zeigen. Die acht Tage alten Schriftzüge müssen nach Waschen mit Wasser und Alkohol (85 und 50%) tiefdunkel bleiben.

Die Tinte muß leicht aus der Feder fließen und darf selbst unmittelbar nach dem Trocknen nicht klebrig sein.

„Tiefdunkel“ entspricht etwa der Färbung einer Vergleichstinte von folgender Zusammensetzung: 23,4 g Tannin, 7,7 g Gallussäure (kryst.), 30,0 g Eisenvitriol, 10,0 g Gummi arabicum, 2,5 HCl entspr. Salzsäure und 1,0 g Carbolsäure im Liter.

„Schreibtinte.“

Gruppe A, Eisengallusschreibtinte.

Tinten, welche tiefdunkle Schriftzüge liefern, die nach achttägigem Trocknen an der Luft beim Auswaschen mit Wasser und Alkohol (85 und 50%) tiefdunkel bleiben. Der Gehalt an wasserfreier Gerb- und Gallussäure soll mindestens 18 g, an Eisen (auf Metall berechnet) mindestens 2,6 g im Liter betragen. Andererseits darf der Eisengehalt bei Gegenwart von 18 g wasserfreier Gerb- und Gallussäure 4 g im Liter nicht übersteigen. Das Verhältnis von wasserfreier Gerb- und Gallussäure: Eisen muß demnach zwischen 4,5 : 1 und 6,75: 1 liegen.

Die Tinten sollen mindestens vierzehntägige Haltbarkeit im Glase besitzen, d. h. sie sollen nach dieser Zeit weder Blätterbildung, noch Wandbeschlag, noch Bodensatz zeigen.

Sie müssen leicht aus der Feder fließen und dürfen selbst unmittelbar nach dem Trocknen nicht klebrig sein.

Schreibtinten der Gruppe B unterliegen nicht der amtlichen Prüfung.

„Tiefdunkel“ entspricht etwa der Färbung einer Vergleichstinte von folgender Zusammensetzung: 15,6 g Tannin, 5,1 g Gallussäure (kryst.), 20,0 g Eisenvitriol, 10,0 g Gummi arabicum, 2,5 g HCl entspr. Salzsäure und 1,0 g Carbolsäure im Liter.

2. Verwendungsart der Tinten.

Bei Schriften auf Papier der Verwendungsklassen 1, 2a und 2b muß ausschließlich Urkundentinte, auf Papier der Verwendungsklassen 3a und 3b Urkundentinte oder Eisengallusschreibtinte verwendet werden.

3. Prüfung der gelieferten Tinten.

Die Ermittlung des Gehaltes der Tinten an Gerb- und Gallussäure hat nach dem im Königlichen Materialprüfungsamt ausgearbeiteten Verfahren durch Ausschüttlung der Tinte mit Essigester und Wägung des nach Verdunsten des Essigesters verbleibenden Rückstandes zu erfolgen. Der Rückstand wird als Gerb- und Gallussäure angesprochen, wenn der Jodverbrauch von 0,1 g des Rückstandes bei Gegenwart von 2 g Natriumbicarbonat mindestens 0,5 g Jod beträgt. Liegt der Jodverbrauch unter 0,5 g, so gilt die Probe als nicht bedingungsgemäß. (Über die innezuhaltenden Versuchsbedingungen siehe Mitteilungen des Königlichen Materialprüfungsamtes 1906 ff. sowie Hinrichsen, die Untersuchung der Eisengallustinten S. 100 und 101 und S. 85 ff., Stuttgart bei Enke 1909.)

Die Prüfung auf Haltbarkeit der Tinte im Glase ist nach Schluttig und Neumann (Eisengallustinten, Dresden 1890 S. 79, Hinrichsen a. a. O. S. 126) vorzunehmen.

Die Prüfung auf Auswaschbarkeit erfolgt nach dem von Schluttig und Neumann vorgeschlagenen Streifenverfahren mit Wasser, 85 und 50% Alkohol (siehe Die Eisengallustinten, Dresden 1890, S. 64 Hinrichsen a. a. O. S. 125.)

4. Kennzeichnung der Tinten.

Jede für behördliche Lieferung in Betracht kommende Tinte soll in Flaschen von mindestens $^1/_2$ Liter Inhalt verkauft werden. Die Flasche soll eine Kennmarke tragen. Diese muß die Bezeichnung (Urkundentinte) („Eisengallusschreibtinte“) und die Firma des Erzeugers, ferner auch das Datum der Herstellung (Monat, Jahr) enthalten. Das Datum darf in verabredeten Zeichen, die vorher beim Königlichen Materialprüfungsamt niedergelegt sind, angegeben werden.

Kopiertinten müssen die Bezeichnung „Kopiertinte“ und die Bezeichnung der betreffenden Tintenklasse tragen.

Es dürfen nur solche Urkunden- und Eisengallusschreibtinten zum amtlichen Gebrauch verwendet werden, deren Kennmarke bei dem Königlichen Materialprüfungsamt in Groß-Lichterfelde W eingetragen ist. Die eingetragenen Kennmarken werden im Reichs- und Staatsanzeiger bekanntgemacht, ein Verzeichnis derselben kann unentgeltlich von dem Materialprüfungsamte bezogen werden.

Bei der Beurteilung des Wertes einer Tinte wird man zunächst festzustellen haben, welche Anforderung an die Beschaffenheit derselben zu stellen ist. Handelt es sich um eine Schreibtinte, die behördlichen Zwecken dienen, also eine Urkundentinte sein soll, so wird sie in erster Linie nicht zu denjenigen Tinten gehören dürfen, welche ihren Farbstoff suspendiert enthalten, weil derselbe nicht genügend fest auf dem Papiere haften kann. Die Anforderungen, welche man außer den amtlich festgelegten an eine Urkundentinte zu stellen hat, sind folgende:

die Tinte muß

1. eine klare, filtrierbare Lösung, keine Suspension, darstellen;
2. an einer guten Feder nur geringen, lackartig glatten, nicht aber locker krustenartigen Ansatz erzeugen;
3. nicht zu sauer sein, sonst wird auch eine gute Feder vorschnell unbrauchbar;
4. keinen stark hervortretenden Geruch besitzen;
5. auf gutem Papier nicht durchschlagen.

Die jetzigen Eisengallustinten enthalten dreierlei Art von Bestandteilen in klarer, filtrierbarer, wässeriger Lösung, nicht in Suspension:

1. Vorläufigen Farbstoff, meist Teerfarbstoff oder Indigo, der nur eine vorübergehende Rolle spielt, d. h. nur so lange sichtbar ist, als die Tinte noch flüssig und die Schriftzüge ganz frisch sind, beim Nachdunkeln auf dem Papiere aber bald verdeckt wird von dem hierbei sich bildenden nachträglichen Farbstoff.

2. Gallussubstanz und Eisensalz, welche in der Tinte unvereinigt nebeneinander bestehen und an sich nur wenig gefärbt sind, durch die Bestandteile des Papieres aber unter dem Einfluß der Luft die schwarze, unlösliche und lichtbeständige Eisengallusverbindung — eben jenen nachträglichen Farbstoff — bilden, welcher allein der Tinte ihren dokumentarischen Wert verleiht.

3. Zusätze, wie Gummi, sauerreagierende Körper usw., welche die vorzeitige Bildung der unlöslichen Eisengallusverbindung in der flüssigen Tinte verhindert und die Leichtflüssigkeit fördern sollen.

Die unter 2 und 3 genannten Stoffe bilden zusammen eine nur schwach gefärbte wässerige Lösung, die sog. „Muttertinte", auch „Tintenkörper" genannt, welche so blaß aus der Feder fließt, daß sie zum Schreiben noch nicht tauglich ist. Durch Zusatz von Teerfarbstoffen usw. erhält sie erst eine hinreichend intensive vorläufige Färbung. Nach dem Tone der letzteren richtet sich in der Regel die Bezeichnung der Tinte: Blaugrün aus der Feder fließende Gallustinten werden jetzt allgemein nach Aug. Leonhardi's Einführung „Alizarintinten" genannt; blaufließende „Deutsche Reichstinte", „Anthracentinte", „Aleppotinte" usw., schwarzfließende „Schwarze Gallustinte" usw.

Alle diesen vorläufigen Färbungen werden nach dem Eintrocknen der Schriftzüge bei deren Nachdunkeln durch die nun erst erfolgende Bildung der schwarzen Eisengallusverbindung immer dunkler und, die richtige Zusammensetzung der Tinte vorausgesetzt, schließlich schwarz.

Die chemische Ursache dieses Nachdunkelns der Eisengallustinten haben Schluttig und Neumann in ihrem Buche „Die Eisengallustinten, Grundlagen zu ihrer Beurteilung (Dresden, Zahn und Jaensch 1890) einer eingehenden Besprechung unterzogen und an der Hand von Versuchen gezeigt, daß die entstehende Dunkelfärbung auf dem Phenolcharakter des Tannins und der Gallussäure beruht. Stickstofffreie phenolartige Körper liefern mit Eisensalz auf Papier fixierbare, kräftige Färbungen, wenn sie entweder zwei freie Hydroxylgruppen in Orthostellung oder eine freie Hydroxyl- und eine Carboxylgruppe, ebenfalls in Orthostellung zueinander, enthalten.

Die Schriftzüge einer guten Eisengallustinte sollen nun gegen Luft, Licht, sowie nach dem Eintrocknen und völliger Entwicklung auch gegen Wasser durchaus widerstandsfähig sein. Es zeigte sich jedoch, daß die Färbungen derjenigen Phenole, welche nur zwei freie Hydroxyle in Orthostellung oder ein Hydroxyl und ein Carboxyl in Orthostellung besitzen, nicht genügend wasserbeständig sind. Eine hinreichende Widerstandsfähigkeit gegen Licht, Luft und Wasser wohnt vielmehr nur den Färbungen derjenigen Phenole inne, welche drei freie benachbarte Phenolhydroxyle enthalten. Allerdings dürfen neben diesen nicht noch störende Atomgruppen, wie z. B. die Nitrogruppe, vorhanden sein, so daß man zu dem Schlusse kommt: Drei freie Phenolhydroxyle in Orthostellung kennzeichnen die für Gallussäure und Tannin charakteristische tinktogene Atomgruppierung. Daß der Wasserstoff des Phenolhydroxyls der Träger der Reaktion ist, zeigt sich daran, daß die Fähigkeit eines Phenols, mit Eisensalzen fixierbare und beständige Färbungen zu liefern, wieder aufgehoben wird, wenn man diesen Wasserstoff durch Radikale ersetzt.

Die Wasserstoffatome des Benzolkerns nehmen an der Reaktion direkt nicht teil, da diese auch dann noch eintritt, wenn jene ganz oder teilweise substituiert werden. Hingegen übt eine solche Substitution auf die Nuance der Färbung einen bedeutenden Einfluß aus: Je saurer der Substituent und je mehr Wasserstoffatome durch einen solchen ersetzt werden, um so heller wird die Färbung.

Das Carboxyl der Gallussäure wirkt nicht tinktogen, da ihre Ester noch intensiver anfärben als die freie Gallussäure selbst. Alle Körper, welche die gleiche tinktogene Atomgruppierung wie Gallussäure und Tannin — drei freie Phenolhydroxyle in Orthostellung — besitzen, nennen wir „Gallussubstanzen“, den Gehalt einer Tinte an solchen Körpern ihren „Gallusgehalt“. Außer Gallussäure und Tannin rechnen wir zu diesen Gallussubstanzen: Pyrogallol und alle diejenigen seiner Derivate, in welchen der Wasserstoff der drei Phenylhydroxyle nicht substituiert ist, z. B. Mono-, Di- und Tribrompyrogallol, Pyrogallolsulfonsäure, Pyrogallolcarbonsäure, Gallussäureester, Mono- und Dibromgallussäure und ihre Ester, Hämatoxylin usw. Vergleichen wir die Intensität der Färbungen, welche die Gallussubstanzen mit Eisensalzen liefern, so sehen wir, daß diejenige des Tannins zu den hellsten gehört, diejenige der Gallussäure und ihrer Ester, sowie des Hämatoxylins, indessen weit dunkler sind. Eine Tinte, welche neben 4 g Eisen noch 30 g Gerbsäure enthält, gibt nicht einmal schwarze, sondern nur graue Schriftzüge.

Weitere Versuche zeigten dann, daß die Färbungen der Eisengallusverbindungen um so lichtbeständiger sind, je dunkler sie sind, was gerade für die Beurteilung des dokumentarischen Wertes einer Tinte von größter Bedeutung ist.

Das Tannin darf demnach gar nicht als diejenige Substanz betrachtet werden, welche vor allen anderen befähigt wäre, Tinten von dokumentarischem Werte zu liefern; andere Substanzen — nicht bloß Gallussäure — sind hierzu weit besser geeignet.

Ist der Eisen- und Gallusgehalt einer Eisengallustinte hinreichend groß und sind gleichzeitig solche andere Substanzen, wie z. B. Mineralsäuren, welche der Vereinigung von Eisen- und Gallussubstanz entgegenwirken, nur in eben hinreichenden geringen Mengen vorhanden, so wird die Tinte dokumentarischen Wert besitzen.

Ob das der Fall ist, erfährt man durch einen sachgemäßen Vergleich mit einer selbstbereiteten Tinte von notorisch hinreichendem Gehalt an Gallussubstanz und Eisen.

II. Prüfung.

1. Qualitative Untersuchung.

Die Seite 465 gegebene Übersicht nach der Beschaffenheit bietet zunächst einige Anhaltspunkte für die Feststellung der Hauptbestandteile einer Tinte.

Die spezielle Untersuchung wird häufig sehr erschwert durch die große Zahl der zur Verwendung kommenden Farbstoffe und anderer Körper, sowie durch die oft geradezu unglaublichen Kombinationen der verschiedensten Substanzen. Dazu kommt der weitere Umstand, daß in vielen Fällen durch Wechselwirkung der einzelnen Bestandteile neue, oft unbekannte Körper entstehen, deren Identifizierung vorderhand nur selten möglich ist und deren Reaktionen den Nachweis der übrigen intakt gebliebenen Bestandteile erschweren.

Nach allgemeinen analytischen Grundsätzen lassen sich in der Regel die Bronze-, Signier-, Ätz- und sympathetischen Tinten, meist auch die Wäschezeichen- und Autographietinten untersuchen. Die Anwesenheit organischer Bestandteile, namentlich die gleichzeitige von Pflanzenextrakten neben künstlichen organischen Farbstoffen, gestalten die Untersuchung schwieriger.

In diesen Fällen, wie auch bei den übrigen Tinten, wenn die später anzuführenden diagnostischen Reaktionen nicht genügende Klarheit schaffen, liegt es nahe, derartige Bestandteile durch Ausschütteln mit Äther, Chloroform, Benzin usw. zu isolieren. Wir haben zuweilen auf diese Weise günstige Resultate erzielt, zumal u. a. in solchen Fällen, in denen eine Farbstoffbase vorher durch Alkalien freigemacht werden konnte.

Dagegen empfehlen wir, bei allen Tintenuntersuchungen die Färbungen, welche die Tinte auf Papier hervorbringt, zuerst als Versuchsmaterial zur Anstellung von diagnostischen Reaktionen zu benutzen und sich hierbei der im folgenden beschriebenen Streifenmethode zu bedienen.

Streifenmethode.

Bringt man die Tinte mittels der Schreibfeder auf Papier, so sind die entstandenen Schriftzüge in der Regel so schmal und ungleich, daß sie nur ungenügendes Versuchsmaterial darbieten. Auch mit der Reißfeder gezogene Linien sind nicht breit genug. Zudem greift in manchen Fällen die Tinte den Stahl der Schreib- und Reißfeder an. Hierbei kommt nicht allein Eisen in die Tinte, sondern letztere wird auch noch einer Reaktion ausgesetzt, die dann deutlich sichtbare Veränderungen hervorrufen kann.

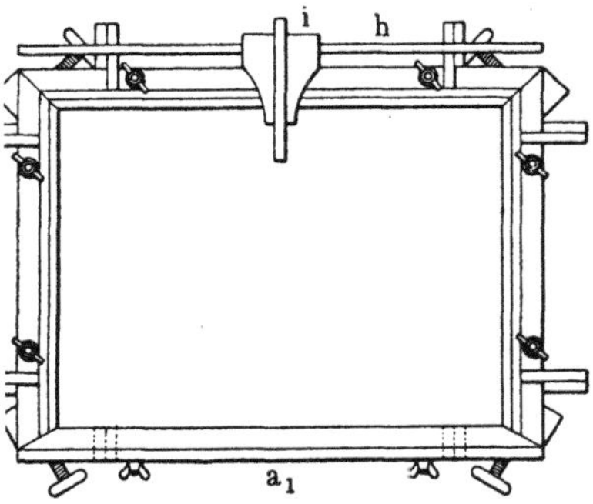

Fig. 1.

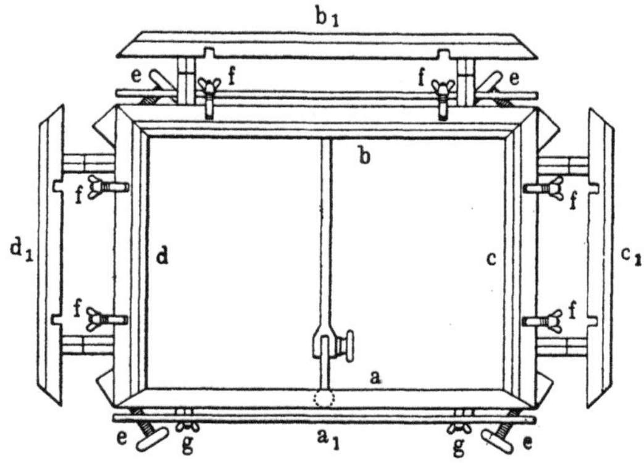

Fig. 2.

Fig. 1 u. 2. Rahmen für die Streifenmethode.

Wir bedienen uns daher seit Jahren der in der Schrift von Schluttig und Neumann über Eisengallustinten beschriebenen „Streifen"-Methode, die sich als durchaus brauchbar erwiesen hat. Wir spannen ein Stück besten weißen Schreibpapiers (Papierklasse I, Stoffklasse 1, Normalformat 1) in einen eisernen Rahmen ein, der unter 45° geneigt aufgestellt ist.

Der Rahmen ist in Fig. 1 und 2 abgebildet. Er besteht aus vier Seitenteilen a, b, c, d, welche durch Schrauben e so miteinander verbunden sind, daß sie voneinander entfernt und wieder gegeneinander bis zur Berührung genähert werden können. Auf die unteren Seitenteile b, c, d passen die zugehörigen oberen b_1, c_1, d_1, welche auf erstere vermittels der Flügelschrauben f fest aufgepreßt werden können. Der zu a gehörige Teil a_1 wird an ersteres durch die Schrauben g nicht von oben, sondern von außen angepreßt. Auf den Teilen b, c und d sind Hohlkehlen angebracht, in welche Stäbe auf der unteren Seite von b_1, c' und d' eingreifen. Soll der Bogen eingespannt werden, so wird zunächst der Rahmen durch Anziehen der Schrauben e fest geschlossen, dann wird der Bogen mit seiner unteren Kante zwischen a und a_1 eingespannt, nach oben umgelegt, wobei jede Faltenbildung sorgfältig zu vermeiden ist, und durch Aufpressen der Teile b_1, c_1 und d_1 festgeklemmt. Darauf erweitert man den ganzen Rahmen durch Aufdrehen der Schrauben e, bis das Papier straff und glatt gespannt ist wie ein Trommelfell.

Nun pipettiert man mit Hilfe eines mit Marke versehenen Glasröhrchens eine bestimmte Menge Tinte heraus, setzt das Glasröhrchen auf das Papier auf, so daß es sich in senkrechter Lage befindet und läßt durch Lüften des Fingers, welcher das obere Ende des Glasröhrchens verschloß, die Tinte auf dem Papier herunterfließen. Damit das Glasröhrchen in allen Fällen bequem und sicher unter demselben Winkel aufgesetzt werden kann, trägt die an dem Seitenteile b angebrachte Leitschiene h (Fig. 1) ein Gestell i, das auf derselben hin und her geschoben werden kann. Indem man das Glasröhrchen in die Rinne dieses Gestelles legt, kann man es leicht in allen Fällen in dieselbe Lage (unter 45% zur Papierfläche) bringen. Die überschüssige, auf dem Papier herunterrinnende und von diesem nicht aufgenommene Tinte sammelt sich in einer an a_1 angebrachten Rinne.

Derartige Rahmen liefert das mechanische Institut von Oskar Leuner an der technischen Hochschule in Dresden.

Das von uns benutzte Glasröhrchen hat eine lichte Weite von 3,5 mm und eine Länge von 250 mm. Die Marke ist 62 mm vom unteren Ende entfernt, so daß die herauspipettierte Tinte ca. 0,6 g wiegt. Das untere Ende bleibt zweckmäßigerweise scharfkantig, weil dadurch die Tinte nicht abtropft, während das obere, mit den Fingern zu verschließende, an den Rändern rund geschmolzen wird.

Saugt man die Tinte in diesem Röhrchen bis zur Marke an und läßt man sie dann auf dem Papier heruntergleiten, so entsteht ein ca. 6 mm breiter Streifen, dessen Länge bei unserem Apparate 270 mm beträgt. Hierbei hat man zu beachten, daß keine Luftblasen auftreten, was indessen bei einiger Übung leicht vermieden werden kann. In der Regel platzen sie sofort beim Berühren mit einem spitzen Gegenstand. Wenn nämlich eine Luftblase auf dem Streifen hängenbleibt, so entsteht beim Eintrocknen an ihrer Stelle ein Fleck, der natürlich zu falschen Ergebnissen führen würde.

Hat man so mit den betr. Tinten die gewünschte Anzahl Streifen hergestellt, so läßt man den Rahmen mit dem Papierbogen so lange in derselben Lage, bis die Tinte auf dem Streifen vollkommen getrocknet ist.

Bei diesem Verfahren gleitet über das Papier bedeutend mehr Tinte herab, als darauf haftenbleiben kann. Man sieht, daß auf dem eben fertig gebildeten, noch feuchten Streifen die Flüssigkeit beständig herunterrinnt, bis ein Gleichgewichtszustand zwischen der Neigung der Tinte, die schiefe Ebene herunterzufließen, und ihrer Adhäsion am Papiere eingetreten ist.

Die Breite des Streifens und die Menge der darauf haftenden Tinte hängen vom Flüssigkeitsgrade und der Adhäsion der Tinte am Papier ab. Da nun alle Tinten denselben Zweck haben, so sind die beiden eben genannten Eigenschaften bei allen ziemlich gleich groß, genau gleich selbstverständlich aber nicht. Wir fanden den Streifen bei den Gallustinten um so schmaler, je größer die Kopierfähigkeit der Tinte war. Wenngleich auch diese Ungleichheit durchgehend gering war, so mußte sie dennoch eine Fehlerquelle für die Methode sein. Wir haben uns nun damit geholfen, daß wir die Tinten vor Herstellung der Streifen sämtlich gleichmäßig mit destilliertem Wasser verdünnten; dadurch wurde jene Ungleichheit entweder völlig ausgeschlossen oder doch so verringert, daß sie vernachlässigt werden konnte. Weitere Gründe für das Verdünnen werden noch später angeführt.

Bei dieser Methode ist die Menge Tinte, welche den Streifen bedeckt, längs desselben nicht konstant; sie ist oben (am Anfang) am geringsten und nimmt nach unten zu. Da sich indessen ein Streifen genau unter denselben Bedingungen bildet wie der andere, so ist diese Zunahme bei allen Tinten in derselben Richtung hin gleich groß. Alle diejenigen Teile verschiedener Streifen, welche von den Anfängen derselben gleich weit entfernt sind, auf denen sich also die Tinte während des Heruntergleitens sozusagen in derselben Phase befand, können daher hinsichtlich der Intensität der Färbung miteinander verglichen werden.

Bei unserem Apparate, welcher zur Aufnahme eines Papierbogens vom Normalformat I eingerichtet ist, können bequem 34 Streifen, deren Mittellinien um je 1 cm entfernt sind, angebracht werden. Sollte man Ursache zu der Vermutung haben, daß das Papier auf dem Bogen nicht durchaus gleichmäßig sei hinsichtlich der Leimung, Festigkeit usw., was natürlich von Einfluß auf die Beschaffenheit des Streifens sein muß, so kann man mehrere miteinander zu vergleichende Tinten wiederholt abwechselnd nebeneinander herunterfließen lassen und so etwaige Unregelmäßigkeiten sofort entdecken. Ein solcher Papier-Spannrahmen ist bei der später zu beschreibenden Methode zur Prüfung der Eisengallustinten auf genügendes Nachdunkeln unerläßlich. Bei den qualitativen Vorprüfungen hingegen, besonders bei Ausführung der im folgenden zu beschreibenden diagnostischen Reaktionen, genügt es in den meisten Fällen, daß man das Papier einfach mittels Zwecken auf ein Stück Brett aufheftet, welches unter 45° geneigt aufgestellt ist. Das Pipettierröhrchen mit der Tinte wird dann nur frei mit der Hand gehalten und so die Streifen hervorgebracht.

Freilich fallen letztere nicht so gleichmäßig aus, wie auf dem Spannrahmen, weil das Papier infolge der gebildeten nassen Streifen leicht wellig wird und sich verzieht, was bei dem Rahmen vermieden wird.

Diagnostische Reaktionen.

Zunächst empfiehlt es sich, die Tinten auf Fließpapier zu bringen, das bekanntlich eine teilweise Entmischung hervorruft. Das gewöhnliche Filtrierpapier ist zu dem Zwecke zu dünn, man muß ein starkes verwenden. Am besten verdünnt man die Tinten vorher. Schreibtinten mit dem gleichen, Kopiertinten mit dem doppelten oder dreifachen Volumen destillierten Wassers. Wir lassen nun von der Tinte sowohl einen Tropfen auf ein horizontal liegendes Stück des Papieres fallen und aufsaugen, als auch nach der Streifenmethode ein mittels Glasröhrchen herauspipettiertes Quantum auf einem anderen Stück, das auf einer schiefen Ebene aus Holz aufgezweckt ist, herunterrinnen. Sehr zu empfehlen ist ferner das bekannte Eintauchen senkrecht hängender

Streifen aus gewöhnlichem Filtrierpapier in die betr. Tinte derart, daß nur das untere Ende des Streifens in die Tinte kommt. Letztere steigt dann im Streifen in die Höhe, und zwar die einzelnen Bestandteile je nach ihrem Diffusionsvermögen. Es empfiehlt sich, nicht so lange zu warten, bis das Steigen aufgehört hat, weil dann die Unterschiede wieder geringer werden, besonders wenn die Tinte mehr als einen festen Bestandteil gelöst enthält.

In allen drei Fällen findet mehr oder minder deutliche Entmischung statt, die sich durch charakteristische gefärbte Zonen kenntlich macht. Durch Betupfen mit geeigneten Reagenzien werden in der Regel Flecke hervorgebracht, deren Färbung Aufschluß über die Natur des betr. Bestandteiles gibt.

Bei den Eisengallustinten ist die äußerste Zone nach dem Trocknen meist hellrostfarbig von basischem Eisenoxydsalz, das beim Betupfen mit Lösungen von Natriumbisulfat und Ferrocyankalium die Berlinerblau-Reaktion gibt.

Bei den Tinten, welche die Auszüge von chinesischen und kleinasiatischen Galläpfeln, den Knoppern, Dividivi, Valonea, Eichenholz, Kastanienholz und Campecheholz als Gallussubstanz enthalten, ist nach 1 bis 2 Tagen die äußere Zone breit und entweder rein hellrostfarben oder mit einem Stich in die Färbung des in der Tinte enthaltenen vorläufigen Farbstoffes. Die innere Zone ist blauschwarz, und zwar bei den Galläpfeln und Dividivi mit charakteristischen Linien gerändert, die bei Gerb- und Farbhölzern fehlen.

Nur bei Sumach, und besonders bei den Myrobalanen geht die schwarze Färbung der Eisengallusverbindung bis in die äußerste Zone, so daß letztere dunkelgrau erscheint. Bei den Myrobalanen ist zwischen äußerer und innerer Zone eine blauschwarze Linie, an welche sich nach innen ein helles graues Band anschließt, das nach der Mitte zu schließlich schwarz wird. Bei Sumach fehlt sowohl die scharfe schwarze Linie als auch das helle Zwischenband, und die gleichmäßig blauschwarze innere Zone stößt direkt an die gelblichgrüne äußere. Bei den Chromblauholzschreibtinten und den Blauholzkopiertinten fehlt die äußere Zone entweder völlig, oder bei den letzteren ist sie ganz hellgrau und gibt keine Eisenreaktion. Dagegen zeigen alle Blauholztinten die charakteristische Rotfärbung, welche Schwefelsäure und Natriumbisulfatlösung hervorbringen.

Des weiteren empfehlen wir die Anwendung der Streifenmethode auf Schreibpapier, wie sie im vorigen Abschnitt beschrieben ist. Zunächst kann man an diesen Streifen — besonders wenn die vorläufige Färbung der Tinte hell ist — die Eisengallustinten am Nachdunkeln erkennen. Ferner lassen sich durch Betupfen mit verdünnten Lösungen geeigneter Reagenzien farbige oder auch farblose Stellen hervorrufen, deren Aussehen einen Schluß auf die Natur der in der Tinte enthaltenen Stoffe gestattet.

Eine vollständige Übersicht über diese Reaktionen hier zu geben, ist bei der großen Anzahl der zur Tintenfabrikation gegenwärtig verwendeten Farbstoffe und sonstigen Bestandteile nicht möglich. Für Diagnostizierung der Farbstoffe bieten ausgezeichnete Anhaltspunkte die bekannten Werke von Schulz, Julius, Lehne, Möhlau, Hummel-Knecht, Kertesz usw. (vgl. auch den Abschnitt „Organische Farbstoffe“ dieses Werkes).

Zu den folgenden Beispielen von diagnostischen Reaktionen sind eine Anzahl von Tinten ausgewählt, die uns als besonders charakteristisch erscheinen, deren Zusammensetzung aus der Fachliteratur bekannt ist und die ihrer Beschaffenheit nach der durchschnittlichen Güte der betr. Tintensorten des Handels nahekommen. Um Irrtümer zu vermeiden, betonen wir aber, daß wir diese Tinten durchaus nicht für die besten ihrer Art halten. Wir müssen uns aber dieser Beispiele bedienen, weil wir die Zusammensetzung der Handelstinten aus naheliegenden Gründen nicht mitteilen können. Für den Versuch werden alle Tinten mit dem gleichen Volumen destillierten Wassers verdünnt und dann mittels der Streifenmethode auf Schreibpapier in ca. 2 cm voneinander entfernten Streifen herunterfließen gelassen. Nach mindestens eintägigem Trocknen in möglichst reiner Luft bringt man mittels Glasstab einen Tropfen der Reagenslösung auf die Streifen gleichweit vom Anfang derart, daß der Tropfen halb auf den Streifen, halb auf das weiße Papier kommt, und beobachtet die evtl. sofort eintretende Farbenveränderung und endlich diejenige, welche der eingetrocknete Fleck nach 24 Stunden angenommen hat.

Nach der Art ihrer vorläufigen Färbung ordnen wir die als Beispiele herangezogenen Tinten in fünf Gruppen, und zwar in blau, grün, rot, violett, braun und schwarz aus der Feder fließende. Von den Reagenslösungen enthält Natronlauge 2,5% NaOH, Oxalsäurelösung 1,5% kryst. Säure, die übrigen sämtlich 5% vom Reagens, Zinnchlorür, außerdem noch 5% HCl.

I. Gruppe: blaufließende Tinten.

1. Tinte enthält: lösliches Berlinerblau aus 30‰ Blutlaugensalz
2. „ „ 1‰ Indigosulfosaures Natron
3. „ „ 12‰ Bayrischblau DSF
4. „ „ 5‰ Methylenblau

(1.–4.) bleiben dauernd blau, dunkeln also nicht nach.

5. Tinte ist eine blaufließende Eisengallustinte, und zwar der später zu beschreibende Typus für Eisengallustinten mit blauer vorläufiger Färbung; dunkelt nach und wird schließlich schwarz, wodurch sie sich schon als Eisengallustinte kenntlich macht.

Aussehen der betupften Stellen:

Tinte Nr. 1—5:

Reagens		1.	2.	3.	4.	5.
Natronlauge	sofort	weiß	gelb	braun	violett	braun
	nach 1 Tag	weiß mit gelbem Rand	weiß mit gelbem Rand	weiß mit gelbem Rand	grünblau mit grünem Rand	dgl.
Schwefelsäure	sofort	unverändert	unverändert	dunklerblau	hellerblau	hellerblau
	nach 1 Tag	dunklerblau	weiß	dgl.	weiß mit grünem Rand	graublau

Tinte Nr. 1—5 (Fortsetzung).

Reagens		1.	2.	3.	4.	5.
Oxalsäure	sofort	unverändert	unverändert	dunklerblau	hellerblau	hellerblau
	nach 1 Tag	dunklerblau	weiß	dgl.	dgl.	dgl.
Soda	sofort	weiß	hellerblau	schwarzblau	hellblau	bräunlichblau
	nach 1 Tag	dgl.	hellblaugrau	hellgelb mit grünem Rand	grünblau	braun
Natriumbisulfat	sofort	unverändert	unverändert	dunklerblau	hellerblau	hellblau
	nach 1 Tag	dunklerblau	weiß	dgl.	dgl.	dgl.
Natriumsulfit	sofort	violettblau	hellerblau	weiß	hellerblau	rötlichgrau
	nach 1 Tag	weiß	weiß	dgl.	hellblau	braun
Kaliumoxalat	sofort	hellgrau	unverändert	unverändert	hellerblau	unver ändert
	nach 1 Tag	weiß	hellblaugrau	hellblaugrün	hellblau	braun
Zinnchlorür mit Salzsäure	sofort	unverändert	weiß	unverändert	weiß	hellblau
	nach 1 Tag	dgl.	dgl.	dunklerblau	dgl.	graublau mit grünem Rand

II. Gruppe: grün fließende Tinten.

6. Tinte enthält 12‰ Säuregrün } bleiben dauernd grün
7. „ „ 2‰ Malachitgrün }
8. „ ist grünfließender Typus für Eisengallustinten; wird schwarz.

Tinte Nr. 6—8:

Reagens		6.	7.	8.
Ammoniak	sofort	weiß	hellgrün	grünlichbraun
	nach 1 Tag	hellgrün	dgl.	dgl.
Natronlauge	sofort	weiß	hellgrün	braun
	nach 1 Tag	weiß mit gelbem Rand	weiß mit gelbem Rand	dgl.
Soda	sofort	hellergrün	hellergrün	bräunlichgrün
	nach 1 Tag	weiß	hellgrün	braun

Tinte Nr. 6—8 (Fortsetzung).

Reagens		6.	7.	8.
Natrium-sulfit	sofort	weiß	hellgrün	graugrün
	nach 1 Tag	dgl.	blaßgrün	braun
Borax	sofort	hellgrün	unverändert	graubraun
	nach 1 Tag	weiß	hellergrün	braun
Salpetersäure	sofort	hellgrün	hellgelbgrün	hellblaugrün
	nach 1 Tag	weiß mit grauem Rand	weiß mit grau-grünem Rande	graublau
Schwefel-säure	sofort	hellgrün	hellgelbgrün	hellblaugrün
	nach 1 Tag	weiß	weiß mit gelbem Rand	graublau

III. Gruppe: rot fließende Tinten.

9. Tinte enthält 5 ‰ Nakarat S
10. „ „ 2 ‰ Fuchsin F
11. „ „ 15 ‰ Eosin A
12. „ „ 16,5‰ Carmin + 7‰ NH_3

} bleiben dauernd rot

13. „ ist rot fließender Typus für Eisengallustinten; wird schwarz.

Tinte Nr. 9—13:

Reagens		9.	10.	11.	12.	13.
Natronlauge	sofort	gelbgrau	hellrot	gelbrot	rötlich-grau	graurot
	nach 1 Tag	weiß mit graurot. Rand	blaßrot	weiß mit orange-farbigem Rand	weiß mit dunkel-rotem Rand	braun
Schwefelsäure	sofort	unver-ändert	hellgrau	hellgelb	unver-ändert	hellrot
	nach 1 Tag	graurot	weiß	dgl.	hellbraun-rot	dgl.
Oxalsäure	sofort	unver-ändert	unver-ändert	gelb	unver-ändert	hellrot
	nach 1 Tag	hellgrau-rot	hellblau-grau	dgl.	dgl.	dgl.
Soda	sofort	rötlich-grau	unver-ändert	gelbrot	rötlich-grau	braun
	nach 1 Tag	dgl.	dgl.	dgl.	dgl.	dgl.

Tinte Nr. 9—13 (Fortsetzung).

Reagens		9.	10.	11.	12.	13.
Natriumbisulfat	sofort	unverändert	rötlichgrau	gelb	unverändert	hellrot
	nach 1 Tag	hellrot	hellblaugrau	dgl.	dgl.	dgl.
Zinnchlorür mit Salzsäure	sofort	unverändert	weiß	hellgelb	unverändert	hellrot
	nach 1 Tag	hellgrau mit viol. Rand	weiß mit dunkelgrünem Rand	dgl.	dgl.	weiß mit hellrotem Rand

IV. Gruppe: violett und braun fließende Tinten.

14. Tinte enthält $3^0/_{00}$ Methylviolett — bleibt dauernd reinviolett.
15. „ ist Chromblauholzschreibtinte, enthält $20^0/_{00}$ Blauholzextrakt, $3^0/_{00}$ Kaliumchromat und $20^0/_{00}$ Soda — fließt violettschwarz und wird grauschwarz.
16. „ ist Wolframtinte, enthält $45^0/_{00}$ Blauholzextrakt, $15{,}6^0/_{00}$ wolframsaures Natron, $4^0/_{00}$ Weinsäure und $0{,}3^0/_{00}$ Salicylsäure, fließt schwarzviolett und wird violettschwarz.
17. „ ist Blauholzkopiertinte, enthält $80^0/_{00}$ Blauholzextrakt, $20^0/_{00}$ Tonerdesulfat, $5^0/_{00}$ Oxalsäure, $40^0/_{00}$ Ammonoxalat, $10^0/_{00}$ Traubenzucker, $5^0/_{00}$ Kaliumbichromat und $1{,}5^0/_{00}$ Salicylsäure — fließt braun und wird violettschwarz.
18. „ enthält $25^0/_{00}$ Alizarin und $10^0/_{00}$ Ammoniak — fließt dunkelrot und wird braun.

Tinte Nr. 14—18:

Reagens		14.	15.	16.	17.	18.
Ammoniak	sofort	unverändert	unverändert	rötlichblau	blau	dunkelrot
	nach 1 Tag	hellviolett	dgl.	violettschwarz	violettschwarz	dgl.
Natronlauge	sofort	hellerviolett	hellgelb	grauviolett	braun mit blauem Rand	blau mit rot. Rand
	nach 1 Tag	hellgrau	hellgraugelb	hellgraugelb mit braunem Rand	hellgraugelb mit braunem Rand	hellbraun mit dunkl. Rand
Schwefelsäure	sofort	hellgrün	graurot	rotviolett	hellgelbrot	hellgelb
	nach 1 Tag	hellgelbgrau	hellgraurot mit dunkelrotem Rand	dunkelrot	gelbrot	dgl.
Natriumsulfit	sofort	hellerviolett	unverändert	hellgrau	hellgrauviolett	violett
	nach 1 Tag	dgl.	hellgrau	dgl.	hellgrau	dunkelrot

Tinte Nr. 14—18 (Fortsetzung).

Reagens		14.	15.	16.	17.	18.
Borax	sofort	unverändert	unverändert	hellgrau	blau	rotbraun
	nach 1 Tag	hellerviolett	hellgrau	dgl.	hellviolett-grau	dunkel-rot
pfervitriol	sofort	unverändert	unverändert	unverändert	dunkelgrau-blau	braun
	nach 1 Tag	violett	dgl.	blauschwarz	blauschwarz	dgl.
nnchlorür t Salzsäure	sofort	hellgraublau	grauviolett	rotviolett	rotviolett	gelb
	nach 1 Tag	weiß mit grünem Rand	hellgraurot mit dunkel-rotem Rand	dunkelrot	dunkelrot	dgl.

V. Gruppe: schwarzfließende Tinten.

19. Tinte enthält 12‰ Bayrischblau, 3‰ Säuregrün, 15‰ Kastanienbraun — fließt blauschwarz und wird grauschwarz.
20. „ enthält 12,5‰ Nigrosin — fließt blauschwarz und wird grauschwarz.
21. „ ist schwarzfließender Typus für Eisengallustinte — fließt blauschwarz und wird tiefschwarz.
22. „ ist Vanadintinte, enthält 100‰ Tannin und 4‰ Ammonvanadat — fließt tiefschwarz und wird nach einigen Tagen graugrün.
23. „ enthält 100‰ Ruß, 65‰ Schellack und 65‰ Borax — fließt tiefschwarz und bleibt tiefschwarz —.

Tinte Nr. 19—23:

Reagens		19.	20.	21.	22.	23.
Natronlauge	sofort	braunrot	hellgrau	braun	grün-braun	unver-ändert
	nach 1 Tag	hellrot-grau mit dunkel-rotem Rand	dgl.	dgl.	hellgelb-grau	dgl.
Soda	sofort	grau-violett	violett-grau	braun	bläulich-grün	unver-ändert
	nach 1 Tag	graurot	dgl.	dgl.	dgl.	dgl.
Schwefelsäure	sofort	dunkel-blau	grau	graublau	hellgrau	unver-ändert
	nach 1 Tag	dunkel-blau mit violettem Rand	graublau	dgl.	hellgelb-grau	dgl.

Tinte Nr. 19—23 (Fortsetzung).

Reagens		19.	20.	21.	22.	23.
Natriumsulfit	sofort	gelbrot	violett-grau	braun-violett	unver-ändert	unver-ändert
	nach 1 Tag	hellbraun	dgl.	braun	braun	dgl.
Zinnchlorür	sofort	dunkel-blau	blaugrau	blaugrau	graugelb	unver-ändert
	nach 1 Tag	dgl.	dgl.	graublau	dgl.	dgl.

Gegen eine Lösung von unterchlorigsaurem Natron ist von allen 23 Tinten nur die letzte beständig, deren Farbstoff aus Ruß besteht; alle anderen werden sofort gebleicht.

Unter den buntfarbigen Tinten sind die sog. Ausziehtuschen noch hervorzuheben, die nach dem Trocknen meist wasserfest sind. Es empfiehlt sich daher auch außer anderen Reaktionen das Betupfen der Streifen mit Wasser.

In vorstehenden Tabellen sind beispielsweise nur besonders charakteristische Reaktionen ausgewählt, da eine ausführliche Aufzählung zu weit führen würde. Es lassen sich selbstverständlich je nach den Verhältnissen noch viele andere Reagentien verwenden, die vielleicht oft bessere Dienste leisten.

2. Prüfung der Eisengallustinten.

A. Urkundentinten und Eisengallusschreibtinten.

Die Beurteilung der Eisengallustinten muß möglichst vielseitig sein, ohne darum dem Fabrikanten die Möglichkeit der Anwendung neuer Hilfsmittel und Präparate zu benehmen. Sie hat nicht allein Rücksicht zu nehmen auf den augenblicklichen Wert einer Tinte zu dokumentarischen Zwecken, sondern auch darauf, ob die fragliche Tinte ihren Wert auch während des Gebrauchs längere Zeit behält.

Dem Standpunkte unserer heutigen Kenntnis entsprechend werden diese Aufgaben erfüllt, wenn man die Tinte prüft auf

1. Schwarzwerden der Schriftzüge, das bedingt wird durch:
   a) den Eisengehalt,
   b) den Gehalt an Gallussubstanz und
   c) den Säuregehalt;
2. Haltbarkeit im Glase;
3. Leichtflüssigkeit;
4. Durchschlagkraft;
5. Nichtklebrigkeit der Schriftzüge nach dem Trocknen.

1. Prüfung auf Schwarzwerden oder Nachdunkeln der Schriftzüge.

Die Prüfung geschieht dadurch, daß man die fragliche Tinte mit einer selbstzubereiteten Tinte von bekannter Zusammensetzung, dem in den amtlichen Vorschriften bekanntgegebenen Typus, hinsichtlich ihres Vermögens nachzudunkeln, vergleicht.

Letztere haben folgende Zusammensetzung:

Für Urkundentinte.		Für Eisengallusschreibtinte.
23,4 g	Tannin, reinstes	15,6 g
7,7 g	Gallussäure	5,1 g
30,0 g	Eisenvitriol	20,0 g
10,0 g	Gummi arabicum	10,0 g
2,5 g	HCl entsprechende Salzsäure	2,5 g
1,0 g	Carbolsäure	1,0 g
1000,0 g		1000,0 g

Die Bereitung dieses Typus geschieht in der Weise, daß man Tannin und Gallussäure in etwa bis 50° erwärmtem Wasser löst und dieser soweit als zulässig verdünnten Lösung dann die Gummilösung, die Salzsäure, die Eisenvitriollösung und die Carbolsäure zusetzt. Nachdem auf 1 Liter aufgefüllt und gut gemengt ist, läßt man mindestens 4 Tage an mäßig warmem Orte (10 bis 15° C) stehen und zieht darauf die klare Lösung von dem inzwischen gebildeten geringen Bodensatze ab. Dieser Bodensatz wird erstens dadurch hervorgerufen, daß das Tannin wohl nie absolut rein in den Handel kommt, sowie zweitens durch den Gummi, welcher, abgesehen von seinem Gehalte an fremden Beimengungen, infolge seines Kalkgehaltes mit Eisenvitriol Gips niederschlägt. Eine Fällung des Tannins durch die Salzsäure ist, wenn die Flüssigkeiten vorsichtig in möglichster Verdünnung gemischt werden, nicht zu befürchten. In den meisten Fällen wird die über dem Niederschlage stehende Flüssigkeit nach 4 Tagen so klar sein, daß sie nicht filtriert zu werden braucht. Da durch die Untersuchungen v. Schröders nachgewiesen wurde, daß Filtrierpapier nicht unbedeutende Mengen Gerbsäure absorbiert, ist überhaupt die Anwendung eines solchen möglichst zu vermeiden. Läßt sie sich indessen nicht umgehen, so bringen wir das von v. Schröder empfohlene „feinste weiße Filtrierpapier" (73×46 cm) von H. Trommsdorf in Erfurt in Vorschlag, da dieses nur sehr geringe Absorptionsfähigkeit für Gerbstoff besitzt.

Der so erhaltene Typus besitzt eine schwach bläulichgraue vorläufige Färbung und muß noch nachgefärbt werden, um als Vergleichsobjekt für eine zu prüfende käufliche Tinte dienen zu können. Es ist selbstverständlich, daß bei dem von uns vorgeschlagenen Verfahren nur gleichartig und gleichkräftig gefärbte Tinten mit einander hinsichtlich ihres Vermögens, schwarz nachzudunkeln, verglichen werden können. Wollte man eine Tinte, welche mit blauer Farbe aus der Feder fließt, mit einer grüngefärbten vergleichen, so würde man ebenso leicht grobe Fehler begehen können, wie bei dem Vergleich einer hellen mit einer dunklen Tinte.

Deshalb muß der Typus jedesmal genau so wie die zu prüfende Tinte gefärbt werden!

Wenn dies auch für den ersten Augenblick zeitraubend und umständlich erscheint, so läßt sich dennoch der gewünschte Farbenton sehr schnell und leicht bei einiger Übung erreichen, wenn man sich mehrere verschiedenartig und verschieden stark gefärbte Typen vorrätig hält und diese dann zur Erzeugung des gewünschten Farbentons miteinander mengt.

Die größte Sorgfalt erfordert die Beurteilung einer sogleich schwarz aus der Feder fließenden Eisengallustinte. Jedoch existiert eine solche, welche bei guter Schreibfähigkeit usw. wirklich sofort derartig schwarz aus der Feder fließt, daß ein Nachdunkeln bei ihr nicht mehr bemerkbar wird, heutzutage unseres Wissens noch nicht. Die schwarze Färbung solcher Tinten wird erzielt durch Anwendung relativ großer Mengen verschiedener (meist Teer-) Farbstoffe; derselben wird jedoch bald eine Grenze gesetzt durch den schädlichen Einfluß, den diese auf die Leichtflüssigleit der Tinte ausüben. Da zudem bei unserem Verfahren die Tinten erstens mit dem gleichen Volumen Wasser verdünnt (vgl. unten), also bedeutend heller miteinander verglichen werden, und man zweitens die mit ihnen erzeugten Streifen nach dem Trocknen mit Wasser und Spiritus behandelt, um alles löslich Gebliebene, auch Farbstoffe, zu entfernen, so lassen sich auch in diesem Falle die Farbintensitäten der dann noch unlöslich zurückgebliebenen Eisengallusverbindungen miteinander vergleichen.

Als Beispiele für die vorrätig zu haltenden gefärbten Typen mögen die vier von uns benutzten Kompositionen dienen.

Die angewendeten Farben sind:

Blau = Wasserblau,
Rot = Nacarat,
Grün = Säuregrün,
Braun = Kastanienbraun.

Beispielsweise erhält man einen mittelkräftig

	blau	grün	rot	schwarz	fließenden Typus
durch	2,2 g	1,9 g	—	2,5 g	Blau
	—	2,5 g	—	9,5 g	Grün
	—	—	2,5 g	—	Rot
	—	—	—	3,5 g	Braun pro Liter.

Durch Vermehrung oder Verminderung dieser Farbstoffzusätze (letztere am schnellsten erreicht durch Mengen mit dem ungefärbten Typus), sowie durch Kombinieren dieser verschieden gefärbten Typen miteinander, lassen sich in kurzer Zeit alle gewünschten Nuancen erzielen.

Wir betonen, daß dieser Typus nicht etwa das Muster oder Ideal einer Eisengallustinte darstellen, sondern im Gegenteil quasi die unterste zulässige Grenze für die Güte einer Urkunden- bzw. Eisengallusschreibtinte bezeichnen soll. Daß man bei Anwendung anderer Präparate unter Umständen ebenso wertvolle, in gewisser Hinsicht sogar noch bessere Tinten bereiten kann, ist uns wohl bekannt, eine Mitteilung derartiger Rezepte kann aber hier nicht unsere Aufgabe sein.

In bezug auf die beim Typus anzuwendende Menge Tannin bemerken wir, daß wir hierunter natürlich nur denjenigen Teil des reinsten käuflichen Tannins in Rechnung ziehen, welcher vom Hautpulver bei der bekannten Methode der Gerbstoffbestimmung absorbiert wird.

Zur Ausführung der Prüfung auf Nachdunkeln öffnet man die Flasche welche die zu untersuchende Tinte enthält, vorsichtig, indem man jedes

Schütteln vermeidet, pipettiert ca. 15 ccm Tinte heraus und verschließt die Flasche sofort wieder durch einen Kork zwar luftdicht, aber so lose, daß sie später wieder ohne jedes Schütteln entkorkt werden kann. Darauf läßt man die Tintenflasche drei Tage lang an einem etwa 15° warmen Orte ruhig stehen. Inzwischen bereitet man sich einen Typus von derselben Färbung wie die Tinte, indem man als Muster die herauspipettierten 15 ccm benutzt.

Hat man den gleich gefärbten Typus fertig, so wendet man die auf Seite 473 beschriebene Streifenmethode an, indem man Tinte und Typus, sowohl unverdünnt als auch mit dem gleichen Volumen destillierten Wassers verdünnt, über das Papier herunterfließen läßt und zwar in beiden Fällen drei- oder viermal abwechselnd nebeneinander. Der Rahmen mit dem Papier wird solange in seiner Lage gelassen, bis die Flüssigkeit auf den Streifen vollkommen eingetrocknet ist, dann wird das Papier ausgespannt und an säure- und staubfreier Luft bei mittlerer Temperatur acht Tage lang in zerstreutem Tageslicht offen liegen gelassen. Die von der nicht verdünnten Tinte herrührenden Streifen werden dann noch speziell zur Beurteilung der Leichtflüssigkeit, Durchschlagskraft und Klebrigkeit verwandt, während die mit der verdünnten Tinte hervorgerufenen allein zur Prüfung des Nachdunkelns dienen. Wenn es sich nun nach Ablauf von acht Tagen zeigt, daß die verdünnte Tinte nicht so stark nachgedunkelt ist als der gleichfalls verdünnte Typus, so ist die Tinte als ungenügend zu bezeichnen, und wird die weitere Prüfung entbehrlich. Haben jedoch die Streifen der Tinte ebenso dunkle Färbung angenommen wie diejenige des Typus, so zerschneidet man den Bogen rechtwinklig zur Längsrichtung der Streifen in etwa 3 cm breite Bänder, taucht eines derselben in destilliertes Wasser, ein zweites in 85 proz. Alkohol, ein drittes in 50 proz. Alkohol und läßt sie darin zwei Tage liegen. Dann werden die Bänder herausgenommen, bei gewöhnlicher Temperatur getrocknet und die Farbintensitäten der zurückgebliebenen Streifen von Tinte und Typus miteinander verglichen. Soll die Tinte genügend sein, so muß der ihr zugehörige Streifen auf allen drei Bändern noch ebenso dunkel sein wie der mit derselben Flüssigkeit behandelte des Typus.

Die Behandlung der Streifen mit Wasser und Alkohol bezweckt, alle nach dem Trocknen noch löslich gebliebenen Substanzen zu entfernen, so daß die auf dem Papier zurückbleibende Färbung ein Maß für den Gehalt der Tinte an eigentlichen Gallussubstanzen liefert. Denn es muß, wie schon früher hervorgehoben, unterschieden werden, ob das eingetretene Nachdunkeln wirklich nur von Substanzen hervorgerufen wurde, welche drei benachbarte freie Phenolhydroxyle enthalten, also eigentliche „Gallussubstanzen" sind, oder ob es etwa zum Teil oder ganz von jenen Ortho-Dioxy-Derivaten und Orthooxycarbonsäuren herrührt, welche mit Eisensalzen ebenfalls fixierbare Färbungen liefern. Wir fanden, daß Brenzcatechin und Protocatechusäure zwar lichtbeständige, aber nicht völlig wasserbeständige Färbungen erzeugen, während diejenigen der Orthooxycarbonsäuren weder licht- noch wasserbeständig sind. Die Behandlung mit Wasser bietet daher ein Mittel dar, zwischen diesen beiden Klassen und jenen eigentlichen Gallussubstanzen mit drei freien benachbarten Phenolhydroxylen unterscheiden zu können. Gleichzeitig aber kann man sich aus der Widerstandsfähigkeit der Färbung gegen Wasser noch ein Urteil über den Gehalt der Tinte an freier Säure bilden. Je größer dieser und je stärker die Säure ist, desto langsamer dunkeln die Schriftzüge nach; und wir müssen, wie schon früher begründet, auch eine Tinte verwerfen, welche zwar an und für sich den genügenden Gehalt an Gallussubstanzen besitzt, daneben aber so sauer ist, daß sie nur zu schwach oder zu langsam nachdunkelt.

Die Prüfung der Tinte auf den Säuregehalt, soweit dieser von Einfluß auf ihren dokumentarischen Wert ist, wird gleichzeitig bei der im Vorstehenden beschriebenen Prüfung auf Nachdunkeln praktisch erledigt.

Neben dieser im allgemeinen über sämtliche wesentliche Punkte Aufschluß gebenden Streifenmethode können noch die genauen analytischen Prozentgehalte des Eisens, der Gallussubstanz und des Säuregehaltes nach folgender Methode festgestellt werden:

a) Bestimmung des Eisengehaltes.

Dieselbe kann nach allgemein bekannter Methode erfolgen. Am zweckmäßigsten ist die von Rothe und Hinrichsen (Mitteil. d. kgl. Materialprüfungsamtes **24**, 285; 1906) angegebene:

10 ccm der Tinte werden in einem etwa 50 ccm fassenden Porzellantiegel zur Trockne verdampft. Eine Verflüchtigung des Eisens als Chlorid — in den meisten Eisengallustinten ist freie Salzsäure vorhanden — findet hierbei nicht in merklichem Maße statt. Versuche, bei welchen der Tinte zur Vermeidung der Sublimation von Eisenchlorid einige Tropfen konzentrierter Schwefelsäure vor dem Eindampfen zugesetzt waren, ergaben bei der Analyse die gleichen Zahlen wie ohne Zusatz von Schwefelsäure oder mit Zusatz von 1 ccm konzentrierter Salzsäure. Der Trockenrückstand wird am besten in einer Muffel so lange auf Rotglut erhalten, bis aller Kohlenstoff verbrannt ist.

Man versetzt sodann mit 1 bis 2 ccm konzentrierter Salzsäure vom spez. Gewicht 1,124, erhitzt den mit einem Uhrglas bedeckten Tiegel auf dem Sandbade zum gelinden Sieden der Säure, bis alles gelöst ist, fügt 1 bis 2 ccm Chlorwasser hinzu, bis die Flüssigkeit eben danach riecht und verdampft zur Trockne. Die Anwendung von Bromwasser an Stelle des Chlorwassers ist zu vermeiden, da Eisenbromidlösung beim Eindampfen teilweise in Eisenbromür und freies Brom zerfällt.

Der Trockenrückstand wird mit etwa 0,5 ccm konzentrierter Salzsäure versetzt, bei aufgelegtem Uhrglase bis zur Lösung der basischen Eisenoxydsalze schwach erwärmt, nach dem Erkalten mit etwa 20 ccm Wasser aufgenommen und etwa 1 g Jodkalium hinzugefügt. Nach gehörigem Umrühren mit einem Thermometer wird das ausgeschiedene Jod sofort mit $^1/_{10}$ n. Thiosulfatlösung bis nahe zur Entfärbung abtitriert und die Lösung sodann schnell stufenweise zur vollständigen Abscheidung des Jods auf 55° erwärmt — höhere Wärmegrade sind wegen der leichten Oxydierbarkeit des Eisens, sowie der Flüchtigkeit des Jods zu vermeiden —, wobei das sich ausscheidende Jod immer sogleich durch Thiosulfat entfert wird. Zur genauen Bestimmung des Endpunktes kann man der fast entfärbten Lösung zum Schluß etwas Stärkelösung hinzufügen, jedoch muß in diesem Falle die Flüssigkeit erst wieder abgekühlt werden, da die blaue Farbe der Jodstärke bereits bei etwa 30° verschwindet.

Bei Innehaltung der angegebenen Bedingungen liefert die jodometrische Bestimmung des Eisens gute Ergebnisse, zumal der Endpunkt der Umsetzung noch wesentlich schärfer zu erkennen ist, wie bei der Titration mit Permanganat.

Ergibt sich, daß der Gehalt an Eisen zu gering ist, so können die übrigen Prüfungen, sofern sie nicht besonders gewünscht werden, wegfallen, da eine Tinte mit zu wenig Eisen an sich schon als ungenügend zu bezeichnen ist.

b) Bestimmung des Gehaltes an Gallussubstanz.

Vorschrift zur Bestimmung von Gerb- und Gallussäure in Tinte von dem staatl. Materialprüfungsamt Groß-Lichterfelde West.

10 ccm Tinte und 10 ccm Salzsäure (20 bis 35 proz.) werden viermal mit je 50 ccm Essigäther (zweckmäßig in einem Rotheschen Schüttelapparat älterer Konstruktion, Fig. 3) kräftig geschüttelt, die Ausschüttelungen werden in einem Scheidetrichter von 250 bis 300 ccm Inhalt gebracht. Die vereinigten Essigätherlösungen werden dann dreimal mit je 10 ccm destilliertem Wasser geschüttelt, diese Ausschüttelungen in einem kleinen Scheidetrichter von etwa 100 ccm Inhalt vereinigt und mit 30 ccm Essigäther kräftig durchgeschüttelt. Sodann wird der Essigäther der vereinigten Auszüge abdestilliert, der Rückstand mit absolutem Alkohol aufgenommen, dieser in einem gewogenen großen Porzellantiegel auf dem heißen Wasserbade unter Luftaufblasen vorsichtig verdunstet. Hierauf wird der Abdampfrückstand mit Äther übergossen und auch der Äther vorsichtig verdunstet und zuletzt auf dem kochenden Wasserbade 5 Minuten erhitzt. Zum Schluß wird der Tiegel in ein vorher auf 140° C erwärmtes Luftbad gebracht und darin 4 Stunden belassen.

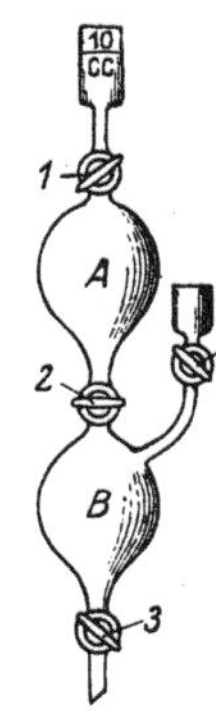

Fig. 3. Schüttelapparat von Rothe.

Sie so erhaltene Substanz im wesentlichen Gallussäure wird unter Vernachlässigung der geringen Unterschiede zwischen den Äquivalentgewichten der Gerb- und Gallussäure als Gerbsäureanhydrid in Rechnung gesetzt. Die dadurch bedingte geringfügige Ungenauigkeit in dem Ergebnis fällt zugunsten des Lieferanten aus. Sie läßt sich wegen der zurzeit nicht möglichen quantitativen Trennung von Gerb- und Gallussäure noch nicht vermeiden. Das nach dem Wägen gefundene Gewicht der Substanz wird auf kristallwasserhaltige Gerbsäure umgerechnet durch Vermehrung des Gewichtes um den neunten Teil und der so erhaltene Wert im Attest als Summe von Gerb- und Gallussäure bezeichnet.

Eingehende Versuche von F. W. Hinrichsen (Die Untersuchung von Eisengallustinten, Stuttgart, Verlag von Ferdinand Enke 1909, S. 65ff.) haben aber ergeben, daß folgende Vorschrift zuverlässigere Resultate ergibt und nebenbei den Vorzug der einfachen Handhabung besitzt:

10 ccm der Tinte werden mit 10 ccm 20 bis 25proz. Salzsäure versetzt und viermal mit je 50 ccm Essigsäureäthylester, zweckmäßig in dem von Rothe angegebenen Schüttelapparat kräftig durchgeschüttelt. Die Ausschüttelungen werden in einen Scheidetrichter von 250 bis 300 ccm Inhalt gebracht. Die vereinigten Essigesterlösungen werden dann einigemale mit je 10 ccm halbgesättigter Chlorkaliumlösung geschüttelt, bis die wässerige Schicht nach dem Ablassen keine Eisenreaktion mehr zeigt. So dann wird die Essigesterlösung der Gerb- und Gallussäure im luftverdünnten Raume bei möglichst niedriger Temperatur eingedampft, der Rückstand mit wenig Wasser in einen gewogenen Tiegel übergeführt und wieder zur Trockne verdampft. Der verbleibende Rückstand wird bei 105 bis 110° getrocknet und das gefundene Gewicht durch Vermehrung um den neunten Teil auf kristallwasserhaltige Gerb- und Gallussäure umgerechnet.

Die Esterauszüge der verschiedenen Gerbstoffe liefernden Rohmateriale verhalten sich ganz verschieden. Dividivi z. B. liefert einen Esterauszug, von dem nur rund $^2/_3$ wieder in Wasser löslich ist. Myrobalanen bereiten der Analyse auf Gallus- und Gerbsäure besondere Schwierigkeiten. Auf alle Fälle gehört zu einer einwandfreien Bestimmung der Gallus- und Gerbsäure eine Nachprüfung des trockenen Esterauszuges entweder durch Titration mit Kupfersulfat oder mit Jod oder eine kolorimetrische Bestimmung mit Ammoniummolybdat (Hinrichsen, Die Untersuchung von Eisengallustinten, S. 77, 85 und 98). Auf Grund dieser Bestimmungsmöglichkeiten ist der Tintenfabrikant in der Lage, die Menge des von ihm zu verwendenden Gerbmaterials im voraus zu bestimmen.

Auf die qualitativen Reaktionen auch nur der für die Tintenfabrikation in erster Linie in Betracht kommenden Gerbmaterialien hier einzugehen, würde zu weit führen. Es sei deshalb auf die umfangreiche Spezialliteratur über diesen Gegenstand verwiesen. (Procter-Paeßler, Gerbereichemische Untersuchungen **1901**, **73**ff; Levi u. Wilmer, Collegium **1907**, 213, 218, 225; Brissemoret, Bull. Soc. chim. (4) **1**, 474; 1907; Zwick, Chem.-Ztg. **32**, 405; 1908. Vgl. ferner Parker u. Payne, Journ. Soc. Chem. Ind. **23**, **648**; 1904; Nierenstein, Chem.-Ztg. **30**, 868; 1906; Kreis, ebenda S. 768.)

Zur Erkennung verschiedener Gerbstoffe in Tinten hat Schluttig (dieses Werk 5. Aufl., Bd. III, S. 776, 1905. Vgl. auch Mitchell, The Analyst **33**, 80; 1908; Chem. Zentralbl. **1908**, I, 1501) vorgeschlagen, durch Aufsaugen der Flüssigkeit mittels eines in die Tinte gehängten Streifens Filtrierpapiers Entmischung zu bewirken. Die sich bildenden Zonen sollen dann je nach Art des verwendeten Gerbstoffes gewisse

Unterschiede aufweisen. Dann lassen sich nach den Angaben Schluttigs die folgenden Tintengruppen unterscheiden:

I. Galläpfel Knoppern Dividivi Valonea Eiche Kastanie Kampescheholz	Nach 1—2 Tagen haben sich zwei Zonen gebildet, von denen die innere blauschwarz, die äußere hellrostfarben ist, oder einen Stich in die Färbung des vorhandenen vorläufigen Farbstoffes aufweist. Bei Galläpfeln und Dividivi zeigt sich ferner eine charakteristische Linie am Rande.
II. Sumach	Die Eisengallusverbindung verbreitet sich mit dunkelgrauer Farbe bis in die äußerste Zone.
III. Myrobalanen	Wie Sumach, nur zeigt sich zwischen äußerer und innerer Zone eine blauschwarze Linie, nach innen zu ein helles Band.
IV. Chromblauholz Blauholz	Bilden keine äußere Zone, geben keine Eisenreaktion, färben sich mit Schwefelsäure oder Kaliumbisulfat rot.

c) Bestimmung des Säuregehaltes.

Bei Ausführung der Prüfung auf Nachdunkeln der Tinte mittels der Streifenmethode haben wir die praktisch genügende Beurteilung des Säuregehaltes kennen gelernt. Denn je mehr Säure vorhanden ist, um so langsamer werden die Streifen nachdunkeln, und um so leichter wird die Tinte durch das Papier hindurchdringen. Selbstverständlich wird auch die Stahlfeder um so mehr angegriffen, je saurer die Tinte ist.

Die Ermittlung der freien Säure ist nach den gewöhnlichen Methoden durch Titration und durch Kohlensäureentwicklung nicht möglich, da durch die Anwesenheit entweder der Eisensalze oder der Gallus- und Gerbsäure die Analysen gestört werden.

Dagegen gelang es, auf anderem Wege sehr einfach zum Ziele zu kommen. Wie nämlich aus den bemerkenswerten Untersuchungen von Friedenthal (Zeitschr. f. Elektrochemie **10**, 114; 1904 und Salm ebenda S. 342; Zeitschr. f. physik. Chemie. **57**, 456; 1907. Vgl. auch Saleßky, Zeitschr. f. Elektrochemie **10**, 204; 1904; Fels, ebenda S. 208; vgl. Bd. I, S. 92) hervorgeht, ist ein bestimmter Säuregrad, in neuerer Ausdrucksweise: ein bestimmter Gehalt an Wasserstoffionen, einer Lösung gekennzeichnet durch besondere Farbenumschläge von Indicatoren. Teilt man das Gesamtgebiet der möglichen Reaktionsstufen, beginnend mit der stärksten Salzsäure über den Neutralitätspunkt hinweg bis zur stärksten Lauge, in einzelne Stufen, z. B. nach Zehnerpotenzen der Normalität von Säuren und Basen (1 normal, 1 : 10 normal, 1 : 100 normal usw.), so läßt sich für jede derartige Stufe ein Indicator angeben, der gerade bei dem betreffenden Gehalt an Wasserstoffionen (Säurenormalität) oder Hydroxylionen (Normalität der Lauge) einen Farbenumschlag aufweist. Z. B. färbt sich Methylviolett mit konzentrierter Salzsäure (spez. Gew. 1,124, 2normal an Wasserstoffionen) goldgelb, mit 1 normaler Säure zeisiggrün, mit 1 : 10 normaler Säure grün, 1 : 100 normaler blau, 1 : 1000 normaler violett. Bringt man daher zu einer Lösung von Salzsäure einen Tropfen Methylviolettlösung, so tritt je nach der Normalität der Säure eine bestimmte Färbung der Lösung auf, die unmittelbar als Maß für den Gehalt der Flüssigkeit an

Wasserstoffionen gelten kann. Ist die Farbe violett, so muß die Säure jedenfalls schwächer als 1 : 100 normal sein. Man wird daher zu einer neuen kleinen Menge der Flüssigkeit einen Tropfen einer anderen Indicatorlösung hinzugeben, deren Farbenumschläge beispielsweise die Stufen 1 : 1000, 1 : 10 000, 1 : 100 000 normal kennzeichnen, u. s. f. bis zum Neutralpunkt (1 000 000 normal an Wasserstoffionen) und darüber hinaus in das Gebiet der basischen Reaktion bis zur stärksten Kalilauge (etwa 2 normal an Hydroxylionen).

So schlägt z. B. Salm (Zeitschr. f. physik. Chemie 57, 456; 1907) zur Erkennung der sauren Stufen 2 normal an Wasserstoffionen (stärkster bekannter Säuregrad, in der nachfolgenden Übersicht mit A bezeichnet), 1 normal (B), $^1/_{10}$ n. (10^{-1}), $1/_{100}$ n. (10^{-2}) u. s. f., bis zum Neutralpunkt 10^{-7} normal an Wasserstoffionen die folgenden Farbumschläge von Indicatoren vor.

Indicator	A	B	10^{-1}	10^{-2}	10^{-3}	10^{-4}	10^{-5}	10^{-6}	10^{-7}
Mauvein. . .	gelb	grün	grün-blau	blau	violett	—	—	—	—
Kongorot . .	blau	—	—	—	blau	violett	scharlach	—	—
Alizarinsulfosaures Natrium . . .	gelbgrün	—	—	—	—	—	braun	rot	—
Rosolsäure. .	gelb	—	—	—	hell bräunlich	—	—	hell bräunlich	rosa

Weiter würden sich dann die alkalisch reagierenden Stufen anschließen.

Da dieses Verfahren auf Eisengallustinten wegen der tiefen Eigenfärbung der hier zu prüfenden Flüssigkeiten nicht ohne weiteres anwendbar ist, verfährt man am besten folgendermaßen: Man tränkt Filtrierpapier mit der Lösung des betr. Farbstoffes, den man als Indicator anwenden will, z. B. Methylorange, und taucht einen Streifen des so hergestellten Indicatorpapieres in die zu prüfende Tinte ein. Während des Aufsaugens findet dann eine Entmischung der ursprünglichen Flüssigkeit statt, indem die Wasserstoffionen der freien Säure am schnellsten von den Tintenbestandteilen hinaufdiffundieren. In der obersten der sich bildenden Zonen ist daher der durch die Säure auf dem Indicatorpapiere bewirkte Farbenumschlag deutlich sichtbar.

Vorteilhaft ist es, den in der Tinte vorhandenen vorläufigen Farbstoff, der die Erkennung des etwaigen Umschlages der Indikatorfärbung erschweren könnte, vorher auszusalzen. Man verfährt daher am besten in folgender Weise: 10 ccm der Tinte werden in ein kleines Porzellanschälchen gegeben, 10 bis 20 g Kochsalz hinzugefügt und ein Streifen des Indicatorpapieres von etwa 3 cm Breite und 25 cm Länge in das Gemisch hineingehängt.

Die Zeit, nach welcher die Reaktion deutlich zu beobachten ist, hängt von den Eigenschaften des angewandten Filtrierpapieres ab. Im allgemeinen genügen einige Minuten, um einen etwaigen Farbenumschlag festzustellen.

Die Versuche sind naturgemäß in einem säurefreien Raume auszuführen.

Welcher Gehalt der Tinten an freier Säure erforderlich und zulässig ist, um ein für urkundliche Zwecke möglichst brauchbares Material zu liefern, muß durch die Praxis entschieden werden.

d) Bestimmung anderer Bestandteile.

Für die Untersuchung von Eisengallustinten wird im allgemeinen die Ermittlung der Gerb- und Gallussäure, des Eisens und der freien Säure genügen, denn von diesen Bestandteilen hängt ja die Schwärze und die Haltbarkeit der Schriftzüge ab. Trotzdem kann es in manchen Fällen erforderlich sein, wenigstens qualitativ auf andere etwa in der Mischung vorhandene Stoffe zu prüfen. Im folgenden seien daher kurz einige Anhaltspunkte zur genauen Untersuchung von Tinten in Anlehnung an Vorschläge Priors (Dammers Lexikon der Verfälschungen. Leipzig, Weber 1887, S. 913) gegeben.

Zur Prüfung auf mineralische Bestandteile wird $^1/_4$ l des Materials eingedampft, verascht und die Asche nach den bekannten Verfahren der qualitativen Analyse untersucht. Falls flüchtige Stoffe, wie Arsen oder Quecksilber, zugegen sein können, darf die Zerstörung der organischen Stoffe naturgemäß nicht durch Glühen, sondern muß auf anderem Wege erfolgen. Zu diesem Zwecke eignet sich besonders die von Rothe (Mitteil. d. Kgl. Materialprüfungsamtes **25**, 105; 1907) vorgeschlagene Arbeitsweise unter Anwendung von starker Salpeter- und Schwefelsäure. Die Oxydation wird zweckmäßig nach dem Eindampfen der Tinte in einem kleinen Jenenser Glaskolben (von 300 ccm Inhalt) ausgeführt. Man fügt zu dem Trockenrückstand 1 bis 2 ccm konzentrierte Schwefelsäure und 5 bis 10 ccm Salpetersäure, deren Stärke sich nach der Angreifbarkeit der zu zersetzenden Stoffe richten muß, und dampft bis zur Verjagung der Salpetersäure ein. Der Zusatz von Salpetersäure und das Eindampfen wird wiederholt, bis die zurückbleibende Flüssigkeit vollkommen farblos geworden ist. Sodann wird auch die Schwefelsäure verjagt, der Rückstand mit Wasser oder Säure aufgenommen und in üblicher Weise analysiert.

Zur Ermittlung der Art der freien Säure empfiehlt Prior, die Tinte mit Wasserdampf zu destillieren, wobei die freie Säure in das Destillat mit übergeht. Hierzu ist jedoch zu bemerken, daß z. B. bei Anwesenheit von Eisenchlorid die durch Hydrolyse in der wässerigen Lösung abgespaltene Salzsäure die Ergebnisse trüben kann, zumal wenn als freie Säure, etwa mit Wasserdampf, nicht flüchtige organische Säuren zugesetzt waren. Die Gegenwart von Schwefelsäure kann schon durch die beim Erhitzen eintretende Verkohlung nachgewiesen werden. Der beim Eindampfen verbleibende Rückstand würde ferner bei Anwesenheit von Schwefelsäure infolge von Wasseranziehung feucht bleiben. Von anderen hygroskopischen Stoffen, wie Glycerin, Chlorcalcium oder Traubenzucker, die zur stärkeren Verdickung, namentlich Kopiertinten, zugesetzt werden, unterscheidet sich die Schwefelsäure durch die Entwicklung weißer Dämpfe beim Erhitzen.

Zur Bestimmung der organischen Bestandteile empfiehlt Prior, den beim Eindampfen der Tinte verbleibenden Rückstand mit Sand zu mischen und dann zunächst mit Äther auszuziehen. In Lösung gehen hierbei Phenol und Salicylsäure. Zur Erkennung von Phenol wird der Rückstand nach dem Verjagen des Äthers mit Bromwasser versetzt, wobei ein weißer Niederschlag von Tribromphenol ausfällt. Außerdem ist Carbolsäure ja ohne weiteres am Geruch zu erkennen. Salicylsäure liefert auf Zusatz von Eisenchloridlösung eine tiefviolette Färbung. Da letztere Reaktion durch die Anwesenheit geringer Mengen von Gerbsäure oder Farbstoff in der ursprünglichen aus dem Tintenrückstand gewonnenen ätherischen Lösung beeinträchtigt werden kann, empfiehlt Prior das folgende Verfahren zum Nachweis der Salicylsäure:

Die wässerige Lösung des Ätherrückstandes wird mit einer Mischung aus gleichen Teilen Äther und Petroläther ausgeschüttelt, die ätherische Schicht bis auf wenige Kubikzentimeter eingedampft, noch heiß mit Wasser und Eisenchlorid versetzt, geschüttelt und durch ein mit Wasser angefeuchtetes Filter gegossen. Die wässerige Lösung, welche die Salicylsäure enthält, geht mit violetter Farbe durch das Filter hindurch, während die Petrolätherschicht auf dem Filter zurückbleibt.

Der ursprünglich beim Eindampfen der Tinte erhaltene Rückstand wird nunmehr mit Alkohol ausgezogen. In Lösung gehen Farbstoffe und freie Gerbsäuren. Zum Nachweis der letzteren dampft man die alkoholische Lösung ein, nimmt mit Wasser auf, filtriert und prüft mit Ferrosulfat oder Leimlösung. Zu beachten ist, daß auch Glycerin und Zucker mit in den Alkohol gehen können.

Schließlich wird der ursprüngliche Eindampfrückstand noch mit Wasser ausgezogen, wobei Zucker, Dextrin und Gummi arabicum gelöst werden. Man versetzt die wässerige Lösung mit der doppelten Raummenge Alkohol. Hierbei werden Dextrin und Gummi ausgefällt. Im Filtrat wird auf Zucker geprüft. Der Niederschlag von Dextrin und Gummi wird in Wasser gelöst und im Polarisationsapparate untersucht. Dextrin dreht nach rechts, während Gummi arabicum Linksdrehung aufweist.

Der nach dem Ausziehen mit Äther, Alkohol und Wasser verbleibende Rückstand kann außer gerb- und gallussaurem Eisen und Kohle noch humusartige Stoffe enthalten, die z. B. bei Blauholztinten durch die Einwirkung von Kaliumbichromat auf Blauholzauszug entstehen. Sie sind leicht an dem Auftreten eines brenzlichen Geruches beim Erhitzen zu erkennen.

2. Prüfung auf Haltbarkeit im Glase.

Eine gut abgelagerte Tinte soll sich in festverschlossener Flasche mindestens ein Jahr halten, ohne daß sie an den Seitenwänden eine Kruste ansetzt, vorausgesetzt, daß sie während dieser Zeit nicht zu stark abgekühlt wird. Bei einer sonst völlig tadellosen Tinte kann es jedoch vorkommen, daß sich in der Versandflasche am Boden und an den Seitenwänden Beschläge von Ausscheidungen bilden, wenn die Tinte infolge plötzlich gesteigerten Bedarfs zu jung aus der Fabrik verschickt wurde, oder wenn sie zeitweilig an zu kaltem Orte gestanden hat. Will man daher die Prüfung auf Haltbarkeit vornehmen, so muß man immer von der fraglichen Tinte eine Probe entnehmen, diese durch ein kleines Faltenfilter filtrieren, so daß sie völlig klar ist, und sodann zur Beobachtung verwenden.

Die Zersetzung der Eisengallustinten wird durch Oxydation herbeigeführt. Sie geht demzufolge in offenen Gefäßen schneller, in geschlossenen aber langsamer und nur bis zu einem gewissen Grade vor sich. Je größer bei gegebener Menge einer Tinte deren Oberfläche ist, desto schneller wird in offenem Gefäße die Oxydation erfolgen. Es versteht sich von selbst, daß eine Vergleichung mehrerer Tinten miteinander unter genau denselben Bedingungen ausgeführt werden muß. Menge der Tinte, Größe der Oberfläche derselben, Form und Größe des Gefäßes, in welchem sie sich befindet, Temperatur und sonstige Beschaffenheit der Luft müssen unter allen Umständen dieselben sein.

Wir verfahren dementsprechend bei der Prüfung auf Haltbarkeit im Glase in folgender Weise.

Von der fraglichen Tinte werden, nachdem dieselbe drei Tage lang in der geschlossenen Versandflasche an kühlem Orte (10 bis 15° C) ruhig gestanden hat, jedesmal etwa 50 ccm aus der Mitte der Flüssigkeit herauspipettiert. Dieses Probenehmen geschieht sofort nach dem Öffnen der Flasche. Die Probe wird sodann durch ein kleines Faltenfilter aus feinstem weißen Filtrierpapier filtriert, wobei man Sorge tragen muß, daß die durchfiltrierte Flüssigkeit nicht übermäßig mit dem Sauerstoff der Luft in Berührung kommt. Man wird daher alles Tropfen zu vermeiden suchen und den Trichter so stellen, daß er mit der Spitze in das Filtrat taucht. Von diesem Filtrat pipettiert man dann 25 ccm in eine vollkommen reine und trockene Flasche aus weißem Glase, welche 500 ccm faßt, zylindrische Form und geraden Boden besitzt. Die Höhe derselben beträgt 185 mm, ihr Durchmesser 72 mm. Die Mündung wird lose durch eine Kappe aus Fließpapier bedeckt, damit nicht Staub und dgl. in das Innere hineingelangen kann. Läßt man die Kappe weg, so ist die Möglichkeit vorhanden, daß in die eine Flasche mehr Staub gerät als in die andere, was, da dieser jedenfalls nicht ohne Einfluß auf die Zersetzung ist, zu falschen Resultaten führen kann. Eine so beschickte Flasche, in welcher die Flüssigkeit etwa 12 mm hoch steht, wird nun in einem Raume aufgestellt von Zimmertemperatur, in reiner, säure- und ammoniakfreier Luft. Sie erhält einen Platz in zerstreutem Tageslicht und wird nun mehrere Tage lang beobachtet. Will man dann die Flasche zur näheren Besichtigung in die Hand nehmen, so hat man jede schüttelnde Bewegung sorgfältig zu vermeiden, da sonst etwa an der Oberfläche gebildete hautartige Ausscheidungen niedersinken, als Bodensatz zum Vorschein kommen und dadurch falsche Deutung finden würden.

Sollten sich nun vor Ablauf von 14 Tagen Ausscheidungen an der Oberfläche, den Gefäßwänden oder am Boden zeigen, so ist die Tinte wegen mangelhafter Haltbarkeit als ungenügend zu bezeichnen und deshalb zu verwerfen. Das weitere Prüfungsverfahren kann sofort eingestellt werden. Bleibt die Tinte aber 14 Tage lang vollkommen intakt, so besitzt sie die erforderliche Haltbarkeit im Glase.

Die Ausscheidungen treten in drei Formen auf:

1. als Blätterbildung an der Oberfläche,
2. als Wandbeschlag und
3. als Bodensatz.

Zur Charakteristik dieser Ausscheidungen erwähnen wir kurz noch folgendes:

Eine Tinte, welche bereits in der Versandflasche vor dem Öffnen derselben einen Bodensatz abgesetzt hat, ist, wie bemerkt, noch nicht von vornherein zu verwerfen. Denn da man zur Bereitung der Tinte des billigeren Preises halber die wässerigen Auszüge der Galläpfel und dergleichen benutzen muß, welche außer Gerb- und Gallussäure immer noch andere Extraktivstoffe enthalten, tritt meist bei dem Vermischen der Galläpfelbrühe mit der Lösung der übrigen Ingredienzien eine sich langsam vollziehende Ausscheidung ein, welche jedoch bei einer genügend gelagerten und zum Versande reifen Tinte beendet sein soll. Wird nun eine solche sonst tadellose Tinte zu jung verschickt, so kann auch im Versandgefäß ein derartiger Bodensatz entstehen. Da aber diese Versandflaschen relativ nur wenig Tinte fassen, so ist die Ausscheidung in ihnen, sobald sie einzig die oben angeführte Ursache hat, sehr bald beendet: unseren Erfahrungen zufolge nach 3 Tagen; d. h., dann muß die Tinte noch sorgfältig durch ein Faltenfilter filtriert werden, um die zunächst noch schwebend erhaltenen Teile der Ausscheidung zu entfernen. Entnimmt man nun hierauf die 25 ccm Probe und beobachtet an ihr noch eine fortdauernde weitere Ausscheidung, so kann diese, besonders wenn sie von der Oberfläche ausgeht, nicht mehr eine Folge der Jugend, sondern nur die einer fortschreitenden Zersetzung sein.

Besonders wird die letztere durch sog. Blätterbildung an der Oberfläche unter allen Umständen angezeigt.

Daher müssen wir eine Tinte, welche Blätterbildung auf der Oberfläche schon im Versandgefäß zeigt, von vornherein verwerfen.

Was die Natur des Wandbeschlages anlangt, so läßt sich darüber von vornherein nichts Bestimmtes angeben, da er nie allein auftritt, sondern gleichzeitig mit Blätterbildung oder Bodensatz. Man darf ihn wohl als Übergang zwischen beiden Arten der Ausscheidung betrachten.

3. Prüfung auf Leichtflüssigkeit, Durchschlagkraft und Klebrigkeit.

Die Beurteilung der Leichtflüssigkeit einer Tinte könnte man am einfachsten auf Probeschreiben gründen. Indessen gewährt außerdem bereits die Form jener zur Beobachtung des Nachdunkelns hergestellten Streifen einen Schluß auf den Flüssigkeitsgrad der Tinte: an der Stelle, wo das Glasrohr auf den Papierbogen aufgesetzt wurde, also am Kopf des Streifens, bemerkt man eine ovale Verbreiterung desselben. Die von uns untersuchten Tintensorten des Handels zeigen sämtlich ziemlich genau dieselbe Form des Kopfes und Breite des Streifens wie der von uns gewählte Typus, nur ist im allgemeinen bei den kombinierten Schreib- und Kopiertinten der Streifen etwas schmäler als bei den reinen Schreibtinten.

Bei einer Flüssigkeit aber, welche allzu leicht aus der Feder fließt (sozusagen schießt) und auf dem Papier breitläuft, besitzt jener Kopf bedeutend größeren Umfang, und die Breite des Streifens nimmt nach unten zu ab.

Wir empfehlen daher, bei der Beurteilung des Flüssigkeitsgrades einer Tinte neben der Schreibprobe auch die Form und Breite des betreffenden Streifens zu berücksichtigen und diese mit denjenigen des Typus zu vergleichen.

Im Publikum hört man öfters Klagen, daß diese oder jene Tinte eine schlechte Schreibfähigkeit besäße, daß sie bald stocke, bald breitlaufe. Wir möchten bei dieser Gelegenheit darauf hinweisen, daß hierbei in vielen Fällen nicht die Tinte, sondern entweder die Schreibfeder oder das Papier schuld ist. Besonders das letztere zeigt nach unseren Erfahrungen sehr oft mangelhafte Schreibfähigkeit. So fanden wir auch bei dem von uns benutzten Normalpapiere der Klasse I unter etwa 20 Bogen einen, auf welchem die Streifen mancher Flüssigkeiten nicht dieselben scharfen und gleichmäßig glatten Ränder zeigten wie auf den anderen 19 Bogen. Bei geringeren Papiersorten war diese Erscheinung noch viel häufiger zu bemerken. Bei einer sorgfältigen Vergleichung durch Probeschreiben stellte es sich heraus, daß jene fraglichen Bogen nicht die gleich gute Schreibfähigkeit wie die übrigen besaßen. Bei gewissen, sogar besseren Papiersorten befinden sich auch auf ein und demselben Bogen einzelne Stellen, auf welchen die Tinte schmiert und breitläuft oder auch stockt, während der übrige Teil des Papiers tadellos ist.

Bei der Prüfung auf Leichtflüssigkeit einer Tinte hat man ferner zu beobachten, ob sie durch das Papier durchschlägt. Diese Beobachtung läßt sich außer an Schriftproben ebenfalls sehr bequem an jenen Streifen anstellen, wobei man den Typus wiederum als Maßstab verwenden wird.

Was die Prüfung einer Tinte hinsichtlich der Klebrigkeit ihrer Schriftzüge anlangt, so genügt wohl der Hinweis, daß man ein Stück Normalpapier mit der fraglichen Tinte und dem Typus, und zwar abwechselnd mehrere Zeilen untereinander, beschreibt und die Klebrigkeit nach dem Trocknen durch Aufdrücken der Hand oder eines Stückes Papier vergleicht. Bei der Beurteilung kopierfähiger Eisengallustinten wird man hierbei zu berücksichtigen haben, daß deren Schriftzüge nicht so schnell vollkommen eintrocknen dürfen wie die der nichtkopierfähigen, eine wirkliche Klebrigkeit darf indessen auch bei den Kopiertinten nicht bemerkbar sein.

Prüfung auf Kopierfähigkeit von Tinten.

Die Kopierfähigkeit der Tinten hängt nicht nur von Zusätzen ab, welche bewirken, daß die Schriftzüge eine Zeitlang löslich bleiben, sondern auch vom Gehalt an färbenden, in das Kopierpapier eindringenden Substanzen. Soll nun konstatiert werden, daß die eine Tinte so gut wie gar nicht, eine andere aber mehr oder minder stark kopiert, was im ersteren Falle für die reinen sog. Schreib- oder Buchtinten, im letzteren für die Kopiertinten von Wichtigkeit ist, so kann man sich mit Vorteil der mittels der betr. Tinte auf Normalpapier hervorgebrachten Streifen bedienen. Den Grad der Kopierfähigkeit würde man wiederum durch Vergleichung mit dem Typus feststellen, indem man — wie früher zum Zweck der Behandlung mit Wasser und Alkohol — den Bogen, der den Streifen des unverdünnten Typus neben demjenigen der fraglichen, ebenfalls unverdünnten Tinte enthält, in Bänder rechtwinklig zur Längsrichtung der Streifen zerschneidet und ein solches Band, mit feuchtem, vier- bis achtfach zusammengefaltetem Kopierpapier bedeckt, drei Minuten lang unter der Kopierpresse liegen läßt. Die Unterschiede in der Kopierfähigkeit treten in den verschiedenen Lagen des Kopierpapiers und im dunkleren oder helleren Zurückbleiben auf dem Schreibpapiere ungemein scharf und deutlich hervor. Indem man das eine der Bänder eine Stunde nach Herstellung der Streifen, ein anderes 24, ein drittes 48 Stunden nachher kopiert, kann man beobachten, ob die Kopierfähigkeit verschiedener Tinten mit der Zeit gleich schnell abnimmt oder nicht. Die Unterschiede machen sich bei diesen Streifen bedeutend schärfer als bei gewöhnlichen Schriftzügen bemerkbar.

Identitätsnachweis und Fälschungen.

Die Untersuchung zweier Tintenproben, welche sich äußerlich gleichen, behufs Feststellung ihrer Identität ist eine Aufgabe, welche z. B. in Rechtsfällen eine Rolle spielen kann und auch uns bereits mehrfach gestellt worden ist. Auch hier leistet, abgesehen von anderen Hilfsmitteln, die Streifenmethode wertvolle Dienste.

Wir nehmen eine derartige Untersuchung in folgender Weise vor:

1. Vergleichung des spezifischen Gewichts;
2. Untersuchung des Veraschungsrückstandes;
3. Vergleichung der Haltbarkeit im Glase;
4. Herstellung der Streifen auf Schreibpapier, und zwar wiederholt nebeneinander, und
   a) Behandlung von Bändern, die rechtwinklig zur Längsrichtung der Streifen herausgeschnitten wurden, mit Wasser, 50proz. und 85proz. Alkohol, sowie anderen Reagentien und
   b) Vergleichung der Kopierfähigkeit der Streifen auf derartigen Bändern durch dreiminutenlanges Pressen unter feuchtem, sechsfach gefaltetem Kopierpapier, sowohl nach einer Stunde, als auch nach ein und zwei Tagen seit Herstellung der Streifen;
5. Herstellung der Streifen auf Fließpapier und Vergleichung der entsprechenden Färbungen und Zeichnungen.

Hierbei werden die unter 4 und 5 erhaltenen Resultate deshalb besonderen Wert besitzen, weil man die betr. Papiere mitsamt den Streifen und Kopien aufbewahren kann, um sie in streitigen Fällen als Beweismaterial vorzulegen.

Der Vollständigkeit halber seien noch die optischen Verfahren der Tintenuntersuchung erwähnt, die zumal für gerichtliche Zwecke (Urkundenfälschungen u. dgl.) von ausschlaggebender Bedeutung sind.

Das Gebiet ist in vollendeter Weise von Dennstedt und Voigtländer in ihrem Buche „Der Nachweis von Schriftfälschungen, Blut, Sperma usw. unter besonderer Berücksichtigung der Photographie (Braunschweig, Vieweg und Sohn 1906) behandelt worden. In diesem Werke werden unter anderem folgende Fragen erörtert:

1. Sind Schriftzüge mit demselben Material hergestellt?
2. Sind auf einem Schriftstücke Schriftzeichen entfernt und evtl. an deren Stelle andere gesetzt worden?
3. Worin bestanden die entfernten Schriftzeichen?
4. Sind Schriftzüge meist derselben Urkunde zu gleicher oder zu verschiedener Zeit geschrieben; wenn das zweite zutrifft, welche sind älter?
5. Sind Schriftzüge, meist Namensunterschriften, aus freier Hand geschrieben, oder sind sie nach einer Vorlage durchgezeichnet oder mechanisch durchgepaust?
6. Wie lautete eine überkleckste oder sonst unleserlich gemachte Schrift?
7. Befinden sich auf einem Papier Schriftzüge von Geheimtinten?

Im folgenden seien einige wichtige auf Eisengallustinten bezügliche Punkte in kurzem Auszuge wiedergegeben. Wegen aller Einzelheiten muß natürlich auf das Original verwiesen werden, das schon der zahlreichen instruktiven Abbildungen wegen für jeden, der sich praktisch mit diesem Gebiete beschäftigt, unentbehrlich ist (vgl. auch Kynast, Archiv für gerichtliche Schriftuntersuchungen und verwandte Gebiete. Leipzig, J. A. Barth 1907/08, 1, 274).

Der Wert der mikroskopischen und noch mehr der mikrophotographischen Prüfung, d. h. der Photographie bei gleichzeitiger starker Vergrößerung, wie sie auch für das Studium von Metallegierungen benutzt wird, für die Beantwortung der ersten Frage, ob verschiedene Schriftzüge mit demselben Materiale hergestellt sind, erhellt ohne weiteres. Denn das bei genügender Vergrößerung aufgenommene Strukturbild von Schriftzügen ist je nach der angewandten Tinte, Feder, der Art des Schreibens, dem in der Tinte vorhandenen vorläufigen Farbstoff usw. charakteristisch verschieden. Voraussetzung für eine gute Fälschung ist demnach, daß dem Fälschenden genau die gleiche Tinte zur Verfügung steht wir die ursprünglich benutzte. Aber selbst wenn dies der Fall ist, wird in den meisten Fällen eine nachträgliche Änderung der Schriftzüge auf photographischem Wege festzustellen sein, da auch ein und dieselbe Tinte je nach ihrer Behandlung im Tintenfasse (Dauer des Stehens, Berührung mit sonstigen Federn u. dgl.) verschiedene Strukturbilder liefert.

Aber auch dann, wenn der Fälscher zufällig in der Lage ist, die gleiche Tinte aus dem gleichen Tintenfasse zu verwenden, wie sie auch zur Herstellung des ursprünglichen Schriftstückes gedient hat, bleibt noch als größte Schwierigkeit, die richtige Intensität der Schrift anzuwenden. Gewöhnlich taucht man ja beim Schreiben die Feder tief in die Tinte und schreibt so lange, bis keine Tinte mehr in der Feder ist, dann taucht man wieder ein usf. Infolgedessen nimmt die Intensität der Schriftzüge von einem Maximum an stetig ab, um dann vom Minimum aus plötzlich wieder zum Maximum überzuspringen. Den Verschiedenheiten in der Intensität entsprechen naturgemäß Unterschiede in den bei photographischer Vergrößerung erhaltenen Strukturbildern. Nun ist es so gut wie ausgeschlossen, nach dem Augenschein die Intensität richtig zu beurteilen, zumal wenn die ursprüngliche Schrift schon trocken war und dadurch schon ihre Farbe geändert hatte.

Übrigens lassen sich in vielen Fällen, bei denen es sich um Hinzufügen von Zahlen oder Buchstaben handelt, Fälschungen schon rein äußerlich daran erkennen, daß die Abstände zwischen den einzelnen Schriftzeichen nicht gleichmäßig sind. Gewöhnlich zeigen hinzugefügte Zahlen größeren Abstand als die ursprünglich vorhandenen.

Auch zur Beantwortung der zweiten vorher angeführten Frage, ob auf einem Schriftstück Schriftzüge entfernt sind und worin die entfernten Zeichen bestanden, kann die Photopraphie wertvolle Anhaltspunkte liefern.

Die Entfernung von Schriftzügen kann entweder auf mechanischem oder auf chemischem Wege erfolgen. Da moderne Eisengallustinten merklich in das Papier eindringen, muß zur Entfernung der Schriftzüge auf mechanischem Wege mit einem Messer oder Radiergummi verhältnismäßig viel Papier fortgenommen werden. Die betreffende Stelle wird also bei Aufnahmen im durchfallenden Licht heller erscheinen als die Umgebung. Oft genügen auch Photographien im schräg auffallenden Lichte, um die durch das Radieren an den entsprechenden Stellen hervorgerufenen Veränderungen der Papierfasern deutlich hervortreten zu lassen.

Auf chemischem Wege läßt sich Schrift durch abwechselnde Behandlung mit einer Säure (meist Oxal-, Wein-, Citronen- oder Essigsäure) und einem Oxydationsmittel (gewöhnlich alkalische Chlorkalklösung) entfernen. Die hierbei sich abspielenden Vorgänge können nach Dennstedt und Voigtländer in folgender Weise erklärt werden:

„Bei Galläpfel- und Gallustinten besteht die Einwirkung darin, daß zunächst die Säure das Eisentannat oder -gallat zerlegt; die frei gewordene Gerb- oder Gallussäure und das neugebildete Eisensalz der angewendeten Säure gehen dann in Lösung, der etwa vorhandene Farbstoff wird bloßgelegt. Die jetzt nach dem Abtupfen mit Fließpapier aufgebrachte Bleichflüssigkeit zerstört den Farbstoff und die noch vorhandene Gallus- und Gerbsäure, während das Eisen vollständig in Eisenoxyd verwandelt wird. Bei den Wiederholungen tritt immer wieder dieselbe Wirkung ein, die Wiederholung ist nur deshalb nötig, weil Eisensalz und Farbstoff verschiedene Widerstandsfähigkeit gegen diese Chemikalien besitzen und sich gegenseitig durchdringen; durch die wiederholte Behandlung werden immer neue Stellen bloßgelegt und der Einwirkung zugänglich gemacht.

Da bei chemischer Behandlung die Leimung des Papieres an der betreffenden Stelle zerstört wird, läßt sich ein solches Vorgehen leicht daran erkennen, daß ein auf die behandelte Stelle gebrachter Wassertropfen auseinanderfließt.

Auch zur Kenntlichmachung ursprünglich vorhandener Schriftzüge können die photographischen Verfahren von Nutzen sein. Freilich, wenn die Schrift auf mechanischem Wege gut entfernt war, ist es nicht mehr möglich, die Schriftzüge wieder zum Vorschein zu bringen. Dagegen bleiben im allgemeinen bei der Anwendung chemischer Mittel kleine Mengen von Eisenoxyd im Papier zurück, die durch geeignete Behandlung sichtbar gemacht werden können.

Für das Arbeiten mit wässerigen Lösungen kommen zu diesem Zwecke in erster Linie Ferrocyankalium und Rhodankalium in Betracht. Letzteres ist aus dem Grunde vorzuziehen, weil die Grenze der Empfindlichkeit der durch Rhodankalium erzeugten Rotfärbung (1 : 2 000 000) erheblich höher liegt als die des Berlinerblau (1 : 400 000). Es ist jedoch hervorzuheben, daß bekanntlich bei photographischen Positiven Blau als hell, Rot als dunkel erscheint. Infolgedessen kann es sich in Fällen, in denen die chemisch entfernten Schriftzüge von neuem überschrieben sind, empfehlen, die Berlinerblaufärbung trotz ihrer geringeren Empfindlichkeit anzuwenden, um auf der Photographie die Unterschiede zwischen alter und neuer Schrift besser hervortreten zu lassen.

Der Behandlung mit wässerigen Lösungen ziehen Dennstedt und Voigtländer jedoch die Benutzung gasförmiger Reagentien weit vor, da die Schriften dann viel deutlicher zu erkennen sein sollen. Am besten soll sich zu diesem Zwecke gasförmige Rhodanwasserstoffsäure (aus Rhodankalium und Salzsäure), sowie Schwefelammonium (gleichzeitige Einwirkung von gasförmigem Ammoniak und Schwefelwasserstoff) eignen.

Die mitgeteilten Stichproben aus dem interessanten Werke Dennstedts und Voigtländers mögen genügen, um die vielseitige Anwendungsfähigkeit optischer Verfahren auf Fragen der Tintenuntersuchung zu erläutern.

Prüfung der Gespinstfasern[1].

Von

Prof. Dr. **A. Herzog**-Dresden[2].

Einteilung der Faserstoffe.

I. Natürliche Fasern.

1. Pflanzliche Rohstoffe,
2. Tierische Rohstoffe:
   a) Wollen und Haare,
   b) Seiden,
3. Mineralische Rohstoffe.

II. Künstliche Fasern.

1. Verschiedene Erzeugnisse der Kunstseidenindustrie:
   a) Kunstseide,
   b) Stapelfaser,
   c) Roßhaarersatzstoffe,
   d) Bändchen,
   e) Gegossene Gewebe,
2. Papiergarne (siehe nachfolgende Übersicht), Baykogarne usw.,
3. Anorganische Gebilde (Glas- und Schlackenwolle, Metalldrähte).

Verwendung des Holzes in den Faserstoffgewerben[3].

I. **Geflechte** (Sparterie),
II. **Holzschliff** (durch Schleifen zerlegtes Holz zu Papierzwecken),
III. **Braunschliff** (durch Dämpfen und nachheriges Schleifen zerlegtes Holz zu Papierzwecken),

---

[1]) Ausführliches über dieses Kapitel ist zu finden in: H. Behrens, Anleitung zur mikrochemischen Analyse, Hamburg und Leipzig 1896, 2. Heft. — T. F. Hanausek, Lehrbuch der Technischen Mikroskopie, Stuttgart 1900. — P. Heermann, Färberei- und textilchemische Untersuchungen, Berlin 1918. — A. Herzog, Mikrophotographischer Atlas der technisch wichtigsten Faserstoffe, München 1908. — F. v. Höhnel, Mikroskopie der technisch verwendeten Faserstoffe, Wien und Leipzig 1905, 2. Aufl. — W. Massot, Anleitung zur qualitativen Appretur- und Schlichte-Analyse, Berlin 1911, 2. Aufl. — K. G. Schwalbe, Chemie der Cellulose, Berlin 1918, Neudruck. — M. Vétillard, Études sur les fibres végétales, Paris 1876. — I. v. Wiesner, Rohstoffe des Pflanzenreichs, Leipzig 1921, 3. Aufl., 3. Band. — F. Zetzsche, Die wichtigsten Faserstoffe der europäischen Industrien, Kötzschenbroda-Dresden 1905.

[2]) Mit teilweiser Benützung des von R. Gnehm in der 6. Auflage dieses Werkes bearbeiteten Materials.

[3]) Hinsichtlich der mikroskopischen und chemischen Untersuchung der aus dem Holze abgeleiteten „Faserstoffe“ wird zur Vermeidung von Wiederholungen auf den Abschnitt „Papierprüfung“ verwiesen.

IV. **Holzfasern** (durch mechanische Zerlegung von entsprechend chemisch vorbereitetem Holz erhaltene Fasern zu groben Gespinsten),
V. **Holzzellstoff** (durch chemische Einwirkung isolierte Holzfasern).
A. Weiterverarbeitung auf mechanischem Wege:
1. Papier,
2. Zellstoffgarne:
a) aus geschnittenen Papierstreifen hergestellt:
a) gedreht (Rundgarne):
α) ohne Vließauflage (Sylvalin, Xylolin usw.),
β) mit Vließauflage (Textilose),
γ) mit anderen Fasern (z. B. Jute) zusammengedreht (Textilit);
b) unmittelbar oder nach entsprechender Faltung zum Verweben benutzt (Flachgarne, Textilin),
b) aus einem Zwischenstadium der Papiererzeugung stammende, nicht geschnittene Papierstreifen, zusammengedreht (Cellulon),
c) mit anderen Fasern unmittelbar, also ohne vorherige Umwandlung in Papier bzw. Streifen versponnener Zellstoff (Neogarne),
3. Füll- u. Umhüllungs- bzw. Isoliermaterial für Kabel.
B. Weiterverarbeitung auf chemischem bzw. chemisch-mechanischem Wege (verschiedene Erzeugnisse der Kunstseidenindustrie wie: Fäden, Bändchen, Films, Appreturmittel usw.).

I. Alphabetische Übersicht der zu mikrochemischen Faseruntersuchungen nötigen wichtigsten Reagenzien.

Anilinsulfat. Die konzentrierte wässerige Lösung wird mit etwas Schwefelsäure versetzt. Ausgezeichnetes Reagens zum Nachweis verholzter Zellmembranen (Dingl. Pol. Journ. **202**, 156).

Benzoazurin, färbt in heißer, mit Soda oder schwefelsaurem Natrium versetzter Lösung Hanf und Flachs lebhaft violett. Beide Fasern zeigen starken Dichroismus. Der Farbenwechsel geht von rotstichigem Blau zu Grünblau (H. Behrens, Anleitg. z. mikrochem. Analyse, 1895, 2 H.).

Benzopurpurin 10B, in Verbindung mit Malachitgrün von H. Behrens zur Unterscheidung von Flachs und Hanf vorgeschlagen. Faserprobe auf dem Objektträger mit einem Körnchen Malachitgrün und Essigsäure versetzt, zum Kochen erhitzt und nach dem Erkalten der Farbstoff abgesaugt. Hierauf folgt zweimaliges Waschen mit Wasser (heiß und kalt). Zu den grün gefärbten Fasern setzt man etwas lauwarme Lösung von Benzopurpurin 10 B. Nach dem Färben erscheinen: Hanf buntfarbig mit unreinen Mischfarben von grünblau und violett, Flachs rot, Protoplasmareste im Lumen grün (Behrens, l. c.).

Chloralhydrat, zum Aufhellen bzw. zur Strukturverdeutlichung von Zellmembranen verwendet. 5 g Chloralhydrat werden in 2 ccm Wasser gelöst.

Chlorwasser zum Entfärben stark gefärbter Fasern angewendet. In Verbindung mit Ammoniak dient es zum Nachweis von Jute und Neuseeländer-Flachs in Segelleinen, Seilen usw. Man läßt Chlorwasser 1 Minute auf die zu untersuchende Probe einwirken, breitet diese auf einer Porzellanplatte aus und fügt einige Tropfen Ammoniak zu. Neuseeländer-Flachs und Jute werden zuerst hellrot, später dunkelbraun gefärbt. Hanf und Flachs nehmen orange- oder hellbraune Färbung an (Vincent).

Chlorzinkjod nach v. Höhnel. 5 g Jodkalium und 1 g Jod in wenig Wasser gelöst und mit 30 g Chlorzink in wässeriger konz. Lösung versetzt. In Summe darf die Lösung nicht mehr als 14 g Wasser enthalten. Vorzüglich tingierendes und strukturverdeutlichendes Mittel für pflanzliche Fasern. Färbt reine Cellulose blau, verholzte Membranen gelb bis gelbbraun. Nach Herzberg: Man löst: a) 20 g trockenes Zinkchlorid in 10 g Wasser, b) 2,1 g Jodkalium und 0,1 g Jod in 5 g Wasser. a) und b) werden vermengt, der Niederschlag absitzen gelassen, die überstehende klare Flüssigkeit abgezogen und mit einem Blättchen Jod versetzt. Vor Licht zu schützen. Nach Lange, für mercerisierte Baumwolle: Eine kaltgesättigte Chlorzinklösung wird mit fein gepulvertem Jod im Überschusse versetzt, so daß erstere mit Jod gesättigt ist (Sitzungsber. d. 5. Intern. Kongr. f. angew. Chemie, Berlin 1903).

Chromsäure, zur Isolierung der Elementarfasern, namentlich der monocotylen, sehr stark in Verwendung. Nach Wiesner (Technische Mikroskopie **1867**) wird Kaliumbichromat mit überschüssiger Schwefelsäure gemischt. Nach erfolgter Lösung der ausgeschiedenen Chromsäure wird mit dem gleichen Volumen Wasser verdünnt. Wirkt bereits im kalten Zustande und greift die Cellulose weit weniger an als Schulzes Macerationsgemisch.

Chrysophenin, in Verbindung mit Safranin von Behrens zur unterschiedlichen Färbung von Flachs und Baumwolle empfohlen. Die Probefasern werden mit heißer Safraninlösung dunkelrosa gefärbt, kalt gewaschen und in eine kalte, mit etwas Soda versetzte Lösung von Chrysophenin gelegt. Nach dem Färben erscheinen Flachs ziegelrot, Baumwolle gelb. In gleicher Weise behandelt färben sich Wolle und Seide karminrot, Jute und Manila scharlachrot, Hanf ziegelrot. Die Lösungen werden am besten für jeden Versuch neu hergestellt (Behrens, l. c.).

Croceïnscharlach 7 BV. Anwendung siehe Naphtholgelb S.

Diphenylamin, Lösung in konz. Schwefelsäure zum Nachweise der Nitrokunstseide benützt, welche nach dem Betupfen schön blau gefärbt erscheint. Kupferseide, ebenso Gelatineseide und die natürlichen Seiden, bleiben unverändert.

Gummilösung, zum Einbetten von quer zu schneidenden Fasern nach A. Meyer: 16 g bestes arabisches Gummi in 32 g Wasser gelöst, durch ein Leinenläppchen in ein gewogenes Schälchen filtriert und mit 2 g Glycerin vermengt. Die Lösung wird auf 24 g eingedampft. Gut verschlossen aufzubewahren. Nach v. Höhnel wird das Einbetten der Fasern folgendermaßen ausgeführt: Ein Bündel möglichst parallel gelegter Fasern wird mit einer dicklichen, mit etwas Glycerin versetzten Gummilösung durchtränkt und gut trocknen gelassen. Nach dem Trocknen wird das Bündel zwischen zwei Hälften eines Korkes gelegt, fest eingeklebt und das Ganze umbunden. Das folgende Schneiden der Fasern mittels eines Rasiermessers oder Mikrotomes muß möglichst senkrecht zur Faserrichtung geschehen. (Der Glycerinzusatz der Gummilösung darf nicht zu groß bemessen sein, weil sonst das Faserbündel nicht genügend erhärtet.)

Jodlösung nach Vétillard: 1 g Kaliumjodid in 100 g Wasser gelöst und mit Jod gesättigt; zweckmäßig löst man einen Überschuß von Jod in der Flüssigkeit. Nach Herzberg (Papierprüfung): 2 g Kaliumjodid und 1,15 g Jod werden unter Zusatz von 2 ccm Glycerin in 2 ccm Wasser gelöst. Als Gruppenreagens in der Papieranalyse mit Vorteil zu verwenden. Holzschliff und Jute werden gelb, Lumpenfasern (Baumwolle, Leinen und Hanf) braun und Holz-, Stroh- und Esparto-Cellulose nicht gefärbt. Nach v. Höhnel siehe „Papierjod“. Nach Jenke (Papierprüfung): 50 ccm gesättigter Chlormagnesiumlösung werden versetzt mit 2,5 ccm Jodlösung, bestehend aus 2 g Jodkalium und 1,15 g Jod in 20 ccm Wasser. Nach der Behandlung mit diesem Reagens erscheinen: Lumpenfasern braun, Strohcellulose blauviolett, Holzcellulose nicht oder rötlich gefärbt, Holzschliff und rohe Jute gelb.

Kongorot nach Behrens: Die Lösung von Kongorot in heißem Wasser dient nach Zusatz von etwas Soda zur Färbung von Flachs- und Hanffasern, welche starken Dichroismus annehmen. Nach Einschaltung des Objektivtischnicols und Drehung des Präparates sehr deutlich wahrzunehmen! Bei einer vollen Drehung erscheinen die Fasern zweimal dunkelrot und zweimal fast farblos. Weniger auffallend ist der Dichroismus bei Stroh-, Esparto-, Holz- und Jutezellen. Baumwolle, Gefäße und Epidermiszellen zeigen den schwächsten Dichroismus. Andere Dichroismus erzeugende Farbstoffe siehe H. Behrens, Anleitung zur mikrochemischen Analyse, 2. Heft, S. 34 und Ambronn, Anleitung zur Benutzung des Polarisationsmikroskopes, Leipzig **1892**, **48**.

Kongorubin. Angewendet wie Benzopurpurin.

Kupferglycerin, von Silbermann und v. Truchot zur Trennung der künstlichen und natürlichen Seiden angegeben. 10 g Kupfervitriol in 100 ccm Wasser gelöst, mit 5 g konz. Glycerin versetzt und soviel Kalilauge zugefügt, bis der entstandene Niederschlag völlig gelöst erscheint.

Kupferoxydammoniak (Schweizers Reagens). Bereitung nach v. Höhnel: Eine wässerige Lösung von Kupfervitriol wird mit Ammoniak versetzt, der entstehende Niederschlag filtriert, gewaschen, von überschüssiger Flüssigkeit durch Pressen zwischen Filterpapier befreit und noch feucht in möglichst wenig konz. Ammoniak gelöst. Bereitung nach Wiesner: Kupferdrehspäne werden so lange im offenen Fläschchen mit Ammoniak behandelt, bis die dunkelviolette Flüssigkeit Baumwolle rasch auflöst. Im Dunkeln aufzubewahren! Dient zur Beobachtung der oftmals charakteristischen Lösungs- und Quellungsformen von wenig oder nicht verholzten Faserstoffen. Bereitung nach A. Müller: In eisgekühltes Ammoniak ($d = 0{,}905$) wird chemisch reines, trockenes Kupferoxydhydrat portionenweise eingetragen. Die gut verschlossene Aufbewahrungsflasche wird öfter geschüttelt und ist stets kalt zu halten. Mittels eines genauen Aräometers wird die Flüssigkeit auf spez. Gew. 0,935 genau eingestellt (entweder durch Zusatz von Kupferoxydhydrat oder Ammoniak zu bewirken). Aufbewahrung wie oben.

Malachitgrün. Von Behrens als Gruppenreagens für Faserstoffe empfohlen. Die mit wenig Essigsäure versetzte wässerige Lösung färbt Seide, Wolle, Jute und Holzschliff wasserecht, Hanf und Manila halbecht, Flachs, Baumwolle, Stroh, Esparto und Cellulose unecht. Die weitere Unterscheidung erfolgt mittels des Polarisationsapparates oder besonderer Färbungen (siehe „Kongorot").

Methylenblau (Behrens). Zur unterschiedlichen makroskopischen Färbung von Flachs und Baumwolle, zweckmäßig kombiniert mit der „Ölprobe". Nach der Färbung in mit etwas Ammoniak versetzter heißer Methylenblaulösung wird längere Zeit kalt gewaschen. Baumwolle gibt den Farbstoff viel rascher ab als Flachs. Durch anhaltendes Wässern kann erstere entfärbt werden, während letzterer hellblau gefärbt bleibt.

Naphtholgelb S in Verbindung mit Croceinscharlach 7 BN, von Behrens zur Trennung von Seide, Wolle, Jute und Manila vorgeschlagen (Gruppen A und B bei der Malachitfärbung). Faserprobe in heißer Lösung von Naphtholgelb und etwas Schwefelsäure gefärbt und mit heißem Wasser gewaschen. Hierauf folgt Färbung in kalter Croceinlösung unter starkem Zusatz von Schwefelsäure. Zuerst wird Seide, später Jute und Manila rot gefärbt. Wolle bleibt lange citronengelb gefärbt. Verdünntes Ammoniak zieht den Faserstoff von Jute und Manila ab (H. Behrens, Anleitung, 2. Heft).

Natriumcarbonat, 10proz. wässerige Lösung, zur Trennung von Faserelementen. Die Fasern werden etwa 30 Minuten in der Sodalösung gekocht, hierauf in Wasser gespült und zwischen den Fingern gerieben (oft nicht ausreichend zur völligen Trennung).

Natriumplumbat, durch Lösung von Bleiacetat in warmer Natronlauge erhalten. Zur makroskopischen Unterscheidung der tierischen Haare von den Seiden und pflanzlichen Faserstoffen. Ungefärbte tierische Haare werden infolge ihres Schwefelgehaltes beim Erwärmen mit Natriumplumbat dunkelbraun gefärbt. Seiden und pflanzliche Fasern werden nicht gefärbt.

Nickeloxydammoniak. 25 g Nickelsulfat (krystallisiert) in 500 ccm Wasser gelöst und durch Zusatz von Natronlauge gefällt; der gewaschene Niederschlag ist in 125 ccm konz. Ammoniak und 125 ccm Wasser zu lösen. Echte Seide wird durch das Reagens sofort gelöst.

Nitroprussidnatrium, zum makrochemischen Nachweis tierischer Haare benützt. Die Lösung der Haare in schwefelfreier Kalilauge wird nach dem Verdünnen mit Wasser violett gefärbt, sobald man gelöstes Nitroprussidnatrium zusetzt.

Papierjod, nach v. Höhnel: Es wird soviel Jod in wässeriger Jodkaliumlösung gelöst, daß eine etwa 3 cm dicke Schicht klar und rubinrot erscheint. Über die Anwendung der Flüssigkeit siehe „Papierschwefelsäure". Das Papierjod dient im Verein mit der Papierschwefelsäure in der Papier- und Faseranalyse.

Papierschwefelsäure, nach v. Höhnel: Am besten empirisch hergestellt, indem etwas Baumwoll- und Leinenfasern (aus weißen Hadern), ferner weiße Holz cellulose und weißer Strohstoff (evtl. ein Stück weißes Papier, welches diese 4 Fasern enthält) gemeinschaftlich mit 1 bis 5 proz. Kalilauge gekocht und hierauf gewaschen werden. Geringe Mengen dieses Fasergemenges werden auf dem Objektträger ausgebreitet, mittels starken Fließpapiers möglichst vom Wasser befreit und hierauf 1 Tropfen von Papierjod (Bereitung siehe „Papierjod") durch 1 bis 2 Minuten einwirken gelassen. Nachdem der Überschuß von Papierjod durch Abdrücken mit Fließpapier entfernt wurde, wird verdünnte Schwefelsäure zugesetzt und das

Präparat mit einem Deckgläschen bedeckt. Bei richtiger Konzentration der Säure färben sich die Hadernfasern (auch Chinagras, Papiermaulbeerfasern, weißgebleichte Jute) schön rotviolett, Holzcellulosen und Strohstoff rein blau oder graublau. Alle stark verholzten Fasern, wie rohe Jute, Holzschliff usw., färben sich dunkelgelb; Mais und Esparto-Strohstoff teils rotviolett, teils rein blau (Fasern meist rotviolett, Parenchym, Epidermis und Gefäße rein blau). Schlecht oder nicht gebleichte Holz- und Strohcellulose färbt sich oft nur sehr blaßblau, bei größerem Ligningehalte gelblich. Bei zu konz. Säure werden die vier erstgenannten Fasern alle oder die meisten blau gefärbt unter Eintritt von Quellung, evtl. Lösung. Bei zu verdünnter Säure ist die Färbung gleichfalls nicht unterschiedlich, sondern gleichmäßig rotviolett. Erstenfalls muß der Säure solange Wasser zugesetzt werden, bis obige Farbenunterschiede bei einem neu hergestellten Präparate richtig auftreten, letztenfalls wird die Konzentration durch Zusatz von konz. Schwefelsäure erhöht. In Verbindung mit dem Papierjod wichtigstes und bestes Gruppenreagens in der Papieranalyse (v. Höhnel, Über eine neue Methode der mikroskopischen Papierprüfung. Mitteilungen des k. u. k. technologischen Gewerbe-Museums in Wien, N. Folge, III. Jahrg., 1890).

Paraffin, von etwa 60° Schmelzpunkt. Zur Herstellung von Faserquerschnitten.

Phloroglucin, nach Wiesner: 1 g Phloroglucin in 80 ccm Alkohol gelöst. In Verbindung mit Salzsäure ausgezeichnetes Reagens zum Nachweis von verholzten Membranen, die Rotviolettfärbung annehmen (Dingl. Polyt. Journ. **227**, 307, 584 und **228**, 173).

Pikrinsäure, in heißem Wasser zu lösen. Färbt tierische Haare und Seiden dauernd gelb.

Quellschwefelsäure nach v. Höhnel. Konzentrierte englische Schwefelsäure wird mit wässeriger Glycerinlösung so lange verdünnt, bis Baumwolle bei der Betrachtung im Mikroskop unter intensiver Blaufärbung sehr stark aufgetrieben wird. Die Baumwolle muß vorher mit „Papierjod“ behandelt werden. Dient als Ersatz des leicht zersetzlichen Kupferoxydammoniaks.

Rutheniumrot, in wässeriger Lösung für Pektinfärbungen (Mangin). Nach A. Herzog (Kunststoffe 1911) stellt das Rutheniumrot in Verbindung mit Kupferoxydammoniak ein ausgezeichnetes Mittel dar, um die kleinsten Spuren der Cuticula und Eiweißstoffe der Baumwolle sichtbar zu machen. Zur Ausführung des Färbeversuches werden zwei Flüssigkeiten benötigt, u. zwar: 1. frisch hergestelltes, über Glaswolle filtriertes Kupferoxydammoniak und 2. eine mittelstarke filtrierte Lösung von Rutheniumrot in Wasser. Beide Reagenzien werden wegen ihrer leichten Zersetzlichkeit nur in sehr geringen Mengen hergestellt. Sehr gute Resultate werden bei folgender Arbeitsweise erzielt, womit aber nicht gesagt sein soll, daß nicht auch auf anderem Wege brauchbare Ergebnisse erhalten werden könnten: Auf dem Objektträger wird ein Tropfen Rutheniumrotlösung mit einem Tropfen Kupferoxydammoniak vermengt und die zu prüfende Faser, etwa Baumwolle, eingetragen und gut verteilt. Nach Bedecken mit einem Deckgläschen erscheinen die rohen oder gebleichten Fasern gleichmäßig rosa gefärbt, ohne jedwede Differenzierung der einzelnen Bestandteile. Läßt man jedoch von der Seite des Deckglases einen Tropfen Kupferoxydammoniak hinzutreten und saugt diesen mit Hilfe von Filterpapier unter das Deckglas, so tritt sofort eine prachtvolle Differenzierung der Hauptformbestandteile der Faser in Erscheinung: während die in Quellung und Lösung befindliche, aus nahezu reiner Cellulose bestehende Zellwandung gar keine Färbung annimmt, erscheinen die Cuticula und die Eiweißstoffe prachtvoll karmoisinrot gefärbt, so daß sich sehr ausgeprägte Gegensätze auch ohne Anwendung schiefer Beleuchtung ergeben.

Safranin, in Pulverform aufzubewahren. Nach dem Ausfärben in neutraler warmer Safraninlösung und darauffolgendem Auswaschen erscheinen unter dem Mikroskop Seide, Wolle, Holz, Jute dunkelrosa, Baumwolle blaßviolettrot und Flachs und Hanf gelbrot gefärbt (Behrens). Kombinationsfärbung mit Safranin und Chrysophenin, siehe unter „Chrysophenin“.

Salpetersäure, a) konzentrierte: In Verbindung mit konz. Schwefelsäure verwandelt sie Cellulose in Nitratcellulose. Nach dem Auswaschen und vorsichtigen Trocknen zeigen pflanzliche Fasern große Entflammbarkeit. b) verdünnte: Färbt tierische Fasern deutlich gelb; gebleichte pflanzliche Faserstoffe bleiben unverändert. Wolle und andere tierische Haare quellen stark in Salpetersäure; kurz vor dem Eintrocknen rollen sie sich auffallend zu Ringen und Spiralen zusammen. Echte Seide quillt noch stärker wie Wolle, unter gleichzeitig starker Verkürzung zu faßartigen Formen. Salpetersäure dient auch zur Entfärbung gefärbter Pflanzenfasern. Zur Reduktion etwa gebildeter Nitroverbindungen, die bei späteren Färbungsreaktionen störend wären, ist Nachbehandlung mit Zinnchlorür angezeigt; c) rauchende: Färbt rohen neuseeländischen Flachs blutrot, Hanf und Flachs schwach gelblich oder rötlich (Vincent).

Salzsäure, verdünnte, zum Ausziehen und zur Reduktion von Farbstoffen verwendet. Siehe auch „Phloroglucin". In gut schließenden Gläsern aufzubewahren! Konz. Salzsäure löst echt Seide nach $^1/_2$ minutigem Kochen auf.

Schulzesches Macerationsgemisch, zur Isolierung der in Bündeln stehenden Elementarfasern. Die Fasern werden in Salpetersäure, welcher etwas chlorsaures Kalium zugesetzt wird, erhitzt und hierauf gut gewaschen. Zerstört die Ligninsubstanzen, greift aber auch die Cellulose kräftig an.

Schwefelsäure, nach Vétillard: Unter steter Abkühlung werden gemischt: 1 Vol. destilliertes Wasser, 2 Vol. Glycerin und 3 Vol. konzentrierte englische Schwefelsäure. In Verbindung mit Jodlösung ausgezeichnetes Cellulosereagens. Reine Cellulose wird blau, verholzte Membranen werden gelb gefärbt. Ausführung der Reaktion siehe „Jodlösung". Nach v. Höhnel: siehe „Papierschwefelsäure" und „Quellschwefelsäure". Konz. Schwefelsäure (selten benützt) dient unter anderm zur Ausführung der sog. Schwefelsäureprobe auf Halbleinen (gut verschlossen zu bewahren).

Schweizersches Reagenz, siehe „Kupferoxydammoniak".

Zinnchlorür, zur Nachbehandlung von durch verdünnte Salpetersäure entfärbten Fasern (Reduktion von Nitroverbindungen).

II. Herstellung mikroskopischer Faserquerschnitte.

Wie die Erfahrung lehrt, ist die Herstellung mikroskopisch feiner Querschnitte bei der wissenschaftlichen und technischen Prüfung von Fasern und der aus ihnen hergestellten Erzeugnisse nicht zu umgehen. Eine besondere Bedeutung hat die Prüfung der Querschnittsverhältnisse bei den in den letzten zwei Jahrzehnten zu so großer wirtschaftlicher Bedeutung gelangten Kunstfasern erlangt, da nach den bisherigen Erfahrungen die zu beobachtenden Formen bis zu einem gewissen Grade für jedes Fabrikat kennzeichnend sind. So gelingt es in der Regel auf den ersten Blick, die in der Längsansicht außerordentlich ähnlichen Viscosen von Pirna, Sydowsaue, Elberfeld usw. aus der Form ihrer Querschnitte zu unterscheiden. Die Faltung von Kunstbändchen, die Ursachen der verschiedenen Glanzwirkungen von Kunstfasern aller Art, die Formverhältnisse der künstlichen Roßhaarersatzstoffe u. a. m. können ohne sorgfältiges Studium der Querschnittsansichten dieser Gebilde niemals mit Sicherheit festgestellt werden.

Bei der Herstellung brauchbarer Schnitte sind vorwiegend folgende Umstände zu berücksichtigen:

1. Die Art der Einbettung (Paraffin, Celloïdin, Glycerin-Gummi, Glyceringelatine usw.);
2. Die Schärfe des Messers;
3. Die Sorgfalt bei der Entfernung des zur Einbettung benutzten Stoffes;
4. Die Natur und der etwaige gegenseitige Verband der Fasern.

Zu 1: Nach A. Herzog[1]) führt die abgekürzte Paraffinmethode in allen Fällen am raschesten zum Ziele. Ihre Ausführung erfolgt in der Weise, daß eine tunlichst kleine, vorher parallel gestreckte Faserprobe in eben geschmolzenes Paraffin von etwa 60° eingetaucht, aus demselben rasch herausgezogen und durch Ausdrücken in der Längsrichtung etwas flachgepreßt wird. Hierauf wird wieder in das Paraffin eingetaucht, jedoch nur einen Augenblick, damit die erste Schichte nicht abschmilzt, und das Eintauchen bzw. Herausnehmen so oft wiederholt, bis sich eine entsprechend dicke Paraffinkruste um das Faserbündelchen gebildet hat. Um das erhaltene Paraffinstäbchen, aus dem an dem einen Ende die losen Fasern hervorsehen, möglichst rasch schneidefähig zu machen, empfiehlt es sich, es kurze Zeit unter den Strahl der Wasserleitung zu halten. Sodann wird das Stäbchen quer zerschnitten und von einer der so gebildeten Schnittflächen mittels eines scharfen Rasier- oder Mikrotommessers Querschnitte in tunlichster Feinheit abgetragen. Die Celloïdineinbettung kommt praktisch kaum in Frage, da sie zu umständlich und zeitraubend ist und nur bei genauester Einhaltung der gegebenen Arbeitsvorschriften brauchbare Ergebnisse liefert. Ab kürzungen sind hier kaum anwendbar, wenn man hinsichtlich der Schnitte nicht von Zufällen abhängig sein will. Daß sich mit Hilfe des Celloïdin verfahrens auch bei Faserstoffen gute Ergebnisse erzielen lassen, soll damit natürlich nicht bestritten werden; in schwierigeren Fällen, so etwa bei der Anfertigung von Baumwollgarnquerschnitten, die aus zahlreichen Einzelteilen bestehen, deren gegenseitige Lage im mikroskopischen Präparate unverändert erhalten werden soll, ist sie sogar kaum zu umgehen. Allerdings muß in diesem Falle eine größere Schnittdicke als unwillkommene Beigabe mit in den Kauf genommen werden.

Die in früherer Zeit vielfach angewandten Einbettungen in Glycerin-Gummi, Glyceringelatine usw. haben heute fast nur mehr historisches Interesse, so daß sie hier übergangen werden können; zum mindesten kommen sie für den technischen Mikroskopiker wegen ihrer Umständlichkeit kaum noch in Frage.

Zu 2: Es ist eigentlich selbstverständlich, daß das zum Schneiden benutzte Messer eine tadellos scharfe Schneide zeigen muß, wenn gute Querschnitte erhalten werden sollen. Die Hervorhebung dieses Umstandes erscheint aber doch von Wichtigkeit, da namentlich bei der Herstellung von Freihandschnitten sehr häufig Messer benutzt werden, die kaum den bescheidensten Anforderungen genügen. Empfehlenswert ist die Benutzung einer besonderen Schneidevorrichtung (Mikrotom) mit quergestelltem Messer (Bandschneiden). Selbstverständlich ist auch hier auf die Erhaltung der Messerschärfe besonders zu achten. Vollständig ausreichend ist ein von der Firma E. Zimmermann - Leipzig nach den Angaben Wolffs gebautes Mikrotom, welches alle speziellen Vorzüge des Minotschen Konstruktionstypus in sich vereinigt, ohne im übrigen unhandlich und kostspielig zu sein.

---

[1]) Herzog, Die Unterscheidung der natürlichen und künstlichen Seiden, Dresden 1910. Ferner: Zur Technik der mikroskopischen Untersuchung von Kunstbändchen. Kunststoffe 1916.

Zu 3: Je weniger die Paraffinschnitte nachbehandelt werden, um so besser Für technische Zwecke ist es ausreichend, die trockenen Schnitte auf dem Objektträger mit einem Deckgläschen vorsichtig anzudrücken und von der Seite her einen kleinen Tropfen Xylol heranzubringen. Er breitet sich sofort in dem Capillarraume zwischen Deckglas und Objektträger aus und löst den größten Teil des die Fasern umgebenden Paraffins auf. Vorteilhaft ist es, die Lösung auf einer auf etwa 35° C eingestellten Wärmebank zu beschleunigen. Jede Verschiebung des Deckglases muß aber hierbei streng vermieden werden, da sonst die Schnitte durcheinander geraten und für die weitere Untersuchung unbrauchbar werden. Aus diesem Grunde nehme man auch lieber etwas weniger Xylol als zur vollständigen Ausfüllung des Kapillarraumes erforderlich ist. Etwa ungelöst zurückbleibende Paraffinreste stören die spätere Betrachtung gar nicht; ebenso sind unvermeidliche Luft- bzw. Gasblasen im Präparate bedeutungslos. Die Schnitte von ungefärbten Fasern heben sich in Xylol wegen der geringen Unterschiede in den bezüglichen Lichtbrechungsexponenten und wegen der glasig durchsichtigen Beschaffenheit der Zellwände nur wenig ab, so daß sie im Mikroskop etwas schwierig aufzufinden sind; Anfängern ist daher vor der Einbettung in Paraffin eine Anfärbung der Fasern, etwa mit Safranin, zu empfehlen. Der Geübtere wird allerdings auch ohne dieses Hilfsmittel zum Ziele kommen, besonders wenn er bei der Besichtigung der Bilder eine tunlichst hohe Einstellung wählt, um die Begrenzung der Faserschnitte besser sichtbar zu machen, denn bei der immerhin stärkeren Lichtbrechung der Fasermasse gegenüber dem Xylol tritt die Beckesche Linie bei hoher Einstellung des Präparates deutlich hell nach dem Faserinnern zu hervor. Starke Vergrößerungen sind zur Zeichnung der Schnitte mit Hilfe eines mikroskopischen Zeichenapparates behufs Feststellung der Zahl etwa vorhandener Riefungen bei manchen Kunstfasern und der Bestimmung der absoluten Querschnittsfläche der Einzelfaser erforderlich. Kommt es auf die Herstellung von Schaupräparaten an, so ist folgende Arbeitsweise zu empfehlen: Auf einem durch direkte Erhitzung in der Bunsenflamme vollkommen fettfrei gemachten Objektträger werden die passend ausgewählten Paraffinschnitte und einige Tropfen verdünnter wässriger Safraninlösung verteilt und die Schnitte durch vorsichtiges Erwärmen der Lösung vollkommen gestreckt. Nach Abziehen der Lösung mit Filterpapier und raschem Auswaschen in einem Tropfen Wasser werden die Schnitte auf einer Wärmebank bei etwa 40° C vollständig ausgetrocknet und sodann mit einer sehr verdünnten alkoholischen Schellacklösung (auch Weigertscher Negativlack ist brauchbar) übergossen und nach dem Verdunsten des Alkohols mit Xylol behandelt. Letzterer löst das Paraffin der unterhalb der außerordentlich dünnen Schellackschichte befindlichen Faserschnitte, ohne die Fasern selbst in Unordnung zu bringen. Der endgültige Einschluß des Präparates, in welchem die Faserquerschnitte leuchtend rot hervortreten, wird in Xylol-Canadabalsam bewirkt.

Zu 4: Auf Grund langjähriger Erfahrungen möchte Verfasser die Faserstoffe hinsichtlich ihrer Schneidefähigkeit wie folgt gruppieren:

I. Manila, Aloe, Agave, Phormium, Typha, Phragmites, Jute, Urena.

II. Verschiedene Kunstseiden (ausgenommen Acetatseide und Stapelfaser, die infolge ihrer spröderen Beschaffenheit der folgenden Gruppe zugeteilt sind).

III. Acetatseide, Stapelfaser, verschiedene künstliche Roßhaarersatzstoffe (Meteor, Sirius, Helios, Pan usw.).

IV. Flachs, Hanf, Ramie, Brennessel und andere ungebleichte dicotyle Bastfasern.

V. Schafwolle und andere tierische Wollen und Haare.

VI. Echte und wilde Seide, gebleichte monocotyle und dicotyle Bastfasern, Pflanzenhaare (Baumwolle, Pflanzenseiden und Pflanzendunen).

Diese Einteilung ist so zu verstehen, daß die Fasern jeder folgenden Gruppe schwieriger zu schneiden sind, als die der vorangehenden. So z. B. gelingt es auch dem Anfänger fast mühelos, Querschnitte von Manilahanf herzustellen, während Baumwollquerschnitte selbst nach jahrelanger Schulung in wirklich befriedigender Weise nur schwierig anzufertigen sind. Zweifellos hängt diese Tatsache mit der von Haus aus verschiedenen Härte und Zähigkeit der zu schneidenden Fasern zusammen (vgl. z. B. die bezüglichen Unterschiede in der Schneidefähigkeit der natürlichen und künstlichen Seiden!), auf der anderen Seite spielt aber auch der Umstand eine gewichtige Rolle, ob die Fasern zu größeren Bündeln vereinigt sind oder vollkommen vereinzelt stehen. So schneidet sich die ungebleichte Flachsfaser verhältnismäßig gut, während sie im gebleichten Zustande, wo die Einzelfasern nahezu isoliert stehen, fast ebenso schwierig zu schneiden ist wie Baumwolle. Bei größerer Schnittdicke tritt naturgemäß bei vereinzelt stehenden Fasern sehr leicht ein Umfallen der Schnitte ein, was bei Faserbündeln nicht so leicht zu befürchten ist. Es gilt daher die Regel, die Schnittdicke nach Tunlichkeit zu beschränken (auf etwa 10 bis 15 μ), was durch Auswahl geeigneten Paraffins und Benutzung eines tadellos gehaltenen Mikrotoms ohne besondere Schwierigkeit möglich ist. Wenngleich die vorangeführte Zusammenstellung der Fasern nach ihrer Schneidefähigkeit naturgemäß keinen Anspruch auf unbedingte Zuverlässigkeit erheben kann, so dürfte sie immerhin einen praktisch brauchbaren Vergleichsmaßstab bilden.

Zur genaueren wissenschaftlichen Kennzeichnung eines Faserstoffes sind auch nähere Angaben über die absolute Größe des Einzelfaserquerschnittes erforderlich. Hierbei ist auch das Verhältnis der unterschiedlichen Flächenanteile (z. B. bei den pflanzlichen Fasern das Verhältnis der von der Faserwandung und dem Faserinnern gedeckten Anteile) entsprechend zu berücksichtigen. Dies ist namentlich bei der Beurteilung der Festigkeitsverhältnisse einer Faser erwünscht, da natürlich nur die von der eigentlichen Faserwandung gedeckten Flächenanteile als tragender Querschnitt in Frage kommen. Aus der so experimentell bestimmten Querschnitt- bzw. Wandfläche läßt sich auch in einfacher Weise die metrische Nummer der Einzelfaser ableiten und ein ungleich anschaulichereres und in den meisten Fällen auch richtigeres Bild für die Feinheit gewinnen, als dies aus den in der Literatur zu diesem Zweck fast ausschließlich berücksichtigten Breiten- und Dickenangaben möglich ist. Vgl. Zahlentafel I. Die Berücksichtigung des genannten Zahlenverhältnisses dürfte sich besonders bei der Auswahl von zu Züchtungs- und anderen Versuchen bestimmten Gespinstpflanzen empfehlen. Daß die Kenntnis der absoluten Querschnittsflächen der Fasern auch bei der quantitativ-mikroskopischen Untersuchung von Fasergemengen wertvolle Anhaltspunkte für die rasche Schätzung bietet, kann hier als bekannt vorausgesetzt werden. Auch in solchen Fällen, wo die Nummer eines Gespinstes aus irgendwelchen Gründen nicht durch Abwage einer bestimmten Fadenlänge ermittelt werden kann, läßt sich aus der mikroskopisch festgestellten Zahl der im Faden nebeneinander liegenden Einzelfasern die Fadennummer ohne weiteres ableiten, unter der Voraussetzung, daß die Querschnittgröße der Einzelfaser bzw. deren metrische Nummer bekannt ist. Nähere Angaben hierüber siehe in dem von Herzog herausgegebenen Atlas der Faserstoffe (München 1908). In den meisten Fällen geben die Flächenangaben, welche unmittelbar aus der planimetrisch ausgeführten Ausmessung der unter Beachtung aller in Frage kommenden Vorsichtsmaßregeln in starker Vergrößerung hergestellten Zeichnung erhalten werden, ein genügendes Bild über die vorliegenden Querschnittverhältnisse. Dies ist namentlich dann der Fall, wenn das Faserinnere eine nahezu kreisförmige Begrenzung zeigt. Nicht so jedoch bei solchen pflanzlichen Fasern, die infolge der Eigenart der Wachstumsverhältnisse der zugehörigen Pflanze durch radial wirkenden Rindendruck so stark zusammengepreßt sind, daß das Lumen auf dem Querschnitt nahezu linienförmig erscheint und dementsprechend die von ihm eingenommene Fläche fast Null wird. (Epilobium, Verbascum, Boehmeria, Gossypium usw.). Um nun auch in solchen Fällen unmittelbar vergleichbare Zahlenwerte zu erhalten, geht man so vor, daß aus dem Umfange des Lumens ein Kreis berechnet bzw. die ihm entsprechende Fläche als „rektifizierte Lumenfläche“ angegeben wird. Auch die von der Faserwandung gedeckte Fläche wird als ein den Lumenkreis umschließender Kreisring berechnet. Reduktionen dieser Art sind auch für vergleichende zeichnerische Darstellungen zu empfehlen, sofern es nicht gerade auf die Wiedergabe der Formverhältnisse ankommt. Berücksichtigt man ferner, daß Fasern mit sehr flach zusammengedrückten Querschnittformen bei der Behandlung mit Färbe- oder anderen Flüssigkeiten eine Quellung und gleichzeitige deutliche Öffnung des linienförmigen Lumens erfahren, so wird man, um den wirklichen Verhältnissen möglichst nahe zu kommen, der oben erwähnten rechnerischen Reduktion des Lumens auf die Kreisform bei der Beurteilung der Größe des Faserhohlraumes schon aus praktischen Gründen vor der sonst üblichen Darstellung den Vorzug geben. Der Durchmesser dieses Kreisringes gibt nun gleichzeitig ein Maß für die mittlere Dicke der Faser; er ist hierfür besser geeignet, als die unmittelbar, d. h. in der Längsansicht der Faser unter dem Mikroskop mittels eines Okularmikrometers gemessene Breite bzw. Dicke, die bei derartig platten Fasern stets zu hoch ausfällt. Wie der

Zahlentafel I.

	Gesamtquerschnittfläche der Faser	Von der Gesamtquerschnittfläche der Faser entfallen auf				Metrische Nummer der Einzelfaser
		die Wandung		den Hohlraum		
	in $q\mu$[1])	$q\mu$	%	$q\mu$	%	
I. Pflanzenhaare						
Baumwolle: Indische	169,4	157,0	92,7	12,4	7,3	4275
Baumwolle: Indische, Omrah	186,8	175,0	93,7	11,3	6,3	3835
Baumwolle: Amerikanische, Sea Island	163,4	159,0	97,3	4,4	2,7	4221
Baumwolle: Amerikanische, Upland	171,1	166,0	97,0	5,1	3,0	4043
Baumwolle: Afrikanische, Togo	164,9	159,0	96,4	5,9	3,6	4221
Baumwolle: Afrikanische, Ägypten, „Mitafi“	105,3	102,0	96,9	3,3	3,1	6580
Baumwolle: Mazedonische	147,0	339,0	97,7	8,0	2,3	1980
Baumwolle: Chinesische	286,3	276,0	96,4	10,3	3,6	2432
Pflanzenseide v. Asclepias Cornutii	162,3	96,0	30,9	66,3	69,1	6944
Pflanzenseide von Calotropis procera, „Akon“	445,0	111,0	24,9	334,0	75,1	6000
Pflanzendune von Eriodendron anfr., „Kapok“	306,0	57,0	18,6	249,0	81,4	11700
Samenhaare v. Salix pentandra	84,3	41,1	48,8	43,2	51,2	16221
II. Dicotyle Bastfasern:						
Flachsfasern (Linum usitatissimum), Schlesische (in verschied. Halmhöhen): 1 cm unter den Keimblättern	—	450,0	stark wechselnd			1480
Keimblatthöhe	—	380,0	stark wechselnd			1750
0—10 cm über den Keimblättern	450,6	356,0	79,0	94,6	21,0	1870
10—20 „ „ „ „	386,1	334,0	86,5	52,1	13,5	2000
20—30 „ „ „ „	227,4	224,0	98,5	3,4	1,5	2980
30—40 „ „ „ „	184,4	182,0	98,7	2,4	1,3	3660
40—50 „ „ „ „	172,4	170,0	98,6	2,4	1,4	3920
50—60 „ „ „ „	172,7	168,0	97,3	4,7	2,7	3970
60—70 „ „ „ „	140,6	133,0	94,6	7,6	5,4	5000
70—80 „ „ „ „	75,0	69,0	92,0	6,0	8,0	9660
Sorauer, aus dem „Hypocotyl“	241,3	1800,0	62,0	613,0	38,0	370
„ „ blühreifen Stengeln	—	—	66,5	—	33,5	—
„ „ grünreifen Stengeln	—	—	95,0	—	5,0	—
„ „ gelbreifen Stengeln	—	—	98,7	—	1,3	—
„ „ vollreifen Stengeln	—	—	98,7	—	1,3	—
Russischer Steppenflachs	299,7	270,0	90,1	29,7	9,9	2469
„ Pernauer, Wurzel	552,6	458,0	82,9	94,6	17,1	1456
„ „ untere Stengelteile	308,8	273,0	88,4	35,8	11,6	2198
„ „ mittl. Stengelteile	169,0	167,0	98,8	2,0	1,2	3992
„ „ obere Stengelteile	96,9	90,0	92,9	6,9	7,1	7407
Badischer Hanf (Cannabis sativa)	297,2	285,0	95,9	12,2	4,1	2370
Ramie (Boehmeria nivea)	815,2	781,0	95,8	34,2	4,2	848
Jute (Corchorus capsularis)	160,7	143,0	89,0	17,7	11,0	4857
Chinajute (Abutilon avicennae)	170,5	149,0	87,4	21,5	12,6	4464
Weide (Salix alba) primäre Bastfasern	121,7	120,7	99,2	1,0	0,8	5522
„ „ „ sekundäre Bastfasern	68,7	66,1	96,2	2,6	3,8	10086
Kartoffel (Solanum tuberosum)	531,4	341,2	64,2	190,2	35,8	1954
Hollunder (Sambucus nigra)	204,2	177,0	86,7	27,2	13,3	3767
Leindotter (Camelina sativa)	201,0	171,0	85,1	30,0	14,9	5605
Goldstaub (Solidago Virga aurea)	122,9	118,1	96,1	4,8	3,9	5645
Königskerze (Verbascum thapsiforme)	397,0	343,0	86,4	54,0	13,6	1943
Bokharaktee (Melilotus albus)	388,6	323,3	83,2	65,3	16,8	2060
Ginster (Sarothamnus scoparius						
äußerer Bast der Rippe	93,8	93,0	99,2	0,8	0,8	7180
innerer Bast der Rippe	162,5	161,0	99,1	1,5	0,9	4140
primärer Bast der Gefäßbündel	213,3	208,0	97,5	5,3	2,5	3210
sekundärer Bast der Gefäßbündel	79,5	72,0	90,6	7,5	9,4	9270

[1]) 1 $q\mu$ = 0,000001 qmm.

Zahlentafel I (Fortsetzung).

	Gesamtquerschnittfläche der Faser in $q\mu$	Von der Gesamtquerschnittfläche der Faser entfallen auf: die Wandung $q\mu$	die Wandung %	den Hohlraum $q\mu$	den Hohlraum %	Metrische Nummer der Einzelfaser
III. Monocotyle Bastfasern:						
Aloëfaser (Aloë perfoliata)	160,3	118,0	73,6	42,3	26,4	5435
Sisal (Agave americana, var. sisalana) .	122,1	111,0	90,9	11,1	9,1	5848
Manilahanf (Musa textilis)	131,4	202,0	87,3	29,4	12,7	3115
Neuseelandhanf (Phormium tenax) . . .	71,4	66,0	92,4	5,4	7,6	9901
Cocosfaser (Cocos nucifera)	168,0	129,0	76,8	39,0	23,2	4717
Ananasfaser (Ananassa sativa)	20,0	18,0	90,0	2,0	10,0	36364
Schilfrohr (Phragmites communis)						
Bastbelag der Gefäßbündel	129,0	49,0	38,0	80,0	62,0	13654
Sklerenchym zwischen den Gefäßbündeln	228,0	112,0	49,1	116,0	50,9	5952
Teichbinse, (Scirpus lacustris)						
einfache Baststränge	38,5	36,3	92,8	2,2	7,2	18365
Bast d. Gefäßbündel, Rand	25,6	23,0	89,9	2,6	10,1	28985
Bast d. Gefäßbündel, Inneres, groß . .	23,7	22,0	92,8	1,7	7,2	30303
Bast d. Gefäßbündel, Inneres, klein .	13,2	12,1	91,7	1,1	8,3	55096
IV. Tierische Fasern:						
Echte Seide (Bombyx mori)	176,8	—	—	—	—	4526
Spinnenseide, weiß (Nephila madagascariensis)	37,4	—	—	—	—	20892
Spinnenseide, gelb (Nephila madagascariensis)	103,9	—	—	—	—	7522
Schweinsborsten, lange	88800	—	—	—	—	8
„ mittellange	50800	—	—	—	—	13
„ kurze	39300	—	—	—	—	17
Pferdehaar (Mähne), chinesisch, weiß . .	28500	—	—	—	—	28
„ „ „ schwarz	32100	—	—	—	—	24
„ „ russisch, grau	29600	—	—	—	—	26
V. Kunstfasern:						
Viscosekunstseide v. Küttner-Pirna. . .	605	—	—	—	—	1101
„ v. Henckel-Donnersm. a	709	—	—	—	—	940
„ v. Henckel-Donnersm. b	780	—	—	—	—	885
„ v. Elberfeld	505	—	—	—	—	1320
„ v. Arques la Bataille .	512	—	—	—	—	1300
Nitroseide v. Schwetzingen a	613	—	—	—	—	1153
„ „ „ b	630	—	—	—	—	1123
„ „ „ c	684	—	—	—	—	1034
„ (Verf. Berl)	254	—	—	—	—	2788
Glanzstoff v. Courtauld u. Co.	660	—	—	—	—	1009
„ v. Elberfeld a	627	—	—	—	—	1062
„ v. „ b	520	—	—	—	—	1281
Bembergsche Streckspinnseide a	74	—	—	—	—	9010
„ „ b	89	—	—	—	—	7490
Acetatseide	1440	—	—	—	—	463
Acetylcellulose (Roßhaarersatz)	62500	—	—	—	—	11
„Viszellin“, a „	28100	14900[2]	53,0	13200[3]	47,0	24
„ b „	32700	18300	56,0	14400	44,0	20
„ c „	32400	20300	63,0	12100	37,0	21
„Helios“ a „	32000	—	—	—	—	21
„ b „	25700	—	—	—	—	26
„Pan“ „	33700	—	—	—	—	20
„Sirius“ a „	26200	—	—	—	—	25
„ b „	27900	—	—	—	—	24
„Meteor“ „	17700	—	—	—	—	38

[2]) Hülle, bestehend aus Viscose. [3]) Kern, bestehend aus Baumwolle.

Zahlentafel II.

			Querschnittform 1	Querschnittform 2
1.	Gesamtfläche (F) in qcm, planimetr. gemessen	bezogen auf die in 3500facher Linearvergrößerung hergestellte Originalzeichnung	91,83	79,60
2.	Lumenfläche (f) in qcm, planimetr. gemessen		0,50	13,06
3.	Wandfläche (W) in qcm, aus 1 und 2 berechnet		91,33	66,54
4.	Umfang des Lumens (u) in cm, mittels Meßrädchens gemessen		17,10	15,70
5.	Rektifizierter Durchmesser des Lumens (d) in cm, berechnet		5,44	5,00
6.	Rektifizierte Gesamtfläche (F_1) in qcm, berechnet		117,28	88,10
7.	Rektifizierter Durchmesser (D) des Hauptkreises in cm, berechnet		12,08	10,47
8.	Wirkliche Querschnittsfläche der Wandung in $q\mu$[1]), planimetr. gemessen		746	543
9.	Von der Gesamtquerschnittsfläche der Faser entfallen auf			
	das Lumen % (direkte planimetr. Ausmessung)		5,44	16,41
	die Wandung % „ „ „		94,56	83,59
	das Lumen % (nach der Reduktion)		19,84	28,36
	die Wandung % „ „ „		80,16	71,64
10.	Metrische Nummer der Faser, berechnet		894	1228
11.	Faserbreite (B) in μ[2]), mikrometrisch gemessen . .		42,0	37,7
12.	Faserdicke (D) in μ, mikrometrisch gemessen . . .		20,0	23,3
13.	Mittlerer Durchmesser $\frac{B+D}{2}$ in μ, berechnet. . .		31,0	30,5
14.	Rektifizierter Durchmesser (D_1) in μ, berechnet . .		34,5	29,9

Zur Berechnung dienten folgende Grundlagen:

F = Gesamtfläche, planimetrisch gemessen,
f = Lumenfläche, planimetrisch gemessen,
W = Wandfläche $= F - f$,
u = Umfang des Lumens, mittels Meßrädchens gemessen,
d = Durchmesser des rektifizierten Lumens $= \frac{u}{\pi}$,
f_1 = Kreisfläche des rektifizierten Lumens $= \frac{d^2 \pi}{4} = \frac{u^2}{4\pi}$,
F_1 = Gesamtkreisfläche des rektifizierten Querschnittes

$$= f_1 + W = \frac{u^2}{4\pi} + W$$

(Lumen als Kreisfläche)
(Wandfläche als Ring),

D_1 = Durchmesser der Hauptkreisfläche $(F_1) = \sqrt{d^2 + 1{,}273\, W}$.

[1]) $1\, q\mu = 0{,}000\,001$ qmm.
[2]) $1\, \mu = 0{,}001$ mm.

Vergleich der in der beigefügten Zahlentafel angegebenen Meßwerte lehrt, stellt der so gefundene, rektifizierte mittlere Faserdurchmesser annähernd das arithmetische Mittel aus der auf dem Querschnitt ermittelten Breite und Dicke der Faser dar. Bei den angeführten Messungen ist besonders darauf zu achten, daß

1. nur feine, entsprechend vorgefärbte Mikrotomschnitte zur mikroskopischen Untersuchung gelangen;

2. die Zeichnung mittels eines genauen mikroskopischen Zeichenapparates (etwa des vorzüglichen Abbeschen in der Ausführung von Zeiß), jedoch unter alleiniger Berücksichtigung der mittleren Gesichtsfeldteile ausgeführt werde;

3. zur Zeichnung sehr starke Vergrößerungen benutzt werden (etwa Objektiv Zeiß F oder homog. Immersion $^1/_{12}''$ und je nach der Größe des Querschnittes die gewöhnlichen Huygensschen oder Orthoskopischen Okulare) und

4. als Einbettungsflüssigkeit ein die Wandung der Faser durch Quellung nicht meßbar beeinflussendes Mittel (z. B. Canadabalsam) gewählt werde.

Zur Ausmessung der Querschnittsflächen der gezeichneten Fasern kommen folgende an sich bekannte Verfahren in Frage:

1. die unmittelbare Flächenbestimmung mit Hilfe eines Planimeters;

2. die Auszählung der Fläche mittelst einer auf die Zeichnung aufgelegten, in qmm geteilten Glas- oder Zellhorntafel und

3. die Ambronnsche Methode (Ausschneiden und Auswägen der Einzelquerschnitte, teils mit, teils ohne Lumen).

Der zur Berechnung der rektifizierten Lumenfläche noch erforderliche Lumenumfang wird auf der Zeichnung durch Befahren der Lumenbegrenzung mittels eines sorgfältig geaichten Meßrädchens bestimmt. Selbstverständlich ist die Vergrößerung, in welcher die Zeichnung angefertigt wurde, durch genaues Abzeichnen eines Objektmikrometermaßstabes unter den gleichen Verhältnissen, die für die Herstellung der Querschnittsbilder maßgebend waren, zu ermitteln. Bei der Berechnung der wirklichen Querschnittsfläche ist natürlich die quadratische Vergrößerung zu berücksichtigen. Als Beispiel für die Berechnung des reduzierten Querschnittes vgl. Zahlentafel II.

III. Prüfung der Faserstoffe im polarisierten Licht.

Auf dem Gebiet der optischen Untersuchung der Faserstoffe begegnet man in der Literatur[1]) nicht selten der Behauptung, daß das Verhalten der Fasern im polarisierten Lichte nicht genügend unterschiedlich sei, um mit Erfolg etwa zur technischen „Bestimmung" herangezogen zu werden. Sofern es sich dabei nur um die Feststellung der Doppelbrechung an sich handelt, ist die Richtigkeit dieser Behauptung nicht von der Hand zu weisen, da bekanntlich alle natürlichen und künstlichen Faserstoffe mehr oder weniger stark doppelbrechend sind und daher auf Grund dieser ihnen allgemein zukommenden Eigenschaft selbstverständlich nicht unterschieden werden können.

Anders jedoch, wenn der Grad der Doppelbrechung (spezifische Doppelbrechung), die Lage der in der Längsansicht der Faser zur Wirkung kommenden optischen Elastizitätsellipse, der Pleochroismus oder

[1]) Beythien, Hartwich u. Klimmer, Handbuch der Nahrungsmittel-Untersuchung; 2. Bd.: Botanisch-mikroskopischer Teil **1915**, 384.

etwaige charakteristische Anomalien in der Doppelbrechung (wie z. B. bei der Baumwolle[1])) in Betracht gezogen werden. So gelingt es, wie A. Herzog schon bei einer früheren Gelegenheit[2]) gezeigt hat, auf den ersten Blick, die Acetatkunstseide nach ihrem optischen Verhalten (Querstellung der wirksamen Elastizitätsellipse) von allen übrigen Kunstseiden (Längsstellung der wirksamen Elastizitätsellipse) zu unterscheiden und auch über etwaige während der Herstellung oder des späteren Gebrauchs der Fasern nicht selten auftretende innere Spannungen Aufschluß zu erhalten, was für die technische Beurteilung des Materials von nicht zu unterschätzender Bedeutung ist. Ferner können, wie gleichfalls A. Herzog nachgewiesen hat[3]), spontane chemische Zersetzungen mancher Fasern, z. B. solcher aus Acetylcellulose, optisch schon zu einer Zeit nachgewiesen werden, wo die makro- und mikrochemische Untersuchung noch keinen sicheren Anhaltspunkt hierfür ergibt.

Die allgemein zugegebene Tatsache, daß gewisse Zerstörungsformen der Bastfasern (Flachs, Hanf, Ramie usw.), so wie etwaige den Fasern von der Gewinnung her anhaftende, diagnostisch sehr wichtige Verunreinigungen kristallisierter Art zwischen gekreuzten Nicols sehr rasch nachgewiesen werden können (Kristalle von Calciumoxalat an der Oberfläche der Weidenfaser, des Sisals, des Neuseelandhanfes usw.), spricht ebenfalls zugunsten der polariskopischen Prüfungsmethode. All dies und manch anderes, worüber A. Herzog in seiner Schrift: „Über die Unterscheidung der natürlichen und künstlichen Seiden“ Näheres mitgeteilt hat, berechtigt wohl zu dem Schlusse, daß die oben erwähnte Behauptung von der nur bedingten Bedeutung der polariskopischen Prüfung der Faserstoffe nicht allgemein zutreffend sein kann.

Bei der Untersuchung der Fasern im polarisierten Lichte, die in der Regel zwischen gekreuzten Nicols vorgenommen wird, erweist sich ein zwischen die polarisierenden Prismen ein- und ausschaltbares verzögerndes Gips- oder Glimmerplättchen als unbedingt erforderlich. Die außerordentliche optische Empfindlichkeit des den Polarisationsmikroskopen in der Regel beigegebenen Gipsplättchens Rot I übertrifft die aller anderen verzögernden Plättchen, so daß jenes bei den hier in Frage kommenden Arbeiten fast immer ausreicht. Nur in Ausnahmsfällen, insbesondere bei der Untersuchung grober Fadengebilde (Roßhaar, Roßhaarersatzstoffe, Kunstbändchen, Schweinsborsten usw.) sind wegen der auftretenden Interferenzfarben der höheren Ordnungen auch die Gipsplättchen Rot II bis Rot IV erwünscht.

Die bei Benutzung eines derartigen Plättchens nötige Drehung des auf dem Objekttisch des Mikroskops liegenden Faserpräparats setzt naturgemäß das Vorhandensein eines drehbaren Objekttisches und einer entsprechenden Zentriervorrichtung voraus, was das an und für sich schon kostspielige Instrumentarium noch mehr verteuert. Aber auch

[1]) A. Herzog, Zur Kenntnis der Doppelbrechung der Baumwollfaser, Sonderabdr. a. d. Zeitschr. f. Chemie u. Ind. d. Kolloide, H. 5, Bd. V.

[2]) A. Herzog, Die Unterscheidung der natürlichen u. künstlichen Seiden, Dresden 1910.

[3]) Kunststoffe, 1913, 8 u. 9.

bei der vollkommensten Einrichtung ist das fortwährende Drehen des Präparates zum Zwecke des Vergleichs der auftretenden Additions- und Subtraktionsfarben auf die Dauer sehr lästig und mit Rücksicht auf die naturgemäß nur nacheinander mögliche Betrachtung der Farben, nicht sehr genau. Namentlich bei nur sehr schwacher Doppelbrechung (Gelatineseide) ist dieser Übelstand recht störend.

Zur Vermeidung der erwähnten Nachteile bedient sich A. Herzog bei seinen Arbeiten einer Bravaisschen Doppelplatte[1]) in Verbindung mit einem Gipsplättchen Rot I. Die zur Zeit von verschiedenen optischen Firmen gelieferte Bravaissche Platte wird so hergestellt, daß eine Platte von Gips, Quarz oder Glimmer, die zwischen gekreuzten Nicols das Rot I zeigt, derart in zwei Hälften auseinandergeschnitten und wieder zusammengesetzt wird, daß die längere Achse der wirksamen Elastizitätsellipse der einen Hälfte auf der der anderen senkrecht steht. Zweckmäßig wird diese Doppelplatte in ein Okular mit verschiebbarer Augenlinse gefaßt.

Stellt man nun die zu prüfende Faser nach dem Augenmaß unter 45° zur Schwingungsrichtung der gekreuzten Nicols bzw. der Trennungsfuge der Kristallplättchen ein, so sinken natürlich bei Verwendung der Bravaisschen Doppelplatte die Interferenzfarben der Faser in der einen Gesichtsfeldhälfte, während sie in der anderen steigen. Es ist auf diese Art möglich, die auftretenden Additions- und Subtraktionsfarben unmittelbar nebeneinander, und zwar ohne jede Drehung der Faser zu betrachten und genau zu bestimmen. Handelt es sich etwa nur um den Nachweis von sehr schwacher Doppelbrechung, dann ist diese Beobachtungsmethode allen andern an Empfindlichkeit weit überlegen, weil sie die geringsten Farbenunterschiede in der + 45° und — 45° Stellung der Faser in ein und demselben Gesichtsfelde wahrzunehmen gestattet. Wie Weinschenk[2]) angibt, ist diese Methode so genau, daß man mit ihr die Doppelbrechung eines Glaswürfels feststellen kann, die dieser annimmt, wenn man ihn kräftig mit den Fingern zusammenpreßt. Um nun auch die Beobachtung zwischen gekreuzten Nicols allein, also ohne verzögernde Doppelplatte, zu ermöglichen, ohne einen lästigen Okularwechsel vornehmen zu müssen, bediene man sich eines gewöhnlichen Gipsplättchens Rot I, welches, in den Schlitz des Analysators unter 45° eingeschoben, natürlich die Wirkung der einen Hälfte der Bravaisschen Doppelplatte vollkommen aufhebt und daher das dunkle Gesichtsfeld gekreuzter Nicols wiedergibt. Es ist dies jene Plattenhälfte, deren Längsachse der wirksamen Elastizitätsellipse zu der des in den Analysator eingeschobenen Gipsplättchens senkrecht steht. Selbstverständlich ist eine vollständige optische Kompensation nur bei völlig gleicher optischer Dicke der benutzten Plättchen möglich. Da zu verschiedener Zeit oder von verschiedenen Firmen gelieferte Plättchen Rot I untereinander geringe, aber immerhin merkliche Abweichungen zeigen, empfiehlt es sich, die Bravaissche Platte gleichzeitig mit dem ein-

[1]) Bravais, Pogg. Ann. Bd. **96**, 397; 1855.

[2]) Weinschenk, Anleitung z. Gebrauch d. Polarisationsmikroskops. Freiburg **1901**, 64.

fachen Gipsplättchen zu beziehen und den Hersteller auf den besonderen Anwendungszweck aufmerksam zu machen. Die zweite Gesichtsfeldfläche weist infolge der Verdoppelung der optischen Dicke eine Verstärkung der Farbe auf, die sich im Auftreten von Rot II zu erkennen gibt. Beobachtungen der Fasern in dieser Hälfte sind für gewöhnlich entbehrlich, da, wie schon erwähnt, die Prüfung über dem Rot I in den meisten Fällen zur Bestimmung der Interferenzfarben und des Charakters der Doppelbrechung ausreicht. Dem Anfänger kann immerhin auch die Bestimmung der auftretenden Farben über dem Rot II zur Kontrolle seiner früheren Beobachtungen empfohlen werden. Wird ab und zu auch die Beobachtung zwischen parallelen Nicols erforderlich (Kupferseide), so ist der Polarisator um 90° zu drehen und nur der in der Gesichtsfeldhälfte mit hellem Untergrunde liegende Faseranteil zu berücksichtigen; die lebhaft grün gefärbte, andere Gesichtsfeldhälfte (Grün II) scheidet in diesem Falle von der Verwendung aus.

Wie man sich überzeugen kann, ist es auf dem vorbeschriebenen Wege möglich, die polariskopische Prüfung der Faserstoffe sehr bequem und genau zu gestalten, ohne die einmal unter dem Mikroskop eingestellte Faser in ihrer Lage irgendwie verstellen zu müssen.

Abgesehen von der Möglichkeit der Unterscheidung der Faserstoffe nach ihrer spezifischen Doppelbrechung, kann die Betrachtung im polarisierten Licht auch dazu dienen, den Grad der Nitrierung von Pflanzenfasern zu verfolgen. Nach Ambronn[1]) sinkt mit steigendem Stickstoffgehalt die Doppelbrechung, geht durch Null hindurch und steigt dann wieder. Der gewöhnlichen oder nur schwach nitrierten Pflanzenfaser kommt das Indexellipsoid eines optisch zweiachsigen positiven Krystalles zu, während die hochnitrierte Faser das eines optisch zweiachsigen negativen Krystalles aufweist. Die Achsen des Absorptionsellipsoids künstlich gefärbter Fasern werden beim Nitrieren nicht verändert.

Nach A. Herzog (Zeitschr. f. Farben- u. Textilchemie 1904, S. 259) zeigen die natürlichen Seiden nach entsprechender Färbung mit Kongorot, Safranin, Benzoazurin usw. keinen nennenswerten Pleochroismus, während ein solcher bei den Kunstseiden (ausgenommen Gelatine- und Acetatseide) stets deutlich nachzuweisen ist. Zu diesem Zweck werden die gefärbten Fasern über dem Objekttischnicol des Mikroskops hin und her gedreht und die hierbei stattfindende Änderung der Intensität und des Charakters der Färbung beobachtet. Bei Kunstseide tritt folgende Farbenwandlung auf:

Färbung der Faser mit	Basisfarbe	Achsenfarbe
Kongorot	blaßrot (fast farblos)	dunkelrot
Benzoazurin	rotviolett	blauviolett
Methylenblau	hellblau	blau

[1]) H. Ambronn, Über die Änderung des optischen Verhaltens der Cellulose bei der Nitrierung. Dissertation, Jena 1914.

Die Basisfarbe wird angezeigt, wenn die Längsrichtung der Faser zur Schwingungsrichtung des Polarisators senkrecht steht; die Achsenfarbe gilt für die parallel gestellte Faser.

Über die Unterscheidung der natürlichen und künstlichen Seiden auf Grund ihrer spezifischen Doppelbrechung und sonstiger optischen Eigenschaften möge das nachfolgende Bestimmungsschema eingesehen werden.

Unterscheidung der natürlichen und künstlichen Seiden auf optischem Wege.

(Analytisches Bestimmungsschema.)

1\. a) Zwischen gekreuzten Nicols starke Aufhellung des Gesichtsfeldes, siehe Nr. 2.
b) Zwischen gekreuzten Nicols schwache oder gar nicht wahrnehmbare Aufhellung des Gesichtsfeldes . . . . siehe Nr. 3.

2\. a) Mit Kongorot gefärbt, stark pleochroitisch . . . . siehe Nr. 4.
b) Mit Kongorot gefärbt, nicht pleochroitisch . . . . siehe Nr. 5.

3\. a) Nach Einschaltung eines Gipsplättchens Rot 1 erscheinen
unter $+45°$ Additionsfarben,
unter $-45°$ Subtraktionsfarben . . . . siehe Nr. 6.
b) Umgekehrt wie bei a). Nach Einschaltung eines Glimmerplättchens $^3/_8\lambda$ erscheint die Faser zwischen parallelen Nicols
unter $+45°$ weiß,
unter $-45°$ braun.
In Citronenöl liegend, nahezu unsichtbar ($n_D = 1{,}474$). Ultramikroskopische Netzstruktur sehr lichtschwach . . . . **Acetatseide.**

4\. a) Polarisationsfarben leuchtend, aber stark wechselnd, in mehr weniger parallelen Streifen angeordnet. Sehr lichtschwache ultramikroskopische Netzstruktur . . . . **Nitroseide.**
b) Wie bei a), jedoch nicht so farbenprächtig, ebenso sind die parallelen Farbenstreifen weniger häufig. Ultramikroskopische Netzstruktur ziemlich lichtstark . . . . **Viscose.**
c) Nicht so wie bei a) und b) Fasermitte in der Regel einheitlich bräunlichorange gefärbt. Zwischen parallelen Nicols gleichmäßig graublau erscheinend. Sehr auffallende und lichtstarke Netzstruktur im Ultramikroskop (Querlamellierung) . . . . **Kupferseide.**

5\. a) Gleichmäßig bläuliche oder gelblichweiße, seltener rotviolette Polarisationsfarben. Lichtbrechung sehr stark, in der Achsenrichtung ungefähr mit Anilin ($n_D = 1{,}595$), in der Querrichtung mit Nelkenöl ($n_D = 1{,}538$) übereinstimmend. Im Ultramikroskop lichtstarke Parallelstruktur **Echte Seide.**
b) Verschiedene, aber rasch wechselnde Polarisationsfarben auf auffallend breiten, bandartigen Fasern. Prachtvolle ultramikroskopische Parallelstruktur . . . . **Wilde Seide.**

6\. a) Doppelbrechung ohne Benützung eines Gipsplättchens Rot 1, nur beim Ziehen oder Quetschen der Fasern zu beachten. In Nelken- oder Anisöl liegend, fast unsichtbar (blauvioletter Schimmer) ($n_D = 1{,}540$). Ultramikroskopisch fast optisch leer, nur die häufig vorkommenden Verunreinigungen stark leuchtend . . . . **Gelatineseide.**
b) Doppelbrechung zwar schwach, aber zwischen gekreuzten Nicols auch ohne Benützung eines Gipsblättchens deutlich zu beobachten. Mit Kongorot gefärbt, nicht pleochroitisch. Von Natur aus gelb bis gelbbraun gefärbt **Muschelseide.**

IV. Mikroskopisch-graphische Bestimmung des Fasergehaltes von pflanzlichen Organen.

Die bekannten technischen Methoden der Faserstoffgewinnung bieten durchaus nicht immer die Möglichkeit, den absoluten und relativen Fasergehalt auch nur einigermaßen einwandfrei zu ermitteln. Wohl reichen einige von ihnen hin, vergleichende Untersuchungen von Organen ein und derselben Pflanzenart, z. B. des Flachses, auszuführen, aber die Verhälnisse ändern sich sofort, sobald man nach dem gleichen Verfahren eine andere Faserpflanze zu bereiten versucht. So eignet sich z. B. die Wasserröste sehr gut zur Bereitung bzw. zur Bestimmung des Fasergehaltes von Flachs und Hanf, nicht aber auch zu der des Ginsters, der Typha und des Weidenröschens. Leider sind auch die zahlreichen chemischen Verfahren zur Bestimmung des „Cellulosegehaltes" nicht ohne weiteres auf die hier vorliegenden Verhältnisse übertragbar, da sie in der Regel keine sichere Trennung der Fasern von den anhängenden Zellgeweben zulassen und weil ferner der chemische Begriff „Cellulose" durchaus nicht mit dem der technischen „Faser" zusammenfällt.

Das Mikroskop bietet noch die beste Möglichkeit, über die in einem Pflanzenorgan vorhandene relative und absolute Fasermenge Aufschluß zu erhalten.

Die zur Untersuchung auf Fasergehalt vorliegenden Pflanzen werden sorgfältig sortiert und eine oder mehrere Pflanzen von durchschnittlicher Beschaffenheit zu den nachfolgenden Arbeiten ausgewählt. Diese Vorsicht ist genau zu beachten, da bekanntlich dickere Organe bei sonst gleichen Verhältnissen relativ faserärmer sind als dünnere. Nunmehr wird aus der Mitte des zu untersuchenden Organes (Stengel, Blatt) ein der Länge nach genau bestimmtes Stück (etwa 10 cm) herausgeschnitten und, falls es nicht schon trocken sein sollte, durch mehrtägiges Lagern an der Luft getrocknet und auf einer empfindlichen Wage ausgewogen. Zur Bestimmung der Trockensubstanz wird sodann bei 110° vollständig ausgetrocknet und wieder gewogen. Dieses Gewicht ist der späteren Berechnung des Fasergehaltes zugrunde zu legen. Von einem der beiden Stengel- oder Blattreste wird nunmehr unmittelbar an die schon vorhandene Schnittfläche anschließend, ein etwa 1 cm langes Stückchen behutsam abgeschnitten und nach der in der botanischen Histologie allgemein üblichen Härtung mit Alkohol und Einbettung in Paraffin zur Herstellung feiner mikroskopischer Querschnitte verwendet. In manchen Fällen ist die Paraffineinbettung vollständig zu umgehen, vorausgesetzt, daß der zu präparierende Gegenstand freihändig oder mittels des Mikrotomes gut geschnitten werden kann. Als Beobachtungsflüssigkeit empfiehlt sich konz. Glycerin, da dieses vorzüglich aufhellt und auch keinerlei der nachfolgenden Untersuchung nachteilige wesentliche Veränderungen der Größenverhältnisse der Pflanzengewebe durch Quellung usw. bewirkt. Der zu prüfende Querschnitt wird natürlich selbst bei Benutzung vollkommener Schneideeinrichtungen und völliger Beherrschung der in Frage kommenden Technik nicht immer die gesamte Schnittfläche in tadelloser Beschaffenheit umfassen. Dies ist jedoch kein erheblicher Mangel, da das gleiche Prüfungsergebnis auch mit einem nur teilweise erhaltenen Schnitt erzielt werden kann, sofern nur die im folgenden gegebenen Winke genau beachtet werden. Auf vollkommen einwandfreie Schnitte, die als Schaupräparate natürlich sonst erwünscht sind, kann also hier verzichtet werden.

Die experimentelle Bestimmung des Gesamtfasergehaltes läuft nun darauf hinaus, die von den Faseranteilen des Organquerschnittes gedeckten Flächen graphisch auszumessen und hieraus unter Berücksichtigung des mittleren spez. Gewichtes der Cellulose (1,5) die in der oben gewählten Längeneinheit (10 cm) enthaltene Fasermenge zu berechnen. Die praktische Ausführung gestaltet sich nun wie folgt:

Liegt, was in der Regel der Fall sein wird, ein nicht vollständiger Schnitt vor, so ist vor allem für eine möglichst genaue Zentrierung des Präparates Sorge zu tragen. Dies gelingt sehr leicht, wenn ein nach den Angaben Heims von den optischen Werken E. Leitz in Wetzlar hergestelltes Zählplättchen mit konzentrischen Ringen bzw. 8 Sektoren zur Verfügung steht. Es läßt sich, ebenso wie ein gewöhnliches Mikrometerplättchen, auf die Sehfeldblende des Okulares legen und mit Hilfe der Augenlinse des letzteren scharf einstellen. Es versteht sich von selbst, daß das Zentrieren nur bei schwachen Vergrößerungen vorgenommen werden kann, da der Schnitt, zum mindesten bei Stengel- und Wurzelstücken, vollständig zu überblicken sein muß. Sehr zweckmäßig erweisen sich hierbei die von verschiedenen optischen Firmen gelieferten Objektive mit veränderlicher Eigenvergrößerung (z. B. a* von C. Zeiß-Jena oder G von Winkel-Göttingen).

Bei dem verhältnismäßig großen Objektabstand dieser Systeme empfiehlt sich die Verwendung eines besonderen Präpariermikroskops, etwa des nach den Angaben Culmanns (Zeitschr. f. wissenschaftl. Mikroskopie **20**, 416; 1903) von der Firma Zeiß-Jena gebauten monokularen, bildaufrichtenden Prismenmikroskops. Wo vorhanden, ist auch das Winkelsche Zeichenmikroskop nach Behrens (Katalog Nr. 52 von R. Winkel, Göttingen, S. 86 bis 88) zu derartigen Arbeiten mit großem Vorteil brauchbar, da es bei Benutzung der mitgelieferten Lupen und Objektive eine Reihe von bequem abstufbaren Vergrößerungen zuläßt (2 bis 38) und in Verbindung mit dem Zeichenapparat Nr. 1 dieser Firma in ausgezeichneter Weise auch zum Zeichnen der Schnitte benutzt werden kann. Selbstverständlich sind auch die binokularen Präpariermikroskope sehr gut brauchbar, nur muß beim Zeichnen die Zeichenfläche entsprechend geneigt werden, um Verzerrungen der Bilder zu vermeiden. Am besten geschieht dies mittels des verstellbaren Zeichentisches nach Bernhard (Zeitschr. f. wissenschaftl. Mikroskopie **9**, 439; 1892 u. **11**, 298; 1894), der heute von verschiedenen optischen Werkstätten geliefert wird. Bei Querschnitten von breiten Blättern tritt insofern eine Änderung in der Vorbereitung der auszumessenden Fläche ein, als es genügt, die Zahl der auf dem Gesamtquerschnitt vorhandenen Gefäßbündel und einfachen Baststränge bzw. deren Einzelfasern zu ermitteln und ihre Fläche nach dem im folgenden angegebenen Verfahren zu bestimmen. Hierbei ist es angezeigt, ein Netzmikrometerplättchen in das Okular einzulegen, um Irrtümer in der Zählung zu vermeiden. Die Zählung kann auch bei dicotylen Stengeln Platz greifen, sofern neben dem primären Bast kein sekundärer vorhanden ist, da in diesem Falle keine nennenswerten Unterschiede in der Ausbildung der Bastzellen vorhanden sind.

Nach erfolgter Zentrierung des Schnittes wird ein vollständig erhaltener, tunlichst großer Sektor ($^3/_4$ oder $^1/_2$) des Präparates entsprechend markiert. Es geschieht dies am einfachsten so, daß die Grenzen durch kleine Tuschepunkte, die man mit einer feinen Borste aufträgt, kenntlich gemacht werden. Allgemein gültige Regeln lassen sich hierin nicht geben, indessen lehrt die Erfahrung sehr bald das Richtige treffen. Innerhalb des begrenzten Sektors werden nunmehr die Faseranteile, die in der Regel als Bündel auftreten, mit Hilfe eines mikroskopischen Zeichenapparates genau abgezeichnet, wobei es jedoch genügt, die äußere Begrenzung der Einzelbündel wiederzugeben. Da die Zeichnung in mittlerer Vergrößerung (etwa 300 bis 500) auszuführen ist, muß selbstverständlich das Präparat systematisch solange verschoben werden, bis sämtliche vorhandenen Faseranteile ins Gesichtsfeld gelangt und abgezeichnet sind. In solchen Fällen, wo die Fasern auf dem Schnitte mehr oder weniger getrennt voneinander auftreten, wie z. B. beim Brennessel- und Ramiestengel usw., kann insofern eine Vereinfachung des Meßverfahrens eintreten, als an die Stelle der Zeichnung die einfache Zählung der im begrenzten Sektor enthaltenen Einzelfasern tritt. Selbstverständlich muß aber auch hier die durchschnittliche Querschnittsfläche in der noch anzugebenden Weise bestimmt werden. Die im ersten Falle erhaltenen Zeichnungen der Faserbündel werden nunmehr nach einer der bekannten Methoden ihrer Fläche nach ausgemessen. Am genauesten geschieht dies mit Hilfe eines Polarplanimeters oder nach der von Ambronn angegebenen Methode, bei welcher das gezeichnete Flächenstück ausgeschnitten und auf einer genauen Wage gewogen wird. Aus dem gleichzeitig ermittelten Flächeneinheitsgewicht des benutzten Zeichenpapiers läßt sich die dem ausgeschnittenen Stücke entsprechende Fläche leicht berechnen. Zur Not kann die Bestimmung auch mit einem in qmm geteilten, auf die Zeichnung aufgelegten Pauspapier bzw. einer entsprechenden Glas- oder Zellhorntafel vorgenommen werden. Um die wahre Größe der von den Faseranteilen gedeckten Fläche zu erhalten, ist natürlich das erhaltene summarische Ergebnis noch durch die ein für allemal genau bestimmte quadratische Vergrößerung der Zeichnung zu dividieren. Wie leicht einzusehen, ist die so gefundene Fläche, die natürlich auf den gesamten Querschnitt umzurechnen ist, noch um den von den Zellkanälen der Fasern gedeckten Flächenanteil zu verringern, da es lediglich auf die von den Zellwänden gedeckte Fläche ankommt. Zu diesem Zweck wird ein dem Durchschnitt entsprechendes Bündel in sehr starker Vergrößerung (1000—2000 linear) abgezeichnet, wobei aber nunmehr auch die Innenbegrenzung der Einzelzellen sorgfältig wiederzugeben ist. Naturgemäß wird diese Zeichnung aus mehreren Teilstücken bestehen, da die starke Vergrößerung immer nur einen Teil des Bündels zu überblicken gestattet. Durch planimetrische Ausmessung wird nunmehr das relative Verhältnis der von der Zellwand und vom Zellkanal gedeckten Querschnittsfläche ermittelt und der endgültigen Berechnung der wirklichen Gesamtfläche der von den Faserwandungen gedeckten Gesamtfläche zugrunde gelegt. In gleicher Weise wird bei den oben erwähnten isolierten Fasern vorgegangen, nur mit dem Unterschied, daß die Berechnung durch Multiplikation der von einer Faserwandung gedeckten Fläche mit der Zahl der früher ermittelten Einzelfasern, die auf den gesamten Organschnitt entfallen, erfolgt. Stellen die zu bestimmenden „Fasern" neben einfachen Baststrängen auch Gefäßbündel dar, wie dies z. B. bei den Schäften und Blättern der Monocotylen der Fall ist, dann ist das gewählte Verfahren gleichfalls anwendbar, nur mit dem Unterschied, daß bei den Gefäßbündeln auch die Anteile der Parenchym- und Holzzellen in Rechnung gezogen werden müssen, was natürlich die Arbeit ziemlich umständlich macht. In der Regel wird es aber auch hier genügen, nur die von den Bastbelägen allein gedeckten Flächen zu ermitteln, da erfahrungsgemäß die Bastzellen wegen ihrer Zähigkeit und starken Wandverdickung die technisch allein wertvollen Teile des Bündels ausmachen. Der Gesamtfasergehalt des in Untersuchung gezogenen Organes läßt sich nun rechnerisch leicht aus der gefundenen Querschnittsfläche, dem durchschnittlichen spezifischen Gewicht der Fasersubstanz ($s = 1{,}5$) und dem eingangs bestimmten Trockensubstanzgewicht eines 10 cm langen Organteils ermitteln. Bedeuten Q die von den Wandungen der Fasern gedeckte Gesamtquerschnittsfläche in qmm und s das spez. Gewicht der Faser ($s = 1{,}5$), so ergibt sich das in mg ausgedrückte Gewicht g des in einem 10 cm langen Organstück enthaltenen Bastes zu:

$$g = 100 \cdot Q \cdot 1{,}5;$$

der Fasergehalt F in % berechnet sich hieraus und aus dem in mg ausgedrückten Gewichte G des 10 cm langen Organstückes zu:

$$F = \frac{100 \cdot g}{G}.$$

Es ist einleuchtend, daß die absolute Querschnittsfläche der Einzelbastzelle auch zur Kennzeichnung verschiedener Eigenschaften der technischen Faser herangezogen werden kann. Vgl. auch Abschnitt II.

Auch zur Beurteilung der Festigkeitsverhältnisse einer Faser erweist sich die Kenntnis der Querschnittsfläche sehr nützlich, da nur die von der Wandung eingenommene Fläche als tragender Querschnitt in Frage kommt.

Wenngleich die vorbeschriebene Methode nur bei genügender Vertrautheit mit mikroskopischen Arbeiten zum Ziel führt, und naturgemäß umständlicher ist als ein rein chemisches Bestimmungsverfahren, so bietet sie dafür den nicht zu unterschätzenden Vorteil, in allen Fällen, d. h. unabhängig von der Schwierigkeit und Art irgendeines technischen Aufschließungs- und Ausarbeitungsverfahrens, anwendbar zu sein. Auch die Möglichkeit, die faserigen Anteile allein, also ohne zellige Anhängsel, in beliebigen Pflanzenteilen bestimmen zu können, muß als besonderer Vorteil bezeichnet werden.

Die so gefundenen Werte bieten nicht nur ein gutes vergleichbares Material hinsichtlich des relativen Gesamtfasergehaltes verschiedener Pflanzen, sondern lassen sich auch mit Vorteil zur Kennzeichnung der für die Verfrachtung der Pflanzen so wichtigen Volumsverhältnisse heranziehen. Wie die einfache Überlegung ergibt, stellt der prozentuale Anteil der von den Fasern auf dem Organquerschnitt gedeckten Fläche gleichzeitig auch die Volumsprozente des Bastes dar, da auf verhältnismäßig kurzen Organlängen keine nennenswerten Änderungen in der Verteilung und Mächtigkeit der Ausbildung der faserigen Elemente zu verzeichnen sind. Handelt es sich um genaue Ermittlungen, dann ist es natürlich erforderlich, die vorerwähnte Prüfung auf verschiedene Zonen des betreffenden Organes auszudehnen und aus den so erhaltenen Prüfungsergebnissen den zugehörigen Durchschnitt zu ermitteln. Selbstverständlich muß in diesem Falle der Gesamtquerschnitt des betreffenden Organstückes vorher ermittelt werden, was am besten gelegentlich der Zentrierung des Schnittes durch mikroskopisches Zeichnen des Organumrisses und durch Auswertung der dargestellten Fläche in sehr rascher Weise ausführbar ist. Ein sehr einfaches Verfahren zur Herstellung tadelloser Übersichtsquerschnitte, die u. a. auch zu photographischen Aufnahmen geeignet sind, hat A. Herzog (Zeitschr. f. wissenschaftl. Mikroskopie **34**, 241; 1918) eingehend beschrieben. Es läßt sich auch auf derart hergestellten Bildern der Anteil der einzelnen Gewebe und des etwa im Innern des Organs befindlichen lufterfüllten Hohlraumes am Gesamtvolumen leicht und rasch ermitteln.

V. Chemische Prüfung der Gespinstfasern.

A. Unterscheidung der tierischen von der vegetabilischen Faser [1]).

1. Methode von Molisch (Dingl. Journ. **261**, 135; 1886). Ungefähr 0,01 g der vorher zur Entfernung von Appreturmasse usw. gut ausgekochten und mit viel Wasser abgespülten Faserprobe wird in einem Probierglas mit etwa 1 ccm Wasser, sodann 2 Tropfen einer alkoholischen 15 bis 20 proz. α-Naphthollösung versetzt und schließlich konz. Schwefelsäure (beiläufig so viel, als Flüssigkeit vorhanden ist) hinzugefügt. Liegt eine Pflanzenfaser vor, so nimmt die ganze Flüssigkeit beim Schütteln sofort eine tiefviolette Färbung an, wobei sich die Faser auflöst. Ist hingegen die Faser tierischer Abkunft, so wird die Flüssigkeit nur mehr oder minder gelblich bis rötlichbraun.

Bei Anwendung von Thymol tritt anstatt der Violettfärbung eine schöne zinnober- oder karminrote Farbe auf; die letztere besonders dann, wenn man mit Wasser verdünnt.

Es ist für die Reaktion gleichgültig, ob die zu prüfenden Fasern gefärbt sind oder nicht. Die Farbstoffe verdecken weder die Reaktion noch verhindern sie diese.

---

[1]) Größtenteils entnommen aus dem von R. Gnehm verfaßten gleichen Abschnitt der 6. Auflage dieses Werkes.

2. Das Verhalten gegen eine 8proz. Lösung von Ätznatron oder Ätzkali (entsprechend 7 bis 6° Bé oder einem spez. Gewicht von 1,04 bis 1,05) ist ebenfalls eine recht zuverlässige Probe. Beim Kochen in einer solchen Lösung werden die Tierfasern gelöst, die Pflanzenfasern dagegen nicht stark angegriffen.

3. Die Rosanilin-Probe (Bolley-Stahlschmidts Handb. der techn.-chem. Untersuchungen, 5. Aufl., II, 857). Diese dient hauptsächlich zur Unterscheidung von Wolle und Baumwolle. Man stellt sich zunächst eine farblose Rosanilinlösung her, indem man Fuchsin in kochendem Wasser löst und während des Kochens tropfenweise Natronhydrat oder Ammoniak bis zur Entfärbung zusetzt. Die filtrierte Lösung, aus der sich beim Erkalten Kriställchen von Rosanilin absetzen, hält sich in einem verschlossenen Fläschchen beliebig lange. Taucht man in diese Flüssigkeit, am besten in der Wärme und selbst bei Siedehitze, bei Anwendung von Ammoniak eine Sekunde lang ein Gewebe von Wolle und Baumwolle, so bleibt es oft ganz farblos. Spült man die Probe in kaltem Wasser gut aus, so färbt sich die Wolle rot, sobald das Alkali ausgewaschen ist, während die Baumwolle nicht die mindeste Färbung annimmt. (Seide verhält sich wie Wolle, Leinwand und andere vegetabilische Fasern verhalten sich der Baumwolle gleich.)

4. Verhalten gegen kochende Salpetersäure. Vegetabilische Fasern (insbesondere Baumwolle, Flachs und Hanf) bleiben hierbei weiß, während Wolle und in etwas schwächerem Grade Seide sich gelb färben.

5. Verhalten gegen ein Nitrierungsgemisch. Man taucht nach Peltier die zu prüfenden Stoffe etwa $^1/_4$ Stunde lang in ein Gemisch gleicher Volumina konz. Salpetersäure und englischer Schwefelsäure und wäscht sie dann mit viel Wasser. Hierbei werden Seide (und ebenso Ziegenhaar) ganz gelöst, Wolle gelb oder gelbbraun gefärbt, während weder Farbe noch Struktur der Pflanzenfasern sich äußerlich ändert. Getrocknet, besitzen sie die leichte Entzündlichkeit der Schießwolle.

6. Verhalten beim Verbrennen. Seide und Wolle verbrennen unter Verbreitung eines eigentümlichen Horngeruches und viel langsamer als vegetabilische Fasern. Feuchtes, über die aufsteigenden Dämpfe tierischer Fasern, gehaltenes Lackmuspapier wird gerötet, während verbrennende Pflanzenfasern brenzlig säuerliche Dämpfe entwickeln, die feuchtes neutrales Lackmuspapier röten. Pflanzenfasern geben hierbei eine Kohle von der Form des Fadens und nach völliger Verbrennung wenig Asche, Tierfasern eine aufgeblähte, glänzende, schwer verbrennbare Kohle und nach vollständiger Verbrennung relativ viel Asche.

7. Manea (Bul. Soc. d. Stiinte du Bucuresti-Romania **17**, 256; 1908, Chem.-Ztg. **32**, 686; 1908) beschreibt eine Schnellmethode zur Unterscheidung pflanzlicher und tierischer Fasern unter Anwendung von Ölsäure und Schwefelsäure. Cellulose, Stärke, Pflanzeneiweiß, Nitrocellulose, Kunstseide, Dextrin, Zucker usw. geben bei der Behandlung mit Schwefelsäure unter Zusatz freier oder verseifter Ölsäure und etwas Wasser eine charakteristische Farbenreaktion, die mit Stearinsäure, Palmitinsäure usw. nicht erhalten wird. Zur Ausführung der Untersuchung löst man etwas Baumwolle oder dgl. in konz. Schwefelsäure,

gibt etwas Ölsäure oder ein anderes diese Säure enthaltendes Öl (Colzaöl) und Wasser unter Umrühren tropfenweise hinzu, bis eine rötliche Färbung auftritt, die allmählich violett wird. Wird nicht umgerührt, so entsteht ein Farbenring. Da alle Fasern tierischer Herkunft die Reaktion nicht geben, so bietet diese ein bequemes Mittel zur schnellen Unterscheidung künstlicher und natürlicher Seide usw. Sind die zu untersuchenden Gewebe appretiert, so sind sie vorher mit Wasser zu kochen, zu waschen und zu trocknen. Eine Färbung der Gewebe behindert das Auftreten der Reaktion in keiner Weise.

8. v. Allwörden (Zeitschr. f. angew. Chemie **29**, 77; 1916) hat eine Reaktion auf tierische Fasern angegeben, die darin besteht, daß aus dem unversehrten Haar bei der Behandlung mit Chlorwasser mikroskopisch kleine, halbrunde Quellungen hervortreten, deren Bildung eingeschränkt wird oder unterbleibt, wenn das Haar durch chemische Einflüsse, z. B. durch Alkaliwirkung, geschädigt ist. Nach Allwörden soll der die Reaktion mit Chlorwasser gebende Stoff, den er „Elastikum" nennt, ein Kohlehydrat oder ein den Kohlehydraten nahestehender Körper sein. Über die Ursachen der Allwördenschen Reaktion haben Krais und Waentig (Textile Forschung **2**, 94; 1919) eingehend berichtet. Übrigens hat schon Naumann (Zeitschr. f. angew. Chemie **30**, 97, 135 u. 305; 1917) darauf hingewiesen, daß nicht alle Wollsorten die Reaktion gleichmäßig zeigen und daß insbesondere auch bei direkt vom Tier entnommener Wolle, die nur mit organischen Lösungsmitteln und Wasser gewaschen wurde, vereinzelt Haare vorkommen, die inaktiv sind.

B. Unterscheidung einzelner Fasern voneinander.

1. Wolle von Seide. a) Man behandelt mit konz. Schwefelsäure, wodurch Seide ziemlich rasch gelöst wird, während die Wolle ungelöst bleibt. Diese Trennung kann zu einer quantitativen gemacht werden, indem nach genügend langer Einwirkung der Schwefelsäure mit Wasser stark verdünnt, durch einen Tuchfilter (dessen Fäden ziemlich große Intervalle haben) filtriert, auswäscht und die getrocknete Wolle wägt; b) man verwendet nach Lassaigne eine Lösung von Bleioxyd in Ätznatron (Bleizuckerlösung mit so viel Natron versetzt, daß der anfänglich gebildete weiße Niederschlag sich wieder löst). In diese Lösung getauchte Seide- und Pflanzenfasern bleiben ungefärbt, während Wolle (und Haare) sich braun färben; c) man wendet Kupferoxydammoniak an, das Seide löst, Wolle aber ganz unverändert läßt; d) man löst in Kalilauge und setzt zur Lösung Nitroprussidnatrium, wobei eine violette Färbung entsteht, falls Wolle zugegen war.

2. Baumwolle von Leinenfaser[1]). a) Man wendet die sogenannte Kindtsche Probe an. Weiße Stoffe sollen zuvor so vollkommen als möglich von allem Appret befreit werden, was durch Kochen mit destilliertem Wasser und Ausreiben geschieht. Die wiedergetrockneten Stücke

[1]) Siehe auch: A. Herzog, Die Unterscheidung von Baumwolle und Leinen, Sorau, Verlag für Textilindustrie, 1904; 2. Auflage, Berlin 1908; Zeitschr. f. Farbenind. **7**, 183, 204, 206; Chem. Centralbl. **1908**, II, 546.

werden, je nach der Stärke des Gewebes, 1—2 Minuten lang in englische Schwefelsäure getaucht, mit Wasser abgespült und zwischen den Fingern etwas gerieben, dann in verdünnten Ammoniak gelegt (zur vollständigen Entfernung etwa noch anhaftender Schwefelsäure) und getrocknet. Die Baumwollfäden werden durch die Säure gallertartig gelöst und durch das Abspülen und Reiben entfernt. Die Leinenfäden zeigen sich unverändert oder nur wenig angegriffen. Bei diesem Versuche ist auf möglichst vollständiges Entfernen der Appretur großes Gewicht zu legen, da ohne diese Vorsicht die Probe nicht gelingt, auch hängt das Resultat sehr von der Dauer des Eintauchens in der Säure ab; b) die Baumöl-Probe von Frankenstein und Leykauf. Das gebleichte und vom Appret befreite Zeugstück wird in Baumöl getaucht und das überschüssige Öl durch sanftes Pressen zwischen Fließpapier entfernt. Hierbei nehmen die Leinenfasern ein durchschimmerndes, geöltem Papier ähnliches Aussehen an, während die Baumwollfaser unverändert bleibt. Das Gewebe erscheint gestreift: Wird dieses auf eine dunkle Unterlage gelegt, so erscheint die Leinenfaser dunkel und die Baumwollfaser hell; c) die Rosolsäureprobe (Elsner, „Die Praxis des Nahrungsmittel-Chemikers", 3. Aufl., S. 267). Leinen, mit alkoholischer Rosollösung und hierauf mit konz. Sodalauge behandelt, wird rosa gefärbt, während Baumwolle auf diese Weise nicht echt zu färben ist; d) Behrens Methylenblauprobe. Das Gewebe wird in warmer Methylenblaulösung gefärbt und dann mit viel Wasser gespült. Durch fortgesetztes Waschen wird sämtlicher Farbstoff von der Baumwolle entfernt, während die Leinfaser noch deutlich gefärbt erscheint. In einem früheren Stadium zeigt die Baumwolle ein von der Farbe der Flachsfaser verschiedenes Grünblau, was besonders bei Lampenlicht wahrnehmbar ist.

A. Herzog (Zeitschr. f. Farb.- u. Text.-Chemie 1905, 11) beschreibt folgende Methode, die sich ganz besonders zur Erkennung von Halbleinen eignet.

Von dem zu untersuchenden Gewebe wird ein quadratisches Stückchen (ca. 4 qcm), dessen Randfädchen entfernt sind, während einiger Minuten in eine lauwarme alkoholische Lösung von Cyanin eingelegt. Nach erfolgter Aufnahme des Farbstoffes wird in Wasser gespült und sodann mit verdünnter Schwefelsäure behandelt. Diese bewirkt vollständige Entfärbung der Baumwolle, während die Flachsfaser zu der gleichen Zeit noch eine deutliche Blaufärbung aufweist. Diese Färbung ist auf die an den Flachsfasern sitzenden Epidermisreste des Leinenstengels, die den Cyaninfarbstoff begierig festhalten, zurückzuführen. Der gleiche Autor (Zeitschr. f. d. ges. Text.-Ind., 1907/8) empfiehlt auch das folgende Verfahren, das erfahrungsgemäß die besten Ergebnisse liefert: Ein kleines Gewebestückchen wird von den Randfäden befreit, in eine Kupfervitriollösung von beliebigem Gehalte (etwa 10%) durch 10 Minuten eingelegt und sodann behufs Entfernung der anhaftenden überschüssigen Kupfersalze unter dem Strahl der Wasserleitung gespült. Die so gewaschene Probe wird nunmehr in eine Lösung von gelbem Blutlaugensalz (ca. 10%) gebracht. Liegt Halbleinen vor, so zeigt der aus Flachsfasern bestehende Teil (Kette oder Schuß) eine auffallende kupferrote Färbung, herrührend von ausgeschiedenem Ferrocyankupfer, während die Baumwollfasern ungefärbt bleiben. Es genügt vollständig, wenn zur Vornahme des Versuches Uhrgläser verwendet werden. Prächtige Gegensätze lassen sich erzielen, wenn man das in vorstehender Weise behandelte Gewebestückchen mit Wasser spült und nach der vollständigen Trocknung in Canadabalsam nach Art eines mikroskopischen Präparates einschließt. An Stelle des Canadabalsams läßt sich auch irgendein fettes Öl verwenden. Wie man sich mittels des Mikroskops überzeugen kann, ist die von den Flachsfäden gezeigte Färbung nicht etwa allein auf die Begleitbestandteile zurückzuführen, sondern auch den Fasern selbst eigen. Dieser Umstand ist besonders dann von analytischem Wert, wenn es sich um die Untersuchung von feinsten Leinenbatisten handelt, welche unter Umständen der Begleitbestandteile entbehren können. Wie die mikroskopische Betrachtung lehrt, ist eine Differenz in der Färbung der Fasern und deren Begleitbestandteilen insofern zu verzeichnen, als erstere mehr kupferrot, letztere mehr ziegelrot gefärbt erscheinen. Die Unterschiede in der Färbung, besonders nach dem Einlegen in Canadabalsam, sind so auffallend wie bei keiner der bis jetzt bekannten makroskopischen Färbungsmethoden.

3. Hanausek beschreibt eine neue mikroskopische Methode zur Unterscheidung der Flachs- und Hanffasern. (Zeitschr. f. Farben-Ind. **7**, 105; Chem. Zentralbl. **1908**, I, 1744.) Legt man einige Flachs- und Hanffasern in ein durch Mischen von Kaliumbichromat und überschüssiger Schwefelsäure bereitetes Chromsäuregemisch, so beginnt nach einigen Sekunden das Objekt zu quellen; die vorher gelbe Flüssigkeit wird in der Umgebung der Fasern allmählich grün, und die sich darbietenden Auflösungserscheinungen der Flachs- und Hanffasern sind insbesondere in bezug auf die Innenhaut derart verschieden, daß es leicht ist, durch Beobachtung des Zersetzungsvorganges eine scharfe Unterscheidung zwischen den beiden Fasern zu treffen.

4. Jutefasern von Leinen und Hanffasern. In der analytischen Praxis wird zuweilen die Frage zu entscheiden sein, ob die Fasern eines Gewebes aus reinem Hanf bzw. Flachs bestehen, oder ob sie eine Beimischung von Jute enthalten. Die Entdeckung der Jutefaser mit Hilfe ihrer bekannten anatomischen Merkmale (insbesondere der ungleichen Verdickung der einzelnen Bastfasern) ist zwar nicht schwierig, erfordert aber Übung und gespannte Aufmerksamkeit, dagegen bietet nach Lenz (Zeitschr. f. analyt. Chemie **29**, 133; 1890) das verschiedene Verhalten der in Rede stehenden Fasern zum polarisierten Lichte leichter wahrnehmbare Unterschiede. Die Fäden des zu untersuchenden Gewebes werden nach dem Schulzeschen Macerationsverfahren behandelt, d. h. mit offizineller Salpetersäure unter Zugabe einer Spur von Kaliumchlorat erwärmt. Hierauf wäscht man mit Wasser, erwärmt mit kalihaltigem Wasser zur Übersättigung der in den Fasern zurückgebliebenen Säure, gießt die alkalische Lösung ab und schüttelt die rückständigen Fasern kräftig mit reinem Wasser. Die

Fasern zerteilen sich nunmehr ganz gleichmäßig in dem Wasser und werden so verteilt auf einen Objektträger gebracht. Man läßt die auf dem Objektträger gleichmäßig verteilte Flüssigkeit bei wagerechter Stellung des ersteren verdunsten, fügt einen Tropfen Glycerin hinzu, legt ein Deckglas auf und untersucht, nachdem das Glycerin die Faser vollständig durchdrungen hat. Die so vorbereitete Faser zeigt nun nicht allein die kennzeichnenden Verdickungsverhältnisse der Wandungen sehr schön, sondern eignet sich auch besonders zur Prüfung im polarisierten Licht.

Stellt man die Faser bei gekreuzten Nicols (dunklem Sehfelde) unter dem Mikroskop (Seibert, Objektiv 3, ungefähre Vergrößerung 200) scharf ein, so bemerkt man, daß bei Flachs sowie bei Hanf fast jede Faser ein überaus prächtiges Farbenspiel zeigt. Die Jutefasern dagegen erscheinen mehr einfarbig bläulich oder gelblich, nur wenige Fasern zeigen den Leinenfasern ähnliche, wenn auch weit weniger prächtige Farben. Wesentlich ist jedoch, daß die einzelnen Fasern wirklich völlig getrennt voneinander sind. Liegen diese über- oder nebeneinander, so entstehen an den Berührungsstellen natürlich auch bei Jute lebhaftere Färbungen. Die zur Zellwand der Bastzellen mehr oder minder senkrecht stehenden Bruchlinien, sowie die diesen Bruchlinien bisweilen nicht unähnlichen Reste von anhaftendem Parenchymgewebe treten bei der Untersuchung der Faser im polarisierten Licht (insbesondere mit Seiberts System Nr. 5, Vergrößerung etwa 600) weit deutlicher hervor als bei der gewöhnlichen Beleuchtung und bieten dem Kundigen weitere Unterscheidungsmerkmale.

Eine neue mikrochemische Reaktion zur Differenzierung der Mittellamelle der Bastfasern beschreibt Haller (Textile Forschung, 2, 22; 1920). Er legt die Fasern einige Stunden in eine angesäuerte Lösung von 10 proz. Zinnchlorür ein, wäscht dann in destilliertem Wasser gründlich aus und überträgt die von jedem Überschuß der ersten Lösung befreite Faser in eine 10proz. Lösung von Goldchlorid. Die Mittellamellen der Bastfasern heben sich hierbei dunkelrot von den umgebenden, nahezu farblosen Wandteilen ab.

5. Baumwolle und Kapok. Um eine Verfälschung von Kapok und Baumwolle nachzuweisen, kann man einerseits das Material der mikroskopischen Untersuchung unterziehen, andererseits dessen Verhalten gegenüber gewissen chemischen Reagenzien prüfen. Ausführliche Angaben über Kapok und Kapokgespinste enthalten die neueren Arbeiten von E. A. Linke, Über Kapok, Dresden 1912 und A. Herzog, Textile Erzeugnisse aus Kapok, Tropenpflanzer 16, 135; 1912. Vgl. auch den Abschnitt „Fasern“ in J. v. Wiesner, Rohstoffe des Pflanzenreichs, 3. Auflage, Leipzig 3, 139; 1921. Mit Schulzes Chlorzinkjodlösung gibt Baumwolle eine rotblaue, Kapok lediglich eine gelbe Färbung. Legt man das zu untersuchende Material eine Stunde bei gewöhnlicher Temperatur in eine verdünnte alkoholische Fuchsinlösung (0,01 Teile Fuchsin, 30 Teile Alkohol, 30 Teile Wasser) und spült mit Wasser, bis letzteres farblos abläuft, so zeigt Kapok eine lebhaft rote Färbung, wogegen Baumwolle weiß geblieben ist.

Zwecks quantitativer Bestimmung ermittelt man den Pentosangehalt des zu prüfenden Materials nach dem Verfahren von Tollens durch Destillation mit verdünnter Salzsäure und Ausfällen des überdestillierten Furfurols mit Hilfe von Phloroglucin. Da Kapok 23 bis 25%, Baumwolle aber höchstens 3% Pentosan enthält, so kann man aus dem gefundenen Pentosangehalt leicht berechnen, wieviel Baumwolle dem Kapok beigemischt war. (Greshoff, Pharmak. Weekblad **45**, 867; Chem. Zentralbl. **1908**, II, 642.)

Pinchon empfiehlt folgenden Gang der Untersuchung eines Gemisches von Fasern:

Untersuchungstabelle für alle Textilfasern.

<table>
<tr><td colspan="10">Auf das Fasergemisch läßt man 10 proz. Kali- oder Natronlauge einwirken:</td></tr>
<tr><td colspan="3">ein Teil löst sich</td><td colspan="4">ein Teil bleibt ungelöst</td><td colspan="3">alles löst sich</td></tr>
<tr><td colspan="10">Man läßt Chlorzinklösung einwirken:</td></tr>
<tr><td>löst alles auf</td><td>löst teilweise</td><td>löst nichts</td><td colspan="4">löst nichts</td><td colspan="2">löst teilweise auf</td><td>löst nicht</td></tr>
<tr><td rowspan="7">Die alkalische Lösung wird auf Zusatz von essigsaurem Blei nicht schwarz: Seide</td><td rowspan="7">Der lösliche Teil wird durch essigsaures Blei nicht schwarz, der unlösliche schwärzt sich: Seide und Wolle</td><td rowspan="7">Die Masse schwärzt sich durch essigsaures Blei: Wolle</td><td colspan="4">Chlorwasser wie auch Ammoniak färben die Faser</td><td colspan="2">Ein Teil wird sich durch essigsaures Blei</td><td rowspan="7">Salpetersäure färbt teilweise gelb, der übrige Teil bleibt weiß: Gemenge von Flachs und Baumwolle</td></tr>
<tr><td>rotbraun</td><td colspan="3">nicht</td><td>schwärzen</td><td>nicht schwärzen</td></tr>
<tr><td rowspan="5">Die Faser wird durch rauchende Salpetersäure rot: Neuseeland-Flachs</td><td colspan="3">Alkoholische Fuchsinlösung färbt die Faser</td><td rowspan="5">Kalilauge löst die im Chlorzink unlöslich gebliebenen Fasern teilweise. Die bleibenden Fasern lösen sich in Kupferoyyd-ammoniak: Gemenge von Wolle, Seide, Baumwolle</td><td rowspan="5">Pikrinsäure färbt teilweise gelb, der übrige Teil bleibt weiß: Seide und Baumwolle</td></tr>
<tr><td colspan="2">dauernd</td><td>Färbung auswaschbar</td></tr>
<tr><td colspan="2">Kalilauge färbt gelb</td><td rowspan="3">Kalilauge färbt nicht gelb: Baumwolle</td></tr>
<tr><td colspan="2">Jod- u. Schwefelsäure färben</td></tr>
<tr><td>gelb: Hanf</td><td>blau: Flachs</td></tr>
</table>

6. Über das Verhalten verschiedener Gespinstfasern gegen Perhydrol hat Haller eingehende Untersuchungen angestellt (Textile Forschung **2**, 79; 1920). Nach ihm werden die verschiedenen Pflanzenfasern unter der länger andauernden Einwirkung von 30 proz. Wasserstoffsuperoxyd zunächst desorganisiert, wobei sie je nach ihrer Natur in Bruchstücke verschiedener Gestalt zerfallen, um dann nach und nach vollständig unter Bildung von Glucose in Lösung zu gehen. Als Zwischenstufe wird durchweg ein Celluloseperoxyd festgestellt, das in charakteristischer Weise mit Jodkalium bzw. Jodkaliumstärke reagiert.

C. Quantitative Bestimmung einzelner Fasern in Gemischen.

1. Quantitative Trennung von Baumwolle und Wolle. Nach der Anleitung des deutschen Bundesrates vom 6. Febr. 1896 wird zur Bestimmung des Baumwollgehaltes in der Wolle folgendermaßen verfahren (Fischer, Jahresber. **1898**, 1103). In einem 1 Liter fassenden Becherglase übergießt man 5 g Garn mit 200 ccm 10 proz. Natronhydratlösung, bringt sodann die Flüssigkeit über einer Flamme langsam (in ca. 20 Minuten) zum Sieden und erhält diese während weiterer 15 Minuten in gelindem Sieden. In dieser Zeit wird die Wolle vollständig aufgelöst. Bei appretierten Wollgarnen hat der Behandlung mit Natronhydrat eine solche mit 3 proz. Salzsäure voranzugehen; hierauf ist die zu untersuchende Probe so lange mit Wasser auszuwaschen, bis empfindliches Lackmuspapier nicht mehr gerötet wird. Nach der Auflösung der Wolle filtriert man die Flüssigkeit, trocknet bei gelinder Wärme und läßt die hygroskopische Masse vor dem Verwiegen noch einige Zeit an der Luft stehen. (Nach Hunger, Zeitschr. f. öffentl. Gesundheitspflege **1898**, 160) wird Baumwolle mit 10 proz. Natronlauge angegriffen, indem sich 4% Baumwolle auflösen. Sie wird ferner von 3 proz. Salzsäure angegriffen; darin lösen sich ebenfalls ca. 4%. Appreturfreie Mischgarne lassen sich nach der Reichsmethode richtig untersuchen, nur muß man dem Gewicht der extrahierten Baumwolle 4% zuschlagen. Appretierte Mischgarne lassen sich nach dieser Methode nicht genau untersuchen).

Bedeutend bessere Resultate als das oben erwähnte deutsche Verfahren liefert nach Ruszkowski und Schmidt (Chem. Ztg. **33**, 949; 1909) das Verfahren von Kapf (M. Textil **1898**, 153; Jahresber. v. Fischer **1898**, 1104; Textil-Ztg. **1900**, 462), das in der öffentlichen Konditionieranstalt zu Aachen eingeführt ist. Nach dieser Methode wird die zu untersuchende Substanz in Äther, Schwefelkohlenstoff oder anderen fettlösenden Mitteln von Öl und Fett gereinigt, in einer 2 proz. Salzsäure etwa 15 Minuten von etwa vorhandenen Appreturmitteln befreit, mit destilliertem Wasser gewaschen und bei 110° C. getrocknet. Nach Feststellung des Trockengewichtes wird die Substanz in einer 2 proz. Natronlauge 15 Minuten gekocht, wobei das verdampfende Wasser durch Zugabe von Wasser ersetzt wird. Die zurückbleibende Baumwolle wird mit Wasser, dann mit ganz schwacher Salzsäure und hierauf mit destilliertem Wasser vollständig ausgewaschen. Nun wird das Trockengewicht der Baumwolle nochmals festgestellt und auf Grund desselben der Gehalt an Wolle und Baumwolle berechnet, wobei zwei Konstanten zugrunde gelegt werden müssen, die durch viele Versuche ermittelt wurden. Baumwolle verliert beim Kochen in Natronlauge durchschnittlich 3,5%, gewaschene Wolle beim Auslaugen in Wasser etwa 1%. Allerdings ist zu bemerken, daß durch bloße mechanische Wirkungen, wie Stauben beim Trocknen usw., bei diesem Verfahren sehr leicht Verluste eintreten. (S. auch: Pinagel, Chem.-Ztg. **31**, Rep. 339, 449; 1909; Heinisch, Brünner Monatsschr. f. Textil-Ind. **15**, 330, 1908; Chem.-Ztg. **32**, Rep. 619; 1908.)

Bei geringen Wollmengen empfiehlt sich das von Heermann (Färberei- und textilchemische Untersuchungen. Berlin, 3. Aufl., **1918**,

27) angegebene Verfahren: 5 g der vorliegenden Probe werden tüchtig mit Äther und dann mit 96 proz. Alkohol ausgekocht und nach dem Abdrücken des Alkohols sofort in die 20 bis 30 fache Volumenmenge kalter 80 proz. Schwefelsäure eingetragen. Nachdem während der ersten Stunde in Intervallen fleißig geschüttelt worden ist, braucht das Schütteln in den nächstfolgenden Stunden etwa nur alle 10 bis 15 Minuten zu erfolgen. Nach 3 bis 4 Stunden ist die Baumwolle meist gelöst. Man gießt das Lösungsgemisch in einen Überschuß kalten Wassers, sammelt den ungelösten Rückstand durch Filtration auf einem feinen Kupfersieb, wäscht wiederholt mit Wasser, zuletzt mit geringem Ammoniakzusatz, und trocknet bei 105 bis 110° bis zum konstanten Gewicht.

Ein praktisches Verfahren gründen Ruszkowski und Schmidt (Chem.-Ztg. **33**, 949; 1909) auf den Stickstoffgehalt der Wolle[1]). Aus der Bestimmung des Stickstoffes nach Kjeldahl in einer ganzen Reihe von verschiedenen Sorten Wolle ergab sich ein Mittel von 14,002% N. Die zu untersuchende Probe wird zuerst in bekannter Weise von Fett befreit und darauf der Stickstoffbestimmung unterworfen. Die Berechnung geschieht nach folgendem Beispiel: In der Substanz wurden nach der Kjeldahlschen Methode 8,88% N gefunden. Da die Wolle 14% N enthält, so ergibt sich folgende Rechnung:

$$14 : 100 = 8{,}88 : x$$

$$x = \frac{100 \cdot 8{,}88}{14} = 63{,}43\,\%\ \text{Wolle.}$$

Bei appretierten Geweben ist die Entfernung der Appretur mit Salzsäure nicht notwendig; es genügt, die zu untersuchenden Proben nur von Fett zu befreien. — Pinagel (Elsäss. Textilblatt **1910**, 90; Chem.-Ztg. **34**, Rep. 455; 1910) hält diese Methode für unbrauchbar, weil die Kjeldahl-Methode nur die Bestimmung von hierfür viel zu kleinen Mengen zuläßt, die kein wirkliches Durchschnittsmuster repräsentieren können. Die Methode des Auflösens der Wolle in Natronlauge entspricht nach seiner Ansicht dem Zweck am besten. Die vorausgehende Entschlichtung des Materials wird vorteilhaft mittels Diastafor bewirkt. Zur Untersuchung sollte ein Durchschnittsmuster von ca. 100 g gelangen. Dabei ist allerdings ein Konditionierapparat („Trockengehaltsprüfer“ S. 638) nötig. Dieser ist aber überhaupt in einem Laboratorium, das textilchemische Gutachten liefert, unentbehrlich.

Nach Waentig (Textile Forschung **2**, 49; 1920) ist der Stickstoffgehalt der Wolle und der handelsüblichen Wollfabrikate ziemlich konstant, aber erheblich höher als der von Ruszkowski und Schmidt angegebene, was übrigens auch mit den Angaben über den Stickstoffgehalt des reinen Keratins übereinstimmt, der über 16% beträgt.

2. Quantitative Trennung von Seide, Wolle und Baumwolle. Hierfür gab Rémont (aus Journ. Pharm. Chim. durch Chem.-

[1]) Nach Schindler (Chem.-Ztg. **32**, 314; 1908) enthält auch die Baumwolle Stickstoff, und zwar durchschnittlich 0,25%. Der Stickstoffgehalt wird aber bei der Verarbeitung der Baumwolle sehr stark reduziert, so daß er bei der vorgeschlagenen Methode ohne Einfluß ist.

Ztg. 5, 972; 1881) ein Verfahren an, das überhaupt zur quantitativen Bestimmung der vier wichtigsten Gespinstfasern dienen kann, jedoch für stark beschwerte, schwarzseidene Stoffe sich nicht verwenden läßt. — Man nimmt 4 Proben zu je 2 g und untersucht davon zunächst drei Teile, den vierten legt man zurück.

Bestimmung der Appretur und Farbe. Man taucht die Proben in ungefähr 200 ccm einer 3proz. Salzsäure und kocht 15 Minuten. Wenn die Flüssigkeit dann sehr gefärbt ist, dekantiert man und kocht nochmals 15 Minuten mit verdünnter Salzsäure, dann wäscht man mit Wasser aus und trocknet, indem man zur Beschleunigung in Wasser ausdrückt. Die Baumwolle entfärbt sich schnell, weniger leicht Wolle, sehr unvollständig Seide. Helle Teerfarben kann man bei Seide vernachlässigen, da das Gewicht geringfügig ist, anders bei dunklen, besonders schwarzen Farben. Anilinschwarz wird für Seide weniger verwendet, dagegen Eisenschwarz (Schwerschwarz-Eisennitratsulfat), womit die Faser bis zu zwei Drittel ihres Gewichtes versetzt werden kann. Dieses Eisenschwarz kann noch vollständig entfernt werden, wenn es nicht ein Viertel vom Gewichte des Fadens übersteigt, aber darüber hinaus ist die Entfärbung nur eine teilweise, wovon man sich durch Verbrennung einer ausgewaschenen Probe überzeugen kann.

Trennung der Seide. Einer der ausgekochten Teile wird beiseite gestellt und die beiden anderen in eine kochende Lösung basischen Zinkchlorids vom spez. Gewicht 1,600 getaucht. Man stellt dieses Reagens dar, indem man ein Gemenge von 1000 Teilen geschmolzenem Zinkchlorid, 850 Teilen destilliertem Wasser und 40 Teilen Zinkoxyd bis zur Lösung erhitzt. Die beiden Gewebeproben werden ausgewaschen, bis Schwefelammonium im Waschwasser keinen Niederschlag mehr gibt. Man beschleunigt dies, indem man das Gewebe in einem Stückchen Leinwand ausdrückt.

Trennung der Wolle. Einer der beiden von Seide befreiten Teile wird beiseite gesetzt, der andere in 60 bis 80 ccm Natronlauge (1,5%) getaucht; man bringt es nun zum schwachen Kochen und unterhält dieses 15 Minuten und wäscht aus wie vordem unter achtsamer Vermeidung von Substanzverlusten.

Trockenen und Wägen. Die vier Proben werden eine Stunde bei 100° getrocknet, bis zum nächsten Tage der Zimmerluft ausgesetzt und gewogen. Der bisher keiner weiteren Behandlung ausgesetzte Teil soll nun 2 g wiegen, die Differenz zwischen diesem und dem nur mit Säure behandelten Stücke gibt die Appretur und Farbe. Wird vom Gewichte dieses zweiten Stückes dasjenige des mit Zinkchlorid behandelten dritten abgezogen, so ergibt sich die Seidenmenge; das vierte besteht aus Pflanzenfaser, wozu indes noch 5% hinzuzurechnen sind, die beim Kochen der Faser mit der Natronlauge zerstört wurden.

Nun werden die Einzelgewichte durch Multiplikation mit 50 auf Prozente berechnet, und die Differenz ihrer Summe mit der Gesamtmenge 100 ergibt die Wolle.

Die besten Dienste leistet die Vereinigung der v. Kapffschen und Heermannschen Verfahren[1]). Zunächst sind alle Nichtfaserstoffe (Appret, Fett, Beschwerung, Farbstoff usw.) nach Möglichkeit zu entfernen und der reine Gesamtfasergehalt zu bestimmen. In einem abgewogenen Teil dieses Reinfasergemisches wird durch Abkochen mit 2proz. Natronlauge der Gehalt an Baumwolle bzw. Gesamtpflanzenfasern ermittelt. Ein zweiter, neu abgewogener Teil wird mit 80proz. Schwefelsäure behandelt; es bleiben ungelöst: Schafwolle und andere tierische Wollen und Haare. Der Seidengehalt wird aus der Differenz berechnet.

3. Über die Bestimmung von Wolle-Stapelfasergemischen berichten Krais und Biltz (Textile Forschung 2, 24; 1920). Etwa 0,2 bis 0,5 g der Probe werden in einer Porzellanschale mit Kupferoxydammoniak etwa $^1/_2$ Stunde unter Bedeckung mit einem Uhrglas stehen gelassen und von Zeit zu Zeit mit einem Porzellanpistill durchgeknetet. Hierauf wird die Flüssigkeit abgegossen und die Probe nochmals mit frischer Kupferlösung in der gleichen Weise behandelt. Hierauf wird mit konz. Ammoniak, sodann mit 10proz. Ammoniak und schließlich 3mal mit Wasser nachgewaschen. Um das in die Wolle gedrungene Kupfersalz zu entfernen, wird die Probe dann etwa 1 Stunde unter mehrmaligem Umherbewegen in 10 proz. Salzsäure liegen gelassen, mit 10proz. Salzsäure nachgespült, hierauf zuerst mit kaltem, dann mit warmem Wasser bis zur Neutralität des abgegossenen Wassers gegen Lackmus ausgewaschen, zwischen Filtrierpapier abgetrocknet und dann bei 110° bis zur Gewichtskonstanz getrocknet.

D. Untersuchung von beschwerter Seide[2]).

Seit das sog. Zinn-Phosphat-Silikat-Verfahren in großem Maßstabe praktiziert wird, hat die Untersuchung nach Art und Menge der Beschwerung eine erhöhte Bedeutung erlangt. Als Beschwerungsmittel kommen in Betracht (vgl. Steiger und Grünberg, Qualitativer und quantitativer Nachweis der Seidenchargen. Zürich 1897):

Für Couleur: Zinn, Phosphorsäure, Kieselsäure, Tonerde, Zink, Blei, Antimon, Gerbsäure, Leim, Wolframsäure, Zucker, Stärke, Dextrin, Glykose, Glycerin, Gummi, Öl und Wasser. (Öl, Dextrin, Glycerin usw. sind nicht eigentliche Beschwerungsmittel; sie dienen in der Reserve zur Beeinflussung des Griffes usw.)

Für Schwarz: Zinn, Phosphorsäure, Kieselsäure, Eisenoxyd, Chromoxyd, Ferrocyanwasserstoffsäure, Blei, Tonerde, Zink, Wolframsäure, Zucker, Glykose, Glycerin, Öl, Gummi, Gerbstoffe, Wasser usw.

Qualitative Prüfung. Zur qualitativen Untersuchung beschreiben Steiger und Grünberg in der oben zitierten Broschüre einen ausführlichen Arbeitsgang[3]).

---

[1]) Herrmann, Färberei- und textilchemische Untersuchungen. Berlin, 4. Aufl. **1923**, 27.

[2]) Entnommen aus der 6. Aufl. dieses Werkes und verfaßt von R. Gnehm.

[3]) Siehe auch: Heermann, Färberei- und textilchemische Untersuchungen, Berlin, 4. Aufl., **1923**, 307.

Öle und Fettsäuren. Die Fettsäuren stammen in der Regel von zersetzter Seife oder zersetztem Öl, sie können aber auch aus der Appretur herrühren; unverseiftes Öl kommt meistens von der Avivage. Zu deren Ermittlung wird mit Äther oder Petroleumäther extrahiert; nach dem Verdampfen des Lösungsmittels verbleiben sie im Rückstand. Die Methode eignet sich auch zur quantitativen Bestimmung.

Zucker, Dextrin, Glycerin, Gummi, evtl. auch Blei, Leim und Stärke werden von kaltem Wasser abgezogen und in dem Auszug durch die üblichen Reaktionen nachgewiesen. (Zucker nach erfolgter Inversion mit Fehlingscher Lösung; Dextrin und Stärke mit Jodlösung; Glycerin durch die Acroleïnreaktion, Blei mit Schwefelwasserstoff usw.)

Leim und Gerbsäure, sofern sie nicht an Eisen, Zinn, Berlinerblau usw. gebunden sind, ebenso Blei und Wolframsäure, werden durch Wasser von 50 bis 60° C. abgelöst. Eisenchlorid erzeugt in einer Gerbstofflösung eine dunkelgrüne Färbung bzw. einen dunkelgrünen Niederschlag. Leim in reiner Lösung wird von einer verdünnten Gerbsäurelösung gefällt. Sind jedoch Farbstoffe und andere Substanzen vorhanden, die durch Tannin gefällt werden, so ist die Reaktion nicht beweisend; es müßte vor deren Ausführung der Farbstoff entfernt werden.

Nach Steiger und Grünberg schließt die Anwesenheit von Gerbsäure Wolframsäure und Blei, nicht aber Leim aus.

Vollständiger entfernt werden Gerbstoff, Leim, Ferrocyanwasserstoff, sowie kleine Mengen von Antimon, Zinn und Wolframsäure durch Behandlung mit einer 2proz. Sodalösung bei 30 bis 40° C. Durch Ansäuern und Zusatz eines Eisenoxydsalzes wird wieder Berlinerblau gefällt.

Verdünnte Salzsäure (5proz.) löst bei 50 bis 60° C. Zinn, Tonerde, Eisen (das nicht als Berlinerblau fixiert ist), Gerbsäure und Phosphorsäure teilweise ab. In der Lösung können Eisenoxydulsalze mit rotem, Eisenoxydsalze mit gelbem Blutlaugensalz nachgewiesen werden.

Die so behandelte Seide kann auch Katechu (braun gefärbt), Zinn, Tonerde, Phosphorsäure und Kieselsäure enthalten. Die vier letztgenannten Bestandteile werden in der Asche einer verbrannten Probe nachgewiesen.

Gianoli und Zappa (Chem.-Ztg. **24**, 620; 1900) benutzen zum Zersetzen des Berlinerblaus Quecksilberoxyd und zum Abziehen von anderen Bestandteilen Kaliumbioxalatlösung (5proz., bei 50 bis 60° C.), Sodalösung (2proz., bei 60° C), sodann abwechslungsweise Bäder von 3proz. Natriumsulfid- und 2proz. Salzsäurelösung (s. auch Heermann, Färberztg. **1909**, 75.)

Quantitative Untersuchung[1]). Zur quantitativen Schätzung

[1]) Siehe auch Gnehm und Dürsteler, Beitrag zur Untersuchung beschwerter Seide (Färber-Ztg. **1906**, 233, 249, 269, 286, 299). Dürsteler, Beitrag zur Untersuchung beschwerter Seide (Inaug.-Diss. Zürich 1905). Ristenpart, Kritische Studien zur Analyse der Seidenbeschwerung (Färber-Ztg. **1907**, 273, 294; **1908**, 34, 53. Siley, Rev. gén. mat. color. **11**, 97; 1907. Gianili, ebenda **1907**, 300. Gianoli u. Colombo, Bemerkungen zur Analyse der beschwerten Seiden, Chem.-Ztg. **31**, 241; 1907; Chem. Centralbl. **1907**, I, 1602.

der Beschwerung setzt Persoz die Seide einige Augenblicke der Einwirkung von konz. Salzsäure, die mit dem 2 bis 3 fachen Volumen Wasser verdünnt ist, und dann der Luft aus und trocknet bei 120°, worauf die Seide sich leicht zu einem sehr feinen Pulver verteilen läßt, in dem man den Stickstoff bestimmt. Reine Seidenfaser enthält rund 17,5% Stickstoff[1]).

Nach Königs bestimmt man zunächst den Wassergehalt der Seide, hierauf durch Extrahieren mit Äther den Fettgehalt und entfernt durch Kochen mit Wasser den gummiartigen Überzug der Seide. Aus dem Rückstand löst man durch Alkali das Berlinerblau, fällt es durch Säuren wieder aus, filtriert und glüht den Rückstand unter wiederholtem Zusatz von Salpetersäure. 1 Teil des erhaltenen Eisenoxyds entspricht 1,5 Teilen Berlinerblau. Nun wird etwa vorhandenes Zinnoxyd bestimmt und als katechugerbsaures Salz in Rechnung gebracht.

1 Teil Zinnoxyd entspricht 3,33 Teilen katechugerbsaurem Zinnoxyd. Endlich wird das Gesamt-Eisenoxyd bestimmt. Zieht man hiervon das in Form von Berlinerblau gefundene und das in der Seide (0,4%, für Rohseide 0,7%) vorhandene Eisenoxyd ab, so verbleibt die Menge Eisenoxyd, die in Form von Salz der Katechu-, evt. Kastanienextraktgerbsäure vorhanden ist. 1 Teil Eisenoxyd entspricht 7,2 Teilen gerbsaurem Eisenoxyd. Sind Eisenoxydulverbindungen der letzteren Art vorhanden, so ist das Verhältnis wie 1 : 5,1 (statt 1 : 7,2).

Ein einfaches Verfahren, das gar keiner chemischen, sondern nur physikalischer Hilfsmittel bedarf, wendet Ristenpart (Färber-Ztg. **1907**, 297) da an, wo die Kleinheit des zu untersuchenden Musters die Benutzung einer anderen Methode ausschließt. Obschon es keinen Anspruch auf große Genauigkeit machen kann, wird es doch etwa da Dienste leisten, wo eine schätzungsweise Ermittlung der Chargenhöhe genügt. Es beruht auf der Tatsache, daß die Erschwerung des Kokonfadens in der Hauptsache mit einer Vergrößerung des Querschnittes in ganz geringem Maße mit einer Verkürzung verbunden ist. Diese Verkürzung beträgt im Maximum 5% und kann für den vorliegenden Zweck vernachlässigt werden. Da demnach der erschwerte Faden als gleichlang angesehen werden kann wie der unerschwerte Rohseidenfaden, so genügt es, von beiden das Gewicht der Längeneinheit zu ermitteln, um aus dem Verhältnis dieser beiden Gewichtszahlen direkt die Höhe der Erschwerung abzuleiten Das Gewicht eines Meters erschwerten Kokonfadens wird ermittelt in der Weise, daß man 10 m des zu untersuchenden Seidenfadens genau abmißt, auf einer Wage mit 1 mg Genauigkeit abwiegt und die gefundene Gewichtszahl durch die zehnfache Zahl der mit einem Taschenmikroskop gezählten Kokonfasern teilt. (Man zählt wenigstens 10 Fäden und nimmt den Durchschnitt.)

Die Metergewichte in Milligramm für die rohe Kokonfaser verschie dener Seidensorten, die in der Erschwerungspraxis eine Rolle spielen, betragen im Durchschnitt:

[1]) Steiger u. Grünberg nehmen den Stickstoffgehalt auf Grund zahlreicher Analysen zu 18,33% an. 1 Teil Stickstoff zeigt 5,455 Teile Fibroin an.

Mail. Organzin	0,160	Kanton Organzin	0,102
Mail. Tram	0,151	Kanton Tram	0,088
Jap. Organzin	0,151	China Organzin	0,111
Jap. Tram	0,147		

Wo über den Charakter der Rohseide keine Klarheit herrscht, kann die Methode nicht angewendet werden.

Die Stickstoffmethode, obschon etwas umständlich und zeitraubend, empfiehlt sich vor allen anderen durch ihre allgemeine Anwendungsfähigkeit. Sie beruht auf der Ermittlung des Fibroingehaltes durch Bestimmung des Stickstoffs.

Der Vorschlag, die Höhe der Beschwerung mit Hilfe einer Stickstoffbestimmung im Fibroin festzustellen, rührt von Sainte Claire-Deville her (Essai sur le Conditionnement, **1878**, 487). Moyret (Le Textile de Lyon v. **1880**, 93) und Persoz (s. oben; Monit. scient. **1887**, 597) arbeiteten Verfahren für die praktische Durchführung aus. Das Verdienst, die Methode vervollkommnet und den Interessenten zugänglich gemacht zu haben, gebührt Steiger und Grünberg. Sie bestimmen den Stickstoffgehalt, berechnen daraus das Fibroin und aus letzterem das Rohseidengewicht. Da in der Seide noch Seidenleim und stickstoffhaltige Farbstoffe vorhanden sein können, so empfehlen sie zu deren Entfernung, die zu untersuchende Probe einer Vorbehandlung zu unterziehen. Sie verfahren folgendermaßen[1]):

a) Quantitative Chargenbestimmung für Couleuren. 1—2 g der zu prüfenden Seide behandelt man 2 Stunden mit kochender Seifenlösung (25—30 g im Liter).

Dabei werden entfernt: Die Farbstoffe, das Sericin (bei Souple und Ecru). Darauf wird die Probe mit kochender Sodalösung ($1^1/_2$° Bé stark) behandelt unter Ersatz des verdampfenden Wassers, so daß das Bad immer auf gleicher Konzentration bleibt (dadurch werden die Ammonsalze der Charge entfernt).

Die Seide wird jetzt vollständig ausgewaschen, getrocknet und für die Stickstoffbestimmung verwendet. Diese wird nach der für diese Zwecke modifizierten Kjeldahlschen Methode ausgeführt. [Der Aufschließungsprozeß wird wesentlich erleichtert, wenn vorher der größte Teil der Charge durch Behandlung mit Flußsäure- und Sodalösung abgezogen worden ist. (S. Zell, Zeitschr. f. Farben- u. Textilchemie **1903**, 239; Dürsteler, Diss **1905**, 69.)]

Das reine Fibroin (soll ca. 0,5—0,8 g betragen) wird in einem Rundkölbchen von ca. 200 ccm Inhalt mit 30—40 ccm konz. Schwefelsäure übergossen, etwas entwässerter Kupfervitriol zugegeben und 4—6 Stunden erhitzt[2]). Die Aufschießung ist beendigt, wenn sich die Flüssigkeit grün färbt; das Kölbchen wird von der Flamme entfernt, kristallisiertes Permanganat zugegeben, bis die Flüssigkeit stark grün erscheint. Nach

---

[1]) Ausführliches in deren Broschüre loc. cit. Vgl. auch: Silbermann, Quantitative Bestimmung der Beschwerungsmittel in Seide, Chem.-Ztg. **20**, **472**; 1898.

[2]) Nach Dürsteler (Dissert. Zürich **1905**, 16) ist die übliche Methode (Anwendung von Schwefelphosphorsäure unter Zusatz von etwas Quecksilber) vorteilhafter.

dem Erkalten verdünnt man vorsichtig mit Wasser, läßt wieder erkalten, gießt den Inhalt in ein kupfernes Destillationsgefäß, spült mit Wasser nach, übersättigt mit konzentrierter Natronlauge, destilliert das Ammoniak in vorgelegte Säure über und titriert die überschüssige Säure zurück.

1 Teil Stickstoff zeigt 5,455 Teile Fibroin an (bei Annahme von 18,33% Stickstoff im Fibrion).

Die Charge in Prozenten (p) beträgt dann:

$$p = \frac{f - r}{r} \cdot 100$$

wobei f das Gewicht der gefärbten Seide und r das Rohgewicht der Seide bedeutet.

Hierbei ist zu beachten, daß die Höhe einer Charge in Prozenten, bezogen auf das konditionierte Rohseidengewicht, angegeben wird. Das Rohseidengewicht (r) besteht aus dem Fibroin, Sericin und 11% Wasser, letzteres auf das Gesamtgewicht des Fibroins und Sericins berechnet.

Man bezeichnet also eine Seide z. B. als 40% über pari chargiert, wenn in der Färberei aus 100 g Rohseide 140 g gefärbter Seide hergestellt werden.

Die Resultate werden nur genau, wenn der Degummierungsverlust der betreffenden Seide bekannt ist. Dieser kann beträchtlich wechseln. Die Mittel, wie sie in den Konditionieranstalten von Paris und Zürich festgestellt worden sind, betragen:

Italienische Seide	21,5%	24%
Japan-Seide	20,0%	—
China-Seide	24,0%	25%
Kanton-Seide	24,0	—
Chappe	4%	

Für Japanseide wird man somit jeweils einen Degummierungsverlust von 20%, für gelbe italienische Seide einen solchen von 24% voraussetzen.

Ist die Provenienz einer Seide nicht festzustellen, so wird man einen Degummierungsverlust von 22,5% annehmen. Der Fehler, der hierbei entstehen kann, ist für die Praxis in der Regel ohne Bedeutung.

Sisley, (Rev. gén. mat. col. **11**, 97; 1907; Chem.-Ztg. 31, Rep, 257; 1907) verfährt wie folgt: Ein Muster von 1—2 g wird: 1) 10 Minuten in 25proz. Essigsäure gekocht (um die eventuell vorhandenen Formaldehydverbindung des Seidenbastes, die jetzt häufiger vorkommt, zu zerstören), dann in reinem Wasser gespült; 2) in 3proz. Lösung von Natriumphosphat bei 50° C 10 Minuten behandelt (greift das Fibroin weniger an als Ätzalkalien), dann gespült (nur für schwache Seiden erforderlich); 3) in kochendem Bade 20 Minuten mit 3% Seife und 0,2% Soda abgezogen, diese Operation wiederholt, dann in reinem Wasser gespült und getrocknet. Bei angegriffenen Seiden führt man die Behandlung zur Vermeidung von Verlusten in einem kleinen Battistsäckchen aus und ebenso die Kjeldahl-Bestimmung. Diese wird am besten in folgender Weise vorgenommen: Die abgezogene Seide wird mit 20 ccm

Schwefelsäure, 10 g Kaliumsulfat und 0,5 g entwässertem Kupfersulfat langsam erwärmt, bis das Schäumen aufhört, und dann bei geneigter Stellung des Kölbchens zum Kochen erhitzt. Nach 20—30 Minuten ist die Verbrennung schon vollständig, und man kann dann in beliebiger Weise das Ammoniak abdestillieren. Hat man keine Daten über den Abkochverlust und die Konditionierung der Seide vor der Beschwerung, so berechnet man den Abkochverlust mit 25% und nimmt 16,36 als Stickstoffzahl der abgezogenen Seide ohne Beschwerung an.

b) Quantitative Chargenbestimmung für Schwarz[1]). Zirka 1 g der getrockneten Seide wird folgender Behandlung unterworfen:

1. Erwärmen mit 100 ccm 1proz. Salzsäure auf 60° C; die mehr oder weniger rot gefärbte Lösung wird filtriert. Diese Behandlung wird so oft wiederholt, bis die letzte saure Flüssigkeit nur noch ganz wenig rot gefärbt ist. Zwei- oder dreimaliges Digerieren genügt in der Regel, manchmal muß die Operation 4—5mal vorgenommen werden[2]).

2. Die Seide wird jetzt gut gewaschen und während einer Stunde mit 100 ccm einer 2proz. Sodalösung bei 80° C digeriert. Auch diese Behandlung ist so lange zu wiederholen, bis eine Probe der Flüssigkeit mit Eisenchlorid keine Berlinerblau-Reaktion mehr zeigt. Meist genügt ein zweites Sodabad.

3. Zuletzt kocht man die Seide 1½ Stunden in 100 ccm Seifenlösung (25 g Seife im Liter), wäscht gut aus, trocknet und bestimmt den Stickstoff, wie oben unter a) angegeben.

Die verschiedenen Bäder sollen nicht in größerer Zahl als unbedingt notwendig gegeben werden, weil jede Filtration usw. unvermeidlichen Substanzverlust bringt, der das Endresultat stark beeinflußt. Da die Endreaktionen nicht immer leicht zu erkennen sind, ist demjenigen, der solche Analysen nicht häufig auszuführen in der Lage ist, die gleichzeitige Vornahme mehrerer Versuche zu empfehlen.

Diese Methode läßt sich auch anwenden für Seide, bei deren Beschwerung Phenylhydrazin zur Anwendung gelangt ist (Dürsteler l. c.).

Abziehmethoden.

a) Flußsäuremethode. Ein neues Verfahren zur Bestimmung der Chargen in Zinnphosphatsilicatbeschwerter Seide beruht auf deren Behandlung mit Fluorwasserstoffsäure. Die Beobachtung, daß diese die mineralischen Bestandteile von der Faser abzulösen vermöge, ist ohne Zweifel ganz unabhängig an verschiedenen Orten beinahe gleichzeitig gemacht worden (von Müller und Zell, Zeitschrift f. Farben- und Textilchemie **1903**, 209, von Meister, Zeitschrift f. Farben- und Textilchemie **1903**, 160 u. a.). Dieses Verhalten kann in folgender Art zur quantitativen Analyse benützt werden:

[1]) Siehe Gnehm u. Blumer, Méthode pour le dosage de la charge des soies noires. Rev. Mat. Col. **1898**, 133.

[2]) Steiger (Chem.-Ztg. **31**, 329; 1909; Chem. Centralbl. **1907**, I, 1602) erhält durch Verwendung einer 0,20—0,25proz. Salzsäure an Stelle der 1proz. gute Resultate bei allen Beschwerungsmitteln.

Nach Zell (Zeitschr. f. Farben- u. Textilchemie **1903**, S. 239) behandelt man ca. 1—2 g der zu untersuchenden Seide nacheinander mit:

1. Wasser von 80—100° C 5 Minuten lang;

2. 1,5 proz. Flußsäure bei 50—60° C während 15—20 Minuten in einem Kupfergefäß. Hierauf windet oder preßt man (zwischen Filtrierpapier) die Seide möglichst gut aus, um dann

3. eine $^1/_4$stündige Behandlung mit 5 proz. Salzsäure bei 50—60° folgen zu lassen. Man spült nun mit heißem Wasser und geht alsdann

4. während einer Stunde auf kochende 2,5—3 proz. Seifenlösung, um etwa vorhandenes Sericin, das von Souple oder Écru herrühren könnte, zu entfernen. Dann beseitigt man die Seife durch eine viertelstündige Behandlung der Probe mit heißer Sodalösung von 1° Bé, spült mit heißem destilliertem Wasser aus, trocknet und wiegt. Die Seide stellt nun reines Fibroin dar.

Zell benützt diese Methode auch um festzustellen, ob eine vorliegende Seidenprobe écru, mi-cuit oder cuit darstellt, bzw. um das Mengenverhältnis des Sericins zur Rohseide oder zum Fibroin zu bestimmen. Zu diesem Zwecke wird nach der Salzsäurebehandlung die Seide gut in destilliertem Wasser gespült, bei 105° getrocknet und das Gewicht bestimmt. Hierauf wird die Seide wie sonst mit Seife und Soda behandelt, wiederum gut gespült, getrocknet und abermals das Gewicht bestimmt. Die Differenz entspricht dem Gewicht des Sericins.

Zum Beispiel:

2,3804 g erschwerte China Trame wurden mit Flußsäure und Salzsäure behandelt, gewaschen, getrocknet und gewogen = 1,1686 g. Nach der weiteren Behandlung mit Seife, Soda und Wasser und dem Trocknen = 0,9684 g (= Fibroin).

Mithin ist die Differenz = 0,2002 g = Sericin = 17,13 % Sericin. In diesem Sinne stellt die Flußsäure auch ein wertvolles diagnostisches Mittel dar.

Nach Gnehm (Zeitschr. f. Farben- u. Textilchemie **1903**, S. 210): 1—2 g der zu untersuchenden Seide, deren Feuchtigkeitsgehalt bekannt ist, werden in einer Platinschale mit 100 ccm einer zweiprozentigen wässerigen Flußsäurelösung übergossen und nach mehrfachem Umziehen eine Stunde bei gewöhnlicher Temperatur liegen gelassen. Darauf wird die Lösung abgegossen und durch 100 ccm frische Säure von derselben Konzentration ersetzt, die unter den gleichen Bedingungen eine Stunde mit der Seide in Berührung bleibt. Jetzt wird die Säure abgegossen, die Seide siebenmal mit ca. 150 ccm destilliertem Wasser gründlich gewaschen (Dauer ca. $^1/_4$—$^1/_2$ Stunde) und in einem tarierten, gut verschließbaren Wägeglas im Trockenschrank bei 95—105° bis zur Gewichtskonstanz getrocknet. Die Differenz zwischen dem Gewicht der angewandten (trockenen) Seide und dem zuletzt gefundenen Gewicht entspricht der in der untersuchten Probe vorhanden gewesenen Chargemenge.

Durch einfache Rechnung ergibt sich der „Prozentgehalt über Pari“.

Beispiel:

Angewandt: 1,0302 g Seide (mit 22% Degummierungsverlust) werden nach vollständigem Benetzen durch kaltes destilliertes Wasser in einer Platinschale mit 100 ccm einer zweiprozentigen Fluorwasserstofflösung übergossen und öfters umgezogen. Nach einer Stunde wird die Lösung sorgfältig abgegossen und durch 100 ccm frische Säure ersetzt. Nach einer Stunde wird wieder abgegossen und nunmehr siebenmal mit je 150 ccm kaltem destillierten Wasser gewaschen, dann zwischen Filtrierpapier ausgepreßt, im Trockenschrank bei 100 bis 105° getrocknet und in einem Wägeglas nachher gewogen. Ergebnis: 0,4176 g.

1,0302 g Seide, deren Wassergehalt zu 10% bestimmt wurde, entsprechen:

Nach der Extraktion gefunden:	0,9272 g	trockene Seide
	0,4176 g	(trocken gewogen)
Differenz (Charge):	0,5096 g.	

Die Beschwerung über Pari berechnet sich bei einem Degummierungsverlust von 22% nach folgender Proportion:

$$0{,}4176 : 0{,}5096 = 78 : x$$

$$\text{Daraus: } x = 95{,}19.$$

Die trockene Seide besteht somit aus:

	78,0 Teilen	Seidensubstanz = 100 Teilen Rohseide (trocken)
	95,19 ,,	Charge
zusammen	173,19 Teilen.	

Somit ist die Seide	73,19 %	über Pari chargiert.
Angabe des Färbers:	75 %	,, ,, ,,
Durch Stickstoffbestimmung gefunden	73,3 %.	

Nach Ristenpart (Kritische Studien zur Analyse der Seidenerschwerung, Färber-Ztg. **1907**, 297; Chem. Zentralbl. **1907**, II, 1761): Zum Abziehen von Couleurseide wird die gewogene und genetzte Probe 1 Stunde lang in einem Kupferbecher in 10proz. Flußsäure eingelegt unter zeitweiligem Umrühren mit einem Kupferstab; alsdann wird etwa 10mal mit dem gleichen Quantum destillierten Wassers gewaschen, 5 Minuten lang mit kalter Kalilauge von 7° Bé behandelt, 5mal mit destilliertem Wasser gewaschen, mit Essigsäure schwach abgesäuert, weitere 5mal gewaschen, bei gewöhnlicher Temperatur getrocknet, am besten über Nacht, und wieder gewogen.

Nach Meister (Zeitschr. f. Farben- und Textilchemie **1903**, 209) kann gleichzeitig und schnell und mit genügender Sicherheit die Kieselsäure bestimmt werden, wenn man die vom Abziehen erhaltene Flußsäurelösung mit Chlorkalium eindampft. Das entstandene, mit Weingeist gut ausgewaschene Kieselfluorkalium, K_2SiF_6, wird gewogen oder nach Stolba mit Normalalkali titriert. Im Filtrat sind die anderen Elemente der Charge: Zinn, Phosphorsäure, Aluminium, Zink usw. zu suchen und zu bestimmen.

Nach Heermann und Frederking (Chem.-Ztg. **39**, 149; **1915**) arbeitet man zweckmäßig wie folgt: 3 g bei 65% Luftfeuchtigkeit ausgelegte Seide wird in einer Platinschale mit 100 ccm 2proz. Flußsäure versetzt und auf dem Wasserbade unter häufigem Umrühren erwärmt. Nach 15 Minuten wird nochmals kurze Zeit mit kalter 2proz. Flußsäure behandelt, gut gespült und durch ein feines Kupferdrahtgewebe filtriert. Nach Trocknung bei 115 bis 120° wird gewogen (wasserfreies Fibroin). Vorsichtshalber kann die Seide noch verascht und bei größerem Aschengehalt dieser mit 1,28 multipliziert und von dem Gewicht der getrockneten entschwerten Seide in Abzug gebracht werden.

b) Abziehen mit Salzsäure. Zur Ermittlung der Beschwerung monopolschwarzer Seide (Zinn-Katechuschwarz mit Ausschluß von Eisen) kann man nach Ristenpart (Färber-Ztg. **1907**, 295; Chem. Zentralbl. **1907**, II, 1761) wie folgt verfahren: Man legt 1 g des Musters unter öfterem Umrühren 1 Stunde in 10proz. Salzsäure ein, wäscht gut mit destilliertem Wasser aus, läßt 5 Minuten in $^1/_1$ n-KOH liegen, wäscht wieder gut, trocknet und wägt. Enthält die Charge vom Rohpinken oder vom langen Liegen der Ware her Metazinnsäure, die dem Auflösungsprozeß widersteht (Färber-Ztg. **1908**, 34, 53), so wiederholt man für eine genaue Ermittlung beide Operationen; auch kann man sich durch N-Bestimmung im Rückstande oder durch Veraschung von der vollständigen Entfernung der mineralischen Erschwerung überzeugen.

Heermann (Färber-Ztg. **1909**, 75; Chem. Zentralbl. **1909**, I, 1204) empfiehlt im besonderen für die Untersuchung von mürbem Material (zum Zwecke der Schonung der Faser) den Ersatz des Ätzkalis durch Glycerin-Kalihydrat (aus gleichen Volumina 28grädigem Glycerin und N.-Kalilauge), Arbeiten bei höherer Temperatur (ca. 80° C) und Belassen der Probe während 5 bis 10 Minuten im erkaltenden Bade. Ristenpart hält diese Abänderung nicht für zweckmäßig (Färber-Ztg. **1909**, 126; Chem. Zentralbl. **1909**, I, 1732).

c) Oxalsäuremethode. Bereits Persoz (Monit. scient. **1887**, 597) hat die Oxalsäure zum Ablösen der Charge von Seide empfohlen. Für die damaligen Erzeugnisse — das Zinnchlorid wurde auf der Faser mit Soda fixiert — genügte meist ein anhaltendes Kochen mit primärem Kaliumoxalat oder abwechselnde Behandlung mit kochendem, mit Salzsäure und Oxalsäure angesäuertem Wasser einerseits und verdünnter Sodalösung andererseits zur Entschwerung.

Für Zinn-Phosphat-Silicat-Charge geben Gnehm und Dürsteler (Färber-Ztg. **1906**, 287; Dürsteler, Dissert. **1905**, 53[1])) folgenden Arbeitsgang:

Die Seidenprobe (ca. 1 g) wird mit einer Lösung von 3—6 g Oxalsäure in 100 ccm Wasser übergossen und eine halbe Stunde bei 60 bis 70° darin belassen. Die Lösung wird abgegossen und durch 100 ccm frische 1 bis 2proz. Säure ersetzt, die man ca. $^1/_4$ Stunde bei 60 bis

[1]) Siehe auch Müller (Zeitschr. f. Farben- u. Textil-Chemie **1903**, 161).

70° einwirken läßt und darauf abgießt. Die Seide wird ausgepreßt und 3mal mit je 100 ccm heißem destillierten Wasser gewaschen. Die Menge der Oxalsäure richtet sich nach dem Gewicht und dem Beschwerungsgrad der Seide. Kennt man den letzteren nicht, so verwendet man bei 1 g Seide für das erste Abziehbad 5 g, für das zweite 2 g Oxalsäure an. Zum Schlusse wird die Seide zweimal je 20 Minuten mit 100 ccm 2proz. Sodalösung bei 60 bis 70° behandelt, sodann gründlich gewaschen und getrocknet.

d) Schwefelwasserstoff-Alkalisulfidmethode. Persoz (Monit. scient. **1887**, 597) wandte Alkalisulfide an, um auf der Faser niedergeschlagene Zinnsäure in Lösung zu bringen.

Nach Gnehm und Dürsteler (Färber-Ztg. **1906**, 269; Dürsteler, Diss. **1905**, 46) kann Zinn-Phosphat-Silciat-Charge wie folgt quantitativ bestimmt werden.

1. Etwa 1 g der zu untersuchenden Seide wird in einem Erlenmeyerkolben mit 100 ccm heißem destillierten Wasser und 1 ccm 10proz. Salzsäure versetzt und unter Erwärmen auf 70 bis 80° während $^1/_2$ Stunde Schwefelwasserstoff in die Flüssigkeit eingeleitet, die letztere dann abgegossen, die Seide ausgepreßt und nochmals der gleichen Behandlung unterworfen.

2. Nach dreimaligem Waschen mit kaltem destillierten Wasser wird die Seide während 5 Minuten mit 100 ccm ca. 4proz. Natriumsulfhydratlösung bei 40 bis 50° behandelt. Dann gießt man die Lösung ab, preßt die Seide aus und extrahiert nun

3. während $^1/_4$ Stunde mit 2proz. Sodalösung bei 60 bis 70°.

4. Zum Schlusse wird die Seide fünfmal je $^1/_4$ bis $^1/_2$ Stunde mit heißem destillierten Wasser gewaschen, darauf getrocknet und gewogen.

Enthält die Charge noch Tonerde, so muß die ganze Behandlung noch einmal wiederholt werden. Bei der ersten Extraktion werden in einem solchen Falle nur ca. $^3/_4$ der Charge abgezogen.

Die einzelnen anorganischen Bestandteile der Charge werden durch Verbrennung einer gewogenen Seidenprobe und Untersuchung der Asche nach den Methoden der quantitativen Analyse ermittelt. (Über quantitative Bestimmungen der Chargenbestandteile von Zinn-Phosphat-Silicat-chargierter Seide s. Gnehm und Bänziger, Färber-Ztg. **1897**, 1.)

In manchen Fällen läßt sich niedere oder höhere Beschwerung durch das Mikroskop erkennen:

Bei schwächerer Beschwerung ersieht man, daß die Farbe von der Faser aufgenommen ist; bei stärkerer Beschwerung ist die Faser vollständig von der Beschwerungsmasse umhüllt, und die Rinde erscheint fast dicker als der Faden.

e) Bestimmung des Décreusage der Seide[1]). Die Rohseide wird vielfach in betrügerischer Absicht durch Zusätze von Seife, Öl, Fetten, Vaselin, Glycerin, Gummi, Gelatine, Mineralsalzen wie: Borax, Phosphate, Silicate u. a. m. beschwert. Um solche Fälschungen entsprechend berücksichtigen zu können, ist die Bestimmung des Fibroingehaltes

---

[1]) Vgl. Meister, Über die Bestimmung des Décreusage der Seide, Zürich 1898.

vorzunehmen. Letzteres empfiehlt sich auch bei normaler Rohseide, einmal, um den Degummierungsverlust der Ware kennen zu lernen, sodann, um die Beschaffenheit der Seide besser beurteilen zu können[1]). Entschälte Seide gestattet eine viel sichere Beurteilung als solche in der Bastverkleidung. Die Untersuchung lehnt sich am besten an die Behandlung an, die die Seide in der Färberei durchzumachen hat, d. h. ein genau gewogenes Durchschnittsmuster wird in Seifenlösung gekocht. Dabei werden Seidenleim und allfällige Zusätze (wie die oben genannten) entfernt. In der Seidentrocknungsanstalt in Zürich wird z. B. folgendermaßen verfahren. Die Abkochung geschieht in einem 40 l Seewasser (bzw. destilliertes Wasser) enthaltenden Kessel unter Zusatz von 625 g feinster Olivenölseife (sog. Marseiller Seife); es sollen nicht mehr als $2^1/_2$ kg Seide auf einmal abgekocht werden. Die Lösung muß beständig in mäßigem Kochen erhalten werden. Nachdem die Seide, vollständig vom Seifenwasser bedeckt, 25 Minuten gekocht hat, wird sie herausgenommen und gerungen, sodann zum zweitenmal in eine gleiche, aber neu zubereitete Seifenlösung gebracht und darin nochmals 25 Minuten lang gekocht. Die Seide wird jetzt in reinem Wasser so lange abgespült, bis dieses ganz klar bleibt. Hierauf wird die Seide ausgerungen und getrocknet. Als Décreusage wird diejenige Menge Seidengummi (oder andere der Seide fremde Bestandteile) bezeichnet, die 100 Teile vollständig trockener Seide verlieren, wenn sie nach obiger Vorschrift mit kochender Seife behandelt werden.

E. Die Prüfung der Kunstwolle.

Man versteht darunter ein Erzeugnis, das aus alten und ungebrauchten Wollabfällen oder aus gebrauchten wollenen Geweben hergestellt wird. Mit diesen werden meistens auch gebrauchte Seiden-, Leinen- und Baumwollfasern verarbeitet.

Zahlen

Lichtbrechungsvermögen einiger von Fette

Faserstoff	Lichtbrechungsexponent, bezogen auf die Na-Linie ($t = 18°$)			Spezifische Doppelbrechung	Rot I erscheint bei einer Faserdicke in μ (berechnet)
	$n \perp$	$n \parallel$	Mittel		
Schweinsborsten, deutsche Landrasse	1,556	1,547	1,552	+ 0,009	61
Roßhaar, chinesisches	1,557	1,548	1,553	+ 0,009	61
Schafwolle: Kapwolle	1,554	1,546	1,550	+ 0,008	69
Schafwolle: Ostpreußische Merinowolle	1,554	1,546	1,550	+ 0,008	69
Schafwolle: Australische Wolle	1,554	1,546	1,550	+ 0,008	69
Schafwolle: Englische Crossbredwolle	1,554	1,547	1,551	+ 0,007	79
Schafwolle: Südamerikanische Merinowolle	1,554	1,546	1,550	+ 0,008	69
Schafwolle: Ungarische Zigayawolle	1,555	1,548	1,552	+ 0,007	79
Schafwolle: Asiatische (Bochara) Wolle	1,555	1,548	1,552	+ 0,007	79
Ziegenhaar, Angora	1,552	1,544	1,549	+ 0,008	61

[1]) Siehe auch P. Heermann, Zur Reform im Rohseidehandel, Material-Prüfungsamt 1909, H. 4; Zeitschr. f. angew. Chemie **22**, 2257; 1909).

Zahlentafel III.

Lichtbrechungsexponenten verschiedener Faserstoffe, bezogen auf die Natriumlinie.

Faser		Polarisationsebene ⊥ zur Faserlängsachse	Polarisationsebene ‖ zur Faserlängsachse	Differenz in der Lichtbrechung
Echte Seide		1,595	1,538	+ 0,057
Collodium- (Nitro)- Seide	Chardonnet-Seide	1,548	1,515	+ 0,033
	Vivier-Seide	1,547	1,521	+ 0,026
	Lehner-Seide	1,549	1,515	+ 0,034
Celluloseseide (Pauly-Seide)		1,548	1,527	+ 0,021
Viskose-seide	Ältere Probe	1,548	1,523	+ 0,025
	Neuere Probe	1,548	1,524	+ 0,024
Gelatineseide		1,540	1,539	+ 0,001
Acetatseide		1,474	1,479	− 0,005
Ind. Baumwolle		1,580	1,533	+ 0,047
Flachsfaser, gebl.		1,595	1,528	+ 0,067

Die wesentlichen Sorten sind:

1. Shoddy. Wird aus langhaarigem Material, den Abfällen von ungewalkten Stoffen, alten Strümpfe u. dgl. versponnen.

2. Mungo. Ist kurzfaseriger und daher geringwertiger als Shoddy und wird aus gewalkten Stoffen, also Tuchabfällen hergestellt. In der Regel muß für den Spinnprozeß langfaseriges Material (Wolle oder Baumwolle) beigemischt werden.

3. Extrakt oder Alpaka ist Kunstwolle, die durch Carbonisation aus halbwollenen Lumpen gewonnen wird.

Die Kunstwolle wird durch alkalische Laugen viel rascher angegriffen, quillt daher schneller auf als das noch unverletzte neue Woll-

fel IV.

ıd Salzen völlig befreiten tierischen Fasern.

Interferenzfarben zwischen gekreuzten Nicols[1]: Grenzen	Vorherrschend	Die vorherrschende Interferenzfarbe erscheint bei einer optischen Faserdicke von μ: gemessen[2]	berechnet
Grün II — Fleischfarben III	Glänzendgrün III (1376)	144	153
„ Rot III	Meergrün III (1334)	131	148
Graublau I — Weiß I	Hellgrau I (218)	23	27
„ „	„ (158)	18	20
„ Gelb I	Grünlichweiß I (234)	26	29
„ Rot I	Weiß I (259)	32	37
Hellgrau I	Hellgrau I (158)	19	20
Graublau I — Gelb I	Weiß I (259)	35	37
„ „	Grünlichweiß I (234)	28	33
„ Indigo II	Gelb I (332)	42	42

[1]) Farbenbezeichnung nach Quincke, Pogg. Ann. **129**, 177 [1866].

[2]) Mittels Kapillarrotators und Okularmikrometers in Anethol gemessen (Mittel aus je 10 Versuchen).

haar[1]). Zur quantitativen Untersuchung von Shoddywolle kocht man mit konzentrierter Natronlauge: Seide und Wolle lösen sich, Baumwoll- und Leinenfasern bleiben ungelöst, können somit gewaschen, getrocknet und gewogen werden. Um Wolle neben Seide zu bestimmen, behandelt man mit konzentrierter Schwefelsäure. Seide löst sich ziemlich rasch, die Wolle bleibt ungelöst. Man verdünnt stark mit Wasser, filtriert durch ein Tuchfilter (dessen Fäden ziemlich große Intervalle haben), wäscht aus und wägt die Wolle.

Für eine bloß qualitative Prüfung wird eine Probe „Holzblau" gefärbt. Wolle färbt sich an, während Baumwolle und Seide fast ungefärbt bleiben. Die Fäserchen der letzteren werden herausgelesen und mikroskopisch untersucht.

Handelt es sich um eine vollständige Analyse, so müssen noch Wasser und Fett bestimmt werden. Zur Ermittlung des Wassergehaltes wird eine gewogene Durchschnittsprobe bei 100° C getrocknet.

Fettbestimmung. Die getrocknete Probe wird in einem Extraktionsapparat mit Petroleumäther behandelt; der Äther wird sorgfältig abdestilliert und das zurückbleibende Fett gewogen.

Eine quantitative Prüfung durch das Mikroskop kann ungefähr in folgender Weise ausgeführt werden. Man macht mit größtmöglicher Sorgfalt einige Präparate des zu untersuchenden Objekts und achtet namentlich darauf, daß die einzelnen Gewebsfasern möglichst parallel liegen. Man beobachtet bei 20 bis 25facher Vergrößerung und notiert, wieviel von jeder Faserart auf allen Präparaten enthalten ist. In dieser Weise erhält man das ungefähre Mischverhältnis.

Unter dem Mikroskop zeigen die meisten Shoddysorten verschiedenfarbige Wollfäden, was beweist, daß die Haare keiner gemeinschaftlichen Färbeprozedur unterworfen waren. Der Durchmesser gibt ebenfalls Anhaltspunkte zur Unterscheidung von Wolle und Kunstwolle. Das Shoddyhaar ist nie so gleichförmig gebaut, hat nie einen so konstanten Durchmesser wie die frische Wolle; es verengt sich in seinem Verlauf allmählich oder plötzlich, erweitert sich dann mit einer unförmigen Ausbuchtung, um sich wieder zu verdünnen. An manchen Stellen sind die Schuppen verloren gegangen, an anderen ist das Haar gezerrt, wodurch an diesen Stellen der Durchmesser des Wollhaares häufig unter sein gewöhnliches Maß herabsinkt. Auch die Länge der Wolle bietet einen weiteren Anhaltspunkt zur Erkennung der Shoddy. Die Enden der Fasern sind gewöhnlich stark zerfasert.

Nach Pinagel (Monatsschr. f. Textilind. 25, 125; 1910) gibt es kein zuverlässiges Mittel, um geringe Mengen von Kunstwolle auf Grund wissenschaftlicher Beobachtungen nachzuweisen.

F. Lichtbrechung der Faserstoffe.

Herzog (Unterscheidung der natürlichen und künstlichen Seide. Dresden, 1910; Chem.-Ztg. **1916**, 73/74) hat verschiedene Faserstoffe

[1]) Nach v. Höhnel (Mikroskopie der technisch verwendeten Faserstoffe) ist dieser chemische Unterschied nicht deutlich.

Fig. 1. Baumwolle in Chlorzinkjod. Vergr. 200. Die Haare sind bandartig, stellenweise gefaltet oder um die Längsachse gedreht und oberflächlich rauh.

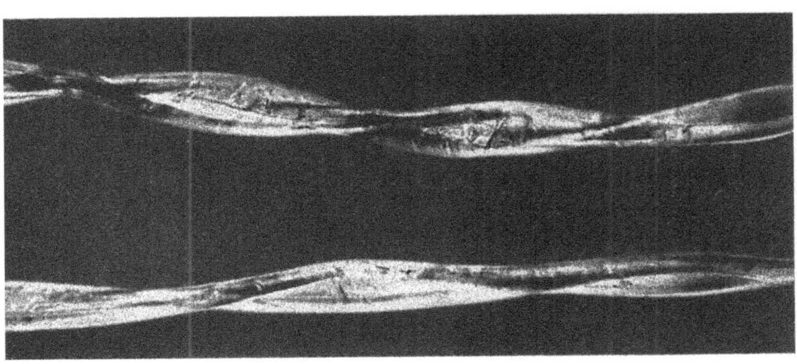

Fig. 2. Zwei Baumwollhaare zwischen gekreuzten Nicols. Vergr. 380.

Phot. A. Herzog.

Fig. 3. Tote Baumwolle in Chlorzinkjod. Vergr. 200. Abnorm dünnwandige, sehr breite Haare ohne Inhalt.

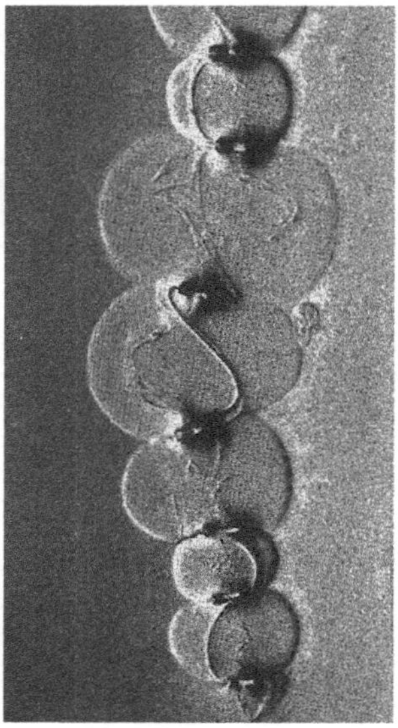

Fig. 4. Ungebleichte Baumwolle in Kupferoxydammoniak. Vergr. 100. Zwischen der zu Ringen und Fetzen zusammengeschobenen Cuticula quillt die Cellulose der Wandung in Form von Bäuchen hervor.

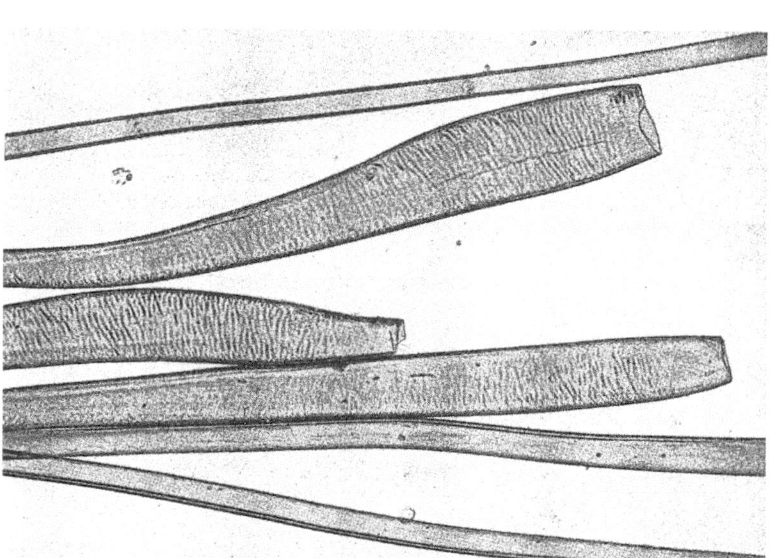

Fig. 5. Haare von Eriodendron anfractuosum D. C. (Kapok). Vergr. 150. An der Basis sind die Haare auffallend verbreitert und netzförmig verdickt.

Phot. A. Herzog.

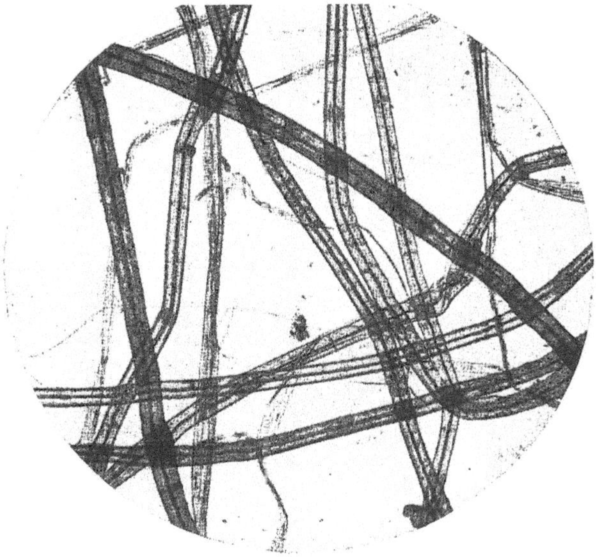

Fig. 6. Flachsfasern in Chlorzinkjod. Vergr. 120.

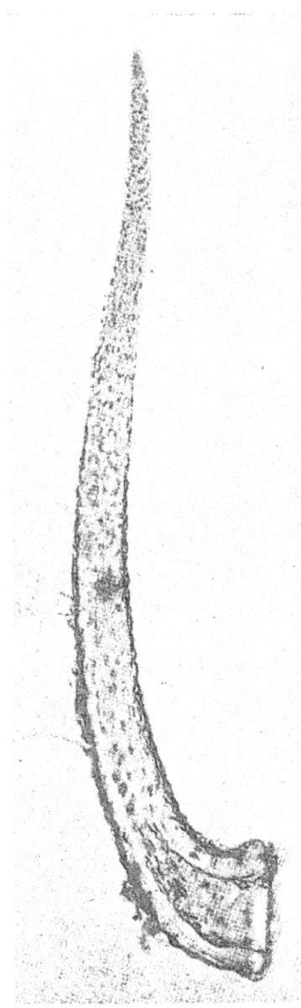

Fig. 7. Einzelnes Haar der Stengeloberhaut des Hanfes (Cannabis sativa). Vergr. 300. Besonders auffallend die feinwarzige Beschaffenheit der Oberfläche.

Fig. 8. Pflanzenhaare von Asclepias Cornuti Done (Syrische Pflanzenseide). Vergr. 80. Die Wandung zeigt zahlreiche Verdickungsleisten und fensterartige Tüpfel.

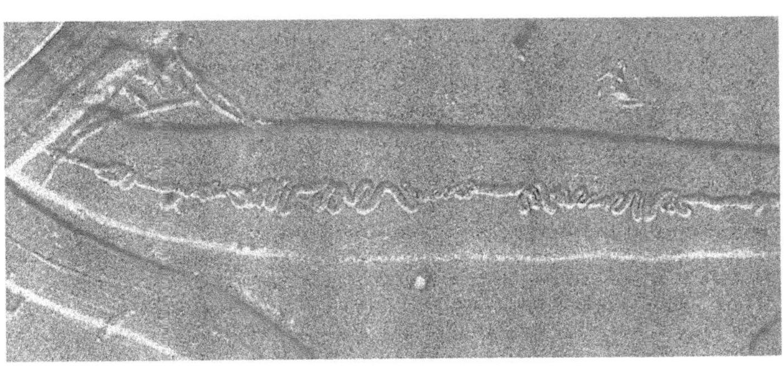

Fig. 9. Flachsfaser nach dem Einlegen in Kupferoxydammoniak. Vergr. 100. Infolge der durch die starke Quellung eintretenden Verkürzung der Faser schiebt sich der im Innern befindliche Protoplasmafaden wellig zusammen.

Phot. A. Herzog.

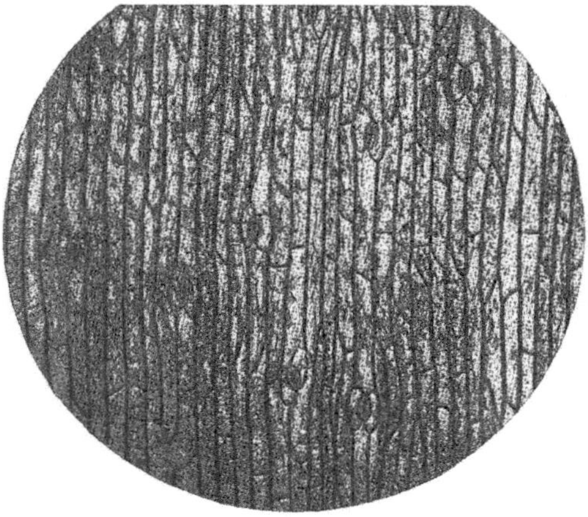

Fig. 10. Oberhaut des Flachsstengels. Vergr. 100. Die als „Leitelement“ zur sichern Erkennung der Flachsfaser wichtige Oberhaut besteht aus auffallend langgestreckten Zellen. An vielen Stellen sind Spaltöffnungen vorhanden (etwa 3000 auf den Quadratzentimeter).

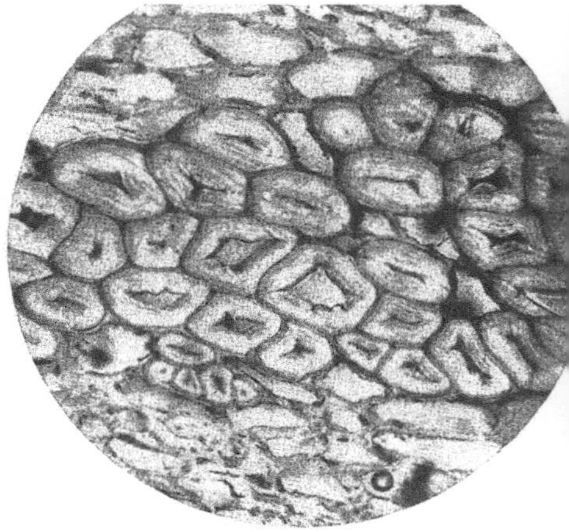

Fig. 11. Querschnitt durch ein Faserbündel des Hanfes (Cannabis sativa) in Chlorzinkjod. Vergr. 30

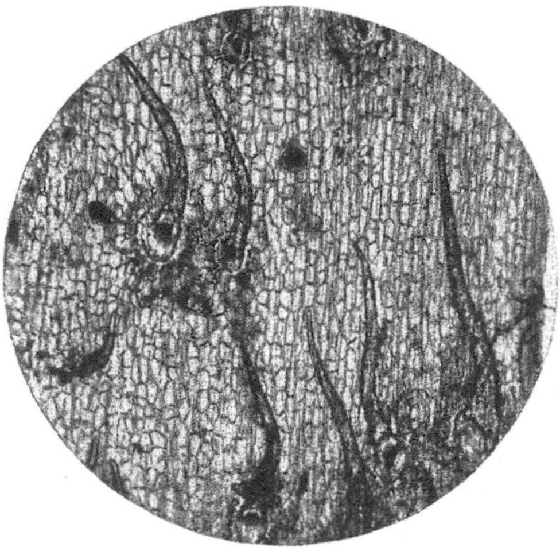

Fig. 12. Oberhaut des Hanfstengels (Cannabis sativa). Vergr. 100. Wertvolles „Leitelement“ bei der Bestimmung der Hanffaser. Oberhautzellen wesentlich kleiner wie beim Flachse, Spaltöffnungen fehlen fast vollständig; besonders charakteristisch die zahlreich vorkommenden Haare, die an der Basis etwas aufgebogen sind.

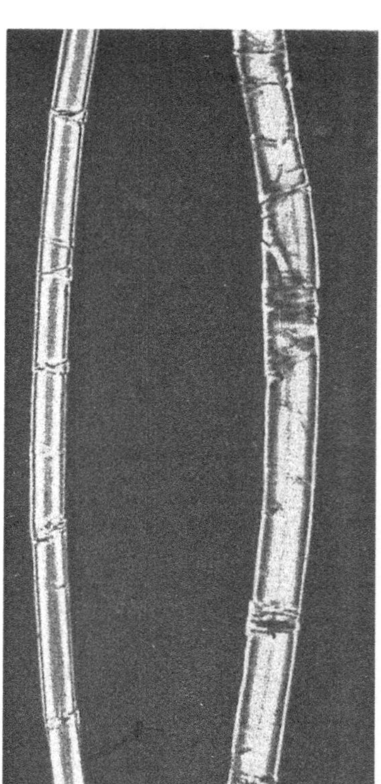

Fig. 13. Zwei Flachsfasern zwischen gekreuzten Nicols. Vergr. 380. Die starke Doppelbrechung und die mechanischen Beschädigungen der Zellwand (Verschiebungen) treten sehr deutlich hervor.

Phot. A. Herzog.

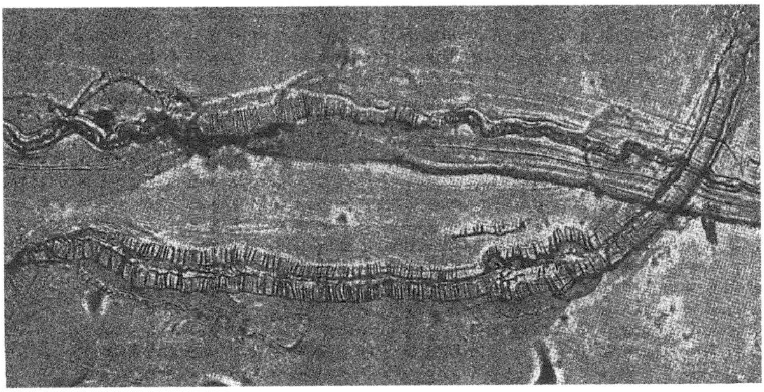

Fig. 15. Zwei Hanffasern in Kupferoxydammoniak. Vergr. 100. Sehr wichtige Reaktion zur Unterscheidung von Flachs und Hanf! Die Mittellamelle des Hanfes schiebt sich unter Bildung von zahlreichen Querfalten stark zusammen. Vergl. dagegen Fig. 10.

Fig. 16. Bastfasern der Brennessel (Urtica dioica) in Chlorzinkjod. Vergr. 200. Auffallend breite, stellenweise bandartig flache und gedrehte Fasern, z. T. der Länge nach stark zerklüftet.

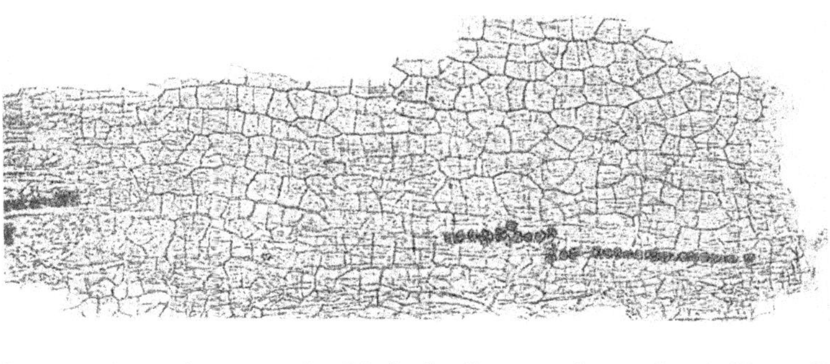

Fig. 17. Parenchym aus der Rinde des Brennesselstengels mit Krystalldrusen (Calciumoxalat). Vergr. 80. Häufiger Begleitbestandteil der rohen Nesselfaser.

Phot. A. Herzog.

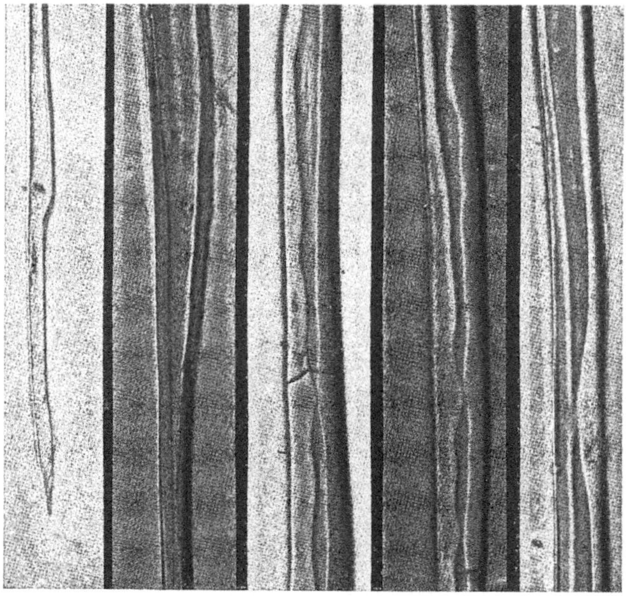

Fig. 18. Fünf Jutefasern in Chlorzinkjod. Vergr. 300. Besonders charakteristisch die sehr ungleichmäßige Verdickung der Zellwand.

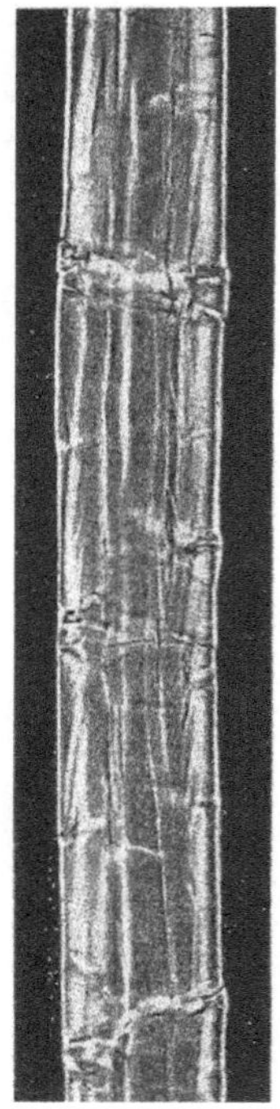

Fig. 19. Bastzelle (Stück) des Ramiestengels (Boehmeria nivea) zwischen gekreuzten Nicols. Vergr. 200. Verschiebungen und Längszerklüftungen der Zellwand sehr deutlich sichtbar.

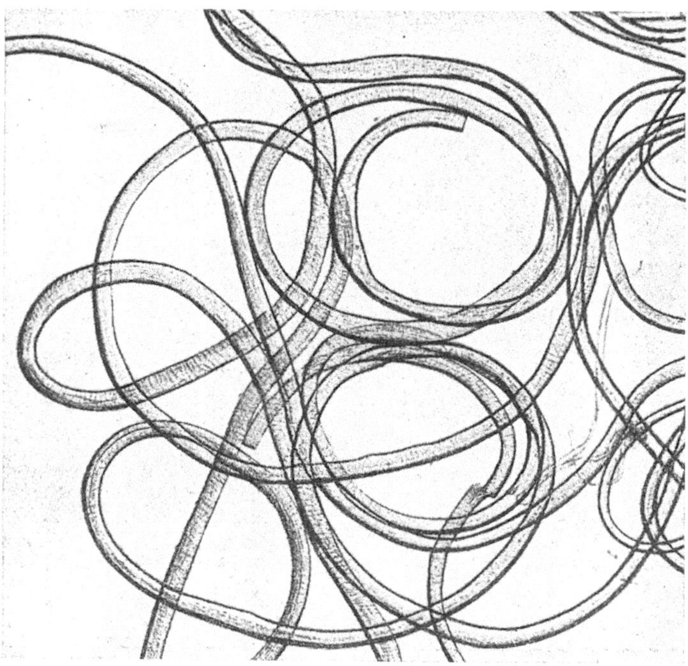

Fig. 20. Schafwolle nach Einwirkung von starker Salpetersäure. Vergr. 80. Die Faser rollt sich zusammen und läßt die schuppigen Oberhautzellen deutlich hervortreten.

Phot. A. Herzog.

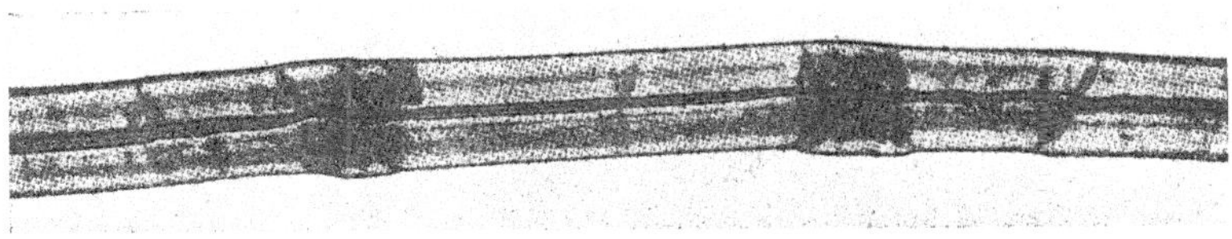

Fig. 14. Mittleres Stück einer Flachsfaser in Chlorzinkjod. Vergr. 400. Man beachte insbesondere die starke Wandverdickung, den engen, mit protoplastischen Resten erfüllten Kanal, die knotigen Anschwellungen (Verschiebungen) und die Schrägrisse der Zellwand.

. 21. Rohe Schafwolle mit anhängendem Wollschweiß. Vergr. 100.

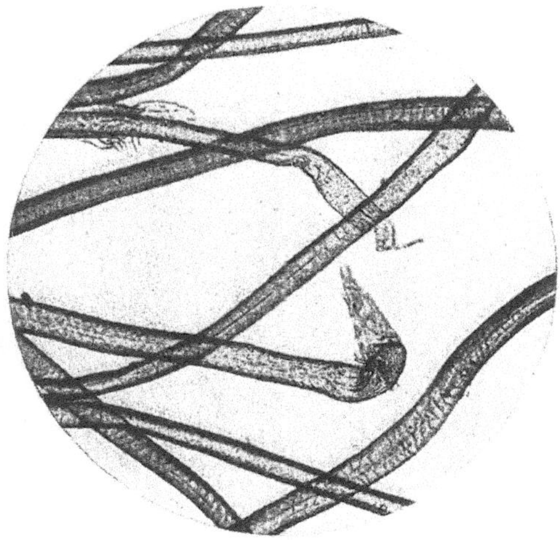

Fig. 22. „Gerberwolle" mit zwei Haarzwiebeln. Vergr. 100. Diese durch Ausraufen der Haare von gekalkten Fellen umgestandener Tiere gewonnene Wolle ist minderwertig, weil wenig fest und elastisch; auch schwierig zu färben.

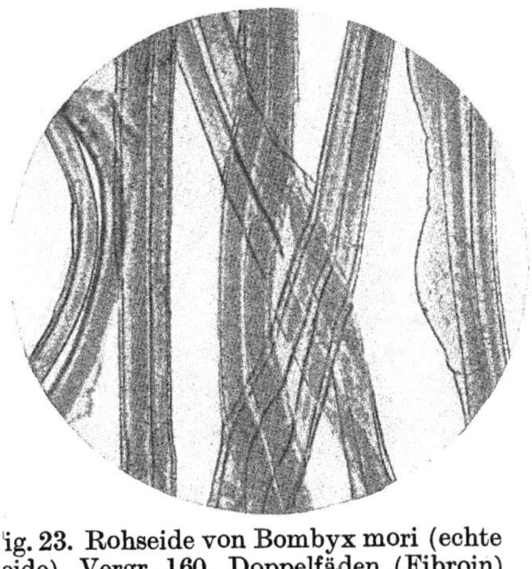

ig. 23. Rohseide von Bombyx mori (echte eide). Vergr. 160. Doppelfäden (Fibroin) ıoch vom Seidenleim (Sericin) umhüllt.

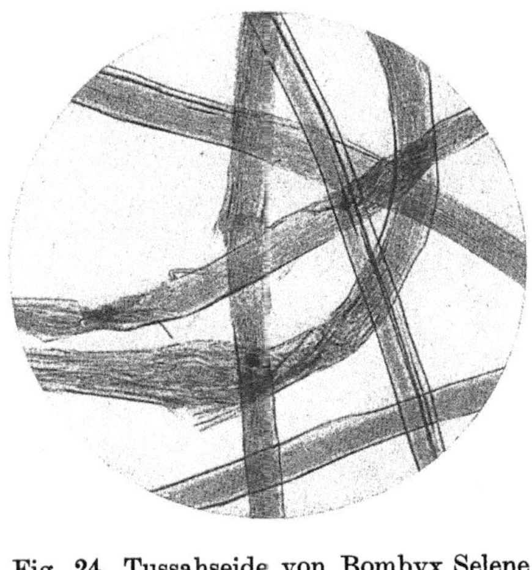

Fig. 24. Tussahseide von Bombyx Selene in Chromsäure. Vergr. 100. Die Fibrillärstruktur der Faser tritt deutlich hervor.

Phot. A. Herzog.

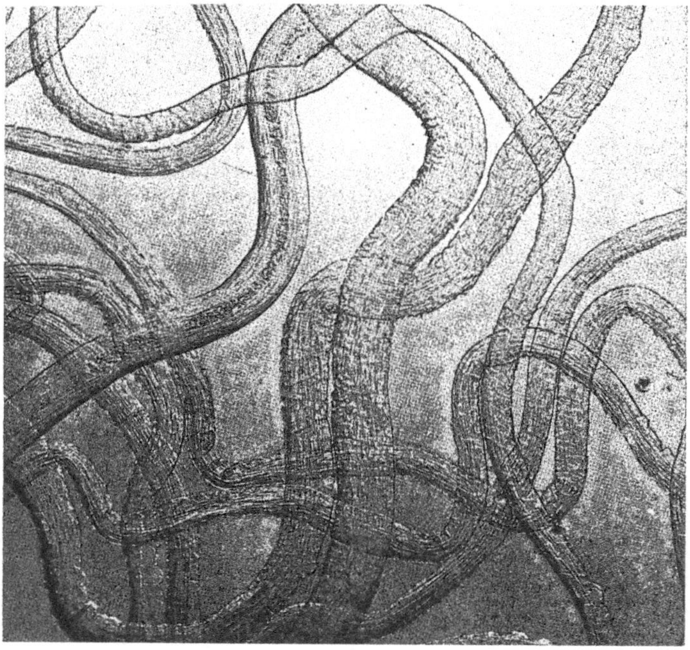

Fig. 25. Schafwolle nach Einwirkung von kochender Kalilauge. Vergr. 100. Vor der Auflösung wird die Faser glasig durchsichtig, so daß zu ihrer Betrachtung schiefe Beleuchtung empfehlenswert ist. Infolge der Quellung ist das Haar stark verbreitert und die Oberhautzellen (Schuppen) deutlich abstehend.

Fig. 26. Querschnitte von Viscoseseide. Vergr. 333. Der mitaufgenommene Maßstab gibt hinsichtlich seiner Bezifferung ohne weiteres Mikromillimeter an (μ).

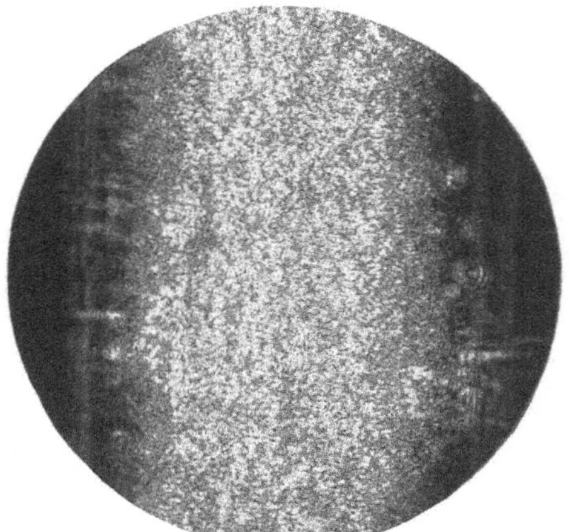

Fig. 27. Ultramikroskopisches Bild der Viscoseseide. Vergr. 1000. Lichtstarke Netzstruktur mit quergestreckten Maschen. Wichtig für die Unterscheidung von Kupferseide und Viscoseide!

Phot. A. Herzog.

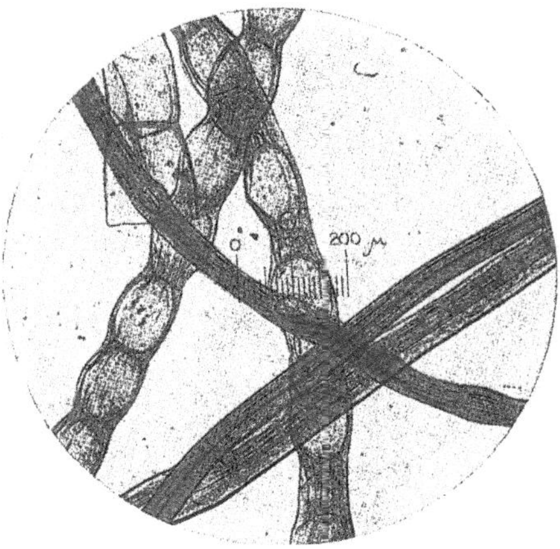

Fig. 28. Fehlerhaftes künstliches Puppenhaar, aus Viscose hergestellt. Vergr. 58. Im Innern zahlreiche Luftblasen sichtbar, die der Faser ein gekammertes bzw. zelliges Aussehen verleihen. Abgesehen von geringer Festigkeit ist auch der Glanz solcher Fasern sehr ungleichmäßig und unruhig.

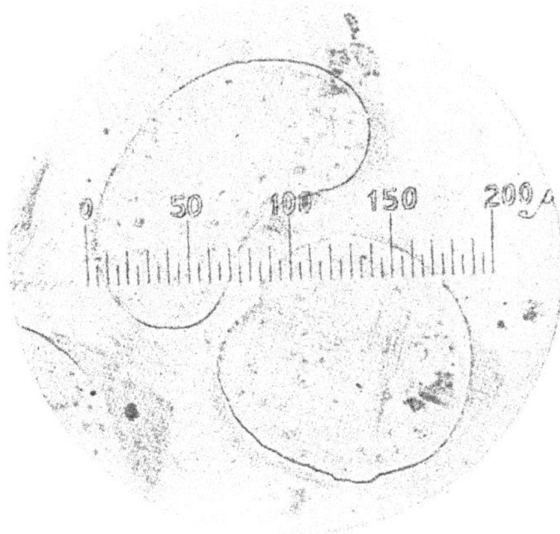

Fig. 29. Zwei Querschnitte eines aus Acetylcellulose hergestellten groben Fadenproduktes. Vergr. 208. Die Bezifferung des Maßstabes gibt ohne weiteres Mikromillimeter (u) an.

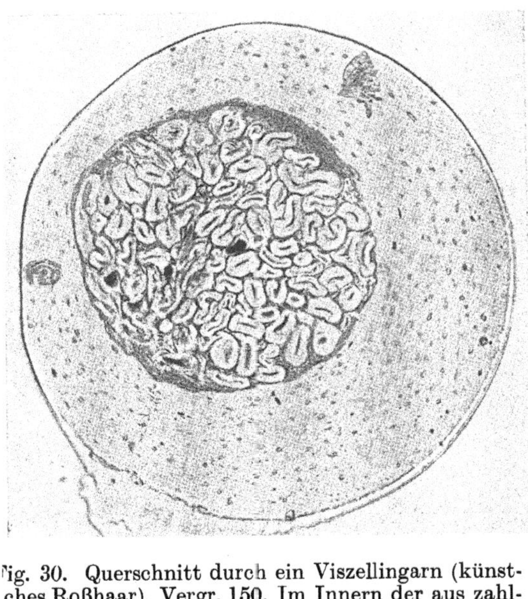

Fig. 30. Querschnitt durch ein Viszellingarn (künstliches Roßhaar). Vergr. 150. Im Innern der aus zahlreichen Einzelhaaren bestehende zweidrähtige Baumwollzwirn sichtbar (etwas exzentrisch gelegen), außen die glasig durchsichtige, aus Viscose entstandene Cellulosehülle mit zahlreichen gasförmigen und festen Verunreinigungen.

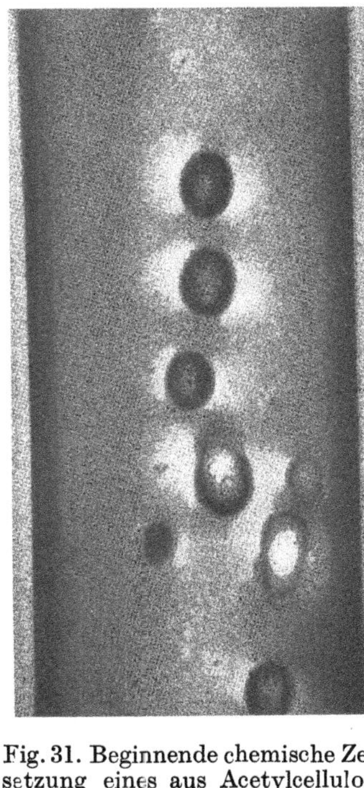

Fig. 31. Beginnende chemische Zersetzung eines aus Acetylcellulose hergestellten groben Kunstfadens, in polarisiertem Licht nachgewiesen. Vergr. 200. An vielen Stellen sind Zersetzungsherde sichtbar, die sich durch abweichende Lichtbrechung von der Umgebung abheben.

Phot. A. Herzog.

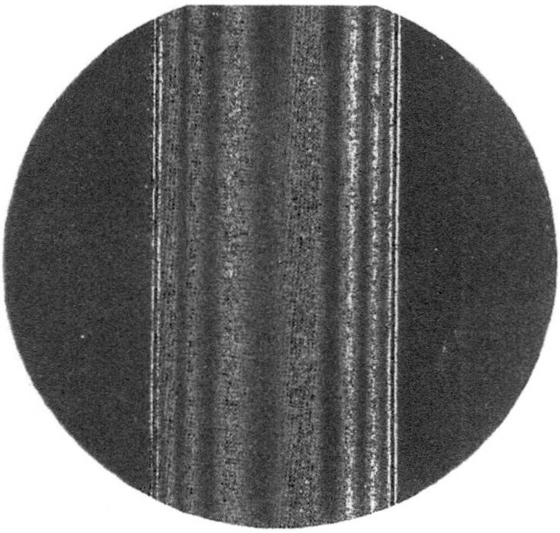

Fig. 32. Kunstroßhaar „Helios" zwischen gekreuzten Nicols. Vergr. 100. Infolge des gleichmäßig elliptisch geformten Querschnitts der Faser treten in der Längsansicht die Interferenzfarben parallel zum Faserrande auf.

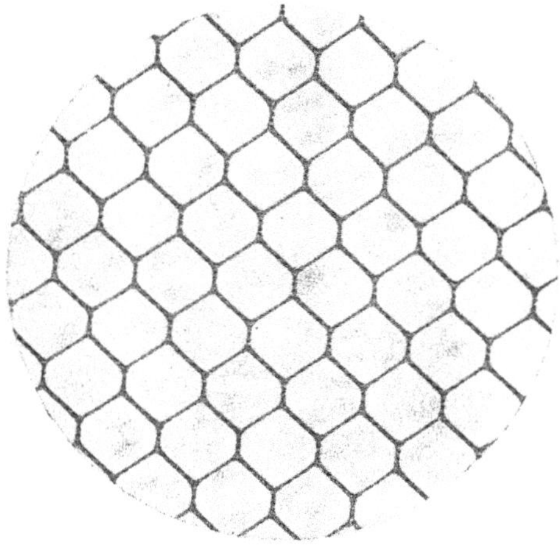

Fig. 33. Künstlicher Tüll mit eingeprägtem, unter sich parallelen Rillen, die den sonst unschönen Speckglanz aufheben. Vergr. 15.

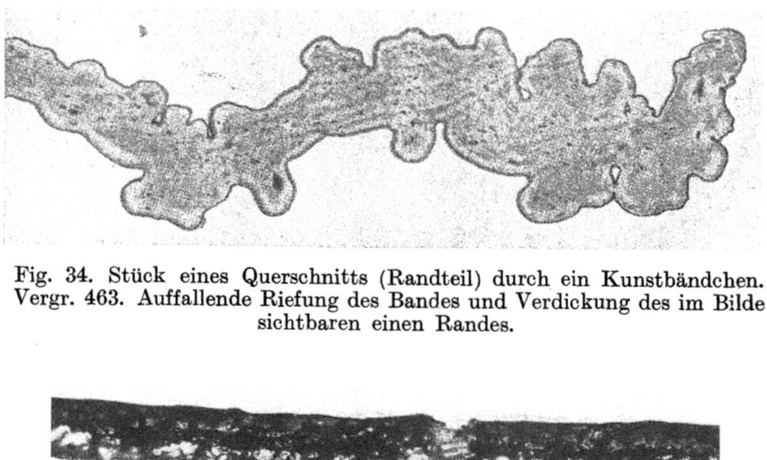

Fig. 34. Stück eines Querschnitts (Randteil) durch ein Kunstbändchen. Vergr. 463. Auffallende Riefung des Bandes und Verdickung des im Bilde sichtbaren einen Randes.

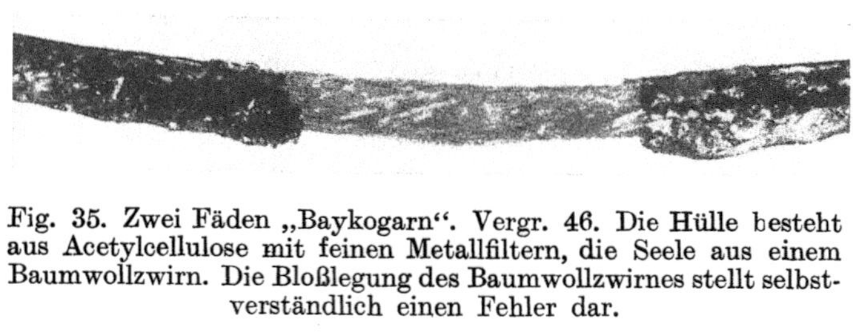

Fig. 35. Zwei Fäden „Baykogarn". Vergr. 46. Die Hülle besteht aus Acetylcellulose mit feinen Metallfiltern, die Seele aus einem Baumwollzwirn. Die Bloßlegung des Baumwollzwirnes stellt selbstverständlich einen Fehler dar.

Phot. A. Herzog.

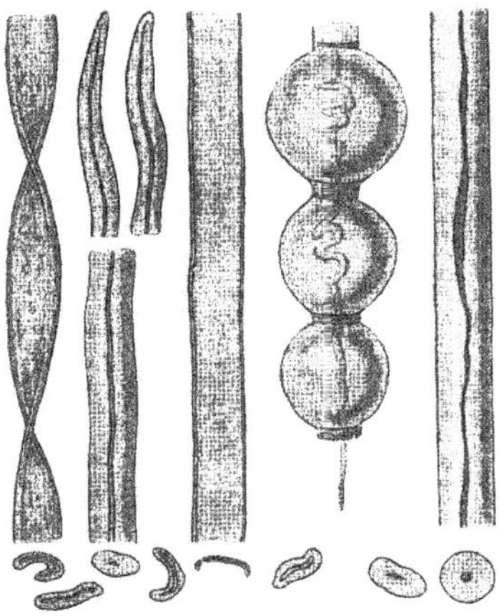

Baumwolle = Gossypium herbaceum L.

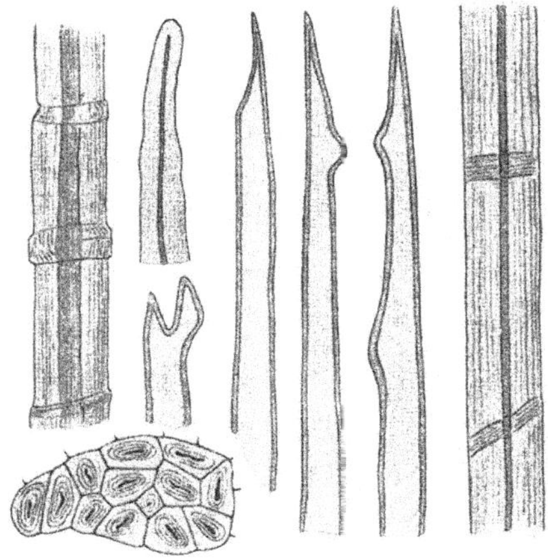

Hanf = Cannabis sativa L.

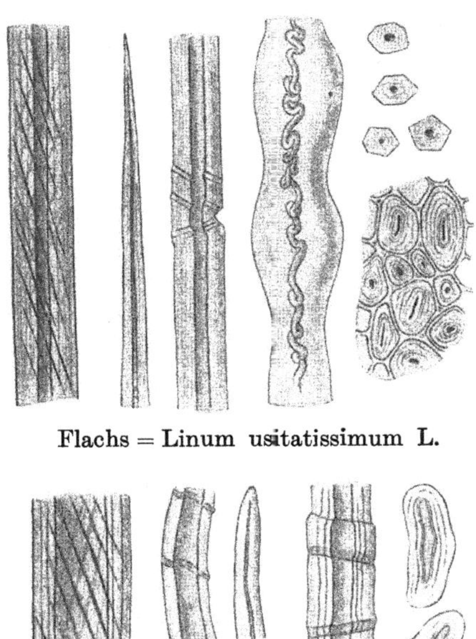

Flachs = Linum usitatissimum L.

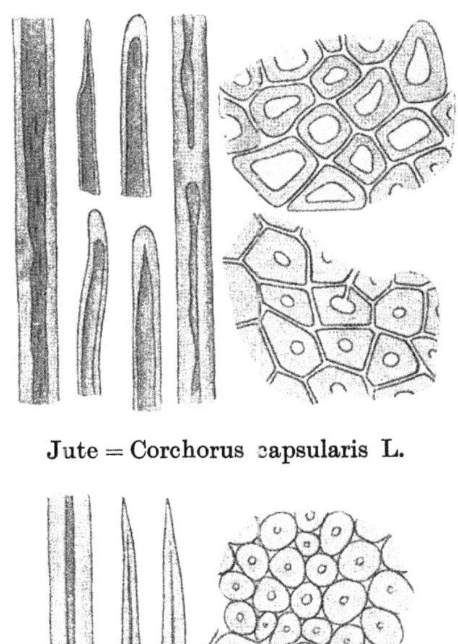

Jute = Corchorus capsularis L.

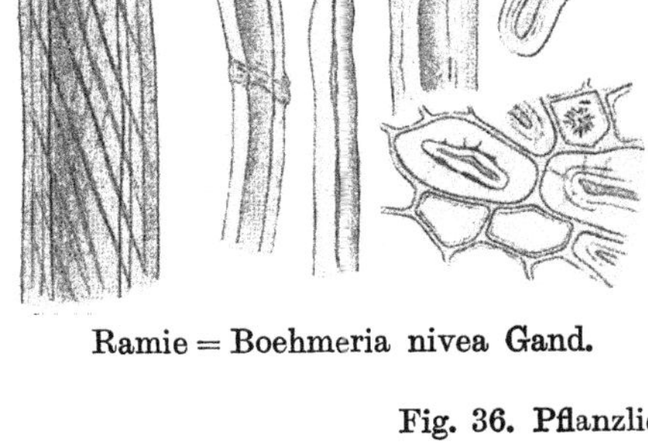

Ramie = Boehmeria nivea Gand.

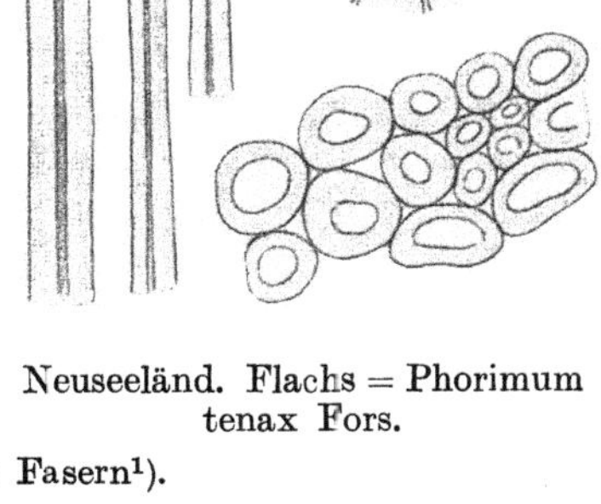

Neuseeländ. Flachs = Phorimum tenax Fors.

Fig. 36. **Pflanzliche** Fasern[1]).

[1]) Aus der VI. Auflage dieses Werkes übernommen.

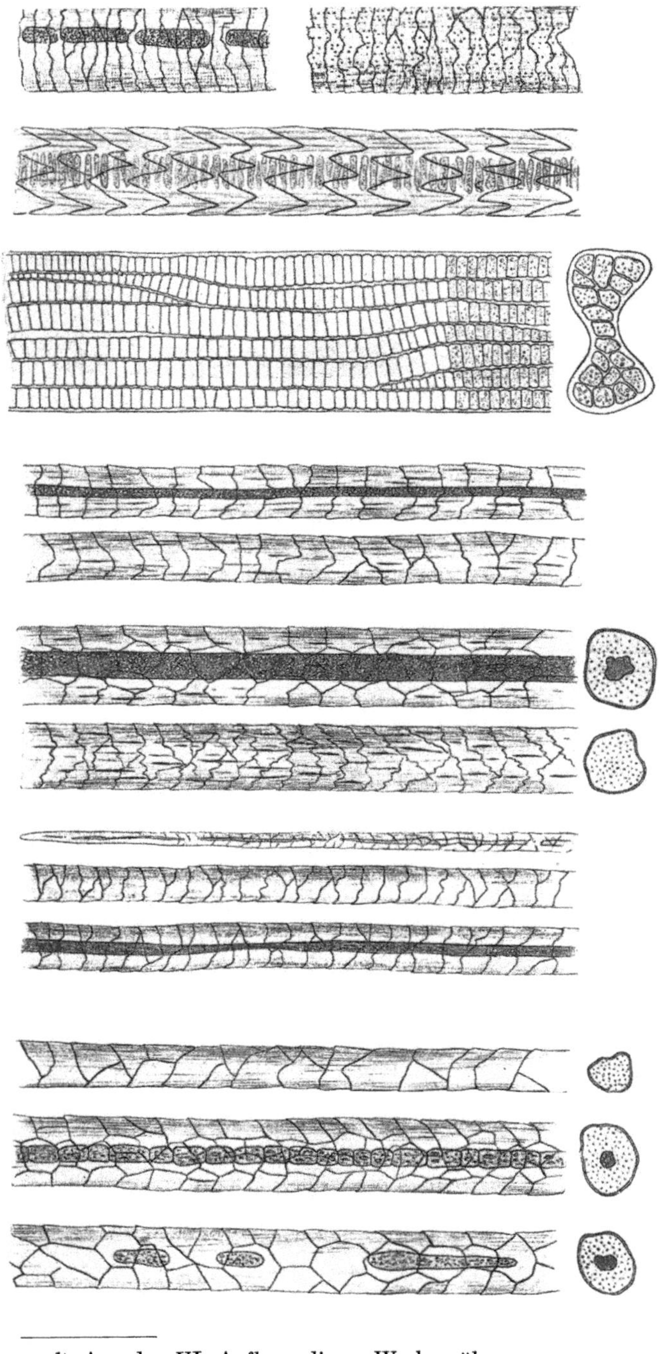

Leicester Schafwolle
1. Haar ohne Mark,
2. Haar mit reduziertem Mark,
3. Haar mit vollständig ausgebildetem Mark.
Darunter Querschnitte.

Alpakawolle
1. Haar ohne Mark,
2. Haar mit vollständigem Mark,
3. Spitze des Haars mit reduziertem Mark.

Angorawolle
1. Haar ohne Mark,
2. Haar mit vollständigem Mark,
Darunter Querschnitte.

Kaschmirwolle
1. Haar ohne Mark,
2. Haar mit Mark.

Hasenhaar
Oben von der Seite gesehen.
Unten Querschnitt.

Hundehaar
Die Markschicht bildet flache Zellen.

Menschenhaar
Oben mit schwach entwickeltem Mark.
Unten ohne Markschicht.

Fig. 37. Tierische Fasern[1]).

---

[1]) Aus der VI. Auflage dieses Werkes übernommen.

hinsichtlich ihrer Hauptlichtbrechungskoeffizienten untersucht. Die Zahlentafeln III u. IV (s. S. 543 bis 544) geben ein Bild über die vorhandenen Unterschiede.

G. Lichtempfindlichkeit der Fasern.

Über den Einfluß des Lichtes auf die Eigenschaften der pflanzlichen und tierischen Fasern liegen Untersuchungen von Ristenpart (Zeitschr. f. angew. Chem. **22**, 18; 1909), Kertesz (Textile Forschung, **1**, 63; 1919), Turner und Vignon (Journ. Soc. Dyers Col. **1920**, 165, Compt. rend. **170**, 1322 **1920**), Waentig (Textile Forschung **3**, 15; 1920) u. a. vor. Insbesondere geht aus den Versuchen von Waentig hervor, daß sowohl Cellulose wie Fibroin als Textilfaserbildende Mittel dem Keratin der Wolle in bezug auf Lichtempfindlichkeit sehr unterlegen sind.

VI. Mikroskopische Untersuchung der Gespinstfasern.

Zur Erkennung und Unterscheidung der Fasern ist die mikroskopische Untersuchung unerläßlich. Die mikroskopischen Bilder der technisch wichtigsten Gespinstfasern sind durch die Abb. 1—37, S. 545—556 veranschaulicht. Erfahrungsgemäß bereitet nur die Unterscheidung der Flachs- und Hanffaser gewisse Schwierigkeiten, die aber bei genauer Beachtung der im folgenden gegebenen Fingerzeige überwunden werden können. Über die Mikroskopie der in den letzten Jahren in Vorschlag gebrachten Ersatzfasern liegt bereits eine umfangreiche Literatur vor. Für den vorliegenden Zweck dürften die der Arbeit von Reimers (Zur Anatomie einheimischer Faserpflanzen, Forschungsinstitut Karlsruhe, **1919**, H. 3—6) entnommenen übersichtlichen Darstellungen vollständig ausreichen.

Schema des Ganges der Untersuchung von ungebleichten Flachs- und Hanffasern.

I.[1]) Einbetten einzelner Faserbündelchen in Paraffin oder Glycerin-Gummi, Anfertigung von dünnen Querschnitten, Einlegen in Chlorzinkjod: Prüfung der Umrandung der Bastzellen.

II. Fasern über einer glatten schwarzen Unterlage kräftig reiben.
- A. Abfallenden Staub in Kupferoxydammoniak einlegen und nach Leitelementen absuchen (Oberhaut bzw. einzelne Haare oder Teilstücke solcher, Kristalldrusen, Sekretschläuche).
- B. Grobe Holzsplitter (Scheben).
  - a) Voruntersuchung mit der Lupe.
  - b) Herstellung dünner Querschnitte und Prüfung der Weite der Holzgefäße gegenüber den umgebenden Holzfasern.
  - c) Behandlung mit Schulzeschem Macerationsgemisch und Feststellung der Form und Weite der Gefäße.

III. Einzelne Faserbündel in Chloralhydrat einlegen und aufkochen.
- A. Suchen nach Sekretschläuchen mit rotbraunem Inhalt (Abbesches Farbenbild beobachten).
- B. Suchen nach Kristalldrusen von Calciumoxalat zwischen gekreuzten Nicols.

IV. Behandlung der Fasern mit Kupferoxydammoniak und Beobachtung der Quellungserscheinungen (Eiweiß, Mittellamelle, Schichtung, Streifung, Verschlußstellen usw.).

---

[1]) Die Reihenfolge der Prüfungen kann beliebig gewählt werden.

Unterscheidung von Flachs und Hanf.

Reaktion		Zu beachten	Flachs	Hanf
Längsansicht	der Fasern in Chlorzinkjod	Wandung	rotviolett; Lumen scharf abgesetzt	schmutzig rotviolett, auch grünlich Lumen häufig undeutlich begrenz
Längsansicht	der Fasern in Chlorzinkjod	Inhaltsreste	gelb, fadenförmig, fast in jeder Faser vorhanden	gelb, meist körnig oder brockig selten
Querschnitt	der Fasern in Chlorzinkjod	Wandung	rotviolett, nur einzelne Fasern gelb umrandet oder ganz gelb; manchmal gelbe Knoten in den Kantenecken	rotviolett, alle Fasern deutlic gelb umrandet
Querschnitt	der Fasern in Chlorzinkjod	Inhaltsreste	gelb, meist als Punkt im Faserinnern sichtbar, bei gröberen Fasern das Lumen nur z. T. ausfüllend	gelb, meist körnig oder brockig selten
Fasern in Kupferoxydammoniak		im allgemeinen	rasche Quellung und Lösung, wenig Rückstände	langsame Quellung und Lösung viel Rückstände
Fasern in Kupferoxydammoniak		Inhaltsreste	die meisten Fasern zeigen im Innern einen feinen gewellten Plasmafaden	nur wenige Fasern zeigen Plasma reste in körniger oder schuppige Form
Fasern in Kupferoxydammoniak		Mittellamelle	wenig auffallende Reste	höchst charakteristische Reste i Form von zahlreichen Querfalte an der Oberfläche der Fasern
Fasern in Kupferoxydammoniak		Schichtung	zu Beginn der Quellung sehr deutlich, später wenig sichtbar	gröber wie beim Flachs, äußer Schicht häufig z. T. abgetrennt Innenschlauch gut sichtbar
Fasern in Kupferoxydammoniak		Streifung (äußere)	an den meisten Fasern gut sichtbar (linksläufige Spirale), häufig Spalten und Ablösung in Form spiraler Bänder	schwer nachzuweisen und dan rechtsläufig
Fasern in Kupferoxydammoniak		Verschlußstellen und Plasmaknoten	an einzelnen Fasern stets mit Sicherheit nachzuweisen	fehlen
Fasern in Chromsäure		Wandung	wenig geschichtet; rasch gelöst	stark geschichtet, plastisches Her vortreten des Innenhäutchens al gerade Röhre; langsam gelöst
Fasern in Chromsäure		Inhaltsreste	wie bei Kupferoxydammoniak	wie bei Kupferoxydammoniak
Staub beim Reiben der Fasern (natürl. Verunreinigungen) in Kupferoxydammoniak	Oberhaut-	Zellen	langgestreckt, meist gut erhalten	kurz, dazwischen große Haarnarben
Staub beim Reiben der Fasern (natürl. Verunreinigungen) in Kupferoxydammoniak	Oberhaut-	Spaltöffnungen	in großer Zahl vorhanden, mit je 4 Nebenzellen	fast fehlend, mit je 2 Nebenzelle
Staub beim Reiben der Fasern (natürl. Verunreinigungen) in Kupferoxydammoniak	Oberhaut-	Haare	fehlen	stets vorhanden, an der Oberfläch feinwarzig
Staub beim Reiben der Fasern (natürl. Verunreinigungen) in Kupferoxydammoniak	Sekretschläuche mit rotbraunem Inhalt		fehlen	häufig in großer Menge vorhande (Bruchstücke)
Staub beim Reiben der Fasern (natürl. Verunreinigungen) in Kupferoxydammoniak		Rindenparenchym	kristallfrei	kristallführend (Drusen von Ca ciumoxalat)
Staub beim Reiben der Fasern (natürl. Verunreinigungen) in Kupferoxydammoniak		Holzgefäße	beiderseits offen, eng, von den Holzfasern in der Weite kaum verschieden. Hoftüpfeldurchmesser etwa 2 μ	beiderseits offen, weit, von de Holzfasern in der Weite auffallen verschieden. Hoftüpfeldurchmesser etwa 5 μ
Verhalten der Faser beim Befeuchten mit Wasser (makroskopische Probe)			stark linksdrehend, lebhafte Bewegung	Drehungsrichtung wechselnd, abe immer nur schwache Bewegun

Größenverhältnisse der Einzelfasern einheimischer Faserstoffe.

Faserpflanze	Art der Faser	Länge	Breite	Querschnitt		
				Gesamtfläche	Lumen	Wand
Flachs		20 bis 50 mm	16 bis 25 μ	247 qμ	3 qμ	244 qμ
Hanf		4 bis 55 mm	15 bis 28 μ	442 qμ	18 qμ	424 qμ
Hopfen	Primäre Fasern	12,8 mm	27,7 μ	245 qμ	16 qμ	229 qμ
	Sekundäre Fasern	7,5 mm	21,4 μ	74 qμ	4 qμ	70 qμ
	Bastfaserähnliche Holzfasern	4,3 mm	17,9 μ	71 qμ	7 qμ	64 qμ
Nessel		46 mm	36,3 μ	798 qμ	103 qμ	695 qμ
Ginster	Primärer Bastring	4 mm	14,8 μ	213,3 qμ	208,0 qμ	5,3 qμ
	Sekundärer Bastring			79,5 qμ	72,0 qμ	7,5 qμ
	Rippenendbündel			93,8 qμ	93,0 qμ	0,8 qμ
	Rippenbasisbündel			162,5 qμ	161,0 qμ	1,5 qμ
Weidenbast	Primäre Faser	1 mm	11,6 μ	89 qμ	—	—
	Sekundäre Faser			88 qμ	—	—
Typha		1,2 mm	11,9 μ	62 qμ	5 qμ	57 qμ
	Markfaser	0,45 mm	8,6 μ	—	—	—
Waldwolle		2,9 mm	19,7 μ	—	—	—
Stranfa		12,3 mm	26,7 μ	—	—	—
Torffaser		1 mm	9,4 μ	—	—	—

Faserpflanze	Chemisches Verhalten				Querschnitte
	Chlorzinkjod	Phloroglucin und Salzsäure	Mäulesche Reaktion	Kupferoxydammoniak	
Flachs	rotviolett	keine Reaktion	keine Reaktion	gleichmäßige Quellung mit gewelltem Innenfaden	Gruppen scharfeckig polygc naler Querschnitte mi schwachem Mittellamellennetz Lumen klein, punktförmig
Hanf	schmutzig rotviolett bis grünlich	schwach violettrot	rot	gleichmäßige Quellung unter gleichzeitigem Auftreten einer Querstreifung	Gruppen rundlicher und ur regelmäßiger Querschnitte m unregelmäßigem Lumen, deu liches Mittellamellennetz, koı zentrische Schichtung der Wan
Hopfen a) primäre Faser, b) sekundäre Faser, c) bastfaserähnliche Holzfaser	blau mit Stich ins Violette (Hüllen als hellblauer Schleier)	schwach violettrot	tief rot (Hüllen noch dunkler gefärbt)	unregelmäßige tonnenförmige Quellung	a) Größere, flach elliptiscl Querschnitte mit elliptischeı Lumen, meist einzeln u. Mitte lamelle zerstört b) Gruppen kleinerer rundlicl polygonaler Querschnitte m kleinem Lumen, Porenkanäl sehr deutliches Netz breit verholzter Mittellamellen c) Gruppen noch kleinerer rund lich - polygonaler Querschnit mit schwächerer Wand, lock in einem Netz breiter, stark ve holzter Mittellamellen
Weidenbast	gelbbraun	violettrot	tief rot	gleichmäßige Quellung mit gefälteltem Innenschlauch	Gruppen rundlich polygonal sehr kleiner Querschnitte m punktförmigem Lumen in deu lichem, stark verholztem Mitte lamellennetz. Verdickungsschichten mit deutlicher koı zentrischer Schichtung
Ginster a) Rippenendbündel, b) übrige Fasern	blau mit Stich ins Violette	keine Reaktion	tief rot	tonnenförmige oder knotenförmige Quellungsbilder, meistens mit einschneidenden Spiralstreifen	gewöhnlich Gruppen elliptisch Querschnitte mit deutliche ebenfalls elliptischem Lume mit einem deutlichen Netz feine verholzter Mittellamellen. Ve dickungsschichten mit konze trischer Schichtung, mitunt kompakte große Bündel m T-förmigem Querschnitt ur kleinen rundlich polygonal Fasern in sehr deutlichem Mitte lamellennetz
Nessel	tief blauviolett	keine Reaktion	keine Reaktion	gleichmäßige Quellung	gewöhnlich große elliptiscl oder rundliche Einzelque schnitte mit weitem Lumen ur sehr deutlichen Tüpfelkanäl
Typha	rein gelb	sehr schwach rotviolett	tief rot	feinere Fasern typisch tonnenförmige Quellung; bei gröberen Fasern Auftreten von zwei Systemen deutlicher Schrägstreifen	rundliche, kompakte Grupp von kleinen rundlichen Fase querschnitten mit fast punktfö migem Lumen und vereinzelt Tüpfelkanälen mit feinem u deutlichem Mittellamellennet selten als reine Faserbündel, g wöhnlich in oder an den Bünde große Gefäßquerschnitte und d Fasergruppen häufig von tyı schem sichelförmig. Querschni

morphologische Merkmale					Leitelemente
Lumen	Faserenden	Poren	Längsstreifung	Sonstiges	
schmal	meist lang ausgezogen und scharf zugespitzt	—	undeutlich	—	1. Epidermisfetzen, 2. Hypokotylfasern, } besond. Wergge-spinste 3. Peridermreste d. Hypokotyls } 4. Gefäße, } 5. Epidermisfetzen vom Leinlolch.
breit	meist abgerundet	—	feine Schichtung	mitunter Reste der Mittellamelle	1. Epidermisfetzen, 2. Farbstoffzellen und Krystallzellen des Rindenparenchyms, 3. Gefäße.
a) breit, b) und c) schmal und undeutlich	a) breit abgerundet, b) und c) scharf ausgezogen	nicht sichtbar	fehlt	Mittellamelle bleibt als typische „Hülle" an der Faser	1. Milchröhren (tiefbraune Schläuche), 2. Calciumoxalatkristalle, bei a) und b) einzeln und spärlich, bei c) in langen Reihen sehr reichlich, 3. Korkgewebefetzen mit typischen Korkzellen u. Ansatzstellen der Klimmhaare, 4. Klimmhaare, 5. Tüpfelgefäße mit Hoftüpfeln.
eng linienförmig und wenig deutlich	allmählich zugespitzt, mit stumpf abgerundeten Enden	nicht sichtbar	feine Längsstreifung (Schichtung)	häufig Fasern mit welliger Begrenzung (Abdrücke der Markstrahlen)	reichlich lange Reihen von Calciumoxalatkristallen
meist eng linienförmig, selten breiter	breit abgerundet	nicht sichtbar	feine, meist deutliche Längsstreifung (Schichtung)	z. T. mit sehr schmaler, aber nicht sehr ausgeprägter „Hülle"	Stengeloberhaut
in der Fasermitte sehr breit, an den Enden allmählich eng linienförmig	lang und sehr fein zugespitzt	nicht sichtbar	feine Längsstreifung der inn. Schicht. auch über dem Lumen	rechtsläufige Spiralstreifung der äußeren Schichten	Weichbastfetzen mit Siebröhren und dünnwandigen Kristallschläuchen mit Calciumoxalatdrusen
eng linienförmig	bald spindelförmig, bald in eine lange feine Spitze ausgezogen	nicht sichtbar	fehlt	in den Faserbündeln oder seitlich anhaftend, fast stets Gefäße	1. stäbchenförmige Krystallzellen, 2. Parenchymzellen (Quellung mit Chlorzinkjod), 3. Markfasern mit den regelmäßigen Ansatzstellen des Diaphragmas, 4. sternförmige Diaphragmazellen, 5. Epidermisfetzen.

V. Längeres Kochen der Fasern mit 10proz. Sodalösung, dann auswaschen.
A. Präparation in Chlorzinkjod und Prüfung auf Färbung, Inhalt, Form des Lumens usw.
B. Präparation in Chloralhydrat (konz. wässerige Lösung) und Prüfung des Charakters der Interferenzfarben zwischen gekreuzten Nicols und einem Gipsplättchen Rot I (nur die Orthogonalstellungen der Fasern kommen dabei in Betracht).

Mit dem Spektralphotometer nach Engelmann kann man die kleinsten Mengen der Farbstoffe und die einzelnen Fasern farbenanalytisch (qualitativ und quantitativ) untersuchen, die farbenanalytischen Eigenschaften der Farbstoffe und der mit diesen Farbstoffen gefärbten Fasern vergleichen, die Spektra mehrerer nebeneinander liegender Fasern zu gleicher Zeit beobachten und die Intensitäten der Färbung verschiedener Fasern desselben Stoffes miteinander vergleichen. Bezüglich der Einzelheiten ist auf die Arbeit von Gaidukov (Zeitschr. f. Farbenindustrie **7**, 251, 267) zu verweisen, der auch eine Tafel, enthaltend die Mikrophotogramme der Spinnfasern, beigegeben ist. (Siehe auch: Schneider und Kunzl: „Spinnfasern und Färbungen im Ultramikroskop". Zeitschr. f. Mikroskop. **23**, 393; Fischers Jahresber. **1907**, S. 497.)

Seidenbaumwolle und künstliche Seide.

Mercerisierte Baumwolle[1]).

Seidenbaumwolle (mercerisierte Baumwolle, Natronbaumwolle). Man versteht darunter Baumwolle, die in Form von Garn oder Gewebe in gespanntem (gestrecktem) Zustande der Behandlung mit starken Alkalien und einem unmittelbar darauf folgenden Waschprozeß unterworfen worden ist; oft, namentlich bei Stückware, findet das Spannen nach der Behandlung mit Lauge statt. Das Erzeugnis gewinnt durch diese Manipulation einen krachenden Griff und einen seidenartigen Glanz, der sich selbst beim Lagern, bzw. längeren Gebrauch erhält. Die Veränderungen, die die Faser hierbei erleidet, sind wahrscheinlich zweierlei Art[2]). Es bildet sich zunächst unter Aufquellen Cellulosenatron, ein leicht dissoziierbares Salz, das beim Auswaschen Ätznatron verliert, aber nicht in unveränderte Cellulose, sondern in ein Cellulosehydrat übergeht, das für die Aufnahme von Farbstoffen und Beizen befähigter ist als das Ausgangsmaterial (die Baumwolle). Die ursprünglich plattgedrückte, spiralig gewundene Faser ist hierbei in eine zylindrische, gerade übergegangen, und die Cuticula ist zum Teil chemisch und physikalisch verändert worden. Auf die Veränderungen, die im Aufdrehen, Quellen und Verkürzen der Faser ihren Ausdruck finden, ist wohl hauptsächlich das Entstehen des seidenartigen Glanzes zurückzuführen. Nach Schwalbe (Zeitschr. f. angew. Chemie **21**, 1321; 1908

---

[1]) Teilweise entnommen aus dem von R. Gnehm bearbeiteten Abschnitt der 6. Aufl. dieses Werkes.

[2]) Vgl. Fraenkel u. Friedländer, Mitteilungen d. technol. Gewerbemuseums Wien **1898**.

und **22**, 929; 1909) ist die Mercerisation nicht mit Wasseraufnahme verbunden[1]).

Die mercerisierte Baumwolle zeigt auch eine beträchtliche Zunahme der Festigkeit, die 30 bis 40%, unter besonders günstigen Umständen noch mehr betragen kann.

Friedländer hat bei mehreren Versuchen folgende Unterschiede in der Zugfestigkeit und Dehnbarkeit zwischen nichtmercerisiertem und mercerisiertem Garn konstatieren können.

	Versuch	Festigkeit in g	Dehnung in mm
Nichtmercerisiertes Garn	1	360	20
" "	2	356	20
" "	3	360	22
Mercerisiert mit wässeriger Lauge v. 35° Bé	1	530	44
" " " " " " "	2	570	40
" " " " " " "	3	559	35

Nach R. Lange [Färber-Ztg. **1903**, 368[2])] läßt sich die mercerisierte Baumwolle leicht erkennen. Legt man die Faser in eine Chlorzinkjodlösung während etwa 3 Minuten und wäscht dann aus, so wird die gewöhnliche Baumwolle rasch entfärbt, während die mercerisierte Baumwolle länger blau bleibt.

Eine Methode zur Erkennung mercerisierter Baumwolle gründet David (Rev. génér. des mat. col. **11**, 261; 1907; Chem.-Ztg. **31**, Rep. 535; 1907) auf folgende Erscheinungen. Mercerisiert man Baumwolle zum zweitenmal, so nimmt ihre Anziehungskraft für Farbstoffe nicht weiter zu. Von dieser Tatsache ausgehend, stellt man in folgender Weise fest, ob mercerisierte Baumwolle vorliegt. Die zu untersuchende Probe wird nötigenfalls abgekocht und so weit wie möglich entfärbt, auf einen mit Nadeln versehenen Rahmen gespannt und mit Natronlauge von 40° Bé, ferner mit dieser Lauge nach vorheriger Verdünnung mit dem gleichen und dem dreifachen ihres Volumens an Wasser betupft. Nach gründlicher Entfernung der Lauge durch Säure und Wasser wird die Baumwolle mit einem direkten Farbstoff wie Kongo ausgefärbt. War die Baumwolle nicht mercerisiert, so färben sich die mit der Lauge betupften Stellen tiefer als der Rest; war sie mercerisiert, so zeigen sich keine Unterschiede; man kann auch erkennen, ob nur ein Teil der Fäden mercerisiert war.

Zum qualitativen Nachweis für die Mercerisation der Baumwollfaser benutzt Knecht (Journ. Soc. Dyers and Col. **24**, 68; 1908;

[1]) Über die Vorgänge beim Mercerisieren vergleiche auch: Vieweg, Ber. **40**, 3876; 1907; Ost u. Westhoff, Chem.-Ztg. **33**, 197; 1909; Miller, Ber. **43**, 3430; 1910; Schwalbe, Ber. **44**, 151; 1911; C. F. Corss, Ber. **44**, 153; 1911; Miller, Ber. **44**, 728; 1911.

[2]) Siehe auch Hanausek, Mitteilungen aus dem Laboratorium für Warenkunde der Wiener Handelsakademie **1897**, 144. — Hanausek u. Zaloziecki, Dinglers Journ. **307**, 180; 1898. — Buntrock, Prometheus **1897**, 676, 689. — Lange, Färber-Ztg. **1898**, 234; D.R.P. 97 664. — Hübner u. Pope, Journ. Soc. Chem. Ind. **23**, Nr. 8; 1904; Zeitschr. f. angew. Chemie **16**, 600; 1903; Färber-Ztg. **1903**, 263.

Chem.-Ztg. **32**, Rep. 272; 1908 und **33**, 282; 1909) das eigentümliche Verhalten von Benzopurpurin zu mercerisierter und nichtmercerisierter Baumwolle nach Behandlung mit Salzsäure; erstere wird rotviolett, letztere blau. Die Bestimmung des Grades der Mercerisation von Baumwollgarn kann ebenfalls mittels Benzopurpurin 4 B. geschehen (s. auch Knaggs, Chem.-Ztg. **32**, Rep. 314; 1908; Miller, Ber. **43**, 3430; 1910).

Über weitere Reaktionen zur Charakterisierung der mercerisierten Baumwolle berichtet Hübner (Journ. Soc. Chem.-Ind. **27**, 105; Chem.-Ztg. **32**, 78; 1908 und **33**, 282; 1909; Chem. Zentralbl. **1908**, I, 1097). Mercerisierte Baumwolle hat gegen Jod in wässerigem Jodkalium bei sehr verschiedenen Konzentrationen ein größeres Absorptionsvermögen als die nichtmercerisierte, außerdem sind aber die verschieden tiefen Braunfärbungen stets etwas heller, wenn die Baumwolle gebleicht, auch wenn beim Bleichen die Bildung von Oxycellulose vermieden war. Taucht man Baumwollsträhne, die mit verschieden starken Natronlaugen mercerisiert waren, gleichzeitig mit unbehandelter Baumwolle in eine $^{n}/_{100}$-Jodlösung, so beobachtet man eine schöne Abstufung der Braunfärbung, deren Tiefe mit der Konzentration der Natronlauge zunimmt. Die quantitative Bestimmung des absorbierten Jods ergibt, daß mercerisierte Baumwolle das größere Absorptionsvermögen besitzt, und daß, wie beim Färben mit substantiven Baumwollfarbstoffen, die unter Spannung mercerisierte weniger Jod absorbiert als die eingelaufene (vgl. Schaposchnikow, Minajew, Zeitschr. f. Farben- und Textilchemie **4**, 81).

Ein weiterer Unterschied zeigt sich beim Behandeln der mit Jod gefärbten Baumwolle mit Wasser; das deutliche Braun der kurze Zeit in $^{n}/_{100}$-Jodlösung getauchten Strähne wird bei 2 bis 3 maligem Waschen mit Wasser schokoladefarbig, um nun bei gewöhnlicher Baumwolle schnell zu verschwinden, während die mercerisierte Probe tiefdunkelblau, bei fortgesetztem Waschen aber gleichfalls schnell entfärbt wird; wäscht man aber mit einer 2proz. Jodkaliumlösung, so wird die gewöhnliche Baumwolle langsamer weiß, die mercerisierte bleibt dagegen braunschwarz, ohne daß der Farbenumschlag eintritt. Werden die mit Jodkaliumlösung gewaschenen Proben weiter mit Wasser behandelt, so tritt dann wieder Blaufärbung der mercerisierten Baumwolle auf.

Zur Bestimmung des Mercerisationsgrades verwendet man eine Lösung von 30 g Jod in 100 ccm einer gesättigten Jodkaliumlösung und wäscht darauf mit 2proz. Jodkaliumlösung; die schwarzbraune Färbung ist um so beständiger, je konzentrierter die Mercerisationslauge war, ohne daß direkte Proportionalität bestände; bei 70° Tw. der Lauge erfolgt die Entfärbung aber schneller als bei 60° Tw. Zur Untersuchung gefärbter Proben muß man diese entweder von der Farbe befreien oder mit gleich gefärbter Normalprobe vergleichen. Die relative Beständigkeit der Jodfärbungen kann auch beim Liegen der Proben an der Luft festgestellt werden, wobei dieselben Beziehungen wie beim Waschen bestehen; das Ausbleichen an der Luft kann durch vorheriges Waschen beschleunigt werden und erfolgt wieder schneller, wenn mit

Wasser, als wenn mit 2proz. wässeriger Jodkaliumlösung gewaschen wurde.

Ein sehr bequemes Reagens zur Unterscheidung von gewöhnlicher und mercerisierter Baumwolle besteht in einer Lösung von 280 g Chlorzink in 300 ccm Wasser, zu welcher 0,005 g Jod zugesetzt sind; in dieser Lösung bleibt erstere praktisch weiß, während die andere dunkelblau wird. Da die Wirkung dieser Lösung von der Konzentration des Chlorzinks und des Jods, andererseits aber auch vom Mercerisationsgrad abhängig ist, kann man aus den Konzentrationsverhältnissen einer Lösung, die eine Baumwolle in einer bestimmten Nuance färbt, nach einer empirischen Skala den Mercerisationsgrad bestimmen. Eine gefärbte Stoffprobe braucht nur entfärbt zu werden, wenn die Jodfärbung nicht sicher zu erkennen ist.

Mit Schwefelsäure, Salpetersäure, Phosphorsäure oder mit gesättigter Chlorzink-, Natriumsulfid- und Baryumquecksilberjodidlösung mercerisierte Baumwolle gibt ebenfalls die blaue Farbenreaktion, nicht aber die mit Salzsäure, Kaliumquecksilberjodid oder Jodkalium behandelte (s. a. Friemel, Chem.-Ztg. **32**, 66; 1908 und Hübner, Chem.-Ztg. **32**, 66, 220; 1908).

Nach Hanausek (Monatsschr. **1905**, 247; Fischer, Jahresber. **1905**, 404) läßt sich die bei gehöriger Spannung mercerisierte Baumwolle mikroskopisch gut nachweisen; die Faser gleicht einem ziemlich geraden, runden, scheinbar massiven, glatten Stabe, das Lumen ist entweder in seiner ganzen Länge sichtbar, erscheint aber verschieden breit, meist wie zu einem Faden reduziert, oder es ist nur in kleinen Strecken deutlich, so daß das Haar mit einer Strichelreihe versehen zu sein scheint. Die Breite beträgt 20 bis 35 μ. An einzelnen Haaren nimmt man Eindrücke und Buckel (die von der ehemaligen Faltung und Drehung herrühren dürften) wahr; endlich findet man auch Fasern, die scheinbar gänzlich lumenlos sind.

In Kupferoxydammoniak quillt die vollkommen mercerisierte Faser ganz gleichmäßig auf, ohne die bekannten Tonnen- und Kugelfiguren zu bilden, eine darmähnliche oder faltige Einrollung des Innenschlauches tritt nicht ein, nicht selten aber eine regelmäßig abwechselnde Erweiterung und Verengerung des letzteren. Über das mikroskopische Verhalten der mercerisierten und nicht mercerisierten Baumwolle in Kupferoxydammoniak hat Herzog (Kunststoffe **21** bis **23**; 1911) eingehend berichtet. Nach ihm ist Rutheniumrot ein vorzügliches Mittel, um die mangelnde Differenzierung der ohnehin schwer zu deutenden mikroskopischen Quellungsbilder zu verbessern und besonders die kleinsten Spuren der Cuticula und der Eiweißstoffe sichtbar zu machen.

Zur Prüfung der Mercerisierfähigkeit einer Baumwolle bedient sich A. Herzog (Kunststoffe **10**, 1913) eines Gemenges von Kalilauge und Ammoniak (Molisch Reagens). Die Untersuchung erfolgt auf mikroskopischem Wege durch Auszählung der gleichmäßig gequollenen Haare. Gute Baumwolle soll mindestens 90% mercerisierfähige Haare enthalten.

Kunstseide[1]). (Vgl. S. 636.)

Die Fasern, die man als Kunstseide bezeichnet, werden aus verschiedenen Materialien und nach verschiedenen Verfahren erhalten:

a) Aus Nitrocellulose (Collodium);
b) aus Cellulose-Kupferoxydammoniaklösung;
c) aus Viscose (Cellulosethiocarbonat);
d) aus Celluloseacetat;
e) aus tierischen Stoffen (Leim, Casein).

Die aus Collodium, Viscose und aus Cellulosekupferoxydammoniaklösung hergestellten Erzeugnisse bilden den Gegenstand einer hoch entwickelten Industrie; Acetatseide kommt neuerdings in den Handel, die unter e) genannten Seiden haben bisher keine praktische Bedeutung.

Die künstliche Seide ist in manchen Belangen der Naturseide ähnlich; sie stellt einen gleichmäßigen, je nach der Erzeugungsweise verschieden dicken Faden dar. Der Durchmesser ist bei gewöhnlichen Kunstseiden im Mittel 40 bis 50 μ, also ca. viermal größer als der von echter Seide und $1^1/_2$- bis 2mal größer als der von wilder Seide (Silbermann, Lehnes Färber-Ztg. 1892/93, S. 315). Doch kommen Kunstseiden in den Handel, die nach dem Streckverfahren erzeugt, den gleichen oder einen nur unwesentlich größeren Durchmesser als Naturseide haben. Messungen über Stärke usw. ergaben folgende Zahlen:

	Titer	Stärke	Dehnbarkeit
Kunstseide	60 Den.	100 bis 120 g	155 mm auf 1 m
Trame	60 Den.	214 g	189 mm auf 1 m

Eine einfache physikalische Probe zur Unterscheidung von natürlicher und künstlicher Seide hat A. Herzog (Kunststoffe **1917**, 20) beschrieben. Sie gründet sich auf die beträchtlichen Unterschiede im Lichtbrechungsvermögen der natürlichen Seiden einerseits und der künstlichen Seiden andererseits. Das Nicolsche Prisma in Verbindung mit dem zusammengesetzten Mikroskop stellt ein bequemes Mittel dar, die Lichtbrechung passend eingebetteter Fasern mit einer für technisch-analytische Zwecke vollkommen ausreichenden Genauigkeit zu bestimmen. Wie nun Herzog nachgewiesen hat, sind die in der Längsansicht der natürlichen Seide zur Wirkung kommenden Hauptlichtbrechungskoeffizienten wesentlich größer als die der technisch verwendeten Kunstseiden, ganz abgesehen von der beträchtlich stärkeren spezifischen Doppelbrechung im ersteren Falle. So zeigt die echte Seide, sofern ihre Längsrichtung zur Polarisationsebene des Objektischnicols senkrecht steht, den Lichtbrechungskoeffizienten n = 1,595, sie stimmt also in dieser Lage ungefähr mit der Lichtbrechnung des Anilins überein (n = 1,58). Eine in Anilin eingebettete Seidenfaser ist sonach bei der mikroskopischen Prüfung mit einem Nicol in der erwähnten Stellung fast unsichtbar. Wird sie jedoch, etwa durch Drehen des Objekttisches, aus dieser Lage gebracht, so werden ihre Begrenzungen

[1]) Siehe auch Karl Süvern, Die künstliche Seide, 3. Aufl. Berlin **1921** und A. Herzog, Die Unterscheidung der natürlichen und künstlichen Seiden. Dresden **1910**.

immer deutlicher, bis in der senkrechten Gegenstellung das Maximum der Sichtbarkeit eintritt. Es ist geradezu überraschend, welche Gegensätze in der Sichtbarkeit durch eine einfache Drehung des Präparates in der Tischebene hervorgerufen werden können.

Die in gleicher Weise untersuchten Kunstseiden zeigen ein von dem obigen wesentlich abweichendes Verhalten, da ihre Hauptlichtbrechungsexponenten in allen Fällen erheblich unter dem des Anilins liegen, mit anderen Worten, sie bleiben beim Drehen über dem Nicol in allen Lagen deutlich sichtbar.

Selbstredend ist das vorstehend beschriebene Untersuchungsverfahren, welches insbesondere bei Seidengemengen über etwa vorhandene natürliche Seide rasch unterrichtet, auch auf gefärbte Fasern anwendbar, sofern deren Färbung nicht gar zu dunkel ist. Infolge der Färbung bleibt in diesem Falle auch die natürliche Seide in der Stellung II sichtbar, indes ist jeder Irrtum ausgeschlossen, da in der Gegenstellung nicht allein die seitlichen Begrenzungen, sondern auch die zur Faserrichtung parallel verlaufenden Lichtlinien (Beckesche Linie) sehr deutlich in Erscheinung treten. Eine Farbenwandlung wird beim Drehen der Faser über dem Nicol fast niemals beobachtet, während eine solche bei den Kunstseiden, sofern man von der bisher technisch belanglosen Gelatineseide und von der Acetatseide absieht, sehr häufig wahrgenommen werden kann (Pleochroismus). Besonders scharf ist die Farbenwandlung nach Einschaltung eines unter 45° orientierten Gipsplättchens höherer Ordnung (am besten Rot II oder Rot III) festzustellen.

Wenngleich die Kunstseide in der Regel durch ihre beträchtlich größere Dicke von der echten Seide mikroskopisch rasch unterschieden werden kann, bleibt bei genauen Prüfungen doch zu berücksichtigen, daß in manchen Fällen auch die Kunstseide mit der echten Seide diesbezüglich übereinstimmt (Kunstseide nach dem Streckspinnverfahren hergestellt), und daß insbesondere bei Spinnabfällen alle erdenklichen Formen auftreten können.

Das spez. Gewicht der Kunstseide mit Basis Cellulose beträgt etwas über 1,5 g und ist ca. 13% höher als das der natürlichen Seide (1,32). Das spez. Gew. der Acetatseide mit 1,25 g unterschreitet jenes der Naturseide.

Zu den künstlichen Farbstoffen zeigt die Kunstseide große Affinität. Die Beachtung dieser Eigenschaften genügt in der Regel, um Kunstseide von echter Seide zu unterscheiden. Es gibt aber auch noch andere Erkennungsmerkmale. Beim Verbrennen zeigt die erstere das charakteristische Verhalten der vegetabilischen Fasern. Die Lösung in Kalilauge wird gelb, die der echten Seide farblos. Kunstseide wird von einer alkalischen glycerinhaltigen Kupferlösung nicht gelöst (siehe „Reagenzien"). Dieses Verhalten gestattet eine quantitative Trennung der künstlichen von der echten Seide. Unter dem Mikroskop erscheinen die Fasern fast immer regelmäßiger und dicker als die der Naturseide. Schließlich gibt eine Stickstoffbestimmung wertvolle Anhaltspunkte. Kunstseide enthält nur geringe Mengen (meist viel unter 1%), echte Seide dagegen ca. 18,33% Stickstoff.

Nach Süvern und Passon beträgt der Stickstoffgehalt in:

Chardonnet-Seide	0,05 bis 0,15 %
Lehner-Seide	0,07 %
Kupferoxydammoniak-Seide	0,13 %
China-Rohseide	16,60 %
Tussah-Seide	16,79 %

Über die Quellung der Kunstseide in Wasser hat A. Herzog in der Textilen Forschung, **1921**, 1, eingehend berichtet. Aus seinen Prüfungen zieht er folgende Schlüsse:

1. Beim Einlegen der Kunstseiden in Wasser tritt stets eine deutlich nachweisliche Quellung ein. Diese kommt äußerlich in einer Zunahme der Länge, Breite und Dicke der Faser zum Ausdruck.

2. Untereinander verglichen, zeigen die Kunstseiden je nach dem zu ihrer Herstellung benutzten Ausgangsmaterial und der Art seiner fabrikatorischen Weiterverarbeitung erhebliche Unterschiede hinsichtlich ihres Quellungsvermögens. Es gilt dies sowohl von der linearen, als auch von der quadratischen und kubischen Quellung.

3. Verhältnismäßig gering ist die Quellung in der Längsrichtung, die nach den ausgeführten Untersuchungen nur 0,14 bis 7,36% beträgt. Letztere in der nachfolgenden Zahlentafel nicht enthaltene Zahl bezieht sich auf eine sonst nicht weiter untersuchte Viscoseseide deutscher Herkunft. Die Kunstseiden verhalten sich demnach ebenso wie ungedrehte Fasern von Flachs, Hanf, Chinagras, Manilahanf, nur beträgt hier die Längenzunahme viel weniger als dort (nach v. Höhnel 0,05 bis 0,10%). Auch die tierische Faser verlängert sich stets beim Benetzen mit Wasser (0,5 bis 1,0%).

4. Ungleich beträchtlicher ist die Zunahme der Breite und Dicke der Kunstseiden bei der Quellung in Wasser. Wie aus der Zahlentafel ersichtlich, schwankt die Zunahme der Querschnittfläche bei den verschiedenen Kunstseidegruppen zwischen 5,7 und 356,1%. Erstere Zahl entspricht der Acetatseide, die denn auch in der Literatur ausnahmslos als nicht quellungsfähig angegeben wird, letztere der Gelatineseide, die schon gegen den Hauch, ja selbst gegen die Transpiration der menschlichen Haut so empfindlich ist, das sie unter dem Mikroskop deutliche Veränderungen ihrer Querschnittfläche erkennen läßt. Es verdient hervorgehoben zu werden, daß die Gelatineseide im feuchten Zustande keine Zugfestigkeit aufweist und dementsprechend für textile Zwecke nicht in Frage kommt. Zwischen den oben angeführten Grenzwerten liegen die im allgemeinen nur verhältnismäßig wenig voneinander abweichenden Quellungsgrößen der technisch wichtigen Kunstseiden (Kupfer-, Collodium-, Viscoseseide).

5. Unterschiede hinsichtlich der Quellung in der Breite und Dicke sind mit Sicherheit nicht nachzuweisen. Es geht dies schon daraus hervor, daß von Haus aus nahezu stielrund geformte Fasern auch nach der Quellung keine Änderung in der äußeren Begrenzung ihrer Querschnittform erkennen lassen. Immerhin findet aber bei stark gelappten oder gekerbten Querschnitten eine mäßige Deformation statt, wie u. a. daran zu erkennen ist, daß der gezeichnete Querschnitt nach der Quel-

Tafel I.

	Querschnittform	Völligkeit des trockenen Querschnitts in %	Querschnittfläche der Einzelfaser in μ: trocken	Querschnittfläche der Einzelfaser in μ: naß	Spez. Gewicht	Metrische Nummer der Einzelfaser	Feinheit der Einzelfaser in Deniers	Breite der Einzelfaser in μ: trocken (auf dem Querschnitt gemessen)	Breite der Einzelfaser in μ: feucht (auf dem Querschnitt gemessen)	Längenzunahme beim Einlegen in Wasser %	Lineare Quellung der Breite in % der ursprünglichen Breite: auf Querschnitten gemessen	Lineare Quellung der Breite in % der ursprünglichen Breite: in der Längsansicht gemessen	Quadratische Quellung in %	Kubische Quellung in %	Festigkeitsverlust durch Befeuchten in %	Elastizitätsänderung durch Befeuchten in %
Kupferseide	nahezu kreisrund	98,0	859	1390	1,536	725	10,5	33,4	44,0	3,65	31,7	38,5	61,8	67,8	73	+ 2,5
Künstl. Roßhaar aus denitrierter Nitrocellulose	sehr unregelmäßig, grob gelappt	54,8	2087	3030	1,522	305	29,5	69,6	82,0	0,77	17,8	38,7	45,2	46,4	67	+ 7,1
Viscoseseide	größtenteils nierenförmig mit zahlreichen Einkerbungen	50,9	627	1040	1,528	1216	8,6	39,6	51,0	4,80	28,8	53,2	65,9	73,9	68	+ 8,7
Acetatseide	elliptisch	72,3	1364	1442	1,251	586	15,4	49,0	49,3	0,14	0,6	0,0	5,7	6,0	21	0
Gelatineseide	nahezu kreisrund	96,5	1336	6093	1,392	538	16,7	89,1	42,0	0,41	112,1	108,3	356,1	357,9	100	?

lung nicht immer ein getreues, vergrößertes Abbild des ursprünglich in Luft oder in einem nicht quellend wirkenden Medium liegenden Querschnittes darstellt. Offenbar hängt dieses Verhalten mit einer Änderung der inneren Spannungsverhältnisse bzw. unterschiedlichen Quellung der Faser in verschiedenen Richtungen zusammen. Aus diesem Grunde ist es auch nicht angängig, die Quellung der Faser durch Messung des Unterschiedes in der Breite vor und nach dem Einlegen in Wasser zu bestimmen, wie dies heute fast ausnahmslos geschieht. Aus der Zahlentafel ist durch Vergleich der in der Spalte 10 angegebenen Werten zu erkennen, daß die zu beobachtenden Unterschiede zwischen den auf Querschnitten und den in der Längsansicht gemessenen Quellungswerten besonders bei solchen Seiden sehr groß sind, die von Haus aus unregelmäßig geformt sind und einen geringen Völligkeitsgrad der Querschnittfläche aufweisen (Collodiumseide, Viscose). Dazu kommt noch, daß bei solchen mehr oder weniger bandartig flachen und gekräuselten Fasern, die durch das

Deckglas natürlich nicht zu stark an den Objektträger gedrückt werden dürfen, die mikroskopische Messung der Breite in der Längsansicht niemals sehr genau ausfallen kann. In Berücksichtigung all dieser Umstände schlägt Herzog vor, die Quellungsgröße durch Feststellung der Unterschiede der Querschnittfläche vor und nach dem Einlegen in Wasser auszudrücken.

6. Die kubische Quellungsgröße, d. h. die räumliche Zunahme der Faser nach dem Einlegen in Wasser, weicht infolge der nur geringen Längenänderung sehr wenig von der quadratischen ab, so daß im allgemeinen die letztere ein ausreichendes Bild über die durch die Quellung hervorgerufene Änderung gibt.

7. Wie aus den in der Spalte 13 der beigefügten Zahlentafel I angegebenen Zahlen hervorgeht, erleiden die Kunstseiden nach dem Befeuchten mit Wasser eine beträchtliche Festigkeitsverminderung, die zu der Größe der stattfindenden Quellung in gewisser Beziehung steht. Annähernd verläuft die Festigkeitsabnahme parallel der quadratischen bzw. kubischen Quellung. Hieraus erhellt ohne weiteres die praktische Wichtigkeit, das Quellungsvermögen der Kunstseiden, Stapelfasern und

Tafel II.

Untersuchungsergebnis verschiedener Nitrokunstseiden (Erzeugungsjahr 1921).

		1	2	3	4	5	6
Einzelfaser	Breite[1]) in μ Mittel	34,3	33,7	29,8	33,7	40,9	21,9
	Breite[1]) in μ Maximum	56,2	45,0	45,3	49,2	51,1	27,0
	Breite[1]) in μ Minimum	24,2	21,2	19,3	19,4	32,1	14,8
	Ungleichmäßigkeit in der Breite %	19,5	18,0	20,1	16,4	11,8	24,8
	Dicke[1]) in μ Mittel	24,3	25,7	19,2	18,5	27,5	14,6
	Dicke[1]) in μ Maximum	40,1	34,0	24,2	25,4	34,0	19,1
	Dicke[1]) in μ Minimum	14,3	14,5	14,1	11,2	16,0	10,1
	Ungleichmäßigkeit in der Breite %	22,2	24,9	17,0	17,2	18,2	13,1
	Mittlerer Durchmesser in μ	29,3	29,7	24,5	26,1	34,2	18,3
	Breite: Dicke	1,41	1,31	1,55	1,82	1,49	1,50
	Mittlere Querschnittfläche[1]) in $q\mu$	570	598	418	430	7,28	225
	Ungleichmäßigkeit der Querschnittfläche in %	34,6	28,4	25,6	24,5	15,9	28,6
	Völligkeit des Querschnitts in %	62	67	60	48	55	60
	Feinheit in Deniers (leg. T.)	8,0	8,4	5,9	6,0	10,2	3,0
Gespinst	Zahl d. Einzelfasern im Faden	9	9	21	21	24	16
	Experimentell bestimmte Feinheit in Deniers (leg. T.)	72,0	75,6	123,3	126,8	245,2	48,7
	Sollfeinheit in Deniers	80	80	120	120	240	50
	Spezifisches Gewicht	—	—	—	—	1,56	1,50
	Wassergehalt[2])	—	—	—	—	11,6	10,8

[1]) In Kanadabalsam gemessen.

[2]) Zur Zeit der Bestimmung des spezifischen Gewichts.

Tafel III.

Untersuchungsergebnis verschiedener Kupferseiden[1]).

	1	2	3
Breite der Einzelfaser in μ, trocken, Mittel	33,4	28,6	9,6
Breite der Einzelfaser in μ, trocken, Maximum	38,2	35,2	12,8
Breite der Einzelfaser in μ, trocken, Minimum	26,5	24,6	6,0
Breite der Einzelfaser in μ, feucht, Mittel	44,0	45,7	15,0
Breite der Einzelfaser in μ, feucht, Maximum	53,2	49,2	20,3
Breite der Einzelfaser in μ, feucht, Minimum	37,4	34,1	10,4
Ungleichmäßigkeit in der Breite, %, trocken	7,1	8,5	15,6
„ „ „ „ %, feucht	5,4	7,7	18,3
Quellung (lineare) in %	31,7	59,8	56,3
Zahl der Einzelfasern im Faden	15	12	44
Querschnittfläche der Einzelfaser in $q\mu$	859	597	74
Völligkeit d. Querschnittfläche d. Einzelfaser in %	98	93	99
Metrische Nummer des Fadens	88,6	87,1	200,0
Feinheit des Fadens in Deniers	102	115	45
Feinheit der Einzelfaser in Deniers	6,8	9,6	1,0
Fadenfestigkeit in g, trocken, Mittel	159,1	175,7	82,0
Fadenfestigkeit in g, trocken, Maximum	183,2	196,3	100,0
Fadenfestigkeit in g, trocken, Minimum	143,1	135,4	63,0
Fadenfestigkeit in g, feucht, Mittel	29,0	30,8	40,0
Fadenfestigkeit in g, feucht, Maximum	36,0	35,3	47,0
Fadenfestigkeit in g, feucht, Minimum	25,1	21,2	34,0
Ungleichmäßigkeit in der Festigkeit %, trocken	12,1	8,3	17,4
„ „ „ „ %, feucht	8,9	5,1	12,5
Festigkeitsverlust durch Befeuchten %	81,8	82,4	51,2
Mittlere Festigkeit in kg pro qmm (trocken)	22,6	24.5	26,2
Mittlere Reißlänge in km (trocken)	14,1	15,3	16,4
Bruchdehnung in %, trocken	16,5	13,7	15,6
„ „ %, feucht	18,2	17,4	22,5
Änderung in d. Bruchdehnung d. Befeuchtung, %	+ 10,3	+ 27,2	+ 44,2

groben Kunststoffe (Roßhaarersatz wie: Pan, Meteor, Sirius, Helios, Kunsthanf usw.) durch Wahl passender Fällungs- und Härtungsbäder und etwaige sonstige Nachbehandlung auf technischem Wege soweit als möglich herabzusetzen.

6. Beim Austrocknen der Fasern wird der ursprüngliche Zustand wieder vollkommen hergestellt.

Acetatseide. Über das Verhalten der Acetatseide hebt A. Herzog (Chem.-Ztg. **40**, 347; 1910) folgendes hervor: 1. Wasser bewirkt keine nennenswerte Aufquellung der Fasern. 2. Das spez. Gewicht ist niedrig (1,251). 3. Die zusammengesetzten Jodpräparate (Chlorzinkjod, Jod und Schwefelsäure) rufen eine deutliche Gelbfärbung hervor. 4. Eisessig löst in der Kälte. 5. Kupferoxydammoniak bewirkt keine Lösung. 6. Die Verbrennungsprobe verläuft wie bei tierischen Fasern (blasig-kohliger

---

1) Nach A. Herzog, Textile Forschung **3**, 1; 1921.

Tafel IV.

Untersuchungsergebnis verschiedener Viscosekunstseiden[1]).

			1	2	3
Breite der Einzelfaser in μ	trocken	Mittel	27,3	33,3	42,7
		Maximum	41,6	37,7	54,6
		Minimum	22,1	28,6	31,2
	feucht	Mittel	35,0	45,8	57,7
		Maximum	44,1	52,1	68,1
		Minimum	29,9	39,0	49,4
Ungleichmäßigkeit in der Breite %, trocken			12,7	8,6	13,4
„ „ „ „ %, feucht			5,7	5,7	9,0
Quellung (in Wasser) in %			28,2	37,6	35,2
Zahl der Einzelfasern im Faden			14	14	15
Querschnittfläche in $q\mu$			520	660	583
Völligkeit der Querschnittfläche in %			89	76	41
Metrische Nr. des Fadens			106,5	69,4	74,1
Feinheit des Fadens in Deniers			85	130	121
Feinheit der Einzelfaser in Deniers			6,1	9,3	8,1
Fadenfestigkeit in g	trocken	Mittel	123,0	186,0	231,0
		Maximum	130,0	195,0	240,0
		Minimum	118,0	170,0	220,0
	feucht	Mittel	23,0	49,0	90,0
		Maximum	28,0	52,0	98,0
		Minimum	19,0	45,0	84,0
Ungleichmäßigkeit in der Festigkeit %, trocken			3,7	2,7	2,3
„ „ „ „ %, feucht			8,8	3,1	4,3
Verlust durch Befeuchten in %			81,3	73,7	61,1
Mittlere Festigkeit in kg pro qmm, trocken			20,0	19,7	21,5
Mittlere Reißlänge in km, trocken			13,1	12,9	17,3
Bruchdehnung in %, trocken			19,9	15,2	9,3
„ „ %, feucht			16,9	21,2	10,7
Änderung der Bruchdehnung d. Befeuchten in %			— 15,1	+ 39,5	+ 15,1

Rückstand). 7. Zwischen gekreuzten Nicols treten nur die niedrigsten Farben (grau) der ersten Ordnung auf. 8. Die längere Achse der in der Längsansicht der Faser wirksamen optischen Elastizitätsellipse (Rand- und Flächenteile der Faser) steht senkrecht zur Faserlängsrichtung. 9. Mit Kongoart gefärbte Fasern zeigen keinen Pleochroismus. 10. Die beiden Hauptlichtbrechungskoeffizienten weichen nur sehr wenig voneinander ab. Im allgemeinen stimmt die Faser in ihrer mittleren Lichtbrechung mit Citronenöl überein, in dem sie deshalb nahezu unsichtbar wird.

Unterscheidung der Kunstseidearten nach Schwalbe (Färber-Ztg. **1907**, 273; Fischer, Jahresber. **1907**, II., 406). Erwärmt man etwa 0,2 g der Probe mit gleichen Mengen (ca. 2 ccm) Fehlingscher Lösung im Wasserbade etwa 10 Minuten lang, so zeigt beim

[1]) Nach A. Herzog, Textile Forschung **3**, 1; 1921.

Auffüllen der Probiergläser mit Wasser nur die Flüssigkeit in dem mit Chardonnetseide beschickten Glase eine Grünfärbung, während die Flüssigkeit in den Kupfer- und Viscoseseide enthaltenden Probiergläsern reinblau geblieben ist. An den Fasern der Chardonnetseide beobachtet man außerdem deutlich Abscheidung von gelbem bis rötlichem Kupferoxydul. Die Reaktion beruht auf dem verschiedenen Reduktionsvermögen der Kunstseiden. Nur bei Chardonnetseide, dem aus Nitrocellulose bereiteten Produkt, ist das Reduktionsvermögen einigermaßen erheblich.

Zur weiteren Unterscheidung von Kupfer- und Viscoseseide übergießt man gleiche Mengen dieser Kunstseiden mit Chlorzinkjodlösung, gießt nach wenigen Augenblicken den Überschuß des Reagens ab, füllt die Gefäße, etwa Probierröhren, mit Wasser auf, gießt dieses wieder ab und wiederholt diese Waschprozedur, bis das Wasser nur noch ganz hellgelb gefärbt oder farblos ist. Kupferseide (Glanzstoff) hat sich unter diesen Umständen nur sehr schwach angefärbt und verliert die bräunliche Tönung wieder sehr rasch beim Waschen, während Viscose die blaugrüne Färbung längere Zeit bewahrt.

Ausführliche vergleichende Untersuchungen über die Unterscheidung von Viscose- und Kupferseide hat A. Herzog kürzlich veröffentlicht (Textile Forschung, **1921**, 1. Heft). Er kommt zu dem Ergebnis, daß für die sichere Unterscheidung dieser Fasern in erster Linie das Ultramikroskop (Paraboloidkondensor) in Frage kommt, in zweiter Linie ist auch die mikroskopische Untersuchung der Querschnittformen zu berücksichtigen, da auf diesem Wege wertvolle Anhaltspunkte, namentlich über die Herkunft etwa vorliegender Viscoseseide erhalten werden können. Andere Prüfungsverfahren kommen nach seiner Angabe nur insofern in Betracht, als sie zum Auseinanderhalten von etwa noch in Frage kommenden sonstigen Kunstseiden erforderlich sind.

Unterscheidung der verschiedenen Kunstfasern nach Clement (Färberzeitung **1909**, 1).

a) Man gibt eine Probe in eine Lösung von Diphenylamin in konzentrierte Schwefelsäure. Collodiumseide gibt (auch gut denitriert) die blaue Salpetersäurereaktion.

b) Man färbt mit einem basischen Farbstoff: gewisse Collodiumseiden färben sich dunkel, andere nur in mittleren Tönen, ebenso auch Kupferseide, selbst wenn der Farbstoff in großem Überschuß vorhanden.

c) Man behandelt mit Schiffschem Reagens (mit SO_2 entfärbte Fuchsinlösung). Collodiumseide färbt sich dunkelrosa, Viscose wesentlich heller, Glanzstoff noch heller.

d) Der mikroskopische Querschnitt der Kunstseide ist verschieden. Von kreisrunden Querschnittformen angefangen bis zu unregelmäßig gestalteten, z. T. tiefgelappten Begrenzungen kommen alle nur erdenklichen Übergänge vor.

Fäden aus Leim und Casein sind fast rund, was in dem schnellen Erstarren und verhältnismäßig geringen Schwinden derselben seinen Grund hat.

Wichtigste chemisch-physikalische Reaktionen de

	Natürliche Seiden		
	Echte Seide	Wilde Seide	Muschelseide
Quellung in Wasser	wenig auffallend	wenig auffallend	wenig auffallend
Verbrennung	kohliger Rückstand, Verbrennungsgase unangenehm riechend	kohliger Rückstand, Verbrennungsgase unangenehm riechend	kohliger Rückstand, Verbrennungsgase unangenehm riechen
Reaktion d. Verbrennungsgase gegen Lackmuspapier	alkalisch	alkalisch	alkalisch
Färbung mit Jod und Papierschwefelsäure	gelb bis gelbbraun	gelb bis gelbbraun	von Natur aus braun gefärbt
Färbung mit Chlorzinkjod	schwach gelb	schwach gelb	
Schwefelsäure konz. kalt	rasch gelöst	rasch gelöst	rasch gelöst
Eisessig	kalt und warm ohne Einwirkung	kalt und warm ohne Einwirkung	schwache Quellung
Chromsäure (halb gesättigt	in der Wärme rasch gelöst	in der Wärme sehr langsam gelöst; Fibrillen außerordentlich deutlich	in der Wärme vollstän dige Lösung; prächt tige Längsstreifung
Kalilauge heiß 40 %	rasch gelöst	nach längerem Kochen Zerfall und teilweise Lösung	nach längerem Koche Zerfall und teilwei Lösung, prächti Längsstreifung
Kupferoxydammoniak	Fibroin gelöst, Sericin ungelöst, stark gefaltet	Fibroin gelöst; jedoch langsamer; deutliche Längsstreifung; Quetschstellen rasch gelöst	starke Quellung oh Lösung
Nickeloxydammoniak	kalt: rasch gelöst; Färbung hellbräunlich, Sericin unlöslich	kalt: Quellung; heiß: starke Quellung und teilweise Lösung, Lösung hellbräunlich	kalt und warm: Que lung ohne Lösun deutliche Längsstre fung
Alkalische Kupferglycerinlösung	kalt: Fibroin gelöst; Sericin ungelöst. Flüssigkeit violett gefärbt	kalt: nahezu ohne Wirkung; heiß: Lösung unter Violettfärbung der Flüssigkeit, vorher Zerklüftung	kalt und warm: schwache Quellu ohne Lösung
Diphenylamin u. Schwefelsäure	ohne Einwirkung	ohne Einwirkung	ohne Einwirkung

türlichen und künstlichen Seiden (nach A. Herzog).

Künstliche Seiden				
Collodiumseide	Kupferseide	Viscoseseide	Acetatseide	Gelatineseide
:fallend	auffallend	auffallend	nicht vorhanden	besonders auffallend
ch verbrennend, Aschenmenge sehr gering (ca.),1 %)	rasch und fast ohne Rückstand verbrennend	langsamer verbrennend	kohlig - blasiger Rückstand, Verbrennungsgase unangenehm riechend	kohlig - blasiger Rückstand, Geruch nach verbrannten Federn
ıer	sauer	sauer	sauer	alkalisch
ıu mit rotviolettem Stich; starke Quellung	blau mit violettem Stich; starke Quellung	blau mit violettem Stich; starke Quellung	gelb	gelbbraun
violett	rotviolett	rotviolett	gelb	gelbbraun
ch gelöst	langsam gelöst; anfangs deutliche Längsstreifung	rasch gelöst; Längsstreifen nicht vorhanden	langsam gelöst	starke Quellung ohne Lösung
t und warm hne Einwirkung	kalt und warm ohne Einwirkung	kalt und warm ohne Einwirkung	in der Kälte rasch gelöst	kalt: starke Zerklüftung (quer); heiß: nach längerem Kochen fast gelöst
der Kälte allnählich, in der Värme rasch geöst	in der Kälte allmählich, in der Wärme rasch gelöst	in der Kälte allmählich, in der Wärme rasch gelöst	kalt und warm: Quellung ohne Lösung	in der Wärme rasch gelöst
rke Quellung ›hne Lösung	starke Quellung ohne Lösung	starke Quellung ohne Lösung	starke Quellung ohne Lösung	rasch gelöst
ellung und langsame Lösung	Quellung und langsame Lösung	Quellung und langsame Lösung	gequollen, jedoch keine Lösung	blauviolett gefärbt, jedoch keine Lösung
t und warm: Quellung ohne Lösung	kalt und warm: Quellung ohne Lösung, Längsstreifung deutlich	kalt und warm: Quellung ohne Lösung und ohne Längsstreifung	kalt und warm: schwache Quellung ohne Lösung	kalt und warm: starke Kräuselung und Blaufärbung ohne Lösung
›h nach längerem Kochen ›hne Einwirkung	auch nach längerem Kochen ohne Einwirkung	auch nach längerem Kochen ohne Einwirkung	auch nach längerem Kochen ohne Einwirkung	heiß: nach kurzer Zeit Lösung
ənsiv blau	keine Färbung	keine Färbung	keine Färbung	keine Färbung

e) Acetatseide ist daran zu erkennen, daß sie sich schlecht netzt; sie enthält beträchtliche Mengen gebundener Essigsäure, die nach dem Verseifen des Celluloseesters nachgewiesen werden kann. Auch das von A. Herzog festgestellte charakteristische Verhalten der Faser zwischen gekreuzten Nicols und eingeschalteter Gipsplatte Rot I (optische Elastizitätsellipse quergestellt) verdient besonders hervorgehoben zu werden. Über spontane Zersetzungen der Acetylcellulose und deren optischen Nachweis ist die Arbeit von A. Herzog (Kunststoffe **1913**, 8 u. 9) einzusehen.

f) Seiden aus Leim und Casein sind sehr wenig wasserbeständig, brennen wie Naturseide und lösen sich in Alkalien.

Diese Reaktionen dürften genügen, um die Natur einer Kunstfaser festzustellen. Nur die Unterscheidung von Glanzstoff und Viscose, die sich in ihren Reaktionen sehr nahe stehen, bietet gewisse Schwierigkeiten, die allerdings durch die neuesten Arbeiten von A. Herzog (siehe oben) fast gänzlich behoben sind.

Unterscheidung von Naturseide und Kunstseide nach Clement (Färberztg. **1909**, 1).

Bei einiger Übung ist Naturseide von Kunstseide schon durch den Augenschein zu unterscheiden. Weiter können folgende Proben Aufschluß geben:

a) Man netzt einen Faden auf der Zunge: Kunstseide (mit Ausnahme guter Acetatseide) reißt ziemlich leicht, natürliche Seide bleibt fest. Der Unterschied ist so beträchtlich, daß ein Zweifel kaum möglich ist.

b) Man verbrennt eine Probe: Seide und Fasern aus tierischen Stoffen qualmen und kohlen unter Verbreitung eines Geruches nach verbrannten Haaren; Cellulose und Cellulosederivate brennen ruhig ab.

c) Man betrachtet eine Probe unter dem Mikroskop. Kunstseide ist in der Regel viel gröber als natürliche Seide, auch ist das Bild ein anderes.

Schlüssel zur Bestimmung der natürlichen und künstlichen Seiden auf chemisch-physikalischem Wege.

(Analytisches Bestimmungsschema.)

1. a) Beim Verbrennen Geruch nach verbrannten Federn. Verbrennungsgase reagieren alkalisch. Mit α-Naphthol und Schwefelsäure keine Cellulosereaktion (lediglich gelb bis rötlichbraun gefärbt) . . . . . . siehe Nr. 2
   b) Beim Verbrennen kein auffallend unangenehmer Geruch. Verbrennungsgase reagieren sauer. Mit α-Naphthol und Schwefelsäure Dunkelviolettfärbung (Cellulosereaktion) . . . . siehe Nr. 3
2. a) Alkalisches Kupferglycerin löst in der Hitze . . . . siehe Nr. 4
   b) Nicht so. Ungleichmäßig grobe, von Natur aus gelb bis gelbbraun gefärbte Fasern mit sehr zarter Längsstreifung . . . . **Muschelseide**
3. a) Chlorzinkjod färbt rotviolett, Kupferoxydammon löst, Eisessig ist ohne Einwirkung, halbgesättigte Chromsäure löst in der Wärme. Quellung in Wasser auffallend (mikrometrisch zu kontrollieren) . . . . siehe Nr. 5
   b) Chlorzinkjod färbt gelb, Eisessig löst rasch, Kupferoxydammon löst nicht, ebenso halbgesättigte Chromsäure. In Wasser keine Quellung. Faser walzenförmig, ovale bis kreisrunde, seltener unregelmäßig rechteckig gestaltete Querschnitte . . . . **Acetatseide**

4. a) Kupferoxydammon löst, Eisessig löst nicht . . . . siehe Nr. 6
   b) Kupferoxydammon löst nicht, färbt jedoch auffallend blauviolett. Faser enthält grobe, braunschwarze Verunreinigungen. Querschnitt kreisrund. Hie und da Querfalten. In Wasser auffallend starke Quellung **Gelatineseide**
5. a) Mit Diphenylamin und Schwefelsäure starke Blaufärbung. Querschnitte oval bis ganz unregelmäßig (lappig) geformt. Bei stark lappigen Querschnitten schließen sich die Ränder nicht selten so gegeneinander, daß die Faser einen scheinbar röhrigen Bau zeigt (Scheinlumen). In der Längsansicht zeigt die Faser in der Regel eine ausgesprochene Leistenbildung **Collodiumseide**
   b) Nicht so . . . . siehe Nr. 7
6. a) Fasern glatt und strukturlos, seltener mit einer außerordentlich feinen Längsstreifung. Querschnitte mehr oder weniger rundlich. Faserdicke ungefähr 15 μ. . . . . **Echte Seide**
   b) Auffallend breite, bandartige und stark längsgestreifte Fasern mit stark zusammengedrückten, keilartigen Querschnittformen . . . . **Wilde Seide**
7. a) Sehr gleichmäßig gebaute Fasern von ovalem bis kreisförmigem Querschnitt, außen nicht selten fein gezahnt. Im Inneren eine außerordentlich feine Querlamelierung, namentlich in der Nähe der Rißenden gut zu beobachten **Kupferseide**
   b) Zahnung und Querlamellierung nicht vorhanden. Querschnitte deutlich abgekantet oder unregelmäßig sternförmig . . . . **Viscoseseide**

Nach A. Herzog (Textile Forschung, 4, 7; 1922) läßt sich die Feinheit der Kunstseide (Einzelfaser) auf mikroskopischem Wege bestimmen, wenn das von ihm angegebene „Deniermeter" benutzt wird. Dieses besteht aus einem feinen Okularnetzmikrometer, dessen Quadratteilung $^1/_{10}$ Deniers direkt abzulesen gestattet. Mit Hilfe eines starken Trockenobjektivs (z. B. Zeiss F) läßt sich durch Ausziehen oder Einschieben des Tubus die Seite des dieser Fläche entsprechenden Quadrats auf 2,7 μ einstellen. Auch zur raschen Schätzung der Feinheit läßt sich das Deniermeter verwenden, da je 25 kleine Quadrate zusammengefaßt sind und deren Fläche (2,5 Deniers) durch kräftigere Umrandung hervorgehoben ist. In beiden Fällen sind mikroskopisch feine Faserquerschnitte erforderlich, die in Canadabalsam einzubetten sind. Der besseren Sichtbarkeit wegen, werden die Fasern vor dem Einschluß in Paraffin kräftig angefärbt (z. B. mit Safranin). Die Netzteilung läßt sich in Ermangelung eines besonderen Zeichenapparates mit Vorteil auch beim Zeichnen von Faserquerschnitten usw. verwenden.

VII. Ultramikroskopie

(vgl. Bd. III, Abschnitt „Kolloidchemische Arbeitsmethoden" S. 1305).

Wie die Theorie des Mikroskopes lehrt, werden mikroskopische Strukturen, deren Ausdehnung unter 0,2 μ liegt, nicht mehr objektähnlich, sondern als Beugungsscheibchen abgebildet. Der mikroskopische Nachweis solcher kleinen Teilchen kann sonach, unter sonst günstigen Umständen, nur unter Verzichtleistung auf ihre objektähnliche Abbildung erfolgen.

Die von Siedentopf[1]) eingeführte Untersuchungsmethode, welche in scharfsinniger Weise das Prinzip der Dunkelfeldbeleuchtung ver-

---

[1]) Siedentopf, Über die physikalischen Prinzipien der Sichtbarmachung ultramikroskopischer Teilchen. Berliner klin. Wochenschr. **1904**, Nr. 32.

wertet, gestattet die sichtbarmachende Kraft des Mikroskopes derart zu steigern, daß selbst Ultramikronen, d. h. Teilchen von nur 0,2 bis 0,005 μ Größe, mit Sicherheit nachgewiesen werden können.

Ultramikroskopische Untersuchungen sind in den letzten Jahren auf verschiedene feste, flüssige und gasförmige Körper ausgedehnt worden; sie haben, abgesehen von anderen wichtigen Aufschlüssen, den direkten Beweis für die Diskontinuität der Materie erbracht[1]).

Prüfungen der wichtigsten Faserstoffe des Handels haben Schneider und Kunzl[2]) und besonders Gaidukov[3])[4]) unternommen. Der letztgenannte Autor bringt die im Ultramikroskop wahrnehmbaren Strukturen in wohlbegründeter Weise mit den Mizellen Nägelis und den Mikrosomen Wiesners in ursächlichen Zusammenhang.

Die vorliegenden Untersuchungen der Seidenprodukte wurden mit besonderer Rücksicht auf ihre eventuelle Verwendbarkeit bei der analytischen Bestimmung dieser Faserstoffe vorgenommen.

Das von Gaidukow empfohlene Instrumentarium[5]) hat der Verfasser für durchaus zweckmäßig befunden und daher auch bei seinen Arbeiten verwendet (Dunkelfeldbeleuchtung durch Abblendung im Zeissschen Immersionsobjektiv: Apochromat f = 2 mm, starke Kompensationsoculare, Wechselkondensor nach Siedentopf, elektrisches Bogenlicht). Auch der verbesserte Paraboloidkondensor von Zeiss ist hierfür brauchbar.

Sofern nicht spezielle Fälle in Frage kommen, empfiehlt es sich, die Präparation der Seiden in reinstem destillierten Wasser vorzunehmen, da andere Flüssigkeiten die ultramikroskopische Struktur zu ungleichmäßig beeinflussen. Zur Verhütung des Austrocknens der Fasern während der ultramikroskopischen Untersuchung muß das Deckglas eine Umrandung mit Wachs oder Harz erhalten (sehr bequem ist der von Grübler & Co. in Leipzig beziehbare Krönigsche Deckglaskitt). Es braucht wohl nicht besonders hervorgehoben zu werden, daß bei der Präparation der Fasern und der Auswahl der Utensilien in der peinlichsten Weise vorgegangen werden muß.

Bei der Beurteilung des ultramikroskopischen Bildes kommen lediglich die mittleren Teile der Fasern in Frage. Rand und Oberfläche zeigen durchaus unbrauchbare, durch Interferenzsäume stark gestörte Bilder.

Mit Rücksicht auf die im allgemeinen ungewohnten und sonst auch recht ähnlichen Ultrastrukturen und dem Fehlen jeglichen Vergleichs-

---

1) Siedentopf, Ausführliche Zusammenstellung der ultramikroskopischen Literatur in Zeitschr. f. Chemie u. Ind. d. Kolloide **1906**, 1907.

2) Schneider u. Kunzl, Spinnfasern und Färbungen im Ultramikroskop. Zeitschr. f. wiss. Mikrosk. **23**, H. 4.

3) Gaidukov, Ultramikroskopische Untersuchungen der Stärkekörner usw. Ber. d. Dtsch. bot. Ges. **24**, 581; 1906.

4) Gaidukov, Über die Anwendung des Ultramikroskopes nach Siedentopf und des Mikrospektralphotometers nach Engelmann in der Textil- und Farbstoff-Industrie, Zeitschr. f. angew. Chemie **9**, 393; 1908.

5) C. Zeiss, Dunkelfeldbeleuchtung durch Abblendung im Objektiv. Jena, Prospekt Mikro 228.

maßstabes, macht ihre Beurteilung anfänglich gewisse Schwierigkeiten. Es empfiehlt sich daher, wo immer nur angängig, die Präparate zu photographieren. Richtig aufgenommene Mikrophotogramme erweisen sich ungleich wertvoller als die Präparate selbst, da sie nachträglich einen sehr bequemen Vergleich der Strukturverhältnisse zulassen.

Papierbilder, auch solche mit Hochglanz, sind nicht recht geeignet, die ultramikroskopischen Strukturunterschiede der Seidenprodukte in befriedigender Weise zum Ausdruck zu bringen. Glasbilder (Diapositive) leisten erheblich mehr, namentlich wenn es sich um sehr lichtschwache Strukturen handelt, weil sie, im Gegensatz zu Papierbildern, noch die feinsten Unterschiede in den dunklen Teilen des Bildes mit voller Sicherheit erkennen lassen. Zu den Aufnahmen kann jede mikrophotographische Kamera Verwendung finden. Sehr bequem und sparsam ist die von Zeiss zur Herstellung von Expositionsskalen bestimmte Schiebekassette, welche die gleichzeitige Aufnahme von mehreren Bildern auf ein und derselben Platte zuläßt. Für den vorliegenden Zweck genügt es vollständig, wenn bloß die mittleren Teile der Fasern auf der Platte erscheinen, da nach dem oben Gesagten die übrigen Teile für die Untersuchung ohnehin nicht in Frage kommen.

Da bei Verwendung der Expositionskassette die Entwicklung der auf einer Platte nebeneinander befindlichen Aufnahmen natürlich gleichzeitig erfolgen muß, erheischt dies besondere Vorsicht bei der Bemessung der Expositionszeiten.

Erst bei längerer Übung in der Handhabung des Ultramikroskopes gelingt es, auch durch subjektive Betrachtung des mikroskopischen Bildes die Struktureigentümlichkeiten und Unterschiede richtig zu bewerten.

Bei der Beurteilung des ultramikroskopischen Bildes kommen zwei Hauptmomente in Frage: Die Struktur und ihre Lichtstärke.

In bezug auf ihre Struktur lassen sich die natürlichen und künstlichen Seiden folgendermaßen gruppieren:

1. Optisch leere oder mit außerordentlich lichtschwachen Netzstrukturen versehene Fasern;
2. Fasern mit deutlich ausgeprägter Netzstruktur und
3. Fasern mit sehr deutlicher Parallelstruktur.

Die folgende Tabelle enthält die wichtigsten Vertreter der Seidenfasern nach ihrer inneren Struktur gruppiert. Die Reihenfolge innerhalb jeder Reihe entspricht dem Grade der Lichtstärke des mikroskopischen Bildes in dem Sinne, daß der vorangesetzten Faser die größere Lichtstärke zukommt.

Optisch nahezu leer	Netzstruktur	Parallelstruktur
Gelatineseide	Kupferseide Viscoseseide Nitroseide Acetatseide	Wilde Seide Echte Seide

Gelatineseide: Von allen Seiden zeigt die Gelatineseide die lichtschwächste Struktur. In den meisten Fällen sind optisch leere Fasern, seltener solche mit einer außerordentlich feinen und lichtschwachen Netzstruktur zu beobachten. Bei der Beurteilung des ultramikroskopischen Bildes hüte man sich davor, die in großer Menge vorhandenen Verunreinigungen mikroskopischer und submikroskopischer Art mit der Faserstruktur in Verbindung zu bringen.

Gröbere Verunreinigungen sind bekanntlich schon bei schwachen mikroskopischen Vergrößerungen leicht aufzufinden, die Hauptmasse kommt indessen erst bei der ultramikroskopischen Untersuchung zu Gesicht. Keine andere Methode ist in dieser Hinsicht besser geeignet eine richtige Vorstellung über die Reinheit des verwendeten Rohmaterials zu vermitteln.

Mit Rücksicht darauf, daß mehr oder minder starke Verunreinigungen auch stets bei den übrigen Kunstseiden vorgefunden werden, dürfte die ultramikroskopische Prüfung in Zukunft ein vorzügliches Mittel der Betriebskontrolle abgeben.

Kupferseide. Wie die ausgezeichneten Studien von Hassack gelehrt haben, zeigen manche Kupferseiden außerordentlich feine Querlinien in ihrem Inneren, deren Entstehung höchstwahrscheinlich auf Spannungsunterschiede während der Härtung der Fasern zurückzuführen sein dürfte. Sie sind in der Tat in manchen Fällen bei starken Vergrößerungen und sehr sorgfältiger Handhabung der Mikrometerschraube schon bei gewöhnlicher mikroskopischer Betrachtung sichtbar.

Eine auffallende Verstärkung dieser Struktur läßt sich dadurch hervorrufen, daß die Fäden stark gedehnt oder gerissen werden. Namentlich in der Nähe der Rißstellen sind dann die Querlamellierungen besonders deutlich wahrzunehmen. Der Rand der Fasern, der offenbar widerstandsfähiger und elastischer beschaffen ist, zeigt diese Erscheinung nicht.

In besonderer Klarheit und Schönheit treten die Querlinien bei der ultramikroskopischen Betrachtung hervor. Gleichzeitig lassen die Randpartien, allerdings durch auftretende Interferenzsäume gestört, die wesentlich abweichende Micellarstruktur erkennen. Die zu beobachtende Struktur entspricht einem sehr feinen Netz, dessen Maschen quergestreckt erscheinen. Mit Hilfe des Ultramikroskopes lassen sich die beschriebenen Strukturverhältnisse bei allen Kupferseiden feststellen.

Die Baumwollfaser, welche das Ausgangsmaterial zur Herstellung der Kupferoxydammoniakseide bildet, besitzt eine wesentlich gröbere Netzstruktur. Zudem sind die Maschen des Netzwerks viel unregelmäßiger und an verschiedenen Stellen der Faser in wechselnden Richtungen gelagert. Seltener verlaufen die leuchtenden Partikelchen in einer zur Längsachse der Faser mehr oder weniger parallelen Richtung. Wie Herzog (a. a. O.)[1]) dargetan hat, entspricht dieser Parallelismus der Mizellen Faserzonen mit gerader Auslöschung des polarisierten Lichtes.

Möglicherweise sind die auffallenden Unterschiede in der Größe und Anordnung der ultramikroskopisch leuchtenden Partikelchen, wie

[1]) Herzog, Zur Kenntnis der Doppelbrechung der Baumwollfaser, Zeitschr. f. Chemie u. Ind. d. Kolloide, 5, 246; 1909.

sie sich nach dem Vorgesagten für Baumwolle und Kupferseide ergeben, Ursache der wesentlichen Abweichungen in den Brechungskoëffizienten beider Fasern.

Viscoseseide. In den untersuchten Fällen waren die Fasern mit außerordentlich viel Verunreinigungen mikroskopischer und submikroskopischer Art durchsetzt, derart, daß sie die ziemlich grobe Netzstruktur zum Teil überstrahlten. Einzelne Viscosefasern lassen manchmal, aber sehr selten, besonders in der Nähe von Rißstellen, eine der Kupferseide analoge Querlamellierung erkennen. Bei manchen Fabrikaten (Sydowsaue) ist neben einem ziemlich lichtschwachen Netzwerk auch eine sehr zarte Parallelstruktur nachweisbar.

Collodion- und Acetatseide. Die genannten Seiden sind in ihrem ultramikroskopischen Verhalten kaum scharf voneinander zu trennen. In allen Fällen sind lichtschwache, durch mehr oder weniger häufige Verunreinigungen gestörte Netzstrukturen vorhanden. Die Maschen des Netzwerkes sind längsgestreckt.

Wilde Seide. Die Faser ist gleichmäßig rein und zeigt eine besonders schön ausgeprägte Parallelstruktur, wie sie bei keiner anderen natürlichen oder künstlichen Seide beobachtet werden kann. Offenbar handelt es sich hier um die schon mit dem gewöhnlichen Mikroskop, namentlich nach vorheriger Einwirkung von Chromsäure, sichtbaren Fibrillen der Fasern.

Echte Seide. Ein anderes ultramikroskopisches Bild liefert die echte Seide. Die gleichfalls vorhandene Parallelstruktur ist gröber und wesentlich lichtschwächer wie im vorigen Falle. Zwischen den leuchtenden Linien ist viel optisch leere Substanz vorhanden. In vereinzelten Fällen ist auch eine außerordentlich zarte, aber auch sehr lichtschwache Netzstruktur nachweisbar. Verunreinigungen sind nur selten zu finden.

Zellstoff und Zellstoffindustrie.

Von

Dr. phil. **Carl G. Schwalbe,** Professor an der forstlichen Hochschule,
Vorstand der Versuchsstation für Holz- und Zellstoff-Chemie in Eberswalde [1]).

Untersuchung der Rohfaserstoffe.

Für die Zwecke der Zellstoffindustrien werden die pflanzlichen Rohfaserstoffe meist noch nicht laufend untersucht, obwohl die Analyse einigen Aufschluß über die Eignung gewisser Rohfasersorten zu geben vermag. Handelt es sich um neue Rohfaserstoffe, die in die Technik eingeführt werden sollen, so ist eine solche Untersuchung unumgänglich notwendig. Für die gegenwärtig gebräuchlichen Rohmaterialien, vorzugsweise Holz und Stroh, kommen für die laufende Fabrikation nur die Bestimmung des Feuchtigkeitsgehaltes und von Harz bzw. Fett, Asche und Wachsinhalt in Betracht. Für neue Rohstoffe müssen außer den genannten, Bestimmungen des Gehaltes an Asche, Cellulose, Pentosan und Lignin vorgenommen werden.

Schwierig gestaltet sich bei pflanzlichen Rohfaserstoffen die Probenahme. Bei grasartigen Rohfaserstoffen ist beispielsweise auf das Verhältnis von Halm zu Knoten Rücksicht zu nehmen. Bei Hölzern muß durch Auswahl geeignet geschnittener Sektoren für eine gleichmäßige Berücksichtigung von Splint und Kern gesorgt werden.

Als Zerkleinerungswerkzeug kommt für lose Fasern, wie Baumwolle, Flachs u.dgl., die Schere in erster Linie in Anwendung; für Gräser, wie Stroh, ein Häckselmesser oder eine Häckselschneidemaschine. Eine Quetschung der grobgeschnittenen Materialien ist zur Zertrümmerung von Knoten zwecks leichteren Eindringens der Chemikalienlösungen empfehlenswert. Für Hölzer kommen Beil und Säge, Raspel und Feile in Betracht. Empfohlen wird auch das Hobeln feiner 0,5 mm langer, $^1/_{10}$ mm dicker Hobelspäne, verbunden mit weiterer Zerteilung durch Quetschen und Hämmern, möglichst bis zur Freilegung der Zelle, endlich auch Bohren mit dem Zentrumsbohrer, der keine Staubbildung verursacht. Staubförmige Zerkleinerung kann bei manchen Analysenmethoden zu Fehlern Anlaß geben; Staubbildung muß deshalb nach Möglichkeit vermieden werden. Für die Bestimmung von Wasser, Asche, Harz und Fett ist eine so weitgehende Zerkleinerung, wie vorbeschrieben, nicht erforderlich.

---

[1]) Ausführliche Darstellung der einschlägigen Analysenmethoden findet sich in Schwalbe-Sieber, Die chem. Betriebskontrolle in der Zellstoff- u. Papier-Ind. 2. Aufl. Julius Springer, Berlin 1922.

Trockengehalts- bzw. Wasserbestimmung. Diese geschieht in üblicher Weise durch Trocknen des Materials bei 105° während 4 bis 6 Stunden im Trockenschrank bis zur Gewichtskonstanz, oder durch Destillation mit Kohlenwasserstoffen und Messung des mit dem Kohlenwasserstoff überdestillierenden Wassers in einer Meßröhre. Diese Verfahren sind Bd. 1, S. 419 beschrieben[1]).

Veraschung. Die Veraschung geschieht am besten in einer kleinen Platinschale. Eine Einwage von 5 bis 10 g ist für aschenarme Faserstoffe empfehlenswert. Zur Erzielung glatter Veraschung muß man zunächst über einer kleinen Heizflamme, die den Schalenboden nicht berührt, langsam verkohlen, besser arbeitet man mit einem sog. Pilzbrenner. Sollen in der Asche gewisse Bestandteile, wie z. B. S, Cl oder F bestimmt werden, so muß das Material vor der Verkohlung mit einer etwa 10- bis 12proz. Lösung aus gleichen Teilen reinen Ätzkalis und reiner Soda durchtränkt werden.

Die eigentliche Veraschung muß bei mäßiger Glühtemperatur durchgeführt werden. Glattes Verglimmen der Kohle wird mit einer 3proz. Merckschen reinen Wasserstoffsuperoxydlösung erreicht. War das Material mit Soda und Ätznatronlösung durchfeuchtet, so muß nach beendeter Verkohlung die Kohle mit destilliertem Wasser ausgelaugt werden. Soll in der Asche SO_2 bestimmt werden, so muß entweder über dem Barthelschen Spiritusbrenner erhitzt, oder die Schale in dem Ausschnitt einer schiefgestellten Asbestplatte festgehalten werden. Nach der Veraschung muß man die Erdalkalien nachträglich wieder mit reinster Ammoncarbonatlösung behandeln oder mit kohlensäurehaltigem Wasser befeuchten, so in Carbonate überführen und bei mäßiger Wärme trocknen.

Sollen in der Asche Chlor, Schwefel oder Kieselsäure bestimmt werden, so geschieht dies nach den allgemein üblichen Methoden.

Die Bestimmung von Harz, Fett und Wachs. Zur Analyse wird man im allgemeinen lufttrockenes Material benutzen. Ist das Material so feucht, daß unbedingt eine Vortrocknung stattfinden muß, dann sollte man bei dieser Trocknung mit der Temperatur nicht über 30 bis 35° hinausgehen. Die Werte für Harz und Fett fallen nämlich bei der Untersuchung scharfgetrockneter Materialien zuweilen niedriger aus als bei frischem Untersuchungsmaterial. Wie Schwalbe und Schulz (Chemiker-Ztg. **42**, 229; 1918 und Zeitschr. f. angew. Chemie **31**, 125; 1918) nachgewiesen haben, wird durch Oxydation der Harz- und Fettinhalt, wie beispielsweise bei der Kiefer, sehr rasch in organischen Lösungsmitteln unlöslich.

Als Lösungsmittel sind Äther und Alkohol im allgemeinen Gebrauch. Man erhält unter Umständen höhere Werte mit einem Alkoholbenzolgemisch (1 : 1) oder mit Chloroform. Es kann aber auch umgekehrt der Gehalt an Harz und Fett durch Verwendung des letztgenannten Lösungsmittels niedriger als mit Äther und Alkohol getrennt ausfallen. Man muß also stets angeben, mit welchen Lösungsmitteln Harz und Fett usw. bestimmt worden sind. Da für Äther und Alkohol, getrennt und nachein-

[1]) Vgl. ferner Wislicenus, Zellstoffchemische Abhandlungen. Berlin **1920**, Heft IV, S. 8 ff.

ander angewendet, sehr viel Zahlenmaterial vorliegt, sollte man diese Lösungsmittel bevorzugen, aber in Sonderfällen noch das vorzügliche Lösungsmittel Alkoholbenzolgemisch 1:1 hinzufügen. Alkohol löst vielfach auch die ätherlöslichen Bestandteile, trotzdem empfiehlt sich die Ätherextraktion, weil aus der Menge des Ätherextraktes wichtige Schlüsse auf die Verarbeitbarkeit der Faserstoffe gezogen werden können. Durch Anwendung von leicht siedendem Petroläther kann bei Coniferenharzen eine weitere Differenzierung des Harzfettgemisches erreicht werden. Die Untersuchung auf Petrolätherlöslichkeit nimmt man meist an dem bei 90° (im Wassertrockenschrank) getrockneten Extrakt vor.

Die Extraktion wird vorwiegend im Soxhlet- oder Graefe-Wislicenus Extraktionsaparat (s. Bd. 3, S. 305)[1]) vorgenommen. Durchschnittlich sind 6 Stunden Extraktionszeit genügend. Nach beendeter Extraktion entfernt man beim Soxhletapparat die das Extraktionsgut enthaltende Extraktionshülse und destilliert das Lösungsmittel in dem Hülsenbehälter des Soxhletapparates über, worauf der im gewogenen Kölbchen verbleibende Rückstand bei 90° bis zur Gewichtskonstanz getrocknet und gewogen wird.

Die Bestimmung von Furfurol bzw. Pentosan. Die Bestimmung von Furfurol bzw. Methylfurfurol geschieht durch Abspaltung von Furfurol aus den pentosanhaltigen Materialien nach der Tollensschen Destillationsmethode mit 13proz. Salzsäure.

Bei dieser Bestimmung muß berücksichtigt werden, daß auch Saccharose, Maltose, Glucose und Stärke bei der vorgeschriebenen Konzentration Destillate liefern, aus denen man kleine Mengen von Phloregluciden abscheiden kann.

In einem Destillationskolben von 300 bis 400 ccm Inhalt werden etwa 2 g genau abgewogener Cellulose mit 100 ccm Salzsäure (spez. Gew. 1,06) im Ölbad, im Chlorcalciumbad oder auf der elektrischen Heizplatte auf etwa 160° erhitzt. Das durch Wasserkühlung erhaltene Destillat wird in einem als Vorlage dienenden Meßzylinder gesammelt. Für jede überdestillierten 30 ccm werden mittels eines durch den Stopfen des Kolbens führenden Tropftrichters 30 ccm frische Salzsäure nachgefüllt. Dies wird solange fortgesetzt, bis 360 ccm abdestilliert sind bzw. nur so lange, bis ein Tropfen des Destillates mit Anilinacetatpapier eine deutliche Rotfärbung nicht mehr ergibt. (Das Anilinacetatpapier erhält man durch Tränken von Filtrierpapierstreifen mit einer Lösung aus 2 ccm reinem, frisch destilliertem Anilin in 20 ccm 10proz. Essigsäure.) Das Destillat wird dann mit soviel Phloroglucin-Salzsäurelösung versetzt, daß immer die doppelte der berechneten erforderlichen Menge + einem Überschuß von 0,15 g Phloroglucin vorhanden ist; dann wird mit Salzsäure (spez. Gewicht 1,06) auf 400 ccm aufgefüllt und die Mischung über Nacht stehengelassen. Der Niederschlag wird hierauf in einem bei 95 bis 98° getrockneten und gewogenen Goochtiegel mit Asbesteinlage gesammelt, mit 150 ccm Wasser ausgewaschen unter Beobachtung

[1]) Wislicenus, Zellstoffchemische Abhandlungen. Berlin 1920, S. 71, Heft III.

der Vorsichtsmaßregel, daß der Niederschalg erst zum Schluß trocken gesaugt werden darf. Der Goochtiegel (in Wägeglas) wird bei 96 bis 98° getrocknet und gewogen und das Furfurol nach der Formel:

$$\text{Furfurol} = (\text{Phloroglucid} + 0{,}001)\ 0{,}571$$

berechnet.

Sieber hat im Hinblick auf die bekannte Unsicherheit der Furfurol-Bestimmung mit Phloroglucin die von Jäger empfohlene Methode der Fällung des Furfurols mit Barbitursäure vergleichsweise an Holzzellstoffen probiert. Das gelbe Kondensationsprodukt zeigte eine merkliche Löslichkeit, die sich berechnenden Furfurolwerte wichen ganz erheblich von denen mit der Phloroglucinmethode gefundenen ab. Die Werte standen bei Sulfitzellstoffen im Verhältnis von 1 : 1,5 beim Vergleich von Phloroglucin und Barbitursäurewerten, bei Sulfatzellstoffen im Verhältnis von 1 : 1,3. Auch wenn man das Methyl-Furfurol-Phloroglucid durch Auskochen mit Alkohol entfernt, bleiben noch erhebliche Unterschiede in den Furfurolwerten nach beiden erwähnten Methoden. Nach Sieber genügt eine Verzögerung des periodischen Salzsäurezusatzes während der Destillation des Furfurols, um bei höher werdender Salzsäurekonzentration im Destillierkolben Zersetzung der Cellulose und damit Bildung von Stoffen hervorzurufen, die mit Phloroclucin rote, bald braun werdende Niederschläge ergeben, während das Furfurol selbst bekanntlich dunkelgrüne Niederschläge entstehen läßt. Inwieweit diese an Holzzellstoffen angestellten Untersuchungen bei der Beurteilung der Furfurolwerte von pflanzlichen Rohfaserstoffen Berücksichtigung finden müssen, mag noch dahingestellt bleiben. Vgl. Sieber, Zellstoff und Papier 2, 1922.

Die Bestimmung des Methylfurfurols. Diese wird nach Tollens durch Auskochen mit Alkohol durchgeführt. Das Methyl-Phloroglucid ist in Alkohol löslich. Durch Wägung des extrahierten Rückstandes wird der Gewichtsverlust bestimmt und als Methylpentosan berechnet. Die Werte zeigen jedoch außerordentlich starke Schwankungen, so daß sie als ganz unzuverlässig gelten müssen. Es gibt gegenwärtig keine brauchbare Methode für die Bestimmung von Methylpentosan. Es erscheint deshalb vorerst geboten, auf eine Methylpentosanbestimmung zu verzichten.

Da die Umrechnung des Furfurols auf Pentosan etwas unsicher ist, sollte man neben dem Pentosanwert auch stets den Furfurolwert angeben. Man vergleiche die bei der Furfurolbestimmung angegebenen Werte v. Sieber a. o. a. O.

Bestimmung des Cellulosegehaltes. Zur Bestimmung des Gehaltes an Cellulose in Rohstoffen ist eine große Zahl der verschiedenartigsten Methoden vorgeschlagen worden. Eine kritische Prüfung dieser Methoden durch Renker[1]) hat gezeigt, daß die Methode von Cross und Bevan die zuverlässigsten Werte ergibt. Sie beruht im wesentlichen darauf, daß die Nichtcellulosebestandteile der Rohstoffe (Holz und Stroh) durch die Einwirkung von feuchtem Chlorgas in ein Derivat verwandelt werden,

---

1) Renker, Bestimmungsmethoden der Cellulose. Berlin Gebr. Bornträger, 1910.

welches sowohl durch gewisse organische Lösungsmittel, als auch durch Alkalien und neutrale Natriumsulfitlösungen entfernt werden kann. Bei der Behandlung der Rohfaserstoffe mit Chlor und alkalischen Reagenzien bleibt im allgemeinen die Cellulose unverändert, allerdings stets noch pentosanhaltig, zurück.

Das ursprüngliche Verfahren von Cross und Bevan zu verbessern ist von vielen Autoren versucht worden. Nachstehend ist die empfehlenswerte Ausführungsform von Sieber und Walter (Papierfabrikant **11**, 1179; 1913) beschrieben. Man vergleiche auch Schwalbe-Sieber, Betriebskontrolle. 2. Aufl. Julius Springer, Berlin 1922, S. 88ff. Über Fehlerquellen bei der Bestimmung vgl. man Schmeil, Zellstoff und Papier **1921**, 196.

Bei dieser Methode verbleibt das zu untersuchende Material während der ganzen Dauer der Bestimmung in einem Goochtiegel, der wie folgt hergerichtet wird. Die Siebplatte des Goochtiegels wird zwischen zwei kreisrunde Plättchen rein gebleichten Kalikogewebes gelegt und der überstehende Rand der Gewebstücke durch große Stiche mit Baumwollheftzwirn zusammengenäht. Sollte das eine Plättchen schlecht im Goochtiegel aufliegen, so ist es zweckmäßig, die ganze Vorrichtung mit einer kleinen Platinöse auf den durchlochten Boden des Goochtiegels zu befestigen. Durch Waschen mit heißem Alkohol und Wasser wird die Gewebshülle der Siebplatte von Staub und Fett gereinigt.

In den getrockneten, gewogenen Goochtiegel werden 0,8 bis 1 g gut zerkleinertes, möglichst staubfreies Rohmaterial gegeben, das Gewicht des lufttrockenen Materials durch Wägung bestimmt und das Gewicht der völlig trockenen Substanz aus einer gesondert auszuführenden Feuchtigkeitsbestimmung berechnet. Der Tiegel wird mit Hilfe eines Drahtdreieckes in ein Becherglas derart eingehängt, daß durch Einfüllen von Alkohol in das Becherglas und Erhitzen auf dem Wasserbade ein Auskochen des Tiegelinhaltes mit siedendem Alkohol bewerkstelligt werden kann. Zur Extraktion genügt im allgemeinen $^1/_2$ Stunde. Der Tiegel wird herausgenommen, nochmals mit heißem Alkohol gewaschen, dann mit heißem Wasser nachgewaschen und nunmehr mit einem Gummistopfen verschlossen, durch welchen eine rechtwinklig gebogene Glasröhre führt. Das äußere Ende dieser Röhre verbindet man mit einem Chlorcalciumrohr und saugt nun durch den auf der Waschflasche befindlichen Tiegel einen langsamen Luftstrom. Hat man mit heißem Wasser gewaschen, so ist schon nach wenigen Minuten der Feuchtigkeitsgehalt des Tiegelinhaltes soweit herabgegangen, wie dies für die nun folgende Chlorierung zweckmäßig ist. Ist der Tiegel auf Zimmertemperatur abgekühlt, so wird das Chlorcalciumrohr entfernt und nunmehr das Einleitungsrohr des Gummistopfens mit einem Chlorentwicklungsapparat, dem eine Waschflasche zum Zählen der Chlorgasblasen vorgeschaltet ist, verbunden. Das Chlorgas kann in beliebiger Weise hergestellt werden. Zweckmäßig wird es durch Auftropfen von Salzsäure auf Permanganatkrystalle unter mäßiger Erwärmung erzeugt. Der Goochtiegel selbst ist auf einer Saugflasche befestigt, aus welcher man mit der Wasserstrahlluftpumpe nunmehr das Chlor in langsamem

Strom, 1 bis 2 Blasen in der Sekunde, hindurchsaugt. Durch diese Anordnung wird jede Belästigung mit Chlor vermieden. Die Chlorierung sollte etwa 20 Minuten dauern, worauf man den Chlorgasstrom abstellt und den Goochtiegel noch einige Augenblicke lang an der Wasserstrahlpumpe beläßt. Nunmehr wird der Gummistopfen abgenommen, der Inhalt des Goochtiegels mit schwefligsäurehaltigem Wasser nachgewaschen, von der Saugflasche abgenommen und wieder in ein Becherglas mit Drahtdreieck eingehängt, in welchem sich eine 3 proz. Lösung als wasserfreies Salz berechnet von neutralem Natriumsulfit befindet. Das Becherglas wird 1 Stunde lang auf siedendem Wasserbade erhitzt, hierauf wird der Tiegel wieder auf die Saugflasche gebracht, abgesaugt und mit Wasser ausgewaschen. Bequemer noch ist es, die Behandlung mit heißer Natriumsulfitlösung gänzlich auf der Saugflasche vorzunehmen. Man läßt die heiße Lösung einige Minuten unter vorsichtigem Umrühren auf den Tiegelinhalt einwirken, saugt ab und wiederholt das Aufgießen der heißen Lösung und das Absaugen so lange, bis die Natriumsulfitlösung farblos abläuft. Durch Waschen mit heißem Wasser wird die Natriumsulfitlösung nunmehr entfernt und Luft bis zur völligen Abkühlung des Tiegels durchgesaugt, worauf eine neue Chlorierung vorgenommen werden kann. Die Dauer der zweiten und der meist noch erforderlichen dritten Chlorierung ist auf 15 Minuten zu bemessen, die vierte, gewöhnlich die Schlußchlorierung, braucht nur 10 Minuten lang anzudauern. Die angegebene Zahl von Chlorierungen wird meist genügen. Nach Sieber, Zellstoff und Papier 3, 1923. An Stelle von Chlorgas empfiehlt Sieber neuerdings angelegentlichst: Chlorwasser anzuwenden, wodurch weit sichereres Arbeiten ermöglicht werden soll. Läuft bei einer weiteren Chlorierung die Natriumsulfitlösung von vornherein farblos ab, so ist völlige Entfernung des Lignins in der vorhergehenden Chlorierung anzunehmen. Von wesentlicher Bedeutung ist bei dieser Bestimmungsmethode die Teilchengröße. Das Material muß ein Sieb von 200 Maschen pro qcm passieren, darf aber durch ein Sieb von 450 Maschen pro qcm nicht hindurchgehen. Im ersten Falle ist die Chlorierung nicht vollständig, im letzteren Fall treten Stoffverluste auf. Nach dem der letzten Chlorierung mit Natriumsulfitbehandlung folgenden Auswaschen wird der Goochtiegel in einen Trockenschrank gebracht, bis zur Gewichtskonstanz getrocknet und gewogen.

Die im Tiegel befindliche Cellulose ist noch nicht ganz weiß. Man kann durch eine Bleiche mit 0,1 proz. Kaliumpermanganatlösung und nachfolgender Behandlung mit schwefligsäurehaltigem Wasser, dann Auswaschen mit reinem Wasser, die Cellulose rein weiß erhalten, eine Operation, die nicht unbedingt notwendig erscheint. Für die Ausführung der Bestimmung sind ohne die Trockenzeiten etwa 5 Stunden erforderlich.

Bei grasartigem Rohmaterial genügt die Natriumsulfitlösung, deren Verwendung bei Hölzern zu empfehlen ist, nicht zur Entfernung der Einwirkungsprodukte des Chlors. Es empfiehlt sich nach dem Vorgange von Heuser und Haug (Zeitschr. f. angew. Chemie **31**, 99, 103; 1918) die Verwendung einer 1 proz. Natronlauge an Stelle der Natriumsulfitlösung. Nach Bassow empfiehlt es sich stets, auch bei Hölzern also, Natronlauge statt Natriumsulfit zu verwenden.

Die Cellulose nach Cross und Bevan enthält stets noch erhebliche Mengen von Pentosan. Will man demnach Werte für reine Cellulose ermitteln, so muß in diesen Cellulosen in einer gesonderten Bestimmung durch Destillation mit 13proz. Salzsäure der Furfurol- bzw. Pentosangehalt ermittelt werden. Nach Fingerling, Zeitschr. f. angew. Chem. **35**, 597; 1922 Nr. 8 kann man pentosanfreie Cellulose durch Erhitzen mit Wasser unter Druck auf 210° erhalten. Nach Sieber ist es zweckmäßig, außer dieser Pentosanbestimmung auch eine Bestimmung des Lignins vorzunehmen und zur Vermeidung von Celluloseverlusten durch zuweitgehende Chlorierung absichtlich nicht bis zum völligen Verschwinden des Lignins zu chlorieren. Nach E. Schmidt (Ber. **56**, 23, 1923) ist Chlordioxyd vorzüglich geeignet, die Inkrusten der Cellulose zu lösen, wobei letztere vollständig unangegriffen bleibt. Für den Fabrikbetrieb ist jedoch vor der Hand die Methode zu langwierig.

Die Bestimmung des Lignins. Für die Bestimmung des Lignins in verholzter Faser sind eine ganze Anzahl von Methoden nebeneinander in Gebrauch. Es steht gegenwärtig noch nicht fest, welche von ihnen den Vorzug vor anderen verdient. Eine vorzügliche, aber gegenwärtig durch den hohen Preis der hochkonzentrierten Jodwasserstoffsäure außerordentlich kostspielige Methode ist diejenige von Benedikt und Bamberger, die in der Apparatur von Stritar leicht und sicher ausgeführt werden kann. Sie beruht auf der Abspaltung des Methyls als Methyljodid, und Zersetzung des Methyljodids durch Silberlösung und Wägung des abgeschiedenen Jodsilbers. Aus den Werten für Methyl bzw. Methoxyl läßt sich der Ligningehalt jedoch nicht prozentual errechnen. Man kann nur aus der größeren oder geringeren Zahl für Methoxyl auf den größeren oder geringeren Ligningehalt schließen. Eine weitere, von König und seinen Mitarbeitern herrührende Bestimmung ist diejenige mit 72proz. Schwefelsäure. Sie beruht auf der Hydrolyse der Cellulose durch die genannte Säure, wobei schließlich das Lignin als unlöslicher Rückstand erhalten wird. Ein Mangel der Methode ist häufig die schwere Filtrierbarkeit der verdünnten Reaktionsflüssigkeit, die außer dem Lignin noch viel gallertiges kolloides Material, wahrscheinlich Cellulosedextrine, enthält. Dieses verstopft die Filter und veranlaßt die hohen Werte. Folgende Ausführungsform der Methode von König kann empfohlen werden.

Die mit Alkohol, Äther oder Benzolalkohol ausgekochte Probe verholzten Materials wird nach dem Auswaschen und Trocknen in einer Menge von 1 bis 5 g Material genau ausgewogen, in einem Erlenmeyerkolben mit 10 bis 15 ccm 72proz. Schwefelsäure übergossen und unter häufigem Umrühren etwa 12 Stunden stehengelassen. Nach dieser Zeit soll eine Probe des Materials, unter dem Mikroskop mit Jod und Schwefelsäure behandelt, eine Blaufärbung nicht mehr erkennen lassen. Man verdünnt mit etwa 1000 ccm destilliertem Wasser, erhitzt bis zum Sieden und filtriert dann durch einen gewogenen Goochtiegel mit

Asbesteinlage ab. Hierauf wäscht man mit heißem Wasser bis zum Verschwinden der Schwefelsäurereaktion und des Reduktionsvermögens aus. Die Prüfung auf Reduktionsvermögen geschieht in üblicher Weise mit Fehlingscher Lösung. Nach beendigtem Auswaschen wird der Inhalt des Goochtiegels getrocknet und gewogen. Der Goochtiegel wird hierauf geglüht, das darin enthaltene Lignin verascht, dann gewogen, und aus der Differenz zwischen Asche und aschehaltigem Ligninrückstand die Menge der organischen Substanz, also das Lignin, ermittelt.

Nach Sieber (Zellstoff und Papier 2, 255; 1922) wird die vorstehende Methode zweckmäßig dahin abgeändert, daß bei 30—35° gearbeitet und die konzentrierte Säurelösung über Asbest abgesaugt, worauf in üblicher Weise ausgewaschen wird. Durch Vermeidung der sofortigen Verdünnung wird Ausscheidung kolloider Substanz auf Ligninteilchen verhindert.

Nach v. Fellenberg (Mitteilg. aus dem Gebiet d. Nahrungsmittel-Unters. 8, 28; 1917; Bern) wird bei der Behandlung mit 72 proz. Schwefelsäure das gesamte Methyl des Lignins in Form von Methylalkohol abgespalten. Durch Abdestillieren und Bestimmung des Methylalkohols nach bekannten Methoden (s. Bd. III, S. 841) gelingt es, aus der Menge des Methylalkohols einen Rückschluß auf die Menge des vorhandenen Lignins zu ziehen. Für Hölzer und die anderen verholzten Pflanzenfasern ist die Methode jedoch noch wenig erprobt.

Neben dieser älteren Bestimmungsmethode kommt gegenwärtig diejenige mit hochkonzentrierter Salzsäure besonders in Betracht. Sie beruht auf der Beobachtung von Willstätter und Zechmeister, daß man durch eine 40- bis 41 proz. Salzsäure die Cellulose der verholzten Faser vollständig lösen kann, während das Lignin ungelöst zurückbleibt. Das Lignin wird aber bei dieser Methode wohl ebensowenig wie bei der vorgenannten völlig unverändert aus der Reaktion hervorgehen; sicherlich werden Acetylgruppen abgespalten. Als beste Ausführungsform des Verfahrens kann diejenige von Krull[1]) gelten.

1 g mit Alkoholbenzol ausgezogene Substanz (z. B. Holzmehl) wird mit 6 ccm Wasser in ein weites, dickwandiges Reagensglas gebracht, und in die Masse unter Eiskühlung so lange Chlorwasserstoff eingeleitet, bis sie sich nicht mehr verändert und dünnflüssig wird. Bei Laubholzmehl färbt sich dann die Masse schwarzbraun, bei Tannen- und Kiefernholzmehl smaragdgrün. Zur Förderung der Hydrolyse läßt man 24 Stunden stehen, wodurch auch die Nadelholzmehle tiefbraun werden. Nachdem eine mikroskopische Untersuchung Cellulose nicht mehr erkennen läßt, wird mit Wasser verdünnt, das Lignin im Goochtiegel abfiltriert und mit heißem Wasser nachgewaschen, getrocknet, gewogen und durch Glühen des Tiegels die Menge des aschefreien Lignins bestimmt.

In neuester Zeit ist von Waentig und Gierisch (Zeitschr. f. angew. Chemie 32, A, 173; 1919) zur Bestimmung des Lignins auch der Chlorverbrauch der verholzten Faser herangezogen worden. Das verholzte Material wird mit Chlor in einer besonderen Glasapparatur behandelt

[1]) Krull, Versuche über Verzuckerung der Cellulose. Dissertation, Danzig 1916.

und durch Bestimmung der Gewichtszunahme, die durch Chlor hervorgerufen wird, der Grad der Verholzung festgestellt. Die empfehlenswerte Methode ist jedoch noch nicht allgemein in Gebrauch gekommen[1]).

Erich Schmidt und Graumann (Ber. 54, 1860; 1921) entfernen die Ligninsubstanzen mittels Chlordioxyd, das sie durch Wechselwirkung von Kaliumchlorat und Oxalsäure darstellen.

Betriebskontrolle in der Natronzellstoff- und Sulfatzellstoff-Fabrikation.

Bei der Kochung von Zellstoff nach diesem Verfahren wird Holz oder Stroh mit Ätznatronlauge oder mit Gemischen von Ätznatron- und Schwefelnatriumlaugen unter Druck erhitzt. Der Ersatz des während der Fabrikation in Verlust gehenden Alkalis geschieht entweder durch Soda oder durch Sulfat, das während des Calcinationsprozesses der eingedampften Ablauge zugesetzt wird und sich als Schwefelnatrium in der sog. Schmelzsoda vorfindet. Die Schmelzsoda wird mit gelöschtem Kalk kaustifiziert, wodurch die sog. „Weißlauge" erhalten wird. Als Hilfsstoffe für die Fabrikation von Natron- bzw. Sulfatzellstoffen kommen demnach in Betracht: Soda, Ätznatron, Sulfat, Ätzkalk und allenfalls Kalkstein. Die Untersuchung dieser Hilfsstoffe ist in Bd. 1 dieses Werkes beschrieben, und zwar Soda S. 946, Ätznatron S. 960, Sulfat S. 896, Ätzkalk S. 938, Kalkstein S. 938.

Die Untersuchung der „Weißlauge". Die „Weißlauge" enthält hauptsächlich Natriumhydroxyd und Natriumsulfid, daneben Soda, Natriumcarbonat, kleine Mengen Natriumsilicat und Natriumsulfit bzw. Natriumthiosulfat, endlich auch noch Natriumsulfat in wechselnder Menge.

Die Bestimmung des Gesamtalkalis in der „Weißlauge". Die vollständige Analyse geschieht nach Lunge und Lohöfer in der für Schmelzsoda in Bd. 1, S. 942, beschriebenen Art und Weise. Für den laufenden Betrieb ist das Verfahren zu umständlich, und man begnügt sich mit der Feststellung des Gesamtalkalis und des freien Alkalis in der Lauge.

5 ccm der „Weißlauge" werden mit Normalsalzsäure und Phenolphthalein als Indicator auf farblos und weiterhin mit Methylorange auf rosa titriert. Die Titration muß in der Kälte und unter mäßigem Umschütteln durchgeführt werden. Gegen Schluß der Titration scheidet sich Schwefel ab, was jedoch die Schärfe des Umschlages nicht beeinträchtigt. Für die Berechnung sind die Ausführungen in Bd. I, S. 942 maßgebend.

Falls die Weißlauge nicht viel kieselsaure Salze enthält, was der Fall ist bei Holzzellstoffkochung, kann man die sog. Chlorbarium-Fällmethode anwenden. Man fügt zu der Weißlauge Bariumchloridlösung im Überschuß hinzu und benutzt nach Absitzen des Niederschlages die klare Flüssigkeit zur Titration.

Bestimmung der „wirksamen" Alkalien in der Weißlauge. 10 ccm Weißlauge werden mit abgekochtem Wasser auf 100 ccm verdünnt. 50 ccm dieser Lösung werden in ein Becherglas gegeben und Barium-

[1]) Vgl. Sieber, Zellstoff und Papier 1, 223; 1921.

chlorid im Überschuß hinzugefügt. Durchschnittlich werden 30 ccm einer 10 proz. Bariumchloridlösung ausreichend sein. Bei der nun folgenden Titration mit Normalsalzsäure darf man die Säure nur langsam unter vorsichtigem Umschwenken zusetzen. Verwendet man Phenolphthalein, so titriert man $NaOH + {}^1/_2 Na_2S$. Bei Verwendung von Methylorange titriert man $NaOH + Na_2S$. Bezüglich dieser Berechnungen vergleiche man auch die mehrfach zitierte Untersuchung der Schmelzsoda, Bd. 1, S. 942.

Bestimmung des freien Alkalis in der „Schwarzlauge". Zur Bestimmung des freien unverbrauchten Alkalis in der „Schwarzlauge", die am Schluß der Kochung neben den Zellstoffen vorhanden ist, kann eine Titration mit Normalsäure unter Verwendung von Phenolphthalein durchgeführt werden. Man bringt 25 ccm Schwarzlauge in einen Erlenmeyerkolben, fügt 300 ccm einer Bariumchloridlösung hinzu, die 400 g Bariumsalz im Liter enthält. Man titriert nunmehr mit Normalsäure nach Zusatz des Indicators, bis nach 2 Minuten langem Stehen auf einer Tüpfelplatte eine Rosafärbung nicht mehr bemerkbar ist. Der Zusatz der Säure muß langsam erfolgen. Der Endpunkt der Reaktion ist jedoch infolge der Gegenwart organischer Stoffe und des als Bariumcarbonat gefällten Schlammes nicht sehr scharf; doch erhält man bei einiger Übung gut übereinstimmende Zahlen.

Untersuchung der Schwarzasche oder Sodaschmelze. Die Untersuchungsmethoden für den nach Eindampfung und Calcinierung der Schwarzlauge verbleibenden Rückstand, die Sodaschmelze, sind Bd. 1, S. 942, dieses Werkes beschrieben.

Untersuchung des Kalkschlammes. Der bei der Kaustifizierung der gelösten Schmelzsoda fallende Kalkschlamm enthält nach dem Auswaschen immer noch kleine Mengen von Ätznatron sowie Ätzkalk, die zur Kontrolle des Verlustes an Alkali durch Titration in üblicher Weise bestimmt werden müssen.

Die mit einer kurzspitzigen Pipette entnommene Probe wird in ein Becherglas entleert, mit Wasser nachgespült, Bariumchloridlösung im Überschuß und 1 Tropfen Phenolphthaleinlösung hinzugesetzt, und hierauf mit ${}^n/_5$ - Salzsäure bis zur verschwindenden Rötung titriert. 1 ccm Säure entspricht 0,005 607 (log = 0,748 73—3) g CaO. In dem so berechneten Wert ist auch das vorhandene Ätznatron schon mitenthalten. Für dieses ist daher eine Korrektur anzubringen.

Will man das Gesamtnatron bestimmen, so wird zur Zersetzung der unlöslichen Natronverbindungen 2 mal mit kohlensaurem Ammon bis zur Trockne eingedampft. Hierauf wird mit heißem Wasser digeriert, filtriert, und im Filtrat der Alkaligehalt durch Titration bestimmt. Die Natronsalze werden teilweise als Carbonat, teilweise als Natriumhydroxyd vorhanden gewesen sein, so daß es sich empfiehlt, auf Na_2O umzurechnen; 1 ccm ${}^n/_1$-NaOH entspricht 0,0310 (log = 0,491 36 — 2) g Na_2O.

Betriebskontrolle in der Sulfitzellstoff-Fabrikation.

Für die Kochung von Holz nach dem Sulfitverfahren wird die Kochflüssigkeit, die „Frischlauge", durch Einwirkung von Schwefeldioxydgas auf Kalkstein, der mit Wasser berieselt wird, gewonnen. Die so erhältliche Turmlauge muß durch Einleiten von Schwefeldioxyd, welches während des Kocherbetriebes abgestoßen wird, noch an schwefliger Säure angereichert werden. Die „gegaste" Lauge dient nach Einstellung auf bestimmten Kalk- und Schwefligsäuregehalt als Kochflüssigkeit. Die Untersuchung derartiger, im wesentlichen Calciumbisulfit enthaltender, Lösungen ist bereits in Bd. 1, 769 beschrieben. Über die Untersuchung der für die Herstellung der Frischlauge in Betracht kommenden Stoffe vgl. für Schwefel Bd. 1, S. 684, für Gasreinigungsmasse Bd. 3, S. 142, für Schwefelkies Bd. 1, S. 695, Kiesabbrände ebenda, S. 749, Röstgase ebenda, S. 756, und Kalkstein ebenda, S. 975, und Bd. 2, S. 777. Man vgl. ferner Deutsch W. **53**, 314, 1922.

Betriebskontrolle während der Zellstoffkochung. Während der Kochung kann durch Entnahme von Laugenproben der Fortschritt der Kochung verfolgt werden. Die fortschreitende Kochung gibt sich zu erkennen durch Abnahme der Gesamtschwefligsäure bzw. der Kalkmenge. Die Bestimmung der freien schwefligen Säure geschieht in üblicher Weise mit Jod, doch muß betont werden, daß diese Bestimmung um so unsicherer wird je näher man dem Endpunkt der Kochung kommt. Es sind dann in der Kochlauge organische Substanzen vorhanden, welche mit Jod reagieren, so daß die aus dem Jodverbrauch errechneten Zahlen für schweflige Säure nicht völlig genau sind. Immerhin gewährt die Feststellung des Jodtiters der Kochflüssigkeit in den letzten Stadien der Kochung einen guten Anhalt zur Beurteilung des Aufschlußgrades des Holzes.

Neben der Bestimmung des Jodtiters ist vielfach die sog. Mitscherlich-Kalkprobe in Gebrauch. Durch Absättigen mit starker Ammoniakflüssigkeit wird aus der Lauge Kalksalz ausgefällt. Die Menge des ausgeschiedenen Kalksalzes nimmt mit fortschreitender Kochung mehr und mehr ab, nähert sich einem Minimum, das jedoch nicht unterschritten werden darf. Durch Vergleich einer Reihe von Niederschlagshöhen in einem Probierrohr kann man das Fortschreiten der Kochung beurteilen. In einem Probierrohr von 200 mm Länge, das bei $^1/_8$, $^1/_{16}$, $^1/_{24}$ und $^1/_{32}$ seines Inhaltes eine Markierung trägt, wird $^1/_{32}$ des Inhaltes mit konz. Ammoniakflüssigkeit gefüllt. Hierauf entnimmt man dem Kocher etwas Kochlauge und füllt mit dieser das Probierrohr an, verschließt mit einem Gummistopfen oder einer Gummischeibe und schüttelt mehrfach um. Nach einigen Minuten langem Absetzen mißt man die Niederschlagshöhe. Beträgt dieselbe nur noch etwa $^1/_{32}$ der Rohrlänge, so ist im allgemeinen der Zeitpunkt zur Abbrechung der Kochung gekommen.

Neben dieser Kalkprobe kommen in Betracht Geruch, Farbe und Klebrigkeit der Kocherlaugenprobe. Eine kritische Zusammenstellung der für die Kocherkontrolle vorgeschlagenen Methoden hat Sieber gegeben (Zellstoff u. Papier **2**, 178; 1922).

Untersuchung der Sulfitablauge. In der Sulfitablauge werden bestimmt der Gehalt an freier schwefliger Säure und an reduzierenden Zuckern; letztere, wenn eine Verarbeitung der Sulfitablauge auf Sulfitsprit beabsichtigt ist. Die Konzentration der Lauge wird durch Messung des spez. Gewichtes in Baumé-Graden kontrolliert. Zur Bestimmung der freien schwefligen Säure kann außer der schon erwähnten Jodtitration eine Destillationsmethode dienen. Man gießt zu einer Laugenprobe Mineralsäure, destilliert und fängt die übergehenden Dämpfe in einer mit Jodlösung oder mit Natriumbicarbonat beschickten Vorlage auf. Die zugesetzte Mineralsäure, am besten Phosphorsäure, treibt schweflige Säure aus, die in der Vorlage gebunden wird. Durch Bestimmung des überschüssigen Jods, bzw. des überschüssigen Natriumbicarbonats, kann man die Schwefligsäuremenge ermitteln. Will man genauere Werte für die schweflige Säure haben, so empfiehlt es sich, beim Vorlegen von Natriumbicarbonatlösung nachträglich noch eine Oxydation mit Wasserstoffsuperoxyd vorzunehmen und die gebildete Schwefelsäure gewichtsanalytisch zu bestimmen. Bei der Destillation mit Phosphorsäure wird nicht nur die freie schweflige Säure ausgetrieben, sondern auch schweflige Säure aus organischen Verbindungen abgespalten, so daß die Menge der überdestillierten Säure abhängig wird von der Zeitdauer der Destillation. Man muß demnach bei Vergleichsversuchen genaue Destillationszeiten innehalten.

Zur Bestimmung des Gesamtzuckergehaltes der Sulfitablauge wird zweckmäßig die Methode von Glassmann (Ber. **39**, 503; 1906) verwendet. Die Hexosen werden mit alkalischer Quecksilbercyanidlösung umgesetzt, und das freiwerdende Quecksilber in Salpetersäure aufgenommen und mit Rhodanlösung unter Verwendung von Eisenammonsulfat als Indicator titriert. Erforderlich sind demnach alkalische Quecksilbercyanidlösung, erhalten durch Auflösen von 10 g Quecksilbercyanid und 14,5 g reinem Ätznatron in 1 l dest. Wassers, ferner eine $^{n}/_{10}$ - Rhodanammonlösung, gestellt auf $^{n}/_{10}$ - Silberlösung, endlich Eisenammonsulfat als Indicator.

Die zu untersuchende Sulfitlauge wird im Verhältnis von 1:5 verdünnt. Von dieser verdünnten Lösung werden 5 ccm allmählich zu 100 ccm kochender Quecksilbercyanidlösung gegeben, die in einem Kochbecher zu vollem Sieden erhitzt ist. Die Zugabe der verdünnten Sulfitlauge muß so erfolgen, daß die Flüssigkeit dauernd im Sieden bleibt. Nach Beendigung des Zusatzes läßt man das Sieden noch $^{1}/_{2}$ Minute andauern und filtriert nach dem Abkühlen auf 60 bis 70° durch einen mit Asbest beschickten Goochtiegel, wäscht gut aus und übergießt mit 30proz. heißer, reiner Salpetersäure bis zur Lösung des Quecksilbers, wozu etwa 30 ccm der Salpetersäure erforderlich sind. Nach gutem Nachwaschen wird in dem Filtrat durch Titration mit Rhodanammonlösung unter Zusatz von Eisenammonsulfat der Quecksilbergehalt bestimmt. Statt durch Asbest kann man nach Sieber auch auf dem Büchnertrichter durch zwei mit Kieselgur gedichtete Papierfilter filtrieren. Die Filtration, bei welcher man zweckmäßig stark verdünnt, vollzieht sich rascher als diejenige durch das Asbestpolster des Goochtiegels.

Die Filter werden in einer Porzellanschale mit heißer Salpetersäure erwärmt, die Flüssigkeit nochmals durch einen Büchnertrichter filtriert und nunmehr die Titration vorgenommen. Die Berechnung geschieht wie folgt:

Da 1 ccm $^{n}/_{10}$ - Rhodanammonlösung 3,0 mg Zucker entspricht, so gibt bei Anwendung von 5 ccm Sulfitablauge die Zahl der verbrauchten Kubikzentimeter Rhodanammonlösung mit 0,06 multipliziert den Prozentgehalt an Zucker in der Ablauge an.

Untersuchung von Sulfitsprit. Die Untersuchungsmethoden für den bei Vergärung von neutralisierter Sulfitablauge erhältlichen Sulfitsprit sind S. 200 beschrieben.

Betriebskontrolle in der Zellstoffbleicherei.

Die Bleiche von Zellstoffen wird mit Hilfe von Chlorkalklösung oder Natriumhypochloritlösung durchgeführt. Vielfach ist die Verwendung flüssigen Chlors im Gebrauch, das man in Kalkmilch oder Ätznatronlauge einleitet, um die frischbereitete Hypochloritlauge dann zur Bleiche anzuwenden. Die Untersuchung derartiger Bleichlaugen wurde in Bd. I dieses Werkes beschrieben, und zwar die Untersuchung des Chlorkalkes S. 993, der Natriumhypochloritlösung S. 1004, des flüssigen Chlors S. 1022.

Die Bleiche wird kalt oder warm so weit getrieben, bis eine herausgenommene, gut ausgewaschene Probe nach Formen zu einem Papierblatt den nötigen Grad von Weiße besitzt. Vielfach wird bis zur völligen Ausnutzung der zugesetzten Bleichflüssigkeit gebleicht. Man kann das Fortschreiten der Bleiche durch Tüpfeln auf einem Jodkalistärke-Papierstreifen verfolgen. Nach beendeter Bleiche muß der Stoff gut ausgewaschen und Bleichreste, sowie Reste unverbrauchter Hypochloritlösung, beseitigt werden, was durch Zugabe von sog. Antichlor, Natriumthiosulfat, Natriumsulfit und Natriumbisulfit usw. geschieht. Eine Wertbestimmung dieser Hilfsstoffe kann nach den in Bd. I, S. 933, beschriebenen Methoden vorgenommen werden.

Bleichbarkeitsbestimmungen. Die für die Bleiche eines Zellstoffes erforderliche Menge an Chlorkalk kann nach folgenden Methoden ermittelt werden: Zur qualitativen Feststellung der Bleichbarkeit dient ein Eintauchen von kleinen Probestücken des Zellstoffes in eine Chlorkalklösung von 4 bis 5° Bé. Die hochbleichbaren Stoffe nehmen durch die Bleichlösung nach anfänglichem Dunkelwerden sehr rasch eine hellere, ziemlich gleichmäßige Färbung an. Die unbleichbaren oder schwerbleichbaren lassen bald dunkle Splitter auf hellerem Grunde erkennen als ein Zeichen für den ungleichmäßigen Aufschluß des Zellstoffes.

Zur quantitativen Bestimmung der Bleichbarkeit kann man nach Arnot (Papier-Ztg. **34,** 1274; 1909; ferner Schwalbe-Sieber, Die Betriebskontrolle in der Zellstoff- und Papierindustrie, Verlag von Julius Springer, Berlin, 2. Aufl., **1922**, 211) folgendermaßen verfahren: 20 g Zellstoff werden möglichst gut zerkleinert und in einem Becherglas oder Porzellanschale mit 250 ccm Wasser von gleicher Wärme, wie sie das Bleichholländerwasser hat, angerührt. Die Masse muß genau die Stoffdichte des Bleichholländers haben. Der Brei wird nunmehr mit einem Überschuß von titrierter Chlorkalklösung versetzt und bleibt unter zeitweiligem Umrühren so lange stehen, bis die Weiße eines feuchten Typs oder Standardmusters erreicht ist, das in einer gut verschlossenen, farblosen Glasröhre aufbewahrt wird. Man entnimmt dann mit einer Pipette eine Probe der Flüssigkeit und titriert diese entweder direkt mit $^n/_{10}$-arseniger Säure, oder setzt einen Überschuß an arseniger Säure zu und titriert mit $^n/_{10}$-Jodlösung zurück. Um die Verstopfung der Pipette durch Fasern zu vermeiden, kann man einen kleinen Trichter vorschalten, der durch Überbinden mit einem gut gebleichten Baumwolläppchen nur der Flüssigkeit, nicht aber den Fasern, Zutritt zur Pipettenöffnung gestattet. Auch durch Überschieben einer entsprechend geformten Bronze- oder Kupferdrahtsiebhülse über die Pipettenspitze läßt sich das Eindringen der Fasern in die Pipette vermeiden.

Wrede (Papier-Ztg. **34,** 806; 1909) hat dieses Verfahren etwas abgeändert: Er verwendet entweder 25 g völlig trockenen Stoff oder 27,7 g lufttrockenen Stoff. Preßt man feuchten Stoff durch Einwickeln in ein Handtuch und starkes Zusammendrehen möglichst kräftig aus, so entsprechen durchschnittlich 83 g ausgepreßter Stoff 25 g absolut völlig trockenem Stoff. Man verwandelt unter Zufügung von 500 ccm Bleichholländerwasser den ausgepreßten Zellstoff in einen Brei und fügt bei leichtbleichbaren Zellstoffen 225 ccm, bei schwerbleichbaren 450 ccm einer Chlorkalklösung zu, die in ihrem Gehalt an wirksamem Chlor einer $^n/_4$-Arsenigsäurelösung entspricht. Die zweckmäßig in einem 2-l-Kolben befindliche Masse wird binnen 10 Minuten in einem Wasserbade auf 66° erhitzt, und die Temperatur des Breies am Thermometer im durchbohrten Stopfen abgelesen. Nach weiteren 50 Minuten wird der Versuch unterbrochen und die Chlorkalklösung mit $^n/_4$-Arsenigsäure zurücktitriert.

Nach Klemm (Wochenbl. f. Papierfabr. **40,** 3973; 1909) kann man die zu verbrauchende Menge an Chlorkalk durch gleichzeitigen Ansatz von 4 Bleichproben rasch und genau ermitteln. Man beschickt 4 zylindrische Gefäße mit den 15, 20, 25 und 30 Teilen Chlorkalk entsprechenden Mengen klarer Chlorkalklösung, gibt die mit Wasser aufgequirlten Zellstoffproben in Mengen von je 5 g hinzu, wobei die Gesamtflüssigkeitsmenge auf 400 ccm eingestellt wird. Man erwärmt die 4 Gefäße gleichzeitig in einem großen Wasserbade auf 30 bis 40° Innentemperatur und rührt den Stoff von Zeit zu Zeit mit Glasrührern um. Die Dauer der Bleiche wird auf 5 Stunden bemessen. Die Probeentnahme zum Zwecke der Titration geschieht in üblicher Weise. Nach Beendigung des Versuchs werden die Zellstoffbreie auf den Büchnertrichter abgesaugt, dann je 2mal mit je 1 l reinen Wassers aufgequirlt und wiederum abgesaugt, dann in 500 ccm Wasser aufgeschwemmt und aus diesem 1proz. Faserbrei Papierblätter durch Schöpfen oder Saugen geformt. Die Papierblätter werden abgepreßt, getrocknet und zum Vergleich des Bleichgrades nebeneinander betrachtet und gegebenenfalls mit einem Typ oder Standardmuster verglichen.

Nach Sieber (Zellstoff und Papier **1,** 181—184) 1921) kann man den mutmaßlichen Verbrauch an Bleichchlor aus der Chlorverbrauchszahl in Chlorkalklösung von bestimmter Alkalinität den Chlorverbrauch an einer gemessenen Menge Zellstoff ermitteln oder nach Tingle (Journ. Ind. Engin. Chem. **14,** 40; 1922) aus dem Bromverbrauch des mutmaßlichen Chlorverbrauchs umrechnen. Neuerdings wird von Roschier (Zellstoff und Papier **2**, 184, 233; 1922) und Jonsen, ebenda S. 258, die Messung des durch Oxydation verbrauchten Kaliumpermanganats zur Bestimmung des Aufschlußgrades empfohlen.

Untersuchung der Zellstoffe

(gereinigte Baumwolle, Leinen, Holz- und Strohzellstoffe usw.).

Bei der Untersuchung der Zellstoffe handelt es sich im allgemeinen darum festzustellen, welchen Wirkungsgrad die verwendeten Aufschließprozesse gehabt haben, ob die verholzende Materie oder andere Inkrusten genügend beseitigt sind. (Wie eben schon im Abschnitt Bleicherei erwähnt worden ist.) Ferner ist bei gebleichten Zellstoffen festzustellen, ob nicht eine Überbleiche, eine Bildung von Oxycellulose oder Hydrocellulose stattgefunden hat. Je nach dem Verwendungszweck der Zellstoffe treten noch weitere Bestimmungen als erforderlich hinzu, beispielsweise diejenige von Harz, Fett, Wachs, die Bestimmung des gegen starke Alkalien widerstandsfähigen Cellulosematerials (α-Cellulose usw.) und diejenige des sog. Holzgummis.

Die Verfahren zur Bestimmung von Harz, Fett und Wachs und Pentosan sind schon im Abschnitt „Untersuchung der pflanzlichen Rohfaserstoffe" beschrieben, ebenso auch die Bestimmung der Asche und des Feuchtigkeitsgehaltes.

1. Bestimmung des Lignins bzw. des Aufschlußgrades von Zellstoffen. Die Reste von verholzter Substanz (Lignin) in den Zellstoffen geben sich nach Klason (Papier-Ztg. **35**, 378; 1910) durch Dunkelfärbung mit 72proz. Schwefelsäure bzw. einem Gemisch von 4 Gewichtsteilen konz. Schwefelsäure und einem Gewichtsteil Wasser zu erkennen. Ein sehr reiner Zellstoff löst sich mit hellgelber Farbe in der starken Säure auf. Bei unreinen Zellstoffen wird die Färbung erheblich tiefer. Handelt es sich um eine Betriebskontrolle, so ist diese Methode sehr empfehlenswert; sie versagt jedoch, wenn ein Vergleich sehr verschiedenartiger Zellstoffe vorgenommen werden soll. In solchen Fällen wird man zu den schon beschriebenen Ligninbestimmungsmethoden greifen müssen, also beispielsweise mit 72proz. Schwefelsäure oder mit überkonzentrierter Salzsäure die Ligninmenge ermitteln müssen, wie dies auf S. 588 bereits für pflanzliche Rohfaserstoffe beschrieben wurde.

Nach Sieber sind die nach diesen Methoden gewonnenen Werte meist etwas zu hoch, insbesondere diejenigen, die man mit 72proz. Schwefelsäure ermittelt. Da dies besonders bei harten Zellstoffen auftritt, ist ungenügende Lösung als Ursache anzunehmen. Durch tüchtiges Durchkneten mit konz. Salzsäure vor der Schwefelsäurezugabe und Stehenlassen für mehrere Stunden an einem warmen Ort kann man auch bei harten Zellstoffen eine gute Lösung des Celluloseanteiles mit Hilfe der 72proz. Schwefelsäure erreichen.

Nach Sieber kann man durch Ermitteln der sog. Chlorverbrauchszahl mittels einer Chlorkalklösung von genau bekanntem Alkalinitätsgrad den Aufschlußgrad der Holzzellstoffe ermitteln. Die

Ligninzahlen nach König und Becker (Die Bestandteile des Holzes und ihre wirtschaftliche Verwertung, Dissertation Münster 1918) bzw. Willstätter-Wohl-Krull (Dissertation Danzig 1916) ermittelt, gehen einigermaßen parallel. Aus einer graphischen Darstellung lassen sich die Beziehungen zwischen Chlorverbrauch und Ligningehalt leicht übersehen. Bezüglich der Methode muß die Originalmitteilung von Sieber: Zellstoff und Papier **1**, 223, 1921, Verlag von Carl Hofmann, Berlin SW 11, eingesehen werden.

Man wird meist an die Stelle dieser ziemlich zeitraubenden kostspieligen Methode die rasch durchführbare Ausfärbung mit Malachitgrün oder Malachitgrün und Kongorot setzen, die auf S. 616 beschrieben werden.

2. **Stickstoffgehalt.** Bei der Aufschließung der pflanzlichen Rohfaser verschwindet der Eiweißgehalt mehr oder weniger, so daß man aus der Menge des verbleibenden Stickstoffes Rückschlüsse auf die Vollständigkeit der Aufschließung ziehen kann. Die Bestimmung des Stickstoffs geschieht nach der bekannten Kjeldahlmethode (vgl. dieses Werk, Bd. II, S. 126). Für die Lösung von Zellstoffen hat sich folgende Ausführungsform bewährt: Auf 5 bis 6 g Zellstoff rechnet man 30 ccm rauchende und 20 ccm 95 bis 96 proz. Schwefelsäure, ferner etwa 0,25 g Quecksilber und 2 bis 3 g Kaliumsulfat. Die Erhitzung erfolgt, wie üblich, allmählich im Kjeldahlkolben und erfordert bis zur völligen Lösung 5 bis 6 Stunden. Die weitere Untersuchung ist die übliche. Von Kleemann (Zeitschr. f. angew. Chemie, **34** 625, 16, 12; 1921. Fresdorf) wird neuestens der Zusatz von Wasserstoffsuperoxyd empfohlen.

3. **Bestimmung der Cellulose.** Im allgemeinen ist eine Bestimmung der Cellulose in den Zellstoffen nicht üblich. Man prüft vielmehr ihre Reinheit und sucht die Verunreinigungen ihrer Menge nach festzustellen. Will man eine Cellulosebestimmung vornehmen, so würde die Methode von Cross und Bevan (vgl. S. 585) mit einer Abänderung von Schwalbe-Johnsen zu empfehlen sein, bei der man zunächst mit Hilfe von Glycerin-Essigsäure einen Teil des Pentosans entfernt, worauf die Entfernung des Lignins durch Behandlung mit salpetriger Säure bewerkstelligt wird. Bezüglich der Ausführung dieser Methode muß auf das Original verwiesen werden (Schwalbe-Sieber, Betriebskontrolle in der Zellstoff- und Papierindustrie, 2. Aufl., S. 156, u. Sieber, Zellstoff und Papier **3**, 1923). Die Bestimmung mittels Chlor nach Cross und Bevan ist für Holzzellstoffe wenig geeignet, da die Faser nicht pentosanfrei zu erhalten ist. Welche Methode man aber auch anwendet, stets muß die abgeschiedene Cellulose auf ihren Gehalt an Pentosan geprüft und die Pentosanmenge in Abzug gebracht werden.

4. **Bestimmung des Holzgummis.** a) Neutrale Holzgummizahl. Für viele Arten von Zellstoffen gibt die Bestimmung des Gehaltes an sog. Holzgummi einen gewissen Anhalt über Art und Menge der Verunreinigungen. Unter Holzgummi hat man ein Gemisch verschiedenartiger Stoffe zu verstehen, die alle durch Natronlauge bestimmter Konzentration aus den zu untersuchenden Faserstoffen herausgelöst werden. Neben Hydro- und Oxycellulosen und Cellulosedextrinen sind es die Pentosane, welche zu einem erheblichen Anteil aus den Fasern aus-

gelöst werden können. Aus den Lösungen in verdünnter Natronlauge kann man durch Säure wieder das Holzgummi ausfällen. Die Zahlenwerte fallen verschieden aus, je nachdem man nur Säure bis zur Neutralgrenze hinzufügt, oder einen Überschuß an Säure anwendet. Bei den Fällprodukten ist stets eine Aschenbestimmung vorzunehmen, da sie sehr wechselnde Mengen von Kochsalz, welches durch Fällen mit Salzsäure entsteht, enthalten.

Die sog. neutrale Holzgummizahl wird in folgender Weise bestimmt: 15 g des getrockneten oder die entsprechende Menge trocken gedachten Fasermaterials werden mit 300 ccm einer genau 5 proz. Ätznatronlösung übergossen und unter zeitweiligem Umschütteln 24 Stunden stehengelassen. Man filtriert nunmehr von den Fasern ab, verwirft dabei die zunächst abfließenden 50 ccm und nimmt von dem Filtrat eine Probe von 100 ccm, die man mit 200 ccm Alkohol üblicher Stärke vermischt. Zu dieser Mischung läßt man 9,5 ccm rauchende Salzsäure fließen und titriert nach Zusatz eines Tropfens Phenolphthalein mit Normalsalzsäure bis zum Verschwinden der Rotfärbung. Die Flüssigkeit bleibt nunmehr noch 24 Stunden im geschlossenen Gefäß bei Zimmertemperatur stehen. Hierauf wird in einen mit Asbest beschickten gewogenen Goochtiegel abfiltriert, zunächst mit Alkohol, dann mit Äther ausgewaschen, getrocknet und gewogen. Hat man eine Reihe von Vergleichsanalysen durchzuführen, so läßt sich die Absitzzeit wesentlich verkürzen.

b) Saure Holzgummizahl. Die Bestimmung unterscheidet sich von der vorher beschriebenen Bestimmung nur dadurch, daß man nach der Neutralisation mit Normalsalzsäure noch 5 ccm Säure als Überschuß hinzufügt, im übrigen aber, wie angegeben, verfährt. Die Werte für die sauren Gummizahlen fallen unter allen Umständen niedriger aus als die entsprechenden neutralen Holzgummizahlen.

5. **Bestimmung der α-, β- und γ-Cellulose.** Zur Bestimmung der in Zellstoffen enthaltenen, chemisch widerstandsfähigen Cellulose benutzt man die Behandlung mit 17,5 proz. Natronlauge, wie sie in der Viscosefabrikation und bei der Mercerisierung der Baumwolle üblich ist. In dieser starken Natronlauge lösen sich die Abbauprodukte der Cellulose, es löst sich aber auch der größte Teil des Pentosans bzw. Holzgummis, endlich aber auch die chemisch nicht widerstandsfähigen Modifikationen der Cellulose. Die zurückbleibende Cellulose wird als α-Cellulose bezeichnet. Sammelt man die bei der α-Cellulosebestimmung sich ergebenden Filtrate und fällt diese mit Essigsäure, so fallen aus der Lösung voluminöse flockige Niederschläge aus, die nach dem Waschen und Trocknen als β-Cellulose zur Wägung gebracht werden können. An Stelle der direkten Wägung tritt vielfach eine Oxydation mit Chromsäurelösung. Man rechnet den Sauerstoffverbrauch auf Cellulose um, eine Umrechnung, die theoretisch nicht einwandsfrei ist, da wohl schwerlich die gefällten Stoffe in ihrer Zusammensetzung identisch mit Baumwollcellulose sind. Nach dem Ausfällen verbleiben noch gewisse Anteile des Ausgangsmaterials in der Lösung. Kennt man α- und β-Cellulose, so kann man die γ-Cellulose aus der Differenz des Gewichtes des Ausgangsmaterials und der Summe von β- und γ-Cellulose berechnen. Bezüglich der Bestimmung von β- und γ-Cellulose sei auf die Sonderliteratur ver-

wiesen (Jentgen, Kunststoffe **1**, 165; 1911; ferner Schwalbe-Sieber, Betriebskontrolle in der Zellstoff- und Papierindustrie, 2. Aufl. S. 221).

Die Bestimmung der α-Cellulose wird folgendermaßen ausgeführt: 10 g zerzupfter lufttrockener Zellstoff werden in einer Reibschale mit 50 ccm 17,5 proz. Ätznatronlauge zu einem gleichmäßigen Brei verrieben. Nach $^1/_2$stündigem Stehen fügt man 50 ccm destilliertes Wasser hinzu und saugt auf einem Baumwoll- oder Leinenfilter ab und wäscht gründlich mit destilliertem Wasser nach, bis zum Verschwinden der alkalischen Reaktion. 10 bis 12 Wäschen mit je 50 ccm Wasser sind gewöhnlich erforderlich. Die auf dem Filter verbleibende Fasermasse wird mit verdünnter Essigsäure durchtränkt, nochmals mit heißem Wasser gewaschen, hierauf getrocknet und gewogen. Man kann natürlich auch die Bestimmung mit einem mit Asbest beschickten Goochtiegel durchführen. Durch eine Veraschung bestimmt man den Gehalt der Fasern an Mineralstoffen und bringt die Asche von dem Gewicht der α-Cellulose in Abzug, berechnet also als wasser- und aschefreie α-Cellulose.

Bei dem Verdünnen der Natronlauge und dem Auswaschen ist eine Ausfällung von den in der Natronlauge gelösten Stoffen möglich, so daß von Jentgen [Erörterung über die α-Cellulosebestimmung (vgl. Zellstoff und Papier **2**, 16; 1922)] empfohlen wird, von vornherein eine starke Verdünnung der Lauge vorzunehmen.

Waentig (Deutsche Faserstoffe und Spinnpflanzen **3**, 133—134; 1921 und Textile Forschung **3**, 202; 1921) hat weitere Vorschläge zur Abänderung und Verbesserung der Methode gemacht.

6. **Bestimmung der Barytresistenz.** Nach Schwalbe-Becker (Journ. f. prakt. Chem. **100**, 19; 1920) und Schwalbe-Sieber (Die Betriebskontrolle in der Zellstoff- und Papierindustrie 2. Aufl. 1922, 226) greifen Erdalkalien die Cellulose nicht an, während die Abbauprodukte der Cellulose gelöst werden. Man kann die chemisch widerstandsfähige Cellulose mit Barytwasser bestimmen. Die Werte sind im allgemeinen denjenigen für a-Cellulose ähnlich. Bei Natronholzzellstoff und dem mit Alkali nachbehandelten Sulfitholzzellstoff sind die Werte höher als die für a-Cellulose. (Vgl. auch Schwalbe-Wenzl. Zellstoff und Papier **2**, 75; 1922.) Nach Schwalbe-Becker soll man eine dreistündige Behandlung mit Baryt bei Siedehitze vornehmen. Nach Schwalbe-Wenzl sind die nach einstündiger Kochdauer erhaltenen Werte genau ebenso hoch, so daß man, um Zeit zu sparen, sich mit einer einstündigen Kochung begnügen kann.

3 g des lufttrockenen Zellstoffes werden mit 200 ccm kalt gesättigter Baryumhydroxydlösung versetzt und am Rückflußkühler genau eine Stunde lang zum Sieden erhitzt. Die heiße Mischung wird in einem Goochtiegel mit eingelegter englochiger Siebplatte — die Anwendung eines Filters hat sich als nicht notwendig erwiesen — abgesaugt und mit heißem Wasser reichlich ausgewaschen. Hierauf wird mit kalter einprozentiger Salzsäure unter vorsichtigem Umrühren und Stehenlassen so lange ausgewaschen, bis sich im Filtrat Barium durch Fällung mit Schwefelsäure nicht mehr nachweisen läßt. Man wäscht hierauf mit kochendem Wasser zur Entfernung der Salzsäure nach, trocknet im

Trockenschrank vier Stunden bei 105 °, wägt und bringt durch Veraschung eine etwa notwendig werdende Aschenkorrektur an.

Beim Pipettieren der konzentrierten Baryumhydroxydlösung empfiehlt es sich, in die Pipette oberhalb des Meßstriches einen Wattepropfen einzuschieben, um eine Fällung von Baryumcarbonat durch das Kohlendioxyd der Atemluft zu vermeiden.

Nach Sieber werden bei der Barytkochung alle Hexosane zerstört. Bestimmt man mittels Barytkochung das Pentosan nach Tollens und zieht die Pentosanmenge vom Zellstoffgewicht ab, so gibt das Rückstandsgewicht die Menge der chemisch resistenten Cellulose an.

7. **Erkennung, Unterscheidung und Bestimmung des Gehaltes an Hydro- und Oxycellulosen.** Die Hydro- und Oxycellulosen versucht man durch Ausfärbung mit Methylenblau oder durch Feststellung des Reduktionsvermögens gegen kochende Fehlinglösung zu erkennen. Vorzugsweise die Oxycellulosen färben sich mit basischen Farbstoffen, z. B. mit Methylenblau, kräftig an, aber auch bei gewissen gequollenen Hydrocellulosen wird Farbstoff fixiert, so daß eine Unterscheidung von Hydro- und Oxycellulosen auf dem angedeuteten Wege nicht möglich ist. Nach Justin Mueller (Bull. Soc. Chim. [4], **29**, 987; 1921; Chem. Zentralbl. **1922, II.** 712) sollen sich Hydro- und Oxycellulosen durch ihr Verhalten beim Erhitzen auf 130—150° unterscheiden lassen. Hydrocellulosen färben sich braungelb. Für die Erkennung der Abbauprodukte ist die Bestimmung des Reduktionsvermögens insofern von Bedeutung, als reine Cellulosen Reduktionsvermögen nicht zeigen; solches kommt entweder durch Inkrusten oder Gegenwart von Hydro- und Oxycellulosen zustande. Da es sich hier um Untersuchung mehr oder weniger reiner Zellstoffe handelt, kommt das Reduktionsvermögen der Inkrusten nicht oder nur in untergeordnetem Maße in Betracht. Die Reduktion von Fehlingscher Lösung bietet auch ein Mittel, um quantitativ die Menge der in dem Untersuchungsmaterial befindlichen Hydro- und Oxycellulosen zu bestimmen. Die darauf beruhende Kupferzahlmethode wird wie folgt durchgeführt (Schwalbe, Ztschr. f. angew. Chemie **23**, 924; 1910; ferner: Die Chemie der Cellulose, Berlin, Verl. Gebr. Bornträger, **1911**).

Kupferzahlbestimmung. a) Als Apparat (Fig. 1) dient ein Rundkolben von 1,5 l Inhalt mit weitem Halse. In den Hals dieses Kolbens paßt mit sehr engem Spielraum ein Glaskühler, der an einem Draht frei aufgehängt ist, so daß man den Kolben von unten über den Kühler heraufschieben kann. Die Erhitzung des auf Drahtnetz stehenden Kolbens geschieht durch Pilzbrenner. Das Drahtnetz ist zur Vermeidung zu hoher Erwärmung der Kolbenwände durch eine Asbestbrille abgedeckt. Der Kühler hat einen seitlichen Ansatz, durch welchen man Flüssigkeiten in das Kolbeninnere eingießen kann. Durch das zentrale Rohr des Kühlers führt ein Rührwerk aus Glas, entweder ein Zentrifugalkugelrührer oder ein Rührer aus Glasstäben, in beistehender Form zusammengebogen. Letztere Form (Fig. 2) ist besonders für lose Baumwolle, die leicht um den Kugelrührer verfilzt, empfehlenswert. Während die Flüssigkeit im Kolben zum Sieden erhitzt wird, hat man 50 ccm alkalische Seignettesalzlösung und 50 ccm Kupfersulfatlösung (Bereitung siehe S. 17) in je einem Erlenmeyerkolben zum Sieden erhitzt. Die siedenden Flüssigkeiten werden miteinander vermischt, und das Gemisch — die Fehlingsche Lösung — in den seitlichen Ansatz des Glaskühlers, zweckmäßig mit Hilfe eines Tropftrichters, eingegossen in dem Augenblick, wo das Wasser im Kolben zu sieden beginnt. Durch das Eingießen wird eine geringfügige Abkühlung hervorgerufen. Sobald das Sieden wieder beginnt, wird nunmehr unter Rühren $^1/_4$ Stunde lang erhitzt. Nach Ablauf dieser Frist wird die Heizquelle entfernt, der Rührer abgestellt, der Kolben nach unten von dem Glasrührer abgezogen und die am Kühler und im Glasrührer haftende Flüssigkeit mit heißem Wasser in den Kolben nachgespült. Der Kolbeninhalt wird nunmehr samt Fasermaterial auf einen Büchnertrichter abgesaugt und mit heißem Wasser so lange nachgewaschen, bis keine Kupferreaktion mehr im Waschwasser zu erkennen ist. Die Prüfung auf Kupfer geschieht mit der Ferrocyankaliumprobe. Für den Fall, daß das abgeschiedene und im Fasermaterial gewöhnlich fixierte Kupferoxydul durch das Filter gehen sollte, muß man mit Kieselgur aufschütteln und wiederum filtrieren. Es gelingt so, vollständig klare Filtrate zu erhalten. Selbstverständlich muß das Kieselgur vor der Anwendung durch Auskochen mit Fehlingscher Lösung von reduzierenden Stoffen befreit werden. Auf dem Filter bleibt das Fasermaterial mehr oder weniger blau gefärbt durch unauswaschbare blaue Kupferverbindungen samt Kupferoxydul zurück. Die für die blaue Kupferverbindungen erforderliche Korrektur ergibt sich durch die Bestimmung der sog. Hydratkupferzahl, die weiter unten besprochen wird. Der gesamte Filterrückstand wird in eine Porzellanschale gebracht, und der Trichter mit 6,5 proz. Salpetersäure ausgespült und soviel Salpetersäure zum Inhalt der Porzellanschale gegeben, bis alles Kupfer in Lösung gegangen ist, also die Blaufärbung der Faser sowie das Kupferoxydul verschwunden sind. Ist alles gelöst, wird wiederum durch einen Büchnertrichter abgesaugt und gründlich, jedoch unter sparsamster Verwendung von

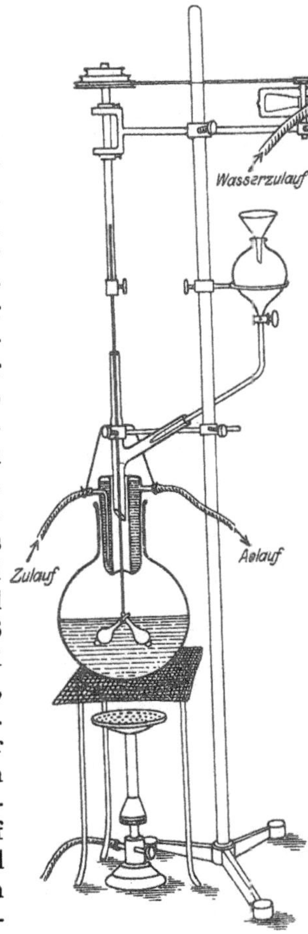

Fig. 1. Apparat zur Bestimmung der Kupferzahl.

Fig. 2. Rührer.

Waschwasser ausgewaschen. Man überzeugt sich davon, daß alles Kupfer in Lösung gegangen ist durch Digerieren des Faserrückstandes mit warmer Ammoniakflüssigkeit. Ist noch Kupfersalz in den Fasern enthalten, so färben diese sich blau. Wäscht man nunmehr wiederum mit warmer Salpetersäure nach, so lassen sich die letzten Reste Kupfer entfernen. Prüfung auf völlige Kupfersalzfreiheit geschieht wieder mit der Ferrocyankaliumprobe. Das Filtrat, welches, wenn nötig, etwas eingedampft wird, bringt man in eine Platinschale und elektrolysiert unter Zusatz von etwas Schwefelsäure. Man bestimmt das Kupfer in üblicher Weise (vgl. Bd. II, S. 51 bzw. 329). Bei der Elektrolyse ergeben sich in einzelnen seltnen Fällen Schwierigkeiten durch Ausfällen von Zellstoffhäute, die sich durch ein Abrauchen der Salpetersäure auf dem Sandbade zerstören lassen. Bezüglich der Einzelheiten dieser Arbeitsweise muß auf die Sonderliteratur verwiesen werden (Schwalbe-Sieber, Betriebskontrolle, 2. Aufl. S. 230).

Verfügt man nicht über eine Einrichtung zur Elektrolyse, so kann man das Kupfer auch titrimetrisch bestimmen. Nach dem Vorschlage von Hägglund (Papierfabrikant **17,** 301; 1919) wird der, Kupferoxydul und blaue Kupferverbindung enthaltende Faserrückstand in 100 ccm Ferrisulfatschwefelsäure gelöst nnd das gebildete Ferrosulfat mit Kaliumpermanganat nach Bertrand titriert. Die Ferrisulfatschwefelsäurelösung sollte 50 g Ferrisulfat und 200 g Schwefelsäure je Liter enthalten und darf Permanganatlösung nicht reduzieren. Die erfolgte Auflösung des Kupferoxyduls erkennt man am Verschwinden der dunklen Flecke, welche sich auf dem Fasermaterial zunächst bilden. Nach erfolgter Lösung wird filtriert, mit kaltem Wasser nachgewaschen und im Filtrat mit Kaliumpermanganat titriert. Da die Ferrisulfatlösung nur auf Kupferoxydul einwirkt, nicht aber auf die blaue in der Faser enthaltende Kupferverbindung, so bekommt man auf diese Weise direkt den Wert für die sog. wahre (korrigierte) Kupferzahl, die nach dem obenbeschriebenen Elektrolyseverfahren und aus der Differenz der Kupferzahl und der Hydratkupferzahl ermittelt werden kann.

b) Unterscheidung von Hydro- und Oxycellulosen. Eine solche Unterscheidung ist möglich durch eine Titration mit $^{n}/_{100}$-Natronlauge. Wie Schwalbe und Becker (Ber. **54,** 545; 1921) gezeigt haben, verbrauchen die Oxycellulosen in der Kälte gewisse Mengen von Ätznatron, während Hydrocellulosen unter den gleichen Versuchsbedingungen indifferent sind. Die Bestimmung der Oxycellulosen geschieht nach folgender Vorschrift: 1 g der zu untersuchenden Substanz wird mit 50 ccm Wasser aufgeschlämmt und mit $^{n}/_{100}$-Natronlauge unter Zusatz von Methylorange als Indicator titriert. Durch Zusatz eines Tropfens Methylrot, der keine Rotfärbung mehr hervorrufen darf, überzeugt man sich von der Beendigung der Titration, da der Farbenumschlag des Methylorange nicht genügend scharf ist. Hat man es mit Zellstoffen zu tun, welche bei der Bleiche Kalksalze aufgenommen haben, so kann die Acidität der Zellstoffe nicht mehr als Maß für die anwesenden Oxycellulosen gelten, da diese, denen man Säurenatur zuschreibt, dann in Form der Kalksalze vorliegen. Durch eine Veraschung und Bestimmung der Alkalinität der Asche kann man eine Korrektur anbringen und aus der Summe der Acidität bei direkter Titration und der Alkalinität und durch Titration der Asche einen Anhalt gewinnen für den ungefähren Gehalt der Zellstoffe an Oxycellulose im Vergleich zu einem oxycellulosefreien Typ oder Standardmuster[1]).

7. **Erkennung und Bestimmung des Quellgrades.** Der Quellgrad einer Cellulose ist in gewissem Sinne ein Ausdruck für die chemische Reaktionsfähigkeit der Cellulose. Für diesen Quellgrad hat man früher die Namen „Hydratationsgrad" oder dgl. verwendet in der Vorstellung, daß derartige gequollene Cellulosen mehr Wasser chemisch binden als gewöhnliche Cellulosen. Es hat sich herausgestellt, daß diese Vorstellung irrig ist und nur die Tatsache bestehen bleibt, daß im allgemeinen gequollene Cellulosen mehr hygroskopisches Wasser zu enthalten pflegen als die nichtgequollenen; sehr ausgeprägt sind diese Unterschiede jedoch nicht. Bei gewöhnlicher Luftfeuchtigkeit und bei höherer Luftfeuchtigkeit und höherer Temperatur gehen die Zahlenwerte für die verschieden gequollenen Cellulosewerte auseinander. Man kann Räume mit höherer Luftfeuchtigkeit leicht in Exssikatoren schaffen. die mit Schwefelsäure entsprechender Dampftension beschickt werden. Die Verwendung von Räumen, die mit Wasserdampf gesättigt sind, ist nicht zu empfehlen, weil bei geringer Temperaturschwankung der Taupunkt unterschritten werden kann und sich dann Wassertropfen auf der zu wägenden Faserprobe ausscheiden. (Bezüglich solcher Bestimmungen vgl. Schwalbe und Becker, Zeitschr. f. angew. Chemie **33**, 57, 100; 1920, ferner Schwalbe, Papierfabrikant **1923**.

Zur Unterscheidung der verschiedenen Quellgrade kann man die Chlorzinkjodprobe heranziehen. Eine Titration der nach einer bestimmten Zeit festgehaltenen Jodmenge ist jedoch unmöglich. Stark gequollene Cellulosen geben mit Chlorzinkjod einen schwarzblauen Fleck, der beim Auswaschen nur langsam verschwindet, während bei einer nichtgequollenen Cellulose dieses Verschwinden beim Waschen nach ganz kurzer Zeit eintritt.

Zur quantitativen Bestimmung des Quellgrades kann die Bestimmung der sog. Hydratkupferzahl oder der Cellulosezahl benutzt werden. Die gequollenen Cellulosen fixieren aus einer kalten Fehlingschen Lösung weit mehr Kupfersalz, färben sich intensiver blau als nichtgequollene Cellulosen. Durch Bestimmung des Kupfergehaltes kann man also einen Rückschluß auf den Grad der Quellung ziehen. Bei der Bestimmung verfährt man nach Schwalbe (Die Chemie der Cellulose, S. 634; ferner Schwalbe-Sieber, Betriebskontrolle, 2. Aufl. S. 242) wie folgt: 2 bis 3 g lufttrockene Substanz werden in 250 ccm kaltes, destilliertes Wasser gebracht, 100 ccm kalte Fehlingsche Lösung zugegeben und mit 50 ccm kaltem, destilliertem Wasser nachgespült. Unter öfterem Umschütteln bleibt die Flüssigkeit $^3/_4$ Stunden bei Zimmertemperatur stehen, worauf auf einen Büchnertrichter abgesaugt und mit kaltem Wasser nachgewaschen wird. Handelt es sich um sehr kurzfaserigen

[1]) Über eine Bestimmung der Oxycellulosen mit Hilfe von Baryt vgl. Becker, Zellstoff u. Papier **1**, 5; 1921.

Zellstoff, dann ist Beigabe von aufgeschlämmtem Kieselgur zweckmäßig. Ausgewaschen wird bis zum Verschwinden der Kupferreaktion im Filtrat. Nach dem Auswaschen auf dem Saugfilter wird der mehr oder minder blau gefärbte Faserrückstand mit 6,5 proz. Salpetersäure übergossen und so das festgehaltene Kupfer herausgelöst, worauf man die Bestimmung des Kupfers in dieser Lösung in üblicher Weise, sei es durch Elektrolyse, durch Fällung als Schwefelkupfer oder als Kupferoxyd vornehmen kann. Die gefundene Kupfermenge auf 100 g wasser- und aschefreie Cellulose umgerechnet, ergibt die Cellulose- oder Hydratkupferzahl.

Wie oben schon erwähnt, berechnet man aus der Differenz zwischen der rohen Kupferzahl und der Hydratkupferzahl die korrigierte Kupferzahl der Cellulosen oder Zellstoffe.

Zur Bestimmung des Quellgrades kann auch die Messung der von der Faser festgehaltenen Wassermenge dienen. Legt man Cellulosefasern in Wasser ein, so nimmt die Quellung und mit ihr die Menge des festgehaltenen Wassers während einiger Stunden zu, worauf wieder ein unter Umständen erheblicher Rückgang der Quellung und des Wasserbindungsvermögens erfolgen kann. Bringt man die mit einem Meßgefäß aus dem Faserbrei entnommene Faserprobe auf ein Messingsieb, läßt abtropfen und schleudert während einer bestimmten Zeit bei einer bestimmten Entfernung des Siebes von der Zentrifugenachse mit einer bestimmten Umdrehungszahl der Schleuder, wägt dann das Sieb samt dem feuchten Faserfilz, so kann man aus der Differenz das Naßgewicht der Faser und Trockengewicht — das gegebenenfalls durch eine am Faserfilz vorgenommene Trockenbestimmung kontrolliert werden kann — die Wasseraufnahme berechnen. Zur gleichmäßigen Belastung der Schleuder muß man zwei Siebe gleichzeitig einhängen. Jede Röhrenschleuder dürfte sich zu diesem Zwecke benutzen lassen. Für die Siebe existiert ein von der Firma Louis Schopper (Leipzig, Bayersche Straße 77) hergestelltes Modell. (Man vergleiche S c h w a l b e, Papierfabrikant **21**, 73; 1923.) Die so erhältlichen Werte sind nicht völlig genau, aber für die vergleichende Untersuchung von Fasern verschiedenen Quellungszustandes anscheinend doch genügend.

Betriebskontrolle in der Papierfabrikation

Für diese kommen in Betracht die Untersuchung der Leim-, Füll- und Färbemittel.

1. **Leimstoffe.** Als Leimstoffe werden gebraucht: Harz, Tierleim, Casein, Stärke. Die Untersuchung dieser Hilfsstoffe ist bereits in früheren Abschnitten dieses Werkes beschrieben, und zwar die Untersuchung der Harze Bd. III S. 699, diejenige des Tierleims (Gelatine) dieser Band S. 457, diejenige des Caseins Bd. III. S. 1095, endlich diejenige der Stärke dieser Band S. 118. Einer Ergänzung bedarf die Schilderung der Untersuchungsmethoden der Harze insofern, als die gebräuchlichsten Methoden zur Harzleimuntersuchung noch aufzuführen sind. In der Papierfabrikation wird das Harz mit Soda oder Ätznatron verseift und die, freies Harz enthaltende Emulsion dem Papierbrei zugesetzt, worauf durch Bei-

gabe von Alaun oder schwefelsaurer Tonerde die Wiederausfällung des Harzes bzw. von harzsauren Salzen usw. auf der Faser erfolgt. Der zur Fällung nötige Alaun bzw. das Tonerdesulfat müssen auf Säuregehalt und Eisengehalt geprüft werden. Es geschieht dies nach den in Bd. II, S. 579 dieses Werkes beschriebenen Methoden.

a) Die Trockengehaltsbestimmung im Harzleim. In eine kleine Porzellanschale wird etwas Seesand eingebracht, ein Glasstäbchen hinzugelegt und nach gehörigem Trocknen ausgewogen. Man bringt nun 1 bis 2 g Harzleim hinzu, wägt genau aus und verrührt auf dem Wasserbade unter Zusatz von etwas Alkohol den Harzleim mit dem Seesand, bis eine gleichmäßige krümelige Masse entstanden ist. Hierauf wird im Trockenschrank bei 105 ° bis zum konstanten Gewicht erhitzt und wiederum gewogen. Aus der Differenz der Wägezahl ergibt sich der Wasserverlust und damit der Feuchtigkeitsgehalt des Harzleims.

b) Bestimmung des Gesamtharzgehaltes. In ein kleines Becherglas wägt man 1 bis 2 g Harzleim ein und löst mit etwa 100 ccm warmem Wasser auf. Bei sehr freiharzreichen Laugen, die also viel freie Harzsäure enthalten, muß man zur Lösung eine gemessene Menge Normalnatronlauge hinzufügen. Diese Flüssigkeit wird dann quantitativ in einen 200 bis 300 ccm fassenden Scheidetrichter überführt, worauf man Schwefelsäure bis zur schwach sauren Reaktion zusetzt und dann 50 ccm Äther hinzufügt. Durch vorsichtiges kreisendes Schütteln erreicht man den Übergang der Harzsäuren in die Ätherschicht. Ein zu heftiges Schütteln muß in Rücksicht auf die Bildung schwer trennbarer Emulsionen vermieden werden. Die wässerige Lösung wird hierauf aus dem Scheidetrichter abgelassen und der Ätherextrakt in ein gewogenes Kölbchen gebracht, der Äther verdampft und der Rückstand im Trockenschrank bei 105 ° bis zur Gewichtskonstanz getrocknet und gewogen.

c) Freiharzbestimmung. Zur Bestimmung des Freiharzgehaltes wird nach Dreher eine Probe von 1 bis 2 g in einer kleinen Porzellanschale durch Zusatz von 50 ccm Alkohol auf dem Wasserbade gelöst, und die warme Lösung nach Zusatz von Phenolphthalein mit Normalnatronlauge bis zur Rotfärbung titriert. Den Freiharzgehalt x berechnet man, wenn ausgedrückt wird durch:

p das Gewicht der angewandten Harzleimmenge,

n die Anzahl der verbrauchten Kubikzentimeter Natronlauge,

f die Harzmenge, welche von 1 Kubikzentimeter Normalnatronlauge gebunden wird und welche sich aus der Verseifungszahl[1]) *S. Z.* errechnet,

zu $$f = \frac{100 \cdot 0{,}04}{\text{S. Z.}} \qquad \text{und} \qquad x = 100\,\frac{f \cdot n}{p}.$$

d) Untersuchung von Ersatzleim. Die Harzleime werden häufig mit Kolloiden verschiedener Art, Tierleim, Stärke, Casein, Dextrin u. dgl. versetzt. Bei der Untersuchung dieser Harzleime kann man nach Marcusson (Wochenbl. f. Papierfabr. 45, 1005; 1914) durch Al-

[1]) Band III, Seite 706.

kohol eine Abtrennung der Kolloide erzielen. Nur der Harzleim löst in dem Alkohol auf, während die anderen Zusatzstoffe darin unlöslich sind. Die Bestimmung der Zusatzstoffe im einzelnen muß in der Sonderliteratur nachgelesen werden (Schwalbe-Sieber, Betriebskontrolle, 2. Aufl. S. 296).

e) Bestimmung des Alkaligehaltes und des Gesamtharzes. Nach Scheufelen und Goldberg kann man die Gesamtharz- mit einer Alkalibestimmung verbinden, wenn man folgendermaßen verfährt: Man löst 3 bis 5 g Harzleim in 100 ccm warmem, destillierten Wasser auf, wobei freiharzreiche Leime einen genau abzumessenden, möglichst kleinen Zusatz von $^n/_{10}$-Natronlauge erfordern. Die Lösung wird quantitativ in einen Scheidetrichter überführt und aus einer Bürette soviel $^n/_{10}$-Schwefelsäure zugefügt, bis deutliche saure Reaktion eintritt und auch nach dem Umschütteln erhalten bleibt. Nach Zusatz von 50 ccm Äther wird zur Vermeidung von Emulsionen vorsichtig durchgeschüttelt und nach erfolgter Trennung der ätherischen und wässerigen Schicht die wässerige Schicht in ein Becherglas, die ätherische in ein gewogenes Kölbchen abgelassen. Nach Abdestillieren des Äthers wird der Harzrückstand bei 105° getrocknet und gewogen. Die gefundene Harzmenge stellt das Gesamtharz dar. Es ist zweckmäßig, in diesem Gesamtharz nach den üblichen Methoden die Verseifungszahl zu bestimmen.

Die wässerige Lösung im Becherglase titriert man mit $^n/_{10}$-Natronlauge unter Verwendung von Phenolphthalein als Indicator. Unter Berücksichtigung der anfänglich zugesetzten Laugen- und Säuremengen kann man diejenige Menge Alkali ermitteln, welche in dem Harzleim vorhanden war. Diese wird zwecksmäßig als Na_2O ausgedrückt. 1 ccm $^n/_{10}$-Säure entspricht 0,0031 g Na_2O. Mit Hilfe der Verseifungszahl und des Gesamtharzgehaltes läßt sich der Freiharzgehalt berechnen.

2. **Füllstoffe.** Als Füllstoffe sind in der Papierfabrikation in Gebrauch Kaolin oder Chinaclay, Talk, daneben Bariumsulfat (blanc fixe), Analin, Satinweiß (Gips), Talkum und seltener Asbest. Die Untersuchung derartiger Stoffe ist in Bd. II bereits beschrieben worden[1]).

Soweit nicht die Untersuchung derartiger Stoffe in den vorhergehenden Bänden des Werkes beschrieben ist, muß bezüglich der einfachen Proben. welche in der Papierfabrikation gebräuchlich sind, auf deren Sonderliteratur verwiesen werden.

3. **Farbstoffe.** Als Farbstoffe für die Papierfabrikation werden gegenwärtig in erster Linie Teerfarbstoffe angewendet, teils für sich allein, teils in Verbindung mit Erdfarben. Unter den Erdfarben spielt Ultramarin eine außerordentlich wichtige Rolle. Die Untersuchung der Farbstoffe beschränkt sich in der Papierfabrikation meist auf Feststellung der Ergiebigkeit durch eine Probefärbung. Bezüglich der Untersuchung des Ultramarins vergleiche man S. 820.

4. **Abwässer.** Die Untersuchung der Abwässer der Papier- und Zellstoff-Fabriken geschieht nach den allgemein üblichen Methoden, wie sie in Bd. I, S. 530, bereits beschrieben sind.

[1]) Vgl. auch Schwalbe-Sieber, Betriebskontrolle, 2. Aufl. 317 ff.

Papier.

Von

Professor **W. Herzberg,**
Vorsteher der Abteilung für Papier am Staatlichen Materialprüfungsamt
zu Berlin-Dahlem.

Bestimmung des Aschengehaltes.

Für genaue Bestimmungen werden 1 bis 2 g Papier bei 100 bis 105° C getrocknet, in einem Platin- oder Porzellantiegel eingeäschert und so lange geglüht, bis keine Gewichtsabnahme mehr stattfindet. Läßt die Farbe des Papiers (gelb) auf Anwesenheit von Bleiverbindungen (Bleichromat) schließen, so muß für die Veraschung ein Porzellantiegel verwendet werden.

Der für die Aschenmenge gefundene Wert entspricht selten ohne weiteres dem wahren Gehalt des Papiers an mineralischen Füllstoffen, weil letztere durch das Glühen meist verändert werden. So verliert Kaolin 12 bis 15% Krystallwasser, Baryumsulfat wird teilweise in Baryumsulfid umgewandelt usw. Ist die Art des Füllstoffes bekannt, in Frage kommen vorzugsweise Kaolin, Gips und Schwerspat, so läßt sich der wirkliche Füllstoffgehalt aus dem Aschengehalt berechnen. Handelt es sich um Baryumsulfat, so hat man nur einige Tropfen Schwefelsäure zur Asche hinzuzufügen und nochmals zu glühen, um den wahren Füllstoffgehalt zu erhalten.

In der Praxis, wo es meist nicht auf so genaue Bestimmungen ankommt, hat sich die Reimannsche Aschenwage (Fig. 1) eingebürgert, die bis auf 0,25% genaue Werte gibt[1]).

Der eine Arm des Wagebalkens trägt ein mit ihm fest verbundenes Gewicht, der andere zwei Wageschalen, von denen die obere zum Auflegen eines Glasröhrchens (Fig. 2 a), die untere für Gewichte bestimmt ist. Da sich die Wage ohne Glasrohr bei einer Belastung von etwa 21 g im Gleichgewicht befindet, so wähle man das Röhrchen so aus, daß es dem Gewicht von 19 g recht nahe kommt, ohne jedoch diese Grenze zu überschreiten. Auf die untere Wageschale bringt man an Gewichten 2 g, und zwar ein Grammgewicht als solches und den Rest in Dezi- und Zentigrammstücken.

---

[1]) Die Reimannsche Aschenwage mit allem Zubehör, ferner alle im nachfolgenden noch erwähnten Apparate und Instrumente für Papierprüfungen, ferner Fasermischungen, Einbettmassen, Lösungen usw. sind von der Fabrik technisch-wissenschaftlicher Instrumente von L. Schopper in Leipzig, Bayersche Str. 77, zu beziehen.

Eine etwaige Differenz gleicht man entweder mit der zu diesem Zweck angebrachten Regulierschraube R aus oder, wenn diese nicht ausreicht, durch kleine, auf die Wageschale gelegte Bleistücke und mittels der am Stativ befindlichen Schraube.

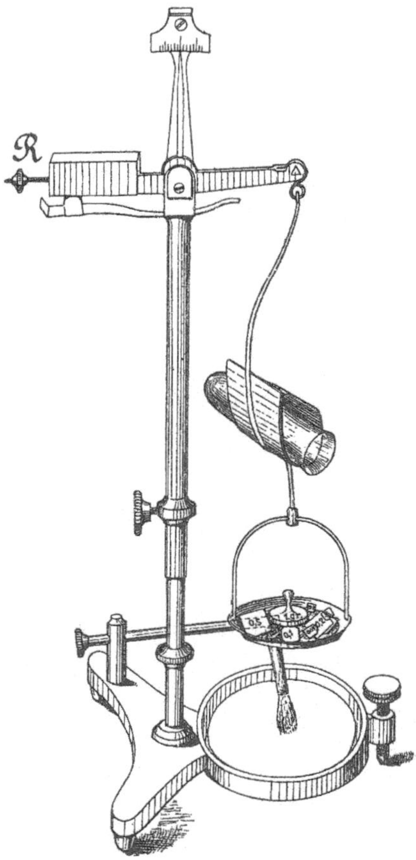

Fig. 1. Reimannsche Aschenwage.

Fig. 2 a. Glasröhrchen für die Asche.

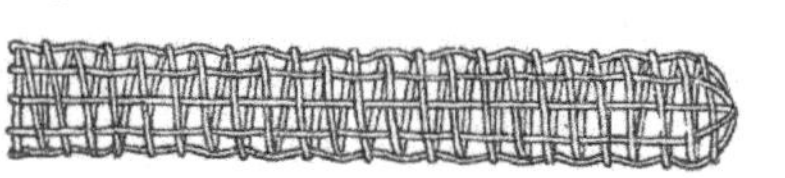

Fig. 2 b. Veraschungsnetz.

Eine Pinselarretierung, wie sie die Figur zeigt, hat sich für das Legen und Abnehmen der Gewichte als praktisch erwiesen.

Zur Veraschung rollt man 1 g Papier zusammen, steckt es in das Veraschungsnetz (Fig. 2 b) und glüht; die Asche schüttet man in das Gläschen und bestimmt ihr Gewicht in Zentigramm; diese geben direkt die Aschenprozente an. Enthält die Asche im Innern noch schwarze, unverbrannte Teile, was allerdings nur selten vorkommt, so bringt man sie in einen Tiegel und glüht nach Zusatz von etwas Wasserstoffsuperoxyd oder Ammoniumnitratlösung noch einmal.

Die Veraschung geht um so schneller und vollkommener vor sich, je besser die atmosphärische Luft zutreten kann; um dies in besonders hohem Maße zu erreichen, hat Schopper eine Veraschungsvorrichtung gebaut, bei der während der Veraschung durch einen schornsteinähnlichen Aufbau ein ununterbrochener Luftstrom durch die Asche geführt wird. Diese Vorrichtung (Fig. 3) hat sich gut bewährt und vermindert die Dauer des Glühens wesentlich. 1 g Papier wird zusammengerollt und in das in dem wagerechten kurzen Stutzen des Aufbaues steckende herausnehmbare, hinten mit einem Drahtnetz abgeschlossene Rohr aus dünnem Eisenblech geschoben. Durch einen Brenner wird dieses Rohr ins Glühen gebracht, die Verbrennungsgase entweichen durch das als Schornstein wirkende senkrechte Blechrohr, und infolge der starken Luftzuführung ist die Veraschung in kurzer Zeit beendigt.

Neuerdings hat Schopper zum Veraschen von Rohpappe eine besondere Apparatur geschaffen, zu der auch eine Zeigeraschenwage gehört; letztere gestattet direktes Ablesen des Prozentgehaltes an Asche.

Auch Apparate zum Veraschen auf elektrischem Wege bringt die genannte Firma auf den Markt.

Der Aschengehalt ungeleimter und unbeschwerter Papiere liegt meist unter 1%; geleimte, aber unbeschwerte Papiere können bis zu 3% Asche haben. Bei beschwerten Papieren kommen Aschenmengen bis zu 30% und mehr vor.

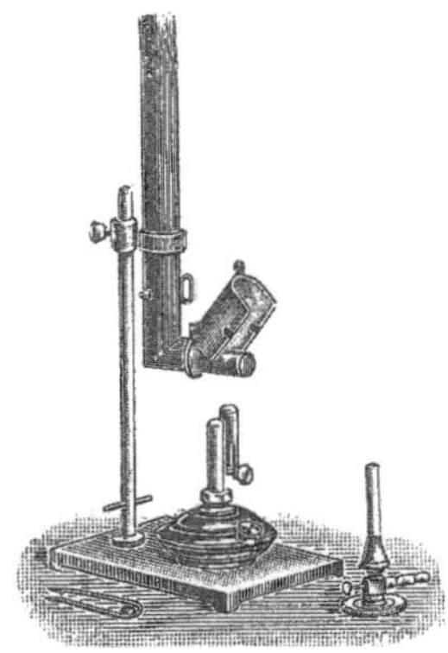

Fig. 3. Schoppers Veraschungsvorrichtung.

Die mikroskopische Feststellung der im Papier enthaltenen Faserstoffe.

Die mikroskopische Prüfung dient zur Feststellung der Art, der Mengenverhältnisse und des Mahlungszustandes der in einem Papier vorhandenen Fasern. Im folgenden kann nur auf die wichtigsten Faserarten (Leinen, Hanf, Baumwolle, Holz-, Stroh- und Espartozellstoff sowie Jute und Holzschliff) kurz eingegangen werden[1].

Vorbereitung des Papiers. Je nach der Dicke werden 2 bis 5 qcm des Papiers mit verdünnter (1 proz.) Natron- oder Kalilauge in einem Reagierglase 1 bis 2 Minuten gekocht und so heiß wie möglich einige Male kräftig durchgeschüttelt. Der so erhaltene Faserbrei wird auf ein engmaschiges Drahtsieb gebracht, durch Waschen mit Wasser von der Lauge befreit und ist dann für die mikroskopische Prüfung fertig.

Pergamentpapiere zerfasern bei der beschriebenen Vorbehandlung nicht; das Verfahren läßt sich daher auf sie nicht anwenden. Die mikroskopische Untersuchung von Pergamentpapieren ist überhaupt mit Schwierigkeiten verknüpft, da die Fasern stark gequollen sind. Bartsch[2]) hat aber ein Verfahren ausfindig gemacht, mit Hilfe dessen man auch Pergamentpapier in Brei umwandeln kann.

Ungefähr 1 g Papier wird in schmale Streifen geschnitten und in einem Reagensglase mit 50 ccm gesättigter Kaliumpermanganatlösung (= 6,5 g Kaliumpermanganat auf 100 g Wasser) übergossen. Die Lösung läßt man bei dünnen oder schwach pergamentierten Papieren 45 bis 60 Minuten, bei dicken oder stark pergamentierten Papieren 60 bis 75 Minuten einwirken, gießt dann ab und wäscht mehrmals mit Wasser aus. Zur Entfernung des auf der Faser niedergeschlagenen wasserunlöslichen braunen Mangansuperoxydniederschlages wird das Papier mit etwa 25 ccm 5 proz. Oxalsäure oder Ammoniumoxalat unter Zusatz einiger Kubikzentimeter verdünnter Schwefelsäure übergossen

[1]) Für eingehendere Studien wird auf Herzbergs Papierprüfung, 5. Aufl., S. 76—113, verwiesen. (25 Text-Faserbilder und 22 Tafeln mit mikrophotographischen Aufnahmen.)

[2]) Mitteilungen aus dem Materialprüfungsamt **1917**, 276.

und die Lösung so lange einwirken gelassen, bis das Papier wieder farblos erscheint, was etwa 5 Minuten in Anspruch nimmt. Die Oxalsäure wird dann abgegossen und das Papier nochmals mit Wasser gewaschen. Äußerlich erscheint es bis dahin unverändert, da es seinen Zusammenhalt noch nicht verloren hat. Durch rollendes Kneten zwischen den inneren Handflächen läßt es sich aber leicht in eine Breikugel verwandeln, die dann durch bloßes Schütteln im Reagensglas mühelos zerfasert wird.

Die Klarheit der mikroskopischen Bilder und die Unterschiede in der Färbung der verschiedenen Fasergruppen können noch dadurch verbessert werden, daß man den durch Kaliumpermanganatlösung gewonnenen Brei 1 bis 2 Minuten mit kalter 43proz. Schwefelsäure im Reagenzglas durchschüttelt und den dann abfiltrierten Brei mit Wasser gut auswäscht. Hierdurch werden die letzten auf den Fasern sitzenden Amyloidgerinnsel und andere Unreinigkeiten entfernt. Die aus dem so behandelten Brei gewonnenen Präparate sind — was Färbung und Aussehen der Fasern anbetrifft — von solchen aus gewöhnlichem Papier meist kaum noch zu unterscheiden.

Materialien, die Wolle enthalten (Rohpappe für Dachpappe, Schrenzpapier usw.), dürfen nicht mit Lauge gekocht werden, sondern nur mit Wasser.

Herstellung der Präparate. Das Präparieren der Fasern geschieht fast allgemein und ausschließlich unter Verwendung einer wässerigen Jod-Jodkaliumlösung oder einer Chlorzinkjodlösung.

Die Jod-Jodkaliumlösung besteht aus 1,15 g Jod, 2 g Kaliumjodid, 2 ccm Glycerin und 20 ccm Wasser.

Die Chlorzinkjodlösung wird wie folgt hergestellt:

Lösung A

20 g trockenes Zinkchlorid, 10 g Wasser.

Lösung B

2,1 g Jodkalium, 0,1 g Jod, 5 g Wasser.

Man vermische dann A mit B, lasse den entstandenen Niederschlag sich absetzen und gieße die überstehende klare Lösung ab; in diese bringt man ein Blättchen Jod.

Auf genaue Innehaltung der Mengenverhältnisse der einzelnen Bestandteile ist zu achten, da schon bei geringen Abweichungen die Wirkung der Lösung beeinträchtigt wird. Beide Lösungen, die vor Licht zu schützen sind, füllt man zum Gebrauch am vorteilhaftesten in braune Pipettenflaschen.

Die Fasern färben sich in diesen Lösungen nach nebenstehender Tabelle.

H. Behrens (Mikrochemische Analyse **1896**) hat vorgeschlagen, die verschiedene Aufnahmefähigkeit der Fasern für gewisse Anilinfarben zur Trennung zu benutzen; man erzielt auf diese Weise unterscheidende Färbungen, die in gewissen Fällen recht wertvoll sind (vgl. S. 616).

Fasern		Färbung in Jod-Jodkaliumlösung	Färbung in Chlorzinkjodlösung
Gruppe I (Lumpenfasern)	Leinen, Hanf und Baumwolle	schwach- bis dunkelbraun, dünne Lamellen fast farblos	schwach bis stark weinrot
Gruppe II (Zellstoffe)	Holzzellstoff, Stroh- und Jutezellstoff,	grau bis braun grau	blau bis rotviolett blau bis blauviolett
	Esparto-zellstoff	teils grau, teils braun	teils blau, teils weinrot
Gruppe III (verholzte Fasern)	Holzschliff, rohe Jute und schlecht aufgeschlossene Zellstoffe,	teils leuchtend gelbbraun, teils gelb, je nach Schichtendicke u. Verholzungsgrad	citronengelb bis dunkelgelb
	Strohstoff	teils gelbbraun, teils gelb, teils grau	teils gelb, teils blau, teils blauviolett

Die auch von anderer Seite vorgeschlagenen optischen Prüfungsverfahren, die unbestreitbar ein hohes wissenschaftliches Interesse haben[1]), sind in die Prüfungstechnik noch wenig eingedrungen. Man kommt meist mit den Unterscheidungsmerkmalen auf Grund des Baues der Faser und der Färbung mit den erwähnten Lösungen aus, und wo beides im Stich läßt, versagt die optische Unterscheidung meist auch.

Beim Arbeiten mit der Jod-Jodkaliumlösung kann man ein Klümpchen des erhaltenen Breies ohne weiteres verwenden; beim Färben mit der Chlorzinkjodlösung muß es erst von dem mechanisch anhaftenden Wasser befreit werden. Zu diesem Zwecke drückt man es auf ein Stückchen porösen Ton, Gips o. a. Fehlt es an derartigem Material, so läßt sich das Wasser auch durch sorgfältiges Ausstreichen des Breies auf der Hand entfernen. Die Beseitigung des Wassers ist bei Anwendung von Chlorzinkjodlösung erforderlich, weil anderenfalls die Färbung nicht mit der nötigen Schärfe auftritt.

Werden die geschilderten Vorsichtsmaßregeln beachtet, wird man in der Regel gute und gut gefärbte Präparate erhalten. Fällt gelegentlich die Färbung der Lumpenfasern mehr violett als weinrot aus, was auf zu hohe Konzentration der Lösung im Präparat deutet, so fertigt man ein neues Präparat und läßt hierbei die Tonplatte etwas weniger Wasser absaugen.

Sind zuweilen die Zellstoffasern rot statt blau (zu starke Verdünnung der Lösung im Präparat), so läßt man die Platte etwas mehr saugen.

Tritt ab und zu die Gelbfärbung des Holzschliffes oder überhaupt der verholzten Fasern nicht deutlich genug hervor (zu hohe Konzentration der Lösung oder zu geringer Jodgehalt), so behandelt man das entnommene Faserklümpchen vor dem Abtupfen mit verdünnter Jod-Jodkaliumlösung und macht dann das Präparat in gewöhnlicher Weise in Chlorzinkjodlösung fertig.

[1]) Vgl. auch Pauli: Die optischen Eigenschaften der Faser und ihre praktische Verwendung. Zentralblatt f. d. oesterr.-ung. Papierindustrie 1906, S. 1057.

Für die Bestimmung der verschiedenen Faserarten ist es notwendig, außer auf die Farbe auch auf den Bau und die Größenverhältnisse der einzelnen Fasern zu achten. Die wichtigsten charakteristischen anatomischen Merkmale sind im folgenden kurz angegeben.

Holzschliff, welcher durch mechanische Zerkleinerung des Holzes (meist Nadelholz) gewonnen wird, besteht aus unregelmäßigen Bruchstücken von Fasern oder Faserbündeln, an welchen die für das be-

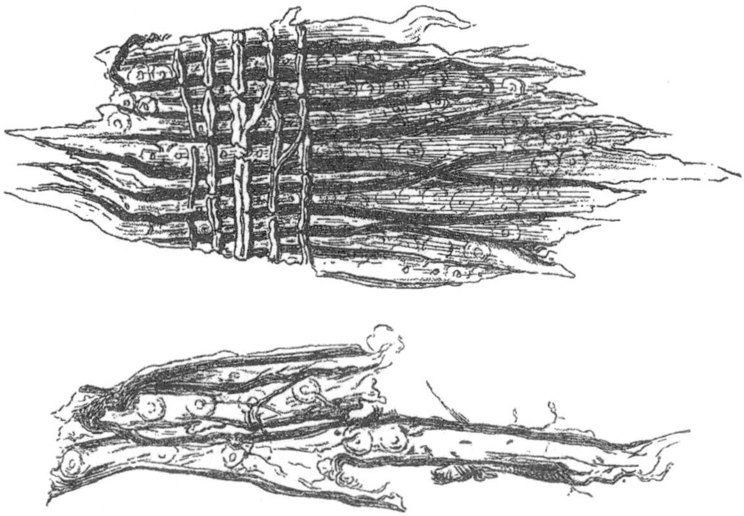

Fig. 4. Holzschliff.

treffende Holz charakteristischen Poren (Fig. 4), Markstrahlzellen usw. sehr zahlreich wahrzunehmen sind. Gut erhaltene Einzelfasern sind im Holzschliff sehr selten.

Jute (von verschiedenen Chorchorusarten stammend) besteht aus einzelnen oder zu Bündeln vereinigten Bastfasern. Von anderen Faserarten unterscheidet sich die Jute dadurch, daß der Hohlkanal bei fast

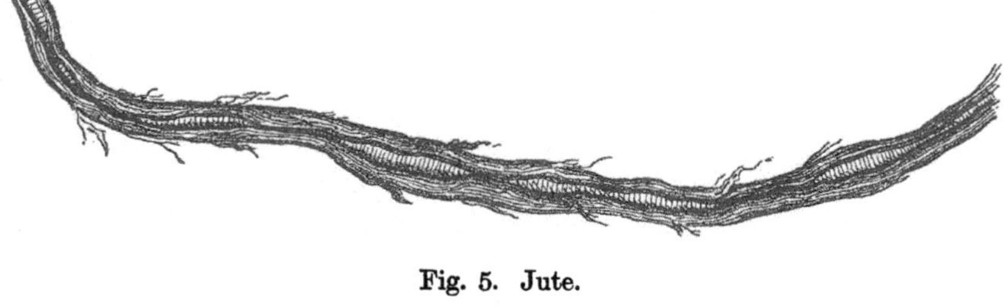

Fig. 5. Jute.

gleichbleibender Dicke der Faser in seinem Durchmesser sehr wechselt, so daß er bald weit, bald nur als dunkle Linie erscheint (Fig. 5).

Holzzellstoff stammt wie der Holzschliff meist von Nadelhölzern und unterscheidet sich von den übrigen Papierfasern durch die große

Breite der einzelnen Zellen. Der Hohlkanal ist meist sehr weit, die Enden der Fasern abgerundet oder stumpf zugespitzt. Für Zellstoff von Nadelhölzern sind die behöften Poren charakteristisch (Fig. 6), für Laubholz-Zellstoffe die Gefäße.

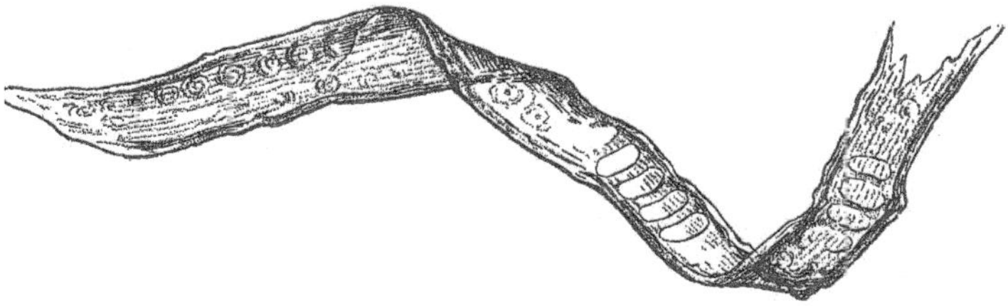

Fig. 6. Holzzellstoff.

Strohzellstoff. Die Bastzellen (Fig. 7a), welche die Hauptmenge des Strohzellstoffes ausmachen, sind meist ziemlich schmal und walzenförmig und zeigen nadelförmig zugespitzte Enden. Charakteristisch

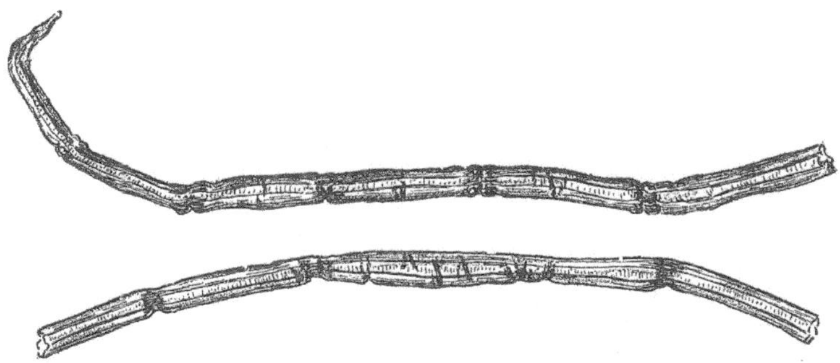

Fig. 7a. Strohzellstoff (Bastzellen).

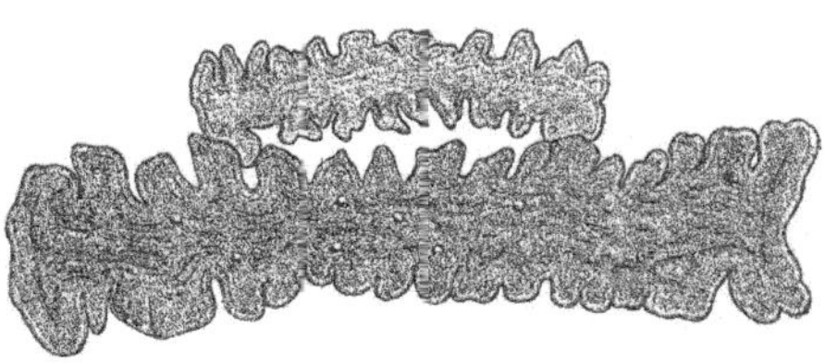

Fig. 7b. Strohzellstoff (Oberhautzellen).

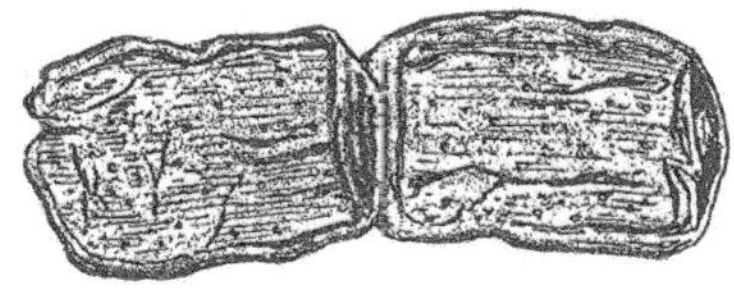

Fig. 7c. Strohzellstoff (Parenchymzellen).

ist das Vorkommen von wellenförmig geränderten Oberhautzellen sowie von dünnwandigen, kurzen, an den Enden abgerundeten Parenchymzellen (Fig. 7b und c).

Espartozellstoff wird gewonnen aus dem in Afrika und Spanien in großen Mengen vorkommenden Stipa tenacissima. Die Oberhaut- und Bastzellen sind denen des Strohes sehr ähnlich, aber von geringeren Abmessungen (Fig. 8a und 8b). Von dem Strohzellstoff unterscheidet sich Esparto durch kleine zahnförmige Zellen (Fig. 8c) sowie durch das Fehlen der großen Parenchymzellen. Ein weiteres Unterscheidungsmerkmal bildet die abweichende Färbung eines Teiles der Bastfasern.

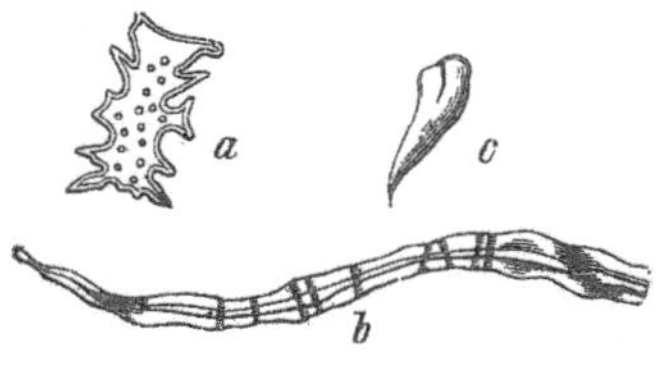

Fig. 8. Espartozellstoff.

Leinen. Die Bastzellen des Flachses sind schmal, walzenförmig und dicht mit knotenartigen Anschwellungen versehen (Fig. 9). Der Hohlkanal ist eng und erscheint meist nur als dunkle Linie. Da die Leinenfaser ursprünglich verhältnismäßig lang ist, so kommt sie im Papier nur in Bruchstücken vor, deren Enden oft in sehr charakteristischer Weise zerfetzt sind. Die Leinenfaser zeigt oft deutliche Längsstreifung. Die natürlichen spitzen Enden kommen im Papier selten vor.

Hanf. Die Hanffaser ist der Leinenfaser sehr ähnlich und läßt sich im Papier von dieser nicht mit Sicherheit unterscheiden.

Baumwolle. Die Samenhaare der Baumwolle sind leicht an der schlauchartig zusammengeklappten Form der Zelle zu erkennen. Der

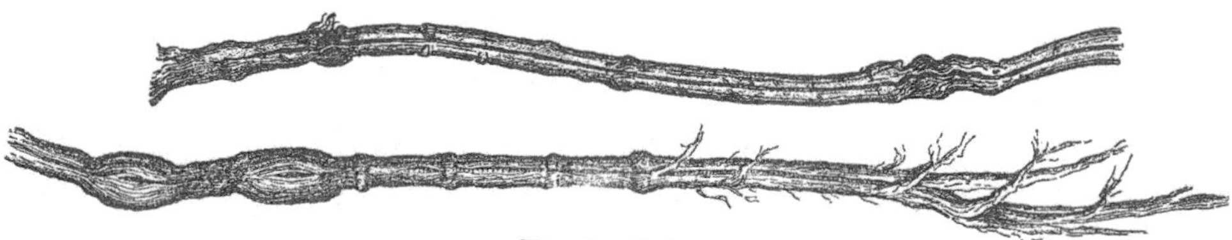
Fig. 9. Leinen.
Fig. 9. Leinen.

Hohlkanal ist meist sehr weit und die Zellwand häufig gitterförmig gestreift (Fig. 10). Zuweilen ist die Faser spiralförmig gewunden, eine Erscheinung, die bei der rohen Baumwolle stets und sehr deutlich zu

Fig. 10. Baumwolle.

beobachten ist. Die Faserenden sind abgerundet, kommen jedoch im Papier selten vor. Die in dem Papier vorhandenen Bruchstücke haben oft quer abgerissene Enden.

Die Schätzung der Mengenverhältnisse der verschiedenen in einem Papier vorhandenen Faserarten geschieht am besten durch direkten Vergleich mit Präparaten, welche von bekannten, in Breiform aufbewahrten Fasermischungen frisch hergestellt werden.

Bei der Prüfung stellt man zunächst bei 50- bis 70facher Vergrößerung, und am besten unter Verwendung von Chlorzinkjodlösung, das Verhältnis der Farbengruppen zueinander und dann bei 150- bis 200facher Vergrößerung das Verhältnis der einzelnen zu derselben Gruppe gehörigen Faserarten unter sich fest.

Für die Beurteilung des Mahlungszustandes bedient man sich einer etwa 25fachen Vergrößerung.

Handelt es sich bei der mikroskopischen Untersuchung nur um die Frage, ob ein Papier reines Lumpenpapier ist, wie sie im Papierhandel oft aufgeworfen wird, und will man sich auf diese Feststellung beschränken, so genügt eine einfache mikroskopische Ausrüstung, wie sie die Firma Schopper für diesen Zweck zusammengestellt hat (Fig. 11). Da es bei dieser Prüfung nicht darauf ankommt, die Abstammung der einzelnen Fasern festzustellen, sondern nur zu ermitteln, ob es ausschließlich Lumpenfasern sind, so kommt man unter Benutzung dieser einfachen Ausrüstung auf verhältnismäßig einfache Weise zum Ziel. Der aus dem zu prüfenden Papier gewonnene Faserbrei wird in Chlorzinkjodlösung eingelegt und bei geringer Vergrößerung betrachtet. Ist das Papier nur aus Lumpen hergestellt, so sieht man nur weinrote Fasern; Zellstoffasern, gleichgültig, woher sie stammen, sind blau und verholzte Fasern (Holzschliff, rohe Jute usw.) gelb gefärbt. — Da es sich nur um die Unterscheidung von drei Farben (rot, blau, gelb) handelt und die Färbung sehr deutlich ist, so kann man sich bei Papieren, die gleichzeitig Fasern von zwei oder drei Fasergruppen (Lumpen, Zellstoffe, verholzte Fasern) enthalten, durch Abschätzung des Bildes nach den Farben auch annähernd ein Urteil über das Mengenverhältnis bilden.

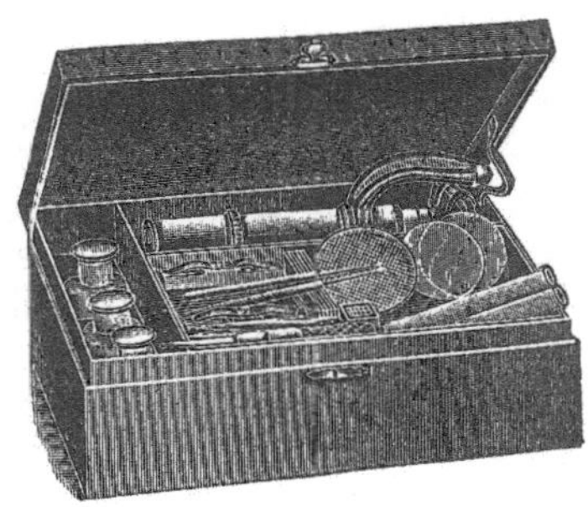

Fig. 11. Einfache mikroskopische Ausrüstung nach Schopper.

Die Ausrüstung enthält 1 Handstativ, 1 Okular, 1 Objektiv, 1 Präparierbrücke, 20 Objektträger, 50 Deckgläschen, 1 Paar Präpariernadeln, 1 Pinzette, 1 Vorbereitungssieb, 2 Reagierzylinder, 1 Flasche Natriumhydrat, 1 Flasche Chlorzinkjodlösung, 1 Flasche Malachitgrün, 1 Stück Leder, 1 kurze Beschreibung des Vorbereitens und Mikroskopierens der Papierfasern.

Beurteilung des Verholzungsgrades der Zellstoffe.

Die in der Papierfabrikation verwendeten Zellstoffe sind teils völlig entholzt, teils enthalten sie noch geringe Mengen Holzsubstanz; es hängt dies ab von dem Aufschließungs- und Bleichprozeß, den sie durchgemacht haben. Gebleichte Stoffe sind meist frei von Holzsubstanz, ungebleichte oder halbgebleichte zeigen noch mehr oder weniger starke Verholzung. Die Färbung der Fasern in Jodlösung läßt oft schon erkennen, mit welchem Grade der Verholzung man es zu tun hat. Deutlicher noch läßt sich dies durch Behandlung mit gewissen Farbstoffen ermitteln.

Verfahren nach Klemm[1]).

Klemm beurteilt den Grad, bis zu welchem die Holzzellen in reine Zellstoffasern übergeführt worden sind, nach dem Farbton und

[1]) Klemm, Papierkunde **1910** 257.

der Stärke der Färbung mit Malachitgrün in essigsaurer Lösung. (Der Farbstoff wird in Wasser mit 2proz. Essigsäure bis zur Sättigung gelöst.) Das Reagens ist für mikroskopische Präparate und, wenn Zellstoffe als solche vorliegen, auch makroskopisch anwendbar. Je reiner ein Zellstoff ist, um so weniger färbt er sich. Die besten gebleichten Stoffe färben sich fast gar nicht, halbgebleichte himmelblau, ungebleichte stark grün.

Unter Zugrundelegung der von Behrens für die Unterscheidung von Gewebefasern vorgeschlagenen Doppelfärbung mit Malachitgrün und Kongorot kann man die verschiedenen Reinheitsgrade der Zellstoffe vielleicht noch besser unterscheiden. Das zu prüfende Material wird durch Kochen mit verdünnter Natronlauge aufgeschlossen. Der Faserbrei wird hierauf mit der 15- bis 20fachen Menge einer etwa $^1/_2$proz. Lösung von Malachitgrün in Wasser, die mit einigen Tropfen Essigsäure angesäuert ist, einige Minuten erwärmt, dann, nachdem er gut durchgeschüttelt worden ist, auf ein Sieb gebracht und ausgewaschen, bis das Waschwasser fast farblos abläuft. Schon nach dieser Vorbehandlung kann man sich oft ein Bild von dem Verholzungsgrad der Fasern machen; sie erscheinen stark grün gefärbt, wenn sie noch stark verholzt sind; sind sie nicht oder wenig verholzt, so zeigen sie nur eine schwache grünliche Färbung.

Zur weiteren Beurteilung wird der mit Malachitgrün behandelte Stoff in ähnlicher Weise mit einer 15- bis 20fachen Menge wässeriger, etwa $^1/_2$proz. Kongorotlösung, zu der man einige Körnchen Soda fügt, gefärbt und ausgewaschen, bis das Waschwasser fast farblos abläuft. Aus dem so behandelten Stoff werden geringe Mengen entnommen und in Wasser oder Wasser und Glycerin präpariert. Stark verholzte Fasern erscheinen dann im mikroskopischen Bilde stark grün gefärbt, weniger verholzte bläulichgrün bis hellgrün, unverholzte rot.

Unterscheidung von Sulfit- und Natronzellstoff.

Der Fachmann wird, wenn Zellstoffe als solche vorliegen, leicht in der Lage sein, festzustellen, ob es Sulfit- oder Natronzellstoffe sind. In Zweifelsfällen kann der Harzgehalt, der bei beiden verschieden groß ist, mit zur Entscheidung herangezogen werden, denn Sulfitzellstoffe enthalten rund 0,5%, Natronzellstoffe rund 0,05% Harz oder harzähnliche Stoffe (Ätherextrakt).

Die Unterscheidung von Sulfit- und Natronzellstoff in Papier ist erheblich schwieriger. Den bisher wertvollsten Beitrag hierzu hat Klemm geliefert[1]); sein Verfahren gründet sich darauf, daß bei der sauren Aufschließung durch Sulfitlauge regelmäßig gewisse Stoffreste in den Fasern erhalten bleiben, die bei der alkalischen Kochung nach dem Natron- oder dem Sulfatverfahren aufgelöst werden. Diese Reste finden sich an gewissen Stellen der Fasern, besonders in den Markstrahlzellen vor und sind durch mikrochemische Reagenzien und gewisse Teerfarbstoffe in mikroskopischen Präparaten deutlich erkennbar zu

[1]) Wochenblatt für Papierfabrikation **1917**, 2159 m. Abb.

machen. Sie bilden entweder ein Haufwerk von Kügelchen verschiedener Größe oder Ketten von Perlen oder endlich langgestreckte abgerundete Pfropfen und Klumpen bis zum Durchmesser der Zellen; sie sind zuweilen durch Stränge miteinander verbunden und füllen oft den größten Teil des Innenraumes der Zellen aus. Diese Zellinhaltsreste bleiben auch in gebleichten Sulfitstoffen noch erhalten und bilden ein sicheres Erkennungszeichen auch dann noch, wenn die übrigen noch zu erwähnenden Merkmale der Unterscheidung versagen oder unsicher sind. Bei Natron- und Sulfatzellstoffen sind die Markstrahlzellen regelmäßig leer von derartigen Inhaltsresten.

Die Ausführung der Prüfung geschieht in folgender Weise: Man bereitet das zu prüfende Papier in gewöhnlicher Weise für die mikroskopische Untersuchung vor und macht zunächst Präparate mit Chlorzinkjod. Schon diese lassen bei genauer Betrachtung Unterschiede zwischen Sulfit- und Natronzellstoff erkennen, und zwar sowohl an den Fasern als auch an den Markstrahlzellen.

Die Fasern zeigen beim Sulfitzellstoff in den meisten Fällen dunkelblaue, netzförmig verlaufende Adern auf hellblauem Grunde. In der Färbung der Fasern ist im allgemeinen kein Unterschied zwischen Sulfitzellstoff und Natronzellstoff zu beobachten. Beiderlei Tracheiden färben sich, normale Aufschließung vorausgesetzt, blau mit einem stärkeren oder schwächeren Stich ins Rötliche.

Die Markstrahlzellen enthalten aber bei Sulfitzellstoff noch Inhaltsreste, die sich mit Chlorzinkjod gelb färben; bei Natronzellstoff sind derartige Reste nicht mehr vorhanden.

Deutlicher noch als in Chlorzinkjod färben sich die Reste mit der von Klemm vorgeschlagenen Sudanlösung. (Man löst Sudan III bis zur Sättigung in einem Gemisch von 3 Teilen Alkohol und 1 Teil Wasser. 2 Teile von dieser gesättigten Lösung mit 1 Teil Glycerin versetzt ergeben die gebrauchsfertige Lösung.) Es tritt eine, zuweilen allerdings recht blasse, Rotfärbung des Markstrahlzellinhaltes ein. Man tut gut, die Fasern beim Präparieren erst in Wasser zu zerteilen, da die alkoholische Farblösung während des Präparierens auf dem Objektträger stark auseinanderläuft. Das Wasser wird wieder abgesaugt, ein Tropfen der Sudanlösung hinzugesetzt und dann sofort das Deckgläschen aufgelegt.

Weitere Unterschiede zwischen Sulfit- und Natronzellstoff ergibt die Ausfärbung mit Rosanilinsulfatlösung[1]). Man zerteilt die Fasern

[1]) 0,25 g krystallisiertes Salz von Bayer werden in 50 ccm kochendes Wasser eingerührt und noch weitere 50 ccm Wasser heiß zugesetzt. Die trübe Flüssigkeit wird hierauf mit 2% (= 2 g) Alkohol versetzt, einige Zeit stehengelassen und durch Asbest filtriert. Das Filtrat, welches ein schönes feuriges Rot zeigt, wird mit 14 Tropfen $^{n}/_{10}$-Schwefelsäure versetzt, wodurch die Lösung den erforderlichen violetten Stich erhält.

Wie Rosanilinsulfat, so werden auch andere basische Farbstoffe bei ungebleichtem Sulfitzellstoff in den Poren stark aufgespeichert. So ist z. B. Methylenblau (Bayer, Elberfeld B.B.) zur Hervorrufung der Augenbildung ebenfalls gut geeignet. Die Anwendung geschieht wie bei Rosanilinsulfat. Die Farblösung läßt sich einfacher als die Rosanilinsulfatlösung herstellen. Man löst den Farbstoff im Verhältnis 1 : 1000 in heißem Wasser und gießt durch ein Faltenfilter auf dem Objektträger in dieser Lösung, saugt die Lösung wieder ab und bettet in Glycerin ein. Beobachtet man in den Hofporen auftretende rote Färbung (Augenbildung bei den Frühjahrsholzfasern, Pfropfenbildung bei den Herbstholzfasern, welche letztere aber weniger deutlich hervortritt und auch seltener ist), so liegt ungebleichter Sulfitzellstoff vor. Natronzellstoff und gebleichter Sulfitzellstoff zeigen diese Augen- und Pfropfenbildung nicht.

Die nachstehende Übersicht zeigt das vorstehend Gesagte kurz und übersichtlich zusammengestellt.

Unterscheidende Merkmale zwischen Sulfit- und Natronzellstoff.

<table>
<tr><th rowspan="2" colspan="2"></th><th colspan="2">Chlorzinkjod</th><th>Sudan III</th><th rowspan="2">Rosanilinsulfat</th></tr>
<tr><th>Fasern</th><th>Markstrahlzellen</th><th>Markstrahlzellen</th></tr>
<tr><td rowspan="2">Sulfitzellstoff</td><td>ungebleicht</td><td rowspan="2">netzförmige Zeichnung</td><td rowspan="2">Inhalt gelb gefärbt</td><td rowspan="2">Inhalt rot gefärbt</td><td>Augenbildung (rot) in den Hofporen. Inhalt der Markstrahlzellen rot.</td></tr>
<tr><td>gebleicht</td><td>Keine Augenbildung. Inhalt der Markstrahlzellen rot.</td></tr>
<tr><td colspan="2">Natronzellstoff (gebleicht und ungebleicht)</td><td colspan="4">Im allgemeinen keine netzförmige Zeichnung der Fasern.
Keine Augenbildung.
Markstrahlzellen ohne Inhalt.</td></tr>
</table>

Hat man die mit Chlorzinkjod, Sudan und Rosanilinsulfat hergestellten Präparate eingehend durchgemustert, dann kann man sich bei Gemengen auch ein Urteil bilden über die Menge des vorhandenen Sulfit- bzw. Natronzellstoffes, namentlich dann, wenn man Mischungen von bekanntem Gehalt zum Vergleich heranzieht. Angaben, daß ein Papier einen bestimmten Prozentsatz der genannten Faserstoffe enthält, sind natürlich ausgeschlossen; es kann sich immer nur um Schätzungen handeln, die nach den jeweiligen Umständen und der Übung des Prüfenden mit einem mehr oder minder großen Fehler behaftet sind.

Makroskopische Bestimmung des Holzschliffes.

Will man ein Papier nur auf Holzschliff oder andere verholzte Fasern ohne Mikroskop untersuchen, so kann man sich hierzu verschiedener Reagenzien bedienen. Eine mit Salzsäure versetzte Lösung von Phloroglucin in Alkohol färbt holzschliffhaltiges Papier rot, eine wässerige Lösung von Anilinsulfat goldgelb. Wursters Di-Papier oder Di-Lösung (Dimethylparaphenylendiamin), ersteres für die Reaktion mit Wasser angefeuchtet, erzeugt auf holzschliffhaltigen Papieren einen orangeroten Fleck, der, weiter mit Wasser behandelt, karmoisinrot wird.

Da die Färbung je nach der Menge des vorhandenen Holzschliffes mehr oder weniger stark wird, so kann man mit Hilfe einer Farbentafel oder besser mit Papieren von bekanntem Holzschliffgehalt den Holzschliff annähernd quantitativ abschätzen. Bei der Verwendung von Phloroglucin ist hierbei zu berücksichtigen, daß einige in der Papierfabrikation zum Tönen benutzte Farben (z. B. Metanilgelb) schon durch die in der Phloroglucinlösung vorhandene Säure eine Rotfärbung des Papiers veranlassen. Für solche Papiere scheidet daher Phloroglucin als Reagens aus; man erkennt sie daran, daß sie schon mit Salzsäure allein eine Rotfärbung erzeugen.

Bestimmung der Leimfestigkeit.

Die Bestimmung der Leimfestigkeit geschieht am besten, indem man auf dem zu prüfenden Papier unter Verwendung mehrerer guter Handelstinten (z. B. Alizarintinte und Eisengallustinte von Leonhardi, Normaltinte von Beyer o. a.) mit der Ziehfeder Linien von 0,75 mm Breite zieht und sie ohne abzulöschen eintrocknen läßt. Bei leimfesten Papieren müssen die Ränder der Linien scharf sein, und auf der Rückseite des Blattes darf die Tinte der Linien auch nach etwa 24 Stunden nicht durchschlagen.

Alle übrigen Vorschläge, die Leimfestigkeit von Papier nicht durch Prüfung mit Tinte, sondern mit zwei bei ihrem Zusammentreffen eine Farbenreaktion gebenden Flüssigkeiten zu bestimmen (Leonhardi, Post, Schluttig-Neumann, Kollmann), haben sich nicht bewährt.

Zur Verbreiterung der Grundlagen für die Beurteilung der Leimfestigkeit von Papier hat Klemm[1]) einen neuen Vorschlag gemacht, der sich nicht bloß auf die Widerstandsfähigkeit des Papiers gegen das Eindringen von Tinte, gemeinhin Leimfestigkeit genannt, sondern auch auf die gegen andere Flüssigkeiten, z. B. Öl, alkalische Lösungen usw., erstreckt. Klemm unterscheidet somit nicht nur Leimfestigkeitsgrade, sondern auch Leimfestigkeitsarten (Tinten-, Öl-, Wasser-, Lack- usw. Festigkeit).

Er läßt Stücke des zu prüfenden Papiers verschiedene Zeit (2, 5, 10, 20 usw. Minuten) auf der in Frage kommenden Flüssigkeit schwimmen, streicht beim Herausnehmen der Blätter den größten Teil der anhaftenden Lösung am Rande des Gefäßes ab und drückt dann die Abschnitte zwischen Löschpapier. Das Probestück, bei dem das erste Durchdringen beobachtet worden ist, und die weiteren Stücke bis zum völligen Durchtreten geben dann ein Bild von der Widerstandskraft des Papiers gegen das Durchdringen der Prüfungsflüssigkeit.

Einen ganz neuen Weg zur Bestimmung der Leimfestigkeit von Papier hat das amerikanische Bureau of Standards beschritten. Mit Hilfe der Wheatstoneschen Brücke wird die Zunahme der Leitfähigkeit von Papier beim Eindringen von Wasser gemessen; aus den gefundenen Werten wird die Durchdringungsgeschwindigkeit bestimmt. Nähere Angaben über die bisher ausgeführten Versuche fehlen noch. Man kann aber auch diesem Vorschlag entgegenhalten: Ohne Beschreiben oder Beziehen des Papiers mit Tinte wird man nie ein klares Bild über die Leimfestigkeit gewinnen.

---

[1]) Papierkunde 1910, 312.

Bestimmung der Art der Leimung.

Tierleim.

Die Leimung der Papiere mit Tierleim erfolgt entweder durch Eintauchen des fertigen Papiers (Bogen oder Bahn) in die Leimlösung (Oberflächenleimung) oder durch Eintragen der Leimlösung in den Holländer (Stoffleimung).

Papiere mit starker Oberflächenleimung zeichnen sich durch harten Griff aus. Drückt man das Blatt kräftig mit feuchten Fingern, so fühlt es sich klebrig an und haftet oft an den Fingern. Stark angehaucht und gerieben riecht es nach Tierleim. Beschreibt man es nach dem Zusammenballen und Reiben, so läuft die Tinte aus und schlägt durch.

Der Nachweis von Tierleim kann auf verschiedene Weise erfolgen.

Ein in der Praxis wegen seiner Einfachheit vielfach angewendetes Verfahren besteht darin, daß man mit Hilfe eines brennenden Lichtes Stearin auf das Papier tropft. Bei nur mit Harz geleimten Papieren durchdringen die Tropfen das Papier sofort, bei tierisch geleimten nicht. Entfernt man das Stearin nach dem Erkalten, so ist auf dem tierisch geleimten Papier die getroffene Stelle kaum sichtbar, während sie bei dem Papier mit Harzleim glasig durchscheinend wie ein Fettfleck erscheint. Bei Anwendung dieses Verfahrens darf man aber nicht außer acht lassen, daß sich Papiere, die im Stoff mit Harz und im Bogen mit Tierleim geleimt sind, ebenso verhalten wie die nur mit Tierleim geleimten; auch bei diesen dringt der Tropfen nicht durch. Die Untersuchung auf Harzleim geschieht dann in der S. 621 geschilderten Weise.

Meist wird der Nachweis von Tierleim auf chemischem Wege durch Gerbsäure erbracht, da letztere mit Tierleim einen Niederschlag von gerbsaurem Leim (Leder) bildet. Versetzt man eine nicht allzu dünne Leimlösung mit Gerbsäure, so entsteht ein dicker gallertartiger Niederschlag, und selbst bei starker Verdünnung der Lösung ist noch eine milchig-weiße Trübung zu bemerken, aus welcher sich bald Flocken absetzen.

Behufs Ausführung des Versuchs zieht man zunächst das Papier mit destilliertem Wasser aus und dampft den Auszug etwas ein, damit die Reaktion schärfer zu beobachten ist; zu diesem Auszug setzt man, wenn das Papier Stärke enthält (Nachweis siehe S. 624), nach dem Erkalten Chlorammonium (als Salz) und nach dessen Lösung verdünnte Jod-Jodkaliumlösung in geringem Überschuß; hierdurch fällt die mitaufgelöste Stärke als blaue Jodstärke aus; sie wird abfiltriert und das Filtrat mit einigen Tropfen Alaunlösung und dann mit einer Lösung von Gerbsäure in Wasser versetzt. War das Papier tierisch geleimt, so entsteht sogleich oder nach wenigen Minuten ein mehr oder weniger dicker, flockiger Niederschlag.

Enthält das Papier keine Stärke, so unterbleibt der Chlorammonium- und Jodzusatz und man fügt die Gerbsäure direkt zu dem wässerigen Auszug, nachdem man einige Tropfen Alaunlösung zugesetzt hat.

Will man sich mit der Gerbsäurefällung allein nicht begnügen, so filtriert man den Niederschlag ab, trocknet und glüht ihn mit Natronkalk. War Tierleim vorhanden, so bildet sich Ammoniak, das man mit Curcuma- oder rotem Lackmuspapier (feucht) nachweisen kann, wenn es sich nicht schon durch den Geruch bemerkbar macht.

Cross, Bevan und Briggs Verfahren zur quantitativen Bestimmung des Tierleims im Papier (Journ. Soc. Chem. Ind. 27, 260; 1908). Die Grundlage für das Verfahren ist folgende Reaktion. Wenn man Chlor auf Tierleim einwirken läßt, so bildet sich aus dem Eiweiß des Leims Chloramin (NH_2Cl), welches Jodkaliumstärke blau färbt.

Behandelt man feuchte Papierstücke mit Chlor, legt sie in eine 2proz. Lösung von phosphorsaurem Natron (zur Entfernung schädlicher Eisenverbindungen) und dann in Jodkaliumstärkelösung, so tritt schon bei geringem Gehalt an Tierleim Blaufärbung auf. Quantitativ: Behandlung des feuchten Papiers mit Chlor, mindestens einstündiges Aufhängen der Proben in einem kräftigen Luftstrom (Fächer, Ventilator o. a.) behufs Entfernung des Chlors, Zerkleinern des Papiers und Einlegen in eine Lösung von arsenigsaurem Natron ($^1/_{100}$ normal) während einer Stunde, Zurücktitrieren des Überschusses der Arsenlösung mit Jod. 100 Teile Gelatine binden nach den Versuchen der Verfasser 15,4 Teile Chlor.

Vergleichsversuche zwischen dem vorgeschlagenen und dem Kjeldahlschen Verfahren haben zu gut übereinstimmenden Ergebnissen geführt.

Da das Verfahren nach Kjeldahl aber einwandfrei und leichter ausführbar ist als das Chloraminverfahren, so wird sich letzteres kaum einbürgern.

Harzleim.

Eines der ältesten Verfahren zum Nachweis von Harz in Papier beruht darauf, daß eine alkoholische Lösung von Harz, sobald sie mit Wasser stark verdünnt wird, sich durch Ausscheidung von Harz milchig trübt.

Man übergießt einen in kleine Stücke zerrissenen halben Bogen des zu prüfenden Papiers mit Alkohol und bringt das Gefäß, in dem das Ausziehen vorgenommen wird, etwa eine Viertelstunde lang in heißes Wasser. Gießt man diesen Auszug in destilliertes Wasser, so scheidet sich das Harz aus und es entsteht eine milchig-weiße Trübung.

Diese Reaktion ist indessen nicht sehr empfindlich; bei kleinen Mengen Papier tritt sie meist nur undeutlich auf. Setzt man aber dem Alkohol vor dem Kochen einige Tropfen Salzsäure oder Essigsäure zu, so geht auch das gebundene Harz in Lösung und die Trübung tritt dann erheblich stärker auf.

Eine sehr deutliche Reaktion erhält man auch, wenn man das Papier mit reiner Essigsäure (Eisessig) ohne Zusatz von Alkohol in der Wärme auszieht und dann den Auszug mit Wasser versetzt; in diesem Falle genügen schon wenige Quadratzentimeter Papier. Der Versuch kann bequem in einem Reagenzglase ausgeführt werden. Man bringt in dieses kleine Stücke des zu untersuchenden Materials, übergießt mit 2 bis 3 ccm Eisessig, läßt einige Male aufkochen und füllt das Glas mit destilliertem Wasser; ist Harzleim vorhanden, so entsteht eine dicke weiße Trübung, andernfalls bleibt die Flüssigkeit klar.

Schwaches Opalisieren der Flüssigkeit ist nicht als Beweis für die Anwesenheit von Harzleim anzusehen; die Essigsäure kann nämlich unter Umständen geringe Mengen anderer Stoffe in Lösung bringen, welche diese Erscheinung hervorrufen; sie entzieht z. B. etwa vorhandenem Holzschliff ganz geringe Mengen Harz, löst bei vorhandenem schwefelsauren Kalk einen geringen Bruchteil dieses Füllstoffes auf usw. In diesen Fällen tritt beim Verdünnen mit Wasser schwaches Opalisieren ein, das aber mit der Reaktion, welche von Harzleim herrührt, kaum verwechselt werden kann. Um jedoch jeden Zweifel zu beseitigen, tut man gut, einen Teil des Alkohol- oder Essigsäureauszuges zur Trockne zu verdampfen und sich von der harzigen Beschaffenheit des Rückstandes zu überzeugen.

Morawski[1]) schlägt vor, die Storchsche Reaktion zum Nachweis von Harzöl auch bei der Untersuchung von Papier auf Harzleimung anzuwenden. Löst man etwas Kolophonium in einem trockenen Reagenzglase durch Erwärmen mit Essigsäureanhydrid und läßt nach dem Erkalten vorsichtig einen Tropfen konzentrierte Schwefelsäure an dem Glase hinunterfließen, so entsteht eine rote bis violette Färbung, die aber sogleich wieder verschwindet, um einer braungelben Platz zu machen. Die Reaktion ist sehr empfindlich und zeigt noch sehr geringe Mengen Harz an. Zum Nachweis im Papier verfährt man mit etwa 10 qcm Papier ebenso. Wegen der ätzenden Eigenschaften der beiden Reagenzien ist Vorsicht geboten.

Ein weiteres Verfahren, das sich durch große Einfachheit in der Versuchsausführung auszeichnet, ist das von Herzberg[2]). Man schneidet aus dem zu prüfenden Material ein etwa handgroßes Stück heraus, legt es auf eine hohle Unterlage (Glasschale, Uhrglas, Trinkglas o. a.) und läßt aus einer Tropfflasche etwa 4 bis 6 Tropfen Äther auf die Mitte des Blattes fallen. Der Äther breitet sich auf dem Blatt mehr oder weniger aus und ist nach kurzer Zeit verdunstet; die Verdunstung kann durch Zufächeln oder Zublasen von Luft noch befördert werden, so daß der ganze Versuch kaum 15 bis 20 Sekunden in Anspruch nimmt. Bei harzgeleimten Papieren zeigt sich dann ein mehr oder weniger deutlicher Harzrand. Bildet sich nach der ersten Verdunstung kein Rand, so tut man man gut, noch ein zweites oder drittes Mal zu tropfen, da zuweilen bei Papieren mit wenig Harzleim, z. B. bei gleichzeitig vegetabilisch und tierisch geleimten, der Rand weniger deutlich ercheint als sonst.

Aus Fig. 12 ist zu ersehen, wie die Reaktion auftritt. Die Figuren zeigen vier verschiedene Papiersorten, welche in der eben geschilderten Weise behandelt und dann in durchfallendem Licht photographisch aufgenommen wurden.

---

[1]) Über eine empfindliche Reaktion zum Nachweise von Fichtenharz. Von Th. Morawski. Mitteilungen aus dem k. k. Technologischen Gewerbe-Museum in Wien 1888, Nr. 1 und 2, S. 13.

[2]) Über ein neues einfaches Verfahren zum Nachweis von Harzleim in Papier. Mitt. a. d. Materialprüfungsamt 1892, 80.

Besonders wertvoll dürfte sich dieses Verfahren beim Prüfen von Büchern, Druckwerken, Handschriften, Landkarten usw. erweisen, da man diese direkt, ohne Teile davon zu entnehmen, dem Versuch unterwerfen kann. Der zurückbleibende Harzrand wird das Versuchsobjekt in den meisten Fällen nicht entwerten; man kann sich in diesen Fällen mit einem Raum begnügen, der für einen einzigen Tropfen ausreicht, da dieser schon, entweder beim ersten Male oder im Wiederholungsfall, das Harz anzeigt. Zu bemerken ist hierbei, daß Papier, welches lange der Einwirkung des Sonnenlichtes ausgesetzt war, die Harzrandbildung mit Äther nicht mehr oder nicht mehr so deutlich zeigt wie das ursprüngliche Papier. Mit Alkohol geben auch belichtete Papiere zuweilen einen Harzrand. Begründet liegt dieses Verhalten in der Umwandlung des Harzes in Oxysäuren.

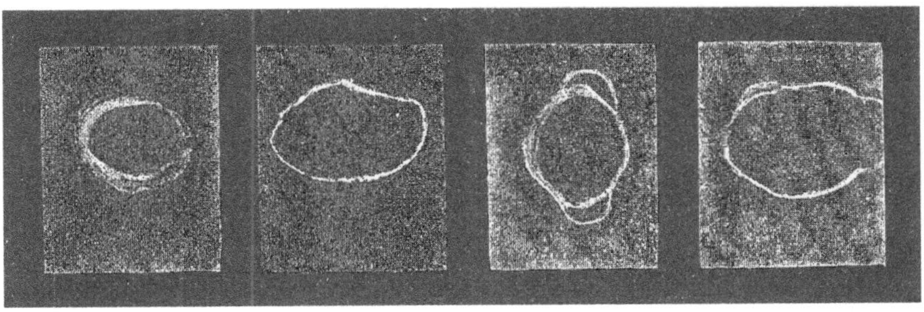

Fig. 12. Ätherreaktion bei harzgeleimten Papieren.

In den weitaus meisten Fällen wird es dem Ermessen des Untersuchenden freistehen, sich des einen oder anderen der geschilderten Verfahren zum Nachweis von Harz zu bedienen; er wird sich dabei leiten lassen von äußeren Umständen, etwa von den zur Verfügung stehenden Reagenzien, der Menge des vorhandenen Papiers usw. In einigen besonderen Fällen aber wird er eine Auswahl zu treffen haben. Handelt es sich z. B. um ein gefettetes Papier, so kann man dieses nicht durch Ausziehen mit Alkohol oder Eisessig untersuchen, da dann auch das Fett in Lösung geht und nachher mit Wasser eine Trübung gibt; ebensowenig kann man in diesem Falle die Wiesnersche Reaktion anwenden, da schon das vorhandene Fett Ursache einer Färbung im Verein mit Schwefelsäure werden dürfte; auch die Äther-Tropfmethode läßt hier im Stich, da schon durch das Fett allein ein Rand erzeugt wird. Es bleibt also für diesen Fall nur die Morawskische Reaktion übrig, wobei man allerdings die wohl immer zutreffende Voraussetzung machen muß, daß zum Fetten des Papiers keine Harzöle Verwendung gefunden haben, denn diese geben die Morawskische Reaktion ebenfalls. Auch bei gefärbten Papieren wird man nicht immer jede der angeführten Methoden anwenden können; je nach dem Verhalten des Farbstoffes gegenüber den anzuwendenden Reagenzien wird man eine Auswahl vorzunehmen haben. Kurz, man kann zum Nachweis des

Harzes im Papier nicht gut eine allgemeine Vorschrift geben, die auch alle besonderen Fälle in sich schließt; der Untersuchende muß vielmehr von Fall zu Fall selbst seine Entscheidung treffen.

Zur Bestimmung der Menge des vorhandenen Harzes (frei und gebunden) kocht man das Papier mit etwa 5proz. Natronlauge, filtriert, wäscht mit heißem Wasser aus und setzt zu dem Filtrat Schwefelsäure. Das hierbei ausgeschiedene Harz wird durch Schütteln mit Äther aufgenommen und bestimmt.

Caseinleim.

Casein, meist in Form von Ammonium-Albumin, wird in einigen Fabriken beim Leimen mitverwendet[1]), um dem Papier erhöhte Leimfestigkeit und besseren Griff zu verleihen. Bei der Herstellung gestrichener Papiere findet es zum Binden des Striches gleichfalls Verwendung. Zum Nachweis von Casein benützt man am besten die Reaktion von Adamkiewicz, nach der sich eine Mischung von 1 Vol. konzentrierter Schwefelsäure und 2 Vol. Eisessig nach Zusatz von Casein beim Erwärmen schön rotviolett färbt. Tierleim gibt diese Färbung nicht.

Das Ausziehen des Caseins aus dem Papier erfolgt durch Behandeln mit Boraxlösung oder schwachen Laugen. Die Ausscheidung aus der Lösung erfolgt dann durch Ansäuern und, wenn nötig, durch Kochen mit Essigsäure.

Das abgeschiedene Eiweiß wird abfiltriert, getrocknet und in angegebener Weise geprüft. Entsteht (bei sehr geringen Mengen Eiweiß) kein Niederschlag, so dampft man das Ganze zur Trockne ein und prüft den Rückstand.

Zuweilen tritt bei der Ausführung der Reaktion so starke Gelbfärbung ein, daß die violette Färbung verdeckt wird.

Stärke.

Die Stärkeleimung, welche als solche bei uns nicht mehr in Gebrauch ist, ist älteren Datums als die animalische und vegetabilische Leimung; schon in den Papyri der alten Ägypter finden wir Stärke, ferner in den Erzeugnissen der arabischen Papiermacher.

Wiesner[2]) hat nachgewiesen, daß beispielsweise alle Papiere des Papyrus Erzherzog Rainer ausschließlich durch Stärke beschreibbar gemacht worden sind.

Gegen Ende des 14. Jahrhunderts tritt die tierische Leimung bei Papieren auf, dann im Anfang des 19. Jahrhunderts die Harzleimung, und von da ab geht die Bedeutung der Stärke als Leimungsmittel mehr und mehr zurück. Verwendet wird sie aber für verschiedene Zwecke auch heute noch, obwohl die Ansichten über die Zweckmäßigkeit und den Nutzen ihrer Anwendung in den Fachkreisen weit auseinandergehen. Sie dient zur Verbesserung der Leimung, zum besseren Festhalten der Füllstoffe, direkt als Füllstoff, als Schönungs- und

---

[1]) Hofmann, Handbuch der Papierfabrikation **1891**, 380.
[2]) Mitt. a. d. Sammlung des Papyrus Erzherzog Rainer **1887**, 45.

Appreturmittel, zur Erhöhung der Dichte, Steifheit und Härte usw., meist in Form von Kleister, aber auch roh, nur mit Wasser angerührt. Verwendung findet meist Kartoffelstärke als billigste Stärkesorte.

Der Nachweis der Stärke im Papier geschieht mit Hilfe von stark verdünnter Jod-Jodkaliumlösung; bringt man einen Tropfen auf stärkehaltiges Papier, so entsteht eine Blau- oder Violettfärbung infolge der Bildung von Jodstärke. Die Jodlösung muß sehr verdünnt sein, weil sonst die Blaufärbung des Papiers durch die braune Farbe der Lösung verdeckt wird.

Zur Bestimmung der Menge der vorhandenen Stärke wird letztere durch Behandlung des Papiers mit Diastase oder verdünnter Säure in Zucker übergeführt und dieser mit Hilfe der hierfür bekannten Verfahren bestimmt (vgl. den Abschnitt „Zucker“)[1]).

Viscose.

Viscose, Cellulosexanthogenat, hergestellt durch Behandlung von Zellstoff mit Alkalien und Schwefelkohlenstoff, ist als Zusatz bei der Harzleimung in Vorschlag gebracht und auch schon vielfach verwendet worden. Sie soll dem Papier erhöhte Festigkeit, Härte und besseren Griff verleihen. Als eigentliches Leimmaterial kommt sie nicht in Frage, da sie, auch in großen Mengen angewendet, kein leimfestes Papier ergibt. Ihre Anwendung ist z. Z. auf Packpapier und ähnliche Erzeugnisse beschränkt, weil sie wegen ihrer Färbung bei Herstellung weißer Papiere nicht verwendet werden kann. Die Frage des Nachweises von Viscose im Papier bedarf noch gründlicher Durcharbeitung. Klemm[2]) führt ihn an der Hand des mikroskopischen Bildes. Die Papierfasern sind nach seinen Beobachtungen wie mit einem Netz wirrer Fäserchen umsponnen, die sich in Jodkaliumlösung grau mit einem Stich ins Bräunliche, mit Chlorzinkjodlösung violett färben.

Wachs, Paraffin, Stearin, Fett, Öl.

Diese Stoffe werden bei der Herstellung von Sondererzeugnissen der Papierindustrie (Pauspapier, Paraffinpapier usw.) benutzt, teils als Zusatz zum Papierstoff, teils zum Tränken der fertigen Bahn.

Zum Nachweis zieht man möglichst große Mengen in einem Extraktionsapparat mit Äther, Chloroform o. a. aus, verdunstet auf dem Wasserbade und untersucht den Rückstand auf sein chemisches Verhalten, Jodzahl, Verseifungszahl usw.

Fettdichtigkeit.

Zum Verpacken von Nahrungsmitteln wird Pergament-, Pergamentersatz- und Pergamynpapier in großen Mengen verwendet. Verlangt wird von diesen Papieren, falls sie zum Einwickeln von Butter, Schmalz, Speck usw. dienen sollen, daß sie fettdicht sind.

---

[1]) Kamm und Voorhees, Quantitative Bestimmung von Stärke in Papier (Papermakers Monthly Journal **1920**, 47 und Papier-Fabrikant **1920**, 307).

[2]) Klemm, Handbuch der Papierkunde **1910**, 274.

Zur Feststellung der Fettdichtigkeit wird in der Praxis meist die sog. Blasenprobe angewendet. Wenn man eine Bunsenflamme oder Spiritusflamme kurze Zeit auf Papier der erwähnten Art wirken läßt, so entstehen mit knisterndem Geräusch Blasen von der Größe eines Stecknadelknopfes bis zu der einer Bohne und darüber. Am besten verfährt man so, daß man mit einem handgroßen Stück Papier die Flamme von oben her mit kurzem Ruck auf die Hälfte herunterdrückt, das Papier einen Augenblick stillhält und dann aus der Flamme entfernt, bevor es sich entzündet. Hierbei entsteht im Innern des Papiers Dampfentwicklung, und da die Dämpfe wegen der dichten Oberfläche des Papiers nur schwer entweichen können, so treten blasige Auftreibungen des Papierblattes auf. Je dichter die Oberfläche ist, um so stärker ist die Blasenbildung.

Fig. 13 zeigt die Blasenbildung bei drei verschiedenen Pergamentersatzpapieren.

In der Praxis nimmt man bei Vornahme der Blasenprobe vielfach ein brennendes Streichholz, eine Kerze, ein Benzinfeuerzeug o. ä. In den meisten Fällen werden auch diese Flammen genügen, aber nicht immer; es sind dem Materialprüfungsamt wiederholt Pergamentersatzpapiere vorgelegt worden, die vom Abnehmer beanstandet wurden, weil sie beim Erhitzen keine Blasen warfen; wie die Belegstücke zeigten, waren die Versuche mit stark blakenden Flammen ausgeführt worden; beim Erhitzen über der nicht leuchtenden Bunsenflamme trat sofort Blasenbildung ein. Entweder war also die von den Abnehmern benutzte Flamme nicht heiß genug oder vom Papier zu weit entfernt oder der Ruß verhinderte als guter Wärmeleiter die kräftige Einwirkung der Flamme auf eine räumlich beschränkte Stelle. Man wird also gut tun, leuchtende Flammen nach Möglichkeit zu vermeiden und mit nicht leuchtenden zu arbeiten.

Die Erfahrung hat nun gezeigt, daß Papiere, die in der Flamme Blasen bilden, in den meisten Fällen auch fettdicht sind. Es kommen aber auch Ausnahmen vor; es gibt Papiere der genannten Art, die keine Blasen bilden und dennoch fettdicht sind, und andererseits solche, die trotz (dann allerdings meist sehr schwacher) Blasenbildung nicht völlig fettdicht sind.

Es ist daher nötig, sich nicht auf die Blasenprobe allein zu stützen, sondern das Papier auch noch direkt mit Fettstoffen (Schmalz, Butter, Speck) oder Öl (Terpentinöl, Olivenöl) zu prüfen.

Im Materialprüfungsamt wird hierbei bis auf weiteres wie folgt verfahren:

1. 0,2 ccm Terpentinöl werden 30 Sekunden lang auf 1 qdm Papierfläche mit dem Finger verrieben. Untergelegtes Schreibpapier zeigt an, ob hierbei Öl durch die zu prüfende Probe gegangen ist oder nicht. Gut fettdichte Papiere lassen bei diesem Versuch das Öl nicht durch; bei nicht fettdichten dringt es sofort mehr oder weniger durch das Papier.

2. 2 g Schweineschmalz werden unter Benutzung einer Schablone in etwa 1 mm dicker Schicht auf 5 $\times$ 5 qcm des zu prüfenden Papiers

ausgebreitet und mit einem zweiten Blatt des Papiers bedeckt. Diese Packung wird auf eine Glasscheibe gelegt und mit einer zweiten, einschließlich eines aufgestellten Gewichtes, etwa 100 g schweren Scheibe

Sehr geringe Blasenbildung.

Mittlere Blasenbildung.

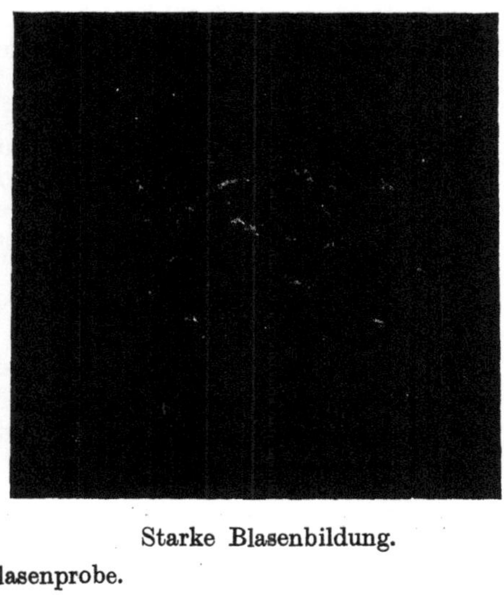

Starke Blasenbildung.

Fig. 13. Blasenprobe.

belastet, nachdem man vorher zwischen Glas und Packung Schreibpapier gelegt hat. Man kann so die Wirkung des Fettes von beiden Seiten durch die Glasscheibe sehr bequem beobachten.

Gut fettdichte Papiere lassen hierbei das Fett selbst nach mehreren Stunden noch nicht durch. Bei längerer Einwirkung zeigt dann aber das Schreibpapier Fettflecke, denn absolut fettdichte Papiere gibt es nicht, wenigstens nicht unter den Pergamentersatz- und Pergamynpapieren.

Zeigt bei den Versuchen zu 1 und 2 das Schreibpapier nur ganz vereinzelte kleine Fettflecke, so sollte man das geprüfte Material nicht beanstanden, denn derartige vereinzelte schwache Stellen sind bei der praktischen Verwendung des Papiers ohne Bedeutung.

Die Blasenprobe und die Terpentinölprobe haben als Schnellversuche den Vorteil, daß sie das Versuchsergebnis sofort erkennen lassen; deshalb wird man im praktischen Verkehr wohl meist zu diesem Verfahren greifen. Prüfungsanstalten aber sollten stets auch die unter 2. geschilderten Dauerversuche ausführen[1]).

Echte Pergamentpapiere sind infolge der Art ihrer Herstellung (Behandlung ungeleimten Papiers mit Schwefelsäure von bestimmter Stärke und Temperatur) fast immer fettdicht; da aber die Pergamentersatzpapiere äußerlich den echten Pergamentpapieren oft so ähnlich sind, daß man sie durch Auge und Hand nicht immer ohne weiteres als solche erkennen kann, so seien nachfolgend einige Anhaltspunkte zu ihrer Unterscheidung gegeben.

Unterscheidung zwischen echtem und unechtem Pergamentpapier.

Das einfachste Mittel ist die „Kauprobe". Kann man sich entschließen, das Papier gründlich durchzukauen, so entscheidet die „Kauprobe" einwandfrei, ob es sich um pergamentiertes Material handelt oder nicht. Nichtpergamentiertes Papier verliert bald seinen Zusammenhang und bildet einen klumpigen Faserbrei, den man leicht zerpflücken kann, Pergamentpapier bleibt unverändert und kann nicht zu Brei gekaut werden.

Wer diesen Kauversuch einige Male mit Pergamentpapier und mit nichtpergamentierten Papieren durchgeführt hat, wird später bei der Prüfung von Papier nicht mehr im Zweifel sein, ob er es mit pergamentiertem oder nichtpergamentiertem Material zu tun hat.

Ein weiterer Anhaltspunkt ist das Verhalten der beiden Papierarten beim Kochen mit Lauge.

Man kocht ein handgroßes Stück tüchtig in verdünnter (2 bis 3 proz.) Natronlauge und rührt hierbei kräftig um. Nichtpergamentiertes Papier zerfällt hierbei und liefert einen mehr oder weniger feinen Faserbrei; echtes Pergamentpapier behält seine Form, gibt keine Fasern ab und kann aus der Lauge so wieder herausgenommen werden, wie es hineingelegt wurde.

Bestimmung der Filtriergeschwindigkeit und Scheidungsfähigkeit von Filtrierpapier.

Bei der Beurteilung von Filtrierpapier spielt die Geschwindigkeit, mit der Flüssigkeiten durchlaufen, eine hervorragende Rolle; unter sonst gleichen Umständen wird das Papier um so wertvoller sein, je schneller das Durchlaufen erfolgt. Diese Eigenschaft des Filtrierpapiers kann man zahlenmäßig zum Ausdruck bringen, indem man die Zeit bestimmt, die eine bestimmte Menge Wasser braucht, um unter

[1]) Eingehend unter Beigabe von Abbildungen sind die beiden Versuchsverfahren geschildert von Bartsch in den Mitt. **15**, 441 und **17**, 52.

einem bestimmten Druck durch eine bestimmte Fläche des Papiers hindurchzulaufen. Meist geht man so zu Werke, daß man Filter von bestimmter Größe in Trichter von bestimmtem Winkel legt und eine bestimmte Wassermenge auf das Filter bringt. Bei diesem Vorgehen sind aber die Versuchsbedingungen nicht immer die gleichen; die wirkende Fläche des Filters ist nicht immer gleich groß, der Wasserdruck schwankt, und außerdem kann das Ergebnis durch Nebenumstände (z. B. Saugwirkungen) beeinflußt werden.

Bei dem unter Zugrundelegung des Mariotteschen Prinzipes gebauten Herzbergschen Filtrierapparat[1]) werden diese Fehlerquellen vermieden. Er gestattet, diejenige Wassermenge zu bestimmen, die in einer Minute bei einem Wasserdruck von 50 mm (Wasserwärme 20° C) durch 100 qcm Papier läuft.

Um einen Überblick über die Filtriergeschwindigkeit der im Handel vorkommenden Filtrierpapiersorten für analytische Zwecke zu gewinnen, wurden 30 verschiedene Proben aufgekauft und in geschilderter Weise geprüft. Die in der Minute durchlaufende Wassermenge schwankte von 23 bis zu 760 ccm; die Verteilung innerhalb dieser Grenzen zeigt die nachfolgende Zusammenstellung.

0—100 ccm	101—200 ccm	201—300 ccm	301—400 ccm	400—500 ccm	501—600 ccm	601—700 ccm	701—800 ccm
4 Papiere	3 Papiere	7 Papiere	4 Papiere	3 Papiere	3 Papiere	4 Papiere	2 Papiere

Eine zweite wichtige Eigenschaft der Filtrierpapiere ist ihre Scheidungsfähigkeit; man versteht hierunter die Fähigkeit, feste in Flüssigkeiten schwimmende Körper, wie Niederschläge usw., beim Filtrieren mehr oder weniger vollkommen zurückzuhalten. Um sich in dieser Hinsicht ein Bild von der Brauchbarkeit eines Filtrierpapiers für chemische Arbeiten zu verschaffen, prüft man es zweckmäßig mit einem Bariumsulfatniederschlag in folgender Weise.

Gleiche Raumteile einer Bariumchloridlösung (122 g Salz in 1 l Wasser) und Kaliumsulfatlösung (87 g Salz in 1 l Wasser) werden einmal heiß und einmal kalt miteinander vermischt. Die heiße Fällung wird heiß, die kalte in kaltem Zustande filtriert. Aus dem zu prüfenden Papier wird ein Rundfilter von etwa 10 cm Durchmesser geschnitten, in gewöhnlicher Weise in den Trichter glatt eingelegt und mit Wasser angefeuchtet.

Papiere mit hervorragender Scheidungsfähigkeit ergeben selbst bei kalt gefälltem und kalt filtriertem Bariumsulfat klare Filtrate; andere lassen bei kalter Fällung die Flüssigkeit trübe durchlaufen, liefern aber bei heiß gefälltem und heiß filtriertem Niederschlag eine klare Lösung; noch andere zeigen in beiden Fällen trübe durchlaufende Flüssigkeiten. Zu achten ist bei den Versuchen auf möglichst gleichmäßige Behandlung der Bariumniederschläge; durch starkes Schütteln z. B. kann sich der Niederschlag so verändern, daß er weniger stark durch das Filter geht als vorher.

[1]) Herzberg, Papierprüfung, V. Aufl. S. 191.

Handelt es sich um Filtrierpapiere für gewerbliche Zwecke oder um solche des Haushaltes, so wird man naturgemäß bei der Prüfung den Verwendungszweck berücksichtigen und nicht etwa die Brauchbarkeit eines Kaffeefiltrierpapieres nach seinem Verhalten zu einer Bariumsulfatfällung beurteilen.

Nachweis von freiem Chlor und freier Säure.

Papiere, die freies Chlor und freie Säure enthalten, gehören zu den Seltenheiten. Die ganzen Verhältnisse, unter denen das Papierblatt entsteht, machen schon das Hineingelangen von Chlor und Säure in das Papier außerordentlich schwierig. Überschüssiges Chlor aus dem Halbstoff wird durch Hinzufügen von Entchlorungsmitteln und durch die großen Wassermengen, mit denen die Faser in Berührung kommt, unschädlich gemacht. Die in dem Stoff etwa vorhandene Säure, sei sie nun beim Bleichen direkt zugesetzt oder durch den Alaun oder Sulfitzellstoff hineingelangt, wird teils gebunden, teils durch den Waschprozeß entfernt.

Der Nachweis des freien Chlors im Papier geschieht in ähnlicher Weise wie bei Prüfung des Halbzeuges; man nimmt hierbei bekanntlich eine geringe Menge des zu prüfenden Stoffes aus dem Holländer, preßt mit der Hand aus und läßt wenige Tropfen einer Kaliumjodidstärkelösung darauf fallen; ist noch freies Chlor vorhanden, so färbt sich das Halbzeug infolge der Bildung von Jodstärke mehr oder weniger blau.

Bei der Prüfung des fertigen Papiers verfährt man am besten in der Weise, daß man es in Stücke zerschneidet, diese durch destilliertes Wasser zieht und sie dann abwechselnd mit Kaliumjodidstärkepapier übereinanderschichtet; das Ganze beschwert man mit einer Glasplatte. Das Wasser zieht etwa vorhandenes Chlor allmählich aus, das Chlorwasser wirkt auf das Reagenspapier und erzeugt mehr oder weniger blaue Streifen und Flecken.

Wenn es so ziemlich einfach ist, sich von dem Vorhandensein freien Chlors zu überzeugen, so ist der Nachweis freier Säure schwieriger. Eine möglichst große Menge des zerkleinerten Papiers übergießt man in einem Becherglase mit einer möglichst geringen Menge destillierten Wassers; das Ganze erwärmt man etwa eine Stunde lang mäßig, wobei ein häufiges Umrühren der Masse von Vorteil ist. Man darf dann wohl mit Sicherheit annehmen, daß der weitaus größte Teil aller im Papier enthaltenen, durch Wasser ausziehbaren Stoffe, also auch die freie Säure, in Lösung gegangen ist; die letzten Reste von Säure werden allerdings vom Papier außerordentlich hartnäckig zurückgehalten. Man gießt den Auszug ab und arbeitet nun bei der weiteren Untersuchung allein mit diesem. Dasjenige Mittel, dessen man sich in der Chemie gewöhnlich zum Nachweis der freien Säuren bedient, das blaue Lackmuspapier, läßt sich im vorliegenden Falle nicht anwenden, da in dem Auszug in den meisten Fällen Tonerdesalze vorhanden sind, welche ebenfalls blaues Lackmuspapier rot färben.

Ein Farbstoff, der nicht durch Tonerdesalze, wohl aber durch freie Säure verändert wird, ist das Kongorot, und dieses kann man im vorliegenden Fall verwenden. Man bringt in einen Teil des erhaltenen Auszuges ein Stück Kongopapier[1]), das sich dann bei Gegenwart freier Säure mehr oder weniger rein blau färbt. Eine dunkelviolette Färbung kann auch vom Alaun herrühren. Man kann auch so vorgehen, daß man eine schwache Kongorotlösung auf das Papier gießt und beobachtet, ob der Farbton rein rot bleibt. Die Empfindlichkeit des Kongofarbstoffes ist erheblich geringer als die des Lackmus, und man wird sich nicht immer mit der Kongoreaktion zufrieden geben können. In solchen Fällen wird der wässerige Auszug aus dem Papier mit Normalkalilauge unter Anwendung von Tropäolin als Indikator titriert.

Für den Nachweis freier schwefliger Säure im Papier hat Stockmeier vorgeschlagen, 50 g Papier in einem Destillationsapparat mit Wasser zu kochen, das Destillat in Jod-Jodkaliumlösung zu leiten und die entstandene Schwefelsäure mit Baryumchlorid zu fällen.

Pergamentpapiere, die säurehaltig sind, gehören nicht zu den Seltenheiten. Dem Materialprüfungsamt sind wiederholt derartige Papiere vorgelegt worden, die infolge ihres Gehaltes an freier Schwefelsäure auf dem Lager so mürbe und brüchig wurden, daß sie nicht mehr zusammengefaltet werden konnten. Bei dem geringsten Versuch, sie zu biegen, brachen sie durch. Begießt man derartige Papiere mit Kongorot, so schlägt die Farbe sofort in blau um. Die Mengen Säure, berechnet als Schwefelsäure (H_2SO_4), die bei dem Titrieren des wässerigen Auszuges derartiger Papiere gefunden wurden, schwankten von 0,17 bis 0,57%.

Gut ausgewaschene Pergamentpapiere sollen höchstens Spuren freier Säure enthalten.

Metallschädliche Bestandteile in Papier.

Von den Papieren, welche zum Umhüllen von Metallen Verwendung finden, also zum Verpacken von Nähnadeln, Messern, Blattmetallen usw., verlangt der Verbraucher mit Recht, daß sie frei von Stoffen sind, die das in Frage kommende Metall angreifen. Von diesem Gesichtspunkt ausgehend wird bei Bestellung derartiger Papiere dem Fabrikanten gewöhnlich vorgeschrieben, das Papier „chlor- und säurefrei" zu liefern. Mit dieser Bestimmung im Vertrag glaubt der Bezieher alles getan zu haben, um seine Metallwaren gegen schädliche Einflüsse durch das Papier geschützt zu wissen. Es herrscht eben weit verbreitet die Ansicht, daß Papier, welches frei von Chlor und Säure ist, sich ohne weiteres zum Einschlagen jedweder Metallwaren eignet.

Es erscheint daher angebracht, darauf hinzuweisen, daß die Ursache der Einwirkung auf Metalle ganz verschiedenartig sein kann, und daß die Gewährleistung für die Güte des Papiers von einem anderen Gesichtspunkt aus gefordert und gegeben werden sollte, als es jetzt meist geschieht.

Wird Blattsilber von dem zum Verpacken benutzten Papier angegriffen, so werden meist Schwefel oder Schwefelverbindungen, die

[1]) Hergestellt durch Eintauchen von Filtrierpapier in eine kochende Lösung von wenig Kongorot in Wasser.

durch Zellstoffe oder Antichlormittel in das Papier kommen können, die Ursache sein; dasselbe Papier, zum Umhüllen blanker Stahlwaren benutzt, könnte sich vorzüglich bewähren, weil eine Einwirkung von Schwefel oder Sulfiden auf Stahl nicht so leicht vorkommen dürfte. Enthält ein Papier gleichzeitig Chloride und Alaun, so sind, worauf Wurster schon 1888 hingewiesen hat, bei feuchter Luft die Bedingungen für die Bildung von Salzsäure gegeben; in einem solchen Papier würden Stahlwaren Rost ansetzen. Beim Verpacken von Blattsilber in einem solchen Papier hätte man schädliche Einflüsse viel weniger zu befürchten.

Die Prüfung von Papieren, die zum Umhüllen von Stahlwaren, Silber, leonischen Erzeugnissen usw. bestimmt sind, erfolgt nach dem Vorschlag von Stockmeier (Papierztg. **1892**, Nr. 89) am besten auf empirischem Wege, da hier die chemische Analyse oft im Stich läßt. Unechtes Blattgold, Blattsilber, Stahlplatten und andere Materialien, je nach der Art des zu umhüllenden Gegenstandes, werden abwechselnd mit dem zu prüfenden Papier geschichtet und längere Zeit in feuchter Luft teils bei Zimmerwärme, teils bei etwa 50° C aufbewahrt. Zeigen die Metalle dann keine Veränderung, so kann man die Papiere technisch als frei von Stoffen ansehen, die das in Frage kommende Metall angreifen. Um sicher zu sein, daß bei einer Veränderung der Metalle nicht äußere Einflüsse mitgewirkt haben, setzt man gleichzeitig einen blinden Versuch unter Verwendung von reinem Filtrierpapier an.

Vergilbung.

Als Vergilbung bezeichnet man die Änderung des Farbtones eines Papiers beim Lagern; sie ist in mehr oder minder hohem Maße und in mehr oder weniger langen Zeiträumen bei allen Papieren zu beobachten[1]) und ist vorzugsweise auf die Einwirkung von Licht, Luft und Wärme zurückzuführen. Am schnellsten geht die Vergilbung bei Einwirkung von Licht oder Wärme von statten; werden diese beiden Faktoren ausgeschlossen, wird das Papier also unter Abschluß von Licht in ungeheizten Räumen aufbewahrt, so hält es sich lange unverändert.

Am leichtesten vergilben Papiere mit verholzten Fasern, also in erster Linie holzschliffhaltige Erzeugnisse; bei diesen bemerkt man schon, wenn sie nur kurze Zeit von der Sonne beschienen wurden, den Beginn der Vergilbung. Je mehr verholzte Fasern sie enthalten, um so stärker vergilben sie. Das gleiche Verhalten zeigen Papiere, die mit Farbstoffen getönt sind, welche nicht lichtecht sind.

Aber auch holzfreie Papiere, ohne Zusatz derartiger Farben hergestellt, vergilben oft ziemlich stark.

Der einwandfreieste Weg, sich ein Urteil über die Vergilbungsneigung von Papier zu bilden, ist der, es längere Zeit der Einwirkung des Sonnenlichtes auszusetzen, am besten im Vergleich mit Proben,

[1]) Vgl. Klemm, Über die Farbbeständigkeit der Papiere. Klimschs Jahrbuch **1901**, 32.

deren Widerstandsfähigkeit man durch grundlegende Versuche vorher ermittelt hat. Da aber diese Versuche sehr zeitraubend sind, kann man sie nur selten ausführen.

Einen Ersatz für die Sonnenwirkung kann man sich bis zu einem gewissen Grade durch Bestrahlung mit elektrischem Bogenlicht, das besonders viele chemisch wirksame Strahlen enthält, schaffen. Im Materialprüfungsamt ist eine Einrichtung hierfür geschaffen, und sie hat sich, namentlich in den Jahreszeiten, in denen Sonnenlicht spärlich ist, bewährt. Immerhin kann sie das Sonnenlicht nicht ersetzen und daher nur als Notbehelf angesehen werden. Dasselbe muß von den bisher versuchten chemischen Verfahren: Einwirkung von Gasen und Dämpfen, gesagt werden.

Die Ursachen des Vergilbens holzfreier Papiere sind nach Klemm vorzugsweise seifenartige Verbindungen des Eisens mit Harz- und Fettkörpern. Die Menge dieser Verbindungen gibt ein Maß für die Beurteilung der Vergilbungsneigung. Als bestes Mittel, diese Seifen aus dem Papier herauszulösen, empfiehlt Klemm eine Mischung von 2 Teilen Äther und 1 Teil Alkohol (Papierztg. **1902**, 961; Wochenblatt f. Papierfabrikation **1902**, 810).

Aus einer abgewogenen Menge Papier (3 g) werden die Eisenseifen in einem Extraktionsapparat (z. B. Thorn, Soxhlet) mit Hilfe des Äther-Alkoholgemisches ausgezogen, und dann wird der Gehalt an Eisen analytisch bestimmt. Hierzu wird der Auszug zur Trockne verdampft, geglüht und der Rückstand mit Salpetersäure aufgenommen.

Der in Form von Eisenseifen in Papieren vorhandene Gehalt an Eisen schwankt nach den bisherigen Erfahrungen zwischen 0,0002 und 0,01 g in 100 g Papier.

Nach Klemms Angaben hat die Firma Schopper-Leipzig ein Eisencolorimeter in 20 Farbabstufungen hergestellt, durch dessen Benutzung man sich die Titration der Eisenlösung ersparen kann.

Klemm hat nach seinem Verfahren eine große Anzahl holzfreier Papiere geprüft und sie gleichzeitig der Einwirkung des Lichtes ausgesetzt. Hierbei zeigte sich, daß sie durch die infolge der Belichtung erzielte Farbänderung einerseits und durch die Eisenreaktion andererseits in gleicher Weise abgestuft wurden.

Auf dieselbe Weise prüfte Schoeller die selbst hergestellten Papiere, in allen Stufen der Verarbeitung, zur allgemeinen Orientierung über den Sitz der Vergilbungsursache; er fand sie in der Chlorbleiche und besonders in der Harzleimung. Frisch gebleichter und leicht gewaschener Papierstoff ist beständig, nicht ausgewaschener und gelagerter Stoff neigt zum Vergilben. Harzleim zeigte sich in allen Fällen als wesentlicher Faktor der Vergilbung. Wurde der Leim durch Ätheralkohol aus den vergilbten Proben ausgezogen, so wurden auch die Vergilbungskörper mit entfernt und die Papiere erhielten ihre ursprüngliche Farbe mehr oder weniger wieder, ein Beweis, daß der Harzleim ein Vergilbungsträger ist. Enthält ein Papier harzsaures Eisen, einen sehr lichtempfindlichen Körper, in größeren Mengen, so kann dieser mit zur Vergilbung beitragen; meist enthält das Papier aber nur geringere Mengen dieser

Eisenverbindung, als zur Entstehung deutlicher Vergilbung erforderlich ist. Trotzdem empfiehlt Schoeller möglichst eisenfreien Alaun zu verwenden, um die Bildung von harzsaurem Eisen auf das möglichst geringste Maß zu beschränken.

Bei den weiteren Versuchen zeigte sich, daß die Eigenvergilbung des Harzes kein Oxydationsprozeß ist, denn die Vergilbung ist auch in einer Stickstoffatmosphäre zu beobachten.

Die Frage des Vergilbens holzfreier Papiere hat auch Schoeller zum Gegenstand eingehender Versuche gemacht, und er ist bei seinen Arbeiten zu neuen und wertvollen Beobachtungen über diesen für Papiererzeuger und Papierverbraucher wichtigen Gegenstand gekommen[1]).

Um für seine Versuche einwandfreies Probematerial von genau bekannter Zusammensetzung zu haben, stellte sich Schoeller die Papiere im Kleinen zum größten Teil selbst her. Außerdem wurden fertige Papiere in den Kreis der Beobachtungen gezogen, aber nur solche, deren Zusammensetzung durchweg sicher bekannt war.

Zur Feststellung der Vergilbungsneigung wurden sie teils dem Sonnenlicht ausgesetzt, teils in einem Trockenschrank auf 95° C erhitzt. In beiden Fällen ergab sich angenähert die gleiche Abstufung.

Für ein genaueres Studium der Papierprüfungsmethoden, insbesondere auch der mechanischen, wird verwiesen auf nachstehende

Literatur[2]).

Behrens, Anleitung zur mikrochemischen Analyse. Hamburg 1896.
Beveridge, Papermakers' Pocket Book. London 1901.
Clapperton, Practical Paper Making. London 1894.
Cross und Bevan, Cellulose. London 1895.
Cross und Bevan, Researches on Cellulose I und II. 1895 bis 1905.
Dalén, Chemische Technologie des Papiers. Leipzig 1911.
Erdmann-König, Warenkunde. Leipzig 1895.
Exner, Untersuchungen der Eigenschaften des Papiers. Wien 1864.
Griffin und Little, The Chemistry of Paper Making. New York 1894.
Cross, An Essay of Paper-Testing. London 1903.
Hanausek, Lehrbuch der technischen Mikroskopie. Stuttgart 1901.
Herzberg, Papier-Prüfung, 5. Aufl. Berlin 1921.
Herzberg-Marteau, Analyse et Essais des Papiers. Paris 1894.
Herzberg, Il Saggio delle Carte. Übersetzt und herausgegeben vom Kgl. Ital. Handelsministerium in Rom. 1897.
Herzberg, Paper-Testing. 1897.
Herzberg, Neues auf dem Gebiete der Papierprüfung in den Jahren 1908 und 1909. (Mitt. a. d. Materialprüfungsamt 1909 und 1910.)
Hofmann, Handbuch der Papierfabrikation. Berlin 1891.
Hofmann, Normalpapier. Berlin 1892.
v. Höhnel, Die Mikroskopie der technisch verwendeten Faserstoffe, II. Aufl. Wien 1906.
v. Hoyer, Das Papier, seine Beschaffenheit und deren Prüfung. München 1882.
v. Hoyer, Die Fabrikation des Papiers. Braunschweig 1887.
v. Hoyer, Über die Entstehung und Bedeutung der Papiernormalien sowie deren Einfluß auf die Fabrikation. München 1888.

[1]) Dr.-Ing. Victor Schoeller-Düren, Über Vergilben von Papier. Dissert. München 1912.

[2]) Selbständige Werke, die sich in mehr oder minder umfangreichem Maße mit der Papierprüfung befassen.

Kirchner, Das Papier. Biberach.
Klemm, Papier-Industrie-Kalender. Leipzig.
Klemm, Handbuch der Papierkunde. Leipzig 1910.
Lohnes, Papier-Kalender. Dresden.
Melnikoff, Prüfung von Papier und Pappe. Petersburg 1906.
Mierzinski, Handbuch der praktischen Papierfabrikation. Wien 1886.
Mitteilungen aus dem staatlichen Materialprüfungsamt ab 1884.
Müller, Qualitative und quantitative Bestimmung des Holzschliffes im Papier. Berlin 1887.
Müller-Haussner, Die Herstellung und Prüfung des Papiers. Berlin 1905.
Muspratts Chemie, 6. Band, Braunschweig 1898, Artikel „Papierprüfung" von Dr. Klemm.
Muth, Jahrbuch der Papierindustrie. Leipzig 1890.
Rejtö, Anleitung für Private zur Durchführung der Papierprüfung. Budapest 1893.
Rossel, Papiere und Papierprüfung mit Berücksichtigung der in der Schweiz verwendeten Schreib- und Druckpapiere. Biel 1895.
L. Rostaing, M. Rostaing et Fleury Percie du Sert, Végétaux propres á la fabrication de la Cellulose et du Papier. Paris 1899.
Schacht, Prüfung der im Handel vorkommenden Gewebe. Berlin 1853.
Sindall, Paper Technology. London 1906.
Valenta, Das Papier. Halle 1904.
Vétillart, Etudes sur les fibres végétales textiles. Paris 1876.
Wiesner, Die Rohstoffe des Pflanzenreiches. 8. Lieferung, Leipzig 1902. Artikel: Papierfasern.
Wiesner, Einleitung in die Technische Mikroskopie. Wien 1867.
Wiesner, Die mikroskopische Untersuchung des Papiers. Wien 1887.
Wiesner, Mikroskopische Untersuchung alter ostturkestanischer und anderer asiatischer Papiere. Wien 1902.
Winkler, Der Papierkenner. Leipzig 1887.
Winkler, Die Trockengehaltsbestimmung der Papierfaserstoffe (Ermittlung des Wassergehaltes). Leipzig 1902.
Winkler-Karstens, Papier-Untersuchung. Leipzig 1902.
Wurster, Collage et Nature du Papier. Paris 1901.

Kunstseide[1]).

Von

Professor Dr. E. Berl-Darmstadt und Direktor Dr. A. Havas-Schwetzingen.

Die Kunstseiden kommen in steigenden Mengen auf den Markt. In der Hauptsache handelt es sich um aus einer Mehrzahl von einzelnen Fädchen gefertigten Gespinste. Die normale Stärke eines Einzelfädchens beträgt 5 bis 10 Deniers. Doch können nach den verschiedenen Verfahren auch wesentlich feinere Einzelfädchen erzeugt werden bis ungefähr 1 Denier herunter, womit die Stärke der natürlichen Seidenfäden unterschritten wird. Zum Zwecke der Feststellung der im Handel verlangten Titer wird je nachdem, ob es sich um metrische oder um legale Denier handelt, ein bei normalem Feuchtigkeitsgehalt (ungefähr 65 % der vollkommenen Sättigung) längere Zeit belassener Kunstseidestrang auf 1000 m gehaspelt und sein Gewicht bestimmt. Das erhaltene Gewicht in Grammen mit 10 multipliziert, gibt die metrische Titer- oder Denierstärke an. Wird in gleicher Weise für eine Stranglänge von 900 m verfahren, dann erhält man den legalen Titer. Die rasche Bestimmung erfolgt auf Denierwagen, bei denen auf dem Gradbogen (Fig. 1) die Einteilung nach Denier bereits vorhanden ist. Wenn keine volle Stranglänge zur Verfügung steht, wird mit der Zählweife (Fig. 2), welche die genaue Länge registriert, ein kürzerer Strang abgehaspelt und der Titer durch Wägung und Umrechnung ermittelt. Über die Deniersbestimmung

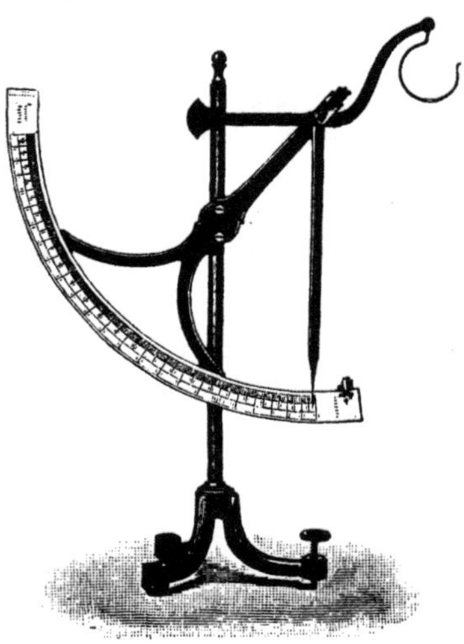

Fig. 1. Denierwage.

---

[1]) Literatur: K. Süvern, Die künstliche Seide, Verlag J. Springer 1921. — F. Becker, Die Kunstseide, Verlag Wilh. Knapp 1912. — Hottenroth in Bd. 7 von Ullmann, Enzyklopädie der technischen Chemie. — A. Herzog, Unterscheidung der natürlichen und künstlichen Seiden, Dresden 1910. — Jentgen, Laboratoriumsbuch für die Kunstseide- und Ersatzfaserstoff-Industrie, 1923. — Die Zeitschriften „Kunststoffe“ und „Deutsche Faserstoffe und Spinnpflanzen“ herausgegeben von Dr. R. Escales.

durch Messung der Querschnittsfläche nach A. Herzog vgl. S. 577. Die Zahl der Einzelfädchen wird durch Aufdrehen eines kurzen Stückes des Fadens und Feststellung der Anzahl der Einzelfädchen bestimmt.

Der Kenner kann vielfach aus dem Glanze der einzelnen Seidequalitäten auf das Verfahren, nach dem diese erzeugt worden sind, rückschließen. Doch können hier leicht Täuschungen unterlaufen. Vielfach besitzt die Nitrokunstseide einen flimmernden Glanz, der lebhafter, aber ähnlich, jenem der natürlichen Seide ist. Die Ursache dieses Flimmerns ist auf die unregelmäßige Querschnittsform der nach

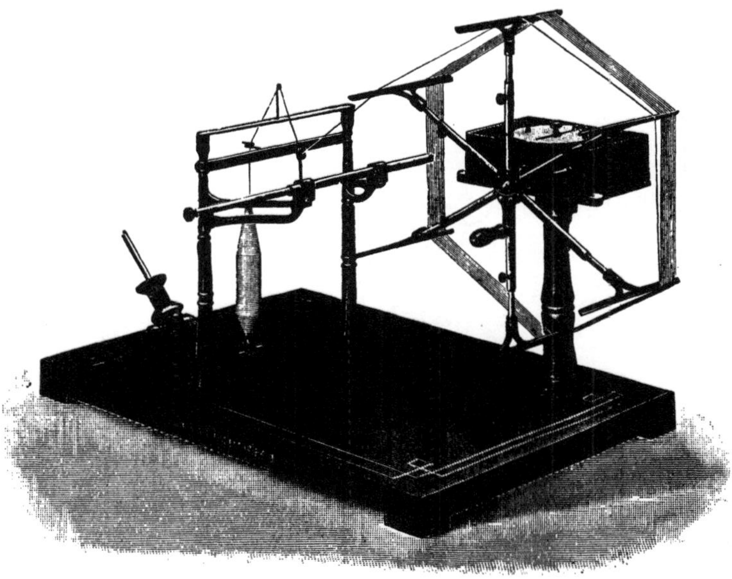

Fig. 2. Zählweife.

dem Trockenspinnverfahren erzeugten Nitrokunstseide zurückzuführen. Doch ist es möglich, auch Nitrokunstseide zu erzeugen, welche einen vollkommenen ruhigen Glanz, verursacht durch kreisrunden Querschnitt, besitzt. Die Kupferoxydammoniakseiden weisen in der Regel einen runden oder pflastersteinähnlichen Querschnitt auf. Ähnlich ist es bei den Viscoseseiden, die jedoch je nach der Art des Spinnverfahrens in mehr oder minder gezähnter und geplatteter Querschnittsform erhalten werden. Die Viscose zeichnet sich im übrigen noch durch eine rauhe Oberfläche aus, die dadurch zustande kommt, daß bei der Entstehung des Fadens sich bildende Gasteilchen den Weg durch die noch weiche Oberflächenschicht sich bahnen (vgl. den Abschnitt Prüfung der Gespinstfasern, S. 566).

Wassergehalt. Kunstseide wird mit einem maximalen Wassergehalt von 11% in den Handel gebracht. Höhere Wassergehalte deuten auf eine absichtliche Beschwerung mit Wasser hin und sind, da Kunstseide in der Regel nach dem Gewichte verkauft wird, als Verfälschung anzusehen. Die Wasserbestimmung kann durch Bestimmung des Gewichtsverlustes durch Trocknen einzelner Stränge bis zur Gewichtskonstanz festgestellt werden. Das Wägen der trockenen Seide hat im geschlossenen Gefäß zu geschehen, andernfalls durch die außerordentlich rasche Wasseraufnahme Fehler entstehen. Von der Firma Louis Schopper in Leipzig werden Trockengehaltsprüfer (Fig. 3) (Konditionierapparate) gebaut, bei denen das Wiegen der Probe im trockenen Raum stattfindet, so daß ein Herausnehmen der wasserfrei gemachten Kunstseide sich erübrigt.

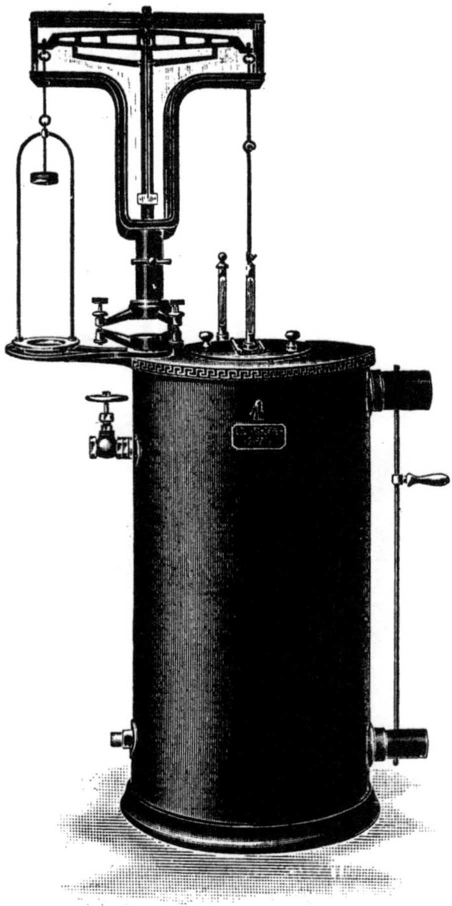

Fig. 3. Trockengehaltsprüfer.

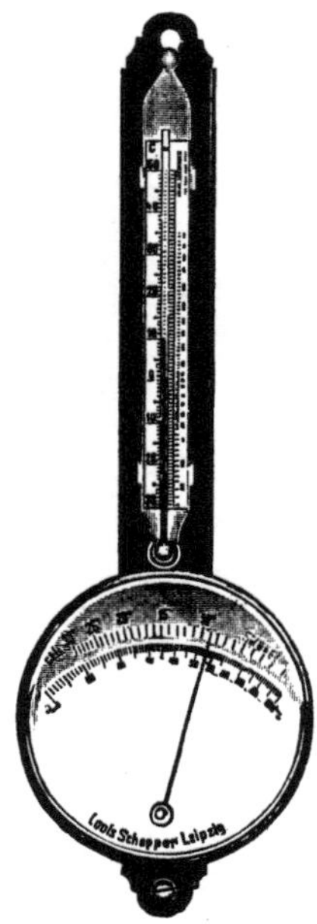

Fig. 4. Hygrometer.

Reißfestigkeit und Dehnbarkeit: Die Reißfestigkeit wird vielfach in Prozenten angegeben, d. h. die Bruchlast (das Gewicht, das eben erforderlich ist, einen Faden zu zerreißen), wird durch die Denierzahl des Fadens dividiert und das Ergebnis mit 100 multipliziert. Reißt z. B. 120 Denierseide bei einer Belastung von 180 g, dann beträgt die Reißfestigkeit 150%. Die Reißfestigkeit der Cellulosekunstseiden ist bei den handelsüblichen Qualitäten sehr stark von dem Feuchtigkeitsgehalt der Faser abhängig. Richtig wäre es, die Reißfestigkeit für den vollkommen trockenen und für den vollkommen nassen Faden anzugeben. Doch ist die Bestimmung im völlig trockenen Zustande mit Rücksicht auf die starke Hygroskopizität des Fadens nicht einwandsfrei durchzuführen. Da überdies die Kunstseide beim normalen Feuchtigkeitsgehalt der Luft verarbeitet wird, so hat es auch Berechtigung, die Reißfestigkeit bei normalem Wasserdampfgehalte der Luft festzustellen.

Unter Dehnbarkeit versteht man die Verlängerung in Zentimetern eines 1 m langen Fadens im Momente des Bruches. Reißfestigkeit und Dehnbarkeit sind bei den einzelnen Kunstseidequalitäten des Handels sehr verschieden. Auch hat die Anzahl der Einzelfäden und deren Drall (siehe unten) bei der Bestimmung einen wesentlichen Einfluß. Zweckmäßig ist es, bei der Messung den Feuchtigkeitsgehalt der Luft mittels Hygrometer, z. B. nach Lambrecht (Fig. 4) festzustellen. Die Reißfestigkeit und die Dehnbarkeit werden mittels des Festigkeitsprüfers festgestellt. Fig. 5 u. 6 zeigen von der Firma Schopper gebaute Festigkeitsprüfer, die entweder mit Handantrieb oder mit Schwerkrafts- oder Wasserantrieb betätigt werden können. Die freie Einspannlänge beträgt 500 mm. Der Dehnungsmaßstab ist in Millimetern und Prozenten angegeben. Für Kunstseiden werden in der Regel Apparate angewandt, welche eine maximale Reißfestigkeit von 1000 g anzeigen.

Bestimmung der Drehung (Drall) und der Gleichmäßigkeit. Die Einzelfädchen, die bei ihrer Erzeugung parallel liegen, werden entweder beim Spinnprozeß selbst (Zentrifugenspinnung) oder nachträglich auf Zwirnmaschinen gezwirnt. Die Anzahl der Drehungen auf den laufenden Meter ergibt den Drall. Zur Bestimmung des Dralles dient der Drallapparat (Fig. 7). Ein Faden von 300 oder 500 mm Länge wird in den Drallapparat unter gleichmäßiger Federbelastung eingespannt und nun in entgegengesetzter Richtung der früher erfolgten Zwirnung so lange gedreht, bis sämtliche Fädchen parallel liegen, wovon man sich durch das Einstecken einer Nadel, welche von der einen bis zur anderen Einspannstelle ohne Widerstand verschoben werden soll, überzeugt. Die Anzahl der Umdrehungen, die erforderlich sind, um eine parallele Lage der Fädchen zu erzielen, wird an dem Zählwerk abgelesen. Die Drehungszahl wird auf 1 m Fadenlänge berechnet.

Die Reinheit und Gleichmäßigkeit der Fäden wird mit dem Schopperschen Gleichheitsprüfer (Fig. 8) untersucht, bei welchem die Fäden unter gleicher Spannung auf einen mattschwarzen Karton parallel aufgewickelt werden, so daß jede Ungleichheit und Unreinheit des Fadens klar zum Vorschein kommt.

Zusammensetzung der Kunstseide: Die zur Zeit in den Handel gebrachten Kunstseiden sind fast ausnahmslos auf Basis von Cellulose aufgebaut. Die Versuche, aus Gelatine und ähnlichem Material Kunstseide zu fertigen, ferner auch Abfälle von Naturseide in einen endlosen Faden umzuwandeln, haben bisher keinen technischen Erfolg aufzuweisen gehabt. Cellulose, entweder in Form von Linters (Haaren der Baumwollsamenschalen) oder Zellstoff wird durch den Prozeß der

Kunstseideherstellung in einen endlosen, aus einer Mehrzahl von Einzelfädchen zusammengesetzten Kunstseidefaden oder in stärkere Fäden (künstliches Roßhaar) oder Bändchen (z. B. Viscabändchen) umgewandelt. Zu diesem Zweck ist es notwendig, die Cellulose in die Form

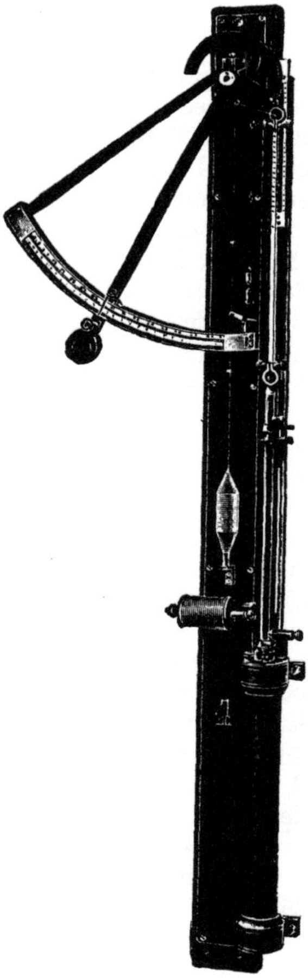

Fig. 5. Festigkeitsprüfer für Handantrieb.

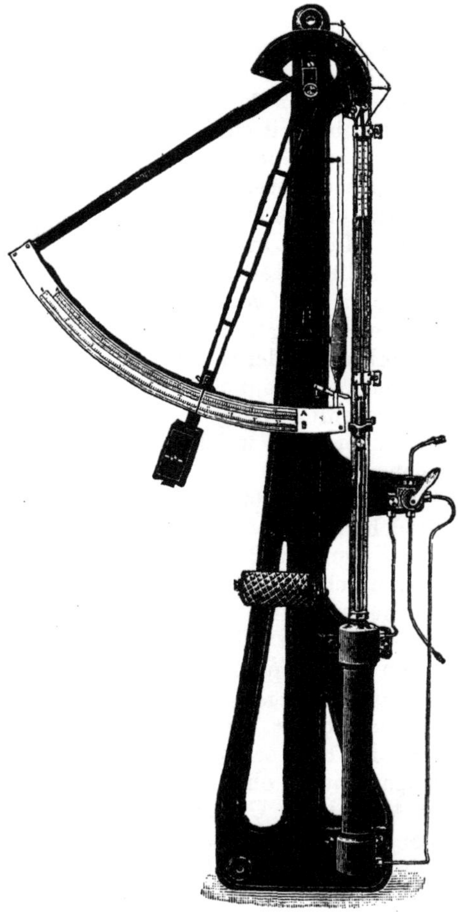

Fig. 6. Festigkeitsprüfer für Wasserantrieb.

einer kolloidalen, homogenen Quellung zu bringen und die gequollene Masse zum Zwecke der Fadenbildung durch feine Öffnungen austreten und die Koagulation zu einem festeren, aufspulbaren Fadengewebe vornehmen zu lassen.

Bei der Nitro-(Chardonnet)-Kunstseide erfolgt in der Regel dieser Vorgang durch Herstellung einer homogenen Quellung von geeigneter Kollodiumwolle in Äther-Alkohol, Erstarrenlassen des Fadens durch Verdunsten in freier Luft und Niederschlagen von Kondensationswasser auf die Oberfläche des Fadens, Zwirnen, Haspeln und Denitrieren mit Sulfhydraten.

Bei dem Kupferoxydammoniakverfahren (Kupferseide, Glanzstoffseide), wird die Quellung von mit Ätznatron mercerisierter

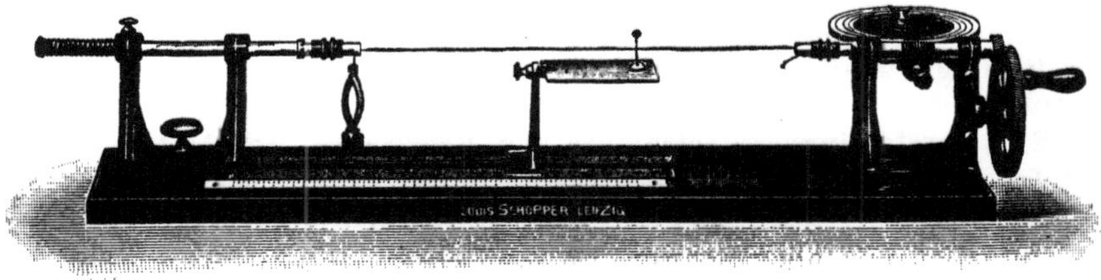

Fig. 7. Drallapparat.

Baumwolle in Kupferoxydammoniak (Kupferoxydammoniakcellulose) durch Einspinnen in Laugen oder Säuren, welche gewöhnlich Zusätze von Glucose usw. erhalten, bewirkt.

Die Viscoseseide wird durch Herstellung eines Cellulosexanthogenats (Viscose) aus Natroncellulose und Schwefelkohlenstoff und Koagulation mit Natriumbisulfat, Ammonsalzen, Mineralsäuren, Kochsalz usw. unter Zusatz von Glucose, Zinksalzen usw. erzeugt.

Fig. 8. Gleichheitsprüfer.

Seit einiger Zeit kommen, besonders aus England, Kunstseiden, die aus acetylierten Cellulosen gefertigt sind, in den Handel. Kunstseiden aus alkylierten Cellulosen (Methyl-, Äthyl-, Benzylcellulosen usw.) sind bisher noch nicht Gegenstand großindustrieller Erzeugung.

A. Nitroseide — Chardonnetseide.

1. **Baumwolle.** Die für die Erzeugung von Nitroseide angewendete Baumwolle soll nicht zu kurzstapelig und vor allem nicht zu stark überbleicht sein. Die für die Untersuchung in Betracht kommenden Methoden sind im Abschnitt „Zellstoff- und Zellstoffindustrie" S. 582 beschrieben. In der Regel wird der Feuchtigkeits- und Fettgehalt untersucht und die Kupferzahl bestimmt.

2. **Schwefelsäure, Salpetersäure und Mischsäure.** Die Untersuchung erfolgt nach den in Bd. I, S. 878 und in Bd. II, S. 1214 angegebenen Methoden. Die Verstärkung der Abfallsäure auf Nitriersäurezusammensetzung hat mit aller Sorgfalt zu geschehen. Die Eigenschaften der Nitrocellulose sind durch die Zusammensetzung der Abfallsäure weitgehend beeinflußt. Um eine geeignete Abfallsäurezusammensetzung zu erhalten, geht man von einer erprobten Nitriersäurezusammensetzung aus. Die Verstärkung kann entweder rechnerisch, z. B. nach Bd. I, S. 881, geschehen oder nach Berl und Samtleben (Zeitschr. f. angew. Chemie **35**, 270; 1922) am besten mit Zuhilfenahme eines Dreieckskoordinatensystems (Gibbssches Dreieck).

Die Ablesung im Gibbsschen Dreieck erfolgt nach der in der Fig. 9 angedeuteten Weise. Punkt M beispielsweise entspricht einer Säure von der Zusammensetzung 20% H_2SO_4, 55% HNO_3, 25% H_2O. Verbindet man den die Abfallsäure darstellenden Punkt A mit dem der Auffrischmischsäure entsprechenden Punkt B, so teilt der die Nitriersäure kennzeichnende Punkt C, wenn er auf dieser Verbindungslinie liegt, letztere im umgekehrten Verhältnis der zum Mischen erforderlichen Gewichtsmengen der Abfall- und Auffrischmischsäuren (vgl. Beispiel 1). Liegt dieser Punkt (bei dieser Darstellungsweise) oberhalb der Verbindungslinie, so muß eine entsprechende Korrektur des Säuregemisches durch Zugabe von Schwefelsäure, liegt er unterhalb, durch Zugabe von Salpetersäure erfolgen. Verbindet man den Abfallsäurepunkt A mit dem Mischsäurepunkt D, den der Korrekturschwefel- bzw. Salpetersäure entsprechenden Punkt E (bzw. H) mit dem Nitriersäurepunkt C und verlängert diese Verbindungslinie bis zum Schnitt mit AD (Punkt F), so ergeben die Strecken FD und AF das Verhältnis der anzuwendenden Menge der Abfall- bzw. Auffrischmischsäure, die Strecken EC und CF das Verhältnis der so erhaltenen Mischsäure F zur Schwefel- bzw. Salpetersäure. Letzteres wird zweckmäßigerweise auf die Gewichtsmenge AF und FD umgerechnet, so daß man direkt die Gewichtsmenge von A, D und E erhält (Beispiel 2).

Diese Konstruktion ist auch anwendbar bei Verwendung von Oleum. Man verlängert in diesem Falle die Wasser-Schwefelsäure-Seite des Dreiecks über den Punkt 100 H_2SO_4 hinaus, teilt sie im gleichen Maßstab und trägt darauf den Prozentgehalt des Oleums nach Tabelle XIX, Bd. I, S. 867 auf Prozente H_2SO_4 umgerechnet ein. Die Ablesung geschieht dann in gleicher Weise.

Erfolgt das Auffrischen durch getrenntes Zugeben von Schwefelsäure und Salpetersäure, so bedient man sich der gleichen Konstruktion, nur daß man in diesem Falle den Abfallsäurepunkt statt mit der Auffrischmischsäure mit der einen Einzelsäure verbindet (vgl. Beispiel 3).

Enthalten die Mischsäuren nennenswerte Mengen von organischer Substanz und Nitrosylschwefelsäure (vgl. Berl und v. Boltenstern, Zeitschr. f. angew. Chemie 34, 19; 1921), die bei nicht zu hohen Wassergehalten als Fremdbestandteile anzusehen sind, welche das Nitrier-

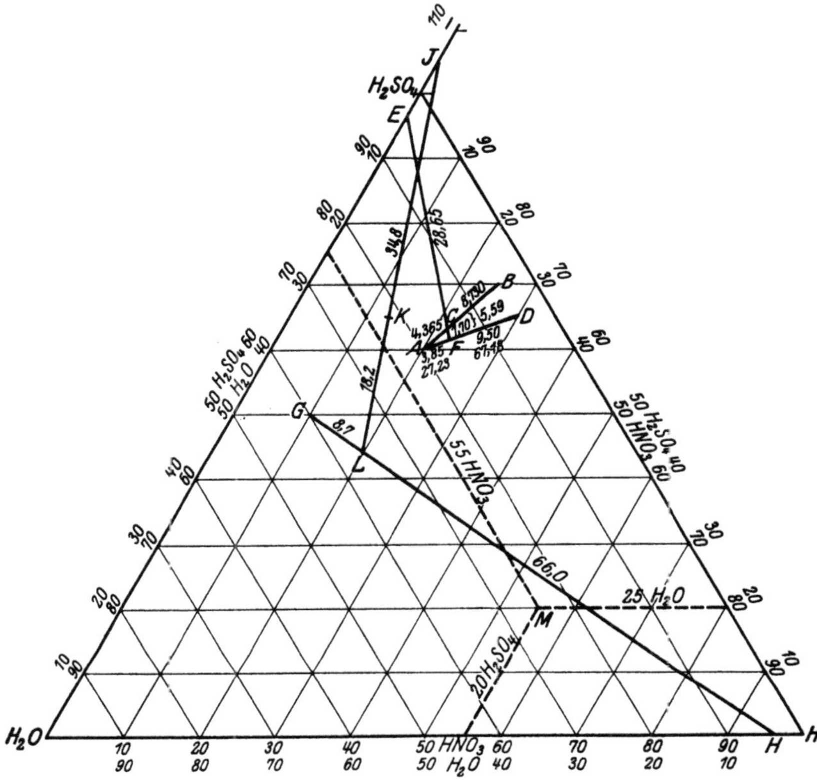

Fig. 9. Gibbssches Dreieck.

ergebnis nicht beeinflussen, dann wird der nach Bd. I, S. 878 analytisch festgestellte Gehalt an Nitrose, ausgedrückt in N_2O_3, auf SO_5NH (Nitrosylschwefelsäure) umgerechnet, wobei für je 1% N_2O_3 von Schwefelsäuregehalt 2,58% abzuziehen und zu dem Wassergehalt 0,24% zuzuzählen sind. 1% N_2O_3 entspricht 3,34 (log = 0,52418) % SO_5NH.

Beispiel: Es werden in einer Nitrierabfallsäure gefunden: 60,0% H_2SO_4, 20,0% HNO_3, 18,0% H_2O, 1,0% N_2O_3 und 1,0% organische Substanz. Es ergeben sich demnach: 60,0 − 2,58 = 57,42% H_2SO_4, 20,0% HNO_3, 18,0 + 0,24 = 18,24% H_2O, 3,34% SO_5NH und 1,0% organische Substanz.

Sind demnach in einer Mischsäure a% H_2SO_4, b% HNO_3, c% H_2O, d% SO_5NH und e% organische Substanz enthalten, dann sind in das

Gibbssche Dreieck folgende Werte für die Zusammensetzung der nitrosefreien und an organischer Substanz freien Mischsäure einzutragen:

$$\frac{a \cdot 100}{100 - (d + e)} \% \; H_2SO_4, \quad \frac{b \cdot 100}{100 - (d + e)} \% \; HNO_3$$

$$\text{und} \quad \frac{c \cdot 100}{100 - (d + e)} \% \; H_2O.$$

Die in das Gibbssche Dreieck einzutragenden Werte für die an SO_5NH und organischer Substanz freien Mischsäure obigen Beispiels sind daher:

$$\frac{57{,}42 \cdot 100}{100 - (3{,}34 + 1{,}0)} = 60{,}02 \% \; H_2SO_4,$$

$$\frac{20{,}0 \cdot 100}{100 - (3{,}34 + 1{,}0)} = 20{,}91 \% \; HNO_3,$$

$$\frac{18{,}24 \cdot 100}{100 - (3{,}34 + 1{,}0)} = 19{,}07 \% \; H_2O.$$

Geeignete Wahl der Größenverhältnisse des Koordinatensystems gestattet jeden gewünschten Grad von Genauigkeit zu erreichen, jedoch gelten sämtliche Berechnungen, die graphischen sowohl wie die rechnerischen, ohne Berücksichtigung etwaiger Kontraktion beim Mischen.

Beispiel 1. Eine Abfallsäure der Zusammensetzung 60,0% H_2SO_4, 20,0% HNO_3, 20,0% H_2O (Punkt A Fig. 9) soll durch Zugeben einer Mischsäure von der Zusammensetzung 70,0% H_2SO_4, 25,0% HNO_3, 5,0% H_2O (B) auf einen Gehalt von 63,4% H_2SO_4, 21,6% HNO_3, 15,0% H_2O (C) gebracht werden. Es sind, wie sich aus der Figur ergibt, 8,730 Teile (a) Abfallsäure mit 4,365 Teilen Auffrischmischsäure (b) zu versetzen, um 13,1 Teile ($a + b$) der gewünschten Säuremischung zu erhalten. Zur Herstellung von x kg Mischsäure sind die erhaltenen Zahlen mit $\frac{x}{a + b}$ zu multiplizieren.

Beispiel 2. Aus einer Endsäure der Zusammensetzung 60,0% H_2SO_4, 20,0% HNO_3, 20,0% H_2O (A), einer Auffrischmischsäure vom Gehalte 65,0% H_2SO_4, 30,0% HNO_3, 5,0% H_2O (D) und einer 96 proz. Schwefelsäure (E) ist durch Mischen eine Säure der Zusammensetzung 63,4% H_2SO_4, 21,6% HNO_3, 15,0% H_2O (C) herzustellen.

Mischungsverhältnis $\frac{\mathrm{A}}{\mathrm{D}} = \frac{9{,}50}{3{,}85} = \mathrm{y}$.

Mischungsverhältnis $\frac{\mathrm{y}}{\mathrm{E}} = \frac{28{,}65}{1{,}70}$. Da 13,35 Teile (9,50 + 3,85) von F aus A und D resultieren, ist zu mischen: $\frac{28{,}65}{1{,}70} = \frac{13{,}35}{z}$; $z = \frac{1{,}70 \cdot 13{,}35}{28{,}65} = 0{,}79$.

Anzuwenden sind demnach

9,50	Gew.-Teile	von	Säuregemisch	A
3,85	,,	,,	,,	D
0,79	,,	,,	Säure	E
Summe 14,14				

oder um 100 Gew.-Teile der Säure C herzustellen, sind abzumischen:

$$\frac{9{,}50 \cdot 100}{14{,}14} = 67{,}18 \text{ Gew.-Teile von A}$$

$$\frac{3{,}85 \cdot 100}{14{,}14} = 27{,}23 \quad ,, \quad ,, \quad D$$

$$\frac{0{,}79 \cdot 100}{14{,}14} = 5{,}59 \quad ,, \quad ,, \quad E.$$

Beispiel 3: Aus einer Mischsäure der Zusammensetzung 50,0% H_2SO_4, 10,0% HNO_3, 40,0% H_2O (G), einer 96 proz. Salpetersäure (H) und einem 20 proz. Oleum (104,5% H_2SO_4) (J) soll eine Mischsäure der Zusammensetzung 65,0% H_2SO_4, 13,0% HNO_3, 22,0% H_2O (K) hergestellt werden.

Mischungsverhältnis: G : H = 66,0 : 8,7 ergibt L,
Mischungsverhältnis: J : L = 18,2 : 34,8,
also G : H : J = 66,0 : 8,7 : 39,1.

3. **Cellulosenitrate** (Nitrocellulose). Die Untersuchung erfolgt nach den in Bd. II, S. 1244 angegebenen Methoden. Bestimmt werden in der Regel der Feuchtigkeitsgehalt (ebenda S. 1245), der Aschen- und Stickstoffgehalt, ferner die Löslichkeit in Äther-Alkohol (ebenda S. 1248), die Zähflüssigkeit (ebenda S. 1251 und Bd. III, S. 1310).

Ferner kann die Bestimmung der gebundenen Schwefelsäure in Betracht kommen: a) Nach Berl werden 10 g reinstes Ätznatron (schwefelsäurefrei von Merck) in einer Porzellanschale in 30—40 ccm destillierten Wasser gelöst und zum Sieden erhitzt. 2 g Cellulosenitrat werden in kleinen Anteilen in die siedende Lauge eingetragen und nach erfolgter Eintragung noch ungefähr 10 Minuten weiter gekocht. Man läßt etwas abkühlen, fügt 1 ccm Mercksches Perhydrol (Wasserstoffsuperoxyd, schwefelsäurefrei) mit etwa 20 ccm Wasser verdünnt hinzu, erhitzt neuerdings zum Sieden, kühlt ab und setzt Salzsäure bis zur schwachsauren Reaktion hinzu. Vorhandene Verunreinigungen werden abfiltriert und im Filtrat die Schwefelsäure in bekannter Weise mit Bariumchlorid als Bariumsulfat bestimmt.

b) Die Bestimmung der gebundenen Schwefelsäure kann auch durch Abrauchen des Cellulosenitrates mit Königswasser erfolgen. Man erhitzt unter mehrfachem Zusetzen von Königswasser in einer Porzellanschale so lange, bis alles Cellulosenitrat zerstört ist. Man bringt hierauf zur Trockene, nimmt mit ganz wenig verdünnter Salzsäure auf und bestimmt mit Bariumchlorid die Schwefelsäure. Diese Abrauchmethode ist wesentlich umständlicher als die unter a) angegebene Verseifungsmethode.

Zum Zwecke des Nachweises gleichmäßiger Nitrierung erfolgt die Betrachtung der Einzelfasern unter dem Polarisationsmikroskop. Bei richtiger Nitrierung sollen alle Fasern gleiche, bläuliche oder graue Färbung aufweisen, während bei unvollständiger Nitrierung sich Fasern beobachten lassen, welche unter dem Polarisationsmikroskop die optischen Eigenschaften der Baumwolle, das ist das Aufleuchten in allen Spektralfarben ergeben. Die Betrachtung der Fasern unter dem Polarisationsmikroskop ergänzt in zweckmäßiger Weise die chemische Analyse.

4. Die Untersuchung von **Alkohol** und **Äther** erfolgt nach den in Bd. II, S. 1223 und Bd. III, S. 827 und 1081 und dieser Band S. 201 gemachten Angaben. Der verwendete Alkohol soll frei von Säuren, der verwendete Äther soll ebenfalls frei von Säuren und Superoxyden sein. Die Bestimmung von Alkohol und Äther in ihren Gemischen erfolgt angenähert genau nach Fleischer und Frank (vgl. Chem.-Ztg. **31**, 665; 1907) in folgender Weise: Man bestimmt das spezifische Gewicht des zu untersuchenden Äther-Alkoholgemisches, hierauf mischt man 10 ccm des Gemisches mit 5 ccm Benzin und 5 ccm Wasser in einem mit Glasstopfen verschlossenen Glaszylinder. Nach wenigen Minuten der Ruhe bilden sich zwei scharf abgegrenzte Schichten, von denen die untere den wässerigen Alkohol und die obere das Benzin-Äthergemisch enthält. Enthält z. B. die untere 8 ccm, die obere 12 ccm, so ergibt sich bei einem Gemisch von wasserfreiem Alkohol und wasserfreiem Äther, nach Abzug von je 5 ccm Benzin bzw. Wasser, ein Mischungsverhältnis von Äther und Alkohol von **7 : 3**. Für wasserhaltige Gemische läßt sich der Gehalt an wässerigem Alkohol nach folgender Mischungsformel bestimmen:

$$\lambda = \frac{10 \cdot d - a\,0{,}720}{10 - a}.$$

Hierin bedeuten:

λ = das spez. Gewicht des wässerigen Alkohols,

d = das spez. Gewicht des zur Untersuchung vorliegenden Äther-Alkohol-Gemisches,

a = die Kubikzentimeter Äther, die durch Ablesen bestimmt sind,

0,720 = das spez. Gewicht des Äthers.

Beispiel:

$$d = 0{,}880,$$
$$a = 2,$$
$$\lambda = 0{,}92,$$

entsprechend einem Alkohol von 56,6 Vol-Proz. Alkohol. Demnach enthält das Äther-Alkohol-Gemisch

45,3 Vol.-Proz. Alkohol,
34,7 „ Wasser,
20,0 „ Äther.

Die nachfolgende Tabelle gibt die Volumgewichte von Alkohol-Äther-Gemischen bei Anwendung von Alkohol vom Volumgewicht 0,809 und Äther vom Volumgewicht 0,729 (also etwas alkohol- oder wasserhaltig) wieder.

Alkohol %	Vol.-Gew.	Alkohol %	Vol.-Gew.
0	0,729	60	0,779
10	0,737	70	0,786
20	0,747	80	0,798
30	0,756	90	0,801
40	0,765	100	0,809
50	0,772		

Die Festlegung des Mischungsverhältnisses kann auch mit dem Flüssigkeitsinterferometer (vgl. Bd. III, S. 1307) vorgenommen werden.

5. **Kollodiumlösung.** a) Der Nitrocellulosegehalt wird durch Einlaufenlassen einer gewogenen Menge in heißes Wasser und Trocknen der erhaltenen Nitrocellulose bestimmt.

b) Die Viscosität wird nach den in Bd. II, S. 1251 und Bd. III, S. 219, 553 gemachten Angaben ermittelt.

6. **Sulfhydrat.** Zur Verwendung kommen in der Regel Calcium- oder Natriumsulfhydratlösungen. Ihre Untersuchung erfolgt gemäß den in Bd. I, S. 924 gemachten Angaben.

7. Die Untersuchung der Bleichbäder wird nach den in Bd. I, S. 1004 gegebenen Vorschriften bewirkt.

8. **Fertige Seide.** a) Die Bestimmung des Titers, der Reißfestigkeit und der Dehnung erfolgen nach S. 636ff.

b) Die Beständigkeitsprobe nach Berl wird durch Erhitzen einer kleinen, an einem Drahte angehängten Kunstseidenprobe bei 135° vorgenommen. Zweckmäßigerweise verwendet man hierzu kleine Fraktionierkölbchen mit angeschmolzenem, nach oben gerichteten Kühlrohr. In den Hals des Fraktionierkölbchens steckt man ein Reagensrohr und verschmilzt es oben mit dem Fraktionierkölbchen, in welchem sich Meta-Xylol befindet. Eine beständige Seide muß mindestens 7 bis 8 Stunden Erhitzung bei 135° aushalten, bevor saure Reaktion eintritt. Unbeständige Seiden spalten schon weit früher freie Säure ab, die eine Verkohlung (Carbonisierung) der Faser herbeiführt (vgl. hierzu Heermann, Mitteil. aus dem Materialprüfungsamt **1910**, Heft 4 und Färberzeit. **6**, Heft 1 1913; Briggs, ebenda S. 73; Kunststoffe **1914**, 401, 418).

B. Kupferseide (Glanzstoffseide, Bemberg-Seide).

1. Baumwolle (vgl. Bd. II, S. 1217).
2. Zement-Kupfer (vgl. Bd. II, S. 363).
3. Ammoniak (vgl. Bd. I, S. 934).
4. Kupferoxyd-Ammoniak-Lösung. a) Bestimmung des Gehaltes mit dem Aräometer.

b) Kupferbestimmung durch Eindampfen eines bestimmten Volumens oder Gewichtes, Aufnehmen des Rückstandes mit einigen Tropfen Salpetersäure, nochmaliges Eindampfen zur Trockne in einem Porzellantiegel und Glühen bis zur Gewichtskonstanz des CuO.

c) Ammoniakbestimmung gemäß Bd. I, S. 935.

d) Bestimmung des Gehaltes an Nitrit und Nitrat.

Die Ermittlung der durch Luftsauerstoffeinwirkung auf Kupferoxydammoniaklösungen entstehenden Stickstoff-Sauerstoffverbindungen kann in der Weise erfolgen, daß in einer größeren Probe nach Zusatz von nitritfreier Lauge das Ammoniak quantitativ überdestilliert wird und daß in dem nunmehr ammoniakfreien Rückstand nach Bd. I, S. 825 und S. 787 u. 790 die Ermittlung des Nitrit- und gegebenenfalls des Nitratgehaltes erfolgt.

5. Kupferammoniak-Celluloselösungen. Der Gehalt an Cellulose wird durch Ausfällen derselben mit Säure, völligem Aus-

waschen des Kupfersalzes mit Wasser, Neutralwaschen der gefällten Cellulose und Trocknen derselben bestimmt, oder aber nach Berl und Innes (Ber. 42, 1305; 1909) dadurch ermittelt, daß ein bestimmtes Volumen Kupferammoniak-Celluloselösung mit Phosphorsäure angesäuert wird und durch Erhitzen vorhandene Carbonate und Nitrite vollständig entfernt werden. Nach deren Entfernung wird durch Zugabe von Chromsäure die Cellulose zu Kohlendioxyd verbrannt und das entstandene Kohlendioxydgas nach der Methode von Lunge-Rittener (Bd. I, S. 213) zur Messung gebracht. 1 ccm CO_2 (bei 0° und 760 mm) entspricht 0,001214 (log = 0,08409 — 3) g Cellulose.

Die Ermittlung der organischen Cellulosesubstanz kann auch auf titrimetrischem Wege erfolgen, indem mit einer eingestellten Kaliumbichromatlösung unter Zusatz von reiner Schwefelsäure bis zur vollständigen Verbrennung der organischen Substanz zu Kohlendioxyd und Wasser gekocht und nach dem Erkalten der Überschuß des Bichromates mit Eisenammonsulfat (Indikator: Kaliumferricyanid) zurücktitriert wird. Nach Berl und Delpy (Dissertat. Braunschweig 1916) lassen sich in Lösung befindliche, abgebaute Cellulosederivate (Monnosen, Biosen, Triosen u. dgl.) durch längeres Kochen ($^1/_2$—1 Stunde) mit $^n/_2$-$KMnO_4$-Lösung (die in 2—3 Anteilen zugesetzt wird) und verdünnter Schwefelsäure zu Kohlendioxyd und Wasser verbrennen. Der Überschuß des angewandten Permanganates wird durch Zufügung von $^n/_2$-Natriumoxalatlösung zurücktitriert. 1 ccm $^n/_2$-$K_2Cr_2O_7$- oder $KMnO_4$-Lösung entspricht 0,003377 (log = 0,52857 — 3) g Cellulose oder 0,0037111 (log = 0,56950 — 3) g Dextrose (s. a. Jentgen, Laboratoriumsbuch; vgl. auch Bray und Andrews, Ind. Eng. Chem. **15**, 377; 1923).

6. Fällbäder. a) Der Ätznatrongehalt wird durch Titration ermittelt.

b) Der Gehalt an Zuckern kann nach den oben geschilderten (B,5) Methoden ermittelt werden.

c) Die Bestimmung des Zinkgehaltes erfolgt gemäß Bd. II, S. 462.

C. Viscoseseide.

1. Die Untersuchung des Zellstoffs an α-, β- und γ-Cellulose, dann auf Holzgummi, Asche und Wasser, wird nach S. 598 vorgenommen. Häufig wird auch die Kupferzahl bestimmt. Nach Klemm (vgl. Chem.-Ztg. 46, 122; 1922) ist die mikrochemische Untersuchung der Aufnahmefähigkeit der Zellstoffaser für Malachitgrün und Rosanilinsulfat und die Korrosionsänderung, die mit Kongorot und Chlorzinkjod erkennbar gemacht werden kann, häufig maßgebender als die Bestimmung des Gehaltes an α-Cellulose. Eine für die Viscoseherstellung gut geeignete Zellstoffaser muß sich gleichmäßig färben, andernfalls ist sie für die Viscoseerzeugung ungeeignet.

2. Die Untersuchung von Ätznatron erfolgt nach Bd. I, S. 960. Das aus den Abpreßlaugen ablaufende Ätznatron enthält β- und γ-Cellulose, deren Ermittlung nach der Methode von Berl und Innes oder titrimetrisch (s. o. B, 5) erfolgt.

3. Der zur Verwendung gelangende Schwefelkohlenstoff (vgl. Bd. III, S. 843) soll frei von Schwefelwasserstoff und Benzol sein und beim Verdunsten keinerlei Rückstand hinterlassen.

4. Die Prüfung des Reifezustandes erfolgt durch Bestimmung der Viscosität und durch Ermittlung der Wasserlöslichkeit oder Wasserunlöslichkeit der mit verdünnten organischen Säuren oder 10 proz. Ammonchloridlösung gefällten Produkte.

5. Fällbad. Die Stärke des Fällbades wird mit dem Aräometer ermittelt. Der Gehalt an freier Säure in der meistenteils angewendeten Bisulfatlösung wird nach Bd. I, S. 797 festgestellt. Zusätze, wie Zucker, Zinksalze usw. werden wie unter 6b und 6c ermittelt.

D. Acetatseide (vgl. S. 660).

1. Die Ermittlung des Essigsäuregehaltes erfolgt nach S. 663.

2. Die Feststellung des Quellungsmittels ist von Wichtigkeit, da in der Regel die Löslichkeit in Chloroform auf ein hochacetyliertes, die in Aceton auf ein weniger hochacetyliertes Cellulosederivat hindeutet.

3. Das Anfärben mit den für die einfachen Cellulosekunstseiden angewandten, wässerigen Farbstofflösungen ist nur bei Anwendung von Quellungsmitteln (Alkohol, Essigsäure u. dgl.) bis zu einigermaßen dunkleren Farbtönen durchführbar.

Celluloid, organische Celluloseester, plastische Massen, photographische Films, photographische Platten und Papiere.

Von

Dr. G. **Bonwitt**, Berlin-Charlottenburg.

I. Celluloid.

Celluloid besteht in der Hauptsache aus Nitrocellulose und Campher in Form einer festen Lösung. Seine Zusammensetzung schwankt zwischen 70 bis 74% Nitrocellulose, 20 bis 30% Campher, 1,5 bis 3,5% Gelatinierungsmittel, Farbstoffe usw. Celluloid stellt eine glashelle, hornartige Masse von hoher Elastizität dar, die bei Temperaturen über 80° C, je nach ihrem Camphergehalt weich bis direkt lappig wird. Mit steigendem Camphergehalt geht seine Härte und sein Erweichungspunkt zurück; im Gegensatz hierzu wird dieses Gemisch elastischer, härter und widerstandsfähiger, je mehr Nitrocellulose es enthällt. Seine Härte ist kleiner als 2, etwa wie die des Eschenholzes, durch starkes Reiben riecht es nach Campher und wird hierbei stark elektrisch; letzteres tritt auch bei starkem Pressen oder beim Überblasen von Luft ein. Es leitet die Elektrizität schlecht. Sein spez. Gewicht beträgt 1,34 bis 1,4. Von den vielen Nitrierungsstufen der Cellulose ist nur die für die Herstellung von Celluloid zu verwenden, die sich in einer 10%igen alkoholischen Campherlösung löst. Sie entspricht einem Stickstoffgehalt von 9,5 bis 11%.

Celluloid ist in kaltem oder heißem Wasser unlöslich, jedoch löslich in absolutem Methyl-, Äthyl-, Propyl- und Butylalkohol, sowie in Mischungen dieser Alkohole mit den entsprechenden Äthern, unlöslich jedoch in Äther allein; ferner in Ketonen, Estern, Aldehyden, organischen Säuren, z. B. Ameisen- und Essigsäure, dann auch in konz. anorganischen Säuren, wie z. B. Schwefelsäure, Salpetersäure, Phosphorsäure und verflüssigtem Chlorwasserstoff; doch ist es gegen verdünnte Säuren verhältnismäßig beständig, im Gegensatz zu Alkalien, durch die es rasch verseift wird. Hierbei wird es spröde, gelblich und undurchsichtig. Warme Ätznatronlösung verseift Celluloid rasch, wobei Campher z. T. in Lösung bleibt, z. T. übersublimiert.

Celluloid ist ein unstabiler Körper. Diese Eigenschaft wird ihm durch die Nitrocellulose verliehen, die wie jeder Ester stark zum Verseifen neigt. Aus diesem Grunde spaltet Celluloid ständig Salpetersäure bzw. Stickoxyde ab, und zwar bei gewöhnlicher Temperatur langsam, beim Erhitzen schnell. Gutes Celluloid zersetzt sich erst bei 150 bis 175° C. Ein Material mit einem Flammpunkt unter 150° C ist zu beanstanden. Durch Zugabe von Stabilisatoren, wie z. B. Harnstoff, Diphenylamin, Zinkweiß, Magnesit wird die Zersetzung aufgehalten. Daher ist mit stabilisierenden Salzen gefärbtes, undurchsichtiges Celluloid beständiger als transparentes. Spuren anorganischer Säuren oder oxydabler Stoffe, wie z. B. Terpentinöl, Eisen-, Mangan-, Kupfersalze, zersetzen es verhältnismäßig rasch unter Bildung von Stickoxyden und Salpetersäure, die schließlich zur Selbstentzündung führen. Auch durch Luft- und Wärmestrahlen wird diese Selbstzersetzung stark gefördert.

Für eine genaue Untersuchung des Celluloids ist es erforderlich, die charakteristischen Eigenschaften der zu seiner Herstellung verwendeten Roh- bzw. Hilfsstoffe zu kennen. Mit Ausnahme der Nitrocellulose, die Bd. II, S. 1244 behandelt ist, sind nachstehend die anderen Materialien: Campher, synthetischer Campher, Campherersatzmittel, Alkohol, sowie Farben angeführt.

Naturcampher und synthetischer Campher (vgl. Bd. II, S. 1230).

Naturcampher bildet eine ungefärbte, durchsichtige Masse, die elastisch und leicht schmelzbar ist. Sein spezifisches Gewicht schwankt zwischen 0,986 bis 0,996 bei 6°. Unterhalb dieser Temperatur ist es fast dem des Wassers gleich. Hierdurch unterscheidet er sich vom Borneol, dessen Dichte größer als die des Wassers ist.

Campher schmilzt bei 175° C, wenn er frei von Campheröl und Wasser ist, andernfalls liegt sein Schmelzpunkt niedriger. Er siedet bei 205° C; verdunstet auch schon bei gewöhnlicher Temperatur. Wasser löst nur $^1/_{12000}$ seines Volumens. Dagegen ist er leicht löslich in Alkohol, Äther, Chloroform und Ölen. An der Luft brennt er leicht mit stark rußender Flamme.

Analyse des Camphers. Eine Campheranalyse muß sich auf folgendes erstrecken:

1. Auf die Farbe der Lösung.
2. Auf die Menge unlöslicher Substanzen.
3. Auf seine Feuchtigkeit.

Die Lösung muß vollkommen klar sein. Die unlöslichen Beimengungen dürfen 0,5% nicht übersteigen. Formosacampher enthält sehr selten nehr als 0,2% davon.

Der Feuchtigkeitsgehalt des Camphers schwankt in weiten Grenzen, Formosacampher enthält gewöhnlich nicht mehr als 1%, wohingegen Chinacampher 4 und selbst 5% Feuchtigkeit besitzt.

Zur Feuchtigkeitsbestimmung werden 100 g Campher in einem Reagenzglas mit 100 ccm einer Natronlauge von bestimmtem Titer übergossen. Nach kurzer Zeit filtriert man. Von dem Filtrat werden

50 ccm mit einer titrierten Schwefelsäurelösung neutralisiert. Auf diese Weise erhält man das im Campher enthaltene Wasser.

Zur Erläuterung diene folgendes Beispiel:

$$100 \text{ ccm NaOH} — 100{,}5 \text{ ccm } H_2SO_4 .$$

Zur Neutralisation von 50 ccm der zum Waschen des Camphers benutzten Lauge sind 48,3 ccm H_2SO_4 erforderlich, der Wassergehalt beträgt also:

$$\frac{50 \cdot 100{,}5}{48{,}3} - 100 = 4{,}02\% .$$

Synthetischer Campher ist ein Campher, der sich vom natürlichen nur durch sein verschiedenes Verhalten im polarisierten Licht unterscheidet. Während Naturcampher je nach seiner Herkunft rechtsdrehend oder linksdrehend ist, ist der synthetische optisch völlig inaktiv.

Es stellt eine weiße, kristallinische Masse oder ein weißes kristallinisches Pulver dar. In Wasser ist synthetischer Campher nur sehr wenig, in Äther, Alkohol und Chloroform leicht löslich. Schmelzpunkt des reinen Produktes etwa 170 bis 178°, des technischen zwischen 152 bis 170°. Er darf autoxydable Verbindungen, wie Borneol, Camphen, Terpen nur in geringen Mengen enthalten, da sonst das damit hergestellte Celluloid sich verfärbt. Sein Chlorgehalt darf nicht über 0,1% betragen.

Prüfung: Erwärmt man synthetischen Campher in offener Schale, so verdampft er in kurzer Zeit vollständig. Eine Lösung von 10 g in 40 g Spiritus darf im 200-mm-Rohr des Polarisationsapparates die Ebene des polarisierten Lichtes weder nach rechts noch nach links drehen. Mischt man 1 g synthetischen Campher mit 2 g chloridfreiem Calciumhydrat, erhitzt die Mischung im Reagenzglas bis zur Verflüchtigung des Camphers, nimmt nach dem Erkalten den Rückstand mit 5 ccm Wasser auf, erhitzt zum Sieden und filtriert, so darf das mit Salpetersäure angesäuerte Filtrat durch Silbernitrat nicht oder höchstens opalisierend getrübt werden.

Wichtig ist die Feststellung von Verunreinigungen im synthetischen Campher, vor allem des Prozentsatzes der Verunreinigungen. Der Schmelzpunkt sagt gar nichts, wenn der Campher aus einem Gemisch von Camphen und Borneol oder Isoborneol hergestellt ist; denn ein Gemisch von Camphen, Borneol und synthetischem Campher kann einen ganz normalen Schmelzpunkt (175°C) haben. Man kommt aber auf folgende Weise zum Ziele: Über ein kleines Uhrglas von etwa 6 cm Durchmesser, in dem man 1 g Campher genau abgewogen hat, deckt man ein aufgeschliffenes, größeres von etwa 8 cm Durchmesser und erhitzt das untere Uhrglas auf einer Metallplatte über einer kleinen Flamme. Sobald alles in das obere Uhrglas sublimiert ist, entfernt man die Flamme, läßt gut abkühlen, deckt endlich über das größere Uhrglas ein ganz gleiches und bringt den Campher in den Exsiccator, worauf man wägt. Die nichtflüchtigen Bestandteile bestimmt man durch Wägen des kleineren Uhrglases. Bei einer zweimal unterbrochenen Sublimation, bei der das leicht flüchtige Camphen zuerst und das am schwersten flüchtige Borneol zuletzt sublimiert, bietet die Bestimmung des Schmelzpunktes der drei Sublimationen schon eher ein Bild über etwaige Verunreinigungen. Genaue, leicht ausführbare Verfahren zur Bestimmung von Verunreinigungen im synthetischen Campher, vor allem von ungenügend oxydiertem Camphen und Borneol, gibt es noch nicht. Vielleicht führt folgendes Verfahren zum Ziele: Durch Zusammenschmelzen von Borneol mit Phthalsäureanhydrid stellt man zunächst den sauren Phthalsäureester her, dann macht man die Schmelze alkalisch und zieht mit Äther aus. Nach dem Abdunsten des Äthers im Uhrglase bestimmt man den Campher nach Gewicht. Bei ein wenig höherer Lufttemperatur können allerdings hierbei Verluste an Campher eintreten. Dies Unterscheidungsmerkmal ist nach Lohmann das beste. Man kann bei einem Gemisch von natürlichem und künstlichem Campher aus der optischen Drehung die Mischungsanteile berechnen. Landolt und Förster empfehlen, die Lösung in Benzol zur Polarisation zu verwenden und haben dafür bei einer Temperatur von 20° folgende Formel aufgestellt.:

$$c = 115{,}205\left(1 + \sqrt{1 + 0{,}04367 \cdot \frac{\alpha}{1}}\right).$$

In der Formel bedeutet c = Anzahl Gramme in 100 ccm Lösung, α = die Drehung, 1 = die Rohrlänge in Dezimeter. Nach Lohmann kann man jedoch auch die alkoholische Lösung ganz gut polarisieren.

Eine andere Prüfung auf Naturcampher und Kunstcampher ist nach Bohrisch folgende:

Vanillinsalzsäure (Lösung aus 1 Teil Vanillin und 100 Teilen Salzsäure von 25%) färbt beim Erwärmen Naturcampher blaugrün bis grün, während Borneol blaue, Kunstcampher keine Färbung zeigt. Man gibt etwa eine Messerspitze des zerriebenen Camphers in ein Probierröhrchen und setzt 1 ccm Vanillinsalzsäure zu; bei vorsichtigem Erwärmen zeigen sich obige Reaktionen. Bei Gemischen von Natur- und Kunstcampher liegt die Reaktionsgrenze bei einem Gehalt von etwa 10% Naturcampher. Nachstehende Tabelle zeigt die Färbungen bei verschiedenen Temperaturen:

Temp.	Naturcampher I	Naturcampher II	Borneol	Kunstcampher I	Kunstcampher II
30°	ungefärbt	rosa	ungefärbt		
60°	blaugrün	grau	schmutzig gelb		
75°	schön blau	stark grün trübe	blau	ungefärbt	ungefärbt
100°	blaugrün	grün, klar	stark blau		

An Stelle von Vanillinsalzsäure läßt sich nach den Angaben von Bohrisch auch ein Gemisch gleicher Volumina Vanillinsalzsäure und konz. Schwefelsäure verwenden. Man versetzt ungefähr 0,1 g Campherpulver auf einem Uhrglase mit 10 Tropfen eines erkalteten

Gemisches gleicher Volumina Vanillinsäuresalz und konz. Schwefelsäure. Nach 7 bis 8 Stunden weist der natürliche Campher ein prächtiges Indigoblau, Borneol ein zartes Blaugrün auf, während künstlicher Campher eine Gelbfärbung zeigt.

Diese Reaktion liefert dieselben Resultate, wie die mit Vanillinsalzsäure, hat aber vor letzterer keinen Vorteil voraus, eher den Nachteil, daß die den Ausschlag gebenden Färbungen viel später eintreten.

Es liegt nahe, an Stelle von Vanillin (Methylprotocatechualdehyd) auch andere Aldehyde zur Unterscheidung von natürlichem und künstlichem Campher heranzuziehen. Als solche kommen in Betracht: Furfurol (Furol oder Furanaldehyd), Heliotropin (Methylenprotocatechualdehyd) und p-Oxybenzaldehyd.

Die Reagentien wurden hergestellt wie die Vanillinsalzsäure, auch in demselben Verhältnisse, nämlich 1: 100.

Hierbei gibt Furfurolsalzsäure mit natürlichem Campher schöne blaue bis blaugrüne Färbungen; künstlicher Campher verändert das Reagens nicht. Mit Heliotropin färbt sich natürlicher Campher zunächst smaragdgrün, dann blaugrün, zum Schlusse blau; mit künstlichem Campher treten keine Farbenreaktionen ein.

Bei Anwendung von p-Oxybenzaldehyd färbt sich die Flüssigkeit zuerst kirschrot, dann blauviolett und schließlich blaugrün. Auch hier werden mit künstlichem Campher keine Farbenerscheinungen beobachtet.

Die genannten Reaktionen können demnach ebenso wie Vanillinsalzsäure zur Unterscheidung von natürlichem und künstlichem Campher verwendet werden, ferner zum Nachweise von natürlichem Campher in Gemischen mit künstlichem Campher. Dagegen gestatten auch sie nicht, die Anwesenheit von künstlichem Campher in Gemischen mit natürlichem Campher nachzuweisen.

Zinnchlorür (in offizineller Lösung) kann ebenfalls zur Unterscheidung von natürlichem und künstlichem Campher benutzt werden, jedoch mit denselben Einschränkungen wie Vanillin, Furfurol, Heliotropin und p-Oxybenzaldehyd.

Camphorersatzmittel (vgl. Bonwitt S. 458ff.).

Als Campher ersatzmittel kommen von der Fülle der vorgeschlagenen Stoffe nur wenige praktisch in Betracht. Es sind dies: Mannol, Acetanilid, Celludol und Metacelludol und Triphenyl- und Trikresylphosphat.

Mannol ist identisch mit Äthylacetanilid, dessen Zusammensetzung der Formel $C_6H_5N\langle^{C_2H_5}_{OCO\,CH_3}$ entspricht. Es bildet voluminöse Kristalle, die schwach rötlich gefärbt sind. Der Körper hat einen charakteristischen süßlichen unangenehmen Geruch und brennt mit stark rußender Flamme. Es besitzt dieselbe Eigentümlichkeit wie Campher, in kleinen Stückchen auf Wasser geworfen eine kreisförmige Bewegung zu machen. Sein Schmelzpunkt schwankt zwischen 50 und 52° C, sein Siedepunkt liegt bei 252° C, seine Löslichkeit in Alkohol beträgt über 70%.

Acetanilid löst sich leicht in Alkohol; bei gewöhnlicher Temperatur braucht man zum Lösen von 1 kg Acetanilid 6 l Alkohol.

Acetanilid muß sehr weiß sein und eine ungefärbte, klare Lösung geben. Jedoch gibt es dem Celluloid eine Färbung, welche anfangs wenig hervortritt, sich aber immer mehr verstärkt, so daß nach einiger Zeit ein gelbliches Celluloid entsteht. Außerdem ist das Material, welches mit Acetanilid hergestellt ist, viel weicher als das, welches nur Campher enthält. Die hieraus angefertigten Körper haben ein etwas höheres spez. Gewicht als gewöhnliches Camphercelluloid. Acetanilid wird bis zu 5% dem Camphercelluloid zugefügt.

Celludol, Celludin oder Plastol genannt, ist identisch mit *p*-Toluolsulfamid. Es besteht aus weißen Schuppen, ist geruchlos und schmeckt etwas bitter. Sein Schmelzp. schwankt zwischen 130 bis 133° C; sein Siedep. ist 307° C; fährt man im Erhitzen fort, so geht die geschmolzene Masse in Zersetzung über, indem sie weiße Dämpfe ausstößt; nach dem Erkalten erhält man eine gelbliche Flüssigkeit mit bitterem, leicht ammoniakalischem Geruch. Diese Eigenschaft ist besonders charakteristisch. Celludol ist unlöslich in kaltem, vollkommen löslich in kochendem Wasser. In Alkohol löst es sich ziemlich gut; ein Liter Alkohol löst 125 g bei gewöhnlicher Temperatur, entsprechend 12,5%. In Aceton löst es sich leicht, in der Kälte fast zu 45%. Sein Gehalt im Celluloid beträgt ca. 5%.

Metacelludol *m*-Toluolsulfamid: Schmelzp. unterhalb desjenigen von Celludol bei ungefähr 107°C; oberhalb 375°C zersetzt es sich. Sein Aussehen und seine Haupteigenschaften sind mit denen des Celludols identisch, jedoch ist seine Löslichkeit in Alkohol und Aceton größer, und zwar 20% in Alkohol und 63% in Aceton.

Alkohol (s. S. 200). In der Celluloidindustrie wird Äthylalkohol als Lösungsmittel gebraucht. Er darf nur mit Benzol, Campher, Aceton oder Amylalkohol denaturiert sein. Säuren oder Alkalien, Fette oder Öle darf er keinesfalls enthalten. Äthylalkohol wird in einer Stärke von 90 bis 95% verwandt.

Alkohol wird nach Müller (Enzyklopädie der techn. Chemie III, 307) untersucht:

1. Auf Abwesenheit von organischen oder anorganischen Beimengungen, durch Abdampfen auf dem Wasserbade.

2. Auf seinen Siedepunkt, indem eine größerer Menge mittels Chlorcalcium oder Ätzkalk entwässert wird und dann durch fraktionierte Destillation die verschieden siedenden Anteile bestimmt werden.

3. Auf Basen, indem zuerst mit Wasser verdünnt und dann mit Säuren unter Zugabe eines Indikators titriert wird.

4. Auf Säuren, indem der verdünnte Alkohol, der den Indikator enthält, mit Basen titriert wird.

Farben. Zum Färben des Celluloids werden alle Erdfarben und Farblacke, sowie die löslichen Anilinfarbstoffe benutzt. Arsen-, kupfer-,

Acetanilid (Phenylacetamid) hat die chemische Formel $C_6H_5NHC_2H_3O$, bildet glänzende Schuppen, die bei 112° C schmelzen und bei 295° C sieden.

blei- und zinnhaltige Farben können nicht verwandt werden. Die Farbstoffe müssen gegen Sonnenbestrahlung lichtecht, frei von Säuren und Alkalien sein und dürfen sich nicht leicht spalten.

Analyse.

Zur Untersuchung auf seine Zusammensetzung wird Celluloid zunächst fein geraspelt. Durch verdünnte Essigsäure werden dann die ausziehbaren, nicht organischen Verbindungen herausgelöst. Die löslichen organischen Zusätze, wie z. B. Ricinusöl, Campherersatzmittel und ein Teil des Camphers werden mit Petroläther extrahiert und weiter identifiziert. Durch Verseifen mit alkoholischer Natronlauge und Ausziehen mit Äther wird der restliche Campher bestimmt.

Foerster (Ber. 23, 2981; 1890) isoliert den Campher durch Destillation mit Wasserdampf nach vorheriger Behandlung des Celluloids mit Ätznatron. Eine gewogene Menge des Celluloids, die ca. 2 g Campher entspricht, wird in einem für Wasserdampfdestillation eingerichteten Kolben mit 150 ccm Wasser übergossen und unter Erwärmen mit 200 ccm 30proz. Natronlauge verseift. Nach beendeter Verseifung, wobei die Struktur des Pulvers völlig zerstört ist, wird der freigewordene Campher mit einem Teile des Wassers in eine Vorlage abdestilliert, die aus zwei durch eine Röhre verbundenen Kugeln besteht. Von den Kugeln, die je 150 ccm fassen, besitzt die obere 2 Tubus, einen seitlichen zur Aufnahme des Kühlrohres und einen anderen, der mit einer offenen, mit Benzol beschickten U-Röhre verbunden ist. Das die Kugeln verbindende Rohr ist in 30 ccm so eingeteilt, daß sich $^1/_{10}$ ccm noch ablesen lassen. Wenn etwa 120 ccm abdestilliert sind, spült man Kühler und U-Röhre mit Benzol in die Vorlage aus, stellt durch Zufügen von Wasser und Benzol die wässerige Lösung auf die untere, die Benzollösung auf die obere Marke ein, stellt in ein Gefäß mit 20° warmem Wasser, liest nach beendeter Abkühlung die Anzahl Kubikzentimeter der Benzollösung ab, schüttelt um und läßt klären. In einem aliquoten Teil der Benzollösung bestimmt man den Campher mit dem Polarisationsapparat nach der Formel:

$$c = 115{,}2\left(-1 + \sqrt{1 + 0{,}0437\,\frac{\alpha}{l}}\right), \text{ wobei}$$

c = Konzentration der Lösung,
α = Drehungswinkel,
l = Länge des Polarisationsrohres in Dezimetern.

Den Prozentgehalt erhält man durch Multiplikation von c mit der Anzahl der Kubikzentimeter und Division des Produktes durch die angewandte Menge (g) des Celluloids.

Refraktometermethode nach Utz (Bonwitt, l. c. 178): Im Soxhletapparat erhält man mit Hilfe von Petroläther eine teilweise Lösung des Celluloidstaubes, die man abdampft: der so erhaltene Campher wird in Methylalkohol gelöst und diese Lösung auf ein bekanntes Volumen aufgefüllt, von welcher im Zeissschen Eintauchrefraktometer die Brechung bestimmt wird.

Ist N das Brechungsvermögen des Camphers, n das des verwendeten Methylalkohols, so gibt die Differenz $N - n$ folgende Werte:

1,0	entspricht	0,250	Campher	in	100 ccm
2,0	„	0,500	„	„	100 „
3,0	„	0,750	„	„	100 „
4,0	„	1,000	„	„	100 „
8,0	„	2,000	„	„	100 „
12,0	„	3,190	„	„	100 „
14,0	„	3,810	„	„	100 „
16,0	„	4,410	„	„	100 „
18,0	„	5,000	„	„	100 „

Die Messungen werden bei normaler Temperatur von 17,5° C ausgeführt.

Tabelle zur Ermittlung des Brechungsindex N_D durch Transformieren der gefundenen Skalenteile des Eintauchrefraktometers (s. S. 658).

Beispiel. Angenommen, daß für einen Methylalkohol die Grenzlinie bei 8,7 gefunden wurde; der Index wird dann sein $n_D = 1{,}33049 + 0{,}7 \cdot 38$ Einheiten der fünften Dezimalen. Die Tabelle 38 der entsprechenden Teile gibt $0{,}7 \cdot 38 = 25{,}6$: also ist $n_D = 1{,}33049 + 0{,}00027 = 1{,}33076$.

Regulierung des Apparates. Bevor die Messungen angestellt werden, muß der Apparat reguliert werden. Dies geschieht folgendermaßen:

Temperatur °C.	Teilung	Temperatur °C.	Teilung
10	16,3	20	14,5
11	16,15	21	14,25
12	16,0	22	14,0
13	15,85	23	13,75
14	15,7	24	13,5
15	15,5	25	13,25
16	15,3	26	13,0
17	15,1	27	12,7
17,5	15,0	28	12,4
18	14,9	29	12,1
19	14,7	30	11,8

Der Wassertrog A wird so aufgestellt, daß der Spiegel gegen den Himmel gerichtet ist. Dann füllt man das Becherglas ein wenig bis über die Hälfte mit destilliertem Wasser und stellt es in eines der Löcher. Man taucht dann das an einem Haken aufgehängte Refraktometer mit dem Prisma in destilliertes Wasser.

Jetzt überläßt man den Apparat ungefähr 10 Minuten lang sich selbst, um einen Temperaturausgleich mit dem destillierten Wasser herbeizuführen, das genau die Temperatur des Bades annehmen muß. Dann überzeugt man sich, ob der Spiegel in richtiger Stellung ist und die Grenzlinie scharf und klar auftritt. Man liest nun die ganzen und die zehntel Einteilungen ab, wozu man die Temperatur genau notiert. Für diese Vorversuche ist es selbstverständlich nicht erforderlich, die Temperatur genau auf 17,5° C zu halten. Es genügt vielmehr, sich davon zu überzeugen, daß die Ablesungen mit obenstehender Tabelle übereinstimmen.

Teilung	$n_D = 1,3$			Teilung	$n_D = 1,3$		
—5	25 39			50	46 50		
—4	25 78			51	46 87		
—3	26 18			52	47 24		
—2	26 57	40		53	47 61	37	
—1	26 96	1	4,0	54	47 98	1	3,7
0	27 36	2	8,0	55	48 36	2	7,4
1	27 75	3	12,0	56	48 73	3	11,1
2	28 14	4	16,0	57	49 10	4	14,8
3	28 54	5	20,0	58	49 47	5	18,5
4	28 93	6	24,0	59	49 84	6	22,2
5	29 32	7	28,0	60	50 21	7	25,9
6	29 71	8	32,0	61	50 58	8	29,6
7	30 10	9	36,0	62	50 95	9	33,3
8	30 49			63	51 32		
9	30 87			64	51 69		
10	31 26			65	52 05		
11	31 65			66	52 42		
12	32 04			67	52 79		
13	32 42			68	53 16		
14	32 81			69	53 52		
15	33 20			70	53 88		
16	33 58			71	54 25		
17	33 97			72	54 61		
18	34 35	39		73	54 97	36	
19	34 74	1	3,9	74	55 33	1	3,6
20	35 13	2	7,8	75	55 69	2	7,2
21	35 51	3	11,7	76	56 06	3	10,8
22	35 90	4	15,6	77	56 42	4	14,4
23	36 28	5	19,5	78	56 78	5	18,0
24	36 67	6	23,4	79	57 14	6	21,6
25	37 05	7	27,3	80	57 50	7	25,2
26	37 43	8	31,2	81	57 86	8	28,8
27	37 81	9	35,1	82	58 22	9	32,4
28	38 20			83	58 58		
29	38 58			84	58 94		
30	38 96			85	59 30		
31	39 34			86	59 66		
32	39 72			87	60 02		
33	40 10			88	60 38		
34	40 48			89	60 74		
35	40 86			90	61 09		
36	41 24			91	61 45		
37	41 62			92	61 81		
38	41 99	38		93	62 17	35	
39	42 37	1	3,8	94	62 52	1	3,5
40	42 75	2	7,6	95	62 87	2	7,0
41	43 13	3	11,4	96	63 23	3	10,5
42	43 50	4	15,2	97	63 59	4	14,0
43	43 88	5	19,0	98	63 94	5	17,5
44	44 26	6	22,8	99	64 29	6	21,0
45	44 63	7	26,6	100	64 64	7	24,5
46	45 00	8	30,4	101	65 00	8	28,0
47	45 37	9	34,2	102	65 35	9	31,5
48	45 75			103	65 70		
49	46 12			104	66 05		
50	46 50			105	66 40		

Es ist erforderlich, die Temperatur der Lösungen und des Bades konstant zu halten. Dies erreicht man in kürzester Zeit dadurch, daß man aus einem auf gewünschte Temperatur gebrachten Gefäß längere Zeit Wasser in dem Bade zirkulieren läßt. Erfordern die Versuche jedoch längere Zeit, so ist dies Verfahren illusorisch, und man muß sich daher auf andere Weise helfen. Der einfachste Weg besteht in der Benutzung eines regulierbaren Bades.

Die Stickstoffbestimmung im Celluloid wird nach der Methode von Berl-Jurrissen (vgl. Bd. II, S. 194) mit dem feingeraspelten Material ausgeführt.

Qualitative und quantitative Bestimmung der Campherersatzstoffe.

Zur Feststellung von Äthylacetanilid, Methylacetanilid und Acetanilid im Celluloid nebeneinander, führt man nach Barthélemy (Kunststoffe **1913, 353**) die Wasserdampfdestillation in Gegenwart von Natron- oder Kalilauge aus, trennt die Basen vom Campher und fügt zu einem aliquoten Teil der Lösung eine klare Chlorcalciumlösung. Eine auftretende Purpurfärbung, die in Braun übergeht und auf Zusatz von Schwefelammon rot wird, zeigt die Gegenwart von Anilin an. Diese Färbung entsteht nicht mit Äthyl- und Methylanilin. Gesichert wird dieses Ergebnis noch durch einen Diazotierungsversuch. Endlich ist dann noch das Chlorhydrat des Anilin in Äther unlöslich, während die Chlorhydrate des Äthyl- und Methylanilins löslich sind. Die ätherische Lösung wird filtriert, verdampft und getrocknet, der Rückstand mit wenig Wasser aufgenommen und in Gegenwart von etwas Salzsäure der Einwirkung von $NaNO_2$ unterworfen. So liefert Methylanilin Methylphenylnitrosamin $\genfrac{}{}{0pt}{}{C_6H_5}{CH_3}\!\!>\!N\cdot NO$, das leicht krystallisiert, rotbraun gefärbt ist und bei $+14°$ C schmilzt. Mit Phenol und Schwefelsäure erhitzt, gibt es eine kirschrote Flüssigkeit, die nach Verdünnen und Zufügen eines Überschusses von Pottasche prächtig blau wird. Alkoholische Salzsäure verwandelt es in das isomere Nitrosomethylanilin $NO\cdot C_6H_4\!<\!\genfrac{}{}{0pt}{}{NO}{NHCH_3}$, das grünblau krystallisiert und bei 118° schmilzt. Das Chlorhydrat des Äthylanilin gibt ebenfalls mit $NaNO_2$ ein Derivat $\genfrac{}{}{0pt}{}{C_6H_5}{C_2H_5}\!\!>\!N\cdot NO$, aber die Reaktion liefert außerdem Phenol, Äthylnitrat unter Entweichen von Stickstoff. Das Nitrosoäthylamin ist ein gelbliches Öl mit Bittermandelgeruch. Es gibt wie alle Nitrosamine die Liebermannsche Reaktion.

Die Gewichtsbestimmung der Campherersatzstoffe beruht auf der Löslichkeit einiger von ihnen in Wasser. Zu diesem Zweck werden Campher und seine Ersatzstoffe, die ebenso wie der Campher extrahiert wurden, mit warmem destillierten Wasser behandelt. Campher löst sich nicht, während die Mehrzahl der Ersatzstoffe zum Teil in warmem, zum Teil in kaltem Wasser löslich sind.

Der unlösliche Campher wird getrocknet, und durch die Gewichtsdifferenz wird die Menge der Ersatzstoffe bestimmt. Diese können durch

Verdampfen des Wassers isoliert werden. Man identifiziert sie durch ihren Schmelzpunkt, indem man sie fraktioniert krystallisiert.

Oder man verfährt folgendermaßen:

1. Das geraspelte Celluloid wird mit Methylalkohol behandelt, Acetanilid und Campher werden hierdurch gelöst.

2. Zu der erhaltenen Lösung wird alkoholische Kalilauge zugesetzt und gekocht. Hierdurch wird Acetanilid verseift.

Die Reaktion verläuft nach folgender Formel:

$$C_6H_5NH - CO - CH_3 + KOH = CH_3CO_2K + C_6H_5NH_2 .$$

Durch Wasserdampfdestillation wird Campher und Anilin übergetrieben. Das Kaliumacetat wird durch Phosphorsäure zerlegt, die entstandene Essigsäure abdestilliert und titriert.

Der übergeführte flüchtige Teil, welcher Anilin und Campher enthält, wird mit Salzsäure versetzt, die Anilin bindet. Der Campher wird in Methylalkohol oder Benzol gelöst; nach dem Abtrennen der Salzsäure untersucht man die Lösung im Polarimeter und erhält den Prozentgehalt an Campher nach der Foersterschen Formel.

Physikalische Untersuchungen.

Die physikalischen Untersuchungen werden in bekannter Weise auf Zugfestigkeit mittels des Dynamometers von Schopper und auf Elastizität und Zähigkeit mittels des Schopperschen Falzers ausgeführt. Zu diesen Zwecken werden dünne Films aus Blöcken geschnitten und untersucht. Sollen stärkere Platten auf ihre Festigkeit gegen Schlag und Stoß geprüft werden, so geschieht dies mittels des Rammapparates.

Über die Wirkung äußerer Einflüsse auf Celluloid, sowie über seine Entflammbarkeit sind ausführliche Arbeiten angestellt worden (vgl. Bonwitt, das Celluloid, 210).

Es ist gegen Druck, Schlag, Stoß und Reibung sehr unempfindlich, ebenso indifferent verhält es sich gegen elektrische Ströme oder Funken. Gegen Belichtung ist es ebenfalls verhältnismäßig beständig, auch gegen Erwärmung, selbstverständlich immer vorausgesetzt, daß es sich um einwandfreies homogenes Material handelt. Seine Entzündungstemperatur liegt je nach dem Material zwischen 335 und 425°. Wichtig ist die Feststellung seines Verpuffungspunktes, der wie bereits mitgeteilt, verschieden ist. Zu diesem Zwecke werden 0,1 g Celluloid, in kleinen Stückchen, in einem starkwandigen leicht verkorkten Reagensglas in ein zuvor auf genau 100° erhitztes Ölbad gebracht. Mittels eines auf und ab bewegten Rührers wird die Temperatur des Bades gleichförmig gehalten. Man erhitzt langsam und regelmäßig derart weiter, daß die Temperatur um 5° pro Minute steigt, und setzt dies so lange fort, bis Verpuffung der Probe erfolgt. Dann notiert man die Temperatur.

II. Acetylcellulose.

Acetylcellulose (Celluloseacetat) wird seit etwa 15 Jahren fabrikatorisch hergestellt. Sie sollte ursprünglich die leicht brennbare und explosible Nitrocellulose in der Celluloidfabrikation ersetzen. Für dieses Anwendungsgebiet ist sie jedoch nur in geringem Umfange, dagegen hauptsächlich für Lacke und sog. unentflammbare Films, vor allem für kinematographische Zwecke benutzt worden.

Acetylcellulosen stellen je nach ihrer Herstellung verschieden aussehende Produkte dar. Acetylcellulosen haben ein spez. Gewicht von 1,2. Sie verbrennen unter Schmelzen mit kleiner Flamme, im Gegensatz zu Nitrocellulose, die explosionsartig verpufft. Die Wasserfestigkeit der Celluloseacetate richtet sich nach dem Grade ihrer Acetylierung, d. h. sie sind um so wasserundurchlässiger, je mehr Hydroxylgruppen verestert sind. Acetylcellulosen sind gegen verdünnte Säuren und Alkalien widerstandsfähig. Durch stärkere Konzentration derselben (40 bis 60%) werden sie in der Kälte allmählich verseift, schneller in der Wärme unter Essigsäureabspaltung. Durch alkoholische KOH entsteht Cellulose.

Die Zusammensetzung und Eigenschaften der Acetylcellulose sind außerordentlich verschieden. Je nach ihrer Herstellung erhält man reine hochmolekulare Triacetate mit dem aus der Formel berechneten Essigsäuregehalt, wenn als Katalysator wasserfreies Chlorzink benutzt wurde. Sie haben weniger Essigsäure (als Triacetat), sind dafür aber mit Sulfoacetaten vermischt, wenn Schwefelsäure oder Sulfate als Katalysatoren benutzt wurden. Kleine Änderungen in ihrer Herstellung z. B. mit Bezug auf Temperatur und Dauer der Acetylierung beeinflussen die Qualität, besonders aber die Löslichkeit der hergestellten Produkte. Die Acetylierung geht nach der Gleichung:

$$C_6H_{10}O_5 + 3(CH_3CO)_2O = C_6H_7O_5(CH_3CO)_3 + 3CH_3COOH\,.$$

Ihr Essigsäuregehalt schwankt zwischen 48,7 bis 62,5%.

Die Triacetate sind gegen kochendes Wasser beständig, im Gegensatz zu den Sulfoacetaten, welche Schwefelsäure und Essigsäure abspalten. Ist der Gehalt an gebundener Schwefelsäure unter 0,5 bis 1%, so sind die hergestellten Acetylcellulosen haltbar, enthalten sie mehr gebundene Schwefelsäure, so zersetzen sie sich in mehr oder weniger kurzer Zeit durch Verseifung unter Entweichen von Essigsäure, was ohne weiteres am Geruch zu konstatieren ist.

Die Acetylcellulosen sind vorzügliche elektrische Isolationsmaterialien. Sie isolieren weit besser als Gummi oder Guttapercha und eignen sich besonders zum Überziehen dünner Kupferdrähte von 0,07 bis 0,17 mm Durchmesser, bei denen eine geringe spez. Leitfähigkeit gewünscht wird. Durch ihre geringe Dicke und ihr leichtes Gewicht sind isolierte Drähte besonders wertvoll. Nachstehende Tabelle (Worden, Nitrocellulose Industry, London **1911**, Bd. II, S. 1030) zeigt folgende Vergleichsdaten:

0,003 Durchmesser des Kupferdrahtes	Acetat	Seide	Baumwolle
Dicke des isolierten Überzuges . . .	0,0005	0,0009	0,00175
Raumfaktor des Drahtes	0,442	0,313	0,167
Gewicht per 100 m	0,011	0,012	0,016

Folgende Tabelle (l. c.) zeigt einen Vergleich verschiedener Isolationsmaterialien in bezug auf den Raumdurchmesser der Spule; Länge der Spule 1; Zahl der Wicklungen 100 000; Kupferdurchmesser 0,003.

Isolierung des Leiters	Äußerer Durchmesser der Spule cm	Widerstand (Ohm)	Gewicht der Spule kg	Preis je kg, um die gleichen Kosten für die Spule zu geben
Acetat	10,6	71 300	1,0	16,5
Seidenfaden	14,0	89 500	1,4	12,2
Baumwollfaden	24,0	144 000	3,1	5,5

Die Dielektrizitätskonstante für Acetylcellulose beträgt nach Campell (Proc. Roy. Soc. **78**, 196; 1906) 4,7 für lufttrockenes und 3,8 für getrocknetes Acetat. Die häufig ziemlich starken Ladungen der Acetylcellulose, besonders in Filmform, entfernt man durch Feuchtigkeit und zwar entweder durch direktes Befeuchten des Präparates oder des umgebenden Raumes. Nach Ost (l. c.) durch Betupfen mit Alkohol.

Nach Ost sind reine Triacetate bis 260° beständig; enthalten sie mehr als 0,5% gebundener Schwefelsäure, so bräunen sie sich schon bei 100° und können bei 200 bis 250° schmelzen. Essigsäurearme reine Acetate schmelzen meistens unter 250°.

Nach Ost (l. c.) kann man die gefällten pulvrigen Acetate im Vakuum über Schwefelsäure in einigen Tagen wasserfrei erhalten, so daß sie bei 110 bis 120° gewichtskonstant sind. Trat beim Erhitzen keine Bräunung ein, so kann durch allmähliches mehrstündiges Erhitzen auf 120° bis zur Gewichtskonstanz getrocknet werden. Zur Analyse verwendet man am zweckmäßigsten Films aus dem betreffenden Celluloseacetat. Man erhält wasserfreies Untersuchungsmaterial, wenn genügend dünne Acetonfilms im Vakuum über Schwefelsäure entwässert werden; dickere und alle Chloroformfilms entwässern sich durchaus ungenügend.

Über die optischen Eigenschaften von Acetylcellulosen s. Kunststoffe **1913**, 148, 170. Nach Ost (l. c.) besitzen normale Triacetate in Chloroformlösung $[\alpha_D]$ —20 bis —23°, mit fortschreitender Molekülverkleinerung zu Cellulosedextrinacetat nimmt die Linksdrehung ab, um schließlich in Rechtsdrehung überzugehen. Das gleiche findet bei teilweiser Verseifung der Triacetate ohne Molekularverkleinerung statt. Zur Bestimmung des spez. Drehungsvermögens werden nach Ost (Zeitschr. f. angew. Chemie **25**, 1468; 1912) 0,5 bis 1 g wasserfreien Acetats in 20 ccm Chloroform unter Zusatz von 2 ccm absoluten Alkohols gelöst. Die Lösung wird im 20 cm-Rohr im Halbschattenapparat im Natriumlicht polarisiert. Eine Mutarotation findet nicht statt. Konzentriertere Lösungen sind unpolarisierbar.

Nach Klein (Zeitschr. f. angew. Chemie **25**, 1411; 1912) können durch Polarisation spröde Celluloseacetate der Zusammensetzung des Triacetates von höchstmolekularen zähen Triacetaten nicht unterschieden werden. Auch die über Hydrocellulose hergestellten chloroformlöslichen Ester besitzen fast das gleiche Drehungsvermögen von —20,5 bis —21°, acetonlösliche Anteile sowohl aus Watte wie aus Hydrocellulose polarisieren erheblich niedriger: von —17 bis —18°. Zur Unterscheidung von Acetylcellulosen aus alkalisierter Cellulose und Hydrocellulose kann die Polarisation benutzt werden, da erstere höher als letztere polarisieren.

Das Reduktionsvermögen wird nach Schwalbe (Zeitschr. f. angew. Chemie **23**, 440; 1910) mit der mittels 25proz. Kalilauge abgespaltenen Cellulose (s. S. 600) bestimmt.

Nach Ost (Zeitschr. f. angew. Chemie **25**, 1469; 1912) verseift man zur Bestimmung der gebundenen Essigsäure kalt mit 50volumproz. Schwefelsäure und nachfolgender Destillation im Dampfstrom. Zu diesem Zweck werden 1 g Ester mit 10 ccm 50volumproz. Schwefelsäure unter gelegentlichem Umschütteln hingestellt, nach 24 Stunden, wenn alles gelöst ist, mit Wasser auf 100 bis 120 ccm gebracht und in einer Retorte mit gebogenem Hals im Dampfstrom so destilliert, daß in einer Stunde 500 bis 600 ccm Wasser übergehen und die Flüssigkeitsmenge in der Retorte etwa gleichbleibt. Das Wasser des Dampftopfs wird vorher ausgekocht und mit etwas Natronlauge versetzt, um Kohlensäure im Destillat auszuschließen. Nach 3 bis 4 Stunden ist alle Essigsäure übergegangen, Spuren von Phenolphthalein entfärbenden Stoffen finden sich zwar noch in den weiteren Destillaten, aber es ist alles in den ersten 4 Stunden Übergegangene beim Titrieren ohne Abzug in Rechnung zu setzen. Dampft man den Retorteninhalt stärker ein, so entstehen durch die konzentrierter werdende Schwefelsäure merkliche Mengen Ameisensäure; destilliert man verdünntere Lösungen, so dauert das Abtreiben der Essigsäure länger. Die Ergebnisse sind auf $\pm$ 0,5% genau.

Die Bestimmung des Essigsäuregehaltes geschieht auch durch Verseifen mit Alkalien. Nach Schwalbe (Bonwitt, Das Celluloid S. 487) werden 3 bis 5 g Acetylcellulose mit insgesamt etwa 50 ccm 25proz. Kalilauge in der Reibschale verrieben und in einen Erlenmeyerkolben übergespült. Nach ungefähr 48stündigem Stehen wird mit etwa 500 ccm Wasser verdünnt und unter Verwendung von Helianthin als Indicator mit konz. Schwefelsäure neutralisiert. Es ist notwendig, die Flüssigkeit samt Niederschlag mehrstündiger Ruhe zu überlassen, damit die teilweise erst durch den Neutralisationsvorgang sich abscheidende Cellulose in gröberen Flocken zusammenballt. Nach ungefähr 3 Stunden wird dann vom Niederschlag vorsichtig dekantiert und dieser mit siedendem Wasser ausgewaschen; als Filter wird die Marke Schleicher und Schüll Nr. 597 benutzt, wovon in einem Büchnerschen Trichter zwei Scheiben eingelegt werden. Den ausgewaschenen Niederschlag läßt man möglichst absitzen, entfernt vollständig die darüberstehende Flüssigkeit und verwendet ihn zur Bestimmung des Reduktionsvermögens, d. h. der Hydrocellulose. Die gesammelten Filtrate werden mit konz. Schwefelsäure stark angesäuert und dann im Wasserdampfstrom destilliert; die in der Vorlage aufgefangene Flüssigkeit wird mit Normallauge unter Verwendung von Phenolphthalein als Indicator titriert und so die Essigsäure bestimmt.

Die Bestimmung gebundener Schwefelsäure in Celluloseacetaten geschieht nach Hottenroth (Chemiker-Ztg. **38**, 515; **1914**) in der Art, daß man das Celluloseacetat unter zeitweiligem Umschütteln mit konz. Salzsäure bei gewöhnlicher Temperatur oder auch in der Wärme stehen läßt. In der bald eintretenden Lösung, die bei erhöhter Temperatur nach mehreren Stunden, bei Zimmertemperatur nach 1 bis 2 Tagen mit Wasser verdünnt werden kann, ohne daß noch Ausscheidung von Hydrocellulose erfolgt, wird die Schwefelsäure direkt in üblicher Weise mit Baryumchlorid bestimmt.

Zur Feststellung ihrer Stabilität werden nach Barthélemy (Kunststoffe **1913**, **414**) 5 g feinzerteilte Acetatcellulose in einen Trockenapparat, nach Emmerling, oder einfacher in ein U-Rohr von 15 bis 20 mm Durchmesser und 180 mm Höhe eingeführt und dieses fast vollständig in ein Ölbad eingetaucht, das auf 123 bis 125° gehalten wird. Man läßt einen sehr langsamen, kohlensäurefreien Luftstrom hindurchstreichen, der die gebildete Essigsäure mit fortnimmt und sie in eine Vorlage bringt, die mit $^1/_{50}$ n-Natronlauge beschickt ist.

Nach 3 Stunden gibt die Titration der überschüssigen Lauge ein ziemlich genaues Bild von der Beständigkeit der Acetylcellulose. Eine Acetatcellulose z. B., die 2 Jahre alt war, vor Feuchtigkeit geschützt aufbewahrt wurde und keinen Geruch nach Essigsäure zeigte, lieferte nach dieser Methode 0,00348 g Essigsäure pro Gramm Acetylcellulose.

Demnach kann man eine Acetatcellulose praktisch als genügend stabil betrachten, wenn der Stabilitätsfaktor etwa 0,3 beträgt, wobei unter Stabilitätsfaktor eines Materials die Menge Essigsäure zu verstehen ist, die es unter den angegebenen Bedingungen für 100 g Material verliert.

Zum qualitativen Nachweis wird Acetylcellulose der Einwirkung von Jod-Schwefelsäure oder Jod-Chlorzink unterworfen. Sie färbt sich hierin reingelb. Mit Diphenylamin-Schwefelsäure (1 g Diphenylamin und 50 g Schwefelsäure 66° Be) betupft, zeigt eine Blaufärbung die Anwesenheit von Nitrocellulose an, das Produkt deutet auf gemischte Acetonitrate hin.

Wird 1 g Acetylcellulose mit 1 ccm absoluten Alkohols und 2 ccm konz. Schwefelsäure versetzt, so tritt bei Anwesenheit von Acetylcellulose der charakteristische Geruch von Essigsäureäthylester auf.

Etwas mit Arsenik bestäubte Acetylcellulose auf einem Porzellandeckel erhitzt, gibt deutlich Kakodylgeruch, eine Reaktion, die aber auch die Cellulose-Propionate und Butyrate ergeben.

Zur Bestimmung der Feuchtigkeit wird die Acetylcellulose zunächst gut zerkleinert und 10 g des erhaltenen Pulvers zwischen zwei Uhrgläser bei 65 bis 70° im Trockenschrank bis zur Gewichtskonstanz getrocknet. Gute Acetylcellulose darf nicht mehr als 1,5% Feuchtigkeit verlieren.

Zur Bestimmung des Aschengehaltes werden 5 g Substanz im Platin- bzw. Porzellantiegel auf dem Bunsenbrenner verbrannt. Nach Zusatz geringer Mengen von Ammoncarbonat wird auf dem Gebläse bis zur Gewichtskonstanz geglüht. Das Maximum soll bei 0,4 bis 0,6% liegen.

Über die Bestimmung der Feuchtigkeitsaufnahme und der Reiß- und Zugfestigkeit vgl. den Abschnitt „Photographische Films".

III. Photographische Films.

Photographische Films dienen als Ersatz der schweren, leicht zerbrechlichen Glasplatte. Sie werden heute ausschließlich aus Celluloid bzw. Nitrocellulose oder aus Acetylcellulose und Äthylcellulose oder aus einer Kombination beider angefertigt. Nach Bonwitt („Filmfabrikation", Enzyklopädie der technischen Chemie von Ullmann **5**, 522) unterscheidet man Roh- und Blankfilms. Erstere bestehen lediglich aus der Filmunterlage (dem Schichtträger), letztere aus dieser nebst der aufgetragenen photographischen Emulsion (dem Bildträger). Je nach Art der Emulsion unterscheidet man Negativ- und Positivfilms und dementsprechend beim bebilderten Film Filmnegativ und Filmpositiv.

Der Rohfilm ist eine mehr oder weniger biegsame, wasserfeste, transparente Substanz, hergestellt aus Kollodium oder Celluloid bzw. ihren Ersatzprodukten. Je nach dem Material ist sie entflammbar oder unentflammbar.

Nach dem Verwendungszweck unterscheidet man Plan- und Rollfilms; nach der Fabrikationsart gegossene und gehobelte Films. Planfilms sind steif und werden wie die photographische Platte benutzt; Rollfilms sind zusammenrollbar und dienen zur Aufnahme mehrerer Bilder, ohne Auswechslung nach jeder einzelnen Aufnahme.

Je nach der Art ihrer Beanspruchung stellt man Films entweder aus Kollodium bzw. kollodiumartigen Stoffen oder aus Celluloid bzw. celluloidartigen Massen her. Während erstere keine größeren mechanischen Beanspruchungen aushalten und infolgedessen da nicht verwendet werden können, wo an ihre mechanische Haltbarkeit (Reiß-, Zug- und Knickfestigkeit) größere Anforderungen gestellt werden, wie z. B. bei Kinofilms, besitzen Films aus Celluloid bzw. Celluloidersatz eine außerordentlich große mechanische Festigkeit. Die Wasserfestigkeit und Transparenz dieser Rohstoffe genügt den höchsten Ansprüchen. Materialien, denen eine dieser Eigenschaften fehlt, kommen heute für die Filmfabrikation nicht mehr in Frage.

Sog. „unentflammbare" Films bestehen aus Acetylcellulose bzw. Äthylcellulose. Über die Bezeichnung „unentflammbarer" bzw. „unverbrennbarer Film" s. Phot. Ind. **1914,** 1779. Der „unentflammbare Film" wird durch die Strahlen der kinematographischen Projektionslampe nicht zum Entflammen gebracht, sondern schmilzt nur an den durch das photographische Bild geschwärzten Stellen aus. Ohne Bild widersteht ein solcher Film der Strahlenwärme im Gegensatz zum Celluloidfilm vollkommen.

Das zur Filmherstellung verwendete Cellulosenitrat soll 11,5 bis 12% Stickstoff, Celluloseacetat je nach seiner Löslichkeit in Aceton oder Tetrachloräthan 45 bis 55% bzw. 60 bis 65% Essigsäure enthalten.

Die Camphermenge in Nitrocellulose-Celluloidfilms soll 12% nicht wesentlich überschreiten. Für Acetylcellulosen ist ein Campherzusatz fast immer schädlich. Für acetonlösliche Hydroacetate kommt als Campherersatz nur Triphenylphosphat (F. P. 414 680) in Betracht, allenfalls auch Hexachloräthan, während sich für Nitrocellulose keines der vielen vorgeschlagenen Campherersatzmittel als brauchbar erwiesen hat.

Weiter enthält der Film häufig noch sog. weich- oder geschmeidigmachende Zusätze; für Nitrocellulose z. B. Ricinusöl, Amylalkohol usw., für Acetylcellulosen Triacetin, Pentachloräthan, Dichlorhydrin, Benzylbenzoat, Resorcindiacetat, Phthalsäureester.

Der Film enthält je nach seinem Alter mehr oder wenig große Mengen der bei seiner Herstellung verwendeten Lösungsmittel, so besonders, wenn er nach dem nassen Verfahren (s. u.) hergestellt war.

Als Lösungsmittel kommen nach Bonwitt (l. c.) für Kollodiumwolle hauptsächlich Methyl- und Äthylalkohol-Äther, Aceton, Essigäther und Amylacetat einzeln oder im Gemisch miteinander in Frage, für Acetylcellulose Tetrachloräthan (Lederer, DRP. 175 379, 188 542), Alkohol, Aceton und Essigäther.

Für die Prüfung des Films ist es von Wichtigkeit, zu wissen, wie er fabriziert wird. Hierzu sei kurz bemerkt, daß die Herstellung der Unterlage entweder:

1. durch Ausgießen und Erstarrenlassen der Lösung auf provisorischer Unterlage (nasses Verfahren) oder

2. durch Auswalzen einer pastenförmigen Gießmasse (halbnasses Verfahren) oder

3. durch Schneiden der Films aus einem (planen oder runden) Celluloidblock und nachheriges Bearbeiten (Polieren) der herausgeschnittenen Folie (trockenes Verfahren) geschieht.

Letztere Arbeit gelingt nur bis zu einem gewissen Grad und ist leicht an dem Vorhandensein von ausgewalzten Ellipsen zu erkennen.

Nach dem ersten und zum Teil auch nach dem zweiten Verfahren werden Kinofilms ausschließlich und weniger Rollfilms, nach dem dritten alle Plan- und die meisten Rollfilms hergestellt. Die nach dem letzten Verfahren angefertigten Produkte müssen außer dem Celluloseester noch erheblich plastische Zusätze enthalten.

Die fertige Filmunterlage wird in ihrer ganzen Breite und Länge mit der photographischen Emulsion überzogen. Ohne weiteres würde diese Schicht auf der Unterlage nicht haften, sondern sich leicht ablösen. Auch müssen die Unvollkommenheiten der Politur beseitigt werden. Deshalb ist eine Vorpräparation der Unterlage nötig.

Entweder rauht man sie auf oder man verseift sie oder man versieht sie mit einer Zwischenschicht. So trägt man z. B. auf Celluloidunterlagen eine dünne alkoholisch-ätherische Lösung von Campher-Celluloid auf. Besser als dieses Verfahren sind folgende. Ihr Prinzip beruht darauf, eine Zwischenschicht zu bilden, welche einmal mit der Celluloidunterlage fest verbunden, alsdann aber auch genügend wasserempfindlich sein muß, um die aufzutragende, photographische, wässerige Emulsionsgelatine zu binden. Als Zwischenschicht wählt man z. B. Gelatine, welche in einem gemeinsamen Lösungsmittel (Essigsäure) gelöst, auf den Rohfilm aufgetragen wird. Beim Verseifungsverfahren (F. P. 416752) verseift man den als Unterlage benutzten Celluloseester oberflächlich unter Bildung von Hydro- oder Hydratcellulose. Diese Celluloseverbindungen quellen bekanntlich im Wasser stark auf. Die Verseifung geschieht entweder durch Alkalien oder durch Säuren. Auf die fest mit der Unterlage verbundene verseifte Celluloseesterschicht wird alsdann die photographische Gelatineemulsion aufgetragen.

Häufig treten durch unsachgemäße Ausführung dieser eben geschilderten Fabrikationsvorgänge Fehler im fertigen Film auf. Besonders dann, wenn z. B. der Rohfilm oder die Zwischenschicht irgendwelche Stoffe enthält, welche die aufgetragene photographische Emulsionsschicht (z.B.durchReduktion) schädigend beeinflussen. Besonders bei hochempfindlichen Negativfilms tritt die Reduktion des Bromsilbers außerordentlich leicht ein. Aber auch bei weniger empfindlichen Diapositivfilms läßt die Gradation sowie die Empfindlichkeit der Emulsion nach, wenn der Rohfilm derartige Stoffe enthält oder sich zersetzt. So neigen z. B. Celluloidfilms bei längerem Aufbewahren durch Zersetzung der Nitrocellulose (Entwickeln nitroser Gase) zu Schleierbildung.

Filmprüfung.

Die Filmprüfung zerfällt: 1. in Untersuchung der Unterlage, 2. in Untersuchung der photographischen Emulsion. Die Untersuchung der Unterlage zerfällt in a) eine chemische, b) eine photographische und c) in eine physikalische.

Die Prüfung der Filmunterlage wird nach folgenden Gesichtspunkten ausgeführt:

a) Chemische Untersuchung des Films.

Die Filmunterlage besteht entweder aus Kollodium-, Celluloid- oder Acetylcellulosekomposition (neuerdings aus Äthylcellulose). Selten kommen Films in den Handel, die aus anderen Substanzen bestehen. Doch findet man auch speziell bei Films, die nicht für Kinozwecke verwendet werden, gehärtete Gelatine für sich allein oder in Verbindung mit Nitro-Acetylcellulose und solche aus Viscose vor. Zur analytischen Bestimmung muß zunächst die photographische Emulsionsschicht vom Film entfernt werden. Zu diesem Zwecke werden 5 bis 10 g fein zerschnittene Films in 20 Volumteile warmen Wassers längere Zeit eingeweicht und durch Filtrierpapier filtriert. Der Rückstand wird mit heißem Wasser gewaschen und das Filtrat bis zur Gewichtskonstanz getrocknet. Die Differenz zwischen dem ursprünglichen Gewicht des Films und der wasserunlöslichen Bestandteile wird als Gelatine berechnet. Der Rückstand, welcher aus Nitrocellulose, Acetylcellulose und den zum Weich- und Elastischmachen benutzten Stoffen, wie Campher, Campherersatzmitteln, vornehmlich Triphenylphosphat und vegetabilischen Ölen (Ricinusöl) besteht, wird im Soxhletapparat mit Benzol oder Petroläther destilliert. Die flüchtigen Anteile des Destillats werden verdunstet und gewogen. Der Rückstand besteht gewöhnlich aus vegetabilischem Öl (Ricinusöl). Camphergeruch im Benzolextrakt zeigt die Anwesenheit von Celluloid bzw. celluloidartigen Massen an. Die analytische Bestimmung des Camphers bzw. der Camphersatzmittel ist beim Abschnitt „Celluloid" (S. 651) behandelt. Der benzolunlösliche Rückstand besteht aus Nitrocellulose oder Celluloseacetat bzw. aus einem Gemisch beider.

Zur Trennung dieser beiden Celluloseester löst man in heißem Amylacetat, in welchem Acetylcellulose unlöslich ist. Die Bestimmung des Stickstoffes der Nitrocellulose geschieht mittels des Lungeschen Nitrometers (vgl. Bd. I, S. 188).

Gelatine kann in der Unterlage qualitativ festgestellt werden, indem ein Tropfen salpetriger Säure auf den Film gebracht wird. Dieser koaguliert und färbt die Gelatine gelb, indem er gleichzeitig Nitrocellulose auflöst.

Die Anwesenheit acetonlöslicher bzw. tetrachloräthanlöslicher Acetylcellulosen wird durch Lösen in den betreffenden Lösungsmitteln resp. Bestimmung des Rückstandes festgestellt.

Es soll nicht verhehlt werden, daß eine genaue Analyse des Celluloids bzw. der celluloidartigen Massen schwierig ist.

Physikalische Untersuchung.

Die physikalische Untersuchung des Films geschieht nach folgenden Gesichtspunkten:

Feststellung der Größenverhältnisse, gleichmäßigen Dicke und Breite des Films, der Schrumpfung (Längung), der Wasserbeständigkeit, der Festigkeit und Dehnbarkeit, der Reißfähigkeit, der Geschmeidigkeit, Haften der Emulsion, der Unentflammbarkeit und der photographischen Eigenschaften.

Zunächst Feststellung der Größenverhältnisse (Bonwitt, Zeitschr. f. angew. Chem. **25**, 1188; 1912). Die Dicke des Films (Unterlage plus Emulsion) beträgt $^{11}/_{100}$ bis $^{16}/_{100}$ mm, seine Breite 34,8 bis 35 mm (bei der Dreifarbenkinematographie kommen andere Breitenverhältnisse in Betracht). Die Bildgröße ist auf dem Internationalen Kongreß zu Paris im Jahre 1900 derart festgelegt, daß das Verhältnis der Höhe zur Breite wie 3 : 4 oder 4 : 5 sein soll.

Was die Konstanz des Films anbelangt, so wird von einem brauchbaren Produkt verlangt, daß seine Gesamtschrumpfung während 6 Monaten 1,25% nicht übersteige. Zur Feststellung dieser Daten verfährt man folgendermaßen. Zunächst im trockenen Zustande. Aus dem oben Mitgeteilten ist der Grund des Einschrumpfens in einem schlechten Trocknen der Filmunterlage und dadurch bedingtem allmählichen Verdampfen von Lösungsmittelresten bedingt. Man mißt ein an freier Luft befindliches Stückchen Film von bekannter Länge während der oben angegebenen Zeit periodisch nach, sofern man nicht durch künstliches Austrocknen sich von der Konstanz der Unterlage überzeugen will. Ein anderer Grund der Veränderlichkeit der Maße im feuchten Zustande ist durch die Wasseraufnahmefähigkeit der Gelatine wie auch durch die Hygroskopizität der Unterlage bzw. der durch die Vorpräparation veränderten Folie bedingt. Was letztere anbelangt, so wird die Haftung der photographischen Schicht auf der Unterlage häufig durch Verseifen des in der Unterlage verwendeten Celluloseesters bewirkt (s. S. 666). Hierdurch entstehen wasserlösliche Esterifizierungsstufen, besonders beim Acetylcellulosefilm, welche die wässerige photographische Emulsion aufnehmen und gut festhalten. Aber auch die Unterlage selbst ist häufig, besonders bei acetonlöslichen Acetylcellulosen, nicht absolut wasserbeständig. Zur Feststellung der hierdurch verursachten Verlängerung hängt man einen Streifen Film von bekannter Länge mit einem 200 Grammgewicht beschwert 6 Stunden in Wasser von Zimmertemperatur und stellt nachher die Verlängerung fest. Diese darf ebenfalls nicht größer als 1,25% sein.

Die Wasserbeständigkeit des Films konstatiert man durch Einlegen in Wasser von Zimmertemperatur und Beobachtung, ob er sich verändert. Außer solchen Films, deren Unterlage aus Celluloid bzw. Acetylcellulose besteht, hat man auch Films benutzen wollen, allerdings mit mehr oder weniger großem Erfolg, deren Unterlage aus Viscose, Formylcellulose, gehärteter Gelatine usw. bestanden. Da diese Massen nicht wasserbeständig sind, so hat man sie mit einem wasserbeständigen Überzug, meistens aus Celluloid oder Acetylcellulose versehen, was aber schon vor dem Emulsionieren geschieht, so daß die erst nachher zerschnittenen und perforierten Films an ihren Schneidekanten von dem wasserdichten Überzug bloßgelegt wurden. Diese Films quellen dann im Wasser an den betreffenden Stellen unter Deformation auf.

Die Festigkeit und Dehnbarkeit eines Films prüft man auf bekannte Weise, z. B. mit dem Schopperschen Festigkeitsprüfer. Die Festigkeit beträgt etwa 5 bis 7 kg pro Quadratmillimeter bei 0,1 bis 0,12 mm Dicke. Die Dehnbarkeit 10 bis 15%.

Ebenfalls wichtig ist die Beobachtung der Reißfähigkeit. Gute dauerhafte Films weisen einen zähen, zackigen Riß auf, während Films von geringerer Haltbarkeit einen glatten, scharfkantigen Riß haben. Alle diese Daten sind abhängig von der Zusammensetzung der Filmunterlage, besonders von der Art der verwendeten Lösungsmittel und Zusätze.

Die Geschmeidigkeit wird durch häufiges Knicken des Films am zweckmäßigsten in einem Falzapparat, wie ihn die Firma Schopper herstellt, bestimmt.

Zur genauen Feststellung beider Eigenschaften muß man noch den praktischen Versuch unbedingt anstellen. Zu diesem Zwecke läßt man einen zu einem endlosen Bande zusammengeklebten Filmstreifen durch den Kinematographen laufen und berechnet durch Feststellung der Geschwindigkeit und Zeit, wie oft der Probefilm den Apparat durchlaufen hat. Ein guter Celluloidfilm soll eine 1000- bis 1500malige Vorführung gestatten, ohne daß die Perforation oder gar der Film selbst erheblichen Schaden erleidet.

Von dem genügenden Haften der Emulsion überzeugt man sich, indem man versucht, die photographische Schicht durch Abreißen oder rasches Reiben des geknifften Films zu entfernen, gleichzeitig vergewissert man sich, ob diese Schicht im Wasser abschwimmt. Bei einem brauchbaren Film werden beide Versuche negativ ausfallen, wohingegen andererseits die Schicht zum mindesten stellenweise mit Leichtigkeit entfernt werden kann.

Die Unentflammbarkeit des Kinofilms wird derart festgestellt, daß man ein feststehendes Probestück im Kinematographen den Strahlen der Projektionslampe aussetzt. Ohne Bild darf der Film sich in dem Fenster nicht verändern, und nur, wenn auf ihn die Kegelspitze der Lichtstrahlen einwirkt, darf diese stecknadelgroße Stelle ausbrennen, ohne daß weitere Stellen in Mitleidenschaft gezogen werden. Ein mit Bild versehener Streifen schmilzt im Fenster aus, dieser Vorgang darf aber nicht mit Flammenerscheinung verbunden sein.

Zur Prüfung der photographischen Eigenschaften eines Kinofilms sei folgendes erwähnt:

Zur Feststellung von Schleier, elektrischen Entladungen und Staub entwickelt man eine Probe vor und nach dem Perforieren und projiziert dies Probestück. Verunreinigungen sowie elektrische Entladungen lassen sich mühelos feststellen. Der gleichmäßige Emulsionsauftrag sowie das Fehlen oder Vorhandensein von Blasen, Kometen u. dgl. in der Emulsion stellt man durch Entwickeln eines angeschleierten Films bis zum grauen Ton fest. Die Prüfung gestattet auch, die Begutachtung der Abwesenheit von Kratzern in der Unterlage und in der Emulsion zu konstatieren. Gradation und Empfindlichkeit wird auf bekannte Weise mittels Sensitometer und Photometer festgestellt.

Der Positivfilm soll eine Empfindlichkeit haben, die derjenigen gewöhnlicher Diapositivplatten gleichkommt. Das Bild soll sich in bekannter Weise tonen und mit Anilinfarben färben lassen.

Flugzeuglacke

(Bonwitt, Gummi-Zeitung **21**, Nr. 39; 1917, Beilage Celluloid-Industrie Nr. 20).

Flugzeuglacke dienen zum Imprägnieren der Flugzeugtragflächen. Durch sie sollen die aus Leinenstoff bestehenden Flügelbespannungen gegen Feuchtigkeit unempfindlich, d. h. gegen atmosphärische Einflüsse stabil gemacht werden und eine unveränderliche äußere Form erhalten. Solche Lacke sind etwa 7proz., d. h. auf 100 Teile Lack kommen nur 7 Teile Festsubstanz und 93 Teile Lösungsmittel. Durch die Imprägnierung rechnet man mit einer Beschwerung der Tragfläche von 75 g pro 1 qm.

Durch die Imprägnierung wird die Festigkeit des Gewebes um ca. 25 bis 75% erhöht. Fertige Bespannung muß um 2% gedehnt werden können, ohne Risse oder sonstige Zerstörungen aufzuweisen. Diese Daten sind wesentlich für die Beurteilung der Güte der Imprägnierung. Zu ihrer Feststellung bedient man sich eines Festigkeitsprüfers, wie ihn z. B. die Firma Schopper in Leipzig anfertigt, mit welchem die Reißfestigkeit und Dehnung gemessen wird. So betrugen z. B. diese Daten nach dreimaliger Imprägnierung mit einem Flugzeug-Imprägnierungslack:

	Reißfestigkeit der Probe von 1 m Breite		Dehnung	
	Kette kg	Schuß kg	Kette %	Schuß %
Leinenstoff				
nicht imprägniert . . .	1545	1090	7,7	9,9
imprägniert	mittel 2275	mittel 2100	mittel 8,75	11,5

Die Zusammensetzung einiger Imprägnierungslacke sei nachstehend auf Grund von Analysen wiedergegeben:

Lack	A	B	C	D	E
Acetylcellulose (acetonlöslich)	8%	11%	7%	10%	—
do. (tetrachloräthanlöslich)	—	—	—	—	9%
Triphenylphosphat	2,5%	2%	1%	2%	2%
Benzol	23 %	22%	22%	26%	27%
Aceton	32,5%	25%	37%	29%	35%
Äthylalkohol	27 %	30%	23%	23%	—
Anorgan. wasserlösl. Substanz	0,3%				
Milchsäureäthylester	6,7%	10%	10%	10%	—
Tetrachloräthan	—	—	—	—	27%

Zur weiteren Beurteilung der Güte des Imprägnierungslackes vergießt man ihn gleichmäßig auf eine gut nivellierte Glasplatte, so daß ein etwa $^1/_{10}$ mm dicker Film entsteht. Dieser Film muß völlig transparent sein, ein Zeichen, daß sich die Acetylcellulose vollständig löste und während des Trocknens nicht wieder ausschied. Streifen dieses Films werden im Schopperschen Apparat auf Reißfestigkeit und Dehnung untersucht. Erstere beträgt im Durchschnitt etwa 5—7 kg pro 1 qmm, letztere etwa 10—14%. Die Dehnbarkeit des Films darf keine zu große sein, weil sie sonst zu Deformationen der Tragfläche Anlaß gibt. Man setzt daher der Celluloseacetatlösung einige Prozente Triphenylphosphat zu, um den an und für sich verhältnismäßig elastischen Acetylcellulosefilm stabiler zu machen. Es ist ganz verfehlt, einem Imprägnierungslack weichmachende Zusätze zu geben.

Von Wichtigkeit ist die Schrumpfung des getrockneten Films, und zwar die Schrumpfung im nassen und im trockenen Zustande. Ursache des Schrumpfens ist das allmähliche Verdunsten der von der Acetylcellulose hartnäckig zurückgehaltenen Reste von hauptsächlich hochsiedenden Lösungsmitteln sowie die hygroskopische Natur der acetonlöslichen Acetylcellulosen. Die Schrumpfung durch Nässe beträgt etwa $\pm$ 1,25% (ihre Feststellung s. S. 668, Photographische Films). Es ist dies ein Maß sowohl des Spannens der Tragfläche nach der Imprägnierung, wie auch des Schlappwerdens derselben durch Regen bzw. nach dem Wiedertrockenwerden.

Andere organische Celluloseverbindungen.

Cellulosebenzoate. Sie werden praktisch kaum benutzt und finden bei der Herstellung von Films seltener Verwendung. Der Benzoesäureester der Cellulose wird als Mono-, Di- und Tribenzoat erhalten. Die Benzoate sind in Alkohol, Äther, Benzol, Schwefelkohlenstoff unlöslich. Aceton, Eisessig und Chloroform lösen etwas, Pyridin mehr, Anilin und Anilin-Phenol (1 : 1) am meisten (Ost und Klein, Zeitschr. f. angew. Chemie **26**, 439; 1913).

Analyse. Alkoholische $^n/_2$-Natronlauge verseift bei Zimmertemperatur die Cellulosebenzoate innerhalb 10 bis 16 Stunden. Zu diesem Zwecke werden 0,7 g Benzoat im Wägegläschen von 80 bis 100 ccm Inhalt bei 120 bis 125° C getrocknet und gewogen, dann mit 25 bis

30 ccm Lauge (doppelter Überschuß) übergossen und öfter bewegt; nach 24 Stunden werden 25 bis 30 ccm $^n/_2$-H_2SO_4 zugesetzt, auf gewogenem Filter filtriert, mit heißem Wasser ausgewaschen und die Filtrate zurücktitriert. Die ausgewaschene Cellulose wird bei 120 bis 125° getrocknet und gewogen (Ost und Klein, l. c.).

Optisches Verhalten. Cellulosebenzoate drehen in Chloroformlösung den polarisierten Lichtstrahl nach rechts, während die Acetate links drehen. Für Triacetate (nach Ost und Klein l. c.) beträgt $[\alpha]_D + 26—27°$, für die chloroformlöslichen Ester mit 70 bis 72% Benzoesäuregehalt $[\alpha]_D + 20—20°$.

Formylcellulosen sind unstabile Körper von ganz geringer Lebensdauer. Sie sind stark hygroskopisch; in verdünnter wässeriger Essigsäure, Ameisensäure, Chlorzinklösung, Pyridin und Milchsäure sind sie löslich. Ihre Unlöslichkeit in Tetrachloräthan gestattet ihre Trennung von Acetylcellulosen.

Alkylcellulose. Über diese erst in neuerer Zeit dargestellten Körper liegen wenig Veröffentlichungen vor. Äthylcellulose stellt ein weißes Pulver dar, das in heißem und kaltem Wasser unlöslich ist. In den meisten organischen Lösungsmitteln ist sie löslich, auch in einem Gemisch von Alkohol und Äther, in Äther allein jedoch nur sehr schwer. Da es sich hier um keine Ester, sondern um Celluloseäther handelt, so hat man es mit außerordentlich beständigen Körpern zu tun, die z. B. ein tagelanges Erhitzen mit 25proz. wässeriger Natronlauge oder mit 25proz. alkoholischer Kalilauge aushalten. Die durch Verdunsten aus Lösungen erhaltenen Films sind sehr geschmeidig, gegen physikalische und chemische Einflüsse widerstandsfähig, von außerordentlicher Härte und Festigkeit, sowie schwer verbrennbar.

Photographische Papiere und Platten.

Für die Herstellung photographischer Papiere und Platten ist die Qualität der benötigten Rohstoffe, vor allem diejenige des Emulsionsträgers, der Gelatine, und bei den photographischen Papieren das benutzte Rohpapier von ausschlaggebender Bedeutung.

Gelatine (siehe S. 462) besteht aus farblosen, dünnen, durchsichtigen Tafeln mit glasartigem Glanz. In kaltem Wasser quillt sie auf und löst sich leicht in heißem Wasser. Diese Lösung muß klar sein, sie darf höchstens nur opalisieren. Eine 1proz. Lösung muß noch gallertartig erstarren. Die Wasseraufnahmefähigkeit der Gelatine darf, je nach ihrer Qualität und der Temperatur des Wassers, das 3- bis 7fache betragen.

Die Viscositätsbestimmung der Gelatine ist von Wichtigkeit, und zwar sowohl der reinen (8- bis 10proz.) Gelatinelösung, als auch einer solchen Lösung, die mit Chloriden, Chromalaun (1 : 30), Ammoniak (1%), Alkohol und Glycerin versetzt ist. Diese Stoffe, welche der Emulsion zugesetzt werden, beeinflussen die Viscosität und damit ihre Verarbeitung. Diese Untersuchungen werden bei 30, 35 und 40° C angestellt; die Viscosität mit Ammoniak versetzter Gelatine wird auch noch nach einstündigem Digerieren bei 50° geprüft.

Als geeignetes Viscosimeter dient das Fluidometer nach Dr. Neumann-Wender, welches, in ein Wasserbad getaucht, mehrere Prüfungen gleichzeitig auszuführen gestattet.

Die Bestimmung der Festigkeit einer Gelatinegallerte geschieht mit dem Lipowitzschen Druckapparat. Ca. 8proz. Gelatine mit und ohne verschiedenen Salzgehalt wird im erstarrten Zustand geprüft.

Die Wasseraufnahme 8proz. Emulsionsnudeln bei verschiedenen Temperaturen ist ein Maßstab, um die Konzentrationsverhältnisse der gewaschenen Emulsion festzustellen.

Das Maß der Längung trockener Gelatinefolien nach einstündigem Einweichen in Wasser dient für die Beurteilung des Haftens der photographischen Schicht am Glase. Die Längung muß möglichst gering sein, höchstens $^1/_6$ betragen, da sich sonst beim Trocknen die Schicht ausdehnt und das Bild zerrt.

Die Gelatine muß so fest („hart") sein, daß die mit ihr hergestellten Gelatineplatten fest am Glase sitzen und die verschiedenen photographischen Manipulationen aushalten, ohne sich vom Glase abzuheben. Aus diesem Grunde werden Gelatinesorten künstlich gehärtet, und zwar am unschädlichsten mit Alaun. Viele Härtezusätze sind für photographische Gelatinen schädlich, da sie auf Silbersalze reduzierend wirken. Es ist daher von Wichtigkeit festzustellen, ob die Gelatine reduzierende Stoffe enthält, die zur Schleierbildung Anlaß geben würden. So ist mehr als 0,1 % Alaun in der betreffenden Gelatine schädlich. Häufig wird auch mit Formaldehyd gehärtet, was ohne weiteres zu beanstanden ist. Zur Feststellung selbst geringer Spuren von Formaldehyd dienen folgende Untersuchungen: Die Gelatine wird grob zerkleinert und je nach Konzentration des Gelatinepräparates und nach dem vermeintlichen Prozentgehalt von Formaldehyd werden ein oder mehrere Gramm der Destillation mit Wasserdampf unterworfen. Zu diesem Zweck wird die Gelatine in eine Kochflasche von ca. 200 ccm Inhalt gebracht, mit 40 bis 50 ccm Wasser (reinem Leitungswasser) übergossen und mit 4 bis 5 ccm reiner verdünnter Schwefelsäure (1 Teil konz. H_2SO_4 in 5 Teilen H_2O) versetzt. Der Kolben wird jetzt mit einem Liebigschen Kühler verbunden und sein Inhalt zum Kochen erhitzt. Während des Erhitzens empfiehlt es sich, den Inhalt des Kolbens durch öfteres Umschwenken gut zu durchmischen. Von dem Inhalt werden 4 bis 5 ccm in ein vorgelegtes Reagensglas abdestilliert. In den meisten Fällen wird diese Destillatmenge genügen, um vorhandenen Formaldehyd in einer zu seinem Nachweis genügenden Quantität zu haben.

Bei negativem Ausfall der Prüfung empfiehlt es sich, die Destillation nach und nach bis zu einer Gesamtmenge des Destillates von ca. 25 ccm fortzusetzen, und von 5 zu 5 ccm die Reaktionen zu wiederholen. Mit diesem Destillate werden folgende Reaktionen angestellt: 1. In einem Reagensglas werden 1 bis 2 ccm dieses Destillates mit einer kleinen Messerspitze reinen Resorcins und mit 1 bis 2 ccm Natronlauge, welche in 100 ccm 40 g reines NaOH enthält, versetzt und bis gerade zum Kochen erhitzt. Eine sofort oder nach einiger Zeit auftretende Rotfärbung zeigt Formaldehyd an. 2. Einige Krystalle salzsauren Morphiums oder auch reinen Morphiums werden in ca. 10 Tropfen reiner konz. H_2SO_4, am besten in einem weißen Porzellanschälchen, gelöst. In diese Lösung werden 1, höchstens 2 Tropfen des Destillates gegeben und mit einem Glasstabe verrieben. Eine Violettfärbung beweist die Anwesenheit von Formaldehyd.

Eine gute Gelatine muß $^1/_2$stündiges Digerieren einer Silberoxydammoniakemulsion bei 35 bis 40° C ohne Schleierbildung aushalten.

Gelatine darf kein Fett enthalten. Dieses zeigt sich durch Fettaugen an der Oberfläche einer wässerigen Gelatinelösung beim Stehenlassen in der Wärme.

Für Emulsionen, die nicht mit Ammoniak hergestellt werden, soll die Gelatine sauer sein, keinesfalls alkalisch, für Ammoniakemulsionen ist die Reaktion belanglos.

Manche Gelatinesorten enthalten gasförmige Bestandteile, die sich besonders für Diapositivemulsionen, deren Bilder stark vergrößert werden, durch weiße Pünktchen störend bemerkbar machen. Man prüft hierauf die in Frage kommende Gelatinesorte in der Weise, daß man eine 8proz. Lösung bei der zum Emulsionieren bestimmten Temperatur auf eine Glasplatte gießt, die Glasplatte senkrecht neigt und beobachtet, ob nicht ein „Aufplatzen“ von Luftblasen stattfindet.

Wichtig ist die Bestimmung des Schmelz- und Erstarrungspunktes der Gelatine. Im allgemeinen soll der Schmelzpunkt einer Gallerte 8 bis 10° C höher liegen als ihr völliger Erstarrungspunkt, der bei ca. 20° C liegen muß.

Alle diese Untersuchungsmethoden geben jedoch nur ein annäherndes Bild von der Eignung der betreffenden Gelatine zur Herstellung photographischer Emulsionen, und es ist daher von jedem Sud, die übrigens alle voneinander abweichend ausfallen, ein Emulsionsansatz zu machen und erst bei günstigem Ausfall die definitive Wahl zu treffen.

Prüfung, ob die Emulsion genügend gewaschen ist. Zu 25 g flüssiger Emulsion wird das 4- bis 5fache Volumen Wasser hinzugegeben. Nach dem Abkühlen wird so lange gelbes, chromsaures Kali hinzugesetzt, bis dunkle Gelbfärbung entsteht. Unter Umrühren werden dann 10 ccm $AgNO_3$ (4 g $AgNO_3$ auf 1 l H_2O gelöst) hinzugegeben. Eine gut gewaschene Emulsion färbt sich schon nach 5 ccm gut. Nach 20 ccm $AgNO_3$-Zusatz noch nicht gefärbte Emulsion ist schlecht gewaschen.

Die Prüfung des Rohpapieres (siehe S. 638) auf Reiß- und Zugfestigkeit geschieht mit dem Schopperschen Festigkeitsprüfer im trocknen und nassen Zustande. Auch ist es von Wichtigkeit festzustellen, ob das Papier reduzierenden Holzschliff enthält. Zu diesem Zweck wird ein Stück des zu prüfenden Papieres 10 bis 15 Minuten lang in einer Lösung von 5 g Phloroglucin in 10 ccm Alkohol und 40 ccm Wasser gebadet. Hierbei färbt sich Holzstoff rot, während Lumpen- oder Espartofasern unverändert bleiben.

Oder man erhitzt gleiche Volumen furfurolfreien Amylalkohols und konz. H_2SO_4 im Wasserbad auf 90° C, bis geringe Gasentwicklung eintritt, und kühlt dann ab; die so erhaltene, schwach rotgelb gefärbte Amylschwefelsäure hat die Eigenschaft, Holzschliff, je nach der Menge desselben, rot, violett bzw. intensiv indigoblau zu färben. Die Farbenreaktion entsteht durch Einwirkung des aus Holzstoff beim Behandeln mit Amylschwefelsäure sich bildenden Furols auf Amylschwefelsäure, und zwar treten die roten Töne auf, sofern nur geringe Mengen von Furol gebildet worden sind, während bei größerem Gehalte Blaufärbung entsteht. Beschleunigt werden die Farbenreaktionen durch Aufblasen von Luft und gelindes Erwärmen.

Nach Herzberg färben gewisse Farbstoffe, wie das in der Papierfabrikation vielfach verwandte Metanilgelb, sich unter Einfluß von freier Säure ebenfalls rot. Jedoch tritt die Rotfärbung beim Holzschliff allmählich, beim Farbstoff plötzlich auf. Auch wird keine einzelne Faser besonders hervortreten und durch dunkle Färbung auffallen. Der Fleck verblaßt in wenigen Minuten und umgibt sich mit einem violetten Hof, während Holzschliffflecke erst nach längerer Zeit und allmählich verblassen.

Bei Zweifel befeuchtet man das Papier mit verdünnter Salzsäure allein. Entsteht auch jetzt Rotfärbung, so sind Farbstoffe vorhanden, im anderen Fall rührt die Färbung vom Holzschliff her.

Photographische Untersuchungsmethoden für Papiere. (Bearbeitet gemeinsam mit W. Nauck, Berlin.)

Die photographischen Papiere, Celloidin-, Aristo-, Gaslicht- und Bromsilberpapiere, werden meist nur durch praktische Methoden auf ihre Verwendbarkeit untersucht. Die Empfindlichkeit spielt, außer bei den empfindlichen Bromsilberpapieren, keine besondere Rolle, eine hervorragende dagegen die Gradation, d. h. die Stärke, mit der die Schwärzungsstufen des Negativs beim Kopieren zum Ausdruck kommen, ferner die Farbtöne des fertigen Bildes, die Oberfläche, ob matt, glatt oder glänzend, schließlich die Haltbarkeit der unkopierten und kopierten Papiere. Die Herstellung photographischer Papiere in Großbetrieben hat dazu geführt, daß die Zahl der Arten sich ständig verringert, die Gleichartigkeit der wenigen Typen dagegen merklich zunimmt, so daß der Verbraucher bei Verwendung bestimmter Marken kaum genötigt ist, die gelieferten Papiere sorgfältig zu untersuchen. Man begnügt sich meistens, auf einem oft benutzten „Normalnegativ" Kopien herzustellen und zu vergleichen. Vergleicht man mehrere Papiersorten, so legt man Streifen derselben unter das Negativ und behandelt diese in den Bädern gleichzeitig. Man gewinnt so einen genügenden Anhalt über Abweichungen in Empfindlichkeit, Gradation, Farbton und Oberfläche.

Nicht viel anders arbeiten die Fabriken photographischer Papiere selbst. Für Feststellung der Empfindlichkeit der silbernitrathaltigen Kollodium- und Gelatine-Auskopierpapiere, der Celloidin- und Aristopapiere fehlt es an einer sehr starken Einheitslichtquelle. Da die Emulsionen ziemlich gleichmäßig ausfallen und bei weitem nicht die Schwankungen aufweisen wie die Entwicklungspapiere, so erübrigt sich die genaue Feststellung der Empfindlichkeit in Graden. Man vergleicht Streifen einer als „Normalanfertigung" willkürlich angenommenen Sorte unter demselben Negativ mit anderen Fabrikationen. Von weit größerer Bedeutung ist dagegen die Abstufung der Schwärzung, die Gradation; denn von ihr hängt ab, wieviel vom Inhalt des Negativs das Papier zum Vorschein bringt und mit welcher bildmäßigen Wirkung.

Wegen der geringen Lichtempfindlichkeit ist das Scheinersche Photometer für Untersuchung der Gradation von Celloidin- und Aristopapieren nicht zu brauchen, dagegen kann mit Vorteil das Eder-Hecht- oder Chapman-Jones-Photometer benutzt werden, die ja beide im Prinzip nichts anderes sind als Negative, deren Transparenz in willkürlich, zahlenmäßig bestimmter Weise abgestuft ist. Die unter dem „Normalnegativ“ oder dem Photometer hergestellten Kopien müssen noch in den Bädern behandelt, d. h. fixiert und getont werden und werden auf ihre Bildwirkung im nassen und trocknen Zustand untersucht. Je nachdem das Papierbild den vollen Inhalt des Negativs in einer vom vollen Dunkel bis reinem Weiß reichenden Skala zum Vorschein bringt, oder Abstufungen in Schwarz oder Weiß unterdrückt oder den Inhalt in so geringen Tonabstufungen darstellt, daß es zur Bildung eines vollen Schwarz oder Weiß nicht kommt, bezeichnet man das Papier als normal, zu hart oder zu weich. Dementsprechend verwendet man für weiche Negative harte und für harte Negative weiche Papiere und ist in der Lage durch Angabe, wieviel Grade eines Photometers zwischen Dunkel und Weiß liegen, den Charakter des Papieres, d. h. die Gradation, zahlenmäßig auszudrücken.

Die Untersuchung erstreckt sich ferner auf den Farbton, den die Bilder nach dem Trocknen annehmen und der wieder von der Oberfläche abhängig ist. Ist das bildgebende Silber im Kolloid gänzlich eingebettet, so bleiben auch die Schatten transparent, andernfalls „senken sie ein“, d. h. die Oberflächenfarbe überdeckt die Körperfarbe, und die dunkelsten Stufen fließen undeutlich zusammen.

Spezielle Untersuchungen erstrecken sich noch auf gleichmäßigen Auftrag der Schicht, den man, indem man ganze Bogen am Licht leicht anlaufen läßt, auf Durchdringlichkeit der Kollodiumemulsionen für wässerige Bäder, auf das Einwandern der überschüssigen löslichen Silbersalze in den Papierfilz, auf die Haltbarkeit bei längerem Lagern und die Veränderung der Gradation und des Tones beim Altern kontrolliert.

Die Entwicklungspapiere bieten den bedeutenden Vorteil, sehr haltbar zu sein und bedürfen daher beim Lagern keiner ständigen Überwachung. Sie behalten die einmal festgestellten Eigenschaften jahrelang. Ferner ist der Farbton konstant und von Tonbädern unabhängig. Da sie keine löslichen Silbersalze enthalten, so sind sie chemisch sehr stabil.

Die Untersuchungsmethoden erstrecken sich daher fast allein auf Empfindlichkeit, Gradation, Farbton und Gleichmäßigkeit der Schicht.

Die Empfindlichkeit prüft man bei unempfindlichen Gaslichtpapieren am bequemsten mit dem Eder-Hecht- oder Chapman-Jones-Photometer an einer elektrischen Glühlampe von annähernd gleicher Lichtstärke bei gleichem Abstand, den man der Bequemlichkeit halber so wählt, daß die Belichtungszeit nicht zu lang oder zu kurz dauert.

Für die Gradation der Gaslichtpapiere gilt ebenso wie bei den Bromsilberpapieren dasselbe, was darüber bei Auskopierpapieren gesagt wurde. Der Farbton spielt bei Gaslichtpapieren eine bedeutende Rolle; unerwünscht sind grünliche Töne mit eingesunkenen Tiefen, unbedingt erforderlich klare, reine Weißen. Die Gradation ist meist unvollkommener als bei Auskopierpapieren.

Der Farbton ist bei dem empfindlichen Bromsilberpapier stets schwarz, bedarf daher keiner besonderen Prüfung.

Analyse.

Zur Analyse eines photographischen Papieres oder Films auf seinen Gehalt an Silber wird ca. 1 m Material klein geschnitten, das Silbersalz in $Na_2S_2O_3$ gelöst, die Lösung vom Celluloid oder Papier abfiltriert und letzteres gut ausgewaschen. Die Lösung wird mit KOH alkalisch gemacht (ca. 10 ccm), mit salzsaurem Hydroxylamin gefällt und so lange gekocht, bis die Flüssigkeit klar ist. Die Flüssigkeit wird abfiltriert und so lange gewaschen, bis das Waschwasser nicht mehr auf Cl′ reagiert. Der Niederschlag wird samt dem Filter in HNO_3 so lange gekocht, bis keine roten Dämpfe auftreten und die Flüssigkeit mit $^{n}/_{10}$-Rhodanammon titriert.

Photographische Untersuchungsmethoden für Platten.

(Bearbeitet gemeinsam mit W. Nauck.)

Die photographische Schicht ist ein kompliziertes Gebilde, und es ist bisher noch nicht gelungen, Methoden der Untersuchung zu finden, die es gestatten, alle photographischen Eigenschaften in sicherer Weise als Maß und Zahl auszudrücken.

In der Mehrzahl der Fälle wünscht der Photographierende das, was das Auge sieht, auch auf dem photographischen Bilde wiederzufinden. Die Untersuchung bezieht sich also in erster Linie darauf, ob die photographische Platte imstande ist, von den hellsten und dunkelsten Gegenständen, die das Auge wahrnehmen kann, noch gleichzeitig während der Belichtungszeit Eindrücke so aufzunehmen, daß sie auf der photographischen Kopie wieder erscheinen.

Dementsprechend ist die Untersuchung photographischer Schichten zunächst angewiesen auf die Messung der Intensität des Lichtes. Da dieses aus den verschiedenen Strahlenarten besteht, so muß auch der Einfluß dieser für sich gesondert oder in bestimmten Strahlengemischen festgestellt werden.

Es wäre also für die Untersuchung erforderlich, Einheiten der verschiedenen im Licht enthaltenen Strahlenarten zur Verfügung zu haben, ebenso für die Gemische dieser Strahlungen, z. B. für Tageslicht, Lampenlicht usw., und diese Einheiten wieder zahlenmäßig untereinander in Beziehung zu bringen.

Von dieser Möglichkeit, Lichtmaße darzustellen, sind wir noch weit entfernt, und das am meisten verwendete Photometer für photographische Zwecke, das von Scheiner, begnügt sich noch mit der Amylacetatlampe bzw. mit der Benzinkerze, obwohl die Unzulänglichkeit dieser Methode, photographische Schichten auf Lichtempfindlichkeiten mit

Lichtstrahlen zu messen, die in der Praxis fast nicht in Betracht kommen, und die auf die photographische Schicht wenig wirken, seit Jahrzehnten bekannt und beklagt ist.

Die meisten Aufnahmen werden bei Tageslicht gemacht, und gerade für dieses ist es noch nicht gelungen, eine Lichteinheit in Form einer Tageslicht-Normalkerze zu schaffen. Dementsprechend ist die zunächst liegende Frage: Wieviel Tageslicht ist erforderlich, um auf einer photographischen Platte einen durch Entwicklung feststellbaren Lichteindruck, der sich auch deutlich kopieren läßt, zu bewirken, noch nicht zu beantworten, ganz abgesehen davon, daß auch die Zusammensetzung des Tageslichtes ständig wechselt. In der Praxis hilft man sich so, daß man mit dem Scheinerschen oder einem auf ähnlicher Grundlage gebauten Photometer mittels einer Normallichtquelle (Amylacetat- oder Benzinlampe) die Lichtempfindlichkeit mißt und zunächst als Grad der Empfindlichkeit die Nummer der Stufe des Photometers angibt, die auf dem in oben besprochener Weise hergestellten Photometernegativ noch deutlich (am besten auf untergelegtem weißen Papier) sichtbar ist. Mit dieser Probe begnügen sich die meisten Plattenfabriken, indem sie sich auf die Tatsache berufen, daß nichtfarbenempfindliche Platten von hoher Empfindlichkeit an der gelben Benzinlampe auch bei Tageslicht kurze Expositionen erlauben.

Wie oben schon bemerkt, soll der Inhalt des Negativs den ganzen mit dem Auge sichtbaren Gehalt des photographierten Raumes umfassen, d. h. es sollen auf der photographischen Kopie sowohl die hellsten als auch die dunkelsten Gegenstände erscheinen. Da man nicht in der Lage ist, z. B. in einer Landschaft, festzustellen, wieviel Licht die hellsten und dunkelsten Gegenstände auf die Platte gelangen lassen, so ist man auch hier gezwungen, mit „Gefühl und Erfahrung" zu arbeiten. Legt man das gewonnene Scheiner-Negativ auf weißes Papier, so lassen sich nach den dunklen Stufen zu eine Reihe deutlicher Grade abzählen, die erfahrungsgemäß auf mittelhartem Kopierpapier noch beim Kopieren zum Vorschein kommen. Diese noch sichtbaren Grade bilden den kopierfähigen Inhalt des Negativs. Umfaßt dieser Inhalt wenige Grade, so gilt die Platte als hart, im anderen Falle als weich. Man kann also auf diese einfache Art für die Praxis genügend genau bestimmen, ob auf der photographischen Platte sich geringe Abweichungen der Lichtintensität der aufgenommenen Objekte durch starke Abweichungen in der Schwärzung markieren, ob also die Platte hart ist, oder ob umgekehrt stark verschiedene Lichtintensitäten nur schwach sich in den Schwärzungsgraden äußern, d. h. ob die Platte weich ist. Wo man auf der Kopie starke Lichtkontraste mildern will (Porträtaufnahmen im Atelier), oder wo das Kopierpapier keine harten Negative verträgt (Celloidin-Matt), nimmt man weiche Platten, die nach dem Hauptzweck als Porträtplatte bezeichnet werden. Im anderen Fall, z. B. beim Aufnehmen von Landschaften mit wenig kontrastreichem Hintergrund, greift man zur härteren Landschaftsplatte. Die Bestimmung der Eignung der Plattensorte für den besonderen Zweck erfolgt also schon durch das Photometer von Scheiner usw.

Vorsichtige Plattenfabrikanten begnügen sich mit der Photometerprobe bei Benzinlicht nicht, sondern schließen an diese Aufnahmen bei Tageslicht an, stets in der Weise, daß sie aus einem größeren Vorrate eigener oder Konkurrenzfabrikate, der die Normalplatten liefert und ständig durch erfahrungsgemäß praktisch gleichwertige ersetzt wird, gleichzeitig mit neuen, unerprobten Güssen Vergleichsaufnahmen bei Tageslicht herstellen, um die relative Empfindlichkeit und Abstufung festzustellen, und zwar entweder in einem mit zwei oder mehreren Kassetten ausgestatteten Scheinerapparat oder im Stereoskopapparat. Beide Methoden haben ihre Vorzüge. Der Scheinerapparat liefert Negative, deren Übergänge vom Hellen zum Dunklen genau abgestuften Lichtintensitäten entsprechen, in einer Form, daß die Wirkung des Lichtes sich an dem Grade der Schwärzung messen und in einer Kurve zusammenstellen läßt. Dagegen entnimmt der erfahrene Praktiker aus den im Stereoskop hergestellten Vergleichnegativen mit genügender Deutlichkeit den „Charakter" der Platte, die „Spitzlichter", klaren oder rußigen Schatten, Zeichnung in den Halbschatten usw. Die handwerksmäßigen Methoden sind also auch in der Plattenfabrikation nicht von der Hand zu weisen.

Immerhin hat das systematisch aufgebaute Scheinersche Negativ den großen Vorteil, daß sich, wie schon gesagt, das Verhältnis der Stärke des Lichtes zu seiner Wirkung dadurch messen läßt, daß man im Densometer die Schwärzen der Stufen zahlenmäßig bezeichnen und die Resultate zu einer Kurve zusammenstellen kann. Diese Kurve zeigt anschaulicher als jede andere Methode graphisch den Charakter der Platte, sie gilt aber praktisch nur für den kopierbaren Teil, d. h. für die Stufen, die auf dem Positiv deutlich sichtbar werden. Stufen, die auf der Kopie in Weiß oder Schwarz verschwinden, auch wenn sie auf dem Negativ in der Durchsicht zur Geltung kommen, fallen für die Praxis fort.

Die Prüfung von Platten, die auch für andere als violette Strahlen deutlich empfindlich sind, kann bezüglich ihrer Empfindlichkeit bei Tageslicht nicht durch das Scheiner-Photometer in Verbindung mit der Benzin- usw. Lampe geschehen. Praktisch erfolgt die Feststellung der Allgemeinempfindlichkeit am besten in der Weise, daß man ein Scheiner-Photometer mit Doppelkassette bei Tageslicht exponiert und die eingelegte „Normalplatte" von bekannter Empfindlichkeit mit der farbenempfindlichen (sensibilisierten gelbempfindlichen) Platte vergleicht. Man kann dann aus der verschiedenen Schwärzung leicht feststellen, wie verschieden Tageslicht auf die farbenempfindliche Platte einwirkt im Vergleich zur „Normalplatte" von bekannter Empfindlichkeit.

Die Prüfung der Farbenempfindlichkeit selbst erstreckt sich auf die Feststellung, welche Strahlen außer Violett auf die Platte stärker einwirken als auf eine nicht farbenempfindliche. Man bedient sich für diesen Zweck seltener des Spektrographen, öfter farbiger Lichtfilter aus gefärbter Gelatine oder gefärbtem Glas, meist aber einer Farbentafel oder anderer farbiger Objekte (lebhaft gefärbter Blumen usw.).

Letztere Methode ist mit Recht die beliebteste, sie gibt zwar keine absoluten Werte, entspricht aber den Anforderungen der Praxis am meisten, weil der Weiß- und Schwarzgehalt der Farben, der bei Farbenfiltern fortfällt, eine bedeutende Rolle spielt und bei Abschätzung der Gradation farbenempfindlicher Platten nicht vernachlässigt werden darf.

Bei der Photographie mit unsichtbaren Strahlen (Röntgenaufnahmen) entscheidet nur der praktische Versuch über die Brauchbarkeit der Platte.

Als weitere wichtige Eigenschaften der Platte außer der oben erwähnten Empfindlichkeit, Gradation und Farbenempfindlichkeit sind noch Schleierfreiheit, Haltbarkeit, Lichthoffreiheit, Korngröße und Freiheit von Flecken von Bedeutung.

Die Prüfung der Haltbarkeit betrifft die Frage, ob sich die Platte innerhalb der Zeit, in der sie unter gewöhnlichen Umständen längstens zur Verarbeitung kommt, sich in ihren photographischen Eigenschaften, d. h. bezüglich der Empfindlichkeit, der Gradation und des Schleiers, in ungünstigem Sinne ändert.

Unter Schleier versteht man den grauen Silberbelag, den die Platte im Entwickler innerhalb 2 bis 4 Minuten, je nach Stärke des Entwicklers, ausscheidet, auch wenn sie nicht belichtet ist. Eine Platte, die keine deutliche Spur Silber im Entwickler abspaltet, heißt klar oder auch glasklar. Glasklar sind im allgemeinen nur unempfindliche Platten. Hochempfindliche Platten schleiern in verschiedenem Grade. Die Stärke des Schleiers, d. h. der Grad, in dem der unerwünschte Silberbelag Licht absorbiert, prüft man im Densometer. Am meisten Neigung zum Schleiern hat der Rand der Bromsilbergelatinehaut. Diesen Schleier, der sich nur ca. 5 mm in die lichtempfindliche Fläche hinein erstreckt, nennt man Randschleier. Bei hochempfindlichen Platten ist der Schleier meist grau. Unempfindlichere Platten zeigen auch Gelb- oder Rotschleier. Um die Veränderungen der Platte bei längerem Lagern festzustellen, läßt man sie künstlich altern, indem man sie stunden- oder tagelang bei höherer Temperatur aufbewahrt, wobei man annimmt, daß die in der Platte verlaufenden Reaktionen bei höheren Temperaturen beschleunigt werden. Die der Prüfung unterliegenden Platten werden, wie oben beschrieben, zeitweilig von neuem ausprobiert und die Resultate mit den früheren verglichen.

Von besonderer Wichtigkeit ist die Feststellung der Lichthoffreiheit, d. h. des Grades, in welchem stärkeres Licht durch die Bromsilberschicht hindurchdringt und, in den Wandungen des Glases reflektiert, Lichthöfe erzeugt, d. h. unerwünschte Belichtungen in der Umgebung starker Lichtquellen, die auf dem Positiv wie die Lichthöfe des Mondes oder der Sonne in nebeliger Luft erscheinen.

Um das Durchdringen des Lichtes durch die Bromsilberschicht zu vermindern, macht man letztere durch Farbstoffe oder Zusatz oder Unterguß von sehr dichten Spezialemulsionen oder gefärbter Gelatine lichtundurchlässiger und prüft diese lichthoffreien Platten, indem man z. B. eine Glühlampe photographiert. Einen zahlenmäßigen Maßstab für den Lichthof gibt es nicht.

Die Korngröße prüft man unter dem Mikroskop bei ca. 80facher Vergrößerung, desgleichen die gleichmäßige Verteilung des Bromsilberniederschlags in der Gelatine. Im allgemeinen schließt man von ungleich großem und ungleich verteiltem Korn auf mangelhafte Haltbarkeit. Feines Korn gilt bei hochempfindlichen Platten als besonderer Vorzug.

Um Flecken festzustellen, wird die Platte nur lichtgrau anentwickelt und in der Durchsicht betrachtet.

Im allgemeinen unterscheidet man schwarze und helle Flecken. Erstere bestehen aus Anhäufungen von reduziertem Bromsilber, bei letzteren fehlt dieses, und es entstehen transparentere Stellen. Bei Vorhandensein heller Flecken ist festzustellen, ob diese in dunkleren, gedeckteren Teilen des Negativs wieder verschwinden. Ganz fleckenlos sind wenige Plattensorten. Vereinzelt auftretende Flecken entwerten wohl die Platte, machen sie aber nicht unbrauchbar.

Diapositivplatten sind geringer empfindlich wie Gaslichtpapiere, mit denen sie auch sonst bezüglich der Emulsion übereinstimmen. Man prüft die Empfindlichkeit ganz allgemein durch Vergleichskopien an einer starken Lichtquelle und stellt nach dem Entwickeln die Färbung fest, und ob die Platte etwa den bei diesen Platten häufiger zu befürchtenden Gelbschleier zeigt. Für exaktere Empfindlichkeitsmessungen hat Scheiner bzw. Eder unter Benutzung des Scheiner- oder eines entsprechenden Photometers besondere Anleitungen ausgearbeitet, durch welche sich hochempfindliche und Diapositivplatten zahlenmäßig vergleichen lassen.

Die anorganischen Farbstoffe.

Von

Prof. Dr. **A. Eibner.**

A. Allgemeine Ausführungen und Untersuchungsmethoden.

Einleitung.

In der Einführung zum 1. Bande dieser Auflage der „Chemisch-technischen Untersuchungsmethoden" ist darauf hingewiesen, daß bei der Qualitätsprüfung der Industriematerialien zu den rein technisch-chemischen Methoden nicht selten die Ermittlung physikalischer Konstanten hinzutreten muß, um die Feststellung des Kaufwertes eines Materials zu vervollständigen. Diese Notwendigkeit der Heranziehung physikalischer Beurteilungsmomente tritt oft schon bei Stoffen zutage, die chemische Individuen sind. So bei Änderungen im Kohäsionszustande einfacher Stoffe wie des Zinns, die von größter technischer Bedeutung sind (Zinnpest); ferner bei Schwankungen in der Tension gewisser zusammengesetzter wasserhaltiger Stoffe wie des Gipses; dann der Guignetgrüne, Pariserblaue usw.; allgemein bei kolloiden Stoffen[1]). Bei jenen Materialien, die Gemenge verschiedener Stoffe sind, wächst die Bedeutung physikalisch-chemischer Untersuchungsmethoden je nach Verwendungsart in dem Maße, als die technische Charakterisierung der Gemengteile auf rein chemischem Wege noch unausgebildet ist.

Es ist ohne weiteres ersichtlich, daß unter den Mal- und Anstrichmaterialien in erster Linie die Farbstoffe nicht ausschließlich mittels chemischer Methoden bewertet werden können. Ihre technische Haupteigenschaft, die Farbigkeit, sicherte ihnen seit alten Zeiten im Handel und in der Verwendung eine überwiegend physikalische Art der Qualitätsfeststellung. Beurteilung der Tonart, des Färbe- und Deckvermögens, der Lasurfähigkeit, Mischbarkeit miteinander, des Verhaltens zu den Bindemitteln usw. sind daher hier die ersten und unerläßlichen anstrichtechnischen Bewertungsmomente. Die Bedeutung der optischen ist in letzter Zeit durch W. Ostwald hervorgehoben. Erst bei der Frage der Echtheit und Reinheit, besonders jener der Haltbarkeit und Verträglichkeit mit anderen Farbstoffen bzw. den Bindemitteln, ferner der Ermittlung von Fälschungen, der Frage der Lichtechtheit usw. treten

[1]) Eibner: Kolloidlehre und ihre Bedeutung in der Lack- und Farbenindustrie. Chem. Ztg. **46**, 721; 1922. Kolloidlehre und Malerei: Kolloidzeitschr. **32**, 343; 1923.

chemische Fragen hinzu. Die Veränderungen der Farbstoffe im Wetter und im Lichte kommen ähnlich wie die Verwitterung der Gesteine meist derart zustande, daß zunächst durch Temperaturschwankungen der Atmosphäre physikalische Wirkungen, wie jene der Adsorption und Diffusion von Wasser und Gasen, der Kapillarität, Osmose usw. auf die Farbstoffe entstehen, die zu einer gewissen Auflockerung des Gefüges führen. Sodann findet meist unter dem Einflusse des Lichtes, mit oder ohne Mitwirkung von Beschleunigern, Übergang in chemische Vorgänge statt, deren Verlauf zur Zeit nicht in allen Fällen genau bekannt ist. Sie können auch Ursache der Unverträglichkeit mancher Farbstoffe in Mischung miteinander werden. Es ist ferner bekannt, daß die moderne Photochemie schon ein bedeutendes Hilfsmittel zur Erkenntnis der Lichtwirkungen auf Farbstoffe geworden ist, aber auch, daß dieses Forschungsgebiet nur durch gleichwertige Berücksichtigung physikalischer und chemischer Vorgänge ausgebaut werden kann. Hinzu tritt neuerdings die Berücksichtigung kolloidaler Eigenschaften bei Farbstoffen. Die chemische Analyse allein liefert also bei Strichfarben nicht alle Mittel für die Beurteilung ihrer Verwendungsmöglichkeiten. Zur rein wissenschaftlichen Untersuchung nach chemischer und physikalischer Richtung hat hier noch die praktische Erprobung unter dem Gesichtspunkt zu treten, daß der Versuch möglichst den Verhältnissen gemäß angeordnet wird, unter welchen der Farbstoff zur Anwendung kommt. Bei Vornahme sogen. forcierter — abgekürzter — Versuche ist hierauf besonders zu achten, um unrichtige Schlüsse zu vermeiden.

Die besonderen Verhältnisse bei den Farbstoffen rechtfertigen also vollkommen die künftige stärkere Heranziehung der physikalischen und kolloid-chemischen Beurteilungsmomente. Allerdings ist auf diesem Gebiete die Notwendigkeit derartiger Arbeitsweise seit geraumer Zeit erkannt; doch sind die betreffenden Verfahren noch nicht in allen Fällen derart durchgebildet, daß ihr Wert für die Qualitätsbestimmung der Farbstoffe jetzt schon in dem Maße hervorträte, wie es nötig erscheint, um den Handel und die Verwendung der Anstrich- und Malerfarbstoffe in sichere Bahnen zu lenken.

Auf dem Gebiete der Farbstoffe, die in der Malerei, Lackiererei, Anstreicherei, in den graphischen Gewerben, der Tapeten- und Buntpapierfabrikation, im Farbendruck usw. Verwendung finden, machte sich seit langer Zeit das Bedürfnis nach Neuerungen geltend. Sie sind veranlaßt durch mancherlei bei der Herstellung und im Handel mit diesen Werkstoffen, nicht minder aber in ihrer Anwendung zutage getretene Mißstände, die, beginnend mit den ältesten Zeiten, u. a. gerade deshalb bis heute größtenteils fortbestehen konnten, weil die Beurteilung des Verbrauchswertes der Farbstoffe früher fast ausschließlich nach rein chemischen Gesichtspunkten erfolgte. Diese Mißstände liegen in der nicht immer einwandfreien Qualität der natürlichen und künstlichen Farbstoffe infolge natürlicher oder technischer Ursachen bzw. wegen stattgefundener Verfälschung. Ihr Nachweis und ihre Beseitigung gelingt erst durch Vervollständigung der chemischen Untersuchungsmethoden in der angedeuteten Richtung.

Eine moderne Darstellung des Gebietes der Farbstoffe hat auch die Übelstände in der gegenwärtigen Namengebung, besonders der anorganischen Farbstoffe zu berühren. Diese ist nicht nur unübersichtlich, sondern teilweise sogar irreführend.

Die von München im letzten Drittel des vorigen Jahrhunderts ausgegangene Bewegung zur Anbahnung von Verbesserungen auf dem Gebiete der Malmaterialien hat auch nach dieser Richtung zu wirken gesucht. Die „Deutsche Gesellschaft für rationelle Malverfahren" beabsichtigte zu diesem Zwecke zunächst, Typen der normalen Verwendungsfähigkeit der Werkstoffe (Normalfarben) aufzustellen. Hierzu war in erster Linie die Festlegung vieler bisher noch schwankender Qualitätsbegriffe unerläßlich. Diese kann nur durch Vervollkommnung der analytisch-chemischen und physikalischen Verfahren der Qualitätsbestimmung und darauf fußend durch Einführung der allenfalls nötig gewordenen Verbesserungen in der Fabrikation von Farbstoffen erreicht werden. Als Typen der Verwendungsfähigkeit in bezug auf Lichtechtheit, Mischbarkeit, normales Verhalten in Bindemitteln usw. haben in der Anwendung als Malerfarbstoffe von jeher die Erdfarbstoffe und jene künstlichen anorganischen Farbstoffe gegolten, die diesen in den maltechnischen Eigenschaften nahekommen. Die Vertreter der ersten Gruppe natürlich vorkommender Farbstoffe können mit wenigen Ausnahmen wenigstens in bezug auf Haltbarkeit im eigentlichen Sinne des Wortes als „Normalfarbstoffe" bezeichnet werden, wenn nicht rein physikalische Ursachen, wie zu geringe Korngrößen, oder chemische, wie Ölunechtheit, Verwendungsnachteile erbringen. Ihnen schließen sich diejenigen künstlich hergestellten anorganischen Farbstoffe an, die in stets gleicher, durch gleichbleibende chemische Zusammensetzung und meist eindeutig physikalische Beschaffenheit bedingter Qualität ausfallen. Letzterer Forderung vermag die Fabrikation zur Zeit keineswegs in allen Fällen zu entsprechen. Es sind nämlich nicht stets alle Vertreter ein und derselben Gruppe künstlicher Farbstoffe im Verbrauchswerte gleich. So sind nicht alle künstlichen Zinnober Chromgelbe, Cadmiumgelbe, Pariserblaue gleich haltbar im Lichte. Bei den Zinnobern gibt nicht einmal die Gleichheit der chemischen Zusammensetzung Gewähr für gleiche maltechnische Verwendbarkeit. Daher können zur Zeit nur diejenigen Vertreter dieser Gruppen als Normalfarbstoffe angesprochen werden, die den in dieser Hinsicht aufzustellenden Verwendungsanforderungen genügen. Es ist Aufgabe der Forschung, diese noch bestehenden Unsicherheiten zu beseitigen.

I. Bezeichnung der Farbstoffe.

Zur Verbesserung der gegenwärtigen Bezeichnungsart der Farbstoffe usw. hat die Gesellschaft für rationelle Malverfahren die strenge Festhaltung am Prinzip der Stoffbezeichnung sowie die Ausscheidung der zahlreich vorhandenen Beinamen (Synonyma) und der falschen Stoffbezeichnungen in die Wege geleitet. Sie stellte zu diesem Zwecke folgende Leitsätze (Thesen) auf (vgl. Sitzungsberichte der deutschen Farbenbuchkommission und Eibner: Malmaterialienkunde, Berlin 1909; S. 62ff.):

1. „Es steht auf Grund der Sach- und Rechtslage fest, daß die herkömmlichen und verkehrsüblichen, zweifellos einen bestimmten Stoff bezeichnenden Namen der Farb- und Malmaterialien unter keinen Umständen für andere Farbstoffe, Ersatzmittel bzw. als Phantasie- oder Qualitätsbezeichnungen verwendet werden dürfen."

2. „Es steht ferner fest, daß die herkömmlich und zweifellos eine Sach- oder Stoffbezeichnung tragenden Farbstoffe und Malmaterialien als rein und echt zu betrachten sind, wenn nicht klar und bestimmt angegeben wird, daß sie gemischt, verschnitten oder geschönt sind."

3. „Es erscheint im Interesse aller beteiligten Kreise der Herstellung, des Handels und der Verwendung geboten, zum Zwecke der Einführung einer einheitlichen, allgemein bekannten und praktisch verwertbaren Namengebung alle Mischfarben mit M, alle Verschnittfarben mit V und alle geschönten Farben mit S zu bezeichnen."

Die erste dieser Thesen richtet sich gegen den Gebrauch der falschen Stoffbezeichnungen und bildet die rationelle Grundlage einer künftigen Farbstoffbezeichnung nach dem Prinzip der Stoffbezeichnung. Sie wurde von den deutschen Fabrikantenverbänden ohne Widerspruch angenommen. Dagegen stellte gegenüber der These 2 der Verband deutscher Farbenfabriken die Forderung auf, fabrikatorisch hergestellte Farbstoffe nur dann als „rein" zu bezeichnen, wenn sie ausdrücklich als „rein" deklariert bzw. bestellt werden.

Die Ursache dieser Verschiedenheit der Forderungen liegt u. a. in dem Umstande, daß die These 2 der Farbenbuchkommssion den Begriff „rein" nicht erläutert. Im gegebenen Zusammenhange bedeutet er Abwesenheit von Verschnittmitteln. Die Fabrikanten fassen ihn jedoch richtig weiter im Sinne der Abwesenheit aller bei der Fabrikation in die Farbstoffe gelangter, unbeabsichtigter Verunreinigungen. Nach dem Wortlaute der These 2 müßten diese technischen Verunreinigungen entfernt werden, was in allen Fällen unverhältnismäßige Kosten verursachen würde, in manchen technisch undurchführbar wäre. (Vgl. den Artikel Guignetgrün, S. 840.) Inzwischen wurde der Reinheitsbegriff bei Malmaterialien abgeteilt und umgrenzt, ohne daß sinngemäße Abänderung der These 2 erfolgt wäre. Sie ist daher in ihrer gegenwärtigen Fassung unzureichend. Im Farbenhandel scheint sich in der Tat immer mehr der Gebrauch einzuführen, Farbstoffen, die sich durch Abwesenheit schädlicher Nebenbestandteile oder technischer Verunreinigungen von bisher gelieferten unreinen unterscheiden, das Kennwort „rein" beizufügen, wie z. B. „Indigo-rein" die Bezeichnung für den synthetischen von den bekannten Verunreinigungen der Pflanzenindigoarten freien Indigo ist. Hiergegen kann keine Erinnerung bestehen, wie es denn auch in anderen Handelszweigen üblich ist, bei der Deklaration der Waren durch Spezialbezeichnungen auf besondere Qualitäten hinzuweisen. So besteht kein Hindernis, ein von den bekannten riechenden Verunreinigungen und der lichtunechten Euxanthonmagnesia freies Indischgelb als „Indischgelb-rein" zu bezeichnen. Im Verfolg dieses Prinzipes gelangt man im Gegensatze zur These 2 der Farbenbuchkommission dazu, die Nomenklatur von Farbstoffen und sonstigen Malmaterialien künftig nicht ohne nähere Kennzeichnung sowohl der Reinheit als auch der Unreinheit der am Markte befindlichen Waren anzuwenden. Dieses Vorgehen hat auch insofern praktische Bedeutung, als in der Tat die Stoffbezeichnung an sich, also ohne nähere Kennzeichnung, keineswegs in allen Fällen genügenden Aufschluß über die Qualität eines Farbstoffes gibt und daher manchmal keine handelsrechtlich vollverbindliche Deklaration darstellt. So fallen unter den Stoffbegriff „Zinnober" relativ sehr lichtunechte neben relativ lichtechten Marken. Es erscheint daher als zweckmäßig, letztere künftig als „Zinnober—lichtecht" auszugeben. Vgl. Eibner: Der Reinheitsbegriff bei Malmaterialien und das deutsche Farbenbuch; Farbenzeitung **15**, 1593; 1910 und die Beschlüsse des deutschen Schutzvereins der Lack- und Farbenindustrie vom 9. Dezember 1910, betreffend das deutsche Farbenbuch; Farbenzeitung **16**, 597; 1911, sowie des Verbandes deutscher Farbenfabriken vom 30. Juli 1909, Farbenzeitung **16**, 819; 1911.

Die These 3 der Farbenbuchkommission ist ein Vorschlag zur Unterscheidung der Grundfarbstoffe von den durch Mischung zweier oder mehrerer bunter Farbstoffe entstandenen Gemengen einerseits und den mittels weißer Zusätze verdünnten, verschnittenen oder gestreckten Farbstoffen andererseits, sowie den mit Schönungsmitteln versehenen. Sie steht im Gegensatze zur These 2 ganz auf dem Standpunkte der Notwendigkeit der künftigen genaueren Bezeichnungsart der Farbstoffe durch Zusatzbezeichnungen. Von den Forderungen der These 3 nahm der Verband deutscher Farbenfabriken die Bezeichnung (M) für Mischfarben aus zwei oder mehreren bunten Farbstoffen an, verwarf dagegen die Bezeichnungen (V) für Verschnittfarben und (S) für geschönte Farbstoffe. Dagegen führte er die Bezeichnung (T) für alle Farbstoffe ein, die als färbenden Hauptbestandteil einen Teerfarbstoff enthalten.

Die von der Gesellschaft für rationelle Malverfahren abgezweigte Kommission zur Bekämpfung der Mißstände in der Herstellung, im Handel und in der Verwendung der Farben und Malmaterialien stellte sodann zur Erläuterung obiger Thesen und als Grundlage einer künftigen rationellen Bezeichnung folgende Begriffsbestimmungen auf, die in das demnächst erscheinende Deutsche Farbenbuch der Körperfarben aufgenommen werden:

1. „Stoff- oder Substanzbezeichnungen sind jene Farbstoffnamen, aus welchen die chemische Zusammensetzung eines Farbstoffes unzweifelhaft oder andeutungsweise (Vulgärname) hervorgeht."

2. „Ursprungs- oder Herkunftsbezeichnungen sind solche Farbstoffnamen, welche über den Fundort von natürlichen Farben oder über den Ort, von welchem aus sie gehandelt werden oder wurden, oder über den Ort der Fabrikation Aufschluß geben."

3. „Qualitätsbezeichnungen sind Farbstoffnamen, welche über die Zusammensetzung und Herstellung der Farbstoffe zwar keine bestimmte Auskunft geben, mit welchen aber bestimmte maltechnische Eigenschaften und Verwendungsmöglichkeiten gedanklich verbunden werden."

4. „Verwendungsbezeichnungen geben das Anwendungsgebiet von Farbstoffen an, wie Kalkgrün, Ölblau.“

5. „Tonbezeichnungen sind solche Namen, welche die Ähnlichkeit des Farbtones eines Farbstoffes mit in der Natur vorkommenden farbigen Stoffen oder Gegenständen ausdrücken.“

6. „Phantasiebezeichnungen sind Benennungen von Farbstoffen, die über Herkunft, Fabrikation und Zusammensetzung keinerlei Aufschlüsse geben.“

7. „Unter Beinamen (Synonyma) oder Decknamen versteht man die verschiedenen neben der Haupt- oder Stoffbezeichnung zur Zeit noch gebräuchlichen Namen für ein und denselben Farbstoff.“

Zur Kennzeichnung der sich von selbst vollziehenden Umwertung in der Bedeutung der Farbstoffbezeichnungen sei darauf hingewiesen, daß dem Laien jeder Farbstoffname aus der Erinnerung zunächst als Tonbezeichnung erscheint. In dem Maße, als er mit den technischen Eigenschaften eines Farbstoffes durch seine Verwendung bekannt wird, erhält der Name für ihn die Bedeutung einer Qualitätsbezeichnung und, falls er sich auch mit der Zusammensetzung vertraut macht, jene einer Stoffbezeichnung. Sobald dieses Ziel erreicht ist und die falschen Stoffbezeichnungen und Beinamen abgeschafft sind, ist die Übersichtlichkeit und Einheitlichkeit in der Namengebung der anorganischen Farbstoffe hergestellt.

Farben wurden zu allen Zeiten zunächst nach dem Farbton beurteilt und auch gehandelt. Bei Kauf nach Muster ist er auch heutzutage noch in erster Linie maßgebend. Gerade hieraus ergab sich im Laufe der Zeit ein großer Mißstand. Es entstand die Gepflogenheit, Ersatzstoffe mit den Namen der alten Farben zu belegen, um den Käufer im Glauben zu belassen, er beziehe den alten Farbstoff weiter fort. Damit begann die Reihe der falschen Stoffbezeichnungen, die schon im Altertum vorkommen, wie gelber Ultramarin für Barytgelb; Cobaltultramarin für Cobaltblau. Erst in neuerer Zeit kam zur Beseitigung dieses Mißstandes der Handelsgebrauch auf, durch Zusätze zur Stoffbezeichnung auszudrücken, daß fremdes Material vorliegt. Es entstanden so Bezeichnungen wie „Zinnoberersatz“, „Zinnoberimitation“, „Ultramarinersatz“ usw., die unzweideutig sind; aber auch zweideutige wie „Zinnoberrot“ für unechten Zinnober; „Vermillion“ für unechten, in Deutschland gehandelten Zinnober usw., wogegen die Bezeichnung „Vermillionets“ eindeutig ist und Zinnoberersatze anzeigt.

Der Verband deutscher Farbenfabriken stellt daher unter Ziffer A VII der Zusätze zu seiner Entschließung vom 30. Juli 1909 folgende Forderung: „Farbnamen, deren Substanz als farbgebende Körper in den angebotenen oder gelieferten Produkten überhaupt nicht enthalten ist, dürfen für letztere nicht benützt werden, sondern müssen das Wort „Imitation“ (Nachahmung) beim Farbnamen tragen.“ Vgl. These 1 der d. Farbenbuchkomm.

Der Begriff Ersatzmittel (Surrogate) spielt im Handel mit Farbstoffen eine ebenso große Rolle wie bei vielen anderen Werkstoffen. Das Bedürfnis nach Schaffung von Ersatzmitteln macht sich immer dann geltend, wenn entweder der Gestehungspreis der bisherigen Materialien sich bedeutend erhöht (vgl. Terpentinöl- und Leinölersatzmittel), oder das bisher benutzte Material Mängel zeigt (vgl. Zinnober- und Chromgelbersatzfarbstoffe usw.). Das Ersatzmittel soll also alle normalen Eigenschaften des ursprünglichen Stoffes, keine seiner schlechten Eigenschaften zeigen, keine neuen Mängel aufweisen und womöglich nicht teurer bzw. billiger sein als ersteres. Solchen Anforderungen genügt kein neues Mittel vollständig, da seine Zusammensetzung stets von der des zu ersetzenden verschieden ist. Man wird sich daher zumeist damit begnügen, wenn das Ersatzmittel in der Verwendung nicht die Mängel des alten Materials und keine schlimmeren anderen Eigenschaften zeigt.

Die im Farbenhandel bestehende weitere Gepflogenheit, einem und demselben Farbstoff nach den verschiedenen Orten seiner jeweiligen Darstellung verschiedene Herkunftsbezeichnungen, oder zum Schutze geringfügiger Abänderungen in der Darstellung oder Qualität, oder aber zur Verdeckung schädlicher Eigenschaften andersartige Bezeichnungen zu geben, schuf das Übel der Beinamen (Synonyma) oder Decknamen. So kommen die Farbstoffe, die im wesentlichen Schweinfurter Grüne oder Kaisergrüne, also bekannte Giftgrüne sind, hauptsächlich, wenn auch nicht ausschließlich, zur Verdeckung ihrer Giftigkeit unter 17 verschiedenen Herkunfts- und 29 Phantasie-, Ursprungs- bzw. Qualitätsbezeichnungen vor. Hierzu kam noch die Gepflogenheit, Farbstoffen ähnlicher Tonart oder Qualität, aber verschiedener Zusammensetzung, einen und denselben Namen zu geben. So finden sich die Bezeichnungen „Kaiserblau“ und „Königsblau“ sowohl bei Ultramarin, als bei Kobaltblau als Nebenbezeichnungen. Der Name „Ölblau“ gilt sowohl für Pariserblaue als für das blaue Kupfersulfid.

Bei dem gekennzeichneten Mangel der Verbraucher an den nötigen wissenschaftlichen Hilfsmitteln ist das Zurechtfinden in der heutigen historisch entstandenen Farbstoffbezeichnung fast zur Unmöglichkeit geworden. Das Prinzip der ausschließlichen Erteilung von Stoffbezeichnungen ist zwar wissenschaftlich begründet, aber praktisch nicht allgemein durchführbar. Vom technisch-kaufmännischen Standpunkte aus ist dagegen eine Bezeichnungsart der Farbstoffe, die ihre Verwendungsmöglichkeiten andeutet, also die allgemeine Einführung von Qualitätsbezeichnungen unter Ausschluß der falschen Substanzbezeichnungen sowie der Bei- und Decknamen (Synonyma) nach These 1 der deutschen Farbenbuchkommission das erreichbare Ziel[1]). Anfängliche Phantasie- oder Tonbezeichnungen neuer Farbstoffe werten sich im Laufe der Zeit von selbst in Qualitätsbezeichnungen um. Auf diesem Wege gingen seit einiger Zeit die Teerfarbenfabriken unter teilweiser Aufgabe der bisherigen wissenschaftlichen Bezeichnungen von Körperfarbstoffen vor. Namen wie Heliofarben, Lackrote, Kalkgrüne, Helindonfarben sind teils an sich reine Qualitätsbezeichnungen, teils solche im Laufe der Zeit geworden. Anfängliche Herkunftsbezeichnungen, wie Ciba-, Cibanon-, Hansafarben, haben sich schon in Qualitätsbezeichnungen verwandelt.

[1]) Vgl. das Verzeichnis der Synonyma in der Entschließung des Verbandes Deutscher Farbenfabriken vom 30. Juli 1909 u. Farbenztg. **16**, 824; 1911.

II. Reinheits- und Echtheitsbegriffe.

Der Begriff „rein“ bei Farbstoffen war, wie erwähnt, bis vor kurzem nicht genügend umgrenzt und abgeteilt. Er ist bei solchen Farbstoffen, die eine einzelne chemische Verbindung (idiochromatische Färbung) darstellen, wie Zinnober, Zinkweiß, den idiochromatischen Cadmiumgelben usw., anders zu fassen als bei solchen natürlichen oder künstlichen Farbstoffen, die wechselnde Gemenge verschiedener Bestandteile sind, wovon nur eines das färbende Prinzip bildet (allochromatische Färbung), wie die Ocker, die allochromatischen Cadmiumgelbe usw. Bei den Farbstoffen der ersten Gruppe hat man die chemische von der technischen Reinheit zu unterscheiden. Fabrikatorisch hergestellte Farbstoffe können niemals chemisch rein sein.

1. **Technisch rein sind:**

a) Künstliche Farbstoffe, welche einzelne chemische Verbindungen sind, dann, wenn sie neben den bestimmenden Bestandteilen keine unzulässigen Mengen fremder enthalten;

b) künstlich hergestellte aus mehreren chemischen Verbindungen bestehende Farbstoffe dann, wenn sie außer den durch die Fabrikationsart bedingten buntfarbigen und weißen Bestandteilen mit Einschluß der technischen Verunreinigungen keine weiteren Stoffe als absichtliche Zusätze enthalten.

Zur Kennzeichnung der Reinheit bei natürlichen Farbstoffen hat der Verband deutscher Farbenfabriken den Begriff naturecht eingeführt und wie folgt definiert:

2. **Naturecht** sind solche natürliche Farbstoffe (Erdfarben), die so, wie sie in der Natur vorkommen, d. h. ohne weiße oder andersfarbige Zusätze, verkauft werden.

Erdfarben, die solchen Aufbereitungsprozessen unterworfen wurden, wodurch keine fremden Bestandteile hinzutraten, fallen unter den Begriff naturrein[1]).

Zur Kennzeichnung der bei Farbstoffen vorkommenden fremden Bestandteile bzw. Beimengungen wurden von Eibner folgende Definitionen vorgeschlagen und von der Kommission zur Herstellung des deutschen Farbenbuches angenommen:

Als fremde Bestandteile sind zu bezeichnen:

a) Bei natürlichen Erd- und Mineral- bzw. den künstlichen Farbstoffen alle weißen Zusätze, welche ausschließlich das Strecken des betreffenden Farbstoffes zum Zwecke haben, also den Handelswert des reinen, unverschnittenen Farbstoffes erniedrigen;

b) bei künstlichen, unverschnittenen Grundfarbstoffen, die bei der Fabrikation in dieselben gelangten, von den verwendeten Materialien und Reagenzien herrührenden Beimengungen, sofern sie in unzulässiger Menge vorhanden sind, oder auf diese Farbstoffe bzw. ihre Mischungen mit anderen Farbstoffen, oder die Bindemittel schädlich einwirken können (z. B. Bleizucker im Bleiweiß usw.).

---

[1]) Vgl. Gruppe A, Ziffer II der Farbenliste des Verbandes Deutscher Farbenfabriken: Farbenztg. **16**, 820; 1911.

Dem Nachweis der unter a) genannten fremden Bestandteile hat die Bestimmung ihrer Mengen[1]) zu folgen; ferner ist Aufschluß über die zulässigen Mengen fremder Bestandteile nach b) zu geben.

Als fremde Bestandteile sind nicht zu betrachten: die weißen natürlichen Träger naturechter Erdfarben und derjenigen künstlichen anorganischen und organischen Substratfarbstoffe, wie des Cadmiumcitron, Cadmiumrot, Chromgelb-citron, der Kobaltblaue, des Cölinblau, der Ultramarine, der Krapplacke und der übrigen organischen Farblacke, ohne welche der betreffende Farbstoff überhaupt nicht, oder bisher nicht als deckender oder lasierender Körperfarbstoff bzw. zur Zeit nicht in der verlangten Tönung hergestellt werden kann.

3. **Echtheit.** Dieser Begriff wird heutzutage in zweierlei Bedeutung gebraucht. Hierüber erließ die Farbenbuchkommission folgende Bestimmungen:

a) Echt im wissenschaftlichen Sinne ist ein Farbstoff, wenn er aus den Bestandteilen besteht, die gemäß seiner Bezeichnung als vorhanden vorausgesetzt werden müssen.

b) Echt im landläufigen Sinne (verwendungsecht) ist ein Farbstoff, wenn er sich den Stoffen gegenüber, womit er bei seiner Verwendung in Berührung kommt, als genügend beständig erweist.

Der Begriff echt im letzteren Sinne ist daher gleichbedeutend mit den Begriffen „beständig", „widerstandsfähig". Es fallen hierunter bei Strichfarben die Begriffe Lichtechtheit, Luftechtheit (Wetterechtheit), Naturechtheit, Wasser-, Sprit-, Öl-, Kalkechtheit (Kalkfarbe), Alkali- und Säurebeständigkeit usw.

Diese wurden in folgender Weise definiert:

a) Unter Lichtechtheit versteht man die relative Beständigkeit der Farbstoffe gegenüber den Einwirkungen des Sonnenlichtes (und der künstlichen Lichtarten).

b) Unter Luftechtheit (Wetterechtheit) versteht man die relative Widerstandsfähigkeit eines Farbstoffes gegen die Einflüsse der Atmosphäre.

c) Unter Kalkechtheit eines Farbstoffes versteht man seine chemische Unempfindlichkeit gegenüber völlig gelöschtem, kieselsäurearmem Kalk, die sich im Stehenbleiben des Farbtones in diesem äußert.

Anm.: Kalkfarben sind Farben, welche kalkecht sind und den übrigen Bedingungen einer licht- und wetterechten Farbe entsprechen.

d) Wasserecht ist ein Farbstoff, wenn er im Wasser unlöslich ist.

e) Ölecht ist ein in der Grundierung verwendeter Farbstoff, wenn er in den in der Ölfarbentechnik benutzten fetten und ätherischen Ölen unlöslich ist und daher nicht in einen darauf gesetzten hellen Überstrich durchschlägt (ausblutet) und durch diese oder ihre Oxydationsprodukte nicht im Tone verändert (gebleicht oder verdunkelt) wird, den Flüssigkeitsgrad der mit den Ölen hergestellten Mischungen nicht erheblich verändert noch das Trocknen der betr. Bindemittel stark verzögert.

---

[1]) Bestimmungen über die zulässigen Mengen dieser fremden Bestandteile sind noch nicht getroffen.

Anm.: Lackbeständige Farbstoffe sind solche, welche in freie Harzsäuren irgendwelcher Art enthaltenden Lacken oder Firnissen weder eindicken noch ausbluten.

4. **Fälschung** bzw. **Verfälschung** liegt vor, wenn ein Farbstoff ganz oder teilweise nicht echt im chemischen Sinne ist, d. h. wenn er die durch die Art seiner Namengebung festgelegte und als vorhanden anzunehmende chemische Zusammensetzung gar nicht oder nicht völlig besitzt (Verschneidung).

5. Unter **Schönung** versteht man den Zusatz eines fremden anorganischen oder organischen bunten Farbstoffes zu natürlichen oder künstlichen Farbstoffen, der zu dem Zwecke gemacht ist, um einen schöneren Ton derselben zu erzielen.

Es wurden ferner folgende Qualitätsbegriffe festgestellt:

1. **Grundfarbstoffe**[1]) nennt man solche natürliche oder künstliche, technisch reine, also weder verschnittene noch geschönte Farbstoffe bekannter chemischer Zusammensetzung, deren Farbton nicht durch mechanische Mischung aus zwei oder mehreren Farbstoffen erhalten werden kann, sondern durch die Art der natürlichen Bildung oder der Fabrikation bedingt ist.

2. **Mischfarbstoffe** sind solche Farbstoffe, welche durch mechanische Mischung gleicher oder verschiedener Mengen zweier oder mehrerer Grundfarben ohne weitere Zusätze hergestellt sind.

Beispiele: die Chromgrüne, Zinkgrüne, grünen Zinnober; Mischungen aus Chromgelb bzw. Zinkgelb mit Pariserblau. Diese Forderung der Farbenbuchkommission wurde vom Verbande deutscher Farbenfabriken angenommen. Vgl. Farbenzeitung **16**, 820.

3. Unter **Verschnittfarbstoffen** versteht man mechanische Mischungen von technisch reinen Grund- oder Mischfarbstoffen mit verdünnenden, nicht buntfarbigen Zusätzen.

4. **Träger- oder Substratfarbstoffe** nennt man jene künstlichen Farbstoffe, bei deren Herstellung ein weißer Füllstoff (Träger) verwendet werden muß, um die verlangte Tonabschwächung bzw. sonstige Qualität (Deckfähigkeit) zu erhalten.

Der Begriff „Trägerfarbstoffe" wurde später durch Eibner in folgender Weise erweitert:

1. Die natürlichen, unverschnittenen Erdfarben sind mit wenigen Ausnahmen, wie die Oberebersbacher Ocker, „Ocre de ru", Siena usw., Gemenge aus wechselnden Mengen eines färbenden Bestandteiles (Eisenoxydhydrate [allochromatische Färbung]) und einer oder mehreren weißen Unterlagen (Substraten), meist Ton. Für diese wird der Name natürliche Trägerfarbstoffe vorgeschlagen. Sie haben wechselnde prozentische Zusammensetzung. Es ist also bei diesen Farbstoffen zur Feststellung der Reinheit nur die Angabe der qualitativen Zusammensetzung nötig.

2. In die Klasse der Trägerfarbstoffe gehören von den künstlichen mineralischen Farbstoffen: 1. Cadmium citron, 2. Cadmiumrot

[1]) Die hier gegebene Definition des Begriffes „Grundfarbstoff" hat keine Beziehung zu dem optischen Begriff „Grundfarben".

hell, 3. Chromgelb citron, 4. Neapelgelb hell, 5. Kobaltblau, 6. Kobaltgrün, 7. Cölinblau, 8. Coeruleum, 9. die Ultramarine. Bei diesen ist die Menge des färbenden Anteiles nicht konstant bzw. seine Angabe wie bei den grünen, blauen, roten und violetten Ultramarinen analytisch nicht möglich.

3. Bei diesen natürlichen und künstlichen Trägerfarbstoffen ist der Begriff „rein“ nicht im gleichen Sinne anwendbar wie bei den Farbstoffen mit konstantem Mengenverhältnis der ausschließlich farbigen Bestandteile (Grundfarbstoffe), weil die in ersteren vorhandenen, nicht buntfarbigen Anteile weder als fremde noch als unnötige oder unzulässige Beimengungen bezeichnet werden können. Die technische Reinheit dieser natürlichen und künstlichen Substratfarbstoffe ist bedingt durch die Abwesenheit anderer als der natürlich vorhandenen bzw. zu ihrer Herstellung nötigen weißen oder buntfarbigen Bestandteile, nämlich von Verschnittmitteln und Schönungen.

5. **Ersatzfarbstoffe** nennt man solche Farbstoffe, welche an Stelle eines im Handel befindlichen Farbstoffes meist zu niedrigeren Preisen zur Verwendung angeboten werden und nicht dieselbe chemische Zusammensetzung wie diese besitzen.

Farbstoffnamen, wie Zinnober, Pariserblau, Chromgelb, Cadmiumgelb, Ultramarin, Guignetgrün, Kobaltblau, Kobaltgrün usw., werden auch heute noch irrtümlich in der Bedeutung von Eigennamen gebraucht, obwohl sie tatsächlich Sammelnamen für ebenso viele Gruppen von Farbstoffen sind, in welchen sich die einzelnen Individuen entweder im technischen Effekt oder sogar durch die chemische Zusammensetzung und im Verbrauchswert stark unterscheiden. Letzterer Umstand ist bei der Ausarbeitung chemisch-technischer Untersuchungsmethoden der betr. Farbstoffe zu berücksichtigen.

III. Begriffe: Farbe, Farbstoff, Körperfarben, Körperfarbstoffe, Pigment usw.

Die Bezeichnung der Farbstoffe leidet in Deutschland zur Zeit noch dadurch unter einer starken Unsicherheit, daß das Wort „Farbe“ in dreierlei Bedeutungen angewendet wird: 1. zur Bezeichnung der optischen Erscheinung der verschiedenen einfachen farbigen Lichter; 2. zur Bezeichnung farbiger Stoffe und 3. für malfertige Gemische aus Farbstoffen und Bindemitteln. Im Englischen bestehen hierfür drei klare Bezeichnungen: colour, pigment und paint. Zur Beseitigung dieser Ungenauigkeit der deutschen Sprache empfiehlt es sich: 1. die Begriffe Farbe, Färbung, farbig rein optisch und derart zu fassen, daß sie ausschließlich für farbige Lichtarten und Erscheinungen bzw. als Prädikate für farbige Stoffe angewendet werden; 2. letztere abweichend von dem gegenwärtigen Gebrauch der Technik nur mehr als „Farbstoffe“ und nicht mehr als „Farben“ zu bezeichnen. Das Wort „Körperfarbe“ wurde wohl ursprünglich nur zur Unterscheidung farbiger Stoffe von den farbigen Erscheinungen gebraucht. Es wäre zu vermeiden, da es zu der Mißdeutung Anlaß gibt, es bezeichne den Farbton eines farbigen

Stoffes. Im gleichen Sinne, wie das Wort Körperfarbe gebraucht, ist die Bezeichnung „Körperfarbstoff“ Tautologie und daher überflüssig. Beide Ausdrücke werden jetzt hauptsächlich zur Unterscheidung der in Wasser, Ölen usw. unlöslichen Farbstoffe für Anstrich usw. von den löslichen Textilfarbstoffen gebraucht. Doch sind Bezeichnungen wie „Malerfarbstoffe“ usw. genauer und eindeutig. In der Bedeutung von Farbstoffen, die „Körper“ besitzen, d. h. deckend wirken, ist der Name Körperfarbstoff völlig überflüssig, da die Bezeichnungen „Deckfarbstoff“ und „Lasurfarbstoff“ bestehen und genügen. Fremdnamen, wie „Pigment“ oder die häßliche Tautologie „Pigmentfarbstoff“, sind zu verlassen. Dagegen schien es nicht zu verhindern, daß in der Praxis der Mal- und Anstrichtechnik das Wort „Farbe“ nach wie vor für malfertige Gemenge von Farbstoffen mit ihren Bindemitteln gebraucht wird.

Da die anorganischen Farbstoffe ihre Hauptanwendung in der Anstreicherei, Dekorationsmalerei, Kunstmalerei und im Buntdruck finden, ist die Zusammenstellung der hiernach an sie zu stellenden Anforderungen von Bedeutung.

IV. Echtheits- und Verwendungseigenschaften der Strich- und Druckfarbstoffe.

Farbstoffe, die in allen Maltechniken und sonstigen Verwendungen brauchbar sein sollen, haben folgenden Anforderungen zu genügen:

Sie müssen sein:

1. Echt im wissenschaftlichen (chemischen) Sinne, also auch stoffecht und technisch rein, sofern sie nicht als Verschnittfarbstoffe deklariert sind.

2. Echt im technischen Sinne, also in der Verwendung normal, und zwar:

a) lichtbeständig (lichtecht) sowohl für sich als in Mischung miteinander und mit weißen Farbstoffen wie auch in starker Verdünnung;

b) luftecht, d. h. beständig im Freien und gegenüber den in der Atmosphäre vorhandenen Gasen;

c) kalkecht, d. h. unveränderlich im gelöschten Kalk;

d) säurebeständig;

e) verträglich in Mischung mit anderen bunten und auch weißen Farbstoffen;

f) wasserecht, d. h. unlöslich in Wasser;

g) spritecht, d. h. unlöslich in Alkohol;

h) ölecht, d. h. unlöslich und chemisch unveränderlich in fetten und ätherischen Ölen sowie in Lacken.

Daher sind bei Strichfarben kolloidale Zustände zu berücksichtigen. Hinzu kommen spez. Gewicht, Korngröße, Porenvolumen und optisches Verhalten (vgl. Physikalische Prüfung von Farbstoffen, S. 709).

Gegenwärtig bestehen nicht für alle diese Echtheitseigenschaften durchaus verlässige und vereinbarte physikalisch- und chemisch-technische quantitative Bestimmungsmethoden. Es ist daher vom Deutschen Normausschuß der Technik, Gruppe XX, ihre Aufstellung in die Wege geleitet. Tatsachen aus letzter Zeit beweisen ferner, daß bei der Prüfung von neuen Farbstoffen zum Zwecke der Einführung in die Mal- und Anstrichtechnik noch nicht alle notwendigen Prüfungsnormen berücksichtigt werden, was zu Mißständen führte. Sodann ist zu erwähnen, daß es nur relativ wenige Farbstoffe gibt, die allen obengenannten Anforderungen ausnahmslos genügen. Man sah sich daher frühzeitig genötigt, die Farbstoffe nach ihrer relativen Verwendbarkeit in Gruppen einzuteilen, z. B. in kalkechte und kalkunechte, lichtechte, lichtunechte usw. Außerdem unterscheidet man zwischen ölechten und ölunechten.

Die Echtheit im chemischen Sinne wird bei anorganischen Farbstoffen nach bekannten analytischen Methoden bestimmt. Es gibt nur einige wenige Fälle, wie bei Guignetgrünen, Cadmiumroten, Zirkonweiß, wo die analytische Feststellung der chemischen Echtheit noch nicht einwandfrei gelungen ist.

Die technische Reinheit ergibt sich durch den analytischen Nachweis der Abwesenheit in Wasser löslicher, ungefärbter oder gefärbter bzw. fremder, unlöslicher, weißer oder bunter Stoffe (Verschnittmittel, Schönungen mit Chromgelb usw.) und von Teerfarbstoffen als Schönungen; ferner durch die Glühprobe zum Nachweis organischer Beimengungen bei anorganischen Farbstoffen bzw. der vollkommenen Flüchtigkeit des zu prüfenden Farbstoffes (Zinnober); dann durch Erhitzen im Rohr zum Nachweis von Wasser bzw. Schwefelsäure (in Eisenfarbstoffen).

Bei einzelnen Farbstoffen sind die Gemengteile von den technischen Verunreinigungen streng zu unterscheiden (Guignetgrün).

Die technische Echtheit (Verwendungsfähigkeit) wird teils durch chemische, teils durch physikalisch-optische Verfahren, großenteils in Verbindung mit Dauerproben, ermittelt. Die Frage des Wertes abgekürzter Dauerversuche ist in die Wege geleitet.

Normalfarbstoffe.

Dieser Begriff wurde von Keim für Anstrich- und Malerfarben eingeführt, die allen Anforderungen an Verwendungsechtheit genügen sollen. Es hat sich gezeigt, daß er noch nicht hinreichend umgrenzt ist und sich nicht nur auf Stoffechtheit und technische oder chemische Reinheit beschränkt, sondern auch auf physikalische Eigenschaften bezieht, die nicht immer mit den chemisch-normalen vereinigt sind. Schon die Einteilung der Farbstoffe in kalkechte und kalkunechte, ölechte und ölunechte zeigt, daß der Begriff „Normalfarben" mehrdeutig ist. Weitere Teilungen werden nötig werden, so in rostschützende und rostfördernde Farbstoffe, in das Springen von Ölfarbenaufstrichen begünstigende und verhütende u. dgl. Vgl. Eibner: „Die Normalfarbenskale"; „Die Ölfarbe in Kunst und Handwerk"; VII. Die Rostschutzfrage; „Sprung- und Rißbildung antrocknender Ölfarbenaufstriche und auf Ölbildern", 3., 5. u. 6. Stück der Monographien zur Maltechnik; Verlag B. Heller, München 1920; Chem.-Ztg. **45**, 469; 1921. Über fette Öle, Leinölersatzmittel und Ölfarben; Beitrag zur Normalfarbenfrage; ebenda 1922.

Lichtwirkungen auf Anstrichfarbstoffe.

Zur Aufstellung von Verfahren der Untersuchung der Farbstoffe auf Lichtechtheit ist Kenntnis der verschiedenen Arten der Lichtwirkungen auf die Stoffe nötig. Außerdem wird bei der Beurteilung der Lichtbeständigkeit der Farbstoffe jetzt noch vielfach die Tätigkeit der die Lichtwirkung beschleunigenden Umstände nicht genügend berücksichtigt.

Die erste Wechselwirkung des weißen Sonnenlichtes mit Stoffen, die man buntfarbige nennt, ist eine rein optische. Sie schlucken den geringeren oder größeren Anteil der einzelnen Strahlengebiete des Sonnenlichtes und reflektieren den anderen. Bleiben ihre ursprünglichen Schluckungsverhältnisse im Lichte konstant, so nennt man sie lichtechte. Die Lichtwirkungen auf die Farbstoffe können dreierlei Art sein. Ändern sie ihr optisches Verhalten derart, daß die Reflexion ein Höchstmaß, die Schluckung ein Mindestmaß erreicht, so nennt man sie ausbleichende. Ist das Gegenteil der Fall, so sind sie nachdunkelnde. Diejenigen Farbstoffe, welche im Lichte den Farbton ändern, geben während der Belichtung andere Strahlengebiete aus als vor der Belichtung.

Das Studium der Lichtwirkungen auf organische Stoffe und Teerfarbstoffe hat zu einer engeren Auffassung der Lichtwirkung auf Farbstoffe geführt, als sie für die Betrachtung der Veränderungen dienlich ist, welche an anorganischen Farbstoffen und anderen Stoffen vor sich gehen. Die dort aufgestellten Theorien der Reduktionswirkung (Vogel, Wiedem. Ann. **43**, 449; 1891) bzw. der Lichtoxydation (Link 1808; Gros, Zeitschr. f. phys. Chem. **37**, 157; 1901, Schaum, Jahrb. d. Phot. und Reprod.-Techn. **1908**, 120; v. Baeyer, Ber. **33**, 1569; 1900; Gebhardt, Zeitschr. f. angew. Chem. **22**, 433; 1909 und **23**, 820; 1910 u. a.) reichen nicht aus, um alle bei den mineralischen Farbstoffen vorkommenden Erscheinungen der Lichtwirkung zu erklären, da man hier schon frühzeitig auch solche beobachtete, bei welchen nachweisbare chemische Veränderungen der Stoffe im Lichte nicht stattfinden, wie bei Zinnober, Jodquecksilber usw. Man mußte also neben chemischen Lichtwirkungen auch physikalische voraussetzen. Solche äußern sich unter anderem in Änderung der Krystallform (Jodquecksilber, Mitscherlich), in Polymerisation und Depolymerisation (Anthracen, Fritsche, Luther und Weigert; Eders Jahrb. f. Phot. **1905**, 78), Isomerisierung usw. Das Gemeinsame derartiger Lichtwirkungen auf Farbstoffe scheint zu sein, daß sie auch im luftleeren Raume auftreten und daß sie durch Bindemittel (fette Öle, Harze) nicht aufgehalten werden. Andererseits ist seit langem bekannt, daß gewisse chemische Lichtwirkungen auf Farbstoffe in mit Wasserdampf gesättigter Luft starke Beschleunigung erfahren können. Älteste und neueste Forschungen von Bonzius 1757, Berthollet 1791, Chevreuil, Grothus, Schönbein, Abney und Russel, Church, Bolis, Gebhardt u. a. stellten fest, daß diese Art von Lichtwirkungen auf Farbstoffe im trockenen und luftleeren Raume nicht auftreten und demgemäß, daß die betr. Farbstoffe durch Ölbindemittel teilweise geschützt werden. Sauerstoff und Wasser sind also die ausführenden Organe bei dieser Art von Lichtwirkungen, die auf Oxydation,

Reduktion, Hydrolyse usw. beruhen (Gebhardt, Chem.-Ztg. **34**, 532; 1910). Die Tätigkeit dieser Beschleuniger der Lichtwirkungen (Katalysatoren) (Berzelius, Schönbein, 1857, Niepce de St. Victor 1859) wurde in der Theorie der Lichtwirkung durch Katalyse (Ostwald), Autokatalyse, Autoxydation (Engler und Weißberg) zusammengefaßt und in ihrer Bedeutung für die Erkenntnis der Lichtwirkungen auf Farbstoffe erkannt.

Lange Zeit sind auch Lichtwirkungen bekannt, welche den zurückgehenden Wärmewirkungen auf Quecksilberoxyd, Zinnober, Jodquecksilber, Zinkoxyd zugehören, wie jene der Zinnober, Pariserblaue, nämlich die umkehrbaren oder zurückgehenden (reversiblen) Lichtwirkungen (Phototropie), welchen die zahlreicheren nicht umkehrbaren (irreversiblen) gegenüberstehen. Zu den ersteren gehört bei den anorganischen Farbstoffen auch die chemische Lichtwirkung auf Lithopon. Die gegenwärtig bekannten Gruppen von Lichtwirkungen hat Stobbe in einer Abhandlung: Die Photoreaktionen organischer Verbindungen, Zeitschr. f. Elektrochem. **14**, 473; 1908, übersichtlich zusammengestellt und darin Ausblicke für künftige umfassendere Beurteilung dieses Gebietes gegeben.

Besonders wichtig ist bei anorganischen Farbstoffen die Beantwortung der weiteren Frage des die Lichtwirkung beschleunigenden oder verzögernden Einflusses fremder Zusätze. Hier kommen zunächst als einfachster Fall die Wirkungen der üblichen verdünnenden Zusätze weißer Farbstoffe, dann jene der Farbstoffgemische aufeinander im Lichte und endlich die der Bindemittel auf erstere in Frage. Leitende Gesichtspunkte liefern hier neben den grundlegenden Arbeiten von Ostwald und seinen Schülern über Katalyse auch einige Einzelbeobachtungen. So jene, daß Alizarinfällungen auf Zinnsalzen eher verblassen als auf Chromsalzen, allgemein, daß Verlackung die Lichtechtheit von Teerfarbstoffen in verschiedenen Graden erhöht. Daß auch einige der üblichen Beschwerungsmittel, wie Kreide, Spat, Zinkweiß, in ihrer Wirkung auf Farbstoffe sehr verschieden voneinander sind, war in der Fabrikpraxis bekannt. Es ist festzustellen, welche dieser Zusätze am schädlichsten wirken. (Vgl. Gebhardt, Über die Einwirkung des Lichtes auf Farben, und Zeitschr. f. angew. Chem. **22**, 2484; 1909.) Bezüglich der Wirkung von Bindemitteln ist bekannt, daß Methylviolette und andere Farbstoffe rasch auf Stärkepapier, weniger rasch auf Gelatine- und Eiweißpapier bleichen. Die Erkundung der Wirkungen dieser und anderer Stoffe auch auf anorganische Farbstoffe ist von hohem Werte für die Beurteilung der praktischen Anwendbarkeit. Endlich sind einige Beispiele von beschleunigendem Einfluß der Lichtwirkung bei Gemischen organischer Farbstoffe bekannt. So bleicht nach Geiger ein Gemisch von Fuchsin und Chrysanilin rascher aus als beide Farbstoffe allein (Farbensensibilisation: Gros). Derartige Verhältnisse können auch bei Gemengen von anorganischen Farbstoffen auftreten und eine der Ursachen der wichtigen Erscheinungen der „unverträglichen Farbenmischungen“ bilden.

Es handelt sich also um folgende Fragen: 1. Welchen Gruppen der zur Zeit bekannten Lichtwirkungen gehören die an anorganischen Farbstoffen beobachteten Veränderungen durch Licht an? 2. Welche anorganischen oder organischen Zusätze beschleunigen oder verzögern sie? Im allgemeinen werden diejenigen anorganischen Farbstoffe lichtecht sein, die bei Gegenwart von Sauerstoff und Wasser weder oxydiert noch reduziert werden können und keinen lichtphysikalischen Veränderungen unterworfen sind. Diese Fragen werden bei den folgenden Farbstoffen unter den Titeln „Lichtechtheit" und „Verträglichkeit in Mischung" behandelt werden, soweit es zur Zeit schon möglich ist.

Prüfung der Farbstoffe auf Lichtechtheit.

Diese kann nur bei Berücksichtigung aller theoretischen und in der Praxis maßgebenden Umstände sichere Resultate ergeben. Es bestanden früher über die zweckmäßigste Ausführung der Versuche und Darstellung der Ergebnisse keine einheitlichen Festsetzungen. Daher die teilweise sehr auseinandergehenden Ergebnisse. Der Grad der Lichtwirkung auf Farbstoffe ist abhängig: 1. von der Stärke und Inkonstanz der natürlichen Lichtquelle (direktes oder zerstreutes Sonnenlicht); der Bewölkung, der Tages- und Jahreszeit und geographischen Lage des Versuchsortes; von künstlichen konstanten Lichtarten (Bogenlicht, Uviollicht); 2. dem Feuchtigkeitsgehalt der Luft und der Proben; 3. der Temperatur; 4. der An- oder Abwesenheit schädlicher Gase, wie schwefliger Säure usw.; 5. der Tonstärke des Farbstoffes (Verdünnungsgrad); 6. von der Beschaffenheit der verwendeten verdünnenden weißen Farbstoffe; 7. von der Art und Menge der Bindemittel; 8. bedingungsweise von der Beschaffenheit des Malgrundes; 9. von der Art der Aussetzung der Proben, unter oder ohne Glasbedeckung.

Zu 1. Bezüglich der Unterschiede in der Wirkung des direkten und zerstreuten Sonnenlichtes liegt eine Beobachtungsreihe von Abney und Russel vor, wonach neunmonatige Belichtung im direkten Sonnenlichte etwa einer solchen von 400 Jahren im zerstreuten Tageslichte von Galerien entsprechen soll. Aus dieser Angabe kann nicht geschlossen werden, daß alle Farbstoffe, die im direkten Sonnenlichte unter gleichen Versuchsbedingungen 9 Monate standhielten, in den so mannigfachen Anwendungen in der Malerei 400 Jahre im zerstreuten Lichte halten müßten, da die Einflüsse der wechselnden Luftfeuchtigkeit, der verschiedenen Bindemittel, fremder Stoffe oder Eingriffe, des Ortswechsels usw., die während eines 400 Jahre langen Zeitraumes auftreten könnten, außer Betracht gelassen sind. Ähnliche Anschauungen vertrat Church und wies u. a. auf den beschleunigenden Einfluß der Temperaturerhöhung hin. (Vgl. Church-Ostwald, Farben und Malerei, München **1908**, 355 Fußnote.)

Nachdem ein großer Teil der Farbstoffe in ihrer praktischen Verwendung nicht durch volles Sonnenlicht getroffen wird, die Belichtungsversuche aber wegen Zeitersparnis meist in dieser Weise, aber auch mittels Bogenlicht oder Uviollicht angestellt werden, ist die Auffindung möglichst genauer Beziehungen zwischen diesen Belichtungsarten im Interesse richtiger Beurteilung der Güte der Farbstoffe erwünscht. Die

Größe der Stärkeunterschiede des Sonnenlichtes in den verschiedenen Jahreszeiten und Zonen ist noch nicht festgestellt und wird sich kaum genau ermitteln lassen. Doch scheinen, wie aus Versuchen hervorgeht, die Unterschiede zwischen den Wirkungen der vollen Sonnenbestrahlung und jener bei wechselnder Bewölkung innerhalb der Frühlings-, Sommer-, Herbst- und selbst Wintermonate nicht so groß zu sein, als angenommen wird. (Vgl. den Abschnitt über den Einfluß der Luftfeuchtigkeit s. u. und S. 701.) Immerhin ergibt sich hieraus die Notwendigkeit der Anstellung größerer Versuchsreihen zur gleichen Zeit.

Zu 2. Wie Versuche ergeben haben, ist der Unterschied der Lichtwirkung bei Farbstoffen, die der Oxydation oder Reduktion unterliegen können, in hohem Grade abhängig von dem Feuchtigkeitsgehalte der Probe und der Luft. Daher halten Ölaufstriche im allgemeinen länger stand als solche der gleichen Farbstoffe mit wäßrigen Bindemitteln. An Regentagen, besonders solchen mit wechselnder Bewölkung, kann die Lichtwirkung weit stärker sein als an trockenen, klaren Tagen. (Vgl. die gleichen Beobachtungen von Gebhardt, Chem.-Ztg. **34**, 533; 1910.) Für exakte wissenschaftliche Versuche wäre nach Gebhardt das Bogenlicht anzuwenden. Auch diese Methode erfordert in Rücksicht auf die Praxis die Reduktion der Ergebnisse auf Sonnenbeleuchtung. Zur Zeit fehlen hier, wie bezüglich des Uviollichts, die erforderlichen Vergleichsdaten für alle möglichen Fälle.

Zu 3. Den Einfluß der Temperatur auf den Grad der Lichtwirkung bei demselben Stoff zeigt u. a. Church, l. c. Auch hier fehlen genaue Daten.

Zu 4. Belichtungsversuche, die in chemischen Laboratorien und in der Nähe großer Fabriken ausgeführt werden, liefern infolge der Anwesenheit von schwefliger Säure für eine Reihe von Farbstoffen andere Ergebnisse als die in reiner Luft angestellten. Sie sind daher im allgemeinen ähnlich wie die im vollen Sonnen- und Uviollichte unternommenen Versuche als forcierte zu betrachten. (Vgl. dagegen Gebhardt, Zeitschr. f. angew. Chem. **22**, 2484; 1909.)

Zu 5. Die Abhängigkeit der Lichtechtheit ein und desselben Farbstoffes von dem Grade seiner Verdünnung im flächenweisen Auftrag ist bekannt. Die Lichtwirkung auf farbige Flächen ist hauptsächlich Oberflächenwirkung. Je weniger Farbstoff sich in den tieferen durch das Licht schwerer erreichbaren Schichten befindet, desto stärker erfolgt die Ausbleichung. Bei Lasurfarben kommt sie stärker zur Geltung als bei Deckfarben. Es können also auch bei relativ lichtechten Farbstoffen die hellsten Töne eines Wasserfarbenanstriches längst verschwunden sein, während die tiefsten kaum oder gar nicht verändert sind. Es genügt daher nicht, einen Farbstoff nur im Vollton zu belichten. Auch die Anwendung in der Dekorations- und Kunstmalerei, im Dreifarbendruck usw. erfordert die Belichtung von Mitteltönen und starken Aufhellungen. (Valenta.)

Zu 6. In der Einleitung zu diesem Kapitel wurde erwähnt, daß die bei der Stellung und Verdünnung der Malerfarbstoffe usw. verwendeten Zusätze an weißen Farbstoffen, abgesehen von dem durch sie bewirkten

Verdünnungsgrad, nicht immer ohne direkten Einfluß auf die Lichtechtheit des betreffenden Farbstoffes sind, sondern als Förderer der Lichtunechtheit wirken können. Versuche von Eibner ergaben, daß die Lichtechtheit einer großen Reihe nicht nur organischer, sondern auch anorganischer Farbstoffe in hellen Mischungen mit Zinkweiß und Titanweiß besonders als Wasser-, weniger als Leim- oder Ölfarben in sehr beträchtlichem, manchmal sogar ganz außerordentlichem Grade herabgesetzt wird, während andere weiße Farbstoffe diese Wirkung innerhalb derselben Zeit nicht oder nur in sehr geringem Grade äußern. (Vgl. Zinkweiß und Pariserblau; Titanweiß.)

Die Ursachen dieser Erscheinung sind inzwischen aufgeklärt. Da sie besonders für Kunstmalerei und Farbendruck von einschneidender Bedeutung ist, werden die beobachteten Tatsachen in den Artikeln Zinkweiß und Titanweiß näher erörtert und Einzelheiten bei denjenigen bunten anorganischen Farbstoffen unter dem Titel: Verträglichkeit in Mischung angeführt, die durch Zinkweiß und Titanweiß im Lichte rasch verändert werden.

Zu 7. Es ist längst bekannt, daß die Lichtechtheit der meisten Textilfarbstoffe im Zusammenhang mit der Faser steht, auf der sie gefärbt sind, ferner, daß die Haltbarkeit der verlackten Farbstoffe abhängig von der verwendeten Metallbase ist (vgl. Kalkgrüne, S. 844), und endlich daß gewisse Appreturen von Einfluß auf die Lichtechtheit von Textilfarbstoffen sind. Man kann daher um so mehr erwarten, daß die einzelnen Bindemittel der Maler- und Druckfarben gewisse Einflüsse auf die empfindlicheren Farbstoffe ausüben, als sie in bezug auf die Abhaltung der Feuchtigkeit sehr verschieden wirken. Es ist daher anzunehmen, daß die Kolloide, arabisches Gummi, Dextrin, Leim, besonders in Verbindung mit Glycerin und Honig (vgl. Church-Ostwald, S. 236), schädlicher wirken als Eiweißstoffe, Casein usw., die durch Lichtwirkung in den unlöslichen, also Wasser nicht mehr stark adsorbierenden Zustand übergehen, und besonders als fette Öle, falls diese nicht etwa durch Sauerstoffübertragung auf die Farbstoffe zerstörend wirken. Über die Unterschiede im Einfluß der erstgenannten Bindemittelgruppe auf Farbstoffe sind genaue Beobachtungen zur Zeit nicht veröffentlicht; doch sind augenscheinlich solche vorhanden. Bei Belichtungsversuchen wird man daher Art und Menge der Bindemittel variieren und bei ein und derselben Versuchsreihe gleiche Mengen Bindemittel anwenden. (Über den Einfluß der Ölbindemittel siehe unter „Ölechtheit“.)

Zu 8. Es bedarf kaum der Erwähnung, daß bei Belichtungsversuchen mit Wasserfarben usw. Papiere, die Holzschliff enthalten, wegen der Gefahr des Vergilbens nicht verwendet werden dürfen. Am besten benutzt man baumwollfreies Handleinenpapier. (Whatman, Zanders usw.) Außerdem berichtet Eder, daß Holzpapiere das Bleichen von Farbstoffen beschleunigen.

Zu 9. Über den Einfluß der Glasbedeckung der Belichtungsproben liegen einige Beobachtungen von Hartley und Church vor, wonach Tafelglas die Wirkung verstärkt, und zwar nicht deshalb, weil es schwachgrüne Färbung besitzt und daher ultraviolette Strahlen abhält, sondern trotzdem, da in dem Raum zwischen den Glasplatten Feuchtigkeit kondensiert wird. (Church-Ostwald, Farben und Malerei, S. 346.) Eibner ermittelte, daß die Glasbedeckung der Belichtungsproben bei der überwiegenden Zahl der organischen, aber auch den meisten unter Ziff. 6 genannten Farbstoffe, wenn sie unausgemischt verwendet werden, die Bleichung nicht auffallend beschleunigt; daß dagegen Ausmischungen auch der besten anorganischen und organischen Farbstoffe mit Zinkweiß bzw. Titanweiß und wenig arab. Gummi als Bindemittel unter Glas ganz außerordentlich rasch ausbleichen, während dieselben Aufstriche ohne Glas belichtet sehr viel länger standhalten. Ausnahmen bilden, soweit bis jetzt bekannt ist, Lithopon und die Pariserblaue, welche unter Glas weniger leiden als ohne Glasbedeckung.

Anordnung der Belichtungsversuche. Als Hauptregel muß hier gelten, die Versuche den in Betracht kommenden Verwendungsarten der Farbstoffe möglichst anzupassen. Hieraus ergibt sich die Entscheidung, in welchen Techniken ein geprüfter Farbstoff angewendet werden kann. Gegen diese Vorbedingung wird gegenwärtig teils infolge mangelnder Kenntnis aller bekannten Umstände, teils infolge unzureichender Erforschung aller hier in Frage kommenden Faktoren noch vielfach gefehlt. Es ergeben sich etwa folgende Regeln:

1. Jeder Farbstoff muß sowohl im Vollton (dickem Auftrage) als in womöglich gemessenen mittleren und starken Abschwächungen (dünnen Aufträgen) geprüft werden.

2. Es sind Ausmischungen der zu untersuchenden Farbstoffe mit den in den verschiedenen Techniken zumeist verwendeten weißen Verdünnungsmitteln, Bleiweiß, Zinkweiß, Titanweiß, Lithopon, Kreide, Spat, von bestimmten Farbstoffgehalten gleichzeitig zu belichten.

3. Alle Belichtungsversuche neuer Farbstoffe sind nach Typ vorzunehmen, d. h. bei gleichzeitiger und gleichartiger Belichtung eines oder mehrerer Farbstoffe ähnlichen Tones und bekannter Eigenschaften.

4. Es ist auf die Unterschiede im Färbevermögen der einzelnen Farbstoffe Rücksicht zu nehmen, da nur Aufstriche bzw. Ausmischungen mit Weiß von gleicher Tonstärke direkt auf Lichtechtheit verglichen werden können. Bei Farbstoffen mit gleichem Färbevermögen sind die Ausmischungen von gleichem Prozentgehalt an Farbstoff gleich stark im Ton. Bei solchen mit verschiedenem Färbevermögen ist die Gleichheit der Tonstärke durch Variation der Mengenverhältnisse von buntem Farbstoff und Weiß zu erreichen.

5. Da, wie erwähnt, eine Anzahl von Farbstoffen in den verschiedenen Bindemitteln sehr verschiedene Lichtechtheiten aufweisen, so sind zu belichten: a) Aufstriche mit weißem arab. Gummi mit und ohne Glycerinzusatz; b) solche mit Leim; c) mit Casein als Bindemittel; d) Aufstriche in Leinöl und Öldrucke; e) mit hellem Copalbilderlack; f) mit Mastix- oder Dammarlack. Die wäßrigen Bindemittel sind in steigenden Mengen anzuwenden.

In Rücksicht auf den schädlichen Einfluß der Feuchtigkeit stellt die Belichtung der Farbstoffe für sich und ohne verdünnendes Weiß im Aufstrich mit wenig arab. Gummi eine scharfe Probe, jene in Teigform unter an den Rändern verklebten Glasplatten eine sehr scharfe, die in Öllack und Harzlackaufstrichen im allgemeinen die gelindeste Prüfungsart dar. (Ausnahmen siehe unter „Ölechtheit", S. 707.) Dagegen ist die Belichtung eines Farbstoffes in hellen Ausmischungen mit Zinkweiß und Titanweiß mit wenig arab. Gummi unter Glas, soweit bis jetzt bekannt, die schärfste praktische Probe auf Lichtechtheit, der ein Farbstoff unterworfen werden kann. Ihre Bedeutung darf jedoch nicht übertrieben werden. Sie besteht größtenteils nur für die Zink- und Titanweiß als Wasser- oder Leimfarbe verwendenden Anstrich-, Mal- und Drucktechniken; so die moderne Aquarell- und Gouachemalerei. Zur Prüfung von Farbstoffen in der Pastellmalerei belichtet man helle Ausmischungen der Farbstoffe mit Kreide ohne Bindemittel und zwischen an den Rändern verklebten Glasplatten eingeschlossen. Diese Methode empfiehlt sich besonders für orientierende und genaue Versuche, da hierbei der Einfluß der Bindemittel ausgeschlossen ist; oder man bestreicht Aquarellpapier mit Pastellstiften und belichtet unter Glas.

6. Alle vorstehend erwähnten für die Prüfung eines Farbstoffes mit seinem Typ notwendigen Reihen von Versuchstafeln sind gleichzeitig zu belichten, um den Fehler der ungleichartigen Lichtwirkung zu beseitigen. Die auf S. 698, Ziff. 6 mitgeteilten Beobachtungen gestatten bei Farbstoffen, deren Lichtechtheit im Vollton im Wasserfarbenaufstrich bekannt ist, durch Belichtung von Tonabschwächungen und von Ausmischungen mit Zinkweiß ein abgekürztes Verfahren anzuwenden. Auch bei diesem müssen alle Abschwächungsgrade ziffernmäßig oder nach Ostwald festgestellt sein oder muß gegen Typen belichtet werden. Zur Prüfung von Buntdruckfarben bedient sich Valenta (Chem.-Ztg. **30**, 901; 1906 und **33**, 1165; 1909) in Kupferdruck hergestellter Tafeln, die gemessene Abschwächungen im Verhältnis 100 : 80 : 50 : 10 zeigen.

Die Ausführung der Belichtungsversuche erfolgt jetzt gewöhnlich durch Abdeckung der oberen Hälfte der Farbtafeln mit schwarzem Karton. Bei eintonigen Anstrichen kann auf diese Weise auf ein und derselben Tafel nur das Endergebnis des Versuches zur Anschauung gebracht werden. Nach Täuber (Vergleichende Prüfung verschiedener Pigmentfarben auf ihre Brauchbarkeit in der Malerei usw., Farbenzeitung **15**, 1330, 1382; 1910) deckt man, um das stufenweise Ausbleichen zu zeigen, zunächst nur $^1/_3$ der Belichtungstafeln zu; nach einer bestimmten Zeit das zweite Drittel und erhält so zwei mit den Belichtungszeiten korrespondierende Abstufungen der Ausbleichung neben dem ursprünglichen Ton. Man kann nach diesem Prinzipe auch weit mehr Stufen zeigen. Zur Feststellung des Einflusses der Glasbedeckung auf die Stärke der Ausbleichung schließt man die mit dem lichtdurchlässigen Karton versehene Tafel mittels federnder Klammern zur Hälfte zwischen Glasplatten ein.

Um den beschleunigenden Einfluß der zwischen Glasplatten befindlichen Feuchtigkeit auf die Veränderung der Farbproben im Lichte zu beseitigen, belichtet sie Church in offenen Glasröhren, die oben lose bedeckt sind und den Luftdurchzug gestatten, gleichzeitig aber Beschmutzung der Proben verhindern.

Zur Messung des Einflusses der Luftfeuchtigkeit auf den Grad des Ausbleichens sind Parallelversuche mit Proben in trockener Luft anzustellen. (Verschlossene mit Chlorcalcium beschickte Glasröhren.) In Fällen, wo die Einwirkung von Sauerstoff und Wasser als nicht vorhanden vermutet wird, ist der Kontrollversuch im Vakuum anzustellen.

Darstellung der Versuchsergebnisse. Auch nach dieser Richtung bestanden bis vor kurzem noch keine Vereinbarungen. Die besonders bei Teerfarbstoffen noch übliche primitive Darstellung der Lichtechtheiten mittels Zahlen oder Noten ist zwar aus den zeitlichen Unterschieden in den Lichtechtheiten dieser Farbstoffe entnommen, ergibt aber keine objektive Beurteilung, da die betr. Angaben, wie „sehr gut — wenig lichtecht", oder mittels Zahlen, weder auf Belichtungszeit noch auf bestimmte Tonstärken bezogen sind. Auch fehlt hier das Prinzip der Angabe nach Typ vollständig. Die Einführung des Zeitmaßes, die Darstellung der Ergebnisse von Belichtungsversuchen durch Zahlenwerte sowie nach Typ ist auch deshalb unerläßlich, weil diese allein der Praxis entsprechen. Der Käufer wünscht zu wissen, um wieviel sich ein Farbstoff im Vollton bzw. in Abschwächungen gegenüber einem anderen von bekannter Dauer der Echtheit (Typ) besser oder schlechter verhält. Diesem Verlangen kommt die Methode von Valenta (l. c.) am nächsten. Sie ist aber nur für die Prüfung von Druckfarbstoffen ausgearbeitet. Hiernach ist die Echtheit von Alizarinhochrotlack bei 48- bzw. 56tägiger Belichtung im zerstreuten Tageslichte die Normal- oder Standardlichtechtheit für organische Farbstoffe. Sie wird = 1000 gesetzt. Die Echtheiten der zu prüfenden Farbstoffe werden dann in einem Bruchteil oder Vielfachen dieser Einheit angegeben. Außerdem sind die gegenwärtigen Angaben über die Grade der durch die Belichtung aufgetretenen Veränderungen unzulänglich. Die Intensitätsminderung des Farbtones durch Ausbleichen wurde bis vor kurzem nur von Lovibond und Valenta (l. c.) gemessen. Angaben über Veränderungen des ursprünglichen Farbtones durch Belichtung fanden nicht statt.

Es ist verständlich, daß man früher bei der Ausgabe neuer Farbstoffe, deren sämtliche künftigen Verwendungsarten noch nicht bekannt sein konnten, wegen der erwähnten vielen die Genauigkeit der Angaben noch hindernden Umstände allzu bestimmte Angaben über ihre Lichtechtheit vermied, um Reklamationen zu entgehen. Dieser im früheren Zeitpunkte der Unsicherheit in der Qualitätsbestimmung besonders der Malerfarbstoffe begreifliche Standpunkt der produzierenden Technik hindert nicht, jetzt Grundlagen einer künftigen Methode der Bestimmung der Lichtechtheit von Farbstoffen festzulegen. Die Mittel hierzu sind gegeben durch sinngemäße Anwendung des Ostwaldschen Farbenmeßverfahrens mittels des Chrometers hinsichtlich Abschwächung bzw. Änderung des Farbtones nach Typ. Vgl. hierüber unter: Farbenmeßverfahren von Ostwald und den Titeln: Lichtechtheit und Verträglichkeit der anorganischen Farbstoffe.

Die Bestimmung der durch Belichtung hervorgerufenen Tonveränderungen ist besonders bei anorganischen Farbstoffen von Bedeutung. Zur Messung dieser Veränderungen sowie der Ausbleichung gab es neben den älteren Kolorimetern eine Reihe von anderen Hilfsmitteln. So die Farbentafel von Radde, das verbesserte Tintometer von Lovibond, dessen sich Church zur Bestimmung der Intensitätsabnahme der Farbstoffe durch Belichtung bediente. Dann den Farbenanalysator von Kallab, den Farbenkreisel von Besson und Thurneyssen (Dosne: Rev. génér. mat. color. **14**, 194; 1910), das Schistoskop von Brücke und das Chromoskop von Arons; s. S. 714. Sie werden durch Ausbildung des Ostwaldschen Verfahrens für Lichtechtheitsbestimmung großenteils überflüssig, wenigstens für Anstrichfarben.

Die Intensitätsabnahme durch Ausbleichung mißt Valenta mittels des Kolorimeters von Wolff, das an Stelle der gewöhnlichen Optik ein Lummer-Brodhunsches Prisma trägt. Vgl. Pharmazeut. Zeitschr. **1879**, 587 und Krüß, Kolorimetrie und quantitative Spektralanalyse, Hamburg und Leipzig **1909**, 11 und 18 (s. a. Bd. I, S. 268).

Die Messung geschieht in folgender Weise: Unter das linke mit Wasser gefüllte Rohr des Kolorimeters wird bei horizontal gestelltem Spiegel auf diesen die unbelichtete Hälfte des Farbstoffaufdruckes gelegt; unter das rechte Rohr kommt ein Stück weißes Kupferdruckpapier. Dann wird das rechte Rohr mit einer Farbstofflösung gefüllt, deren Ton genau mit dem der zu prüfenden Druckfarbe übereinstimmt, und durch Ablassen bzw. Zufügen von entsprechend konzentrierter Farbstofflösung auf gleiche Intensität und Färbung des ganzen Gesichtsfeldes eingestellt. Schließlich wird, wenn nötig, mit Wasser bis zum Teilstrich 100 aufgefüllt, an Stelle der unbelichteten Farbschicht die belichtete Hälfte des Aufdruckes unter das linke Kolorimeterrohr gebracht und so lange Flüssigkeit aus dem rechten Rohre abfließen gelassen, bis abermals im ganzen Gesichtsfelde völlige Gleichheit der Färbungsintensität herrscht. Die Anzahl der Teilstriche, welche der abgelassenen Flüssigkeit entspricht, gibt den Verlust an Farbstoff, der durch die Belichtung eintrat, direkt in Prozenten an. (Chem.-Ztg. **30**, 901; 1906.)

Über Aktinometrie vgl. 6. Aufl. dieses Werkes, **4**, 468.

Luftechtheit von Farbstoffen bedeutet im allgemeinen Beständigkeit im Freien. Es fallen hierunter die Begriffe Lichtechtheit, Wasserechtheit bzw. Beständigkeit gegen Feuchtigkeit, Kohlensäure und sonstige zeitweilig in der Luft vorhandene Gase, wie schweflige Säure, Ammoniak, Schwefelammon usw. Da es sich im Freien meist, wenn auch nicht ausschließlich, um Kalkfarben handelt, so ist der Begriff Luftechtheit in diesem Sinne eine Erweiterung des Begriffes Kalkechtheit. In weiterer Bedeutung auch für Ölfarben usw. geltend, versteht man unter Luftechtheit die relative Beständigkeit von Farbstoffen und Anstrichen gegenüber den zunächst physikalisch wirkenden Einflüssen der Feuchtigkeits- und Temperaturschwankungen, die sich im Matt- und Blindwerden, dann im Auftreten von Rissen und Sprüngen geltend machen, sowie gegenüber der scheuernden Wirkung des Regens, Staubes usw.

Zum Begriff Kalkechtheit sind folgende Erläuterungen zu geben. Ein Farbstoff, der im Kalke steht, d. h. mit frisch gelöschtem Kalk bei gewöhnlicher Temperatur gemischt weder den Ton ändert noch im Kalkwasser löslich ist, ist zwar kalkecht, muß aber deshalb noch nicht eine brauchbare Kalkfarbe sein, d. h. ein Farbstoff, der in der Kalktüncherei, der Fresko- und Mineralmalerei für Innen- und Außenarbeit gleich gut verwendbar ist. Solche Farbstoffe müssen außerdem nach dem Abbinden auch luft- und wetterfest im oben erläuterten Sinne sein. So ist z. B. Krapplack zwar kalkecht, aber keine Kalkfarbe. Das gleiche gilt für eine große Anzahl anderer organischer Farbstoffe und für solche anorganische, die zwar kalkecht, aber nicht licht- oder luftbeständig sind, wie Zinnober, mehrere helle Sorten von Cadmiumgelb usw.

Kalkfarbstoffe sind: Kreide, Ton, Spat, die Gelb- oder Rotocker, Umbra, Grünerden, Graphit. Von den künstlichen Mineralfarben: Zinkweiß, Neapelgelb, die roten Eisenoxydfarbstoffe, Kobaltblaue, Cölinblau, Ultramarine (bedingt), Chromoxydgrün, deckend und lasierend, die Kobaltgrüne, die Permanentgrüne und die künstlichen Schwarzpigmente.

Kalkunechte anorganische Farbstoffe sind: Bleiweiß, die Chromgelbe und Chromorange (die Chromrote sind keine Kalkfarben, da sie meist nicht genügend lichtecht sind); Chromgelbgrüne, grüne Zinnober, die roten Zinnober, Mennige, Scharlachrot (HgJ), die Pariserblaue, Kobaltviolette.

Es ist ferner zu erwähnen, daß die Kalkechtheit einiger Farben von der Beschaffenheit des verwendeten Kalkes abhängt. Kieselsäurereiche Kalke verbinden sich u. a. mit Ultramarinen zu ungefärbten oder mißfarbigen Verbindungen. Die Begriffsbestimmung für Kalkechtheit gilt also strenggenommen nur für kieselsäurefreien Kalk (Keim). (Über die Kalkechtheit der Kalkgrüne usw. s. u. Grünerden, S. 834.)

Der Begriff Säureechtheit bezieht sich, wie schon angedeutet, in erster Linie auf die Widerstandsfähigkeit der Farbstoffe gegen zeitweilig in der Atmosphäre enthaltene gasförmige Säuren, wie schweflige Säure, die besonders in Städten viel zum Verfall der Malereien auf Kalk im Freien beiträgt. Hier kommen in erster Linie die Ultramarine in Betracht, die jetzt oft sehr bald durch Zersetzung unscheinbar grau werden. Die schweflige Säure greift aber auch das Bindemittel der Kalkmalereien unter Verwandlung in Gips an und leitet dadurch in Verbindung mit der Feuchtigkeit den Zerfall von Freskogemälden usw. an Fassaden in Städten ein. Hierher gehört auch die oft erwähnte Einwirkung des Schwefelwasserstoffes auf bleihaltige Farbstoffe, der jedoch größere Bedeutung nicht zukommt, da es vielmehr meist das durch Zersetzung eiweißhaltiger Stoffe entstehende Schwefelammon und einige organische Schwefelverbindungen sind, die genannte Wirkung ausüben. (Näheres siehe u. Bleiweiß, S. 746.) Ölfarben können säureunecht sein, indem die im Bindemittel enthaltenen freien Fettsäuren die Farbstoffe unter Bildung von Seifen angreifen. So entstehen u. a. Blei-, Zink-, Kupferseifen, deren Wirkung verschieden sein kann. Man schreibt der Ölverseifung beim Bleiweiß eine günstige Wirkung auf die Haltbarkeit der Anstriche zu, da diese gegen Atmosphärilien relativ beständig sind, während die Zinkseifen infolge ihres stärkeren Zerfalles durch Hydrolyse die Haltbarkeit des Ölzinkweiß im Freien beeinträchtigen. Die Bildung von Harzseifen scheint in beiden Fällen ungünstig zu wirken, da diese der Hydrolyse weit mehr unterliegen als Ölseifen; doch fehlt hierüber ausreichendes Versuchsmaterial. Bekannt ist ferner, daß viele Kupferfarbstoffe wie Grünspane und besonders die künstlichen Bergblaue im Ölbindemittel durch Seifenbildung vergrünen. Diese sind also im eigentlichen Sinne säureunecht und werden daher in Öl fast nicht mehr verwendet. (Vgl. u. Ölechtheit, S. 707.)

Verträglichkeit von anorganischen Farbstoffen in Mischung miteinander.

Dieses Gebiet ist ein Zweig der angewandten analytischen Chemie. Es ermangelt zur Zeit mit Ausnahme der Ermittelung der Kalkunechtheit von Farbstoffen fast vollständig der wissenschaftlichen Bearbeitung, da es bisher meist nur von Malern und Fabrikanten, wenn auch schon im Mittelalter, behandelt wurde. So kennt der Kunstschriftsteller de Mayerne (1620) die Unverträglichkeit von Grünspahn und Auripigment. In neuer Zeit haben einige Künstlerfarbenfabriken, wie die Firma Schmincke & Co. in Düsseldorf, praktische Feststellungen über die Verträglichkeit von Malerfarbstoffen gemacht. Nach Untersuchungen von Eibner (Malmaterialienkunde, Berlin **1909, 176**) hat dieses Arbeitsgebiet einen größeren Umfang angenommen, als man bisher annehmen konnte, da es sich nun nicht mehr um die Frage der Verträglichkeit der bunten anorganischen Farbstoffe untereinander, sondern auch um jene des Zinkweiß und Titanweiß mit diesen und den organischen Farbstoffen handelt. Es ist ferner zu ermitteln, ob die übrigen weißen Farbstoffe, wie vermutet wird, tatsächlich auf die bunten in dem Sinne unschädlich wirken, daß sie nicht wie das Zinkweiß und Titanweiß starke Beschleuniger ihrer natürlichen Lichtunechtheit sind. Daß diese umfangreichen Aufgaben auch mit solchen Fortsetzungen noch nicht beendet sein werden, erhellt aus Andeutungen aus der Teerfarbentechnik, wonach den Englischroten eine ähnliche zerstörende Wirkung auf Farbstoffe zukommen soll wie dem Zinkweiß.

Nach rein chemischen Gesichtspunkten führt man die Ursache der Unverträglichkeit zweier Farbstoffe in Mischung miteinander auf das Eintreten von Wechselzersetzung beider zurück. Das Schulbeispiel hierfür bildet das Verhalten von Gemischen der Cadmiumgelbe mit Schweinfurtergrün oder anderen Giftgrünen und sonstigen kupferhaltigen Farbstoffen. Diese Wechselzersetzungen erfolgen bei gewöhnlicher Temperatur und ohne sichtliche Lichteinwirkung besonders bei Gegenwart von Öl in sehr kurzer Zeit durch die ganze Masse hindurch unter Bildung von Schwefelkupfer. Von diesen und anderen typischen Fällen sind jene zu unterscheiden, bei welchen die Veränderung verhältnismäßig lange ausbleibt, um dann oberflächlich, oder wenigstens nicht durch die ganze Masse des Gemenges hindurch, aufzutreten. Hier handelt es sich vielfach nicht um Wechselzersetzung beider Farbstoffe, sondern um Veränderung eines derselben durch Lichtwirkung. Hierher gehört die viel erörterte Frage der Beständigkeit der Mischungen von Zinnober mit Bleiweiß. Es wurde hierbei vielfach Wechselumsetzung unter Bildung von Schwefelblei angenommen und nicht daran gedacht, daß der

Zinnober am Lichte auch in Mischungen schwarz wird. Helle Chromgelbgrüne verändern sich ebenfalls ohne Wechselzersetzung durch Verbräunen des Chromgelbanteils. Hierher gehört auch die vielumstrittene Frage der Beständigkeit der Mischungen von Ultramarinen mit Bleiweiß, bei welchen ebenfalls der Eintritt von Wechselumsetzung angenommen wurde. Es zeigte sich, daß in solchen Fällen eine Verunreinigung des einen Farbstoffes zu irriger Auffassung Anlaß geben kann. So verfärben sich Mischungen von Ultramarin mit bleizuckerhaltigem Bleiweiß beim Erwärmen mit Wasser allerdings leicht unter Verfärbung in Dunkelgraublau durch Bildung von Schwefelblei. Diese ist jedoch veranlaßt durch Einwirkung der aus dem Bleizucker abgespaltenen Essigsäure auf das Ultramarin. Mit reinem Bleiweiß zeigen Ultramarine, soweit bis jetzt erprobt, diese Veränderung nicht. In anderen Fällen handelt es sich wahrscheinlich überhaupt nicht um chemische Prozesse, sondern um physikalische Ursachen. So wird erwähnt, daß Mischungen von Pariserblau und Zinnober unverträglich sind, da sie im Öl nachdunkeln. Hier war innerhalb drei Jahren chemische Veränderung nicht nachweisbar. Das rasche Nachdunkeln dieser Gemenge erfolgt durch Entmischung infolge der großen Verschiedenheit der spezifischen Gewichte der beiden Farbstoffe. Das Pariserblau als der leichte Farbstoff bleibt länger suspendiert, daher die allmähliche Verdunkelung bis zum Trocknen des Anstriches. Die gleiche Ursache liegt dem Verblauen der Zinkgrüne zugrunde.

Ausblicke für umfassendere Beurteilung dieses noch wenig bebauten Feldes und Anhaltspunkte zur Aufstellung von Untersuchungsmethoden gibt u. a. die oben erwähnte Tatsache, daß Zinkweiß und Titanweiß die meisten organischen und sehr viele anorganische Farben im Lichte stark verändern. Es kann auch hier die Erwägung von Nutzen sein, daß physikalische Ursachen und Vorgänge wie verschiedene Korngröße, kolloidaler Zustand der Stoffe, ferner Okklusion von Gasen, Adsorption von Wasser, die Wassergehalte und technischen Verunreinigungen der Farbstoffe selbst, die kolloidalen Bindemittel, sowie Katalyse mit oder ohne Lichtwirkung imstande sind, chemische Veränderungen in Gemischen von Farbstoffen einzuleiten, die nicht unter den engeren Begriff chemische Wechselzersetzung fallen.

Ein forcierter Versuch zur Ermittelung der Unverträglichkeit von Mischungen solcher Farbstoffe, die chemischen Wechselumsetzungen unterliegen, ist das Erhitzen der Gemenge mit Wasser. Eibner beobachtete, daß die betr. Reaktionen in allen solchen Fällen in wenigen Minuten eintreten, während dann, wenn die Farbstoffe nicht durch raschen Austausch der Bestandteile ohne sonstige Anregung hierzu aufeinander wirken, die Verfärbung des Gemisches ausbleibt. Zu den Dauerversuchen über Verträglichkeit werden die Mischungen mit Wasser aufgeschlämmt und in verschlossenen Gläsern in einem hellen Raume aufbewahrt. Jüngst wurde ein typischer Fall einseitig chemischer Unverträglichkeit zweier Farbstoffe ohne Lichtwirkungen näher bekannt, die Entzündung von unverschnittenem Chromgrün beim trockenen Verkollern (E. Renkwitz, Farbenztg. 28, 1066; 1923). Die Untersuchung dieses häufigen Falles ergab, daß die Cyaneisenblaue die Verursacher sind (vgl. unter: Cyaneisenblaue). Das Chromgelb wirkt hier naturgemäß als Förderer der Verbrennung. Verschnittene Chromgrüne zeigen diese Erscheinung nicht (vgl. unter Chromgrüne). Auch dieses Beispiel liefert Veranlassung, die Frage der Verträglichkeit von Farbstoffmischungen ohne oder unter Mitwirkung äußerer Umstände eingehender zu behandeln als bisher.

Bei der Prüfung auf Wasserechtheit handelt es sich sowohl um die Frage der Anwesenheit farbloser, als gefärbter wasserlöslicher Anteile der Farbstoffe. Beispiele für ersteren Fall sind die bleizuckerhaltigen Bleiweiße und die gipshaltigen Englischrote usw. Diese Prüfung erfolgt nach bekannten Methoden. Bei jener auf gefärbte wasserlösliche Anteile wendet man gewöhnlich die in den Farbenfabriken übliche Auslaufprobe an, wobei der Farbstoff mit Wasser befeuchtet oder erhitzt und auf Filtrierpapier gegossen wird. Ist der auslaufende Rand gefärbt, so ist der Farbstoff wasserunecht. In entsprechender Weise wird auf Spritechtheit geprüft.

Ölechtheit. Im engsten und physikalischen Sinne versteht man hierunter die Unlöslichkeit eines Farbstoffes in den Ölen, die in der Malerei verwendet werden, also den fetten Ölen. Leinöl, Mohnöl usw., und den ätherischen Ölen, Terpentinöl, Rosmarin-, Lavendelöl, Spiköl, Copaivaöl usw. Man nahm früher an, daß nur organische Farbstoffe in diesen Ölen löslich sein könnten. Nach Eibner (Farbenztg. **18**, 1113, 1169; 1913) sind auch einige anorganische Farbstoffe merklich bis beträchtlich löslich in fetten Ölen, und zwar nicht im physikalischen Sinne, wie eine Anzahl von Pigmentfarben der Teerfarbenindustrie, sondern im chemischen durch Seifenbildung mit den in den Ölen vorhandenen freien Fettsäuren. Hierher gehören die Ocker, die Eisenoxydfarben, wie Englischrot, Caput mortuum usw. und besonders die Umbraarten, die das Bindemittel bei längerem Lagern der Ölfarben stark gelbbraun bis dunkelbraun färben. Enthalten die Eisenrote Kupfer, so sind die Ölextrakte dunkelgrünbraun gefärbt. In diesem Sinne sind auch die künstlichen Kupferfarben, besonders soweit sie Oxydhydrate bzw. Carbonate sind, chemisch ölunecht. Diese Erscheinung fällt richtiger unter den Begriff „Säureunechtheit", da die freien Fettsäuren der Öle es sind, die sie verursachen. Kolloidphysikalisch ist dagegen die Ölunechtheit der Pariserblaue und jene mancher Erdfarben mit bituminösen Bestandteilen, wie Kölner Umbra, Kasseler Braun und solcher Kohlefarben, die halbverkohlte Anteile enthalten. Der Typ für diese Art von Ölunechtheit bei natürlichen Farbstoffen ist der Asphalt, der im unbelichteten Zustande in fetten und ätherischen Ölen bis auf die Aschenbestandteile löslich ist und demnach nach dieser Richtung hin den Anforderungen an einen Malerfarbstoff am wenigsten entspricht. In einem Falle wurde Ölunechtheit bei Zinnober beobachtet, da das Bindemittel Quecksilber gelöst enthielt. Über Ölunechtheit von Bleiweiß und Zinkweiß s.u. Säureechtheit, S. 704.

Früher galten die meisten Teerfarbstoffe als ölunecht. Von den neuesten, nicht verlackten, in der Anstrich- und Farbendrucktechnik verwendeten Teerfarbstoffen ist die größere Anzahl entweder ganz ölecht, oder wenigstens nicht unechter als etwa Eisenoxydfarbstoffe oder Umbraarten.

Die Erkennung der physikalisch ölunechten, blutenden oder durchschlagenden Farbstoffe geschieht auf zweierlei Art: 1. mittels der Auslaufprobe, 2. durch die Überstrichprobe. Erstere wird ausgeführt, indem man den Farbstoff mit Leinöl, Terpentinöl usw. zunächst bei gewöhnlicher Temperatur einige Zeit schüttelt, dann auf Filtrierpapier gießt und die event. Färbung des auslaufenden Randes beobachtet. Da in der Anstrichpraxis Ölfarben im Sommer eine nicht unbeträchtliche Erwärmung erfahren können, wodurch die Erscheinung des Blutens stärker hervortritt, erhitzt man die Proben außerdem ca. $^1/_2$ Stunde im Wasserbade auf ca. 60° und macht dann nochmals die Auslaufprobe. Die Breite der gefärbten Auslaufprobe gibt ein ungefähres Maß der Ölunechtheit des Farbstoffes. Bei der Überstrichmethode wird der zu untersuchende Farbstoff in reinem Leinöl (nicht Firnis wegen der zu kurzen Trockenzeit) fett angerieben, auf nicht saugenden Ölgrund aufgestrichen und eben klebefrei (nicht harttrocken) trocknen gelassen. Dann wird weiße magere Ölfarbe in Tüpfeln, Streifen oder Bändern in verschiedener Dicke aufgebracht. Ist der Farbstoff ein ölunechter, blutender, so findet nach einiger Zeit Färbung der dünnen und später der dicken Überstriche statt. Nicht alle Farbstoffe, die bei der Auslaufprobe einen farbigen Rand liefern, bluten in Öl aufgestrichen in die Übermalung aus. Daher müssen beide Methoden ausgeführt werden, um ein für die Praxis brauchbares Ergebnis zu erhalten, dessen Ausfall von kolloidalen Wirkungen abhängt.

Eine andere Art von Ölunechtheit von Farbstoffen mag hier erwähnt werden, um den Unterschied von der eben besprochenen Ölunechtheit im kolloidalen Sinne (Öllöslichkeit) zu zeigen. Diese beruht auf dem außerordentlich raschen Verbleichen heller Ausmischungen nicht verlackter Teerfarbstoffe, und zwar, soweit bis jetzt bekannt, ausschließlich jener der Indigotin- und Thioindigotingruppe mit weißen Trägern. Zinkweiß bzw. Bleiweiß, Spat usw. scheinen hierbei in ungleichem Grade zu wirken, letztere das Ausbleichen nicht zu beeinflussen. Die Ursache dieses Verhaltens dieser indigoiden Farbstoffe gegen fette Öle ist naturgemäß eine chemische. Die Erscheinung ist nicht ausschließlich Lichtwirkung, da sie auch im Dunkeln eintritt. Nach Täuber und Eibner handelt es sich wahrscheinlich um eine in ihrem Verlaufe noch nicht bekannte Oxydationswirkung des im Trocknen befindlichen Öles auf die Farbstoffe. (Vgl. Täuber, Chem.-Ztg. **32**, 1032; 1908 und **33**, 417; 1909; Eibner, ebenda **33**, 229, 243, 254; 1909 und **34**, 1126; 1910.) Die Ölunechtheit dieser organischen Farbstoffe ist also mit jener der Kupferblaue nur insoweit zu vergleichen, als beide chemische Wirkungen der trocknenden Öle auf die Farbstoffe sind.

Lackbeständigkeit: Die deutsche Farbenbuchkommission hat in Rücksicht auf die Praxis der Farbenfabrikation dem Begriffe Ölechtheit noch den Begriff Lackbeständigkeit hinzugefügt (S. 691) und versteht unter lackbeständigen Farbstoffen solche, welche in freie

Harzsäuren irgendwelcher Art enthaltenden Lacken oder Firnissen weder eindicken, noch ausbluten. Die in der Anstrichtechnik verwendeten Öllacke sind Lösungen von edlen oder unedlen Harzen in fetten Ölen und Ölfirnissen. Die betr. Harze sind zumeist saure. Außerdem finden sich in den Lacken und Firnissen freie Fettsäuren. Anorganische Farbstoffe basischer Natur können sich mit diesen freien sauren Bestandteilen der Öllacke verbinden und wenn die Seifen unlöslich sind, das Eindicken der angeriebenen Farben herbeiführen. Nach Meister sind es bei normalen Resinatfirnissen nicht die Harzbestandteile, welche das Verdicken der Blei- und Zinkölfarben herbeiführen, sondern die eintretende Ölverseifung. Über diese die Farbentechnik stark beschäftigende Frage vgl. Wolff, Farbenzeitung **16**, 120; 1910 und Meister, ebenda S. 711. Die in der Definition der Lackbeständigkeit enthaltene Forderung des Nichtausblutens betrifft hauptsächlich die organischen Farbstoffe und wurde schon besprochen.

V. Physikalische Verfahren der Prüfung von Farbstoffen.

A. Farbtonbestimmung.

Im Handel und in der Anwendung der Farbstoffe spielt, wie schon angedeutet, die Beurteilung ihrer optischen Eigenschaften die erste Rolle. Die „Nuance“ oder der „Ton“, die „Brillanz“ oder Klarheit war und blieb seit den ältesten Zeiten und bis vor kurzem der erste, wenn auch nicht einzige, aber leider meist ausschlaggebende Beurteilungsmaßstab der optischen Qualität von Farbstoffen. Die Ausbildung der optischen Analyse wird also hier ebenso wichtig als die chemische. In Fällen, wo es sich um die Feststellung von Tonunterschieden handelt, ist sie unerläßlich.

An dieser Stelle ist mit voller Deutlichkeit nachweisbar, daß rein chemische Beurteilung der Strich- und Druckfarben für deren technische Qualitätsbestimmung unzulänglich ist. Die Farbe, richtig Färbung, oder der Ton bei Stoffarben ist ein seit den ältesten Zeiten behandeltes Problem. Es kann nicht behauptet werden, daß es schon heute restlos gelöst sei. Doch befindet man sich gegenwärtig auf gutem Wege dazu. Die Unsicherheit auf diesem Gebiete war langedauernd, weil man bis in die jüngste Zeit hinein farbige Lichter und Stoffarben optisch nicht scharf auseinander hielt, über die Bestimmungselemente letzterer im unklaren blieb und daher ein Meßverfahren für dieselben nicht aufzustellen imstande war. Die Zeitspanne, innerhalb welcher durch W. Ostwald zum ersten Male erfolgreiche, aber noch nicht abgeschlossene Versuche nach dieser Richtung unternommen wurden, ist zu kurz, um es zu ermöglichen, die älteren Bemühungen nach dieser Richtung nicht mehr zu berücksichtigen. Daher ist heute die historische Darstellung dieser Entwicklung noch geboten. Im folgenden werden zunächst die älteren Arbeiten auf diesem Gebiete mit zeitgemäßer Kürze behandelt. (Vgl. 6. Aufl., S. 475.)

Farbton, Sättigung, Helligkeit. Die chromatische Beurteilung der farbigen Erscheinungen an Farbstoffen lag nach Helmholtz bis vor Ostwald in drei Elementen:

1. Dem Farbton, ausgedrückt durch die Wellenlängen der einzelnen vom Farbstoff reflektierten Summe einfarbiger Strahlengattungen. 2. Der sog. Sättigung, d. h. dem Verhältnis der den Hauptfarbton bestimmenden reflektierten einfachen Strahlen zu den den Nebenton bestimmenden. Farbige Erscheinungen, die man nur durch Strahlen einer Wellenlänge hervorgerufen glaubte (vgl. die Lehre vom Farbenhalb, S. 718), bezeichnete man als gesättigte; Grund- oder Primärfarben; Farben erster Ordnung. Sich aus zwei benachbarten Strahlengebieten zusammensetzende nannte man Farben zweiter Ordnung; solche mit drei weit auseinanderliegenden chromatischen Elementen Farben dritter Ordnung. Wissenschaftlich nannte man die Farben zweiter und dritter Ordnung „ungesättigte" Farbenerscheinungen; vulgär nuancierte oder stichige bzw. gemischte. 3. Der Intensität, Brillanz oder Helligkeit. Diese Eigenschaften hielt man für abhängig von der Amplitude der betreffenden Lichtwellen. Unter Helligkeit im vulgären Sinne verstand man nur die relative Menge von Weiß bei aufgehellten Farbstoffen.

Fast alle natürlichen und künstlichen Farbstoffe sind im alten Sinne optisch ungesättigt (nuanciert); die Teerfarbstoffe in weit geringerem Grade als die anorganischen. Daher haben erstere schmale, letztere breite Absorptionsstreifen (Banden). Das menschliche Auge unterscheidet geringe Abweichungen vom Hauptton bei Farbstoffen nur schwer und mit einiger Sicherheit nur beim Vergleich gegen Typ. In der Praxis hat sich längst die schärfste, hier mögliche qualitativ, aber subjektive Prüfungsmethode eingeführt, wonach man das Pulver des zu prüfenden Farbstoffes nicht neben, sondern auf dem Typ mit der Spatel aufdrückt. Auf diese Weise werden die geringsten Tonunterschiede erkannt. Diese Probe gibt über das Mengenverhältnis der einzelnen, von einem Farbstoff reflektierten verschiedenfarbigen Strahlen keinen Aufschluß. Dies rührt davon her, daß die physiologische Erscheinung der Färbungen der meisten Farbstoffe sich allerdings aus zwei Wahrnehmungen zusammensetzt: jener des Haupttones und jener des Nebentones. Beide werden aber nicht einzeln und zeitlich nach- oder örtlich nebeneinander, sondern bei undurchsichtigen Oberflächen mittels der physiologischen, subjektiven oder additiven Farbenmischung; bei durchsichtigen Oberflächen mittels der subtraktiven oder physikalischen, objektiven Farbenmischung gleichzeitig wahrgenommen. Es muß daher eine objektiv optische, möglichst quantitative Analyse der farbigen Erscheinungen und Farbstoffe den Mangel des Sehorgans zu ersetzen suchen. (Vgl. die Versuche hierzu von Brücke bis Ostwald.) Schon die bei löslichen farbigen Stoffen angewendete Methode der Darstellung der Absorptionsspektra ist eine solche objektive, aber indirekte. Sie drückt die chromatischen Elemente eines Farbstoffes nicht durch Farben, sondern indirekt durch Lage und Breite schwarzer Absorptionsstreifen aus, die allerdings den größeren oder geringeren Grad des sog. Gesättigtseins einer Färbung genau erkennen lassen (Bandenspektra). Ihre wünschenswerte wissenschaftliche Ausgestaltung könnte nach Miethe die direkte Farbenanalyse dadurch finden, daß die erwähnten drei Beurteilungselemente durch drei Zahlenwerte ausdrückbar wären. Dieser Gedanke ist ein Vorläufer des von Ostwald ausgeführten. (Vgl. das Chromoskop von Arons.) Auch diese Methode wäre keine subjektive. Eine objektive könnte wahrscheinlich mittels der substraktiven Methode der Farbenphotographie in Verbindung mit dem Dreifarbendruck wenigstens für die Darstellung des Sättigungsgrades erreicht werden. Es ist theoretisch denkbar, auf diesem Wege z. B. von einem blauroten Farbstoff zwei Teilbilder zu erhalten, ein stark rotes und ein schwach blaues, die das Farbtonverhältnis des Objektes annähernd genau zur Anschauung brächten.

Bis vor kurzem wurde zur optischen Analyse anorganischer Farbstoffe nur die indirekt objektive Methode der Bestimmung der Absorptionsspektra verwendet. Von Dollfuß, Goppelsroeder (Bull. Soc. Ind. Mulh. **1875**, 193) und Wunder (Ber. **9**, 295; 1876) ausgebildet, fand sie hauptsächlich in den Ultramarinfabriken Eingang. Man verreibt den zu prüfenden Farbstoff mit Dammarlack, trägt ihn auf Glasplatten verlaufend auf, um diejenigen Stellen des Aufstriches zu finden, die das Spektrum in bester Tonreinheit ergeben, bringt die Probe vor den Spalt des Apparates und beobachtet die Absorption.

Vor längerer Zeit wurden Apparate konstruiert, welche die direkte und subjektive Wahrnehmung der Elemente einer farbigen Erscheinung, sei es einer gefärbten Lösung, einer Farbstofflösung, eines lasierenden oder deckenden Farbaufstriches usw., nach dem System der additiven bzw. subtratitiven Grundfarben zu erreichen suchten. Hierzu gehören die Farbenmesser von Lovibond, Kallab, Besson und Thurneyssen.

Während die mit gefärbten Flüssigkeiten arbeitenden Colorimeter (vgl. Bd. I, S. 268) nur die Gleichheit oder Verschiedenheit der Tonart von Farbstofflösungen mit jenen der Typenlösung erkennen und die Unterschiede in den Tonstärken derselben, oder jene einer Farbstofflösung gegenüber einem Farbenaufstrich messen ließen, hatten die neueren Apparate u. a. die Aufgabe zu erfüllen, auch bei unlöslichen Farbstoffen die Tonstufen und Änderungen derselben nicht indirekt durch die Wellenlängen der absorbierten Strahlengebiete, sondern direkt durch ihre chromatischen Elemente auszudrücken. Die neueren nicht mit Farbflüssigkeiten arbeitenden Farbenmeßapparate verwendeten als chromatische Maßeinheiten entweder Körperfarben in Gestalt von gefärbten Gläsern, Celluloid, oder Farbenaufdrucken, oder sie bedienten sich der Farbenerscheinungen dünner Mineralplättchen im polarisierten Lichte. Bei der ersten Gruppe findet die Farbenmischung entweder durch Subtraktion oder durch Addition statt, je nachdem der betr. Apparat eine durchsichtige oder undurchsichtige Grundfarbenskala besitzt. Ersteres ist bei den Apparaten von Lovibond und Kallab, letzteres beim Farbenkreisel von Besson und Thurneyssen der Fall. Demgemäß wurde bei den beiden ersten die praktische subtraktive Grundfarbenskale: Rot, Gelb, Blau; bei letzterem die natürliche additive Grundfarbenskale: Rot, Grün, Blau, zugrunde gelegt.

Das Tintometer von Lovibond (Journ. Soc. Dyers and Col. **1887**, 187, Ref. Löwenthal, Handbuch der Färberei 2, 1398) befindet sich in England seit dem Jahre 1886 in Anwendung. Es wurde anfangs hauptsächlich zur colorimetrischen Untersuchung von Malzauszügen, Ölen usw. verwendet. Eine doppelte, innen geschwärzte Röhre (*a*) von rechteckigem Querschnitt trägt in der Mitte des einen Endes ein Okular (*b*), an dem anderen befinden sich zwei gleichgroße fensterartige Öffnungen, durch die man rechts die Standardgläser (*c*), links die Zelle für farbige Flüssigkeiten oder den zu messenden farbigen Stoff (*d*) sieht. Das zum Messen von undurchsichtigen farbigen Stoffen (Farbenaufstrichen) dienende Instrument ist an einem beweglichen Stativ befestigt und wird zum Gebrauch unter einem Winkel von ca. 60° zur Bodenplatte geneigt an einem gegen Norden gelegenen Fenster so aufgestellt, daß Reflexe vermieden werden und die weiße Platte (*e*), die weißes Licht in das Objektiv wirft, oder die gepreßte Oberfläche des Standardweiß gleichmäßig beleuchtet ist. Vor dem linken Fenster des Apparates befindet sich auf der weißen Platte der zu messende Farbenaufstrich; vor dem rechten die Zelle mit den Standardgläsern. Erstere wechselt man so lange, bis am Okular Gleichheit der Färbungen beider Fenster nach Sättigung und Tonstärke auftritt. Die farbigen Elemente des zu messenden Farbstoffes sind dann nach subtraktiver Mischung bestimmt durch die Standardgläser. Diese sind in jeder Grundfarbe (rot, blau, gelb) in zahlreichen gemessenen Abstufungen der Tonstärke vorhanden. Der ganze Satz besteht aus 470 Nummern. Er ist ebenfalls Vorläufer der Farbtonnormen von Ostwald. Eine zu bestimmende tertiäre Farbe ist demnach bestimmt 1. durch drei Standardfarbentöne; 2. durch die in Zahlen angegebenen Intensitäten (Stärkenummer) der verwendeten Standardgläser. Mittels dieses Apparates kann man nicht nur die Abnahme der ursprünglichen Intensität eines Farbstoffes durch Belichtung bestimmen, sondern auch die hierbei allenfalls auftretende Tonveränderung.

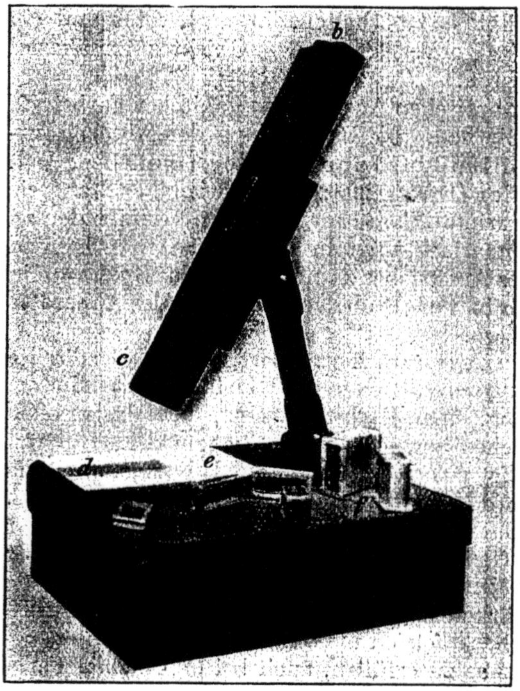

Fig. 1. Tintometer von Lovibond. Eine Grauskala fehlt bei diesem Apparat.

Zur Messung von farbigen Flüssigkeiten dienen Glaszellen (c) von verschiedener Größe. Sie erlauben es, Farbstofflösungen je nach ihrer Tonstärke in verschiedener Schichtendicke anzuwenden.

Über den Farbenanalysator von Kallab (in Offenbach a. M.), D.R.P. 193 814, 198 449. (Vgl. Zeitschr. f. angew. Chem. **21**, 1637; 1908; Chem.-Ztg. **21**, 916; 1908; Zeitschr. f. Farbenind. **1908**, 159 und VI. Aufl. dieses Werkes 4. Bd. S. 478.) Da die verwendeten Celluloidscheiben im Laufe der Zeit vergilben und die zu ihrer Färbung verwendeten Teerfarben angreifen, ist dieser Apparat auf Dauer nicht anwendbar.

Der Farbenmischapparat von Besson und Thurneyssen beruht auf dem Prinzip des Maxwellschen Kreisels und wendet die additive Grundfarbenskala Rot (Zinnoberrot), Grün, Blau (Ultramarinblau) an. Die Abbleichung, die ein Farbstoff innerhalb einer bestimmten Zeit erfährt, sowie etwaige dabei auftretende Tonveränderungen werden in analoger Weise gemessen. Zur Messung der innerhalb derselben Zeit von dem Farbstoff absorbierten Lichtenergie dient das Aktinometer von Bellani in der von Dosne (l. c.) verbesserten Form.

Das Schistoskop von Brücke. Die bisher beschriebenen Apparate haben, mit Ausnahme des Lovibondschen, den Nachteil, daß sie mit Körperfarben arbeiten, welche im Laufe der Zeit den Ton ändern, oder nicht immer in gleicher Tonart beschafft werden können, also keine unveränderlichen Maßeinheiten darstellen. Es lag daher der Gedanke nahe, als chromatische Meßeinheiten die Spektralfarben oder sonstige farbige Erscheinungen zu wählen. Diesem Gedanken gab zuerst E. Brücke praktische Ausführung durch Herstellung eines Apparates, der die Farben gibt, welche Gipsplättchen zwischen einem polarisierenden Nicol und einem Rochonschen Prisma zeigen, und den er Schistoskop nannte. (Brücke, Physiologie der Farben, Leipzig **1887**, **44**.) Dieser Apparat diente hauptsächlich zur Ermittlung der Komplementärfarben zu einem gegebenen Farbton.

Während Gipsplättchen im polarisierten Lichte nur eine Farbe und die zu ihr komplementäre liefern, zeigen senkrecht zur Achse geschnittene Quarzplatten bei der Drehung des Analysators um 180° nacheinander fast alle Spektralfarbentöne.

Nach Arons (Ann. d. Phys. IV. F., **33**, 799; 1910) bieten solche Quarzplatten den weiteren sehr wesentlichen Vorteil, daß jeder mit ihnen erhältliche Farbton durch zwei Zahlen bestimmt ist, nämlich durch die Dicke der Platte in Millimetern und den Winkel zwischen den Schwingungsrichtungen der beiden Nicols in Graden. Man hätte damit ein absolutes und unveränderliches Maß zur Bestimmung aller chromatischen Werte bei farbigen Stoffen und wäre von den Zufälligkeiten bei der Anwendung stofflicher Farbeneinheiten unabhängig. Arons erwähnt ferner, daß man bei Annahme dieses Farbenmeßsystems mindestens imstande wäre, farbige Normalgläser, wie sie z. B. Lovibond verwendet, zu aichen und genau zu aichen. Quarzfarben werden u. a. auch im Colorimeter von Meisling (Zeitschr. f. anal. Chem. **43**, 137; 1904) verwendet, in welchem an Stelle des zweiten Zylinders eine zwischen zwei Nicols eingeschlossene, senkrecht zur Achse geschnittene Quarzplatte tritt.

Das von Arons konstruierte Chromoskop enthält einen Satz von Quarzplatten in der Dicke von $^1/_4$, $^1/_2$, 1, 2, 4 und 8 mm, mittels dessen eine große Anzahl von Farbentönen erhalten werden kann; doch fehlen auch hier die eigentlich roten, ein Mangel, den auch die Newtonschen Farben zeigen. Er wurde von Arons durch Anbringung eines zweiten Polarisators mit dazu gehöriger Quarzplatte beseitigt. Die Verwendung eines roten Normalglases zur Behebung des berührten Mangels bei der praktischen Verwendung des Chromoskops, empfiehlt Arons nicht, da dadurch das Prinzip des Apparates, die Tonstufen durch die erwähnten natürlichen Bestimmungselemente in zwei Zahlenreihen absolut festzulegen, verlassen wäre.

Die folgende auszügliche Behandlung des Ostwaldschen Verfahrens der Farbtonmessung zeigt, daß auch jenes von Arons sich nicht dazu eignet, um stoffliche Farben zu messen, obwohl seine Farbmaßstäbe im Gegensatz zu jenen von Ostwald den Verwendungsvorteil der Unveränderlichkeit aufweisen, sowie den gleichen, durch einfache Zahlenwerte bestimmt zu sein. Das Verfahren nach Arons beruht noch auf der irrtümlichen Annahme, stoffliche Farben besäßen dieselben Farbtonelemente wie homogene Lichter. Außerdem sind weder mit den Lovibondschen gefärbten Gläsern noch mit den Quarzfarben nach Arons Deckfarben einwandfrei meßbar.

Für die Anwendung von Farbenmeßapparaten in der Praxis kommen sodann neben den erwähnten Gesichtspunkten auch der Preis und die Einfachheit der Handhabung in Frage. Die Chromoskope und die Apparate von Lovibond und Besson und Thurneyssen sind relativ teuer und verwenden verschiedenartige Farbtonmaßstäbe.

Farbenmeßverfahren von W. Ostwald.

Der Fortschritt, den Ostwald mit seiner Farblehre (Das absolute System der Farben: Zeitschr. f. physikal. Chem. **91**, **129**; **1915**) einführte, besteht in der Meßbarkeit der Farbwerte der Körperfarben, nicht der farbigen Lichter (homogenen Strahlen). Diese sind durch ihre Wellenlängen bestimmt. Hier erfolgt die Messung durch ein System gemessener Aufstrichfarben (Farbleitern; Farbenatlas). Die historischen Grundlagen für diese Meßart bilden die Arbeiten von Lionardo da Vinci, Newton, Le Blanc, Schiffermüller, Mayer (1758) Lamberts Farbenpyramide[1]) (1772), die Heringschen Farbelemente: Vollfarbe, Schwarzgehalt und Weißgehalt, das Fechnersche Gesetz und die Lehre von den Gegenfarben. Jede bunte Körperfarbe enthält hiernach außer dem Vollton noch einen bestimmten Schwarz- oder Weißgehalt, oder beide. Zur Messung dieser drei Farbelemente bedient sich Ostwald eines 24teiligen Farbtonkreises und einer Grauleiter. Der Farbtonkreis enthält 24 Vollfarben aus mit Teerfarblösungen gefärbtem Papier: Gelb, Kreß (Orange), Rot, Veil (Violett), U-blau (Ultra-

[1]) Farbenpyramide von J. H. Lambert (1772) „Die Farbe“ Nr. 28, Abt. I, 1922/100.

marinblau), Eisblau, Seegrün und Laubgrün in je 3 Tonstufen als erstes, zweites, drittes Gelb, Kreß, Rot usw. Ihre Zifferung erfolgt nach der 100-Teilung durch die Zahlen 00 = erstes Gelb, 04 = zweites Gelb, 08 = drittes Gelb, 13 = erstes Rot, 17 = zweites Rot usw. bis 96 = drittes Laubgrün.

	Erstes	Zweites	Drittes
Gelb	00	04	08
Kreß	13	17	21
Rot	25	29	33
Veil	38	42	46
U-blau	50	54	58
Eisblau	63	67	71
Seegrün	75	79	83
Laubgrün	88	92	96

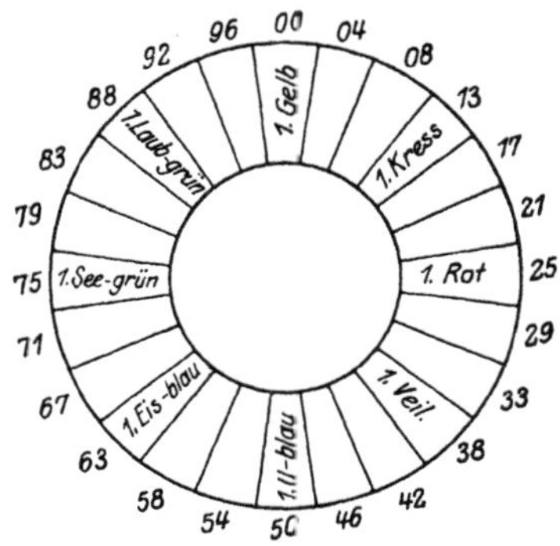

Fig. 2. Farbtonkreis nach W. Ostwald.

Es entsteht dadurch der Farbtonkreis (Fig. 1). In diesem sind die auf einer Diagonalen liegenden Farbtöne Gegenfarben.

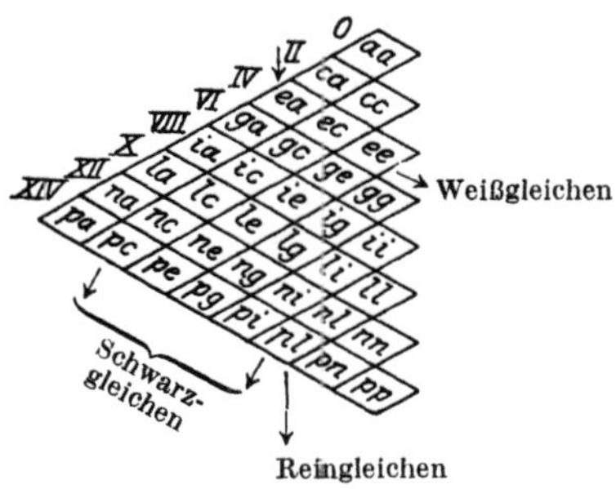

Fig. 3. Farbtongleiches Dreieck nach W. Ostwald.

Die unbunten Farben Weiß und Schwarz sind nach dem Fechnerschen Gesetz in eine 8stufige Reihe (Grauleiter) gebracht. Zur Bezeichnung der einzelnen Stufen dienen hier die Buchstaben *a*, *c*, *e*, *g*, *i*, *l*, *n*, *p*, d. i. die Buchstaben des Alphabetes bis *p*, wobei je der zweite übersprungen ist und (*a*) Weiß, (*p*) Schwarz bedeutet. Wo diese Reihe nicht genügt, um den Schwarzgehalt eines Farbstoffes zu messen, werden im erwähnten Sinne die weiteren Buchstaben des Alphabetes verwendet. (Vgl. die Tabelle der Farbzeichen.) Hierbei bezeichnet (*a*) reinstes Weiß (Barytweiß), *c*, *e* usw. schwache, *p*, *r*, *t*, usw. starke Graustufen. Diese Grauleiter ist der Maßstab für Messung des Schwarz- und Weißgehaltes bunter Farbstoffe. Damit ist jeder praktisch vorkommende Farbton durch sein Farbzeichen, d. h. durch 2 Zahlen und 2 Buchstaben bestimmt. Die beiden Zahlen drücken den Farbton aus (vgl. Kennzahlen); die beiden Buchstaben stellen den Weiß- und Schwarzgehalt in empfindungsgemäß gleichen Stufen dar (Ostwald). Dabei bedeutet für Weiß (*a*) den größten, (*z*) den kleinsten Wert; umgekehrt für Schwarz (*a*) den kleinsten, (*z*) den größten Wert. Liegen beide Buchstaben am Anfang des Abc, so bezeichnen sie eine relativ helle und klare Farbe; liegen beide dem Ende zu, eine trübe und dunkle. Ein Farbstoff ist um so reiner, je weiter beide Buchstaben im Abc voneinander entfernt liegen und umgekehrt. So bedeutet 33 *ca* eine Farbe, die sich vom Vollton 33, also dem 3. Rot, dadurch ableitet, daß es durch viel Weiß (*c*) aufgehellt ist und kein Schwarz enthält, weil im Farbzeichen der Buchstabe (*a*) enthalten ist, also ein blasses nach Veil ziehendes Rosa. — Dagegen bedeutet 54 *la* eine Farbe, die sich vom Vollton 54, dem 2. U-blau, dadurch ableitet, daß diese durch viel weniger Weiß (*l*) aufgehellt ist als 33 *ca* und daher im Tone dunkler, also der Vollfarbe 54 näher liegt als erstere Farbe dem Vollton 33. Auch dieses Blau enthält kein Schwarz, weil es im Farbzeichen den Buchstaben (*a*) an zweiter Stelle trägt. Alle Farben, in deren Farbzeichen (*a*) nicht vorkommt, haben Schwarzgehalt. So leitet sich die Farbe 04 *gc* ab von dem Gelb 04, also dem zweiten Gelb dadurch, daß sie den Weißgehalt (*g*) und den Schwarzgehalt (*c*) hat, demnach fast gleichen Weiß- und Schwarzgehalt. Sie ist daher ein mitteltoniges Oliv. Das Farbzeichen 17 *li* bedeutet einen Farbton, der von der Vollfarbe 17, d. h. dem 2. Kreß, sich dadurch ableitet, daß sie den relativ geringen Weißgehalt (*l*) und den höheren Schwarzgehalt (*i*) aufweist. Sie ist demnach eine trübe Farbe, ein gebrochenes Braun, heller Umbra ähnlich. Man sieht also, daß man auch die Farben Oliv und Braun mittels der Ostwaldschen Farbzeichen ausdrücken kann.

Der praktische Wert dieser Bezeichnung ist, daß man allmählich lernt, aus Volltonzahl, Weiß- und Schwarzbuchstaben einer Farbe, die man nicht sieht, ihren Ton zu erraten. Farbzeichen, in welchen neben der Volltonzahl das Buchstabenpaar (*pa*) steht, sind Farben, in welchen der Vollfarbenton durch 0 Weiß und kein Schwarz gebrochen ist, d. h. die Farben des Vollfarbenkreises selbst. (Vgl. die Tafeln zur „Farbschule" von W. Ostwald als Übungsbeispiele.) Vom gleichen Weiß- und Schwarzgehalt gibt es je 24 Farben, entsprechend der Anzahl der Töne des Farbtonkreises. Die Anzahl der Buchstabenpaare, die die verschiedenen Gehalte an Weiß und Schwarz einer Buntfarbe angeben, beträgt 28. Diese sind:

Nr.	1	*ca*	Nr.	8	*ic*	Nr.	15	*li*	Nr.	22	*pa*
„	2	*ea*	„	9	*ie*	„	16	*na*	„	23	*pc*
„	3	*ec*	„	10	*ig*	„	17	*nc*	„	24	*pe*
„	4	*ga*	„	11	*la*	„	18	*ne*	„	25	*pg*
„	5	*gc*	„	12	*lc*	„	19	*ng*	„	26	*pi*
„	6	*ge*	„	13	*le*	„	20	*ni*	„	27	*pl*
„	7	*ia*	„	14	*lg*	„	21	*nl*	„	28	*pn*

(Vgl. die Farbnormen von W. Ostwald.)

Also gibt es nach diesem System von jeder der 24 Vollfarben 28 abgeleitete; daher im ganzen 672 bunte Farbnormen und dazu 8 unbunte = 680. Sie heißen farbtongleich. Farben, die aus der Vollfarbe nur durch Zusatz von Weiß entstehen, heißen hellklare; die nur durch Zusatz von Schwarz entstandenen dunkelklare; die Weiß und Schwarz enthaltenden Farben heißen trübe. Demnach sind Farben mit dem Zeichen (*pa*) Vollfarben; solche mit den Zeichen *ca*, *ga*, *la*, *na* usw. hellklare; mit den Zeichen *pc*, *pe*, *ps* usw. dunkelklare; mit Zeichen wie *ge*, *le*, *li* trübe.

Erkennung der Feinheitsgrade der Farben aus den Farbzeichen.

Je näher im Alphabet die beiden Buchstaben der Farbzeichen für Weiß und Schwarz einander stehen, desto geringer ist der Gehalt der betreffenden Farbe an Vollfarbe, d. h. desto unreiner ist erstere. Man unterscheidet daher Farben verschiedener Reinheit. Die unbunten haben die Reinheit = 0; die bunten um so größere, je weiter ihre Buchstaben im Alphabet voneinander abstehen. Die Reinheitsstufen werden mit den römischen Zahlen II bis XIV bezeichnet, wobei letztere Zahl die höchste Reinheit bezeichnet.

Reinheitsstufen:

Reinheit II	IV	VI	VIII	X	XII	XIV*)
Nr. 1 *ca*	Nr. 2 *ea*	Nr. 4 *ga*	Nr. 7 *ia*	Nr. 11 *la*	Nr. 16 *na*	Nr. 22 *pa*
„ 3 *ec*	„ 5 *gc*	„ 8 *ic*	„ 12 *lc*	„ 17 *nc*	„ 23 *bz*	
„ 6 *ge*	„ 9 *ie*	„ 13 *le*	„ 18 *ne*	„ 24 *pe*		
„ 10 *ig*	„ 14 *lg*	„ 19 *ng*	„ 25 *pg*			
„ 15 *li*	„ 20 *ni*	„ 26 *pi*				
„ 21 *nl*	„ 27 *pl*					
„ 26 *pn*						

*) (Vollfarben des Farbtonkreises.)

Die Gehaltsbestimmung dieser Farben erfolgt durch die Gleichung: $r + w + s = 100$, wobei r die reine Farbe, w Weiß und s Schwarz bedeutet. Bei hellklaren Farben ist $s = 0$; bei dunkelklaren $w = 0$.

Frühere Versuche, die drei Farbenelemente (Vollfarbe, Weiß- und zuletzt Schwarzgehalt) zu einem System der Darstellung aller möglichen körperlichen Farben zu verwenden, liegen u. a. in der Farbenpyramide von Lambert, in der Farbkugel von Runge, dem Farbenoktaeder von Titchener und der Farbkarte von Prase - Baumann vor. Um die unter Anwendung des Vollfarbenkreises (Fig. 1) und der Grauskala erhältlichen 640 Farbtöne praktisch darzustellen, brachte Ostwald zunächst jede einzelne Vollfarbe mit ihren Abstufungen durch die Stufen der Grauleiter in einem gleichseitigen Dreieck unter, dem farbtongleichen Dreieck (Fig. 2). Dieses ist so angeordnet, daß alle Farben gleichen Weißgehaltes in einer Reihe liegen, der Weißgleichen. Sie ist der unteren Dreieckseite parallel. In ihren Farbzeichen ist stets der erste Buchstabe gleich, z. B. *na*, *nc*, *ne*, *ng*, *ni*, *nl*, *nn*. Die Schwarzgleichen liegen der oberen Dreieckseite parallel. Hier ist immer der zweite Buchstabe gleich, z. B. *pc*, *nc*, *lc*, *ic*, *gc*, *ec*, *cc*. Die Reingleichen liegen der senkrechten Dreieckseite parallel. Ihre Buchstaben haben gleichen Abstand im Alphabet, z. B. *ea*, *gc*, *ie*, *lg*, *ni*, *pl*. Die Unbunten haben die Reinheit 0; die bunten eine um so größere, je weiter ihre Buchstaben voneinander im Alphabete abstehen, z. B. (*pa*), und umgekehrt, z. B. (*li*). Farben gleicher Reinheit bilden im farbtongleichen Dreieck eine Schattenreihe.

Durch Zusammenstellung der 24 farbtongleichen Dreiecke zu je zweien mit der Gegenfarbe (Komplementärfarbe) entsteht der Ostwaldsche Farbkörper, ein Doppelkegel, in dessen Achse die trüben Farben mit dem Weiß und Schwarz an den Polen liegen. Er ist der Ort für jede der nach diesem System möglichen 680 Farbtöne. Als Hilfsmittel für die praktische Farbenmessung dienen der Farbenatlas, eine Sammlung von 2500 losen Farbplättchen des erweiterten Farbkörpers, die auf der Rückseite mit dem Farbzeichen versehen sind. Seine Benutzung erfolgt, indem man entweder für einen gegebenen Farbton das Farbzeichen oder für dieses den zugehörigen Ton sucht. Weitere Meßmittel sind die Farbleitern und die Grauleiter.

Wie erwähnt, sind die Ostwaldschen Farbnormen nicht die homogenen oder einfarbigen Lichter, oder unbezogenen Farben des Spektrums, oder jener des Chromoskopes von Arons, sondern stoffliche Farben. Da für Verwendung zur Herstellung des Vollfarbenkreises und der Farbnormen die meisten Erd- und Mineralfarben als trübe Farben unverwendbar sind, ergab sich die Zwangslage, hierzu Teerfarben auch auf die Gefahr hin zu verwenden, daß sie hinsichtlich Lichtechtheit nicht einwandfrei waren[1]). Hierzu zwang auch die Herstellungsart der Farbnormen, die durch Tauchung von Papier in Farbstofflösungen hergestellt werden mußten. Die Farben der Farbtonmaßstäbe sind Teerfüllfarben.

Für Beurteilung der Theorie des Farbtonmeßsystems von Ostwald ist grundlegend, daß es erstmals scharfe Unterscheidung des Wesens einfarbiger Lichter und der stofflichen Farben erbrachte. An dem Mangel hieran scheiterte bisher jeder Versuch praktischer Farbmessung. Diese Unterscheidung ergibt die Lehre vom Farbenhalb (vgl. Physikal. Zeitschr. **17**, 318; 1916) oder von den bezugsfreien und bezogenen Farben (Beiträge zur Farbenlehre, Abh. d. Sächs. Ges. d. Wiss. **34**, 471; 1917 u. Physikal. Farbenlehre, S. 118). Diese Lehre stützt sich auf die Tatsachen, daß homogenes, also einfärbiges Licht nur eine Wellenlänge aufweist, weißes Licht alle. Deshalb muß Licht, das durch eine Anzahl verschiedener Wellenlängen entsteht, die geringer ist als die zur Entstehung weißen Lichtes erforderliche, notwendig bunt sein. Die frühere Auffassung, daß zwei sogenannte Gegenfarben (komplementäre Lichter) stets Weiß liefern müßten, war also unzulässige Verallgemeinerung. Vielmehr liefert u. a. das typische Rot und das Grün *F* des Spektrums in additiver Mischung ein Gelb. Demnach muß auch die Summe aller Lichter zwischen beiden dieses Gelb liefern. Wegen seiner Herkunft ist es notwendig verschieden vom Gelb *d*. Seit längerer Zeit ist ferner bekannt, daß Streifen gelben Papieres oder gelbe Farbstofflösungen, in das prismatische oder Gitterspektrum gehalten, nicht etwa das Gelb *d* allein reflektieren oder durchlassen und alle anderen Spektrallichter schlucken, sondern daß sie von Rot bis zum Grün *F* einschließlich, d. h. bis zur Gegenfarbe Blau ausschließlich alle homogenen Strahlen zurückwerfen oder durchlassen und nur den Rest des Spektrums von Blau bis Veil schlucken. Ostwald fand, daß diese Erscheinung alle Lösungen gelber Farbstoffe und alle gelben Strichfarben gleichartig zeigen. Stoffliches Gelb ist also stets das Ergebnis physiologischer Mischung aller homogenen Lichter von Rot bis zum Grün *F* einschließlich. Hieraus wurde klar, warum Gelb außer Weiß die hellste Farbenempfindung ist. Da die zwischen Rot und Grün *F* liegende Strecke des Spektrums erst annähernd die halbe Länge derselben einnimmt, nannte Ostwald diese Strecke ein Farbenhalb.

[1]) Vgl. W. Ostwald: Über Lichtempfindlichkeit der Teerfarbstoffe in „Die Farbe", Nr. 20, Abt. III, 330, 1921.

Das additive Gemenge der von einem bunten Farbstoff ausgehenden, das Auge treffenden homogenen Lichter nennt Ostwald eine Vollfarbe. Diese Bezeichnung ersetzt die bisherige „gesättigte Farbe", welcher der Irrtum zugrunde liegt, auch stoffliche annähernd eintönige Farben gäben wesentlich nur Licht einer Wellenlänge aus. Weitere Untersuchungen Ostwalds auf diesem Gebiete ergaben, daß auch die übrigen sogenannten gesättigten Stoffarben Strahlengemische ausgeben, die annähernd einem Farbenhalb entsprechen, das man auch „Spektralhalb" nennen kann. Beim Gelb nimmt dieses die ganze linke Hälfte des Spektrums ein; beim Blau liegt es auf der rechten; beim Grün in der Mitte; beim Rot und Veil in zwei Teile geteilt an den Enden des Spektrums. Zur Definition einer stofflichen Vollfarbe gehören also mindestens zwei Wellenlängen, nicht je eine wie bei den homogenen Lichtern. Die Lehre vom Farbenhalb trug also wesentlich dazu bei, über das Wesen der stofflichen Farben jene Kenntnis zu erbringen, ohne welche die Ausbildung eines Meßverfahrens derselben unmöglich blieb. Daher bildet diese Lehre die theoretische und praktische Grundlage der Ostwaldschen Farbenlehre. Ausblicke über die praktische Bedeutung der Lehre vom Farbenhalb für die Definition der „Grundfarben" für Farbendruck und auf die Weiterbildung dieser Lehre vgl. in den Abhandlungen: W. Ostwald, Der Normendruck nebst Bemerkungen über die Gesetze der Farbenmischung und den Dreifarbendruck („Die Farbe", Nr. 17, Abt. VIII, 290, 1921) und A. v. Lagorio, Über die wissenschaftlichen Aufgaben der Werkstelle für Farbkunde („Die Farbe", Nr. 27, Abt. I, 100 1921). Vgl. dagegen: K. W. Fr. Kohlrausch: Beiträge zur Farbenlehre (Physikal. Zeitschr. 1921).

Der praktische Wert dieses Systems der Kennzeichnung der Farben ist offensichtlich. Hier sei nur wiederholt, daß es zum ersten Male erlaubt, ein System der Messung der Lichtunechtheitsgrade der Farbstoffe auszuführen. Bezüglich Einzelheiten und der Farbenharmonielehre wird auf die Originalliteratur im Verlag Unesma Leipzig und in der Sammelschrift „Die Farbe" verwiesen.

Farbmessverfahren nach Ostwald.

A. Bestimmung der Kennzahlen (Farbton, Weiß-Schwarzgehalt). Dieselbe erfolgt mit dem Farbmesser (Chrometer) (Fig. 4, 5 und 6). Auf einem Fußbrett ist an einem Träger eine senkrecht stehende Messinghülse für zwei Einsätze befestigt. Der eine (*B*) mit Optik versehene (Pomi-Polarisations-Farbenmischer) dient zur Messung des Farbtones der zu untersuchenden Farbe; der andere (*A*), ein längeres Messingrohr ohne Optik mit zwei Schlitzen, zur Messung des Weiß- und Schwarzgehaltes.

a) Messung des Farbtones. Theorie: Physikal. Farbenlehre, S. 153. Das Prinzip dieser Messung ist die additive Mischung des zu messenden Farbtones durch den Gegenton der Farbleiter zu Grau. Indicator ist der in der Tonstärke diesem gleiche Grauton der Grauleiter. Ausführung: Man setzt in das Trägerrohr *A* den Pomi *B* derart ein, daß dessen linksseitige Nase in die entsprechende Ausnehmung des Trägerrohres einfällt. Der Pomi enthält unter der Scheibe mit Gradeinteilung

K ein feststehendes Wollastonprisma. Dieses erzeugt im Gesichtsfeld von der zu messenden Farbkarte und der Gegenfarbe der Farbtonleiter *b* je zwei Bilder, die in der Mitte zwischen beiden Bunttönen übereinanderfallend ein neutrales Mischgrau dann ergeben, wenn die Gegenfarbe

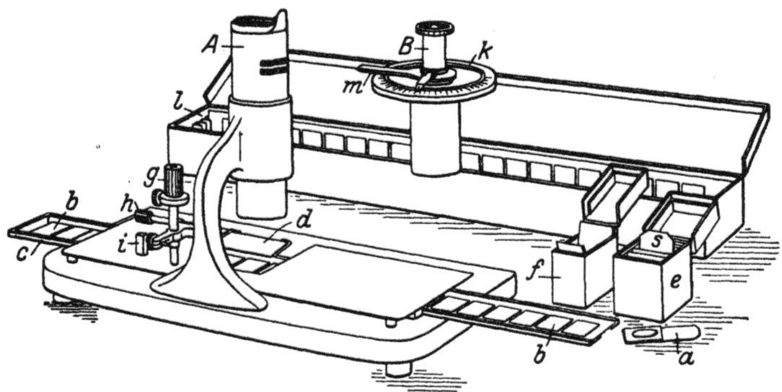

Fig. 4. Chrometer.

zu der zu bestimmenden durch Verschieben der Farbleiter getroffen ist. Auf das Tischchen unter dem Pomi wird eine Graukarte gelegt. Sobald der Ton des Mischgrau mit jenem letzterer genau übereinstimmt, ist die Messung beendet. Die Farbtonnummer liest man an der be-

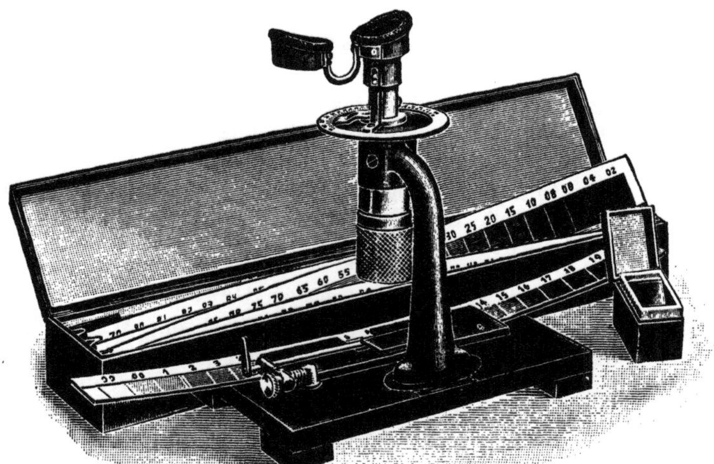

Fig. 5. Neueste Ausführungsform des Chrometers.
Anordnung bei Bestimmung des Farbtons.

treffenden Stelle der Farbleiter ab. Sie ist die des zu messenden Farbtones, weil die Zahlen auf der Farbtonleiter um ± 50 verschieden von den Tönen derselben aufgetragen sind.

Die Gegenfarbenleitern *b* stellen den in 5 Teile zerlegten, zu Geraden gestreckten Farbtonkreis *pa* dar. Sie werden unter die Deckleiste der

Tischplatte des Apparates von rechts nach links eingeschoben. Die Ausführung der Messung erleichtert ein am Pomi über der Meßscheibe drehbar angebrachtes Nicol mit Drehhebel m. Es dient dazu, durch Drehen von der Ausgangslage 45 aus nach rechts oder links die beiden Gegenfarben zunächst im umgekehrten Verhältnis ihrer Reinheit zu mischen, um ein annähernd neutrales Grau zu erhalten. Die Messung beginnt mit dieser Einstellung, sobald man die Gegenfarbe ungefähr eingestellt hat. Sie wird beendet unter Vorlage der entsprechenden Neutralgraukarte auf dem Träger, Einstellung auf gleiche Tonstärke mit dem Mischgrau durch Drehung des letzteren und Verschiebung der Farbleiter, bis beiderseits Graugleiche eintritt. Bei in der Tonstärke vom Leiterton stark abweichenden Farben ist der Nicol ent-

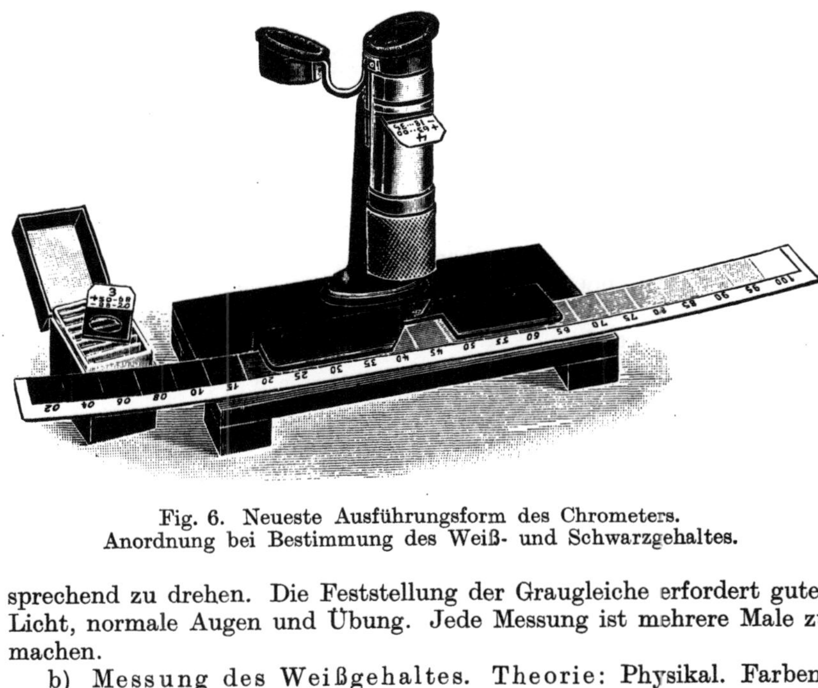

Fig. 6. Neueste Ausführungsform des Chrometers.
Anordnung bei Bestimmung des Weiß- und Schwarzgehaltes.

sprechend zu drehen. Die Feststellung der Graugleiche erfordert gutes Licht, normale Augen und Übung. Jede Messung ist mehrere Male zu machen.

b) Messung des Weißgehaltes. Theorie: Physikal. Farbenlehre S. 174. Zu dieser Messung wird der Pomi durch das Filterrohr A ersetzt, ein innen geschwärztes Messingrohr ohne Optik, das 2 Schlitze zur Aufnahme der optischen Filter enthält. Bei der Bestimmung des Weißgehaltes verwendet man Sperrfilter, d. h. Filter von der Gegenfarbe der zu messenden Farbe. Zur Messung des Schwarzgehaltes dienen Paßfilter, d. h. Filter in der Eigenfarbe der zu messenden Probe. Das Prinzip der Messung des Weißgehaltes ist, daß eine Farbe, durch das zugehörige Sperrfilter besehen, ihren bunten Anteil verliert. Dabei erhält der schwarze kein Licht. Es bleibt also nur der weiße übrig. Dieser wird durch die untergeschobene Grauleiter gemessen. Je nach dem Betrag des weißen Anteiles erscheint nun die Farbkarte heller oder dunkler. Man verschiebt die Grauleiter so lange, bis in beiden Feldern gleiche Helligkeit auftritt, d. h. die Grenze zwischen Farbkarte und Grauleiter verschwindet. Damit erstere auf letztere keinen Schatten wirft, legt man sie mit schiefer Kante auf. Die auf der Grauleiter bei Eintritt der Graugleiche stehende Zahl zeigt den Weißgehalt der Probe direkt an. Es kommt vor, daß Zwischenwerte zwischen zwei aufeinanderfolgenden Zahlen zu wählen sind. Auch diese Messung ist mehrmals auszuführen.

Bei Anwendung der 5 Filter im Kästchen C können Verwechslungen vorkommen, *Ostwald* hat diese daher durch Bezeichnung ihrer Anwendungsgebiete auf den Handhaben gekennzeichnet. Zur Weißmessung kommen als *Sperrfilter* in Verwendung:

Filter	1	für Farbton	37	bis 60:	Veil 1 bis Ublau 3.
„	2	„ „	52	„ 88:	Ublau 1 bis Laubgrün 1.
„	3a	„ „	88	„ 20:	Laubgrün 1 bis Kreß 3.
„	4	„ „	18	„ 35:	Kreß 2 bis Rot 3.
„	5	„ „	25	„ 56:	Rot 1 bis Ublau 3.

Die Umfänge dieser Filter greifen teilweise übereinander. Bei solchen gemeinsamen Gebieten verwendet man zweckmäßig beide Filter nacheinander. Ergeben sie verschiedene Werte, so ist der *kleinere* zu wählen.

c) *Messung des Schwarzgehaltes.* Theorie: Physikal. Farbenlehre S. 197. Hierzu dienen ebenfalls das Filterrohr A und die Grauleiter. Hier verwendet man keine Sperrfilter, sondern nur *Paßfilter*, d. h. solche in der Eigenfarbe der zu messenden Farbkarte. Deren Gebiete sind folgende:

Filter	1	für Farbton	95	bis 10:	Laubgrün 3 bis Gelb 3.
„	2	„ „	00	„ 25:	Gelb 1 bis Rot 1.
Filter 2a und	3	„ „	25	„ 50:	Rot 1 bis Ublau 1.
„	3	„ „	50	„ 68:	Ublau 1 bis Eisblau 2.
„	4	„ „	63	„ 90:	Eisblau 1 bis Laubgrün 2.
„	5	„ „	75	„ 90:	Seegrün 1 bis Laubgrün 2.

Durch die Paßfilter gehen die reine Farbe und das Weiß hindurch. Man erhält ein um so dunkleres Feld, je höher der Schwarzgehalt der zu messenden Farbe ist. Die Messung erfolgt auch hier unter Verschiebung der Grauleiter bis zur erreichten Hellgleiche. Da die Grauleiter nach den Weißgehalten beziffert ist, so ist die nach Eintritt der Hellgleichheit auf der Grauleiter stehende Zahl von 100 abzuziehen, um den Schwarzgehalt der Farbkarte zu erhalten.

Zur Messung der Purpurfarben von 25 bis 50 dienen die Paßfilter 2a und 3. Über diese umständlichere Meßart vgl. Physikal. Farbenlehre S. 198. Bei gleichgutem Licht sind die Werte für die Weißgehalte leichter zu treffen als jene der Schwarzgehalte. Mehrmalige Messung ist auch hier nötig.

B. *Bestimmung des Farbzeichens.* Wie im allgemeinen Teil erwähnt, setzt sich das *Farbzeichen* zusammen aus der Farbtonzahl und zwei Buchstaben, welche die relativen Weiß- und Schwarzgehalte der gemessenen Farbe nach der Grauleiter angeben. Sie vertreten also die Zahlen für Weiß- und Schwarzgehalt bei der *Kennzahlenangabe.*

Man muß die farbtongleichen Dreiecke bzw. den Farbkörper kennen, um aus dieser Buchstabenbezeichnung ein Bild der durch sie bezeichneten Farbe zu erhalten. Das hierüber Nötige ist erwähnt. Das übrige ist Sache der Übung. Das ganze Farbzeichen wird entweder durch Auflegen der zu bestimmenden Farbkarte auf entsprechende Karten des Farbenatlas bis zur erreichten Tongleiche ermittelt und auf der Rückseite letzterer abgelesen oder durch Anwendung des Satzes der 24 Farbleitern der Reinheitsstufen II bis XIV, indem man die zu messende Farbkarte unter die passend scheinende Leiter legt und ermittelt, wo Gleichheit dieser und einer Farbsprosse auftritt. Das Farbzeichen und die Reinheitsstufe werden direkt abgelesen.

System und praktische Reichweite des Ostwaldschen Farbenmeßsystemes kennzeichnet folgende aus W. Ostwald: Die Kennzahlen der wichtigsten Farbstoffe, in P. Krais, Werkstoffe, I. Bd. zusammen gestellte Tabelle:

Farbstoff	1. Kennzahlen			2. Farbzeichen
	Farbton	Weißgehalt	Schwarzgehalt	
Barytgelb	00	38	08	00 *ea*
Zinkgelb	01	15	12	01 *ia*
Cadmiumgelb 1	03	08	10	03 *la*
Chromgelb citr.	05	06	15	05 *na*
Chromgelb Nr. 3 . . .	07	07	15	07 *na*
Cadmiumgelb dunkel .	11	06	10	11 *na*
Goldocker dunkel . . .	12	12	37	12 *kc*
Terra di Siena nat. . .	13	04	66	13 *pc*
Mennige	20	06	15	20 *na*
Cadmiumrot	21	13	24	21 *ib*
Zinnober 00	22	07	15	22 *na*
Zinnober Nr. 4	24	07	27	24 *nb*
Zinnober Nr. 6	25	06	30	25 *pb*
Carmin Nacarat	26	06	30	26 *vc*
Krapplack 00	26	01	55	26 *td*
Ultramarinrot Nr. 16 .	36	17	50	36 *hd*
Kobaltviolett	42	03	69	42 *qb*
Ultramarinviolett Nr. 19	48	10	60	48 *lc*
Ultramarinblau Nr. 5 .	48	02	60	48 *sa*
Kobaltblau 2	54	07	38	54 *na*
Kobaltblau 7	59	08	60	59 *nc*
Ultramaringrün 22 . . .	64	10	85	64 *of*
Chromoxydgrün feurig .	83	02	78	38 *sc*
Kobaltgrün	85	09	77	85 *lg*
Schweinfurtergrün . . .	85	03	50	85 *qa*
Chromoxydgrün deckend	90	06	80	90 *nq*
Grünerde veron.	94	30	60	94 *fd*
Terra di Siena	19	04	63	19 *pe*
Kasseler Braun	13	02	91	13 *pn*
Manganbraun	13	02	91	13 *sl*
Umbra schwärzlich . .	11	03	92	11 *qn*
Umbra grünlich	09	05	90	09 *ol*

Die optische Ausgangslage für Messungen nach Ostwald bilden nicht Aufstriche angeriebener Farben, sondern Lagen der trockenen Farbstoffe, die durch Einreiben des Farbpulvers auf Rauhpapier bis zur erreichten Deckung hergestellt sind. Alle Bindemittel verändern diese Ausgangslage durch teilweise oder gänzliche Wegnahme des Oberflächenlichtes. Die Zahlen der vorstehenden Tabelle beziehen sich also auf trockene Farbstoffe.

Hieraus ergibt sich, daß mittels des Ostwaldschen Meßverfahrens mit dem Chrometer, d. h. der quantitativen Bestimmung der Tonelemente Vollfarbe, Weiß- und Schwarzgehalt, nicht nur solche trockene Farben leicht meßbar sind, deren Farbton durch die Stoffbezeichnung und Handhabung annähernd geläufig geworden ist, sondern daß seine Genauigkeit so weit geht, auch feinste Unterschiede innerhalb der einzelnen Tonstufen und jener der Helligkeit bei ein und demselben chemisch eindeutigen Farbstoffe unterscheiden zu lassen, wie den Zinnoberarten, Kobaltblauen, Cadmium-Chromgelben u. a. m., mit anderen Worten: Die Ostwaldschen Kennzahlen und Farbzeichen bilden die lange vergeblich gesuchten Ergänzungen zu den heutigen, nur die chemische Zusammensetzung festlegenden Stoffbezeichnungen der Farbstoffe, um diese in verwendungstechnischer Hinsicht aus Sammelnamen zu Eigennamen zu machen. Diese Meßzahlen stellen demnach einen unverkennbaren Fortschritt auf dem Wege von der alten unzulänglichen rein chemischen Beurteilung der Farbstoffe zu der verwendungstechnisch richtigen optischen dar, und damit auch einen solchen im Handel mit Farben. Ohne die Kennzahlen oder das Farbzeichen bleibt ein Farbstoffname Sammelbezeichnung. Auffallend, weil ungewohnt, sind die hohen Schwarzgehalte der kalten Farben; dann die relativ großen der roten und violetten Lasurfarben. Um so niedriger sind die Weißgehalte kalter Farben einschließlich des Oberflächenlichtes.

Ob der Ostwaldsche Farbtonkreis pa und die Grauskala die absolut richtigen Farbenmaßstäbe sind oder nicht, ist hier nicht zu erörtern (vgl. Becke, Trillich, Kohlrausch u. a.). Normale Augen können damit solange Farben in analoger Weise übereinstimmend messen, als ihre Farbwerte nicht der Tonveränderung unterliegen, wie mit dem Urmeter von Paris Längen übereinstimmend gemessen werden, obwohl seine Strecke unrichtig berechnet ist. Die relativ große Unveränderlichkeit dieses Maßstabes werden die Ostwaldschen nicht erreichen, weil sie Teerfarben sind. Nach Jahr und Tag werden sie durch den Gebrauch unrichtig werden. Doch sind sie von Personen mit normalen Augen jederzeit wiederherstellbar. Es wurde schon erwähnt, daß Herstellung in gefärbtem Glase wie bei Lovibond oder in Porzellanfarben ihre Unveränderlichkeit sichern würde, ohne die Richtigkeit zu erhöhen. Dagegen verweist W. Gräff in der Abhandlung: Die Kunstwissenschaft und die Farbe in „Die Farbe“ Nr. 30, Abt. VII, 356, 1922 treffend darauf, daß Farbmaßstäbe für Ölfarben erwünscht sind. Die Töne der Farbleitern sind als Leimtünchen für diesen Zweck teilweise zu farbschwach. Dunkle Öldruckmiloriblaue sind damit schwer genau bzw. nicht mehr meßbar.

Innerhalb der gekennzeichneten Grenzen ist das Ostwaldsche Farbtonmeßverfahren die derzeit einzige, praktischen Ansprüchen genügende Ergänzung der bisher fast nur chemischen und allgemein physikalischen und daher farbentechnisch unvollständigen Beurteilungsart stofflicher Farben zu einer nach deren Hauptbeurteilungsart, dem Farbton zulänglichen, weil quantitativen optischen Analyse. Da mittels dieser die geringsten Veränderungen in Farbton, Weiß- und Schwarzgehalt meßbar sind, so stellt das Ostwaldsche Verfahren[1]) auch das erste Mittel dar, um Lichtwirkungen auf Malerfarbstoffe quantitativ darzustellen; ein unverkennbarer weiterer Fortschritt neben dem schon erwähnten auf dem Gebiete der Farbbezeichnung. Bei verblassenden Farben steigt die Weißzahl ohne oder unter Änderung der Farbtonzahl; die verdunkelnden erniedrigen die Weißzahl und erhöhen die Schwarzzahl, während die Farbtonzahl unverändert bleibt oder nicht. Folgende ebenfalls aus P. Krais, Werkstoffe I. Bd., zusammengestellte Tabelle zeigt, daß dieses Verfahren auch die Tonwertunterschiede zwischen Wasser- und Ölfarbentünchen erkennen, also den Betrag des Oberflächenlichtes messen läßt.

Farbstoffe	Kennzahlen	Farbzeichen	Kennzahlen	Farbzeichen
	Trockene Farbe		In Öl geriebene Farbe	
Barytgelb	00 · 38 · 08	00 *ea*	01 · 25 · 20	01 *ga*
Chromgelb dkl.	07 · 07 · 15	07 *na*	08 · 01 · 35	08 *nb*
Rotocker	19 · 16 · 38	19 *na*	22 · 01 · 78	22 *ng*
Terra di Siena gaba	19 · 04 · 53	19 *pc*	22 · 01 · 91	22 *nt*
Kobaltblau	54 · 07 · 38	54 *na*	52 · 01 · 85	52 *no*

Über die Ostwaldsche Farbenlehre vgl. auch N. von Bezold: Die Farbenlehre 2. Aufl. von Prof. Dr. N. Seitz; Braunschweig 1921. Der Normenausschuß für die graphischen Gewerbe in Leipzig befaßt sich z. Zt. mit der Anwendung des Ostwaldschen Farbtonmeßverfahrens auf Buntdruckfarben. Über ältere und neueste Versuche zur Farbennormung vgl. Baumanns neue Farbentonkarte, System Prase 1912, mit Farbenkreis und Schattierungsskala; C. Becke: Techn. Mitt. f. Malerei 1921, Nr. 10; 1922, Nr. 7; H. Trillich, Beiträge zur Farbenstabung: Farbenzeitung **27**, 672, 1721, 1794, 1874, 2017, 2556, 3323, 3379; **28**, 257, 332, 1001. K. W. Fr. Kohlrausch: Beiträge zur Farbenlehre. Separatabdruck aus: Physikal. Zeitschr. 1921. Dr. E. G. Ludwig: Farbtonnormung oder Farbstoffnormung: Farbenztg. 28, 1257; 1923. Anwendungen des Ostwaldschen Meßverfahrens auf die Bestimmung der Lichtechtheit und Verträglichkeit anorganischer Farben finden sich unter den betreffenden Titeln im folgenden Texte.

B. Färbevermögen, Tonstärke, Ausgiebigkeit der Farbstoffe.

Man versteht darunter die Fähigkeit eines Farbstoffes, einem anderen beim Mischen die eigene Färbung in höherem oder geringerem Grade mitzuteilen. Die Bestimmung des Färbevermögens kann auf bunte oder weiße Farbstoffe Anwendung finden. Im ersteren Falle

[1]) Vgl. W. Ostwald: Physikal. Farbenlehre S. 162.

bedient man sich als Indikator eines weißen Farbstoffes, im letzteren eines nicht zu dunklen. Diese Prüfung wurde von Barreswill: Schützenberger, Farbstoffe I, S. 327, derart ausgeführt, daß gleiche Gewichtsmengen des Typs und des zu prüfenden bunten Farbstoffes mit gleichen überschüssigen Mengen desselben weißen Farbstoffes, gewöhnlich Zinkweiß, in Pulver gleichmäßig verrieben und die Mischungen auf dunkler Unterlage mit der Spatel neben- oder besser aufeinander glattgestrichen werden. Hierbei kann gleichzeitig die Probe auf Vollständigkeit der Mischung angestellt werden, da im Falle ungenügender Vermengung sich beim Ausstreichen weiße Streifen zeigen. Derjenige bunte Farbstoff besitzt das größere Färbevermögen, dessen Ausmischung mit Weiß den dunkleren Ton zeigt. (Vgl. auch Hoffmann, Ultramarin. Braunschweig 1902.) Dieses Verfahren wurde von Flatt weiter ausgebildet und zur indirekten Bestimmung der Deckfähigkeit von weißen Farbstoffen verwendet. (S. u. a. Farbenzeitung **16**, 767; 1911.) Genauer ist die Prüfung auf Färbevermögen, wenn die Farbstoffe mit dem Indikator in Öl abgerieben werden, da dann bessere Mischung stattfindet. Die Ergebnisse beider Methoden sind jedoch nicht untereinander vergleichbar, da das Öl bei nicht stark deckenden bunten Farbstoffen durch Wegnahme des weißen Oberflächenlichtes je nach Deck- oder Lasurwirkung des Farbstoffes schwache bis starke Tonvertiefungen hervorruft. Beim Mischen bunter Farbstoffe mit weißen entstehen Tonveränderungen, die Wirkungen des trüben Mediums des weißen Farbstoffes sind und um so stärker auftreten, je weniger der bunte Farbstoff reinklar ist. Diese Probe läßt also gleichzeitig den Tonreinheitsgrad bunter Farbstoffe erkennen.

Verwendet man dieses Verfahren zur Ermittlung der Ausgiebigkeit weißer Farbstoffe, so werden bei großer Verschiedenheit in den spez. Gewichten unrichtige Resultate erhalten, wenn man gleiche Gewichtsmengen dieser Farbstoffe anwendet. Hiernach ergäbe sich z. B. das unrichtige Bild, daß Bleiweiß geringeres Färbevermögen besitze als Zinkweiß. (Vgl. die Bestimmung der Deckfähigkeit.)

Im Aufsatz: Definition und Messung der Ausgiebigkeit der Farbstoffe, „Die Farbe" Nr. 12, Abt. III, 200, 1920 verweist Ostwald auf die Beschränktheit der bisherigen Verfahren auf denselben Typenfarbstoff. Unter Festlegung eines bestimmten Weißgehaltes (50 v. H.) für die Mischfarbe wird durch Messung mit dem Chrometer jene Menge des Verdünnungsmittels in der Gewichtseinheit jeden Farbstoffes bestimmt, die nötig ist, um diese Norm zu erreichen. Die gefundene Gewichtsmenge an Verdünnungsmittel ist das Maß der Ausgiebigkeit des untersuchten Farbstoffes.

Zu den oft angewendeten physikalischen Verfahren der Prüfung von Anstrichfarbstoffen gehört auch die Bestimmung des spezifischen Gewichtes. Die technische Bedeutung dieser Feststellungen erhellt aus dem Umstand, daß starke Unterschiede hierin im Zusammenhang mit der Teilchengröße ein und denselben chemischen Farbtyp praktisch verwendungsfähig bzw. unbrauchbar machen können.

Zur Bestimmung galten früher nur die zur Ermittlung der Dichte von pulverförmigen Stoffen verwendeten Methoden, wie Einschmelzen in Paraffin. Vgl. Wiedemann - Ebert, Physikalisches Praktikum. Über die Fehlerquellen bei diesen Methoden vgl. Retgers, Zeitschr. f. phys. Chem. 3, 289; 1889. Die zum Teil schwere Benetzbarkeit der verschiedenen Farbpulver durch Wasser macht die Bestimmung des spez. Gewichtes in diesem ungenau. Eibner wendete daher Chloroform oder Tetrachlorkohlenstoff an. Über die starke Abhängigkeit anstrichtechnischer Eigenschaften der Malerfarbstoffe von ihren spez. Gewichten und Korngrößen vgl. Eibner: Sprung- und Rißbildung antrocknender Ölfarbenaufstriche und auf Ölbildern. München 1920; und „Über fette Öle", S. 306; Verlag B. Heller.

Die Erklärung der molekularen Zustandsänderungen bei der Umwandlung polymorpher Stoffe (Jodquecksilber, Zinnober, Cadmiumgelbe u. a.) erfordert künftige allgemeinere Anwendung der einschlägigen neueren physikalischen Methoden. So wird die dilatometrische Messung der beim Erwärmen auftretenden Volumenveränderungen, wie sie Cohen zur Erklärung der Erscheinung der Zinnpest anwandte, die Bestimmungen des spez. Volumens (vgl. Spring im Artikel Zinnober), nach Chancel, der spez. Wärme und der Änderungen in der Lichtbrechung (optische Bestimmung der Enantiotropie; Lehmann, Molekularphysik 1, 119ff.; 1888), des elektrischen Leitvermögens (Selen, Jodsilber, Zinnober usw.), der Umwandlungstemperaturen (Schwarz, Beiträge zur Kenntnis der umkehrbaren Umwandlungen polymorpher Körper; Preisschrift Göttingen 1892) in den Fällen Dienste leisten, wo chemische Methoden versagen.

Auch die Bestimmung der Dampftension wasserhaltiger Stoffe mittels des Tensimeters (vgl. van 't Hoff, Zinn, Gips und Stahl, München 1901) fand zur Untersuchung von Farbstoffen Anwendung. (Vgl. Wöhler und Becker, Über die Zusammensetzung und Färbung des Guignetgrüns, Zeitschr. für angew. Chem. 21, 1600; 1908.) Näheres über einzelne dieser Methoden in Ostwald - Luther - Drucker, Physiko-Chemische Messungen, 3. Aufl., Leipzig 1910.

Besonders wichtig ist ferner die Bestimmung der Korngröße oder Teilchengröße im Sinne der Kolloidlehre bei vielen Farbstoffen, da, wie schon angedeutet, Deckfähigkeit und Tonart Funktionen der Korngröße sind und diese auch verschiedene kolloide und chemische Reaktionsfähigkeit ein und desselben Stoffes bedingt. Außerdem sind die Korngrößenunterschiede anstrichtechnisch wichtig, weil davon Ölunechtheit und Frühsprungbildung von Ölfarbenaufstrichen abhängen. Vgl. Eibner: Über fette Öle, S. 236; Grundlagen einer mechanischen Theorie der Frühsprungbildung antrocknender Ölfarbenaufstriche. Nach Ostwald beruht z. B. der Unterschied in den Färbungen des gefällten und des auf trocknem Wege hergestellten Quecksilberoxydes nicht, wie Cohen (Zeitschr. f. phys. Chem. 34, 69; 1900) annahm, auf Isomerie, sondern nur auf dem Unterschiede in den Korngrößen (Zeitschr. f. phys. Chem. 18, 159; 1895 und 34, 495; 1900). Vgl. W. Ostwald, Die fundamentalen Eigenschaften der Pigmente und ihre Korngröße, Zeitschr. f.

Kolloidchem. **16**, 1915; Sammelschrift „Die Farbe“, Nr. 11, Abt. II, Die beste Korngröße. L. Wöhler und Condrea (Zeitschr. f. angew. Chem. **21**, 481; 1908) ermittelten, daß die verschiedenen Färbungen der künstlichen idiochromatischen Eisenfarbstoffe (Caput mortuum usw.) Funktionen der Korngröße sind, mittels des Sulfurimeters von Chancel (s. Bd. I, S. 685). Dieses Instrument diente anfangs nur zur Bestimmung der Feinheitsgrade des zur Weinbergbestreuung verwendeten Schwefelpulvers, kann jedoch allgemein zur Ermittlung der für die Verwendung von Anstrichfarbstoffen wichtigen Korngrößenunterschiede der Farbstoffpulver verwendet werden. Die Anwendung des Apparates von Chancel beruht auf der Tatsache, daß ein in einem nicht wasserhaltigen, flüssigen Medium aufgeschlämmtes und darin unlösliches Pulver beim Absitzen eine um so höhere Schicht bildet, je geringere Korngröße es besitzt, d. h. je größeres Porenvolumen. Über die Ausführung der Bestimmung vgl. Bd. I, S. 685.

Endlich ist bei der Bestimmung der Korngestalt und Größe der Farbstoffe die Mikroskopie und Ultramikroskopie (für kolloidale Farbstoffe) ausgiebig heranzuziehen. Über Beziehungen des spez. Gewichtes, spez. Volumens und Porenvolumens zu den Verwendungseigenschaften der Farbstoffe in der Ölfarbentechnik: Eibner, Sprung- und Rißbildung S. 14 (vgl. W. Ostwald, Die beste Korngröße in „Die Farbe“, Nr. 11, Abt. II, 200; 1921). Hier wird gezeigt, daß die beste Schichtdicke bzw. Korngröße jene ist, bei welcher das verschluckte Strahlengebiet ein Farbenhalb ausmacht. Wird mehr verschluckt, so mischt sich der Färbung des Farbstoffes zunehmend Schwarz bei. Daher wird u. a. durch Feinreiben das Schweinfurtergrün verdorben; Chromrot aber nach Kreß gezogen.

Die Beziehungen des spez. Gewichtes und spez. Volumens zum Porenvolumen und Ölverbrauch der Malerfarbstoffe, sowie ihre Teilchengrößen zeigt nebenstehende, nach steigenden spez. Gewichten der Farbstoffe geordnete Tabelle aus Eibner, Fette Öle, Ersatzmittel und Ölfarben, München 1923; Verlag B. Heller. S. 306/307. Die Bestimmungen der spez. Gewichte sind hier in Chloroform bzw. Tetrachlorkohlenstoff ausgeführt und auf Wasser bezogen. Die Messung des Porenvolumens fand mit dem Apparat von Chancel (Bd. I, S. 685) statt; jene der Korngrößen mit dem 100 teiligen Millimeter von Zeiss; Vergrößerung 360fach. Ein Teil des Objektivmikrometers entsprach 6 Teilen des Okularmikrometers, Mikrometerwert $= 2\,\mu$. Vgl. Teilchengrößenbestimmung nach C. Kühn, Zeitschr. f. angew. Chem. **28**, 126; 1915, **30**, 145; 1917 durch Zählung mit der Zeiss-Thomakamera (Blutkörperzählung); spezifische Teilchenzahl.

Die Reihe der spez. Gewichte zeigt einerseits die außerordentliche Uneinheitlichkeit der Farbstoffe nach dieser Richtung, andererseits die Wahrscheinlichkeit anstrichtechnischer Wirkungen dieser Verschiedenheiten. Sie kennzeichnen sich in der großen Verschiedenheit der spez. Volumen und Porenvolumen und damit praktisch im Ölverbrauch gleicher Gewichtsteile der Farbstoffe (5a), während gleiche Volumteile geringe Einflüsse ausüben (5b). Außerdem zeigt die Reihe der spez.

Farbstoffnamen, geordnet nach steigendem spez. Gewicht	1	2	3	4	5		
	Spezifisches Gewicht bei 17°	Spezifisches Volumen errechnet aus dem spez. Gewicht	Porenvolumen Volumen der Gewichtseinheit nach Chancel	Korngrößen in Mikromillimetern $\frac{1}{1000}$ mm	Ölverbrauch a gleicher Gew.-Teile der Farbstoffe	Ölverbrauch b gleicher Volum-Teile der Farbstoffe Leinöl	Mohnöl
Lampenruß	0,5294	1,994	56	50% 1-5 μ; 50% 5-10 μ	188,7	—	—
Carmin Nacarat	1,0232	0,977	20	30% 1-2 μ; 60% 2-10 μ	79,3	7,2	10,9
Krapplack I. B.A.S.F.	1,5662	0,641	17	20% < 1 μ; 80% 1-5 μ	157,9	13,6	10,9
Krapplack B Siegle	1,8255	0,549	13	80% 1-5μ; 15% 5-10μ	85,8	—	—
Pariserblau R	1,9515	0,514	13,4	95% < 1 μ	59,5	—	—
Umbra deutsch nat.	1,9938	0,5001	7,6	100% < 1 μ	51,2	11,0	10,0
Graphit	2,0049	0,500	11,1	90% 1-10 μ; 10% 10-20 μ	18,5	—	—
Krapplack krist.	2,0081	0,500	11,1	70% 10-50 μ	18,5	—	—
Stahlblau 00 hellst	2,0765	0,481	14,5	—	—	10,0	10,0
Asphalt sicil.	2,1074	0,474	4,0	—	—	—	—
Ultramarin T.K.F.	2,4279	0,413	7,6	—	34,1	—	—
Elfenbeinschwarz	2,7329	0,366	9,0	95% < 1 μ.	58,1	12,5	12,5
Ultramarin f. Kattun	2,7405	0,364	6,0	20% < 1 μ-1 μ; 10% 1-10 μ; 70% 10-40 μ	—	—	—
Grünerde nat. veron.	2,8635	0,349	8,0	—	—	10,7	10,8
Aluminiumpulver	3,0165	0,331	9,0	70% 20-50 μ; 30% 50-80 μ	—	—	—
Guignetgrün V. F. f. U.	3,0607	0,326	7,5	10% 5-10 μ; 85% 10-60 μ	—	9,4	10,0
Ocker natur deutsch	3,1736	0,315	9,1	100% < 1 μ.	31,8	11,7	12,0
Sienaerde nat.	3,2887	0,304	8,4	30% < 1 μ; 40% 5-10 μ 10% 10-30 μ	45,7	12,0	12,0
Kobaltblau hell	3,4264	0,292	24,0	50% 5-10 μ; 40% 10-30 μ	74,8	8,6	9,2
Kobaltblau mittl.	3,6697	0,273	17,0	80% 10-30 μ; 10% 30-40 μ	50,1	—	—
Kobaltblau dkl.	3,7142	0,269	9,0	60% 2-10 μ; 35% 10-30 μ	30,4	7,0	7,8
Caput mort. hell	3,9976	0,256	4,5	—	—	—	—
Baryumsulfat gef.	4,1430	0,241	9,5	—	—	—	—
Schwerspat	4,3995	0,227	4,5	—	—	—	—
Caput mort. dkl.	5,1102	0,195	2,8	—	—	—	—
Zinkweiß Weißsiegel	5,1484	0,194	15,9	60% 2-5 μ; 35% 5-10 μ	15,5	5,4	4,0
Kobaltgrün hell	5,2629	0,190	3,6	—	—	10,6	10,8
Kobaltgrün dkl.	5,4759	0,182	2,3	—	—	9,4	10,6
Zinkoxyd gelb	5,6384	0,177	1,4	90% 10-50 μ	7,02	—	—
Kremserweiß	6,9476	0,144	3,3	30% 5-10 μ; 68% 10-30 μ	—	7,4	6,3
Bleiweiß holländ.	7,6017	0,131	2,2	90% 10-30 μ	8,1	—	—
Zinnober 000	7,8568	0,127	6,1	95% 2-10 μ	14,9	10,0	10,4
Zinnober Nr. 6	8,0614	0,123	2,2	85% 10-30 μ	11,4	10,0	12,4
Mennige deutsch	8,5224	0,117	3,4	—	—	7,2	6,2
Kupferbronze	8,5275	0,117	1,0	60% 20-50 μ; 20% 50-100 μ	—	—	—
Mennige orange	9,3915	0,106	2,8	80% 10-30 μ	6,1	—	—
Mennige engl.	9,5470	0,104	1,8	80% 10-30 μ	4,2	—	—

Gewichte, daß Malerfarbstoffe durch die Stoffbezeichnung, also durch die chemische Zusammensetzung allein, praktisch nicht hinreichend gekennzeichnet sind. Zinnober haben spez. Gewichte von 7,856 bis 8,06; Sorten von Caput mortuum solche von 3,99 bis 5,11. Das Handelszinkweiß Weißsiegel hat das spez. Gewicht 5,1484; das dichte, gelbe Zinkoxyd das spez. Gewicht 5,6384, Kobaltblau hell 3,4264; dasselbe dunkel 3,7142; Krapplack hochrot I. B. A. S. F. 1,5662; der sog. krystallisierte Krapplack 2,0081. Die Beispiele sehr verschiedener spez. Gewichte bei chemisch absolut gleichen oder sehr annähernd gleichen Anstrichfarben sind hiermit nicht erschöpft. Eine ihrer auffälligsten technischen Wirkungen wurde in der Versuchsanstalt für Maltechnik a. d. Techn. Hochschule München in dem Verhalten der damit angeriebenen Ölfarben beim Antrocknen ihrer Aufstriche auf neutralem Grunde und in verstärktem Grade auf katalysierendem festgestellt: Überschreitet die Schwundzahl des verwendeten Öles beim Antrocknen innerhalb 60 Tagen 25 v. H. weit, wie beim Mohnöl, so tritt beim An- und Durchtrocknen der betreffenden Aufstriche bzw. schon im nassen Zustande die Erscheinung des Frühsprunges auf, wenn das spez. Gewicht des Farbstoffes ein Minimum erreicht. Daher springen Aufstriche der Mohnölfarben von Zinkweiß Weißsiegel, Zinnober 000, Caput mortuum hell, Kobaltblau hell, Krapplack I, Elfenbeinschwarz u. dgl. außerordentlich rasch und stark bzw. auf der Flächeneinheit oft; solche der chemisch gleichen Farbstoffe mit höchsten spez. Gewichten dagegen nicht oder schwach.

Diese Erscheinungen sind gleichzeitig Funktionen der Teilchengröße, d. h. des mehr oder minder kolloiden Zustandes der Farbpaste. Richtunggebend ist hier die Tatsache, daß Grobsande das Wasser nicht halten; feine Tone dagegen stark, weil sie damit Adhäsionssysteme bilden, die man Pasten nennt. In diesen ist der flüssige Stoff mit dem festen innerhalb eines von der Teilchengröße des letzteren abhängigen Mengenverhältnisses gebunden. Derartige Pasten sind aber nach dem Aufstrich praktisch homogene plattige Gebilde, die dem Schwundreißen ähnlich unterworfen sind wie feste wasserhaltige. Vgl. das Reißen eingesumpften Kalkes, feuchter Niederschläge während des Eintrocknens, dann von Zement- und Betonlagen, von Freskogründen u. dgl.; dagegen das Nichtreißen guter Sandmörtel wegen Vorhandenseins zweier fester Gemengteile mit stark verschiedenen Teilchengrößen.

Damit ist der überragende Einfluß der Teilchengröße von Farbstoffen auf die technische Verwendungsfähigkeit bei chemischer Gleichheit dargetan, ohne erschöpft zu sein. Sinkt nämlich die Teilchengröße unter die mikroskopische Feststellbarkeit ($< 0,2\ \mu$), wie bei Stahlblauen, Ultramarinen und besonders bei Asphalt, so besteht kein Adhäsionssystem mehr, sondern tritt kolloidale Lösung des Farbstoffes im Bindemittel ein. Damit entfällt die Ursache der Frühsprungbildung der betreffenden Ölfarbe bei Anwendung stark schwundfähigen Öles, das Vorhandensein von Farbkörnern. Die Teilchengrößen, welche die Frühsprungbildung begünstigen, liegen zwischen $5-10\ \mu$. Von $50\ \mu$ ab tritt auch bei Anwendung stark schwundfähigen Öles Frühsprungbildung nicht mehr auf. (Bronzefarben.) In der Ölfarbenfabrikation besteht also Anlaß, auf die Korngrößen der Farbstoffe besonders zu achten. In den Wasserfarbentechniken wird die Teilchenfeinheit zur Erzielung dünnsten Auftrages auf das äußerste ($> 0,2$ mm) getrieben, ohne daß deshalb und wegen Dünne der Schichten und größter Verdunstungsgeschwindigkeit des Wassers Sprunggefahr eintritt.

Über Einflüsse der spez. Wärme und Leitfähigkeit auf die Verwendungsfähigkeit von Farbstoffen vgl. unten u. Zinnober.

Hierher gehören die Methoden der praktischen Prüfung der Härte und Elastizität von Lack- und Ölfarbenaufstrichen nach Jähns (vgl. Andés, Die Fabrikation der Kopal-, Terpentinöl- und Spirituslacke, 2. Aufl., Hartleben, S. 25), dann von Laurie, Clemen und Primavesi, bei welchen eine Stahlschneide oder ein Metallstift unter einem bestimmten Druck über die trockne Farbenschicht geführt oder darauf gedrückt wird. Die Größe des ausgeübten Druckes und die Art des erzielten Eindruckes geben ein Maß für die Güte der Farbenschicht. Endlich wurde von Kröhnke ein Apparat zur Bestimmung der Festigkeit, Dehnbarkeit und Elastizität von Farbhäuten konstruiert, mittels welchem die Zerreißfestigkeit der trocknen, frei aufgehängten Farbhäute durch angehängte Gewichte gemessen wird. (Über Schutzanstriche eiserner Röhren vgl. Kröhnke, 1. Mitteilung, Leipzig 1910.)

C. Deck- und Lasierfähigkeit.

Der Umstand, daß über Begriff der Deckfähigkeit und bestes Verfahren der Bestimmung mit starken Unterbrechungen bis in die jüngste Zeit gearbeitet wurde, die Theorie erst jetzt annähernd gesichert ist, aber gegenwärtig noch kein alleinig verwendetes Verfahren besteht, ist neben den gekennzeichneten noch vorhandenen Unsicherheiten auf dem Gebiete der Farbtonmessung untrügliches Zeichen dafür, daß die technische Qualitätsbestimmung von Strich- und Druckfarben der Vervollständigung bedarf.

Die Frage der besten technischen Methode der Bestimmung der Deckfähigkeit[1]) von Malerfarbstoffen steht demnach gegenwärtig im Vordergrunde des Interesses der Strich- und Druckfarbentechnik, ohne daß über die Ursachen der Deckwirkung schon ganz übereinstimmende Ansichten beständen (vgl. W. Ostwald, Die Lehre von der Deckung in „Die Farbe", Nr. 19, Abt. II, 330; 1921; Nr. 31, Abt. II. 350; 1922). Eine Malerfarbe wirkt deckend, wenn sie auf anders gefärbte Unterlage aufgestrichen, deren Färbung schon in relativ dünner Schichte verdeckt. Die Ursachen dieser Erscheinung sind rein optische. Sie liegen sowohl im Verhalten der Farbstoffpulver als in jenem der Bindemittel gegen das Licht. In der Praxis kommt also nicht die Deckfähigkeit der trockenen Farbstoffe zur Wirkung, sondern jene der mit einem bestimmten Bindemittel hergestellten angeriebenen Farben. Die Ursachen der Deckwirkung der Farbstoffe an sich sind bei weißen und hellen bunten andere als bei dunklen bis schwarzen. Bei ersteren bewirkt die Größe des

---

[1]) Es empfiehlt sich nicht, von „Deckkraft" und „Färbekraft" zu sprechen, da es sich hier nicht um Kräfte im Sinne der Mechanik, sondern um optische Wirkungen handelt. Über „Deckkraft und Färbekraft" sowie die Bestimmung der Deckfähigkeit s. Farbenztg. **13**, 474, 509, 541, 581, 582, 1160, 1204, 1238, 1283; **14**, 47, 86, 93; **15**, 2315; **16**, 826. Die weißen Farben in Natur und Technik: V. M. Goldschmidt, Kristiania. Sammelschrift „Die Farbe", Nr. 4, Abt. III.

Lichtbrechungs- bzw. Reflexionsvermögens, bei letzteren jene des Lichtabsorptionsvermögens die Deckfähigkeit. Bei den mehrere Strahlengebiete absorbierenden grünen, blauen und violetten Farbstoffen kommt die Deckfähigkeit überwiegend durch Absorption, weniger durch Reflexion zustande. Das Zustandekommen der Deckwirkung wurde früher fast nur an weißen Farbstoffen zu erklären versucht. Die dunklen bis schwarzen decken weit stärker als weiße.

Das Pulver eines farblosen und durchsichtigen Stoffes wirkt im trockenen Zustande stets undurchsichtig, da es dann ein System zweier optischer Medien von verschiedener Lichtbrechbarkeit (Stoff und Luft) bildet. An der Grenze beider erleidet ein einfallender Lichtstrahl zunächst um so stärkere Brechung, je größer die Differenz der Brechungsindizes beider Medien, d. h. je größer jener des Stoffes ist. Die Stärke der Deckwirkung hängt sodann von der Zahl der Brechungsvorgänge ab, d. h. von der Feinheit der Verteilung des Stoffes (Korngröße). Sie kann bei stärker lichtbrechenden und je nach den Winkeln der brechenden Kanten in totale Reflexion übergehen. Dieser Fall tritt bei den stark lichtbrechenden Farbstoffen unter kleinerem Einfallswinkel des Lichtes ein als bei weniger stark brechenden und führt dort zur Deckwirkung. Daneben spielt die Doppelbrechung eine Rolle. Tritt an Stelle von Luft als Bindemittel ein optisches Medium von größerer Lichtbrechung (Fette Öle $i = 1{,}48$; Harze $i = 1{,}54$), so kann die Brechungsdifferenz zwischen beiden Medien gleich Null werden, d. h. Farbstoff und Bindemittel bilden dann optisch ein und dasselbe Medium, in dem gegen Luft fast nur mehr Lichtbrechung und ein Mindestmaß an Reflexion stattfindet. Farbstoffe von relativ geringem Lichtbrechungsvermögen, wie Kreide, Gips mit $i = 1{,}57$, erscheinen daher in Bindemitteln von obigem Lichtbrechungsvermögen, wie Öle und Harze, relativ durchsichtig, wie auch Glaspulver und Kryolith in Wasser oder Schwerspat mit $i = 1{,}64$ in Phenylsenföl usw. Das Verhältnis kann aber auch umgekehrt werden, derart, daß das Bindemittel größeres Lichtbrechungsvermögen hat als der Farbstoff. Dann erscheint dieser mehr oder minder deckend (undurchsichtig). Da es aber kein in der Malerei verwendbares Bindemittel gibt, das ein so hohes Lichtbrechungsvermögen besäße wie etwa Zinkweiß ($i = 1{,}90$, Bleiweiß 2,00, Titanweiß 2,7 usw.), so zeigen diese Farbstoffe in allen üblichen Bindemitteln relative Deckfähigkeit. Die Größe der Lichtbrechung und Reflexion der optisch homogenen, farblosen bzw. hell gefärbten Stoffe ist im allgemeinen und im Gegensatze zu den flüssigen nicht ausnahmslos eine Funktion ihres spezifischen Gewichtes, sondern des Lichtbrechungsvermögens, vgl. Titanweiß. Daher wirken allerdings schwere, weiße und helle Farbstoffe, wie Bleiweiß, Neapelgelb usw., stark deckend, aber auch Titanweiß, das niedrigeres spez. Gewicht hat als Bleiweiß. In letzter Linie ist die Deckwirkung ein und desselben weißen oder hellen bunten Farbstoffes abhängig von der Struktur seines Kornes. Bei gleicher Größe wirkt dasjenige Korn am durchsichtigsten, das ein optisch homogenes Medium darstellt, also krystallinisch ist. Andererseits wirkt ein Korn lichtundurchlässig, das entweder nicht durch Flächen begrenzt ist, die regelmäßige Lichtbrechung und Reflexion zulassen, also amorph ist, oder ein solches, das selbst infolge vorhandener Hohlräume oder wegen schaliger oder wabiger Struktur selbst ein System zweier optischer Medien darstellt, also ein poröses Korn. Daher wirkt Kreide stärker deckend als das feinste Kalkspatpulver. Bei ungleicher Teilchengröße wirkt die kleinste am deckendsten.

Aus obigem geht nicht nur hervor, daß jeder Farbstoff in den verschiedenen Bindemitteln verschiedene Grade von Deckwirkung je nach Teilchengröße zeigt, sondern daß der praktische Effekt der Deckwirkung im angeriebenen Zustande geringer ist als jener des Pulvers, und zwar um die Differenz aus seiner Lichtbrechung und -reflexion in Luft gegenüber jener im gewählten Bindemittel. Alle weißen, hellen, bunten und auch dunklen Farbstoffe verlieren daher in Bindemitteln mit starker Lichtbrechung das im Pulver abgegebene weiße, die Deckwirkung erhöhende diffuse Oberflächenlicht und geben im angeriebenen Zustande infolge der Verringerung der Brechungsdifferenzen zwischen Stoff und dem zweiten optischen Medium mehr Tiefenlicht aus als im Pulver. Daher erscheinen die bunten Farbstoffe in den Bindemitteln um so dunkler und deckschwächer, je geringer ihr Brechungsindex ist. Vgl. die Tafel der Ölfarbentonwerte nach Ostwald.

Unabhängig von den erwähnten Ursachen der Deckwirkung bei weißen und hellen bunten Farbstoffen decken sehr dunkle bis schwarze Farbstoffe hauptsächlich bzw. ausschließlich durch Lichtabsorption und nicht durch hohe spez. Gewichte oder Brechungsindices. Es deckt daher der Lampenruß wegen fast totaler Lichtabsorption trotz des geringen spez. Gewichts und wegen sehendem Brechungsindex etwa 10 mal so stark als Bleiweiß. Bei relativ dunklen Farbstoffen mit geringen Brechungsindices können Deckwirkung und Lasurfähigkeit sehr nahe beieinander liegen, wie z. B. bei den Pariserblauen, die in dickeren Schichten deckend, in dünneren stark lasierend wirken.

Zu den rein optischen Ursachen der Deckwirkung bei Farbstoffen treten noch mechanische, durch Herstellung der streichfertigen Farben bedingte. Die Deckwirkung einer Ölfarbe ist daher nicht nur abhängig von der Art, sondern auch von der Menge des Bindemittels, also von der Zahl der Farbstoffkörner in der Flächeneinheit, d. h. der Größe der Zwischenräume (trübe Lasuren) und von der Dicke der aufgestrichenen Farbe.

In fettem Öl- und Harzbindemittel ist die Mehrzahl der anorganischen Farbstoffe deckend bis halbdeckend; hierher gehören: Titanweiß, Zirkonweiß, Bleiweiß, Lithopon, Zinkweiß, die Bleiweißersatzmittel, Zinksulfidgrau, die gelben Ocker mit Ausnahme der Sienaerden, die lasierend sind; dann das Neapelgelb, Bleiglätte, die Marsgelbe, Cadmiumgelbe, Kobaltgelb, die Chromgelbe, Zinkgelb, Barytgelb (letztere halbdeckend), die Rotocker, die künstlichen roten Eisenfarben, Chromrot, Mennige, die Zinnober, Antimonzinnober, Cadmiumrot, die blauen Kupferfarbstoffe, Grünerde, die Kobaltgrüne, Chromgrüne, Chromoxydgrün stumpf, die grünen Kupferfarbstoffe mit Ausnahme des Grünspans, Umbra, Berlinerbraun, Graphit, Mineralschwarz, Schieferschwarz.

Lasierende Farbstoffe sind solche, welche als Ölfarben in relativ dicker Schichte aufgetragen, die Farbe der Unterlage noch leicht erkennen lassen, also in fettem Öl ähnlich den Farbstofflösungen und gefärbten Gläsern keine oder nur geringe Brechungsdifferenz zwischen Bindemittel und Farbstoff aufweisen, und bei welchen die Lichtschlukkung nicht überwiegt (vgl. Tinte). Die Lasurfähigkeit ist ferner eine Funktion des Dispersionsgrades des Farbstoffes. Gefärbte Gläser sind ideale Lasurfarben. Deckfarbstoffe, wie Cadmiumgelb, Zinnober, wirken als Hydrosole lasierend. Daß lasierende Farbstoffe im Pulver sowie in Bindemitteln mit weit geringerer Lichtbrechung, als sie selbst zeigen, relativ deckend erscheinen können, ergibt sich aus dem über die deckenden Farbstoffe Erwähnten. Von bestimmendem Einfluß auf die Lasurfähigkeit zweier Farbstoffe mit gleichem färbenden Prinzip ist der chemische Wassergehalt. So sind das wasserfreie Chromoxyd und Schwefelzink sehr stark deckend wirkende Farbstoffe; das wasserhaltige Guignetgrün, Schwefelzink und Cadmiumgelb halb lasierend.

Anorganische Lasurfarbstoffe in Öl sind die Kobaltblaue, Smalte, Coeruleum, die Ultramarine, Pariserblaue, Kobaltviolette, Chromoxydgrün feurig, die Sienaerden und Florentinerbraun. Man erkennt in einigen dieser Farbstoffe die Verwandtschaft mit gefärbten Gläsern, in anderen, wie Pariserblau, Florentinerbraun (Ferrocyankupfer), jene mit den typischen organischen Farblacken.

Genaue Verfahren zur Bestimmung der Lasurfähigkeit, also des Durchsichtigkeitsgrades eines in Öl angeriebenen Farbstoffes, bestehen zur Zeit nicht. Man vergleicht in der Praxis nach Typ, indem man gleiche Mengen der zu prüfenden Farbstoffe mit gleichen Mengen Öl möglichst fein abreibt und verlaufende Aufstriche auf Glasplatten herstellt. Die Betrachtung in der Aufsicht bei weißer Unterlage sowie im durchfallenden Licht gibt für den praktischen Gebrauch hinreichend genaue Aufschlüsse. Die Begriffe „Lasurfähigkeit“ und „Lasieren“ sind in der Praxis nicht identisch. Man nennt Lasieren die Herstellung eines derartig dünnen Auftrages eines mit Ölbindemittel angeriebenen Farbstoffes, daß die Unterlage erkennbar wird. Derartige Effekte erzielt man nicht nur mit ausgesprochenen Lasurfarben, sondern auch mit halbdeckenden und sogar deckenden, welch letztere die sog. „trüben Lasuren“ ergeben.

Ein bunter Farbstoff ist dann absolut lasierend, wenn sein Lichtbrechungsvermögen gleich jenem des gewählten Bindemittels ist. Eine auftretende Differenz beider ergibt ein Maß für die Annäherung der lasierenden an die deckenden Farbstoffe. Für Farbstoffe mit Brechungsindices unter dem des Schwefelkohlenstoffs (1,67) kann die Ermittlung dieser Differenz dadurch erfolgen, daß man diejenige Flüssigkeit von bekanntem Brechungsindex aufsucht, in der das Farbstoffpulver vollkommen durchsichtig erscheint bzw. bei sehr dunklen Farbstoffen das Höchstmaß an Lichtschluckung und Klarheit erreicht. Es ist dann der Brechungsindex des geprüften Farbstoffes gleich dem der Flüssigkeit. Beispiel: Ein Guignetgrün erreichte im Phenylsenföl ($i = 1{,}63959$ bei 20° f. Natriumlicht) den höchsten Grad von Dunkelheit und Klarheit. Die Brechungsdifferenz gegenüber Leinöl ($i = 1{,}4805$) beträgt also 0,1590 Brechungseinheiten und ist annähernd dieselbe wie jene des Schwerspates ($i = 1{,}64$) gegenüber Leinöl. Dieses Guignetgrün ist also in Leinöl halbdeckend wie Schwerspat.

Bestimmung der Deckfähigkeit. Dieser Begriff ist, wie aus obigem hervorgeht, ebenfalls kein eindeutiger. Die Größe der Deckfähigkeit eines weißen, bunten oder schwarzen Malerfarbstoffes ist, wie erwähnt, nicht nur von seinen eigenen optischen Eigenschaften, sondern auch von jenen der verwendeten Bindemittel abhängig. Es gibt nur deshalb in Öl- und Harzbindemittel deckend wirkende Farbstoffe, weil diese Bindemittel weit geringeres Brechungsvermögen besitzen als die meisten anorganischen Farbstoffe.

Es bestehen mehrere ältere Verfahren der Bestimmung der Deckfähigkeit der angeriebenen Malerfarbstoffe. Seit langem wird jene der Ermittlung des Färbevermögens bunter Farbstoffe auch zur Ermittlung der Deckfähigkeit weißer Farbstoffe anzuwenden gesucht, obwohl Färbevermögen und Deckfähigkeit verschiedene Begriffe sind. (Näheres s. Eibner, Malmaterialienkunde, Berlin 1909, 48.) Daß nach diesem Verfahren die relative Deckfähigkeit zweier weißer Farbstoffe von sehr verschiedenen spezifischen Gewichten, wie etwa das Titanweiß, Zirkonweiß, Bleiweiß und Zinkweiß nicht richtig bestimmt werden kann, liegt auf der Hand. Mischt man z. B. gleiche Gewichtsmengen Bleiweiß und Zinkweiß mit gleichen Mengen Ultramarin als Indikatorfarbstoff, so zeigt die Bleiweißmischung den tieferen, die Zinkweißmischung den helleren Ton. Es entsteht also das Ergebnis, daß das Bleiweiß weniger deckend sei als das Zinkweiß, was der Erfahrung widerspricht. Die Ursache dieses unrichtigen Ergebnisses ist, daß man nach diesem Verfahren ungefähr das dreifache Volumen an Zinkweiß gegenüber dem an Bleiweiß anwendet. Um richtige Werte zu erhalten, müßte man dem Zinkweiß etwa dreimal so viel Ultramarin beimischen als dem Bleiweiß, oder von beiden Farbstoffen gleiche Volumina bei gleichen Mengen des Indikatorfarbstoffes[1]) anwenden. Tatsächlich erhält man in beiden genannten Fällen der Praxis sehr annähernd entsprechende Resultate. Bei Vergleich zweier im spez. Gewichte gleicher oder annähernd gleicher Farbstoffe gibt diese Methode in der Ausführung mit Gewichtsprozenten brauchbare Resultate, ohne direkte Schlüsse auf das Verhalten des betreffenden Farbstoffes im Aufstrich zuzulassen. Sie dient am besten zum Vergleiche der Ausfallprodukte ein und desselben deckenden Farbstoffes. Wenn es Flüssigkeiten gäbe, deren Brechungsvermögen an jene der deckendsten Farbstoffe heranreichte, dann könnte die für Ermittlung der Lasurfähigkeit vorgeschlagene optische Methode auch zu jener der Deckfähigkeit verwendet werden. Doch läßt sich z. B. mittels Schwefelkohlenstoffs wenigstens zeigen, daß das Pulver des Schwerspates an Deckfähigkeit nicht das gefällte Bariumsulfat

[1]) Als Indikatorfarbstoff verwendet Sacher, Farbenztg. **16**, 374, ein Ultramarin von bekannten Eigenschaften. Andere benützen dazu ein Rußschwarz, weil die Unterscheidung zwischen weiß und schwarz leichter ist als jene bunter Töne (Färberztg. **16**, 605).

erreicht, da letzteres in diesem Mittel weit undurchsichtiger erscheint als in ersterem.

Das in der Praxis angewendete Verfahren der Ermittlung der Deckfähigkeit weißer und bunter Farbstoffe ist jenes durch Anstrich oder Aufdruck. Hier unterscheidet man 2 Verfahren: den einmaligen Aufstrich und den mehrmaligen. Bei ersterem streicht man abgewogene, gleiche Mengen der zu prüfenden Ölfarben in einem Aufstrich deckend auf. Jene Farbe ist die deckendere, welche die größere Fläche bedeckt. Dieses Verfahren entspricht nicht der Praxis der Anstreicherei, weil es nicht möglich ist, mit einmaligem Anstrich eine Fläche gleichmäßig zu decken. Außerdem ist es mit Materialverschwendung verbunden. Jedenfalls ist das Ergebnis von den Ölmengen abhängig, die bei der Typenfarbe und der zu prüfenden gleich sein müssen.

In der Praxis kommt daher nur die Methode des mehrmaligen dünnen Aufstriches der Ölfarbe bis zur erreichten Deckwirkung in Frage, wenn auf der Unterlage angebrachte Streifen schwarzer Ölfarbe durch den letzten Überstrich gerade unsichtbar geworden sind. Jene Ölfarbe, von der bei gleichen Volumen an Farbstoff und Öl bis zur Erreichung dieses Zustandes die geringere Zahl von Aufträgen und die geringere Gewichtsmenge verbraucht wurde, enthält den deckenderen Farbstoff. Nach diesem praktisch richtigen Verfahren arbeiten seit längerer Zeit die Materialienprüfungsämter der deutschen Malermeisterverbände. Sie wird auch von wissenschaftlichen Anstalten angewendet. (Vgl. Tätigkeitsbericht des Königl. Materialprüfungsamtes Groß-Lichterfelde-W. im Jahre 1909; Chem.-Ztg. **34**, **1344**; 1910.) Es bestand indessen auch in der Farbenpraxis längst das Bedürfnis nach einem genaueren Verfahren zur Messung des Deckvermögens von angeriebenen Ölfarben. Vor längerer Zeit konstruierte Beck einen Apparat, genannt Stratometer, der diesem Zwecke dienen soll (vgl. Chem.-Ztg. **32**, 958; 1908; Farbenzeitung **15**, **2315**; 1910).

Die Deckfähigkeit einer Ölfarbe wird hier gemessen durch die Dicke, welche sie, auf einer Glasplatte aufgestrichen, dann erreicht, wenn sie infolge methodischer Verringerung der ursprünglichen Dicke gerade durchscheinend wird. Diese Schichtdicke wird durch Abstreifen der Ölfarbe mittels eines darübergleitenden Abstreifhobels hergestellt, der durch eine Mikrometerschraube verstellt wird. Der Punkt des Auftretens des Durchscheinens ist erreicht, wenn die durch eine unter der Farbschicht befindliche Glühlampe auf diese geworfenen Schatten der Tragstege der Glasplatte eben sichtbar werden. Dieses Verfahren arbeitet also nach einem dem gewerblichen entgegengesetzten Prinzipe. Unter der Voraussetzung der Anwendung gleicher Volumina der zu prüfenden Farbstoffe und gleicher Ölmengen kann dieser Apparat gute Dienste zur Vergleichung der verschiedenen Ausfallprodukte ein und desselben Betriebes und auch von Farbstoffen mit verschiedenen spezifischen Gewichten dienen.

Die Ergebnisse dieser Art der Bestimmung der Deckfähigkeit sind auch deshalb nicht direkt mit jenen der letzterwähnten praktischen Methode vergleichbar, weil hier nur einmaliger Aufstrich stattfindet und Wägung der verbrauchten Farbmenge nicht erfolgt.

Sacher (Farbenztg. **16**, 374; 1910) wies auf einige Mängel der Methode zur Bestimmung der Deckfähigkeit von Ölfarben durch Ermittlung der Grenze des Durchscheinens der Schicht durch Verdünnung

Fig. 7.

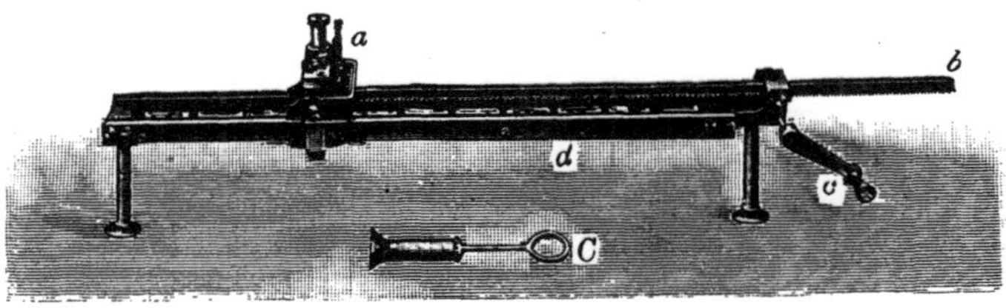

Fig. 8.

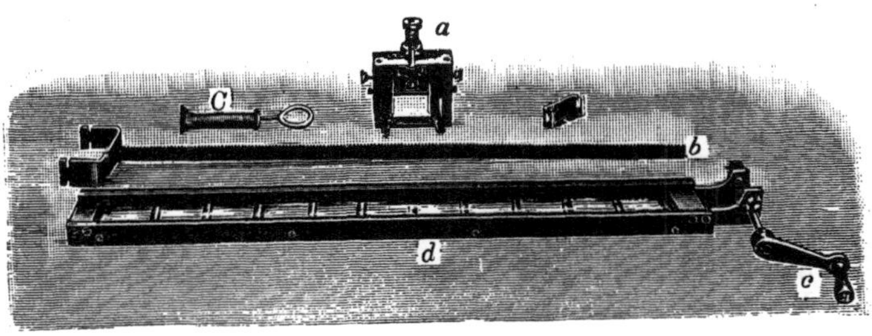

Fig. 9. Stratometer von Beck.

a Meßapparat mit Mikrometerschraube und Abstreifmesser; *b* Zahnstange; *c* Kurbel zur Bewegung des Meßapparates; *d* Glasplatte mit Tragstegen; *e* Spritze zum Auftragen der Ölfarbe auf die Glasplatte; *f* Stromlitze für die unter der Glasplatte befindliche Glühlampe; *g* Kasten aus Blech; wird zur Abblendung äußeren Lichtes auf die zu messende Farbschicht gesetzt.

derselben hin und empfiehlt zu gleichem Zwecke neuerdings das Mischverfahren zur Ermittlung des Färbevermögens bunter Farbstoffe (S. 735) zur Bestimmung der Deckfähigkeit weißer Farbstoffe.

Eine Funktion der Deckfähigkeit verschiedener Ausfallprodukte ein und desselben künstlich hergestellten Farbstoffes ist, wie erwähnt, auch der Kornfeinheitsgrad (Porenvolumen), der mittels des Sulfurimeters von Chancel gemessen wird.

Verfahren der Bestimmung der Deckfähigkeit nach W. Ostwald (l. c.). (Vgl. V. M. Goldschmidt, Die weißen Farben in Natur und Technik in „Die Farbe", Nr. 4, Abt. III, 75; 1921.) Diese Abhandlung lieferte grundlegende Behelfe für sachgemäße Behandlung der Deckfähigkeitsfrage zunächst durch Vergleich der Brechungsindices verschiedener weißer Stoffe. Ihre enorme Verschiedenheit ergibt folgende der Abhandlung entnommene abgekürzte Zusammenstellung.

Brechungsquotienten	Gegen Licht	Gegen Leinöl
Eis	1,31	—
Flußspat	1,43	0,95
Quarz	1,55	1,03
Kohlensaurer Kalk .	1,60	1,07
Baryumsulfat	1,64	1,09
Magnesia	1,74	1,16
Wolframsaurer Kalk .	1,93	1,29
Zinkweiß	2,01	1,34
Bleiweiß	2,04	1,36
Titansäure, amorph. .	**2,23**	**1,48**
Schwefelzink	2,37	1,58
Titansäure (Anatas) .	2,52	1,68
Titansäure (Brookit) .	2,64	1,76
Titansäure (Rutil) .	**2,71**	**1,80**

Hieraus folgt nicht nur, daß Bleiweiß nicht der deckendste weiße Farbstoff ist, sondern daß schon das spezifisch leichtere Schwefelzink es hieran etwas übertrifft, weit mehr aber die verschiedenen Modifikationen der Titansäure. (Vgl. Titanweiß.) Dort ist ferner die von Fresnel aufgestellte Gleichung

$$I = \left(\frac{n_2 - n_1}{n_2 + n_1}\right)^2$$

für die an der Grenze zweier Stoffe bei senkrechtem Lichteinfall gespiegelte Lichtmenge wiedergegeben, wobei I die Intensität des reflektierten Lichtes, n_1 und n_2 die Brechungsquotienten der beiden Stoffe bedeuten.

Sodann wird zum erstenmal gezeigt, daß über eine bestimmte Teilchengröße nicht herabgegangen werden darf, ohne die Deckfähigkeit eines Farbstoffes zu verringern. Diese wird unterschritten, wenn das Farbteilchen kleiner als eine Lichtwellenlänge = $^5/_{1000}$ mm ist. Deshalb und aus Gründen des Auftrages soll Bleiweiß in Öl nicht zu fein gerieben werden. Erhöhung der Deckfähigkeit weißer Stoffe wird andererseits durch Mischen zweier oder mehrerer derselben mit verschiedenen Lichtbrechungskoeffizienten bewirkt. Dieses Prinzip ist in der Lithoponfabrikation und neuerdings auch bei der Herstellung von Titanweiß angewendet. Die hierbei sich ergebende Brechungsdifferenz von einem festen Stoff zum anderen addiert sich dann zu den Brechungsdifferenzen beider gegen das Bindemittel. So sind nach der Tabelle die Brechungsdifferenzen von schwefelsaurem Baryum gegen Schwefelzink bzw. Titansäure (rutilartig) in Öl 0,49 bzw. 0,71. Besonders wichtig erscheint ferner der Hinweis auf die Beziehungen der Totalreflexion zur Korngestalt des Farbstoffes. Es wird gezeigt, daß die Kegelgestalt die ungünstigste ist, weil erstere hier nicht auftritt. Totalreflexion kann aus Kugeln nur dann eintreten, wenn das flüssige Medium höhere Brechung besitzt als das Farbkorn; ein Fall, der bei angeriebenen Farben nicht auftritt. Zum Zustandekommen der Totalreflexionen im Farbton sei daher etwa Tetraederform erforderlich, allgemein Eckigkeit und besondere Oberflächenbeschaffenheit, am besten diffuses Licht abgebende (Mattheit). An den Beispielen der Schmetterlingsflügel, weißer Haare, der Emailglasuren wird nachgewiesen, daß auch innere Kornbeschaffenheit (Hohlräume) bestimmende Faktoren der Deckfähigkeit sind. Damit ist das Problem der Deckfähigkeit weißer Farbstoffe auf breiteste Basis gestellt. (Vgl. Dr. Haber, Chem. Zentralbl. 1914, I, 921 und über Zirkondioxyd.)

Nach E. Ebler (Vortrag am Farbentag in München, 1. Febr. 1921) besteht für das molekulare Deckvermögen (D) der Ausdruck:

$$D = K \frac{(N - n) \cdot M}{d \cdot \Delta},$$

wobei N das Lichtbrechungsvermögen des Farbstoffes, n jenes des Bindemittels, d die Dichte des Farbstoffes und Δ die Farbkorngröße ist.

Der von Ostwald angewendete Begriff „Deckzahl“ wurde schon früher eingeführt. In Dänemark wird nach J. S. Aabye die Bestimmung der Deckzahl in folgender Weise ausgeführt: Von einer Mischung von 1 g des zu prüfenden Farbstoffes und 99 g Glyzerin, die sich in einer tarierten Flasche befindet, wird in den Apparat zur Bestimmung der Deckfähigkeit so viel nach kräftigem Umschütteln gebracht, bis die Deckung erreicht ist, und durch Zurückwägen die Menge bestimmt. Der Apparat besteht aus einer Spiegelglasplatte, die horizontal gestellt ist und worauf ein plangeschliffener Glasring von ca. 100 qcm innerer Fläche gelegt wird. Unter der Platte befindet sich ein Karton, dessen eine Hälfte weiß und die andere schwarz ist. Wenn die Schwelle Schwarz-Weiß unkennbar geworden, ist Deckung eingetreten. Die Deckzahl bezieht sich auf die verbrauchte Farbmenge und ist gleich der Anzahl von Kubikzentimetern, die von 1 g der Farbe gedeckt wird. Hier liegt also das Verfahren des einmaligen Aufstriches vor. Nach diesem ergeben sich folgende Deckzahlen: Bleiweiß 145; Lithopon Rotsiegel 170; Lithopon Grünsiegel 190; Zinkweiß 220; Titanweiß 310. Man bemerkt hier den Einfluß des Fehlens der Anwendung gleicher Gewichtsmengen von Farbstoffen mit stark verschiedenen spez. Gewichten zur Bestimmung der Deckfähigkeit.

Auch Ostwald legt bei seinem Verfahren der Bestimmung der Deckfähigkeit jenes des Aufstriches oder Aufdruckes auf schwarz-weiße Unterlage bis zur erfolgten Deckwirkung an der Grenze Schwarz-Weiß zugrunde. Bei der gewählten Definition der Deckwirkung ist der allgemeinste Fall der optischen Wirkung der Deckschichte nach Reflexion, Absorption und Brechung angenommen. Diese Definition schließt also alle vorkommenden Fälle praktisch höchster Reflexion bzw. Absorption (Schluckung) ein; d. h. sie gilt für weiße, bunte und schwarze Farben. Sodann wird das Schluckungsgesetz entwickelt, wonach die durch die Schichte durchgehenden Lichtmengen bei zunehmender Schichtdicke eine absteigende geometrische Reihe bilden. Ist (z) die Durchlaßzahl, d. h. jener Bruchteil des auffallenden Lichtes, der von einer Farbschicht mit der Dicke 1 durchgelassen wird, und C die Schichtdicke, so ist der Bruchteil (b) des durchgelassenen Lichtes durch die Formel

1) $$b = z^c$$

ausgedrückt. b wird nie $= 0$, d. h. auch die dickste Schichte deckt nicht absolut. Doch vermag man an der Unterscheidungsschwelle den Unterschied zwischen Hell und Dunkel der Unterlage nicht mehr zu erkennen. Die Bestimmungen der Deckfähigkeit nach diesem Verfahren sind im zerstreuten Licht auszuführen, da das Fechnersche Gesetz bei sehr starkem oder zu schwachem Licht versagt. Die Schwelle ändert sich ferner nach dem Beobachter (subjektives und zeitweilig verschiedenes Erkennungsvermögen). Diese Umstände scheinen bei den Messungen da und dort stärkere Unterschiede ergeben zu haben. Ostwald empfiehlt, den Schwellenwert $^1/_{100}$ bzw. 0,0089 anzunehmen. Demnach liegt Deckung vor, wenn die durchgelassene Lichtmenge $b \cdot 0{,}0089$ oder weniger beträgt. Bei aufliegenden Schichten macht das Licht den Weg durch die Schicht zweimal; die wirksame Schichtstärke ist daher zweimal so groß wie jene des Aufdruckes oder Aufstriches.

Ist C_o die Schichtstärke, welche gerade die Deckung bewirkt, oder die Deckstärke, so ist sie daher in Formel 1 doppelt in Anschlag zu bringen. Diese ändert sich demnach gemäß $b = 0{,}0089$ und $c = 2\,C_o$ in:

$$0{,}0089 = Z^{2\,C_o} \quad \text{oder} \quad -\,2{,}05 = 2\,C_o \log Z,$$

oder $$C_o = \frac{1{,}025}{\log Z}.$$

Die Deckstärke C_0 läßt sich dann aus der als bekannt angenommenen Durchlaßzahl z berechnen.

Die Schichtstärke: Zur Bestimmung bestehen zwei Wege: Messung der Dicke in Zentimetern oder Bestimmung des Gewichtes in Grammen auf 1 ccm². Praktisch kommt nur das zweite Verfahren in Anwendung, weil die Messung der Schichtdicke praktisch kaum durchführbar ist. An Stelle der Schichtstärke tritt daher das Verhältnis

$$\frac{\text{Gewicht}}{\text{Fläche}}$$

Ausführung: Ein in Zentimeter geteiltes Rechteck aus klarem Glimmer wird auf schwarz-weißer Unterlage so lange mit dem Farbpulver besiebt, bis die Deckwirkung eingetreten ist. Ist p das Gewicht dieser Schicht, die Flächengröße st, so ist die Deckstärke d des Pulvers

$$C_0 = \frac{p}{st}.$$

Hieraus kann man nach der Formel $\log Z = \frac{1,025}{C_0}$ die Durchlaßzahl des Pulvers berechnen.

Zur Messung der Deckfähigkeit weißer und unbunter Tünchen dient die logarithmisch geteilte Grauleiter mit den Helligkeitsstufen a, c, e, g, i, h, n, p, r, t, v. Mittels derselben wird der Grauton gemessen, den die weiße Tünche beim Aufstrich oder Aufdruck auf schwarzem Grunde dann erreicht, wenn die Deckwirkung im zerstreuten Lichte praktisch erreicht scheint. Dabei ist $a = 10$; $v = 0$. Zeigt eine Decktünche die Eigenhelligkeit e, also 8, und beim Aufstrich oder Druck auf schwarzem Grunde den Ton $l = 5$, so beträgt nach der Formel

$$\text{Deckung} = 10 + (h - h_0)$$

die erzielte Deckung $5-8+-3$, d. h. 3 Stufen weniger als die vollkommene Deckung 10, d. h. den Wert 7. Dieser ist die Deckzahl für den vorliegenden Fall. Diese Deckzahlen besitzen also eine ganz andere Bedeutung als die nach dem dänischen Verfahren erhaltenen. Bei Bestimmung der Deckzahl bunter Tünchen bedient man sich der entsprechenden Paßfilter und mißt dann den Grauton wieder mit der Grauleiter. Die Deckzahlen nach Ostwald sind, wie ersichtlich, stets < 10. Dieses Verfahren geht von der Annahme aus, daß die absolute Deckung 10 praktisch unerreichbar ist, und besitzt daher Ähnlichkeit mit dem Verfahren von P. Beck. Es lehnt sich also ebenfalls nicht an das in der Anstreicherei praktisch ausgeführte Deckverfahren durch mehrmaligen Anstrich bis zur erreichten Deckwirkung an, und zwar mit Recht, da es der Schwellengrenze bedarf, um den für die Bestimmung nötigen Endpunkt festzustellen. Bei der Methode der Praxis wird er gewöhnlich überschritten. Zu erwähnen bleibt, daß bei Ölfarbentünchen von Bleiweiß und Zinkweiß die Deckzahl keinen bleibenden Wert besitzt, da die Deckwirkung, wie man annimmt, infolge der sog. Ölverseifung nach einigen Monaten zurückgeht. Man sieht dann die Grenze zwischen Weiß und Schwarz durch die Öltünche hindurch wieder deutlich. Früher bezeichnete man diese Erscheinung als das „Durchwachsen des Grundes". Sie kann die Bildung von Ölseifen zur Ursache haben, weil deren Lichtbrechungsvermögen geringer ist als bei der frischen Ölfarbe. Da aber das Wiedererscheinen der Schwarz-Weiß-Grenze auch bei Lithoponöltünchen auftritt, so kann die Ölverseifung nicht die einzige Ursache hiervon sein, sondern Änderung der molekularen oder kolloiden Struktur des Aufstriches, etwa ähnlich dem Aufhören der Schaumbildung. Eine Art von Schaumbildung tritt bei Herstellung jeder angeriebenen Farbe auf. Es bedarf also weiterer Ermittlungen, um das Problem der Deckwertung ganz zu lösen. Der gegenwärtige Zustand des Bestehens verschiedener Verfahren der Bestimmung der Deckfähigkeit, die untereinander nur losen Zusammenhang besitzen und ihre Ergebnisse in verschiedenartigen Maßen ausdrücken, kennzeichnet sich als ein vorübergehender.

Wie aus der Einleitung hervorgeht, erfolgt die Wertbestimmung der Malerfarbstoffe und sonstigen Körperfarbstoffe

a) durch Feststellung der chemischen Echtheit und technischen Reinheit mittels analytisch-chemischer Methoden,

b) durch Ermittlung derjenigen chemischen, physikalischen und sonstigen maltechnischen Eigenschaften (praktische Echtheit), welche zusammen mit der normalen chemischen Zusammensetzung ihren Verbrauchswert bestimmen.

Nach diesen Gesichtspunkten sind, soweit dies zur Zeit schon durchführbar ist, die folgenden Farbstoffe behandelt. Von der üblichen Einteilung in natürliche und künstliche Farbstoffe wurde abgesehen, da jene die letzteren weder bezüglich der Zahl der Arten und Individuen überwiegen noch hinsichtlich der Eigenschaften (vgl. Zinnober, Ultramarin) sich von den besten künstlichen Farbstoffen derart unterscheiden, daß hierauf durch die Einteilung hingewiesen werden müßte.

B. Die Farbstoffe.

I. Natürliche weiße Hilfsfarben, Verschnittmittel, Träger, Unterlagen (Substrate).

Die in der Natur vorkommenden weißen Mineralien finden mit wenigen Ausnahmen als Körperfarbstoffe für Anstrich usw. keine Verwendung, da sie zumeist weder bezüglich der Reinheit des Tones noch der Deckfähigkeit, wenigstens als Ölfarben, den Anforderungen entsprechen. Dagegen werden einige, wie Kreide, Gips, Kaolin, auch Infusorienerde, in ausgedehntem Maße verwendet zur Herstellung von Grundierungen für Tafelmalerei (Kreidegrund, Gipsgrund), für Tapeten- und Leimfarben, für Lackiererarbeiten (Schleifgrund), zur Erzielung der Druckfähigkeit von Tapeten- und Buntdruckfarben sowie in der Buntpapierfabrikation wie auch als Verschnittmittel. Die reinsten Tone, wie Kaolin (China, Clay, weißer Bolus), finden ausnahmsweise auch als Farbstoffe, sonst als Träger Anwendung. Dagegen wird gepulverter Schwerspat in größten Mengen zum Verschneiden sehr farbkräftiger, bunter oder stark deckender, relativ teurer Mineralfarben benutzt, um diese solchen Verwendungen zuzuführen, wo der Preis der reinen Ware nicht bezahlt wird; oder aber wenn diese die geforderten Eigenschaften, wie Deckfähigkeit, Druckfähigkeit usw., nicht besitzen. Außerdem dient gepulvertes, natürliches und vorzugsweise gefälltes Baryumsulfat neben anderen weißen Stoffen zur Herstellung der sog. Pigmentfarben aus Teerfarbstoffen. Der Nachweis dieser Zuschläge bzw. Träger in künstlichen mineralischen und organischen Farben, sowie jener ihrer Reinheit und Gebrauchsfähigkeit erfolgt nach bekannten analytischen bzw. praktischen Methoden. Neuerdings finden besondere Sorten von Tonen, die ihrer chemischen Zusammensetzung nach zu den sauren Silikaten gehören, Anwendung als Träger, d. h. zur Bindung von basischen Teerfarbstoffen, wie Malachitgrün, Säuregrüne, sowie roten und blauen basischen Farben zur Herstellung der in der Kalktüncherei, Tapetenfabrikation usw. verwendeten Kalkfarben: Kalkgrüne, Kalkrote, Kalkblaue usw. (Näheres s. u. Grünerde, S. 834.)

Kreide.

Handelsnamen: Wiener-, Maler-, Spanisch-, Pariserweiß; Champagner-, Kölner-, Schlämm-, Grundkreide; Blanc de Paris, de Meudon usw.

Die technische Wertbestimmung der Kreide ist gegeben durch die Reinheit des Farbtones und die Feinheit des Pulvers. Die Entfernung akzessorischer Bestandteile erfolgt durch Schlämmen, wodurch die gefärbten und tonigen Verunreinigungen und gröberen Anteile größtenteils entfernt werden. Die feinsten Sorten geschlämmter Kreide (Champagnerkreide) sind in reinem Zustande weiß und haben nur ca. 1—5% in Salzsäure unlöslicher Verunreinigungen, deren Bestimmung nach bekannten analytischen Methoden erfolgt. Zur Ermittlung des Feinheitsgrades des Pulvers kann das Sulfurimeter dienen. Die grau gefärbten Grundkreiden nähern sich in ihrer Zusammensetzung den mergeligen Kalken und Mergeln mit bis zu 25% toniger Bestandteile. Das spez. Gewicht der Kreiden beträgt 2,2—2,5. Die geschlämmte Kreide findet hauptsächlich in der Leimfarbenmalerei, dann zur Herstellung von Malgründen für Tafelmalerei (Kreidegrund) sowie von Grundierungen für Lackiererei (Schleifgrund und Spachtelmasse) Anwendung. In der Ölmalerei wird sie nicht verwendet, da sie in Öl zu wenig deckt und nicht rein weiß erscheint. Sie dient aber zur Herstellung von Glaserkitt. Als Verdünnungsmittel für trockene Farben wird Kreide selten verwendet, Über ihre Verträglichkeit mit diesen wurde bis jetzt Nachteiliges nicht bekannt.

Gebrannter Kalk.

Kalkhydrat, Luftkalk, Kalkwasser.

Dieses wichtige Farbmaterial bzw. Bindemittel der Kalktüncherei und Freskomalerei wurde zur Ermittlung der Brauchbarkeit für diese Zwecke von jeher wenig nach analytisch-chemischen und physikalischen Gesichtspunkten geprüft, da auch hier wie bei der Schlämmkreide die Reinigung hauptsächlich beim Einsumpfen erfolgt. Doch schützt auch hier die chemische Analyse des Ausgangsmateriales vor Mißgriffen. Sein Wert ist bestimmt durch Mindestgehalte an tonigen Bestandteilen, kohlensaurer Magnesia (dolomitischer Kalk), Kieselsäure, Schwefelsäure und organischen Beimengungen. Erstere haben auf die Güte des Kalkhydrates weniger Einfluß als ein größerer Gehalt an Magnesiumkarbonat, da sie beim Löschen größtenteils zu Boden gehen. Dagegen mischt sich die gebrannte Magnesia mit dem Klake und macht ihn mager, d. h. er enthält dann relativ wenig plastisches und gelöstes Kalkhydrat und wird durch erstere körnig, kurz und weniger bindend. Kalksteine mit viel Ton und besonders kieselsäurehaltige brennen sich tot, indem sich schwer oder unzersetzliche Kalk- und Tonerdesilikate bilden. Diese Kalke zeigen relative hohe Gehalte an sog. Sprengkörnern, d. h. erst nach einiger Zeit sich löschenden Teilen, die teilweise aus Kalksilikaten bestehen. Diese sind besonders für die Anwendung des Kalkes in der Wandmalerei sehr gefährlich, da sie nachträgliche Lockerung des Gefüges der Bildschichte verursachen können. Derartige Kalkhydrate verändern nach Keim auch einige Farbstoffe, wie Ultramarine, durch Silikatbildung. Das seit den ältesten Zeiten übliche Einsumpfen beseitigt diesen Übelstand zwar größtenteils; doch ist auch in der Maltechnik jene sorgfältige Wertbestimmung des Kalkes, wie sie in der Luftmörtel- und Zementfabrikation üblich ist, erwünscht. Für Freskomalerei wird Holzbrandkalk bevorzugt, wegen Fehlens von Gips. Über die chemischen Methoden der Wertbestimmung des Kalkes mittels des Calcimeters und die technischen Prüfungen auf Stehvermögen, Löschfähigkeit, Ausgiebigkeit und Gehalt an Sprengkörnern vgl. Bd. II, S. 800. In neuerer Zeit hat die altbekannte Eigenschaft des gelöschten Kalkes, mit Casein eine sehr harte und wetterbeständige Verbindung, Caseinkalk zu bilden, erneute Verwendung gefunden. Die neueste Technik der Caseinmalerei auf Wänden und die Anwendung der sog. Kaltwasserfarben gründet sich auf diese Eigenschaft des Kalkes. Diese sind Gemenge von abgelöschtem trockenen Kalk und pulverförmigem Casein. Beim Anteigen mit Wasser findet die Bildung des Caseinkalkes statt. Allerdings leiden diese Materialien an dem Übelstande, daß das Kalkhydrat beim Aufbewahren durch Übergang in kohlensaurem Kalk die Fähigkeit, sich mit dem Casein zu binden, teilweise verliert. Über die Verträglichkeit des gelöschten Kalkes in Mischung mit bunten Farbstoffen s. unter Kalkechtheit, S. 703 und bei Grünerde, S. 834.

Gips.

Beinamen: Annalin, Lenzin, Leichtspat, Federspat.

Für die Verwendung als Material für Vergolder- und Tafelbildgrundierungen im Mittelalter, dann in der Neuzeit als Verschnittmaterial zum Verbilligen von künstlichen anorganischen Farbstoffen, wie der Chromgelbe, Ultramarine, Bremerblaue, Kupferarsenfarbstoffe, Englischrote und auch natürlicher Erdfarben, kommt nur gemahlener Gipsstein, also der natürliche Gips mit 2 Mol. Krystallwasser, in Verwendung, da die gebrannten Sorten wegen des eintretenden Abbindens des Gipses beim Anrühren der so hergestellten Farben diese zur Verwendung untauglich machen würden. Auch dieses Material wird fast ausschließlich nach der Färbung des Pulvers bewertet und unterliegt für diese Zwecke selten der sonstigen technischen und analytischen Untersuchung. S. hierüber Bd. II, S. 955. Die Anwesenheit von Gips in Farbstoffen wird durch Auskochen derselben mit Wasser und Untersuchung des Filtrates erkannt. Über physikalische Methoden der Gipsuntersuchung, Feststellung des Überganges der normalen Modifikation in das Hemihydrat (Stuckgips) mittels des Dilatometers und den Einfluß anorganischer Katalysatoren auf die Hydatisierungsgeschwindigkeit desselben s. Rohland, Der Stuck- und Estrichgips. Leipzig 1904.

Über die Verträglichkeit des Gipses in Mischung mit anderen Farbstoffen ist zur Zeit Nachteiliges nicht bekannt. Es kommt aber mitunter noch vor, daß er als gebrannter Gips bunten Farben zugesetzt wird. In diesem Falle dicken die betr. Farben beim Anmachen mit wäßrigen Bindemitteln ein.

Barytweiß.

Beinamen: Permanentweiß, Mineralweiß, Echtweiß (Blanc fixe); gefälltes Baryumsulfat.

Dieser Farbstoff wird aus dem natürlichen Baryumsulfat (Schwerspat) oder aus Witherit hergestellt. Im ersteren Falle wird der Spat durch Glühen mit Kohle in Retortenöfen zu Schwefelbaryum reduziert, dieses durch Salzsäure in Chlorbaryum verwandelt und letzteres unter Anwendung besonderer Vorsichtsmaßregeln, wie Verdünnung, Rühren usw., mit verdünnter Schwefelsäure, Glaubersalz- oder Bittersalzlösung gefällt. Zur Darstellung aus Witherit wird das Mineral in Salzsäure gelöst, die Lösung auf bestimmten Gehalt gestellt, vom Ungelösten abgezogen und dann wie oben gefällt. Das auf diese Weise hergestellte Permanentweiß ist reiner weiß als das aus Schwefelbaryum erhaltene und mikrokrystallinisch, daher deckender als gemahlener Spat. Der technische Hauptzweck der Darstellung ist also die Erzielung möglichster Deckfähigkeit durch feinste Zerteilung des Niederschlages. — Nach Meißener erhält man ein relativ gut deckendes Permanentweiß, indem man das mit Sulfaten, nicht mit Schwefelsäure gefällte Baryumsulfat nach dem Trocknen stark glüht, mit Wasser abschreckt und naß mahlt, also in ähnlicher Weise verfährt wie bei der Darstellung des Lithopon, Sulfopon usw., d. h. die Dichte erhöht, was wahrscheinlich auch durch die Sinterung der vom Baryumsulfat mitgerissenen Alkalisalze beim Glühen verursacht wird. (Vgl. Karaoglanow: Zeitschr. f. anal. Chem. **56**, 225; 1917.)

Das Permanentweiß kommt gewöhnlich in angeteigtem Zustande zur Verwendung und wird daher meist als Paste von 15—20% Wassergehalt in den Handel gebracht. Zeigt der Teig Risse, so ist der zulässige höchste Grad der Entwässerung überschritten, und es muß Wasser zugeknetet werden, da zu stark entwässertes Permanentweiß an Deckfähigkeit, richtiger Verteilbarkeit im Auftrag, einbüßt und sich auch schwierig mit Wasser mischt.

Das gefällte Baryumsulfat verwendet W. Ostwald als Normalweiß.

Zur Prüfung der Güte des Permanentweißes bereitet man nach Mierzinski („Die Erd-, Mineral- und Lackfarben", **1881**, **375**) eine Leimlösung aus 20 g Leim in 1 l Wasser, macht einen kleinen Teil des zu prüfenden Barytweiß mit diesem Leimwasser zu einer der Ölfarbe ähnlichen Konsistenz an und bestreicht damit Papierstreifen. Nach dem Trocknen muß es, wenn es gut ist, fest auf dem Papier haften und darf sich durch mäßiges Knittern nicht abreiben lassen. Hält es diese Probe nicht aus, so ist es nicht mit der gehörigen Vorsicht bereitet (zu sauer oder grobkörnig abgeschieden oder beides zugleich). Gutes Permanentweiß bildet bei der Leimprobe eine schöne weiße, gleichförmige Tünche, die verhältnismäßig fest auf dem Papier haftet.

Verwendung: Obwohl das Permamentweiß eine der unveränderlichsten Farben ist, die es gibt, kann es wegen seiner zu geringen Deckfähigkeit in Ölbindemitteln als Körperfarbe kaum verwendet werden.

Es wird aber neben natürlichem Schwerspat zum Verschneiden und Verbilligen sattfarbiger Farbstoffe verwendet; häufiger um mineralische Lasurfarben, wie Pariserblaue, Chromoxydgrün feurig usw., als Deck- und Anstrichfarben zu stellen (vgl. Mineralblau, Permanentgrüne, Viktoriagrüne). In ausgedehntestem Maße findet es, wie erwähnt, Anwendung bei der Herstellung der sog. Farblacke aus Teerfarbstoffen, richtiger der Verwandlung dieser in Anstrich- und Druckfarben von relativer Deckfähigkeit. Es wird hier entweder den ausgefällten Farbstoffen in Teigform beigemengt und damit vermahlen oder gleichzeitig mit dem Farbstoff durch Fällung erzeugt. In diesen Fällen ist das Permanentweiß nicht Verschnittmaterial, sondern die zur Erzielung des verlangten optischen und sonstigen maltechnischen Effektes notwendige Unterlage. Soweit die bisherigen Ermittlungen hinreichen, scheinen der Spat und das gefällte Baryumsulfat zu denjenigen weißen Verdünnungsmitteln für bunte Farbstoffe zu gehören, die deren Beständigkeit im Lichte und an der Luft am wenigsten oder gar nicht nachteilig beeinflussen. Ostwald verwendet es als Normalweiß. Es hat demnach das Helligkeitszeichen (a).

Weiße Tone.

Porzellanerde, Kaolin, Pfeifenton, weißer Bolus, China Clay, Walkererde, Glanzkreiden.

Die Verwendung der rein weißen Abarten der Tone in der Malerei, Anstreicherei usw. ist nur gering. Außerdem finden sie nur ausnahmsweise Anwendung zum Verschneiden bunter Farbstoffe. Die Hauptverwendung erhielten sie in neuerer Zeit in der Herstellung gewisser Pigmentfarben aus solchen Teerfarben, die imstande sind, mit den betreffenden Tonen lichtbeständige Verbindungen einzugehen (Fixiertone). Es sind bestimmte Sorten von sauren Tonen, die sich am Rhein, in Hessen und Sachsen vorfinden. Diese Abarten verhalten sich also den betr. Farbstoffen gegenüber nicht nur als unschädlich in bezug auf Verträglichkeit mit denselben; sie erhöhen sogar deren Lichtbeständigkeit in solch enormem Grade, daß sie nur in dieser Verbindung zu brauchbaren, zumeist sogar sehr licht- und kalkechten Anstrich- und Druckfarben werden. (S. unter Grünerde und Kalkgrüne.)

Über physikalische und chemische Prüfungsmethoden der Tone s. Bd. II, S. 596, 614.

Besondere Wichtigkeit erlangen die Tone als natürliche Unterlagen für Eisenoxydhydrate, Eisenoxyd und Manganoxyde in den Ockern und Umbraarten; s. diese.

II. Weiße Farbstoffe.

Bleiweiß.

Handelsnamen: Kremserweiß, Schieferweiß, Perlweiß, White lead, Flake white.

Die in den meisten Lehrbüchern vorhandenen Angaben über die chemische Zusammensetzung und optischen Eigenschaften des Bleiweiß beziehen sich nur auf das sog. Kammerbleiweiß, wie es nach dem früheren holländischen und dem deutschen (Klagenfurter) Verfahren hergestellt wird. Diese Sorten haben annähernd, aber nicht sämtlich die Zusammensetzung eines basischen Bleicarbonates von der Formel:

$$2\,PbCO_3 + Pb(OH)_2$$

mit durchschnittlich 1—2½% Wasser, 83½—87% Bleioxyd und 11—13% Kohlensäure. Hieraus ergibt sich eine weite Spanne der Verwendungseigenschaften. Dagegen sollen die nach dem französischen (englischen) Fällungsverfahren hergestellten Bleiweißsorten fast nur aus neutralem kohlensauren Blei bestehen. Der heutige Begriff Bleiweiß ist also, wie Falk zeigte, weder in chemischer noch auch in optischer und daher anstrich-technischer Hinsicht eindeutig. Tatsächlich wechselt die Deckfähigkeit der verschiedenen Sorten von Bleiweiß beträchtlich. Ausgehend von mehr physikalischer (optischer) als chemischer Vorstellung über die Zusammensetzung der Kammerbleiweiße, sieht man mit Recht in dem Bleihydroxydanteil als amorphem Stoff den Hauptträger der Deckwirkung dieser Farben. Hiermit ist die Tatsache in Übereinstimmung, daß die französischen Fällungsbleiweiße weniger deckend wirken, da sie krystallinisch sind.

Inzwischen wurde durch Salmonys (Chem.-Ztg. **31**, 955; 1907) und durch Hauser (Farbenztg. **16**, 2475; 1910) bekannt, daß auch Fällungsbleiweiß, also annähernd neutrales Bleicarbonat, in amorphem Zustande erhalten werden kann und in diesem noch besser deckt als Kammerbleiweiß (vgl. Gebr. Heyl und Wultze-Charlottenburg, Verfahren zur Darstellung einer weißen, aus normalem Bleicarbonat bestehenden Farbe, DRP. 174 024 [1904]).

Neuere Ansichten über die Zusammensetzung des Bleiweiß äußerten Falk (Chem.-Ztg. **34**, 567; 1910 und Hof, daselbst S. 784). Über neuere Darstellungsarten und das elektrolytische Verfahren vgl. Rose, Die Mineralfarben S. 319, 321, 322; Darstellung aus Bleihydoxyd S. 324 (Rowley- und Carter - Verfahren).

Über Unersetzbarkeit des Bleiweiß durch Zinkweiß bei Anwesenheit von schwefliger Säure vgl. Rose, S. 329; Ragg, Farbenztg. **18**, 578; 1913 und Beck, Chem. Ind. **36**, 433.

Zur Herstellung von Bleiweiß ist möglichst reines, weiches Blei anzuwenden. Ein Blei, welches etwa 0,003% Zink, 0,003% Eisen, 0,005% Antimon, 0,0006—0,0008% Silber und Spuren von Kupfer enthält, ist als zur Bleiweißfabrikation noch geeignet zu bezeichnen. Wismut ist nicht nur nicht schädlich, sondern begünstigt die Oxydation des Bleies und liefert ein ausgezeichnetes Produkt von großer Weiße und Deckfähigkeit. Der Wismutgehalt von amerikanischem Weichblei beträgt etwa 0,75—1,00%, der Silbergehalt ca. 0,0002%. Läßt man bei dem holländischen Verfahren auf für die Bleiweißfabrikation zu hartes Blei die gewohnte Zeitdauer (d. h. in diesem Falle zu kurz) die Essigdämpfe einwirken, so bilden sich rotgefärbte Suboxyde.

Schädlich für die Bleiweißfabrikation ist ein Gehalt des Bleies an Eisen und Kupfer. Zur kolorimetrischen Schätzung derselben löst

Neujean (Chem. Zentralbl. **1870**, 642) 20 g Blei (bei sehr reinem 40 g, bei sehr unreinem 10 g) in verdünnter Salpetersäure, fällt das Blei durch Schwefelsäure, dekantiert oder filtriert, dampft die Lösung auf ein kleines Volumen ab, versetzt die eine Hälfte derselben mit Rohdankalium, die andere mit überschüssigem Ammoniak und vergleicht die erhaltenen Färbungen mit in verschlossenen Röhren aufbewahrten „Normalfärbungen“ von bekanntem Gehalte an Eisen und Kupfer. Über die Schädlichkeit des Silbers vgl. die Angaben von Krämer und Bannom s. 5. Aufl. dieses Werkes S. **264**, wonach dieses rötliche Färbung des Bleiweiß verursacht. Gerade das holländische Bleiweiß zeigt zuweilen jenen eigentümlichen Rotstich, welcher durch eine dem Bleisuboxyd nahestehende Verbindung, nach obigem aber durch einen Silbergehalt verursacht sein soll und außerdem eine Folge fehlerhafter Darstellung ist (Mangel an Kohlensäure, ungenügend lange Einwirkung der Essigsäure auf das Blei). Diese Färbung verschwindet beim Auslaugeprozeß nicht immer ganz; überhaupt ist Kammerbleiweiß gelbstichiger als Fällungsbleiweiß und wird daher häufig mit Ultramarin getönt.

Bei der Darstellung des neutralen Bleiacetates nach dem französischen Verfahren bedient man sich zur Erkennung der erreichten Neutralität der Reaktion von Pfund (Dingl. polyt. Journ. **216**, 336) mittels einprozentiger Sublimatlösung. Versetzt man eine Lösung von krystallisiertem Bleizucker von beliebiger Konzentration und Temperatur mit etwa dem gleichen Raumteile dieser Lösung, so bleibt das Gemisch vollkommen klar. Löst man aber in der Bleiflüssigkeit auch nur eine Spur von Bleiglätte oder versetzt man sie mit einem Tropfen Bleiessig, so entsteht auf Zusatz der Sublimatlösung sofort eine starke weiße Trübung oder Fällung. Nimmt man den Versuch in der Art vor, daß man die Sublimatlösung zu einer kleinen Probe der Lauge allmählich, etwa in Tropfen, zusetzt, so tritt eine beim Umschütteln bleibende Trübung um so eher ein, je weiter die betreffende Lauge vom Neutralisationspunkte entfernt ist. Eine warme Lauge, die sich bei Zusatz des ersten Tropfens trübt, ist noch stark alkalisch; weniger, wenn dies etwa auf den sechsten Tropfen geschieht. Bleibt sie klar, wenn man etwa $^1/_2$ Volumen der Lösung zugesetzt hat, so erleidet sie auch bei beliebigem weiteren Zusatz keine Trübung mehr, d. h. die Flüssigkeit enthält nur neutrales Acetat. Die Prüfung ist am zuverlässigsten, wenn man gleiche Raumteile anwendet und die Sublimatlösung aus einer Bürette hinzufließen läßt. Die Acetatlösung wird den Fässern mittels eines etwas über dem Boden angebrachten Rotgußhähnchens entnommen und zu der Prüfung etwa 1 ccm in ein Probierglas direkt filtriert. Da bei dem französischen Verfahren gleichzeitig mit der Fällung des Bleiweiß durch Kohlensäure neutrales Acetat regeneriert wird, so hat man also nur ein einziges Mal nötig, letzteres darzustellen.

Handelssorten von reinem Bleiweiß.

Kremserweiß nennt man ein sehr hartes reines Kammerbleiweiß, das unter Zusatz von Gummiwasser geformt und in viereckigen tönernen Formen gepreßt und getrocknet wird. Es hat glasigen, glatten

Bruch und stammt aus Klagenfurt, wo das reinste Bleiweiß hergestellt wird (Gentele).

Schieferweiß nennt man eine früher häufig begehrte, sehr reine Sorte von Kammerbleiweiß, die durch Abklopfen von den Bleiplatten in schieferähnlichen Blättchen erhalten wird. Man erkennt also seine Echtheit an der Form (Gentele).

Perlweiß ist eine mit etwas Pariserblau oder Indigo, vielleicht auch blauen Teerfarben getönte Sorte von Bleiweiß.

Verschnittsorten (Bleisorten): Da das technisch reine Bleiweiß für viele gewerbliche Verwendungszwecke zu teuer kommt, so wird es mit weißen Füllstoffen versetzt. Von diesen kommen hauptsächlich Schwerspat und Blanc fixe, dann Bleisulfat, Zinkweiß, Gips, Kaolin, Kreide, Ton, Knochenasche usw. in Anwendung. Falls diese Verschnittsorten durch die Namengebung als solche gekennzeichnet sind, läßt sich nichts dagegen einwenden. Die geringere Deckfähigkeit dieser Sorten muß als bekannt vorausgesetzt werden. Zur Bezeichnung dieser Verschnitte werden zwei Verfahren angewendet: Besondere Namen oder kennzeichnende Zusätze (Ziffern, Buchstaben) zum Namen Bleiweiß. Hierher gehören die Handelssorten: Venetianerweiß, aus gleichen Teilen Bleiweiß und Spat oder Blanc fixe bestehend; Hamburgerweiß mit zwei Teilen und Holländerweiß mit drei Teilen Spat. Nach dem zweiten Verfahren wird der technisch reine Farbstoff als Bleiweiß „rein", die Verschnittsorten mit Nummern I, II, III oder mit prima, sekunda usw. bezeichnet.

Analyse. 1. Nachweis und Bestimmung von Zusätzen. Hierzu erwärmt man die Probe mit verdünnter Salpetersäure; der Rückstand kann die Sulfate von Baryum, Calcium, Blei und Ton enthalten, welche nach bekannten Methoden getrennt werden. In der salpetersauren Lösung wird das Blei ausgefällt und im Filtrate Zink, phosphorsaurer Kalk (Knochenasche), Baryum, Calcium wie gewöhnlich nachgewiesen.

2. Kohlensäurebestimmung. Die Deckfähigkeit des Kammerbleiweiß nimmt mit dem Gehalt an Hydroxyd zu und mit wachsendem Gehalt an Bleicarbonat ab. Weise fand in

Bleiweiß bester Qualität (sogenannter Blume)	11,16%	Kohlensäure
„ zweiter Qualität (noch sehr gut) . .	11,68%	„
„ dritter Qualität, noch vollkommen brauchbar	12,28%	„
dem Trommelrückstand, sehr schlechter Sorte	14,10%	„
in anormalen Produkten der Kammern, ganz unbrauchbar	16,15%	„

Zur Kohlensäurebestimmung trocknet man eine fein zerriebene Probe bei 100° und wägt dann ab.

Zu dieser Bestimmung dient am besten die Methode von Lunge-Rittener (Zeitschr. f. angew. Chemie, **19**, 1849; 1906 u. Bd. I, S. 213).

Daß diese Beurteilung der Deckfähigkeit eines Bleiweiß aus der Kohlensäurezahl nicht mehr allgemein gilt, geht aus den über Fällungsbleiweiß gemachten Angaben hervor. Die technisch sachgemäße Bestimmung der Deckfähigkeit des Bleiweiß und anderer weißer Anstrichfarbstoffe ist jene des mehrmaligen Aufstriches der Ölfarbe bis zur erreichten Deckwirkung und gegen Typ.

Ferner dient die Ermittlung des (dem Gehalte an kohlensaurem Bleioxyd und Wasser proportionalen) Glühverlustes zur Wertbestimmung des Kammerbleiweiß. Er variiert bei unversetzten Sorten zwischen 13 und 16% und beträgt durchschnittlich 14,5%[1]).

3. Gehalt an Bleizucker. Viele ältere Bleiweißsorten, besonders die Hütchen und Brote, enthalten geringe Mengen von Bleizucker, der von der Fabrikation und nicht völligem Aussüßen herrührt, oder absichtlich zugesetzt ist, um die Hütchen oder Brote leichter formen zu können, in welchen das Bleiweiß zur Zeit noch, wenn auch seltener, in den Handel kommt. Dieser Zusatz ist besonders bei der Verwendung des Bleiweiß als Künstlerfarbe schädlich, da er schon bei einer Stärke von 1,5—2% rascheres Vergilben der Farbe im Öl zur Folge hat[2]). Ein derartiges Bleiweiß gibt mit Wasser ausgekocht ein Waschwasser, das durch Schwefelsäure getrübt und von Schwefelammon schwarzbraun gefärbt wird. Die Bestimmung des Essigsäuregehaltes solcher Bleiweiße erfolgt nach Stahlschmidt (Bolley-Stahlschmidt, Handbuch der chem.-techn. Untersuchungen, 6. Aufl., I, 356) in der Weise, daß man etwa 100 g Bleiweiß allmählich mit verdünnter Schwefelsäure in einer tubulierten und mit bis in die Flüssigkeit reichendem Trichterrohr versehenen Retorte übergießt, welche mit einer gut gekühlten Vorlage verbunden ist. Nach Entweichen des Kohlendioxyds wird längere Zeit bis zum Kochen erhitzt und die übergehende Flüssigkeit, die keine übergespritzte Schwefelsäure enthalten darf, acidimetrisch geprüft.

4. Zur Ermittlung des Bleigehaltes löst Storer (Chem. News **1870**, 137) 2—3 g Bleiweiß in einem Becherglase in 100—150 ccm verdünnter Salzsäure bei 40—50° und bringt sofort ein blankes Stück reines Zink hinein, auf dem sich das Blei abscheidet. Dann wird auf ein glattes Filter dekantiert, in dem ein Stückchen metallisches Zink liegt. Der Rückstand im Becherglase (aus metallischem Blei bestehend) wird rasch mit heißem Wasser ausgewaschen und in einen Tiegel gebracht; das auf dem Filter gesammelte Blei spült man in eine Porzellanschale und vereinigt es nach Entfernung des Zinks mit dem Blei im Tiegel. Schließlich trocknet man im Leuchtgasstrom.

Lenoble (Ann. Chim. anal. appl. 4, 118; Zentralbl. **1899**, I, 1140) bestimmt

das hygroskopische Wasser durch Trocknen bei 100°;

die CO_2 als Gewichtsverlust nach Zusatz von HNO_3;

das Bleioxyd, sofern keine anderen Metalle vorhanden sind, durch Glühen von 1 g Bleiweiß;

---

[1]) Hamburger fand in 3 Sorten Bleiweiß 21,9, 22,79 und 22,70% $CaCO_3$ (Pharm. Ztg. **43**, 806).

[2]) Über Ursachen des Vergilbens weißer und heller Ölfarben vgl. Eibner: Die Ölfarbe in Kunst und Handwerk, B. Heller, München, **1920**, 33; Fette Öle, Ersatzmittel und Ölfarben, B. Heller, **69**, 143; 1922.

die Essigsäure durch Destillation von 1 g mit Weinsäure; das gebundene Wasser durch Rechnung[1]).

5. Ausschlaggebend für die Beurteilung der Deckfähigkeit von Bleiweiß ist die Bestimmung der Dichte[2]) und Teilchengröße. Erstere wird von Lenoble im Pyknometer mit Toluol ausgeführt, Ann. chim. anal. appl. **3**, 361; Zentralblatt **1889** I, 81). Die Sorten von geringerem spez. Gewicht (größerem Porenvolumen) decken am besten. Das nach der französischen Methode durch Fällung erhaltene, an neutralem Bleicarbonat reichere Bleiweiß ist, wie erwähnt, körnig krystallinisch und deckt daher weniger gut als das nach dem holländischen Verfahren hergestellte, amorphe und voluminösere Bleiweiß. Rückschlüsse auf die Deckfähigkeit der verschiedenen Bleiweißsorten werden durch Bestimmung des Porenvolumens im Chancelschen Sulfurimeter (s. Bd. I, 685 und II, 1170) gezogen. Zu voluminöses Bleiweiß zeigt in Öl schleimigen Auftrag. Für Künstlerfarbe wird daher kurz abbindendes, körniges Kammerbleiweiß verlangt, das im trockenen Zustande abzureiben ist und den geringsten Ölverbrauch hat.

Lichtbeständigkeit. Diese kommt nur bei Bleiweiß als Ölfarbe in Frage. Über das Verhalten des Bleiweiß allein im Lichte ist Nachteiliges nicht bekannt. Ölbleiweiß gilbt nach, und zwar nicht nur im Dunkeln, sondern auch im Lichte. Es wird behauptet, daß das Zinkweiß diese Eigenschaft nicht zeige. Ob diese Angabe sich auf reines Bleiweiß und Zinkweiß bezieht, ist nicht bekannt. Letzteres gilbt weniger als Bleiweiß. In altem Mohnöl abgerieben verbräunt Bleioxydhydrat unter Entstehung von Bleisuperoxydhydrat. Daß bleizuckerhaltiges Bleiweiß im Lichte stark vergilbt, ist erwähnt.

Verhalten in Mischungen. Technisch reines, also bleizuckerfreies Bleiweiß ist in Mischung mit den meisten schwefelhaltigen Farbstoffen (Ultramarine, Zinnober) haltbar. Ausnahmen s. u. Cadmiumgelb, S. 774. Ein Gehalt an Bleizucker macht, wie erwähnt, Mischungen mit Ultramarinen unhaltbar. Das sog. „Mischweiß", ein Gemenge von Bleiweiß und Zinkweiß, vergilbt als wässerige Paste im Lichte sehr rasch unter Bildung geringer Mengen von Bleisuperoxydhydrat. Bleiweiß ist ferner in Mischung mit Kalk unbeständig (kalkunecht), also keine Kalkfarbe, und färbt außerdem Zinkgelb, gelbes Ultramarin (Barytgelb) und Strontiumgelb orangefarbig unter Bildung von basisch chromsaurem Blei (Chromorange) (Eibner, Techn. Mitt. f. Malerei **23**, 151; 1907). Zinkgrüne werden aus gleichem Grunde ebenfalls vom Bleiweiß verfärbt. Gegenüber anderen anorganischen und organischen Farbstoffen verhält sich das Bleiweiß, soviel bis jetzt bekannt ist, normal, d. h. es beschleunigt ihre Zerstörung durch Belichtung auch in den hellsten Ausmischungen nicht.

[1]) Von Tissandier untersuchte Sorten französischen Bleiweiß enthielten:

	I.	II.	III.
Bleiweiß	85,25	73,17	44,33
Zinkweiß	—	2,12	5,30
Blanc fixe	10,12	19,50	40,25
Calciumcarbonat . . .	4,63	—	10,12
Ton	—	5,21	—

[2]) Vgl. V. M. Goldschmidt: Die weißen Farben in Natur und Technik: „Die Farbe" Nr. 4, Abt. III.

Anwendung. Das Bleiweiß wird trotz seiner Giftigkeit und Empfindlichkeit gegen Schwefelwasserstoff als Ölfarbe noch in ausgedehntem Maße in der Kunstmalerei und in der Anstreicherei für Innenanstrich verwendet. Für Außenanstrich ist es unentbehrlich, da Deckfähigkeit und Wetterfestigkeit von den Ersatzprodukten nicht im gleichen Grade erreicht werden. Die Gefahr der Bleiweißvergiftungen ist, nachdem heutzutage $^5/_6$ des gesamten Bleiweiß schon als Ölfarbe in den Handel gelangen, bedeutend verringert. Doch haben in letzter Zeit die Regierungen der meisten europäischen Staaten die Verwendung des Bleiweiß verboten bzw. bedeutend eingeschränkt, um der Vergiftungsgefahr vorzubeugen. (Vgl. Bestimmungen der internationalen Bleiweißkonferenz in Genf 1921.)

Ältere Bleiweißersatzmittel.

Den Anstoß zur Einführung von Ersatzmitteln für Bleiweiß gaben seine Giftigkeit, die im Jahre 1780 von Guyton de Merveau erkannt wurde, und die Empfindlichkeit gegen Schwefelwasserstoff. Diesen Mängeln stehen als Vorteile gegenüber die große Deckfähigkeit und Beständigkeit seiner Aufstriche in Leinöl im Freien. Bleiweißersatzmittel müßten also nach den in der Einleitung (S. 687) erwähnten Gesichtspunkten über die Beschaffenheit von Ersatzmitteln die Nachteile des Bleiweiß vermeiden und gleichzeitig seine schätzenswerten Eigenschaften besitzen. Die bisher angewendeten stellen nur nach erstgenannter Richtung hin einen vollkommenen Erfolg dar. Das erste Ersatzmittel für Bleiweiß war das nicht giftige Zinkweiß, das gleichzeitig von Schwefelwasserstoff nicht verfärbt wird. Diesem folgten einige Bleipräparate, wie das Mühlhauserweiß (Bleisulfat) und das Pattinson-Bleiweiß [basisches Bleichlorid $PbCl_2 \cdot 2\,Pb(OH)_2$] sowie Freemans ungiftiges Bleiweiß, ein Gemenge von Bleisulfat, Zinkweiß, Barytweiß und kohlensaurer Magnesia. Diese Farbstoffe sind weniger giftig als Bleiweiß und schwärzen sich durch H_2S nicht so rasch und stark als dieses. Sie decken aber wegen ihres krystallinischen Zustandes weit schlechter als Bleiweiß. In neuester Zeit kam man wieder auf das Bleisulfat als Ersatz für Bleiweiß zurück, indem man es in der basischen Form, die amorph ist und demgemäß besser deckt als die krystallinische, darstellt. Vgl. Hannay, Verfahren zur Darstellung von rein weißem, basischen Bleisulfat aus Bleisulfiderzen, DRP. 155 106 und Toelle und Hofe: Verfahren zur Darstellung von basisch schwefelsaurem Blei, DRP. 187 946. Hiernach wird ein basisches Bleisulfat von hohem Deckvermögen erhalten durch Einwirkung der berechneten Menge Schwefelsäure auf Bleiglätte. Es hat die Formel: $2\,PbSO_4 \cdot Pb(OH)_2$.

Das Pattinsonweiß erkennt man daran, daß es sich in verdünnter Salpetersäure ohne Brausen löst und mit Silbernitrat einen Niederschlag gibt. Das eine Zeitlang verwendete Antimonweiß, aus Antimonsäure bestehend, findet sich heute nur wenig auf dem Markte. Dagegen hat sich das Zinkweiß eingeführt. Hierzu kamen in neuerer Zeit Lithopon und eine sehr beträchtliche Anzahl von Mischungen, deren Hauptbestandteil meist letzteres neben Bleiweiß und Zinkweiß bzw.

auch mit Kreide, Gips, Magnesia[1]) und auch Kieselsäure ist. Von diesen können die bleiweißhaltigen als Bleiweißersatzmittel nicht bezeichnet werden. Viele derselben erhielten zur Verschleierung ihrer Zusammensetzung Phantasienamen wie: Ölweiß, Lichtweiß, Deckweiß, Diamantweiß, Edelweiß, Schneeweiß, Antibleiweiß, Albanol, Blenda, Condor, Fixopone, Nivan, Leukarion u. a. m. Vgl. Andés. Alle diese Mittel sind nicht im technischen Sinne Ersatzmittel des Bleiweiß, da sie zwar nicht die Nachteile desselben zeigen, es aber weder bezüglich der Deckfähigkeit noch hinsichtlich der Beständigkeit seiner Ölfarbanstriche im Freien erreichen.

Zinkweiß.

Qualitätsbezeichnungen: Schneeweiß, Chinesisch Weiß.

Die Einführung des Zinkweiß in die Mal- und Anstrichtechnik als Ersatzmittel für Bleiweiß wurde 1780 von Courtois in Dijon vorgeschlagen, der 1786 die Darstellung nach dem trocknen Verfahren durch Verbrennung von Zinkdampf in einem auf 300° erhitzten Luftstrom einführte. Später wurde es aus Zinkerzen und verzinktem Eisen hergestellt; in diesem Falle auf nassem Wege. 1854 brachte die Firma Winsor und Newton in London ein besonders dichtes Zinkweiß unter dem Namen Chinese White in den Handel. Seither ist dieser Name Qualitätsbezeichnung für reinstes Zinkweiß. Das gleiche gilt für den Namen „Schneeweiß". Der Maler Leclaire prüfte 1840 die maltechnischen Eigenschaften des Zinkweiß und fand sie entsprechend, so daß bald darauf die Einführung in die Kunstmalerei erfolgte. Hauptgründe hierfür waren seine Nichtgiftigkeit und Unveränderlichkeit im Schwefelwasserstoff. Die Frage, ob es bezüglich Deckfähigkeit und besonders Wetterbeständigkeit als Ölfarbe den Anforderungen der Anstrichtechnik ebenso entspricht, wie das Bleiweiß, ist bis heute noch nicht eindeutig gelöst[2]). Über die Frage seiner Verträglichkeit in Mischung mit anderen Farbstoffen wurden Aufstellungen bis vor kurzem überhaupt nicht gemacht.

Die einzelnen Sorten von Zinkweiß sind je nach der Reinheit der verwendeten Erze sowie je nach der Temperatur bei der Darstellung auch in der Dichte verschieden. Als Verunreinigungen kommen vor: Oxyde des Cadmiums und Antimons; dann Arsen, Blei, Eisen, unverbranntes Zink und Kohlenstaub. Das für Anstrich und in der Kunstmalerei verwendete Zinkweiß ist meist rein weiß, oder etwas gelbstichig (Cadmiumoxyd). Die einzelnen Sorten unterscheiden sich weniger durch Reinheitsgrade als durch die Dichte und Korngröße und werden durch die Siegelbezeichnung unterschieden derart, daß Zinkweiß „Grünsiegel" die weißeste, lockerste Sorte ist; diesem folgen die Marken Rot-, Blau-, Gelb- und Schwarzsiegel. Diese Art der Bezeichnung bezieht sich also auf physikalische Qualitätsunterschiede des technisch hergestellten Zinkoxyds. Über eine andere Grundlage der Siegelbezeichnung s. unter Lithopon, S. 758.

[1]) Nach V. M. Goldschmidt (l. c.) hat gebr. Magnesia höhere Lichtbrechungsquotienten (1,74) als Baryumsulfat (1,64); deckt daher besser als dieses.
[2]) Vgl. Ragg: Farbenztg. 18, 578; 1913.

Analyse. Zinkweiß soll sich in Essigsäure vollkommen und ohne Brausen auflösen. Evans (Anal. notes for 1911, 74) fand in Schneeweiß und Chinese Weiß 0,02 bis 0,1% Blei; in geringeren Sorten bis zu 0,4%. Utz (Gummiztg. **18**, 322) fand in 10 Proben kein Blei. In aus Erzen hergestellten Zinkweißsorten fand Halley bis zu 0,17% Blei, 0,017% bis 0,09% Fe_2O_2, 0,028% As_2O_3, 0,04 Unlösliches, 0,06% SO_3, 0,089% CO_2, 0,07% Cl. Dagegen wurden in dem Zinkweiß von Birmingham 21% $PbSO_4$ und 6% $ZnSO_4$ und in dem der Bartleth Co. zu Bergen bis zu 40% PbO gefunden. (Balling, Metallhüttenkunde, Berlin **1885**, 474.) Eibner fand in schlesischen Zinkweißen neben Co auch Thallium. Mit Schwefelammon muß die essigsaure Lösung einen rein weißen, mit Ätzkali ebensolchen, im Überschuß völlig löslichen Niederschlag geben. Ist der Schwefelammonniederschlag grau, so ist Eisen oder Blei vorhanden. Er ist gelblich bei Anwesenheit von Cadmium. Der Wassergehalt soll 2—3% nicht übersteigen. Man bestimmt ihn bei möglichst niedriger Temperatur. Arsen und Antimon werden durch Einleiten von Schwefelwasserstoff in die warme salzsaure Lösung erkannt. Zinkoxyd zieht an der Luft, wie vielfach angegeben wird, Kohlensäure an und geht dadurch in basisches Carbonat über. Diese Reaktion scheint aber quantitativ nicht beträchtlich zu sein. Leitet man in mit Wasser versetztes Zinkoxyd 1 Stunde lang Kohlendioxyd ein, so zeigt der ausgewaschene Niederschlag mit Salzsäure keinerlei Brausen; dagegen befindet sich im Filtrate eine sehr geringe Menge Zink in Lösung. Durch Überleiten von Kohlendioxyd über glühendes Zinkoxyd bis zum Erkalten desselben erhält man kein Zinkcarbonat, dagegen durch Überleiten von Kohlendioxyd über feuchtes Zinkoxyd. Es kommt daher den Angaben, daß Zinkoxyd durch Liegen an der Luft unter Kohlensäureaufnahme krystallinisch werde und dadurch verminderte Deckwirkung zeige, keine Bedeutung zu. Vgl. Die Surrogate in der Lack-, Firnis- und Farbenfabrikation und P. Beck, Über weiße Bleifarben und die sog. Bleiweißersatzmittel in Chem. Ind. **30**, Nr. 12 und 13; 1907.

Über die Deckfähigkeit des Zinkweiß (vgl. unter: Bestimmung der Deckfähigkeit S. 731. Über Verursachung der Frühsprungbildung als Mohnölfarbe und Zusammenhang mit der Korngröße S. 729, 730). Daß die einzelnen Zinkweißsorten nicht qualitätsgleich sind, scheint bekannt zu sein. Daher u. a. die Versuche, Ölabsorption, Deckfähigkeit und Weiche zu verbessern, die in Frankreich unternommen sind. Ein neuerer nach dieser Richtung stammt von der New-Yerse Zinc Comp. Borough. N. S. A. Nach D.R.P. 342148 v. 30. Jan. 1920. Hiernach wird Zinkweiß dem Nachglühen derart unterworfen, daß nur dünne Schichten zur Erhitzung gelangen. Es ist anzunehmen, daß hierbei auch Erhöhung der Teilchengröße auftritt, welche nach obigen Richtungen und Vermeidung der Frühsprungbildung günstig wirken würde.

Lichtbeständigkeit. Daß Zinkoxyd im Lichte dunkler werde, behauptete Link (Über die Natur des Lichtes, Petersburg 1808; vgl. Eder, Geschichte der Photographie, S. 109). Nach Phipson (Chem. News **43**, 283 und **44**, 73) sind einige Sorten von Zinkoxyd lichtempfindlich. Cowley (Chem. News **44**, 51 und 167), sowie Orc. (Chem.

News **44**, 12) bestätigten die Angaben bezüglich der Lichtempfindlichkeit gewisser anderer Zinkverbindungen. Nach Mitscherlich, Pogg. Ann. **6**, 19 und **12**, **144**. Aus Eder, Photochemie, S. 153 und 124, ändern Krystalle von selensaurem Zink im Lichte ihre Krystallform. Diese Angaben scheinen inzwischen vergessen zu sein. Erst die Entdeckung der Lichtempfindlichkeit des Lithopons lenkte die Aufmerksamkeit wieder auf diese Eigenschaft bestimmter Zinkverbindungen. Es war daher nötig, die Handelssorten von Zinkweiß nach dieser Richtung hin erneut zu prüfen. Es ergab sich kein Anhalt für obige Annahmen.

Wichtiger erscheint eine bis jetzt wenig bekannte andere Eigenschaft des Zinkweiß, die Unverträglichkeit in Mischung mit bunten Farbstoffen. Hierüber finden sich nur vereinzelte ältere Mitteilungen, so jene in Church-Ostwald, Farben und Malerei, S. 353, wonach ein Zusatz von Chinesisch Weiß bei Farbenaufstrichen, die in zugeschmolzenen Röhren belichtet wurden, deutliche Veränderungen derselben bewirkte. Eibner ermittelte im Jahre 1911, daß Zinkweiß auf die meisten anorganischen Farbstoffe im Lichte unter Glas beträchtlich und auf alle organischen überraschend schnell tonabschwächend einwirkt. Besonders stark treten die Erscheinungen bei Anwendung von wässerigen Bindemitteln unter Glas auf, ohne im Ölbindemittel ganz zu verschwinden. Die Wirkung des Zinkweiß besteht im allgemeinen in Verstärkung derjenigen chemischen oder physikalischen Lichtwirkung, welcher der betreffende Farbstoff auch ohne Zinkweiß unterliegt. Doch nehmen bei manchen Farbstoffen die Veränderungen noch andere Richtung an. So wird das Jodquecksilber in Mischung mit Zinkweiß nicht nur durch physikalische Lichtwirkung gelb, sondern auch durch chemische violett (Reduktion). Zinnobermischungen werden nicht nur rascher schwarz (physikalische Lichtwirkung), sondern bleichen auch aus. Ebenso Schwefelblei, Mennige und Jodquecksilber. (Chemische Lichtwirkung, Oxydation.) Quecksilberoxyd, Mangan-Bleisuperoxyd, Kobaltgelb werden reduziert. Diese Veränderungen kennzeichnet folgende Tabelle:

Einwirkung von Zinkweiß auf anorganische Stoffe im Lichte.

Vor der Belichtung	Kennzahlen: Farbton	Weißgehalt	Schwarzgehalt		Kennzahlen: Farbton	Weißgehalt	Schwarzgehalt
Schwefelblei	8	25	70	Nach 2 monatl. Belicht.	8	50	55
Mangansuperoxyd . .	19	35	55	„ 1 „ „	8	55	25
Bleisuperoxyd . . .	20	20	65	„ 1 „ „	8	55	25
Mennige	19	65	05	„ 9 „ „	19	75	00
Kobaltgelb	5	60	05	„ 15 „ „	3	75	10
Jodquecksilber . . .	23	30	20	„ 2 „ „	23	40	15

Von diesen Gemischen bleichten also die vier ersten aus. Nur das Kobaltgelb dunkelte nach. Daß Schwefelblei nur durch Oxydation heller werden kann, ist ebenso klar, wie die gleiche Erscheinung bei Zinnobern. Mangansuperoxyd, Bleisuperoxyd und Mennige dagegen können nur durch Reduktion ausbleichen bzw. gelblich werden; Kobaltgelb nur durch Reduktion dunkel werden. Unter den erwähnten Versuchsbedingungen verändert Zinkweiß folgende anorganische Farbstoffe: Die Chromgelbe, Chromorange, Chromrote, Chromgrüne, Zinkgelb, gelbes Ultramarin, Zinkgrüne, Cadmiumgelbe, Cadmiumrot, Bleigelb, Kobaltgelb, die Zinnober, Ultramarine und Guignetgrüne. Fast gar nicht verändert scheinen die Kobaltviolette, Kobaltblaue und Kobaltgrüne zu werden. Ganz außerordentlich rasch werden die Pariserblaue und Turnbullsblaue entfärbt; doch ist diese Lichtreaktion ebenfalls umkehrbar wie jene der unausgemischten Pariserblaue. Sie besteht in Reduktion zu Berlinerweiß. Auf kalifreie Berlinerblaue wirkt Zinkweiß zunächst nicht ein. (Vgl. unter: Cyaneisenblaue.) Später wird es gebleicht. Diese Bleichung ist nicht mehr umkehrbar. Hier ist also das Blau zerstört. Die Bleichung der Handelssorten von Cyaneisenfarben geht im Dunkeln stets wieder zurück. Damit ist Einfluß der Kaligehalte auf die Qualität dieser Farben festgestellt. Diese technisch wichtigen Unterschiede zeigt folgende Zusammenstellung:

	Kennzahlen		
	Farbton	Weißgehalt	Schwarzgehalt
1. Kalifreies Berlinerblau und Zinkweiß . . .	56	20	60
Dasselbe Gemisch nach 14 monatl. Belichtung	—	40	60
2. Miloriblau Nr. 1 und Zinkweiß	57	15	55
Dasselbe Gemisch nach 14 monatl. Belichtung und Rückkehr des Blau im Dunkeln. . .	58	15	50

Demnach war das kalifreie Blau durch das Zinkweiß zerstört worden; das technische, kalihaltige dagegen nur vorübergehend zu Berlinerweiß reduziert. Nach Rückkehr des Blau im Dunkeln hatte es den durch die Kennzahlen ausgedrückten Grünstich angenommen. Während demnach die Wirkung des Zinkweiß auf technische Cyaneisenblaue im Lichte eine vorübergehende ist, bleibt die relativ sehr rasche Bleichung für sich außerordentlich lichtechter organischer Farbstoffe durch Zinkweiß dauernd, wie folgende Beispiele erläutern:

Lichtwirkung
auf Wasserfarbenanstriche der Mischungen von Zinkweiß.

mit:	Kennzahlen		
	Farbton	Weißgehalt	Schwarzgehalt
Helioechtgelb 6 g L	00	30	10
nach 20 Tagen unter Glas . .	00	50	05
Heliochromgelb g L	03	50	10
nach 3 Monaten unter Glas .	03	75	05
Permanentrot 2 g extra	21	55	15
nach 2 Monaten unter Glas .	21	90	05
Helioechtrot R L	23	35	10
nach 1 Monat unter Glas . .	23	85	05
Helioechtrosa R L	34	30	15
nach 18 Tagen unter Glas . .	34	50	10
Indanthrenblau GCD	56	25	45
nach 2 Monaten unter Glas .	56	45	10

Daß diese Einwirkung des Zinkweiß auch durch Ölbindemittel nicht aufgehoben wird, ergeben folgende Zahlen:

	Kennzahlen		
	Farbton	Weißgehalt	Schwarzgehalt
Ölfarbenaufstrich von Sitaraechtrot + ZuO . .	23	20	25
Derselbe nach 6 Monaten im direkten Sonnenlicht	23	55	20

Die farbenzerstörende Wirkung des Zinkweiß im Lichte ließ sich beseitigen durch Abstumpfung seiner chemischen Aktivität durch teilweise Verwandlung in basisches Chlorid, Sulfat, Phosphat u. dgl., vgl. Eibner, DRP. 328 648. Daß diese beschleunigende Wirkung dem Zinkweiß als solchem zukommt und nicht durch den Verdünnungsgrad der betreffenden bunten Farbstoffe hervorgerufen ist, wurde dadurch gezeigt, daß gleichprozentige Ausmischungen derselben Farbstoffe mit Lithopon, Kreide, Bleiweiß und Blanc fixe in derselben Zeit im Lichte nur schwach oder überhaupt nicht verändert wurden. (Eibner, Über technische Prüfungsmethoden von Malerfarben und die Verwendbarkeit der neuen Pigment-Teerfarben in der Kunstmalerei: VI; Farbenzeitung **16**, 1754; 1911. Lichtwirkungen auf Malerfarbstoffe I. Chem.-Ztg. **35**, 753; 1911. Täuber, Farbenztg. **19**, 475, 1913.)

Weitere Versuche ergaben, daß nicht nur das Zinkweiß, sondern auch Zinkcarbonat und das wasserhaltige Zinksulfid sowie Cadmiumcarbonat und Titanweiß (s. dieses) organische Farbstoffe im Lichte rasch ausbleicht. (Vgl. unter Cadmiumgelb.) Näheres bei den einzelnen Farbstoffen in den Abschnitten: Verträglichkeit in Mischung und Zinkweißechtheit.

Über andere wenig verwendete künstliche weiße Farbstoffe, wie Satinweiß, bestehend aus Calciumsulfat und Tonerdesulfat, Manganweiß, Strontianweiß, Zinnweiß, Wismutweiß, Wolframweiß, Molybdänweiß, Antimonweiß s. Gentele, Lehrbuch der Farbenfabrikation, III. Aufl., II. Bd., S. 140.

Schwefelzink, gefällt.

Das Mineral Zinkblende wird seit einiger Zeit in gepulvertem Zustande als Anstrichfarbe verwendet. Vgl. unter Zinkgrau, S. 768. Die reinste Zinkblende von Santander ist im Pulver hellockergelb und zu teuer, um Verwendung zu finden. Dagegen wurde gefunden, daß das aus reinen Zinksalzen gefällte Zinksulfid in teilweise oder ganz wasserfreier Form ein rein weißer, sehr gut deckender Farbstoff ist. Ursache ist das hohe Lichtbrechungsvermögen des Schwefelzinks. Dieser Farbstoff besitzt nicht die farbenzerstörende Eigenschaft des Zinkweiß und ist wie dieses, wenn ganz rein, lichtecht. Gewinnung von reinem Zinksulfid; D.A.C. 29317, kl. 12, von C. Clec u. A. Nihoul, Paris; 5. 7. 20.

Das gefällte wasserarme Zinksulfid wird zur Zeit wenig als Malerfarbe verwendet; dagegen vielfach in der Linoleumfabrikation sowie zur Herstellung von weißen Gläsern, Glasuren und Emaillen.

Über Analyse und Lichtechtheit vgl. Lithopon.

Lithopon.

Beinamen: Zinksulfidweiß, Sulfidweiß, Zinkolithweiß, Patentzinkweiß, Emailweiß, Griffiths Weiß, Knights Weiß, Charltons Weiß, Orrs White[1]).

Unter Lithoponen im weitesten Sinne versteht man Gemenge von Zinksulfid und Zinkoxyd mit Sulfaten der alkalischen Erden; im besonderen mit Bariumsulfat (Gentele, Lehrbuch der Farbenfabrikation, III. Aufl., II, S. 121). Die erste technische Darstellung solcher Farbstoffe rührt von Orr her, der sich zuerst mit der Herstellung von Schwefelzink aus Schwefelbarium und Chlorzink beschäftigte und später ein Gemenge von Zinksulfid und Strontiumsulfat darstellte. Das Griffiths Weiß (1877) ist ein Gemenge von Zinksulfid und Calciumsulfat oder Bariumsulfat. Meißner stellte nach DRP. Nr. 4626 und 5926 Gemische von Zinkweiß und Blanc fixe dar. Ähnliche Zusammensetzung besitzt das nach Alberti DRP. 80751 hergestellte Weiß (Zinkanhydrid, Zinkbaryt). Die jetzt Lithopon genannten Handelsprodukte sind wesentlich Gemenge von gefälltem Schwefelzink mit Bariumsulfat. Um die für ein solches Bleiweißersatzmittel nötige Deckfähigkeit zu erreichen, müßte jeder der Bestandteile ebenso deckend sein als Bleiweiß. Das ist jedoch nicht der Fall. Das bei der Fabrikation des Lithopon zur Erreichung größtmöglicher Deckfähigkeit angewendete optische Prinzip ist folgendes: Man stellt nicht durch Mischung der trockenen Bestandteile, sondern durch Fällung ein inniges Gemenge zweier Farbstoffe von verschiedener Lichtbrechbarkeit in amorpher Form dar, so daß die Brechungsdifferenzen beider gegen Luft möglichst groß werden. Es tritt dann an der Grenze der Körner beider Farbstoffe leichter diffuse Lichtreflexion sowie totale Reflexion ein, als sie mit einem einzelnen Farbstoff erreichbar wäre. (V. M. Goldschmidt l. c.)

Durch Fällung hergestellte Gemenge von Blanc fixe und Zinksulfid decken noch nicht genügend, weil ersteres an sich zu geringe Lichtbrechung besitzt und letzteres Wasser bindet. Es muß daher der Farbstoff durch Erhitzen bis zur Rotglut verdichtet und zur Herstellung der nötigen feinen Verteilung (geringe Korngröße) in Wasser abgeschreckt werden. Durch diesen Prozeß wird gleichzeitig der in dem Fällungsgemisch vorhandene freie Schwefel verbrannt und das Zinksulfid entwässert. In diesem Zustand besitzt es höhere Lichtbrechung als Bleiweiß[2]). Meißner, DRP. 3589, verwandelt das Schwefelzink durch gespannten Dampf bei Weißglut vollständig in Zinkoxyd (Gentele l. c.). Gegenwärtig geht man beim Glühen des Farbstoffes nicht mehr bis zur vollständigen Oxydation des Zinksulfids. Der Glühprozeß bei der Lithoponfabrikation bringt neben dem Vorteil der Erreichung größtmöglicher Deckfähigkeit auch Nachteile. Ein Teil des Zinksulfids wird hierbei zu Zinkoxysulfid, basischem und neutralem Zinksulfat und Zinkoxyd verbrannt. Das aus Zinkchloridlaugen her-

[1]) Über Lithoponfabrikation vgl. Gentele, Lehrb. d. Farbenfabrik. (l. c.). Zerr und Rübencamp, Handb. d. Farbenfabrik. II. Aufl., S. 328 und Beck, Chem. Ind. **30**, Nr. 12 und 13; 1907.

[2]) Vgl. V. M. Goldschmidt (l. c.).

gestellte Lithopon liefert Zinkoxychlorid. Dieser Bestandteil beeinflußt die Wetterbeständigkeit der Öllithopone ungünstig durch Erleichterung der Bildung von Zinksulfat.

Die Lithopone haben, wenn sie aus reinen Materialien (Entfernung des Cadmiums) hergestellt sind, reinen weißen Ton als Kammerbleiweiß, sind ungiftig und unempfindlich gegen Schwefelwasserstoff. In Öl angerieben, erreichen sie die Deckfähigkeit des französischen Bleiweiß[1]). Manche Sorten sind nicht rein weiß, sondern graulich oder gelblich und enthalten dann Kohle, Eisen, Tonerde oder Cadmiumoxyd, Blei, Thallium als Verunreinigungen.

Der wertvollste und deckendste Bestandteil dieser Farbstoffe ist das wasserfreie Schwefelzink. Sie werden daher nach dem Gehalte an diesem gehandelt (Kochs und Seyfert, Zeitschr. f. angew. Chem. **15**, 802; 1902. Bei Lithopon ist wie beim Zinkweiß die Siegelbezeichnung eingeführt. Doch bezieht sich diese hier nicht auf rein physikalische Qualitätsunterschiede, sondern auf solche im Prozentgehalte an Zinksulfid, welcher der Wertmaßstab ist. Jedem Siegel entspricht also innerhalb bestimmter Grenzen (ca. $\pm$ 1%) ein bestimmter Gehalt an ZnS.

Lithopon	Grünsiegel	enthält	ca.	33%	ZnS
,,	Rotsiegel	,,	,,	30%	,,
,,	Weißsiegel	,,	,,	26%	,,
,,	Blausiegel	,,	,,	22%	,,
,,	Gelbsiegel	,,	,,	15%	,,

Es scheint indessen die Siegelung vielfach eine willkürliche zu sein, da ein Fabrikat von 30% ZnS von der einen Fabrik als Rotsiegel, von einer anderen als Grünsiegel bezeichnet wird. Daher ist auch hier die Aufstellung von Normen erwünscht. Naturgemäß sind die verschiedenen Marken von Lithopon wegen der ungleichen Mengenverhältnisse der beiden Bestandteile von ungleicher Deckfähigkeit.

Analyse. Bei der Analyse von Lithoponen kommen neben den Hauptbestandteilen Schwefelzink und Bariumsulfat auch durch die Art der Fabrikation bedingte Nebenbestandteile wie Zinkoxyd bzw. Zinkcarbonat, Zinkoxychlorid, Zinkoxysulfat und Zinksulfat vor, ferner Bariumcarbonat und Schwefelbarium (vgl. Wolff, Farbenztg. **15**, 1859; 1910). Als technische Verunreinigungen finden sich Kupfer, Cadmium, Blei, Thallium; Nickel, Kobalt, Eisenoxyd, Mangan, Tonerde, Kalk, Magnesia und Kohle. Der quantitativen Analyse hat die Prüfung auf die genannten Bestandteile vorauszugehen. (Vgl. auch Coffignier, Chem.-Ztg. **26**, Rep. 229, 297; 1902.) Die Mengen dieser Fremdmetalle in Handelslithoponen sind zwar gering, aber mit den üblichen Hilfsmitteln leicht nachweisbar. Der bisherige Mangel ihres genauen Nachweises hat die Erkennung der Ursachen der Lichtunechtheit der Lithopone gehindert. Es sind nicht in allen Handelslithoponen alle aufgeführten Fremdmetalle vorhanden. Am häufigsten

[1]) Vgl. Sacher, Farbenztg. **15**, 1543; 1910 und **16**, 542; 1911 sowie Meister, ebenda **15**, 1652, 1910.

sind: Eisen, Nickel, Kobalt und Mangan; häufig Blei und Cadmium; seltener Kupfer und Thallium. Letzteres ist nach Entfernung des Bleies auf Zusatz von schwefliger Säure als Jodid nachweisbar; Nickel mittels Dimethylglyxoim, Kobalt mit Nitrosonaphtol.

I. Zinkbestimmung (vgl. Bd. I, S. 729 und Bd. II, S. 462 ff.). a) Gewichtsanalytisch. Nach Drawe (Zeitschr. f. angew. Chem. **15**, 174, 229, 297; 1902) bestimmt man zunächst die Gesamtmenge des als Sulfid, Oxyd, Oxysulfid usw. vorhandenen Zinks in folgender Weise: 1—$1^1/_2$ g der fein zerriebenen Probe werden in einem ca. 200 ccm fassenden Becherglase abgewogen, mit 10 ccm Salzsäure (spez. Gewicht 1,19) angerührt und mit einer Messerspitze chlorsauren Kaliums versetzt; dann wird auf einem kochenden Wasserbad etwa die Hälfte der Salzsäure abgeraucht, die Lösung darauf mit heißem Wasser verdünnt, mit etwas verdünnter Schwefelsäure versetzt (um die Unlöslichkeit der Bariumsalze zu erhöhen), darauf mittels Dekantation durch ein Filter vom Rückstande getrennt und bis zum Verschwinden der sauren Reaktion ausgewaschen. Das Filtrat wird in einer Porzellanschale von ca. 500 ccm Inhalt, über welcher ein umgekehrter Trichter befestigt ist, zum Sieden erhitzt und durch tropfenweisen Zusatz von Sodalösung zunächst die Säure neutralisiert, dann das Zink als Carbonat gefällt. Durch Abfiltrieren, Auswaschen und Glühen bestimmt man das Zink als Oxyd.

Die Ermittlung des als Sulfid vorhandenen Zinks geschieht nach Entfernung des Zinkoxyds bzw. -carbonates durch $1^1/_2$stündiges Digerieren von 1—$1^1/_2$ g Lithopon mit 1 proz. Essigsäure bei Zimmertemperatur, Auflösen des erhaltenen Rückstandes wie oben und Bestimmung des Zinks als Oxyd. Aus der Differenz der ersten und zweiten Zinkbestimmung erhält man die Menge des Zinkoxyds bzw. -carbonats oder des als Oxydsalz vorhandenen Zinks. Dann folgt eine Kohlensäurebestimmung nach bekannten Methoden.

Kochs und Seyfert (Zeitschr. f. angew. Chem. **15**, 802; 1902) bestimmen das Zink durch Fällung mit Schwefelammon. 5 g Lithopon werden in einem $^1/_2$-Literkolben mit 100 ccm Salzsäure (spez. Gew. 1,12) erhitzt, bis der Schwefelwasserstoff verjagt ist; nach dem Erkalten füllt man zur Marke auf und fällt 100 ccm des Filtrats in ammoniakalischer Lösung mit Schwefelammon oder Schwefelnatrium bei 50 bis 70° und wägt als ZnO. Zeigt sich beim Zusatz des Ammoniaks ein Niederschlag von Eisen oder Tonerde, so löst man das gewogene ZnO in Salzsäure und bestimmt in der Lösung diese Verunreinigungen.

Die in Essigsäure löslichen Zinkverbindungen werden bestimmt, indem 5 g Lithopon in einem $^1/_4$-Literkolben mit 100 ccm verdünnter 5 proz. Essigsäure bei gewöhnlicher Temperatur längere Zeit digeriert werden. Dann wird zur Marke aufgefüllt, durch ein doppeltes Filter gegeben und in 200 ccm das Zink gefällt.

In wenigen Sorten Lithopon konnten bis zu 12% Zinkoxyd bzw. -carbonat nachgewiesen werden. Als normal gelten Gehalte bis zu 2%.

b) Maßanalytisch. Nach Amsel (Farbenztg. **8**, 42; 1902) 50 bis 75 ccm der salzsauren, vom Bariumsulfat abfiltrierten Lösung werden mit 1 ccm 10 proz. Eisenchlorid und 20 ccm einer 40 proz. Lösung von neutralem weinsauren Kali versetzt; dann wird mit Ammoniak neutralisiert und gekocht. Wenn die Lösung nicht klar ist, gibt man noch Ammoniak hinzu. Hierauf wird die Lösung so lange mit einer eingestellten Calciumferrocyanidlösung versetzt, bis alles Zink ausgefällt ist, was daran erkannt wird, daß ein Tropfen auf einer weißen Porzellanplatte mit einem Tropfen konz. Essigsäure versetzt eine sofortige Blaufärbung (Berlinerblau) zeigt. Das Zinkoxyd bzw. -carbonat bestimmt Amsel wie oben durch Extrahieren mit 5 proz. Essigsäure.

II. Bestimmung des Zinksulfids aus dem Sulfidschwefel. a) Gewichtsanalytisch. Diese Bestimmung führt Pooth (Farbenzeitung **14**, 1986; 1909) nach Jannasch durch Erhitzen des Lithopons im Bromdampf und Auffangen des gebildeten Bromschwefels in verdünnter Salzsäure aus. Das Brom wird durch einen Kohlendioxydstrom über das in einem Schiffchen im Glasrohr befindliche Lithopon geleitet.

Bei Anwesenheit von Bariumsulfid, das im Lithopon äußerst selten vorkommt, empfiehlt Sacher (Farbenztg. **15**, 1810; 1910), die Probe vor der Bestimmung des dem Zinksulfid zugehörigen Schwefels mit Wasser zu extrahieren. Sacher (l. c.) wendet zur Bestimmung des Sulfidschwefels die Methode von Harding (Ber. **14**, 2085; 1881) und Treadwell (Ber. **25**, 2377; 1892) an, deren Prinzip auf der vollständigen Überführbarkeit von Sulfidschwefel durch konz. Salzsäure und Zinn in Schwefelwasserstoff beruht, der in ammoniakalischer Wasserstoffsuperoxydlösung zu Schwefelsäure oxydiert wird. Der angewendete Apparat besteht aus einem zylindrischen Glasgefäß von ca. 20 cm Länge und 2 cm Weite, das durch einen mit Zweiwegehahn, einem Gaszuleitungs- und -ableitungsrohr und einer Trichterröhre versehenen Glasstopfen luftdicht verschließbar ist. Hieran schließt sich die Absorptionsröhre mit ammoniakalischem Wasserstoffsuperoxyd (Perhydrol). Bei der Ausführung der Bestimmung bringt man 1—2 g reinstes Zinn in den Apparat, dann die in Stanniol verpackte Einwage (0,5—1 g) und darüber noch eine Schicht Zinn, füllt durch den Trichter konz. Salzsäure ein, schließt das Gefäß durch Drehen des Hahns und erhitzt zum Kochen der Salzsäure im Ölbad. Wenn das Zinn gelöst ist, verbindet man das Zersetzungsgefäß mit einem Wasserstoffapparat und leitet die letzten Reste des Schwefelwasserstoffs in das Absorptionsgefäß. Das dort gebildete Ammoniumsulfat wird mit Bariumchlorid gefällt.

Zur Bestimmung des Bariumsulfates im Rückstande gibt Sacher eine Korrektur an, da die Ergebnisse infolge teilweiser Lösung desselben in der Zinnchlorürsalzsäure um ca. 0,7% zu niedrig ausfallen, indem er den Inhalt des Zersetzungsgefäßes mit Wasser auf 300 ccm verdünnt, mit einigen Kubikzentimetern einer 10 proz. Bariumchloridlösung versetzt, aufkocht und längere Zeit in der Kälte stehen läßt. (Vgl. Chem.-Ztg. **33**, 941; 1909.)

b) Maßanalytisch. Wolff (Farbenztg. **15**, 1859; 1910) weist zunächst auf die Fehlerquellen der Differenzmethode der Bestimmung des Gehaltes an Zink, sodann auf die Unbequemlichkeit der Zinkfällungen als Sulfid und Carbonat hin. In letzterem Falle wird, sobald Kalk zugegen ist (bei Lithopon Gelbsiegel), dieser mit dem Zink gefällt.

Wolff empfiehlt daher die Fällung des letzteren mit Schwefelwasserstoff aus schwach saurer Lösung. Hiergegen haben die auf Oxydation des Sulfidschwefels beruhenden Methoden den Vorteil der direkten Methode. Immerhin hätten auch diese den Nachteil, bei Anwesenheit von Sulfaten (Zinksulfat, Gips usw.) die Bestimmung der in der Bindungsform vorhandenen Schwefelsäure notwendig zu machen, und werden dadurch zu indirekten. Diesen Nachteilen werde durch die maßanalytische Methode auf jodometrischem Wege begegnet. Wolff entfernt etwa vorhandenes Bariumsulfid durch Kochen der abgewogenen Probe mit 2proz. Essigsäure. Das so behandelte Lithopon wird in einem 200-ccm-Kölbchen, das mit Hahntrichter und Ableitungsrohr versehen ist, mit $^1/_2$ bis 1 g Soda gemischt und durch den Trichter Salzsäure gegeben. Das entwickelte Kohlendioxyd verdrängt die Luft und verhindert die Oxydation des Schwefelwasserstoffs. Durch Kochen wird dieser in die Vorlagen zweier Peligotröhren getrieben, die 50 bzw. 2—3 ccm $^n/_{10}$-Jodlösung enthalten. Nach Vereinigung beider Lösungen wird mit $^n/_{10}$-Thiosulfatlösung zurücktitriert. 1 ccm verbrauchter Jodlösung entspricht 4,872 mg Zinksulfid. Bei Kontrollbestimmungen oder, falls man den Gehalt der Probe an Zinksulfid ungefähr kennt, schon bei der ersten Bestimmung, verteilt man die 50 ccm Jodlösung, statt sie nur in die Peligotröhren zu geben, im Entwicklungskolben und in diesen derart, daß etwa $^9/_{10}$ des Schwefelwasserstoffs schon im Momente der Entstehung zersetzt werden. Man arbeitet mit einem großen Überschuß an Jod (bei Lithopon Rotsiegel 0,3—0,4 g).

Diese Methode hat den Vorteil der schnellen Ausführbarkeit und gibt nach Wolff sicherere Resultate als die der doppelten Zinkbestimmung, besonders bei Anwesenheit von Zinkoxychlorid, das auch von 5proz. Essigsäure nicht restlos gelöst wird, sondern erst beim Kochen mit 10—15proz. Säure. In diesem Falle, und wenn Oxysulfate vorhanden sind, ergibt nach Wolff die Methode der doppelten Zinkbestimmung bis zu 2% zu niedrige Werte.

Um ein richtiges Bild von der Zusammensetzung des Lithopon und besonders der Verteilung des Zinks als Sulfid und Oxyd zu erhalten, verfährt man nach Wolff bei der qualitativen Analyse derart, daß man die Substanz nacheinander mit kalter, dann mit heißer 3proz. Essigsäure, hierauf mit heißer 10proz. Essigsäure und schließlich mit Salzsäure behandelt.

III. Das Bariumsulfat wird direkt durch Wägung des bei der Zersetzung des Lithopons mit Salzsäure erhaltenen Rückstandes bestimmt, evtl. unter Berücksichtigung der teilweisen Löslichkeit in dieser (Wolff). Außerdem ist die Bestimmung des Wassergehaltes auszuführen, der nicht mehr als 0,2—0,3% betragen soll.

Lichtechtheit. Die Frage der Lichtechtheit des künstlichen Schwefelzinks und Lithopons gewinnt nach den über die Wirkung des Zinkweiß auf Farbstoffe im Lichte gemachten Beobachtungen besondere praktische Bedeutung. Handelslithopone schwärzen sich oder vergrauen im Lichte, wie schon Phipson im Jahre 1880 beobachtete. Die Reaktion ist umkehrbar und findet unter Glas schwächer statt. Sie ist also teilweise durch ultraviolette Strahlen verursacht (vgl. dagegen Lehmann, Molekularphysik, 1888, I, 240). Als Träger der Lichtunechtheit des Lithopons wurden teils vorhandene Zinkionen oder andere Salze (Alberti, Steinau, Ostwald und Brauer), teils Zinksulfid, sofern es wasserhaltig ist (de Stucklé), teils Zinkoxyd und basische Zinksalze betrachtet. Nach Ostwald verhält sich die Graufärbung des Lithopon so, als ob sie von fein verteiltem metallischen Zink herrührte (Church-Ostwald, 147). Es waren zahlreiche Verfahren zur Beseitigung der Lichtunechtheit der Handelslithopone in Anwendung, ehe die Ursachen einwandfrei festgestellt waren. Teils suchte man diesen Effekt durch Zusätze zum Fertigfabrikat, teils durch Ausschluß gewisser Nebenbestandteile, oder Ausgangsmaterialien, wie von Chlorverbindungen zu erzielen. Nicht durch diese Zusätze oder sonstigen Maßnahmen, sondern durch Verbesserung der Reinigungsverfahren, der Zinkrohlaugen gelang es im Laufe der Zeit, die Lichtunechtheit der Handelslithopone so zu verringern, daß der Effekt meist nur mehr im Vergrauen oder Verbräunen besteht. Auch gibt es schon fast lichtechte Sorten.

Nach Untersuchungen von Eibner liegt die Ursache der Lichtunechtheit von Lithoponen in der chemischen Umsetzung derjenigen Schwermetallfremdbestandteile mit Schwefelzink unter Lichtwirkung, die zu schwarzen oder dunkel gefärbten Schwefelverbindungen führen. Diese Fremdmetalle sind: Blei, Thallium, Nickel, Kobalt, Eisen, Mangan. Erstere verursachen Vergrauen, letzteres Verbräunen. Cadmium und Arsen verursachen Gelbfärbung; Antimon, Thallium als Oxydulsalz, Rotfärbung. Es handelt sich also um einen Spezialfall von Unverträglichkeit einer weißen Metallschwefelverbindung mit anderen Schwermetallverbindungen, der durch Lichtwirkung zum Eintritt gelangt. Es wurde ein Verfahren der Reinigung der Zinkrohlaugen, und zwar auch von Chloridlaugen von allen fremden Schwermetallverbindungen ausgearbeitet. Aus solchen Laugen hergestellte Lithopone sind absolut lichtecht, auch wenn sie Chlor enthalten. Also ist dieses nicht die Ursache der Lichtunechtheit der Lithopone. Chlor verstärkt sie aber, wenn die schädlichen Fremdmetalle vorhanden sind (DRP. 324 646). Die zur Verdunkelung der Lithopone führende Bildung dunkel gefärbter Sulfide ist naturgemäß eine Oberflächenreaktion. Es können diese Sulfide durch Lichtwirkung oxydiert werden. Dadurch geht die Verdunkelung zurück. (Umkehrbare Lichtwirkung.) Eibner: Lichtwirkungen auf Malerfarbstoffe. V. Ursachen und Beseitigung der Lichtunechtheit der Lithopone: Chem. Ztg. 47, 13; 1923.

Verhalten in Mischung mit bleihaltigen Farbstoffen. Die Beständigkeit der Lithoponsorten gegen Bleiweiß steht nach obigem in Frage; doch scheint sie auch von ihrer Qualität abzuhängen. Ein Gemenge von Lithopon Grünsiegel und bleizuckerfreiem Bleiweiß änderte, in Wasser angeschlämmt, innerhalb 2 Jahren den Ton nicht, während ein anderes, eine schlechtere Sorte enthaltendes Gemenge in 14 Monaten an der dem Lichte zugewendeten Seite schwarzfleckig geworden war. Es trat also auch hier keine chemische Wechselwirkung im eigentlichen Sinne ein, sondern eine durch Lichtwirkung örtlich begrenzte und beschleunigte. Bei Belichtung heller Ausmischungen von Lithopon Grünsiegel mit Teerfarbstoffen wurde beobachtet, daß diese die Lichtechtheit derselben nicht wie das Zinkweiß beeinträchtigen, sondern wahrscheinlich ebensowenig herabsetzen wie Kreide, Spat und Bleiweiß. Dagegen wurde wiederholt Vergrauen derartiger Mischungen mit Lithopon Grünsiegel bemerkt. Hier lag also lichtunechtes Lithopon vor.

Sulfopon von Steinau (DRP. 74 591) wird erhalten durch Fällen einer Schwefelcalciumlösung mit Zinksulfat bei 44° C und Erhitzen des entstandenen Gemenges von Zinksulfid und Calciumsulfat auf 250 bis 300°. Seit einigen Jahren werden weiße Farben aus künstlich hergestelltem Schwefelzink dargestellt. Nach Meyer in Lyon DRP. 192 531 ist dieses noch deckender als Bleiweiß. Er fand, daß bei Gegenwart von Bleisalz (ca. 2%) das Eisen in Zinklaugen durch Schwefelwasserstoff zusammen mit dem Blei ausfällt, und man so reine Zinklösungen zur Fällung mit H_2S erhalten kann. Das gefällte Schwefelzink wird dann entwässert. Ein sehr fein verteiltes und daher gut deckendes Schwefelzink gewinnt de Stücklé nach DRP. 167 172 durch Umsatz von metallischem Zink und Ätzbaryt oder durch Fällung des ZnS an der negativen Elektrode eines elektrolytischen Bades. (Vgl. DRP. 167 498 und DRP. 171 872.)

Titanweiß.

Literatur: Dr. Rose, Die Mineralfarben; Leipzig 1916; Farbenztg. **27**, 3017; 1922. — E. O. Rosner, Titanfarben; Techn. Mitt. f. Malerei **39**, H. 4; 1923. — Diese Bleiweißersatzfarbe gelangte in neuester Zeit über Amerika, Norwegen und Dänemark in Deutschland zur technischen Beurteilung. Die ersten Versuche über Verwendbarkeit von Titanerzen zur Herstellung von Farbstoffen unternahm John Overton im Jahre 1870 in Louisville, U. S. A. In Norwegen wurden sie von Iebsen und Farup angestellt. Als Ausgangsmaterial diente Ilmenit. In Amerika wurden die Versuche später von Barton und Rossi fortgesetzt. Sie veranlaßten weitgehende Klärung über die physikalischen Grundlagen der Deckfähigkeit. (Vgl. V. M. Goldschmidt, Christiania, l. c.) In Norwegen entstand die Titan Co. A. S., Kristiania; in Amerika die „Titanium Alloy Manufacturing Co. Inc.“ und die „Titanium Pigment Co. Inc.“. Die Fabrikation von Titanweiß nach DRP. 312 090, Kl. 22f, Gr. 7, 1917 der Titan Co. A. S., Kristiania, gründet sich auf die Ermittlung, daß amorphes Titandioxyd oder Titandioxydhydrat durch Erhitzen auf 900—1000° unter Erhaltung der äußeren Teilchenform eine innere Krystallisation erfährt, welche das Deckvermögen erhöht. Nach dem zweiten Anspruch wird die Calcination unter Zusatz von Sulfaten der Erdalkalien ausgeführt.

Ein in Deutschland noch wenig bekanntes Bleiweißersatzmittel wird seit wenigen Jahren von der Titanium Alloy Mfg. Co. in New York, von der Titan Co. in Frederikstad und von der Norske Aktieselskab for Elektrokemisk Industri Norsk Industri-Hypotekbank in Kristiania aus Titanerzen hergestellt. Das Titanweiß, Metatitansäure $(TiO(OH)_2$ wird nach DRP. 300 898 (1916), 310 304, 310 502 (1917); engl. Pat. 104 885, 108 850 hergestellt. Die Möglichkeit der Verwendung des Titanweiß an Stelle von Bleiweiß ist durch sein hohes Lichtbrechungsvermögen gegeben. Nach Goldschmidt (l. c.) ist das des Anatas 2,52, des Grookites 2,64, des Rutils 2,71, also das Brechungsvermögen des Bleiweiß „Schwefelzinks“ übersteigend. Eine dem Zinkweiß (vgl. Zinkweißunechtheit bunter Farbstoffe, S. 755) ähnliche Eigenschaft der Titansäure, farbenzerstörende Einflüsse zu üben, soll nach dem DRP.

303 458 (1916) der Norske Aktieselskab for Elektrokemisk Industri in Kristiania beseitigt sein (vgl. Dyes, Über Titan und Titanweiß. Chem. Ztg. 42, 356. 1918).

Nach DRP. 326 813, 1918 der Titan Co., Kristiania, werden basische Titansalze mit einer zur Bindung der Säure (SO_3) genügenden Menge Calcium-Baryum- oder Strontiumcarbonat versetzt und das erhaltene Produkt calciniert. Die derart hergestellten Farben erreichen das Lichtbrechungsvermögen des natürlichen Rutils zu 2,71. Das Herstellungsprinzip dieser Träger- oder Kompositionstitanfarben, welche hauptsächlich im Handel vorkommen, ist also im wesentlichen das der Lithoponefabrikation: Erzielung von Lichtbrechungsdifferenzen der Farbbestandteile gegeneinander. Inwieweit hier Verschnitt vorkommt, soll durch Aufstellung von Standardtitanfarben und Bekanntgabe deren chemischer und physikalischer Konstanten u. a. der Deckzahl festgelegt werden. In den Titanerzen scheint die Natur das Verfahren der Erhöhung der Deckfähigkeit durch Erzielung von Brechungsdifferenzen zwischen zwei festen Stoffen vorgebildet zu haben. Die Tabellen von Goldschmidt, S. 738, zeigen, daß die Titansäure (TiO_2) an sich schon ein höheres Lichtbrechungsvermögen aufweist als Bleiweiß (2,23 gegen 2,04), sowie daß die Modifikationen Anatas, Brookit und Rutil noch höheres haben als gefällte Titansäure (2,52 bis 2,71). Dabei ist das spez. Gewicht letzterer nur 4,2 gegen das des Bleiweiß zu 6,9 bis 7,6. Demnach ist bei weißen und hellen Farben nicht das spez. Gewicht, sondern das Lichtbrechungsvermögen bestimmend für die Deckwirkung. Außerdem wird sie bei den Titanfarben noch durch die Doppelbrechung erhöht sowie durch das eben erwähnte Darstellungsprinzip.

Praktische Versuche über Deckwirkung und Wetterbeständigkeit von Titanweiß als Ölfarbe wurden in Amerika von Gardner unternommen. Es ergab sich, daß Zusatz von Zinkweiß die Aufstriche härter macht. Reine Titansäure liefert in der Tat weiche Ölfarbenfilme, weil sie katalytische Wirkung auf das Öl nicht ausübt. Über die Deckwirkung liegen Versuche von Dr. Pfund vor. Das Verfahren mißt ähnlich dem P. Beckschen die Dicke einer Farbschicht, die zur Herstellung eines bestimmten Undurchsichtigkeitsgrades erforderlich ist. Bei Anwendung gleicher Volumina der Farbstoffe ergaben sich folgende Deckzahlen: Extra Titanweiß 140; Standard Titanweiß 100; Bleiweiß 88; Zinkweiß 77; Lithopon 66; bas. Bleisulfat 58. In der Versuchsanstalt geprüfte Titanweißfabrikate aus Dänemark und ein in Deutschland am Markte befindliches ergaben nach dem Verfahren des mehrmaligen Aufstriches bis zur erreichten Deckwirkung und bei Anwendung gleicher Volumina der trockenen Farbstoffe, gemessen mit dem Sulfurimeter von Chancel bis zu dreifache Deckfähigkeit des Kammerbleiweiß. Dagegen war das Porenvolumen des einen Fabrikates doppelt so groß wie von Bleiweiß und daher der Ölverbrauch etwa der dreifache. Deshalb und wegen fehlender katalytischer Wirkung der Titansäure ist die Trockendauer der Titanölfarbe länger als bei Bleiweiß gleicher Streichbarkeit. Die Teilchengröße ist geringer als bei diesem und höher als bei Zinkweiß. Dagegen fallen Ungiftigkeit und Unempfindlichkeit des

Titanweiß als Vorteile gegen Bleiweiß ins Gewicht. Der entscheidende ist die hohe Deckfähigkeit. Auch das Vergilben fördert die Titansäure nicht.

In der Versuchsanstalt f. Maltechnik in München wurde festgestellt, daß die Titansäure selbst sowie die Handelstitanweiße in beträchtlich stärkerem Grade die Eigenschaft des Zinkweiß zeigen, in Mischung mit einigen anorganischen, besonders aber mit organischen Farbstoffen deren Lichtbeständigkeit stark herabzusetzen, und zwar auch als Ölfarben. (Vgl. Zinkweißunechtheit, S. 755.) Besonders auffällige Beispiele sind folgende:

Helle Ausmischungen von Stahlblau 00 mit reiner Titansäure blaßten als Ölfarbenaufstriche unter Glas im Frühjahre im direkten Sonnenlichte schon in 2 Monaten auf etwa halbe Intensität aus. Dagegen blieben gleichtonige Ölfarbaufstriche von Stahlblau 00 mit Zinkweiß Weißsiegel nicht nur innerhalb gleicher Zeit, sondern 4 Jahre lang unverändert und waren erst nach 12 Jahren annähernd derart ausgebleicht, wie der Öltitanweißstahlblauaufstrich nach 2 Monaten. Wenn das Titanweiß derartige Eigenschaften sogar als Ölfarbe in größerem Umfange zeigt, so ist es zum Mischen mit bunten Farben unverwendbar. In Ostwaldschen Kennzahlen drückt sich der erwähnte Unterschied zwischen Titanweiß und Zinkweiß in folgender Weise aus:

	Kennzahlen			
	Farbton	Weißgehalt	Schwarzgehalt	
Stahlblau 00 und Titanweiß in Öl .	58	25	55	
Dasselbe Gemisch nach 2 monatl. Belichtung unter Glas	60	35	50	
Stahlblau 00 und Zinkweiß in Öl . .	63	50	70	gebleicht
Dasselbe Gemisch nach 2 monatl. Belichtung unter Glas	63	50	70	unverändert
Dasselbe Gemisch nach 4 jähr. Belichtung	63	50	70	unverändert
Dasselbe Gemisch nach 12 jähr. Belichtung	63	85	10	gebleicht

Titanweiß zerstört also sogar als Ölfarbe Cyaneisenblaue in äußerst kurzer Zeit; wogegen Zinkweiß sie in Öl jahrelang unverändert läßt. Am raschesten bleicht Titanweiß Wasserfarben mit organischen Farbstoffen. Folgende Kennzahlen zeigen diese außerordentlich starke zerstörende Wirkung:

	Kennzahlen		
	Farbton	Weißgehalt	Schwarzgehalt
Sitararechtrot + TiO_2	24	30	25
nach $^1/_2$ monatl. Belichtung	24	95	05
Synthet-Indigo + TiO_2	53	30	55
nach $^1/_2$ monatl. Belichtung	53	70	05

Über Verwendung von Titansäure ohne oder mit gefärbten Metalloxyden als Scharffeuerfarben vgl. Muthmann u. Heramhof: Ann. **358**, 162.

Qualitative Analyse: Eine Probe Titanweiß wird mit saurem schwefelsaurem Kali aufgeschlossen, die Schmelze mit kochendem Wasser erschöpft und vom Rückstand abfiltriert. Das Filtrat liefert auf Zusatz von Wasserstoffsuperoxyd die Titansäurereaktion durch Gelbfärbung von entstandener TiO_3. Das Filtrat kann außer Titansulfat noch Zinksulfat und Aluminiumsulfat enthalten. Eisen soll abwesend sein. Der Rückstand enthält $BaSO_4$, wenn das Titanweiß nicht auf Tonerde gefällt ist.

Nach den norwegischen Genossenschaftsnormen für Titanweiß soll dieses außer Titansäure nur $BaSO_4$ und Zinkweiß, sowie weniger als 5 v. H. an Calciumverbindungen enthalten; aber weder Blei noch Sulfide oder Kreide. Mit verdünnter Salzsäure behandelt darf Titanweiß Standard A kein Brausen geben und nur einen Höchstgewichtsverlust von 30 v. H. ergeben, wovon 24 v. H. Zinkweiß. Die Ware darf nicht mehr als 1 v. H. Feuchtigkeit enthalten. (Mitteilung von Herrn J. S. Aabye, Vorstand der Garverforenigen i Danmark Forsogsstationen, Kopenhagen.) Das Standard-Titanweiß A enthält 25—35 v. H. TiO_2, 25 v. H. ZnO, 40—45 v. H. Blanc fixe und etwas Kalk.

Bestimmung der Titansäure nach Gaogh: (Treadwell, Quant. Anal. 1919, S. 99). Prinzip: Aus natriumacetathaltiger, stark essigsaurer Lösung von Titansäure und Tonerde wird durch Kochen ein basisches Titanacetat abgeschieden. Bei großen Mengen von Aluminium ist die Fällung zu wiederholen. In den Titanweißsorten, welche $BaSO_4$ enthalten, ist kein Aluminium, Mangan oder Eisen vorhanden. Es entfällt also hier die von Gooch angegebene Fällung des letzteren mit Schwefelwasserstoff bei Gegenwart von Weinsäure. Die Kaliumpyrosulfatschmelze wird daher erschöpfend ausgelaugt, der Lösung auf 110 ccm 7—10 ccm Eisessig zugesetzt und anhaltend gekocht. Der Niederschlag wird mit heißer 7proz. Essigsäure, dann mit heißem Wasser gewaschen, getrocknet, geglüht und gewogen (TiO_2). Titanweißfarben, welche Tonerde enthalten, werden nach diesem Verfahren sinngemäß analysiert.

Zirkonweiß.

Zirkondioxyd fand wegen seiner hohen Feuerbeständigkeit (Schmp. 2950—3000°) (Podzas, Zeitschr. f. angew. Chem. **30,** 17; 1917) und dem geringen thermischen Ausdehnungswert: 0,84 · 10, der nahe jenem des geschmolzenen Quarzes zu $0{,}7 \cdot 10^{-6}$ liegt, ähnlich wie dieser Verwendung zur Herstellung feuerfester Geräte. (Zirkontiegel der A. E. G. Berlin; Zirkonium Syndicate, London.) Wegen dieser Eigenschaften und dem hohen Lichtbrechungsvermögen wurde sodann Zirkondioxyd als Emailletrübungsmittel an Stelle von Zinnsäure verwendet. (Terrar der Chem. Metallurg. Ges. Oranienburg.) Wegen seiner Ungiftigkeit, Unveränderlichkeit im Schwefelwasserstoff und Deckfähigkeit wurde es ferner als Bleiweißersatzmittel vorgeschlagen (vgl. Weiß, Zeitschr. f. anorg. Chem. **65,** 178; 1909. Ruff, ebenda **82,** 373; 1913. Böhm, Die Verwendung der seltenen Erden; Leipzig 1913. L. Weiß, DRP. 235495, 1910: Herstellung weißer Farben und Lacke aus Zirkonoxyd, Zirkonsilicat, basischem Carbonat und Phosphat).

Bela Havas: DRP. 262009; 1912. Verfahren zur Herstellung von weißem, insbesondere eisenfreiem Zirkonweiß durch Hydrolyse löslicher Zirkonsalze oder Zirkoniate und Glühen des erhaltenen Hydroxydes oder basischen Zirkonsalzes.

Über Analyse von Zirkonverbindungen (vgl. Trautmann, Zeitschr. f. angew. Chem. **74**, 61; 1911. Weiß u. Trautmann, Zeitschr. f. anal. Chem. **51**, 304, 503; 1912. Thornton u. Hayden, Zeitschr. f. anorg. Chem. **56**, 377; 1914).

III. Graue Farbstoffe.

A. Natürliche: Schiefergrau, Steingrau, Silbergrau, Mineralgrau wird durch Vermahlen und Schlämmen des grauen Tonschiefers erhalten, der sich hauptsächlich in der Eifel, am Rhein usw. findet. Es ist ein feines gelblich oder rötlich graues Pulver, das wegen seiner Eigenschaft als Ölfarbe sehr hart einzutrocknen als Grundierfarbe (Saxogenfarben), zur Herstellung von Spachtelkitt und Ölkitt verwendet wird. Auch diese natürliche Farbe wird häufig durch ein Gemenge von weißem Ton, Schwarz, Ockern und Ultramarin nachgeahmt.

Zinksulfidgrau, Zinkblende, Galmeiweiß. Für gewerblichen Ölanstrich, besonders von eisernen Brücken usw., kommt seit längerer Zeit unter diesem Namen gepulverte derbe Zinkblende in den Handel. Auch diese Farbe wird künstlich zusammengestellt, indem u. a. Lithopon mit Kohleschwarz, Ultramarin und Ockern getönt wird, um den lichtgelblichgrauen Ton des natürlichen Zinksulfidgraus zu erreichen. Dieses ist von erstgenannten Präparaten leicht daran zu erkennen, daß es beim Behandeln mit heißer Salzsäure seinen Ton zunächst nicht merklich verändert, während er bei den Kunstprodukten infolge Zerstörung des Ultramarins sofort umschlägt. Im weiteren Verlaufe des Erhitzens löst sich das Naturprodukt unter starker Entwicklung von Schwefelwasserstoff völlig, oder unter Hinterlassung eines geringen Rückstandes von Kieselsäure auf, während im anderen Falle das mit Kohle gemengte Bariumsulfat hinterbleibt.

B. Künstliche: Zinkgrau. Mit diesem Namen bezeichnete man ursprünglich den bei der Verhüttung der Zinkerze entstehenden Zinkstaub, welcher gegen 98% metallisches Zink enthält. Er eignet sich wegen des harten Trocknens in Öl besonders als Anstrichfarbe auf Eisen und schützt auch das Eisen gut vor Rost. Diese relativ teure Farbe wird teilweise durch die grauen, durch Kohle gefärbten Zinkoxyde zu ersetzen gesucht, welche Abfallprodukte der Zinkweißfabrikation bilden. Sie kommen unter Namen wie Diamantgrau, Silbergrau, Platingrau im Handel vor, werden aber auch künstlich hergestellt, wie bei Zinksulfidgrau erwähnt. Die Unterscheidung dieser Produkte von echtem Zinkgrau ist schon durch das verschiedene spez. Gewicht möglich, andernfalls durch Bestimmung des Zinkgehaltes bzw. den Nachweis eines in Säuren unlöslichen Rückstandes.

IV. Gelbe Farbstoffe.

Die gelben Ocker.

Beinamen: Ocker, gelbe Erde, Amberger Erde, Oxydgelb, Chinesisch Gelb, Chamoix.

Die typischen natürlichen Ockerarten sind Verwitterungsprodukte eisenhaltiger Urgesteine, deren einer Bestandteil Feldspat ist. Dieser wird durch den Verwitterungsprozeß zu Ton aufgeschlossen. Die Ocker sind also durch Eisenoxydhydrate gefärbte Tone und gehören demnach zu den natürlichen Trägerfarben. Doch gibt es vereinzelt gelbe Erden, die keinen Ton oder nur Spuren davon enthalten, wie die Oberebersbacher Ocker, ocre de ru (Steinocker) usw. Die Färbung der Ocker hängt von der Menge der enthaltenen Eisenoxydhydrate bzw. geringen Mengen von Manganoxyden (Dunkelocker, Rehbraune) ab. Man hat die typischen Ocker von den Sienaerden zu unterscheiden. Erstere sind infolge starken Tongehaltes mehr oder minder deckend, letztere sind wegen Fehlens oder geringen Gehaltes an Ton und hohen Wassergehaltes des färbenden Prinzipes Lasurfarben und werden fälschlich zu den Ockern gezählt. Die Deckfähigkeit der natürlichen und auch der künstlichen Ocker (s. Marsgelb, S. 771) ist außerdem abhängig von dem Wassergehalte der vorhandenen Eisenoxydhydrate. Diese kommen in der Natur nicht ausschließlich als Orthohydrat $Fe_2O_3 + 3\,H_2O$ vor, das die höchste Lasurfähigkeit besitzt[1]). Die Farbe der Ocker variiert je nach der Menge des Tones und dem Wassergehalt des Eisenoxydhydrats sowie der Beimengungen an Manganoxyden vom hellsten Gelb, Goldgelb bis Braungelb (Lichtocker, Goldocker, Satinober, Mittelocker, Dunkelocker, Bronzeocker, Braunocker, Rehbraune).

Auf die Ocker sind die Reinheitsbegriffe, wie sie bei den künstlichen mineralischen Grundfarben Anwendung finden, nicht auszudehnen, da sie ausschließlich der erwähnten Ausnahmen wechselnde Gemische der färbenden Bestandteile mit dem Farbträger sind. Demgemäß beschränkt sich die chemische Analyse hier auf die Angabe der Gemengteile, und hat die Angabe der quantitativen Zusammensetzung nur in Vergleichsfällen Wert.

Nicht alle Ocker, besonders jene für Anstrichzwecke, kommen im „naturechten“ Zustande in den Handel. Besonders die bräunlicheren Sorten werden durch Zugabe von weißen Stoffen, wie Spat, Kreide, Blanc fixe, Lithopone heller bzw. mit Chromgelb usw. brillanter gefärbt[2]). Letztere Ocker sind, falls sie die Bezeichnung „Chromocker“[3]) tragen, hinreichend gekennzeichnet. Sie eignen sich infolge der Erhöhung ihrer natürlichen Trockenfähigkeit als Ölfarben besonders als rasch trocknende Fußbodenfarben.

Die Korngrößen der geschlemmten Ocker, auch deutscher, sind bemerkenswert gering. Bis $100\% < 1\,\mu$.

---

[1]) Vgl. Limonit $2\,Fe_2O_3 + 3\,H_2O$; Xanthosiderit (Gelbeisenstein) $Fe_2O_3 + 2\,H_2O$; Goethit (Nadeleisernez) $Fe_2O_3 + H_2O$; Turgit $2\,Fe_2O_3 + H_2O$.

[2]) Vgl. Zerr und Rübenkamp, Handb. d. Farbenfabrik. S. 541.

[3]) Wiewohl der Name „Chromocker“ ursprünglich eine grüne Erdfarbe bezeichnete.

Analyse. Die qualitative Analyse der Ocker dient hauptsächlich zur Ermittlung der Anwesenheit von bituminösen Bestandteilen durch Erhitzen im Rohr, dann des Vorhandenseins basischer Sulfate bei der gleichen Probe durch Nachweis der sauren Reaktion des abgegebenen Wassers und zur Erkennung der Anwesenheit von Kreide beim Behandeln mit Salzsäure. Die Anwesenheit von Kreide in Ockern ist insofern nachteilig, weil sie dann im gebrannten Zustande als Ölfarben besonders für Anstrich im Freien wenig haltbar sind, weil der gebildete Ätzkalk mit dem Öle eine durch Wasser leicht zerlegbare Seife liefert, wodurch der Anstrich rasch zerstört wird. Als akzessorischer Bestandteil kommt in Ockern ausnahmsweise Baryt vor. Über Arsengehalte vgl. w. u. Durch den Brennprozeß geht die Farbe der Ocker infolge Bildung von Eisenoxyd in Rot über, das je nach dem Gehalt an Mangan verschieden getönt ist. Gleichzeitig wird hierdurch die Deck- und Trockenfähigkeit als Ölfarbe erhöht.

Sienaerden.

Terra di Siena, italienische Erde, Mahagonibraun, Acajoubraun.

Diese Erden unterscheiden sich von den typischen Ockern durch höheren Eisen- und Wassergehalt, sowie durch das Fehlen oder starke Zurücktreten des Tones, an dessen Stelle Kieselsäure tritt [1]). Dieser Verschiedenheit in der chemischen Zusammensetzung entsprechen physikalische und maltechnische Eigenschaften, wie tiefere Töne und ausgesprochene Lasurfähigkeit, wodurch sich die Sienaerden von den Ockern unterscheiden. Sie bilden gelbbraune bis dunkelbraune harte Stücke mit muscheligem Bruche. Zur Unterscheidung von Sienaerden und typischen Ockern im Pulver kocht man gleiche Mengen beider mit konz. Salzsäure bis zur Zersetzung, bringt mit Wasser auf gleiche Volumina und läßt absitzen. Die Sienaerden bilden dann dunkelgelbe bis braungelbe Lösungen mit relativ geringem, halb durchsichtigem, grauem gelatinösen Bodensatz (Kieselsäure); die Ocker geben hellgelbe Lösungen mit starkem, undurchsichtig weißem Bodensatz (Ton). Die Sienaerden zeigen bedeutend höhere Korngrößen als die Ocker. 40% zwischen 5 und 30 μ.

Mahagonibraun und Acajoubraun sind nach Gentele, Lehrbuch der Farbenfabr., III. Aufl. **1909**, Bd. I, 137 geglühte, naß gemahlene, in Stücke geformte und getrocknete Sienaerden. Acajoulack ist Acajoubraun, auf dem organische Farbstoffe niedergeschlagen sind.

Die Sienaerden werden meist in der Kunst- und Dekorationsmalerei als Lasurfarben, besonders für Holzlasierung verwendet. Durch Brennen werden sie wie die Ocker braunrot und stark deckend. Die Licht- und Luftbeständigkeit der Ocker und Sienaerden ist unbeschränkt, ebenso die Mischbarkeit.

---

[1]) Die im Tone den schönsten französischen und spanischen Ockern ebenbürtigen Oberebersbacher Ocker enthalten nur sehr geringe Mengen Kieselsäure und bestehen bis zu 97% aus Eisenoxydhydraten, wahrscheinlich Xanthosideriten.

Das Nachdunkeln der Ocker und besonders der ungebrannten Siena in Öl rührt wahrscheinlich von der spurenweisen Löslichkeit in fetten Ölen her; nach anderen Angaben von der allmählichen Abnahme des Wassergehaltes des Eisenoxydhydrates, wodurch dunkler gefärbte Partialhydrate entstehen. Die dunkel gefärbte Lösung tritt durch Kapillarwirkung nach einiger Zeit an die Oberfläche der Farbschicht (Durchschlagen). Die Ölunechtheit der Ocker und Sienaerden ist viel geringer als jene der Umbren, aber nicht bei allen Sorten gleichartig.

Die Verträglichkeit in Mischung mit anderen Farben ist unbeschränkt.

Untersuchung von Erdfarben auf Arsen.

Fischer (Arb. Kais. Ges.-A. **19**, 672; Chem. Zentralbl. **1903**, 1, 995) untersuchte Erdfarben auf Arsen und benützte hierfür das Verfahren von Mayrhofer, bei welcher das entwickelte AsH_3 in eine $^{n}/_{100}$-$AgNO_3$-Lösung geleitet und schließlich mit $^{n}/_{100}$-Rhodanlösung das nicht verbrauchte Silbersalz zurücktitriert wird. Von 27 dem Verkehr entnommenen Proben zeigten 13 im Marshschen Apparat keinen Arsenspiegel, 10 Proben einen ganz schwachen, durchsichtigen, der unter 0,01% As_2O_3 anzeigte, 4 Proben gaben einen starken, undurchsichtigen Arsenspiegel.

Künstliche Ocker.

Marsgelb, Eisengelb, Sideringelb.

Diese von Field erfundenen gelben Eisenfarben werden nach der einen Methode dargestellt, indem man Eisenvitriol in Wasser zu 8° Bé löst, die Lösung in Steintöpfen erwärmt und Zinkblechstreifen einlegt. Der sich abscheidende Niederschlag bildet nach dem Auswaschen und Trocknen ein hellgelbes ockerfarbiges, im Tone dem dunklen Neapelgelb ähnliches, außerordentlich zartes Pulver. Dunklere rostgelbe Sorten sollen durch Verwendung von Eisenchlorid an Stelle von Eisenvitriol erhalten werden. Nach dem anderen Verfahren fällt man eine aus gleichen Teilen Eisenvitriol und Alaun bestehende Lösung mit Soda[1]), wäscht den Tonerdeeisenniederschlag sorgfältig aus und trocknet bei mittleren Temperaturen. Diese Farbstoffe sind offenbar ebenfalls Partialhydrate des Eisenoxyds; daher ihre Deckwirkung. Durch Brennen erhält man künstliche Ocker, die unter dem Namen Marsorange, Marspurpur und Marsviolett bekannt sind. Die nach der ersterwähnten Methode hergestellten Farben sind zinkhaltig; die letzteren tonerdehaltig. Sie sind teurer als die natürlichen Ocker und werden fast nur als Künstler- und Porzellanfarben verwendet. Sie dürfen keine basischen Sulfate enthalten. Vgl. Rose, Die Mineralfarben, Leipzig **1916**, 221. Unter dem Namen Sideringelb kommt eine hellorangegelbe Farbe in den Handel, welche basisch chromsaures Eisenoxyd ist. Es wird von Mierzinski als besonders verwendbar zum Wasser-

[1]) Nach Mierzinski. Der Niederschlag muß, nach der Vorschrift hergestellt, Eisenoxydulhydrat enthalten und kann erst durch Oxydation an der Luft das Gelb liefern.

glasanstrich bezeichnet. Doch wird es meist als Porzellanfarbe angewendet, vgl. Rose, Die Mineralfarben 276.

Auripigment (As_2S_3).

Beinamen: Königsgelb, Rauschgelb, Operment.

Realgar (As_2S_2)

Beinamen: Roter Arsenik, Rauschrot, Rubinschwefel, Rotglas, Chinagelb, Spanischgelb, Persischgelb

sind zwei in der Natur vorkommende Schwefelverbindungen des Arsens, die auch beim Rösten arsen- und schwefelhaltiger Kiese als Nebenprodukte gewonnen werden und schon im frühen Mittelalter als Malerfarbstoffe Verwendung fanden. Es waren auch ihre Giftigkeit, Veränderlichkeit im Lichte und Unverträglichkeit mit kupferhaltigen Farben frühzeitig bekannt. Die Erkennung dieser Farbstoffe erfolgt leicht durch ihre Flüchtigkeit beim Erhitzen für sich, den Arsengeruch beim Erhitzen auf Kohle und den Arsennachweis nach Fresenius-Babo.

Neapelgelb.

Antimongelb, Parisergelb.

Zusammensetzung. Das Neapelgelb ist nach Rose, S. 308, im wesentlichen basisch pyroantimonsaures Blei $Pb_3(SbO_4)_2$ mit wechselnden Mengen von Bleioxyd oder freier Antimonsäure. Das neutrale Bleiantimoniat ist weiß und wird beim Erhitzen unter Übergang in das Pyroantimoniat gelb.

Im Handel befinden sich zwei Sorten: Eine helle und eine dunkle. Die Färbung des hellen Neapelgelb kann, wenn sie von überschüssigem Bleioxyd herrührt, durch Ausziehen mit verdünnter Salpetersäure vertieft werden. Neben dem Mischungsverhältnis der Bestandteile hängt der Ton des Neapelgelb auch von der angewendeten Temperatur ab und steht im umgekehrten Verhältnis dazu. Es hat, wie aus Obigem hervorgeht, keine konstante prozentische Zusammensetzung. Die helleren mit Zinkoxyd usw. hergestellten Sorten können als Substratfarbstoffe gelten, deren farbiger Hauptbestandteil Bleipyroantimoniat neben Bleioxyd ist. Außer Blei und Antimon findet man in allen echten Neapelgelben wechselnde Mengen von Chlor, das als basisches Chlorblei (Mineralgelb, Turners Patentgelb, Kasselergelb) vorhanden ist (vgl. Gentele, Lehrb. d. Farbenfabrikation, II. Aufl., 207). Dieses bildet hier keine künstliche Zutat oder Verfälschung. Es entsteht durch Umsetzung des Zuschlages Kochsalz mit den Bleiverbindungen, welche zur Darstellung der Farbe dienen.

Analyse. Zur Ermittlung und Bestimmung der Hauptbestandteile schmilzt man das Neapelgelb mit kalzinierter Soda und Schwefel und laugt die Schmelze aus. Der schwarze Rückstand enthält das Blei als Sulfid und event. Zink. Die gelbe Lösung besteht aus sulfantimonsaurem Natron, event. gemischt mit sulfozinnsaurem Natron. Das Blei wird nach Entfernung des Zinks als Sulfid nach Rose bestimmt; das Antimon als Pentasulfid; bei Anwesenheit von Zink elektrolytisch.

In seltenen Fällen kommen Verfälschungen des Neapelgelb mit Chromgelb oder Chromorange vor. Beim Erwärmen der Farbe mit Salzsäure entsteht dann eine grüne Lösung.

Seit langer Zeit wird besonders in England und Holland der Ton des echten Neapelgelb durch Mischungen aus orangefarbigem Cadmiumgelb mit Zinkweiß, seltener Bleiweiß, nachgeahmt und diese Mischfarbe unter der falschen Substanzbezeichnung Naples Yellow in den Handel gebracht. (Schützenberger, Die Farbstoffe, **1868**, 245; Church, l. c., 158.) Abgesehen von der Unzulässigkeit der Bezeichnung dieses Gemenges als Neapelgelb, ist seine Verwendung in der Kunstmalerei und besonders Aquarellmalerei wegen der erwähnten Eigenschaften des Zinkweiß zu widerraten.

Unter dem Namen Antimongelb kam früher ein mit Neapelgelb verwandter Farbstoff vor, der ein Gemenge der Oxychloride von Wismut und Blei mit Bleiantimoniat war. (Schützenberger, S. 246 und Church, S. 159; Rose, Mineralfarben, S. 310.)

Echtes Neapelgelb ist eine starke Deckfarbe, vollkommen wetterbeständig; also als Kalkfarbe verwendbar. Außerdem ist es glühbeständig, daher auch Porzellanfarbe. Dagegen ist es wie alle Bleifarbstoffe empfindlich gegen Schwefelwasserstoff; doch geht die Färbung durch Belichtung oder Behandlung mit Wasserstoffsuperoxyd wieder zurück. Neapelgelb wird wegen des relativ hohen Preises meist nur als Künstlerfarbe verwendet.

Lichtechtheit unbeschränkt. Verhalten in Mischung: Gemenge von Neapelgelb mit Zinkgelb, Barytgelb und Zinkgrün dunkeln nach einiger Zeit nach.

Kasselergelb.

Beinamen: Turners Gelb, Mineralgelb, Patentgelb, Parisergelb, Montpelliergelb, Englisches Gelb, Veronesergelb.

Kasselergelb ist basisches Chlorblei von wechselnder Zusammensetzung, häufig der Formel $PbCl_2 + 7\ PbO$ entsprechend. 10 Teile Mennige und 1 Teil Salmiak werden bis zum Schmelzen erhitzt, wobei sich auf dem Boden des Tiegels metallisches Blei abscheidet, während sich darüber das gelbe Bleioxyd-Chlorblei befindet. Für die Emailmalerei bereitet man sich ein tonerdehaltiges Kasselergelb, indem man gleiche Teile Bleiweiß, Salmiak und Alaun in einem Schmelztiegel erhitzt. Das Kasselergelb ist durch das Chromgelb schon fast ganz verdrängt.

Das häufig wechselnde Verhältnis des Chlorbleis zum Oxyd wird bestimmt, indem man den Farbstoff unter Vermeidung von Chlorentwicklung in verdünnter Salpetersäure und sehr viel warmem Wasser löst, mit Silbernitratlösung fällt und aus dem Chlorsilber das vorhandene Chlorblei berechnet.

Das Kasselergelb wird wegen seiner Lichtunbeständigkeit kaum mehr verwendet.

Mineralgelb oder Wolframgelb.

Dieses besteht aus freier Wolframsäure. Das Wolframgelb ist je nach der Art der Reinigung feurig citronengelb mit Stich ins Grünliche oder orangegelb. Es hat die Eigenschaft, im Lichte schwach zu vergrünen, was von dem Gehalte an Alkali herrühren soll. (Mierzinski, Handb. der Farbenfabrikation, **1898**, 1, 426.)

Bleiglätte und Massikot.

Beinamen für Glätte: Bleigelb, Goldglätte, Silberglätte, Königsgelb, Neugelb.

Das gelbe Bleioxyd wird in der Anstreicherei und Lackiererei als selbständige Farbe außer zur Herstellung von Spachtelgrund kaum mehr verwendet und dient als Massikot hauptsächlich als Ausgangsmaterial zur Darstellung der Mennige. Die Bleiglätte wird bei dem Silberverhüttungsprozeß als Nebenprodukt erhalten und ist verschieden vom Massikot, was schon durch die rötlichere Farbe erkennbar ist. Sie ist nach Zerr und Rübencamp als geschmolzenes und krystallinisches Bleioxyd zu betrachten, das erst durch Vermahlen in die pulverförmige Handelsform übergeführt werden muß. Bleiglätte ist zur Gewinnung der Mennige ungeeignet, da sie nur schwer weiter oxydiert werden kann. Die Namen Bleiglätte und Massikot bezeichnen also zwei verschiedene Handelsprodukte. (Näheres s. u. Mennige.) Die Herstellung aus Bleiweiß ist jetzt weniger üblich. Über Analyse der Bleiglätte vgl. Bd. II, S. 403.

Urangelb.

Dasselbe ist wasserhaltiges Natriumuranat von der Formel $Na_2U_2O_7 + 6\,H_2O$. (Roscoe - Schorlemmer, Ausführl. Lehrbuch d. Chemie **2**, 620.) Auf Zusatz von Natronlauge zur Lösung des Natriumdoppeluranates erhält man einen Niederschlag von dunklerer Farbe, der im Handel orangefarbiges Urangelb genannt wird und durch Glühen in wasserfreies dunkelorangefarbiges Urangelb übergeht. Die Uranfarben werden hauptsächlich in der Porzellanmalerei und zur Herstellung der Urangläser verwendet, welche durch grüne Fluoreszenz ausgezeichnet sind. Sie sind nicht genügend lichtecht.

Cadmiumgelbe und Cadmiumorange (Schwefelcadmium).

Cadmiumgelbe kommen im Handel in verschiedenen Tönen mit den Bezeichnungen Cadmium citron, hell, mittel, dunkel und orange, oder 0 bis 6 bzw. 1 bis 7 vor, wobei die niederste Ziffer den hellsten Ton bedeutet. Über Darstellung und chemische Zusammensetzung der Handelssorten von Cadmiumgelb finden sich auch in der neueren Literatur keine eindeutigen Angaben. Man findet vielfach die Behauptung, alle Sorten der auf nassem Wege hergestellten Cadmiumgelbe seien ausnahmslos reines Cadmiumsulfid (CdS). Die ältere Annahme von Schiff, Ann. **115**, 74, wonach das Cadmium mehrere Schwefelungsstufen, u. a. ein Pentasulfid bilde, wurde von Follenius, Zeitschr. f. anal. Chemie **13**, 411; 1874, und Buchner, Chem.-Ztg. **11**, 1087, 1107; 1887 widerlegt. Ferner fand Follenius schon im Jahre 1874, daß durch Einleiten von Schwefelwasserstoff in Cadmiumsalzlösungen chemisch reines CdS überhaupt nicht erhalten werden kann, da es stets bis zu 2% desjenigen Cadmiumsalzes enthält, aus dem es gefällt ist. Diese technischen

Nebenbestandteile des Cadmiumsulfids sind unauswaschbar und sind entweder wie das rote Bleisulfochlorid usw. als Doppelsalze mit CdS vorhanden, oder in Adsorptionsverbindung mit diesem. Beim Glühen verflüchtigt sich dieser Anteil als einfaches Cadmiumsalz und bildet einen weißen Beschlag unter Zurücklassung von reinem CdS. Alles auf nassem Wege mittels Schwefelwasserstoff dargestellte Cadmiumgelb und Cadmiumorange ist daher nicht als chemisch rein, sondern als technisch rein zu bezeichnen. Es handelt sich hier ferner nicht um Verschneiden, da der vorhandene fremde Bestandteil weder eine absichtliche Zutat, noch vermeidlich ist. Die Tonstufen der technisch reinen, unverschnittenen Cadmiumsulfide sind von der Darstellungsart abhängig, nämlich: 1. Alle auf trockenem und nassem Wege hergestellten, nachträglich ausgeglühten Cadmiumsulfide haben annähernd gleichen Ton, ein sehr helles Goldgelb mit Stich ins Ockergelb und Stumpfe[1]). Ihre Färbung ist nicht identisch mit jener der hellsten, auf nassem Wege hergestellten Sorten wie Cadmium citron oder 0 bis 1. 2. Durch Fällen von Cadmiumsalzlösungen mit Schwefelalkalien wird nur ein im trockenen Zustande orangegelbes Sulfid erhalten. Der bei solchen Fällungen manchmal zuerst entstehende orangefarbige Niederschlag (wahrscheinlich Oxysulfid) geht beim Stehen rasch in helles Goldgelb über; dieses färbt sich beim Trocknen orange. Der so erhaltene Farbstoff ist nicht CdS, sondern wahrscheinlich das Sulfhydrat Cd(SH)(OH). (Eibner, Farbenztg. **13**, 1511, 1549; 1908.) Diese Sorte von Cadmiumgelb ist halblasierend und hat die Eigenschaft, in den kolloidalen gelösten Zustand überzugehen. Dammer II, 2, 498. 3. Die durch Fällen saurer Cadmiumsalzlösungen mit H_2S bei gewöhnlicher Temperatur bzw. in der Wärme und bei Gegenwart überschüssiger Säure erhaltenen Niederschläge vertiefen den Ton je nach Konzentration, Temperatur und Säuregehalt der Lösungen schon während des Einleitens des H_2S und auch beim Auswaschen von anfänglich hellstem Weißgelb und Citron bis zum tiefen Orangegelb. Als beständige Töne der trockenen Pulver erhält man nur ein tiefes Goldgelb bzw. helles Orangegelb. Das hellste Citron und Goldgelb kann auf diesem Wege in trockenem Zustand nicht erhalten werden. Es ergab sich daher die Vermutung, daß diese Sorten auf andere Weise hergestellt werden.

Über die Ursachen der Farbenwandlung des durch H_2S gefällten Cadmiumsulfides liegen Untersuchungen von Church (1876), Buchner (l. c. 1887), Keim, von Klobukow (Journ. pr. Chem. **39**, 412; 1887), Haushofer (ebenda) und Niederländer (Techn. Mitt. f. Malerei **10**, 424; 1893) vor. Es wurde u. a. festgestellt, daß die spez. Gewichte der helleren Sorten von Cadmiumgelb 3,9 bis 4,5, die der dunklen 4,5 bis 4,8 betragen, ein Verhältnis, das sich auch bei dem natürlichen Schwefelcadmium, dem Greenokit (4,5 bis 5,9), ausdrückt. Von Haushofer wurde ferner festgestellt, daß alle künstlich hergestellten Cadmiumgelbe krystallinisch sind und mit einer Ausnahme (monoklin) dem hexagonalen System angehören. von Klobukow nahm auf Grund seiner

[1]) Die beim Glühen auftretende Verfärbung in Purpurrot verschwindet beim Erkalten und ist daher auf ähnliche physikalische Vorgänge zurückzuführen wie das Gelbwerden des Zinkoxyds, das Dunkeln des Quecksilberoxyds in der Hitze usw.

Untersuchungen bei den verschieden gefärbten Abarten des Schwefelcadmiums Isomerie, Buchner (l. c.) Polymerie an. Er unterscheidet eine hellgelbe α- und eine orangegelbe β-Modifikation. Die von Ostwald am gefällten und krystallisierten Quecksilberoxyd gemachten Beobachtungen lassen es jedoch als höchstwahrscheinlich erscheinen, daß man es hier teils mit Farbenerscheinungen der wechselnden Korngröße zu tun hat, teils mit Tonvertiefungen, die Folge der allmählichen Umwandlung der anfänglich entstehenden citrongelben Sulfoverbindungen in das Sulfid sind.

Die hellen Handelssorten von Cadmiumgelb.

Vor etwa 30 Jahren wurden aus Frankreich rein citronengelbe Cadmiumfarben eingeführt, die man teilweise heutzutage noch für reines Cadmiumsulfid hält. Bald darauf erschienen in Deutschland gleichtonige Cadmiumfarben im Handel. Die ersten Untersuchungen über die Zusammensetzung dieser Farben rühren von Keim[1]) und Buchner (l. c.) und Niederländer (l. c.) her. Sie ergaben, daß keine dieser Sorten von hellstem Cadmiumgelb technisch reines Cadmiumsulfid ist, welches 77,8% Cadmium und 22,19% Schwefel enthält. In den älteren dieser Farbstoffe wurden größere Mengen Zink (bis zu 16%) gefunden; außerdem Gehalte an Chlorcadmium usw. bis zu 18%. In den neueren Fabrikaten findet man bis zu 59% Cadmiumoxalat bzw. 68% Cadmiumcarbonat, während der Gehalt an CdS auf 36 bis 13% zurückgeht. Daneben finden sich größere Mengen von Wasser und öfter Ammoniak[2]). Diese Sorten enthalten also weiße Unterlagen, und zwar die älteren mit der Basis Zink, die neueren deutschen, welche zinkfrei sind, mit Cadmiumsulfochloridoxalat bzw. -carbonat. Die hellen Sorten stehen bezüglich Lichtechtheit und Verträglichkeit den dunkleren und technisch reinen Sorten bedeutend nach. Die älteren dieser französischen und deutschen Cadmiumfarbstoffe, welche Zink in Form von Hydroxyd oder Sulfhydrat enthalten, haben geringeren Geldwert als die neueren Cadmiumsulfochlorid enthaltenden oder mit Cadmiumoxalat bzw. -carbonat hergestellten und sind unbeständiger als letztere, was wahrscheinlich mit der größeren Labilität des Zinksulfhydrats (Oxydationsfähigkeit) zusammenhängt. Diese Sorten sind jedoch in Deutschland durch die letztgenannten fast völlig verdrängt.

Zur qualitativen Prüfung dieser Sorten erhitzt man nach Eibner eine Probe im Glasrohr. Tritt rasch ein weißer Beschlag auf, so liegt Cadmiumsulfochloridnitrat, -sulfat vor. Tritt starker metallisch glänzender Spiegel auf, so ist Cadmiumoxalat vorhanden, bei dessen Zersetzung sich metallisches Cadmium bildet. Carbonathaltige Präparate geben erst bei langem Erhitzen einen schwachen Spiegel. Die Kohlensäure wird durch Erwärmen der Probe mit verdünnter Schwefelsäure und Einhalten eines mit Barytwasser befeuchteten Glasstabes nachgewiesen. Zinkhaltige Cadmiumfarben erkennt man durch Aus-

[1]) Techn. Mitt. f. Malerei 12, Nr. 23, S. 5.

[2]) Zusammenstellung von Analysen in Eibner, Malmaterialienkunde, 134.

ziehen mit warmer Essigsäure und Fällen des Filtrats mit Schwefelammonium. Nach Buchner (l. c.) ist der Gang der qualitativen Untersuchung von Cadmiumfarben folgender:

Technisch reines Cadmiumgelb soll: 1. sich beim Erwärmen mit verdünnter Salzsäure klar und farblos lösen (Abwesenheit von freiem Schwefel, Spat und Chromgelb); 2. keine in Wasser löslichen Bestandteile enthalten; 3. beim Digerieren mit Essigsäure ein Filtrat geben, das durch Kalilauge nicht getrübt bzw. gefällt wird (Abwesenheit größerer Mengen von Zinkverbindungen oder Cadmiumsalzen (Träger); 4. beim Erhitzen im Rohr oder auf Platinblech purpurrot, beim Abkühlen wieder rein gelb, nicht aber braungelb werden (Abwesenheit von Cadmiumoxysulfid oder -carbonat); 5. beim Digerieren mit Ammoniak ein Filtrat geben, das durch Salzsäure nicht gelb gefärbt wird (Abwesenheit von Arsenverbindungen); 6. beim Erhitzen im Rohr keine beträchtlichen Mengen Wasser, noch statt schwefliger Säure Ammoniak abgeben und nach Eibner keinen starken weißen Beschlag und keinen Metallspiegel liefern (Abwesenheit von Cadmium- oder Zinksulfhydrat, Cadmiumsulfochlorid und Cadmiumoxalat bzw. -carbonat als Unterlagen). Technisch reines, auf nassem Wege hergestelltes Cadmiumgelb gibt beim Erhitzen im Rohr nur Spuren von Wasser und schwefliger Säure ab. Über der Probe bildet sich stets ein schwacher weißer Beschlag, verursacht durch Absublimieren der beim Fällen des Sulfids mitgerissenen und unauswaschbaren Cadmiumsalze (Chlorid, Sulfat), vgl. Farbenztg. **13**, 1511, 1549; 1908.

Quantitative Analyse. a) Technisch reiner Handelssorten. Ist durch qualitative Analyse festgestellt, daß ein Cadmiumträgerfarbstoff nicht vorliegt, so wird die Probe zur Trennung des Cadmiums vom Zink in Salzsäure gelöst, das Cadmium durch Schwefelwasserstoff gefällt und als Sulfid durch Glühen mit Schwefel im Wasserstoffstrome bestimmt, oder das Schwefelcadmium in Sulfat verwandelt und als solches gewogen. Die Bestimmung der Mengen vorhandener Chloride oder Sulfate des Cadmiums kann durch Absublimieren oder Auskochen des Farbstoffes mit Soda aus der Differenz erfolgen. b) Für die Analyse von Träger- und Verschnittsorten von Cadmiumgelb ist der Gang der Analyse jeweils auf Grund der Ergebnisse der qualitativen Vorprüfung festzusetzen. Es kommen hier weiter in Betracht Bestimmungen von: Wasser, Kohlensäure, Oxalsäure, Schwefel, Ammoniak und von Oxydhydraten des Zinks und Cadmiums. Letztere werden durch Digerieren der Farbstoffe mit verdünnter Essigsäure ausgezogen und in beschriebener Weise bestimmt. Verschnitt mit Spat, Chromgelb usw. ist bei Cadmiumgelben nicht beobachtet.

Eigenschaften. Die technisch reinen Sorten von Cadmiumgelb (mittel, dunkel und orange) sind ausgesprochene Deckfarben. Die hellsten decken dagegen, da sie Unterlagen von geringerer Lichtbrechbarkeit enthalten, weit schlechter als erstere. Das Cadmiumsulfhydrat ist im Gegensatz zum wasserfreien Cadmiumgelb ausgesprochene Lasurfarbe. Außerdem ist durch Buchner ein Oxysulfid $Cd_2S(OH)_2$ bekannt geworden, das orangegelb ist.

Lichtbeständigkeit. Nur diejenigen Handelssorten von Cadmiumgelb, welche technisch reines Cadmiumsulfid sind, haben sich im Pulver und im Aquarellaufstrich als lichtbeständig erwiesen. Dagegen sind alle Cadmiumträgerfarben im Pulver und im Aquarellaufstrich lichtunecht; am unechtesten die stark zinnhaltigen. Im Pulver verblassen sie (Bildung von weißen basischen Sulfaten); beim Aquarellaufstrich tritt bei Sorten gleicher Tonart Verfärbung nach Grünlichbraun oder Ausbleichen auf, wie folgende Kennzahlen zeigen.

	Kennzahlen Farbton	Schwarz-gehalt	Weiß-gehalt	
Wasserfarbenaufstrich von Cadmiumcitron: Keimsche Farbe	03	20	00	verdunkelt
Derselbe 2 Jahre belichtet	03	35	15	
Wasserfarbenaufstrich von Cadmium gelb hell	03	35	05	ausgebleicht
Derselbe 2 Jahre belichtet	03	45	00	

Die Ursachen ersterer Farbenwandlung sind unaufgeklärt. Theoretisch ist nur Verbleichen möglich infolge Oxydation des CdS. Außerdem sind lichtunecht das Cadmiumoxysulfid (Buchner), das lasierende Cadmiumgelb, Cadmiumsulfhydrat (Eibner) und Schwefel enthaltende, mit Schwefelalkali gefällte Präparate (Buchner).

Seit der beschleunigende Einfluß des Zinkoxyds, Zinkcarbonates und Cadmiumcarbonates auf die Unbeständigkeit vieler Farbstoffe im Lichte bekannt ist, findet das Verhalten der Cadmiumträgerfarben bei Belichtung hinreichende Erklärung. Außerdem kennt man seit langem die Lichtempfindlichkeit von oxalsauren Verbindungen. Ferner sind die roten und weißen Doppelsalze von Schwefelquecksilber mit $HgCl_2$ und $Hg(NO_3)_2$ außerordentlich lichtunecht (Palm; K. A. Hofmann; Bergmann 1776; Planté 1815. Vgl. Eder, Geschichte d. Photographie, 65, 70). Bei der Fabrikation dieser Cadmiumfarbstoffe wurde also zugunsten der Erzielung einer bestimmten Tonstufe ein die Beständigkeit beeinträchtigender Faktor unwissentlich eingeführt.

Verhalten in Mischung (Zinkweißechtheit). Es wurde schon erwähnt, daß Cadmiumgelb sich mit Giftgrünen zu Schwefelkupfer umsetzt. In der Literatur finden sich keine Angaben, in welchen Bindemitteln diese Erscheinung am stärksten auftritt, und ob alle Sorten von Cadmiumgelb sie in gleichem Grade zeigen. Es wurde gefunden, daß die dunkleren bis orangefarbigen Sorten einschließlich des Cadmiumrot als Ölfarben fast momentane Umsetzung mit Schweinfurtergrün ergeben, während die helleren und hellsten Marken relativ lange unverändert bleiben. Als Wasserfarben reagieren die Cadmiumgelbe weit weniger rasch. Die Ursachen dieser Erscheinung sind offenbar die starke Ölempfindlichkeit der Giftgrüne, die relativ großen Mengen von Farbstoff in den dunklen Cadmiumgelben und die optisch vertiefende Wirkung des Ölbindemittels. Außerdem verfärben sich Mischungen von Cadmiumgelb dunkel mit Chromgelb und Zinkgrün in Dunkel.

Mischungen von Bleiweiß mit Cadmium citron und Cadmium dunkel, in Wasser aufbewahrt, hielten sich beim forcierten Versuche innerhalb eines Jahres unverändert. Nach 3 Jahren war bei erstgenannter Mischung Schwärzung aufgetreten. In Öl war nach 5 Jahren in keinem Falle Veränderung bemerkbar.

In Mischung mit Zinkweiß verblassen sowohl Cadmiumsubstrat farbstoffe als auch technisch reine Cadmiumsulfide relativ sehr rasch. Eine 1 proz. Ausmischung eines Cadmiumgelb hellorange mit Zinkweiß verblaßte als Aquarellaufstrich in einem Monate auf $^1/_4$ der ursprünglichen Tonstärke.

Cadmiumchromgelb (Chromsaures Cadmium).

Dieser noch jetzt neben dem Schwefelcadmium verwendete Farbstoff wird durch Umsetzung des Cadmiumsulfates mit überschüssiger kochender Lösung von chromsaurem Kalium hergestellt. Nach Freese (Ber. **2**, 478; 1869) hat er in diesem Falle die Zusammensetzung $Cd_2(OH)_2CrO_4$ und besitzt dann die Tönung des Cadmium citron. Nach Rose (Die Mineralfarben, Leipzig 1916) ist er sehr beständig. Dies ist hinsichtlich der Lichtechtheit nicht der Fall. Er ist annähernd so lichtunbeständig wie die meisten Chromgelb citron und daher kein Ersatz für Cadmium citron. Neuerdings wird er unter der Bezeichnung Cadmiumgelb gehandelt, also unter unrichtiger Stoffbezeichnung. Da er sich als Wasser- und Ölfarbe als ungefähr gleich lichtunbeständig zeigte und sich auch in Mischung mit Zinkweiß rasch verändert, so kann er nicht an Stelle des gleichtonigen Cadmiumgelbes verwendet werden.

Erkennung. Beim Erwärmen mit verdünnter Schwefelsäure entsteht eine rotgelbe Lösung, die auf Zusatz von Alkohol in grün übergeht.

Cadmiumrot S. 806.

Kobaltgelb (Aureolin).

Dieser von Fischer (Pogg. Ann. **74**, 115) entdeckte Farbstoff ist ausschließlich Künstlerfarbe und wird hauptsächlich in England unter dem Namen Aureolin in Aquarell verwendet. Er wird gewöhnlich hergestellt, indem man mit Kalilauge alkalisch gemachte Kobaltnitratlösung mit Essigsäure verdünnt und mit konzentrierter Kaliumnitritlösung in der Wärme fällt. Der sich langsam bildende, anfangs orangegelbe, ins Bräunliche ziehende krystallinische Niederschlag wird beim Auswaschen hell goldgelb. Er ist salpetrigsaures Kobaltoxydkali von der Zusammensetzung $[Co(NO_2)_6]K_3$ mit wechselnden Wassergehalten. Nach Church enthält der Farbstoff gewöhnlich 3 Mol., unter anderen Bedingungen 4 Mol. Wasser[1]). Im letzteren Falle ist er grünstichig. Die wasserfreie Form erhält man nach Church, indem man eine Lösung eines Kobaltsalzes, die mit Essigsäure angesäuert ist, mit konzentrierter Kaliumnitritlösung versetzt und die Mischung warm hält. Noch schöner soll der Farbstoff erhalten werden, wenn man einen mit Luft gemischten Strom von Stickoxyd in eine Lösung von Kobaltnitrat

---

[1]) Vgl. Rosenheim und Koppel (Zeitschr. f. anorg. Chem. **17**, 59).

und Kaliumacetat leitet und von Zeit zu Zeit Pottasche zufügt (l. c.). Nach Adie und Wood (Transact. Chem. Soc. 27, 1076; 1900) wird ein besonders leuchtendes Kobaltgelb hergestellt, indem man eine mit Essigsäure angesäuerte Lösung von Natriumkobaltnitrit zu einer verdünnten Lösung von Kaliumacetat oder -nitrat setzt. Der auf diese Weise erhaltene Farbstoff hat die Zusammensetzung $\left[Co(NO_2)_6\right]^{K_2}_{Na} \cdot H_2O$. Er ist nach Church den übrigen Sorten von Aureolin gleichwertig. Als Wasserfarbe zeigt er den Vorteil, in Wasser weit weniger löslich zu sein und nicht so tief in das Papier einzusinken wie die älteren Farbstoffe dieser Art. Durch Erwärmen auf 115° kann das Wasser teilweise entfernt werden, welches, wie Church angibt, das langsame Trocknen der Aureoline als Ölfarben und ihr Schmutzigwerden verursacht.

Über Lichtechtheit und Verträglichkeit dieser Farbstoffe in Mischung mit anderen bestehen verschiedene Anschauungen. Nach Mierzinski, Zerr und Rübencamp ist Kobaltgelb im Lichte nicht beständig. Bersch und Church bezeichnen es im Aquarellaufstrich als haltbar. Seine Intensität ging nach Versuchen des letzteren innerhalb 10 Jahren von der Stärke 10 auf 9 zurück. Nach Versuchen von Eibner veränderte es sich im Aquarellaufstrich innerhalb 10 Jahren im direkten Sonnenlichte nicht, ein auffälliges Verhalten für ein salpetrigsaures Salz und Zeichen seiner komplexen Natur. Nach Gentele ist es mit den meisten anderen Farben, auch schwefelhaltigen, mischbar. Keim beobachtete Unbeständigkeit in Mischung mit mehreren anderen Farbstoffen.

Die abweichenden Urteile über Lichtbeständigkeit und Verhalten in Mischung sind wahrscheinlich auf Verschiedenheiten in den Wassergehalten der einzelnen Sorten zurückzuführen.

Zinkweißechtheit. Eine 5 proz. Ausmischung von Kobaltgelb mit Zinkweiß, als Aquarellaufstrich belichtet, war nach 2 Monaten (Spätherbst) nur schwach verändert.

Analyse. Das Kobaltgelb ist in Wasser merklich löslich, wird von Alkalilösung und verdünnten Säuren wenig angegriffen und durch Schwefelwasserstoff nur langsam geschwärzt. Schwefelammon zerstört es sofort. Beim Erhitzen zersetzt es sich unter Abgabe brauner Dämpfe von Stickstoffdioxyd und Hinterlassung eines schwarzen, in verdünnten Säuren mit roter Farbe löslichen, alkalisch reagierenden Rückstandes von Kobaltoxyd und Kaliumoxydhydrat.

Der Name Jaune indien oder Indischgelb, unter welchem Kobaltgelb manchmal vorkommt, ist eine falsche Stoffbezeichnung und soll seine Ähnlichkeit mit dem echten Indischgelb (Purée) andeuten. Diese besteht aber weder bezüglich des Farbtones, da das echte Indischgelb braunstichig ist, noch bezüglich der hauptsächlichsten maltechnischen Eigenschaften, da das Indischgelb Lasurfarbe, Kobaltgelb Deckfarbe ist.

Nickelgelb.

Wird erhalten durch Fällen von schwefelsaurem Nickel mit phosphorsaurem Natron und Glühen des erhaltenen Niederschlages. Nach

Mierzinski, Zerr und Rübencamp ist die Farbe sehr beständig, deckt gut und wird daher zu häufigerer Anwendung empfohlen.

Die gelben Chromfarbstoffe.

Chromgelb.

Auch diese Farbstoffe lassen sich nicht ausschließlich nach analytisch-chemischen Gesichtspunkten beurteilen. Das Festhalten der hellsten Töne von Chromgelb ist, wie bei Schwefelcadmium, technisch nicht ohne besondere Maßregeln möglich, weil der frische Niederschlag von neutralem chromsauren Blei in ähnlicher Weise wie letzteres, wahrscheinlich hauptsächlich infolge allmählicher Verdichtung Tonveränderungen bis zum tiefen Goldgelb erfährt. Da indessen hellste Sorten wie „Chromgelb citron" verlangt wurden, sah sich die Technik veranlaßt, diese auf einem Umwege als Trägerfarben herzustellen, ähnlich wie Cadmium citron. Man unterscheidet daher:

a) Technisch reine Sorten von Chromgelb. Diese sind im wesentlichen neutrales chromsaures Blei in Tönen vom hellen bis dunklen Goldgelb. Nach Zerr und Rübencamp, II. Aufl., S. 349 sind von Einfluß auf die Tonart dieser Fabrikate die Konzentration der Lösungen der Ausgangsmaterialien, die Temperatur, die Art des Zusammenbringens, die Zeit der Einwirkung und die Art des Aussüßens des gefällten Farbstoffes. Man arbeitet mit verdünnten Lösungen bei möglichst niedriger Temperatur unter anhaltender Bewegung während des Fällens, Vermeidung von Zeitverlust bei der Fällung und beim Aussüßen. Jablcynski (Chem. Ind. **31**, 731; Farbenztg. **1909**, 1041) macht darauf aufmerksam, daß Chromgelb beim Auswaschen teilweise Hydrolyse erleidet, wodurch eine gewisse Menge Chromrot gebildet wird, die das Nachdunkeln verursacht. Diese Erscheinung soll ausbleiben, wenn nicht erschöpfend ausgewaschen bzw. bei der Fällung ein Überschuß von mindestens 5% Bleizucker verwendet wird[1]). Nach Gnehm (dieses Werk, 5. Aufl., Bd. II. 803) tritt das Nachdunkeln auch bei Anwendung von salpetersaurem Blei statt Bleizucker nicht ein, wenn von diesem ein geringer Überschuß verwendet wird.

b) Chromgelbträgerfarben. Die seit Einführung des Zinkgelb begehrte citrongelbe Tonstufe von Chromgelb läßt sich auch unter Einhaltung der obigen Vorsichtsmaßregeln nicht erhalten, da sie die Verdichtung des Chromgelb durch wachsende Korngröße nicht zu verhindern vermögen (Zeitschr. f. angew. Chem. **9**, 613; 1896). Man kennt seit längerer Zeit Doppelsalze des Bleichromats mit Bleisulfat (Bleisulfochromate von der Zusammensetzung $PbCrO_4 \cdot PbSO_4$ und $PbCrO_4$ $2\,PbSO_4$ von schwefelgelber bis citronengelber Farbe (Willenz, Bull. Assoc. **1898**, 163; Fischer, Jahresber. **1898**, 417). Die Handelsmarken von Chromgelb citron werden daher in der Weise hergestellt, daß man gleichzeitig mit der Ausfällung des Chromgelb aus sehr verdünnten Lösungen eine bestimmte Menge Bleisulfat in sehr fein verteilter Form sich bilden läßt, das dann das Chromgelb unter Bildung der erwähnten

---

[1]) Auf 100 Teile Bleizucker $37^1/_2$ Teile Bichromat nach Zerr und Rübencamp.

Doppelsalze oder Adsorptionsverbindungen aufnimmt und verhindert, daß es zu größeren, tiefer gefärbten Komplexen zusammentritt. Später gab Jablcynski eine andere Erklärung der Haltbarkeit des citronengelben Tones dieses Chromgelb, indem er sich auf die Ansicht von Cox (Arch. f. anorg. Chem. **50**, 226) stützend, wonach auf Grund der Phasenregel Hydrolyse des Bleichromates beim Auswaschen angenommen wird, voraussetzt, daß die geringe Löslichkeit des Bleisulfates in Wasser hinreiche, um beim Auswaschen die Hydrolyse des Farbstoffes zu verhindern.

Die neueste Auffassung vertritt J. Milbauer in den Abhandlungen: Physikalisch-chemische Studie über Chromgelb (Zeitschr. f. phys. Chem. **91**, 410) u. Über das Wesen des Chromgelbs (Chem.-Zeitg. **46**, 1145; 1922). Hiernach kann das Bleisulfat im hellen Chromgelb weder als mechanisch beigemengt noch in Form von Doppelsalzen gegen das Nachdunkeln wirken. Es lag demnach noch die Möglichkeit des Vorhandenseins isomorpher Gemische bzw. fester Lösungen zwischen Bleisulfat und Bleichromat vor. Die Darstellung von Mischkrystallen beider Verbindungen gelang. Sie änderten beim Waschen mit Wasser den Farbton nicht. Milbauer nimmt daher im Chromgelb citron feste Lösung von Bleichromat in Bleisulfat an. Damit ist das Wesen dieses Farbstoffes als Trägerfarbstoff eindeutig gekennzeichnet.

Kolloidales Bleichromat wurde zuerst von Oechsner de Coninck (Bull. Acad. Roy. Belgique, Classe des sciences **1909**, 665) dargestellt, nachmals von Milbauer (l. c.).

Über Bleichromat als Rostschutzfarbe vgl. Liebreich: Rost und Rostschutz: Braunschweig; Sammlung Vieweg, Heft 10. W. Eibner: Über Ölfarbe S. 161 ff.

Der Gehalt an schwefelsaurem Blei in diesen hellsten chromgelben Farbstoffen ist daher an sich und wenn sie unter dem Namen „Chromgelb citron“ gehandelt werden, ebensowenig als Verfälschung zu betrachten, wie jener an Cadmiumoxalat im „Cadmiumgelb citron“, weil in beiden Fällen die weißen Träger zur Erzielung der betr. Töne notwendig sind.

c) Chromgelbverschnittfarben. Da das technisch reine Chromgelb für verschiedene gewerbliche Zwecke zu teuer kommt, so werden ihm für diese Verwendung Zusätze von Gips, Schwerspat, Kaolin, Kreide oder auch weißer Infusorienerde gegeben. Diese ordinären Sorten sind durch die Bezeichnungen und Beinamen: Baltimore-Chromgelb, amerikanisches oder französisches Chromgelb, Kaisergelb, Königsgelb, Kanariengelb, Kölnergelb, Leipzigergelb, Neugelb, Parisergelb, Citronengelb, Zwickauergelb usw. gekennzeichnet. Richtiger und einfacher wären sie mit Chromgelb V zu bezeichnen.

Chromorange und Chromrot (Derbyrot).

Diese Farbstoffe sind Gemische von neutralem Chromgelb mit dem basischen Chromat $Pb_2(OH)_2CrO_4$ bzw. letzteres selbst. Zur Darstellung fällt man entweder basisch essigsaures Blei mit Kalium- oder Natriumbichromat, oder man digeriert Bleisulfochromate mit Natronlauge in der Wärme. Die Bezeichnungen Chromzinnober, Chromgranat und Chromrubin gelten für die tiefsten Töne von Chromrot und entsprechen nicht den Grundsätzen moderner Farbstoffnamengebung.

Daß die Töne der Chromorange und Chromrote auch von der Korngröße abhängen, wurde erwähnt. Diese Farbstoffe vertragen das Feinreiben nicht. Sie verlieren dabei an Tiefe und Sättigung, d. h. nehmen dunkel- bis hellorange Töne an.

Wertbestimmung der gelben und roten Chromfarben und der Ausgangsmaterialien.

a) **Prüfung des chromsauren Kali.** Diese erstreckt sich auf den Nachweis von Kalium- und Aluminiumsulfat, Kaliumnitrat und Chlorkalium als technischen Verunreinigungen.

α) Kaliumsulfat. Man kocht die Chromatlösung mit überschüssiger Salzsäure unter Zusatz von Alkohol und versetzt die grüne Flüssigkeit mit Baryumchlorid.

β) Aluminiumsulfat. Etwa 10 bis 15 g Chromat werden in Wasser gelöst und unter Zusatz von Salzsäure und Alkohol gekocht, bis gleichmäßig grüne Färbung eingetreten ist. Dann übersättigt man mit Ätznatron im Überschuß, kocht und prüft im Filtrate auf Tonerde wie üblich.

γ) Kaliumnitrat. 10 bis 20 g gepulvertes chromsaures Kali werden in einer Retorte mit der gleichen Menge konz. Schwefelsäure und Wasser erwärmt und die in einer gekühlten Vorlage kondensierte Flüssigkeit auf Salpetersäure (Entfärbung eines Tropfens verdünnter Indigolösung beim Erwärmen) geprüft.

δ) Chlorkalium erkennt man gleichzeitig bei der vorhergehenden Prüfung an den gelbroten Dämpfen von Chromoxychlorid, welche sich in der Vorlage zu einer orangegelben Flüssigkeit unter Bildung von Chromsäure und Salzsäure kondensieren:

$$CrO_2Cl_2 + H_2O = CrO_3 + 2\,HCl.$$

Die entstandene Salzsäure kann man überdies noch in der Vorlage nachweisen.

b) **Untersuchung des Chromgelb.** Die selten nötige, vollständige Analyse wird in bekannter Weise vorgenommen, indem man die mit Salzsäure und Alkohol reduzierte Lösung des Salzes nach dem Erkalten mit starkem Alkohol versetzt und das ausgeschiedene Bleichlorid auf einem bei 120° getrockneten Filter sammelt, mit Alkohol auswäscht und nach dem Trocknen bei 120° wägt. Im Filtrate wird das Chromoxyd mit Ammoniak unter Vermeidung eines größeren Überschusses des Fällungsmittels ausgeschieden. Meistens wird indessen die maßanalytische Bestimmung der Chromsäure nach der Bunsenschen Chlormethode (Auffangen des mit Salzsäure entwickelten Chlors in Jodkalium und Titrieren des ausgeschiedenen Jods mit Natriumthiosulfat) genügen.

Von den Verfälschungen des Chromgelb sind besonders zu nennen: Ton, Schwerspat, Bleisulfat, Gips und Kreide. Man weist dieselben qualitativ nach Wittstein (Dingl. polyt. Journ. **210**, 280) wie folgt nach. Man übergießt in einem Glaskölbchen 1 g der Probe mit 7 g reiner Salzsäure (spez. Gewicht 1,12). Ein dadurch entstehendes Brausen zeigt Kreide an. Hierauf erwärmt man so lange, bis der etwa verbliebene Satz völlig weiß erscheint und nicht wieder verschwindet. Nun setzt man 1 g Weingeist von 90% hinzu, fährt mit dem Erhitzen fort, bis die Farbe der Lösung rein grün geworden ist, fügt dann noch 100 ccm Wasser hinzu, filtriert und wäscht den Niederschlag so lange aus, bis die ablaufende Flüssigkeit weder auf freie Säure, noch auf Sulfate eine Reaktion gibt. Der Filterinhalt kann aus Schwerspat und Ton bestehen, die in bekannter Weise getrennt werden. Das Filtrat prüft man mit Baryumchlorid. Bei erfolgter Reaktion auf Sulfate (Bleisulfat oder Gips) gibt man zu dem Filtrat 1 g schwefelsaures Natron, rührt bis zum Verschwinden desselben um und läßt absitzen. Ein Niederschlag zeigt Bleisulfat an. Letzteres wird abfiltriert, aus dem Filtrat das Chrom mit Ammoniak gefällt und im zweiten Filtrate auf Kalk (Gips) geprüft.

Bleisulfat findet man nach Löwe (Polyt. Notizbl. **1873**, 369) leicht, indem man das fein gepulverte Chromgelb (oder Chromrot) mit einer mäßig starken kalten Auflösung von Natriumthiosulfat schüttelt, wodurch sich das Bleisulfat leicht löst. Im Filtrate erkennt man das Blei durch neutrales chromsaures Kali und bestimmt es quantitativ, indem man es aus dieser Lösung durch Schwefelwassertoff ausfällt und das gereinigte Schwefelblei in bekannter Weise in Bleisulfat überführt.

Zum Nachweis von Schwerspat, Gips, Kreide, Baryumcarbonat und Bleisulfat schlägt Amsel (Zeitschr. f. angew. Chem. **9**, 613; 1896) folgendes Verfahren vor:

0,5 g Farbstoff werden in einem Becherglase mit 10 bis 15 ccm 10proz. Kalilauge geschüttelt und schließlich nach Hinzufügen von 10 ccm Wasser 5 bis 10 Minuten lang auf freiem Feuer gekocht. Hierdurch gehen sämtliche Bleiverbindungen und auch der schwefelsaure Kalk in Lösung, nur das etwa darin enthaltene Baryumsulfat und Calciumcarbonat bleiben ungelöst zurück. Ohne die alkalische Lösung zu filtrieren, versetzt man mit konzentrierter Salz- oder Salpetersäure bis zur stark sauren Reaktion, wodurch das Alkaliplumbat in lösliches Bleichlorid bzw. Bleinitrat verwandelt und auch etwa vorhandener kohlensaurer Kalk gelöst wird, kocht nochmals auf, filtriert und wäscht mit heißem Wasser den auf dem Filter befindlichen Schwerspat gut aus, der dann getrocknet, geglüht und gewogen werden kann. Nach diesem Untersuchungsgange ist er völlig blei- bzw. bleichromatfrei. (Beim Wittsteinschen Verfahren ist der beim Behandeln mit Soda bleibende Rückstand bleichromathaltig.)

Das salz- bzw. salpetersaure Filtrat wird mit kohlensaurem Natron neutralisiert, wodurch Blei und Kalk als Carbonate gefällt werden, während Schwefelsäure und Chromsäure als Alkalisalze in Lösung bleiben. Zur vollständigen Oxydation fügt man noch etwas Bromwasser hinzu, erwärmt auf einem mäßig kochenden Wasserbade solange, bis die Flüssigkeit nicht mehr nach Brom riecht und filtriert die zurückbleibenden Oxyde von dem in Lösung befindlichen Natriumchromat und Natriumsulfat ab.

Die Bestimmung des Chroms erfolgt als Chromoxyd, indem man die mit Chlorwasserstoffsäure angesäuerte Lösung in einer Porzellanschale zur Trockne verdampft, um das noch vorhandene Brom vollständig auszutreiben. (Ein Teil des Broms wird vom überschüssigen Natriumcarbonat zurückgehalten und erst nach dem Ansäuern wieder frei gemacht. Es ist daher unbedingt nötig, erst zur Trockne zu verdampfen, bevor man zur Reduktion schreitet.) Den erhaltenen Rückstand löst man in etwa 30 ccm Wasser auf, gibt noch einige Tropfen Salzsäure, schließlich 5 ccm Alkohol hinzu, um die Chromsäure zu Chromoxyd zu reduzieren. Nachdem die Reduktion beendet, fügt man Ammoniak im Überschuß zu und erwärmt noch 10 bis 15 Minuten auf dem Wasserbade. Es empfiehlt sich, in der Regel auch noch etwas Wasser hinzuzufügen, da durch das wegen der Reduktion nötige längere Erwärmen die Flüssigkeit leicht zu konzentriert wird. Der Niederschlag entsteht nicht sofort, sondern bildet sich erst, wenigstens deutlich wahrnehmbar, nach einiger Zeit. Er wird abfiltriert, mit heißem Wasser ausgewaschen, getrocknet, im Porzellantiegel geglüht und gewogen. Aus der erhaltenen Menge Cr_2O_3 wird der Gehalt an CrO_3 berechnet.

Das ammoniakalische Filtrat wird mit Salzsäure angesäuert und dann die etwa vorhandene Schwefelsäure als Baryumsulfat bestimmt.

Die auf dem Filter zurückgebliebenen Carbonate von Kalk und Blei bzw. Bleisuperoxyd werden in Salzsäure gelöst und Blei und Kalk nach bekannten analytischen Methoden ermittelt und bestimmt. Die Fällung von Bleisulfat mit Schwefelwasserstoff muß entweder in ganz schwach salzsaurer oder noch besser in essigsaurer Lösung vorgenommen werden, da sonst leicht nicht alles Blei gefällt wird. Auch empfiehlt es sich nicht, das Blei als Sulfid, sondern als Sulfat zu wägen. Auf diese Weise kann in dem Filtrat vom Bleisulfat auch auf Zink geprüft werden, das in essigsaurer Lösung mit Schwefelwasserstoff ebenfalls gefällt worden ist.

Man kann das Fällen mit Schwefelwasserstoff auch vollständig umgehen, vorausgesetzt, daß die Lösung kein Zink neben Kalk enthält, durch Zusatz von genügend Brom, so daß alles Bleicarbonat in Bleisuperoxyd übergeführt wird.

Dann behandelt man den schwarzen Rückstand mit verdünnter Salpetersäure, worin Kalk leicht löslich, Bleisuperoxyd aber vollständig unlöslich ist, und bestimmt das unlösliche Bleisuperoxyd als Bleisulfat durch Auflösen in Salzsäure und Eindampfen der salzsauren Lösung mit Schwefelsäure, oder aber titrimetrisch, indem man das Filter mit dem Bleisuperoxyd in eine Porzellanschale legt, mit verdünnter Salpetersäure (etwa 10 cm) übergießt und nun 20 ccm $^n/_5$-Oxalsäure hinzufügt und zum Sieden erhitzt. Die nicht verbrauchte Oxalsäure wird mit $^n/_4$-Permanganatlösung zurücktitriert. 1 ccm $^n/_5$-Lösung entspricht = 20,71 mg Blei bzw. 22,29 mg Bleioxyd.

Nach Willenz (Bull. Assoc. **1898**, 163; Fischer, Jahresber. **1898**, 417) wird zur vollständigen Analyse der Chromfarben 1 g der feingepulverten Ware bei gelinder Wärme mit 100 ccm verdünnter Salzsäure (1 : 20) behandelt, die klare Flüssigkeit filtriert, der möglichst im Becherglas zu belassende Niederschlag sowie das Filter mit warmem Wasser ausgewaschen. In dem Filtrat, in welches Calciumcarbonat und Calciumsulfat übergegangen, bestimmt man Calcium und Schwefelsäure. Der Rückstand wird bei gewöhnlicher Temperatur mit 50 ccm Ammoniumacetatlösung (spez. Gew. 1,04) digeriert. Dieselbe soll neutral oder schwach alkalisch sein. Man dekantiert und wäscht mit warmem Wasser wie vorher. In Lösung geht Bleisulfat, zu dessen Bestimmung die Flüssigkeit in einer gewogenen Platinschale zur Trockne verdampft und der Rückstand nach Verjagung von Ammoniak und Essigsäure mit Schwefelsäure geglüht wird. Das bei der Behandlung mit Ammoniumacetat unlöslich Bleibende kann Bleichromat, Baryumsulfat und Tonerde enthalten. Man suspendiert in 50 ccm Wasser, fügt 25 ccm Kalilauge (112 g KOH in 1 l) zu und kocht etwa 10 Minuten. Tonerde und Baryumsulfat bleiben unverändert und können durch die gewöhnlichen Verfahren getrennt werden. In Lösung geht Bleichromat unter Bildung von Kaliumchromat und Kaliumplumbat.

Vgl. Given, Untersuchung von Chromgelb und -grün, Zeitschr. f. anal. Chem. **55**, 214; 1916.

c) **Chromorange und Chromrot.** Hier handelt es sich — abgesehen von den mit dem Chromgelb gemeinsamen Prüfungen — noch um die Bestimmung des basischen Bleioxydes. Eine feingepulverte Probe wird mit Essigsäure behandelt, wodurch nur das basische Bleioxyd gelöst wird. Das zurückbleibende neutrale Bleichromat wird nach dem Trocknen gewogen und die Menge des basischen Bleioxydes aus der Differenz gefunden.

Lichtbeständigkeit. Die Chromgelbe sind im Lichte weit unbeständiger als Zinkgelb, Barytgelb, Strontiumgelb und gehören wie das Bleigelb (Turners Gelb, Mineralgelb) zu den lichtempfindlichsten gelben Mineralfarben. Am unbeständigsten sind mit wenigen Ausnahmen die zitronfarbigen und hellgoldgelben Sorten, während die Chromorange beträchtlich lichtechter sind. Die Chromrote sind lichtempfindlicher als die besten Chromorange. Innerhalb 7 Monaten werden sehr deutliche bis außerordentlich starke Veränderungen beobachtet. Einige Chromorange halten eine Belichtungsdauer von 1 Jahr und 2 Monaten aus, ohne starke Verdunkelung zu zeigen. Diese ist bei den hellsten Sorten ein schmutziges Graugrün; bei den Chromorangen ein braunstichiges Grüngelb und bei den Chromroten Schwärzung, ähnlich jener der Zinnober. Die Lichtwirkung ist bei vielen zitronengelben Sorten schon nach 4 bis 5 Tagen deutlich bemerkbar. Ölbindemittel bietet keinen Schutz gegen die Lichtwirkung auf Chromgelbe. Aus der Tatsache, daß es nicht nur relativ lichtbeständige Chromorange, sondern auch lichtbeständige Chromgelb zitron gibt, ist zu schließen, daß die Aufgabe der Herstellung relativ lichtechter Chromgelbfarbstoffe lösbar wäre, ohne daß hierfür zur Zeit die nötigen theoretischen Grundlagen gegeben sind. Church faßt die Lichtwirkung auf Chromgelbe als Reduktion zu grünem Chromoxyd auf (Church - Ostwald, S. 175). Nach Eder

(Photochemie, III. Aufl., 175) bildet sich hierbei das braune Chromsuperoxyd oder Chromdioxyd CrO_2, (Cr_2O_4) oder $Cr_2O_3 \cdot CrO_3$, auch Chromichromat genannt. Diese Annahme ist die glaubhaftere.

Vergleich der Lichtechtheiten von Bleichromatfarben als Wasserfarbenaufstriche im direkten Sonnenlichte.

	Kennzahlen n. Ostwald		
	Farbton	Weiß-gehalt	Schwarz-gehalt
1. Chromgelb zitron	03	25	10
Dasselbe nach 7 monatiger Belichtung	03	20	30
2. Chromgelb hell.	06	08	10
Dasselbe nach 7 monatiger Belichtung	06	08	35
3. Chromgelb dunkel	13	08	25
Dasselbe nach 7 monatiger Belichtung	13	08	50
4. Chromorange.	16	06	20
Dasselbe nach 7 monatiger Belichtung	16	08	30
5. Chromrot dunkel	24	06	25
Dasselbe nach 7 monatiger Belichtung	24	10	30
6. Krokoit von Dundas, Tasmania . .	12	06	10
Dasselbe nach 7 monatiger Belichtung	12	04	25

Mittels des Ostwaldschen Farbenmeßverfahrens ist demnach quantitativ nachweisbar, daß von allen Bleichromatfarben weder die citronfarbigen, goldgelben, noch die roten Töne die lichtbeständigsten sind, sondern die kreßfarbigen; ein Erfahrungssatz. Außerdem war nachweisbar, daß das natürliche Bleichromat (Krokoit) nicht lichtechter ist als die künstlichen Chromgelbe gleicher Tönung. Bei den Zinnobern obwalten ähnliche Verhältnisse (s. diese).

Verhalten in Mischung (Zinkweißechtheit). Die Veränderung, welche Mischungen von Cadmiumgelb mit Chromgelb erleiden, wurde schon erwähnt. Außerdem verfärben sich Mischungen von Kobaltgrünen und Chromgelb nach 1 Jahr nach Bräunlichgrün. In beiden Fällen handelt es sich wahrscheinlich nicht um chemische Wechselwirkung, sondern um teilweise Reduktion des Chromates. Ferner sind alle Chromgelbfarbstoffe im Kalke unhaltbar, indem sie darin in basische Chromate übergehen. Die beschleunigende Wirkung des Zinkweiß auf die Lichtunechtheit der Farbstoffe äußert sich bei den Chromgelben in besonders starkem Grade. 50 proz. Mischungen von Chromgelb zitron und Chromgoldgelb von bekannten Lichtechtheiten waren in 15 Tagen (Herbst) stärker verbräunt als dieselben Farbstoffe ohne Zinkweiß in 7 Monaten. Die Empfindlichkeit des Chromgelb gegen Schwefelwasserstoff ist bekannt. Da hierbei auch der Chromsäurerest teilweise reduziert wird, läßt sich die Verfärbung durch Belichtung nicht wieder ganz beseitigen. Gegen schweflige Säure sind die Chromgelbe beständiger als die Zinkgelbe (s. S. 788).

Zinkgelb.

Beinamen: Zitronengelb, Samtgelb.

Das Zinkgelb kann nicht wie das Chromgelb in verschiedenen Tonstufen erhalten werden, da dem Zink die Fähigkeit, basische Chromate von verschiedener Färbung zu liefern, fehlt und anscheinend auch jene, komplexe Moleküle zu bilden. Deshalb ist der Ton des Zinkgelb ein sehr reines, zartes und doch feuriges, von Rotstich freies Gelb. Es bildet daher reiner grüne Mischtöne als Chromgelb und wird hauptsächlich zur Herstellung der Zinkgrüne (grüne Zinnober) verwendet. Zinkgelb wird heutzutage ausschließlich aus Zinkweiß hergestellt, und zwar aus der besten Sorte, dem sog. Schneeweiß oder Zinkweiß „Grünsiegel". Dieses wird nach Murdoch (1847) mit einer bestimmten Menge konz. Schwefelsäure zum Teil in Zinksulfat übergeführt und dann mit einer Lösung der berechneten Menge Kaliumdichromat gefällt. Das so erhaltene Zinkgelb ist nicht reines Zinkchromat, sondern das Doppelsalz 3 $(ZnCrO_4) \cdot K_2Cr_2O_7$ niedergeschlagen auf dem unveränderten Zinkoxyd. Es ist also ebenfalls ein Trägerfarbstoff.

Das Zinkgelb ist in Wasser nicht ganz unlöslich, da das Doppelsalz durch dieses unter Abgabe von chromsaurem Kali spurenweise zerlegt wird. Im Kalk läuft es daher aus.

Licht- und Luftechtheit. Das Zinkgelb ist außerordentlich viel lichtechter als Chromgelb. Wasserfarbenaufstriche haben sich im direkten Sonnenlichte innerhalb 16 Jahren fast unverändert erhalten, wie folgende Kennzahlen beweisen:

	Kennzahlen		
	Farbton	Weiß-gehalt	Schwarz-gehalt
Wasserfarbenaufstrich von Zinkgelb Nr. 1 von Siegle & Co.; Kennzahlen: . .	01	20	35
Derselbe nach 16 jähriger Belichtung im direkten Sonnenlicht	00	15	40

Gegen Schwefelwasserstoff ist es schon deshalb, weil das Zink davon nicht verändert wird, beständiger als Chromgelb. Außerdem scheint es aber auch gegen die Reduktionswirkung desselben beständiger zu sein als dieses. Dagegen wird es ebenso wie Barytgelb und Strontiumgelb von schwefliger Säure rascher angegriffen als Chromgelb. Zinkgelb ist keine Kalkfarbe.

Barytgelb.

Beinamen: Steinbühler Gelb. Gelbes Ultramarin, Zitrongelb, Permanentgelb.

Diese Farbe besteht aus chromsaurem Baryum und ist wasserecht. Sie besitzt viel schwächeren Ton als Zinkgelb. Die Lichtbeständigkeit scheint noch größer zu sein als jene des letzteren. Wasserfarbenaufstriche haben innerhalb 16 Jahren den Ton nicht verändert, wie folgende Kennzahlen beweisen:

	Kennzahlen		
	Farbton	Weiß-gehalt	Schwarz-gehalt
Gelber Ultramarin von Siegle & Co.; Wasserfarbenaufstrich	01	20	25
Derselbe nach 16 jähriger Belichtung im direkten Sonnenlicht	01	20	25

Aus dem Verhalten von Zinkgelb und Barytgelb gegenüber Chromgelben im Lichte folgt, daß die Beständigkeit des Ions CrO_3 gegen Licht von der Metallbasis abhängt, an die es gebunden ist. Eisenchromat ist sehr lichtunbeständig. Gegen schweflige Säure ist Barytgelb indessen wie Zinkgelb und Strontiumgelb empfindlicher als Chromgelb und daher ebenfalls im Kalk unverwendbar.

Strontiumgelb.

Beiname: Gelbes Ultramarin

ist chromsaures Strontium. Sein Ton ist feuriger als jener des Barytgelb. Lichtbeständigkeit und sonstiges Verhalten ähnlich dem obigen.

Unter dem Namen Steinbühler Gelb, Gelbin, Gelbes Ultramarin kommt auch ein Calciumchromat im Handel vor. Doch geht unter diesem Namen häufig auch Barytgelb. Es wäre zu wünschen, daß auch die falsche Stoffbezeichnung Gelbes Ultramarin für diese Farben abgeschafft würde. Vgl. Rose, Die Mineralfarben, S. 269, 270.

Verträglichkeit in Mischung (Zinkweißechtheit). Alle genannten gelben Chromfarben einschließlich des Zinkgelb vertragen sich nicht mit Bleiweiß, weil sie damit basische Chromate bilden; der Ton der Mischungen zieht daher nach einiger Zeit ins Rötliche. Hierzu kommt ihre Unbeständigkeit als Chromate in Mischungen mit Zinkweiß, Neapelgelb, Kobaltgrün, Cölinblau, Ultramarin und Kobaltgrün. Die in diesen Fällen stattfindenden Umsetzungen sind noch nicht einwandfrei aufgeklärt.

Die für sich außerordentlich lichtbeständigen Farbstoffe Zinkgelb, Strontiumgelb und Barytgelb werden in hellen Mischungen mit Zinkweiß als Wasserfarben im direkten Sonnenlichte unbeständig. 1 proz. Ausmischungen dieser Farbstoffe verblaßten innerhalb 2 Monaten (Oktober bis Dezember) sehr beträchtlich.

An gelben und roten Chromatfarben kommt neben dem basischen Cadmiumchromat (S. 779) und dem Sideringelb (S. 771) noch das chromsaure Silber vor, das nur in der Porzellanmalerei Verwendung findet; dann das Mercurochromat von Vauquelin und das Mercurichromat von Millon. Alle drei sind sehr lichtunecht und daher als Malerfarben verlassen.

Die Ursachen der verschiedenartigen Lichtbeständigkeit der Chromatfarben sind noch zu ermitteln.

V. Rote Farbstoffe.

a) Natürliche.

Rote Ocker und sonstige rote Erdfarben.

Diese Farben sind im wesentlichen auf natürlichem Wege gebrannte Ocker mit wechselnden Eisengehalten. Sie sind seit dem Altertum bekannt und verwendet unter Namen wie Rubrica, Sinopis, Armenium, Pozzuolanerde, Terra rossa, Lemnische Erde usw. und kommen meist in vulkanischen Gegenden vor. Sie sind sämtlich

Deckfarben. Ihre heutige Anwendung ist beschränkter als jene der künstlichen roten Eisenfarben. Hierher gehören der Rötel (Rotkreide) oder roter Bolus, der derbe Roteisenstein und Eisenglimmer. Die beiden letztgenannten Materialien werden erst durch Calcination usw. zu brauchbaren Anstrichfarben aufbereitet.

Der rote Bolus (Hausrot) ist ein durch Eisenoxyd gefärbter, ziemlich reiner Ton, der im gebrannten Zustande u. a. als Steinrot in den Handel kommt. Die Pozzuolanerde, eine vulkanische Roterde, die bei Pozzuoli, in der Nähe von Neapel, gefunden wird und im reinsten Zustande fast weiß oder gelblich, durch einen Eisengehalt aber rötlich bis hell fleischrot gefärbt vorkommt, ist von den Ockern verschieden und bildet eine Art natürlichen Zement (Travertin), d. h. teilweise aufgeschlossenen Ton. Sie läßt sich mit Salzsäure aufschließen und enthält im Gegensatze zu den gewöhnlichen roten Tonen außer Tonerde noch Calcium-, Magnesium-, Kalium- und Natriumverbindungen als wesentliche Bestandteile. Hierdurch unterscheidet sie sich von den, wegen ihres relativ hohen Preises, häufig imitierten Pozzuolanerden, welche Gemenge aus Englischrot usw. und Kreide sind. Echte Pozzuolanerde braust nicht wie diese mit Säuren auf.

b) Künstliche.

Handelsbezeichnungen: Berlinerrot, Blutrot, Braunrot, Caput mortuum, Chemischrot, Eisenoxyd hell, dunkel, violett, Eisensafran, Engelrot, Englischrot, Hausrot, Indianerrot, Indischrot, Kaiserrot, Nürnbergerrot, Persischrot, Polierrot, Pompejanischrot, Pragerrot, Preußischrot, Rotes Oxyd, Scharlachrot, Totenkopf, Venetianischrot. Alle diese Materialien haben als Hauptbestandteile Eisenoxyd und, sofern sie frei von Zuschlägen sind, wechselnde Mengen von natürlichen tonigen Bestandteilen. Die aus Kiesabbränden und Zementwässern hergestellten Eisenfarben sind zumeist kupferhaltig. Dadurch können sie ölunecht werden. Der Auszug der Ölfarbe ist dann grünlich gefärbt. Als Ausgangsmaterialien kommen in Betracht: Roteisenerz (Eisenglanz) und die derbe Varietät des ersteren, Blutstein (Hämatit), Glaskopf, Eisenrahm, Eisenocker (Minette), ferner die Brauneisenerze Rasenstein, Sumpferz, Limonit. Außerdem von Kunst- und Abfallprodukten grüner Vitriol, Kiesabbrände, der Eisenschlamm der Alaunfabrikation und die Zementwässer der Kupfervitriolgewinnung.

Eisenmennige, welche als Ersatz für Bleimennige dient, wird aus oben genannten Eisenerzen durch Glühen in Flammöfen hergestellt. Hierbei werden die dichteren Erze aufgelockert, die erdigen dichter und spröder gemacht. Eisenmennige enthält 82 bis 88% Eisenoxyd und ist ein feines, bräunlich- bis bläulichrotes Pulver von sehr beträchtlichem Deckvermögen und größter Widerstandsfähigkeit gegen Atmosphärilien, das als Ölfarbe Eisengegenstände wirksam vor dem Rosten schützen soll[1]). Sie ist außerdem schwefelsäurefrei, billiger als Bleimennige und

[1]) Liebreich, Rost und Rostschutz. Sammlung Vieweg 1914, und Eibner, Fette Öle, Ersatzmittel und Ölfarben, Abschnitt: Rostschutzfarbenfrage, S. 161.

ungiftig. Die Überlegenheit über Mennige als Rostschutzmittel ist nicht erwiesen. Die aus Kiesabbränden hergestellten Sorten können gebundenen Schwefel enthalten.

Der Handelswert der Eisenmennige richtet sich nach dem Gehalt an Eisenoxyd und nach dem Brenngrade. Mit dem Steigen des letzteren wächst der Gehalt an Eisenoxyd. Gleichzeitig steigt auch das spez. Gewicht. Bei Abwesenheit schwerer Verfälschungsmittel, die durch eine qualitative Prüfung leicht erkannt werden können, gibt daher das spez. Gewicht einen Anhaltspunkt für die Beurteilung des Brenngrades. Hinsichtlich der chemischen Eigenschaften und des Preises würde am besten den Bedürfnissen der Praxis entsprechen ein Material mit dem spez. Gewicht 4,2. Mit dem spez. Gewicht wächst die Säure- bzw. Wetterbeständigkeit, die durch Kochproben mit verdünnten Säuren bestimmt werden kann. Eine feinere Verteilung des Materials, wodurch die Deckfähigkeit einer Anstrichmasse vermehrt wird, ruft keine Verringerung der Säurebeständigkeit hervor. Letztere ist nur vom Grade der Hitze bei der Herstellung abhängig. (Bauche, Zeitschr. f. anal. Chem. **37**, 668; 1898; Fischer, Jahresber. **1898**, 418.)

Englischrot.

Preußischrot, Venetianischrot, Italienischrot, Polierrot, Pompejanischrot.

Unter diesen Bezeichnungen kommen rote Eisenoxydfarben in den Handel, welche in den Tönen von hellem Gelblichrot bis nach Bläulichrot variieren. Sie werden hauptsächlich aus dem Alaun- oder Vitriolschlamm, auch aus Zementwässern hergestellt und finden vorzugsweise als Kalk- und Zementfarben gewerbliche Anwendung, werden aber auch als Künstlerfarben hergestellt. Wegen des häufig vorkommenden Gehaltes an Sulfaten sind sie für Eisenanstrich gegenüber Eisenmennige ungeeignet.

Das Englischrot wird infolge seines außerordentlichen Färbevermögens häufig mit relativ beträchtlichen Mengen von Verschnittmaterialien, zumeist Gips, versetzt (bis zu 80%)[1]). Ist dieser im gebrannten Zustande verwendet, so wird das Englischrot als Wasserfarbe klumpig und dickt ein.

Ein unverschnittenes Englischrot hatte folgende Zusammensetzung:

Wasser	4,35 %
Kieselsäure	11,35 %
Calciumoxyd.	3,0 %
Eisenoxyd	78,4 %
Aluminiumoxyd	2,3 %
SO_3.	0,60 %
	100,00 %

Vom Englischrot ist bekannt, daß es in ähnlicher Weise wie Zinkweiß die Lichtbeständigkeit einer Reihe von organischen Farben, so des Indigo (Church), und besonders von Teerfarbstoffen beeinträchtigt.

[1]) Es kann jedoch in den Ausgangsmaterialien sich schon Gips befinden bzw. dieser aus vorhandener Kreide beim Röstprozesse usw. gebildet werden.

Caput mortuum (Colcotar, Totenkopf). Das älteste Verfahren seiner Herstellung ist die der Calcination des Eisenvitriols, wobei die rauchende Schwefelsäure als Hauptprodukt gewonnen wird (Nordhäuser Vitriolöl). Später wurde der Pilsener Vitriolschiefer hierzu verwendet. Der erhaltene Glührückstand wurde früher gemahlen und kam ohne weitere Behandlung zum Verkauf. Heutzutage bildet er das Ausgangsmaterial zur Herstellung wertvoller Farben von verschiedener Tonart, indem er mit steigenden Mengen von Kochsalz vermahlen und nochmals in Flammöfen auf bestimmte Temperaturen erhitzt wird, wobei auch die Zeitdauer eine Rolle spielt. Bei 2% Kochsalz erhält man gelbrote, bei 4% bräunliche und bei 6% violette Töne.

L. Wöhler und Condrea (l. c.) zeigten, daß auch die Farbe der verschiedenen Sorten von Caput mortuum von der Korngröße abhängig und daher durch Zerkleinern veränderbar ist.

Unter dem Namen Morellensalz werden Eisenfarben in den Handel gebracht, die im wesentlichen ein stark violettstichiges Caput mortuum sind.

Alle erwähnten, roten künstlichen Eisenfarben sind durch größtes Färbevermögen und sehr gute Deckfähigkeit ausgezeichnet. Bei den als Schleif- und Poliermittel (Polierrot) verwendeten Sorten ist Härte neben Feinheit des Pulvers von größter Bedeutung.

Samtbraun ist ein rotbraunes Pulver, das aus Eisenoxyd besteht und durch ein Gemenge von spritlöslichem Rosanilinblau und etwas Fuchsin gefärbt ist (vgl. Dingl. Journ. **308**, 155; 1898). Über den Nachweis der letzteren s. den Abschnitt „Organische Farbstoffe". Vor längerer Zeit wurden Englischrot- und Caput mortuum-Farben vielfach mit Teerfarben geschönt. Ihr Nachweis geschieht durch Befeuchten einer auf Fließpapier befindlichen Farbprobe mit Wasser, Alkohol oder einem Gemisch dieses mit Essigsäure, oder durch Auskochen mit Alkohol und Filtrieren.

Analyse. Die Feuchtigkeit bestimmt man durch Trocknen bei 110° bis zur Gewichtskonstanz. Die weitere Abnahme durch Glühen wird als Hydratwasser in Anrechnung gebracht, sofern nicht Sulfate vorhanden sind. Die Lösung in Säuren verursacht bei vielen Eisenfarben Schwierigkeiten. Sie sind um so schwerer löslich, je stärker sie geglüht sind, und wahrscheinlich je mehr sie Kieselsäure enthalten. Derartige Farben schließt man zur Eisenbestimmung am besten mit Soda auf. Die hellen Englischrote lösen sich bei längerem Kochen in konzentrierter Salzsäure oder Königswasser. An akzessorischen Bestandteilen kommen in Betracht: Mangan, Tonerde, Magnesium, Calcium und Kieselsäure.

Zur Bestimmung geringer vorhandener Mengen Gips verwendet man die saure Lösung nach Abscheidung des Eisens, der Tonerde und des Mangans durch Bestimmung der Schwefelsäure. Bei Anwesenheit größerer Mengen extrahiert man die Probe nach Munkert mit heißer Sodalösung und bestimmt deren Sulfatgehalt. Die Bestimmung etwa vorhandener basischer Eisensulfate in Farben, welche aus Kiesabbränden hergestellt sind und außerdem Gips enthalten, ist auf diese Weise nicht möglich.

Zur Untersuchung von Polierrot werden nach Munkert (Zeitschr. f. angew. Chem. **13**, 593; 1900; Fischer, Jahresber. **1900**, 474) 2 g längere Zeit mit konz. Salzsäure gekocht, nach erfolgter vollständiger Lösung des Eisenoxyds die Masse zur Trockne abgedampft, der Rückstand mit Säure aufgenommen und von der ungelöst bleibenden Mineralsubstanz abfiltriert. Von dem 250 ccm betragenden Filtrat finden 50 ccm nach Ausfällung des Eisens mit Ammoniak zur Bestimmung der Schwefelsäure und weitere 50 ccm zur Ermittlung von Eisenoxyd, Tonerde, Kalk und Magnesia Verwendung. Zur Bestimmung des Kupfers zersetzt man 10 g Substanz mit konzentrierter Salzsäure, filtriert vom Ungelösten ab, reduziert die Eisenchloridlösung bei Säureüberschuß durch unterphosphorigsaures Natrium, fällt darauf das Kupfer mittels Schwefelwasserstoff und bestimmt es auf elektrolytischem Wege (vgl. Bd. I, S. 721).

Die mikroskopische Prüfung des säureunlöslichen Rückstandes (allfällig vorhandene lösliche Kieselsäure kann durch Sodalösung entfernt werden) gibt einen wertvollen Aufschluß über die Art und Beschaffenheit der mineralischen Beimengungen, häufig auch über die Fabrikationsmethode.

Die Lichtbeständigkeit der künstlichen Eisenoxydfarben ist, soweit sie nicht mit Teerfarben geschönt sind, unbegrenzt, ebenso die Mischbarkeit mit anderen Farben. Dagegen haben, wie erwähnt, alle diese Farben wie auch die gebrannten Ocker und Sienaerden und Umbraarten die Eigenschaft, in fetten Ölen spurenweise löslich zu sein. Die Extrakte derartiger Ölfarben sind daher tiefgelb bis braunrot, bei Vorhandensein von Kupfer grünlichbraun gefärbt und bilden eine der Ursachen des Nachdunkelns dieser Farben im Ölanstrich. Seit einiger Zeit wurden auch Äußerungen aus der Technik über einen schädlichen Einfluß der Englischrote auf Teerfarbstoffe bekannt, der in ähnlicher Weise wie beim Zinkweiß bei der Belichtung zutage trete (vgl. S. 755).

Mennige (Minium, Red Lead).

Handelsnamen: Krystallmennige oder rote Mennige, Orangemennige (Goldsatinober, Mineralorange, Pariserrot, Saturnzinnober), Saturnrot.

Die Darstellung von Mennige aus Bleiweiß war schon im Altertum bekannt. Gegenwärtig wird sie fabrikmäßig dargestellt a) durch Erhitzen von Bleioxyd (PbO) in der Form von Massikot (nicht Bleiglätte; vgl. Zerr und Rübencamp, 2. Aufl., S. 519ff.) in Muffelöfen bei Luftzutritt. Das auf diese Weise hergestellte Handelsprodukt führt den Namen Krystallmennige oder rote Mennige.

b) Durch Erhitzen von pulverförmigem Bleiweiß. Die so erhaltene Mennige ist feiner im Pulver, feuriger und teurer als die Krystallmennige und heißt Orangemennige. Sie besitzt auch größere Deckfähigkeit als erstere. Diese wird als stärkster Beschleuniger des Trocknens fetter Öle meist als Material für Ölfarbengrundierung bei Anstrichen auf Eisen, als Dichtungsmaterial für Maschinenteile und zur Herstellung von Kitten verwendet. Die feinere Orangemennige dient hauptsächlich als Farbstoff und heißt in der Verwendung für Künstlerzwecke „Saturnrot“.

c) Weniger häufig ist die Darstellung der Mennige aus Bleisulfat. Dieses wird unter Zusatz von Soda und Natronsalpeter zu dunkler Rotglut erhitzt, wobei die Umsetzung zu Bleicarbonat und Bleioxyd und die Oxydation des letzteren erfolgen.

d) Darstellung aus einem durch Zerstäuben geschmolzenen Bleies erhaltenen fein verteilten Bleioxyd nach Jansen DRP. 291 564.

Die Mennige hat theoretisch die Zusammensetzung

$$Pb_3O_4 = 2\,(PbO) \cdot PbO_2$$

als orthobleisaures Blei mit 9,34% Sauerstoff. Die Handelsprodukte haben Sauerstoffgehalte von 8,34 bis 9,84%.

Über Darstellung, Eigenschaften und Zersetzung der Mennige s. auch Milbauer: Physikalische, chemische und technische Studien über die Mennige: Chem.-Ztg. **33**, 513, 522, 950, 960; 1909 und **34**, 138, 1341; 1910; **36**, 1436, 1484; 1912; **37**, 235; 1913; **38**, 477, 559, 566, 587; 1914; **39**, 858; 1915. Über die Bildung von Mennige durch Lichtoxydation des Bleioxyds vgl. Kaßner, Chem. Zentralbl. **1904**, I, S. 251.

1912 haben Brown und Nees die Ursachen der physikalischen Verschiedenheit von Orange- und Krystallmennige (Saturnrot) zu ermitteln versucht, die sich in solchen der Dichte kennzeichnen (8,32 bis 9,16). Nach Eibner kommen bei Orangemennige spez. Gewichte bis 9,3915; bei Engl. Mennige bis 9,5470 vor. Hiernach hängen diese von der Struktur des Ausgangsmateriales ab, die krystallin oder amorph ist. Bestimmend sind außerdem Bildungstemperatur, Erhitzungsdauer und chemische Zusammensetzung, die den Polymerisationsgrad des Ausgangsmateriales beeinflussen (Journ. of Ind. and Engin. Chem. **4**, 867; 1912). Bei Anwendung von Bleiweiß ergab sich als geeignetste Bildungstemperatur 425 bis 430°. Bei 525 bis 530° erfolgt schon Reduktion zu Bleiglätte. Milbauer (Chem. Ztg. **37**, 97; 1913) fand, daß die Oxydationsgeschwindigkeit des Bleioxydes bei 400° das Optimum erreicht. Bei 500° wird das Produkt sauerstoffärmer. Gute Ergebnisse wurden mit komprimierter Luft erzielt, wenn die Temperatur 460° eingehalten wird (DRP. 247 371). Die Korngrößen bewegen sich zwischen 10—30 μ.

Analyse des Rohmaterials — Bleiglätte, Massikot.

Prüfung auf Verunreinigungen. Kupfer, Wismut, Eisen und Antimon sind schädlich für die Farbe der Mennige (Herting, Chem.-Ztg. **27**, 933; 1903). Über die zulässigen Mengen dieser Verunreinigungen s. Bd. II, 976. Nach Zerr und Rübencamp liegen die Unterschiede beider Stoffe in der physikalischen Beschaffenheit. Bleiglätte oder Silberglätte ist als geschmolzenes, krystallinisches Bleioxyd anzusehen. Es oxydiert sich infolge seiner dichten Beschaffenheit außerordentlich schwer und ist daher zur Darstellung der Mennige ungeeignet, während das ein sehr zartes blaßgelbes Pulver darstellende Massikot an der Luft sehr leicht oxydiert wird. Beide Oxyde müssen sich, wenn rein, ganz in Salpetersäure lösen. Aus dieser Lösung soll Schwefelsäure fast alles ausfällen, so daß beim Abdampfen der vom Niederschlage abfiltrierten Flüssigkeit nach Verdunstung der Salpetersäure und etwas überschüssig zugesetzter Schwefelsäure nur ein ganz unbedeutender Rückstand bleibt. Zum Nachweis von Kalksalzen löst man in verdünnter Salpetersäure bei Vermeidung eines Überschusses, verdünnt die Lösung mit Wasser und sättigt mit Schwefelwasserstoffgas. Im Filtrat darf durch Ammoniak und oxalsaures Ammoniak kein Niederschlag entstehen. Entweichende Kohlensäure beim Übergießen mit Säure weist auf kohlensauren Kalk oder Bleicarbonat hin. Letzteres ist vorhanden, falls im vorhergehenden Versuche kein Kalk gefunden wurde. Die Kohlensäure bestimmt man in einem Kohlensäureapparat. Erdige Teile, Ziegelmehl, Rötel, roter Ocker sind entweder unlöslich in Salpetersäure oder befinden sich in der Lösung nach Abscheidung des Bleies durch Schwefelsäure; das nämliche gilt für Eisenoxyd, das manchmal in der Glätte getroffen wird. Zinnsäure bleibt in dem in Salpetersäure ungelösten Teil, ist jedoch selten in namhafter Menge in der Glätte enthalten. Kupfer weist man durch Digestion einer Probe mit Ammoniak nach. Nach Salzer (Pharm. Zentr. **29**, 645; Zeitschr. f. anal. Chem. **28**, 734; 1889) kommen in der Bleiglätte zuweilen salpetrige Säure und Gips vor.

Analyse der Mennige. A. Prüfung auf Verunreinigungen. Die Mennige wird beim Erhitzen dunkelviolett bis schwarz; beim Erkalten kehrt die ursprüngliche Färbung wieder. Sie ist löslich in Eisessig und in einem Gemisch von Salpetersäure und Oxalsäure oder Zuckerlösung unter Entwicklung von Kohlensäure. Nach Dunnington (Zeitschr. f. anal. Chem. **28**, 338; 1889) verwendet man zur Lösung der Mennige in Salpetersäure das Perhydrol. Vgl. auch Beck, Untersuchung und Wertbestimmung der Mennige; Zeitschr. f. anal. Chem. **47**, 465; 1908. Partheil (Chem.-Ztg. **31**, 941; 1907) schlug zur Löslichmachung Milchsäure vor, weil bei Verwendung von Oxalsäure sich unlösliches Bleioxalat bilden kann. Doch ist dieses Mittel jetzt ebenfalls verlassen und allgemein Wasserstoffsuperoxyd angewendet. Zusätze von Ziegelmehl, Eisenoxyd, Spat usw. werden auf diese Weise erkannt. Nach Opificius (Chem.-Ztg. **12**, 477; 1888) löst sich Mennige außerdem in Salpetersäure vom spez. Gewicht 1,2 und etwas metallischem Kupfer. Verdünnte Salpetersäure, wäßrige Essigsäure bilden Bleisalze unter Abscheidung von Superoxyd. Wenig konzentrierte Salzsäure wirkt ebenso; konzentrierte liefert, im Überschuß angewendet, Bleichlorid und Chlor. Konzentrierte Schwefelsäure zersetzt Mennige unter Sauerstoffentwicklung und Bildung von Bleisulfat. Natronlauge ist ohne Einwirkung. Nach Frühling (Zeitschr. f. angew. Chem. **2**, 68; 1889) soll der beim Behandeln der Mennige mit verdünnter Salpetersäure und Zucker oder Wasserstoffsuperoxyd bleibende unlösliche Rückstand nicht mehr als 1% betragen, wenn die Mennige für pharmazeutische Zwecke verwendet werden soll, während er bis auf 10% steigen kann, wenn es sich um Verwendung zur Herstellung von Ölfarbe, Kitt usw. handelt. Sacher (Chem.-Ztg. **32**, 62; 1908) wendet zur Lösung der Mennige in Salpetersäure an Stelle von Wasserstoffsuperoxyd Formaldehyd an. Ausführung s. Bd. II, S. 976. Nach Beck (l. c.) verwendet man hierzu 30proz. Wasserstoffsuperoxyd. Diese Methode ist auch anwendbar bei der Bestimmung des unlöslichen Rückstandes in sog. Mischmennige, d. h. einer mit Baryumsulfat verschnittenen Mennige. Ausführung der Methode s. Bd. II, S. 976.

B. Bestimmung des Gehaltes an Bleisuperoxyd. a) Maßanalytisch. Die früher verwendete maßanalytische Methode von Lux mit $^{n}/_{4}$-Oxalsäure und Permanganat (Zeitschr. f. anal. Chem. **19**, 153; 1880) liefert nach Beck weniger genaue Resultate als die jodometrische Methode von Topf und Diehl, Zeitschr. f. anal. Chem. **26**, 296; 1887; **53**, 345. Die Ausführung s. Bd. II, S. 976. Über eine Abänderung dieser Methode mittels Anwendung von Kohlensäure s. Beck (l. c.).

Von sonstigen maßanalytischen Methoden sind noch zu erwähnen die Methode von Liebig jr. (Zeitschr. f. angew. Chem. **14**, 828; 1902), wonach 0,5 g der Probe in einem Erlenmeyerkolben mit 25 ccm $^{n}/_{10}$-Thiosulfatlösung und 10 ccm einer ca. 30 proz. Essigsäure versetzt, durch Schütteln gelöst, 10 ccm Jodkaliumlösung (1 : 10) und 2 bis 3 ccm Jodzinkstärkelösung zugegeben und mit $^{n}/_{10}$-Jodlösung zurücktitriert werden. Die verbrauchte Anzahl Kubikzentimeter Jodlösung multipliziert mit 239 ergibt die Prozente PbO_2 in der Mennige. Das Ende der Reaktion ist durch den Umschlag der Farbe des zitrongelben Jodbleies in ein schmutziges Dunkelgelb erkennbar.

Szlerkhers (Ann. Chim. anal. app. **7**, 214; Chem. Zentralbl. **1902**, II, 305) verwendet Natriumnitrit, das mit PbO_2 nach folgender Gleichung reagiert:

$$PbO_2 + 2\,HNO_3 + NaNO_2 = Pb(NO_3)_2 + NaNO_3 + H_2O.$$

5 g Mennige werden mit 100 ccm siedendem Wasser und 5 bis 7 ccm reiner Salpetersäure $^1/_4$ Stunde auf dem Wasserbade erwärmt, auf ca. 50° abkühlen gelassen und tropfenweise mit einem Überschuß einer titrierten Natriumnitritlösung (ca. 1 proz.) versetzt; das unangegriffene Nitrit wird mit $KMnO_4$-Lösung (0,8 proz.) zurücktitriert.

Eine kritische Überprüfung der Methoden geben Chwala und Colle (Zeitschr. f. anal. Chem. **50**, 209; 1911), wobei sie folgende Ausführungsform der Luxschen Methode empfehlen: Auf 1 bis 2 g Bleisuperoxyd gießt man 100 ccm kalte Normal-Salpetersäure und 25 ccm Normaloxalsäure. Man erhitzt bis zu völliger Zersetzung, die nach 10 bis 15 Minuten eintritt. Hierauf titriert man bei 70 bis 80° mit Normal- oder $^{n}/_{5}$-Permanganatlösung, läßt die Hauptmenge rasch zufließen und titriert rasch bis zur Beendigung weiter. Vgl. dazu: Ipiens, (Zeitschr. f. anal. Chem. **53**, 261; 1914), Milbauer u. Pionička (ebenda **53**, 345, 569; 1914); Beck (ebenda **54**, 137; 1915).

b) Gewichtsanalytisch. Forestier (Zeitschr. f. angew. Chem. **11**, 176; 1898) schlägt zur Bestimmung der Mennige Essigsäure vor:

$$Pb_3O_4 + 4\,C_2H_4O_2 = PbO_2 + 2\,Pb(C_2H_3O_2)_2 + 2\,HO.$$

1 g Mennige wird mit 10 ccm Essigsäure von 10° und 20 ccm destilliertem Wasser auf dem Wasserbade während $^1/_2$ Stunde erwärmt. Das ausgeschiedene Bleisuperoxyd wird durch direkte Wägung oder Titration bestimmt.

Tocher (Pharm. Journ. 64, 310; Zeitschr. f. angew. Chem. 13, 392; 1900) empfiehlt folgende Modifikation eines von Sutton angegebenen Verfahrens zur Bestimmung des Gehaltes der Mennige an Bleisuperoxyd:

2,064 g Mennige werden mit 50 ccm N.-Salpetersäure (1,05 spez. Gewicht) kalt behandelt; PbO löst sich und PbO_2 bleibt ungelöst. Erhitzt man nun bis fast zum Sieden und setzt 50 ccm $^n/_5$-Oxalsäure zu, so wird das PbO_2 fast vollständig gelöst; man versetzt nun mit etwas verdünnter Schwefelsäure und titriert mit $^n/_5$-Kaliumpermanganat bis zur bleibenden Rotfärbung. Die Anzahl Kubikzentimeter der verbrauchten Permanganatlösung abgezogen von 50 gibt den Prozentgehalt der Mennige an Bleisuperoxyd an.

Glüht man Mennige im bedeckten Tiegel, so verlieren gute Sorten 2,4 bis 2,6% Sauerstoff; schlechtere weniger, bis herab zu 1,3%.

Schäffer (Journ. Ind. Eng. Chem. 8, 237; 1916) hat eine Schnellmethode zur Analyse von Rot- und Orangemennige angegeben, die sich auf das Verhalten der Mennige zu Salpetersäure und die Zersetzung des PbO_2 durch H_2O_2 gründet. Das Verfahren ist folgendes: 1 g Substanz wird mit 15 ccm HNO_3 vom spez. Gewicht 1,2 behandelt. Nach Verschwinden der Mennigefärbung pipettiert man 10 ccm H_2O_2 zu, hergestellt aus 1 Teil einer 3 proz. Lösung mit 3,5 Teilen Wasser. Nach vollzogener Reaktion wird mit heißem Wasser auf etwa 250 ccm aufgefüllt und mit Permanganat mit einem n-Wert von 0,005 titriert. Zugleich macht man unter den gleichen Bedingungen einen Blindversuch. Die Differenz im Permanganatverbrauch in beiden Fällen ergibt die für die Zersetzung von Pb_3O_4 erforderliche Menge H_2O_2. Eine Tabelle ermöglicht direkte Ablesung der Rechnungsergebnisse: Für 1 g Einwage zeigt je 0,1 ccm Permanganat 0,3058% Pb_3O_4 an bzw. 0,1067% PbO_2. Vgl. West (Untersuchung von Mennige: Zeitschr. f. anal. Chem. 59, 90; 1920. The Philippine Journ. of science 8, A 429; 1913; durch Chem. Zentralbl. 85, II, 588; 1914). Handelsmennige enthält meist einige Prozent PbO neben anderen Verunreinigungen. Zur Bestimmung der unlöslichen Bestandteile behandelt man 2 g mit 100 ccm 10% HNO_3 unter Zusatz von etwas Rohrzuckerlösung, um das PbO_2 zu reduzieren. Das freie PbO wird durch Kochen von $^1/_2$ g Substanz mit 100 ccm 10 proz. $Pb(NO_3)_2$-Lösung ermittelt. Zur Bestimmung des Gehaltes an PbO_2 und gebundenen PbO erwärmt man $^1/_2$ g Mennige $^1/_2$ Stunde mit 100 ccm 10 proz. HNO_3. Das PbO_2 bleibt ungelöst und wird samt den anderen unlöslichen Bestandteilen auf Goochtiegel abfiltriert und gewogen. Zieht man davon den vorher ermittelten unlöslichen Teil der Probe ab, so erhält man den Gehalt an PbO_2. Das Filtrat von diesem Unlöslichen wird mit 20 ccm H_2SO_4 (1 : 5) eingedampft bis zum Auftreten weißer Dämpfe. Nach dem Erkalten wird mit etwas H_2O verdünnt und mit 100 ccm 75 proz. Alkohol das $PbSO_4$ quantitativ abgeschieden. Aus dessen Gewicht ergibt sich der Gesamtgehalt an PbO. Zieht man davon das freie PbO ab, so erhält man die Menge des gebundenen Pb_3O_4.

Der Gehalt der Handelssorten Mennige an Bleisuperoxyd schwankt zwischen 26,32 und 34,89%. Im Handel kommen Verschnittsorten unter den Bezeichnungen „Mischungsmennige“ und „Mennigebeisorten“ vor.

Die Lichtechtheit der Mennige ist nur im Pulver nicht viel größer als die des Zinnobers. Sie schwärzt sich durch Oxydation zu Bleisuperoxyd. Als Ölfarbe ist sie beständig.

Verhalten in Mischung; Zinkweißechtheit. Es war schon im Mittelalter bekannt, daß Mennige (Saturnrot) sich mit Kupferfarbstoffen wie Grünspan nicht verträgt. Dasselbe ist mit den Giftgrünen, Schweinfurtergrün, Scheeles Grün usw., der Fall. Es tritt hierbei wahrscheinlich Bildung von Bleisuperoxyd ein. 8proz. Ausmischungen von Mennige mit Zinkweiß verblaßten innerhalb eines Monats (November) als Wasserfarbe unter Glas und im direkten Sonnenlicht beträchtlich.

Die Mennige beeinflußt von allen mineralischen Farbstoffen die Trockenzeit der trocknenden fetten Öle am meisten (Bleiverseifung). Sie bildet damit rasch sich verhärtende Pasten, die als Kitte zur Dichtung von Maschinenteilen usw. verwendet werden. Die Zweckdienlichkeit der Mennige als Grundiermaterial für Eisenanstriche wird neuerdings nicht mehr in Frage gestellt. Noch Toch nahm an, daß sie das Rosten des Eisens durch Sauerstoffübertragung fördere; doch ist Mennige ein Sauerstoff aufnehmendes Oxyd des Bleis. Nach Janvin geben dagegen die im Meerwasser an Schiffsanstrichen mit Mennige infolge des Kochsalzgehaltes auftretenden galvanischen Ströme Anlaß zum Rosten der Schiffböden. Es ist daher in Frankreich und England die Verwendung der Mennige zu diesem Zwecke untersagt und an deren Stelle die Eisenmennige eingeführt. Neueste Ansichten über Rostschutz durch Mennige vgl. Liebreich: Rostschutz. Eibner: Fette Öle; Abschnitt: Rostschutzfrage, S. 161.

Geschönte Mennige; ältere Zinnoberimitationen kommen heutzutage kaum mehr vor.

Mennige wird heutzutage als Basis für Zinnoberersatzmittel auch deshalb fast nicht mehr verwendet, weil sie die darauf niedergeschlagenen oder mit ihr vermengten Teerfarbstoffe nicht selten mit solcher Heftigkeit oxydierte, daß wiederholt Entzündungen vorkamen.

Über neue Ersatzfarben für Mennige berichtet Weyner (Chem. Ztg. **44**, 51; 1920). Sie bestehen aus mit Teerfarbstoffen gefärbten Bariumsulfat. Zur Verwendung kommt hauptsächlich Croceinorange.

Scharlachrot.

Beinamen: Jodinrot, Jodzinnober, Brillantscharlach, Skarletrot.

Dieser nur als Künstlerfarbstoff und früher hauptsächlich in England in der Aquarellmalerei verwendete Farbstoff ist Jodquecksilber. In der Natur kommt er als Coccinit vor. Das Skarletrot gehört zu den unbeständigsten mineralischen Farbstoffen und ist dimorph (Mitscherlich, Pogg. Ann. **28**, **116**; 1833). Die rote Modifikation ist die bei gewöhnlicher Temperatur beständige und krystallisiert tetragonal. Beim Erhitzen entsteht die gelbe rhombische Form (Frankenheim, Journ. f. prakt. Chem. **16**, 4; 1839). Beide sind enantiotrop, d. h. wechselseitig ineinander überführbar (Lehmann, Krystallphysik I, 167). Die gelbe Modifikation geht selten von selbst, dagegen beim Reiben, Drücken sowie durch Erhitzen unter 120° in die rote über; die Umwandlungstemperatur beider Formen liegt nach Schwarz (Preisschrift, Göttingen 1892) bei 126,3°. Die Entstehung der roten Form aus der gelben erfolgt unter Wärmeabgabe (Weber, Pogg. Ann. **100**, 127). Das Jodquecksilber zeigt direkte Beziehung zwischen der Thermoreaktion und der Lichtreaktion. Es wird durch Belichtung ebenfalls gelb und kann daher zur Aufklärung der rein physikalischen Lichtwirkungen auf Farbstoffe dienen, wie sie u. a. bei den Zinnobern als vorhanden angenommen werden. In Mischung mit Zinkweiß nimmt es schon nach 24 Stunden (November) schwärzlichviolette Färbung an und geht später in die gelbe Modifikation über. Erstere Lichtwirkung ist umkehrbar und kann im Sinne der Gleichung

$$(HgJ)_2 \rightleftarrows Hg_2J + J$$

aufgefaßt werden. Bei längerer Belichtung der Zinkweißmischung tritt Ausbleichen ein (vgl. die Kennzahlen S. 755), also augenscheinlich Oxydation zu jodsaurem Quecksilber.

Beim Zusammenkommen mit metallischem Eisen erleidet das Jodquecksilber Zersetzung unter Bildung von Quecksilber und Jodeisen. Zur Erkennung benützt man die Farbenwandlung beim Erhitzen. Die Reinheit ergibt sich durch die Sublimierprobe oder durch Lösen in Jodkalium.

Zinnober.

Die Gruppe der Zinnober ist ein Schulbeispiel für solche anorganische Farbstoffe, deren Wertbestimmung durch chemische Analyse allein undurchführbar ist. Auch die Stoffbezeichnung „Zinnober“ ist als Sammelname aufzufassen, da es eine Reihe von Zinnobern gibt, die bei gleicher chemischer Zusammensetzung wie die übrigen Sorten im Ton stark verschieden und wegen zu geringer Beständigkeit im Lichte maltechnisch minderwertig sind.

Die Tonverschiedenheit der Zinnober hat lediglich physikalische Ursachen und ist Funktion der Teilchengrößen. Die künstlichen auf nassem Wege hergestellten Zinnober weisen eine weit größere Tonspannweite auf als die auf trockenem Wege erhaltenen. Die natürlichen Zinnober zeigen, soweit sie rein sind, meist helle und mittlere Tonstufen. Die chinesischen sind die dunkelsten. Die Beziehungen zwischen Tonstufe und Lichtbeständigkeit sind von Wichtigkeit und noch nicht scharf umrissen. Folgende Tabelle zeigt die Tonleiter der handelsüblichen auf nassem Wege erhältlichen Zinnober als Wasserfarbentünchen nach Ostwald.

	Kennzahlen		
	Farbton	Weiß-gehalt	Schwarz-gehalt
Zinnober Nr. 000 . .	18	15	00
„ „ 00 . .	21	15	05
„ „ 1 . .	23	10	05
„ „ 2 . .	24	15	05
„ „ 3 . .	25	10	05
„ „ 5 . .	27	20	10
„ „ 6 . .	26	20	10

Der Versuch, die Ursachen der Lichtunechtheit der Zinnober auf rein chemischem Wege, also mit der Anwesenheit von technischen Verunreinigungen, und außerdem durch eintretende Änderung in der chemischen Zusammensetzung des Zinnobers zu erklären, erwies sich als aussichtslos. Daß Zinnober sich am Lichte schwärzen, war schon im Altertum bekannt (Plinius, Vitruv). Das damals empfohlene Schutzmittel des Überzuges mit Wachs beseitigt das Übel nicht.

Die Ursachen des Verdunkelns der natürlichen (Bergzinnober) und künstlichen Zinnober im Lichte sind erst jüngst aufgeklärt. Es wurden nacheinander photochemische und photophysikalische Vorgänge angenommen. Die Annahme des Eintrittes ersterer durch Guibert ist aufgegeben, seit Fuchs (Über Amorphismus, Schweig. Journ. **67**; 1838) nachwies, daß das amorphe gefällte HgS dieselbe chemische Zusammensetzung besitzt wie Zinnober.

Fuchs nahm noch (l. c.) an, daß durch Belichtung des Zinnobers dasselbe amorphe schwarze Schwefelquecksilber entstehe, das man durch Fällen von Quecksilberoxydsalzen mit Schwefelwasserstoff erhält. Eibner fand, daß das durch Erhitzen sublimierter oder auf nassem Wege hergestellter Zinnober entstandene schwarze Sulfid durch Erhitzen mit konzentrierter Kaliumpentasulfidlösung nicht in Zinnober übergeht, während das gefällte HgS auf diese Weise meist relativ leicht umwandelbar ist. Außerdem beobachtete Frankenheim schon im Jahre 1839 ein krystallinisches Umwandlungsprodukt des Zinnobers durch Wärme. Entscheidend für die Erforschung der Ursachen der Schwärzung der Zinnober im Lichte ist die Entdeckung der Dimorphie des natürlichen Schwefelquecksilbers durch Moore, (Journ. f. prakt. Chem. **17**, 319; 1870). Es kommt in zwei krystallinischen Modifikationen vor: Als Zinnabarit (Zinnober hexagonal) und als schwarzer Metazinnabarit (tesseral). Groth fand, daß beide Modifikationen wechselseitig ineinander überzugehen vermögen. (Paramorphismus). Es gibt also auch tesseralen Zinnober und hexagonalen Metazinnabarit. Beide Formen unterscheiden sich bezüglich der spez. Gewichte. Spez. Gewicht des Zinnobers 8,09, des Metazinnabarits 7,67. Beim Übergang in letzteren findet also Volumvergrößerung statt [1]). Es bestehen hier demnach ähnliche Verhältnisse wie bei den enantiotropen Formen des Jodquecksilbers. Die Analogie ist auch insofern vorhanden, als der Metazinnabarit durch Reiben zum Teil in rotes Sulfid verwandelt wird. Dagegen ist das durch Erhitzen von Zinnober erhaltene schwarze Schwefelquecksilber kein Analogon des Metazinnabarits, da es weder durch Reiben noch durch Erwärmen mit Pentasulfid in Zinnober übergeht, sondern erst über der Sublimationsgrenze bei ca. 500° in diesen rückverwandelt wird. Über die Beziehung der Umwandelbarkeit derartiger Stoffe zu ihrem spez. Volumen stellte Spring (Zeitschr. f. anorg. Chem. **7**, 371; 1899) Untersuchungen an. Er konnte gefälltes HgS auch bei hoher Temperatur und gleichzeitigem Druck nicht in Zinnober verwandeln. Sublimierter Zinnober

---

[1]) Nachweisbar nach Chancel.

hatte bei einem spez. Gewicht von 8,1587 bei 15,8° das spez. Vol. 122,569; das gefällte Sulfid bei einem spez. Gewicht von 7,6243 bei 18,3° das spez. Volumen **131,160**. Dagegen stellte Spring durch Erhitzen von Zinnober im Kohlendioxydstrom eine schwarze Modifikation mit dem spez. Vol. 124,385 bei 17° und dem spez. Gewicht 8,0395 dar, die sich schon bei starkem Reiben in Zinnober verwandeln ließ. Das Beispiel: Schwarzes HgS — Zinnober bildet also keine Ausnahme von dem Satze van 't Hoffs über die Zuständsänderungen fester Stoffe durch Druck (Etudes de dynamique chimique; Amsterdam **1882**, 155), doch ist es nicht so einfach, wie jenes der beiden Modifikationen des Jodquecksilbers und nicht durchgehend reversibel. Nach Eibner gibt es mindestens vier schwarze Zustände des Stoffes HgS, den Metazinnabarit, das nach Spring aus Zinnober im Kohlendioxydstrom erhaltene Sulfid, das auf gewöhnliche Weise aus diesem durch Erhitzen erhaltene und das gefällte amorphe.

Andere Umwandlungsbedingungen bestehen beim Digerieren des Quecksilbermohrs, des Gemenges von Quecksilber und Schwefel, das man durch Zusammenreiben beider erhält, und des gefällten HgS mit Kaliumpentasulfidlösung. Hier finden die Übergänge in Zinnober schon bei gewöhnlicher bzw. Wasserbadtemperatur statt. Diese auf nassem Wege hergestellten Zinnober unterscheiden sich nach Eibner von den nach dem trockenen Verfahren erhaltenen bestimmt durch niedrigere Umwandlungstemperaturen beim Übergang in die schwarze Form. Die Zinnober beider Darstellungsarten können also nicht gleich lichtbeständig sein. Die nach dem alten nassen Verfahren hergestellten Zinnober sind daher relativ lichtunecht, die Bergzinnober und auf trockenem Wege hergestellten Zinnober sind relativ lichtecht, aber nicht ausnahmslos, weil sie großenteils auf nassem Wege entstanden.

Nach Schrauf (Jahresber. d. k. k. geolog. Reichsanst. **41**, 358; 1891) beruht die Enantiotropie des HgS auf Polymerie derart, daß entsprechend dem spez. Gewicht des Zinnobers von 8,09 und dem des Metazinnabarits von 7,67 ersterer die Zusammensetzung 21 (HgS) = 7 (Hg_3S_3), letzterer die Formel 20 (HgS) = 10 (Hg_2S_2) besitzt. Nach Spring (l. c.) enthält das Molekül des roten Sulfides bezogen auf gleiche Temperatur die Gruppe (HgS) 15 mal, das schwarze 14 mal. Zu ähnlichen Ergebnissen gelangte K. A. Hofmann auf Grund der verschiedenen Schnelligkeit der Umwandlung von Zinnober bzw. schwarzem gefällten HgS in das weiße Sulfochlorid $HgS \cdot (HgCl_2)_2$. Der Vorgang der Schwärzung der Zinnober durch Wärme bestände demnach in Depolymerisation. (Vgl. Wo. Ostwald, Grundriß der Kolloidchemie.)

Technische Verunreinigungen. Die aus Quecksilber, Schwefel und Pentasulfid auf nassem Wege hergestellten Zinnober enthalten teils freies Quecksilber, teils freien Schwefel. In 108 verschiedenen Zinnobersorten deutscher und österreichischer Fabriken fand Eibner 60% schwefelhaltige und 25% quecksilberhaltige. Außerdem finden sich in allen technisch reinen Zinnobern Spuren von Eisen. Nach

Alsberg soll ein Gehalt an freiem Quecksilber das Schwarzwerden der Zinnober im Lichte begünstigen (Chem. Zentralbl. **1871**, 338). Eibner konnte diese Wahrnehmung nicht machen. Die Quecksilbermengen in Handelszinnobern sind übrigens minimal. Nach Leuchs (Vollständige Farben- und Färbekunde, Nürnberg 1825) soll man quecksilberhaltigen Zinnober durch Digerieren mit verdünnter Salpetersäure lichtecht machen können. Dies ist nicht der Fall. Eibner fand, daß man quecksilberhaltigen Zinnober mit überschüssiger Salpetersäure weiß kochen kann. Es bildete sich das von Heumann schon isolierte weiße Sulfidnitrat $Hg(NO_3)_2 \cdot 2\,HgS$. Näheres siehe Cramp (Journ. f. prakt. Chem. **14**, 299; 1876). Dieses Salz verändert sich im Lichte in ähnlicher Weise wie das weiße Doppelsalz $HgCl_2 \cdot 2\,HgS$, das innerhalb 12 Stunden kohlschwarz wird. Erwärmen eines quecksilberhaltigen Zinnobers mit Salpetersäure erhöht also seine Lichtempfindlichkeit. Dagegen beeinträchtigen die bei technischen Zinnobern beobachteten geringen Schwefelgehalte deren Lichtechtheit nicht. Weder das Ausziehen des Schwefels mit Schwefelkohlenstoff verbessert die Lichtechtheit eines Zinnobers, noch verringert sie zugesetzter Schwefel (Eibner).

Die gegenwärtige Nomenklatur der Zinnober läßt nicht zwischen den auf nassem und den auf trockenem Wege hergestellten unterscheiden. Die Fabrikate werden gewöhnlich nach der Tonart als hell und dunkel gehandelt. Die „Carminzinnober“ sind auf nassem Wege hergestellt. Die häufig zu findende Angabe, daß sie Englischrot enthielten, ist unzutreffend. Dieser Name ist reine Tonbezeichnung. Die Fabrikbezeichnung wird entweder in Zahlen oder Buchstaben ausgedrückt. Unter der Bezeichnung „chinesischer Zinnober“ werden besonders feurige und gut lichtechte auf trockenem Wege hergestellte Zinnober gehandelt.

Analyse. Freies Quecksilber, freier Schwefel und Eisen werden am besten durch Lösen der Zinnober in Kaliummonosulfid (1 : 1) erkannt. Die Lösung ist nach dem Absetzen des Eisensulfides farblos, wenn kein Schwefel vorhanden ist. Ist freies Quecksilber zugegen, so setzt es sich nach einiger Zeit am Boden des Gefäßes als grauer Schleier ab. Freien Schwefel erkennt man an der gelben Färbung der Lösung, die allerdings nach einiger Zeit zurückgeht, da der Schwefel vom Kaliummonosulfid langsam gebunden wird. Dieser kann auch in der üblichen Weise durch Ausziehen mit Kalilauge oder mit Schwefelkohlenstoff nachgewiesen werden, falls er im krystallinischen Zustande vorhanden ist.

Die quantitative Bestimmung erfolgt durch Ausziehen mit Sodalösung und Oxydation zu Sulfat. Zur Ermittlung von fremden Zusätzen wie Spat, Ton, Mennige, Chromrot, Ziegelmehl, Englischrot usw., die übrigens heutzutage kaum mehr vorzukommen scheinen, diente früher die Sublimiermethode. Zum qualitativen Nachweis dieser Verunreinigungen oder absichtlicher Zusätze bedient man sich besser des Einfachschwefelkaliums. Nach dem Filtrieren darf anfangs nicht mit Wasser, sondern nur mit verdünnter Kalilauge gewaschen werden, da sich sonst das entstandene Brunnersche weiße, wasserlösliche Doppelsalz $HgS \cdot K_2S + 5\,H_2O$ unter Abscheidung von schwarzem HgS zerlegt. Sogenannter Sekundazinnober ist auf Spat gearbeitet. Zum Nachweis von Schwefelarsen kocht man mit Natronlauge, säuert mit Salzsäure an und leitet Schwefelwasserstoff ein. Den gebundenen Schwefel bestimmen Jannasch und Lehnert (Zeitschr. f. anorg. Chem. **12**, 129) durch Verbrennen des Zinnobers im Sauerstoffstrom, Auffangen der flüchtigen Produkte in Wasserstoffsuperoxyd, Lösen des übergegangenen Quecksilbers in Königswasser, Verdampfen zur Trockne, Aufnehmen mit Wasser und Salzsäure und Fällen mit Baryumchlorid.

Färbung und Lichtechtheit der Zinnober. Die auf nassem Wege hergestellten Zinnober weisen eine viel größere Reihe von Tönen auf als die nach dem Sublimierverfahren hergestellten und unterscheiden sich von diesen auch durch größere Brillanz. Sie sind daher mehr begehrt. Man erhält auf nassem Wege zahlreiche Helligkeitsstufen und Sättigungsgrade des Haupttones, vom hellsten feurigen Orange bis zum dunklen stumpferen Blaurot. (Vgl. die Kennzahlen S. 799.) Bei der trockenen Darstellung erhält man nur durch Mahlung wenige hellere neben dunkleren Sorten, die durch Schlämmen getrennt werden. Diese Farbenunterschiede sind also auch hier wie bei den Quecksilberoxyden, Eisenoxyden usw. Funktionen der Korngröße und des spez. Gewichtes. Hellste Zinnober: 7,8568; dunkelste 8,0614.

Nach Church (l. c.) und Keim (Techn. Mitt. f. Malerei **23**, 212; 1907) sollen von den künstlichen Zinnobern die hellsten, die am Lichte unbeständigsten sein. Eibner beobachtete an 108 Einzelproben, daß von den auf nassem Wege hergestellten Zinnobern die dunkleren blaustichigen und mitteltonigen Sorten innerhalb derselben Zeit weit stärker nachdunkelten als die hellsten. Die Lichtunechtheit der künstlichen Zinnober ist also nicht abhängig von der Kornfeinheit; hellste 2—10 μ; dunkelste 10—30 μ.

Es wurde erwähnt, daß sich unter den nach dem nassen Verfahren hergestellten Zinnobern die lichtunechtesten befinden. Von 50 Sorten, worunter 3 auf trockenem Wege hergestellte, waren innerhalb 4 bis 5 Tagen 30% sehr deutlich nachgedunkelt. Von 58 Proben größtenteils auf nassem Wege dargestellter Zinnober deutscher und österreichischer Herkunft hatten sich innerhalb eines halben Jahres nur 30% unverändert erhalten; darunter die nach dem trockenen Verfahren hergestellten und einige Bergzinnober. Nach Verlauf eines Jahres waren nur die sublimierten und wenige natürliche Zinnober fast bzw. ganz unverändert. Bei allen Zinnobern wird, nachdem durch Belichtung die erste Verdunkelung eingetreten war, im Dunkeln Zurückgehen auf den ursprünglichen Ton beobachtet. Auch diese Lichtwirkung ist also im Anfang umkehrbar. Ist die Schwärzung einmal stärker geworden, so beginnt sie irreversibel zu werden. (Vgl. Pariserblaue, S. 808.)

Über die Lichtunechtheitsgrade der bekanntesten Sorten auf nassem Wege hergestellter Handelszinnober gibt folgende Tabelle Aufschluß:

Wasserfarben-aufstriche	Unbelichtet		Nach 8 monatiger Belichtung	
Sorte (Handelsbez.)	Kennzahlen	Farbzeichen	Kennzahlen	Farbzeichen
Nr. 000. . . .	18, 15, 00	18 na XII	19, 08, 40	19, ne
„ 00. . . .	21, 15, 05	21 na XII	22, 08, 45	22, ne
„ 1. . . .	23, 10, 05	23 na XII	24, 06, 50	24, ne
„ 2. . . .	24, 15, 05	24 na XII	24, 06, 50	24, ne
„ 3. . . .	25, 10, 05	25 na XII	26, 06, 60	26, ne
„ 4. . . .	26, 15, 10	26 na XII	27, 08, 50	27, ne
„ 5. . . .	27, 20, 10	27 na XII	28, 04, 65	28, ne
„ 6. . . .	26, 20, 10	26 na XII	28, 04, 65	28, ne

Nach Alsberg (l. c.) wird Zinnober beim Überleiten von Dampf rasch schwarz. Nach Heumann (l. c.) wird diese Beschleunigung auch durch Ammoniak und Laugen erzielt. Sie tritt aber auch schon beim Verdunsten von Wasser auf Zinnoberaufstrichen auf. Über Erhöhung der Lichtechtheit der Zinnober im nassen Verfahren bis auf 6 und 10 Jahre: Eibner, Chem. Ztg. **41**, 385, 402, 432; 1917. Lichtwirkungen auf Malerfarbstoffe III. Lichtwirkungen auf Malerfarbstoffe, IV. ebenda **42**, 469; 1918; DRP. 263 472 und 281 483.

Dieses Verfahren stützt sich auf die Erfahrung, daß bei der üblichen Herstellung der Zinnober auf nassem Wege schwarze Modifikationen des HgS von verschiedener Umwandlungsenergie in Rot entstehen und demgemäß diese Zinnober Gemische mehrerer Typen von rotem HgS mit verschiedenen Umwandlungsvermögen in die schwarze Modifikation sind. Erforderlich ist daher, diejenige mit geringster Energie, d. h. höchster Umwandlungstemperatur herzustellen. Solche Zinnober erhält man aus Lösungen von Quecksilbersalzen bzw. den Doppelsalzen des HgS mit K_2S. Die besten dieser Zinnober hielten Belichtung im direkten Sonnenlichte von 4 bis 10 Jahren aus, ohne sich beträchtlich oder überhaupt zu verändern.

Verhalten in Mischung; Zinkweißechtheit. Die vielfachen Angaben über Wechselzersetzung des Zinnobers mit Bleiweiß und anderen Bleifarben beruhen, soweit technisch reines Schwefelquecksilber in Betracht kommt, auf Irrtum. Versuche haben ergeben: 1. Freien Schwefel oder Schwefelalkalien enthaltende Zinnober verfärben sich beim Kochen mit Bleizuckerlösung, sowie beim Erwärmen mit reinem vom Bleizucker befreiten Bleiweiß in Dunkelbraunrot. 2. Entschwefelte Zinnober behalten in gleicher Weise behandelt die Farbe bei. Mischungen von reinen Zinnobern und reinem Bleiweiß in Wasser aufgeschlämmt, veränderten die Farbe innerhalb eines Jahres nicht. Nach 3 Jahren waren sie oberflächlich dunkel geworden, und zwar durch Umwandlung des Zinnobers in die schwarze Modifikation. Ölaufstriche von Mischungen der reinen Farbstoffe hielten sich im Dunkeln innerhalb 16 Jahren unverändert. Es hat hiernach die Fabrikation allerdings ein Interesse daran, Zinnober, welche noch freien Schwefel oder Schwefelalkalien enthalten, der Reinigung zu unterziehen.

Der Eintritt der Verdunkelung der Zinnober im Lichte wird weder durch Mischen mit Bleiweiß, Zinkweiß, Kreide, Lithopon noch durch

Baryumsulfat aufgehoben. Das Zinkweiß übt insofern eine besondere Wirkung aus, als bei hellen Ausmischungen Aufstriche mit arab. Gummi innerhalb 14 Tagen wie die Ausmischungen mit den anderen weißen Farbstoffen deutlich vergrauen, von da ab aber deutliches Verbleichen aufweisen. Es tritt also später Oxydation des Zinnobers unter Mitwirkung des Zinkweiß auf.

Dies ergibt sich aus folgenden Messungen nach Ostwald:

	Kennzahlen		
	Farbton	Weiß-gehalt	Schwarz-gehalt
Helle Zinnoberzinkweißmischung unbelichtet	16	65	15
Nach monatiger Belichtung im direkten Sonnenlichte	16	70	10

Zinnoberimitationen. Die älteren Zinnoberersatzmittel hatten noch die Mennige als Basis. Neuerdings verzichtet man darauf, durch das spez. Gewicht dieser Farben die Täuschung zu erwecken, daß es sich um Zinnober handle. Eine Reihe neuerer und neuester relativ sehr lichtechter roter Teerfarbstoffe (vgl. Helioechtrot, Permanentrote usw.) ermöglichte es, Zinnoberersatzmittel für Anstrich als Signalfarben, für Bunt- und Tapetendruck usw. herzustellen, die bezüglich Lichtechtheit den dort gestellten Anforderungen weitgehend genügen und naturgemäß die Eigenschaft des Schwarzwerdens nicht zeigen. Inzwischen hat sich von den mineralischen Farben das Cadmiumrot hell (s. S. 806) in Öl als Zinnoberersatz für Künstlerzwecke eingeführt.

Antimonzinnober (mineralischer Kermes).

Dieser Farbstoff hat seine frühere Bedeutung in der Malerei verloren, zunächst wohl deshalb, weil die Darstellung eine relativ komplizierte ist und nicht immer der gewünschte Ton erreicht wird. Nach den ersten Beobachtungen von Himly (1842) erhält man durch Einwirkung von unterschwefligsauren Salzen auf Lösungen von Antimonbutter Fällungen, deren Ton von Dunkelorangerot bis Carmoisinrot variieren kann. Die Methode wurde von Strohl, Mathieu Plessy, Kopp, R. Wagner verbessert. Kopp (Dingl. Polyt. Journ. 4, 296) verwandte unterschwefligsauren Kalk, Wagner Lösungen von Brechweinstein, Weinsäure und Thiosulfat.

Nach älteren Anschauungen ist der Antimonzinnober eine allotrope Modifikation des schwarzen Antimontrisulfids (Grauspießglanzerz). (Nach Fuchs, Pogg. Ann. **31**, 518, wird das geschmolzene graue Antimontrisulfid bei raschem Abkühlen amorph und nimmt hyazinthrote Färbung an.) Jetzt wird Antimonzinnober als Oxysulfid von der Formel $Sb_6S_6O_3$ betrachtet. Er hat bei richtiger Darstellung rein rote Farbe ohne Stich ins Gelbe oder Blaue, zieht aber etwas ins Braune. Beim Erwärmen mit Sodalösung und mit Kalkwasser dunkelt er stark nach; ist also nicht kalkecht. Mit Kalilauge wird er gelbrot; beim Erhitzen schwarz, ohne zu sublimieren, und unterscheidet sich hierdurch vom Zinnober. Vom Chromrot unterscheidet sich Antimonzinnober dadurch, daß er nicht, wie dieses in starker Kalilauge löslich ist und beim Digerieren mit Essigsäure nicht gelb wird. Nach Mierzinski (Handbuch der Farbenfabrikation I, 516) ist Antimonzinnober licht- und luftecht. Dies ist unrichtig. Im Wasserfarbenaufstrich blaßt er in wenigen Monaten stark nach hellockergelb aus, wie folgende Kennzahlen zeigen:

	Kennzahlen		
	Farbton	Weiß-gehalt	Schwarz-gehalt
Wasserfarbenaufstrich von Antimonzinnober von Fr. Bayer & Co. unbelichtet	22	06	30
Nach 15 monatiger Belichtung im direkten Sonnenlichte	16	25	30

Cadmiumrote.

Diese kurze Zeit vor dem Kriege in den Handel gekommenen Farbstoffe (Bernh. Neumann, Lehrbuch d. chem. Techn., Leipzig, Hirzel **1912**, **844**) erwiesen sich schon durch die Farbe des Pulvers als verschieden von dem manchmal Cadmiumrot genannten tiefsten Cadmiumorange (Cadmium red). Sie wurden zuerst nur in zwei Tonarten angeboten: Als Cadmiumrot hell und dunkel. Beide Sorten bildeten unscheinbare Pulver, etwa von der Farbe der Pozzuolanerde, gaben aber in Öl angerieben derartig feurig rote Töne, daß diese Farben bald als Zinnoberersatz und Künstlerölfarbe verwendet wurden.

Zusammensetzung. Beide Sorten des älteren Cadmiumrots enthalten nach Eibner (Farbenztg. **13**, 1552; 1908 und Malmaterialienkunde, S. 143) Schwefelcadmium in überwiegender und Selencadmium in geringen Mengen; außerdem Spat als weißen Träger. Das Selencadmium ist die Ursache des Tones dieser Farben. In welcher Weise der rein rote, von jedem Gelbstich freie Ton dieser Farben zustande kommt, war früher unbekannt. Es ist anzunehmen, daß eine chemische Verbindung, isomorphe Mischung, oder feste Lösung von Cadmiumsulfid mit Cadmiumselenid, vorliegt und kein mechanisches Gemenge. [Vgl. das natürliche Vorkommen von Selenschwefel, Schwefelselenzinkquecksilber (Guadalcaparit), Schwefelselenquecksilber (Onofrit).] Versuche haben ergeben, daß der Spat in den alten Cadmiumroten nicht als Verschnittmittel, sondern als Träger vorhanden ist, ohne welchen der betreffende Ton nicht herstellbar wäre. Reines Schwefelselencadmium hat etwa die Farbe des Caput mortuum. Die hellen Sorten des alten Cadmiumrots enthielten ca. 76, die dunklen ca. 58% Bariumsulfat. Die neuesten Fabrikate dieser Art enthalten keinen Spat. Es wirkt also hier das überschüssige Cadmiumgelb tonaufhellend. Je nach Wahl des Trägers und Menge des vorhandenen Selens konnten in der Versuchsanstalt schon im Jahre 1908 Töne von Zinnoberrot bis ins Purpurfarbige hergestellt werden, wie folgende Kennzahlen derselben erläutern:

	Kennzahlen		
	Farbton	Weiß-gehalt	Schwarz-gehalt
Cadmiumsulfidselenid orangefarbig . .	21	10	30
„ „ hochrot	24	06	35
„ „ tiefrot	26	08	55
Reines Selencadmium	29	04	80

Im Jahre 1919 stellten die Farbenfabriken Fr. Bayer & Co. in Leverkusen diese Töne nach D. R. P. 337 992 auf anderem Wege her, indem mit Gemischen der Lösungen eines Sulfides und Selenides, wie Baryumsulfid und Baryumselenid, Lösungen von Cadmiumsulfat oder Chlorid gefällt und die erhaltenen Niederschläge nach dem Auswaschen bei 400—500° geglüht wurden. Bei Gehalten von 120—95 Teilen CdSe auf 100 Teile CdS erhält man hierbei dunkelblaurote Töne; bei 95—60 Teilen CdSe rote; unter 60 Teilen orangefarbige. Diese Farben sollen wesentlich klarer sein als die auf altem Wege erhaltenen.

Als Wasser- und Temperafarbe sind die älteren Cadmiumrote nicht anwendbar, weil diese Bindemittel nicht die nötige Vertiefung des Tones des pulverförmigen Farbstoffes hervorrufen, wohl aber die neuesten.

Qualitative Analyse. Beim Erwärmen mit verdünnter Salzsäure entbinden die Cadmiumrotfarben zunächst Schwefelwasserstoff. Hierauf wird die Farbe schmutzigrot und dann grau, wobei der rettichartige Geruch nach dem sehr giftigen Selenwasserstoff bemerkbar wird. Letzteren erkennt man auch durch das Auftreten weißer Nebel von seleniger Säure beim Anzünden des Gases. Leitet man dieses in Wasser oder wäßrige schweflige Säure, so scheidet sich rotes amorphes Selen ab. Der ältere Farbstoff löst sich bei längerem Kochen bis auf den Spat entweder ganz auf, oder es hinterbleibt neben diesem graues pulverförmiges Selen. Die spatfreien Sorten hinterlassen nur Spuren von Selen.

Quantitative Analyse. Man erwärmt eine abgewogene Probe mit Salpetersäure (spez. Gew. 1,4) bis zum Weißwerden, verdünnt mit Wasser, läßt zwei Stunden stehen, filtriert und bestimmt den Spat. Das Filtrat wird konzentriert und mit Salzsäure eingedampft, bis die Salpetersäure zerstört ist. Aus der verdünnten Lösung wird die Schwefelsäure durch Bariumchlorid und im Filtrate das Selen durch Sättigen mit gasförmiger schwefliger Säure gefällt und nach dem Trocknen bei 105° gewogen. Aus dem Filtrate fällt man nach Vertreiben der schwefligen Säure das Cadmium durch Schwefelwasserstoff, glüht das Sulfid im Schwefelwasserstoffstrom und wägt. Über eine volumetrische Bestimmung der selenigen Säure mittels Permanganat s. Marino (Chem.-Ztg. **33**, 651; 1909).

Lichtechtheit. Die Cadmiumrote scheinen im Lichte ebenso beständig zu sein wie die technisch reinen Cadmiumgelbe. Aquarellaufstriche und Ölaufstriche haben sich innerhalb 12 Jahren nicht verändert.

Verhalten in Mischung; Zinkweißechtheit. Die Cadmiumrote sind ähnlich wie die Cadmiumgelbe unverträglich mit Kupfergiftgrünen. 2proz. Ausmischungen mit Zinkweiß verblaßten als Aquarellaufstriche in einem Monat unter Glas sehr deutlich.

VI. Blaue Farbstoffe.

Von den natürlichen blauen Farbstoffen finden der Lasurstein, (Lapis lazuli) oder das natürliche Ultramarin, dann der Azurit (Kupferlasur, Citramarino) und die Blauerde (Vivianit, phosphorsaures Eisenoxydul) heutzutage so wenig Verwendung, daß von ihrer Besprechung abgesehen wird.

Zu den in der Strichfarbentechnik jetzt gebräuchlichen künstlichen blauen Mineralfarbstoffen gehören die Cyaneisenfarbstoffe, Pariserblaue, (Berlinerblau), Turnbullsblau, die Kupfer- und Kobaltblaue und die blauen Ultramarine.

Pariserblaue. (Berlinerblau.)

Beinamen: Diesbachblau, Pinkertsblau, Cyanblau, Ölblau.

Bezeichnungen für besondere Handelssorten bzw. Beisorten: Stahlblau oder Miloriblau, Bronzeblau, Preußischblau, Sächsischblau, Erlanger-, Zwickauerblau, Fingerhutblau, Braunschweigerblau, Raymondsblau, Luisenblau, Hortensienblau, Antwerpenerblau, Mineralblau (Blauspat).

Die Cyaneisenfarbstoffe stehen an der Grenze zwischen den mineralischen und organischen Farbstoffen. Sie nähern sich nach Entstehung und Eigenschaften den organischen Farblacken.

Analyse. In den meisten älteren Lehrbüchern wurden das theoretische Berlinerblau und die Pariserblaue des Handels noch als identische Stoffe bezeichnet. Parry und Coste, sowie Williamson (The Analyst 1896) machten zuerst darauf aufmerksam, daß die unter den Namen Preußischblau, Pariserblau, Stahlblau, Miloriblau usw. auf dem Markte befindlichen Farbstoffe ausnahmslos kalihaltig sind, während das aus Ferrocyankalium mittels überschüssigen Eisenoxydsalzes in saurer Lösung erhaltene Blau kalifrei ist und im Handel nicht vorkommt. Der Handelsname Pariserblau ist also Sammelname für hinsichtlich Zusammensetzung, Farbton und Beständigkeit nicht unbeträchtlich verschiedene unlösliche Cyaneisenfarbstoffe. Selmi [Nuov. Ann. Science Nat. di Bologna (2) **8**, 404; 1847, vgl. Gurareschi, Francesco Selmi und die kolloidalen Lösungen, Chem.-Ztg. **34**, 1189; 1910] hat die Lösungen der Berlinerblaue als „Pseudolösungen" bezeichnet. Damit sind die löslichen und unlöslichen Cyaneisenblaue in die Klasse der Kolloide eingereiht. Demgemäß fanden auch später Parry und Coste (The Chemistry of pigments; London 1902, 188; Eibner u. Gerstacker: Der Reinheitsbegriff bei Malmaterialien III. s. a. Williams und Chérix: Etude sur les Bleus de Prusse Industrielles; Dissert. Lausanne 1908) in den Handelssorten von Pariser-, Stahl- und Miloriblauen verschiedene Gehalte an „Konstitutions"- und „Hydratwasser". Vgl. hierzu Pelet-Jolivet, Theorie des Färbeprozesses, Dresden **1910**, 219 und K. A. Hofmann a. a. O. Die wichtigsten technisch reinen Handelssorten von Cyaneisenfarben haben nach Pelet-Jolivet folgende Kali- und Wassergehalte:

	Kalium %	Bei 110° zurückbleibendes Wasser
Stahlblau	21	10,5 bis 14
Stahlblau mit Kupferglanz	19,1	26,7
Pariserblau, gewöhnliches	16,8	29,4 bis 37,8
Pariserblau mit Kupferglanz	15,4	33,6
Pariserblau, dunkel	12,25	42
Berlinerblau (theoretisch)	0	28 bis 42

Ähnliche Ergebnisse erhielten Heine (Inaug.-Dissert. München 1904); Chérix (l. c.) und Eibner und Gerstacker (Farbenzeitung **17**, 2272, 2310, 2367, 2420; 1912). Hierbei wurde die Frage erörtert, ob in den Handelssorten von Cyaneisenblauen die Kaligehalte technische Verunreinigungen sind oder konstitutionelle Bestandteile und, wenn letzteres der Fall, welche farbtechnischen Effekte diese und die Wassergehalte ergeben. Zunächst wurde das schon von Heine und Chérix festgestellte Vorhandensein von Beziehungen zwischen den Kali- und Wassergehalten in den einzelnen Blauen bestätigt, dahin, daß einem Höchstgehalt an ersterem ein Mindestgehalt an letzterem entspricht, was sich in folgender Tabelle ausdrückt.

Blaue A.

Handelsname	Wasserverlust bei 110° %	Gesamtwasser %	Bei 110° zurückbleibendes H_2O %	Kaliumgehalt %
Stahlblau 00 hellst	2,21	5,78	3,57	12,12
Stahlblau 00 dunkel	2,42	5,39	2,97	11,80
Stahlblau hell	2,49	6,26	3,77	11,51
Bronzeblau 00 hell	2,57	6,46	3,99	11,38
Bronzeblau 00 dunkel	3,60	6,71	2,91	10,12
Pariserblau 00 extra	4,99	10,40	5,41	9,58
Pariserblau 00 löslich	6,28	10,10	3,82	10,24
Pariserblau 00 extra löslich	6,80	10,20	3,40	10,13

Blaue B.

Handelsname	Wasserverlust bei 110° %	Gesamtwasser %	Bei 110° zurückbleibendes H_2O %	Kaliumgehalt %
Stahlblau hell, hell	2,80	6,08	3,28	11,59
Stahlblau dunkel	3,89	8,17	4,28	9,98
Stahlblau kupfrig	6,45	8,94	2,49	9,47
Stahlblau extra fein	7,11	10,53	3,43	9,04
Berlinerblau löslich	7,13	11,42	4,29	9,16
Berlinerblau unlöslich	7,64	11,50	3,86	8,35
Blau Excelsior	7,73	18,35	10,62	3,40
Blau unlöslich	9,80	24,20	14,40	1,76
Blau löslich	10,66	24,21	13,55	1,86

Hierbei ist das Fallen der Kaligehalte mit steigenden Wassergehalten bei der Sortierung A wenig auffällig; bei der Sortierung B auffallend stark. Die drei letzten Sorten dieser Reihe nähern sich mit den kleinen Kali- und hohen Wassergehalten stark dem theoretischen, kalifreien gefällten Berlinerblau.

Es ergaben sich folgende farbtechnische Beziehungen der Kali- und Wassergehalte dieser Handelssorten von Cyaneisenblauen:

1. Mit dem Kaligehalt steigt die Reinheit des Blautones bis zu dem für Stahlblaue charakteristischen Grünstich. Diese sind also die schönstfarbigen Handelssorten.
2. Mit dem Wassergehalt wächst die Neigung der Blaue, indigoartige, also unreine Tönung anzunehmen. Diese zeigt das kalifreie gefällte Berlinerblau am ausgesprochensten neben dem Turnbullsblau, s. S. 811.
3. Das Färbevermögen dieser Blaue steht im umgekehrten Verhältnis zu ihren Wassergehalten und im geraden zu den Kaligehalten.
4. Die kalireichsten sind in Mischung mit Zinkweiß reintonig blau; im Lichte weit beständiger als die kaliarmen, die sich mit Zinkweiß unschön violett- oder graustichig mischen. Demgemäß erhöht Kaligehalt die Lichtechtheit dieser Blaue und die Schönheit des Mischtones mit Weiß.

Hieraus folgt, daß die Kaligehalte der technischen Cyaneisenblaufarben nicht als technische Verunreinigungen zu betrachten sind, sondern als qualitätverbessernde, konstitutionelle Bestandteile. Also bedeutet das jetzt in der Cyaneisenblautechnik hauptsächlich verwendete indirekte Verfahren der Herstellung aus dem sogenannten „Weißteig" dem Produkte der Fällung von Ferrocyankaliumlösung durch Ferrosalz, durch Oxydationsmittel, welches die Stahl-, Milori- und Bronzeblaue liefert, d. h. die Blaue mit höchsten Kaligehalten, eine technisch wertvolle Verbesserung des alten direkten Verfahrens nach Diesbach der Fällung von Ferrocyankaliumlösung durch Ferrisalz.

Konstitution der Cyaneisenfarben. Trotz zahlreicher Untersuchungen, die in den letzten 20 Jahren besonders von K. A. Hofmann (Ann. **337**, 1; 1904; **340**, 267; 1905; **342**, 364; 1905; **352**, 54; 1907), dann von Erich Müller (Journ. f. prakt. Chem. **79**, 81; 1909; **80**, 153; 1909; **84**, 353; 1911; **89**, 68; 1914; Chem.-Ztg. **36**, 281; 328; 1914), Woringer (ebenda **34**, 78; 1912; Journ. f. prakt. Chem. **89**, 51; 1914) und Eibner und Gerstacker (Chem.-Ztg. **35**, 137, 178, 195; 1912); sowie von Diefenthäler (Berlinerblau und Turnbullsblau; Inaug.-Dissert. Würzburg 1912) ausgeführt wurden, ist die Frage der Konstitution dieser Farbstoffe und der technischen Cyaneisenblaue noch nicht restlos gelöst und kann nach Müller durch chemisch-technische Analyse und chemische Reaktionen allein auch nicht gelöst werden. Für diese Farbstoffe führte Müller eine neue Untersuchungsart ein, wonach nach von Mischungen 0,1 molekularer Lösungen der Komponenten in verschiedenen Volumverhältnissen und nach Absitzen der Niederschläge deren relative Zusammensetzung indirekt durch Titrieren der überstehenden Lösungen ermittelt wird. Hierbei stellt man das Verhältnis von verschieden gebundenem Eisen fest, dann jenes, in dem das gesamte vorhandene Eisen in den Niederschlägen sich in den zwei- bzw. dreiwertigen Zustand teilt.

Diese Untersuchungen ergaben, daß man weder von gefälltem Berlinerblau, noch von Turnbullsblau als von Stoffen mit stets konstanter Zusammensetzung sprechen kann. Es entsteht vielmehr in beiden Fällen eine mit dem Mischungsverhältnis sich ändernde Reihe verschiedenartig zusammengesetzter Niederschläge. Annähernd gleich zusammengesetzte Blaue aus Ferrocyankali und Ferrisalz bzw. Ferrocyankali und Ferrosalz wurden nur erhalten, wenn $FeCl_3$ und K_4FeCy_6 bzw. $FeCl_2$ und K_3FeCy_6 in äquivalenten Mengen einwirkten. Anderenfalls sind Berliner- und Turnbullsblau immer verschieden, aber beide Ferrocyanide. Die von Hofmann (l. c.) angeschnittene Frage, ob Berlinerblau und Turnbullsblau identisch sind, verneint Müller. Der endgültige Beweis für die Ferrocyanidnatur von Berliner- und Turnbullsblau und ihre Verschiedenheit lasse sich erst erbringen, wenn die Löslichkeitsverhältnisse der hier in Betracht kommenden Verbindungen bekannt sind.

Daß frischgefälltes Turnbullsblau nicht identisch mit dem gefällten Berlinerblau ist, zeigten auch Eibner und Gerstacker (l. c.) durch seine indigoblaue Färbung, Unbeständigkeit des Turnbullsblau im Lichte und gegen Zinkweiß, während Berlinerblau rein blau gefärbt und im Lichte sowie im Zinkweiß beständig ist.

Die Konstitution der gefällten Berliner- bzw. Turnbullsblaue aufzuklären, hat heutzutage keinerlei praktisches Interesse mehr, weil diese Farbstoffe wegen unzulänglichen maltechnischen Eigenschaften im großen nicht mehr hergestellt werden. Interesse beansprucht dagegen die Aufklärung der Zusammensetzung der Handelssorten von Stahl-, Milori- und Bronzeblau usw. Da hier der sogenannte Weißteig, das Fällungsprodukt aus Ferrocyankali und Ferrosalz, das Ausgangsmaterial ist und dieses wegen seiner weißen Färbung in bezug auf die darin vorhandenen Eisenstufen eine konstante Zusammensetzung haben muß, so wird sich die Konstitution der hieraus durch Oxydation erhältlichen Blaue leichter feststellen lassen als jene der aus Lösungen von Salzen mit verschiedenen Eisenstufen gefällten Niederschläge.

Die Färbungen der Cyaneisenblaue sind offenbar durch Ungleichheit der Oxydationsstufen des Eisens im intra- und extramolekularen Teil des Mols verursacht, nachdem der Weißteig und wahrscheinlich das Berlinergrün von Meßner (Zeitschr. f. anorg. Chem. **9**, 127; 1895; Eibner und Gerstacker, Chem.-Ztg. **37**, 157, 178, 195; 1913) das intra- und extramolekulare[1]) Eisen in je gleichen Stufen enthalten.

Das Gasblau ist ein aus der Gasreinigungsmasse erhaltenes ammoniakhaltiges Cyaneisenblau.

Bock erwähnt (Zeitschr. f. angew. Chem. **29**, I, 166; 1916), daß Turnbullsblau keine technische Bedeutung mehr hat und Berlinergrün in der Blaufarbenindustrie nur bei fehlerhafter Fabrikation nach dem indirekten Verfahren entsteht. Die Bezeichnung „Pariserblau“ solle vermieden werden.

[1]) Bei Cyaneisenblauen zwischen intra- und extramolekularem Eisen zu unterscheiden, ist nicht sachgemäß. Richtig wäre, zwischen Eisen im komplexen Ion und im einfachen zu unterscheiden.

Über lösliches Berlinerblau vgl. VI. Aufl. 4. Bd., S. 552.

In der Maltechnik darf es keine Anwendung finden, da es das Papier anfärben würde. Doch kommen unter den Preußischblau-Aquarellfarben solche vor, die in Wasser fast völlig kolloidal löslich sind.

Physikalische Eigenschaften der Handelssorten von Cyaneisenfarbstoffen. Die als Pariserblaue bezeichneten Sorten kommen in tiefblauen, vierkantigen, länglichen, sehr dichten und harten, schwer brechbaren Stücken in den Handel und zeigen starken Kupferglanz, sowohl außen als auch auf frischen Bruchflächen. Dieser Glanz soll namentlich durch die Art des Trocknens (zuerst langsam bei gewöhnlicher Temperatur, dann bei 75 bis 90°) erzielt werden. Doch scheint auch Pressung angewendet zu werden. Nach Zerr und Rübencamp werden diese Sorten meist nach dem direkten Verfahren hergestellt. Spez. Gew. 1,9515; Teilchengröße: 98% $< 1\,\mu$.

Die Stahlblau oder Miloriblau genannten Farbstoffe bilden matte vierkantige Stücke von weit hellerer Farbe als Pariserblau. Erstere sind heller als letztere; beide wenig dicht, leicht brechbar und zerreiblich. Beim Reiben nehmen sie nur sehr unvollkommenen Kupferglanz an. Diese Sorten werden ausschließlich nach dem indirekten Verfahren hergestellt. In der Mitte zwischen den beiden ersten Sorten stehen die Bronzeblaue. In den Nuancen bestehen deutliche Unterschiede zwischen den einzelnen Fabrikaten. Neben den typischen grünstichigen Blauen kommen Sorten mit Violettstich vor und mit stumpfen Tönen. Je höher die Kaligehalte, desto schöner und grünstichiger sind die Sorten. Das Färbevermögen der Cyaneisenfarben ist außerordentlich groß. Sie werden hierin von keinem mineralischen Farbstoff erreicht. Andererseits besitzen sie geringeres Färbevermögen als die meisten blauen Teerfarbstoffe. Außerdem kennzeichnet sich ihr Charakter als Lackfarbstoffe durch ausgesprochene Lasurfähigkeit, die aber in dickeren Schichten infolge der starken Lichtabsorption dieser Farbstoffe verlorengeht.

Lichtechtheit. Die Lichtempfindlichkeit der Ferrocyanverbindungen ist seit langer Zeit bekannt. Über die Veränderlichkeit des gelben Blutlaugensalzes berichtete zuerst Scopoli in Crell, „Die neuesten Entdeckungen in der Chemie", 8, 1; 1783, wonach eine mit Essigsäure versetzte Lösung dieses Salzes im Lichte Berlinerblau abscheidet. Im Jahre 1801 erwähnte Desmortiers in einer Abhandlung, betitelt: Recherches sur la décolorisation spontanée du bleu de Prusse in Gilberts Ann. X, 363, daß Berlinerblau im Lichte bei Lichtabschluß, d. h. in Nußöl angerieben, das mit Wasser bedeckt war, die Farbe verlor und weiß wurde. An der Luft kehre die Farbe wieder zurück. Dies scheint die früheste Beobachtung einer umkehrbaren Lichtreaktion bei Malerfarbstoffen zu sein. Neuerdings wurde Bleichung der Pariserblaue bei damit gefärbtem Linoleum beobachtet. (Fritz, Chem. Umschau 27, 242, 1921.) Auch hier handelt es sich nicht um Lichtunbeständigkeit dieser Farbstoffe an sich, sondern um Einwirkung des Ölbindemittels unter gleichzeitiger Lichtwirkung. Ferner beobachteten Berthollet 1803, Link und Heinrich 1808, Schönbein 1846, Herrschel und

Chevreul 1849 Veränderung dieser Farbstoffe im Lichte. Abney gibt in Phot. Mitt. Juli 1889 an, daß Pariserblaue auch im luftverdünnten Raume bleichen. Church hält ihre umkehrbare Lichtwirkung für unaufgeklärt. Dies ist nicht der Fall. Es handelt sich um Reduktion zu Berlinerweiß. Die Bleichung kann durch Behandlung der Anstriche mit feuchtem Chlor, Salpetersäuredämpfen und anderen sauren Oxydationsmitteln sofort aufgehoben werden unter Rückbildung eines Blaus. Diese Lichtwirkung ist also eine chemische, bei welcher das Wasser beschleunigend wirkt. In der Tat beobachtete Church, daß die Luftfeuchtigkeit von größtem Einfluß auf das Verhalten der Pariserblaue im Lichte ist. Umfassende Versuche englischer Forscher, wie Reynold, Russel und Abney, Andrew, Rood, Hartley, Winsor und Newton, dann solche des Burlington Fine Arts Club usw. ergaben, daß die Pariserblaue als Aquarellfarben und im unausgemischten Zustande unter normalen Feuchtigkeitsverhältnissen einen mittleren Grad von Lichtechtheit zeigen. Church fand dagegen, daß ein Aquarellaufstrich in trockener Luft in 4 Jahren seine volle Intensität beibehielt, aber mit gewöhnlicher Luft in einer Glasröhre eingeschlossen innerhalb 13 Monaten von der Intensität 10, gemessen mit dem Lovibondschen Tintometer, auf die Intensität 1 herabging und meergrün wurde. Church beobachtete auch, daß lösliche Pariserblaue unbeständiger im Lichte sind als unlösliche. Dagegen war ein Ölfarbenaufstrich in 5 Jahren nur etwas grünlich geworden und hatte nur $^1/_{10}$ der ursprünglichen Intensität verloren. Eibner beobachtete bei Pariserblau - Künstlerwasser - Farben unter Glas innerhalb $2^1/_2$ Jahren keine Abnahme der Intensität. Bei 19 verschiedenen Handelssorten von Pariserblauen wurde innerhalb 8 Monaten nur in einem Falle geringe Abnahme der Tonstärke beobachtet.

Zinkweißunechtheit der Pariserblaue. Nach Church sollen unter den Cyaneisenblauen noch Turnbullsblau enthaltende vorkommen. Außerdem findet man teilweise lösliche Sorten. Hiernach erklären sich die über die technischen Cyaneisenfarben verbreiteten, nicht ganz übereinstimmenden Ansichten hinsichtlich Lichtbeständigkeit. Eibner fand, daß es keinen bunten Farbstoff gibt, der von Zinkweiß und Titanweiß unter denselben Bedingungen derart rasch im Lichte verändert würde, als die Cyaneisenblaue. 0,5-, 2-, 4-, 8-, 16-, 32- und 64proz. Ausmischungen aller bekannten Handelssorten von Pariserblau, Stahlblau, Miloriblau usw. mit Zinkweiß verblaßten unter Glas im direkten Sonnenlichte (August 1911) innerhalb 2 Stunden auf ca. halbe Intensität und vergrünten gleichzeitig sehr stark. Das Zurückgehen der Bleichung im Dunkeln hängt von der Stärke des Tones und der Dauer der Belichtung ab. Hellere Mischungen gehen erst nach 4 Monaten im Ton auf die ursprüngliche Stärke zurück, doch bleibt der Grünstich stets bestehen. Daß diese intensiven Veränderungen nicht ausschließlich durch Kondensation des Wasserdampfes der Luft zwischen den Glasplatten (Church) zustande kommen, sondern daneben als spezifische Wirkung des Zinkoxyds aufzufassen sind, ergibt sich zunächst daraus, daß nicht mit Glas bedeckte Proben in derselben Zeit stärker ausblaßten als die unter Glas befindlichen. Es handelt sich also hier wahrscheinlich um eine durch das Zinkweiß erhöhte Wirkung der ultravioletten Strahlen. Das Zurückgehen der Bleichung erfolgt bei den ohne Glasbedeckung belichteten Mischungen rascher als nach der Belichtung unter Glas. Sodann wurde ähnlich wie bei anderen Farbstoffen beobachtet, daß Mischungen der Pariserblaue mit Bleiweiß, Spat, Lithopon und Kreide unter den gleichen Bedingungen viel weniger leiden als Ausmischungen mit Zinkweiß und Titanweiß. Doch ist der Schutz, den diese Verdünnungsmittel den Pariserblauen gewähren, geringer als bei anderen bunten Farbstoffen.

In Ölaufstrichen sind die zerstörenden Wirkungen des Zinkweiß auf Pariserblaue geringer als bei Anwendung wasserlöslicher Bindemittel. (Vgl. Fritz l. c. und unter: Titanweiß.)

Verträglichkeit in Mischung, Ölechtheit. Mischungen von Pariserblauen mit Caput mortuum oder Zinnober dunkeln in Öl nach. Wahrscheinlich handelt es sich hier nicht um chemische Veränderungen, sondern um Trennung der Gemische nach dem spez. Gewichten der Farbstoffe. Von gleichtonigen Aufstrichen von Mischungen von Pariserblau und Zinnober in Leinöl bzw. Öllack dunkelten nur erstere beim Trocknen nach. Hier hatte der Zinnober Zeit, sich vom Pariserblau nach dem spez. Gewichte zu trennen. Es kommt hierbei außerdem noch die starke Öllöslichkeit vieler Sorten von Pariserblau in Betracht, welche Diffusionserscheinungen verursachen kann. Ätherische Aufschlämmungen von Pariserblauölfarbe zeigten nach $^1/_2$jährigem Stehen noch keine Flockung. Doch scheinen diese kolloidalen Lösungen gröbere Verteilungen zu enthalten als andere, da sie nicht durchs Filter gehen. Daher tritt auch die Erscheinung des Blutens von Pariserblauen in Öl nicht störend auf. Es wurde beobachtet, daß zwischen Pariserblauen und hellen Cadmiumgelben geringe Wechselwirkung unter Bildung von Rhodaniden bzw. von Ferrocyankalium eintreten kann. Ersteres war bei einem oxalathaltigen, letzteres bei einem cadmiumcarbonathaltigen Cadmiumgelb der Fall.

Über einen wichtigen Fall von Unverträglichkeit der Cyaneisenfarben mit Chromgelben wurde von E. Renkwitz (Farbenztg. **28**, 1066; 1923) berichtet. (Vgl. im Abschnitt: Unverträglichkeit der Farbstoffe in Mischung miteinander S. 705.) Diese Art von Unverträglichkeit ist rein chemischer Art, vom Licht unabhängig und einseitiger Art; d. h. die Cyaneisenfarben geben die Veranlassung dazu. Es wurde ermittelt, daß sie in feuchter Luft bei 135° anfangen, sich unter Entbindung von Cyan zu zersetzen. Doch beginnt die Reaktion erst von 195° an, exothermisch zu werden. Bei 230° erfolgte gewöhnlich ruhige Entzündung unter Entwicklung von Ammoniak und Kohlensäure. Technische Verunreinigungen üben auf den Reaktionsverlauf keinen wesentlichen Einfluß aus. Dagegen wirken Farbstoffe, die Oxydationsmittel sind, wie Chromgelbe beschleunigend. Daher zersetzen sich reine, unverschnittene Chromgrüne beim trockenen Kollern in explosionsartiger Weise.

Kalkechtheit. Alle Cyaneisenfarben werden durch Alkalien fast sofort zerlegt; die typischen Pariserblaue unter Bildung von Eisenoxydhydrat und Ferrocyankalium. Diese Reaktion dient zum qualitativen Nachweis dieser Farbstoffe. Gelöschter Kalk verhält sich ebenso, nur reagiert er langsamer. Die Pariserblaufarben und alle Mischfarben wie Chromgrüne und Zinkgrüne sind in der Kalk-, Fresko- und Mineralmalerei unverwendbar. Sie sind kalkunecht.

Verschnittsorten sind die jetzt unter den Namen Berlinerblau, Preußischblau, Mineralblau und früheren Namen wie Hamburgerblau, Fingerhutblau, Neublau, Erlangerblau im Handel befindlichen Sorten, welche Zusätze von Ton, Spat, Zinkweiß, Magnesia, Bologneser Kreide, Gips usw. enthalten. Sie bezwecken teils Verbilligung, teils Aufhellung des Tones bzw. Herstellung der Deckfähigkeit, z. B. bei Mineralblau. Über Blauspat s. u. Chromgrüne, S. 842. Daß diese Farbstoffe als Wasser-, Leim- usw. Farben nicht die Lichtbeständigkeit der unversetzten Pariserblaue haben können, geht aus dem Abschnitt „Zinkweißechtheit" hervor.

Antwerpenerblau ist ein Gemenge von Ferrocyaneisen mit Ferrocyanzink. Es hat violette Nuance und ist stumpfer, deckender als Pariserblau und weniger lichtecht als Cyaneisenkalifarben. Waschblau ist ein mit Stärkemehl versetztes lösliches Pariserblau.

Gesamtanalyse. 1. Technisch reine Pariserblaue. Parry und Coste, The Analyst, Sept. 1896, veraschen den Farbstoff, lösen die gewogene Asche in Salzsäure, reduzieren das Eisen mit Zinnchlorür und bestimmen es mit Permanganat; das Aluminium aus der Differenz. Das Alkali bestimmen sie im Filtrate nach Vertreiben der Ammonsalze durch Titration mit Silbernitrat. In einer anderen Portion des Filtrates wird die Schwefelsäure bestimmt. Aus den erhaltenen Zahlen — den Gewichten der Alkalisalze der Salz- und Schwefelsäure — konnten sie feststellen, daß das Alkalimetall in allen Fällen fast ganz als Kalium oder Natrium, nie aus beiden Metallen gemischt vorhanden war. Eine andere gewogene Menge des Farbstoffes wurde einige Zeit mit Pottasche gekocht; das erhaltene Eisenoxydhydrat getrocknet, geglüht und gewogen. Das Gewicht desselben multipliziert mit 0,7 ergibt das extraradikale Eisen. Parry und Coste fanden in den meisten Pariserblauen geringe Mengen von Aluminium (1 bis 3%). Sie erwähnen, daß dies nicht als Fälschung zu betrachten ist, da man bei der Darstellung häufig Alaun zusetzt, damit sich der Niederschlag rascher absetzt und kompakter wird. In einigen Fällen enthielten die Farbstoffe auswaschbares Ferrocyankalium. Der Stickstoff wird nach Dyer (Chem. Soc. Journ. **1896**, 811) nach der Kjeldahl-Gunning-Arnoldschen Methode bestimmt. Hierbei soll die Schwefelsäure nicht geschwärzt werden; findet Färbung statt, so sind nach Parry fremde organische Stoffe vorhanden.

Die Bestimmung der Feuchtigkeit wird bei 100° vorgenommen. Den Gesamtwassergehalt bestimmt man nach Williamson durch Verbrennung mit chromsaurem Blei. Nach Parry und Coste soll ein reines Pariserblau ca. 20% Stickstoff und 30% Eisen berechnet auf trockene Substanz haben. Ein „trockenes" Blau soll unter 7% Wasser besitzen.

Zur qualitativen Probe auf Alkaligehalt wird nach Church der Farbstoff verascht und der wäßrige Auszug mit Curcumapapier geprüft.

Enthält ein Pariserblau Ferrocyankalium, so erscheint dieses in der Asche auch als Cyankalium. In diesem Falle rät Church, mit heißer verdünnter Salzsäure auszuziehen und so das Ferrocyankalium in Lösung zu bringen. Nach Zerr und Rübencamp enthalten die Miloriblaue manchmal Zinnverbindungen.

2. Verschnittene Pariserblaue. Zum Nachweis der Verschnittmaterialien benützt man u. a. das Verhalten der Ferrocyanide gegen Alkalien, indem man entweder das erhaltene abfiltrierte Eisenoxydhydrat in Schwefelsäure löst und die reduzierte Lösung mit Permanganat titriert oder das entstandene Ferrocyankalium nach der Hurterschen, von Lunge und Schäppi modifizierten Methode (siehe Bd. I, S. 917) ermittelt und in beiden Fällen den gefundenen Gehalt an Farbstoff mit demjenigen eines technisch reinen Pariserblau vergleicht, oder indem man nach Dittrich und Hassel (Ber. **36**, 1932; 1903. S. auch: Coffignier, Bull. Soc. Chim. Paris [3] **31**, 391; Chem. Zentralbl. **1904**, I, 1297) in folgender Art verfährt: Das zu untersuchende Blau wird durch Kochen mit reiner Natronlauge in Eisenhydroxyd und Ferrocyannatrium zerlegt. Wenn alles umgewandelt ist, filtriert man vom Eisenhydroxyd ab, wäscht gut aus, fügt zu dem Filtrat ca. 30 bis 40 ccm Ammoniumpersulfatlösung (10 proz.), säuert mit verdünnter Schwefelsäure an und erwärmt, bis alles Ferrocyannatrium zerstört ist. Die beiden Eisenniederschläge müssen natürlich, da ihnen viel Alkali anhaftet, wieder gelöst und noch ein zweites Mal gefällt werden.

Zum qualitativen Nachweis mineralischer Beimengungen zerstört man nach Bolley-Stahlschmidt zuerst die Cyanverbindungen, indem man 2 g Pariserblau mit dem gleichen Gewichte salpetersauren und dem dreifachen Gewichte schwefelsauren Ammoniaks mengt und das Gemenge in einer kleinen tubulierten und mit einer Vorlage ohne alle Dichtung verbundenen Retorte erhitzt. Alle basischen Körper mit Ausnahme des Ammoniaks bleiben in der Retorte zurück. Der Rückstand wird in schwach salzsaurem Wasser unter Erwärmen gelöst. Hierbei bleiben Spat, Ton, Gips und Sand ungelöst zurück. Der Nachweis der einzelnen Bestandteile der salzsauren Lösung sowie der im unlöslichen Rückstande enthaltenen Stoffe erfolgt nach bekannten Methoden.

Blaue Kupferfarben.

Diese künstlichen Farbstoffe sind im wesentlichen Kupferoxydhydrat, dessen heller etwas grünstichiger Ton durch die Art der Fabrikation entsteht. Sie sind zumeist im Kalk haltbar, daher der Name Kalkblau; dagegen als Ölfarben nicht anwendbar, weil sie im Öl vergrünen (Bildung von fettsaurem Kupfer). In den letzten Jahrzehnten wurden sie durch das Ultramarin und besonders in Deutschland durch die blauen Teerfarblacke stark zurückgedrängt. Sie werden noch zu Außenanstrichen, in der Stuben- und Leimmalerei verwendet.

Bergblau. Diese Bezeichnung wurde von dem Mineral Kupferlasur (Azurit) auf das Kunstprodukt übertragen, obwohl dieses nicht die Zusammensetzung des ersteren besitzt. Es liegt also hier falsche Herkunfts- und Stoffbezeichnung vor.

Kalkblau. Auch diese Farbe besteht aus Kupferoxydhydrat, dem Kalk beigemischt ist. Das in länglichen rechteckigen Stücken in den Handel kommende Kalkblau wird Neuwiederblau genannt. Der Name Kalkblau wurde neuerdings auf die kalkbeständigen blauen Teerfarblacke übertragen.

Bremerblau. Als Verschnittmaterialien kommen bei diesen Kupferfarben Gips, gemahlener Bimsstein, Infusorienerde usw. vor. Die Analyse wird nach bekannten Methoden ausgeführt und bezieht sich auf den Kupfer- und Wassergehalt wie auf die Menge der Zuschläge.

Ölblau. Da alle genannten blauen Kupferfarben in Öl nicht anwendbar sind, hat sich diese Farbe, welche eine besondere Art von Schwefelkupfer ist, eingeführt. Diese Farbe ist auch gegen Schwefelwasserstoff unempfindlich, kann aber nur in Öl verwendet werden, da sie sich in anderen Bindemitteln oxydiert.

Blaue Kobaltfarben.

Diese teilweise schon im Mittelalter bekannten Farben unterscheiden sich von den übrigen anorganischen Grundfarben durch das Fehlen feststehender prozentischer Zusammensetzung der konstituierenden Bestandteile. Sie sind im wesentlichen durch Kobaltoxydblau gefärbte Glasflüsse bzw. Tonerde (Kobaltaluminate mit Tonerde) und nähern sich daher den natürlichen Substratfarben (Ockern usw.). Zu ihrer Herstellung dienen die unter dem Namen Zaffer bekannten gerösteten Kobalterze oder Kobaltsalze.

Smalte.

Beinamen: Eschel, Streublau, Sächsischblau, Königsblau, Kaiserblau, Azurblau.

Diese Farbe wurde schon um die Mitte des 16. Jahrhunderts von Schürer hergestellt und ist ein kalihaltiges Kobaltsilikat, das durch Zusammenschmelzen von Zaffer mit Quarzsand und Pottasche im Glasofen erhalten wird. Die Pottasche ist hierbei nicht durch Soda ersetzbar, weil Kobaltnatrongläser nicht einen rein blauen, sondern ins Rötliche ziehenden Farbstoff liefern. Die Smalte enthält ca. 65 bis 72% Kieselsäure, 2 bis 7% Kobaltoxydul, 2 bis 22% Kali und Natron und ca. $^1/_2$ bis 20% Tonerde. Außerdem finden sich darin noch kleine Mengen von Kalk, Eisen und Nickeloxydul. Letzteres ist schädlich, weil die Farbe dadurch einen violetten Ton annimmt (es bekommt einen Fuchs). Wismut macht die Farbe grünlich, Eisen schmutzig. Arsenige Säure, die früher absichtlich zugesetzt wurde, weil hierdurch die Farbe schöner ausfällt, kommt ebenfalls in der Smalte noch vor. Eine Smalte ist auch das sogenannte Ägyptischblau der sächsischen Blaufarbenwerke, während das antike Ägyptischblau, das sich u. a. in pompejanischen Wandmalereien findet, eine Kupferfritte ist (vgl. Cöruleum). Smalte deckt, da sie eine Art von Glas ist, schlecht.

Über Smalte als Glas- und Glasurfarbe vgl. Rose, Die Mineralfarben 277. Über Ägyptischblau vgl. Bock, Zeitschr. f. angew. Chem. **29**, (1), 281; 1916.

Smalte ist durch Ultramarin und Kobaltblau zurückgedrängt und wird fast nur mehr in der Porzellanmalerei verwendet. Von Säuren wird sie wenig angegriffen, ist dagegen gegen Alkalien und Wasser wie alle Gläser nicht ganz beständig. Vom Kobaltblau unterscheidet sie sich u. a. dadurch, daß sie schmelzbar ist. Über die Analyse siehe Kobaltblau.

Kobaltblau.

Beinamen: Leithners Blau (Leydener Blau), Thénards Blau, Gahns Ultramarin, Wiener Ultramarin, Kobaltultramarin, Chemischblau, Königsblau, Kaiserblau, Azurblau.

Kobaltblau wurde im Jahre 1795 von Josef Leithner in der Wiener Porzellanfabrik zuerst hergestellt.

Die Kobaltblaue werden in Lehrbüchern meist als Kobaltaluminate bezeichnet. Dies ist nicht ganz zutreffend, da die Handelssorten von Kobaltblau je nach der Nuance verschiedene Gehalte an Kobalt (zwischen 19 und 30%) aufweisen, deren höchster den für Kobaltaluminat theoretischen zu 36,6 nicht erreicht. Es nähern sich daher auch die Kobaltblaue den natürlichen Trägerfarbstoffen. Ferner sind die aus Phosphaten hergestellten Kobaltblaue anders zusammengesetzt als die ohne dieselben erhaltenen. Es gilt demnach die Bezeichnung als Aluminate nur annähernd für die dunkleren ohne Phosphorsäure hergestellten Sorten. Stein (Dingl. polyt. Journ. **201**, 420) betrachtet die Kobaltblaue als molekulare Mischungen von Tonerde mit Kobaltoxyd. (Vgl. Ultramarine.) Burgstaller suchte 1912 Beweise für die Auffassung von Storch zu finden, daß diese blauen Farben feste Lösungen seien, in welchen das Kobalt in einer ähnlichen Form vorhanden sei wie in den wasserfreien und komplexen blauen Salzen, also Ionenfarbe zeige. Näheres: Rose, Mineralfarben 286.

Hedvall (Archiv för Kemi etc. 5, Nr. 16) erhielt ein blaues Aluminat von der Zusammensetzung Al_2O_3CoO und hält die Handelsfarben von Kobaltblau für Mischungen dieses Kobaltaluminates mit überschüssiger Tonerde.

Eigenschaften. Im Handel kommen gewöhnlich zwei Sorten von Kobaltblau vor, eine dunkle und eine helle. Sie unterscheiden sich, wie erwähnt, durch den Gehalt an färbendem Prinzip. Spez. Gew. hellster Sorten: 3,4264; dunkelster: 3,7142. Die Kobaltblaue sind in verdünnten Säuren und Alkalien unlöslich und werden nur von schmelzendem Alkali zerlegt. Die Deckfähigkeit ist gering. Bei künstlicher Beleuchtung erscheinen sie ähnlich den blauen Ultramarinen schmutzig-violett. Sie finden in der Kunstmalerei als Wasser-, Öl- und Porzellanfarben sowie im Banknotendruck Anwendung, da ihr Ton auf photographischem Wege nicht reproduziert werden kann. Sie sind vollkommen luft- und lichtbeständig. Nur mit Zinkweiß als Wasserfarbe verblaßt auch dieser so beständige Farbstoff innerhalb zwei Monaten deutlich.

Analyse. Nach Munkert, Normalfarben, Stuttgart **1907**, 116 reduziert man den Farbstoff bei Abwesenheit von Phosphor- und Arsensäure durch Glühen im Wasserstoffstrome, Lösen der schwarzen Masse in Salzsäure und Trennung des Kobalts von der Tonerde mit essigsaurem Natron. Bei Anwesenheit von Phosphor- und Arsensäure schmilzt man mit dem sechsfachen Gewicht Pottasche, laugt die Schmelze mit Wasser aus und unterwirft den unlöslichen Rückstand zur vollständigen Aufschließung einem nochmaligen Schmelzen mit Pottasche. Durch Schmelzen mit dem zehnfachen Gewicht Ätzkali im Silbertiegel erreicht man nach Eibner die Aufschließung in einer Operation. Die Filtrate werden mit Salpetersäure angesäuert und eingedampft. Nach Aufnahme mit Wasser fällt man Aluminium zusammen mit Phosphor-, Arsen- und Kieselsäure mittels Ammoniak. Die Kieselsäure wird durch Lösen und Eindampfen des Niederschlages mit Salpetersäure abgeschieden. Aus dem mit Schwefelsäure zur Entfernung der Salpetersäure eingedampften Filtrate wird durch wiederholten Zusatz von schwefelsaurem Ammon und Alkohol die Tonerde als Aluminiumammoniumsulfat abgeschieden. Diese Fällung wäscht man mit Alkohol und bestimmt nach dem Glühen das Aluminium als Al_2O_3. Aus den vereinigten Filtraten fällt man nach Abdampfen des Alkohols das Arsen als Schwefelverbindung und im Filtrate die Phosphorsäure mit Ammoniummolybdat.

Der bei der Kalischmelze erhaltene schwarze Rückstand bildet krystallinische Flitter von Kobaltoxydul. Wenn die Bestimmung der darin enthaltenen, sehr geringen Mengen von Nickel, Eisen und Kupfer nicht durchgeführt werden soll, kann man ihn nach dem Auswaschen direkt nach Rose reduzieren, nochmals zur Entfernung des Kalis im Wasserstoffstrom glühen, auswaschen und als Kobalt wägen.

Cöruleum, Cölininblau, Bleu céleste.

Der antike Farbstoff Cöruleum, der sich u. a. in ägyptischen Gräbern und auf pompejanischen Wandmalereien findet, ist ein Kupferglas; nach Fouqué ein Doppelsilikat von der Formel $CaO \cdot CuO \cdot 4SiO_2$, das durch Schmelzen von Kupfererzen mit Sand und Kalk hergestellt wurde. Ein moderner Farbstoff ähnlicher Zusammensetzung ist das Peligotblau (Farbenztg. **14**, 12; 1908). Der Cöruleum oder häufiger Cölinblau benannte Farbstoff ist mit dem antiken nicht identisch. Es liegt also hier Übertragung eines Farbstoffnamens auf eine Farbsubstanz anderer Zusammensetzung vor. Das Cöruleum ist grünstichig und verändert den Ton im Lampenlicht nicht. Die Zusammensetzung ist durchschnittlich 50 Teile Zinnoxyd, 18 Teile Kobaltoxydul und 32 Teile Gips. Dieser Farbstoff deckt wegen Gehaltes an Zinnsäure besser als die Kobaltblaue und dient fast ausschließlich als Künstlerfarbe. Vgl. Rose, Mineralfarben, S. 289.

Grünblauoxyd ist ein in neuerer Zeit in den Handel gekommener Künstlerfarbstoff und wird durch Glühen eines Gemenges von Chromoxyd, Tonerde und Kobaltsalz hergestellt. Es ist also ein Mischfarbstoff und deckt wegen des Gehalts an Chromoxyd besser als Kobaltblau.

Manganblau entsteht nach Bony (Farbenztg. **13**, 77; 1907) durch einen Glühprozeß, der viel Ähnlichkeit mit der Ultramarinfabrikation hat.

Der Farbstoff wird in mehreren Nuancen von violett bis himmelblau erhalten, fand aber bis jetzt wenig Anwendung.

Ultramarine [1]).

Beinamen: Lasursteinblau (für natürliche Ultramarine), Lasurblau, Azurblau, Permanentblau, Neublau, Orientalischblau.

Die Ultramarine unterscheiden sich dadurch von allen übrigen anorganischen Farbstoffen, daß ihre Wertbestimmung durch chemische Analyse nicht nach den dort geltenden Gesichtspunkten durchgeführt werden kann, weil das färbende Prinzip, sonst eine Schwermetallverbindung, hier bisher keine analytisch faßbare Form besitzt. Die quantitative Bestimmung sämtlicher Bestandteile der verschiedenen Handelssorten blauer und andersfarbiger Ultramarine läßt also keine zwingenden Schlüsse auf die maltechnische Qualität einander im Farbton ähnlicher Fabrikate zu. Es tritt also die Bedeutung der Analyse, sofern es sich nicht um den Nachweis fremder Zusätze handelt, hinter jener der maltechnischen Prüfungen über ihre Beständigkeit und Verträglichkeit in Mischung mit anderen Farbstoffen bedeutend zurück. Die Frage der stofflichen und maltechnischen Identität der künstlichen blauen Ultramarine mit dem natürlichen Lasurstein ist so lange nicht lösbar, als die Zusammensetzung beider nicht völlig aufgeklärt ist. Bis in die neueste Zeit hinein, nahm man an, daß das färbende Prinzip eine bestimmte chemische Verbindung konstanter Zusammensetzung sei. Als solche betrachtete im Jahre 1871 Stein die schwarze Modifikation des Schwefelaluminiums. Ein weiterer Erklärungsversuch rührt von K. A. Hofmann und Metzener her (Ber. **38**, 2482; 1905), wonach das blaue Schwefelsesquioxyd von Weber (Pogg. Ann. **156**, 531) mit dem Chromophor der blauen Ultramarine in Beziehung stehe. In letzter Zeit nahm man besondere physikalische Zustände des Schwefels als Ursache der farbigen Erscheinung der blauen Ultramarine an. Als Vorläufer dieser Anschauungen ist jene von Stein bemerkenswert, wonach die Färbung eine optische Erscheinung des im trüben Medium der weißen Muttersubstanz blau erscheinenden, schwarzen Schwefelaluminiums sein soll. Neuerdings glaubt man die Lösung des Problems in der Annahme von Lösungs- bzw. Adsorptionszuständen des dampfförmigen Schwefels zu finden, der je nach Art des aufnehmenden Mediums ähnlich wie das Jod verschiedene Färbungen annehmen könne. (Rohland, Über das Farbproblem des Ultramarins, Phys.-Chem. Zentralbl. **1908**, 514.) Vgl. auch die purpurroten Selen- und grünen Tellurultramarine von De Forcraud, Compt. rend. **88**, 30).

Rohland (l. c.) erhielt durch Erhitzen von Talken mit Soda und Schwefel grüne, sich ähnlich wie Ultramarin verhaltende Verbindungen, deren Farbbestandteil aber mit Wasser ausziehbar ist.

---

[1]) Vgl. R. Hoffmann, Ultramarin, Braunschweig 1902. Derselbe: Ber. **9**, 865; Ann. **194**, 1. Knapp und Ebell, Dingl. pol. Journ. **229**, 69, 173. Heumann, Ann. **199**, 253; **201**, 262; **203**, 174 und das Literaturverzeichnis in R. Hoffmann, Ultramarin. J. Wunder, Ultramarindarstellung, D. R. P. 297 781 (1916). L. Bock, Die Fabrikation der Ultramarinfarben, Halle 1918.

Notelle und Corblet (Farbenztg. **1909**, 1199) beobachteten, daß die Kieselsäure bei der Ultramarindarstellung nur eine mechanische Rolle spielt, und versuchten, sie durch andere Stoffe zu ersetzen. Es wurde hierbei größere Ausbeute an Farbstoff bei beträchtlicher Farbstärke erzielt. Singer stellt in Bunzlau ultramarinartige, grüne bis grünblaue Farbstoffe durch Erhitzen oder Schmelzen von Zeolithen mit Sulfiden der Alkalien dar. (DRP. 221 344 vom 17. Juli 1909.) Singer, Über künstliche Zeolithe, Inaug.-Diss. Berlin, Techn. Hochsch. 1910.

Über Borultramarine und neuere Anschauungen bezüglich der Natur des färbenden Prinzipes in den Kieselsäurenultramarinen vgl. Hoffmann (Chem.-Ztg. **34**, 821; 1910, und Zeitschr. f. Chem. u. Ind. d. Koll. **10**, 275; 1912).

Alle über Konstitution und das färbende Prinzip der Ultramarine angestellten Forschungen haben, wenn auch nicht die Lösung des Problems, so doch die Erkenntnis gebracht, daß diese nicht einzelne farbige Stoffe wie etwa Zinnober sind, deren Färbung u. a. von konstantem Gewichtsverhältnis ihrer Bestandteile abhängig ist, sondern, daß hier durch eine ungefärbte Grundmasse ein noch unbekanntes farbiges Prinzip etwa in der Art festgehalten ist, wie die gefärbten Bestandteile in den organischen Farblacken. (Rohland, Zeitschr. f. anorg. Chem. **89**, 164; Wo. Ostwald, Kolloidchem. Beih. **2**, Nr. 9; 1911.) Die Frage, ob es sich um chemische Bindung handelt, ist noch unentschieden. Jedenfalls geht aus den bisherigen Forschungen hervor, daß auch die technisch reinen, unverschnittenen Ultramarine nicht als Grundfarbstoffe, sondern als Trägerfarbstoffe aufzufassen sind. Durch Zusatz von Gips, Kreide usw. als Verdünnungsmittel entstehen die Verschnittsorten. Vgl. hierzu: Erdmann, Ann. **362**, 163; 1908; Zur Konstitution des Ultramarins als Thiozonid. Wunder, Zeitschr. f. anorg. Chem. **77**, 209; **79**, **343**; Bock, Zeitschr. f. angew. Chem. **28**, **147**; 1915; Doelter, Sitz.-Ber. d. K. Acad. d. Wiss. Wien **124**, 37; N. Jahrber. f. Min. **1916**, II, 24; Puchner, Koll. Zeitschr. **17**, 119; 1915; Bock, Kolloidchemie u. Ultramarin; Koll. Zeitschr. **19**, 12; Zeitschr. f. angew. Chem. **30**, 161; 1917; **33**, 23; 1920; Farbenztg. **25**, 672; 1920; Ragg, Über blauen Bauxit, Farbenzeitung **24**, 191; 1918.

Ultramaringrün ist das Zwischenprodukt der Fabrikation des blauen Ultramarins und Endprodukt des Rohbrennprozesses nach dem Sulfatverfahren. Es erreicht nicht die Tiefe und Brillanz des blauen Ultramarins und ist auch stumpfer als die Permanentgrüne, wird jedoch zur Verwendung im Kalkanstrich, Tapetendruck usw. hergestellt. Das Ultramaringrün variiert je nach Dauer des Brandes und der Temperatur von gelbgrün bis blaugrün sowie in der Tiefe des Tones. Es unterscheidet sich vom blauen Ultramarin u. a. durch den höheren Gehalt an Natrium. (S. R. Hoffmann, Ultramarin, S. 88.) Analyse s. u. Ultramarin.

Chemische Analyse. Die analytische Kontrolle der Ultramarinfabrikation zerfällt in drei Teile: Prüfung der Rohmaterialien, Beaufsichtigung des Betriebes und Untersuchung des fertigen Produktes. Es sei hier die Bemerkung nicht unterlassen, daß seit Eintritt der mehr rationellen Fabrikation des Ultramarins tüchtige Analytiker zwar mit Recht von den Fabrikanten gesucht und geschätzt sind, daß aber für viele wichtige Fragen (wie Feststellung der Güte der Rohmaterialien usw.) die praktische Erfahrung und Erprobung im Betriebe die eigentlich entscheidende Antwort bis heute noch geben muß.

a) Prüfung der Rohmaterialien.

Es kommen hier in Betracht: Ton, Kieselsäure, Schwefel, Soda, Glaubersalz, Harz und Pech.

1. Ton. Derselbe bildet die Basis der Ultramarinfabrikation. Von seiner Güte und richtigen Beschaffenheit hängt sozusagen alles ab. Er wird im rohen Zustande oder fein geschlämmt (in beiden Fällen entweder calciniert oder nicht calciniert) verwendet. Meistens zieht man wohl den geschlämmten Ton vor, weil er reinere Farben gibt. Auch von dem vorhergehenden Calcinieren (schwachen Brennen) des Tones hängt die Nuance der Farbe ab. Der calcinierte Ton läßt sich durch die Soda leichter aufschließen, zugleich wird aber auch die freie Kieselsäure bei einem vorher calcinierten Ton leichter aktionsfähig, indem sich das spez. Gewicht des Quarzes durch das Brennen verringert, da sich amorphe Kieselsäure bildet, wodurch das Volumen dieser nicht gebundenen Kieselsäure sich vergrößert, dieselbe also gleichsam aufgelockert wird und eine größere Oberfläche für die chemische Wirkung bekommt. Bei zu scharfen Brennen des Tones jedoch geht dieser Vorteil der leichteren Aufschließbarkeit durch die dann erfolgende Schwindung bzw. Sinterung verloren.

Tone, welche sich beim Glühen stark rot brennen, sind zu verwerfen, indem sie unklare Farbe geben.

Die physikalische Prüfung des Tones (vgl. Bd. II, S. 596) erstreckt sich auf Schlämmanalysen (zur Feststellung des Gehaltes an beigemengtem Sand), Bestimmung des spez. Gewichtes[1]) und der Feuerbeständigkeit bzw. Schmelzbarkeit, sowie auf die Untersuchung des Schwindevermögens.

Bei der chem. Analyse des Tones kommt es hauptsächlich auf Bestimmung der freien und der chemisch gebundenen Kieselsäure an, denn das Verhältnis beider unter sich wie auch der zu Tonerde ist für die jeweilig darzustellenden Sorten maßgebend. Für säurefeste Soda-Ultramarine wird dasselbe ein größeres sein müssen als für Sulfat-Ultramarine.

Der Gang der Analyse ist folgender: Der Ton muß zuerst mit größter Sorgfalt auf das feinste zerrieben und gesiebt werden, da hiervon die Übereinstimmung der Analysen abhängt. Durch Glühen bis zu konstantem Gewicht bestimmt man den Wassergehalt. Ferner wird ca. 1 g mit konzentrierter Schwefelsäure etwa 20 Stunden lang im bedeckten Platintiegel erhitzt (stets bis zum Rauchen der Schwefelsäure),

[1]) Nach Privatmitteilung des Herrn Dr. Jul. Aron, Berlin (Lab. f. Ton-Ind.) „eignet sich das Schumannsche Volumenometer (Bd. II, S. 225) nicht zur Bestimmung des spez. Gew. von Tonen, da das Resultat von dem des Pyknometers abweicht, weil die Luft nicht gründlich entweicht. Außerdem ist es schwierig, den Ton durch das lange Rohr in den Apparat zu bringen“.

dann der Rückstand mit Wasser aufgenommen und 2- bis 3 mal durch Dekantation ausgewaschen, sodann in den Platintiegel zurückgebracht und nach Entfernung des vorhandenen Wassers abermals 12 Stunden lang mit konzentrierter Schwefelsäure wie oben behandelt. Nun wird alles vereinigt und nach dem Verdünnen mit Wasser filtriert.

Auf dem Filter bleibt die Gesamtkieselsäure; man nimmt diese mit Wasser auf, kocht mit Kalilauge, verdünnt und filtriert. Im Filtrat befindet sich die chem. gebundene Kieselsäure, während der Rückstand die freie Kieselsäure (Sand) repräsentiert.

Das Filtrat von der Gesamtkieselsäure wird in einer Platinschale zur völligen Trockne verdampft, um die überschüssige Schwefelsäure zu verjagen, in Wasser gelöst und mit Ammoniak die Tonerde gefällt. Den Tonerdeniederschlag dampft man im Wasserbade völlig zur Trockne ein, nimmt dann mit ammoniakhaltigem Wasser auf und filtriert. Auf diese Weise wäscht sich der Tonerdeniederschlag leicht und bequem aus. In dem Filtrat bestimmt man in bekannter Weise noch Kalk und Magnesia und die Alkalien. Doch ist letztere Bestimmung in der Regel nicht nötig. Durch Aufschließen mit kohlensaurem Alkali bestimmt man nochmals die Gesamtkieselsäure.

2. Kieselsäure. Als solche kommt in Anwendung feinstgemahlener Quarzsand, Infusorienerde, sowie die bei der Darstellung der schwefelsauren Tonerde resultierende Kieselsäure. Der erstere ist immer rein, doch meistens nicht fein genug gemahlen. Die wichtige Prüfung auf Feinheit findet in der Weise statt, daß man eine abgewogene Menge mit Wasser aufschlämmt und das Ganze durch ein mit feinster Seidengaze Nr. 17 bespanntes Sieb filtriert. Ein Quarzsand, welcher hierbei mehr als höchstens $^1/_2$% Rückstand ergibt, sollte keine Verwendung finden. Die Infusorienerde muß gut geschlämmt sein, weil sie sonst noch zu viel lehmartige Bestandteile enthält, und muß vor dem Gebrauch scharf getrocknet werden. Sie hat aber den großen Nachteil, daß sie die Mischung zu voluminös macht. Sie kann noch größere Mengen Schwefelsäure enthalten, ein Umstand, der jedoch nicht weiter in Betracht zu ziehen ist. Hier die Analyse einer solchen Kieselsäure:

Glühverlust	7,45
Kieselsäure	79,14
Tonerde	7,92
Eisenoxyd	1,20
Schwefelsäure (H_2SO_4)	3,02

Auch enthält diese Kieselsäure öfters größere oder kleinere Mengen Arsen.

3. Schwefel (s. Bd. I, S. 684). Man verwendet Rohschwefel oder regenerierten Schwefel (in Stangen oder Brocken). Den Rohschwefel prüft man auf erdige Verunreinigungen, indem man eine größere Gewichtsmenge davon verbrennt und den Rückstand wägt.

Schwefel, der mehr als 2% Rückstand hat, ist unbedingt zu verwerfen. Ebenso soll kein Rohschwefel verwendet werden, der, anstatt schön gelb, mehr graubraungelb gefärbt ist. So aussehender Schwefel widersteht der Pulverung viel länger als schön gelb gefärbter.

Der regenerierte Schwefel enthält oft ziemliche Mengen von Cyanverbindungen, welche zwar nicht schaden, aber nach E. Büchner die Ursache zu den im Rohultramarin öfter sich zeigenden kleinen Kryställchen sind (vgl. Dingl. Journ. **229**, 433; 1878).

Ratsam ist es auch, den Schwefel auf Arsen zu untersuchen. Man zieht zu dieser Untersuchung 50 g Schwefel mit Ammoniak aus, fällt mit Säure, löst das Gefällte nochmals in wenig Ammoniak und fällt wiederum mit Säure. Zeigen sich jetzt keine nennenswerten Mengen von Schwefelarsen, so kann der Schwefel als genügend rein gelten. (Vgl. Bd. I, S. 689.)

4. Soda (s. Bd. I, S. 956). Sowohl die Leblanc-Soda als auch die Ammoniaksoda finden Anwendung.

Weiter spielt auch die Grädigkeit der Soda eine Hauptrolle. Hochgrädige Soda, in der Ultramarinmischung mit Sulfat schwächer gemacht, zeigt ein ganz anderes Verhalten als ursprünglich niedergrädig erhaltene Leblanc-Soda.

Auf Schwindungsvermögen prüft man die Ammoniaksoda dadurch, daß man einen geräumigen Platintiegel bis zu einer gewissen Stelle damit anfüllt und zusieht, ob nach stärkerem Erhitzen des Tiegels eine erhebliche Volumenverminderung eingetreten ist.

Das spez. Gewicht der schweren Ammoniaksoda stellt man am einfachsten nach der bei „Soda“ im ersten Bande S. 950 angegebenen Methode, oder auch dadurch fest, daß man ein Blechgefäß von etwa 1 l Inhalt, dessen Gewicht und Volumen ermittelt ist, bis zum Rande mit der Soda anfüllt. Wesentlich hierbei ist, daß man die Soda in einzelnen Portionen hineinbringt und mit einem breiten Porzellanpistill möglichst stark hineinpreßt, ehe man weiter auffüllt. Schließlich streicht man die über dem Rand des Gefäßes befindliche Soda mit einer Glasplatte ab, wägt und findet hieraus auf bekannte Weise das spez. Gewicht.

Bei einiger Übung unterscheidet man schwere Ammoniaksoda von leichter schon durch das deutlich zu fühlende schwerere Gewicht, wenn man mit der betreffenden Probe die Hand füllt. Unbedingt nötig ist es auch, den Kochsalzgehalt der Soda titrimetrisch zu bestimmen. Eine Soda mit mehr als 2% Kochsalz ist zu verwerfen.

5. Glaubersalz (s. Bd. I, S. 896). Viele Ultramarinfabriken gewinnen dieses aus ihren Laugen wieder. Seine Untersuchung findet nach bekannten Methoden statt. Es ist ratsam, nur eine schön weiß aussehende, säurefreie, calcinierte Qualität zu verwenden.

6. Harz und Pech werden ebenfalls wie der Rohschwefel durch Verbrennen einer größeren Menge auf erdige Verunreinigungen geprüft.

Neuerdings wird als Reduktionsmittel auch die sogenannte Lesmahagow-Kohle angewandt, doch steht deren große Härte und dadurch bedingte schwierige Zerkleinerung störend im Wege. Ratsam ist es auch, die Reduktionsmittel mittels Bleiglätte auf ihre Reduktionsstärke zu prüfen. So reduzieren z. B.

1 g Harz	19,2 g Blei
1 g Pech	27,5 g „
1 g Lesmahagow-Kohle . .	21,8 g „

b) Kontrolle des Betriebes.

Beaufsichtigung des Brennprozesses und Verarbeitung des Rohblau. Zum vollen Verständnis des hier Gesagten ist eine kurze Orientierung auf dem technischen Gebiete der Ultramarinfabrikation notwendig. Die Rohmaterialien werden aufs feinste gemahlen, gesiebt, in genau abgewogenen Mengen miteinander vermischt, und die nochmals gemahlene Mischung gebrannt (Tiegel- oder Muffelbrand).

Es ist die größte Sorgfalt auf Erzielung einer möglichst gleichmäßigen und äußerst feinen Mischung, der sogenannten „Masse", zu richten, und für Erzielung eines guten gleichmäßigen Rohbrandes ist es sehr angezeigt, das zur Füllung einer Muffel nötige Quantum Masse in einer Operation zu mischen. Um sich von der Richtigkeit, der Gleichmäßigkeit und Feinheit der Masse zu überzeugen, nimmt man einmal von verschiedenen Stellen der Masse Proben und bestimmt deren Sodagehalt, das andere Mal untersucht man die Proben auf einem Seidensieb Nr. 15; es muß hierbei alles durch das Sieb gehen.

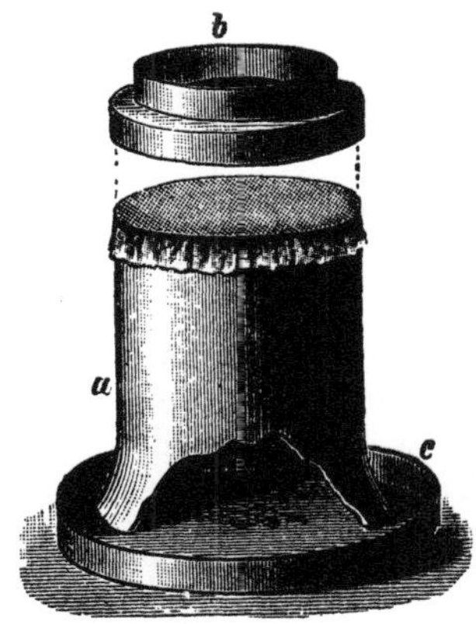

Fig. 10. Sieb.

Für dergleichen Feinheitsproben kann folgende Vorrichtung (Fig. 10) als sehr praktisch empfohlen werden.

Das aus Weißblech bestehende Gefäß besteht aus zwei Teilen *a* und *b*; zwischen beide legt man das Seidensieb, welches durch Aufsetzen von *b* auf *a* stramm gespannt wird. Der Teil *b* hat einen ca. 1 cm hohen Rand und ist eventuell noch mit einem dicht schließenden Deckel versehen. Das Ganze steht in dem Blechteller *c*. Das zu untersuchende Pulver bringt man auf das Sieb, bürstet es mit einem etwas steifen Pinsel oder mit dem Finger durch, oder man setzt den Deckel auf und siebt durch Klopfen auf den Deckel.

Das Brennen ist die wichtigste und schwierigste Operation in der ganzen Fabrikation. Neben einem richtig gewählten Mischungssatze und dem guten gleichmäßigen Einfüllen der Mischung bedingt vor allem das Brennen die Erzielung eines tadellosen Produktes. Die richtige Leitung des Brennprozesses ist bis jetzt fast ausschließlich Sache der Erfahrung; man ermittelt die Beendigung des Brennprozesses, indem man zu bestimmten Zeiten Proben aus dem Ofen zieht. Zweckmäßig ist es aber immerhin, den Verlauf des Prozesses durch Gasanalysen zu verfolgen, da hieraus mit der Zeit sichere Anhaltspunkte gewonnen werden. Man ermittelt den Gehalt an Sauerstoff mit dem Apparate von Bunte (Bd. I, 309); oder Orsat (I, 313), die schweflige Säure mit dem Reichschen Apparate (I, 652, 762). Über Bestimmung des COS, welches nach E. Büchners Untersuchungen in großer Menge bei dem Bildungsprozeß des Ultramarins auftritt, vgl. Bd. I, S. 294 und 659.

Auch Temperaturbestimmungen (s. hierzu Bd. I, S. 243) werden zweckmäßig ausgeführt (vgl. Dingl. polyt. Journ. **221**, 471; 1876, und **232**, 429; 1879).

Nach dem Brennen wird das erhaltene Rohblau sortiert und jede Sorte einzeln für sich weiter verarbeitet. Man befreit das Rohblau durch Auslaugen möglichst vollständig von dem Glaubersalz, worauf das Naßmahlen und Schlämmen folgt. Sehr schwer zu entfernen sind die bald größeren, bald kleineren Mengen von Schwefelnatrium. Bei eisenhaltigem Waschwasser bildet sich dann Schwefeleisennatrium, welches dem Rohblau fest anhaftet[1]).

Fig. 11. Wage.

Wichtig ist es, zeitweise im Laboratorium von den verschiedenen Sorten Rohblau Bestimmungen der auswaschbaren Salze vorzunehmen. Sehr schnell und genau geschieht dies auf folgende Weise. An einer einfachen, nicht zu großen Wage läßt man sich an Stelle der rechten Wagschale aus dünnen Messingblech die aus der Fig. 11 deutlich ersichtbare Vorrichtung machen.

Von dem in einer Reibschale zerriebenen Rohblau wägt man nun in *a* 10 g ab und gibt das Blau auf das Filter eines Hirschschen Trichters[2]), welcher mit einer Saugpumpe in Verbindung gebracht ist, und wäscht mit warmem Wasser so lange aus, bis $BaCl_2$ keine Trübung mehr gibt; 500 ccm genügen in allen Fällen. Dann stellt man den Trichter in eine Trockenvorrichtung, bringt das Blau samt Filter in *a*, legt einen gleichen Trichter auf die linke Wagschale, wiegt das Minus in der an *a* anhängenden Wagschale *b* ab und multipliziert das erhaltene Gewicht mit 10. — Für mehrere zu gleicher Zeit auszuführende Bestimmungen hat sich der Filtrierapparat Fig. 12 bewährt[3]).

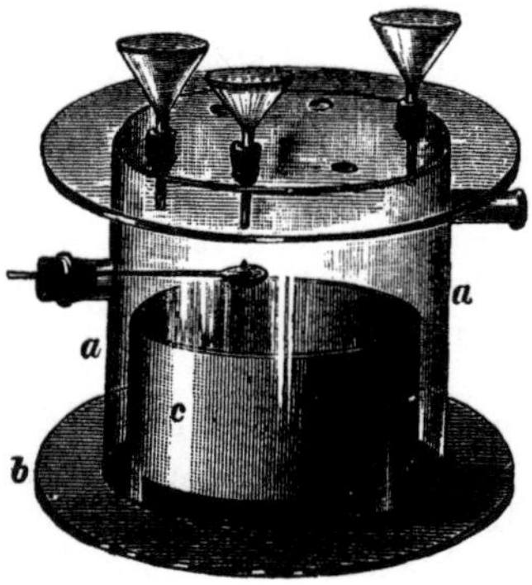

Fig. 12. Filtrierapparat.

a ist ein oben und unten offener Glaszylinder mit abgeschliffenen Rändern, der mit etwas Talg auf eine matte Glasplatte *b*

---

[1]) Unter gewissen Umständen erhält man beim Muffelbrand als unerwünschtes Nebenprodukt gelbes und rotes Ultramarin (Scheffer, Ber. **6**, 1450; 1873). E. Büchner machte die Beobachtung, daß die Waschwässer von gelbem und rotem Ultramarin mit Ammoniak eine ziemlich starke Fällung und ferner mit Rhodankalium eine starke Reaktion auf Eisen geben, während beide Reaktionen mit aus demselben Ofen erhaltenem blauen Ultramarin nicht stattfinden.

[2]) Noch besser bedient man sich eines Büchnerschen Trichters mit geraden Wänden (Chem.-Ztg. **12**, 1277; 1888).

[3]) Dieser Apparat wird von der Firma Max Kaehler & Martini, Berlin, geliefert.

gedichtet ist. Bedeckt wird der Zylinder mit einer starken Glasplatte mit 5 bis 6 Löchern, in welchen mittels Gummistopfen Trichter eingesetzt sind. Der Zylinder hat ca. 1 cm unter dem Rand 2 Tuben; durch den einen Tubus geht der Schlauch zur Pumpe und durch den anderen mittels Gummistopfens ein Probelöffel. Durch Drehen der Trichterplatte kann man es so einrichten, daß man immer einen Trichter über den Probelöffel bekommt und so während des Filtrierens Proben nehmen kann. Zum Auffangen der Flüssigkeit steht in dem Zylinder auf einer dünnen Filzplatte ein Blechgefäß *c*. Diese Vorrichtung ist einem unten geschlossenen Glaszylinder deshalb vorzuziehen, weil man ohne Gefahr für das Glasgefäß mit ganz heißen Flüssigkeiten arbeiten kann.

Es ist nun Sache des Analytikers, von Zeit zu Zeit ebensowohl Mahl- als Schlämmproben zu entnehmen, diese auf Farbton und auf Deckfähigkeit zu untersuchen und hieraus die Dauer des Naßmahlens und Schlämmens zu regulieren. Es hängt die Qualität der Farben von der Feinheit und der Gleichmäßigkeit ihres Kornes ab. Durch Mahlen allein läßt sich dieser Zweck nicht vollkommen erreichen; eine gleichmäßige Feinheit läßt sich nur durch einen systematischen Schlämmprozeß erzielen. Diesen Schlämmprozeß (s. hierzu Bd. II, S. 855, 599 u. 1091) nimmt man am besten in 5 bis 6 (oder mehr) hölzernen Kästen vor, in welchen die Flüssigkeit, je nach dem Dunkelgrad der Sorte, die erzielt werden soll, länger oder kürzer ruhig stehen bleibt, bevor man sie in den nächstfolgenden Kasten überlaufen läßt. Bei diesen Schlammkästen selbst muß man beachten, daß man die ersten Kästen höher und schmäler und die unteren breiter und flacher nimmt, indem die spezifisch schweren und mithin dunkleren Teile eher zu Boden fallen als die leichteren helleren Teile, und für letztere bei hohen Kästen die Fallzeit mithin eine größere sein wird als bei flachen Kästen. Es ergibt sich hieraus, daß ein und dieselbe Flüssigkeit bei gleicher Zeitdauer der Ruhe in hohen Kästen ein viel dunkleres Schlämmprodukt ergibt als in flachen Kästen.

Der ganze Schlämmprozeß läßt sich auch, und dabei viel schneller, mittels Zentrifugen herstellen.

Die im Wasser feinst zerteilten Teile werden nun mit gewissen Stoffen niedergeschlagen und auf Filterpressen gepreßt. Als Niederschlagsmittel hat man solche zu unterscheiden, die das Ultramarin nur mechanisch niederreißen, und solche, welche chemische Wirkung ausüben und dasselbe koagulieren.

Auch das Trocknen des Ultramarinschlammes erfordert eine gewisse Aufsicht, denn solange noch freier Schwefel in dem Ultramarin enthalten ist, können mit derselben Sorte bei verschiedenen Temperaturgraden total voneinander abweichende Töne erzielt werden.

Das Trocknen mit überhitztem Wasserdampf empfiehlt sich sehr, weil auch hierdurch ganz überraschende Tonabstufungen erzielt werden.

c) Prüfung des fertigen Ultramarins.

1. Auf Färbevermögen nach Typ. Man mischt 0,1 g der zu untersuchenden Sorte in einer Reibschale innig (ohne dabei zu stark zu drücken) mit 1 g feinst gesiebtem gebrannten Ton, oder einem anderen weißen, deckenden Pulver. Die Mischung streicht man mittels eines Hornspatels auf Papier aus und vergleicht sie mit der Normalmischung oder der Ausmischung einer anderen Sorte. Hauptsache bei dieser Prüfung ist gutes, helles, aber nicht blendendes Licht. Zum Erkennen geringer Unterschiede bedarf es längerer Übung.

Es empfiehlt sich hier, sich in demselben Verhältnis von einer sehr farbreichen Sorte ein größeres Standmischmuster zu machen, z. B. 10 g Weiß, 1 g Blau, das man als 50% bezeichnet. Nun macht man sich eine Skala aufwärts mit je 0,5 g Weiß weniger und abwärts mit je 0,5 g Weiß mehr und bezeichnet diese Sätze mit 51, 52, 53% usw. und 49, 48, 47 %.

Mit diesen Normalsätzen vergleicht man dann neue Sorten, die in dem obigen Verhältnis 0,1 Blau : 1,0 Weiß, aber immer mit demselben Weiß gemischt sind. Man kann also dann sagen, diese Sorte ist 54%, die andere 40% farbkräftig.

Zur Prüfung des Farbtons (Sättigungsgrades) kann man auch das Spektroskop benützen (Wunder, Ber. 9, 295; 1876). Die Farbproben werden zu diesem Zwecke mit einem Firnis (Harzterpentinölfirnis) verrieben und in dieser Form auf Glasplatten aufgetragen. Nach dem Trocknen bestimmt man die Absorptionsspektren. (Vgl. das Ostwaldsche Verfahren.)

2. Auf Feinheit. Ein farbkräftiges Ultramarin ist gewöhnlich auch äußerst fein, das feinste aber nicht immer hoch farbkräftig. Auf Feinheit prüft man entweder, indem man eine kleine Probe auf ein mit feinster Seidengaze (Nr. 17) überspanntes Siebchen legt und mit dem Finger verreibt. Etwaige gröbere Partikelchen fühlt man leicht heraus. Oder man wägt 1 g der zu untersuchenden Probe ab, schüttelt in einer Flasche mit 200 ccm Wasser um und läßt ruhig stehen. Je feiner das Blau ist, desto länger blau wird das Wasser bleiben[1]). Vgl. Teilchengrößenmessung oder Teilchenzählung. Die vorerwähnte Probe ergibt auch die Verteilbarkeit des Ultramarins in Wasser. Ultramarine, die sich bei dieser Probe nicht völlig verteilen, sondern zusammengeballt bleiben, sind für manche technische Zwecke unverwendbar. Das Zusammenballen solcher Ultramarinsorten rührt meist von unrichtigem Niederschlagsmittel her, oder das nasse Ultramarin hatte beim Eindampfen einen noch zu großen Gehalt an Glaubersalz.

3. Prüfung auf freien Schwefel. Etwa 1 g Substanz wird in einem an einem Ende zugeschmolzenen Glasröhrchen langsam erhitzt. Gutes Ultramarin darf hierbei an den kälteren Teilen des Röhrchens nur schwachen Schwefelbeschlag zeigen. Ist er erheblich, so muß es, bei höherer Temperatur vorsichtig erhitzt, „entschwefelt" werden. Ultramarine für Kupferdruck u. dgl. dürfen, wenn man sie auf einer blanken

---

[1]) Hierbei ist zu bemerken, daß ganz gleichmäßig gemahlene Ultramarine, sogenannte „amorph gemahlene", nach gutem Trocknen in Wasser aufgerührt, dasselbe nicht mehr blau färben und sich fest zu Boden setzen und dann auch nicht mehr schlämmen (Flockung). Dieser Zustand ist namentlich für Farben für Lithographie sehr maßgebend.

Kupferplatte mit etwas Wasser verreibt und eintrocknen läßt, keinen, oder höchstens schwachen, Anlauf geben.

4. Prüfung auf Alaunfestigkeit kommt hauptsächlich bei den für die Papierfärberei bestimmten Sorten in Betracht. Die Körperfeinheit begünstigt die Zersetzung. Man bereitet eine Lösung von 100 g schwefelsaurer Tonerde auf 1 l Wasser und filtriert diese.

0,1 g des zu prüfenden Ultramarins versetzt man in einem Proberöhrchen mit 10 ccm dieser Lösung, schüttelt öfters um und beobachtet die Zersetzung. Je länger ein Ultramarin der Zersetzung widersteht, desto besser ist es. Noch genauer wird diese Prüfung, wenn man 0,5 g auf 30 ccm nimmt, ca. 2 bis 3 Stunden stehen läßt, filtriert, wäscht, trocknet und dann die Proben durch Nebeneinanderstreichen vergleicht.

Eine andere, etwas umständlichere, aber übersichtliche Methode zur Erkennung der Alaunbeständigkeit ist folgende:

Man stellt von Filtrierpapier einen dünnen Brei her, versetzt eine abgewogene Menge mit einer bestimmten Menge des zu untersuchenden Ultramarins und der schwefelsauren Tonerdelösung, rührt gut um, filtriert auf einem Messingsieb mittels der Saugpumpe und erhält so kleine Stückchen Papier, die man trocknet und dann vergleicht.

5. Prüfung für Kattundruck. Neben der Prüfung auf Feinheit, die hier sehr in Betracht kommt und bereits oben angegeben wurde, kommt es bei der Verwendung zum Kattundruck darauf an, zu untersuchen, wie sich das Ultramarin zum Verdickungsmittel (gewöhnlich Eiweiß) verhält. Je nach seiner Darstellungsweise begünstigt das Ultramarin schneller oder langsamer die Zersetzung des Eiweißes. Diejenige Ultramarinsorte, welche am wenigsten die faule Gärung des Eiweißes veranlaßt, ist die brauchbarste.

Um diese Eigenschaft zu bestimmen, verfährt man auf folgende Weise. In ein Reagensglas mit Fuß bringt man 2 g des zu untersuchenden Ultramarins, setzt 2 g Eiweiß und 10 ccm warmes Wasser zu, rührt tüchtig um und setzt diese Flüssigkeit ca. 24 Stunden lang einer Temperatur von 25 bis 30° C aus. Diejenige Farbe, welche das Eiweiß am besten konserviert hat und am wenigsten Schwefelwasserstoff entwickelt, ist die beste.

6. Prüfung für Lackierzwecke. 1 g des zu untersuchenden Ultramarins verreibt man auf einer Glasplatte mit einigen Tropfen besten Leinölfirnisses, läßt trocknen und betrachtet dann die Proben bei durchfallendem Lichte. Man kann so mit Leichtigkeit die brauchbaren feurigen Sorten von den matten unterscheiden.

Die Ultramarinanalyse.

Die Analyse des Ultramarins im Betriebe der Ultramarinfabriken beschränkt sich auf Ermittlung des Gehaltes an freier und chemisch gebundener Kieselsäure, Tonerde, Natron und Gesamtschwefel.

1. Vorbereitung zur Analyse des Rohultramarins. Das Ultramarin wird fein gerieben (durch ein Seidensieb Nr. 17), hierauf bei 100° getrocknet (etwa 24 h), dann 2 bis 10 g abgewogen und zu 500 ccm aufgefüllt, filtriert und jedesmal 100 ccm zu einer Bestimmung genommen:

1. $Na_2S_2O_3$ durch Jodlösung bestimmt.
2. Na_2SO_4 durch Fällung mit $BaCl_2$ in angesäuerter Lösung.
3. NaCl durch Fällung mit $AgNO_3$. (Sehr selten ist NaCl im Rohultramarin enthalten.)

Etwa 10 bis 20 g Ultramarin werden durch 2- bis 3 maliges Dekantieren einigermaßen ausgewaschen, wobei man, um ein klares Filtrat zu erhalten, etwas Alkohol hinzusetzt. Dann dampft man mit einer verdünnten Lösung von schwefligsaurem Natron im Wasserbade bis fast zur Trockne ein[1]). Hierauf wäscht man so lange aus, bis eine trokkene Probe des Ultramarins, mit wenig Wasser angenetzt und abfiltriert, im Filtrate keine Spur einer Trübung mit Baryumchlorid mehr gibt. Diese Operation ist sehr wichtig, da sonst ein späteres Trocknen nicht ohne Änderung der Zusammensetzung des Ultramarins zu bewerkstelligen ist. Ist das Ultramarin völlig ausgewaschen, so können Blau, Rot und Gelb ohne die geringste Änderung bei 100 bis 140°, sogar 150° getrocknet werden.

Das nach nochmaligem Feinreiben bei 130 bis 140° getrocknete Ultramarin füllt man heiß in ein Fläschchen mit eingeriebenem Glasstöpsel.

2. Bestimmung der Kieselsäure, Tonrückstand und Gesamtschwefel. 1 g der getrockneten Substanz wiegt man in einer Porzellanschale ab, verrührt sorgfältigst[2]) mit Wasser und setzt 1 bis 2 ccm Brom hinzu.

Ist dasselbe teilweise gelöst (was an der gelben Farbe der Flüssigkeit erkennbar ist), so gibt man 15 bis 20 ccm Salpetersäure hinzu und dampft im Wasserbade zur Trockne. Dann nimmt man mit Wasser auf, setzt etwa 20 ccm Salzsäure hinzu und dampft abermals ein. Dieses zweite Eindampfen geschieht, um die Salpetersäure wegzuschaffen und um die Kieselsäure sicher unlöslich zu machen. Man übergießt nun mit Salzsäure, läßt längere Zeit (in der Kälte 12, in der Wärme 3 Stunden) stehen, verdünnt hierauf mit Wasser und filtriert ab. Auf dem Filter bleibt Kieselsäure und Tonrückstand (Sand). Diese werden wie bei der Tonanalyse voneinander getrennt. Zur Bestimmung des Gesamtschwefels wird das Filtrat zum Sieden erhitzt und mit Baryumchlorid gefällt. Sollte, was selten vorkommt, der Eisengehalt des Ultramarins ein beträchtlicher sein, so wird das Filtrat vom schwefelsauren Barytniederschlage mit Zink reduziert und mit Permanganatlösung titriert.

3. Bestimmung der Tonerde und des Natrons. 1 g des nach Nr. 1 ausgewaschenen und getrockneten Ultramarins wird mit Wasser sorgfältig verrührt und mit überschüssiger Salzsäure versetzt. Nach einigem Stehen unter zeitweiligem Umrühren wird erhitzt, bis sich die Lösung klar absetzt. Dann filtriert man, wobei Schwefel, Tonrückstand und etwas Kieselsäure ungelöst bleiben. Dieser Rückstand wird nach dem

---

[1]) Es geschieht dies, um den freien Schwefel zu entfernen, da durch Schwefelkohlenstoff nur etwa 40—60% desselben ausgezogen werden.

[2]) Geschieht dieses Verrühren nicht äußerst sorgfältig, so bilden sich Klümpchen, welche nur außen zersetzt werden, während im Innern das Ultramarin kaum angegriffen wird.

Glühen gewogen. Das Filtrat wird zur Trockne eingedampft, der Rückstand mit Wasser und Salzsäure befeuchtet und abermals getrocknet. Sodann übergießt man mit Salzsäure, verdünnt nach einigem Stehen mit Wasser und filtriert. Am Filter bleibt Kieselsäure, die, zu dem bei der ersten Filtration erhaltenen Rückstand addiert, den Gehalt an Gesamtkieselsäure und Tonrückstand ergibt.

Das Filtrat wird zur Trockne verdampft, um die überschüssige Salzsäure zu entfernen. Der Rückstand wird in Wasser gelöst, mit Ammoniak gefällt und das Ganze abermals im Wasserbade vollkommen eingetrocknet. Hierdurch erreicht man, daß sich die Tonerde leicht und vollkommen auswaschen läßt. Man nimmt nun den Rückstand mit heißem Wasser auf, versetzt die Lösung mit einigen Tropfen Ammoniak, erhitzt und filtriert. Die auf dem Filter bleibende Tonerde wird geglüht und gewogen. Zur Bestimmung des Natrons wird das Filtrat mit etwas Schwefelsäure und rauchender Salpetersäure versetzt und zur Trockne verdampft. Der Rückstand wird sehr stark geglüht und das erhaltene Na_2SO_4 als Natrium in Rechnung gebracht.

Andrews (Analyst **35**, 157; 1910) analysiert Ultramarinblau in folgender Weise:

1 g Ultramarin wird mit 5 bis 10 ccm Wasser geschüttelt, bis ein feuchter Brei entstanden ist, und mit 30 ccm gesättigtem Bromwasser versetzt. Nach abermaligem Schütteln, bis die Färbung des Broms verschwunden ist, wird so lange Bromwasser hinzugefügt, bis die Farbe des Ultramarins verschwunden und ein geringer Überschuß von Brom vorhanden ist. Nach 15 Minuten wird schnell filtriert, der Rückstand mit Wasser gewaschen, getrocknet, verascht und gewogen. Das Filtrat wird mit 10 ccm konzentrierter Salzsäure angesäuert und zur Trockne gebracht. Nach Aufnahme mit Wasser wird von der ausgeschiedenen Kieselsäure abfiltriert; das Filtrat wird zu einem bestimmten Volumen aufgefüllt und dient zur Bestimmung von Tonerde und Schwefelsäure. Der gewogene unlösliche Rückstand wird mit Natriumcarbonatlösung gekocht, ausgewaschen und wieder getrocknet und gewogen. Die Differenz, welche Kieselsäure ist und etwa 1,5 bis 2% beträgt, wird zu der im Filtrat bestimmten Kieselsäure hinzuaddiert. Der unlösliche Rückstand besteht aus 90% Ton und 10% Calciumsulfat. (Ref. Zeitschr. f. anal. Chem. **56**, 539; 1917.)

Maltechnische Eigenschaften. Spez. Gew. 2,4279—2,7405. Teilchengröße: 20% $< 1\ \mu$—$1\ \mu$; 10% 1—10 μ; 10% 10—40 μ. Die Unbeständigkeit der blauen Ultramarine gegen die schweflige Säure der Luft ist bekannt. Dagegen werden sie vielfach für durchaus licht- und luftbeständig gehalten. Dies scheint nicht in allen Fällen zuzutreffen. Nach Keim sind ferner nicht alle blauen Ultramarine kalkecht. Kieselsäurereicher Kalk zerstört sie auf Freskogemälden in relativ kurzer Zeit unter Bildung von mißfarbigen bzw. ungefärbten Verbindungen. Sehr wahrscheinlich wirkt hierbei die Feuchtigkeit mit, die auch bei der sog. Ultramarinkrankheit eine Rolle zu spielen scheint. Sie tritt nach Pettenkofer (Über Ölfarbe, Braunschweig 1902) auch bei Grünerde, wie überhaupt bei stark tonhaltigen Farbstoffen, die viel

Wasser an der Oberfläche zu verdichten vermögen, bei starken Temperatur- und Feuchtigkeitsschwankungen an Ölgemälden auf und besteht nach Pettenkofer in der hierdurch verursachten stärkeren Verwitterung des Bindemittels an diesen Stellen, wodurch die Farbstoffe durch das trübe Medium der verwitterten Ölschicht hindurch gesehen werden. Abweichend hiervon führt Rohland die Ultramarinkrankheit auf oberflächliche Zersetzung des Farbstoffes durch Hydrolyse zurück. Neuerdings machte Täuber auf die relativ geringe Lichtbeständigkeit der violetten Ultramarine aufmerksam (Farbenztg. **1910**, Nr. 30 und 31).

Über das Verhalten der Ultramarine in Mischung mit Bleifarben usw. finden sich vielfach unzutreffende Angaben, dahingehend, daß sie sich als Schwefelfarben mit diesen umsetzen müßten. Diese Äußerungen beruhen teilweise auf richtig gemachter Beobachtung, aber falschen Schlußfolgerungen. Auch sie sind wie jene über Zinnoberbleiweißmischungen durch technische Unreinheit des einen Gemengteiles verursacht; in diesem Falle des Bleiweiß. Eibner fand folgendes: 1. Reines blaues Ultramarin wird beim Kochen mit Bleizuckerlösung sehr stark nach schwarzblau verfärbt; bleibt dagegen beim Kochen mit reinem Bleiweiß in der gleichen Zeit unverändert. Die Verfärbung wie im ersten Falle wird also auch durch die technische Verunreinigung Bleizucker im Bleiweiß verursacht. 2. Mischungen der reinen Farbstoffe blieben beim Dauerversuch innerhalb 17 Jahren unverändert; ebenso Gemische der Ölfarben innerhalb 16 Jahren. Eibner, Malmaterialienkunde, S. 180.

Zinkweißechtheit. Eibner fand, daß sowohl blaue als grüne, violette und rote Ultramarine in hellen Ausmischungen mit Zinkweiß als Wasserfarben unter Glas im direkten Sonnenlichte innerhalb vier Monaten deutlich verbleichten.

VII. Violette Farbstoffe.

Kobaltviolett.

Dieser Farbstoff wurde im Jahre 1859 von Salvétat eingeführt. Mischt man Lösungen von Kobaltsulfat mit phosphorsaurem Kobaltoxydul, so entsteht ein rosenroter Niederschlag von wasserhaltigem phosphorsauren Kobaltoxydul, der beim Schmelzen Wasser verliert und dadurch violette Färbung annimmt. Die Schmelze wird zerkleinert, gemahlen, gewaschen und getrocknet und bildet so das „Kobaltviolett dunkel“ des Handels. Es ist wasserfreies phosphorsaures Kobaltoxydul. Dieser Farbstoff ist halb lasierend, vollkommen lichtecht und in Mischung mit anderen mineralischen Farbstoffen beständig. Er verändert sich jedoch nach einer Angabe aus der Praxis als Wasser- und Temperafarbe im Ton durch allmähliche Wasseraufnahme. Die Lichtechtheit scheint absolut zu sein. Aufstriche in arab. Gummi und in Öl hielten sich innerhalb 17 Jahren vollkommen unverändert. Das Kobaltviolett ist auch gegen Zinkweiß sehr beständig. 12proz. Ausmischungen blieben als Aquarellfarben unter Glas belichtet innerhalb zwei Monaten vollkommen unverändert. Muthmann und Heramhof (Ann. 355, 153; 1907) fanden, daß das durch Fällen mit neutralem Ammonphosphat erhaltene Kobaltviolett als Scharffeuerfarbe den Vorzug vor dem alten Farbstoff hat, weil es tiefblaue Töne liefert und wegen seiner Schwerschmelzbarkeit keine verwaschenen Ränder liefert, wie die alten Kobaltfarben.

Kobaltmagnesiumrot. Daß Magnesiumverbindungen mit Kobaltlösungen gefärbt beim Glühen rosenrote Färbungen liefern, wurde durch Berzelius bekannt. Diese Farbe fand keine Beachtung. Hedval (Arkiv för Kemi etc. 5, Nr. 1; 1914), zeigte, daß beim Erhitzen von Gemengen von Magnesiumoxyd und Kobaltoxydul auf 1100 bis 1400° Stoffe entstehen, die je nach dem Kobaltgehalt hell- bis dunkelrote Färbungen mit Stich ins Violette oder Braune liefern. Stull und Baldwin (Transac. Americ. Ceram. Soc. 14, 161) verwendeten das Kobaltmagnesiumrot zur Herstellung gefärbter Glasuren und erzielten rote Töne.

K. A. Hofmann und Hörschele erhielten durch Schmelzen von entwässertem Kobaltsulfat mit wasserfreiem Magnesiumchlorid bei ca. 800° rosenrote Oktaeder, die 13,5% Co und 86,5% MgO enthielten.

Verschieden vom Kobaltviolett ist das von Gentele hergestellte Chaux métallique, oder arsensaure Kobaltoxydul, ein zart rotviolettes Pulver, das im Farbton und in der Zusammensetzung dem Mineral Kobaltblüte ähnlich ist, und aus dem Glanzkobalt AsCoS hergestellt wird, indem man ihn durch wiederholtes Schmelzen mit Pottasche in eisenfreies Arsenkobalt überführt und dieses röstet, bis es in ein rötliches Pulver verwandelt ist. Dieser Farbstoff befindet sich unter der Bezeichnung „Kobaltviolett hell" im Handel. Man unterscheidet ihn vom obigen leicht an dem Arsenrauch, den er beim Erhitzen auf Kohle gibt. Auch dieser Farbstoff ist gegen Zinkweiß sehr widerstandsfähig. 12proz. Ausmischungen veränderten sich als Aquarellfarbe aufgestrichen unter Glas in zwei Monaten (Oktober bis Dezember) nicht. Als Kalkfarbe ist er nicht verwendbar.

Manganviolett, Mineralviolett.

(Nürnberger Violett.)

Diese Farbe wurde hergestellt, indem ein Gemenge von fein gepulvertem Braunstein, oder Rückstände von der Chlorbereitung und Phosphorsäure in emaillierten gußeisernen Gefäßen geschmolzen wurden. Die so erhaltene Masse wird nach dem Erkalten mit Ammoniak oder Ammoniumcarbonatlösung zum Sieden erhitzt. Es schlägt sich hierbei Mangandioxyd nieder. Die filtrierte Flüssigkeit wird zur Trockene verdampft und zum Schmelzen erhitzt. Nach dem Erkalten kocht man mit Wasser aus und erhält eine rötliche Flüssigkeit und ein violettes Pulver, welches gewaschen und getrocknet das Nürnberger Violett bildet.

Vor mehreren Jahren wurde von der Firma A. Behringer in Charlottenburg ein violetter Farbstoff unter dem Namen Mineralviolett in zwei Tönen in den Handel gebracht, der Mangan, Phosphorsäure und Ammoniak enthält. Er gibt beim Erhitzen unter Weißwerden Ammoniak ab, wird mit Kali bei gewöhnlicher Temperatur und mit Ammoniak beim Erwärmen unter Abscheidung von Braunstein zersetzt und scheint also phosphorsaures Manganoxydulammoniak zu sein. Dieser Farbstoff ist daher verwandt oder identisch mit dem Nürnberger Violett. Daß er nicht kalkecht sei, schien aus seinen Reaktionen abzuleiten. In Wirklichkeit erweist er sich aber gegen Kalk- und Barythydrat beim Erwärmen weitgehend widerstandsfähig. Zur Analyse wird der Farbstoff in einer Retorte mit Kühler und Vorlage durch überschüssige Kalilauge zersetzt und das Ammoniak maßanalytisch, das abgeschiedene und getrocknete Mangansuperoxyd jodometrisch bestimmt. Die Phosphorsäure wird im Filtrate mit Magnesiamischung gefällt und als Magnesiumpyrophosphat gewogen.

Die Lichtbeständigkeit des Mineralviolett ist sehr groß. Aufstriche in arab. Gummi hielten sich innerhalb vier Jahren unverändert.

Violettes und rotes Ultramarin. Diese Farben werden aus dem blauen Ultramarin durch Einwirkung von trockener Salzsäure und Sauerstoff bei 150 bis 180° erhalten, wobei ersterem Natrium entzogen wird. Violettes Ultramarin ist nach R. Hoffmann keine selbständige Verbindung, sondern ein Gemenge von blauem und rotem Ultramarin. Es wird unter Anwendung von Salmiak aus dem blauen hergestellt und dazu erst durch Salzsäure in Rot übergeführt.

VIII. Grüne Farbstoffe.

a) Natürliche.

Grünerden (Seladonit).

Handelsnamen: Veroneser Erde, Tiroler Grün, Sächsische Erde, Priesener Erde, Nassauische Erde, Seladongrün, Kaadener Grün, Cyprische Erde, Terra Verde, Steingrün.

Die Grünerden sind Verwitterungsprodukte älterer Gesteinsarten, hauptsächlich solcher der Hornblendereihe.

Im rohen Zustande bilden die Grünerden feuchte tonige Massen von sehr feiner Verteilung, die durch trockene, seltener nasse Aufbereitung verbessert werden. Sie kennzeichnen sich durch verschieden feines Korn und daher nicht immer gleichgute Streichfähigkeit und Druckbarkeit aus. Die weniger schönen Sorten werden hauptsächlich in der Anstreicherei und als Grundiermaterial in der Tapetenfabrikation usw., die schönsten in der Dekorations- und Kunstmalerei verwendet. Unter dem Namen Steingrün wurde früher ein Gemenge von gemahlener Grünerde mit weißem Ton zur Herstellung von wetterfesten Anstrichen verwendet.

Zusammensetzung. Analyse. Die Grünerden unterscheiden sich von den Tonen und Chloriten wesentlich durch geringe Gehalte an Tonerde, von letzteren durch die relativ geringen Mengen an Magnesia. Sie gehören wegen des fast nie fehlenden Gehaltes an Kali und Natron zu der Gruppe der Hornblenden, nicht der Augite. Als färbendes Prinzip wurde seit langer Zeit ein Eisenoxydulsilikat angenommen. Eine Veroneser Grünerde hatte nach Delesse (Naumann, Mineralogie, Leipzig 1874, 503) 51% Kieselsäure, 7% Tonerde, 21% Eisenoxydul, 6% Magnesia, 6% Kaliumoxyd, 2% Natriumoxyd und ca. 7% Wasser. Nach Church (vgl. Church - Ostwald, 204) wäre das Eisen in den Grünerden als Eisenoxydsilikat vorhanden. Hiernach müßten sie gelb sein. Für ein Vorkommnis vom Monte Baldo sind folgende Zahlen angegeben: Wasser, bei 100° C flüchtig, 4,1; Wasser, bei Rotglut flüchtig, 4,2; Eisenoxyd (Fe_2O_3) 20,3; Eisenoxydul (FeO) 2,6; Tonerde 1,7; Kalk 1,1; Magnesia 5,6; Kaliumoxyd 6,4; Natriumoxyd 2,3; Kieselsäure 51,7. Gentele gibt (Lehrbuch der Farbenfabr. 3. Aufl. I, S. 153) zwei Analysen einer böhmischen bzw. englischen Grünerde an, von welchen die erste Eisenoxydul, die letzte Eisenoxyd enthält.

Grünerde	böhmische	englische
Kieselsäure	41%	56,4%
Tonerde	3%	2,1%
Eisenoxydul	23%	5,1%
Eisenoxyd	—	14,1%
Kalk	8%	—
Magnesia	2%	5,9%
Kali	3%	8,8%
Kohlensäure	19%	—
Wasser	—	8,8%

Nach v. Hauer haben in der Tat die Grünerden von Gösen, Atschau und Männersdorf bei Kaaden eine ähnliche Zusammensetzung wie jene von Verona und Cypern. Im Fassatale finden sich Pseudomorphosen nach Augit. Die sich widersprechenden Angaben über die Oxydationsstufe, in der das Eisen in den Grünerden vorhanden ist, scheinen daher zu stammen, daß auch diese Farbstoffe noch jetzt vielfach als Einzelindividuen betrachtet werden, während sie tatsächlich eine Gruppe verschieden zusammengesetzter isomorpher Gemenge zu sein scheinen. Von den verschiedenen Gehalten an Eisenoxydul bzw. Eisenoxyd rühren auch wahrscheinlich die bei den Grünerden beobachteten verschiedenen Färbungen her. Die meisten Grünerden werden von heißer Salzsäure nicht zersetzt. Diese löst nur das durch Verwitterung entstandene Eisenoxyd auf. Wertvollere Sorten dieses Minerals werden auf diese Weise im Tone verbessert, da sie durch die Behandlung mit Salzsäure den Braunstich verlieren. Nach Naumann (l. c.) gibt es auch durch Salzsäure aufschließbare Grünerden.

Eine mit Flußsäure und konzentrierter Schwefelsäure aufgeschlossene Veroneser Grünerde gab mit Ferricyankalium reichlichen blauen Niederschlag, mit Ferrocyankalium nur Blaufärbung. Beim Aufschließen mit kohlensaurem Natronkali wird alles vorhandene Eisenoxydul oxydiert. Daher kann der Eisenoxydulgehalt in Grünerden nur durch Aufschließen mit Flußsäure unter Vermeidung der Oxydation durchgeführt werden, nachdem vorher das durch Verwitterung entstandene Eisenoxyd durch Ausziehen mit heißer Salzsäure entfernt und bestimmt wird. In einer weiteren Portion wird nach dem Aufschließen das Gesamteisen oxydiert und bestimmt.

Beim Glühen verlieren die Grünerden Wasser. Das Eisen wird oxydiert, und es entstehen die gebrannten Grünerden von rehbrauner Farbe, die ebenfalls als Malerfarben dienen.

Kalkgrüne. Diese Bezeichnung trugen ursprünglich die dem natürlichen Malachit nachgeahmten grünen Kupferfarbstoffe, welche im Kalk beständig sind. Seit etwa 25 Jahren versteht man darunter durch grüne Triphenylmethanfarbstoffe (Brillantgrün, Säuregrün) tiefgrün gefärbte, besondere Sorten deutscher Grünerden oder grauer, auch weißer Tone, die zu den sauren Silikaten gehörig die Eigenschaft zeigen, diese basischen Farbstoffe in besonders fester Weise zu binden. Hierzu sind hauptsächlich die erwähnten rheinischen, hessischen und sächsischen Grünerden oder Grautone geeignet, unter welchen sich die Haiger Erde besonders eignet. Diese sauren Tone bilden eines der wenigen Mittel, die man heutzutage besitzt, um relativ sehr lichtunechten Teerfarbstoffen sehr beträchtliche Lichtechtheiten zu erteilen. Brillantgrün und Säuregrün, die unverlackt oder auch als Tanninlacke im Aufstrich mit arab. Gummi im Sommer bei direktem Sonnenlichte innerhalb 5 Tagen völlig zerstört werden, liefern, auf den hierzu geeigneten Erden niedergeschlagen, Kalkgrüne, in welchen ihre typische Lichtunechtheit in das Gegenteil verwandelt ist. Vier solcher Kalkgrüne einer rheinischen Firma hatten nach 4 Jahren 7 Monaten im direkten Sonnenlichte den Ton nur so weit verändert, daß sie den bekannten Graustich angenommen hatten. Die ebenso interessante als wertvolle, aber noch nicht genügend erforschte Erhöhung der Lichtechtheit dieser und anderer basischer Teerfarbstoffe durch Verlackung auf den erwähnten Unterlagen drückt sich auch im Verhalten der oben erwähnten vier Kalkgrüne in Mischung mit Zinkweiß aus. 4proz. Ausmischungen derselben erlitten im Aufstrich mit arab. Gummi unter Glas im direkten Sonnenlichte innerhalb 2 Monaten kaum nennenswerte Abschwächung ihrer ursprünglichen Intensität. Diese Kalkgrüne sind also in Mischung mit Zinkweiß den Pariserblauen, Chromgrünen, Zinkgrünen usw. an Zinkweißechtheit weit überlegen und erreichen etwa jene der Ultramarine. Dagegen war ein anderes Kalkgrün innerhalb 4 Jahren vollständig verschwunden. Die belichtete Hälfte der Tafel hatte rötlichgrauen Ton angenommen. Dasselbe Kalkgrün verfärbte sich in 4proz. Ausmischung mit Zinkweiß in 2 Monaten in Rötlichgraugrün und hatte an Intensität bedeutend abgenommen. Dagegen zeigten einige Kalkgrüne im Pulver das Verhalten, beim Stehen im zerstreuten Tageslichte nach einer Reihe von Jahren im Ton unschön zu werden. In diesem Umstande sind sie lichtunecht.

Nicht alle Grünerden, Grautone, fette Weißtone, Bolusarten usw. machen basische Teerfarbstoffe wie Malachitgrün, Brillantgrüne, Auramin usw. gleich haltbar im Lichte. Daher gibt es außerordentlich haltbare, weniger beständige und unbeständige Kalkgrüne, Kalkgelbe, Kalkrote usw. Eine besonders bemerkenswerte Eigenschaft der rheinischen, hessischen und sächsischen Grauerden ist, daß sie diese basischen Farbstoffe sogar gegen Alkalien unempfindlich machen. Zerr erwähnt in seinem Aufsatze: Die Industrie der Teerfarblacke (Farbenzeitung **16**, 14, 70, 544), daß die Farblacke anfangs unscheinbar dunkelolivgrün, trocken fast schwarz aussehen. Behandelt man sie aber mit verdünnter Natronlauge, so tritt an Stelle der Entfärbung, wie sie die freien Malachit- und Brillantgrüne usw. durch Alkali erleiden, meist sofort die den Kalkgrünen eigentümliche bläulichgrüne und lebhafte Färbung auf, die sich bei der weiteren Verarbeitung nicht mehr ändert. Es scheint also, daß bei der Bildung dieser Kalkgrüne Alkali in die Bindung von Farbstoff und Träger eintritt. Aus ihrem Verhalten gegen Alkali läßt sich auf die Kalkechtheit ein sicherer Schluß ziehen.

Mit Abnahme des sauren Charakters der zu verwendenden Grauerden nehmen Lichtechtheit und Kalkechtheit der Kalkgrüne usw. ab. Man muß also bei der Bildung dieser Farblacke einen Vorgang annehmen, der von Adsorption im colloid-physikalischen Sinne verschieden und jenem einer komplexen Salzbildung nahe kommt.

Die besten Kalkgrüne sind auch wasser- und spritecht. Sie unterscheiden sich also in vorteilhaftester Weise von den früher hergestellten „angeschönten Grünerden", wo man in der Wahl der Substrate noch nicht sicher ging, und sind zu den organischen Farblacken zu zählen, obwohl die Art ihrer Herstellung jener der typischen Farblacke nicht gleicht.

Das Mineral Malachit wurde im Mittelalter unter der Bezeichnung Berggrün besonders in Tirol zur Verarbeitung auf Anstrich- und Malerfarbe abgebaut. Jetzt kommt dieser Farbstoff nur mehr in einzelnen Künstlerfarbensätzen vor. Fast alle heutigen „Berggrüne" des Handels sind künstliche Kupferfarbstoffe (s. diese S. 844).

b) Künstliche grüne Grundfarbstoffe.

Kobaltgrüne.

Beinamen: Rinmanns Grün, Zinkgrün, Sächsischgrün.

Diese Farbstoffe wurden im letzten Viertel des 18. Jahrhunderts von dem schwedischen Chemiker Sven Rinmann durch Glühen eines Gemenges von Zinkoxyd mit Kobaltoxydulsalz hergestellt. Die Kobaltgrüne werden in drei Tonstufen als „hell", „mittel" und „dunkel" in den Handel gebracht, die sich auch durch die Töne unterscheiden und gelb- bzw. blaustichig sind. Sie müssen also ähnlich dem Kobaltblau als Trägerfarben mit mehr oder weniger Zinkoxyd betrachtet werden. (Näheres über Darstellung: Munkert, Normalfarben, S. 151.) Die mittlere prozentische Zusammensetzung wird zu 88% Zinkoxyd und 12% Kobaltoxydul angegeben. Nach Wagner enthielt ein dunkles Kobaltgrün 71,93% Zinkoxyd, 19,15% Kobaltoxydul, 8,23% Phosphorsäure und 0,69% Natron.

Nach Storch ist die Färbung der Kobaltgrüne durch Vorhandensein einer festen Lösung von blauem Kobaltoxydul im, durch das Glühen unumkehrbar gelb gewordenen Zinkoxyd verursacht. Vgl. Burgstaller, Abhandlg. d. deutsch. naturw. med. Vereins Lotos **3**, 57. Neue Darstellungsversuche hat Hedvall (Ber. **45**, 2095; 1912 und Chem. Centralbl.

1913, II, 1274) unternommen. Auch Burgstätter hält das Kobaltgrün für eine aus Blau und Gelb entstandene Mischfarbe, weil das ZnO bei seiner Bildungstemperatur dauernd gelb werde. $D_{17} = 5, 6384$ gegen 5,1484 bei Zinkweiß Weißsiegel. Teilchengröße 10—50 μ gegen 2—10 μ bei Zinkweiß.

Analyse. Kobaltgrüne sind leicht erkennbar, da sie sich beim Erhitzen mit Salzsäure mit roter Farbe lösen. Kalilauge wird mit den dunkleren Sorten bei längerem Kochen hellblau, kohlensaures Ammoniak sehr schön violett gefärbt. Phosphorsäure scheint in den jetzt hergestellten Kobaltgrünen selten vorzukommen. Von 12 untersuchten Proben enthielt sie nur eine. Die quantitative Analyse der Kobaltgrüne erfolgt durch Auflösen in Salpetersäure und Fällen des Kobalts das als Kobaltkaliumnitrit ausgewaschen, in Salzsäure gelöst, als Oxydulhydrat gefällt und nach Rose als Metall bestimmt wird. Aus dem Filtrat fällt man eventuell vorhandenes Nickel nach dem Kochen mit überschüssiger Salzsäure durch Kalilauge und führt in Nickeloxydul über. Im Filtrate fällt man das Zink als Sulfid und bestimmt es durch Abrösten als Oxyd.

Lichtechtheit und Verträglichkeit in Mischung. Die Kobaltgrüne sind im Lichte beständig. Sie vertragen sich nicht mit Zinkgelb, gelbem Ultramarin und Zinkgrün. Gegen Zinkweiß erweist sich das Kobaltgrün weit beständiger als die Ultramarine. 10proz. Ausmischungen waren als Aquarellfarben unter Glas in zwei Monaten kaum verändert worden. Dieses Verhalten erklärt sich durch die Zusammensetzung der Kobaltgrüne als Zinkate.

Eine Abart des Kobaltgrün ist das Gellertgrün, welches aus metallischem Kobalt durch Rösten und Glühen mit 4 bis 5 Teilen Salpeter und 8 bis 10 Teilen Zinkoxyd gewonnen wird.

Diese Farben werden wegen des relativ hohen Preises zumeist nur als Künstlerfarben angewendet.

Mangangrün.

Kasselergrün, Rosenstiels Grün, Barytgrün.

Diesen ursprünglich von Schad hergestellten Farbstoff erhält man durch Erhitzen eines Gemenges von Manganoxyden mit Baryumnitrat und Schwerspat oder Kaolin. Man wendet auch Baryumsuperoxyd an. Diese Farben werden wenig angewendet und sollen gegen Feuchtigkeit empfindlich sein.

Mangansulfür wasserfrei. 1877 von Guiot (Ann. Chim. Phys. [5] **12**, 114) erhalten, wurde von Clermont 1891 im großen dargestellt. Es hat schön grüne Färbung und ist nach Clermont am Licht und an der Luft unveränderlich. Über Rosenstiels Grün vgl. Rose, Mineralfarben S. 258.

Die grünen Chromfarbstoffe.

Mit dem Handelsnamen Chromgrüne bezeichnete man früher in zutreffender Weise das grüne Chromsesquioxyd, Cr_2O_3, oder die diesem nahestehenden grünen Grundfarben. Da der grüne Farbton diesem

Oxyde eigen ist, so erlangte die Bezeichnung „Chromgrün“[1]) die Bedeutung einer wahren Stoffbezeichnung. Nachdem jedoch später die billigeren aus Chromgelb und Pariserblau hergestellten grünen Mischfarben in ungeeigneter Weise ebenfalls mit dem alten Namen als „Chromgrüne“ bezeichnet worden waren, den sie bis heute noch tragen, mußte dieser bei den vom Chromoxyd sich ableitenden Farben durch einen neuen ersetzt werden. Man wählte in richtiger Anwendung der wissenschaftlichen Farbenbezeichnung den Stoffnamen Chromoxydgrüne.

Chromoxydgrün (stumpf oder deckend).

Darstellung. Diese Farbe ist die älteste der aus dem Kaliumbichromat, aus Chromeisenstein oder Rotbleierz erhaltenen grünen Grundfarben, welche das Chromoxyd zur Basis haben. Die technischen Methoden zur Herstellung von Chromoxydgrün stumpf beruhen auf dem Prinzip der Reduktion von Chromaten und bezwecken möglichst billige Darstellung durch Anwendung wohlfeiler Reduktionsmittel und Erzielung möglichster Brillanz und Malfähigkeit der Farbe. Das Chromoxyd variiert ähnlich wie die Abarten des Quecksilberoxyds, des Cadmiumgelb und der roten Eisenfarben je nach Art der Darstellung, der Temperatur, der Art der Zuschläge usw. in Dichte und Korngröße und daher in der Tonart. Die Produkte der verschiedenen Darstellungsarten weisen beträchtliche Tonverschiedenheiten auf. Am schönsten ist die Farbe aus Quecksilberoxydulchromat, doch ist sie zu teuer. Dieser nahe kommt die mittels Pikrinsäure hergestellte, während die mit Schwefel gewonnene stumpfer ist[2]). Dagegen ist das durch Selbstzersetzung des Ammoniumbichromates beim Erhitzen entstehende grüne Produkt nicht, wie fast allenthalben angegeben wird, das Oxyd Cr_2O_3, sondern ein Gemisch desselben mit dem dunkelbraunen Chromdioxyd CrO_2, oder Tetroxyd Cr_2O_4. Vgl. C. I. Head, Herstellung von schwefelfreiem Chromoxyd aus Natriumchromat und Na_2S. D. A. Nr. 83905 Kl. 12; 19. 1. 21.

Analyse. Das auf die eine oder andere Art dargestellte Chromoxydgrün deckend ist zumeist fast chemisch reines Chromoxyd Cr_2O_3, da die bei der Fabrikation entstehenden Nebenprodukte durch Wasser oder Säuren leicht entfernbar sind. Verfälschungen kommen kaum vor, dagegen nicht selten Schwefel. Von den grünen Zinnobern, Grünerden usw. unterscheidet es sich schon durch den Farbton; bestimmt aber durch seine Unveränderlichkeit beim Glühen oder Erwärmen mit Alkalien. Die Wertbestimmung erfolgt nach Prüfung auf Schwefel durch Aufschließen mit Salpeter und Soda, Auflösen der Schmelze, Abscheidung von Tonerde und Eisen, dann der Kieselsäure nach erfolgter Reduktion mittels Salzsäure und Alkohol durch dreimaliges Eindampfen und endlich Fällen des Chroms als Hydroxyd, Glühen und Wägen als Cr_2O_3.

---

[1]) Joh. C. Leuchs, Vollständige Farben- und Färbekunde II. Bd. Nürnberg 1825; Schützenberger, Farbstoffe. 1868. Gentele, Lehrbuch der Farbenfabrikation. 2. Aufl. 1880.

[2]) Einzelheiten der Fabrikation in Zerr und Rübencamp, II. Aufl. 317.

Verwendung. Das Chromoxydgrün stumpf wurde früher hauptsächlich in der Glas- und Porzellanmalerei, dann im Banknotendruck verwendet, weil es auf photographischem Wege nicht reproduzierbar ist; ferner im Tapetendruck. Seit längerer Zeit ist sein Verbrauch stark zurückgegangen, da die Farbe relativ teuer und wenig brillant ist. In der Kunstmalerei wird sie jedoch noch viel angewendet. Sie ist ausgesprochene Deckfarbe und in Mischung mit anderen Farbstoffen verträglich.

Guignetgrün.

Beinamen: Chromoxydgrün feurig oder lasierend, Pannetiers Grün, Mittlers Grün, Smaragdgrün, Chromgrün, Chromgrün in Lack, Chromhydrat, Vert Peletier, Vert virginal, Viridian, Emerald oxide of Chromium (Church).

Das Guignetgrün wird heute noch nach dem ursprünglichen Verfahren des Erhitzens eines Gemenges von 1 Teil Kalium- oder Natriumbichromat mit 3 Teilen krystallisierter Borsäure in Flammöfen auf ca. 700° dargestellt. Es findet hierbei Reduktion des Chromates unter Bildung von Metachromborat neben borsaurem Alkali statt. Ersteres geht bei weiterem Erhitzen in ein Alkalipyrochromborat von dunkelgrüner Farbe über, das bei der Hydrolyse das Guignetgrün liefert. Außer diesem Hauptprozesse vollziehen sich einige Nebenvorgänge; s. u.

Zusammensetzung. Da alle technischen Guignetgrüne Borsäure enthalten, nahm Shipton (Dingl. pol. Journ. **176**, 315; 1865) an, daß diese ein integrierender Bestandteil des Farbstoffes sei, und gab ihm die Formel: $BO_3 \cdot 3\,Cr_2O_3 \cdot 4\,H_2O$. Dagegen erkannten Guignet und Salvétat die Borsäure als technische Verunreinigung und stellten die Formel $Cr_2O(OH)_4$ auf, die 19,1% Wasser verlangt. Scheurer-Kestner fand später gegen 15% Wasser, entsprechend der Formel: $Cr_4O_3(OH)_6$ mit 15,06% Wasser.

Bis vor kurzem erhielt sich die Formel von Guignet. Dieser Farbstoff wird daher jetzt noch in den meisten Lehrbüchern als Chromtetrahydrat bezeichnet. Erst in jüngerer Zeit wiesen Wöhler und Becker (Zeitschr. f. angew. Chem. **21**, 1600; 1908) darauf hin, daß bezüglich der Zusammensetzung des Guignetgrüns noch immer Unsicherheit herrscht. Sie kamen zu dem Schlusse, daß für die technischen Guignetgrüne die Formel von Scheurer-Kestner zutreffend ist. Dagegen erhielten sie aus Ammonbichromat Grüne mit einem Höchstgehalt von 37% Wasser. Wöhler stellte sodann durch Erhitzen von gefälltem Chromhydrat mit Wasser unter Druck ein in Salzsäure unlösliches Grün vom Farbton des Guignetgrüns her, das von allen Nebenbestandteilen und Verunreinigungen der technischen Guignetgrüne frei ist.

Die im Jahr 1908 von Eibner und Hue (Farbenztg. **15**, 2106; 1910) begonnenen Untersuchungen über Zusammensetzung, Bildungsweisen und Analyse der Guignetgrüne ergaben folgendes:

Die im Handel vorkommenden Guignetgrüne hell und dunkel sind keine chemischen Individuen, sondern Gemenge aus 1. zwei den bekannten Farbton bedingenden, in Säuren unlöslichen Hauptbestandteilen, den Hydraten $Cr_4O_3(OH)_6$ und $Cr_4O(OH)_{10}$ und folgenden in geringen Mengen vorhandenen Nebenbestandteilen: 2. Chromsesquioxyd Cr_2O_3, das entsteht, wenn die Temperatur 700° überschritten und der Satz dadurch teilweise „verbrannt" wurde; 3. dem braunschwarzen Chromsuperoxyd Cr_3O_6, das hauptsächlich entsteht, wenn zu wenig Borsäure vorhanden ist; 4. Alkali, gebunden an das Chromhydrat, das sehr schwer entfernbar ist. Außerdem kommt in manchen Guignetgrünen ein fünfter Bestandteil, das Metachromborat, als Zwischenprodukt vor. Es ist in Säuren löslich. Die Borsäure ist als technische Verunreinigung zu betrachten und läßt sich im großen nicht ganz entfernen. Fabrikate 1909/10 wiesen nur geringe Gehalte auf (6,82, 4,29, 1,95%). Einige Guignetgrüne enthalten als weitere technische Verunreinigungen Alkalichromate und Eisenverbindungen in geringen Mengen.

Es wurde ferner die von Scheurer-Kestner ausgesprochene Vermutung, daß die Guignetgrüne schwankende Wassergehalte zeigen, als richtig erkannt. Sie variieren bei den technischen Grünen aus Alkalibichromaten zwischen 15 und 22, bei den Grünen aus Ammonbichromat zwischen 25 und 43%. Ein Teil des Wassers ist im adsorbierten Zustande vorhanden. Die Guignetgrüne sind also Hydrogele ähnlich den Pariserblauen. Unter gewissen Versuchsbedingungen gehen sie in Hydrosole über. Es lassen sich kolloidale Lösungen von Guignetgrün herstellen. Die aus Ammonbichromat hergestellten Grüne sind bei richtiger Darstellung im kleinen frei von Cr_2O_3 und Cr_3O_6 und daher weit lasierender als die technischen Grüne. Außerdem sind sie alkalifrei. Das von Wöhler (l. c.) durch Erhitzen von gefälltem Chromhydroxyd mit Wasser unter Druck erhaltene Grün stellt das reinste und lasierendste Guignetgrün dar, das es gibt. Es entspricht also, abgesehen von seinem Charakter als Hydrogel, der von Scheurer-Kestner aufgestellten Formel am ehesten.

Nach D. R. P. 391494 vom 10. Aug. 1915 wird von A. E. Gessler das Guignetgrün auch aus Natriumbichromat in bester Ausbeute und sehr lebhaftem Ton hergestellt, indem 130 Tle Natriumbichromat mit 100 Tln Schwefelpulver und 12,5 Tln Natriumchlorat oder einem anderen geeigneten Oxydationsmittel gemengt und das Gemisch entzündet wird. Die ausgelaugte Schmelze ist direkt verwendbar.

Analyse. Aus Obigem ist ersichtlich, daß die bisherige Art der Analyse des Guignetgrüns durch Aufschließen mit Soda und Salpeter nicht zur Bestimmung aller Bestandteile führte. Zunächst ist die Bestimmung des adsorbierten Wassers durch Gewichtsabnahme im Exsikkator über Schwefelsäure auszuführen. Bei der Bestimmung des Gesamtwassergehaltes ist zu berücksichtigen, daß Chromhydrate beim Erhitzen an der Luft in Superoxyde übergehen, die erst bei sehr starker Rotglut in Cr_2O_3 und Sauerstoff zerfallen. Man erhitzt also so lange auf dem Gebläse, bis die schwarze Masse hellgrün geworden ist. Vor Bestimmung der Borsäure hat man sich zu überzeugen, ob nicht ein Teil derselben im gebundenen Zustande als Metachromborat vorhanden ist, was durch Ausziehen mit Salzsäure geschieht. Der Borsäuregehalt wird aus der Differenz bestimmt, indem das Grün nach dem Glühen gewogen, dann mit Flußsäure und Schwefelsäure auf dem Sandbade das Borfluorid abgeraucht wird. Nach dem Auswaschen des Alkalis wird das borfreie Oxyd getrocknet und gewogen.

Das Kali bestimmt man, indem man das geglühte Grün mit Flußsäure und Schwefelsäure abraucht, den Rückstand mit Wasser auslaugt, mit Ammoniak fällt, das Filtrat bis zum Verjagen der Ammonsalze eindampft und erhitzt, den Rückstand mit Schwefelsäure aufnimmt und das Kalium als Sulfat wägt.

Die direkte Bestimmung des in den technischen Guignetgrünen vorhandenen Cr_2O_3 konnte bisher nicht ausgeführt werden. Es wurde gefunden, daß diese Grüne beim Erhitzen mit konzentrierter Schwefelsäure langsam in lösliche Sulfate verwandelbar sind; hierbei würde wahrscheinlich das Oxyd Cr_2O_3 zurückbleiben. Diese Methode ist noch auszuarbeiten. Ebenso ist die Bestimmung des Chromsuperoxydes noch unsicher. Da es durch Salzsäure außerordentlich schwer zerlegbar ist, so wäre die jodometrische Methode kaum anwendbar und es wäre durch Messen des durch Erhitzen des Grüns im indifferenten Gase erhaltenen Sauerstoffs zu bestimmen.

Die Guignetgrüne sind Farbstoffe, deren quantitative Analyse auf alle Bestandteile heutzutage noch nicht vollständig ausgearbeitet ist. Ihre Bezeichnung als „Chromoxydgrüne" entspricht den an die moderne Farbstoffbezeichung zu stellenden Anforderungen keineswegs, da sie Chromoxydhydratgrüne sind.

Chromphosphatgrüne.

Arnaudons Grün ist ein Grün, das an Schönheit dem Schweinfurtergrün nicht fernsteht. Es wird beim Erhitzen im Rohr nicht schwarz wie das Guignetgrün, sondern violettrot, beim Erkalten wieder grün. Diese Farbe ist wahrscheinlich ein basisches Chromphosphat. Muthmann und Heramhof (Ann. 355, 154; 1907) empfehlen die Chromphosphate als Scharffeuerfarben, da sie noch bei 1450° nicht ausfließen und nicht so leicht Fehlbrände liefern wie die Chromoxyde. Ähnlich zusammengesetzt ist das Schnitzers Grün.

c) Grüne Mischfarbstoffe aus Chromgelb und Pariserblau.

Die Chromgelbgrüne (Chromgrüne).

Grüne Zinnober, Bronzegrüne, Milorigrüne, Ölgrüne.

Unter „Chromgrünen" versteht man fast allgemein nicht mehr die grünen Grundfarben, welche Chromoxyd zur Basis haben, sondern Mischfarben. Während die jetzt mit dem Namen Zinkgrüne (Mischfarben) bezeichneten Farben hauptsächlich in Öl Anwendung finden, dienen die Chromgrüne vorzugsweise als Tapeten- und Steindruckfarben. In ersterer Verwendung nennt man sie Druckgrüne, in der Lithographie Seidengrüne[1]), auch Milorigrüne. Die richtige und in neuerer Zeit teilweise in Aufnahme gekommene Bezeichnung

[1]) Diese enthalten Blanc fixe als Träger, das stets frisch hergestellt wird.

ist „Chromgelbgrüne“. Diese Farben werden für die gewerbliche Verwendung zur Herstellung billiger Sorten und der hellen Abtönungen mit wechselnden Mengen Spat versetzt. Je nach dem Mengenverhältnis von Chromgelb zum Pariserblau erhält man blau- bzw. gelbstichige Sorten. Erstere kommen unter Phantasienamen wie Ölgrün, Ahorngrün, Laubgrün, Moosgrün, Smaragdgrün usw. vor, letztere als Maigrün, Resedagrün u. a. Diese Farben werden entweder auf trockenem Wege durch Mischen auf Kollergängen oder zur Herstellung innigerer Mischung auf nassem Wege hergestellt, wobei das Pariserblau zuerst an den Schwerspat gebunden wird und dann als sog. Blauspat (Mineralblau) in Teig zur Anwendung kommt. Das Chromgelb wird für die helleren Sorten von Chromgrün als Chromgelbcitron verwendet. Die Chromgrüne sind wie ihre beiden Komponenten nicht kaltecht und daher als Kalkfarben nicht verwendbar. Ihre Lichtechtheit ist durch den Gehalt an Chromgelb beschränkt[1]).

Über die bedingungsweise Unverträglichkeit der Bestandteile der Milchfarben Chromgelbgrüne vgl. S. 844 und 814. Entzündung von Chromgrünen beim Kollern. Nach E. Renkwitz wird dieser Übelstand vermieden durch Zusatz von 2% Vaselinöl.

Zinkgrüne.

Hierunter versteht man heutzutage nicht mehr die Grundfarbe Kobaltgrün, sondern ausschließlich Gemenge von Zinkgelb und Pariserblau, also „Zinkgelbgrüne“. Sie enthalten wie die Chromgrüne wechselnde Mengen von Schwerspat oder Blanc fixe und werden ebenfalls in den verschiedensten Tönen hergestellt, die reiner, aber auch heller sind als die Chromgrüne. Die hellsten gelbstichigen Sorten heißen Papageiengrüne[2]). Bei der Verwendung der Zinkgrüne als Ölfarben kommt als Folge fehlerhafter Herstellung das Ausblauen vor, das durch Übertreten des Pariserblau an die Oberfläche zustande kommt. Die Zinkgrüne sind ebensowenig kalkecht wie die Chromgrüne, dagegen weit lichtechter als diese.

Erkennung und Analyse. Chromgrüne und Zinkgrüne werden durch Kalilauge zerlegt. Erstere unter Bildung von Chromrot und Eisenoxydhydrat, die sich im Niederschlage befinden, und von Bleioxydkali und Ferrocyankali, welche im Filtrate bleiben. Das Zinkgelb des Zinkgrüns wird von Kalilauge völlig gelöst, so daß hier der Niederschlag nur aus Spat und Eisenoxydhydrat besteht, und alles Zink mit Ferrocyankalium in Lösung geht. Hellere Chromgrüne erkennt man aus der rötlichen Farbe des Niederschlages, die vom Chromrot herrührt. Bei dunkleren Sorten kann die Unterscheidung schwer werden. In diesem Falle untersucht man das Filtrat mit Schwefelammon. Liefert es einen schwarzen Niederschlag, so war Chromgrün, wenn ein weißer erhalten wird, Zinkgrün vorhanden.

---

[1]) Mit Ultramarin und Kupferfarben hergestellte Chromgrüne gehören heutzutage zu den Seltenheiten.

[2]) Unter diesem Namen gehen auch Beisorten von Schweinfurtergrün (siehe dieses).

Der Gang der quantitativen Analyse von Chrom- und Zinkgrünen richtet sich nach dem zu bestimmenden Anteil.

Grüne Zinnober, Englischgrün, Mineralgrün. Diese Farben stehen den Chromgrünen nahe.

Der Name grüne Zinnober ist als falsche Substanzbezeichnung zu verlassen.

Zinkweißechtheit der Chromgrüne und Zinkgrüne. Nachdem sowohl die Pariserblaue als die Chromgelbe sich gegenüber Zinkweiß als Wasserfarben im Sonnenlichte außerordentlich empfindlich erweisen und auch Zinkgelb unter gleichen Bedingungen nicht beständig ist, war zu erwarten, daß die Chromgrüne und Zinkgrüne die gleichen Mängel zeigen würden. Dies ist auch der Fall. 1proz. Ausmischungen von Chromgrün mit Zinkweiß vergrauten innerhalb dreier Tage beträchtlich und nahmen gleichzeitig Blaustich an. Es wird also der gelbe Komponent rascher zerstört als der blaue, und zwar deshalb, weil die Lichtreaktion des letzteren eine umkehrbare ist.

	Kennzahlen		
Mischung von Chromgrün und Zinkweiß:	91	45	55
Dieselbe nach 3tägiger Belichtung unter Glas:	93	40	75

d) Die grünen Kupferfarbstoffe.

1. Dem natürlichen Malachitgrün nachgeahmte Farbstoffe. Berggrüne (falsche Substanzbezeichnung) wurden früher hergestellt, indem eine siedend heiße Lösung von Alaun und Kupfersulfat mit einer solchen von Natrium- oder Kaliumsulfat gefällt wurde (Mierzinski).

Das nach Gurth erhaltene Berggrün hat einen Zusatz von Schüttgelb. Verschnittsorten von Berggrün mit weißem Ton, Schwerspat usw. sind unter den Namen Alexandergrün, Glanz- und Napoleonsgrün bekannt.

Kalkgrün (Erdgrün). Mit diesem Namen bezeichnete man ursprünglich einen Farbstoff, der durch Fällen von Kupfervitriollösung mit Kreide oder Kalkmilch erhalten wurde. Es ist nicht haltbar.

Bremergrün ist das Zwischenprodukt der Darstellung von Bremerblau (s. dieses).

Mit dem Namen Braunschweigergrün bezeichnete man ursprünglich eine im Jahre 1764 von den Gebr. Gravenhorst in Braunschweig erfundene geschätzte Ölfarbe, die aber im feuchten Kalk nicht steht. Es wurde u. a. durch Behandeln von Kupfervitriol mit Kochsalz und Fällen mit Kalkmilch erhalten und ist in diesem Falle ein basisches Kupferchlorid. Mit Soda gefällt hat es die Zusammensetzung $CuCO_3 \cdot Cu(OH)_2$. Heute ist der Name auf Gemische von Chromgelben mit Blau übergegangen[1]). Man bezeichnet damit aber auch das Bremer-

[1]) Diese Mischfarben werden auch mit den Namen Preußischgrün oder Viktoriagrün (s. dieses) bezeichnet.

blau und ein arsenhaltiges Kupfergrün ohne Essigsäure bzw. auch eine Abart von Schweinfurtergrün.

Erlauergrün wird in ähnlicher Weise hergestellt wie das alte Braunschweigergrün, indem man ein Gemisch von Kupfervitriol und Kochsalz in Kalkmilch einträgt, den erhaltenen Niederschlag aussüßt und mit einer Lösung von neutralem Kaliumchromat versetzt. Es wird mit Wienerweiß oder Spat versetzt.

Bolleys Grün ist ein durch Erhitzen auf Rotglut erhaltenes wasserfreies Kupferborat, das gut deckt und als Ölfarbe verwendet wurde. Jetzt wird es wenig gebraucht.

Genteles Grün, Zinnkupfergrün, wird erhalten, indem man entweder Kupfervitriollösung mit Zinnchlorür fällt und den anfangs weißen, später grün werdenden Niederschlag auswäscht und trocknet, oder indem man zinnsaures Natron anwendet und den zunächst orangegelben Niederschlag aussüßt, wodurch er nach und nach grün wird.

Elsner Grün ist eine Mischung von Zinnkupfergrün mit Gelbholzabsud.

2. Die Grünspane. Zu diesen Farben gehört der eigentliche Grünspan (Verdit, Verdet, Verdigris), der schon von Plinius erwähnt wird und später besonders in Montpellier und Grenoble hergestellt wurde (französischer Grünspan). Er kommt in zwei Abarten vor: Als neutraler blauer oder krystallisierter Grünspan in Trauben und als basischer Grünspan in Kugeln. Der krystallisierte Grünspan nähert sich der Formel $Cu(C_3H_2O_2)_2$, enthält aber auch basisches Acetat. Dem basischen grün gefärbten Grünspan wird die Zusammensetzung $Cu(C_2H_3O_2)_2$ $2\,Cu(OH)_2$ zugeschrieben. Man unterscheidet französischen, englischen und deutschen Grünspan. Er soll sich in Ammoniak völlig lösen bzw. nicht mehr als 2 bis 3% Rückstand liefern. Als Zusätze kommen Kreide, Gips und Spat vor. Grünspan ist Lasurfarbe, sehr unbeständig und wird nur mehr wenig verwendet.

Casselmanns Grün ist ein basischer Grünspan. Es ist nach dem Schweinfurtergrün die schönste Kupferfarbe von der Zusammensetzung: $CuSO_4 \cdot 3\,Cu(OH)_2 + 4\,H_2O$.

Der sogenannte sächsische Grünspan nähert sich in der Zusammensetzung dem Braunschweigergrün. Er enthält Gips oder Wienerweiß. Seine Name ist demnach falsche Substanzbezeichnung. Die Erkennung dieser Grüne erfolgt am raschesten und einfachsten durch Behandeln mit Ammoniak, wobei das Kupfer in Lösung geht. Sonst handelt es sich nur um Feststellung des sauren Bestandteiles der betreffenden Kupferfarbe und evtl. um jene der Verschnitte.

3. Die Giftgrüne. Diese Farben bestehen entweder aus basisch arseniksaurem oder arsenikessigsaurem Kupfer ohne oder mit Zuschlägen. Zu ersteren gehört das Scheelegrün. Dieses Grün variiert je nach der Menge der arsenigen Säure, die es enthält, von Zeisig- bis Dunkelgrün.

Schweinfurtergrün wurde im Jahre 1814 von F. W. Ruß und Wilhelm Sattler in Schweinfurt aus Grünspan und Arsenik dargestellt. Nach Leuchs ist das Mittisgrün, erfunden von Mittis in Wien, älter als das Schweinfurtergrün, im wesentlichen aber gleicher Zusammensetzung.

Beim Schweinfurtergrün erreicht die in der Nomenklatur der anorganischen Farben noch bestehende Verwirrung ihren Höhepunkt. Es existieren an 50 Namen für dieses je nach der älteren oder neueren Methode hergestellte Grün bzw. seine Verschnittsorten und Abarten. Es sind teils Herkunfts-, teils Phantasiebezeichnungen, welche letztere den Glauben erwecken sollen, daß es sich um nicht giftige Farben handle. Die älteren Namen für Schweinfurtergrün sind: Mitis-, Wiener-, Parisergrün, Grünspangrün[1]) Zwickauer-, Brixener-, Eislebener,- Leobschützer-, Würzburger-, Baseler-, Deckgrün, Vert Paul Veronese. Unter den beiden letztgenannten Namen kommt es als Künstlerfarbe vor. Hierzu kommen Namen wie: Kaisergrün, Neu-, Mineral-, Original-, Staub-, Patent-, Lackiergrün, welche teils Schweinfurtergrün selbst, teils wie Kaisergrün[2]) und Originalgrün Verschnittsorten oder Abarten (Kalkarsengrüne) bezeichnen. Außerdem kommt es noch unter folgenden Bezeichnungen vor: Pickel-, Kasseler-, Saalfelder-, Braunschweiger-, Bremer-, Kirchberger-, Eisenacher-, Leipziger-, Münchener-, Königs-, Berg-, Kupfer-, Hoch-, Jasniger-, Patent-, Persisch-, Mal-, Jasmin-, Schwedisch-, Grundier-, Kurrers-, Mai-, Moos-, Papagei[3])-, Schober-, Schön-, Schweizer- und Smaragdgrün (Vert émeraude, Emerald Green).

Schweinfurtergrün ist die schönste anorganische grüne Farbe, die man kennt. Je mehr es Arsen enthält, desto heller ist es. Es ist ein Doppelsalz von arsenig- und essigsaurem Kupfer von der Formel: $Cu(C_2H_3O_2)_2 \cdot 3\,(CuAs_2O_4)$.

Analyse. Reines Schweinfurtergrün löst sich ohne Rückstand in Ammoniak. Mit entwässerter Soda im Rohr erhitzt entwickelt es Kakodylgeruch.

Mineralische Beimengungen werden wie folgt nachgewiesen (s. auch Stillmann, Chem. News **1899**, 251). Aufbrausen beim Lösen in Säure weist auf kohlensaures Kupferoxyd hin. Ein hierbei verbleibender unlöslicher Rückstand kann Ton, Schwerspat und Gips enthalten. Wird die salzsaure Lösung mit kohlensaurem Ammoniak im Überschuß versetzt, so kann ein entstehender Niederschlag Tonerde, Kalk und Magnesia enthalten. Zum Nachweis von Chromgelb (Bolley-Stahlschmidt, Handbuch der techn.-chem. Untersuchungen **1889**, 352) löst man in Salzsäure, wobei oft schon ein weißer, durch viel Wasser verschwindender Niederschlag entsteht, verdünnt mit Wasser, setzt Schwefelsäure zu, filtriert vom schwefelsauren Bleioxyd ab, kocht das Filtrat unter Zusatz von Weingeist und versetzt dann mit kohlensaurem Ammoniak, wodurch Chromoxydhydrat gefällt wird.

---

[1]) Bezeichnung für ein nach der alten Methode aus Grünspan hergestelltes Schweinfurtergrün.

[2]) Darstellung s. Zerr und Rübencamp, II. Aufl. 306.

[3]) Diese Farbe ist ein mit Chromgelb verschnittenes Schweinfurtergrün.

Zur Bestimmung des Kupfergehaltes löst man das Schweinfurtergrün in Salzsäure, versetzt mit überschüssigem kohlensauren Ammoniak, filtriert vom etwa entstandenem Niederschlag (Tonerde, Kalk, Magnesia) ab und fällt im kochenden Filtrat das Kupferoxyd mit Natronlauge.

Beachtung verdient auch die mikroskopische Prüfung des Grüns. Zur Untersuchung verwendet man das Grün am besten, indem man es mit einem Tropfen Glycerin auf dem Objektträger, ohne zu reiben, mischt und ein Deckglas auflegt (Vergrößerung bei dunkleren Grünen etwa 200, bei helleren 400 bis 500). Schwerspat und Gips lassen sich dadurch sehr leicht erkennen. Das Vorkommen von Arsenik-Oktaedern (Fig. 13) zeigt an, daß man es mit einem (nach der Grünspanmethode bereiteten) Grünspangrün zu tun hat (vgl. Zeitschr. f. angew. Chem. **1**, 47; 1888).

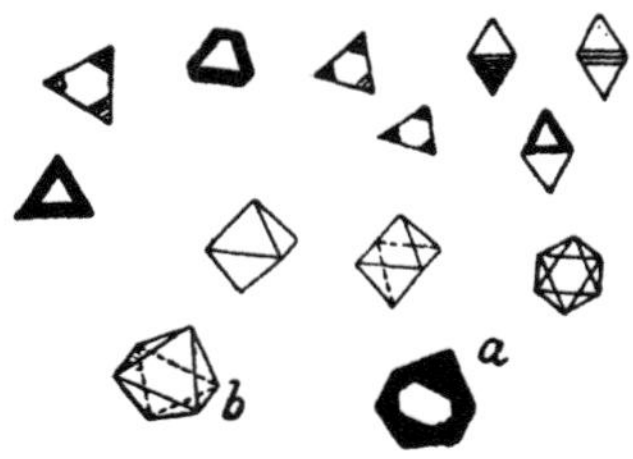

Fig. 13. Arsenik-Oktaeder

Avery und Beans (Journ. Americ. Chem. Soc. **23**, 111; Chem. Zentralbl. **1901**, I, 992) zeigen, daß die bisherigen Verfahren zur Bestimmung des löslichen Arsentrioxyds im Parisergrün, die wesentlich auf der Extraktion mit Wasser beruhen, unbrauchbar sind, und empfehlen folgende Arbeitsweise. Man erhitzt 1 g Parisergrün 5 Min. mit 25 ccm einer Natriumacetatlösung (12,5 g im Liter), kühlt ab, füllt auf 100 ccm auf und titriert einen aliquoten Teil mit Jodlösung.

Haywood (Journ. Americ. Chem. Soc. **25**, 963; Chem. Zentralbl. **1903**, II, 1256) schlägt eine Modifikation der Avery-Beansschen Methode zur Bestimmung des Gesamtgehaltes an Arsentrioxyd vor. Jene gibt sehr gute Resultate, wenn Proben von reinem Parisergrün zur Untersuchung gelangen: Ist aber viel freies As_2O_3 zugegen, so fallen die Resultate zu niedrig aus. Man verfährt deshalb folgendermaßen: 2 g des Durchschnittsmusters werden im Achatmörser gepulvert, 0,3 bis 0,4 g davon in einem Becherglase mit 25 ccm Wasser und tropfenweise und unter beständigem Rühren mit konzentrierter Salzsäure versetzt, bis aller Farbstoff in Lösung gegangen. Das freie As_2O_3 bleibt zurück, wird abfiltriert und gewaschen. Im Filtrat wird As_2O_3 nach den Angaben von Avery-Beans bestimmt. Filtrat, Rückstand und das zum Spülen des Trichters benutzte Wasser werden in das Becherglas gebracht, mit 5 g $NaHCO_3$ versetzt und gekocht, bis As_2O_3 vollkommen in Lösung gegangen ist (5 bis 10 Minuten). Die abgekühlte Lösung wird unter Zusatz eines Tropfens Methylorange angesäuert, dann mit $NaHCO_3$ wieder alkalisch gemacht und nach Zugabe von Stärkelösung mit Jodlösung titriert.

Wenn freies As_2O_3 vorhanden ist, empfiehlt Avery (Journ. Americ. Chem. Soc. **25**, 1096; Chem. Zentralbl. **1903**, II, 1473) folgende Behandlung. Die Probe wird auf je 0,1 g mit 5 bis 10 ccm $^n/_2$-HCl gelinde erwärmt. Tritt nicht vollständige Lösung ein, so wird kalt gesättigte Natriumacetatlösung (ca. 3 g Salz auf 0,1 g der Probe) zugefügt und gekocht, bis alles As_2O_3 gelöst ist. Vor dem Zusatz des Acetats muß alles

Kupfer in Lösung gegangen sein. Ist alles gelöst, so wird Alkalitartrat und festes Bicarbonat zugesetzt und die verdünnte Lösung wie üblich titriert.

Analysen von Parisergrün. (Van Slyke und Andrews New York Agricultural Exp. Stat. Geneva N. Y. Bull. Nr. **222**, 265; Chem. Zentralbl. **1903**, I, 895.) 44 untersuchte Handelsproben enthielten:

55,39	bis	61,40,	im Mittel	57,10 %	As_2O_3,
0,61	„	1,35,	„ „	1,01 %	wasserlösliches As_2O_3,
27,03	„	30,79,	„ „	29,41 %	CuO,
50,63	„	57,60,	„ „	55,10 %	mit Kupfer verbundene As_2O_3.

0,5 g Schweinfurtergrün werden nach Heiduschka und Reuss (Zeitschr. f. anal. Chem. **50**, 269; **1911**, vgl. Koch, Zeitschr. f. anal. Chem. **46**, 35; 1907) mit 5 g kleinkrystallisiertem Ferrosulfat und 60 ccm HCl (spez. Gew. 1,19) in einen Kolben von 150 bis 200 ccm mit Aufsatz gebracht. Daran angeschlossen wird ein Erlenmeyerkolben und Peligotrohr mit KOH beschickt, welches ca. 40 g KOH enthält und mit Eiswasser gekühlt wird. Man destilliert über freier Flamme $^3/_4$ der HCl über. Der Inhalt des Kolbens und des Peligotrohres wird nach dem Erkalten des Destillats mit HCl neutralisiert und nach Zusatz von Bicarbonat mit Jodlösung titriert.

Die Sodagrüne genannten Giftgrüne werden durch Neutralisieren der Arsenik, Essigsäure und gelöstes Schweinfurtergrün enthaltenden Mutterlaugen mit Soda erhalten. Nimmt man die Neutralisierung mit Kalkmilch vor, so entstehen die Kalkarsengrüne (Zerr und Rübencamp).

Neuwiedergrün ist ein Gemenge von Schweinfurtergrün mit wechselnden Mengen von Gips, Schwerspat oder auch Blanc fixe. Es findet sich nur selten noch im Handel.

Die arsenikhaltigen Giftgrüne sind für Verwendung in der Wandmalerei, im Tapetendruck usw. verboten. In der Kunstmalerei werden sie noch angewendet.

Verträglichkeit in Mischung. Es wurde schon erwähnt, daß Schweinfurtergrün mit Cadmiumgelb und -orange, sowie mit Cadmiumrot sehr rasch Wechselzersetzung unter Bildung von Schwefelkupfer eingeht. Außerdem ist innerhalb eines Jahres teilweise Verfärbung von Mischungen mit Ultramarin, Saturnrot und Zinnober beobachtet worden.

IX. Braune Farbstoffe.

a) Natürliche.

Umbra, Umbrabraun (mineralische Umbra).

Beinamen: Sammetbraun, Kastanienbraun, Rehbraun, Saalfelder Erde, Türkische Erde, Jacaranthabraun.

Die mineralischen Umbraarten sind durch Manganoxyde braun gefärbte Ocker mit wechselnden Gehalten an Ton. Sie sind natürliche Misch-Trägerfarben. Im Laufe der Zeit wurde die Bezeichnung Umbra auch auf braune erdige Produkte übertragen, welche als Hauptbestandteil Braunkohle enthalten und daher in warmer Kalilauge größtenteils löslich sind. Hierher gehören die sogenannte Kölner Umbra (Kölnische Erde), Kohlebraun, das Kasselerbraun usw. Da diese Farben verschiedene Mängel, wie Öllöslichkeit, Nachdunkeln und Ausbleichen im Lichte, zeigen, so ist es notwendig, die Stoffbezeichnung Umbra auf die echten mineralischen Umbrasorten zu beschränken, welche keine organischen Bestandteile haben dürfen.

Auch echte mineralische Umbren, besonders gebrannte, können stark ölunecht sein. Hier beruht die Ölunechtheit auf der teilweisen Löslichkeit von Manganoxyden in freien Fettsäuren. Derartige Umbraölfarbe kann, in der Grundierung verwendet, zum Durchschlagen in die Übermalung Anlaß geben. (Eibner, Farbenztg. **18**, 1113, 1169; 1913. Techn. Mitt. f. Malerei, XXIX, 22/23.)

Erkennung und Analyse. Mineralische Umbra gibt beim Erhitzen im Rohr nur Wasser und keine brenzligen Produkte ab und entwickelt beim Erwärmen mit Salzsäure Chlor. Da der Ton dieser Farben von dem Verhältnis der Gehalte an Eisen- und Manganverbindungen abhängig ist, so ist häufig die Bestimmung des Mangangehaltes erforderlich, die jodometrisch ausgeführt wird. Der übrige Gang der Analyse ist der einer Silikatanalyse einschließlich der Wasserbestimmung.

Durch Brennen erhält man die „gebrannte Umbra“, welche tieferen und rötlicheren Stich hat als die natürliche. Die echten mineralischen Umbrasorten finden als Anstrich-, Tapeten-, Druck- und Künstlerfarben Anwendung. Die Rehbraune sind sehr helle Umbraarten mit geringem Mangangehalt oder werden durch Mischen von natürlichen oder gebrannter Umbra mit hellen Ockern hergestellt. Sie nähern sich den Dunkelockern. Diese und auch die Umbren werden nicht selten künstlich aus Ockern unter Zusatz von Kohleschwarz hergestellt. Man erkennt diese Produkte an dem fehlenden Mangangehalte und dem Aufschwimmen der Kohle beim Schlämmen. Unter Bronzebraunen versteht man Mischungen aus ungebrannter Umbra mit Chromgelb, die mit Kasselerbraun, Chromorange, Schwarz, grünen Mineralfarben und Eisenoxydfarben nuanciert werden (Zerr und Rübencamp).

b) Künstliche.

Berlinerbraun entsteht durch Verkohlung des Pariserblau und ist ein Gemenge von Eisenoxyduloxyd, Eisenoxyd und Kohle. Es wird nur als Künstlerfarbe verwendet.

Florentinerbraun, auch van Dyckrot und Hachettebraun genannt, ist Ferrocyankupfer. Seine Haltbarkeit im Lichte ist nicht so groß wie die der unvermischten Pariserblaue. Über die Verträglichkeit sind hinreichende Erfahrungen noch nicht gesammelt.

X. Schwarze Farbstoffe.

Graphit.

Ofenschwärze, Pottlot, Reißblei.

Der Graphit findet sich ziemlich häufig in der Natur vor und ist Begleiter der Ur- und Übergangsgebirgsformationen. Den reinsten Graphit liefert Ceylon mit 1 bis 6% Asche. Die weniger reinen Sorten haben 40 bis 60% Aschengehalt, der meist aus eisenhaltigem Sand und

Ton besteht. Man unterscheidet amorphen Graphit vom spez. Gewicht 1,8, der als Farbe verwendet wird, und blättrigen, der vermöge seiner Struktur hoher Temperatur besser widersteht und daher zur Schmelztiegelfabrikation verwendet wird. Dieser hat das spez. Gewicht 2,1 bis 2,5. In der Verwendung als Farbe ist der gemahlene Graphit von dunklerer Farbe als der geschlämmte. Dieser ist mehr silbergrau und wird beim Ausstreichen mit der Spatel glänzend, weil die einzelnen Blättchen dann in parallele Lage kommen und spiegeln. Man nennt ihn deshalb auch Silbergraphit. Als Farbe dient der Graphit fast nur zum Schwärzen von Ofenröhren. Zur Verwendung in der Bleistiftfabrikation dient der reinste amorphe Graphit, gemengt mit Ton.

Analyse. Nach Schwarz mischt man eine abgewogene Menge Graphit mit überschüssigem Bleioxyd und erhitzt das Gemenge in einem verschlossenen Tiegel bis zum Schmelzen des Einsatzes. Nach dem Erkalten bestimmt man das Gewicht des erhaltenen Bleiregulus und rechnet auf 34,5 Teile Blei 1 Teil Kohlenstoff als reinen Graphit. Die Methode ist genau.

Nach Wittstein wird die Untersuchung des Graphits wie folgt ausgeführt: 1 g fein gepulverter Graphit wird bis zur schwachen Rotglut erhitzt und der Gewichtsverlust als Wasser in Rechnung gebracht. Die getrocknete Substanz wird dann mit 3 g eines Gemenges von gleichen Äquivalenten kohlensauren Natrons und kohlensauren Kalis innig verrieben und das Ganze in einen Tiegel geschüttet. Hierauf legt man auf die Oberfläche der Mischung 1 g Kalihydrat (oder Natronhydrat) und erhitzt langsam bis zum Glühen. Die Masse kommt dabei ins Schmelzen, bläht sich auf und bildet oben eine Kruste, welche von Zeit zu Zeit mit einem starken Platindrahte hinuntergestoßen werden muß. Nach halbstündigem Schmelzen läßt man erkalten, weicht die Masse mit Wasser auf, erwärmt den Brei $^1/_4$ Stunde lang fast bis zum Kochen, filtriert, wäscht gut aus und stellt die gesamte Flüssigkeit beiseite. Der mit Wasser ausgelaugte Filterinhalt wird getrocknet, in ein Kölbchen getan, die Filterasche hinzugefügt, und etwa 3 g Salzsäure (spez. Gew. 1,18) eingegossen. Nach einigen Minuten bemerkt man eine schwache Gelatinierung des Kolbeninhaltes, herrührend von der Zersetzung des noch vorhandenen kleinen Rückstandes von Alkalisilikat. Fügt man noch ein wenig mehr Salzsäure hinzu, so verschwindet die Gallerte wieder, und die Kieselsäure bleibt dann gelöst. Nach etwa einstündiger Digestion verdünnt man mit Wasser, filtriert, wäscht aus und hat jetzt den reinen Kohlenstoff am Filter, welcher nach dem Trocknen und schwachen Glühen gewogen wird. Das saure Filtrat vereinigt man mit dem oben erhaltenen alkalischen, setzt noch Salzsäure bis zur stark sauren Reaktion hinzu, verdampft zur Trockne und bestimmt Kieselsäure, Tonerde, Eisenoxyd in bekannter Weise.

Vgl. auch das Buch von Donath, Der Graphit, Wien 1904. Untersuchungen von Graphit, und Czapski, Zeitschr. f. anal. Chem. 55, 548; 1916.

Über Graphit als rostfördernde Anstrichfarbe vgl. Liebreich: Rost und Rostschutz S. 92.

Anhang.

Bronzefarben[1]).

Man versteht hierunter pulverförmige, aus Metallegierungen oder Metallverbindungen, wie Musivgold (Schwefelzinn) bestehende Pulver von metallähnlichem Glanze, welche zum Überzug von Metall- oder anderen Gegenständen dienen, um ihnen ein halbmattes, metallglänzendes Aussehen zu geben. Die Bronzen finden Anwendung in den graphischen Gewerben, der Tapeten- und Papierindustrie und in verschiedenen anderen Gewerben. Die gröberen Pulver nennt man Brokate. Die verwendeten Rohmaterialien sind Kupfer, Zink und Zinn, aus deren Legierungen die Bronzen hergestellt werden. Für weiße Bronze dient Aluminium. Die Bronzen zeigen nicht nur die Farbe der betreffenden Legierungen, sondern auch verschiedene Töne von Orange, Rot, Violett bis Grünlich. Diese werden fast ausschließlich durch Erhitzen der Bronzen in Öl, Wachs, Paraffin, Talg usw. als Anlauffarben hergestellt. Durch einfache Legierung erhält man nach Hebing die Töne: Reichgold, Bleichgold, Reichbleichgold, Grüngold, Reichgrüngold, Rotgold und Kupfer. Durch Anlauf die Nuancen: Hochgelb, Orange, Citron, Feuerfarbe, Carmin, Carmcisin, Braun, Rosa, Lila, Violett, Blau, Blaugrün und Grün. Für sogenannte schwarze Bronze kommt Antimon in Verwendung. Einige bayerische Bronzen hatten folgende Kupfergehalte: Kupferrot: 98,92%; Violett 98,82; Orange 95,30; Speisgelb 82,34; Hochgelb 81,55%. Ihre Untersuchung wird wie die einer zinkhaltigen Kupferlegierung ausgeführt. Die Teilchengröße der Bronzen ist viel beträchtlicher als jene der meisten trockenen Farbstoffe. Aluminiumbronze: 70% 20—50 μ; 30% 50—80 μ. Kupferbronze: 60% 20—50 μ; 20% 50—100 μ. Über Färbung von Bronzen durch Beizen mittels Teerfarben s. Gg. Buchner, Metallfärbung. Neben den echten Bronzen kommen Ersatzstoffe in Verwendung, deren ältestes das Musivgold, Schwefelzinn, ist. Man verwendet es namentlich da, wo echte Bronzen durch Säuredämpfe oder Schwefelwasserstoff leiden würden.

Als Surrogat für Bronze dient auch die Wolframbronze oder Safranbronze, wolframsaures Wolframoxydnatron. Es besitzt prachtvoll goldgelbe Farbe. Das entsprechende Kalisalz hat violette Farbe und ist im Sonnenlichte kupferglänzend. Das Lithiumsalz ist stahlblau. Diese Surrogate decken jedoch meist nicht so gut wie echte Bronzefarben, weil sie deren charakteristische zum intensiven Reflektieren der farbigen Lichtstrahlen nötige Spaltbarkeit in den Lamellen nicht besitzen. (A. W. Hofmann in seinen Reports of the Jurces, London **1863**, 83.)

[1]) Vgl. Hebing, Vergoldung und Bronzierung; Gg. Buchner, Die Metallfärbung, 194; Andés: Blattmetalle, Bronzen und Metallpulver. Wien.

Organische Farbstoffe.

Von

Prof. Dr. **H. Th. Bucherer** in Charlottenburg.

(Bearbeitet auf Grund des in den vorhergehenden Auflagen dieses Werkes von Herrn Prof. Dr. R. Gnehm in Zürich verfaßten gleichnamigen Abschnittes.)

I. Künstliche organische Farbstoffe.

Erste Abteilung.

Die aus dem Steinkohlenteer gewonnenen Vor- und Zwischenprodukte.

Die Grundlage für die Fabrikation der Teerfarben bildet der in der Leuchtgas-, Koks-, Roheisen-, Generatorgas-, Wassergas- und Ölgasindustrie erzeugte Steinkohlenteer [„Gasteer“, „Zechenteer“, „Hochofenteer“, „Generatorteer“][1]). In neuerer Zeit hat der sog. „Urteer“[2]) steigende Bedeutung gewonnen. Die Verarbeitung dieser Produkte geschieht in besonderen Fabriken durch eine vorläufige Zerlegung in ihre Hauptbestandteile auf dem Wege der fraktionierten Destillation, an die sich die weitere Behandlung bis zur Herstellung einzelner, ganz reiner Produkte (in den Anilinfabriken oder in den Farbwerken selbst) anschließt.

1. Benzol [C_6H_6][3]).

Das Benzol ist ein für die Farbenindustrie sehr wichtiger Ausgangsstoff. Unter der Bezeichnung „Benzol“ benutzt man jedoch in der Technik Erzeugnisse von verschiedener Beschaffenheit. Von dem Benzol, das zur Fabrikation von „Blauöl“ (ein besonders reines Anilin, das zur Herstellung von Anilinblau Verwendung findet) dient, verlangt man, daß es vollständig innerhalb eines Thermometergrades überdestilliere und beim Schütteln mit konzentrierter Schwefelsäure diese kaum merklich färbe.

Im rohen Benzol kommen vor als stete Begleiter: das Thiophen mit seinen höheren Homologen, Schwefelkohlenstoff, Cyanmethyl, Aceton und andere Ketone, außerdem aber Kohlenwasserstoffe der Fettreihe (Paraffine).

Über den Nachweis und die Bestimmung des Schwefelkohlenstoffs, des Thiophens und von Paraffinkohlenwasserstoffen

[1]) Vgl. Bd. III, S. 183. [2]) Vgl. Bd. III, S. 190. [3]) Vgl. Bd. III, S. 222.

im Handelsbenzol vgl. Bd. III, S. 232ff. Die Anwesenheit von Toluol in Benzol läßt sich erkennen, wenn man das fragliche Produkt nitriert und das entstandene Nitroprodukt mit Ätznatron prüft. (Raikow und Ürkewitsch, Chem.-Ztg. **30**, 295; 1906; Zeitschr. f. angew. Chem. **20**, 964; 1907; Bd. III, S. 241.)

2. Toluol [C_7H_8][1].

3. Xylol [C_8H_{10}][2].

Es existieren drei isomere Xylole.

Das aus dem Steinkohlenteer durch fraktionierte Destillation abgeschiedene Xylol ist ein Gemenge der drei Isomeren. Das Metaxylol ist jedoch stets in überwiegender Quantität vorhanden. Es macht von den meisten Xylolen nahezu 75% aus, während von Paraxylol mehr als 20, von Orthoxylol meist nur einige Prozente darin enthalten sind. Über die Trennung der drei Xylole voneinander vgl. Bd. III, S. 231. Das Xylol dient zur Darstellung der Xylidine.

4. Naphthalin [$C_{10}H_8$][3].

Das Naphthalin bildet in reinem Zustande große weiße Krystallblätter von eigentümlichem Geruch und dem spez. Gewicht 1,158 bei 18° C. Es schmilzt bei 80,06° und siedet bei 218°, sublimiert jedoch schon bei gewöhnlicher Temperatur. Es ist unlöslich in Wasser, schwer löslich in Petroleumäther, leicht löslich in Benzol und heißem Alkohol.

Das Naphthalin dient in der Farbentechnik zur Darstellung des Mono- und Dinitronaphthalins, der Naphthylamine, der Naphthole, Dioxynaphthaline, Nitro- und Amidonaphthole, sowie der diesen Verbindungen entsprechenden, technisch höchst wichtigen Sulfonsäuren und der Phthalsäure.

5. Anthracen [$C_{14}H_{10}$][4].

Das Anthracen bildet als Ausgangsmaterial für die Fabrikation des künstlichen Alizarins und anderer Farbstoffe eines der wichtigsten der in der Teerfarbenindustrie zur Verwendung kommenden Rohmaterialien. Die Reinheit des in den Handel kommenden Produktes ist sehr verschieden.

6. Benzylchlorid [$C_6H_5 \cdot CH_2Cl$].

Das Benzylchlorid bildet im reinen Zustande eine farblose, bei 176° siedende Flüssigkeit von scharfem, zu Tränen reizendem Geruch. Da das Chloratom des Benzylchlorids sich an dem Kohlenstoff der Methylgruppe befindet, so nähert sich dieses in seinem Charakter den Alkylchloriden der Fettreihe und vermag sein Chlor leicht gegen andere Atomgruppen auszutauschen. Auf diesem Verhalten beruht seine Anwendung für die Darstellung von Benzylderivaten, vor allem der benzylierten Methylviolette.

[1]) S. auch Bd. III, S. 223. [2]) Vgl. Bd. III, S. 225. [3]) Vgl. Bd. III, S. 248. [4]) S. Bd. III, S. 252.

Vom technischen Benzylchlorid verlangt man, daß es farblos sei, ein spez. Gewicht von 1,106 bis 1,110 besitze und zwischen 174 und 179° zu etwa 96% überdestilliere. Salzsäuredämpfe dürfen dabei nicht auftreten.

Das Benzylchlorid wird durch Einwirkung von Chlor auf siedendes Toluol dargestellt.

7. Benzalchlorid [$C_6H_5 \cdot CHCl_2$].

Das reine Benzalchlorid bildet eine farblose, bei 206° siedende Flüssigkeit von scharfem Geruch. Technisches Benzalchlorid, das zur Darstellung von Bittermandelöl, Benzoesäure und Zimtsäure dient, soll annähernd den obigen Siedepunkt und einen seiner Formel nahe kommenden Chlorgehalt zeigen.

Es wird analog dem Benzylchlorid durch (weitergehende) Chlorierung des Toluols dargestellt.

8. Benzotrichlorid (Phenylchloroform) [$C_6H_4CCl_3$].

Im reinen Zustande eine farblose, bei 213 bis 214° siedende Flüssigkeit. Das Benzotrichlorid hat vorübergehend eine Rolle in der Farbenchemie gespielt, weil es das erste technische Ausgangsmaterial zur Darstellung des Malachitgrüns bildete.

Von dem technischen Produkte gilt, was vom Benzyl- und Benzalchlorid gesagt wurde. Es ist nicht frei von im Benzolkern chlorierten Produkten zu erhalten.

Die Darstellung des Benzotrichlorids ist der des Benzyl- und Benzalchlorids analog. Die Chlorierung wird hier länger fortgesetzt als bei letzterem und das Produkt schließlich im Vakuum rektifiziert.

9. Benzaldehyd (Bittermandelöl) [C_6H_5COH].

Der Benzaldehyd wird durch Behandlung von Benzalchlorid mit kohlensaurem Kalk oder Soda und Wasser dargestellt und kommt in ziemlicher Reinheit in den Handel. Für seine Untersuchung bietet die Bestimmung des Siedepunktes und des spez. Gewichts einen Anhalt; diese ist aber nicht ausreichend. Vor allem werden diese Kriterien durch die stets sich bildende Benzoesäure beeinflußt. Um deren Bildung bei der Destillation zu verhindern, sollte man diese Operation stets in einem Strom von Kohlendioxyd oder Wasserstoff vornehmen.

Benzaldehyd soll farblos sein, ein spez. Gewicht von 1,052 bis 1,055 besitzen und zwischen 176° und 180° im Wasserstoffstrom vollständig überdestillieren. Mit konzentrierter Schwefelsäure muß er sich klar und ohne starke Bräunung mischen und in einer Lösung von Ammoniumbisulfit ohne Hinterlassung von Öltröpfchen löslich sein.

10. Benzoesäure [$C_6H_5 \cdot COOH$][1].

Die Benzoesäure findet in der Farbenindustrie für die Darstellung des Anilinblaus, von Nitro- bzw. Aminobenzoesäure Verwendung.

---

[1]) Vgl. Bd. III, S. 1092.

Da in der käuflichen Benzoesäure manchmal Verunreinigungen vorkommen, die sich der analytischen Untersuchung entziehen, auf den Blaubildungsprozeß aber häufig störend wirken, ist ein Blauschmelzversuch zu empfehlen, der über die Brauchbarkeit entscheidet.

11. Phthalsäure [$C_6H_4(COOH)_2$] und Phthalsäureanhydrid

$$\left[C_6H_4\langle{}^{CO}_{CO}\rangle O\right]^{1)}.$$

Die Orthophthalsäure bildet in reinem Zustande farblose Blättchen oder dicke Prismen, die bei 213° schmelzen. Sie ist in kaltem Wasser schwierig, in heißem Wasser, Alkohol und Äther leicht löslich. Beim Erhitzen auf ca. 130° zerfällt sie allmählich in Phthalsäureanhydrid und Wasser. Das Anhydrid bildet lange farblose Nadeln, von schwachem eigentümlichem Geruch. Es schmilzt bei 128° und siedet bei 277°, sublimiert jedoch schon unterhalb seines Schmelzpunktes. In heißem Wasser löst es sich unter Übergang in das Säurehydrat.

In der Technik versteht man unter „Phthalsäure" in der Regel das Phthalsäureanhydrid, das in sublimiertem Zustande in den Handel kommt und für die Darstellung der Phthaleine, der Anthranilsäure usw. eine wichtige Rolle spielt. Bildet das käufliche Phthalsäureanhydrid farblose Nadeln, die den richtigen Schmelzpunkt zeigen, in Benzol löslich sind und sich ohne Rückstand verflüchtigen, so kann man dasselbe als genügend rein betrachten.

Die Phthalsäure wird durch technische Oxydation von Naphthalin mit Schwefelsäure in Gegenwart von Quecksilbersulfat dargestellt. Aus der rohen Phthalsäure wird durch Sublimation das Phthalsäureanhydrid gewonnen.

Aus gechlorten Naphthalinchloriden wird Dichlorphthalsäure, durch Erhitzen von Phthalsäureanhydrid mit Antimonpentachlorid im Chlorstrome Tetrachlorphthalsäure gewonnen. Diese Säuren dienen zur Darstellung von Eosinfarbstoffen. Dichlorphthalsäure schmilzt bei 183 bis 185°, Tetrachlorphthalsäure bei 250° unter Anhydridbildung.

12. Anthrachinon $\left[C_6H_4\langle{}^{CO}_{CO}\rangle C_6H_4\right]^{2)}$.

Das reine Anthrachinon bildet glänzende, hellgelbe Nadeln vom Schmelzpunkt 277°. Es sublimiert bei wenig höherer Temperatur und siedet über 382°. Es ist unlöslich in Wasser, wenig löslich in Alkohol, Äther und kaltem Benzol, leichter in heißem Benzol, ziemlich leicht in heißem Eisessig. Es löst sich ferner unverändert in heißer Salpetersäure von 1,4 spez. Gewicht sowie in konzentrierter Schwefelsäure. Erhitzt man Anthrachinon mit alkoholischer Alkalilauge und Zinkstaub oder Natriumamalgam, so färbt sich die Lösung rotviolett, wird jedoch an der Luft schnell wieder farblos. Wendet man völlig absoluten Alkohol an, so ist die entstehende Färbung grün, die geringste Spur Wasser ändert sie jedoch in Violett um.

---

1) Vgl. Bd. III, S. 891. 2) Vgl. Bd. III, S. 428.

Das Anthrachinon kommt selten in den Handel; es wird meistens in den Alizarinfabriken selbst dargestellt und als sublimiertes Anthrachinon vom Reingehalt 98 bis 99% verwendet.

Die Untersuchung des Anthrachinons geschieht nach dem Luckschen Verfahren. (Vgl. Bd. III, S. 253.)

Das Anthrachinon wird technisch durch Behandlung des Anthracens mit einem Gemisch von Kalium- oder Natriumbichromat und verdünnter Schwefelsäure dargestellt. Das Rohprodukt wird durch Lösen in warmer Schwefelsäure, Fällen mit Wasser und schließliche Sublimation mit Wasserdampf gereinigt.

13. Nitrobenzol [$C_6H_5NO_2$].

Das in der Teerfarbenindustrie hergestellte Nitrobenzol dient zur Fabrikation des Anilins, des Benzidins, der Metanilsäure usw. Eine besondere Bedeutung hat es als gelinde wirkendes Oxydationsmittel (vgl. Fuchsin und Nigrosin, ferner Chinolin u. dgl.), in einzelnen Fällen auch als Lösungsmittel für sonst nur schwer lösliche Verbindungen.

Reines Nitrobenzol bildet eine farblose, stark lichtbrechende Flüssigkeit von bittermandelölartigem Geruch. Es besitzt ein spez. Gewicht von 1,209 bei 15° und einen Siedepunkt von 206 bis 207°. In der Kälte erstarrt es zu einer bei + 3° schmelzenden Krystallmasse. In Wasser ist es so gut wie unlöslich; mit starkem Alkohol, Äther und Benzol ist es in jedem Verhältnis mischbar. Durch die meisten reduzierenden Agenzien, wie Zinn und Salzsäure, Eisen und Essigsäure usw., wird es in Anilin, durch Alkalilauge und Zinkstaub in Azobenzol übergeführt. Bei vorsichtiger Reduktion mit Zinkstaub und Wasser oder Natriumamalgam entsteht Phenylhydroxylamin.

Für die Beurteilung der Handelsware ist hauptsächlich der Siedepunkt maßgebend. Bei der Destillation des Produktes muß man sich vor Überhitzung der Kolbenwände hüten, da sonst zuweilen Explosionen erfolgen.

Einige Proben von technischem Nitrobenzol zeigten folgende spez. Gewichte und Siedepunktsverhältnisse:

Spez. Gew. bei 15°	I. 1,209	II. 1,2084	III. 1,2076
Von 100 Tl. destillierten bis 204°	2	12	—
„ 206°	86,2	82	80
„ 208°	6,8	3,5	15
Summa	95	97,5	95

Nitrobenzol, das zur Fabrikation der Blauöle bestimmt ist, soll fast vollständig innerhalb eines Thermometergrades überdestillieren. Höher siedendes Nitrobenzol enthält neben Nitrobenzol o- und p-Nitrotoluol, öfters auch noch höhere Homologe. Ein Verfahren zur Erkennung und Bestimmung von Nitrotoluol in Nitrobenzol gründen Raikow und Ürkewitsch (Chem.-Ztg. **30**, 295; 1906; Zeitschr. f. angew. Chem. **20**, 964; 1907) auf deren Verhalten zu Ätznatron. Nitrobenzol und Nitrotoluol geben mit pulverisiertem festen Ätzkali braune Färbungen; mit pulverisiertem Ätznatron gibt dagegen in der Kälte nur Nitrotoluol eine gelbbraune Färbung. Durch diese Reaktion läßt sich die Anwesenheit von Nitrotoluol in Nitrobenzol leicht feststellen. Die Reaktion gewinnt an Empfindlichkeit, wenn man Gasolin als Verdünnungsmittel benützt. 0,0025 mg Nitrotoluol in 1 ccm Gasolinlösung sind noch erkennbar. Die Menge des Nitrotoluols läßt sich annähernd quantitativ ermitteln, wenn man die entstehende gelbbraune Färbung mit derjenigen vergleicht, die Natronhydrat in einem Gemisch aus Gasolin und Nitrobenzol mit bekannten Mengen Nitrotoluol hervorruft.

14. Nitrotoluol [$C_7H_7NO_2$].

Von den drei isomeren Nitrotoluolen kommen für die Technik vornehmlich zwei in Betracht, nämlich:

1. Orthonitrotoluol. Gelbliche, bei 218 bis 219° siedende Flüssigkeit; spez. Gewicht 1,168.

2. Paranitrotoluol. Farblose, bei 54° schmelzende Krystalle. Siedepunkt 236°.

Beide Isomere bilden sich beim Nitrieren des Toluols; durch Einhalten gewisser Kunstgriffe, wobei insbesondere die Nitrierungs**temperatur** eine große Rolle spielt, gelingt es, überwiegend die eine oder andere Verbindung zu erhalten. Die Metaverbindung entsteht nur in verschwindend kleiner Menge und ist für die Technik von untergeordneter Bedeutung (kann auf m-Toluidin verarbeitet werden).

Ortho- und Paranitrotoluol kommen gegenwärtig im Zustande ziemlicher Reinheit in den Handel. Für ersteres ist der Siedepunkt, für letzteres der Schmelzpunkt maßgebend.

Eine titrimetrische Bestimmung von p-Nitrotoluol in rohem Nitrotoluol gibt Glasmann an (Chem.-Ztg. **28**, 187; 1904 und Ber. **36**, 4260; 1903). Das Nitrotoluol wird zu Toluidin reduziert, das p-Toluidin mit 5-proz. ätherischer Oxalsäurelösung gefällt, der Niederschlag gewaschen, mit warmem Wasser übergossen und mit Ätznatron titriert. (Das Verfahren ist eine Modifikation der Rosenstiehlschen Methode zur Bestimmung von Paratoluidin neben Orthotoluidin, S. 862.)

Geringe Mengen von p-Nitrotoluol in o-Nitrotoluol kann man nachweisen, indem man mittels Eisen und Salzsäure zu Toluidin reduziert und dann nach den Angaben von Holleman (siehe S. 873) acetyliert.

Orthonitrotoluol, das als Ausgangsmaterial für o-Nitrobenzaldeyhd bzw. Indigo in früheren Zeiten besonderes Interesse beanspruchte, dient zur Darstellung des Orthotoluidins und des o-Tolidins; die Paraverbindung zur Darstellung des p-Toluidins, des p-Aminobenzaldehyds, der p-Nitrotoluolsulfonsäure und einiger, aus dieser Sulfonsäure erhältlicher gelber bis oranger Baumwollfarbstoffe.

15. Nitronaphthalin [$C_{10}H_7NO_2$].

Das α-Nitronaphthalin dient zur Darstellung des α-Naphthylamins. Es bildet in reinem Zustande gelbe, in Alkohol und Äther leicht lösliche, in Wasser unlösliche Prismen vom Schmelzpunkt 61°. Es siedet bei 394°. Für das technische Produkt ist der Schmelzpunkt maßgebend.

16. Dinitrobenzol [$C_6H_4(NO_2)_2$] [1].

Nur das Metadinitrobenzol findet technische Verwendung. Es dient in der Teerfarbenindustrie fast ausschließlich zur Herstellung des Phenylendiamins, des Zwischenproduktes für die Darstellung des Chrysoidins und des Phenylenbrauns und anderer Farbstoffe (z. B. von Akridinderivaten).

Im reinen Zustande bildet das Metadinitrobenzol lange, fast farblose, bei 90 bis 91° schmelzende Nadeln. Es löst sich leicht in Alkohol und Äther, nicht in Wasser.

Das technische Produkt stellt gewöhnlich mehr oder weniger reine, gelblich gefärbte Krystallkuchen dar. Es darf nicht stark mit Mononitrobenzol verunreinigt sein, das sich leicht durch den Geruch und durch den niedrigeren Schmelzpunkt des Produktes verrät, und soll neutral und in Alkohol klar löslich sein.

Ein häufig vorkommender Gehalt von mechanisch anhaftender Salpetersäure ist zu berücksichtigen. Zur Untersuchung bestimmt man den Schmelz- und den Erstarrungspunkt.

Das Dinitrobenzol wird entweder unmittelbar aus Benzol oder durch Behandlung von Nitrobenzol mit Salpeterschwefelsäure bei erhöhter Temperatur dargestellt.

17. Dinitrotoluol [$C_7H_6(NO_2)_2$] [2].

Das durch energische Behandlung des Toluols mit Salpeterschwefelsäure dargestellte Dinitrotoluol besteht hauptsächlich aus der unsymmetrischen Metaverbindung ($CH_3 : NO_2 : NO_2 = 1 : 2 : 4$, Schmelzpunkt 70,5°). Es findet zur Darstellung des Toluylendiamins (nebenbei auch des Nitrotoluidins, im Falle der nur teilweisen Reduktion) Verwendung, das in ähnlicher Weise wie das Phenylendiamin zur Erzeugung gelber und brauner Farbstoffe benutzt wird. Es kommt in Form von gelb gefärbten Kuchen in den Handel, die nicht ölig und möglichst frei von Mononitrotoluol sein sollen.

Über Trinitrotoluol, das als Sprengstoff hervorragende Bedeutung besitzt, siehe Bd. II, S. 1271.

18. Anilinöl.

Die unter der Bezeichnung „Anilinöl“ im Handel vorkommenden Erzeugnisse sind je nach dem Zweck, dem sie dienen sollen, von verschiedener Zusammensetzung. Neben dem Anilin kommen die isomeren Toluidine sowie die Xylidine in den Handelsprodukten vor. Es ist von großer Wichtigkeit, die einzelnen Bestandteile qualitativ und quantitativ zu kennen. Hierbei kann, außer den unten ausführlicher beschriebenen Methoden, die Bestimmung des Brechungsvermögens von Nutzen sein.

---

[1] Vgl. Bd. II, S. 1271. [2] Vgl. Bd. II, S. 1271.

a) Anilin [$C_6H_5 \cdot NH_2$].

Das reine Anilin bildet eine farblose, ölige Flüssigkeit von eigentümlichem Geruch, die sich an der Luft allmählich braun färbt. Es erstarrt in der Kälte zu einer blättrigen, bei — 8° schmelzenden Krystallmasse, besitzt ein spez. Gewicht von 1,036 bei 0°, von 1,0267 bei 15°, von 1,0158 bei 22° und siedet bei 184°[1]). Das Anilin mischt sich mit Alkohol und Äther.

Schüttelt man Anilin mit Wasser, so löst letzteres etwas davon auf. Andererseits wird aber auch das Anilin dadurch wasserhaltig. Dieser Umstand ist von Wichtigkeit, weil das Anilin mit Wasserdämpfen destilliert und von den Destillationswässern abgeschieden wird. Die gegenseitigen Löslichkeitsverhältnisse von Anilin und Wasser hat Alexejeff festgestellt. Die nachstehende Tabelle gibt hierüber Aufschluß:

Temperatur °	100 Teile Wasser lösen Anilin	Temperatur °	100 Teile Anilin lösen Wasser
16	3,1	8	4,6
56	3,5	25	4,98
82	5,1	39	5,43
		68	6,04

Mischt man Wasser mit der entsprechenden Menge Anilin (bei 22°), so findet nach W. Herz (Ber. **37**, 2669; 1898) keine Volumveränderung statt; die Menge des gelösten Anilins beträgt 3,481 Volumina auf 100 Volumina Wasser, und das spez. Gewicht der Lösung ist 0,9986. Beim Mischen von Anilin und Wasser findet dagegen eine Kontraktion statt: 1000 ccm Anilin und 52,22 ccm Wasser ergaben 1049,55 ccm.

Die Lösung des Anilins ist ohne Wirkung auf gerötetes Lackmuspapier. Gleichwohl ist das Anilin eine gut charakterisierte Base, die sich mit einem Molekül einer einbasischen Säure zu gut krystallierbaren Salzen verbindet. Diese zeigen sämtlich saure Reaktion, selbst wenn sie einen Überschuß der Base enthalten. Man kann deshalb in den Salzen den Säuregehalt alkalimetrisch titrieren. (Vgl. Lunge, Dinglers Journ. **251**, 40; 1884 und Chem. Ind. **1893**, 490.)

Zur Erkennung von freiem Anilin bei Gegenwart eines Anilinsalzes kann das Verhalten des ersteren zu Kupfersulfat dienen. Eine völlig säurefreie Kupfersulfatlösung wird durch freies Anilin grünlich-braun gefärbt, während Anilinsalze diese Erscheinung nicht zeigen. Es bietet diese Reaktion, die ziemlich empfindlich ist, ein einfaches Mittel, um Anilin mit einer Säure genau zu neutralisieren.

Das Verhalten des freien Anilins zu gewissen Azofarbstoffen, namentlich zum Kongorot (siehe unten und Bd. I, S. 117), kann ebenfalls zu seiner Erkennung sowie zu seiner acidimetrischen Bestimmung dienen. Das Kongorot wird durch Säuren blau gefärbt, freies Anilin stellt die rote Farbe wieder her; man kann letzteres daher, unter Be-

[1]) Dieser Siedepunkt bezieht sich auf den mittleren Barometerstand von 760 mm und ein ganz im Dampf befindliches Thermometer. Unter den gewöhnlichen Bedingungen der Siedepunktsbestimmung wird man je nach dem Barometerstand 181 bis 183° beobachten.

nutzung jenes Farbstoffes als Indikator, mit Normalsäure titrieren. Der Titer ist am besten auf reines Anilin zu stellen. Gleichzeitig vorhandenes Ammoniak oder andere freie Alkalien können in einer besonderen Probe mittels Lackmus titriert und in Abrechnung gebracht werden.

Die Resultate, die nach dieser Methode erhalten werden, sind wenig genau; sicherer ist es immer, das Anilin mit Natriumnitrit zu titrieren (siehe unten S. 897).

Von den Salzen des Anilins zeichnet sich das Sulfat durch Schwerlöslichkeit aus, während das Chlorhydrat in Wasser ziemlich leicht löslich ist. Das Anilin zeigt folgende Reaktionen:

Eine wäßrige (nicht saure) Anilinlösung wird durch unterchlorigsaure Salze violett gefärbt (Runges Reaktion), was auf der Entstehung des blauen Indophenols beruht (Raschig, Zeitschr. f. angew. Chem. **20**, 2071; 1907).

Eine Lösung von Anilin in konzentrierter Schwefelsäure nimmt durch ein Körnchen Kaliumbichromat zuerst eine rote, dann eine blaue Färbung an (Beissenhirzsche Reaktion).

Kaliumbichromat erzeugt in einer sauren Anilinsulfatlösung einen dunkelgrünen Niederschlag, der auf weiteren Zusatz des Reagens violettschwarz wird. Beim Erhitzen destilliert bei 127° schmelzendes Chinon über.

Mit Eisessig erhitzt, wird das Anilin in Acetanilid (F. P. 112°) übergeführt.

Der Wert dieser Reaktionen ist übrigens zweifelhaft, wenn es gilt, das Anilin in einem Gemisch von verschiedenen Basen nachzuweisen.

Über den Nachweis des Anilins macht Peset (Zeitschr. f. analyt. Chem. **48**, 37; 1909; Chem.-Ztg. **33**, Rep. 169; 1909) folgende Angaben: Versetzt man zwei Tropfen Anilin mit 0,5 ccm Salpetersäure von 1,4 spez. Gewicht, so färbt sich die Flüssigkeit zunächst stark blau, geht jedoch nach 5 bis 10 Sekunden unter lebhafter Gasentwicklung in Gelblichrot über. Das entweichende Gas riecht stets nach Benzaldehyd und bald darauf stark nach Phenol. Wird das Gas durch einige Kubikzentimeter Wasser geleitet, so läßt sich in letzterem mittels der Berlinerblaureaktion Blausäure nachweisen. Die erhaltene gelbrote Flüssigkeit gibt auf Zusatz von Wasser einen Niederschlag, der in Amylalkohol mit roter Farbe löslich ist. Wird zur gelbroten Lösung Ammoniak oder Kali- bzw. Natronlauge hinzugefügt, so entsteht eine charakteristische kaffeebraune Färbung, die ebenfalls von Amylalkohol aufgenommen wird. Die blaue Lösung gibt ein Absorptionsspektrum, bei welchem der rote Streifen teilweise verschwunden ist. Bei der roten, in Amylalkohol gelösten Farbe ist die ganze rechte Hälfte des Absorptionsspektrums ausgelöscht. Die Farbenreaktion erhält man noch mit 1 Tropfen einer 1proz. Anilinlösung. Liegt eine verdünntere, z. B. $^1/_4$-proz. Anilinlösung vor, so muß man, um die Reaktion zu erhalten, gelinde erwärmen. Selbst mit 1 ccm einer Lösung, die in 102400 Tl. 1 Teil Anilin enthält, läßt sich noch eine schwache gelbe Färbung beobachten, die auf Zusatz von Ammoniak oder Kalilauge hellbraun wird. Diese braune Farbe kann man mit Amylalkohol ausschütteln.

b) Toluidin [$C_7H_7 \cdot NH_2$].

1. Orthotoluidin. Farblose, an der Luft sich bräunende Flüssigkeit von 1,003 spez. Gew. bei 16° und einem Siedepunkt von 198°. Die Wasserlöslichkeit ist der des Anilins analog. Ebenfalls gut charakterisierte Base, mit krystallisierbaren, sauer reagierenden Salzen, die im allgemeinen das Verhalten der Anilinsalze zeigen.

Das Chlorhydrat ist leichter löslich als das des Anilins, dagegen zeichnen sich das Nitrat und das Pikrat vor den entsprechenden Anilinverbindungen durch Schwerlöslichkeit aus. Das Oxalat löst sich in 250 Teilen Äther (Unterschied vom Paratoluidin und vom Anilin). Beim Kochen mit Eisessig liefert es ein bei 110° schmelzendes Acetylderivat.

Das Orthotoluidin verhält sich in schwefelsaurer Lösung gegen Chromsäure dem Anilin ähnlich, indem es eine dem Nigranilin analoge Substanz bildet. Beim Kochen entweicht bei 67° schmelzendes Toluchinon (Nietzki).

Wird eine Lösung von Orthotoluidin mit Äther geschüttelt, dann tropfenweise Chlorkalklösung hinzugefügt, wieder geschüttelt, schließlich der Äther abgehoben und mit schwachsaurem Wasser zusammengebracht, so nimmt dieses eine purpurrote Färbung an (Rosenstiehl).

Bringt man eine schwachsaure Orthotoluidinlösung mit reinem Paratoluylendiamin zusammen und fügt Eisenchlorid hinzu, so entsteht eine intensiv smaragdgrüne Färbung (Nietzki).

2. Metatoluidin. Kommt im Anilinöl nur spurenweise vor; seine Gegenwart kann meist völlig vernachlässigt werden. Es ist dem vorigen sehr ähnlich, siedet bei 197° und hat ein spez. Gewicht von 0,998 bei 25°, unterscheidet sich aber wesentlich durch den niedrigeren Schmelzpunkt seines Acetylderivates (65,5°). Bei der Oxydation liefert es Toluchinon.

3. Paratoluidin. Farblose, bei 45° schmelzende Blättchen. Siedepunkt 198°. Spez. Gewicht 1,046. Es ist wenig löslich in kaltem Wasser, etwas leichter in heißem, leicht in Alkohol, Äther und Benzol. Seine Reaktion ist neutral, die der Salze sauer. Von letzteren ist das Chlorhydrat etwas schwerer löslich als das des Orthotoluidins und des Anilins. Pikrat und Nitrat sind leichter löslich. Dagegen zeichnet sich das Oxalat durch geringere Löslichkeit in Wasser und fast gänzliche Unlöslichkeit in Äther aus. Beim Kochen mit Eisessig gibt es ein bei 153° schmelzendes Acetylderivat.

Wird eine nicht zu saure Paratoluidinlösung vorsichtig mit Kaliumbichromat versetzt, so scheidet sich ein braunschillernder, krystallinischer Niederschlag ab, der sich mit schmutzig violetter Farbe in Alkohol löst. In verdünnten Lösungen entsteht eine rötlich violette Färbung. Beim Kochen mit einem Kaliumbichromatüberschuß findet keine Chinonbildung statt.

Ortho-, Meta- und Paratoluidin entstehen nebeneinander, wenn man Toluol nitriert und das Gemisch der gebildeten Nitroverbindungen mit Essigsäure oder Salzsäure und Eisen reduziert. Ein solches Erzeugnis enthält gewöhnlich Orthotoluidin in überwiegender Menge, daneben ziemlich viel Paratoluidin und nur wenig Metatoluidin. Setzt man ein derartiges Produkt der Winterkälte aus, so krystallisiert ein großer Teil des Paratoluidins heraus.

Ist eine vollständige Trennung erwünscht, namentlich wo es sich um die Darstellung von möglichst reinem Orthotoluidin handelt, so ist die von Rosenstiehl vorgeschlagene Trennungsmethode durch partielle Sättigung technisch am leichtesten ausführbar. Diese Methode beruht auf der Tatsache, daß das Paratoluidin stärker basische Eigenschaften besitzt als das Orthotoluidin. Fügt man zu einem Gemenge beider Basen so viel Schwefelsäure, daß nur ein Teil jener gesättigt ist, so wird sich die Säure vorzugsweise mit dem Paratoluidin verbinden; durch Übertreiben des Restes mit Wasserdampf erhält man ein an Orthotoluidin reicheres Destillat. Durch öfteres Wiederholen gelingt es, ein nahezu chemisch reines Orthotoluidin zu erzielen, während aus den an Paratoluidin reicheren Rückständen das letztere durch Krystallisation abgeschieden werden kann. Völlig rein erhält man das Orthotoluidin nur durch Krystallisation seines Nitrats. (Schad, Ber. **6**, 1361; 1873.)

c) Xylidin [$C_8H_9 . NH_2$].

Die Theorie läßt die Existenz von 6 isomeren Xylidinen zu, die sämtlich bekannt sind. In dem rohen Xylidin, das durch Nitrieren des rohen Xylols und Reduktion des Nitroxylols dargestellt wird, kommen vier dieser Xylidine vor. Von diesen bilden jedoch zwei die Hauptmenge, während die beiden anderen zu vernachlässigen sind.

I. Metaxylidin ($NH_2 : CH_3 : CH_3 = 1 : 2 : 4$) macht etwa 45 bis 60% des käuflichen Xylidins aus. Siedepunkt 212°. Spez. Gewicht 0,9184 bei 15°. Bildet ein ziemlich schwer lösliches, gut krystallisierendes Chlorhydrat.

II. Paraxylidin ($NH_2 : CH_3 : CH_3 = 1 : 2 : 5$). Siedepunkt 215° (bei 739 mm). Spez. Gewicht 0,980 bei 15°. Es bildet etwa 10 bis 40% des käuflichen Xylidins. Führt man ein Gemisch beider Basen durch Behandlung mit rauchender Schwefelsäure in die Sulfonsäuren über, so krystallisiert beim Vermischen mit Wasser nur die Sulfonsäure des Metaxylidins heraus. Aus dieser kann die Base durch Erhitzen mit Salzsäure unter Druck wiederhergestellt werden. Paraxylidin bildet eine leicht lösliche Sulfonsäure, deren Natronsalz schön krystallisiert. Letzteres liefert bei trockener Destillation Paraxylidin. (Nölting, Witt und Forel, Ber. **18**, 2664; 1885.)

Technische Anilinöle.

Die technischen Anilinöle werden von den größeren Farbenfabriken im eigenen Betriebe dargestellt; im übrigen sind sie das Produkt besonderer Fabriken, der Anilinfabriken.

Obwohl es sehr wichtig ist, die Zusammensetzung eines Anilinöls quantitativ und qualitativ genau zu kennen, so fehlt es in der Praxis bis jetzt fast gänzlich an zuverlässigen analytischen Methoden, die die Bestimmung aller einzelnen Bestandteile ermöglichen.

In den meisten Fällen begnügt man sich mit der Ermittlung des spez. Gewichts und des Siedepunktes und sucht im übrigen empirisch festzustellen, ob das fragliche Öl zu dem bestimmten Zweck tauglich ist oder nicht.

Da die Siedepunktsbestimmung wohl das wichtigste Mittel ist, um beispielsweise in einem Gemisch von Anilin und Toluidin die beiden Komponenten annähernd zu bestimmen, so soll die Art und Weise ihrer Ausführung etwas näher besprochen werden. Es genügt hier nicht, die Temperaturgrenzen festzustellen, innerhalb deren das fragliche Produkt überdestilliert; es müssen vielmehr die Mengen ermittelt werden, die bei den einzelnen Temperaturen übergehen.

Am zweckmäßigsten bedient man sich der bekannten Fraktionierkolben, die mit einem passenden Kühler versehen auf ein Sandbad gesetzt werden. Als Vorlage dienen graduierte Zylinder, die in Kubikzentimeter geteilt sind. In den Hals taucht ein Thermometer derart, daß die Kugel sich etwa einen Zentimeter unterhalb des seitlich angesetzten Ausflußrohrs befindet. Man wendet 100 bis 200 ccm des Öls an und fängt bei langsamer Destillation die von Grad zu Grad übergehende Menge in einem besonderen Zylinder auf. Die zuerst übergehenden Tropfen werden dabei unberücksichtigt gelassen, da das Thermometer nicht sogleich die Temperatur des Dampfes annimmt. Dabei ist gleichzeitig auf einen Gehalt an Wasser Rücksicht zu nehmen, das mit den ersten Partien überdestilliert. Es existieren besondere Anilinthermometer im Handel, deren Skala erst bei 150° anfängt und in $^1/_2$ oder $^1/_{10}$ Grade geteilt ist.

Man würde einen großen Fehler begehen, wenn man aus den übergehenden Mengen einer Fraktion direkt auf den Prozentgehalt an einer bei derselben Temperatur siedenden Substanz schließen wollte. Die ganze Bestimmung hat vielmehr nur einen relativen Wert. Will man z. B. den Gehalt eines Gemisches von Anilin und Toluidin annähernd bestimmen, so würde man zweckmäßig folgendermaßen verfahren: Man bereitet sich verschiedene Gemische beider Basen von bekanntem, aber wechselndem Gehalt, destilliert diese für sich und beobachtet, welches von ihnen der zu untersuchenden Substanz in der Quantität der einzelnen Fraktionen am nächsten kommt. Dabei empfiehlt es sich, in demselben Gefäß, mit demselben Thermometer und unter demselben Barometerstand zu arbeiten. Auch ist es nötig, stets möglichst dieselbe Geschwindigkeit im Destillieren einzuhalten. (Man destilliert z. B. 100 ccm in einer halben Stunde über.) Bei einiger Übung wird man bald dasjenige Basengemisch herausfinden, dessen Zusammensetzung mit der des zu untersuchenden Öls annähernd übereinstimmt. Bei gewissen, stets wiederkehrenden Untersuchungen wählt man ein Anilinöl, das den gestellten Anforderungen entspricht, als „Typ“ und betrachtet diejenigen Produkte als brauchbar, die bei der Destillation übereinstimmende Ergebnisse liefern.

Außer den Siedepunktsbestimmungen ist noch die Ermittlung des spez. Gewichtes üblich; doch ist deren Wert nicht minder relativ als der der ersteren. Im allgemeinen steht das spez. Gewicht dieser Öle im umgekehrten Verhältnis zu ihrem Siedepunkt.

Eine Verunreinigung von Anilinölen mit Nitrobenzol und Kohlenwasserstoffen läßt sich am leichtesten an ihrer unvollkommenen Löslichkeit in verdünnter Salzsäure erkennen, und dies mit noch größerer Schärfe, wenn man die saure Lösung mit Äther ausschüttelt und den ätherischen Auszug verdunstet.

Die Bestimmung der Feuchtigkeit in Anilin, o- und p-Toluidin geschieht nach Dobriner und Schranz (Zeitschr. f. analyt. Chem. **34**, 740; 1895) durch Ermittelung des Verbrauchs an Bromierungslauge nach Reinhardt (siehe S. 867) bei gleichen Gewichtsmengen der ungetrockneten und getrockneten Substanz. Es verbrauche die ungetrocknete Substanz a ccm, die getrocknete b ccm, so berechnet sich der Feuchtigkeitsgehalt F aus der Gleichung:

$$a:b = (100 - F) : 100 .$$

Es ist hierbei gleichgültig, ob die betreffenden Substanzen, abgesehen vom Wassergehalt, einheitlich oder Gemische von Anilin und Toluidin sind; denn in den getrockneten Substanzen ist das Verhältnis der Komponenten dasselbe wie in den ungetrockneten.

Anilin und o-Toluidin lassen sich leicht durch (am besten zweimalige) Behandlung mit geglühtem Kaliumcarbonat vollkommen entwässern. Dagegen gelingt es nicht, p-Toluidin mit geschmolzenem Ätzkali bei ca. 50° wasserfrei zu erhalten; auch scheint dabei das p-Toluidin nicht ganz intakt zu bleiben. Für die Zwecke der Technik genügt es, da das p-Toluidin des Handels nur geringe Mengen Anilin enthält, das p-Toluidin zu destillieren und die Destillation zu unterbrechen, sobald 10% Destillat erhalten sind. Der im Destillationskolben verbleibende Anteil ist als wasserfrei zu betrachten.

Blauanilin.

Für die Umwandlung des Rosanilins in Anilinblau wird ein möglichst reines Anilin angewandt, da dessen höhere Homologen meist trübe, rötliche Töne erzeugen. Die Fabrikation ist gegenwärtig derart vervollkommnet, daß das zur Zeit in den Handel kommende Blauanilin als fast chemisch reines Anilin zu betrachten ist.

Das spez. Gewicht des Blauöls schwankt zwischen 1,0265 und 1,0267 bei 15° C. Es sollen von einem guten Blauöl 97 bis 98% innerhalb 1 bis $1^1/_2$ Thermometergraden übergehen. Die Siedetemperatur richtet sich nach dem Barometerstand und liegt zwischen 181 bis 183° C. 10 ccm des Öles sollen mit 50 ccm Wasser und 40 ccm Salzsäure eine völlig klare Lösung geben. Einige geringwertigere Blauölmuster zeigten folgende Siedepunkte und spezifische Gewichtsverhältnisse:

Spez. Gew. bei 15°	I. 1,0260	II. 1,0252	III. 1,0256	IV. 1,0260	V. 1,0260
Es gingen über					
Volumprozente bis 180°	1	2	2	3	1
„ „ 181°	2	4	4	4	4
„ „ 182°	93	83	89	88	92
„ „ 183°	2	7	2	2	2
„ „ 184°	—	2	—	—	—
Summa:	98	98	97	97	99

Liebmann und Studer (J. Chem. **1899**, 110) bestimmen Wasser, Schwefel, das spez. Gewicht, den Siedepunkt und die Löslichkeit in Salzsäure in folgender Weise: Wasser- und Siedepunktsbestimmung können in einer Operation geschehen. Zu diesem Zwecke destilliert man 100 ccm Öl aus einem gewöhnlichen Kolben und fängt die ersten 10 ccm in einem engen graduierten Zylinder von 15 ccm Inhalt auf. Hierauf versetzt man mit 1 ccm gesättigter Kochsalzlösung, schüttelt und liest ab. 0,3% Wasser werden auf diesem Wege nicht mehr gefunden. Nun destilliert man weiter und fängt von 10 zu 10 ccm auf. Es sollen 80% des Öles innerhalb $^1/_2$° übergehen. Vom Destillat bestimmt man das spez. Gewicht, welches bei 15° 1,0265 bis 1,027 betragen soll.

Um allfällig vorhandene nicht basische Verunreinigungen zu entdecken, bestimmt man die Löslichkeit in verdünnter Salzsäure (siehe oben).

Durch Kochen des zu untersuchenden Öles am Rückflußkühler wird der Schwefel in Schwefelwasserstoff übergeführt und dieser durch Einleiten von Kohlendioxyd in titrierte Silberlösung übergetrieben. Die filtrierte Lösung wird zurücktitriert.

François (Journ. Pharm. Chim. (6) **9**, 821) empfiehlt eine volumetrische Bestimmung des Anilins in Lösung, die auf der Bildung von Tribromanilin begründet ist. Als Indikator dient Indigosulfonsäure, die sich entfärbt, wenn das Anilin durch Bromwasser völlig in Tribromanilin umgewandelt ist. Das Anilin kann frei oder als Chlorhydrat bei einem Überschuß von Salzsäure titriert werden, und zwar in Form einer Lösung von ca. 0,01 g Anilin in 1 l. Das zur Untersuchung benutzte Bromwasser muß ca. 5 g Brom in 1 l enthalten; dessen Wirkungswert wird durch Einstellen auf Arsenige Säure mit Hilfe von Indigo als Indikator oder auf eine Lösung von reinem Anilinchlorhydrat (1,392 g im Liter) ermittelt.

Beim Erhitzen von Blauanilin mit Arsensäure oder Quecksilberchlorid dürfen neben schwarzvioletten, in Wasser unlöslichen Farbstoffen nur ganz geringe Spuren von Rosanilin entstehen.

Anilinsalz (salzsaures Anilin) bildet große, meist etwas grau oder graugrün gefärbte Blätter oder Nadeln, die in Wasser und Alkohol leicht löslich sind, bei 196,5 bis 196,8° (Vorbad 180°; abgekürzte Zincke-Thermometer) schmelzen und sich bei höherer Temperatur unverändert verflüchtigen.

Die Lösung in Wasser soll klar sein, Safrosinpapier nicht entfärben und von Chlorbaryumlösung nicht oder nur schwach getrübt werden. Allfällig vorhandenes freies Anilin weist man mit völlig säurefreier Kupfersulfatlösung nach (siehe S. 859), die durch die geringste Menge Anilin grünlichbraun wird, während Chlorhydrat diese Färbung nicht hervorruft.

Zur Bestimmung der Feuchtigkeit werden 5 g bis zur Gewichtskonstanz (ca. 24 Stunden) im Exsikkator getrocknet. Der Gewichtsverlust soll höchstens 1% betragen. Das mittels Ammoniak aus der wäßrigen Lösung abgeschiedene und mit gepulvertem Natriumhydroxyd getrocknete Anilin soll wie „Blauanilin" destillieren.

Man prüft ferner auf den Schmelzpunkt.

Den Gehalt bestimmt man durch Titration und löst zu diesem Zwecke eine gewogene Menge in Wasser, fügt Phenolphthaleïn hinzu und versetzt bis zur schwachen Rotfärbung mit $^n/_{20}$-Natronlauge.

Auch die Reinhardtsche Methode (siehe S. 867) kann zur Untersuchung der Salze des Anilins (und der Toluidine) angewandt werden. Die Bestimmung hat mit den wasserfreien, über Schwefelsäure getrockneten Substanzen zu geschehen.

Für das Anilinsalz geht die Reinhardtsche Formel über in die folgende:

$$X = 2{,}5102\, VT - 1{,}5102\, A\,.$$

In dieser bedeutet:

A die angewandte Menge Anilinsalz,

X die darin vorhandene Menge salzsaures Anilin,

T den Titer der Bromlauge, bezogen auf reines salzsaures Anilin (auch aus dem Anilintiter *t* durch Multiplikation mit $\frac{129{,}5}{93}$ zu erhalten).

V die Anzahl der verbrauchten Kubikzentimeter Bromlauge.

Um die freie Säure zu ermitteln, wird eine Lösung von 5 g des Salzes in 10 ccm Wasser mit 5 Tropfen einer Krystallviolettlösung (1 : 1000) versetzt und mit einer genau gleich zubereiteten Lösung eines reinen Salzes verglichen: Man titriert mit $^n/_{10}$ wäßriger Anilinlösung, bis die Färbung beider Lösungen gleich ist (A. Liebmann und A. Studer, Journ. Chem. **1899**, 110).

Anilinsalz wird in großen Mengen zur Erzeugung von Fuchsin, Safranin, Aminoazobenzol, Anilinschwarz, Diphenylamin u. a. m. gebraucht.

Rotanilin.

Die Fabrikation des Rosanilins (Fuchsins) beruht auf der Oxydation eines Gemisches von Anilin und Toluidin mit Nitrobenzol. Das unter dem Namen „Anilin für Rot" in den Handel kommende Anilinöl enthält nahezu auf 1 Teil Anilin 2 Teile Toluidin, und zwar meistens gleichviel an Ortho- und Para-Toluidin.

Über die vorteilhafteste Zusammensetzung eines Rotöls sind die Meinungen geteilt, doch haben die Untersuchungen von E. u. O. Fischer dargetan, daß ein Gemenge von Anilin und Orthotoluidin kein Rosanilin erzeugt, wohl aber ein Gemenge von Paratoluidin mit Anilin, und daß schließlich das Orthotoluidin an der Reaktion nur teilnimmt, wenn gleichzeitig Paratoluidin zugegen ist. Demnach würde ein Gemenge von gleichen Molekülen Orthotoluidin, Paratoluidin und Anilin das günstigste Verhältnis sein. Die Zusammensetzung der meisten Rotöle kommt diesem Verhältnis sehr nahe.

Das zur Verwendung kommende Rotöl soll ein spez. Gewicht von 1,006 bis 1,009 bei 15° besitzen. Man verlangt ferner, daß es zwischen 182° und 198° ziemlich vollständig überdestilliere, also frei von Xylidin und höher siedenden Basen sei. Es soll sich in verdünnter Salzsäure fast klar lösen.

Durch Bestimmung der Siedetemperatur läßt sich zwar das Verhältnis von Anilin und Toluidin im Rotöl annähernd ermitteln, nicht aber das Verhältnis der beiden isomeren Toluidine zueinander. Für die Bestimmung der letzteren sind verschiedene Methoden vorgeschlagen; doch haben diese nur einen relativen Wert.

Das Paratoluidin kann man nach dem von Merz und Weith angegebenen Verfahren in Form seiner schwer löslichen Acetylverbindung abscheiden und wägen. Man kocht zu diesem Zweck etwa 10 bis 15 g des Öles mit der vierfachen Menge Eisessig 12 Stunden lang am Rückflußkühler und gießt dann die Masse in die achtzigfache Wassermenge, auf das angewandte Öl berechnet. Dabei scheidet sich das Acetylderivat des Paratoluidins aus und kann nach längerem Stehen abfiltriert, getrocknet und gewogen werden.

Diese Methode ist keineswegs genau und nur dann verwendbar, wenn man vergleichende Versuche mit bekannten Gemischen anstellt.

Die Methode zur Analyse der Anilinöle von Reinhardt (Chem.-Ztg. **17**, 413; 1893), für welche Winther (vgl. Chem. Ind. **1905**, 29; Zeitschr. f. angew. Chem. **18**, 1787; 1905) die grundlegenden Ideen gegeben hat, beruht darauf, daß

1. beim Behandeln mit einem Gemisch von Bromkalium und bromsaurem Kalium in verdünnter saurer Lösung Anilin Tribromanilin gibt, während o- und p-Toluidin dagegen nur Dibromsubstitutionsprodukte liefern;

2. unter bestimmten Bedingungen aus der salzsauren Lösung der drei Basen durch Oxalsäure zunächst p-Toluidin, dann Anilin gefällt wird, während o-Toluidin in Lösung bleibt.

In den aus den abgeschiedenen Oxalaten gewonnenen Ölen wird das Verhältnis von Anilin zu p-Toluidin durch Titrieren mit Bromierungslauge bestimmt.

1. Bestimmung des Anilins, o- und p-Toluidins sowie des Anilins in Gemischen mit o- oder p-Toluidin oder beiden Toluidinen.

Die Bromierungslauge wird bereitet aus 1 l Wasser, 336 g Kalihydrat (100proz.) und 490 g Brom. Um das zunächst entstehende unterbromigsaure Salz möglichst vollkommen in Bromat überzuführen, wird 2 bis 3 Stunden mäßig gekocht und alsdann auf 9 l verdünnt.

Zur Titerstellung sowohl wie zu den Analysen werden ca. 1,5 bis 2 g Öl in 100 ccm Bromwasserstoffsäure[1]) von 1,45 bis 1,48 spez. Gewicht und 1000 ccm destilliertem Wasser gelöst und Bromierungslauge so lange zugegeben, bis Jodkaliumstärkepapier überschüssiges Brom anzeigt.

Der Titer der Bromlauge bleibt ziemlich konstant.

Für technische, d. h. toluidinhaltige Anilinöle berechnet man den Anilingehalt nach den Formeln:

$$x = 2{,}3777\,vt - 1{,}3777\,a$$

$$\text{und } p = \frac{x \cdot 100}{a} \quad \text{oder} \quad \frac{p}{100} \cdot a = x,$$

[1]) Kann auch durch die entsprechende Menge Bromkalium und Salzsäure ersetzt werden.

worin x (ausgedrückt in g) und p (ausgedrückt in Prozenten) das in der angewandten Ölmenge a enthaltene Anilin angeben, während v das für die Menge a verbrauchte Volum Bromierungslauge und t deren Anilintiter bedeutet. $a - x$ ist dann die Menge der im Anilinöl vorhandenen Toluidine.

Die oben erwähnte Formel $x = 2{,}3777\,vt - 1{,}3777\,a$ ergibt sich auf Grund folgender Betrachtung:

93 g Anilin erfordern zur Bildung von Tribromanilin:

$$C_6H_5 \cdot NH_2 + 3\,Br_2 \rightarrow C_6H_2Br_3 \cdot NH_2 + 3\,HBr$$

6000 ccm n-Bromierungslauge;

107 g Toluidin hingegen erfordern zur Bildung von Dibrom-Toluidin:

$$H_3C \cdot C_6H_4 \cdot NH_2 + 2\,Br_2 \rightarrow H_3C \cdot C_6H_2Br_2 \cdot NH_2 + 2\,HBr$$

4000 ccm n-Bromierungslauge.

Daraus ergibt sich:

1 g Anilin verbraucht $\frac{6000}{93}$ ccm n-Lauge und

1 g Toluidin verbraucht $\frac{4000}{107}$ ccm n-Lauge.

Liegen Mischungen aus Anilin und Toluidin vor, so muß der Verbrauch an Bromierungslauge für 1 g der Mischung sich zwischen $\frac{4000}{107}$ und $\frac{6000}{93}$ ccm bewegen, falls der Prozentgehalt der Mischung an Anilin die Werte zwischen 0 und 100 durchläuft, oder der Prozentgehalt des Ölgemisches an Anilin ist direkt proportional dem Betrage, um den der Verbrauch an n-Bromierungslauge bei der Titration von 1 g des technischen Öles den Mindestbetrag von $\frac{4000}{107}$ ccm übersteigt.

Verbrauchen demnach bei der Titration, wie oben angenommen, a g Öl v ccm n-Lauge, also 1 g Öl $\frac{v}{a}$ ccm n-Lauge, so besteht für den Gehalt des technischen Öles an Anilin, ausgedrückt in Prozenten (p), die Gleichung:

$$p : 100 = \frac{v}{a} - \frac{4000}{107} : \frac{6000}{93} - \frac{4000}{107}\,. \qquad \text{(I)}$$

Da nach der Definition $\frac{p}{100} \cdot a = x$ ist (s. o.), so ergibt sich aus Gleichung (I) ohne weiteres Gleichung (II):

$$x = a \cdot \frac{\frac{v}{a} - \frac{4000}{107}}{\frac{6000}{93} - \frac{4000}{107}}\,. \qquad \text{(II)}$$

Da bei den n-Bromierungslaugen der Anilintiter t den Wert $\frac{93}{6000}$ besitzt, so läßt sich die Gleichung (II) durch Umformung überführen in die Gleichung:

$$x = \frac{v\,t - \frac{4000}{107}\,a\,t}{1 - \frac{4000}{107}\,t},$$

aus der sich ohne weiteres entwickeln läßt die oben erwähnte Gleichung:

$$x = 2{,}3777\,v\,t - 1{,}3777\,a\,, \qquad \text{(III)}$$

wobei zu bemerken ist, daß der Wert $v\,t$ für jedes technische Anilinöl (Anilin + Toluidin) von bestimmter Zusammensetzung eine spezifische, vom Titer der Bromlauge unabhängige Konstante darstellt, so daß die Gleichung (III) auch dann ihre Gültigkeit behält, wenn statt einer n-Bromlauge irgendeine andere Bromlauge von bekanntem Gehalt für die Titration des technischen Öles Verwendung findet.

2. Bestimmung des p-Toluidins in Gemischen mit Anilin oder o-Toluidin oder beiden Basen.

Um ein genaues Resultat zu erhalten, muß man mehr Oxalsäure anwenden, als der vorhandenen p-Toluidinmenge entspricht. Diese muß deshalb durch einen Vorversuch annähernd ermittelt werden. Am zweckmäßigsten ist es, bei Anwendung von 100 g Öl zur Analyse, den p-Toluidingehalt bei anilinarmen Ölen um 10 g, bei anilinreichen Ölen um 20 g höher anzunehmen, als durch die Probe gefunden wurde, und darnach die Oxalsäuremenge zu berechnen.

Im übrigen führt man die Analyse in folgender Weise aus: 100 g Öl werden mit 106 g möglichst schwefelsäurefreier Salzsäure (20° Bé) vermischt und diese Mischung sofort mit der bereitgehaltenen, fast siedenden Lösung der erforderlichen, kalkfreien Oxalsäure in der zehnfachen Menge destillierten Wassers versetzt. Diese Lösung muß selbst bei hohem p-Toluidingehalt anfangs ganz klar sein; man läßt sie unter häufigem Umrühren erkalten und 48 Stunden zur Krystallisation stehen. Die Oxalate werden dann abgesaugt, 3mal mit je 25 ccm destilliertem Wasser gewaschen und durch Eintragen in heiße verdünnte Kalilauge (100 ccm Kalilauge von 45° Bé, 200 ccm destilliertes Wasser) zerlegt. Das abgeschiedene Öl wird nach dem Erkalten gesammelt und gewogen. Schließlich wird es mit Ätzkali getrocknet und der Anilingehalt in der beschriebenen Weise durch Bromtitration ermittelt.

Eine einfache Umrechnung ergibt den Gehalt des ursprünglichen Gemisches an p-Toluidin, dem eine für die angegebenen Bedingungen ermittelte konstante Korrektur von + 2,00 zugerechnet werden muß.

Bestimmung von Anilin in Gegenwart kleiner Mengen Toluidin und Bestimmung von Toluidin in Gegenwart kleiner Mengen Anilin. (Dobriner und Schranz, Zeitschr. f. analyt. Chem. **34**, 734; 1895). Nach Dobriner und Schranz gestattet die

Reinhardtsche Methode den Nachweis und die Bestimmung geringer Mengen Toluidin im Anilin; dagegen erhält man bei der Titration von Toluidin allein oder in seinen Gemischen mit geringen Mengen Anilin nicht ganz richtige Resultate. Unter Anwendung des Anilintiters findet man in reinem Toluidin einen Gehalt von Anilin, und in Gemischen von Toluidin und geringen Mengen Anilin fällt der Gehalt an letzterem zu hoch aus. Benutzt man den aus dem Anilintiter berechneten Titer für Toluidin bei der Titration von reinem Toluidin, so ergibt sich ein um etwa 10% zu hohes Resultat. Die Reinhardtsche Formel läßt sich jedoch bei anilinarmen Toluidinen genügend gut verwenden, wenn man den Titer der Bromlauge auf reines Toluidin einstellt und nun umgekehrt durch Multiplikation mit $\frac{93}{160,5}$ den Titer t für Anilin berechnet (6 l n-Bromlauge entsprechen 93 g Anilin oder $\frac{3}{2} \cdot 107 = 160,5$ g Toluidin).

Im allgemeinen wird es sich wohl empfehlen, den Titer der Bromlauge sowohl auf reines Anilin als auch auf reines Toluidin einzustellen. Es seien t und T die entsprechenden Titer. Der Anilingehalt x würde sich alsdann aus der Gleichung

$$\frac{x}{t} + \frac{a - x}{T} = V$$

ergeben, in der V das Gesamtvolumen der zur Titration verbrauchten Bromlauge bedeutet, $\frac{x}{t}$ und $\frac{a - x}{T}$ hingegen die für den Anilin- bzw. Toluidinanteil verbrauchten Teilvolume.

Nach Saposchnikoff und Sachnovsky (Zeitschr. f. Farben- und Textilchemie **1903**, 7) ist die Reinhardtsche Methode nicht einwandsfrei; namentlich gibt die Bereitung der Bromierungslauge (durch Kochen des Broms mit wäßriger Kalihydratlösung) schwankende und unsichere Resultate. Sicherer ist die Anwendung von käuflichem reinem Kaliumbromat (8 g $KBrO_3$ im Liter = ca. $^2/_7$-normal, anstatt $^2/_3$-normal. nach Reinhardt). Zum Lösen des Anilinöles dient 25 proz. Bromwasserstoffsäure im Verhältnis von 60 g Säure auf 1 g Anilin; die Titerstellung der Kaliumbromatlösung geschieht nicht mit Anilin, sondern mit Jod, nach der Gleichung:

$$KBrO_3 + 6\,HBr + 6\,KJ = 3\,J_2 + 7\,KBr + 3\,H_2O\,.$$

Zur Titerstellung nimmt man 25 ccm Kaliumbromatlösung und versetzt mit 5 g Jodkalium + 3 ccm 25 proz. Bromwasserstoffsäure. Das ausgeschiedene Jod wird mit Natriumthiosulfatlösung von bekanntem Gehalt titriert. 3 Mol. Jod entsprechen einem Molekül Kaliumbromat, also einem Molekül Anilin bzw. $1^1/_2$ Molekülen Toluidin. Die Zahlenverhältnisse sind:

$$1\text{ g J} = 0{,}22083\text{ g } KBrO_3 = 0{,}12231\text{ g Anilin} = 0{,}21105\text{ Toluidin.}$$

B e i s p i e l: 25 ccm $KBrO_3$ brauchten 72,6 ccm $Na_2S_2O_3$. 1 ccm der letzteren Lösung entspricht 0,01147 g J. Daraus ergibt sich 1 ccm $KBrO_3$ = 0,0332 g J = 0,00407 g Anilin = 0,00702 Toluidin.

K o n t r o l l v e r s u c h: 5,0318 g reinen Anilins werden in 187,5 g 40 proz. Bromwasserstoffsäure gelöst und mit Wasser auf 500 ccm gestellt. Je 25 ccm dieser Anilinlösung brauchten 61,8 ccm $KBrO_3$-Lösung. Für das ganze Gewicht werden 1236 ccm berechnet. Also ist der Anilintiter der Kaliumbromatlösung: 1 ccm = 0,00407 g $C_6H_5 \cdot NH_2$.

Zur Bestimmung des Endes der Titration ist die Anwendung von Jodkaliumstärkepapier nicht notwendig; bei der vollendeten Bromierung wird die oberhalb des Niederschlages stehende Flüssigkeit ganz klar und nimmt beim geringsten Überschuß an Kaliumbromat eine leicht sichtbare gelbliche Färbung an. Diese Färbung zeigt das Ende der Reaktion sehr scharf an.

Der Gehalt des untersuchten Öles an Anilin und Toluidin wird aus den Resultaten der Analyse nach den unten angegebenen Formeln berechnet, in denen bedeutet:

a die abgewogene Menge des Anilinöles;
n die Kubikzentimeterzahl der $KBrO_3$-Lösung, entsprechend a g Öl;
T_i den Jodtiter der $KBrO_3$-Lösung;
T_a den Titer der $KBrO_3$-Lösung nach Anilin = 0,12231 × T_i;
T_t den Titer der $KBrO_3$-Lösung nach Toluidin = 0,21105 × T_i;
X_a den Gehalt der Ölmenge a in Anilin;
X_t den Gehalt der Ölmenge a in Toluidin;
P_a den Prozentgehalt des Öles in Anilin;
P_t den Prozentgehalt des Öles in Toluidin.

Analog der bereits oben (siehe S. 870) angeführten Formel

$$\frac{x}{t} + \frac{a - x}{T} = V,$$

nach der das Gesamtvolumen der Bromlauge die Summe der Teilvolumina für Anilin und Toluidin darstellt, ergibt sich in vorliegendem Falle:

$$\frac{X_a}{T_a} + \frac{X_t}{T_t} = n\,.$$

Hieraus berechnet sich, da $X_t = a - X_a$, für den Gehalt des Öles an Anilin und Toluidin:

$$X_a = T_a \cdot \frac{n\,T_t - a}{T_t - T_a}$$

und

$$X_t = T_t \cdot \frac{a - n\,T_a}{T_t - T_a}$$

und fernerhin in bekannter Weise für den Prozentgehalt des Öles an Anilin und Toluidin:

$$P_a = T_a \cdot \frac{100}{a} \cdot \frac{n\,T_t - a}{T_t - T_a}$$

und

$$P_t = T_t \cdot \frac{100}{a} \cdot \frac{a - n\,T_a}{T_t - T_a}\,.$$

Ist $n\,T_a = a$, so besteht das untersuchte Öl aus reinem Anilin; wenn $n\,T_t = a$ ist, so liegt reines Toluidin vor.

Echappés (von der Fuchsinbereitung). Die von der Fuchsinschmelze abdestillierenden Anilinöle bestehen hauptsächlich aus Anilin (zu ca. 40%) und Orthotoluidin (zu ca. 60%), während das Paratoluidin fast vollständig für den Fuchsinbildungsprozeß verbraucht worden ist. Sie enthalten stets eine erhebliche Menge nicht basischer Produkte und geben daher mit verdünnter Salzsäure eine starke Trübung. Sie dienen meist zur Darstellung des Safranins.

Technische Toluidine. Das in den Handel kommende Paratoluidin kann leicht nach dem äußeren Ansehen sowie nach dem Schmelzpunkt beurteilt werden. Da es ein Hydrat bildet, so ist auf diesen Umstand besonders Rücksicht zu nehmen.

Das Orthotoluidin kommt ebenfalls in großer Reinheit in den Handel. Da Ortho- und Paratoluidin sich nicht im Siedepunkt (198°), wohl aber im spez. Gewicht (1,003 bzw. 1,046) bedeutend voneinander unterscheiden, so ist auf letzteres besonders zu achten.

Die nachstehende, von Lunge ausgearbeitete Tabelle gibt das spez. Gewicht von Gemengen beider Basen an und genügt zur quantitativen Untersuchung derselben, vorausgesetzt, daß sie trocken und gänzlich frei von Anilin und Xylidin sind. Ein solches Toluidingemisch muß völlig zwischen 195 und 198° und die Hauptmenge innerhalb zweier Grade übergehen.

Versetzt man eine Lösung von Orthotoluidin in verdünnter Salzsäure mit Kaliumbichromat und bringt einen Tropfen des Gemisches auf Filtrierpapier, so verrät sich ein Gehalt an Paratoluidin durch einen den Fleck umgebenden rotvioletten Rand.

Eine Farbenreaktion auf p-Toluidin (Biehringer und Busch, Chem.-Ztg. **26**, 1128; 1902), die zur Erkennung des p-Toluidins für sich als auch bei Gemischen mit Anilin und den Homologen dienen kann, beruht auf dem verschiedenen Verhalten der Basen zu Eisenchlorid. Fügt man zu einer schwach salzsauren Lösung von p-Toluidin einige Tropfen Eisenchlorid, so bleibt diese in der Kälte zuerst hellgelb, wird jedoch nach einigem Stehen rosenrot. Erhitzt man sie dagegen zum Kochen und kühlt dann ab, so nimmt sie sofort eine intensive bordeauxrote Farbe an, die sehr beständig ist und auch nach tagelangem Stehen sich nicht verändert. Sie wird noch deutlich wahrgenommen, wenn 1 g p-Toluidin in ca. 3 l schwach salzsaurem Wasser gelöst ist; bei noch größerer Verdünnung wird die rote Farbe durch die gelbe des Eisenchlorids verdeckt und dadurch der Nachweis des p-Toluidins unsicher.

Die wäßrige Lösung des salzsauren o-Toluidins liefert beim Stehen mit Eisenchlorid nach kurzer Zeit einen blauen Niederschlag, der durch mehr Salzsäure grünlich wird (Toluidinblau, Ladenburg, Ber. **10**, 1127; 1877); kocht man, so entsteht, je nach der Acidität der Lösung, der grünlichblaue Niederschlag sofort. Das verschiedene Verhalten der beiden Isomeren gibt ein Mittel zu deren Erkennung, z. B. im Handelstoluidin. Erhitzt man eine schwach salzsaure Lösung davon

Tabelle über den Gehalt eines Gemisches von Ortho- und Paratoluidin nach dem spez. Gewichte von Lunge (Chem. Ind. **8**, 74; 1885).

a) bei 15° C, bezogen auf Wasser von 15° C.

Spez. Gew.	Ortho-toluidin %	Spez. Gew.	Ortho-toluidin %	Spez. Gew.	Ortho-toluidin %
1,0037	100	1,0015	82	0,9993	64
1,0036	99	1,0014	81	0,9992	63
1,0035	98	1,0013	80	0,9991	62
1,0034	97	1,0012	$79^{1}/_{2}$	0,9990	$61^{1}/_{2}$
1,0033	96	1,0011	$78^{1}/_{2}$	0,9989	61
1,0032	95	1,0010	$77^{1}/_{2}$	0,9988	60
1,0031	94	1,0009	77	0,9987	59
1,0030	$93^{1}/_{2}$	1,0008	76	0,9986	$58^{1}/_{2}$
1,0029	$92^{1}/_{2}$	1,0007	75	0,9985	58
1,0028	$91^{1}/_{2}$	1,0006	74	0,9984	$57^{1}/_{2}$
1,0027	91	1,0005	73	0,9983	$56^{1}/_{2}$
1,0026	90	1,0004	$72^{1}/_{2}$	0,9982	56
1,0025	$89^{1}/_{2}$	1,0003	72	0,9981	55
1,0024	$88^{1}/_{2}$	1,0002	71	0,9980	$54^{1}/_{2}$
1,0023	88	1,0001	70	0,9979	54
1,0022	87	1,0000	69	0,9978	53
1,0021	$86^{1}/_{2}$	0,9999	$68^{1}/_{2}$	0,9977	$52^{1}/_{2}$
1,0020	86	0,9998	68	0,9976	$51^{1}/_{2}$
1,0019	85	0,9997	67	0,9975	51
1,0018	$84^{1}/_{2}$	0,9996	$66^{1}/_{2}$	0,9974	50
1,0017	$83^{1}/_{2}$	0,9995	$65^{1}/_{2}$		
1,0016	$82^{1}/_{2}$	0,9994	65		

b) bei 20° C, bezogen auf Wasser von 15° C.

0,9939	50	0,9934	$46^{1}/_{2}$	0,9929	43
0,9938	$49^{1}/_{2}$	0,9933	46	0,9928	42
0,9937	$48^{1}/_{2}$	0,9932	45	0,9927	41
0,9936	48	0,9931	$44^{1}/_{2}$	0,9926	40
0,9935	$47^{1}/_{2}$	0,9930	44		

mit einigen Tropfen Eisenchlorid, so erhält man einen Niederschlag von blaugrünen Flocken (von o-Toluidin herrührend); die abfiltrierte Lösung zeigt die kirschrote Färbung des p-Toluidins.

Reines Anilin gibt unter analogen Umständen ebenfalls einen blaugrünen Niederschlag. Eine Mischung von Anilin und p-Toluidin zeigt somit das gleiche Verhalten wie die Mischung der beiden Toluidine.

Um im o-Toluidin kleine Mengen des p-Isomeren nachzuweisen, behandelt man nach A. F. Holleman (Rec. trav. chim. Pays-Bas **27**, 458; Chem. Zentralbl. **1909**, I, 355) die Base mit heißer wäßriger Oxalsäurelösung, zersetzt die so gebildeten Oxalatkrystalle wie auch die Mutterlauge gesondert mit Natronlauge, acetyliert beide Anteile und bestimmt den Erstarrungspunkt. Reines o-Acetaminotoluol erstarrt bei 109,15°; ein Gemisch mit 1,12% p-Acetaminotoluol bei 108,45°; ein solches mit 2,42% bei 107,75°; ein solches mit 9,58% bei 103,2°.

Rosenstiehl hat zur Bestimmung des Paratoluidins neben Orthotoluidin ein Verfahren vorgeschlagen, das auf der verschiedenen Löslichkeit der Oxalate in Äther beruht. Man stellt sich zur Ausführung dieser Bestimmungsmethode zuerst völlig alkoholfreien Äther dar, indem man den Äther wiederholt mit Wasser wäscht, darauf über Chlorcalcium trocknet und schließlich über Natrium destilliert. Man löst im Liter Äther etwa 3 g krystallisierte Oxalsäure. Alsdann wägt man 0,2 bis 0,4 g reines Paratoluidin genau ab, löst es in einem Kolben in 80 bis 100 ccm des Äthers und läßt jetzt von der ätherischen Oxalsäurelösung aus einer Bürette so lange hinzufließen, als dadurch noch ein Niederschlag bewirkt wird. Das richtige Treffen dieses Punktes erfordert einige Übung, namentlich da der Niederschlag zuletzt erst nach einigem Stehen und Schütteln erscheint und sich dann fest an die Wände des Gefäßes setzt. Man muß zuletzt eine kleine Probe in ein Reagensglas abfiltrieren und versuchen, ob ein Tropfen Oxalsäurelösung nach einigem Schütteln und Reiben an den Wänden noch eine Trübung bewirkt. Hat man diesen Punkt gefunden, so läßt sich daraus leicht der Titer für die Oxalsäurelösung berechnen. Man verfährt alsdann mit der zu untersuchenden Substanz genau wie mit dem Paratoluidin und berechnet aus der verbrauchten Menge der Oxalsäurelösung den Gehalt an dieser Base.

Lorenz modifiziert das Verfahren derart, daß er die mit einem geringen Oxalsäureüberschuß gefällte Lösung abfiltriert, mit Äther auswäscht, den Niederschlag in $^{n}/_{10}$-Natronlauge löst und mit $^{n}/_{10}$-Säure zurücktitriert. Da die an Toluidin gebundene Oxalsäure auf Lackmus wie freie Säure wirkt, so läßt sich der Gehalt des Niederschlages an Oxalsäure mit genügender Schärfe bestimmen. Aus der Formel des Toluidinoxalats: $(C_7H_9N)_2C_2H_2O_4$ läßt sich der Gehalt an Paratoluidin berechnen.

Die Rosenstiehlsche Methode liefert leidlich gute Resultate, vorausgesetzt, daß absolut alkoholfreier Äther angewandt wird, wie man ihn nur durch wochenlanges Stehen über Natrium erhält. Enthält der Äther Spuren von Alkohol, so erzeugt die Oxalsäurelösung in einem Gemisch, das weniger als 5% Paratoluidin enthält, gar keinen Niederschlag.

Zur Bestimmung kleiner Mengen von Paratoluidin im Orthotoluidin schlägt Häussermann die folgende Methode vor (Chem. Industrie **10**, 55; 1887):

Zu einer, in einer Porzellanschale auf 70 bis 75° erhitzten Lösung von 88 g krystallisierter Oxalsäure in 750 ccm Wasser und 43 ccm Salzsäure (22° Bé) gibt man 10 g des Toluidins, erwärmt unter Umrühren, bis etwa ausgeschiedenes Oxalat völlig gelöst ist, und läßt dann unter zeitweiligem Bewegen der Flüssigkeit langsam abkühlen, bis eine eben sichtbare Ausscheidung von Oxalat an der Oberfläche bemerkbar wird, was bei 30 bis 35° eintritt. Sobald eine geringe Menge auskrystallisiert ist, und eine Pause in der Krystallisation eintritt (z. B. nach Abscheidung von 0,5 g), wird rasch durch leicht durchlässiges Leinengewebe filtriert, mit einigen Tropfen Wasser nachgewaschen und schwach abgepreßt. Hat diese erste Krystallisation ein weißes, mattes und glanzloses Aussehen, so filtriert man nach kurzem Stehenlassen abermals, um eine der ersten Ausscheidung annähernd gleiche Menge zu erhalten. Das Sammeln der einzelnen Ausscheidungen wird fortgesetzt, bis keine

Schuppen, sondern nur durchaus krystallinische Salzmassen mit stark glänzenden Flächen erhalten werden, die aus reinem o-Oxalat bestehen und sehr scharf von den ersten parahaltigen Krystallisationen unterschieden werden können. Ist dieser Punkt erreicht, so ist die Flüssigkeit völlig parafrei.

Die einzelnen Krystallfraktionen werden der Reihe nach mit einer Lösung von Natriumcarbonat destilliert und die mit den Wasserdämpfen übergehende Base zunächst qualitativ geprüft, indem man sie mittels Eis abkühlt. Wird die Probe beim bloßen Umrühren fest, so sammelt man die Masse auf einem tarierten Filter, preßt leicht ab, trocknet über Natronhydrat und wägt als Paratoluidin. Wird die Masse erst durch Berührung mit einem reinen Paratoluidinkrystall fest, so wird nur die Hälfte ihres Gewichtes als Paratoluidin in Anrechnung gebracht. Bleibt bereits die erste Krystallfraktion unter diesen Bedingungen flüssig, so kann man das untersuchte Toluidin für technische Zwecke als parafrei ansehen. Bei guter Handelsware braucht man in der Regel nur 2 Fraktionen zu 0,3 bis 0,5 g zu sammeln und zu destillieren, wobei die zweite schon ein flüssig bleibendes Öl liefert.

Die angegebenen Zahlenverhältnisse eignen sich nur für Produkte, die nicht über 8 bis 10% der Paraverbindung enthalten. Sollen, was weniger zu empfehlen ist, höherprozentige Toluidinöle auf die angegebene Weise untersucht werden, so ist vorher mit reinem o-Toluidin zu verdünnen, während man umgekehrt bei Untersuchung eines nur Spuren des Parakörpers enthaltenden Produktes zunächst aus einer größeren Quantität die Hauptmenge des o-Toluidins als in Alkohol schwer lösliches Pikrat ausscheidet, um dann den in kaltem Alkohol löslichen Teil nach Wiederabscheidung des Basengemenges dem oben geschilderten Verfahren zu unterwerfen.

19. Xylidin.

Das Xylidin findet zur Darstellung von Azofarbstoffen in großen Mengen Verwendung. Wie schon oben (siehe S. 862) bemerkt, ist das Handelsprodukt ein Gemenge, das vorwiegend unsymmetrisches Metaxylidin neben kleineren Mengen Paraxylidin enthält. Da sich die erstere Base hauptsächlich zur Darstellung der einfacheren Azofarbstoffe eignet, während das p-Xylidin in neuerer Zeit als sog. Zwischenkomponente bei der Erzeugung von sekundären Dis- und Trisazofarbstoffen Verwendung findet, so wird häufig die Abscheidung des m-Xylidins in Form des schwer löslichen Chlorhydrats bewirkt; doch ist auf diesem Wege eine völlige Trennung von der Paraxylidinbase nicht möglich.

Das Xylidin des Handels siedet meistens zwischen 210 und 220° und besitzt ein spez. Gewicht von 0,9815 bis 0,9840. Seine Lösung in verdünnter Salzsäure soll möglichst klar sein. In den meisten Fällen muß die Beschaffenheit der erhaltenen Azofarbstoffe über seine Brauchbarkeit entscheiden.

20. Cumidin.

Das in der Technik verwendete Cumidin wird durch Erhitzen von Xylidin mit Methylalkohol und Salzsäure auf höhere Temperatur

(250 bis 300°) im Autoklaven dargestellt; hierbei bildet sich aus p-Xylidin das Pseudocumidin ($C_6H_2 : CH_3 : CH_3 : CH_3 : NH_2 = 1 : 2 : 4 : 5$), aus unsymmetrischem m-Xylidin das Mesidin (Aminomesitylen; $C_6H_2 : CH_3 : CH_3 : CH_3 : NH_2 = 1 : 3 : 5 : 6$). Je nach den Reaktionsbedingungen entstehen die Basen mehr oder weniger rein bzw. in Mischung mit isomeren und homologen Verbindungen nebst sekundären und tertiären Basen. Pseudocumidin schmilzt bei 63° und siedet bei 234 bis 235°; Mesidin ist bei gewöhnlicher Temperatur flüssig und siedet bei 229 bis 230°.

Die Produkte sollen möglichst klar in Salzsäure löslich sein; über deren Qualität entscheidet die probeweise Farbstoffdarstellung.

21. Methylaniline[1]).

Die Methylierungsprodukte des Anilins werden in großem Maßstabe zur Fabrikation violetter, blauer, grüner und anderer (sog. „basischer") Farbstoffe angewandt. Vor allem ist es das Dimethylanilin, dessen Darstellung und Untersuchung von der größten Wichtigkeit für die Farbenindustrie ist, während dem Monomethylanilin nur eine untergeordnete Bedeutung zukommt.

a) Monomethylanilin [$C_6H_5 \cdot NH \cdot CH_3$]. Bildet im reinen Zustande eine ölige Flüssigkeit vom spez. Gewicht 0,976 bei 15° und dem Siedepunkt 190 bis 191°. Es ist eine schwache Base und bildet mit Säuren leicht lösliche, schwierig krystallisierbare Salze. Mit Essigsäureanhydrid zusammengebracht, erhitzt es sich stark und bildet ein bei 100° schmelzendes Acetylderivat. Eine Lösung von Monomethylanilin in einem Überschuß verdünnter Salzsäure scheidet auf Zusatz von Natrium- oder Kaliumnitrit das Methylphenylnitrosamin, $C_6H_5 \cdot NCH_3 \cdot NO$, in Form eines grüngelben, in Säuren unlöslichen Öles ab, aus dem sich durch Reduktionsmittel wieder Methylanilin regenerieren läßt. Das Monomethylanilin wird nur selten zur Darstellung violetter Farbstoffe verwandt; sein Nachweis ist jedoch von großer Bedeutung, weil es häufig als unliebsame Verunreinigung im technischen Dimethylanilin vorkommt.

b) Dimethylanilin [$C_6H_5 \cdot N(CH_3)_2$]. Bildet im reinen Zustande eine ölige, bei 192° siedende Flüssigkeit von charakteristischem, unangenehmem Geruch und dem spez. Gewicht 0,9553 bei 15°. In der Kälte erstarrt es zu einer bei + 0,5° schmelzenden Krystallmasse. Mit Essigsäureanhydrid mischt es sich ohne Temperaturerhöhung. Es ist eine schwache Base, deren Salze schwierig krystallisieren.

Das Dimethylanilin dient zur Darstellung des Methylvioletts, des Krystallvioletts, des Auramins, des Methylenblaus, des Bittermandelölgrüns u. a. m.

Kupfersalze und chlorsaures Kali erzeugen in der schwachsauren Lösung des Dimethylanilins einen violetten Farbstoff (Methylviolett). Natriumnitrit färbt die salzsaure Lösung gelb, ohne sie zu trüben; bei genügender Konzentration scheiden sich gelbgrüne Krystalle von salzsaurem Nitrosodimethylanilin $ON \cdot C_6H_4 \cdot N(CH_3)_2$ ab.

---

[1]) Vgl. auch Bd. II, S. 1230.

Wird dieses unter Erwärmen mit Schwefelwasserstoff reduziert und bei Gegenwart eines Überschusses des letzteren Eisenchlorid hinzugefügt, so entsteht ein schön blauer Farbstoff (Methylenblau).

Für die Untersuchung des Dimethylanilins ist die Bestimmung des Siedepunktes allein nicht ausreichend, da dieser dem des Monomethylanilins zu nahe liegt; doch ist sie immerhin mit zu beachten.

Als Verunreinigungen des Dimethylanilins sind besonders zu berücksichtigen: Anilin, Monomethylanilin und Monomethyltoluidin, ferner Kondensationprodukte, die von Verunreinigungen des zur Methylierung verwendeten Holzgeistes herrühren und ein Steigen der Siedetemperatur verursachen.

Anilin läßt sich durch Zusatz von verdünnter Schwefelsäure als krystallinisches Sulfat abscheiden.

Monomethylanilin ist wohl eine stete Verunreinigung des Produktes; seine Menge schwankt von 0,5 bis zu 5% und darüber.

Für die quantitative Bestimmung dieser Base haben Boasson und Nölting eine sehr brauchbare Methode angegeben. Sie beruht auf dem schon oben erwähnten verschiedenen Verhalten der sekundären und tertiären Basen gegen salpetrige Säure. Während die ersteren in Äther lösliche, nichtbasische Nitrosamine bilden, tritt bei den letzteren die Nitrosogruppe in den Benzolkern ein. Die entstandenen Nitrosokörper besitzen Basencharakter und bilden in Äther unlösliche Salze, lassen sich daher leicht von den entstandenen Nitrosaminen trennen.

Man kann dieses Verhalten zur quantitativen Bestimmung beider Basen nebeneinander benutzen; gegenwärtig ist jedoch zu diesem Zweck in der Praxis ein Verfahren üblich, das weit einfacher und schneller zum Ziele führt. Es beruht auf der Tatsache, daß Monomethylanilin und Essigsäureanhydrid aufeinander unter Wärmeentwicklung reagieren, und daß die entstehende Temperaturerhöhung ein annäherndes Maß für die vorhandene Menge dieses Körpers liefert.

Man mischt zu diesem Zweck je 5 ccm des zu untersuchenden Dimethylanilins und Essigsäureanhydrids, nachdem diese zuvor auf Lufttemperatur gebracht wurden. Für jeden Grad der entstehenden Temperaturerhöhung kann etwa $^1/_2$% Monomethylanilin gerechnet werden. Bemerkenswert ist, daß völlig reines Dimethylanilin beim Mischen mit Essigsäureanhydrid eine Temperaturerniedrigung von ca $^1/_2°$ zeigt, die bei der Ausrechnung zu berücksichtigen ist.

Zum Nachweis von Methylanilin und Dimethylanilin nebeneinander empfiehlt Emde (Arch. d. Pharm. **247**, 77; Chem. Zentralbl. **1909**, I, 875) die Platinsalze dieser Basen. Das Pt-Salz des Methylanilins, $(C_6H_5 \cdot NH \cdot CH_3 \cdot HCl)_2PtCl_4$, läßt sich ohne Zersetzung aus salzsäurehaltigem Wasser umkrystallisieren und so in derben, orangegelben Krystallen erhalten, die bei 199° unter Zersetzung schmelzen. Das Pt-Salz des Dimethylanilins, $[C_6H_5 \cdot N(CH_3)_2 \cdot HCl]_2PtCl_4$, wird dagegen durch heißes Wasser bereits zersetzt. Zur Darstellung dieses Salzes gießt man eine möglichst konzentrierte Lösung von Dimethylanilin in rauchender Salzsäure in 10-proz. wäßerige Platinchloridlösung, saugt den Niederschlag ab und krystallisiert ihn aus alkoholischer Salzsäure um.

Das Salz bildet orangerote Nadeln, die sich bei 173° zersetzen. Um Methyl- und Dimethylanilin nebeneinander nachzuweisen, verfährt man wie bei der Darstellung des Dimethylanilinplatinchlorids. Kommt es nur auf den Nachweis von Methylanilin an, so kocht man den Platinsalzniederschlag mit gerade so viel Wasser, daß auf dem Boden des Gefäßes keine gelbrötlichen Krystalle zurückbleiben; beim Erkalten scheidet die tintenartige Flüssigkeit das schwer lösliche Pt-Salz des Methylanilins in meist gut ausgebildeten Krystallen ab. Auf diese Weise lassen sich im Dimethylanilin 5% Methylanilin ohne Mühe nachweisen.

Reverdin und de la Harpe empfehlen zur quantitativen Untersuchung eines Gemisches von Anilin mit Mono- und Dimethylanilin die folgende Methode (Ber. **22**, 1004; 1889):

Bestimmung des Anilins. Man löst 7 bis 8 g des zu untersuchenden Gemisches in 28 bis 30 ccm Salzsäure und verdünnt mit Wasser auf 100 ccm. Andererseits bereitet man eine titrierte Lösung von R-Salz, die davon in 1 l eine mit ungefähr 10 g Naphthol äquivalente Menge enthält.

Man nimmt 10 ccm der Lösung der Basen, verdünnt mit etwas Wasser und Eis, fügt zur Diazotierung so lange Natriumnitrit hinzu, bis Jodkalium-Stärkepapier einen bleibenden Überschuß erkennen läßt, und gießt nach und nach das Reaktionsprodukt in eine abgemessene, mit einem Überschusse von Natriumcarbonat versetzte Menge R-Salzlösung. Der gebildete Farbstoff wird mit Kochsalz gefällt, filtriert und das Filtrat durch Hinzufügen von Diazobenzol resp. R-Salz auf einen Überschuß des einen oder anderen dieser Körper geprüft. Durch wiederholte Versuche stellt man das Volumen R-Salzlösung fest, das nötig ist, um das aus den 10 ccm Basengemischlösung entstandene Diazobenzol zu binden[1]).

(Bei Ölen mit hohem Anilingehalt wird meist zuviel Anilin gefunden. Es wird dies wohl hauptsächlich durch den Umstand hervorgerufen, daß zur Ausscheidung des Farbstoffes Kochsalz verwendet wird, wobei 2, 3, 6-Naphtholdisulfonsaures Natron mit ausfallen kann. Im Filtrat findet man dann weniger R-Salz, als eigentlich verbraucht wurde, und damit den Anilingehalt zu hoch. [Vaubel, Chem.-Ztg. **17**, 465; 1893.])

Bestimmung des Monomethylanilins. Man wägt in ein Kölbchen, das mit einem Rückflußkühler verbunden und auf dem Wasserbade erhitzt werden kann, 1 bis 2 g des zu analysierenden Gemisches und fügt so rasch wie möglich eine bekannte, etwa dem doppelten Gewichte des Gemisches entsprechende Menge Essigsäureanhydrid hinzu (zur größeren Leichtigkeit hat man das Essigsäureanhydrid in einem Tropffläschchen, das man vor und nach dem Hinzugeben des Anhydrids wägt, so daß man genau das angewandte Gewicht kennt). Man verbindet das Kölbchen mit dem Kühler und überläßt das Gemisch der Einwirkung während etwa $^1/_2$ Stunde bei gewöhnlicher Temperatur. Hierauf fügt man ungefähr 50 ccm Wasser hinzu und erhitzt dann $^3/_4$ Stunden

[1]) Am zweckmäßigsten verwendet man einen Überschuß von R-Salz, den man, ohne zu filtrieren, mit einer Diazolösung von bekanntem Gehalt zurücktitriert. B.

auf dem Wasserbade, damit sich der Überschuß des Essigsäureanhydrids vollständig zersetzt. Man kühlt ab, bringt die Flüssigkeit auf ein bekanntes Volumen und titriert die darin enthaltene Essigsäure mit einer titrierten Natronlösung. Es wird Phenolphthaleïn als Indikator angewandt. Durch Rechnung findet man die Menge Monomethylanilin, die der verbrauchten Menge Essigsäureanhydrid entspricht, nachdem man natürlich die zur Acetylierung des in dem Gemische enthaltenen Anilins verbrauchte Menge abgezogen hat.

Die Methode ist im Prinzip richtig, und die von den Autoren angeführten Beleganalysen sind gut stimmend. Bei der Reinheit, die gegenwärtig von dem käuflichen Dimethylanilin gefordert wird, dürfte man aber selten in die Lage kommen, eine genaue quantitative Analyse zu machen, da die oben mitgeteilte thermochemische Methode genügend Auskunft gibt darüber, ob ein Dimethylanilin brauchbar ist oder verworfen werden muß.

Hinsberg und Keßler empfehlen zur Trennung von primären und sekundären Aminbasen die Benzolsulfochloridmethode (Ber. **38**, 906; 1905).

22. Äthylanilin.

Wird salzsaures Anilin mit Äthylalkohol erhitzt, so entsteht der Hauptmenge nach Monoäthylanilin. Erst durch nochmalige Behandlung dieser Base mit Chlor- oder Bromäthyl wird Diäthylanilin erhalten.

a) Monoäthylanilin, $C_6H_5 \cdot NH \cdot C_2H_5$, bildet eine farblose, bei 204° siedende Flüssigkeit vom spez. Gewicht 0,954 bei 18°. Durch salpetrige Säure wird es in ein ölartiges Nitrosamin, durch Essigsäureanhydrid in ein Acetylderivat übergeführt.

b) Diäthylanilin, $C_6H_5 \cdot N(C_2H_5)_2$. Farblose, bei 213,5° siedende Flüssigkeit vom spez. Gew. 0,939 bei 18°.

Für seine Untersuchung sind einerseits Siedepunkt und spez. Gewicht, andererseits das Verhalten gegen Essigsäureanhydrid maßgebend.

Auch hier läßt sich ein Gehalt an Monoäthylanilin durch die beim Mischen mit Essigsäureanhydrid eintretende Temperaturerhöhung nachweisen.

Vaubel (Chem.-Ztg. **17**, 466; 1893) empfiehlt folgendes Verfahren: Nach Ermittlung des Anilingehaltes nach Reverdin und de la Harpe mit R-Salz (siehe S. 878) werden 25 ccm des zu untersuchenden Öles mit 50 ccm Xylol gemischt und mit 25 ccm Essigsäureanhydrid von gleicher Temperatur versetzt. Beim Zusammenbringen des Öles mit dem Xylol findet eine Temperaturerniedrigung statt, die natürlich erst ausgeglichen sein muß, ehe der Zusatz des Anhydrids erfolgen kann. Von der genau beobachteten Temperaturerhöhung wird diejenige abgezogen, die ein Gemisch von Diäthylanilin und Anilin (zusammen 25 ccm) liefern würde, das so viel Anilin enthält, als in dem betreffenden Öle gefunden worden ist; z. B. bei 8% Anilin die Temperaturerhöhung, die für $^8/_4 = 2$ g Anilin und $^{92}/_4 = 23$ g Diäthylanilin zu beobachten ist, nämlich 7,5° C. Der Rest der Temperaturerhöhung wird durch das Monoäthylanilin hervorgerufen. Durch Interpolieren ist aus der folgenden Tabelle leicht der Monoäthylanilingehalt zu bestimmen.

Tabelle XI. Bestimmung des Monoäthylanilins neben Anilin und Diäthylanilin.

I.

Zusammengemischt			Zugefügt Essigsäure-anhydrid	Tempe-ratur-zunahme	Differenz	Differenz für je 4% Monoäthyl-anilin
Xylol ccm	Mono-äthylanilin ccm	Diäthyl-anilin ccm	ccm	°C		
50	25	0	25	68,3		
50	24	1	25	65,2	3,1	3,1
50	23	2	25	62,7	2,5	2,5
50	22	3	25	59,6	3,1	3,1
50	21	4	25	56,7	2,9	2,9
50	20	5	25	54,2	2,5	2,5
50	19	6	25	51,5	2,7	2,7
50	18	7	25	48,8	2,7	2,7
50	15	10	25	41,3	7,5	2,5
50	10	15	25	26,9	14,4	2,9
50	5	20	25	12,4	14,5	2,9
50	4	21	25	9,4	3,0	3,0
50	3	22	25	6,3	3,1	3,1
50	2	23	25	3,3	3,0	3,0
				steigt langsam um	3,0	3,0
50	1	24	25	0,3		
50	0	25	25	—2,9	3,2	3,2

II.

Zusammengemischt			Zugefügt Essigsäure-anhydrid	Tempe-ratur-zunahme	Differenz	Differenz für je 4% Anilin
Xylol ccm	Anilin ccm	Diäthyl-anilin ccm	ccm	°C		
50	25	0	25	98,5		
50	24	1	25	94,8	3,7	3,7
50	20	5	25	86,5	8,3	2,1
50	15	10	25	67,0	19,5	3,9
50	10	15	25	44,6	22,4	4,5
50	5	20	25	21,8	22,8	4,6
50	4	21	25	17,0	4,8	4,8
50	3	22	25	12,5	4,5	4,5
50	2	23	25	7,5	5,0	5,0
50	1	24	25	2,4	5,1	5,1
50	0	25	25	—2,9	5,3	5,3

Das Diäthylanilin dient zur Darstellung von Brillantgrün, Äthylviolett und anderen basischen Farbstoffen.

23. Diphenylamin $[(C_6H_5)_2NH]$[1]).

Das Diphenylamin bildet in reinem Zustande farblose, blumenartig riechende Blätter vom Schmelzpunkt 54° und Siedepunkt 310°. Es ist eine sehr schwache Base, deren Salze schon durch Wasser zersetzt werden und löst sich kaum in Wasser, leicht hingegen in Alkohol, Äther und Benzol. Mit Essigsäureanhydrid erwärmt, gibt es ein bei 103°

[1]) Vgl. Bd. II, S. 1231.

schmelzendes Acetylderivat; salpetrige Säure erzeugt ein Nitrosamin. Rauchende Salpetersäure bewirkt unter heftiger Einwirkung die Bildung von Hexanitrodiphenylamin. Mit Oxalsäure oder Chlorkohlenstoff erhitzt, bildet es einen prachtvoll blauen Farbstoff (Diphenylaminblau). Salpetersäurehaltige Schwefelsäure färbt es prachtvoll blau.

In der Technik dient es zur Darstellung des Diphenylaminblaus, des Helvetiablaus, des Orange IV und Metanilgelbs, des Hexanitrodiphenylamins u. a. m.

Das Diphenylamin des Handels soll ziemlich farblos und nicht schmierig sein, keinen unangenehmen Geruch besitzen, den richtigen Schmelzpunkt zeigen, sich an der Luft nicht schnell bräunen und, in pulverisiertem Zustande mit Chlorkalklösung geschüttelt, nicht violett werden (Anilin). Es wird durch Erhitzen von salzsaurem Anilin mit Anilin auf 230° unter Druck dargestellt.

24. Methyldiphenylamin [$(C_6H_5)_2N \cdot CH_3$].

Bei 282° siedende, dickliche Flüssigkeit von schwachem Basencharakter. Seine Salze werden sehr leicht durch Wasser zerlegt. Durch Salpeterschwefelsäure wird es violett gefärbt. Oxalsäure und Chlorkohlenstoff führen es, ebenso wie das Diphenylamin, in blaue Farbstoffe über. Das Methyldiphenylamin wird durch Erhitzen von salzsaurem Diphenylamin mit Methylalkohol in geschlossenen Gefäßen auf 250 bis 300° dargestellt.

25. Naphthylamine [$C_{10}H_7 \cdot NH_2$].

1. α-Naphthylamin. Bildet im reinen Zustande farblose, bei 50° schmelzende Blättchen von unangenehmem Geruch. Es sublimiert leicht und siedet bei 300°. In Wasser ist es schwierig, in Alkohol und Äther leicht löslich. An der Luft bräunt es sich. Als ziemlich starke Base verbindet es sich mit Säuren zu gut krystallisierbaren Salzen. Letztere sind weit schwieriger löslich als die den Basen der Benzolreihe zugehörigen. Mit Eisessig behandelt, gibt es ein bei 159° schmelzendes Acetylderivat.

Technisches α-Naphthylamin bildet fast farblose, höchstens an der Oberfläche bräunlich gefärbte Kuchen. Es soll annähernd den richtigen Schmelzpunkt zeigen und sich in warmer verdünnter Salzsäure ohne Hinterlassung öliger Schmieren ziemlich klar lösen. Die Lösung von salzsaurem α-Naphthylamin gibt mit Eisenchlorid und anderen Oxydationsmitteln einen violetten Niederschlag. Salpetrige Säure und deren Salze bewirken in nicht zu saurer Lösung einen braunroten Niederschlag von α-Aminoazonaphthalin ($C_{10}H_7 \cdot N_2 \cdot C_{10}H_6 \cdot NH_2$). Ist die Lösung sehr sauer, so bildet sich nur α-Naphthalindiazoniumchlorid ($C_{10}H_7 \cdot N_2 \cdot Cl$, siehe Näheres S. 898). α-Naphthylamin wird aus Naphthalin in analoger Weise gewonnen wie Anilin aus Benzol.

2. β-Naphthylamin unterscheidet sich von dem α-Derivat durch den weit höheren Schmelzpunkt sowie durch das Fehlen des unangenehmen Geruches. Es bildet im reinen Zustande bei 112° schmelzende, weiße, fast geruchlose Blättchen, die leicht sublimieren, bei 294° sieden, sich wenig in Wasser, leicht hingegen in Alkohol und Äther lösen.

Es bräunt sich an der Luft nicht. Mit Essigsäure gibt es ein bei 132° schmelzendes Acetylderivat. Seine Salze sind gut krystallisierbar und ebenfalls schwer löslich. In ihrer Lösung erzeugen Oxydationsmittel keine charakteristische Farbenreaktion. Salpetrige Säure gibt darin einen ziegelroten Niederschlag von β-Aminoazonaphthalin; in sehr sauren Lösungen entsteht gleichfalls nur die entsprechende β-Diazoniumverbindung.

Das technisch dargestellte Produkt bildet gewöhnlich harte, zusammengeschmolzene Massen. Es soll nicht nach α-Naphthylamin riechen, annähernd den richtigen Schmelzpunkt zeigen und sich möglichst vollständig in verdünnter Salzsäure lösen. Als Verunreinigungen kommen β-Naphthol und $\beta\beta$-Dinaphthylamin vor, die sich durch ihre Unlöslichkeit in verdünnter Salzsäure verraten.

Äthyl-α-Naphthylamin. Die Base ist an der Luft stahlblau im auffallenden Licht, im durchfallenden bräunlichrot (Bamberger und Helwig, Ber. 22, 1311; 1889). Spez. Gewicht 1,073 bei 18° (Vaubel, Chem.-Ztg. 27, 278; 1903).

Siedeverhältnisse:

bis 292°	10,0 ccm	bei 745 mm Barometerstand.
„ 302°	9,5 „	
„ 304°	9,5 „	
„ 306°	3,0 „	
„ 308°	7,0 „	
„ 310°	21,0 „	
„ 314°	7,0 „	
„ 316°	9,0 „	
„ 318°	6,0 „	
„ 320°	5,0 „	
„ 323°	10,0 „	
Rest	3,0 „	
	100,0 ccm	

Äthyl-β-Naphthylamin stellt, frisch destilliert, eine wasserhelle, zähe Flüssigkeit dar, die sich an der Luft bald oberflächlich bräunt. Erstarrt nicht im Kältegemisch; siedet unzersetzt bei 315 bis 316°. Siedepunkt 305° bei 716 mm, 191° bei 25 mm (Bamberger und Müller, Ber. 22, 1297; 1889). Spez. Gewicht 1,062 bei 18° (Vaubel, Chem.-Ztg. 27, 278; 1903).

Siedeverhältnisse:

bis 322°	12 ccm	bei 745 mm Barometerstand.
„ 324°	4 „	
„ 328°	14 „	
„ 330°	8 „	
„ 334°	8 „	
„ 336°	50 „	
Rest	4 „	
	100 ccm	

Zur Gehaltsbestimmung der beiden Äthylnaphthylamine empfiehlt Vaubel die Bromierungsmethode (S. 867).

Diese Körper bzw. deren Sulfonsäuren finden Verwendung bei der Herstellung von Farbstoffen.

26. Phenylnaphthylamin [$C_{10}H_7 \cdot NH \cdot C_6H_5$].

Die α-Verbindung, die durch Erhitzen von salzsaurem Anilin mit α-Naphthylamin oder von α-Naphthol mit Anilin und Anilinchlorhydrat entsteht, findet gegenwärtig zur Darstellung des Viktoriablaus u. a. Verwendung. Die reine Verbindung schmilzt bei 62° und siedet bei 335° unter einem Druck von 258 mm, bei 226° unter einem Druck von 15 mm. Sie ist eine sehr schwache Base. Das Handelsprodukt bildet meist schwach bräunlich gefärbte Kuchen. Über seine Brauchbarkeit entscheidet der Schmelzpunkt und das äußere Ansehen.

Phenyl-β-Naphthylamin entsteht beim Erhitzen von β-Naphthol mit salzsaurem Anilin oder von β-Naphthol mit Anilin und Chlorzinkammoniak; es schmilzt bei 107,5 bis 108° und siedet bei 395 bis 395,5°.

27. Phenylendiamine [$C_6H_4(NH_2)_2$].

a) Metaphenylendiamin.

Diese Base schmilzt bei 63°, siedet bei 287° und ist in Wasser leicht löslich. Das m-Phenylendiamin wird durch Reduktion des m-Dinitrobenzols dargestellt und findet vielfach unmittelbar in Lösung Verwendung. Hie und da kommt neben der durch Vakuumdestillation gereinigten Base das zweisäurige Chlorhydrat in den Handel, läßt aber häufig mit Bezug auf Reinheit zu wünschen übrig. Es soll nicht zu dunkel gefärbt und seine wässerige Lösung soll möglichst klar sein. Metaphenylendiamin findet zur Darstellung des Bismarckbrauns, des Chrysoidins und anderer Farbstoffe Verwendung.

Das zu demselben Zweck benutzte m-Toluylendiamin (aus 2,4-Dinitrotoluol dargestellt) wird ebenfalls meistens als wässerige Lösung unmittelbar weiter verarbeitet, gelangt jedoch auch in Form seiner schön krystallisierten Base in den Handel.

b) Paraphenylendiamin[1]).

Schmelzpunkt 147°, Siedepunkt 267°; es wird durch Reduktion des Paranitranilins oder des Aminoazobenzols dargestellt. Das Paraphenylendiamin findet gegenwärtig zur Darstellung wasserlöslicher Induline Verwendung und kommt als freie Base in den Handel. Wenn das Produkt auch oberflächlich stets gefärbt ist, so sollen doch die Stücke auf frischem Bruch eine möglichst helle Färbung zeigen und sich vollständig in heißer verdünnter Salzsäure lösen. Der Körper soll annähernd den richtigen Schmelzpunkt besitzen.

Zum Nachweis von p-Phenylendiamin empfiehlt Blau (Zeitschr. d. allg. Österr. Apoth.-Ver. **1906**; Zeitschr. f. angew. Chem. **19**, 1098; 1906) die Ligninreaktion. Lösungen von p-Phenylendiamin erzeugen auf Holz oder holzfaserhaltigen Stoffen ziegelrote Färbungen, die durch Säuren (besonders Essigsäure) verstärkt, durch Alkali aber verhindert werden. Die Farbe ist wochenlang beständig. Die Reaktionsgrenze liegt zwischen 1% und 0,002‰.

---

[1]) Vgl. Bd. III, S. 857.

Zur Unterscheidung der Chlorhydrate von Meta- und Paraphenylendiamin setzt man nach Cunasse (Ann. chim. appl. 4, 156) zu einer wässerigen Lösung von m-Phenylendiaminchlorhydrat einige Tropfen einer durch Essigsäure angesäuerten 1-proz. Lösung von Acetaldehyd in 50-proz. Alkohol, erwärmt und läßt wieder erkalten. Es entsteht eine prachtvolle Gelbfärbung mit starker grüner Fluorescenz. Das Chlorhydrat des p-Phenylendiamins gibt ein Orangerot ohne Fluorescenz.

Als „Ursol D" kommt p-Phenylendiamin zum Färben von Pelzwerk usw. in den Handel. „Paramin" (B) ist ebenfalls p-Phenylendiamin, das zur Erzeugung von Paraminbraun auf der Faser bestimmt ist. Das Paraminbraun kann durch Zusatz von Aminophenolen (Fuscamin G [B]) nuanciert werden.

„Diphenylschwarzbase" [M] ist ein phenyliertes p-Phenylendiamin (p-Aminodiphenylamin), das zur Herstellung des Diphenylschwarz auf der Faser dient.

28. Benzidin

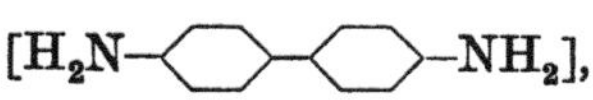

o-Tolidin

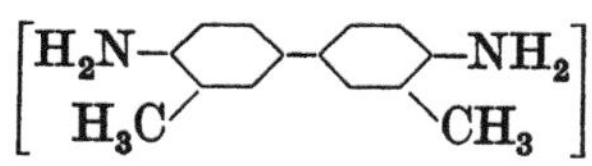

und

Dianisidin

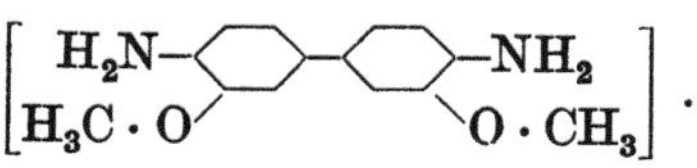

Diese Paradiaminoderivate finden zur Darstellung substantiver Baumwollfarbstoffe eine ausgedehnte Verwendung.

Das Benzidin stellt im freien Zustande farblose, bei 122° schmelzende Blättchen dar; Tolidin schmilzt bei 128°.

Beide bilden schwerlösliche schwefelsaure Salze, die früher (meistens in Form einer Paste) das Handelsprodukt darstellten. Jetzt werden in der Regel die durch Vakuumdestillation gereinigten Basen fabriziert. Für die quantitative Bestimmung des Reingehaltes dieser Produkte ist die Titration mit Natriumnitritlösung maßgebend (siehe S. 897).

Die Titration muß in verdünnter und ziemlich stark saurer Lösung bei ca. 5 bis 10° geschehen; nach dem Zusatz von Nitritlösung darf die Tüpfelprobe nicht zu schnell vorgenommen werden, da die Umwandlung der festen Sulfate in den Diazoniumkörper nicht besonders rasch vor sich geht. Zu 1 Teil Benzidinbase setzt man 200 Teile Wasser und ca. 20 Teile konz. Salzsäure.

Für die Beurteilung der **Basen** sind außerdem das Aussehen, der Schmelzpunkt, die vollständige Löslichkeit in verdünnter Salzsäure sowie ein etwaiger Aschengehalt (Zinkgehalt) zu berücksichtigen.

Benzidinbase soll nicht unter 120° (Vaubel, Zeitschr. f. analyt. Chem. 35, 163; 1896), o-Tolidinbase nicht unter 125° schmelzen.

In Fällen, wo diese Substanzen durch andere diazotierbare Basen verunreinigt sind, gibt die Bestimmung mit Nitrit kein brauchbares Resultat. Zur Ermittlung der verunreinigenden Basen wird die salzsaure Lösung von Benzidin und Tolidin mit Schwefelsäure oder einem wasserlöslichen Sulfat versetzt, wodurch beide Basen als Sulfat gefällt werden; im Filtrat werden die verunreinigenden Basen mittels Nitrit bestimmt. (Diese Methode gibt nur annähernde Werte, denn die Löslichkeit des Benzidin- bzw. Tolidinsulfats in Wasser wird durch Zusatz von Salzsäure bedeutend erhöht. Siehe Näheres auch bei Raschig, Zeitschr. f. angew. Chemie **16**, 617 u. 818; 1903; sowie bei Friedheim u. Nydegger, ebendort, **20**, 9; 1907).

Eine andere Methode zur Bestimmung des Benzidins und Tolidins gründet sich auf dem Verhalten neutraler wässeriger Lösungen der Chlorhydrate dieser Basen zu Jodlösung; es bilden sich Monojodderivate (Roesler und Glasmann, Chem.-Ztg. **27**, 986; 1903). Das Ende der Reaktion (Jodüberschuß) wird mittels Stärkepapier (Tüpfelprobe) oder Stärkelösung erkannt. (Vaubel hat keine brauchbaren Resultate erhalten; siehe Zeitschr. f. Farben- und Textil-Chemie **1904**, 115. Die auf Veranlassung Gnehms ausgeführten Versuche decken sich mit den Erfahrungen Vaubels.)

Beachtenswerte Mitteilungen über die maßanalytische Bestimmung der Sulfate des Benzidins und o-Tolidins durch Titration mit Natronlauge in Gegenwart von Phenolphthaleïn machen Biehringer und Borsum (Chem.-Ztg. **30**, 721; 1906).

Als Azophorblau D kommt das o-Dianisidin in Form seiner Tetrazoverbindung, gemischt mit schwefelsaurer Tonerde, in den Handel. Zu dessen Untersuchung müssen Azofarbstoffkupplungen sowie Probefärbungen oder Druckproben ausgeführt werden.

Benzidin, Tolidin und Dianisidin werden durch Reduktion von Nitrobenzol bzw. Orthonitrotoluol und Orthonitroanisol mit Zinkstaub und Alkalilauge, Lösen der entstandenen Hydrazoverbindungen in Salzsäure (Umlagerung) und Fällen der Basen mit Schwefelsäure als Sulfate usw. dargestellt.

29. Nitraniline [$O_2N \cdot C_6H_4 \cdot NH_2$].

Die Meta- und die Paraverbindung kommen gegenwärtig in den Handel und finden zur Darstellung von Azofarbstoffen, insbesondere zu deren Entwicklung auf der Faser, Verwendung. Von hervorragender Bedeutung ist das „p-Nitranilinrot“ oder „Pararot“, das als billiger Ersatz für Türkischrot auf Baumwolle in ausgedehntem Maße aus p-Nitranilin und β-Naphthol erzeugt wird. Eine noch größere technische Wichtigkeit hat in neuerer Zeit ein Abkömmling des Pararots erlangt, nämlich der Farbstoff aus p-Nitranilin und β-Oxynaphthoësäureanilid, $HO \cdot C_{10}H_6 \cdot CO \cdot NH \cdot C_6H_5$ (Naphthol AS), der durch besondre Schönheit und Echtheit ausgezeichnet ist.

1. m-Nitranilin entsteht durch partielle Reduktion des Dinitrobenzols. Gelbe, flache, bei 114° schmelzende Nadeln. Es siedet bei 285°, ist mit Wasserdämpfen flüchtig und bildet mit Säuren keine beständigen Salze.

Die Diazoniumverbindung des m-Nitranilins kommt in fester Form unter der Bezeichnung Azophororange MN in den Handel.

2. p-Nitranilin. Gelbe Prismen mit violettem Flächenschimmer, Schmelzpunkt 147°. Das p-Nitranilin entsteht durch Nitrieren des Acetanilids und nachfolgende Abspaltung der Acetylgruppe durch Säuren oder Alkalien. Neuerdings wird es in großen Mengen aus p-Nitrochlorbenzol durch Erhitzen mit Ammoniak gewonnen.

Beim Eintragen von Anilinnitrat in kalte konzentrierte Schwefelsäure entstehen neben etwas o-Nitranilin ungefähr gleiche Mengen der Meta- und Paraverbindung.

Beide Nitraniline lösen sich ziemlich leicht in siedendem, schwierig in kaltem Wasser. In überschüssigen Säuren sind sie löslich; jedoch findet beim Verdünnen mit Wasser leicht eine Hydrolyse statt. Am stärksten ist der basische Charakter beim m-Nitranilin entwickelt.

Der Reingehalt der Handelsprodukte läßt sich mittels der Nitritmethode (siehe S. 899) bestimmen; doch sind hierbei für jedes Molekül der Base mindestens 4 Äquivalente Salzsäure oder Schwefelsäure zuzusetzen.

Blondel [Rev. Gén. mat. color. **1904**, 65; Chem.-Ztg. **28**, Rep. 85; 1904; siehe Färbetafel Nr. 7 vom 1. April **1904** (Rev. Gén. mat. color.)] empfiehlt die folgende Färbemethode zur Prüfung der Reinheit des p-Nitranilins; sie läßt noch $1^1/_2\%$ o-Nitranilin darin mit Leichtigkeit an dem Unterschied des Farbentones erkennen. Man diazotiert die zu prüfende Base, vergleichend mit einem p-Nitranilin von bester Reinheit, und stumpft den größten Teil der Mineralsäure (nach der Diazotierung) mit Na-Acetat ab. Alsdann nimmt man mit β-Naphthol präparierte Baumwolle durch die Diazolösung, spült, trocknet und vergleicht die Färbungen. Hierbei ist besonders darauf zu achten, daß die Basen vollständig diazotiert werden; auch das Entwickeln mit β-Naphthol erfordert einige Übung.

Zum Nachweis von m-Nitranilin in p-Nitranilin behandelt man nach Liebmann (Journ. Soc. Chem. Ind. **16**, 294) 0,25 g p-Nitranilin in einem Ventilgefäß mit Salzsäure und Zinkstaub, bis die Lösung farblos geworden ist, filtriert und verdünnt auf 250 ccm. Wenn man 10 ccm dieser Lösung auf 50 ccm verdünnt und mit 1 bis 2 Tropfen einer verdünnten Lösung von Natriumnitrit versetzt, so entsteht nur eine schwache Gelbfärbung. Enthält aber das p-Nitranilin etwas m-Nitranilin, so tritt, infolge der Bildung von Bismarckbraun aus m-Phenylendiamin, Bräunung der Lösung ein.

In Form seiner Diazonium- (bzw. Isodiazo-) Verbindung bildet das p-Nitranilin den wirksamen Bestandteil mehrerer Handelsprodukte, die zur Erzeugung von Azofarbstoffen auf der Faser (siehe oben) und zur Entwicklung oder Nachbehandlung (für die sog. Nitrol- oder die Nitrazolfarben usw.) in der Färberei und teilweise auch in der Druckerei gebraucht werden.

Azophorrot PN [M], ein gelbliches Pulver, ist saures Paranitrodiazobenzolsulfat, das durch Zusatz von entwässerter schwefelsaurer Tonerde in feste Form übergeführt ist. Paranitrodiazobenzolrot stellt wahrscheinlich das α-naphthalinsulfonsaure Salz des Paranitrodiazobenzols dar, und im Nitrosaminrot [B], einer 25-proz. hellbraunen Paste, liegt das Natriumsalz des Paranitroisodiazobenzols von der Konstitution $O_2N \cdot C_6H_4 \cdot N = N \cdot O \cdot Na$ (nach A. Hantzsch) vor. Weitere Formen der haltbar gemachten Diazoniumverbindung des p-Nitranilins kommen in Handel unter der Bezeichnung Nitrazol C [C], Azogenrot [K], Benzonitrol [By], Paranil [A]. Die Wertbestimmung dieser Produkte geschieht am sichersten durch Titration mit β-Naphthol (siehe S. 903), ferner durch Druck- oder Färbeproben.

30. Phenol (Carbolsäure) [$C_6H_5 \cdot OH$][1]).

Reines Phenol bildet eine farblose, bei 42° schmelzende Krystallmasse; ganz geringe Mengen an Verunreinigungen, z. B. eine Spur Wasser, drücken den Schmelzpunkt bedeutend herunter. Das Phenol hat einen eigentümlichen scharfen, jedoch, falls es ganz rein ist, angenehm aromatischen Geruch, siedet bei 181,5°, hat das spez. Gewicht 1,066 und löst sich in etwa 15 Teilen Wasser. Phenol vermag ebenfalls Wasser aufzunehmen und verliert dadurch schließlich die Eigenschaft zu krystallisieren. Wässerige Phenollösungen färben sich mit Eisenchlorid violett (Ferrisalzbildung; Raschig, Zeitschr. f. angew. Chemie 20, 2065; 1907) und geben mit Bromwasser einen gelblich-weißen Niederschlag von 2,4,6-Tribromphenol. Durch Salpetersäure wird das Phenol je nach dem Grade der Konzentration in Mono-, Di- oder Trinitrophenol übergeführt; die Nitrierung zum Di- und besonders zum Trinitrophenol verläuft jedoch auf diese Weise nicht glatt, sondern unter starken Oxydationserscheinungen. Mit Oxalsäure und Schwefelsäure erhitzt, bildet Phenol einen roten, färbereitechnisch wertlosen Farbstoff (Rosolsäure).

Ausführliches über die Prüfung und Bestimmung des Phenols siehe Bd. III, S. 259. Vgl. ferner „Über ein neues Reagens auf Phenolverbindungen" von Candussio (Chem.-Ztg. 24, 299; 1900).

Das Phenol dient in der Farbentechnik zur Herstellung der Salicylsäure, der Pikrinsäure, der Rosolsäure und von Azofarbstoffen.

31. Kresole [$C_7H_7 \cdot OH$][2]).

Es existieren drei isomere Kresole:

1. Orthokresol. Farblose, bei 30,5 schmelzende Krystallmasse. Siedepunkt 190,8°. Bildet bei längerem Schmelzen mit Kalihydrat Salicylsäure.

2. Metakresol (vgl. Bd. II, S. 261). Farblose, bei Zimmertemperatur flüssige und bei 202,8° siedende Verbindung. Geht in der Kalischmelze in Metaoxybenzoësäure über.

3. Parakresol. Farblose Prismen vom Schmelzpunkt 36°; Siedepunkt 201,8°. In Wasser schwer löslich, gibt mit Eisenchlorid eine blaue Färbung. Schmelzendes Kali verwandelt es in Paraoxybenzoësäure.

Das aus dem Steinkohlenteer gewonnene Kresol enthält meistens außer den 3 Isomeren noch höhere Homologen.

Über seine Prüfung vgl. Bd. III, S. 267.

---

[1]) Vgl. Bd. II, S. 1225, und Bd. III, S. 260.
[2]) Vgl. Bd. II, S. 1229, und Bd. III, S. 261.

32. Naphthole [$C_{10}H_7 \cdot OH$].

α- und β-Naphthol finden eine ausgedehnte technische Verwendung. Namentlich ist das β-Naphthol durch die Entdeckung der Azofarbstoffe zu einem sehr wichtigen Material für die Farbenindustrie geworden.

1. α-Naphthol. Bildet farblose, bei 94° schmelzende Nadeln. In kaltem Wasser ist es wenig, in heißem etwas leichter, in Alkohol, Äther und Benzol sehr leicht löslich. Kaustische Alkalien lösen es leicht und bilden damit krystallinische Phenolate, aus denen das Naphthol jedoch schon durch Kohlensäure oder Salmiak gefällt wird.

Das α-Naphthol läßt sich bei 278 bis 280° unter geringer Zersetzung destillieren. Das technische Produkt stellt geschmolzene krystallinische Massen oder Pulver dar, deren Schmelzpunkt gewöhnlich etwas niedriger ist als oben angegeben, und die nicht frei von β-Naphthol sind.

Für die Untersuchung gilt im allgemeinen das unten beim β-Naphthol Gesagte. (Siehe auch Bd. III, S. 881.)

Es findet hauptsächlich für die Herstellung des Dinitronaphthols und dessen Sulfonsäuren (Naphtholgelb und Naphtholgelb S) und zur Darstellung von Azofarbstoffen Verwendung.

2. β-Naphthol. Bildet im reinen Zustande farblose, bei 128° schmelzende Blättchen, siedet unter geringer Zersetzung bei 285 bis 290° und sublimiert schon bei viel niedrigerer Temperatur. Es löst sich schwer in heißem Wasser, leicht in Alkohol, Benzol und Äther. Gegen Alkalien verhält es sich dem α-Naphthol analog.

Das technische Produkt bildet meistens fast farblose, geschmolzene Massen von blättrig-krystallinischem Gefüge (oder Pulver) und ist in der Regel von großer Reinheit. Vor allem ist bei seiner Untersuchung auf den Schmelzpunkt, sowie auf das äußere Ansehen Rücksicht zu nehmen. Es soll möglichst farblos sein und sich an der Luft nicht bräunen. Außerdem soll es sich bis auf einen sehr geringen Rückstand in verdünnter Alkalilauge zu einer wenig gefärbten Flüssigkeit lösen. Siehe Bd. III, S. 881f.

Auch ist auf einen Wassergehalt zu achten und dieser in bekannter Weise durch teilweise Destillation einer größeren Menge mit trockenem Benzol oder Toluol quantitativ festzustellen.

Zur Unterscheidung der Naphthole und Erkennung in Gemischen kommen folgende Methoden in Betracht:

Leger (Bull. soc. chim. Paris **17**, 546) benutzt Natriumhypobromit. Man bereitet sich eine kalt gesättigte wässerige Lösung des zu untersuchenden Körpers, indem man ihn in einem Mörser mit Wasser zerreibt und die Emulsion nach einigem Stehen filtriert. Die Hypobromitlösung wird aus 30 ccm Natronlauge von 36° Bé mit 100 ccm Wasser und 5 ccm Brom bereitet. 10 ccm der wässerigen Naphthollösung werden mit einigen Tropfen Hypobromit versetzt. In α-Naphthollösung entsteht eine schmutzig-violette Fällung (die Reaktion ist sehr empfindlich); in β-Naphthollösung nimmt man eine gelbe Färbung wahr, die nach und nach grünlich wird und wieder ins Gelbliche übergeht; in verdünnteren β-Naphthollösungen verschwindet die gelbe Farbe bald beim Schütteln (diese Reaktion ist weniger empfindlich als die α-Naphtholreaktion).

Versetzt man die gesättigte wäßrige Lösung beider Naphthole mit dem gleichen Volumen Wasser und 2 Tropfen Hypobromit und schüttelt, so tritt die β-Naphtholreaktion nicht auf, wohl aber die α-Naphtholfärbung.

Auf diese Art läßt sich leicht 1% α-Naphthol in β-Naphthol nachweisen. Die Lösungen müssen jeweils frisch bereitet werden.

Jorissen (Chem.-Ztg. **26**, Rep. 215; 1902; Ann. chim. anal. appliq. **7**, 217; 1902) versetzt eine Probe des zu prüfenden Naphthols in einem Reagensglase mit 2 ccm einer Jodjodkaliumlösung (von der Konzentration des allgemein verwendeten Alkaloidreagens) und überschüssiger wäßriger Natronlauge. β-Naphthol gibt hierbei eine nicht gefärbte, klare Lösung, während α-Naphthol eine stark violette, trübe Flüssigkeit liefert. Ist α-Naphthol in β-Naphthol vorhanden, so erhält man nach Zusatz des genannten Reagens eine schwächer oder stärker violett gefärbte Flüssigkeit.

Volcy-Boucher (Ann. chim. analyt. appl. **13**, 335; Chem. Zentralbl. **1908**, II, 1381) empfiehlt die Anwendung von Alkalicyaniden in Gegenwart von Kupfersalzen. Löst man 0,5 g Naphthol in einem Reagensglas in möglichst wenig 45-proz. Alkohol, setzt 2 ccm einer 10 proz. Lösung von Kupfersulfat hinzu und sodann unter Umschütteln 4 ccm einer frischen, ebenfalls 10 proz. Lösung von Kaliumcyanid, so bildet sich bei α-Naphthol ein violettroter, bei β-Naphthol ein gelber Niederschlag. Wenn man die Niederschläge durch Zusatz von möglichst wenig Alkohol löst, so erhält man violettrote bzw. goldgelbe klare Lösungen. Bei Gegenwart von α-Naphthol in β-Naphthol ist die Färbung rötlich, bei geringen Mengen rotgelb. Die Reaktion ist sehr empfindlich; der Nachweis der Naphthole allein gelingt schon bei Verdünnungen von 1 : 500 000, der von α-Naphthol in β-Naphthol bei 1 : 2000, vorausgesetzt, daß stets genau nach Vorschrift gearbeitet wird.

Die acidimetrische Bestimmung von α- und β-Naphthol nach F. W. Küster (Ber. **27**, 1101; 1894) beruht auf der Bildung schwer löslicher Pikrinsäureverbindungen. Digeriert man eines der Naphthole mit einer gemessenen Menge einer bei Zimmertemperatur nahezu gesättigten wäßrigen Pikrinsäurelösung auf dem Wasserbade, so verschwindet allmählich das Naphthol und an seiner Stelle scheidet sich fast immer so gut wie quantitativ die äquivalente Menge der molekularen Pikrinsäureverbindung ab. Durch Titration mit $^{n}/_{10}$-Barytwasser und Phenolphthalein (oder Lackmoid) als Indicator läßt sich die Menge der Pikrinsäure in der ursprünglich angewandten wäßrigen Lösung wie auch in einem aliquoten Teile des Filtrates vom Pikrat ermitteln und schließlich aus den gefundenen Werten die Pikrinsäure, die in den Niederschlag übergegangen ist, bestimmen. Eine einfache Multiplikation mit dem fraglichen Äquivalenzfaktor gibt dann die gefundene Menge Naphthol.

Da das Digerieren auf dem Wasserbade in hermetisch verschlossenen Gefäßen vorgenommen werden muß, kann man auf folgende Art operieren: Die zu untersuchende Substanz kommt mit der abgemessenen Pikrinsäurelösung von bekanntem Gehalt in eine Kochflasche, die so groß zu wählen ist, daß sie bis zum Halse angefüllt ist. Bei der Bemessung der Pikrinsäurelösung ist zu beachten, daß die bei Zimmertemperatur gesättigte Lösung etwa $^1/_{20}$ normal ist, und daß nach vollendeter Umsetzung noch ein genügender Überschuß von Pikrinsäure in Lösung verbleiben muß, da nur in diesem Falle die Bildung der Molekularverbindung quantitativ erfolgt. Die Flasche muß genügend stark sein, so daß sie ohne Gefahr leer gepumpt werden kann. Sie wird mit einem guten Kautschukpfropfen verschlossen, durch dessen Durchbohrung eine etwa 7 cm lange Röhre geht, die ohne große Mühe verschoben werden kann und an dem in der Flasche befindlichen anderen Ende zugeschmolzen ist. Etwa $1^1/_2$ cm oberhalb dieses Endes ist ein kleines seitliches Loch eingeblasen, so daß die Flasche durch dieses hindurch ausgepumpt werden kann, wenn die Röhre tief genug eingeschoben ist. Nach vollendetem Evakuieren zieht man, während die Pumpe noch wirkt, die Röhre so weit empor, daß das zugeschmolzene Ende mit der unteren Fläche des Stopfens abschneidet, wodurch die Verbindung des Flascheninnern mit der Umgebung unterbrochen wird. Paßt alles gut, und hat man Stopfen und Röhre beim Einsetzen schwach angefeuchtet, so hält die Flasche die Leere tagelang unverändert.

Ist die Umsetzung vollendet, so läßt man abkühlen und am besten noch über Nacht stehen. Vor dem Öffnen der Flasche läßt man durch Hinunterschieben der Röhre Luft eindringen.

(Da Pikrinsäure-β-Naphthol in Wasser löslich ist, muß man bei Berechnung der Resultate berücksichtigen, daß auf je 100 ccm Pikrinsäurelösung durchschnittlich etwa 0,0075 g β-Naphthol sich der Ausscheidung entziehen.)

Diese Pikrinsäuremethode ist auch für die Bestimmung des Naphthalins und anderer Kohlenwasserstoffe geeignet.

Zur Titration des β-Naphthols kann auch das jodometrische Verfahren von Messinger und Vortmann (Ber. **23**, 2754; 1890, siehe Bd. II, S. 269) befolgt werden. Da der Wirkungswert des Jods gegen β-Naphthol mit der Konzentration der Naphthollösung wechselt, so ist die von F. W. Küster (Ber. **27**, 1905; 1894) aufgestellte Korrektionstabelle anzuwenden, mit deren Hilfe man richtige Zahlen erhält.

Die Naphthole werden durch Schmelzen der entsprechenden Naphthalinsulfonsäuren mit Natronhydrat, α-Naphthol auch aus α-Naphthylamin durch Hydrolyse mit verd. Schwefelsäure dargestellt.

Die beiden Naphthole bilden eine Reihe von Sulfonsäuren, von denen verschiedene den Zwecken der Farbstoffabrikation dienen. Einzelne finden sich auch im Handel.

(Über die quantitative Bestimmung des β-Naphthols und der Naphtholsulfonsäuren siehe S. 903.)

33. Resorcin [$C_6H_4(OH)_2$][1]).

Das reine Resorcin bildet farblose, durchsichtige rhombische Krystalle vom Schmelzpunkt 110°. Es destilliert unter geringer Zersetzung bei 276°, löst sich sehr leicht in Wasser, Alkohol und Äther, ziemlich schwie-

[1]) Vgl. Bd. III, S. 859.

rig in heißem Benzol. Seine wäßrige Lösung besitzt einen süßlichen Geschmack und wird durch Eisenchlorid tief violett gefärbt. Erhitzt man Resorcin mit Phthalsäureanhydrid bis gegen 200°, so löst sich die Schmelze in schwacher Alkalilauge oder Ammoniak mit gelber Farbe und prachtvoll grüner Fluorescenz (Fluoresceïn).

Das Resorcin des Handels ist ziemlich rein. Stellt es eine wenig gefärbte, trockene Krystallmasse dar, die sich an der Luft nicht bräunt, so ist dies die beste Gewähr für seine Reinheit. Es soll außerdem den richtigen Schmelzpunkt zeigen, sich in Wasser klar mit nur geringer Färbung lösen und nicht oder doch nur schwach nach Phenol riechen. Ein Wassergehalt ist durch Trocknen einer zerriebenen Probe über Schwefelsäure oder durch Destillation mit trockenem Benzol, Toluol u. dgl. festzustellen. Es dient in der Farbentechnik hauptsächlich zur Darstellung der Eosinfarbstoffe, von m-Aminophenolderivaten, von Nitrosoblau, hin und wieder auch von Azofarbstoffen.

Das Resorcin entsteht durch Schmelzen der Benzoldisulfonsäuren mit Natronhydrat. Es wird, nach dem Ansäuern der Schmelze, mit Äther oder Amylalkohol ausgeschüttelt und durch Destillation im Vakuum gereinigt.

34. Pyrogallol = 1, 2, 3-Trioxybenzol [$C_6H_3(OH)_3$] [1]).

35. Gallussäure = 3, 4, 5-Trioxybenzoësäure [$(HO)_3C_6H_2 \cdot COOH$].

Die Gallussäure findet in der Farbenindustrie mehrfach Verwendung zur Herstellung von Beizenfarbstoffen, wie z. B. des Galloflavins, der Gallocyanine, des Anthracenbrauns. Sie enthält 1 Mol. Krystallwasser. Eisenchlorid erzeugt in ihrer Lösung einen blauschwarzen Niederschlag. Sie wird hergestellt aus tanninhaltigen[2]) Gerbstoffen durch Hydrolyse, und zwar entweder durch Kochen der Ausgangsstoffe mit verdünnten Säuren oder auf dem Wege der Vergärung. Beim Erhitzen der Gallussäure auf hohe Temperatur bildet sich Pyrogallol.

36. Salicylsäure = 2-Oxybenzoësäure [$HO \cdot C_6H_4 \cdot COOH$].

Die Salicylsäure wird nach dem Verfahren von Kolbe-Schmitt mit Phenolnatrium und CO_2 hergestellt und findet zur Erzeugung beizenfärbender Azo- und Triphenylmethanfarbstoffe ausgedehnte Anwendung. Für diese Zwecke kommt eine weniger reine Säure in den Handel, die jedoch frei von Phenol sein soll.

37. Sulfanilsäure (p-Aminobenzolsulfonsäure) [$H_2N \cdot C_6H_4 \cdot SO_3H$] [3]).

Die Sulfanilsäure ist das Ausgangsprodukt für die Darstellung zahlreicher Azofarbstoffe; sie wird auch zur Herstellung der Paraphenylhydrazinsulfonsäure verwendet.

[1]) Vgl. Bd. III, S. 859.

[2]) Tannin oder Gerbsäure ist nach neueren Untersuchungen von E. Fischer (Ber. 47, 2485; 1914), je nach ihrer Gewinnung aus türkischen oder chinesischen Galläpfeln, als eine Penta-Galloyl- oder als eine Penta-Digalloylglucose anzusehen.

[3]) Vgl. Bd. III, S. 893.

Sie bildet im reinen Zustande farblose, wasserhaltige Krystalle, die über 100° verwittern und wasserfrei werden. In kaltem Wasser ist sie wenig, in heißem verhältnismäßig leicht löslich. Mit Alkalien bildet sie leicht lösliche, gut krystallisierende Salze, die durch Salzsäure und Schwefelsäure zersetzt werden. Bei der Oxydation mit Kaliumbichromat und Schwefelsäure liefert sie Chinon.

Da die Sulfanilsäure eine ziemlich starke Säure ist, so läßt sie sich alkalimetrisch bestimmen. Dabei ist die häufig vorkommende Verunreinigung mit freier Schwefelsäure zu berücksichtigen. Man kann diese für die Titration dadurch unschädlich machen, daß man die abgewogene Substanz mit Chlorbariumlösung befeuchtet und auf dem Wasserbade die in Freiheit gesetzte Salzsäure verjagt. Man löst alsdann in einem gemessenen Volumen von überschüssiger Normallauge auf und titriert mit $^{n}/_{10}$-Säure zurück. 1 ccm verbrauchter Normallauge entspricht 0,173 (log = 0,23805 — 1) g Sulfanilsäure.

Zuverlässiger ist es, die Sulfanilsäure mit Natriumnitrit (siehe S. 897) zu titrieren.

Dabei ist ein etwaiger Gehalt an Anilin zu berücksichtigen; ist solches vorhanden, so ist es vor der Titration nach dem Übersättigen mit Alkali durch Wasserdampf abzutreiben.

Die Bestimmung der Sulfanilsäure nach Brenzinger (Zeitschr. f. angew. Chem. 9, 131; 1896) gründet sich auf der sehr leichten und glatten Abspaltbarkeit der Sulfogruppe mittels Brom. Diese Methode eignet sich zur Bestimmung der Sulfanilsäure allein und zur Bestimmung in Gemischen neben Metanilsäure.

Bestimmung reiner Sulfanilsäure. $^{1}/_{10}$ Gramm-Mol. (17,3 g) wasserfreie Sulfanilsäure wird in 1 l gelöst. Ist die Lösung alkalisch, so säuert man schwach mit Salzsäure an. 100 ccm dieser Lösung werden so lange mit gesättigtem Bromwasser versetzt, bis durch Jodkaliumstärkepapier ein Bromüberschuß angezeigt wird, der mindestens 15 bis 20 Minuten halten soll. Nach 20 Minuten wird mit reiner Sodalösung schwach alkalisch gemacht; man entfernt auf diese Weise einen Bromüberschuß und erhält auch, namentlich bei unreinen Produkten, eine besser filtrierende Flüssigkeit. Kurzes Anwärmen der alkalischen Lösung erweist sich als zweckmäßig, ist aber nicht unbedingt notwendig. Im Filtrat wird die Schwefelsäure in üblicher Weise bestimmt. Es darf jedoch, namentlich bei Anwesenheit von Metanilsäure, das $BaSO_4$ nur heiß gefällt, heiß filtriert und heiß ausgewaschen werden. Ein 2- bis 3-stündiges Stehen in der Wärme genügt völlig.

Die Bestimmung der Sulfanilsäure in Gegenwart von Metanilsäure geschieht genau wie vorstehend beschrieben.

Enthält eine Substanz nur Para- und Metasäure, und sind keine anderen Verbindungen zugegen, auf die Nitrit einwirken könnte, so ergibt die Diazotierung die Summe beider Säuren. Subtrahiert man hiervon den mit Brom für die Parasäure ermittelten Wert, so erhält man den genauen Gehalt an Metanilsäure. Die Sulfanilsäure kommt als freie Säure oder in Form ihres schön krystallisierbaren Natriumsalzes in den Handel, das der Formel $H_2N \cdot C_6H_4 \cdot SO_3Na + 2\,H_2O$ (Mol. Gew. 231) entspricht.

Die Sulfanilsäure wird durch Erhitzen von Anilin mit Schwefelsäure auf 180°, am besten jedoch aus Anilinbisulfat, $C_6H_5 \cdot NH_2 \cdot H_2SO_4$, nach dem sog. „Backverfahren" erhalten; die isomere Metaaminobenzolsulfonsäure entsteht durch Reduktion der entsprechenden Nitrobenzolsulfonsäure und findet ebenfalls technische Verwendung. Sie unterscheidet sich von der Parasäure durch größere Löslichkeit. Brom wandelt sie in Tribromanilinsulfonsäure um.

38. Naphthionsäure [$HO_3S \cdot C_{10}H_6 \cdot NH_2$].

Diese Sulfonsäure des α-Naphthylamins findet zur Darstellung von Azofarbstoffen ebenfalls starke Verwendung. Sie kommt als freie Säure oder als Natriumsalz in den Handel. Da die Säure in Wasser fast unlöslich ist, kann man durch Ausfällen mit Salzsäure und Wägen des ausgewaschenen Niederschlages den Gehalt des rohen Natriumsalzes ziemlich genau bestimmen.

Sicherer ist aber auch hier die Titration mit Natriumnitrit, die auch mit der ausgefällten Naphthionsäure vorgenommen werden kann und der Wägung vorzuziehen ist.

Unverändertes Naphthylamin verrät sich durch die Trübung sowie durch den Geruch der alkalischen Lösung; sicherer ist es durch Ausschütteln der letzteren mit Äther zu erkennen.

Man stellt die Naphthionsäure durch Erhitzen des α-Naphthylamins mit Schwefelsäure, oder besser, analog wie bei Sulfanilsäure (siehe oben), aus α-Naphthylamin-Bisulfat, $C_{10}H_7 \cdot NH_2 \cdot H_2SO_4$, nach dem Backverfahren dar.

Das Natriumsalz enthält 4 Mol. Krystallwasser.

Über die Gehaltsbestimmung von Naphthol- und Naphthylaminsulfonsäuren äußert sich Vaubel (Chem.-Ztg. **17**, 1265, 1897; 1893) folgendermaßen:

Die folgende Methode gründet sich auf der Tatsache, daß Oxy- und Aminoverbindungen des Benzols sowie des Naphthalins imstande sind, je nach Umständen ein oder mehrere Atome Brom aufzunehmen, und zwar in Ortho- und Parastellung zur Hydroxyl- oder Aminogruppe, falls sich nicht andere Einflüsse geltend machen. Diese Eigenschaft zeigen auch die Naphthol- und Naphthylaminsulfonsäuren, sobald nicht die Sulfongruppe eine die Aufnahme verhindernde Stellung einnimmt.

Zur Ausführung der Bestimmung bedient man sich einer abgewogenen Menge der unreinen Sulfonsäure in wässeriger Lösung, versetzt diese mit Bromkalium und einer genügenden Menge Schwefelsäure und läßt so viel einer Kaliumbichromatlösung von bestimmtem Gehalt zufließen, bis bleibende Bromreaktion erfolgt. Die Operation wird bei gewöhnlicher Temperatur ausgeführt. Die Sulfonsäuren lassen sich hinsichtlich ihrer Aufnahmefähigkeit von Brom in drei Klassen einteilen:

1. Solche, die meist nur ein Atom Brom aufnehmen, und bei denen die Endreaktion deutlich erkannt werden kann;

2. solche, die mehrere Atome Brom aufnehmen und bei denen die Endreaktion infolge der langsamer erfolgenden Aufnahme des zweiten und dritten Bromatoms nicht genügend leicht zu erkennen ist;

3. solche, die unter oben erwähnten Umständen kein oder nur sehr wenig Brom aufnehmen.

Zur ersten Klasse gehören:

A. folgende α- und β-Naphthylaminsulfonsäuren:

	NH_2	SO_3H	SO_3H
a) α-Naphthylaminsulfonsäure	1	2	—
b) Naphthionsäure	1	4	—
c) Dahls Disulfonsäure II	1	4	6
d) Dahls Disulfonsäure III	1	4	7
e) α-Naphthylamin-δ-disulfonsäure	1	4	8
f) Amino-R-Säure	2	3	6
g) γ-Monosulfonsäure (2 Br)	2	5	—
	NH_2	NH_2	SO_3H
h) Naphthylendiaminmonosulfonsäure	1	6	4

B. Folgende α- und β-Naphtholsulfonsäuren:

	OH	SO_3H	SO_3H	SO_3H
a) Nevile-Winthersche Säure	1	4	—	—
b) α-Naphtholdisulfonsäure	1	4	8	—
c) Schäffersche Säure	2	6	—	—
d) F-Säure	2	7	—	—
e) R-Säure	2	3	6	—
f) β-Naphtholtrisulfonsäure	2	3	6	8

(Bei mehreren dieser Säuren, wie 1, 4, 8 und 2, 3, 6, 8, erfolgt die Bromaufnahme ziemlich langsam.)

Zur zweiten Klasse gehören:

A. Folgende α- und β-Naphthylaminsulfonsäuren:

	NH_2	SO_3H	SO_3H
a) α-Naphthylaminsulfonsäure (3 Br)	1	7	—
b) α-Naphthylaminmonosulfonsäure S (2 Br)	1	8	—
c) α-Naphthylamin-β-disulfonsäure (2 Br)	1	3	7
d) α-Naphthylamindisulfonsäure Kalle (2 Br)	1	2	7
e) Brönnersche Säure (3 Br)	2	6	—
f) β-Naphtylamin-δ-monosulfonsäure (3 Br)	2	7	—

B. Folgende Naphtholsulfonsäure:

	OH	SO_3H	SO_3H
α-Naphtholmonosulfonsäure S	1	8	—

Zur dritten Klasse gehören:

A. Folgende β-Naphthylaminsulfonsäuren:

	NH_2	SO_3H	SO_3H
a) β-Naphthylamin-α-monosulfonsäure	2	8	—
b) Amino-G-Säure	2	6	8

B. Die entsprechenden Naphtholsulfonsäuren:

	OH	SO_3H	SO_3H
a) Croceïnsulfonsäure	2	8	—
b) G-Säure	2	6	8

Läßt man auf die letzteren 2, 8- und 2, 6, 8-Derivate dagegen Brom in der Hitze einwirken, so ist die Bromaufnahme derart, daß sie zur Gehaltsbestimmung auch dieser Säuren verwendet werden kann. Bei 65 bis 75° nehmen diese glatt ein Atom Brom auf, ohne daß erhebliche, d. h. für die Analyse zu beachtende Mengen Brom entweichen. Die Temperatur soll nicht viel unter 65° C herabgehen, da sonst die Endreaktion schwer erkennbar ist.

In Gemischen solcher Säuren mit den entsprechenden 2, 6- bzw. 2, 3, 6-Derivaten bestimmt man zunächst den Gesamtgehalt an Sulfonsäuren durch Bromieren in der Hitze, den an R-Säure bzw. Schäffer-Säure durch Kombinieren mit Diazoverbindungen.

Vaubel und Bartelt (Zeitschr. f. angew. Chemie **20**, 2194; 1907) haben Untersuchungen angestellt über die Verwendung von Methylenblau zur quantitativen Bestimmung von Sulfonsäuren aromatischer Amino- und Oxyverbindungen. Tatsächlich geben einige Naphthylamin- und Naphtholsulfonsäuren mit dem Farbstoff schwer lösliche Verbindungen, doch ließen sich keine Gesetzmäßigkeiten ausfindig machen.

Was die quantitative Bestimmung von Amino- und Hydroxylverbindungen der Benzol- und Naphthalinreihe betrifft, so macht[1]) H. Th. Bucherer (Zeitschr. f. angew. Chem. **20**, 877; 1907) eingehende und beachtenswerte Mitteilungen über die Methode, die auf der Bildung von Azofarbstoffen aus Diazokomponenten und kuppfähigen Zwischenprodukten beruht. Die von ihm beschriebene Ausführungsform dürfte, da sie die von Vaubel a. a. O. erwähnten Fehler mit ausreichender Sicherheit zu vermeiden gestattet, in vielen Fällen bessere Dienste leisten als die Bromierungsmethode, bei der der quantitative Verlauf der Reaktion und die sichere Erkennung des Endpunktes manches zu wünschen übrig läßt.

Die Darstellungsweise sowohl als auch die Eigenschaften solcher Verbindungen der aromatischen Reihe, die infolge des Vorhandenseins auxochromer Gruppen durch besondere Reaktionsfähigkeit ausgezeichnet sind (R · OH, R · NH_2, R · NH · Alkyl, R · NH · Aryl usw.), bringen es mit sich, daß die Technik in sehr vielen Fällen darauf verzichten muß und auch darauf verzichten kann, sie im Zustand absoluter Reinheit, d. h. in Form eines etwa 100-proz. Produktes, weiter zu verarbeiten. In manchen Fällen sieht sie sich genötigt, mit Lösungen zu operieren, wie sie sich bei der Darstellung unmittelbar ergeben; in anderen Fällen mit wasserhaltigen Pasten oder Preßkuchen, und wiederum in anderen Fällen erweist es sich als zweckmäßig, mit Produkten sich zu begnügen, deren Gehalt an anorganischen Salzen, NaCl oder Na_2SO_4, nach dem Trocknen sehr beträchtlich sein, ja bis zu 30% und mehr ansteigen kann. Nur eine beschränkte Anzahl von Substanzen werden, wie wir gesehen haben, in nahezu 100-proz. Zustande weiter verarbeitet, wie z. B. Anilin, Toluidin, m-Toluylendiamin, Benzidin, Tolidin, die beiden Naphthylamine und Naphthole, Phenol, Resorcin usw. Sobald aber eine bestimmte Gruppe von Zwischenprodukten in Betracht kommt, nämlich die Sulfon-

[1]) Nach Ansicht von R. Gnehm.

säuren, die gerade bei der Farbstofferzeugung eine wichtige Rolle spielen, würde die Reindarstellung, d. h. die Beseitigung des Wassers und der anorganischen Salze, vielfach nur mit großen Verlusten verknüpft sein, ohne daß dadurch ein wesentlicher Vorteil erreicht würde. Die anorganischen Salze z. B., die der Farbenchemiker kaum noch als „Verunreinigungen" seiner Zwischenprodukte empfindet, die schließlich aber allein in Betracht kommen, nachdem die organischen Nebenprodukte entfernt sind, üben in der Regel keinerlei nachteiligen Einfluß auf die Farbstoffdarstellung aus. Übrigens gelangen auch von den Sulfonsäuren einzelne, und zwar solche, die entweder als freie Säuren oder als (evtl. krystallwasserhaltige) Salze in Wasser nicht gar zu leicht löslich (bzw. aus Wasser leicht aussalzbar) sind, in einem Zustande hoher Reinheit zur Verwendung, wie z. B. sulfanilsaures Na (I), Naphthionat (II), Schäffersalz (III), allenfalls auch die Aminonaphtholsulfonsäuren γ (IV), M (V), J (VI) und S (VII); während z. B. R-Salz (VIII), die Aminonaphtholdisulfonsäure H (IX), ferner G-Salz (X) und die Chromotropsäure (XI) als etwa 70 bis 80proz. Produkte sich gewinnen lassen.

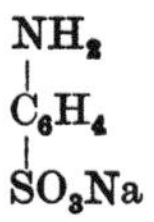

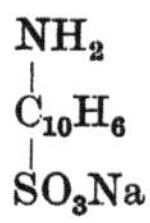

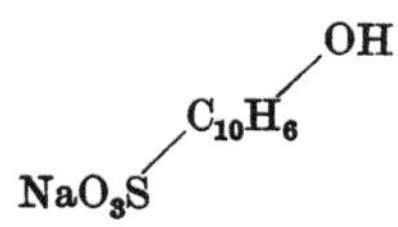

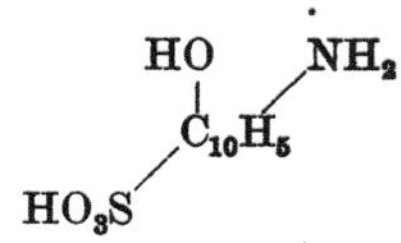

I. II. III. IV.

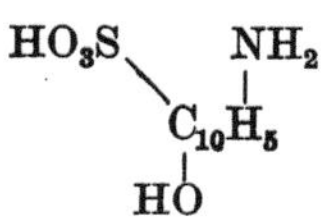

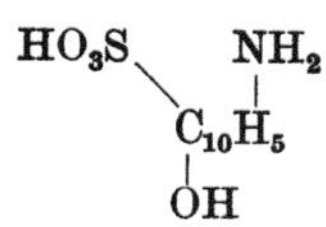

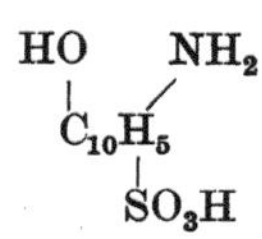

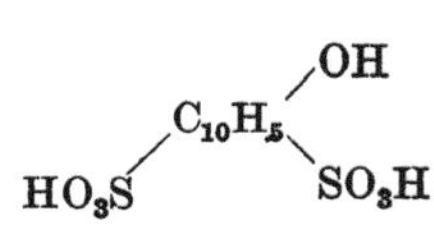

V. VI. VII. VIII.

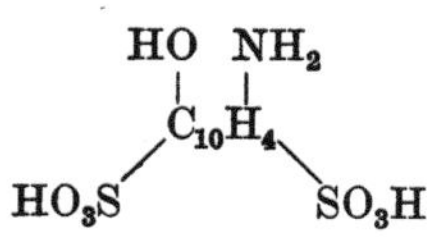

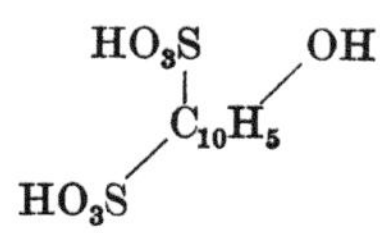

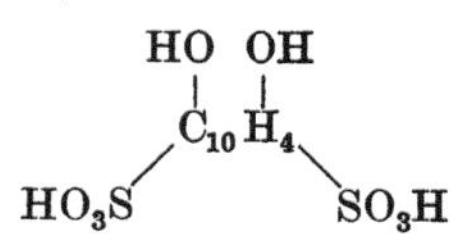

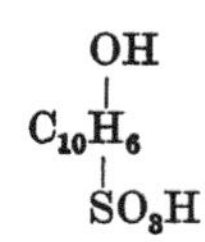

IX. X. XI. XII.

Schließlich bringt es bei der 1, 4-Naphtholsulfonsäure (XII) z. B. die Art der Darstellung aus der 1, 4-Naphthylaminsulfonsäure mit sich, daß man sie in Form einer etwa 10-proz. Lösung unmittelbar, d. h. ohne vorherige Abscheidung (die bei reiner Säure zwar sehr wohl möglich, aber ohne Nutzen wäre) auf Farbstoff verarbeitet.

Die angeführten Tatsachen lassen die große Bedeutung erkennen, die allen Methoden der quantitativen Bestimmung jener eben erwähnten Zwischenprodukte zukommt, nicht nur mit Rücksicht auf die zutreffende Bewertung oder behufs Vermeidung eines unnötigen Überschusses an der einen oder anderen Farbstoffkomponente; sondern in vielen Fällen handelt es sich außerdem auch um die Vermeidung direkter Fehler, wie z. B. bei der Darstellung solcher Monoazofarbstoffe, bei denen die Azokomponente imstande ist, mit 2 Molekülen einer Diazoniumverbindung sich zu einem Disazofarbstoff zu vereinigen, wie bei der Synthese des Chrysoïdins das m-Phenylendiamin, das bei einem Überschuß von Diazobenzol den Disazofarbstoff

$$\begin{matrix} H_2N \\ C_6H_5 \cdot N_2 \end{matrix} > C_6H_2 < \begin{matrix} NH_2 \\ N_2 \cdot C_6H_5 \end{matrix}$$

bildet. Auch bei der Darstellung von primären Disazofarbstoffen aus zwei verschiedenen Diazokomponenten, wie z. B. bei Naphtholblauschwarz

$$\begin{matrix} C_6H_5 \cdot N_2 \\ NaO_3S \end{matrix} > \overset{HO\ \ NH_2}{\overset{|\ \ \ |}{C_{10}H_2}} < \begin{matrix} N_2 \cdot C_6H_4 \cdot NO_2 , \\ SO_3Na \end{matrix}$$

kommt es ganz besonders genau auf die Einhaltung des molekularen Verhältnisses der Komponenten an.

Von den Methoden, die für eine maßanalytische Bestimmung von Zwischenprodukten aus der Benzol- und Naphthalinreihe in Betracht kommen, sollen hier, in Ergänzung des bereits oben Gesagten, nur noch zwei, die sich in besonderem Grade als brauchbar erwiesen haben, näher erläutert werden, nämlich

1. die Bestimmung von primären Aminen mittels Nitrit und
2. die Bestimmung von Amino- und Hydroxylverbindungen mittels Diazolösungen.

Zu 1. Bestimmung der aromatischen Amine mittels Nitrit. Diese Methode beruht auf der bekannten Tatsache, daß primäre aromatische Amine sich durch HNO_2 quantitativ in Diazoniumverbindungen überführen lassen:

$$\begin{matrix} R \cdot NH_2 \\ ClH \end{matrix} + \begin{matrix} O \\ HO \end{matrix}\!\!> N \longrightarrow 2H_2O + \begin{matrix} R \cdot N \equiv N \\ | \\ Cl \end{matrix} .$$

Als Indicator für die Tüpfelprobe dient JK-Stärkepapier, das durch Spuren von freier HNO_2 blau gefärbt wird, indem die HNO_2 infolge ihres Oxydationsvermögens das J aus JK frei macht, das mit Stärke die bekannte „Jodstärke" bildet. Da die Diazoniumverbindungen mit JK in der Regel (über Ausnahmen siehe S. 899) keine Färbung erzeugen, so läßt sich, infolge der außerordentlichen Empfindlichkeit der Jodstärkereaktion, selbst ein sehr geringer Überschuß von HNO_2 leicht erkennen, wobei allerdings zu berücksichtigen ist, daß die Einwirkung der HNO_2 auf das Amin zu ihrer Vollendung einer gewissen Zeit bedarf, die je nach dem angewandten Amin ziemlich verschieden sein kann. So z. B. diazotieren sich α-Naphthylamin und Paranitranilin verhältnismäßig leicht; Sulfanilsäure und besonders die schwer löslichen Naphthylaminsulfonsäuren, wie die Naphthionsäure, etwas langsamer. Die Diazotierungsmethode ist anwendbar auf primäre Monamine und auf solche primären Diamine, die sich regelrecht diazotieren lassen, wie z. B. Benzidin und Tolidin, nicht aber auf solche Diamine, die, selbst in saurer Lösung, unter der Einwirkung von Nitrit leicht zur Farbstoffbildung neigen, wie die m-Diamine, bei denen die primär entstehenden Diazoniumverbindungen auf das noch unveränderte Diamin einwirken. Das m-Phenylendiamin beispielsweise geht bei der Diazotierung, durch Kupplung der Diazoniumverbindung

$$C_6H_4<\begin{matrix}N_2\cdot Cl\\ N_2\cdot Cl\end{matrix} \quad \text{oder}$$

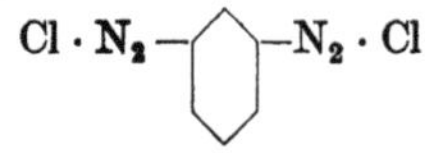

mit 2 Molekülen unveränderten m-Diamins, in den Farbstoff Bismarckbraun[1]),

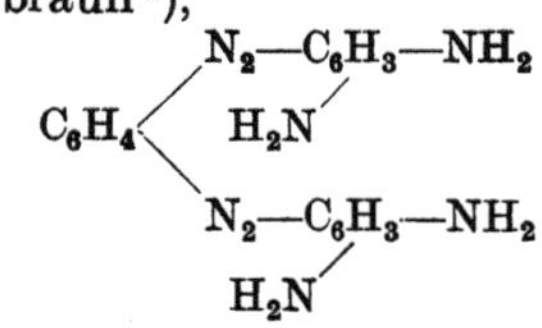

oder

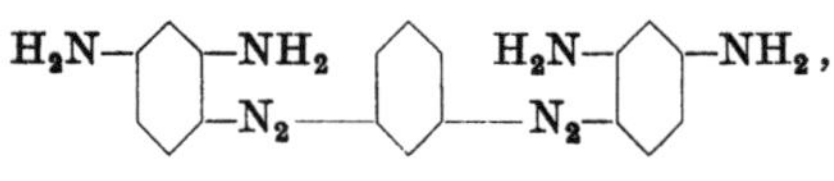

über. Auch auf o-Diamine und selbst auf gewisse p-Diamine ist die Nitritmethode nicht anwendbar, und zwar deshalb nicht, weil dieselben nicht glatt, d. h. nicht in einem konstanten molekularen Verhältnis, mit HNO_2 reagieren, sondern teilweise den Oxydationswirkungen der salpetrigen Säure unterliegen. Den Diaminen analog verhalten sich gewisse Aminooxyverbindungen, die gleichfalls nicht in allen Fällen in einem einfachen molekularen Verhältnis sich mit Nitrit umsetzen, sondern je nach ihrer Konstitution durch Salpetrige Säure anderweitig verändert werden, wie z. B. viele o-Aminonaphtholsulfonsäuren, die, falls man nicht ganz bestimmte Bedingungen einhält, nicht in o-Oxydiazoniumverbindungen übergeführt werden können. In solchen Fällen verläuft also die Einwirkung der HNO_2 nicht genügend glatt, um aus ihrem Verbrauch auf die Menge des vorhanden gewesenen Aminophenols oder Aminonaphthols zurückschließen zu können.

Die Hauptgesichtspunkte bei der Ausführung der Methode sind also:

α) Vermeidung einer Farbstoffbildung, die übrigens auch bei gewissen leicht kuppelnden primären Monaminen, z. B. bei α-Naphthylamin (siehe S. 899) und den Cleveschen Säuren (1,6- und 1,7-Naphthylaminsulfonsäure), nicht ausgeschlossen ist, falls man die Titration bei nicht ausreichender Acidität der Lösung ausführt. In diesem Falle nämlich entsteht z. B. aus α-Naphthylamin, gemäß den Gleichungen:

$$\begin{matrix}\alpha\text{-}C_{10}H_7\cdot NH_2\\ ClH\end{matrix} + \begin{matrix}O\\ HO\end{matrix}\!\!>\!N \longrightarrow 2H_2O + \alpha\text{-}C_{10}H_7\cdot N_2Cl$$

und

$$\alpha\text{-}C_{10}H_7\cdot N_2\cdot Cl + H\cdot C_{10}H_6\cdot NH_2(\alpha) \longrightarrow HCl + \alpha\text{-}C_{10}H_7\cdot N_2\cdot C_{10}H_6\cdot NN_2(\alpha),$$

schwerlösliches α-Aminoazonaphthalin.

β) Vermeidung von Verlusten an HNO_2 durch sorgfältige Kühlung der Titrationsflüssigkeit.

Im übrigen gestaltet sich die Methode höchst einfach. Zum Einstellen der Nitritlösung bedient man sich entweder des Permanganats oder der Sulfanilsäure; letztere läßt sich leicht als wasserhaltiges Na-Salz, $H_2N\cdot C_6H_4\cdot SO_3Na + 2\,H_2O$, in reiner Form gewinnen.

[1]) Vgl. Schmidt und Hagenböcker, B. **54**, 2201; 1921.

Bei der *Permanganatmethode* ist zu beachten, daß Permanganat u. a. auch auf die Verunreinigungen des Nitrits einwirkt. Die Einstellung der Permanganatlösung erfolgt am besten mit Natriumoxalat nach *Sörensen* (vgl. Bd. I, S. 148). Über Nitritanalyse nach verschiedenen Methoden siehe Bd. I, S. 826.

Die Ermittelung des Gehalts aromatischer Aminoverbindungen mittels Nitrit gestaltet sich natürlich vollkommen analog der Bestimmung des Nitrits mittels Sulfanilsäure.

In solchen Ausnahmefällen, in denen die aus aromatischen Aminoverbindungen und Nitrit entstehenden Diazoniumsalze mit JK unter Ausscheidung von Jod und infolgedessen unter Blaufärbung der Jodkaliumstärke reagieren, und zwar wohl infolge einer Umkehrung der Reaktion, d. h. einer teilweisen *Hydrolyse* der Diazoniumverbindung gemäß folgendem Schema:

$$R \cdot \underset{\underset{N}{|||}}{N} \cdot Cl + 2H_2O \rightleftarrows R \cdot NH_2 + HCl + HNO_2$$

(vgl. *Bucherer* u. *Wolff*, Zeitschr. f. angew. Chem. 22, 731; 1909), empfiehlt sich die Methode der *indirekten* Bestimmung. Man verfährt dabei in der Weise, daß man die betreffende Aminoverbindung (z. B. p-Nitranilin oder Dichloranilin) mit *überschüssigem* Nitrit diazotiert und alsdann mit einer geeigneten Azokomponente von bekanntem Gehalt, z. B. β-Naphthol, unter geeigneten Bedingungen (siehe S. 903) kuppelt (vgl. auch S. 905, ferner H. E. *Fierz*, Grundlegende Operationen der Farbenchemie, Analytischer Teil, woselbst auch Näheres über Reagenspapiere und deren Zubereitung enthalten ist).

Zu 2. *Bestimmung der aromatischen Zwischenkörper mittels Diazolösungen.* Diese Methode beruht auf der Tatsache, daß *unter geeigneten Bedingungen* die Diazoniumverbindungen befähigt sind, mit den sog. kupplungs- oder kombinationsfähigen Azokomponenten in *genau molekularem Verhältnis* unter Bildung von Azofarbstoffen zu reagieren, z. B.:

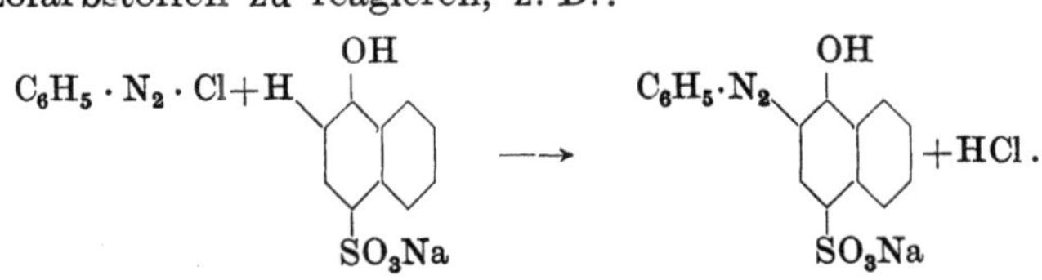

Was die eine Klasse der Azofarbstoffkomponenten, die *Diazo-* oder richtiger *Diazonium-Verbindungen*, anlangt, so weiß man, daß viele derselben außerordentlich unbeständig sind, indem sie unter N_2-Entwicklung sich zersetzen, etwa nach der Gleichung:

$$C_6H_5 \cdot N_2 \cdot Cl + H_2O \longrightarrow C_6H_5 \cdot OH + N_2 + HCl.$$

Es sind daher für den vorliegenden Zweck der quantitativen Bestimmung naturgemäß nur solche Diazoniumverbindungen brauchbar, die auch bei Zimmertemperatur genügende *Beständigkeit* besitzen, so daß sie während der Analyse *ihren Titer nicht verändern.* Man hat in früheren Jahren zu Gehaltsbestimmungen vielfach die ziemlich unbeständigen Diazoniumverbindungen aus p-Toluidin oder Xylidin angewandt. Brauchbarer ist die Diazoniumverbindung aus p-Aminoacetanilid ($CH_3 \cdot CO \cdot NH \cdot C_6H_4 \cdot NH_2$). Doch verdient ihr gegenüber die Diazoniumverbindung aus p-Nitranilin, $O_2N \cdot C_6H_4 \cdot NH_2$, den Vorzug, nicht nur wegen ihrer noch größeren Haltbarkeit, sondern auch wegen der durch die p-ständige Nitrogruppe ganz erheblich gesteigerten Reaktionsfähigkeit gegenüber Azokomponenten. Man stellt sich das Diazoniumchlorid:

$$O_2N \cdot C_6H_4 \cdot \underset{\displaystyle Cl}{\underset{|}{N}} \equiv N$$

entweder aus dem p-Nitranilin selbst dar, oder noch zweckmäßiger aus dem (in der Technik mit dem wohl nicht ganz zutreffenden Namen „Nitrosaminrot“ belegten) teigförmigen Isodiazotat, $O_2N \cdot C_6H_4 \cdot N : N \cdot O \cdot Na + H_2O$. Dieses Na-Salz ist in gesättigter Kochsalzlösung fast unlöslich und läßt sich daher durch Auswaschen mit einer solchen Lösung völlig von etwa noch vorhandenem Nitrit befreien. Dieses würde nämlich in solchen Fällen störend wirken, in denen die Kombination zum Farbstoff in (mineral- oder essig-) saurer Lösung erfolgt. Unter solchen Bedingungen würde salpetrige Säure frei werden, die auf primäre Amine unter Bildung von Diazoniumverbindungen und auf Phenole, Naphthole usw. unter Bildung von Nitrosoverbindungen einwirkt. Der Fehler, der sich notwendigerweise aus solchen Nebenreaktionen ergibt, liegt auf der Hand. Es muß also in allen Fällen, in denen bei saurer Reaktion ein glatter Verlauf der Azofarbstoffbildung stattfinden soll — und das gilt natürlich nicht nur für den besonderen Fall der Gehaltsermittlung —, ein Überschuß von HNO_2 sorgfältig vermieden werden, was gerade bei Verwendung des Nitrosaminteigs in der oben angegebenen nitritfreien Form leicht möglich ist. Die Umwandlung des Isodiazotats in das Diazoniumchlorid erfolgt leicht auf Zusatz von überschüssiger Salzsäure nach der Gleichung:

$$O_2N \cdot C_6H_4 \cdot N{=}N \cdot O \cdot Na + 2\,HCl \longrightarrow$$
$$O_2N \cdot C_6H_4 \cdot \underset{\displaystyle Cl}{\underset{|}{N}} \equiv N + NaCl + H_2O\,.$$

Die Nitrosaminpaste ist in der Regel 25-proz., d. h. sie enthält in 100 g etwa 25 g der Verbindung $O_2N \cdot C_6H_4 \cdot N_2 \cdot O \cdot Na + H_2O$ vom Molekulargewicht 207. Um z. B. 1 l einer ca. $^n/_{10}$ Diazolösung herzustellen, verfährt man folgendermaßen: $\frac{4 \times 207}{10} = 82{,}8$ g Paste werden mit ca. 200 ccm Wasser zu einem dünnen Brei angerührt, den man (in einem Guß) mit 30 bis 40 ccm konz. Salzsäure versetzt. Es findet eine geringfügige Erwärmung statt, die aber, solange die Temperatur nicht über 20° steigt, ohne Bedeutung ist. Die Umlagerung des Isodiazotats tritt sofort ein. Die angesäuerte, anfangs dickliche Paste wird bald dünner, und nach kurzer Zeit ist vollkommene Lösung der Diazoniumverbindung eingetreten, während voluminöse bräunliche Zersetzungsprodukte, deren Menge tatsächlich jedoch sehr gering ist, ungelöst bleiben. Nach etwa $^1/_4$ Stunde wird durch ein Faltenfilter in einen Meßkolben von einem Liter filtriert und dieser bis zur Marke mit Wasser aufgefüllt.

Will man sich die Diazolösung unmittelbar aus dem p-Nitroanilin selbst herstellen, so empfiehlt sich mit Rücksicht auf die schwach basischen Eigenschaften des Amins das folgende Verfahren, das von dem in der Technik üblichen ein wenig abweicht, dafür aber, selbst bei mangelnder Übung, eine etwas größere Gewähr guten Gelingens bietet:

13,8 g p-Nitranilin werden mit 16 ccm konz. Salzsäure und 20 ccm Wasser unter schwachem Erwärmen (Erhitzen auf höhere Temperaturen bewirkt eine Zersetzung des Chlorhydrats) gelöst. Gleichzeitig stellt man sich eine Mischung her aus 300 g Eis, 200 ccm Wasser, 8 ccm konz. Salzsäure und 50 ccm Nitritlösung, enthaltend 6,9 g $NaNO_2$ 100-proz. Nachdem diese Mischung sorgfältig durchgerührt ist, so daß eine vollständige Umsetzung zwischen Nitrit und Salzsäure stattgefunden hat, läßt man die noch warme Lösung des Chlorhydrats möglichst schnell in die kalte Mischung einlaufen, wobei fleißig umgerührt wird; Eisstücke müssen bis zum Schluß der Operation in der Reaktionsmischung vorhanden sein. Es tritt nach kurzer Zeit eine fast völlige Lösung ein; nur in geringer Menge findet eine Ausscheidung unlöslicher Flocken statt, von denen man nach Verlauf von $^1/_4$ bis $^1/_2$ Stunde abfiltriert, worauf die Auffüllung auf das gewünschte Volumen erfolgt. Wird die Lösung auf 1 l verdünnt, so ist sie ca. $^1/_{10}$-normal. Um sie $^1/_{20}$-normal zu stellen, verdünnt man 500 ccm davon auf 1000 ccm. Die Diazolösung ist vor Licht möglichst zu schützen. Über die Einstellung siehe unten.

Die andere Klasse der Azofarbstoffkomponenten, die kupplungsfähigen Azokomponenten, lassen sich, je nach den vorhandenen auxochromen Gruppen, einteilen in Aminoverbindungen, Oxyverbindungen, Aminooxyverbindungen usw. Nicht kupplungsfähig — wenigstens nicht unter den üblichen Bedingungen — sind solche Zwischenprodukte der Benzol- und Naphthalinreihe, die weder eine Amino- noch eine Hydroxylgruppe besitzen, oder solche, in denen ein Wasserstoffatom der Amino- oder Hydroxylgruppe durch einen Säurerest ersetzt ist, wie z. B. im Acetanilid, $C_6H_5 \cdot NH \cdot CO \cdot CH_3$, oder Phenylbenzoat, $C_6H_5 \cdot O \cdot OC \cdot C_6H_5$. Nicht auf gewöhnlichem Wege kupplungsfähig sind auch die Phenoläther, z. B. $C_6H_5 \cdot O \cdot CH_3$; während im Gegensatz dazu die alkylierten, arylierten und aralkylierten Amine, z. B.

$$C_6H_5 \cdot N(CH_3)_2 \quad \text{oder} \quad C_{10}H_7 \cdot NH \cdot C_6H_5 \quad \text{oder} \quad C_{10}H_6{<}\begin{matrix} NH \cdot CH_2 \cdot C_6H_5, \\ SO_3H \end{matrix}$$

in manchen Fällen sogar noch leichter mit Diazoniumverbindungen reagieren als die ihnen entsprechenden primären Amine. Die Reaktionsbedingungen, unter denen sich bei den verschiedenen Gruppen die Farbstoffbildung vollzieht, sind außerordentlich mannigfach. Besonders auffällig ist der Umstand, daß Mineralsäuren, selbst in verhältnismäßig sehr geringen Konzentrationen, einen stark hemmenden Einfluß auf die Reaktionsgeschwindigkeit ausüben. Sogar bei Essigsäure von mäßigen Konzentrationen (1 bis 2%) vermag man noch sehr deutlich die Säurewirkung zu erkennen, und zwar macht dieselbe sich vor allem bei Hydroxylverbindungen bemerkbar. Zwischenprodukte mit zwei auxochromen Gruppen weisen in der Regel ein erhöhtes Kupplungsvermögen auf, besitzen vielfach aber weiterhin die sehr bemerkenswerte Eigenschaft, mit 2 Molekülen Diazoniumverbindung Disazofarbstoffe zu bilden, ein Umstand, der zu besonderer Vorsicht bei der Gehaltsbestimmung zwingt. Ähnliches gilt auch von einzelnen Monooxyverbindungen, die Disazofarbstoffe zu bilden vermögen, wie Phenol, α-Naphthol, gewisse α-Naphtholsulfonsäuren usw. Als Beispiel sei hier die Aminonaphtholdisulfonsäure H von der Konstitution

$$\mathrm{HO_3S{\diagup}\overset{HO\ \ NH_2}{\overset{|\ \ \ |}{C_{10}H_4}}{\diagdown}SO_3H}$$

angeführt, die, dem Vorstehenden gemäß, mit Nitrobenzoldiazoniumchlorid nicht nur einen Monoazofarbstoff von der Konstitution

$$\mathrm{NaO_3S{\diagup}\overset{HO\ \ NH_2}{\overset{|\ \ \ |}{C_{10}H_3}}\!<\!\begin{matrix}N_2\cdot C_6H_4\cdot NO_2,\\ SO_3Na\end{matrix}}$$

sondern auch einen Disazofarbstoff von der Konstitution

$$\mathrm{\begin{matrix}O_2N\cdot C_6H_4\cdot N_2\\ NaO_3S\end{matrix}\!>\!\overset{HO\ \ NH_2}{\overset{|\ \ \ |}{C_{10}H_2}}\!<\!\begin{matrix}N_2\cdot C_6H_4\cdot NO_2\\ SO_3Na\end{matrix}}$$

zu liefern vermag. Es ist offenbar, daß die quantitativen Bestimmungen mit starken Fehlern behaftet sein werden, wenn man aus den durch Titration gefundenen Werten den Gehalt an H-Säure berechnet, unter der Voraussetzung, daß lediglich Monoazofarbstoff entstanden sei, während tatsächlich auch Disazofarbstoff sich gebildet hat. Im angenommenen Falle würde man einen viel zu hohen Wert für den Gehalt an H-Säure finden. Da die Disazofarbstoffbildung wohl nur ganz ausnahmsweise bis zu dem Grade quantitativ verläuft, daß sie zu analytischen Zwecken benutzt werden könnte, so empfiehlt es sich im allgemeinen, die Reaktionsbedingungen derartig zu gestalten, daß ausschließlich und allein nur der Monoazofarbstoff entstehen kann. Solche Bedingungen, die in allen bisherigen Fällen sich als wirksam erwiesen haben, sind 1. das Arbeiten in möglichst saurer Lösung und 2. das Aussalzen des Monoazofarbstoffes unmittelbar nach seiner Entstehung, um ihn der Einwirkung der Diazoniumverbindung nach Möglichkeit zu entziehen. Da bisweilen mit dem Farbstoff durch das Kochsalz zugleich auch ein Teil der zu bestimmenden Säure ausfallen kann, so ist zum Schluß stets darauf zu achten, ob nicht die ausgesalzene Sulfonsäure nachträglich wieder in der Lösung nachweisbar ist. Im übrigen lassen sich bei der Azofarbstoffbildung noch folgende Abstufungen der Reaktionsbedingungen unterscheiden: 1. schwach mineralsauer, 2. schwach essigsauer, 3. schwach essigsauer + wenig Na-Acetat (was einer annähernd neutralen Reaktion entspricht, da Na-Acetat für sich allein bekanntlich schwach alkalisch auf Lackmus reagiert), 4. die neutrale Reaktion des Na-Bicarbonats, die auch bei Zugabe von Mineralsäuren ihre Konstanz bewahrt — das Vorhandensein genügender Mengen Bicarbonat vorausgesetzt, 5. schwach essigsaurer + viel Acetat (= schwach alkalisch), 6. sodaalkalisch und ammoniakalisch, 7. ätzalkalisch.

Mehr oder minder stark (mineral- oder essig-) sauer arbeitet man, wie oben erwähnt, wenn die Gefahr der Disazofarbstoffbildung vorliegt; schwach sauer soll die Reaktion bei den gewöhnlichen Aminen sein. Kuppeln dieselben etwas schwerer, oder handelt es sich um normale Monooxyverbindungen, so fügt man je nach Bedarf Na-Acetat hinzu oder kuppelt in Bicarbonatlösung. Ausgeschlossen ist, wie unten noch näher dargelegt werden soll, bei der Titration mittels p-Nitrobenzoldiazoniumchlorid die Gegenwart von Soda oder gar Ätzalkali, da diese Reagenzien, insbesondere das Ätzalkali, eine sofortige Umlagerung der Diazoniumverbindung in das isomere, nicht kupplungsfähige Isodiazotat zur Folge haben:

$$O_2N \cdot C_6H_4 \cdot \underset{\displaystyle Cl}{N} \equiv N + 2NaOH \longrightarrow O_2N \cdot C_6H_4 \cdot N = N \cdot O \cdot Na + NaCl + H_2O.$$

Sodalösung findet daher bei der technischen Farbstoffdarstellung nur dann Anwendung, wenn weniger reaktionsfähige und daher auch nicht so leicht isomerisierbare Diazoniumverbindungen mit Hydroxylverbindungen (Naphtholsulfonsäuren, Aminonaphtholsulfonsäuren usw.) gekuppelt werden sollen. Analoges gilt für die ätzalkalische Reaktion, deren man sich nur dann bedient, wenn die Alkalinität der Soda zur Farbstoffbildung nicht ausreicht, z. B. bei Kombinationen mit Salicylsäure oder bei der Darstellung von Disazofarbstoffen aus Derivaten des peri-Dioxy-Naphthalins.

Als Ursubstanz, die zur Einstellung der „Diazolösung" sehr wohl geeignet ist, benutzt man in der Technik[1]) β-Naphthol, das in vollkommen reiner Form leicht zu haben ist (vgl. auch Schwalbe, Ber. **38**, 3072; 1905). Zur Kontrolle führt man eine Bestimmung des Schmelzpunktes aus, der bei 122° liegen muß. Handelt es sich um weniger genaue Bestimmungen, so kann man auch andere, bequemer zu titrierende Zwischenprodukte von bekanntem Gehalt, z. B. 2,6-Naphtholmonosulfonsäure oder R-Salz (2, 3, 6-Naphtholdisulfonsäure) der Titration zugrunde legen. Doch ist zu beachten, daß derartige salzhaltige Substanzen nicht die nämliche Gewähr der gleichmäßigen und (mit Rücksicht auf den veränderlichen Wassergehalt der umgebenden Atmosphäre) konstanten Beschaffenheit bieten wie schmelzpunktreines β-Naphthol, und daß sie außerdem auch im Laufe der Zeit mehr oder minder weitgehenden bleibenden Veränderungen unterliegen können.

Da β-Naphthol in Wasser sehr schwer löslich ist, so muß bei der Ausführung dieser Titration ausnahmsweise in starker Verdünnung

[1]) Die nachfolgenden Angaben gründen sich im wesentlichen auf den in der Bad. Anilin- und Soda-Fabrik üblichen Methoden.

gearbeitet werden, was im allgemeinen zu *vermeiden* ist; denn je verdünnter die Lösung ist, um so schwieriger läßt sich ein Überschuß der einen (Diazo-) oder anderen (Azo-) Komponente erkennen. Man kann sich aber in Anbetracht der Unlöslichkeit des aus p-Nitrobenzoldiazoniumchlorid und β-Naphthol entstehenden Farbstoffes:

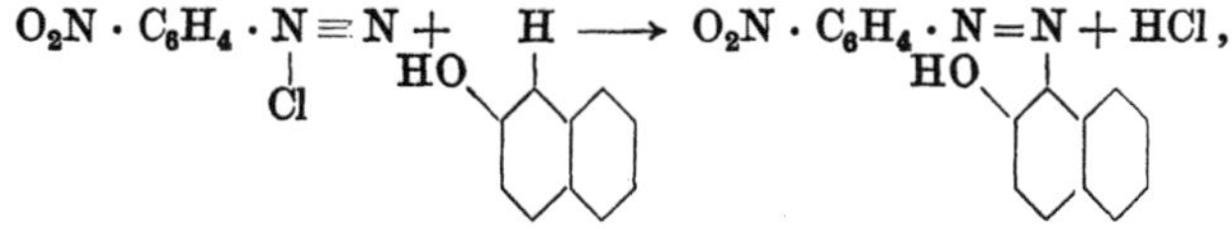

leicht dadurch helfen, daß man gegen Ende der Titration, wenn die Tüpfelprobe keinen genügend sicheren Aufschluß mehr gibt, einige Kubikzentimeter der Titrationsflüssigkeit abfiltriert, das Filtrat in 2 Teile teilt und den einen Teil mit Diazolösung, den anderen mit neutraler oder schwach essigsaurer R-Salzlösung (1 Tropfen!) versetzt. Die in der einen oder anderen Hälfte auftretenden Färbungen geben über den Stand der Titration unzweifelhafte Auskunft. Dieselbe ist beendet, wenn *beide Teile* des Filtrats bei der eben beschriebenen Probe *farblos* bleiben. Der durch die Entnahme von einigen Kubikzentimetern der Titrationsflüssigkeit entstehende Fehler ist so geringfügig — wovon man sich durch eine einfache Rechnung leicht überzeugen kann —, daß er innerhalb der zulässigen Grenzen bleibt. Übrigens kann er durch die Kontrollanalyse auf ein Minimum reduziert werden.

Angenommen, es handele sich um die Einstellung einer etwa $^n/_{10}$-Diazolösung aus p-Nitranilin. Man löst genau $^1/_{100}$ Gramm-Mol. reines β-Naphthol = 1,44 g mittels der erforderlichen Menge Natronlauge und Wasser und füllt auf 100 ccm auf. Man hat dann eine genaue $^n/_{10}$-β-Naphthollösung, von der man für jede Titration 20 oder 25 ccm entnimmt, je nachdem ob die Diazolösung schwächer oder stärker als $^n/_{10}$ ist.

Es sei an dieser Stelle mit besonderem Nachdruck auf eine Fehlerquelle aufmerksam gemacht, die zu stark abweichenden Resultaten führen kann. *Die Diazolösung aus p-Nitranilin ist nämlich*, wie bereits oben erwähnt, *außerordentlich reaktionsfähig gegenüber Alkalien und selbst gegenüber den Alkalicarbonaten*, durch die sie eine Umwandlung in das *Isodiazotat* erfährt. Diese Umwandlung erfolgt auch bei gewöhnlicher Temperatur so außerordentlich rasch, daß selbst die Reaktionsgeschwindigkeit der Azofarbstoffbildung *nicht ausreicht*, um die Überführung eines *großen* Teiles der Diazoniumverbindung in das *kupplungsunfähige* Isodiazotat zu verhindern. Man kann diese wohl zu beachtende Tatsache leicht quantitativ in der Weise verfolgen, daß man die gleiche Menge R-Salz das eine Mal in Na-Acetat-, das andere Mal in Soda-Lösung mit p-Nitrobenzoldiazoniumchlorid kuppelt. Man wird finden, daß im letzteren Falle, namentlich aber bei Gegenwart von Natronlauge, wesentlich größere Mengen der Diazolösung erforderlich sind, und daß in der Titrationsflüssigkeit neben dem roten R-Salz-Farbstoff sich reichliche Mengen des Isodiazotats nachweisen lassen. Aus dem Angeführten ergibt sich die Notwendigkeit, bei allen Titrationen, bei denen p-Nitrobenzoldiazoniumchlorid benutzt wird, sorgfältig soda- oder ätzalkalische Reaktion zu vermeiden. Ist daher zur Bereitung der zu untersuchenden Lösungen die Anwendung von Alkali (oder Soda) erforderlich, so muß vor Beginn der Titration durch Zusatz von Essig- oder Mineralsäure das überschüssige Alkali fortgenommen werden. Das ist besonders auch zu beachten bei solchen Titrationen, die in Gegenwart von Bicarbonat ausgeführt werden sollen. Denn da aus Ätzalkali und Bicarbonat nur Soda erzeugt wird, so kann selbst durch noch so große Mengen Bicarbonat neutrale Reaktion nicht herbeigeführt und mithin die Gefahr einer Isomerisierung nicht ausgeschlossen werden.

Die 20 oder 25 ccm der alkalischen $^{n}/_{10}$-β-Naphthollösung werden demgemäß in einem starkwandigen Becherglas mit ca. $^{3}/_{4}$ l Wasser von etwa 20° verdünnt und alsdann mit Essig- oder Salzsäure ganz schwach angesäuert. Nun fügt man etwa 10 g Na-Acetat oder Bicarbonat hinzu und läßt von der Diazolösung so lange hinzufließen, bis die Tüpfelprobe undeutlich wird, worauf man die Titration in der bereits angedeuteten Weise mit Hilfe von Filtrationsproben zu Ende führt.

Die quantitative Bestimmung der gewöhnlichen Naphthylaminmono- und -disulfonsäuren, die man, wie bereits erwähnt, unter Zusatz von Acetat ausführt (das die freie Mineralsäure der Diazolösung binden soll), bietet keine Schwierigkeiten, ebensowenig die Titration der Naphtholmono- und -disulfonsäuren, bei denen entweder Acetat oder Bicarbonat als Neutralisationsmittel Verwendung finden kann. Gewisse Schwierigkeiten verursacht die 2, 6, 8-Naphtholdisulfonsäure (G-Säure), die einerseits einen sehr schwer aussalzbaren Azofarbstoff mit p-Nitrobenzoldiazoniumchlorid bildet, andererseits sogar dieser so energischen Diazokomponente gegenüber ziemlich langsam kuppelt. Diese Erscheinung ist bekanntlich auf die in 8-Stellung befindliche Sulfogruppe zurückzuführen, die den Eintritt der Azogruppe in die 1-Stellung erschwert, derart, daß die 2, 8-Naphthylaminmono- und die 2, 6, 8-Naphthylamindisulfonsäure nicht mehr in normaler Weise Azofarbstoffe zu bilden vermögen. Diese Säuren sind daher, ebenso wie die 1, 2, 4-Naphthylamindisulfonsäure oder die 1, 2, 4, 7-Naphthylamintrisulfonsäure, die infolge der besetzten 2- und 4-Stellung kupplungsfähig sind, zweckmäßig mittels Nitrit auf ihren Gehalt zu prüfen. Bei den technisch wichtigen Aminonaphtholsulfonsäuren, z. B. 1, 8, 4, läßt sich die Bildung von Disazofarbstoffen nach dem oben Gesagten zwar dann mit Sicherheit vermeiden, falls man bei mineralsaurer Reaktion titriert. Die 2, 8, 6-Aminonaphtholsulfonsäure (γ) kuppelt jedoch unter diesen Umständen ziemlich langsam und ist, selbst wenn man die Lösung ein wenig erwärmt, zudem so schwer löslich, daß es sich empfiehlt, sie ebenso wie die 1, 8, 3, 6-Aminonaphtholdisulfonsäure (H) in essigsaurer Lösung zu titrieren. Das Verhältnis zwischen Acetat und freier Essigsäure ist derart zu bemessen, daß einerseits eine Ausscheidung der freien Aminonaphtholsulfonsäuren nicht stattfindet, andererseits aber die Kupplung nicht zu sehr erschwert und doch die Disazofarbstoffbildung verhindert wird (Näheres s. u.). Bei der H-Säure darf man, entsprechend ihrer größeren Neigung zur Disazofarbstoffbildung und ihrer größeren Löslichkeit in Wasser, das Verhältnis von Essigsäure zu Acetat etwas mehr zugunsten der Essigsäure verschieben.

Bezüglich der Ausführung der Titrationen und ihrer Berechnung sei noch folgendes bemerkt: Man wende für jede Analyse im allgemeinen so viel Substanz an, daß jedesmal etwa 20 bis 25 ccm der Diazolösung verbraucht werden, also eine Bürette von 50 ccm für zwei Titrationen ausreicht, von denen die letzte als Kontrolle der ersten dienen soll. Handelt es sich z. B. um die Titration der γ-Säure und vermutet man einen Gehalt derselben an freier Säure, der zwischen 80 und 100% liegt, so verfährt man etwa in folgender Weise: Für

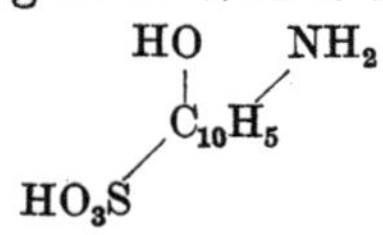

berechnet sich das Molekulargewicht zu 239. Es entsprechen also 239 g γ-Säure (100-proz.) einem Molekül Diazoniumverbindung = 1 l einer Diazolösung von normalem Gehalt oder = 20 l $^{n}/_{20}$-Diazolösung; folglich entsprechen 0,239 g Säure 20 ccm $^{n}/_{20}$-Diazolösung. Wäre die γ-Säure tatsächlich z. B. nur 85-proz., so wären die 0,239 g = 17 ccm $^{n}/_{20}$-Diazolösung. Man wägt, um Material für mehrere Titrationen zu haben, viermal etwa 0,3 g, also etwa 1,2 g γ-Säure ab, löst sie in Natronlauge, stellt auf 100 ccm ein und pipettiert für jede Titration 25 ccm davon ab. Die Rechnung gestaltet sich dann folgendermaßen: Angenommen, es seien für die Titration verbraucht worden je 0,297 g γ-Säure; dieselben erforderten 23,6 ccm einer $^{n}/_{20,7}$-Diazolösung. Dann entsprechen 0,297 g γ-Säure 23,6/20,7 ccm n-Diazolösung, oder umgekehrt: 23,6/20,7 ccm n-Diazolösung = 0,297 g γ-Säure, also 1 l n-Diazolösung = $\frac{0,297 \times 20,7 \times 1000}{23,6}$ = 260,46 g γ-Säure. Der „Titer" der sonach bestimmten Säure wäre demgemäß: „M = 260,46".

Es sei bei dieser Gelegenheit dringend empfohlen, ausschließlich die so gefundene Zahl der Gehaltsangabe zugrunde zu legen, nicht nur, weil sie an sich zweckmäßiger ist, insofern, als sie bei der späteren Verwendung der Säure die Rechnung erleichtert, sondern vor allem deshalb, weil diese Zahl den Gehalt in unzweideutiger Weise anzeigt, im Gegensatz zu den üblichen Angaben mittels der Prozentzahlen, die leicht zu Irrtümern über den Gehalt gerade dieser Zwischenprodukte Anlaß geben können. Denn in der Technik werden vielfach die Salze, besonders die sauren Salze, wie sie aus mineralsauren Lösungen abgeschieden werden, mit dem Namen der entsprechenden Säure bezeichnet, z. B. „H-Säure", „K-Säure", Dahlsche Disulfonsäuren", „Freundsche Säuren", „Chromotropsäure" usw. Eine Bezeichnung wie etwa „H-Säure 85 proz." würde daher, wie man sieht, sofort Zweifel erwecken, ob diese Zahl auf die tatsächlich ja gar nicht vorliegende freie Säure

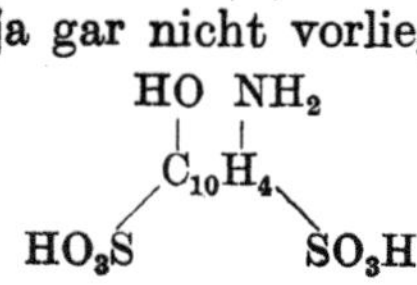

oder auf das in Wirklichkeit vorhandene saure Salz

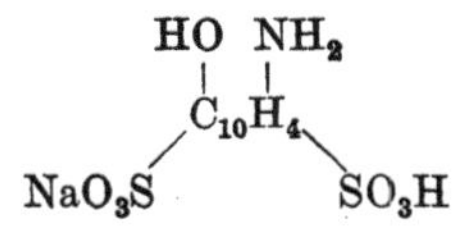

zu beziehen ist. Diese Unsicherheit wird aber sofort behoben durch eine Bezeichnung wie etwa „H-Säure, M = 421". Aus diesem Titer geht mit unbedingter Sicherheit hervor, daß 421 g jener H-Säure anzuwenden sind, wenn ein Gramm-Mol. derselben gebraucht wird. Soll also z. B. $^1/_{20}$ Gramm-Mol. des Farbstoffes α-Naphthylamindiazo-H-Säure (Chromotrop 10 B) dargestellt werden, so ergibt sich sofort ohne weitere Rechnung, daß 421/20 = 21,05 g dieser Säure zur Farbstoffdarstellung erforderlich sind. Ob die auf ihren Gehalt untersuchte Substanz in Wirklichkeit freie Säure, saures oder neutrales Salz darstellt, ist dabei völlig gleichgültig, sowohl für die Titration als auch für die spätere Verwendung. Vor der Kupplung mit Diazolösung muß doch auf alle Fälle, mit Hilfe eines Indicators, der zu kuppelnden Lösung die für den jeweiligen Zweck in Betracht kommende saure, neutrale oder alkalische Reaktion erteilt werden.

An sich brauchbar, weil unzweideutig, ist zwar auch die in früheren Zeiten besonders in der Technik vielfach angewandte Bezeichnung wie „R-Salz; 4,27 g = 1 g Anilin". Sie ist aber, wenn es sich nicht um Anilin, sondern um irgendeine andere Diazokomponente handelt, für die Rechnung, wie leicht einzusehen, nicht so zweckmäßig wie der oben empfohlene Titer, etwa „R-Salz, M = 397,1".

Zum Schluß mögen noch einige mit der Diazoverbindung des p-Nitranilins durchgeführte Beispiele folgen, die zur näheren Erläuterung des vorstehend Gesagten dienen sollen:

1. 1, 4-Naphthylaminsulfonsäure (Na-Salz, „Naphthionat").

Angewandt 1,532 g Substanz, gelöst in 100 ccm Wasser. Zur Titration verbraucht je 25 ccm. Dieselben wurden mit etwa 25 ccm Na-Acetatlösung (enthaltend 1 Molekül in $^1/_2$ l) und während der Titration nach Bedarf mit festem Kochsalz versetzt. Verbraucht an $^n/_{20,5}$-Diazolösung im Mittel 24,7 ccm. Also $\frac{1,532}{4}$ g Naphthionat = $\frac{24,7}{20,5}$ ccm n-Diazolösung. 1 l n-Diazolösung = $\frac{1,532 \times 20,5 \times 1000}{4 \times 24,7}$ = 317,8 g; oder M = **317,8.**

2. 2, 6-Naphtholsulfonsäure (Schäffer-Salz).

Angewandt 1,314 g Substanz, gelöst in 100 ccm Wasser. Zur Titration verbraucht je 25 ccm. Dieselben wurden mit 5 g Bicarbonat und 50 ccm Kochsalzlösung versetzt. Der Farbstoff nimmt anfänglich leicht eine gallertartige Beschaffenheit an, die aber durch die Anwesenheit von Kochsalz bald in eine feinkrystallinische Form übergeht. Verbraucht an $^{n}/_{20,5}$-Diazolösung im Mittel 23,45 ccm; also $\frac{1,314}{4}$ g Schäffersalz $= \frac{23,45}{20,5}$ ccm n-Diazolösung. Daraus berechnet sich: 1 l n-Diazolösung $= \frac{1,314 \cdot 20,5 \cdot 1000}{4 \cdot 23,45} = 287,4$ g; oder $\mathbf{M} = \mathbf{287,4}$.

3. 2, 6, 8-Naphtholdisulfonsäure (G-Salz).

Abgewogen 1,794 g G-Salz. Dasselbe wurde gelöst in 100 ccm Wasser. Von dieser Lösung wurden verwendet für die Titration je 25 ccm. Nach der Zugabe von 5 g Bicarbonat wurden zunächst 15 ccm Diazolösung zufließen gelassen und alsdann solche Mengen von festem Kochsalz zugesetzt, daß ein kleiner Teil desselben ungelöst blieb, während gleichzeitig der Farbstoff fast völlig ausgesalzen wurde, so daß beim Tüpfeln ein breiter farbloser Auslauf entstand, der bei der weiteren Zugabe von Diazolösung eine sichere Erkennung der jeweils überschüssigen Komponenten gestattete. Verbraucht wurden von der $^{n}/_{21,4}$-Diazolösung im Mittel 22,7 ccm. Daraus berechnet sich auf die oben angegebene Weise $\mathbf{M} = \mathbf{422,9}$.

4. 2, 8, 6-Aminonaphtholsulfonsäure (γ-Säure).

Abgewogen 1,253 g γ-Säure und unter Anwendung von Natronlauge gelöst in 100 ccm Wasser. Davon wurden für die Titration verwendet je 25 ccm. Dieselben wurden zunächst mit 25 ccm n-Na-Acetat und alsdann mit 35 ccm n-Essigsäure versetzt. Während der Titration wurde nach Bedarf festes Kochsalz zugegeben, um den Monoazofarbstoff stets völlig auszusalzen. Verbraucht wurden an $^{n}/_{21,3}$-Diazolösung 24,65 ccm. Daraus ergibt sich $\mathbf{M} = \mathbf{270,7}$.

5. 1, 8, 3, 6-Aminonaphtholdisulfonsäure (H-Säure).

Abgewogen 1,835 g H-Säure; gelöst wurde dieselbe unter Zugabe von etwas Natronlauge in 100 ccm Wasser. Zur Titration verwendet je 25 ccm. Dieselben wurden mit nur 10 ccm n-Na-Acetat, dagegen mit 35 ccm n-Essigsäure versetzt. Auch hier wurde gegen das Ende der Titration durch festes Kochsalz die Ausscheidung des Monoazofarbstoffes begünstigt. Verbraucht wurden von der $^{n}/_{21,7}$-Diazolösung im Mittel 23,1 ccm. Daraus folgt $\mathbf{M} = \mathbf{430,5}$.

Wie auch Fierz (s. o.) angibt, läßt sich die H-Säure, ähnlich wie andere heteronucleare Aminonaphtholsulfonsäuren, auch mittels Nitrit quantitativ bestimmen, ohne daß zu befürchten ist, daß überschüssiges Nitrit eine Nitrosierung bewirkt. Die Erfahrungen der Technik lehren, daß beide Methoden bei sorgfältiger Ausführung gut übereinstimmende Werte liefern.

6. 1, 8, 4-Aminonaphtholmonosulfonsäure (S-Säure).

Abgewogen 1,87 g S-Säure; gelöst wurde dieselbe in Natronlauge und Wasser. (Es empfiehlt sich nicht, diese Lösung längere Zeit stehenzulassen, da andernfalls leicht eine Oxydation derselben eintritt.) V = 100 ccm. Zur Titration verwendet je 25 ccm. Dieselben wurden mit Wasser von 25° auf etwa $^1/_2$ l verdünnt, mit Mineralsäure bis zur schwachsauren Reaktion (auf Kongopapier!) und alsdann sofort mit Diazolösung versetzt, mit deren Menge man möglichst rasch bis an die zulässige Grenze geht, um eine Ausscheidung der freien S-Säure zu verhüten. Die Erkennung des Endpunktes kann auch hier durch die Filtrationsprobe (siehe S. 904) verschärft werden, wobei man dem Filtrat zweckmäßig vor der Teilung ein wenig Na-Acetat-Lösung zufügt, um die Kupplung zu erleichtern. Verbraucht wurden von der $^n/_{20,8}$-Diazolösung im Mittel 24,7 ccm. Daraus ergibt sich **M = 281,85**.

In einigen Fällen läßt sich beim Vorliegen technischer Gemische isomerer (z. B. 2, 5- und 2, 8-Naphthylaminmonosulfonsäure oder 2, 3, 6- und 2, 6, 8-Naphtholdisulfonsäure) oder analog konstituierter Verbindungen (z. B. 1, 4-Naphthylamin- und -Naphtholsulfonsäure oder 1, 8, 4-Aminonaphthol- und -Dioxynaphthalinsulfonsäure) auf dem Wege der Azokupplung, ohne vorherige Trennung, eine quantitative, für die Bedürfnisse der Praxis ausreichend genaue Bestimmung der Bestandteile durchführen. Dies geschieht, indem man unter Beachtung des auf S. 901 ff. ausführlich Dargelegten die Reaktionsbedingungen bei der Kupplung derart wählt, daß zunächst nur die energischer kuppelnde Azokomponente — also in den oben angeführten Fällen die 2, 5-Naphthylaminsulfonsäure, die 2, 3, 6-Naphtholdisulfonsäure, die 1, 4-Naphthylaminsulfonsäure und die 1, 8, 4-Aminonaphtholsulfonsäure — mit der Diazoniumverbindung zum Azofarbstoff zusammentritt. Erst später, wenn diese Azokomponente „ausgekuppelt" hat, paßt man die Reaktionsbedingungen dem anderen Mischungsbestandteil an, so daß nunmehr dessen Menge titrimetrisch ermittelt werden kann. Die praktische Durchführung dieser an sich sehr einfachen Methode setzt allerdings eine nur auf Grund längerer praktischer Erfahrung zu erwerbende Geschicklichkeit voraus, insbesondere einen ausgeprägten Farbensinn, der auch nahe verwandte Farbentöne mit Sicherheit zu unterscheiden vermag.

Nach Fierz (a. a. O.) läßt sich in einem Gemisch, das neben 2, 3, 6-Naphtholdisulfonsäure noch 2, 6-Naphtholmonosulfonsäure enthält, die letztere Verbindung in einen kombinationsunfähigen Zustand überführen, indem man das Gemisch in saurer Lösung mit Formaldehyd behandelt. Wenn man von der Gesamtmenge der kombinationsfähigen Substanz den Betrag abzieht, der sich, nach der Behandlung des Gemisches mit Formaldehyd für die 2, 3, 6-Disulfonsäure ergibt, so erhält man den auf die 2, 6-Monosulfonsäure entfallenden Anteil.

Bei der Einwirkung von Formaldehyd verfährt man nach Fierz folgendermaßen: 5 g des Gemisches werden in 100 ccm Wasser gelöst. Nach Zugabe von 5 ccm 30-proz. HCl und 2,5 ccm 40-proz. Formaldehyd erwärmt man 1 Stunde auf dem Wasserbade. Zur Titration verwendet man einen aliquoten Teil; die Kupplung erfolgt in üblicher Weise nach dem Übersättigen mit Soda bzw. bei Verwendung von diazotiertem p-Nitranilin als Diazoniumverbindung, mit Bicarbonat (siehe S. 907 f., Beispiel 2 und 3).

Zum Schluß sei noch eine kurze Übersicht über diejenigen Methoden und Reaktionen angefügt, die vor allem bei der qualitativen und quantitativen Analyse der für die Azofarbstoffbildung so überaus wichtigen Zwischenprodukte (insbesondere der Naphthalinreihe) von Bedeutung sein können.

1. Neben den unten noch näher zu besprechenden chemischen Reaktionen spielen auch gewisse physikalische Methoden bei der Untersuchung der Zwischenprodukte eine wichtige Rolle, wenn es sich z. B. um die Krystallform und vor allem die Fluorescenz handelt, die bei zahlreichen Naphthol- und Naphthylaminsulfonsäuren usw. in ungewöhnlich starkem Maße in die Erscheinung tritt und wegen der Mannigfaltigkeit der hierbei bemerkbaren Farbentöne in vielen Fällen ein wesentliches Kennzeichen bildet, zumal schon äußerst geringe Substanzmengen für die Feststellung der Fluorescenzfarbe genügen.

Neben dem Krystallwassergehalt der freien Säuren und ihrer Salze (vor allem Na, K, Ca, Ba; bisweilen auch Pb und Cu) ist die Feststellung von deren Löslichkeit in Wasser, Kochsalzlösung oder Natronlauge sowie in Methyl- und Äthylalkohol (absolut, 96- und 98-proz.) von Wichtigkeit, da auch die Teerfarbenindustrie bei der Trennung technischer Gemische auf die Benutzung dieser Löslichkeitsunterschiede angewiesen ist.

Von bekannteren Fällen seien die folgenden angeführt:

a) Trennung von 1, 6- und 1, 7-Naphthylaminsulfonsäure (das Gemisch dieser beiden Cleveschen Säuren entsteht bei der Nitrierung der β-Naphthalinsulfonsäure und der nachfolgenden Reduktion der zunächst entstandenen Nitronaphthalinsulfonsäuren 1, 6 und 1, 7). Das Natronsalz der 1, 7-Säure ist erheblich schwerer löslich und läßt sich, durch vorsichtigen Zusatz von Kochsalz zur Reduktionslösung, ziemlich frei von 1, 6-naphthylaminsulfonsaurem Natron abscheiden. Aus der Mutterlauge wird die in Wasser schwer lösliche 1, 6-Säure durch konz. Salzsäure gewonnen.

b) Das in analoger Weise aus Naphthalin-α-Sulfonsäure durch Nitrierung und Reduktion erhältliche Gemisch der beiden Naphthylaminsulfonsäuren 1, 5 und 1, 8 trennt man auf Grund der Schwerlöslichkeit des Na-Salzes der 1, 8-Säure in verdünnter (etwa 5-proz.) Natronlauge.

c) Bei der Sulfonierung des β-Naphthylamins mit konz. Schwefelsäure unter 100° entsteht in der Hauptsache ein Gemisch aus 2, 5- und 2, 8-Naphthylaminmonosulfonsäure. Man führt beide Säuren in üblicher Weise in die Na-Salze über, dampft zur Trockne ein und kocht das Na-Salz der 2, 5-Säure mit Sprit aus, während das Salz der 2, 8-Säure ungelöst zurückbleibt.

d) Durch die Sulfonierung von β-Naphthol mit wenig Schwefelsäure bei niedriger Temperatur erhält man ein Gemisch von 2, 8- und 2, 6-Naphtholmonosulfonsäure. Dieses läßt sich trennen 1. durch Neutralisieren des Reaktionsgemisches, z. B. mit Soda, wobei das Na-Salz der 2, 6-Säure ausfällt, oder 2. durch Eindampfen der Na-Salze und Ausziehen des 2, 8-Salzes mit Alkohol, 3. durch Aussalzen des 2, 6-Salzes aus der Mischung der Na-Salze; 4. aus Gemischen mit wenig 2, 6-Salz läßt sich durch Kombination mit Diazoniumverbindungen das leichter kuppelnde (siehe S. 905) 2, 6-Salz in Form des entsprechenden Azofarbstoffes ausfüllen.

e) Ähnliche Verhältnisse wie zwischen 2, 6- und 2, 8-Säure bestehen zwischen der 2, 3, 6- und der 2, 6, 8-Naphtholdisulfonsäure, die beide nebeneinander bei der Sulfonierung von β-Naphthol mit reichlicheren Mengen Schwefelsäure entstehen. Die 2, 3, 6-Säure ist in diesem Falle der in Wasser, Kochsalzlösung und Alkohol schwerer lösliche und leichter kuppelnde, die isomere 2, 6, 8-Säure der leichter lösliche und schwerer kuppelnde Bestandteil des Sulfonierungsgemisches.

f) Bei der Sulfonierung des 1, 8-Aminonaphthols entstehen zwei isomere Monosulfonsäuren: die wertvolle 1, 8, 5-Aminonaphtholsulfonsäure und die wertlose 1, 8, 7-Säure. Beide lassen sich trennen mittels des sauren Kalksalzes. Das Ca-Salz der 1, 8, 5-Säure ist leicht, das der 1, 8, 7-Säure schwer löslich.

II. Von chemischen Reaktionen seien, ohne auf Einzelheiten einzugehen, die folgenden erwähnt:

1. **$FeCl_3$.** Fast alle Naphthalinderivate mit offenen Amino- und Hydroxylgruppen (Ähnliches gilt auch für die Benzolderivate) geben mit $FeCl_3$ charakteristische Färbungen (und vielfach auch Niederschläge), die meist zwischen violett, blau, grüngelb, braun oder ähnlichen Mischtönen schwanken und wohl auf die Entstehung von komplexen Verbindungen zurückzuführen sind.

Eine besondere Stellung nehmen diejenigen Verbindungen ein, in denen die Amino- oder Hydroxylgruppen in o- oder p-Stellung zueinander stehen. Derartige Verbindungen sind durch besondere Empfindlichkeit gegen Oxydationsmittel ausgezeichnet (es genügt bereits der Sauerstoff der Luft), die sich schon beim bloßen Eindampfen der alkalischen Lösungen durch tief dunkle Färbungen zu erkennen gibt. Durch $FeCl_3$ entstehen meist Chinone. Ähnliche Wirkungen üben Chromsäure und Chromate sowie K_4FeCy_6 aus. Auch Silber- und Kupferlösungen werden durch o- und p-Aminooxy- oder die entsprechenden Dioxy-Verbindungen leicht reduziert.

2. **$Ca(OCl)_2$.** Dem $FeCl_3$ ähnlich verhält sich Chlorkalklösung. Sie erzeugt teils charakteristisch gefärbte Verbindungen unbekannter Konstitution, teils führt die Oxydation der o- und p- (1, 2- oder 2, 1- und 1, 4-) Dioxy-, Aminooxy- und Diaminoverbindungen zu Chinonen bzw. Chinonchlorimінen und Chinondichlordiimen.

3. **HNO_2.** Das Verhalten der HNO_2 gestaltet sich äußerst mannigfaltig und kann daher in vielen Fällen zur Erkennung und Unterscheidung der Naphthalin- und Benzolderivate herangezogen werden. Im wesentlichen lassen sich folgende Fälle unterscheiden:

a) Diazoniumverbindungen. Sie entstehen aus solchen Naphthalin- und Benzolabkömmlingen, die eine primäre Aminogruppe enthalten. Sie unterscheiden sich physikalisch durch ihre verschiedene Farbe, Löslichkeit, Krystallform, chemisch durch ihre verschiedene Kupplungsenergie. Durch die Einführung von Acylresten verlieren die primären Aminogruppen die Diazotierbarkeit; jedoch tritt meist durch die vereinigte Wirkung von Mineralsäure + HNO_2 allmählich eine Verseifung der Acylverbindungen ein, an die sich dann die Diazotierung anschließt. Gegen Essigsäure + HNO_2 sind die Acyl-Verbindungen in der Regel beständiger. Den acylierten Aminen analog verhalten sich die Naphthsultamsulfonsäuren, die Anhydride der sich von der 1, 8-Naphthylaminsulfonsäure ableitenden peri-Naphthylamindi- und -polysulfonsäuren, wie z. B. (I), die sich nur durch Erhitzen mit starken Säuren zu den entsprechenden Naphthylaminsulfonsäuren (z. B. II) aufspalten lassen.

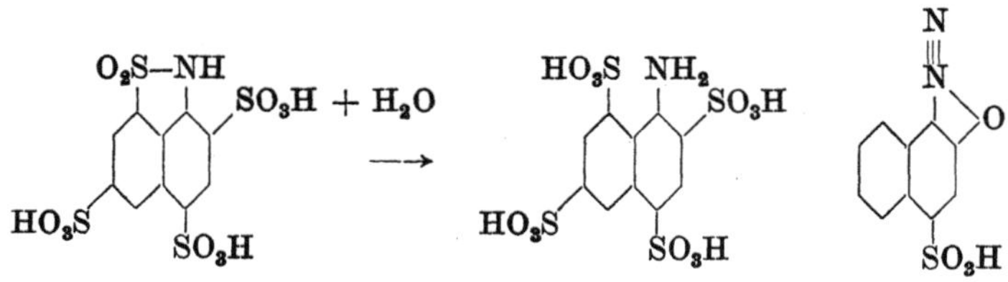

I. II. III.

Sind im Molekül der aromatischen Verbindung außer der einen primären Aminogruppe noch weitere auxochrome Gruppen enthalten, so können diese den glatten Verlauf der Diazotierung erheblich beeinflussen. Solche Störungen sind meist an starker Gasentwicklung und Schaumbildung kenntlich. Dies gilt nun insbesondere von den o- und p-Aminooxyverbindungen, die durch HNO_2 zu den entsprechenden Chinonen oxydiert werden. Daher gelingt die Diazotierung der technisch wichtigen 1, 2- und 2, 1-Aminonaphtholsulfonsäuren nur unter ganz bestimmten Bedingungen, nämlich in Gegenwart von Essigsäure statt Mineralsäure oder von Zink- und Kupfersalzen (vgl. z.B. D.R.P. 155 053, 171 024, 172 446, 175 593, 178 621, 178 936). Die entstehenden o-Oxy-Diazoniumverbindungen bilden leicht Anhydride (z. B. III), die äußerst träge kuppeln. Die dadurch, z. B. mit β-Naphthol, erhältlichen sog. o-Oxy-Azofarbstoffe sind am Farbenumschlag (meist nach Blauschwarz) beim Nachchromieren erkennbar. Über das eigentümliche Verhalten der Diazoniumverbindungen, die eine Sulfo- oder Nitrogruppe oder Chlor in o-Stellung enthalten, siehe Näheres Bucherer, Farbenchemie, II. Aufl., S. 225f.

Heteronucleare Aminonaphtholsulfonsäuren, wie z. B. 1, 8, 4 (IV) oder 2, 5, 7 (VI), sind daran erkennbar, daß sie nach der Diazotierung

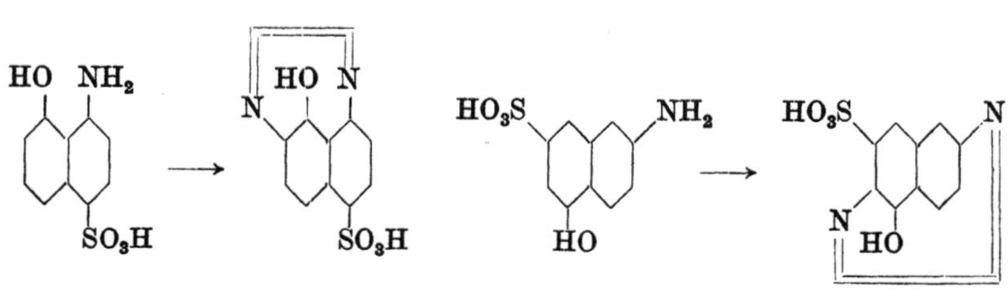

IV. V. VI. VII.

beim Eingießen in Sodalösung, durch innere Kupplung, Azofarbstoffe liefern (V bzw. VII), aus denen durch Reduktion die entsprechenden Diaminonaphtholsulfonsäuren (VIII bzw. IX) hervorgehen.

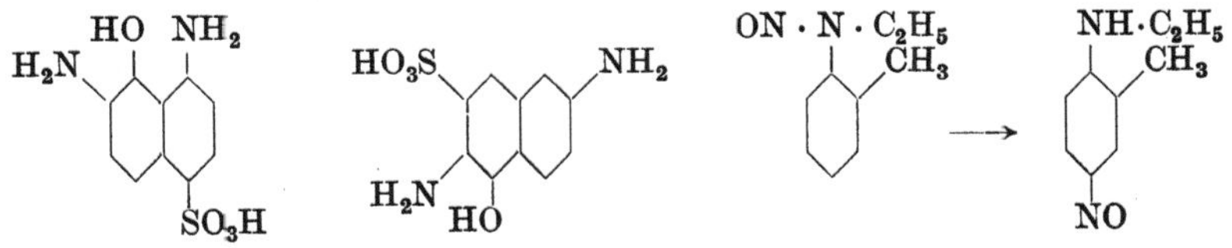

VIII. IX. X. XI.

b) Nitrosamine entstehen bei der Einwirkung von HNO_2 auf sekundäre Amine. In vielen Fällen gelingt es, sie (z. B. durch alkoholische Salzsäure) in die kernnitrosierten Isomeren überzuführen (z. B. X → XI).

c) Nitrosoverbindungen (NO im aromatischen Kern) entstehen aus Naphtholen und tertiären Aminen. α-Naphtholdi- und -polysulfonsäuren, in denen die 2- und 4-Stellung gleichzeitig durch Sulfogruppen besetzt sind, reagieren nicht mit HNO_2; ebenso verhalten sich die 1, 2, 5-Naphtholdisulfonsäure und ihre Derivate, indem die Sulfogruppe in 5-Stellung den Eintritt der Nitrosogruppe in die 4-Stellung verhindert. Über das für die quantitative Bestimmung mittels Nitrit wichtige Verhalten der Diazonaphtholsulfonsäuren (aus heteronuclearen Aminonaphtholsulfonsäuren + HNO_2) gegen überschüssiges HNO_2, siehe S. 908.

d) Aus o- und peri-Diaminoverbindungen (1, 2; 2, 3 und 1, 8) entstehen Azimide, die den Amidinen entsprechen, z. B. XII entsprechend XIII:

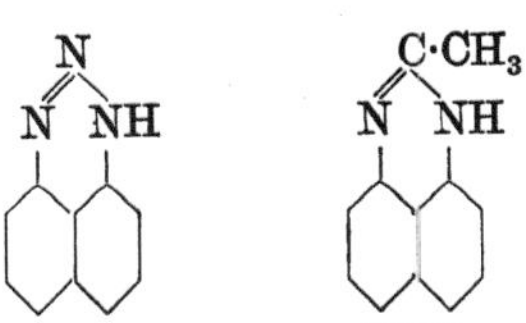

XII. XIII.

4. **HNO_3.** Auch die Salpetersäure kann in verschiedenen Fällen bei der Untersuchung der Zwischenprodukte von Wichtigkeit sein, und zwar in zwei Richtungen:

a) Durch Nitrierung. Diese kommt dann in Frage, wenn Verbindungen mit geringer Reaktionsfähigkeit, wie z. B. Naphthalinsulfonsäuren oder -carbonsäuren durch Nitrierung und Reduktion in bekannte, kombinationsfähige Naphthylaminderivate übergeführt werden sollen. Einen besonderen Fall bilden bei der Nitrierung die α-Naphthol-2, 4-Disulfonsäure und ihre Derivate (sowie die ihnen entsprechenden Naphthylaminsulfonsäuren nach ihrer Diazotierung), die schon durch Kochen mit verdünnter Salpetersäure in Dinitronaphthol bzw. dessen Derivate übergeführt werden (vgl. Möhlau u. Bucherer, Farbenchemisches Praktikum, II. Aufl., S. 117).

b) Durch Oxydation. Hierbei sei vor allem auf die Oxydation der o- und p-Aminooxy- und -Dioxyverbindungen zu Chinonen hingewiesen.

5. Sulfonsäuren. Was das Verhalten dieser wichtigen Zwischenprodukte anlangt, so kann man unterscheiden:

a) Verschmelzung durch Alkali. Sie führt zu den Phenolen bzw. Naphtholen. Die größere oder geringere Leichtigkeit, mit der die Verschmelzung der Sulfogruppen vor sich geht, hängt in weitem Maße von der Stellung der Sulfogruppen zu den sonst noch im Molekül vorhandenen Substituenten ab. Stehen 2 Sulfogruppen in m-Stellung zueinander, so wird die in α-Stellung befindliche Sulfogruppe besonders leicht verschmolzen, d. h. durch die OH-Gruppe ersetzt. Handelt es sich um das Verschmelzen von Naphthol- und Naphthylaminsulfonsäuren, so hat die bisherige Erfahrung folgendes gelehrt: Steht die Amino- oder Hydroxylgruppe in α-Stellung, so ergibt sich für die Verschmelzbarkeit der Sulfogruppen folgende Reihenfolge: Am leichtesten verschmilzt sich die periständige Sulfogruppe, am schwersten die o- und p-ständige. Dazwischen liegen (mit abnehmender Verschmelzbarkeit) die Sulfogruppen in 5; 6 oder 7; 3. Bei den β-Naphthol- und β-Naphthylaminsulfonsäuren ergibt sich eine etwas andere Reihenfolge. Am leichtesten verschmilzt sich die m-ständige α-Sulfogruppe in 4-Stellung, am schwierigsten die Sulfogruppe in 1 oder 6; dazwischen liegen (wieder mit abnehmender Verschmelzbarkeit) die Sulfogruppen in 5 oder 8; 3; 7.

Ein besonderes Kennzeichen für alle Naphthalinderivate, in denen Sulfo-, Amino- oder Hydroxylgruppen in m-Stellung zueinander stehen, ist die Aufspaltung des Naphthalinkernes, falls man die Temperatur der Alkalischmelze auf etwa 250° und höher steigert. Unter Abspaltung von Essigsäure entsteht die o-Methyl-Benzoesäure = o-Toluylsäure, aus dem sich zunächst bildenden m-Dioxynaphthalin:

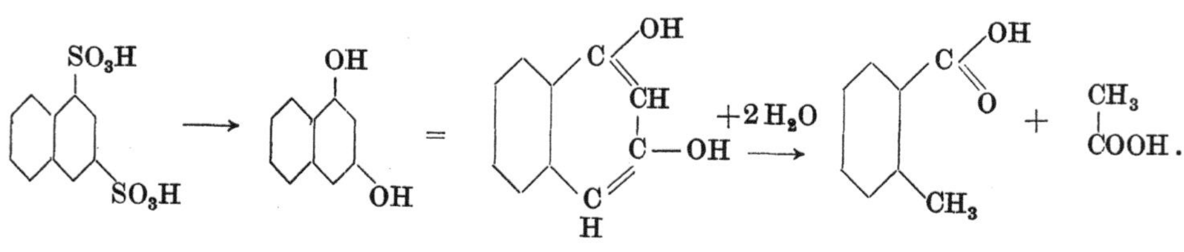

Befindet sich im „anderen“ Kern noch eine weitere Sulfogruppe, so entsteht, je nach deren Stellung, eine Oxy-o-Toluylsäure, die unter Abspaltung von CO_2 in Kresol (im vorliegenden Fall m-Kresol) übergeht:

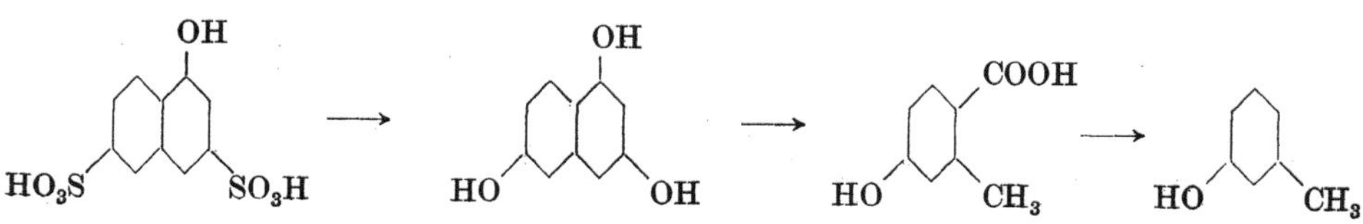

b) Hydrolyse der Sulfonsäuren und ihrer Salze (Ersatz von SO_3H durch H).

α) Mittels Wasser oder Säuren durch Erhitzen auf höhere Temperaturen.

Am leichtesten erfolgt die Abspaltung der in α-Stellung befindlichen Sulfogruppen. Begünstigt wird die Hydrolyse durch Hydroxyl- (nicht so sehr durch Amino-) Gruppen in o- oder p-Stellung (2, 1-und 1, 4-Naphtholsulfonsäure). Auch bei β-ständigen Sulfongruppen macht sich der lockernde Einfluß der o-ständigen Hydroxylgruppe bemerkbar (1, 2-Naphtholsulfonsäure).

β) Mittels Na-Amalgam (siehe Friedländer und Lucht, Ber. **26**, 3028; 1893). Diese für die Konstitutionsermittlung besonders wichtige Methode, die einen weitgehenden, wenn auch nicht vollkommenen Parallelismus zu der unter α) erwähnten hydrolytischen Methode aufweist, ermöglicht die Abspaltung von Sulfogruppen schon bei gewöhnlicher Temperatur, und zwar zeigte es sich, „daß die Sulfogruppe mit Leichtigkeit nur dann eliminiert und durch Wasserstoff ersetzt wird, wenn sie sich in der α-Stellung befindet. Die β-Sulfogruppe wird zwar je nach ihrer Stellung bei sehr langer Einwirkung von Na-Amalgam in der Wärme bisweilen ebenfalls eliminiert, doch treten dann häufig noch Nebenreaktionen auf; gleichzeitig anwesende Aminogruppen werden durch Wasserstoff oder Hydroxyl ersetzt." Die α-Sulfogruppe wird also durch Na-Amalgam leicht entfernt, z. B. bei der Naphthalin-α-Sulfonsäure, der 1, 4-, der 1, 5-, der 1, 8- und der 2, 8-Naphtholmonosulfonsäure, der 1, 2, 4-, der 1, 4, 7- und der 2, 6, 8-Naphtholdisulfonsäure, der 1, 2, 4, 7-Naphtholtrisulfonsäure, der 1, 4-, der 1, 5-, der 1, 8-, der 2, 5- und 2, 8-Naphthylaminmonosulfonsäure, der 1, 3, 8-, der 1, 4, 8- und der 2, 6, 8-Naphthylamindisulfonsäure, der 1, 2, 4- und der 2, 5, 8-Aminonaphtholmonosulfonsäure, der 1, 6-Naphthylendiamin- und -Dioxynaphthalin-4-monosulfonsäure. Über die Naphthalinderivate mit β-ständigen Sulfogruppen ist zu bemerken, daß, im Gegensatz zu der im allgemeinen beobachteten Widerstandsfähigkeit, die 1, 3-Naphtholsulfonsäure bei längerer Einwirkung in der Hitze langsam α-Naphthol abspaltet, und daß die 2, 6- und die 2, 7-Naphthylaminsulfonsäure unter den nämlichen Bedingungen die entsprechenden β-Naphtholsulfonsäuren und daneben etwas β-Naphthylamin liefern.

c) Überführung der Sulfonsäuren und ihrer Alkalisalze in Sulfochloride mittels PCl_5 bzw. $POCl_3$:

$$R \cdot SO_3Na + PCl_5 \rightarrow R \cdot SO_2Cl + POCl_3 .$$

Diese Reaktion dient bisweilen dazu, um eine Trennung isomerer Verbindungen, z. B. von Nitrosulfonsäuren, auf Grund ihrer verschiedenen Löslichkeit in organischen Lösungsmitteln herbeizuführen. Noch wichtiger aber sind die Sulfochloride als Zwischenprodukte bei der

d) Überführung der Sulfonsäuren in die entsprechenden Cl-Verbindungen:

$$R \cdot SO_3H \rightarrow R \cdot SO_2 \cdot Cl \rightarrow R \cdot Cl .$$

Diese Methode hat in zahlreichen Fällen die Ermittlung der Konstitution unbekannter Sulfonsäuren ermöglicht, indem man durch sie zu bekannten Chlornaphthalinen gelangt. Sind außer Sulfogruppen noch Amino- oder Hydroxylgruppen vorhanden, so lassen auch diese sich durch Chlor ersetzen (über den Ersatz von NH_2 durch Cl siehe unten unter 6d). Hieraus ergibt sich, um eine einfache Aufgabe zu wählen, für die Unterscheidung zwischen der 1, 2- und der 1, 4-Naphthylaminsulfonsäure folgendes: Ersetzt man beide Substituenten durch Chlor, so erhält man im einen Fall das 1, 2-, im anderen das 1, 4-Dichlornaphthalin. Behandelt man die Sulfonsäuren mit Na-Amalgam (siehe oben unter 5bβ), so bleibt die 1, 2-Säure unverändert, während die 1, 4-Naphthylaminsulfonsäure, unter Abspaltung der Sulfogruppe, in α-Naphthylamin übergeht. Ersetzt man in beiden Naphthylaminsulfonsäuren die Aminogruppen durch Wasserstoff (siehe unten unter 6b), so geht die 1, 2-Säure in β-, die 1, 4-Säure in α-Naphthalinsulfonsäure über. Durch diese Ergebnisse wird die Konstitution der beiden isomeren Säuren mit Sicherheit bewiesen.

e) Ersatz von Sulfogruppen durch Amino-, Alkylido- und Arylidogruppen. Sulfonsäuren, in denen die Sulfogruppen sich in m-Stellung zu einer Amino- oder Hydroxylgruppe befinden (vgl. oben unter 5a), sind dadurch vor ihren Isomeren ausgezeichnet, daß die Sulfogruppen sich beim Erhitzen mit Ammoniak oder Aminen durch primäre oder sekundäre Aminogruppen ersetzen lassen. Auf diese Weise entsteht z. B. aus der 1, 3, 6-Naphtholdisulfonsäure mit Ammoniak oder Anilin die 1, 3-Naphthylendiamin- bzw. -Dianilidonaphthalin-6-Sulfonsäure, aus der 2, 4, 8-Naphthylamindisulfonsäure mit p-Toluidin die 1, 3-Di-p-Toluido-Naphthalin-5-Sulfonsäure usw. (siehe Näheres D.R.P. 77866).

6) Die Aminogruppen.

a) Über das unterschiedliche Verhalten der primären, sekundären und tertiären Aminogruppen gegen HNO_2 siehe oben unter 3a, b und c.

b) Ersatz der Gruppe NH_2 durch Wasserstoff. Diese Operation erfolgt in der Weise, daß man diazotiert und die Diazoniumverbindung mit Alkohol verkocht. So erhält man (siehe oben) aus Naphthylaminsulfonsäuren z. B. Naphthalinsulfonsäuren, die als solche, oder nach ihrer Überführung in die entsprechenden Cl-Derivate (s. o. unter 5d), erkannt werden können.

c) Ersetzt man die NH_2-Gruppen nach einer der bekannten Methoden [α) Hydrolyse durch Wasser, Alkalien oder Säuren; β) Diazotieren und Umkochen oder γ) Sulfitumkochung] durch OH-Gruppen, so läßt sich gleichfalls in vielen Fällen aus der Konstitution der auf diese Weise entstehenden Naphtholsulfonsäuren ein sicherer Schluß auf die Konstitution der ursprünglich vorhandenen Naphthylaminsulfonsäuren ziehen, wobei wiederum die 1, 8-Naphthylaminsulfonsäure und ihre Derivate daran besonders kenntlich sind, daß beim Umkochen der Diazoniumverbindungen in saurer Lösung nicht unmittelbar die entsprechenden Naphtholsulfonsäuren erhalten werden, sondern deren Anhydride, die den Naphthsultamen (siehe oben unter 3a) analogen O-Verbindungen, die Naphthsultone:

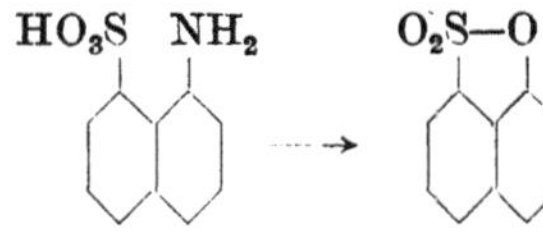

die gleichfalls als solche keine Azofarbstoffe bilden, sondern erst nach ihrer Verseifung zu den entsprechenden Naphtholsulfonsäuren.

d) Der Ersatz der Aminogruppen von Naphthylaminsulfonsäuren durch Chlor (nach Sandmeyer) und im Anschluß daran derjenige der Sulfogruppen (siehe oben 5d) führt, wie bereits oben bemerkt, zu den an ihrem Schmelzpunkt meist leicht zu erkennenden Di- und Trichlornaphthalinen. Umgekehrt kann die Konstitution von Chlornaphthalinsulfonsäuren durch deren Überführung in Naphthylaminsulfonsäuren oder Naphtholsulfonsäuren:

$$R{<}\genfrac{}{}{0pt}{}{Cl}{SO_3Na} \xrightarrow[-HCl]{+NH_3} R{<}\genfrac{}{}{0pt}{}{NH_2}{SO_3Na}$$

und

$$R{<}\genfrac{}{}{0pt}{}{Cl}{SO_3Na} \xrightarrow[-NaCl]{+NaOH} R{<}\genfrac{}{}{0pt}{}{OH}{SO_3Na}$$

meist leicht ermittelt werden.

Die bereits oben erwähnte Sulfitumkochung der Amine: $R \cdot NH_2 \rightarrow R \cdot OH$ und die Umkehrung dieses Prozesses: $R \cdot OH \rightarrow R \cdot NH_2$ hat für analytische Zwecke deshalb eine besondere Bedeutung, weil die Durchführbarkeit dieser Sulfit-Reaktionen in weit höherem Maße als die einfache Hydrolyse (durch Erhitzen mit Wasser, Alkalien oder Säuren) oder die Umkochung der Diazoniumverbindungen von der Konstitution der Amino- oder Hydroxylverbindungen abhängig ist. Soweit diese Tatsachen für die Konstitutionsermittlung von Interesse sind, seien sie kurz hier mitgeteilt (Näheres siehe H. Th. Bucherer und Mitarbeiter, Journ. f. prakt. Chem. (2) **69**, **49**; **70**, **345**; **71**, **433**).

I. Eine Sulfitumkochung findet nicht statt, falls:

α) bei α-Naphthylamin- oder α-Naphtholsulfonsäuren eine Sulfogruppe sich in der 2- oder 3-Stellung befindet;

β) bei β-Naphthylamin- oder β-Naphtholsulfonsäuren eine Sulfogruppe sich in der 4-Stellung befindet.

II. Die Darstellung von Arylido-Naphthalinsulfonsäuren aus Naphthylamin- oder Naphtholsulfonsäuren und aromatischen Aminen mit Hilfe der Sulfitreaktionen:

$$R{<}\genfrac{}{}{0pt}{}{OH}{SO_3Na} \xrightarrow[-H_2O]{+H_2N \cdot R'} R{<}\genfrac{}{}{0pt}{}{NH \cdot R'}{SO_3Na}$$

$$R{<}\genfrac{}{}{0pt}{}{NH_2}{SO_3Na} \xrightarrow[-NH_3]{+H_2N \cdot R'} R{<}\genfrac{}{}{0pt}{}{NH \cdot R'}{SO_3Na}$$

versagt in der Reihe der α-Naphthol- und α-Naphthylaminsulfonsäuren und gelingt daher nur bei β-Naphthylamin- und β-Naphtholderivaten, vorausgesetzt, daß die oben unter I β) erwähnte Bedingung bezüglich der Stellung der Sulfogruppen erfüllt ist.

Auf Grund dieser Tatsachen ist es leicht möglich, in Gemischen isomerer Naphthalinderivate Gehaltsbestimmungen mit nahezu quantitativer Genauigkeit, u. U. auch Trennungen der einzelnen Bestandteile, auszuführen. Als Beispiele seien angeführt die 1, 2- und die 1, 4-Naphthylaminsulfonsäure, die beide nebeneinander vorhanden sein können, falls man die 1, 4-Säure in die 1, 2-Säure überführt (vgl. D.R.P. 56 563). Die 1, 2-Säure reagiert mit Bisulfit gar nicht, während die 1, 4-Säure leicht (schon auf dem Wasserbade) und quantitativ Ammoniak abspaltet, das durch die Destillation mit Alkali, wie bei der Kjeldahl-Methode, ermittelt werden kann. Zur Kontrolle kuppelt man die 1, 2-Naphthylaminsulfonsäure sauer, die 1, 4-Naphtholsulfonsäure, die infolge der Sulfitumkochung entstanden ist, alkalisch mit geeigneten Diazoniumverbindungen, z. B. aus p-Nitranilin im ersten und aus Anilin im anderen Falle.

Ähnlich verhalten sich die 1, 3, 6, 8- und die 1, 4, 6, 8-Naphthylamintrisulfonsäure, die 1, 5, 2- und die 1, 5, 4-Aminonaphtholmonosulfonsäure, die 1, 8, 3, 6- und die 1, 8, 4, 6-Aminonaphtholdisulfonsäure.

Als weitere Beispiele für ein stark abweichendes Verhalten gegenüber den Sulfitreaktionen seien genannt die beiden aus 1, 5-Naphthalindisulfonsäure (I) (durch Nitrieren und Reduktion) nebeneinander entstehenden und ähnlich konstituierten Naphthylamindisulfonsäuren 1, 4, 8- (II) und 2, 4, 8- (III) und die aus ihnen in der Alkalischmelze hervorgehenden zwei isomeren Aminonaphtholmonosulfonsäuren 1, 8, 4- (IV) und

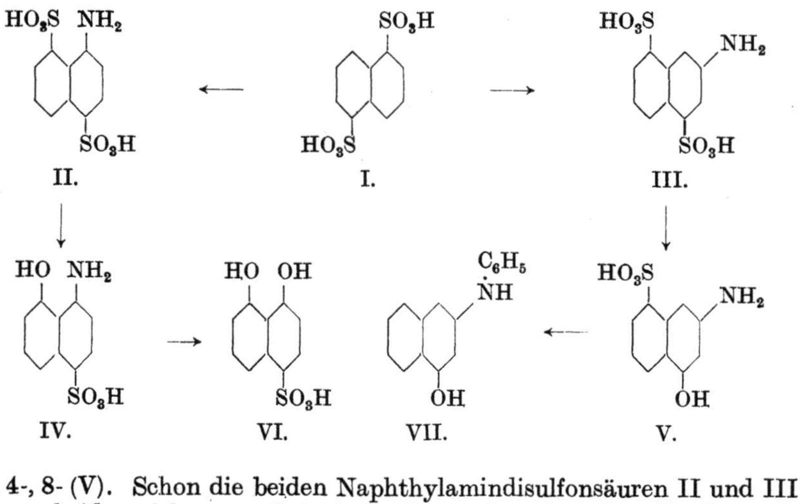

2-, 4-, 8- (V). Schon die beiden Naphthylamindisulfonsäuren II und III unterscheiden sich wesentlich dadurch voneinander, daß die Säure II bei der Umkochung mit Bisulfit die entsprechende 1, 4, 8-Naphtholdisulfonsäure liefert, während die isomere Säure III vollkommen unverändert bleibt. Auch hier ist die Unterscheidung so scharf, daß die Umkochung mit Bisulfit zur quantitativen Bestimmung der beiden Isomeren benutzt werden kann.

Weiterhin entsteht beim Erhitzen mit Anilin und Bisulfit aus der 1, 8, 4-Säure (IV) unter Abspaltung von Ammoniak lediglich die 1, 8, 4-Dioxynaphthalinsulfonsäure (VI) bzw. deren SO_2-Ester, aus der 2, 4, 8-Säure (V) hingegen die 2, 4, 8-Anilido-Naphtholsulfonsäure (VII).

Etwas anders liegen die Verhältnisse bei den isomeren (aus der 1, 6-Naphthalindisulfonsäure (VIII) gleichfalls durch Nitrieren und Reduktion erhältlichen) Naphthylamindisulfonsäuren 1, 3, 8- (IX) und 2, 4, 7-(IX) und den aus ihnen bei der Alkalischmelze entstehenden Aminonaphtholsulfonsäuren 1, 8, 3 (XI) und 2, 4, 7 (XII).

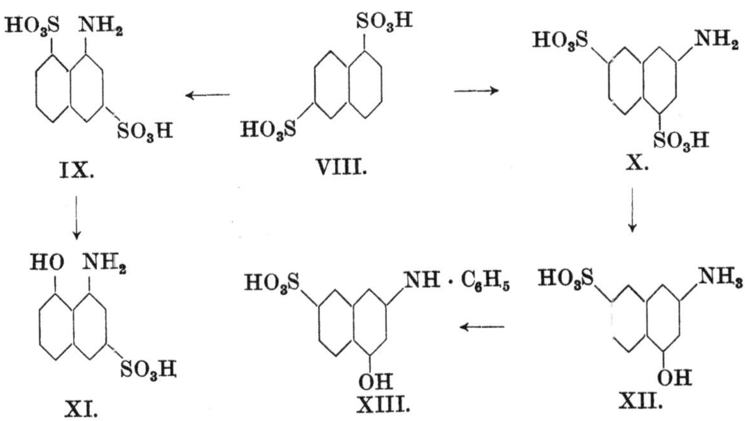

Im vorliegenden Falle sind beide Naphthylamindisulfonsäuren (IX und X) gegenüber Bisulfit reaktionsunfähig (s. o.), und das gleiche gilt auch für die 1, 8, 3-Aminonaphtholsulfonsäure (XI), die sich also nicht wie die ihr entsprechende 1, 8, 4-Säure (IV) zur Dioxysäure umkochen läßt. Es ist also nur die 2, 4, 7-Säure (XII) reaktionsfähig, und dementsprechend geht sie beim Erhitzen mit Anilin + Bisulfit in die 2, 4-Anilidonaphthol-7-Sulfonsäure (XIII) über.

8. Das Kupplungsvermögen der Naphthalin- (u. Benzol-) Abkömmlinge. Von der größten Bedeutung für die Konstitutionsermittlung und die quantitative Bestimmung (s. o. S. 895) der Naphthalinderivate ist ihr Verhalten gegenüber Diazoniumverbindungen, und zwar deshalb, weil schon die unterschiedlichen Farbenreaktionen in solchen Fällen, in denen Kupplung erfolgt, bei einiger Erfahrung dem Kundigen einen weitgehenden Einblick in die Konstitution gewähren, während anderseits auch ein Versagen der Azokupplung bestimmte Schlüsse auf die Natur und Stellung der Substituenten zuläßt. Als Anhalt möge folgendes dienen (s. Näheres auch H. Th. Bucherer, Lehrbuch der Farbenchemie, II. Aufl., S. 375 ff.):

a) Naphthalinderivate ohne auxochrome Gruppen (OH, NH_2, NH · Alkyl, NH · Aralkyl, NH · Aryl) kuppeln unter den gewöhnlichen Bedingungen (d. h. in wässeriger Lösung) nicht; ebenso verhalten sich diejenigen Naphthol- und Naphthylaminderivate, in denen die OH- oder NH_2-Gruppen durch Acylreste verschlossen sind.

b) α-Naphthol- und α-Naphthylaminabkömmlinge mit normalen auxochromen Gruppen, in denen die beiden für die Azokupplung in Betracht kommenden Stellungen 2 und 4 besetzt sind, sowie β-Naphthol- und β-Naphthylaminabkömmlinge, in denen die 1-Stellung besetzt ist, entbehren gleichfalls des Kupplungsvermögens, es sei denn, daß die Diazoniumverbindung die für die Azokupplung hinderlichen Substituenten aus dem Molekül zu verdrängen vermag, wie dies z. B. bei den Diazoniumverbindungen aus Sulfanilsäure oder p-Nitranilin gegenüber der Carboxylgruppe der 1-Naphthol-2-Carbon-4-sulfonsäure oder gegenüber der Sulfogruppe der 2-Naphthol-1-Sulfonsäure der Fall ist. Im ersteren Falle entsteht, unter Entfernung der Carboxylgruppe, ein Azofarbstoff der 1, 4-Naphtholsulfonsäure, im letzteren, unter Abspaltung der Sulfogruppe, ein Azofarbstoff des β-Naphthols.

Die o-Azofarbstoffe (d. h. Azogruppe und auxochrome Gruppe befinden sich in o-Stellung zueinander) unterscheiden sich von den isomeren p-Azofarbstoffen (bei denen Azogruppe und auxochrome Gruppe sich in p-Stellung zueinander befinden) in der Regel durch ihre geringere Empfindlichkeit gegen Säuren und Alkalien. Aus diesem Grunde gehören auch die Indicatoren, soweit sie Azofarbstoffe darstellen, durchgehends der Para-Reihe an.

β-Naphthol und β-Naphthylamin bilden ebenso wie ihre Derivate lediglich o-Azofarbstoffe, und zwar mit der Azogruppe in 1-Stellung; isomere o-Azofarbstoffe mit der Azogruppe in 3-Stellung sind bislang nicht festgestellt worden, auch nicht in solchen Fällen, in denen der Eintritt der Azogruppe in die 1-Stellung durch das Vorhandensein von Sulfogruppen in der 8-Stellung erschwert ist, wie z. B. bei der 2, 8-Naphthylaminsulfonsäure und der 2, 6, 8-Naphtholdisulfonsäure (die 2, 6, 8-Naphthylaminsulfonsäure kuppelt z. B. überhaupt nicht).

Abgesehen von der unterschiedlichen Säure- und Alkaliechtheit gewährt auch die reduktive Spaltung der Azofarbstoffe (vgl. S. 943) einen Anhalt für die Entscheidung der Frage, ob die Kupplung in o- oder in p-Stellung erfolgt ist. Im ersteren Falle entsteht z. B. aus einem α-Naphthylaminsulfonsäurefarbstoff ein Derivat des 1, 2-Naphthylendiamins, während andernfalls ein 1, 4-Naphthylendiaminabkömmling zu erwarten ist; beide Reihen von Diaminen lassen sich in bekannter Weise, z. B. durch Kondensation mit Phenanthrenchinon, leicht unterscheiden, wobei die o-Diamine die entsprechenden Azine liefern.

Naphthalinderivate mit zwei offenen auxochromen Gruppen in 1, 2- oder 2, 1- oder 1, 4-Stellung zueinander kuppeln nur in Ausnahmefällen glatt mit Diazoniumverbindungen, während solche Zwischenprodukte, in denen die beiden auxochromen Gruppen sich in den Stellungen 1 und 3 oder 2 und 3 oder 1 und 8 befinden oder sich auf die beiden Benzolkerne des Naphthalins verteilen, normal reagieren, d. h. Mono- und Disazofarbstoffe bilden (Näheres s. H. Th. Bucherer, Farbenchemie, S. 378f.). Über die Möglichkeit, isomere Naphthalinderivate auf Grund ihrer verschiedenen Kupplungsenergie qualitativ zu unterscheiden und quantitativ zu trennen, s. S. 909. Über Diazoamino- und Diazooxyverbindungen s. Bucherer, Farbenchemie.

9. Die Acylierung. Wie schon unter 8a) erwähnt, werden die Eigenschaften der amidierten und hydroxylierten Naphthalinabkömmlinge durch die Einführung von Säureresten in weitgehendem Maße beeinflußt, und zwar vor allem die Reaktionsfähigkeit gegenüber Diazoniumverbindungen. In Naphthalinderivaten, die zwei oder mehr auxochrome Gruppen enthalten, kann man durch teilweise Acylierung den Reaktionsverlauf wesentlich beeinflussen. Von dieser Möglichkeit hat man in der Technik meist in der Weise Gebrauch gemacht, daß man die Aminogruppe in Aminonaphtholsulfonsäuren durch Acylierung verschloß, d. h. inaktivierte, so daß die acylierten Aminonaphtholsulfonsäuren sich in ihrem Charakter den Naphtholsulfonsäuren nähern. Dies gilt z. B. für die Benzoyl-1, 8, 4-Aminonaphtholsulfonsäure, die Acetyl-1, 8, 3, 6-Aminonaphtholdisulfonsäure und das Harnstoffderivat aus 2 Molekülen der 2, 5, 7-Aminonaphtholsulfonsäure und 1 Mol. Phosgen. In allen diesen Acylderivaten ist die primäre Aminogruppe durch den Acylrest verschlossen, so daß für die Azofarbstoffbildung nur die noch vorhandenen offenen Hydroxylgruppen in Betracht kommen, ein Umstand, der den Charakter der Azofarbstoffe sehr erheblich beeinflußt, und zwar, ganz abgesehen von dem meist reineren Farbenton, vor allem hinsichtlich seiner Alkali- und Säureempfindlichkeit. Dieser Tatsache hat man daher bei der Untersuchung von Naphthalinderivaten und der Beurteilung ihres Verhaltens gegenüber Diazoniumverbindungen in Zweifelsfällen in der Weise Rechnung zu tragen, daß man durch eine Verseifungsprobe (Erhitzen mit verdünntem Alkali) feststellt, ob infolge der Abspaltung eines Säurerestes eine Änderung bei der Kupplung des fraglichen Zwischenkörpers mit Diazoniumverbindungen wahrzunehmen ist.

Umgekehrt kann aber auch die Acylierung bei der Untersuchung von Naphthalinderivaten in wirksamer Weise zur Aufklärung der Konstitution beitragen, sowohl in der Art, daß man Verbindungen unbekannter Zusammensetzung, nach der Acylierung, mit bekannten Acylverbindungen hinsichtlich ihrer physikalischen und chemischen Eigenschaften vergleicht, als auch in solchen Fällen, in denen derartige Vergleichsmöglichkeiten nicht gegeben sind und die allgemeine Natur der fraglichen Verbindungen erst aus dem Verhalten gegenüber Acylierungsmitteln zu erforschen ist (vgl. auch unten unter 11).

10. Vereinzelt kann auch das Verhalten von Aminoverbindungen (z. B. Naphthylaminsulfonsäuren) gegen Aldehyde zur Aufklärung über die Konstitution dienen. So z. B. kondensiert sich Benzaldehyd nicht mit dem Na-Salz der 1, 8-Naphthylaminsulfonsäure, während mit dem isomeren Salz der 1, 4- und der 1, 5-Säure bei mittleren Temperaturen wohl krystallisierte Verbindungen entstehen, die allerdings bei höheren Temperaturen wieder zerfallen.

11. Über die bekannte Unterscheidung der isomeren o-, m- und p-Diamine siehe Näheres in den Lehrbüchern der organischen Chemie. Bemerkenswert ist auch das neuerdings untersuchte Verhalten der peri-Diamine, das in vielen Fällen dem der o-Diamine gleicht. Mit besonderer Leichtigkeit reagieren diese peri-Diamine mit Carbonsäuren, wobei den Amidinen entsprechende, jedoch ringförmige Kondensationsprodukte, die sog. Perimidine (vgl. Sachs, Ann. **365**, 83), entstehen. Über Kondensationsprodukte mit Aceton s. H. Th. Bucherer (Journ. f. prakt. Chem. **70**, **349**, ferner D.R.P. 120 016 und 121 228).

Bei den m-Diaminen ist hervorzuheben ihr Reaktionsvermögen gegenüber Sulfiten (vgl. H. Th. Bucherer, Journ. f. prakt. Chem. (2) **69**, 71 u. 85) sowie ihre Fähigkeit, mit p-Nitrosoverbindungen leicht die entsprechenden Azinfarbstoffe zu bilden; ähnlich verhalten sich die m-Dioxyverbindungen, für die außerdem ihr Verhalten gegen Phthalsäureanhydrid (Bildung von Fluoresceinen) kennzeichnend ist.

Über einige Benzol- und Naphthalinderivate, die gleichzeitig auch für photographische und pharmazeutische Zwecke Verwendung finden, wie Brenzcatechin, Hydrochinon (und seine Halogenderivate), p-Aminophenol, 2, 4-Diaminophenol, 2, 4, 6-Triaminophenol, 1, 2-Aminonaphthol-6-mono- und 3, 6-disulfonsäure, Guajacol, Acetanilid, Phenylhydrazin usw. siehe Bd. III, Abschnitt Chemische Präparate.

Obwohl ferner neben den zahlreichen, dem Teer entstammenden Vor- und Zwischenprodukten eine stattliche Reihe von Hilfsstoffen für die Teerfarbenindustrie von großer Bedeutung sind, so erscheint es doch, im Interesse einer übersichtlichen Stoffverteilung, als ein Gebot der Zweckmäßigkeit, an dieser Stelle auf die nähere Schilderung der für jene wichtigen Verbindungen in Betracht kommenden Untersuchungsmethoden zu verzichten. Es muß daher auf die betreffenden, jeweils aus dem Inhaltsverzeichnis ersichtlichen Abschnitte verwiesen werden.

Zweite Abteilung.

Die Farbstoffe.

Allgemeines.

Bei der Untersuchung von organischen Farbstoffen und der mit ihrer Hilfe auf den verschiedenartigsten Fasermaterialien erzeugten Färbungen kommt es sehr wesentlich darauf an, welche Zwecke mit einer solchen Untersuchung verfolgt werden. Es lassen sich im wesentlichen die folgenden Möglichkeiten unterscheiden.

1. Der Erfinder, der einen neuen Farbstoff synthetisch dargestellt hat, prüft den Farbstoff auf seine Eigenschaften, und zwar vor allem auf sein Verhalten gegenüber den verschiedensten tierischen, pflanzlichen und künstlichen Substraten, wobei die Feststellung der zugehörigen Echtheitseigenschaften von ausschlaggebender Bedeutung ist.

2. Ist der Farbstoff auf Grund der Vorprüfung als technisch brauchbar erkannt und wird er betriebsmäßig hergestellt, so ist es Sache der

Probefärberei, jede einzelne Ablieferung des Farbstoffbetriebes daraufhin zu untersuchen, ob der abgelieferte Farbstoff hinsichtlich seines Tones, seiner Löslichkeit, seiner Reinheit und seiner sonstigen Färbeeigenschaften genau dem als Typ angenommenen Farbstoffmuster entspricht. Gleichzeitig muß die mit dem Typ meist nicht übereinstimmende Stärke des Farbstoffes genau ermittelt werden, um es einerseits der die Betriebe überwachenden Geschäftsleitung zu ermöglichen, die jeweiligen Ausbeuten an typgerechtem Farbstoff festzustellen, und um andererseits die dafür zuständigen Betriebsstellen instand zu setzen, durch eine sorgfältige Einstellung des Farbstoffes auf Typstärke dem Lager eine verkaufsfertige Ware zuzuführen.

3. Ähnliche Untersuchungen wie unter 2. wird auch der Verbraucher des Farbstoffes anstellen, um sich zu vergewissern, daß der von ihm gekaufte Farbstoff in seinem physikalischen und färberischen Verhalten genau dem entspricht, was er zu kaufen wünschte und was er auf Grund der ihm vorgelegten Muster zu erwarten berechtigt war, wobei die Stärke des Farbstoffes auch für ihn — im Hinblick auf den Preis — von nicht zu vernachlässigender Bedeutung ist.

4. Etwas anders gestaltet sich die Aufgabe des Färbers oder Druckers, wenn er sich vor die Frage gestellt sieht, mit welchen Farbstoffen es ihm gelingen wird, eine von dritter Seite mit Erfolg in den Handel gebrachte Ware durch ein gleich- oder höherwertiges Erzeugnis seiner eigenen Werkstätten zu ersetzen.

5. Hierbei wird der Färber oder Drucker vielfach auf die Mitwirkung des Farbstoffherstellers angewiesen sein, in dessen eigenstem Interesse es liegt, die jeweiligen Bedürfnisse der Färbereitechnik kennenzulernen und den Verbraucher bei der Auswahl der für einen bestimmten Zweck in Betracht kommenden Farbstoffe zu beraten, um gegebenenfalls auf dem Wege der Farbstoffsynthese das gesteckte Ziel zu erreichen. Dies zu versuchen, liegt besonders dann nahe, wenn ein neuer, seiner Natur und Konstitution nach bisher unbekannter Farbstoff auf dem Markte erscheint, und die günstige Aufnahme, die er in den beteiligten Kreisen findet, dazu zwingt, ihn auf seine chemische Zusammensetzung hin zu untersuchen und die vorteilhaftesten Verfahren zu seiner Darstellung zu ermitteln, wobei gleichzeitig der färberische Wert des neuen Farbstoffes, d. h. seine Farbstärke und Reinheit sowie der Ton und die Echtheit der Färbungen einer eingehenden Nachprüfung zu unterwerfen sind.

In solchen Fällen wird man zunächst das Verhalten des Farbstoffes zur Faser, d. h. seine Färbeeigenschaften, festzustellen trachten, weil damit bereits wichtige Anhaltspunkte für die Erkennung des Körpers zu gewinnen sind; erst dann betritt man den Weg der ausführlichen Untersuchung (s. weiter unten).

Aus der Gesamtheit der im vorstehenden genannten Möglichkeiten ergeben sich nun die folgenden Aufgaben:

I. Untersuchungen von Farbstoffen:

a) auf ihre Färbeeigenschaften (Auswahl der für ihre Verwendung in Betracht kommenden Textilfasern oder, allgemeiner gesprochen, Substrate);

b) auf ihre physikalischen Eigenschaften, wie Farbenton, Löslichkeit, Farbstärke, Einheitlichkeit, Reinheit (mit der Echtheit der Farbstoffe ist in der Regel die Echtheit der Färbungen gemeint — siehe IIa);

c) auf ihre chemische Konstitution (Ermittlung der Zusammensetzung und der für ihre Synthese geeigneten Verfahren).

II. Untersuchungen von Färbungen (einschließlich der auf dem Wege des Druckes erzeugten):

a) auf ihre Echtheitseigenschaften;

b) auf die ihnen zugrunde liegenden Farbstoffe bzw. Farbstoffmischungen.

Im einzelnen sei einleitend noch folgendes bemerkt:

Bei der Kontrolle der in den Farbenfabriken von den Betrieben jeweils abgelieferten Ansätze und bei der Wertbestimmung der Handelsware greift man deshalb beinahe ausnahmslos zum quantitativen Probefärben gegen ein bekanntes Vergleichsobjekt, den sog. „Typ", weil alle sonstigen zu diesem Zweck gemachten Vorschläge, z. B. das Titrieren mit Natriumthiosulfat oder Chlorkalklösung, die Anwendung von colorimetrischen Methoden usw. im allgemeinen für die Praxis wertlos sind[1]). Sie können günstigstenfalls nur die Bedeutung einer Ergänzung zur Probefärberei erlangen, sie jedoch niemals ersetzen.

Die von den Fabriken in den Handel eingeführten Farbstoffe sind nur in vereinzelten Fällen reine chemische Verbindungen. Gewöhnlich enthalten sie größere oder kleinere Mengen eines indifferenten Verdünnungsmittels, z. B. Kochsalz, Glaubersalz, Dextrin, Zucker usw. Ein Gehalt an ersterem rührt in der Regel von der Fabrikation her; es ist in mehr oder minder großen Quantitäten bei allen Produkten anzutreffen, zu deren Ausfällung Kochsalz verwendet wurde. Sehr oft aber wird es, gleich den andern obengenannten Substanzen, den Erzeugnissen absichtlich beigemischt. Solche Zusätze haben nicht den Charakter von Verfälschungen; sie erweisen sich vielmehr, wie gleich gezeigt werden soll, aus verschiedenen Gründen als notwendig. In der Fabrikation fallen die einzelnen Ansätze nicht immer in gleicher Stärke und Reinheit aus; das Produkt ist oftmals etwas farbstärker, ein andermal dagegen farbschwächer. Der Verbraucher verlangt aber von dem Erzeuger eine durchaus gleichmäßige Ware. Er will genau wissen, wieviel er davon auf eine gewisse Menge Wolle, Seide usw. nötig hat, um einen bestimmten Farbenton zu erreichen. Es hat sich daher als zweckmäßig erwiesen, den schwächsten aus der Fabrikation hervorgehenden Ansatz als Typ zu benutzen, stärker ausfallende Ablieferungen dagegen durch Hinzumischung eines indifferenten Stoffes auf die Normalstärke zu bringen. Noch weitere Verdünnung erleiden die Farbstoffe häufig, wenn sie in den Kleinhandel, namentlich nach dem Orient, übergehen.

Solche Produkte, die mit Rücksicht auf ihre eigenartige Verwendung billig und nicht allzu farbreich sein sollen, enthalten oft nur wenige Prozente an Farbstoff.

---

[1]) Das gleiche gilt von der G. Ullmannschen Prüfungsmethode für basische Farbstoffe (Chem.-Ztg. **23**, 1014; 1899). Siehe auch Heinemann, Bemerkungen zu Ullmanns Prüfungsmethode (Chem.-Ztg. **24**, 58; 1900).

Manchmal, namentlich bei ganz teuren Erzeugnissen von hohem Färbevermögen, verlangt der Verbraucher eine wohlfeilere, wenn auch farbschwächere Ware, die ihm die nicht zu vermeidenden Verluste beim Abwägen usw. weniger fühlbar werden läßt.

Unter solchen Umständen ist es durchaus nötig, daß sowohl Käufer als Verkäufer den Farbstoffgehalt der Produkte vergleichend feststellen können[1]).

Über die Bezeichnung der im Handel erscheinenden Farbstoffe sei, zur Vermeidung von Mißverständnissen, noch folgendes angeführt: Die Farbenfabriken wählen für ihre Farbstoffe, die sie auf den Markt bringen wollen, aus leicht verständlichen Gründen willkürliche Phantasiebezeichnungen, die von der etwas umständlichen wissenschaftlichen Namensgebung vollkommen unabhängig sind. Ein Rückschluß von der Handelsbezeichnung auf die chemische Klassen- oder Gruppenangehörigkeit ist daher im allgemeinen nicht ohne weiteres möglich. Selbst solche Namen, die als Bestandteile die Wörter Indigo oder Alizarin enthalten, bieten keine sichere Gewähr dafür, daß die Namensträger zur Gruppe der Indigo- oder Alizarinfarbstoffe gehören. Von einer Irreführung der Verbraucher kann trotzdem keine Rede sein, weil jeder Fachmann über diese schon seit Jahrzehnten geübte und durch die Verhältnisse gebotenen Gepflogenheit der Teerfarbenindustrie unterrichtet ist. Trotz dieser vollkommenen Unabhängigkeit von der nach rein wissenschaftlichen Grundsätzen erfolgenden Namensgebung haben sich auf diesem Gebiet gewisse Gebräuche herausgebildet, die dem Kundigen ohne nähere Erläuterung einen gewissen Anhalt hinsichtlich des technischen Verwendungsgebietes und der chemischen Klassenangehörigkeit gewähren, ja sogar ihn ohne weiteres erkennen lassen, von welcher Firma der Farbstoff in den Handel gebracht wird. Bezeichnungen wie Indanthrenblau, Benzoechtscharlach, Säurealizarinschwarz, Hydronblau, Columbiaschwarz, Thioindigrot lassen über Herkunft, Färbeverfahren, chemische Gruppenangehörigkeit, ja selbst über das für den Farbstoff hauptsächlich in Betracht kommende Fasermaterial, kaum einen Zweifel.

Einige nähere Angaben über verschiedene häufiger wiederkehrende typische Bezeichnungen dürften daher von Wert sein, da ihre Beachtung geeignet erscheint, die Untersuchung der Farbstoffe zu erleichtern.

I. Wollfarbstoffe. Angaben über den Farbenton in Verbindung mit der Herkunftsbezeichnung Biebricher, z. B. Biebricher Scharlach, deuten auf die Firma Kalle & Co., Biebrich a. Rh. Bezeichnungen für Farbstoffe in Verbindung mit dem Wort Diamant deuten meist auf die Farbenfabriken vorm. Friedr. Bayer & Co., Leverkusen; Domingo deutet auf die Farbwerke Mühlheim vorm.

[1]) Atwood (Journ. Amer. Chem. Soc. **26**, 573; Zeitschr. f. angew. Chem. **18**, 585; 1905) macht darauf aufmerksam, daß sich Anilinöl sehr gut bei der Bestimmung der Beschwerungsmittel in Anilinfarben zur Extraktion des Farbstoffes eignet. Es löst leicht die Farbstoffe — namentlich auch Methylenblau — ohne zugleich die üblichen Verdünnungsmittel, wie Dextrin, Zucker, Salz usw., mit zu lösen.

A. Leonhardt & Co., Mühlheim a. Main; Erio auf die Firma Joh. Rud. Geigy & Co., Basel; Janus (auch für Halbwolle) auf die Farbwerke Meister Lucius & Brüning, Höchst a. Main, Palatin u. Palatinecht auf die Badische Anilin- & Soda-Fabrik, Ludwigshafen a. Rh.; Sulfon und Sulfoncyanin auf die bereits obenerwähnte Firma Bayer & Co. Farbenbezeichnungen lediglich in Verbindung mit dem Worte Säure, wie sie von fast allen Firmen benutzt werden, z. B. Säuregelb, Säuregrün, Säureblau, Säureviolett usw., lassen auf gewöhnliche Säurefarbstoffe, d. h. typische Wollfarbstoffe, schließen.

Sofern es sich jedoch um die wichtigen Beizenfarbstoffe handelt, sind von den verschiedenen Firmen besondere Wortbildungen gewählt worden: Anthracenchrom, Anthracenchromat, Anthracensäure (z. B. Anthracensäureschwarz) von der Firma Leopold Cassella & Co., Frankfurt a. Main, Anthrachrom und Anthrachromat von dem Farbwerk Mühlheim (das für den gleichen Zweck auch die Bezeichnung Domingochrom benutzt), Eriochrom von der Firma Geigy, Metachrom von der Aktiengesellschaft für Anilinfabrikation, Berlin; Monochrom von der Firma Bayer & Co. (für ihre Einbadchromfarben), Palatinchrom von der Badischen, Säurealizarin von den Farbwerken Höchst, Säureanthracen und Säurechrom von der Firma Bayer & Co., Salicin von der Firma Kalle & Co.

II. Baumwollfarbstoffe. a) Zur Namensbildung für die gewöhnlichen, Baumwolle direkt färbenden Farbstoffe werden folgende Bestandteile benutzt: Benzo, Benzoecht und Benzolicht (licht soll in diesem Falle eine besondere Lichtechtheit andeuten) von der Firma Bayer & Co.; Columbia (und Sambesi) von der Aktiengesellschaft für Anilinfabrikation; Diamin und Diaminecht von Cassella; Dianil, Dianilecht und Dianillicht von den Farbwerken Höchst; Diphenyl von Geigy; Direkt, Direktecht und Direktlicht von verschiedenen Firmen der Teerfarbenindustrie, besonders von der Gesellschaft für chemische Industrie, Basel; Naphthamin und Naphthaminecht von Kalle & Co.; Oxamin und Oxaminecht von der Badischen Anilin- und Soda-Fabrik; Toluylen und Toluylenecht sowie Triazol von der Firma Chemische Fabrik Griesheim-Elektron, Öhlerwerk in Offenbach a. Main.

b) Handelt es sich um solche Baumwollfarbstoffe, die auf der Faser mit Diazoniumverbindungen entwickelt werden sollen, so wird dies in folgender Weise ausgedrückt: Durch Benzonitrol von Bayer; Diaminnitrazol von Cassella; Para und Paralicht von Bayer; Paranil von der Aktiengesellschaft für Anilinfabrikation; Paraphor von den Farbwerken Höchst.

c) Besteht die Entwicklung des Baumwollfarbstoffes auf der Faser darin, daß man ihn diazotiert und (meist mit β-Naphthol) kuppelt, so werden folgende Wortbildungen benutzt: Diaminogen von Cassella; Diazanil von den Farbwerken Höchst; Diazo und Diazolicht von Bayer; Naphthogen von der Aktiengesellschaft für Anilinfabrikation; Rosanthren von der Gesellschaft für chemische Industrie.

3. Schwefelfarbstoffe. Hier sind die Wortbildungen zur Bezeichnung der Gruppenangehörigkeit besonders zahlreich, wie aus folgendem hervorgeht: Auronal von der Firma Weiler-ter-Meer, Ürdingen a. Rhein, Eklips von Geigy, Immedial von Cassella, Katigen von Bayer, Kryogen von der Badischen, Pyrogen von der Ges. f. chem. Ind., Pyrol vom Farbwerk Mühlheim, Schwefel von der Aktiengesellschaft für Anilinfabrikation, Thiogen von den Farbwerken Höchst, Thion von Kalle & Co., Thional von der Chem. Fabrik vorm. Sandoz & Co., Basel, Thioxin von Griesheim-Elektron.

4. Küpenfarbstoffe. Auf diesem Gebiete sind die wichtigsten Namensbestandteile: Algol von Bayer, Ciba und Cibanon von der Ges. f. chem. Ind., Helindon von den Farbwerken Höchst, Hydron von Cassella, Indanthren von der Badischen Anilinfabrik, Thioindigo von Kalle & Co.

Die Teerfarbenfabriken pflegen, wenn sie neue Farbstoffe herausgeben, die sich chemisch und technisch, d. h. sowohl hinsichtlich ihrer Konstitution als auch ihrer Anwendungsweise nahestehen, solche Farbstoffe mit dem gleichen Namen zu bezeichnen und die einzelnen Marken, die zu einer solchen Reihe gehören, durch lateinische große Buchstaben, wie G, 2 G, 4 B, R, 2 R usw. zu unterscheiden. In solchen Fällen weiß der Verbraucher, wenn er z. B. von den beiden Marken Benzoechtscharlach GS und 4 BS hört, daß es sich um zwei verhältnismäßig echte, Baumwolle direkt färbende Farbstoffe der Firma Bayer & Co. (s. o.) handelt, von denen die Marke **GS** ein gelbstichiges, die Marke 4 **BS** ein blaustichiges Scharlachrot färbt. In analogen Fällen bedeutet R, z. B. Thioindigoscharlach **R**, daß die betreffende Marke durch einen Rotstich ausgezeichnet ist, im Gegensatz etwa zu der gelbstichigen Marke 2 **G**. Übrigens kann der Buchstabe G hinter einem blauen Farbstoff zur Bezeichnung einer grünstichigen Marke dienen. Marken, die besonderen Zwecken dienen, erhalten gleichfalls entsprechende Zusätze; z. B. deutet W an, daß der Farbstoff für Wolle geeignet ist; S zeigt an, daß es sich um eine Sulfonsäure oder eine Bisulfitverbindung oder um einen mit Schwefelsäure behandelten Farbstoff handelt, z. B. Indigo rein B. A. S. F. Pulver S.

Mit diesen Markenbezeichnungen hinter dem Namen der einzelnen, zu einer Reihe gehörigen Farbstoffe sind nicht zu verwechseln die meist eingeklammerten Abkürzungen, wie [A], [B], [C] usw., die auf die herstellende Firma hinweisen sollen. Diese Abkürzungen sind auch im vorliegenden Kapitel „Organische Farbstoffe“ zur Kennzeichnung der betreffenden Farbenfabriken benutzt worden.

Die wichtigsten sind die folgenden, wobei bedeutet:

[A] Aktiengesellschaft für Anilinfabrikation, Berlin;

[B] Badische Anilin- & Soda-Fabrik, Ludwigshafen a. Rh.;

[By] Farbenfabriken Friedr. Bayer & Co., Leverkusen;

[C] Leopold Cassella & Co., Frankfurt a. M.;

[G] Joh. Rud. Geigy & Co., Basel; neuerdings I. R. Geigy, A.-G.;
[Gr-El] Chem. Fabrik Griesheim-Elektron, Öhlerwerk, Offenbach a. M.;
[J] Gesellschaft für Chemische Industrie, Basel;
[K] Kalle & Co., Biebrich a. Rh.;
[L] Farbwerk Mühlheim vorm. A. Leonhardt, Mühlheim a. M.;
[M] Farbwerke Meister Lucius & Brüning, Höchst a. M.;
[S] Chem. Fabrik vorm. Sandoz & Co., Basel;
[t.M] Chem. Fabriken vorm. Weiler-ter Meer, Ürdingen a. Rh.

Um bei Färbeversuchen mit neuen oder unbekannten Farbstoffen in bezug auf Fasermaterial und Färbemethode die richtige Auswahl treffen zu können, ist es wichtig, die Umstände kennenzulernen, unter denen sich die verschiedenen Farbstoffe auf der Faser befestigen lassen.

Im allgemeinen zeigen die Teerfarbstoffe eine direkte Verwandtschaft zur tierischen Faser (Wolle und Seide). Der pflanzlichen Faser, z. B. der Baumwoll- und Leinenfaser, geht diese Eigenschaft gegenüber vielen Farbstoffen ab; diese Faser bedarf besonderer Befestigungsmittel, z. B. der Gerbsäure, der Tonerde, des Zinnoxyds usw., mit denen die Farbstoffe unlösliche Verbindungen, sog. „Lacke“, bilden. Einige stärker verholzte Pflanzenfasern, z. B. die Jute, besitzen die Eigenschaft, sich mit zahlreichen Farbstoffen ohne solche „Beizen“ anzufärben. Andererseits gibt es aber auch eine große Reihe von z. T. höchst wertvollen und wichtigen Farbstoffen, die sich ohne Beizen auf Baumwolle färben lassen; es sind das die sog. substantiven oder Salzfarben (s. S. 930).

Die Umstände, unter denen die Farbstoffe auf die tierische Faser aufziehen, sind äußerst verschieden. So färben die meisten der Farbstoffe, die sich als Salze organischer Basen kennzeichnen (daher die Bezeichnung „basische Farbstoffe“), nur im neutralen oder schwach essigsauren Bade. Der Zusatz einer Mineralsäure oder eines sauren Salzes verhindert das Aufziehen auf die Faser fast vollständig. Zu dieser Gruppe gehören das Rosanilin und ein großer Teil seiner Derivate, ferner das Safranin, das Methylenblau, das Rhodamin und andere Farbstoffe.

Besitzt der Farbstoff als solcher dagegen den Charakter einer Säure, so ist für das Auffärben die Gegenwart einer Mineralsäure oder eines sauren Salzes nötig, daher die Bezeichnung „Säurefarbstoffe“. Hierher gehören die meisten Sulfon- und Carbonsäuren (Salicylsäureabkömmlinge), sowie die Phthaleïnfarbstoffe, insbesondere die Abkömmlinge des Fluoresceins.

Einige Sulfonsäuren, so z. B. die Monosulfonsäure des Triphenylrosanilins, zeigen die Eigenschaft, sich in Form ihrer Salze in schwach alkalischer, nahezu farbloser Lösung mit der Faser zu vereinigen. Es findet alsdann ein viel gleichmäßigeres Durchdringen der Faser statt. In einem sauren Bade kommt dann schließlich der Farbstoff erst zur vollen Entwicklung. Diese Farbstoffe werden als „Alkalifarbstoffe“ bezeichnet.

Eine vierte Gruppe bilden diejenigen Farbstoffe, die niemals für sich allein, sondern stets in Form ihrer meist charakteristischen Metalllacke auf der Faser befestigt werden. Hierher gehören das Alizarin und seine Abkömmlinge, das Gallocyanin, das Cöruleïn, das Galloflavin und andere, durch ihre Echtheit ausgezeichneten „Beizenfarbstoffe".

In neuerer Zeit hat eine 5. Gruppe große und noch täglich zunehmende Bedeutung erlangt. Es sind das die Küpenfarbstoffe, als deren Urtypus der Indigo, früher der „König der Farbstoffe" genannt, anzusehen ist, der bis zum Beginn dieses Jahrhunderts, zusammen mit einigen Abkömmlingen (Halogenderivaten), als der einzige Vertreter dieser heute schon sehr umfangreichen Gruppe dem Färber zur Verfügung stand. Erst die Forschung der letzten 20 Jahre hat diese durch ihre hervorragenden Echtheitseigenschaften ausgezeichnete Farbstoffklasse um eine große Zahl wertvoller Glieder bereichert. Die echten Küpenfarbstoffe sind fast ausnahmslos wasserunlöslich. Diese Eigenschaft bildet sogar eine Voraussetzung ihrer Echtheit, nötigt andererseits aber zu einem von den bisher geschilderten grundsätzlich abweichenden Färbeverfahren. Um die Küpenfarbstoffe aufnahmefähig für die Tier- oder Pflanzenfaser zu machen, müssen sie in eine wasserlösliche Form gebracht werden. Dies geschieht dadurch, daß man sie in Gegenwart von Alkali (früher auch Ätzkalk, wie er bei der sog. Gärungsküpe auch heute noch üblich ist) einem Reduktionsprozeß unterwirft. Aus den so entstehenden Lösungen (z. B. von Indigweiß-Natrium), die man der Kürze halber als Leukosalzlösungen bezeichnen kann (obwohl diese Lösungen bei vielen der neueren Küpenfarbstoffe, ähnlich wie bei den Schwefelfarbstoffen, mehr oder minder intensiv gefärbt sein können), wird der reduzierte Farbstoff von der Faser aufgenommen und — je nach dem Grade seiner Verwandtschaft — von dieser festgehalten. An das Färben schließt sich — außerhalb des Färbebades, der „Küpe" — die Reoxydation der Leukoverbindung zum wasserunlöslichen und daher auf der Faser festhaftenden Farbstoff. Diese Rückbildung erfolgt so leicht, daß es eines besonderen Oxydationsmittels in der Regel nicht bedarf. Es genügt schon der Sauerstoff der Luft.

Handelt es sich um die Untersuchung von Farbstoffen, nicht in Substanz, sondern auf der Faser, so ist noch eine 6. Gruppe von Farbstoffen in Betracht zu ziehen, die gleichfalls infolge ihrer durchschnittlich höheren Echtheitseigenschaften eine gewisse Bedeutung erlangt hat. Zu dieser Gruppe zählen diejenigen Farbstoffe, deren Darstellung sich nicht, wie sonst üblich, in den Farbenfabriken vollzieht, sondern die ganz oder teilweise in den Färbereien aus ihren Bestandteilen, also erst auf der Faser (meist Baumwolle) aufgebaut werden, wobei man in der Regel die Bestandteile derart auswählt, daß wasserunlösliche und daher durch bessere Waschechtheit ausgezeichnete Verbindungen entstehen.

Will man einen Farbstoff behufs seiner Konstitutionsfeststellung oder seiner Wertbestimmung färben, so sucht man vorerst zu ermitteln, in welche der soeben angeführten Hauptgruppen er gehört, und wählt alsdann aus jener vermutlichen Hauptgruppe einen Farbstoff von bekannter Stärke und möglichst gleichem Ton als Typ.

Für diese qualitative, mehr nur orientierende Prüfung dienen folgende Anhaltspunkte:

Direkt ziehende Baumwollfarbstoffe. Ein Streifen Baumwollstoff oder ein kleines Garnsträngchen wird etwa 10 bis 15 Minuten in einer mit ein wenig Seife oder Soda oder Natriumphosphat oder Schwefelnatrium (bei Schwefelfarbstoffen) versetzten Lösung des Farbstoffes gekocht und darauf gespült. Die Baumwolle ist deutlich gefärbt und das Bad mehr oder weniger erschöpft. Verbleibt eine noch stark gefärbte Lösung, so wird ein zweiter, evtl. ein dritter Baumwollappen analog behandelt.

Basische Farbstoffe. Versetzt man die Lösung solcher Farbstoffe mit Tannin- und Natriumacetatlösung, so entstehen stark gefärbte Niederschläge; tierische Fasern werden in neutralem Bade in vollen Tönen, Baumwolle wird nur schwach angefärbt.

In der warmen Lösung wird Wolle, Seide oder tannierte Baumwolle ca. $^1/_4$ Stunde umgezogen; bei Anwesenheit basischer Farbstoffe tritt Färbung ein.

Säurefarbstoffe färben in der Regel Baumwolle nicht oder nur ganz leicht an und liefern auch auf Wolle in neutralem Bade keine Färbung. Sobald aber zur warmen „Flotte" ein wenig Schwefelsäure zugefügt wird, so zieht die Wollfaser den Farbstoff rasch an, und das Bad ist meist schnell erschöpft. Diese Farbstoffe sind für die Baumwolle ohne Bedeutung, finden aber um so größere Verwendung zum Färben tierischer Fasern.

Beizenfarbstoffe. Werden Baumwolle und Wolle in neutralem, saurem oder alkalischem Bade gar nicht oder nur in mageren Tönen angefärbt, so liegt voraussichtlich ein Beizenfarbstoff vor. Man führt daher gebeizte Wolle oder Baumwolle in die warme Farbstofflösung oder -Aufschwemmung ein, hantiert während 15—30 Minuten, wäscht aus und gibt evtl. ein Schönungs- (Seifen-) Bad.

Vorzüglich eignen sich zu diesen Versuchen Baumwollappen, die streifenweise mit verschiedenen Beizen bedruckt sind (sog. „Scheurerstreifen"). Man erhält hierbei in einer einzigen, rasch zu Ende geführten Färbeoperation nebeneinander mehrere Lacke, deren Beschaffenheit oft sofort weitgehende Schlüsse auf die Natur und Zusammensetzung des Farbstoffes ermöglicht.

Probefärben. Ein erfolgreiches Arbeiten setzt Vertrautheit mit demjenigen Gebiete der Färberei voraus, in das die vorzunehmenden Versuche einschlagen; sichere Beurteilung der Ergebnisse hinsichtlich Farbstärke, Ton, Reinheit usw. ist nur dem geübten Auge möglich.

Für das eigentliche quantitative Färben bedarf man:

1. einiger graduierter Pipetten, Meßzylinder und Meßkolben;
2. geeigneter Färbegefäße: Bechergläser (z. B. konische Hartglasbechergläser von ca. 400 ccm Inhalt), Porzellanbecher oder Porzellanschalen; Becher oder Schalen aus verzinntem Kupfer von 300 bis 1000 ccm Inhalt, die direkt über Gas oder im Wasser-, Öl-, Dampf-, Chlorcalcium- oder Glycerinbad erwärmt werden;
3. der nötigen Anzahl von Glasstäben von ‾|_|‾- oder ‾\/‾-Form zum Aufhängen und Umziehen der Stränge.

Um ein gleichmäßiges Erwärmen zu erzielen, ist es zweckmäßig, mehrere Färbegefäße in einem rechteckigen oder runden Blech- oder Kupferkasten zu einer Färbebatterie zu vereinigen.

Einrichtungen dieser Art sind von Marshall (Journ. Soc. Chem. Ind. **1893**, 909 und 996), von Whiteley (Journ. Soc. Chem. Ind. **1891**, 521), von Hummel (Handbuch der Färberei von Knecht, Rawson und Löwenthal, **1921**), von S. Kapff (Färber-Ztg. **1898**, 357) u. a. beschrieben worden.

Eine einfache und praktische Vorrichtung zeigt Fig. 1. Sie besteht aus einem rechteckigen Kupferkasten mit 4 Eisenfüßen und ist zum gleichzeitigen Einstellen von 6 Porzellanbechern (Fig. 2) eingerichtet. Die letzteren sitzen nicht direkt auf dem Boden des Bades, sondern auf einer mehrere Zentimeter über demselben angebrachten durchlochten Kupferplatte auf. Als Wärmeflüssigkeit können Wasser, Salzlösungen, Glycerin usw. benutzt werden. Das Erhitzen geschieht durch Gas oder durch indirekten Dampf. In letzterem Falle ist zwischen dem Boden des Gefäßes und der Siebplatte eine geschlossene Dampfschlange eingesetzt.

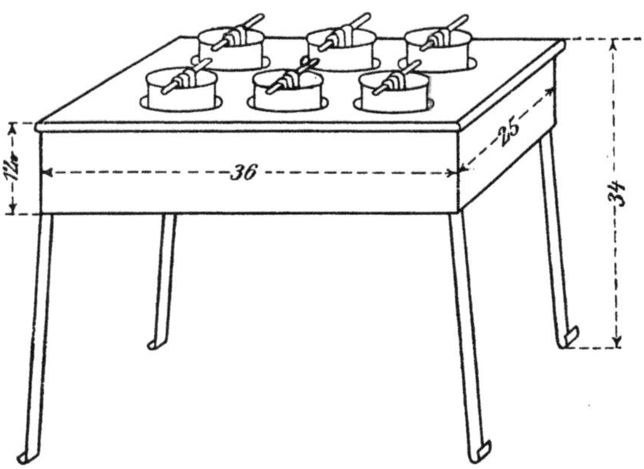

Fig. 1. Färbeeinrichtung.

Wo regelmäßig viele Färbungen gleichzeitig zu machen sind, wird man mit Vorteil größere Bäder mit 8 bis 12 Löchern herstellen lassen, ja unter Umständen mehrere solcher Kupfergefäße auf einem passenden Gestelle derart nebeneinander anordnen, daß eine gute Übersicht und rasches Arbeiten möglich wird.

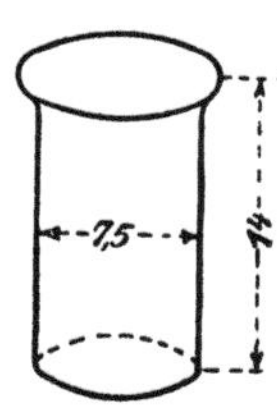

Fig. 2. Porzellanfärbebecher.

In Fällen, wo schon geringe Temperaturunterschiede einen Einfluß auf das Endergebnis auszuüben vermögen, wird man gut tun, ein Bad von kreisrundem Querschnitt zu wählen und zwischen Boden und Siebplatte ein Flügelrad einzulegen, durch dessen Drehung ganz gleichmäßiges Erwärmen zu erreichen ist.

Für die Ausführung vergleichender Färbeversuche, die die Prüfung der für den Handel bestimmten Farbstoffmarken auf ihre technische Brauchbarkeit bezwecken, sind folgende allgemeine Regeln zu beachten:

1. Die zu färbende Faser muß von der gleichen Art sein wie diejenige, auf die man den Farbstoff im großen anwenden will.

2. Das Färben bzw. das Beizen und alle anderen Operationen müssen sich möglichst genau den Verhältnissen anpassen, die im Großbetriebe in Betracht kommen.

Dabei ist allerdings zu erwähnen, daß es nicht immer leicht ist, alle Bedingungen gleich zu halten; beim Laboratoriumsversuch wird oft ein schnelleres Aufwärmen eintreten, die Ware kommt meist mehr mit den Gefäßwänden in Berührung, die Verhältnisse bezüglich Luftzutritt sind andere usw. Ferner ist zu beachten, daß im technischen Färbereibetrieb Bäder öfters längere Zeit benützt werden, indem man jeweils vor dem Aufstellen einer neuen Menge Ware eine entsprechende Menge frischer Farbstofflösung zugibt. Dies kann namentlich dann zu Abweichungen von den Ergebnissen der Probefärberei führen, wenn Farbstoffmischungen vorliegen, deren einzelne Bestandteile nicht ganz gleichmäßig auf die Faser „ziehen". Eine solche Ungleichmäßigkeit bedeutet natürlich bei Farbstoffmischungen, die nicht regelmäßig aus frischen Bädern gefärbt werden — was eine gewisse Erschöpfung der Bäder voraussetzt — einen schweren Fehler, den festzustellen Aufgabe der Versuchsfärberei ist.

3. Der zu prüfende Farbstoff ist in der Regel mit einem Muster von bekanntem Gehalt, dem sog. Typ, zu vergleichen, der jedesmal mit und neben der zu untersuchenden Ware ausgefärbt werden muß.

4. Weil manche Mängel der Farbstoffe oder sonstige Eigenheiten erst bei gewissen Stärken der Färbungen sich bemerkbar machen, so empfiehlt es sich, jeweils Färbungen in verschiedener Stärke (mit 0,1%, 0,5%, 1%, 2%, 5% Farbstoff) herzustellen.

Für die Herstellung der Färbungen benutzt man folgende Materialien:

Baumwolle, meist in Strangform, manchmal auch als Gewebeabschnitte (Lappen), selten in Gestalt loser Fasern, falls der Farbstoff nicht besonders für dieses Material bestimmt ist. Sind Beizenfarbstoffe auszuprobieren, so empfehlen sich die schon oben erwähnten, mit verschiedenen Beizen bedruckten Kattune (die sog. Scheurerstreifen oder Alizarinlappen).

Wolle, am besten das sog. Zephyrgarn, manchmal auch Flanelllappen. Spielt das Durchfärben des Wollfarbstoffes eine Rolle, so benutzt man entsprechend dicke Gewebe aus scharf gedrehtem Gespinst.

Seide in Strangform.

Hier und da wird sich auch die Notwendigkeit einstellen, auf gemischten Geweben, z. B. auf Halbwolle oder Halbseide, oder auf anderem Fasermaterial, wie Jute, Ramie usw., auszufärben.

Für jede Versuchsreihe werden vom gewählten Fasermaterial gleiche Mengen, z. B. 5 g, abgewogen, also gleichschwere Stränge oder Lappen usw. ausgewählt. Die letzteren werden durch Einschneiden kleiner Löcher an den Enden, Stränge durch Bindfaden mit verschieden großer Knotenzahl kenntlich gemacht.

Andererseits wägt man von dem zu untersuchenden Farbstoff 0,1 bis 1 g ab, löst in heißem Wasser und verdünnt auf 100 ccm. Manchmal, aber selten, muß Alkohol zum Lösen angewandt werden.

Eine gleiche Lösung wird vom Typ und etwaigen anderen Vergleichsmustern hergestellt.

Je nach dem Zweck, den man erreichen will, kann die Weiterführung der Arbeit sich etwas abweichend gestalten.

Wird ausschließlich beabsichtigt, unter verschiedenen, zum Ankaufe angebotenen Produkten das billigste auszuwählen, so färbt man auf „Preis", indem man z. B. gleiche Gewichtsteile der Faser mit äquivalenten Werten der verschiedenen Muster färbt, d. h. man wägt im Verhältnis zum Preise ab;

z. B. 1 g eines Produktes zu 9 Mk.
0,9 g eines Produktes zu 10 Mk.

Diejenige Probe, die die stärksten Färbungen liefert, entspricht natürlich der billigsten Ware, was auch deren Preis sein mag.

Oder man gibt gleiche Volumina, z. B. 10 ccm, der (mit dem zu untersuchenden Muster einerseits und dem Typ andererseits hergestellten) gleichprozentigen Lösungen in die Färbebäder, in denen das bereits gleichmäßig benetzte Fasermaterial sich befindet, und färbt aus. Schon vor Beendigung der Operation erkennt man bei einiger Übung erheblichere Stärkeunterschiede. Sind solche vorhanden, so fügt man zu der schwächeren Probe noch so viel abgemessene Farbstofflösung hinzu, bis zum Schlusse beide Färbungen genau dieselbe Stärke zeigen.

Bei dieser Vergleichung muß man die beiden Stränge gleichzeitig aus dem Bade ziehen, da sonst der verschiedene Feuchtigkeitsgrad eine richtige Beurteilung erschwert. Die Stränge werden darauf in genau der gleichen Weise in Wasser gewaschen, getrocknet und, da häufig erst im trockenen Zustande feinere Unterschiede zutage treten, nochmals genau verglichen.

In der Regel, und namentlich wenn mehrere Farbstoffproben von voraussichtlich verschiedener Stärke gleichzeitig zu untersuchen sind, wird folgendes Verfahren am schnellsten zu sicheren Ergebnissen führen: Vom Typ werden mehrere Färbungen von verschiedener, aber genau bekannter Stärke hergestellt. Man gibt z. B. so viel von der Typlösung zu drei abgewogenen Strängen, daß eine ein-, eine anderthalb- und eine zweiprozentige Färbung entsteht. Es wird im allgemeinen nicht schwer halten, von den Lösungen der zu prüfenden Produkte genau gemessene Mengen von solchem Farbstoffgehalt in die Bäder zu bringen, daß die entstehenden Färbungen mit einer der drei Typfärbungen gleiche Stärke zeigen. Trifft dies nicht zu, so hat die Untersuchung wenigstens Annäherungswerte geliefert, ist aber noch nicht endgültig erledigt. Die Probefärbungen werden ihrer Stärke nach entweder zwischen der 1- und $1^1/_2$- bzw. der $1^1/_2$- und 2-proz. Typfärbung, oder aber jenseits dieser Grenzen liegen, d. h. schwächer als die 1-proz. oder stärker als die 2-proz. Typfärbung ausgefallen sein. Unter Berücksichtigung der gewonnenen Anhaltspunkte wird ein neuer Versuch vorbereitet. Es sei z. B. die Färbung eines der zu untersuchenden Farbstoffe stärker als die $1^1/_2$-proz. und schwächer als die 2-proz. Typfärbung. Vom Typ werden, um die Gleichheit der Bedingungen zu wahren, abermals zwei Proben von entsprechender Stärke ($1^1/_2$- und 2-proz.) angesetzt; vom zu prüfenden Produkt stellt man eine oder zweckmäßig auch zwei Färbungen (von unterschiedlicher Stärke) her, indem man im letzteren Falle das eine Mal etwas mehr, das andere Mal etwas weniger (gemessene) Farbstofflösung zugibt als beim ersten Versuch. Bei einiger Übung wird man die Verhältnisse so treffen, daß die Ergebnisse der zweiten Operation eine sichere Beurteilung ermöglichen. Wäre dies wider Erwarten nicht der Fall, so müßte eine dritte Probe unter Anlehnung an die letzten Resultate in Aussicht genommen werden.

Das richtige Einstellen zweier Färbungen erfordert ziemlich viel Übung, vor allem aber einen gut ausgeprägten Farbensinn. Mit Hilfe dieser Fähigkeiten wird man bei manchen Farben noch einen Stärkeunterschied von 1 bis 2% herausfinden. Auch wird man die Stärkeunterschiede so weit annähernd abschätzen lernen, daß man bei einer zweiten Färbung das richtige Verhältnis sofort trifft. Die Fehlergrenzen sind übrigens je nach der Natur der Farbstoffe sehr verschieden. So ist z. B. die Bestimmung von rein gelben Farbstoffen die am wenigsten genaue. Aus diesem Grunde mischt man Probe und Typ mit gleichen Mengen Blau, um an der Verschiebung des Tones nach Grün die gilbende Kraft der Probe im Vergleich zum Typ zu erkennen. Außerdem ist man leicht großen Täuschungen ausgesetzt, wenn die Farbstoffe in Reinheit und Ton voneinander abweichen.

Wenn die Beurteilung des Stärkeunterschiedes verschiedener Ausfärbungen Schwierigkeiten macht, wie z. B. bei Farbstoffen von reinem lebhaftem Ton (Chinolingelb, Benzopurpurin, Patentblau usw.), so empfiehlt Wahlmann (Färber-Ztg. **21**, 233; 1910; Chem. Zentralblatt **1910**, II, 603) — anstatt, wie oben angegeben, die mit anderen, womöglich Komplementärfarben abgetönten Färbungen auf ihre Stärke abzumustern — die Verwendung von Augengläsern aus farbigem Glas. Eine Reihe von 6 Gläsern in Grau, Blaugrün, Olivengrün, Blau, Rot, und Gelb dürfte genügen. Bei Anwendung eines blaugrünen Glases lassen sich z. B. noch 2—3% Unterschied in der Stärke von Chinolingelb gut erkennen.

Colorimetrie. (Vgl. Bd. I, S. 268.) Wie bereits an anderer Stelle angedeutet, sind diejenigen Untersuchungsmethoden, nach denen die Farbstärke durch Vergleichung der Intensität der Farbstofflösungen bestimmt wird, für den Praktiker in der Regel nicht anwendbar. In besonderen Fällen, z. B. für vorläufige orientierende Versuche, kann sich trotzdem die Benutzung eines Colorimeters rechtfertigen, weshalb hier einige brauchbare Instrumente aufgeführt werden sollen.

Das Prinzip der Apparate, die in verschiedenen Konstruktionen vorliegen, ist durchweg dasselbe. Eine Lösung von bekanntem Gehalte dient als Normallösung, und auf diese wird die Lösung des fraglichen Farbstoffes zurückgeführt. Bei der Bestimmung der Intensität wird entweder ein gemessenes Volumen der zu untersuchenden Lösung mit Wasser bzw. Weingeist so lange verdünnt, bis die Farbstärke der Normallösung erreicht ist, oder es wird bei gleichbleibender Konzentration der Versuchslösung — durch Zugabe oder Ablassen von Farbstofflösung — die Höhe der Flüssigkeitsschicht so lange verändert, bis bei der Durchsicht von oben beide Hälften des Gesichtsfeldes (der Normallösung und der Versuchslösung) gleiche Stärke des Farbentones erkennen lassen. In beiden Fällen ermöglichen die abgelesenen Volumina in einfachster Weise, wenn auch, wie leicht ersichtlich, im entgegengesetzten Sinne, die Berechnung der Farbstärke des zu untersuchenden Farbstoffes.

Die Farbstofflösungen müssen in starker Verdünnung zur Untersuchung gelangen, damit auch geringere Unterschiede erkannt werden können.

Zur Ausführung derartiger Untersuchungen dienen die Colorimeter von Houton-Labillardière und von Salleron. Von etwas anderer Art sind die Colorimeter von Collardeau, von Mills, das Komplementärcolorimeter von Müller und Lovibonds Tintometer (Journ. Soc. Dyers and Col. **1887**, 186). Letzteres dient zum Messen und Aufzeichnen von Färbungen und ist namentlich bestimmt zur Einstellung von Farben auf bestimmten Farbton und bestimmte Tiefen.

Über andere Colorimeter vgl. Bd. I, S. 269; Bd. III, S. 377 ff. und diesen Band, S. 711; ferner: Colorimeter von Bismer (Österr. Chem.-Ztg. (2), 8, 277; Chem. Zentralbl. **1905**, II, 531). — Schreiner (Journ. Americ. Chem. Soc. 27, 1192; Chem. Zentralbl. **1905**, II, 1380). — Steiger, (Journ. Americ. Chem. Soc. **30**, 215; Chem. Zentralbl. **1908**, I, 1323). — Eijdmann jr. (Färber-Ztg. 20, 21; 1909; Zeitschr. f. angew. Chem. **22**, 414; 1909). — Hugo Krüß und Paul Krüß, Colorimetrie und Quantitative Spektralanalyse usw. II. Auflage. Verlag von Leopold Voß, 1909.

Reinheit und feinere Unterschiede im Ton können nur durch Vergleichung von genau gleichstarken Ausfärbungen sicher beurteilt werden, denn viele Farbstoffe ändern mit der Tiefe der Färbung ihren Ton derart, daß die Nichtbeachtung dieses Umstandes leicht zu groben Täuschungen führen kann. So sehen starke Färbungen mit gelben Farbstoffen rotstichiger aus als schwächere; bei roten Farbstoffen verschiebt sich mit zunehmender Stärke der Färbung der ursprünglich blaustichige Ton nach Gelb; blaue Farbstoffe erscheinen in hellen Tönen leicht grünstichig, in dunklen hingegen violettstichig.

Die Betrachtung der Färbemuster behufs Beurteilung soll unter gleichen Beleuchtungsverhältnissen geschehen.

Recht schwierig sind in der Regel diejenigen Farbstoffe zu beurteilen, die, wie der technische Ausdruck lautet, „nicht ganz ausziehen", bei deren Verwendung in der Färberei somit stets ein Teil im Bade verbleibt. Man greift dann zu folgenden Auskunftsmitteln: Nach Beendigung der Färbeoperation taucht man in jede Flotte einen Streifen weißen Filtrierpapiers oder einen weißen Baumwollappen ein, läßt den Überschuß abtropfen, trocknet und vergleicht die gefärbten Papier- oder Stoffstücke.

Empfehlenswerter ist die Herstellung sog. „Nachzüge". Zu diesem Zwecke wird in den nur teilweise erschöpften Färbebädern eine zweite Färbeoperation (wenn nötig eine dritte) mit gleichen Gewichtsteilen an frischem Fasermaterial unter denselben Bedingungen wie beim ersten Versuche ausgeführt. Diese zweiten (bzw. dritten), schwächeren Ausfärbungen (Nachzüge) werden unter sich verglichen.

Manchmal gibt ein bruchweises Färben wertvolle Aufschlüsse über die allfällige Anwesenheit von mehreren Farbstoffen, fremden Substanzen oder Verunreinigungen. Man gibt ins Färbebad ein erstes Stück Stoff, das das Bad nicht zu erschöpfen vermag, dann ein zweites usw. Stück, bis die Flotte vollständig ausgezogen ist. Ist der Farbstoff rein, so zeigen die verschiedenen Lappen gleichen Ton, wenn sie auch in der Stärke abweichen. (Ist nur vom geübten Auge zu beurteilen. S. oben.)

Über die mannigfachen Einzelheiten, die beim Färben des verschiedenartigen Fasermaterials mit den zahlreichen Gliedern der Teerfarbstoffreihe zu beobachten sind, ist hier nicht der Ort eingehend zu berichten. Folgende Erörterungen werden als allgemeine Wegleitung für die befriedigende Durchführung der meisten Versuche genügen.

Ausfärbungen auf Seide. Für das Probefärben wird in der Regel abgekochte Seide, sog. „Cuite", verwendet, und zwar, da die meisten Farbstoffe diese Faser direkt färben, in ungebeiztem Zustande. Vor dem Einlegen ins Färbebad wird die Seide immer genetzt. Meist genügt ein Bad aus Wasser, das mit Essigsäure oder Schwefelsäure versetzt ist; manchmal benützt man „Bastseife"[1] ($^1/_6$ bis $^1/_3$ des Volumens vom anzuwendenden Wasser) und gießt in diesem Falle die abgemessene Bastseife zuerst ins Färbegefäß, erwärmt, setzt die nötige Menge Essigsäure oder Schwefelsäure zu („die schwach alkalisch reagierende Bastseife wird gebrochen"), füllt mit Wasser auf, gießt die Farbstofflösung hinein und stellt nach gutem Mischen die Seide auf. Nach mehrmaligem Umziehen wird der Strang wieder aufgelegt, das Bad höher erhitzt, gegebenenfalls kochend gemacht, die Seide wieder ins Bad gebracht und unter häufigem Umziehen fertig gefärbt. Darauf gibt man auf einem anderen Bad ein- oder zweimal reines Wasser, zieht behufs Auswaschens mehrmals um und „aviviert" zum Schluß auf frischem Wasser, das mit Essigsäure oder Schwefelsäure ganz schwach angesäuert ist. Nach mehrmaligem Umziehen wird ausgewrungen und getrocknet.

Die meisten Anilinfarben werden auf heißer Flotte gefärbt; die Temperatur wird nach und nach gesteigert, nötigenfalls bis zum Siedepunkt. Manche Farben, z. B. die Eosine, geben lebhaftere Nuancen, wenn sie nicht zu heiß ausgefärbt werden.

Gewisse Farbstoffe (Fuchsin, Methylviolett und andere basische Farbstoffe, s. S. 928) sind aus neutralem Bade zu färben.

Nur wenige Farbstoffe werden auf fetter Seife ausgefärbt. Für solche bereitet man das Bad durch Versetzen von heißem destilliertem, d. h. kalkfreiem, Wasser mit so viel Marseillerseife, daß ein leichter Schaum entsteht. Es wird dann heiß ausgefärbt, gut gewaschen und aviviert.

Für die Prüfung von Alizarin und anderen Beizenfarbstoffen muß die Seide entsprechend vorgebeizt werden.

---

[1]) Bastseife ist die beim „Entschälen" oder „Entbasten" der Seide gewonnene Flüssigkeit und stellt eine Lösung von Seidenleim (Sericin) in Marseillerseifenlösung dar. Ein Zusatz zum sauren Färbebad bewirkt ein langsameres „Ziehen" und egaleres Färben, zugleich wird die Seide mehr geschont und erhält höheren Glanz.

Zum Beizen mit Tonerde bringt man die Faser z. B. auf ein Bad von abgestumpftem eisenfreien Alaun, zieht mehrmals um, läßt etwa 12 Stunden in der Beize liegen und wringt aus, zieht in kalter Wasserglaslösung von 1° Bé kurze Zeit um, windet aus und geht nach dem Auswaschen direkt ins Färbebad, das aus 1 Teil Bastseife und 5 Teilen Wasser besteht und mit Essigsäure gebrochen ist. Die Temperatur wird langsam zum Kochen getrieben und etwa 1 bis $1^1/_2$ Stunden auf dieser Höhe gehalten; dann folgt spülen, seifen und avivieren.

In ganz analoger Art kann mit Chromchlorid 20° Bé [B] oder mit Chrombeize GA III 20° Bé [M] verfahren werden.

Ausfärbungen auf Wolle. Es werden meistens Zephirgarnstränge oder Flanellappen in gut gereinigtem (entfettetem) Zustande benutzt. Das Material wird in lauwarmem Wasser angenetzt, aufgelegt und, nachdem die Farbstofflösung zugesetzt ist, ins Bad zurückgegeben. Unter fortwährendem Umziehen erhitzt man allmählich zum Kochen und unterhält diese Temperatur während $^1/_4$ bis $^1/_2$ Stunde. Für manche Farbstoffe ist es vorteilhafter, die Operation bei etwas niedrigerer Temperatur auszuführen.

Farbstoffe, die aus neutralem Bade aufziehen, können ohne Zusatz oder mit 10 bis 20%[1]) Glaubersalz gefärbt werden; für Säurefarbstoffe verwendet man ein saures Bad [5% Schwefelsäure und 10 bis 20% Glaubersalz oder 10 bis 15% Weinsteinersatz (Natriumbisulfat); oft ist eine Beigabe von Alaun oder Chlorzinn von Vorteil].

Liegen Beizenfarbstoffe vor, so wird die Wolle vielfach vorgebeizt, d. h. mit Kaliumbichromat, 3% für Färbungen von mittlerer Stärke, und Weinstein ($2^1/_2$%) oder Milchsäure (1 bis 2%) bzw. mit Fluorchrom (4%) und Oxalsäure (1%) während etwa $1^1/_2$ Stunden angesotten, gewaschen und nunmehr erst auf das laue Färbebad gebracht. Unter Umziehen treibt man die Temperatur langsam zum Kochen und kocht etwa $1^1/_2$ Stunden weiter.

In neuerer Zeit verfährt man aus Gründen der Einfachheit und Sparsamkeit meist in der Weise, daß man die Beizenfarbstoffe zunächst nach Art der Säurefarbstoffe vorfärbt und erst durch Nachbehandlung mit Bichromat und Schwefelsäure oder mit Fluorchrom und anderen Beizen, und zwar im Färbebade selbst, nachdem der Farbstoff ausgezogen ist, die Lackbildung auf der Faser herbeiführt (Einbadverfahren). Noch einfacher gestaltet sich das Verfahren, wenn man Färbung und Lackbildung zu einer einzigen Operation vereinigt, indem man den Farbstoff und die Beize, im nämlichen Bade vereinigt, gleichzeitig auf die Faser einwirken läßt. Ohne Schaden für die Echtheit und Güte der Färbung läßt sich dieses Verfahren jedoch nur unter ganz bestimmten Voraussetzungen durchführen, da sonst die Lackbildung bereits im Bade, statt erst auf der Faser vor sich geht. Das Chrom wird z. B. in Form der neutralen Ammonium-Natriumchromate (Metachrombeize) angewandt.

Handelt es sich um einen Küpenfarbstoff, so bereitet man sich zunächst eine Stammküpe. Für je 2 l Flotte setzt diese sich beispiels-

[1]) Bei allen diesen Angaben in Prozenten beziehen sich die Zahlen auf das Gewicht des zu färbenden Materials und nicht etwa auf das Färbebad.

weise bei Indigo zusammen aus: 10 g Indigo in Teig 20-proz., 60 ccm Wasser, 3 g Natronlauge von 40° Bé und 3 g Hydrosulfit I konz. Pulver. Die Temperatur soll etwa 55° betragen. Nach erfolgter Reduktion des Indigos wird die Färbeküpe mit der erforderlichen Menge warmen Wassers von etwa 50° angesetzt (unter Zusatz von etwa 1 g Hydrosulfit konz. Pulver zu je 6 l Flotte) und nach Bedarf mit der Stammküpe beschickt. Je nach dem zu färbenden Material gibt man den einzelnen „Zügen" eine verschieden lange Dauer. Bei loser Wolle genügen 20 bis 30 Minuten; bei schweren Tuchen ist jedoch längere Zeit erforderlich, um eine gleichmäßige Durchfärbung auch der inneren Teile zu erreichen. Ist dies erreicht, so wird sorgfältig die Flotte ausgequetscht und nach erfolgter Oxydation die Wolle abgesäuert, gespült und getrocknet. Beim Färben mit anderen Küpenfarbstoffen gestaltet sich das Verfahren ganz ähnlich; jedoch ist bei zahlreichen neuen Küpenfarbstoffen, die sich leicht reduzieren lassen, die Zwischenschaltung einer Stammküpe nicht erforderlich; sie lassen sich ähnlich den Schwefelfarbstoffen unmittelbar in der Färbeküpe verwenden.

Ausfärbungen auf Baumwolle. Die Baumwolle wird in der Regel in Strangform angewendet; für gewisse Echtheitsprüfungen empfiehlt sich jedoch das Färben von Lappen. Das Material soll vorher gut ausgekocht und gewaschen werden; für helle, lebhafte Farben ist gebleichtes Material erforderlich.

Substantive Farbstoffe (Benzidinfarben, Salzfarben) werden unter Zusatz von 20 bis 50% Kochsalz oder Glaubersalz, von Pottasche (5%), Schmierseife (5%), Kernseife (3%), Soda, phosphorsaurem Natron, Wasserglas oder Gemischen dieser Substanzen ausgefärbt.

Man geht bei 50 bis 60° ins Färbebad ein, erwärmt im Laufe von $^1/_2$ bis 1 Stunde unter Umziehen zum Kochen, wringt aus und trocknet. Manchmal wird vor dem Trocknen gespült, bisweilen die Ware geseift und in anderen Fällen behufs Erhöhung der Echtheit mit Lösungen von Kupfervitriol oder Kaliumbichromat nachbehandelt.

Schwefelfarbstoffe werden aus einem heißen alkalischen Bade (Schwefelnatrium mit Kochsalz oder Glaubersalz, Soda usw.) gefärbt.

Für basische Farbstoffe wird die Baumwolle mit Tannin gebeizt. Die Stränge werden zu diesem Zwecke in einer Lösung von 2 bis 5% Tannin bei etwa 50 bis 70° kurze Zeit umgezogen, ca. 6 Stunden (am besten über Nacht) in der Beize liegengelassen, wieder umgezogen und darauf in einem lauen Brechweinsteinbad (2 bis 3%) während 15 Minuten hantiert.

Die gut gespülte Ware wird auf lauwarmem Bade ausgefärbt. Dauer $^1/_2$ bis $^3/_4$ Stunden.

Beizen mit Tonerde. Die Baumwolle wird in einer Lösung von basisch schwefelsaurer Tonerde umgezogen, etwa 5 Stunden ins Bad eingelegt, nach dem Auswringen 20 Minuten durch eine laue Lösung von Soda oder Wasserglas oder phosphorsaurem Natron genommen, ausgewaschen und auf dem lauen, allmählich auf 90 bis 95° erwärmten Färbebade (während 1 bis $1^1/_2$ Stunden) ausgefärbt. Nach vollständigem Spülen gibt man oft eine Avivage (z. B. Seifenbad).

Beizen mit Chrom. Die Stränge werden 4 Stunden in basisches Chlorchrom von 20° Bé eingelegt, ausgewrungen, gespült und gefärbt. Für dunkle Färbungen wird die Operation wiederholt.

Oder man benutzt die Beize GA I der Höchster Farbwerke, legt die Ware 12 Stunden hinein und bringt nach dem Abwringen in eine Lösung von 30 g Soda in 1 l Wasser bei 60° C während einer halben Stunde, spült und färbt aus.

Die Beizenfarbstoffe von der Art des Alizarins sind meistens schwerlöslich und werden im Färbebade nur suspendiert. Sie müssen stets in ganz neutralem oder schwach essigsaurem Bade gefärbt werden; die Alkalität des angewandten Wassers ist deshalb vorher stets mittels Essigsäure zu korrigieren. Für ihre Ausfärbung benutzt man sehr oft die bereits mehrfach erwähnten streifenförmig mit verschiedenen Beizen bedruckten Kattune (Alizarinlappen). Die Lackbildung selbst ist durch anhaltendes Kochen zu bewerkstelligen.

Das Ausfärben mit Küpenfarbstoffen gestaltet sich ähnlich wie oben für Wolle angegeben. Die Stammküpe für Indigo auf Baumwolle wird z. B. in folgender Weise bereitet: 25 g Indigo in Teig 20-proz. werden mit 10 ccm warmem Wasser angeteigt und mit 15 ccm Natronlauge von 40° Bé verrührt. Nach dem Erwärmen auf 50° verküpt man den Indigo mittels 30 ccm einer Hydrosulfitlösung von 15° Bé, wie sie unmittelbar aus Bisulfitlösung durch Reduktion mit Zinkstaub usw. erhalten wird, und deren Wirkung etwa $^1/_7$ des festen Hydrosulfits entspricht. Die Färbeküpe wird vor dem Färben in der bei Wolle angegebenen Weise von Sauerstoff befreit und alsdann erst mit der Stammküpe beschickt. Die Temperatur beträgt bei der Indigofärberei 20 bis 30° C; bei einzelnen Küpenfarbstoffen empfiehlt sich jedoch auch bei Baumwolle eine Erhöhung bis zu 40 und 50° und darüber.

Druckversuche

werden stets den im großen befolgten Verfahren nachgebildet. Der Raum gestattet es nicht, auf die Einzelheiten näher einzugehen; es können daher nur die Grundlagen geschildert werden.

In der Kattundruckerei werden meist Farbstoffe verwendet, die entweder mit Tannin oder mit Metalloxyden unlösliche Lacke bilden. Es sind dies einerseits die basischen Farbstoffe und anderseits die eigentlichen Beizenfarbstoffe (Alizarin, Gallocyanine usw.). Erstere werden, unter Zusatz von verdünnter Essigsäure (um die vorzeitige Lackbildung zu verhüten), mit Tannin oder mit Tanninweinsäure (d. h. einer Lösung von 50 Teilen Tannin und 5 Teilen Weinsäure in 50 Teilen Wasser) und einem Verdickungsmittel angerührt; bei letzteren wird an Stelle des Tannins Tonerde-, Chrom- oder Eisenacetat (oder auch Tonerderhodanat) zugesetzt.

Man druckt auf, trocknet und dämpft. Wo die Muster nicht im Betrieb gleichzeitig mit den Stücken behandelt werden können, benutzt man kleine stehende oder liegende Kupfer- oder Eisenblechkessel (siehe Fig. 3 und 4) als Dämpfapparate. Durch das Dämpfen wird hauptsächlich die der Druckfarbe zugesetzte, aber auch die in den Metallacetaten enthaltene Essigsäure verjagt. Infolgedessen geht der basische Farbstoff mit dem Tannin bzw. der Beizenfarbstoff mit dem zurückbleibenden Metalloxyd die Lackbildung ein und wird dadurch auf der Faser befestigt. Nach dem Dämpfen wird gewaschen und bei ca. 50° geseift.

Die mit Tannin hergestellten Muster erhalten zur Erhöhung ihrer Echtheit vor dem Waschen ein Brechweinsteinbad bei 60° C (5 bis 10 g Brechweinstein in 1 l Wasser).

Wie bei den Ausfärbungen, so wird auch in der Probedruckerei der Typ zur Untersuchung mitgenommen; die erhaltenen Druckmuster

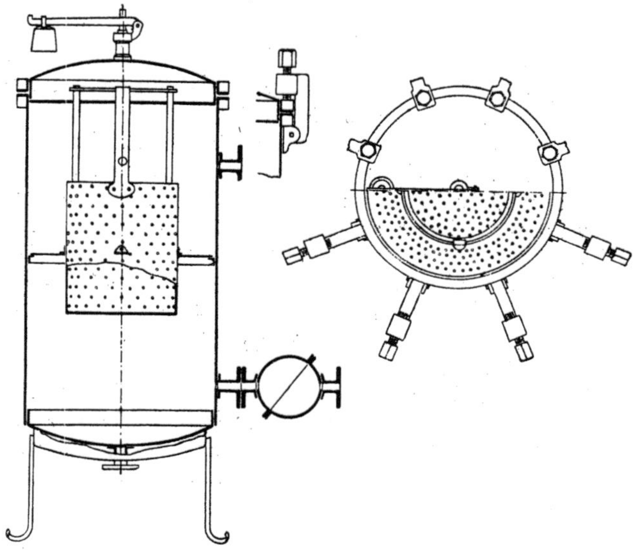

Fig. 3. Dämpfapparat.

werden miteinander verglichen. Während Ton und Reinheit meist mit hinlänglicher Schärfe zu beurteilen sind, gelingt es nur dem gut Geübten — brauchbare Einrichtungen vorausgesetzt — auch die Stärkeverhältnisse mit der erforderlichen Genauigkeit zu ermitteln. Bieten die Ergebnisse nicht hinreichende Gewähr für Zuverlässigkeit, so wird man die letztere Frage besser auf dem Färbewege zu entscheiden suchen. Dies gilt auch für die Schwefel- und Küpenfarbstoffe, von denen besonders die letzteren große Bedeutung für den Zeugdruck erlangt haben.

Für Wolldruckversuche verwendet man Flanell in gut gereinigtem Zustande. Vor dem Druck wird die Ware, um ihr Aufnahmevermögen für Farbstoffe zu erhöhen, „gechlort", d. h. man zieht sie durch ein verdünntes Chlorkalk- oder Natriumhypochloritbad, passiert darauf durch verdünnte Säure, spült gut, trocknet und druckt.

In manchen Fällen präpariert man die Wolle mit einer Lösung von zinnsaurem Natron und nachfolgendem Säurebad oder mit Aluminiumacetat.

Die Druckfarben bestehen aus der verdickten Farbstofflösung und etwas Essigsäure oder Weinsäure oder Oxalsäure. Für eigentliche Beizenfarbstoffe (z. B. Alizarin) muß natürlich noch die entsprechende Metallbeize zugegeben werden.

Die Befestigung geschieht durch Dämpfen, aber meist ohne Druck. Seide wird direkt mit der verdickten Farbstofflösung, die etwas freie Säure enthält, bedruckt.

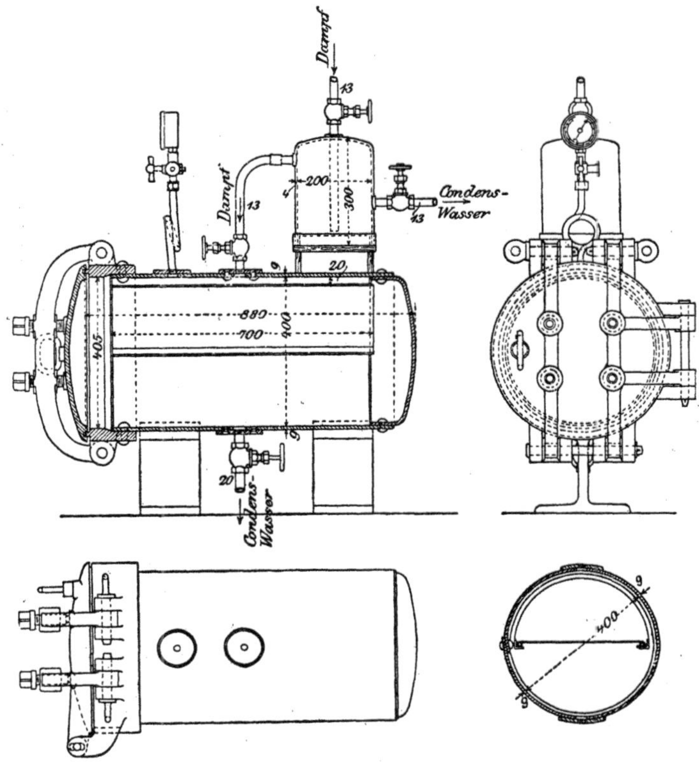

Fig. 4. Dämpfapparat.

Allgemeiner Gang für die chemische Untersuchung von Farbstoffen.

Handelt es sich darum, einen technischen Farbstoff, dessen Natur unbekannt ist, zu untersuchen, so wird, außer der Feststellung seiner Löslichkeit in Wasser oder Alkohol, ein Färbeversuch stets das zunächst liegende Experiment sein (s. S. 930). Man erkennt aus diesem einmal den Farbenton und lernt außerdem das ganze Verhalten des Körpers der Faser gegenüber kennen. Liegen über letzteres keine Angaben vor, so wird man vorerst im neutralen Bade auf Wolle zu färben versuchen. Basische Farbstoffe werden in der Regel vollständig auf die Faser gehen, und das Bad wird nahezu farblos werden.

Färbt der Farbstoff aus neutralem Bade ohne Beize nicht an, so versucht man es zunächst mit verdünnter Schwefelsäure, Alaun oder Zinnchlorid. Durch diese Zusätze lassen sich sowohl die Säure- als die Alkalifarbstoffe fixieren. Die Anzahl der letzteren ist eine zu beschränkte (Alkaliblau, Alkaligrün, Alkaliviolett), als daß ihre Erkennung Schwierigkeiten böte. Ebenso wird man Farbstoffe, die in alkalischer Lösung die Baumwolle anfärben, und solche, die sich nur auf metallischen Beizen fixieren, leicht herausfinden.

Gemenge verschiedener Farbstoffe, wie sie zur Erzeugung von Misch- und Modetönen Verwendung finden, offenbaren sich gewöhnlich als solche, wenn man sie im pulverigen Zustande dünn über ein mit Wasser oder Alkohol befeuchtetes Filtrierpapier streut, oder besser noch darüber hinwegbläst. Die einzelnen Gemengteile erzeugen alsdann verschieden gefärbte Flecke darauf. Häufig lassen sich die verschiedenen Bestandteile eines Gemisches auch erkennen, wenn man einen Tropfen der Lösung auf Filtrierpapier fallen läßt. Der erzeugte Fleck ist alsdann an den Rändern anders gefärbt als in der Mitte, weil die verschiedenen Farbstoffe das Papier ungleich durchdringen[1]).

Nach Suida (Zeitschr. f. physiol. Chem. **68**, 381; Chem. Zentralbl. **1910**, II, 1512) ist salzsaures Guanidin anscheinend ein gutes Reagens auf saure oder basische Farbstoffe, besonders wenn noch eine freie Säure, wie Essigsäure, zugegen ist. Es gibt in wässeriger Lösung mit Pikrinsäure und Farbsäuren wasserlösliche krystallinische Niederschläge; alle rein basischen, nicht sulfonierten Farbstoffe werden nicht gefällt. Bei Aminosulfonsäuren nimmt die Fällbarkeit mit Zunahme der Amino- und Sulfogruppen im allgemeinen ab. Oxyazofarbstoffe sowie Pikrinsäure und Alizarinrot werden mehr oder minder quantitativ gefällt; enthalten sie noch freie oder alkylierte Aminogruppen, so werden sie mit Zunahme derselben immer schlechter gefällt. Farbstoffe mit Hydroxyl- und Carboxyl- oder Sulfogruppen geben Fällungen, gleichgültig, ob sie noch Aminogruppen enthalten oder nicht.

Die wichtigeren Reagenzien für den Nachweis von Farbstoffen sind: konz. Schwefelsäure, Salzsäure, Alkalilauge, Zinkstaub und (besonders für Azofarbstoffe) noch Chlorcalciumlösung.

Konz. Säuren bewirken bei den meisten Farbstoffen charakteristische Farbenveränderungen. Da hierbei viele Farbstoffe von sonst gleichem Ton häufig ganz verschiedene Veränderungen erleiden, so ist die konz. Schwefelsäure ein vorzügliches Reagens zur Erkennung von Gemischen. Man gießt auf ein Porzellanschälchen einige Tropfen Schwefelsäure und streut eine kleine Menge des Farbstoffpulvers darüber. Die verschiedenen Gemengteile verraten sich alsdann durch Bildung verschiedenfarbiger Streifen in der Flüssigkeit, die namentlich beim Hin- und Herneigen der Schale deutlich hervortreten.

Basische Farbstoffe, die stets in Form ihrer neutralen Salze zur Verwendung kommen, zeigen häufig ein verschiedenes Verhalten gegen

[1]) Häufig wird auch die Capillaranalyse gute Dienste leisten (vgl. „Capillaranalyse usw. von Friedrich Goppelsroeder". Separatabdruck aus den Verhandlungen der Naturforschenden Gesellschaft in Basel. Basel **14**, 59; 1901).

Alkalien. Die Salze des Rosanilins werden z. B. unter Abscheidung der Base durch verdünnte Alkalilauge zersetzt, während dieses bei dem Safranin nicht der Fall ist.

Besonders charakteristisch ist das Verhalten der Farbstoffe gegen Zinkstaub und andere Reduktionsmittel. Fast alle Farbstoffe werden durch diese entfärbt, doch ist der dabei stattfindende Prozeß ein sehr verschiedener. Während z. B. die ganze Klasse der Azokörper derart gespalten wird, daß sich aus den Spaltstücken der Farbstoff nicht leicht wieder herstellen läßt, gehen andere in sog. Leukoverbindungen über, die sich zwar an der Luft meist wenig oxydieren, durch passende Oxydationsmittel jedoch in den ursprünglichen Körper zurückgeführt werden können. Letztere Eigenschaft zeigen sämtliche Farbstoffe der Rosanilinreihe.

In anderen Fällen jedoch geht die entstandene Leukoverbindung, namentlich in alkalischer Lösung, bei Berührung mit der Luft sehr schnell in den ursprünglichen Farbstoff über. Kocht man z. B. eine stark gefärbte alkoholische Safraninlösung unter Zusatz von Alkalilauge mit Zinkstaub, so tritt schnell Entfärbung ein. Nimmt man die Reduktion in einem Kolben vor und verstopft diesen, nachdem durch Kochen zuvor die Luft ausgetrieben wurde, so hält sich die Flüssigkeit völlig farblos, nimmt jedoch beim Herausziehen des Stopfens plötzlich wieder die ursprüngliche Färbung an.

Magdalarot, Mauveïn, Chrysanilin und Indulin zeigen analoge Erscheinungen; in geringerem Maße das Methylenblau. Über Küpenfarbstoffe siehe Näheres S. 991.

Azofarbstoffe werden bei der Reduktion meist in der Weise gespalten, daß die beiden Stickstoffatome der Azogruppe sich auf die ursprünglichen Komponenten verteilen unter Übergang in Aminogruppen. So gibt z. B. Oxyazobenzol, $C_6H_5 - N = N - C_6H_4 \cdot OH$, Anilin und Paraaminophenol. Befindet sich in einem dieser Reste eine Sulfogruppe, so entstehen die entsprechenden Sulfonsäuren. Dieses Verhalten der Azokörper gibt in vielen Fällen ein gutes Mittel an die Hand, um deren Konstitution zu ergründen; doch erfordert die Trennung der Spaltungsprodukte, namentlich da, wo sich in beiden Resten Sulfogruppen befinden, viel Übung.

Man bedient sich zur Reduktion statt des Zinkstaubs besser einer sauren Zinnchlorürlösung. Diese reduziert beim Erwärmen die meisten Azofarbstoffe sehr leicht. Das Zinnsalz entfernt man mit Schwefelwasserstoff. Basen kann man nach Zusatz von Alkalilauge mit Äther ausziehen, während die Sulfonsäuren in der alkalischen Lösung bleiben.

Über weitere Untersuchung und Trennung dieser Körper lassen sich bestimmte Regeln nicht aufstellen. Häufig wird man zur Elementaranalyse schreiten müssen, ein andermal genügen einige einfache Reaktionen, um zum Ziele zu gelangen.

Zur Unterscheidung von Schwefelfarbstoffen, z. B. Immedialreinblau, von dem geschwefelten Methylenviolett, kann man nach Binz (Chem. Ind. **29**, 295; Chem. Zentralbl. **1906**, II, 282) wie folgt verfahren: Man reduziert 3 g Farbstoff mit **3** bis 5 g pulverförmigem

Natriumhydrosulfit in 10 ccm kalter 9 proz. Natronlauge und schüttelt dann unter Kühlung mit überschüssigem Dimethylsulfat (ca. 8 ccm). Es tritt Alkylierung des Leukofarbstoffes ein. Die aus verschiedenen Schwefelfarbstoffen so erhaltenen alkylierten Leukokörper wie auch deren Oxydationsprodukte lassen sich leicht unterscheiden.

Über Reaktionen für die Untersuchung einiger Schwefelfarbstoffe neben Anilinschwarz s. Meienberg, Journ. Soc. Dyers. u. Col. **1901**, 61; Färber-Ztg. **1901**, 240 und Nölting u. Lehne, Anilinschwarz usw. **1904**, 159.

Spektroskopische Untersuchung der Farbstoffe [1]).

Läßt man weißes Licht durch die Lösung eines Farbstoffes fallen, so wird bekanntlich ein Teil der Strahlen durch die Farbstofflösung absorbiert, ein anderer Teil hindurchgelassen. Zerlegt man das weiße Licht vorher durch ein Prisma in seine Komponenten (Bildung eines kontinuierlichen Spektrums), so findet in der Farbstofflösung wie vorher eine Absorption der gleichen Strahlengattung statt; die absorbierten Strahlen werden also im Spektrum ausgelöscht, und an deren Stelle treten mehr oder weniger scharf abgegrenzte dunkle Streifen auf. Man erhält statt eines kontinuierlichen ein Absorptionsspektrum. Intensität und Breite der dunklen Streifen werden wesentlich durch die Konzentration der Farbstofflösung und die Dicke der Schicht beeinflußt.

Die Absorption erstreckt sich zunächst auf die dem Farbstoff entsprechenden Komplementärfarben (von W. Ostwald „Gegenfarben" genannt); es befinden sich daher im allgemeinen die dunklen Absorptionsstreifen grüner Farbstofflösungen im roten Felde, die der blauen im orangegelben Felde des Spektrums usw.

Aus der Beschaffenheit und Lage der Absorptionsstreifen kann auf den in der Lösung enthaltenen Farbstoff geschlossen werden.

Die Dunkelheit der Absorptionsstreifen ist an den einzelnen Stellen des Spektrums von verschiedener Stärke und kann daher in Form von Kurven graphisch dargestellt werden, wie dies Fig. 5 zeigt [2]).

[1]) J. Formánek, Spektralanalytischer Nachweis künstlicher organischer Farbstoffe. Julius Springer, Berlin **1900**. — 2. Aufl., 1. Teil **1908** (unter Mitwirkung von E. Grandmougin). — Zeitschr. f. Untersuchung der Nahrungs- u. Genußmittel **1899**, 260. — Zeitschr. f. Farben- u. Textilchem. **1902**, I, 289, 329, 505, 660; **1903**, II, 9, 45, 72, 95, 319, 369. — M. Schütze, Zeitschr. f. physik. Chem. **9**, 109. — C. Grebe, Zeitschr. f. physik. Chem. **10**, 673 (über Azofarbenspektra). — J. Pokorny, Bull. Soc. Ind. Mulh. **1902** v. 25. Juni. — Dr. H. Ley, Die Beziehungen zwischen Farbe u. Konstitution bei organischen Verbindungen. S. Hirzel, Leipzig **1911**, S. 14, 207 ff. — E. Grandmougin, Zum spektroskopischen Nachweis einfacher Lackfarbstoffe auf der Faser. Mit Tabellen über: I. Naphtholazofarben. II. Indigoide Küpenfarbstoffe. III. Küpenfarbstoffe der Anthrachinonreihe (Chem.-Ztg. **34**, 1075; 1910). — F. H. Eijdman jun., Der spektroskopische Nachweis einiger Küpenfarbstoffe. (Chem. Weekbl. **8**, 333; 1911 und Chem.-Ztg. **35**, Rep. 336; 1911).

[2]) S. Formánek u. Grandmougin, Untersuchung und Nachweis organischer Farbstoffe auf spektroskopischem Wege. 2. Aufl., 1. Teil, Julius Springer. — S. auch Eijdman jun. (Chem. Weekblad **8**, 123; Chem. Zentralbl. **1911**, I, 1344). Er schlägt vor, bei der Aufzeichnung von Absorptionsstreifen die Genauigkeit der Hartleyschen Darstellung mit der Anschaulichkeit der Formánekschen zu verbinden.

Diese Kurven geben an, wie die Absorption des Lichtes von dem roten zum violetten Ende in dem betreffenden Absorptionsspektrum fortschreitend zu- und abnimmt, und bei welcher Wellenlänge das Maximum der Verdunkelung liegt.

Befindet sich das Dunkelheitsmaximum in der Mitte eines Absorptionsstreifens, so bezeichnet man diesen als symmetrisch, im

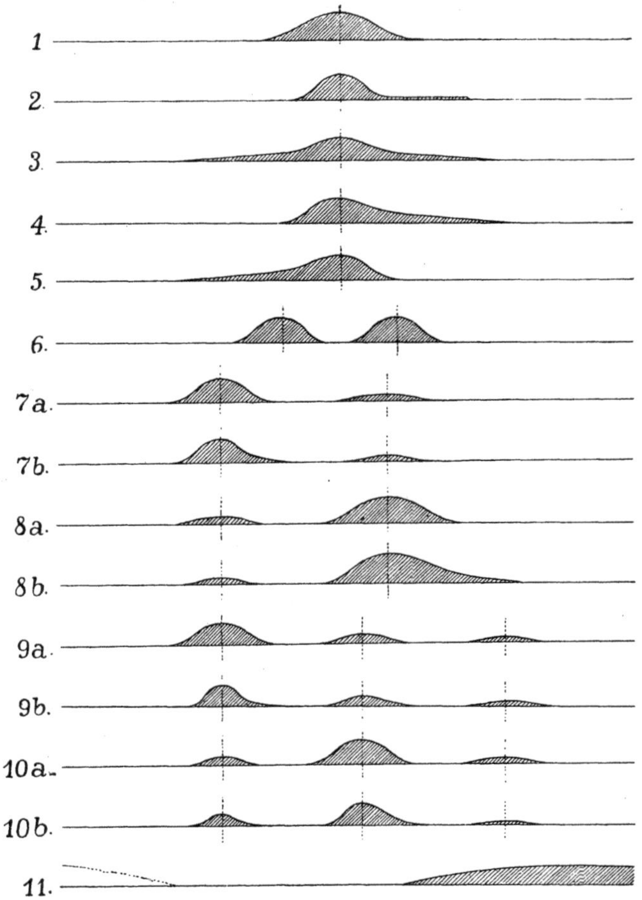

Fig. 5.

anderen Fall als unsymmetrisch. Sind mehrere Streifen vorhanden, so unterscheidet man zwischen dem stärksten, dem Hauptstreifen (dunkelsten), und den Nebenstreifen. Die Nebenstreifen verschwinden bei zunehmender Verdünnung der Lösung früher als der Hauptstreifen.

Bei einheitlichen, künstlichen oder natürlichen Farbstoffen kommen elf Grundtypen vor (siehe Fig. 5). In verdünnten Lösungen sind zu unterscheiden[1]):

[1]) S. l. c.

1. Ein breiterer symmetrischer Streifen [z. B. Methylalkaliblau (G) in Wasser, Lichtblau spritl. (M) in Äthylalkohol, Violamin B (M) in Wasser].

2. Ein schmaler symmetrischer Streifen mit einem gleichmäßigen schwachen Schatten rechts, der bei starker Verdünnung der Lösung nicht sichtbar ist (Farbstoffe der Malachitgrünreihe).

3. Ein symmetrischer Streifen mit einem schwachen, allmählich nach rechts und links verzogenen Schatten [z. B. Azofuchsin (By) und Bordeaux G (By) in Wasser].

4. Ein Streifen allmählich nach rechts verzogen [z. B. Helvetiablau (G) in Wasser, Methylblau wasserlöslich (G) in Äthylalkohol].

5. Ein Streifen allmählich nach links verzogen [z. B. Naphthindon BB (C) in Wasser, Diphenblau B (A) in Wasser, Xylidinorange (t. M) in Wasser].

6. Zwei nahe aneinanderliegende, gleiche oder fast gleiche Streifen [z. B. Brillantsulfonrot B (S) in Äthylalkohol, Chromotrop 2 R (M) in Äthylalkohol, Naphtholblau G (C) in Äthylalkohol].

7. Ein starker Streifen (Hauptstreifen) und ein schwacher Streifen (Nebenstreifen) rechts, und zwar:

a) symmetrische Hauptstreifen (z. B. Krystallviolett (M), Fuchsin in Wasser oder Rhodamin B (B) in Wasser), oder

b) unsymmetrische Hauptstreifen [z. B. Methylenblau oder Kapriblau in Wasser, Pyronin B (L) in Wasser, Rose bengale in Äthylalkohol oder Xylenrot B (S) in Wasser].

8. Ein starker Streifen und ein schwacher Streifen links, und zwar

a) symmetrische Hauptstreifen [z. B. Säureviolett 6 B (J) oder Guineaviolett 4 B (A) in Wasser, Azoeosin (By) in Wasser und Alkohol, Ponceau 3 R (M) in Wasser];

b) unsymmetrische Hauptstreifen [z. B. Neumethylenblau N (C) oder Nilblau BB (B) in Wasser].

9. Neben einem starken Streifen zwei schwächere Streifen rechts, und zwar:

a) symmetrische Hauptstreifen [z. B. Prune pure (S) in Wasser, Alizarincyaningrün G (By) in Alkohol, α-Aminoalizarin in Alkohol mit alkoholischer Kalilauge versetzt];

b) unsymmetrische Hauptstreifen [z. B. Rose Magdala in Alkohol, 1-, 4-Diaminoanthrachinon in Alkohol, Purpurin in Alkohol mit alkoholischer Kalilauge versetzt).

10. Zwei schwache Streifen zu beiden Seiten eines starken Streifens, und zwar:

a) symmetrische Hauptstreifen [z. B. Neublau R in Wasser, α-Aminoalizarin in Alkohol, Alizaringrün S (M) in Wasser und Alkohol, Rosindulin 2 G (K) in Alkohol, Azocarmin G (B) in Alkohol, Aporhodaminchlorhydrat in Alkohol);

b) unsymmetrische Hauptstreifen [z. B. Alizarin in Alkohol, versetzt mit alkoholischer Kalilauge].

11. Einseitige Absorption im Blau und Violett [z. B. Naphtholgelb (M) oder Auramin in Wasser] oder einseitige Absorption im Rot (z. B. Bindschedlers Grün in Wasser), schließlich einseitige Absorption im Rot und Violett [z. B. Naphtholgrün (C)].

Die älteren Bestrebungen zur Anwendung der spektroskopischen Methode für die Untersuchung von Farbstoffen von Pabst und Girard (Agenda du chimiste 1886), Brewster, Vogel[1]) u. a. m. hatten nur bescheidenen Erfolg. Die Ursache lag zum Teil in der ungeeigneten Einrichtung der Spektroskope, zum Teil in der Unvollkommenheit der Methode und im Fehlen eines einheitlichen Systems. Die Lage der Absorptionsspektren wurde nur annähernd und nicht in Wellenlängen angegeben. Es ist das Verdienst Formáneks, Methode und Apparate vervollkommnet und auf Grund eines ausgedehnten Versuchsmateriales einen systematischen Untersuchungsgang ausgearbeitet zu haben.

Die Formáneksche Methode beruht auf folgenden Grundsätzen (vgl. auch Zeitschr. f. angew. Chem. **16**, 573; 1903).

1. Die Absorptionsspektren einheitlicher Farbstoffe sind nicht willkürlich gestaltet; sie zeichnen sich vielmehr durch bestimmte Formen aus, deren Anzahl begrenzt ist, und die jeder Farbstoffklasse eigen sind.

2. Jeder einheitliche Farbstoff in Lösung liefert einen oder mehrere Absorptionsstreifen, deren Beschaffenheit und Lage im Spektrum sich hauptsächlich nach der Konstitution des Farbstoffes richtet, in zweiter Linie von dem verwendeten Lösungsmittel bzw. von der Konzentration der Lösung gesetzmäßig abhängt.

3. Die Absorptionsspektren der Farbstofflösungen werden durch verdünnte Säure oder durch Alkali oft charakteristisch verändert.

Die Farbstoffe werden nach der Farbe und der Form ihrer Absorptionsspektren in einzelne Gruppen und Untergruppen geteilt. Für die Einteilung in Gruppen sind maßgebend die Unterschiede in den Formen oder Grundtypen (s. o.) der Absorptionsspektren einzelner Farbstoffklassen; zur näheren Kennzeichnung der einzelnen Farbstoffe dienen die Unterschiede in der Lage ihrer Absorptionsstreifen im Spektrum sowie ihr Verhalten gegen Säure oder Alkali.

Farbiges Feld (absorbiert)	Wellenlänge	Entsprechende Farbstoffe
Rot . . .	723—629	grüne und blaugrüne
Orange . .	629—585	blaue und blauviolette
Gelb . . .	585—575	violette und rotviolette
Grün . . .	575—485	violettrote, rote und gelbrote
Blau . . .	485—455	orangegelbe
Indigo. . .	455—424	gelbe
Violett . .	424 ab	gelbe

Die Farbe der in Lösung vorhandenen Farbstoffe kann nach der Lage der Absorptionsstreifen annähernd bestimmt werden mit Hilfe

[1]) H. W. Vogel, Praktische Spektralanalyse irdischer Stoffe, **1889**.

der vorstehenden Tabelle, die die Beschaffenheit des Spektrums je nach der Lage der Absorptionsstreifen in den sonst farbigen Feldern und in Abhängigkeit von den ihnen entsprechenden Farbstoffen zeigt[1]).

Zur Bestimmung eines unbekannten Farbstoffes löst man etwas davon in Wasser, Äthyl- oder Amylalkohol, wenn nötig unter Zusatz von Säure oder Alkali, und betrachtet die Lösung bei verschiedenen Konzentrationen in gewöhnlichen Reagensgläsern mit einem Spektroskop von geeigneter, nicht zu großer Dispersion, das mit einem symmetrischen Spalte und einer Wellenlängenskala versehen oder auf Wellenlängen geeicht ist; es muß feine Messungen (bis auf 0,1 $\mu\mu$) im Spektrum gestatten. Diesen Bedingungen entsprechen die für Farbstoffuntersuchungen eingerichteten Spektroskope von A. Krüß in Hamburg, Schmidt & Haensch in Berlin, Gustav Meißner in Berlin; das Gitterspektroskop von C. Zeiß in Jena zeigt die Wellenlängen unmittelbar an. Das neueste Instrument ist das Handgitterspektroskop[2]) von Löwe (Lieferant C. Zeiß, Jena).

Fig. 6. Handgitter-Spektroskop.

Das Handgitterspektroskop besteht aus dem Spaltrohr mit aufgeschobenem Gitter und dem festgelagerten Fernrohre mit Okularskala und hundertteiliger Meßschraube. Die Ausdehnung des Spektrums ist nur so groß gewählt, daß man es zwanglos mit einem Blicke übersehen kann. Die Okularskala ist nach Zehner-$\mu\mu$ geteilt, enthält also die Wellenlängen 770, 760, 740 usw. bis 400 $\mu\mu$. Die 100 Trommelteile der Meßschraube *M* in Abb. 6 entsprechen einem Strichabstande in der Okularteilung, also bedeutet 1 Trommelteil 0,1 $\mu\mu$ = 1 Ångströmeinheit (Å. E.). Die Einstellungsfehler betragen je nach der Übung des Messenden und nach der Beschaffenheit der Emissionslinie 2—5 Trommelteile, also 0,2—0,5 $\mu\mu$, so daß man im Mittel etwa 3-mal genauer als mit einem

[1]) Formánek, Bd. I, S. 19.
[2]) Die Beschreibung auf S. 948f. verdanken wir der Firma C. Zeiß, Jena.

Handspektroskop mißt. Die Wiederholung der Einstellungen führt besonders bei der Ausmessung von Absorptionsspektren (Hämoglobin, Chlorophyll usw.) zu einer sehr willkommenen Steigerung der Meßgenauigkeit und zur Unabhängigkeit von der ersten Messung.

Das Meßverfahren erinnert an die Ausmessung der Zehntel-Skalenteile im Eintauch-Refraktometer (s. Bd. III, S. 546). Man verschiebt die zu messende Spektrallinie mittels der Meßschraube bis auf den linken benachbarten Strich im Okular, liest dessen Ordnungszahl (z. B. 54) ab und schreibt die Ablesung an der geschützten Trommelskala (z. B. 61) daneben; so erhält man die vierstellig geschriebene Wellenlänge 5461 Å.E. = 546,1 $\mu\mu$; es empfiehlt sich, die Mikrometerschraube während der Messung immer so zu drehen, daß die Ablesungen zunehmen, also vom Trommelteile 0 aus nach 100 zu, nicht umgekehrt; es ist jeglicher sonst mögliche Fehler des toten Ganges ausgeschaltet. Das Mittel aus 3 bis 5 Einstellungen wird verwertet. Die Einstellung auf einen falschen Teilstrich ist durch harte Anschläge, die die Bewegung der Mikrometerschraube begrenzen, ausgeschlossen. Die Messung ist durchaus eindeutig. In Abb. 6 ist der Spalt mit *Sp* bezeichnet, die Spaltbreite wird durch Drehen an dem geriefelten Ringe *R* verändert. Zur Beseitigung der im violetten Teile jedes Spektrums oft zu beobachtenden Parallaxe, der Verschiebbarkeit violetter Spektrallinien gegenüber den Skalenteilen, dient eine Feinverstellung des Kollimatorobjektivs mittels des Ringes, der in der Abbildung durch die Schutzkappe *K* fast verdeckt wird. Um auch am Okular *Ok* die im Violett unvermeidlichen chromatischen Abweichungen zu beseitigen, stelle man bei weit geöffnetem Spalte zuerst das Okular auf beste Schärfe der Teilstriche im Violett ein und verstelle dann das Kollimatorobjektiv, bis gut helle Linien im Violett, wenn man seine Aufmerksamkeit auf die Teilstriche richtet, sich bei seitlichem Hin- und Herbewegen des Auges vor dem Okulare nicht mehr gegen die ihnen benachbarten Teilstriche verschieben. Dann sind sie gleichzeitig mit den letzteren scharf. Für den Gebrauch im Laboratorium steckt man das Spektroskop mit seinem Stifte J in einen einfachen Ständer. Die Kollimatorachse liegt alsdann in Augenhöhe für einen sitzenden Beobachter, d. h. etwa 35 cm über der Tischfläche. Zur Aufnahme je eines Reagensglases vor dem Spalt und seitlich am Spaltkopfe neben dem Vergleichsprisma dient ein aufsteckbarer Halter, der ebensogut für Farbfilter oder kleine Cuvetten zu verwenden ist. Für Veröffentlichungen spektroskopischer Versuchsergebnisse sind Cuvetten mit genau angegebener Schichtdicke zu empfehlen, wenn man nicht dauernd mit Balyschen Absorptionsgefäßen von veränderlicher Dicke arbeitet. Beim freihändigen Gebrauche hält die rechte Hand das Spektroskop am Griffe *H*, die linke bedient die Meßschraube M. Das Fernrohr oder der ihm gleich zeigende Pfeil *P* auf dem Deckel des runden Mittelkeiles wird auf die zu betrachtende Flammenerscheinung gerichtet. Die abweichende Richtung des Kollimatorrohres wird durch die Keilform der Staubschutzplatte vor dem Spalte ausgeglichen. Bei richtiger Haltung des Spektroskops wird das Fenster *F* durch ein weißes unabgelenktes Spaltbild (das Spektrum nullter Ordnung) erleuchtet.

Für technische Zwecke genügen häufig die zuerst von John Browning in London konstruierten Taschenspektroskope (zu beziehen von C. Zeiß, Jena, oder Leitz, Wetzlar), die zweckmäßig mit einem Vergleichsprisma versehen sind, da es ohne ein solches schwierig ist, die Stellung der Absorptionsstreifen zu bestimmen. Die Taschenspektroskope haben vor allem die große Bequemlichkeit des geradlinigen Sehens. Für deren bequemeren Gebrauch hat H. Vogel ein sehr praktisches Stativ konstruiert. In Ermangelung eines solchen hilft man sich dadurch, daß man das Spektroskop in einen gewöhnlichen Bürettenhalter spannt und die zu untersuchenden Flüssigkeiten in Reagensgläsern oder in Fläschchen mit parallelen Wänden vor dem gegen ein Fenster gerichteten Spalt befestigt. Man stellt die Spalt- und Fernrohrverschiebung derart, daß die Fraunhoferschen Linien im zerstreuten Tageslicht scharf und deutlich hervortreten. Dabei ist das Vergleichsprisma so einzustellen, daß man im Gesichtsfelde scheinbar ein einziges, durch eine dunkle Querlinie in zwei gleiche Hälften geteiltes Spektrum erblickt[1]).

Es wird so die Form (s. o.) des Absorptionsspektrums und damit die Gruppe bestimmt, in die der Farbstoff gehört. Darauf ermittelt man mittels der am Spektroskop angebrachten Meßvorrichtung die Lage der Absorptionsstreifen. Zu diesem Zwecke wird die Lösung stark verdünnt, bis die Streifen möglichst schmal, aber doch noch deutlich hervortreten. Darauf teilt man die Lösung in drei Teile, fügt zum ersten einige Tropfen verdünnter Mineralsäure (Salz-, Salpeter- oder Schwefelsäure (1 : 3), zum zweiten verdünntes Ammoniak (1 : 4), zum dritten verdünnte Kalilauge (1 : 10 bzw. alkoholische Kalilauge für alkoholische Farbstofflösungen) und beobachtet die Veränderung der Farbe der Lösung sowie die Veränderung des Absorptionsspektrums.

Die Beobachtung der Absorptionsspektren soll, um das Auge vor seitlichem Lichte zu schützen, im verdunkelten Zimmer geschehen, da sonst etwa vorhandene schwache Absorptionsstreifen leicht übersehen werden.

Will man das Absorptionsspektrum bloß beobachten, so muß der Versuch bei verschiedenen Konzentrationen, aber gleicher Schichtendicke durchgeführt werden; nur dadurch sind Farbstoffe verschiedener Klassen nachzuweisen. Zum Zwecke der Messung der Lage der Absorptionsstreifen ist aber die Lösung so weit zu verdünnen, daß jene noch gut sichtbar sind, bei weiterer Verdünnung jedoch aus dem Spektrum zu verschwinden anfangen würden. Nur bei dieser Verdünnung, der Grenzverdünnung, bleibt die unterschiedliche Lage der Absorptionsstreifen bei sämtlichen Farbstoffen konstant.

Auf Grund der gemachten Beobachtungen sucht man den Farbstoff mit Hilfe der zu diesem Zwecke zusammengestellten Tabellen und Tafeln zu bestimmen.

Eine treffliche kurze Anleitung für diesen Zweck gibt Formánek im Biedermann-Rothschen Chemiker-Kalender **1922**, 1. Bd., S. 511, und mit einer Tafel, S. 509, auf der die Absorptionsspektren

[1]) S. Näheres in dem Abschnitt „Technische Spektralanalyse“ von L. C. Glaser, Bd. II, S. 79 ff.

Grüne Farbstoffe [1]).

Farbstoff	In Wasser			In Äthylalkohol		
	neutral	Säure	Kalilauge	neutral	Säure	Kalilauge
Malachitgrün[2]) [M]*	616,9	allmählich entfärbt	entfärbt	621,0	nicht verändert	entfärbt
Brillantgrün [M]	622,9	gelb	entfärbt	626,8	nicht verändert	entfärbt
Lichtgrün SF bl. [M]	627,1	geschwächt	allmählich entfärbt	629,4	nicht verändert	entfärbt
Neusolidgrün 3 B [J]	629,4	geschwächt	allmählich entfärbt	634,4	nicht verändert	entfärbt
Lichtgrün SF gelb [B]	632,7	geschwächt	allmählich entfärbt	633,1	nicht verändert	entfärbt

Blaue Farbstoffe.

Cyanol [C]	612,0	gelbgrün	mehr blau 603,0	608,7	610,2	gelb
Eriocyanin A [G]	613,8	grün 634,8	nicht verändert	606,9	nicht verändert	nicht verändert
Cyanin B [M]	628,8	grünlich-gelb	620,1	616,2	nicht verändert	teilweise entfärbt
Erioglaucin A [G]	630,1	grün	nicht verändert	627,1	nicht verändert	grün
Patentblau A [M]	636,0	grün	626,8	628,2	630,1	621,0
Methylviolett B [By]	**584,5** 533,0	blaugrün 623,5	entfärbt	**584,5** 539,5	nicht verändert	entfärbt
Krystallviolett O [M]*	**590,5** 539,5	grün 630,5	allmählich entfärbt	**591,1** 544,5	nicht verändert	entfärbt
Äthylviolett [J]	**596,0** 545,5	grün 639,0	nach läng. Stehen entfärbt	**596,0** 550,5	nicht verändert	entfärbt
Säureviolett 6 B [A]*	**607,5** 542,5	grün 640,4	allmählich entfärbt	**603,0** 552,6	nicht verändert	entfärbt
Methylalkaliblau [G]*	556	541,5	blauviolett	597,4	Farbe und Absorpt. verstärkt	rot
Helvetiablau [G]	610,2	nicht verändert	rot	622,3	nicht verändert	rot
Viktoriablau R [B]	**614,7** 557,0	grün 632,1	entfärbt	628,5 565,5	nicht verändert	orangegelb
Viktoriablau B [M]	**618,6** 567,0	teilweise entfärbt	rosarot	623,9 584,0	nicht verändert	rosarot
Capriblau GON [By]	**664,8** 606,3	teilweise entfärbt	nicht verändert	656,6 600,2	nicht verändert	entfärbt

---

[1]) In der Tabelle wird die Lage der Absorptionsstreifen (d. i. ihr Dunkelheitsmaximum) in der wässerigen und alkoholischen Lösung in Wellenlängen angegeben, wobei die fettgedruckte Zahl den Hauptstreifen bedeutet.
Ferner ist die Veränderung, welche die Farbstofflösung nach Zusatz von Säure oder Alkali erfährt, angeführt.

[2]) Die typischen Farbstoffe sind in der Tabelle mit einem Stern bezeichnet.

Blaue Farbstoffe.

Farbstoff	In Wasser			In Äthylalkohol		
	neutral	Säure	Kalilauge	neutral	Säure	Kalilauge
Methylenblau [M]*	**667,4** 608,4	nicht verändert	nicht verändert	657,4 602,1	nicht verändert	entfärbt
Thioninblau GO [M]	**670,0** 612,1	nicht verändert	nicht verändert	**658,7** 603,9	nicht verändert	allmählich entfärbt
Neumethylenblau GG [C]	**660,0** 603,5	nicht verändert	teilweise entfärbt	656,3	nicht verändert	teilweise entfärbt
Neumethylenblau N*[C]	**587,0** 636,4	nicht verändert	violett	630,8	nicht verändert	rosarot
Nilblau BB [B]	**599,0** 655,2	rotviolett	rosarot	652,9	nicht verändert	rosarot
Neublau R [By]* (Meldolablau)	620,1 **572,0** 531,2	nicht verändert	gelb	623,0 **574,5** 533,0	nicht verändert	gelb
Gallocyanin F[B]	633,7	violettrot 547,5 509,5	teilweise entfärbt	583,2	rotviolett **552,6** 597,5 511,2	entfärbt
Prune pure [S]*	**649,0** 593,5 546,5	violettrot 543,5 504,0	violett	610,2	violettrot **547,5** 592,2 508,8	violettrot teilweise entfärbt

Rote Farbstoffe.

Parafuchsin [M]	**540,3** 483,7	allmählich entfärbt	allmählich entfärbt	**549,5** 499,2	nicht verändert	orangegelb entfärbt
Diamantfuchsin [B]*	**544,5** 486,4	575,7 allmählich entfärbt	allmählich entfärbt	**552,4** 500,8	nicht verändert	orangegelb entfärbt
Säurefuchsin [M]	**546,5** 489,2	nicht verändert	entfärbt	**554,8** 502,4	nicht verändert	gelb allmählich entfärbt
Eosin extra [M]*	**516,0** 482,5	entfärbt	nicht verändert	**529,2** 490,5	entfärbt	**523,5** 487,5
Erythrosin [M]	**522,2** 487,1	entfärbt	nicht verändert	**533,9** 493,4	entfärbt	**527,6** 489,9
Phloxin [M]	**529,4** 492,0	entfärbt	nicht verändert	**541,1** 501,5	entfärbt	**540,0** 500,5
Eosin bl. (S) Phloxin [M]	**537,3** 498,5	entfärbt	nicht verändert	**549,9** 509,5	entfärbt	**548,9** 508,7
Rose bengale G [M[	**538,1** 499,5	entfärbt	nicht verändert	**548,7** 508,0	entfärbt	**547,5** 507,1
Rose bengale 3 B [M]	**547,7** 507,3	entfärbt	nicht verändert	**558,1** 516,1	entfärbt	nicht verändert
Rhodamin 6 G [B]	**526,2** 487,8	nicht verändert	nicht verändert	**529,4** 491,3	Farbe unverändert **530,7** 493,4	Absorpt. schwächer 524,9
Irisamin G [C]	**533,7** 497,3	534,0 497,7	nicht verändert	**531,3** 494,8	**534,8** 496,2	rot, Absorpt. geschwächt 526,7 490,6

Rote Farbstoffe.

Farbstoff	In Wasser neutral	In Wasser Säure	In Wasser Kalilauge	In Äthylalkohol neutral	In Äthylalkohol Säure	In Äthylalkohol Kalilauge
Rhodamin B	**552,6**	**557,0**	nicht	**543,5**	**553,5**	nicht
[By]*	514,6	516,8	verändert	505,6	513,9	verändert
Rhodamin 3 B	**557,0**	**559,2**	nicht	**551,9**	**555,9**	546,5
[B]	516,3	516,8	verändert	512,8	515,2	509,6
Xylenrot [S]	**565,8**	nicht	nicht	**555,7**	nicht	557,0
	523,6	verändert	verändert	514,4	verändert	513,3
Safranin T extra	529,4	nicht	nicht	**535,9**	nicht	violett
[B]*	497,7	verändert	verändert	499,2	verändert	
Azocarmin G [B]	**498,5**	nicht	violett	**500,0**	orangerot	nicht
	537,5	verändert		537,5	499,2	verändert
	467,5			468,8	468,1	
					541,5	
Rosindulin 2 G	**499,8**	orangegelb	nicht	**498,5**	orangegelb	nicht
[K]	538,5	498,5	verändert	536,6	500,0	verändert
	468,8	536,6		468,1	469,5	
		468,1			537,5	
Violamin B	541,5	violett	Absorpt.	532,0	violett	carminrot
			schwächer		554,8	
Brillantsulfonrot	538,5	nicht	orangerot	543,5	nicht	gelbrot
B [S]	502,4	verändert		506,4	verändert	
Chromotrop 2 R	**501,6**	nicht	gelbrot	**507,5**	nicht	orangerot
[M]*	539,5	verändert		545,5	verändert	
Azoeosin [By]	504,0	nicht	orangegelb	**542,5**	nicht	orangegelb
	545,5	verändert		504,5	verändert	

Orangegelbe und gelbe Farbstoffe.

Farbstoff	In Wasser neutral	In Wasser Säure	In Wasser Kalilauge	In Äthylalkohol neutral	In Äthylalkohol Säure	In Äthylalkohol Kalilauge
Xylidinorange	490,0	nicht	gelblich	530,3	nicht	gelb
[t. M]		verändert		494,0	verändert	
Acridingelb [L]	457,0	Fluorescenz	wie bei	463,3	nicht	teilweise
		ver-	Säure		verändert	entfärbt
		schwindet				
		Trübung				
Benzoflavin [O]	458,0	nicht	teilweise	468,0	nicht	teilweise
		verändert	entfärbt		verändert	entfärbt
Acridinorange	494,4	rötlich	gelb	**490,9**	nicht	gelb
NO[L]	463,9	Fluorescenz		459,5	verändert	Fluorescenz
		schwächer				ver-
						schwindet
Metanilgelb [A]	ein-	carminrot	nicht	ein-	rötlich	nicht
	seitige	534,0	verändert	seitige		verändert
	Ab-	[495]		Ab-		
	sorpt.			sorpt.		
	im			im		
	Blau			Blau		
Auramin [M]	ein-	nicht	entfärbt	ein-	nicht	entfärbt
	seitige	verändert		seitige	verändert	
	Ab-			Ab-		
	sorpt.			sorpt.		
	im			im		
	Blau			Blau		

Alizarinfarbstoffe.

	In Äthylalkohol			
	neutral		+ KOH	
	Farbe	Absorption	Farbe	Absorption
Purpurin [M]*	orangegelb	521,1 **485,5** 455,5	rot	**550,7** 512,8 481,5
Alizarin [M]*	gelb	einseitig im Blauviolett	violettblau	624,9 **578,2** 537,1
Alizarinbordeaux [By]	orangegelb	530,7 517,0 **490,2** 461,4	blau	649,7 634,1 **590,1** 546,5
Alizarincyanin [By]	rot	**559,2** 545,3 **520,2** 507,7 485,9 475,5	violett	**587,0** 543,9 507,4
Anthracenblau WR* [B]	rot	**546,3** 533,5 521,3 **508,7** 496,9 486,7 475,9 465,5	—	—
Alizarinblau	—	—	blaugrün	**690,6** 632,1 580,7
Alizaringranat[M]	rot	564,0 **523,5** 488,5	violettrot	**567,7** 527,6 491,7
Alizarinirisol [By]	blauviolett	587,5 **546,5** 569,9	blau	**632,4** 583,3 541,5
Alizarincyaningrün G [By]	grün	**650,7** **596,1** **552,2**	Farbe unverändert	652,6 597,4 553,7

Indigofarbstoffe in Xylol.

Indigo [B, M]: λ 590,9.
Indigo MLB/T (Dimethylindigo): λ 603,8.
Cibablau 2B [I] (Tetrabromindigo): λ 613,2.
Cibabordeaux [I]: λ **555,5**, 514,0.
Thioindigorot 3B [K]: λ **562,0**, 518,5.
Cibagrün [I]: λ 617,5.

Natürliche Farbstoffe.

	In Wasser			In Äthylalkohol		
	neutral	Säure	Kalilauge	neutral	Säure	Kalilauge
Orseilleextrakt*	**582,0** 537,5 498,5	512,8 594,3	**578,2** 534,8	**578,2** 531,2 492,0	**519,5** 596,1 487,1	**583,7** 564,3 539,5
Alkanna*	—	—	—	563,8 **523,1** 545,0 487,1 456,0	nicht verändert	**634,4** 584,5 542,5
Chlorophyll	—	—	—	**664,2** 614,1 584,5 537,5 [473,8 437,9]	—	—
Blut (Oxyhämoglobin)*	**578,1** 541,7	—	—	—	—	—
Kohlenoxydhämoglobin	**572,0** 538,1	—	—	—	—	—

einiger typischer künstlicher und natürlicher Farbstoffe graphisch dargestellt sind, nebst Tabellen, S. 512 bis 517, enthaltend die gruppenweise Anordnung derjenigen Farbstoffe, die die gleiche Form des Absorptionsspektrums haben (vgl. hier S. 945 und Fig. 7, S. 955).

Auf diese Art lassen sich alle Farbstoffe nachweisen, die geeignete Absorptionsspektra liefern, aber auch andere, die, obgleich sie direkt

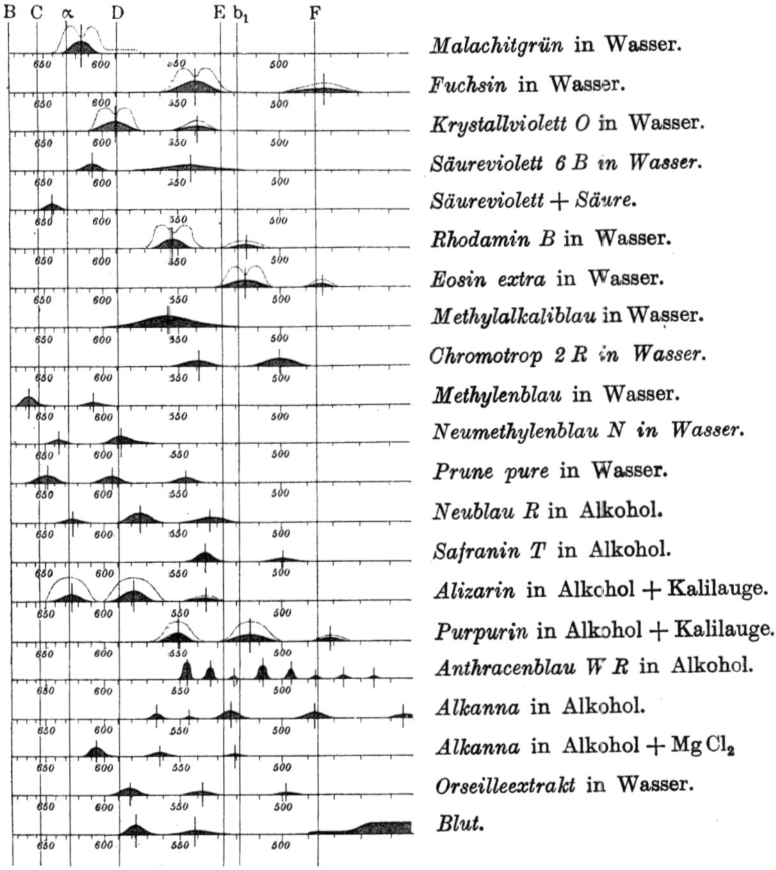

Fig. 7.

keine charakteristischen Absorptionsspektra geben, sich mit Reagenzien ändern und dann entsprechende Absorptionsspektra erzeugen.

Es gibt allerdings auch Farbstoffe, namentlich gelbe, braune, und schwarze, die diese Forderungen nicht erfüllen, deren Bestimmung daher auf diesem Wege nicht erfolgen kann.

Für manche Farbstoffe, z. B. viele Azo- und Anthrachinonderivate, empfiehlt sich die Prüfung in schwefelsaurer Lösung, weil dadurch schärfere und häufig bedeutend charakteristischere Absorptionsspektra zu erhalten sind.

In bezug auf Beständigkeit und Veränderlichkeit der Absorptionsspektra hebt Formánek besonders folgendes hervor: Die Natur des Lösungsmittels übt einen gewissen Einfluß auf die Lage der Absorptionsstreifen, mitunter auch auf die Beschaffenheit des Absorptionsspektrums, aus. Mit steigender Konzentration der Lösung und zunehmender Dicke der Schicht des absorbierenden Körpers wächst auch die Größe der Absorption und umgekehrt; aber auch Form und Anzahl der Streifen sind von diesen Faktoren abhängig. Es ist auch nicht immer gleichgültig, ob dieselben Lösungen bei verschiedener Konzentration oder bei verschiedener Schichtdicke beobachtet werden. Die frische wässerige Lösung kann nach Form und Lage ein anderes Absorptionsspektrum zeigen als die gleiche Lösung, die eine Zeitlang stehen geblieben ist. (Diese Erscheinung beruht wahrscheinlich auf hydrolytischer Dissoziation.) Auch in alkoholischer Lösung kann eine derartige Verschiebung des Absorptionsspektrums stattfinden; doch ist dies bisher nur vereinzelt beobachtet worden. Der Einfluß der Temperatur ist praktisch belanglos; dagegen kann die Einwirkung eines Reagens (Säure oder Alkali), falls dadurch die Konstitution des Farbstoffes verändert wird, für die Beschaffenheit des Absorptionsspektrums von Bedeutung werden. Sind in einer Lösung zwei Farbstoffe vorhanden, deren Absorptionsspektra nahe beieinander liegen, so bildet sich mitunter aus zwei Absorptionsstreifen ein neuer Streifen, dessen Dunkelheitsmaximum in dem Raume zwischen den beiden ursprünglichen Streifen liegt. Ferner kann das Absorptionsspektrum einer Verbindung durch den Einfluß einer anderen Verbindung aus seiner normalen Lage verschoben werden; endlich kann es vorkommen, daß in einer Mischung nur derjenige Absorptionsstreifen erscheint, dessen Intensität am größten ist.

Die spektroskopische Methode leistet nicht nur gute Dienste für die Erkennung einheitlicher Produkte und von Farbstoffgemischen, sie kann auch häufig mit Erfolg angewendet werden zum Nachweis von Nebenprodukten, die bei der Herstellung gewisser Farbstoffe auftreten, ebenso zur Kontrolle mancher Operationen und zur Prüfung auf die Reinheit der Farbstoffe.

Stehen nur kleine Proben für eine Untersuchung zur Verfügung, sei es in Substanz oder in Form von gefärbtem Material, so ist man häufig ausschließlich auf das Spektroskop angewiesen, weil die Menge zur Vornahme der chemischen Reaktionen nicht reicht.

Liegen gefärbte oder bedruckte Muster vor, so ist der Farbstoff zunächst abzuziehen bzw. in Lösung zu bringen. Die Lösungen werden alsdann zu den spektroskopischen Versuchen verwendet[1]). Als Lösungsmittel eignen sich: Essigsäure (90-proz.) oder Äthylalkohol (für basische Farbstoffe) und, falls diese versagen, verdünnter Äthylalkohol (gleiche Teile Wasser und Alkohol) bzw.

---

[1]) S. auch Pokorny, Rev. Génér. Mat. Color. **1902**, 6, 247.

Sodalösung (für saure Farbstoffe). In Fällen, wo weder Äthylalkohol noch 90-proz. Essigsäure ausreichen, verwendet man mit Vorteil ein Gemisch von gleichen Teilen Anilin und 90-proz. Essigsäure.

Die sichere Handhabung der spektroskopischen Methode setzt große Übung voraus und erfordert reiche Erfahrung; selbst dann ist es oft schwer, sich vor Täuschungen zu bewahren, denn es ist häufig nicht leicht, kleinere Unterschiede in den Einzelheiten nahe verwandter Spektren scharf zu charakterisieren. Diese Unterschiede sind mitunter so geringfügig, daß sie nur dem gut geschulten Auge erkennbar sind. Um nicht in grobe Irrtümer zu verfallen, empfiehlt sich stets der Vergleich mit bekannten Farbstoffen.

Einheitliche Farbstoffe, mit Ausnahme der meisten gelben und vieler Azofarbstoffe, sind in der Regel sicher zu erkennen; schwieriger gestalten sich die Verhältnisse bei Gemischen; wo aber wohlcharakterisierte Spektren in Frage kommen, bietet die Methode meist größere Sicherheit als die bloße Prüfung mit Reagenzien.

Photoskopie.

Als „Photoskopie“ bezeichnet P. Heermann[1]) die systematische Prüfung von Farbstoffen (in Lösung oder auf der Faser) bei verschiedenen Lichtquellen, ein Verfahren, dessen wissenschaftliche Begründung namentlich durch Arbeiten von Paterson (J. Soc. D. C. **1896**, 191; **1902**, 90) versucht worden ist.

Es beruht auf der Tatsache, daß viele Farbstoffe bei verschiedenen Lichtquellen in verschiedenem Ton erscheinen, und fußt einerseits auf der verschiedenen Zusammensetzung der Lichtquellen in bezug auf die sichtbaren Strahlen und andererseits auf der Verschiedenheit der Absorptionsspektren der Farbstoffe, selbst solcher, die in bezug auf den Ton übereinstimmen. Diejenigen Farben, die bei Tagesbeleuchtung, d. h. im weißen Licht der Sonne, gleichen Ton zeigen, erleiden eine verschiedenartige Veränderung des Tones unter künstlicher Beleuchtung, wenn ihre Absorptionsspektren verschieden sind; ein solches abweichendes Verhalten findet aber nicht statt, wenn die Absorptionsspektren und die sonstigen physikalischen Eigenschaften der Farbstoffe unter sich übereinstimmen. Die chemische Konstitution der Farbstoffe und die Art ihrer Ausfärbung auf die Faser ist dabei belanglos und beeinflußt das photoskopische Verhalten nicht direkt.

Paterson teilt die verschiedenen Lichtquellen in Gruppen ein, deren Glieder einen analogen Einfluß auf die Farbentöne ausüben.

Als Normallicht wird das weiße zerstreute Tageslicht angenommen, und alle Änderungen des Tones werden auf dieses bezogen.

Für die Beurteilung des Tones der Färbungen eignet sich am besten das von Norden einfallende zerstreute Tageslicht; direktes Sonnenlicht ist zu diesem Zweck unbrauchbar. Dem zerstreuten Tageslicht am

---

[1]) Heermann, Färberei- u. textilchemische Untersuchungen. Berlin: Julius Springer 1923, S. 338.

nächsten stehen das Magnesiumlicht und das elektrische Bogenlicht (1. Gruppe). Dann folgt das Auerlicht bzw. das Gasglühlicht (2. Gruppe), ferner der Reihe nach: Acetylenlicht, Kalklicht, Öllampenlicht, Gasschnittbrennerlicht, elektrisches Glühlicht, Kerzenlicht (3. Gruppe).

Beispiele der Nuancenänderungen: Fuchsin, Safranin, Benzopurpurin und analoge Farbstoffe verlieren unter der künstlichen Beleuchtung der Gruppe 3 einen großen Teil ihres Blaustiches, indem sie sich dem Scharlachrot nähern.

Wollscharlach und die anderen hierher gehörigen Oxyazofarbstoffe gehen in Orange über.

Erythrosin-, Rhodamin- und andere Rosa dieser Farbstoffgruppe (Xanthene) verwandeln sich gleichfalls in Orange.

Methylorange, Orange G und die anderen Oxyazoorangemarken werden heller und gelber bis weiß.

Auramin, Nitrazingelb, Tartrazin und alle Citronengelb verblassen merklich.

Chrysamingelb und andere rötere Gelb vertragen das künstliche Licht besser als Citronengelb.

Säuregrün, Brillantgrün usw. mit gelbem Stich erhalten nur etwas stärkeren Gelbstich.

Malachitgrün, Methylgrün, Viktoriagrün und andere blaustichige Grün erscheinen bei Gaslicht noch blauer.

Cyanin, Methylenblau, Patentblau, Diaminreinblau und andere grünstichige Blau erscheinen grüner als bei Tage und behalten dies auch in Mischungen bei.

Alkali-, Nacht-, Viktoriablau und andere Reinblau werden dunkler, spielen ins rötliche und gehen bisweilen sogar in Schiefergrau über. Ein geringer Zusatz von Zitronengelb schützt gewissermaßen das Blau gegen den störenden Einfluß der künstlichen Beleuchtung.

Echtsäureblau, Azosäureblau, Indulin, Bleu de Lyon, Resorcinblau und andere rotstichige Blau werden um so röter, je rotstichiger sie schon bei Tageslicht sind.

Blaumischungen aus einem Blaugrün und Methylviolett nehmen mehr Rotstich an als Blau von einheitlicher Zusammensetzung.

Basische Violett gleichwie das Azosäureviolett usw. erleiden einen Verlust an Blaustich und eine Zunahme des Rotstichs um so mehr, je rotstichiger die Marke ist. Die gelben Strahlen des künstlichen Lichtes vereinigen sich mit dem blauen Bestandteil des Violetts zu einem Grau und erhöhen die Wirkung des roten Bestandteils im Violett auf das Auge. Helles Violett wird zu Rosa, dunkles zu Granat- bis Hochrot.

Orseille wird bedeutend röter.

Ebenso wird wesentlich röter ein mit Alizarin und Chrombeize hergestelltes Bordeaux auf Wolle.

Alizarinrot auf Wolle mit Alaunbeize wird heller und gelber bis zu Scharlach.

Alizarin-Eisen-Lila erhält einen Rotstich.

Fustel- und Gelbholzgelb auf Wolle werden rötlich getönt.

Patentfustin verändert sich kaum.

Indigo-Carmin und andere Indigopräparate verlieren ihren Grünstich, werden röter und schmutziger.

Dunkles Indigoblau (Küpenblau) geht bei künstlichem Licht nahezu in Blauschwarz über.

Für den allgemeinen Gebrauch eignet sich das Verfahren noch nicht; einmal fehlen die ausreichenden Unterlagen, wie wir sie z. B. für die spektroskopischen Untersuchungen in den Formánekschen Arbeiten besitzen, andererseits steht der Aufwand an Mitteln in keinem Verhältnis zur Bedeutung der zu erwartenden Ergebnisse. In besonderen Fällen lassen sich vielleicht Anhaltspunkte gewinnen, die die auf anderem Wege erhaltenen Resultate in willkommener Weise ergänzen.

Die Prüfung der Echtheit.

Neben den rein physikalischen Eigenschaften der Farbstoffe selbst, wie z. B. Löslichkeit, Farbstärke, Reinheit des Farbentones u. dgl. (s. u.), sind die Echtheitseigenschaften der mit Hilfe der Farbstoffe auf der Faser erzeugten Färbungen von größter Bedeutung. Es erwies sich jedoch als äußerst schwierig, einheitliche und allgemein anerkannte Maßstäbe für die Beurteilung der Echtheit der Färbungen ausfindig zu machen[1]. Im Jahre 1911 hat der Verein Deutscher Chemiker Anregungen gegeben, um eine Vereinheitlichung der Echtheitsbegriffe und -Prüfungen auf dem Gebiete der Färberei und Druckerei herbeizuführen. Die zu diesem Zwecke gebildete Echtheitskommission beschloß zunächst, für jede der in Betracht gezogenen Echtheitseigenschaften als Normen 5 Grade festzusetzen. I soll die geringste, V die höchste Echtheit bezeichnen. Ferner soll die Auswahl der Typen in der Weise erfolgen, daß zu den Färbungen jeweils 4 oder 5 Farbstoffe der verschiedenen Farbstoffabriken, die unter sich gleichwertig sind, benutzt werden. Für die Prüfung der Lichtechtheit wurde später die Anzahl der Normen von 5 auf 8 erhöht (vgl. Zeitschr. f. angew. Chem. **25**, 1193; 1912).

Ferner wurden folgende Grundsätze angenommen:

Die Normen und Typen sollen in ihrer Reihenfolge möglichst weit auseinanderliegende Echtheitsgrade festsetzen.

Die bisher festgesetzten Normen und Typen sind noch nicht als endgültig zu betrachten.

Die aufzustellenden Typen müssen, abgesehen von Färbungen allgemeiner Art (Indigo, Altrot), Färbungen von Farbstoffen sein, die von einer Reihe von Firmen, wenn auch unter verschiedenen Namen, so doch chemisch identisch in den Handel gebracht werden. Nur wenn solche Synonyme fehlen, kann also ein Farbstoff einer einzigen Firma als

[1] Vgl. auch H. Lange, „Leitende Gesichtspunkte bei Prüfung auf Echtheit usw." (Färber-Ztg. **14**, 269); ferner G. v. Georgievics, „Wie sollen Farbstoffe auf ihre Echtheit geprüft werden?" (Zeitschr. f. F. u. Textil-Chem. **1902**, 656); P. Krais, „Die moderne Echtheitsbewegung in der Teerfarbenfabrikation (Zeitschr. f. angew. Chem. **1909**, 1880); Eppendahl, „Hauswäsche und Waschechtheitsprüfung" (Färber-Ztg. **1910**, 317).

Typfärbung in Betracht kommen (s. Zeitschr. f. angew. Chem. **26**, 647; 1913; und ferner ebenda **27**, I, 57; 1914; Lehnes Färb.-Ztg. **25**, Nr. 3 u. 4; Chem.-Ztg. **38**, 154; 1914; Deutsche Färb.-Ztg. **50**, 300ff.). Die bisherigen Ergebnisse auf Grund der Arbeiten der Echtheitskommission, die sich bezogen auf Prüfungsmethoden, Normen und Typen, sind in folgendem niedergelegt (vgl. Zeitschr. f. angew. Chem. **29**, Aufs.-Teil, 101; 1916):

1. Lichtechtheit (Wetterechtheit[1]). Unter Lichtechtheit versteht der Praktiker in der Regel nicht nur die Beständigkeit gegen Licht und Luft, sondern auch gegen die gleichzeitige Wirkung der Wärme und Feuchtigkeit, des Staubes und der darin etwa vorhandenen sauren und alkalischen Bestandteile. Deshalb empfiehlt es sich, die Proben nicht ausschließlich „hinter Glas und Rahmen" vorzunehmen[2]).

Die Belichtungszeit und die Witterungsverhältnisse (ob und wieviel Sonnenschein oder Regen) werden notiert und von Zeit zu Zeit die Muster behufs Ermittlung allfällig eingetretener Veränderungen genau besichtigt.

Um zuverlässige Ergebnisse zu erzielen, ist zu berücksichtigen, daß die Echtheit gegen das Licht abhängig ist von der Stärke der Ausfärbung; schwache Färbungen sind weniger widerstandsfähig als starke; man darf deshalb stets nur Muster von gleicher Farbstärke belichten. Ferner müssen Vergleichsfärbungen gleichzeitig nebeneinander und nicht nacheinander angestellt werden, denn nach Untersuchungen von Bunsen und Roscoe zeigen sich Schwankungen in der chemischen Wirkung des Tageslichtes nicht nur innerhalb des Tages, sondern auch innerhalb des Jahres. Im Winter braucht eine Färbung oft drei- und viermal so lange Zeit, um ebenso weit zu verblassen wie im Sommer. Im weiteren ist es nicht angängig, die auf dem einen Fasermaterial gemachten Erfahrungen ohne weiteres auf andere Fasern zu übertragen. In der Regel sind die mit ein und demselben Farbstoff hergestellten Färbungen am

---

[1]) S. auch Bolis, Über die Lichtechtheit der Farbstoffe (L'Industria Tessile e Tintoria **1908**, 7; Zeitschr. f. angew. Chem. **22**, 320; 1909). Dosne, Étude sur la détermination de la solidité des couleurs à la lumière (Rev. génér. des Mat. Col. **1910**, 193). Die Lichtwirkung wird mittels des von Besson und Thurneyssen verbesserten Berlanischen Aktinometers gemessen. Gebhard, Vorschlag zu einer einheitlichen Prüfungsmethode für die Lichtechtheit von Farbstoffen, Färber-Ztg. **1911**, 6 und 26. Ferner: Zusammenhang zwischen Lichtempfindlichkeit und Konstitution von Farbstoffen, Journ. f. prakt. Chem. (2) **84**, 561; Lichtechtheitsprüfung von Farbstoffen, Zeitschr. f. angew. Chem. **26**, 76; 1913; Veränderungen der Färbungen im Licht, Chem.-Ztg. **37**, 601; Verbesserung der Lichtechtheit von Farbstoffen, Färber-Ztg. **25**, 393; Färbereichemische Fragen, Zeitschr. f. angew. Chem. **27**, 509; 1914. v. Klemperer, Zur Beurteilung der Lichtechtheit der Färbungen, Färber-Ztg. **23**, 273; Chem.-Ztg. **36**, 853; Zeitschr. f. angew. Chem. **25**, 119; 1912. Kallab, Belichtungsapparat zur Feststellung der Lichtechtheit von Farbstoffen, Collegium **1912**, 287; Eppendahl, Echtheitsbewegung und Echtheitsfärberei, Zeitschr. f. angew. Chem. **26**, 162; 1913. Mangeard, Die Wirkung der Bestrahlung in einem Gemisch von Farbstoffen, C. r. **156**, 1844. Harrison, Wirkung des Lichtes auf Farbstoffe, Färber-Ztg. **24**, 216. Grandmougin, Veränderung von Färbungen in Luft, Chem.-Ztg. **37**, 909. Schmidt, Lichtechtheit von Baumwollfärbungen, Färber-Ztg. **25**, 153.

[2]) Über das Verhalten der Farbstoffe gegenüber verschiedenartigen Lichtquellen s. Photoskopie, S. 957.

unechtesten auf Papier, dann folgt Baumwolle, am besten halten sie auf Wolle[1]) und Seide. Auch da gibt es übrigens Ausnahmen[2]).

Die Ansprüche um die Lichtechtheit sind bei den verschiedenen Farbstoffen durchaus verschieden; man wird daher Vergleichsmuster aussuchen, die dem Zweck des zu untersuchenden Farbstoffes entsprechen.

Als Wertmesser für die Lichtechtheit benutzten Scheurer und Brylinski (Bull. de Mulhouse **1898**, 119, 273; **1899**, 93) Küpenfärbungen auf Baumwolle in drei verschiedenen Stärken.

Bechtel (Rev. Mat. Col. **1909** (**147**), 73; Zeitschr. f. angew. Chem. **22**, 1038; 1909; Fischer, Jahresber. **1909**, II, 505) empfahl die Anwendung der Eisencyanverbindungen für die Bestimmung der Lichtechtheit der Farbstoffe. Gelbes und rotes Blutlaugensalz werden durch Sonnenlicht unter Ausscheidung von Ferrihydrat zersetzt. S. a. Krais: Vorschlag zu einer maßstäblichen Bemessung der Lichtwirkung auf Farbstoffe nach „Bleichstunden". (Chem.-Ztg. **35**, 645; 1911.)

Im Auftrage der Farbenfabriken vorm. F. Bayer & Co. hat Kitschelt (Monatsschr. f. Textil-Ind. **19**, 21 u. 100) eine vergleichende Belichtung sämtlicher wichtigen Wollfarbstoffe unternommen unter Zugrundelegung eines neuen Einheitsmaßes zur Bestimmung der Bleichkraft des Lichtes. Es besteht in der Messung der Zeit, in der eine zweiprozentige Ausfärbung von Thiazolgelb auf Baumwolle verblaßt. Thiazolgelb eignet sich dafür vor anderen Farbstoffen, weil es gleichmäßig bis zu weiß verbleicht und den richtigen Grad von Lichtempfindlichkeit hat.

Walther (Färber-Ztg. **17**, 65; Chem. Zentralbl. **1906**, I, 1120) untersuchte das Verhalten zahlreicher Farbstoffe gegenüber den ultravioletten Strahlen mit der Heräusschen Quarzlampe. Schon innerhalb weniger Stunden tritt ein Verschießen der Färbungen ein; allein dieses erfolgt keineswegs im gleichen Sinne wie unter der Einwirkung des Sonnenlichtes. Ähnlich, nur schwächer als die Quarzlampe, wirkt die Ultraviolett-Quecksilberlampe von Schott (Uviollampe). Die bleichende Wirkung des Sonnenlichtes beruht also nicht auf dem Vorhandensein der ultravioletten Strahlen allein; es ist daher vor der Verwendung des ultravioletten Lichtes zur Prüfung auf Lichtechtheit zu warnen.

Im einzelnen hat die Echtheitskommission folgendes beschlossen: Die Prüfungen sind parallel hinter Glas und im Freien auszuführen.

1a. Lichtechtheit gefärbter Baumwolle. Die Prüfung erfolgt in der Weise, daß die Proben neben den auf Strang oder Stück ausgefärbten Typen in einem im Freien hängenden Kasten unter Glas aufgehängt werden, und zwar so, daß die Färbung, zur Hälfte mit Papier oder Karton zugedeckt, exponiert wird.

---

[1]) Eine Erklärung der Tatsache, daß die meisten Färbungen auf Wolle haltbarer sind als auf Baumwolle, sucht Gebhard (Zeitschr. f. angew. Chem. **23**, 823; 1910) zu geben.

[2]) Kitschelt, Zeitschr. f. angew. Chem. **10**, 100; 1897. Siehe auch Chem. News **74**, 205, 218; 1896; Lehne, Färber-Ztg. **1897**, 138.

Mit I wird die niedrigste, mit VIII die höchste Echtheitsstufe bezeichnet.

NB. Bei Garnen und Stoffen ist zu berücksichtigen, daß die Appretur schützend auf die Färbung einwirkt, und so die appretierten Stoffe immer eine höhere Lichtechtheit besitzen als die unappretierten.

Typen [1]):

I[2]). 5% Chicagoblau 6 B (424)[3]), gefärbt 1 Stunde kochend mit 20 g Glaubersalz krystallisiert im Liter. (Das hierbei verdampfte Wasser wird während des Färbens ersetzt.) Nach einstündigem Färben werden weitere 20 g Glaubersalz krystallisiert im Liter zugegeben, noch $^1/_4$ Stunde weitergekocht, dann abgequetscht und in kaltem Wasser gespült.

II. 0,8% Methylenblau BG (659). Die Baumwolle wird gebeizt in der 20fachen Flottenmenge mit 3% Tannin, indem man in das 60° warme Bad eingeht und in dem erkaltenden Bade 3 Stunden beläßt; dann wird abgequetscht, in kaltem Bade mit $1^1/_2$% Antimonsalz während $^1/_2$ Stunde fixiert und gut gespült. Man färbt hiernach $^1/_2$ Stunde kalt unter Zusatz von 2% Essigsäure und erwärmt dann während $^1/_2$ Stunde auf 80°; darauf wird gespült.

III. 1% Indoinblau R in Pulv. (126), gefärbt auf mit 3% Tannin und 1,5% Antimonsalz vorgebeizter Ware wie bei II angegeben.

IV. 20% Kryogenviolett 3R (BASF), 1 Stunde kochend gefärbt mit der $1^1/_2$-fachen Menge krystallisierten Schwefelnatriums vom Farbstoffgewicht, 3 g Soda calc. und 20 g Kochsalz im Liter. (Das hierbei verdampfte Wasser wird während des Färbens ersetzt.) Nach einstündigem Färben werden weitere 20 g Kochsalz im Liter zugegeben, dann wird noch $^1/_4$ Stunde weitergekocht, abgequetscht und in lauwarmem Wasser gespült.

V. 2,5% Benzolichtrot 8BL (By), gefärbt wie für Chicagoblau 6B unter I angegeben.

VI. 10% Hydronblau G Teig 20-proz. (748), gefärbt mit 5% Natronlauge von 40° Bé und 5% Hydrosulfit konz. Pulver $^3/_4$ Stunde bei 60°, abgequetscht und in warmem Wasser gut gespült.

VII. 8% Schwefelschwarz T extra (720), gefärbt wie unter IV für Kryogenviolett angegeben.

VIII. 25% Indanthrenblau GC in Teig (843), gefärbt mit 12 ccm Natronlauge von 40° Bé im Liter Flotte und 6,25% Hydrosulfit konz. Pulver $^3/_4$ Stunde bei 50°, abgequetscht, gespült in schwach mit Schwefelsäure angesäuertem Bad 10 Min. abgesäuert, wieder gut gespült und $^1/_2$ Stunde mit 10 g Marseillerseife im Liter kochend heiß geseift.

1 b. Lichtechtheit gefärbter Wolle. Die Prüfung erfolgt genau wie unter 1a, „Lichtechtheit gefärbter Baumwolle“, angegeben. Bei Tuchen

[1]) Die Typen werden auf Garn oder Stück mit destilliertem Wasser in der 20-fachen Flottenmenge vom Gewicht der Baumwolle gefärbt.

[2]) Die abschließenden Untersuchungen der Typen I bis IV durch den Arbeitsausschuß der Echtheitskommission wurden durch den Krieg unterbrochen.

[3]) Die hinter den Typfarbstoffen in Klammer eingefügten Zahlen beziehen sich auf die Farbstofftabellen von G. Schultz, 6. Aufl., Berlin 1923.

und Geweben, an die hohe Echtheitsansprüche gestellt werden, empfiehlt es sich, die Färbungen nicht nur unter Glas, sondern auch im Freien aufgehängt zu prüfen:

Typen[1]**:**

I. 3% Indigotine Ia in Pulver (877), gefärbt unter Zusatz von 10% Glaubersalz krystallisiert und 10% Weinsteinpräparat, 1 Stunde kochend.

II. 1,5% Ponceau RR (82), gefärbt mit 10% Glaubersalz krystallisiert und 10% Weinsteinpräparat, 1 Stunde kochend.

III. 2,75% Amarant (168), gefärbt wie II.

IV. 4,5% Azosäurerot B (64), gefärbt wie II.

V. 5% Säureviolett 4 RN (BASF), gefärbt mit 10% Glaubersalz krystallisiert und 3% Essigsäure; bei 40° beginnend in 20 Minuten zum Kochen bringen, 1 Stunde schwach kochen, dann mit 2 bis 3% Schwefelsäure das kochende Bad erschöpfen.

VI. 2,5% Diaminechtrot F (343), gefärbt mit 10% Glaubersalz krystallisiert und 5% essigsaurem Ammon; bei 40° beginnend in 30 Minuten zum Kochen bringen und $^3/_4$ bis 1 Stunde kochen; nach $^1/_2$-stündigem Kochen das Bad mit 1 bis 3% Essigsäure erschöpfen, hierauf auf 70° abkühlen, 1% Chromkali zugeben und noch 20 Minuten schwach kochen.

VII. 4% Anthrachinongrün GXN (864), gefärbt wie für Säureviolett unter V angegeben.

VIII. Indigo (874) in der Tiefe einer Färbung von 2,4% Sulfoncyanin RG extra (257); oder:

7% Naphtholgrün B (4), gefärbt unter Zusatz von 10% Glaubersalz krystallisiert und 10% Weinsteinpräparat; bei 50° beginnend in 40 Minuten zum Kochen bringen und 1 Stunde schwach kochen.

2a. Waschechtheit und Kochechtheit gefärbter Baumwolle neben weißer Baumwolle.

Die Prüfung erfolgt in folgender Weise:

A. Die Probe, mit der gleichen Menge weißer abgekochter Baumwolle verflochten, wird in 50-facher Flottenmenge behandelt: $^1/_2$ Stunde bei 40° mit 2 g Marseillerseife im Liter Wasser. Dann zehnmal im Handballen mit den Fingern in der Weise ausgedrückt, daß das Zöpfchen jedesmal in die Flotte eingetaucht, herausgenommen und ausgedrückt wird. Zum Schluß wird die Probe in kaltem Wasser gespült und getrocknet.

B. Mit 5 g Marseillerseife und 3 g calc. Soda im Liter Wasser $^1/_2$ Std. kochen (100°), dann in $^1/_2$ Stunde auf 40° abkühlen lassen und in gleicher Weise zehnmal ausdrücken und behandeln wie bei A beschrieben.

Normen:	Typen:
I.	I.
Nach A behandelt: Färbung nur wenig heller, weiße Baumwolle angefärbt.	3% Benzopurpurin 4 B (363), gefärbt 1 Stunde kochend mit 20 g Glaubersalz krystallisiert im Liter. (Das hierbei verdampfte Wasser wird während des Färbens ersetzt.) Nach 1-stün-

[1]) Das Färben erfolgt in 40-facher Flottenmenge vom Gewicht des zu färbenden Materials, und zwar in destilliertem Wasser.

Normen:	Typen:
	digem Färben werden weitere 20 g Glaubersalz im Liter zugegeben, noch $^1/_4$ Stunde weitergekocht; dann abgequetscht und in kaltem Wasser gut gespült.
II. Nach A behandelt: Färbung unverändert, weiße Baumwolle nicht oder nur spurweise angefärbt.	II. 5% Primulin (616), gefärbt wie bei I angegeben, dann diazotiert und mit β-Naphthol entwickelt. Zum Schluß wird die Färbung mit 2 g Marseillerseife im Liter etwa 5 Minuten bei 35° geseift und gut gespült.
III. Nach B behandelt: Färbung wesentlich heller, weiße Baumwolle nur schwach angefärbt.	III. 2,5% Indoinblau BB (126), auf mit 6% Tannin und 3% Antimonsalz vorgebeiztem Garn. Das Ausfärben erfolgt unter Zusatz von 5% Essigsäure $^1/_2$ Stunde kalt, $^1/_2$ Stunde unter langsamem Erwärmen bis kochheiß; man läßt dann noch $^1/_4$ Stunde kochen, dann wird gespült und getrocknet.
IV. Nach B behandelt: Färbung unverändert, mitgewaschene weiße Baumwolle nur schwach gefärbt.	IV. 12% Immedialindon R konz. (733), 1 Stunde kochend gefärbt mit der $1^1/_2$-fachen Menge krystallisierten Schwefelnatriums vom Farbstoffgewicht, 3 g Soda und 20 g Kochsalz im Liter (das hierbei verdampfte Wasser wird während des Färbens ersetzt). Nach 1-stündigem Färben werden weitere 20 g Kochsalz im Liter zugegeben, noch $^1/_4$ Stunde weitergekocht, dann abgequetscht und in warmem Wasser gut gespült. Oder Indigofärbung, in genau gleicher Tiefe gefärbt in der Hydrosulfitküpe in 3 Zügen mit 10 g Indigo-Paste 20-proz. im Liter. Nach jedem Zug 10 Minuten oxydiert und zum Schluß gut gespült.
V. Nach B behandelt: Färbung unverändert, weiße Baumwolle nicht oder nur ganz wenig angefärbt.	V. Alizarinrot (Altrot).

2 b. Waschechtheit gefärbter Wolle neben Wolle und neben Baumwolle. Die Prüfung erfolgt nach zwei Methoden:

A. Probe, mit je der gleichen Gewichtsmenge weißer gewaschener Zephirwolle und abgekochter weißer Baumwolle verflochten, in 50-facher Flottenmenge $^1/_2$ Stunde bei 40° behandeln mit 10 g ätzalkalifreier Marseillerseife und 0,5 g calc. Soda im Liter Wasser, dann fünfmal in der Hand durchkneten, gut ausdrücken, spülen und trocknen.

B. Dasselbe bei 80°, nur daß nach der Behandlung bei 80° die Zöpfchen herausgelegt, $^1/_4$ Stunde lang abkühlen gelassen und dann wie oben geknetet werden.

Waschechtheit neben Wolle.

Normen:	Typen:
I. Nach A behandelt: Starke Veränderung der Färbung, starkes Bluten auf Weiß.	I. 2% Orange II (145), gefärbt mit 10% Glaubersalz krystallisiert und 10% Weinsteinpräparat, 1 Stunde kochen.
III. Nach A behandelt: Keine oder nur spurweise Veränderung der Färbung, kein Bluten auf Weiß.	III. 2% Patentblau A (545), gefärbt mit 10% Glaubersalz krystallisiert u. 3% Essigsäure, bei 40° beginnend, in 20 Minuten zum Kochen bringen, 1 Stunde schwach kochen; nach $^1/_2$-stündigem Kochen das Bad mit 2% Schwefelsäure erschöpfen.
V. Nach B behandelt: Keine oder nur spurweise Veränderung der Färbung, kein Bluten auf Weiß.	V. 7% Palatinchromschwarz 6B (181), gefärbt mit 10% Glaubersalz krystallisiert u. 3% Essigsäure, bei 60° beginnend, in 15 Minuten zum Kochen bringen, das Bad nach $^1/_2$-stündigem Kochen durch allmählichen Zusatz von 2% Schwefelsäure erschöpfen; dann abkühlen auf 70°, 2,5% Chromkali zusetzen und noch 40 Minuten schwach kochen.

Waschechtheit neben Baumwolle.

Normen:	Typen:
I. Nach A behandelt; Starkes Bluten auf Weiß.	I. 2% Chrysophenin G (304), gefärbt mit 10% Glaubersalz krystallisiert, bei 40° beginnend, in 20 Min. zum Kochen bringen, 1 Stunde schwach kochen; nach $^3/_4$-stündigem Kochen das Bad mit 2% Essigsäure erschöpfen.
III. Nach A behandelt: Kein Bluten auf Weiß.	III. 2% Patentblau A (545), gefärbt wie vorstehend (Waschechtheit neben Wolle) angegeben.
V. Nach B behandelt: Kein Bluten auf Weiß.	V. 7% Palatinchromschwarz 6B (181), gefärbt wie vorstehend angegeben.

3a. Wasserechtheit gefärbter Baumwolle. Die Probe wird derart mit abgekochter weißer Baumwolle, gewaschener Zephirwolle und weißer Seide verflochten, daß auf zwei Teile Färbung je ein Teil des weißen Materials kommt, und jedes in direkter Berührung mit der Färbung ist. Die Probe wird 1 Stunde in kaltes Kondenswasser (etwa 20°) bei 40facher Flottenmenge eingelegt, ausgedrückt und bei gewöhnlicher Temperatur getrocknet.

Normen:	Typen:
I. Bei einmaliger Behandlung Färbung etwas heller, weißes Material angeblutet.	I. 2% Chrysophenin G (304), gefärbt wie unter 2a I angegeben.
III. Bei einmaliger Behandlung Färbung und weißes Material nicht verändert.	III. 2% Chloramingelb C (617), gefärbt wie vorstehend.

Normen:	Typen:
V. Bei dreimaliger Behandlung (jedesmal mit frischem Wasser) Färbung und weißes Material nicht verändert.	V. 8% Immedialcarbon B (720), gefärbt wie unter 2a IV angegeben.

3b. Wasserechtheit[1]) **gefärbter Wolle.** Probe wie bei 3a, aber 12 Stunden einlegen.

Normen:	Typen:
I. Bei einmaliger Behandlung Färbung verändert oder heller, weißes Material angefärbt.	I. 2% Azogelb (141), gefärbt 1 Stunde kochend, unter Zusatz von 10% Glaubersalz, 10% Weinsteinpräparat.
III. Bei einmaliger Behandlung Färbung unverändert, kein Bluten ins weiße Material.	III. 2% Patentblau A (545), gefärbt wie unter 2b angegeben.
V. Bei dreimaliger Behandlung (jedesmal mit frischem Wasser) Färbung unverändert, kein oder nur spurweises Bluten ins weiße Material.	V. 7% Palatinchromschwarz 6B (181), gefärbt wie unter 2b angegeben.

4. Reibechtheit (für alle Färbungen). Man reibt mit einem über den Zeigefinger gespannten, unappretierten weißen Baumwollappen auf der Färbung zehnmal kräftig hin und her. Die Reiblänge beträgt 10 cm [2]).

5a. Bügelechtheit gefärbter Baumwolle. Die Färbung wird mit einem doppelt gelegten, dünnen, weißen, unappretierten Baumwollappen bedeckt, der mit Kondenswasser angefeuchtet ist (100% Wasser), und mit einem Bügeleisen gebügelt, das so heiß ist, daß es einen heißen Wollfilz bei der gleichen Pressung zu sengen beginnt. Man bügelt so lange, bis der feuchte Lappen vollständig trocken geworden ist. Die Veränderung der Färbung ist an den noch heißen Stellen im Vergleich mit den danebenliegenden, nicht gebügelten Teilen der Färbung festzustellen, das Bluten am aufliegenden weißen Lappen.

Normen:	Typen:
I. Färbung stark verändert. Färbung blutet auf Baumwolle.	I. 1,5% Methylenblau B (659), gefärbt in der 20-fachen Menge Kondenswasser unter Zusatz von 2% Essigsäure auf mit 6% Tannin und 3% Antimonsalz vorgebeizter Ware. Man färbt $1^1/_2$ Stunden in der für basische Farben üblichen Weise, quetscht ab und spült gut.
III. Färbung etwas verändert. Färbung blutet nicht auf Baumwolle.	III. 1% Benzopurpurin 4B (363), gefärbt wie unter 2a angegeben.
V. Färbung nicht verändert. Färbung blutet nicht.	V. 1% Chloramingelb C (617), gefärbt wie unter 2a I angegeben.

[1]) Sie ist auch für die Kaltwasserwalke wichtig.

[2]) Die Arbeitskommission hat beschlossen, hier von der Aufstellung von Typen abzusehen.

5b. Bügelechtheit gefärbter Wolle. Das Verhalten der Färbung neben nasser Baumwolle ist bei der Schweißechtheitsprobe berücksichtigt. Das Trockenbügeln wird wie folgt ausgeführt: Die Färbung wird 10 Sekunden mit einem heißen Bügeleisen gepreßt, das so heiß ist, daß es bei der gleichen Pressung einen weißen Wollfilz eben nicht mehr sengt. Die Veränderung der Färbung ist an den gebügelten Stellen im Vergleich zu den danebenliegenden nichtgebügelten Teilen festzustellen.

Normen:	Typen:
I. Färbung stark verändert, der Ton kehrt beim Erkalten erst allmählich oder nicht vollkommen wieder.	I. 2% Fuchsin S (524), gefärbt mit 10% Glaubersalz krystallisiert u. 10% Weinsteinpräparat, 1 Stunde kochend.
III. Färbung ziemlich stark verändert, der Ton kehrt beim Erkalten bald wieder.	III. 2% Amarant (168), gefärbt mit 10% Glaubersalz krystallisiert u. 10% Weinsteinpräparat, bei 60° beginnend, in 20 Minuten zum Kochen bringen, 1 Stunde kochen.
V. Keine Veränderung der Färbung.	V. 2% Tartrazin (23), gefärbt mit 10% Glaubersalz krystallisiert u. 10% Weinsteinpräparat, 1 Stunde kochend.

6. Schwefelechtheit gefärbter Baumwolle und Wolle. Die Probe, mit der gleichen Menge gewaschener Zephirwolle verflochten, wird in einer Lösung von 5 g Marseillerseife im Liter Wasser bei Zimmertemperatur genetzt, dann ausgewrungen. Hierauf kommt sie in einen, durch Verbrennen von überschüssigem Schwefel, mit Schwefeldioxyd gefüllten Raum, bleibt darin 12 Stunden und wird dann in kaltem Wasser gut gespült, ausgedrückt und getrocknet.

Schwefelechtheit gefärbter Baumwolle.

Normen:	Typen
I. Färbung verändert, weiße Wolle angefärbt.	I. 1% Diamantfuchsin (512), auf Tannin-Antimonbeize, gefärbt wie bei Methylenblau unter 5a angegeben.
III. Färbung spurweise verändert, weiße Wolle nicht angefärbt.	III 1% Columbiaschwarz FF extra (463), gefärbt wie unter 2a I angegeben.
V. Färbung und weiße Wolle unverändert.	V. 1% Diaminschwarz BH (333), gefärbt, diazotiert und entwickelt mit Diamin wie bei Primulin unter 2a angegeben.

Schwefelechtheit gefärbter Wolle.

Normen:	Typen:
I. Ziemlich starke Veränderung der Färbung, kein oder nur schwaches Anbluten der weißen Wolle.	I. 2% Diaminscharlach B (319), gefärbt wie unter 2b I angegeben.

Normen:	Typen:
III. Geringe Veränderung der Färbung, kein oder nur spurweises Bluten auf weiße Wolle.	III. 2% Walkrot G (293), gefärbt mit 10% Glaubersalz krystallisiert u. 2% Essigsäure, bei 30° beginnend, in 20 bis 30 Minuten zum Kochen bringen, 1 Stunde schwach kochen; nach $^3/_4$-stündigem Kochen das Bad mit 3% Essigsäure erschöpfen.
V. Keine Veränderung der Färbung, kein oder nur spurweises Anbluten der weißen Wolle.	V. 2% Palatinscharlach A (81), gefärbt mit 10% Glaubersalz krystallisiert u. 10% Weinsteinpräparat, bei 60° beginnend, in 20 Minuten zum Kochen bringen, 1 Stunde kochen.

7. Schweißechtheit. Eine maßgebende Beurteilung der Schweißechtheit kann nur durch Vornahme größerer Versuche, die den praktischen Verhältnissen angepaßt sind (Tragen von Unterkleidern, die aus dem zu prüfenden Material angefertigt sind, usw.), erreicht werden.

7a. Schweißechtheit gefärbter Baumwolle. Die Prüfung ist wie folgt auszuführen: Die Färbung wird, mit der gleichen Menge weißer abgekochter Baumwolle verflochten, 10 Min. in eine 80° warme Lösung, die 5 ccm neutrales essigsaures Ammonium (Handelsware 30-proz. gleich 7,5. Bé) im Liter Kondenswasser enthält, eingelegt. Hierauf wird, ohne zu spülen, getrocknet.

Normen:	Typen:
I. Färbung wird heller; weiße Baumwolle stark angefärbt.	I. 1% Chrysophenin G (304), gefärbt wie bei 2a I angegeben.
III. Färbung unverändert; weiße Baumwolle angefärbt.	III. 1% Diaminschwarz BH (333), direkt gefärbt wie oben.
V. Färbung und weiße Baumwolle bleiben unverändert.	V. 20% Indanthrenblau RS i. Tg. (638), gefärbt wie unter 1a VIII angegeben.

7b. Schweißechtheit gefärbter Wolle. Die Prüfung erfolgt nach zwei Methoden: 1. Durch Betupfen mit einer Kochsalzlösung. 2. Durch Behandeln mit essigsaurem Ammonium.

1. Prüfung mit Kochsalzlösung. Die Färbung wird mit einer Lösung von 100 g Kochsalz im Liter destilliertem Wasser betupft, bei gewöhnlicher Temperatur eintrocknen gelassen und dann abgebürstet.

Normen:	Typen:
I. Starke Veränderung der Färbung.	I. 2% Amarant (168), gefärbt mit 10% Glaubersalz krystallisiert u. 10% Weinsteinpräparat, bei 60° beginnend, in 20 Minuten zum Kochen bringen, 1 Stunde kochen.
III. Die Färbung wird ziemlich stark verändert.	III. 2% Wollgrün S (566), gefärbt mit 10% Glaubersalz krystallisiert u. 10% Weinsteinpräparat, 1 Stunde kochen.

Normen:	Typen:
V. Keine Veränderung der Färbung.	V. 2% Brillant-Croceïn 3 B (227), gefärbt mit 10% Glaubersalz krystallisiert u. 10% Weinsteinpräparat, bei 60° beginnend, in 20 Minuten zum Kochen bringen, 1 Stunde kochen.

2. Prüfung mit essigsaurem Ammonium. Die Prüfung erfolgt wie bei Baumwolle angegeben, nur ist die Wollfärbung mit je der gleichen Menge gewaschener Zephirwolle und abgekochter weißer Baumwolle zu verflechten.

Normen:	Typen:
I. Färbung nicht oder nur spurweise verändert, weiße Wolle und Baumwolle wird angefärbt.	I. 2% Azogelb (141), gefärbt wie unter 3b angegeben.
III. Färbung wird nicht verändert, weiße Wolle nur wenig, Baumwolle nicht angefärbt.	III. 2% Amarant (168), gefärbt wie bei 5b angegeben.
V. Färbung nicht verändert, weiße Wolle und Baumwolle nicht angefärbt.	V. 7% Palatinchromschwarz 6 B (181), gefärbt wie unter 2b angegeben.

8. **Alkaliechtheit** (Straßenschmutz- und Staubechtheit) gefärbter Baumwolle und Wolle. Reagens: 10 g Ätzkalk und 10 g Ammoniak 24-proz. im Liter gemischt. Die Färbung wird damit betupft, abgedrückt, ohne zu spülen bei gewöhnlicher Temperatur getrocknet, dann gut abgebürstet.

Wolle.

Normen:	Typen:
I. Starker Umschlag.	I. 2% Wasserblau (539), gefärbt mit 10% Weinsteinpräparat, bei 60° beginnend, in 20 Minuten zum Kochen bringen, dann noch etwa dreiviertel Stunden kochen.
III. Ziemlich starke Veränderung der Färbung.	III. 2% Amarant (168), gefärbt wie unter 5b angegeben.
V. Keine Veränderung der Färbung.	V. 7% Palatinchromschwarz 6 B (181), gefärbt wie unter 2b angegeben.

Baumwolle.

Normen:	Typen:
I. Starker Umschlag.	I. 1,5% Malachitgrün konz. (495), gefärbt auf Tannin-Antimonbeize, wie bei 5a I angegeben.
III. Ziemlich starke Veränderung der Färbung.	III. 1% Direkttiefschwarz extra (463), gefärbt wie unter 2a I angegeben.

Normen:

V.
Keine Veränderung der Färbung.

Typen:

V.
8% Diaminschwarz BH (333), gefärbt wie unter 2a II angegeben.

9a. Säurekochechtheit gefärbter Baumwolle[1]. Die Färbung wird mit der gleichen Menge gewaschener Zephirwolle und der gleichen Menge abgekochter weißer Baumwolle verflochten, 1 Stunde mit 10% Weinsteinpräparat vom Gewicht der Ware bei 40-facher Flottenmenge gekocht, in kaltem Wasser gut gespült, ausgedrückt und getrocknet.

Normen:

I.
Färbung nur etwas heller, weiße Wolle angefärbt.

III.
Färbung nicht oder nur wenig verändert, weiße Wolle nur schwach angefärbt.

V.
Färbung unverändert; Wolle und Baumwolle werden nicht angefärbt.

Typen:

I.
2% Chloramingelb C (617), gefärbt wie unter 2a I angegeben.

III.
3% Primulin (616), mit ß-Naphthol entwickelt, gefärbt wie unter 2a angegeben.

V.
8% Immedialcarbon B (720), gefärbt wie unter 2a IV angegeben.

9b. Säurekochechtheit[2] **gefärbter Wolle.** Die mit gewaschener Zephirwolle verflochtene Färbung wird in 70-facher Flottenmenge $1^1/_2$ Stunden mit einer Lösung von 2,5 g Weinsteinpräparat im Liter destilliertem Wasser bei 90 bis 92° behandelt, dann gespült und getrocknet.

Normen:

I.
Färbung nur wenig verändert; weiße Wolle wird angefärbt.

III.
Färbung unverändert; weiße Wolle wird nur wenig angefärbt.

V.
Färbung unverändert; weiße Wolle wird nicht oder nur spurweise angefärbt.

Typen:

I.
2% Chromgelb D (177), gefärbt mit 10% Glaubersalz krystallisiert u. 3% Essigsäure, bei 60° beginnend, in 15 Min. zum Kochen bringen, das Bad nach $^1/_2$-stündigem Kochen durch Zusatz von 2% Schwefelsäure erschöpfen; auf 70° abkühlen, 1,25% Chromkali zugeben und noch 30 Minuten schwach kochen.

III.
2% Diaminscharlach B (319), gefärbt wie unter 2b I angegeben.

V.
6% Alizarinschwarz WX extra in Teig (774), gefärbt mit 10% Glaubersalz krystallisiert u. 5% Essigsäure, bei 60° beginnend, in 20 Min. zum Kochen bringen, nach $^1/_2$-stündigem Kochen 5% Essigsäure zusetzen. Nach weiteren 20 Minuten Kochen auf 70° abkühlen, 2% Chromkali zusetzen und noch 40 Minuten schwach kochen.

---

[1] Bei der Überfärbeechtheit gefärbter Baumwolle spielt die Natur des Baumwollfarbstoffes sowohl wie die des zum Überfärben dienenden Wollfarbstoffes eine wesentliche Rolle.

[2] Sie kommt auch beim Überfärben sehr in Betracht.

10. Säureechtheit gefärbter Baumwolle. Die Färbung wird mit Mineralsäure (10-proz. Schwefelsäure) und mit organischer Säure (30-proz. Essigsäure) betupft und die Veränderung des Farbtons im Vergleich mit einer mit Wasser betupften Stelle festgestellt.

Normen:	Typen:
I. Mit Mineralsäure stark, mit organischer Säure nur wenig verändert.	I. 3% Diaminscharlach B (319), gefärbt wie unter 2b I angegeben.
III. Mit Mineralsäure stark, mit organischer Säure nicht verändert.	III. 0,5% Chrysophenin G (304), gefärbt wie bei 2a I angegeben.
V. Mit Mineralsäure und organischer Säure keine Veränderung.	V. 20% Indanthrenblau RS i. Tg. (838), gefärbt wie bei 1a VIII angegeben.

11. Bäuchechtheit gefärbter Baumwolle. Die Prüfung erfolgt nach zwei Methoden:

A. 5 g der Färbung werden mit der gleichen Gewichtsmenge gebleichten Baumwollgarns verflochten und in der 10-fachen Flottenmenge, welche mit 10% Natronlauge von 40° Bé vom Gewicht des Materials besetzt ist, 6 Stunden gekocht, wobei die verdampfende Flotte immer ergänzt wird. Hierauf wird gut gespült, abgedrückt und getrocknet.

B. Die Behandlung erfolgt in gleicher Weise wie bei A, nur daß noch 1% Ludigol[1]) vom Gewicht des Materials beigefügt wird.

Normen:	Typen:
I. Die Färbung wird, sowohl nach A als auch nach B behandelt, bedeutend heller, und auch die weiße Baumwolle wird etwas angeblutet.	I. Normale Paranitranilinrotfärbung, nach dem Entwickeln kochheiß geseift.
III. Die Färbung wird, sowohl nach A als auch nach B behandelt, wesentlich heller, während weiße Baumwolle nicht oder nur ganz spurweise angefärbt wird. Gleichfalls mit III zu bezeichnen ist: Die Färbung wird, nach A behandelt, heller, und weiße Baumwolle wird angefärbt, während, nach B behandelt, die weiße Baumwolle nicht angefärbt wird.	III. Indigofärbung in der gleichen Tiefe wie 3% Diaminechtblau FFB (C), gefärbt wie unter 2a I angegeben; oder: 10% Indanthrengelb G i.Tg. (849), gefärbt mit der 1/4-fachen Menge Hydrosulfit und 3 ccm Natronlauge von 40° Bé im Liter bei 40 bis 50° während 3/4 Stunden, dann abgequetscht, 1/3 Stunde verhängt, gut gespült und 1/4 Stunde mit 5 g Marseillerseife im Liter kochheiß geseift.
V. Die Färbung bleibt, nach beiden Methoden behandelt, vollkommen unverändert, und weiße Baumwolle wird nicht oder nur ganz spurweise angefärbt.	V. Normale Türkischrot-Altrotfärbung.

[1]) Ludigol von der B. A. S. F. dient zur Erhöhung der Bäuchechtheit und wirkt im Druck als Reserve gegen reduzierende Ätz- bzw. Verküpungsmittel.

12. Chlorechtheit gefärbter Baumwolle[1]. Die Probe wird mit der gleichen Menge abgekochter weißer Baumwolle verflochten, in heißem Wasser genetzt und auf 1 Stunde bei etwa 15° in ein frisch bereitetes Bad von unterchlorigsaurem Kalk (Chlorkalk) mit 1 g wirksamem Chlor im Liter (eine Chlorkalklösung von 5° Bé im Verhältnis 1 : 20 verdünnt und nach Titration eingestellt) bzw. unterchlorigsaurem Natron (Chlorsoda) mit ebenfalls 1 g wirksamem Chlor im Liter und nicht mehr als 0,3 g Soda im Liter [wie unten beschrieben frisch bereitet und nach Titration eingestellt[2]] eingelegt, gespült, abgesäuert, nochmals gespült, ausgedrückt und getrocknet.

Normen:	Typen:
I. Mit Chlorsoda Färbung heller, weiße Baumwolle angeblutet. Mit Chlorkalk Färbung viel heller, weiße Baumwolle angeblutet.	I. 1% Methylenblau B (659), auf Tannin-Antimonbeize gefärbt wie unter 5a angegeben.
II. Mit Chlorsoda Färbung verändert, weiße Baumwolle nicht angeblutet. Mit Chlorkalk Färbung stark verändert, weiße Baumwolle nicht angeblutet.	II. 6% Indanthrenolive G Pulver (791), gefärbt in der 20-fachen Menge Kondenswasser mit der 5-fachen Menge Natronlauge 40° Bé und der $2^1/_2$-fachen Menge Hydrosulfit vom Gewicht des Farbstoffes, bei 60°, abgequetscht und sogleich gut gespült.
III. Mit Chlorsoda Färbung nur etwas heller, weiße Baumwolle nicht angeblutet. Mit Chlorkalk Färbung viel heller, weiße Baumwolle nicht angeblutet.	III. Indigofärbung in der gleichen Tiefe wie 3% Diaminechtblau FFB, gefärbt wie unter 2a I angegeben.
IV. Mit Chlorsoda Färbung nicht verändert, weiße Baumwolle nicht angeblutet. Mit Chlorkalk Färbung merklich heller, weiße Baumwolle nicht angeblutet.	IV. 10% Hydronblau G 20-proz. Teig (748), gefärbt mit der halben Menge Natronlauge 40° Bé und der halben Menge Hydrosulfit vom Gewicht des Farbstoffes. Im übrigen wird verfahren, wie bei Indanthrenolive unter II angegeben.
V. Mit Chlorsoda und Chlorkalk Färbung unverändert, weiße Baumwolle nicht angeblutet.	V. Normale Türkischrot - Altrotfärbung

[1]) Bei Wollfärbungen kommt die Chlorechtheit nur in Sonderfällen in Frage, z. B. bei der Erzeugung der sog. Seidenwolle durch Chloren von Wolle.

[2]) Herstellung des unterchlorigsauren Natrons: 100 g Chlorkalk 33-proz. werden mit 400 ccm Wasser angeteigt; man löst ferner 60 g calcinierte Soda in 200 ccm kochendem Wasser, gibt 100 ccm kaltes Wasser zu, mischt diese Lösung mit dem Chlorkalkbrei durch halbstündiges Rühren und läßt dann absitzen. Die klare Lösung wird abgezogen, mit 2 g Soda versetzt zur Entfernung des letzten Restes Kalk und dann stehen gelassen. Die klare Lösung wird abgezogen, gegebenenfalls filtriert und entsprechend mit Kondenswasser verdünnt.

13. Mercerisierechtheit gefärbter Baumwolle[1]**.** Die Färbung wird in gebleichten unappretierten Baumwollstoff eingenäht, 5 Minuten in kalte Natronlauge von 30° Bé eingelegt, gespült, abgesäuert, fertig gespült und getrocknet.

Normen:	Typen:
I. Färbung minimal verändert; weiße Baumwolle etwas angeblutet.	I. 3% Primulin (616), entwickelt mit β-Naphthol, wie unter 2a angegeben.
III. Färbung unverändert; weiße Baumwolle nur spurweise angefärbt.	III. 1% Chloramingelb C (617), gefärbt wie unter 2a I angegeben.
V. Färbung unverändert; weiße Baumwolle nicht angefärbt.	V. 8% Immedialcarbon B (720), gefärbt wie unter 2a IV angegeben.

14. Bleichechtheit gefärbter Wolle. Die auf leichtem Wollstoff hergestellte Färbung wird mit weißen Woll-, Baumwoll- und Seidenfäden durchnäht und mit Wasserstoffsuperoxyd gebleicht. Das Bleichbad wird angesetzt mit 100 Teilen destilliertem Wasser und 20 Teilen Wasserstoffsuperoxyd von 10 bis 12 Vol.-%, und diese Lösung wird mit geringen Mengen Ammoniak ganz schwach alkalisch gemacht. Das Bad muß während der Behandlung schwach alkalisch bleiben (Prüfen mit Kongopapier). Man legt die Probe in das etwa 45 bis 50° warme Bad ein (40- bis 50-fache Flottenmenge vom Gewicht der Probe) und läßt dann 12 Stunden im allmählich erkaltenden Bade liegen. Es ist darauf zu achten, daß die Proben stets unter der Flotte gehalten werden; starkes Umrühren ist zu vermeiden. Die Proben werden dann gespült und getrocknet.

Normen:	Typen:
I. Die Färbung wird nicht oder nur spurweise verändert, blutet aber auf Wolle, Seide und Baumwolle.	I. 2% Azogelb (141), gefärbt wie unter 3b angegeben.
II. Die Färbung wird heller und blutet wenig auf Seide, Wolle und Baumwolle.	II. 2% Patentblau A (545), gefärbt wie unter 2b angegeben.
III. Die Färbung wird heller, blutet aber nicht auf Wolle, Seide und Baumwolle.	III. 2% Echtgelb S (137), gefärbt wie für Azogelb unter 3b angegeben.
IV. Die Färbung wird nicht oder nur spurweise verändert, blutet nicht auf Wolle, aber etwas auf Seide und Baumwolle.	IV. 2% Chrysophenin G (304), gefärbt wie unter 2b angegeben.
V. Die Färbung wird nicht oder nur spurweise verändert und blutet nicht oder nur spurweise auf Wolle, Baumwolle und **Seide.**	V. 2% Sulfoncyanin GR extra (257), gefärbt mit 20% Glaubersalz und 5% essigsaurem Ammonium, bei 40° beginnen, in $^1/_2$ Stunde auf 80 bis 90° bringen und bei dieser Temperatur etwa $^3/_4$ Stunden färben.

[1]) Die Tannin-Antimon-Lacke der basischen Farbstoffe sind besonders empfindlich gegen Laugenbehandlung.

15. Walkechtheit gefärbter Wolle[1]. Die Walkechtheit ist namentlich für die Farbstoffe von Wichtigkeit, die zum Färben der für die Tuchfabrikation bestimmten losen Wolle benutzt werden. Sie ist eine Eigenschaft, die fast nur den Küpen- und Beizenfarbstoffen eigen ist. Die Walke besteht in einem Reiben und Kneten der Wolle mit Seifenlösung (unter Zusatz von Soda und anderen Stoffen), durch die eine gewisse Verfilzung der Wollfaser bewirkt werden soll. Dabei darf erstens der Farbstoff nicht erheblich von der Faser abgehen, andererseits darf aber neben den gefärbten Fäden befindliche weiße Wolle nicht angefärbt werden. Man bezeichnet ein solches Anfärben in Weiß als das „Abbluten" des Farbstoffes. Zu bemerken ist, daß sich diese Erscheinung meistens erst dann zeigt, wenn die Seife völlig ausgewaschen wurde. Die Eigenschaft, nicht abzubluten, kommt hauptsächlich den Farbstoffen zu, die auf metallische Beizen färben, und ist auch dann meistens nur den Chromlacken eigen.

Es ist wohl zu beachten, daß die Fabrikwalke in der Regel intensiver wirkt als die im kleinen durchgeführten Versuche; in wichtigen Fällen wird man deshalb gut tun, das Probestück mit einer Partie Ware einem entsprechenden Walkprozeß im Fabrikbetriebe zu unterwerfen.

Die Prüfung erfolgt nach zwei Methoden:

A. Neutrale Walke. Die Färbung wird mit der gleichen Menge weißer Wolle bzw. Baumwolle verflochten, dann bei 30° in der 40-fachen Flottenmenge mit einer Walkflotte von 20 g Marseillerseife im Liter destillierten Wassers behandelt. Die Probe wird erst mit der Hand gut durchgewalkt, dann 2 Stunden eingelegt, nochmals durchgeknetet, hierauf ausgewaschen und getrocknet.

B. Alkalische Walke. Behandlung wie bei A, jedoch bei 40°, und die Walkflotte enthält 20 g Marseillerseife und 5 g calc. Soda im Liter destillierten Wasser.

Neben weißer Wolle:

Normen:	Typen:
I. Nach A behandelt: Merkliche Veränderung der Färbung, starkes Bluten auf weiße Wolle.	I. 2% Azogelb (141), gefärbt wie unter 3b angegeben.
II. Nach A behandelt: Geringe Veränderung der Färbung, geringes Bluten auf weiße Wolle.	II. 2% Ponceau RR (82), gefärbt wie für Orange II unter 2b angegeben.
III. Nach A behandelt: Keine oder nur spurweise Veränderung der Färbung, kein Bluten auf weiße Wolle.	III. 6% Sulfoncyaninschwarz 2B (265), gefärbt wie unter 14 V angegeben.
IV. Nach B behandelt: Keine oder nur spurweise Veränderung der Färbung, geringes Bluten auf weiße Wolle.	IV. 2% Chromgelb D (177), gefärbt wie unter 9b angegeben.

[1] Bei halbwollenen Geweben kann auch die Druckechtheit gefärbter Baumwolle in Frage kommen.

Normen:	Typen:
V. Nach B behandelt: Keine oder nur spurweise Veränderung der Färbung, kein Bluten auf weiße Wolle.	V. 7% Anthracenchromschwarz P extra (185), gefärbt wie unter 2b V angegeben.

Neben weißer Baumwolle:

Normen (vgl. das Vorhergehende):	Typen:
I. Starkes Bluten auf weiße Baumwolle.	I. 2% Diaminscharlach B (319), wie unter 2b I angegeben.
II. Geringes Bluten auf weiße Baumwolle.	II. 2% Ponceau RR (82), gefärbt wie für Orange II unter 2b angegeben.
III. Kein Bluten auf weiße Baumwolle.	III. 6% Sulfoncyaninschwarz 2B (265), gefärbt wie unter 14 V angegeben.
IV. Geringes Bluten auf weiße Baumwolle.	IV. 5% Diamantschwarz F (277), nachchromiert mit 1,5% Chromkali, sonst gefärbt wie unter 2b V angegeben.
V. Kein Bluten auf weiße Baumwolle.	V. 7% Diamantschwarz PV (157), gefärbt wie unter 2b V angegeben.

16. Carbonisierechtheit (Wolle). Die Probe $1/2$ Stunde in Schwefelsäure von 5° Bé einweichen, auf 100% Feuchtigkeitsgehalt abpressen, dann 1 Stunde bei 80° trocknen. Hierauf wird die Probe $1/4$ Stunde mit der 200-fachen Menge destillierten Wassers gewaschen, abgepreßt und $1/4$ Stunde in der 200-fachen Menge Sodalösung 2 : 1000 neutralisiert. Dem Neutralisieren folgt ein gründliches Auswaschen mit Wasser bis zur neutralen Reaktion mit Lackmuspapier.

Normen:	Typen:
I. Starke Veränderung der Färbung.	I. 2% Alizarinrot W (780) in Pulver, gefärbt auf mit 3% Chromkali und $2^1/_2$% Weinsteinpräparat $1^1/_4$ Stunde kochend vorgebeizte Wolle; das Ausfärben erfolgt im frischen Bade: unter Zusatz von 2% Essigsäure, bei 30° beginnend, in 30 Minuten zum Kochen bringen und $1^1/_2$ Stunde kochen.
III. Geringe Veränderung der Färbung.	III. 2% Orange IV (139), gefärbt mit 10% Glaubersalz krystallisiert u. 10% Weinsteinpräparat, 1 Stunde kochen.
V. Keine oder nur spurweise Veränderung der Färbung.	V. 2% Palatinscharlach A (81), gefärbt mit 10% Glaubersalz krystallisiert u. 10% Weinsteinpräparat, bei 60° beginnend, in 20 Minuten zum Kochen bringen, eine Stunde kochen.

17. Pottingechtheit gefärbter Wolle. Die Prüfung erfolgt nach zwei Methoden:

A. Die Färbung wird mit der gleichen Menge weißer Wolle und Baumwolle verflochten und 2 Stunden in der 60-fachen Menge 90° heißen destillierten Wassers behandelt, hierauf ausgewaschen und getrocknet.

B. Wie A, mit destilliertem Wasser, dem 1 g Marseillerseife im Liter zugesetzt ist.

Normen:	Typen:
I. Nach A behandelt: Die Färbung wird verändert, weiße Wolle oder Baumwolle wird stark angefärbt.	I. 2% Patentblau A (545), gefärbt wie unter 2b angegeben.
III. Nach A behandelt: Die Färbung wird nicht oder nur spurweise verändert, weiße Wolle und Baumwolle werden etwas angefärbt.	III. 5% Diamantschwarz F (277), gefärbt wie unter 2b V angegeben, nur daß mit 1,5% Chromkali nachchromiert wird.
V. Nach B behandelt: Keine oder nur spurweise Änderung der Färbung, kein Anbluten der weißen Wolle und Baumwolle.	V. 7% Alizarinschwarz WX extra, gefärbt wie unter 2b V angegeben.

18. Dekaturechtheit gefärbter Wolle. Die Prüfung erfolgt nach drei Methoden:

A. Die Probe wird auf einem Dekaturzylinder in sechs Lagen mit dem üblichen Stoff bombagiert, dann der zu untersuchende Stoff fest und gleichmäßig aufgebäumt, oder bei kleinen Mustern eine Lage Dekaturtuch vorgewickelt. Es folgt dann die weitere Wicklung in mindestens drei Lagen und das Zubinden. Gedämpft wird 10 Minuten, vom Ausströmen des Dampfes aus dem Gewebe an gerechnet. Man läßt 5 Minuten stehen und wickelt ab.

B. Die Probe wird auf einen Dekaturzylinder aufgerollt und während 5 Minuten im geschlossenen Apparat bei 1 Atm. Überdruck gedämpft.

C. Dasselbe während 10 Minuten bei $2^1/_2$ Atm. Überdruck.

Normen:	Typen:
I. Nach A behandelt: Ziemlich starke Veränderung der Färbung.	I. 2% Thioflavin T (642), gefärbt in 40-facher Flottenmenge $^3/_4$ Stunde bei 50°.
II. Nach A behandelt: Keine Veränderung der Färbung.	II. 2% Sulfoncyanin GR extra (257), gefärbt wie unter 14 V angegeben.
III. Nach B behandelt: Ziemlich starke Veränderung der Färbung.	III. 2% Sulfoncyanin wie oben.
IV. Nach B behandelt: Keine Veränderung der Färbung.	IV. 2% Crocein AZ (225), gefärbt wie bei Brillant-Crocein 3 B unter 7b V angegeben.
V. Nach C behandelt: Keine Veränderung der Färbung.	V. 9% Naphtholschwarz 6 B (269), gefärbt mit 10% Weinsteinpräparat. Bei 40° beginnend, in 30 Min. zum Kochen bringen, 1 Stunde schwach kochen.

19. Seewasserechtheit gefärbter Wolle. Die Färbung wird mit der gleichen Menge weißer Wolle verflochten, 24 Stunden bei 40facher Flottenmenge in eine kalte Lösung von 30 g Kochsalz und 6 g Chlorcalcium (wasserfrei) im Liter Wasser eingelegt, dann, ohne zu spülen, getrocknet.

Normen:	Typen:
I. Färbung nur wenig verändert; weiße Wolle stark angeblutet.	I. 2% Chrysoin (143), gefärbt wie unter 3b I angegeben.
III. Färbung nicht oder nur spurweise verändert; weiße Wolle ziemlich stark angeblutet.	III. 2% Cyanol extra (546), gefärbt wie unter 2b III angegeben.
V. Färbung unverändert; weiße Wolle nicht angeblutet.	V. 6% Sulfoncyaninschwarz (265), gefärbt wie bei 14 V angegeben.

Schon aus den von der Echtheitskommission aufgestellten Vorschriften für die Echtheitsprüfung geht hervor, daß Farbstoffe, die als technisch brauchbar gelten sollen, sowohl denjenigen Einwirkungen widerstehen müssen, die sich während des eigentlichen Färbevorganges und der sich ihm anschließenden Operationen geltend machen, wie etwa der hydrolytischen Spaltung im kochenden sauren Bade oder beim Dämpfprozeß (es gibt Farbstoffe, die unter diesen Bedingungen Aminogruppen in Form von Ammoniak bzw. primären und sekundären Aminen abspalten, unter gleichzeitiger starker Änderung ihres Farbtones), als auch den Beanspruchungen während des Tragens der Stoffe oder beim sonstigen bestimmungsgemäßen Gebrauch. Es bedarf nicht des Hinweises, daß es nur wenig Farbstoffe gibt, die allen Echtheitsanforderungen genügen. Derartige Forderungen werden aber auch gar nicht gestellt. Es genügt den Bedürfnissen der Praxis vollauf, wenn die Färbungen hinsichtlich derjenigen Echtheitseigenschaften den Anforderungen entsprechen, die im Einzelfalle für den Verbraucher in Betracht kommen.

Anderseits aber ist die Untersuchung der Farbstoffe auf ihre technische Verwendbarkeit mit der Prüfung der oben aufgezählten 19 Echtheitseigenschaften keineswegs erschöpft, sondern darüber hinaus gibt es noch zahlreiche andere Fragen, von deren Beantwortung die Entscheidung über die Brauchbarkeit eines Farbstoffes abhängt. Es wird dies ohne weiteres verständlich, wenn man sich die unerschöpfliche Mannigfaltigkeit vergegenwärtigt, die allein schon in bezug auf das verschiedene Fasermaterial herrscht. Dazu kommen nun die noch viel zahlreicheren Verschiedenheiten auf dem Gebiete der Spinnerei und Weberei, so daß als Rohstoffe dem Färber und Drucker unendlich mannigfaltige Erzeugnisse der Textilindustrie vorliegen, die wiederum von ihm, entsprechend den unterschiedlichsten Geschmacksrichtungen, weiter verarbeitet werden sollen. Aber selbst die Lösung einer eng begrenzten färberischen Aufgabe läßt in der Regel mehr als einen Weg offen. Schon die Apparaturfrage kann die Wahl des Farbstoffes in entscheidender Weise beeinflussen, da die Apparatfärberei, weil sie mit konz. Bädern arbeitet, z. B. an die Löslichkeit der Farbstoffe und auch in bezug auf die Abwesenheit unlöslicher Verunreinigungen und Niederschläge viel höhere Anforderungen zu stellen gezwungen ist als die gewöhnliche Färberei in offenen Gefäßen. Übrigens sei hinsichtlich des Materials der Färbeapparate bemerkt, daß Holz am geeignetsten ist, daß Eisen für die meisten Wollfärbungen schädlich ist, und daß Kupfer sowie besonders Nickel und seine Legierungen vor allem den Vorzug verdienen. In Fällen, in denen die Untersuchung ergibt, daß die Färbungen durch Kupfer verändert werden, setzt man zu seiner Unschädlichmachung vor dem Färben Rhodanammonium dem Bade (bis zu 0,5% vom Wollgewicht) zu.

Nachstehend sollen in Kürze noch einige Angaben über Farbstoffuntersuchungen zusammengestellt werden, die für die praktische Färberei der Wolle, Baumwolle und Seide sowie der gemischten Gewebe von Belang sein können.

A. Wollfärbungen.

1. Das Durchfärben. Diese Prüfung ist nötig, wenn es sich z. B. in der Stückfärberei um dicke und dichte Gewebe aus starkgedrehten Garnen handelt. Hierbei kann es leicht vorkommen, daß beim unvorsichtigen, d. h. zu raschen Färben (aus zu sauren Bädern) der Farbstoff auf der Oberfläche des Gewebes niedergeschlagen wird, während die inneren Schichten nicht gefärbt werden. In solchen Fällen erscheinen beim Durchschneiden des Tuches die inneren Schichten vollkommen weiß.

2. Die Tragechtheit. Die ebenerwähnte unvollkommene Durchfärbung macht sich beim Tragen auf die Dauer in sehr unerwünschter Weise bemerkbar. Bei Uniformtuchen kann, als Folge der starken Beanspruchung, aber auch aus anderen Gründen, der Mangel der Tragechtheit in die Erscheinung treten. Eine zuverlässige Beurteilung der Wollfärbungen nach dieser Richtung ist jedoch nur möglich durch Versuche, die sich der Wirklichkeit möglichst eng anschließen.

3. Im Zusammenhang mit dem Durchfärben steht ferner aber auch das Egalisierungsvermögen, obwohl diese Eigenschaft zunächst sich nur auf die Oberflächenbeschaffenheit des gefärbten Gewebes zu beziehen scheint. Aber man kann wohl als Erfahrungstatsache die Regel aufstellen, daß Farbstoffe, die ohne besondere Vorsichtsmaßregel die Oberfläche des Gewebes gleichmäßig anfärben, also gut egalisieren, auch in bezug auf das Durchfärben den Anforderungen genügen werden. Das Egalisierungsvermögen ist für die Wollfärberei von großer Bedeutung da ungleichmäßige Färbungen und Flecken die Ware leicht unverkäuflich machen. Besonders in der Apparatfärberei, die ein vollkommen gleichmäßiges Anfärben der inneren und äußeren Schichten voraussetzt, können nur gut egalisierende Farbstoffe Verwendung finden. Das gleiche gilt für die Kunstwollfärberei, weil das hierbei zur Verarbeitung gelangende Material in bezug auf gleichmäßige Beschaffenheit meist zu wünschen übrig läßt und außerdem infolge der vorhergegangenen Carbonisation reichliche Reste von Säure enthält, die einem unegalen Färben Vorschub leistet. Ähnliches trifft zu für das Färben zinnerschwerter

oder mit Gerbstoff beladener Seide, die gleichfalls sehr begierig Farbstoffe aufnimmt und daher der gleichen Gefahr der Fleckenbildung ausgesetzt ist. Schließlich empfiehlt sich auch bei der Halbwollfärberei (Wolle und Baumwolle) zum Anfärben der Wolle die Anwendung von gut egalisierenden Farbstoffen, um die Dauer des Färbevorganges möglichst abzukürzen.

4. Bei Farbstoffen, die zum Färben von Kunstwolle Verwendung finden sollen, spielt außer dem Egalisierungsvermögen auch die Empfindlichkeit gegen Eisen- und Kupfersalze eine Rolle, da bei einem derartigen Fasermaterial mit dem Vorhandensein von Beizen zu rechnen ist, die von früheren Färbungen herrühren.

B. Baumwollfärbungen. 1. Ausziehen der Bäder. Dies kommt in Betracht vor allem für die direkt färbenden Baumwollfarbstoffe, und zwar sowohl mit Rücksicht auf die Abwässerbeseitigung, als auch wegen der etwaigen Benutzung der alten Bäder (sog. Färben auf stehendem Bade) und der damit verbundenen Gefahr einer Verschiebung des ursprünglichen Farbentones bei Verwendung von Farbstoffmischungen, deren Bestandteile ein unterschiedliches Zugvermögen aufweisen.

2. Eine andere, gleichfalls mehr physikalische Erscheinung ist das Absublimieren der Farbstoffe von der Faser. Diese Eigenschaft setzt eine gewisse Flüchtigkeit der Farbstoffe voraus und findet sich daher vielfach bei Farbstoffen, die keine Sulfogruppe enthalten, wie dies bei den auf der Faser erzeugten Färbungen der Fall ist. Bemerkenswert ist, daß innerhalb der praktisch in Betracht kommenden Temperaturgrenzen bei den Küpenfarbstoffen der erwähnte Übelstand nicht auftritt, ein Umstand, der auf eine wirksamere Einlagerung der Küpenfarbstoffe in der Faser, nicht nur auf ihr, schließen läßt.

3. Appretur- und Schlichtmittel können bisweilen merklich auf die Färbungen einwirken, besonders sofern sie saure Reaktion besitzen oder im Laufe der Zeit annehmen. Es ist daher Vorsicht geboten und eine vorherige Prüfung der Farbstoffe auf ihr Verhalten gegen diese Mittel, und zwar unter den Bedingungen der Praxis.

4. Von chemischen Reaktionen, die Baumwollfärbungen gegenüber in Frage kommen, seien genannt: das Verhalten der Farbstoffe gegen Diazoniumverbindungen (z. B. Entwicklung mit diazotiertem p-Nitranilin), gegen Formaldehyd, gegen Bichromat + Kupfersulfat in Gegenwart von Essigsäure, gegen Nitrit + Salzsäure und β-Naphthol oder andere Azokomponenten (vgl. S. 1007 f.).

Bei Halbwollfärbungen (s. u.) kann es wichtig sein festzustellen, wie sich die auf Baumwolle vorgefärbten Farbstoffe bei der nachherigen Entwicklung der Nachchromierungsfarbstoffe auf Wolle (mittels Bichromat + Schwefelsäure) verhalten, d. h. ob sie zerstört werden oder beständig sind.

5. Bei der Erzeugung wasserdichter Gewebe findet eine (heiße oder kalte) Vulkanisierung statt. Die kalte Vulkanisierung, bei der es sich lediglich um die Einwirkung einer Lösung von Chlorschwefel in Schwefelkohlenstoff handelt, stellt keine sonderlichen Anforderungen an die Beständigkeit der Farbstoffe, während bei der heißen Vulkani-

sierung (bei 130°) infolge der Einwirkung des Schwefels auf die Farbstoffe mehr oder minder weitgehende Änderungen des Farbentones auftreten.

C. Seide.

Für Seide gelten im allgemeinen ähnliche Echtheitsprüfungen wie für Wolle; nur macht sich praktisch zwischen diesen beiden Faserarten aus leicht verständlichen Gründen der Unterschied bemerkbar, daß die wertvolle Seide in erheblich geringerem Grade den Beanspruchungen unterworfen wird, denen die Wolle ausgesetzt zu werden pflegt; immerhin kann aber auch für Seide z. B. die Echtheit gegen kochendes Wasser oder gegen Regenwasser in Frage kommen. Aus der Eigenart der Seide ergibt sich eine besondere Prüfung, nämlich inwieweit ein auf Rohseide gefärbter Farbstoff das Entbasten der Seide zu überstehen vermag.

D. Gemischte Gewebe.

(Halbwolle = Wolle + Baumwolle, Halbseide = Seide + Baumwolle, Seidenwolle = Seide + Wolle.) Beim Färben gemischter Gewebe lassen sich, abgesehen von Sonderfällen, folgende Möglichkeiten unterscheiden:

1. die beiden Faserarten sollen in Ton und Stärke gleich gefärbt werden, und zwar beide mittels des nämlichen Farbstoffes;
2. die Färbungen der beiden Fasern sollen in Ton und Stärke verschieden ausfallen, und zwar unter Umständen in dem Maße verschieden, daß nur die eine Faser angefärbt wird, während die andere unverändert bleibt.

Der Fall 1, d. h. das gleichzeitige Färben beider Fasern in einem Bade und mit einem Farbstoff, stellt scheinbar die einfachste Aufgabe dar; tatsächlich aber setzt das Verfahren (Färben in neutralem oder für gewisse Fälle schwach essigsaurem oder ausnahmsweise in mineralsaurem Glaubersalzbade) Färbeeigenschaften voraus, die unter der großen Zahl der direkt färbenden Farbstoffe nur verhältnismäßig wenigen zukommen. Zu bemerken ist, daß der Erfolg in hohem Maße von den Bedingungen, unter denen das Färben vor sich geht, abhängig ist. Vor allem spielt neben der Reaktion des Bades (neutral, sauer oder alkalisch) die Temperatur der Bäder eine große Rolle, insofern, als niedrige Temperaturen das Aufziehen auf die Baumwolle, höhere hingegen das Aufziehen auf die tierische Faser begünstigen, so daß man durch die Regelung der Temperatur der Färbebäder das Ergebnis erheblich zu beeinflussen vermag.

Der Fall 2, das unterschiedliche Anfärben der dem gemischten Gewebe zugrundeliegenden verschiedenen Fasern, ist leicht zu verwirklichen, wenn das der überwiegenden Mehrzahl der direkt färbenden Farbstoffe eigentümliche, abweichende Verhalten gegenüber den verschiedenartigen Fasermaterialien zufälligerweise gerade den Wünschen des Färbers entspricht. Dieser Fall tritt aber nur ausnahmsweise ein; in der Regel wird es sich, wenn Färbungen von abweichendem Ton gewünscht werden, darum handeln, für jede Faserart einen besonderen Farbstoff auszuwählen. Hierbei kommt es darauf an, welche Faser zuerst und welche zuletzt gefärbt werden soll, und daraus ergibt sich dann die sehr wichtige Untersuchung, inwieweit der bereits auf der Faser befindliche erste Farbstoff durch das spätere Auffärben des zweiten Farbstoffes beeinflußt wird. Es bedarf kaum des Hinweises darauf, daß die Loslösung des 1. Farbstoffes von der Faser und seine Vermischung mit dem zweiten, für die andere Faser bestimmten Farbstoff zu unbrauchbaren Ergebnissen führen müßte. Hier spielt also die wichtige Eigenschaft der Überfärbeechtheit in neutralem oder saurem Bade eine bedeutsame Rolle, die ihrerseits in letzterem Falle die auf S. 970 erwähnte Säurekochechtheit voraussetzt. Ebenso wird man aber auch von dem zweiten Farbstoff verlangen müssen, daß er seinerseits die bereits gefärbte Faser nicht anfärbt; mit anderen Worten, jeder der beiden Farbstoffe muß sich ganz und gar ausschließlich auf das Anfärben der für ihn bestimmten Faser beschränken. Die Reihenfolge, in der die beiden Fasern des Mischgewebes angefärbt werden, wird vielfach nicht in das Belieben des Färbers gestellt sein, sondern die Rücksicht auf die vorgeschriebene Beschaffenheit, wie z. B. Glanz und Griff, wird in solchen Fällen bestimmend sein. Den jeweiligen Anforderungen entsprechend wird die Auswahl der Farbstoffe im einzelnen Falle sich gestalten müssen.

Was im allgemeinen für gemischte Gewebe gilt, trifft im besonderen auch für Gewebe mit weißen Zierleisten oder bunten Effektfäden und -streifen oder schwarzen Kanten u. dgl. zu. Die Bedürfnisse der Technik gestalten sich, zum Teil auch durch den Wechsel der Mode bestimmt, so außerordentlich mannigfaltig, daß nur eine sorgfältige Prüfung der Farbstoffe, immer in engster Anlehnung an die Forderungen der Praxis, den Verbraucher vor Schaden bewahren kann.

Noch einige Bemerkungen über Einwirkungen, denen alle Färbungen, unabhängig von der Natur der Faserstoffe, ausgesetzt sein können. So spielt z. B. außer der auf S. 964ff. erwähnten Waschechtheit auch das Verhalten der Färbungen gegen oxydierend wirkende (Perborat-, Persilicat- oder Natriumsuperoxyd-haltige) Wasch- und Bleichmittel eine gewisse Rolle.

Wichtiger noch ist das Verhalten der Farbstoffe gegen die reduzierenden Wirkungen des Hydrosulfits, über dessen Bedeutung für analytische Zwecke die Greenschen Tabellen (s. S. 992ff.) näheren Aufschluß geben werden. Aber nicht nur in analytischer, sondern auch in technischer Beziehung bedeutet das Hydrosulfit einen wesentlichen Fortschritt, und zwar in zweierlei Richtungen (abgesehen von der Verwendung des Hydrosulfits, in Form des wasserfreien Na-Salzes, $Na_2S_2O_4$, zum Verküpen der Küpenfarbstoffe, die auf einem ganz anderen Gebiete liegt): als Abziehmittel und als Ätzmittel. Als Abziehmittel hat sich das Hydrosulfit, in Form der haltbaren Formaldehydverbindungen, besonders in der Verarbeitung der Kunstwolle bewährt. Außerdem findet es Anwendung zum Abziehen fehlerhafter oder zu stark ausgefallener Färbungen. Nicht minder ausgedehnte Verwendung finden die haltbaren Hydrosulfitverbindungen im Zeugdruck als ausgezeichnete Ätzmittel, denen gegenüber die früher gebräuchlichen Ätzmittel (Zinnoxydulsalze und Zinkstaub + Bisulfit), soweit es sich um Weißätzen handelt, stark in den Hintergrund getreten sind. Die Ätzbarkeit der Färbungen ist besonders für die Erzeugung von weißen Mustern auf Baumwolle von großer Bedeutung, und deshalb bildet die Prüfung der Färbungen auf ihr Verhalten gegen Ätzmittel einen nicht unwesentlichen Teil der Gesamtuntersuchung, wobei außer den Reduktionsätzen, die heute allerdings als die wichtigsten gelten können, auch die auf einer Oxydationswirkung beruhenden Ätzen, wie z. B. solche mit Chloraten und Chromaten, in Betracht zu ziehen sind.

Zum Schluß dieser Übersicht über die Echtheitseigenschaften und ihre Prüfung, die in allen Fällen sich den Verhältnissen der Praxis möglichst annähern soll, sei, um die Mannigfaltigkeit der technischen Bedürfnisse zu kennzeichnen, darauf hingewiesen, daß es auch Fälle gibt, in denen die Unechtheit einer Färbung geradezu erwünscht sein kann. Dies trifft z. B. dann zu, wenn es darauf ankommt, verschiedene Arten rohweißer Wollgarne durch schwaches Anfärben in leicht erkennbarer Weise voneinander zu unterscheiden, um Verwechslungen vorzubeugen. Man erreicht dies durch die Verwendung von Säurefarbstoffen, und zwar in neutralem Bade und bei gewöhnlicher Temperatur, wodurch Färbungen erhalten werden, die so unecht sind, daß sie selbst durch kaltes Wasser wieder von der Faser entfernt werden können.

Die Untersuchung der Farbstoffe auf der Faser.

Die Prüfung von Färbungen behufs Ermittlung der zu ihrer Erzeugung benutzten Farbstoffe oder Farbstoffgemische stellt den Farbenchemiker oder Färbereitechniker vor eine ebenso wichtige wie schwierige Aufgabe. Es liegen zahlreiche Veröffentlichungen[1]) hierüber vor, von denen zunächst einige, die sich mit Sonderaufgaben beschäftigen, erwähnt seien:

Zur Bestimmung von Farbstoffen auf der Faser empfiehlt E. Knecht (Fischer, Jahresber. **1905**, II, 503; Journ. Dyers **21**, 329)

---

[1]) Eine Anleitung zur Ermittelung einiger der gebräuchlichsten Farbstoffe auf der Faser gibt Dreher (Zeitschr. f. Farben- u. Textil-Chem. **1**, 415; 1902). Die Unterscheidungsmethoden werden zunächst nach den Verbrauchsgebieten der Farbstoffe angeordnet, so daß zuerst die Baumwollfarben, dann die Wollfarben usw. behandelt werden. Mit Bezug auf die Einzelheiten in der Vornahme der Reaktionen muß auf die Publikation selbst verwiesen werden. S. auch: Prüfung der Teerfarbstoffe von Graves (Leipziger Färber-Ztg. **1904**, 154, 161, 185, 193, 203), Gulinow (Zeitschr. f. Farben- u. Textil-Chem. **5**, 337; Chem.-Ztg. **1906**, II, 1783), Peltzer (Färber-Ztg. **18**, 17; Chem.-Ztg. **31**, I, 996; 1907; Fischer, Jahresb. **1907**, 498), Nothnagel und Vive (Veröff. a. d. Gebiete des Militärsanitätswesens **38**, 20; Chem.-Ztg. **32**, Rep. 327; 1908). Verf. stellen in einer Tabelle die Reaktionen zusammen, die zur Erkennung des Indanthrens auf der Faser und zu seiner Unterscheidung von Indigo und Schwefelfarbstoffen geeignet sind, und geben Vorschriften zur Prüfung der mit ersterem gefärbten baumwollenen Stoffe. Capron (Rev. Génér. des Mat. Col. **1908** [**22**], 315; Chem.-Ztg. **32**, Rep. 626; 1908), Efremenko (Nachr. d. Ges. z. Beförd. d. Manuf. Ind. **10**, 100, 347; Zeitschr. f. angew. Chem. **21**, 1256; 1908), Holden; Verf. bringt sehr interessante neue Tabellen über seine mit wenigen Reagenzien — hauptsächlich Chloroform und Titanchlorür — ausgeführten Bestimmungen, wobei auch die neuen Küpenfarben (Indanthren-, Algol-, Thioindigo-, Cibafarbstoffe usw.) berücksichtigt sind. — (Journ. Soc. Dyers a. Col. **1909**, 47; Zeitschr. f. angew. Chem. **22**, 694; 1909.) Gnehm u. Mitarbeiter (Veillon, Weber, Knecht u. Dürsteler, Färber-Ztg. **1903**, Nr. 9, 10; **1904**, Nr. 8, 9; **1905**, Nr. 6).

die Titration mit überschüssigem Titanchlorür ($TiCl_3$); der Überschuß wird mit einem Ferrisalz zurücktitriert. Vor dem Färben muß das Gewebe durch ein Thiosulfatbad (oder ein heißes Bad von verdünnter Salzsäure) von den Spuren von Chlor, die vom Bleichprozeß anhaften, befreit werden. Auch müssen die gefärbten Gewebe frei von Kupfer und Eisen sein. Man verwendet zur Ausführung des Versuchs 1,5 g gefärbtes baumwollenes Gewebe, das man zuerst mit verdünnter Salzsäure und dann, unter Luftabschluß in einer Kohlendioxydatmosphäre, mit einer Lösung von Titanchlorür kocht, von der 1 ccm 0,3 mg Eisen entspricht. Man kocht bis zum Verschwinden der Färbung, kühlt ab und titriert mit Eisenalaun zurück, wobei man als Indicator Rhodanammonium verwendet. Sämtliche Operationen werden in einer Kohlendioxydatmosphäre ausgeführt.

Die mit Hilfe von substantiven Farbstoffen lediglich durch direkte Färbung erhaltenen schwarzen Töne bluten stark, wenn sie mit kochendem Wasser behandelt werden.

Die auf der Faser diazotierten und mit β-Naphthol oder dgl. entwickelten schwarzen Azofarbstoffe werden durch Kochen mit Natriumhydrosulfit vollständig zerstört; Anilinschwarz und Schwarz aus Schwefelfarbstoffen werden hierbei nur vorübergehend verändert (s. a. Meyenberg, a. a. O.); beim Waschen mit Wasser kommt die ursprüngliche Farbe wieder zum Vorschein.

Das Blauholzschwarz ist beim Erwärmen mit verdünnter Salzsäure oder Schwefelsäure sehr leicht daran zu erkennen, daß es von der Faser abgezogen wird, wobei die saure Lösung eine orangerote bis rote, die Baumwolle selbst aber eine purpurne bis rotbraune Färbung annimmt; überschüssige Natronlauge verändert die saure Lösung nach Violett.

Um Schwefelfarben auf Baumwolle nachzuweisen, wird die Probe mit Zinnsalzlösung gekocht, wobei Schwefelwasserstoff entsteht. Das Auftreten von Schwefelwasserstoff kann aber zu Irrtümern führen, wenn die Baumwolle noch andere Schwefelverbindungen, wie Eiweiß, Ultramarin, Schwefeldioxyd (in den Bisulfitverbindungen der Beizenfarbstoffe) oder Antichlor (Thiosulfat), enthält. Man geht jedoch vollkommen sicher, wenn man die Baumwolle vorher 1 bis 2 Minuten in 10-proz. Natronlauge kocht und dann allenfalls bei Gegenwart von viel Eiweiß (z. B. auf Druckkattun) noch ein Kochen mit verdünnter Salzsäure folgen läßt. Die ausgewaschene Probe wird dann in einem Reagensglas mit einigen Kubikzentimetern einer Lösung aus 100 g Zinnsalz, 100 ccm Salzsäure und 50 ccm Wasser gekocht; die Mündung des Glases wird dicht mit Filtrierpapier überkappt, auf das 1 Tropfen Bleizuckerlösung getupft wird. Es bildet sich selbst bei hellen Färbungen von Schwefelfarben ein brauner Fleck, der indessen bei längerem Kochen durch die Salzsäure zum Verschwinden gebracht werden kann, weshalb langsam zu erhitzen ist. (A. G. Green, Journ. Soc. Dyers and Col. **23**, 118; 1907 und Chem.-Ztg. **31**, Rep. 219; 1907.)

Über die Untersuchung schwarzgefärbter Baumwolle vgl. Whittaker, Zeitschr. f. Farben- und Textil-Chem. **1902**, 397.

Die Ermittlung von Anilinschwarz, Schwefelschwarz oder eines mit Anilinöl überfärbten Schwarz kann auch folgendermaßen geschehen:

Man legt die Baumwolle in konz. Schwefelsäure, läßt die Faser zergehen und verdünnt alsdann etwas mit Wasser. Eine hellgrüne Lösung zeigt die Gegenwart von Anilinschwarz, eine wasserhelle Lösung hingegen die Gegenwart von Schwefelfarbstoffen an.

Als Ergänzung macht Neurath (Zeitschr. f. Farben- und Textil-Chem. **1902**, 579) weitere Mitteilungen über Reaktionen auf schwarze Schwefelfarbstoffe, die anzustellen sind, sofern nicht ein mit substantiven Azofarbstoffen durch direkte Färbung erhaltenes Schwarz nachgewiesen wurde.

Die gefärbte Baumwolle wird mit verdünnter Natronlauge gekocht. Nimmt die alkalische Lösung eine graublaue bis stahlblaue Färbung an, so läßt dies auf ein Schwefelschwarz schließen.

Wird das mit weißer Baumwolle verflochtene Garn mit Schwefelnatrium gekocht, so färbt sich das weiße Garn an. Diese Erscheinung, beim Kochen mit Schwefelnatrium zu bluten, zeigen sämtliche Schwefelfarbstoffe. Bei den meisten blauen Schwefelfarbstoffen jedoch wird der Farbstoff in Form seiner Leukoverbindung abgezogen; deren Lösung, auf Filtrierpapier ausgegossen, geht nach kurzer Zeit wieder in Blau über.

Das Verfahren von Ristenpart (Färber-Ztg. **20**, 45; 1909; Chem.-Ztg. **33**, Rep. 151; 1909) ermöglicht die Unterscheidung, ob ein Blauschwarz auf Seide nach dem alten bewährten Beizverfahren mit holzessigsaurem Eisen erzeugt worden ist, oder ob eine minderwertige Ersatzmethode zur Anwendung kam. Nachdem man sich durch Veraschen einer Probe davon überzeugt hat, daß Eisen anwesend ist, erhitzt man 0,5 g eines Musterabschnittes mit 10 bis 20 ccm einer 0,5-proz. wässerigen oder alkoholischen Salzsäure im Reagensglase zum Kochen, gießt den salzsauren Auszug ab, kühlt, verdünnt mit destilliertem Wasser auf etwa das 5fache Volumen und versetzt mit Ferrocyankaliumlösung. Tritt keine Grün- oder Blaufärbung ein, so ist bei der Herstellung des Musters kein holzessigsaures Eisen verwandt worden. Liefert die Probe ein positives Ergebnis, so kann das nachgewiesene Eisen von holzessigsaurem Eisen herrühren. Es muß davon herstammen, wenn gleichzeitig Berlinerblau auf der Faser vorhanden ist. Die Prüfung auf Berlinerblau geschieht durch Behandlung der mit Wasser von Säure befreiten Seide mit Sodalösung, Ansäuern des Auszuges und Versetzen mit Eisenchlorid. Fällt die Prüfung auf Berlinerblau in negativem Sinne aus, so kann es sich nur um ein Pariserschwarz handeln. In diesem Falle versagen die einfachen chemischen Hilfsmittel, um festzustellen, ob das Eisen als holzessigsaures Eisen Verwendung gefunden hat. Man gelangt jedoch zum Ziele, wenn man das Muster etwa $^1/_2$ Stunde bei Siedetemperatur in Blauholzseifenlösung einlegt. War mit holzessigsaurem Eisen gebeizt, so zeigt es nach dem Auswaschen und Trocknen, verglichen mit einem unbehandelten Strängchen der gleichen Ware, eine ins Grünschwarze spielende Färbung.

Über die Bestimmung der Art des auf Geweben gefärbten Schwarz siehe ferner Matos (Leipz. Färber-Ztg. 58, 303; 1909; Zeitschr. f. angew. Chem. 22, 1777; 1909).

Obwohl in der Regel für jeden einzelnen auf der Faser zu untersuchenden Farbstoff die Prüfung seines Verhaltens gegenüber den gebräuchlichsten Reagenzien (konz. H_2SO_4, 10-proz. H_2SO_4, konz. HCl, 10-proz. HCl, HNO_3 (spez. Gewicht 1,4), NH_3 (spez. Gewicht 0,91), 10-proz. NaOH, 5-proz. NaOH, $SnCl_2$ + HCl) geboten erscheint, weil die dabei auftretenden Reaktionen in ihrer Gesamtheit ein eigenartiges, den Farbstoff kennzeichnendes Bild ergeben, so dürfte doch angesichts der großen Zahl der im Handel befindlichen Farbstoffe und Farbstoffmischungen eine auf diesen Reaktionen sich aufbauende analytische Methode nicht geeignet sein, um mit ihrer Hilfe im gegebenen Falle irgendeine im Handel auftauchende Färbung zu einem der vielen Vergleichsfarbstoffe in die richtige Beziehung zu bringen[1]).

Wesentlich anders verhält es sich demgegenüber mit den nachstehend abgedruckten[2]), von A. G. Green ausgearbeiteten Tabellen zum Nachweis von Farbstoffen auf tierischer und pflanzlicher Faser (vgl. Journ. Dyers 21, 236; 1905; Fischers Jahresber. 1905, II, 503; Chem.-Ztg. 29, 363; 1905; Monit. sc. (4) 22, 23; Zeitschr. f. Farbenindustr. 7, 73; 1908), die außerdem den großen Vorteil bieten, daß sie einen lehrreichen Aufschluß über wichtige Färbeeigenschaften der Farbstoffe geben, wobei auch die erheblichen Unterschiede im Verhalten der tierischen Fasern einerseits und der Pflanzenfasern anderseits deutlich in die Erscheinung treten.

1. Nachweis von Farbstoffen auf tierischer Faser.

Die hierfür anzuwendenden Reagenzien sind folgende:

1. Verdünntes Ammoniak 1:100.

2. Wässerig-alkoholisches Ammoniak:
 1 ccm konzentriertes Ammoniak,
 50 „ Alkohol,
 50 „ Wasser.

3. Verdünnte Essigsäure 1:5.

4. Verdünnter Alkohol 1:1.

5. Verdünnte Salzsäure 1:10.

---

[1]) Im Bedarfsfalle ist aus den „Farbstofftabellen" von G. Schultz das Wesentliche über das Verhalten der Farbstoffe und ihrer Ausfärbungen gegenüber den erwähnten Reagenzien zu ersehen. Im übrigen bemerkt selbst Gnehm, der sich in Gemeinschaft mit seinen Mitarbeitern um die Herstellung der in der VI. Auflage enthaltenen tabellarischen Übersicht verdient gemacht hat, daß er den Wert dieser Tabellen für die Bedürfnisse der Praxis nicht allzu hoch einschätze.

[2]) Die Greenschen Tabellen habe ich in der vorliegenden Form nahezu unverändert dem „Ratgeber", III. Aufl., 1908, der Farbwerke Meister Lucius & Brüning, Höchst a. M., entnommen, denen für ihr freundliches Entgegenkommen auch an dieser Stelle verbindlichst gedankt sei.

6. Natronlauge:

10 g festes Ätznatron,
100 ccm Wasser.

7. Hydrosulfit A:

5-proz. Lösung von Hydrosulfit NF konz. (Formaldehyd + Natriumsulfoxylat = $NaHSO_2 \cdot CH_2O + 2 H_2O$).

8. Hydrosulfit B:

200 ccm Hydrosulfit A,
1 „ Eisessig.

9. Persulfat:

Kalt gesättigte Lösung von Kaliumpersulfat.

10. Natriumacetat 5:100.

Für die Unterscheidung und Erkennung der Wollfärbungen sind die folgenden Reaktionen von grundlegender Bedeutung:

1. Verhalten gegen 5-proz. Essigsäure: Basische Farbstoffe werden von der Wolle abgezogen, ebenso lösliches Rotholz und der Tonerde-Blauholz-Lack; auf Eisenbeize ist Blauholz beständiger.

2. Verdünntes Ammoniak: Säurefarbstoffe werden abgezogen, teilweise auch Cochenille auf Sn-Beize, während sie auf Al-Beize widerstandsfähiger ist.

3. 5-proz. Na-Acetat: Salzfarben bluten auf weiße Baumwolle.

4. Kochen mit Hydrosulfit A (s. S. 981):

a) Mehr oder weniger unverändert bleiben die Chinolin-, Akridin-, Thiazol-, Pyron- und Oxyketonfarbstoffe, ferner Auramin sowie die natürlichen Flavon- und Flavonolfarbstoffe.

b) Es tritt Entfärbung ein; doch kehrt die ursprüngliche Farbe alsbald, und zwar schon an der Luft, zurück bei den Azin-, Oxazin- und Thiazinfarbstoffen. Ähnlich verhalten sich die Orseille und verschiedene Küpenfarbstoffe, wie Indigo und Thioindigo. Bei einer großen Zahl der neueren Küpenfarbstoffe (vgl. auch Schwefelfarbstoffe bei Baumwollfärbungen) äußert sich die reduzierende Wirkung des Hydrosulfits jedoch nicht in einer Entfärbung, sondern nur in einer Änderung des ursprünglichen Farbentons, der bei der Reoxydation wieder in die Erscheinung tritt; ähnlich verhalten sich die Farbstoffe der Alizarinreihe (und Naphthazarin).

c) Entfärbt werden die Triphenylmethanfarbstoffe; jedoch kehrt die Farbe an der Luft nicht oder nur äußerst langsam zurück. Von sofortiger Wirkung ist hingegen Persulfat. Ähnliches Verhalten zeigen die Stilbenfarbstoffe und unlösliches Rotholz.

d) Eine sehr ungleichartige Wirkung übt Hydrosulfit auf die Beizen- und Säurefarbstoffe der Anthrachinonreihe aus, von denen ein Teil unverändert bleibt, während ein anderer Teil seinen Ton ändert, jedoch entweder schon an der Luft oder, wo dies nicht genügt, auf Zusatz von Persulfat zum ursprünglichen Ton zurückkehrt.

e) Eine ganz besondere Stellung nehmen die Azofarbstoffe ein. Sie werden durch Hydrosulfit nicht nur entfärbt, sondern infolge reduktiver Spaltung vollkommen zerstört, d. h. in ihre einzelnen Bestandteile (Zwischenprodukte der Benzol- und Naphthalinreihe) aufgelöst, so daß auch durch nachträgliche Oxydation der ursprüngliche Farbenton nicht zurückkehrt. Dies gilt auch für die beizenfärbenden Azofarbstoffe, deren Chromlacke im übrigen durch besondere Beständigkeit gegen die oben unter 1 und 2 erwähnten Reagenzien ausgezeichnet sind. Azofarbstoffe, denen als Diazokomponenten durch Hydrosulfit nicht spaltbare Farbstoffe zugrundeliegen, wie z. B. Indoinblau aus Safranin oder Dianilgelb aus Primulin, lassen nach der Hydrosulfitkochung die Farbe der zum Azofarbstoffaufbau benutzten Diazokomponente (Safranin bzw. Primulin) hervortreten.

f) Bei den Nitro- und Nitrosofarbstoffen werden durch die Reduktion mittels Hydrosulfit die ihren Charakter bedingenden chromophoren Nitro- bzw Nitrosogruppen zu Aminogruppen reduziert. Sie werden dadurch ihres Farbstoffcharakters entkleidet, der auch durch nachträgliche Oxydation in seiner früheren Form nicht wieder hergestellt werden kann. Ähnlich verhält sich Cochenille auf Sn-Beize (Scharlach), während Cochenille auf Al-Beize (Carmin) beständiger ist.

In vielen Fällen ist die Reduktionsprobe auf der Faser deutlicher als bei Untersuchung von Farbstoffen in Substanz, weil die Leukoverbindungen meist an der Faser haften, während die Spaltungsprodukte, die bei der Reoxydation leicht störende Nebenreaktionen ergeben, abgespült werden können.

Für die weitere Unterscheidung der Färbungen bzw. Farbstoffe innerhalb kleinerer Untergruppen lassen sich mit Vorteil auch rein chemische Reaktionen heranziehen, wie z. B. Behandeln mit konz. H_2SO_4 (charakteristische Lösungsfarbe, Fluorescenz u. dgl.), konz. und verd. HCl (Farbenumschläge sowie — beim Kochen — hydrolytische Spaltung oder Zersetzung von Metallacken und Abziehen der Farbstoffe), Kochen mit verd. Alkohol (Abziehen basischer Farbstoffe), Kochen mit Natronlauge (Farbenumschlag bzw. Entfärbung), Kochen mit verd. Bichromatlösung (Entwickeln der nachchromierbaren Farbstoffe), Veraschung der Färbungen (behufs Feststellung der zum Beizen benutzten Metalloxyde), Kochen mit Anilin (Loslösung des Indigos von der Faser im Gegensatz zu den blauen beizenfärbenden Alizarinfarbstoffen) u. dgl.

Über die Ausführung der Prüfungen ist folgendes zu bemerken:

Beim Abziehen der Farbstoffe von der Faser muß der Grad des Abziehens durch Vergleich mit der ursprünglichen Färbung ermittelt werden, weil die Farbe der Lösung irreführen kann. Die Kochprobe mit verdünnter Essigsäure oder mit verdünntem Ammoniak wird zweckmäßig wiederholt. Beim Prüfen mit verdünntem Ammoniak oder mit Natriumacetat wird die zu untersuchende Probe zusammen mit etwas mercerisierter Baumwolle gekocht. Bei der Prüfung violetter und schwarzer Färbungen wird, an Stelle des wässerigen, alkoholisches Ammoniak benutzt (Tabelle III und IV).

Bei den Reduktionsproben wird $^1/_4$ bis 1 Minute mit Hydrosulfit gekocht, gut gewaschen und 1 Stunde auf weißes Papier gelegt. Bei Farbstoffen, die leicht oxydierbare Leukoverbindungen geben, tritt die Färbung unmittelbar oder nach einigen Minuten ein, während bei anderen ein längerer Zeitraum erforderlich ist. Durch Ammoniakdämpfe wird die Reaktion beschleunigt. Kommt die Färbung nicht zurück, so wird mit Wasser, dem tropfenweise Kaliumpersulfat zugegeben wird, gekocht. Ein Überschuß von Persulfat muß vermieden werden. Wenn die Farbe auch nach dieser Probe nicht zurückkehrt, so liegt ein Azofarbstoff vor.

2. Nachweis von Farbstoffen auf pflanzlicher Faser.

Hierzu dienen folgende Reagenzien:

1. Verd. Ammoniaklösung 1 : 100.

2. Verd. Natronlauge:

10 g festes Ätznatron in 100 ccm Wasser.

3. Kochsalz-Natronlauge:

10 ccm Natronlauge (mit 35 bis 40% NaOH) in 100 ccm gesättigter Kochsalzlösung.

4. Ameisensäure 90%.

5. Verd. Ameisensäure 1 : 100.

6. Verd. Salzsäure 1 : 5 und 1 : 20.

7. Seifenlösung:

10 g Seife in 300 ccm Wasser.

8. Tanninlösung:

10 g Tannin und 10 g Natriumacetat in 100 ccm Wasser.

9. Chlorkalklösung:

Frische Lösung von 3,5° Bé.

10. Hydrosulfit A:

5-proz. Lösung von Hydrosulfit NF konz. (s. S. 986).

11. Hydrosulfit B:

Die vorige Lösung mit 1 ccm Eisessig für 200 ccm Lösung.

12. Hydrosulfit X:

Man löst 50 g Hydrosulfit NF konz. in 125 ccm heißem Wasser, verreibt 1 g gefälltes Anthrachinon zu feinem Pulver und verrührt mit etwas Hydrosulfitlösung zu einer Paste. Diese wird heiß zu der übrigen Hydrosulfitlösung gegeben und das Ganze 1 bis 2 Minuten auf 90° C erhitzt. Darauf verdünnt man mit kaltem Wasser auf 500 ccm und fügt nach dem Erkalten 1,5 ccm Eisessig zu. Die Lösung muß in verschlossenen Flaschen aufbewahrt werden.

13. Persulfat:

Kalt gesättigte Lösung von Ammoniumpersulfat.

14. Salzs. Zinnchlorür:

100 g Zinnchlorür, 100 ccm Salzsäure 30-proz. und 50 ccm Wasser. Kann auch durch eine konz. Lösung von Titanchlorür ersetzt werden und dient zum Prüfen auf Schwefelfarben.

15. Pyridin:

Das käufliche Produkt.

Bei der Untersuchung der Baumwollfärbungen sind die folgenden Reaktionen von Wichtigkeit:

1. Kochen mit der Ammoniaklösung (1 : 100): Säurefarbstoffe werden abgezogen, ebenso Kreuzbeeren (Rhamnetin) auf Sn-Beize. Kreuzbeeren auf Cr- und Al-Beize sind sehr viel echter.

2. Kochen mit Kochsalz-Natronlauge: Zerstörung der Tanninlacke (vereinzelt werden auch Farbstoffe selbst zerstört) von basischen Farbstoffen (einschl. der basischen Beizenfarbstoffe auf Metalloxydbeizen). Nach dem Spülen Kochen mit verdünnter Ameisensäure (1 : 100) oder HCl (1 : 20), wodurch die basischen Farbstoffe mehr oder minder vollkommen von der Baumwollfaser abgezogen werden. Nachweis der basischen Farbstoffe mittels Tannin (Fällung s. u.). Die gewöhnlichen basischen Farbstoffe lassen sich meist auch ohne weitere Nachbehandlung mit Ameisensäure auf Wolle übertragen (s. u.); die basischen Beizenfarbstoffe jedoch nicht.

3. Kochen mit 90-proz. Ameisensäure: Metalloxydlacke werden vielfach zersetzt und die Farbstoffe abgezogen. Cr-Lacke erweisen sich meist als beständiger, verglichen mit den Al-Lacken; desgleichen Küpenfarbstoffe.

4. Verdünnte Salzsäure:

a) Farbenumschlag (auch farblos → farbig bei Triphenylmethanbasen).

b) Kochen mit verd. HCl (1 : 20): Zerlegung der Fe-Lacke des Alizarins und der Nitrosofarbstoffe. Die Cr-Lacke der beizenfärbenden Alizarin- und Azofarbstoffe sind vielfach beständiger. Beim Kochen mit reiner verd. HCl (1 : 5) werden auch die Fe-Lacke des Tannins und Blauholzes und der Blauholz-Cr-Lack zersetzt.

5. Kochen mit weißer mercerisierter Baumwolle und Seifenlösung: Salzfarben (einschl. der Thiazolfarbstoffe) bluten auf Baumwolle.

6. Übertragen der ursprünglichen Baumwollfärbung auf Wolle:

a) durch bloßes Kochen mit weißer Wolle in angesäuertem Wasser: Säurefarbstoffe;

b) durch Kochen mit weißer Wolle nach vorheriger Zerstörung des Tanninfarblackes (s. oben unter 2): basische Farbstoffe.

Zur weiteren Unterscheidung, auch innerhalb der Untergruppen, lassen sich noch folgende Reaktionen benutzen (vgl. S. 992 ff.): Kochen mit Natronlauge: Farbenumschläge oder Entfärbung, ein Teil der Farblacke erleidet Zersetzung; Kochen mit Pyridin (Abziehen der Eisfarben); Kochen mit Chlorkalklösung (Unterscheidung von Anilinschwarz und Schwefelfarbstoffen, vgl. S. 1019); Prüfung mit Pb-Acetat (Schwefelfarbstoffe geben schwarzes PbS). Auch die Veraschung bietet hier wie bei Wollfärbungen ein wertvolles Hilfsmittel, um Beizenfarbstoffe nachzuweisen; wobei freilich zu berücksichtigen ist, daß auch Salzfarben vielfach, behufs Erhöhung ihrer Echtheit, mit Metallsalzen, z. B. Bichromat + Cu-Sulfat, nachbehandelt werden.

Die Prüfung der Farbstoffe auf ihr Verhalten gegen Hydrosulfit (Formaldehyd-Sulfoxylat mit einem Zusatz von Anthrachinon) ist auch bei Baumwollfärbungen von der größten Bedeutung. Die Reaktionen entsprechen vollkommen den bereits oben bei den Wollfärbungen erwähnten (s. S. 986f.), wobei zu bemerken ist, daß die Schwefelfarbstoffe vielfach sich ähnlich wie die Küpenfarbstoffe der Anthrachinonreihe verhalten, d. h. sie ändern zwar den Farbenton, ohne aber in farblose Leukoverbindungen überzugehen. Entwickelte Primulinfarbstoffe lassen sich nach der reduktiven Spaltung an ihrer Diazotierbarkeit erkennen.

Über die Ausführung der Prüfungen ist folgendes zu bemerken:

Abziehprobe für Säurefarbstoffe:

Außer den Säurefarbstoffen werden einige Salzfarben durch verd. Ammoniak teilweise abgezogen. Um einen Irrtum auszuschließen, wird ein schmaler Streifen Baumwollstoff mit in das Reagensglas gegeben. Liegt ein Säurefarbstoff vor, so wird die Baumwolle nicht gefärbt, oder sie wird wieder weiß bei nochmaligem Kochen mit verd. Ammoniak.

Übertragen basischer Farben auf Wolle:

Zunächst wird wie beim Prüfen auf basischen Farbstoff, durch Kochen mit Kochsalz-Natronlauge, die Tanninbeize beseitigt. Man wäscht gut, um alles Alkali zu entfernen, und kocht 1 bis 2 Minuten mit einem Stückchen Wollstoff (halbe Größe) zusammen in reinem Wasser. In den meisten Fällen wird die Farbbase vollständig von der Baumwolle heruntergehen und die Wolle dunkel anfärben. Zieht der Farbstoff nicht auf die Wolle, so gibt man 1 bis 2 Tropfen verd. Ameisensäure zu. Bei einigen Farbstoffen, die sich schwieriger abziehen lassen, wie z. B. basisches Grau, ist es nötig, die Farben durch verd. HCl zu extrahieren; die Säure muß dann vorsichtig mit NH_3 neutralisiert werden, bevor man die Wolle hinzugibt.

Übertragen saurer Farbstoffe auf Wolle:

Man kocht die Baumwolle mit einem Stück Wolle und etwas verd. Ameisensäure.

Tanninprobe für basische Farben:

Man gibt einige Tropfen Tanninlösung zu dem Ameisensäure-Auszug und schüttelt gut durch. Wenn ein Niederschlag nicht sofort entsteht, läßt man einige Minuten stehen. Farbstoffe wie die Rhodamine, Gallocyanine und Chromierungsfarben der Rosanilinreihe, die neben den basischen Gruppen Carboxyl- und Hydroxylgruppen enthalten, fallen nur langsam aus, und der Niederschlag ist manchmal kaum zu sehen.

Reduktions- und Rückoxydationsprobe:

Die Reduktion mit Hydrosulfit X wird derart ausgeführt, daß man das Muster mit dem Reagens $^1/_2$ bis 2 Minuten kocht. Die Azine, Oxazine, Thiazine usw. und die meisten Azofarbstoffe werden in ungefähr $^1/_2$ Minute vollständig reduziert. Unlösliche Azofarben und einige Salzfarben erfordern 1 bis 2 Minuten. Wenn man auf Rückoxydation durch Luft prüft, wird das Muster über eine geöffnete NH_3-Flasche gehalten, wodurch in vielen Fällen die Oxydation beschleunigt wird.

Weiterhin veröffentlichten A. G. Green und Frank (Journ. Soc. Dyers and Col. **1910**, 83) ihre ausführlichen Arbeiten über Reaktionen der Küpenfarbstoffe auf der Baumwollfaser, deren Ergebnisse wegen der hervorragenden Bedeutung des Gegenstandes hier etwas eingehender betrachtet werden sollen.

Die bis jetzt bekannten Küpenfarbstoffe sind, abgesehen von den Hydronfarbstoffen (C), hauptsächlich Glieder von zwei Klassen chemischer Verbindungen:

a) Anthracenabkömmlinge (die Indanthren- und die meisten Algolfarben). Deren Anwendung bedingt die Benützung stark alkalischer Küpen; sie kommen daher nur für die Baumwollfärberei in Betracht.

b) Indigoide Farbstoffe (Indigo-, Thioindigoderivate, Ciba- und Helindonfarbstoffe).

Zur Unterscheidung dieser beiden Klassen und ihrer einzelnen Glieder benützen die Verf. die früher bereits erwähnten Reaktionen:

1. Die Faser wird etwa 1 Minute mit „Hydrosulfit X“ (s. o.) gekocht. Die indigoiden Farbstoffe werden zu farblosen oder hellgelben Leukoverbindungen reduziert, aus denen die ursprünglichen Farbstoffe allmählich schon durch den Sauerstoff der Luft zurückgebildet werden. Bei gewissen roten Farbstoffen (Cibascharlach G, Algolscharlach G, Helindonscharlach S und Cibabordeaux B) durchläuft die Reoxydation zwei Stadien: zunächst bildet sich eine von der anfänglichen verschiedene Zwischenfarbe und dann erst die ursprüngliche.

Die Anthracenderivate geben dunkelgefärbte Reduktionsprodukte, die rasch zur ursprünglichen Farbe zurückoxydiert werden. Der charakteristische Ton dieser Reduktionsprodukte kann oft zur Erkennung dienen.

2. Eine Probe des Materials wird in einem trockenen Reagensglas erhitzt und durch Betrachtung des Reagensrohres in seiner Längsrichtung gegen eine weiße Unterlage das allfällige Auftreten gefärbter Dämpfe im Innern des Zylinders festgestellt. Der Versuch bedingt einige Erfahrung; denn bei hellen Nuancen sind die Erscheinungen nicht immer sehr deutlich. Gefärbte Dämpfe deuten auf das Vorhandensein eines indigoiden Farbstoffes. Zwei Farbstoffe dieser Klasse, Cibagrün und Helindonbraun, die in festem Zustande sublimieren, zeigen jedoch diese Erscheinung nicht mehr auf der Faser. Für den Nachweis von Küpenfarbstoffen empfiehlt sich auch das Auskochen der Faser mit organischen Lösungsmitteln wie Eisessig, Anilin und Pyridin (vgl. die Greenschen Tabellen). Das früher als sog. „Indigotest“ vielfach benutzte Mittel, um Indigo von anderen damals bekannten Farbstoffen zu unterscheiden,

Tabelle I. Nachweis von Farbstoffen

2 mal 1 Minute

Farbstoff größtenteils abgezogen: Basischer Farbstoff. Kochen mit Hydrosulfit B.				Farbstoff wenig oder nicht abgezogen: Ammoniak (1:100) und einer Probe				
Nicht oder nur wenig entfärbt. Behandlung der Faser mit konzentrierter Schwefelsäure.			Entfärbt. Farbe wird weder durch Luft noch durch Persulfat wieder hergestellt: Azogruppe.	Farbstoff größtenteils abgezogen, Baumwolle bleibt weiß: Säurefarbstoff. Kochen mit Hydrosulfit B.				
Grün fluorescierende Lösung: Acridingruppe.	Farblose Lösung. Kochen mit verdünnter Salzsäure (1:10).			Farbstoff wird nicht angegriffen: Chinolin- oder Pyrongruppe.	Entfärbt. Farbe wird weder durch Luft noch durch Persulfat wieder hergestellt: Azo- oder Nitrogruppe. Zusatz von konzentrierter Salzsäure zum ammoniakalischen Auszug.			
	Gänzlich entfärbt.	Faser und Lösung hellgelb.			Farbe nicht verändert.	Entfärbt.	Farbe wird rot.	Farbe wird violett oder violettrot.
1.	2.	3.	4.	5.	6.	7.	8.	9.
Phosphin, Azophosphin, Benzoflavin, Rheonin, Patentphosphin, Acridingelb, Acridinorange usw.	Auramin.	Methylengelb H, Thioflavin T.	Chrysoidin, Janusgelb, Tanninorange, Neuphosphin.	Chinolingelb, Uranin, Eosinorange	Tartrazin, Orange G, 2 G, R usw., Flavazin S, L.	Naphtholgelb S, Martiusgelb.	Azoflavin, Echtgelb, Indischgelb, Orange II.	Metanilgelb, Orange IV.

uf tierischer Faser. Gelb und Orange.

<table>
<tr><td colspan="6">mit 5-prozentiger Essigsäure kochen.</td></tr>
<tr><td colspan="6">Säure-, Salz- oder Beizenfarbstoff. 2mal 1 Minute mit verdünntem weißer Baumwolle kochen. Aufbewahren des ammoniakalischen Auszugs.</td></tr>
<tr><td colspan="6">Farbstoff wenig oder nicht abgezogen. Baumwolle bleibt weiß (Beizenfarbstoff) oder wird gefärbt (Salzfarbstoff). 2 bis 3 Minuten mit 5-prozentiger Natriumacetatlösung und weißer Baumwolle kochen.</td></tr>
<tr><td colspan="3">Die Baumwolle ist gefärbt: Salzfarbstoff. Kochen mit Hydrosulfit B.</td><td colspan="3">Die Baumwolle bleibt weiß: Beizenfarbstoff. (Bestätigen durch Prüfen der Asche auf Metallbeizen.) Kochen mit Hydrosulfit B.</td></tr>
<tr><td>Nicht oder nur wenig angegriffen. Thiazolgruppe.</td><td>Entfärbt. Farbe kehrt an der Luft oder durch Persulfat wieder: Stilbengruppe.</td><td>Entfärbt. Farbe wird weder durch Luft noch durch Persulfat wieder hergestellt: Azogruppe.</td><td>Nicht angegriffen: Flavon- oder Ketongruppe.</td><td>Farbe ändert sich in gelblichbraun: Alizaringruppe.</td><td>Entfärbt. Farbe wird weder durch Luft noch durch Persulfat wieder hergestellt: Azogruppe.</td></tr>
<tr><td>10.</td><td>11.</td><td>12.</td><td>13.</td><td>14.</td><td>15.</td></tr>
<tr><td>Dianilreingelb HS, Thioflavin S, Chromin, Chloramingelb, Chlorophenin, Diaminechtgelb B, FF, Thiazolgelb, Claytongelb usw., Curcuma.</td><td>Dianildirektgelb S, Curcumin S, Direkt Gelb, Mikadogelb, Orange, Stilbengelb, Naphthamingelb, Diphenylcitronin usw.</td><td>Aurophenin O, Chrysophenin, Chrysamin, Carbazolgelb, Kresotingelb, Diamingelb, Benzo-, Kongo- oder Diaminorange, Toluylengelb und -Orange, Plutoorange, Dianilorange, Pyraminorange usw.</td><td>Gelbholz, Quercitron, Wau, Alizaringelb A, Galloflavin usw.</td><td>Alizarinorange.</td><td>Beizengelb O, Alizaringelb G, R, Anthracengelb C, Flavazol, Diamantflavin, Chromorange, Alizaringelb GGW.</td></tr>
</table>

Tabelle II. Nachweis von Farbstoffen

2 mal 1 Minute

Vorprüfung	Weitere Prüfung	Unterprüfung	Ergebnis	Nr.	Farbstoffe
Farbstoff abgezogen: Basischer Farbstoff oder lösliches Rotholz. 2 mal mit verdünntem Alkohol (1:1) 1 Minute kochen.	Farbstoff größtenteils abgezogen: Basischer Farbstoff. Kochen mit Hydrosulfit A.		Unverändert.	1.	Rhodamin, Irisamin, Rhodin, Anisolin, Pyronin usw.
			Entfärbt. Farbe kommt durch Luft schnell zurück.	2.	Safranin, Indulinscharlach, Rhodulinrot, Rhodulinrosa usw.
			Entfärbt. Farbe kommt nicht durch Luft, aber durch Persulfat zurück.	3.	Fuchsin, Neufuchsin, Cerise usw.
			Entfärbt. Farbe kommt weder durch Luft noch durch Persulfat zurück.	4.	Janusrot usw.
			Unverändert. Al oder Cr in der Asche. Durch Kochen mit verd. Ammoniak wird die Farbe blaustichiger.	5.	Lösliches Rotholz.
Farbstoff wenig oder nicht abgezogen: Säure-, Ammoniak (1 : 100) und einer Probe weißer	Farbstoff größtenteils abgezogen; Baumwolle bleibt weiß: Säurefarbstoff. Kochen mit Hydrosulfit A.	Die Farbe auf Wolle unverändert: Pyrongruppe. Ansäuern des ammoniakalischen Auszugs.	Ausfällung u. Verschwinden der Fluorescenz.	6.	Eosin, Phloxin, Erythrosin, Safrosin, Rose Bengale usw.
			Keine Ausfällung und Bleiben der Fluorescenz.	7.	Säureeosin, Echtsäureeosin, Echtsäurephloxin, Säurerhodamin, Säurerosamin A.
			Entfärbt. Farbe kommt an der Luft wieder: Azingruppe.	8.	Azocarmin, Rosindulin.
			Entfärbt. Farbe kommt durch Luft nicht, aber durch Persulfat zurück. Triphenylmethangruppe.	9.	Säurefuchsin.
		Entfärbt. Die Farbe erscheint weder an der Luft noch durch Persulfat: Azogruppe. Kochen mit verdünntem Bichromat. — Unverändert. Verdampfen des ammoniakalischen Auszuges und Auflösen in konzentrierter Schwefelsäure.	Rote Lösung.	10.	Nassoviascharlach O, Palatinscharlach.
			Violette Lösung.		Krystallponceau, Echtrot A usw.
			Blaue Lösung.		Croceinscharlach, Echtrot B usw.
			Grüne Lösung.		Biebricher Scharlach usw.
		Entfärbt. Die Farbe erscheint weder an der Luft noch durch Persulfat: Azogruppe. Kochen mit verdünntem Bichromat.	Verwandelt in Dunkelbraun oder Violettschwarz.		Chromotrop, Azofuchsin usw.

uf tierischer Faser. Rot.

nit 5-prozentiger Essigsäure kochen.											
alz- oder Beizenfarbstoff. 2mal 1 Minute mit verdünntem Baumwolle kochen. Aufbewahren des ammoniakalischen Auszugs.											
Ein Teil der Farbe wird abgezogen und die Wolle blaustichiger. Kochen mit Hydrosulfit A.		Es wird wenig oder kein Farbstoff abgezogen. Baumwolle bleibt weiß (Beizenfarbstoff) oder wird gefärbt (Salzfarbstoff). 2 bis 3 Minuten mit 5-prozentiger Natriumacetatlösung und weißer Baumwolle kochen.									
		Die Baumwolle wird angefärbt: Salzfarbstoff. Prüfen der Asche auf Cr.						Die Baumwolle bleibt weiß: Beizenfarbstoff (Bestätigen durch Prüfen der Asche auf Metallbeizen). Kochen mit Hydrosulfit A.			
		Kein Cr in der Asche. Behandlung der Faser mit konz. Schwefelsäure.					Cr in der Asche. Lösung in konz. Schwefelsäure rot.				
Die Farbe wird langsam in Dunkelgelb verwandelt. Die ursprüngliche Farbe kommt an der Luft nicht zurück.	Entfärbt. Die Farbe kommt an der Luft schnell zurück.	Carminrote Lösung.	Violettrote Lösung.	Violette Lösung.	Blaue Lösung.	Grünlichblaue Lösung.		Die Farbe wird nicht angegriffen. In der Asche Al.	Farbe langsam gelb oder orange.	Entfärbt. Farbe durch Persulfat wieder hergestellt. In der Asche Al.	Entfärbt. Farbe durch Persulfat nicht wiederhergestellt. Cr in der Asche.
11.	12.	13.						14.	15.	16.	17.
Cochenillescharlach. (Cochenille auf Zinnbeize.)	Orseille, Persio.	Dianthin, Rosophenin.	Erica, Geranin.	Diaminscharlach.	Dianilechtrot PH, Diaminechtrot.	Hessischpurpur.	Anthracenrot.	Cochenillekarmoisin. (Cochenille auf Tonerdebeize.)	Alizarinrot.	Unlösliches Rotholz.	Säurealizarinrot G, B.

Tabelle III. Nachweis von Farbstoffen

2 mal 1 Minute							
Farbstoff fast abgezogen: Basischer Farbstoff. Kochen mit Hydrosulfit A.		Farbstoff nicht abgezogen: Säure-, Salz- oder und einer Probe					
		Farbstoff größtenteils abgezogen, die Baumwolle bleibt weiß: Säurefarbstoff. Kochen mit Hydrosulfit A.					
Entfärbt. Farbe erscheint an der Luft wieder: Azin-, Oxazin- oder Thiazingruppe.	Entfärbt. Farbe erscheint nur durch Persulfat: Triphenylmethangruppe.	Unverändert oder nur teilweise entfärbt: Pyrongruppe.	Entfärbt. Farbe kommt an der Luft nicht, aber durch Persulfat zurück: Triphenylmethangruppe.			Entfärbt. Farbe erscheint an der Luft: Azin-, Oxazin- oder Thiazingruppe.	Entfärbt. Farbe erscheint weder an der Luft noch durch Persulfat: Azogruppe.
			Der ammoniakalische Auszug ist violett oder purpur.	Der ammoniakalische Auszug ist farblos, wird jedoch beim Ansäuern violett. Die Faser wird mit konzentr. Salzsäure behandelt.			
				Wird grün.	Unverändert.		
1.	2.	3.	4.	5.	6.	7.	8.
Methylenviolett. Neutralviolett, Rhodulinviolett, Rosolan, Irisviolett, Tanninheliotrop usw.	Methylviolett, Krystallviolett, Hofmanns Violett, Benzylviolett usw.	Echtsäureviolett, Violamin.	Säureviolett, Formylviolett usw.	Alkaliviolett.	Wasserblau rötlich.	Indulin rötlich, Echtblau R usw.	Lanacylviolett, Viktoriaviolett usw.

…uf tierischer Faser. Purpur und Violett.

…ait 5-prozentiger Essigsäure kochen.						
…Beizenfarbstoff. 2mal 1 Minute mit wässeiig-alkoholischem Ammoniak …weißer Baumwolle kochen.						
Farbstoff wird wenig oder nicht abgezogen. Baumwolle bleibt weiß (Beizenfarbstoff) oder wird gefärbt (Salzfarbstoff). Kochen mit Natriumacetat und weißer Baumwolle 2 bis 3 Minuten.						
Baumwolle angefärbt: Salzfarbstoff.	Baumwolle bleibt weiß: Beizenfarbstoff. (Bestätigen durch Prüfen der Asche auf Metallbeizen.) Kochen mit Hydrosulfit A.					
	Farbe nicht angegriffen: Pyrongruppe.	Farbe in Braun verändert: Alizaringruppe. Kochen mit verd. Salzsäure.		Entfärbt. Farbe erscheint an der Luft.	Entfärbt. Farbe erscheint nicht an der Luft, aber durch Persulfat.	Entfärbt. Farbe erscheint weder an der Luft noch durch Persulfat.
		Faser und Lösung gelb.	Faser und Lösung rot oder rötlichbraun.			
9.	10.	11.	12.	13.	14.	15.
Dianilviolett H, Hessischviolett, Diaminviolett, Oxaminviolett, Benzoechtviolett, Kolumbiaviolett, Oxydiaminviolett, Chlorantinviolett usw.	Gallein.	Alizarin auf Eisen oder Chrom.	Alizaringranat R, Alizarinbordeaux.	Gallocyanin, Prune, Cölestinblau usw.	Chromviolett.	Säurealizaringranat R, Säurealizarinviolett N.

Tabelle IV. Nachweis von Farbstoffen

<table>
<tr><td colspan="10" align="right">2 mal 1 Minute</td></tr>
<tr><td colspan="4">Farbstoff größtenteils abgezogen. 2 mal 1 Minute mit verdünntem Alkohol (1:1) kochen.</td><td colspan="6">Farbstoff wenig oder nicht abgezogen: verdünntem Ammoniak und einer Probe</td></tr>
<tr><td colspan="3" rowspan="2">Farbstoff größtenteils abgezogen: Basischer Farbstoff. Kochen mit Hydrosulfit A.</td><td rowspan="5">Unverändert. Al oder Cr bzw. beide in der Asche. Das Blau wird durch Salzsäure in Ziegelrot verwandelt.</td><td colspan="6">Farbstoff größtenteils abgezogen, die Baumweiß: Säurefarbstoff. Kochen mit Hydro-</td></tr>
<tr><td colspan="3">Entfärbt. Farbe kehrt an der Luft wieder: Azin-, Oxazin-, Thiazin- und Indigogruppe. Berlinerblau.</td><td colspan="3">Entfärbt. Die Farbe kehrt an der Luft nicht, aber durch Persulfat wieder: Triphenylmethangruppe.</td></tr>
<tr><td rowspan="3">Entfärbt. Ursprüngliche Farbe kehrt an der Luft wieder: Azin-, Oxazin- oder Thiazingruppe.</td><td rowspan="3">Entfärbt. Wird an der Luft violett. Safraninazofarbstoff.</td><td rowspan="3">Entfärbt. Farbe kehrt an der Luft nicht, aber durch Persulfat zurück: Triphenylmethangruppe.</td><td colspan="2">Der ammoniakalische Auszug ist blau und wird auf Zusatz von Natronlauge:</td><td rowspan="3">Der ammoniakalische Auszug ist farblos. In der Asche Fe.</td><td colspan="2">Der ammoniakalische Auszug blau. Beim Kochen mit Natronlauge:</td><td rowspan="3">Der ammoniakalische Auszug farblos, wird aber beim Ansäuern blau.</td></tr>
<tr><td rowspan="2">sofort gelb.</td><td rowspan="2">violett beim Erwärmen.</td><td rowspan="2">farblos.</td><td rowspan="2">violett.</td></tr>
<tr></tr>
<tr><td>1.</td><td>2.</td><td>3.</td><td>4.</td><td>5.</td><td>6.</td><td>7.</td><td>8.</td><td>9.</td><td>10.</td></tr>
<tr><td>Methylenblau, Nilblau, Capriblau, Meldolablau, Cresylblau usw.</td><td>Janusblau, Indoin.</td><td>Viktoriablau, Nachtblau, Brillantwalkblau B usw.</td><td>Blauholzblau.</td><td>Indigocarmin.</td><td>Thiocarmin, Indulin, Echtblau.</td><td>Berlinerblau.</td><td>Wollblau.</td><td>Patentblau V, A, N usw., Cyanol, Cyanin B, Ketonblau, Erioglaucin usw.</td><td>Wasser- und Alkaliblau (Rosanilinblau).</td></tr>
</table>

auf tierischer Faser. Blau.

mit 5-prozentiger Essigsäure kochen.									
Säure-, Salz- oder Beizenfarbstoff. 2 mal 1 Minute mit weißer Baumwolle kochen. Aufbewahren des ammoniakalischen Auszugs.									
wolle bleibt sulfit A.		Farbstoff wenig oder nicht abgezogen. Baumwolle weiß (Beizenfarbstoff) oder wird gefärbt (Salzfarbstoff). 2 bis 3 Minuten mit 5-prozentiger Natriumacetatlösung und weißer Baumwolle kochen.							
Entfärbt. Farbe weder an der Luft noch durch Persulfat wieder hergestellt: Azogruppe.	Nicht entfärbt, in Bläulichrot verwandelt: Alizaringruppe.	Baumwolle wird angefärbt: Salzfarbstoff. Durch Hydrosulfit A entfärbt. Farbe weder an der Luft noch durch Persulfat wieder hergestellt: Azogruppe.	Baumwolle bleibt weiß. Kochen mit Anilinöl.						
			Blaue Lösung, verdampfen zur Trockne. Rückstand sublimiert violett.	Lösung lichtbraun oder farblos: Beizenfarbstoff. Bestätigen durch Prüfung der Asche auf Metallbeizen. Kochen mit Hydrosulfit A.					
				Farbe auf Wolle unverändert: Alizaringruppe.	Farbe dunkelbraun, wird an der Luft blau: Alizaringruppe.	Entfärbt. Farbe kehrt an der Luft wieder: Oxazin- oder Thiazingruppe. Die Faser wird mit konzentriert. Schwefelsäure behandelt.		Entfärbt. Farbe wird an der Luft nicht, aber durch Persulfat wieder hergestellt: Triphenylmethangruppe.	Entfärbt. Farbe erscheint weder an der Luft, noch durch Persulfat: Azogruppe.
						Grüne Lösung.	Violette Lösung.		
11.	12.	13.	14.	15.	16.	17.	18.	19.	20.
Lanacylblau, Azosäureblau, Azomerinoblau, Azomarineblau usw.	Alizarindirektblau EB, Alizarinsaphirol, Alizarinastrol, Alizarinirisol usw.	Dianil-, Diamin-, Benzo-, Chicagoblau, Sulfoncyanin usw.	Indigo.	Alizarincyanin, Anthracenblau.	Alizarinblau.	Brillantalizarinblau.	Gallocyanin, Cölestinblau, Gallaminblau, Prune usw.	Chromblau.	Anthracenchromblau, Chromotropblau, Periwollblau, Cypernblau usw.

Tabelle V. Nachweis von Farbstoffen

					2 mal 1 Minute
Farbstoff wird abgezogen: *Basischer Farbstoff*. Kochen mit Hydrosulfit A.			Farbstoff wird nicht abgezogen: *Säure-*, (1:100)		
			Farbstoff größtenteils abgezogen, Baumwolle bleibt weiß: *Säurefarbstoff*. Kochen mit Hydrosulfit A.		
Entfärbt. Wird an der Luft dunkelviolett: *Safranin-azofarbstoff.*	Entfärbt. Ursprüngliche Farbe kehrt an der Luft wieder: *Azin-, Oxazin-* oder *Thiazingruppe.*	Entfärbt. Farbe kehrt an der Luft nicht, aber durch Persulfat wieder: *Triphenylmethangruppe.*	Entfärbt. Farbe kehrt an der Luft wieder: *Azin-, Oxazin-* oder *Thiazingruppe.*	Entfärbt. Farbe kehrt an der Luft nicht, aber durch Persulfat wieder: *Triphenylmethangruppe.*	Entfärbt. Farbe wird weder an der Luft noch durch Persulfat wieder hergestellt: *Azogruppe.*
1.	2.	3.	4.	5.	6.
Janusgrün, Diazingrün.	Methylengrün, Echtgrün M, Azingrün, Caprigrün usw.	Malachitgrün, Brillantgrün, Setoglaucin, Echtgrün usw.	Azingrün S.	Säuregrün, Naphthalingrün V, Lichtgrün, Guineagrün, Wollgrün, Neptungrün usw.	Gemische aus blauen und gelben Farbstoffen.

auf tierischer Faser. Grün.

<table>
<tr><td colspan="6">mit 5-prozentiger Essigsäure kochen.</td></tr>
<tr><td colspan="6">Salz- oder Beizenfarbstoff. 2 mal 1 Minute mit verdünntem Ammoniak und einer Probe weißer Baumwolle kochen.</td></tr>
<tr><td colspan="6">Farbstoff wenig oder nicht abgezogen. Die Baumwolle bleibt weiß (Beizenfarbstoff) oder wird gefärbt (Salzfarbstoff). 2 bis 3 Minuten mit 5-prozentiger Natriumacetatlösung und einer Probe weißer Baumwolle kochen.</td></tr>
<tr><td rowspan="4">Baumwolle wird dunkel angefärbt: Salzfarbstoff.</td><td colspan="5">Die Baumwolle bleibt weiß: Beizenfarbstoff. Bestätigen durch Prüfung der Asche auf Metallbeizen. Kochen mit Hydrosulfit A.</td></tr>
<tr><td colspan="2">Farbe braun: Alizaringruppe.</td><td colspan="3">Entfärbt (oder in helles Rötlichgelb verwandelt).</td></tr>
<tr><td rowspan="2">Ursprüngliche Farbe kehrt an der Luft wieder.</td><td rowspan="2">Ursprüngliche Farbe kehrt nicht an der Luft, aber durch Persulfat zurück.</td><td rowspan="2">Die Farbe erscheint an der Luft wieder: Oxazin- oder Thiazingruppe.</td><td colspan="2">Farbe kehrt weder durch Luft noch durch Persulfat zurück: Nitroso- oder Azogruppe. Kochen mit konzentrierter Salzsäure.</td></tr>
<tr><td>Faser und Lösung lichtbraun: Nitrosogruppe.</td><td>Faser blau und Lösung farblos: Azogruppe.</td></tr>
<tr><td>7.</td><td>8.</td><td>9.</td><td>10.</td><td>11.</td><td>12.</td></tr>
<tr><td>Dianilgrün, Diamingrün, Kolumbiagrün, Chloramingrün, Benzogrün usw.</td><td>Cörulein, Alizaringrün S.</td><td>Alizarindirektgrün G, Alizarincyaningrün, Alizarinviridin.</td><td>Alizaringrün G, B (Oxazingruppe).</td><td>Gambin, Dioxin, Dunkelgrün, Naphtholgrün usw.</td><td>Diamantgrün, Chrompatentgrün usw.</td></tr>
</table>

Tabelle VI. Nachweis von Farbstoffen

<table>
<tr><td colspan="4">2 mal 1 Minute mit</td></tr>
<tr><td rowspan="4">Farbstoff größtenteils abgezogen: Basischer Farbstoff. Beim Kochen mit Hydrosulfit A entfärbt. Farbe kehrt weder an der Luft noch durch Persulfat zurück: Azogruppe.</td><td colspan="3">Farbstoff wenig oder nicht abgezogen: 2 mal 1 Minute</td></tr>
<tr><td rowspan="3">Farbstoff größtenteils abgezogen: Säurefarbstoff. Beim Kochen mit Hydrosulfit A entfärbt. Farbe kehrt weder an der Luft noch durch Persulfat wieder: Azogruppe.</td><td colspan="2">Farbstoff wenig oder 2 bis 3 Minuten mit</td></tr>
<tr><td colspan="2">Die Baumwolle wird angefärbt: Salzfarbstoff. Kochen mit Hydrosulfit A.</td></tr>
<tr><td>Entfärbt. Farbe kehrt weder an der Luft noch durch Persulfat zurück: Azogruppe.</td><td>Entfärbt. Farbe kehrt langsam an der Luft und schnell durch Persulfat wieder: Stilbengruppe.</td></tr>
<tr><td>1.</td><td>2.</td><td>3.</td><td>4.</td></tr>
<tr><td>Vesuvin O, Bismarckbraun.</td><td>Säurebraun R, Echtbraun O, Resorcinbraun, Naphthylaminbraun etc.</td><td>Dianilbraun, Diaminbraun, Benzobraun, Toluylenbraun, Kongobraun, Hessischbraun, Kolumbiabraun, Sulfonbraun usw.</td><td>Mikadobraun.</td></tr>
</table>

auf tierischer Faser. Braun.

<table>
<tr><td colspan="4">5-prozentiger Essigsäure kochen.</td></tr>
<tr><td colspan="4">Säure, Salz- oder Beizenfarbstoff.
mit verdünntem Ammoniak kochen.</td></tr>
<tr><td colspan="4">nicht abgezogen: Salz- oder Beizenfarbstoff.
5-prozentiger Natriumacetatlösung und weißer Baumwolle kochen.</td></tr>
<tr><td colspan="4">Die Baumwolle bleibt weiß: Beizenfarbstoff. Bestätigen durch Prüfung der Asche auf Metallbeizen. Kochen mit Hydrosulfit A.</td></tr>
<tr><td colspan="2">Farbe bleibt unverändert.
Kochen mit verdünnter Salzsäure (1:10).</td><td colspan="2">Entfärbt oder beinahe entfärbt.</td></tr>
<tr><td>Farbe wird abgezogen.</td><td>Farbe wird nicht abgezogen.</td><td>Farbe kommt langsam an der Luft und schnell durch Persulfat wieder.</td><td>Farbe kehrt weder an der Luft noch durch Persulfat zurück: Azogruppe.</td></tr>
<tr><td>5.
Alizarinbraun, Anthragallol, Anthracenbraun.</td><td>6.
Catechu.</td><td>7.
Chromogen I.</td><td>8.
Säurealizarinbraun RP, B, BB usw., Chrombraun RO, Anthracensäurebraun, Säureanthracenbraun, Palatinchrombraun, Säurechrombraun, Diamantbraun, Metachrombraun usw. Manganbister (Mn in der Asche).</td></tr>
</table>

Tabelle VII. Nachweis von Farbstoffen

<table>
<tr><td colspan="5">2mal 1 Minute mit</td></tr>
<tr><td rowspan="4">Farbstoff größtenteils abgezogen: Basischer Farbstoff. (Blauholzschwarz auf Eisen wird heller, Lösung nur schwach gefärbt.)</td><td colspan="4">Farbstoff nicht abgezogen:
2mal 1 Minute mit wässerig-alkoholischem</td></tr>
<tr><td rowspan="3">Farbstoff größtenteils abgezogen, die Baumwolle bleibt weiß: Säurefarbstoff. Durch Kochen mit Hydrosulfit A wird die Farbe dauernd entfernt.</td><td colspan="3">Farbstoff nicht
Kochen mit 5-prozentiger</td></tr>
<tr><td colspan="2">Die Baumwolle wird angefärbt: Salzfarben und beizenziehende Azofarbstoffe. Hydrosulfit A entfärbt dauernd. Prüfen der Asche auf Cr.</td><td>Die Baum-
Asche</td></tr>
<tr><td>Kein Cr: Salzfarbstoff.</td><td>Cr: Beizenziehender Azofarbstoff.</td><td>Farbe blau, Lösung karmoisin. Prüfung auf Indigo durch Kochen mit Anilin: blaue Lösung, Verdampfen zur Trockene. Rückstand sublimiert violett.</td></tr>
<tr><td>1.</td><td>2.</td><td>3.</td><td>4.</td><td>5.</td></tr>
<tr><td>Janusschwarz, Methylengrau, Diazinschwarz usw.</td><td>Amidoschwarz, Naphtholschwarz, Naphthylaminschwarz, Palatinschwarz, Nerol, Azosäureschwarz, Azomerinoschwarz usw.</td><td>Patentdianilschwarz, Halbwollschwarz, Kolumbiaschwarz, Dianilschwarz, Diaminschwarz, Carbidschwarz usw.</td><td>Säurealizarinschwarz, Anthracenchromschwarz, Palatinchromschwarz, Chromotrop, Säurechromschwarz, Chromatschwarz usw.</td><td>Indigo mit Blauholz.</td></tr>
</table>

auf tierischer Faser. Schwarz und Grau.

5-prozentiger Essigsäure kochen.

Säure-, Salz- oder Beizenfarbstoff.
Ammoniak und einer Probe weißer Baumwolle kochen.

abgezogen: Salz- und Beizenfarbstoff.
Natriumacetatlösung und einer Probe weißer Baumwolle.

wolle bleibt weiß: Beizenfarbstoffe. (Bestätigen durch Prüfung der auf Metallbeizen.) Kochen mit verdünnter Salzsäure (1:10).

		Unverändert. Kochen mit Hydrosulfit A.			
				Unverändert. Behandeln der Faser mit konzentrierter Schwefelsäure.	
Faser und Lösung karmoisin.	Faser und Lösung hellbraun.	Wird braun. Die ursprüngliche Farbe erscheint langsam an der Luft.	Entfärbt. Die Farbe wird weder an der Luft noch durch Persulfat wieder hergestellt.	Blaue Lösung.	H_2SO_4 zunächst farblos, dann violette Lösung.
6.	7.	8.	9.	10.	11.
Blauholz auf Chrom.	Blauholz auf Eisen.	Naphthazarin, Alizarinschwarz, Alizarinblauschwarz SW.	Diamantschwarz.	Alizarincyaninschwarz.	Anilinschwarz.

Tabelle I. Nachweis von Farbstoffen

<table>
<tr><td colspan="10">Mit Ammoniak</td></tr>
<tr><td colspan="3">Wird abgezogen. Mit angesäuertem Wasser und Wolle kochen.</td><td colspan="7">Wird nicht abgezogen. 1/2 Min. kochen mit</td></tr>
<tr><td rowspan="4">Zieht nicht auf die Wolle. Sn in der Asche.</td><td colspan="2">Zieht auf die Wolle: Saurer Farbstoff. Die Wolle mit Hydrosulfit B kochen.</td><td colspan="4">Wird vollkommen zerstört; alkalische und saure Lösung und Faser farblos. Ursprüngliche Färbung mit Schwefelammonium kalt behandeln.</td><td colspan="3">Farbstoff vollständig oder größtenteils abgezogen. Säureauszug durch Tannin gefällt. Basischer Farbstoff. Auf Wolle übertragen und mit Hydrosulfit B kochen.</td></tr>
<tr><td rowspan="3">Nicht entfärbt. Pyron- oder Chinolingruppe</td><td rowspan="3">Dauernd entfärbt. Azogruppe.</td><td rowspan="3">Schwarzfärbung. Cr in der Asche.</td><td colspan="3">Keine Schwarzfärbung. Mit Hydrosulfit X kochen.</td><td colspan="2">Wolle nicht entfärbt. Die Baumwolle mit Salzsäure (1:20) kochen.</td><td rowspan="3">Wolle dauernd entfärbt. Azogruppe.</td></tr>
<tr><td colspan="2">Nicht entfärbt. Asche auf Al prüfen.</td><td rowspan="2">Entfärbt.</td><td rowspan="2">Entfärbt.</td><td rowspan="2">Nichtentfärbte Lösung in konz. H_2SO_4 oder Alkohol fluorescierend. Acridingruppe.</td></tr>
<tr><td>Al.</td><td>Kein Al.</td></tr>
<tr><td>1.</td><td>2.</td><td>3.</td><td>4.</td><td>5.</td><td>6.</td><td>7.</td><td>8.</td><td>9.</td><td>10.</td></tr>
<tr><td>Kreuzbeeren auf Zinnbeize.</td><td>Chinolingelb, Eosinorange.</td><td>Indischgelb = Azogelb oder Azoflavin, Orange IV, G usw.</td><td>Chromgelb oder Chromorange = Bleichromat (für den Zeugdruck).</td><td>Alizaringelb A.</td><td>Methylengelb, Thioflavin T.</td><td>Flavindulin.</td><td>Auramin.</td><td>Phosphin, Benzoflavin, Acridingelb, Acridinorange usw.</td><td>Janusgelb, Chrysoidin, Tanninorange usw.</td></tr>
</table>

NB. 1. Brillantgelb wird durch verd. NH_3 stark abgezogen; fügt man
2. Schwefelgelb der Thiazolklasse, wie Katigengelb 2 G, Pyrogen-
3. Diamantflavin kann, wenn nicht gut fixiert, weiße Baumwolle

auf pflanzlicher Faser. Gelb und Orange.

(1 : 100) kochen.									
Kochsalz-Natronlauge, spülen und 2 mal mit verd. Ameisensäure (1 : 100) kochen.									
Farbstoff nicht abgezogen oder Säure-Auszug durch Tannin nicht gefällt. Mit Hydrosulfit X reduzieren.									
Entfärbt. Farbe kommt an der Luft oder durch Persulfat nicht zurück. Azofarbstoff (einschließlich Stilbengruppe). Mit Seifenlösung und weißer, mercerisierter Baumwolle kochen.				Die Farbe unverändert oder nur im Ton geändert (wird gelber, brauner oder blau). Bleiacetatprobe.					
				H_2S. An der Luft erscheint die ursprüngliche Farbe nach der Reduktion mit Hydrosulfit schnell wieder. Schwefelfarbstoff.	Kein H_2S. Mit Seifenlösung und weißer, mercerisierter Baumwolle kochen.				
Baumwolle angefärbt. Salzfarbe. Auf Cr und Cu prüfen.		Baumwolle nicht angefärbt. Mit Pyridin kochen.			Baumwolle angefärbt. Thiazolsalzfarbstoff:		Baumwolle nicht angefärbt. Beizen- oder Küpenfarbstoff.		
Kein Cu und Cr. Unbehandelter Salzazofarbstoff.	Cr oder Cu. Nachbehandelter Salzazofarbstoff.	Abgezogen. Unlöslich. Azofarbstoff.	Nicht abgezogen. In der Asche Cr. Azobeizenfarbstoff.		Nach der Reduktion mit Hydrosulfit läßt sich der Farbstoff diazotieren und mit β-Naphthol rot entwickeln.	Farbstoff läßt sich nach der Reduktion nicht diazotieren und entwickeln.	Nach der Reduktion mit Hydrosulfit Farbe gelb oder gelbbraun, Al oder Cr in der Asche.	Nach der Reduktion mit Hydrosulfit Farbe braun, durch Persulfat wieder orange.	Nach der Reduktion mit Hydrosulfit Farbe blau, an der Luft wieder gelb.
11.	12.	13.	14.	15.	16.	17.	18.	19.	20.
Chrysophenin, Chrysamin, Toluylengelb und -Orange, Stilbengelb und -Orange, Benzo-, Kongo-, Diamingelb u.-Orange, Dianil-, Pyraminorange usw.	Die vorigen gekupfert oder chromiert.	m-Nitranilinorange oder Nitrotoluidinorange (auf der Faser gebildet).	Chromorange, Alizaringelb R, GG usw. Diamantflavin, Flavazol usw.	Thiogen-, Immedial-, Katigen-, Pyrogen-, Schwefel- usw. -Gelb und -Orange.	Primulin, entwickelt mit Phenol oder Resorcin. Dianilgelb, Baumwollgelb G und R, Oriol usw.	Oxydianilgelb, Chlorophenin, Chloramingelb, Diaminechtgelb B, FF u. C; Claytongelb, Thiazolgelb, Thioflavin S usw. Primulin mit Chlorkalk entwickelt.	Kreuzbeeren auf Al- oder Cr-Beize.	Alizarinorange auf Al-Beize.	Flavanthren = Indanthrengelb.

jedoch weiße Baumwolle hinzu, so wird diese angefärbt.
gelb usw. färben beim Kochen mit Seifenlösung weiße Baumwolle leicht an.
aus einer Seifenlösung anfärben.

Tabelle II. Nachweis von Farbstoffen

Kochen mit verdünntem							
Abgezogen: Saurer Farbstoff, auf Wolle übertragen und mit Hydrosulfit B kochen.		Nicht abgezogen. $^1/_2$ Minute mit Kochsalz-Natronlauge					
		Vollständig oder größtenteils abgezogen; gefärbter Säureauszug durch Tannin gefällt: Basischer Farbstoff (auf Tannin oder andrer Beize). Auf Wolle übertragen und mit Hydrosulfit A kochen.				Nicht abgezogen	
						Entfärbt, Farbe kehrt Persulfat zurück. Azolösung und weißer, wolle	
						Baumwolle angefärbt. Salzfarbe. Asche auf Cr und Cu prüfen.	
Nicht entfärbt: Pyrongruppe.	Entfärbt. Durch Luft oder Persulfat nicht wieder hergestellt: Azogruppe.	Wolle nicht entfärbt: Pyrongruppe.	Wolle entfärbt. Farbe kehrt an der Luft wieder: Azingruppe.	Wolle entfärbt. Farbe kehrt durch Persulfat wohl, nicht aber durch Luft zurück: Triphenylmethangruppe.	Wolle entfärbt. Farbe kehrt weder durch Luft noch durch Persulfat zurück: Azogruppe.	Kein Cr oder Cu: Azo-Salzfarbstoff.	Cr oder Cu: Azosalzfarbstoff, nachbehandelt.
1.	2.	3.	4.	5.	6.	7.	8.
Eosin, Phloxin, Erythrosin, Rose Bengale usw.	Croceïnscharlach, Brillantcroceïn, Echtrot usw.	Rhodamin, Irisamin, Acridinrot usw.	Safranin, Rhodulinrot und -Rosa, Azinscharlach, Indulinscharlach, Neutralrot usw.	Fuchsin, Neufuchsin, Cerise, Grenadin usw.	Janusrot.	Dianilrot, Deltapurpurin, Dianilrosa, Dianilechtscharlach usw. Benzopurpurin, Diaminscharlach, Diaminrot, Benzoechtscharlach, Diazobrillantscharlach, Rosanthren.	Dianilechtrot PH, Diaminechtrot F usw.

NB. Janusrot läßt sich nicht leicht auf Wolle übertragen.

auf pflanzlicher Faser. Rot.

Ammoniak (1:100).						
kochen, spülen und ca. 1 Minute mit verdünnter Ameisensäure (1:100) kochen.						
oder Säureauszug durch Tannin nicht gefällt. Mit Hydrosulfit X reduzieren.						
nicht durch Luft oder gruppe. Mit Seifen- mercerisierter Baum- kochen.		Entfärbt, Farbe kehrt an der Luft zurück: Schwefelfarbstoff oder Indigogruppe. Bleiacetatprobe.		Reduktionsprodukt grünl.-gelb, kann diazotiert und mit β-Naphthol rot entwickelt werden: Primulinazofarbstoff.	Nicht angegriffen oder nur im Ton geändert (wird brauner usw.). Anthracengruppe. Mit Ameisensäure, 90%, kochen.	
Baumwolle nicht angefärbt. Mit Pyridin kochen.						
Abgezogen: Unlösl. Azofarbstoff.	Nicht abgezogen. Cr in der Asche: Beizenazofarbstoff.	H_2S: Schwefelfarbstoff.	Kein H_2S: Indigofarbstoff.		Abgezogen. Asche auf Al prüfen.	Ziemlich abgezogen. Asche auf Cr prüfen.
					Al.	Cr.
9.	10.	11.	12.	13.	14.	15.
Azophorrot, Azophorrosa, Paranitranilinrot, α-Naphthylaminbordeaux, Azorosa, Blaurot.	Chromrot, Chrombordeaux usw.	Thiogenpurpur usw.	Thioindigrot, Thioindigscharlach, Helindonrot 3 B.	Primulin, entwickelt mit β-Naphthol oder R-Salz.	Türkischrot, Alizarinrot, Alizarinrosa, Alizaringranat.	Alizarin, Purpurin oder Alizaringranat.

Tabelle III. Nachweis von Farbstoffen

Kochen mit verdünntem									
Abgezogen: Säure-Farbstoff. Auf Wolle übertragen, durch Hydrosulfit A entfärbt und durch Persulfat wiederhergestellt: Triphenylmethangruppe.		Nicht abgezogen. $^1/_2$ Minute mit Kochsalz-Natronlauge kochen,							
		Farbe völlig oder größtenteils abgezogen; gefärbter Säureauszug durch Tannin gefällt: Basischer Farbstoff (auf Tannin oder anderer Beize) oder basischer Beizenfarbstoff. Mit Kochsalz-Natronlauge kochen, spülen und mit weißer Wolle in reinem Wasser kochen.						Nicht abge-	
		Wolle gefärbt: Basischer Farbstoff. Mit Hydrosulfit A kochen.				Wolle nicht gefärbt. Cr in der Asche. Basischer Beizenfarbstoff. Mit Hydrosulfit kochen.		Entfärbt. Farbe nicht wieder oder Alizarin sam entfärbt). mercerisierter	
								Baumwolle angefärbt: Salzfarbstoff. Auf Cr und Cu prüfen.	
Ammoniakalische Lösung farblos, wird beim Ansäuern blau.	Ammoniakalische Lösung violett.	Nicht entfärbt: Pyrongruppe.	Entfärbt. Erscheint an der Luft wieder: Azin- (Oxazin- oder Thiazin) gruppe.	Entfärbt. Durch Luft nicht wieder hergestellt, jedoch durch Persulfat: Triphenylmethangruppe.	Entfärbt. Weder durch Luft noch durch Persulfat wieder hergestellt: Azogruppe.	Entfärbt. Kehrt an der Luft wieder: Oxazingruppe.	Nur langsam entfärbt. Kommt nicht wieder an der Luft, jedoch mit Persulfat: Triphenylmethangruppe.	Kein Cu und Cr: Azosalzfarbstoff.	Cu und Cr: Azosalzfarbstoff, nachbehandelt.
1.	2.	3.	4.	5.	6.	7.	8.	9.	10.
Wasser- und Alkaliblau (rötliche Marken).	Säureviolett, Formylviolett usw.	Rhodamin.	Methylenviolett, Rhodulinviolett, Tanninheliotrop usw.	Methylviolett, Äthylviolett, Benzylviolett, Krystallviolett usw.	Janusbordeaux.	Chromoglaucin, Philochromin, Gallocyanin, Gallaminblau, Prune usw.	Chromviolett.	Substantives Violett.	Substantives Violett, gekupfert oder chromiert.

NB. Alizarin auf Chrom wird braun bei der Reduktion mit Hydrosulfit X.

auf pflanzlicher Faser. Purpur und Violett.

<table>
<tr><td colspan="9">Ammoniak (1:100).</td></tr>
<tr><td colspan="9">spülen und 2mal 1 Minute mit verdünnter Ameisensäure (1:100) kochen.</td></tr>
<tr><td colspan="9">zogen oder Säureauszug nicht durch Tannin gefällt. Mit Hydrosulfit X reduzieren.</td></tr>
<tr><td colspan="3">durch Luft und Persulfat hergestellt. Azogruppe auf Eisenbeize (lang- Mit Seifenlösung und weißer, Baumwolle kochen.</td><td colspan="2" rowspan="2">Entfärbt. Farbe kommt an der Luft wieder: Azin-, Oxazin- oder Thiazingruppe. Bleiacetatprobe.</td><td colspan="4">Farbe nicht angegriffen oder nur im Ton geändert: Beizenfarbstoffe der Pyron- oder Anthracengruppe sowie einige Küpen- und Schwefelfarbstoffe.</td></tr>
<tr><td colspan="3">Baumwolle nicht angefärbt. Mit verdünnter HCl (1:20) kochen.</td><td rowspan="4">Farbe angegriffen. Al oder Cr in der Asche: Pyron- oder Anthracenbeizenfarbstoff.</td><td colspan="3">Farbe nach Braun verändert. Bleiacetatprobe.</td></tr>
<tr><td rowspan="3">Farbe zerstört, gelbe Lösung, Fe in der Asche: Alizarin auf Fe-Beize.</td><td colspan="2">Nicht abgezogen. Kochen mit Pyridin.</td><td rowspan="3">H_2S: Schwefelfarbstoff.</td><td rowspan="3">Kein H_2S. Cr in der Asche: Beizen-Oxazinfarbstoff. (Nicht in Gruppe 7 fallend.)</td><td rowspan="3">H_2S: Schwefelfarbstoff.</td><td colspan="2">Kein H_2S. Auf Al und Cr prüfen.</td></tr>
<tr><td rowspan="2">Abgezogen: Unlöslicher Azofarbstoff.</td><td rowspan="2">Nicht abgezogen. Cr in der Asche: Beizenazofarbstoff.</td><td rowspan="2">Al oder Cr: Anthracenbeizenfarbstoff.</td><td rowspan="2">Kein Al oder Cr: Anthracen-Küpenfarbstoff.</td></tr>
<tr></tr>
<tr><td>11.</td><td>12.</td><td>13.</td><td>14.</td><td>15.</td><td>16.</td><td>17.</td><td>18.</td><td>19.</td></tr>
<tr><td>Alizarinviolett.</td><td>α-Naphthylaminbordeaux.</td><td>Chrombordeaux, Chromprune usw.</td><td>Thiogenviolett, Katigenviolett usw.</td><td>Gallaminblau, Gallocyanin usw.</td><td>Gallein, Alizaringranat, Alizarincyclamin, Alizarin auf Cr-Beize.</td><td>Thiogendunkelrot usw.</td><td>Alizarincyanin 3 R, Alizaringranat.</td><td>Violanthren = Indanthrenviolett.</td></tr>
</table>

Tabelle IV. Nachweis von Farbstoffen

Mit verdünntem								
Abgezogen: Säurefarbstoff (oder Berlinerblau).		Farbe nicht abgezogen. $^1/_2$ Minute kochen mit Kochsalz-						
		Farbe vollständig oder größtenteils abgezogen; gefärbter Säureauszug. Durch Tannin gefällt: Basischer Farbstoff (auf Tannin oder anderer Beize) oder Basischer Beizenfarbstoff. Mit Kochsalz-Natronlauge kochen, spülen und mit einem Streifen Wolle in reinem Wasser kochen.					Farbe Entfärbt. Farbe Luft od. Persulfat Azogruppe. Mit und weißer mercer.	
		Wolle gefärbt: Basischer Farbstoff. Wolle kochen mit Hydrosulfit A.			Wolle nicht gefärbt. Cr in der Asche: Basischer Beizenfarbstoff. Baumwolle mit Hydrosulfit kochen.		Baumwolle angefärbt: Salzfarbe. Auf Cr und Cu prüfen.	
Lösung farblos, beim Ansäuern blau. Das Blau auf Wolle übertragen, durch Hydrosulfit A entfärbt und durch Persulfat wieder hergestellt: Triphenylmethangruppe.	Lösung ist und bleibt auch beim Ansäuern farblos. Mit $FeCl_3$ blauer Niederschlag.	Entfärbt. Farbe erscheint an der Luft wieder: Azin-, Oxazin- oder Thiazingruppe.	Schlägt nach Rot um und verschwindet, erscheint violett oder blau wieder: Safraninazogruppe.	Entfärbt. Farbe erscheint an der Luft nicht wieder, wohl aber durch Persulfat: Triphenylmethangruppe.	Entfärbt. Farbe erscheint an der Luft wieder: Oxazingruppe.	Langsam entfärbt, nur durch Persulfat wieder hergestellt: Triphenylmethangruppe.	Kein Cr oder Cu: Azosalzfarbe.	Cr oder Cu: Azosalzfarbe, nachbehandelt.
1.	2.	3.	4.	5.	6.	7.	8.	9.
Alkali- oder Wasserblau.	Berlinerblau (für Zeugdruck).	Methylenblau, Neumethylenblau, Nilblau, Capriblau, Meldolablau, Neuäthylblau, Echtblau, Cresylblau, Rhodulinblau, Nitrosoblau usw.	Janusblau, Indophenblau, Indoinblau, Naphthindon usw.	Viktoriablau, Nachtblau, Türkisblau, Setocyanin usw.	Gallocyanin, Cölestinblau, Prune usw.	Chromblau.	Substantive Blau.	Substantives Blau, gekupfert oder chromiert.

NB. Alkaliblau auf Tannin- oder Zinnbeize wird nur teilweise durch verdünntes

auf pflanzlicher Faser. Blau.

<table>
<tr><td colspan="9">Ammoniak (1:100) kochen.</td></tr>
<tr><td colspan="9">Natronlauge, spülen, und zweimal mit verd. Ameisensäure (1:100) kochen.</td></tr>
<tr><td colspan="9">nicht abgezogen oder der Säure-Auszug nicht durch Tannin gefällt.
Mit Hydrosulfit X reduzieren.</td></tr>
<tr><td>kehrt durch nicht zurück. Seifenlösung Baumwolle kochen.</td><td colspan="3">Entfärbt. Farbe kehrt an der Luft wieder: Schwefelfarbstoff, Oxazin-, Thiazin- oder Indigogruppe. Bleiacetatprobe.</td><td rowspan="3">Farbenumschlag nach grünl.-gelb. Reduktionsprodukt läßt sich diazotieren und entwickeln mit β-Naphthol: Primulinazofarbstoff.</td><td colspan="4">Nicht angegriffen oder nur im Ton geändert (wird dunkler, brauner usw.): Anthracenbeizen oder Anthracenküpenfarbstoff (auch Ultramarin). Mit 90-prozentiger Ameisensäure kochen.</td></tr>
<tr><td rowspan="2">Baumwolle nicht angefärbt. Farbe durch Kochen mit Pyridin abgezogen: Unlöslicher Azofarbstoff.</td><td rowspan="2">H_2S.: Schwefelfarbstoff.</td><td colspan="2">Kein H_2S. Vorsichtig im trockenen Reagensrohr erhitzen.</td><td colspan="2">Abgezogen. Al in der Asche. Bleiacetatprobe.</td><td colspan="2">Wenig angegriffen. Auf Cr prüfen.</td></tr>
<tr><td>Violette Dämpfe.</td><td>Keine gefärbten Dämpfe. Cr in der Asche: Beizen-, Thiazin- oder Oxazinfarbstoff (nicht in Gr. 6 fallend).</td><td>H_2S-Entwicklung.</td><td>Keine H_2S-Entwicklung: Alizarinfarbstoff auf Al-Beize.</td><td>Cr: Alizarinfarbstoff auf Cr-Beize.</td><td>Kein Cr: Anthracenküpenfarbstoff.</td></tr>
<tr><td>10.</td><td>11.</td><td>12.</td><td>13.</td><td>14.</td><td>15.</td><td>16.</td><td>17.</td><td>18.</td></tr>
<tr><td>Dianisidinblau.</td><td>Blaue Schwefelfarbstoffe.</td><td>Indigo.</td><td>Brillantalizarinblau, Delphinblau, Gallophenin usw.</td><td>Primulin mit Naphthylaminäther entwickelt.</td><td>Ultramarin (für Zeugdruck).</td><td>Anthrolblau, Alizarincyanin, Anthracenblau.</td><td>Anthrolblau, Alizarinblau, Alizarincyanin, Anthracenblau.</td><td>Indanthren, Cyananthren = Indanthrendunkelbau BT.</td></tr>
</table>

NH_3 abgezogen; Lösung farblos.

Tabelle V. Nachweis von Farbstoffen

Mit verdünntem								
Abgezogen. Säurefarbstoff. Farbe auf Wolle übertragen, durch Hydrosulfit A abgezogen und durch Persulfat wieder hergestellt: Triphenylmethangruppe.	Farbe nicht abgezogen, $^1/_2$ Minute mit Kochsalz-Natron-							
	Vollständig oder größtenteils abgezogen; gefärbter Säureauszug durch Tannin gefällt: Basischer Farbstoff (auf Tannin oder anderer Beize) oder Basischer Beizenfarbstoff. Mit Kochsalz-Natronlauge kochen, spülen und mit weißer Wolle und reinem Wasser kochen.				Farbe nicht abgezogen oder Säure-			
					Entfärbt. Farbe erscheint an der Luft oder durch Persulfat nicht wieder: Azo- oder Nitrosogruppe. Mit Seifenlösung und weißer mercerisierter Baumwolle kochen.			
	Wolle angefärbt: Basischer Farbstoff. Mit Hydrosulfit A kochen.			Wolle nicht angefärbt. Cr in der Asche. Baumwolle entfärbt durch Hydrosulfit X; Farbe erscheint durch Persulfat wieder, nicht durch Luft: Triphenylmethangruppe.	Baumwolle angefärbt: Salzfarbe. Asche auf Cr u. Cu prüfen.		Baumwolle nicht angefärbt. Mit HCl (1:20) kochen.	
	Entfärbt. Farbe kehrt an der Luft wieder: Azin-, Oxazin- oder Thiazingruppe.	Wird rot und dann entfärbt, an der Luft violett oder grün: Safranin-Azogruppe.	Entfärbt. Durch Luft nicht wiederhergestellt, wohl aber durch Persulfat: Triphenylmethangruppe.		Kein Cr und Cu: Azo-Salzfarbe.	Cr und Cu: Azo-Salzfarbe, nachbehandelt.	Farbe zerstört. Fe in der Asche: Nitrosogruppe.	Nicht entfärbt. Cr in der Asche: Beizenazofarbe.
1.	2.	3.	4.	5.	6.	7.	8.	9.
Naphthalingrün, Säuregrün.	Methylengrün, Azingrün, Caprigrün usw.	Janusgrün, Diazingrün usw.	Brillantgrün, Malachitgrün, Methylgrün, Viktoriagrün, Setoglaucin usw.	Chromgrün.	Substantive Grün.	Substantive Grün, gekupfert oder chromiert.	Solidgrün, Nitrosogrün, Russischgrün, Echtdampfgrün O, Elsässischgrün, Gambin usw.	Diamantgrün usw.

NB. Grün der Nitrosogruppe, Gambin usw., werden evtl. schwarz bei der Reduktion,

auf pflanzlicher Faser. Grün.

Ammoniak (1 : 100) kochen.									
lauge kochen, spülen und mit verdünnter Ameisensäure 2mal kochen.									
Auszug wird durch Tannin nicht gefällt. Mit Hydrosulfit X reduzieren.									
Entfärbt. Farbe kommt an der Luft wieder: Schwefelfarbstoff. Oxazin- oder Thiazingruppe. Bleiacetatprobe.		Reduktionsprodukt grünlichgelb, läßt sich diazotieren und mit β-Naphthol rot entwickeln: Primulinazogruppe.	Nicht angegriffen, aber im Ton nach rot, braun, blau usw. verändert. Auf Cr und Ni prüfen.						
			Cr oder Ni in der Asche: Anthracenbeizenfarbstoff.				Kein Cr und Ni: Anthracen-Küpen- bzw. -Schwefelfarbstoff.		
				Reduziert braun, an der Luft wieder grün. Mit verdünnter HCl (1:20) kochen.					
H_2S: Schwefelfarbstoff.	Kein H_2S. Beizen-Oxazin- (oder -Thiazin-) farbstoff.		Reduzierte Farbe braunrot. Durch Persulfat, nicht durch Luft, wieder grün. Kochende HCl (1:20) gibt grüne Lösung.	Nicht angegriffen. Lösung farblos. Cr in der Asche.	Faser grau, Lösung rot. Ni in der Asche.	Faser ziemlich hell. Lösung braungelb.	Reduzierte Farbe olivbraun. Bleiacetatprobe zeigt H_2S.	Reduzierte Farbe dunkelmarron. Grüne Farbe kommt an der Luft wieder.	Reduzierte Farbe blau. Grüne Farbe kommt an der Luft wieder.
10.	11.	12.	13.	14.	15.	16.	17.	18.	19.
Grüne Schwefelfarbstoffe.	Gallanilgrün, Indalizarin usw.	Primulin mit Aminodiphenylamin entwickelt.	Alizarinviridin, Brillantalizarinviridin.	Alizaringrün auf Cr-Beize.	Alizaringrün auf Ni-Mg-Beize.	Cörulein, Anthracengrün.	Olivanthren = Indanthrenolive.	Viridanthren = Indanthrengrün.	Algolgrün, Indanthren mit Flavanthren.

wenn das Hydrosulfit nicht genügend sauer ist (Bildung von FeS).

Tabelle VI. Nachweis von Farbstoffen

<table>
<tr><td colspan="8">Mit verdünntem</td></tr>
<tr><td rowspan="6">Abgezogen: Säurefarbstoff. Auf Wolle übertragen, durch Hydrosulfit A vollständig dauernd entfärbt: Azogruppe.</td><td colspan="7">Farbe nicht abgezogen. $^1/_2$ Minute kochen mit Kochsalz-Natron-</td></tr>
<tr><td rowspan="5">Abgezogen. Säureauszug durch Tannin gefällt: Basischer Farbstoff. Auf Wolle übertragen, durch Hydrosulfit A vollständig entfärbt: Azogruppe.</td><td colspan="6">Nicht abgezogen oder Säureauszug</td></tr>
<tr><td colspan="6">Entfärbt. Farbe weder durch Luft noch durch Persulfat wiederhergestellt: Azogruppe und Mineralfarben. Mit Seifenlösung und mercerisierter Baumwolle kochen.</td></tr>
<tr><td colspan="2">Baumwolle angefärbt: Salzfarbe. Auf Cr und Cu prüfen.</td><td colspan="4">Baumwolle nicht angefärbt. Mit Pyridin kochen.</td></tr>
<tr><td rowspan="2">Kein Cr oder Cu: Azosalzfarbe.</td><td rowspan="2">Cr oder Cu: Azosalzfarbe, nachbehandelt.</td><td colspan="2">Abgezogen: Unlöslicher Azofarbstoff. Auf Cu prüfen.</td><td colspan="2">Nicht abgezogen: Mineralfarbe. Mit Na-Bisulfit kalt behandeln.</td></tr>
<tr><td>Kein Cu.</td><td>Cu.</td><td>Entfärbt.</td><td>Nicht entfärbt.</td></tr>
<tr><td>1.</td><td>2.</td><td>3.</td><td>4.</td><td>5.</td><td>6.</td><td>7.</td><td>8.</td></tr>
<tr><td>Echtbraun, Naphthylaminbraun, Säurebraun usw.</td><td>Vesuvin, Bismarckbraun, Janusbraun, Chrysoidin.</td><td>Substantive Braun.</td><td>Substantive Braun, gekupfert oder chromiert.</td><td>Parabraun (Chrysoidin und Paranitranilin), Benzidin- oder Tolidinbraun.</td><td>Pararot gekupfert.</td><td>Manganbister.</td><td>Eisenchamois, Mineralkhaki.</td></tr>
</table>

NB. Rostgelb und Khaki werden eventuell schwarz bei der Reduktion, wenn

auf pflanzlicher Faser. Braun.

Ammoniak (1:100) kochen.					
lauge, spülen und 2 mal mit verdünnter Ameisensäure (1:100) kochen.					
durch Tannin nicht gefällt. Mit Hydrosulfit X reduzieren.					
Reduktionsprodukt grüngelb, läßt sich diazotieren und mit β-Naphthol rot entwickeln: Primulinazofarbstoff.	Unverändert oder nur im Ton verändert (wird dunkler, heller, gelber usw.). Bleiacetatprobe.				
	H_2S: Schwefelfarbstoff.	Kein H_2S. Auf Cr und Cu prüfen.			
		Cr oder Cu (oder beide): Beizenfarbstoff. Mit HCl (1:20) kochen.			Kein Cr oder Cu: Küpenfarbstoff oder durch Oxydation entwickelter Farbstoff.
		Vollständig abgezogen.	Nicht oder nur wenig abgezogen. Mit verdünnter NaOH (10%) kochen.		
			Faser und Lösung dunkelviolett.	Lösung braun. Ton der Faser unverändert.	
9.	10.	11.	12.	13.	14.
Primulin mit m-Phenylendiamin entwickelt.	Schwefelbraun.	Alizarinbraun, Anthragallol, Anthracenbraun.	Alizarinorange, Alizarin, Purpurin usw. auf Cr.	Catechu.	Fuscanthren = Indanthrenmarron, p-Phenylendiamin auf der Faser oxydiert.

das Hydrosulfit X nicht genügend sauer ist (Bildung von FeS).

Tabelle VII. Nachweis von Farbstoffen

Mit verdünntem						
Abgezogen: Säurefarbstoff. Auf Wolle übertragen, beim Kochen mit Hydrosulfit A dauernd entfärbt: Azogruppe.	Farbe nicht abgezogen.					
	Abgezogen.			Farbe nicht abgezogen (oder nur wenig).		
				Stark abgezogen, der Säureauszug durch Tannin gefällt: Basischer Farbstoff. Auf Wolle übertragen (s. NB.) und mit Hydrosulfit A kochen.		Nicht ab-
						Entfärbt. Luft noch Azogruppe. weißer,merce-
						Weiße Baum- Auf Cr und
	Faser und Lösung farblos.	Lösung orange. Fe in der Asche.	Lösung rot. Cr in der Asche.	Entfärbt. Farbe kommt an der Luft wieder: Azin-, Oxazin- oder Thiazingruppe.	Wird rot, dann gleich entfärbt. An der Luft violett oder blauviolett: Safraninazogruppe.	Kein Cr und Cu: Azosalzfarbe.
1.	2.	3.	4.	5.	6.	7.
Carbonschwarz, Amidonaphtholschwarz, Naphthylaminschwarz, Palatinschwarz usw.	Gerbsaures Eisen.	Blauholzschwarz auf Eisenbeize.	Blauholzschwarz auf Chrombeize. Noir réduit.	Methylengrau, Neu-Methylengrau, Neu-Echtgrau, Nigrosin usw.	Janusschwarz, Janusgrau, Diazingrau.	Substantive Schwarz, auch diazotiert und gekuppelt.

NB. Chromschwarz (By) wird hellbraun bei der Reduktion mit Hydrosulfit X,

auf pflanzlicher Faser. Schwarz und Grau.

<table>
<tr><td colspan="7">Ammoniak (1:100) kochen.</td></tr>
<tr><td colspan="7">Mit verdünnter HCl (1:5) kochen.</td></tr>
<tr><td colspan="7">1 Minute mit Kochsalz-Natronlauge kochen, spülen und mit verd. HCl (1:20) kochen.</td></tr>
<tr><td colspan="7">gezogen oder Säureauszug durch Tannin nicht gefällt. Mit Hydrosulfit X reduzieren.</td></tr>
<tr><td colspan="2">Farbe kommt weder an der durch Persulfat wieder: Mit Seifenlösung und risierter Baumwolle kochen.</td><td colspan="5">Nicht angegriffen oder nur im Ton geändert (wird braun, marron usw.).</td></tr>
<tr><td>wolle angefärbt. Cu prüfen.</td><td rowspan="2">Weiße Baumwolle nicht anfärbt. Farbe durch Kochen mit Pyridin abgezogen: Unlöslicher Azofarbstoff.</td><td colspan="2">Reduzierte Farbe braun, wird an der Luft wieder schwarz: Schwefelfarbstoffe, Azin- und Oxazingruppe. Bleiacetatprobe.</td><td rowspan="2">Reduzierte Farbe braun, langsam und unvollständig an der Luft wieder hergestellt, sofort durch Persulfat. Cr in der Asche: Naphthalinbeizenfarbstoff.</td><td colspan="2">Farbe durch Reduktion nicht verändert (oder sehr wenig). Anthracengruppe. Auf Cr prüfen.</td></tr>
<tr><td>Cr und Cu: Azo-Salzfarbe, nachbehandelt.</td><td>H_2S. Faser beim Kochen mit Chlorkalklösung 3,5° Bé farblos oder schwach rötlichgelb: Schwefelfarbstoff.</td><td>Kein H_2S. Faser beim Kochen mit Chlorkalklösung 3,5° Bé rotbraun: Oxydationsschwarz.</td><td>Cr: Anthracenbeizenfarbstoff.</td><td>Kein Cr: Anthracenküpenfarbstoff.</td></tr>
<tr><td>8.</td><td>9.</td><td>10.</td><td>11.</td><td>12.</td><td>13.</td><td>14.</td></tr>
<tr><td>Substantive Schwarz, gekupfert oder chromiert.</td><td>Azophorschwarz usw.</td><td>Schwarze Schwefelfarbstoffe.</td><td>Anilinschwarz, Diphenylschwarz.</td><td>Naphthazarin, Alizarinschwarz, Alizarinblauschwarz, Naphthomelan.</td><td>Alizarincyaninschwarz, Alizarinblauschwarz.</td><td>Melanthren = Indanthrengrau.</td></tr>
</table>

mit Persulfat wird diese Farbe dunkelbraun und nicht schwarz.

nämlich das Betupfen des Musters mit konz. Salpetersäure, hat heute viel von seiner Bedeutung verloren, da eine große Anzahl neuerer Farbstoffe, selbst solche, die nicht indigoartiger Natur sind, wie Säure-, Entwicklungs- und Beizen- sowie basische Farbstoffe, einen ähnlichen Fleck wie Indigo (gelb mit grünem Rand) liefern.

3. Als ein nützliches Hilfsmittel zur Bestimmung der Produkte erweist sich auch hier das Verhalten der Proben zu konz. Schwefelsäure.

In den nachstehenden Tabellen (S. 1021—1023) sind die Resultate der Untersuchungen zusammengestellt.

Entsprechend dem auf den verschiedensten Gebieten wissenschaftlicher, künstlerischer und kunstgewerblicher Betätigung empfundenen Bedürfnis, für jeden Farbenton über eine bestimmte, allgemein verständliche und die genaue Wiedergabe dieses Farbentones ermöglichende Bezeichnung zu verfügen, hat man auch bei der Untersuchung gefärbter Textilwaren neben der farbenchemischen Analyse und den Echtheitsprüfungen eine genaue Ermittlung des Farbentones als dringend notwendig erkannt. So wertvoll auch in dieser Beziehung die spektroskopische Untersuchung der Farbstoffe ist, insofern als das Absorptionsspektrum, entsprechend der Eigenart eines jeden Farbstoffes, ein zuverlässiges Bild von der qualitativen Zusammensetzung des der geprüften Farbstofflösung zukommenden Farbtones gibt und die Absorptionsbänder und -streifen wichtige Kennzeichen der Gruppenangehörigkeit darstellen, so vermag sie doch der Forderung nach einer einfachen und leicht zu handhabenden, den quantitativen Verhältnissen Rechnung tragenden Bezeichungsweise nicht zu genügen. Nachdem von den verschiedensten Seiten[1]) in verdienstlicher Weise auf diesem Gebiet gearbeitet worden ist, hat Wilh. Ostwald, gestützt auf seine eigenen Untersuchungen und die seiner Vorgänger, vor einigen Jahren einen Farbenatlas veröffentlicht, der geeignet erscheint, das Problem seiner Lösung erheblich näher zu bringen. Trotz mannigfacher Bedenken, die gegenüber dem Ostwaldschen Werk laut geworden sind, dürfte doch — nach dem Urteil von anderer Seite — der praktische Nutzen außer allem Zweifel stehen (s. auch den Bericht von Krais, Zeitschr. f. angew. Chem. **34**, Aufs.-Teil 239, 1921, woselbst auch weitere Literatur über den Gegenstand zu finden ist). Über die Grundlagen des Farbenatlas von W. Ostwald vgl. S. 944.

Von einzelnen Farbstoffen sollen im nachstehenden einige wenige noch besonders erwähnt werden[2]), und zwar nur solche, die auf Grund

[1]) Erwähnt sei hier u. a. der Kallabsche Farbenanalysator.

[2]) Da in umfangreichen Sonderwerken die sämtlichen Teerfarbstoffe bereits ausführlich beschrieben sind (vgl. K. Heumann, P. Friedländer u. G. Schultz, Die Anilinfarben und ihre Fabrikation; Otto Lange, Die Schwefelfarbstoffe, ihre Herstellung und Verwertung; Lehne, Tabellarische Übersicht über die künstlichen organischen Farbstoffe und ihr Verwendung in Färberei und Zeugdruck; G. Schultz, Farbstofftabellen; Hans Truttwin, Enzyklopädie der Küpenfarbstoffe), so habe ich aus den schon auf S. 985 angegebenen Gründen geglaubt, davon Abstand nehmen zu dürfen, die in der VI. Auflage etwa 90 Seiten umfassende (an sich ohne Zweifel wertvolle, aber für die Untersuchung nur in sehr beschränktem Maße in Betracht kommende) Beschreibung der vielen Hunderte von Einzelfarbstoffen in die neue Auflage hinüberzunehmen.

Reaktionen der Küpenfarbstoffe auf der Baumwollfaser.

I. Gelbe und orange Farben.

	Handelsname	Bei der Reduktion mit Hydrosulfit X wird die Faser	Die Faser, im trocknen Reagensrohr erhitzt, gibt	Mit konz. Schwefelsäure wird die Faser
Indigoide Farbstoffe	Helindongelb 3 G	hell grünlichgelb	gelbe Dämpfe	scharlach, mit oranger Lösung
	Helindonorange R	farblos	orange Dämpfe	bläulichviolett, mit violetter Lösung
Anthracenderivate	Indanthrengelb G u. R	blau	keine Dämpfe	orange
	Indanthrenorange RT	brauner	do.	orangerot
	Indanthrengoldorange	unverändert	do.	blau, mit blauer Lösung
	Indanthrenkupfer	orange	do.	orange
	Anthraflavon G	orange	do.	kastanienbraun
	Algolgelb 3 G	brauner	do.	stärker gelb, mit gelber Lösung
	Algolgelb R	brauner	do.	hellbraun
	Algolorange R	brauner	do.	zuerst braun, dann grün
	Cibanongelb R	orangebraun	do.	kastanienbraun
	Cibanonorange R	braun	do.	bordeaux

II. Rote Farben.

	Handelsname	Bei der Reduktion mit Hydrosulfit X wird die Faser	Die Faser, im trocknen Reagensrohr erhitzt, gibt	Mit konz. Schwefelsäure wird die Faser
Indigoide Farbstoffe	Thioindigorot B	hellgelb, beim Exponieren wieder rot	rote Dämpfe	purpur, dann rasch grün, mit grüner Lösung
	Thioindigoscharlach	do.	do.	dunkelrotbraun
	Küpenrot BASF/B.	do.	do.	grün, mit grüner Lösung
	Helindonrot B	do.	do.	dunkelgrün, mit grüner Lösung
	Helindonrot 3 B	do.	do.	dunkelgrün, mit hellgrüner Lösung
	Helindonscharlach S	hellgelb, geht auf braun, dann auf Scharlach zurück	orangerote Dämpfe	lebhaft hellblau, mit blauer Lösung
	Helindonechtscharlach R	hellgelb, beim Exponieren wieder scharlach	rote Dämpfe	dunkelblau, mit bläulichvioletter Lösung

II. Rote Farben (Fortsetzung).

	Handelsname	Bei der Reduktion mit Hydrosulfit X wird die Faser	Die Faser, im trocknen Reagensrohr erhitzt, gibt	Mit konz. Schwefelsäure wird die Faser
Indigoide Farbstoffe	Cibarot G	hellgelb, beim Exponieren wieder rot	rote Dämpfe	dunkelrötlichbraun
	Cibascharlach G	hellgelb, beim Exponieren kastanienbraun, dann scharlach	gelbeDämpfe, rotes Sublimat	lebhaft hellgrün, mit grüner Lösung
	Cibabordeaux B	hell grünlichgelb, beim Exponieren grün, bläulichgrün, dann bordeaux	violettrote Dämpfe	rötlichviolett, mit grüner Lösung
	Algolrot 5 G	hellorange, geht auf rot zurück	rote Dämpfe	dunkleres Rot
	Algolscharlach G	hellgelb, geht auf orange und dann auf scharlach zurück	gelbeDämpfe, rotes Sublimat	brauner
	Algol Pink R	hellgelb, geht auf rosenrot zurück	rote Dämpfe	dunkler rot
Anthracenderivate	Indanthrenrot	kastanienbraun	keine Dämpfe	violett
	Indanthrenclaret	braun	do.	blau
	Algolrot B	kastanienbraun	do.	kastanienbraun

III. Purpur und violette Farben.

Indigoide Farbstoffe	Cibaviolett B u. R	farblos	violette Dämpfe	grünlichblau
	Cibaheliotrop	farblos	do.	bläulichviolett
	Algolbordeaux	hellorangebraun	rötl. Dämpfe	blau
Anthracenderivate	Indanthrenviolett R extra	kastanienbraun	keine Dämpfe	grün
	Indanthrenviolett RT	kastanienbraun	do.	röter bis kastanienbraun

IV. Blaue Farben.

Indigoide Farbstoffe	Indigo	blaßgelb	violette Dämpfe	olivgrün
	Indigo MLB/2 B, 4 B, 5 B u. 6 B	do.	do.	etwas grüner
	Indigo MLB/T	do.	do.	grüner
	Cibablau 2 B	blaßgelb	viol. Dämpfe	grüner
	Bromindigo FB	do.	do.	grüner

IV. Blaue Farben (Fortsetzung).

	Handelsname	Bei der Reduktion mit Hydrosulfit X wird die Faser	Die Faser, im trocknen Reagensrohr erhitzt, gibt	Mit konz. Schwefelsäure wird die Faser
Anthracen-derivate	Indanthren-blau GC	dunkler und eher grüner	keine Dämpfe	oliv
	Indanthren-blau GCD	dunkler blau	do.	oliv
	Indanthren-blau RC	kastanienbraun	do.	grün
	Indanthren-dunkelblau BO	rötlichbraun	do.	dunkler u. grüner
	Algolblau CF	unverändert	do.	hell olivbraun
	Algolblau K	dunkler, grünlich-grau	do.	olivbraun
	Algolblau 3 G	dunkler u. grüner	do.	olivgrün

V. Grüne Earben.

Indigoide Farbstoffe	Cibagrün G	blaßorange	keine Dämpfe	blau, mit blauer Lösung
Anthracen-derivate	Indanthren-grün B	kastanienbraun	keine Dämpfe	purpurrot
	Indanthrenoliv	dunkelgrün	do.	dunkelbraun
	Algolgrün B	unverändert	do.	etwas grüner
	Leucoldunkel-grün B	kastanienbraun	do.	olivbraun

VI. Braune Farben.

Indigoide Farbstoffe	Helindonbraun G	gelb	keine Dämpfe	lebhaft bordeaux
Anthracen-derivate	Indanthren-marron	brauner	keine Dämpfe	hellbraun
	Indanthren-braun B	fast schwarz, oder sehr dunkel kastanienbraun	do.	ziemlich dunkler
	Algolbraun B	fast schwarz, oder sehr dunkel kastanienbraun	keine Dämpfe	dunkler
	Leucolbraun B	kastanienbraun	do.	unverändert
	Cibanonbraun B	unverändert	do.	blauer
	Cibanonbraun V	unverändert	do.	hellbraun

VII. Graue Farben.

Indigoide Farbstoffe	Cibagrau G	farblos	violette bis bläulichgraue Dämpfe	grüner, dann orangerot
	Cibagrau B	farblos	violette bis bläulichgraue Dämpfe	blauer, dann orangerot
Anthracen-derivate	Indanthrengrau	ziemlich rötlicher grau	keine Dämpfe	braun

ihrer technischen Bedeutung oder wegen ihres Interesses für die geschichtliche Entwicklung der Teerfarbenindustrie in analytischer Beziehung eine besondere Bearbeitung gefunden haben.

Pikrinsäure[1]). Sie bildet blaßgelbe, in kaltem Wasser ziemlich schwer, in heißem Wasser, Alkohol und Äther leicht lösliche Krystalle. Schmelzpunkt 122,5°. Die Pikrinsäure löst sich nach Marchand

bei	5°	in	166	Teilen Wasser
„	15°	„	86	„ „
„	26°	„	73	„ „
„	73°	„	26	„ „

Die Säure (wie die Salze) zeichnet sich durch einen intensiv bitteren Geschmack aus; sie färbt Wolle und Seide grünstichig gelb.

Feder (Zeitschr. f. Unters. d. Nahrungs- u. Genußmittel **1906**, 216; Chem.-Ztg. **30**, R. 413; 1906) macht folgende Angaben: Pikrinsäure kann durch Titration mit $^n/_{10}$-KOH unter Verwendung von Phenolphthalein als Indicator bestimmt werden. Noch besser ist es, die Pikrinsäure auf eine Lösung von Kaliumjodid und -jodat einwirken zu lassen und das freigewordene Jod mit Natriumthiosulfat zu titrieren. 1 ccm $^n/_{10}$-Thiosulfat bzw. $^n/_{10}$-KOH entspricht 22,9 mg Pikrinsäure. Handelt es sich um die Bestimmung der Säure in Salzlösungen, so säuert man diese mit Salzsäure an, schüttelt mit Benzol aus, verdunstet die Benzollösung und nimmt den Rückstand mit Wasser auf.

Nach Busch und Blume (Zeitschr. f. angew. Chemie **21**, 354; 1908; Chem. Zentralbl. **1908**, I, 988) ist wegen der Schwerlöslichkeit, des guten Krystallisationsvermögens und der großen Beständigkeit das Nitronpikrat, $C_{20}H_{16}N_4 \cdot C_6H_3O_7N_3$, für die quantitative Bestimmung geeignet; selbst in einer Pikrinsäurelösung von 1 : 250 000 erfolgt noch Fällung.

Utz führt (Zeitschr. f. analyt. Chem. **47**, 140; 1908; Chem. Zentralbl. **1908**, I, 1093) durch Kochen mit Natronlauge bei Gegenwart von H_2O_2 den N der Pikrinsäure in Nitrat über und bestimmt letzteres mit Nitron nach Busch; dabei geht das durch die Natronlauge allein freigemachte Ammoniak durch das H_2O_2 in Nitrit und sodann in Nitrat über.

Sinnatt (Proc. Chem. Soc. **21**, 297; 1905; Chem. Zentralbl. **1906**, I, 402) empfiehlt die Methode von Knecht und Hibbert zur Bestimmung von Azofarbstoffen mit Titanchlorür (s. S. 1025) auch für Pikrate und für Pikrinsäureadditionsprodukte (z. B. Naphthalinpikrat, Pyridin- und Strychninpikrat). Die Reduktion von Pikrinsäure und ihren Homologen wird vollständig, wenn man sie mit einem großen Überschuß an Titanchlorid 5 Minuten lang im Kohlendioxydstrom kocht (Knecht und Hibbert, Ber. **40**, 3819; 1907).

Paranitranilinrot [Autolrot BL, BGL (B); Pigmentrot B, G (M)] ist ein Pigmentfarbstoff aus diazotiertem p-Nitranilin und β-Naphthol und stellt einen roten Teig dar.

Paranitranilinrot, auf Baumwolle mit β-Naphthol und p-Nitrobenzoldiazoniumchlorid erzeugt, kann man auf einfache Weise von anderem Rot (Türkischrot, Benzopurpurin, Primulinrot)

[1]) S. auch Bd. III, S. 1269.

unterscheiden, wenn man die Probe einige Sekunden über eine sehr kleine Gasflamme ($^1/_2$ cm hoch und von dieser etwa 2 cm entfernt) hält. Es entsteht rasch ein orangeroter Fleck, während sich Farbe von der Faser zu verflüchtigen scheint; legt man über die erhitzte Stelle etwas weißes Papier oder Baumwollzeug, so sublimiert die Farbe darauf; beim Abkühlen oder Anfeuchten kehrt die ursprüngliche Färbung nicht wieder. Alizarin wird beim Erhitzen schwärzlich, die meisten direkten Farben etwas stumpfer; die ursprüngliche Farbe kehrt aber beim Anfeuchten oder schon beim Liegen an der Luft wieder zurück (Fischer, Jahresber. **1905**, II, 503; Journ. Dyers **21**, 296).

Im übrigen nehmen die Azofarbstoffe, zu denen das ebenerwähnte p-Nitranilinrot gehört, und die man (rein äußerlich) je nach der Anzahl der Azogruppen in Mono-, Dis-, Tris-, Tetrakis- usw. Azofarbstoffe einteilen kann, eine ganz besondere Stellung ein, die ein etwas näheres Eingehen auf diese technisch so außerordentlich bedeutsame Farbstoffklasse erforderlich macht. Wie schon aus den Greenschen Tabellen (S. 992 ff.) hervorgeht, verteilen sich die Azofarbstoffe auf fast alle für die Färberei und den Zeugdruck wichtigen Verwendungsgebiete. Wir finden sie unter den Säurefarbstoffen, den basischen Farbstoffen (z. B. Janusfarben), den Salzfarben, den verschiedenen Untergruppen der Beizenfarbstoffe, den Entwicklungsfarbstoffen (siehe Pararot) usw.

Für die Prüfung der Azofarbstoffe kommt vor allem in Betracht ihr Verhalten gegen Reduktionsmittel (vgl. die Greenschen Tabellen, S. 992 ff.). Manche werden durch vorsichtige Hydrierung in die meist leicht wieder zu den ursprünglichen Azoverbindungen oxydierbaren Hydrazokörper übergeführt; durch energische Reduktion tritt jedoch eine Spaltung ein, die einen Wiederaufbau, etwa durch einfache Oxydation, unmöglich macht, und die in vielen einfachen Fällen, z. B. bei Monoazofarbstoffen oder bei symmetrisch gebauten Disazofarbstoffen der Benzidinreihe, die also jeweils nur 2 Spaltstücke liefern, hinreichende Anhaltspunkte zur Erkennung und zur Feststellung der Konstitution bieten kann.

Hierbei ist zu beachten, daß die mit der Diazoniumverbindung gekuppelte Azokomponente bei der Spaltung nicht in ihrer ursprünglichen Form im Reaktionsprodukt auftritt, sondern bereichert um eine Aminogruppe: Ein Monamin wird zum o- oder p-Diamin, ein Phenol zum o- oder p-Aminophenol usw. (vgl. S. 920).

Zur quantitativen Bestimmung von Azofarben empfehlen Knecht und Hibbert (Ber. **36**, 166, 1549; 1903; Journ. Soc. Dyers and Col. **21**, 3, 1905) die Anwendung von Titantrichlorid, das die Azokörper quantitativ unter Spaltung der Azogruppe reduziert. Auf eine Azogruppe treten vier Moleküle des Trichlorids in Reaktion. Man titriert die kochend heiße, stark salzsäurehaltige Lösung unter Einleiten von Kohlendioxyd mit der eingestellten Titantrichloridlösung, bis die Farbe verschwindet. Bei vielen Azokörpern, besonders bei solchen, die sich vom Benzidin und ähnlich konstituierten Basen ableiten, wird die Reduktion, infolge der Unlöslichkeit des Farbstoffes in dem salzsauren Reaktionsgemisch, bedeutend verlangsamt, und der Endpunkt ist nicht leicht zu erkennen. In solchen Fällen empfiehlt es sich, unter Einleiten von Kohlendioxyd, einen Überschuß der Trichloridlösung in die kochende Lösung des Azokörpers einfließen zu lassen und nach dem Abkühlen mit eingestellter Eisenalaunlösung zurückzutitrieren.

Für manche Zwecke wird diese Methode gute Dienste leisten; dagegen gibt sie keinen Aufschluß über Reinheit und Ton des Farbstoffes. Ihre Anwendung wird deshalb in der Regel nicht von der Vornahme der Färbeproben entbinden.

Noch schwieriger gestaltet sich die Aufgabe, wenn es gilt, die Konstitution solcher Azofarbstoffe zu ermitteln, die aus 3 oder mehr Bestandteilen aufgebaut sind, wie dies für die zahlreichen Dis-, Tris- und Polyazofarbstoffe zutrifft. In vielen Fällen, z. B. bei sekundären Dis- und Trisazofarbstoffen, ist es möglich, durch vorsichtige Reduktion mit gelinde wirkenden Mitteln nur die endständigen Azokomponenten abzuspalten, so daß z. B. aus einem sekundären Disazofarbstoff neben der (amidierten, s. o.) Endkomponente ein Monoazofarbstoff erhalten wird, der leicht aus dem Reaktionsgemisch zu isolieren ist und für sich auf seine Zusammensetzung untersucht werden kann. Bei verwickelter gebauten Polyazofarbstoffen, die vor der Auffindung der Schwefelfarbstoffe insbesondere für die Baumwollfärberei von großer Bedeutung gewesen sind und auch heute noch ausgedehnte Anwendung finden (vor allem solche, die, abgesehen von ihren sonstigen Echtheitseigenschaften, nach der „Entwicklung" ihrer primären Färbungen gut ätzbar sind), gelingt es, durch geeigneten Wechsel der Reaktionsbedingungen bei der reduktiven Spaltung den Bruch der aus mehreren Gliedern bestehenden Kette an unterschiedlichen Stellen herbeizuführen. Allgemein gültige Regeln lassen sich hierfür nicht aufstellen. Denn neben dem Typus, nach dem der zu untersuchende Farbstoff gebaut ist (vgl. H. Th. Bucherer, Farbenchemie, S. 397ff.), beeinflussen auch die zur Farbstoffsynthese benutzten Komponenten, deren besondere Eigenschaften wiederum von der Zahl und Stellung der auxochromen Gruppen abhängig sind, das Verhalten der Farbstoffe bei der Reduktion in weitgehendem Maße, derart, daß anscheinend geringfügige Änderungen in der Stellung einzelner Gruppen genügen, um der Reaktion bei der Spaltung isomerer und nach analogem Schema gebauter Verbindungen einen ganz abweichenden Verlauf zu erteilen. Deshalb wird auch die Elementaranalyse des als einheitlich und rein erkannten Farbstoffes (vgl. S. 992) zwar von großem Nutzen sein können (z. B. für die Ermittlung des Verhältnisses von C, N und S), aber nur als eines der vielen Hilfsmittel, die bei derartig schwierigen Untersuchungen heranzuziehen sind. Es bedarf auch nicht des Hinweises darauf, daß die Lösung einer solchen Aufgabe, wie die Ergründung der Konstitution von Polyazofarbstoffen, mit einiger Aussicht auf Erfolg nur von solchen versucht werden kann, die auf farbenchemischem und färbereitechnischem Gebiete über umfangreiche Kenntnisse (insbesondere der Patentliteratur) und langjährige Erfahrungen verfügen.

Über die sehr bemerkenswerten Methoden der Spaltung von Azofarbstoffen durch Salpetersäure bzw. Chlor s. Näheres M. Schmidt, Journ. f. pr. Chem. **85**, 235; 1912 u. O. Schmidt, Ber. **38**, 3201; 1905.

Malachitgrün (Bittermandelölgrün, Viktoriagrün, Solidgrün, Diamantgrün usw.).

Das Handelsprodukt stellt meist große, metallisch grünglänzende Blättchen (Oxalat) oder gelbe prismatische Krystalle (Zinkdoppelsalz) dar. Die Salze lösen sich leicht in Wasser und Alkohol mit prachtvoll grüner Farbe. — Alkalilauge fällt daraus sofort, Natriumcarbonat und Ammoniak langsam die farblose Base. Starke Mineralsäuren führen die Farbe durch Gelbgrün schließlich in ein schmutziges Gelbbraun über. Durch Reduktion wird der Farbstoff in die entsprechende Leukobase übergeführt. Das Malachitgrün unterscheidet sich von dem sonst sehr ähnlichen Methylgrün dadurch, daß seine Farbe nicht wie bei diesem durch Erhitzen in Violett übergeht. Man kann durch diese Eigenschaft auch die Produkte auf gefärbten Stoffen leicht voneinander unterscheiden. Das Malachitgrün ist ein schöner, sehr ausgiebiger Farbstoff. Es färbt sich auf Wolle direkt, auf Baumwolle mit Hilfe von Tannin-Antimon-Beize.

Rosanilin (Triaminotolyldiphenylcarbinol). Das Rosanilin bildet in reinem Zustande farblose, an der Luft sich rötende Blättchen. Gegen Säuren verhält es sich wie eine ziemlich starke Base und bildet mit ihnen unter Wasserabspaltung Salze. Aus der Lösung der Salze wird durch Zusatz von Alkalien die Base wieder regeneriert. Ammoniak bewirkt diese Abscheidung langsamer als Natron- oder Kalihydrat. Andererseits treibt das Rosanilin beim Kochen mit einer Salmiaklösung Ammoniak aus und verwandelt sich allmählich in das Chlorhydrat. Die einsäurigen Salze des Rosanilins sind in Wasser meist ziemlich schwierig löslich. Bei ihrem außerordentlich hohen Färbevermögen genügt diese Löslichkeit jedoch, um der Flüssigkeit eine tiefrote Färbung zu geben. Die Base selbst löst sich in kaltem Wasser fast gar nicht, in heißem jedoch ziemlich bedeutend. Beim Erkalten scheidet sie sich daraus fast vollständig in Gestalt zarter farbloser Blättchen wieder ab.

In den Handel kommen: das Chlorhydrat, das Acetat und die freie Base. Ersteres wird namentlich unter dem Namen Fuchsin direkt als Farbmaterial benutzt, seltener das zweite, während die Base (in der Regel ein Gemisch von Homologen) zur Herstellung von Anilinblau Verwendung findet; sie bildet gewöhnlich mehr oder weniger rotbraun gefärbte Krystallblättchen. Die Untersuchung besteht in einem Färbeversuch und einer Wasserbestimmung bei 100°. Da aber manche Rosanilinsorten, trotzdem sie diese Proben bestehen, sich nicht gut zur Blaufabrikation eignen (vgl. unter Pararosanilin), so sind außerdem in dieser Richtung besondere Versuche anzustellen. Konz. Säuren, z. B. Salzsäure, färben das Rosanilin gelb, Wasser stellt die rote Färbung wieder her. In wässerigen Lösungen der Rosanilinsalze erzeugen Alkalien einen braunroten, Tannin einen schön roten Niederschlag. Schüttelt man die mit Alkali versetzte Lösung mit Äther, so nimmt dieser eine gelbbraune Fluorescenz an. Schüttelt man den Äther mit verdünnter Essigsäure, so nimmt diese wieder die rote Fuchsinfarbe an. Schweflige Säure entfärbt das Rosanilin; die Färbung tritt jedoch bei längerem Stehen an der Luft wieder hervor.

Versetzt man Fuchsin-Schweflige Säure mit Formaldehyd (oder anderen Aldehyden), so tritt sofort eine (von der Natur des Aldehyds abhängige) rot-violette Färbung auf (Nachweis von Aldehyden).

Das Pararosanilin findet neben den höheren Homologen Anwendung in der Blaufabrikation. Für seine Untersuchung ist eine Blau-Probeschmelze maßgebend. Das mittels des Pararosanilins erzeugte Blau zeichnet sich durch eine weit reinere, grünstichigere Nuance vor dem gewöhnlichen Triphenylrosanilin aus und hat in letzter Zeit das Diphenylaminblau ziemlich verdrängt.

Über die Untersuchung von Rosanilin und Pararosanilin machen Lambrecht und Weil folgende Angaben (Ber. **37**, 3031; 1904): Käufliches Rosanilin löst sich in 20 Volumenteilen etwa 30-proz. Salzsäure in der Wärme völlig auf. Die Lösung scheidet beim Erkalten selbst bei tagelangem Stehen nichts ab, während Pararosanilin bei Anwendung der gleichen Menge Salzsäure schwerlösliche Chlorhydrate bildet, die beim Erkalten fast völlig auskrystallisieren. Schon ein Zusatz von $^1/_2$% Pararosanilin zu käuflichem Rosanilin gibt sich bei obiger Behandlung nach 12-stündigem Stehen durch Ausscheidung von braunen Krystallen zu erkennen; größere Beimengungen von 5 bis 10% veranlassen nach dem Abkühlen sofortige Krystallbildung.

Fuchsin. Das Handelsprodukt ist ein Gemisch der Chlorhydrate von Pararosanilin und Rosanilin.

Das salzsaure Rosanilin bildet mehr oder weniger gut ausgebildete cantharidenglänzende Krystalle. Es ist in kaltem Wasser nur schwierig, etwas leichter in heißem, sehr leicht in Alkohol löslich.

Das Fuchsin des Handels wird nicht nur nach seiner Reinheit und Nuance, sondern auch nach dem äußeren Ansehen und der Größe seiner Krystalle zu verschiedenen Marken sortiert. Die größten und schönsten Krystalle werden gewöhnlich als Diamant-Fuchsin bezeichnet.

Bei der Untersuchung des Fuchsins ist einmal eine Färbung und außerdem eine Feuchtigkeitsbestimmung bei 100° vorzunehmen. In einzelnen Fällen ist auch auf Arsengehalt zu prüfen.

Außer dem Chlorhydrat kommt hie und da noch das Acetat im Handel vor, das sich vor jenem durch größere Löslichkeit auszeichnet und gewöhnlich nicht krystallisiert ist.

Alizarin (Dioxyanthrachinon $= C_{14}H_8O_4$)[1]) bildet in reinem Zustande rotbraune Nadeln. Sein Schmelzpunkt liegt bei 289 bis 290°; es sublimiert bei höherer Temperatur in roten Nadeln und ist fast unlöslich in kaltem, sehr schwer löslich in heißem Wasser. Kalter Alkohol löst es ebenfalls schwer; siedender etwas leichter, ziemlich leicht Eisessig, Methylalkohol, Aceton und Glycerin. Alle diese Lösungen besitzen eine gelbrote Farbe. Konz. Schwefelsäure ist selbst bei einer Temperatur von 150 bis 200° ohne Wirkung. Von siedender Alaunlösung wird es nicht aufgenommen. Gegen Alkalien verhält es sich wie eine schwache zweibasische Säure. Die Alkalisalze sind in Wasser leicht löslich, die primären mit roter, die sekundären mit purpur-

[1]) Prüfung roter Küpenfarbstoffe gegenüber Alizarinrot und Pararot. S. auch Felsen, „Türkischrot und seine Konkurrenten". Berlin **1911**, 94.

violetter Farbe. Erstere entstehen namentlich beim Auflösen des Alizarins in Carbonaten und anderen alkalisch reagierenden Salzen, letztere durch überschüssige kaustische Alkalien. Die Erdalkali- und Schwermetalle bilden meist schwerlösliche Lacke, die sich durch mehr oder weniger charakteristische Färbungen auszeichnen. Diese entstehen durch Fällung der Alizarinalkaliverbindungen mit den betreffenden Metallsalzen, sowie durch direkte Vereinigung des Alizarins mit Metalloxyden. Die verschiedenen Färbungen der Alizarinlacke sind für die Färberei von großer Wichtigkeit und gestatten die Erzeugung ganz verschiedener Töne, die sich vom feurigen Rot bis zum tiefen Schwarzviolett erstrecken.

Das Alizarin wird einzig und allein in Form dieser Lacke auf der Faser befestigt; es sind hauptsächlich die Tonerde- (bei Baumwolle in Verbindung mit Kalk), Chrom- und Eisenlacke, die in der Färberei eine Rolle spielen.

Das künstliche Alizarin kommt in der Regel in Teigform in den Handel. Der Gehalt des Alizarinteigs schwankt zwischen 20 und 60%, doch ist ein 20-proz. Teig die gebräuchlichste Stärke. Die Dickflüssigkeit des Teigs gibt über dessen Farbstoffgehalt keine Anhaltspunkte. Eine ganz neutrale Ware ist dünnflüssig; dicke Pasten, wie sie von manchen Verbrauchern vorgezogen werden, enthalten eine geringe Spur freier Säure. Für die Ausfuhr wird auch 100-proz. Alizarin fabriziert, das an Ort und Stelle, durch Auflösen in Natronlauge und Wiederausfällen mit Säure usw., in 20-proz. Teig übergeführt oder in Form einer alkalischen Lösung unmittelbar ins Färbebad gegeben und dort durch eine geeignete Säure gefällt wird. Auch findet sich Alizarin in Mischung mit Stärke in Form von Stücken im Handel. Man hat auch andere Mittel zur Herstellung hochprozentiger bzw. trockener Ware gemacht. (R. Gnehm, „Anthracenfarbstoffe", 1897, 33.)

Reines Alizarin, sog. Alizarin mit Blaustich (Alizarin VI usw.), färbt tonerdegebeizte Baumwolle blaustichig rot und mit Eisen gebeizte rein violett.

In der käuflichen Ware können neben Alizarin noch andere Körper: Anthrapurpurin, Flavopurpurin, sodann nichtfärbende Substanzen, wie Oxyanthrachinon, Anthraflavinsäure, Isoanthraflavinsäure usw., enthalten sein.

Zur Wertbestimmung begnügt man sich oft mit einer Probefärbung; für genauere Kenntnis der Beschaffenheit ist eine weitergehende Untersuchung notwendig.

Bestimmung des Trockengehaltes. Etwa 20 g des fraglichen Teigs werden in einer gewogenen Platinschale im Luftbade bei 100 bis 110° bis zur Gewichtskonstanz erhitzt. Durch Verbrennen des Rückstandes erhält man die Menge der Aschenbestandteile.

Um Oxyanthrachinon (und Anthraflavin- bzw. Isoanthraflavinsäure) nachzuweisen, löst man eine Probe mit Natronlauge, versetzt heiß mit Bariumchloridlösung und filtriert den Niederschlag. Zum Filtrat setzt man bei Siedehitze Sodalösung, filtriert wieder, läßt erkalten und säuert mit Salzsäure an. Oxyanthrachinon bzw. Anthra- oder Isoanthraflavinsäure scheiden sich in gelben Flocken aus.

Für die Musterfärbungen im Laboratorium bedient man sich am besten eines mit Beizen bedruckten Kattuns (vgl. S. 930). Man findet eigens für diesen Zweck präparierten Kattun im Handel, auf dem die verschiedenen Beizen in gleich breiten, parallelen Streifen aufgedruckt sind. Gewöhnlich befindet sich darauf reine Tonerdebeize, reine Eisenbeize und ein Gemenge von beiden. Man schneidet einen solchen Kattunlappen quer durch diese Streifen in zwei genau gleiche Hälften und färbt auf diese die zu vergleichenden Farbenmuster quantitativ aus.

Je nach Umständen wird die Probefärbung zweckmäßiger auf türkischrot vorgebeizten Lappen oder Strängen ausgeführt. Hierbei kann dann auch das Verhalten der zu untersuchenden Ware bei der Avivage beurteilt werden.

Anthrapurpurin (Isopurpurin), 1, 2, 7-Trioxyanthrachinon, krystallisiert in orangefarbenen wasserfreien Nadeln, die sich leicht in Alkohol und Eisessig, schwierig in Äther lösen und über 330° schmelzen. Die alkalische Lösung ist etwas röter als die des Alizarins. Von dem Purpurin unterscheidet es sich durch die geringe Löslichkeit in siedender Alaunlösung. Es färbt auf Tonerdebeize etwas gelblicher rot als das Alizarin, auf Eisenbeize erzeugt es ein graues Violett von geringem Wert.

Reines Anthrapurpurin ist in den Handelsmarken Alizarin GD, RX, SX extra, SX, RT, WG (für Wolle) enthalten.

Flavopurpurin, 1, 2, 6-Trioxyanthrachinon, krystallisiert in wasserfreien gelben Nadeln, die sich fast nicht in Wasser, leicht in kaltem Alkohol sowie in Eisessig lösen. Der Schmelzpunkt liegt über 330°.

Die Lösung in Alkalien ist röter als die des Anthrapurpurins. Beim Verdünnen mit Wasser wird sie schmutzig gelbrot. Kohlensaures Natron löst es mit gelbroter Farbe. Es erzeugt auf Tonerdebeize ein sehr gelbes Rot, auf Eisenbeize ein rotes Violett.

Das reine Flavopurpurin findet sich in den Handelsmarken Alizarin GI, RG, SDG, X, Nr. 10, FA, Alizarinrot WGG (für Wolle).

Alizarin, Anthrapurpurin und Flavopurpurin lassen sich durch die verschiedene Färbung ihrer alkalischen Lösungen unterscheiden. Alizarin gibt mit Tonerdebeizen die „blaustichigsten" Rot, die schönsten „Rosa" und „Violett". Anthrapurpurin liefert gelbere Töne als Alizarin, weniger gelbe als Flavopurpurin. Flavopurpurin liefert die gelbstichigsten Töne; die Färbungen des letzteren werden aber beim Avivieren stärker angegriffen.

Zur Beurteilung von Alizarin in Teig empfiehlt Perkin (Journ. Chem. Ind. **1894**, 496) folgendes Verfahren:

Man löst 5 g des Teigs (20-proz.) mit destilliertem Wasser zu 1 l, mischt 5 ccm davon mit 5 ccm einer 2-proz. Pottaschelösung, verdünnt auf 500 ccm und vergleicht die Färbung.

Bei einiger Übung gelingt es leicht, auf diese Weise selbst sehr geringe Unterschiede im Ton zu erkennen, z. B. einen Zusatz von 3 bis 5% Anthrapurpurin zu Alizarin.

Auch die Zusammensetzung eines Teigs kann bis zu einem gewissen Grade ermittelt werden, indem Mischungen von Alizarin mit Anthrapurpurin klare und helle, solche von Alizarin mit Flavopurpurin erheblich dunklere Lösungen geben.

Unter den Handelsprodukten finden sich auch zahlreiche Gemische dieser drei Oxyanthrachinone nach wechselnden Verhältnissen.

Alle diese Erzeugnisse werden nach dem beim „Alizarin" beschriebenen Verfahren geprüft.

Flavopurpurin und Anthrapurpurin bilden häufige Gemengteile des käuflichen Alizarins.

Purpurin, 1, 2, 4-Trioxyanthrachinon, krystallisiert aus wasserhaltigem Alkohol in langen orangeroten Nadeln, die 1 Molekül Krystallwasser enthalten und bei 100° unter Rotfärbung wasserfrei werden. Es sublimiert schon bei etwa 150° in roten, federartigen Nadeln und schmilzt bei 253°. In kochendem Wasser ist es viel löslicher als Alizarin, ebenso in Alkohol und Äther. Die Lösung in Alkalien ist rot, in dünnen Schichten purpurfarbig. Eine verdünnte alkalische Lösung wird an der Luft und im Licht sehr schnell gebleicht. Mit Kalk und Baryt gibt es in heißem Wasser völlig unlösliche Lacke. Kochende Alaunlösung nimmt das Purpurin ziemlich reichlich unter Bildung einer gelbroten, stark fluorescierenden Flüssigkeit auf, aus der sich beim Erkalten ein Niederschlag abscheidet, der neben freiem Purpurin den Tonerdelack desselben enthält.

Wird die Lösung von Purpurin in Soda mit einer ungenügenden Menge von Alaun versetzt, so entsteht ein unlöslicher rosenroter Lack. Auf Tonerdebeizen erzeugt das Purpurin scharlach- bis dunkelrote Töne, die durch Seife besonders lebhaft werden.

Das künstliche Purpurin entsteht durch Oxydation des Alizarins mit Braunstein oder Arsensäure und Schwefelsäure und kommt unter der Bezeichnung „Alizarin Nr. 6" oder Purpurin in Form eines 20proz. Teigs in den Handel.

Es hat im ganzen wegen seiner geringen Lichtechtheit und seines hohen Preises wenig Verwendung gefunden, da man mit dem leichter zugänglichen und echteren Anthrapurpurin den gleichen Ton herstellen kann.

Seines satten Chromlackes wegen findet es in der Baumwolldruckerei Anwendung.

Methylenblau. Das Chlorzinkdoppelsalz, das den Hauptbestandteil des Handelsproduktes bildet, krystallisiert aus verdünntem Alkohol in schönen kupferglänzenden Prismen. Es ist ebenfalls in Wasser leicht löslich und wird daraus, namentlich bei Gegenwart von überschüssigem Chlorzink, durch Kochsalz abgeschieden. Das Methylenblau besitzt in Lösung eine reine grünstichigblaue Farbe. Verdünnte Säuren sowie Ammoniak verändern diese nicht. Natronlauge bewirkt in verdünntem Zustande eine blaue Fällung; bei Anwendung von konz. Lauge ist diese schwach rötlichviolett gefärbt. Konz. Schwefelsäure löst den Farbstoff mit gelbgrüner, konz. Salzsäure mit schwach blaugrüner Farbe. Zusatz von Wasser stellt das ursprüngliche Blau wieder her. Reduzierende Agenzien, wie Schwefelammonium, Salzsäure und Zinkstaub, entfärben die blaue Lösung schnell. Die Farbe kehrt an der Luft langsam wieder zurück, augenblicklich, wenn man der sauren Lösung ein Oxydationsmittel (Eisenchlorid, Kaliumbichromat) hinzugefügt. Letzteres Verhalten gestattet, den Farbstoff namentlich auf dem Gewebe zu erkennen. Schwefelammonium erzeugt auf diesem sofort einen weißen Fleck, der nach dem Ansäuern sich langsam von selbst, beim Betupfen mit Eisenchlorid augenblicklich wieder blau färbt.

Das Methylenblau ist ein sehr wertvoller Farbstoff, der besonders in der Baumwollfärberei und -Druckerei eine wichtige Rolle spielt. Auf Wolle und Seide erzeugt es schön grünlichblaue Töne. Tannin-gebeizte Baumwolle nimmt einen etwas matten, indigoartigen Ton an, der in der Färberei sehr beliebt ist.

Pelet und Garuti (Bull. Soc. Chim. Paris (3) **31**, 1094; 1904; Chem. Zentralbl. **1908**, I, 303) bestimmten Methylenblau auf volumetrischem Wege durch Titration einer 1- bis 2-proz. Lösung mit einer gleichstarken Lösung eines geeigneten sauren Farbstoffes von möglichst verschiedener Farbe[1]). Der Endpunkt der Reaktion wird durch Tüpfeln ermittelt. Krystallponceau liefert die besten Ergebnisse. Doch können auch Carmin (Na-Salz), Pyraminorange und Baumwollbraun verwendet werden. Methylenblau vereinigt sich mit Krystallponceau im Verhältnis von 2 Mol. (Blau) zu 1 Mol. (Ponceau); mit Carmin im Verhältnis von 1 : 1 Mol. [Das Prinzip, das dieser Methode zugrunde liegt, ist bereits früher von Ch. Rawson und Ed. Knecht (Chem.-Ztg. **12**, 857; 1888) für die Erreichung ähnlicher Ziele angewendet worden.]

Knecht (Journ. Soc. Dyers. a. Col. **21**, 9; 1905) bestimmt Methylenblau durch Titration in Kohlendioxydatmosphäre mit Titantrichlorid in salzsaurer Lösung bis zur Entfärbung und erhält ein scharfes Endresultat und genaue Zahlen.

Zur Prüfung des Farbstoffes schlagen Sahm und Mittelbach (Chem.-Ztg. **30**, 1103; 1906) vor, Filtrierpapierpülpe mit einem Methylenblau von bekannter Reinheit zu färben und nach dem Trocknen als Typ zur Vergleichung mit den für die Untersuchungsmuster erhaltenen Ergebnissen zu benutzen; sie gebrauchen eine 0,2-proz. Lösung, die mit einer Beize aus einer 0,2-proz. Tanninlösung und einer 0,4-proz. Natriumacetatlösung aufgetragen wird.

Safranin (Safranin T; G 000; G extra usw.). Das Safranin enthält eine starke Base, deren Salze schön rote Farbstoffe darstellen. Das übliche Handelsprodukt ist das Chlorhydrat. Es bildet in reinem Zustande metallisch schimmernde, braune Krystallnadeln, die schwer in kaltem, leicht in heißem Wasser, noch leichter in Alkohol löslich sind. Die Farbe der konz. Lösungen ist gelbrot, die der verdünnten rosenrot. Die alkoholische Lösung zeigt starke gelbbraune Fluorescenz, welche Eigenschaft der wäßrigen Lösung abgeht.

Das Safranin ist einer der wenigen Farbstoffe, deren Base in Wasser

---

[1]) Einige basische Farbstoffe lassen sich auch mittels einer Lösung von Jod in Jodkalium bestimmen; sie werden aus salzsaurer Lösung durch eine Lösung von Jod in Jodkalium niedergeschlagen, und zwar bindet in der Regel 1 Mol. des Farbstoffes 2 Atome J unter Bildung eines dunkelfarbigen Niederschlages (Pelet und Garuti, l. c. und Chem.-Ztg. **31**, 424; 1907).

löslich ist und deren Salze durch Alkalien nicht zersetzt werden. Eine wässerige Lösung von salzsaurem Safranin wird deshalb durch verdünnte Natron- oder Kalilauge nicht gefällt; konz. Alkalilaugen scheiden dagegen das unveränderte Chlorhydrat ab. Das Safranin zeigt sehr bemerkenswerte Farbenveränderungen bei Einwirkung konz. Säuren. Konz. Salzsäure färbt es prachtvoll blau, konz. Schwefelsäure dagegen grün. Letztere Färbung geht durch allmähliches Verdünnen mit Wasser durch Blau und Violett wieder in Rot über. Durch Kochen mit Zinkstaub wird es in eine an der Luft leicht oxydierbare Küpe übergeführt. Das Handelsprodukt bildet gewöhnlich ein braunes Pulver.

Es färbt im neutralen Bade auf Wolle und Seide direkt. Ungebeizte Baumwolle fixiert es ebenfalls, jedoch nur in geringer Menge. Man beizt die Baumwolle deshalb mit Tannin-Brechweinstein. Leider besitzen Safraninfärbungen geringe Lichtbeständigkeit[1]).

II. In der Natur vorkommende organische Farbstoffe[2]).

1. Blaue Farben.

Indigo.

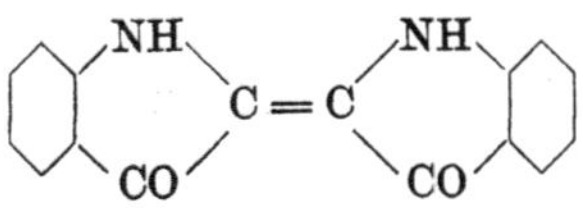

Wird in Ostindien, Coromandel, Java, China, Zentral- und Südamerika (Brasilien), West- und Nordafrika und an anderen Orten aus der angebauten oder (wie u. a. in Westafrika) auch wild wachsenden Indigopflanze gewonnen. Wichtigste Varietäten: Indigofera tinctoria, I. Anil, I. disperma, I. argentea. Die früher in Deutschland angebaute Indigopflanze ist der Waid (Isatis tinctoria). Wie er, so haben auch die ausländischen Arten, trotz ihres meist wesentlich höheren Farbstoffgehaltes, seit der Herstellung des synthetischen Indigos viel von ihrer Bedeutung verloren; daran hat auch der Weltkrieg, der vorübergehend zu einem erhöhten Anbau von Indigo führte, nichts ändern können. Das Schicksal des Naturindigos ist besiegelt. Trotzdem erscheint es angezeigt, das reichhaltige analytische Material, das in langjähriger Arbeit bei der Untersuchung des natürlichen Indigos gesammelt wurde, seines wissenschaftlichen Interesses halber und auch im Hinblick auf seine mögliche Verwendbarkeit bei der Untersuchung der synthetischen Erzeugnisse, nicht einfach unter den Tisch fallen zu lassen.

Die besten Handelssorten sind Bengal-, Java- und Guatemalaindigo; außerdem kommen Coromandel-, Manila-, Madras-,

[1]) Über die volumetrische Bestimmung von Safranin mit Hilfe eines sauren Farbstoffes wie Helvetiablau, Naphtholgelb S, Säureviolett 6 BN usw., siehe Pelet und Garuti (Chem.-Ztg., Rep., **31**, 424; 1907; Chem.-Zentralbl. **1908**, I, 303).

[2]) Vgl. v. Cochenhausen, Die in der Färberei noch verwendeten natürlichen Farbstoffe, Zeitschr. f. angew. Chemie **17**, 874; 1904.

Senegal-, Isle de France-, Ägyptischer, Caracas-, Brasil-, Cuba-, Jamaika-, Domingo-, Louisiana- und Mexikanischer Indigo im Handel vor.

Es gehört langjährige Übung dazu, um diese zahlreichen Indigosorten nach dem äußeren Ansehen auf ihre Güte sicher oder annähernd sicher beurteilen zu können. Je leichter ein Indigo ist, je blauer und nur wenig ins Violette spielend seine Farbe, je lebhafter und ins Gelbe spielend der Kupferglanz beim Reiben, desto besser ist er; dagegen um so minderwertiger, je größer sein spez. Gewicht, je violetter die Farbe, je dunkler und roter der Kupferglanz im Striche. Beim Einkaufen hat man namentlich auch Färbung, Form und Glanz des Bruches zu beobachten. Der Bruch eines guten Indigos muß gleichförmig, matt, reinblau oder violettblau sein und, mit einem glatten Körper gerieben, einen lebhaften, fast goldähnlichen Metallglanz annehmen.

I. Asiatischer Indigo. a) Bengalindigo kommt nach v. Cochenhausen[1]) in allen Qualitäten und Farben in den Handel. Die besten Sorten, die kubische oder prismatische Stücke von 5 bis 8 cm Kantenlänge mit etwa 75% Indigo bilden, sind schön dunkelblau, von feinem und gleichmäßigem Korne; sie haften an der Zunge, lassen sich leicht pulverisieren und nehmen beim Reiben mit dem Fingernagel Kupferglanz an.

Nächst diesem kommt der rotviolette Indigo mit purpurfarbenem Ton und gleichmäßigerem und glänzenderem Bruch; er ist dichter und härter. Der rote Farbenton rührt von der Anwesenheit einer größeren Menge roter und brauner Extraktivstoffe her. Unter ihnen findet man gerade die Indigoarten, die beim Anstellen der Küpen die besten Resultate geben. Die schlechtesten Qualitäten sind, wie bei den anderen Sorten, diejenigen, deren Farbe hellblau mit einem Stich ins Graue oder Grüne ist. Diese Färbung zeigt die Anwesenheit einer großen Menge von Extraktivstoffen an, die jedoch von dem für die purpurfarbenen Arten charakteristischen Indigbraun verschieden sind und sich beim Färben vollkommen indifferent verhalten. Ein derartiger Indigo ist hart, dicht, haftet wenig oder gar nicht an der Zunge und nimmt beim Reiben keinen Kupferglanz an.

b) Coromandel- oder Oude-(Auhd-)Indigo ist den bengalischen Mittelsorten gleich und kommt in harten, schweren, wenig spröden Stücken in den Handel.

c) Manilaindigo stammt von den Philippinen und bildet lebhaft blaue Stücke, die aber nicht den vollen Kupferstrich zeigen; ge-

---

[1]) Muspratts Chemie, Braunschweig, 4. Aufl. **1889**, III. 136. Die nachfolgende Einteilung und Charakterisierung der hauptsächlichsten Indigosorten rührt von Girardin (Leçons de chim. élément. **2**, 604) her. — S. auch Bergtheil und Briggs, Die Bestimmung des Indigos in indigohaltigen Pflanzen (Journ. Soc. Chem. Ind. **25**, 729; 1906; **26**, 182, 1172; 1907; Chem. Zentralbl. **1906**, II, 1531; **1907**, I, 1289; **1908**, I, 487). — Bloxam, Analyse des Indigos (Journ. Chem. Soc. **87**, 974; Journ. Soc. Chem. Ind. **25**, 735; 1906; **26**, 4; 1907; Chem. Zentralbl. **1905**, II, 677; **1906**, II, 677, 1532; **1907**, I, 847; **1908**, I, 487). — Perkin und Bloxam, Einige Bestandteile des natürlichen Indigos (Journ. Chem. Soc. **91**, 1279; Chem. Zentralbl. **1907**, II, 1272).

ringere Sorten sind schwerer, hart und im Bruche von mattblauer Farbe. Er ist öfter mit Ton und kohlensaurem Kalk verunreinigt und wird weniger zum Färben als zum Bläuen angewendet.

d) Madrasindigo hat einen körnigen, rauhen Bruch, geringen Kupferglanz, enthält weniger Farbstoff, ist ebenso leicht wie der Bengalindigo und haftet wenig an der Zunge. Die kubischen Stücke zeigen noch den Eindruck des Zeuges, auf dem der Indigo zum Trocknen gelegen hat.

e) Javaindigo zeichnet sich durch große Reinheit des Farbstoffes aus, da er nur sehr geringe Mengen von Extraktivstoffen enthält. Der geringe Gehalt an Farbstoff rührt von der Anwesenheit tonartiger Beimengungen her.

Über Japanindigo s. Näheres Sato, Indigogehalt verschiedener japanischer Indigosorten, Journ. Ind. and Chem. Engin. 7, 675.

2. Afrikanischer Indigo. a) Ägyptischer Indigo besteht aus großen, würfelförmigen, leichten, trockenen, dunkelblauen Stücken mit lebhaft glänzendem Strich und glattem Bruch.

b) Indigo von Isle de France bildet kleine Würfel, die dem Manilaindigo ähnlich sind.

c) Senegalindigo kommt selten in den Handel und ist weit mehr mit erdigen Substanzen verunreinigt als die anderen Sorten. Die nicht verunreinigten Sorten sind sehr wertvoll.

3. Amerikanischer Indigo. a) Guatemalaindigo bildet unregelmäßige Stücke von verschiedener Gestalt und Größe. In seinen Eigenschaften nähert er sich dem Bengalindigo; die besseren Sorten sind oft mit geringerer Ware vermischt, so daß die Wertbestimmung sehr schwer ist.

b) Caracasindigo ist dem Guatemalaindigo meistens gleichwertig, jedoch weniger geschätzt als dieser.

c) Brasilindigo ist eine schlechtere Sorte, gewöhnlich schieferblau, hart, rauh und ohne Glanz.

Bestandteile. Es ist zu beachten, daß die Güte des Indigos sowie sein Farbstoffgehalt nicht so sehr von seiner Herkunft als von der mehr oder weniger sorgfältigen Art seiner Darstellung abhängt.

Indigo enthält außer dem Indigblau: Indigbraun, Indigrot, Indigleim und Mineralstoffe. Ein guter Bengalindigo enthält etwa:

Indigblau	61,4
Indigrot	7,2
Indigbraun	4,6
Indigleim	1,5
Mineralstoffe	19,6
Wasser	5,7
	100,0

Der Gehalt an Indigblau (Indigotin) schwankt (abgesehen von ganz schlechten Sorten, wie sie beispielsweise in Westafrika zuweilen sich finden, s. o.) zwischen 20 und 90% und beträgt im Mittel 40 bis 50%. Das Indigrot (Indirubin) ist in Alkohol, das Indigbraun in Alkalien löslich. Letzteres soll in Indigosorten, bei deren Herstellung Kalk verwendet wurde, in größeren Mengen vorhanden sein. Um Indigblau von den übrigen Bestandteilen des Indigos möglichst zu befreien, zieht man der Reihe nach den Indigleim mit verdünnter Säure, das Indigbraun mit verdünnter Natronlauge, das Indigrot mit kochendem Alkohol aus, worauf der Indigo und der unlösliche Teil der Mineralsalze zurückbleiben. Oder man scheidet Indigblau und Indigrot zusammen mittels der von Rawson (s. S. 1044f.) angegebenen Hydrosulfitküpenmethode aus und entfernt das Indigrot durch Auskochen mit Alkohol in einem Extraktionsapparate.

Das Indigblau ist mehr oder weniger löslich in Anilin, Chloroform, Eisessig[1]), Benzol, Nitrobenzol, Toluol, Phenol, Kreosot, Amylalkohol, Aceton, Stearinsäure, Paraffin und hochsiedendem Petroleum.

Aus dem Indigo werden verschiedene **Indigopräparate** dargestellt. Durch Sulfonierung des Indigos erhält man eine blaufärbende Disulfonsäure (Indigotin Ia oder Indigcarmin D) und eine violettblaufärbende Tetrasulfonsäure (Indigotin P oder Indigviolett), die nach Art der Säurefarbstoffe auf Wolle ziehen, aber nicht durch sonderliche Echtheit ausgezeichnet sind. Von größerer Bedeutung sind die Halogenderivate des Indigos (Bromindigo, Chlorindigo und Chlorbromindigo), die teilweise sogar den Indigo an Schönheit und Echtheit übertreffen.

Chemisch-physikalische **Wertprüfung des Indigos.**

a) Das spez. Gewicht gestattet gewisse, aber keineswegs ganz sichere Schlüsse auf den Farbstoffgehalt des Indigos. G. Leuchs (Journ. f. prakt. Chem. 4, 349) stellt hierfür folgende Tabelle auf:

Spez. Gewicht	Farbstoff	Spez. Gewicht	Farbstoff
1,324	56—56,5%	1,364	46,5%
1,332	55%	1,381	44%
1,343	54,5%	1,384	43%
1,350	53%	1,412	40%
1,372	49,5—52%	1,432	39%
1,371	49%	1,437	37%
1,351	47%	1,455	30,5%

Die hier mitgeteilten Zahlen stellen das Mittel aus einer Reihe von Bestimmungen dar.

b) Feuchtigkeit. Trocknen bei 100°. Ein guter Indigo verliert hierbei 3 bis 7%.

c) Asche. 1 g getrockneter Indigo wird im Platintiegel verascht. Der Aschengehalt des Indigos ist zwar sehr wechselnd, doch macht ein Gehalt von mehr als 10% eine Fälschung mit mineralischen Stoffen (Kreide, Kalk, Bleiasche, Sand, gepulvertem Schiefer, Graphit und dgl.) wahrscheinlich. Zu deren Nachweis schlämmt man eine Portion feingepulverten Indigo in einem größeren Kelchglase und prüft nach bekannten Methoden einen etwa entstehenden Bodensatz. Guter Indigo muß auf Wasser schwimmen und sich darin völlig zerteilen lassen, ohne einen erdigen oder sandigen Bodensatz zu geben.

d) Fremde organische Beimengungen. Mit wenig Wasser verrieben, darf Indigopulver keine schleimige Flüssigkeit (Gummi, Dextrin) geben, und seine Lösung in Salpetersäure muß auf Zusatz von

[1]) Lenz (Zeitschr. f. anal. Chemie **36**, 550; 1887; und **39**, 101; 1890).

Jodkalium klar bleiben (Bläuung zeigt Stärke an). Hin und wieder enthält der Indigo eine Beimengung von Blauholzlack. Sehr oft wird nach Mierzinski („Die Erd-, Mineral- und Lackfarben“, **1881**, 200) das Pulver eines guten Indigos in die Verpackung einer schlechteren Sorte geschüttet, damit sie durch Umhüllung mit einem besseren Indigo dessen äußeres Ansehen gewinnen soll. Es sind sogar Fälle vorgekommen, wo man in der Verpackung (den sog. Suronen) eines Guatemalaindigos nachgemachten Indigo aus Erde und Indigostaub fand.

Nach Quantin konnte in einer aus Kalkutta bezogenen Probe Indigo ein Oxalsäurezusatz festgestellt werden, der die Ware bei der Indigobestimmung nach der Permanganatmethode höherprozentig erscheinen lassen sollte [Ann. Chim. anal. appl. 7, 256 bis 257; Chem. Zentralbl. **1902** (II), 547].

Wertbestimmung des Indigos durch Probefärben. v. Cochenhausen (Muspratts Chemie, 3. Aufl., III, 121) gibt hierzu folgende Anleitung:

Man verwandelt 1 g reines Indigblau durch Behandeln mit 20 bis 25 g konz. Schwefelsäure in Indigblausulfonsäure und verdünnt mit Wasser auf 1 l. Von 1 bis 20 ccm, und zwar jeweils um 1 ccm steigende Mengen dieser Lösung, bringt man in 20 Kochgefäße, setzt 500 ccm Wasser hinzu und färbt in jedem dieser 20 Farbbäder, unter allmählicher Erhöhung der Temperatur bis zum Kochen, eine Probe eines Wollgarnes oder eines feinen Wollengewebes, die genau 5 g wiegt und vor dem Ausfärben sorgfältig mit einer Lösung von 10 g kohlensaurem Ammonium in 1 l Wasser von 30 bis 40° C entfettet und hierauf gewaschen worden ist. Nach $^3/_4$ Stunden werden die Muster aus den Farbbädern, die nun fast vollständig entfärbt sind, herausgenommen und, nachdem sie kalt geworden sind, mit reinem Wasser gewaschen und im Schatten getrocknet. Diese Muster bilden, nebeneinandergelegt, eine Farbenskala, die, vor Licht und Luft geschützt, längere Zeit unverändert bleibt. Wenn man 1 g einer guten Durchschnittsprobe eines zu untersuchenden Indigos in Indigblausulfonsäure verwandelt, das Produkt in 1 l Wasser löst und 5 g eines Wollgarnes oder eines feinen Wollgewebes mit 20 ccm dieser Lösung ausfärbt, so kann man bei einiger Übung leicht finden, mit welchem Muster der Farbenskala das gewaschene und getrocknete Muster eine übereinstimmende Färbung besitzt. Wenn z. B. das Muster in seiner Färbung mit Nr. 13 der Skala übereinstimmt, so haben 20 ccm des zu untersuchenden Indigos denselben Wirkungswert gehabt wie 13 ccm einer mit reinem Indigblau hergestellten Lösung; der untersuchte Indigo enthält daher 65% reines Indigblau.

Indessen wird eine solche Farbenskala, zu deren Herstellung Farbstoffmengen verwendet werden, die eine arithmetische Reihe bilden, nicht dasjenige vorstellen, was der Färber als eine Schattierung bezeichnet. Wenn die Skala gleichmäßig schattiert sein soll, so müssen die zu ihrer Herstellung verwendeten Farbstoffmengen eine geometrische Reihe bilden. Man verdünnt eine Lösung von Indigblausulfonsäure, die aus 0,2 g Indigblau dargestellt worden ist, auf 1000 ccm und färbt ein Muster von 5 g Wollgarn mit 100 ccm dieser Lösung. Das hierbei erhaltene Farbmuster zeigt den dunkelsten Farbenton der Skala und ist mit 20 mg Farbstoff gefärbt worden. Hierauf verdünnt man 800 ccm der übrig gebliebenen Farbstofflösung auf 1000 ccm und färbt mit 100 ccm dieser Lösung ein zweites Garnmuster von 5 g Gewicht; dieses ist also mit 16 mg = $^{8}/_{10}$ der Farbstoffmenge gefärbt, die zur Herstellung des dunkelsten Musters verwendet worden ist. 800 ccm der übrig gebliebenen Indigolösung werden abermals mit Wasser auf 1000 ccm verdünnt; mit 100 ccm dieser Lösung, die $^{8}/_{10} \cdot 16 = 12{,}8$ mg Indigo enthält, wird das dritte Muster gefärbt usw.

Diese Methode setzt, falls sie brauchbare Ergebnisse liefern soll, voraus, daß der zu untersuchende Farbstoff hinsichtlich seiner Reinheit dem zum Vergleich dienenden Muster möglichst nahe steht.

Soll entschieden werden, welche von vorliegenden Sorten Indigo mit Berücksichtigung des Preises am rentabelsten ist, so verwendet man zum Probefärben nicht gleichgroße Farbstoffmengen, sondern Mengen, die gleichen Preisen entsprechen (vgl. S. 933).

Großmann (Österr. Wollz. **1897**, 1076; Fischer, Jahresber. **1897**, 630) unterwirft deshalb den Indigo, bevor er ihn behufs Vornahme des Probefärbens in Carmin umwandelt, einer Reinigung durch Behandeln mit heißer Salzsäure und Natronlauge.

Gerland (Journ. Soc. Chem. Ind. **15**, 15) führt den Indigo mit Schwefelsäure vom spez. Gewicht 1,67 bei 100° zunächst in die unlösliche Indigomonosulfonsäure und diese durch konz. Schwefelsäure bei 100° in die lösliche Disulfonsäure über. Ist die Lösung der letzteren dunkel gefärbt, so empfiehlt es sich, aus dem soeben angegebenen Grunde, den Indigo vor dessen Anwendung zur Analyse mit Salzsäure und Wasserstoffsuperoxyd zu reinigen.

Colorimetrische Prüfung. Nach Koppeschaar[1]) hat sich die Gewinnung des Indigos im Laufe der Jahre derart verändert, daß die bisherigen Untersuchungsmethoden ihre Brauchbarkeit verlieren. Vorübergehend erhielt die Handelsware bis über 10% Indigrot. Deshalb ist neben der Bestimmung des Indigblaus auch die des Indigrots notwendig. Zu diesem Zwecke schlägt Koppeschaar folgende Verfahren vor:

1. Bestimmung von Indigblau in Indigosorten, die wenig Indigrot enthalten. 0,5 g des fein zerriebenen und ganz durchgesiebten Indigomusters werden mit 25 ccm reiner Schwefelsäure im Kölbchen unter zeitweiligem Umschütteln 6 Stunden bei höchstens 60° digeriert, im Meßkolben mit Wasser auf 250 ccm aufgefüllt und unter Verwerfung des zuerst Durchgehenden filtriert. 25 ccm des Filtrates werden im Becherglas mit 75 ccm gesättigter Kochsalzlösung vermischt; das gefällte Indigcarmin wird abfiltriert, mit gesättigter Kochsalzlösung ausgewaschen, im 500-ccm-Meßkolben mit siedend heißem Wasser gelöst und bis zur Marke aufgefüllt. In der Lösung ist das Indigblau mit dem Colorimeter von Laurent gegen eine reine Indigotinlösung von 0,1 g in 1 l mit großer Genauigkeit bestimmbar. Die Anwen-

[1]) Zeitschr. f. anal. Chem. **38**, 1; 1899. Vgl. auch Hazewinkel: Ein neuer Indigo, dessen Analyse und die des Indigo rein BASF (Chem.-Ztg. **24**, 339; 1900).

dung der colorimetrischen Prüfung ist, ebenso wie das vergleichende Ausfärben auf Wolle, an die Übereinstimmung der beiden Vergleichslösungen in bezug auf ihren Reinheitsgrad gebunden.

2. Bestimmung von Indigblau und Indigrot in natürlichem und synthetischem Indigo. Sie beruht auf der Löslichkeit von Indigrot und Indigbraun in Essigsäure, worin Indigblau unlöslich ist, und darauf, daß das Rot und Braun bei Verdünnung oder teilweiser Neutralisation wieder gefällt werden. 0,5 g der feingepulverten Durchschnittsprobe werden in einem Erlenmeyerkolben von 8 bis 9 cm Durchmesser mit 100 ccm Eisessig 1 Stunde lang bei 100° auf dem Wasserbade erhitzt, wobei das Indigrot in Lösung geht. Hierauf legt man den Kolben so schief, daß die Flüssigkeit bis an den Rand reicht, und filtriert nach dem Erkalten, sobald sich alles Unlösliche abgesetzt hat. Der zur Filtration verwendete Trichter soll einen Durchmesser von 8 cm haben; der untere Teil des Halses wird mit etwas Glaswolle ausgefüllt, darauf folgen bis etwa 1 cm unter dem konischen Teil des Trichters sandkorngroße Bimssteinstückchen und auf diese, als eigentliches Filter, eine Schicht ausgeglühten, wolligen Asbestes, den man sanft andrückt. Beim Filtrieren muß sehr vorsichtig verfahren werden, so daß zunächst kein ungelöster Indigo in den Trichter gelangt. Es gelingt das Abgießen der Lösung des Indigrots bis auf 6 ccm Flüssigkeit, die man bei einem geringen Gehalte der Probe an Indigrot vernachlässigen kann; andernfalls fügt man zum Rückstand im Kolben noch etwas Eisessig und gießt die Flüssigkeit so gut wie möglich von dem Ungelösten in den Trichter ab. Nach erfolgter Filtration werden Bimsstein und Glaswolle aus dem Trichterhals entfernt, das Asbestfilter mittels Glasstab aus dem umgestülpten Trichter in den Kolben gestoßen und etwaige Reste schließlich mit 50 ccm reiner Schwefelsäure vom Trichter in den Kolben gespült. Durch 2-stündiges Erwärmen des Kolbeninhaltes auf 70° verwandelt man das Indigblau in die Sulfonsäure, gießt deren Lösung in einen 250-ccm-Meßkolben und füllt nach dem Erkalten bis zur Marke mit Wasser auf. 25 ccm dieser Lösung werden auf 500 ccm verdünnt; in dieser Flüssigkeit wird der Gehalt an Indigblau colorimetrisch bestimmt. Zur Herstellung der Vergleichsflüssigkeit (0,1 g Indigotin auf 1 l) verwendet man reinen Indigo [B], der bei 100° mit Eisessig behandelt, dann abfiltriert und getrocknet wird.

Für die Bestimmung des Indigrots wird die Lösung benützt, die bei Behandlung des Indigos mit Eisessig erhalten wurde. 5 bis 25 ccm davon werden in einem Becherglase teilweise mit Natronlauge neutralisiert (5 ccm der Eisessiglösung erfordern 12 ccm einer 20-proz. Natronlauge), wodurch sich das Indigrot abscheidet. Der Niederschlag wird abfiltriert, mit 5proz. Natronlauge (zur Entfernung des Indigbrauns) gewaschen und in getrocknetem Zustande samt Filter in einem 50-ccm-Meßkolben mit Eisessig geschüttelt. Die entstandene Indigrotlösung wird colorimetrisch bestimmt. Als Vergleichsflüssigkeit dient eine Lösung, die im Liter 0,05 g Indigrot enthält. Das reine Indigrot bereitet man sich aus fein zerriebenem Javaindigo durch Erhitzen mit Eisessig und darauffolgendes Verdünnen der von Indigblau abfiltrierten Lösung mit Wasser, wodurch das Indigrot abgeschieden wird. Der Niederschlag wird abfiltriert und zur Entfernung des Indigbrauns mit Natronlauge gewaschen. Durch Sublimation im Vakuum läßt sich das so erhaltene Indigrot leicht reinigen.

Beträgt der Gehalt eines Indigos an Indigrot mehr als 10%, so muß die Lösung des letzteren mit dem gleichen Volumen Eisessig verdünnt werden. Ist der Gehalt an Indigrot sehr gering, so wird die Vergleichslösung in entsprechender Weise verdünnt.

Zur Bestimmung des Indigrots im synthetischen Indigo werden nur 0,1 g angewandt; im übrigen verfährt man genau gleich, jedoch wird die Vergleichslösung aus synthetischem Indigrot hergestellt.

Nach Brylinski (Bull. Soc. Ind. Mulh. **1897**, 332) ist es für die colorimetrischen Methoden notwendig, eine Lösung von rein blauer Farbe, d. h. eine Lösung, die ausschließlich Disulfonsäure enthält, anzuwenden. Zu deren Darstellung verfährt man wie folgt:

Man gibt in einen Rundkolben

1 g Indigo,
20 g Glaspulver,
20 ccm H_2SO_4 66° Bé,
5 ccm Oleum mit 25% SO_3,

verschließt und läßt unter öfterem Schütteln 48 Stunden bei gewöhnlicher Temperatur stehen.

Man kann auch in kürzerer Zeit (6 Stunden) sulfonieren, indem man

1 g Indigo und
20 g Glaspulver mit
25 ccm H_2SO_4 66° Bé auf 100° erhitzt.

Auf diese Art erhält man ausschließlich Sulfonsäure, die sich in Wasser mit blauer Farbe löst.

Eine solche Lösung empfiehlt sich auch für die titrimetrischen Methoden, weil der violette Stich, den Tri- und Tetrasulfonsäuren in wässeriger Lösung zeigen, die Deutlichkeit des Farbenumschlages vermindert.

Indigotinbestimmung nach Ulzer (Mitt. technol. Gew.-Mus. Wien **1892**, 214).

1 g feingepulverter Indigo wird mit 50 ccm 5-proz. wässeriger Natronlauge und 10 ccm Wasserstoffsuperoxydlösung versetzt und während 10 Minuten zum Sieden erhitzt. Nach dem Erkalten wird mit Wasser auf das doppelte Volumen verdünnt und durch ein getrocknetes und gewogenes Filter, dessen Durchmesser 10 bis 12 cm beträgt, filtriert. Sollte zu Anfang die Flüssigkeit trüb durchlaufen, so genügt in der Regel ein zweites Aufgießen, um sie zu klären. Der mit warmem Wasser, dann mit verdünnter Salzsäure (1 : 10), hierauf abermals mit Wasser und zuletzt mit siedendem Alkohol gewaschene Niederschlag wird bei 100° getrocknet und gewogen. Das Waschen mit Alkohol ist so lange fortzusetzen, bis das Filtrat nicht mehr braun oder rot, sondern blaßblau gefärbt abläuft. Das getrocknete Indigotin wird verascht und die geringe Aschenmenge in Abzug gebracht.

Stolba (Dy. Calic. Printer; Färber-Ztg. **1894/95**, 110) verfährt ähnlich. Er extrahiert mit Salzsäure, wäscht mit Ammoniak, dann mit Alkohol, wägt und verascht.

Voeller (Zeitschr. f. angew. Chem. **4**, 110; 1891) ermittelt in dem zuvor chemisch gereinigten Indigo den Stickstoff nach Kjeldahl und berechnet durch Multiplikation der gefundenen Zahl mit 9,36 das Indigblau.

Bestimmungen des Indigotingehaltes durch Sublimation sind trotz guter Resultate, die Tennant (Journ. Amer. Chem. Soc. **6**, 185; Chem. Ind. **7**, 297) erhalten haben will, der Unsicherheit wegen nicht zu empfehlen.

Die Extraktionsmethode beruht auf der Behandlung einer gewogenen Probe des Indigos mit einem geeigneten Lösungsmittel und Wägen des aus der erhaltenen Lösung krystallisierten Indigotins.

Hönig (Zeitschr. f. angew. Chem. **2**, 280; 1889) extrahiert den mit Bimssteinsand gemengten Indigo in einem besonderen Extraktionsapparat mit Anilin oder Nitrobenzol. Das aus der eingeengten Lösung nahezu vollständig in Krystallen ausgeschiedene Indigotin wird, nach dem Verdünnen der konz. Lösung mit dem 5- bis 6fachen Volumen Alkohol, gewogen. Aus dem erhaltenen Gewicht und unter Berücksichtigung des Lösungskoeffizienten des Lösungsmittels für Indigblau berechnet sich der Gehalt.

Schneider (Zeitschr. f. anal. Chem. **34**, 347; Klauser, Österr. Chem.-Ztg. **1899**, 521) gewinnt aus der zu untersuchenden Probe den Farbstoff durch Ausziehen mit kochendem Naphthalin und trennt dieses dann von ersterem durch Äther.

Brandt (Rev. intern. Falsific. **10**, 130) ersetzt in Schneiders Verfahren das Naphthalin durch Anilin, da beim Filtrieren der ätherischen Naphthalinlösung Naphthalin leicht auskrystallisiert und große Mengen Äther zum Auswaschen nötig sind. Man extrahiert 0,2 g Indigo im Soxhlet-Extraktor $^1/_2$ bis 1 Stunde mit Anilin und läßt erkalten. Das Indigotin krystallisiert aus. Dann setzt man Wasser und Salzsäure zu, um alles Anilin in Lösung zu bringen, filtriert durch ein tariertes Filter, wäscht mit heißem Wasser bis zum Verschwinden der Chlorreaktion und schließlich mit Alkohol, der höchstens 0,5% des Gesamtindigotins löst.

Nach Brylinski (Bull. Soc. Ind. Mulh. **1898**, 33) ist die Bestimmung des Indigotins durch siedendes Anilin mit zwei Fehlerquellen behaftet.

Einmal wird durch längerdauernde (3- bis 4-stündige) Einwirkung von Anilin ein Teil des Indigotins zerstört (bis zu 30 oder 40%), und andererseits enthält das aus Anilin krystallisierte Indigotin molekular gebundenes Anilin (etwa 10%). Da Brandt nur etwa $^1/_2$ Stunde kocht, so können sich bei seiner Arbeitsweise die beiden Fehler ungefähr ausgleichen, so daß das Endergebnis ein genügend genaues ist.

Das Verfahren von Gerland (Journ. Soc. Chem. Ind. **15**, 15) beruht auf der Anwendung von Nitrobenzoldämpfen. Mit Hilfe eines zusammengestellten besonderen Apparates läßt sich die Extraktion und Krystallisation des Indigotins in $^1/_2$ Stunde ausführen. Aus der erkalteten Lösung scheidet sich das Indigotin in feinen Krystallen aus. Nur eine Kleinigkeit davon bleibt in Lösung, und dieser Fehlerquelle weicht Gerland dadurch aus, daß er das Nitrobenzol vor dem Gebrauche kalt mit Indigotin sättigt. Die Indigotinkrystalle enthalten noch 3 bis 6% Verunreinigungen, die ihnen durch Behandeln mit Salzsäure, oder besser mit Salzsäure und Wasserstoffsuperoxyd entzogen werden, bevor man sie wägt. Nach Gerland ist diese Bestimmung mit einem Fehler von 0,1 bis 0,2% behaftet, weil das Indirubin in kaltem Nitrobenzol etwas leichter löslich sei als das Indigotin. Nach Rawson (Journ. Dyer and Col. **1896**, 83) ist Indirubin nicht nur etwas, sondern ziemlich viel leichter löslich in kaltem Nitrobenzol als das Indigotin; er glaubt deshalb, daß der Fehler größer sei.

Brylinski (Bull. Soc. Ind. Mulh. **1898**, 37) schlägt als Lösungsmittel Eisessig vor. Das Prinzip der Methode beruht auf der Tatsache, daß Eisessig bei Siedehitze beträchtliche Quantitäten von Indigotin zu lösen vermag, während 20- bis 30-proz. Essigsäure bei gewöhnlicher Temperatur davon nichts aufnimmt. Die Operation wird in einem Soxhletapparate ausgeführt und hat allerdings den Nachteil, ziemlich viel Zeit in Anspruch zu nehmen. Um 0,150 g Indigo zu erschöpfen, bedarf es eines 5-stündigen Siedens. Ist die Extraktion beendet, so gießt man die Eisessiglösung in ein Becherglas und verdünnt mit dem 4fachen Gewicht kalten Wassers. Der Niederschlag wird auf ein tariertes Filter gebracht, mit kochendem Wasser, dann mit Alkohol und Äther gewaschen, bei 110° getrocknet und gewogen.

Eine Methode zur quantitativen Bestimmung des Indigos in Substanz (und auf der Faser, s. S. 1057) wird von Möhlau und Zimmermann folgendermaßen beschrieben (Zeitschr. f. Farben- u. Text.-Chem. **1903**, 189):

Man wägt 0,1 g pulverisierten und durch Seidensieb Nr. 10 bis 16 gebeutelten Indigo in einem Glaskölbchen von 100 ccm Fassungsvermögen ab, gibt einige böhmische Granaten hinzu, übergießt ihn mit 50 ccm Essigschwefelsäure (Mischung von 100 ccm Eisessig und 4 ccm konz. Schwefelsäure) und erwärmt auf dem lebhaft siedenden Wasserbade während 15 Minuten unter zeitweisem Umschwenken. Die Lösung wird durch ein gehärtetes und mit Essigschwefelsänre getränktes Papierfilter von 10 cm Durchmesser oder durch einen Neubauer-Platintiegel in ein Becherglas von 300 ccm Inhalt filtriert und das Kölbchen und das Filter bzw. der Tiegel mit warmer Essigschwefelsäure ausgespült und ausgewaschen, bis der Ablauf farblos ist. Hierzu werden weitere 50 ccm gebraucht. Dem Filtrat fügt man noch 50 ccm Essigschwefelsäure hinzu, erhitzt es auf 70° und mischt es, unter heftigem Rühren mit dem Glasstab, anfangs tropfenweise, nach begonnener krystallinischer Abscheidung des Indigblaus in dünnem Strahl, mit 100 ccm siedend heißem Wasser. Nach freiwilligem Erkalten wird die Mischung durch einen gewogenen Neubauer-Platintiegel oder durch ein bei 105° getrocknetes, gewogenes Filter aus gehärtetem Papier filtriert. Der Filterrückstand wird erst mit 50 ccm heißer verdünnter Salzsäure (1 : 10), dann mit 50 ccm heißem Wasser und schließlich mit 2 bzw. 5 ccm 95-proz. kaltem

Alkohol ausgewaschen und der Tiegel bzw. das Filter bei 105° während 1 Stunde getrocknet und dann gewogen.

In dem so erhaltenen Indigblau ist noch ca. 0,2% Asche vorhanden, die durch Glühen bestimmt werden kann und bei Naturindigo zu berücksichtigen ist. Bei synthetischem Indigo kommt sie nicht in Betracht, weil nur der dritte Teil davon in Rechnung zu setzen ist (s. später).

In dieser Form ist die Methode exakt für die Bestimmung des Indigblaugehaltes von Naturindigo.

Bei der Analyse **synthetischen Indigos** ist zu berücksichtigen, daß er 3 bis 10% roten Farbstoff[1]) enthalten kann, und daß nur 75% des letzteren beim Ausfällen des Blaus in Lösung bleiben. Der genaue Indigblauwert wird dadurch erhalten, daß man den Analysengang mit dem gereinigten Indigblau so oft wiederholt, bis nicht mehr ein rotgefärbtes, sondern ein farbloses Filtrat erhalten wird.

Einfacher gelangt man zum genauen Indigblauwert auf rechnerischem Wege dadurch, daß man zum analytisch ermittelten Indigblauwert eine Summe addiert, die sich zusammensetzt aus den für Feuchtigkeit, organische Fremdkörper und für Asche ermittelten Werten. Die Differenz der Gesamtsumme von 100 entspricht 75% des roten Begleitfarbstoffes.

Der wahre Indigblaugehalt ergibt sich daher nach Abzug des dritten Teiles dieser Differenz vom analytisch ermittelten Indigblauwert.

Der Feuchtigkeitsgehalt berechnet sich aus der Differenz der Wägungen von 0,5 g Indigo vor und nach 2-stündigem Trocknen bei 105°; der Aschengehalt durch Veraschen von 0,5 g bei 105° getrocknetem Indigo im Platintiegel.

Das Gewicht der unlöslichen organischen Fremdkörper wird zweckmäßig im Neubauer-Platintiegel bestimmt. Der im Tiegel bleibende Rückstand ist dann nur noch mit heißem Wasser auszuwaschen und der Tiegel während 1 Stunde bei 105° zu trocknen und zu wägen. Da dieser organische Rückstand aschehaltig ist, so ergibt der Glühverlust seinen richtigen Wert[2]).

Von der großen Anzahl der Reduktions- und Oxydationsmethoden[3]) heben wir hier nur einige entweder ganz zuverlässige oder rasch ausführbare hervor.

Reduktions-(Küpen-)Methoden. Sie lassen im allgemeinen den Gehalt an Indigofarbstoff zu niedrig finden, weil sich infolge zu weitgehender Reduktion des Indigweiß teilweise in Indigblau nicht zurück-

[1]) Für das heutige synthetische Erzeugnis dürften diese hohen Zahlen wohl nicht mehr zutreffen.

[2]) Grandmougin hält diese Methode in der Praxis für nicht anwendbar. (Zeitschr. f. Farben- u. Textil-Chem. **2**, 275).

[3]) Eine sehr eingehende Zusammenstellung und kritische Beleuchtung der verschiedenen Methoden zur Wertbestimmung des Indigos hat von Cochenhausen in der Leipziger Monatsschrift f. Textilindustrie (**1888**, Nr. 8 bis 10) gegeben. (Vgl. auch desselben Verfassers Zusammenstellung der Indigobestimmungsmethoden in Muspratts Chemie, Braunschweig, Vieweg, **1889**, III. Bd., 3. Lief., 153 bis 162.) Auch Rawson hat eingehende kritische Besprechungen der verschiedenen Indigomethoden veröffentlicht. (Chem. News **1885**, 255; **1888**, 7, 19, 29, 34.)

zuoxydierende Verbindungen bilden. Alle Küpenmethoden, bei denen Alkohol (worin Indirubin löslich ist) zur Verwendung kommt [wie z. B. bei der von Rau (Journ. Amer. Chem. Soc. **1885**, 16) modifizierten Fritscheschen Methode], teilen mit der oben erwähnten Extraktionsmethode von Hönig den Nachteil, daß das Indigblau allein zur Bestimmung gelangt. Die Reduktionsmethoden eignen sich aber, sofern man nur Indigblau und Indigrot zusammen bestimmt —evtl. kann man ja noch nachträglich das letztere durch Extraktion des gewogenen Gesamtniederschlages mit Alkohol in einem Extraktionsapparat bestimmen — ganz gut zur Prüfung des Indigos, der ebenfalls in Küpenform Verwendung findet. Wird er dagegen zur Herstellung von Carmin usw. benutzt, so sind die Oxydationsmethoden am Platze.

Eine rasche Bestimmung gestattet das Verfahren von Owen (Journ. Amer. Chem. Soc. **1889**, 178). Man wägt auf einem Uhrglase 1 g feingepulverten Indigo ab, trocknet bei 100°, reibt den Farbstoff mit Wasser zu einer sehr dünnen Paste und spült diese in einen $^1/_4$ l-Meßkolben. Alsdann fügt man 3 g Zinkstaub und 6 g Ätznatron hinzu und füllt bis wenig oberhalb der Marke auf, da das Volumen in ein bis zwei Stunden sich etwas verringert. Man schüttelt den Kolben zeitweise. Bei zu weitgehender Reduktion (die also die Bestimmung entschieden zu niedrig ausfallen lassen würde) zeigen sich in der gelben Flüssigkeit rötliche oder bräunliche Streifen. Wurde zuviel Zink genommen, so tritt Schaum auf. Nach beendeter Reduktion hebt man 50 ccm der klaren Flüssigkeit ab, läßt dieselben $^1/_4$ Stunde an der Luft sich oxydieren, säuert dann mit Salzsäure an, filtriert durch ein bei 100° gewogenes Filter, wäscht sorgfältig aus, trocknet bei 100° und wägt.

Will man den Indigo mittels einer Küpenmethode möglichst genau bestimmen, so wendet man das Verfahren von Rawson (Chem. News **1888**, 7, 19, 29 und 34) an, das sich sehr gut bewährt hat. Man bedarf hierzu zunächst einer Hydrosulfitlösung. Man füllt eine Flasche von etwa $^1/_{10}$ l Inhalt mit gedrehtem Zinkblech, das man mit einer Natriumbisulfitlösung vom spez. Gewicht 1,30 übergießt. Nach etwa 1-stündigem Stehen der verkorkten Flasche ist der Geruch nach Schwefliger Säure verschwunden, worauf man die Flüssigkeit dekantiert und in einer Flasche mit 1 l Wasser, das ungefähr 10 g frisch gelöschten Kalk suspendiert enthält, gut mischt. Die geklärte Flüssigkeit hebert man ab und überschichtet sie mit Petroleum[1]).

Nun bringt man 1 g, mit Wasser zu einem dünnen Teig verriebenen

[1]) Die Hydrosulfitmethode hat durch die Einführung des Hydrosulfits in Pulver eine wesentliche Vereinfachung erfahren. Nach dem Werke „Indigo rein" der Badischen Anilin- und Sodafabrik (1908) kann die Bereitung der Hydrosulfitlösung wie folgt geschehen (S. 17ff.) : 3 bis 4 g Hydrosulfit konz. BASF Pulver werden in 1 Liter kaltem, destilliertem Wasser, dem man zuvor 25 ccm Natronlauge von 25° Bé zugesetzt hat, gelöst und die Lösung in einem passenden Gefäß (s. Figur loc. cit.) unter Leuchtgas gestellt. Eine etwaige geringe Veränderung der Hydrosulfitlösung spielt keine Rolle, da bei jeder Analyse erst der Wirkungswert der Lösung am Gebrauchstyp festgestellt und unmittelbar darauf das zu untersuchende Muster titriert wird. (Bezüglich aller Einzelheiten und der weiteren Ausführung muß auf das Originalwerk verwiesen werden. — S. auch Zeitschr. f. Farbenind. **1909**, 121, 137.)

Indigos in einen Glaskolben und fügt 500 bis 600 ccm Kalkwasser zu. Der Kolben ist mit einem 4 Durchbohrungen tragenden Kautschukstopfen verschlossen. Durch die eine Durchbohrung geht ein mit Quetschhahn verschließbarer Heber, durch die zweite die Röhre eines Hahntrichters, und die beiden anderen dienen zum Ein- und Ableiten von Steinkohlengas. Nachdem man mit dem Zuleiten des Gases begonnen hat, erhitzt man die Flüssigkeit auf etwa 80°, läßt durch das Trichterrohr 100 bis 150 ccm Natriumhydrosulfitlösung zufließen und erhitzt $^1/_2$ Stunde lang bei einer dem Siedepunkt naheliegenden Temperatur. Hierauf läßt man absitzen, hebert 500 ccm ab und ermittelt genau das Volumen der rückständigen Flüssigkeit.

Die 500 ccm Flüssigkeit werden nun in einen Erlenmeyerschen Kolben gebracht und darauf wird 20 Minuten Luft hindurchgesaugt, die das überschüssige Hydrosulfit zu Sulfit, das Indigweiß zu Indigblau oxydiert. Man fügt noch Salzsäure hinzu, um etwa gebildeten kohlensauren Kalk in Lösung zu bringen, filtriert den aus Indigotin und Indigrubin bestehenden Niederschlag auf einem bei 100° getrockneten und gewogenen Filter, wäscht sorgfältig aus, trocknet und wägt.

Enthält der mit Hydrosulfit zu reduzierende Indigo Eisenoxyd, so fallen die Resultate zu hoch aus. Die Methode gibt sehr gute Resultate, erfordert aber besondere Aufmerksamkeit.

Nach Angaben der BASF enthält die auf die oben angegebene Weise durch Verküpung gewonnene Raffinade nur etwa 95% reines Indigotin, bei stark mit Indigrot verunreinigten Sorten, z. B. bei einzelnen Javaindigosorten, sogar nur etwa 90%; in solchen Fällen bedarf es der Nachprüfung durch die Permanganatmethode. Um einer Zerstörung des Farbstoffes bei der Verküpung vorzubeugen, läßt die BASF die Einwirkung des Hydrosulfits (in Gegenwart von Kalkmilch) bei einer Temperatur von nur 50° vor sich gehen; bei Anwendung überschüssigen Hydrosulfits (30 g Hydrosulfit konz. Pulver auf etwa 15 g Indigo) sind zur Reduktion 2 Stunden ausreichend.

Ein ähnliches Verfahren empfiehlt Allhausse (Zeitschr. f. angew. Chem. **11**, 288; 1898).

Brylinski (Bull. Soc. Ind. Mulh. **1897**, 67, 336) macht den Vorschlag, den zu untersuchenden Indigo zunächst zu sulfonieren und die Carminlösung mit einer Hydrosulfitlösung von bekanntem Wirkungswerte zu titrieren. Über die Ausführung macht er folgende Angaben:

Man verdünnt Bisulfit des Handels bis zu 1,25 spez. Gewicht, gibt davon 100 ccm in einen Kolben, schüttelt 5 Minuten mit 20 g Zinkstaub um, verdünnt auf 1 l, neutralisiert mit Kalk und filtriert rasch. Für den Gebrauch verdünnt man auf das Fünffache.

Der Apparat besteht aus einer 3fach tubulierten Flasche; in die erste Öffnung gibt man einen Scheidetrichter; durch die zweite wird ein Glasrohr eingeführt, das durch einen mit Quetschhahn versehenen Kautschukschlauch in Verbindung mit der Bürette steht; die dritte ist mit einem doppeltdurchbohrten Kautschukstopfen versehen, der die Einfuhr von Leuchtgas und dessen fortlaufende Zirkulation im Apparat gestattet. Das austretende Gas wird in irgendeinem Brenner verbrannt.

Man bringt in den Apparat eine bestimmte Menge von Indigcarmin, den man durch tropfenweises Hinzufließenlassen von Hydrosulfit genau reduziert. Dann läßt man durch den Scheidetrichter eine gemessene Menge von Indigo-Typ-Lösung in den Apparat eintreten und bestimmt die Menge Hydrosulfit, die zur Reduktion derselben erforderlich ist. Z. B.:

25 ccm Indigo rein[1]) verlangen . . . . . 10,0 ccm Hydrosulfit,
25 ccm Indigo käuflich[1]) verlangen . . . . 4,7 ccm „

somit sind 47% Indigotyp im Handelsindigo enthalten.

Diese Methode bietet zwei Unbequemlichkeiten: Das Arbeiten im Leuchtgasstrome und die große Unbeständigkeit der Hydrosulfitlösung, die an der Luft den Titer sehr schnell ändert.

Nach Wangerin und Vorländer wird zur Titration des Indigos mit Hydrosulfit folgendermaßen verfahren (Zeitschr. f. Farb- u. Textil-Chem. **1902**, 281. Siehe auch Indigobroschüre der BASF, S. 26 [**1900**]):

Darstellung des reinen Indigos. Die Handelsmarke „Indigo rein BASF in Pulver", enthaltend 98% Indigo, wird durch Umküpen raffiniert und zu diesem Zwecke 1 Teil Indigo in

12 Teilen Natronlauge (spez. Gewicht 1,21),
30 „ konzentriertem Hydrosulfit und
10 „ Wasser

gelöst, indem man das Gemisch unter zeitweiligem gelinden Umschwenken bei 40 bis 50° unter Leuchtgas digeriert. Nach erfolgter Lösung wird die Küpe möglichst schnell filtriert und der Indigo aus dem klaren gelben oder grünlichen Filtrate mit Luft ausgeblasen. Man sammelt den Indigo je nach den Mengen auf einem gehärteten Filter oder auf Preßleinen und wäscht ihn der Reihe nach mit heißem Wasser, heißer verd. Salzsäure (1 l Wasser, 30 ccm reiner rauch. Salzsäure), Wasser und schließlich wiederholt mit Alkohol und etwas Äther aus. Alsdann trocknet man den Indigo bei 105 bis 110° bis zur Gewichtskonstanz. Aus 20 g käuflichen Indigos werden 16 bis 18 g reinen Indigos erhalten. Dieser, als 100-proz. angesetzt, dient als Typ für die Einstellung der zu analysierenden Indigolösungen.

Sulfonierung des Indigos. 1 g 100-proz. Indigo, aufs feinste zerrieben, wird in einem kleinen trockenen Kölbchen mit 10 ccm 94-proz. Schwefelsäure übergossen und unter zeitweiligem Umschütteln $^1/_2$ bis 1 Stunde im kochenden Wasserbade erhitzt. Nach dem Erkalten wird die Flüssigkeit in ein Becherglas gegossen, in dem sich 100 bis 180 ccm Wasser befinden; dann wird die blaue Lösung durch ein gehärtetes Filter abgesogen[2]), mit warmem Wasser nachgewaschen und nach dem völligen Erkalten auf 1 l aufgefüllt.

Die Badische Anilin- und Soda-Fabrik empfiehlt in ihrer neueren Broschüre „Indigo rein BASF" für die Herstellung von chemisch

[1]) 2 g Indigo im Liter in Form von Sulfonsäure.

[2]) Das Filtrieren dient hier hauptsächlich zur Probe darauf, daß nicht Indigoteile der Sulfonierung entgangen sind.

reinem Indigo entweder Auskochen mit reinem, 10% Wasser enthaltendem Phenol (vgl. D.R.P. 158 500), wodurch die Verunreinigungen des Indigos gelöst werden, oder Verküpung mit nachfolgendem Auswaschen und Auskochen (mit verdünnter Salzsäure und Alkohol) des reoxydierten Farbstoffes und schließlicher Krystallisation aus Eisessig. Der so gewonnene, als 100-proz. angenommene Indigo dient als „Urtyp", auf den der „Gebrauchstyp", d. h. ein technisch reiner Indigo, eingestellt wird. Mit diesem Gebrauchstyp, der leicht in unbegrenzten Mengen zu beschaffen ist, werden alle zur Untersuchung gelangenden Indigomuster verglichen.

Bei der Sulfonierung des Indigos verfährt die BASF insofern abweichend von obiger Vorschrift, als sie auf 1 g Indigo im ganzen 30 ccm Schwefelsäure von 66° Bé verwendet, diese aber bei erheblich niedrigerer Temperatur, nämlich bei nur 50 bis 55°, allerdings 2 bis 3 Stunden hindurch, einwirken läßt. Dadurch werden die bei höheren Temperaturen leicht eintretenden Zerstörungen des Indigos vermieden. Auch empfiehlt es sich, nach der Sulfonierung und dem Verdünnen des Reaktionsproduktes mit Wasser, erst auf 1 l einzustellen und dann von den ausgeschiedenen Verunreinigungen zu filtrieren, statt in umgekehrter Reihenfolge zu verfahren.

Handelt es sich um die Herstellung einer „Normalindigolösung", so werden die 10 g Urtyp entsprechenden Mengen des Gebrauchstyps nach der Sulfonierung auf 10 l eingestellt und in einer schwarz angestrichenen, gut verschlossenen und vor Luft geschützten Flasche aufbewahrt. Sie hält sich mehrere Wochen.

Herstellung der Hydrosulfitlösung[1]). Man sättigt $^1/_2$ l Bisulfitlösung (spez. Gewicht 1,37 bis 1,39) mit Schwefeldioxyd, verdünnt mit $^3/_4$ l Wasser und trägt bei äußerer (Eis-) Kühlung und Überleiten von Leuchtgas allmählich einen Brei aus 35 g Zinkstaub und $^1/_4$ l Wasser unter gelindem Umschwenken ein, läßt sodann 1 bis 2 Stunden absitzen und hebt die klare Lösung in eine 2 l-Flasche ab, in der sich 200 ccm 25-proz. Kalkmilch befinden, schüttelt einmal gut durch und läßt über Nacht in einer Leuchtgasatmosphäre stehen. Alsdann gießt man die klare Flüssigkeit vom Bodensatz ab und setzt einige Kubikzentimeter Kalilauge zu (5 bis 7,5 ccm; spez. Gewicht 1,383), bis die Lösung deutlich alkalisch reagiert.

Man bestimmt zunächst einmal den Wirkungswert der Hydrosulfitlösung in der Weise, daß man in ein kleines Kölbchen 50 ccm 0,1-proz. Indigolösung gibt und zu dieser aus einem graduierten Stechheber bis zur Entfärbung Hydrosulfitlösung zutropfen läßt. 50 ccm 0,1-proz. Indigolösung verlangen zur Titration 1,5 bis 2 ccm der nach obiger Vorschrift bereiteten Hydrosulfitlösung.

Im allgemeinen empfiehlt sich die Verwendung einer Hydrosulfitlösung, von der zur Titration von 100 ccm einer 0,1-proz. Indigolösung 30 bis 40 ccm erforderlich sind, die also 0,02- bis 0,03fach normal ist.

Die Hydrosulfitlösung behält im Laufe eines Vor- oder Nachmittags

---

[1]) Ausführlicheres s. Bd. III, S. 883.

ihren Titer bei, falls sie, mit Benzol überschichtet, in einer Leuchtgasatmosphäre aufbewahrt wird und vorschriftsgemäß alkalisch reagiert.

Bei der Titration erhält man nur dann zuverlässige und miteinander vergleichbare Werte, wenn das Verhältnis von Indigo zu Wasser das gleiche bleibt. Für jeden Wasserzusatz muß eine entsprechende Korrektur angebracht werden, die den mit dem Wasser hineingebrachten Mengen Luftsauerstoff proportional ist. Zur genauen Ermittelung der Korrektur titriert man je 50 ccm 0,1-proz. Indigolösung teils für sich, teils unter Zusatz von verschiedenen abgemessenen Mengen destillierten Wassers.

Beispiel:

	I	II	III	IV	V	VI	VII
Zur Titration angewendet je 50 ccm Indigolösung	Verbraucht an Hydrosulfitlösung in ccm		Differenz von I u. II	Differenz auf 50 ccm H_2O berechnet	Mittlere Korrektur für das angewendete H_2O	Korrigierte Werte (Differenz von II u. V)	Differenz von I u. VI
unverdünnt	16,20	—	—	—	—	—	—
mit 50 ccm H_2O verdünnt	—	17,3	1,10	1,10	1,10	16,20	0,00
„ 100 „ „ „	—	18,38	2,18	1,09	2,20	16,18	—0,02
„ 150 „ „ „	—	19,60	3,40	1,13	3,30	16,30	+ 0,10
„ 200 „ „ „	—	20,50	4,30	1,07	4,40	16,10	—0,10
„ 250 „ „ „	—	21,75	5,55	1,11	5,50	16,25	+ 0,05

Die Korrektur für den Luftsauerstoff im Wasser beträgt in diesem Falle für je 100 ccm Wasser 2,20 ccm Hydrosulfitlösung.

Bei der Berechnung des Titers der Hydrosulfitlösung muß gleichfalls eine Korrektur für den Luftsauerstoffgehalt derjenigen Wassermenge, in der der titrierte Indigo gelöst ist, angebracht werden. Hierbei spielt die Anwesenheit der Schwefelsäure (1:100), die zur Lösung des Indigos diente, keine Rolle. Es genügt somit der für destilliertes Wasser in der obenbeschriebenen Weise festgestellte Wert.

Was die Berechnung des Titers der Titrierflüssigkeit anlangt, so entsprechen 1000 ccm n-Hydrosulfitlösung einem Grammäquivalent gleich 131 g Indigo, oder 1 g Indigo = 7,633 ccm n-Lösung. Gebraucht man z. B., wie oben, 16,20 ccm Hydrosulfitlösung, bzw., nach Abzug der Korrektur, 15,10 ccm für 50 ccm 0,1-proz. Indigotyplösung (= 0,05 g Indigo), so verbrauchen 131 g Indigo (= 1 Grammäquivalent) 39,562 l der Hydrosulfitlösung, d. h. diese Lösung ist $\frac{n}{39,562}$ oder 0,0253 fach normal.

Die Korrektur für den in je 100 ccm einer 0,1-proz. Indigolösung enthaltenen Sauerstoff bezeichnet man als Wasserwert; er beträgt im vorliegenden Fall $2,2 \cdot 0,0253 = 0,0556$ ccm n-Hydrosulfitlösung.

Die für den Wasserwert erhaltenen Zahlen stimmen im großen und ganzen überein, differieren aber immerhin je nach Temperatur und Aufbewahrung des Wassers so sehr, daß man die Zahlen nicht als Konstanten, entsprechend der Löslichkeit von Sauerstoff in Wasser, abrechnen darf. Man muß den Wasserwert für jede Analysenreihe besonders ermitteln. Wangerin und Vorländer geben die bei Zimmertemperatur (17 bis 20°) erhaltenen Werte in folgender Zusammenstellung:

Zur Titration verwendet	Verbrauch an n-Hydrosulfit	Theoretisch berechneter Verbrauch an n-Hydrosulfit	Wasserwert = Korrektur, angegeben in ccm n-Lösung	Korrektur in %
0,1 g Indigo in 100 ccm wässeriger Lösung	0,8178	0,7633	0,0545	6,7
	0,8212		0,0579	7,1
	0,8236		0,0603	7,3
	0,8189		0,0556	6,8
	0,8237		0,0604	7,3
	0,8234		0,0601	7,3
	0,8246		0,0613	7,4
	0,8172		0,0539	6,6
	0,8176		0,0543	6,6
	0,8122		0,0489	6,0
	0,8122		0,0489	6,0

Analysen mit Hilfe der modifizierten Hydrosulfitmethode:

Nachdem einerseits die Typlösung von 100-proz. Indigo, andererseits die Lösung des zu analysierenden Indigos mit gewöhnlichem destillierten Wasser hergestellt ist, titriert man abgemessene Volumina beider Lösungen mit Hydrosulfit. Den Wasserwert findet man durch Titration eines bestimmten Volumens der Typlösung, die mit einer abgemessenen Menge destillierten Wassers verdünnt ist. Das Wasser ist unter denselben Bedingungen aufzubewahren wie die Indigolösungen.

Man erhält z. B. bei der Analyse von Bengalindigo folgende Zahlen:

1 g Indigotyp in 1000 ccm:

	Hydrosulfitlösung
100 ccm erfordern	31,60 ccm
100 „ + 100 ccm Wasser erfordern	33,94 „

1 g Bengalindigo in 1000 ccm:

100 ccm erfordern	21,80 „

Daraus ergibt sich der abzuziehende Wasserwert für 100 ccm Indigolösung zu 2,34 ccm (33,94—31,60), d. h. es erfordern tatsächlich:

	Hydrosulfitlösung
100 ccm 0,1-proz. Indigotyplösung	29,26 ccm,
100 „ 0,1-proz. Bengalindigolösung	19,46 „

Demgemäß ist nach der Gleichung:

$$29{,}26 : 19{,}46 = 100 : x$$

der Gehalt des Bengalindigos zu 66,5% ermittelt. Die BASF empfiehlt zur Titration eine etwas verdünntere Hydrosulfitlösung, von der etwa 40 bis 45 ccm für 0,1 g Indigotin erforderlich sind. Man stellt eine solche Lösung her aus 3 bis 4 g Hydrosulfit konz. BASF, die man in 25 ccm Natronlauge von 25° Bé und den entsprechenden Mengen Wasser zu 1 l löst.

Enthält das Indigomuster neben Indigblau auch noch Indigrot, so wirkt das Hydrosulfit zunächst ausschließlich auf das Indigblau, so daß man das Ende der Titration für Blau, nach den Erfahrungen der BASF, an dem Farbenübergang von Blau in Violett (im auffallenden) und in Rot (im durchfallenden Lichte) mit Sicherheit erkennen kann. Titriert man anschließend weiter bis zum Verschwinden des Rot, so läßt sich daraus der Gehalt an Indigrot (neben Indigblau) ermitteln.

Engel (Bull. Soc. Ind. Mulh. **1895**, 61; **1897**, 337) hat ebenfalls eine Titriermethode ausgearbeitet. Der Indigo wird in Carmin übergeführt und dann mit einer Vanadylsulfatlösung, deren Titer bestimmt ist, im Kohlendioxydstrom titriert.

Knecht und Hibbert (Ber. **38**, 3318; 1905; und **40**, 3819; 1907) empfehlen die Titantrichloridmethode, deren Ausführung sich rascher vollzieht als die gravimetrische Methode. Die Endreaktion ist schärfer als bei der Permanganatmethode, sofern man in weinsaurer Lösung arbeitet. Für unreine Indigosorten eignet sie sich infolge des ungenügenden Farbenumschlages nicht.

Auch Thioindigo läßt sich mit Titanchlorid titrieren.

Oxydationsmethoden. Rawson (Chem. News **1885**, 255) hat die ursprünglich von Mohr (Dinglers polyt. Journ. **132**, **363**) angegebene Titrationsmethode mit Permanganat wesentlich verbessert, indem er den schädlichen, die Versuchswerte beträchtlich erhöhenden Einfluß der auf Permanganat ebenfalls einwirkenden Verunreinigungen des Indigos, durch Ausfällen und Auswaschen der Indigblausulfonsäure mit Kochsalzlösung, möglichst zu beseitigen suchte.

$^1/_2$ bis $1^1/_4$ g des feingepulverten Indigos werden zunächst mit der gleichen Gewichtsmenge von gemahlenem Glase gemischt. Alsdann trägt man die Mischung allmählich und unter beständigem Umrühren in 20 ccm konz. Schwefelsäure vom spez. Gewicht 1,845 ein, wobei man den Mörser noch mit etwas gemahlenem Glase nachbehandelt. Nach einstündigem Erhitzen auf 90 bis 95°[1]) verdünnt man die gebildete Indigosulfonsäure auf 1 l, filtriert und mischt 50 ccm des Filtrats in einem kleinen Erlenmeyerkolben mit 50 ccm Wasser und 32 g Kochsalz. Nach 1-stündigem Stehen wird filtriert, der Niederschlag mit gesättigter Kochsalzlösung ausgewaschen und in heißem Wasser gelöst, alsdann 1 ccm Schwefelsäure hinzugefügt, auf 300 ccm verdünnt und mit einer Permanganatlösung titriert, die 0,5 g $KMnO_4$ im Liter enthält. Zunächst bemerkt man keine Änderung der dunkelblauen Farbe; nach und nach geht sie aber durch Grün in Lichtgelb über. Dieses (und nicht etwa die beginnende Rotfärbung) ist der scharf und deutlich zu erkennende Endpunkt der Titration. Man hat dann noch eine Korrektur anzubringen für die geringe Löslichkeit des indigosulfonsauren Natriums in gesättigter Kochsalzlösung, die nach Rawson 0,0008 g beträgt. Wesentlich ist, daß die Titrierung stets unter möglichst denselben Umständen und namentlich nahezu mit denselben Mengen wirksamen Farbstoffes ausgeführt wird.

[1]) Über die Gefahr einer Zerstörung des Indigos bei höheren Temperaturen ($> 55°$) vgl. S. 1047.

Nach Rawson (Journ. Soc. Chem. Ind. **18**, 251) kann es Java-Indigosorten geben, die auch nach der obigen Methode eine höhere Permanganatzahl zeigen als ihrem Färbevermögen entspricht. Es rührt dies von einem gelben Farbstoff her, dessen Anwesenheit am besten durch Übergießen einer Probe des gepulverten Indigos in einer Schale mit Natronlauge oder Ammoniak festgestellt werden kann, wobei sich die Lösung sofort tief färbt.

In diesem Falle muß man für die Bestimmung des Indigotins die gewogene Probe mit verdünntem Ammoniak oder besser mit Alkohol erhitzen, auf ein Asbestfilter gießen und den Filterrückstand dann für die Indigobestimmung wie gewöhnlich in Schwefelsäure lösen. Es ist zu beachten, daß durch Alkohol oder Ammoniak außer dem gelben Farbstoff auch das Indirubin in Lösung gebracht wird.

Großmann (Journ. Soc. Chem. Ind. **1905**, 308; Chem.-Ztg. **29**, 333; 1905) empfiehlt folgende Modifikation der Rawsonschen Methode: 1 g Indigo wird mit 20 g Schwefelsäure (spez. Gewicht 1,845) während 1 Stunde auf 90° C[1]) erhitzt und das Reaktionsprodukt mit Wasser auf 1 l verdünnt. 100 ccm dieser Lösung werden sorgfältig mit reinem, gewogenem Calciumcarbonat neutralisiert. Die Verunreinigungen werden mit dem Calciumsulfat niedergeschlagen, während Indigodisulfonsäure vollkommen in Lösung bleibt. Man läßt absitzen, filtriert die Hälfte der Lösung und titriert mit Kaliumpermanganatlösung, die vorher auf reinen Indigo eingestellt wurde.

Donath und Strasser (Zeitschr. f. angew. Chemie **7**, 11, 47; 1894) unterwerfen den Indigo vor der Sulfonierung einer besonderen Reinigung. Sie gehen dabei von folgenden Erwägungen aus:

Die Wertbestimmung des Indigos fällt nicht mit der Ermittlung des Gehaltes an Indigotin zusammen, denn nach den in der Indigofärberei gemachten Erfahrungen werden Stärke und Ton der Färbung voraussichtlich auch vom Indigrot und Indigbraun beeinflußt. Immerhin ist für das Färbevermögen, die Ergiebigkeit beim Färben mit Indigo, in erster Linie sein Gehalt an Indigblau maßgebend. Die Ermittlung des Indigblaugehaltes ist somit in erster Linie zu seiner Beurteilung notwendig.

1 g des feinstzerriebenen Indigos wird in einem mit Glasstöpsel verschließbaren Wägefläschchen abgewogen und in demselben mit dem vierfachen Volum gutausgeglühten Bimssteinsandes von ungefähr 1 mm Korngröße durch Drehen und Schütteln des Fläschchens innig gemengt. In einen Soxhlet-Szombathyschen Extraktionsapparat (Länge des oberen Rohres 18 cm, Durchmesser 3,5 cm) bringt man zuunterst eine festgestopfte Asbestschicht, so daß diese die seitliche Abflußöffnung des Rohres gerade gut verschließt, doch nicht zu weit in das Rohr selbst hineinragt, da sonst leicht später bei der Extraktion Verstopfungen eintreten können. Die Asbestschicht muß den höchsten Punkt des seitlichen Abflußrohres ein wenig überragen; auf diese kommt eine dünne Schicht Bimssteinsand, darauf das Gemenge von Indigo

[1]) Siehe Fußnote S. 1050.

und Bimssteinsand und dann der Sand, mit dem man das Mischfläschchen ausgespült hat. Die ganze Füllung des Extraktionsrohres hat etwa die Höhe von 5 cm. Man verbindet es nun unten mit einem destilliertes Wasser enthaltenden Kochkolben und oben mit einem Liebigschen Kühler, dessen Kühlrohr an einem Ende behufs Nachgießens von Flüssigkeiten zweckmäßig etwas trichterförmig erweitert ist. Man bringt zunächst das Wasser im Kolben zum lebhaften Sieden, und wenn sich Wasser bis zu einer gewissen Höhe im Extraktionsrohr kondensiert hat, läßt man von oben durch das Kühlrohr etwas verdünnte Salzsäure einfließen. Nach höchstens 15 Minuten langem Sieden, evtl. nochmaligem Zufließenlassen verdünnter Salzsäure, ist der Leim vollständig ausgezogen. Man wäscht die entleimte Masse durch Einfließenlassen von heißem Wasser in das Extraktionsrohr völlig aus, entfernt den Kolben, der die salzsaure Leimlösung enthält, und setzt das Extraktionsrohr auf einen Kolben, der zur Hälfte mit einem Gemenge von 4 Teilen Alkohol und 1 Teil Äther beschickt ist. Durch Einstellen des Kolbens in ein zuvor schon zum Sieden gebrachtes Wasserbad wird das Indigrot vollständig ausgezogen, was man daran erkennt, daß die anfangs intensiv braunrote Flüssigkeit aus dem Extraktionsrohr farblos, höchstens kaum bemerkbar bläulichgefärbt, abläuft. Man nimmt den Apparat auseinander, bringt das Extraktionsrohr in einen gewöhnlichen Trockenkasten und trocknet bei 100 bis 110° bis zur vollständigen Verflüchtigung von Äther und Alkohol. Man steckt nun in das herausragende Abflußrohr einen Asbestpfropfen, bringt so viel konz. Schwefelsäure in das Extraktionsrohr, daß dessen Inhalt gerade von derselben bedeckt ist, wozu man etwa 30 ccm braucht, und hängt mittels Kupferdrähten das Extraktionsrohr in ein Luftbad. Dieses besteht aus einem kupfernen, unten geschlossenen Zylinder *A* (Fig. 8), der mit einem angelöteten Ring einfach vertikal auf einem Dreifuß aufgestellt und von unten durch eine Gasflamme erhitzt werden kann. In dieses Luftbad wird auch ein Thermometer eingehängt. Wenn man den Apparat $1^1/_2$, längstens 2 Stunden bei 80° gelassen hat, so kann man sicher sein, daß die Sulfonierung des Indigotins vollständig geworden ist. Man nimmt den Apparat heraus, läßt ihn erkalten, entfernt den Asbestpfropfen aus dem Abflußrohr, bringt ihn über einen Literkolben und gießt von oben destilliertes Wasser auf, wodurch die entstandene Indigosulfonsäurelösung zum Abhebern gelangt und in den Kolben fließt; sollte sich der Inhalt des Apparates, namentlich des Asbestpfropfens, durch kaltes Wasser nicht vollständig von Indigblausulfonsäure befreien lassen, so bringt man diesen in eine Porzellanschale und entfernt den letzten

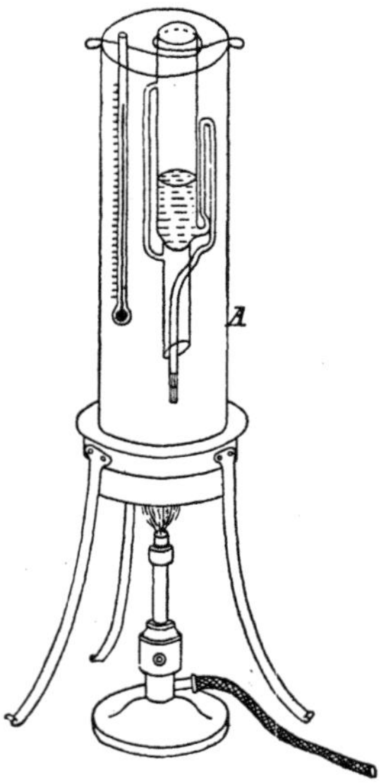

Fig. 8. Extraktionsapparat nach Soxhlet-Szombathy mit Luftbad.

Rest der Indigblauschwefelsäure durch Auskochen mit Wasser. Die im Literkolben vereinigten Flüssigkeiten läßt man erkalten und füllt mit destilliertem Wasser bis zur Marke auf.

In 2 Versuchen werden je 100 ccm dieser blauen, gut gemischten Lösung mit 400 ccm Wasser verdünnt und mit Permanganatlösung (von solcher Konzentration, daß 1 ccm = 0,0099 g Indigotin entspricht) bis zum vollständigen Verschwinden der grünen Färbung titriert.

Die Permanganatlösung wird am besten auf reines Indigotin eingestellt, wobei man, um unter möglichst gleichen Umständen zu arbeiten, ebenfalls 1 g abwägt und die gleichen Mengen Schwefelsäure und gleiche Verdünnungsverhältnisse anwendet. Die Durchführung erfordert im ganzen etwa 3 Stunden.

Nach Holtschmidt (Zeitschr. f. angew. Chemie 12, 451, 475; 1899) haften der Permanganatmethode zwei Fehlerquellen an:

1. Bei zu starkem Erhitzen während des Sulfonierungsprozesses entwickelt sich Schweflige Säure.

2. Beim nachherigen Titrieren der Indigosulfonsäurelösung mit $KMnO_4$ ist der Endpunkt schwer wahrzunehmen.

Über Verbesserungsmöglichkeiten bei der Permanganatmethode äußert sich Holtschmidt folgendermaßen:

Die erste Fehlerquelle ist zu vermeiden, wenn man sowohl bei der Sulfonierung als auch später beim Verdünnen mit Wasser jede nennenswerte Entwicklung von Wärme zu verhindern imstande ist. Es empfiehlt sich, die Sulfonierung nicht mit konz. Schwefelsäure in der Wärme auszuführen, sondern sich hierzu einer konz. Schwefelsäure zu bedienen, die mit 40% Phosphorsäureanhydrid versetzt ist; die Sulfonierung vollzieht sich dann bei gewöhnlicher Lufttemperatur in kurzer Zeit. Man verfährt in folgender Weise:

0,5 oder 1 g des feingepulverten, unentwässerten Indigos werden in einem etwa 7 cm langen Probierröhrchen von etwa 2 cm Durchmesser abgewogen, alsdann mit 10 ccm der 40% P_2O_5 enthaltenden konz. Schwefelsäure übergossen, mit einem Glasstäbchen gut durchgeknetet und in einen Exsiccator gestellt. Das Durchkneten wird von Zeit zu Zeit wiederholt. In etwa 2 Stunden ist der Sulfonierungsprozeß beendet; doch mag man, um sicher zu gehen, daß aller Indigo in die Disulfonsäure umgewandelt ist, das Gläschen über Nacht im Exsiccator stehen lassen. Nun beschickt man einen $^1/_2$- bzw. 1 l-Kolben zu etwa $^1/_3$ mit Wasser, gießt durch einen Trichter die Sulfonierungsmasse hinzu, spült mit kaltem Wasser nach, füllt nahezu bis zur Marke auf und nach vollständigem Abkühlen genau bis zur Marke. Die Lösung wird jetzt durch ein großes doppeltes Papierfilter schnell filtriert, 25 ccm davon werden in einer großen Porzellanschale unter Zusatz von 100 bis 125 ccm Wasser mit $^n/_{100}$-Permanganatlösung titriert.

(Die Lösungen sollen bald nach ihrer Herstellung titriert werden, da sie sich beim Stehen z. B. in einigen Wochen um mehrere Prozent abschwächen.)

Zur Vermeidung der anderen Fehlerquelle (s. o.) tut man gut, nicht auf Farbe, sondern auf Wolken zu titrieren, weil bei gewissen Indigosorten sonst ein genaues Beobachten der Endreaktion nicht mit Sicherheit möglich ist. Man gibt die Permanganatlösung tropfenweise zu (etwa 120 bis 130 Tropfen in der Minute), bis die Flüssigkeit nur noch schwach grün gefärbt erscheint, während beim Umrühren, durch Vermischen der Permanganatlösung mit ihr, dunkle Wolken beobachtet werden. Nun läßt man nur noch je 2, oder noch besser je 4 Tropfen, der Permanganatlösung unter einmaligem Umrühren hinzufließen, so daß man die Wolken nicht stört, und beobachtet die Wolkenbildung in der Flüssigkeit. Nachdem diese vollständig verschwunden ist, liest man den Verbrauch an $KMnO_4$-Lösung ab und bringt hiervon 0,1 bzw. 0,2 ccm (je nachdem man zuletzt auf 2 oder 4 Tropfen titriert hatte) in Abzug. Durch ein zu schnelles Zufließenlassen der Permanganatlösung wird ein erheblicher Mehrverbrauch hervorgerufen; ferner ist die Menge des bei der Titration verwendeten Wassers keineswegs gleichgültig. Nimmt man zuviel Wasser, so wird, vornehmlich bei ungünstigem Lichte, ein Teil der zuletzt entstehenden Wolken leicht verdeckt werden.

Die BASF schlägt für die Titration mit Permanganat eine Konzentration der Indigolösung von 1 : 20 000 (also verdünnter als bei Hydrosulfit) vor und setzt nach dem Übergang von Blau nach Oliv sehr vorsichtig tropfenweise Permanganat (0,5 g in 1 l) zu, bis die Farbe, je nach der Reinheit des zu untersuchenden Indigos, in Reingelb bis Bräunlichgelb umschlägt.

Enthält das Indigblau merkliche Mengen Indigrot, so wird dieses bei der oben angegebenen Konzentration der Indigolösung von Permanganat kaum angegriffen.

Miller und Smirnoff haben den Wirkungsgrad des Indigotins gegen Kaliumpermanganat unter Anwendung von reinem Indigotin von neuem untersucht und gelangen auf Grund ihrer Ergebnisse zu folgenden Schlüssen (Ber. **41**, 1363; 1908; Chem. Zentralbl. **1908**, **II**, **1134**):

1. Bei der Oxydation des Indigotins mit Kaliumpermanganat in schwefelsaurer Lösung (unter Ausschluß von Nebenreaktionen) oxydieren 316,2 Teile Kaliumpermanganat 749,3 Teile Indigotin, oder 100 Teile Indigotin erfordern 42,26 Teile Kaliumpermanganat, Zahlenwerte, die mit den seinerzeit von Fr. Mohr gefundenen praktisch zusammenfallen.

2. Die Oxydation des Indigotins in schwefelsaurer Lösung verläuft nicht nach der bekannten theoretischen Gleichung:

$$1 \text{ Mol. Indigo} + O_2 \longrightarrow 2 \text{ Mol. Isatin},$$

sondern statt 2 Atome Sauerstoff sind tatsächlich nur $1^3/_4$ zur Entfärbung der Indigolösung erforderlich.

(S. auch Heinisch, Verbesserte Permanganatmethode. Appret. **24**, 115; Zeitschr. f. angew. Chemie **22**, 1697; 1909).

Die verschiedenen Methoden der Indigountersuchung sind in früheren Jahren Gegenstand lebhafter kritischer Erörterung gewesen. Von bemerkenswerten Urteilen seien die folgenden erwähnt:

Möhlau (Zeitschr. f. angew. Chem. **16**, 547; 1903) spricht sich folgendermaßen aus:

Beim natürlichen Indigo geben die Hydrosulfit- und die Essigschwefelsäuremethode annähernd gleiche, die Küpenmethode zu niedrige Resultate; die Permanganat- dagegen und die Hydrosulfitmethode ohne Berücksichtigung des Wasserwertes liefern zu hohe Resultate.

Doch auch bei Berücksichtigung des Wasserwertes ist die Richtigkeit der Hydrosulfitmethode nur eine scheinbare und zufällige, weil die beigemengten organischen Bestandteile auch Hydrosulfit beanspruchen.

Beim künstlichen Indigo liefert die Essigschwefelsäuremethode erheblich niedrigere Werte als die Hydrosulfit- und Permanganatmethode, weil sie allein das Indigblau direkt bestimmt; die Küpenmethode ergibt zu niedrige Resultate, weil bei ihr 4 bis 10% des reinen Indigblaus zerstört werden.

Nach Möhlau ist zur Zeit die Essigschwefelsäuremethode (s. S. 1042f.) die beste und bequemste Methode.

Binz (Zeitschr. f. angew. Chemie **16**, 572; **1903**) schlägt für die Anwendung des Indigos in der Färberei und im Druck die Bestimmung mittels Hydrosulfit (unter Ausschluß von Luft) oder mittels Permanganat vor; die erstere für natürlichen, Permanganat für künstlichen Indigo.

Bei der Darstellung von Indigo und Indigcarmin hält Binz die Anwendung der bekannten Oxydations- und Reduktionsverfahren titrimetrisch und gewichtsanalytisch nebeneinander für notwendig.

Zänker (Färber-Ztg., **1903**, H. 20) äußert sich wie folgt:

„. . . . Es ist sogar in den Kreisen der Analytiker darauf hingewiesen worden, daß die heute gebräuchlichen Methoden zur Gehaltsbestimmung des Indigos schlecht übereinstimmen, und es ist von sachkundiger Seite behauptet worden, daß wir heute noch keine ganz zuverlässige Methode zur Bestimmung des Färbewertes von Indigo besitzen. Immerhin muß eine gute Analyse als das bessere Mittel zur Wertbestimmung des Indigos gegenüber dem Probefärben auf kleinen Versuchsküpen angesprochen werden. Ganz abgesehen davon, daß man für Indigo durch Probefärben überhaupt niemals genaue Zahlen erhält, ist die Küpenführung im Laboratorium naturgemäß immer eine ganz unzuverlässige, und das schließliche Resultat hängt von allerlei kleinen Zufälligkeiten mehr ab als von der Qualität der Indigosorten.

Am besten und sichersten läßt sich der Wert von Indigo im laufenden Betrieb durch Kontrolle von Eingang und Ausgang berechnen, wobei eine richtige und zweckmäßige Küpenführung eine selbstverständliche Voraussetzung ist. Nur hierbei kann den durch die Küpenführung bedingten Zufälligkeiten genügend Rechnung getragen werden. Es ist diese Probe auf einen längeren Zeitraum nach Möglichkeit auszudehnen.

Ist es notwendig, sich in der kurzen Zeit von einigen Stunden über den Wert zweier Indigosorten zu entscheiden, so kann man die genau abgewogenen und den Preisen entsprechenden Quantitäten der Farbstoffe in rauchender Schwefelsäure in der Kälte oder in solcher von 66° Bé auf dem Wasserbade lösen. Die abgewogenen Indigomengen sollen sich zwischen 2 und 3 g bewegen, die schwefelsäure Lösung wird in einen Literkolben gespült und zur Marke aufgefüllt. Mit gleichen Mengen dieser Lösung werden alsdann gleich schwere Wollsträngchen in hellen Farbtönen ausgefärbt, und es zeigen diese Färbungen alsdann nicht nur die größere oder geringere Ergiebigkeit der einen oder anderen Sorte, sondern auch deren Reinheit an. Diese Probe ist selbstverständlich nur eine vorläufige und ungefähre; sie hat aber neben der leichten und raschen Ausführbarkeit den großen Vorzug, daß ihre Resultate in der Regel mit denen der Küpenführung übereinstimmen."

(Vergleiche auch Brylinski, Bull. Soc. Ind. Mulh. **67**, 331.)

Auf Grund einer Nachprüfung, betreffend die Bestimmung des Indigos im Handelsindigo und in indigohaltigen Pflanzen, kommen Bergtheil und Briggs (Journ. Soc. Chem. Ind. **25**, 729; Chem. Zentralbl. **1906**, II, 1531) zu folgenden Ergebnissen: Die Reduktion mit Hydrosulfit gibt trotz schwieriger Handhabung ziemlich gute Werte, wenn man die Lösung der Indigodisulfonsäure zuvor nach Großmann (s. S. 1038) behandelt hat. Indirubin wird aber quantitativ mitbestimmt. Genau dasselbe gilt von der Titanchlorürmethode von Knecht. Mit der Essigsäure-Schwefelsäuremethode werden gute Resultate nur erhalten, wenn der Indigo bereits ziemlich rein ist; andernfalls muß das Verfahren häufig wiederholt werden. Indirubin wird zum Teil mitbestimmt.

Nach Bloxam (Journ. Soc. Chem. Ind. **25**, 735; Chem. Zentralbl. **1906**, II, 1532; Fischer, Jahresber. **1906**, **133**) können die Kaliumpermanganatmethoden in ihrer bisherigen Form nicht zur Untersuchung von Indigo verwendet werden; doch erscheint es möglich, durch eine zweckmäßige Sulfonierung die Fehlerquellen der Methode auszuschalten. Er stellt vier Sulfonsäuren des Indigos dar.

Die Knechtsche Titantrichlorid-Methode erweist sich als abhängig von der Konzentration der Lösung des Indigos und des Titantrichlorids und ferner von dem Mengenverhältnis der Weinsäure und der Mineralsäure. Quantitative Reaktionen treten ein, wenn die Indigolösung 1 : 500 und die Titantrichloridlösung $^{n}/_{60}$ ist.

[S. hierzu: „The Analysis of Indigo" von Rawson (Journ. Dyers and Col. **1906**, 306).]

Erwähnt sei hier noch die, zwar nur Annäherungswerte gebende, aber häufig (namentlich von Empirikern) angewendete Chlorprobe Schlumbergers (Dingl. Journ. **84**, 369). Man löst gleiche Gewichtsmengen der miteinander zu vergleichenden Indigosorten in der 10- bis 12fachen Menge rauchender Schwefelsäure und verdünnt jede Lösung mit der gleichen Menge Wasser. Alsdann fügt man so lange zu der in einem Zylinderglase befindlichen blauen Flüssigkeit eine frisch bereitete Chlorkalklösung von bekanntem Gehalte, bis die blaue Farbe des Indigos verschwunden ist. Die erhaltenen Resultate vergleicht man mit den Zahlen, die man für reines, durch Sublimation von Indigo gewonnenes Indigblau erhält.

Von praktischem Werte ist auch die von Renard (Bull. Soc. Ch. **1887**, 41; s. auch Binz und Rung, Zeitschr. f. angew. Chemie **11**, 904; 1898) angegebene Bestimmung des Indigos auf der Faser.

Man bereitet sich zunächst eine reduzierende Lösung durch Vermischen von 100 ccm Natriumhydrosulfitlösung, die aus Natriumbisulfit von 35° Bé hergestellt wurde, mit 100 ccm Kalkmilch und Verdünnen der Mischung auf 2 l. 10 g des Stoffes werden nun mit dieser Lösung auf 60 bis 70° erwärmt, wobei der Indigo sich rasch reduziert, so daß Stoff und Flüssigkeit gelbgefärbt werden. Alsdann leitet man unter zeitweiligem Umschütteln auf die im Kölbchen befindliche Flüssigkeit Leuchtgas, dekantiert die farblose Lösung unter fortgesetztem Einleiten von Leuchtgas schnell in einen Meßzylinder, mißt das Volumen der Flüssigkeit nach dem Erkalten (etwa 100 ccm), versetzt nach der Oxydation mit Salzsäure, filtriert nach 24 Stunden den Niederschlag auf ein kleines Filter, wäscht aus und trocknet. Hierauf löst man den Niederschlag samt Filter in ungefähr 10 ccm rauchender Schwefelsäure und titriert den Indigofarbstoff nach Müller (Jahresber. f. Chem. **1874**, 1019).

Renard fand auf diese Weise in den mit Indigo gefärbten Baumwollproben an Indigofarbstoff 1,1 bis 3,6% vom Gewichte des Gewebes.

Auf gleiche Weise läßt sich der Indigogehalt von solchen Stoffen bestimmen, die mit Anilingrau grundiert oder mit Anilinblau oder Anilinviolett überfärbt sind.

Brylinski (Rev. Génér. Mat. Color. **1898**, 52; **1899**, 5; Bull. Soc. Ind. Mulh. **1898**, 287) schlägt für die Ermittlung des Indigogehaltes der Faser die Eisessigmethode (s. S. 1042) vor. Unter Berücksichtigung einiger Abänderungen ist diese, auch von der BASF bevorzugte Methode nach Untersuchungen von Binz und Rung (Zeitschr. f. angew. Chemie **11**, 904; 1898) einwandsfrei und von allen bisher vorgeschlagenen die beste. Nach Angaben von Binz und Rung sind passende Mengenverhältnisse für 10 g Baumwolle: 150 ccm Eisessig, nach der Extraktion eingegossen in 300 ccm Wasser. Die Operation kann durch Erhitzen des Eisessigs über freier Flamme bereits in 3 bis 4 Stunden beendigt sein. Anstatt nun, wie Brylinski, mit der Saugpumpe zu filtrieren, gibt man zunächst 150 ccm Äther hinzu. Dabei bleibt das Indigotin quantitativ in der oberen ätherischen Schicht suspendiert. Die darunter befindliche wässerige Essigsäure wird mit Hilfe des Scheidetrichters entfernt und braucht nicht filtriert zu werden, der Rest läuft sehr rasch durchs Filter. Der Farbstoff wird mit Alkohol und Äther nachgewaschen und zum Schluß gleich behandelt, wie S. 1043 angegeben.

Nach Möhlau und Zimmermann (Zeitschr. f. Farben- und Textil-Chemie **1903**, 192) werden zur Bestimmung des Indigos auf der Faser ungefähr 10 g des möglichst fein geschnittenen indigblauen Fasermaterials in einem Kölbchen oder Becherglas von 250 ccm Inhalt mit 50 ccm (bei Baumwolle) bzw. 200 ccm (bei dichtem Wolltuch) Essigschwefelsäure (Mischung von 100 ccm Eisessig und 4 ccm konz. Schwefelsäure) übergossen und auf dem lebhaft siedenden Wasserbade während $^1/_2$ Stunde unter zeitweisem Umschwenken erhitzt. Die heiße blaue Lösung wird von der breiigen Fasermasse durch einen Porzellantrichter, dessen feste Siebplatte mit einem mit Essigschwefelsäure benetzten Filter aus gehärtetem Papier bedeckt ist, abgegossen und abgenutscht, der Rückstand, wenn er noch nicht völlig ausgezogen ist, neuerdings während 20 Minuten mit 50 ccm Essigschwefelsäure erhitzt, die Lösung wiederum abgegossen, die breiige Fasermasse aufs Filter gebracht, Kolben wie Filterrückstand mit warmer Essigschwefelsäure nachgespült und letzterer bis zum farblosen Ablauf nachgewaschen. Dazu werden weitere ca. 50 ccm gebraucht, so daß das Volumen des Filtrats 150 bis 300 ccm beträgt.

Letzteres wird auf 50° angewärmt und unter Rühren allmählich mit dem anderthalbfachen bis doppelten Volumen siedend heißen Wassers gemischt. Das nach dem freiwilligen Erkalten in feinen Krystallen völlig abgeschiedene Indigblau wird auf einem gewogenen Filter aus gehärtetem Papier gesammelt, auf dem es erst, bis zum Verschwinden der Schwefelsäurereaktion, mit heißem Wasser, dann mit 1 ccm Alkohol von 95% und schließlich mit 100 ccm Äther gewaschen wird. Das Filter mit dem Indigblau wird sodann bis zur Gewichtskonstanz bei 105° getrocknet und gewogen.

Von dem Wert für Indigblau, ausgedrückt in Prozenten und bezogen auf die gefärbte Faser, ist bei küpenblauer Baumwolle die Zahl 0,22 abzuziehen, denn so viel beträgt die von der Essigschwefelsäure gelöste und dem Indigblau beigemengte modifizierte Cellulose.

Das bei der gleichen Behandlung zum Teil umgewandelte Keratin geküpter Wolle ist in Wasser vollständig löslich und braucht daher nicht berücksichtigt zu werden.

Diese Methode kann rascher durchgeführt werden als die Brylinskische und gibt die genauesten Werte.

Durch zahlreiche Versuche gelangen Binz und Rung (Zeitschr. f. angew. Chemie **15**, 557; 1902) zu folgenden Ergebnissen:

1. Die Prüfung der Eisessigmethode darf nicht, wie bisher, auf Versuche gegründet werden, bei denen der künstliche Indigo des Handels mit Eisessig extrahiert wird.

2. „Indigo rein" und chemisch reiner Indigo werden zum Teil zerstört, wenn man sie bei Gegenwart von Wollsubstanz mit Eisessig kocht. Infolgedessen fallen bei der Extraktion geküpter Wolle mit Eisessig und nachfolgender Titration des Indigos die Resultate zu niedrig aus.

3. Die dabei entstehenden Fehler betragen im Durchschnitt Zehntel Prozent des Fasergewichtes. Die Eisessigmethode ist daher als Vergleichsmethode immerhin brauchbar.

Bei der Baumwolle gibt die Eisessigmethode brauchbare Vergleichsresultate.

Zur Bestimmung von Indigo auf gefärbter Baumwolle löst Knecht (Journ. Soc. Dyers and Col. **5**, 135; Zeitschr. f. angew. Chemie **22**, 1426; 1909) die Probe in 80-proz. Schwefelsäure, fällt den Indigo durch Eingießen in Wasser, filtriert ab und bestimmt dann mittels einer der gebräuchlichen Methoden. Nur die Gegenwart von Manganbister könnte die Genauigkeit beeinflussen. Bei Gegenwart von Schwefelfarbstoffen empfiehlt Knecht, die nachherige Indigobestimmung mittels der Titanchlorürmethode auszuführen.

Über die Untersuchung gebromter Indigotine äußern Binz und Marx (Zeitschr. f. angew. Chem. **22**, 1757; 1909) sich folgendermaßen:

1. In einem Gemisch von Indigo, Mono- und Dibromindigo lassen sich die Komponenten durch Abbau nur unvollkommen erkennen.

2. Die Anwesenheit von Indigo verrät sich durch die Bildung von Monosulfat, während Mono- und Dibromindigo kaum basische Eigenschaften haben. Indessen gibt diese Prüfung auf Indigo keine exakten Resultate, weil die bromierten Indigotine mechanisch wechselnde Säuremengen binden.

3. Die Analyse gelingt durch Extraktion. Tribromindigo läßt sich mit heißem Chloroform herauslösen. Durch Schütteln des Rückstandes mit einem kalten Gemisch von 80 Raumteilen Eisessig und 20 Raumteilen konz. Schwefelsäure gehen Indigo und Monobromindigo in Lösung, deren relative Menge sich aus dem Bromgehalt der Mischung ergibt. Dibromindigo bleibt fast ungelöst zurück.

Zum Nachweis von Indigo auf Wolle empfiehlt van Leent (Zeitschr. f. anal. Chem. **39**, 92; 1900; Chem.-Ztg. **24**, 121; 1900) folgendes Verfahren: Die zu loser Wolle verzupften Fäden des Gewebes werden in einem Reagensglase mit geschmolzenem reinen Phenol übergossen und unter öfterem Umschütteln 1 Stunde lang im kochenden Wasserbade erwärmt, wobei das Phenol den Indigo nach zweimaliger Behandlung vollständig löst. Die blaue Lösung wird abgegossen, und die Fasern werden 2- bis 3-mal mit starkem Alkohol ausgewaschen und ausgepreßt. Lag reiner Indigo vor, so hinterbleibt die Wolle rein weiß. Wird die blaue Lösung mit viel Alkohol versetzt, so scheidet sich das Indigblau zum größten Teil aus, während die Lösung von dem ebenfalls durch das Phenol aufgenommenen Indigrot eine rote Farbe zeigt. Von den übrigen blauen Farbstoffen wird nur Indophenol durch Phenol der Faser entzogen. Prüft man ein Gewebe aus verschiedenfarbigem Garn, das z. B. mit Indigo, mit Anthracenblau und mit Indigo und Sandelholz gefärbt war, in obiger Weise, so löst sich nur Indigo, und man beobachtet unter dem Mikrospop teils farblose, teils blaue und teils rotbraune Fasern.

Untersätze von Blau- oder Sandelholz auf indigblau gefärbten Tüchern erkennt man nach Philipp durch Erwärmen einer Probe mit verdünnter Salpetersäure (1 : 6). Die mit reinem Indigo gefärbten Stoffe nehmen dabei eine strohgelbe, die mit Untersatz behandelten eine mehr oder weniger bräunliche Färbung an.

Für Indigofärbungen, die mit Thioindigorot abgetönt sind, muß der übliche Indigonachweis eine Abänderung erfahren. Eine solche Färbung wird beim Betupfen mit Salpetersäure nicht gelb, sondern scharlachrot; schneidet man die mit Salpetersäure behandelte Stelle aus und legt sie in konz. Schwefelsäure, so wird der Stoff ziegelrot und schließlich orange. Legt man eine mit Indigo und Thioindigorot gefärbte Probe direkt in konz. Schwefelsäure, so wird die Schwefelsäure leuchtend bläulichgrün, beim Verdünnen mit Wasser violett (H. Alt, Färber-Ztg. **17**, 169, 185; 1906).

Blauholz.

Blauholz (Campecheholz, Blutholz) besteht aus dem von Rinde und Splint befreiten Stammholz des Blutholzbaumes, Hämatoxylon

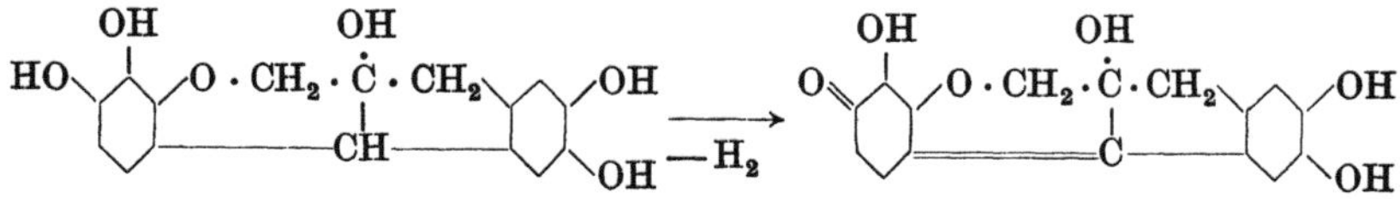

Campechianum, der sich in Zentralamerika und auf den Antillen findet. Aus dem Blauholz werden auch Auszüge in dickflüssiger (ca. 20 bis 30° Bé) und fester Form hergestellt. Auf Tonerdebeize erzeugt das im Blauholz enthaltene Hämatoxylin (I) eine grauviolette Färbung, offenbar von dem durch Oxydation an der Luft gebildeten Tonerdelack des Hämateïns (II) herrührend. Durch Anwendung von Kupfersalzen wird ein tiefes Blau, durch Eisenoxydverbindungen sowie durch Kaliumbichromat ein tiefes Schwarz erzeugt. Die Färberei und Druckerei mit Campecheholz ist ziemlich komplizierter Natur, und es werden häufig, behufs Erhöhung der Echtheit, mehrere dieser Beizmittel gleichzeitig angewendet. Man fixiert z. B. zur Erzeugung von Schwarz den Farbstoff durch Tonerdebeize und läßt die bedruckten Zeuge nachträglich durch eine Lösung von Kaliumbichromat oder Kupfersulfat passieren.

Die mit Blauholz gefärbten Tuche werden — zum Unterschiede von den mit Indigo gefärbten — durch Reibung und längeren Gebrauch nicht weiß (s. S. 978 über Tragechtheit).

Die Güte des Blauholzes ist je nach seiner Herkunft verschieden. Das beste ist das Campecheholz von der Campechebai; von mittlerer Güte ist Domingo- und Hondurasblauholz, auch Jamaikablauholz[1]), während Martinique- und Guadeloupeblauholz die geringsten Sorten bilden. Gutes Blauholz soll etwa 15% trocknen Auszug[2]) liefern. Das gemahlene Blauholz, das als solches ebenfalls im Handel vorkommt, wird zur Vermeidung des Verstäubens zuweilen mit Wasser befeuchtet, wodurch es eine lebhaft rote, später blasser werdende Färbung annimmt. Durch Benetzen mit Kalkwasser (was auch geschieht, um die Farbe zu verschönern) wird der Farbwert verringert[3]).

Als der die Farblacke bildende Stoff ist das Hämateïn anzusehen. Die zu dessen Bildung aus Hämatoxylin erforderliche Oxydation wird teils vor der Verwendung des geraspelten Holzes zur Herrichtung einer Farbflotte oder zur Gewinnung von flüssigen und festen Auszügen, teils während des Färbeprozesses (bei Wolle durch das Kaliumbichromat, bei Baumwolle und Seide durch ein Eisenoxydsalz) bewirkt. Das geraspelte Holz aber wird vor seiner Extraktion, nach Anfeuchten mit etwa einem Drittel seines Gewichtes Wasser, ungefähr 2 Monate unter öfterem Umschaufeln dem sog. „Fermentieren" (einem oxydierenden Gärungsprozeß) unterworfen, wobei (evtl. unter gleichzeitigem Befeuchten des Holzes mit verdünntem Ammoniak oder mit gefaultem Urin) die Bildung des Hämateïns eintritt.

---

[1]) Nach Brühl (Chem.-Ztg. 24, 767; 1900) sind Jamaikawurzeln entschieden das schlechteste Blauholzmaterial.

[2]) Brühl (ebenda) macht darauf aufmerksam, daß die Angaben über Extraktausbeuten der Blauhölzer im allgemeinen zu hoch gemacht werden.

[3]) v. Cochenhausen in Muspratts Chemie, 3. Aufl., III, 193.

Das Blauholz und seine flüssigen oder festen Auszüge spielen trotz der künstlichen Farben auch heute noch eine wichtige Rolle in der Färberei. Es liefert ein billiges und schönes blaustichiges Schwarz für Wolle (Chromschwarz); auch in der Baumwollfärberei wird es noch gebraucht (Eisenschwarz).

Blauholzauszug und andere Farbholzauszüge[1]).

Die Reaktion eines Blauholzauszuges gibt sich nach Schreiner (l. c. Fußnote 5) in dessen Lösung zu erkennen. Neutrale Lösungen sind tiefrot, alkalische blaurot und saure bei unfermentierten (s. o.) Auszügen hellgelb, bei fermentierten orangegelb. Bei Auszügen, die Zusatz von Gerbstoff enthalten, ist die Reaktion stets sauer, und im Gegensatze zu den natürlichsauren, unter Druck hergestellten Auszügen schlägt die Farbe, beim Verdünnen mit kalkhaltigem Wasser oder beim Schütteln und Erwärmen mit einer kleinen Menge Calciumcarbonat, nicht sofort in das neutrale Rot um. Charakteristisch sind ferner die Reaktionen mit Zinnchlorid, wenn man sie mit ca. 0,5° Bé starken Extraktlösungen und gleichen, nicht überschüssigen Zusätzen von Zinnchlorid ausführt. Bei fermentierten Auszügen fällt ein dunkelbrauner, bei unfermentierten ein hellvioletter, bei gerbstoffhaltigen ein schmutziger, oft gelber Niederschlag.

Zur Erkennung eines Gerbstoffzusatzes im Blauholzauszug ist endlich die Schwefelammoniumreaktion zu empfehlen. Setzt man zu einer verdünnten Lösung (5 g Trockensubstanz in 1 l) ein Drittel des Volumens an gelbem Schwefelammonium, so fällt bei reinen Auszügen, unter Dunkelfärbung der Lösung, ein schwacher, brauner, flockiger Niederschlag, bei gerbstoffhaltigen sofort unter Hellfärbung ein dichter, hellgrauer, milchiger Niederschlag. In noch stärker verdünnten Lösungen (etwa 1 g in 1 l) entsteht bei reinen Auszügen nur eine gelinde dunkle Trübung, bei gerbstoffhaltigen eine helle starke Trübung, die sich in kurzer Zeit zu großen hellen Flocken zusammenballt. (Über Gerbstoffauszüge siehe Abschnitt „Leder“.)

Zur Wertbestimmung des Blauholzes und der Blauholzauszüge[2]) dient (falls nicht etwa bei den Auszügen Fälschungen mit färbenden Stoffen, wie Kastanienauszug, Sumachauszug usw., vorliegen) eine Probefärbung. 20 g Holz bzw. 5 g Auszug werden in einer Porzellanschale auf dem Wasserbade mit Wasser aufgekocht, die Flüssigkeit durch ein Leinentuch in einen Literkolben gegossen und das Auskochen so lange wiederholt, bis keine gefärbte Lösung mehr entsteht. In gleicher Weise stellt man sich Typlösungen her. Sodann schneidet man sich so viele 5 g schwere Wollstücke aus dünnem Wollgewebe, als man Färbungen ausführen will, legt sie einige Stunden in eine lauwarme Lösung von kohlensaurem Ammon. (5 g auf 1 l), wäscht sie alsdann sorgfältig aus

[1]) Über die mikroskopische Untersuchung des Blauholzes und der übrigen Farbhölzer (in gemahlenem Zustande) siehe v. Höhnel, Dingl. Journ. **235**, 74; 1880.

[2]) Über Farbholzauszüge vgl. v. Cochenhausen in Muspratts Chemie, 3. Aufl., III, 183; Soxhlet (Chem.-Ztg. **14**, 667; 1890); Brühl (ibid. S. 767); Schreiner (ibid. S. 961).

und siedet sie noch feucht in einem Beizbade, das für jedes Wollmuster 10 ccm einer Lösung von 8 g Kaliumbichromat und 2 g konz. Schwefelsäure im Liter zugesetzt bekommt. In dieses Beizbad werden alle Muster gleichzeitig gelegt; man erwärmt langsam über freiem Feuer, oder besser in einem Glycerinbade, bis zum Kochen und setzt das Kochen $^1/_2$ Stunde lang fort. Die Muster bleiben, vor Licht geschützt, in dem Beizbade liegen, bis es erkaltet ist, werden hierauf gespült und, ohne zu trocknen, ausgefärbt.

Von jedem zu untersuchenden, und ebenso von dem zum Vergleiche dienenden Farbmaterial, stellt man eine hellere und eine dunklere Ausfärbung her und verwendet für jedes Wollmuster (5 g) 10 ccm und 20 ccm der in der beschriebenen Weise bereiteten Farbstofflösungen. Man verdünnt diese abgemessenen Lösungen mit der erforderlichen Menge Wasser in einem Porzellankochbecher, legt die angesottenen Wollmuster ein, erwärmt in einem Glycerinbade langsam bis zum Kochen und unterhält das Kochen $^1/_2$ Stunde lang. Nachdem die aus dem Farbbade genommenen Muster erkaltet sind, werden sie gewaschen, an der Luft getrocknet und miteinander verglichen.

Wenn man den Wert eines Blauholzauszuges im Vergleiche mit einem guten Auszug durch Zahlen ausdrücken will, so färbt man zehn Wollmuster von 5 g mit solchen Mengen der Lösung eines mustergültigen Auszuges, die in einer arithmetischen Reihe zunehmen, also im vorliegenden Falle mit:

2—4—6—8—10—12—14—16—18—20 ccm,

und bestimmt unter diesen Mustern dasjenige, das in Ton und Stärke dem zu untersuchenden Muster am nächsten kommt.

Zur gleichzeitigen Erkennung der Färbekraft und des Oxydationszustandes eines Blauholzauszuges empfiehlt Zübelen (Bull. Soc. Ind. Mulh. **1898**, 257) ein Verfahren, das auf der Anwendung oxydierender und nichtoxydierender Beizen beruht. Voraussetzungen für die Erzielung guter Ergebnisse sind die Möglichkeit der Mitbenützung eines ausschließlich aus Hämatoxylin bestehenden Typs, eine gewisse Übung in der Durchführung des Färbeverfahrens und Sicherheit in der Beurteilung der Ergebnisse.

Man verwendet Lösungen, die 5 g Auszug von 30° Bé in 1 l destilliertem Wasser enthalten und im übrigen folgende Beschaffenheit zeigen:

1. Typ. 30grädiger Auszug aus einem guten Holz und den Farbstoff noch vollständig in Form von Hämatoxylin enthaltend.
2. Auszug von 30° Bé, beinahe ausschließlich aus Hämateïn bestehend.
3. Auszug von 30° Bé, zur Hälfte aus Hämatoxylin und zur Hälfte aus Hämateïn zusammengesetzt.
4. Auszug von 30° Bé, wie 1, aber mit 20% Gerbstoff (Sumach) versetzt.
5. Auszug von 30° Bé, wie 1 und mit $^1/_2$% Calciumcarbonat vermischt.

Versuch A. Die zum Färben verwendete Wolle (100 g) wird gebeizt mit 3 g Kaliumbichromat und 5 g Weinsäure.

Die Wolle behält dann noch oxydierenden Charakter und gibt bei der Färbung einen mittleren Ton. Man färbt mit 40 ccm der Extraktlösungen (entsprechend 4% Auszug von 30° Bé, auf das Wollgewicht bezogen), verdünnt mit 400 ccm destilliertem Wasser, während $1^1/_2$ Stunden auf dem Wasserbad.

Die Färbungen zeigen folgendes Aussehen:

1 hat den charakteristischen bläulichen Ton des Hämatoxylins;

2 ist viel dunkler als 1, nähert sich dem Schwarz;

3 liegt zwischen 1 und 2;

4 ist schwächer als 2, 3 und 1 (dieselbe Erscheinung würde auftreten bei einem nichtoxydierten Auszug, der mit anderen, ähnlichen Substanzen vermischt ist);

5 ist dunkler als der Typ 1 infolge der oxydierenden Wirkung des Kalkes.

Diese Proben zeigen somit, daß die oxydierten Auszüge dunklere Färbungen liefern als die unveränderten, und die letzteren wiederum dunklere als die vermischte Ware.

Versuch B. Die Wolle (100 g) wird kochend und in möglichst konz. Bad während 2 Stunden angesotten mit 10 g Alaun, 2,5 g Kaliumbichromat, 2,5 g Kupfervitriol und 2,5 g Weinsäure, gut gewaschen und alsdann gefärbt wie vorhin, jedoch mit dem Unterschied, daß man nur 3% Campecheauszug (vom Wollgewicht) anwendet.

Die Färbungen bieten folgendes Aussehen:

1, die reine Hämatoxylinfärbung, ist die beste;

2, 3 und 5 sind heller als 1;

4 ist immer schwächer als 1.

Wünscht man einen nichtoxydierten Auszug, so wird man einen solchen wählen, der nach den Versuchsergebnissen von A und B sich dem Typ 1 am nächsten zeigt.

Will man jedoch einen oxydierten Auszug, so gibt man demjenigen den Vorzug, der nach A die dunkelste Färbung lieferte.

Versuch C. Man verwendet Baumwollstränge von ca. 8 g Gewicht und färbt:

Nr. 1 wie Nr. 1 bei A und B;
„ 2 „ „ 2 bei A und B;
„ 3 „ „ 2, vermischt mit 20% Wasser;
„ 4 „ „ 4 bei A und B;
„ 5 „ „ 4 (plus dem Quantum Calciumcarbonat, um das Tannin zu neutralisieren);
„ 6 „ „ 5 von A und B.

Die Baumwolle muß vorher in kochendem Wasser gut gewaschen werden. Dann gelangt sie in die Campechelösung von

300 ccm destilliertem Wasser und
100 „ Extraktlösung (wie oben angegeben).

Man erwärmt auf 60 bis 70° C, geht mit den Strängen ein, beläßt sie 1 bis 2 Stunden im Bade, indem man allmählich erkalten läßt, wringt aus und bringt während 4 bis 5 Minuten auf ein Kupfervitriolbad (3% vom Gewicht der Baumwolle).

Nr. 1 zeigt die graue Nuance des reinen Hämatoxylins;
„ 2 ist dunkler als 1;
„ 3 ist noch ziemlich dunkelgrau;
„ 4 ist sehr mager (Campeche zieht schlecht auf Baumwolle in Gegenwart saurer Gerbstoffe);
„ 5 dunkler als 4, weil das Tannin vorher neutralisiert wurde, aber der Verdünnuug wegen hinter dem Typ zurückstehend;
„ 6 ist dunkler als der Typ, aber heller als 2 und 3.

Auszüge, die mit Gerbstoffen gemischt sind, lassen sich auch an ihrem rötlichen Ton erkennen.

Durch Vergleichung der Ergebnisse dieser drei Versuchsreihen wird man immer imstande sein, ein fragliches Produkt zu beurteilen.

Crasser (Collegium **1910**, 461; Chem. Zentralbl. **1911**, I, 99) bewertet das Blauholz durch Ausfällen des Farbstoffes aus einer wässerigen Blauholzabkochung mittels Bleiacetat. Die Menge des Niederschlages gibt ein ziemlich genaues Maß für den Farbstoffgehalt. Es ist dadurch zwar nicht eine quantitative Bestimmung des Farbstoffes in einer einzelnen Probe, wohl aber ein Vergleich zwischen verschiedenen Mustern möglich. Zur Ausführung des Verfahrens benützt der Verf. einen passenden Apparat.

Um den Preis der Blauholzauszüge zu vermindern, werden denselben nach Brühl (Chem.-Ztg. **1880**, 767) Melasse, Dextrin, Auszüge aus Quebracho, Kastanien, Sumach und Quercitron, Glaubersalz usw., beigemischt, und zwar bei 1. Sorten oft nicht unter 20%, bei 2. Sorten bis zu 40%, bei 3. Sorten, besonders bei der sog. Fasson Sanford, bis zu 70%! 3. Sorten gelangen namentlich nach Japan und China. Nach Brühl hatten Auszüge, die im Preise der amerikanischen Dye Wood und Sanford von europäischen Fabriken angeboten wurden, um 20 bis 30% weniger Farbwert als die amerikanischen.

Bei den europäischen Produkten fand Brühl stets Melassenverfälschung, selten unter 15%, nebenbei in verschiedenen Mengen Kastanien-, Quebracho- und Quercitronauszug, öfter noch Glaubersalz. Eine derartige Verfälschung mit Melasse (oder Dextrin) kann man nach Schweissinger (Ind.-Bl. **1887**, 337) durch vollkommene Ausfällung der Lösung des Auszugs mit Bleiessig und Prüfen des Filtrats mit Fehlingscher Lösung oder im Polarisationsapparate leicht nachweisen, indem reiner Blauholzauszug (sowohl flüssiger als fester) gar keine polarisierenden oder die Fehlingsche Lösung reduzierenden Substanzen besitzt.

Zum Nachweis von Kastanienauszug zieht Houzeau (Dingl. Journ. **190**, 242) 1 g oder 0,1 g des vorher bei 100° getrockneten Auszugs mit Äther aus und bestimmt das Gewicht der hierin löslichen Substanz. Der in Äther unlösliche Rückstand wird hierauf bis zur Erschöpfung mit absolutem Alkohol ausgezogen und das Gewicht der von diesem aufgelösten Stoffe ebenfalls bestimmt. Die Vergleichung dieser Gewichte mit denjenigen, die die Untersuchung eines guten, unverfälschten Blauholzauszuges ergab, läßt erkennen, ob eine Verfälschung stattgefunden hat; z. B. 100 T. Auszug gaben:

	In Äther lösliche Stoffe	In Alkohol lösliche Stoffe
Echter Auszug	87,1	14,3
Verdächtiger Auszug	76,9	19,5

Da nämlich Kastanienauszug in Äther fast unlöslich, dagegen bedeutend löslich in absolutem Alkohol ist, so muß man natürlich in einem verdächtigen Auszug mehr in Alkohol und weniger in Äther lösliche Stoffe finden als in einem echten Auszug. Zur Ergänzung kann man noch folgenden Versuch anstellen: Die in Alkohol und Äther löslichen Stoffe beider Auszüge müssen bei gleichem Gewichte eine gleiche Fläche Kattun in gleicher Weise färben, wenn sie dieselbe Zusammensetzung haben; die Färbung muß dagegen eine verschiedene sein, wenn sie nicht dieselben Bestandteile in denselben Mengenverhältnissen enthalten. Man wird in unserem Falle also finden, daß die Ätherauszüge beim Probefärben sich gleich, die Alkoholauszüge aber ganz verschieden verhalten.

Die Liste der Verfälschungen des Blauholzauszuges ist hiermit noch nicht erschöpft; auch Sand, Ton, Erde, Sägespäne, ausgezogene Gerberlohe usw. haben als solche schon Verwendung gefunden.

Verfälschungen des Blauholzauszugs mit Leim, Zuckernebenprodukten (Melasse) und Kastanienauszug lassen sich nach Donath (Chem.-Ztg. **18**, 277; 1894) folgendermaßen nachweisen:

Es wird zunächst Wasser, Stickstoff und Asche bestimmt. Dann wird eine wässerige Lösung des fraglichen Auszuges bei gelinder Wärme durch Digerieren mit allmählich zugefügtem, grobgepulverten Spodium entfärbt und filtriert. Schon die verhältnismäßig bedeutend größere Schwierigkeit der Entfärbung[1]), die sich insbesondere durch einen Parallelversuch mit unverfälschtem Auszug feststellen läßt, wird einen Fingerzeig zur weiteren Beurteilung geben. Wenn zudem das nahezu farblose Filtrat, unmittelbar mit Fehlingscher Lösung erhitzt, einen beträchtlichen Niederschlag von Kupferoxydul gibt, so ist die Verfälschung mit Kastanienauszug nahezu zweifellos.

Ein weiterer Versuch, nämlich die Prüfung des Verhaltens der ursprünglichen filtrierten (jedoch nicht mit Knochenkohle entfärbten) Extraktlösung gegen eine Leimlösung, wodurch für sich allein Blauholzauszug und Kastanienauszug wesentliche Unterschiede zeigen, wird nur dann noch entscheidend ausfallen, wenn die Menge des Kastanienauszugs eine größere ist, d. h. mindestens über 7% beträgt. Gibt die mit Knochenkohle entfärbte und filtrierte Lösung des Auszugs jedoch unmittelbar mit Fehlingscher Lösung keinen oder nur einen äußerst geringen Niederschlag (bekanntlich enthalten Melassen, namentlich ältere, häufig geringe Mengen Invertzucker), wohl aber nach der nun vorzunehmenden Inversion mit verdünnter Salzsäure reichliche Kupferoxydulausscheidung, so ist die Verfälschung mit Zuckernebenprodukten offenbar. Treten die angegebenen Erscheinungen nicht ein, ist aber der Stickstoffgehalt beträchtlich größer als 1%, so ist eine Verfälschung mit Leim wahrscheinlich. Ein Zusatz von Leim von über 8% läßt sich in diesem Falle mit größerer Sicherheit, aber keineswegs völlig zweifellos, auf folgende Art nachweisen; 3 bis 4 g des pulverisierten Auszugs werden zwei- bis dreimal mit starkem Weingeist von etwa 93% bei gewöhnlicher

[1]) Die Entfärbung der Kastanienholzauszüge mit Knochenkohle gelingt viel schwieriger als die der reinen Blauholzauszüge.

Temperatur ausgezogen, der Rückstand in warmem Wasser gelöst und mit einem Überschuß von Bleizuckerlösung gefällt. Der entstandene blaue Niederschlag wird abfiltriert und im Filtrat der Überschuß des basischen Bleiacetats mit kohlensaurem Natrium vollständig als Bleicarbonat entfernt. Filtriert man letzteres ab und fügt zum Filtrate Tanninlösung, so entsteht, falls Leim im Auszug vorhanden war, ein Niederschlag oder eine deutliche Trübung[1]).

Donath fand in einem frischbereiteten, im Vakuum getrockneten Auszug 0,81% Stickstoff und 1,33% Asche. Käufliche unverfälschte Auszüge ergaben:

	I. (Deutsches Erzeugnis) %	II. (Belgisches Erzeugnis) %	
Wasser	8,26	11,34	
Stickstoff	0,78	0,58	bezogen auf Trockensubstanz
Asche	6,39	4,99	

Die Asche dieser beiden Auszüge enthielt beträchtliche Mengen an Alkalien und besonders viel Chloride und Phosphate (bis zu 7,81% Cl und 2,12% P_2O_5).

Der bedeutend höhere Aschengehalt der käuflichen Auszüge gegenüber den reinen Auszügen läßt den Schluß zu, daß dieser durch die Vergärung (s. S. 1060) des geraspelten Blauholzes vor der Gewinnung der Auszüge veranlaßt wird.

Von den aus Blauholz oder Blauholzauszug gewonnenen Präparaten werden hier kurz folgende erwähnt:

Das Hematine kommt von Lyon in den Handel, hat nach Dollfuß (Dingl. Journ. **237**, 464; 1880) fast die Eigenschaften wie das von Erdmann (Journ. f. prakt. Chem. **26**, 205) zuerst dargestellte Hämateïn und wird vermutlich durch Extraktion des fermentierten Holzes mit Äther gewonnen.

Indigoersatz oder Noir reduit ist eine violettblaue, in der Färbereitechnik angewandte Flüssigkeit, die aus Blauholzauszug mit Hilfe von Kaliumbichromat und saurem schwefligsauren Natrium hergestellt wird. Nach v. Cochenhausen (Muspratts Chemie, 3. Aufl., III, 206) dürfte es aus der Bisulfitverbindung eines Oxydationsproduktes des Hämatoxylins und einem Chromoxydsalz bestehen. Einige Präparate scheinen auch in der Weise dargestellt zu sein, daß der Chromfarblack, der durch Behandeln von Blauholzauszug mit Kaliumbichromat erhalten wird, in Salzsäure oder Oxalsäure aufgelöst worden ist.

Direktschwarz, Kaiserschwarz oder Nigrosaline sind nach Breinl (Dingl. Journ. **263**, 487; 1887) eine Mischung von Blauholzauszug mit Eisenvitriol und Kupfervitriol, die in dunkelgefärbten Broten oder als dunkelbraunes, an der Luft zusammenbackendes Pulver in den Handel kommt, oder eine schwarze teigartige Masse, die durch Fällen einer Blauholzabkochung mit einer Lösung von Eisenvitriol und Kupfer-

[1]) Vgl. auch v. Cochenhausen, Zeitschr. f. angew. Chem. **17**, 877 u. ff.; 1904.

vitriol erhalten wird. Die in der ersten Form in den Handel kommenden Präparate bestehen aus zwei bis sechs Teilen Blauholzauszug, zwei Teilen Eisenvitriol und einem Teil Kupfervitriol. Da die von verschiedenen Fabrikanten gelieferten Waren nach v. Cochenhausen (l. c. S. 207) nie eine gleiche Zusammensetzung haben, so erhält man bei Verwendung derselben Menge Farbstoff niemals denselben Farbenton. Dieser fällt grünlich aus, wenn der Kupfervitriol vorwiegt, und erscheint rötlich oder violett, wenn viel Eisenvitriol zugegen ist. Man kann daher durch Änderung der Mengen dieser beiden Stoffe alle möglichen schwarzen Farbentöne erzeugen.

Ein unter dem Namen Direktschwarz für Baumwolle in den Handel kommendes Präparat bildet eine braune dickflüssige Masse und besteht nach v. Cochenhausen aus etwa 50% Wasser, 45% einer in Alkohol und Äther löslichen Substanz (Hämatoxylin und Hämateïn) und 3,5 bis 7% Kupfervitriol.

Neudruckschwarz SS, NR, NRG (Rev. génér. Mat. Col. **1898**, 459) sind Blauholzauszüge, die stark nach Essigsäure riechen und ohne Zusatz von essigsaurem Chrom, aber mit Natriumchlorat gemischt, direkt zum Baumwolldruck verwendet werden können.

Allgemeines über Wertbestimmung der Farbholzauszüge.

Die Benutzung von flüssigen oder festen Farbholzauszügen in Färbereien und Druckereien als Ersatz der an Ort und Stelle bereiteten Farbholzabkochungen ist immer noch beträchtlich. Trotz der für die Herstellung der Auszüge zu bezahlenden Kosten spart man bei Benutzung von Farbholzauszügen dennoch ansehnlich an Frachtkosten. Für den Drucker, der stets mit konz. Brühen zu arbeiten hat, ist es vorteilhafter, Auszüge anzuwenden, die durch Auflösen leicht in konz. Brühen umzuwandeln sind. Ebenso ist es für den Färber in manchen Fällen fast geboten, Auszüge anzuwenden, wo nämlich die Farbflotten eine Konzentration erfordern, die beim gewöhnlichen Auskochen nur mit Materialverschwendung zu erzielen ist. Umgekehrt gibt es auch Fälle, in denen man die Hölzer nicht durch Auszüge ersetzen kann. So geben beim Färben der Wolle die Holzabkochungen im allgemeinen reinere und bessere Farben als die Auflösungen von Auszügen. Auch geben Farbholzabkochungen, besonders von Blauholz, luftechtere Farben als Auszüge. Für manche Zwecke, z. B. für Aufsatzblau auf Baumwolle (als Nachahmung von Küpenblau), kann eine frischbereitete Blauholzabkochung durch Auszug nicht ersetzt werden. Im allgemeinen aber ist in der Baumwollfärberei bei Blauholz, Gelbholz und Quercitron die Anwendung des Auszuges vorteilhafter als die der Späne.

Schädlich wirken oft beim Färbeprozeß Harzteilchen, die in die Auszüge von ausgekochtem Holze — zum Unterschiede von den gewöhnlichen Farbholzabkochungen — übergehen und auf den gefärbten Stoffen kleine dunkle Punkte verursachen (v. Cochenhausen, l. c. S. 186).

Schreiner (Chem.-Ztg. **14**, 961; 1890) stellt für die Beurteilung des Wertes eines Farbholzauszugs, speziell des Blauholzauszugs, um den es sich in den meisten Fällen handeln wird, folgende Prüfungspunkte auf: 1. Gehalt an Farbstoffen, 2. Zusatz von fremden Gerb- und Farbstoffen, 3. Zusatz von Beschwerungsmitteln, 4. Fermentation und Reaktion (über letzteren Punkt ist bereits auf S. 1061 berichtet worden).

Bei der großen Ähnlichkeit im Verhalten der Farbstoffe der Farbhölzer (speziell von Hämatoxylin) mit Gerbstoffen übertrug Schreiner die von Weiß veröffentlichte sog. „Wiener gewichtsanalytische Gerbstoffbestimmungsmethode" (siehe Abschnitt „Leder" S. 443) auf die Bestimmung der Farbholzauszüge. 50 g gemahlenes Farbholz werden in einem besonders konstruierten, sehr praktischen Extraktionsapparate vollständig ausgelaugt. Die Lösung wird auf 1 l verdünnt, filtriert und ein Teil derselben mit den nötigen Vorsichtsmaßregeln durch Hautpulver in einen besonderen Filtrierapparat (Zeitschr. f. angew. Chemie 1, 717; 1888) laufengelassen. Das Hautpulver muß zu diesem Zwecke von ganz reiner Beschaffenheit und wolliger Form sein. Das Filtrat ist bei regelrechtem Verlauf der Operation absolut farblos und bleibt es auch nach Zusatz von Ammoniak, da es nur noch diejenigen Substanzen enthält, die weder färbende noch gerbende Eigenschaften besitzen. Alsdann werden von diesem Filtrate und ebenso von der Urlösung je 100 ccm auf dem Wasserbade eingedampft und im Luftbade bei 100° bis zum konstanten Gewichte getrocknet. Der Gewichtsunterschied zwischen beiden entspricht dem Gehalt an Farb- (und etwaigen Gerb-)stoffen.

Bei Auszügen stellt man eine Lösung dar, die etwa 10 g Trockensubstanz in 1 l enthält. Nachdem man bei gewöhnlicher Temperatur bis zur Marke aufgefüllt, erwärmt man im Wasserbade auf 50° C, filtriert, wenn nötig unter Zusatz von Kaolin, und verfährt mit dieser klaren Lösung wie oben. Ferner trocknet man 1 bis 2 g des Auszugs in einem Platingefäße bei 100° C zur Wasserbestimmung und verascht nachher zur Ermittlung der mineralischen Bestandteile.

Aus dem Unterschied zwischen Trockensubstanz und der Summe der Farbstoffe und Nichtfarbstoffe, also des Löslichen, berechnet sich der Gehalt an unlöslichen Substanzen. Der Gehalt an mineralischen Substanzen wird von dem Gehalt an Nichtfarbstoffen in Abzug gebracht. (Der Fall, daß sich im „Unlöslichen" mineralische Bestandteile als mechanische Verunreinigung finden, ist äußerst selten und dann in die Augen fallend!)

Schreiner teilt folgende Analysenbeispiele mit:

Frisches Blauholz.

	I. %	II. %	III. %	IV. Frisch %	IV. Fermentiert %
Farbstoffe	12,06	10,56	8,16	9,70	9,26
Nichtfarbstoffe . . .	2,22	1,72	1,04	2,05	1,10
Wasser	10,86	12,80	10,80	10,02	16,00

Auszüge (flüssig, 30° Bé).

	I. %	II. %	III. %	IV. Fest %	V. Fest %
Farbstoffe	52,52	41,39	33,52	79,77	54,36
Nichtfarbstoffe	6,06	11,91	14,39	9,08	18,14
Unlösliches bei 50° C	0,45	2,87	6,99	1,05	9,20
Asche	0,14	1,81	3,47	0,22	6,04
Wasser	40,83	42,02	41,63	9,88	12,26

Die angeführten Analysen von Farbstoffauszügen sind aus extremen Fällen zusammengestellt: Nr. I ist ein normaler Auszug aus gutem Holze, ebenso Nr. IV; Nr. II und III enthalten reichliche Zusätze eines stark kalkhaltigen Extraktivstoffes (Sirup), und Nr. V enthält Zusätze von Extraktivstoffen und Salzen (Natriumsulfat).

Ein Blick auf die angeführten Beispiele der Farbhölzer genügt zur Erkenntnis der Bedeutung der Analyse beim Einkaufe des Farbholzes, zumal wenn man weiß, daß Nr. I bis III der ersten Tabelle Hölzer gleicher Marke sind! Leider ist der Extraktfabrikant nur zu selten in der Lage, sich im voraus ein richtiges Durchschnittsmuster des Holzes zu verschaffen. Auch der Gehalt an Nichtfarbstoffen ist, speziell für die Wollfärberei, von wesentlicher Bedeutung, da mit der Zunahme der Nichtfarbstoffe eine leichtere und gründlichere Fermentation in direktem Zusammenhange steht. Diese Substanzen sind es, die unter teilweiser Bildung flüchtiger Produkte den Fermentationsprozeß bedingen und durch ihre Tätigkeit den Blauholzfarbstoff an die Oberfläche der Holzteilchen bringen, wo er Gelegenheit findet, sich mit Sauerstoff zu verbinden.

Bei dieser Methode von Schreiner bleibt nur ein Übelstand, daß man nämlich Farbstoffe und etwa vorhandene Gerbstoffe nicht getrennt nebeneinander bestimmen kann. Doch verliert dieser Nachteil wesentlich an Bedeutung durch den Umstand, daß man da, wo solche gerbstoffhaltigen Farbstoffauszüge überhaupt Anwendung finden können, nämlich in der Baumwollschwarzfärberei, den Gerbstoff kaum als minderwertig betrachten darf, vorausgesetzt, daß der Preis des Produktes damit in Einklang steht.

Kopecky (Collegium **1907**, 104; Chem. Zentralbl. **1907**, II, 101) empfiehlt die von ihm für die Gerbstoffanalyse angegebene Rührmethode (Anwendung von schwer chromierten Hautpulver) auch für die Analyse von Farbstoffauszügen. Praktische Verwendung wird die Methode wohl kaum finden.

Orseillepräparate.

Als Rohstoffe dienen verschiedene, unter dem gemeinschaftlichen Namen „Kraut-Orseille“ bekannte Flechtenarten, vorzugsweise Lecanora und Rocella tinctoria, deren beste Sorten von Angola, Ceylon, Madagaskar, Mozambique und Sansibar kommen. Die mit mineralischen Stoffen stark verunreinigte „Erd-Orseille“ dient hauptsächlich zur Herstellung von Lackmus. Der wichtigste Bestandteil dieser

Flechten, das farbstoffbildende Orcin, das ein, erst während der chemischen Behandlung der Flechten, aus den Flechtensäuren entstehendes Zersetzungsprodukt ist, verwandelt sich unter der Einwirkung von Ammoniak (faulem Harn und dgl.) und Luft in Orceïn, einen prächtig roten krystallinischen Farbstoff. Außerdem entstehen nach Zulkowski und Peters (Monatsh. f. Chem. **1890**, 227) noch ein gelber krystallinischer und ein amorpher lackmusartiger, vielleicht mit Lackmus identischer Farbstoff. Die Lösungen des reinen Orceïns in Weingeist, Essigsäure und Aceton zeigen prächtige Carminfarbe und werden durch Zusatz von Ammoniak und fixen Alkalien prachtvoll blauviolett. Reines Orceïn hat die 150- bis 200-fache Färbekraft des rohen Orseilleauszugs.

Das Orcin färbt sich mit Chlorkalklösung tiefviolett; es gibt — in alkalischer Lösung mit etwas Chloroform erwärmt, eine purpurrote, nach dem Verdünnen mit Wasser stark grünlichgelb fluorescierende Flüssigkeit (Natriumsalz des Homofluoresceïns) (Schwarz, Ber. **13**, 543; 1880). Diese empfindliche Reaktion benutzt man zur Erkennung von orcinhaltigen (also für die Orseille- oder Lackmusfabrikation geeigneten) Flechten, indem man ein Stückchen der Flechte kurze Zeit mit verdünnter Kalilauge kocht, die klare Flüssigkeit abgießt und sie nach Zusatz von einem Tropfen Chloroform 10 Minuten im Wasserbade erwärmt, worauf man mit Wasser verdünnt. Enthielt die Flechte Orcin oder orcingebende Stoffe, so ist die grünlichgelbe Fluorescenz deutlich wahrzunehmen.

Den Gehalt der Flechten an farbstoffgebenden Flechtensäuren, der etwa zwischen 2 und 12% schwankt, bestimmt man nach Stenhouse (Journ. f. prakt. Chem. (1) **45**, 180; Ann. **68**, 55; Pharm. Zentralbl. **1848**, 316), indem man die Flechte (100 g) mit Kalkmilch rasch[1]) auszieht, den filtrierten Auszug mit Essigsäure fällt, den Niederschlag auf einem gewogenen Filter sammelt, ihn bei gewöhnlicher Temperatur trocknet und wägt. Da diese Methode zwar gut, aber langwierig ist, verfährt man rascher wie folgt:

100 g in sehr kleine Stückchen zerschnittene Flechten werden durch zweimalige Behandlung mit einer verdünnten Lösung von Ätznatron erschöpft, worauf man dem Filtrate aus einer Bürette eine Lösung von unterchlorigsaurem Natron von bekanntem Gehalte zusetzt. In dem Augenblicke, wo letztere Lösung in den alkalischen Flechtenauszug einfließt, tritt eine blutrote Färbung ein, die 1 oder 2 Minuten später verschwindet, worauf die Flüssigkeit eine tiefgelbe Farbe zeigt. Hierauf setzt man von neuem Bleichflüssigkeit hinzu und wiederholt dies unter sorgfältigem Umrühren so lange, als ein weiterer Zusatz noch eine rote Färbung hervorbringt (also noch unoxydierte, farbstoffgebende Substanz anzeigt).

Die Orseillepräparate (s. u.) oder Orceïnfarbstoffe finden nur noch wenig Anwendung zum Violettfärben (ohne Beize) von Wolle und Seide und zu Braun und Modefarben auf Wolle (weniger auf Seide). Ver-

[1]) Nimmt die Behandlung mit Kalkmilch längere Zeit (über 1/4 bis 1/2 Stunde) in Anspruch, so geht ein Teil der Flechtensäuren in Orcin über und entgeht so der Fällung mit Essigsäure.

schiedene Teerfarbstoffe haben die Orseillepräparate nahezu völlig verdrängt.

Man unterscheidet im Handel als Hauptorseillepräparate: Orseille in Teig, Orseilleextrakt, französischen Purpur und Persio.

Am einfachsten ist die Bereitung von Orseille in Teig, auch kurzweg Orseille genannt, zu welchem Zwecke die zerkleinerten Flechten mit einer Lösung von Ammoniak einige Wochen bei Luftzutritt unter Umrühren behandelt werden. Bei kurzer Dauer des Prozesses erhält man eine mehr rote, im anderen Falle eine mehr violette Orseille.

Orseilleextrakt. Orseille in Teig enthält gemäß ihrer Bereitungsweise neben dem Orceïn holzige Flechtenteile, unzersetzte Flechtensäure und Mineralbestandteile als für gewisse Anwendungen in der Färberei unbequeme Verunreinigungen. Deshalb bringt man zur Gewinnung eines reineren Produktes die Flechtensäuren durch Behandeln mit Kalkmilch (Jahresber. d. chem. Techn. **1859**, 490) in Lösung und setzt die klare Lösung entweder direkt mit Ammoniak der Luft aus, oder man fällt aus ihr mit Salzsäure oder Schwefelsäure zunächst die Flechtensäuren aus, die in diesem gereinigten Zustande alsdann, in Ammoniak gelöst, der Luft ausgesetzt werden. Je nach dieser verschiedenen Behandlung und den hiermit wechselnden Konzentrations- und Reinheitsgraden heißen die gewonnenen Auszüge Orseilleextrakt einfach, doppelt, konzentriert oder Orseillekarmin.

Französischer Purpur (Orseilleviolett) wird nach Spence und Guinon (Jahresber. d. chem. Techn. **1859**, 492) auf folgende Weise erhalten: Man zieht zunächst die Flechtensäuren wie gewöhnlich mit Kalkmilch aus, fällt mit einer Säure, löst in Ammoniak und setzt die Lösung bei gewöhnlicher Temperatur der Luft aus, wobei man aber nicht bis zur violetten, sondern nur bis zur kirschroten Färbung stehen läßt. Dann erhitzt man einige Zeit zum Sieden und stellt die Flüssigkeit in 5 bis 6 cm hohen Schichten in großen flachen Schalen bei 70 bis 75° so lange hin, bis sie purpurviolett geworden ist. Aus dieser Lösung fällt man den Farbstoff durch Schwefelsäure oder Chlorcalciumlösung. Im letzteren Falle bildet sich ein in Wasser unlöslicher Kalklack, der, wenn er zum Färben verwendet werden soll, in Wasser verteilt und durch kohlensaures Ammoniak oder durch Zersetzen mit Oxalsäure oder Schwefelsäure und darauffolgenden Zusatz von Ammoniak löslich gemacht wird.

Die unter dem Namen „Französischer Purpur" bekannte purpurviolette Orseillefarbe unterscheidet sich von Orseille dadurch, daß letztere durch Salz- oder Schwefelsäure rot gefärbt wird, während der violette Farbenton des französischen Purpurs selbst durch ziemlich starke Salz- oder Schwefelsäure nur wenig ins Rötliche gezogen wird. Wird dagegen „Französischer Purpur" in mäßig starker Natronlauge gelöst und diese prachtvoll violette Lösung mit Salzsäure übersättigt, so wird sie rot.

Französischer Purpur und Perkins Anilinviolett unterscheiden sich dadurch, daß das Anilinviolett sich, im Gegensatz zu dem soeben geschilderten Verhalten des „Französischen Purpurs", mit

Salzsäure um so reiner blau färbt, je stärker die Säure ist (Mierzinski, „Die Erd-, Mineral- und Lackfarben", **1881**, 354).

Persio (roter Indigo, Cudbear) ist wie der französische Purpur eine trockene Masse, die durch Eintrocknen von Orseilleextrakt oder von Kraut- und Erdorseille erhalten wird. Im Handel kommt Persio 0, I, II, extra, fein, violett, rotviolett, blauviolett, rot vor (v. Cochenhausen, Muspratts Chemie, 3. Aufl., III, 233). Ein sehr farbstoffreiches Produkt wird Orchelline genannt.

Orseillecarmin und Orseillepurpur enthalten die Orseillefarbstoffe im Zustande großer Reinheit.

Wie oben schon erwähnt, findet sich eine blauviolette und eine rote Orseille im Handel, deren verschiedene Farbentöne durch die Dauer der Einwirkung von Ammoniak und Luft bedingt werden. Versetzt man erstere mit einer kleinen Menge von Ferricyankalium, so erhält sie alle Eigenschaften der roten Orseille.

Die Güte der Orseillepräparate kann man einzig und allein durch Probefärben ermitteln. Man löst 1 g Orseillepräparat in $^1/_2$ l Wasser, bringt in das Bad ein gewogenes oder gemessenes Wollstück und erhitzt $^1/_2$ Stunde zum Sieden. Die gewaschene und getrocknete Probe wird mit einer aus einer guten Orseillesorte erhaltenen verglichen.

Genauer ist die von v. Cochenhausen (l. c. S. 234) angegebene Methode. Man löst 5 g der zu untersuchenden Orseille oder des Orseillepräparates in 1 l Wasser und verwendet 50 ccm dieser Lösung zum Färben von je 1 g Wolle. Dem Farbbade setzt man 10% (vom Gewichte der Wolle) Alaun oder 10% Alaun und 2% Weinstein zu. Man kann den Wert einer Orseille im Vergleich zu einem mustergültigen Präparate, in Zahlen ausgedrückt, annähernd ermitteln, wenn man die zu untersuchende Probefärbung mit einer Skala von Mustern von 1 g vergleicht, die mit

.5—10—15—20—25—30—35—40—45—50 ccm

der Lösung von 5 g des mustergültigen Präparates in 1 l Wasser unter denselben Bedingungen gefärbt worden sind.

Zum Nachweis einer Verfälschung des Orseilleextraktes mit Blauholz- oder Rotholzauszug werden nach Leeshing (Dingl. Journ. **137**, 142) 50 Tropfen des Auszugs mit ca. 100 ccm Wasser verdünnt; die Flüssigkeit wird mit Essigsäure schwach angesäuert, mit 50 Tropfen Zinnchlorürlösung (1 : 2) versetzt und zum Sieden erhitzt. War die Orseillelösung rein, so findet sogleich fast vollständige Entfärbung statt, während man bei Zusatz von Blauholzauszug eine blaugraue[1]), von Rotholzauszug eine rote Lösung erhält.

Zum Nachweis und zur Bestimmung von Fuchsin in Orseille und Persio hat Rawson (Chem. News **1888**, 165) eine sehr empfindliche Methode bekanntgegeben, die gestattet, noch 1 Teil Fuchsin in 100 000 Teilen Persio nachzuweisen. 1 bis 2 g Persio (oder eine entsprechende Menge Orseilleflüssigkeit) werden mit 50 ccm Alkohol ge-

[1]) Die blaugraue bis graue Färbung tritt bei Gegenwart von mindestens 3 bis 4% Blauholzauszug ein.

kocht, mit 100 ccm Wasser verdünnt, mit 15 bis 20 ccm einer starken Lösung von basischem Bleiacetat (spez. Gewicht 1,25) und dann, nach vorhergehendem Umrühren, mit einer gleichen Menge von starkem Ammoniak versetzt. Man filtriert und wäscht den Niederschlag, falls man das Fuchsin zugleich auch quantitativ bestimmen will, mit einer Mischung von 1 Teil Ammoniak, 5 Teilen Alkohol und 10 Teilen Wasser aus. Bei reinem Persio ist das Filtrat farblos, bei Gegenwart von Fuchsin farblos oder rosa je nach der Menge des zugesetzten Ammoniaks. Nun säuert man mit Essigsäure an, die bei Gegenwart von Fuchsin die Flüssigkeit rot färbt.

Rawson benutzt ferner das folgende colorimetrische Verfahren zur annähernden quantitativen Bestimmung des nachgewiesenen Fuchsins: Man bereitet sich eine mit Essigsäure versetzte reine Fuchsinlösung, die im Liter 0,01 g Fuchsin enthält. Die zu prüfende Lösung wird auf 250 ccm verdünnt und ein aliquoter Teil davon, nach dem Verdünnen auf 100 ccm, in die eine Röhre des Colorimeters gebracht. Von der typischen Fuchsinlösung läßt man aus einer Bürette so viel in die zweite Colorimeterröhre fließen, bis die Stärke der Färbung in beiden Röhren gleich ist.

Ein ähnliches, aber weniger empfindliches Verfahren zum Nachweis von Fuchsin hatte vorher bereits Schweissinger (Pharm. Zentralbl. **1887**, 95) angegeben. Es beruht gleichfalls darauf, daß Orseillefarbstoff durch Bleiessig in neutraler oder schwach alkalischer Lösung nach $^1/_2$ Std. vollständig gefällt ist, während das Fuchsin gelöst bleibt und im Filtrate sich zu erkennen gibt. Man zieht etwa 0,25 g Orseille mit Spiritus aus, verdunstet im Wasserbade, löst den Rückstand in 50 ccm Wasser, fällt mit 10 ccm Bleiessig und filtriert nach $^1/_2$ Stunde.

Kertész (Dingl. Journ. **256**, 281; 1885) weist Säurefuchsin in Orseillexetrakt nach, indem er eine geringe Menge des Extraktes mit ziemlich viel Wasser aufkocht und filtriert, und zwar so lange, bis die Lösung ganz klar ist. Ein Teil dieser Lösung wird in einem Reagensglas gut mit Benzaldehyd (Bittermandelöl) gemischt und hierauf mit Zinnsalz und Salzsäure versetzt. Nach tüchtigem Umschütteln scheidet sich die Flüssigkeit beim Stehen binnen weniger Minuten in zwei Schichten, von denen die untere nur im Falle der Anwesenheit von Fuchsin fuchsinrot gefärbt erscheint, während sie sonst farblos ist. Es läßt sich auf diese Weise noch 1 Teil Fuchsin S in 1000 Teilen Orseilleextrakt nachweisen.

Das Verfahren von Liebmann und Studer (Jahresber. d. chem. Techn. **1886**, 456) läßt zugleich auch ermitteln, ob die Verfälschung mit Fuchsin oder Fuchsin S (vgl. S. 1072 und 927) bewirkt wurde. Man sättigt die erkaltete Lösung von 1 Teil Cudbear (Persio) in 100 Teilen Wasser mit Schwefliger Säure. Hierdurch werden die Orseillefarbstoffe größtenteils gefällt, während die Fuchsine gelöst bleiben und auf Zusatz von Aceton eine Violettfärbung der Flüssigkeit verursachen. Wird nun bei gelungenem Nachweis von Fuchsinfarbstoff in der mit schwefliger Säure gesättigten und filtrierten Lösung Baumwolle, die mit Gerbsäure und Brechweinstein gebeizt worden ist, gefärbt, so wird nur Fuchsin (nicht auch Fuchsin S) auf der Faser befestigt.

Breinl (Mitt. technol. Gewerbemus. **1887**, 37; Zeitschr. f. angew. Chemie **1**, 175; 1888) hat die Zuverlässigkeit des ebengenannten Prüfungsverfahrens bestätigt und eine ausführliche Tabelle über die Reaktionen der Orseille und der als Verfälschungsmittel derselben dienenden Teerfarbstoffe — mit salzsaurer Zinnchlorürlösung, Bleiessig (30° Bé), Kochsalz, Natronlauge, konz. Schwefelsäure, Salzsäure und Salpetersäure — mitgeteilt[1]).

Heermann (Mitteilungen des Materialprüfungsamtes **28**, 41; 1910) hat die bekanntesten Verfahren der Literatur nachgeprüft, vervollständigt, die Grenzen der Nachweisbarkeit festgesetzt und schließlich einen einheitlichen Untersuchungsplan zusammengestellt. Zum Nachweis der Verfälschungen werden untersucht: Die Reaktionen der Farbstofflösungen und der Färbungen auf der Faser, das färberische Verhalten der Urlösungen, Reaktionen und färberisches Verhalten der Rückstandsfarbbrühe, Reaktionen der Nachfärbungen, der eingetrockneten Rückstandsfarbbrühen, Verdunstungs-, Capillaritäts-, Reduktions- und Fällungserscheinungen.

Der planmäßige Gang der Untersuchung ist in nachstehender Tabelle dargelegt (S. 1075).

2. Gelbe Farben.

Quercitron ist die von der Oberhaut befreite gemahlene Rinde der in Amerika heimischen, aber auch in Frankreich und Süddeutschland angepflanzten Färbereiche, Quercus tinctoria, die in Form eines gelblichen oder rehfarbenen Pulvers im Handel vorkommt. Je feiner und je gelber das Pulver, desto geschätzter ist es. Der hellgelbe Farbstoff der Rinde, das Quercitrin, spaltet sich mit verdünnten Säuren in Rhamnose (= Isodulcit) und Quercetin (III).

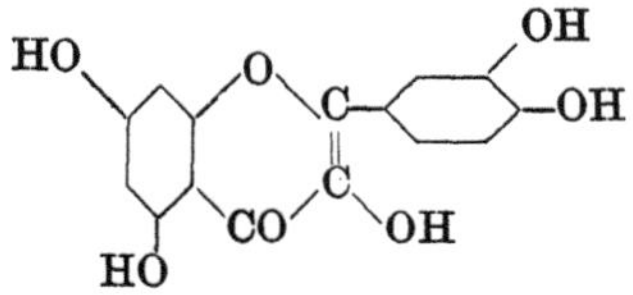

III[2])

Die rötlichbraune Abkochung der Rinde ist nicht haltbar, darf also nur für den unmittelbaren Gebrauch hergestellt werden. Im Handel finden sich ein 10 bis 20° Bé starker Quercitronauszug, der feste Eindampfungsrückstand dieses Auszugs sowie die Produkte Flavin und Quercetin. Zur Darstellung des bisher allein in Nordamerika fabrizierten Flavins zieht man nach Soxhlet (Chem. Zeitschr. **1890**, 1345) 1000 kg Rinde mit $2^1/_2$ cbm Wasser, das zum besseren Lösen des Quercitrins 5 bis 7% (vom Gewichte der Rinde) Krystallsoda oder die entsprechende Menge Borax oder Ammoniak enthält, in geschlossenen Batterien aus, oder man verdünnt Quercitronauszug entsprechend mit

[1]) Siehe Spezialtabelle, a. a. O.

[2]) Über die chinoide Schreibweise dieses Farbstoffes vgl. H. Th. Bucherer, Farbenchemie, II. Aufl., S. 546.

Planmäßiger Gang der Orseilleuntersuchung.

10 ccm des Auszuges werden mit destilliertem Wasser zu 1 Liter gelöst.

<table>
<tr><td colspan="8">Ungebeizte, gebleichte Baumwolle wird mit der Lösung gekocht, alsdann gut gespült und mit destilliertem Wasser aufgekocht. Darauf wird $^1/_3$—$^1/_4$ Volumen einer Seifensodalösung (5 g Marseillerseife + 3 g calcinierte Soda im Liter) zugegeben und nochmals aufgekocht, zuletzt gespült.</td></tr>
<tr><td rowspan="7">Die Baumwolle wird rot od. rosa angefärbt. Die gefärbte Baumwolle liefert mit konzentrierter Salz- oder Schwefelsäure meist Farbenumschläge nach blau u. grün. — Durch erneute Ausfärbung im Kochsalzbade wird stärkere Färbung erhalten als im wässerigen Bade. — Fällung bzw. Trübung der ursprünglichen Farblösung m. Salzsäure u. a. m.
Substantive oder Salzfarben. (Benzo-, Diamin-, Dianil-, Oxamin-, Baumwoll-, Direkt-, Kolumbia-, Chicago-, Chlorantin-, Kongo-, Toluylen-, Diphenyl-, Hessisch-Rot usw.)
Nachweisgrenze bis zu 0,02%.</td><td colspan="7">Die Baumwolle wird nicht oder kaum angefärbt. — Erneutes Ausfärben einer mit Tannin und Brechweinstein vorgebeizten Baumwolle. Spülen, Reinigen wie oben mit verdünnter Seifensodalösung.</td></tr>
<tr><td rowspan="6">Die Baumwolle wird rot oder rosa angefärbt. — Einzelreaktionen der ausgefärbten Baumwolle.
Basische Farbstoffe. (Triphenylmethan-, Diphenylnaphthylmethan-Farbstoffe, wie Fuchsin, Neufuchsin, Cerise, Grenadin, ferner Safranine, Pyronin-, Acridin-, Azin-, Oxazin-, Thiazin-Farbstoffe usw.)
Nachweisgrenze bis zu 0,02%.</td><td colspan="6">Die Baumwolle wird nicht oder nur schwach angefärbt. — Erneutes Ausfärben von Scheurerstreifen (s. S. 930), kochend; Reinigen und Spülen wie oben mit verdünnter Seifensodalösung.</td></tr>
<tr><td rowspan="5">Die eisen- u. tonerdebedruckten Streifen werden angefärbt. — Einzelreaktionen der angefärbten Streifen.
Adjektive und beizenziehende Farbstoffe. (Beizenziehende Azofarbstoffe, Oxyketonfarbstoffe, Naturfarbstoffe, wie Blauholz und Rotholz.)
Nachweisgrenze bis zu 0,02%.</td><td colspan="5">Die Scheurerstreifen bleiben ungefärbt. – Versetzen der Lösung mit $^1/_2$ Vol. Bettendorfs Reagens (1 Teil Zinnchlorür + 1 Teil rauch. Salzsäure). — Capillaritätsprüfung.</td></tr>
<tr><td rowspan="4">Die Lösung bleibt rot, rosa oder wird langsamer entfärbt als reine Orseille.
Ein Teil der sauren Farbstoffe. (Säurefuchsin, Rotviolett, Säureviolett, Violamin usw.)
Nachweisgrenze bis zu 0,02%.</td><td colspan="4">Die Lösung entfärbt sich schnell in der Kälte wie reine Orseillelösung. — Versetzen der Lösung mit Hydrosulfitlösung A (10-proz. Lösung von Hydrosulfit NF konz.), warm bis heiß, und Hydrosulfit B (schwach essigsaure Lösung), in der Kälte stehen lassen.</td></tr>
<tr><td rowspan="3">Lösung bleibt länger rot oder rosa als reine Orseille.
Ein Teil der sauren Farbstoffe.
Nachweisgrenze schwankend.</td><td colspan="3">Lösung wird ebensoschnell entfärbt wie reine Orseillelösung. — Ausfärben der Wolle mit 5% Extrakt in essigsaurer Lösung.</td></tr>
<tr><td rowspan="2">Färbebad bleibt deutlich rot oder rosa gefärbt. Das Rückstandsbad wird mit frischer Wolle kochend behandelt; ein Teil unter Zusatz einiger Tropfen verdünnter Schwefelsäure. Die Wolle färbt sich hierbei deutlich rot bis rosa an. — Ammoniakreaktion. — Einzelreaktionen des Rückstandsbades u. d. Trockenrückstandes. Säurereaktion.
Ein Teil der sauren Farbstoffe.</td><td colspan="2">Das Färbebad zieht ganz oder nahezu ganz aus. — Prüfung der gefärbten Wolle m. Zinnsalz, Titanchlorür, Hydrosulfit A und B, heiß und kalt.</td></tr>
<tr><td>Färbung wird zum Teil reduziert. Ein Teil der Restfärbung bleibt länger bestehen.
Ein Teil der sauren Farbstoffe.</td><td>Färbung wird gleichmäßig ohne auftretende Zwischenzone entfärbt.
Orseille rein.
Frische Wollfärbung wird durch kalte Hydrosulfitlösung B in 1 bis 2 Stunden völlig entfärbt.</td></tr>
</table>

Wasser, behandelt ihn dann kochend mit alkalischen Körpern und erhitzt (welche Operation von wesentlicher Bedeutung für die Beschaffenheit des Produktes ist) mit einem verdünnten Gemisch von 2 Teilen Schwefelsäure und 3 Teilen Salzsäure, das zweckmäßig bestimmte Anteile von metallischem Zinn in Lösung enthält, 1 Stunde zum Kochen. Man nimmt an, daß hierbei eine ziemlich glatte Spaltung des Quercitrins in Quercetin und Isodulcit stattfinde. Nach beendetem Kochen wird durch Filterpressen gedrückt und das Preßprodukt getrocknet. Die Ausbeute beträgt nur 4 bis 10% Flavin von sehr wechselnder Beschaffenheit. Gutes Flavin hat das etwa 12- bis 18fache Färbevermögen von Quercitronrinde und Quercitronauszug, gibt dabei viel reinere Töne und enthält auch keinen Gerbstoff.

Auf gerade umgekehrtem Wege wird das „Quercétine industrielle“ hergestellt, nämlich durch Ausziehen der Rinde bzw. Erhitzen des verdünnten Auszugs mit dem Gemisch von Schwefel- und Salzsäure und Fällen des Filtrates mit Alkalien. Ein noch stärker als Flavin und mit anderer Nuance färbendes Produkt erhält man durch Behandeln desselben mit konz. Salpetersäure (von 36 Bé°).

Quercitron liefert eine schöne Farbe und besitzt ein starkes Färbevermögen (3mal so stark wie das des Gelbholzes und 8mal so stark wie das des Waus). Es wird noch verwendet zum Färben von Wolle und Baumwolle, zur Erzeugung von Mischfarben und zum Abtönen von Blauholzschwarz.

Gute Quercitronrinde ist blaßgelb. Neben dieser äußeren, schon einen gewissen Anhalt gewährenden Prüfung ermittelt man von Rinde oder Auszug den Gehalt an Wasser und an Asche (Verfälschung mit Ton oder Sand). Der Auszug wird mit Dextrin und Leim, das Flavin oft bis zu 25% mit calciniertem Glaubersalz oder mit Kochsalz verfälscht und fühlt sich im letzteren Falle stets feucht an. Gutes Flavin darf sich nach Soxhlet (l. c.) nicht vollständig in kochendem Wasser lösen, die Lösung soll trüb und blaß sein; bei Zusatz von schwefelsaurer Tonerde darf kein Niederschlag entstehen; die Farbe der Flüssigkeit muß sich aber sofort in ein lebhaftes Gelb verwandeln. Die wässerige Lösung des Flavins, in offenen Gefäßen aufbewahrt, verliert binnen weniger Tage das ganze Färbevermögen.

Der Farbstoffgehalt der Rinde oder des Auszugs sowie die Verfälschung des letzteren mit Dextrin, Leim usw. oder der ersteren mit Gelbholz werden durch Probefärben (v. Cochenhausen in Muspratts Chemie, 3. Aufl., III, 259) ermittelt. Man siedet Wolle mit 1,5% Zinnsalz und 3% Oxalsäure an, wäscht und färbt (je 1 g) mit 20 ccm einer Lösung von 10 g Quercitronauszug (oder der entsprechenden Menge Quercitronrinde) in 1000 ccm Wasser. Um den Farbstoffgehalt im Vergleich mit reinem Flavin oder einem guten Auszug oder einer guten Rinde annähernd mit Zahlen auszudrücken, färbt man Wollgarnproben von 1 g mit steigenden Mengen — von 1 bis 20 ccm — der in gleicher Weise dargestellten Lösungen der Vergleichsfarbstoffe.

Gelbholz ist das glänzend gelbe, sehr harte, gewöhnlich in Scheiten im Handel vorkommende Stammholz des Färbermaulbeerbaumes (Morus tinctoria), der in Westindien, Brasilien und Mexiko wächst. Die beste Sorte ist das Cuba-Gelbholz, eine sehr häufig im Handel vorkommende das Tampico-Gelbholz; außerdem kennt man Brasilien-, Portorico- und Jamaika-Gelbholz. Das Gelbholz soll ein lebhaft citronengelbes, häufig von roten Adern durchzogenes Gefüge haben. Es wird entweder gemahlen oder in Form von Spänen oder als Auszug (Cubaextrakt) angewendet. Es enthält die Kalkverbindung des an und für sich farblosen Morins (IV) und außerdem das weniger wertvolle Maclurin (sog. Morin-

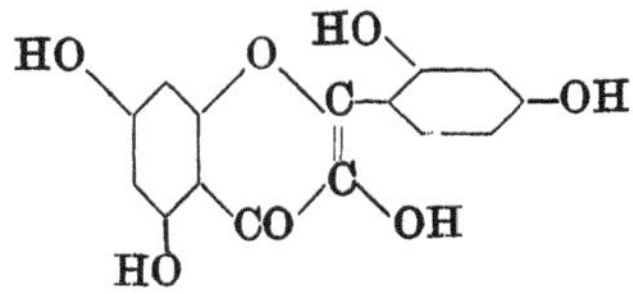

IV

gerbsäure). Man muß das Gelbholz mit Dampf auskochen und dem Färbebad etwas Gelatine[1]) zusetzen, weil beides einen günstigen Einfluß auf die Lebhaftigkeit und Schönheit der Farbe hat.

Zur Wertbestimmung des Farbstoffes im Holz oder im Auszug wird nach v. Cochenhausen (Muspratts Chemie, 3. Aufl., III, 262) Wolle mit 10% Alaun $^1/_4$ Stunde lang angesotten und gewaschen; je 1 g Wolle wird mit 10 ccm einer Lösung von 10 g Gelbholzauszug (oder der Abkochung einer entsprechenden Menge Gelbholz) in 1000 ccm Wasser bei 80 bis 90° $^3/_4$ Stunden lang gefärbt. Um den Farbstoffgehalt im Vergleiche mit einem guten Auszug oder einem guten Holze annähernd in Zahlen auszudrücken, färbt man 10 Proben gebeiztes Wollgarn in der bekannten Weise (s. S. 1072) mit einem Vergleichstyp.

Das Gelbholz findet in der Woll- und Baumwollfärberei (gleichzeitig mit anderen Farbhölzern) Anwendung zur Erzeugung von Mischfarben (Braun, Oliv) und zum Abtönen von Blauholzschwarz.

Wau. Die getrockneten Stengel und Blätter der wildwachsenden, aber auch kultivierten geruchlosen Färberreseda (Reseda luteola) enthalten den Farbstoff Luteolin (V). Je rascher der Wau getrocknet

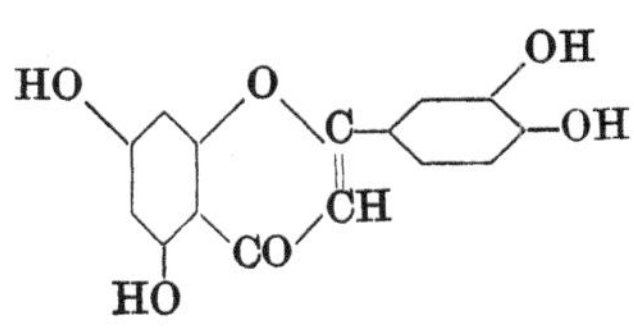

V

wurde, desto größer ist sein Färbevermögen. Er liefert sehr schöne und echte Farben, besonders in Verbindung mit Alaun, auf Wolle und Seide, ist aber trotzdem durch das viel ausgiebigere Quercitron zurückgedrängt

[1]) Diese — etwa 5% des angewandten Gelbholzes — scheidet die Moringerbsäure aus, die bei zu langem Kochen in der Flotte trübe und bräunliche Farben verursacht. Aus ganz ähnlichem Grunde reinigt man die Quercitronfarbflotte mit Leim oder Alaun.

worden. Seine Hauptanwendung ist die Herstellung von Schüttgelb (s. unten); auch erzeugt man durch Zusatz von Indigcarmin und Schwefelsäure zur Wauflotte auf Seide das bekannte Waugrün. Man unterscheidet französischen, deutschen und (geringwertigen) englischen Wau.

Gelbbeeren (Kreuzbeeren) sind die unreifen, noch grün gesammelten Früchte einiger Rhamnusarten, die getrocknet von grüngelber Farbe sind. Am wertvollsten sind die persischen Kreuzbeeren. Die Beeren sollen weder gleich nach dem Einsammeln noch später als nach einem Jahre verwendet werden, weil in beiden Fällen der Farbstoff, das Rhamnetin (VI), ein Mono-Methyläther des Quercetins (s. o. III), wenig aus-

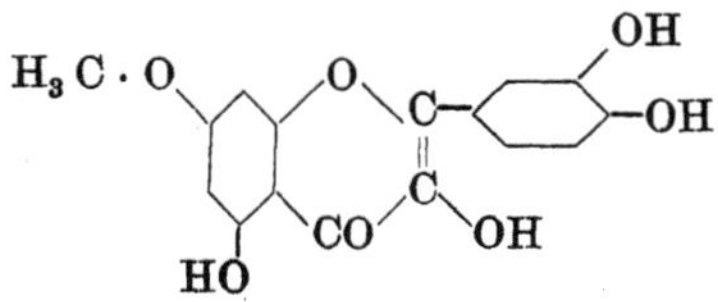

VI

giebig ist. Die wässerige Abkochung der Gelbbeeren hat eine grünlichbraune Farbe, die sich durch Alkalien in Orange verwandelt. Sie liefert ein schönes und auch ziemlich widerstandsfähiges Gelb, das in der Papierfabrikation, namentlich aber zur Herstellung des Schüttgelbs Verwendung findet. Gelbbeerenauszug wird vielfach im Kattundruck zur Erzeugung von Applikationsgelb, Dampforange, Grün und Oliv gebraucht.

Schwarze Gelbbeeren nimmt man nicht gern; diese Färbung beweist, daß die Beeren feucht lagerten oder in reifem Zustande gesammelt wurden. Man bestimmt den Wert der Gelbbeeren durch Probefärben auf die bei Gelbholz angegebene Weise.

Orlean ist ein gegenwärtig fast nur noch zum Färben von Butter und von Firnissen verwendeter, aus der Frucht von Bixa Orellana gewonnener Farbstoff. Er findet sich im Handel in Form eines knetbaren, außen bräunlichroten, innen roten Teiges von nicht angenehmem Geruch. Das Produkt kann viele Verunreinigungen, wie Blätter, Stärke, Holzstückchen, Gummi, Ziegelmehl, Colcothar, Bolus, enthalten.

Die Prüfung von Orlean muß seines sehr schwankenden Wassergehaltes wegen mit den bei 100° getrockneten Proben vorgenommen werden. Zur Aschenbestimmung äschert man 5 g getrockneten Orlean ein. Gute Orleansorten enthalten 8 bis 13% Asche. Ein Aschengehalt von 15% weist entschieden auf Verfälschung mit Mineralstoffen, die übrigens auch schon beim Zerreiben des Orleans mit Wasser leicht zu erkennen sind.

Die vergleichenden Färbeversuche mit Orlean führt man zweckmäßig wie folgt aus (Mierzinski, „Die Erd-, Mineral- und Lackfarben", 1881, 344): Man nimmt zu einem Bad:

	für Baumwolle	für Seide
bei 100° getrockneten und gepulverten Orlean .	5 g	0,5 g
Weinstein	10 „	1,0 „
destilliertes Wasser	200 „	200 „ .

erhitzt bis zum Kochen und taucht hierauf in das eine Bad einen Strang von 12 g Baumwolle, in das andere ein Strängchen von 2 g weißer Seide. Man kocht 15 Minuten lang, entfernt vom Feuer und zieht nach einer Stunde die Strähne aus den Bädern heraus, wringt sie aus, wäscht in einer großen Menge Wasser und läßt im Schatten trocknen. Man vergleicht die Tiefe des Tones der einzelnen Proben. Jene Orleansorte ist die beste, die dem als Typ angenommenen Orlean am nächsten steht.

Im Orlean finden sich zwei Farbstoffe: das Bixin und, als Nebenprodukt, das gelbfärbende Orellin. Das erstere wird durch konz. Schwefelsäure tiefblau gefärbt, ohne Beimischung von Grün und Braun. Unreiner oder verdorbener Orlean gibt eine grünliche oder schwärzliche Färbung.

Schüttgelb ist mit Wau oder Gelbbeeren gefärbte Kreide oder tonhaltige Erde, die im Handel gewöhnlich in kugelförmigen Stücken vorkommt. Man kann statt der Erde auch Bleiweiß, Zinkweiß, Wismutweiß usw. als Grundlage des Schüttgelbs wählen.

3. Rote Farben.

Cochenille ist durch künstliche Farbstoffe fast vollständig verdrängt, wird aber zum Färben von Wolle (Uniformtuch) und Seide immer noch etwas gebraucht. Die Cochenille ist eine Schildlausart, die auf Kaktusblättern lebt, meist in Plantagen gezüchtet wird und sich äußerst rasch vermehrt. Die in den Plantagen gezüchtete Cochenille (Mesteca) ist weit besser als die Wald- oder Feldcochenille (Silvestre). Auch die Art der Behandlung der eingesammelten Insekten ist von größtem Einfluß auf die Beschaffenheit. Den besten Farbstoff [VII [1])] erhält man, wenn

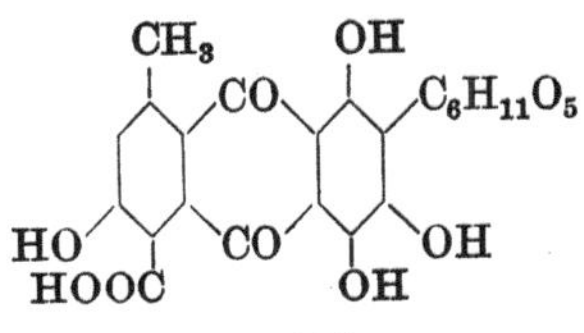

VII

man die gesammelten Insekten den direkten Sonnenstrahlen aussetzt, wodurch sie bald getötet werden und den geschätzten silbergrauen Glanz erhalten (Mesteca jaspeada). Die dunkelbraune oder schwarzbraune Cochenille (Mesteca negra) wird durch Darren in Öfen auf heißen Platten oder in irdenen Pfannen gewonnen. Tötet man die eingesammelten Insekten durch rasches Eintauchen in heißes Wasser und läßt sie hierauf langsam trocknen, so erhält man die schlechteste (braunrote) Qualität (Mesteca renegrida). Auch die Zeit der Einsammlung beeinflußt sehr die Beschaffenheit. Die erste Brut, wobei bloß trächtige Weibchen genommen werden, ist am besten; bei der zweiten Einsammlung nimmt man auch junge Insekten, und bei der dritten, die wegen der bevorstehenden Regenzeit meist zeitig und eilig geschehen muß, gelangen neben vielen sehr jungen Insekten viele Verunreinigungen in

[1]) Die Konstitution des anscheinend zuckerartigen Restes $C_6H_{11}O_5$ kann z. Z. noch nicht als aufgeklärt gelten.

die Ernte. Die Cochenille wird in Mexiko, Südamerika, Algier, auf den Kanarischen Inseln und Java gezüchtet. Im Handel finden sich vier Hauptsorten: Veracruz-, Honduras-, Canarische und Java-Cochenille.

Eine gute Cochenille besteht aus 2 bis $2^1/_2$ mm langen, länglich halbrunden, schwärzlichen oder bläulichdunkelroten, ein silbergraues Ansehen besitzenden, leicht zerreiblichen, bitter und schwach zusammenziehend schmeckenden Insekten, die auf der flachgewölbten Rückseite parallel laufende Querstreifen zeigen, auf der Bauchseite flach oder konkav sind und beim Zerreiben ein schön dunkelrotes Pulver geben. Läßt man sie 12 bis 15 Stunden im Wasser liegen, so quellen sie auf; es lassen sich dann mittels der Lupe der Saugrüssel sowie die an der Bauchseite sitzenden Füße erkennen. Das Wasser nimmt gleichzeitig eine intensiv carminrote Farbe an. Nachgemachte Cochenille zerfällt bei dieser Operation zu einem Brei, und es kommt der Klebstoff, mit dem die künstliche Masse verbunden wurde, zum Vorschein.

Aus der Cochenille werden verschiedene Handelspräparate fabrikmäßig hergestellt:

1. Die Kuchencochenille, d. h. die in Kuchenform gestampfte Cochenille, enthaltend etwa 80% des Farbstoffes der gewöhnlichen Cochenille.

2. Carminlack (Florentiner, Pariser, Wiener Lack). Eine alkalische Cochenilleabkochung wird mit Alaun oder mit Alaun und Zinnsalz gefällt. Die Carminlacke werden als Wasser- und Ölfarben, im Tapetendruck und in der Steindruckerei verwendet.

3. Carmin. Der aus feingemahlener Cochenille (mit oder ohne Zusatz von Soda) erhaltene wässerige Auszug wird durch eine schwache Säure oder ein saures Salz gefällt. v. Cochenhausen (Muspratts Chemie, 3. Aufl., III, 247) gibt das Prinzip verschiedener Verfahren an; z. B.: Man läßt 500 g feinzerriebene Cochenille mit dem 30fachen Gewichte destillierten Wassers $^1/_4$ Stunde lang kochen, fügt 30 g Weinstein hinzu, kocht noch 10 Minuten, versetzt mit 15 g Alaun und läßt abermals 2 Minuten lang kochen. Die geklärte Flüssigkeit läßt man in flachen Glasgefäßen stehen. Der ausgeschiedene Carmin wird mit Wasser gewaschen und im Schatten getrocknet.

Wahrscheinlich ist dieser Carmin keine gewöhnliche Verbindung eines Farbstoffes mit Tonerde, sondern ein Tonerde-Kalk-Albuminat des Carminfarbstoffes.

4. Cochenille ammoniacale. Auf 1 Teil gemahlene Cochenille läßt man 3 Teile Ammoniak 4 Wochen lang bei vollkommenem Luftabschluß einwirken, fügt 0,4 Teile frischgefälltes Tonerdehydrat hinzu und verdampft in einem kupfernen Kessel bis zum Verschwinden des Ammoniakgeruches. Sie wird in Täfelchen und in Teigform verkauft.

Die Cochenille ist wegen ihres hohen Preises sehr häufig Verfälschungen ausgesetzt, namentlich mit Bleistückchen, Bleifeilspänen, Sand u. dgl. Man zerreibt etwa $^1/_2$ g Cochenille in einem Porzellanmörser und schlämmt mit Wasser, wobei die genannten Verunreinigungen leicht entdeckt werden. Oft wird auch der Farbstoff der (nicht zerkleinerten) Cochenille ausgezogen, letztere alsdann in eine Lösung von Rotholzauszug gebracht und dem künstlich wieder gefärbten Rückstand durch Schütteln mit Talk oder Bleiweiß das Ansehen der natürlichen guten (silbergrauen) Cochenille gegeben. Letztere Behandlung nimmt man in derselben Absicht auch häufig mit der schlechtesten Ware (Mesteca renegrida) vor. Wird derartige Cochenille zwischen den Händen gerieben, so fällt ein weißes Pulver ab, und Schwefelwasserstoff bewirkt eine Schwärzung, falls Bleiweiß angewendet worden ist. Kalkwasser wird die Farbe des wässrigen Auszuges einer solchen Cochenille nicht verändern; bei echter Cochenille geht sie hierdurch in Violett über. Auch Verfälschung mit gepulverter Orseille und Drachenblut (siehe unten) kommt vor. Ein abnormer Aschengehalt weist auf Verfälschung mit roten Farbstofflacken hin.

Donath (Färber-Ztg. **1894/95**, 174) untersuchte die Verfälschung des Cochenillecarmins mit den Lacken von Teerfarbstoffen. Diese Zusätze sind durch die unvollständige Löslichkeit des verfälschten Produkts in Ammoniak sowie durch einen Veraschungsversuch zu entdecken. Der echte Cochenillecarmin ist in Ammoniak vollständig löslich, die Teerfarbstofflacke aber nicht.

Zur weiteren Unterscheidung braucht man nur in einem Porzellantiegel eine kleine Menge echten Carmins und in einem zweiten eine ungefähr gleiche Menge des zu prüfenden Musters vorsichtig zu erhitzen. Der Geruch des sich zersetzenden echten Carmins ist gleich dem, der bei der Zersetzung von Proteinsubstanzen durch Hitze wahrnehmbar ist, während der Geruch der genannten Verfälschungen sofort einen gewissen Schluß auf ihre Abstammung gestattet: Der Eosinlack zeigt beim Erhitzen einen ganz deutlichen Bromgeruch, der Päoninlack einen solchen nach Phenol, ein aus Biebricher Scharlach bereiteter Barytlack einen ebenfalls charakteristischen, von dem des echten Carmins sofort zu unterscheidenden Geruch.

Bei der völligen Verbrennung bemerkt man bei den gefälschten Proben größeren Rückstand an Asche, deren qualitative Prüfung weitere Anhaltspunkte liefert.

Die Wertbestimmung der Cochenille kann erfolgen durch Colorimetrie, durch Probefärben oder endlich durch volumetrische Ermittlung des Farbstoffgehaltes.

a) Colorimetrie (vgl. Bd. I, S. 268ff. und diesen Bd. S. 934). Man erschöpft 1 g Cochenille mit 1 l kochendem Wasser, setzt, falls die Lösung einen Stich ins Orangefarbene zeigt, einige Tropfen Alkali zu und prüft in dem Colorimeter von Houton-Labillardière, von Salleron, von Collardeau oder von Müller; oder man wendet am einfachsten zwei nebeneinanderstehende Büretten von gleichen Ausmessungen an, von denen die eine die Normalflüssigkeit, die andere die Versuchsflüssigkeit enthält, und verdünnt die stärker gefärbte, bis die Farbstärke beider gleich ist.

b) Probefärben. Man kocht 1 g gepulverte Cochenille mehrmals mit Wasser aus und verdünnt die vereinigten Lösungen mit Wasser auf 1 l. Für je 1 g des zum Färben verwendeten Wollgarnes verwendet man 100 ccm dieser Lösung, verdünnt diese mit Wasser und setzt

3% Oxalsäure und 1,5% Zinnsalz (beide Prozentzahlen auf Wolle bezogen) hinzu. In das so hergestellte Farbbad geht man mit dem vorher gut angefeuchteten Garn ein und erwärmt nach und nach, innerhalb $^1/_2$ Stunde, bis zum Kochen und setzt das Kochen noch $^1/_2$ Stunde lang fort. Man kann auch die Wolle vorher mit Zinnsalz und Oxalsäure ansieden, hierauf waschen und in einem neuen Bade mit der gleichen Menge der Cochenilleabkochung ausfärben. Wenn man die zu untersuchende Cochenille mit einer mustergültigen Ware zahlenmäßig vergleichen will, so stellt man sich von 1 g der letzteren auf die angegebene Art eine Abkochung her und färbt in bekannter Weise (s. S. 1072) eine Vergleichsskala von 10 Tönen.

c) Volumetrische Wertbestimmungen. Als beste ist die von Löwenthal (Zeitschr. f. anal. Chemie **6**, 179; 1877)[1]) zu bezeichnen. 5 g unzerkleinerte Cochenille werden zunächst mit $1^1/_2$ l destilliertem Wasser 1 Stunde gekocht, der Auszug durch ein gewöhnliches Teesieb gegossen und die im Siebe zurückgebliebene Cochenille noch einmal mit 1 l destilliertem Wasser $^3/_4$ Stunden ausgekocht. Man bringt nach dem Erkalten die infolge des längeren Kochens etwas eingedampfte Farbstofflösung auf 2 l, entnimmt 100 ccm, verdünnt diese auf 1 l, setzt ein bestimmtes Volumen Indigcarminlösung hinzu und titriert mit Permanganatlösung. In gleicher Weise wird eine gute Vergleichscochenille behandelt und titriert. Hat man beispielsweise für letztere + Indigolösung 25,6 ccm Permanganat, für die zu prüfende Cochenille + Indigolösung 21,0 ccm Permanganat, für das angewendete Volumen Indigolösung aber 11,2 ccm Permanganat gebraucht, so verhalten sich die Farbstoffwerte beider Cochenillesorten wie 25,6—11,2 zu 21,0—11,2 oder wie 14,4 zu 9,8 oder wie 100 zu 68,05.

Oder man benutzt nach Penny (Journ. f. prakt. Chem. **81**, 119) eine titrierte Lösung von rotem Blutlaugensalz zur Wertbestimmung. 1 g fein gepulverte Cochenille wird mit 50 g verdünnter Kalilauge gekocht; nach Zusatz von noch 25 ccm Wasser läßt man tropfenweise eine Lösung von 5 g Ferricyankalium in 1 l Wasser hinzufließen, bis die Lösung statt der purpurroten Farbe eine gelbbraune angenommen hat. Den Wirkungswert des Ferricyankaliums stellt man durch eine Lösung von 1 g mustergültiger Cochenille in verdünnter Kalilauge fest.

Wertbestimmung nach Merson (Pharm. Journ. **64**, 309). Die Methode beruht auf der titrimetrischen Ermittlung derjenigen Menge einer 1% wirksames Chlor enthaltenden Lösung von unterchlorigsaurem Natrium (oder Calcium), die nötig ist, um einen schwach ammoniakalischen Auszug der feingepulverten Cochenille zu entfärben. Etwa 20 ccm der Chlorlösung wären nötig, um 1 g bester Cochenille zu entfärben. Der Farbwert einer solchen Ware wird mit 100 bezeichnet.

Zwischen Aschengehalt[2]) und Farbwert bestehen keine direkten Be-

---

[1]) Vgl. auch die Löwenthalsche Methode der Gerbstoffbestimmung im Abschnitte „Gerbstoffe", S. 402.

[2]) Der Aschengehalt unverfälschter Cochenille, der bei der Handelsware zwischen 2,4 und 43,6% gefunden wurde, darf nach Merson 4% nicht überschreiten. Im übrigen ist derselbe von untergeordneter Bedeutung.

ziehungen. Dunkle Cochenille besitzt in der Regel stärkeres Färbevermögen und geringeren Aschengehalt als die beliebte silbergraue, ist auch im allgemeinen weniger häufig verfälscht.

Carmin kann wie Cochenille mit Hilfe der Chlorlösung untersucht werden. Der Aschengehalt schwankt zwischen 4,8 und 8,5%, ist aber ebenfalls von geringerer Bedeutung.

Lac-Dye. Die durch die Stiche der Lackschildlaus veranlaßten harzigen, durch den Farbstoff der Schildlaus gefärbten Ausschwitzungen der Zweige gewisser Feigenbäume Ostindiens bilden den sog. „Stocklack", aus dem man zunächst durch warmes Auspressen das Harz und sodann, durch Ausziehen des Rückstandes mit verdünnter Sodalösung,

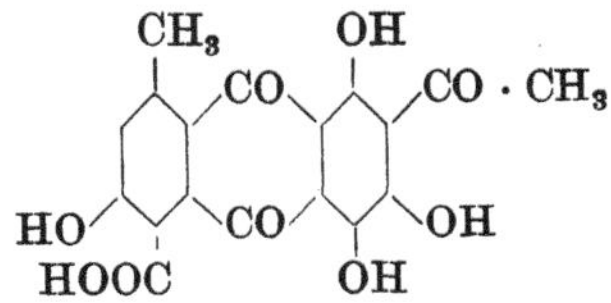

VIII

den Farbstoff (VIII) gewinnt. Seine Lösung wird konzentriert und mit Alaun gefällt, der Niederschlag evtl. noch mit Ton, Gips, Kreide u. dgl. gemischt.

Das beste Prüfungsmittel des Lac-Dye ist das Probefärben, das wie bei Cochenille ausgeführt wird.

Lac-Dye in seinen besseren Sorten ähnelt den schlechteren Sorten Persio (s. S. 1072). Zur Unterscheidung beider erwärmt man eine kleine Probe mit Alkohol. Persio gibt eine schön kirschrote Lösung, während sich von Lac-Dye nur das Harz zu einer, der alkoholischen Schellacklösung ähnlichen Flüssigkeit löst. Von dem Farbstoff der Cochenille unterscheidet sich Lac-Dye hauptsächlich nur durch seine geringe Löslichkeit in Wasser, während die mit beiden erzeugten Lacke, entsprechend der nahen Verwandtschaft der sich vom Anthrachinon ableitenden Farbstoffe, fast identisches Verhalten zeigen.

Rotholz (Brasilienholz) findet sich in mehreren Abarten (Brasilien-, St. Martha-, Nicaragua-, Japan-, Lima-, Brasiliet-, Kalifornien-, Columbia-Holz) in Brasilien, Zentralamerika, auf Jamaika und den Antillen, in Ostindien, Japan usw. und gelangt in Form von derben Stücken, geraspelt oder als Pulver, oder endlich als flüssiger oder fester Auszug (für dessen Darstellung namentlich Lima- und St. Marthaholz verwendet werden) in den Handel. Das schmutzig rotbraune bis blauschwarze Holz ist geruchlos, schmeckt süßlich und färbt beim Kauen den Speichel rot. Gemahlenes Rotholz erteilt — im Unterschied von Blauholz — kaltem Wasser nach etwa einer Viertelstunde eine lebhafte Färbung. Die mit Rotholz erzeugten Farben sind schön, aber keineswegs dauerhaft. Rotholzpulver, 1 Jahr lang dem Licht ausgesetzt, enthält keinen Farbstoff mehr. Dagegen wird eine im Dunkeln und Kühlen aufbewahrte Rotholzabkochung (unter Gärung, Desoxydation einiger hinderlicher Stoffe und Abscheidung von Gerbstoff) mit der Zeit viel besser. Gut ist es auch, während der Abkochung etwas abgerahmte Milch zuzusetzen. Vorherige Gärung des feuchten Farbholzpulvers (auf 100 kg Wasser etwa $^1/_2$ kg Gelatine gelöst und mit der Lösung das Rotholz einige Tage befeuchtet) bewirkt eine leichtere und bessere Extraktion des Farbstoffes.

Der farbstoffbildende Körper des Rotholzes ist das Brasilin (IX), eine Leukoverbindung, die durch Oxydation in alkalischer Lösung an der Luft in den eigentlichen Farbstoff, das Brasileïn (X), übergeht.

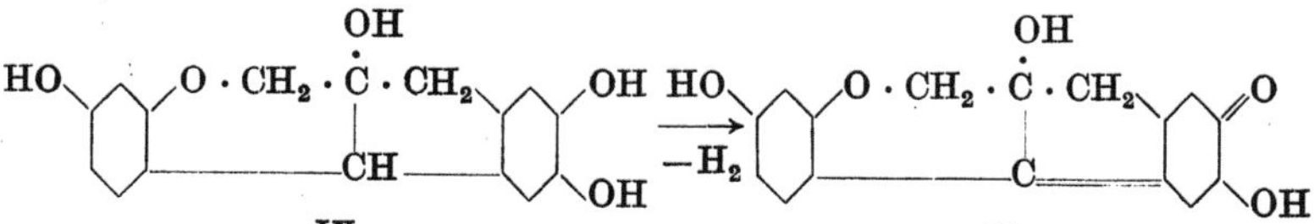

IX X (?)

Das Brasileïn fixiert sich auf der Faser ausschließlich in Form eines Lackes. Es findet fast nur noch zur Abtönung anderer Farben auf Baumwolle und zur Herstellung von Holzbraun auf Wolle Anwendung. Man kann bei der Wertprüfung von Rotholz oder seinem Auszug folgende Bestimmungen vornehmen:

1. Wasser- und Aschenbestimmung mit 5 g Auszug oder 10 g Spänen.

2. Colorimetrische Prüfung (namentlich des Auszugs). Man wendet das einfache Verfahren von Trimble (Journ. Soc. of Dyers and Colorists **1885**, 92) an. Auf Grund der vorhergegangenen Wasserbestimmung des Auszugs löst man von demselben so viel auf, daß 1 l der Lösung gerade 1 g trockenen Auszug enthält. Andererseits löst man 2 g reines umkrystallisiertes Kupfersulfat zu 1 l. Man versetzt nun zum Vergleich 1 ccm einer Farbstofflösung von obiger Konzentration, bereitet aus bestem käuflichen Auszug, mit 10 ccm Wasser und 1 ccm der Kupfervitriollösung, erhitzt schnell zum Sieden und verdünnt die in einen graduierten Zylinder gegossene Flüssigkeit mit destilliertem Wasser auf 100 ccm. Der zu prüfende Auszug wird genau in derselben Weise behandelt und seine gefärbte Lösung in einem gleichen graduierten Zylinder so lange mit Wasser verdünnt, bis beide Flüssigkeiten die genau gleiche Stärke der Färbung haben. Die Typflüssigkeit muß wegen der raschen Veränderlichkeit der Färbung alle 10 bis 15 Minuten erneuert werden.

3. Das Probefärben nimmt man mit den auf 1 l verdünnten Lösungen von 5 g Auszug oder aus 20 g Holz vor. Soll zur Probefärbung Wolle verwendet werden, so siedet man diese mit 3% Kaliumbichromat, jedoch ohne Zusatz von Schwefelsäure, an und färbt je 1 g Wolle mit 10 ccm der Farbstofflösung aus. Baumwolle wird vor dem Ausfärben in eine Lösung von essigsaurem Aluminium (5° Bé) gelegt, ausgedrückt und einige Zeit in feuchter warmer Luft aufgehängt, oder zuerst mit einer Lösung von 3% Gerbsäure und hierauf, ohne zu spülen, in eine Lösung von essigsaurem Aluminium oder Zinnsalz oder in eine Mischung beider (5° Bé) gelegt und alsdann gewaschen. Zum Ausfärben verwendet man 20 ccm der Farbstofflösung für je 1 g Baumwolle.

„Purpurlackrot hell“, „mittel“ und „dunkel“ sind hellpurpurfarbene oder dunkler purpurrot gefärbte Farblacke, die durch Fällen einer mit Alaun versetzten wässerigen Rotholzextraktlösung mit Soda erhalten werden (Dinglers Journ. 79, S. 155, 1898). Ähnlich dargestellt ist „Purpurhellrot", eine hellpurpurrote Farbe, bei deren Gewinnung der Rotholzextraktlösung noch etwas Fuchsin zugesetzt wurde.

Krapp ist die Wurzel der Färberröte, einer perennierenden Pflanze, Rubia tinctorum, die im mittleren Asien und südlichen Europa einheimisch ist. Ihr wichtigstes färbendes Prinzip ist das Alizarin, das 1,2-Dioxy-Anthrachinon. Das Handelsprodukt wird durch Mahlen der Wurzeln gewonnen und stellt ein gelbbraunes oder bräunlichrotes Pulver dar; nur selten werden die unzerkleinerten Wurzeln in den Handel gebracht.

An verfälschenden Zusätzen sind gefunden worden: Ziegelmehl, Sand, Ton, Ocker, gewisse Farbhölzer (Rotholz, Sandelholz usw.), gerbstoffhaltige Materialien u. a. m.

Die Prüfung des Krapps und der Krapppräparate (Garancin) geschieht durch Probefärben. Im übrigen hat der Krapp seit der synthetischen Darstellung des Alizarins (1868/69) seine frühere Bedeutung verloren.

Safflor besteht aus den getrockneten Blumenblättern der namentlich in Ägypten in guter Beschaffenheit wachsenden Färberdistel (Carthamus tinctoria), die einen in Wasser löslichen gelben und einen unlöslichen roten Farbstoff (das Carthamin) enthalten. Zur Darstellung des letzteren zieht man eine größere Menge Safflor so lange mit kaltem Wasser aus, bis es kaum mehr gelb gefärbt wird. Die stark abgepreßte Masse wird einige Stunden mit einer 0,15-proz. Sodalösung behandelt, wieder abgepreßt, die Flüssigkeit klar durch Leinwand filtriert, das Carthamin durch Essigsäure ausgefällt und durch nochmaliges Lösen in Weingeist und Fällen mit Wasser gereinigt. Das Carthamin findet sich im Handel unter dem Namen Safflorrot in fester, als Safflorextrakt oder Safflorcarmin in flüssiger Form.

Die Güte des Safflors erkennt man an der feurigroten Farbe. Mattfarbiger Safflor wurde spät geerntet oder schlecht getrocknet. Guter Safflor soll keine Stückchen von Holz, Blätter, Sand oder schwarze Blüten enthalten.

Mit gepulvertem Kalk gemengt, wird das Carthamin als rote Schminke angewendet. Safflor ist in der Seiden- und Baumwollfärberei durch künstliche Farbstoffe, wie Safranin, Eosin, Rhodamin S. u. a., fast gänzlich verdrängt worden. Zusatz von etwas Orlean erhöht das Feuer der Farbe. Zur Erzeugung sehr dunkler Töne setzt man $^1/_3$ Orseille zu.

Drachenblut wird gewonnen durch Auskochen des roten harzigen Saftes mehrerer Kalmusarten. Das beste kommt in kugelförmigen, dunkelbraunen Stücken vor, die zerrieben ein schönes hochrotes Pulver geben. Beim Erhitzen riecht es nach Benzoësäure, von der es kleine Mengen enthält. Es löst sich sehr leicht in Weingeist und Ölen mit roter, in Alkalien mit mehr violetter Farbe. Es wird wegen seiner tiefblutroten Farbe häufig zu Firnissen und dgl. verwendet.

Catechu (Cachou, braunes Catechu usw.) wird durch Auskochen des Holzes der Acacia catechu, des Holzes und der Frucht der

Betel- oder Arecanuß mit Wasser und Eindampfen der erhaltenen Lösung bis zur Sirupdicke erhalten.

Hauptsorten: Bombay-, Bengal- und Pegu-Catechu. Sie stellen große, unregelmäßige, hell- bis dunkelbraungefärbte Blöcke dar, die sich in heißem Wasser mit dunkelbrauner Farbe lösen und einen herben und bitteren Geschmack besitzen.

Gambir (gelbes Catechu, Würfelcatechu) wird durch Auskochen der Blätter von Uncaria gambir gewonnen und bildet undurchsichtige, bräunlichgelbe Würfel von 3 bis 4 cm Seitenlänge oder Blöcke, die in kaltem Wasser wenig, beinahe vollständig hingegen in heißem Wasser löslich sind.

Catechu und Gambir enthalten wechselnde Mengen Catechin (XI),

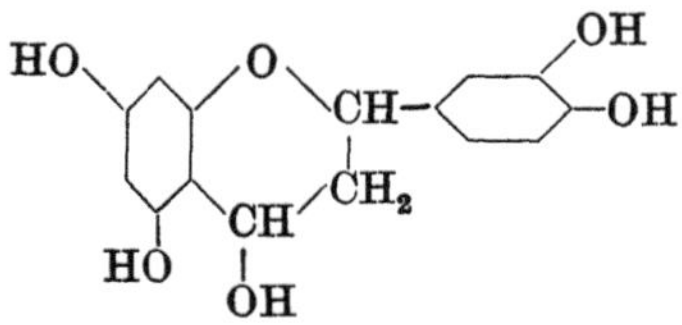

XI

Catechugerbsäure und einen braunen Körper, der durch Oxydation des ersteren bei der Fabrikation entsteht. Sie besitzen zusammenziehenden, süßlichen Geschmack.

Gambir enthält hauptsächlich Catechin.

Präpariertes Catechu wird durch Erhitzen von braunem oder gelbem Catechu mit Kaliumbichromat oder Aluminiumsulfat oder Kupfervitriol hergestellt.

Catechu und Gambir werden in großen Mengen in der Baumwollfärberei und -Druckerei sowie zum Färben (Beschweren) von Seide gebraucht.

Die verschiedenen Sorten zeigen in Farbstärke und Ton bedeutende Abweichungen. Oft sollen sich Zusätze von Mineralfarbstoffen, Sand, Kochsalz, Stärke, Dextrin, getrocknetem Blut u. dgl. vorfinden.

Mineralische Beimengungen werden durch Veraschung ermittelt. Gute Sorten sollen nicht über 3 bis 4% Asche enthalten. Der Wassergehalt schwankt zwischen 15 und 25%.

Eine zuverlässige Beurteilung gestatten einzig vergleichende Probefärbungen bzw. Beschwerungsversuche. (S. auch v. Cochenhausen, Zeitschr. f. angew. Chemie **17**, 876; 1904.)

Kino (Kinogummi) ist der eingedickte Saft von Pterocarpus marsupium; es stellt kleine glänzende, braun- oder schwarzrote Stücke dar und gleicht dem Catechu.

Kastanienauszug kommt in glänzend schwarzen Stücken oder als brauner Sirup in den Handel und wird aus dem Holz der Roßkastanie gewonnen. Er dient namentlich in der Seidenfärberei zum Schwarzfärben.

Bezüglich Prüfung gilt das oben für Catechu Gesagte (s. übrigens auch den Abschnitt „Gerbstoffe“, dieser Bd., S. 388).

Appreturmittel.

Von

Prof. Dr. E. **Ristenpart**, Chemnitz.

Bedeutung der Appreturmittel. Unter Appretur versteht man die Ausrüstung von Textilwaren behufs Erteilung eines gefälligen, zweckdienlichen Äußeren. Abgesehen von der mechanischen Zurichtung auf den Appreturmaschinen wird die Ware mit Appreturmitteln getränkt, die ihr ganz bestimmte Eigenschaften erteilen.

Aufgaben der Untersuchung. Derartige Appreturmittel werden im Großen hergestellt und haben oft nicht die dem Verwendungszweck entsprechende Zusammensetzung. Z. B. kann ein Gehalt an Glucose und Glycerin durch zu starke Feuchtigkeitsanziehung Schimmelbildung hervorrufen; Chlormagnesium kann in derselben Richtung schädlich wirken, aber auch durch Salzsäureabspaltung in der Hitze Pflanzenfasern zerstören. Aus diesem Grunde sollte kein Appreturmittel ohne vorherige Untersuchung oder wenigstens Ausprobung im Kleinen auf größere Warenmengen angewandt werden.

Eine weitere Aufgabe erwächst dem Ausrüster häufig in der Nachahmung von Konkurrenzware. Dann muß er zu erfahren suchen, mit welchen Appreturmitteln gearbeitet worden ist. Die Appretur ist von der Ware abzulösen und zu untersuchen. In diesem Falle läßt sich ein ziemlich weitgehender Schluß schon aus der Beschaffenheit der Ware selbst auf die in Frage kommenden Appreturmittel ziehen. Deshalb sollen zunächst die Appreturmittel und ihre Wirkung auf Textilwaren gekennzeichnet werden (siehe auch Massot, Zeitschr. f. angew. Chem. **19**, 177, 233; 1906).

Kennzeichnung der Appreturmittel.

Wir unterscheiden:

1. **Klebe- und Steifungsmittel** wie Stärke (Kartoffel-, Weizen-, Mais-, Reis-, Kastanienstärke) und ihre Abkömmlinge Dextrin, „Apparatin" und „Leiogomme", dann die Gummiarten (Gummiarabicum, Gummitraganth und Gummitragasol), ferner Pflanzenschleime (Leinsamen, Flohsamen, Carragheenmoos, Isländisches Moos und Agar-Agar) und schließlich Eiweißstoffe (Leim, Gelatine, Casein und Albumin).

Die Stärke ist das wichtigste Appreturmittel und liegt fast allen Appreturmassen für Baumwolle zugrunde. Sie kommt in Form des mehr oder weniger flüssigen Kleisters zur Anwendung, den man durch mehr oder weniger langes Kochen erhält. Je länger man kocht, um so dünner wird die Masse, um so besser dringt sie in das Innere des Gewebes.

Das Verdickungsvermögen von Stärken verschiedener Herkunft prüft man, indem man 50, 60, 70 g Stärke in 950, 940, 930 ccm Wasser $^{1}/_{2}$ Stunde unter gleichen Bedingungen kocht und mit den erhaltenen Kleistern vergleichend appretiert. Über Stärkeuntersuchung vgl. S. 134.

Kartoffelstärke gibt vollen harten, Weizenstärke einen etwas geschmeidigeren, Mais- und Reisstärke einen dünnen papierartigen Griff. Die einzelnen Stärkesorten haben eine organisierte Struktur, Fig. 1 bis 4.

Fig. 1. Kartoffelstärke, Vergr. 375/1.

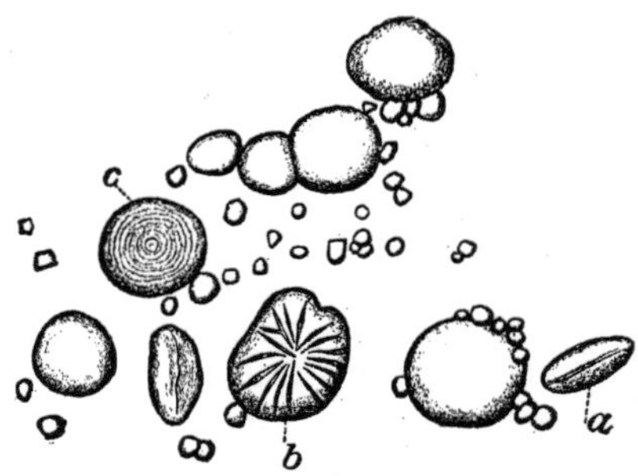

Fig. 2. Weizenstärke, Vergr. 280/1.
a Korn von der Seite,
b gequetschtes Korn,
c Korn mit Schichtung.

Der Durchmesser der Körner schwankt von 0,2 mm bei Kartoffeln bis 0,004 mm bei Reis.

Wird Stärke unter Druck von 2 bis 4 Atm. gekocht, so entsteht daraus durch Abbau die in Wasser *lösliche Stärke*. Ihr Steifungsvermögen ist nur etwa halb so groß. Sie legt sich nicht wie der Stärkekleister *auf* das Gewebe, sondern dringt besser *in* den Faden ein.

Die lösliche Stärke (Amylodextrin) kann als der erste Abkömmling der Stärke auf dem Wege des molekularen Abbaus gelten, der zum Dextrin und schließlich zur Glucose führt. Sie gibt noch die Blaufärbung mit Jod ebenso wie Stärke. Die Farbe verschwindet beim Erwärmen und kehrt beim Erkalten zurück. Die Probe gelingt gleich gut, ob die Stärke fest als Kleister oder gelöst vorliegt.

Die nächsten Abbauprodukte *Erythrodextrin* und *Achroodextrin* geben die Jodreaktion nicht mehr. Ersteres färbt sich mit Jod nur noch rot bis rotbraun, letzteres gar nicht mehr; das Endprodukt ist das (Malto-) *Dextrin*. Solche Dextrine werden in der Appretur z. B. durch $^{1}/_{4}$ Stunde langes Kochen von Stärke, die mit 3 bis 4 Teilen Wasser angerührt wurde, mit $^{2}/_{3}$ Teilen 3proz. Schwefelsäure oder

Salpetersäure erhalten. Man neutralisiert mit Natronlauge und bringt mit warmem Wasser auf 6 Teile Lösung.

Das Handelsdextrin läßt sich auf dreierlei Art gewinnen[1]).

a) Durch Erhitzen von Stärke auf 180 bis 220° in drehbaren Trommeln oder Pfannen mit Rührwerk. So erhält man „gebrannte Stärke" aus Weizen-, „Leiogomme" aus Kartoffel- und „Britischgomme" aus Mais- oder Reisstärke.

b) Durch Befeuchten von Stärke mit 0,002 bis 0,004 Teilen konz. Salpetersäure, die mit wenig Wasser verdünnt wurde, und Erhitzen in offenen Schalen 2 bis 20 Stunden auf 150°. Je nach Einwirkungsdauer sieht das Erzeugnis heller oder dunkler aus.

c) Durch Einwirkung von Diastase auf Stärke.

Das so erhaltene gelbe Dextrin löst sich bereits klar in Wasser auf, während das weiße Dextrin noch nicht ganz aufgeschlossene

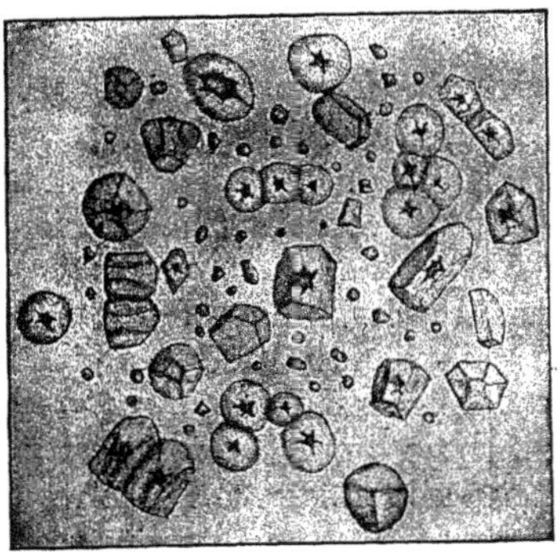

Fig. 3. Maisstärke, Vergr. 280/1.

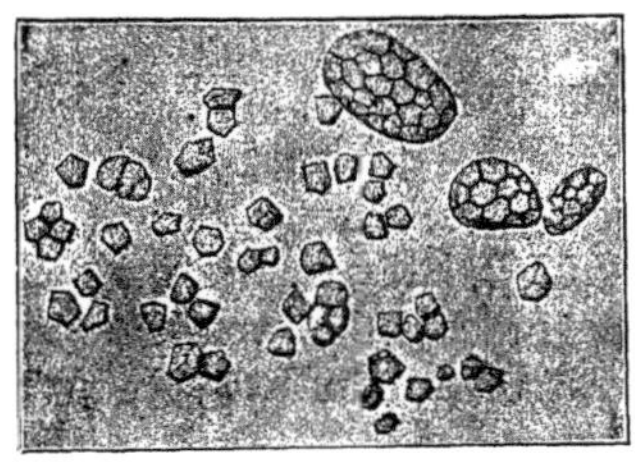

Fig. 4. Reisstärke, Vergr. 280/1.

Stärke enthält. Ersteres ist infolge eines Gehalts an Dextrose leicht hygroskopisch und klebt nicht so gut. Auch reduziert die Lösung Fehlingsche Lösung und dreht die Polarisationsebene des Lichtes nach rechts (dexter). Das Steifungsvermögen des Dextrins ist nur $^1/_3$ bis $^1/_4$ desjenigen der Stärke, dafür dringt es ganz in den Faden ein und verschleiert die Farben nicht. Über Dextrinuntersuchung siehe S. 150.

Kunstgummi, Gummi germanicum, Krystallgummi, Universalgummi, Textilpulver u. a. sind ebenfalls Handelsdextrine.

Weitere wichtige Abkömmlinge der Stärke sind die Stärkeleime (Apparatine, Pflanzengummi, Königsgummi, Poliokolle, Krystallappretur, Universalleim des Handels). Stärke quillt bereits mit 2proz. Natronlauge auf. Einen Stärkeleim erhält man z. B., indem man je nach der gewünschten Schleimigkeit 12 bis 40 Teile Stärke mit 100 Teilen Wasser zur Milch anrührt, 14 bis 40 Teile Natron-

[1]) Näheres siehe Pomeranz, Elsässisches Textilblatt **1914**, 30; Hofer, Lehnes Färberzeitung **1912**, 212; Schmidt, Ullmanns Enzyklopädie d. techn. Chemie III, S. 749.

lauge 12° Bé einrührt und nach mehreren Stunden in der Hauptsache mit 12 bis 40 Teilen Schwefelsäure $8^1/_2$° Bé, den Rest mit Essigsäure neutralisiert. Das Steifungsvermögen der Stärkeleime ist größer als das der Kleister. Nach dem Trocknen der damit appretierten Gewebe werden sie schwer löslich.

Andere Abkömmlinge der Stärke werden durch oxydierende Aufschließung erhalten, z. B. durch Kochen der mit $8^3/_4$ Teilen Wasser angerührten Milch mit $^1/_4$ Teil Chlorkalklösung 5° Bé oder der mit 5 Teilen Wasser angerührten Milch mit 0,04 Teilen Wasserstoffsuperoxyd oder der mit 4 Teilen Wasser angerührten Milch mit 0,02 Teilen Natriumperborat, in $1^1/_3$ Teil Wasser gelöst. Im letzteren Falle erfolgt noch die Neutralisation mit Essigsäure. Erzeugnisse wie z. B. die Oborstärke von Stolle und Kopke und die Ozonstärke erhält man durch Einwirkung der Oxydationsmittel unterhalb der Verkleisterungstemperatur. Als Appreturmittel stehen sie der oben erwähnten löslichen Stärke nahe.

Schließlich wären noch die Ester der Stärke mit Essigsäure, die „Fekulose", und mit Salpeteressigsäure, die „Amylose", zu erwähnen, dargestellt nach dem D. R. P. 200 145. Sie sind vollständig löslich in heißem Wasser. Die Lösung gibt wie lösliche Stärke noch die Blaufärbung mit Jod.

Stärke ist der Hauptbestandteil der durch Mahlen der Getreidekörner erhaltenen Mehle (vgl. S. 153). Weizen enthält 60%, Reis 85%, Mais 55% Stärke. Je nach dem Grade der Ausmahlung wird aus dem Korn mehr oder weniger vollständig Schale und Keimling entfernt (Fig. 5). Die Analyse von Weizenmehlen ergibt folgende Mittelwerte[1]:

	Kohlenhydrate	Eiweiß	Wasser	Cellulose	Asche
Weizenmehl, grob	72,23	11,82	12,65	0,98	0,96
„ fein	74,75	10,18	13,34	0,31	0,48
Reismehl	76,52	7,85	13,11	0,63	1,01

Der Gehalt an Stärke (Kohlenhydraten) bedingt das ähnliche, der Gehalt an Kleber (Eiweiß) das verschiedene Verhalten der Mehle und der Stärken in der Appretur:

1. Mehle mit über 18% Wassergehalt gären und schimmeln;
2. sie lassen sich mit wenig Wasser zu einem Teig kneten;
3. sie geben einen gutdeckenden, vollen Appret, aber weicheren Griff; sie kleben auf der Faser und halten andere Stoffe, z. B. Beschwerungs- und Füllmittel darauf fest („schwere" Appreturen).
4. Starke Mehlabkochungen verschleiern leicht die Farben und veranlassen das „Schreiben", d. h. beim Streichen mit der Kante des Fingernagels entstehen weiße Streifen.

Im übrigen lassen sich die Mehle ähnlich wie die Stärken aufschließen. Mit Natronlauge erhält man Mehlleime; sie sind weniger durchscheinend und dicklicher wie die Stärkeleime. Mit Perborat gekocht gehen sowohl Kleber als auch Stärke in Lösung.

Am häufigsten wird Weizenmehl verwandt, weniger Roggenmehl.

---

[1]) Walland, Wasch-, Bleich- und Appreturmittel **1913**, 228.

Seit etwa 15 Jahren wird von der Ersten Triester Reisschälfabriks-Aktiengesellschaft durch Dämpfen, Einwirkung von Ammoncarbonat und organischen Säuren aus Reis das sog. Protamol hergestellt, das Stärke und Protein in wasserlöslicher Form enthält[1]).

Als Gummi bezeichnet man amorphe Ausscheidungen aus der Rinde von Akazien u. a. Sie entstehen durch dextrinartige Veränderungen der Cellulose. Sie sind im Handel als bräunliche, glänzende Brocken, in Wasser entweder nur quellbar wie Kirsch- und Traganthgummi oder klar löslich wie arabischer und Senegalgummi. In Alkohol sind sie unlöslich. Die wasserlöslichen Gummi werden gern in der Wollappretur verwandt. Auf Baumwolle liefern sie leicht einen zu harten, „brettigen" Appret. Als „Senegalin" ist eine Mischung aus Senegalgummi mit Stärke und Magnesiumsulfat im Handel.

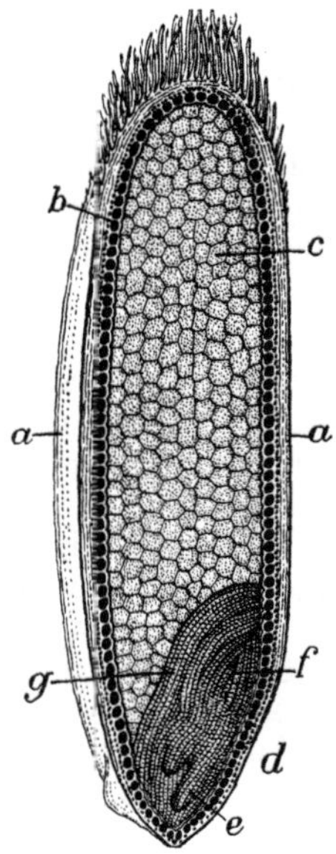

Fig. 5.
Längsschnitt durch ein Roggenkorn.
a Schale.
b Kleberschicht.
c Stärkehaltige Zellen.
d Keimling.
e Wurzelkeim.
f Blattkeim.

Die löslichen Gummi sind oft mit Sand verunreinigt; man kann dies durch eine Veraschung feststellen; die Asche, von dem Kalk- und Magnesiumsalz der Arabinsäure, $C_{12}H_{22}O_{11}$, herrührend, soll nur 3 bis 4% betragen. Das durch seine Löslichkeit ausgezeichnete arabische Gummi wird gern durch minder lösliche Gummiarten verfälscht. Die Gegenwart von 5% Ersatzgummi verrät sich nach Jettel als stark lichtbrechende Gallerte, wenn man das Gummi mit 10 Teilen heißen Wassers übergießt, nach 3 bis 4 Stunden die Hälfte der Flüssigkeit abgießt, durch kaltes Wasser ersetzt, umrührt und dies innerhalb 1 Stunde noch zweimal wiederholt. Weiter bewertet man die Gummisorten nach der Zeit, die bis zum Sauerwerden der Lösung verstreicht.

Das Gummitraganth, die breiige Ausscheidung aus der Rinde von Astragalusarten, im Handel als hornige, zähe Blätter oder Fäden, enthält außer dem löslichen Arabin das nur stark quellbare Bassorin $(C_6H_{10}O_5)_x$ als Hauptbestandteil. Der Traganth wird für Waren geschätzt, denen man Glanz und einen zwar steifen, aber nicht harten Griff erteilen will. Er dringt nicht tief in den Faden ein. Eigentümlich ist die Gelbfärbung mit Alkalien, die beim Ansäuern wieder verschwindet.

Tragasol, von der Gummi Tragasol Co. Ltd., Hooton, Chesire in den Handel gebracht, ist ein aus dem Samen des Johannisbrotbaumes gewonnener Schleim (D. R. P. 189515, Kl. 22 i). Er ähnelt dem Traganth.

Pflanzenschleime werden durch Kochen von 1. Samen wie Leinsamen von Linum usitatissimum und Flohsamen von Plantagio

[1]) Walland, Österr. Wollen- und Leinenindustrie **1909**, 920; Hofer, Lehnes Färberzeitung **1912**, 214.

psyllium, 2. Algen wie Carragheenmoos von Fucus crispus und Agar-Agar von Gigartina spinosa, 3. Flechten wie Isländisches Moos von Cetraria islandica gewonnen; sie dienen besonders der weicheren Appretur. Chemisch sind sie der Cellulose und Stärke verwandt. Sie besitzen daher keine ausgeprägten Erkennungsmerkmale und ihre Gegenwart ist schwer festzustellen[1]).

Der Schleim von Isländisch Moos enthält außer dem löslichen Lichenin das schwer lösliche Isolichenin, das sich mit Jod bläut.

Das aus einer japanischen Meeresalge gewonnene Funori wird zum Griffigmachen von Seide verwandt.

Norgine, aus Meeresalgen gewonnen[2]), besteht aus in Wasser kolloid löslichen Salzen von „Tangsäuren". Die Norgine ist beliebt wegen der Einfachheit ihrer Anwendung. Man braucht die trockene Norgine nur mit der 20fachen Menge Wassers zu übergießen und von Zeit zu Zeit zu rühren; sie löst sich in wenigen Stunden ohne Kochen. Allein dient sie in $^1/_2$ bis 3proz. Lösung zum Appretieren feiner Woll- und Seidengewebe, zusammen mit Dextrin, Stärke und Glaubersalz für Halbwoll- und Baumwollwaren. Eigentümlich für Norgine ist das krystalline Barytsalz, das aus dem Schleim mit Barytwasser ausgefällt wird.

Algin, auch aus Meeresalgen, enthält u. a. das Natriumsalz der Alginsäure. Der gelbliche Schleim dient wegen seiner guten Klebkraft besonders zur Appretur bedruckter Kattune und wegen der Unlöslichkeit des Aluminiumalginats mit Alaun zum Wasserdichtmachen der Gewebe (Dtsch. Färberztg. **1920**, 181).

Die Celluloseabkömmlinge, Viscose (vgl. S. 648) und Acetylcellulose (vgl. S. 660), erstere in Wasser, letztere in Chloroform oder Aceton, teilweise auch Alkohol gelöst, gewinnen in neuerer Zeit in der Appretur an Bedeutung. Man erhält durch einen dünnen Überzug auf Garnen und Geweben eine sehr widerstandsfähige Steifung. So appretiert man Buchbinderleinen unter gleichzeitiger Einverleibung von Mineralstoffen in die viscose Masse; ferner wasserdichte Gewebe unter Mitverwendung von Kautschuk. Trägt man nach D. R. P. 169 782 und 175 664 Glimmerpulver mit Hilfe von Acetylcellulose auf, so erhält man eigenartige Glanzwirkungen[3]). Nach dem A. P. 657 849 von Aykroyd und Krais wird die Viscose auf baumwollenen Geweben selbst erzeugt.

Dem Tierreich entstammen die stickstoffreichen Körper Leim und Eiweiß.

---

[1]) Näheres siehe Liebigs Ann. **51**, 50, 175, 215; **248**, 143; **55**, 165; **249**, 251; Journ. f. prakt. Chem. **95**, 484, 494; Ber. 8, 417; **9**, 1158; **36**, 3197; Jahresberichte über die Fortschritte der Chemie **1847/48**, 831; **1859**, 562; **1865**, 659; **1868**, 805; **1873**, 848; **1880**, 1010; Zeitschr. f. physiol. Chem. **14**, 159; Monatshefte f. Chem. **8**, 453; Erzera, Dissertation, Brüssel **1882**, 8.

[2]) Société française de la Norgine, Paris und E. Langensiepen, Barmen.

[3]) Nach den D. R. P. 224 842, 227 238 und 243 068 der Farbenfabriken vorm. Bayer und Co., Elberfeld, werden Fäden mit Metallglanz hergestellt, indem man sie mit einer Lösung von Celluloseacetaten in Mischung mit Metallpulvern behandelt. Kunststoffe **1912**, 104.

Der Leim (vgl. S. 457) erteilt infolge seiner verklebenden Wirkung einen spröden Griff; außerdem einen unangenehmen Geruch, der aber durch Zusatz von Nitrobenzol gedeckt werden kann. Die Lösung wird durch Tannin gefällt, durch Formaldehyd und Alaune zum Gerinnen gebracht, „gehärtet". Die Bewertung des Leimes erfolgt nach verschiedenen Verfahren. Im durchfallenden Licht sollen die Tafeln klar, ohne Wolken und Schlieren sein. Bei gewöhnlicher Temperatur soll der Leim nach 48stündigem Liegen unter Wasser nur quellen, ohne durch Lösung an Gewicht einzubüßen, was durch Zurückwiegen nach dem Trocknen des gequollenen Leimes festgestellt werden kann. Noch in 1proz. Lösung soll der Leim beim Erkalten gerinnen. Schmidt (Chem.-Ztg. 34, 993; 1910) beurteilt den Leim nach dem Grad seiner Viscosität in 15proz. Lösung bei 30° mit dem Englerschen Viscosimeter. Der Leim soll säurefrei sein; hingegen enthält der minderwertige Knochenleim (französischer Leim) oft Salzsäure im Gegensatz zum Haut- oder Lederleim (Kölner Leim).

Die aus besonders reinen Materialien wie Kalbsfüßen, Kalbsköpfen und Weißlederabfällen gewonnene und gebleichte Gelatine dient in der Appretur hellfarbiger Seidenstoffe.

Flüssige Leime, z. B. Syndetikon, entstehen durch Zusatz von Säuren zur Leimlösung, die dadurch die Gerinnungsfähigkeit einbüßt. Betikol ist ein in Gegenwart organischer Salze wasserlöslicher Leim, der von der Aktiengesellschaft für chemische Produkte vorm. H. Scheidemandel, Berlin SW, hergestellt wird. Gerbleim ist eine mit Sulfitlauge, die von Gerbsäure und schwefliger Säure befreit wurde, verschnittene Leimlösung.

Eiweiß, sei es in Gestalt des in Ammoniak löslichen Caseins, sei es des Albumins aus Blut oder Eiern, dient selten in der Appretur, öfter in der Druckerei, um die Farben wasserunempfindlich zu befestigen.

2. **Weichmachungsmittel.** Sie finden sich fast immer neben den Steifungsmitteln in den Appreturmassen, um den Griff der Ware zwar kräftig, aber nicht zu hart, sondern geschmeidig zu gestalten. Solche Wirkung haben:

a) Fette wie Stearin, Palmitin, Rindertalg, Hammeltalg, Schweineschmalz, Pferdefett, ferner Palm-, Palmkern- und Cocosfett.

b) Öle wie Oliven-, Rüb-, Sesam-, Erdnuß- und Ricinusöl, ferner Baumwollsamenöl (langsam trocknend) und Hanföl (schnell trocknend).

c) Kohlenwasserstoffe wie Vaselin und Paraffin sowie Erdwachs.

d) Wachsarten wie das teure Bienenwachs, das Walrat und das Wollfett.

e) Seifen, aber nicht bei Gegenwart von Bitter- oder Glaubersalz.

f) Türkischrotöle und ähnliche wie Monopolseife, Isoseife. Ihre Anwesenheit in der Appreturmasse befördert zugleich das Eindringen in das Innere der Faser.

g) Glycerin und seine Ersatzmittel wie Glykol[1]) und Glyecin[2]). Glycerin darf wegen seiner Eigenschaft Feuchtigkeit und im Gefolge davon Schimmelpilze anzuziehen, nicht stärker als 20 g in 1 kg Appreturmasse angewandt werden.

Die unter a bis d angeführten Mittel verraten sich durch die Hinterlassung eines dauernden Fleckes, wenn man sie, nötigenfalls unter Erwärmen bis zur teilweisen Verflüssigung, auf Papier bringt. Sie werden mit Hilfe der üblichen Methoden wie Bestimmung des spezifischen Gewichtes, des Schmelz- und Erstarrungspunktes, der Verseifungszahl, der Säure-, Acetyl- und Jodzahl näher gekennzeichnet (vgl. Bd. III, Abschnitte „Fette“ und „Mineralöle“).

Die unter e und f angeführten Mittel verraten sich durch das Schäumen ihrer Lösungen; aus denen der Seifen scheiden Säuren eine Milch ab, die sich bald in Tröpfchenform an der Oberfläche sammelt (vgl. Bd. III, Abschnitte „Fette“ und „Spezielle Methoden der Fettindustrie“).

3. **Glanzmittel.** Hierhin gehören die bereits unter 2 c) und d) erwähnten Mittel wie Paraffin und das härtere und infolgedessen in der Kälte leichter aus der Appreturmasse in Bröckchen auf der Ware ausfallende Wachs, ferner die unter 2 a) angeführten Palmitin und Stearin.

4. **Füllmittel.** Dem Zweck lediglich zu füllen, d. h. einer vom Webstuhl her dünnen Ware ein dichteres Aussehen und Gefühl zu verleihen, dienen unlösliche anorganische Salze, die den unter 1. angeführten Klebmitteln in der Appreturmasse zugesetzt werden, um mit ihrer Hilfe auf der Faser zu haften. An erster Stelle stehen Ton, Kaolin, Chinaclay, Pfeifenerde, Lenzin (Gips) und Talk. Man verwendet bis 300 g Kaolin im Kilogramm Appreturmasse. Infolge der feinen Verteilung dringt der Kaolin bis in das Innerste des Gewebes. Auch Schlämmkreide kann so angewandt werden.

5. **Beschwerungsmittel.** An erster Stelle steht hier Bariumsulfat, sowohl als gemahlener Schwerspat als auch durch Fällen von Chlorbarium mit Schwefelsäure erzeugt (Permanentweiß, Mineralweiß) (vgl. Abschnitt „Anorganische Farbstoffe“). Bleisulfat kann wegen der Schwärzung durch Schwefelwasserstoff nur für dunkle Waren verwandt werden.

Außer diesen unlöslichen Beschwerungsmitteln, die mit einem der Ware zugehörigen Farbstoff in der Appreturmasse gedeckt werden, damit nicht ihr Weiß sichtbar wird, verwendet man auch lösliche.

Namentlich Bittersalz bildet einen wesentlichen Bestandteil der „Salzappreturen“. Seine Vorzüge sind die Erzielung eines gewissen kernigen, harten Apprets, der durch ein beigemischtes Appreturöl wieder gemildert werden kann, und seine Ungefährlichkeit infolge vollkommen neutraler Reaktion[3]).

---

[1]) Th. Goldschmidt, Essen-Ruhr. Deutsche Färberztg. **1917**, 61. Kunststoffe **1918**, 79.

[2]) Farbwerke vorm. Meister Lucius & Brüning, Rundschreiben 776 und 777; 1920.

[3]) Englische Appreturen beschweren Baumwollstoffe mit Bittersalz bis zu 60%!

Im Gegensatz dazu erteilt das hygroskopische Magnesiumchlorid einen weichen, kalten Appret, freilich auch eine hohe und zudem nicht stäubende Beschwerung. Der zu großen Weichheit wirkt gleichzeitige Anwesenheit von Leim entgegen. Mit Chlormagnesium appretierte Ware darf zwar nach Versuchen von Ristenpart (Zeitschr. f. angew. Chem. **26**, 289; 1912) vorübergehend ungespanntem Wasserdampf ausgesetzt werden; bei 106° aber beginnt die Abspaltung von Salzsäure und im Gefolge davon die Zermürbung der Pflanzenfaser. Das ist also beim Sengen, Pressen, Kalandern und Bügeln zu befürchten.

Aus dem eben erwähnten Grunde ersetzt man das Chlormagnesium mehr und mehr durch das ebenfalls hygroskopische Chlorcalcium.

Zinksulfat und -chlorid verhalten sich in der Appretur wie die entsprechenden Magnesiumverbindungen; nur verhindern sie außerdem die Fäulnis.

Natriumsulfat erteilt einen kalten, leinenartigen Griff und wird meist mit Magnesiasalzen zusammen verwandt.

Alle diese anorganischen Appreturmittel, mögen sie zum Fällen, Beschweren oder anderen Zwecken der Appreturmasse zugesetzt werden, verraten sich durch die verhältnismäßig hohe Asche der appretierten Ware und können darin nach dem üblichen Gang der qualitativen Analyse nachgewiesen werden.

6. **Mittel zum Wasserdichtmachen.** Man unterscheidet die wasserdichten Stoffe in zwei Arten, je nachdem das Gewebe zugleich luftdicht ist oder nicht. Im letzteren Falle spricht man von porös-wasserdicht.

A. Luft- und wasserdichte Gewebe (Gummimäntel, Zelt-, Wagen- und Pferdedecken). Die hierfür angewandten Mittel lassen sich in die folgenden Gruppen einordnen; zuweilen werden auch Angehörige verschiedener Gruppen miteinander vermischt, soweit das ihre chemische Natur gestattet.

a) Öle, Fette, Harze; namentlich Leinölfirnis. Da dieser das Gewebe hart und leicht brüchig macht, setzt man nicht trocknende Öle (siehe 2 b) zu, die zwar das Trocknen verlangsamen, dafür aber geschmeidiger machen. Harze geben einen mehr glänzenden firnisartigen Überzug.

b) Kautschuk, Guttapercha, Balata besonders für Regenmäntel und Ballonstoffe.

c) Viscose Lösungen von Viscose und Acetylcellulose (siehe S. 648), Cellit, Cellon (vgl. S. 660), Sikoid, ferner Kupferoxydammoniakcellulose[1]). Sie pergamentieren das Gewebe und steigern zugleich seine Festigkeit. Die wasserabstoßende Kraft läßt sich durch Beimischung von Ricinusöl oder Petroleumrückständen vermehren.

d) Leim, Eiweiß, Casein in gehärteter, unlöslich gemachter Form. Durch die Härtung mit Formaldehyd — bei Leim auch mit Aluminiumsulfat oder Gerbstoffen oder Bichromat und nachfolgende Belichtung — geht die Quellbarkeit nicht ganz verloren. Damit die Stoffe infolge der Sprödigkeit in trockenem Zustande nicht brechen, muß auch hier Paraffin, Stearin, Fette oder Öl beigemischt werden.

[1]) Willesden - Verfahren, Kunststoffe **1920**, 5.

e) Asphalt, Bitumen, Teer (vgl. Bd. III, S. 415), letzterer, nachdem er durch Erhitzen bis zu 300° von den Leichtölen befreit wurde. Diese billigen Stoffe dienen nur für Wagenplachen und Dachpappen. Sie rußen ab und bei gelinder Wärme kleben sie.

B. Porös-wasserdichte Gewebe (Lodenstoffe). Die hierfür angewandten Mittel lassen sich in zwei Gruppen einteilen.

a) Mittel, die an sich wasserabstoßend wirken, in einem flüchtigen Lösungsmittel gelöst oder emulgiert oder — seltener — unmittelbar angewandt. Hierhin gehören außer den unter A a) angeführten, Lanolin, Wachs, Walrat, Karnaubawachs, Paraffin, Vaselin, Ozokerit, Petroleum, Zinkseifen (nach dem D. R. P. 124 973 von Thornton und Rothwell) und Aluminiumseife, sog. „Seifenlack, Sepa" des Handels.

b) Mittel, die erst durch die Einwirkung von Wärme oder durch chemische Umsetzung wasserabstoßend werden. Zu den ersteren gehören ameisen- und essigsaure Tonerde, zu den letzteren Seife, Natriumaluminat, Wasserglas und Tannin umgesetzt mit ameisen- oder essigsaurer Tonerde, seltener Blutlaugensalz oder Kaliumchromat umgesetzt mit Kupfervitriol, schließlich die unter A d) angeführten Leim oder Casein umgesetzt mit Formaldehyd.

7. Mittel zum Flammsichermachen. Als Flammschutzmittel eignen sich dreierlei Stoffe.

A. Solche, die den Faden luftdicht überziehen, so daß der Sauerstoff nicht hinzu kann: Wasserglas, häufig mit Alaun zusammen, auch mit suspendiertem Glaspulver und Kieselgur, z. B. für Theaterdekorationen; ferner Kochsalz, Chlorcalcium, ameisen- und essigsaure Tonerde.

B. Solche, die in der Wärme schmelzen und dadurch den Faden schützend überziehen: Borax, häufig mit Borsäure, Natriumwolframat, auch mit Natriumphosphat, Alaun.

C. Solche, die in der Wärme unverbrennliche Gase entwickeln: Natriumthiosulfat (SO_2) und namentlich Ammonsalze (NH_3), besonders Ammonsulfat in etwa 10proz. Lösung angewandt, ferner Ammonchlorid und Ammonphosphat.

Auch die unter 5. angeführten Beschwerungsmittel sind, weil unverbrennlich, mehr oder weniger als Flammenschutzmittel anzusprechen.

8. Mittel gegen Fäulnis. Als anorganische Antiseptika kommen hauptsächlich Chlorzink und Zinksulfat, Kupferchlorid und Kupfersulfat, Borax und Borsäure, als organische Ameisensäure, Formaldehyd, Salicylsäure, Carbolsäure, Kreosot und Betanaphtholnatrium in Mengen von 1 bis 10 g auf das Kilogramm Appreturmasse in Betracht.

Beispiele gebräuchlicher Appreturmassen. Die S. 1087 bis 1096 gegebene Kennzeichnung der Wirkungsweise der gebräuchlichen Appreturmittel setzt den Analytiker in den Stand zu beurteilen, welche Appreturmittel bei einem bestimmten Gefühl und Aussehen der zu untersuchenden Ware überhaupt in Frage kommen. Eine weitere Erleichterung in dem Gang der Analyse bietet die Kenntnis der Zusammensetzung ganzer Appreturmassen, die in der Praxis für ausgesprochene Zwecke verwandt werden. Einige solcher Vorschriften aus Witt-Lehmann, Technologie der Gespinstfasern, mögen daher hier angeführt werden:

1. Leinwandappretur.

80 g	Weizenmehl
24 g	Weizenstärke
80 g	Chinaclay
13 g	Marseiller Seife
5 g	weißes Wachs
3 g	Talg
0,5 g	Ultramarin
40 g	Glycerin
754,5 g	Wasser
1000 g	

2. Damastappretur.

15 g	Weizenstärke mit
150 g	Wasser kochen und in
1,25 g	weißes Wachs
1,25 g	Stearin
2,5 g	Seife
0,3 g	Ultramarin in
150 g	Wasser gekocht, einrühren. Verdünnen mit
679,7 g	Wasser
1000 g	

3. Schirtingappretur.

10,9 g	Weizenmehl
10,9 g	Chinaclay
73 g	Schwerspat
2,9 g	Cocosöl
1,8 g	MarseillerSeife
0,9 g	Soda
899,6 g	Wasser
1000 g	

4. Chiffonappretur.

107 g	Kartoffelmehl
102 g	Gips
0,54 g	Marseiller Seife
10,7 g	Schweineschmalz
0,21 g	Ultramarin
779,55 g	Wasser
1000 g	

5. Gemusterte Baumwollstoffe.

43,8 g	Kartoffelstärke
18,3 g	Weizenstärke
10,9 g	Kartoffelmehl
18,3 g	Chinaclay
18,3 g	Schwerspat
10,9 g	Talk
1,8 g	Marseiller Seife
1,8 g	Stearin
875,9 g	Wasser
1000 g	

6. Gerauhte Baumwollstoffe.

60 g	Dextrin
2,5 g	Türkischrotöl
937,5 g	Wasser
1000 g	

7. Gefärbte Kleiderstoffe.

100 g	Kartoffelmehl
40 g	Chinaclay
100 g	Leim
14 g	Talg
12 g	Seife
2 g	Glycerin
732 g	Wasser
1000 g	

73 g	Apparatin
18 g	Kartoffelstärke
27 g	Chlormagnesium
2,7 g	Chlorzink
3,6 g	Seife
875,7 g	Wasser
1000 g	

8. Bedruckte Gewebe.

87 g	Kartoffelmehl
63 g	Weizenstärke
20 g	Dextrin
20 g	Leim mit
250 g	Wasser kochen, abkühlen und
44 g	Chlormagnesium 30° Bé
516 g	Wasser zusetzen
1000 g	

9. Buntgewebe.

90 g	Dextrin
18 g	Bittersalz
9 g	Türkischrotöl
0,3 g	Soda
882,7 g	Wasser
1000 g	

10. Leinen- und Halbleinengewebe.

80 g	Kartoffelmehl
5 g	Wachs
2,5 g	Kolophonium
2,5 g	Talg
1,3 g	Walrat
1,3 g	Kernseife
907,4 g	Wasser
1000 g	

53,5 g	Weizenstärke
3,8 g	Leim
2,3 g	Paraffin
0,7 g	Walrat
939,7 g	Wasser
1000 g	

11. Buchbinderleinen.

167 g	Weizenstärke
50 g	Kartoffelmehl
20 g	Leim
10 g	Wachs
753 g	Wasser
1000 g	

12. Seide und Halbseide (Riegelappretur).

600—700 g	Tragantschleim 1 : 10
20— 30 g	Leim
10— 15 g	Olivenöl
370—255 g	Wasser
1000 g	

350 g	Tragantschleim 1 : 10
350 g	Kartoffelmehl als Apparatine
10 g	Leim
10 g	Olivenöl
280 g	Wasser
1000 g	

Im Gegensatz zu den Baumwollgeweben werden Wollstoffe weit weniger mit Appreturmitteln behandelt. Die Wolle ist von Natur edler und erhält bereits durch die mechanische Ausrüstung auf Maschinen genügenden Halt und vorzügliches Aussehen. Sie bedarf nur in seltenen Fällen der Nachhilfe durch einverleibte Appreturmasse. Nur geringe Qualitäten werden mit Apparatine, Dextrin, Leim oder Gummi gestärkt, mit Glycerin oder Türkischrotöl weichgemacht, mit Chlormagnesium oder Bittersalz beschwert. Füllmittel kommen dagegen für wollene Gewebe nicht in Betracht.

Bevor man zur Untersuchung der Appretur schreitet, versäume man nicht, die Art der Faser im appretierten Gewebe festzustellen. Am besten eignet sich hierzu das mikroskopische Bild.

Weitere Anhaltspunkte gibt das Äußere des Gewebes unter Berücksichtigung der oben angeführten Wirkungsweise der einzelnen Appreturmittel.

Ablösung der Appreturmittel von den Geweben. Zur eigentlichen Untersuchung muß die Appretur vom Gewebe abgelöst werden. Dies geschieht in zwei Abschnitten, erst durch Ausziehen mit Petroläther und anderen organischen Lösungsmitteln, dann durch Abkochen mit destilliertem Wasser.

Der *Petroläther* löst Fette, Öle, Paraffin usw., ferner die Harze Kolophonium, Dammar, Elemi, Mastix und Sandarak, nicht aber Schellack und Kopal. Letztere müssen durch Alkohol heiß abgelöst werden. Das Ausziehen mit Äther geschieht am besten im Soxhlet ohne Papierhülse. Der Ätherauszug wird im Scheidetrichter mit etwa 20 ccm destilliertem Wasser durchgeschüttelt, um ihn von mechanisch mitgenommenem Glycerin und Seife zu befreien, vom Wasser getrennt, trocken gefiltert und in einem Porzellanschälchen zur Trockne verdunstet. Der Rückstand gibt sich durch Erzeugung eines dauernden Fleckes auf Papier als Fett, durch Sprödigkeit in der Kälte als Harz zu erkennen. Er wird nach dem weiter unten angegebenen Gang näher untersucht.

Eine Ausnahmestellung nehmen luft- und wasserdichte Gewebe (S. 1095) ein, die Kautschuk oder Asphalt oder Teer enthalten. Hier erfolgt die Ablösung der Appretur durch Benzol, Toluol, Aceton, Chloroform u. a. am Rückschlußkühler oder im Soxhlet.

Das mit Äther ausgezogene Gewebe wird nun eine halbe Stunde in einer Porzellanschale mit der zum Überschichten nötigen Menge destillierten *Wassers* gekocht. Meistens quillt die Hauptmasse des Apprets nur auf, kann aber mit Hilfe eines Spatels heruntergeschabt werden. Man wiederholt die Abkochung noch 1 bis 2mal und vereinigt die Auszüge. Zeigt sich ein beträchtlicher Bodensatz, so ist von diesem durch Absitzenlassen und Abgießen zu trennen.

Die wässerige Lösung wird nach dem unten angegebenen allgemeinen Gang untersucht. Unter Umständen muß sie vorher entfärbt werden. Welches Bleichmittel anzuwenden ist, hängt einerseits von der Natur des Farbstoffes — vgl. Farbstoffanalyse —, andererseits von der weiterhin vorzunehmenden Reaktion ab. So würde das sonst vorzügliche Hydrosulfit, z. B. die Biuretreaktion, infolge Reduktion der Fehlingschen Lösung stören; in diesem Falle müßte also oxydierend, z. B. mit Chlorkalk, gebleicht werden.

Der Bodensatz kann aus anorganischen Füll- und Beschwerungsmitteln (S. 1094), Mineralstoffarben wie Ultramarin, Smalte, Berlinerblau und organischen Bestandteilen wie unlösliche Albumine, ferner Trümmer von pflanzlichen Gewebeteilen, dem angewandten Mehle entstammend, u. a. sich zusammensetzen. Man unterwirft ihn der mikroskopischen Prüfung (S. 1106) und den Reaktionen auf Eiweiß nach Millon und Adamkiewicz (S. 1101/2). Zur Bestimmung der anorganischen Bestandteile muß der Bodensatz von der noch anhaftenden Lösung getrennt werden. Da deren schleimige Beschaffenheit ein Abfiltern vereitelt, muß durch halbstündiges Erhitzen mit wenig Salzsäure oder auch mit Hilfe von Diastafor vorher verzuckert werden. Darauf vollzieht sich das Filtern glatt. Der Rückstand wird in eine Platinschale übergeführt und nach dem Wegglühen der organischen Reste wie üblich analysiert.

Eine Ausnahmestellung nehmen auch hier die wasserdichten Gewebe ein, insbesondere die nach 6 A d) S. 1095 mit Leim und nachfolgender Härtung und die nach 6 A b) S. 1096 mit fettsaurer Tonerde behandelten. Sie müssen zur Zerlegung der unlöslichen Verbindungen mit verdünnter Salzsäure gekocht werden. Leim wird durch Natriumschmelze des Gewebes und Überführung seines Stickstoffs in Berlinerblau nachgewiesen, Chrom durch die Grünfärbung der Asche, Gerbstoff durch Ausschütteln der abgekühlten salzsauren Abkochung mit einem Gemisch aus gleichen Teilen Äther und Essigester und Betupfen des gefilterten und verdunsteten Ätherauszuges mit Ferriammonsulfatlösung (Schwarzfärbung), Tonerde in der salzsauren Abkochung, Fettsäure in dem mit Salzsäure abgekochten Gewebe durch Extraktion mit Äther.

Die bei der Ablösung der Appreturmittel vom Gewebe nach der beschriebenen Methode erhaltenen drei Bestandteile

1. Auszug mit Äther und anderen organischen Lösungsmitteln,
2. wässerige Abkochung,
3. Unlösliches

werden nun nach dem folgenden allgemeinen Gang der Appreturmittelanalyse untersucht.

Allgemeiner Gang der Appreturmittelanalyse. Wie die auf S. 1097 und 1098 angeführten Beispiele lehren, enthalten technische Appreturgemische meist sowohl anorganische wie organische Verbindungen. Durch Verglühen einer Probe auf einem Platinblech oder im Porzellantiegel verschafft man sich schnell hierüber Aufschluß. Anorganische Substanzen hinterlassen eine beträchtliche Asche, organische schwärzen sich vorübergehend und stoßen brenzlige Dämpfe aus. Letztere können hierbei dem Erfahrenen durch den eigentümlichen Geruch, sei es nach verbrannten Haaren, sei es nach verkohlendem Zucker, die Gegenwart von Leim und Eiweiß einerseits oder Kohlenhydraten andererseits verraten.

A. **Anorganische Appreturmittel.** Sind anorganische Appreturmittel zugegen, so sind diese in der Regel in der aus einer hinreichenden Probe hergestellten Asche zu ermitteln. Maßgebend dafür ist der als bekannt vorauszusetzende Gang der qualitativen Analyse. Verascht wird im schräg liegenden Platin- oder Porzellantiegel über dem Bunsenbrenner, nicht Gebläse, zunächst mit kleiner Flamme, um dem Wasser Zeit zum Entweichen zu geben und ein Überschäumen zu vermeiden. Infolge der meist auftretenden Verkokung und der Umhüllung der Kohlenteilchen mit geschmolzenen anorganischen Bestandteilen stößt die restlose Verbrennung auf Schwierigkeiten. In diesem Falle befeuchtet man nach dem Erkalten mit etwas Wasser und wiederholt das Glühen. Bleibt die Asche auch jetzt noch kohlenhaltig, so zerdrückt man sie mit einem Glasstabe unter gleichzeitigem Anfeuchten mit Wasser und glüht abermals. Auf Ammoniumverbindungen prüft man die ursprüngliche Substanz, auf anorganische Säuren die wässerige Lösung oder die Schmelze mit Natriumkaliumcarbonat.

B. **Organische Appreturmittel.** Weit schwieriger gestaltet sich die Analyse der organischen Appreturmittel. Sie entbehrt der scharfen, zuverlässigen Trennungsmethoden; nur wenige Reaktionen sind eindeutig. Es bedarf daher großer Übung und reicher Erfahrung, um aus dem Gesamtbild der analytischen Ergebnisse die wirkliche Zusammensetzung zu ermitteln.

Die gebräuchlichen und bewährten Reaktionen zum Nachweis organischer Appreturmittel können in Gruppen- und Einzelreaktionen unterschieden werden. Die Gruppenreagenzien sprechen auf eine ganze Reihe von Appreturmitteln an, deren Gegenwart sie nur bestätigen, aber nicht beweisen können. Sie können aber zu Trennungen dienen. Die Einzelreagenzien treffen nur für ein bestimmtes Appreturmittel zu, das mithin bei Eintritt der Reaktion zugegen sein muß.

Gruppenreagenzien.

1. 96 volumproz. Alkohol, in 10facher Menge zur wässerigen Lösung gesetzt, fällt Stärke, Dextrin, Gummi arabicum, Pflanzengummi, Pflanzenschleime, Leim, Eiweiß und Anteile von Sulfitcelluloseablaugen (aber auch anorganische Salze!). Nicht gefällt werden Glucose, Glycerin, Seife und Anteile der Sulfitcelluloseablauge. Die Abscheidung von Gummi arabicum wird durch Zusatz von einigen Tropfen verdünnter Salzsäure vermehrt, diejenige von Leim verringert.

2. Fehlingsche Lösung wird beim Kochen sofort reduziert durch Glucose, Maltose, Achroodextrin und Sulfitcelluloseablauge, nach längerem Kochen durch Pflanzengummi und Traganth.

3. 5 proz. Tanninlösung fällt Stärke und Dextrin, aber nur in starker Lösung, Isländisch Moos und Leinsamen, namentlich in salzsaurer Lösung, ferner Flohsamen, Gummitragasol, Leim, Eiweiß. Die Leimfällung löst sich in verdünnter Salzsäure wieder auf.

4. Bleiessig (3 Teile essigsaures Blei, 1 Teil Bleiglätte und $^1/_2$ Teil Wasser werden auf dem Wasserbade verrührt, bis die Farbe in weiß oder rötlichweiß übergegangen ist; dann gibt man 20 Teile Wasser hinzu, läßt absitzen und filtert), fällt Stärke in starker Lösung, Gummi arabicum, Pflanzengummi, besonders stark Traganth, Pflanzenschleime, Tragasol, Norgine, ferner Leim (in starker Lösung), Eiweiß, Sulfitcelluloseablaugen (aber auch Seifen, Sulfate, Chloride, Phosphate, Silicate!).

5. 5 proz. Barytwasser fällt Stärke, Traganth, Carageen, Agar-Agar, Norgine, Gummitragasol (aber auch Seifen, Sulfitcelluloseablauge und Metallsalze).

6. Ammoniummolybdat (150 g molybdänsaures Ammon werden in 1 l Wasser gelöst, in 1 l HNO_3, spez. Gewicht 1,2, eingegossen, einige Tage stehengelassen zwecks Abscheidung etwaiger Phosphorsäure und abgegossen) fällt in der Kälte Norgine und Leim. Beim Erhitzen wird erstere Fällung fadenförmig, letztere verschwindet. Die Leimfällung wird auch durch Säure beeinträchtigt.

Beim Erhitzen fällt Ammonmolybdat noch Gummi arabicum (schwach blaugrün, aber nicht bei Gegenwart von Schwefelsäure und viel freier Salpetersäure) und Leinsamen.

Einzelreagenzien.

7. Jodlösung (0,1 g Jod und 1,5 g Jodkalium werden in 5 ccm Wasser gelöst und auf 100 ccm aufgefüllt) gibt in kalter, neutraler Lösung mit Stärke eine blaue, mit Dextrinen eine weinrote Färbung. In der Lösung vorhandene Reduktionsmittel wie schweflige Säure müssen vorher oxydiert werden.

8. Verdünnte Salpetersäure, spez. Gewicht 1,12, fällt Norgine gallertartig. Beim Unterschichten unter eine Eiweißlösung entsteht an der Berührungsstelle ein weißer Ring (aber auch bei Seifen!). Das koagulierte Eiweiß wird beim Erhitzen gelb.

9. Fehlingsche Lösung, tropfenweise zu der mit Natronlauge stark alkalisch gemachten Lösung gesetzt, gibt bei Gegenwart von Leim sofort oder bei gelindem Erwärmen Violettfärbung (Biuretreaktion). Eiweißkörper geben dieselbe Reaktion und sind daher nach 8. durch Koagulation vorher zu entfernen.

10. Millons Reagens (1 Teil Quecksilber wird in 1 Teil Salpetersäure gelöst, möglichst ohne Erwärmung, auf das dreifache Volum verdünnt, 24 Stunden stehengelassen und von etwas auskristallisiertem Quecksilbersalz abgegossen) fällt Eiweiß. Die Fällung färbt sich beim

Kochen rosa. Eine rote Färbung tritt auch ein bei Sulfitcelluloseablauge in der Kälte und Gummitragasol in der Hitze. Norgine wird gallertartig gefällt. Das Millonsche Reagens erfordert die Abwesenheit von Alkalien und Seifen.

11. Chlorkalklösung 2 bis 3° Bé färbt kalte Sulfitcelluloseablauge blutrot, Norgine wird gelatinös gefällt (aber auch Seife!).

12. Essigsäureanhydrid und Schwefelsäure, spez. Gewicht 1,53 (aus **34,7** ccm konz. Schwefelsäure + 35,7 ccm Wasser), geben mit Harzen Rot- bis Veilfärbung (Liebermann-Storchsche Reaktion). Man schüttelt die Probe mit Essigsäureanhydrid durch, hebt dieses mit einer Pipette ab und schichtet die Schwefelsäure vorsichtig darunter. Die Färbung pflegt bald wieder zu verschwinden bzw. in Braun überzugehen. Cholesterin gibt eine ähnliche Reaktion, doch schlägt hier die anfangs rötlichbraune Färbung bald nach Grün um. (Lewkowitsch, Chemische Technologie und Analyse der Öle, Fette und Wachsarten **1908,** I, 418; Liebermann, Ber. **18,** 1804; 1885.)

13. Ein Gemisch aus 1 Raumteil konz. Schwefelsäure und 2 Raumteilen Eisessig färbt sich auf Zusatz von festem Eiweiß bei gewöhnlicher Temperatur langsam, bei gelindem Erwärmen schneller rotviolett (Adamkiewicz).

14. 1 Raumteil Chloroform, in dem Cholesterin oder Phytosterin gelöst ist, mit 1 Raumteil konz. Schwefelsäure geschüttelt, färbt sich blutrot bis purpur. Setzt man zu der Chloroformschicht noch mehr Chloroform, so schlägt das Rot in farblos bis blau um und kehrt beim Schütteln wieder (Hager-Salkowski, Zeitschr. f. anal. Chem. **11,** **44;** 1872 und **26,** 568; 1887).

15. Diazobenzolchlorid (jedesmal frisch herzustellen durch Diazotierung von salzsaurem Anilin, in Wasser gelöst, mit der molekularen Menge Natriumnitrit bei Gegenwart von Salzsäure und unter Eiskühlung) gibt mit phenolhaltigen, in verdünnter Natronlauge gelösten Substanzen, z. B. Teerölen, eine Rosafärbung (Gräfe).

Wasserlösliche Appreturmittel. Mit Hilfe der erwähnten Reagenzien läßt sich nun folgender Analysengang zur Auffindung wasserlöslicher Appreturmittel aufstellen (die S. 1100 zusammengestellten Reagenzien sind durch die Abkürzung R. bezeichnet):

Die wässerige Lösung wird mit einigen Tropfen R. 8 versetzt; ein gelatinöser Niederschlag deutet auf Norgine. Man erwärmt schwach und setzt zu dem abgekühlten Filtrat mit Ammoniak neutralisiertes R. 6; ein flockiger, weißer Niederschlag entsteht bei Gegenwart von Leim. Man neutralisiert möglichst genau mit Ammoniak, filtriert und versetzt mit R. 1; man läßt über Nacht absitzen, gießt ab und wäscht den Rückstand mit etwas Alkohol nach. Der Rückstand kann enthalten: Stärke, Dextrin, Gummiarten, Pflanzenschleim, Sulfitablaugenbestandteile, Leim, Eiweiß; die Lösung Glucose und Glycerin, Seife, Fette und Öle, geringe Bestandteile von Sulfitablauge.

Aus der **Lösung** destilliert man den Alkohol ab und äthert den zurückbleibenden Sirup im Scheidetrichter aus.

Die ätherische Lösung wird mehrere Male mit Wasser gewaschen und verdunsten gelassen. Ein Rückstand deutet auf Fett und Öl.

Die wässerige Lösung wird mit verdünnter Salzsäure angesäuert; Fett- und Harzsäuren scheiden sich aus; in diesem Falle wird ausgeäthert.

Die ätherische Lösung wird mehrere Male gewaschen und verdunsten gelassen. Ein fettiger Rückstand deutet auf Seife; ein spröder auf Harzseife mit R. 12 zu prüfen.

Einen Teil der wässerigen Lösung versetzt man mit R. 10. Rotfärbung zeigt Sulfitablauge an.

Einen zweiten Teil kocht man kurz mit R. 2. Gelbe bis rote Trübung zeigt Glucose an, zweifelsfrei aber nur bei Abwesenheit von Sulfitlauge.

Die Hauptmenge wird auf dem Wasserbade eingedampft. Bei Gegenwart von Glucose wird der Sirup mit der achtfachen Menge 96proz. Alkohols und der achtfachen Menge Äthers verrührt und über Nacht verschlossen stehengelassen. Die Lösung wird abgegossen, der Alkoholäther verjagt und der zurückbleibende Sirup mit der acht- bis zehnfachen Menge Kaliumbisulfat im Probierrohr erhitzt. Die entstehenden Akroleindämpfe deuten auf Glycerin und können durch die beim Zusammentreffen mit einem Tropfen p-Nitrophenylhydrazinlösung entstehenden gelben Flöckchen mikroskopisch nachgewiesen werden (Massot, Monatsschr. f. Textilind. **1907**, 152).

Bei Abwesenheit von Glucose kann der Sirup unmittelbar der Akroleinprobe unterworfen werden.

Der auf einem Filter gesammelte oder am Gefäß haftende **Niederschlag** wird mit kaltem Wasser angerührt.

ıLösung geht ztrin und l durch die färbung mit 7 nachgewie- Die Beein- htigung der ktion durch nwesende :ke beseitigt ı durch Ab- idung der teren und iederholung Reaktion. Die tärke wird ch Zusatz von ohol zur ein- ampften Lö- g bis zur be- ıenden Trü- g abgeschie-

Der Rückstand wird mit siedend heißem Wasser angerührt, eine halbe Stunde auf dem Wasserbad erwärmt und gefiltert.

Das Filtrat wird in drei Teile geteilt:

1. Man versetzt mit R. 7. Rotfärbung zeigt Dextrin, Blaufärbung Stärke an. Letztere könnte durch viel Dextrin verdeckt werden. In diesem Falle scheidet man sie vorher aus der mit Alkohol bis zur beginnenden milchigen Trübung versetzten und bis zur Klärung erwärmten Lösung mit Tannin ab, filtert den dünnflockigen Niederschlag, wäscht aus, trocknet, nimmt von dem vielleicht amyloidhaltigen Papier herunter und prüft mit R. 7.

2. Man sättigt mit Kochsalz, setzt einen Tropfen Essigsäure zu, kocht eine Minute, damit Spuren Eiweiß gerinnen, filtert, macht mit Natronlauge alkalisch und bläut eben mit R. 9 an; beim Umschütteln und gelinden Erwärmen eintretende Veilfärbung deutet auf Leim.

3. Die Hauptmenge wird von etwaiger Stärke durch halbstündiges Erwärmen auf 60° C mit Diastafor befreit, aufgekocht, gefiltert und kalt mit R. 4 im Überschuß versetzt, gefiltert, gewaschen und feucht auf dem Filter mit 50prozentiger Essigsäure versetzt.

Das Filtrat versetzt man mit R. 2, bis das niedergeschlagene Bleisulfat sich wieder lösen will, darauf mit Natronlauge im Überschuß bis zur völligen Lösung. Nach einiger Zeit sammeln sich an der Oberfläche weiße zähe Flöckchen: Gummi arabicum oder Tragasol.

Der Rückstand kann Traganth, Tragasol, Pflanzenschleime und Sulfitlaugenanteile enthalten.

Ein Teil wird mit der zehnfachen Menge Wassers, darauf R. 5 zugesetzt und weiter gekocht. Gelbfärbung der Lösung, die beim Erkalten verschwindet, deutet auf Traganth. Pflanzenschleime entbehren eigentümlicher Reaktionen. Tragasol und Sulfitlaugenanteile werden mit R. 10 nachgewiesen.

Der Rückstand wird mit R. 9, R. 10 und R. 13 auf Eiweiß geprüft. Er kann noch Stärke enthalten (R. 7) und Metallseifen. Letztere verraten sich beim Kochen mit konz. Salzsäure durch die Abscheidung von Fettsäure und die Anwesenheit von Calcium, Magnesium usw. im Filtrat.

Fette, Wachse, Harze und Paraffine; Kautschuk, Cholesterin, Teer. Die Ermittlung der Fette, Wachse und Harze sowie der Paraffine bildet ein Kapitel für sich. Wegen ihrer Unlöslichkeit in Wasser können sie nur in anderen Mitteln, namentlich Alkohol und Äther (S. 1098), gelöst oder zu Emulsionen, Pasten, festen Körpern gemischt oder als solche in Substanz vorliegen. Diese drei Fälle lassen sich vereinfachen so, daß ein und derselbe Weg der Untersuchung beschritten werden kann. Liegen Lösungen vor, so wird das Lösungsmittel verdunstet, liegen Emulsionen oder Pasten vor, so werden diese nötigenfalls mit Bimssteinpulver verrieben, bei 100° getrocknet und ebenso wie feste Körper mit Äther im Soxlethapparat extrahiert, der Äther im Scheidetrichter mit Wasser durchgeschüttelt und verdunstet. In beiden Fällen erhält man so die zu untersuchenden Stoffe in Substanz, wie sie im dritten Fall bereits vorliegen. Damit stellt man folgende Proben an:

1. Man prüft auf Verseifbarkeit nach Lux. In einem Probierrohr erwärmt man ein erbsengroßes Stück Natron- oder Kalihydrat mit 5 ccm Alkohol bis zur nahezu völligen Lösung und kocht etwa 0,1 g Substanz eine Minute damit. Beim Verdünnen eines Teiles mit der etwa 10fachen Menge Wassers eintretende Trübung deutet auf unverseifbare Bestandteile (Paraffin, Cholesterin, Mineral-, Harz- und Teeröle, aber auch Wachsalkohol, siehe unten). Erstarrt dagegen die unverdünnte Lösung beim Erkalten, so liegen verseifbare Bestandteile vor.

2. Eine weitere Probe erwärmt man mit einer 10proz. Sodalösung, klärt nötigenfalls durch Absitzenlassen, pipettiert etwas heraus und versetzt mit verdünnter Salzsäure. Milchige Trübung weist auf ursprünglich vorhandene freie Fettsäure und Harze.

3. Man kocht mit etwa 20proz. Salzsäure eine halbe Stunde am Rückflußkühler unter Beigabe einiger Glasstückchen zur Vermeidung des Stoßens. Man filtert durch ein genäßtes Filter. Schwefelsäurereaktion des Filtrates deutet auf Sulfoleate.

4. Eine weitere Probe wird in der doppelten Menge Äther gelöst und mit der vierfachen Menge absoluten Alkohols versetzt. Eine etwaige Abscheidung, mit Alkoholäther ausgewaschen, deutet auf Kautschuk.

5. Man prüft mit R. 12 auf Harz.

6. R. 14 dient zum Nachweis von Cholesterin (Wollfett).

7. Mit R. 15 prüft man auf Teeröle.

Hat die Verseifungsprobe unter 1. Trübung beim Verdünnen ergeben, so kann diese außer von unverseifbaren Bestandteilen auch von Wachsalkoholen herrühren: Cetylalkohol des Walrates, Smp. 50°, Cerylalkohol des chinesischen Wachses, Smp. 79° und Melissylalkohol des Karnauba- und Bienenwachses, Smp. 76° (rein bei 88°). Behufs ihrer Trennung und Erkennung dampft man die alkoholische Verseifungsflüssigkeit zur Trockne und zieht den zerkleinerten Rückstand im Soxleth mit Petroläther aus. Der Petroläther löst sowohl die Wachsalkohole als die unverseifbaren Bestandteile. Nach seinem Verdunsten kocht man den Rückstand 1 bis 2 Stunden unter Rückfluß mit der doppelten Menge Essigsäureanhydrid. Die Wachsalkohole werden acetyliert und gehen in Lösung, zugleich etwaiges Cholesterin; die Kohlenwasserstoffe schwimmen als klares Öl oben auf. Man trennt nach Lewkowitsch, Chem. Technologie und Analyse der Fette und Wachsarten **1905**, I, 410, im vorgewärmten Scheidetrichter, scheidet die Ester durch Einlaufenlassen in heißes Wasser ab, filtert, wäscht heiß und trocknet. Die Ester haben folgende Schmelzpunkte und Verseifungszahlen:

Verseifungszahlen	Smp.	V.Z.
Acetat des Cetylalkohols	22—23	197,5
„ „ Melissylalkohols	70°	116,7
„ „ Cholesterins	114	135,5
„ der Bienenwachsalkohole . . .		99—103
„ „ Karnaubawachsalkohole . .		123
„ „ Rohwollfettalkohole. . . .		150,6

Hat die Schwefelsäurereaktion unter 3. das Vorhandensein von Sulfoleaten ergeben, so können die auf dem genäßten Filter zurückgehaltenen Fettsäuren mit heißem Wasser ausgewaschen, getrocknet und mit Hilfe der Acetyl- und Jodzahl als Ricinolsäure usw. ermittelt werden (Benedikt-Ulzer, Analyse der Fette und Wachsarten, 5. Aufl., S. 363).

Das nach 4. festgestellte Vorhandensein von Kautschuk wird durch die zähe klebende Beschaffenheit des Rückstandes bestätigt. Mit dem fünffachen Volum Benzol eine Stunde am Rückflußkühler erhitzt und über Nacht stehengelassen, wird die Masse gleichmäßig dickflüssig. Aus ihr kann man durch vierstündiges Kochen mit dem gleichen Volum $^{n}/_{2}$ alkoholischer Kalilauge, Verdunsten des Alkohols und Benzols und mehrmaliges Auskochen mit Wasser etwaige fette Öle und Harze durch Verseifung ausziehen. Etwaige Mineralöle werden mitemulgiert und können der wässerigen Lösung durch Ausschütteln mit Petroläther im Scheidetrichter entzogen werden. Der zurückbleibende Kautschuk ballt sich zusammen und läßt sich kneten (siehe auch den Abschnitt „Kautschuk“ Bd. III, S. 1196.)

Harze, die nach 5. nachgewiesen wurden, lassen sich nach Bd. III, S. 699ff. näher untersuchen (siehe auch Dieterich, Analyse der Harze 1900).

Teer, Pech, Asphalt und andere wasserdichtmachende Mittel. Der Nachweis von Teeröl nach 7. (S. 1104) mit R. 15 dient auch zur Erkennung von Teer, wie er zum Wasserdichtmachen von Dachpappen u. a. benutzt wird, siehe S. 1096 unter 6. A. e). Man kocht 1 g Substanz 5 Minuten mit 10 ccm $^{n}/_{2}$-Natronlauge, filtert nach dem Erkalten und versetzt mit der frisch bereiteten Diazobenzolchloridlösung. Sowohl Braun- als auch Steinkohlenteer geben Rotfärbung, nicht dagegen Fettpech, Erdölpech und Naturasphalt, die sich gelb bis kreß färben (Chem.-Ztg. **30**, 298; 1906 und **32**, 965; 1908). Fettpech, der Rückstand von der Destillation des Wollfettes und der Kerzenfettsäuren, verrät sich durch seinen Fettsäuregehalt (Holde, Untersuchung der Kohlenwasserstofföle 1918, S. 379), Naturasphalt durch seinen Schwefelgehalt, durch Schmelzen mit Soda und Salpeter und Fällen der Schwefelsäure im wässerigen Auszug der Schmelze zu ermitteln, Holzteer durch seinen eigentümlichen Geruch und seine gute Löslichkeit sowohl in kaltem absoluten Alkohol, als auch in Eisessig.

Die Natur der S. 1095 unter 6. c aufgeführten wasserdicht machenden Stoffe verrät sich schon zum großen Teil durch die Art des Lösungsmittels. So deutet Chloroform und Aceton auf Acetylcellulose, Amylacetat und Ätheralkohol auf Nitrocellulose.

Unlöslicher Bodensatz. Bleibt nach dem Ausziehen eines appretierten Gewebes oder Appreturmittels mit Äther und kochendem Wasser ein mechanisch heruntergelöster Bodensatz, so kann dieser aus anorganischen Verbindungen wie Gips, Schwerspat, Bleioxyd, Talk, Kaolin und Mineralfarbstoffen, aber auch aus organischen wie Eiweiß, Stärke, Kork- und Lederpulver, Holzmehl und Scherhaaren bestehen. Zur Unterscheidung ist in erster Linie das Mikroskop heranzuziehen.

Bei 200- bis 250facher Vergrößerung zeigen sich die eigentümlichen Formen etwaiger nicht aufgeschlossener Stärkesorten (S. 1088), ferner die strukturlosen Gebilde der anorganischen sowie der Eiweißverbindungen, letztere durch R. 10 und R. 13 nachzuweisen. Bereits bei mäßiger Vergrößerung treten die Korkzellen auf, besonders nachdem man den zu untersuchenden Bodensatz etwa 15 Minuten mit Sudanglycerin (von Dr. Grübler in Leipzig zu beziehen) übergossen, die Färbe-

Fig. 6. Korkpulver.

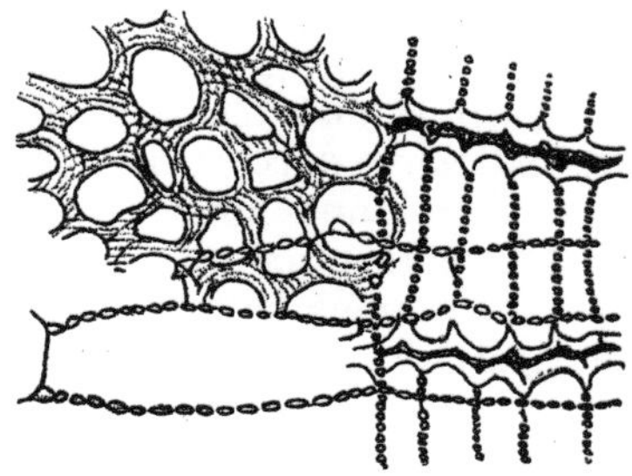

Fig. 7. Gewebeelemente des Roggenkorns.

flüssigkeit entfernt und mit einem Tropfen Wasser auf den Objektträger gebracht hat (Fig. 6). Eigentümlich sind die reihenweise angeordneten viereckigen Gebilde, die wegen ihres Luftinhaltes nicht netzbar sind. Holzmehl kann durch die Rotfärbung mit Phloroglucin-Salzsäure und die Gelbfärbung mit Anilinsalz erkannt werden. Lederpulver verrät sich durch seinen Stickstoffgehalt (Berlinerblaureaktion). Scherhaare sind als solche ohne weiteres zu erkennen; sie zeigen die den Wollfasern eigentümliche Schuppenbildung.

Fig. 8. Haare des Roggenkorns.

Auch die Frage, ob in einem Bodensatz Getreidemehle u. a. sich vorfinden, läßt sich mit Hilfe des Mikroskops beantworten. Man trocknet ein wenig auf einem Objektträger, bedeckt mit einem Tropfen Chloralhydrat zur Aufhellung der Stärke und betrachtet bei etwa 250facher Vergrößerung. Bei Gegenwart von Mehl findet man Gewebetrümmer der Getreidesamen (Fig. 7) und Haare des Korns (Fig. 8).

Betreffs Durchführung praktischer Beispiele von Appreturanalysen sei auf die Literatur verwiesen, namentlich auf Massot, Anleitung zur qualitativen Appretur- und Schlichte-Analyse, Berlin, J. Springer, 1911 und E. Schmidt, Beitrag zur Appreturanalyse, Chem.-Ztg. 36, 313; 1912.

Namenverzeichnis.

Sachverzeichnis.

Lunge-Berl, Taschenbuch für die anorganisch-chemische Großindustrie. Herausgegeben von Dr. **E. Berl**, ord. Professor der Technischen Chemie und Elektrochemie an der Technischen Hochschule zu Darmstadt. Sechste, umgearbeitete Auflage. Mit 16 Textfiguren und 1 Gasreduktionstafel. 1921.
Gebunden 9 Goldmark / Gebunden 2.30 Dollar

Fortschritte in der anorganisch-chemischen Industrie. An Hand der Deutschen Reichspatente dargestellt. Mit Fachgenossen bearbeitet und herausgegeben von Ing. **Adolf Bräuer** und Dr.-Ing. **J. D'Ans.**

Erster Band 1877—1917.
I. Teil. 1921. 60 Goldmark / 16.50 Dollar
II. Teil. 1922. 72 Goldmark / 18 Dollar
III. Teil. 1923. 80 Goldmark / 24 Dollar

Zweiter Band 1918—1923.
I. Teil. Erscheint im Sommer 1924.
II. Teil. In Vorbereitung.

Landolt-Börnstein, Physikalisch-chemische Tabellen. Fünfte, umgearbeitete und vermehrte Auflage. Unter Mitwirkung von Fachgelehrten herausgegeben von Dr. **Walther A. Roth**, Professor an der Technischen Hochschule in Braunschweig und Dr. **Karl Scheel**, Professor an der Physik.-Techn. Reichsanstalt in Charlottenburg. Mit einem Bildnis. In zwei Bänden. 1923. Gebunden 106 Goldmark / Gebunden 45 Dollar

Beilsteins Handbuch der organischen Chemie. Vierte Auflage, die Literatur bis 1. Januar 1910 umfassend. Herausgegeben von der Deutschen Chemischen Gesellschaft. Bearbeitet von **Bernhard Prager, Paul Jacobson †, Paul Schmidt** und **Dora Stern.**

Erster Band: **Leitsätze für die systematische Anordnung — Acyclische Kohlenwasserstoffe, Oxy- und Oxo-Verbindungen.** 1918.
Gebunden 38.50 Goldmark / Gebunden 25.50 Dollar

Zweiter Band: **Acyclische Monocarbonsäuren und Polycarbonsäuren.** 1920.
Gebunden 35 Goldmark / Gebunden 24 Dollar

Dritter Band: **Acyclische Oxy-Carbonsäuren und Oxo-Carbonsäuren.** 1921.
Gebunden 36 Goldmark / Gebunden 24 Dollar

Vierter Band: **Acyclische Sulfinsäuren und Sulfonsäuren. — Acyclische Amine, Hydroxylamine, Hydrazine und weitere Verbindungen mit Stickstoff-Funktionen — Acyclische C-Phosphor-, C-Arsen-, C-Antimon-, C-Wismut-, C-Silicium-Verbindungen und metallorganische Verbindungen.** 1922. Gebunden 28.50 Goldmark / Gebunden 19 Dollar

Fünfter Band: **Cyclische Kohlenwasserstoffe.** 1922.
Gebunden 30.50 Goldmark / Gebunden 20 Dollar

Sechster Band: **Isocyclische Oxy-Verbindungen.** Erscheint Ende 1923

Biochemisches Handlexikon. Unter Mitarbeit von Fachgelehrten herausgegeben von **Emil Abderhalden**, Professor Dr. med. et phil. h. c., Direktor des Physiologischen Institutes der Universität Halle a. S. In 7 Bänden nebst Ergänzungsbänden.

I. Band, 1. Hälfte. 1911. 44 Goldmark; geb. 46.50 Goldmark / 10.55 Dollar; geb. 11.15 Dollar. — 2. Hälfte. 1911. 48 Goldmark; geb. 50.50 Goldmark / 11.55 Dollar; geb. 12.15 Dollar. — II. Band. 1911. 44 Goldmark; geb. 46.50 Goldmark / 10.55 Dollar; geb. 11.15 Dollar. — III. Band. 1911. 20 Goldmark; geb. 22.50 Goldmark / 4.80 Dollar; geb. 5.40 Dollar. — IV. Band, 1. Hälfte. 1910. 14 Goldmark / 3.35 Dollar. — 2. Hälfte. 1911. 54 Goldmark / 13 Dollar, zusammen geb. 71 Goldmark / 17.05 Dollar. — V. Band. 1911. 38 Goldmark; geb. 40.50 Goldmark / 9.15 Dollar; geb. 9.75 Dollar. — VI. Band. 1911. 22 Goldmark; geb. 24.50 Goldmark / 5.30 Dollar; geb. 5.90 Dollar. — VII. Band, 1. Hälfte. 1910. 22 Goldmark / 5.30 Dollar. — 2. Hälfte. 1912. 18 Goldmark / 4.35 Dollar, zusammen geb. 43 Goldmark / 10.35 Dollar. — VIII. Band (1. Ergänzungsband). Unveränderter Neudruck. 1920. Geb. 36.50 Goldmark / geb. 8.75 Dollar. — IX. Band (2. Ergänzungsband). Unveränderter Neudruck. 1920. Geb. 30.50 Goldmark / geb. 7.35 Dollar. — X. Band (3. Ergänzungsband). 1923. 45 Goldmark; geb. 50 Goldmark / 10.80 Dollar; geb. 12 Dollar. — XI. Band (4. Ergänzungsband). In Vorbereitung.

Fortschritte der Teerfarbenfabrikation und verwandter Industriezweige. An der Hand der systematisch geordneten und mit kritischen Anmerkungen versehenen Deutschen Reichspatente dargestellt von Professor Dr. **P. Friedländer**, Dozent an der Technischen Hochschule in Darmstadt.

I. Teil.	1877—1887.	Unveränderter Neudruck. 1920.	50 Goldmark / 17.50 Dollar
II. Teil.	1887—1890.	Unveränderter Neudruck. 1921.	47 Goldmark / 17.50 Dollar
III. Teil.	1890—1894.	Unveränderter Neudruck. 1920.	56 Goldmark / 29 Dollar
IV. Teil.	1894—1897.	Unveränderter Neudruck. 1920.	110 Goldmark / 38.50 Dollar
V. Teil.	1897—1900.	Unveränderter Neudruck. 1922	80 Goldmark / 35 Dollar
VI. Teil.	1900—1902.	Unveränderter Neudruck. 1920.	110 Goldmark / 38.50 Dollar
VII. Teil.	1902—1904.	Unveränderter Neudruck. 1921.	67 Goldmark / 24 Dollar
VIII. Teil.	1905—1907.	Unveränderter Neudruck. 1921.	115 Goldmark / 38.50 Dollar
IX. Teil.	1908—1910.	Unveränderter Neudruck. 1921.	100 Goldmark / 38.50 Dollar
X. Teil.	1910—1912.	Unveränderter Neudruck. 1921.	112 Goldmark / 38.50 Dollar
XI. Teil.	1912—1914.	Unveränderter Neudruck. 1921.	100 Goldmark / 38.50 Dollar
XII. Teil.	1914—1916.	Unveränderter Neudruck. 1922.	80 Goldmark / 33.50 Dollar
XIII. Teil.	1916 bis 1. Juli 1921.	1923.	94 Goldmark / 36 Dollar

GPSR Compliance
The European Union's (EU) General Product Safety Regulation (GPSR) is a set of rules that requires consumer products to be safe and our obligations to ensure this.

If you have any concerns about our products, you can contact us on

ProductSafety@springernature.com

In case Publisher is established outside the EU, the EU authorized representative is:

Springer Nature Customer Service Center GmbH
Europaplatz 3
69115 Heidelberg, Germany

www.ingramcontent.com/pod-product-compliance
Ingram Content Group UK Ltd.
Pitfield, Milton Keynes, MK11 3LW, UK
UKHW051042060926
475201UK00003B/77
* 9 7 8 3 6 4 2 8 8 9 8 3 7 *